［表紙写真］ Nikon Small World 2008 第1位受賞作品.
標本：メガネケイソウ（Pleurosigma 海産珪藻類）
検鏡法：暗視野/偏光により撮影.

ルーイン 細胞生物学

永田和宏・中野明彦・米田悦啓
須藤和夫・室伏 擴・榎森康文・伊藤維昭 訳

CELLS

Benjamin Lewin
Lynne Cassimeris
Vishwanath R. Lingappa
George Plopper

東京化学同人

はじめに

本書“細胞生物学”は本来，細胞生物学に初めて接する学部学生，あるいは大学院学生を念頭に置いて書かれた教科書である．しかし一方で，この分野を専門としない研究者が他分野のトピックスについて学ぼうという際にも役立つよう配慮している．本書を作るにあたって心に留めたことは，過去十年ほどの研究成果も丹念に収集し，しかしあまりに瑣末な点で読者を煩わせないように配慮しながら，しかも細胞生物学の基礎をしっかり確立できるように伝えようとした点である．細胞生物学だけに焦点を絞ることにより，この分野の現在進行形の研究を取入れたり，トピックを網羅したり，また細胞内の種々の過程に関する分子レベルの模式図などを多く収録するとともに，それが過剰にならないようにも配慮することができた．

本書は，真核細胞に重点を置きながら，細胞の構造，組織，増殖，制御，運動や細胞間相互作用などをカバーしている．これらの項目は，17の章にわたって書かれているが，大きく七つの部分に分かれ，それらは，まず細胞の定義から入り，次に細胞の構成要素，細胞機能の制御，そして最後は細胞の多様性についての記述で終わっている．植物細胞や原核細胞についても別の章に記述されており，すべての細胞に共通の性質について強調しながらも，その多様性に配慮した形で記述されている．

それぞれの章はその分野の一人ないし数人の専門家が執筆を担当し，そこで提示された内容に対しては，助言団からの貴重なアドバイスが寄せられた．筆頭編者と編集者は，テキストの全体像と包括的な体系を焦点の絞られたものにすることに心を砕くとともに，テキストや図において，専門用語の一貫性と説明の詳しさなどに留意して編集を行った．

本書“細胞生物学”は教育的な効果を促進するよう構想されている．各章は，いくつかの節に分かれ，それぞれおもなポイントを端的に述べたタイトルが付されている．各節は読者が初めに，重要な点を大づかみに把握できるよう，いくつかの〈重要な概念〉の提示から始まっている．読者の将来の興味につながるよう，各章には“次なる問題は？”という節が含まれ，研究者が現在取組んでいる興味深い課題をあげている．そして，さらに理解を深めたい読者のために，個々のトピックに関する重要な総説や原著論文のリストを付けておいた．

執筆者と編者の協力のもと，専門のイラストレーターができるだけそれだけで十分な説明となるような図を工夫し，それぞれには“一読すぐわかる”タイトルと図の説明文とがついている．行き届いた説明のついた写真や分子構造を駆使することにより，細胞の構成成分を認識し，構造と機能の関係を理解しやすくするよう配慮されている．さらに可能な場合には，概念図に分子の相対的な大きさを示すことを心がけた．本書を通じて，できるだけカラーの図と，知られているものについては分子構造をも取入れるようにした．

また，本書の補遺としてウェブサイト http://bioscience.jbpub.com/cells では，本書中に MBIO:1-1001 のようなシンボルで書き込まれている資料を参照することができる．たとえば Benjamin Lewin の“GENES〔邦訳：菊池韶彦ほか訳，“遺伝子”（東京化学同人）〕などの他の教科書からの手法や内容に関する資料を，参照することもできる．ウェブサイトはまた，細胞のダイナミックな性質を理解するのに必須の，互いに関係し合う図や，アニメーション，ビデオ，可視化のための助けとなる内容をも含んでいる．これらはシンボルによってテキスト中に示されている．これらの図では，機能がオンになったりオフになったりするのを図示した写真や，回転させることができる分子構造が提示され，それぞれ細胞および分子の重要な性質を容易に認識できるように配慮されている．加えて，生化学に関係する章がウェブサイトに掲載され，この分野のコースを終了していない学生や，さらに磨きをかけようとする読者のための基礎知識として提供されている．また教師用の教材として，本書“細胞生物学”に登場するすべての図のパワーポイントスライド，すべてのアニメーションとビデオ，多くの質問事項や重要な事項に関する講義梗概なども利用可能である．（注：ウェブサイトは原出版社により英語版読者のために管理されているもので，日本語版読者の使用は保証されていません．また，教師用の教材は利用することができません．）

私たちは，本書が重要な写真や他のイメージ図などを提供することを可能にしてくれたすべての研究者，そしてそれらを再録することを許可してくれたすべての出版社に感謝申し上げる．それぞれの出典は図の説明中に明示している．RSCB タンパク質バンクから作成した分子構造の場合は，原著論文を別のページにリストとしてあげた．

本書に関して改訂すべき箇所や訂正すべき箇所があれば，info@jbpub.com までお寄せいただけるようお願いしたい．

謝　辞

私たちは，本書が完成するまでの間，個人的に種々のアドバイスをいただいた多くの研究者に感謝したい．Kent Matlack は，その配慮の行き届いた編集と細胞生物学への精通した知識を，本書への明確な展望に組入れることに関して，このチームの欠くべからざるメンバーであった．Leslie Roldan と Linda Ko Ferrigno は，本文が洗練され，よく編集されてゆく上で重要な貢献をした．Ruth Rose は卓越したアーティストであり，図の構想を練り上げるのに大きな寄与をした．そして，テキストの各部を丁寧に読み，また多くの貴重な助言を下さったつぎの研究者の方々に深甚な謝辞を捧げる．

Stephen Adam	Northwestern University Feinberg School of Medicine, Chicago, IL
Tobias Baskin	University of Massachusetts, Amherst
Harris Bernstein	National Institutes of Health, Bethesda, MD
Fred Chang	Columbia University, New York, NY
Louis DeFelice	Vanderbilt University, Nashville, TN
Paola Deprez	Institute of Microbiology–ETH, Zurich, Switzerland
Arshad Desai	University of California, San Diego
Paul De Weer	University of Pennsylvania, Philadelphia
Biff Forbush	Yale University, New Haven, CT
Joseph Gall	Carnegie Institution, Baltimore, MD
Emily Gillett	Harvard Medical School, Boston, MA
Rebecca Heald	University of California, Berkeley
Alistair Hetherington	Bristol University, United Kingdom
Harald Herrmann	German Cancer Research Center, Heidelberg, Germany
Philip Hinds	Tufts–New England Medical Center, Boston, MA
Jer-Yuan Hsu	University of California, San Diego
Martin Humphries	University of Manchester, United Kingdom
James Kadonaga	University of California, San Diego
Randall King	Harvard Medical School, Boston, MA
Roberto Kolter	Harvard Medical School, Boston, MA
Susan LaFlamme	Albany Medical Center, NY
Rudolf Leube	Johannes Gutenberg University, Mainz, Germany
Vivek Malhotra	University of California, San Diego
Frank McCormick	University of California, San Francisco
Akira Nagafuchi	Kumamoto University, Japan
Roel Nusse	Stanford University, Palo Alto, CA
Andrew Osborne	Harvard Medical School, Boston, MA
Erin O'Shea	Harvard University, Cambridge, MA
Marcus Peter	University of Chicago, Chicago, IL
Suzanne Pfeffer	Stanford University, Stanford, CA
Tom Rapoport	Harvard Medical School, Boston, MA
Ulrich Rodeck	Thomas Jefferson University, Philadelphia, PA
Michael Roth	University of Texas Southwestern Medical Center, Dallas
Lucy Shapiro	Stanford University, Stanford, CA
Thomas Shea	University of Massachusetts, Lowell
David Siderovski	University of North Carolina, Chapel Hill
Mark Solomon	Yale University, New Haven, CT
Chris Staiger	Purdue University, West Lafayette, IN
Margaret A. Titus	University of Minnesota, Minneapolis
Livingston Van De Water	Albany Mecical Center, NY
Miguel Vicente-Manzanares	University of Virginia, Charlottesville
Patrick Viollier	Case Western Reserve University, Cleveland, OH
Claire Walczak	Indiana University, Bloomington
Junying Yuan	Harvard Medical School, Boston, MA
Sally Zigmond	University of Pennsylvania, Philadelphia

訳者まえがき

“細胞生物学”という学問は，どういうものだろうか．あまりにも基本的な学問領域であり，いまさら定義づけるのもはばかられるが，私個人の思いはまことに単純である．生体を構成する種々の分子が，細胞という〈場〉のなかで，いかに相互作用し，そのことによっていかに生命機能を営んでいるか，その原理を研究するのが細胞生物学という学問領域である．

生体にはさまざまの因子が含まれ，それらによって成り立っている．ATPやCaイオンなどの低分子化合物，膜などの構成成分である脂質，DNAやRNAなどの構成成分である核酸，また糖も重要な生体成分であるが，なんと言っても生命機能の担い手としてのタンパク質の働きの多様性は，細胞生物学の華であろう．

これらの個々の分子は，単一の存在としては，決して生命機能に結びつくことはない．必ず他の同種の分子，あるいは他の種類の分子との相互関係，相互作用のなかで，生命活動の発現に関与するのである．これらの相互作用を一対一，あるいは多因子間相互作用として捉えるだけなら，生化学や分子生物学の得意とするところであるかもしれないが，細胞生物学においては，それらが細胞という生命機能の〈場〉のなかで，いかなるコンテキスト（文脈）のもとに働いているのかを問わなければ，それらは意味をもたないといえるだろう．逆にそれら個々の因子の相互作用が，細胞という〈場〉のなかで統合されるとき，一個の生命活動がそこに見えてくるのであろう．

細胞生物学は現在“分子細胞生物学”ともよばれ，さまざまの学問領域を含む形で拡大しており，その意味できわめて学際的な領域である．分子を主たる研究対象にするものとして，生化学，分子生物学，生物物理学，分子遺伝学，構造生物学などの分野がある．一方，組織や器官，個体レベルで生命現象を研究する分野には，病理学，生理学，形態学，解剖学，免疫学など，多く医学にかかわる分野や発生生物学などがある．細胞生物学は，これら分子レベルの研究と個体レベルの研究のちょうど接点の位置にあり，それらを橋渡しする学問分野であるということができる．言うまでもなく，生命の基本単位は“細胞”である．すべての分子は細胞という〈場〉の中に置かれてはじめて，その機能が意味をもつ．このように考えれば細胞生物学は，生命科学の最も根幹にある学問，そして分子と個体とを橋渡しする学問分野であるということができよう．

本書の原題は“CELLS”である．このタイトルにこめられた意味は大きいと思わざるをえない．本書の筆頭著者はBenjamin Lewinである．おそらく本書は“ルーインの細胞生物学”というニックネームでよばれるようになるのだろうが，そのLewin博士は改めて紹介するまでもなく，現在の生命科学の学際的な専門誌の中でも“*Nature*”“*Science*”とともに御三家とも称せられる雑誌“*Cell*”を創刊し，長く編集長を務めた方である．他の二誌より後発の“*Cell*”を，たちまちのうちにトップジャーナルに育て上げた手腕は，まさに奇跡的ともいえる鮮やかなサクセスストーリーでもあった．Lewin博士は“CELLS”だけで一冊のタイトルとしたかったのだとも思う．雑誌“*Cell*”があまりにも単純でインパクトがあったのに対し，しかし，それを日本語で単純に“細胞”と訳して本書のタイトルとすると，すぐにいわゆる“細胞学”とよばれた，形態を中心としたかつての学問領域を想像させてしまうということがあり，あえて訳書では“細胞生物学”とすることにした．

細胞生物学の教科書は，日本でも多く出版されており，また翻訳された教科書も複数存在している．それぞれ学生や大学院生にいかに的確に，かつ印象深く内容を提示するかに意をそそいでいるのがよくわかる．注目されるのは，どのような項目を，どのようにくくり，どのような順序で，どの程度の詳しさで展開するかであり，それがそれぞれの教科書の特徴になるに違いない．

本書では全体を七つの章に分け，まずLewin博士が自身で長い序章を書いており，本書の基本的な展望が示されるとともに，世界中の研究者の注目の的であった雑誌“*Cell*”の編集主幹が，細胞そのものに対してどのような考え方をもっていたのか，これは長く研究を続けてきたシニアの研究者にとっても興味深い章である．その後では“膜と輸送”“核”“細胞骨格”“細胞分裂，アポトーシス，がん”“細胞間コミュニケーション”と続き，最後の章で“原核細胞と植物細胞”が取上げられる．実質的な記述が“膜”から始まるのは，細胞の起源を考える上からも特徴的であり，また最近の類書では省かれがちな原核細胞，植物細胞についても詳しい記述のあるのがありがたい．

しかし，本書が他の類書と大きく異なるのは，DNA複製や転写，翻訳などの分子生物学の基本，またアミノ酸や核酸，低分子物質の構造など，生化学の基本に関する章を設けていないことである．国内外を問わず，多くの類書が生化学や分子生物学の基礎に多くのページを費やしているのに対して，本書は，そのような基本は他の類書で参照できることを前提に，より細胞そのものに沿った，まさに細胞の生物学そのものに特化し，その長所を十分に生かしている．生き物としての細胞という観点が忘れられがちななかにあって，この点が本書の大きな特徴になっているだろう．

また，図の簡潔にして，魅力的であることも特筆に値しよう．ともすれば情報量が過多になりやすい模式図であるが，本書においては説明に必要な因子だけが，適切な位置に置かれて理解を容易にしている．それとともに，最近の類書では，図の模式図ばかりが多くなりすぎて，肝腎の細胞，およびその内部の実際の写真などの占める比重が下がりがちだが，本書においては，原典にあたりながら，多くの顕微鏡や電子顕微鏡による写真を掲載していることも，読者に細胞への親近感をより強く感じていただくのに寄与するだろう．

本書は，学生，特に医学，生命科学をめざす学生の基礎テキストとして，さらに大学院生が自らの知識をより強固に確認するためのテキストとしてふさわしいものと確信する．現在のような情報過多の時代にあっては，すぐ横の分野にさえもなかなか目の届かないものであるが，本書は，私たち長く研究を続けてきたものにとっても，目を開かれることの多い内容であるのが嬉しいことである．多くの読者に恵まれ，教育の場で多く活用されるようになることを願って，本訳書を送り出したいと思う．

本書の訳出に当たって，それぞれにお忙しい現役の専門家にお願いをすることができた．また，東京化学同人の住田六連さんにはいい本を紹介していただいて感謝している．そしてなにより本書の訳出にあたって，隅々にまで細かく注意を配り，訳者を叱咤激励してこられた井野未央子さんの働きがなければ，本書は出ることはなかっただろう．深く感謝するしだいである．

2008 年 11 月

訳者を代表して
永 田 和 宏

翻 訳 者

伊 藤 維 昭　京都大学名誉教授，理学博士［第 16 章］

榎 森 康 文　東京大学大学院理学系研究科 准教授，理学博士［第 11～14 章］

須 藤 和 夫　東京大学大学院総合文化研究科 教授，理学博士［第 7～9 章］

永 田 和 宏　京都大学再生医科学研究所 教授，理学博士［第 1 章，第 15 章］

中 野 明 彦　東京大学大学院理学系研究科 教授，理化学研究所
基幹研究所 主任研究員，理学博士［第 2～4 章，第 17 章］

室 伏　 擴　山口大学大学院医学系研究科 教授，理学博士［第 10 章］

米 田 悦 啓　大阪大学大学院生命機能研究科 教授，医学博士［第 5 章，第 6 章］

翻訳協力者

安 部　 弘　理化学研究所基幹研究所 先任研究員，理学博士［§4・13～§4・20］

今 村 謙 士　東京大学大学院総合文化研究科博士課程［第 8 章］

岩 井 草 介　産業技術総合研究所セルエンジニアリング研究部門，博士(学術)［第 7 章］

上 田 貴 志　東京大学大学院理学系研究科 准教授，博士(理学)［第 17 章］

植 村 知 博　東京大学大学院理学系研究科 助教，博士(生命科学)［§4・1～§4・12］

黒 川 量 雄　理化学研究所基幹研究所，博士(バイオサイエンス)［§3・19～§3・32］

児 玉 有 希　翻訳家，理学博士［第 1 章，第 15 章］

齊藤知恵子　理化学研究所基幹研究所，博士(理学)［§2・1～§2・13］

佐 藤　 健　東京大学大学院総合文化研究科 准教授，博士(理学)［§3・1～§3・18］

島　 知 弘　東京大学大学院総合文化研究科博士課程［第 9 章］

平 田 龍 吾　理化学研究所基幹研究所 先任研究員，博士(薬学)［§2・14～2・26］

(五十音順，［　］内は担当箇所)

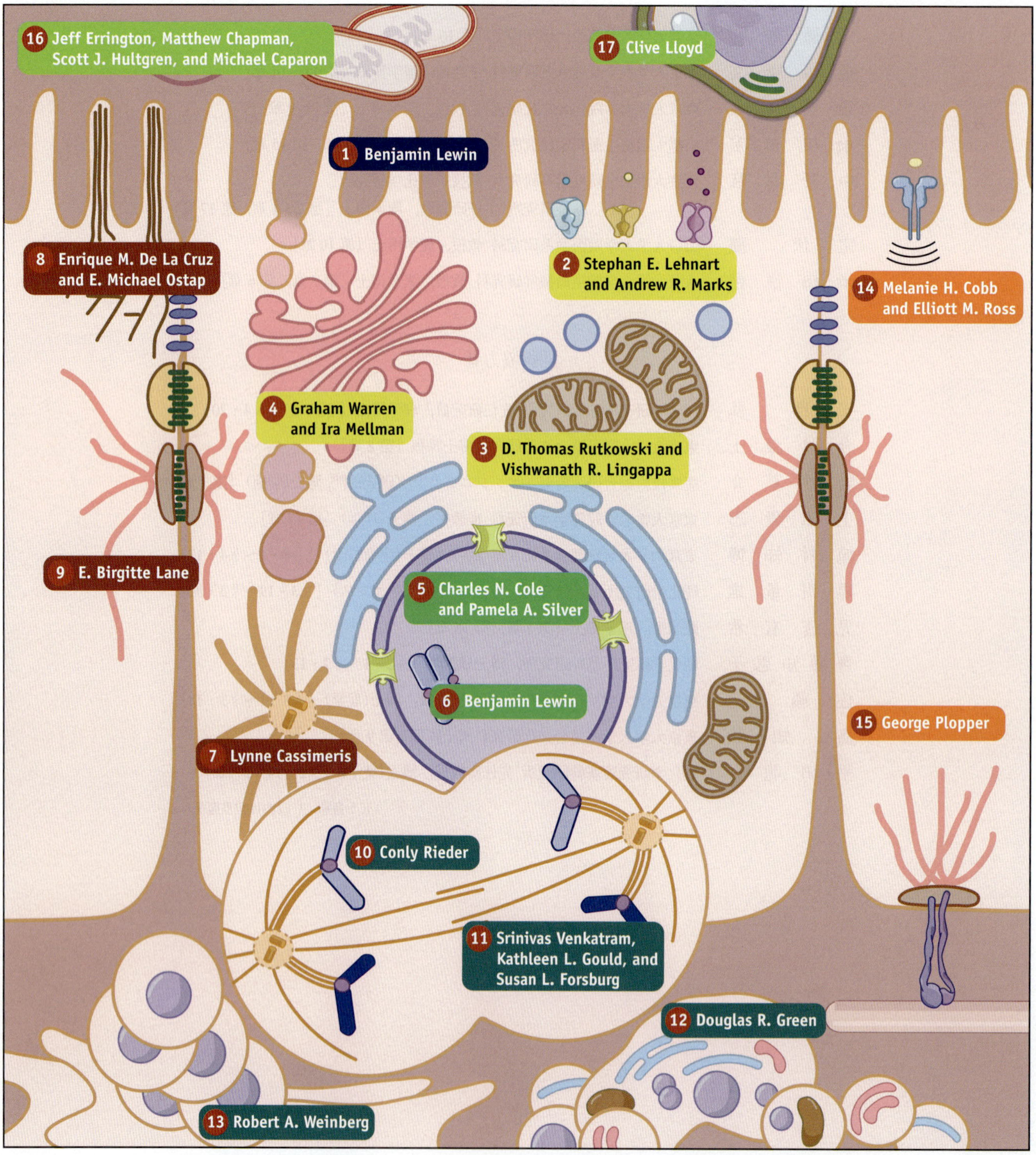

16 Jeff Errington, Matthew Chapman, Scott J. Hultgren, and Michael Caparon
17 Clive Lloyd
1 Benjamin Lewin
8 Enrique M. De La Cruz and E. Michael Ostap
2 Stephan E. Lehnart and Andrew R. Marks
14 Melanie H. Cobb and Elliott M. Ross
4 Graham Warren and Ira Mellman
3 D. Thomas Rutkowski and Vishwanath R. Lingappa
9 E. Birgitte Lane
5 Charles N. Cole and Pamela A. Silver
6 Benjamin Lewin
15 George Plopper
7 Lynne Cassimeris
10 Conly Rieder
11 Srinivas Venkatram, Kathleen L. Gould, and Susan L. Forsburg
12 Douglas R. Green
13 Robert A. Weinberg

要約目次

目　　次

第Ⅲ部　　核

第Ⅳ部　細胞骨格

第Ⅶ部　原核細胞・植物細胞

共　著　者

主たる編集者・著者

Benjamin Lewin: 1974年に*Cell*を創刊し，1999年まで編集者を務めた．またCell Pressからさらに*Neuron*，*Immunity*および*Molecular Cell*を創刊した．2000年にはVirtual Textを創設し，それは2005年にJones and Bartlett社に買い取られた．GenesおよびEssential Genesの著書もある．

Lynne Cassimeris (Professor in the Department of Biological Sciences at Lehigh University in Bethlehem, PA)：微小管会合のダイナミクスと細胞分裂を研究．

Vishwanath R. Lingappa (Senior Scientist at Bioconformatics Laboratory, CPMC Research Institute; Chief Technology Officer at Prosetta Corporation; Emeritus Professor of Physiology, at the University of California, San Francisco)：タンパク質生合成の研究に従事し，またSan Francisco General Hospitalにおいてボランティアの医師として内科診療に従事．生理学や病理学の教科書を共著で出版．

George Plopper (Associate Professor at Rensselaer Polytechnic Institute)：シグナル伝達および細胞外マトリックスによる細胞の動態制御に関する研究．

著　者

Michael Caparon (Associate Professor in the Department of Molecular Microbiology at Washington University School of Medicine)：病原性のグラム陽性菌が宿主としてのヒトに感染する間に起こる，複雑な相互作用の理解に向けた研究．

Matt Chapman (Assistant Professor at the University of Michigan)：バクテリアのアミロイド線維の機能と生成過程の研究．

Melanie H. Cobb (Professor in the Graduate Programs in Cell Regulation and Biochemistry and the Department of Pharmacology at the University of Texas Southwestern Medical Center at Dallas)：プロテインキナーゼの機能と制御について，主としてMAPK経路とWNKに焦点を絞った解析．

Charles Cole (Professor of Biochemistry and of Genetics at Dartmouth Medical School)：核輸送，細胞の形質転換と不死化，RNA代謝，マイクロRNAおよび乳がんなどの研究．

Enrique M. De La Cruz (Associate Professor of Molecular Biophysics and Biochemistry at Yale University)：生化学的および生物物理学的手法により，アクチンおよびミオシンによる細胞運動の機構解析，および，RNAヘリカーゼのモーターとしての性質に着目した研究．

Jeff Errington (Director of the Institute for Cell and Molecular Biosciences at the University of Newcastle upon Tyne in the United Kingdom)：細胞周期とバクテリアの細胞の形態形成機構についての研究．

Susan Forsburg (Professor in Molecular & Computational Biology at the University of Southern California)：分裂酵母*Schizosaccharomyces pombe*におけるDNA複製およびゲノムの動態についての研究．

Kathleen Gould (Professor of Cell and Developmental Biology at Vanderbilt University School of Medicine; Investigator of the Howard Hughes Medical Institute)：細胞質分裂の機構とその制御についての研究．

Douglas R. Green (Chair of Immunology at St. Jude Children's Research Hospital in Memphis, TN)：アポトーシスとそれに関連した細胞死に関する研究．

Scott Hultgren (Helen L. Stoever Professor of Molecular Microbiology at Washington University School of Medicine)：主たるテーマはバクテリアの病原性の基本機構の解明．また大腸菌によってつくられるcurliとよばれるアミロイド様の線維に関する研究．

Birgit Lane (Director of the Centre for Molecular Medicine in Singapore; Cox Professor of Anatomy and Cell Biology at the University of Dundee, Scotland)：中間径フィラメント，特にケラチンの研究，およびそれがヒトの病気に果たす役割の研究．

Stephan E. Lehnart (Research Scientist and Assistant Professor at the Clyde and Helen Wu Center of Molecular Cardiology in the Department of Physiology and Cellular Biophysics at Columbia University)：心臓および筋肉における細胞内カルシウム循環を制御したり，病気の進行に重大な影響を及ぼす膜透過機構の研究．

Clive Lloyd (project leader at The John Innes Centre, Norwich, UK)：植物の成長や分化における細胞骨格の役割に関する研究．

Andrew. R. Marks (Clyde and Helen Wu Professor of Medicine and Chair and Professor of the Department of Physiology and Cellular Biophysics at Columbia University)：筋肉および非筋肉細胞において，巨大分子シグナル伝達複合体がいかにしてイオンチャネルを制御するかに関する研究．Institute of Medicine of the National Academy of Sciences, American Academy of Arts and Sciences, the National Academy of Sciencesの会員でもある．

Ira Mellman (Sterling Professor and Chair of the Department of Cell Biology at Yale University School Medicine)：*The Journal of Cell Biology*の編集主幹．エンドサイトーシス経路における膜輸送の基本的な機構に関して，特に，

樹状細胞による抗原のプロセシング，上皮細胞の極性形成に関与する膜ドメインの形成などに焦点を絞った研究.

E. Michael Ostap (Associate Professor at the University of Pennsylvania School of Medicine ; member of the Pennsylvania Muscle Institute)：細胞運動の機構，特に最近は従来型でないミオシンに焦点を絞った，細胞生物学，生化学，生物物理学的手法による研究.

Conly Rieder (Senior Research Scientist and Chief of the Wadsworth Center's Laboratory of Cell Regulation ; Professor in the Department of Biomedical Sciences, State University of New York at Albany)：Wadsworth Center は the New York State Department of Health の附属研究機関である．彼は30年以上にもわたって，細胞がいかに分裂するかに関する研究を続けてきた.

Elliott M. Ross (Professor in the Graduate Programs in Molecular Biophysics and Cell Regulation and the Department of Pharmacology at the University of Texas Southwestern Medical Center in Dallas)：G タンパク質情報伝達経路における情報のプロセシングに関する研究.

Tom Rutkowski (postdoctoral associate for the Howard Hughes Medical Institute at the University of Michigan Medical Center)：発生および病気における異常タンパク質応答に関する研究.

Pamela Silver (Professor of Systems Biology at Harvard Medical School)：核輸送，ゲノム構造，RNA ダイナミクスおよび合成生物学（synthetic biology）に関する研究.

Srinivas Venkatram (Assistant Professor of Biological Sciences at the University of the Pacific ; former Research Associate of the HHMI in the laboratory of Kathy Gould)：微小管と微小管形成中心の細胞周期依存的な会合，解離に関する研究.

Graham Warren: (Professor of Cell Biology at Yale Medical School)：ゴルジ体の構造，機能および生合成に関する研究.

Robert A. Weinberg (Daniel K. Ludwig and American Cancer Society Professor for Cancer Research at the Massachusetts Institute of Technology ; the Whitehead Institute for Biomedical Research の創立者の一人)：細胞分裂と腫瘍形成の制御に関する分子機構の研究.

よく使われる略号

A	アデニンまたはアデノシン
ADP	アデノシン二リン酸
AMP	アデノシン一リン酸
cAMP	サイクリック AMP
ATP	アデノシン三リン酸
ATPase	アデノシントリホスファターゼ
bp	塩基対
C	シチジンまたはシトシン
cDNA	相補的 DNA
CDP	シチジン二リン酸
CMP	シチジン一リン酸
CTP	シチジン三リン酸
DNA	デオキシリボ核酸
DNase	デオキシリボヌクレアーゼ
G	グアニンまたはグアノシン
GDP	グアノシン二リン酸
GlcNAc	*N*-アセチル-D-グルコサミン
GMP	グアノシン一リン酸
GTP	グアノシン三リン酸
ΔG	自由エネルギー変化
kb	キロ塩基（対）
Mb	メガ塩基（対）
mRNA	メッセンジャー RNA
MW	分子量
P_i	無機リン酸
PP_i	無機ピロリン酸
RNA	リボ核酸
RNase	リボヌクレアーゼ
rRNA	リボソーム RNA
tRNA	トランスファー RNA
T	チミンまたはチミジン
U	ウラシル
UDP	ウリジン二リン酸
UMP	ウリジン一リン酸
UTP	ウリジン三リン酸

アミノ酸の一文字表記と三文字表記

A	Ala	アラニン
C	Cys	システイン
D	Asp	アスパラギン酸
E	Glu	グルタミン酸
F	Phe	フェニルアラニン
G	Gly	グリシン
H	His	ヒスチジン
I	Ile	イソロイシン
K	Lys	リシン
L	Leu	ロイシン
M	Met	メチオニン
N	Asn	アスパラギン
P	Pro	プロリン
Q	Gln	グルタミン
R	Arg	アルギニン
S	Ser	セリン
T	Thr	トレオニン
V	Val	バリン
W	Trp	トリプトファン
Y	Tyr	チロシン

よく使われる単位と，単位につける倍数

Å	オングストローム	メガ (M)	10^{6}
D または Da	ダルトン	キロ (k)	10^{3}
g	グラム	デシ (d)	10^{-1}
h または hr	時　間	センチ (c)	10^{-2}
M	モル濃度	ミリ (m)	10^{-3}
m	メートル	マイクロ (μ)	10^{-6}
m または min	分	ナノ (n)	10^{-9}
N	ニュートン	ピコ (p)	10^{-12}
S	スベドベリ単位		
s または sec	秒		
V	ボルト		

PART I

序　　論

細胞とは何か？

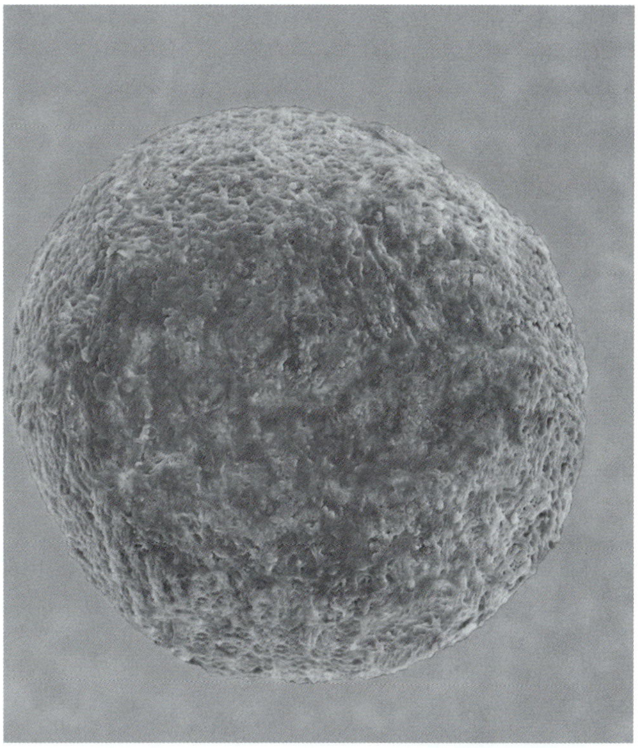

走査電子顕微鏡法で見たヒトの卵母細胞（卵子）．生物体に存在するすべてのタイプの細胞は卵子と精子の融合体から生じる［© Dennis Kunkel / Phototake］

1・1 序　論

重 要 な 概 念

- 細胞はすでに存在する細胞からのみ生じる．
- どの細胞にも遺伝情報が存在し，細胞はそれを発現することで細胞のすべての成分をつくり出す．
- 細胞膜は細胞を環境から隔てる脂質二重層からなる．

生物の膨大な多様性は細胞というたった一つの基本単位に基づいている．19 世紀の細胞説で認識されていたように，生物学の根本的な原理は，細胞は既存の細胞の分裂によってのみ生み出せるということである．

最も簡単な生物は単細胞生物である．単細胞生物は細胞そのものが個体であり，それ自身で自分のコピーを再生産できる実体として存在する．単細胞生物はさまざまな環境に適応することができ，極暑から極寒，好気的条件または嫌気的条件，あるいはメタンガスの中でさえ生き残るものがある．他の生物の体内に棲むものもある．

細胞は多細胞体をなすこともあるが，その場合，細胞ごとに異なる機能をもつように特殊化される．多細胞生物内の細胞は互いに情報交換を行い，生物が全体として機能できるようになっている．生物には自己複製能があるが，その中の個々の細胞は自己複製できるものもあるし，できないものもある．多細胞生物内で自己複製しないことになっている細胞が無制限に増殖する能力を得ると，がんをひき起こす可能性がある．

図 1・1 に示すように，細胞の大きさと形は著しい多様性をもっている．最小の細胞は直径 0.2 μm 以下の球形の単細胞生物である．最大の細胞の一つとしてはダイオウイカのニューロン

(神経細胞) があげられる．直径は 1 mm にも達し，ニューロンの細胞体から伸びる突起（軸索）の直径は 20 μm（最小の細胞の 100 倍）で長さが 10 cm にもなることがある．ヒトおよび他の哺乳類の細胞はこれらの両極端の間にあって，直径 3〜20 μm の範囲にあることが多い．

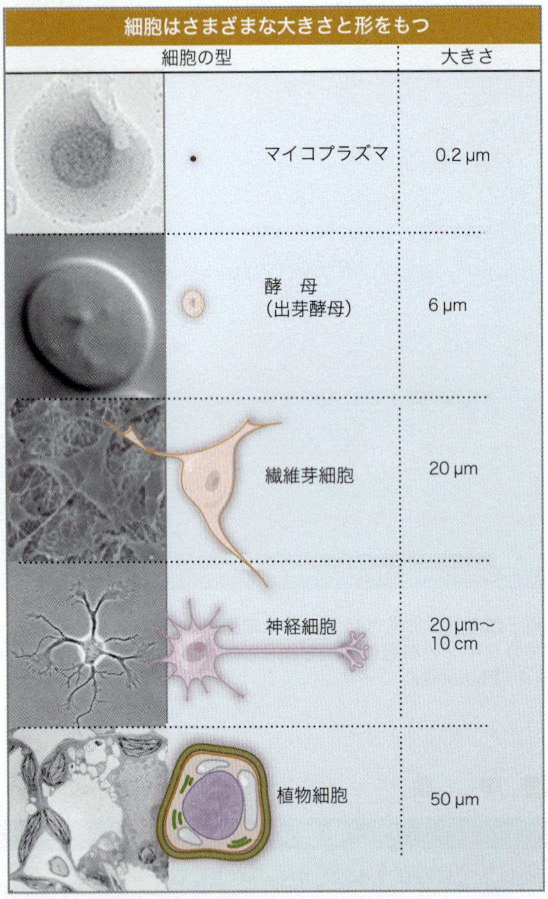

図 1・1　細胞の大きさと形は著しく異なっている．球形のものも，長い突起をもつものもあり，またそれらの間の種々のバリエーションも存在する［写真はそれぞれ，(マイコプラズマ) Tim Pietzcker, Universität Ulm, (酵母) Fred Winston, Harvard Medical School, (繊維芽細胞) Junzo Desaki, Ehime University School of Medicine, (神経細胞) Gerald J. Obermair and Bernhard E. Flucher, Innsbruck Medical University, (植物細胞) Ming H. Chen, University of Alberta, の好意による］

細胞の形にはほとんど差異がない場合もあり，液体中に浮遊して存在している場合は単純な球形をしている．あるいは，長く伸びた突起をもつニューロンや，異なる機能を果たす頂端膜側と基底膜側とをもつ上皮細胞のように，明確な構造を備えた細胞もある．細胞は溶液中に遊離して存在する場合も，表面に付着している場合も，他の細胞に付着している場合もある．他の細胞と情報を交換することも他の細胞を攻撃することもある．

しかしながら，細胞がそのように異なる形態をとることができるのは，すべての細胞の構成が以下のいくつかの共通した特徴に基づいているからである．

- **細胞膜** (cell membrane) という膜が細胞の内部を外部の環境と隔離している．
- 細胞膜には細胞内および細胞外への輸送を制御するシステムが存在する．
- 細胞成分は細胞内のエネルギー変換システムを用いて，食餌として取込んだ成分から組立てられる．
- 遺伝物質には細胞の全成分をつくり出すのに必要な情報が含まれている．
- 細胞は遺伝子発現を通じて遺伝情報を用いることができる．
- 個々のタンパク質産物は遺伝子によりコードされており，合成されてから会合してより大きな構造体になることもできる．

細胞の境界は脂質二重層からなる膜で区切られている．図 1・2 に脂質二重層の独特な性質についてまとめてある．脂質二重層は脂質からつくり上げられた高分子構造体である．脂質の重要な性質は両親媒性であり，一方の端が親水性の“頭部”，もう一方の端が疎水性の“尾部”をなす．脂質二重層の二つの“層”のそれぞれには，親水性の頭部が並んだ面と疎水性の尾部からなる面が存在する．水性の環境では疎水性の尾部が凝集し，水中の油滴のように，疎水性の面が集まって非イオン性の中心ができる．脂質二重層では，親水性の頭部はそれぞれ両側の電解質（イオン）環境に面している．脂質二重層には流動性という重要な性質があるため，他の膜と融合したり，出芽によって新しい膜を生成したり，二重層内に存在してその中を動き回るようなタンパク質の溶媒となることができる．

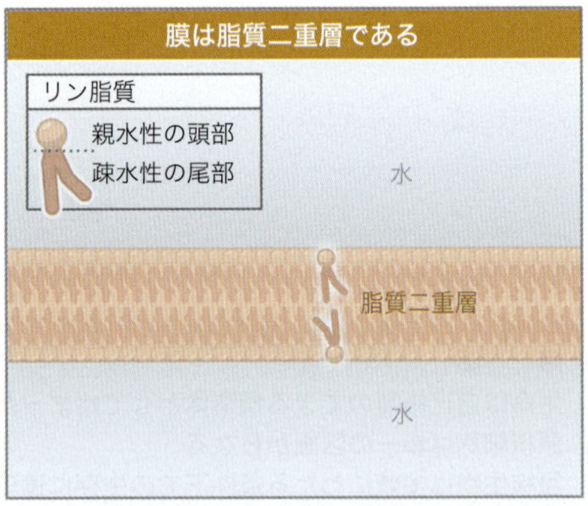

図 1・2　膜の脂質二重層はおもに両親媒性のリン脂質を含む．

水は脂質二重層をある程度透過できるが，イオン，荷電した低分子，および巨大分子は透過できない．膜の両側のイオン環境の違いにより浸透圧が生じ，より高濃度なイオン環境の側のイオン濃度を希釈するために，水は膜を通って移動する．

細胞膜は細胞の内部を外部環境から分離している．単細胞生物にとっては，“外部環境”とは外界である．多細胞生物にとっては，それは生物の外部でもあり，また同時に他の細胞によって形づくられている生物の内なる外界でもある．たとえば血管をつくる細胞により取囲まれる血管の内部がその一例である．細胞膜は構造上の強度をもたず，実際のところかなりもろくて壊れやすい．そのため，細胞を完全な状態に保つには，通常，何らかの裏打ち構造によって大きな引っ張り強度を確保し，細胞膜を支える必要がある．

生細胞のほとんどのプロセスは酵素により触媒されている．酵素の結合定数および他の定値によって，内部および外部の環境において，低分子や巨大分子の濃度変動に対する許容度が決定される．しかしながら，生物は幅広い環境に適合することができ，極端な環境で暮らす生物では，“普通”の生命体にとってなら致死的な条件下でも機能できる酵素をもっている．

細胞はそのシステムが適切に機能できるようにその内部環境を

調整する必要がある．具体的には，イオン濃度と pH を制御しなくてはならない．膜が不透過であるため，イオンを運び込み，また運び出すための特別なシステムが膜の内部に必要である．

細胞は外側から物質を取込まなくてはならない．具体的には，細胞はエネルギー源（代謝の基質）および大きな分子や構造に組立てられる成分の前駆体としての小分子を取込まなくてはならない．脂肪酸は脂質を，アミノ酸はタンパク質を，そしてヌクレオチドは RNA および DNA をつくるのに用いられる．

細胞は環境から物質を取込まなくてはならないのと同じように，物質を排出できる必要もある．細胞はさまざまなイオン，小分子，およびタンパク質を搬出する．搬出は（かなりの程度で取込みも），非常に特異的なプロセスであり，運び出し，また運び込むものに高度の選択性がある．

細胞は生き残って自己複製するために，環境からエネルギーを得て，そのエネルギーを使って細胞自身の成分を合成できなくてはならない．エネルギー源は環境から摂取した物質であり，典型的には単純なあるいは複雑な構造をもつ炭素化合物の混合物である．光もエネルギー源として用いられる．エネルギーを利用する方法は細胞の種類によって異なっている．

新しい細胞を生み出すことは既存の細胞の分裂を必要とするので，細胞はその内部にその全成分を複製するための情報を備えている必要がある．この情報はただ一つのタイプの遺伝物質，すなわち DNA という形をとり，DNA は細胞の全タンパク質をコードしている．タンパク質は巨大構造に組立てられたり，細胞の内部の反応の触媒を行ったりする．遺伝暗号を翻訳するのに使われる装置はすべての細胞で同じような成分からなっている．細胞は間断なく環境からの攻撃にさらされているため，長期間生き残るためには遺伝情報への損傷を修復する手段が必須である．

細胞は自身を分裂させることにより生き続ける．特別な装置により，それぞれ親細胞と同一の遺伝情報を備え，細胞のその他の構造体をほぼ半分量含む二つの子孫細胞に分裂することができる（これには，§1・22“分化により最終分化細胞を含む特殊化した細胞型が形成される”に記載したような例外もある）．

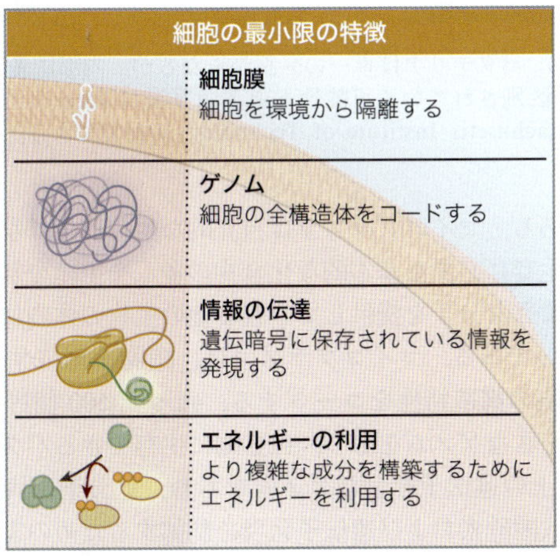

図1・3 細胞には細胞のすべての構造体をコードするゲノム，遺伝情報を発現する手段，エネルギーを利用するシステム，および外界との情報交換を制御する細胞膜が存在する．

図1・3に細胞の最小限の特徴をまとめてある．要するに，膜は細胞を環境から隔離しており，すべての生細胞が環境と相互作用する手段に必要とされる多くの基本的な性質は，膜本来の性質に由来している．細胞を構築するためには，小さな基礎単位からより複雑な成分をつくるためにエネルギーを利用する必要がある．遺伝物質には細胞のすべての特徴を生み出すのに必要な情報が含まれ，すべての細胞はこの情報を利用するためのシステムを備えている．

1・2 生命は自己複製のできる構造体として始まった

重要な概念

- 最初の生細胞は膜に囲まれた自己複製体であった．

生命は何らかの自己複製構造体が環境から隔離されることで始まったと考えられている．隔離することは偶発的な事故による損傷から生命を守り，“原始のスープ”の中でどこまでも希釈されてしまわないようにするために必要であったと思われる．最近の発見によると，最初の自己複製構造体はリボヌクレオチドに依存していたと考えられる．つまり，原始的な RNA が膜に囲まれて保護されることによって最初の生命体が生まれたと考えられるのだ．この生命体を“原形質小滴”とよぶことにしよう．

RNA の複製には，ヌクレオチド前駆体を組立てて自身のコピーをつくるという能力を必要としたはずである．RNA がほかにどんな触媒活性をもっていたのかはわからないが，おそらく複製に必要な前駆体を供給するのに必要な代謝活性にかかわるものと考えられる．

自己複製体とそれを取囲む膜の間には初期の段階から何らかの協調関係があったはずである．細胞の形成を推し進めることができた活性の一つは，RNA が膜の伸張を助けるというものであったと思われる．最近の研究から RNA のそのような性質について説明できそうである．RNA が脂質の膜で包まれると，RNA の荷電基が浸透圧をつくり出す．この浸透圧によって膜に張力が発生するため，膜はより多くの脂質を取込んで面積を広げることでその張力を緩和する．このような核酸と膜の物理的相互作用が原形質小滴を保持していた初期の力であったと思われる．

水性の溶質を透過させないという性質が膜の基本的な生物学的特性である．しかし，小滴の内外への物質の移動は必ず存在したと考えられる．さもなければ内部の資源はじきに尽きてしまうはずだからである．偶発的に膜が破れた場合，膜は一時的に不安定になったと思われるが，その裂け目を通して外部との物質の交換が行われることもある．したがって，最初の“膜”の役割は，図1・4に示されているように外部から自己複製構造体を隔離することであったと思われるが，ほかの点では内部環境を外部から区別しなかったと思われる．

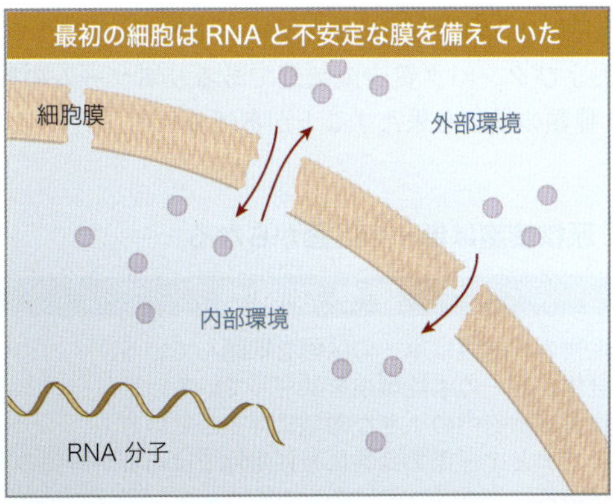

図1・4 最も初期の自己複製能をもった細胞体は膜に囲まれた自己複製性の RNA をもっていた．

原形質小滴を図1・5のような原始的な細胞に変換するにあたっては，このような制御できない連絡によって内部と外部をつないでいる状態から，内部を外部と異なる条件で維持できるように進化することが重要であったと考えられる．これは，細胞成分の前駆体を移入可能にし不要な産物を排出可能にする，最初の膜内システムの進化により達成されたと考えられる．

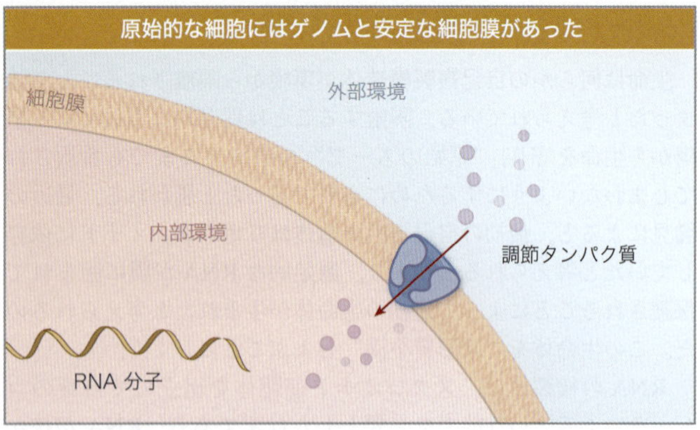

図1・5 原始的な細胞には自己複製性のゲノムと物質の取込みと搬出を制御する細胞膜があった．

ほかにどのような性質があれば細胞とよべるだろうか？ 自己複製体は自己複製が可能なだけではなく，直接的にせよ間接的にせよ，周囲の膜を含む環境の特性を決定できなければならない．環境から取込んだ前駆体を細胞が必要とする分子に変えたり，それらを構造体に組立てるための代謝システムも必要と考えられる．そして，エネルギーの備蓄を利用したり，エネルギー的に進まない反応を駆動するために利用できるような形に，エネルギーをため込むシステムが必要であった．

現在の細胞の遺伝物質は自己複製を行わず，もっぱら情報機能に限定されている．このような遺伝物質が複製されたり発現されたりするためには特別な装置が必要である．RNAではなくタンパク質を用いる利点は，タンパク質の方がより触媒活性が高くさまざまな構造をとれることである．遺伝物質がどのようにして自己複製するRNAから，複製されRNAに転写されるDNAに進化できたのかについて理解することはたやすいが，遺伝物質がどのように遺伝暗号を介してタンパク質をコードするようになったのかを理解するのはそれほど容易ではない．しかし，すべての細胞が同じ遺伝暗号を用いていることから，このような遺伝子発現システムが進化のごく初期に起こったものと考えることができる．共通の特徴として，遺伝物質がDNAであること，RNAが遺伝子発現において，メッセンジャーRNA，トランスファーRNA，およびタンパク質合成装置であるリボソームの構造成分という3種類の役割を果たすことがあげられる．

1・3 原核細胞は単一の区画からなる

重要な概念

- 原核生物の細胞膜は単一の区画を取囲んでいる．
- 区画全体が同一の水性環境を共有している．
- 遺伝物質は細胞内の小さな領域に存在している．
- バクテリアとアーキアは共に原核生物ではあるが一部の構造に違いがある．

生細胞はすべて，その内部がどのように区画化されているかによって，二つの型のどちらかに分類される．“区画（compartment）”はここでは単純に，膜で囲まれた空間のことをさす．

- **原核生物**（prokaryote）は，遺伝物質，遺伝子発現のための装置，および遺伝子発現産物を含む単一の区画からなる．この区画は膜に囲まれ，内部に他の膜区画は存在しない．
- **真核生物**（eukaryote）には少なくとも二つの膜区画が存在する．細胞全体はその周りを取囲む細胞膜の内側にあるが，その内部に遺伝物質を含む第二の膜区画が存在する．

原核生物は大きく二つに分類される．かつては，原核生物はすべて細菌(bacteria)とよばれていたが，現在では，進化的にバクテリア(Bacteria)とアーキア(Archaea)の二つの系譜に分類している．〔バクテリアを真正細菌（Eubacteria），アーキアを古細菌（Archaebacteria）ともよぶが，本書では区別を明確にするため，バクテリアとアーキアを使用する.〕バクテリアもアーキアも単細胞生物としてのみ存在する（一部のバクテリアは個体群内で凝集する性質を示すこともある）．細胞膜に囲まれた領域を**細胞質**（cytoplasm）という．原核細胞の細胞膜は**細胞壁**（cell wall）で囲まれており，細胞壁の剛構造により環境に対して物理的に守られている．

図1・6に示すように，遺伝物質はバクテリアの単一区画中の小さな領域を占めているが，細胞内の他の物質から膜で隔離されてはいるわけではない．最も単純な種類のバクテリアはマイコプラズマである．マイコプラズマは自立的な生命体ではない．というのは，生存に必要な基本的な化合物の多くを生産できないために，そのような分子を提供してくれる他の生物の体内に棲まねばならないのである．マイコプラズマは，細胞を形成するのに必要な最小限の構造特性をコードする，たった500個程度の遺伝子を含む小さなゲノムをもつ．自立的に生存できるバクテリアは1500個以上の遺伝子を含むゲノムをもち，低分子を代謝するのに必要な代謝酵素および遺伝子発現を制御するためのより複雑な装置をコードしている（MBIO:1-0001 参照）．

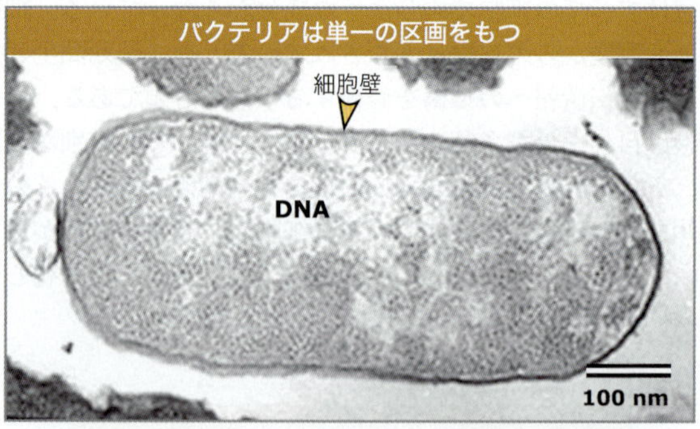

図1・6 バクテリアは単一の区画からなるが，内部に異なる領域が区別されている可能性もある［写真は Jonathan King, Massachusetts Institute of Technology の好意による］

バクテリアは，おそらく20億年前に分岐した二つのグループに分けられる．二つのグループはグラム陰性およびグラム陽性といい，グラム染色に反応するかどうかに基づいている．大腸菌（*Escherichia coli*）は最もよく調べられているグラム陰性菌，枯草菌（*Bacillus subtilis*）は最もよく調べられているグラム陽性菌である．グラム感受性は染色剤と細胞壁の相互作用によって決まる．グラム陽性菌は細胞膜を取囲む細胞壁をもち，染色剤が細胞壁の成分と直接反応する．グラム陰性菌には細胞壁を取囲むもう一つの膜が存在し，この膜の存在と細胞壁成分の違いにより染色性が失われる．外膜と内膜の間の空間をペリプラズムといい，独自のタンパク質群および他の成分を備えている．区画とは膜に囲まれた空間であるという基準に則れば，グラム陰性菌は二つの区画をもつともいえるが，ペリプラズムはバクテリアと環境の間の相互作用にのみかかわっていて，バクテリアの種々の合成活性は，遺伝物質を含むのと同じ区画で行われるという基本的事実には変わりがない．

バクテリアの細胞質は単一の水性環境である．つまり，すべての酵素が同様なイオン条件下で働いていることになる．しかし，バクテリアはけっして“酵素の袋”ではない．現在では，多くのタンパク質が細胞内の特定の場所または構造に運ばれることが明らかとなっている．バクテリアのなかには，高等生物の発生を思わせるような，特殊化した細胞を形成する発生的な変化を行うものもある．

バクテリアには多種多様な形態が存在し，進化の過程で高度に分岐している．系統発生上の関係を明らかにすることは困難である．真核生物に用いられてきたような化石としての痕跡に対応するようなものがないのである．しかし，分子的な方法，初期にはリボソーム RNA の配列決定に基づく方法，最近では全ゲノムの配列決定に基づく方法により，原核生物の系統学が大幅に変わり，図 1・7 に示すように，アーキアが原核生物とは別個のクラスとして同定された．

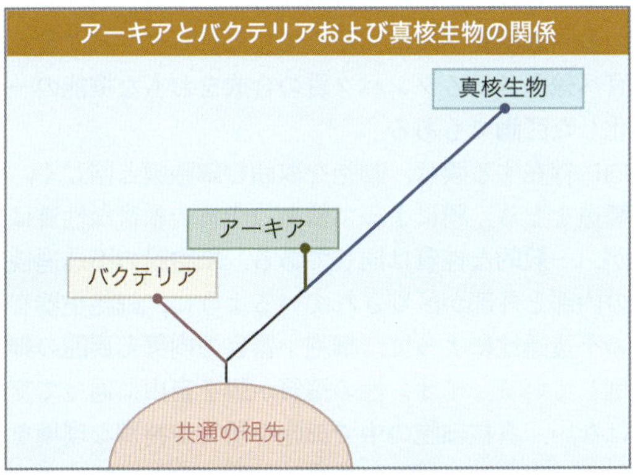

図 1・7 分子的な手法による系統学的分析から，生物を三つに分類できる．

アーキアは外観と構造がバクテリアと類似している，小さい単細胞の生物である．極端な環境条件（超高温など）下に棲んでいることが多く，そもそもは，そのような条件に適応したバクテリアと間違われていた．バクテリアと同様に，アーキアも単一の細胞区画のみを備え，内部に膜は存在しない．細胞膜を取囲む堅い細胞壁または莢膜，および環境に突き出ている鞭毛など，バクテリアと同じ形態学的特徴を備えていることが多い．おもな差異は分子レベルにあり，種々の成分がバクテリアのものと異なっている．遺伝子発現のための装置は，アーキアではバクテリアよりも真核生物のものに近く，細胞壁はバクテリアや植物のものとは異なるサブユニットでつくられている．また，細胞膜には異なる脂質群を含む．アーキアの遺伝的な複雑さは自立生存性のバクテリアと同等である．

（原核生物についてのさらなる詳細は第 16 章“原核細胞の生物学”を参照.）

1・4 原核生物は多岐にわたる条件下での生存に適応している

重要な概念

- 原核生物は多くの極端な環境条件に適応してきた．そして，生きた細胞を構築するにはどれくらいの変数が必要かについて示唆を与える．

原核生物は多様な生活様式をとり，多くが特化したニッチ（生物の生態的適所）に適応している．ニッチには生物が生存可能な条件を広げるような，ある種の極限的な環境も含まれる．異なる温度下で増殖する能力に基づき，原核生物を三つのグループに分類できる．

- 既知の原核生物種の大部分は中温菌（mesophile）という，25～40℃ で最もよく増殖するものである．このグループのバクテリアはヒトの病原体を含むため最もよく研究されている．
- 低温菌（psychrophile）は 15～20 ℃ で最もよく増殖するが，0 ℃ でも生存可能な種もある．そのような種の生息環境は冷水域および土壌である．
- 高温菌（thermophile）は 50～60 ℃ で増殖するが，110 ℃ もの高温に耐えるものもある．

原核生物は酸性環境およびアルカリ性環境で増殖する能力によって分類することもできる．多くの微生物は pH の極端な変化にも耐性がある．好酸菌は pH 5.4 未満で最もよく増殖する．ある種の土壌バクテリアは pH 12 でも増殖することができ，これはこれまで知られているもののなかでも最もアルカリ耐性な生物である．このような原核生物も内部では 7 付近の pH を維持しており，細胞壁によって外部の極限状態から保護されている．

すべての細胞にとって環境中の酸素が必要であると考えるかもしれない．酸素の基本的な役割は呼吸の間に電子受容体として用いられることである．しかし，すべての生物が呼吸を行うために酸素を必要とするわけではなく，また呼吸ではなく発酵によってエネルギーを産生する生物もあるので，そのような生物は嫌気的条件下（酸素なし）で生存できる．単細胞真核生物のなかには，出芽酵母（*Saccahromyces cerevisiae*）のように，好気的条件および嫌気的条件のいずれでも生存可能なものもある．

このような極端な条件下で機能する能力というのは，細胞の種類による特性であって，それによって，細胞の環境との相互作用という観点から細胞の定義の範囲を著しく拡張する．しかしながら，すべての細胞で基本的な分子の成分はよく似ており，特定の環境で生き残れるように，タンパク質や脂質などの個々の成分をそれに適応させている．たとえば，低温菌の酵素は低温で最もよく働くように適応され，高温菌の酵素は高温でも安定である（そのため生物工学での特定の用途に有用である）．

1・5 真核細胞には膜で仕切られた区画が数多く存在する

重要な概念

- 真核細胞の細胞膜は細胞質を取囲んでいる．
- 細胞質中にはそれぞれ膜で取囲まれた区画が存在する．
- 核は細胞質中で最も大きな区画であることが多く，内部に遺伝物質を含んでいる．

真核生物に至る過程で生物の複雑性は著しく増大した．真核細胞には均質な内部環境は存在せず，それぞれ膜に取囲まれた区画に分割されている．図1・8に示されているように，真核細胞の内部は細胞質と**核**（nucleus）という二つの主要な区画に分割されている．細胞の中の膜に区切られた区画は**細胞小器官**（organelle）とよばれることが多い．核は最も顕著な細胞小器官である．細胞質は通常，細胞の残りの部分と定義される．つまり細胞膜と核の間の部分（核を除いた残りの全部）を意味する．

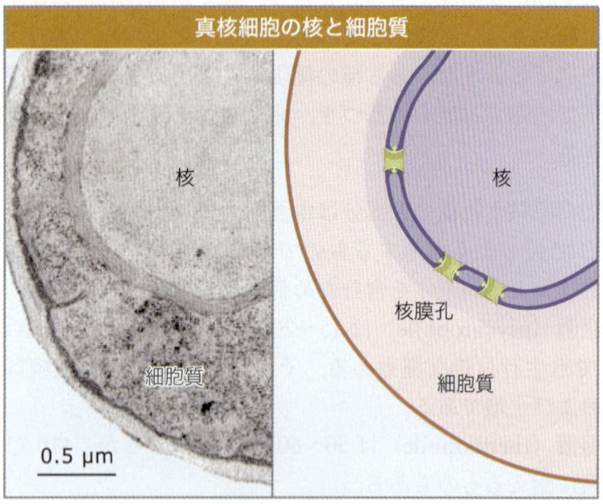

図1・8　真核細胞は核と細胞質に分けられる．核膜にある孔を用いてこの二つの区画間で分子の輸送が行われる［写真は *The Journal of Cell Biology* **107**, 101〜104 (1988) より，The Rockefeller University Press の許可を得て転載］

高分子は，核膜を貫通するタンパク質性のチャネルである孔を通って核に運び込まれたり運び出されたりする．孔の大きさは小分子が完全に透過できるサイズなので，核と細胞質の水性環境はまったく同じである．

遺伝物質は核内に存在する．真核細胞の遺伝的な複雑性は著しく異なっている．最も単純な単細胞生物のゲノムには約5000個の遺伝子が存在する．原核生物のゲノムにコードされている機能に加えて，真核細胞はさらに，構造をつくっている要素のすべて，各区画にタンパク質を局在化するシステム，および核にDNAを隔離していることからより複雑になった遺伝子発現の制御システムまで，それらすべてを指示する必要がある（MBIO:1-0002 参照）．

真核生物の多様性は，自立的に生きているバクテリアと似た生活様式をとる単細胞から，多種多様な構成細胞を含む多細胞生物にまで及ぶ．真核生物は単細胞生物として生じ，その特徴的な性質のほとんどは多細胞生物が生じるより前に確立したため，基本的な細胞の性質は菌類，植物，および動物細胞で保存されている．

特筆すべきは，細胞の全区画で高分子物質の濃度が非常に高いということである．現存する細胞は最初の原始的な細胞を規定した特徴をさらに強化していて，高分子物質を環境から隔離するだけではなく，濃縮もしている．核内でのDNAの濃度は高粘度のゲルと同等である．他の区画でもタンパク質は高密度に濃縮されている．このような構成のため局在化がきわめて重要になっている．

1・6　膜によって細胞質の各区画では異なる環境が保たれている

重要な概念

- 膜に取囲まれている細胞小器官は，その周りの細胞質ゾルとは異なる内部環境を維持することができる．

真核細胞には通常，細胞質中に膜で区切られた細胞小器官と核が存在する．**細胞質ゾル**（サイトゾル cytosol）という用語は，細胞質から膜で区切られた区画をすべて除いた部分の水性環境を記述するために用いられる．細胞質ゾルは細胞膜で囲まれた単一の区画と考えられ，また細胞質内部の細胞小器官の外側表面と接触している．細胞質ゾルは，そこで使われるタンパク質および細胞小器官へ輸送されるタンパク質の合成をおもな機能の一つとする．特化した区画でもある．

細胞内に存在する膜は，細胞を取囲む細胞膜と同じく，脂質二重層の構造をとる．膜によって個々の脂質の厳密な性質は異なっているが，一般的な性質は同じである．細胞膜の不透過性によって細胞の内部と外部が区別されているように，細胞小器官の膜もまたその不透過性によって，細胞小器官の内部と周囲の細胞質ゾルを区別している．イオン性の溶質が膜を自由に通って交換されることはない．真核細胞の中で細胞小器官が特別な環境をつくり出せるのはこの基本的性質のおかげである（核は核膜孔が存在するため例外となっている）．

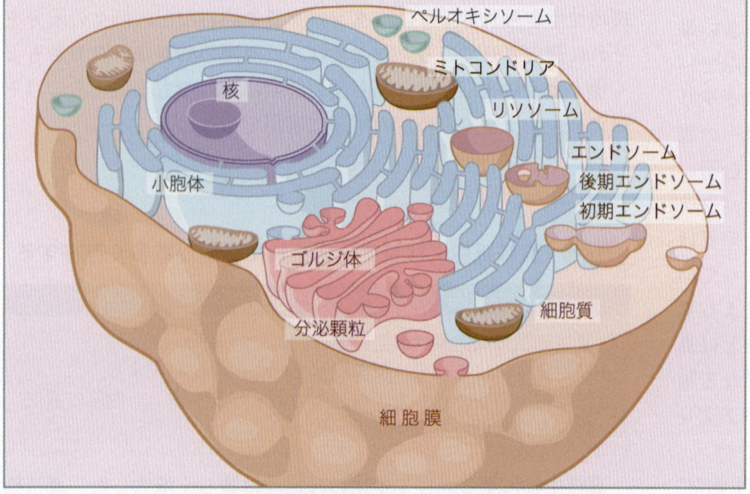

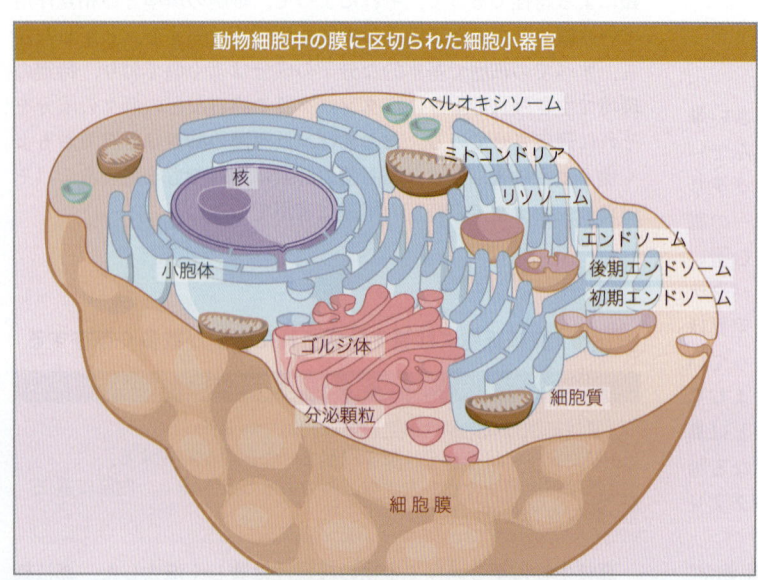

図1・9　真核細胞の細胞質には膜に区切られた区画がいくつか存在する．

低分子および高分子物質の，膜で区切られた区画内へ，あるいは区画外への輸送は，（細胞膜内のタンパク質複合体が細胞内外への物質輸送を制御するのと同様に）膜に埋込まれたタンパク質によって制御されている．個々の区画の内部を**内腔**（lumen）といい，その内部環境は周囲の細胞質と異なっている．

細胞小器官それぞれの特殊化した機能は内腔内で発揮される．そのためには，特定のタンパク質が細胞小器官内に局在する必要がある．それ自身のタンパク質をいくつか合成することができるミトコンドリアと葉緑体を除き，細胞小器官はタンパク質を合成しない．そのため細胞質ゾルで合成されたタンパク質を輸送しなくてはならない．

図1・9には真核生物の細胞質に存在する最も重要な膜に囲まれた細胞小器官が示されている．細胞小器官の内腔の環境はそれぞれの機能に合わせて調

整されている．

小胞体（endoplasmic reticulum, ER）は複雑に入り組んだ一連の膜構造をもち，核の外膜に連続している．小胞体の内腔は（細胞の外部と同様に）酸化的環境である．このことは，タンパク質を折りたたみ，多サブユニットからなるオリゴマーを会合させるという小胞体の機能の一つにとって重要である．

典型的な真核細胞の，膜に区切られた区画群は膜の分裂や融合によって互いに関連し，相互作用し合う．小胞体，**ゴルジ体**（Golgi apparatus, 膜に囲まれた平らな円盤の“層構造”からなる），およびトランスゴルジ網が**分泌経路**（secretory pathway）のおもな構成要素である．これらの細胞小器官の膜は，くびれたり，融合したりしつつ，その内容物と膜タンパク質を区画から次の区画へと輸送する．分泌小胞はトランスゴルジ網から出芽して，細胞膜と融合する．低分子の糖付加を含む，タンパク質の共有結合による修飾は小胞体とゴルジ体で起こる．このネットワークに含まれる他の細胞小器官には，タンパク質分解が行われるエンドソーム（endosome）とリソソーム（lysosome）がある．

すべての真核生物に存在するミトコンドリア，および植物に存在する葉緑体は，エネルギー生産にかかわっている．ミトコンドリアの基本的な役割は，細胞にエネルギー源となる中間体としての ATP の供給をもたらすことである．葉緑体は二酸化炭素から光合成を行い，緑色植物が低分子炭水化物を生成して栄養源の一部として使えるようにしている．葉緑体の存在は，植物界の細胞を動物界（およびその他の界）の細胞と区別するおもな特徴の一つである．

イオンおよび低分子物質の濃度は通常それぞれの細胞質区画ごとに異なっている（図1・10）．顕著な違いの一つとして，小胞体が非常に高濃度のカルシウムをもつことがあげられる．ほかには，エンドソームとリソソームの pH が細胞質ゾルに比べて著しく低いことがあげられる．エンドソームは，pH 6.5〜6.8 の範囲にある初期エンドソームと pH 4.5 にまでなる後期エンドソームの二つに大まかに分けられる．反対に，ミトコンドリアマトリックスの pH は図1・11 にまとめられているように，細胞質ゾルより高い．

（細胞小器官および分泌経路の詳細については，第3章“タンパク質の膜透過と局在化”および第4章“タンパク質の膜交通”を参照．）

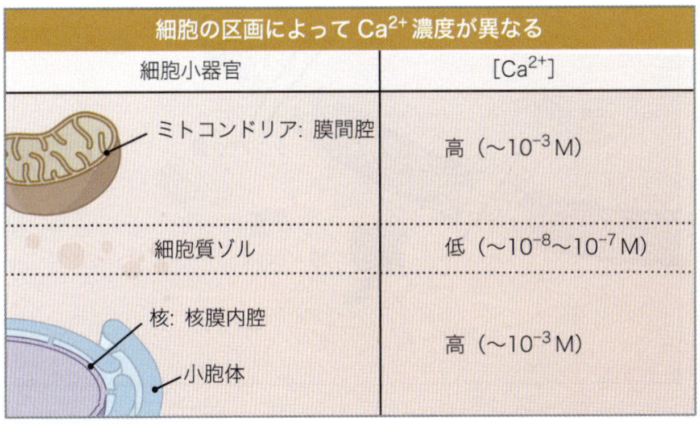

細胞の区画によって Ca^{2+} 濃度が異なる
細胞小器官
$[Ca^{2+}]$
ミトコンドリア：膜間腔
高（〜10^{-3} M）
細胞質ゾル
低（〜10^{-8}〜10^{-7} M）
核：核膜内腔
小胞体
高（〜10^{-3} M）

図1・10 真核細胞の区画には異なるイオン環境をもつものもある．

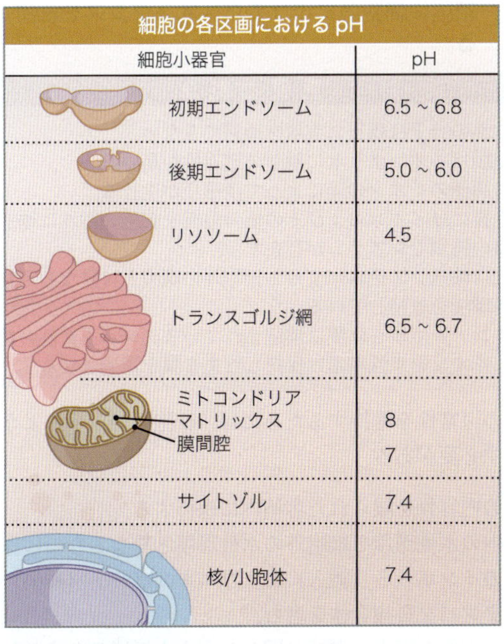

細胞の各区画における pH
細胞小器官
pH
初期エンドソーム
6.5 ~ 6.8
後期エンドソーム
5.0 ~ 6.0
リソソーム
4.5
トランスゴルジ網
6.5 ~ 6.7
ミトコンドリア
マトリックス
膜間腔
8
7
サイトゾル
7.4
核/小胞体
7.4

図1・11 細胞の pH 地図から細胞小器官ごとに異なる pH をもつことがわかる．

1・7 核は遺伝物質を含有し核膜に囲まれている

重要な概念

- 核は細胞内で最も大きな細胞小器官であり，二重膜からなる核膜で囲まれている．
- 遺伝物質は核内の一部に集中して存在する．
- 核膜孔を通って核の内外に巨大分子が輸送される．

図1・12 のように，核は真核細胞で最も大きな目立つ区画であることが多く，ほぼすべて（実際にはミトコンドリアと葉緑体にある少数の遺伝子を除くすべて）の遺伝物質を含んでいる．核の大きさは内部の DNA 量に関係しているので，細胞で核が占める体積の割合はばらつきが大きい．通常，酵母細胞では 1〜2 %，多くの動物の体細胞では約 10 % を占める（§5・2“核の外観は細胞の種類や生物種によって異なる”参照）．遺伝物質は，核内の一部に集中して存在する**クロマチン**（chromatin）という塊をつくっている．

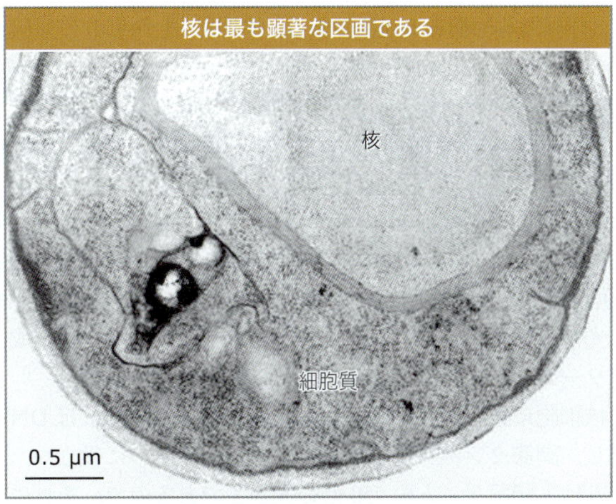

図1・12 細胞で核が占める割合は細胞型によって異なるが，核は通常，真核細胞で最も大きく最も目立つ区画である［写真は *The Journal of Cell Biology* **107**, 101〜114（1988）より The Rockefeller University Press の許可を得て転載］

核は，図1・13のように核外膜と核内膜という二つの同心的な膜からなる**核膜**（nuclear envelope）で囲まれている（§5・6“核は核膜によって取囲まれている”参照）．二つの膜は内腔により隔てられている．核外膜は小胞体膜と連続していて，核膜の内腔は小胞体の内腔とつながっている．核内膜は通常，核内にあり核ラミナといわれるフィラメントのネットワークが核内膜を裏打ちしている．

核は二重の膜で囲まれている

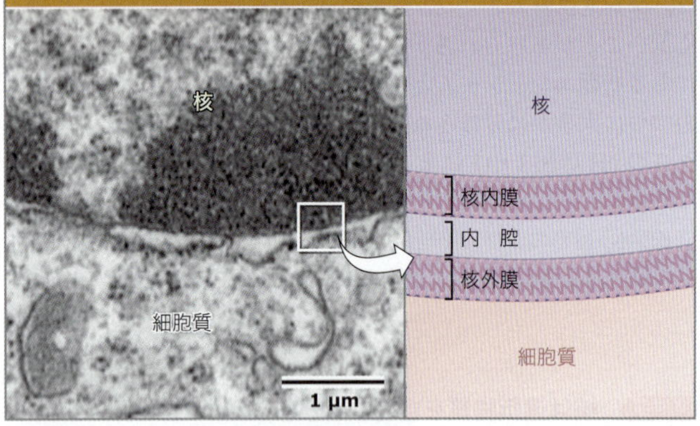

図1・13　核は，核内膜と核外膜からなる核膜で囲まれている．二つの膜は内腔で隔てられている．核膜の内腔は小胞体の内腔と連続している［写真はTerry Allen, Paterson Institute for Cancer Researchの好意による］

小分子は細胞質ゾルと核の間を自由に行き来するため，細胞質ゾルと核の水性環境は同一である．しかし，約40,000 Da（小さなタンパク質に相当する）以上の大きさの物質は，核膜に埋込まれている**核膜孔複合体**（nuclear pore complex）によって輸送されなければ核に出入りすることはできない．電子顕微鏡レベルでは，核膜孔は核膜で最も目立つ構造を備えている（§5・9“核膜孔複合体は対称的構造の通路である”参照）．それぞれの核膜孔複合体の中心には，自由拡散するサイズの上限を超える物質が核に出入りするためのチャネルが存在する．これにより，核はタンパク質やその他の巨大分子について，細胞質ゾルとは異なる組成をもつことができる．

核には特化した機能をもつ小区画が存在するが，それらは膜で区切られてはいない（§5・4“核は膜に囲まれない小区画をもつ”参照）．核内の主要な小区画は**核小体**（nucleolus）である．核小体は光学顕微法で見ることができ，リボソームRNAが合成されリボソームのサブユニットが組立てられる場所である．

真核細胞に核が存在する利点とは何だろうか？　核はDNAを保護し，調節タンパク質や修復酵素を濃縮するのに役立つ．ヒトゲノムは大腸菌ゲノムの750倍の大きさであるので，それに対応して，どの特定の配列もゲノム上に占める部分はより小さい．そのため，調節因子は，標的を発見するためにより高濃度になる必要がある．核が存在することは，標的（すなわちゲノム）と調節タンパク質を細胞内の小さな部分（すなわち核）に閉じ込めるのに役立つ．またゲノムを偶発的な損傷から守るためにも有利である．

核が存在することは重要な影響をもたらす．図1・14は核と細胞質の間の高分子の輸送が双方向のプロセスであることを示している．核で必要なタンパク質（複製および転写に必要なタンパク質を含む）はすべて細胞質から核内移行される必要がある．その一方，核内で転写されたmRNAは，タンパク質合成装置のある細胞質に移行されなくてはならない．この点が，転写と翻訳が共役していて同時に同じ場所で行われる原核細胞の状況とは大きく異なっている．核内および核外への分子の移動は種々の調節のための重要な標的になっている．

典型的な真核細胞には核が一つ存在する．しかし，細胞が多くの核をもつような例外的な状況も存在する．特にショウジョウバエ（*Drosophila*）のような昆虫の初期発生においてみられ，細胞分裂せずに何回も核分裂が起こり，同じ細胞質中に数百個の核をもつ**シンシチウム**（syncytium, 融合細胞ともいう）がつくられる．シンシチウムがつくられるもう一つの状況としては，動物の筋細胞の融合があげられる．逆に，成熟赤血球のような少数の分化した細胞型には核が存在しない．（このようなものを“細胞”とみなせるのかという問題はさておき，細胞に由来する最終分化産物であることに注意しておきたい．）

核と細胞質の間の輸送

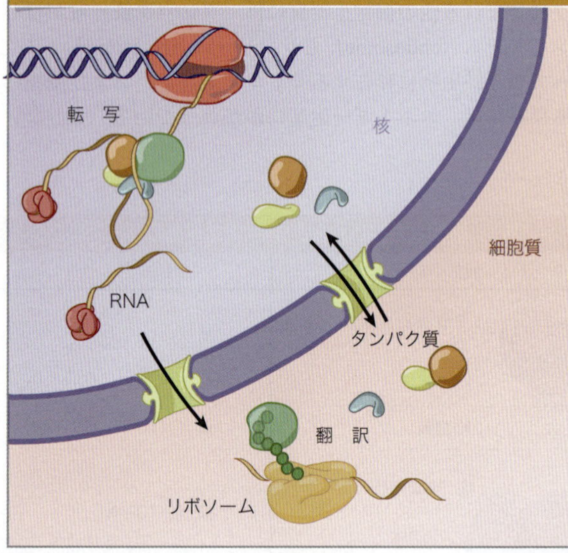

図1・14　RNAは核から細胞質へ輸送され，タンパク質は細胞質から核へ輸送される（ときには再び運び出される）．

1・8　細胞は細胞膜によってホメオスタシスを維持している

重要な概念

- 親水性の分子は脂質二重層を通過できない．
- 細胞膜はイオンより水に対して透過性が高い．
- 膜の両側のイオンの差によって浸透圧が生じる．
- 細胞膜にはイオンおよびその他の溶質を細胞の内外に輸送するための特別なシステムが存在する．
- 細胞は輸送システムによって細胞外の環境とは異なる定常的な内部環境を維持している．
- イオンチャネルとは膜に埋込まれているタンパク質性の構造体で，イオンを水性環境に保持したまま膜を通過させる．

細胞の恒常性を維持するためには，細胞膜が以下のような機能を満たす必要がある．

- 細胞の内容物を限られた容積内に保持する．
- 細胞内の水性環境を細胞外の水性環境と異なるものに保つ．
- 分子のインポート（搬入）およびエキスポート（搬出）を制御するタンパク質複合体を含む．
- 細胞の内部と細胞外環境の間のシグナル伝達のためのシステムをもつ．

膜本来の性質のため，細胞は水およびイオンの移動を制御する必要がある．図1・15は膜が疎水性化合物に対し透過性であることを示している．水とイオンに対して異なる透過性をもつために，膜の両側に溶けている物質の濃度の差に応じて**浸透圧**（osmotic pressure）が生じるという重要な結果がもたらされる．

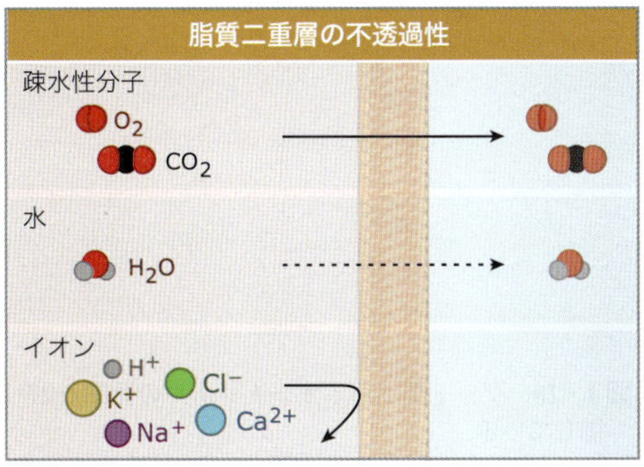

図1・15 疎水性分子や水分子とは異なり，イオンは脂質二重層を迅速に透過することができない．

たとえば，ナトリウムイオンまたはカリウムイオンが脂質二重層を越えて拡散する速度は水の拡散速度に比べて10^{10}倍も小さい．そのため，膜の両側にイオン濃度の差が存在する場合，水分子が膜を通って輸送され両側の溶質の濃度を等しくしようとする（図1・16）．

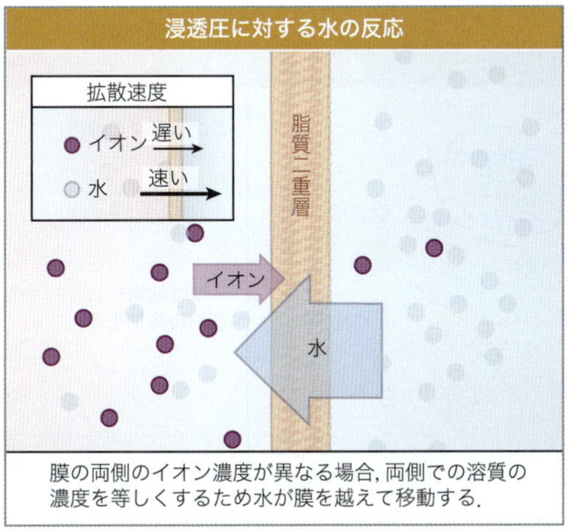

図1・16 浸透圧に応答して，水が膜を越えて移動する．移動の向きは溶質の相対濃度に依存する．

細胞に溶質濃度を制御する機構がなければ，外部の溶質の濃度が内部に比べ高ければ浸透圧に応じて膨張し，また逆ならば収縮すると考えられる．そのため，細胞のサイズは外部の環境によって絶えず変化し，極端な条件下では細胞が機能できない塊にまで凝縮されたり，破裂したりして致死的となる可能性もある．

細胞は細胞膜を通してイオンと水の移動を制御することで，このような状況に対応する．細胞が内部環境を一定の状態に維持する能力を**ホメオスタシス**（homeostasis）という．これは，単細胞生物であるか多細胞生物であるかにかかわらず，すべての細胞にとって重要な機能である．動物細胞においてホメオスタシスの果たす重要な役割の一つは，水の蓄積を回避するために，イオン組成物のバランスをとって浸透圧に対応することである．ホメオスタシスを維持するためには，イオンと水の細胞の内外への移動を制御する必要がある．

細胞外の環境は著しく変動する可能性があるため，単細胞生物にとってはホメオスタシスは必須である．多細胞生物においては，ホメオスタシスによって個々の細胞が細胞外液と異なる内部環境を維持することができる．通常は，外部環境に比べ細胞の内部には高濃度のカリウムが存在し，低濃度のナトリウムおよびカルシウムが存在する．

図1・17には，脂質二重層内に存在するタンパク質複合体が膜を貫くチャネルを形成することにより，膜を介した物質輸送が可能になる様子を示している．タンパク質複合体の外側表面は脂質二重層に接しているが，内側表面は水性環境を取囲んでいる．イオン性溶質や親水性タンパク質は脂質二重層に接触することなく水性のチャネルを通り抜ける．チャネルは特定の物質を通過させるよう特化した装置である．

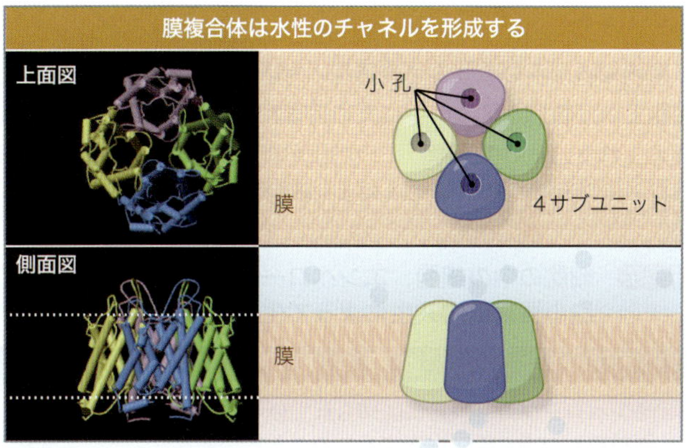

図1・17 膜に埋込まれたタンパク質複合体は，膜の一方の側から反対側にイオンおよび小分子を運ぶための水性のチャネル（孔）をつくる．

イオンに膜を通過させるメカニズムは，高濃度から低濃度に向かう移動か，または逆方向への移動かによって異なっている．細胞の内外のイオン濃度の差によって膜を介した勾配が生じる．イオンが勾配とともに，つまり高濃度側から低濃度側に膜を移動する場合は，イオンは濃度勾配によって**イオンチャネル**（ion channel）を通過する．イオンを濃度勾配に逆らって移動させなくてはならない場合には，エネルギー供給を必要とする**キャリアータンパク質**（carrier protein，運搬タンパク質ともいう）が必要となる（§2・2“膜輸送を行うおもなタンパク質にはチャネルとキャリアーがある”参照）．

チャネルが単に膜を貫く水性の通路であるなら，膜の両側のイオン状態はすぐに等しくなるはずである．膜の両側のイオン環境を正しく維持するために，物質が輸送されるとき以外はチャネルは閉じられている．チャネルを開閉する能力を**ゲート開閉**（gating）という．図1・18には，イオンがチャネルを通過できるようにしたり，あるいはそれを遮断するように，ゲートが立体構造を変化させていることが示されている．ゲートは小分子のリガンド，電圧，または温度によって制御されることもある．

溶質の移動を制御する以外にも，すべての細胞には細胞膜を越えて水を輸送する**アクアポリン**（aquaporin）が存在する（§2・11“アクアポリンは水を選択的に膜透過する”参照）．アクアポリンは浸透圧に反応して特別なチャネルを通して水を移動させる．

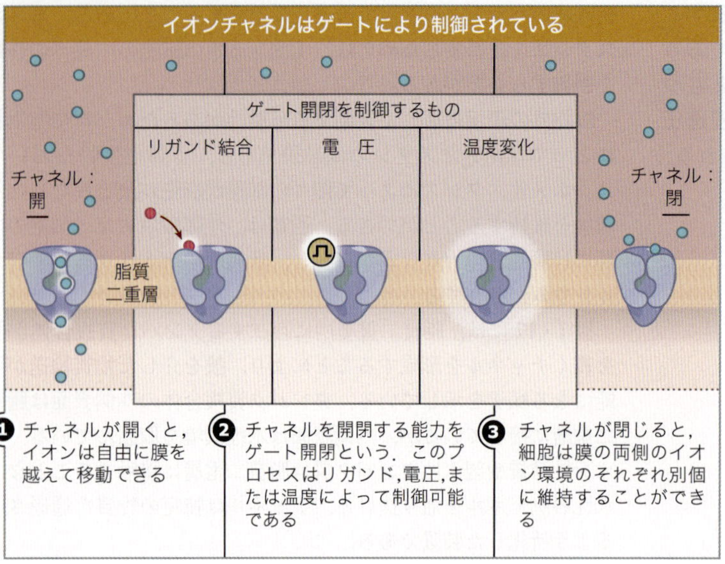

図1・18 ゲート開閉がイオンチャネルの開閉を制御している．

植物細胞は別のやり方で浸透圧に対応する．植物細胞では水は液胞という特別な区画の中にため込まれ，内圧は強固な細胞壁で抑えられる．そして実際，この内圧が細胞の膨張に寄与している（§17・10 "液胞が膨張することにより細胞の伸長が起こる" 参照）．

1・9 細胞の中の細胞：エンベロープに区切られている細胞小器官は内共生によって生じた可能性がある

重要な概念

- エンベロープ（包膜）に区切られている細胞小器官はおそらく原核細胞の内共生に由来するものである．

核，ミトコンドリア，および葉緑体という，真核細胞の三つの細胞小器官はそれぞれエンベロープ（envelope 包膜）で区切られている．図1・19に示すように，エンベロープは二重膜で，外膜は外側を向き，内部の区画を取囲む内膜とは膜間腔で隔てられている．エンベロープで囲まれている細胞小器官はすべて遺伝物質をもつ（その他の膜で囲まれている細胞小器官は単一の脂質二重層で囲まれており遺伝物質をもたない）．

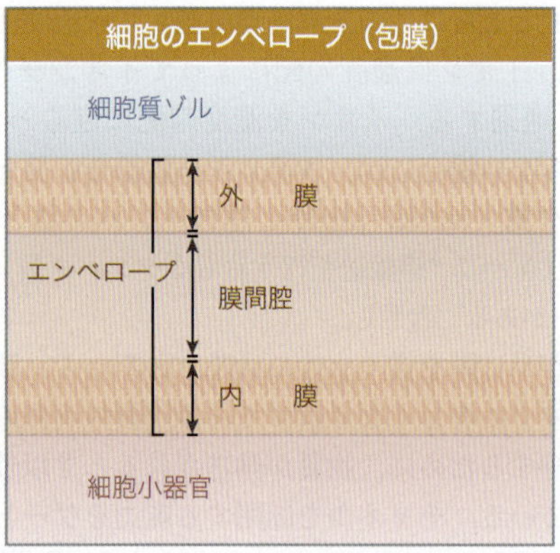

図1・19 エンベロープは外膜と内膜からなり，二つの膜は膜間腔で隔てられている．それぞれの膜は脂質二重層である．

遺伝物質を含む区画を囲んでいるエンベロープの構造は原核生物の構造を直ちに想起させる．この類似性に基づき，これらの区画が宿主細胞に取込まれた原核生物から進化してきたかもしれないと考えられている．これは，ある種のバクテリアが宿主真核細胞の細胞質に入り込んでそこに棲むという，**内共生**（endosymbiosis）の状況と類似している．そこで，この細胞小器官進化モデルを**細胞内共生説**（endosymbiosis theory）という．

図1・20に，ある細胞が別の細胞を取込んだ場合に，進化の過程で，このような細胞小器官がどのように生じうるかを示す．取込まれた細胞はそれ自身の膜と貪食細胞の膜の2枚の膜で取囲まれることになる．貪食細胞の細胞膜からくびり切れることで，取込まれた細胞は，エンベロープによって囲まれた区画として細胞内部へ放出される．

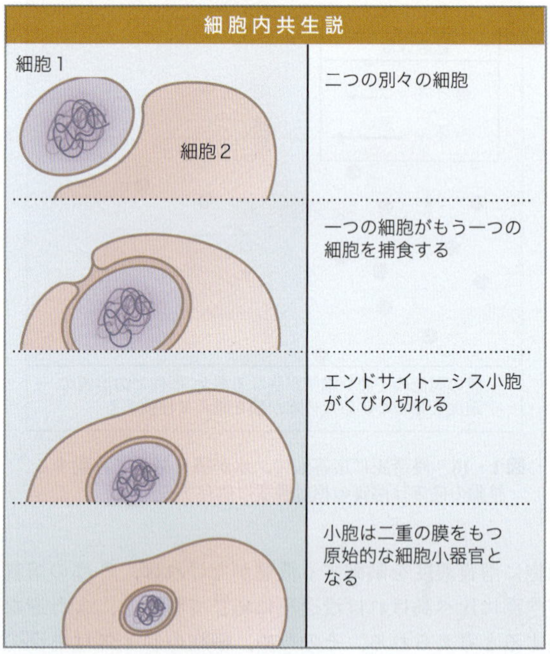

図1・20 エンベロープをもつ細胞小器官は細胞が他の細胞を取込んだことにより進化したと考えられる．

このような過程を経て，取込まれた細胞が宿主細胞に新しい能力を与えることになった場合に，ミトコンドリアや葉緑体などが発生したと思われる．たとえば葉緑体の場合には，それは光合成の能力である．そのうちに，取込まれた細胞は，周囲の細胞質が補ってくれることで，もはや必要でなくなった機能を失い，宿主が必要とする機能を提供することだけに特化するようになったと考えられる．

ミトコンドリアや葉緑体がもつ遺伝子の数は独立性のバクテリアのもつ遺伝子の数よりかなり少なく，独立生活を送るために必要な遺伝子機能の多くを失っている（たとえば，代謝経路に関してコードしている遺伝子など）．細胞小器官の機能をコードする遺伝子の大半は今や核内に存在する（タンパク質は細胞質ゾルで合成され細胞小器官に輸送される）．これらの遺伝子は，内共生が起こった後，ある時点で細胞小器官から核へと移されたはずである．

異なる種においてそれぞれ対応する遺伝子の位置を比較することで，核と細胞小器官の間の物質交換を追跡できる．最初の取込み以降，逆向きもありうるものの，各細胞小器官のゲノムと核ゲノムの間の遺伝情報の交換の多くは，機能を核ゲノムへ移すという方向でなされてきた（MBIO：1-0003 参照）．

どちらの細胞小器官も自身の遺伝情報を発現してタンパク質を合成する能力を保持している．実際，ミトコンドリアと葉緑体が内共生起源であることの最大の証拠は，それらの遺伝子発現装置に見いだされる．それぞれの細胞小器官の遺伝子発現装置は，現代の原核生物のものと近縁であり，真核細胞のものとはずっと遠縁だったのである．配列相同性からミトコンドリアと葉緑体は別個に進化したと考えられている．ミトコンドリアは α 紅色細菌と共通の起源をもち，葉緑体はシアノバクテリアに最も近縁であるようである．

細胞小器官は増殖法もバクテリアと似ている．ミトコンドリアおよび葉緑体は，バクテリアと同じく，周囲の膜を陥入させて内部を分割することで分裂する．分裂に使われる成分もバクテリアで使われるものと関連がある．

核の起源はそれほど明らかになってはいない．おそらく，真核生物の進化の初期段階のどこかで，ある原核生物が別の原核生物を取込み，取込まれた細胞が融合したユニットの遺伝機能を乗っ取ったのだろう．ここでもまた遺伝子発現装置の性質が示唆的であり，真核生物とアーキアは，バクテリアよりも，互いに近縁である．しかしながら，真核生物にはバクテリアのものと近縁の遺伝子もあり，代謝機能にかかわるものについては最も近縁である．バクテリアとアーキアが両方ともかかわる融合により真核生物が生じ，両方に由来する遺伝子が，取込まれた細胞から形成された核に行き着いたという可能性もある．

1・10 DNA は細胞の遺伝物質であるが，他の形態の遺伝情報も存在する

重 要 な 概 念

- DNA は細胞の全タンパク質の配列をコードする遺伝情報を保持している．
- 情報は受継がれる細胞の構造にも保持されている．

DNA の二重らせんはすべての生細胞の基本的な遺伝情報を保持している．バクテリアやアーキアでは通常，全配列情報は単一の染色体上にある．真核生物では少数の遺伝子以外のすべての遺伝子が核の染色体に存在し，少量の遺伝情報がミトコンドリアと（植物では）葉緑体に保持されている．

DNA はウイルスの遺伝物質であることもあるが，ウイルスのなかには RNA を用いるものもある．ウイルスはみな，遺伝物質をタンパク質のコートで取囲んでいる．ウイルスはもちろんそれ自体は生物ではないが，感染すると宿主細胞の装置と同じ装置を用いて遺伝的な機能を発揮する．

細胞は DNA 配列に保持されていない情報を永く保持することもできる．これを**エピジェネティック**（epigenetic）遺伝という（MBIO：1-1004 参照）．正式には，エピジェネティック遺伝とは，二つの細胞が，ある表現型に関与する遺伝子座の DNA 配列が等しいのに異なる表現型を示す状況を示す．

“狂牛病”の原因であるタンパク質性の物質の振る舞いはエピジェネティックな作用の一例である（MBIO：1-1005 参照）．プリオンタンパク質（PrP）は単純な可溶性な状態で存在したり，異なる立体構造をとって巨大な自己凝集体を形成したりする（図 1・21）．この凝集体が疾患の原因である．凝集体は新たに合成される PrP タンパク質をも凝集性の構造に導くため，自己増殖的である．この種のエピジェネティック遺伝は広く存在するらしく，同様な作用は酵母においてもみられた（MBIO：1-1006 参照）．このようなタンパク質では，表現型はタンパク質をコードする遺伝子の配列ではなく，細胞が既存の凝集体をもつかどうかによって決まることになる．

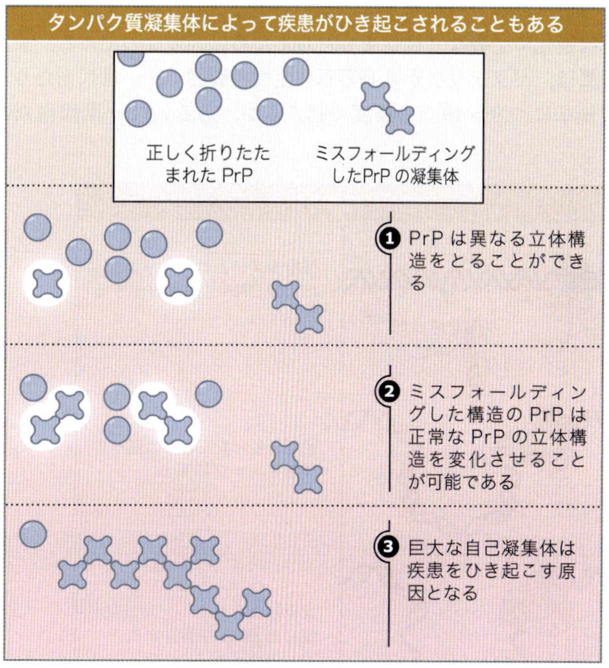

図 1・21　プリオンタンパク質（PrP）は可溶性タンパク質として存在することも，また凝集体を形成する別の立体構造として存在することもある．凝集体は新たに合成された PrP に自分と同じタイプの立体構造をとらせる．

細胞が DNA 配列以外の情報を“必要”としているのかどうかはわからない．DNA の配列を読み出してすべてのタンパク質をつくり出せれば，タンパク質は相互作用して細胞構造と機能のすべてをつくり上げることができるだろうか？　もしできないとしたら，細胞が既存の細胞からのみ生まれることを可能にしている，欠落した情報の本質は一体何なのだろうか？　細胞構造体を組立てるための鋳型とするための構造体があらかじめ存在することが必要なのだろうか？（§1・19“細胞構造体の局在化は重要である”参照．）

1・11　細胞は DNA の損傷を修復する機構を必要とする

重要な概念

- 環境からの影響または細胞のシステムによるエラーのために，遺伝情報は絶えず損傷を受けている．
- 生細胞が生き残るためには，DNA の損傷を最小化する修復システムが必須である．

遺伝情報の完全性を維持することは遺伝情報を正確に複製するのと同じくらい重要である．実際，ヒトゲノムには，基本的な複製装置をつくるために存在する遺伝子よりも，DNA の損傷を修復するための遺伝子の方が多い．

DNA 配列中のエラーは 2 種類の原因から生じる．第一には，複製中の間違いにより，新しい鎖に誤った塩基が挿入される．複製システムには校正機構が備わっていてそのようなエラーを防いでおり，ミスを非常に低率に抑えている．第二には，環境からの影響によって DNA が損傷を受けるものであり，塩基を改変する放射線や化学物質などが考えられる．細胞には，損傷を受けた DNA を元の状態に戻すように作用する**修復**（repair）システムが数多く存在する（MBIO:1-0007 参照）．図 1・22 に DNA の損傷を認識し，それを除去し，切除したものを正しい塩基で置き換えることによって修復するシステムの作用機構を示す．

このようなシステムが稼働していても突然変異が生じることがあるが，許容可能な頻度である．実のところ，ある程度の突然変異は進化に必要な多様性をもたらすために必須なのである．突然変異は，バクテリアから高等真核生物の範囲で，一世代当たり一遺伝子につき～10^{-6} の頻度で起こるか，あるいは一世代当たり一塩基対につき平均 10^{-9}～10^{-10} の頻度で起こる．極端な条件下で生活している生物でも同様な頻度である．この類似性から，全体としての突然変異率は，ある種の選択圧を受け，大多数の突然変異の有害な効果といくつかの突然変異の有利な効果との間のバランスの上に成り立っていると考えられる．

修復システムなしで生き残れる細胞は存在しない．たとえば，大腸菌からすべての修復システムを除去したら，紫外線のたった 1 回の照射でも致死的となる可能性があるが，正常なバクテリアはきわめて多数の損傷された塩基を修復することができる．

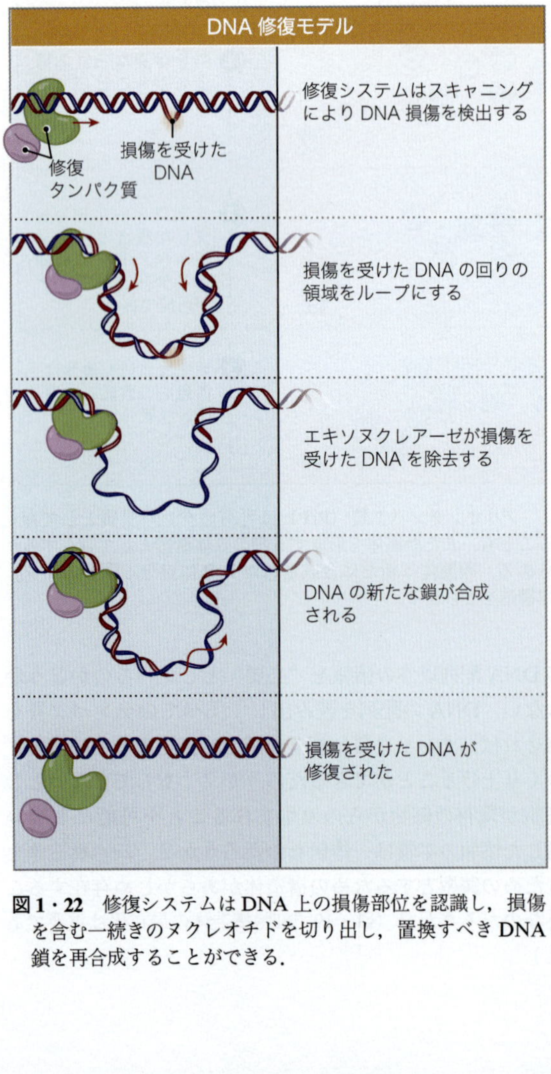

図 1・22　修復システムは DNA 上の損傷部位を認識し，損傷を含む一続きのヌクレオチドを切り出し，置換すべき DNA 鎖を再合成することができる．

1・12　ミトコンドリアはエネルギー工場である

重要な概念

- すべての生細胞は，環境から供給されるエネルギーを，ATP という共通の中間体に変換する手段を備えている．

細胞は周囲の環境から供給される食物からエネルギーを得る．つぎに，このエネルギーを細胞中に分配できる形態に変換する必要がある．一般的には（ミトコンドリアだけではなく，原核生物にも同様なエネルギー処理システムがあり），細胞が必要とするとき必要な場所で使える共通の分子の形でエネルギーを貯蔵することになっている．細胞のタイプによってエネルギー処理の詳細は異なっているが，すべての生細胞に共通の特徴は，環境から供給されるエネルギーを ATP という共通分子に変換できることであり，ATP は必要に応じて個々の化学反応を駆動できる．

ATP は細胞質ゾルとミトコンドリアにおいて二つの方法で生成される．第一の経路は真核細胞の細胞質ゾルもしくはバクテリア内に存在し，解糖の過程でグルコースがピルビン酸に分解される反応の間に 2 分子の ATP が産生される．この反応は嫌気的に（酸素の非存在下で）進行する．

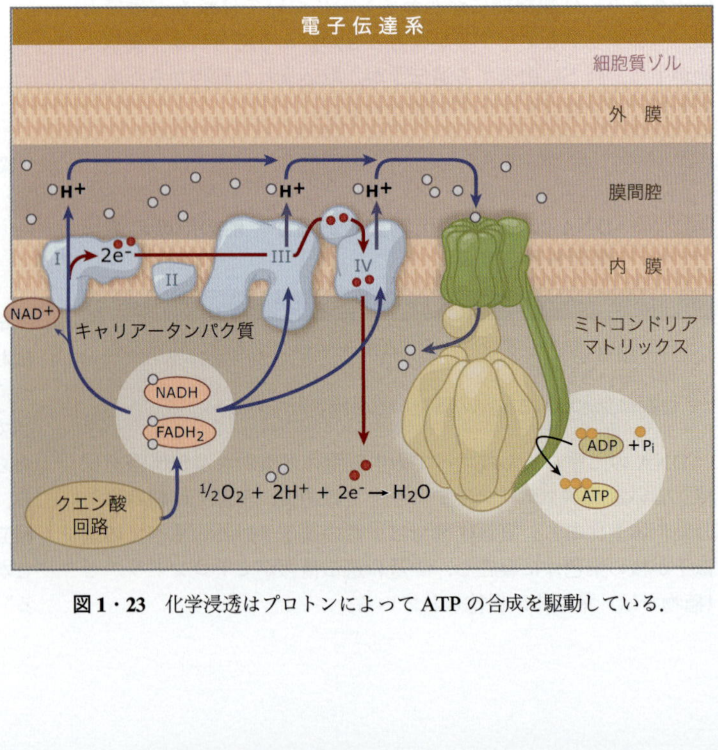

図 1・23　化学浸透はプロトンによって ATP の合成を駆動している．

第二の経路がエネルギー産生の主要な供給源で，真核細胞のミトコンドリアで起こる．ミトコンドリア内でATPを生成する過程を酸化的リン酸化といい，電子伝達系が関与している．解糖により生成されたピルビン酸はミトコンドリアのマトリックス（内腔）に入り，そこで分解されて補酵素Aと結合して，アセチルCoAになる．アセチルCoAのアセチル部分はクエン酸回路により二酸化炭素に分解され，水素原子を放出する．水素原子はNAD^+をNADHに還元し，つぎにNADHの酸化によりプロトンと電子が放出される．

プロトン（水素イオン）は膜を越えてマトリックスから膜間腔に移動し，一方，電子は一連のキャリアータンパク質を介して膜に沿って輸送される．図1・23にこの過程を示す．結果として，膜を介してプロトンの勾配が生じる．この勾配によって，プロトンが巨大なタンパク質複合体であるATP合成酵素を通って膜を越えて逆戻りし，この流れがADPと無機リンからのATPの合成を駆動する．この過程を**化学浸透**（chemiosmosis）という．

ミトコンドリアは(真核)細胞の発電所であるといわれることも多い．ミトコンドリアは細胞の代謝過程および構造変化をもたらすのに必要なエネルギーを供給する．より正確には，ミトコンドリアは環境から供給されたエネルギーを細胞が使える形に変換する．ミトコンドリアの構造および機能がすべての真核生物で保存されていることから，ミトコンドリアをもたらした内共生は真核生物の進化の最も早い時期に起こったはずであると考えられる．

1・13 葉緑体は植物細胞に動力を供給する

重要な概念

- 色素体は植物細胞内の膜で囲まれた細胞小器官であり，葉緑体および他の特殊な形態をとることがある．

色素体（plastid）は植物細胞のみに存在する膜に囲まれた細胞小器官である（§17・20“植物細胞には植物特異的な細胞小器官である色素体が存在する”参照）．植物細胞の基本的な代謝反応の多くが色素体内で起こる．色素体はいくつかのタイプに高度に特殊化されているが，すべて特定の共通の反応を担っている．色素体では，脂肪酸，多くのアミノ酸，ならびにプリンおよびピリミジンの，すべての合成が行われる．一方，このような反応は動物細胞では細胞質ゾルで起こる．

2枚の近接して存在する膜，すなわち内膜と外膜が，色素体を取囲んでおり，ミトコンドリアの場合と同じく膜間腔がこの2枚の膜を隔てている．**ストロマ**（stroma）とは，色素体の内膜に囲まれた内部である．ストロマは，色素体のDNA，RNA，およびリボソームや酵素などの多くのタンパク質を含有している点において，ミトコンドリアのマトリックスに似ている．ミトコンドリアマトリックスと異なるのは，ストロマにはチラコイドとよばれる，膜で覆われた円板構造が存在することである．チラコイド膜にはエネルギー産生システムが備わっている．

すべてのタイプの色素体は，前色素体とよばれる共通の祖先細胞小器官から生じる．前色素体は分化した色素体より小さく，内膜がなく，特殊化していない．植物細胞が特定の細胞型に分化すると，前色素体も分化し，その細胞型に即した機能を獲得する．したがって，生じる色素体のタイプは細胞型に依存する．

葉緑体も色素体であり，植物が，グルコースの化学的分解ではなく，光で活性化された葉緑素の分子によって電子が供給される系からATPをつくり出すことを可能にする．光があれば，葉緑体が葉などの植物の一部で発達し，光を集めて光合成を行う．暗やみで育った植物には葉緑体は発達せず，その葉には代わりに他のタイプの色素体が生じている．種子や塊茎にはまた別のタイプの色素体であるアミロプラストがある．アミロプラストはデンプンを合成し，ストロマ中に顆粒として貯蔵する．いくつかのタイプの色素体には，特定の低分子化合物を合成するための酵素も含まれている．有色体はカロテノイドとよばれる色素を合成し貯蔵する．カロテノイドは赤，オレンジ，または黄色の分子で，花や果実に特定の色を付与する．

分化した色素体は，環境および発生のシグナルに応じて異なるタイプに変換することもある．たとえば，葉緑体はトマトが緑から赤に熟したとき，また落葉樹の葉が緑から赤，オレンジ，もしくは黄色に変わるときに，有色体となる．この変換は核遺伝子の発現により制御され，このとき葉緑体は葉緑素とチラコイド膜を失い，カロテノイドを合成するようになる．

1・14 細胞小器官はタンパク質の特異的な局在化機構を必要とする

重要な概念

- すべての細胞小器官は細胞質ゾルからタンパク質を輸送されている．

細胞小器官が異なる機能に特化しているとは，つまり，それぞれについて特有の低分子また高分子の組成が必要であるということである．しかし，このような成分は，必ずしもそれらが機能する細胞小器官内で合成されるわけではない．細胞小器官の基本構造を形づくるタンパク質を含む，多くの成分が細胞質ゾルから細胞小器官に輸送される．（ミトコンドリアと葉緑体は自身のタンパク質のうち少数をその内部で合成する．）

細胞小器官の構成成分はどうやって自らが機能する部位にたどり着くのだろうか？ 図1・24にまとめられているように，少なくとも8種類のおもな細胞小器官が存在する．細胞小器官の内外への低分子物質の移動は膜に埋込まれているタンパク質が制御する．細胞質ゾルで合成中または合成後のタンパク質の細胞小器官内への輸送には特別な機構が必要である．

細胞小器官ごとに異なる機能をもつ

細胞小器官	機能
核	遺伝子発現タンパク質は搬出および搬入される；RNA は搬出される
小胞体	タンパク質修飾；タンパク質は翻訳と共役して輸送される
ゴルジ体	タンパク質修飾；タンパク質は小胞体から輸送される
エンドソーム 初期エンドソーム 後期エンドソーム	他の区画への輸送のため，取込んだタンパク質を選別輸送する；エンドソーム内で機能するタンパク質は分泌経路から輸送される
リソソーム	取込んだタンパク質の分解；ストレス細胞内の細胞質ゾルタンパク質の分解；リソソーム内で機能するタンパク質はトランスゴルジ網から輸送される
ミトコンドリア	エネルギーの操作；タンパク質は細胞質ゾルから輸送される；一部のタンパク質は細胞小器官内で合成される
ペルオキシソーム	酸化過程；タンパク質は細胞質ゾルから輸送される

図1・24 各細胞小器官はその機能に応じて異なる組成や構造をもつ．

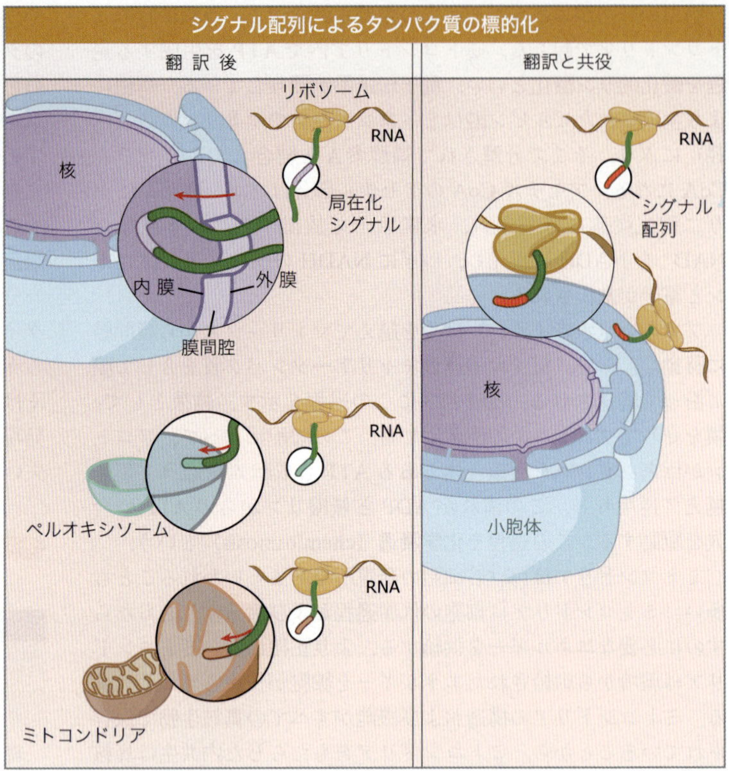

図1・25 細胞小器官の膜内や内腔内に局在化するタンパク質もある．エンベロープをもつ細胞小器官の場合，いずれかの膜内や膜間腔に局在化するタンパク質もある．

図1・25にまとめられているように，細胞小器官の膜が，タンパク質の輸送の型を規定している．小胞体やゴルジ層板のように区画が単一の膜で囲まれている場合は，タンパク質は内部に輸送されるか，または膜に組入れられる．核，ミトコンドリア，または葉緑体のようにエンベロープをもつ区画の場合には，もっといろいろな可能性があり，輸送されるタンパク質は外膜，膜間腔，内膜，および内部などに到達する．

特定の細胞小器官を目的地とするタンパク質はすべてそのタンパク質内部に**選別シグナル**（sorting signal，または標的化シグナル targeting signal）を構成する短いアミノ酸配列をもち，これがタンパク質局在の基本的な原理になっている．それぞれの細胞小器官は一つまたは複数のシグナルをもっている．タンパク質が最終目的地に着くまでに，選別シグナルは1回または数回にわたって，細胞のもつ特殊な装置により認識される．

1・15 タンパク質は膜に輸送される場合も，膜を通って輸送される場合もある

重要な概念

- タンパク質は細胞小器官の膜に埋込まれた受容体複合体を通って，細胞小器官内に輸送される．
- 核ならびにミトコンドリアや葉緑体などの細胞小器官については，タンパク質は合成後，細胞質ゾルに放出され，その後細胞小器官に結合する．
- 小胞体については，タンパク質は合成中に小胞体膜上の受容体複合体へ輸送される．

すべての膜に囲まれた細胞小器官には共通に一般的な問題が存在する．つまり，細胞質ゾルでつくられたタンパク質を，どうやって膜に挿入するか，または膜を通過させるかということである．親水性のタンパク質が疎水性の膜を通るには大きなエネルギー障壁が存在する．細胞小器官はそれぞれの方法で，違った解決法を発達させてきた．細胞小器官の膜にはタンパク質でできた親水性の孔が存在し，この孔を使ってタンパク質が輸送されるため，タンパク質は疎水性の膜と相互作用する必要はない．孔の性質および輸送されるタンパク質との相互作用の性質は細胞小器官によって異なる．

核膜孔は複雑な輸送装置を備えた巨大な構造であり，タンパク質の核内または核外への輸送をつかさどっている．タンパク質は核膜の一方の側で集められ，孔を通過し，反対側で放出される（§5・11“タンパク質は核膜孔を通して選択的に核内に輸送される”参照）．孔は核膜の両方の膜にまたがっており，タンパク質はフォールディングした成熟型として一方の側から反対側に輸送される．

ミトコンドリアや葉緑体のような細胞小器官には，タンパク質を内部に輸送するよう働くタンパク質が，その外膜および内膜の両方に存在する．（外部に搬出することはない．）取込まれるタンパク質は，細胞質のリボソームで合成され細胞質ゾルに放出されたものである．取込まれるタンパク質には，細胞小器官の膜に存在する受容体と相互作用する特異的な配列がある（§3・27“ミトコンドリアへの膜透過は，外膜でのシグナル配列の認識から始まる”参照）．図1・26に示すように，膜を貫くチャネルはきわめて狭く，輸送されるタンパク質はチャネルに入るためにほどけていなければならず，反対側に出てから再び折りたたまれて成熟構造をとる．そのためには，タンパク質の折りたたみを制御するシャペロンというタンパク質がきわめて重要な役割を演じている（§1・17“タンパク質のフォールディングとアンフォールディングはすべての細胞でみられる欠くことのできない特徴である”参照）．興味深い例外の一つはペルオキシソームである．ペルオキシソームは成熟型の折りたたまれた構造のタンパク質を移入するシステムを進化させている（§3・30“ペルオキシソームへはタンパク質が折りたたまれてから膜透過する”参照）．

小胞体，ゴルジ体，エンドソーム，および細胞膜は別個の細胞小器官であるが，タンパク質の輸送および局在化については同じシステムを用いている．この過程は，細胞質ゾルでリボソームにより合成されている途中の新生タンパク質が，小胞体の表面にある受容体と，特別な“シグナル配列”で結合するところから始まる（§3・2“タンパク質は小胞体膜を透過することによって分泌経路へと入る（概要）”参照）．この相互作用の結果，タンパク質はチャネルに挿入され，タンパク質を合成しているリボソームは，合成が続く間，小胞体の膜に結合している．タンパク質は合成と共役しながら，チャネルに送り込まれる．

その後，タンパク質は，膜を通り抜けて小胞体の内腔に入るか，膜に組入れられる．最終目的地が小胞体でなく，ゴルジ体の

ゴルジ層板の一つであるとか，またはエンドソームや細胞膜である場合（あるいは，細胞膜から細胞外に分泌される場合），タンパク質はその特異的なアミノ酸配列によって認識され，タンパク質搬送（protein traffiking）システムとして知られる過程により輸送される（§1・16“タンパク質はタンパク質輸送により小胞体およびゴルジ体を通って輸送される”参照）．

膜の“内部”に局在するタンパク質にはさらに難しい問題が存在する．タンパク質は同じ孔を介して膜に結合されるが，膜内にとどまるためには，通り抜けるのではなく孔から膜内へ横方向に輸送される必要がある．この機構はほとんどわかっていないが，孔が一時的に開裂することで，タンパク質の疎水性部分が周囲の脂質と結合できるようになることによると考えられている．

1・16 タンパク質はタンパク質輸送により小胞体およびゴルジ体を通って輸送される

重要な概念

- 小胞体，ゴルジ体，または細胞膜に局在するタンパク質はすべて，合成途中で最初に小胞体に結合する．
- タンパク質は，膜でできた小胞により区画の間を輸送され，小胞は一方の膜表面から出芽し，つぎの膜と融合する．
- タンパク質は，逆向きの小胞輸送により，外部から細胞内に輸送される．

あるタンパク質が膜に入る，または膜を通り抜けるのは1回限りの事象である．タンパク質が一連の膜システムを移動してゆく場合，たとえば，最初小胞体に結合したタンパク質が最終的に細胞膜から放出されるような場合には，膜への結合はこの一連の過程の最初に起こる．その後，タンパク質は膜に包まれた環境に置かれたまま，**小胞**（vesicle）に乗って一つの膜から別の膜へと輸送される．同様なシステムを用いて細胞外への，また細胞内へのタンパク質輸送が行われる．

エキソサイトーシス（exocytosis）とは，タンパク質を細胞膜または細胞外空間のいずれかに輸送する過程である（§4・2“エキソサイトーシス経路の概要”参照）．いくつかのタンパク質は恒常的に分泌されている．つまり，そのようなタンパク質は合成された後に常に細胞外へ輸送され続けている．他のタンパク質，特に，消化酵素を産生する細胞のような，分化した細胞がつくるタンパク質は，細胞が適切な刺激を受けたときにだけ放出される．

タンパク質はいったん小胞体に入ると，小胞によりシステムの他の部分に輸送されるか細胞質ゾルに戻って分解されるまで，小胞体の膜内か内腔にとどまる．輸送小胞は，膜からの“出芽”により形成される膜でできた小さな球（通常100〜200 nm）である（図1・27，§4・4“小胞輸送の基本概念”参照）．輸送小胞は一つの膜の表面から出芽し，別の膜の表面まで移動して融合する．膜がタンパク質で覆われていることから，輸送小胞は**被覆小胞**（coated vesicle）とよばれる．小胞のタイプは，小胞が運ぶタンパク質をどこに標的化するか，またどのタンパク質を運ぶかなどにかかわる被覆の種類により区別される．可溶性のタンパク質は供与側の区画から受取る側の区画まで小胞の内腔に入ったまま運ばれ，膜タンパク質は小胞の膜内に保持されたまま運ばれる．このようにして，タンパク質は小胞体からゴルジ体に輸送され，ゴルジ層板を越えて細胞膜まで輸送されると考えられる．

細胞内へのタンパク質の取込みにも被覆小胞が使われている．小胞は細胞膜で形成されて細胞内に入ってくる．これを**エンドサイトーシス**（endocytosis）という（§4・3“エンドサイトーシス経路の概要”参照）．エンドサイトーシスもエキソサイトーシスと同じ原理で働くが，経路は逆向きである．細胞膜から出芽した小胞を用いて，細胞外培地から物質を内部に取込み，細胞膜から物質を回収する．エンドサイトーシスに用いられる小胞は，被覆タンパク質の種類においても，エキソサイトーシスに用いられるものとは異なる．病原体のなかにはエンドサイトーシスを利用して宿主細胞に入り込むものもいる．実際のところ，ミトコンドリア

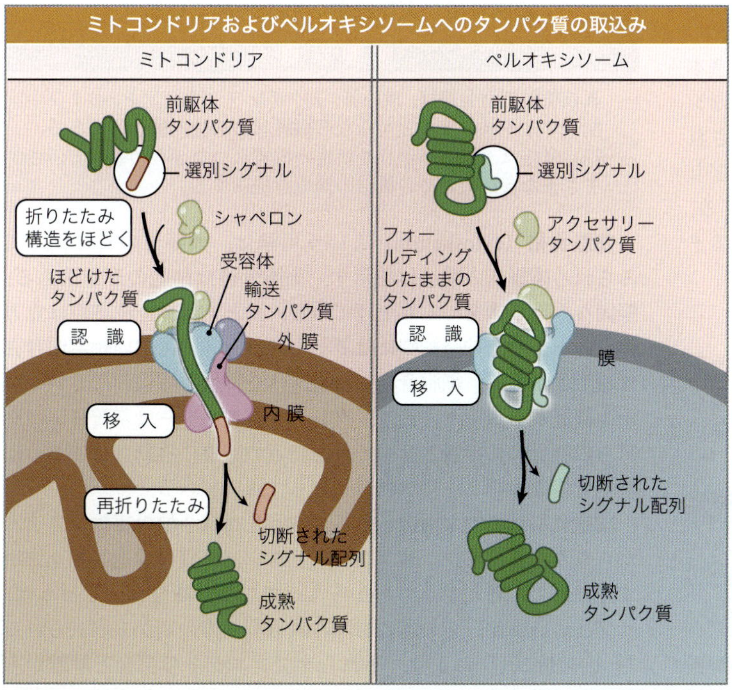

図1・26　ミトコンドリアに運び込まれるタンパク質は必ず折りたたみ構造がほどかれる．一方，ペルオキシソームにはフォールディングしたままのタンパク質が運び込まれる．

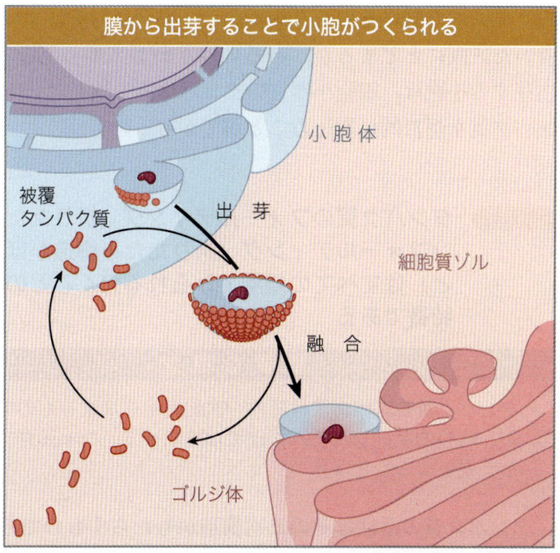

図1・27　タンパク質を含む小胞が一つの区画から出芽し，別の区画と融合することにより，膜に区切られた区画の間でのタンパク質輸送が行われる．

や葉緑体の起源にはエンドサイトーシスがかかわっているのではないかと考えられている（§1・9“細胞の中の細胞：エンベロープに区切られている細胞小器官は内共生によって生じた可能性がある”参照）．

新たに合成されたタンパク質をエキソサイトーシス経路に沿って輸送し，またエンドサイトーシス経路を介して細胞にタンパク質を取込むのに用いられる類似の機構を図1・28にまとめた．どちらの場合でも，タンパク質は，一つの膜表面から別の膜まで移動する際には一連の出芽および融合により輸送される．

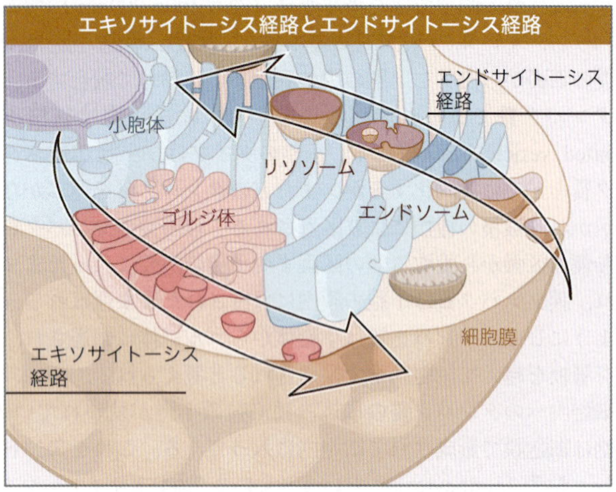

図1・28　輸送小胞は小胞体，ゴルジ体，および細胞膜を通ってタンパク質を移動させる．

この過程の結果として，継続的に出芽・融合が起こることによって，ある膜から別の膜への膜成分の連続的な移動が生じる．量的にはエキソサイトーシスの方がエンドサイトーシスより多いため，正方向（順行性）の輸送によって脂質の正味の流れは小胞体から細胞膜へ向かうことになる．空の小胞が逆行性に輸送されることで，脂質を経路の上流部分に戻すことができる．実質的にこの機構によりシステム全体で膜の連続性が保証されている．

小胞中でのタンパク質の輸送は選択性の高い過程である．基本原理としては，タンパク質は，小胞に取込まれるための特別なシグナル（多くはアミノ酸の短い配列）の有無によって選別される．タンパク質にそのシグナルがない場合は，それまでにたどり着いた区画にとどまるか，あるいはきわめてゆっくり移動する．出芽する小胞は，細胞小器官のタンパク質を残して，輸送するタンパク質を選択的に取込むことができる．

1・17　タンパク質のフォールディング（折りたたみ）とアンフォールディング（折りたたみ構造がほどけること）はすべての細胞でみられる欠くことのできない特徴である

重要な概念

- タンパク質の立体構造はその一次配列から決まるものではあるが，自発的な折りたたみだけでは完成せず，シャペロンの助けを必要とすることが多い．

タンパク質の活性はその三次構造がもたらすものである．酵素には通常，酵素活性をもつ活性部位が存在する．オリゴマーに組入れられる構造タンパク質には，他のタンパク質サブユニットや特定の構造と相互作用する部位が存在する．どちらの場合でも，タンパク質が正しい構造をとるよう折りたたむ能力がきわめて重要である．正しいフォールディングが自発的に達成されることはまれで，タンパク質が合成されている間に他のタンパク質と相互作用する必要があることのほうが多い．自発的に正しいフォールディングを達成可能な場合であっても，通常はその速度が遅すぎて生細胞では役に立たず，助けを必要とすることになる．他のタンパク質のフォールディングを助けるタンパク質を**シャペロン**（chaperone）という．

シャペロンは，合成途中には露出されているが，成熟した立体構造では露出されていないタンパク質中の特徴，すなわち，通常は成熟タンパク質の構造の中心に凝集している疎水性領域を検出することにより機能する．タンパク質が合成されるときには，タンパク質は1本のアミノ酸の鎖としてリボソームから出てくる．そこで，シャペロンは凝集する可能性のある疎水性の領域を認識する．シャペロンはこのような領域に結合しその後離すことで，ポリペプチド鎖の中での不適切な相互作用を防ぎ，望ましい立体構造がもたらされる経路だけに導いてタンパク質のフォールディングを助ける．

シャペロンは損傷を受けたタンパク質に対処する必要がある場合にも機能する．たとえば過剰な熱によりタンパク質が損傷を受けると，立体構造が変化し，典型的には疎水性領域が露出される．これは合成途中でシャペロンが認識したのと似た機構である．このような領域は，損傷したタンパク質を区別し，分解の目印を付けるのにも使われる．

シャペロンは細胞のすべての区画に存在する．細胞質ゾルではリボソームで合成されつつある新生タンパク質のフォールディングを助けている．また，細胞小器官の内腔では，膜を通って移動してきたタンパク質のフォールディングを助けている．

（タンパク質シャペロンのさらなる詳細については第3章“タンパク質の膜透過と局在化”参照．）

1・18　細胞骨格が真核細胞の形を決めている

重要な概念

- 真核細胞細胞骨格は，微小管，アクチンフィラメント，および中間径フィラメントなどからなる繊維状の細胞内構造体である．
- 細胞骨格は，細胞小器官を所定の位置につなぎとめるなど，さまざまな機能のための構造の鋳型を提供する．

細胞骨格（cytoskelton）という用語は，大部分の真核細胞にみられる繊維状の構造体を示す．細胞骨格は細胞の形を決める，堅固な内部構造をつくり上げている．たとえば，上皮細胞は立方体の形をとり，神経細胞には著しく伸びた非常に細い軸索が存在することがある．細胞骨格には構造体を提供する以外にもいくつかの機能がある．たとえば，タンパク質モーターは基質タンパク質を細胞骨格に接着させ，それを特定の部位に移動させるために細胞骨格繊維をレール（軌道）として用いている．

細胞骨格は動的な構造をとる．細胞骨格は3種の繊維システムからなり，それぞれ，サブユニットタンパク質の繰返し相互作用することでできたポリマーからなっている．繊維は，しばしば，サブユニットが一方の端に付加されもう一方の端から取去られる“トレッドミル”により，それらサブユニットの会合と解離からなる動的構造体である．3種の繊維システムとは**微小管**（microtubule），**アクチンフィラメント**（actin filament），および**中間径フィラメント**（intermediate filament）である．

微小管はチューブリンのポリマーである．チューブリンは2種類の近縁タンパク質であるαチューブリンとβチューブリンの二量体からなり，直径約25 nmの中空の管を形成している．微小管は本質的に不安定であり，他のタンパク質と相互作用することで安定化されている．微小管は細胞構造を維持するのに重要で，微小管を解離させる薬物を用いると，ほとんどの細胞がその形態を失って球体になってしまう．微小管が分解されると，小胞体が核の周りで崩壊し，ゴルジ体が断片化してしまうことから，微小管がこれらの細胞小器官の構造を維持するのにも重要な役割を果たしていることがわかる．

微小管が決定する細胞構造の多様性は両極端ともいえる繊維芽細胞と神経細胞に見いだすことができる．繊維芽細胞は生物の体内で移動する運動性の細胞であり，微小管は核の付近の一点から星状に広がっている（図1・29）．それに対して，神経細胞の細胞体から突き出た長い突起（軸索および樹状突起）は，その全長にわたって平行な微小管の束が走ることで，長く伸びている（図1・30）．これらは共に細胞の伸長に寄与する構造要素であり，かつモーターが伸長部分に沿ってタンパク質を輸送する際に軌道として用いられる．

微小管は劇的に構造を変化させ，細胞分裂のたびに完全な再構成を行う．図1・31に有糸分裂においてみられる再構成を示す．微小管ネットワークが完全に分解され，紡錘体が取って代わる．

アクチンフィラメントはアクチンタンパク質からなるサブユニットでできている．アクチンは真核細胞内で最も豊富なタンパク質の一つで，進化の過程で高度に保存されてきた．アクチンサブユニットはフィラメント中ですべて同じ極性をもち，一方の端にあるATP結合部位で隣接するサブユニットと接触している．アクチンフィラメントはサブユニットの二量体ポリマーであり，2本のビーズのひもがより合わされたような直径約8 nmのひもを形成している．

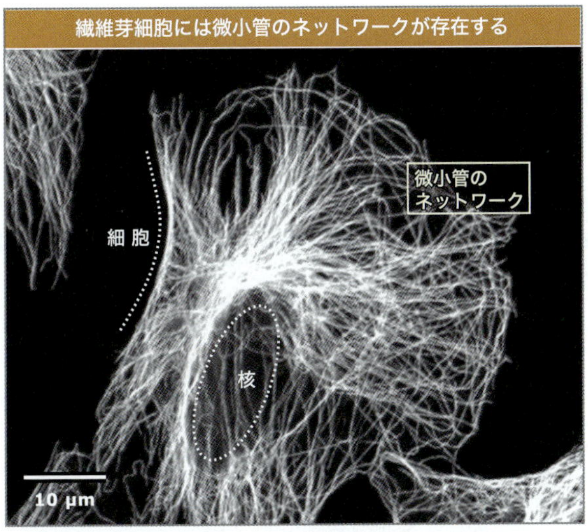

図1・29 微小管を染色した繊維芽細胞の蛍光顕微鏡像．核の位置と細胞膜の一部を示す［写真はLynne Cassimeris, Lehigh Universityの好意による］

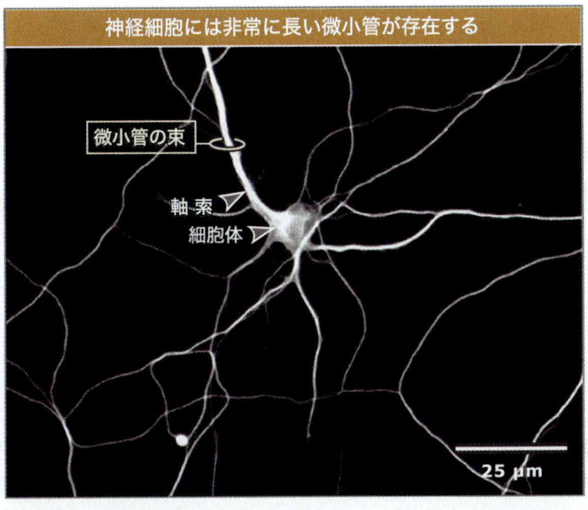

図1・30 神経細胞の長く伸びた突起には非常に長い微小管が存在する［写真はGinger Withers, Whitman Collegeの好意による］

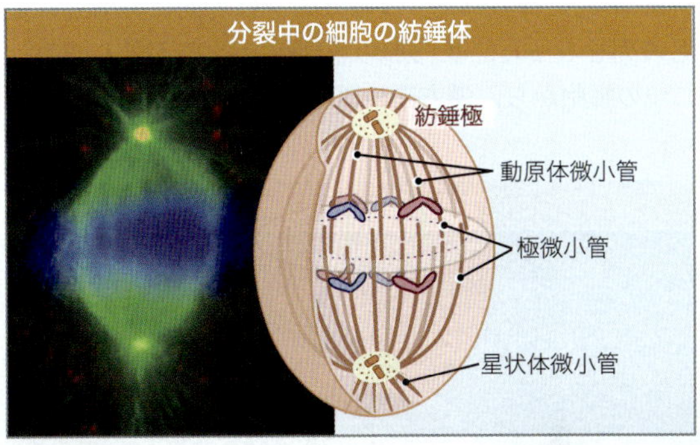

図1・31 分裂中の細胞には微小管でできた紡錘体が存在する．蛍光顕微鏡像では，微小管，染色体，および中心小体がそれぞれ緑，青，および黄色に染色されている［写真はChristian Roghi, University of Cambridgeの好意による］

アクチンフィラメントは細胞を横断的に広がるだけでなく，表面から突き出て，細胞を移動させるのに働く特殊な構造の中へも延びている．図1・32に繊維芽細胞中のアクチンネットワークを示す．細胞の移動は，ATPの加水分解によって駆動される機械的な仕事である．運動性を駆動するのは繊維の重合であり，そのことはもちろん，多細胞生物だけでなく，単細胞生物においても細胞にとって必須の性質である．

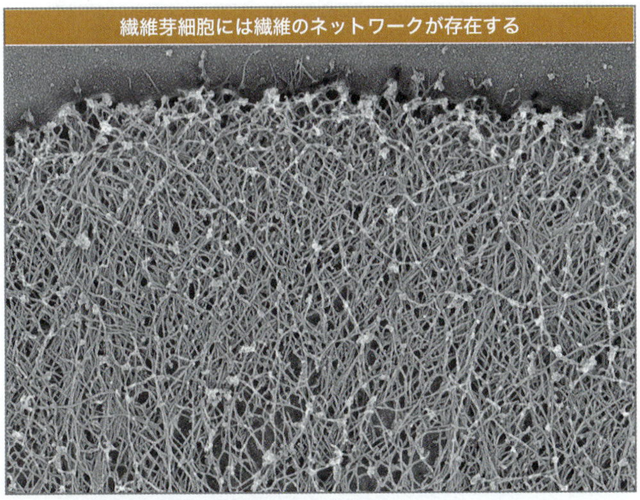

図1・32 繊維芽細胞の縁のアクチンフィラメントのネットワークを示す電子顕微鏡像［写真はTatyana M. Svitkina, University of Pennsylvaniaの好意による．P.M. Motta, *Recent Advances in Microscopy of Cells, Tissues, and Organs* より転載．©1997 by Antonio Delfino Editore—Roma］

1・19 細胞構造体の局在化は重要である

重要な概念

- 細胞内の特定の場所に特定の構造体が局在化することは，細胞の遺伝情報の一部をなしている可能性がある．
- 位置効果は初期発生において重要である．

細胞は**位置情報**（positional information）をもつ：特定の構造は特定の場所に局在する．このことはいくつかの分化した細胞で特に顕著である．たとえば，**極性細胞**（polarized cell）において，細胞の一方の面は他の面と異なっていて，物質は細胞内の特定の方向へ選択的に輸送される．

新たな構造体の組織化は既存の構造体の方向性に依存する．この関係を示した初期の実験の一つは，原生動物のゾウリムシを用いて1960年代に行われた．ゾウリムシは表面に非対称に配向する繊毛の列をもった，長円形の単細胞である（図1・33）．接着した二つの細胞から，逆方向の繊毛の列をもつ単一の細胞をつくらせる技術を用いて，実験的にこの配向を反転させることができる．この反転したパターンは分裂で生じる娘細胞に受継がれる．このパターン形成の基盤になっているものは，微小管が基底小体上に集合して繊毛を形成する方法の性質によるが，タンパク質サブユニットの構造自体には変化はない．

位置効果は微小管と関連していることが多い．もう一つの微小管構造体として，大部分の真核細胞に存在する中心小体があげられる．細胞の両端で紡錘糸微小管の末端が集まるところにMTOC（微小管形成中心）が形成されるが，その付近に小さなタンパク質性の構造体が見られこれが中心小体である．新たな中心小体は，おそらく何らかの鋳型機構によって，必ず既存の中心小体に対して垂直に成長する（図1・34）．このことは中心小体は新規に形成されるものではなく，既存の中心小体からのみつくり出されることを示唆している．すなわち，中心小体は，遺伝のために必須の情報を，DNAが直接依存しない形で保持しているものと考えられる．PrPタンパク質（プリオンタンパク質）のエピジェネティックな作用との類似性は明らかである（§1・10“DNAは細胞の遺伝物質であるが，他の形態の遺伝情報も存在する”参照）．

位置情報の形成は卵から始まっている．たとえば，ショウジョウバエの卵には前後軸および背腹軸に沿ったタンパク質の勾配が存在する．図1・35は，このような勾配が卵の周囲のナース細胞によって与えられることを示している．また，勾配は初期発生を制御するために必須である．卵が発生して雌の成体になると，このシステムが再構築され，個々の卵母細胞はナース細胞に囲まれ，ナース細胞は卵母細胞に位置的な非対称性を与える．したがって，各世代における位置情報は次の世代で位置情報を再形成するのに必要であり，それゆえ生物の遺伝情報の重要な構成要素とみなされるべきである．

図1・33　ゾウリムシの走査電子顕微鏡像．繊毛の列が見える［*The Journal of Cell Biology* **55**, 250〜255（1972）より The Rockefeller University Press の許可を得て転載］

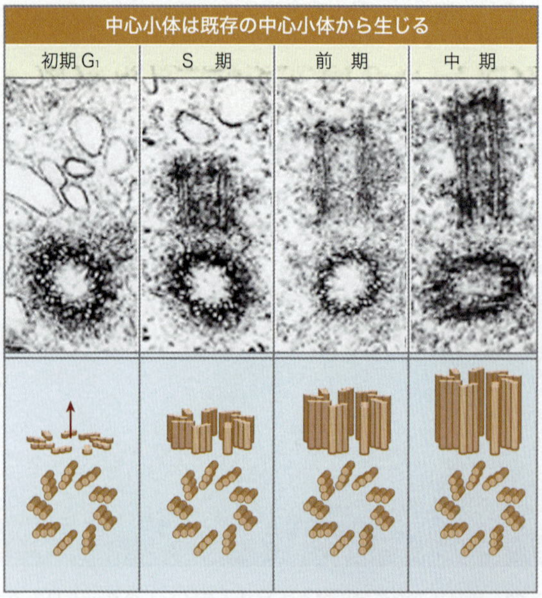

図1・34　中心小体は，既存の中心小体を鋳型として生じる［写真は J.B. Rattner, S.G. Phillips, University of Calgary の好意による．*The Journal of Cell Biology* **57**, 359〜372 より The Rockefeller University Press の許可を得て転載］

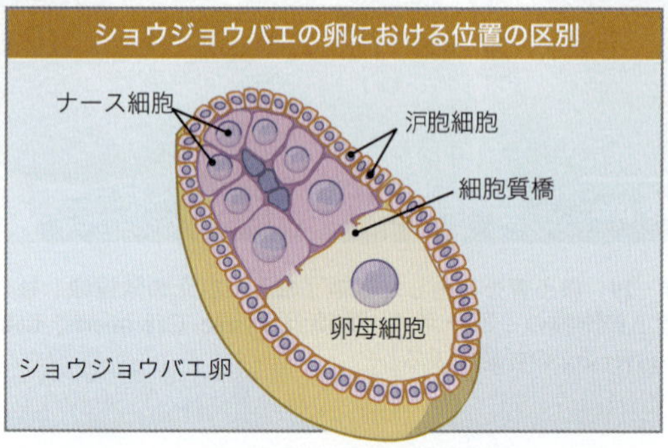

図1・35　ナース細胞は卵母細胞を取囲み，卵母細胞に物質を輸送して非対称なパターンをつくり出す．

1・20 シグナル伝達経路は所定の応答を遂行する

重要な概念

- 細胞外での事象が，膜に埋込まれた受容体タンパク質を用いて，細胞内部での応答をひき起こすこともある．
- 受容体は膜を貫通し，外部と内部の両方にドメインをもつ．
- 受容体は外部ドメインにリガンドが結合すると活性化される．
- リガンドの結合により内部のドメインの構造または機能の変化がもたらされる．

細胞がその環境に応答する能力は，すべての細胞にとって必須の性質である．単細胞生物にとっては，環境とは外部世界の環境そのものである．応答は，利用可能になった栄養物を取込むという簡単なものか，または食料調達のためにそちらに移動するという程度の複雑さでしかない．多細胞生物にとっては，環境は他の細胞によってつくり出されたものであることもあり，特に細胞が他の細胞との相互作用に依存する専門化した機能を獲得している場合，細胞間で情報交換する能力が必須となる．

細胞が環境に応答する方法は，分子が細胞膜を横切る物理的移動だけではない．**シグナル伝達**（signal transduction）により，細胞膜の外側での事象が細胞内での応答をひき起こすことができる．この機構はシグナルを増幅させ，所定の細胞応答をひき起こす（図1・36）．

すべてのシグナル伝達経路に共通の特徴は，環境中の成分を細胞膜上のタンパク質が認識するという点である．環境中のトリガー因子を**リガンド**（ligand），また認識する膜タンパク質を**受容体**（receptor）という．受容体は膜を貫通していて，細胞の外側でリガンドが結合すると，細胞の内側でその機能を活性化するような変化がひき起こされる．一般的な機構の一つとして，リガンドの結合が，受容体単量体を二量体化させ，二量体の形成により酵素活性が発現するというものがある．この酵素は何かほかの成分に作用し，それがつぎにはその基質に作用する．そして一連の相互作用がひき続いて起こり，最後に，経路の最終産物が活性化される．反応はこのうちいくつかの段階またはすべての段階で増幅され，リガンドと受容体の1回の相互作用が多コピーの最終産物を産生する．最終産物は遺伝子発現の変化や細胞の構造変化をもたらすことができる．

応答の性質は状況によって変わる．バクテリアがその近くに栄養物を認識した場合は，栄養物と受容体の相互作用から生じたシグナル伝達カスケードにより，鞭毛の働きに変化がひき起こされ，バクテリアが食物供給源に向かって進めるようになる．一方の接合型の酵母がもう一方の接合型の細胞が分泌する小さなポリペプチドフェロモンを認識した場合，シグナル伝達により，二つの細胞が極性化したような状態で互いの逆方向に伸び，融合するという応答がひき起こされる．

多細胞生物では，シグナル伝達経路は全体として調和のとれた生理的応答を生じるように結びつけられる．哺乳類が食事をすると，血中の糖含量が上昇する．糖は膵臓の膵島細胞でシグナル伝達カスケードをひき起こし，ポリペプチドホルモンのインスリンを分泌させる．インスリンは，つぎに，多様な細胞上の受容体に結合し，細胞が血流中から糖を取込む経路の引き金を引く．糖はグリコーゲンとして貯蔵され，生物のエネルギー源となる．

1・21 すべての生物に成長し，分裂を行う細胞が存在する

重要な概念

- 何種類かの細胞小器官が行う，膜が内側にくびれ切れる分裂が最も簡単な形の分裂である．
- バクテリアは細胞壁の延長として細胞を横断する堅い隔壁を成長させることで分裂することが多い．
- 有糸分裂の間に，真核細胞は大きく再構成され，娘細胞に染色体を分配するために特殊化した構造として紡錘体を形成する．

細胞を複製するために必要なことは，基本的には，2倍の大きさに成長した後で二つに分裂することである．細胞の遺伝物質の二つのコピーは，それぞれの娘細胞が確実に1コピー受取るようにするための特殊な機構によって分離される．他の構成要素は，細胞質ゾル内での分布に従って確率的に分配される．真核細胞では，娘細胞に配分できるように細胞内の区画を複製する必要がある．複製にあたっては，区画を分解して構成要素にしてから，二つの娘細胞に分配し，その後区画に再構成するか，または細胞自身の分裂と基本的に同じような方法で，親区画を物理的に分裂するかのいずれかの方法をとっている．

細胞小器官，バクテリアおよび真核細胞の分裂を併せて考えると，分裂の機構を三つのグループに分類することができる．

最も簡単な形の分裂は，一部の細胞でみられるミトコンドリアの分裂であり，膜から小胞が出芽するときと同様なプロセスで膜が内側にくびれ切れる．この分裂により，親ミトコンドリアが二つに分裂する（図1・37）（MBIO：1-0008 参照）．この分裂法は，ミトコンドリアの先祖である古代のバクテリアの機構を反映した最も古い分裂機構と考えられる．

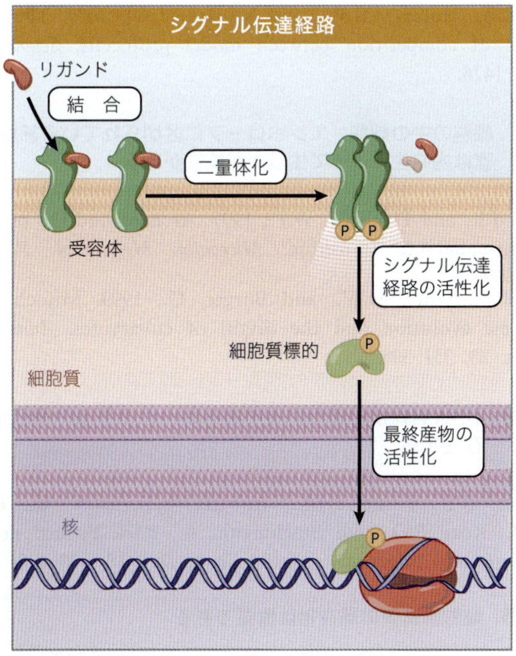

図1・36 細胞表面でのリガンドと受容体の結合により，特異的な応答を生成するシグナル伝達経路が活性化される．

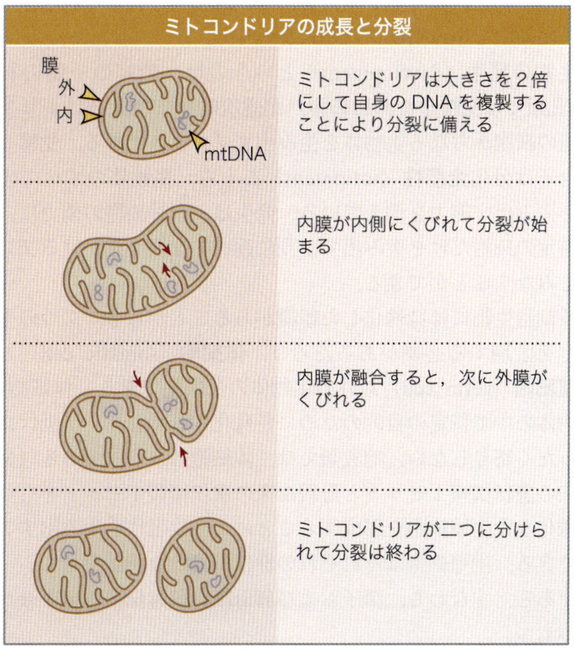

図1・37 ミトコンドリア膜がくびられ，親区画が二つの娘区画に分かれる．

バクテリアおよびアーキアは細胞壁を構築する機構に依存していることが多い．まず，それぞれの娘染色体コピーが細胞の両端に1コピーずつ存在することを確認し，その後，中心部を横断する膜および細胞壁を成長させて細胞を分裂させる．ほとんどの場合に共通な特徴は，分裂タンパク質であるFtsZを用いることであるが，他の分子からなる装置が必要な場合もある（MBIO：1-0009 参照）．

真核細胞は複雑な再構成を行う．核が崩壊し，細胞の両端に染色体の同一のセットが分配され，それが二つの娘細胞へと分離されてから，細胞の構造が再形成される．この**有糸分裂**（mitosis）の最も一般的な形式は，核が崩壊して区画化された細胞の構造が，紡錘体という単一の構造に置き換えられることである．個々の染色体は凝縮し，その後，それぞれの娘染色体対の一方を紡錘体の赤道面のそれぞれの側に局在化させる装置に接着する．このプロセスが進化するにあたっての重要な段階は，分裂装置の構造体に染色体を結合させる能力の獲得であったと考えられる．この装置が細胞分裂の機構を担っているが，加えて，真核細胞は細胞周期を制御するための，すなわち分裂を活性化するかどうか，そしていつ活性化するのかを決定する経路を備えている．

1・22 分化により最終分化細胞を含む特殊化した細胞型が形成される

重要な概念

- 多細胞生物は特異的な機能に特殊化されている多くの異なったタイプの細胞からなっている．
- 分化した細胞の多くは，分裂したり他の型の細胞を生み出す能力を失っている．
- 幹細胞には，分裂して，生物体または生物体の組織をつくるのに必要な多様な型の細胞を生み出す能力がある．

前に細胞の定義として，細胞には分裂して自身の複製をつくり出す能力があると述べた．これは単細胞生物については正しいが，多細胞生物において細胞が獲得した分化組織についてはこの定義の多様性を許容する必要がある．**分化**（differentiation）とは細胞が新しい表現型を獲得したり，親細胞と異なる表現型をもつ子孫細胞を生み出すプロセスをいう．

生物の**発生**（development）というのは，最初の一個の細胞（哺乳類では受精した卵母細胞）が逐次的な細胞分裂により多様な型の細胞からなる生物体を生み出すプロセスである．受精した接合子は**分化全能性**（totipotent）をもち，生物体のすべての細胞を生み出す能力を備えている．発生は，子孫細胞の能力に，体の特定の細胞だけを生み出すように逐次的な制限をかけるプロセスとみなすことができる．

多細胞生物には特殊化した組織があることからも，二つの型の細胞を区別する必要があるだろう．**体細胞**（somatic cell）とは**生殖細胞**（germ cell）以外の生物体の全細胞である．体細胞は，生物体の中で特定の目的のために特殊化されており，次世代にはまったく寄与しない．哺乳類では，体細胞は二倍体である（父親由来の遺伝情報1セットと母親由来の遺伝情報1セットをもつ）．特殊化した生殖細胞を形成することにより次世代を生み出すことができる．生殖細胞はそれぞれの性に特異的な特徴をもち，一倍体である．すなわち，精子および卵母細胞は遺伝情報を1セットずつもつ．

発生の途中，また成体において，一般には細胞は限られたタイプの細胞しか形成できず，実際のところ別のタイプの細胞を形成することができないと考えられる．しかし特定の組織のすべての細胞を生み出す能力を備えた細胞も存在する．再生における幅広い能力をもった細胞を**幹細胞**（stem cell）という．たとえば，免疫系の細胞は免疫幹細胞の子孫である．特定の組織の幹細胞が発生の間だけ存在するのか，また成体にも幹細胞が存在するのかという点は，生物学的に重要な問題の一つである．

組織の発生においては，一連の分化が必要であり，最終的に必要なすべてのタイプの細胞ができるまで，子孫細胞が表現型を変化させ続けることになる．最終的に分裂能を失う細胞があり，これを**最終分化**（terminally differentiated）細胞という．細胞は老化して死ぬこともある．多くの体細胞は最終分化している．生殖細胞も最終分化をしているが，二つの生殖細胞が合体すると分裂可能な接合子を生み出すという特殊な性質をもっている．

最終分化細胞は，実際に細胞の定義に当てはまるかどうか疑問を抱くほど，極端な特性を備えていることがある．哺乳類の赤血球は分化して核を失い，アクチンとスペクトリンのネットワークで内側から支持されている膜からのみなり，中にヘモグロビン溶液を包んだだけのものである．赤血球は完全な機能細胞の子孫であるので，通常の明確な特徴のほぼすべてを失っているにもかかわらず細胞とみなされている．

細胞分化が細胞の遺伝的な能力の恒久的な変化を含むのか，あるいは発生における表現型への制限は単にエピジェネティックなものであるのかについては，議論のあったところである．体細胞の核を卵母細胞に入れることで生物体をクローン化できるようになったことで，この問いには決定的な答が出された．生物体のほぼすべての細胞には発生を行うのに必要な遺伝情報が保持されているのである．（抗体産生細胞のように，遺伝物質に変化が起こってしまった細胞や，赤血球のように遺伝情報を失ってしまった細胞は例外である．）

参考文献

1・2 生命は自己複製のできる構造体として始まった

論 文

Chen, I.A., Roberts. R.W., and Szostak, J.W., 2004. The emergence of competition between model protocells. *Science* **305**, 1474–1476.

1・9 細胞の中の細胞：エンベロープに区切られている細胞小器官は内共生によって生じた可能性がある

総 説

Brown, J.R. and Doolittle. W.F., 1997. Archaea and the prokaryote-to-eukaryote transition. *Microbiol. Mol. Biol. Rev.* **61**, 456–502.

Lang, B.F., Gray, M.W., and Burger, G., 1999. Mitochondrial genome evolution and the origin of eukaryotes. *Annu. Rev. Genet.* **33**, 351–397.

1・10 DNA は細胞の遺伝物質であるが，他の形態の遺伝情報も存在する

総 説

Wickner, R.B., Edskes, H.K., Roberts, B.T., Baxa, U., Pierce, M.M., Ross, E.D., and Brachmann, A., 2004. Prions: proteins as genes and infectious entities. *Genes Dev.* **18**, 470–485.

1・19 細胞構造体の局在化は重要である

論 文

Sonneborn, T.M., 1970. Gene action in development. *Proc. R Soc. Lond. B Biol. Sci.* **176**, 347–366.

PART

II 膜と輸送

2

イオンと低分子の膜透過輸送

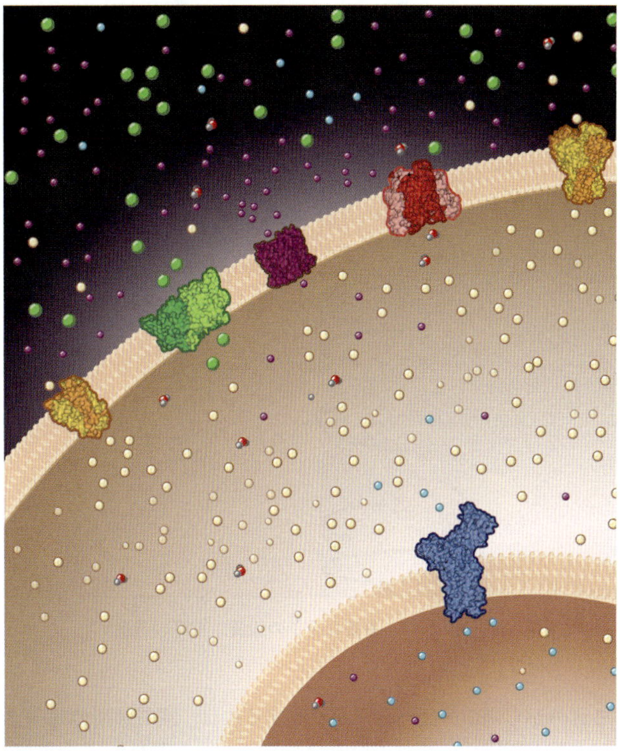

哺乳類細胞と原核細胞の膜に埋込まれた輸送タンパク質の結晶構造（合成画）.

2・1 序　論

重要な概念

- 生体膜により，細胞内に組成の異なる区画がつくられる.
- 生体膜の脂質二重層は，大部分の生体分子やイオンをほとんど透過させない.
- 溶質の膜透過は，ほとんどが輸送タンパク質によって行われる.
- イオンやその他の溶質の膜透過は，電気的，代謝的な機能を調節する.

生体膜は，選択的な透過性をもつバリアーであり，細胞内の区画を取囲んでいる．細胞膜は，細胞の内側と外的環境を区切り，真核細胞においてはさらに，細胞質基質から区切られた多くの膜系がそれぞれに特化した区画をなしている（図1・9参照）．細胞内区画においては，膜もその内部の環境も非常に多様である．進化の過程で細胞は，それぞれの区画の組成を維持し制御する機構を発達させてきた．恒常性とは，生存に必須な代謝経路を維持するために細胞内の環境をほぼいつも一定に保つ能力のことであるが，膜の内外で溶質の濃度を維持することは，この細胞の恒常性にとって必要不可欠である．細胞質のイオン濃度を恒常的に維持することで膜の内外の相対的な浸透圧が規定され，細胞体積のコントロールにもつながる．さらに，膜の内外において速やかで一過的なイオン輸送速度が変化することで，代謝状況の変化に対する順応や，情報伝達（ストレスシグナルなどの），栄養の取込み，老廃物の排出といった機能にも関与する.

脂質二重層の内部は疎水性が高いため，図2・1に示すような極性分子，親水性分子，巨大な生体高分子などは，基本的には透過できない．では，無機イオンや電荷をもった水溶性の分子は，どうやって膜を横切ってしかも選択的に通過できるのだろうか？

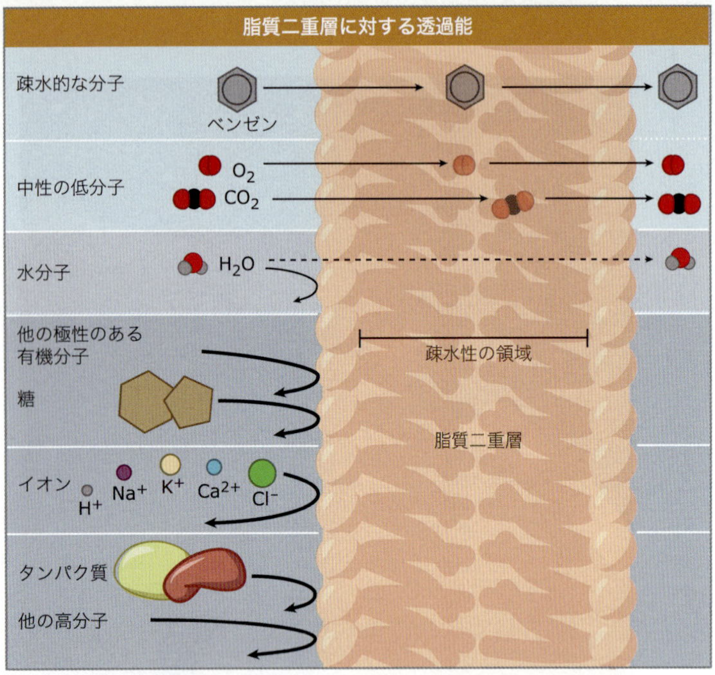

図 2・1　重要な分子の脂質二重層の透過.

動物細胞の内側と外側におけるイオン濃度

	Na^+	K^+	Ca^{2+}	Cl^-
細胞外濃度 (mM)	**145**	4	**1.5**	**123**
細胞内濃度 (mM)	12	**155**	10^{-4}	4.2

図 2・2　哺乳類の骨格筋の細胞膜を横切るイオン勾配. ○の大きさは, それぞれのイオンの水和していない状態での相対的な原子半径を示している.

ある区画から別の区画へ分子が移動するには, 膜貫通型の輸送タンパク質が働いている. これらは細胞膜や, 小胞体, ゴルジ体, エンドソーム, リソソーム, ミトコンドリアといった細胞内小器官の膜に存在している. さまざまなタイプの膜がさまざまな組合わせの輸送タンパク質をもっており, 細胞の種類によっても異なる. この章では, イオンやグルコースのような低分子の輸送を担う膜タンパク質について述べる. まず大まかに, 膜輸送タンパク質の分類について述べ (§2・2 “膜輸送を行うおもなタンパク質にはチャネルとキャリアーがある” 参照), そのあと特定のタンパク質分子について, 機能と構造を詳細に説明する. また, 細胞内において異なったタイプの輸送タンパク質がどのようにして協調しつつ機能するのかを, 生理学的な意義を考慮しながら述べる. タンパク質 (や他の生体高分子) の膜を横切る輸送, 細胞内への輸送と細胞内での輸送については他の章で述べる (第 3 章 “タンパク質の膜透過と局在化”, 第 4 章“タンパク質の膜交通”, 第 5 章“核の構造と輸送” 参照).

この章の多くのページはイオンの膜透過の問題に割かれることになる. 細胞は, 細胞内のイオン濃度を維持するために膜輸送タンパク質を使っていて, 細胞内のイオン濃度は細胞外とは大きく異なる. 図 2・2 に動物細胞にとって主要なイオン種を示す. これらの濃度差の結果, 静止状態の動物細胞では細胞の内側がやや負に荷電している. これらの濃度と電荷の差が共に**電気化学勾配** (electrochemical gradient) を生み出し, 電位エネルギーとして細胞に蓄積される (イオンの物理的な性質やイオンによって生じる膜電位については, §2・3 “チャネルを介したイオン透過は水和の影響を受ける”, §2・4 “膜電位は膜を介したイオンの電気化学勾配によってつくられる” で一部紹介する). 膜を横切る電気化学勾配の制御が, 細胞内外の電気シグナルの生成と処理など, 細胞のさまざまな基本機能を可能にしている (§2・19 “Na^+/K^+-ATPase は細胞膜を介した Na^+ と K^+ の濃度勾配を維持する”, §2・20 “F_1F_O-ATPase は H^+ 輸送と共役して ATP の合成や加水分解を行う”, §2・12 “活動電位は数種のイオンチャネルに依存した電気シグナルである” 参照).

膜輸送タンパク質の研究に用いられ, この章でしばしば出てくる重要な手法のいくつかをここでまとめておこう. 膜を横切る荷電分子の流れ (イオン電流) は, 電気生理学的な手法によって検出することができる. この手法は細胞全体にも膜の断片にも適用でき, イオンの組成を変えたり阻害剤や賦活剤を添加したりするなどの人為的な操作を行って, その効果を電流値として測ることができる. イオンチャネルの発見と精製は, 天然の毒物 (神経毒) がその機能を阻害するということに端を発していた. これらの毒物は, チャネルの機能を探るプローブとしても用いられている. 輸送タンパク質の構造と機能は, 組換え体の作製, 部位特異的変異誘発, 人工脂質と精製タンパク質を用いた再構成, 異なった細胞種における発現などによって研究されてきた. またほんのいくつかのタンパク質についてであるが, 構造を原子レベルで記述できるようになったことで, 輸送タンパク質に対する私たちの理解は大変革を遂げた. 溶質が膜に結合し通過する過程を理解することに加えて, これらの輸送タンパク質の構造の “スナップ写真” は, 膜透過機構に関する一般的なモデルの提唱に多大な貢献をしている.

2・2　膜輸送を行うおもなタンパク質にはチャネルとキャリアーがある

重 要 な 概 念

- 膜輸送タンパク質は, 基本的にチャネルとキャリアーの 2 種類に分けられる.
- イオンチャネルは, 電気化学勾配に従う速い選択的なイオン輸送を行う.
- キャリアータンパク質には, 輸送体とポンプがある. これらはエネルギーを消費し, 電気化学勾配に逆らって溶質を輸送することができる.
- 所定の細胞において, 複数の異なる膜輸送タンパク質が機能し, 統合された一つの系をなしている.

膜タンパク質には, 細胞膜に存在するものと細胞小器官の膜に存在するものがある. 細胞内や細胞小器官内の組成を維持するためには，膜輸送タンパク質が，選択的に特定の溶質種を透過させることが重要である．膜輸送タンパク質は，図2・3に示すように，輸送の方法によって**チャネルタンパク質**（channel protein）と**キャリアータンパク質**（carrier protein）の二つのグループに分類される．チャネルタンパク質は，チャネルが開いたときに溶質が高い流速で通過するための孔(pore)をもっており，一方キャリアータンパク質は，ある一方の膜の側で溶質に結合し，アロステリックな変化ののち反対側で溶質を解離する．

チャネルを形成するタンパク質にはいくつかのタイプがある．ポリンは，ある種の原核生物，ミトコンドリア，ギャップ結合(隣り合った細胞の細胞質を連結する)などに存在し，多くの場合その溶質の大きさによって通すか通さないかが決まる（§15・21“ギャップ結合により隣り合った細胞間で直接分子のやりとりを行うことができる”参照）．核膜孔複合体やタンパク質の小胞体膜透過を仲介するチャネルはもっと選択性が高い（第5章“核の構造と輸送”と第3章“タンパク質の膜交通”参照）．この章では，イオンや水を膜を横切って高い選択性で通過させるイオンチャネルとアクアポリンを詳しく取上げる．これまでに100種以上の異なったタイプのチャネルタンパク質が記述されている．チャネルタンパク質は以下のような性質をもつ．

- 溶質の選択性をもつ．
- 透過の速度が速い．
- 開閉の機構があり，それによって溶質の透過を制御している．

膜の片側から反対側へ溶質を通す部分は，**チャネル孔**（channel pore）とよばれる．チャネルにはさまざまな立体構造と配置の組合わせがある．タンパク質1分子の膜貫通領域に孔を形成しているものもあれば，二つまたはそれ以上のサブユニットからなり，それぞれが孔を一つずつ形成するものもある．オリゴマーを形成したチャネル複合体が，さらに別のサブユニットによって特定の膜に局在化したり機能を調節されたりすることもしばしばある．

多くのチャネルタンパク質は，ナトリウムイオン（Na^+），カリウムイオン（K^+），カルシウムイオン（Ca^{2+}），塩化物イオン（Cl^-）や水など，特定の溶質種に対し高い選択性をもっている．そのほかに，選択性の低い陽イオンチャネルや陰イオンチャネルもある．この後詳しく述べるにつれ明らかになっていくが，特定のチャネルタンパク質の孔は選択性フィルターとよばれる構造的な特徴をもち，これが異なる溶質を区別することに働く．

溶質の電気化学勾配が，チャネルを通る実質的なイオンの流れの方向を決める．言いかえると，溶質はエネルギー的に安定な方向へ，すなわち電気化学的な勾配を下る方向へチャネルの通路を通って動く．たとえば図2・2に示す静止状態の細胞では，Na^+ チャネル，Ca^{2+} チャネル，Cl^- チャネルを通る内向きの流れと K^+ チャネルを通る外向きの流れが生じる．電気化学勾配以外のエネルギー源を必要としないことから，このタイプの輸送を受動輸送とよぶ．チャネルタンパク質の透過速度は速い．イオンチャネルの場合，1秒当たりの透過量は 10^8 個にも及ぶ．これは水溶液中のイオン拡散速度の最大値に近い値である．

細胞内の多様な機能を制御するために，膜輸送タンパク質はゲート開閉（gating）によって調節されている．これは，特定の刺激に応答して輸送タンパク質のコンホメーションを変えることによって行われる．イオンチャネルに関しては，リガンド開口型，電位開口型，伸展活性化型，温度活性化型などがある．イオンチャネルは速やかに活性化されるため，シグナルを処理するには理想的である．たとえば，神経のシグナル伝達は細胞膜上で起こる微少電流に依存して起こる．また，細胞の体積や細胞内pHの制御，上皮細胞を通した塩や水の輸送，細胞小器官内の酸性化や，細胞間のシグナリングにも重要である．

キャリアータンパク質は，電気化学勾配，ATP，またはその他のエネルギー源として蓄積された自由エネルギーを変換して，濃度勾配に逆らった基質の輸送に用いる．エネルギーが使われるため，この種の輸送は能動輸送とよばれる．キャリアータンパク質は大きく**輸送体**（transporter トランスポーター）と**ポンプ**（pump）に分けられる（図2・4）．輸送体は，膜の電気化学勾配として蓄積されたエネルギーを用いて基質の膜透過を促進する．輸送体はさらに，**単輸送体**（uniporter），**共輸送体**（symporter），**対向輸送体**（antiporter，交換体ともいう）に分けられる．ポンプは，ATPの加水分解などにより得られたエネルギーを直接用い，エネルギー的に安定でない方向に基質を蓄積したり排出したりする．チャネルタンパク質と比べて，キャリアータンパク質は輸送速度がずっと遅く，大体1秒当たり 10^3 個である．

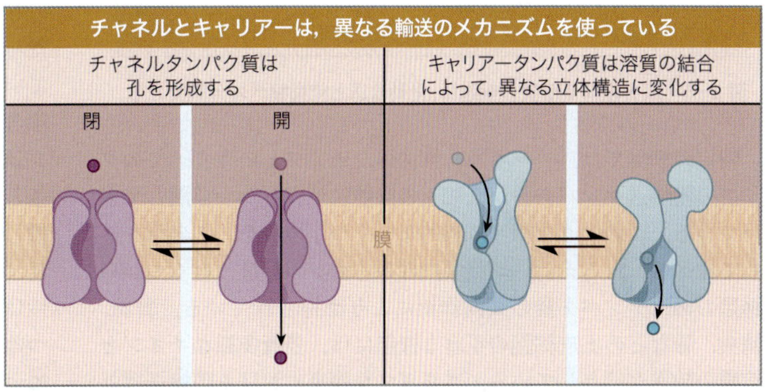

図2・3 チャネルとキャリアーは基本的な二つのタイプの膜輸送タンパク質である．溶質は，チャネルを通過するときは，拡散速度の最大値に匹敵するほどの速度で通る．キャリアーのときは，膜の片側で溶質と結合し，立体構造を変化させ，反対側で解離するので，溶質の通過速度はかなり遅い．

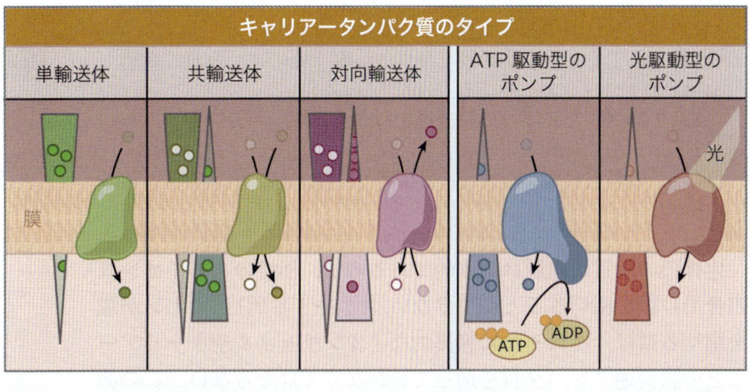

図2・4 キャリアーの基本的な二つのタイプは輸送体とポンプである．輸送体には，単輸送体，共輸送体，対向輸送体の三つのタイプがある．膜を横切る溶質の電気化学勾配を図内に示した．勾配に従う（高い方から低い方へ）輸送体もあれば，逆らう輸送体もある．

能動輸送には2種類ある．**一次能動輸送**（primary active transport）と**二次能動輸送**（secondary active transport）である．一次能動輸送を行うキャリアータンパク質は，ATPのエネルギーを使い，電気化学勾配に逆らって溶質を輸送する．その結果これらのタンパク質は，膜を隔てた溶質の濃度勾配を維持するために働く．Ca^{2+}-ATPaseやNa^+/K^+-ATPaseなどのポンプは，一次能動輸送を行う輸送タンパク質の重要な例である（§2・18 "Ca^{2+}-ATPaseはCa^{2+}を細胞内の貯留部位に輸送する"，§2・19 "Na^+/K^+-ATPaseは細胞膜を介したNa^+とK^+の濃度勾配を維持する" 参照）．二次能動輸送を担うキャリアータンパク質は，ATPを直接には使わない．その代わり，電気化学勾配に蓄積された自由エネルギーを使って，溶質の膜透過を行う．この自由エネルギーは一次能動輸送によって生み出されたものである．このようにして共輸送体と対向輸送体は二次能動輸送を行う（§2・15 "共輸送体と対向輸送体は共役輸送を行う" 参照）．溶質の輸送の機構を図2・5にまとめた．

溶質の輸送機構	
受動輸送 電気化学的な勾配に従う （エネルギーは必要としない）	能動輸送 電気化学的な勾配に逆らう （エネルギーを必要とする）
単純拡散	膜上にあるポンプかATPase
促進拡散 （チャネル，単輸送体， 共輸送体などを用いる）	飲食作用
浸　透 （経上皮輸送では溶媒が二次的に 引きずられる）	

図2・5 膜を横切る溶質の輸送は，受動輸送と能動輸送に分類できる．

特定の細胞では，チャネル，輸送体，ポンプというすべてのタイプの膜輸送タンパク質が，相互の機能に依存しかつ協調して働いている．このような相互依存的ないくつかの例を，この章を通して述べる．たとえば，細胞膜内外のイオン勾配は，いくつかの種類の輸送タンパク質の共同作用により維持されている．腎臓，精巣，肺などの上皮細胞の正常な機能には，多種多様なイオンと溶質の輸送が関与している．さまざまな疾患における膜輸送機能の損傷についても述べる．

2・3 チャネルを介したイオン透過は水和の影響を受ける

重 要 な 概 念

- 塩類は，水に溶けると水和したイオンとなる．
- 水和したイオンが細胞の膜を横切って動く際には，脂質二重層の疎水性がバリアーとなる．
- 高速で選択的なイオンの膜透過を行うために，イオンチャネルはイオンを部分的に脱水和する．
- イオンの脱水和はエネルギーを消費し，水和はエネルギーを放出する．

生体膜の脂質二重層は疎水的であるので，極性のあるイオンは自身では膜を横切ることができない（図2・1参照）．イオンが膜を横切るには，それぞれに特異的なイオンチャネルやキャリアーなどの膜貫通タンパク質を通って動かなくてはならない．この節では，いくつかのイオンの水中における物理的な性質と，それらの性質がイオン輸送においてどのような効果を与えるかを考えてみよう．

水溶液中のイオンは水和している．つまり，イオンは水分子に取囲まれている．イオンのもつ正あるいは負の電荷が，水分子の双極子を引きつける．水分子の双極子は，酸素原子のもつ部分的な負の荷電と水素原子のもつ部分的な正の荷電に由来する（BIO：2-0001 参照）．たとえば，塩化ナトリウムの結晶を水に入れたとき急速に溶解するのはイオンの水和が起こっているからである．電離によって生じるNa^+やCl^-イオンは水分子に引きつけられるので，この反応はエネルギー的に起こりやすい．

水分子はイオンの周りに**水和殻**（hydration shell）とよばれる層をつくるので，溶液中では部分的にその電荷が中和された状態となる．水和したイオンにとって脂質二重層は非常に効果的なバリアーとなる．イオンの水和はエネルギー的に好まれるので，イオンが水和殻を脱ぎ捨てて脂質二重層の疎水的な環境に入り込むためには，かなり大きなエネルギーが必要となるだろう．膜を横切るイオン輸送の過程で，このエネルギー障壁を乗り越える手助けをしているのがイオンチャネルである．

水和殻は，イオンの大きさや電荷に依存して形成される．つまり，イオンの電荷と大きさに従い，水の双極子は陽イオンまたは陰イオンに対して配向する．同じ電荷をもつ大きなイオンに比べると，小さいイオンほど局所的な電荷をもつので高い**電荷密度**（charge density）をもつことになる．高い電荷密度は局所的な電場を強くする．したがってより多くの水分子を誘導し，水和殻の厚さを増やす結果となる．このようにして，同じ電荷をもつものなら小さなイオンほど大きな水和殻をもち，チャネルの孔を通るときは大きな実効半径が必要になる．

どうしてイオン輸送を説明するのに水和が重要になってくるのだろうか？　イオンチャネルは，孔の中があたかも水で満たされているかのような環境をつくり，イオンが通り抜けていくときに部分的な脱水和を起こさせる．チャネルを通り抜けるとき，イオンは電荷をもった（あるいは部分的に荷電を帯びた）アミノ酸残基と弱い静電結合を形成する．これがイオン特異的な水和殻を模倣して代わりをすることにより，輸送過程がエネルギー的に好まれ，かつ高い選択性を保つことができる．イオンチャネルの選択性は，この部分的な脱水和をエネルギー的に好まれる方向に，かつ他のものを排除しつつ，特定のイオン種にだけ起こさせる能力による．これは，チャネルの寸法とイオン結合部位がイオン特異的であることによる（この概念については§2・5 "K^+チャネルは選択的で速やかなイオンの透過を駆動する" で詳しく述べる）．

2・4 膜電位は膜を介したイオンの電気化学勾配によってつくられる

重 要 な 概 念

- 生体膜の膜電位は，膜を横切る電気化学勾配とイオンに対する選択的な透過能により生じる．
- ネルンストの式は，イオン濃度の関数であり膜電位を計算するときに用いられる．
- 細胞は，外側に対して内側がやや負に荷電した，負の静止電位を維持している．
- 膜電位は，電気シグナルの伝達や，細胞の膜を横切りなおかつ方向性のあるイオンの動きにとって，必要不可欠である．

細胞を定義する特徴の一つに，細胞内の溶質濃度を細胞外環境と著しく異なる濃度に維持することがある．イオンの場合には，膜の内外での濃度差が生じると，荷電の差が生じる．細胞の内側は外側に比べてやや負に荷電している．この荷電の差と濃度の差を組合わせて，電気化学的な勾配とよぶ．電気化学勾配は，細胞膜における選択的なチャネルタンパク質やキャリアータンパク質の活動によって維持されている．

電気化学勾配がいかにして膜の内外で確立されているかを理解するために，まずは1種のイオン種だけが膜を通過できるという単純なケースを想定してみよう．図2・6は薄い膜で仕切られたA, B二つの区画を示している．区画Aと区画Bは異なる濃度のKClを含んでいる．これらは溶液中で水和した K^+ イオンと Cl^- イオンに分かれている．両方の区画にそれぞれ等しいモル濃度で K^+ と Cl^- が存在するので，区画内は電荷の観点からすれば中性である．もし膜がイオンを透過できなければ，膜の内外での電位差は電位計で測るとゼロになるだろう．

つぎに，膜が K^+ イオンだけを通せる状況を考えてみよう（たとえば膜の中に K^+ チャネルが埋込まれたとき．図2・6参照）．濃度勾配を下る方向へ溶質が拡散する反応はエネルギー的に起こりやすいので（負の自由エネルギー変化 ΔG），K^+ は，濃度(化学)勾配に従って区画Bから区画Aへと拡散する．その結果，電荷の分布が膜の左右で変化することになる．正に荷電したイオンは区画Aに蓄積して互いに反発し，この静電的な反発力がBからAへのイオンの動きを阻害するだろう．この系が電気化学的な平衡に達したとき，濃度と電気的な勾配の力が互いにちょうどつり合い，膜を横切る K^+ の“正味の”動きはなくなる．つまりこの時点で，一方からの K^+ の動きは他方からの K^+ の動きを打ち消す．しかし，区画Aには区画Bよりも正に荷電したイオンが相対的に多くなるだろう．この（区画Aにある）過剰量の K^+ は，(区画Bにある）過剰量の Cl^- に，薄い膜を介して誘引されるので，膜の両側にそれらの電荷が並ぶことになる．この膜の両側で生じる電荷の差が，**膜電位**（membrane potential）とよばれる電位差を生じさせる．平衡状態において，区画Aに対する区画Bの（膜）電位は，負になる．この例は，細胞が0でない膜電位をつくり出すためのつぎの二つの必須条件を表している．

- 膜の両側で，イオン種が異なった濃度で分布しており，それが電荷を分離する結果を生じさせること．
- 膜は少なくとも一つのイオン種について，選択的な透過性をもつこと．

それゆえ，膜電位はイオン濃度の関数で表される．平衡状態においてこの関係は，イオンXについてつぎのネルンストの式によって定量的に表される．

$$E_X = 2.3\frac{RT}{zF}\log_{10}\frac{[X]_B}{[X]_A}$$

ただし，E: 平衡電位（V）
R: 気体定数（2 cal・mol^{-1}・K^{-1}）
T: 絶対温度（K; 37 ℃ = 310.15 K）
z: イオンの電子価（電荷）
F: ファラデー定数（2.3×10^4 cal・V^{-1}・mol^{-1}）
$[X]_A$: 区画AにおけるXの解離イオン濃度
$[X]_B$: 区画BにおけるXの解離イオン濃度

動物細胞において，膜電位の生成に寄与するイオンはおもに，K^+，Na^+，Cl^- である（骨格筋におけるイオン濃度については，図2・2を参照のこと）．Ca^{2+} と Mg^{2+} は，静止状態の膜電位にはほとんど寄与しない．細胞膜は，これらのイオンのいずれに対しても選択的な透過性をもつ(つまり細胞膜は，それぞれのイオン種に対して選択的なイオンチャネルをもつ)．ネルンストの式の拡張版であるGoldman–Hodgkin–Katzの電位方程式では，イオン種の複雑さとそれぞれのイオンに対する膜の透過性(P)を考慮している．膜電位は，主要なイオン種の透過性と，細胞内(i)外(o)の濃度の関数としてつぎのように表される．

$$E = 2.3\frac{RT}{zF}\log_{10}\frac{P_K[K^+]_o+P_{Na}[Na^+]_o+P_{Cl}[Cl^-]_i}{P_K[K^+]_i+P_{Na}[Na^+]_i+P_{Cl}[Cl^-]_o}$$

細胞種により異なるが，細胞は −200 mV から −20 mV の負の静止電位を維持している．哺乳類の細胞では，静止電位はおもに K^+ チャネルと，Na^+/K^+-ATPaseとよばれるイオンポンプによってつくり出される．主要な負の膜電位の要因は，細胞膜上にある K^+ 漏出チャネル（静止 K^+ チャネルともよばれる）を通る，少量の K^+ の流れである．開口にシグナルを必要とするような他の K^+ チャネルとは違って，K^+ 漏出チャネルは静止状態においても開いている．他のイオンに対するチャネルは，静止状態においてほとんど開かない．細胞の外に出る K^+ の動きは，電気化学的な勾配に従う向きであり，細胞の内側が外側に比べてより負に荷電するのを助ける．静止状態の K^+ 透過の原因については，まだそのすべてが明らかになったわけではない．植物細胞やバクテリア，ミトコンドリアのような細胞小器官など，静止電位が K^+ の勾配ではなくプロトン（H^+）勾配によって決まる場合もある．

K^+ が K^+ チャネルを通って細胞の外へ拡散していくためには，K^+ の濃度が細胞の外側より内側の方が高くなくてはならない．この濃度勾配は，Na^+/K^+-ATPaseによって維持されている．このポンプは，K^+ 2個を細胞内に取込む際に，Na^+ を3個外に排出する．つまり“正味の”電荷としては中に入るより外に出ていく方が多く，したがってこの作用には起電性がある．このようにして，K^+ 漏出性のチャネルに加え，Na^+/K^+-ATPaseが細胞の内側をより負に荷電させる働きをしている．もし細胞の Na^+/K^+-ATPaseが不活性化したら，Na^+ や K^+ の

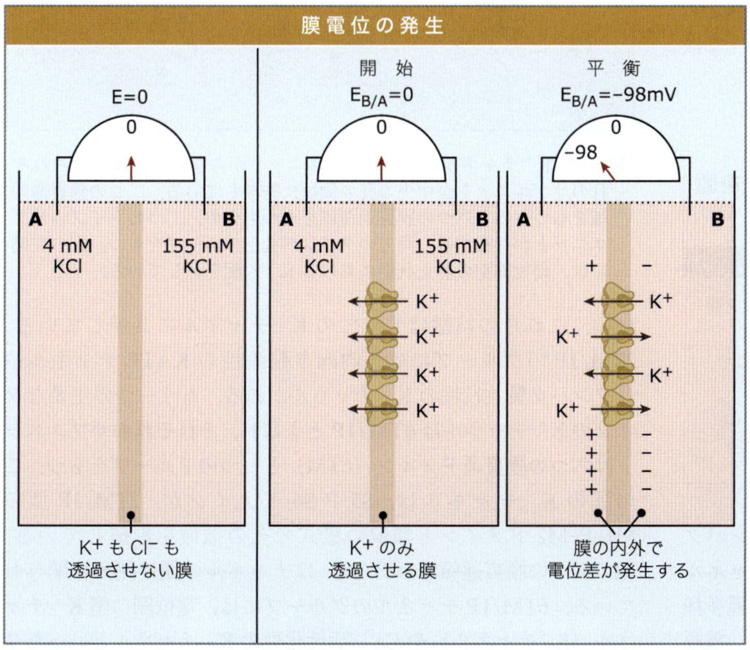

図2・6　膜電位は，イオンの選択的な膜透過が可能になることで，発生する．

濃度はやがては膜の両側で等しくなるだろう．これは，脂質二重層が非常に低いながらイオン透過性をもつためである．言いかえると，Na^+/K^+-ATPase の一次能動輸送がなければ膜電位はゼロになる．

静止状態の細胞の膜電位は比較的一定である．しかし，リガンドの結合，機械的なストレス，電位の変化などに反応してイオンチャネルが開き，そして特定の溶質に対してその透過性が上がるとき，膜電位の変化が起こる．電位感受性のイオンチャネルの場合，膜電位の変化がチャネルを通るイオンの流れに影響する．イオンチャネルの開け閉めの制御は，**ゲート開閉**（gating）とよばれる．膜電位は，そのときに一番たくさん開いているチャネルによって決められる．たとえば，膜の**脱分極**（depolarization）は，Na^+ か Ca^{2+} のチャネルが開き，その結果それぞれのイオンが電気化学勾配に従って細胞の中に流れ込むことによって起こる．このことにより，膜電位が正になる．一方，膜の**再分極**（repolarization，静止電位よりも負に荷電したときには過分極ともいう）は K^+ チャネルが開いたときに起こり，K^+ が電気化学勾配に従って細胞外に出ていき，膜電位をさらに負にする結果となる．イオンチャネルを通したイオンの動きは非常に速く，ミリ秒単位で起こる．膜内外の非常に小さいイオン濃度差で膜電位を変化させることができ，細胞内全体のイオン濃度はほとんど影響されない．1 cm^2 当たりたった 10^{-12} モルの K^+ を分離するだけで，膜電位を急速に -100 mV まで過分極させることができる．相対的に小さい電荷が膜を横切って局所的に動くことで，細胞質と細胞外液を電気的に中性に保ち，電荷の反発力を最小にすることができる．

エネルギー的な観点から言うと，膜電位というのは，いつでも仕事に使えるエネルギーが蓄積されている状態とみなすこともできる．細胞質の側に負荷電イオンが蓄積されており，細胞外に正荷電イオンが蓄積されているという状況なので，細胞膜はコンデンサーやバッテリーといった，電気エネルギーを蓄積し，回路にエネルギーを供給するデバイス（装置）に似ている．エネルギーは，イオンがその電気化学勾配に従った方向に動くことによって放出され，濃度勾配に逆らって他のイオンや溶質を動かす上り坂輸送と共役させることができる（§2・16“膜を介した Na^+ の電気化学勾配は多くの輸送体の機能に必須である”に例が示されている）．（電気化学勾配についてのより初歩的な説明については BIO:2-0002 参照．ネルンストの式や Goldman–Hodgkin–Katz の式については§2・24“補遺：ネルンストの式の誘導と応用”参照．）

2・5 K^+ チャネルは選択的で速やかなイオンの透過を駆動する

重要な概念

- K^+ チャネルは，水で満たされた孔として働き，選択的かつ速やかな K^+ イオンの輸送を可能にする．
- K^+ チャネルは，四つの同じサブユニットからなる複合体で，組合わさって一つの孔を形成する．
- K^+ チャネルの選択性フィルターは，進化的に保存されている．
- K^+ チャネルの選択性フィルターは，イオンの脱水和を触媒し，このことがイオンの透過の選択性と速度を決める．

カリウムイオン（K^+）チャネルは，細胞膜の膜内在性タンパク質で，細胞の外と内の間の K^+ の流れを仲介する．K^+ チャネルは，バクテリアからヒトまで進化的に保存されており，多種多様な細胞種において，静止膜電位の安定化，活動電位の停止，電解質のバランスの維持などの多くの生物学的な機能をもっている（一方で，原核細胞の K^+ チャネルの生理学的な機能についてはよくわかっていない）．他のイオンチャネルと同様，K^+ チャネルはさまざまな機構，すなわち電気的あるいは化学的なシグナルに応答して開閉する（K^+ チャネルのゲート開閉についての詳細は，§2・6“K^+ チャネルのゲート開閉は，さまざまな活性化/不活性化機構で制御される”参照）．細胞は，外側よりも内側により高い K^+ 濃度を維持しているので（図2・2参照），K^+ チャネルの開口の結果，その電気化学勾配に従って K^+ が流出することになる（K^+ の濃度の維持についての詳細は§2・19“Na^+/K^+-ATPase は細胞膜を介した Na^+ と K^+ の濃度勾配を維持する”参照）．

他のイオンチャネルと同じように，K^+ チャネルも狭くかつ水で満たされたイオンが通るための孔をもっている．K^+ チャネルは，K^+ に対して高い選択性をもち他の陽イオンは通しにくい．この選択性が細胞内のイオン濃度を維持するのに重要である．このイオンチャネルを通る K^+ の流れを電気生理学的に測定すると，1秒当たり 10^8 個（水中の溶質の拡散速度の最大値に近い）もの速度でイオンが通過することが示された．本節では，この選択的かつ高速な透過を実現する分子的な基盤について述べることにしよう．

図2・7に示すように，K^+ チャネルはホモ四量体からなり，四つのサブユニットが一緒になって中心の孔を形成している．サブユニットの膜貫通のトポロジーによって，2種類の K^+ チャネルが定義される．2TM/1P 型の K^+ チャネルは，それぞれのサブユニットが二つの膜貫通 α ヘリックス，M1 と M2 をもっており（2TM），これらは孔形成（P）ループの両側に位置している．P ループは孔ヘリックスとよばれる短いヘリックス部分をもっている．これらの特徴はすべての K^+ チャネルに共通している．2TM/1P のグループには，内向き整流性の KATP チャネルや G タンパク質共役性の K^+ チャネルがある．もう一つの主要なタイプの K^+ チャネルは 6TM/1P とよばれ，それぞれのサブユニットは六つの膜貫通ドメイン（6TM）と一つの P ループをもつ．この種の K^+ チャネルは，S5–P–S6 ドメインが，2TM/1P 型の M1–P–M2 ドメインと類似の様式で孔の領域を形成している．他の四つの膜貫通領域（S1–S4）はチャネルの開け閉めに関与している．6TM/1P チャネルのグループには，電位開口型 K^+ チャネル（K_V チャネル）や Ca^{2+} 活性化型の K^+ チャネルといったリガンド開口型チャネルなどが含まれる（電位開口型チャネルや

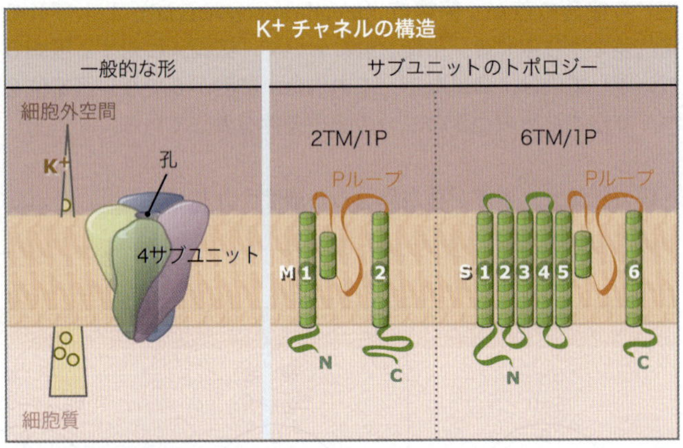

図2・7 K^+ チャネルは同一のサブユニットからなる四量体で，それぞれのサブユニットが中央の孔の領域に寄与している．二つの膜貫通領域をもつものと六つの膜貫通領域をもつものの，二つのタイプのサブユニットが存在する．両方のタイプが孔形成ループをもつ．図の左側には，動物細胞の静止状態における K^+ 勾配を示している．

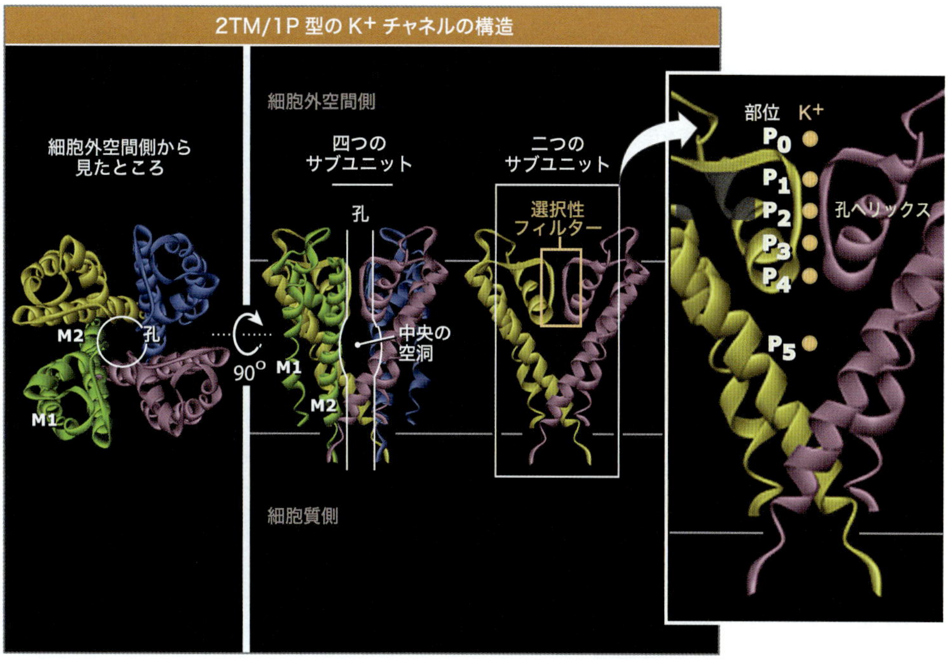

図2・8　KcsA K^+ チャネルの結晶構造，タンパク質の骨格をリボンで表したもの．予想される膜の位置が示されている．わかりやすくするために，右の二つの図では二つのサブユニットだけを示している．画像は Protein Data Bank file 1K4C による．この結晶構造は，N 末端と C 末端の部分を欠いたものである］

Ca^{2+} 活性化型 K^+ チャネルについての詳細は §2・6“K^+ チャネルのゲート開閉は，さまざまな活性化/不活性化機構で制御される”参照）．

K^+ チャネルのもつ選択性に関する知見は，電気生理実験，変異導入実験，X線結晶構造解析などから得られた．結晶構造解析により，初期の実験からなされた予測が確認されただけでなく，チャネルの構造に対する原子レベルでの知見が得られ，分子機構の洞察が可能になった．K^+ チャネルの最初の結晶構造は，バクテリアの 2TM/1P 型の閉じた KcsA チャネルについて決定された．図2・8に示すように，イオンが通る孔は，**選択性フィルター**（selectivity filter）と中央空洞という二つの主要な部分から成り立っている．M2 ヘリックス（内側）と P ループは孔のところに並んでいる．選択性フィルターは，孔の最も狭い部分で，細胞外の開口部に近い方に位置し，K^+ と結合する．選択性フィルターは，長さ 12 Å，幅 3 Å の大きさで，それぞれのサブユニットが 1 個ずつ P ループを提供している．イオンが存在する部位がチャネルの中に 6 箇所見いだされ，四つの部位（P1〜P4）は選択性フィルターの中に，P0 は選択性フィルターのさらに細胞外側，P5 は中央空洞側にある．これら六つの部位は，結晶中のすべての K^+ チャネルタンパク質の重ね合わせの結果見えてくるものである．

K^+ チャネルの選択性フィルターの中の四つの P ループそれぞれに，シグナチャ配列（signature sequence）とよばれる Thr-X-Gly-Tyr-Gly（TXGYG）または Thr-X-Gly-Phe-Gly（TXGFG）（X は数種可変）という配列が高度に保存されている．KcsA チャネルでは，シグナチャ配列は Thr-Val-Gly-Tyr-Gly（TVGYG）である．これらの残基のそれぞれが，K^+ 透過経路に向かって，ペプチド骨格あるいは側鎖のカルボニル酸素原子を配向している．図2・9に示すように，このカルボニル酸素原子は部分的に負の電荷を帯びており，四つのつながった“カゴ”の角の部分をなす．これが K^+ の透過する側に配位する．選択性フィルターの中で K^+ が配位する場所は直鎖状に並んでいる．

水溶液中の K^+ イオンは水和，つまり水分子に取囲まれた状態にある．K^+ が狭い選択性フィルターに入るためにはこの水分子は取除かれなくてはならない．しかし，イオンの脱水和には大きなエネルギーが必要である．正に荷電した K^+ と水分子の双極子の部分的な負荷電の間の，強い引力に打ち勝たなくてはならないからである．K^+ チャネルは，選択性フィルター内の酸素原子がもつ負電荷を水分子の代わりとすることで，この問題を解決している．このようにして K^+ を透過させるために必要な脱水和のエネルギーを低下させ，水和殻を形成する水の双極子の弱い負の電荷を模倣した親水的な環境がつくられる．

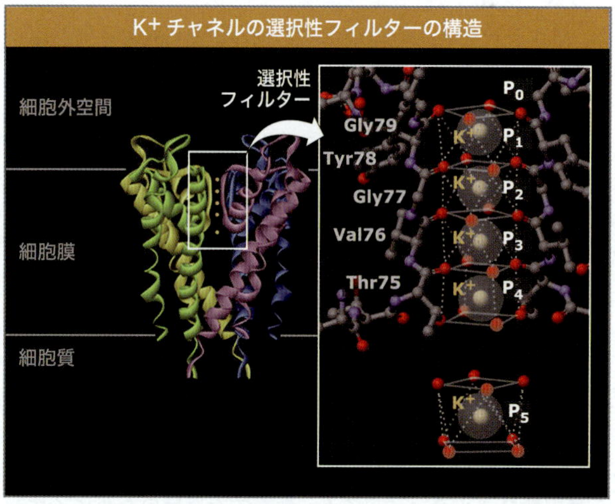

図2・9　バクテリアの KcsA K^+ チャネルの四つのサブユニットは，すべて選択性フィルターに関与している．わかりやすくするために，二つのサブユニットだけについて孔形成ループの残基と，関与する酸素原子を示してある．P0〜P5 は予想される六つの K^+ 結合部位．P0 部位はチャネル孔の細胞外開口領域付近にある（K^+ は省略した）．選択フィルターの P1 から P4 部位は，P ループからの八つの酸素原子から形成されている．中央空洞にある P5 部位は水和した K^+ によって占有されている（八つの水分子の酸素原子は赤で示してある）［X 線結晶構造の画像は，Protein Data Bank file 1K4C から作製した．この構造は，結晶内のすべてのタンパク質の構造の重ね合わせなので，すべての部位が K^+ で占有されているように見える．推定される膜の位置も示してある］

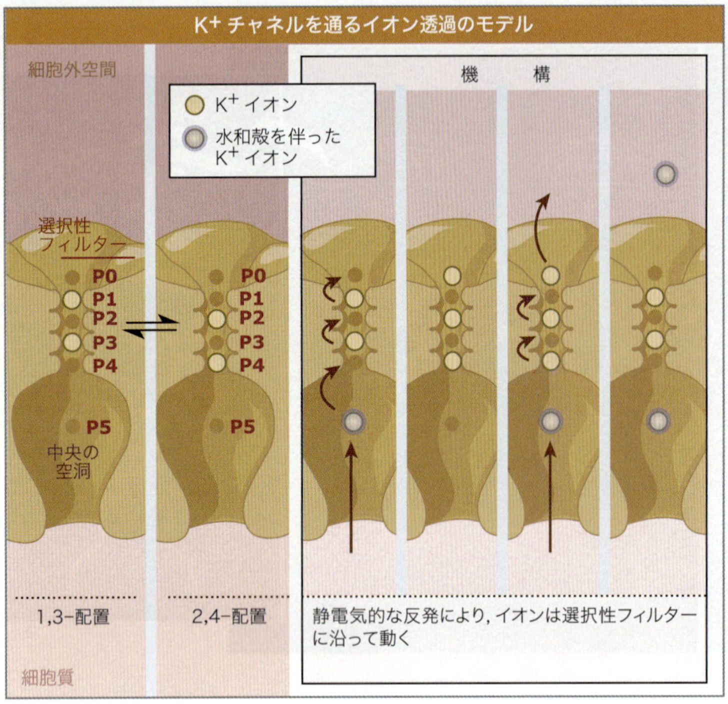

図 2・10　K^+ は，その濃度勾配に従って，細胞の内側から細胞膜の外側の細胞外側に向かって動く．モデルの推定によると，任意の時間に二つの部分的に脱水和された K^+ が選択フィルターを占めている．これらのイオンは，自由エネルギー的に言うと等価な二つの配置の間を高速で動いている．入ってくるイオンからの静電気的な反発が，選択フィルター内で前にいるイオンを押し出す．このようにして，選択フィルターはエネルギー的な障壁を回避し，高速な K^+ 透過を可能にしている．

この脱水和の過程は，イオンの選択性をもたらす基盤ともなっている．別の 1 価の陽イオンである Na^+ について考えてみよう．Na^+ は K^+ よりも直径が小さいにもかかわらず，K^+ チャネルに対する透過性は K^+ の 1 万分の 1 でしかない．K^+ チャネルが Na^+ を実質的には通さない理由は以下のように説明される．K^+ チャネルの選択性フィルターのサイズは，K^+ の脱水和にかかるエネルギー的なコストを埋め合わせるが，Na^+ の場合にはうまく行かない．脱水和された K^+ は選択性フィルターによく合うが，脱水和された Na^+ はカルボニル酸素原子と配向するには小さすぎるのである．つまり，選択性フィルターの構造は，Na^+ よりも K^+ の通過を好むようになっている．

K^+ チャネルが，1 秒当たり 10^8 個の速度でイオンを拡散させるためには，イオンが部分的に脱水和され，選択性フィルターを通り，再び水和するという一連の過程が，およそ 10 ナノ秒で起こらなくてはならない．さまざまな K^+ イオン濃度で得られた多くの結晶構造のデータと，コンピュータシミュレーションの結果に基づいて，どのようにしてこれほどの高い機能が達成されるのかを説明するモデルが提唱されている．このモデルは，図 2・10 に示すように，任意のタイミングにおいて K^+ が，選択性フィルターの P1 と P3 ポジション(1,3- 配置)または P2 と P4 ポジション(2,4- 配置)を占有している，という観測に基づいている．この配置は，正電荷どうしの反発のため K^+ が隣り合った部位を占有することはないだろうということを考慮している．2 種の配置はエネルギー的には同程度で，互いに平衡にある．K^+ が中央空洞から選択性フィルターに入ると，静電的な反発のためにイオンはフィルター内を動き，2 部位が占有された配置のどちらかになる．結果として，列の最も細胞外側にあるイオンが押し出される．イオンが 1,3- と 2,4- の配置の間を動くのに本質的なエネルギー障壁がないということが，高い透過性の理由の一つである．

さらに，高速なイオン透過を可能にする一般的な原理として，チャネルが開いているとき，チャネルの孔が広がってイオンが自由に選択性フィルターにまで到達できる状態にあることが重要である．つまり，K^+ チャネルにおいては，イオン透過の実効的距離を膜の厚さに合わせるのではなく，12 Å にまで短縮しているのである（もっと開いた状態の K^+ の立体構造については § 2・6 “K^+ チャネルのゲート開閉は，さまざまな活性化/不活性化機構で制御される” 参照）．

K^+ チャネルの構造のもう一つの特徴として，約 10 Å の幅の中央空洞がある．これは，選択性フィルターの内側で細胞内に面している．中央空洞には疎水性の残基が並んでいて，透過経路と水和したイオンの相互作用を最小にする働きをしている．同時にこの中央空洞は，K^+ が，脂質二重層中央部分にある疎水的な反発力を克服して通過することを助けている．中央空洞の二つの特徴が，イオン透過に対してエネルギー障壁が最大となる膜の中央部分で，K^+ を安定化させているのである．第一に，中央空洞では，K^+ は水分子に取囲まれた状態に保たれる．第二に，図 2・11 に示すように，チャネルの各サブユニット由来の孔ヘリックスは，中央空洞の中心部に向かって部分的に負の電荷を配向する（α ヘリックス上の部分的な負の電荷と部分的な正の電荷は，ターン間の水素結合で相殺されずに残る電荷に由来する．その結果，C 末端は N 末端に対してさらに負に荷電する）．

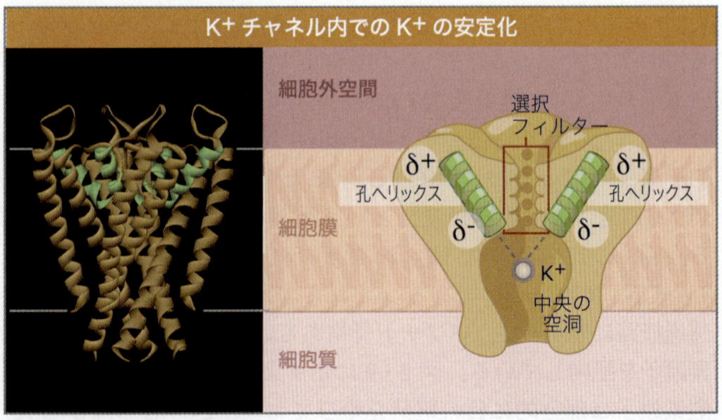

図 2・11　四つの孔 α ヘリックス（緑）は，負の双極子電荷を中央の空洞側に向けており，P5 部位にいる正に荷電した K^+ を安定化している（わかりやすくするために，右の図には二つの孔ヘリックスだけを示してある）．ヘリックスの双極子部分的な負の荷電を示した［結晶構造の画像は Protein Data Bank file 1K4C より改変］

2・6 K^+ チャネルのゲート開閉は，さまざまな活性化–不活性化機構で制御される

重要な概念

- ゲート開閉は，イオンチャネルにとって必須な機能である．
- さまざまなゲート開閉の機構があり，それによって K^+ チャネルはいくつかの機能グループに分類される．
- K^+ チャネルのゲートは，選択性フィルターとは異なる．
- K^+ チャネルは，膜電位によって制御されている．

イオンチャネルは二つの必須な機能をもつ．一つは選択的にイオンを透過させることであり，もう一つはゲートを開閉することである．ゲート開閉とは，適切な刺激に反応して，イオンチャネルを開いたり閉じたりする能力のことである．この節では，チャネルのゲート開閉についての一般的な原理と，さまざまな K^+ チャネルのゲート開閉の機構について述べることにしよう（K^+ チャネルを通した透過についての詳細は§2・5“K^+ チャネルは選択的で速やかなイオンの透過を駆動する”参照）．

制御されていないイオンの流れは，エネルギーを消費するだけでなく細胞機能を危機にさらすので，イオンチャネルの開閉は厳密に制御されている．細胞の体積，細胞外と細胞内 K^+ の濃度，K^+ チャネルを通るイオンの輸送速度を考慮に入れると，一つの細胞当たり 10 個の K^+ チャネルが開けば 1 秒間で K^+ は枯渇すると推定される．実際，K^+ チャネルは開閉をミリ秒単位で行って，イオンの漏出を防ぎかつ負の静止膜電位を維持することができているのである．ゲート開閉を実行するために，K^+ チャネルは特定の刺激に応答してコンホメーションを変化させている．

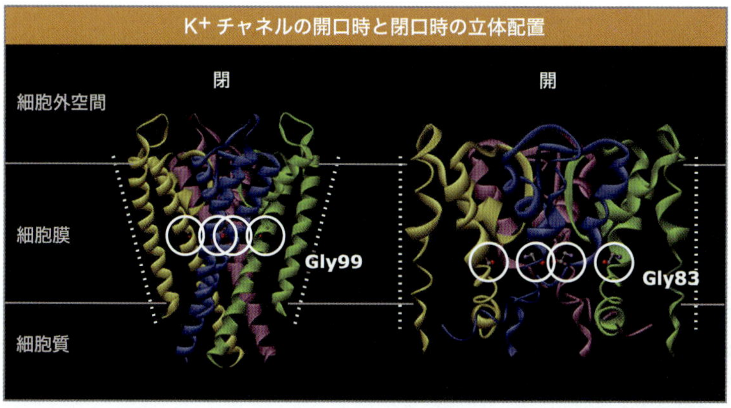

図2・12 KcsA と MthK K^+ チャネルの結晶構造．それぞれ，閉口状態と開口状態とされているもの．ゲート開閉のちょうつがいをなしているグリシン残基を丸で囲ってある［図は，Protein Data Bank file の 1K4C と 1LNQ から引用改変した．MthK チャネルについては，細胞質側のドメインは示していない．左側に，推定される膜の位置を示した］

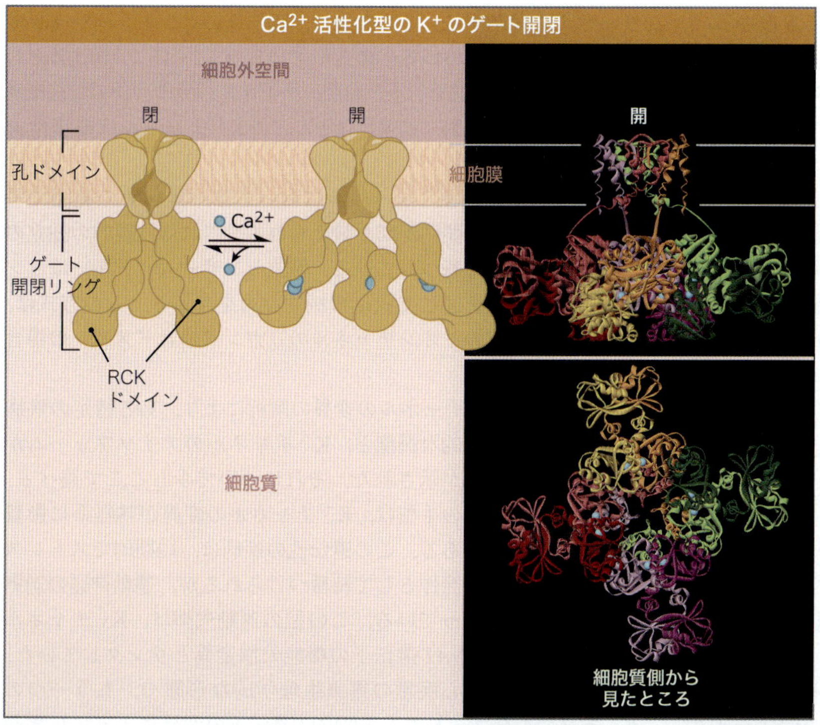

図2・13 四つの K^+ チャネルのサブユニットのうち三つだけで示したもの．ゲート開閉リングの RCK ドメインに Ca^{2+} が結合した後，リング構造の直径が増し，孔ドメインに力を発生し，チャネルのゲートを開く［MthK の結晶構造の画像は Protein Data Bank file 1LNQ より引用改変．推定される細胞膜の位置を示した］

さまざまな K^+ チャネルのサブファミリーが，細胞内外からのさまざまなシグナルによってゲート開閉する．第一のタイプの K^+ チャネルは，細胞の代謝の状態を感知して自律的にゲートを開く．第二のタイプは，リガンドがチャネルの細胞内側のドメインに結合することによってコンホメーションを変化させ，チャネルゲートを開く．Ca^{2+}，ATP，三量体 G タンパク質，ポリアミンなどがこれらのリガンドの例である．第三のタイプは電位開口型の K^+ チャネルの場合で，膜電位の変化で膜貫通領域部分のコンホメーションを変化させ，チャネルが開口する．電位開口型のゲート開閉の例として，電位依存性 K^+ チャネルが電位を感知する機構があげられる．このチャネルの機能により，静止膜電位を負に維持したり，筋肉や神経など電気的な興奮を起こす細胞において活動電位を終了させたりすることができる（活動電位の詳細については§2・12“活動電位は数種のイオンチャネルに依存した電気シグナルである”参照）．電位変化とリガンド結合の両方によってゲート開閉するチャネルもある．以下に，Ca^{2+} 活性化型の K^+ チャネルと，電位開口型の K^+ チャネルのゲート開閉のモデルについて述べる．

K^+ チャネルはどうやってゲート開閉するのだろうか？ 重要な要素は，内側のあるいは孔を形成する α ヘリックス，2TM/1P チャネルでは M2 ヘリックス，6TM/1P チャネルでは S6 ヘリックスである．四つのサブユニット由来の M2 または S6 ヘリックスはチャネルの孔に並ぶ（図2・8参照）．この内側のヘリックスには鍵となるグリシン残基があり，この部分で柔軟性をもち，“ゲート開閉のためのちょうつがい”を形成している．このグリシン残基はほとんどの K^+ チャネルで保存されており，ヘリックスをチャネルの孔から外側に曲げることができる（図2・12）．その結果として，四つの内側のヘリックスがまっすぐな構造をとれば，チャネルの細胞の

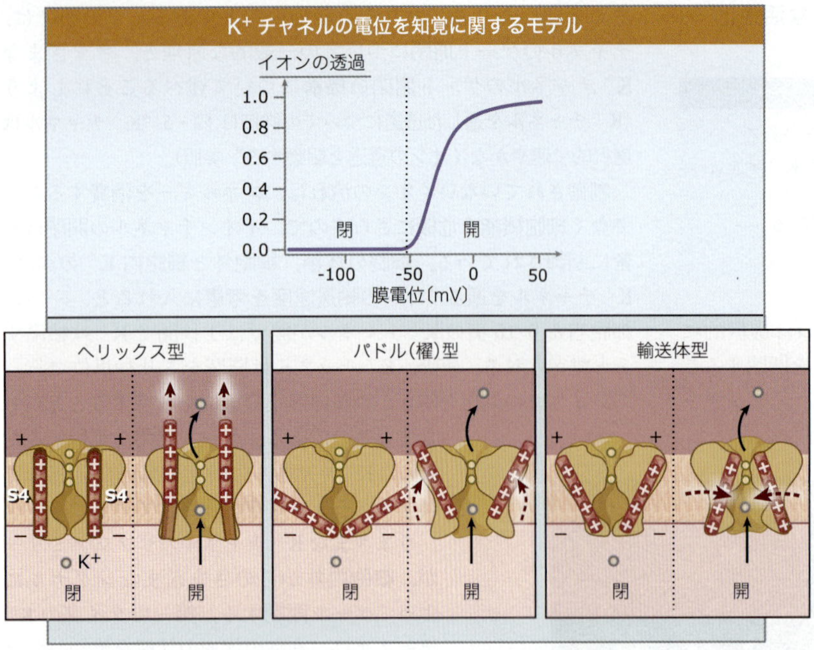

図 2・14　電位開口型チャネルが，電位変化をどのようにチャネル開閉に変換するのかを示す三つのモデル．S4 の膜貫通ヘリックスが正に荷電した電位感知ドメイン（S1～S4）の膜貫通セグメントとなる．図では内部が見えるようにチャネルを半分に切り，チャネル当たり 4 本あるヘリックスの 2 本だけを示している．

内側に近い面で閉じた孔が形成される．曲がった構造をとれば，内側のヘリックスが外側に曲がり，およそ 12 Å の直径で開く．

図 2・13 に示すように，アーキア（古細菌）の Ca^{2+} 活性型の K^+ チャネルは，K^+ チャネルに典型的な四量体の孔構造をもつ．それに加えて，それぞれのサブユニットは，C 末端に K^+ 透過制御ドメイン（RCK）とよばれる大きい細胞質ドメインをもち，これが 2 個の Ca^{2+} と結合する．Ca^{2+} と結合し開いたコンホメーションのチャネルの結晶構造と，リガンド非結合型の状態のさまざまな K^+ チャネルの RCK ドメインの結晶構造から，このチャネルが Ca^{2+} によってゲート開閉する機構のモデルが提唱されている．このモデルでは，Ca^{2+} の結合で放出される自由エネルギーが，RCK ドメインを外側に動かすことに使われ，それによって内側のヘリックスが離れ細胞質側の孔を広げる結果になる．

電位依存的な K^+ チャネルは，電位依存的な陽イオンチャネル（Na^+ や Ca^{2+} も含む）ファミリーのメンバーである．これらのチャネルは，膜電位の微少な変化に高感度で反応して開く．どのようにしてチャネルは膜電位を“感知”し，閉じたコンホメーションから開いたコンホメーションへと変化させるのだろうか．すべての電位依存的な陽イオンチャネルは，六つの膜貫通領域をもつサブユニットからなる（図 2・7 参照）．それぞれのサブユニットの最初の四つの膜貫通領域（S1～S 4）は，電位を感知するモジュールを形成しており，孔の開閉を制御する．それぞれの S 4 部分は，ゲート開閉電荷とよばれる正に荷電したアルギニン残基（4～7 個，チャネルによって異なる）をもっており，膜の電場の変化を感知する．1 個のチャネル当たりのゲート開閉電荷が多くなれば，膜電位の微少な変化に応答して，イオンの流れを急激に増やせるようになる．図 2・14 に，電位開口型の K^+ チャネルの応答のグラフを示す．

膜電位が正に変わると，S 4 部分がそれを検出して電位センサーモジュールを動かし，内側の孔形成ヘリックスをそれぞれ引き離すような力を発生させ，結果としてチャネルのゲートが開く．しかし，電位センサーの動きがどのようにしてチャネルを開くのかはよくわかっていない．膜電位に応答して電位センサーがどのようにして動くのかについては三つのモデルがある（図 2・14 参照）．一つめのモデルは，膜に埋込まれた S 4 部分が正に荷電すると，垂直方向にスライドしてチャネルを開くというものである．二つめは，電位依存性 K^+ チャネルの結晶構造に基づいて提唱されたものである．このモデルでは，孔の領域が，四つの電位センサーの“パドル(櫂)”により取囲まれている．このパドルには自由に曲がるちょうつがいがあるので，膜の中で動くことができる．それぞれのパドルは，S3 と S4 部分のヘリックス-ターン-ヘリックスからなる．三つめのモデルは，膜の中での移動ではなく，電位センサーの中の S4 セグメントが片足旋回することで，チャネルを開閉する．この動きは，輸送体のコンホメーション変化として提唱されているものと似ている（§2・15“共輸送体と対向輸送体は共役輸送を行う”参照．チャネルの他の共通の制御機構については，§2・25“補遺：ほとんどの K^+ チャネルは整流性をもつ”に詳述する）．

哺乳類の Kv1.2 K^+ チャネルにおいては，数 mV の範囲で電位依存的なゲート開閉が切り替えられる．これは，膜内の独立のドメインの動きに基づいている．電位センサー（パドル）はリンカーヘリックスを通じて孔に機械的な力を与える．この方式は，リガンド開口型のイオンチャネルのリガンド結合ドメインの場合と似ている．

さまざまな K^+ チャネルの変異の解析により，ある特定の疾病や，特定の生理学的な機能と，K^+ チャネルのアイソフォームが関連していることが示された．それについて少しここで述べる．反復発作性失調症の I 型は，K^+ チャネルの変異が神経系に影響する病気の一例である．この遺伝性の疾病は，短期的でストレス誘導性の協調欠損発作として特徴づけられるが，運動神経の過剰興奮性が原因となっている．この型の運動失調は，Kv チャネルをコードする *KCNA1* 遺伝子の機能欠損変異とリンクしていた．QT 延長症候群は心疾患の電気生理学的な形態で，もう一つの Kv チャネルをコードする *KCNQ3* 遺伝子の変異によってひき起こされる．この変異は，心臓において再分極不全をまねき，反復性の不整脈や突然死をひき起こす（§2・12“活動電位は数種のイオンチャネルに依存した電気シグナルである”参照）．

2・7 電位依存性 Na^+ チャネルは膜の脱分極によって活性化され，電気シグナルを伝える

重 要 な 概 念

- Na^+/K^+-ATPase によって維持される内向きの Na^+ の勾配が，Na^+ チャネルの機能に必要である．
- 細胞膜における電気シグナルが，電位依存性 Na^+ チャネルを活性化する．
- 電位依存性 Na^+ チャネルの孔は，一つのサブユニットから形成されているが，その全体の構造は 6TM/1P 型 K^+ チャネルに似ている．
- 電位依存性 Na^+ チャネルは，孔をふさぐ特定の疎水性残基によって不活性化される．

細胞は内向きの Na^+ の勾配を維持している（図 2・2 参照）．これは，多くの Na^+ 依存的な膜輸送に必要不可欠である．Na^+ の電気化学勾配は，細胞膜上にある Na^+/K^+-ATPase によってつくり出されている（§2・19 "Na^+/K^+-ATPase は細胞膜を介した Na^+ と K^+ の濃度勾配を維持する" 参照）．この ATPase は，Na^+ ポンプともよばれる．Na^+ と K^+ を，ATP を加水分解するエネルギーを使いながら，それぞれの電気化学勾配に逆らって輸送する．3 個の Na^+ が細胞の外に運ばれるとき，2 個の K^+ が内側に取込まれる．この過程で細胞の外に向かう電荷の正味の動きがあり，このため Na^+ ポンプは起電性をもつ．この正電荷の流れによって，細胞の外側より内側が負に荷電させられる．Na^+ ポンプのこの作用が，細胞の負の静止膜電位ポテンシャルを保っている．Na^+ の電気化学勾配を確立するために必要なエネルギーは，ATP の加水分解によって供給され，結果的に細胞膜の Na^+ と K^+ の電気化学勾配として蓄積される．

Na^+ 電気化学勾配が生理学的に重要であることは，多数の Na^+ 依存性チャネルやキャリアータンパク質の機能がこの勾配に依存していることを考えれば明白である．そのような Na^+ 依存性あるいは電位依存性の二次輸送系の一部を図 2・15 に示した．いずれも内向きの Na^+ 電気化学勾配とそれによって蓄積し

細胞膜を通る Na^+ の輸送

	輸送体タンパク質	輸送の化学量論比	生理学的な機能
Na^+ の流出	Na^+/K^+-ATPase	3 Na^+(外行き)：2 K^+(内行き)	膜の Na^+ と K^+ 勾配の維持
	Na^+/Ca^{2+}-交換体(逆行)	3 Na^+(外行き)：1 Ca^{2+}(内行き)	心臓の活動電位の第 1 相における Ca^{2+} の流入
	$Na^+/K^+/Ca^{2+}$-交換体(逆行)	4 Na^+(外行き)：1 K^+(内行き)：1 Ca^{2+}(内行き)	明順応
	Na^+/HCO_3^- 共輸送体(腎臓)	1 Na^+(外行き)：3 HCO_3^-(外行き)	血液あるいは尿中の pH の維持
Na^+ の流入	**チャネル**		
	電位依存性 Na^+		活動電位の伝播中に起こる急速な Na^+ の流入
	上皮性 Na^+		たとえば腎臓での Na^+ の再吸収など多くの組織で複数の機能がある；肺上皮の表面液相のイオン組成の維持，消化管での Na^+ の再吸収
	対向輸送体		
	Na^+/Ca^{2+}-(順行)	3 Na^+(内行き)：1 Ca^{2+}(外行き)	細胞質からの Ca^{2+} の除去
	$Na^+/K^+/Ca^{2+}$-(順行)	4 Na^+(内行き)：1 K^+(外行き)：1 Ca^{2+}(外行き)	明順応
	Na^+/H^+	1 Na^+(内行き)：1 H^+(外行き)	細胞内の pH や細胞体積の制御
	Na^+/Mg^{2+}	2 Na^+(内行き)：1 Mg^{2+}(外行き)	細胞内の Mg^{2+} 濃度の維持
	共輸送体		
	Na^+/Cl^-	1 Na^+(内行き)：1 Cl^-(内行き)	腎臓での NaCl の再吸収
	Na^+/HCO_3^-(膵臓)	1 Na^+(内行き)：2 HCO_3^-(内行き)	膵液の pH の維持
	$Na^+/K^+/Cl^-$	1 Na^+(内行き)：1 K^+(内行き)：2 Cl^-(内行き)	腎臓での NaCl の再吸収
	Na^+/グルコース	2 Na^+(内行き)：1 グルコース(内行き)	腸でのグルコースの吸収と，腎臓におけるグルコースの再吸収
	Na^+/ヨウ化物	2 Na^+(内行き)：1 ヨウ化物(内行き)	甲状腺や他の組織でのヨウ化物の取込み
	Na^+/プロリン	1 Na^+(内行き)：1 プロリン(内行き)	バクテリアにおけるプロリンの取込み；それに似た輸送体が腎臓におけるアミノ酸の再吸収にかかわる

図 2・15 Na^+/K^+-ATPase は，Na^+ を細胞から汲み出すことによって，細胞膜を横切る Na^+ の勾配を維持している．Na^+ チャネルはこの勾配に従ってイオンを細胞内に輸送している．Na^+ の流れにより放出されるエネルギーを，溶質を濃度勾配に逆らって動かすのに使っている輸送体もある．

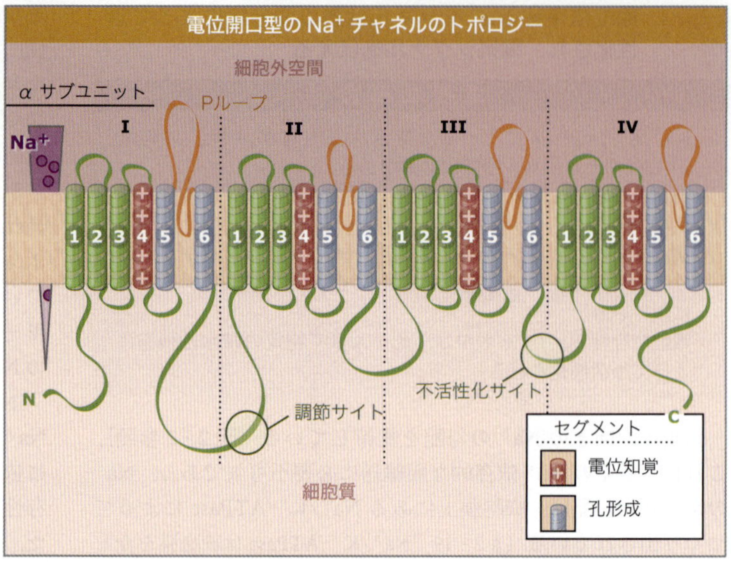

図 2・16　提唱されている電位開口型の Na^+ チャネル α サブユニットのトポロジー．膜貫通ヘリックス5,6とそれをつなぐPループからなる四つの孔形成セグメントが，K^+ チャネルの構造と似た，選択性フィルターとチャネルのゲートを形成していると予想されている．

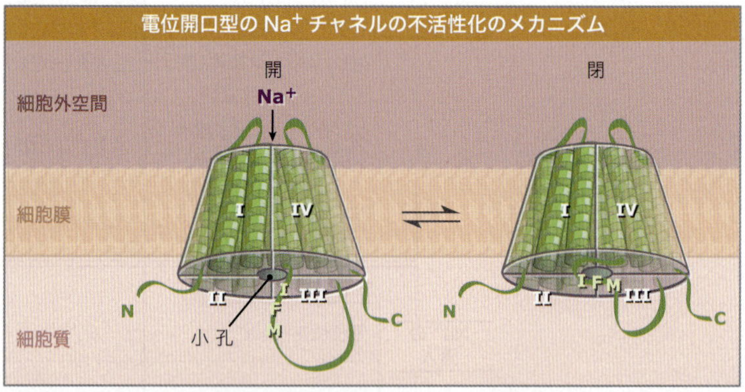

図 2・17　Na^+ チャネルは急速な不活性化のために，細胞質側で，"ちょうつがいとふた" の機構を用いているかもしれない．Na^+ チャネルのドメインⅢとドメインⅣをつなぐ細胞内側のループが，疎水的な不活性化のモチーフである IFM (Ile–Phe–Met) 配列をもつ．これが，孔をふさいでチャネルを閉じる．

たエネルギーを使い，溶質を濃度勾配に逆らって濃縮したり，活動電位という形で電気シグナルを生成したりしている．Na^+ 依存性の膜タンパク質の二つの主要なクラスは，この節で述べる電位依存性 Na^+ チャネルと上皮性 Na^+ チャネルである（§2・8 "上皮性 Na^+ チャネルは Na^+ の恒常性を調節する" 参照）．三つめのクラスは，Na^+/基質輸送体である（§2・16 "膜を介した Na^+ の電気化学勾配は多くの輸送体の機能に必須である" 参照）．

興奮性の細胞（神経や筋肉，内分泌性の細胞など）は，電気シグナルを生成したり，電気シグナルに対して反応したりすることができる．これらの細胞は，静止膜電位ポテンシャルの速やかで一過的な変化により活性化される．そのような変化は，たとえば活動電位の開始や伝達といった局面で起こる（活動電位については §2・12 "活動電位は数種のイオンチャネルに依存した電気シグナルである" 参照）．活性化の間，これらの細胞は，Na^+/K^+–ATPase によって確立された膜を横切る Na^+ の勾配を使い，細胞膜上の電気シグナルを細胞内機能へと変換する．電位依存性 Na^+ チャネルはこの過程で必要不可欠である．なぜならば，脱分極によって膜電位が急速に正に傾く過程で，電位依存性 Na^+ チャネルが活性化されるからである．膜ポテンシャルがある閾値に到達すると Na^+ チャネルが開き，Na^+ をその電気化学勾配に従って細胞内に選択的に透過させる．Na^+ チャネルは数ミリ秒後に自然に不活性化され(閉じ)，Na^+ の流入は止まる．生理的な条件では，Na^+ の急速な流入が細胞膜内外の電荷分布を変化させ，膜電位を正の側にシフトする（脱分極する）．ただし，透過する Na^+ の絶対量は比較的少なく，細胞内全体の Na^+ 濃度に影響しない．

Na^+ チャネルは細胞膜に埋込まれた膜貫通型のタンパク質で，Na^+ をその電気化学勾配に従って輸送する．Na^+ チャネルは，チャネル1個当たり最大1秒間に 10^8 個もの高速のイオンの流れを駆動する．電位依存性 Na^+ チャネルは，図 2・16 に示すように，孔形成 α サブユニットをもち，補助的な β1 と β2 サブユニットをもつ．α サブユニットは，互いに似たⅠからⅣの四つの反復ドメインからなる．それぞれの反復ドメインは六つの α ヘリックスと予想される膜貫通部分を含み（セグメント 1〜6），セグメント 5 と 6 の間に孔ループ（Pループ）がある．電位センサーは，セグメント 4 部分にあり，正に荷電したアミノ酸を含む．電位依存性 Na^+ チャネルの構造は，原子レベルの分解能ではまだ解かれていない．しかし，イオンの透過経路の周りにセグメント 5 とセグメント 6 とPループからなる四つのドメインが並んだ 4 回対称の構造をとると推定されている．提案されたモデルは，K^+ チャネルが四つの分離した独立のサブユニットからなる複合体であることを除いては，電位依存的な K^+ チャネルに似たものである．（§2・5 "K^+ チャネルは選択的で速やかなイオンの透過を駆動する"，§2・6 "K^+ チャネルのゲート開閉は，さまざまな活性化/不活性化機構で制御される" 参照.）

イオンチャネルにアミノ酸置換を導入しその影響を調べる変異導入実験は，Pループが Na^+ チャネルの選択性フィルターとして機能していることを示唆している．Pループは，Trp–Asp–Gly–Leu というシグナチャ配列を含む．この配列に変異が入ると，チャネルの1価陽イオンに対する選択性に影響する．このPループはフグ毒のテトロドトキシンと結合する．テトロドトキシンとの結合は，神経活動電位の発生や伝達に働く電位依存性 Na^+ チャネルを不活性化し，麻痺をひき起こす．

膜の脱分極の際，電位依存性 K^+ チャネルで提案されているのと同じような機構，つまり電位センサーの構造変化や動きにより電位依存性 Na^+ チャネルの急速な活性化（開口）が起こると推定されている（図 2・14 参照）．β サブユニットはゲート開閉における電位依存性を調整する機能をもち，また Na^+ チャネルを細胞膜に輸送して局在化させるためにも重要な働きをしているかもしれない．

Na^+ チャネルの電位依存的な不活性化（閉口）は，電位依存的な活性化の "後に" 起こる．不活性化は，初期の急速なステップと，その後に起こるゆっくりとしたステップ，という 2 段階で起こると考えられている．部位特異的変異を用いた実験により，Na^+ チャネルの α サブユニットのドメインⅢとⅣの間にある細胞質ループが不活性化に重要であることが明らかになった．図 2・17 に示すように，この細胞質ループがちょうつがい付きのふたのような機構によって孔をふさぎ，Ile–Phe–Met (IFM) の配列が疎水的な“掛け金”として機能すると推定されている．つまりIFM配列の横にあるグリシンとプロリン残基が“ちょうつがい”として自由に動く柔軟性を与え，掛け金の“ふた”部分を閉められるようになっている．対照的に，ゆっくりとした不活性化のゲート開閉はPループが決めていて，孔の外側のコンホメーション変化が関係すると考えられている．電位センサーのセグメント4の真ん中に近い領域が，ゆっくりとした不活性化の機能を果たしている可能性もある．

Na^+ チャネルは，麻酔薬の重要な標的因子である．変異導入実験により，局所麻酔薬は，Na^+ チャネルの孔に並んでいるドメインⅣと膜貫通セグメント6に高い親和性で結合することがわかっている．電位依存性 Na^+ チャネルを通すイオン電流を阻害することにより，不整脈の治療に用いられる薬もある．これらの薬剤は，クラスⅠの抗不整脈薬とよばれ，化学的には3級アミン類縁の局所麻酔剤で，神経細胞に作用する．クラスⅠの抗不整脈薬とその類縁の局所麻酔剤は，Na^+ チャネルの細胞質側で結合し，急速な不整脈による膜の脱分極を阻害する．

2・8 上皮性 Na^+ チャネルは Na^+ の恒常性を調節する

重要な概念

- 上皮性 Na^+ チャネル/ディジェネリンファミリーのイオンチャネルは，多様である．
- 上皮細胞層を通過する Na^+ 輸送には，上皮性 Na^+ チャネルと Na^+/K^+-ATPase が協調しながら機能している．
- 上皮性 Na^+ チャネルの選択性フィルターは，K^+ チャネルの選択性フィルターに似ている．

上皮性の Na^+ チャネルは，Na^+ を細胞内に輸送する重要なチャネルである．電位依存性チャネルの主要な機能が電気的なものであるのとは対照的に，上皮性 Na^+ チャネルは Na^+ イオンの大量な流れを仲介し，細胞層を横切る水の輸送に影響する．他の多くの Na^+ 輸送タンパク質と同様，上皮性 Na^+ チャネル群の機能は Na^+/K^+-ATPase によって確立された Na^+ の勾配に依存する（§2・19“Na^+/K^+-ATPase は細胞膜を介した Na^+ と K^+ の濃度勾配を維持する”，§2・7“電位依存性 Na^+ チャネルは膜の脱分極によって活性化され，電気シグナルを伝える”，§2・16“膜を介した Na^+ の電気化学勾配は多くの輸送体の機能に必須である”参照）．上皮性 Na^+ チャネル群は電位依存性がそれほど強くなく，急速な不活性化は起こさない．しかし，ホルモンの調節などにより，長時間にわたって複雑な制御を受ける．上皮性 Na^+ チャネル群は最初に上皮細胞で見つかったが，神経や他の細胞種でも発現している．上皮性 Na^+ チャネル群は *C.elegans* の触覚にかかわるとされているディジェネリン（degenerin）と配列的に似ている．

上皮性 Na^+ チャネル群は，血圧の制御，生殖，消化，筋肉運動の整合など多様な機能を担っている．上皮性 Na^+ チャネルは，たとえば腎臓においては血漿と尿の，消化管においては血漿と便の Na^+ と K^+ の濃度を維持するのに重要である．上皮性 Na^+ チャネル依存的な Na^+ 輸送は，肺では気道上皮表面液相のイオン組成維持に，唾液腺では食物消化のために分泌される消化液のイオン組成維持に役立っている．この節では，腎臓の上皮細胞を横切る Na^+ イオンの取込みや輸送における上皮性 Na^+ チャネルの役割について述べる．

腎臓の主要な機能は，血漿を処理し，尿素などの代謝老廃物を沪過して尿に排出することである．腎臓はその過程で，体液の量や溶質の濃度を制御することによって恒常性を維持し，血圧にも影響を与える．尿細管を流れるのは血漿の限外沪過液であり，沪過，再吸収，分泌の複雑な過程により，イオン，糖，アミノ酸，低分子量タンパク質などが血液から尿細管に取込まれる．尿細管と尿管の表面は，極性をもった上皮細胞で覆われている．図2・18に示すように，頂端膜は沪液側（尿細管内腔側），側底膜は血管内腔を向いている．このように分化した上皮細胞は，血漿沪過液から塩や水など多くの成分を再吸収し血漿へ送り返す．それによってこれらの成分の適正濃度と血液量が保たれるわけである．

上皮性 Na^+ チャネル群は，腎臓の遠位尿細管と集合管の特別な上皮細胞の頂端膜に存在する．これらの上皮細胞は，Na^+ が血漿沪過液から細胞内に入る最初の場所である（図2・18参照）．Na^+ は電気化学勾配に従って（Na^+ は細胞の内側よりも外側に多い）上皮性 Na^+ チャネルを通って運ばれる．頂端膜における上皮性 Na^+ チャネルによる Na^+ 輸送は，側底膜の Na^+/K^+-ATPase による Na^+ 輸送と共役している．このことが Na^+ を毛細血管へ

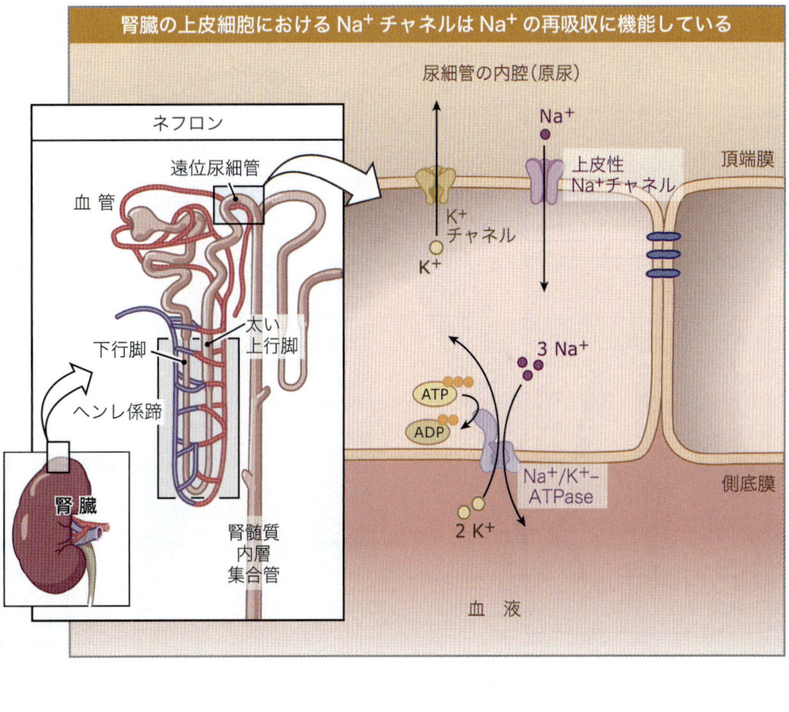

図2・18 上皮性の Na^+ チャネルは，腎臓の集合尿細管を構成する細胞の頂端膜で発現しており，腎臓の血漿沪過液から Na^+ の再吸収を行っている．

と戻すこととなる．Na^+/K^+-ATPase が Na^+ を細胞質から汲み出すことにより Na^+ の大きな電気化学勾配がつくられ，上皮性 Na^+ チャネルが機能できるようになる．上皮性 Na^+ チャネル群と Na^+/K^+-ATPase 群の活性が組合わさった結果として，Na^+ は尿細管内腔の血漿沪過液から，上皮細胞を通って，最終的に血漿に戻っていく．Na^+/K^+-ATPase は起電性がある．つまり 3 個の Na^+ を細胞外に出すために 2 個の K^+ を細胞内に取込む．さらに，上皮性 Na^+ チャネルによる Na^+ 輸送も起電性がある．つまり，頂端部の尿細管内腔側は細胞質側に比べて負に荷電している．この起電性のある輸送は，尿細管内腔側の環境を相対的に負に荷電させ，このことによって，頂端膜の K^+ チャネルを通して沪過液側に K^+ の分泌を促す．このように，上皮細胞を横切る Na^+ の輸送は，上皮細胞層の頂端膜側，側底膜側の両方において，体液の組成と量を維持するのに重要である．腎臓の遠位尿細管と集合管における上皮性 Na^+ チャネルの機能は，沪過された Na^+ と Cl^- のおよそ 7％の再吸収と，さまざまな量の K^+ の分泌に寄与している（Na^+/K^+-ATPase の詳細については §2・19 “Na^+/K^+-ATPase は細胞膜を介した Na^+ と K^+ の濃度勾配を維持する” 参照）．

腎臓の沪過液からの上皮性 Na^+ チャネルによる Na^+ の再吸収は，アルドステロンやバソプレシンなどのホルモンによって制御されている．これらのホルモンは，それぞれ脱水や塩欠乏によって副腎皮質と脳下垂体から分泌され，腎臓の受容体に結合する．このことによって上皮性 Na^+ チャネル群が細胞膜に発現し，Na^+ の上皮性 Na^+ チャネルによる原尿からの再吸収と血漿への輸送が増加する．ホルモンによる制御は，急性の代謝変動に応答して Na^+ や体液バランスを維持することを可能にしているのである（腎臓における他のチャネルの機能については §2・10 “Cl^- チャネルは多様な生体機能にかかわる”，§2・11 “アクアポリンは水を選択的に膜透過する” 参照）．

上皮性 Na^+ チャネルは α，β，γ の三つの類似したサブユニットからなるチャネル複合体である．上皮性 Na^+ チャネルの原子レベルでの構造はまだ解かれていない．しかし，*in vitro* 再構成実験と配列解析により，図 2・19 に示すように，上皮性 Na^+ チャネル複合体が四つのサブユニットからなり（α が 2 個，β と γ が 1 個ずつ），それぞれのサブユニットが中央のチャネルの孔の形成に寄与していることが推定されている．いずれのサブユニットも，二つの膜貫通領域をもち，N 末端と C 末端が細胞質側を向くトポロジーが予測されている．四量体の複合体で，それぞれのサブユニットの 2 番目の膜貫通領域が孔を形成していると予想されている．

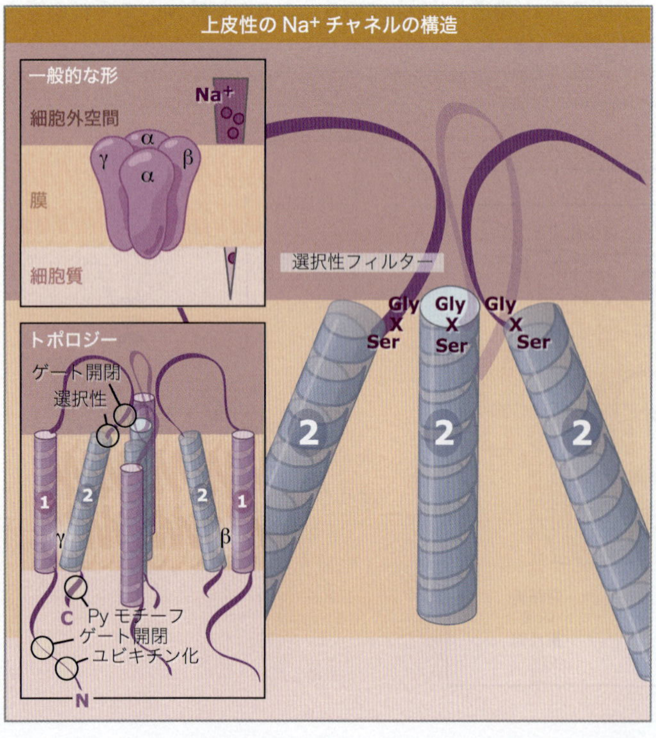

図 2・19　上皮性の Na^+ チャネルは，2個の α サブユニットと一つの β サブユニット，一つの γ サブユニットからなる．それぞれのサブユニットは二つの膜貫通領域と，細胞外のループ，細胞内に N 末端と C 末端をもつと予想されている．それぞれのサブユニットは，Gly–X–Ser 残基が選択性フィルターとして機能する．上皮性 Na^+ チャネルのユビキチン化は，細胞内への取込みと Na^+ の輸送活性を制御する機構の一つである．アルドステロンにより誘導される，細胞内残基のリン酸化の機構もある．

上皮性 Na^+ チャネルは，選択性フィルターのおかげで Na^+ を選択的に輸送することができる．この選択性フィルターは，2 番めの膜貫通領域に隣接した Gly–X–Ser（X は数種のアミノ酸で可変）というシグナチャ配列を，孔の最も狭い部分にもっている（図 2・19 参照）．この三つの残基のうちどれに変異を入れてもイオンチャネルの透過機能は大きく変わることが，電気生理学的な測定から確かめられている．選択フィルターの Gly–X–Ser のペプチド骨格のカルボニル酸素が並んで，ある特定の半径をもつイオンの部分的な脱水和を安定化する．この構造はある種の K^+ チャネルの選択性フィルターとよく似ている．しかし，配列上での類似性はない（図 2・9，§2・5 “K^+ チャネルは選択的で速やかなイオンの透過を駆動する” 参照）．

利尿剤のアミロライドは，腎臓の遠位尿細管と集合管の内腔側における上皮性 Na^+ チャネルによる Na^+ の再吸収を阻害する（図 2・18 参照）（したがって上皮性 Na^+ チャネルの機能は，アミロライド感受性の Na^+ の流れとして電気生理学的に測定することができる）．アミロライドは，上皮性 Na^+ チャネルの細胞外側の選択性フィルター近傍で結合し，Na^+ と競合する．この腎臓遠位ネフロンでの Na^+ 再吸収の阻害効果が，アミロライドが利尿剤や高血圧の治療薬として臨床的に使用される理由である．アミロライドによる治療は，沪過液からの Na^+ 再吸収を減らすので，Na^+（と水）の尿への排出が増える．上皮細胞での Na^+ 再吸収を減らすことは，血中 Na^+ 濃度を下げる結果となり，血圧を下げ正常にすることにつながる．

上皮性 Na^+ チャネル遺伝子に変異が入ると，血圧の制御に深刻な異常をきたす．Liddle's 症候群はまれな遺伝性の高血圧症で，上皮性 Na^+ チャネルの変異によってチャネル活性が昂進し，腎臓遠位ネフロンで異常な高レベルの Na^+ 再吸収を起こしてしまう．その結果，血漿量の増加，動脈性高血圧，血漿 K^+ の低下がひき起こされる．Liddle's 症候群の変異は，チャネルの β あるいは γ サブユニットの遺伝子に起こっている．これとは対照的に，Ⅰ型の偽低アルドステロン症では，変異により上皮性 Na^+ チャネルの機能が低下し，低血圧，血漿 Na^+ の低下，血漿 K^+ の増加という症状が現れる．これらの遺伝病の解析により，上皮性 Na^+ チャネルのアルドステロンによる複雑な制御機構，およびその血圧調節や血漿恒常性における役割に関する理解が大きく進展した．

2・9　細胞膜の Ca^{2+} チャネルはさまざまな細胞機能を活性化する

重要な概念

- 細胞表面の Ca^{2+} チャネルは，膜のシグナルを細胞内の Ca^{2+} のシグナルに変換する．
- 電位依存性 Ca^{2+} チャネルは，五つの異なるサブユニットからなる非対称的な複合体である．
- 電位依存性 Ca^{2+} チャネルでは，K^{+} チャネルに似た孔ループ構造をもつ α_1 サブユニットが孔を形成する．
- Ca^{2+} チャネルの選択性フィルターは，静電的なトラップをもつ．
- Ca^{2+} チャネルは，チャネルブロッカーによって閉じた状態に安定化される．

カルシウムイオン(Ca^{2+})は，セカンドメッセンジャーとしてさまざまな細胞機能を制御している．たとえば，心筋，骨格筋の収縮，網膜の視覚処理，Tリンパ球の免疫反応，神経興奮と気分行動，膵臓β細胞のインスリン分泌，などの局面において機能する．細胞機能の活性化は，細胞質の Ca^{2+} の濃度によって調節されている．Ca^{2+} の細胞質濃度は細胞外の約1万分の1である(図2・2参照)．一方で，小胞体と筋小胞体には細胞外と同程度の濃度の Ca^{2+} を蓄積している．

細胞質中の Ca^{2+} 濃度の変化は，可溶性の Ca^{2+} 結合タンパク質や Ca^{2+} 輸送タンパク質など多様な因子の協調的な作用によって制御されている．たとえば，細胞膜，小胞体，筋小胞体にはそれぞれ異なるタイプの Ca^{2+} チャネルがあり，その電気化学勾配に従って細胞質側への Ca^{2+} の選択的輸送を駆動する．図2・20に示すように，さまざまな Ca^{2+} チャネルが，細胞外リガンドや膜電位，Ca^{2+} 自身などがかかわるさまざまな機構によってゲート開閉を行っている．Ca^{2+} によるシグナリングは，細胞膜の Ca^{2+} チャネルが閉じ，特別な輸送タンパク質によって細胞質の Ca^{2+} が排出されて終了する（§2・18“Ca^{2+}-ATPase は Ca^{2+} を細胞内の貯留部位に輸送する”参照．小胞体や筋小胞体からの Ca^{2+} の放出の詳細については§2・13“心筋や骨格筋の収縮は興奮収縮連関によってひき起こされる”を参照)．細胞膜 Ca^{2+} チャネルを，Ca^{2+} 依存的にあるいは電位依存的に不活性化することは，チャネルを閉じ，過剰の Ca^{2+} の流入による細胞の損傷を防ぐうえで重要である．カルモジュリンタンパク質は，Ca^{2+} の流入に応答して活性化され Ca^{2+} チャネルの細胞質側のドメインに結合する．これが，さまざまな Ca^{2+} チャネルを不活性化する負のフィードバックである．この節では，Ca^{2+} チャネルによるイオンの流れについて，提唱されている分子機構を説明する．特に電位開口型の Ca^{2+} チャネルに注目し，K^{+} チャネルの機構と比較する．

電位開口型 Ca^{2+} チャネルは，脱分極によって膜電位が正に傾くと Ca^{2+} を細胞内に取込み（図2・20参照)，それによって細胞膜の電気シグナルを細胞内のシグナルへと変換している．Ca^{2+} の流入は細胞内 Ca^{2+} 濃度を上昇させ，筋収縮，ホルモンや神経伝達物質の放出，Ca^{2+} 依存的なシグナル伝達カスケード，遺伝子の転写などを誘発する（筋収縮の詳細については§2・13“心筋や骨格筋の収縮は興奮収縮連関によってひき起こされる”参照)．さまざまなタイプの電位開口型の Ca^{2+} チャネルがあり，電気生理学的な，あるいは薬理学的な特性によって分類されている．ここではL型の Ca^{2+} チャネルについて説明する．このチャネルは最も早くに遺伝子がクローニングされ，最も研究が進んでいるものである．L型 Ca^{2+} チャネルは，骨格筋，心筋，平滑筋の細胞膜，そして神経にも存在しており，膜の脱分極により活性化される．

L型 Ca^{2+} チャネルは，長い持続的な（long-lasting）開口をするためそうよばれている．骨格筋，心筋，平滑筋の細胞における主要な $Ca_V1.X$ アイソフォームが含まれる．またこの型のチャネルは，神経細胞，内分泌細胞，網膜細胞にも存在する．図2・21に示すように，L型 Ca^{2+} チャネルは五つのサブユニット（α_1，

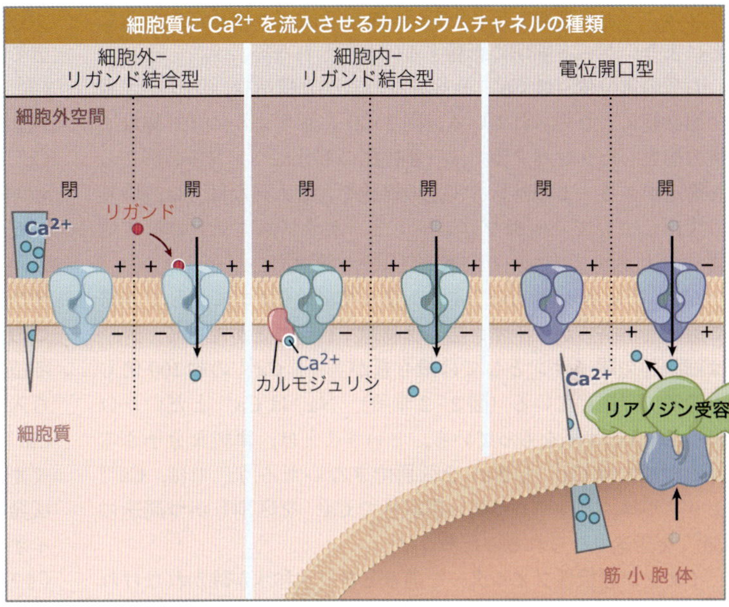

図2・20　細胞外から細胞質へと Ca^{2+} を運ぶチャネルの基本的な三つのタイプ．これに加え，イオンチャネルが Ca^{2+} を細胞質の Ca^{2+} の蓄積場所から細胞質へ運ぶ．細胞膜あるいは筋小胞体を横切る Ca^{2+} の勾配が示してある．

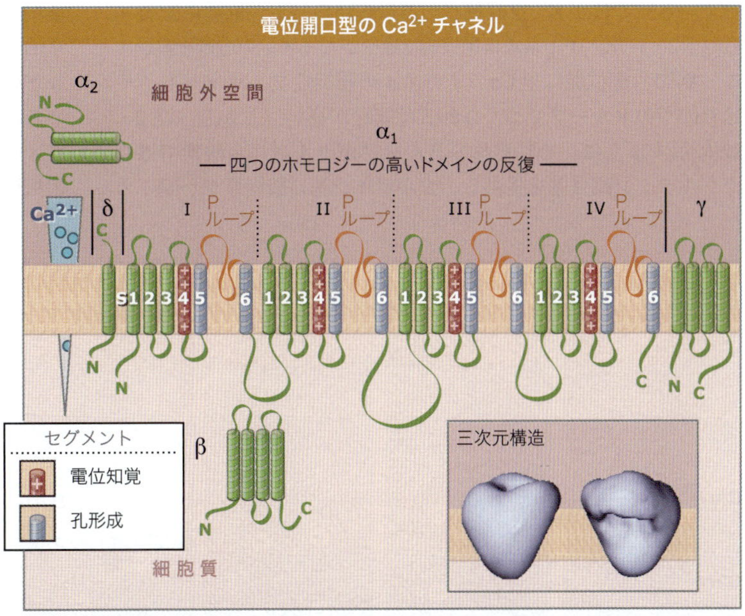

図2・21　L型の Ca^{2+} チャネルサブユニットの膜における推定トポロジー．右下に，クライオ電子顕微鏡で得られた表面モデルの三次元構造を示してある［写真はI.I. Serysheva, et al., *PNAS* **99**, 10370〜10375 (2002)より複製．© National Academy of Sciences．写真はSuzan L. Hamilton, Baylor College of Medicineの好意による］

α_2, δ, β, γ）からなるヘテロ複合体である．Ca^{2+} チャネルの調節と細胞膜への局在化にはすべてのサブユニットが必要である．α_1 サブユニットの配列の疎水的な残基と親水的な残基の並びから，四つの孔形成ユニットがあると推定された．それぞれが，膜貫通領域 5, 6 と選択性フィルターとして寄与すると思われる孔ループをもち，膜貫通領域 1〜4 からなる四つの電位センサー領域をもつ．この膜貫通領域の構成は，電位開口型の Na^+ チャネル（図 2・16 と §2・7 "電位依存性 Na^+ チャネルは膜の脱分極によって活性化され，電気シグナルを伝える" を参照）や電位開口型の K^+ チャネル（§2・6 "K^+ チャネルのゲート開閉は，さまざまな活性化/不活性化機構で制御される" 参照）に似ている．β サブユニットはチャネルの不活性化と閉口に寄与する．α サブユニットと連動して孔形成 S6 膜貫通領域と相互作用することにより，ゲート開閉に影響するのかもしれない．

L 型の電位依存性 Ca^{2+} チャネルの三次元構造は，クライオ電子顕微鏡により得られている．図 2・21 に示すように非対称な心臓の形をしたタンパク質で，一番幅広の部分にハンドルの形をした構造がある．このハンドル型の構造を含む大きな部分は細胞外に突出していて，α_2 サブユニットと，δ サブユニットの N 末端側，α_1 と γ サブユニットの細胞外ループを含む．

Ca^{2+} チャネルは，Na^+ イオンより Ca^{2+} イオンに対して非常に選択性が高いが，イオン透過は高速で行うことができる．Na^+ は細胞外の陽イオンとしては最も量が多く，Ca^{2+} の約 100 倍もの濃度で存在している（図 2・2 参照）．Na^+ は Ca^{2+} とだいたい同じ 2.0 Å の半径をもっている．ということは，単純な分子ふるいの機能では Ca^{2+} と Na^+ を区別できないだろう．では，Ca^{2+} チャネルは，どうやって高い選択性で Ca^{2+} を区別しかつ高速に Ca^{2+} を透過させられるのだろう？

イオンが選択性フィルターを通るとき，水和水が除かれなければならない．K^+ チャネルの孔は，透過するイオンを安定化させるため水環境の代わりをする選択性フィルターをもっている．K^+ チャネルの選択性フィルターは四つの P ループをもち，ペプチド骨格のカルボニル酸素原子が並んだがっちりとした構造をとっている．これが K^+ を直線状の透過経路の特定の位置に配位する（§2・5 "K^+ チャネルは選択的で速やかなイオンの透過を駆動する" 参照）．電位開口型 Ca^{2+} チャネルの選択性フィルターも，やはり四つの P ループでつくられる可能性が高い．しかし，図 2・22 に示すように，それぞれの P ループがカルボニル酸素ではなくグルタミン酸残基を提供し，カルボキシ基の酸素原子が陽イオンの透過の経路に並ぶ，より柔軟な構造をなすと考えられている（この構成は，おもにカルボキシ基の酸素原子が構成するポケットに Ca^{2+} がおさまる，EF ハンドの Ca^{2+} 結合部位とよく似ている）．四つのグルタミン酸残基が，Ca^{2+} チャネルに保存されるいわゆる EEEE 部位を構成するのである．

EEEE 部位は，他の生理機能をもつ陽イオンと Ca^{2+} を区別して選択的に透過させるのに重要な働きをする．四つのグルタミン酸残基のうち一つでも他の残基に置換してしまうと，Ca^{2+} に対する選択性が低下する．グルタミン酸残基の側鎖は，細胞外の孔の入口近くで，非常に高い親和性で（他のイオンではなく）Ca^{2+} と結合すると推定されている．この考え方は，つぎのような *in vitro* での電気生理学的測定の結果に基づいている．まず，Ca^{2+} が存在しない場合には，Na^+ も Ca^{2+} チャネルを通ることができる．さらに，このときの Na^+ の透過速度は Ca^{2+} よりも大きい．Ca^{2+} の透過の遅さは，Ca^{2+} がチャネルの孔に Na^+ よりも高い親和性で結合するためだと考えられる．そのため，細胞外では Ca^{2+} よりも Na^+ がずっと豊富であるにもかかわらず，その多くの Na^+ が孔を通って流入するのを効果的に防ぐのだろう．

Ca^{2+} チャネルの Ca^{2+} に対する親和性は，約 10^{-6} M である．しかし，この親和性から計算すると，1 秒当たり 10^6 個というイオン透過速度の実測値よりも 1000 倍低い値が得られてしまう．この食い違いは，つぎのモデルで説明される．すなわち，EEEE 部位は複数の Ca^{2+} を収納できるが，そこに新しい Ca^{2+} が孔から入ってくると，イオンどうしの静電的な反発によって反対側の Ca^{2+} が放出される結果となる（図 2・22 参照）．このようにして，イオンの透過を遅らせる効果をもつ Ca^{2+} の親和性は，静電的な反発によって克服されるのだろう．このモデルは，一列に並んだイオン結合部位をもつ点で K^+ チャネルのモデルとよく似ている（§2・5 "K^+ チャネルは選択的で速やかなイオンの透過を駆動する" 参照）．

電位依存的な Ca^{2+} チャネルは，高血圧やその他の疾患の臨床薬の主要な標的となっている．フェニルアルキルアミンや，ベンゾチアゼプチン，ジヒドロピリジンなどを含む広く使われている薬剤は，Ca^{2+} の拮抗剤である．Ca^{2+} 拮抗剤は，もともと高血圧を治療する血管拡張薬として臨床に使われていた．平滑筋の血管などの Ca^{2+} 濃度を下げることで，血管の緊張を解放し血圧を下げることになる．変異導入と結合実験の結果，薬剤の結合部位はドメインⅢの S5 と S6 領域およびドメイン IV の S6 領域にあり，選択性フィルターと推定される部位の細胞質側である（図 2・21 参照）．フェニルアルキルアミンの阻害剤は，P ループのグルタミン酸残基に直接結合して Ca^{2+} チャネルをふさぐ．一方，ジヒドロピリジンとベンゾチアゼプチンは細胞外側からチャネルの孔に入る．

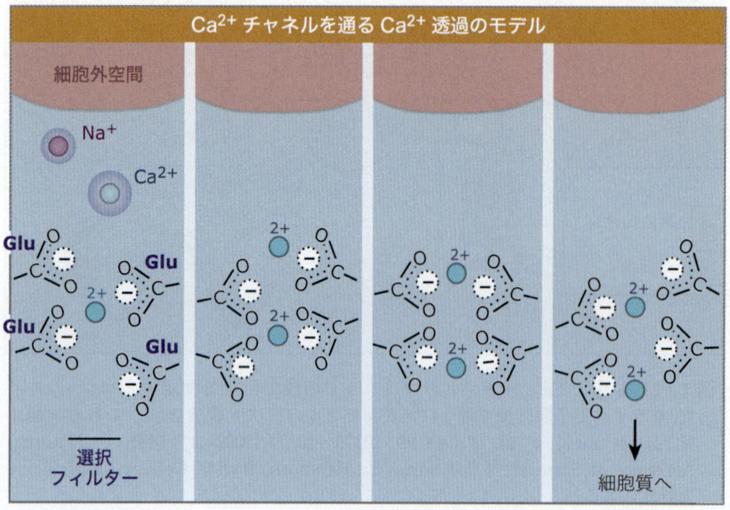

図 2・22 Ca^{2+} チャネルの EEEE 領域を通る Ca^{2+} 透過に関して，推定されている機構．Ca^{2+} がカルボニル酸素をエネルギー的に安定化し，Na^+ の透過を防ぐ．Na^+ は，EEEE 領域にフィットしなおかつ効率的に部分的脱水和を受けるのに十分な電荷をもっていない．孔内の Ca^{2+} の静電的な反発が速やかな拡散を促進するのだろう．

2・10 Cl^- チャネルは多様な生体機能にかかわる

重要な概念

- Cl^- チャネルは，多様な生理機能にかかわる陰イオンチャネルである．
- Cl^- チャネルは，選択性を確立するために逆平行のサブユニット構造をとっている．
- Cl^- チャネルにおける選択的な透過とゲート開閉は，構造的に共役している．
- K^+ チャネルと Cl^- チャネルは，ゲート開閉と選択性において異なる機構を用いている．

塩化物イオン(Cl^-)チャネルは，陰イオンチャネルの大きなファミリーに属している．他のイオンチャネルと同様，Cl^- チャネルは生体膜上に孔を形成する．Cl^- チャネルは負に荷電した Cl^- を電気化学勾配に従って輸送する．*in vitro* の実験では，Cl^- チャネルは非選択的な陰イオンチャネルとして機能し，Cl^- よりも他の陰イオンをよく透過させる場合もある．しかし，Cl^- は生体内で最も豊富であるため，組織におけるこれらのチャネルによるイオン輸送は，Cl^- がおもなものとなっている．

Cl^- チャネルは，細胞膜と細胞小器官の膜に存在している．Cl^- チャネルの重要な機能としては，細胞体積，イオン恒常性，経上皮イオン輸送などの調節があげられる．筋肉や神経においては，細胞膜の Cl^- チャネルは，膜の興奮性を制御するうえで重要である．さらに，たとえばエンドソームなどの細胞内区画の酸性化の過程で，内側への Cl^- の輸送が，H^+-ATPase により取込まれたプロトンの正の電荷を中和する（§2・21 “V-ATPase は細胞質から H^+ を汲み出す” 参照）．

Cl^- チャネルは三つの異なる遺伝子ファミリーに分けることができる．一つめは CLC 遺伝子ファミリーで，いくつかのメンバーをもち，細胞膜にも細胞内区画にも局在する．CLC チャネルはバクテリアからヒトまで保存されており，配列の類似性によってさらにサブクラスに分けることができる．二つめは嚢胞性腺維症膜貫通調節タンパク質で，ABC 輸送体ファミリーのなかで唯一イオンチャネルとして知られているものである（§2・26 “補遺：嚢胞性繊維症は陰イオンチャネルの変異によってひき起こされる” 参照）．三つめのリガンド開口型 γ アミノ酪酸受容体とグリシン受容体は，中枢神経系において特殊化した機能をもつ Cl^- チャネルファミリーのメンバーとしてよく知られている．

CLC Cl^- チャネルはホモ二量体であり，二つのサブユニットがそれぞれのイオン透過のための孔を形成している．真核生物の CLC Cl^- チャネルは，X 線結晶構造がまだ解かれておらず，原子レベルでの立体構造の解明には至っていない．しかし，バクテリアの CLC タンパク質の結晶構造はすでに決定されている．バクテリアの CLC タンパク質は，プロトンと交換に Cl^- を運ぶので，当初提唱された Cl^- チャネルではなく，キャリアータンパク質として機能している．しかし，配列の類似性から，このバクテリアの Ca^{2+} キャリアーのいくつかの特徴は真核生物の ClC Cl^- チャネルと似ていそうだ．実際，バクテリアの CLC キャリアーは，図 2・23 に示すようにホモ二量体である．サブユニットは 18 個の α ヘリックスからなり，複雑な膜トポロジーをとっている．一つのサブユニットの N 末端側の半分（ヘリックス A から I）は，C 末端側の半分（ヘリックス J から R）と構造的に類似性がある．サブユニットを形成するこの半分ずつの領域が，膜中で逆に（逆平行に）配向しており，配列的には似ていないアクアポリンチャネルと似た高次構造をとっている（§2・11 “アクアポリンは水を選択的に膜透過する” 参照）．

すべての CLC Cl^- チャネルに共通する重要な特徴として，イオンの透過とゲート開閉が密接に共役しているということがある．この特徴は，原核生物の CLC 選択性フィルターの構造から明確にわかる．孔は，砂時計のように中央がくびれた形をしており，選択性フィルターは，タンパク質の中央にある孔の一番狭いところにある．このチャネルの二つの要素が，陽イオンよりも陰イオンを好む選択性を決めている．一つめは，四つの α ヘリックス領域（D, F, N, R）が，部分的に正に荷電した N 末端側を，膜の中央面に向けていることである（図 2・23 参照）．二つめは，孔に並んだ特定のアミノ酸残基が，Cl^- と水素結合を形成することである（図 2・24）．これらの要素は，Cl^- にとって静電気的に好まれる環境，すなわち選択性フィルター付近で Cl^- イオンを安定化し，正に荷電した陽イオンを追い返すような状態をつくり出す．

選択性フィルターの片側にある 1 個のグルタミン酸の側鎖が，ゲート開閉機能をもつと考えられている（図 2・24 参照）．このゲートがどのようにして開閉されるかというモデルは，バクテリアの CLC 輸送体の野生型と，グルタミン酸を他の残基に置換した変異型の X 線結晶構造解析がもとになっている．チャネルが閉

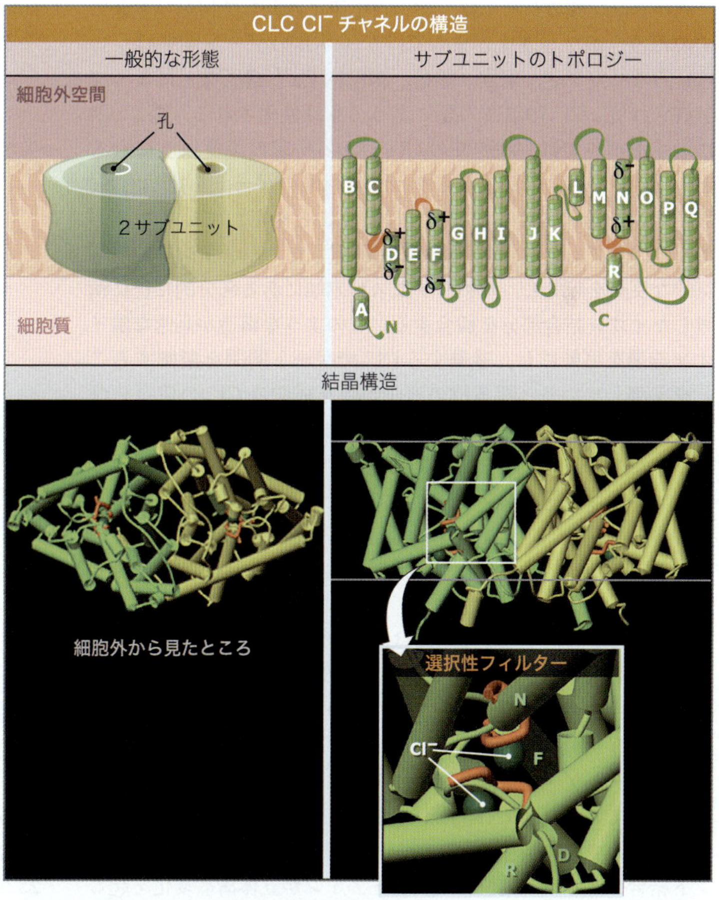

図 2・23 バクテリアの CLC Cl^- 輸送タンパク質複合体の概要図と X 線結晶構造．CLC ファミリーの Cl^- 輸送タンパク質は，それぞれのサブユニットが孔を形成するホモ二量体である．片側のサブユニットの選択フィルターに相当する部分をオレンジ色で示した［結晶構造の図は Protein Data Bank file 1KPK より作成．細胞外から見た図は，横から見た図よりも小さく示してある．予想されている膜の位置を示してある］

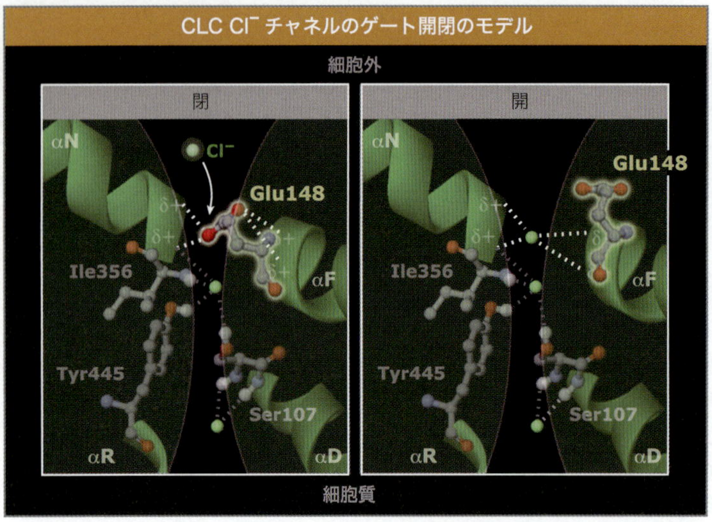

図 2・24　Cl^- チャネルの選択性フィルターは，三つの Cl^- イオン結合部位をもつ．閉じた立体配置では，グルタミン酸の側鎖（Glu148）が，細胞外側の入口に一番近いところにある Cl^- 結合部位を占有する．開いた立体配置では，この側鎖が透過経路から離れて，Cl^- が結合できるようになる．2個の Cl^- と配位する残基が示されている［結晶構造は，大腸菌の CLC チャネルがもとになっている．Protein Data Bank file 1OTS］

まっているとき，この特異的なグルタミン酸残基は Cl^- の結合部位を占有し，あたかも Cl^- が結合しているような状態をつくる．グルタミン酸の側鎖が回転して透過経路から細胞外の入口側に移動すると，ゲートが開き，透過する Cl^- が代わりにそこに入ってくる．このグルタミン酸の側鎖はほとんどすべての CLC チャネルに保存されている．したがって，真核生物の CLC Cl^- チャネルの選択性フィルターも，このバクテリアの CLC 輸送体の選択性フィルターに似ているのではないかと考えられている．

グルタミン酸のゲートは，開いた位置に回転して何をひき起こすのだろうか？　さまざまな Cl^- チャネルのゲート開閉は，いろいろなリガンド，電位，電荷，細胞内 Ca^{2+} 濃度などによって制御される．Cl^- の濃度勾配によっても活性化される．図 2・24 に示すモデルでは，細胞外の Cl^- がある一定の濃度以上になると，Cl^- が Cl^- 結合部位からグルタミン酸のゲートを押し出し，陰イオンを透過させられるようになることを示している．そして，Cl^- とグルタミン酸側鎖の負に荷電したカルボキシ基が静電気的な反発を起こし，αヘリックスN末端にある部分的に正に荷電したイオン結合部分を競合する．このような構造が高速な陰イオン透過を可能にし，透過する Cl^- でゲート開閉を制御することを実現している．膜電位の変化が膜を横切る Cl^- の電気化学ポテンシャルを撹乱しうるので，このモデルは多くの CLC Cl^- チャネルの電位依存的な開口を説明できる．電位依存的な陽イオンチャネルは，電位センサーとして機能する膜貫通領域に電荷をもつが，CLC Cl^- チャネルは膜貫通領域に電荷をもたない（§2・6 "K^+ チャネルのゲート開閉は，さまざまな活性化/不活性化機構で制御される" 参照）．

Cl^- チャネルと K^+ チャネルは，本質的に異なる機構によってイオンの選別と透過を行っている．一つは，CLC Cl^- チャネルでは選択性フィルターとゲートが一つの構造ユニットを形成しているという点である．対照的に K^+ チャネルにおいては，選択性フィルターとゲートは，構造的にチャネルの細胞外側と細胞内側に分離している（図 2・8 参照）．これら二つの構造的な要素が離れているので，選択性フィルターに影響を与えることなく，リガンド結合ドメインや電位センサードメインが立体構造変化を起こし，それを通じて孔を開け閉めすることができる．選択性フィルターの構造は，他の陽イオンとほんのわずかな直径の差を区別するために，安定に維持されなければならない．二つめは，Cl^- チャネルのゲート開閉には，K^+ チャネルで提唱されているような大きなコンホメーション変化ではなく，ずっと小さい動き（グルタミン酸の側鎖の回転）だけが関与している点である（§2・6 "K^+ チャネルのゲート開閉は，さまざまな活性化/不活性化機構で制御される" 参照）．三つめの違いは，Cl^- は部分的に正に荷電している静電的な環境，K^+ は逆に部分的に負に荷電している環境を好む点である．CLC Cl^- チャネルは，図 2・25 に示すように，逆平行の構造を使ってN末端ヘリックスの部分的に正に荷電した双極子を選択性フィルター側に向ける．対照的に K^+ チャネルは，図 2・11 に示すように平行な構造をとり，部分的に負に荷電したC末端側のヘリックスの双極子を，選択性フィルターの一部分である水を満たした空洞に向けている．

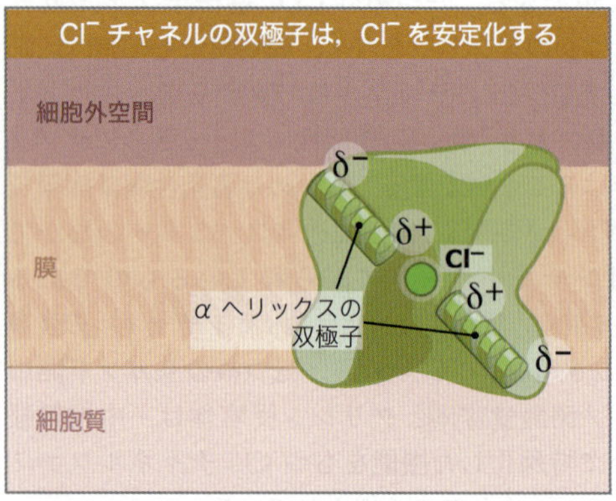

図 2・25　CLC Cl^- チャネルのサブユニット中の二つの部分は，逆平行の配向をもっている．部分的に正に荷電したαヘリックスの双極子を選択性フィルターの方へ向けており，膜の反対側からの Cl^- の結合に影響を与える．一つのサブユニットだけ示してある．

経上皮イオン輸送における Cl^- チャネルの機能は，図 2・26 に示すように，腎臓の ClC-K チャネルの機能によって実証されている．太いヘンレ上行脚の側底膜でこれらのチャネルが機能発現するためには，βサブユニットであるバーチン（barttin）との結合が必須である．ヘンレ上行脚は，イオン（NaCl や K^+）の 25 %もの再吸収を行う部位であり，水は通さない．ClC-K チャネルは NaCl の再吸収に必要であり，間接的に K^+ の血漿濃度の維持に影響する．神経系や心臓の機能は K^+ の濃度変化に特に感受性が高いので，このことは非常に重要である．腎臓は血液から老廃物と一緒にイオンも沪過して取除く．この過程で，陰イオンと陽イオンは原尿である血漿沪過液へと失われてしまう．これら

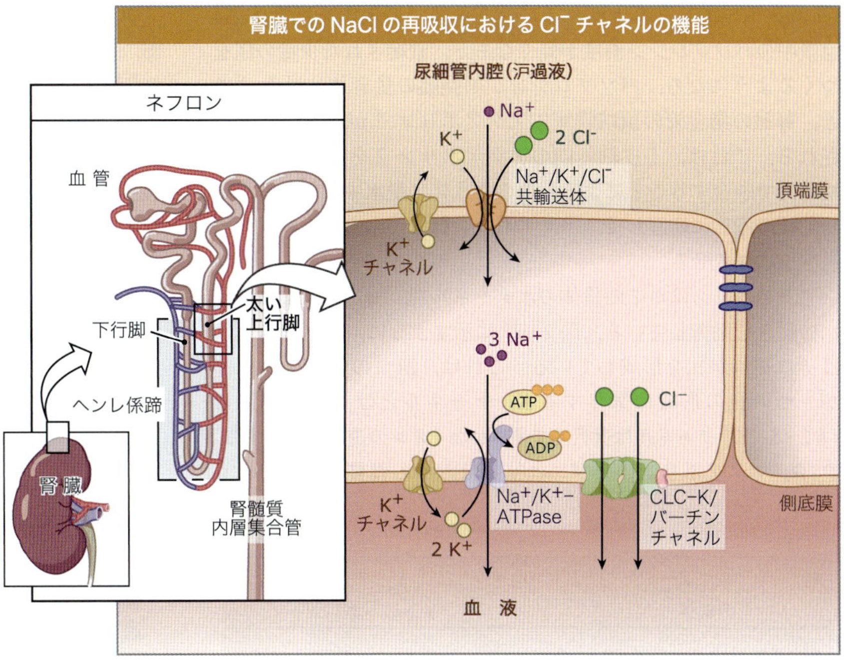

図2・26　腎臓経上皮における NaCl 輸送．特殊化したネフロンの領域（ヘンレ係蹄下行脚）の上皮細胞は，沪過液（原尿）から Na^+ と Cl^- を再吸収する．この再吸収は，頂端膜側に存在する $Na^+/K^+/Cl^-$ 共輸送体と，側底膜側に存在する CLC チャネルを通して行われる．

のイオンは血中で正しく濃度が維持されなければならないため，相当量が再吸収される必要がある．太いヘンレ上行脚にある尿細管上皮で，Na^+ と Cl^- が沪過液から再吸収される（Na^+ の再吸収についての詳細は§2・8 "上皮性 Na^+ チャネルは Na^+ の恒常性を調節する" 参照）．沪過液からの Cl^- の再吸収は，頂端膜にある $Na^+/K^+/Cl^-$ 共輸送体によって行われる．この輸送は，側底膜側の Na^+/K^+–ATPase が Na^+ を細胞外に汲み出すことによってつくられた，Na^+ の勾配によって駆動される．細胞内の低 Na^+ 濃度が，Na^+ と共役した輸送過程を可能にする電気化学勾配をつくり出している．頂端側の $Na^+/K^+/Cl^-$ 共輸送体によって Cl^- の再吸収が起こり，その結果，細胞内は細胞外（すなわち尿細管内腔）側よりも Cl^- の濃度が高くなり，その濃度勾配に従い，Cl^- が細胞外に出やすい状況になる．そこで Cl^- は側底膜側の ClC–K Cl^- チャネルを通って細胞外に，すなわち血液側に出る．K^+ は，頂端膜側の $Na^+/K^+/Cl^-$ 共輸送体と側底膜側の Na^+/K^+–ATPase から入り，頂端膜側，側底膜側の K^+ チャネルから出て行く．ClC–K Cl^- チャネルがないと $Na^+/K^+/Cl^-$ 共輸送体を介したイオン輸送を十分に行うことができず，結果として NaCl や K^+ の再吸収量が減少する．

静止膜電位ポテンシャルが K^+ の透過性によって支配されている多くの哺乳類の細胞とは対照的に，骨格筋では，ClC–1 Cl^- チャネルアイソフォームの働きが静止膜コンダクタンスのおよそ 80 %に寄与している．さまざまな CLC Cl^- チャネル分子の重要な機能は，他のイオン輸送タンパク質と同様，ヒトの疾患に見いだされた遺伝子の変異や，特定の Cl^- チャネルの発現のないノックアウトマウスの研究によって明らかにされた．たとえば，ClC–1 チャネルの機能不全は，筋緊張症とよばれる長く筋肉が収縮し続けるさまざまな病態をひき起こす．この病気は，異常な興奮性により骨格筋が硬化し弛緩できないという症状を呈する．ClC–K Cl^- チャネルの変異や，Bartter's 症候群とよばれるバーチンサブユニットの腎臓や耳での異所的な発現は，常染色体上の劣性遺伝変異に由来し，患者は尿から十分量の Cl^- が再吸収されない．その結果，血漿中低 K^+，代謝性アルカローシス，代償性高アルドステロン症（身体が，血漿量減少と低血圧を相殺しようとすることによって起こる），感音性難聴をひき起こす．細胞内の Cl^- チャネルのアイソフォームである ClC–5 は，エンドサイトーシス経路で機能し，エンドソームの酸性化を助ける．この遺伝子の変異は Dent's 病をひき起こす．この病気は，過剰量の Ca^{2+} とタンパク質の尿中排泄と腎臓結石を特徴とする．骨吸収を行う破骨細胞は，酸分泌の際に電気的な中性を維持するために，H^+–ATPase と協調して働く ClC–7 Cl^- チャネルをもっている．Cl^- チャネルのアイソフォーム ClC–7 の変異は，骨吸収ができずに骨髄圧縮と骨変形をひき起こし，大理石骨病とよばれる．

2・11　アクアポリンは水を選択的に膜透過する

重要な概念

- アクアポリンは，高速で選択的な水の膜透過を行う．
- アクアポリンは，四つの同一なサブユニットからなる四量体で，それぞれのサブユニットが孔を形成している．
- アクアポリンの選択フィルターには，三つの主要な特徴があり（サイズ限定，静電的反発，水双極子の配向），これが水に対する高い選択性を保証する．

水は私たちの身体の主成分であり，体重の約 70 %を占める．そして，水が適切に身体に行き渡ることが，体液のバランスを維持するのに重要である．細胞の膜を横切って水が出入りすることは，多くの生理学的な過程に重要である．しかしながら，生体膜の脂質二重層を通る受動的な水の拡散というのは制御されておらず，限定された比較的低い透過性しかもたない．細胞の膜を横切る急速で選択的な水の輸送は，特殊化した膜貫通型のチャネルである，アクアポリン（aquaporin）を通して行われる．アクアポリンはバクテリアからヒトまで保存されており，輸送タンパク質のスーパーファミリーを形成している．

動物では，アクアポリンは口渇，腎臓の尿濃縮，消化，体温調節，髄液の分泌と吸収，涙，唾液，汗，胆汁の分泌，生殖などの生理的な過程に関与している．たとえば腎臓の上皮細胞は，一次沪過液から血液へ 99 %の水を再吸収し，これが脱水を防ぐ．脱水が始まりそうになると，細胞外液の浸透圧の上昇をネフロンにある浸透圧感受性の細胞が感知し，バソプレシンというホルモン

(抗利尿ホルモンともよばれる）の下垂体での放出を刺激する．血漿中のバソプレシン濃度が高くなると，濃縮された少量の尿をつくるようになる．バソプレシンが細胞膜の受容体に結合すると，腎臓の集合管の頂端膜側にアクアポリン-2が速やかに発現される．これは，上皮細胞内のアクアポリン-2を含む小胞が頂端膜側で融合することによる．このように，脱水中に起こる浸透圧勾配の増加に応答して，アクアポリンは尿から血液への水の再吸収を増加させる．

アクアポリンはホモ四量体の水チャネルで，浸透圧勾配に従う水の動きを制御している．図2・27に示すように，サブユニットはそれぞれが孔を形成している．これは，四つのサブユニットが一つの孔の形成に寄与する K^+ チャネルとは対照的である（§2・5 "K^+ チャネルは選択的で速やかなイオンの透過を駆動する" 参照）．アクアポリンのサブユニットは六つの膜貫通領域をもち

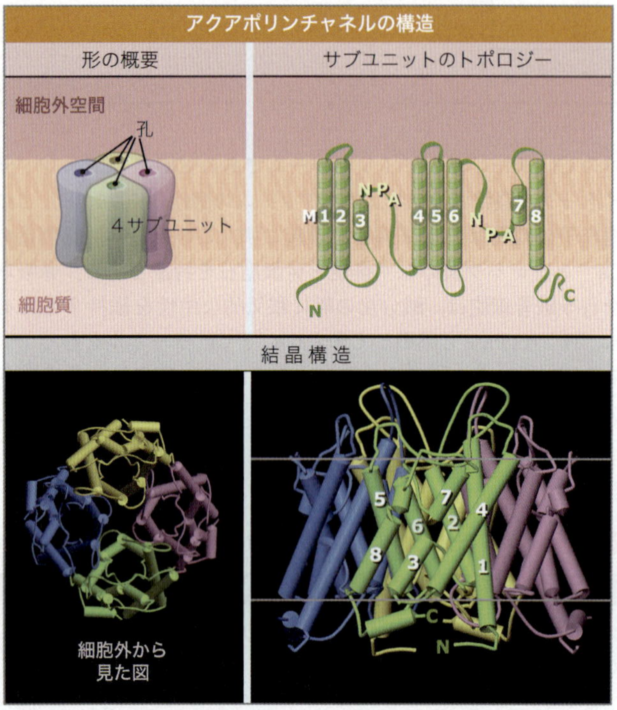

図2・27 アクアポリンチャネル複合体の模式図とX線結晶構造．複合体は四つの同一のサブユニットからなり，それぞれのサブユニットが孔を形成する［結晶構造の像はProtein Data Bank file 1J4Nより引用．細胞外から見た像は横から見た像よりも小さい．予想される膜の位置を示した］

(M1, M2, M4, M5, M6, M8)，三つずつが前後に2回繰返す構造をとっている．前後とも，二つめと三つめの膜貫通領域の間のループに，すべてのアクアポリンで保存されるAsn-Pro-Ala (NPA) というシグナチャ配列が存在する．この二つのNPA配列が，中央の水を通す孔に並んで選択性フィルターの一部となる．アクアポリンのサブユニット1個は，1秒当たり 3×10^9 個というきわめて速い速度で水分子を運ぶことができる．他の溶質やイオンの透過は無視できる程度である．注目すべきは，この透過通路は水をきわめて高速かつ両方向に水を通すのに，イオンはまったく通さず，H_3O^+ の形の水和水素イオンですら通さないということである．この顕著な選択的透過性は腎機能に必須である．なぜなら，水と酸が同時に再吸収されると，生命を危険にさらすアシドーシスをひき起こすからである．

アクアポリンの孔は，三つの領域に分けられる．細胞外側開口部，選択性フィルターをもつ狭い孔の領域，そして20 Åにわたる細胞内側開口部である．三つの領域が一緒になって，砂時計のような中央がくびれた形の水透過通路を形成する．選択性フィルターに寄与するアミノ酸残基を図2・28に示す．チャネルの選択性フィルターに添った壁は，ほとんどが疎水性の残基で占められている．その中で親水性の残基が，選択的な水透過に必須な化学基を提供している．

アクアポリンの孔領域には，水の透過の選択性に寄与する三つの特徴がある．図2・29にヒトのAQP1を例に示す．

- サイズ制限．細胞外に向いた入口はしだいに先細になり，狭窄領域とよばれる一番狭いところで径2.8 Åとなる．水分子は狭窄領域を一列に並んで通り，水和したイオンや水素イオンは入ることができない．
- 静電的反発．孔に添ったアミノ酸残基であるアルギニン197の正電荷が，正に荷電したイオンに対して静電的な反発力を生み，水和水素イオン（H_3O^+，水分子がプロトン化したもの）の孔透過を防ぐ．さらに，膜を貫通しないαヘリックス，M3とM7が部分的に正電荷を帯び，水素イオンの透過を防ぐ．
- 水双極子の配向．チャネル中央部分で，水分子がNPAモチーフ中のアスパラギン残基（Asn78とAsn194）の部分的な正の荷電と二つ同時に水素結合を形成することによって双極子の配向を変え，選択性を高めている．この荷電との相互作用は，水分子を強制的にある一定の向きにさせる．これが H_3O^+ の侵入を許さない二つめのバリアーである．アクアポリンの水を結合するこの能力が，疎水的な通路を水が横切るためのエネルギー障壁を低くする．しかしこの相互作用は，高速な水の輸送を妨げるほどは強くない．

これらのアクアポリンの選択性フィルターの特徴が相まって，H_3O^+ や他のイオンを排除して，水分子だけを高速で透過することが可能となっている．

さまざまなアクアポリンアイソフォームが，臓器あるいは全身の体液恒常性を維持するのに重要である．いくつかは腎臓で発現し，尿細管から水を吸収するのに働く．アクアポリン-1は，近位曲尿細管やヘンレ係蹄下行脚の上皮細胞で常に高い水の透過性を保っている．ヒトでは，アクアポリン-1タンパク質は，一日当たり180 Lの血漿沪過液を1.5 Lの尿に濃縮するのを助けている．つまり，およそ178.5 Lの水を一次血漿沪過液から頂端膜を通して血管側に戻しているわけである（水は傍細胞経路によっても再吸収される）．アクアポリン-1に遺伝的な障害をもつ患者は，尿を効率的に濃縮することができない．アクアポリン-2は腎臓のアクアポリン-1が発現する細胞とは別の上皮細胞で発現している．この節の最初のほうで述べたように，バソプレシンホルモンは，アクアポリン-2の集合管での発現を刺激し尿の濃度を上げる．過剰量の水の摂取や，アルコールやコーヒーの摂取によるバソプレシンの放出阻害は，腎臓に大量の希釈尿を排出させる．腎性尿崩症の患者は，アクアポリン-2に遺伝的な変異があり，一日当たり最大20 Lもの尿を出す．脳においては，アクアポリン-4が毛細血管近傍で発現しており，脳柔細胞と血管の間の水の動きを調節している．アクアポリン-4は，脳の外傷や卒中からの回復に当たり，脳浮腫を速やかに軽減するのに役立つという点で，薬理学的に重要なターゲットである．アクアポリン-0は水晶体の繊維細胞でのみ発現しており，ミスセンス変異は小児の先天性白内障をひき起こす．

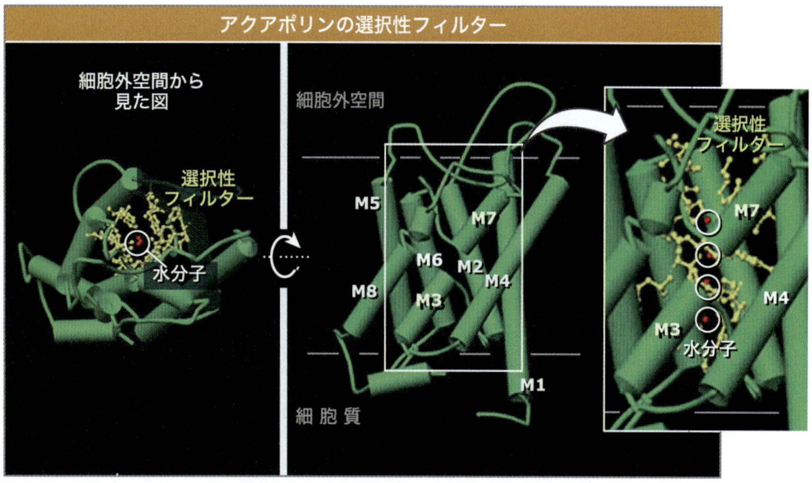

図2・28 AQP1 アクアポリンチャネルの 1 サブユニットの X 線結晶構造．予想されている膜の位置を示してある．選択性フィルターの側鎖は原子レベルで示してある（黄色）；残りのタンパク質部分については，ポリペプチド骨格をループとヘリックス（円柱）で示した［画像は Protein Data Bank file 1J4N より］

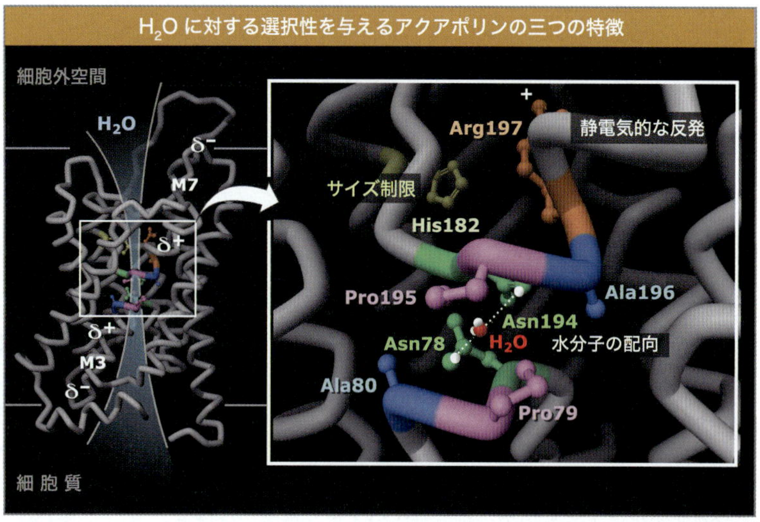

図2・29 アクアポリンの孔領域は，選択的な水の透過を可能にする三つの特徴がある．透過している水分子の 1 個だけを結晶構造像に示してある；酸素原子が二つのアスパラギン側鎖と水素結合する［結晶構造像は Protein Data Bank file 1J4N より改変］

2・12 活動電位は数種のイオンチャネルに依存した電気シグナルである

重要な概念

- 活動電位は，細胞間の高速な情報伝達を可能にする．
- Na^+，K^+，Ca^{2+} の流れは，活動電位の鍵となる重要な要素である．
- 膜の脱分極は，Na^+ が電位依存性 Na^+ チャネルを通って細胞内へ流入することにより起こる．
- 再分極は，K^+ イオンがいくつかの異なるタイプの K^+ チャネルを通って輸送されることによって達成される．
- 臓器の電気的な活動は，活動電位のベクトルの和として測定することができる．
- 活動電位に異常が生じると，不整脈やてんかんが起こりやすくなる．

神経細胞，筋肉細胞，内分泌細胞は電気シグナルを生成し，またそれに反応することができるので，興奮性の細胞として知られている．これらの細胞では，膜電位が急速で一過的な変化を起こし，神経軸索を伝わる神経インパルスや筋収縮をひき起こすシグナルなどの電気シグナルに変換される．この電気シグナルは**活動電位**（action potential）とよばれる．脳の知覚では，刺激到達の前，最中，および後に起こり，異なる時空間パターンをもつ，広範囲の膨大な数の活動電位を処理しなくてはならない．骨格筋や心臓では，活動電位は筋細胞の同期的収縮の開始と協調に必須である．活動電位の強度と持続時間は電気生理学的な手法で測定することができる．活動電位は，神経細胞では数ミリ秒，心筋では数百ミリ秒続く．心筋の活動電位が長時間持続することは，数百万の筋細胞が協調して活性化し，心臓の拍動をつくるために必須である（§2・13“心筋や骨格筋の収縮は興奮収縮連関によってひき起こされる”参照）．活動電位は，細胞膜上を 1 秒間に数 m の速さで伝達することができ，細胞間の高速で長距離の情報伝達を可能にし，脳や心臓の複雑な生理機能の基盤となっている．

活動電位の生成には，膜の電位差が必須である．静止状態の細胞は負の膜電位を維持している．つまり，細胞の内側は外側に対してやや負の荷電を帯びている．この静止膜電位は，Na^+ を三つ汲み出し K^+ を二つ取込む Na^+/K^+-ATPase と K^+ 漏出チャネルの働きにほぼ依存している（§2・4“膜電位は膜を介したイオンの電気化学勾配によってつくられる”と，§2・19“Na^+/K^+-ATPase は細胞膜を介した Na^+ と K^+ の濃度勾配を維持する”参照）．

50 年以上前から，電気生理学的な測定に基づき，活動電位形成のモデルが提唱されている（EXP：2-0001 を参照）．このモデルには，活動電位にかかわることが確認されている重要な鍵が二つある．

- 細胞膜は，一過的で連続した Na^+ と K^+ の選択透過性の変化を起こす．
- これらの透過性の変化は，膜電位に依存する．

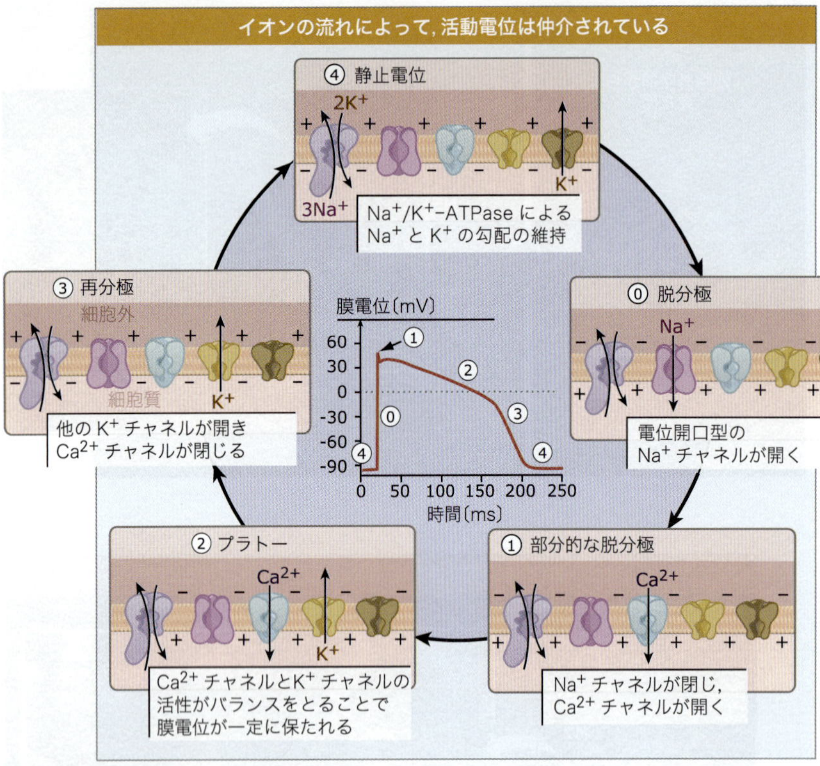

図2・30 活動電位はイオンの流れが仲介して生成される．心臓の活動電位は五つの相に分けることができる．決まったチャネルのセットが，それぞれの相において開いたり閉じたりする．特に K^+ チャネルはさまざまなタイプが開閉するが，ここでは示していない．Na^+/K^+-ATPase は，活動電位の間ずっと働き続けるが，膜電位の変化に従って速度は変化する．

活動電位は，いくつか異なったタイプのイオンチャネルの協調的な活性化と不活性化により発生する．細胞膜上の電気シグナルは，膜電位の変化を迅速に感知して応答する電位開口型イオンチャネルが可能にしている．心筋細胞の例を図2・30に示すが，異なるタイプのイオンチャネルの開閉が，活動電位の異なる相でつぎつぎに起こる．膜電位の急速な変化は，膜内外の局所的なイオン濃度変化によるもので，細胞全体のイオン濃度にはほとんど影響を与えない．

活動電位は，急激な上昇で始まる（第0相）．これは電位開口型 Na^+ チャネルが開くことをきっかけに，Na^+ の濃度勾配に沿った急速な細胞内流入をひき起こす（図2・30参照）．この Na^+ の移動で膜の脱分極が起こり，細胞内が細胞外より正に荷電する（電位開口型の Na^+ チャネルについての詳細は§2・7“電位依存性 Na^+ チャネルは膜の脱分極によって活性化され，電気シグナルを伝える”参照）．

脱分極は，Na^+ チャネルが速やかに不活性化されるので数ミリ秒で終わる．次の第1相で，初期の再分極が始まる．心臓では，電位開口型 Na^+ チャネルが閉じると，電位開口型 Ca^{2+} チャネルが開き，同時に K^+ の一過的な外向きの流れが生じる．この活性は，脱分極して膜電位が正になっている間中続き，新しい膜電位レベルを設定する．この膜電位レベルは，第2相において，脱分極と再分極の間の膜電流の複雑なバランスによって決まっていく．Na^+ チャネルは，膜電位の再分極によって不活性な状態（不感応期）から回復し，再活性化できるようになる．一部の Na^+ チャネルは不活性状態に入らず，小さいながらも持続する流れをつくる．この Na^+ の流れと Ca^{2+} の持続的な内向きの流れによって，心筋は長い脱分極状態を維持できるのである．神経の活動電位に比べて心筋の活動電位は長く，これは，筋収縮に必要な細胞内 Ca^{2+} の放出を活性化する十分な時間を与え，その間に起こりうる膜の異常な脱分極を防ぐために必須である（§2・13“心筋や骨格筋の収縮は興奮収縮連関よってひき起こされる”参照）．

大きな動物種やヒトでは，活動電位の第1相と第2相の間にV字型の波形が現れる．プラトー相（平坦相）とも言われる第2相では，いくつかの異なるタイプの K^+ チャネルがつぎつぎに活性化されることによって K^+ が細胞外に流出する．K^+ の流出は，Na^+ チャネルと Ca^{2+} チャネルを通して流入する正イオンと速やかにバランスをとる．さらに，Na^+/Ca^{2+} 交換輸送体が細胞質から Ca^{2+} を追い出し，それによって脱分極する方向の内向きの電流をつくる（§2・16“膜を介した Na^+ の電気化学勾配は多くの輸送体の機能に必須である”参照）．そして，Na^+/K^+-ATPase は二つの K^+ を取込むのとひき換えに三つの Na^+ を追い出し続け，膜電位を再分極の方向に向かわせる（第3相）．これら異なる組合わせのイオンチャネルが開いたり閉じたりすることで，活動電位を終結させ，再び負の膜電位を確立する（第4相）．高速なイオン輸送は，活動電位の終結に必須である．K^+ チャネルはイオン選択性を維持しながら，高速のイオンの流れを可能にしている（§2・5“K^+ チャネルは選択的で速やかなイオンの透過を駆動する”参照）．たとえば神経細胞では，数百万個の K^+ が1ミリ秒以内に細胞外に出て，活動電位を速やかに終結させる．

多種多様な電位開口型 K^+ チャネルが，さまざまな細胞種に特異的な電気シグナルを発生させる．たとえば，内向きの整流性を担う K^+ チャネルは，安定な静止膜電位と，心臓における活動電位の長いプラトー相に必須である．活動電位が正のときは内向き整流性 K^+ チャネルはほとんど閉じ，継続的な脱分極を可能にしている（さらに詳細については§2・25“補遺：ほとんどの K^+ チャネルは整流性をもつ”参照）．心筋細胞では，膜電位が -40 mV よりも高くなったときにはじめて最小限の K^+ 電流が流れる．このため，Na^+ と Ca^{2+} の流入による脱分極の影響は当分保たれ，内向き整流性 K^+ チャネルが一定時間後に活性化されて膜電位を静止状態に向かわせるまで，活動電位が続くことになる（図2・30参照）．

活動電位によってつくり出される電気的活動の総和は，脳の全神経細胞，個別の筋肉におけるすべての筋細胞，心臓のすべての心筋細胞について増幅し，それぞれ脳波，筋電図，心電図として視覚化することができる．このような体表での電気的活動の測定は，てんかん，筋緊張，不整脈など，制御できない電気的活動の異常を検出するのに用いられる．これらの異常は，特定のタイプのイオンチャネルの損傷変異によってひき起こされることがある．

電位依存的な Na^+，K^+，Ca^{2+} チャネルの変異は，脳や心臓の機能異常をもたらす．たとえば，心臓の電位依存性 Na^+ チャネルをコードする *SCN5A* 遺伝子の変異は，心疾患とリンクしていることがある．*SCN5A* 遺伝子の機能獲得型変異のいくつかは，Na^+ チャネルの不十分な不活性化が活動電位を長くするため，QT 延長症候群をひき起こす．また，活動電位のプラトー相を決める心臓の $Ca_V1.2$ チャネルの変異は，QT 延長症候群や不整脈をひき起こす．これらの障害によって心筋の脱分極が遅れ，不整脈による突然死のリスクが増える．電位依存性 Na^+ チャネルの別の変異は，さまざまな心疾患や，骨格筋の麻痺，遺伝性のてんかんなどをひき起こす．*HERG* K^+ チャネル遺伝子の変異は，心疾患に関連する電位開口型 K^+ チャネルの例である．この変異はチャネルの不活性化を早め，その結果，細胞外に流出する K^+ の流れが減り，活動電位の再分極相が遅くなる．この K^+ チャネル変異はしたがって活動電位を長め，電位依存性 Na^+ チャネル遺伝子のいくつかの変異と似た効果をもたらす．

2・13 心筋や骨格筋の収縮は興奮収縮連関によってひき起こされる

重要な概念

- 膜の脱分極で開始する興奮収縮連関の過程は，筋収縮を制御している．
- リアノジン受容体とイノシトール 1,4,5- 三リン酸受容体は，Ca^{2+} チャネルであり，細胞内の Ca^{2+} 貯留から細胞質へ Ca^{2+} を放出する．
- 筋小胞体のリアノジン受容体による細胞内 Ca^{2+} 放出は，筋繊維収縮を刺激する．
- Na^+/Ca^{2+} 交換体や Ca^{2+}-ATPase を含むいくつかの異なる Ca^{2+} の輸送タンパク質が，細胞質の Ca^{2+} 濃度の低下と筋弛緩の制御に重要である．

Ca^{2+} は，さまざまな細胞において膨大な種類の細胞内シグナル伝達経路で働く**セカンドメッセンジャー**（second messenger）である．高等生物では，細胞内の Ca^{2+} がシナプス伝達，筋収縮，インスリンの放出，受精，遺伝子発現など広い機能にかかわっている．この節では，どのようにして Ca^{2+} シグナルが筋収縮や心拍を制御しているのか説明しよう（筋収縮における細胞骨格の役割についての詳細は，第 8 章“アクチン”を参照）．膜の脱分極が筋肉による力の生成につながる過程は，**興奮収縮連関**（excitation-contraction coupling）とよばれる．これは，骨格筋と心筋の機能を制御する基本的な機構である．静止状態の筋細胞

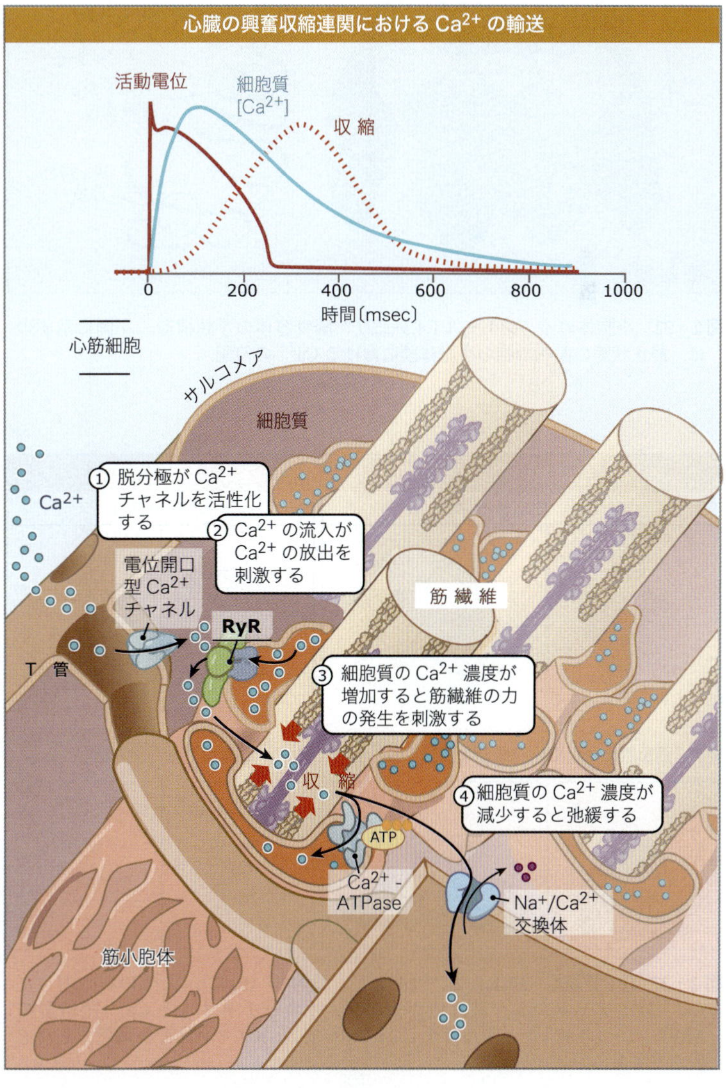

図 2・31 心筋細胞における活動電位の間には，いくつかの異なるタイプの Ca^{2+} 輸送タンパク質が機能して，細胞質の Ca^{2+} 濃度の上昇と低下を制御している．

は，細胞質中の遊離 Ca^{2+} を，細胞外(約 10^{-3} M)や筋小胞体内に比べると非常に低い濃度(約 10^{-7} M)で維持している．Ca^{2+} は興奮収縮連関の開始時に細胞質に入り，静止状態に戻るにつれ細胞質から出て行く．この細胞質における Ca^{2+} 濃度の一時的な増加と減少は，細胞内 Ca^{2+} の一過性増加（Ca^{2+} transient）とよばれる．いくつかの異なるタイプの Ca^{2+} 輸送タンパク質がこの過程に必要である．

図2・31 に示すように，興奮収縮連関の過程は四つの段階に分けられる．まず，膜の脱分極によって，シグナルが細胞膜（筋繊維鞘 sarcolemma）上で発生する．このとき，活動電位によって膜電位は静止電位より正に傾く（図2・30 と §2・12 “活動電位は数種のイオンチャネルに依存した電気シグナルである” を参照）．電位依存性 Ca^{2+} チャネル（$Ca_V1.2$ Ca^{2+} チャネルとよばれる）がこの変化を膜上で感知し，応答して心筋活動電位の第 2 相の間，開く．これが Ca^{2+} の濃度勾配に従う細胞内への少量の流れをつくる（電位依存性 Ca^{2+} チャネルについての詳細は §2・9 “細胞膜の Ca^{2+} チャネルはさまざまな細胞機能を活性化する” 参照）．

つぎに，$Ca_V1.2$ Ca^{2+} チャネルを通した Ca^{2+} の流れが，筋小胞体からの Ca^{2+} の放出を刺激する．筋小胞体は Ca^{2+} を数 mM の濃度で蓄積している．筋小胞体からの Ca^{2+} の放出は，リアノジン受容体（ryanodine receptor, RyR）とよばれる細胞内 Ca^{2+} 放出チャネルを通して行われる．この，心臓におけるリアノジン受容体を通じた細胞内 Ca^{2+} 放出の過程は，Ca^{2+} 誘導性 Ca^{2+} 放出とよばれる．筋小胞体から細胞質への Ca^{2+} の放出量は，細胞膜（筋繊維鞘）から細胞質へ入ってくる量の数倍である．心臓の筋小胞体にある Ca^{2+} 感受性 Ca^{2+} チャネルは，リアノジンという植物アルカロイドに高い選択性で結合するためにリアノジン受容体とよばれている．リアノジンはチャネルをふさいでしまう．さまざまな細胞種で異なる細胞内 Ca^{2+} 放出チャネルが発現しており，それが筋収縮を制御するさまざまな刺激に応答して開く．心筋細胞の筋小胞体において主要な細胞内 Ca^{2+} 放出チャネルは，リアノジン受容体アイソフォームの **RyR2** である．

第 3 段階では，細胞質の Ca^{2+} 濃度の増加が，カルシウム感受性のタンパク質であるトロポニン C を活性化する．トロポニン C は筋繊維の収縮を刺激する．細胞質 Ca^{2+} 濃度が 100 nM から 1 μM へ増加することは，筋繊維を細胞全体にわたって効率良く活性化し，心臓の筋収縮を同期するために必須である．

第 4 段階で，Ca^{2+} が細胞質から排出されると筋肉は弛緩する．Ca^{2+} の細胞質からの排出には，いくつかの機構が働いている．主要な経路は，筋小胞体の Ca^{2+}–ATPase ポンプの活動により，筋小胞体内の Ca^{2+} 貯留へ Ca^{2+} を再び取込むことである．このポンプは，リアノジン受容体によって筋小胞体 Ca^{2+} 貯留から大量に放出された Ca^{2+} をほぼそっくり再吸収する（Ca^{2+}–ATPase の詳細については §2・18 “Ca^{2+}–ATPase は Ca^{2+} を細胞内の貯留部位に輸送する” 参照）．さらに，細胞膜上にある Na^+/Ca^{2+} 交換体などの Ca^{2+} 輸送タンパク質も，細胞質から Ca^{2+} を取除く．この交換体は，細胞膜の電位依存性 $Ca_V1.2$ Ca^{2+} チャネルによって細胞外から取込まれた少量の Ca^{2+} の排出に寄与する．さらに少量の Ca^{2+} が，細胞質とミトコンドリアの間でも交換されている．

全体的に，興奮収縮連関の過程は，いくつかの例外を除いて骨格筋と心筋で似ている．骨格筋では，心筋とは異なり，細胞膜に存在する電位依存的 Ca^{2+} チャネルの別のアイソフォームが，リアノジン受容体アイソフォームの RyR1 と物理的に相互作用することによって筋小胞体からの Ca^{2+} 放出を刺激する．さらに，骨格筋では，興奮する筋細胞（筋繊維）の数が増えるに従って筋全体の収縮力が高まる．このようにして，骨格筋の収縮は，短い 1 回の収縮から継続的あるいは強縮性の力を発する反復性収縮の両極端まで，段階的に起こすことができ，最終的には筋肉疲労によって制限される．

細胞内 Ca^{2+} 放出チャネルは，イオンチャネルのなかで独特のグループを構成する．Ca^{2+} または細胞膜 Ca^{2+} チャネルとの直接的な相互作用によりゲート開閉するリアノジン受容体と，これとよく似ているが IP_3 によって

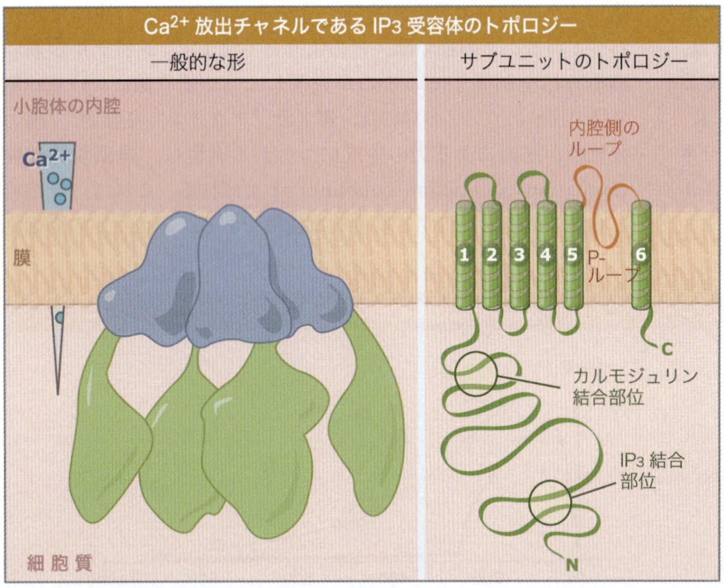

図2・32 小胞体のイノシトール1,4,5–三リン酸受容体の予想構造．左側に示すのは，静止状態の動物細胞の小胞体膜における Ca^{2+} の勾配．

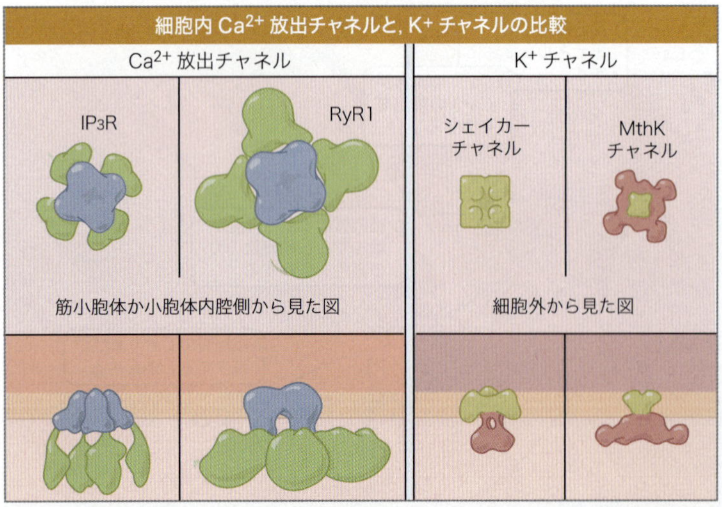

図2・33 IP_3 受容体（IP_3R）と，リアノジン受容体（RyR），二つの細胞内した Ca^{2+} 放出チャネルと，電位依存的なシェイカーチャネルと Ca^{2+} 開口型の MthK，二つの K^+ チャネルはサイズが異なる．孔ドメインは青か黄色でそれぞれ示してある．

ゲート開閉するイノシトール1,4,5-三リン酸受容体（IP_3受容体）の二つのグループに分けられる．図2・32にIP_3受容体の例を示したが，リアノジン受容体でもIP_3受容体の場合でも，四つのサブユニットが4回対称の複合体を形成してチャネルをつくる．どちらの場合も，チャネルは二つのドメインに分けられる．孔ドメインと巨大な細胞質ドメインである．細胞質ドメインは，チャネルの孔のゲート開閉にかかわる．IP_3受容体は，1サブユニット当たり六つの膜貫通領域と一つの孔ループをもつと推定され，リアノジン受容体に関しても類似のトポロジーが推定されている．

リアノジン受容体Ca^{2+}チャネルは，知られている限り最大のイオンチャネルである．リアノジン受容体のドメイン構成は，電子顕微鏡像からの三次元再構成によって推定された．図2・33に示すように，これはCa^{2+}，Na^+，K^+チャネルのおよそ10倍の大きさである．各リアノジン受容体サブユニットは約5000アミノ酸残基となり，部分的にホモロジーのあるIP_3受容体サブユニットの2倍の大きさである．リアノジン受容体とIP_3受容体の孔ドメインの大きさはK^+チャネルの孔ドメインとほぼ同じである．リアノジン受容体とIP_3受容体の巨大な細胞質ドメインは，K^+チャネルの場合と同様にCa^{2+}とIP_3によるゲート開閉を制御する．

細胞内Ca^{2+}放出チャネルのゲート開閉に影響する変異は，ある種の疾患の原因となる．たとえば，心臓のRyR2のミスセンス変異は，不整脈と運動誘導性の突然死の二つの遺伝病とリンクしている．この変異では，カルスタビン2（FKBP12.6）に対する親和性が低下している．カルスタビン2はCa^{2+}チャネルのサブユニットで，心臓のリアノジン受容体の閉じた状態を安定化し，異常な活性化を防ぐ．リアノジン受容体の変異は，心臓の静止期や弛緩期の相において，筋小胞体からのCa^{2+}の漏れを増やす．さらに，このRyR2の制御不能による心臓病は，突然死や心不全の悪化にも関与しているらしい．細胞内Ca^{2+}の漏れは，異常な膜の脱分極により致命的な不整脈をひき起こす，共通の機構の一つのようである．

骨格筋のリアノジン受容体アイソフォームの変異は，異常な細胞内Ca^{2+}の放出をひき起こし，悪性高熱症とリンクする．この病気の患者は，細胞内の制御不能なCa^{2+}放出に対して感受性が高く，高熱，筋収縮，そしてある種の吸入麻酔薬や筋弛緩剤にさらされたときに致死的になる代謝性ショックをひき起こす．骨格筋の細胞膜にある電位依存性Ca^{2+}チャネルは，リアノジン受容体と物理的に相互作用して活性化するが，この遺伝子の変異は，やはり悪性高熱症に感受性が高い．

2・14　一部のグルコース輸送体は単輸送体である

重要な概念

- グルコースは毛細血管上皮細胞からアストロサイトへと輸送され，血液脳関門を通過する．
- グルコース輸送体はグルコースを濃度勾配に従って輸送する単輸送体である．
- グルコース輸送体はコンホメーション変化によって基質結合部位を膜の片側から反対側に移動させる．

グルコースは真核生物の主要なエネルギー源である．多くの細胞においてATP合成に最も大きな比重を占める栄養素であり，連続的に供給される必要がある．グルコースは親水性が高く溶液中で水和して存在するが，細胞膜は糖のような極性低分子化合物に対する透過性が低い．このため，細胞はグルコースを取込むための膜タンパク質を備える必要がある．細胞膜を介したグルコース輸送に機能するタンパク質は二つの遺伝子ファミリーを構成している．一つはグルコース輸送体（glucose transporter, GLUT）とよばれる単輸送体であり，促進拡散によってグルコースを細胞膜内外に輸送する．もう一つはNa^+/グルコース共輸送体で，細胞膜内外に形成されたNa^+の電気化学勾配を駆動力とする二次能動輸送体である（§2・16“膜を介したNa^+の電気化学勾配は多くの輸送体の機能に必須である”参照）．本節ではGLUTタンパク質について解説する．

GLUTファミリーは，主要促進拡散輸送体スーパーファミリー（major facilitator superfamily, MFS）とよばれるスーパーファミリーのサブファミリーである．MFSはすべての生物に存在し，膜輸送タンパク質中最大のスーパーファミリーを構成している．GLUTタンパク質は真核生物に普遍的な内在性膜タンパク質で，速度論的性質，基質特異性，組織特異性，活性調節機構の異なるアイソフォームが存在する．グルコースに加えてガラクトースや水分子，鎮痛作用をもつ糖ペプチドなどを基質とするものもある．GLUTタンパク質は単輸送体であり，基質を濃度勾配に従って輸送する（図2・4参照）．つまり，輸送の向きは細胞内外の基質濃度に依存して決まる．エネルギー代謝の高い細胞では，GLUTタンパク質による細胞内へのグルコースの取込みがその細胞の活動量を支配する律速要因となることが多い．

糖のような栄養物質は血管から組織に取込まれるので，毛細血管壁を構成する内皮細胞が栄養物質の往来を制御する場となる．GLUTタンパク質は血管内皮細胞に多く存在し，血液脳関門で特に多い．脳はグルコース消費量が高く，栄養条件の悪化に非常に敏感に反応して機能低下をひき起こす．このため，脳毛細血管から神経組織へのグルコース輸送が盛んに行われており，そのいくつかの段階でGLUT-1アイソフォームが機能する（図2・34）．GLUT-1は血管内皮細胞の管腔側と組織側の両方の細胞膜上に発現している．また，血管に隣接し，血液脳関門機能に重要な働

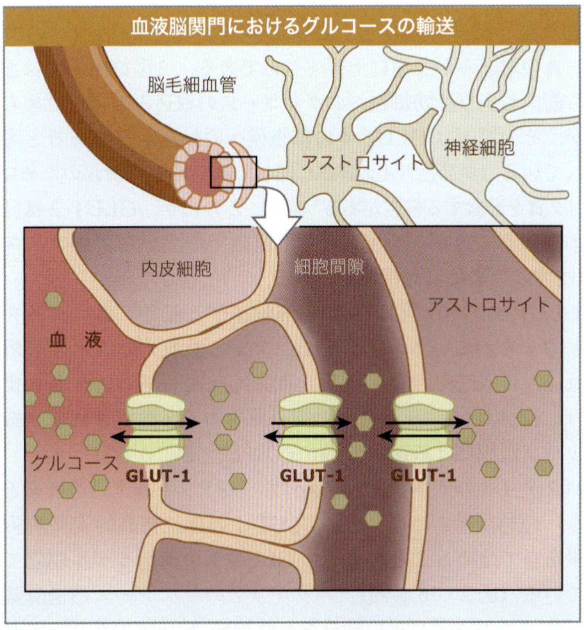

図2・34　グルコースはGLUT-1（GLUT輸送体アイソフォームの一つ）によって血液脳関門を選択的に透過する．血流中のグルコースは数種の異なる性質をもつ細胞を経由しながら段階的に脳および中枢神経系へ輸送される．

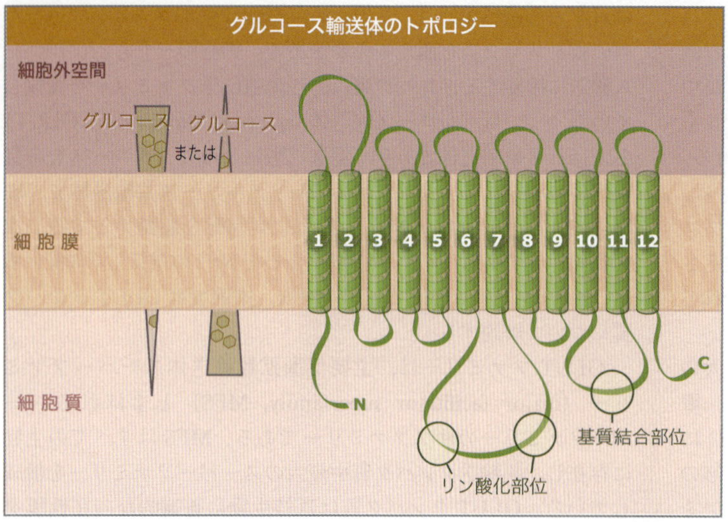

図2・35 予想されるGLUTタンパク質のトポロジー．12本の膜貫通領域をもち，N末端とC末端領域は細胞質側にある．細胞質ループ領域にはリン酸化部位と基質結合部位が存在する．グルコース（六角形）の濃度勾配は細胞の種類や代謝条件によっていずれの向きにも形成され，その向きに従ってグルコースが輸送される．

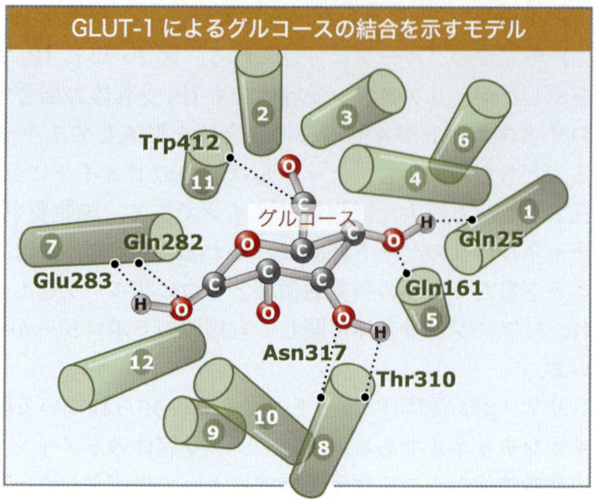

図2・36 グルコース輸送タンパク質GLUT-1に予想される膜貫通αヘリックスの配置とグルコースとの結合に用いられる残基を示す（グルコース分子は酵素分子よりも大きな比率で描かれている）．ヘリックスの配置は細胞膜を細胞質側から見ている．なお，このモデルは大腸菌ラクトース透過酵素の構造をもとにした相同性モデリングによって立てられたものである．

きをするアストロサイトの細胞膜にも発現が認められる．血液中のグルコースは，GLUT-1タンパク質を介して血管内皮を通過してアストロサイトに取込まれる．アストロサイトはグルコースを別のエネルギー源に代謝して神経へ輸送する．

GLUT-1以外のアイソフォームは他の組織で重要な機能を担っている．たとえば，GLUT-4は筋肉や脂肪組織の細胞でグルコースを取込む．摂食時から摂食後にはインスリンが作用して筋や脂肪組織へのグルコースの取込みが促進する．GLUT-4アイソフォームはインスリン応答性グルコース輸送体ともよばれ，細胞膜への発現がインスリン刺激に応答した調節的分泌によって制御される．GLUT-4タンパク質の一部は細胞内の輸送小胞上に局在する．インスリンが細胞膜受容体に結合すると細胞内シグナル伝達経路が活性化し，GLUT-4を含む輸送小胞が速やかに細胞膜に融合して細胞膜のグルコース輸送活性が上昇する．このような分子機序によって，GLUT-4を介した細胞内へのグルコースの取込みが急速に上昇するのである．2型糖尿病では血漿から筋肉および脂肪細胞へのグルコースの取込み阻害が認められるが，その原因はGLUT-4の細胞膜への輸送阻害であると考えられている（調節性分泌の詳細に関しては§4・19“分泌のためにタンパク質を貯蔵する細胞がある”参照）．このほか，GLUT-2は肝臓のようにグルコースを生合成する組織で細胞からグルコースを“分泌する”過程にも機能している．

GLUTタンパク質は他のMFS輸送体と似たトポロジーをもつと考えられている（図2・35）．アミノ酸配列の疎水性解析によれば，GLUT-1タンパク質は両末端とループ領域を細胞質に向け，12本のαヘリックスで膜を貫通すると推定される．細胞質ループ領域には基質結合部位とリン酸化部位が存在する．

バクテリアのラクトース透過酵素（ガラクトース透過酵素ともいう）の結晶構造に基づき，GLUT-1の部位特異的変異解析の結果を当てはめることによってGLUT-1の構造モデルが立てられている（図2・36参照）．バクテリアのラクトース透過酵素はGLUTタンパク質に近い性質をもつMFS輸送体であり，オリゴ糖/H^+共輸送体サブファミリーに属している（§2・15“共輸送体と対向輸送体は共役輸送を行う”参照）．このモデルでは，膜貫通ヘリックスがグルコースの透過路となる内腔部を構成し，かつヘリックス中の極性残基がグルコースとの間に水素結合を形成するように配置されている（図2・36）．赤血球を用いた速度論的解析からGLUTタンパク質の反応機構モデルが立てられている．二つの主要なコンホメーションを行き来しながら輸送反応を行うというもので，バクテリアのラクトース透過酵素にも類似の分子機構が提唱されている（図2・39参照）．一方のコンホメーションでは基質結合部位が細胞外に，もう一方では細胞質側に向いている．細胞内あるいは細胞外からグルコースが結合するとコンホメーションが切り替わり，基質結合部位が膜の反対側に向きを変えてグルコースを放出する．GLUTタンパク質とバクテリアのラクトース透過酵素には単輸送体と共輸送体という違いがあるが，輸送の分子機構は類似していると考えられているのである．

GLUT-1をコードする遺伝子の変異は重篤な発達障害をひき起こす．小児期における脳のグルコース消費量は成人の3倍から4倍に及び，体全体の消費量の約8割を占める．GLUT-1異常症はてんかんや発達遅延を伴うまれな疾患で，GLUT-1遺伝子の変異とリンクがある．脳へのグルコース輸送の低下が原因であろう．GLUT-1欠損マウス胚は生育遅延や形態異常を起こす．糖尿病マウスの胎内で発生した胚にも同様の形態異常が認められる．高い血中グルコース濃度が胚の各器官におけるGLUT-1の発現を抑圧するためである．

2・15 共輸送体と対向輸送体は共役輸送を行う

重 要 な 概 念

- バクテリアのラクトース透過酵素（ガラクトース透過酵素）は，ラクトースとH^+の細胞膜透過を共役的に行う共輸送体である．
- ラクトース透過酵素は，H^+の電気化学勾配を利用して細胞内にラクトースを蓄積する．
- ラクトース透過酵素は，ラクトースの濃度勾配を利用して細胞膜内外にH^+の濃度勾配を形成することもできる．
- ラクトース透過酵素は，外向きと内向きのコンホメーションを切り替えることで，結合した基質を膜の反対側に送り出しているらしい．
- バクテリアのグリセロール3-リン酸輸送体は，ラクトース透過酵素と似た構造をもつ対向輸送体である．

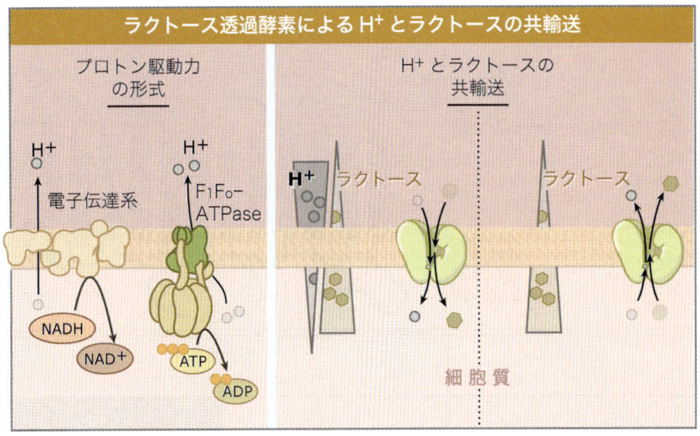

図 2・37 大腸菌ラクトース透過酵素（LacY）は，内向きに形成された H^+ の電気化学勾配を利用してラクトースを細胞内に取込む．H^+ の電気化学勾配は電子伝達系や ATP の加水分解に共役した H^+ の排出によって形成されている．細胞内のラクトース濃度が細胞外より高い条件では，ラクトースの濃度勾配を利用し，H^+ を上り坂輸送によって排出することもできる．

輸送体は溶質の膜透過を促進する膜タンパク質である（図 2・4 参照）．単輸送体は溶質を膜内外の濃度勾配に従って輸送する（§2・14 “一部のグルコース輸送体は単輸送体である” 参照）．共輸送体と対向輸送体は 2 種類以上の溶質を共役輸送するタンパク質で，溶質のいずれかが濃度勾配に従って膜透過するときに発生する力を用いて，別の溶質を濃度勾配に逆らって輸送する．輸送体の多くは MFS（major facilitator superfamily）スーパーファミリーに属している．MFS 輸送体が運ぶ溶質には，糖，リン酸化糖，薬剤，神経伝達物質，核酸，アミノ酸，ペプチドなどがあるが，本節ではバクテリアのラクトース透過酵素（LacY）とグリセロール 3-リン酸輸送体（GlpT）について解説する．LacY はオリゴ糖と H^+ を輸送する共輸送体で，単量体で機能する．GlpT は対向輸送体である．

lacY は輸送体をコードする遺伝子として最初に単離された（ラクトース資化調節の詳細については MBIO：2-0001 を参照）．通常，バクテリアは呼吸鎖の電子伝達系や F_1F_o–ATPase（ATP 合成酵素）の働きによって H^+ を細胞外へ排出し，細胞膜内外に H^+ の電気化学勾配を維持している．F_1F_o–ATPase は ATP 合成の逆反応で（ATP の加水分解のエネルギーを利用して）H^+ を細胞外に輸送することができる（§2・20 “F_1F_o–ATPase は H^+ 輸送と共役して ATP の合成や加水分解を行う” 参照）．LacY 共輸送体は，H^+ が電気化学勾配に従って膜透過するときに放出される自由エネルギーを利用して，ラクトースなどの栄養物質を細胞内に濃縮する（図 2・37）．H^+ とラクトースは 1 対 1 のモル比で等方向に輸送されるが，輸送の方向はそれぞれの基質の濃度勾配の大きさと向きの兼ね合いで決まる．たとえば，ラクトースの濃度勾配を駆動力として H^+ を上り坂輸送することができる．このとき，細胞内のラクトース濃度が高ければ H^+ は外向きに，低ければ内向きに輸送されて濃度勾配を形成する．H^+ の電気化学勾配が小さい場合には，細胞内外のラクトースの濃度しだいでどちら向きにも共輸送が起こるのである．

LacY は 12 本の膜貫通ヘリックスとこれらを結ぶ親水性ループからなり，両末端は細胞質側にある（図 2・38）．X 線結晶構造解析により，中央のループを挟んで N 末端側と C 末端側が 6 本ずつの膜貫通領域を含むドメインを形成し，この二つが対称的に向き合ってハート形に並ぶことが明らかにされた（図 2・39）．基質結合部位は親水的な内腔部にあって脂質二重膜のほぼ中央に位置する．図 2・39 に，LacY が内腔部を細胞質側に向けて開いた状態（内向き）の結晶構造を示す．

LacY はどのようにしてラクトースと H^+ の輸送を共役させて

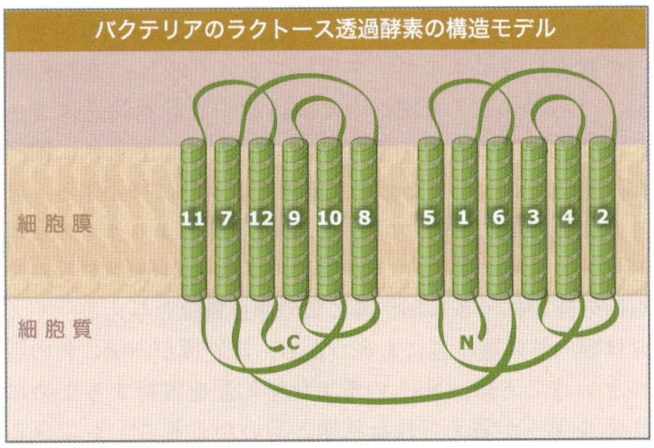

図 2・38 大腸菌ラクトース透過酵素（LacY）のトポロジー．

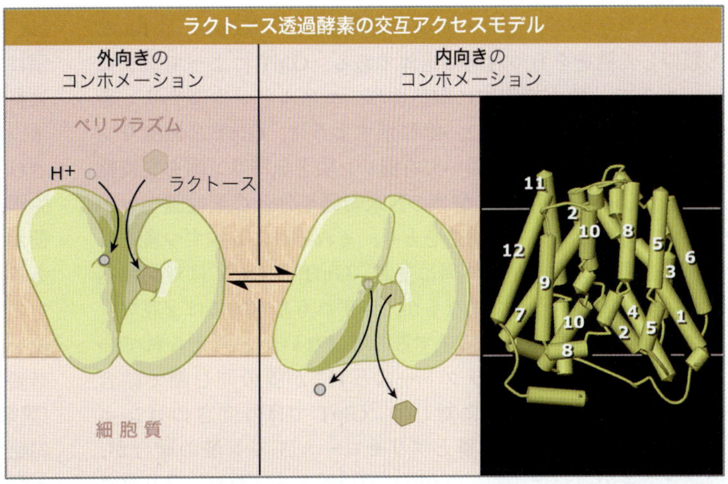

図 2・39 ラクトース透過酵素（LacY）のコンホメーション変化．内向きと外向きのモデル図を示す．結晶構造は内向きのコンホメーションで，基質結合部位に続く開口部を細胞質側に向けている［モデル図は Protein Data Bank file 1PV6 に基づいて作成．横線は予想される膜表面の位置を表す］

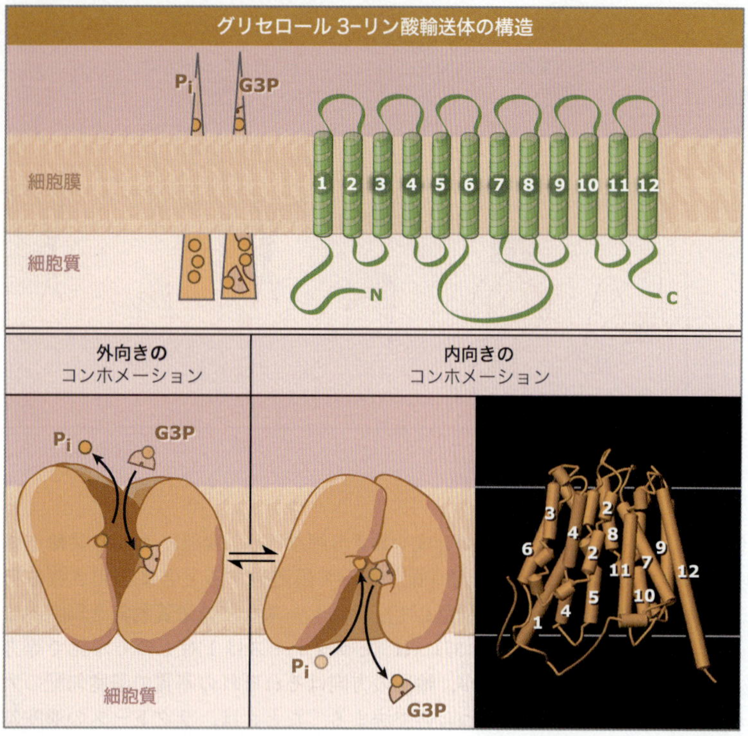

図 2・40 大腸菌グリセロール3-リン酸輸送体（GlpT）の二次構造モデル，結晶構造と交互アクセスモデルの概念図．GlpT は LacY と似た構造と性質をもつ．上段左側にリン酸とグリセロール 3-リン酸の濃度勾配の向きを示す［GlpT の結晶構造（内向き）は Protein Data Bank file 1PW4 による．横線は予想される膜界面の位置を表す］

いるのだろうか．交互アクセス（alternating access）モデルはアロステリック制御の考え方に基づいており，その後明らかにされた結晶構造と矛盾することなく共輸送の分子機構を説明できる（図 2・39）．このモデルでは，LacY が基質結合部位を細胞質側に向けた状態（内向き）とペリプラズム側を向けた状態（外向き）のいずれかにあると考える．すなわち，LacY は向きにより膜のどちら側からも基質を結合できるが，同時に両側から結合可能なコンホメーションをとることはない．外向きの LacY にラクトースと H^+ が結合すると内向きに切り替わる．両方の基質が結合してはじめてコンホメーションが変化するという構造的性質がラクトースと H^+ の輸送を共役させて同時に行うことを可能にしている．基質が解離して細胞質に放出されると，LacY は外向きのコンホメーションに戻る．基質の結合と解離がコンホメーション間のエネルギー障壁を下げ，内向きと外向きの切り替えを容易にするのである．

バクテリアのグリセロール 3-リン酸輸送体（GlpT）は LacY と類似した構造をもつ対向輸送体である．GlpT によってグリセロール 3-リン酸が細胞内に取込まれ，エネルギー生産やリン脂質合成に利用される．図 2・40 に示すように，GlpT は無機リン酸の濃度勾配を駆動力に用いて有機リン酸と無機リン酸を交換輸送する．LacY と同様に，酵素の N 末端側半分と C 末端側半分が互いに対称的なドメイン構造をとり，それぞれに 6 本ずつ含まれる膜貫通領域が輸送路の外周に並ぶ．GlpT と LacY は対向輸送体と共輸送体という点で異なるが，いずれも基本的には交互アクセス機構を用いて基質を輸送するのではないかと考えられている．ただし，LacY ではラクトースと H^+ が膜の同じ側で結合（あるいは解離）するのに対して，GlpT では外向きのコンホメーションでリン酸の解離とグリセロール 3-リン酸の結合が，内向きでその逆が起こるという点に違いがある．なお，交互アクセス機構は単輸送体であるグルコース輸送体の輸送機構としても提唱されている（§2・14 “一部のグルコース輸送体は単輸送体である” 参照）．

2・16 膜を介した Na^+ の電気化学勾配は多くの輸送体の機能に必須である

重要な概念

- 細胞膜を介した Na^+ の濃度勾配は Na^+/K^+-ATPase が維持している．
- Na^+ が電気化学勾配に従って膜透過するときに発生するエネルギーを利用してさまざまな溶質が共役輸送される．
- 消化管における糖の吸収は Na^+/グルコース輸送体が行う．
- 興奮性細胞における細胞質 Ca^{2+} の排出は，おもに Na^+/Ca^{2+} 交換輸送体が行う．
- $Na^+/K^+/Cl^-$ 共輸送体は細胞内の Cl^- 濃度を調節する．
- Na^+/Mg^{2+} 交換輸送体は細胞から Mg^{2+} を排出する．

細胞は，Na^+ を細胞外に排出して内向きの電気化学勾配を維持し，そのエネルギーを用いて多くの溶質輸送系を機能させている（図 2・2 参照）．動物細胞では，Na^+/K^+-ATPase が主要な Na^+ 排出系として機能する．Na^+/K^+-ATPase は ATP の加水分解によって得られるエネルギーを用いて 3 分子の Na^+ を細胞外に排出し，2 分子の K^+ を細胞内に取込む一次能動輸送体である．Na^+ と K^+ はそれぞれの濃度勾配に逆らって逆向きに輸送されるが，輸送比が異なるために正電荷が細胞外に移動する．細胞膜内外の電荷分布には偏りがあり，細胞質側により多くの負電荷が分布する．その維持にも Na^+/K^+-ATPase が機能するのである．電荷の非対称分布は細胞膜に負の静止電位を与える．イオンの動きは膜内外の電位差にも従うから，細胞膜が内側に負の電位をもつということは，Na^+ の電気化学勾配を維持するために必要なエネルギーが蓄えられた状態と言いかえることもできる（膜電位については §2・4 “膜電位は膜を介したイオンの電気化学勾配によってつくられる” を，Na^+/K^+-ATPase の詳細については §2・19 “Na^+/K^+-ATPase は細胞膜を介した Na^+ と K^+ の濃度勾配を維持する” 参照）．なお，イオン輸送が正味の電荷の移動を伴い，なおかつ膜電位を変化させることをさして起電的であるという．Na^+/K^+-ATPase はこの性質を備えており，起電性 Na^+ ポンプともよばれる．

Na^+ の電気化学勾配は多くの組織で生理機能の維持に重要である．例として，Na^+ に依存するイオンチャネルと輸送体のいくつかを図 2・15 に示した．Na^+ チャネルと電位依存性チャネルは活動電位を起こして電気シグナルを発生し，Na^+ 依存性輸送体は二次能動輸送で溶質を細胞内に取込む．いずれも Na^+ の電気化学勾配を用いる反応である．おもなチャネルには電位依存性 Na^+ チャネルと上皮性 Na^+ チャネルがあり（§2・7 “電位依存性 Na^+ チャネルは膜の脱分極によって活性化され，電気シグナルを伝える”，§2・8 “上皮性 Na^+ チャネルは Na^+ の恒常性を調節する” 参照），Na^+ 依存性輸送体は一次構造の相同性によって複数のファミリーに分類される．本節では Na^+ 依存性輸送体について解説する．なお，細胞内外の pH を調節する輸送体については次節で述べる（§2・17 “一部の Na^+ 輸送体は細胞内外の pH を調節する”）．

Na^+ 依存性輸送体の多くは進化的な起原が異なり，基質や輸送機構にも違いがあるが，Na^+ の電気化学勾配を利用して溶質を細胞内外に上り坂輸送するという性質は共通している（図 2・41）．これら輸送体の生理機能の一つは，細胞の代謝酵素に基質を供給することにより，異化あるいは同化経路の構成要素として働くことであると言ってよいだろう．図 2・15 に示した Na^+/グルコース共輸送体や Na^+/ヨウ化物共輸送体以外にも，イオン，糖，アミノ酸，ビタミン類，尿素などの輸送体がある．このほか，ある種のバクテリアでは Na^+/プロリン共輸送体が浸透圧の制御に機能する．また，別のバクテリアでは，Na^+ 共輸送体の機能が感染時の生存率を高めることが知られている．

Na^+ の電気化学勾配は消化吸収過程における糖の取込みにも用いられる．腸管上皮の刷子縁膜では Na^+/グルコース共輸送体が D-グルコースと D-ガラクトースを濃度勾配に逆らって細胞内に取込む（図 2・41）．Na^+/グルコース共輸送体は *SGLT1* 輸送体の一つで，このファミリーに属する他の輸送体と同様に 14 回膜貫通型のトポロジーをもつ．輸送経路は 10 番目から 13 番目の膜貫通ヘリックスが構成し，基質結合部位もその近傍にある．一方，Na^+ の結合部位は N 末端側にあるため，輸送には両末端の相互作用が必要と考えられている．ではどのような分子機構で Na^+ と糖が共役輸送されているのだろうか．現在はこれをつぎのようなモデルで説明している．細胞外から Na^+ が結合するとコンホメーションが変化して糖が結合できる状態になる．糖が結合すると再びコンホメーションが変化し，それぞれの結合部位が細胞質側に向きを変える．Na^+ と糖が細胞質に放出されると最初のコンホメーションに戻る．つまり，基質の結合と解離によって内向きと外向きのコンホメーションが切り替わるというモデルであり，基本的にはグルコース単輸送体（GLUT-1）の輸送機構モデルと同じ考え方に基づいている（§2・14 “一部のグルコース輸送体は単輸送体である” 参照）．

細胞内カルシウムシグナリングはさまざまな細胞外刺激によってひき起こされる（第 14 章 “細胞のシグナル伝達” 参照）．細胞質の Ca^{2+} 濃度は通常 0.1 μM 程度に保たれているが，これが一過的に上昇することによってカルシウムシグナルが発生する．Ca^{2+} は細胞外や Ca^{2+} 貯留部位（筋小胞体など）から動員され，シグナルが減衰するときには細胞外への排出や貯留部位への回収が起きる．ほとんどの動物細胞は細胞膜からの Ca^{2+} 排出に Na^+/Ca^{2+} 交換輸送体（NCX）（図 2・41 参照）と Ca^{2+} 輸送性 ATPase を用いる．Na^+/Ca^{2+} 交換輸送体は低親和性（Ca^{2+} 輸送性 ATPase の約 10 分の 1）だが，輸送能が高く（最大速度で 10〜50 倍），心筋細胞などでは主要な Ca^{2+} 排出系として機能している（興奮性細胞におけるカルシウムシグナリングについては §2・13 “心筋や骨格筋の収縮は興奮収縮連関によってひき起こされる” 参照）．

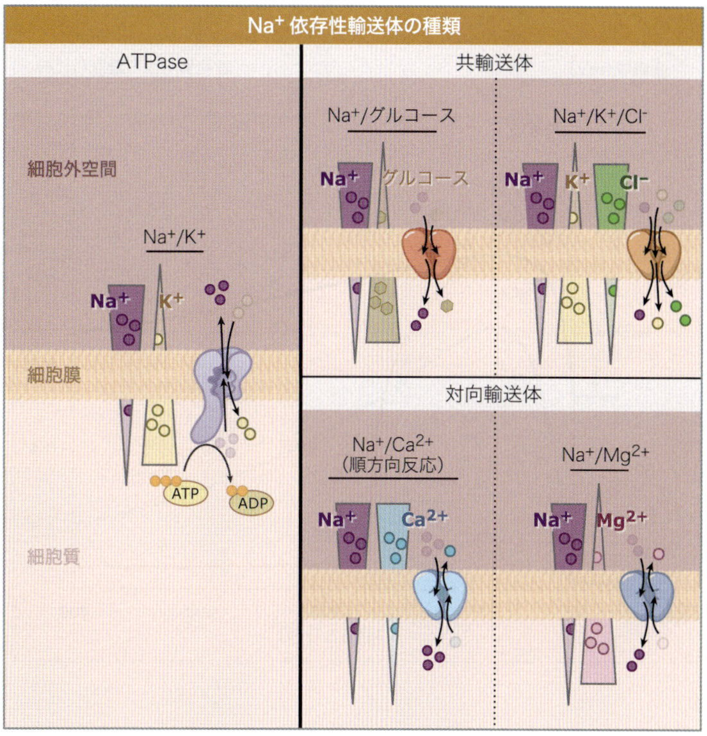

図 2・41　Na^+ 依存性輸送体の例を示す．Na^+/K^+-ATPase によって維持される Na^+ の電気化学勾配によって多くの輸送系が駆動される．動物細胞で一般的に認められるイオン勾配の向きを示す．

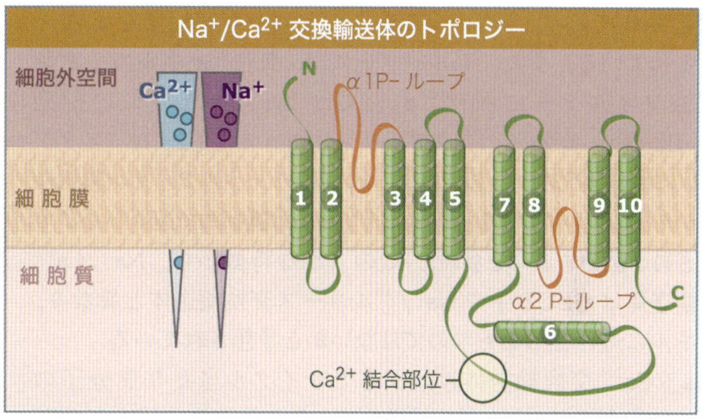

図 2・42　予想される Na^+/Ca^{2+} 交換輸送体のトポロジー．静止状態にある細胞における Na^+ と Ca^{2+} の濃度勾配の向きを示す．

Na^+/Ca^{2+} 交換輸送体は複数のアイソフォームからなるファミリーを形成している．図 2・42 に配列相同性と変異解析の結果に基づいたトポロジーモデルを示す．心筋の Na^+/Ca^{2+} 交換輸送体は 9 回膜貫通型のタンパク質で，大きな細胞質ループ領域と二つの繰返し領域（α1，α2）をもつ．細胞質ループ領域は活性調節に，α1 および α2 領域はイオン輸送に重要である．α1 は 2 番目と 3 番目，α2 は 8 番目と 9 番目の膜貫通部分とこれら

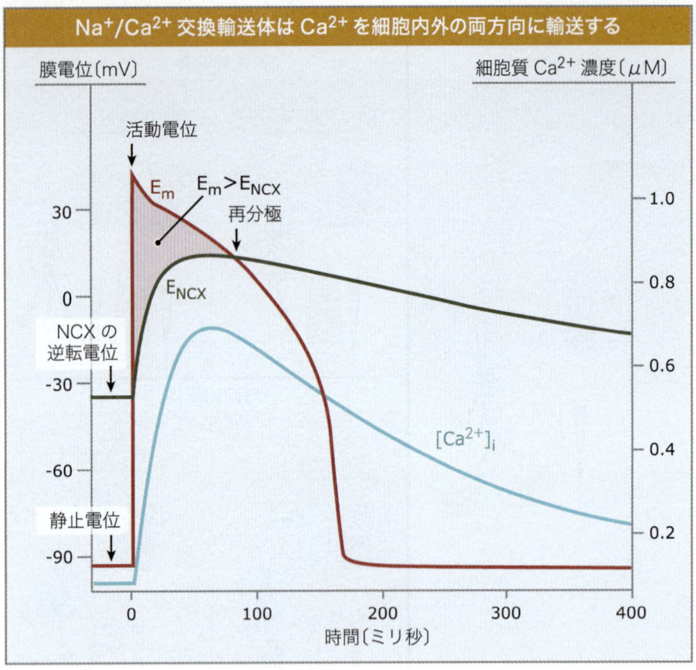

図 2・43　Na^+/Ca^{2+} 交換輸送体（NCX）は順反応（Ca^{2+} を細胞外に排出）と逆反応（Ca^{2+} の取込み）の両方を触媒する．輸送の向きは膜電位に支配される．

を結ぶループ部分（P ループ）を含み，それぞれが膜の外側と内側に位置すると予想される．アクアポリン（水チャネル）では膜内ヘリックスとループを含む繰返し構造が膜内外の対称的な位置に配置されており，α1 とα2 もこれと似た空間配置をとると考えられている．また，P ループ上には，K^+ チャネルのイオン選択性フィルターに保存された Gly–Tyr–Gly と類似の配列（Gly–Ile–Gly）がある（アクアポリンについては§2・11“アクアポリンは水を選択的に膜透過する”を，K^+ チャネルのイオン選択性フィルターについては§2・5“K^+ チャネルは選択的で速やかなイオンの透過を駆動する”を参照）．このような特徴から，Na^+/Ca^{2+} 交換輸送体は GLUT–1 や Na^+/グルコース交換輸送体と異なり，チャネルに近い性格をもつのではないかと予想されている．

Na^+/Ca^{2+} 交換輸送体は，反応 1 サイクル当たり 3 分子の Na^+ と 1 分子の Ca^{2+} を対向輸送し，これに伴って一つの正電荷が膜を横切って動くと考えられている．Ca^{2+} がどちら向きに輸送されるかは，細胞内外のイオン濃度と膜電位によって決まる．心筋細胞の場合，静止状態では膜電位（E_m）が Na^+/Ca^{2+} 交換輸送体の逆転電位（E_{NCX}）より低く，Ca^{2+} は細胞外に排出される．活動電位の第 0 相（脱分極相）から第 1 相（スパイク）にかけては E_m が一時的に E_{NCX} を上回り，Ca^{2+} は細胞内へ取込まれる．再分極が進んで E_m が E_{NCX} より低い状態に戻ると再び Ca^{2+} の排出が始まる．つまり，膜電位が Na^+/Ca^{2+} 交換輸送体の逆転電位を上回ることによって，輸送の向きが一過的に切り替わるのである（図 2・43）．ただし，Na^+/Ca^{2+} 交換輸送体の挙動に影響するのは細胞膜付近における局所的な Na^+ や Ca^{2+} の濃度変化である．膜の脱分極によって活性化する電位依存性 Ca^{2+} チャネルの開口により，細胞膜付近の Ca^{2+} 濃度は図 2・43 に示す値より高く維持されるため，Na^+/Ca^{2+} 交換輸送体が Ca^{2+} を内向きに輸送するのは，第 0 相から 1 相にかけての数ミリ秒であると考えられている．Na^+/Ca^{2+} 交換輸送体は通常細胞質 Ca^{2+} の排出に機能するが，脱分極状態が続く第 2 相（プラトー相）ではこの活性が抑えられると理解しておけばよい（心筋細胞の活動電位については§2・12“活動電位は数種のイオンチャネルに依存した電気シグナルである”，§2・13“心筋や骨格筋の収縮は興奮収縮連関によってひき起こされる”参照）．

細胞膜の $Na^+/K^+/Cl^-$ 共輸送体は，Na^+ の電気化学勾配を駆動力として，各イオンを 1 対 1 対 2 の割合で輸送する（図 2・41 参照）．電気的には中性で，生理的条件ではどのイオンも細胞内に輸送される．$Na^+/K^+/Cl^-$ 共輸送体は細胞内の Cl^- 濃度を維持するが，ある種の上皮細胞では，電気化学的平衡を上回る濃度の Cl^- が取込まれる．たとえば腎臓の太いヘンレ上行脚では，$Na^+/K^+/Cl^-$ 共輸送体が尿細管腔側，すなわち頂端膜側に分布し，腎臓の沪過液から NaCl を再吸収する過程に必須な機能を担っている（図 2・26 参照）．

腎臓の $Na^+/K^+/Cl^-$ 共輸送体アイソフォームをコードする遺伝子の変異は Bartter's 症候群の原因となる．Bartter's 症候群は常染色体劣性遺伝を示す疾患で，尿からの水分と塩の再吸収量減少，尿の濃縮力低下，尿中への Ca^{2+} 排泄量の増加などの症状を示す．単一の輸送体の変異がこのように多様な表現型をひき起こすことから，上皮細胞層を介するイオン輸送にさまざまな輸送体が協調的に働くことや，ある輸送体の異常が複数の輸送体の機能に影響することがわかる．実際に，腎臓で塩の再吸収に機能する K^+ チャネルや側底膜の Cl^- チャネル（ClC–K）などの変異も Bartter's 症候群の原因となる（図 2・26 参照）．

Na^+/Mg^{2+} 交換輸送体も Na^+ 依存性の二次能動輸送体である（図 2・41 参照）．Mg^{2+} 濃度の上昇は多くの細胞機能を阻害する．たとえば，Mg^{2+} はさまざまなタンパク質の Ca^{2+}/Mg^{2+} 両結合性調節部位で Ca^{2+} と競合する．細胞内 Mg^{2+} 濃度は細胞のもつ緩衝機能によって厳密に制御されているが，Mg^{2+} は膜透過性が低いため，その恒常性を保つためには常に細胞質から排出しなければならない．この過程に機能する主要な輸送体が Na^+/Mg^{2+} 交換輸送体である．生理的条件では 2 分子の Na^+ の取込みに共役して Mg^{2+} 1 分子を細胞外に排出し，電気的には中性である．なお，この輸送体は現在広く用いられている抗うつ剤の標的タンパク質としても重要な解析対象の一つである．

2・17 一部の Na^+ 輸送体は細胞内外の pH を調節する

重要な概念

- Na^+ と H^+ の交換により細胞内 pH と浸透圧が調節される．
- Na^+/HCO_3^- 共輸送体による方向性をもった HCO_3^- 輸送が体液の pH 調節に用いられる．

前節では，多くの細胞膜輸送体が Na^+ の電気化学勾配を用いてイオンや溶質を輸送すると述べた（§2・16“膜を介した Na^+ の電気化学勾配は多くの輸送体の機能に必須である”参照）．本節では，Na^+ の電気化学勾配を利用する別のタイプの共輸送体を二つ取上げる．Na^+/H^+ 交換輸送体と Na^+/HCO_3^- 共輸送体は，いずれも生体内の pH 調節に機能する．多くのタンパク質が pH に影響されることを考えれば，その重要性は明らかであろう．

Na^+/H^+ 交換輸送体と Na^+/HCO_3^- 共輸送体は炭酸脱水酵素（carbonic anhydrase）と協調して細胞内外の酸塩基平衡を維持する．炭酸脱水酵素による HCO_3^- と CO_2 の交換反応は，細胞外液（血漿など）の酸緩衝に働く最も重要な分子機構の一つである．血漿の pH は通常弱塩基性（pH 7.4）を示し，その値が厳密に制御されている．繰返しになるが，多くの細胞やタンパク質の機能が pH 変動に敏感なためである．血漿の酸塩基平衡は肺と腎臓が調節しており，それぞれが揮発性の酸（すなわち CO_2）と不揮発性の酸を排出する．また，腎臓の近位尿細管曲部では，HCO_3^- の調節的な輸送によって血漿 pH が制御される（図2・44）．血漿沪過液（原尿）中の CO_2 は，自由拡散による膜透過で近位尿細管の上皮細胞に取込まれ，炭酸脱水酵素による水和反応で HCO_3^- と H^+ を生成する．生成した H^+（酸）は頂端膜の Na^+/H^+ 交換輸送体が尿細管腔側（原尿）に排出し，HCO_3^-（塩基）は側底膜の Na^+/HCO_3^- 共輸送体が血漿へ輸送する．こうして，H^+ と HCO_3^- の共役的な輸送が 1 対 1 のモル比で電荷的な中性を保ちながら行われる．これはエネルギー代謝で生じた不揮発性の酸を尿中に排泄し，生体内 pH の恒常性を維持する重要な反応である．また，原尿中の CO_2 は腎小体で沪過された HCO_3^- に由来しているから，反応全体では HCO_3^- が原尿から血漿に“再吸収”されることになる．Na^+/H^+ 交換輸送体が取込んだ Na^+ は，Na^+/HCO_3^- 共輸送体と Na^+/K^+–ATPase によって血漿に戻される．近位尿細管曲部における Na^+ 再吸収の大部分は Na^+/H^+ 交換輸送体が行うが，その駆動力となる Na^+ の電気化学勾配は Na^+/K^+–ATPase が形成する．つまり，Na^+/K^+–ATPase は近位尿細管における酸調節と再吸収過程に重要な役割を果たしている．尿細管における H^+ の排出と Na^+ の再吸収は，上皮細胞の頂端膜と側底膜で働く共輸送体と対向輸送体が協調して行うのである．

腎臓の場合とは逆に，膵臓などの分泌器官では上皮細胞の頂端膜から HCO_3^- が“分泌”される．これらの器官では，側底膜の Na^+/HCO_3^- 共輸送体が血漿から Na^+ と HCO_3^- を 1 対 1〜2 のモル比で取込む（図2・44 参照）．膵臓の上皮細胞では，炭酸脱水酵素による CO_2 の水和反応によっても HCO_3^- が供給される．このようにして細胞内に蓄積した HCO_3^- は，頂端膜の Cl^-/HCO_3^- 交換輸送体によって消化管腔内に輸送される．膵臓と十二指腸における HCO_3^- の分泌は，胃で分泌された酸を中和して消化酵素を活性化する．なお，膵臓では腎臓と異なる Na^+/HCO_3^- 共輸送体アイソフォームが発現している．アミノ酸配列から予想される Na^+/HCO_3^- 輸送体のトポロジーを図2・45 に示す．

Na^+/H^+ 交換輸送体は内在性の膜タンパク質で，細胞膜で働くものと内膜系細胞小器官で働くものがある．その機能は，細胞内 pH の調節，細胞容積の調節，個体レベルでの電解質制御，酸代謝，体液量調節などに重要である．Na^+/H^+ 交換輸送体は Na^+ あるいは H^+ の電気化学勾配を利用して，電気的に中性な対向輸送を行う二次能動輸送体である．細胞膜では Na^+/K^+–ATPase がつくる Na^+ の電気化学勾配を利用して Na^+ を取込み，等モルの H^+ を排出する．細胞外からの Na^+ の取込みは，細胞体積の制御や上皮細胞における塩や水の吸収に用いられる．Na^+/H^+ 交換輸送体の活性を調節する要因には，細胞内 pH の変動，増殖因子や成長ホルモンをはじめとするさまざまな細胞外刺激，浸透圧ストレスや細胞伸長などの機械的刺激などがある．細胞膜 Na^+/H^+ 交換輸送体の生理機能の一つは，エネ

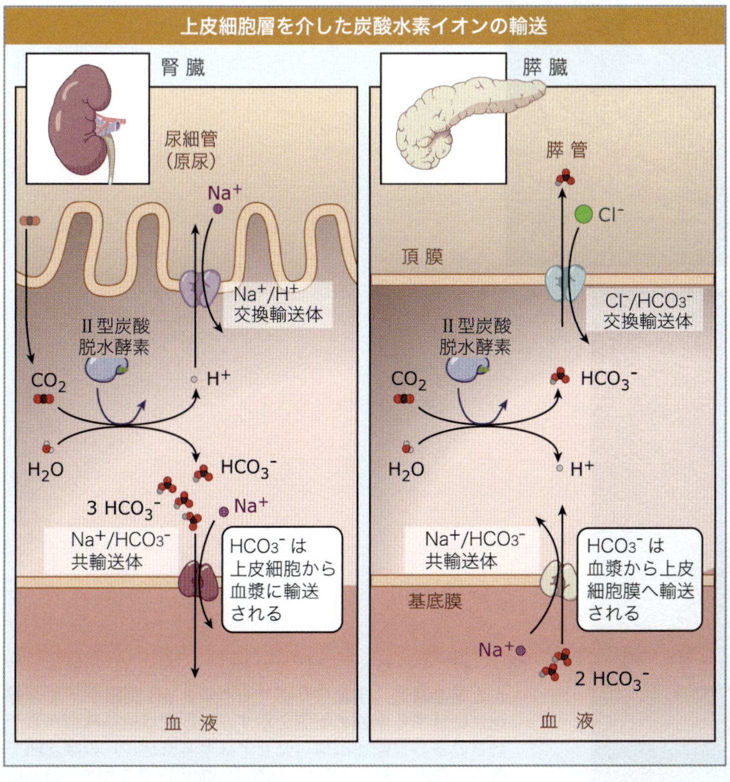

図2・44　腎臓と脾臓の上皮細胞層における炭酸水素イオン輸送のモデル図．

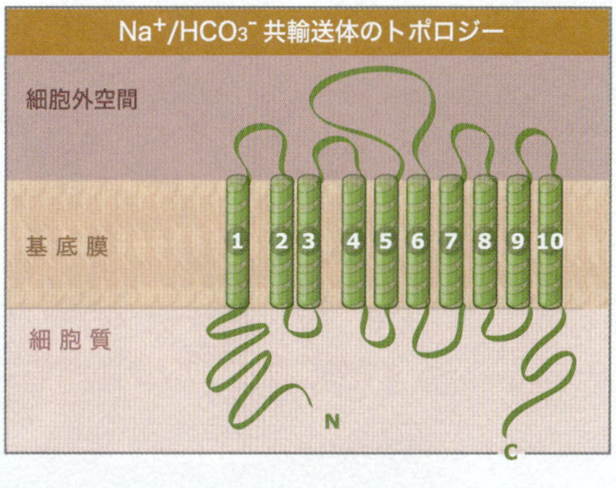

図2・45　予想される Na^+/HCO_3^- 共輸送体のトポロジー．

ルギー代謝やプロトン漏出によって細胞内に過剰に蓄積する酸を細胞膜から排出することである．また，Na^+/HCO_3^- 共輸送体と協調して細胞質における酸塩基平衡の調節にきわめて重要な役割を果たしている．

細胞膜のⅠ型アイソフォーム（NHE1）は，哺乳類の Na^+/H^+ 交換輸送体の起原と考えられている．このほかに組織特異性や細胞内局在性の異なる複数のアイソフォームが存在するが，構造的な特徴は共通している．アミノ酸配列からの二次構造予測により，Na^+/H^+ 交換輸送体は 12 回膜貫通型のタンパク質であると考えられている（図 2・46）．N 末端側は配列の保存性が高く，C 末端領域は可変性に富む．C 末端領域は多くのリン酸化部位をもち，調節タンパク質や補助因子と相互作用する（図 2・46 参照）．N 末端側の膜貫通領域は，Na^+/H^+ 交換輸送に重要な触媒中心を形成すると考えられている．9 番目と 10 番目の膜貫通領域を結ぶ大きな細胞質ループ（re-entrant loop, R-loop）は，K^+ チャネルの内孔形成ループと似た構造をもち，イオン透過経路の一部を形成すると予想されている．Na^+/H^+ 交換輸送体はホモ二量体で機能すると考えられている．

バクテリアの Na^+/H^+ 交換輸送体は，細胞膜を介した H^+ の電気化学勾配を駆動力として，Na^+ の排出と H^+ の取込みを行う．NhaA は大腸菌における主要な Na^+/H^+ 交換輸送体で，細胞内の Na^+ 濃度と pH を調節しており，特に塩濃度や pH が高い環境での生育に重要である．NhaA は 12 回型膜貫通型タンパク質で，細胞膜中ではホモ二量体として存在する．図 2・47 に酸性条件における不活性型 NhaA 単量体の X 線結晶構造を示した．細胞質側とペリプラズム側の両方で，外側に向かって広がる漏斗

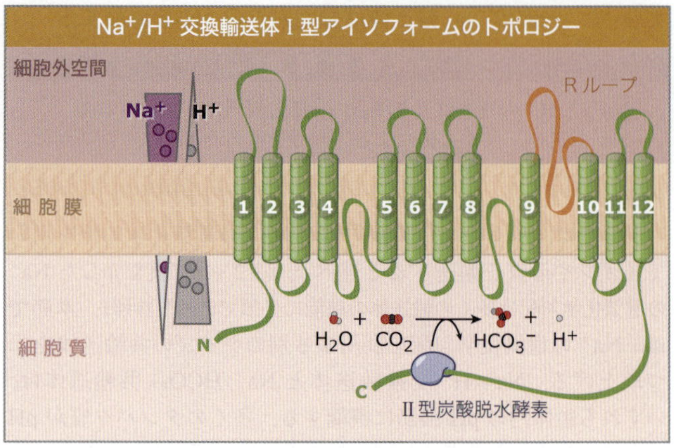

図 2・46　予想される Na^+/H^+ 交換輸送体Ⅰ型アイソフォーム（NHE1）のトポロジー．NHE1 にはさまざまな活性制御機構がある．たとえば，Ⅱ型炭酸脱水酵素は NHE1 の活性を促進する．図の左側に，動物細胞における Na^+ と H^+ の濃度勾配の向きを示す．

型の構造をもつ．漏斗の内壁に当たる部分には酸性残基が並んでおり，側鎖の負電荷が H^+ と Na^+ を引き寄せる．Na^+ の結合部位は膜の中央付近に位置する Asp163 と Asp164 が構成する．酸性条件では Asp164 のみがイオン透過路に露出しており，ヘリックスⅪ p が透過路の細胞質側をふさいでいる．

NhaA による Na^+ と H^+ の共役輸送は交互アクセスモデルを用いてつぎのように説明されている（§2・15 “共輸送体と対向輸送体は共役輸送を行う” 参照）．細胞質の pH が塩基性にシフトすると，ヘリックスⅨが構造を変えてヘリックスⅪp とⅣc を動か

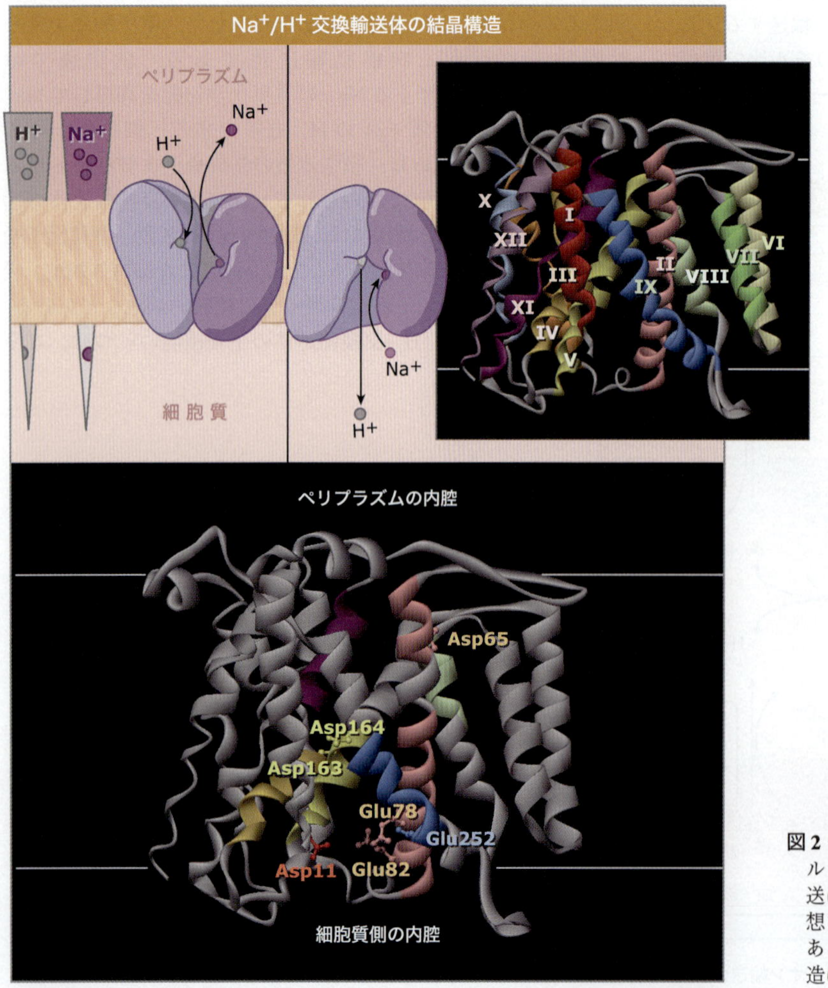

図 2・47　大腸菌 Na^+/H^+ 交換輸送体（NhaA）の輸送モデルと結晶構造．主鎖のリボンモデルと pH 調節やイオン輸送に機能する側鎖の配置を示す．上段左は結晶構造から予想される共役輸送機構（交互アクセスモデル）の概念図である．左側に H^+ と Na^+ の濃度勾配の向きを示す［結晶構造は Protein Data Bank file 1ZCD による］

し，Na^+ の結合部位を露出してイオン透過路を細胞質側に開く．細胞質から Na^+ が結合するとⅪp とⅣc が小さく位置を変えて透過路の細胞質側を閉じ，Na^+ の結合部位はペリプラズム側に向きを変える．Asp163 と Asp164 が Na^+ をペリプラズム（細胞外）に放出し，代わりに H^+ を結合するとコンホメーションが変化して結合部位が細胞質側に戻る．最後に H^+ が Asp163 と Asp164 から離れて反応サイクルが完了する．

ヒトでは，Na^+/H^+ 交換輸送体活性の異常が，高血圧，下痢，糖尿病，虚血性の組織障害などをひき起こす．心臓や神経組織では虚血に伴って Na^+/H^+ 交換輸送活性が亢進する．細胞内 Na^+ 濃度の上昇は Na^+/Ca^{2+} 交換輸送体を通常の逆向き（Ca^{2+} を取込む方向）に駆動する（§2・16“膜を介した Na^+ の電気化学勾配は多くの輸送体の機能に必須である”参照）．過剰な Ca^{2+} 負荷がひき起こす一連の変化は不整脈や卒中による神経組織障害をひき起こす．Na^+/H^+ 交換輸送体の阻害作用をもつ薬剤が虚血中あるいは虚血後の障害を緩和する可能性があることから，臨床的な研究も活発に行われている．

2・18　Ca^{2+}–ATPase は Ca^{2+} を細胞内の貯留部位に輸送する

重要な概念

- Ca^{2+}–ATPase は，二つの主要なコンホメーションを含む反応サイクルを回転させて Ca^{2+} を輸送する．これと似た仕組みが Na^+/K^+–ATPase にも用いられている．
- サブユニットのリン酸化が Ca^{2+}–ATPase のコンホメーションを変化させ，Ca^{2+} の輸送を駆動する．

ホルモンや電気シグナルによる刺激が細胞膜に伝わると細胞質の Ca^{2+} 濃度が一過的に上昇し，多様な細胞内応答が調節される．たとえば，遺伝子の転写や翻訳，ホルモンの調節性分泌や免疫反応などが活性化し，細胞運動，神経興奮や細胞収縮などがひき起こされる．ほとんどの細胞で，細胞質 Ca^{2+} 濃度の急速な上昇は小胞体からの Ca^{2+} 放出による（§2・13“心筋や骨格筋の収縮は興奮収縮連関によってひき起こされる”参照）．小胞体は分泌経路の一部として機能する一方で（第3章“タンパク質の膜透過と局在化”，第4章“タンパク質の膜交通”参照），細胞内の Ca^{2+} 貯留部位としての機能ももつのである．小胞体内腔の Ca^{2+} 濃度は 1 mM 程度に維持されており，細胞質濃度（0.1 μM）との間に非常に大きな濃度勾配がある．Ca^{2+} シグナルの終息に伴って細胞質の Ca^{2+} 濃度は元のレベルに戻るが，このときの細胞質からの Ca^{2+} 排出はおもに Ca^{2+}–ATPase が行う．Ca^{2+}–ATPase には細胞膜と小胞体で機能する複数のアイソフォームが存在する．

本節では，筋細胞と神経細胞で機能する主要な Ca^{2+}–ATPase について解説する．骨格筋細胞は生体内で最も大きな細胞の一つであり，細胞全体に分布する筋原繊維の収縮や弛緩を効率良く行うためには，Ca^{2+} 放出や再吸収を行う部位をネットワーク状に配置する必要がある．このため，骨格筋は筋小胞体（sarcoendoplasmic reticulum, SR）とよばれる特有の構造を発達させている（筋収縮については§2・13“心筋や骨格筋の収縮は興奮収縮連関によってひき起こされる”，第8章“アクチン”参照）．筋小胞体の Ca^{2+} 貯留能は大きく，細胞全体の Ca^{2+} 濃度を効率的に上下させることができる．細胞質から Ca^{2+} を取込むのは筋小胞体膜にある SERCA（sarcoendoplasmic reticulum Ca^{2+}–ATPase）とよばれる Ca^{2+}–ATPase である．

SERCA は Ca^{2+} 依存性の ATPase 活性をもち，P 型 ATPase とよばれるイオン輸送性 ATPase のグループに属している．P 型 ATPase は ATP の加水分解に共役した構造変化を用いて H^+，Na^+，Ca^{2+} などを上り坂輸送するイオンポンプであり，基質となるイオンの存在下に保存性アスパラギン酸残基を自己リン酸化するという共通の性質をもつ．ATP の結合，リン酸エステル転移反応によるリン酸化中間体の生成，これに続く脱リン酸反応のいずれもが酵素の構造変化と共役して進行し，反応サイクルを回転させる駆動力を与えている．すなわち，SERCA は ATP の化学エネルギーを利用して Ca^{2+} を筋小胞体へ回収し，速やかに細胞質の Ca^{2+} 濃度を下げるのである．

図2・48 に SERCA の反応サイクルを示す．このモデルでは反応サイクル中で SERCA がおもに二つのコンホメーションを切り替えて使うと考える．

- E_1 型：Ca^{2+} 結合部位は細胞質側を向いており高親和性．
- E_2 型：Ca^{2+} 結合部位は筋小胞体内腔側を向いており低親和性．Ca^{2+} は筋小胞体内腔へ放出される．

反応 1 サイクル当たり 2 分子の Ca^{2+} が筋小胞体内腔に取込まれるが，同時に 2 分子の H^+ が逆向きに輸送される．以上を総合して，反応サイクルはつぎのような段階を経て進行すると考える．E_2（$2H^+$）に細胞質から 2 分子の Ca^{2+} が結合することで，コンホメーションが変化し E_1（$2Ca^{2+}$）ができる．Ca^{2+} の結合は高親和性である．E_1（$2Ca^{2+}$）は自己リン酸化反応によって

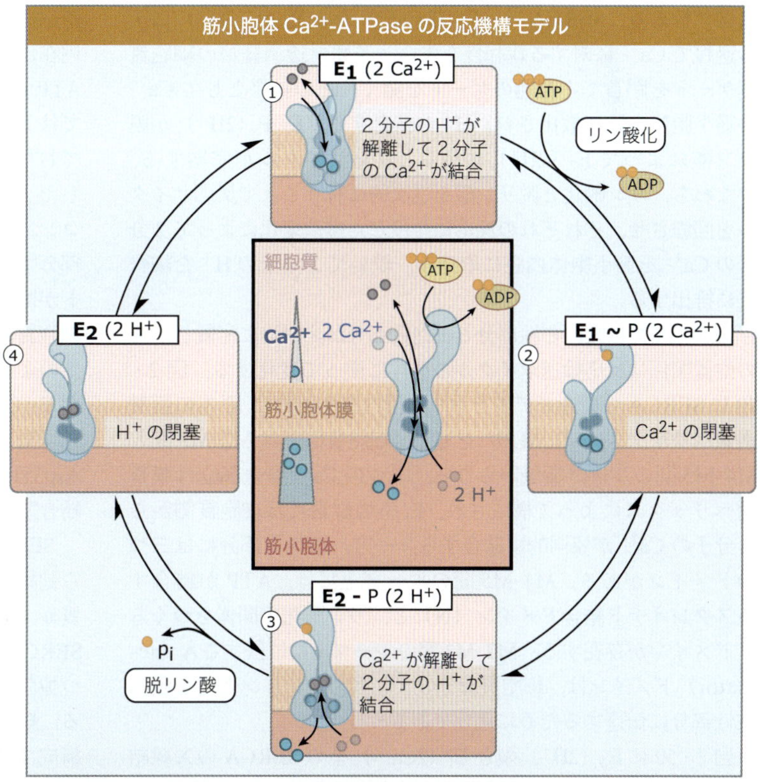

図2・48　筋小胞体 Ca^{2+}–ATPase（SERCA）の反応サイクル．SERCA は筋小胞体内腔に Ca^{2+} を輸送する．E1 型の酵素は Ca^{2+} と高親和性で結合するが，E2 型の親和性は低い．E1～P は高エネルギーリン酸化中間体である．

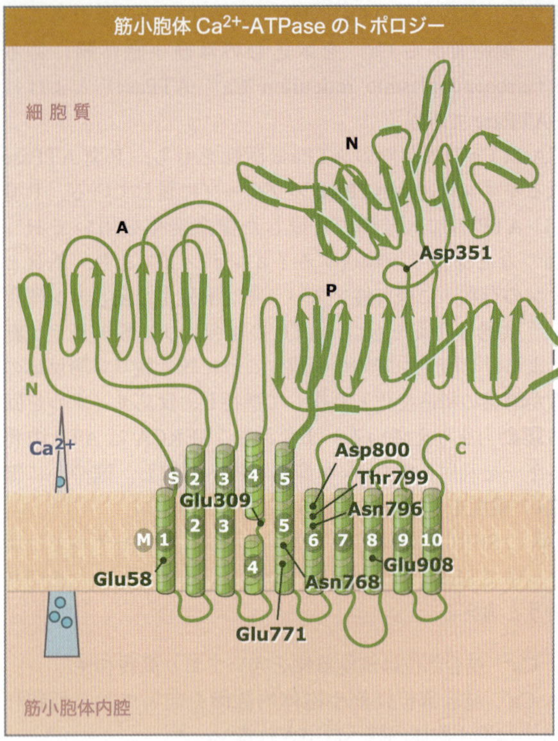

図2・49　骨格筋筋小胞体 Ca^{2+}-ATPase (SERCA1) のトポロジー. リン酸化部位 (Asp351) と Ca^{2+} の結合に重要な残基を示す. 図の左下に筋小胞体膜内外の Ca^{2+} 濃度勾配の向きを示す.

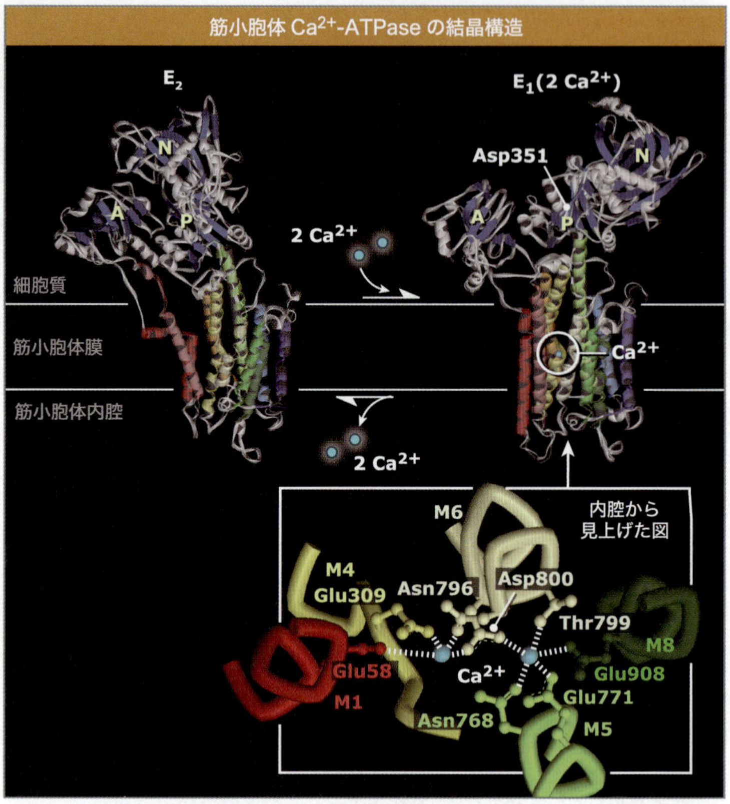

図2・50　E2型(左)は Ca^{2+} をもたないが, E1 (右)は2分子の Ca^{2+} を結合している. 膜貫通ヘリックス (M1〜M10) は, N末端側にあるものから順に赤色から紫色のグラデーションで色分けした［結晶構造 (SERCA1a) は, Protein Data Bank file 1EUL (E1) と 1IWO (E2) による. 横線は予想される膜表面の位置を表す］

高エネルギー中間体である E_1〜P ($2Ca^{2+}$) の状態となり, 蓄えられたエネルギーを解放してコンホメーションを E_2-P ($2H^+$) に切り替える. SERCA は, E_1 ($2Ca^{2+}$) から E_2-P ($2H^+$) に至る過程で Ca^{2+} に対する親和性を失い, イオン透過経路の細胞質側ゲートを閉じて内腔側のゲートを開く. その結果として Ca^{2+} が筋小胞体内腔に放出され, H^+ が結合する. E_2-P ($2H^+$) が脱リン酸によって E_2 ($2H^+$) に戻ると反応サイクルが完結する. すなわち, リン酸化と脱リン酸を逐次的に行うことで反応サイクルを回転させ, それぞれの反応に共役した構造変化によって2分子の Ca^{2+} を筋小胞体内腔に取込み, 続いて2分子の H^+ を細胞質に排出する.

SERCA では膜内在性部分と細胞質部分が非対称に配置し, その位置関係は反応輸送サイクルの進行に従って変化する. 図2・49 に SERCA の構造モデルを示す. 膜内在性部分は10本の膜貫通αヘリックス (M1–M10) をもち, 細胞質部分は M2–M3 間と M4–M5 間のループ領域からなる. 二つの Ca^{2+} 結合部位は膜貫通ヘリックスによって構成され, E_1 型の酵素には細胞質側から2分子の Ca^{2+} が協同的に結合する. 一方, 細胞質部分には三つのドメインがある. M4–M5 間のループ上には, ATP が結合するヌクレオチド結合ドメイン (N) と, リン酸化中間体をつくる P ドメインが存在する. M2–M3 間のループ上に位置する A (actuator) ドメインは, 細胞質部分のコンホメーション変化を膜内在性部分に伝達するために重要である.

図2・50 に E_2 ($2H^+$) 型と E_1 ($2Ca^{2+}$) 型の SERCA の X 線結晶構造を示す. Ca^{2+} の透過経路は膜内在性部分の親水性アミノ酸残基が構成する (Ca^{2+} 結合部位を内腔側から見たときの配置を図2・50 に示す). E_1 ($2Ca^{2+}$) 型と E_2 ($2H^+$) 型の構造の違いから, 細胞質部分のコンホメーション変化が S4, S5 領域を介して M4 と M5 に伝えられ, その結果 M4 と M5 が位置を変えて透過経路を開閉すると予想される (図2・49). また, Ca^{2+} が膜内在性部分に結合して E_1 ($2Ca^{2+}$) のコンホメーションをとると, ATP が N ドメインに結合すると考えられているが, E_1 ($2Ca^{2+}$) では E_2 ($2H^+$) と比較して細胞質ドメイン間の隙間が大きくなっており, この構造変化が ATP の結合を促すと考えられる. 結合した ATP によって P ドメインの Asp351 がリン酸化されると, コンホメーションが E_2 型に切り替わる. これによって膜内在性部分では高親和性の Ca^{2+} 結合部位が失われ, 内腔側の透過ゲートが開いて Ca^{2+} は筋小胞体内腔へ放出される. Ca^{2+} の結合が細胞質側に限られるのは, 反応サイクル中で結合部位の親和性がこのようにして切り替わるためである. また, コンホメーションが E_2 ($2H^+$) から E_1 (Ca^{2+}) に戻る過程では, 細胞質部分が大きく動いてドメイン間の相対的な位置関係が変化し, 分子間に Asp351 のリン酸基を攻撃する水分子が入って, SERCA を Ca^{2+} 結合型(E_1)に戻すために重要な脱リン酸反応が進行する.

SERCA の生理機能は, 細胞質の Ca^{2+} 濃度を下げて筋収縮から弛緩への切り替えを行うことであるから, Ca^{2+} の輸送を細胞質から筋小胞体内腔の向きに限定することが重要になる. SERCA は, ATP の加水分解と Ca^{2+} の輸送を段階的に, なおかつ協調的に行うことで方向性をもった Ca^{2+} 輸送を実現している. 細胞質ドメイン (A, N, P) の構造変化がイオン輸送路を構成する膜貫通ヘリックスの構造変化をひき起こすのである. ATP が結合すると Ca^{2+} の細胞質側の進入路がふさがれ, リン酸転移反応によってこの状態がより強固に保たれるようになる. このような仕組みによって, 生理的条件下における筋小胞体から細

胞質への Ca^{2+} の逆流が防いでいるのである．

細胞膜の Ca^{2+}–ATPase（PMCA; plasma membrane Ca^{2+}–ATPase）は SERCA と共に細胞質からの Ca^{2+} の排除や静止状態における細胞内 Ca^{2+} 濃度の維持に機能している．両者に共通の特徴は，他の Ca^{2+} 結合タンパク質や Ca^{2+} 緩衝系よりも高い Ca^{2+} 親和性を示すことである．PMCA と SERCA は共に 10 本の膜貫通領域と三つの大きな細胞質ドメインをもち，輸送の分子機構にも共通点がある．細胞内局在性以外の相異点は，SERCA が反応 1 サイクル当たり 2 分子の Ca^{2+} を輸送するのに対して，PMCA が輸送する Ca^{2+} は 1 分子であるということである．輸送能の高さに加えて，SERCA は細胞内発現量でも PMCA を上回るため，興奮性細胞における細胞質 Ca^{2+} 濃度の回復は，ほとんどが SERCA によると考えられている．

Na^+/K^+–ATPase と細胞膜の H^+–ATPase も P 型のイオン輸送性 ATPase であり，SERCA と共通した構造的特徴をもっている（§2・19“Na^+/K^+–ATPase は細胞膜を介した Na^+ と K^+ の濃度勾配を維持する”，§2・21“V–ATPase は細胞質から H^+ を汲み出す” 参照）．一次配列の相同性は Na^+/K^+–ATPase と Ca^{2+}–ATPase で他の組合わせより高い．その他の構造的特徴にも共通点が多く，両者が共通の構造変換機構を用いて ATP の加水分解とイオン輸送を行うという考え方を支持する．ただし，基本的な反応機構は H^+–ATPase にも共通している．イオンと ATP の結合によってひき起こされる一連のコンホメーション変化を用いてイオンを酵素に取込み，膜の反対側に輸送する．これに続く脱リン酸によって反応サイクルを完了させ，再びイオンを結合して次のサイクルを回転させるのである．

2・19 Na^+/K^+–ATPase は細胞膜を介した Na^+ と K^+ の濃度勾配を維持する

重要な概念

- Na^+/K^+–ATPase は P 型のイオン輸送性 ATPase であり，Ca^{2+}–ATPase や H^+–ATPase と共通の性質をもつ．
- Na^+/K^+–ATPase は細胞膜を介した Na^+ と K^+ の電気化学勾配を維持する．
- 細胞膜 Na^+/K^+–ATPase は起電性ポンプであり，反応 1 サイクル当たり 3 分子の Na^+ を細胞外に排出し，2 分子の K^+ を細胞内に取込む．
- Na^+/K^+–ATPase の反応サイクルは Post–Albers モデルで説明される．このモデルでは，酵素が二つの主要なコンホメーション間を往復しながら反応が進行すると考える．

細胞の内部は細胞外と比較して負に帯電している．これは負電荷をもつ溶質の分布が細胞内にわずかに多く，正電荷をもつ溶質がこれと逆の分布傾向をもつためである．細胞膜を介した電気化学勾配は細胞機能にとって必須であり，その働きはしばしば電池にたとえられる．電荷分離によって蓄えたエネルギーを仕事に用いるからである．哺乳類の細胞は，細胞内の Na^+ 濃度を細胞外よりも低く，K^+ 濃度を高く維持しており，これが細胞膜内外に電位差を発生させるおもな要因となっている．動物細胞の細胞膜では Na^+/K^+–ATPase が Na^+ と K^+ の濃度勾配を形成し維持している．Na^+/K^+–ATPase は ATP の加水分解に共役して Na^+ と K^+ を上り坂輸送するイオンポンプであり，さまざまな細胞機能に重要な役割をもっている．たとえば，細胞膜に負の膜電位を与え，浸透圧を調節して細胞の溶解や脱水を防ぎ，Na^+ 依存性輸送体を駆動してさまざまな溶質を輸送する（§2・7“電位依存性 Na^+ チャネルは膜の脱分極によって活性化され，電気シグナルを伝える”，§2・8“上皮性 Na^+ チャネルは Na^+ の恒常性を調節する”，§2・16“膜を介した Na^+ の電気化学勾配は多くの輸送体の機能に必須である”，§2・17“一部の Na^+ 輸送体は細胞内外の pH を調節する” 参照）．

Na^+/K^+–ATPase は，前節で述べた筋小胞体の Ca^{2+}–ATPase と同様に P 型 ATPase に分類される（§2・18“Ca^{2+}–ATPase は Ca^{2+} を細胞内の貯留部位に輸送する” 参照）．P 型 ATPase の特徴は，イオン輸送過程においてリン酸化中間体を形成することである．この中間体は，ATP γ位のリン酸基を活性中心にある保存性アスパラギン酸に転移する自己リン酸化反応によって生じる．Na^+/K^+–ATPase の場合，ATP 1 分子当たり 3 分子の Na^+ が細胞外に排出され，2 分子の K^+ が細胞内に取込まれる．反応の回転速度は 1 秒間に 100 回程度であり，生体膜を水が拡散する速度に近い．毎秒 10^7 から 10^8 個のイオンを透過するチャネルと比較すると輸送能は低い．

生化学的な解析により，Na^+/K^+–ATPase が行うイオン輸送はいくつかの主要な中間段階を経て進行することが明らかとなり，Post–Albers 機構とよばれる反応モデルが立てられた（図 2・51）．もともとは Na^+/K^+–ATPase の反応機構を説明するために提唱されたものだが，P 型 ATPase 全般の反応機構や反応サイクルの素反応を理解するうえで有用なモデルである．Post–Albers モデルでは，リン酸化と脱リン酸によって切り替わる二つのコンホメーション（E_1,E_2）があり，E_1–E_2 間のコンホメーション変化を利用してイオンの輸送反応が段階的に進行すると考える．

- E_1 型の酵素は，高親和性の ATP および Na^+ 結合部位を細胞質側に向けており，両者が結合して E_1ATP（3Na^+）となる．E_1ATP（3 Na^+）は，速やかに ATP γ位のリン酸を保存性アスパラギン酸残基に転移して E_1〜P（3 Na^+）となる．E_1〜P（3 Na^+）では細胞質側のゲートが閉じており，結合した Na^+ は酵素内部に閉塞されている．
- E_1 〜 P（3 Na^+）はコンホメーション変化によって E_2–P となる．E_2–P になると Na^+ に対する親和性が低下し，細胞外側ゲートが開いて Na^+ は細胞外に放出される．これと同時に K^+ に対する親和性が上昇する．
- 細胞外側から K^+ が結合して E_2–P（2 K^+）となる．脱リン酸によるコンホメーション変化によって細胞外側のゲートが閉じ，K^+ が酵素内腔に閉塞された状態が E_2（2 K^+）である．
- 細胞質側で再び ATP が結合するとコンホメーションが変化して K^+ が細胞内に放出され，E_1ATP となる．E_1ATP に Na^+ が結合して E_1ATP（3 Na^+）に戻る．

アミノ酸配列や高次構造の相同性から，P 型 ATPase は基本的に共通の構造と反応機構をもつと考えられている．Na^+/K^+–ATPase は二つの主要なサブユニット（α, β）から構成される．αは触媒サブユニットで，その構造はすべての P 型 ATPase で保存されている．βは調節サブユニットで，サブファミリーごとに固有の構造をもつ（図 2・51 参照）．βサブユニットは 1 回膜貫通型タンパク質で，分子量はαより小さい．膜貫通領域にはαサブユニットを安定化する機能があり，αが構造を保って膜に挿入されるためにも重要である．組織によってはこのほかにγサブユニットをもつ場合があり，活性調節に機能するのではないかと考えられている．αサブユニットは，ATP, Na^+, K^+ の結合部位をもち，α単独でイオン輸送を行う能力を備えていることが，異種発現系を用いた電気生理学的な解析によって明らかにされている．

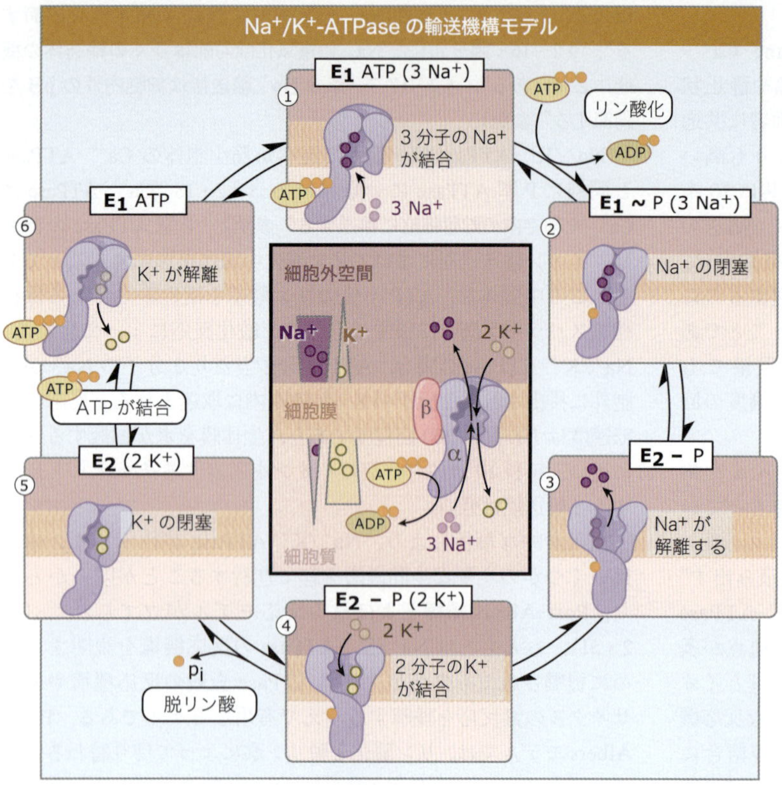

図 2・51 Na^+/K^+-ATPase によるイオン輸送機構の Post-Albers モデル. E1〜P は高エネルギーリン酸化中間体である. 中央の図は静止状態の動物細胞におけるイオン勾配の向きと, 反応 1 サイクル当たりに輸送されるイオンの量と向きを示す.

Na^+/K^+-ATPase α サブユニットのクライオ電子顕微鏡像を図 2・52 に示す. SERCA の結晶構造と比較すると両者の高次構造はよく似ている. Na^+/K^+-ATPase α サブユニットは, SERCA と同じく 10 本の α ヘリックスをもち (図 2・49 参照), 4 番目と 5 番目の膜貫通領域を結ぶ細胞質ループ上には, リン酸化部位をもつ P ドメインが存在する. リン酸化部位の配列は P 型 ATPase 間で非常によく保存されており, ヒト $\alpha1$ アイソフォームで可逆的なリン酸化を受ける Asp376 も典型的な保存配列中 (Asp-Lys-Thr-Gly-Thr-Leu-Thr) にある. N ドメインと P ドメインは同一の細胞質ループ上にあり, ATP と Na^+ が結合すると両ドメインを結ぶちょうつがい領域の構造が大きく変化する. その結果, N ドメインに結合した ATP が P ドメインのリン酸化部位に近接する.

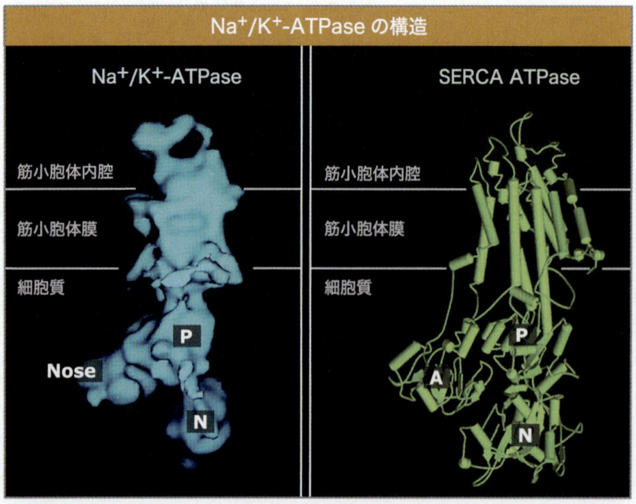

図 2・52 Na^+/K^+-ATPase の α サブユニットと筋小胞体 Ca^{2+}-ATPase (SERCA) の構造は類似している. 左は Na^+/K^+-ATPase のクライオ電子顕微鏡像であり, 右は X 線結晶構造解析で決定された SERCA の構造である [後者は Protein Data Bank file 1IWO (E2) による. クライオ電子顕微鏡像は W.J. Rice, et al., *Biophys. J.* **80**, 2187〜2197 (2001) より. © The Biophysical Society]

Na^+/K^+-ATPase は起電性のイオンポンプである. 生理的条件では, ATP の加水分解によって放出される自由エネルギー (ΔG_{ATP}) を駆動力として, 3 分子の Na^+ を排出し 2 分子の K^+ を取込む. いずれも濃度勾配に逆らう上り坂輸送である. また, 反応 1 サイクル当たり 1 個の正電荷が膜内外の電位勾配に逆らって細胞外に移動する. つまり, 細胞膜に負の静止膜電位を形成する過程にも機能する. イオン輸送が電気的にも浸透圧的にも非対称的に行われる結果として, 電気化学勾配の両方の成分が同時に形成されるのである (膜電位については §2・4 "膜電位は膜を介したイオンの電気化学勾配によってつくられる" 参照).

P 型 ATPase は ATP 加水分解のエネルギーを用いて細胞膜内外にイオンの濃度勾配を維持するが, その反応サイクルは可逆的な素過程から成り立っているので, 理論上は膜に蓄えられた電気化学勾配のエネルギーを用いて ATP を合成することが可能である. Na^+/K^+-ATPase でいえば, 通常とは逆に Na^+ を取込んで K^+ を排出し, 正電荷が細胞内に移動する. ΔG_{ATP} が Na^+ や K^+ の上り坂輸送に必要なエネルギーを上回る限りは, 通常の反応 (Na^+ を排出して K^+ を取込む) が進行するが, 両者がつり合うと見かけ上イオンの輸送が止まる. このときの膜電位を Na^+/K^+-ATPase の逆転電位という. 膜電位がこの値より低くなると逆反応が進行するが, Na^+/K^+-ATPase の逆転電位はおよそ −180 mV と見積もられており, 生体内で通常観察される膜電位から大きく外れている. つまり, 細胞にとって有害な内向きの Na^+ 輸送が起こる可能性は低いと予想される. ただし, 心筋梗塞や薬物中毒などによって血流量が低下すると細胞内 ATP の枯渇や膜電位の低下が起こる. このような条件では, 最悪の場合 Na^+/K^+-ATPase が逆向きの輸送を行って細胞死をひき起こすことがある.

Na^+/K^+-ATPase を標的分子とする毒素が数多くある．ウワバインやジギタリスのような植物天然ステロイド，海産物由来のパリトキシン，植物アルカロイドのサンギナリンなどはいずれも Na^+/K^+-ATPase の特異的阻害剤である．ウワバインやジギタリスは Na^+/K^+-ATPase の細胞外領域に可逆的に結合し，ATP の加水分解とイオン輸送を阻害する．パリトキシンやサンギナリンは酵素の構造を変化させてチャネル活性をもつ状態に固定し，Na^+ や K^+ の拡散によって電気化学勾配を消失させる．一方で，この酵素は薬物開発の標的分子としても重要である．ジギタリスなどは強心配糖体とよばれ，心不全の治療に用いられる．用量を厳密にコントロールして心臓の Na^+/K^+-ATPase の一部を部分的に阻害し，これによって細胞内の Na^+ 濃度をわずかに引き上げ，Na^+/Ca^{2+} 交換輸送体による Ca^{2+} の排出を抑制する．結果として起こる細胞内 Ca^{2+} 濃度の上昇が心収縮を増強するのである（§2・13“心筋や骨格筋の収縮は興奮収縮連関によってひき起こされる”参照）．

2・20 F_1F_o-ATPase は H^+ 輸送と共役して ATP の合成や加水分解を行う

重要な概念

- F_1F_o-ATPase は酸化的リン酸化に中心的な役割をもつ．
- F_1F_o-ATPase は分子モーターとして働く複合体型膜タンパク質である．H^+ が電気化学勾配に従って膜透過すると複合体の一部が回転し，ATP 合成を駆動する．

酸化的リン酸化による **ATP 合成**は，膜タンパク質が触媒する複数の素過程からなる反応であり，真核生物に必要なエネルギーの大部分を供給している．原核生物ではさらに依存性が高く，ほとんどすべてのエネルギーがこの反応によって生み出される．ATP 合成は生体内で最も頻繁に繰返される化学反応の一つであり，ヒト（体重 70 kg）がふつうに生活して生涯（75 年）に消費する ATP の量はのべ 2000 t におよぶ．真核生物は F_1F_o-ATPase をミトコンドリアの内膜や葉緑体のチラコイド膜にもち，原核生物は細胞膜にもつ．F_1F_o-ATPase は複数のサブユニットからなる複合体で，その一部をモーターのように回転させて ATP を合成する．回転の駆動力は，膜内外に形成された H^+ の電気化学勾配（**プロトン駆動力** proton motive force）である．プロトン駆動力は，膜電位差と H^+ の濃度勾配の二つの成分をもち，電子伝達系複合体によって形成される．

F_1F_o-ATPase のサブユニット組成は種によって異なるが，核になる構造はよく保存されている．その特徴は，機能的，構造的に独立した二つのドメイン（F_o と F_1）をもつことである．

- F_o：膜内在性で H^+ を電気化学勾配に従って輸送する．
- F_1：膜表在性で ATP 合成の触媒部位をもつ．部分複合体として精製することができ，単独で ATP の加水分解活性を示す．

最も単純な構造をもつのはバクテリアの酵素で，5 種類の F_1 サブユニット（$\alpha_3\beta_3\gamma\delta\varepsilon$）と 3 種類の F_o サブユニット（$ab_2c_{10\text{-}14}$）を含む分子量約 530 kDa の複合体である（図 2・53）．真核生物では 7〜9 種類の調節サブユニットが F_o ドメインに加わるが，いずれも小型であるため全体の分子量が大きく変わることはない．

F_o ドメインの H^+ 輸送路は c サブユニットと a サブユニットにある．c サブユニットは円筒状の構造（回転子 rotor）をつくり，その外周で a サブユニットと接する．γ サブユニットは F_1 の中心部を心棒のように貫き（回転軸 rotor stalk），末端で c サブユニットと相互作用する．γ サブユニットを囲んで 3 分子ずつの α サブユニットと β サブユニットが交互に並び（$\alpha_3\beta_3$），擬似 6 回対称性をもつ球状の構造を作る（固定子 stator）．δ サブユニットは $\alpha_3\ \beta_3$ 固定子と相互作用し，b サブユニットは δ サブユニットと a サブユニットを橋渡しする．この二つのサブユニット（$b_2\delta$）がつくる構造（固定子軸 stator stalk）は，$\alpha_3\beta_3$ 固定子を膜上に支持している．

F_1F_o-ATPase はどのような分子機構で膜が蓄えたエネルギー（プロトン駆動力）をそこから約 10 nm 離れた触媒部位に伝え，ATP 合成を駆動するのであろうか．これを説明する分子機構モデルは次のように要約される．

- 電気化学勾配に従って H^+ が膜透過すると，c サブユニットのつくる回転子が a サブユニットを支点として回転する（図 2・53 参照）．すなわち，プロトン駆動力が運動エネルギーとして F_o ドメインに伝達される．
- c サブユニットと共に γ サブユニットが回転し，回転子のエネルギーが F_1 ドメインに伝達される．
- F_1 に伝達された回転のエネルギーが ATP の合成を駆動する．

回転するのは，回転子（c）と回転軸（γ）であって固定子（$\alpha_3\beta_3$）は回転しない．固定子に伝えられたエネルギーは，ATP 合成に必要な触媒部位のコンホメーション変化に用いられる．固定子と回転軸の相対的な運動が必須なのである．エネルギーを消費する反応段階は，基質（ADP と無機リン）の結合と反応生成物（ATP）の解離である．ATP 合成そのものにエネルギーが必要かどうかについては今のところ確定していない．反応全体では，プロトン駆動力が運動エネルギーから化学エネルギーへと変換されるが，F_1F_o-ATPase はこれを 100 %近い効率で行うことができる．

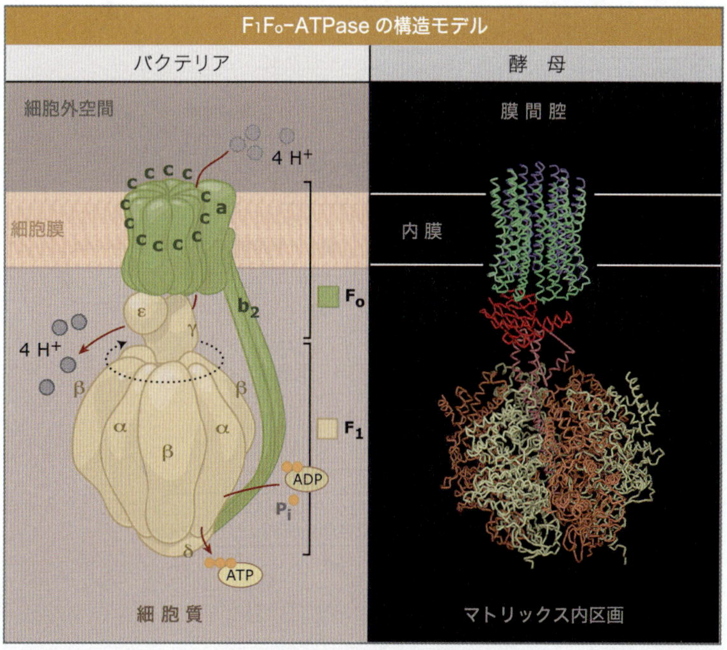

図 2・53　大腸菌 F_1F_o-ATPase 複合体の構造モデル（左）と酵母 F_1F_o-ATPase 部分複合体（F_1 の α，β，γ，δ，ε と F_o の c サブユニットを含む）の結晶構造［結晶構造は Protein Data Bank file 1Q01 による．横線は予想される膜表面の位置を表す］

c サブユニットは 1 分子ごとに 1 分子の H^+ を結合するので，単純に考えれば回転子が一周すると 10〜14 分子（複合体がもつ c サブユニットの数に依存して異なる）の H^+ が輸送されることになる．F_1 は触媒部位を三つもつので，H^+ の輸送と ATP 合成の量論比は 3〜4 対 1 になる．ATP の合成速度は毎秒 100 分子以上で，細胞内の ATP 濃度は数 mM の水準に維持される．

ある種のバクテリアは，この酵素を逆向きに機能させる．つまり ATP 加水分解のエネルギーを利用して細胞外に H^+ を排出し，細胞膜内外に H^+ の電気化学勾配を形成する．H^+ の電気化学勾配はラクトースなどの溶質を細胞内に取込む駆動力に用いられる（図 2・37 および § 2・15 “共輸送体と対向輸送体は共役輸送を行う” 参照）．

2・21　V-ATPase は細胞質から H^+ を汲み出す

重 要 な 概 念

- 細胞機能の多くは pH の影響を受ける．
- V-ATPase はさまざまな内膜系細胞小器官の内腔を酸性化する．
- ある種の細胞は細胞膜に V-ATPase を発現し，細胞外液や細胞質の pH を調節する．
- V-ATPase は F_1F_o-ATPase と類似の構造をもつ複合体型膜タンパク質である．

タンパク質の活性は多くの場合 pH によって変動する．しかも最適 pH はタンパク質ごとに異なるから，それぞれが関与する多彩な細胞機能を潤滑に行うためには，生体内各部の pH を高度に調節する必要がある．たとえば，細胞質の pH は生育や代謝全般に重要であるが，その恒常性を維持するためには代謝によって常に生成する酸性物質を排除しなければならない．細胞膜の Na^+/H^+ 交換輸送体は H^+ を分泌して細胞質 pH を制御するタンパク質の一つである（§ 2・17 “一部の Na^+ 輸送体は細胞内外の pH を調節する” 参照）．ミトコンドリアは細胞質で生じる酸の受け皿として働く．F_1F_o-ATPase が H^+ の電気化学勾配を消費するためである（§ 2・20 “F_1F_o-ATPase は H^+ 輸送と共役して ATP の合成や加水分解を行う” 参照）．

細胞質 pH は弱塩基性に保たれているが，エンドサイトーシス経路（クラスリン被覆小胞，エンドソーム，リソソーム）や分泌経路（分泌顆粒）で機能する細胞小器官の内腔は V-ATPase によって酸性（pH4.5〜6.8）に調節されている．のちに詳しく述べるが，内腔の酸性化がそれぞれの機能に重要であるためである．（V-ATPase は ATP を加水分解して細胞質の H^+ を細胞小器官内腔に輸送するイオンポンプであり，P 型 ATPase や F_1F_o-ATPase とは別のファミリーを構成している．）細胞小器官内腔の酸性化はタンパク質の膜交通に重要である（図 2・54）．細胞膜でリガンドと結合した受容体は，エンドサイトーシスされ初期エンドソームに輸送される．細胞膜受容体の一部は，リガンドを解離して細胞膜に再循環するが，そのいずれにも初期エンドソーム内腔の酸性環境が必要であると考えられている．同様に，後期エンドソームの酸性化はトランスゴルジ網でマンノース 6-リン酸受容体に結合したリソソーム酵素を受容体から解離する過程に必須である．また，シナプス小胞やクロマフィン顆粒は V-ATPase がつくる H^+ の電気化学勾配を利用して神経伝達物質やイオンを蓄

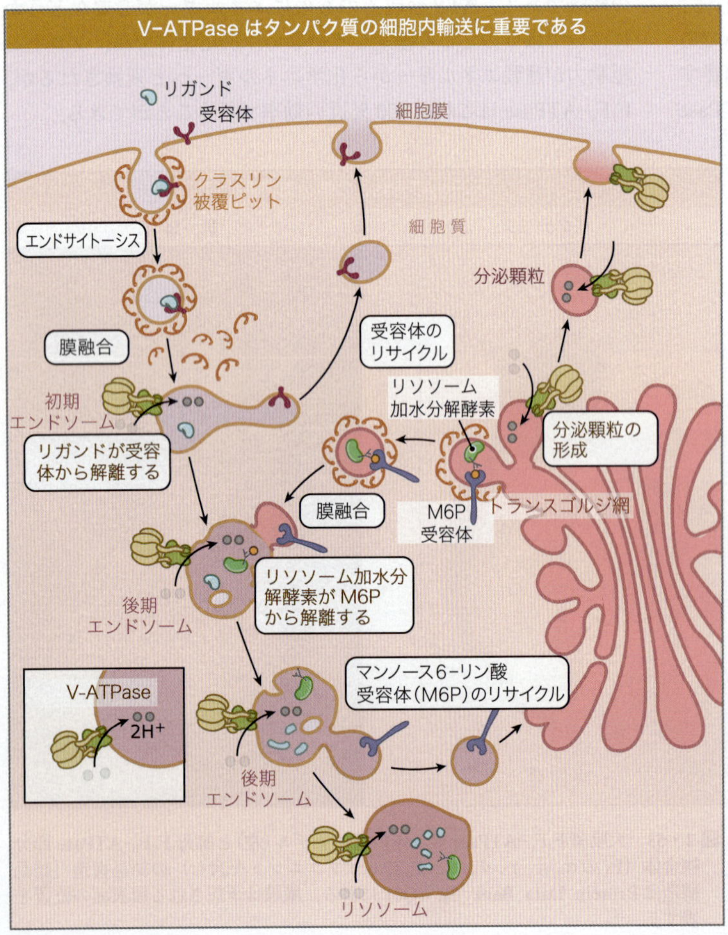

図 2・54　V-ATPase はタンパク質の細胞内小胞輸送に機能する．エンドソーム内腔の酸性化は，受容体からのリガンドの解離や受容体の再循環に重要である．また，分泌顆粒の形成や成熟にも内腔の酸性化が重要である．

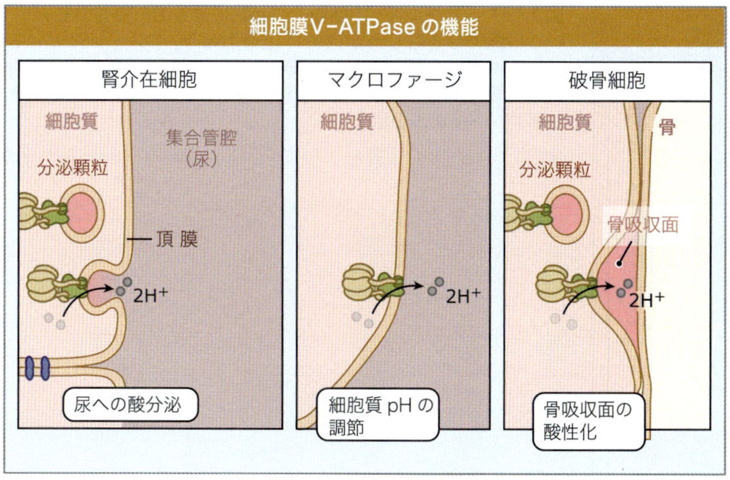

図 2・55　ある種の細胞は V-ATPase を細胞膜に発現し，それぞれがもつ固有の細胞機能に応じて H^+ 輸送活性を利用している．

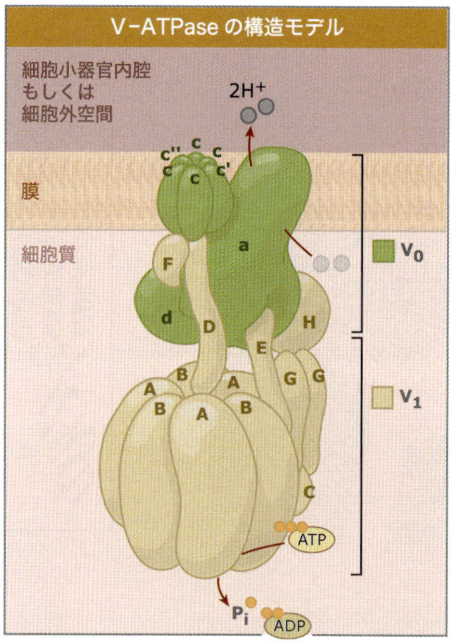

図 2・56　V-ATPase の構造モデルを示す．V-ATPase は，細胞質から細胞小器官の内腔あるいは細胞外に H^+ を輸送する．H^+ の輸送は膜内在性の V_o ドメインが行う．細胞質側にある V_1 ドメインは ATP を加水分解して H^+ の輸送に必要なエネルギーを発生させる．

積する．たとえば，シナプス小胞におけるノルアドレナリンの取込みには H^+ の濃度勾配が必要であり，グルタミンは電位勾配を駆動力として取込まれる．被覆ウイルスの一種であるインフルエンザウイルスは，エンドソーム内腔の酸性環境を利用して細胞質に侵入する．ウイルス被膜とエンドソーム膜の融合を促進する赤血球凝縮素タンパク質が酸性条件で活性化するためである（タンパク質膜交通の詳細については§4・3 “エンドサイトーシス経路の概要” および §4・2 “エキソサイトーシス経路の概要” 参照）．

腎集合管の介在細胞，好中球，破骨細胞などは V-ATPase を細胞膜に発現し，尿の酸性化，細胞質 pH の維持，骨吸収などを行う．腎臓集合管の介在細胞は頂端膜に V-ATPase を高発現して尿への酸分泌を活発に行っている（図 2・55）．変異によってこの活性が低下すると，腎上皮細胞や血漿の pH 調節に異常をきたし，尿細管性アシドーシスを発症することがある．マクロファージや好中球が活性化すると代謝活性が上昇して細胞質への酸負荷が高まる．細胞膜の V-ATPase は H^+ を分泌して細胞質 pH の維持を助ける．また，骨の再構築過程では細胞外に酸性環境をつくることが重要である．破骨細胞が骨基質に接着すると，V-ATPase が細胞内の輸送小胞から細胞膜に移行して骨吸収面に H^+ を分泌する．骨吸収面の酸性化は，骨基質成分を溶解する加水分解酵素を活性化して骨吸収を促進する．

V-ATPase は V_1，V_o とよばれる二つのドメインからなる複合体型膜タンパク質である．細胞質側の V_1 ドメインが ATP を加水分解してエネルギーを供給し，膜内在性の V_o ドメインが H^+ を輸送する．図 2・56 に電子顕微鏡観察，化学架橋解析，部位特異的変異解析などに基づく構造モデルを示す．V-ATPase のサブユニット構成は確定していないが，生化学的な解析から，8 種類の V_1 サブユニット（予想される量論比は A_3 B_3 C_1 D_1 E_1 F_1 G_2 H_1 で推定分子量は640 kDa）と 5 種類の V_o サブユニット（$a_1d_1c''_1c'_1c_4$，約 260 kDa）が同定されている．

V-ATPase は F_1F_o-ATPase と共通の起原をもつと考えられている．両者はいずれも二つのドメイン（V_1，V_o/F_1，F_o）からなり，V_1 と F_1，V_o と F_o のそれぞれが類似した機能や構造をもつ（F_1F_o-ATPase の構造については図 2・53 を参照）．たとえば，部位特異的変異解析やスルフヒドリル化合物などを用いた化学修飾解析により，V_1 の A サブユニットが ATP 加水分解の触媒部位をもち，B サブユニットは非触媒性の ATP 結合部位をもつことが示されているが，F_1 も触媒性と非触媒性の ATP 結合部位をそれぞれ β と α にもつ．このような構造上の類似性に基づき，解析が先行している ATP 合成酵素の知見を参考にしながら V-ATPase の反応機構をモデル化することができる．

F_1F_o-ATPase は分子モーターとして作動する．F_o ドメインは c サブユニットが円筒状に並んでつくる回転子をもち，その回転を H^+ の電気化学勾配が駆動する．回転のエネルギーは中央の回転軸（γ および ε サブユニット）によって F_1 の $\alpha_3\beta_3$ 固定子部分に伝えられ，ATP の合成と解離を駆動する．F_o の a サブユニットは酵素複合体を膜に繋留して回転子の運動の物理的に支えるとともに，c サブユニットの必須アスパラギン酸残基に H^+ の受渡しをするための輸送路をもつと考えられている．

V-ATPase の反応機構もサブユニットの回転で説明されている（図 2・57）．ただし，ATP 合成酵素が H^+ の電気化学勾配を利用して ATP を “合成する” のに対して，V-ATPase は ATP を加水分解に共役して H^+ を輸送する酵素であるから反応の向きは逆になる（§2・20 “F_1F_o-ATPase は H^+ 輸送と共役して ATP の合成や加水分解を行う” 参照）．V-ATPase は，ATP の加水分解によって発生するエネルギーを用いて回転子（c サブユニット）を回転させ H^+ の輸送を駆動する．V_o の a サブユニットは C 末端側半分に 9 本の膜貫通領域をもち，細胞質側と内腔側に開いた二つのヘミチャネルで H^+ を輸送すると考えられている．また，c サブユニットの保存性グルタミン酸残基は，それぞれのヘミチャネルと H^+ の受渡しをするらしい．すなわち，H^+ は細胞質側のヘミチャネルから c サブユニットに渡され，つづいて内腔側のヘミチャネルに渡される．このとき，a サブユニットの保存性アスパラギン残基は，c サブユニットの保存性グルタミン酸残基の負電荷を安定化して H^+ の解離を促すのかもしれない．あるいは逆にグルタミン酸残基のプロトン化がアルギニン残基を静電相互作

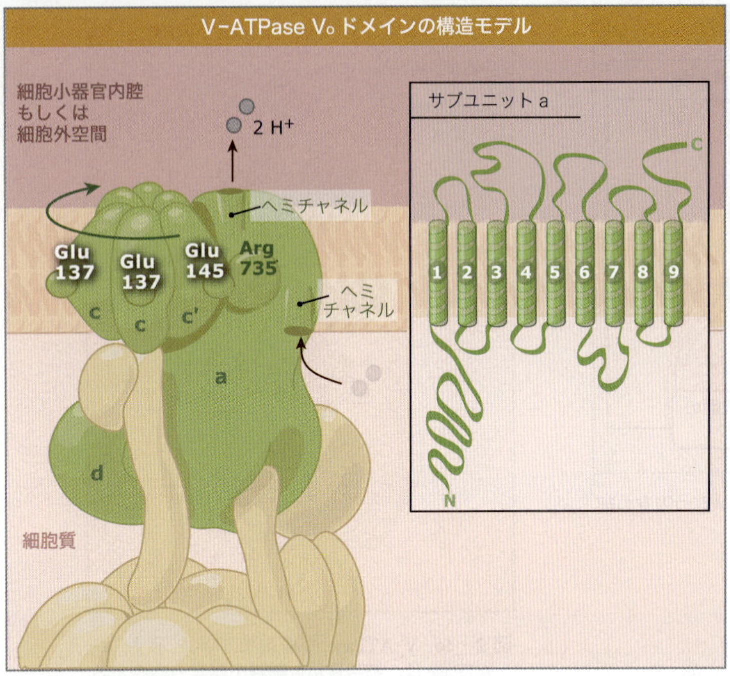

図2・57　c サブユニット回転子の回転による H^+ 輸送のモデル．この図では省略したが回転の駆動力は V_1 ドメインにおける ATP の加水分解によって供給されている．挿入図に変異解析と化学修飾解析の結果から予想される V_o a サブユニットのトポロジーモデルを示す．

用から解放し，隣接する（H^+ をもたない）グルタミン酸残基を引き寄せるのかもしれない．いずれにしても，両保存性残基の相互作用は，回転子の運動を制御し，ATP の加水分解と共役した H^+ の一方向的な輸送を行ううえで重要であると考えられる．

V-ATPase の活性はいくつかの異なる分子機構で調節される．たとえば，細胞膜の V-ATPase は，細胞膜への輸送を調節することで制御されている．腎臓の介在細胞では，細胞内 pH の変動が変動すると V-ATPase を含む輸送小胞が頂端膜と可逆的に融合する．また，サブユニットや複合体の構造変化も酵素活性を調節する．V_1 の A サブユニットは，触媒部位近傍と C 末端領域に保存性のシステイン残基をもつ．両者がジスルフィド結合すると活性が阻害され，開裂によって回復する．酵母や昆虫では，培養条件の変化や変態に伴って V_1 ドメインが膜から可逆的に解離する．V-ATPase の部分複合体は動植物の細胞にも存在するので，これまで知られている以上に普遍的で重要な活性調節機構なのかもしれない．

2・22　次なる問題は？

X 線結晶構造解析の進展により，膜輸送タンパク質の研究は新しい時代を迎えつつあると言ってよいだろう．たとえば，イオンチャネルや水チャネルの構造からは，基質の選択的な透過の分子機構を理解するうえで革新的な知見がもたらされた．しかしながら，結晶構造が解かれた膜輸送タンパク質はまだ少なく，大半は大量精製が比較的容易なバクテリア由来のものである．より普遍的な原理にたどり着くためには，さらに多くの構造を明らかにしていく必要がある．真核生物由来の膜輸送タンパク質でも解析が進めば，神経活動のような高次生命現象における溶質輸送の意義を理解する手がかりが得られるだろう．

結晶構造解析からの知見は，既存の反応機構モデルをより緻密で確からしいものにしてきたが，それだけですべてが明らかになるわけではない．チャネルのゲート開閉であれ，基質の結合や解離が起こす輸送体の構造変換であれ，コンホメーションの切り替えに伴う動的な変化を知ることが重要である．核磁気共鳴法などの分光学的手法を用いる解析には，タンパク質の挙動を実時間で捉えることができるという利点があり，結晶構造解析を補完して重要な知見をもたらすと期待される．

遺伝学的な解析などにより，チャネル，輸送体，イオンポンプ，あるいはそのいずれかの活性をもつと予想されるタンパク質が数多く同定されている．ゲノム解析やプロテオーム解析の進展とともに，その数はさらに増えるであろう．複合体型の膜輸送タンパク質の場合には，触媒部位をもたないサブユニットも活性に必須である場合が多い．このようなサブユニットも同定して解析することが膜輸送タンパク質の調節機構をより深く理解するために重要だろう．マイクロアレイやプロテオミクスの手法を用いれば，膜輸送タンパク質や調節因子の発現量変化と疾病との関係を明らかにすることができるかもしれない．

長期的な展望としては，膜輸送タンパク質の構造的知見を生理条件下の細胞や器官における機能と結びつけて理解することが重要で，そのために大いに努力する必要がある．膜輸送タンパク質が実際に働く脂質環境や細胞環境を再現する再構成系を確立し，構造から予測される輸送や調節の分子機構を検証しなければならない．膜輸送タンパク質の変異はさまざまな疾病の原因となるが，発症の分子機構を解明するためには，その機能を細胞単位で解析し，最終的には器官あるいは個体単位で理解する必要がある．囊胞性繊維症（cystic fibrosis）を例にとってみよう．この病気は囊胞性繊維症膜貫通調節タンパク質（CFTR）とよばれる Cl^- チャネルの変異で起きるが，CFTR の機能不全は同じ細胞で機能する他のチャネルの活性にも影響し，上皮細胞による外分泌液（気道分泌液や消化管分泌液）の浸透圧調節を阻害する．その結果，分泌液の粘度が異常に高まって肺や消化器官をはじめとするさまざまな器官の機能が障害を受ける．このように，単一の変異が複数のタンパク質や器官の機能に影響する場合には，注目する現象ごとに新しい解析系を確立する必要がある．このような努力の積み重ねによって，たとえば細胞がもつすべてのチャネルの機能を分子レベルで明らかにすることができれば，神経における高次生命現象を理解したり，不整脈や心突然死につながる伝導系の異常を診断したりする助けになるだろう．

2・23 要　約

この章では，溶質の膜輸送に機能するタンパク質をチャネル，輸送体，ポンプに分類して解説した．膜輸送タンパク質は，細胞膜，小胞体，エンドソーム，リソソーム，ミトコンドリアなどに分布し，生命活動のさまざまな局面で重要な役割を果たしている．そのなかには，栄養物質（グルコースなど）の取込みのようなものもあれば，尿細管の再吸収や活動電位の発生などのように，複数の膜輸送タンパク質を細胞あるいは組織単位で協調的に機能させて行う複雑な過程もある．

チャネルは膜を貫通する孔(pore)を形成し，イオンやその他の溶質を受動拡散で速やかに輸送する．基質選択性の厳密さには幅があり，K^+，Na^+，Ca^{2+}，Cl^-，水分子などのいずれかに高い特異性を示すものと，複数の陰イオンあるいは陽イオンを通すものがある．イオン選択性を決めるのは選択性フィルターとよばれる部分で，基質となるイオンの水和水を側鎖で部分的に（あるいは完全に）置換して透過させる．基質と分子径や電荷の近いイオンでも，脱水和された状態の熱力学的な安定性が低ければ透過できない．活性の調節は基本的に孔の開閉(ゲーティング)で行う．ゲート開閉の調節機構にはさまざまな様式があり，その違いによってリガンド作動性，電位作動性，機械刺激作動性，温度作動性チャネルなどに分類される．イオンチャネルが開口すると，電気化学勾配に従って（正味で）イオンが輸送され，電荷が移動する．膜電流の発生はチャネルによるイオン輸送の特徴である．複数のチャネルの結晶構造が明らかにされ，その知見に基づいて選択的で高速な溶質輸送やゲート開閉の分子機構を説明するモデルが立てられている．

輸送体とポンプも溶質を選択的に膜輸送するタンパク質であるが，チャネルとは異なり，コンホメーション変化によって基質結合部位の向きや親和性などを変化させて溶質を輸送する．おおまかに言うと二つの基本的なコンホメーションをとり，その一方で基質を膜の片側から結合し，もう一方で膜の反対側に放出する．輸送体とポンプでは溶質の輸送を駆動するエネルギーが異なる．輸送体は膜に蓄えられた電気化学勾配を利用し，ポンプは化学エネルギー（ATP）や光エネルギーを用いる．

細胞膜や細胞小器官膜がもつイオンの電気化学勾配は，複数の輸送体タンパク質によって形成されており，細胞が消費するエネルギーのかなりの部分がその維持に費やされている．Na^+/K^+-ATPase は Na^+ と K^+ を能動輸送して細胞膜の電気化学勾配を維持し，そのエネルギーを利用してチャネルや輸送体が仕事をする．たとえば，電位作動性チャネルは電気シグナルを発生させる．細胞内伝達経路を活性化して細胞容積の調節や水や電解質の輸送を行うチャネルもある．輸送体はある溶質が電気化学勾配に従って膜透過するときのエネルギーをコンホメーション変化に利用して別の溶質を上り坂輸送する．

変異や調節異常によって，膜輸送タンパク質の活性が阻害，あるいは異常な活性化を受けることがある．チャネル病の多くは神経や筋組織の失調をひき起こし，てんかん，運動失調，筋硬直，不整脈などの症状をもたらす．チャネルの異常は，呼吸器や消化器官の機能不全（嚢胞性線維症），腎臓の再吸収阻害(Bartter's 症候群）や結石，膵臓におけるインスリンの分泌阻害，骨形成の異常（大理石病）などの原因にもなる．遺伝子疾患の病理解析や病態モデル動物の解析は，イオンチャネルの機能や器官調節に果たす役割を理解するうえで重要な知見をもたらすだろう．

2・24 補遺：ネルンストの式の誘導と応用

静止電位は，膜透過性の荷電分子が濃度勾配に従って拡散しようとする力と，電荷の移動によって生じる電場がそれ以上の拡散を防ごうとする力の平衡によってつくられる（膜電位については §2・4“膜電位は膜を介したイオンの電気化学勾配によってつくられる”参照）．この二つに由来する自由エネルギー変化が等しくなると（あるいは正味の電荷移動がなくなると）平衡に達する．

$$\Delta G_{\mathrm{conc}} + \Delta G_{\mathrm{elec}} = 0$$

ある溶質(X)が濃度勾配に従って膜を透過するときの自由エネルギー変化は，

$$\Delta G_{\mathrm{conc}} = -RT\ln\left(\frac{[\mathrm{X}]_{\mathrm{o}}}{[\mathrm{X}]_{\mathrm{i}}}\right)$$

ただし，R：気体定数（8.31 J・mol^{-1}・K^{-1}）
　T：絶対温度（K：37 ℃ = 310 K）
　$[\mathrm{X}]_{\mathrm{o}}$：X の細胞外濃度
　$[\mathrm{X}]_{\mathrm{i}}$：X の細胞内濃度

X が荷電分子であるとき，上と同じ条件で電荷の移動がもたらす自由エネルギー変化は，

$$\Delta G_{\mathrm{elec}} = zFE_{\mathrm{m}}$$

ただし，E_{m}：平衡電位（V）
　z：イオン価
　F：ファラデー定数（9.65×10^4 J・V^{-1}・mol^{-1}）

すなわち，

$$zFE_{\mathrm{m}} = RT\ln\left(\frac{[\mathrm{X}]_{\mathrm{o}}}{[\mathrm{X}]_{\mathrm{i}}}\right)$$

これを E_{m} について解くと，

$$E_{\mathrm{m}} = \frac{RT}{zF}\ln\left(\frac{[\mathrm{X}]_{\mathrm{o}}}{[\mathrm{X}]_{\mathrm{i}}}\right)$$

この式をネルンスト(Nernst)の式とよぶ．X が一価の陽イオンで，温度を 37 ℃とすると，

$$E_{\mathrm{m}} = 61.5\ \log\left(\frac{[\mathrm{X}]_{\mathrm{o}}}{[\mathrm{X}]_{\mathrm{i}}}\right)\quad [\mathrm{mV}]$$

細胞内外のイオン濃度を測定すれば，ネルンストの式から各イオンの拡散平衡電位を求めることができる．たとえば，K^+ が細胞膜を透過するならば，平衡電位（E_{K^+}）は，$[K^+]_o = 4$ mM，$[K^+]_i = 155$ mM（図 2・58）を代入して $E_{K^+} = -98$ mV と求められる．筋細胞膜におけるイオン濃度と平衡電位の関係を図 2・58 に示す．

細胞内の K^+ 濃度は Na^+/K^+-ATPase によって細胞外より高く維持されている．また，静止状態にある脊椎動物細胞の細胞膜は，ほとんどの場合に他のイオンよりも K^+ に対して高い透過性

細胞内外のイオン濃度と平衡電位

	Na^+	K^+	Ca^{2+}	Cl^-
細胞外濃度（mM）	**145**	4	**1.5**	**123**
平衡電位（mM）	+67	-98	+129	-90
細胞内濃度（mM）	12	**155**	10^{-4}	4.2

図 2・58 脊椎動物の骨格筋における細胞内外の自由イオン濃度と拡散平衡電位の関係．平衡電位は 37 ℃で計算した．膜電位は −90 mV である．それぞれのイオンの横の丸印は，イオン分子径の大きさを示す．

を示す．これは静止状態の細胞でも開口しているK^+チャネル（K^+漏出チャネル）が存在するためである．K^+が濃度勾配に従って細胞外に膜透過すると，細胞膜の電荷分布は外側が正，内側が負に傾き，膜内外に電位差が発生する．こうしてできる電位勾配は，濃度勾配（化学的な駆動力）に従うK^+の拡散に拮抗し，両者がつり合うと見かけ上K^+の移動がなくなって膜電位が一定に保たれる．細胞膜を透過するのがK^+だけであると仮定すると，このときの静止電位（E_m）はK^+の平衡電位（E_{K^+}）と等しくなるから，$E_m = E_{K^+} = -98$ mV．この近似で実測値に近い値が得られることがわかるだろう．Na^+/K^+-ATPaseによるK^+濃度勾配の形成と，K^+漏出チャネルによる選択的なK^+の膜透過が細胞膜に負の静止電位を与えるのである．

あるイオンに対する細胞膜の透過性が高くなると，膜電位（E_m）はそのイオンの平衡電位に近づく．たとえば，細胞膜のNa^+に対する透過性が上昇した場合を考えてみよう．まず，K^+の場合と同様にしてNa^+の平衡電位を求める．ネルンストの式によれば，37 ℃におけるNa^+の平衡電位はつぎのように表される．

$$E_{Na^+} = 61.5\ \log\left(\frac{[Na^+]_o}{[Na^+]_i}\right)$$

$[Na^+]_o = 145$ mM，$[Na^+]_i = 12$ mM（図2・58）であるから，Na^+の平衡電位は$E_{Na^+} = 67$ mVとなる．つまり，静止状態にある細胞でNa^+の透過性が上昇するとNa^+が濃度勾配に従って細胞内に流入し，細胞膜の電荷分布を内側が正，外側が負に傾ける．細胞膜がNa^+とK^+のみを透過するならば，膜電位はNa^+の平衡電位に向かって上昇し，内向きのNa^+電流と外向きのK^+電流がつり合って正味の電荷移動がなくなると平衡に達する．すなわちNa^+チャネルが開口すると，膜電位が67 mVに近づくことになる．実際の静止膜電位がK^+の膜透過だけを考えて近似したとき（−98 mV）よりも大きい（図2・58では$E_m = -90$ mV）のは，わずかに開口したNa^+チャネルと受動拡散によってNa^+電流が細胞内に流れているためである．また，細胞によっては細胞膜のK^+透過性が相対的に低い場合がある．この場合には，Na^+の透過性に変化がなくても静止膜電位はより高い値を取る（たとえば，ある細胞における実測値は −50 mV）．細胞が電気的に興奮するとNa^+チャネルが開口してNa^+が細胞内に流入し，膜電位が上昇する．その典型的な例が活動電位の第0相（脱分極相）である．

同様に，細胞が電気的に興奮してCa^{2+}チャネルが開口すると，Ca^{2+}が濃度勾配に従って細胞内に流入し，細胞内の電荷分布を正に傾ける．膜電位はCa^{2+}の平衡電位（$E_{Ca^{2+}}$）に向かって変化し，内向きのCa^{2+}電流と外向きのK^+電流がつり合って正味の電荷移動がなくなると平衡に達する．以下同様にして，

$$E_{Ca^{2+}} = \frac{RT}{2F}\ln\left(\frac{[Ca^{2+}]_o}{[Ca^{2+}]_i}\right) = 30.75\ \log\left(\frac{[Ca^{2+}]_o}{[Ca^{2+}]_i}\right)$$

図2・58の値（$[Ca^{2+}]_o = 1.5$ mM，$[Ca^{2+}]_i = 0.1$ μM）を代入して，$E_{Ca^{2+}} = 129$ mV．つまり，Ca^{2+}チャネルが開口すると膜電位は129 mVに近づく．（活動電位が発生するときには，Na^+チャネルとCa^{2+}チャネルの両方が開口するが，後者の活性化には前者より高い膜電位が必要である．つまり，脱分極過程においては，まずNa^+チャネルが開き，続いてCa^{2+}チャネルが開く．§2・12“活動電位は数種のイオンチャネルに依存した電気シグナルである”参照．）

最後にCl^-について考える．$[Cl^-]_o = 123$ mM，$[Cl^-]_i = 4.2$ mMであるから，$E_{Cl^-} = -90$ mVとなる．Cl^-チャネルの開口は静止電位を安定化する．

2・25 補遺：ほとんどのK^+チャネルは整流性をもつ

重要な概念

- チャネルの開閉が電位依存に調節されて整流が起きる．

興奮性細胞では，複数のK^+チャネルが活動電位の持続時間や波形を調節している（§2・4“膜電位は膜を介したイオンの電気化学勾配によってつくられる”，§2・12“活動電位は数種のイオンチャネルに依存した電気シグナルである”参照）．本節では，K^+チャネルの重要な特性である**整流**（rectification）性について述べる．整流性とは，あるチャネルに由来する膜のコンダクタンス（抵抗の逆数）が膜電位依存に変化する性質のことをいう．実際にはほとんどのイオンチャネルがなんらかの整流性を示すが，ここではまず内向き整流K^+チャネル（Kir）について述べる．Kirチャネルは複数のサブクラス（ヒトでは7種類）からなるファミリーを構成しており，その構造は種を越えてよく保存されている．Kirチャネルの特徴は，膜電位が高くなるとコンダクタンスが低下することで，これを**内向き整流**（inward rectification）性があるという．整流性の強弱にはサブクラス間で差があり，膜電位がある閾値を越えるとほとんどイオンを通さなくなるものと，膜電位が上昇してもある程度の活性を残すものがある．心筋活動電位を例にとって，Kirチャネルが内向きの整流性をもつことの生理的な意味を考えてみよう．Kirチャネルは脱分極によって不活化し，再分極によって活性化する．膜電位が低い条件でも活性をもち，外向きのK^+電流を発生して静止電位を維持し，第3相（再分極相）の後半には再分極を促進する．一方，脱分極に伴う不活化には，必要以上のK^+の排出を抑えてプラトー相（第2相）の短縮を防ぎ，細胞内のK^+濃度を保つという意味がある．また，第0相（脱分極相）では内向きのNa^+電流と拮抗するK^+電流を抑えて脱分極の遅延や阻害を防いでいる．

Kirチャネルは2TM/1P型の構造をもつリガンド作動性チャネルで（図2・59），Mg^{2+}，ポリアミン，ATP，三量体Gタンパク質などによって調節される．膜電位が上昇すると細胞質側からMg^{2+}やポリアミンなどの高親和性リガンドが結合してコンダクタンスが低下する．

遅延（外向き）整流K^+チャネルは，6TM / 1P型の構造をもつ電位依存性K^+チャネル（Kv）である．このチャネルに由来するK^+電流は，内向き整流チャネルの場合とは逆に，脱分極による膜電位の上昇に伴って大きくなる．これを外向き整流という．また，膜電位が変化してからチャネルが開口する際に比較的長い時間を要するため，遅延整流ともよばれる．ただし，これは膜上に分布するチャネルで開口するものが多くなることに由来する現象で，個々のチャネルが電位依存的にコンダクタンスを変化させるわけではない．

ATP感受性K^+チャネル（K_{ATP}チャネル）には，細胞の代謝活性に応じて興奮性を調節する役割がある．K_{ATP}チャネルは細胞質のATP濃度が下がると開口する．構造的にはKirファミリーに属するが内向きの整流性は弱く，開口すると脱分極に拮抗する．すなわち，代謝活性が低下する条件で開口して細胞の興奮性を抑える．膵臓のβ細胞では，グルコースの取込みが増加して細胞内のATP濃度が上昇するとK_{ATP}チャネルが閉じる．その結果，細胞膜が脱分極してインスリンの分泌が促される．K_{ATP}チャネルは透過孔を形成するKir6.2 αサブユニットと，代謝活性を感知する調節サブユニットからなる．どちらも活性に必要であり，いずれの欠損も持続的な脱分極をひき起して血糖値と無関

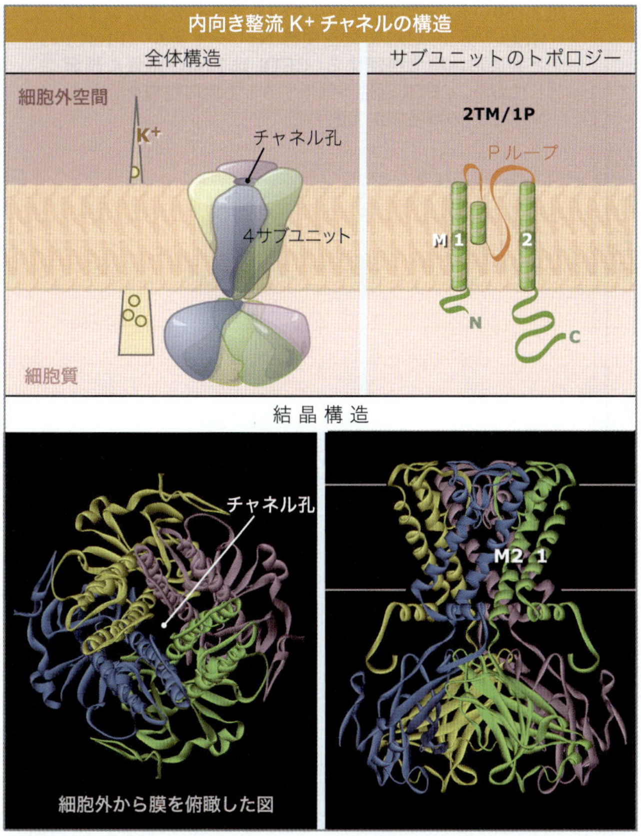

図 2・59　内向き整流 K^+ チャネル（Kir）の模式図と結晶構造．透過孔の構造は他の K^+ チャネルと似ている．左上の図には動物細胞における K^+ の濃度勾配の向きを示す［結晶構造のモデル図は Protein Data Bank file 1P7B に基づいて作成．下段左は細胞外側から膜を俯瞰して見たときの図で下段右の図（膜を横から見た図）より拡大して描かれている．横線は予想される膜表面の位置を表す］

係にインスリン分泌を促進する．インスリン分泌の亢進は，小児期における低血糖症や神経傷害の原因となる．

2・26　補遺：嚢胞性線維症は陰イオンチャネルの変異によってひき起こされる

重要な概念

- 嚢胞性線維症は CFTR をコードする遺伝子の変異で起きる．
- CFTR は Cl^- あるいは HCO_3^- を透過する陰イオンチャネルである．
- 嚢胞性線維症は正常な分泌を阻害してさまざまな器官に影響する．

膜輸送タンパク質には多くの生理機能があり，その異常はさまざまな疾病の原因となる．このうち，チャネルの異常による遺伝子疾患を“チャネル病（channelopathie）”とよぶ．チャネル病は広汎な組織・器官に認められ，腎機能障害，骨代謝異常，筋疾患，神経疾患，心伝導障害などをひき起こす（具体的な症例については本章の各節で取上げている．たとえば §2・8“上皮性 Na^+ チャネルは Na^+ の恒常性を調節する”，§2・12“活動電位は数種のイオンチャネルに依存した電気シグナルである”，§2・13“心筋や骨格筋の収縮は興奮収縮連関によってひき起こされる”などを参照）．それぞれの疾病における病理変化は，変異（機能欠失型あるいは機能獲得型）がチャネル機能に及ぼす影響に基づいて説明できる．本節では，嚢胞性線維症（cystic fibrosis）について解説する．嚢胞性線維症はチャネル病を代表する疾患であり，疾患変異が上皮細胞層を介したイオン輸送に与える影響の詳細が明らかにされつつある．

嚢胞性線維症は最も発症率の高い致死性遺伝子疾患の一つで，嚢胞性線維症膜貫通調節タンパク質（cystic fibrosis transmembrane conductance regulator, CFTR）の劣性変異を原因とする．CFTR は Cl^- あるいは HCO_3^- を輸送する陰イオンチャネルで，構造的には ABC 輸送体ファミリーに属する．ABC 輸送体ファミリーは，アミノ酸，ペプチド，イオン，糖，毒素，脂質，薬物など，さまざまな基質に特異性を示す多くの輸送体から構成されている．ATP 結合カセット（ATP binding cassette ABC）とよばれるヌクレオチド結合ドメインをもち，多くは ATP の加水分解に共役して溶質を能動輸送するポンプタンパク質であると考えられている．ABC 輸送体の変異は，嚢胞性線維症のほか免疫不全や薬剤耐性（抗生物質や抗がん剤）など多くの疾病の原因となる．

CFTR の特徴は，イオンポンプではなくリガンド（ATP）作動性のチャネルとして機能することである（図 2・60）．単独で Cl^- チャネル活性を示すことは精製標品の人工膜再構成系で証明されている．活性化にはプロテインキナーゼ A によるリン酸化が必要であり，cAMP 経路の支配を受ける．また，汗腺では細胞内のグルタミン酸が cAMP 非依存に CFTR を活性化することが明らかにされている．グルタミン酸単独では Cl^- の透過を選択的に活性化するが，ATP が共存すると HCO_3^- の透過活性も上昇する．基質選択性を切り替える制御機構があるのかもしれない．CFTR は上皮細胞層でさまざまな膜輸送タンパク質と共に機能する．頂端膜では上皮性 Na^+ チャネルが側底膜の Na^+/K^+-ATPase が維持する電気化学勾配を駆動力として Na^+ を細胞内に取込み，側底膜では $Na^+/K^+/Cl^-$ 共輸送体がホルモン刺激を受けて Na^+ と Cl^- を細胞内に取込む．上皮性 Na^+ チャネルによる内向きの Na^+ 電流は頂端膜の膜電位を上昇させ，CFTR による内向きの Cl^- 輸送を促進する．たとえば，汗腺では塩（Cl^- と Na^+）が電気的な中性を保って再吸収される．一方，気道上皮のように Cl^- が分泌される器官では，CFTR と上皮性 Na^+ チャネルが拮抗的に働いて分泌液の電解質濃度を調節すると考えられている．

CFTR は，腸，肺，膵臓，汗腺など，さまざまな器官の上皮細胞頂端膜に発現しており，これらの器官における腺分泌を正常に保つうえで重要である．たとえば，気道上皮細胞の表面は気道表面分泌液の薄膜で覆われており，その上層に粘液層がある．気道上皮細胞は粘液層で呼気中の塵やバクテリアを捕捉し，絨毛運動で咽喉側に排除するが，気道表面分泌液は粘膜層の排除を促進する潤滑剤として機能するらしい．嚢胞性線維症に特徴的な病理変化の一つは，気道や腸，膵臓，肝臓などに高粘度で付着性のある粘液が蓄積することである．気道上皮では，これが粘液層の排除を阻害して慢性気道感染の原因となり，やがては気道を閉塞して呼吸障害をひき起こす．また，腸管や消化液の分泌腺を閉塞して消化不良や栄養失調の原因となる．CFTR は上皮細胞層の頂端膜や側底膜に存在する膜輸送タンパク質と協調して分泌液のイオン濃度を調節する（図 2・60 参照）．また，分泌液への水の輸送は頂端膜内外の浸透圧差によって駆動されるから，分泌液量の調節にも重要である．

CFTR は膜内に 6 本の膜貫通領域からなる膜貫通ドメインを二つもち，細胞質側に調節ドメインと二つのヌクレオチド結合ドメイン（nucleotide-binding domain, NBD）をもつ．全体としては，調節ドメインの前後に膜貫通ドメインとヌクレオチド結合

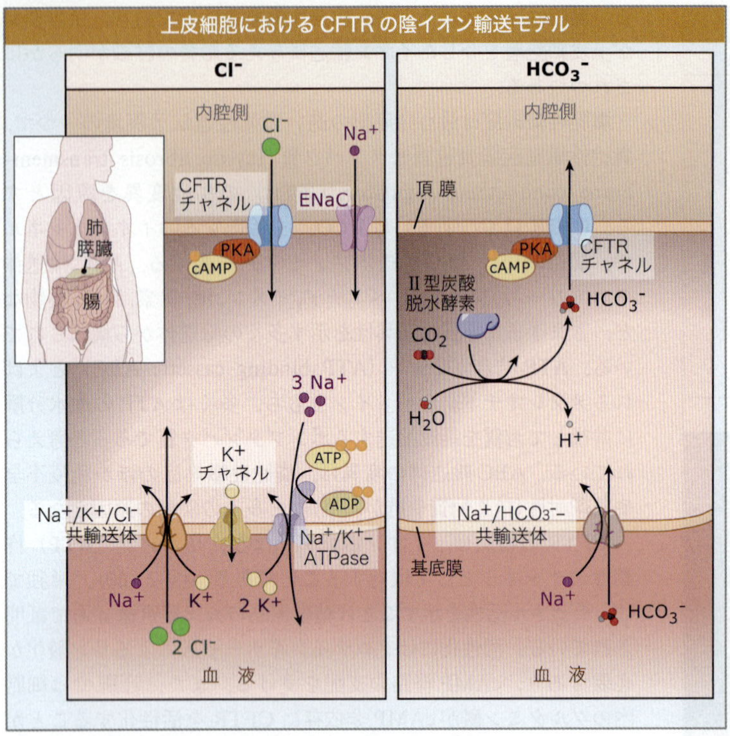

図2・60 上皮細胞における，CFTR を介した Cl^- および HCO_3^- 分泌．CFTR は上皮性 Na^+ チャネル（ENaC）と共に頂端膜で機能する．CFTR は ENaC を負に調節しており，CFTR 活性が低下すると上皮細胞層を介した Na^+ と水の再吸収が亢進する．

ドメインが一つずつ並んだ 2 回繰返し構造をとる（図2・61）．調節ドメインにはプロテインキナーゼ A のリン酸化部位があり，ヌクレオチド結合ドメインはいずれも Walker の A 配列をもつ．この配列は多くの ATP 結合タンパク質（ATP 合成酵素など）のリン酸結合ループに保存された共通配列である．

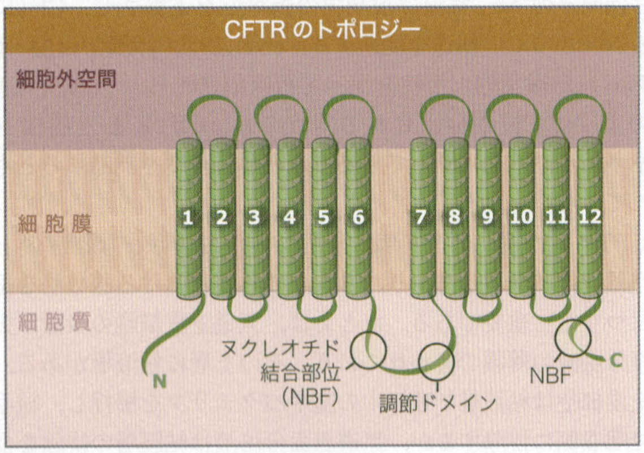

図2・61 嚢胞性線維症膜貫通調節タンパク質（CFTR）のトポロジーモデル．

一般に，ABC 輸送体はヌクレオチド結合ドメインで ATP を加水分解し，そのエネルギーを利用したコンホメーション変化によって溶質を輸送すると考えられている．しかし，CFTR はチャネルであるから，イオン輸送には電気化学勾配があればよく，ATP の加水分解は必要としないはずである．それではなぜ活性化に ATP が必要なのだろうか．CFTR は ATP をゲート開閉の調節に使っているらしい．N 末端側と C 末端側のヌクレオチド結合ドメインがそれぞれ ATP を結合すると二量体化し，膜貫通ドメインのコンホメーションを変えてゲートを開く．C 末端側のヌクレオチド結合ドメインにはアデニル酸キナーゼ活性があり，結合した ATP（および AMP）から ADP を生成する．この反応に伴ってヌクレオチド結合ドメイン間の相互作用が解消されてゲートが閉じる．以上が現在提唱されているゲート開閉機構の概要である．一方，ドメイン間相互作用は CFTR の生合成過程にも重要であると示唆されている．これまでに同定された千種類以上の疾患変異のうち，最も症例が多いのは N 末端側のヌクレオチド結合ドメインがもつ 508 番目のフェニルアラニン（Phe508）の欠損である．変異タンパク質（CFTRΔPhe508）は折りたたみに異常があり，小胞体関連分解で排除されて細胞膜に到達することができない．Phe508 はヌクレオチド結合ドメインの表面に露出しているので，折りたたみの形成過程でドメイン間相互作用に重要な役割をもつのかもしれない．

CFTR の変異は，上皮細胞層を介したイオン輸送全般に影響して，さまざまな器官で陰イオンや分泌液の分泌を阻害する．気道の外分泌不全は嚢胞性線維症における致死要因の一つであることから，臨床応用を視野に入れた病態のモデル化が行われている．イオン組成説（composition hypothesis）では，気道表面分泌液の塩濃度を低く維持することが分泌液に含まれる抗菌活性物質の活性化に重要であると考える．CFTR は上皮性 Na^+ チャネルと協調して気道分泌液から塩（Cl^- と Na^+）を再吸収する．変異によって再吸収が阻害されると分泌液の塩濃度が上昇し，抗菌活性が低下して気道感染をひき起こす．一方，容積説（volume hypothesis）では気道表面分泌液の容積（膜厚）が重要であると考える．また，CFTR は頂端膜から Cl^- を排出し，同時に上皮性 Na^+ チャネルを負に調節する調節因子として機能すると考える．CFTR の変異は Cl^- の排出を阻害し，Na^+ の再吸収を亢進させる．その結果として，気道表面分泌液の電解質濃度が減少し，上皮による水の再吸収が進んで液量が減少する．粘液層の排除に十分な膜厚を維持できなくなると感染性が高まり，粘液層が蓄積して高粘度化する．

嚢胞性線維症では，気道感染に加えて膵液分泌の低下，腸閉塞，不妊，汗腺からの塩喪失などがひき起こされる．チャネル活性の阻害は変異ごとに程度が異なるが，膵臓の機能低下は大多数の患者に新生児期から認められ，消化酵素やその活性化に必要な HCO_3^- の分泌を阻害して消化不良や下痢をひき起こす．また，慢性化すると組織が繊維化や萎縮して膵不全に至る．上皮細胞層におけるイオン輸送調節の失調を補って病態を改善する薬剤の開発を目指して，CFTR や上皮性 Na^+ チャネルを標的とした創薬研究が進められている．

参考文献

2・1 序 論

総 説

Hille, B., 2001. "Ion channels of excitable membranes." Sinauer Associates, Inc. Sunderland, MA.

Hille, B., Armstrong, C. M., and MacKinnon, R., 1999. Ion channels: from idea to reality. *Nat. Med.* **5**, 1105–1109.

2・2 膜輸送を行うおもなタンパク質にはチャネルとキャリアーがある

論 文

Jentsch, T. J., Hübner, C. A., and Fuhrmann, J. C., 2004. Ion channels: Function unravelled by dysfunction. *Nat. Cell Biol.* **6**, 1039–1047.

2・5 K^+チャネルは選択的で速やかなイオンの透過を駆動する

総 説

Berneche, S., and Roux, B., 2001. Energetics of ion conduction through the K^+ channel. *Nature* **414**, 73–77.

Choe, S., 2002. Potassium channel structures. *Nat Rev. Neurosci.* **3**, 115–121.

Hille, B., Armstrong, C. M., and MacKinnon, R., 1999. Ion channels: from idea to reality. *Nat. Med.* **5**, 1105–1109.

Miller, C., 2000. An overview of the potassium channel family. *Genome Biol.* 1, R0004–R0004.

Morais-Cabral, J. H., Zhou, Y., and MacKinnon, R., 2001. Energetic optimization of ion conduction rate by the K^+ selectivity filter. *Nature* **414**, 37–42.

論 文

Doyle, D. A., Morais Cabral, J., Pfuetzner, R. A., Kuo, A., Gulbis, J. M., Cohen, S. L., Chait, B. T., and MacKinnon, R., 1998. The structure of the potassium channel: molecular basis of K^+ conduction and selectivity. *Science* **280**, 69–77.

Gutman, G.A., et al., 2003. International Union of Pharmacology. XLI. Compendium of voltagegated ion channels: potassium channels. *Pharmacol. Rev.* **55**, 583–586.

Zhou, Y., Morais-Cabral, J. H., Kaufman, A., and MacKinnon, R., 2001. Chemistry of ion coordination and hydration revealed by a K^+ channel-Fab complex at 2.0Å resolution. *Nature* **414,** 43–48.

2・6 K^+チャネルのゲート開閉は，さまざまな活性化/不活性化機構で制御される

総 説

Choe, S., 2002. Potassium channel structures. *Nat. Rev. Neurosci.* **3**, 115–121.

Jiang, Y., Lee, A., Chen, J., Cadene, M., Chait, B. T., and MacKinnon, R., 2002. The open pore conformation of potassium channels. *Nature* **417**, 523–526.

Jiang, Y., Ruta, V., Chen, J., Lee, A., and MacKinnon, R., 2003. The principle of gating charge movement in a voltage-dependent K^+ channel. *Nature* **423**, 42–48.

Kullmann, D. M., Rea, R., Spauschus, A., and Jouvenceau, A., 2001. The inherited episodic ataxias: how well do we understand the disease mechanisms? *Neuroscientist* **7**, 80–88.

Tristani-Firouzi, M., and Sanguinetti, M. C., 2003. Structural determinants and biophysical properties of HERG and KCNQI channel gating. *J. Mol. Cell. Cardiol.* **35**, 27–35.

論 文

Jiang, Y., Lee, A., Chen, J., Cadene, M., Chait, B. T., and MacKinnon, R., 2002. Crystal structure and mechanism of a calcium-gated potassium channel. *Nature* **417**, 515–522.

Long, S. B., Campbell, E. B., and MacKinnon, R., 2005. Voltage sensor of Kvl. 2: structural basis of electromechanical coupling. *Science* **309**, 903–908.

Long, S. B., Campbell, E. B., and MacKinnon, R., 2005. Crystal structure of a mammalian voltage-dependent Shaker family K^+ channel. *Science* **309**, 897–903.

Zhou, Y., Morais-Cabral, J. H., Kaufman, A., and MacKinnon, R., 2001. Chemistry of ion coordination and hydration revealed by a K^+ channel-Fab complex at 2.0 Å resolution. *Nature* **414**, 43–48.

2・7 電位依存性 Na^+チャネルは膜の脱分極によって活性化され，電気シグナルを伝える

総 説

Hohdeghem, L. M., and Katzung, B. G., 1977. Time-and voltage-dependent interactions of antiarrhythmic drugs with cardiac sodium channels. *Biochim. Biophys. Acta* **472**, 373–398.

Vilin, Y. Y., and Ruben, P. C., 2001. Slow inactivation in voltage-gated sodium channels: molecular substrates and contributions to channelopathies. *Cell Biochem. Biophys.* **35**, 171–190.

Yu, F. H., and Catterall, W. A., 2003. Overview of the voltage-gated sodium channel family. *Genome Biol.* **4**, 207–207.

論 文

Chiamvimonvat, N., Pérez-García, M. T., Ranjan, R., Marban, E., and Tomaselli, G. F., 1996. Depth asymmetries of the pore-lining segments of the Na^+ channel revealed by cysteine mutagenesis. *Neuron* **16**, 1037–1047.

Isom, L. L., Ragsdale, D. S., De Jongh, K. S., Westenbroek, R. E., Reber, B. F., Scheuer, T., and Catterall, W. A., 1995. Structure and function of the beta 2 subunit of brain sodium channels, a transmembrane glycoprotein with a CAM motif. *Cell* **83**, 433–442.

Kellenberger, S., Scheuer, T., and Catterall, W. A., 1996. Movement of the Na^+ channel inactivation gate during inactivation. *J. Biol. Chem.* **271**, 30971–30979.

Mitrovic, N., George, A. L., and Horn, R., 2000. Role of domain 4 in sodium channel slow inactivation. *J. Gen. Physiol.* **115**, 707–718.

Ragsdale, D. S., McPhee, J. C., Schèuer, T., and Catterall, W. A., 1996. Common molecular determinants of local anesthetic, antiarrhythmic, and anticonvulsant block of voltage-gated Na^+ channels. *Proc. Natl. Acad. Sci. USA* **93**, 9270–9275.

Rohl, C. A., Boeckman, F. A., Baker, C., Scheuer, T., Catterall, W. A., and Klevit, R. E., 1999. Solution structure of the sodium channel inactivation gate. *Biochemistry* **38**, 855–861.

Stühmer, W., Conti, F., Suzuki, H., Wang, X. D., Noda, M., Yahagi, N., Kubo, H., and Numa, S., 1989. Structural parts involved in activation and inactivation of the sodium channel. *Nature* **339**, 597–603.

2・8 上皮性Na^+チャネルはNa^+の恒常性を調節する

総 説

Kellenberger, S., and Schild, L., 2002. Epithelial sodium channel/degenerin family of ion channels: a variety of functions for a shared structure. *Phvsiol. Rev.* **82**, 735–767.

論 文

Bruns, J. B., Hu, B., Ahn, Y. J., Sheng, S., Hughey, R. P., and Kleyman, T. R., 2003. Multiple epithelial Na^+ channel domains participate in subunit assembly. *Am. J. Physiol. Renal*

Physiol. **285**, F600–F609.
Canessa, C. M., Schild, L., Buell, G., Thorens, B., Gautschi, I., Horisberger, J. D., and Rossier, B. C., 1994. Amiloride-sensitive epithelial Na^+ channel is made of three homologous subunits. *Nature* **367**, 463–467.
Chang, S. S., et al., 1996. Mutations in subunits of the epithelial sodium channel cause salt wasting with hyperkalaemic acidosis, pseudohy-poaldosteronism type 1. *Nat. Genet.* **12**, 248–253.
Hansson, J. H., Nelson-Williams, C., Suzuki, H., Schild, L., Shimkets, R., Lu, Y., Canessa, C., Iwasaki, T., Rossier, B., and Lifton, R. P., 1995. Hypertension caused by a truncated epithelial sodium channel gamma subunit: genetic heterogeneity of Liddle syndrome. *Nat. Genet.* **11**, 76–82.
Palmer, L. G., and Andersen, O. S., 1989. Interactions of amiloride and small monovalent cations with the epithelial sodium channel. Inferences about the nature of the channel pore. *Biophys. J.* **55**,779–787.
Reif, M. C., Troutman, S. L., and Schafer, J. A., 1986. Sodium transport by rat cortical collecting tubule. Effects of vasopressin and desoxycorticosterone. *J. Clin. Invest.* **77**, 1291–1298.

2・9 細胞膜のCa^{2+}チャネルはさまざまな細胞機能を活性化する

総　説

Carafoli, E., 2003. The calcium-signalling saga: tap water and protein crystals. *Nat. Rev. Mol. Cell Biol.* **4**, 326–332.
Sather, W. A., and McCleskey, E. W., 2003. Permeation and selectivity in calcium channels. *Annu. Rev. Physiol.* **65**, 133–159.

論　文

Ellinor, P. T., Yang, J., Sather, W. A., Zhang, J. F., and Tsien, R. W., 1995. Ca^{2+} channel selectivity at a single locus for high-affinity Ca^{2+} interactions. *Neuron* **15**, 1121–1132.
Erickson, M. G., Liang, H., Mori, M. X., and Yue, D. T., 2003. FRET two-hybrid mapping reveals function and location of L-type Ca^{2+} channel CaM preassociation. *Neuron* **39**, 97–107.
Hess, P., and Tsien, R. W., 1984. Mechanism of ion permeation through calcium channels. *Nature* **309**, 453–456.
Liang, H., DeMaria, C. D., Erickson, M. G., Mori, M. X., Alseikhan, B. A., and Yue, D. T., 2003. Unified mechanisms of Ca^{2+} regulation across the Ca^{2+} channel family. *Neuron* **39**, 951–960.
Lipkind, G. M., and Fozzard, H. A., 2003. Molecular modeling of interactions of dihydropyridines and phenylalkylamines with the inner pore of the L-type Ca^{2+} channel. *Mol. Pharmacol.* **63**, 499–511.
Serysheva, I.I., Ludtke, S.J., Baker, M.R., Chiu, W., and Hamilton, S.L.,2002.Structure of the voltage-gated L-type Ca^{2+} channel by electron cryomicroscopy. *Proc. Natl. Acad. Sci. USA* **99**, 10370–10375.
Wu, X. S., Edwards, H. D., and Sather, W. A., 2000. Side chain orientation in the selectivity filter of a voltage-gated Ca^{2+} channel. *J. Biol. Chem.* **275**, 31778–31785.
Yang, J., Ellinor, P. T., Sather, W. A., Zhang, J. F., and Tsien, R. W., 1993. Molecular determinants of Ca^{2+} selectivity and ion permeation in L-type Ca^{2+} channels. *Nature* **366**, 158–161.

2・10 Cl^-チャネルは多様な生体機能にかかわる

総　説

Bretag, A. H., 1987. Muscle chloride channels. *Physiol. Rev.* **67**, 618–724.
Ellison, D. H., 2000. Divalent cation transport by the distal nephron: insights from Bartter's and Gitelman's syndromes. *Am. J. Physiol. Renal Physiol.* **279**, F616–F625.
Jentsch, T. J., Stein, V., Weinreich, F., and Zdebik, A. A., 2002. Molecular structure and physiological function of chloride channels. *Physiol. Rev.* **82**, 503–568.

論　文

Accardi, A., and Miller, C., 2004. Secondary active transport mediated by a prokaryotic homologue of ClC Cl^- channels. *Nature* **427**, 803–807.
Birkenhäger, R., et al., 2001. Mutation of BSND causes Bartter syndrome with sensorineural deafness and kidney failure. *Nat. Genet.* **29**, 310–314.
Dutzler, R., Campbell, E. B., and MacKinnon, R., 2003. Gating the selectivity filter in ClC chloride channels. *Science* **300**, 108–112.
Dutzler, R., Campbell, E. B., Cadene M., Chait, B. T., and MacKinnon, R., 2002. X-ray structure of a ClC chloride channel at 3.0Å reveals the molecular basis of anion selectivity. *Nature* **415**, 287–294.
Koch, M. C., Steinmeyer, K., Lorenz, C., Ricker, K., Wolf, F., Otto, M., Zoll, B., Lehmann-Horn, F., Grzeschik, K. H., and Jentsch, T. J., 1992. The skeletal muscle chloride channel in dominant and recessive human myotonia. *Science* **257**, 797–800.
Kornak, U., Kasper, D., Bösl, M. R., Kaiser, E., Schweizer, M., Schulz, A., Friedrich, W., Delling, G., and Jentsch, T. J., 2001. Loss of the ClC-7 chloride channel leads to osteopetrosis in mice and man. *Cell* **104**, 205–215.
Lloyd, S. E., et al., 1996. A common molecular basis for three inherited kidney stone diseases. *Nature* **379**, 445–449.
Miller, C., and White, M. M., 1984. Dimeric structure of single chloride channels from Torpedo electroplax. *Proc. Natl. Acad. Sci. USA* **81**, 2772–2775.
Pusch, M., Ludewig, U., Rehfeldt, A., and Jentsch, T. J., 1995. Gating of the voltage-dependent chloride channel CIC-0 by the permeant anion. *Nature* **373**, 527–531.
Simon, D. B., et al., 1997. Mutations in the chloride channel gene, CLCNKB, cause Bartter's syndrome type Ⅲ. *Nat. Genet.* **17**, 171–178.

2・11 アクアポリンは水を選択的に膜透過する

総　説

Lehmann, G. L., Gradilone, S. A., and Marinelli, R. A., 2004. Aquaporin water channels in central nervous system. *Curr. Neurovasc. Res.* **1**, 293–303.
Nielsen, S., Frøkiaer, J., Marples, D., Kwon, T. H., Agre, P., and Knepper, M. A., 2002. Aquaporins in the kidney: from molecules to medicine. *Physiol. Rev.* **82**, 205–244.
Valenti,G., Procino,G., Tamma,G., Carmosino,M., and Svelto, M., 2005. Minireview: aquaporin 2 trafficking. *Endocrinology* **146**, 5063–5070.
Verkman, A. S., 2005. More than just water channels: unexpected cellular roles of aquaporins. *J. Cell Sci.* **118**, 3225–3232.

論　文

Deen,P.M., Verdijk,M.A., Knoers,N.V., Wieringa,B., Monnens, L.A., van Os, C.H., and van Oost, B.A.,1994. Requirement of human renal water channel aquaporin-2 for vasopressin-dependent concentration of urine. *Science* **264**, 92–95.
Harries, W. E., Akhavan, D., Miercke, L. J., Khademi, S., and Stroud, R. M., 2004. The channel architecture of aquaporin-0 at a 2.2Å resolution. *Proc. Natl. Acad. Sci. USA* **101**, 14045–14050.
Jung, J. S., Preston, G. M., Smith, B. L., Guggino, W. B., and Agre, P., 1994. Molecular structure of the water channel through aquaporin CHIP. The hourglass model. *J. Biol. Chem.* **269**, 14648–14654.
King, L. S., Choi, M., Fernandez, P. C., Cartron, J. P., and Agre, P., 2001. Defective urinary-concentrating ability due to a complete deficiency of aquaporin-1. *N. Engl. J. Med.* **345**,

175–179.

Murata,K., Mitsuoka,K., Hirai,T., Walz,T., Agre,P., Heymann, J.B., Engel,A., and Fujiyoshi,Y., 2000. Structural determinants of water permeation through aquaporin-1. *Nature* **407**, 599–605.

Smith, B. L., and Agre, P., 1991. Erythrocyte Mr 28,000 transmembrane protein exists as a multisubunit oligomer similar to channel proteins. *J. Biol. Chem.* **266**, 6407–6415.

Sui, H., Han, B. G., Lee, J. K., Walian, P., and Jap, B. K., 2001. Structural basis of water-specific transport through the AQP1 water channel. *Nature* **414**, 872–878.

Zeidel, M. L., Ambudkar, S. V., Smith, B. L., and Agre, P., 1992. Reconstitution of functional water channels in liposomes containing purified red cell CHIP28 protein. *Biochemistry* **31**, 7436–7440.

2・12 活動電位は数種のイオンチャネルに依存した電気シグナルである

総 説

Carmeliet, E., 2004. Intracellular Ca(2+) concentration and rate adaptation of the cardiac action potential. *Cell Calcium* **35**, 557–573.

Keating, M. T., and Sanguinetti, M. C., 2001. Molecular and cellular mechanisms of cardiac arrhythmias. *Cell* **104**, 569–580.

Nichols, C. G., and Lopatin, A. N., 1997. Inward rectifier potassium channels. *Annu. Rev. Physiol.* **59**, 171–191.

Sah, R., Ramirez, R. J., Oudit, G. Y., Gidrewicz, D., Trivieri, M. G., Zobel, C., and Backx, P. H., 2003. Regulation of cardiac excitation-contraction coupling by action potential repolarization: role of the transient outward potassium current (I_{to}). *J. Physiol.* **546**, 5–18.

論 文

Bennett, P. B., Yazawa, K., Makita, N., and George, A. L., 1995. Molecular mechanism for an inherited cardiac arrhythmia.*Nature* **376**, 683–685.

Chen, Q., et al., 1998. Genetic basis and molecular mechanism for idiopathic ventricular fibrillation. *Nature* **392**, 293–296.

Curran, M. E., Splawski, I., Timothy, E. W., Vincent, G. M., Green, E. D., and Keating, M. T., 1995. A molecular basis for cardiac arrhythmia: HERG mutations cause long QT syndrome. *Cell* **80**, 795–803.

Hodgkin, A. L., and Huxley, A. F., 1952. A quantitative description of membrane current and its application to conduction and excitation in nerve. *J. Physiol.* **117**, 500–544.

Hodgkin, A. L., and Huxley, A. F., 1952. Propagation of electrical signals along giant nerve fibers. *Proc. R Soc. Lond. B Biol. Sci.* **140**, 177–183.

Hodgkin, A. L., and Huxley, A. F., 1952. Movement of sodium and potassium ions during nervous activity. *Cold Spring Harb. Symp. Ouant. Biol.* **17**, 43–52.

Lossin, C., Wang, D. W., Rhodes, T. H., Vanoye, C. G., and George, A. L., 2002. Molecular basis of an inherited epilepsy. *Neuron* **34**, 877–884.

Schott, J. J., Alshinawi, C., Kyndt, F., Probst, V., Hoorntje, T. M., Hulsbeek, M., Wilde, A. A., Escande, D., Mannens, M. M., and Le Marec, H., 1999. Cardiac conduction defects associate with mutations in SCN5A. *Nat. Genet.* **23**, 20–21.

Splawski, I., et al., 2004. Ca(V)1.2 calcium channel dysfunction causes a multisystem disorder including arrhythmia and autism. *Cell* **119**, 19–31.

Wang, Q., Shen, J., Splawski, I., Atkinson, D., Li, Z., Robinson, J. L., Moss, A. J., Towbin, J. A., and Keating, M. T., 1995. SCN5A mutations associated with an inherited cardiac arrhythmia, long QT syndrome. *Cell* **80**, 805–811.

2・13 心筋や骨格筋の収縮は興奮収縮連関によってひき起こされる

総 説

Berchtold, M. W., Brinkmeier, H., and Müntener, M., 2000. Calcium ion in skeletal muscle: its crucial role for muscle function, plasticity, and disease. *Physiol. Rev.* **80**, 1215–1265.

Berridge, M. J., Bootman, M. D., and Roderick, H. L., 2003. Calcium signalling: dynamics, homeostasis and remodelling. *Nat. Rev. Mol. Cell Biol.* **4**, 517–529.

Bers, D. M., 2002. Cardiac excitation-contraction coupling. *Nature* **415**, 198–205.

da Fonseca, P. C., Morris, S. A., Nerou, E. P., Taylor, C. W., and Morris, E. P., 2003. Domain organization of the type I inositol 1,4,5-trisphos-phate receptor as revealed by single-particle analysis *Proc. Natl. Acad. Sci. USA* **100**, 3936–3941.

Rizzuto, R., and Pozzan, T., 2006. Microdomains of intracellular Ca^{2+}: molecular determinants and functional consequences. *Physiol. Rev.* **86**, 369–408.

Wehrens, X. H., Lehnart, S. E., and Marks, A. R., 2005. Intracellular calcium release and cardiac disease. *Annu. Rev. Physiol.* **67**, 69–98.

論 文

Campbell, K. P., Knudson, C. M., Imagawa, T., Leung, A. T., Sutko, J. L., Kahl, S. D., Raab, C. R., and Madson, L., 1987. Identification and characterization of the high affinity [^{3}H] ryanodine receptor of the junctional sarcoplasmic reticulum Ca^{2+} release channel. *J. Biol. Chem.* **262**, 6460–6463.

Lehnart, S.E., Wehrens, X.H., Reiken, S., Warrier, S., Belevych, A.E., Harvey, R.D., Richter, W., Jin, S.L., Conti, M., and Marks, A.R., 2005. Phosphodiesterase 4D deficiency in the ryanodine-receptor complex promotes heart failure and arrhythmias. *Cell* **123**, 25–35.

Marx, S. O., Reiken, S., Hisamatsu, Y., Jayaraman, T., Burkhoff, D., Rosemblit, N., and Marks, A. R., 2000. PKA phosphorylation dissociates FKBP12.6 from the calcium release channel (ryanodine receptor): defective regulation in failing hearts. *Cell* **101**, 365–376.

Sharma, M. R., Penczek, P., Grassucci, R., Xin, H. B., Fleischer, S., and Wagenknecht, T., 1998. Cryoelectron microscopy and image analysis of the cardiac ryanodine receptor. *J. Biol. Chem.* **273**, 18429–18434.

Tanabe, T., Beam, K.G., Adams, B.A., Niidome, T., and Numa, S., 1990. Regions of the skeletal muscle dihydropyridine receptor critical for excitation-contraction coupling. *Nature* **346**, 567–569.

Wehrens, X. H., Lehnart, S. E., Reiken, S. R., Deng, S. X., Vest, J. A., Cervantes, D., Coromilas, J., Landry, D. W., and Marks, A. R., 2004. Protection from cardiac arrhythmia through ryanodine receptor-stabilizing protein calstabin2. *Science* **304**, 292–296.

Wehrens, X. H. et al., 2003. FKBP12.6 deficiency and defective calcium release channel (ryanodine receptor) function linked to exerciseinduced sudden cardiac death. *Cell* **113**, 829–840.

2・14 一部のグルコース輸送体は単輸送体である

総 説

Devaskar, S. U., and Mueckler, M. M., 1992. The mammalian glucose transporters. *Pediatr. Res.* **31**, 1–13.

Kahn, B. B., 1992. Facilitative glucose transporters: regulatory mechanisms and dysregulation in diabetes. *J. Clin. Invest.* **89**, 1367–1374.

Saier, M. H., 2000. Families of transmembrane sugar transport proteins. *Mol. Microbiol.* **35**, 699–710.

Vannucci, S. J., Maher, F., and Simpson, I. A., 1997. Glucose transporter Proteins in brain: delivery of glucose to neurons and glia. *Glia* **21**, 2–21.

論 文

Heilig, C. W., Saunders, T., Brosius, F. C., Moley, K., Heilig, K., Baggs, R., Guo, L., and Conner, D., 2003. Glucose transporter-1-deficient mice exhibit impaired development and deformities that are similar to diabetic embryopathy. *Proc. Natl. Acad. Sci. USA* **100**, 15613–15618.

Mueckler, M., Caruso, C., Baldwin, S. A., Panico, M., Blench, I., Morris, H. R., Allard, W. J., Lienhard, G. E., and Lodish, H. F., 1985. Sequence and structure of a human glucose transporter. *Science* **229**, 941–945.

Mueckler, M., and Makepease, C., 2004. Analysis of transmembrane segment 8 of the GLUT1 glucose transporter by cysteine-scanning mutagenesis and substituted cysteine accessibility. *J. Biol. Chem.* **279**, 10494–10499.

Seidner,G., Alvarez,M.G., Yeh,J.I., O'Driscoll,K.R., Klepper, J., Stump, T.S., Wang, D., Spinner, N.B., Birnbaum, M. J., and De Vivo, D. C., 1998. GLUT-1 deficiency syndrome caused by haploinsufficiency of the blood-brain barrier hexose carrier. *Nat. Genet.* **18**, 188–191.

Shigematsu, S., Watson, R. T., Khan, A. H., and Pessin, J. E., 2003. The adipocyte plasma membrane caveolin functional/structural organization is necessary for the efficient endocytosis of GLUT4. *J. Biol. Chem.* **278**, 10683–10690.

2・15 共輸送体と対向輸送体は共役輸送を行う

総 説

Abramson, J., Smirnova, I., Kasho, V., Verner, G., Iwata, S., and Kaback, H. R., 2003. The lactose permease of Escherichia coli: overall structure, the sugar-binding site and the alternating access model for transport. *FEBS Lett.* **555**, 96–101.

Kaback, H. R., Sahin-Tóth, M., and Weinglass, A. B., 2001. The kamikaze approach to membrane transport. *Nat. Rev. Mol. Cell Biol.* **2**, 610–620.

論 文

Abramson, J., Smirnova, I., Kasho, V., Verner, G., Kaback, H. R., and Iwata, S., 2003. Structure and mechanism of the lactose permease of *Escherichia coli*. *Science* **301**, 610–615.

Huang, Y., Lemieux, M. J., Song, J., Auer, M., and Wang, D. N., 2003. Structure and mechanism of the glycerol-3-phosphate transporter from *Escherichia coli*, *Science* **301**, 616–620.

Jardetzky, O., 1966. Simple allosteric model for membrane pumps. *Nature* **211**, 969–970.

2・16 膜を介した Na^+ の電気化学勾配は多くの輸送体の機能に必須である

総 説

Blaustein, M. P., and Lederer, W. J., 1999. Sodium/calcium exchange: its physiological implications. *Physiol. Rev.* **79**, 763–854.

Ellison, D. H., 2000. Divalent cation transport by the distal nephron: insights from Bartter's and Gitelman's syndromes. *Am. J. Physiol. Renal Physiol.* **279**, F616–F625.

Kaplan, M. R., Mount, D. B., and Delpire, E., 1996. Molecular mechanisms of NaCl cotransport. *Annu. Rev. Physiol.* **58**, 649–668.

Rasgado-Flores, H., and Gonzalez-Serratos, H., 2000. Plasmalemmal transport of magnesium in excitable *cells*. *Front. Biosci.* **5**, D866–D879.

Webel,R., Haug-Collet,K., Pearson,B., Szerencsei,R.T., Winkfein, R.J., Schnetkamp, P.P., and Colley, N.J., 2002. Potassium-dependent sodium-calcium exchange through the eye of the fly. *Ann. NY Acad. Sci.* **976**, 300–314.

論 文

Haug-Collet, K., Pearson, B., Webel, R., Szerencsei, R. T., Winkfein, R. J., Schnetkamp, P. P., and Colley, N. J., 1999. Cloning and characterization of a potassium-dependent sodium/calcium exchanger in Drosophila. *J. Cell Biol.* **147**, 659–670.

Nicoll, D. A., Ottolia, M., Lu, L., Lu, Y., and Philipson, K. D., 1999. A new topological model of the cardiac sarcolemmal Na^+-Ca^{2+} exchanger. *J. Biol. Chem.* **274**, 910–917.

Simon, D.B., Karet, F.E., Hamdan, J.M., DiPietro, A., Sanjad, S.A., and Lifton, R. P., 1996. Bartter's syndrome, hypokalaemic alkalosis with hypercalciuria, is caused by mutations in the Na-K-2Cl cotransporter NKCC2. *Nat. Genet.* **13**, 183–188.

Simon, D. B., Karet, F. E., Rodriguez-Soriano, J., Hamdan, J. H., DiPietro, A., Trachtman, H., Sanjad, S. A., and Lifton, R. P., 1996. Genetic heterogeneity of Bartter's syndrome revealed by mutations in the K^+ channel, ROMK. *Nat. Genet.* **14**, 152–156.

Simon, D. B., et al., 1997. Mutations in the chloride channel gene, CLCNKB, cause Bartter's syndrome type Ⅲ. *Nat. Genet.* **17**, 171–178.

Simon, D. B., et al., 1996. Gitelman's variant of Bartter's syndrome, inherited hypokalaemic alkalosis, is caused by mutations in the thiazide-sensitive Na-Cl cotransporter. *Nat. Genet.* **12**, 24–30.

2・17 一部の Na^+ 輸送体は細胞内外の pH を調節する

総 説

Bobulescu, I. A., Di Sole, F., and Moe, O. W., 2005. Na^+/H^+ exchangers: physiology and link to hypertension and organ ischemia. *Curr. Opin. Nephrol. Hypertens.* **14**, 485–494.

Fliegel, L., and Karmazyn, M., 2004. The cardiac Na-H exchanger: a key downstream mediator for the cellular hypertrophic effects of paracrine, autocrine and hormonal factors. *Biochem. Cell Biol.* 82, 626–635.

Gross, E., and Kurtz, I., 2002. Structural determinants and significance of regulation of electrogenic Na^+-HCO_3^-cotransporter stoichiometry. *Am. J. Physiol. Renal Physiol.* **283**, F876–F887.

Wakabayashi, S., Shigekawa, M., and Pouyssegur, J., 1997. Molecular physiology of vertebrate Na^+/H^+ exchangers. *Physiol. Rev.* **77**, 51–74.

Zachos, N. C., Tse, M., and Donowitz, M., 2005. Molecular physiology of intestinal Na^+/H^+ exchange. *Annu. Rev. Physiol.* **67**, 411–443.

論 文

Akiba, Y., Furukawa, O., Guth, P. H., Engel, E., Nastaskin, I., Sassani, P., Dukkipatis, R., Pushkin, A., Kurtz, I., and Kaunitz, J, D., 2001. Cellular bicarbonate protects rat duodenal mucosa from acid-induced injury. *J. Clin. Invest.* **108**, 1807–1816.

Hunte, C., Screpanti, E., Venturi, M., Rimon, A., Padan, E., and Michel, H., 2005. Structure of a Na^+/H^+ antiporter and insights into mechanism of action and regulation by pH. *Nature* **435**, 1197–1202.

Orlowski, J. and Grinstein, S., 2004. Diversity of the mammalian sodium/proton exchanger SLC9 gene family. *Pflugers Arch.* **447**, 549–565.

Williams, K. A., 2000. Three-dimensional structure of the ion-coupled transport protein NhaA. *Nature* **403**, 112–115.

2・18 Ca^{2+}-ATPase は Ca^{2+} を細胞内の貯留部位に輸送する

総 説

Belke, D. D., and Dillmann, W. H., 2004. Altered cardiac calcium handling in diabetes. *Curr. Hypertens. Rep.* **6**, 424–429.

Green, N. M., and MacLennan, D. H., 2002. Calcium callisthenics. *Nature* **418**, 598–599.

Kühlbrandt, W., 2004. Biology, structure and mechanism of P-type ATPases. *Nat. Rev. Mol. Cell Biol.* **5**, 282–295.
Laporte, R., Hui, A., and Laher, I., 2004. Pharmacological modulation of sarcoplasmic reticulum function in smooth muscle. *Pharmacol. Rev.* **56**, 439–513.
Stokes, D. L., and Green, N. M., 2003. Structure and function of the calcium pump. *Annu. Rev. Biophys. Biomol. Struct.* **32**, 445–468.
Strehler, E. E., and Treiman, M., 2004. Calcium pumps of plasma membrane and cell interior. *Curr. Mol. Med.* **4**, 323–335.
Sweadner, K. J., and Donnet, C., 2001. Structural similarities of Na, K-ATPase and SERCA, the Ca^{2+}-ATPase of the sarcoplasmic reticulum. *Biochem. J.* **356**, 685–704.
Verkhratsky, A., 2004. Endoplasmic reticulum calcium signaling in nerve cells. *Biol. Res.* **37**, 693–699.
論 文
Sørensen, T. L., Møller, J. V., and Nissen, P., 2004. Phosphoryl transfer and calcium ion occlusion in the calcium pump. *Science* **304**, 1672–1675.
Toyoshima, C., Nakasako, M., Nomura, H., and Ogawa, H., 2000. Crystal structure of the calcium pump of sarcoplasmic reticulum at 2.6 Å resolution. *Nature* **405**, 647–655.
Toyoshima, C., and Nomura, H., 2002. Structural changes in the calcium pump accompanying the dissociation of calcium. *Nature* **418**, 605–611.

2・19 Na^+/K^+-ATPase は細胞膜を介した Na^+ と K^+ の濃度勾配を維持する

総 説
Glitsch, H. G., 2001. Electrophysiology of the sodium-potassium-ATPase in cardiac cells. *Physiol. Rev.* **81**, 1791–1826.
Horisberger, J. D., 2004. Recent insights into the structure and mechanism of the sodium pump. *Physiology (Bethesda)* **19**, 377–387.
Kühlbrandt, W., 2004. Biology, structure and mechanism of P-type ATPases. *Nat. Rev. Mol. Cell Biol* **5**, 282–295.
Rakowski, R. F., and Sagar, S., 2003. Found: Na^+ and K^+ binding sites of the sodium pump. *News Physiol. Sci.* **18**, 164–168.
Sweadner, K. J., and Donnet, C., 2001. structural similarities of Na, K-ATPase and SERCA, the Ca^{2+}-ATPase of the sarcoplasmic reticulum. *Biochem. J.* **356**, 685–704.
論 文
Hilge, M., Siegal, G., Vuister, G. W., Güntert, P., Gloor, S. M., and Abrahams, J. P., 2003. ATP-induced conformational changes of the nucleotide-binding domain of Na,K-ATPase. *Nat. Struct. Biol.* **10**, 468–474.
Rice, W. J., Young, H. S., Martin, D. W., Sachs, J. R., and Stokes, D. L., 2001. Structure of Na^+, K^+-ATPase at 11-Å resolution: comparison with Ca^{2+}-ATPase in E_1 and E_2 states. *Biophys. J.* **80**, 2187–2197.
Toyoshima, C., and Nomura, H., 2002. Structural changes in the calcium pump accompanying the dissociation of calcium. *Nature* **418**, 605–611.

2・20 F_1F_o-ATPase はH^+ 輸送と共役して ATP の合成や加水分解を行う

総 説
Senior, A. E., Nadanaciva, S., and Weber, J., 2002. The molecular mechanism of ATP synthesis by F_1F_0-ATP synthase. *Biochim. Biophys. Acta* **1553**, 188–211.
論 文
Bernal, R. A. and Stock, D., 2004. Three-dimensional structure of the intact *Thermus thermophilus* H^+-ATPase/synthase by electron microscopy. *Structure (Camb)* **12**, 1789–1798.
Itoh, H., Takahashi, A., Adachi, K., Noji, H., Yasuda, R., Yoshida, M., and Kinosita, K., 2004. Mechanically driven ATP synthesis by F_1-ATPase. *Nature* **427**, 465–468.
Senior, A. E. and Weber, J., 2004. Happy motoring with ATP synthase. *Nat. Struct. Mol. Biol.* **11**, 110–112.
Stock, D., Leslie, A. G., and Walker, J. E., 1999. Molecular architecture of the rotary motor in ATP synthase. *Science* **286**, 1700–1705.

2・21 V-ATPase は細胞質からH^+を汲み出す

総 説
Bajjalieh, S., 2005. A new view of an old pore. *Cell* **121**, 496–497.
Brown, D., and Breton, S., 2000. H(+) V-ATPasedependent luminal acidification in the kidney collecting duct and the epididymis/vas deferens: vesicle recycling and transcytotic pathways. *J. Exp. Biol.* **203**, 137–145.
Fillingame, R. H., Jiang, W., and Dmitriev, O. Y., 2000. Coupling H(+) transport to ratary catalysis in F-type ATP synthases: structure and organization of the transmembrane rotary motor. *J. Exp. Biol.* **203** Pt1, 9–17.
Grüber, G., Wieczorek, H., Harvey, W. R., and Müller, V., 2001. Structure-function relationships of A-, F- and V-ATPases. *J. Exp. Biol.* **204**, 2597–2605.
Karet, F. E., 2002. Monogenic tubular salt and acid transporter disorders. *J. Nephrol.* **15**, Suppl 6 , S57–S68.
Nishi, T., and Forgac, M., 2002. The vacuolar (H+)-ATPases—nature's most versatile proton pumps. *Nat. Rev. Mol. Cell Biol.* **3**, 94–103.
Stevens, T.H., and Forgac, M., 1997. Structure, function and regulation of the vacuolar (H^+)-ATPase. *Annu. Rev. Cell Dev. Biol.* **13**, 779–808.
Vik, S. B., Long, J. C., Wada, T., and Zhang, D., 2000. A model for the structure of subunit a of the Escherichia coli ATP synthase and its role in proton translocation. *Biochim. Biophys. Acta* **1458**, 457–466.
論 文
Arai, H., Terres, G., Pink, S., and Forgac, M., 1988. Topography and subunit stoichiometry of the coated vesicle proton pump. *J. Biol. Chem.* **263**, 8796–8802.
Kane, P. M., 1995. Disassembly and reassembly of the yeast vacuolar H^+-ATPase in vivo. *J. Biol. Chem.* **270**, 17025–17032.
Smith, A. N., Lovering, R. C., Futai, M., Takeda, J., Brown, D., and Karet, F. E., 2003. Revised nomenclature for mammalian vacuolar-type H^+-ATPase subunit genes. *Mol. Cell* **12**, 801–803.
Vasilyeva, E., Liu, Q., MacLeod, K. J., Baleja, J. D., and Forgac, M., 2000. Cysteine scanning mutagenesis of the noncatalytic nucleotide binding site of the yeast V-ATPase. *J. Biol. Chem.* **275**, 255–260.
Wilkens, S., Vasilyeva, E., and Forgac, M., 1999. Structure of the vacuolar ATPase by electron microscopy. *J. Biol. Chem.* **274**, 31804–31810.

2・22 次なる問題は？

総 説
Multiple authors, 2004. The state of ion channel research in 2004. *Nat. Rev. Drug Discov.* **3**, 239–278.

2・25 補遺：ほとんどの K^+チャネルは整流性をもつ

総 説
Ashcroft, F. M., 1988. Adenosine 5'-triphosphate-sensitive potassium channels. *Annu. Rev Neurosci.* **11**, 97–118.
Ashcroft, F. M., and Gribble, F. M., 1999. ATP-sensitive K^+ channels and insulin secretion: their role in health and disease. *Diabetologia* **42**, 903–919.

Bichet, D., Haass, F. A., and Jan, L. Y., 2003. Merging functional studies with structures of inward-rectifier K^+ channels. *Nat. Rev. Neurosci.* **4**, 957–967.
Campbell, J. D., Sansom, M. S., and Ashcroft, F. M., 2003. Potassium channel regulation. *FMBO Rep.* **4**, 1038–1042.
Dhamoon, A. S., and Jalife, J., 2005. The inward rectifier current (IK1) controls cardiac excitability and is involved in arrhythmogenesis. *Heart Rhythm* **2**, 316–324.
Lu, Z., 2004. Mechanism of rectification in inward-rectifier K^+ channels. *Annu. Rev. Physiol.* **66**, 103–129.
Nichols, C. G., and Lopatin, A. N., 1997. Inward rectifier potassium channels. *Annu. Rev. Physiol.* v. 59 p. 171–191.

論 文

Kuo, A., Gulbis, J. M., Antcliff, J. F., Rahman, T., Lowe, E. D., Zimmer, J., Cuthbertson, J., Ashcroft, F. M., Ezaki, T., and Doyle, D. A., 2003. Crystal structure of the potassium channel KirBacl. 1 in the closed state. *Science* **300**, 1922–1926.
Liu, Y., Jurman, M. E., and Yellen, G., 1996. Dynamic rearrangement of the outer mouth of a K^+ channel during gating. *Neuron* **16**, 859–867.
Reimann, F., Huopio, H., Dabrowski, M., Proks, P., Gribble, F. M., Laakso, M., Otonkoski, T., and Ashcroft, F. M., 2003. Characterisation of new K_{ATP}-channel mutations associated with congenital hyperinsulinism in the Finnish population. *Diabetologia* **46**, 241–249.

2・26 補遺：嚢胞性繊維症は陰イオンチャネルの変異によってひき起こされる

総 説

Higgins, C. F., 2001. ABC transporters: physiology, structure and mechanism—an overview. *Res. Microbiol.* **152**, 205–210.
Riordan, J. R., 2005. Assembly of functional CFTR chloride channels. *Annu. Rev. Physiol.* **67**, 701–718.
Sheppard, D. N., and Welsh, M. J., 1999. Structure and function of the CFTR chloride channel. *Physiol. Rev.* **79**, S23–S45.
Slieker, M. G., Sanders, E. A., Rijkers, G. T., Ruven, H. J., and van der Ent, C. K., 2005. Disease modifying genes in cystic fibrosis. *J. Cyst. Fibros.* **4**, Suppl 2, 7–13.
Steward, M. C., Ishiguro, H., and Case, R. M., 2005. Mechanisms of bicarbonate secretion in the pancreatic duct. *Annu. Rev. Physiol.* **67**, 377–409.

論 文

Bear, C. E., Li, C. H., Kartner, N., Bridges, R. J., Jensen, T. J., Ramjeesingh, M., and Riordan, J. R., 1992. Purification and functional reconstitution of the cystic fibrosis transmembrane conductance regulator (CFTR). *Cell* **68**, 809–818.
Bishop, L., Agbayani, R., Ambudkar, S. V., Maloney, P. C., and Ames, G. F., 1989. Reconstitution of a bacterial periplasmic permease in proteoliposomes and demonstration of ATP hydrolysis concomitant with transport. *Proc. Natl. Acad. Sci. USA* **86**, 6953–6957.
Chang, G., and Roth, C. B., 2001. Structure of MsbA from *E. coli*: a homolog of the multidrug resistance ATP binding cassette (ABC) transporters. *Science* **293**, 1793–1800.
Knowles, M. R., Stutts, M. J., Spock, A., Fischer, N., Gatzy, J. T., and Boucher, R. C., 1983. Abnormal ion permeation through cystic fibrosis respiratory epithelium. *Science* **221**, 1067–1070.
Mall, M., Grubb, B. R., Harkema, J. R., O'Neal, W. K., and Boucher, R. C., 2004. Increased airway epithelial Na^+ absorption produces cystic fibrosis-like lung disease in mice. *Nat. Med.* **10**, 487–493.
Quinton, P. M., 1983. Chloride impermeability in cystic fibrosis. *Nature* **301**, 421–422.
Randak, C., and Welsh, M. J., 2003. An intrinsic adenylate kinase activity regulates gating of the ABC transporter CFTR. *Cell* **115**, 837–850.
Reddy, M. M., Light, M. J., and Quinton, P. M., 1999. Activation of the epithelial Na^+ channel (ENaC) requires CFTR Cl^- channel function. *Nature* **402**, 301–304.
Reddy, M. M., and Quinton, P. M., 2003. Control of dynamic CFTR selectivity by glutamate and ATP in epithelial cells. *Nature* **423**, 756–760.
Riordan, J.R., Rommens, J.M., Kerem, B., Alon, N., Rozmahel, R., Grzelczak, Z., Zielenski, J., Lok, S., Plavsic, N., and Chou, J.L., 1989. Identification of the cystic fibrosis gene: cloning and characterization of complementary DNA. *Science* **245**, 1066–1073.
Wang, X. F., et al., 2003. Involvement of CFTR in uterine bicarbonate secretion and the fertilizing capacity of sperm. *Nat. Cell Biol.* **5**, 902–906.

タンパク質の膜透過と局在化

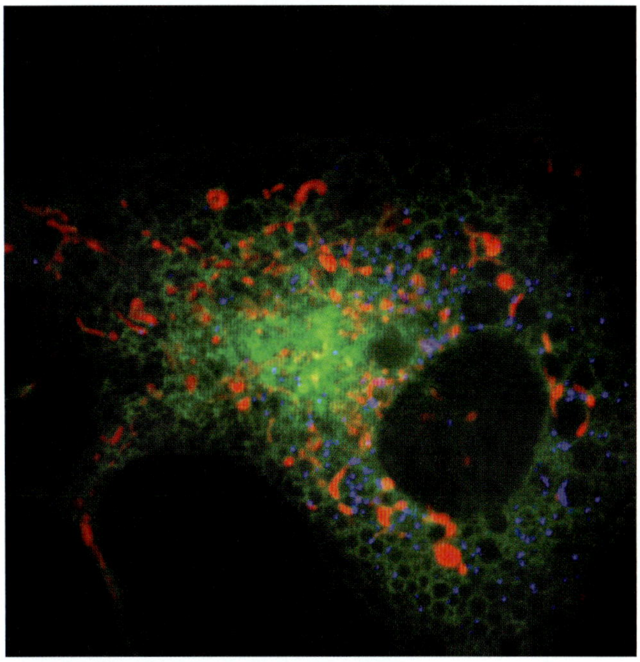

この蛍光像は生きた繊維芽細胞中の小胞体（緑），ミトコンドリア（赤），およびペルオキシソーム（青）を示している．この細胞は，特定の細胞小器官にタンパク質を標的化させるための，それぞれ異なった標的化シグナルをもつ 3 種類の蛍光タンパク質を同時に発現している．[Holger Lorenz, Lippincott-Schwartz Lab, National Institutes of Health の好意による]

3・1 序　論

重要な概念

- 細胞はタンパク質を特定の細胞小器官と膜に局在させなければならない．
- いくつかの細胞小器官には，細胞質ゾルから直接タンパク質が運び込まれる．
- 小胞体（ER）は，分泌経路へのタンパク質の入口として高度に特殊化された器官である．
- 細胞膜といくつかの細胞小器官は分泌経路を経由してタンパク質を受取る．

細胞が機能して生存していくためには，周りの環境と相互作用し，それに応答する能力が重要である．多細胞真核生物の細胞外には栄養素，成長因子，ホルモンなどに加え，細胞の成長，分化，あるいはプログラム細胞死を促すような分子が満ちている．細胞はこれらの細胞外のシグナルに的確に応答しなければならない．また，細胞は周りの環境を自己の都合のよいように変化させたり利用したりもしている．たとえば，細胞はタンパク質を分泌して細胞外マトリックスを形成，あるいは除去することができ，また隣り合った細胞どうしで直接情報を中継することができる．さらに多細胞生物の内分泌腺細胞などは，ホルモンを分泌することによって離れた細胞の活性を調節する．

細胞が周りの環境と相互作用するための手段としては，基本的に分泌タンパク質と膜タンパク質が使われている．単純なバクテリアから高度に分化，特殊化した哺乳類にいたるまで，すべての細胞はこのための分泌タンパク質や膜タンパク質を合成している．分泌タンパク質は細胞外へと放出されるのに対して，膜タンパク質は細胞膜を貫通して膜の両側に顔を出している．

細胞膜にタンパク質分子の全体，あるいはその一部を局在させなければならないという必要性から，細胞にはそういったタンパク質の仕分けを行うという難題がある．細胞のタンパク質は細胞質ゾルのリボソームで合成される．そのため，細胞膜に分泌タンパク質や膜タンパク質を選択的に運んでくるというメカニズムが必要となる．バクテリアの場合，この選択的輸送は細胞膜行きのタンパク質とそれ以外の部分という区別だけを行えばよい．ところが真核生物では，問題が非常に複雑となる．典型的な原核生物は細胞膜のみで細胞小器官はもたないのに対して，真核細胞には図3・1に示すように核，ミトコンドリア（植物細胞ではさらに葉緑体），ペルオキシソーム，小胞体，ゴルジ体やリソソームのような膜で囲まれた構造体が存在する．これらの細胞小器官はそれぞれ特異的なタンパク質をもつため，真核細胞は分泌タンパク質や細胞膜の膜タンパク質を正しく局在させるのに加えて，それぞれの細胞小器官へも同様に正確にタンパク質を局在させなければならない．典型的な真核細胞では，細胞小器官は細胞全体の容積の約半分を占めることから，合成されるタンパク質のうちの，相当な量を選択的にそれぞれの細胞小器官へと局在させる必要がある．

タンパク質はどのようにして細胞小器官に局在するのだろうか？　一般的に，細胞はタンパク質を特定の細胞小器官に送り届けるのに，標的化シグナル──タンパク質の一次構造上に含まれる特定のアミノ酸配列──を用いる．標的化シグナルによって，細胞小器官がどのタンパク質を取込むのかが決まり，細胞小器官はその標的化シグナルを特異的に認識するタンパク質装置を備えている．仮に標的化シグナルのないタンパク質が合成されたとすると，そういったタンパク質は合成後細胞質ゾルにとどまることになる．

ミトコンドリア，葉緑体，核，ペルオキシソームなどの細胞小器官には，細胞質ゾル中のリボソームで翻訳の終わったタンパク質が直接移行する．これに対して，小胞体，ゴルジ体，リソソーム，細胞膜へのタンパク質局在過程はもっと複雑である．これらのタンパク質の移行は**分泌経路**（secretory pathway）と称される経路で起こる．ゴルジ体，リソソーム，細胞膜は直接タンパク質を取込むための装置をもっていない．その代わり図3・2に示すように，これらの膜で囲まれた構造体に局在するすべてのタンパク質と分泌タンパク質は，まず最初に小胞体へと運ばれる．そこでタンパク質は正しい三次元構造に折りたたまれ，多くの場合共有結合による修飾を受けたり，ほかのタンパク質と複合体を形成して，最初にゴルジ体へと輸送され，そこから最終目的地──小胞体に逆戻りしたり，リソソームや細胞膜へと向けて──へと向かう．分泌経路における細胞小器官間のタンパク質輸送は，供与体となる細胞小器官の膜から出芽した小さな膜小胞が，行き先となる細胞小器官の膜と膜融合することによってその膜小胞内のタンパク質を受渡すことによって成り立っている．

分泌経路における重要な特徴として，これらの細胞小器官の**内腔**（lumen 内側）はあらゆる意味で細胞外の環境と似ている．（細胞小器官は細胞膜が陥入して細胞内に取込まれることによって，タンパク質分泌に特化した器官へと進化したと考えられている．）そのため，図3・3に示すように，細胞外に分泌されるタンパク質でも，最終的にそのタンパク質が到達する細胞外と同様な環境に保たれた細胞内で折りたたまれることができる．

この章では，細胞内のさまざまな細胞小器官や膜系にタンパク質が局在するために必要な最初の過程に焦点を当てる．ほとんど

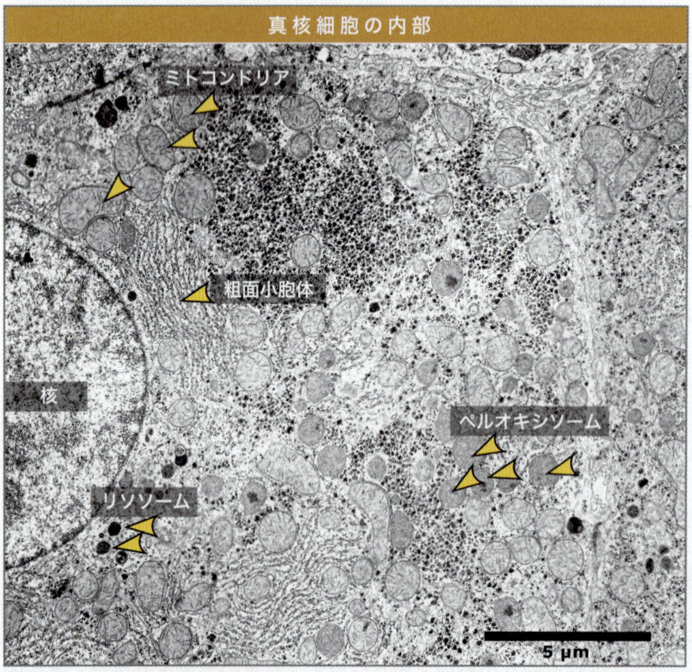

図3・1　肝細胞内部の電子顕微鏡像．この写真では真核細胞中の膜で囲まれた細胞小器官の多様性と密度を示している．見えているのは核，ミトコンドリア，リソソーム，ペルオキシソーム，粗面小胞体である［写真は Daniel S. Friend の好意による］

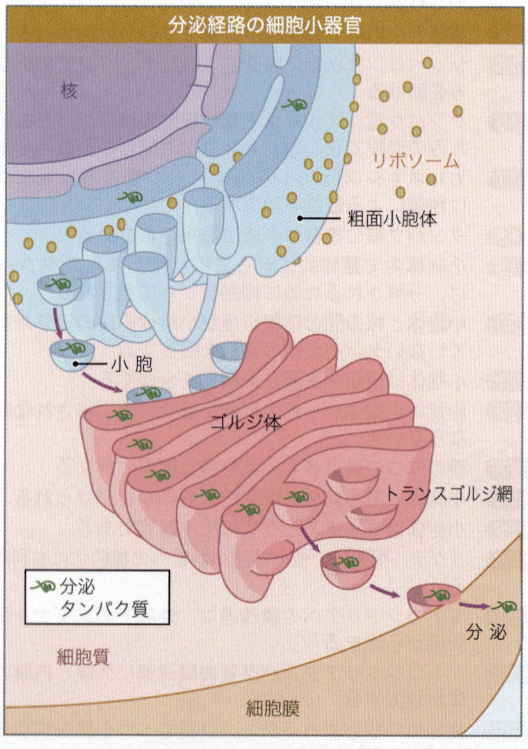

図3・2　タンパク質は粗面小胞体に標的化され膜透過することによって分泌経路へと入る．折りたたみと翻訳後修飾が終わったのち，タンパク質はゴルジ体へと向かう小胞によって小胞体から出ていく．ほとんどのタンパク質はゴルジ体から細胞表面へと，分泌小胞を介して進んでいく．

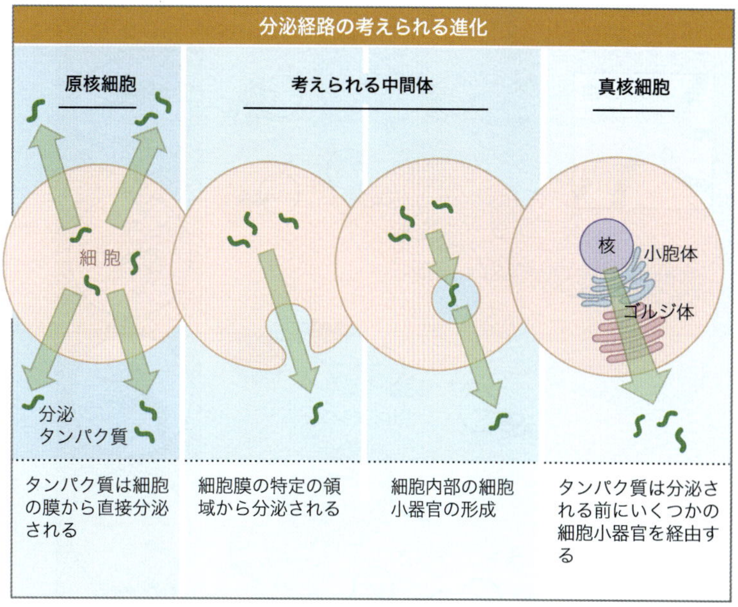

図3・3　分泌経路上の細胞小器官は，細胞膜の一部が陥入することによってタンパク質の分泌に特化したものへと進化したと考えられている．真核細胞のタンパク質は細胞膜を直接透過して分泌されるのではなく，細胞外とよく似た環境である小胞体内腔へと輸送される．

すべてのタンパク質は細胞質ゾル中で合成されるため，この最初の過程はタンパク質を直接取込む小胞体，ミトコンドリア，葉緑体，ペルオキシソームなどの細胞小器官の膜上で行われる．この過程は，それぞれの細胞小器官が取込まなくてはならないタンパク質を細胞質ゾル中に存在するすべてのタンパク質から正しく選別し，それらの選別されたタンパク質を細胞小器官の内腔，あるいはその膜上に**タンパク質膜透過**（protein translocation）として知られる現象によって移行させるものである．この章ではさらに，小胞体がもつさまざまな機能のうち，特に分泌経路上の各地点に送り届けるためのタンパク質の準備を行う役割について述べる．タンパク質はどのように分泌経路を移動し，またどのようにしてゴルジ体で仕分けされて特定の場所へと運ばれていくのかについては第4章"タンパク質の膜交通"で議論する．

3・2　タンパク質は小胞体膜を透過することによって分泌経路へと入る（概要）

重要な概念

- 新生分泌タンパク質や新生膜タンパク質は，シグナル配列によって小胞体へ標的化され，膜透過する．
- タンパク質は小胞体膜の親水性チャネルを通って透過する．
- 分泌タンパク質は小胞体膜を完全に横断して透過するのに対して，膜タンパク質は小胞体膜へと組込まれる．
- タンパク質は小胞体から輸送されていく前に，小胞体内腔の酵素やシャペロンによって翻訳後修飾を受けたり折りたたまれたりする．

図3・4に示すように，細胞は**新生タンパク質**（nascent protein，合成が開始されたばかりのタンパク質）を分泌経路へと導くのに，いくつかの障壁に直面する．まず最初に，**タンパク質標的化**（protein targeting）という，新生タンパク質が選択的に認識され，小胞体膜上の膜透過部位へと導かれるという過程を経る．つぎに新生タンパク質は，小胞体膜を完全に（可溶性タンパク質の場合），あるいは部分的に（膜タンパク質の場合）膜透過しなければならない．この過程は，小胞体内腔と細胞質ゾル間で新生タンパク質以外の分子が交換することなく起こらなければならない．最後に，膜透過したすべてのタンパク質は，小胞体内腔で適切に折りたたまれ，また多くの場合翻訳後修飾を受けたりタンパク質どうしが複合体を形成したりする．ここでは，これらの過程の概要を示す．

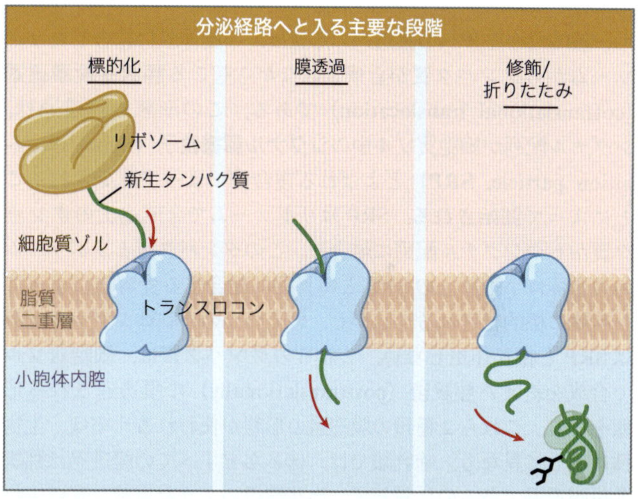

図3・4　新生分泌タンパク質や膜タンパク質に対して小胞体では 1）標的化，2）膜透過，3）折りたたみと修飾の三つが行われる．

小胞体は，細胞小器官の中でタンパク質が直接標的化される膜系器官の一つにすぎない．他には，ミトコンドリア，葉緑体，ペルオキシソームと核があり，小胞体に輸送されるタンパク質は，これらの細胞小器官へと運ばれるタンパク質や細胞質ゾルにとどまるタンパク質と選別されなければならない．細胞は，この仕分けを**シグナル配列**（signal sequence）を使って行っている．この配列は，タンパク質の一次構造上に含まれる特定のアミノ酸配列であり，タンパク質を直接取込む細胞小器官がもつ装置によって認識される．図3・5に示すように，郵便番号によって小包を行き先別に仕分けするのと同じように，それぞれの細胞小器官は異なったタイプのシグナル配列を使うことによって，タンパク質は行き先となる細胞小器官へと仕分けされる．

小胞体行きのシグナル配列が認識される機構は，タンパク質がどのように膜透過されるかということと密接に関係している．最

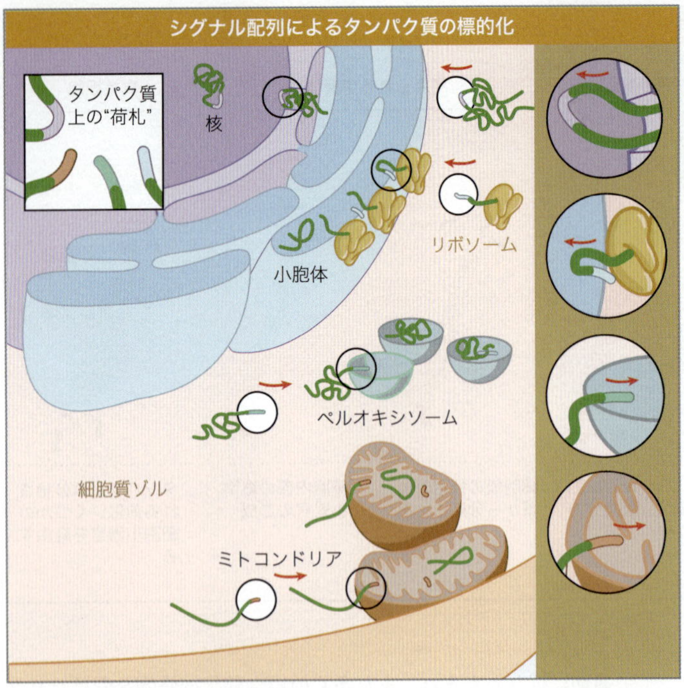

図 3・5　細胞小器官特異的なシグナル配列によってタンパク質は細胞内に正確に分布する．シグナル配列をもたない状態で合成されたタンパク質は細胞質にとどまる．

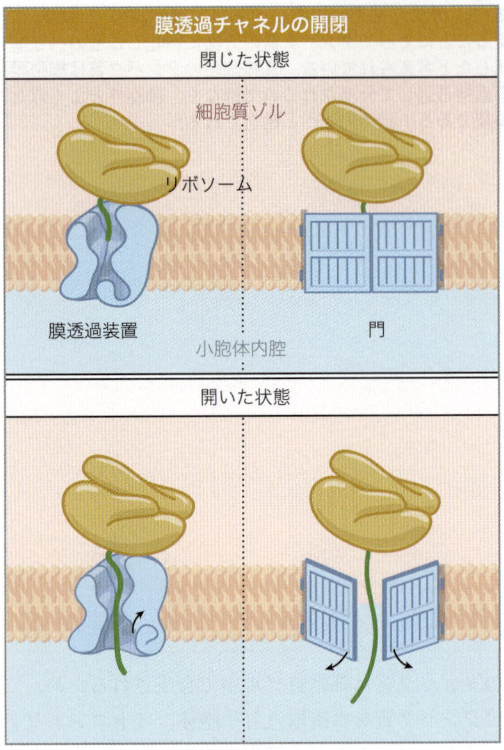

図 3・6　膜透過チャネルは門のような機能をしており，通常は閉じられているが膜透過基質が存在すると開く．その“門”はポリペプチド鎖が通り抜けるのに十分なだけしか開かないようになっている．

も一般的な小胞体への膜透過の形態は，小胞体膜に結合したリボソームからタンパク質が合成されながら起こる**翻訳共役膜透過**（cotranslational translocation）である．この形態の膜透過は，シグナル配列が細胞質ゾル中の**シグナル認識粒子**（signal recognition particle, **SRP**）とよばれる複合体によって認識されることによって開始される．SRP はリボソームで合成途上のタンパク質がもつシグナル配列に結合し，このタンパク質とリボソームの複合体は小胞体上の SRP と特異的に結合する受容体によって小胞体に標的化される．しかし，いくつかの小胞体シグナル配列は SRP と相互作用しない．これらのタンパク質は，細胞質ゾルで合成を終えた**翻訳後**（posttranslationally）に膜透過される形態をとる．これら 2 種類の膜透過の形態が使われる比率は，生物種によって異なる．哺乳類では，ほとんどすべての膜透過は翻訳共役膜透過であるのに対して，出芽酵母のような単純な真核生物ではどちらの形態も使われている．

タンパク質は小胞体に標的化されると，今度は細胞小器官を囲っている脂質二重層を通り抜ける必要がある．この過程は，疎水性の膜を貫通する親水性の通り道をもったチャネルを使って行われる．このチャネルを構成するタンパク質群は複合体として機能しているため，これらはまとめて**膜透過装置**（トランスロコン translocon）とよばれる．このチャネルは開閉することができ，新生タンパク質が膜透過しているときにだけ開いている状態になる．開閉することによって，イオンなどの低分子やほかのタンパク質などが通り抜けるのを妨げ，また細胞質ゾルと小胞体の内側の環境が異なった区画として保たれる．

開閉はどのようにして行われるのだろうか？　膜透過チャネルは，新生タンパク質のシグナル配列と相互作用して構造変化を起こすことによってチャネルが開き，ポリペプチド鎖がその開いた孔に挿入される．図 3・6 に示すように，この認識機構によって膜透過基質が標的化されたときにだけチャネルが開き，細胞質ゾル中の他のタンパク質が小胞体膜上にやってきてもチャネルは開かない．重要なこととして，このチャネルは折りたたまれていない伸びた状態のポリペプチド鎖がちょうど通り抜けることができるだけの大きさしか開かず，そのためほかの分子は膜透過基質と同時にチャネルを通り抜けることができないと考えられている．チャネルは新生ポリペプチド鎖自身によって開閉されるため，ポリペプチド鎖が通り抜けていない状態ではチャネルは閉じた状態になっており，そのため小胞体膜の透過障壁性が保たれている．

膜透過が開始されると，新生膜タンパク質は膜透過チャネルを完全に通り抜けるタンパク質と区別されなくてはならない．この区別は，シグナル配列が認識されるのと同じように膜透過チャネルによって行われる．最終的に脂質二重層を貫通することになる疎水性の**膜貫通ドメイン**（transmembrane domain）は，膜透過装置によって認識されると脂質二重層を通過する動きが止められ，チャネルから脂質二重層へと側方に排出される．この過程が 1 本のポリペプチド鎖上で何度も繰返されることによって，複雑な配向をもった大きな複数回膜貫通タンパク質を形成することができる（“配向”とは膜に対するタンパク質の向きを示すものである）（§3・10“膜貫通タンパク質は膜透過チャネルから脂質二重層へ排出される”参照）．

分泌タンパク質，膜タンパク質の両者とも，膜透過はポリペプチド鎖の修飾と同調している．たとえば，ほとんどのシグナル配列は膜透過反応のごく初期に除去される．また，膜透過するタンパク質の多くは，複雑な糖鎖構造が付加される．またあるものは，膜透過を終える末端近傍で切断を受け，リン脂質と共有結合する．

膜透過した各タンパク質は最終的に折りたたまれなければならない．小胞体内のタンパク質のいくつかは，新生タンパク質の折りたたみの過程を助ける働きをする．あるものは分子**シャペロン**（chaperone）とよばれ，新生タンパク質と結合することによって，凝集や誤って折りたたまれるのを防いだり，またあるものは新生タンパク質のジスルフィド結合の架け替えや，複数のタンパク質からなる複合体の形成を助けたりしている．これらのタンパク質は，小胞体内でのタンパク質の適切な折りたたみや複合体形成を確実なものとする，**品質管理**(quality control)のシステムをつくり上げている．この品質管理システムと密接に連携しているのが，誤って折りたたまれたタンパク質を認識して細胞質ゾルに送り返して分解する**逆行性膜透過系**（retrograde translocation）である．これらのすべての品質管理をくぐり抜けて初めて，分泌タンパク質や膜タンパク質は小胞体から運び出され，分泌経路によって最終目的地へと運ばれていく(第4章“タンパク質の膜交通” 参照)．

3・3 タンパク質はシグナル配列によって小胞体に標的化され膜透過する

重要な概念

- 通常，タンパク質のアミノ末端に付加された短いアミノ酸配列からなるシグナル配列によって，タンパク質は小胞体へと標的化される．
- すべてのシグナル配列に共通する唯一の特徴は，中央に疎水性コアをもつことで，この配列が付加されたタンパク質は膜透過される．

核にコードされたすべてのタンパク質の生合成は細胞質ゾルで開始される．小胞体膜を膜透過するタンパク質の最初の関門は標的化である．これは，分泌タンパク質や膜タンパク質を細胞質ゾルのタンパク質と区別して小胞体の膜透過部位まで運んでくることである．細胞はこの選別を，新生タンパク質上にコードされた，タンパク質を小胞体膜へと標的化するためのアミノ酸配列を使って行い，多くの場合，それらの配列は標的化された後に除去される．

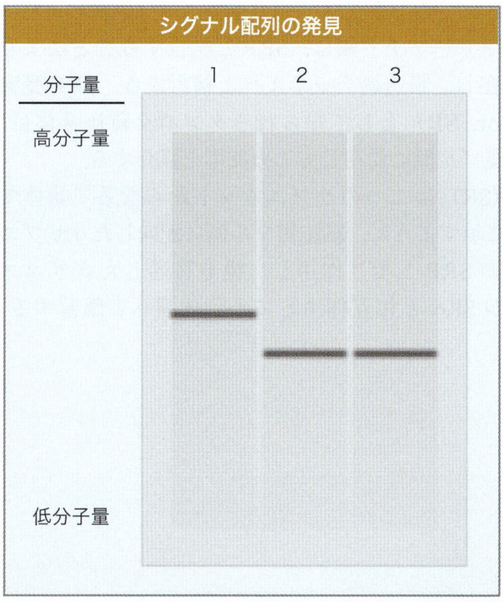

図3・7　シグナル配列の発見．分泌タンパク質を *in vitro* の無細胞系で合成すると，細胞で合成されたもの(レーン2)と比べてゲル電気泳動上での移動度が遅くなり分子量が大きなものとして検出される（レーン1)．このタンパク質を，精製した小胞体存在下で *in vitro* で合成すると，分子量が小さなもの（レーン3）として合成されることから，精製した小胞体膜を膜透過したものであるということが示された．

タンパク質が，その末端に付加されたアミノ酸配列によって小胞体に標的化されるという考え方はシグナル仮説とよばれ，これは古典的な一連の実験によって1970年代中盤に提唱され，細胞がどのようにしてタンパク質を特定の区画へと標的化するのかということを最初に示唆したものである．この実験では，分泌タンパク質の合成は，アミノ末端に余分なアミノ酸配列が付加された形で，細胞質ゾルで開始されることを示した．この余分な配列は，小胞体に到達して初めてタンパク質本体から切断されるが，そのときまだタンパク質本体の合成は完了していない．配列の切断を受けたタンパク質は小胞体内腔でのみみられ，細胞質ゾル中にはみられないことから，この配列の除去は明らかにタンパク質が膜を横断するのに伴って起こっていることになる．これに対して，図3・7の実験で示すように，通常は分泌されるタンパク質を小胞体非存在下において *in vitro* で合成すると，その余分な配列は切断を受けない．このことから，新生タンパク質は，その余分な配列によって小胞体に標的化され，そのタンパク質が膜透過を開始したあとにその余分な配列が除去される，ということをシグナル仮説で提唱した．この仮説では，その余分な配列はすべての分泌タンパク質と膜タンパク質に存在するが，細胞質ゾル中のタンパク質には存在しないと予測した．一般的にこの仮説が正しいことがこれまでに証明されている．この特徴的なアミノ酸配列は現在ではシグナル配列とよばれ，分泌タンパク質と膜タンパク質を標的化するためのほぼ一般的な機構である．ほとんどの場合，これらの配列は**前駆体タンパク質**（preprotein）から切断されることにより，**成熟タンパク質**（mature protein）となって分泌経路を移動していく．

シグナル配列の最も驚くべき特徴は，その多様性である．この配列に唯一共通しているのは，6個から20個の疎水性アミノ酸からなる中央領域のみであり，この領域にタンパク質間で共通した配列というものはみられない．また多くのシグナル配列はN末端にいくつかの極性アミノ酸ももっている．通常，その疎水性領域のC末端領域に極性アミノ酸が引き続いており，そこでシグナル配列の切断が起こる．ところが，どちらの極性ドメインも標的化には必ずしも必要ではない．

図3・8に示すように，上記のような特徴をもった多様な配列がシグナル配列として機能することができる．しかし，このよう

図3・8　タンパク質を小胞体へと導くシグナル配列は，長さ，配列ともに異なっている．シグナルとして機能するための一般的な特徴として，非常に疎水的な長い中央領域と電荷をもったアミノ酸がその端に位置している．

な多様性があるにもかかわらず，シグナル配列はタンパク質間で交換しても小胞体に標的化して膜透過させることができる．あるタンパク質のシグナル配列を別のタンパク質のものと交換しても，通常は標的化と膜透過は影響を受けない．同様に，細胞質ゾルのタンパク質にシグナル配列を付加すると，そのタンパク質は膜透過されるようになる．このような見かけ上非特異的な配列が，標的化という特異的な過程で必須であることは驚きである．

3・4　シグナル配列はシグナル認識粒子（SRP）によって認識される

重 要 な 概 念

- SRP はシグナル配列と結合する．
- SRP がシグナル配列と結合することにより，翻訳速度が遅くなり，新生タンパク質は，残りの部分の合成と折れたたみが起こる前に小胞体へと移行する．
- SRP54 の M ドメインは構造的に自由度が高いため，SRP はさまざまなシグナル配列を認識することができる．

シグナル配列はどのようにして膜透過させるタンパク質を小胞体へと運ぶのだろうか．シグナル認識粒子（SRP）の発見によって，シグナル配列がタンパク質間の特異的な相互作用によって認識されることが明らかになった．SRP は，細胞質ゾルに局在する六つのポリペプチド鎖と低分子の RNA 分子を含む，小さなリボ核酸タンパク質粒子である．これはリボソームから合成途上にある新生タンパク質のシグナル配列に結合し，リボソーム-新生ポリペプチド鎖からなる複合体を小胞体膜と相互作用させることができる．

シグナル配列の認識に必要なのは，SRP 中の一つのサブユニットだけである．このサブユニットはその分子量から SRP54 とよばれ，生物種間で広く保存されていることから，タンパク質によるシグナル配列の認識が広く重要であることを示している．

SRP54 は三つの異なるドメインからなる．

- G ドメイン：グアノシン三リン酸（GTP）と結合し，グアノシン二リン酸（GDP）に加水分解する．
- N ドメイン：G ドメインと相互作用する N 末端ドメイン．
- M ドメイン：メチオニン残基を多数含む C 末端ドメイン．

標的化に使われる多種多様なシグナル配列と SRP が結合できるのは，M ドメインの構造による．図 3・9 に示すように，M ドメインはいくつかの α ヘリックスが束になり，シグナル配列が結合するための溝を形成している．M ドメイン中のメチオニンがこの溝の内側に沿って並んでいる．メチオニン側鎖は柔軟かつ疎水的な性質をもつため，その溝の中はメチオニン残基が並んで疎水性の毛がたくさん生えているような状態になっている．そのため SRP54 はシグナル配列中にみられる多種多様な疎水性領域と結合することができる．

SRP 中のサブユニットである SRP9 と SRP14 は，7S RNA と共にリボソームと結合して，おそらくは翻訳延長因子との結合を物理的に阻害することによってタンパク質の延長を遅くさせている．この阻害の強さは基質によって異なっているものの，すべての場合，リボソームが小胞体と結合することによってのみ解除されて SRP が解離する．SRP が合成を遅らせたり止めたりすることによって，ポリペプチド鎖がリボソームからある程度の長さ延長してくる前に，新生ポリペプチドは膜へと運ばれる．このことによって，ポリペプチド鎖が折りたたまれてしまう前に，膜透過しやすい状態でチャネルへとたどり着くことができる．一般に，タンパク質はある程度翻訳されてしまった後で SRP に認識されても，*in vitro* における膜透過能を失っているということからも，この翻訳を遅らせることは重要であることがうかがえる．このような翻訳制御がすべての生物種で起こっているのか，また一つの生物の中のすべての膜透過されるタンパク質について起こっているのかは不明である．翻訳制御が必要ないほど新生タンパク質が素早く膜へと運ばれている場合もあるのかもしれない．

3・5　シグナル認識粒子（SRP）とその受容体との相互作用によってタンパク質は小胞体膜と結合する

重 要 な 概 念

- SRP は，その受容体と結合することによって，リボソームと新生ポリペプチド鎖を膜透過装置近傍へと移行させる．
- 結合には，SRP とその受容体による GTP の結合と加水分解活性が必要である．

シグナル認識粒子（SRP）によって新生分泌タンパク質や膜タンパク質が認識されても，まだ標的化の過程の半分が終わったにすぎない．新生ポリペプチド鎖は，SRP と結合することにより小胞体膜へと局在し，膜透過チャネルへと移行する．**SRP 受容体**（SRP receptor，**SR**）として知られるタンパク質複合体は，小胞体膜の細胞質ゾル側に局在してこの反応を媒介する．

SRP 受容体（SR）は二つのサブユニットからなる二量体である．図 3・10 に示すように，細胞質ゾル側に配向した α サブユニット（SRα）が SRP と相互作用し，膜を貫通した β サブユニット（SRβ）が SRα と相互作用して小胞体膜へと繋留する．

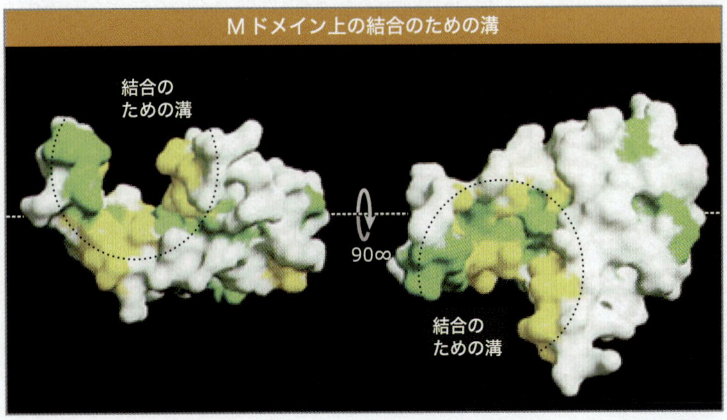

図 3・9　SRP54 のバクテリアホモログの M ドメイン構造．疎水性アミノ酸残基の位置を緑と黄色で示している．これらの残基は，シグナル配列が結合すると考えられている深い溝の表面を形成している．この溝を下から見たのが左側の図で，上から見たものが右側の図である［R.J. Keenan, et al., 'Crystal Structure...,' *Cell* **94**, 181〜191 (1998) より，Elsevier の許可を得て転載］

SRP54 と同様に，SRα と SRβ のそれぞれが GTP を結合して加水分解するドメインをもっており，これらの三つのタンパク質は GTPase のサブファミリーに属している．これらのタンパク質の GTP 結合と加水分解活性は，新生ポリペプチド鎖の小胞体への適切な標的化とともに，それらの膜透過チャネルへの移行と，標的化が終わった後に SRP を細胞質ゾルへと再循環させるのにも重要である．

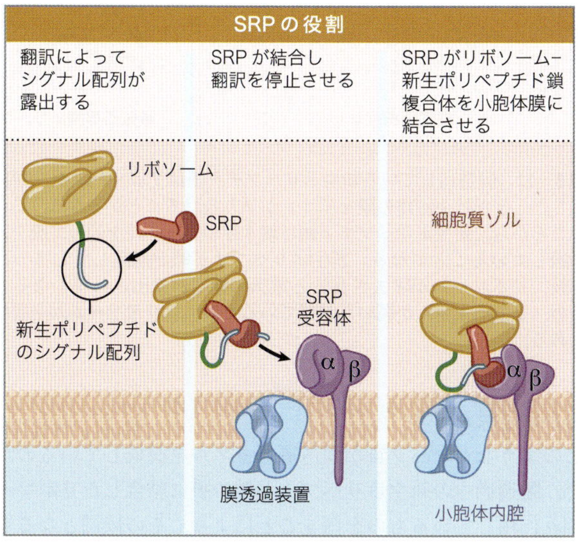

図 3・10　シグナル配列がリボソームから出てくると，ここにすぐに SRP が結合して翻訳を停止させ，リボソームと新生ポリペプチド鎖からなる複合体を SRP 受容体との相互作用を介して小胞体膜に結合させる．

図 3・11 に示すように，標的化には SRP と SRP 受容体との協調した GTP 結合と加水分解が必要である．SRP と SRα が互いに相互作用する前から GTP 結合型となっているのか，あるいはこれらが互いに相互作用することによって GTP 結合型となるのかは，これまでのところ明らかになっていない．いずれの場合でも，シグナル配列を結合した状態の SRP が SRP 受容体と複合体を形成することにより，翻訳中のリボソームを含んだ SRP 受容体が膜透過装置と結合し，おそらくは膜透過チャネルのサブユニットの助けによって SRβ に GTP が結合する．さらに，膜透過装置はリボソーム-新生ポリペプチド鎖からなる複合体を結合する．そのため，このような複合体は，いくつもの因子が協調して相互作用することによって形成されている．この複合体中の SRP と SRP 受容体中の二つのサブユニットは，GTP 結合型となっている．複合体が正しく形成された場合にのみ，SRP と SRP 受容体に GTP 加水分解に必要な構造変化が起こるようである．SRP と SRα は互いの GTP 加水分解を促進しているようで，これによってこれら二つの因子の構造的再編成が起こる．リボソームも同様に SRP と SRα による GTP 加水分解を促進させているのかもしれない．これらの構造変化の結果，ポリペプチド鎖，リボソーム，チャネル間の相互作用がポリペプチド鎖を膜透過可能な状態に保ちつつ，リボソーム-新生ポリペプチド鎖からなる複合体が SRP と SRP 受容体から解離する．

標的化の過程で必要なこれら何段階もの相互作用とヌクレオチド加水分解は，おそらくはこの過程の速さと正確性のために必要であると考えられる．仮に細胞質ゾルのタンパク質を翻訳しているリボソームが小胞体膜上の膜透過装置の近くにいたとしても，SRP–SRP 受容体間の結合がないため，その場所にとどまるのはごく一過的なものとなり膜透過は起こらない．同様に，リボソームがチャネルと結合していない SR 複合体へと標的化された場合，その相互作用はリボソーム-膜透過装置，そして膜透過装置-SRP 受容体間の結合をひき起こすのには不十分であり，そのような膜透過するための膜透過装置がない状態のところへは，SRP と SRP 受容体が GTP 加水分解することによってポリペプチド鎖が送られていかないようにしている．

SRP から離されたリボソームは，膜透過装置と結合する．これはリボソームとチャネルを形成するタンパク質とが直接相互作用することによって起こる．それらの相互作用によって，リボソームはちょうどチャネル入口と細胞質ゾルとの境界に位置し，新生ポリペプチド鎖がこれら二つの間を直接移動することができるようになる．リボソームとチャネルとの間の相互作用は，最初のうちは弱いものの，膜透過が進むにつれて強くなっていく．

標的化と膜透過についてまだよくわかっていないこととして，1 本の mRNA 上に複数のリボソームが集まる（ポリソームとよばれる）ことが，標的化の過程や膜透過装置の集合にどのように影響しているのかということがある．mRNA に結合した最初の

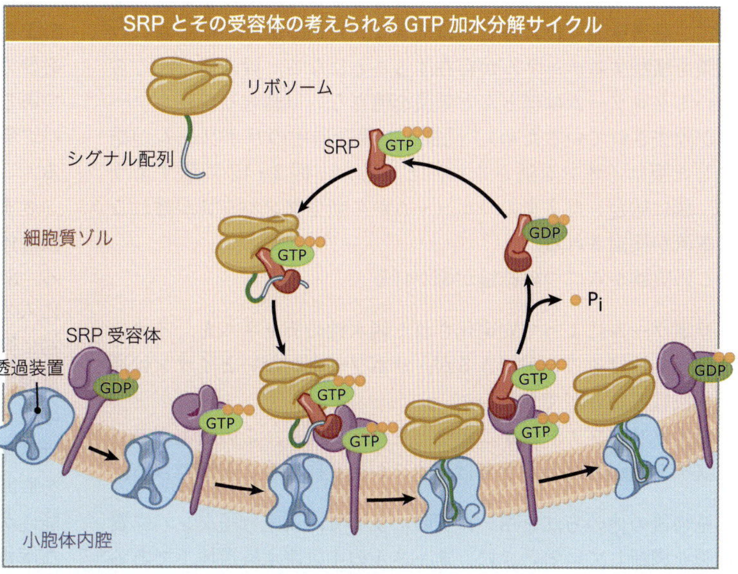

図 3・11　SRP とこの受容体はどちらも GTP と結合することによってシグナル配列を解離して膜透過チャネルに挿入する．その後，GTP 加水分解によって SRP とこの受容体の解離が促進される．

リボソームによって，タンパク質合成が始まり小胞体へと標的化されると，それにひき続くその他のリボソームは，すでに小胞体膜近傍に位置しているため SRP を必要としないのではないだろうか．二つの別々の分子間の距離を測定する蛍光共鳴エネルギー移動（FRET）とよばれる技術を使った研究から，膜透過装置の構造は，基質を膜透過中の場合と空っぽの場合とでわずかに異なるものの，全体としてチャネルは集合したままの状態にあり，基質が膜透過中でなくても基本的には膜透過が“開始”された状態になっていることがわかった（FRET の詳細は TECH:3-0001 を参照）．そのため，SRP と SRP 受容体との相互作用は，最初の標的化の段階のみで必要であり，それにひき続くリボソームが膜透過装置へと結合するときに行われる一連の過程はかなり速い反応である．ここでは，チャネルによるシグナル配列の認識は，膜透過されるそれぞれのポリペプチドが確かに分泌タンパク質や膜タンパク質であるということを確かめる，校正の役目を担っている（§3・7“ほとんどの真核生物の分泌タンパク質と膜タンパク質の翻訳は膜透過と共役している”参照）．

3・6 膜透過装置はタンパク質を透過させる親水性のチャネルである

重要な概念

- タンパク質は，小胞体膜に局在する Sec61 複合体によって構成される親水性のチャネルを通って膜透過する．
- そのチャネルには，膜透過や折りたたみ，翻訳後修飾にかかわるさまざまな脇役となるタンパク質が集合している．

タンパク質は，膜を貫通した膜透過特異的に機能する，水で満たされた（親水性の）チャネルを通って小胞体膜を横断する．このチャネルとここに結合したタンパク質をまとめて膜透過装置（トランスロコン）とよぶ．この複合体の構造はダイナミックなものであり，膜透過そのものを考える前に詳細に検討する価値がある．

タンパク質を横断させるためのチャネルが，小胞体の膜に存在することを示すことは非常に困難であった．シグナル仮説が提唱された時点ですでにそのようなチャネルの存在も示唆されていたものの，分泌タンパク質が脂質二重層を直接通り抜けるといった他の考え方も同時に支持された．そのようなチャネルが存在するという最初の強力な証拠は，粗面小胞体由来の小胞の膜（ミクロソームとよばれる）をイオンが通り抜けることができることを示した電気生理学的な実験によってもたらされた．イオンは純粋な脂質二重層を通り抜けることはできないため，電流が検出されれば膜を横断するチャネルが存在することになる．膜透過の起こらないミクロソームはほとんど電流を流さない（結合したリボソームが除去されているため）．同様に，膜透過中のリボソームが結合した膜はイオンを通さない．ところが，図3・12 に示すように，膜に結合したままのリボソームから新生タンパク質が離れると電流が検出される．

この実験から二つの結論が導かれる．

- リボソームによって安定化された親水性のチャネルを，イオンは通り抜けることができるが，リボソームがないとイオンは通り抜けることができない．
- 新生ポリペプチド鎖がこのチャネルを占有し，この新生ポリペプチド鎖が離れたときだけイオンが通り抜けることができる．

その後の他の方法を用いた実験によって，新生分泌タンパク質が膜を横断しているときに，チャネルの中は親水性環境下であることが示された．

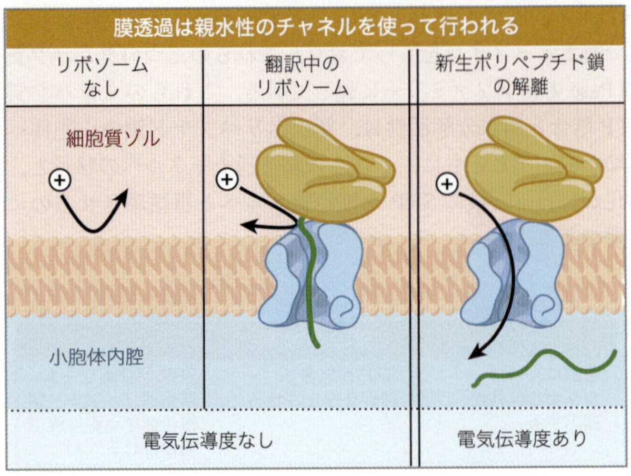

図3・12 膜透過している新生ポリペプチド鎖がリボソームから解離したときだけ小胞体の膜をイオンが通り抜けることができる．このことから，新生ポリペプチド鎖は親水性のチャネルを通って膜を透過していることになる．新生ポリペプチド鎖が解離してしまった後，リボソームが除去されると電気伝導度が検出されなくなるため，このチャネルが開いた状態でいるためにはリボソームが必要である．

どのようなタンパク質が膜透過チャネルを構成しているのだろうか．膜透過中の新生ポリペプチド鎖や膜に結合したリボソームと相互作用しているものを探すことにより，その候補となるものが同定された．同定されたタンパク質の機能を明らかにするため，界面活性剤によってミクロソーム中の膜タンパク質が可溶化された．図3・13 では，そこからどのようにして膜透過に最小限必要な因子が分離されたかを示してある．分離された個々のタンパク質は，**プロテオリポソーム**（proteoliposome）とよばれる脂質膜小胞に再構成され，これをミクロソームの代わりとして *in vitro* で膜透過反応を行わせる．このようにすれば，膜上の因子の組成を厳密にコントロールすることができ，個々のタンパク質の膜透過における重要性を決定することができる．概念としては，車をバラバラに分解して，それらの部品をさまざまな組合わせで再度組立てることによって，車が動くために必要最小限の部品を見つけるようなものである．エンジンとその他いくつかの部品は絶対に必要であるが，ブレーキのような制御部品はいらないといった具合である．

この方法によって，いくつかのタンパク質の膜透過には SRP，SRP 受容体と三つの膜貫通タンパク質からなる Sec61 複合体が必要であることが示された．SRP と SRP 受容体は標的化に必要であることが知られているため，残りの Sec61 が膜透過するタンパク質が通り抜けるためのチャネルを形成する因子の候補である．

さまざまな生物種間で Sec61 が保存されていることから，この複合体が膜透過において重要な役割を担っていることがうかがえる．Sec61 複合体中のタンパク質は，分泌タンパク質が小胞体内に入るために必要な遺伝子のスクリーニングによって，酵母で最初に同定された．そのうち，*SEC61* 遺伝子は，小胞体膜を 10 回貫通する膜内在性タンパク質 Sec61p をコードしている．哺乳類には，そのホモログとして Sec61α が存在している．*in vitro* における生化学的な実験によって，Sec61p は膜透過中のタンパク質を取囲んでいることが示唆され，チャネルの壁を構成している可能性が非常に高いと考えられている．遺伝学的，および生化学的な解析によって，Sec61p はより小さいつぎの二つのタンパク質と強く結合していることが明らかとなっているものの，それらの機能はあまりよくわかっていない．

- Sss1p（哺乳動物では Sec61γ）
- Sbh1p（哺乳動物では Sec61β）

これらの三つの因子がヘテロ三量体 Sec61 複合体を構成している．

Sec61 の詳細な構造が，アーキア（古細菌）*Methanococcus jannaschii* の SecY 複合体（Sec61 複合体の構造的および機能的なホモログ）について解かれている．その構造から，膜透過チャネルのもついくつかの顕著な特徴がわかる．図 3・14 に示すように，Sec61α の膜貫通ドメインにより構成されているチャネルの内側は，基本的に砂時計のような形をしており，孔の部分は Sec61α の一部が栓のようになってふさいでいる．リボソーム側

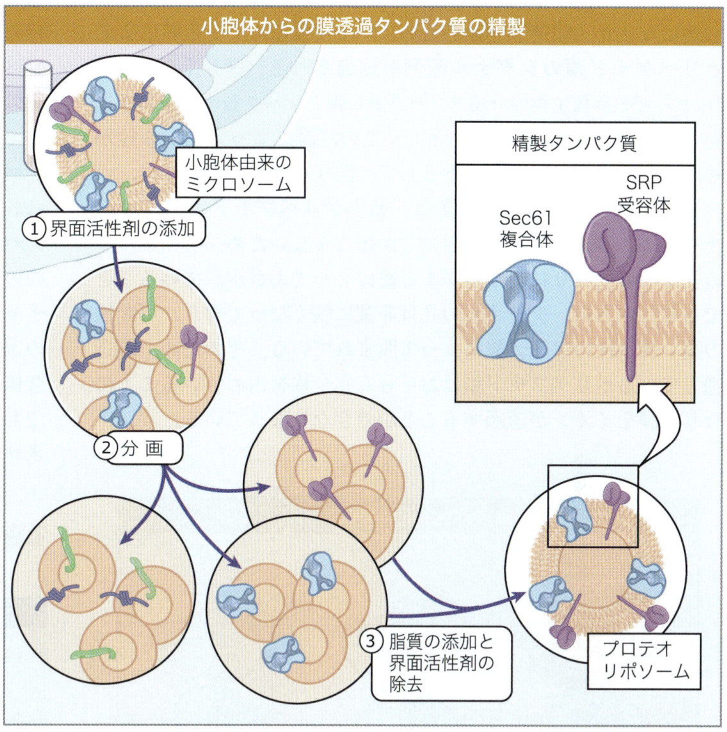

図 3・13 小胞体由来のミクロソームは界面活性剤によってタンパク質と脂質を含んだ小さなミセルへと可溶化することができる．これらのミセルを分画することによって目的のタンパク質を精製することができる．新たに脂質を加えて界面活性剤を除去することによって，目的のタンパク質のみを含む小胞が形成される．

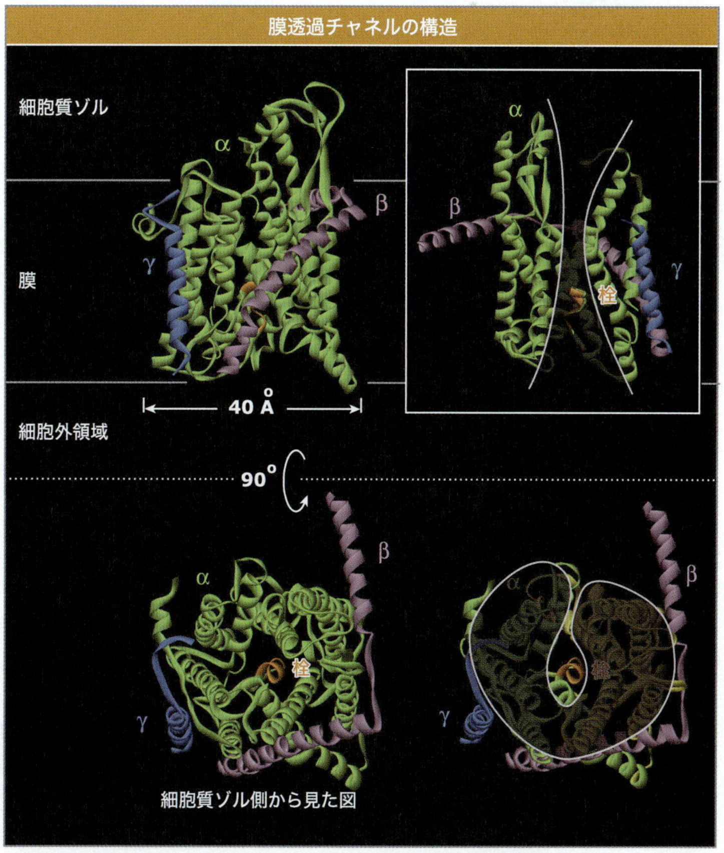

図 3・14 チャネルは砂時計のような構造をしており，その中央の孔は小さな“栓”によってふさがれていて，シグナル配列がチャネルに結合することによってその栓が孔から移動すると考えられている．右上図は，砂時計様の孔が見えやすいように膜透過装置中のいくつかの膜貫通ヘリックスを省いたものである．細胞質ゾル側から見た図は，二枚の貝殻のように配置した膜貫通ヘリックスを示している［画像は Protein Data Bank file 1RHZ より］

から見ると（つまり細胞質ゾル側から見ると），Sec61αの膜貫通ドメイン1～5はちょうど貝殻の片方半分のように配置し，膜貫通ドメイン6～10はもう半分を形成している．Sec61γはそれらの間に位置している．

新生ポリペプチド鎖は，砂時計のような形をしたチャネルの真ん中の孔を通り抜けているようで，そのためには孔をふさいでいる栓が移動しなくてはならない．ここで，チャネルが開いた状態と閉じた状態とで，チャネル中のどの領域が互いに隣り合っているのか調べた生化学的実験によって，孔の開閉のメカニズムが明らかになった．膜透過開始のために，まず最初にチャネルによるポリペプチド鎖のシグナル配列が認識される（詳しくは§3・7“ほとんどの真核生物の分泌タンパク質と膜タンパク質の翻訳は膜透過と共役している”参照）．おそらくこの認識によって孔から栓が移動する．ここで重要なこととして，図3・15に示すように，この孔を開けるような栓の移動は，新生ポリペプチド鎖がすでにチャネルと結合しているときにしか起こらないため，チャネル中の孔は栓の代わりにポリペプチド鎖によってふさがれていることである．さらに，チャネルの孔は非常に狭くなっており，可動性の高い疎水性のアミノ酸によって囲まれている．そのため，膜透過しているポリペプチド鎖はおそらく孔全体を占めていることになり，膜をイオンが透過することができなくなっている．

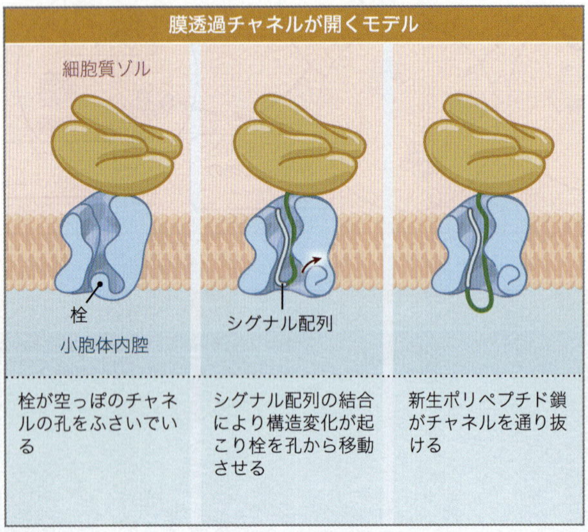

図3・15 シグナル配列がチャネルに結合することによっておそらく構造変化が起こり，栓を移動させてポリペプチド鎖がチャネルを通り抜けられるようになる．

Sec61複合体の構造が決定される以前から，この複合体が三量体，あるいは四量体として集合していることが知られており，いくつもの複合体が集合して一つのチャネルを構成していると考えられていた．しかし，現在では一つのSec61複合体（Sec61α，Sec61β，Sec61γがそれぞれ1分子から構成される）によってチャネルが形成されていると考えられている．三つあるいは四つのSec61複合体が集合している意義についてはこれまでのところ明らかになっていない．

Sec61はそれ自体でチャネルを形成しているが，タンパク質膜透過やタンパク質修飾にかかわる他のタンパク質はこのチャネルの近傍に存在しており，Sec61複合体は，小胞体におけるタンパク質の標的化，膜透過，折りたたみ，修飾にかかわるタンパク質群の足場となっていると考えられる．たとえば，上記のリボソームとSR複合体とが集合しているのに加えて，膜透過しているタンパク質からシグナル配列を切断するための，シグナルペプチダーゼ複合体がすべての膜透過装置に存在している．膜透過中のポリペプチド鎖に糖を共有結合させるための酵素複合体である，オリゴ糖転移酵素も同様に含まれている．いくつかの，機能がまだよくわかっていないタンパク質も，同様に新生ポリペプチド鎖と相互作用している．膜透過途上ポリペプチド鎖結合膜タンパク質（translocating chain-associating membrane, TRAM）も，多くの場合シグナル配列と膜透過途中の膜貫通ドメインと強く相互作用する．新生ポリペプチド鎖を切断，あるいは修飾する酵素とは異なり，このTRAMタンパク質は，ある種のタンパク質の膜透過において，複数の段階で必要とされることが示唆されている．同様に膜透過途上のタンパク質近傍に存在しているタンパク質として，膜透過装置結合タンパク質複合体（translocon-associated protein, TRAP）がある．この複合体は，Sec61αタンパク質と等量存在しており，メカニズムは解明されていないものの，チャネルによるシグナル配列の認識を助けている．膜透過チャネルはそれ単独で機能しているというよりも，むしろ膜透過の過程に関与したり制御したりするのに必要なタンパク質巨大複合体の一部であることは明らかであり，このことによって，いつでも細胞が必要とするときに，個々のタンパク質の膜透過を変化させることができる．

3・7 ほとんどの真核生物の分泌タンパク質と膜タンパク質の翻訳は膜透過と共役している

重 要 な 概 念

- 膜透過装置とシグナル配列の相互作用によって，チャネルが開き，膜透過が始まる．
- タンパク質によって膜透過される機構は異なっている．

リボソームに結合した新生ポリペプチド鎖の標的化と結合にひき続いて，ポリペプチド鎖の膜の横断が開始されなくてはならない．この過程について明らかになっている知識の大部分は，比較的少ない種類のモデルタンパク質を用いた無細胞系による，膜透過再構成系によって得られたものである．膜透過は，ポリペプチド鎖，チャネル，リボソーム間の一連の制御された相互作用によって行われる．これらの因子間の相互作用によって，チャネルとそこに結合するリボソームと新生ポリペプチド鎖に変化が起こる．

小胞体膜におけるシグナル認識粒子（SRP）からのシグナル配列解離に伴って，リボソームを膜につなぎ止めているのはリボソームとチャネル間の結合のみとなる．この結合だけでは膜透過を始めるのには不十分であり，小胞体膜において新生ポリペプチド鎖が認識される過程が必要となる．このような過程が必要となるのは，リボソームは基質が翻訳されていない状態でも，低いながらもチャネルと有意な親和性をもっているためである．もし膜透過を始めるのにリボソームと膜透過装置との間の相互作用だけで十分であるとすると，翻訳された細胞質ゾル中のタンパク質も同様に膜透過されてしまうことになる．チャネルが機能的なシグナル配列を認識して結合するという過程によってこのようなことが起こらないようになっている．

リボソームと膜透過装置間の相互作用の変化は，シグナル配列認識によってひき起こされるということが図3・16に示してある．SRPのSRP受容体への結合と解離の後，リボソームは膜透過装置に弱く結合しているのにすぎない．このことによって，シグナル配列部分と残りの新生ポリペプチド鎖が，チャネルのすぐ

図 3・16 新生ポリペプチド鎖の小胞体内腔への延長は，チャネルがシグナル配列を認識するまでは起こらず，それまではチャネルにリボソームが強く結合している．折りたたみと修飾は膜透過が開始されるとすぐに開始される．

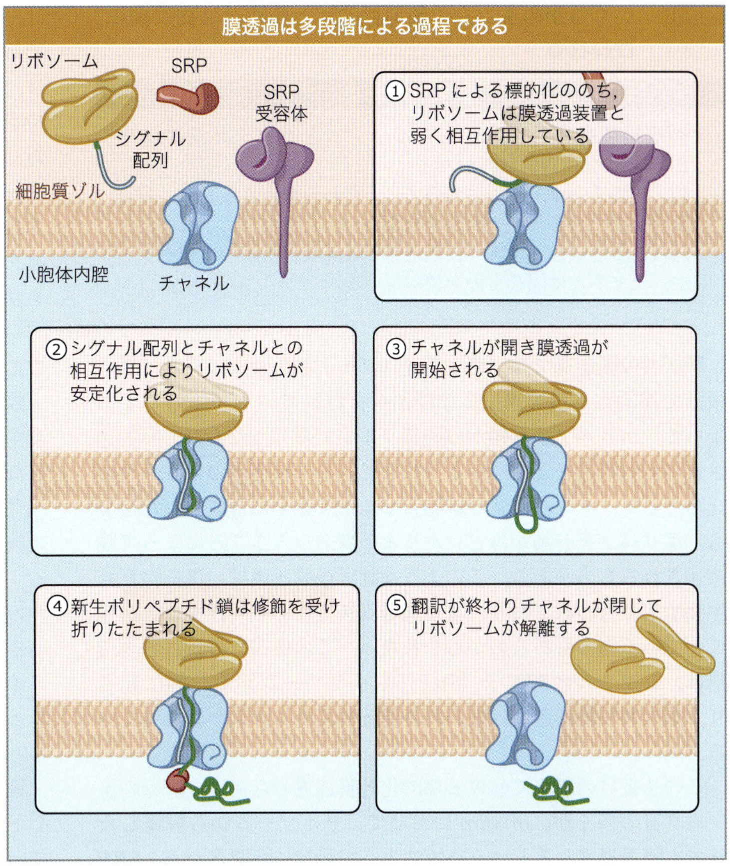

端に位置して細胞質ゾル側に露出した状態になる．その後すぐに新生ポリペプチド鎖の伸長が再開され，シグナル配列がSec61αによって認識される．この認識のためには，シグナル配列自身がN末端側を細胞質ゾル側，C末端側を小胞体内腔側に向けてループ状の構造をとった状態でチャネル内部に挿入されることが必要であると考えられている．このような配向をとることによって，タンパク質がリボソームからチャネルを通って小胞体内腔へと入っていくのに好都合な状態に配置される．

シグナル配列の認識と挿入によって，ポリペプチド鎖が膜透過経路へと入り，このことによっておそらくはチャネルをふさいでいる中央の栓が移動して，ポリペプチド鎖の成熟体部分（これはシグナル配列のすぐ後ろの領域である）が孔へと挿入される．これによって，リボソームと膜透過チャネルとの結合がさらに強くなる．シグナル配列の挿入からチャネルが開く一連の過程は標的化にひき続いて非常に速く起こる．その間，ポリペプチド鎖のさらなる延長はほとんど必要なく，この過程は残りの領域の合成よりずっと前に完了する．分泌タンパク質の場合，40アミノ酸残基ほどがリボソームから合成されているだけで十分である．

一度チャネルが開いてしまうと，ほとんどの分泌タンパク質は翻訳が終わるまで内腔へと進んでいく．以前は，リボソームと膜透過装置との間の相互作用が非常に強いため，これらの二つの因子間で物理的な密閉状態が形成されて，膜透過途上のポリペプチド鎖が細胞質ゾル中へと解離していくのが防がれていると考えられていた．しかし，生化学，構造生物学による多面的な実験から，これら二つの因子間には物理的に隙間があり，少なくともある一定の条件下では，新生ポリペプチド鎖が部分的にこの隙間から細胞質ゾル側へと抜け出ることが可能であるということが示されている．膜透過途上のポリペプチド鎖をそのまま細胞質ゾル側へと抜け出させてしまうことなく，小胞体内腔へ膜透過させる力が，どこから加わっているのかについては明らかになっていない．一つの可能性として，小胞体内腔の何らかの因子と，延長してくるポリペプチド鎖との間の相互作用によって，ポリペプチド鎖が抜け出てしまわないようにしていることが考えられる（§3・9“ATP加水分解が膜透過を駆動する”参照）．いずれにしても，膜透過基質は内腔へ向けて移動する．これら一連の過程の順序はまだ明らかになっていないものの，リボソームが終止コドンまで到達すると，ポリペプチド鎖は内腔へと放出されてチャネルが閉じる．チャネルが閉じる反応については，ポリペプチド鎖が完全にチャネルを通り抜けることによって行われているのか，あるいはリボソームから解離することが引き金になっているのか，わかっていない．

膜透過の基本的な機構は以上のとおりだが，その過程の詳細は基質によって異なっている．たとえば，シグナル配列によってチャネルとの相互作用の様式が異なっており，チャネルが開く様式も異なっている．そのため，シグナル配列の認識され方の違いによって，それにひき続くそのタンパク質の生合成にも影響が出てくる．あるタンパク質の膜透過には，Sec61とTRAMのほかにさらに小胞体上の別の因子を必要とする．またあるものは，膜透過反応の初期段階は通常の膜透過反応によって進むものの，反応の後期段階から枝分かれして別のメカニズムで行われる．たとえば，あるタンパク質は，膜透過途上において，リボソームと膜透過装置との間の隙間から細胞質ゾル側に大きな領域を一過的に露出し，その後チャネルとへ引き戻される．そのため，膜透過が行われるうえで共通した特徴というものはあるとしても，タンパク質が膜を通過していくメカニズムが普遍的であると考えるのは単純化しすぎている．特異的な経路を経て膜透過されるタンパク質の場合には，そのタンパク質のもつ生理的な活性上，そういった特異的な経路を経る必要があるのだろう．

3・8 いくつかのタンパク質の標的化と膜透過は翻訳後に行われる

重要な概念

- 翻訳後膜透過の反応は，リボソームとシグナル認識粒子（SRP）に非依存的に行われる．
- 翻訳後膜透過は，酵母において広く行われているものの，高等真核生物ではあまり一般的ではない．
- 翻訳後膜透過は，翻訳共役膜透過とは異なった因子を利用するが，チャネルは同じものを使っている．

翻訳共役膜透過では，新生ポリペプチド鎖の合成の非常に早い段階で標的化と膜透過反応の開始が行われている．このことによって，ポリペプチド鎖が細胞質ゾル中で折りたたまれて膜透過されにくい構造をとらないようにしている．膜透過のもう一つの経路として，タンパク質が細胞質ゾル中で完全に合成された後でも，ポリペプチド鎖がほどけたままの構造をとることによって膜透過されるものがある．このような翻訳後膜透過は，単細胞真核生物で広く行われており，また高等真核生物でも同様なことが起こっている場合もあるのかもしれない．この様式で行われる膜透過は，シグナル認識粒子（SRP）やリボソーム非依存的に起こり，翻訳共役膜透過とは使われる装置やメカニズムが異なっている．

この2番目の経路における標的化と膜透過の存在は，酵母のタンパク質の多くが，*in vitro* において，リボソームから解離した後でも膜透過されるという事実によって最初に証明された．SRP を欠損した出芽酵母 *S.cerevisiae* 細胞は生育可能であり，この細胞中の多くのタンパク質は膜透過することができる．通常の条件下では，酵母中のいくつかのタンパク質はこれら二つの経路のうちの一つだけしか利用していないが，ほとんどのタンパク質はどちらの経路を使っても効率よく膜透過できるということが現在では明らかになっている．

この翻訳後膜透過の経路では，シグナル配列を認識する細胞質ゾル中の因子は存在していない．どちらの経路を使うのかを決定しているのは，シグナル配列が SRP と相互作用するのに十分に疎水的であるかということである．SRP と相互作用できなければ，翻訳の速度は遅くさせられることがないため，合成が完全に終了した後にタンパク質は標的化され膜透過される．

翻訳共役膜透過において標的化が素早く行われる理由の一つは，膜透過基質が細胞質ゾル中で折りたたまれてしまわないためである．標的化前にリボソームから露出しているペプチドの長さは，折りたたまれるには短すぎるため，その部分がチャネル中の特定の場所に収まってしまえば折りたたみは起こらない．それに対して，翻訳後膜透過の基質となるものは，細胞質ゾル中で Hsp70 ファミリーと結合することによってその折りたたみが抑制されている（MBIO:3-0001 参照）．この Hsp70 ファミリータンパク質は，ATP を加水分解し，翻訳後膜透過基質と結合と解離を繰返すことによって，翻訳後膜透過基質の折りたたみと凝集を防いでいる．そのため，基質タンパク質はチャネルと相互作用することができる．

翻訳後膜透過では，基質が膜に到達する前にシグナル配列を認識する SRP のような因子は使われていない．その代わり，基質となるタンパク質は翻訳後膜透過用の膜透過装置に含まれるタンパク質複合体と結合する．翻訳共役膜透過装置と同様に，この翻訳後膜透過装置にも三量体からなる Sec61 複合体が含まれている．しかし図3・17に示すように，翻訳後膜透過装置には他に四つのタンパク質（Sec62p，Sec63p，Sec71p，Sec72p）が含まれている．これらのタンパク質は，細胞質ゾル側と内腔側に大きなドメインを露出した状態でサブ複合体を形成している．詳しいメカニズムは不明であるが，この複合体は基質の標的化に関与していると考えられている．

葉緑体における外膜のタンパク質膜透過でも，このように，中心となる膜透過チャネルにそれを補助するための因子群が結合していると考えられている（§3・29“葉緑体に取込まれるタンパク質も二つの膜を横切らなくてはならない”参照）．一般的に，このようなシステムの場合，ある基質やある一群の基質に対してそれぞれ個別にチャネルを用意する必要がなく，膜透過の制御が細胞にとって簡単になる．これは，RNA ポリメラーゼ複合体による転写のオン，オフの制御において，ある一群の遺伝子のプロモーターにだけ結合する転写因子によって遺伝子発現の制御が行われているのと似ている（MBIO:3-0002 参照）．

ポリペプチド鎖が膜透過装置までたどり着くと，翻訳共役膜透過のときと同様にしてチャネルはシグナル配列を認識する．標的化は SRP に非依存的なため，この認識の過程は細胞質ゾルのタンパク質を膜透過させないために特に重要となる．翻訳共役膜透過のときと同様に，おそらく翻訳後膜透過の場合でもこのシグナル配列の認識によってチャネルが開く．シグナル配列の疎水性度が SRP やチャネルとの結合を決める最も重要な要素ではあるものの，翻訳後に標的化されるシグナル配列は SRP には認識されずチャネルによってのみ認識されるということは，シグナル配列の認識にはこのほかに未知の因子が関与しているに違いない．

出芽酵母では広く翻訳後膜透過が行われているものの，高等真核生物においてこの経路が使われているのかどうかについてはあまりよくわかっていない．これまでこの形態の膜透過は，*in vitro* で非常に小さい基質を用いてのみ示されているのにすぎない．この場合，細胞質ゾル中において安定な二次構造へと折りたたまれる可能性は低い．こういった基質が細胞内においても実際に翻訳後に標的化されているのかどうかについては明らかになっていない．しかし，高等真核生物にも Sec62p と Sec63p のホモログが存在している．おそらく，翻訳後膜透過がある形態で行われているか，あるいはこの装置が他の用途で用いられているのかもしれない．

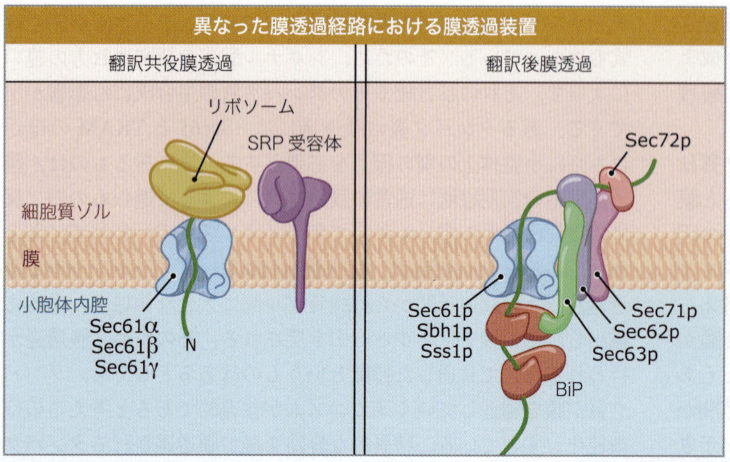

図3・17 さまざまなタンパク質がチャネルと相互作用することによって，翻訳共役，あるいは翻訳後膜透過が行われる．

3・9 ATP加水分解が膜透過を駆動する

重要な概念

- 翻訳後膜透過は，小胞体内腔のBiPタンパク質によるATP加水分解によって駆動されている．
- 翻訳共役膜透過を駆動しているエネルギー源はあまりよくわかっていないが，翻訳後膜透過と同じであるかもしれない．
- バクテリアにおけるほとんどの膜透過は，Sec61複合体と進化的に類縁のチャネルを使って翻訳後に起こる．

小胞体内腔への膜透過は何によって駆動されているのだろうか．蛍光標識した膜透過基質がミクロソーム膜を通過するのを測定した生化学的実験から，リボソームはチャネルと非常に強く結合しているため，ポリペプチド鎖の動きはチャネルから内腔へと向かう動きに制限されていることが示されている．ところが，リボソームと膜透過装置が形成する複合体の電子顕微鏡写真から，リボソームとチャネルとの間には隙間があることが示されている．さらに，膜透過途上にあるポリペプチド鎖の細胞質ゾル側への露出を調べた生化学的実験から，多くのタンパク質は膜透過途上において細胞質ゾル側に露出する機会が多くあることが示されているため，膜透過基質が小胞体内腔へと向かう動きは必ずしも保証されたものではないということになる．また，このメカニズムでは，タンパク質が翻訳後にどのようにして標的化され，膜透過チャネルを通り抜けていくのか説明できない．リボソームが新生ポリペプチド鎖を直接小胞体内腔へと押し込んでいるという考え方はできるものの，翻訳後膜透過のメカニズムの研究から，内腔へのポリペプチド鎖の動きは内腔のタンパク質との結合によって駆動されている可能性の方が高いと考えられる．翻訳共役膜透過を駆動するエネルギー源は依然として明らかになっていないが，翻訳後膜透過におけるATP加水分解の役割の方は研究が進んでいるのでここに紹介する．

小胞体内への翻訳後膜透過を駆動するエネルギー源は，内腔のHsp70 BiPによるATP加水分解である．BiPは，Sec63pの内腔ドメインと一過的に結合することによって，翻訳後膜透過を行うチャネル近傍に配置される．図3・18に示すように，何も結合していないポリペプチド鎖は，ブラウン運動によってチャネル内を前後に動くことができる．膜透過において提唱されている**ブラウニアンラチェットモデル**（Brownian ratchet model）では，BiPはチャネルから出てきた新生ポリペプチド鎖と結合することによって，細胞質ゾル側へと抜け出ないよう機能している（BiP自身は折りたたまれているためチャネルを通り抜けることができない）．基質の新たな領域が内腔へと入ってくるたびに新たなBiP分子が結合する，という過程を繰返して膜透過が進行する．こうしてBiPはポリペプチド鎖の動きを一方向に制限している．このモデルでは，ATP加水分解がBiPとポリペプチド鎖との相互作用を強いものにし，その後ADP/ATPのヌクレオチド交換によってBiPから基質が解離する．小胞体内腔からBiPを取除くと膜透過の効率が下がり，再び内腔に新生ポリペプチド鎖と結合するような大きな分子を入れると効率が回復するということを示した実験からも，このモデルが支持されている．むしろ新生ポリペプチド鎖自身が内腔で折りたたまれることによって，細胞質ゾル側へと抜け出ないようになっているのかもしれないと考えると，すぐに折りたたまれてしまうタンパク質は，膜透過中にポリペプチド鎖がほどけた状態をとりやすいタンパク質と比べて膜透過されやすいということになる（しかしこれはまだ証明されていない）．このモデルが正しいとすると，ポリペプチド鎖がチャネルと相互作用して膜透過が始まると，ポリペプチド鎖が小胞体の外側にとどまってしまわないように，細胞質ゾルのHsp70や他の細胞質ゾル中のタンパク質との相互作用から解放されなければならないことになる．しかし，膜透過途上における膜透過中のポリペプチド鎖と細胞質ゾル中のタンパク質との相互作用についてはこれまでのところ明らかになっていない．特記すべきこととして，膜透過に最小限必要な因子はSec61複合体とSRP受容体だけであるものの（§3・6“膜透過装置はタンパク質を透過させる親水性のチャネルである”参照），これらの因子だけではほとんどのタンパク質の膜透過の効率は低く，これはおそらくはポリペプチド鎖の動きを助けるような内腔のタンパク質がないためであると考えられる．

ブラウニアンラチェットモデルに対して，ATP加水分解によってBiPが構造変化を起こし，結合したポリペプチド鎖をチャネルから引っ張り出すという**アクティブプリングモデル**（active pulling model）が提唱されている．翻訳後タンパク質のミトコンドリアへの移行はこのメカニズムによって行われており，ポリペプチドが膜を通してこの様式で引っ張られる（§3・26“シグナル配列は他の細胞小器官への標的化にも利用される”参照）．小胞体への翻訳後膜透過の大部分は，ブラウニアンラチェットの機能だ

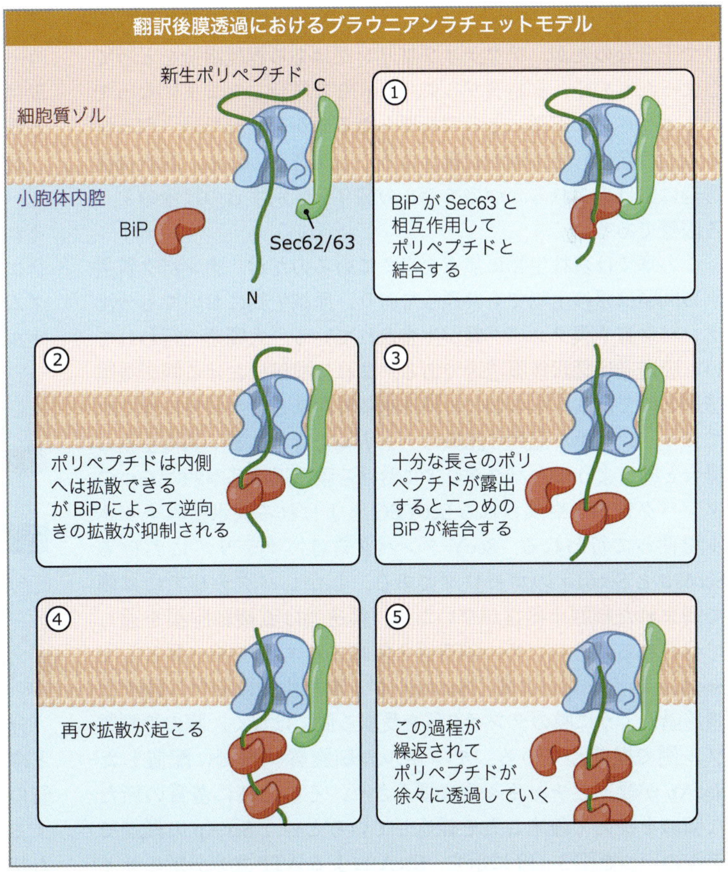

図3・18 BiP分子はSec62/63と短時間相互作用したのちに新生ポリペプチドと結合する．BiP分子はチャネルの内側に入り込むには非常に大きい分子であるため，BiP分子が結合したポリペプチドは内腔側へは拡散できるものの，細胞質側への拡散が制限される．ポリペプチド上の新たな領域をそれぞれのBiP分子が内腔で捕捉する．

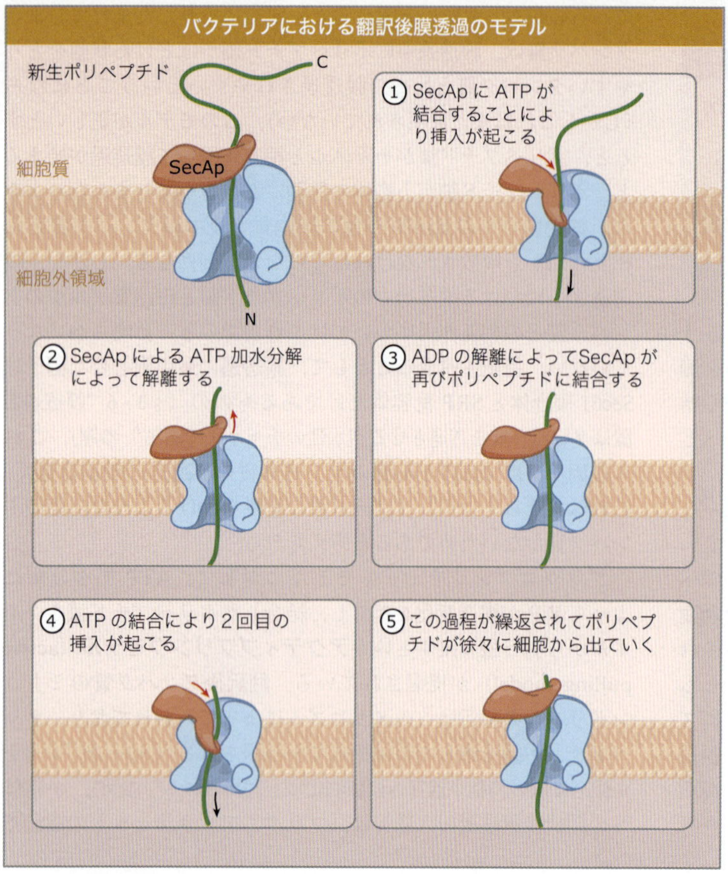

図 3・19 SecA タンパク質はチャネルの細胞質側に位置している．SecA が新生ポリペプチドに結合するたびにポリペプチドの一部分を押し込み，これを繰返すことによってタンパク質全体が膜透過される．この過程において，SecA タンパク質中の一つのドメインがチャネルへの抜き差しを繰返している．

けで十分なのだが，アクティブプリングはある程度構造をとってしまったものや，細胞質ゾル側の hsp70 と結合したままになっているポリペプチド鎖にとって必要となるのかもしれない．引っ張り（力の発生）を実験的に確かめることが難しいため，翻訳後膜透過におけるこれら二つのモデルの関与を区別するのは今のところ困難である．

この章では真核生物に焦点を当てているのだが，タンパク質選別の問題は原核生物でも共通しており，原核生物においても分泌タンパク質や膜タンパク質が生産されている．大腸菌で行われている膜透過は翻訳後膜透過である．これは酵母における翻訳後膜透過と似ており，あらかじめ膜透過基質がほどけた状態に保たれており，シグナル配列の認識はチャネルで行われる．真核生物の場合と同じように，バクテリアにおける膜透過は基本的に三つのタンパク質から構成される SecYEG とよばれる親水性のチャネルを使って行われる．SecY タンパク質はバクテリアにおける Sec61p と Sec61α のホモログである．しかしバクテリアには膜で囲まれた細胞小器官がないため，膜透過は直接細胞膜を通して行われる．そのため，膜透過を駆動するエネルギー源として SecA というタンパク質（SecAp）が，真核生物における翻訳後膜透過のように膜のタンパク質を受取る側ではなく，膜の細胞質ゾル側で機能している．チャネルの細胞質ゾル側に配置した SecAp が繰返しチャネル内に挿入され，そのたびに基質の新たな領域を捉えて離すことを繰返しているという SecAp の機能モデルの一つを図 3・19 に示す．SecA による ATP 加水分解のサイクルが，ポリペプチドの結合と解離と協調して起こっている．一連の SecAp の動きの間で，ポリペプチド鎖が拡散によって細胞質ゾル側に戻ってくるのがどのようにして防がれているのかは明らかになっていない．原核生物における膜透過に関与しているもう一つの因子として，膜を隔てた電気化学勾配が膜透過の駆動を助ける働きをすることがあげられるが，そのメカニズムはほとんど明らかになっていない．

翻訳共役膜透過，翻訳後膜透過，およびバクテリアの膜透過を比べると，膜を通過する基本的なメカニズムは保存されており，それぞれの状況に応じて適応した状態になっている．すべての場合において，親水性のチャネルを通過するという基本的なメカニズムは同じである．しかし，基質とそれらの標的化，およびチャネルを通過する様式は異なっている．

3・10 膜貫通タンパク質は膜透過チャネルから脂質二重層へ排出される

重 要 な 概 念

- 膜貫通タンパク質の合成では，膜貫通ドメインが認識されて脂質二重層へと組込まれる．
- 膜貫通ドメインは，膜透過装置から側方に動いてタンパク質と脂質との境界を抜けて出ていく．

分泌タンパク質と膜タンパク質の両者とも，膜透過チャネルへと標的化されることによって膜透過が始まる．しかし膜タンパク質の場合，膜透過は小胞体の脂質二重層への組込み，挿入と同調する必要がある．膜への組込みは，膜透過装置が二重層を貫通した状態の膜貫通ドメインを認識することによって小胞体内腔への膜透過が止まり，膜貫通ドメインが側方に動いてチャネルから脂質二重層側へと出ていくことになる．このような仕組みで，膜を複数回貫通したようなものも含めてさまざまなタイプの膜貫通タンパク質の合成，膜組込みが可能となっている．

膜タンパク質の膜組込みの最初の段階は，膜透過装置による膜貫通ドメインの認識である．この膜貫通ドメインは約20個の疎水性アミノ酸からなっている．その疎水的な特徴から，ある膜貫通ドメインはシグナル認識粒子によってシグナル配列としても認識される．これらは**シグナルアンカー配列**（signal anchor sequence）とよばれ，これを含む新生タンパク質は小胞体に標的化されたのち，通常のシグナル配列のようにチャネルへと挿入される．ところがシグナルアンカーはタンパク質の成熟体部分から切断される代わりに膜へと組込まれる．図3・20に示すように，シグナルアンカー配列とは異なり，ほとんどの膜貫通ドメインは，通常のN末端に付加されたシグナル配列による標的化が行われたのち，リボソームから出てきた時点で膜透過装置によって認識される．このとき，シグナル認識粒子から受渡されたものではなく膜貫通ドメインが合成されたという情報が膜透過装置に伝わる．

膜貫通ドメインが膜透過装置内にとどまるのは，膜貫通ドメインの高い疎水性度のためである．膜透過チャネルはその構造からこの疎水性度を見分けることができる．図3・21に示すように，膜透過装置の構造からチャネルは2枚の貝殻のような形に開くことができ，このことによって膜貫通ドメインがチャネルと脂質二重層と同時に相互作用することができる．事実，シグナル配列と膜貫通ドメインはSec61αタンパク質の2枚の貝殻の口にあたる部分のすぐ近くに結合し，そしておそらくはこの結合によってチャネルが側方に開く．このような状態が形成される証拠として，チャネル中の膜貫通ドメインはSec61αと脂質との両方と相互作用していることが実験的に示されている．その結果，膜透過

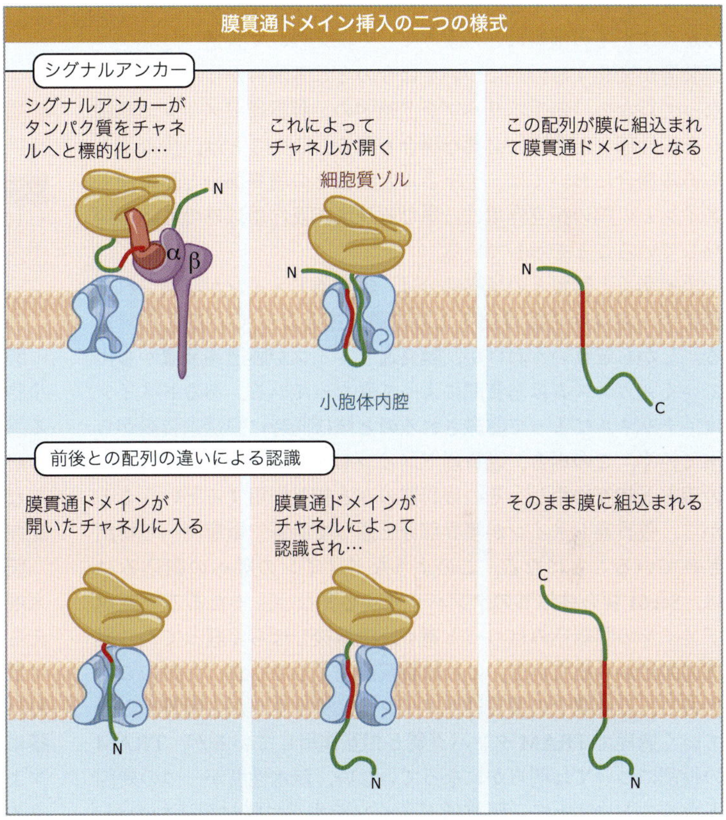

図3・20　シグナルアンカー配列はSRPから直接膜透過装置へと受渡されるが，配列内部の膜貫通ドメインはリボソームから送り出される過程で認識される必要がある．

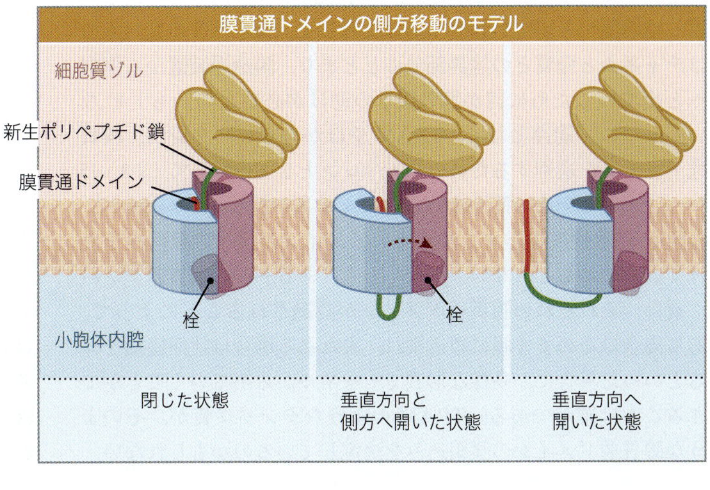

図3・21　円筒で示した膜透過装置は，新生ポリペプチド鎖が孔を通り抜ける場合と，膜貫通ドメインが膜側へと移動する場合の2通りの動きで開閉する．

装置は膜内で親水性チャネルを形成しているものの，膜透過中のポリペプチド中の疎水性度が十分高い領域は膜中の脂質環境へと抽出される．極性アミノ酸を含んだ領域は，チャネル中を停止することなく動いていくと予想されるのに対して，疎水性のドメインは脂質と強く相互作用してチャネルの内側にとどまることによって膜透過が停止すると考えられる．この様子は図3・22に示してある．

膜透過装置による膜貫通ドメインの認識は，他の情報によっても助けられているのかもしれない．たとえばある場合においては，膜貫通ドメインがリボソームから合成されて，そのドメインがリボソームから出てくる前にリボソームと膜透過装置との間の相互作用が変化している．この相互作用の変化が，もうすぐ膜貫通ドメインがリボソームから送り出されてくるという情報を膜透過装置に伝えているのかもしれない．膜貫通ドメインによってどのようにリボソームが変化するのか，またその情報はどのようにして伝えられて膜透過装置が変化するのかについては今のところ明らかになっていない．新生ポリペプチド鎖中の，膜貫通ドメインに隣接した極性部分が認識に必要な場合もある．このことは，少なくともある場合においては，チャネルと脂質との境界部分と膜貫通ドメインとの間の相互作用に，単なる疎水相互作用以外のものも関与していることを示している．

チャネルと脂質との境界部分は，膜貫通ドメインが認識された後にチャネルから抜け出るための通り道となっているようである．しかしどういうわけか，膜貫通ドメインが膜透過装置から出ていくメカニズムは基質間によって異なっている．あるドメインは，チャネルによって認識されるのとほぼ同時に膜透過装置から出ていく．この場合，膜貫通ドメインは最初にSec61αと脂質との両方と相互作用し，その後脂質のみと相互作用するということから，膜貫通ドメインが境界部分を通って脂質二重層側へと排出されていることになる．このようなドメインの膜への組込みには，Sec61複合体以外のタンパク質は必要ない．またある膜貫通ドメインの膜組込みはもっと遅く，認識後しばらく経ってから膜透過装置から出ていき，これは翻訳が完了してしまった後のこともある．この場合の膜貫通ドメインは，チャネルから脂質へと出ていく過程でTRAMタンパク質と相互作用しているが，TRAMの役割については明らかになっていない．疎水性度が一つの要因となることによって，膜貫通ドメインをすぐに膜に組込むのか，あるいはタンパク質が合成されて少し時間が経ってから組込むのかを決めているのかもしれない．疎水性度がより高いものほど脂質二重層側へと出ていきやすいのに対して，疎水性度の低いものはチャネルと脂質との境界部分にとどまり，膜透過装置から側方へと出ていくために何か別の因子の助けが必要なのかもしれない．一つの可能性として，TRAMやほかのタンパク質が，膜貫通ドメインを選別するためのシャペロンとして機能して（§3・15 “シャペロンは新たに膜透過されたタンパク質の折りたたみを助ける”参照），疎水性度のあまり高くないドメインの膜への組込みを助けているのかもしれない．少なくとも，ある一群の膜貫通タンパク質は，それぞれの膜貫通ドメインが認識されることによって，ある場合はそのまま膜に組込まれ，またある場合は迂回経路を経るといった具合に，多様な形式でチャネルから出ていくことができることは確かである．TRAMのようなタンパク質が，そのような膜貫通ドメインの膜組込みを決定しているのかもしれない．

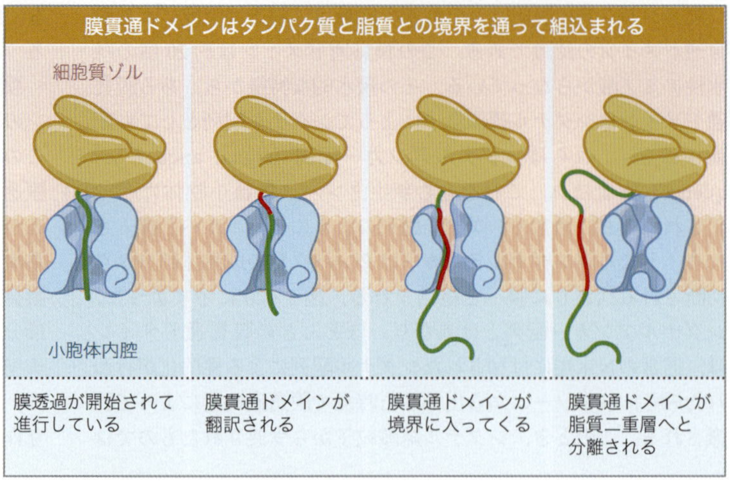

図3・22　膜透過チャネルの壁にある隙間を介して膜透過しているタンパク質が脂質二重層側へと露出され，膜貫通ドメインが認識されて組込まれる．膜貫通ドメインは疎水性であるため脂質環境を好み，そのためチャネルから脂質二重層側へと出ていく．

3・11　膜貫通タンパク質の配向は膜へ組込まれながら決定される

重要な概念

- 膜貫通ドメインは膜に対して配向しなくてはならない．
- 膜貫通ドメインが膜へ組込まれるメカニズムは，特に膜を複数回貫通するものについてはタンパク質によって大きく異なる．

膜貫通ドメインの認識と膜組込みは，それぞれのタンパク質が小胞体膜に対して配向する必要があるため複雑なものとなる．ある膜タンパク質のN末端ドメインは膜の細胞質ゾル側に向いている必要があるのに対して，他のものは逆の配向をとらなくてはならない．膜タンパク質は標的化されて膜透過されることによって配向が確定する．

膜タンパク質の配向決定を考えるうえで，膜を1回貫通し，N末端に切断を受けるシグナル配列をもつような膜タンパク質を考えるのが最も単純である．このようなタンパク質は，分泌タンパク質と同じようにシグナル配列によって標的化と膜透過開始が行われる．その後，膜貫通ドメインがリボソームから伸長してきて膜に組込まれるまで膜透過が進行する．その結果，図3・23に示すように，C末端ドメインは膜透過されずに細胞質ゾル側にとどまる．LDL受容体やアミロイド前駆体タンパク質がこの形式で膜に組込まれる膜タンパク質の例である．

シグナル配列が切断を受ける膜貫通タンパク質に対して，シグナルアンカータンパク質は膜貫通ドメイン中の配列（シグナルアンカー）が標的化に使われる．膜貫通ドメインがとりうる二つの配向のうち，どちらの配向で膜に組込まれるのかはタンパク質によって異なる．膜貫通ドメインがどのように膜に組込まれるのかによって最終的なタンパク質全体の配向が決まるのかが図3・24に示してある．あるドメインはC末端側が膜透過され，またこれとは逆の配向で膜に組込まれる場合はN末端側が膜透過される．別の種類の膜タンパク質は，疎水的なC末端が膜に組込まれ，残りの部分が細胞質ゾル側に配向する．この場合の膜貫通ドメインはC末端にあるので，これらは翻訳後に認識されていることになる．このようなタンパク質の膜組込みのメカニズムについては，Sec61膜透過チャネルを使うのかということも含めてあまりよくわかっていない．

膜透過装置内における膜貫通ドメインの配向を決めているのは何だろうか．バクテリアにおいては，膜貫通ドメインの両側に位置する電荷をもった残基の分布が重要な決定因子のようである．バクテリアの細胞膜の脂質二重層の両側には，電荷をもった脂質が非対称に分布していることがそのメカニズムの物理的基盤となっている．ところが小胞体膜における脂質の分布は，電荷の面から考えると非対称ではないため，この説明は真核生物では成り立たない．さらに，いくつかのタンパク質は多様な配向をとることができることから，そういったタンパク質の配向には他の要因が関係しているのかもしれない．一般的に，真核生物において膜貫通ドメインがどのようにして配向するのかは依然として明らかになっていない．

膜を複数回貫通するタンパク質の，膜組込みや配向を決める法則を定義するのも同様に困難である．最も簡単なモデルとして提唱されているのが，チャネル中の膜貫通ドメインが一つずつ組込まれるというものである．タンパク質全体の配向は，最初の膜貫通ドメインの特性によって決まることになる．ある場合ではこのメカニズムが適用できるものの，多くの場合その過程は明らかにもっと複雑である．膜貫通ドメインはチャネルによって認識されるのと同時に膜に組込まれる必要は必ずしもなく，ある条件下においては明らかに膜透過装置に少なくとも二つの膜貫通ドメインが同時に入ることができる．このようなドメインの場合，一つず

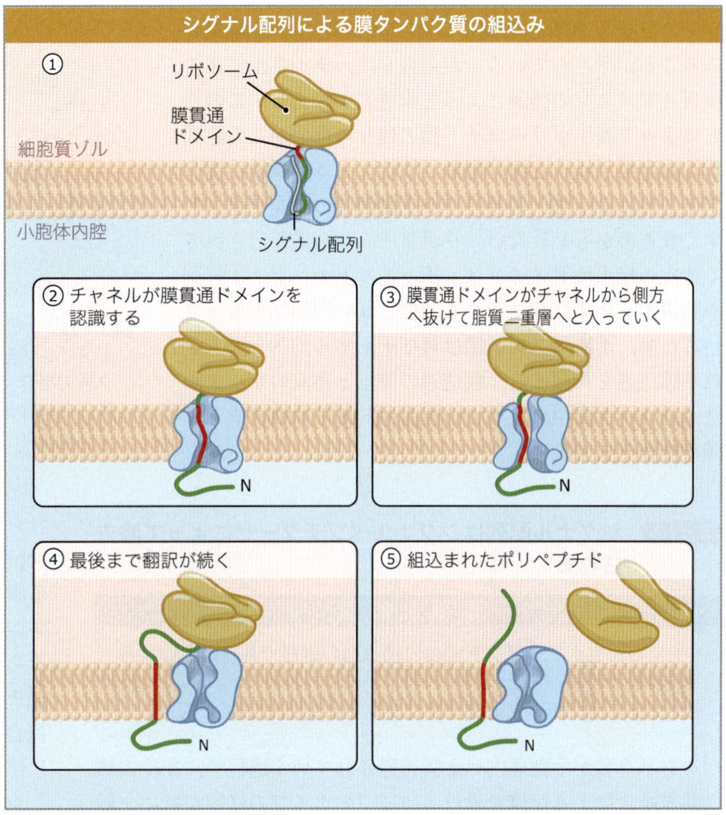

図 3・23　シグナル配列によって膜透過が開始され，膜貫通ドメインが翻訳されてチャネルによって認識されるまでは，分泌タンパク質と同じように膜透過が進む．この過程ではタンパク質は一定方向にしか配向することができない．

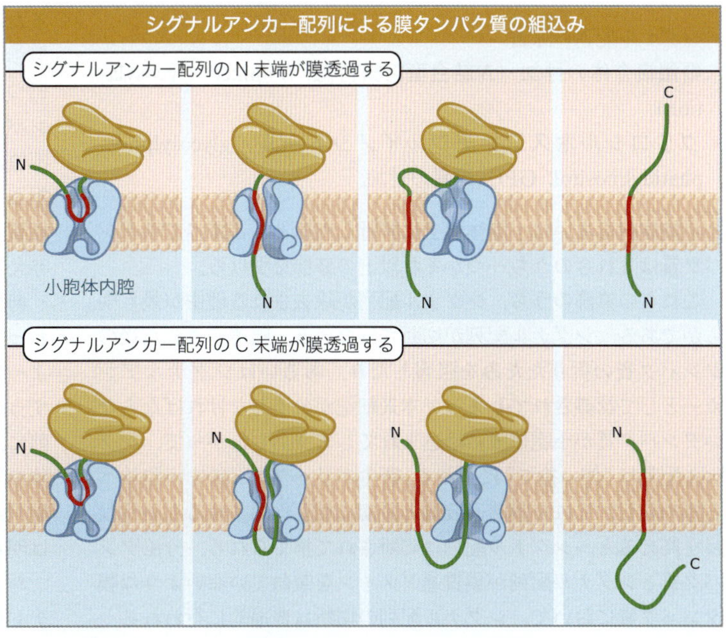

図 3・24　タンパク質が最初にチャネルと相互作用したのち，シグナルアンカー配列の N 末端，あるいは C 末端側のどちらが膜透過されるのかはタンパク質によって異なる．膜タンパク質が異なった配向をもつのは，このような二つの状況によるものである．

つではなく二つ１組で膜に組込まれるのかもしれない．これらが膜に組込まれる前に，集合した膜貫通ドメインどうしが互いに相互作用することによって再配向しているのかもしれない．そのため，複数回膜貫通タンパク質の膜組込みの一連の過程は，個々のタンパク質によって異なり，その配向はタンパク質中の複数の領域の寄与によって最終的に決定されている．

巨大タンパク質の膜組込みについてはこれまでのところ詳細な研究が行われていない．しかし，低分子量の膜タンパク質の膜透過開始や膜貫通ドメインの膜組込みで明らかになっている知見をもとにして，この過程で考えられるモデルが図3・25に示してある．電子顕微鏡によるリボソームと膜透過装置の複合体の実験から，リボソームとチャネルとの間には約15Å の明らかな隙間があることが示されている．おそらくは，チャネルによる膜貫通ドメインの認識によって膜透過が停止し，このことによって新生ポリペプチド鎖の残りの部分がこの隙間から細胞質ゾルへと抜け出る．リボソームの構造が変化することによって，ポリペプチド鎖がこの隙間を通りやすくなるのかもしれない．リボソームから送り出されてくる次の疎水性ドメインは，チャネル上のシグナル配列や膜貫通ドメインが結合する部位と高い親和性をもっているため，ポリペプチド鎖は再びチャネル内へと挿入されて膜透過を再開する．膜透過の停止と再開のサイクルは，タンパク質中のすべての膜貫通ドメインの合成と認識が終わるまで続く．

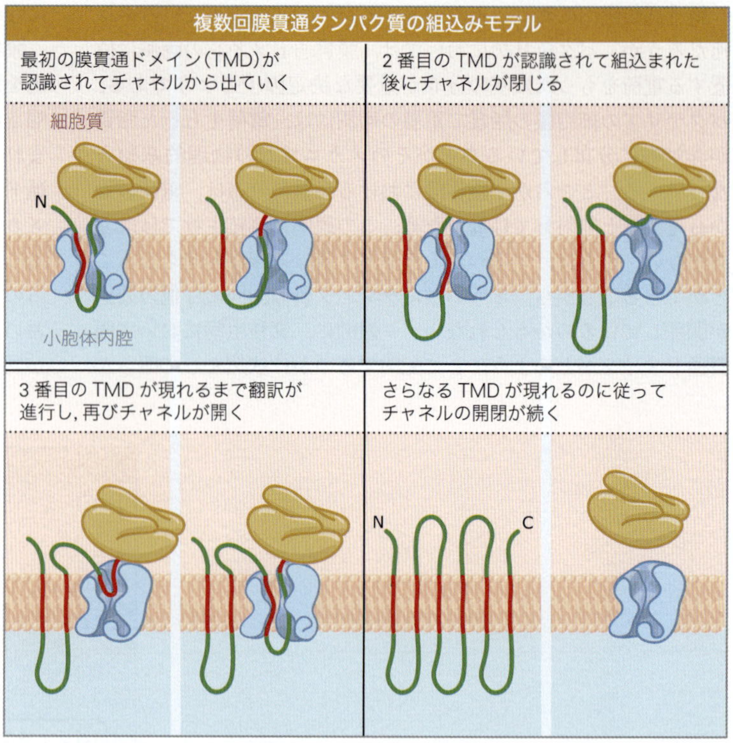

図3・25 このモデルでは，膜貫通ドメインが一つずつ組込まれる．最初の膜貫通ドメインの配向によってタンパク質全体の配向が決定される．図に示したタンパク質の場合は，シグナルアンカー配列によって翻訳が開始されるが，このモデルはのちに除去されるシグナル配列によって標的化されるタンパク質の場合にも当てはまる．

3・12 シグナル配列はシグナルペプチダーゼによって除去される

重要な概念

- 多くの新生ポリペプチド鎖は，膜透過の過程で共有結合による修飾を受ける．
- シグナルペプチダーゼ複合体はシグナル配列を切断する．

タンパク質が小胞体内へと膜透過されていく過程で，多くの場合共有結合による修飾を受ける．三つのタイプの修飾が特に一般的である．

- シグナル配列の除去．
- 糖鎖複合体の付加（***N*結合型糖鎖付加** *N*-linked glycosylation）．
- **グリコシルホスファチジルイノシトール**（glycosylphosphatidylinositol, GPI）脂質の付加．

小胞体内あるいは小胞体膜上に移行したほとんどすべてのタンパク質はこれらのうち一つかそれ以上の修飾を受ける．

これらの修飾のうち，シグナル配列が除去される理由が最も明らかである．シグナル配列が切断されないと，膜透過された後のタンパク質の折りたたみを阻害したり，あるいはシグナルアンカーとして認識されてしまって本来細胞が分泌しなければならないタンパク質が小胞体膜に組込まれてしまう．したがって，シグナル配列は“使い捨て”にされる．新生ポリペプチド鎖を小胞体へと標的化し，それを膜透過装置と最初に相互作用させるという役目を終えると，シグナル配列は切断されて捨てられる．分泌タンパク質とシグナル配列が膜貫通ドメインを兼ねていないような膜タンパク質において，シグナル配列の切断は普遍的に行われる．

シグナル配列の切断は，**シグナルペプチダーゼ複合体**（signal peptidase complex, SPC）とよばれる五つのサブユニットからなる膜タンパク質複合体によって行われる．そのうちの二つのサブユニットだけが切断活性をもち，残りの三つのサブユニットはおそらく制御因子として機能している．新生ポリペプチド鎖は膜透過チャネルにループ状に挿入されるため，シグナルペプチダーゼ複合体によって切断を受ける際の切断部位は小胞体膜上の内腔面に位置していると考えられている．

シグナル配列が切断を受ける部位は，タンパク質によって異なり，切断部位近傍のアミノ酸の性質によって決まる．切断を受けるためには，一般的に切断部位のN末端側に位置する残基が短い側鎖のものであることが必要で，さらに切断部位のN末端側から三つのアミノ酸は電荷をもっていないことが必要である．あるタンパク質では，本来の切断部位周辺に上記の条件を満たすような部位が複数存在するのだが，どのようにして正しい切断部位が選択されているのかは明らかになっていない．シグナル配列自身の性質もあまりよく理解されていないが，これも切断部位に影響を与えているのかもしれない．

典型的なシグナル配列の切断は，100アミノ酸程度の合成が終わったころに行われるが，正確なタイミングはシグナル配列によって異なっている．実際，ある種のタンパク質では，もっとずっと遅い段階で切断が行われる．シグナル配列は切断を受ける前に，新生ポリペプチド鎖の修飾や折りたたみに必要となる小胞体の別の因子との相互作用に影響を及ぼすこともある．シグナル配列がどのようにして切断のタイミングに影響を与えているのかは明らかになっていない．

シグナルペプチダーゼが新生ポリペプチド鎖からシグナルペプチドを取除くのに対して，シグナル配列切断ののち，切断されたシグナルペプチドはさらに分解を受ける場合もあり，この分解はシグナルペプチドペプチダーゼ（signal peptide peptidase, SPP）とよばれる酵素複合体によって行われる．シグナルペプチドペプチダーゼは，切断を受けた一部のシグナルペプチドにしか作用しないことから，この反応は使い終わったシグナルペプチドを単に捨てるためではなく，もっと複雑な機能があることになる．しかし，その機能が何であるのかについては明らかになっていない．

3・13 いくつかの膜透過されたタンパク質には GPI 脂質が付加される

重要な概念

- GPI の付加によってあるタンパク質の C 末端は共有結合によって脂質二重層に繋留される．

小胞体へと膜透過されたタンパク質の一部は，リン脂質が共有結合して修飾を受ける．膜上のグリコシルホスファチジルイノシトール（glycosylphosphatidylinositol, **GPI**）とよばれる糖脂質（膜上のリン脂質の頭部に糖が付加したもの）を介して共有結合することによって，膜透過されたタンパク質は内腔側の二重層に繋留される．その結果，タンパク質は完全に膜透過されたにもかかわらず膜と結合した状態になり，これが膜貫通タンパク質の場合には膜貫通ドメインに加えて膜につなぎ止められている部分となる．膜に組込まれるのではなく，GPI の付加によって膜につなぎ止められる理由は明らかになっていない．GPI を付加することによって，たとえば極性細胞における頂端面，あるいはカベオラや脂質ラフトへと輸送される，特殊な細胞内輸送経路に乗るための目印となっているという証拠が示されている．脂質は膜上においてタンパク質よりも速く拡散するため，膜に脂質を介して結合しているタンパク質は膜に組込まれた膜タンパク質と比べて，膜平面での動きがはるかに速い．さらに，膜に組込まれたタンパク質は簡単には膜から遊離することができないのに対して，GPI によって膜に結合したタンパク質は，結合部分が酵素的に除去されることによって遊離することができる．そのため，GPI によって膜に結合しているタンパク質は，シグナルに応答して膜から解離することができる．

GPI は複雑な構造をしており，タンパク質に付加される前に合成されている必要がある．図 3・26 に示すように，GPI の合成は，小胞体膜の細胞質ゾル側の脂質層で，リン脂質膜のホスファジチルイノシトール（PI）に *N*-アセチルグルコサミン（GlcNAc）が付加されることによって開始される．これにひき続く一連の反応で，GlcNAc-PI は脱アセチル化されて三つのマンノース残基が付加される．それぞれのマンノース残基にホスホエタノールアミンが付加されることによって最終的な GPI 基質が生成される．この一連の反応のある時点において，反応中間体が膜を横切って最終生成物が内腔の脂質層側に配向し，そこで膜透過されたタンパク質に付加されるようになる．この膜の反対側への転送はおそらくは転送装置“フリッパーゼ”によるものと考えられている．しかし，そのようなフリッパーゼはこれまでのところ同定されておらず，GPI 合成過程のどの段階で機能しているのかは明らかになっていない．

GPI の付加には，基質となる新生ポリペプチド鎖の認識と，GPI をタンパク質中の結合部位へと転移することが必要である．GPI 付加のシグナルとなっているのは，C 末端のさまざまな長さからなる小さな疎水性ドメイン（一般に 10 ～ 30 残基）である．N 末端のシグナル配列のように，GPI シグナルとなる配列はタンパク質によって異なり，これらはタンパク質間で交換可能である．GPI 付加が行われると GPI シグナルはタンパク質から除去され，新たに形成されたオメガ（ω）部位とよばれる C 末端の残基に GPI が付加される．そのため，シグナル配列のように GPI シグナルも使用後は除去され使い捨てにされる．

Gaa1p と Gpi8p という少なくとも二つの因子から構成される膜内在性タンパク質が GPI 付加を触媒する．このメカニズムとして最も可能性が高いのが，図 3・27 に示すような 2 段階のアミド基転移反応である．最初の段階では，この酵素がオメガ部位と

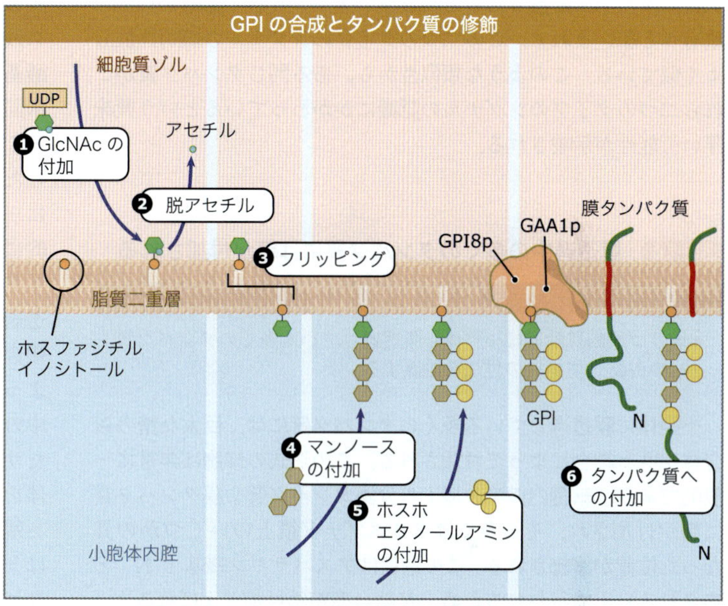

図 3・26 GPI は一連の段階を経て合成される．最初のいくつかの段階は小胞体膜の細胞質側で行われ，残りは内腔側で行われる．合成が完了するとタンパク質の C 末端近傍が切断されて GPI はタンパク質に共有結合される．GPI による修飾によってタンパク質は膜に繋留される．GlcNAc は *N*-アセチルグルコサミンの略である．

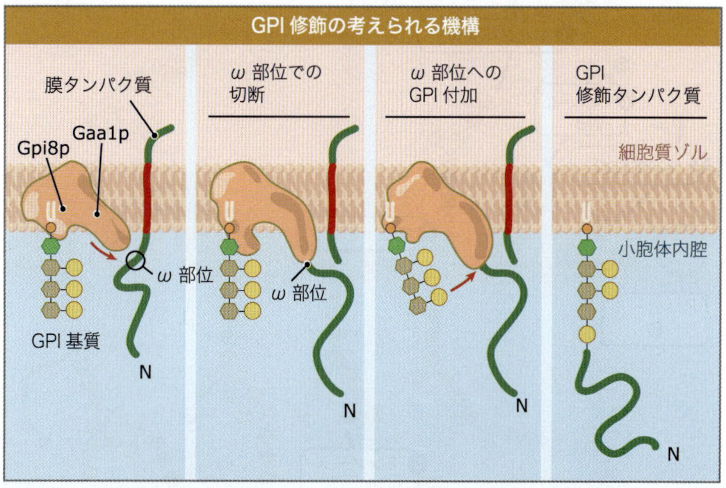

図 3・27 タンパク質への GPI 付加は 2 段階で行われる．酵素複合体中のタンパク質の一つが最初に基質タンパク質を部位特異的に切断して共有結合を形成する．この結合は GPI のホスホエタノールアミン基の一つに置き換えられて GPT 修飾タンパク質が形成される．

共有結合した反応中間体を形成することによって，C末端のペプチドがタンパク質の残りの部分から切断される．その後，GPIのホスホエタノールアミン残基の末端がこの酵素によって新生タンパク質の近傍まで運ばれてオメガ部位に付加される．このようにして，GPIの付加したタンパク質が形成され酵素は解離する．この過程において，ATPあるいはGTPは必要なのか，またGPIの付加にはGPIシグナルが最初から二重層に組込まれている必要があるのかについては明らかになっていない．

GPIの付加はプロテアーゼではなくアミド基転移によって触媒されるが，シグナル配列の認識，切断とGPIシグナルの認識，切断は驚くほどよく似ている．シグナル配列とGPIシグナルをタンパク質中の同じ場所に位置させると，両者は同じ機能を果たすことができるほどよく似ている．ある場合には，通常のN末端のシグナル配列を分泌タンパク質のC末端に融合させるとGPIシグナルとして機能する．どちらのタイプのシグナルも，タンパク質の真ん中に配置させると膜貫通ドメインとして認識されて二重層へと組込まれる．この二つのタイプのシグナルの切断部位もよく似ている．このような類似性から，ある同じタンパク質がこれら二つのタイプのシグナルの認識にかかわっているという興味深い可能性が示唆される．

3・14 膜透過中の多くのタンパク質には糖が付加される

重要な概念

- オリゴ糖転移酵素は小胞体に膜透過している多くのタンパク質への*N*結合型糖鎖の付加を触媒する．

小胞体に膜透過している多くのタンパク質には，巨大な糖の複合体が共有結合によって付加される．この形式の修飾は非常に一般的であり，細胞内の半分以上の分泌タンパク質や膜タンパク質に糖が付加され，その多くはポリペプチド鎖上のいくつかの異なった位置が修飾される．この過程はアスパラギン残基（"N"と略される）上で行われるため，*N*結合型糖鎖付加とよばれる．

糖鎖が付加されることの意義についていくつか提案されている．糖鎖付加が行われる多くのタンパク質は，糖鎖付加が行われなくてもその機能を失うことがないため，この意義について調べるのは難しかった．ところがいくつかの場合においてその役割が突き止められた．タンパク質がまだ小胞体にいるときには，糖による修飾によってそのタンパク質の折りたたみと分解を助けている．小胞体を出た後のその修飾の役割についてはよくわかっていない．糖鎖付加に変化が起こることによって，タンパク質の機能に変化が起こるという証拠も示されている．たとえば，糖鎖付加に変化が起こることによって卵胞刺激ホルモンはその分泌と活性に変化が起こる．ほかに，糖鎖によってタンパク質の溶解度が上がったり，あるいは細胞外のプロテアーゼによる分解から保護されるという例がある．

*N*結合型糖鎖付加の過程では，小胞体内腔であらかじめ大きな中間体が形成され，それを一つの単位としてこれらが基質に付加されていく．図3・28にその過程を示す．その中間体の合成は，膜の細胞質ゾル側の脂質層で二つのGlcNAcと五つのマンノース残基が，膜上の希少なリン脂質であるドリコールリン酸のリン酸基頭部に付加されることによって始まる．その後この前駆体は未同定のフリッパーゼによって内腔側の脂質層へと転送される．そこでさらに四つのマンノース残基が付加されて三つの枝分かれしたマンノース鎖となる．その三つのマンノース鎖のうちの一つに三つのグルコース残基がさらに付加されることによって，最終的に糖鎖の付加された分子が形成される．

ドリコールリン酸から枝分かれした糖鎖の基質への転移は，膜透過途上で行われる．転移は複数のサブユニットから構成される複合体，**オリゴ糖転移酵素**（oligosaccharyltransferase, OST）によって触媒される．リボフォリンⅠとⅡというオリゴ糖転移酵素中の二つのサブユニットは小胞体膜を貫通しており，膜に結合したリボソームと相互作用することによってオリゴ糖転移酵素複合体をチャネルの近くに位置させると考えられている．アスパラギン残基にプロリン以外の任意のアミノ酸，そしてセリン，あるいはトレオニン（N–X–S/T）が続く場合のアスパラギン残基をオリゴ糖転移酵素が修飾する．糖鎖修飾は，たった10〜12アミノ酸が内腔に入っているだけで十分であり，修飾部位がチャネルか

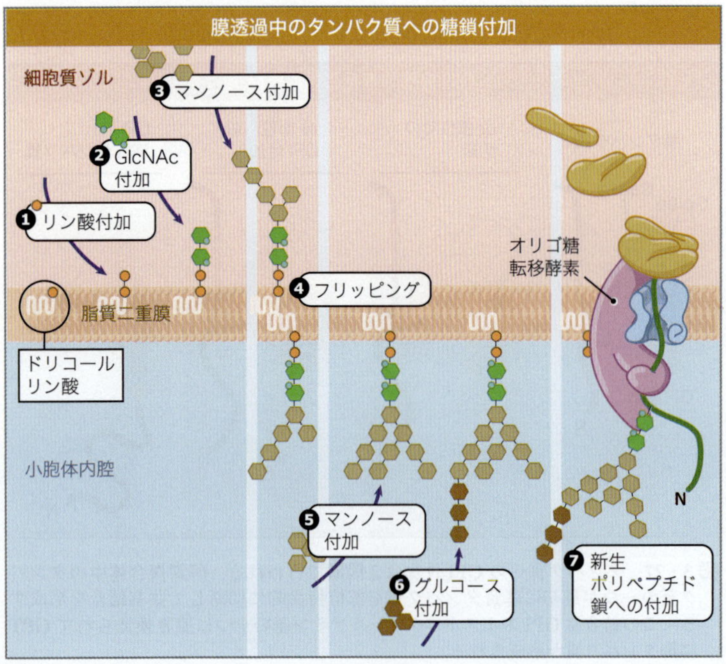

図3・28 一連の段階において，ドリコールリン酸上で複雑な糖鎖構造が合成される．合成は小胞体膜の細胞質側で開始されるが内腔側で完了する．膜透過しているタンパク質上にオリゴ糖転移酵素によってオリゴ糖構造の全体が転移される．修飾されるのは特定の配列中のアスパラギン残基上である．

ら出てくるとすぐに行われる．修飾部位の認識の効率は非常に高く，細胞内において修飾部位となりうる約 90 %が修飾を受けるものの，いくつかの部位はけっして修飾を受けない．あるタンパク質が糖鎖修飾を受ける程度は条件によって異なっている．タンパク質が最初に糖鎖修飾を受けたのち，糖残基の除去やほかのものが付加されるといったようなオリゴ糖によるさまざまな修飾が，小胞体内やゴルジ体内で行われる．

3・15 シャペロンは新たに膜透過されたタンパク質の折りたたみを助ける

重要な概念

- 分子シャペロンは内腔でタンパク質と結合することによってその折りたたみを助ける．

新生ポリペプチド鎖は，膜透過されて修飾を受けるのと同時に折りたたみを開始する．常に新たに膜透過されてやってくる大量のタンパク質に対して，折りたたみ反応は小胞体内腔における主要な活性の一つである．誤って折りたたまれたタンパク質は細胞に対して有害となりうるため，正しく折りたたまれたタンパク質のみを下流の分泌経路へと送り出すのが，小胞体の基本的な役割の一つである．これを可能にするため，小胞体は折りたたみが終わっていないタンパク質や，誤って折りたたまれたタンパク質を認識して，それぞれが正しく折りたたまれる機会や，分解を開始する機会を与えるような積極的な品質管理のシステムを備えている．

小胞体内で折りたたまれるタンパク質は，細胞質ゾル中で折りたたまれるタンパク質と同じ問題に直面する．タンパク質の折りたたみは疎水相互作用によって進行する．これは，ポリペプチド中の疎水性ドメインは，水溶性環境中に露出されたままでいるより，互いに会合しやすいという性質をもつためである（MBIO:3-0003 参照）．ところが，疎水性ドメインが不適切に会合して誤って折りたたまれてしまったり，他のタンパク質と共に凝集してしまうこともある．細胞内では，分子シャペロンがタンパク質を周りから保護し，折りたたみの過程を促進している．これは，正しい形が形成されるまでタンパク質の折りたたみと巻戻しを行い，そして正しく折りたたまれたものと誤って折りたたまれたものとを区別することによる．シャペロンの働きは小胞体内で非常に活発で，品質管理システムの基本となっている．タンパク質がシャペロンと結合している限り，小胞体から出てゴルジ体へと移行することはできない．

小胞体内の多くの一般的なシャペロンは，細胞質ゾル中でのタンパク質折りたたみに関与しているシャペロンの類縁である．これらの内腔シャペロンのうち最も研究が進んでいるのが Hsp70 ファミリーのメンバーである BiP である．BiP は小胞体内腔で最も多量に存在しているタンパク質であり，多くのタンパク質の折りたたみの非常に早い段階で相互作用している．

通常，疎水性領域は球状タンパク質の内部に埋もれているため，タンパク質表面に疎水性部分が露出していることは，そのタンパク質の折りたたみがまだ完了していないという強いシグナルとなる．そのような露出した疎水性部分は，BiP が新生ポリペプチド鎖に結合するための合図として機能している．ATP 加水分解によって駆動される結合と解離の繰返しによって，BiP は新生タンパク質が凝集するのを防ぎ，適切な構造をとるための多様な機会を与えている．BiP のシャペロン活性は，BiP の ATP 加水分解を促進する補助因子と，ADP から ATP への交換反応を促進する補助因子の両者によって影響を受ける．そのため，タンパク質巻き戻りの速度は細胞の必要に応じて促進されるものと考えられる．図 3・29 に示すように，タンパク質が疎水性部分を格納して折りたたまれてしまうと，もはや BiP とは結合しない．小胞体内腔に BiP が非常に高い濃度で存在することによって，これが多くの新生タンパク質が最初に相互作用するシャペロンの一つとなり，タンパク質が折りたたまれようとするときに必ず BiP 分子と相互作用できるようになっている．BiP は折りたたみ反応の初期過程から機能するため，タンパク質折りたたみを助ける非常に一般的な役割を担っている．

細胞質ゾル中のシャペロンと類縁のもう一つの一般的な内腔シャペロンとして，Hsp90 ファミリーのメンバーである Grp94 がある．Grp94 も小胞体内腔に多量に存在しているが，BiP とは異なり，内腔に新たに入ってきた完全にほどけたようなものよりも，むしろ少なくとも部分的に折りたたまれたタンパク質と結合する傾向がある．Grp94 は BiP よりも狭い基質特異性を示し，タンパク質のどのような特徴を認識しているのかは明らかになっていない．おそらく Grp94 の機能は，BiP によるタンパク質の折りたたみが行われた後で，さらにその折りたたみを洗練させるものであり，その他のシャペロンは包括的な折りたたみを助けているのであろう．この Grp94 の活性は，品質管理装置が新生タンパク質の折りたたみの多様な段階で機能していることを示す一例である．

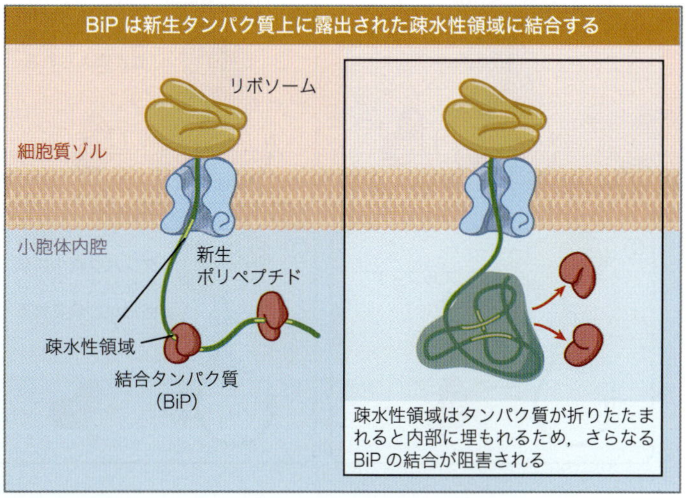

図 3・29 膜透過されてきたばかりのタンパク質の疎水性部分に BiP が結合する．タンパク質が折りたたまれたのち，その疎水性部分は構造内に埋もれてしまうため BiP は結合することができなくなる．

3・16 タンパク質ジスルフィド異性化酵素はタンパク質折りたたみの過程で正しいジスルフィド結合を形成させる

重要な概念

- タンパク質ジスルフィド異性化酵素は小胞体内でジスルフィド結合の形成や架け替えを触媒する.

BiPやGrp94は細胞質ゾルにも類縁のタンパク質が存在するが，小胞体内腔では特殊なシャペロンシステムも必要となる．これは特に，タンパク質にジスルフィド結合の形成が必要なときに重要となる．ジスルフィド結合が形成されるのは，小胞体内腔と細胞外環境にみられる酸性環境のためである．ジスルフィド結合はタンパク質が折りたたまれる過程で分子内のシステイン残基間に形成される（ジスルフィド結合は時にタンパク質間でも同様に形成される）．これは**タンパク質ジスルフィド異性化酵素**（protein disulfide isomerase, **PDI**）とよばれる酵素ファミリーによって触媒される．PDIは正しいジスルフィド結合を形成させるだけではなく，図3・30に示すようにタンパク質が折りたたまれる過程で誤った結合を形成させることもある．このような場合，その結合が壊されたり架け替えられたりしなければ，タンパク質は誤った構造や凝集体のまま保持されることになる．PDIはジスルフィド結合の形成を行うと同時に架け替えを行うことによってこのようなことが起こらないようにしている．そのため，PDIや他のチオール異性化酵素によって，新生タンパク質はジスルフィド結合にしばられることなく自由に巻戻ることができる．

図3・31に示すように，PDIは自身の活性部位中のシステイン残基を用いて他のタンパク質のジスルフィド結合形成を触媒する．ジスルフィド結合の形成は，折りたたみ中のタンパク質とPDIのシステイン間で電子が交換されることによる酸化還元反応である．PDIがこの反応を行うためには，PDIのシステインは酸化された状態（ジスルフィド結合を形成した状態）で反応を開始し，反応を行った後には再酸化される仕組みになっている必

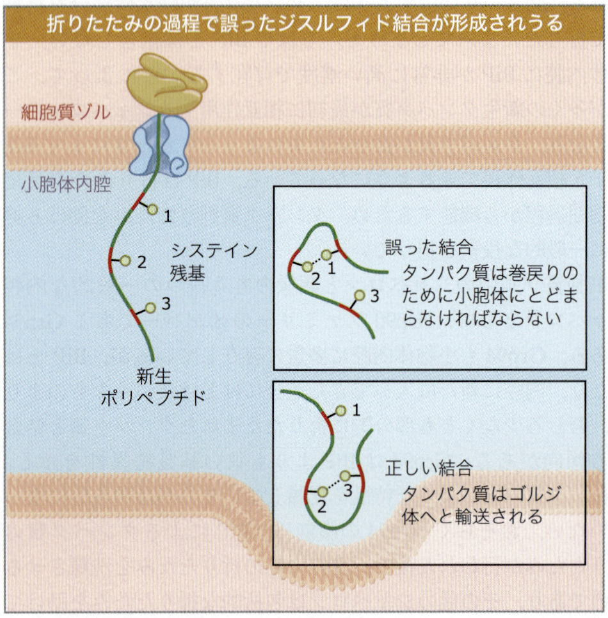

図3・30　膜透過されたタンパク質が折りたたまれる際に，誤ったジスルフィド結合が形成されることがある．誤って形成されたジスルフィド結合は，タンパク質がゴルジ体へと輸送されていく前に感知されて正しい結合が形成されなければならない．

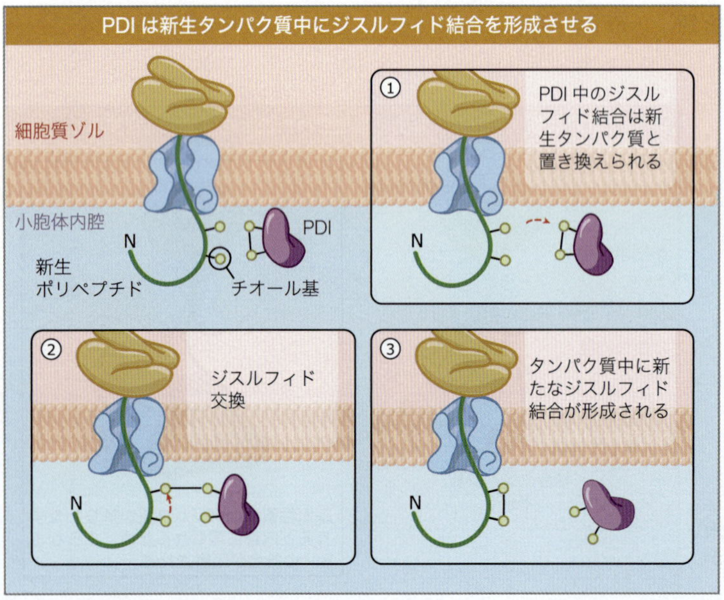

図3・31　PDI中のジスルフィド結合は新生ポリペプチド中のジスルフィド結合を形成するのに使われる．その後PDI中のジスルフィド結合は酵素によって再生されるため，繰返し機能することができる．

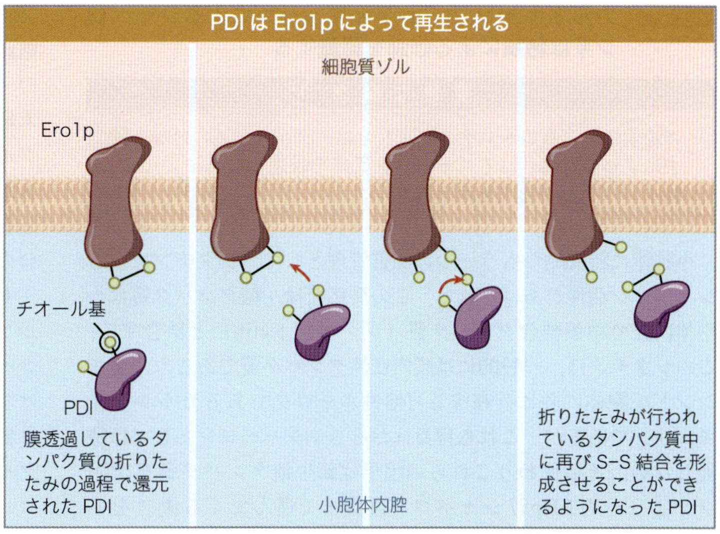

図 3・32 Ero1 タンパク質はジスルフィド交換反応を行って PDI を再生させるためのジスルフィド結合をもっている.

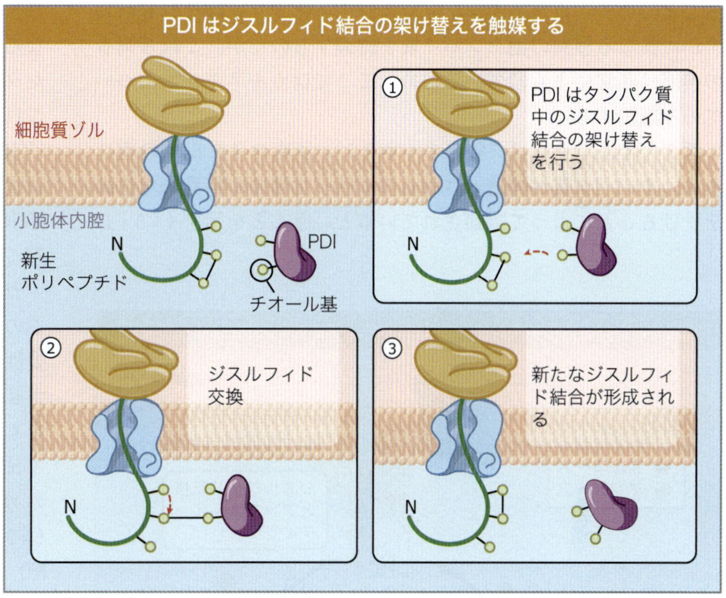

図 3・33 PDI は折りたたまれようとしているタンパク質中の，誤って形成されたジスルフィド結合を感知することができる．誤って形成されたジスルフィド結合は PDI とジスルフィド結合を形成することによって除去され，ジスルフィド交換反応によって新たな結合が形成されるまでの間，タンパク質の折りたたみが再開される.

要がある．最初は，低分子物質であるグルタチオンが PDI の再酸化を行っていると考えられていた．酸化されたこの低分子が小胞体内腔へと選択的に取込まれることによって PDI を酸化された状態に保つことができる．ところが最近になって，少なくともいくつかのタンパク質においてはグルタチオンがない状態でもジスルフィド結合の形成と架け替えが起こることが発見された．グルタチオンもその役割を担っているのかもしれないが，現在では PDI の酸化にはおもに Ero1p とよばれる小胞体タンパク質が機能していると考えられている．Ero1p が PDI を酸化する反応を図 3・32 に示す．Ero1p 自身はおそらくフラビンアデニンジヌクレオチド（FAD）によって酸化を受けている.

図 3・33 に示すように，誤って折りたたまれたタンパク質中の，すでに形成されてしまったジスルフィド結合の PDI による異性化は，これとは異なったメカニズムで行われている．この反応では，PDI の活性部位中の一つのシステイン残基が，誤って折りたたまれたタンパク質中のシステイン残基と一過的にジスルフィド結合を形成する．この結合のため，PDI が結合しているのにもかかわらず，タンパク質は折りたたみをやり直すことができる．この折りたたみをやり直している過程で，タンパク質が別のジスルフィド結合が形成可能な構造となると，PDI とこのタンパク質とのジスルフィド結合は壊される．タンパク質が適切なジスルフィド結合を形成したのを PDI がどのように感知して，またどのように PDI がタンパク質と相互作用するのをやめるのかについてはまだ明らかになっていない．適切に折りたたまれたタンパク質はポリペプチド鎖がより密に詰まっているため，そのようなタンパク質とは PDI がジスルフィド結合を形成できなくなるためかもしれない．PDI は酸化反応や異性化反応を行うだけでなく，酸化状態に保たれることによってシャペロンとしても機能している.

チオール異性化酵素のうち最も研究が進んでいるのが PDI であり，基本的には異なった細胞間に広く発現しているものであるが，小胞体内腔にはこのほか多くの酸化還元反応を伴うシャペロンが同定されており，そのうちのほとんどのものは細胞特異的なもの，あるいは基質特異的なものである可能性がある．このようなタンパク質ファミリーのうち興味深いものとして，ERdj5 という BiP の ATP 加水分解を促進する因子がある．そのため，ERdj5 は BiP によるタンパク質の巻戻りをジスルフィド結合の架け替えを行うことによって助けている可能性がある.

3・17 カルネキシン/カルレティキュリンによるシャペロン系は糖鎖による修飾を認識する

重 要 な 概 念

- カルネキシンとカルレティキュリンは，グルコースの付加と除去によって制御されるシャペロン反応を繰返すことによって，糖タンパク質の形成を助ける．

小胞体に特異的なもう一つの品質管理として，レクチンによるシャペロン活性があげられる．この反応では，糖タンパク質は小胞体内腔で糖鎖結合タンパク質（レクチン lectin）と結合する．このレクチンは，一般的には膜内在性タンパク質であるカルネキシンと小胞体内腔に存在する可溶性ホモログであるカルレティキュリンであるが，これら自身はおそらくシャペロンとしては機能しない．その代わりこれらの因子は新生糖タンパク質を PDI ファミリーや ERp57 シャペロン近傍まで運んでくる働きをする．そのため，膜透過されたタンパク質に糖鎖が付加されることによって，タンパク質が品質管理を受ける機会をさらに与えていることになる．カルネキシンとカルレティキュリンはそれぞれわずかに異なる種類の糖タンパク質を認識するのだが，これら両者の機能は非常によく似ているため，ここではカルネキシンについてのみ議論する．

図3・34に，タンパク質のカルネキシン反応サイクルへの組込みは，タンパク質が膜透過されるのに伴って糖鎖が特異的な修飾を受けることによって調節されているということを示す（§3・14 “膜透過中の多くのタンパク質には糖が付加される” 参照）．最初に糖鎖が付加されたときには，いくつかの枝分かれした糖鎖のうちの一つの末端が三つのグルコース残基によって修飾されている．末端から二つのグルコース残基は（それぞれグルコシダーゼⅠとグルコシダーゼⅡによって）速やかに除去され，基部にグルコースが一つだけ残る．このようなタンパク質にカルネキシンが結合し ERp57 の近傍まで運んでいくことによって，ジスルフィド結合の形成や架け替えが行われて折りたたみと巻戻りが行われる．

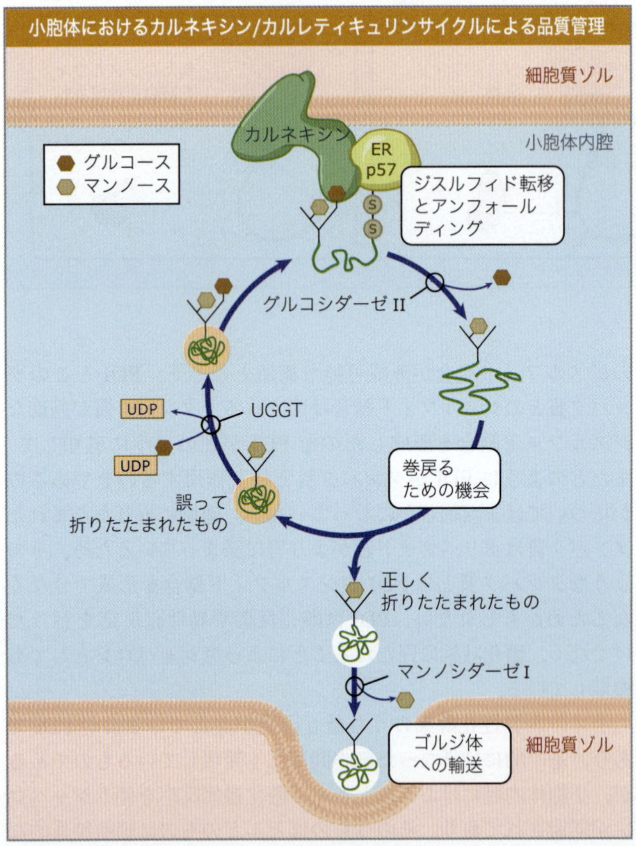

図3・34 *N* 結合型糖鎖上にグルコースが1分子存在することによって，誤って折りたたまれたタンパク質がカルネキシンやカルレティキュリンと結合し，もう一度折りたたみをやり直すことができる．UGGT 酵素がこのグルコース残基を誤って折りたたまれたタンパク質に付加し，これによって正しく折りたたまれたタンパク質と誤って折りたたまれたタンパク質とが区別される．

ERp57 による巻戻りが行われたのち，末端のグルコースはグルコシダーゼⅡによってタンパク質から除去される．このグルコースが除去されたタンパク質はもはやカルネキシンの基質とはならない．ところが，1回のカルネキシンによる反応でタンパク質が適切に折りたたまれない場合は，内腔の UGGT（UDP-グルコース糖タンパク質グルコース糖転移酵素）によってグルコースが再び付加されると考えられている．この付加によって，誤って折りたたまれたタンパク質が再びカルネキシンに結合して反応を繰返す．そのため，タンパク質は正しく折りたたまれるまで，グルコースの付加と除去を複数回繰返し受けることになる．正しく折りたたまれたタンパク質と誤って折りたたまれたタンパク質を感知して区別しているのは UGGT であるため，これはこの反応において重要な役割を果たしていることになる．UGGT は疎水性残基が集まって露出した部分を認識することによってタンパク質が折りたたまれていないと判断し，この UGGT が認識する領域とははるかに離れた位置に糖の再付加が起こる．

カルネキシンによる反応は非常によく研究されているものの，この反応による糖タンパク質の折りたたみと巻戻りの生理的な重要性は明らかになっていない．事実，カルネキシン遺伝子を欠損させたマウスは成体まで生育するし，カルレティキュリンに損傷をもつと胚発生の段階で致死となるのだが，これはカルレティキュリンによるタンパク質の折りたたみというよりも，小胞体内のカルシウム濃度の制御が行えなくなるためのようである（§3・24 “小胞体は形態学にも機能的にも細かく分けられる” 参照）．小胞体内腔に存在する多様なシャペロン系の役割が部分的に重なり合っていることによって，細胞は一つのシャペロン系が失われても問題が起こらないようになっていると考えられる．

3・18 タンパク質の複合体形成は監視されている

重 要 な 概 念

- 複合体形成が完了していないサブユニットは，シャペロンと相互作用することによって小胞体内に残留する．

折りたたみに加えて，いくつかのタンパク質は複合体も形成しなければならない．複合体を形成するほとんどの分泌タンパク質や膜タンパク質は，小胞体内でその形成が起こるため，品質管理の過程がさらに複雑なものとなる．タンパク質の折りたたみで関与する疎水結合，ジスルフィド結合形成，イオン相互作用などと同じ分子間相互作用によってタンパク質の多量体化が行われる．そのため，タンパク質の折りたたみを助ける小胞体内の装置は，タンパク質の複合体形成についても同時に監視を行っている．複合体形成が起こらないと，多くのタンパク質は特異的なシャペロンと結合することによって小胞体内に残留してしまう．たとえば，免疫グロブリンの重鎖は機能的な軽鎖分子と複合体を形成するまで BiP と結合したままになっている．このことによって，複合体を形成していない重鎖は小胞体内に残留し，完全に複合体を形成した抗体のみが小胞体からゴルジ体へと輸送されるようになっている．**チオール媒介残留**（thiol-mediated retention）によっても複合体が形成されていないタンパク質は小胞体に残留する．分子間ジスルフィド結合によって多量体の形成に関与するようなシステイン残基は，タンパク質の集合状態を示す指標として監視されている．多量体形成が起こらないとこれらのシステインは PDI ファミリータンパク質と分子間ジスルフィド結合を形成することによって，不完全なタンパク質複合体として小胞体内に残留すると考えられている．あるタンパク質は小胞体残留のための独自のシグナルをその一次構造上にもっている．そのシグナルはタンパク質が適切に複合体を形成した状態では分子内に隠れているため，その複合体は小胞体から出ていくことができる．たとえば，T 細胞受容体 α 鎖の膜貫通ドメインは，完全な複合体の一部となるまでは小胞体に残留する．

以上述べたものに加えて，小胞体内腔では基質特異的な品質管理も行われている．たとえば，プロリン 4 位水酸化酵素と Hsp47 はコラーゲン前駆体の折りたたみと複合体形成に特異的に関与することによって，コラーゲンファミリータンパク質に特徴的な三重らせん構造の形成を行う（§15・3“コラーゲンは組織に構造的基盤を与える”参照）．まだその仕組みはよくわかっていないものの，基質特異的に品質管理を行うタンパク質は，タンパク質の折りたたみと分泌を助けている．

多くの新生タンパク質はその成熟と複合体形成の過程において，一つ以上のシャペロン系と相互作用している．タンパク質上の空間は限られているため，それぞれの相互作用は一過的であるはずである．そのため，タンパク質は小胞体から運び出されるまで一つのシャペロン系から別のシャペロン系へと受渡されていることになる．タンパク質が相互作用する特異的な因子や相互作用の順序は基質によって異なっており，これはアミノ酸配列に依存しているようである．たとえば，タンパク質 N 末端近傍の糖鎖修飾を受ける部位は，まず最初にカルネキシン，あるいはカルレティキュリンと相互作用する．その代わり，それにひき続く配列上で糖鎖修飾を受ける部位はカルネキシン/カルレティキュリン経路を経る前に BiP と相互作用する．いくつかの異なった品質管理系がタンパク質の折りたたみに関与するため，たとえば糖鎖修飾部位を欠失させたり，あるいはシステイン残基を欠損させたりすることによって，一つの系が機能しなくなるようにしても，そのタンパク質の折りたたみや分泌が阻害されることはない．

小胞体内で品質管理を行う多くのタンパク質が同定されているが，これらの活性の分子機構についてはほとんど明らかになっていない．これらのタンパク質は不適切に折りたたまれたタンパク質を認識することができるのは明らかなのだが，タンパク質のどのような特徴をとらえることによって区別しているのかについては明らかになっていない．折りたたまれていないタンパク質の認識は非常に容易であると思われるが，誤って折りたたまれたタンパク質と正しく折りたたまれたタンパク質はどのように区別されているのだろうか．特に，UGGT はどのようにしてこの区別を行っているのだろうか．正しく多量体を形成したタンパク質は不適切に凝集したタンパク質とどのように区別されているのだろうか．小胞体内での品質管理がどのように行われているのかを完全に理解するためには，これらの疑問に答える必要がある．

3・19 小胞体内で最終的に誤って折りたたまれたタンパク質は，分解されるために細胞質ゾルに戻される

重要な概念

- 膜透過したタンパク質を細胞質ゾルに戻すことができる．細胞質ゾルに戻されたタンパク質はユビキチン化され，プロテアソームによって分解される──これは，小胞体関連分解として知られている過程である．
- タンパク質は逆行性膜透過過程によって細胞質ゾルに戻される．この過程は，小胞体内への膜透過ほど理解されていない．

小胞体の品質管理機構によって，正しく折りたたまれた分泌タンパク質，膜タンパク質のみが確実に運び出される．一方，折りたたまれていないタンパク質はシャペロンによって小胞体にとどめられて正しく折りたたまれる機会を与えられる．しかし，正しい構造をどうしてもとれないタンパク質はどうなるのか？ なんとかして，折りたためないタンパク質を排除しなければならない．この不具合を解決する一つの方法として，細胞は逆行性膜透過（retrograde translocation，dislocation や retrotranslocation ともよばれる）を使い，誤って折りたたまれたタンパク質を細胞質ゾルに排出する．細胞質ゾルでは，誤って折りたたまれたタンパク質にユビキチンが結合して，巨大なプロテアーゼ複合体であるプロテアソーム（BCHM:3-0001 参照）が分解する．この分解経路は**小胞体関連分解**（endoplasmic reticulum-associated degradation，**ERAD**）とよばれている．

ERAD 経路の発見は，小胞体で誤って折りたたまれたタンパク質が分解され蓄積できない事実を理解することから始まった．当初，この分解は小胞体自体で起こると推定されたが，かなりの努力にもかかわらず，小胞体内にプロテアーゼは見つからなかった．その代わりに，タンパク質は細胞質ゾルでプロテアソームにより分解されるという証拠が蓄積し始めた．まず，プロテアソームの化学阻害剤は，新たに合成された内在性膜タンパク質（CFTR，嚢胞性繊維症膜貫通調節タンパク質）の分解を阻害する．この知見が，タンパク質は分解される前に小胞体から排出されなければならないことを示唆した．続いて，プロテアソームの阻害により，すでに完全に排出されたタンパク質が細胞質ゾル中に蓄積することが示された．

どのようにしてタンパク質は ERAD を受けるのか？ 小胞体への膜透過と異なり，ERAD の標的にさせるシグナル配列がタンパク質にあるはずはない．むしろ，ERAD 機構は，最終的に誤って折りたたまれたタンパク質と適切に折りたたまれたタンパク質，または一過性にまだ折りたたまれていないタンパク質とを区別する物理的な性質を見分けなくてはならない．たとえば，タンパク質の最終的な折りたたみ構造を不安定化する変異は，分解の原因となりうる．実際に，品質管理機構は，たとえその機能にほとんど影響しなくても，変異タンパク質を ERAD の基質として認識できる．ほとんど識別できないような折りたたみの欠陥をもつタンパク質でさえ ERAD 経路の標的となる．細胞が認識する未知のシグナルが存在しているに違いない．

ERAD の一般的な経路を図 3・35 に示す．タンパク質が ERAD を受ける最初のステップは，誤って折りたたまれた形の認識である．まだどのようにこの認識が起こるのかわからないが，おそらくシャペロンが重要な役割を果たしているようだ．しかしながら，シャペロンはすべての新生タンパク質の折りたたみを助けるので，シャペロンとの結合が ERAD のための唯一の必要条件であるはずがない．その代わりに，逆行性膜透過のシグナルは，タンパク質がシャペロンと結合している時間の長さと関連が

あるのかもしれない. シャペロンはタンパク質が正しく折りたたまれるまでタンパク質と結合するので, 正しく折りたたまれないものは通常よりずっと長くシャペロンと結合したままになる. しかし, どのようにしてタンパク質とシャペロンとの結合が長くなったことが感知されるのかは, まったく明らかでない. 最終的に誤って折りたたまれた糖タンパク質の場合, αマンノシダーゼⅠ酵素がタンパク質の糖鎖からマンノースをトリミングすることによって, タンパク質は分解の標的になる. しかし, 何が原因でこの酵素による糖鎖トリミングを受けることになるのかは明らかでない.

逆行性膜透過過程に入ると, タンパク質は小胞体膜を通り抜けなくてはならない. 複数の遺伝的および生化学的な証拠から, Sec61p 複合体が逆行性膜透過チャネルとしても働いているのではないかと考えられている. しかし, 逆行性膜透過が Sec61 に依存しない場合もあるようだ. チャネルが Sec61p と同じものなのか, あるいは, 誤って折りたたまれたタンパク質の種類に応じて特定のいくつかの異なるチャネルが存在するのかどうかさえもまだ明らかではない. チャネルがどのようなものであれ, 膜透過の基質がぶつかるのと同じ問題に ERAD の基質も直面する. タンパク質が外に出るためには, はじめにチャネルまで運ばれなければならず, つぎにチャネルが開かなくてはならず, そしてタンパク質がチャネルを通って細胞質ゾルまで移動させられなければならないのだ.

大部分のタンパク質は, 膜透過が完了した後でのみ分解の標的になるようだ. 細胞がタンパク質を分解するかしないかを決定するまで, タンパク質が膜透過装置の近くにとどまっているかどうかはわかっていない. また, どのように誤って折りたたまれたタンパクが逆行性膜透過チャネルと会合するのかもわかっていない. 最近の知見では, 小胞体から出た基質がとる経路と基質を除くのに必要な細胞質ゾルのタンパク質は, 分解されるタンパク質のタイプと, 誤って折りたたまれた領域がタンパク質のどこにあるかに強く依存しているようだ. 可溶性タンパク質と膜貫通タンパク質は少なくとも部分的に異なる経路で分解され, 膜貫通タンパク質の中でも, どの分解経路がとられるかは, 変異が内腔側なのか細胞質ゾル側なのかに依存しているようだ.

いったん逆行性膜透過チャネルに入ると, タンパク質は細胞質ゾルからの力によってチャネルを通過するらしい. ユビキチン化が多くの (全部ではないが) 基質の排出に働いている. 分解される基質の大部分はポリユビキチン化される. このユビキチン化は基質がまだ膜に結合している間に起こる. ユビキチン化機構の構成分子が変異すると, 小胞体内に誤って折りたたまれたタンパク質の凝集体が形成される. このことは, 基質を修飾できないときにはチャネルが閉じられることを示唆している. しかし, ユビキチン化だけではタンパク質を細胞質ゾルに排出するのに不十分である. 小胞体膜に結合する細胞質ゾルの ATPase (p97, 酵母では Cdc48p) も必要である. p97 は ERAD の基質に直接結合する細胞質ゾルの補助因子に結合する. この ATPase が, どのようにして基質を細胞質ゾルに放出させるかはまだ明らかではないが, これと類似のバクテリアやミトコンドリアの ATPase は, 内在性膜タンパク質に直接結合してこれらを膜から引き出す. 逆行性膜透過に必要な ATPase も同様のやり方で働いていて, 基質か基質に付加されたユビキチンのどちらかに直接結合して, 基質をチャネルから細胞質ゾルに引っ張り出すのかもしれない. プロテアソームが逆行性膜透過過程でどのような役割を果たしているのかはまだ明らかではない.

ERAD 機構のもう一つの重要な構成要素が, 小さな膜タンパク質ダーリンである. ダーリンはいくつかの誤って折りたたまれたタンパク質の逆行性膜透過に必須であり, VIMP タンパク質との結合を介して, 小胞体内の誤って折りたたまれたタンパク質と p97 の両方に結合することが示された. それゆえに, もちろん他の構成成分も存在するだろうが, ダーリンが小胞体内腔と細胞質ゾルの分解機構とをつなぐ分子の‘橋’の構成成分の少なくとも

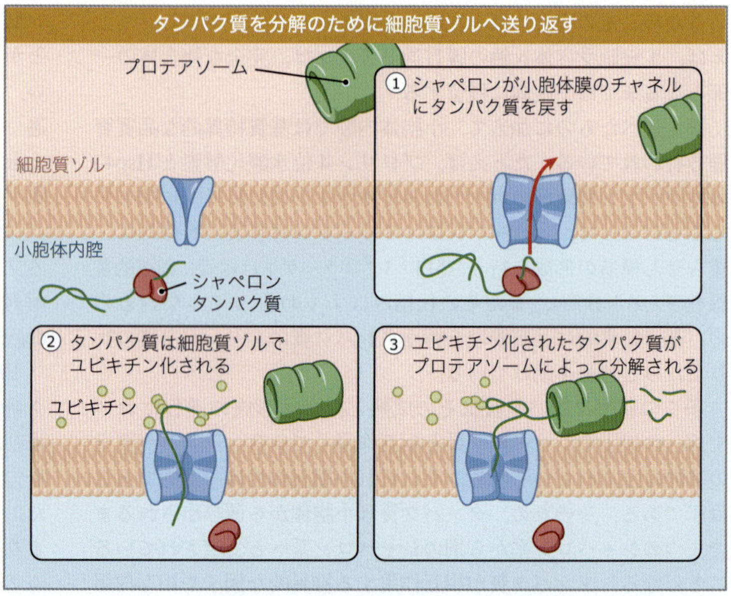

図3・35 小胞体内腔で最終的に誤って折りたたまれたタンパク質は, 細胞質ゾルに逆行性膜透過されるために小胞体膜に戻される. タンパク質は細胞質ゾルでプロテオソームによって分解される. 誤って折りたたまれたタンパク質は内腔のシャペロンに結合しなければならないことから, シャペロンが再標的化に関与しているようだ.

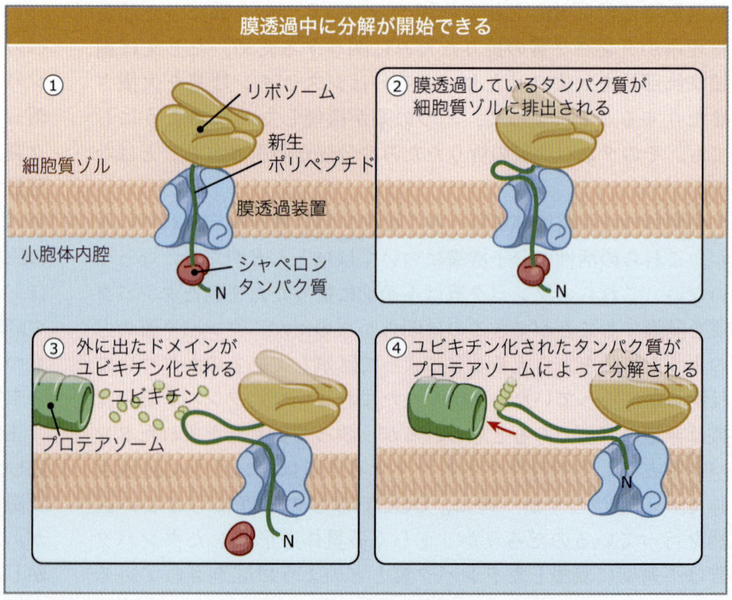

図3・36 タンパク質の分解が, 完全に膜透過する前に始まるものもある. いったんタンパク質が分解されると決まると, タンパク質の一部が細胞質ゾル内に蓄積し始め, ユビキチン化される.

一つである．

図3・36で示すように，ある場合には，タンパク質が小胞体内へ膜透過している最中にもかかわらず分解されることが確認されている．特に，大きなタンパク質では，もし合成のごく初期に誤って折りたたまれ始めた場合にタンパク質全体を膜透過させるエネルギーの浪費を避けるため，この分解形式を利用するようだ．小胞体に取込まれている間にタンパク質の逆行性膜透過が決まると再標的化の必要がない．この種の分解で最もよくわかっている例は，アポリポタンパク質Bである．このタンパク質は，低密度リポタンパク質が会合する最初のステップで，小胞体内腔で脂質と脂肪酸と結合する巨大な分泌タンパク質である（§3・22“脂質は小胞体から他の細胞小器官の膜に移されなければならない”参照）．アポリポタンパク質Bが膜透過する際に小胞体内腔の酵素による脂質の転移が失敗すると，タンパク質合成と小胞体への膜透過が完了する前にアポリポタンパク質Bの分解がひき起こされる．

細胞質ゾルに到達したタンパク質は，通常，認識されて分解される．しかし時には，その代わりに放出されたタンパク質が細胞質ゾルで特異的な凝集体を形成することもある．これらのタンパク質は，アグリソームという塊に蓄積する．アグリソームは，大量のタンパク質の隔離と分解のために使わるのかもしれない．

ERADの研究は分野としてまだ始まったばかりである．現在までに知られているより多くの分子がいるようだし，分子機構はまだあまり理解されていない．これには，どのように誤って折りたたまれたタンパク質が認識されるのかという基本的な疑問も含まれている．この過程をもっとよく理解するためには，最終的には“*in vitro*”での再構成が必要である．

3・20 小胞体と核の間の情報伝達が小胞体内腔の折りたたまれていないタンパク質の蓄積を阻害する

重要な概念

- 折りたたみ不全タンパク質応答は小胞体内腔の折りたたみ状況を監視し，小胞体シャペロン遺伝子発現を増やすシグナル経路を発動させる．
- 酵母では，Ire1pタンパク質が細胞ストレスの状態に応じて活性化し，折りたたみ不全タンパク質応答を仲介する．
- 活性化したIre1pは*HAC1* mRNAをスプライシングし，その結果，Hac1タンパク質が生産される．Hac1は，核に局在し，UPR応答エレメントをもつ遺伝子のプロモーターに結合する転写因子である．
- 高等真核生物の折りたたみ不全タンパク質応答は，酵母でみられるものより複雑な制御系を進化させた．

小胞体関連分解がその十分な能力を発揮しても，温度の上昇や，ウイルスの感染，ある種の化学物質にさらされるといった細胞ストレス下では，誤って折りたたまれたタンパク質が小胞体内に蓄積する．これらは，品質管理機構を飽和させて分泌を妨げる恐れがある．分泌経路のすべてのタンパク質は小胞体に入らなくてはならないので，小胞体はその経路全体の恒常性の監視で重要な役割がある．小胞体は，自身またはそれより進んだ地点のどちらに生じるタンパク質分泌の破綻でも感知する．小胞体内腔から核へのシグナル経路である**折りたたみ不全タンパク質応答**（unfolded protein response, **UPR**．小胞体ストレス応答ともよばれる）は，細胞が小胞体内の折りたたみ状態を監視できるようにし，要求の増大に応じて小胞体シャペロンの発現を増加できるようにする．この経路はすべての真核生物に存在しているが，分子機構の詳細は酵母で初めて解明された．

酵母のUPRにとって，決定的な介在分子──すなわち小胞体内腔の折りたたみの状況を察知してその情報を伝達するタンパク質──は，Ire1pという小胞体膜タンパク質である．Ire1pは，その内腔側ドメインを介した自己会合によって二量体化することができるが，通常の状況下では，BiPがそのドメインに結合して二量体化を阻害している．しかし，図3・37で図解するように，ストレス状況下ではBiPはIre1pの代わりに誤って折りたたまれたタンパク質に結合するので，Ire1pは自由になり二量体を形成してUPRシグナル経路を活性化する．シグナル伝達は，セリン／トレオニンキナーゼであるIre1p細胞質側ドメインを介して起こる（Ire1pは核膜を構成している小胞体の特定領域に局在して，そのためIre1p細胞質ドメインが実際には核内に局在する可能性がある．しかし，この問題についてはまだ断定的な答はない）．Ire1pの二量体化は，自己リン酸化と細胞質ドメインの活性化を誘導する．つまりIre1pは，リガンド（BiP）が存在するときでなく，存在しないときに二量体化することと，細胞表面から細胞内ではなくて細胞内の区画間でシグナルを伝えること以外は，他の受容体キナーゼと同様に機能する（MBIO:3-0004参照）．

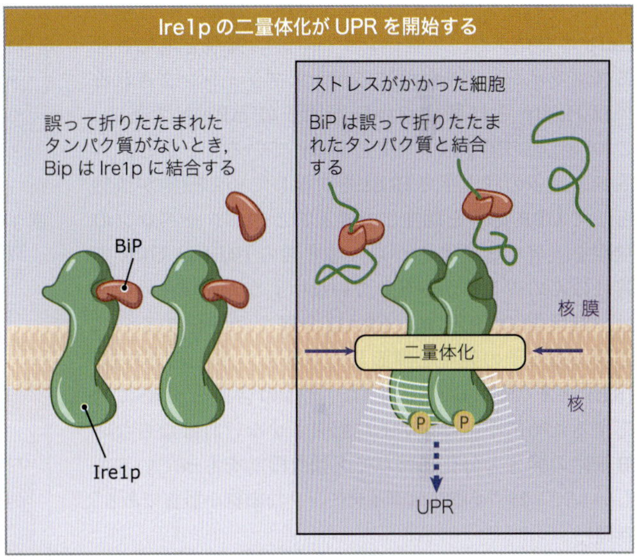

図3・37　ふつうの状況では，BiPはIre1pと結合してIre1pの二量体化を阻害する．ストレスがかかった細胞では，BiPは誤って折りたたまれたタンパク質に占有される．これによりIre1pが自由になり，二量体化して折りたたみ不全タンパク質応答（UPR）を開始する．

図3・38に示すように，Ire1pが活性化するとすぐに，細胞質側の2番目のドメインが*HAC1*遺伝子のmRNAからのイントロン除去を触媒する．Ire1pがこのイントロンを除去し終わると，tRNAリガーゼがエキソンに結合して新たなmRNAを形成する．つまり，Ire1pによるスプライシングは，スプライソソームが触媒するスプライシングとは無関係である（MBIO:3-0005参照）．このイントロンは，正しいHac1タンパク質（Hac1p）の翻訳を阻害するので，*HAC1* mRNAのスプライシングは折りたたみ不全タンパク質応答（UPR）にとって不可欠である．イントロンが除去された後に，Hac1pが翻訳される．

Hac1pは，BiPをコードしている遺伝子のプロモーターに結合する転写因子であり，その転写を促進する（酵母のBiPホモログはKAR2とよばれている）．結合は折りたたみ不全タンパク質応答エレメント（UPRE）とよばれる特定の調節配列を介して起こる．この配列は他の多くの遺伝子のプロモーター領域にもみられ，Hac1p タンパク質はこれらの遺伝子の転写も活性化する．したがって，誤って折りたたまれたタンパク質と BiP との結合を介して，誤って折りたたまれたタンパク質が存在していることを感知すると，Ire1p は追加の小胞体シャペロン生産を誘導するカスケードを開始する．ストレスが多い状況の間は，この増加したシャペロンが，折りたたまれていないタンパク質の負荷を処理する，品質管理機構の能力を増強する．しかし，この応答はさらに広範に働いている．折りたたみ不全タンパク質応答はもともと特定のシャペロンを発動する効果から見つかったものであるが，事実上何百もの遺伝子の発現に影響が及ぶ．誘導された遺伝子の性質から，折りたたまれないタンパク質の不具合に対応するために，細胞は，翻訳や，膜透過，分泌そして小胞体膜増殖の要素のすべてを変えることが示唆される．このような応答の一つで明らかにされたのが，小胞体の拡張のための脂質合成の誘導である（§3・25“小胞体はダイナミックな細胞小器官である”参照）．

哺乳類の UPR（折りたたみ不全タンパク質応答）は，酵母のそれと似ているがずっと複雑である．哺乳類の Ire1p ホモログも，小胞体シャペロンの発現を増加させるスプライシングを触媒するが，スプライシングされるのは Hac1p とは関係ない転写因子の mRNA である．この哺乳類の因子は Xbp1 とよばれている．しかし，ストレス過多の状況下で IRE1 を欠損している細胞が依然として UPR 応答を活性化できることや，シャペロンの発現を上昇できることから，哺乳類の IRE1 は UPR 応答にほんの少ししか関与していないようだ．現在の仮説は，哺乳類の IRE1 は，ERAD 分解を活性化するのに必要な遺伝子の発現を調節しているというものである．IRE1 とその標的の XBP1 は，抗体の合成と分泌に対応するために小胞体を劇的に拡張させなければならない B 細胞の発生と分化に特有で必須な機能をもっているらしい（§3・25“小胞体はダイナミックな細胞小器官である”参照）．

図 3・39 に示したように，哺乳類の応答は，酵母には存在してない，または顕著ではない他のエレメントや経路も含んでいる．哺乳類では，小胞体ストレスは ATF6 とよばれる第二の転写因子の活性化を導く．このタンパク質は，通常小胞体膜を貫通しているが，UPR 応答の誘導によりその膜貫通ドメインの切断がひき起こされる．遊離した細胞質ドメインは核に移行し，小胞体シャペロン遺伝子のプロモーターに結合する．哺乳類では，品質管理システム能力の増強に加えて，小胞体ストレスはタンパク質合成の減少をひき起こし，小胞体にほとんどタンパク質が運ばれなくなる．この作用は，Ire1p と似ている内腔側ドメインと，似てない細胞質キナーゼドメインをもつ膜貫通型小胞体キナーゼである PERK タンパク質により仲介されている．PERK は膵臓で高発現しており，その不活性化は膵臓の機能障害をもたらす．これは強い分泌の負荷がかかる器官での UPR 応答の重要さを示唆している．活性化した PERK タンパク質の細胞質キナーゼドメインは，翻訳開始因子 eIF2 の α サブユニットをリン酸化する．このリン酸化は，タンパク質合成の全般的な阻害をもたらし，小胞体に入るタンパ

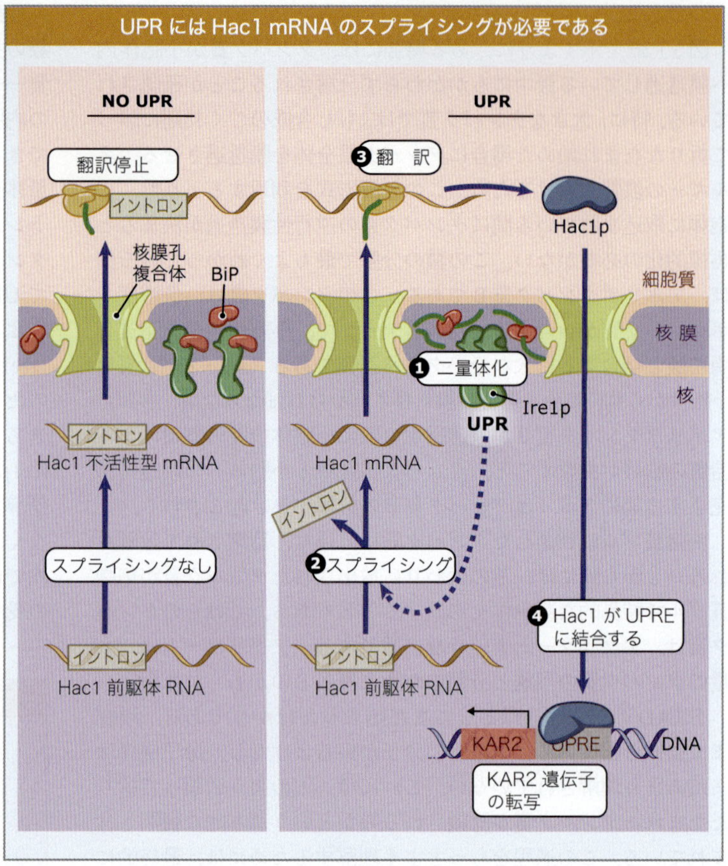

図 3・38　Ire1p の二量体化の結果，Hac1 mRNA はスプライシングされ，正しい産物が翻訳されるようになる．転写因子 Hac1 が合成されると，小胞体シャペロンをコードする遺伝子の発現を促進する．

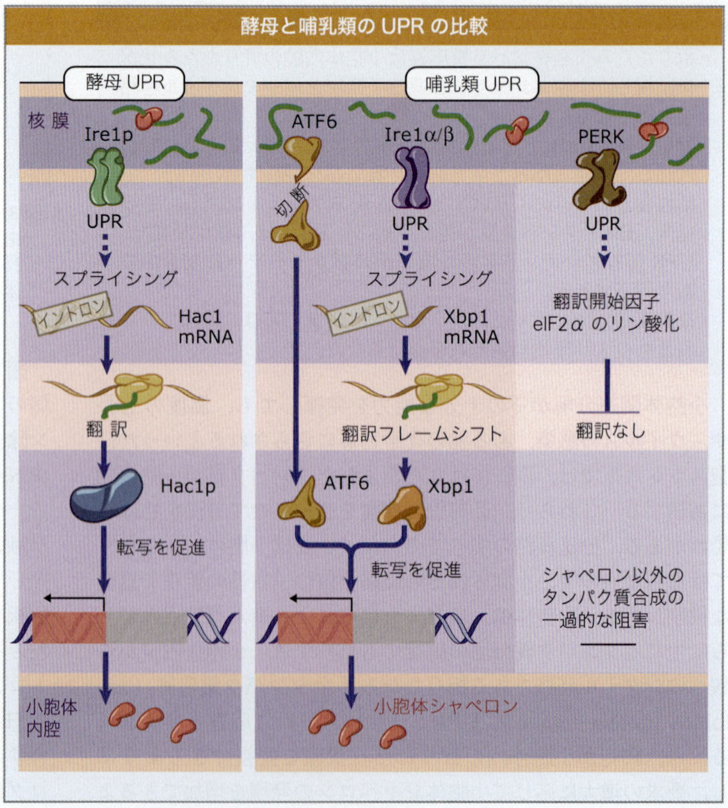

図 3・39　いくつかの経路は高等真核生物に独自のものである．これらには PERK を介した翻訳の阻害や転写因子を形成するための ATF6 の切断がある．

ク質を減少させる（MBIO:3-0006 参照）．重要なことに，この効果は一過性でしかないので，シャペロン合成の増加は調節できる．そのほかに，少なくとも一つの mRNA，転写因子 ATF4 をコードしている mRNA は，eIF2 αがリン酸化されてタンパク質合成全般が阻害されているときのみ翻訳される．eIF2 αのリン酸化の結果として合成された ATF4 は核に移行して，細胞のエネルギー論や酸化還元のバランス，そしてアミノ酸合成にかかわる遺伝子の発現を調節する．異なる細胞ストレスの状況では，他のキナーゼが eLF2 αをリン酸化する（たとえば，ウイルス感染は eIF2 αのキナーゼである PKR の活性化を導く）ことは注目に値する．つまり ATF4 の標的はストレス反応全般で重要な遺伝子であり，一方，ATF6 と IRE1 の経路は，より小胞体ストレス特異的であると考えることができる．

折りたたみ不全タンパク質応答（UPR）の活性化は，神経変性疾患や糖尿病，肝機能障害，血液凝固障害，その他多くの多岐にわたる病状に関連する．実験系では，UPR 活性化の持続は，細胞死経路の活性化をもたらす．しかしながら，UPR が関連する多くの病気は，数箇月，数年を超える時間経過で起こるので，生理的な状況で活性化されたときには UPR はアポトーシス応答よりもむしろ適応応答であるに違いない．UPR が生存促進性とアポトーシス促進性の両方の経路を活性化することを考えると，慢性的なストレス状況の結果として，どうして細胞の生存のほうを有利にできるのか不明である．

3・21 小胞体は細胞の主要リン脂質を合成する

重要な概念

- 細胞の主要リン脂質は，おもに小胞体膜の細胞質側で合成される．
- 細胞は，新たな脂質合成を調節するために，脂質の生合成に関わる酵素の局在を制御することができる．
- コレステロールの生合成は，小胞体膜に組込まれた転写因子のタンパク質分解によって調節される．

小胞体は，タンパク質の膜透過と分泌の準備の場であるのに加えて，細胞のリン脂質合成の主要な部位である．リン脂質は小胞体膜で合成され，その後，多くの膜と膜で包まれた細胞小器官に分配される．これには，細胞膜やミトコンドリア，そして分泌経路の細胞小器官が含まれる．

細胞は，特定の必要性に応じて自身の膜を拡張できなくてはならない．最も明白なのは，細胞周期にわたって細胞膜と膜で包まれたすべての細胞小器官の複製が起きなくてはならないことである．加えて，高い負荷がかかるとある種の細胞小器官が拡張することがある．たとえば，B リンパ球前駆体が抗体分泌プラズマ細胞に成熟するとき，分泌経路を介した輸送の増加に適応するために小胞体が劇的に拡張する（§3・25 “小胞体はダイナミックな細胞小器官である” 参照）．

可溶性前駆体からのリン脂質の新規合成は，**ケネディー経路**（Kennedy pathway）として知られる過程で，おもに小胞体膜の細胞質側の層で起こる．図 3・40 に示すように，小胞体膜は，アシル CoA と結合した二つの脂肪酸がグリセロール 3-リン酸に結合して**ジアシルグリセロール**（diacylglycerol, DAG）を形成するときに成長する．DAG は，その前駆体とは対照的に十分に疎水性なので小胞体膜に挿入される．

膜の中に入るとすぐに，DAG は頭部極性基と結合して完全なリン脂質を形成する．図 3・41 に示すように，主要なリン脂質の違いは，基本的にその極性基の違いによる．すべてが DAG に極性基を付加することによって合成される．極性基は，まずリン酸化され，つぎにシチジン二リン酸塩（CDP）に付加される．さらに，一つのリン酸と共に極性基が DAG に移されて合成過程が完了する．

ホスファチジルコリンを形成するためのコリン極性基の CDP への付加は，生合成過程を調節するために，どのように細胞がタンパク質の細胞内局在を利用できるかのよい例である．この反応はシチジル酸トランスフェラーゼ（cytidylyl transferase, CT）酵素によって行われ，ホスファチジルコリン生合成の律速段階で

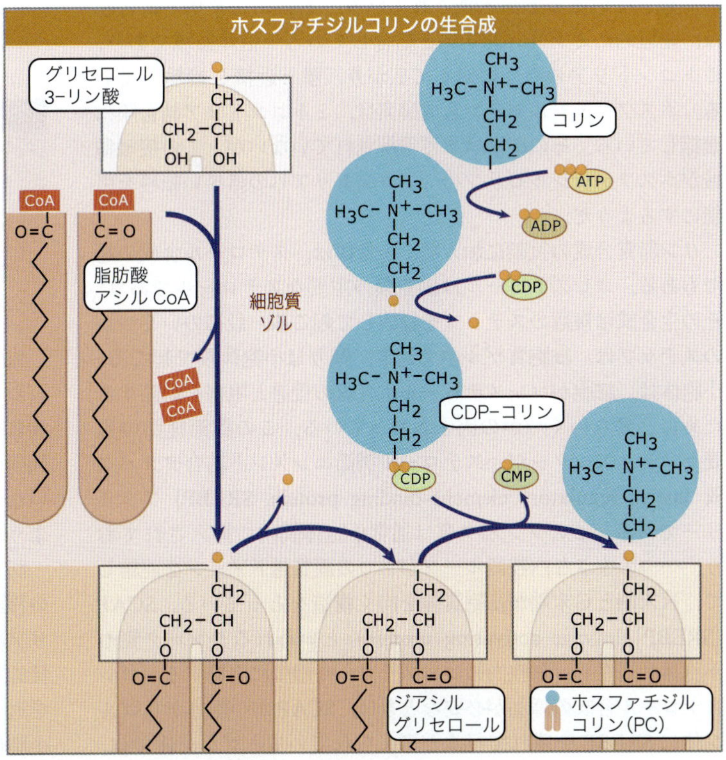

図 3・40 リン脂質分子は，細胞質ゾルにある水溶性成分（グリセロール 3-リン酸，脂肪酸アシル CoA，そして頭部基）が結合して形成される．新たにできた脂溶性分子が膜に加えられる．

ある．細胞は異なる二つのプール，すなわち不活性な細胞質ゾルプールと酵素活性のある小胞体膜の細胞質側にあるプールにシチジル酸トランスフェラーゼを保持することによって，ホスファチジルコリン生合成を制御している．

このプールの維持機構は，まだよくわかっていないが，ホスファチジルコリン合成増加の必要性を伝える細胞の状態が，シチジル酸トランスフェラーゼの二つの局在間の移動を制御できるのは明らかだ．たとえば，フリーのDAGや脂肪酸の細胞内濃度上昇は，シチジル酸トランスフェラーゼの小胞体膜への移動をひき起こし，それによってこれらの部品をコリン極性基に結合させることができる．反対に，細胞内にホスファチジルコリンが十分あるときは，シチジル酸トランスフェラーゼは細胞質ゾル中に局在する．このような方法によってホスファチジルコリンの生成が停止する．

最も豊富な膜リン脂質であるホスファチジルコリンに加えて，ホスファチジルエタノールアミンとホスファチジルイノシトールもまたケネディー経路で生成できる．出芽酵母では同様にホスファチジルセリンも生成できる．しかし動物ではホスファチジルセリンは，これとは異なり，CDPは用いず小胞体の細胞質側膜上で起こる反応で生成される．

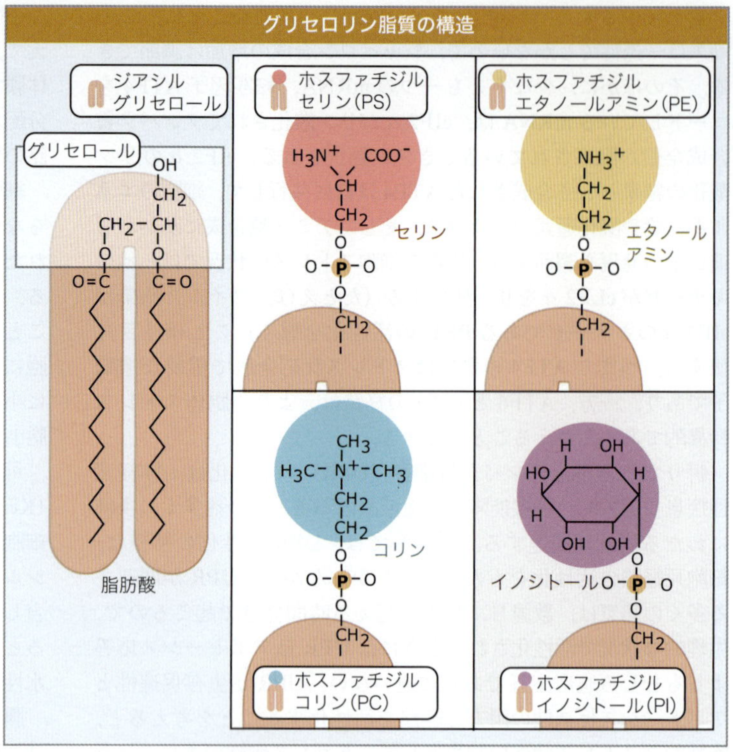

図3・41 主要な膜リン脂質は，頭部極性基の組成が異なる．

ホスファチジルエタノールアミン合成に関して興味をひく一つの特徴は，このリン脂質はケネディー経路で合成できるにもかかわらず，ミトコンドリアでも生成されるということである．そこでは，小胞体で合成されたホスファチジルセリンが修飾（脱炭酸）されることによってホスファチジルエタノールアミンが生成される．ホスファチジルエタノールアミンが，前駆体とは異なる細胞内区画で生成されるためには，これら二つの場所の間で脂質を輸送する機構が必要である．いくつかの証拠から，この輸送は，**ミトコンドリア結合膜**（mitochondrial-associated membrane, MAM）とよばれる小胞体の特別なサブドメインで起きていることが示唆されている．ミトコンドリア結合膜は，物理的にミトコンドリアと結合している小胞体領域であり，ミトコンドリアの表面に対して広がり，膜と近接し接触している．ホスファチジルセリン合成酵素は，ミトコンドリア結合膜に濃縮している．その機構はまだ理解されていないが，この接触領域がホスファチジルセリンのミトコンドリアへの素早い転移を可能にするようだ．

リン脂質合成の役割に加えて，小胞体は，ステロール合成の場でもある．コレステロールは細胞膜の主要なステロールであり，その生合成は複数のステップを経由して起こる．最初のいくつかのステップは，細胞質ゾル中で起き，残りは小胞体膜で起こる．小胞体は，細胞がコレステロール生合成の促進と阻害を調節するために必要ないくつかの因子ももっている．この調節経路の重要なメディエーターが，ステロール調節エレメント結合タンパク質（sterol regulatory element-binding protein, SREBP）ファミリーである．このタンパク質は通常小胞体膜内に挿入されており，一つの小さな内腔側ループが二つの膜貫通ドメインを連結して，N末端とC末端が細胞質側を向く構造をとっている．SCAP（SREBP cleavage-activating protein）といわれるタンパク質も小胞体に局在し，細胞内のコレステロール濃度に応答する．コレステロール合成の増加が必要なときは，SCAPが小胞体からゴルジ体にSREBPを連れて行くと考えられている．ゴルジ体では，膜内在性のプロテアーゼによってSREBPが切断され，N末端が細胞質に放出される〔小胞体ストレス時にATF6を切断するのも同じプロテアーゼである（§3・20“小胞体と核の間の情報伝達が小胞体内腔の折りたたまれていないタンパク質の蓄積を阻害する”参照）〕．SREBPのN末端ドメインはその後核内に移動し，そこで転写因子として働いて，コレステロール生合成経路の遺伝子発現を活性化する．

3・22 脂質は小胞体から他の細胞小器官の膜に移されなければならない

重 要 な 概 念

- 各細胞小器官は特有の脂質組成をもっており，小胞体から各細胞小器官への脂質輸送は特異的な過程であることが必要である．
- 細胞小器官間の脂質輸送機構は不明であるが，小胞体と他の膜系との直接的な接触が関係しているかもしれない．
- 脂質の二層間の移動が，膜層の非対称性を規定する．

脂質は，小胞体で合成されたのち，細胞内の他の膜系へ輸送されなければならない．この過程は，細胞小器官はそれぞれの膜の脂質組成が異なるという事実により，複雑なものになる．輸送は膜間の脂質の非特異的な交換ではなく，特異的な過程であるに違いない．つまり，脂質を動かすだけではなく，特異性が達成されるように輸送に方向性を与える機構が，細胞に存在するに違いない．

脂質輸送の機構は，まだ明らかではないが，いくつかのタイプの移動が提案されてきた．一つの考えられる機構は，ミトコンドリア結合膜で小胞体とミトコンドリア間で起こるような，膜の直接的な接触を介したものである．おそらく，二つの細胞小器官膜を近くに並置すると，両者間で非常に簡単に脂質が移動できる．小胞体は細胞の主要な細胞小器官すべてと直接接することが知られているので，この脂質分配機構はもっともらしい．小胞体が直接接するものには細胞膜，トランスゴルジ網，ペルオキソーム，液胞そしてエンドソーム／リソソームがある．これらの接触の機能的な重要性はミトコンドリア結合膜ほど明らかでないが，もしミトコンドリア結合膜とよく似ているならば，これらの接触は，脂質を一つの細胞小器官からもう一つの細胞小器官に移すためと，脂質輸送過程の特異性を確実にするための両方の手段を提供することになる．

脂質輸送を説明する他の仮説も提案されてきた．最近まで最も一般的なものには，リン脂質転移タンパク質があった．このタンパク質は，膜間で脂質を交換できる能力に基づいた *in vitro* の実験で同定された．このタンパク質は，一つの二重層から脂質を引き抜き，他の膜に出会うまで疎水的な結合ポケットに脂質を付けて拡散する．このタンパク質は細胞小器官間の方向性をもったリン脂質の移送におそらく関与しているが，脂質がタンパク質から膜へ離れるとすぐに，その膜から他の脂質が空のタンパク質に結合してしまうので，細胞小器官の脂質容量の拡張を説明できない．このタンパク質の生細胞における脂質輸送の役割については，証拠が不足している．

新たな脂質が，分泌経路を介して移動する小胞としてタンパク質と共に分配されることも提案された．しかしながら，分泌経路の小胞輸送を阻害する薬剤は，小胞体から細胞膜への脂質の移動を阻害しないので，この機構は主要なものとしては考えにくい．また，小胞体は分泌経路を介してはミトコンドリアや葉緑体につながっていないので，分泌小胞でこれらの細胞小器官へ脂質を運ぶこともできない．

小胞体で合成された脂質が，他の細胞に輸送される場合がある．ある種の細胞が特定の脂質を，分泌経路を介して**リポタンパク質**（lipoprotein）の形で輸送する．リポタンパク質は，血流を通じて，特にコレステロールやトリアシルグリセロールといった不溶な物質を輸送するために利用される，タンパク質と脂質の大きな凝集体である．これは，リン脂質とタンパク質の単分子層で取囲まれたコレステロールとトリアシルグリセロールの核を含有している．いくつかのタイプのリポタンパク質があり，密度で特徴づけられている．低密度リポタンパク質（low-density lipoprotein, LDL）は，肝臓と腸の細胞の小胞体内腔で合成され，これらの細胞から分泌経路を介して輸送されるので，ここでは特に興味深い．LDL の前駆体である超低密度リポタンパク質（very low-density lipoprotein, VLDL）のリン脂質は，小胞体の細胞質層で合成されて，その後おそらく小胞体膜を横切って反転する．そこで，このリン脂質がアポ B タンパク質と結合する．この結合はアポ B タンパク質が小胞体内腔に膜透過するときに起こる．いったん結合したら，VLDL 粒子は，分泌経路を介して分泌される．もし，粒子が小胞体内腔で適切に会合できないと，アポ B タンパク質は逆行輸送で細胞質ゾルに戻され，分解される（§3・19“小胞体内で最終的に誤って折りたたまれたタンパク質は，分解されるために細胞質ゾルに戻される”参照）．

3・23 膜の二つの層は多くの場合脂質組成が異なる

重要な概念

- 脂質二重層の層間における脂質分子の移動が，非対象性の確立のために必要である．
- 酵素（“フリッパーゼ”）が二層間の脂質移動に必要である．

脂質は多くの場合，膜の二層間で非対称的に分布している．たとえば，ホスファチジルコリンは，細胞膜の細胞外側の層に濃縮しているが，ホスファチジルエタノールアミンとホスファチジルセリンは，細胞質側の層に多い．ある種の細胞内シグナル経路と細胞間相互作用は，この非対象性に依存している．この状態は脂質の極性頭部基が二重層の疎水性の内部を通り抜けることができないことによって維持されている．結果として，膜の二層間の自発的な脂質移動は極度に遅くなる．

脂質が自発的に“反転”できないことから，この動きを触媒するフリッパーゼとよばれる酵素の存在が必要となる．脂質の合成は小胞体の細胞質側の層に限られるので，少なくともいくつかのフリッパーゼが，小胞体膜に存在しているに違いない．反転が触媒されなければ，新しい脂質が合成されたときに層は広がることしかできないだろう．酵母タンパク質 Rft1p がリン脂質のフリッパーゼとして同定された．しかしその動作機構はわかっていない．Rft1p とその他のフリッパーゼは単に二層間の脂質の平衡を保つことによって作動しているのかもしれない．または脂質の反転は，層の非対象性を生み出せる特定の移動ができるように調節されているのかもしれない．非対称性を確立するには，他に比べてある一つの脂質頭部基に対して選択的な酵素が必要なようだ．そして，これにはエネルギーの消費も必要だろう．フリッパーゼが存在する十分な生化学的な証拠はあるが，これらのタンパク質の精製と同定は依然困難である．フリッパーゼが細胞内でどれほど広がっており，またどこに局在するのかは，まだ証明されていない．

3・24 小胞体は形態的にも機能的にも細かく分けられる

重要な概念

- 小胞体は形態的に，タンパク質分泌のための粗面小胞体，ステロイド合成と薬剤の解毒作用のための滑面小胞体，そしてカルシウムの貯蔵と放出のための筋小胞体などと，特殊化した区画に分けられる．
- 滑面小胞体の機能は，細胞の必要に応じて特殊化できる．
- 小胞体は，形態的には明白ではないが，分子レベルでも分類できるかもしれない．

電子顕微鏡で小胞体を観察すると，この細胞小器官の構造が著しく不均一であることがわかる．図3・1に示すように，小胞体は，細胞のある領域では頻繁に並行に走っている大きな扁平なシート（槽 cisternae）を形成しており，ある場合にはこれが互いに非常に接近して積み重なった層板構造（stack）をとっている．他の領域では，小胞体は長くカーブした細管の形状をとる．小胞体のこの2形態が相互に接続して，一つの連続した構造を形づくる．シートと層板は，それ自身が小胞体の一部である核膜に近接してみられることが多い．細管は細胞中に網目（ネットワーク）のように広がり，細胞膜や他の細胞小器官の膜と接触している．

小胞体の構造的な相違は，その機能が特殊化したサブ領域に，空間的に分かれていることを反映している．この特殊化は，はじめに細胞膜の一部が分泌のために特殊化し，小胞体の形成に至ったのと同じ過程の連続と考えることができる．いったん形ができると細胞小器官は新しい機能を獲得し，その膜は専門化した領域に分かれた．小胞体がその機能に基づいて高度に細分化されているのは明らかだが，そのサブ領域を維持する機構はまだよくわからない．

小胞体ネットワークは，**滑面小胞体**（smooth endoplasmic reticulum, SER）と**粗面小胞体**（rough endoplasmic reticulum,

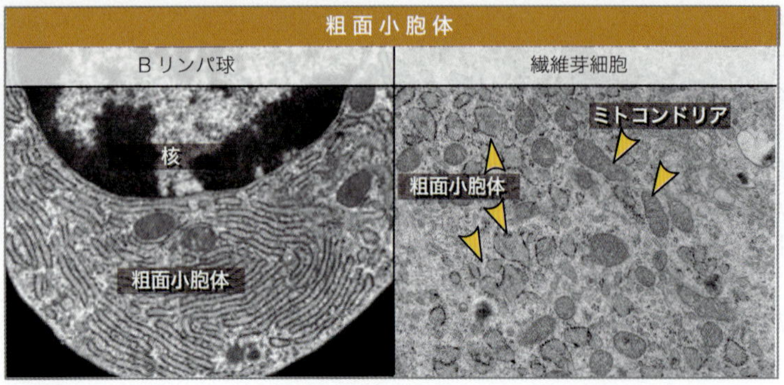

図3・42　粗面小胞体の形態を示す透過型電子顕微鏡写真．大量の免疫グロブリンを合成するBリンパ球のような細胞では，粗面小胞体が細胞質の大部分を占め，扁平な積み重なったシートを形づくる．一方，コラーゲンやその他の細胞外マトリックスタンパク質を分泌する胚性繊維芽細胞の粗面小胞体はもっと細管状である［写真は，（左）Dr. Don W. Fawcett の好意による"The Cell"（1981）より転載．（右）Tom Rutkowski の好意による］

RER）とに分かれている．粗面小胞体は，分泌されるタンパク質や膜に挿入されるタンパク質を翻訳する膜結合型リボソームで均一に覆われている．このリボソームは，電子顕微鏡ではっきり見え，小胞体膜がびょうで飾られたような，でこぼこした外観になる（それがその名前の由来である）．大量のタンパク質を分泌する細胞では，粗面小胞体が特に豊富であり，血流にホルモンを分泌する膵臓のβ細胞や抗体を産生するBリンパ球のような内分泌細胞がよい例である．図3・42に示すように，この種の細胞では，粗面小胞体が細胞の内部の大部分を占めるように広がっている．一方，他の多くの細胞種では，粗面小胞体はこれほど圧倒的に組織されてはいない．

反対に，図3・43で示すように，滑面小胞体にはリボソームがない．大部分の細胞では，滑面小胞体はおもにタンパク質を含んだ小胞が小胞体からゴルジ体へと出芽する領域に限られている．この領域は，**小胞体遷移領域**（transitional ER）や，小胞体－ゴルジ体中間区画（ER–Golgi intermediate compartment, ERGIC）として知られている．

滑面小胞体を，リボソームがついていない小胞体と広く定義すると，これは，脂質代謝，ステロイド合成，グリコーゲン代謝，薬剤解毒など他のいくつかの機能にも関与している．これらの機能は，粗面小胞体の機能よりもっと特殊化した機能である．そして，一般的には滑面小胞体は粗面小胞体ほど発達はしない．しかし，これらの過程のうちのいくつかを大規模に利用する細胞では，滑面小胞体も粗面小胞体と同様に細胞全体に広がる．たとえば，精巣のライディッヒ細胞は，テストステロン合成のために巨大な滑面小胞体ネットワークを使っている．同じように，肝細胞の滑面小胞体の広大なネットワークには，化学物質を解毒し排出するためのシトクロムP450とその他の酵素群が存在する．これらの細胞では，ある種の薬剤にさらされることに応じて滑面小胞体の量が変動し，薬剤が添加されたときには増加し，除かれると再び減少する．粗面小胞体と滑面小胞体は形態的に明らかに違うにもかかわらず，どのようにして小胞体のこれらの領域が維持されるのかわからない．また，両者に機能の重なりもあるかもしれない．

骨格筋細胞では，滑面小胞体が**筋小胞体**（sarcoplasmic reticulum, SR）とよばれるサブ領域にさらに分化している．図3・44のように，このサブ領域は小胞体の他の部分に比べて巨大で，筋肉のサルコメアを囲む広大なネットワークを形成している．複数

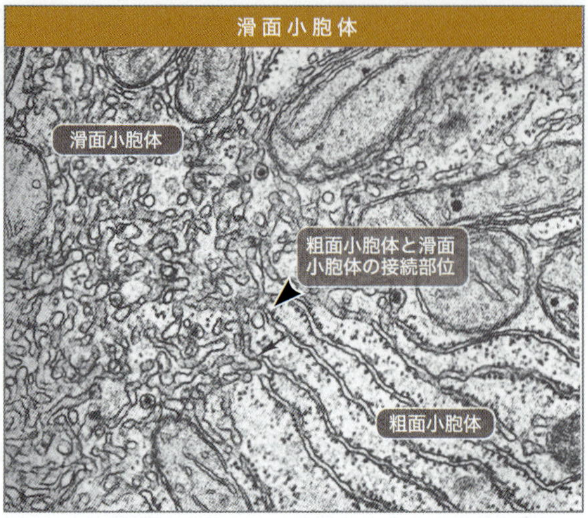

図3・43　肝臓の肝細胞の電子顕微鏡写真．肝細胞は写真の左半分に見える滑面小胞体の広大なネットワークで薬剤を解毒する．滑面小胞体は，曲がった細管構造をもち，しばしば断面は円形や楕円形に見える．滑面小胞体と粗面小胞体の接続部位を示す．2種類の小胞体が明確に異なる領域を形成することに注目［写真は Dr. Don W. Fawcett の好意による．"The Cell"（1981）より転載．原図は，*The Journal of Cell Biology* **56**, 746～761（1973）より The Rockefeller University Press の許可を得て転載したもの．顕微鏡写真は Ewald R. Weibel, University of Berne の好意による］

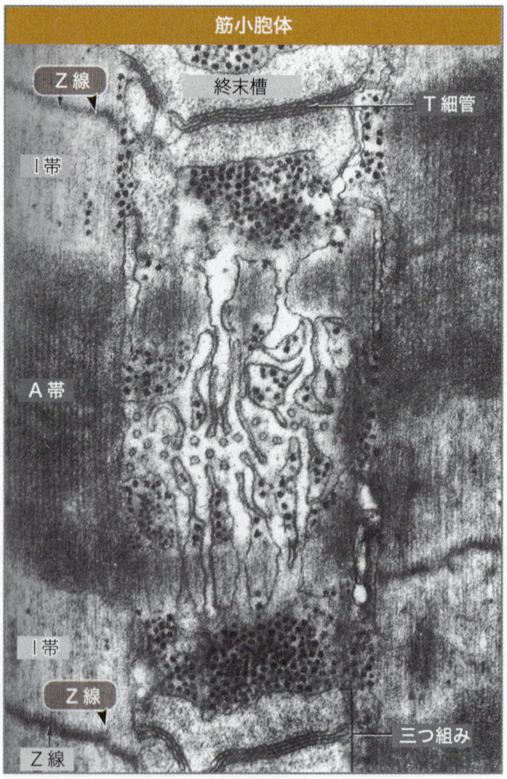

図3・44　この骨格筋細胞の電子顕微鏡写真で明らかな筋小胞体は，滑面小胞体が筋収縮のときのカルシウムの貯蔵と放出のために特殊化したものである．写真では，三つの筋原繊維が上から下に走っていて，真ん中で筋小胞体の広大なネットワークが筋原線維を囲んでいる［写真は Dr. Don W. Fawcett の好意による．"The Cell"（1981）より転載．原図は*The Journal of Cell Biology* **25**, 209～231(1981)より，The Rockefeller University Press の許可を得て転載したもの．顕微鏡写真は Lee D. Peachey, University of Pennsylvania の好意による］

の低親和性カルシウム結合部位をもつタンパク質であるカルセクエストリンが，筋小胞体内に細胞内カルシウムを貯蔵する．筋小胞体膜のカルシウムチャネルが開き，細胞質へカルシウムが放出されると，筋肉の収縮が刺激される．カルシウムはその後，筋小胞体の他の部分にあるカルシウム特異的ポンプによって速やかに汲み戻される．したがって，筋小胞体は，カルシウムの摂取，貯蔵，そして放出に特化した滑面小胞体と考えることができる．筋小胞体は骨格筋で最もよく研究されているが，速いカルシウムの調節が必要であっても，他の細胞種では，筋小胞体は発達していない．

筋小胞体は速いカルシウムの放出のために特に発達したが，大部分の細胞種において，カルシウムの摂取と貯蔵は小胞体の主要な機能である．この役割は，細胞のシグナリング経路において，細胞内カルシウム濃度の一過的な変化を利用可能にするので特に重要である（第14章“細胞のシグナル伝達”参照）．非筋肉細胞では，カルシウムは，カルシウム結合タンパク質と糖タンパク質シャペロンの両方の役割を果たすカルレティキュリンによって，小胞体内にとどめられている（§3・17“カルネキシン/カルレティキュリンによるシャペロン系は糖鎖による修飾を認識する”参照）．BiP，Grp94，ERp72，PDIそしてカルネキシンなどを含む，他の豊富な小胞体内腔タンパク質は，*in vitro* でカルシウムと結合するので，これらも小胞体のカルシウム貯蔵能に寄与しているのかもしれない．筋小胞体のカルセクエストリンのように，これらのタンパク質は複数の部位で低親和性にカルシウムと結合する．小胞体がカルシウムを貯蔵する役割を果たしているので，一般的にその内腔のシャペロンは，最適に機能するためにカルシウムを必要とする．たとえば，小胞体のカルシウム貯蔵がなくなると，BiPやカルネキシンそしてカルレティキュリンはあまり効率良く機能できない．したがって，カルシウム消耗が長く続くと折りたたみ不全タンパク質応答（UPR）が誘導される．

小胞体からのカルシウム放出は，シグナル伝達系の開始だけでなく，ある状況下でのアポトーシス誘導にも重要である．ミトコンドリアと密接に結合した小胞体領域（§3・21“小胞体は細胞の主要リン脂質を合成する”参照）は，小胞体から放出されたカルシウムをミトコンドリアが素早く取込めるようにし，それが細胞死をもたらすミトコンドリアの変化を促進すると考えられている．

滑面小胞体や粗面小胞体のような小胞体のサブ領域は，形態的に容易に見分けられる，この細胞小器官には見分けられない他の多様性もある．たとえば，核膜と小胞体は連続しているにもかかわらず，核膜の内膜に限局していて核膜の外膜や残りの小胞体にないタンパク質もある．これらのタンパク質の局在は，通常，核ラメラやクロマチンとの物理的な結合に基づいている．他の機能的な小胞体サブ領域は，他の細胞小器官と接触する場所に存在しているかもしれない．ホスファチジルセリン合成酵素の活性は，ミトコンドリアと結合している小胞体膜領域に濃縮している．また，小胞体がペルオキシソームと近接している地点に局在しているタンパク質もある．おそらく，ほかのサブ領域にもそれぞれ独自の小胞体タンパク質があるのだろう．小胞体では，リン脂質やコレステロールの分布，そして膜透過されるタンパク質をコードしているリボソーム結合mRNAの分布さえ不均一である．しかし，構成要素の不均質さがどのような機能的な重要性をもつのかはまだわからない．今，小胞体の機能に関与する分子成分の多くが同定されつつあり，それらを空間的に制限する機構が解明されていくだろう．

3・25　小胞体はダイナミックな細胞小器官である

重要な概念

- 小胞体の広さと組成は，細胞の必要に応じて変化する．
- 小胞体は細胞骨格に沿って動く．
- 小胞体が拡張，収縮する機構，そして細管の形成機構はまだ発見されていない．
- 小胞体の組成を制御するシグナル経路はまだ理解されていないが，折りたたみ不全タンパク質応答と重なるかもしれない．

他の多くの細胞小器官と同じように，小胞体は細胞の要求の変化に適応しなければならない．小胞体のサブ領域は，必要に応じて拡張，収縮しなければならず，そして細胞は，小胞体の形態を維持するのと同様に，小胞体を動かすことや再構成することもできなければならない．体細胞分裂のときには，小胞体は娘細胞に分配されなければならない．これらの過程がどのように実現されるのか，分子レベルではほとんどわかっていないが，小胞体がとてもダイナミックであることは明らかである．

小胞体の形態は常に変化している．特に，小胞体の細い管状成分は絶えず変化しており，伸展し，退縮し，分岐し，そして融合する．これらの動きは何らかの形で細胞骨格と関連している．哺乳類細胞では，小胞体の細管は多くの場合微小管と並んでおり，それに沿って伸び縮みしているのが見える．酵母では，小胞体は頻繁にアクチンフィラメントと結合する．しかし，細胞骨格をばらばらにしても小胞体が壊れることや小胞体細管の広範に広がったネットワークが崩壊することはない．*in vitro* では，小胞体の細管形成にもネットワーク形成にも細胞骨格は必要ない．したがって，細管形成やその特徴的なネットワーク構築は，小胞体に固有の特性であり，細胞骨格に依存していないようだ．むしろ細胞骨格の役割は，小胞体ネットワークが形成されたあとに，それを細胞全体に確実に分布させることにあるように思われる．

細胞が小胞体を形成，拡張できる機構は不明であるが，いくつかの重要な特色が明らかになってきた．*in vitro* では，小胞体の細管形成には，ATPとGTPが必要であり，おそらく小胞体–ゴルジ体間の小胞融合に関与するNSFに似たタンパク質も必要である．これらのことから，小胞体の拡張には，小胞体由来の小胞を大きな相互につながったネットワークに変える膜融合が必要であることが示唆される．融合の結果として，不定形の塊ではなく

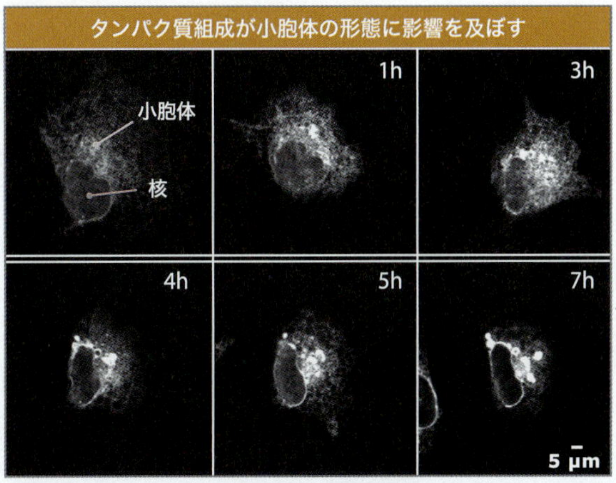

図3・45　ある蛍光標識膜貫通タンパク質の過剰発現が，数時間の時間経過にわたって小胞体の構造変化をもたらす［写真は *The Journal of Cell Biology* **163**, 257〜269(2003) より，The Rockefeller University Press の許可を得て転載］

細管になるようにするには何らかの調節が必要である．小胞体の細管状の形態はすべての真核生物でみることができることから，細管の形成は制御されており，機能的に重要であることが示唆される．細管状の形は，一つには，広がった小胞体ネットワークの中で脂質を正しい位置に選択的に分配することによって生じるのかもしれない．ある種の脂質は尾部よりも頭部極性基が大きいので，それらが脂質二重層にあると二重層を曲げることができる．これらの脂質を戦略的に配置することで，他の形よりも細管を形成しやすい局所的な湾曲を膜に誘導することができる．別の可能性は，膜を湾曲させるタンパク質の骨組みが，小胞体表面の一方に存在することによって小胞体を細管状に変形し，そしてその形態を維持するというものである．小胞体の形態は，少なくとも部分的には，小胞体内にあるタンパク質によって変えられる．図3・45では，小胞体膜貫通タンパク質間の弱い相互作用がどのように小胞体の形態と分布を劇的に変えることができるかを示している．どのように粗面小胞体特有の平坦なシートが形成され，また，なぜ多くの場合に粗面小胞体が互いに積み重なるのかはまだ不明である．

細胞が小胞体の大きさと形を制御する必要性は，小胞体ネットワークに大規模な要求をする細胞の細胞小器官の挙動によって強調される．たとえば，内分泌細胞のように分泌経路が強く要求される細胞では，他の細胞に比べて粗面小胞体が劇的に拡張する．この拡張は，小胞体を通過するタンパク質量の増加に応じ，脂質と小胞体タンパク質の合成を増加させる必要性を伝えるフィードバック機構によって達成されるようだ．フェノバルビタールのような，滑面小胞体によって解毒される薬剤でも小胞体の拡張が誘導され，この薬剤を除くと速やかに滑面小胞体は通常の大きさに戻る．小胞体のサイズを変えるもう一つの不思議な例は，ある種の膜貫通タンパク質を過剰発現させたときの**カーメラ** (karmellae) の形成である．カーメラを形成した細胞の例を図3・46に示す．この構造は，核膜と密接に結合した小胞体が積み重なったもので，過剰発現したタンパク質で満たされている．カーメラは，過剰なタンパク質をためることができる膜の容器として働いているようだ．この場合も，小胞体からのフィードバックによって，遺伝子発現と脂質合成が制御されるらしい．

興味深いことに，すでに同定されている小胞体と核の間のシグナル経路の一つである折りたたみ不全タンパク質応答（UPR）が，小胞体の拡張に働いているかもしれない．細胞のUPRの活性化は，小胞体シャペロンの合成を上昇させるだけでなく，イノシトール合成も増加させる．イノシトールは，膜の四つの主要脂質の一つであるホスファチジルイノシトールの頭部極性基である．シャペロン合成が増加するときには，酵母ではIre1pとHac1pがこの反応を仲介する．細胞が小胞体膜全体を増やせるように，他のリン脂質合成も同様に活性化されているかもしれない．したがって，UPRは小胞体の広範な変化を感知し，小胞体の再構築に関与しているのかもしれない．この考えは魅力的ではあるが，まったく証明されていない．

細胞が，小胞体ストレス誘導性細胞死に負けず，小胞体を増やす必要性を感知できる機構は何であるのか？ B細胞が抗体産生プラズマ細胞に分化する際には，UPRの活性化と小胞体膜の拡張が，この分化の過程で起こる免疫グロブリン合成の膨大な増加に先行して起こるようだ．この発見は，UPRが小胞体の負荷の増加に単に反応するというより，それを予測して活性化する機構があるかもしれないことを示唆している．さらに，植物の小胞体由来の区画は，種子の登熟や病原菌の防御に重要なさまざまなタンパク質や油脂を貯蔵するために広く利用されている．これらの貯蔵タンパク質は，小胞体由来の区画に凝集していると考えられている．しかしこれは，分解するためではなく保存するための方法としてである．小胞体シャペロンの発現上昇も，この区画のタンパク質蓄積に先立って起こるようだ．

小胞体を維持するためのもう一つの重要な課題は，体細胞分裂のときの小胞体分配である（第11章“細胞周期の制御”参照）．小胞体は新規に合成することができず，すでに存在している小胞体が増殖するしか方法がないので，細胞分裂で確実に分配されることが必要不可欠である．娘細胞に等しく小胞体を分配できることが有利である．もし，一つの娘細胞が受取る小胞体が半分よりはるかに少ないと，次の細胞周期で遅延が起こる結果となってしまう．これは，多くの場合有害だろう．細胞分裂のために小胞体が準備する最も明白な現象は，核膜に生じる．細胞分裂が始まると，核膜は断片化して核膜孔複合体は分散する．この過程から，細胞分裂の前に核膜を崩壊させ，その後再び核膜を集合させるシグナルがあることが示唆される．残りの小胞体も細胞分裂中に分

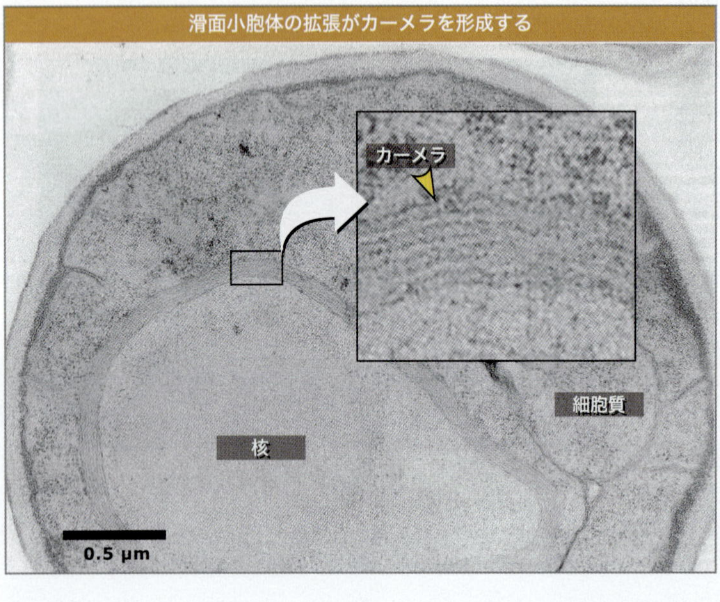

図3・46 ある膜タンパク質の過剰発現はカーメラとよばれる層板状の小胞体を形成する．この酵母細胞の電子顕微鏡写真では，核を取囲むカーメラが見える［写真は *The Journal of Cell Biology* **107**, 101〜114(1988)より，The Rockefeller University Pressの許可を得て改変］

配されるに違いない．ある種の細胞では，小胞体の分配は小胞化（すなわち崩壊）を伴い，細胞分裂が完了した後に小胞体が再形成される．しかし多くの細胞では，細胞分裂の間も小胞体は連続したネットワークとして維持されていて，細胞質分裂のときに見かけ上ほぼ等分にちぎり分けられる．初期胚のような場合では，紡錘体微小管と小胞体の結合が，小胞体を均等に分配するのを助けているのかもしれない．そのような例を図3・47に示した．

まだ多くが不明なままである小胞体生合成のもう一つの主要な側面は，小胞体の構成要素が互いに融合する機構である（これは，融合する二つの膜が同じ細胞小器官由来であることから同型融合 homotypic fusion とよばれている）．同型融合は，小胞体ネットワークを形成するために必要なばかりでなく，細胞分裂後の核膜の再構築と，酵母で**核合体**（karyogamy）として知られている，二つの1倍体細胞が交配するときの核融合に必要である．核合体は，小胞体-ゴルジ体間の小胞融合に必要なのと同じタンパク質の多く（NSF と SNARE，ATPase，そしていくつかの GTPase）を必要とするようだ．核合体は，翻訳後膜透過チャネルの，チャネルを形成する以外のいくつかのコンポーネントを必要とする点でユニークである（BiP の酵母ホモログ，Kar2p は，もともとそれが核合体に関与することで同定された）．これらのタンパク質の核合体での役割はまだわかっていない．一つの仮説では，これらは核合体それ自体にかかわるのではなく，この過程を仲介するほかのタンパク質の翻訳への関与を提案している．

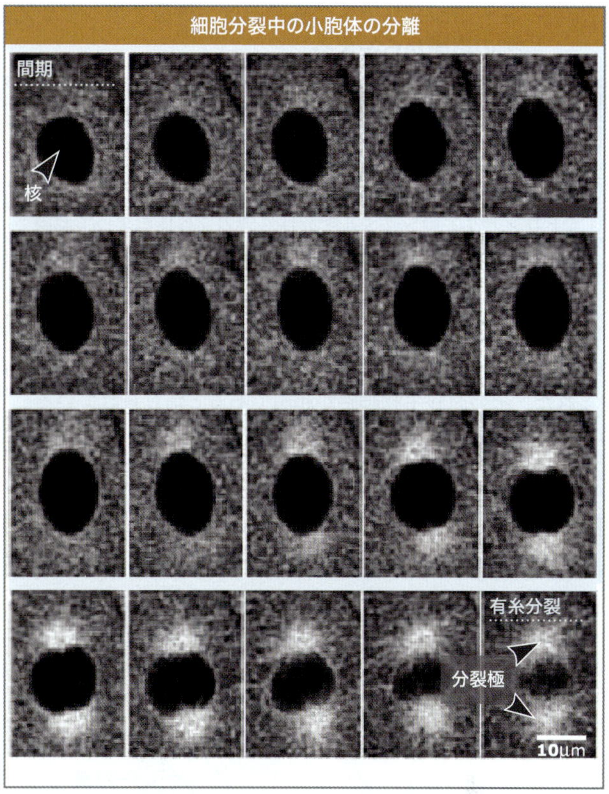

図3・47　卵割時，体細胞分裂するウニの割球の小胞体の蛍光イメージ．間期が上段左．分裂中期が下段右．細胞分裂の間，小胞体は連続したネットワークを維持しており，しだいに分裂極に集積する．小胞体に局在する蛍光タンパク質の発現により可視化した［写真は M. Terasaki の好意により，*Mol. Biol. Cell* **11**（3），897～914（2002）より転載．©The American Society of Cell Biology］

3・26　シグナル配列は，他の細胞小器官への標的化にも利用される

重要な概念

- シグナル配列は，他の細胞小器官の膜への標的化と膜透過にも利用されている．
- ミトコンドリアと葉緑体は，二つの膜で囲まれていて，それぞれの膜に固有の膜透過チャネルをもっている．
- ペルオキシソームでは，マトリックスタンパク質は二つの異なる経路で標的化される．

タンパク質の小胞体膜透過の原理は，他の細胞小器官，すなわち，核（第5章“核の構造と輸送”参照），ミトコンドリア，葉緑体，そしてペルオキソームへの膜透過にも適用される．これら異なる細胞小器官への膜透過過程を比較することで，シグナル配列とチャネルがタンパク質選別のための一般的な機構であることがわかる．

ミトコンドリアと葉緑体のほとんどすべてのタンパク質は，核の遺伝子にコードされており，細胞質ゾルで翻訳される（それぞれの細胞小器官のゲノムは，細胞小器官内で翻訳される少数のタンパク質をコードしている）．ペルオキソームと核のタンパク質も細胞質ゾルで翻訳される．小胞体タンパク質と同様に，これらのタンパク質も適切な細胞小器官に標的化され，膜を横切って輸送されなければならない．図3・48では，タンパク質がミトコンドリアや葉緑体，ペルオキソーム，そして核に，かなり異なるシグナル配列を利用して標的化することで，どのように種々の細胞小器官へのタンパク質の特異的輸送が達成できるかを示してある．各タイプのシグナル配列は，細胞小器官特有の標的化システムとチャネルにより認識される．それぞれの細胞小器官由来の大部分の因子が，互いに関連していないことから，タンパク質の標的化と膜透過がそれぞれ独立に発達したことが示唆される．

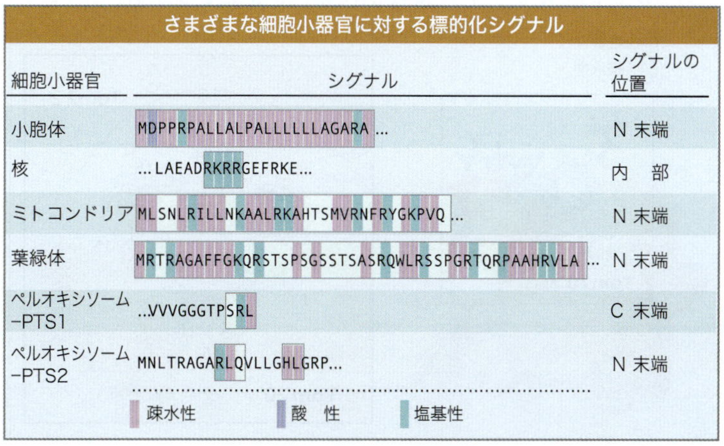
さまざまな細胞小器官に対する標的化シグナル
細胞小器官
シグナル
シグナルの位置
小胞体
MDPPRPALLALPALLLLLLAGARA ...
N 末端
核
... LAEADRKRRGEFRKE...
内　部
ミトコンドリア
MLSNLRILLNKAALRKAHTSMVRNFRYGKPVQ ...
N 末端
葉緑体
MRTRAGAFFGKQRSTSPSGSSTSASRQWLRSSPGRTQRPAAHRVLA ...
N 末端
ペルオキシソーム-PTS1
...VVVGGGTPSRL
C 末端
ペルオキシソーム-PTS2
MNLTRAGARLQVLLGHLGRP...
N 末端
疎水性
酸　性
塩基性

図3・48　タンパク質を異なる細胞小器官に標的化するのに利用されるいくつかの代表的なシグナル配列．これらシグナル配列は，その長さやタンパク質内での位置がかなり異なり，同様に配列に含まれる荷電したアミノ酸残基や疎水性のアミノ酸残基の分布もかなり異なっている．この配列の違いが異なる物理特性を生じ，それぞれが区別できるようになる．

3・27 ミトコンドリアへの膜透過は，外膜でのシグナル配列の認識から始まる

重 要 な 概 念

- ミトコンドリアは内膜と外膜をもち，それぞれに膜透過チャネル複合体がある．
- ミトコンドリアへの膜透過は，翻訳後に起こる．
- ミトコンドリアのシグナル配列は外膜の受容体によって認識される．

図3・49に示すように，ミトコンドリアは，かつて原核生物細胞が他のより大きな細胞に貪食され，二つの細胞間に共生関係が生まれた，その原核生物細胞が起源であると信じられている．この進化的関係の結果として，この細胞小器官は，一つではなく二つの膜によって取囲まれている．ミトコンドリアの内部（**ミトコンドリアマトリックス** mitochondrial matrix）に局在するタンパク質は，膜と膜間空間（**膜間腔** intermembrane space）の両方を通り抜けなくてはならない．各膜には，膜透過チャネルを含む異なるタンパク質複合体が存在する．TOM（translocase of the outer membrane）複合体は外膜に，TIM（translocase of the inner membrane）複合体は内膜に存在する．これら二つの複合体は，二つの膜が接触する特定の位置で物理的な相互作用をしているが，それぞれ独立して働くことができる．

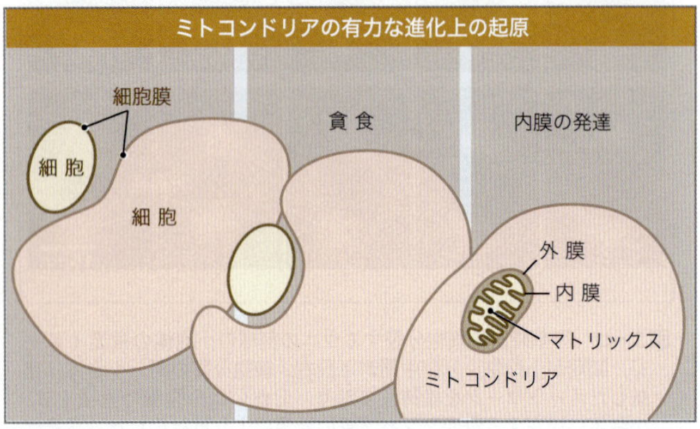

図3・49　ミトコンドリアは，より大きな細胞によって貪食された原核細胞から進化したらしい．その後エネルギーを産出するように特殊化した．なぜミトコンドリアが二つの膜で包まれており，そして自身のゲノムをもっているかはこれで説明できる．

ミトコンドリアタンパク質は，通常20〜50アミノ酸の長さのN末端シグナル配列（プレ配列）の認識によって，翻訳後に膜に標的化される．ミトコンドリアのシグナル配列には，塩基性（すなわち，プラスに帯電した）アミノ酸と疎水性アミノ酸の両方が豊富にある．このシグナル配列は，片側に帯電した残基が並び，反対側に疎水性残基が並ぶ，両親媒性のヘリックスを形成する．ミトコンドリアタンパク質のシグナル配列は，はじめにTOM複合体の構成因子である内在性膜タンパク質，Tom20によって認識される．Tom20は（小胞体に標的化する際にSRPが利用する深くて柔軟な溝と違って）浅い溝でシグナル配列の疎水性側面に結合する．図3・50に図解するように，シグナル配列とTom20が弱く相互作用すると，シグナル配列の正に帯電した残基がTom20の結合ポケットの外側に位置するようになる．つぎに，シグナル配列の露出した塩基性面と結合する酸性の細胞質ドメインをもっている2番目のタンパク質Tom22によって，シグナル配列とTOM複合体との相互作用が強化される．おもにこの二つの相互作用の結果，タンパク質はTOM複合体と接触するようになる．標的化の間は，細胞質ゾルのHsp70がミトコンドリアタンパク質に会合して折りたたみまれないようにして，膜透過が可能な状態を維持している．

3・28 ミトコンドリアタンパク質の膜透過に外膜と内膜の複合体が協力する

重 要 な 概 念

- TOM複合体とTIM複合体は物理的に相互作用している．そして膜透過中のタンパク質は前者から後者に直接受渡される．
- ミトコンドリアマトリックスのHsp70と内膜を横切る膜電位が，膜透過のエネルギーを供給する．

ミトコンドリアタンパク質がTOM複合体とTIM複合体を通過する様子を図3・51に示す．TOM複合体は，Tom20とTom22に加えて，実際のチャネルを形成しているであろうTom40といくつかのタンパク質から構成されている．現在のところ，チャネルによる膜透過中のタンパク質の認識もチャネルの

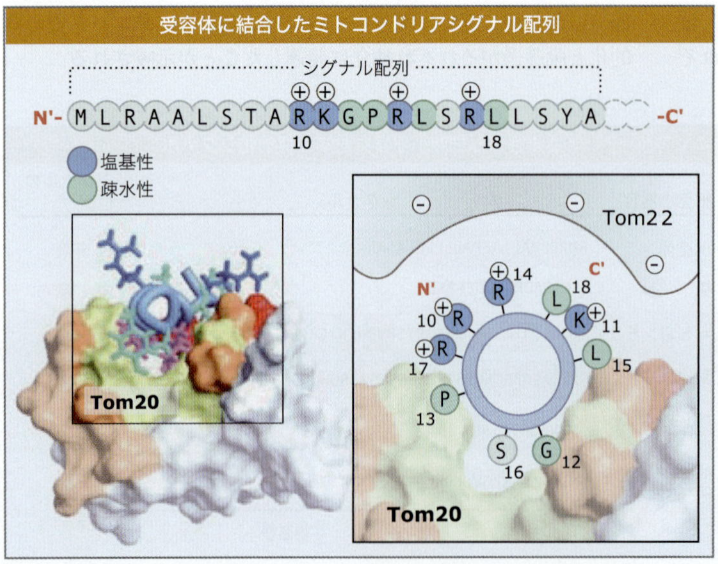

図3・50　ヘリックスを形成したミトコンドリアのシグナル配列は塩基性表面と疎水性表面をもつ．典型的なミトコンドリアシグナル配列を上段に示し，ヘリックスとして配置したものを横から見た図を右に示す．ヘリックスの疎水性面は，Tom20の疎水性の溝と相互作用し，正に帯電したアミノ酸がTom22の酸性ドメインと相互作用する．左にシグナル配列と結合するTom22の構造を示す．黄色で表したのが，Tom20の疎水性表面である［写真はDaisuke Kohda, Kyushu Universityの好意による．Y. Abe, et al., 'Structural Basis of Presequence...,' *Cell* **100**, 551〜560(2000)より，Elsevierの許可を得て転載］

開閉も，詳細はよくわかっていない．しかし，チャネルに入った後に基質の塩基性シグナル配列が，Tom22 と TIM 複合体タンパク質 Tim23 の両タンパク質が膜間腔側にもつ酸性のドメインに，静電的に引きつけられるのかもしれない．Tom22 と Tim23 が近接しているので，タンパク質は膜間腔に放出されることなく確実に複合体間を通り抜ける．Tim23 がその N 末端を外膜に挿入するのではないかという証拠がある．これが TIM 複合体と TOM 複合体を密接に会合させ，一方の複合体から他方への効率良いポリペプチド鎖の運搬を促進するのだろう．Tim50 タンパク質も，TOM 複合体から Tim23 チャネルへ前駆体タンパク質を導く役割を果たしていると考えられている．

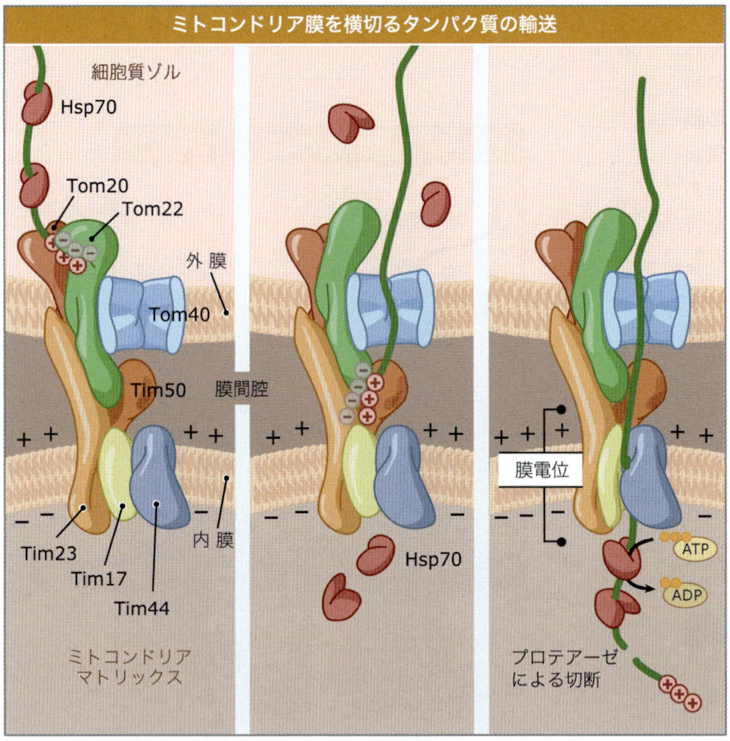

図 3・51　ミトコンドリアマトリックスに膜透過するタンパク質は，外膜で認識され，それから外膜と内膜にあるチャネルの間を直接通過する．マトリックスに到着すると，シグナル配列は除かれる．この輸送の駆動力は，マトリックス内に存在するシャペロンによる ATP 加水分解と内膜を横切る膜電位の両方である．Tim23 タンパク質は，内膜と外膜の両方の膜に挿入されていて両膜のチャネルを結びつける．

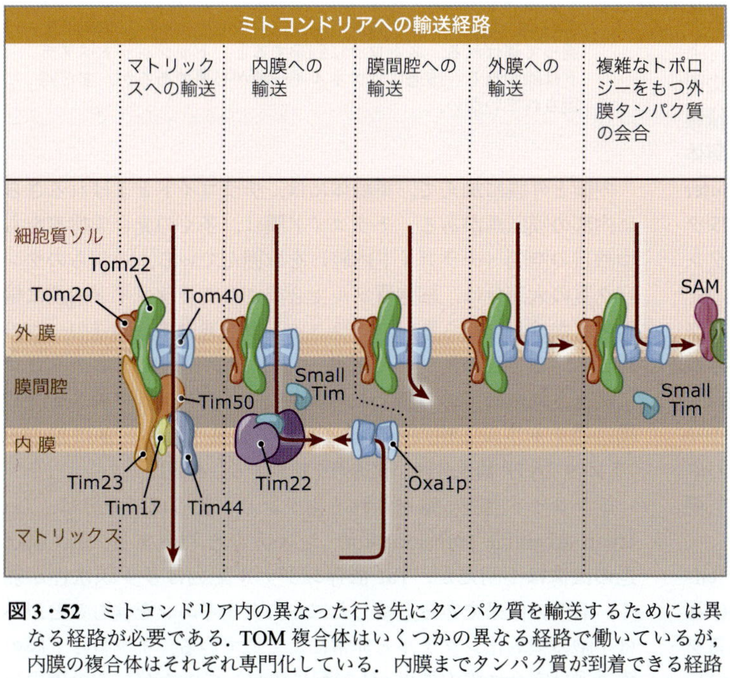

図 3・52　ミトコンドリア内の異なった行き先にタンパク質を輸送するためには異なる経路が必要である．TOM 複合体はいくつかの異なる経路で働いているが，内膜の複合体はそれぞれ専門化している．内膜までタンパク質が到着できる経路は二つある．内膜タンパク質には経路を組合わせて利用しているものもあり，はじめにマトリックスの中まで運ばれ，つぎに内膜に戻って膜に挿入される．

基質のポリペプチド鎖が TIM 複合体（おもに Tim23, Tim17,Tim44 から形成されていて，おそらく前の二つがチャネルを形成している）に結合した後，二つの力がポリペプチド鎖をマトリックス内に運ぶ．一つめは，マトリックス内の Hsp70 ホモログ mtHsp70 であり，このタンパク質は Tim44 との相互作用を介してチャネルと会合する（MBIO:3-0007 参照）．小胞体への翻訳後膜透過のように，mtHsp70 はチャネルから基質が現れるとすぐに結合して，どうやらラチェットかモーターとして，またはおそらくこれら二つの組合わせとして働くようである（§3・9 "ATP 加水分解が膜透過を駆動する" 参照）．これらがどのように関与するかは膜透過している基質に依存しているかもしれない．つぎに，内膜を横切る電気化学勾配も，おそらく正に荷電したシグナル配列に働くことによって膜透過に貢献する．電位は膜を横切った方向を向いているので，マトリックスの方への正電荷の移動が有利になるのだろう．しかし，実際にどうやって電位が膜透過を助けているかはまだ明らかでない．大部分のシグナル配列は，マトリックスに入った後に，可溶性ミトコンドリアプロセシングプロテアーゼ（mitocondrial processing protease, MPP）によって切断される．

小胞体膜に組込まれるタンパク質と同様に，ミトコンドリア膜タンパク質もしばしば切断されない内部シグナル配列を用いて標的化する．このシグナル配列は，疎水性アミノ酸の並びとして膜に組込まれる情報も含んでいる．どのように膜貫通ドメインが認識され，どうやって二つの膜のどちらかに組込まれるのかは，依然として不明である．内膜に組込まれるべきタンパク質は，Tim22, Tim54, Tim18 から構成されるもう一つの膜透過チャネルに標的化される．TOM 複合体からこの膜透過チャネルへのタンパク質の受渡しは，膜間腔の Small Tim とよばれる小さなタンパク質によって補助されるのかもしれない．この一連の反応を図 3・52 に示す．これらの経路に関する他のことはほとんどわかっていない．

内膜タンパク質には，核とミトコンドリアのいずれにコードされているものについても，内膜タンパク質 Oxa1p が関与する経路によって組込まれるものがある．核でコードされた内膜タンパク質は，まず二つの膜を横切ってマトリックスに膜透過する．つぎに膜透過を指示したシグナル配列がタンパク質から切り離され，つぎに 2 番目の配列によってタンパク質は内膜まで戻され，そこで Oxa1p によって組込まれる．ミトコンドリアゲノムにコードされるタンパク質は，マトリックス内のリボソームによって合成されたのち，Oxa1p 経路によって直接内膜に組込まれる．Oxa1p 経路の詳細についてはまだあまり明らかになっていない．

さらにもう一つ，SAM（for sorting and assembly machinery of the outer membrane）複合体とよばれるミトコンドリアの膜透過チャネルが同定された．その構成と動作機構はまだ十分には解明されていないが，一般的なαヘリックスではなくβシートで膜を貫通する外膜タンパク質の膜透過と組込みを促進するようだ．Tim22 複合体のように，SAM 複合体も，TOM チャネルからの基質の受渡しは Small Tim に依存するらしい．

特に興味をそそる一つの質問は，内膜タンパク質がどうして外膜に組込まれずにバイパスできるのかということである．この特異性は，おそらく内膜タンパク質と外膜タンパク質それぞれの膜貫通ドメインの違いによっていて，その結果，内膜タンパク質が TOM 組込み機構に認識されないようになっているのだろう．あるいは，TOM 複合体が内膜タンパク質を外膜に組込む機会を得るより前に，TIM 複合体が内膜タンパク質を認識するのかもしれない．TOM 複合体と TIM 複合体の開閉機構と制御機構，そしてこれら複合体が協調する機構については，現在まだ完全には理解されていない．これら複合体が果たす機能の多くが小胞体の膜透過チャネルが行う機能と類似しているが，用いられている分子機構がどれほど似ているかはまだわからない．

3・29 葉緑体に取込まれるタンパク質も二つの膜を横切らなければならない

重 要 な 概 念

- 葉緑体への膜透過は，翻訳後に起こる．
- 内膜と外膜は，タンパク質の膜透過の際に協調する独自の膜透過複合体をもつ．

ミトコンドリアと同様に，葉緑体も二つの膜をもつ．葉緑体内部（**ストロマ** stroma）への膜透過は，図 3・53 に示すように，ミトコンドリアマトリックスへの輸送と類似している．タンパク質は，翻訳後に葉緑体へ膜透過し，あらかじめタンパク質の折りたたみを防いでおくための細胞質ゾルの Hsp70 の関与が必要である．ストロマに輸送されるタンパク質は一般に，N 末端に 20〜120 アミノ酸の長さの**トランジットペプチド**（transit peptide）をもっている．トランジットペプチドには，その中心にセリン，トレオニン，そして塩基性アミノ酸に富む領域があり，C 末端に両親媒性ドメインがある．葉緑体への標的化をコードしている情報は，トランジットペプチド内に存在している．タンパク質前駆体は，Toc34 タンパク質を介して **TOC**（translocon of the outer envelope of chloroplast）複合体と結合する．つぎに，Toc75 タンパク質によって形成されるチャネルに移される．Toc75 タンパク質は，トランジットペプチドを認識することもできる．Toc75 は，輸送されている基質によって異なる補助的なタンパク質と結合しているかもしれないという証拠がある．あるチャネルを利用するときには，非常に豊富な光合成タンパク質と結合し，また他のチャネルを使うときには，あまり豊富でないハウスキーピングタンパク質と結合する．このように，異なる基質タンパク質が自身の膜透過を促進するために異なる補助タンパク質を必要とするという考えは，小胞体だけに限ったものではない．

基質タンパク質は，**TIC**（for translocon of the inner envelope of chloroplast）複合体を通って内膜を横切る．TOC 複合体と TIC 複合体は物理的に相互作用しており，同時に基質タンパク質と結合していると考えられている．TIC 複合体については，そのチャネルの同定も含め，TOC 複合体よりもわかっていない．これら二つの複合体を介した膜透過のエネルギー源も不明である．ミトコンドリアと違って葉緑体には，過程の駆動を助ける内膜を横切る電気化学勾配はなく，別のエネルギー源があるに違いない．おそらくストロマに存在するタンパク質による ATP 加水分解のようである．しかし，まったく異なる機構が使われているのかもしれない．基質がストロマに到達すると，トランジットペプチドは葉緑体プロセシングタンパク質によって切断される．

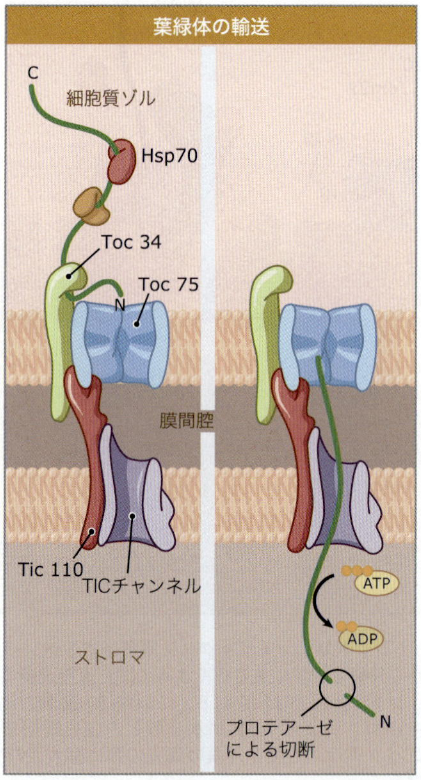

図 3・53 葉緑体タンパク質はストロマに入るために二つの膜を横切らなくてはならない．輸送されるタンパク質は，シャペロンによって細胞質ゾルでは折りたたまれていない状態を保たれている．このタンパク質が外膜と内膜のチャネルの接合部位を通って運ばれる．ストロマに到達すると，トランジットペプチドは除かれる．透過にはエネルギー源が必要であるが，まだ同定されていない．

内膜と外膜に加えて，葉緑体には，チラコイドとよばれるさらに内部の膜区画がある．チラコイド膜は，多くの光合成酵素をもつ独自の空間（チラコイド内腔）を取囲んでいる．これらのタンパク質の大部分は，細胞質ゾルで合成されてチラコイド内腔に輸送されなければならない．チラコイド膜を通過する輸送の一つの様式は，2 番目のシグナル配列──タンパク質がすでにストロマに輸送された後でのみ使われる配列──がバクテリアの SecYEG 膜透過チャネルと相同の装置によって認識されたときに起こる（§3・9 “ATP 加水分解が膜透過を駆動する” 参照）．

チラコイド内腔に輸送される全タンパク質のほぼ半分は，Tat（twin-Arginine-translocation）システムを利用する．Tat 膜透過の機構は不明だが，Tat 依存シグナル配列は多少疎水性が弱く，名前の由来である近接した二つのアルギニンを含むこと以外は小胞体標的化シグナルと非常によく似ている．チラコイド膜の膜透過は完全に膜内外の pH 勾配に依存しているが，その理由はわからない．

ミトコンドリアの内膜タンパク質 Oxa1p のホモログである Alb3 も，チラコイド膜へのタンパク質挿入に関与している．タンパク質はストロマ内の SRP ホモログと結合することによって Alb3 装置に標的化される．どのように Alb3 タンパク質が機能しているのかはまだ不明である．

ミトコンドリアと葉緑体のシグナル配列は共に両親媒性が基本的な性質であるのに，植物細胞の細胞質ゾルではどうやってミトコンドリアと葉緑体タンパク質を区別しているのだろうか？　これは，植物の Tom22 が酸性細胞質ドメインを欠損していることから可能になるのかもしれない．このことは，植物では，タンパク質の適切な標的化を確実にするために，酵母や動物と多少異なるミトコンドリアの認識様式を進化させてきたことを示唆している．

3・30　ペルオキシソームへはタンパク質が折りたたまれてから膜透過する

重要な概念

- ペルオキシソームシグナル配列は，細胞質ゾルで認識されて膜透過チャネルに標的化される．
- ペルオキシソームタンパク質は，折りたたまれた後に膜透過する．
- ペルオキシソームシグナル配列を認識するタンパク質は，膜透過の間結合し続け，ペルオキシソームの内外を循環する．
- ペルオキシソーム膜は，小胞体からの出芽によって形成される．

小胞体とミトコンドリア，そして葉緑体と同様に，ペルオキシソームタンパク質も標的化されて直接ペルオキシソーム内に輸送される．ペルオキシソームは，脂肪酸の酸化や過酸化水素生成のような酸化過程に関与しており，一つの脂質二重層の膜で取囲まれている．ミトコンドリアや葉緑体と異なり，ペルオキシソームはそれ自身のゲノムをもたないので，すべてのペルオキシソームタンパク質は細胞質ゾルから膜透過されなければならない．ペルオキシソームの由来についてはしばらく論争があったが，今では小胞体から生じることが示されている．小胞体から出芽するペルオキシソーム前駆体は，最小のペルオキシソーム装置だけで構成されていて，大部分のペルオキシソームタンパク質は出芽後に取込まれる．

ペルオキシソーム内腔（**ペルオキシソームマトリックス** peroxisomal matrix）へ運ばれるタンパク質は，二つある経路のいずれかによって翻訳後に標的化される．一つの経路は，C末端のペルオキシソーム標的化シグナル（PTS1）を利用する経路である．最も単純な PTS1 配列は，大部分の細胞小器官のシグナル配列よりずっと短く，多くの場合わずか 3 アミノ酸で構成される．他の輸送シグナルと同様，その配列はある程度フレキシブルである（コンセンサス配列は，セリン，システインまたはアラニン，続いて塩基性アミノ酸，そしてロイシンと続く）．PTS1 配列の外側の付加的なアミノ酸が，特にコンセンサス配列が正確に守られていない場合には，標的化シグナルを補強しているのかもしれない．PTS1 タンパク質は，その標的化配列に結合する細胞質ゾルタンパク質，Pex5p によりペルオキシソームに標的化される．PTS2 タンパク質は，PTS1 タンパク質よりも例は少ないが，通常タンパク質の N 末端にあるもっと長い配列を使って標的化する．この標的化配列は，マトリックス内に入った後に切断される長いペプチドの一部である．PTS2 タンパク質は，Pex5p とは別の細胞質ゾルタンパク質 Pex7p によって認識され標的化される．哺乳類では，Pex5p の選択的スプライシング型も PTS2 タンパク質の標的化を仲介できる．図 3・54 に示すように，PTS1 と PTS2 の経路は，少なくとも三つのタンパク質，Pex17，Pex14p，Pex13p からなる繋留複合体を共有している．しかし，それぞれの経路に特有のタンパク質因子も同様に存在する．PTS1 装置や PTS2 装置とは独立の膜透過経路も存在するかもしれないが，あまりはっきりしていない．

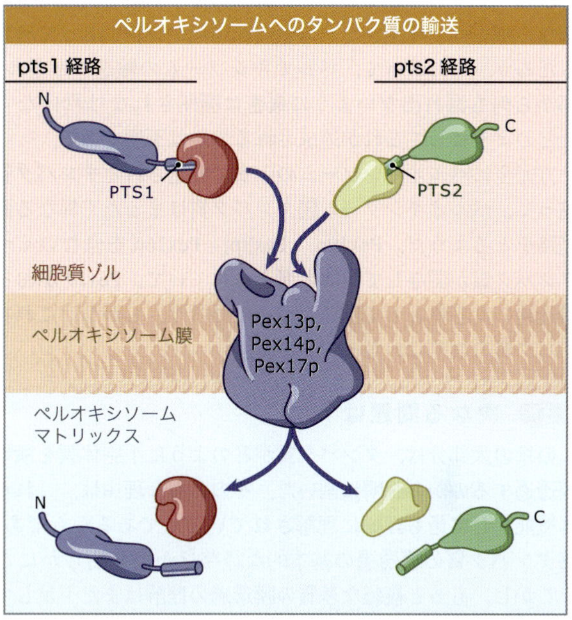

図 3・54　ペルオキシソームタンパク質は折りたたまれたのちに取込まれ，二つの経路のうちの一つに認識される．チャネルのいくつかの構成分子は両方の経路に使われるが，他の構成分子はそれぞれ独自のものである．ペルオキシソームシグナル配列を認識するタンパク質は，基質と共にペルオキシソームに取込まれる．

ペルオキシソームマトリックスへの膜透過の機構は，まだ十分に説明されていないが，小胞体やミトコンドリアや葉緑体への膜透過とは，少なくとも一つの重要な点で大きく異なっている．それは，ペルオキシソームマトリックスタンパク質は，細胞質ゾルで折りたたまれた後に，あるいはオリゴマー化した後でさえ，膜透過することができるという点である．このことは，図 3・55 に示されているように，PTS1 ペプチドを 90 Å の金粒子に付け

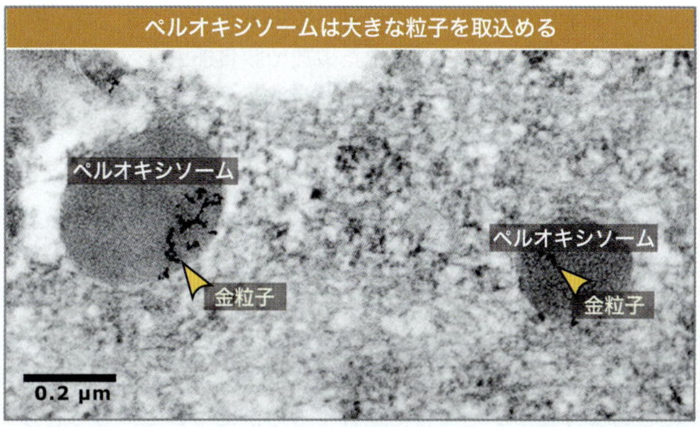

図 3・55　この電子顕微鏡写真は，pts1 ペプチドに表面を覆われた金粒子がペルオキシソームに取込まれたところを示している．金粒子の直径は，90Å であり，たいていの球形のタンパク質よりずっと大きい［写真は P.A. Walton, et al. の好意により，*Mol. Biol. Cell* **6** (6), 675〜683 (1995) より転載．©American Society of Cell Biology］

た実験で劇的に証明された．実験の結果，粒子はその大きなサイズにもかかわらず膜透過した．この点において，ペルオキシソームマトリックスへのタンパク質の輸送は，核膜孔を介する輸送と似ているのかもしれない（第5章“核の構造と輸送”参照）．そのうえ，核輸送とペルオキシソーム輸送では，標的化配列を認識する受容体（ペルオキシソーム輸送のPex5pと核輸送のインポーチン）が基質と共に膜を超えて運ばれ，その後，受容体は再利用されるために単独で戻される．しかし，もしもペルオキシソーム膜が核膜のように小さなタンパク質や低分子物質を自由に透過させるならば，ペルオキシソームの内部環境が細胞にとって有毒となるだろう．したがって，ペルオキシソームの輸送チャネルは，内部から何も漏れ出ないように厳密に開閉されなければならない．どのようにしてこれが達成されるのかは不明である．

一方完全にペルオキシソームの中まで輸送されるタンパク質とは違って，ペルオキシソーム膜タンパク質はまったく異なる膜透過経路をとるようだ．Pex19p，Pex3p，Pex16pを含むいくつかのタンパク質が関与していると考えられていて，Pex19がおそらく膜透過の受容体として働いているのだろう．しかし，これらのタンパク質の役割はわかっていない．

3・31 次なる問題は？

この章の大部分は，タンパク質がどのように小胞体膜を横切って膜透過するのかの説明に割いた．そのおもな理由は，これが小胞体機能として最も詳細に理解されている点であるからである．分泌タンパク質の膜透過の基本的な経路はかなり明らかになった．しかし，もっと複雑な基質の膜透過の理解はまだ不足している．膜タンパク質の挿入についての理解は特に不完全である．どのように膜貫通ドメインが正しい方向に向けられるのか，そして膜に組込まれるタイミングを決定しているのは何なのか？ タンパク質が膜に組込まれる前に，膜貫通ドメイン間でどのような相互作用が起きているのか？ さらに，膜透過は調節性の過程であることが明らかになり始めている．タンパク質の標的化と膜透過と組込みの効率，およびそこに必要な因子は，基質タンパク質によって，そして潜在的には細胞の状況によってかなり変わることができるからである．どのように膜透過が調節され，また，必要に応じてどのように細胞が膜透過を修正するのかについての理解は，まだ不足している．

膜透過チャネル自身の構造は明らかになったが，膜透過チャネルの会合の機構と開閉の機構はいまだ研究途上にある．どのようにしてシグナル配列の認識がチャネルの構造変化をもたらすのか？ チャネルの構造は，膜透過しているポリペプチド鎖が向きを変えることができるほど，また複数の膜貫通ドメインが蓄積するほど十分に柔軟なのか？ 膜透過が終了するときにはチャネルの構造はどうなるのか？ 膜透過チャネルの近傍で働いているタンパク質は，いつどのようにチャネルと相互作用するのか？

小胞体がタンパク質の折りたたみを実行する手段や，誤って折りたたまれたタンパク質を認識し取扱う手段は，膜透過ほどはわかっていない．この過程の最も基本的な特徴である，タンパク質が適切に折りたたまれているか否かを，小胞体がどのように感知するのかという問題は，ほとんど不明である．シャペロンが，実際にどのようにタンパク質に結合するのかについて，もっと多くの情報が必要となる．小胞体の複数のシャペロンシステムはどの程度相互作用しているのか，そしてそれらが異なる機能を果たしているのか，重複した機能を果たしているのかも明らかにされる必要がある．それに加えて，タンパク質が正しく折りたたまれそうもないので分解すべきであるということを，どうやって決定するのかも明らかではない．シャペロンとの相互作用の時間を計る機構が存在するという考えは魅力的であるが，それがどう働きうるかについての証拠はない．最後に，分解されると決まったタンパク質がどうやってチャネルに再標的化され，細胞質ゾルに戻されるのか，また，そもそもチャネルを内側から開く機構でさえ不明である．

脂質の合成と選別についての小胞体の役割については，さらによくわかっていない．一つには脂質分子が実験的に取扱うのが非常に難しいために，タンパク質よりもずっと研究が難しいからである．脂質分布の最も基本的な問題である，どうやって脂質が小胞体から標的膜に選択的に輸送されるのかについては，いまだに論争の的である．ミトコンドリア結合膜のような，小胞体と他の細胞小器官間の物理的な結合の発見は，一つの可能性のある運搬機構を示唆している．しかし，現段階ではこのような接触の役割はまだ十分に解明されていない．どうやって小胞体が特定の脂質合成を制御しているかもまた不明である．

最後に，小胞体全体のダイナミクスを規定する機構も不明である．どうやってこの細胞小器官はその特徴的な形を維持しているのだろうか？ どのようにして小胞体のサブ領域は維持されているのだろうか？ 細胞骨格との結びつきは何なのか，そしてどうやって細胞内を動くのか？ どのようにそのサイズが決まるのか？ 折りたたみ不全タンパク質応答の発見は，おそらくこれらの挙動のいくつかに影響を及ぼす小胞体と核の間の情報伝達の存在を示している．小胞体が他の区画と接触することは，小胞体がそれらとも情報伝達する可能性があることを示唆するが，どのようにこの接触が起こるのかは不明である．

3・32 要　約

細胞は，膜に包まれた多種多様な細胞小器官をもち，そのうちのいくつかはタンパク質を細胞質ゾルから直接取込む．ミトコンドリア，葉緑体，ペルオキソームはいずれも，それ自身で利用するためにタンパク質を膜透過させる．小胞体も細胞質ゾルからタンパク質を膜透過させるが，そのうちの大部分は，分泌タンパク質として，あるいは自分自身でタンパク質を取込めない細胞小器官や膜系で働くタンパク質として，分泌経路に送り出す．自分自身でタンパク質を取込めない細胞小器官や膜系とは，細胞膜と分泌経路やエンドサイトーシス経路の細胞小器官などである．

細胞小器官に膜透過される予定のタンパク質は，通常タンパク質のN末端に局在する短いアミノ酸鎖であるシグナル配列で識別される．種々の細胞小器官に対するシグナル配列は，その長さと化学的性質が異なっている．小胞体のシグナル配列は多くの場合約20アミノ酸の長さであり，疎水性アミノ酸残基が長く連続している．ミトコンドリアのシグナル配列もこれと大体同じ長さであるが，シグナル配列がαヘリックスのコイルを形成したときに，1面は疎水性で他面が電荷をもつように，疎水性アミノ酸と電荷をもったアミノ酸が交互に並んでいる．ペルオキソームのシグナル配列は，多くの場合たった3アミノ酸の長さである．すべての場合において，シグナル配列の認識と行き先決定に重要なのは，その正確な配列ではなく，その物理的な性質である．

各種のシグナル配列は，タンパク質を特定の細胞小器官に標的化する受容体と結合することで認識される．特定の細胞小器官に到着すると，タンパク質は細胞小器官の膜にあるチャネルを通過して内腔に膜透過される．タンパク質合成の間か後のどちらでシグナル配列が認識されるかによって，2通りの膜透過のどちらが起こるのかが決まる．翻訳共役膜透過は，タンパク質が翻訳されている最中にシグナル配列が認識されると起き，その結果，タンパク質を合成しているリボソームが膜に結合し，そこで新生タンパク質が膜透過チャネルに受渡される．翻訳後膜透過は，タンパク質合成が完全に終了した後にシグナル配列が認識されて起こる．

大部分のタンパク質は翻訳共役膜透過により小胞体に入る．シグナル認識粒子（SRP）はシグナル配列がリボソームから出てくるとすぐにこれと結合する．SRP と SRP 受容体との相互作用を介して，リボソームと新生タンパク質が小胞体膜に標的化される．つぎにリボソームと新生タンパク質は，ポリペプチド鎖が膜を横切る際に通過するチャネルに繋留される．チャネルの核は Sec61 複合体であり，これが膜透過に関与するタンパク質群の中心にある．これら全体が膜透過チャネルとよばれている．シグナル配列との相互作用がチャネルを開き，新生ポリペプチド鎖をチャネル内に挿入させる．この過程では，おそらく他の分子の通過は阻害されている．翻訳はリボソームがチャネルに結合している間ずっと続き，タンパク質は内腔に送り込まれる．

膜タンパク質の小胞体膜への挿入は，膜貫通ドメインが翻訳されチャネルに入ることにより開始される．膜貫通ドメインは，その疎水性によりチャネルに認識され，チャネルの壁を通って脂質二重層に移動できる．膜貫通ドメインが認識されると，新生タンパク質の小胞体膜通過が中断される．翻訳は続いて，ポリペプチドの膜貫通ドメインより後の部分が細胞質ゾルに放出されようになる．複数の膜貫通ドメインをもつ膜タンパク質が完全に挿入されるには，チャネルが繰返し開閉することが必要らしい．

膜タンパク質の挿入の問題は，膜タンパク質を正しく配向させる必要から，複雑である．配向性は，おそらくタンパク質の膜貫通ドメインの性質によって決定される．しかし，膜貫通ドメインがどのようにしてチャネルや膜脂質と，またはドメインどうしで相互作用してタンパク質の配向性を決定するかはわかっていない．

いくつかのタンパク質は，翻訳後に小胞体膜透過する．標的化されるまでの間，細胞質ゾルシャペロンとの結合が，タンパク質の折りたたみを阻害して膜透過できる状態を保つ．標的化は，シグナル配列が膜透過チャネルの Sec61 へ結合することを介して起こる．このチャネルは，翻訳共役膜透過のために利用されるものと同じものであるが，ほかに Sec62 と Sec63 を含む四つのタンパク質を含んでいる．新生タンパク質がこのチャネルを透過するには，小胞体内腔の BiP タンパク質による ATP 加水分解が働いている．BiP はチャネルの内腔側で，新生タンパク質との結合，解離に，ATP 加水分解を利用している．BiP 分子は，基質タンパク質と一定時間結合することによって，基質を内腔に運ぶラチェットとして働いている．

多くのタンパク質は，小胞体内に膜透過しながら共有結合的に修飾される．通常，シグナル配列は，新生タンパク質がチャネル内に入った直後にシグナルペプチダーゼによって除かれる．膜透過しているタンパク質の残りの部分は，多くの場合，内腔に入るとすぐに修飾を受ける．オリゴ糖転移酵素によって糖鎖が付加されたり，タンパク質ジスルフィド異性化酵素（PDI）によってジスルフィド結合が形成されたりする．完全に膜透過したタンパク質がそのC末端付近で切断され，細胞膜にタンパク質をアンカーするリン脂質であるグリコホスファチジルイノシトール（GPI）が付加されるものもある．

内腔に入った後に，タンパク質は膨大な数のシャペロンの助けによって折りたたみを開始する．BiP と Grp94 は，折りたたまれていないタンパク質に直接相互作用する．カルネキシンとカルレティキュリンは膜透過している間にタンパク質に付加された糖に結合する．そしてタンパク質にグルコース残基があるかないかでタンパク質が正確に折りたたまれたかどうかを示すサイクルに関与している．PDI は，タンパク質が折りたたもうとするときにジスルフィド結合の架け替えを行う．正確に折りたたまれると，タンパク質はもはやシャペロンとは相互作用せず，ゴルジ体に向けて小胞体を離れることができる．もし，タンパク質が何度試みても正しく折りたためないときや他のタンパク質と適切に会合できなかったときには，そのタンパク質は再度膜透過チャネルに戻されて逆行性膜透過により細胞質ゾルに送り返される．細胞質ゾルに戻ったタンパク質はプロテアソームによって分解される．

折りたたまれていないタンパク質が大量に小胞体内に蓄積すると，折りたたみ不全タンパク質応答（UPR）がひき起こされる．これは小胞体から核へのシグナル経路であり，シャペロンの増産を誘導する．このシグナルは，小胞体膜にある膜貫通タンパク質によって仲介される．このタンパク質は，BiP から解離することによって折りたたまれていないタンパク質の存在を感知する．この解離が，折りたたまれていないタンパク質の過剰な負担に小胞体が耐えるための遺伝子発現や，高等真核生物の場合，強い小胞体ストレスが続いたときに細胞死を誘導する遺伝子発現のパターン変化など，一群のシグナルカスケードの活性化につながる．

ミトコンドリアと葉緑体は，共に翻訳後にタンパク質を膜透過する．どちらの細胞小器官も二つの膜をもっていて，タンパク質はいずれかの膜，膜間腔，または細胞小器官内部に局在できる．それぞれの膜は別々の膜透過チャネルをもっている．ミトコンドリア外膜の膜透過チャネルは TOM とよばれ，内膜のチャネルは TIM とよばれる．葉緑体のそれぞれに対応するものは，TOC と TIC とよばれる．シグナル配列は外膜の膜透過チャネルに認識される．内膜と外膜の膜透過チャネルは物理的に結合しており，それにより取込まれたタンパク質は直接両者の間で受渡される．ミトコンドリアタンパク質は，いったん両方の膜を透過し，それから別のシグナル配列によって内膜に再標的化されることもあるようだ．チラコイドとよばれる内部膜区画の膜を横切る葉緑体タンパク質の膜透過にも，さらに別のシグナル配列が働いているらしい．

ミトコンドリアでは，膜透過は，内膜を横切る電気化学勾配と，ミトコンドリアマトリックス内での基質タンパク質とシャペロンとの相互作用の両方によって推進される．葉緑体ではどのように膜透過が駆動されているのかは不明である．それぞれの細胞小器官の膜タンパク質がどのように挿入されるのかについても不明である．

ペルオキシソーム内への輸送は翻訳後であるが，他のどの細胞小器官の膜透過とも異なっている．ペルオキシソームへの取込みは1度だけ膜だけを横切るものであり，細胞質ゾルでタンパク質が折りたたまれた後に起こる．ペルオキシソームの標的化配列は，膜透過中ずっとペルオキシソームタンパク質に結合し続けるタンパク質によって，細胞質ゾルで認識される．これらの輸送タンパク質はペルオキシソーム内に入ったのち，解離し，再利用されるために細胞質ゾルに戻される．ペルオキシソームの膜タンパク質の由来については不明である．

小胞体は，その主要な役割であるタンパク質の膜透過，成熟，分配に加え，他にも多くの役割を果たしている．小胞体の異なる機能はその構造に反映されている．タンパク質の膜透過と成熟は，膜結合リボソームに覆われている疎面小胞体で起こる．滑面小胞体は粗面小胞体から分岐している．滑面小胞体は通常細管状の形状をしており，その形状は細胞質全体にわたって広がり，絶え間なく再配置するネットワークを形成している．滑面小胞体は，多くの場合に細胞骨格成分と結合しており，そして細胞内の他の膜系とも接触している．滑面小胞体の機能の一つが細胞の全ての膜成分の脂質の合成である．脂質はどうにかして小胞体から他の膜系に輸送されなければならないが，どのようにこれが達成されるかは不明である．滑面小胞体と他の膜との接触が考えられる一つの輸送手段である．小胞体は細胞内カルシウムの貯蔵所としても働いていて，細胞外からのシグナルに反応してカルシウムを細胞質ゾルに放出し，その後再び汲み戻す．特殊化した細胞では，小胞体が脂溶性ホルモンの合成や有害な化学物質の解毒をすることもできる．大量のタンパク質分泌やステロイドホルモン合成のような，ある小胞体機能に特化した細胞では，粗面小胞体や滑面小胞体が細胞質の大部分を占めるほど拡張することもある．骨格筋細胞のような高度に特殊化した細胞では，小胞体がその組成とその構造の両方の点で高度に特殊化する．滑面小胞体が特殊化した筋小胞体は，収縮を誘導するカルシウムを運搬できるように骨格筋のサルコメアの周りをシート状に覆っている．

参考文献

3・2 タンパク質は小胞体膜を透過することによって分泌経路へと入る（概要）

総　説

Ellgaard, L., Molinari, M., and Helenius, A., 1999. Setting the standards: quality control in the secretory pathway. *Science* **286**, 1882–1888.

Johnson, A. E. and van Waes, M. A., 1999. The translocon: a dynamic gateway at the ER membrane. *Annu. Rev. Cell Dev. Biol.* **15**, 799–842.

Matlack, K. E., Mothes, W., and Rapoport, T. A., 1998. Protein translocation: tunnel vision. *Cell* **92**, 381–390.

Rapoport, T. A., Jungnickel, B., and Kutay, U., 1996. Protein transport across the eukaryotic endoplasmic reticulum and bacterial inner membranes. *Annu. Rev. Biochem.* **65**, 271–303.

3・3 タンパク質はシグナル配列によって小胞体に標的化され膜透過する

総　説

Keenan, R. J., Freymann, D. M., Stroud, R. M., and Walter, P., 2001. The signal recognition particle. *Annu. Rev. Biochem.* **70**, 755–775.

論　文

Blobel, G. and Dobberstein, B., 1975. Transfer of proteins across membranes. I. Presence of proteolytically processed and unprocessed nascent immunoglobulin light chains on membrane-bound ribosomes of murine myeloma. *J. Cell Biol.* **67**, 835–851.

Lingappa, V. R., Chaidez, J., Yost, C. S., and Hedgpeth, J., 1984. Determinants for protein localization: beta-lactamase signal sequence directs globin across microsomal membranes. *Proc. Natl. Acad. Sci. USA* **81**, 456–460.

von Heijne, G., 1985. Signal sequences. The limits of variation. *J. Mol. Biol.* **184**, 99–105.

3・4 シグナル配列はシグナル認識顆粒によって認識される

論　文

Keenan, R. J., Freymann, D. M., Walter, P., and Stroud, R. M., 1998. Crystal structure of the signal sequence-binding subunit of the signal recognition particle. *Cell* **94**, 181–191.

3・5 シグナル認識粒子とその受容体との相互作用によってタンパク質は小胞体膜と結合する

論　文

Egea, P.F., Shan, S.O., Napetschnig, J., Savage, D.F., Walter, P., and Stroud, R. M., 2004. Substrate twinning activates the signal recognition particle and its receptor. *Nature* **427**, 215–221.

Focia, P.J., Shepotinovskaya, I.V., Seidler, J.A., and Freymann, D. M., 2004. Heterodimeric GTPase core of the SRP targeting complex. *Science* **303**, 373–377.

Raden, D., Song, W., and Gilmore, R., 2000. Role of the cytoplasmic segments of Sec61 alpha in the ribosome-binding and translocation-promoting activities of the Sec61 complex. *J. Cell Biol.* **150**, 53–64.

Rapiejko, P. J. and Gilmore, P. J., 1997. Empty site forms of the SRP54 and SR alpha GTPases mediate targeting of ribosome-nascent chain complexes to the endoplasmic reticulum. *Cell* **89**, 703–713

Snapp, E. L., Reinhart, G. A., Bogert, B. A., Lippincott-Schwartz, J., and Hegde, R. S., 2004. The organization of engaged and quiescent translocons in the endo-plasmic reticulum of mammalian cells. *J. Cell Biol.* **164**, 997–1007.

3・6 膜透過装置はタンパク質を透過させる親水性のチャネルである

総　説

Johnson, A. E., van Waes, M. A., 1999. The translocon: a dynamic gateway at the ER membrane. *Annu. Rev. Cell Dev. Biol.* **15**, 799–842.

Pohlschroder, M., Prinz, W. A., Hartmann, E., and Beckwith, J., 1997. Protein translocation in the three domains of life: variations on a theme. *Cell* **91**, 563–566.

論　文

Crowley, K. S., 1994. Secretory proteins move through the ER membrane via an aqueous, gated pore. *Cell* **78**, 461–471.

Crowley, K. S., Reinhart, G. D., and Johnson, A. E., 1993. The signal sequence moves through a ribosomal tunnel into a non-cytoplasmic aqueous environment at the ER membrane early in translocation. *Cell* **73**, 1101–1115.

Deshaies, R. J., and Schekman, R., 1987. A yeast mutant defective at an early stage in import of secretory protein precursors into the endoplasmic reticulum. *J. Cell Biol.* **105**, 633–645.

Esnault, Y., Blondel, M. O., Deshaies, R. J., Scheckman, R., and Kepes, F., 1993. The yeast SSS1 gene is essential for secretory protein translocation and encodes a conserved protein of the endoplasmic reticulum. *EMBO J.* **12**, 4083–4093.

Gorlich, D., and Rapoport, T. A., 1993. Protein translocation into proteoliposomes reconstituted from purified components of the endoplasmic rericulum membrane. *Cell* **75**, 615–630.

Mothes, W., Prehn, S., and Rapoport, T. A., 1994. Systematic probing of the environment of a translocating secretory protein during translocation through the ER membrane. *EMPO J.* **13**, 3973–3982.

Simon, S. M. and Blobel, G., 1991. A protein-conducting channel in the endoplasmic reticulum. *Cell* **65**, 371–380.

Van den Berg, B., Clemons, W. M., Collinson, I., Modis, Y., Hartmann, E., Harrison, S. C., and Rapoport, T. A., 2004. X-ray structure of a protein-conducting channel. *Nature* **427**, 36–44.

3・7 ほとんどの真核生物の分泌タンパク質と膜タンパク質の翻訳は膜透過と共役している

総　説

Brodsky, J. L., 1998. Translocation of proteins across the endoplasmic reticulum membrane. *Int. Rev. Cytol.* **178**, 277–328.

Rapoport, T. A., Jungnickel, B., and Kutay, U., 1996. Protein transport across the eukaryotic endoplasmic reticulum and bacterial inner membranes. *Annu. Rev. Biochem.* **65**, 271–303.

論 文

Jungnickel, B., and Rapoport, T. A., 1995. A posttargeting signal sequence recognition event in the endoplasmic reticulum membrane. *Cell* **82**, 261–270.

Kim, S. J., Mitra, D., Salerno, J. R., and Hegde, R. S., 2002. Signal sequences control gating of the protein translocation channel in a substrate-specific manner. *Dev. Cell* **2**, 207–217.

Rutkowski, D. T., Lingappa, V. R., and Hegde, R. S., 2001. Substrate-specific regulation of the ribosome-translocon junction by N-terminal signal sequences. *Proc. Natl. Acad. Sci. USA* **98**, 7823–7828.

3・8 いくつかのタンパク質の標的化と膜透過は翻訳後に行われる

総 説

Matlack, K. E., Mothes, W., and Rapoport, T. A., 1998. Protein translocation: tunnel vision. *Cell* **92**,381–390.

Rapoport, T. A., Matlack, K. E., Plath, K., Misselwitz, B., and Staeck, O., 1999. Posttranslational protein translocation across the membrane of the endoplasmic reticulum. *Biol. Chem.* **380**, 1143–1150.

論 文

Hahn, B. C., and Walter, P., 1991. The signal recognition particle in *S. cerevisiae*. *Cell* **67**, 131–144.

Panzner, S., Dreier, L., Dreier, E., Hartmann, E., Kostka, S., and Rapoport, T. A., 1995. Posttranslational protein transport in yeast reconstituted with a purified complex of Sec proteins and Kar2p. *Cell* **81**, 561–570.

Rothblatt, J. A., Deshaies, R. J., Sanders, S. L., Daum, G., and Schekman, R., 1989. Multiple genes are required for proper insertion of secretory proteins into the endoplasmic reticulum in yeast. *J. Cell Biol.* **109**, 2641–2652.

3・9 ATP 加水分解が膜透過を駆動する

論 文

Matlack, K. E., Misselwitz, B., Plath, K., and Rapoport, T. A., 1999. BiP acts as a molecular ratchet during posttranslational transport of prepro-alpha factor across the ER membrane. *Cell* **97**, 553–564.

Voisine, C., Craig, E. A., Zufall, N., von Ahsen, O., Pfanner, N., and Voos, W., 1999. The protein import motor of mitochondria: Unfolding and trapping of preproteins are distinct and separable functions of matrix Hsp70. *Cell* **97**, 565–574.

3・10 膜貫通タンパク質は膜透過チャネルから脂質二重膜層へ排出される

総 説

Matlack, K. E., Mothes, W., and Rapoport, T. A., 1998. Protein translocation: tunnel vision. *Cell* **92**, 381–390.

論 文

Do, H., Do, H., Lin, J., Andrews, D. W., and Johnson, A. E., 1996. The cotranslational integration of membrane proteins into the phospholipid bilayer is a multistep process. *Cell* **85**, 369–378.

Heinrich, S. U., Mothes, W., Brunner, J., and Rapoport, T. A., 2000. The Sec61p complex mediates the integration of a membrane protein by allowing lipid partitioning of the transmembrane domain. *Cell* **102**, 233–244.

Liao, S., Lin, J., Do, H., and Johnson, A. E., 1997. Both lumenal and cytosolic gating of the aqueous ER translocon pore are regulated from inside the ribosome during membrane protein integration. *Cell* **90**, 31–41.

Mothes, W., Heinrich, S. U., Graf, R., Nilsson, I., von Heijne, G., Brunner, J., and Rapoport, T. A., 1997. Molecular mechanism of membrane protein integration into the endoplasmic reticulum. *Cell* **89**, 523–533.

Van den Berg, B., Clemons, W. M., Collinson, I., Modis, Y., Hartmann, E., Harrison, S. C., and Rapoport, T. A., 2004. X-ray structure of a protein-conducting channel. *Nature* **427**, 36–44.

Yost, C. S., Lopez, C. D., Prusiner, S. B., Myers, R. M., and Lingappa, V. R., 1990. Non-hydrophobic extracytoplasmic determinant of stop transfer in the prion protein. *Nature* **343**, 669–672.

3・11 膜貫通タンパク質の配向は膜へ組込まれながら決定される

総 説

Hegde, R. S., and Lingappa, V. R., 1997. Membrane protein biogenesis: regulated complexity at the endoplasmic reticulum. *Cell* **91**, 575–582.

論 文

Borel, A. C. and Simon, S. M., 1996. Biogenesis of polytopic membrane proteins: membrane segments assemble within translocation channels prior to membrane integration. *Cell* **85**, 379–389.

Hamman, B. D., Chen, J. C., Johnson, E. E., and Johnson, A. E., 1997. The aqueous pore through the translocon has a diameter of 40-60 Å during cotranslational protein translocation at the ER membrane. *Cell* **89**, 535–544.

Kim, P. K., Janiak-Spens, F., Trimble, W. S., Leber, B., and Andrews, D. W., 1997. Evidence for multiple mechanisms for membrane binding and integration via carboxyl-terminal insertion sequences. *Biochemistry* **36**, 8873–8882.

3・12 シグナル配列はシグナルペプチダーゼによって除去される

総 説

Martoglio, B., and Dobberstein, B., 1998. Signal sequences: more than just greasy peptides. *Trends Cell Biol.* **8**, 410–415.

論 文

Li, Y., Luo, L., Thomas, D. Y., and Kang, C. Y., 2000. The HIV-1 Env protein signal sequence retards its cleavage and downregulates the glycoprotein folding. *Virology* **272**, 417–428.

3・13 いくつかの膜透過されたタンパク質には GPI 脂質が付加される

総 説

McConville, M. J., and Menon, A. K., 2000. Recent developments in the cell biology and biochemistry of glycosylphosphatidylinositol lipids (review). *Mol. Membr. Biol.* **17**, 1–16.

Udenfriend, S., and Kodukula, K., 1995. How glycosylphosphatidylinositol-anchored membrane proteins are made. *Annu. Rev. Biochem.* **64**, 563–591.

3・14 膜透過中の多くのタンパク質には糖が付加される

総 説

Helenius, A., and Aebi, M., 2001. Intracellular functions of *N*-linked glycans. *Science* **291**, 2364–2369.

Parodi, A. J., 2000. Role of N-oligosaccharide endoplasmic reticulum processing reactions in glycoprotein folding and degradation. *Biochem. J.* **348**, Pt 1, 1–13.

Ulloa-Aguirre, A., Timossi, C., Damian-Matsumura, P., and Dias, J.A., 1999. Role of glycosylation in function of follicle-stimulating hormone. *Endocrine* **11**, 205–215.

3・15 シャペロンは新たに膜透過されたタンパク質の折りたたみを助ける

総　説

Argon, Y., and Simen, B. B., 1999. GRP94, an ER chaperone with protein and peptide binding properties. *Semin. Cell Dev. Biol.* **10**, 495–505.

Ellgaard, L., Molinari, M., and Helenius, A., 1999. Setting the standards: quality control in the secretory pathway. *Science.* **286**, 1882–1888.

Gething, M. J., 1999. Role and regulation of the ER chaperone BiP. *Semin. Cell Dev. Biol.* **10**, 465–472.

3・16 タンパク質ジスルフィド異性化酵素はタンパク質折りたたみの過程で正しいジスルフィド結合を形成させる

総　説

Freedman, R. B., Hirst, T. R., and Tuite, M. F., 1994. Protein disulphide isomerase: building bridges in protein folding. *Trends. Biochem. Sci.* **19**, 331–336.

Huppa, J. B., and Ploegh, H.L., 1998. The eS-Sence of-SH in the ER. *Cell* **92**, 145–148.

Wittrup, K. D., 1995. Disulfide bond formation and eukaryotic secretory productivity. *Curr. Opin. Biotechnol.* **6**, 203–208.

論　文

Frand, A. R., and Kaiser, C. A., 1999. Ero1p oxidizes protein disulfide isomerase in a pathway for disulfide bond formation in the endoplasmic reticulum. *Mol. Cell* **4**, 469–477.

Pollard, M. G. and Weissman, J. S., 1998. Ero1p: A novel and ubiquitous protein with an essential role in oxidative protein folding in the endoplasmic reticulum. *Mol. Cell* **1**, 171–182.

Tsai, B., Rodighiero, C., Lencer, W. I., and Rapoport, T. A., 2001. Protein disulfide isomerase acts as a redox-dependent chaperone to unfold cholera toxin. *Cell* **104**, 937–948.

Tu, B. P., Ho-Schlever, S. C., Travers, K. J., and Weissman, J. S., 2000. Biochemical basis of oxidative protein folding in the endoplasmic reticulum. *Science* **290**, 1571–1574.

Weissman, J. S., and Kim, P. S., 1993. Efficient catalysis of disulphide bond rearrangements by protein disulphide isomerase. *Nature* **365**, 185–188.

3・17 カルネキシン/カルレティキュリンによるシャペロン系は糖鎖による修飾を認識する

総　説

Helenius, A., and Aebi, M., 2001. Intracellular functions of *N*-linked glycans. *Science* **291**, 2364–2369.

3・18 タンパク質の複合体形成は監視されている

総　説

Reddy, P. S., and Corley, R. B., 1998. Assembly, sorting, and exit of oligomeric proteins from the endoplasmic reticulum. *Bioessays* **20**, 546–554.

論　文

Molinari, M., and Helenius, A., 2000. Chaperone selection during glycoprotein translocation into the endoplasmic reticulum. *Science* **288**, 331–333.

Walmsley, A. R., Batten, M. R., Lad, U., and Bulleid, N. J., 1999. Intracellular retention of porcollagen within the endoplasmic reticulum is mediated by prolyl 4-hydroxylase. *J. Biol. Chem.* **274**, 14884–14892.

3・19 小胞体内で最終的に誤って折りたたまれたタンパク質は，分解されるために細胞質に戻される

総　説

Kopito, R. R., 2000. Aggresomes, inclusion bodies and protein aggregation. *Trends Cell Biol.* **10**, 524–530.

Plemper, R. K., and Wolf, D. H., 1999. Retrograde protein translocation: ERADication of secretory proteins in health and disease. *Trends Biochem. Sci.* **24**, 266–270.

Romisch, K., 1999. Surfing the Sec61 channel: bidirectional protein translocation across the ER membrane. *J. Cell Sci.* **112**, 4185–4191.

Suzuki, T., Yan, Q., and Lennarz, W. J., 1998. Complex, two-way traffic of molecules across the membrane of the endoplasmic reticulum. *J. Biol. Chem.* **273**, 10083–10086.

Tsai, B., Ye, Y., and Rapoport, T. A., 2002. Retro-translocation of proteins from the endoplasmic reticulum into the cytosol. *Nat. Rev. Mol. Cell Biol.* **3**, 246–255.

論　文

Lilley, B. N., and Ploegh, H. L., 2004. A membrane protein required for dislocation of misfolded proteins from the ER. *Nature* **429**, 834–840.

Ward, C. L., Omura, S., and Kopito, R. R., 1995. Degradation of CFTR by the ubiquitin-proteasome pathway. *Cell* **83**, 121–127.

Wiertz, E. J., Jones, T. R., Sun, L., Bogyo, M., Geuze, H. J., and Ploegh, H. L., 1996. The human cytomegalovirus US11 gene product dislocates MHC class I heavy chains from the endoplasmic reticulum to the cytosol. *Cell* **84**, 769–779.

Wiertz, E. J., et al., 1996. Sec61-mediated transfer of a membrane protein from the endoplasmic reticulum to the proteasome for destruction. *Nature* **384**, 432–438.

Ye, Y., Shibata, Y., Yun, C., Ron, D., and Rapoport, T. A., 2004. A membrane protein complex mediates retro-translocation from the ER lumen into the cytosol. *Nature* **429**, 841–847.

3・20 小胞体と核の間の情報伝達が小胞体内腔の折りたたまれていないタンパク質の蓄積を阻害する

総　説

Gething, M. J., 1999. Role and regulation of the ER chaperone Bip. *Semin. Cell Dev. Biol.* **10**, 465–472.

Rutkowski, D. T., and Kaufman, R. J., 2004. A trip to the ER: coping with stress. *Trends Cell Biol.* **14**, 20–28.

Sidrauski, C., Chapman, R., and Walter, P., 1998. The unfolded protein response: an intracellular signalling pathway with many surprising features. *Trends Cell Biol.* **8**, 245–249.

論　文

Cox, J. S., Shamu, C. E., and Walter, P., 1993. Transcriptional induction of genes encoding endoplasmic reticulum resident proteins requires a transmembrane protein kinase. *Cell* **73**, 1197–1206.

Harding, H. P., et al., 2001. Diabetes mellitus and exocrine pancreatic dysfunction in perk$^{-/-}$ mice reveals a role for translational control in secretory cell survival. *Mol. Cell* **7**, 1153–1163.

Harding, H. P., et al., 2003. An integrated stress response regulates amino acid metabolism and resistance to oxidative stress. *Mol. Cell* **11**, 619–633.

Haze, K., Yoshida, H., Yanagi, H., Yura, T., and Mori, K., 1999. Mammalian transcription factor ATF6 is synthesized as a transmembrane protein and activated by proteolysis in response to endoplasmic reticulum stress. *Mol. Biol. Cell* **10**, 3787–3799.

Scheuner, D., et al., 2001. Translational control is required for the unfolded protein response and *in vitro* glucose homeostasis. *Mol. Cell* **7**, 1165–1176.

Travers, K. J., et al., 2000. Functional and genomic analyses reveal an essential coordination between the unfolded protein response and ER-associated degradation. *Cell* **101**, 249–258.

Yoshida, H., Matsui, T., Yamamoto, A., Okada, T., and Mori, K., 2001. XBP1 mRNA is induced by ATF6 and spliced by IRE1 in response to ER stress to produce a highly active transcription factor. *Cell* **107**, 881–891.

3・21 小胞体は細胞の主要リン脂質を合成する

総 説

Sakai, J., and Rawson, R.B., 2001. The sterol regulatory element-binding protein pathway: control of lipid homeostasis through regulated intracellular transport. *Curr. Opin. Lipidol.* **12**, 261–266.

Vance, D.E., and Vance, J.E., eds., 1996. "Biochemistry of Lipids, Lipoproteins, and Membranes." Amsterdam: Elsevier.

論 文

DeBose-Boyd, R. A., Brown, M. S., Li, W. P., Nohturfft, A., Goldstein, J. L., and Espenshade, P. J., 1999. Transport-dependent proteolysis of SREBP: relocation of site-1 protease from Golgi to ER obviates the need for SREBP transport to Golgi. *Cell* **99**, 703–712.

Nohturfft, A., Yabe, D., Goldstein, J. L., Brown, M. S., and Espenshade, P.J., 2000. Regulated step in cholesterol feedback localized to budding of SCAP from ER membranes. *Cell* **102**, 315–323.

Vance, J. E., 1990. Phospholipid synthesis in a membrane fraction associated with mitochondria. *J. Biol. Chem.* **265**, 7248–7256.

3・22 脂質は小胞体から他の細胞小器官の膜に移されなければならない

総 説

Kang, S., and Davis, R. A., 2000. Cholesterol and hepatic lipoprotein assembly and secretion. *Biochim. Biophys. Acta* **1529**, 223–230.

Staehelin, L. A., 1997. The plant ER: a dynamic organelle composed of a large number of discrete functional domains. *Plant J.* **11**, 1151–1165.

Trotter, P. J., and Voelker, D. R., 1994. Lipid transport processes in eukaryotic cells. *Biochim Biophys. Acta* **1213**, 241–262.

3・23 膜の二つの層は多くの場合脂質組成が異なる

総 説

Daleke, D. L,, and Lyles, J. V., 2000. Identification and purification of aminophospholipid flippases. *Biochim. Biophys. Acta* **1486**, 108–127.

論 文

Helenius, J., Ng, D. T., Marolda, C. L., Walter, P., Valvano, M. A., and Aebi, M., 2002. Translocation of lipid-linked oligosaccharides across the ER membrane requires Rft1 protein. *Nature* **415**, 447–450.

3・24 小胞体は形態的にも機能的にも細かく分けられる

総 説

Sitia, R. and Meldolesi, J., 1992. Endoplasmic reticulum: a dynamic patchwork of specialized subregions. *Mol. Biol. Cell* **3**, 1067–1072.

Szabadkai, G. and Rizzuto, R., 2004. Participation of endoplasmic reticulum and mitochondrial calcium handling in apoptosis: more than just neighborhood? *FEBS Lett* **567**, 111–115.

Vertel, B. M., Walters, L. M., and Mills, D., 1992. Subcompartments of the endoplasmic reticulum. *Semin. Cell Biol* **3**, 325–341.

3・25 小胞体はダイナミックな細胞小器官である

総 説

Galili, G., 2004. ER-derived compartments are formed by highly regulated processes and have special functions in plants. *Plant Physiol.* **136**, 3411–3413.

Powell, K. S., and Latterich, M., 2000. The making and breaking of the endoplasmic reticulum. *Traffic* **1**, 689–694.

Thyberg, J., and Moskalewski, S., 1998. Partitioning of cytoplasmic organelles during mitosis with special reference to the Golgi complex. *Microsc. Res. Tech.* **40**, 354–368.

Vitale, A., and Ceriotti, A., 2004. Protein quality control mechanisms and protein storage in the endoplasmic reticulum. A conflict of interests? *Plant Physiol.* **136**, 3420–3426.

論 文

Cox, J. S., Chapman, R. E., and Walter, P., 1997. The unfolded protein response coordinates the production of endoplasmic reticulum protein and endoplasmic reticulum membrane. *Mol. Biol. Cell* **8**, 1805–1814.

Dreier, L., and Rapoport, T. A., 2000. *in vitro* formation of the endoplasmic reticulum occurs independently of microtubules by a controlled fusion reaction. *J. Cell Biol.* **148**, 883–898.

Jones, A. L., and Fawcett, D. W., 1966. Hypertrophy of the agranular endoplasmic reticulum in hamster liver induced by phenobarbital (with a review on the functions of this organelle in liver). *J. Histochem. Cytochem.* **14**, 215–232.

Snapp, E. L., Hegde, R. S., Francolini, M., Lombardo, F., Colombo, S., Pedrazzini, E., Borgese, N., and Lippincott-Schwartz, J., 2003. Formation of stacked ER cisternae by low affinity protein interactions. *J. Cell Biol.* **163**, 257–269.

Terasaki, M., 2000. Dynamics of the endoplasmic reticulum and golgi apparatus during early sea urchin development. *Mol. Biol. Cell* **11**, 897–914.

van Anken, E., Romijn, E. P., Maggioni, C., Mezghrani, A., Sitia, R., Braakman, I., and Heck, A. J., 2003. Sequential waves of functionally related proteins are expressed when B cells prepare for antibody secretion. *Immunity* **18**, 243–253.

3・27 ミトコンドリアへの膜透過は，外膜でのシグナル配列の認識から始まる

総 説

Lithgow, T., 2000. Targeting of proteins to mitochondria. *FEBS Lett.* **476**, 22–26.

Pfanner, N., 2000. Protein sorting: recognizing mitochondrial presequences. *Curr. Biol.* **10**, R412–R415.

論 文

Abe, Y., Shodai, T., Muto, T., Mihara, K., Torii, H., Nishikawa, S., Endo, T., and Kohda, D., 2000. Structural basis of presequence recognition by the mitochondrial protein import receptor Tom20. *Cell* **100**, 551–560.

3・28 ミトコンドリアタンパク質の膜透過に外膜と内膜の複合体が協力する

総 説

Koehler, C. M., 2000. Protein translocation pathways of the mitochondrion. *FEBS Lett.* **476**, 27–31.

Koehler, C. M., 2004. New developments in mitochondrial assembly. *Annu. Rev. Cell Dev. Biol.* **20**, 309–335.

Luirink, J., Samuelsson, T., and de Gier, J. W., 2001. YidC/Oxalp/Alb3: evolutionarily conserved mediators of membrane protein assembly. *FEBS Lett.* **501**. 1–5.

Shore, G. C., et al., 1995. Import and insertion of proteins into the mitochondrial outer membrane. *Eur. J. Biochem*, **227**, 9–18.

論 文

Donzeau, M., et al., 2000. Tim23 links the inner and outer mitochondrial membranes. *Cell* **101**, 401–412.

Voisine, C., Craig, E. A., Zufall, N., von Ahsen, O., Pfanner, N., and Voos, W., 1999. The protein import motor of mitochondria: Unfolding and trapping of preproteins are distinct and separable functions of matrix Hsp70. *Cell* **97**, 565–574.

3・29 葉緑体に取込まれるタンパク質も二つの膜を横切らければならない

総 説

Jarvis, P., and Robinson, C., 2004. Mechanisms of protein import and routing in chloroplasts. *Curr. Biol.* **14**, R1064–R1077.
Luirink, J., Samuelsson, T., and de Gier, J. W., 2001. YidC/Oxalp/Alb3: evolutionarily conserved mediators of membrane protein assembly. *FEBS Lett.* **501**, 1–5.
Macasev, D., Newbigin, E., Whelan, J., and Lithgow, T., 2000. How do plant mitochondria avoid importing chloroplast proteins? Components of the import apparatus Tom20 and Tom22 from *Arabidopsis* differ from their fungal counterparts. *Plant Physiol.* **123**, 811–816.
Robinson, C., and Bolhuis, A., 2004. Tat-dependent protein targeting in prokaryotes and chloroplasts. *Biochim. Biophys. Acta* **1694**, 135–147.
Schleiff, E., and Soll, J., 2000. Travelling of proteins through membranes: translocation into chloroplasts. *Planta* **211**, 449–456.

3・30 ペルオキシソームへはタンパク質が折りたたまれてから膜透過する

総 説

Hettema, E. H., Distel, B., and Tabak, H. F., 1999. Import of proteins into peroxisomes. *Biochim. Biophys. Acta* **1451**, 17–34.
Titorenko, V. L., and Rachubinski, R. A., 1998. The endoplasmic reticulum plays an essential role in peroxisome biogenesis. *Trends Biochem. Sci.* **23**, 231–233.

論 文

Dammai, V., and Subramani, S., 2001. The human peroxisomal targeting signal receptor, Pex5p, is translocated into the peroxisomal matrix and recycled to the cytosol. *Cell* **105**, 187–196.
Hoepfner, D., Schildknegt, D., Braakman, I., Philippsen, P., and Tabak, H. F., 2005. Contribution of the endoplasmic reticulum to peroxisome formation. *Cell* **122**, 85–95.
Walton, P. A., Hill, P. E., and Hill, S., 1995. Import of stably folded proteins into peroxisomes. *Mol. Biol. Cell* **6**, 675–683.

4

タンパク質の膜交通

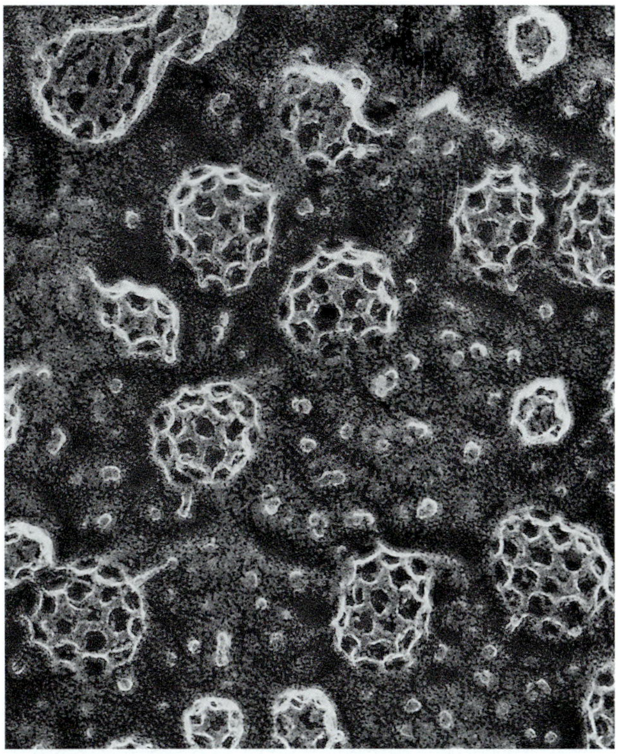

細胞外環境から細胞内に物質を取込んでいるクラスリン被覆ピットの電子顕微鏡写真［写真はJohn Heuser, Washington University School of Medicineの好意による］

4・1 序　論

重要な概念

- 真核細胞は，“細胞小器官（オルガネラ）”とよばれる，膜に囲まれた構造体を細胞内部に高度に発達させている．
- それぞれの細胞小器官は，細胞小器官特有の(糖)タンパク質と(糖)脂質で構成され，特定の機能をもっている．
- 細胞小器官は，一つまたは二つ以上の膜区画からなる．
- 細胞小器官は，独立でまたは他の細胞小器官と協調してその機能を果たしている．
- エンドサイトーシス経路とエキソサイトーシス経路において，積荷タンパク質は，輸送小胞によって細胞小器官間を輸送される．これは，輸送小胞が細胞小器官表面から出芽し，標的の細胞小器官膜に融合することによる．
- 輸送される物質と細胞小器官にとどまる物質は，輸送小胞が細胞小器官から出芽する際に選別され，輸送される物質のみが輸送小胞に積み込まれる．
- 輸送小胞への選択的な積荷タンパク質の積み込みは，タンパク質のアミノ酸配列か糖鎖構造によって選別される．
- 輸送小胞には，標的細胞小器官膜への特異的な結合（docking）と融合（fusion）を担う分子を含んでいる．

真核細胞の特徴の一つとして，**細胞小器官**（**オルガネラ** organelle）とよばれる，膜で囲まれた構造体を細胞内部に高度に発達させている点があげられる．すべての生物の細胞は，外部と細胞内部を脂質二重層で隔てているが，さらに真核生物の細胞内には，機能的に異なった膜に囲まれた**区画**（compartment）が存在している．このような区画を発達させることにより，異なる化学反応を行うために特殊化した環境を細胞内にもつことができる．

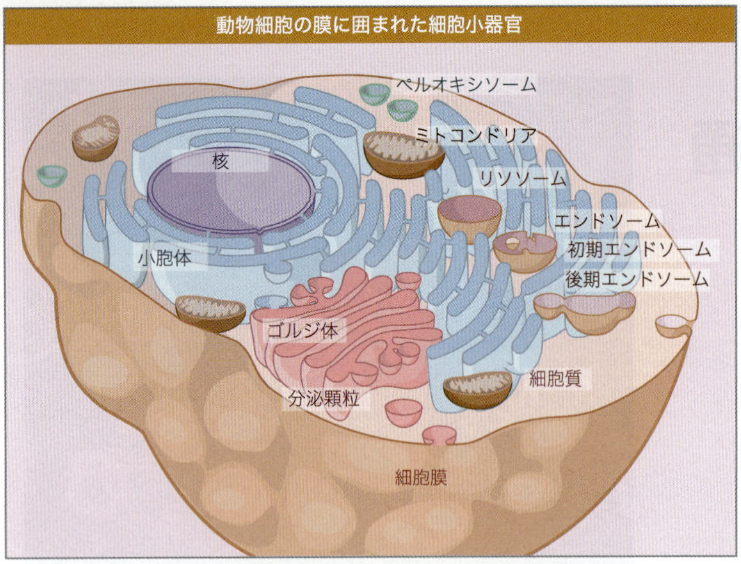

図4・1　典型的な動物細胞における膜で包まれた区画.

図4・1に真核細胞の例として，動物細胞の細胞小器官の模式図を示す（第3章"タンパク質の膜透過と局在化"，第5章"核の構造と輸送"参照）．それぞれの細胞小器官は一つか二つ以上の区画から形成されている．たとえば，**小胞体**（endoplasmic reticulum，ER）は一つの膜区画から形成されているのに対して，**ゴルジ体**（Golgi apparatus）は，一つ一つが異なった生化学的な機能をもつ複数の膜区画から成り立っている．ミトコンドリアは，マトリックスと膜間腔という二つの区画をもち，そこには異なった分子が存在する．

細胞質ゾル（**サイトゾル** cytosol）は**細胞膜**（plasma membrane）で区切られた一つの区画と考えることができ，細胞内に存在するすべての細胞小器官の外側の膜と接している．**細胞質**（cytoplasm）は細胞質ゾルと細胞小器官からなる．また，核質は，核膜の内膜に囲まれた空間である．

それぞれの細胞小器官は，特異的なタンパク質（膜タンパク質と可溶性タンパク質）と脂質，その他の細胞小器官の機能を担う分子から構成されている．これらのタンパク質や脂質のなかには，オリゴ糖鎖が共有結合しているものもある．細胞が成長し分裂する際には，細胞小器官もその構成成分を新たに合成し，成熟し，分裂し，最終的に二つの娘細胞に分配されなければならない．また，分化や発生の際や，ストレスなどの環境刺激に反応するときにも，細胞小器官の構成成分が合成される．しかし，これら構成成分の合成は，必ずしもそれらが実際に機能する細胞小器官で行われているわけではない．むしろ，さまざまな高分子の合成は，それぞれの合成に専門化した場所で行われている．たとえば，ほとんどのタンパク質の合成は，そのために最適な環境に発達した，細胞質ゾルに存在するリボソームで行われている．

ここである疑問が思い浮かぶ．細胞小器官の構成成分は，その機能すべき場所にどのようにして行き着くのだろうか？　これは，1970年代の前半から問われ始めた細胞生物学の中心的な問題の一つである．図4・1に示すように，細胞内には，少なくとも8種類の主要な細胞小器官が存在し，それぞれ数百〜数千種類のタンパク質や脂質から構成されていて，これらはすべてその機能すべき細胞小器官に運ばれなければならない．ほとんどのタンパク質は細胞質ゾルで合成されるが，それらがどのように機能すべき細胞小器官に，分泌タンパク質ならば細胞外に，正しく運ばれるのだろうか？　多くの場合，答は，**選別シグナル**（sorting signal）もしくは標的化シグナルとよばれる，タンパク質上のシグナルにある．これらのシグナルは，細胞質ゾル以外の目的地に向かうタンパク質に存在する短いアミノ酸配列である（詳しくは§4・5"タンパク質輸送におけるシグナル選別とバルク移動の概念"参照）．それぞれの細胞小器官への輸送に，一つまたは二つ以上のシグナルが使われている（脂質の輸送に関しては§3・22"脂質は小胞体から他の細胞小器官の膜に移さなければならない"参照）．

輸送シグナルは，タンパク質が最終目的地に到着するまでの経路の1段階またはより多くのステップにおいて，特定の分子装置によって認識される．図4・2に示すように，主要な二つの輸送経路として，輸送物質（積荷）を細胞外に輸送する**エキソサイトーシス経路**（exocytic pathway）（もしくは分泌経路）と，積荷を細胞内に輸送する**エンドサイトーシス経路**（endocytic pathway）がある（詳細は§4・2"エキソサイトーシス経路の概要"，§4・3"エンドサイトーシス経路の概要"参照）．新たに合成されたタンパク質のなかで，細胞外に分泌されるか，エキソサイトーシス経路とエンドサイトーシス経路に存在する細胞小器官に運ばれるべきものは，すべていったん小胞体へと標的化される．タンパク質の小胞体膜への標的化を担うシグナルは，シグナル配列とよばれる（第3章"タンパク質の膜透過と局在化"参照）．本

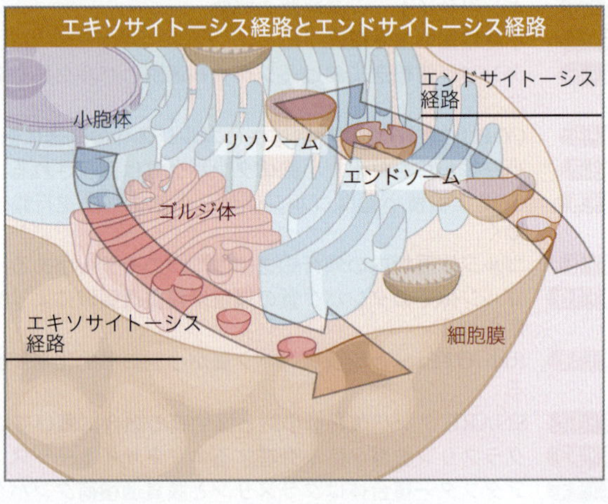

図4・2　エキソサイトーシス経路とエンドサイトーシス経路．エキソサイトーシス経路は，小胞体（核膜を含む）とゴルジ体（ここでは一つの層板として示されている）で構成されている．エンドサイトーシス経路は，初期エンドソーム，後期エンドソーム，リソソームで構成されている．

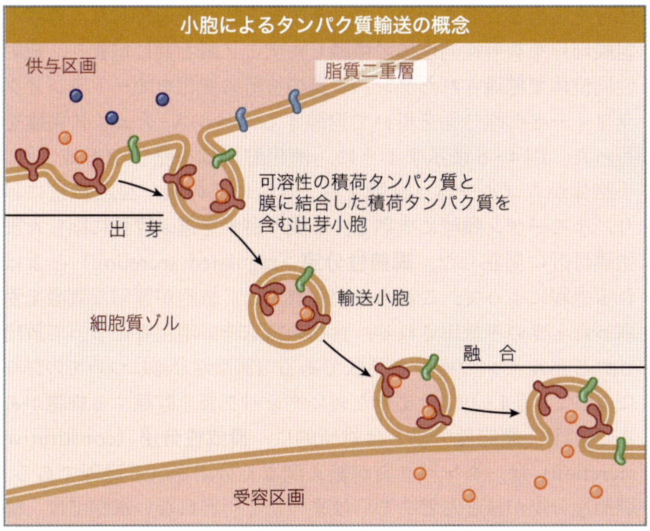

図4・3　小胞輸送では，膜小胞がある区画から出芽し，別の区画と融合する．

章では，タンパク質が機能すべき最終目的地に到達するのに必要な，選別シグナルについて論じる．

いったん小胞体に入ると，タンパク質はもはや自由に細胞質を移動できない．小胞体以外の細胞小器官へ到達するには，**小胞輸送**（vesicle-mediated transport）によってタンパク質の輸送が行わなければならない．**輸送小胞**（transport vesicle）はおもにタンパク質と脂質から構成され，図4・3に示すように，膜から出芽することによって形成されると考えている（詳細は§4・4“小胞輸送の基本概念”参照）．出芽した輸送小胞は，経路上の次の区画と融合する．ふつう，輸送小胞が形成される区画を**供与区画**（donor compartment）（もしくは出発区画）とよび，目的（もしくは標的）区画を**受容区画**（acceptor compartment）とよんでいる．

図4・4に示すように，輸送小胞は，小胞体からエキソサイトーシスとエンドサイトーシス経路に存在するすべての区画に，直接的あるいは間接的に物質を運んでいる．エンドサイトーシスには，細胞膜上での小胞形成が必要である．この小胞によって，取込まれた物質が**エンドソーム**（endosome）に運ばれ，エンドソームから再び小胞が形成されて他の区画に運ばれていく．このように，輸送小胞の成分は，その由来と目的地によって異なっている．

小胞輸送には，小胞をやりとりする細胞小器官に関して根源的な問題がある．機能を維持するために，細胞小器官はその構成成分を常に維持する必要がある．小胞が細胞小器官間を行き来して物質をやりとりしているのに，どうやって構成成分は維持できるのだろうか？　この問題の重大さは，輸送の量を計算してみれば明らかである．細胞膜に存在するすべてのタンパク質と脂質に匹敵する量が，エンドサイトーシス経路の細胞小器官を1時間以内に移動することができる．この速度は，新たな細胞小器官の形成に通常は1日かかることに比べると，非常に印象的である．

この問題の答は，選択的な輸送機構にある．出芽した小胞は，細胞小器官に残るべきタンパク質を残し，輸送されるべきタンパク質を選択的に取込んでいる．小胞は，その後，経路上の次の正しい区画に結合し，選択的に融合する．細胞小器官の恒常性を維持するために，小胞輸送は常に双方向性をもっていなければならない（図4・4参照），そうすれば，供与区画が，受容区画への連続的な輸送によってなくなることはない．リサイクリング機構によって，小胞の構成成分の一部が，次の輸送で再利用するために供与区画に戻される．選別は完璧ではないので，何らかの理由で供与区画からもれ出してしまったとどまるべきタンパク質を，再び供与区画に戻す回収機構も存在する（詳細は§4・7“小胞体からもれ出た小胞体タンパク質は回収される”参照）．

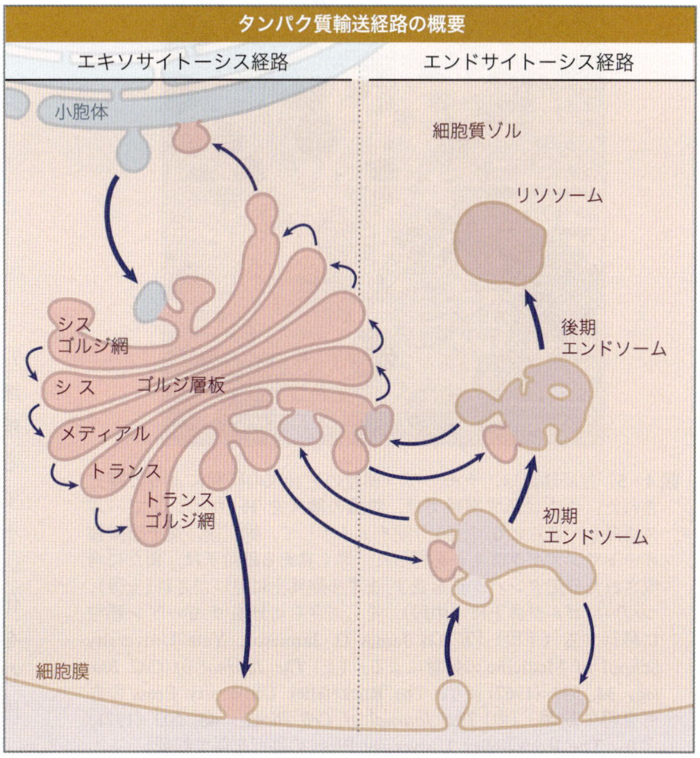

図4・4　典型的な動物細胞におけるタンパク質の輸送経路．ほとんどの輸送ステップが双方向性をもつ．

4・2 エキソサイトーシス経路の概要

重要な概念

- すべての真核生物には，小胞体，ゴルジ体，ポストゴルジ輸送小胞など，エキソサイトーシス経路で中心的に機能する相同の区画が存在する．
- エキソサイトーシス経路で機能する細胞小器官の量と構成は，生物種や細胞の種類によって異なっている．
- エキソサイトーシス経路で機能する細胞小器官は，それぞれ専門的な機能をもっている．
- 小胞体は，タンパク質の合成と正しい折りたたみを行う場所である．
- ゴルジ体で，タンパク質は修飾，選別され，ポストゴルジ輸送小胞によって正しい目的地に運ばれる．
- 積荷タンパク質の細胞膜への輸送は，構成性分泌の過程によるか，あるいは細胞が適切な刺激を受けるまで分泌顆粒に一時的に貯蔵しておく，調節性分泌の過程による．

エキソサイトーシス経路は，機能すべき場所が細胞膜あるいは細胞外の空間である分子が，その目的地に運ばれる経路である．この経路は，膵腺房細胞という，消化管へ運ばれるべき酵素を分泌する特殊な細胞で定義されたので，分泌経路と名づけられた．Palade らは，これらの酵素が新たに合成されるタンパク質の大部分を占めることを利用して，その輸送経路を追跡した．膵臓の組織切片を放射性同位体で標識したアミノ酸と共に培養し，放射性同位体で標識されたタンパク質の位置の変化をオートラジオグラフィーと細胞分画を用いて追跡する，パルス–チェイス実験を行った．図4・5に示すように，消化酵素は小胞体で合成され，小胞体からゴルジ体へ移動する．さらにその後，凝縮顆粒に移り，チモーゲン顆粒に成熟し，小腸へ酵素を運ぶ管腔に面した細胞膜付近に局在した．**調節性分泌**（regulated secretion）とよばれる過程によって，これらの消化酵素は，細胞が適切な刺激を受取ったときのみ放出される．食物の摂取時に消化管によって放出されるホルモンの場合も同様である（調節性分泌についての詳細については§4・19“分泌のためにタンパク質を貯蔵する細胞がある”参照）．調節性分泌とは対照的に，**構成性分泌**（constitutive secretion）は，タンパク質が絶え間なく分泌される過程である．調節性分泌がほとんどあるいはまったく行われない細胞では，構成性分泌が主となる．たとえば，肝細胞では，血清アルブミンのようなタンパク質が絶えず血漿に分泌されている．調節性分泌と構成性分泌のいずれの場合にも，分泌タンパク質を含んだ小胞は，図4・6に示すエキソサイトーシス（開口分泌）とよばれる過程で細胞膜と融合する．

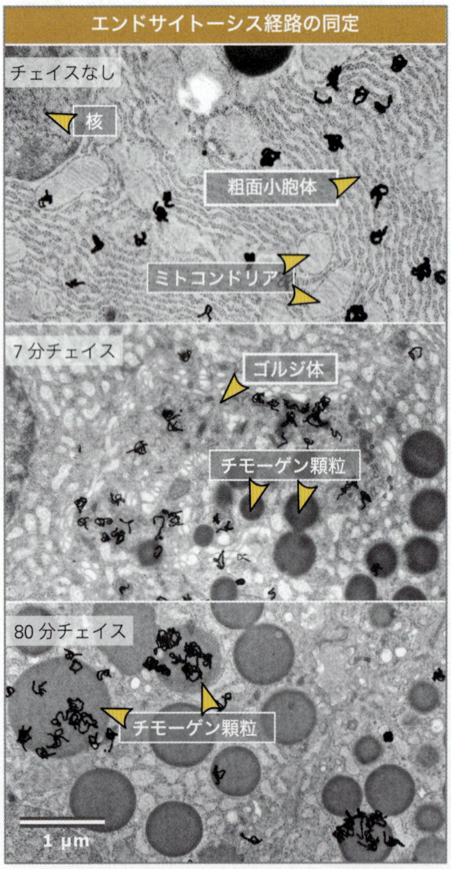

図4・5　分泌経路は，チモーゲン顆粒の生合成の研究によって確立された．ここに示す実験では，膵臓の薄片を ^{3}H–ロイシンでパルス標識し，さらに0, 7, 80分間チェイスして，固定後，電子顕微鏡オートラジオグラフィーを行った．黒く見える銀粒子は，新たに合成された分泌タンパク質を表す．まず小胞体上に見いだされ（上段），つづいてゴルジ体上に（中段），そしてさらに分泌/チモーゲン顆粒に移行する（下段）［写真は James D. Jamieson, Yale University School of Medicine の好意による．（上）*The Journal of Cell Biology* **34**, 597（1967）より，The Rockefeller University Press の許可を得て転載．（中）*The Journal of Cell Biology* **48**, 503（1971）より，The Rockefeller University Press の許可を得て転載］

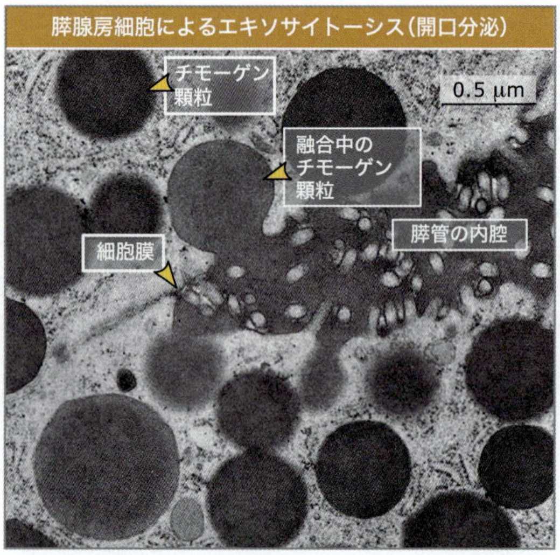

図4・6　チモーゲン顆粒が細胞膜と融合している瞬間をとらえた透過型電子顕微鏡写真．チモーゲン顆粒の中身が膵管の内腔に放出されている［写真は Lelio Orci, University of Geneva, Switzerland の好意による］

膵腺房細胞におけるエキソサイトーシス経路の構成を，図4・7にまとめる．小胞体は，単一の区画であるがいくつかのサブ領域に分かれ，分泌に最も重要なのは粗面小胞体（RER）である．粗面小胞体が“粗面”とよばれる理由は，小胞体内腔に膜透過する分泌タンパク質の合成を行うリボソームが，その表面に結合しているからである（第3章“タンパク質の膜透過と局在化”参照）．小胞体の扁平な槽構造は，細胞の基底部にぎっしりと詰込まれている．この大量の小胞体膜が，毎分1000万分子もつくられる消化酵素の合成と膜透過に必要な，リボソーム結合と膜透過の部位を保証している．小胞体膜は，ほとんどの真核細胞で最も豊富に存在する膜である．分泌に特化していない細胞でも，通常，小胞体が細胞内膜系の約50 %を占める．

新規に合成された分泌タンパク質は，小胞体から，複数の区画

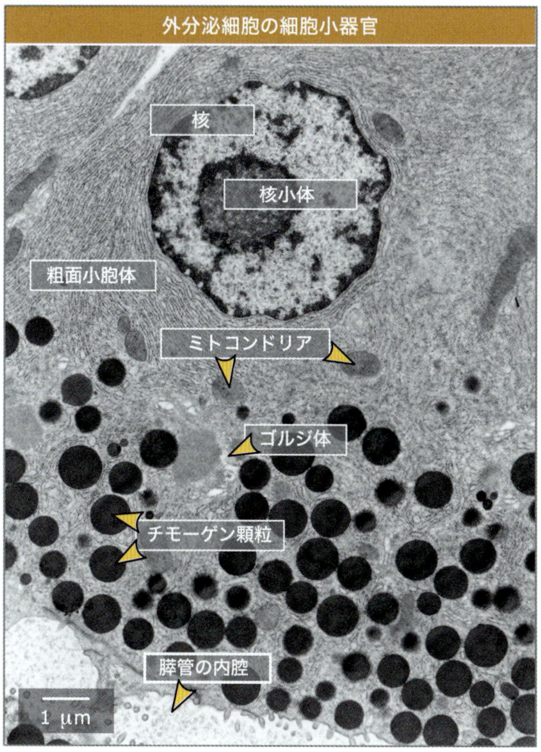

図4・7 膵腺房細胞の細胞小器官の透過型電子顕微鏡写真．エキソサイトーシス経路は，粗面小胞体，ゴルジ体，チモーゲン顆粒で構成されている．粗面小胞体とチモーゲン顆粒が特に発達している［写真は Lelio Orci, University of Geneva, Switzerland の好意による］

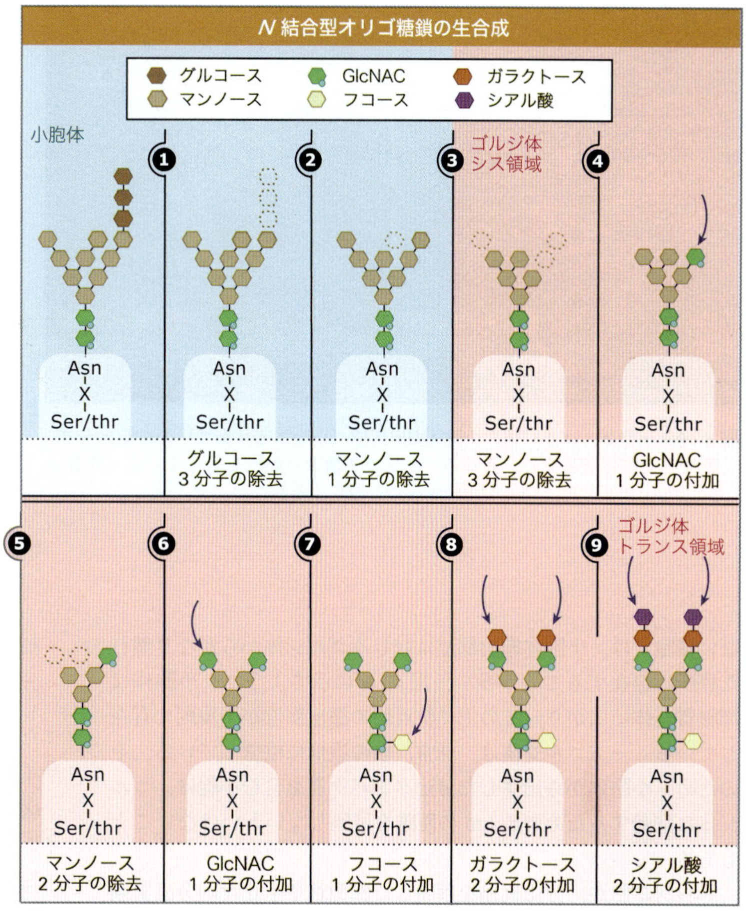

図4・8 *N* 結合型オリゴ糖鎖の形成．糖タンパク質の小胞輸送は示していない．

からなる細胞小器官であるゴルジ体へと運ばれる（図4・4参照）．ゴルジ体の重要な特徴は，**ゴルジ層板**（Golgi stack）構造である．扁平な槽が近接して並んでおり，ピタパン（具を詰めるために中が空洞になっている平たく丸いパン）が積み重なった様子に似ている．ゴルジ層板には極性が存在し，シス，メディアル，トランスの槽からなる．シス槽は，小胞体でつくられた積荷タンパク質が入ってくるゴルジ体の最初の槽で，入口であり，一方，トランス槽は積荷が出て行く最後の槽で，出口である．槽の周縁部は膨らみ，輸送小胞が出芽したり融合したりする．

ゴルジ層板は，通過する積荷タンパク質のほとんどに対して翻訳後修飾を行う酵素群を含んでいる．最もよく知られている酵素は，タンパク質の *O* 結合型，*N* 結合型オリゴ糖鎖を修飾する酵素である．これらのオリゴ糖鎖には，新規に合成されたリソソームで働く酵素をリソソームに標的化するなどの多様な機能が存在する（詳細は，§3・14“膜透過中の多くのタンパク質には糖が付加される”，§4・17“リソソームタンパク質の選別はトランスゴルジ網で起こる”参照）．

図4・8に示すように，*N* 結合型の糖鎖修飾過程では，小胞体で付加された**高マンノース型オリゴ糖鎖**（high mannose oligosaccharide）が，“未成熟”な高マンノース型構造から，複合型でかつ高度にシアル化された構造へと，連続した変換によって段階的に修飾されていく．大ざっぱに言って，これらの各ステップに必要な酵素は，層板中に順番に並んで存在している．最初の過程で働く酵素は，小胞体から運ばれてきたタンパク質を最初に受取るゴルジ体のシス槽で見つかるだろうし，あとの段階で働く酵素（たとえば，最後のシアル酸残基を付加する酵素など）は，修飾が終わった分泌タンパク質がゴルジ体から放出されるトランス槽でみられる．

ゴルジ体の両端に隣接して，細管が網目状になった構造が存在する．ゴルジ体のシス面側に存在するのは**シスゴルジ網**（cis-Golgi network, CGN）で，小胞体の搬出部位（小胞体遷移領域）から運び出されたタンパク質を受取る．CGN は，品質管理を行う場所であり，小胞体からもれ出た小胞体で機能すべきタンパク質を，小胞体に送り戻している（§4・7“小胞体からもれ出た小胞体タンパク質は回収される”参照）．トランス面側に存在するのは**トランスゴルジ網**（trans-Golgi network, TGN）であり，異なった目的地に運ばれるタンパク質の選別を行っている．膵腺房細胞の場合，TGN に存在するタンパク質のほとんどは分泌タンパク質であり，これらは，チモーゲン顆粒に成熟する凝縮顆粒に積込まれていく．さらに TGN は，リソソームに（エンドソームを経由して）運ぶべきリソソームタンパク質を，細胞膜タンパク質や構成性分泌タンパク質から選別している．調節性分泌を行わない細胞では，リソソーム経路と細胞膜へ向かう構成性分泌経路のみが存在する．

ゴルジ体には，輸送の方向性を反映してシス-トランスの極性が存在するのだが，小胞体には極性はない．新規に合成されたタンパク質は，輸送小胞を形成するための小胞体の特別の領域である，小胞体搬出部位（小胞体遷移領域）へ向かう．哺乳類の細胞では，これらの小胞体搬出部位は粗面小胞体のいたるところに存在し，ゴルジ体と近接することはあまりない．調節性分泌を行わ

小胞体搬出部位は全体にわたって存在している

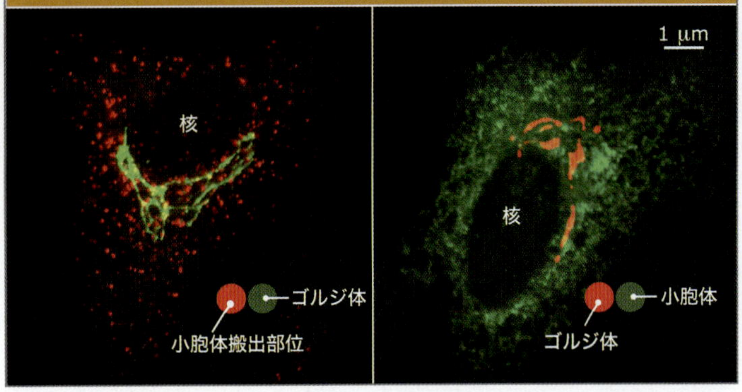

図4・9 小胞体，ゴルジ体，小胞体搬出部位（小胞体遷移領域）の細胞内分布．免疫蛍光抗体法による．異なるタイプの2種類の細胞を示している［写真は Laurence Pelletier, Yale University の好意による］

酵母細胞の膜系の形態

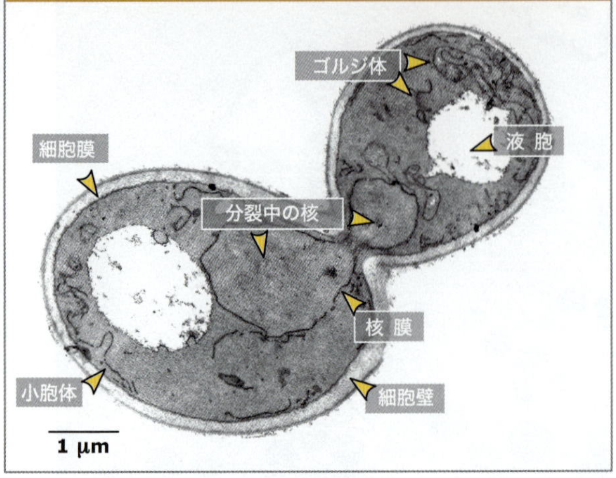

図4・10 出芽酵母細胞の透過型電子顕微鏡写真［写真は Francis Barr, MPI, Munich の好意による］

ない細胞では，小胞体搬出部位はむしろゴルジ体からかなり離れた場所に存在することが多い．図4・9に示すように，小胞体は細胞質全体に広がり，その上に数百個の搬出部位が不規則に存在している．一方ゴルジ体は，通常，核の近傍に位置している．そのため，小胞体から出芽した分泌タンパク質を含む小胞は，ゴルジ体に到着するために数 µm の距離を移動しないといけないこともある．

膵腺房細胞が，分泌経路を解明した顕微鏡や生化学的分画実験に適した理想的な細胞であったのと同様に，出芽酵母（*Saccharomyses cerevisiae*）は，タンパク質輸送に関与する分子装置を同定するための，遺伝学的解析に理想的な実験系である．図4・10に示すように，出芽酵母も，哺乳類細胞と相同の細胞小器官をエキソサイトーシス経路にもつ．ただし，その構成はいくらか異なっている．小胞体はあまり発達せず，細胞膜の直下や核の周り（核膜）にみられる．小胞体搬出部位は明確ではなく，輸送小胞は小胞体の全域にわたって形成されるようである．ゴルジ体の槽は層板を形成せず，核の近傍に集中することはない．分泌顆粒はなく，調節性分泌もほとんど行われない．このような違いがあるにもかかわらず，酵母で働いているおもな分子機構は，動物細胞で発見されたものと相同であり，真核生物の間でよく保存されている．

4・3 エンドサイトーシス経路の概要

重 要 な 概 念

- 細胞外の物質は，いくつかの異なった機構によって細胞内に取込まれる．
- エンドソームとリソソームの低 pH と分解酵素は，エンドサイトーシスされた物質を加工するのに重要である．

エンドサイトーシス（endocytosis）は，真核細胞が細胞膜上で小胞を形成して，細胞外環境から物質を細胞内に取込む過程のことである．エンドサイトーシスは，いろいろな意味でエキソサイトーシスと反対の，さまざまな機能をもっている．

- 栄養物を取込む．
- ホルモン受容体やグルコース輸送体といったタンパク質の細胞表面への発現調節を行い，リガンドの取込みを制御する．
- 細胞外の不要物を取込み，分解する．
- 分泌の間に細胞膜に融合した膜を回収する．

また，バクテリア，原生生物，ウイルスなどの病原体は，エンドサイトーシスの過程を上手に使って細胞内に侵入する．

図4・11に示すように，細胞膜で形成された小胞は，エンドサイトーシス経路に存在する細胞小器官と融合する．これらの細胞小器官には二つの重要な特徴がある．一つは，その内腔が酸性であること，もう一つは，酸性 pH 選択的に機能するタンパク質分解酵素やその他の分解酵素を含んでいることである．これらの細胞小器官では，酸性度と分解酵素の濃度とが連続的に変化している．エンドサイトーシス経路に存在する細胞小器官は，分解能力が強くなる順に，**初期エンドソーム**（early endosome），**後期エ**

エンドサイトーシス経路の概要

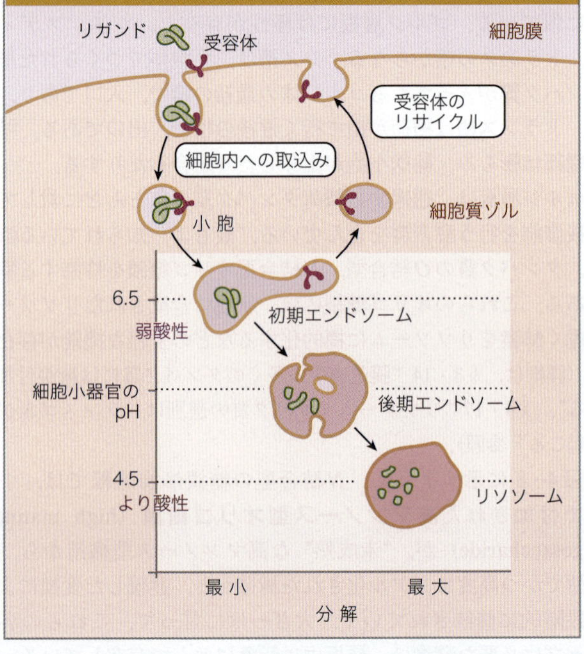

図4・11 エンドサイトーシス経路に存在する細胞小器官には，酸性度と分解能力の勾配ができている．細胞内に取込まれた高分子は細胞膜にリサイクルするか分解される．

図4・12 エンドサイトーシスにはさまざまな機構が存在する［写真はS.D. Conner, S.L. Schmid. *Nature* **422**, 34〜44 より改変］

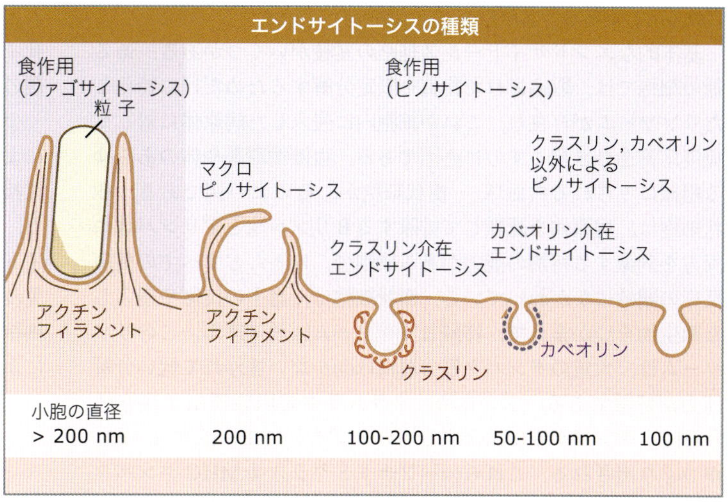

ンドソーム（late endosome），**リソソーム**（lysosome）に分けることができる．リソソームは，エンドサイトーシスによってリソソームに運ばれてきたほとんどすべての生体高分子（タンパク質，脂質，炭水化物，RNA，DNA）を分解することができる，分解酵素の貯蔵場所である．リソソームは，エンドサイトーシス経路の最終の細胞小器官であると長い間考えられてきたが，細胞膜と融合することがあるという報告もある．

V-ATPase（液胞型ATPase）とよばれるATP駆動型H^+ポンプは，細胞質ゾルからエンドサイトーシス経路で機能する細胞小器官の内腔にH^+を運ぶことで，pH 7.4である細胞質ゾルよりも細胞小器官内腔のpHを低く保つことができる．初期エンドソームは，その内部が弱酸性（pH 6.5〜6.8）であるのに対し，後期エンドソームやリソソームの内部はpH 4.5という低いpHである．いろいろなエンドソーム区画のpHの調節には，V-ATPaseの濃度や活性に加え，イオン伝導特性や他のイオン輸送体など，さまざまな要因が関与している．重要なことは，それぞれのエンドソーム区画のpHは，その機能に最適化しているということである（詳しくは§4・15“受容体には，初期エンドソームからリサイクルするもの，リソソームで分解されるものがある”参照）．（V-ATPaseに関する詳しいことは，§2・21“V-ATPaseは細胞質からH^+を汲み出す”を参照．）

歴史的には，エンドサイトーシスは，細胞内に取込む物質の大きさを反映して，**食作用**（phagocytosis）と**飲作用**（pinocytosis）に分類されてきた（図4・12）．マクロファージのような専門的な食細胞は，直径10 μmもの大きな輸送小胞で物質を取込むことができる．食作用と食べることの共通点は，細胞内に取込む食胞（phagosome）の内部環境が，強い酸性で，タンパク質，脂質，炭水化物を分解する酵素の活性を助けているという点にもみられる．

ほとんどすべての細胞に食作用はみられるが，この過程は，病原体を取込んで宿主の防御機構の調節を助けるマクロファージや樹状細胞のような，免疫系の特殊化した細胞でもっとも顕著である．図4・13に示すように，マクロファージは，病原体の感染がないときでも，食作用によって老化細胞やアポトーシスを起こした細胞を除去している．専門的な食細胞には，食作用をひき起こす特異的な受容体があるので，他の細胞よりも効率良く大きな物体を取込むことができる．たとえば，マクロファージやある種の食細胞は，抗体に対する受容体を発現している．

飲作用は，ふつう，直径0.1〜0.3 μmの小さなエンドサイトーシス小胞の形成を伴う物質の取込みを総称する，一般的な言葉である．最もよく研究されているのは，**受容体介在エンドサイトーシス**（receptor-mediated endocytosis）である．低密度リポタンパク質（LDL）受容体によるLDL取込みの研究によって，エンドサイトーシス経路の基本的な概念が形成された（EXP：4-0001参照）．細胞表面で，多種多様な受容体が，栄養素，増殖因子，ホルモン，抗体もしくは抗原のようなリガンドと結合する．

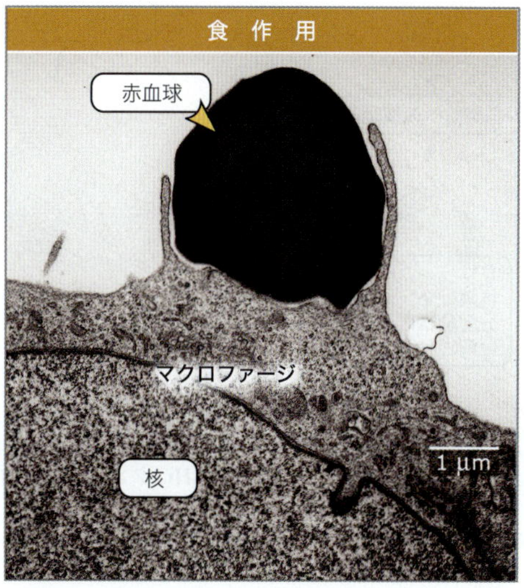

図4・13 赤血球を貪食しようとしているマクロファージの電子顕微鏡写真［写真はJohn M. Robinson, Ohio State Universityの好意による］

受容体-リガンドの複合体は，“被覆ピット”とよばれる細胞膜の特定の領域に集合して，細胞内に取込まれる（詳細は§4・13“クラスリン被覆小胞が介在するエンドサイトーシス”参照）．被覆ピットで，小胞がくびり切られて形成され，初期エンドソームと融合する．初期エンドソームで，酸性pHによりリガンドと受容体が解離し，受容体は細胞表面に送り返される．リガンドは後期エンドソームへ，そして最終的にはリソソームへ運ばれる．受容体-リガンドの複合体のなかには，初期エンドソームで解離せず，一緒にリソソームに運ばれるものもある（詳細は§4・15“受容体には，初期エンドソームからリサイクルするもの，リソソームで分解されるものがある”参照）．

基本的なエンドサイトーシス経路の変種がいくつかある．ある種の細胞では，取込まれた物質を限定分解するためだけに特化したリソソームが存在し，これが細胞内に侵入した病原体に対して免疫応答をひき起こすのに必須である．血液循環系や体のあらゆる組織にみられる白血球——樹状細胞が，そのよい例である．樹状細胞は，病原体を認識して排除するBリンパ球とTリンパ球の両方を刺激する特別の能力がある細胞で，ほとんどすべての免疫反応の開始にかかわっている．樹状細胞は，血中の抗原や侵入した微生物をつかまえて，特殊なリソソーム区画に運ぶ．このリソソームは，大量のタンパク質分解には向かない並外れて低い分解能力が特徴である．このため，クラスⅡ主要組織適合遺伝子複合体（MHC）タンパク質に結合する短いペプチド（10〜15アミノ酸）がつくり出される．これらのペプチドとクラスⅡ MHCタンパクの複合体は，長い細管を細胞膜に向けて伸ばすという，樹状細胞のリソソームのもう一つの特徴を利用して，リソソームから脱出することができる（図4・14）．ペプチドとクラスⅡ MHCタンパクの複合体は，細胞表面に運ばれてエフェクター細胞を活性化する．

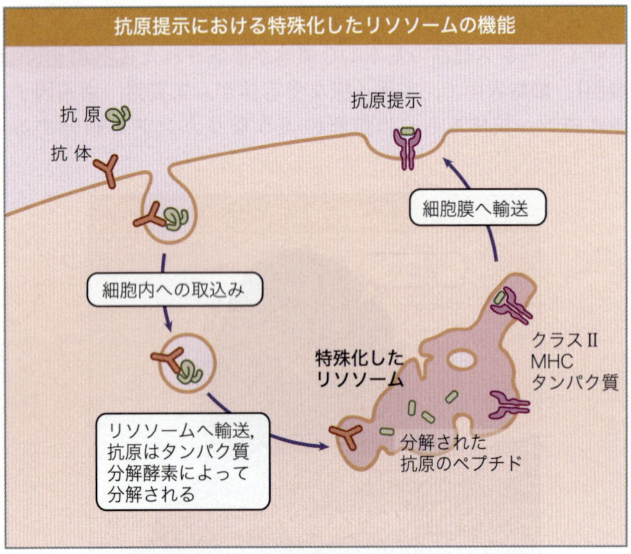

図4・14　免疫系の細胞では，特殊化したリソソームがエンドサイトーシスされたタンパク抗原を，クラスⅡMHCタンパク質に結合できるペプチドに分解する．ペプチド-クラスⅡMHCタンパク質の複合体は，エフェクター細胞に提示されるために細胞膜へ輸送される．

エンドサイトーシス経路のもう一つの変種として，まったくリソソームを通過しない，**トランスサイトーシス**（transcytosis）とよばれる過程もある．この過程は，小腸の管腔などあらゆる体腔に面した特別な細胞——上皮細胞で行われている．上皮細胞は，体内と体外との物質輸送の制御を行っている細胞である．上皮細胞はとなり合ってびっしり並び，とぎれることのない一層の細胞層を形成している．細胞には極性があり，小腸の管腔に面している**“頂端部”**（apical）表面と，血液に面している**“基底部”**（basal）表面，および細胞どうしが接する側部（lateral）表面をもつ．一般に基底部と側部は連続していて性質も共通なので，併せて側底部（basolateral）とよぶ．トランスサイトーシスは，一般的には，頂端部か側底部のいずれかの細胞膜でクラスリン被覆小胞が形成されることから始まる．この小胞は，初期エンドソームと融合し，これがさらにリサイクル小胞の一種であるトランスサイトーシス小胞を生じる．トランスサイトーシス小胞は，反対側の細胞表面に運ばれ，細胞膜と融合する．

小腸で栄養を取込む際，頂端部表面からのエンドサイトーシスによって形成されたトランスサイトーシス小胞は，基底部表面に直接運ばれるので，リソソームで分解される危険を冒すことなく，取込んだ物質を運ぶことができる（図4・15）．トランスサイトーシスのもう一つの例としては，母親から新生児への体液性免疫の伝播がある．母乳中の免疫グロブリンは，乳児の腸の上皮細胞の頂端部表面にある受容体に結合し，トランスサイトーシスによって反対側表面に運ばれ，血漿中に放出される．

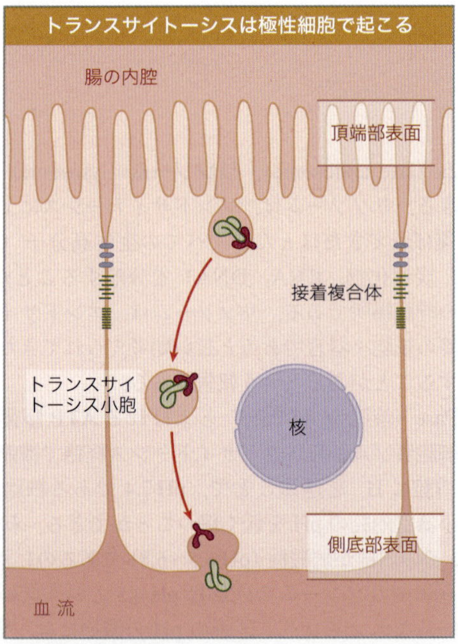

図4・15　極性細胞のトランスサイトーシスでは，ある膜ドメインからエンドサイトーシスされた物質は細胞の中を通って輸送され，異なった膜ドメインにエキソサイトーシスされる．

被覆ピットを介した取込み以外にも，異なる種類のエンドサイトーシス小胞が細胞膜で形成される（図4・12参照）．カベオラは，細胞膜の小さな陥入がカベオリンで覆われた構造である．カベオラには，被覆ピットには集合しないタイプの一群の受容体や膜脂質が選択的に集合している．これらの受容体や脂質は，カベオラがくびり切られると，小胞として細胞内に取込まれる．マクロピノソームとよばれる大きな構造は，ある種の増殖因子に反応して，やはり細胞膜で形成される．マクロピノソームは，食胞と同程度の大きさの空胞であり，細胞外液を取込んだ大きな液滴を形成する．カベオラやマクロピノソームによって取込まれた物質は，被覆ピットを経て細胞内に取込まれた物質と同じエンドソームやリソソームに運ばれる．カベオラを介して細胞内に取込まれた物質のなかには，カベオソームとよばれる特殊なエンドソームに一時的に隔離されるものもある．さらに，既知の被覆をもたない小さな飲作用小胞によって細胞内に取込まれる物質もある．

興味深いことに，エンドサイトーシス経路の酸性環境は，複製のために細胞質に入ろうとするさまざまなエンベロープウイルスにうまく利用されている．水疱性口内炎ウイルスやセムリキ森林ウイルスのようなウイルスは，酸性のエンドソーム内腔を利用してウイルス表面のスパイク糖タンパク質を活性化し，ウイルス膜とエンドソーム膜の融合をひき起こすことで，細胞内への侵入に成功している．

出芽酵母 *Saccharomyses cerevisiae* の細胞は，飲作用は行うが食作用は行わない．酵母の細胞は厚い細胞壁で覆われているので，このことは驚くにはあたらない．酵母のエンドサイトーシスに関与する細胞小器官を形態的に観察するのは，量が少ないために困難である．しかし，リソソームと相同な細胞小器官である酵母の液胞は大きく，顕微鏡で容易に観察することができる（図4・10参照）．酵母のエンドサイトーシスの遺伝学的な研究は，エキソサイトーシスの研究に比べて遅れていたが，近年，分解過程におけるユビキチン化の役割を理解するうえで非常に重要になりつつある（詳細は§4・16“初期エンドソームは成熟によって後期エンドソームとリソソームになる”参照）．

4・4 小胞輸送の基本概念

重要な概念

- 輸送小胞は，エキソサイトーシス経路やエンドサイトーシス経路に沿って，膜に囲まれた区画から次の区画へと，タンパク質やその他の高分子を運ぶ．
- 細胞質ゾルのタンパク質複合体から形成された被覆は，輸送小胞の形成と輸送されるタンパク質の選別を助ける．
- ある区画に運ばれるべきタンパク質は，その区画にとどまるタンパク質と他の区画に運ばれるべきタンパク質から選別される．
- 輸送小胞は，経路の次の区画と特異的に結合し，融合するために，繋留タンパク質とSNAREを利用する．
- 逆行輸送は，リサイクルされるタンパク質，あるいは回収されるタンパク質を含む輸送小胞によって行われ，順行輸送を補償している．

真核細胞が，それぞれ特有の構成と機能をもつ，多数の膜に囲まれた区画から構成されているということはすでに述べた．エンドサイトーシスやエキソサイトーシスの過程で，これらの区画の構成成分は頻繁にやりとりされている．タンパク質や脂質は脂質二重層を横方向に自由に拡散できるので，異なった膜系の間で直接の物理的接触が起こると，その構成はでたらめに混じり合ってしまう．そこで，輸送小胞がこの物質のやりとりを担い（図4・3参照），その区画の構成成分を保持するために，小胞への積荷の積み込みが選別されなければならないということもすでに述べた．この章では，小胞を介した物質輸送（小胞輸送：膜交通 membrane traffic ともよぶ）が行われる分子機構について紹介する．

図4・16に示すように，小胞輸送はいくつかのステップに分けることができる．積荷の選択，小胞の出芽，小胞の切断，被覆の除去，繋留，結合，融合，融合したタンパク質の回収である．

輸送されるべきタンパク質は，まず選別されなければならない．受容体のような膜タンパク質には，細胞質尾部に特有の選別シグナルがある．可溶性タンパク質は，適切な受容体に選別されるか，バルク移動によって形成中の小胞に受動的に積み込まれる（§4・5“タンパク質輸送におけるシグナル選別とバルク移動の概念”参照）．経路の後の方で機能するタンパク質装置も選別される．膜タンパク質でも可溶性タンパク質でも，区画にとどまるべきタンパク質によっては，残留のための配列をもち，これが選別や単純拡散で小胞に取込まれることを防いでいる場合がある．

積荷の選別は，細胞質タンパク質である**被覆タンパク質**（coat proteins）が選別シグナルに結合することにより起こる．被覆タンパク質は，直接選別シグナルに結合するか，積荷タンパク質と被覆タンパク質複合体をつなぐアダプター複合体を介して間接的に結合する．異なる経路には，異なる被覆タンパク質が使われている．たとえば，図4・17に示すように，COPⅠ 被覆と COPⅡ

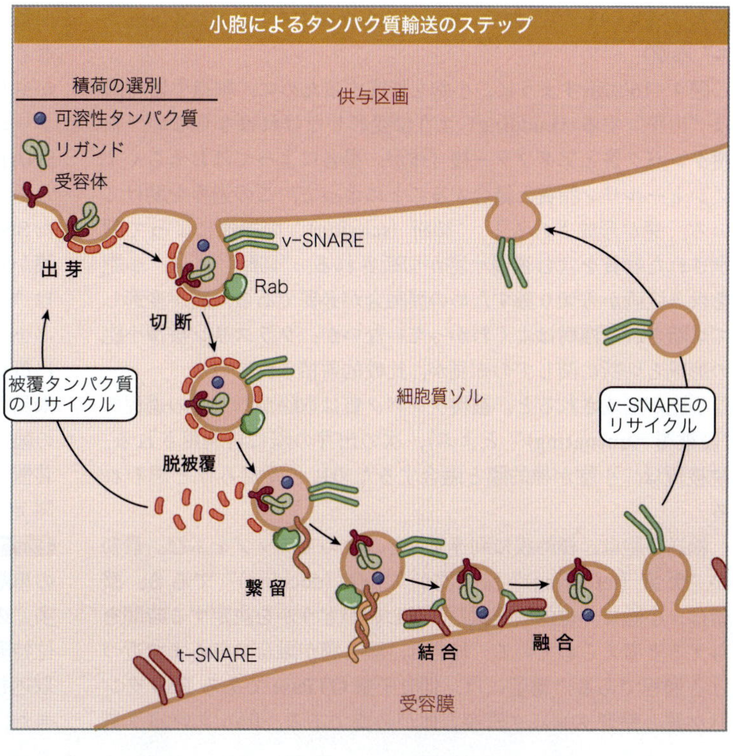

図4・16 小胞輸送は，積荷タンパク質を選択的に輸送小胞に積み込み，標的膜との選択的な融合に至る複数のステップからなる．

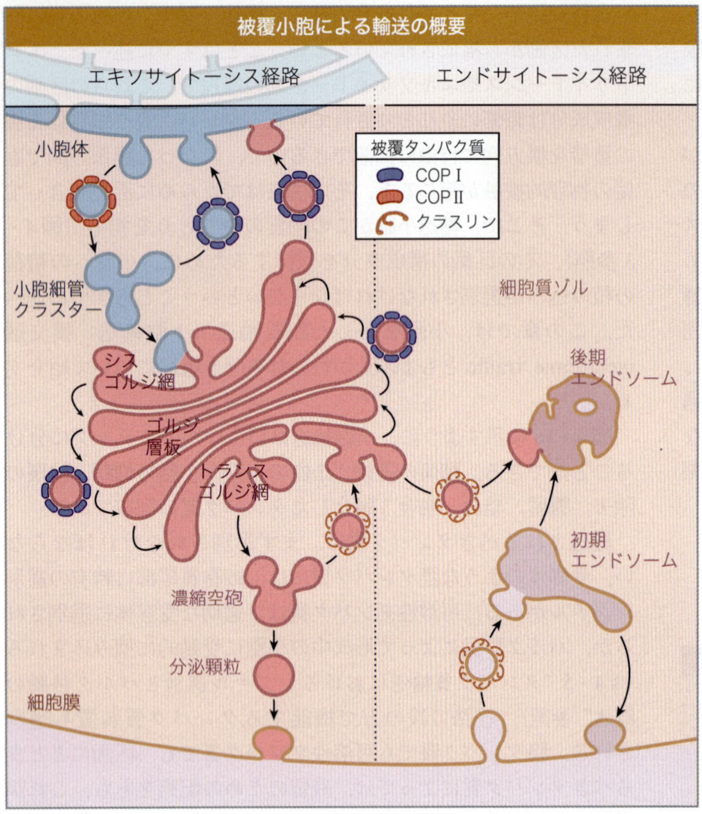

図4・17　小胞輸送に関与する三つの主要な被覆タンパク質は，COP I，COP II，クラスリン被覆である．

被覆がエキソサイトーシス経路で機能するのに対し，クラスリン被覆小胞はエンドサイトーシス経路で働く小胞の一つである．区画間の輸送を仲介する小胞の組成は，選別輸送の異なる分子機構を反映している．つまり，積荷が異なっているだけでなく，供与区画と標的区画の種類に応じて，積荷の選別，出芽した小胞の切断，小胞の結合，融合にかかわるタンパク質装置も異なっている（詳細は§4・6“COPII被覆小胞は小胞体からゴルジ体への輸送に働く”，§4・8“COPI被覆小胞はゴルジ体から小胞体への逆行輸送に働く”，§4・13“クラスリン被覆小胞が介在するエンドサイトーシス”参照）．

図4・16に示すように，小胞を形成するために，細胞小器官膜は“出芽”する（budding）ように変形しなければならない．被覆タンパク質とアダプター複合体が，場合によってはおそらくイノシトールリン脂質と結合することによって，この過程を助けている．芽が形成されると，“切断（scission）”の機構によって選別された物質を含む被覆小胞が切断される．“切断”には，小胞を供与区画から切り放すための膜融合が必要である．膜が変形して切断される機構はよくわかっていないが，クラスリン被覆小胞の形成と切断に関しての知見が，比較的蓄積されている．

小胞が形成されると，被覆タンパク質は取除かれ（この過程を“脱被覆（uncoating）”とよぶ），次の出芽の際に再利用される．脱被覆は，小胞が標的膜と融合するために必要だろうと思われる．

輸送小胞は，標的膜に到達すると二つのステップをふむ．最初が“繋留（tethering）”で，次が“結合（docking）”である．繋留は，小胞に，標的膜を試し，正しいかどうかを決定する時間を与えると考えられている．結合は，膜と膜が融合できるまで近づける過程である．繋留には，低分子量GTPaseであるRabタンパク質と繋留タンパク質複合体が必要である．Rabタンパク質と繋留タンパク質は，輸送小胞と目的細胞小器官の組合わせに特異的であり，小胞が正しく目的地に到着することを助けている（詳細は，§4・11“Rab GTPaseと繋留タンパク質が小胞の標的化を制御する”参照）．

繋留した後，小胞に存在するSNAREタンパク質とそれに対応する標的細胞小器官存在するSNAREタンパク質が複合体を形成する．この複合体の形成が，小胞を標的膜へ“結合”させ，膜融合をひき起こすのに不可欠である．この過程によって，小胞が膜成分と可溶性分子を目的地に運ぶという任務を終えることになる．膜融合によって，二つの膜が物理的に一つになり，内容物がやりとりできるようになる．エキソサイトーシスとエンドサイトーシスの多数の膜融合ステップで，それぞれ異なる組合わせのSNAREが用いられている．膜融合の後，ATPaseであるNSFとその結合タンパク質であるSNAPが，膜融合の間に形成されたSNARE複合体を解離させる．供与膜由来のSNAREは，標的膜から出芽する小胞に積み込まれ，供与膜に戻る（詳細は§4・12“SNAREタンパク質は小胞と標的膜の融合に働いている”参照）．

小胞輸送の分子機構の解明は，革新的な分析や解析方法の発展に負うところが大きい．いずれも，膜交通の個別の側面で新たな知見が得られるようにデザインされたものである．細胞小器官間の輸送と融合を再構成する生化学的な解析は，輸送に必要な分子装置のタンパク質成分（たとえば，SNARE，NSF，SNAP）の同定と精製を可能にした（より詳細にはEXP-4-0002とEXP-4-0003を参照）．タンパク質分泌に損傷をもつ酵母変異体の単離は，分子装置の生理学的意義を確認すると同時に，さらに多くの新しい分子の発見を可能にした．データベース検索と，部位特異的な変異導入によって，タンパク質を特異的な輸送小胞に取込むための細胞質ドメインの選別シグナルを決定することができた．

4・5 タンパク質輸送におけるシグナル選別とバルク移動の概念

重要な概念

- 可溶性の分泌タンパク質で特に大量に分泌されるものは，エキソサイトーシス経路で運ばれる際に，必ずしも明確なシグナルを必要としない．
- 選別シグナルは，膜タンパク質とエンドサイトーシスされる受容体などに見られ，特にリソソームのような細胞内目的地に運ばれる場合に限られているのかもしれない．
- 可溶性タンパク質の中には，リソソームへの輸送を仲介する受容体と結合するシグナルを有するものもある．

タンパク質がエンドサイトーシスおよびエキソサイトーシス経路を運ばれる機構には，二つの考え方がある．シグナルによる選別輸送とバルク移動（bulk flow）による輸送である（図4・18）．シグナルによる輸送では，それぞれの積荷タンパク質に，経路上の目的地を明確に指示する一つまたは複数の短い配列が存在する．これらの“選別配列”（選別シグナルともよぶ）の有無によって，タンパク質はある細胞小器官の居留タンパク質としてとどまるか，小胞に積み込まれて次の細胞小器官に移動するかが決められ，次の細胞小器官でまたとどまるか進むかが決められ，これが繰返されていく．もし，それぞれのステップに異なるシグナルが必要なら，最終目的地（たとえば，エキソサイトーシス経路における細胞膜や，エンドサイトーシス経路におけるリソソーム）に到達するためには，タンパク質は，つぎつぎに通り過ぎていくステップの数だけの，たくさんの選別配列をもっていなければならない．

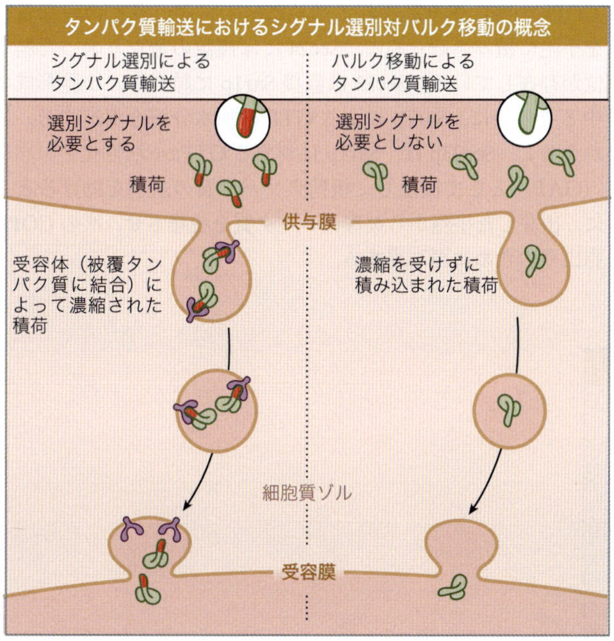

図4・18　積荷分子は，積荷の選別シグナルに結合する受容体によって出芽小胞に濃縮されるか（シグナル選別によるタンパク質輸送），濃縮を受けずに小胞に積み込まれるか（バルク移動）のどちらかである．

経路上の細胞小器官や小胞の内腔に存在する可溶性のタンパク質の場合には，問題は膜タンパク質よりもいっそう深刻である．可溶性のタンパク質は，トポロジー的に，細胞の“外”に存在しているのと同等である．可溶性の積荷タンパク質の輸送が完全にシグナル依存性であるためには，積荷タンパク質がまず膜上の受容体に結合し，次にこの受容体が細胞質側で被覆タンパク質と結合することによって，選択的に小胞に積み込まれるという，巧妙な仕組みがなくてはならない．すべての可溶性タンパク質が，輸送のすべてのステップで異なる受容体を必要とするならば，これらを同時に運ぶためには何十あるいは何百もの種類の受容体が必要となるだろう．

もう一つの考え方では，問題がずっと単純になる．バルク移動のモデルでは，“デフォールト経路”というものが定義され，そこでは，タンパク質が膜区画間を移動するのに選別シグナルを必要としない．エキソサイトーシスとエンドサイトーシスの経路は，それ自身がデフォールト経路であると考えることができる．たとえば，エキソサイトーシス経路では細胞外あるいは細胞膜がデフォールトの終着点であり，分泌タンパク質と細胞膜タンパク質は，小胞に積み込まれるための選別シグナルを必要としないと考える．これらのタンパク質は，小胞体の内腔とそこから出芽する小胞の中とで，濃度が変わらないということになる．バルク移動の機構では，出芽する小胞にタンパク質を濃縮するための選別シグナルは必要ない．エキソサイトーシス経路のある区画で輸送を止める（たとえば，ゴルジ体での残留）シグナルや，別の経路に転換させる（たとえば，リソソームへの輸送）シグナルだけが必要となってくる．

バルク移動の輸送の概念を用いると，アフリカツメガエルの卵母細胞に発現させたバクテリアのβ-ラクタマーゼが，小胞体から細胞表面にどうして運ばれるか説明することができる．バクテリアには，真核生物のような細胞内膜系が存在しないため，タンパク質には小胞体を出るためのシグナルもないはずだからである．バルク移動による輸送は，膵腺房細胞のような分泌に特化した細胞による，タンパク質分泌の高い効率を説明する手がかりにもなる．分泌の速度や分泌タンパク質の多様性は，輸送の各ステップで個々のタンパク質に受容体を仮定したときに可能な，細胞の能力を超えていると考えざるをえない．

タンパク質の輸送は，実際には，シグナルによる選別とバルク移動の両方の機構を利用している．バルク移動モデルは，当初，エキソサイトーシス経路における輸送を説明するのに用いられた．多くのタンパク質にとって，小胞体からゴルジ体を経由して細胞表面に輸送されるためには，シグナルは必須ではなさそうである．しかし，少なくとも一部の膜タンパク質や分泌タンパク質については，小胞体を出るための輸送シグナルをもち，また選択的に輸送されるための付属タンパク質を利用することが明らかになりつつある（詳細は§4・6“COPII 被覆小胞は小胞体からゴルジ体への輸送に働く”参照）．

エンドサイトーシス経路については，これまでの知見で，シグナルによる選別輸送が，いくつかの輸送ステップで優先的に行われることがわかっている．たとえば，膜タンパク質の細胞質尾部にある選別シグナルは，細胞膜からの取込みにかかわっている（詳細は§4・13“クラスリン被覆小胞が介在するエンドサイトーシス”参照）．しかし，細胞内に取込まれた可溶性の高分子は，受容体に結合することなく，エンドソームからリソソームへと運ばれる（§4・16“初期エンドソームは成熟によって後期エンドソームとリソソームになる”参照）．

取込む分子の濃度が低い場合，シグナルによって細胞内への取込みの効率が上昇する．非食細胞の培地に低分子を加えると，液相により（つまり，受容体に結合することなく）細胞内に取込まれるが，その効率は膜受容体に結合した場合よりも低い．シグナルと受容体の結合によって，輸送小胞の中に分子を濃縮することができ，細胞内への取込みの効率が大幅（約1000倍）に増加する．しかし，分子の濃度が高い場合には，受容体に結合しなくても，かなりの量の分子が細胞内に取込まれる．このような考え方は，小胞体からの積荷タンパク質の搬出にもあてはまる．可溶性積荷タンパク質の非選択的なバルク移動は，大きな輸送小胞が用いられる場合にも重要であり，例として細胞膜でのマクロピノサイトーシスがあげられる．

4・6 COP Ⅱ被覆小胞は小胞体からゴルジ体への輸送に働く

重要な概念

- 小胞体から形成される輸送小胞として，COPⅡ被覆小胞が唯一知られている．
- 小胞体の搬出部位でのCOPⅡ被覆タンパク質の集合には，GTPaseと構造タンパク質が必要である．
- 膜タンパク質の小胞体搬出シグナルは，ふつう，細胞質尾部に存在する．
- 哺乳類細胞の場合，形成されたCOPⅡ被覆小胞は，集合し，融合し，微小管に沿ってゴルジ体のシス領域へと運ばれていく．

小胞体は，分泌タンパク質と，エキソサイトーシスおよびエンドサイトーシス経路に存在する区画に運ばれるべきタンパク質の，合成と正しい折りたたみを行うために特化した細胞小器官である．折りたたみが完全に行われた場合にのみ，また，複数のサブユニットタンパク質からなる複合体ではそれらが完全に複合体を形成した場合のみ，小胞体からの輸送が行われる（第3章“タンパク質の膜透過と局在化”参照）．運び出されるべきタンパク質は，小胞体搬出部位に集められ，ゴルジ体への輸送のための輸送小胞に積み込まれることになる（図4・9参照）．（小胞体搬出部位は“transitional element 小胞体遷移領域”ともよばれる）

輸送小胞は，**COPⅡ**（COP = coat protein 被覆タンパク質）小胞とよばれ，この形成が，小胞体から搬出される唯一の経路となる．COPⅡ小胞の構成成分は，膜を変形させて小胞を出芽させるとともに，運び出される膜貫通型の積荷に特異的に結合し，選別を行う．COPⅡ小胞形成の基本原理は，細胞内の他の被覆小胞についてもあてはまる（§4・4“小胞輸送の基本概念”参照）．

COPⅡ小胞が出芽する過程を，図4・19に示す．小胞形成は，COPⅡの可溶性構成であるSar1p，Sec23/Sec24複合体，Sec13/Sec31複合体を，細胞質ゾルから順番に集合させることから始まる．Sar1pは低分子量GTPaseで，GDP結合型の不活性型の状態で細胞質に存在している．グアニンヌクレオチド交換因子であるSec12p（Sar-GEFとよぶ）は内在性膜タンパク質であり，Sar1pはSec12pと相互作用することで小胞体の膜に結合する．Sec12pは，GDPとGTPを交換することによって，Sar1pを活性化型へ変化させる．

GTP結合型Sar1pが膜へ結合することが引き金となって，構造的な被覆タンパク質複合体である，Sec23/Sec24ヘテロ二量体がまず膜上に集合し，続いてSec13/Sec31ヘテロ二量体が集合する．Sar1p-Sec23/Sec24複合体の結晶構造解析により，これらが蝶ネクタイのような形をして，COPⅡ小胞の湾曲した表面にぴったりと重なりうることが示されている．この複合体がさらにSec13/Sec31複合体と結合し，重合することによって，小胞が変形して出芽することができるのだろうと考えられている．Sec24はCOPⅡ小胞に積み込まれる積荷に結合する．多数の異なる積荷を小胞に積み込むために，Sec24には複数の重なり合った結合部位が存在している．Sec23は直接Sar1pに結合し，小胞形成の最中とその後に，Sar1pによるGTPの加水分解を促進する．言いかえると，Sec23pは，Sar1pに対するGTPase活性化タンパク質（GAP）として機能し，積荷タンパク質の選別を助けるとともに，出芽した小胞から被覆タンパク質を脱離させ，次のCOPⅡ小胞出芽のために再利用する．

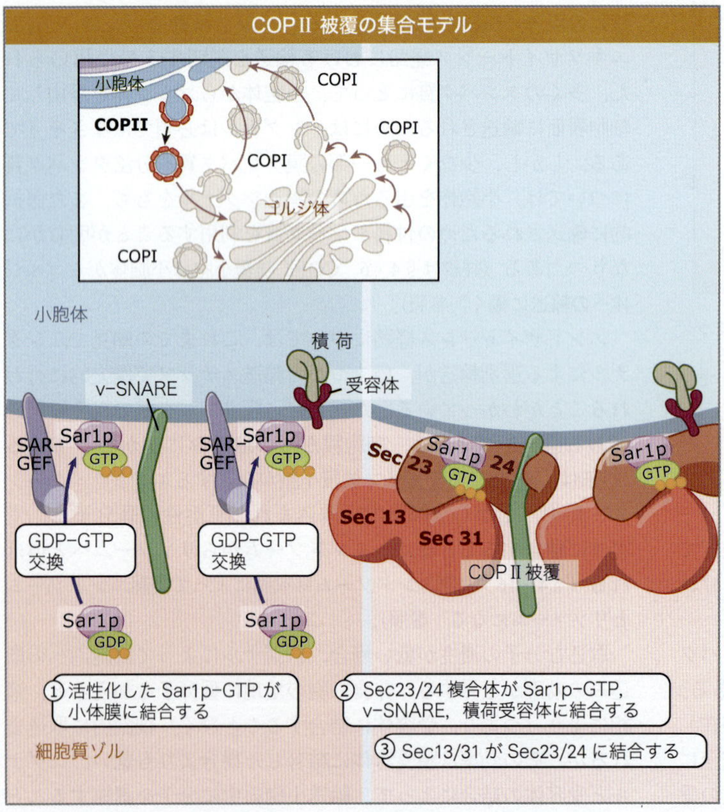

図4・19 COPⅡ小胞形成時において，被覆タンパク質と積荷分子（v-SNAREや積荷受容体）が連続して集合するモデル．

図4・20に示すように，ほとんどの積荷タンパク質は，バルク移動かシグナル選別のいずれかの機構によって，出芽するCOPⅡ小胞に積み込まれる．分泌を専門に行う細胞で，大量に合成される可溶性の分泌タンパク質では，大部分がバルク移動の機構によっているようである（§4・5“タンパク質輸送におけるシグナル選別とバルク移動の概念”，§4・19“後分泌のためのタンパク質を貯蔵する細胞”参照）．

図4・21に示すように，小胞体から搬出されるための選別シグナルは，通常膜タンパク質の細胞質尾部に存在する短いアミノ酸配列である．さまざまな選別シグナルの中で，小胞体搬出シグナルについてはまだよくわかっていない．一つの例として，DXEシグナル（Xは任意）が，細胞膜の生合成を研究するのに広く利用されている水疱性口内炎ウイルスの表層糖タンパク質である，VSV-Gタンパク質などに見いだされている．DXEシグナルは，COPⅡ被覆複合体のSec24pに結合することによって，小胞体からの搬出効率を増加させている．このシグナルを欠いた変異型VSV-Gタンパク質の小胞体からの搬出は，正常なVSV-Gタンパク質より2～3倍遅くなる．

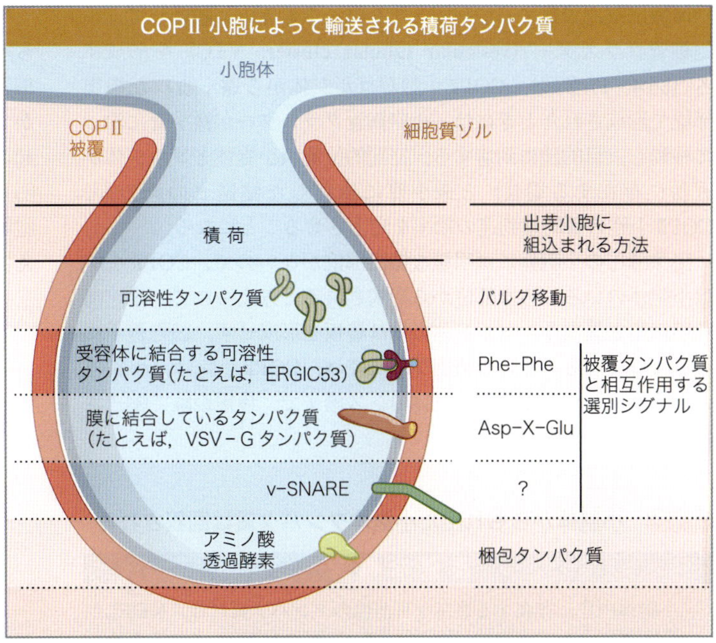

図4・20　積荷タンパク質はさまざまな機構によってCOPⅡ小胞に積み込まれる．

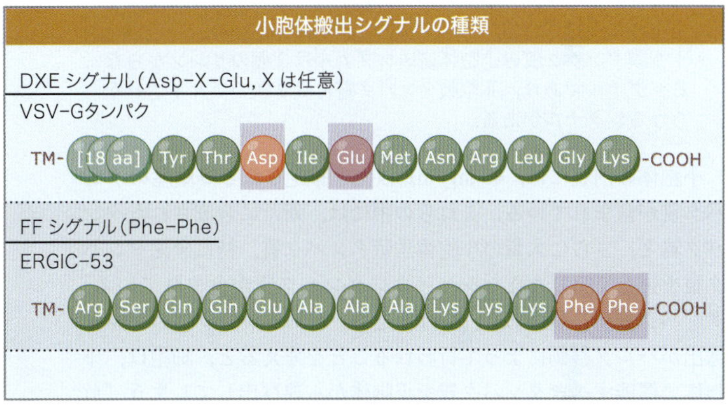

図4・21　小胞体搬出シグナルには，二つの酸性のアミノ酸残基（DXE，Xは任意）あるいは二つのフェニルアラニン残基（FF）を含んだシグナルなどがある．

小胞体搬出シグナルのもう一つの例として，可溶性の糖タンパク質を小胞体からゴルジ体へと運ぶと考えられているERGIC-53（ER, Golgi, Intermediate Compartment protein with molecular weight of 53 kDa）に存在するものがあげられる．その細胞質尾部には，COPⅡ被覆のSec23/Sec24複合体に結合するFFシグナルが存在する．このシグナルはERGIC-53が小胞体から出ていくのに必須である．

可溶性積荷タンパク質にも搬出シグナルが存在するが，これらはCOPⅡ小胞に積み込まれる受容体に結合することで間接的に使われている（図4・19参照）．ERGIC-53によって小胞体からゴルジ体に運ばれる可溶性タンパク質には，そのようなシグナルが含まれている．これらのタンパク質は，小胞体から出ていくほとんどの糖タンパク質に存在する高マンノース型オリゴ糖鎖を介して，ERGIC-53の内腔領域に結合する．しかし，ERGIC-53はすべての高マンノース型オリゴ糖鎖に結合するわけではないので，シグナルには別の要素もあるはずである．ERGIC-53を欠くヒトの患者は，血液凝固にかかわる第Ⅴ因子と第Ⅷ因子の血液中の濃度が減少するために，血友病などの出血性疾患を発症する．ERGIC-53はごく限られた種類のタンパク質しか輸送していないのか，あるいは，他のタンパク質がERGIC-53の欠損を補償しているのだろう．

シグナルによって小胞体からの搬出が行われている可溶性タンパク質のもう一つの例として，接合過程で出芽酵母*S.cerevisiae*から分泌されるα接合因子の，前駆体糖タンパク質があげられる．α因子前駆体をCOPⅡ小胞に濃縮させる膜貫通型のタンパク質受容体が近年同定されている．

積荷タンパク質をCOPⅡ小胞に積み込む別の方法として，自分自身は小胞に入らない梱包タンパク質を利用する方法がある．たとえば，酵母の細胞膜に存在するアミノ酸透過酵素は，合成後エキソサイトーシス経路によって，細胞表面へと運ばれる．詳細な機構はまだ明らかでないが，梱包タンパク質（Shr3p）が，これら透過酵素の小胞体でのCOPⅡ小胞への積み込みに関与している．DXEシグナルと同様，梱包タンパク質も小胞体からの搬出に必須であるというよりは，むしろ搬出効率を増加させる機能をもっているようである．

小胞と標的膜との結合と融合に働くSNAREタンパク質のような，輸送装置の構成分子も小胞に積み込まれなければならない（§4・12“SNAREタンパク質は小胞と標的膜の融合に働いている”参照）．内在性膜タンパク質であるSNAREは，どのようにCOPⅡ小胞に積み込まれているのだろうか？　小胞体-ゴルジ体間の輸送で働く二つのSNAREタンパク質（Bet1pとBos1p）は，膜に結合したSar1pとSec23/Sec24複合体に結合する．ひき続いてSec13/Sec31が結合するが，このことは，SNAREタンパク質の積み込みが小胞の出芽過程と共役していることを示唆している．一つの仮説として，SNAREタンパク質が小胞出芽過程の核となることによって，形成されるすべてのCOPⅡ小胞に標的化シグナルが存在することを保証しているのかもしれない．しかし，この興味深い可能性を証明する直接の証拠は今のところない．

小胞体から切断されたCOPⅡ小胞は，ゴルジ体へと移動し，ゴルジ体と融合する．哺乳類細胞の場合には，COPⅡ小胞は，小胞体搬出部位で集まって一団となりおそらく互いに融合して，小胞細管クラスター（vesicular tubular cluster, VTC）を形成する（図4・17参照）．COPⅡ小胞がゴルジ体から遠く離れた搬出部位で形成されたときには，小胞細管クラスターが微小管に沿って移動し，目的地に到着する．空間的位置（小胞体とゴルジ体が近傍に存在する場合）と微小管に依存した輸送との両方が，COPⅡ小胞の目的地到達の効率を向上させることになる．

出芽酵母の小胞体には明瞭な搬出部位がないので，COPⅡ小胞は小胞体のいろいろな部位から形成されると考えられている．哺乳類細胞と異なり，ゴルジ体の槽は層板を形成せず，細胞質中に散らばっている．そのため出芽酵母では，COPⅡ小胞は，小胞体の出芽部位から近くのゴルジ体のシス槽まで，最短距離で輸送されることができるだろう．

4・7　小胞体からもれ出た小胞体タンパク質は回収される

重要な概念

- 小胞体内腔に存在する豊富な可溶性のタンパク質には，KDEL受容体によって小胞体以降の区画から回収（逆送）されるためのアミノ酸配列（KDEL配列やそれに関連した配列）が存在する．
- 膜タンパク質で小胞体にとどまるか循環するものは，細胞質尾部に存在する2個の塩基性アミノ酸からなるシグナルによって小胞体に逆送される．
- Ⅰ型膜タンパク質の小胞体逆送シグナルは2個のリシンからなるシグナルであり，Ⅱ型膜タンパク質には2個のアルギニンからなるシグナルがある．

小胞体の内腔には，40 mg/mL以上と推定される高濃度のタンパク質が含まれている．これらの中には，新たに合成されたタンパク質と，さらに大量の小胞体居留タンパク質，特に分泌タンパク質を正しく折りたたむシャペロンタンパク質が含まれている．タンパク質が多量にあり，少なくとも一部のタンパク質の小胞体搬出がバルク移動によって行われることを考えると，細胞は，小胞体で機能すべきタンパク質を小胞体から運び出してしまう“危険”に常にさらされている．実際，そのような小胞体からの誤った輸送が確かに起こっているのだが，小胞体タンパク質が細胞外へ分泌されてしまうということはほとんどない．なぜならば，細胞には，エキソサイトーシス経路上の区画から誤って運び出されたタンパク質を，つかまえて小胞体に戻すという効率的な“回収機構（逆送機構）”が存在するからである．

逆送機構として最もよく知られているのは，小胞体の内腔にとどまる大部分の可溶性タンパク質がC末端にもつ4アミノ酸からなる選別シグナルによるものである．哺乳類細胞では，この逆送シグナル（retrieval signal）はLys-Asp-Glu-Lue（KDEL）配列であり，シャペロンタンパク質で最初に発見された（EXP：4-0004 参照）．この配列と類似したものが，すべての真核生物で見つかっている．出芽酵母では，小胞体逆送シグナルはHis-Asp-Gln-Leu（HDEL）配列である．

図4・22に示すように，小胞体からもれ出たタンパク質は，逆送シグナルに結合する受容体に認識される．哺乳類細胞では，KDEL受容体は，ほとんどが小胞細管クラスターやCGNなど小胞体の直後の区画に存在しているが，もっと先のゴルジ体区画に存在するものもある．KEDL受容体がタンパク質のKDEL配列に結合すると，受容体とタンパク質の複合体は，小胞体へ戻るCOPⅠ小胞とよばれる被覆小胞に積み込まれるようになる（詳細は§4・8“COPⅠ被覆小胞はゴルジ体から小胞体への逆行輸送に働く”参照）．小胞体に戻ると，回収されたタンパク質は受容体から解離するが，これは小胞体内腔のカルシウムイオン濃度が小胞細管クラスターやCGNよりも高いことが引き金となっているのかもしれない．*in vitro*では，解離はpHの変化によってもひき起こされるが，小胞体とCGNのpHが異なっているかどうかは明らかでない．解離したKDEL受容体はCOPⅡ小胞に乗って小胞体から小胞細管クラスターやCGNに戻り，次の逆行過程に備える．

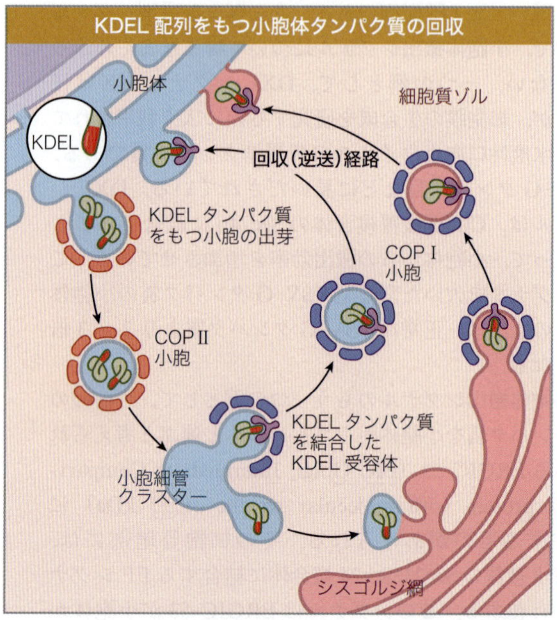

図4・22　小胞体に高濃度で存在するタンパク質は小胞細管クラスターとシスゴルジ区画に誤って輸送されることがある．これらのタンパク質はKDEK配列をもっており，KDEL受容体によって認識されたのち，小胞体へと逆送される．

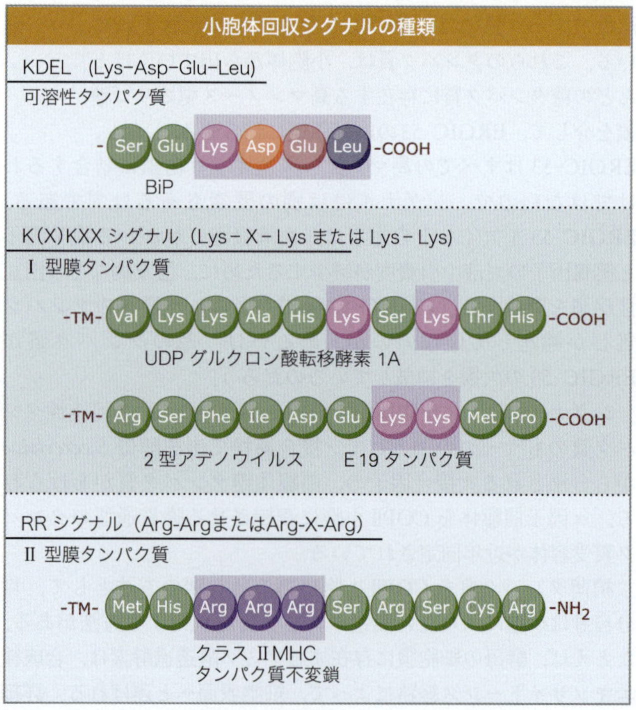

図4・23　逆送シグナルにより，小胞体に残留すべき可溶性タンパク質と膜タンパク質は小胞体へ逆送される．

小胞体に居留する膜タンパク質も小胞体からもれ出るが，やはり逆送シグナルによって小胞体に戻ってくる．この場合のシグナルとしてよく知られているのは，2残基の塩基性アミノ酸からなるシグナルである．図4・23に示すように，小胞体にとどまるⅠ型膜タンパク質（N末端側が内腔に存在）には，2個のリシンからなるKKXXまたはKXKXXシグナル（Lys–Lys–X–XまたはLys–X–Lys–X–X，Xは任意）が細胞質尾部の末端に存在している．K(X)KXXシグナルはCOPⅠ被覆のαサブユニットに直接結合する（§4・8“COPⅠ被覆小胞はゴルジ体から小胞体への逆行輸送に働く”参照）．小胞体にとどまるⅡ型膜タンパク質（C末端側が内腔に存在）では，2個の隣り合ったアルギニンが逆送シグナルとして使われている．

小胞体とゴルジ体と循環する膜タンパク質も，2残基の塩基性アミノ酸からなるシグナルによって回収される．その例として，小胞体からゴルジ体へとある可溶性タンパク質を輸送するERGIC–53があげられる（§4・6“COPⅡ被覆小胞は小胞体からゴルジ体への輸送に働く”参照）．ERGIC–53には，小胞体搬出シグナルと，KKXX逆送シグナルの両方が細胞質尾部に存在しており小胞体から出て行くことも，小胞体に回収されることもできるようになっている．

4・8 COPⅠ被覆小胞はゴルジ体から小胞体への逆行輸送に働く

重要な概念

- COPⅠ被覆の会合は，膜結合型GTPaseであるArfタンパク質がコートマー複合体を膜上に集合させることによって起こり，解離はArfタンパク質のGTP加水分解による．
- COPⅠ被覆は，ゴルジ体から小胞体に逆送される積荷タンパク質に直接あるいは間接的に結合する．

COPⅡ被覆小胞が，新たに合成されて正しく折りたたまれたタンパク質の小胞体からゴルジ体への順行輸送の過程で働いているのに対し，**COPⅠ被覆小胞**は，ゴルジ体から小胞体への**逆行輸送**（retrograde transport）の過程で働いている（図4・17参照）．COPⅠ小胞は，小胞体からもれ出たタンパク質を小胞体に回収するための重要な役割を担っている（§4・7“小胞体からもれ出た小胞体タンパク質は回収される”参照）．さらにCOPⅠ小胞は，SNAREタンパク質などの小胞で必須の働きをするタンパク質を，ゴルジ体から小胞体へ，またゴルジ体のトランス側からシス側へリサイクルすると考えられている．ゴルジ体層板内の順行輸送にもCOPⅠ小胞が関与するという説もあるが，詳細な役割に関しては意見が分かれている（§4・9“ゴルジ体層板内の順行輸送には二つのモデルがある”参照）．

COPⅠ小胞が逆行輸送に関与しているという最もよい証拠は，酵母の性接合をうまく利用した遺伝学的な実験により示された．接合が始まるためには，α接合因子が細胞膜上の受容体に結合することが必要である（MBIO:4-0001 参照）．α接合因子受容体の細胞質尾部に人工的にKKXXシグナルを付加すると，小胞体にとどまって細胞表面に発現しないので，この変異受容体を発現する酵母細胞では接合が起こらない．この酵母株から，接合が再び可能になった抑圧変異体が単離された．これらの抑圧変異の原因遺伝子は，COPⅠ被覆のサブユニットをコードしていたので，COPⅠ小胞がKKXXシグナルをもつタンパク質を小胞体へ逆送していることが示唆された（酵母における抑圧変異の一般的説明は，GNTC:4-0001 を参照）．

図4・24に示すように，COPⅠ小胞の形成には供与膜上でのGTPaseと被覆タンパク質の会合が必要である．この会合の過程は，COPⅡ小胞の形成過程とよく似ているが，異なるタンパク質が使われている．COPⅠ小胞形成では，まず**ARF**（ADP-ribosylation factor）タンパク質が膜に結合する．小胞体膜上で同様にCOPⅡ被覆を集合させるSar1pに比べ，ARFについてはまだよくわかっていないことが多い（§4・6“COPⅡ被覆小胞は小胞体からゴルジ体への輸送に働く”参照）．ARFは，もともとは，コレラ毒素が細胞を殺すときに必要な補助因子として発見されたものである．

GDP結合型のARFは，細胞質ゾルに可溶性タンパク質として存在する．他の低分子量GTPaseと同様，ARFもグアニンヌクレオチド交換因子（GEF；概説は MBIO:4-0002 参照）に結合することによって活性化される．ARF–GEFはゴルジ体膜上に存在し，ARF特異的にGDPを解離させGTPを結合させる．GTP結合によってARFのコンホメーションが変化し，ARFのN末端にある脂肪酸残基（ミリストイル基）が露出して，ARFがゴルジ体膜に結合できるようになる．ARF–GEFは，COPⅠ被覆の会合を阻害してゴルジ体膜を小胞体に大量に逆送させる薬剤である，ブレフェルジンA（Brefeldin A）の標的分子である．

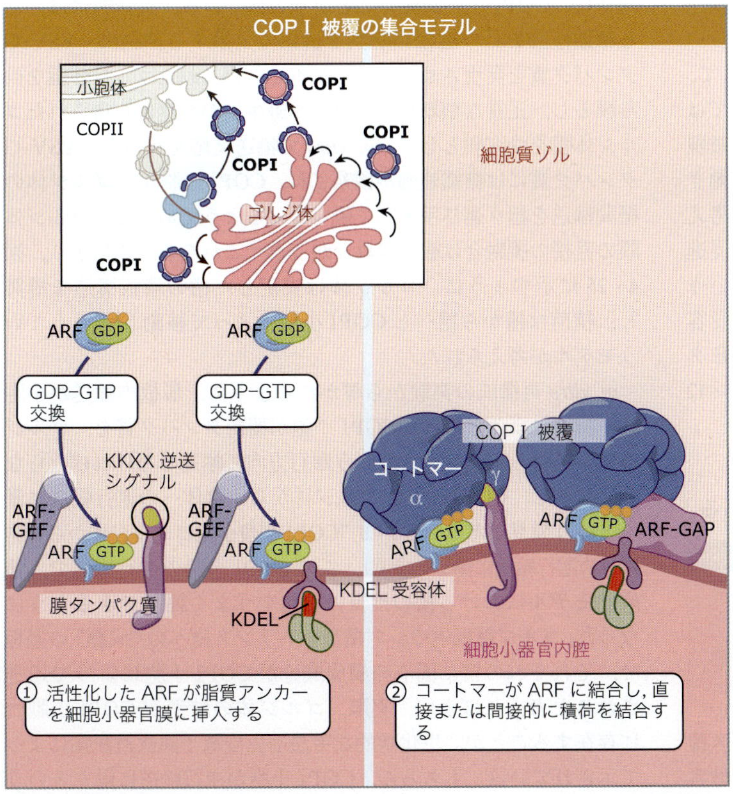

図4・24 COPⅠ小胞形成時における，被覆タンパク質と積荷分子が連続して集合するモデル．ここでは，小胞体に回収されている積荷分子（Ⅰ型膜タンパク質とKDEL受容体）を例として示している．

膜に結合したGTP型ARFは，**COPⅠ被覆複合体**（coatomer，**コートマー**ともよばれる）を膜に集合させる．コートマー複合体は，α–，β–，β'–，γ–，δ–，ε–，ζ–COPの7種類のタンパク質からなる．コートマーの膜への結合には，膜上の負に荷電した脂質もかかわっているかもしれない．コートマーが結合することによって膜が変形し，小胞の出芽を助ける．このように，COPⅠ小胞におけるコートマーの役割は，COPⅡ小胞におけるSec23/24とSec13/31の役割によく似ている．

COPⅠ被覆は，小胞体に逆送されるタンパク質に直接あるいは間接的に結合する．Ⅰ型膜タンパク質では，コートマーのγ–サブユニットが細胞質尾部に存在するKKXX逆送シグナルに直接結合する．（図4・24参照）．COPⅠ被覆は，KDEL受容体にも間接的に結合して，小胞体からもれ出た可溶性のKDELタンパク質を小胞体に戻す．この結合は，おそらくARF–GTPase活性化タンパク質（ARF–GAP）を介していて，ARF–GAPは，ARFによるGTP加水分解を促進し，最終的にはCOPⅠ小胞からコートマーを解離させる．

図4・22に示すように，逆送過程は，COPⅡ小胞が融合して小胞細管クラスターが形成されるとすぐに始まり，小胞細管クラスターが微小管に沿ってCGNへ移動している間にも続いている（§4・6“COPⅡ被覆小胞は小胞体からゴルジ体への輸送に働く”を参照）．逆送は，CGNからも行われ，量は少ないがさらに先のゴルジ体区画からも行われている．

ゴルジ体のトランス側からの逆送は，コレラ菌*Vibrio cholera*が生産するコレラ毒素の輸送などにもうまく利用されている．コレラ毒素は，エンドサイトーシスされたのち，エキソサイトーシス経路をさかのぼって小胞体にまで到達し，おそらくは小胞体の逆行性膜透過装置を使って，細胞質ゾルに侵入する（§3・19“小胞体内で最終的に誤って折りたたまれたタンパク質は，分解されるために細胞質ゾルに戻される”参照）．コレラ毒素のサブユニットの一つは，C末端にKDEL配列をもっている．エンドサイトーシスされたコレラ毒素は，エンドソームからTGNへ輸送され，そこに存在するKDEL受容体と結合したのち，逆行輸送によって小胞体へと運ばれていく．

COPⅠ小胞が小胞体膜と融合する前に，小胞は脱被覆して，融合する二つの膜の脂質二重層が接触できるようにならなくてはならない．脱被覆が起こらなければ，融合は起こらない．脱被覆の機構は完全には明らかにされていないが，ARF–GAPの働きが引き金となって小胞からコートマーが解離するのだろうと考えられている．ARF–GAPがARFによるGTP加水分解を促進し，その結果，ARF–GDPとコートマーが膜から離れるということである．ARF–GAPが小胞に結合することに，KDEL受容体が関与しているかもしれない．脱被覆されたのち，SNAREタンパク質の働きによって小胞の小胞体が融合する（§4・12“SNAREタンパク質は小胞と標的膜の融合に働いている”参照）．

4・9　ゴルジ体層板内の順行輸送には二つのモデルがある

重 要 な 概 念

- タンパク質の巨大な構造体がゴルジ体を通過する輸送は，槽成熟によって行われる．
- 単一のタンパク質やタンパク質の小さな構造体がゴルジ体を通過する輸送は，槽成熟か小胞輸送のいずれかの機構による．

ゴルジ体は複数の区画からなり，糖タンパク質や脂質がシス槽からトランス槽へと通過していく過程で，それらを修飾する酵素が秩序よく並んでいる．そのため，積荷タンパク質はゴルジ体を構成する区画を一つずつ通過していかなければならない．その機構については大きな論争が続いている．ゴルジ体を通過する順行輸送について，大きさの異なる積荷を用いた研究から，二つのモデル，**槽成熟**（cisternal maturation）**モデル**と小胞輸送モデルが提唱されている．

槽成熟モデルは初め，細胞表面を覆う円石という鱗片様の構造を分泌する，ある種の藻類（円石藻）の細胞の観察結果から提唱された．この円石はタンパク質性の巨大な構造で，ゴルジ体で形成され，ゴルジ槽と同じくらいの大きさをもつ（直径が約1〜2 μm）．槽がそのまま動くこと以外に，円石がゴルジ体を通過する方法は考えられない．円石を組立てる新たな槽がゴルジ体のシス面で生成され，成熟した円石を含む槽が，ゴルジ体のトランス面から出ていくと考えられた．

この観察結果から，円石を運ぶ槽がゴルジ体の層板内を移動していくという，槽成熟の考え方が生まれた（図4・25）．槽成熟によって，槽が物理的に移動するだけでなく，成熟していく円石に作用する酵素群を次々に順序正しく交換していくことによって，槽自身の性質も変わっていくというものである．円石藻が実験的に扱いにくいものだったので，槽成熟モデルのこの系での検証は不可能であった．また，円石の輸送を基にして提唱された機構が，円石藻という種だけに限られているのか，一般的に当てはまるのかも明らかでなかった．いまでは，哺乳類細胞でも，コラーゲン繊維のような重合した巨大タンパク質が，やはり槽成熟によってゴルジ体を通過しているという形態学的な証拠がある（§15・3“コラーゲンは組織に構造的基盤を与える”参照）．また，出芽酵母を用いたライブイメージングの実験で，ゴルジ槽が確かに時間とともに性質を変えていく（成熟する）ということも証明された．

一方小胞輸送モデルは，ゴルジ体膜を用いた*in vitro*再構成系の実験でのVSV–Gタンパク質の順行輸送の観察から提唱された．VSV–Gタンパク質のゴルジ体のシスからトランスへの槽間輸送に，COPⅠ小胞が働くことが示されている．具体的には，ある糖鎖修飾を行う糖転移酵素を遺伝に欠損する細胞に，VSV–Gタンパク質を発現させた．この細胞から得られたゴルジ体膜を供与膜とし，正常な糖転移酵素をもつ野生型の細胞から得られたゴルジ体膜を受容膜として，*in vitro*で輸送反応を行った．VSV–Gタンパク質には糖鎖修飾が観察され，COPⅠ小胞が，ゴルジ体の槽間輸送を担う運び手として働いているようであった．ゴルジ体膜の直接の膜融合は観察されなかった．これらの実験により，図4・25に示すように，ゴルジ体は安定した槽の層板構造を構築し，積荷は槽から槽へとCOPⅠ小胞によって移動していくというモデルが考えられた．

*in vitro*再構成の実験から導かれるように，層板内輸送が小胞輸送機構によるならば，COPⅠ小胞が積荷タンパク質を，ゴルジ体のシスからトランスへという順行方向に輸送しなければならない．しかし，COPⅠ小胞がゴルジ体から小胞体への逆行輸送に働くという発見があり（§4・8“COPⅠ被覆小胞はゴルジ体から小胞体への逆行輸送に働く”参照），このCOPⅠ小胞の逆行輸送で，槽成熟モデルにおける槽の性質の変化をうまく説明できるようになった．ゴルジ層板内のシス槽からトランス槽への“成熟”の過程で，それぞれの槽に固有の構成成分がCOPⅠ小胞によって逆送されると考えればよい．実際，ゴルジ体の酵素がCOPⅠ小胞内に存在することが，生化学的な手法や免疫電子顕微鏡観察によって示されている．もちろん，COPⅠ小胞が逆行輸送に働くという

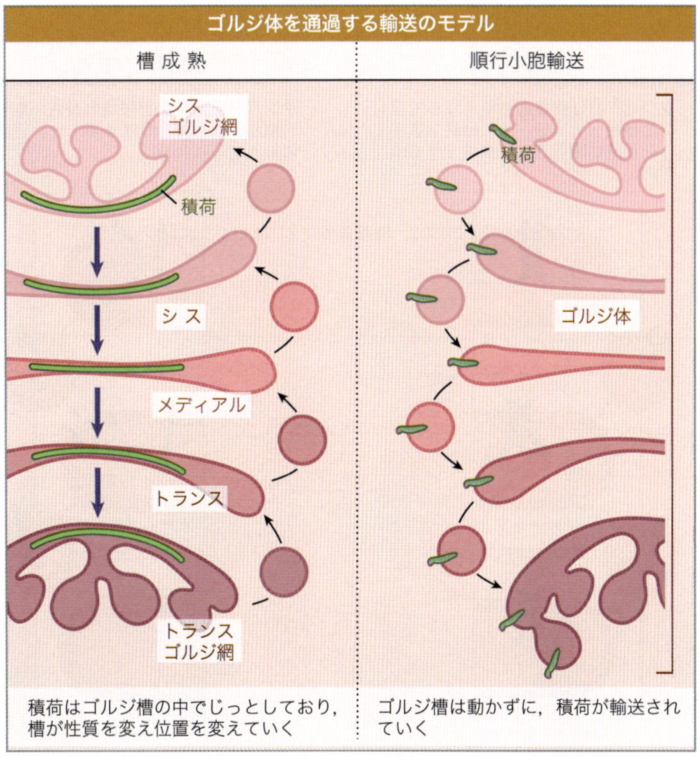

図4・25　ゴルジ体を通過する輸送モデルには，槽成熟と小胞輸送の二つのモデルがある．

ことは，積荷タンパク質のシスからトランスへの順行輸送にも働く可能性を排除するものではない．実際に，VSV–G タンパク質やプロインスリンのような新たに合成された積荷タンパク質がCOPI小胞に乗っているという知見もあり，方向性の異なる違った種類のCOPI小胞が存在している可能性も示唆されている．

簡単にまとめると，小胞輸送モデルでは，ゴルジ体膜は同じ場所にとどまっており，積荷が小胞によって運ばれていく．一方槽成熟モデルでは，積荷は同じ場所（槽の中）にとどまっていて，それを囲む槽の膜が性質を変えていく．重要なことは，これらの二つのモデルが必ずしも両立しえないわけではなく，小胞輸送と槽成熟の両方が同時に働くこともありうるかもしれないということである．たとえば，小さな積荷タンパク質はCOPI小胞によって運ばれ，大きすぎてCOPI小胞に積み込めない積荷が槽成熟によって運ばれるというようなことがあるかもしれない．

4・10　ゴルジ体でのタンパク質の残留は膜貫通領域によって決定される

重要な概念

- 膜貫通領域とその近傍の配列が，ゴルジ体にタンパク質をとどめるのに十分である．
- ゴルジ体への残留は，オリゴマー複合体を形成する能力と膜貫通領域の長さに依存している．

ここまで，エキソサイトーシス経路上の区画間で，順行方向または逆行方向に積荷タンパク質を選別輸送する選別シグナルについて述べてきた．しかし，個々のタンパク質が特定の区画に正しく局在することを保証するためには，もう一つ重要な機構がある．選択的な残留である．この機構によって，タンパク質が最終目的地にしっかりと固定され，バルク移動あるいはシグナル選別輸送によってそれ以上輸送されずにすむ．ゴルジ体は，選択的な残留が行われる場所の一つである．

図4・8に示したように，ゴルジ体には，*N*結合型オリゴ糖鎖を修飾する酵素が多数存在している．異なる酵素は，ゴルジ体層板のシス，メディアル，トランスの槽で異なる分布を．ゴルジ体の酵素は，ほとんどがⅡ型膜タンパク質で，短いN末端が細胞質側を向き，C末端側の触媒部位がゴルジ体内腔を向いている．

膜貫通領域は，新たに合成されたゴルジ体酵素を最初に小胞体へ標的化するシグナルアンカーでもある（第3章“タンパク質の膜透過と局在化”参照）．この領域の近傍にあるアミノ酸配列によって，酵素が膜上で正しいトポロジーをとれるようになっている．膜貫通領域と近傍のアミノ酸配列は，ゴルジ体に酵素を残留させることにも大きく貢献している．本来ゴルジ体に局在しないレポータータンパク質にゴルジ酵素の膜貫通領域と近傍配列を融合させると，これがレポーターをゴルジ体に局在させるのに十分であった．これらの配列は，**残留シグナル**（retention signal）と考えることができる．

図4・26に示すように，同類認識（kin recognition）モデルと二重層厚み（bilayer thickness）モデルという二つのモデルが，膜タンパク質のゴルジ体残留を説明するために提唱されている．同類認識仮説では，同じ槽に存在しているゴルジ体の酵素が膜貫通領域を介して互いに結合していると考える．酵素濃度がある臨界点を越えると，この結合を介して酵素が大きな凝集体を形成し，COPI小胞に入れなくなるために，酵素が順行方向にも逆行方向にも移動しないというわけである．このモデルでは（たとえばKDEL受容体による回収機構とは異なり），ゴルジ体への残留に受容体は必要とされない（§4・7“小胞体からもれ出た小胞体タンパク質は回収される”参照）．このモデルが正しければ，ゴルジ体残留は飽和過程ではないと推定される．

人工的に小胞体にとどまるようにしたゴルジ酵素が，本来同じゴルジ槽に存在している別の酵素の局在を変化させたという実験結果は，同類認識モデルを支持している．この実験では，ゴルジ酵素の細胞質尾部に組換えDNA技術によって小胞体残留シグナルを付加し，細胞に過剰発現させた．この変異型の酵素は，正常な酵素と複合体を形成して，小胞体に局在していることが観察された．つまり，変異型酵素が正常な酵素の局在をゴルジ体から小胞体へと変化させたのである．

二重層厚みモデルでは，ゴルジ体にとどまるのに重要なのは，膜貫通領域のアミノ酸配列ではなく，長さであると考える．このモデルは，タンパク質の合成の場である小胞体膜から細胞膜へとエキソサイトーシス経路を進むにつれ，膜中のコレステロール量が増加するという事実に基づいている．*in vitro* では，コレステロール濃度が増加すると脂質二重層が厚くなるので，小胞体から細胞膜まで脂質二重層の厚みに勾配ができていると考えられる．

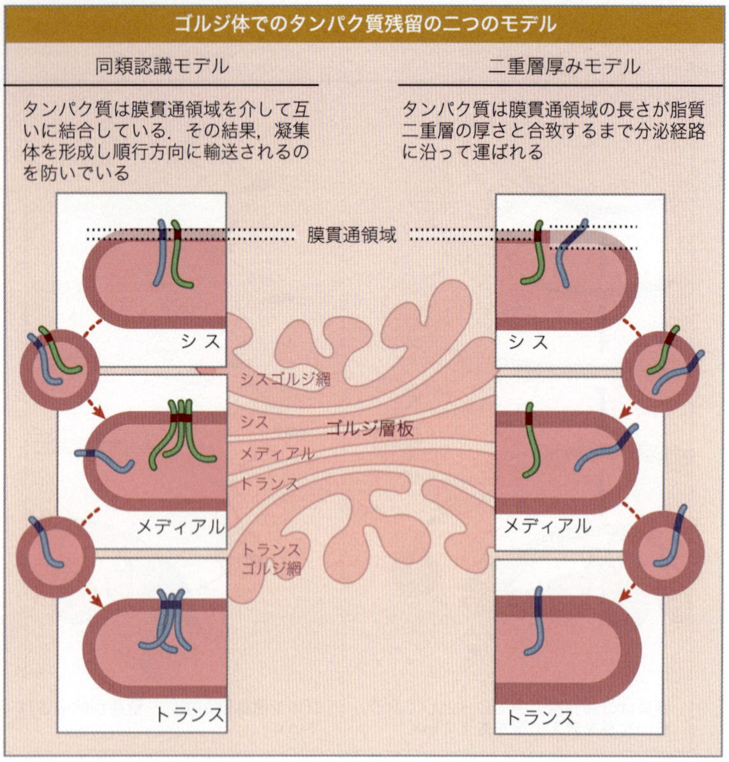
ゴルジ体でのタンパク質残留の二つのモデル
同類認識モデル
二重層厚みモデル
タンパク質は膜貫通領域を介して互いに結合している．その結果，凝集体を形成し順行方向に輸送されるのを防いでいる
タンパク質は膜貫通領域の長さが脂質二重層の厚さと合致するまで分泌経路に沿って運ばれる
膜貫通領域
シス
シス
シスゴルジ網
シス
ゴルジ層板
メディアル
トランス
メディアル
メディアル
トランス
ゴルジ網
トランス
トランス

図4・26 ゴルジ体における膜タンパク質の残留モデルには，同類認識（kin recognition）モデルと二重層厚み（bilayer thickness）モデルの二つがある．

ゴルジ酵素は，細胞膜タンパク質よりも膜貫通領域が短いので，エキソサイトーシス経路を進んで行って，膜貫通領域の長さが脂質二重層の長さにちょうど一致するところで止まる，とこのモデルでは考える．さらに先に進もうとすると，膜貫通領域近傍の荷電アミノ酸が疎水性の脂質二重層に入り込むことになり，これはエネルギー的に不利である．

二重層厚みモデルを支持する証拠として，ゴルジ酵素の膜貫通領域を，脂質二重層と相性のいい疎水性のアミノ酸，ロイシンを連続させた人工配列で置換した実験がある．ロイシン人工配列が長い酵素は細胞膜へと移動し，短い酵素はゴルジ体に残留した．

ここでも，これらの二つのモデルが両立しえないわけではなく，ゴルジ酵素の槽局在に両方が働いている可能性がある．凝集したゴルジ体の酵素では，膜貫通領域と脂質二重層の厚みの不一致によるエネルギーの損失が，単独の酵素の場合よりはるかに大きく，特定の槽から移動することがますます難しくなる，というように．

4・11 Rab GTPase と繋留タンパク質が小胞の標的化を制御する

重要な概念

- Sar/Arf ファミリーの単量体 GTPase が輸送小胞の被覆形成に関与しているのに対し，もう一つのファミリーである Rab GTPase は，小胞を目的の膜に標的化するために働いている．
- Rab ファミリーメンバーが，小胞輸送の各ステップで働いている．
- Rab タンパク質によって集合し活性化される，下流エフェクターとよばれるタンパク質に，繋留タンパク質がある．繋留タンパク質としては，長い繊維状のタンパク質や巨大なタンパク質複合体などがある．
- 繋留タンパク質は，小胞と膜区画，あるいは膜区画どうしをつなぐ役割をする．

いったん積荷タンパク質が選別されて輸送小胞に積み込まれると，小胞は経路上の次の区画と特異的に融合しなければならない（図4・16参照）．選択すべき細胞内の膜系が非常に多いことを考えると，これは簡単なことではない．細胞には，**Rab タンパク質**とよばれる Ras 様 GTPase と**繋留タンパク質**（tether protein）という，少なくとも2種類の相互に依存するタンパク質が存在し，小胞を特異的に標的化するために働いている．いずれのタンパク質も，膜融合が起こる前に，小胞が正確に標的化できるよう機能しなければならない（詳細は§4・12 "SNARE タンパク質は小胞と標的膜の融合に働いている" 参照）．

Ras 様 GTPase は，標的化タンパク質として最初に同定されたものである．もともとは，酵母の分泌経路に損傷をもつ変異体のスクリーニングで同定された．たとえば，Ypt1p は小胞体からゴルジ体への輸送に必要であり，Sec4p はゴルジ体から細胞膜への輸送に必要である．Sec4p の機能が欠失すると，ゴルジ体から形成された輸送小胞が細胞膜と融合できない．哺乳類の相同遺伝子は，ラット脳の cDNA ライブラリーからスクリーニングされたため，Rab タンパク質（"rat brain"）という名がつけられた．

現在，出芽酵母では10種あまりの，哺乳類では約60種類もの Rab/Ypt ファミリー遺伝子が知られている．エンドサイトーシスおよびエキソサイトーシス経路上の輸送ステップの数を考えてみると，少なくとも1種類の Rab が各ステップで機能できるだけの十分な種類の Rab が存在している．図4・27に示すように，一般的に，Rab は機能すべき細胞小器官に局在している．

Rab/Ypt タンパク質は，他の単量体 GTPase と同様に，不活性型の GDP 結合状態と活性型の GTP 結合状態を循環している（MBIO:4-0003 参照）．GDP 結合型は細胞質ゾルに存在し，GTP 結合型は膜に結合している．Ras と同様に Rab/Ypt ファミリーの各タンパク質も，GTPase 触媒ドメインと C 末端の脂質アンカーをもつ．脂質アンカーは，炭素長20のプレニル（ゲラニ

図4・27 哺乳類細胞におけるおもなRabタンパク質の細胞内局在．

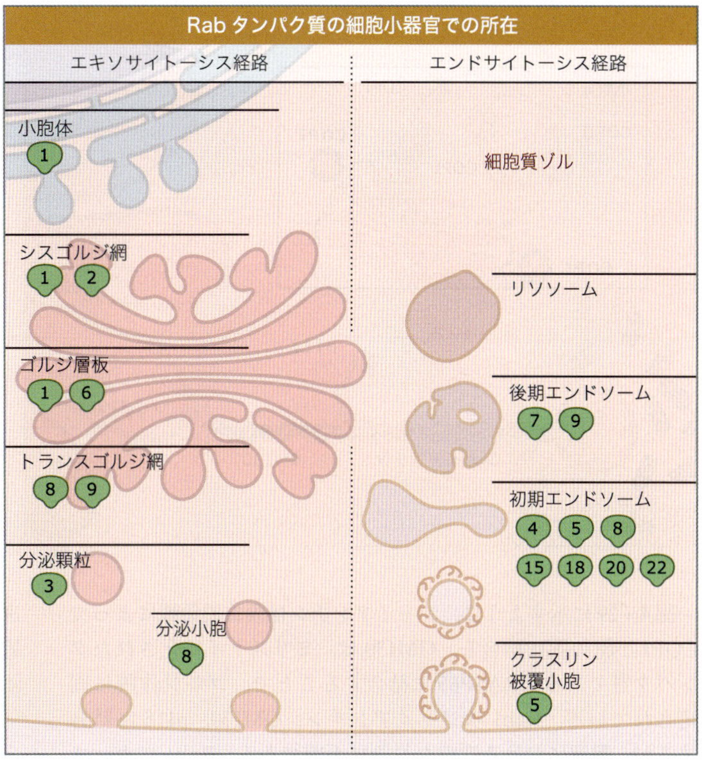

ルゲラニル）鎖からなり，膜結合を維持するために重要である．C末端の配列は，Rabが局在する区画の特異性を決める役割ももっている．

Rabタンパク質の膜結合は制御されている．Rab/Yptタンパク質の局在を制御するモデルの一つを図4・28に示す．GDP結合型のRabは，グアニンヌクレオチド解離阻害因子（GDI）と複合体を形成して細胞質ゾルに存在する．グアニンヌクレオチド解離阻害因子は，膜結合に働くプレニル基を隠すことによって，本来は膜結合性のRabを可溶性に保っている．

適切な供与膜上で，Rab–GDPはグアニンヌクレオチド解離阻害因子から解離し，膜タンパク質であるGEFによりGDPとGTPの交換が起こる（図4・28参照）．Rabタンパク質が，供与膜上で何を認識しているのかはよくわかっていない．たぶん，膜上のGEFがRab“受容体”として働いているのだろう．いずれにせよ，活性化されたRab–GTPは，出芽小胞に積み込まれることになる．

Rab–GTP（と繋留タンパク質）が，小胞を受容膜に標的化する．正しい標的化にひき続き，GTPが加水分解される．これは，Rab特異的なGTPase活性化タンパク質（Rab–GAP）の助けによる（図4・28参照）．その結果生じたRab–GDPは，グアニンヌクレオチド解離阻害因子によって膜から引きはがされ，最初の膜区画へとリサイクルされる．

遺伝学的および生化学的な解析によって，GTP結合型のRabに選択的に結合し，下流の機能を担うタンパク質である，**Rabエフェクター**（Rab effector）が多数同定されている．ある一群のRabエフェクターは，繊維状のコイルドコイルタンパク質であり，輸送小胞と標的膜を最初につなぐ繋留タンパク質として機能していると考えられる．ここでは，輸送小胞とゴルジ体膜をつなぐ繋留タンパク質について述べる（輸送小胞とエンドソーム膜をつなげる繋留タンパクについては§4・15“受容体には，初期エンドソームからリサイクルするもの，リソソームで分解されるものがある”参照）．

Rab1は，酵母Ypt1の哺乳類ホモログであり，小胞体からゴルジ体への輸送とゴルジ体層板内輸送の両方で機能している．Rab1–GTPは，Rabエフェクターであるコイルドコイルタンパク質のp115に結合する．p115の一つの機能は，COPI小胞をゴルジ体膜に繋留することである．ジャイアンチンとGM130という二つのコイルドコイルタンパク質も，この繋留のステップで働く．ジャイアンチンとGM130がRab1に結合することは，組換えタンパク質を用いた*in vitro*の結合実験によって生化学的に示された．

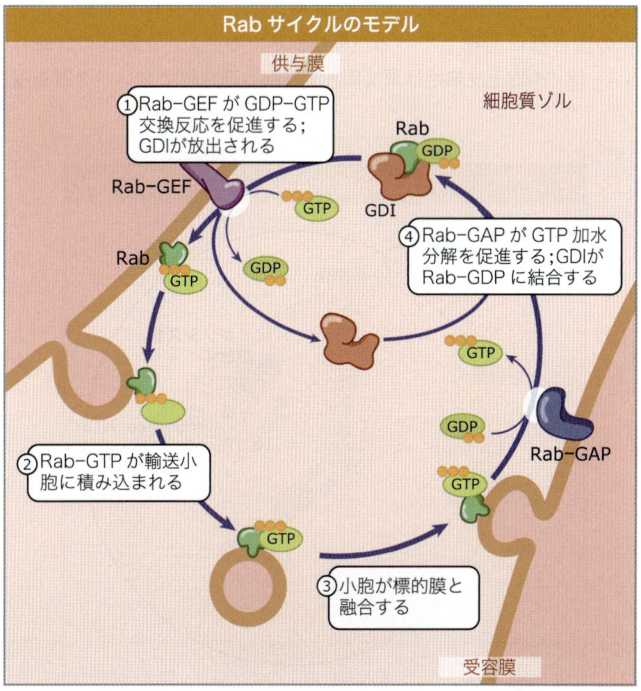

図4・28 Rabタンパク質が細胞質ゾルと膜をリサイクルするモデル（タンパク質輸送に関与する他のタンパク質は示していない）．

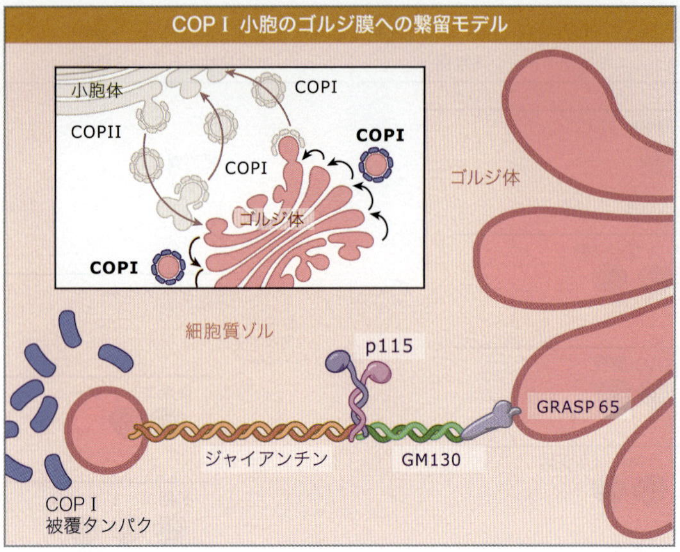

図4・29 COPⅠ小胞は，コイルドコイルタンパク質によってゴルジ体膜に繋留する．このモデルでは，COPⅠ小胞の動きは繋留タンパク質によって制限され，小胞が移動すべき槽の選別を助ける．Rab1はGM130，p115，ジャイアンチンに結合するが，詳細な機構はわかっていないのでここでは示していない．

図4・29に示すように，ジャイアンチンは膜貫通領域によってCOPI小胞の膜に結合し，GM130は，ミリストイル化されたタンパク質であるGRASP65に結合することで，ゴルジ体膜に固定されている．Rab1はジャイアンチン，GM130，p115に結合するが，繋留における詳細な役割は不明である．Rab1によって繋留複合体が形成されることで，COPI小胞とゴルジ体膜が文字通り繋留されることは明らかだが，これが順行輸送と逆行輸送のどちらに重要なのかはよくわかっていない．

繊維状の繋留タンパク質のほかに，多数のサブユニットからなる巨大なタンパク質複合体のファミリーが，小胞標的化の初期段階で働いている．このファミリーには，ゴルジ体のシス面で働くTRAPP複合体，ゴルジ体内輸送で働くCOG複合体，そして細胞膜で働くエキソシスト複合体などがある．

図4・30に示すように，酵母の**エキソシスト**（exocyst）は7種類のタンパク質からなる複合体で，成長する娘細胞の芽の先端で，ポストゴルジ小胞と細胞膜の結合を助ける働きをしている．哺乳類の上皮細胞では，エキソシストのホモログは頂端部と側底部の接合部に局在している（極性細胞でのタンパク輸送の詳細は§4・18“極性上皮細胞は頂端部と側底部の細胞膜にタンパク質を選別輸送する”参照）．変異あるいは抗体でエキソシストの活性を阻害すると，分泌タンパク質の放出が阻害される．この効果は，分泌小胞が細胞膜の融合場所に標的化されなかった結果だろう．

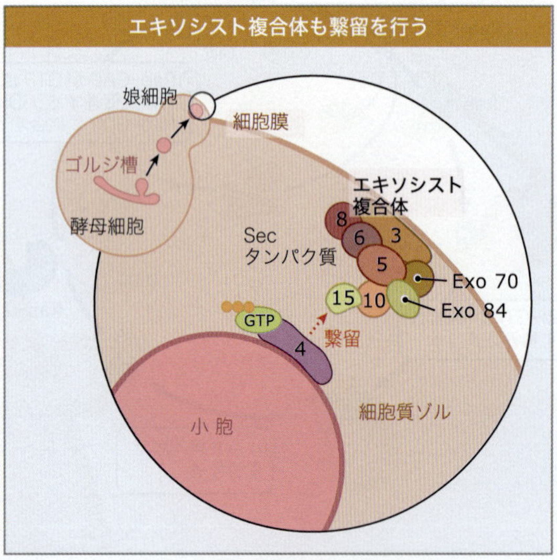

図4・30 エキソシストは細胞膜上で分泌小胞を繋留する，細胞質タンパク質からなる複合体である．

4・12 SNAREタンパク質は小胞と標的膜の融合に働いている

重要な概念

- SNAREタンパク質は，*in vitro*では膜の特異的な融合に必要十分であるが，生体内ではほかにも補助的なタンパク質が必要かもしれない．
- 輸送小胞上のv-SNAREは，対応する標的膜上のt-SNAREと結合する．
- v-SNAREとt-SNAREの結合は，膜どうしを融合できる距離にまで近づけることができる．
- 膜融合の後，ATPaseであるNSFがv-SNAREとt-SNAREの結合を解きほどき，v-SNAREは出発の膜区画にリサイクルする．

Rabタンパク質と繋留タンパク質が，まず輸送小胞を融合する膜区画の近くにもってくる（§4・11“Rab GTPaseと繋留タンパク質が小胞の標的化を制御する”参照）．その結果，二つの膜が並んで向き合うことになるが，この標的化とよばれるステップではまだ融合には進まない．膜融合により重要なのは，細胞小器官特異的なタンパク質ファミリーである**SNARE**タンパク質である．つまり融合は，異なる二つのステップで制御されている．まず繋留（tethering）で，Rabと繋留タンパク質複合体が働き，小胞と標的膜の特異性を確認する．つぎに結合（dockinig）が，SNAREによって行われ，小胞と標的膜の特異性をさらに確実にし，膜と膜を融合できる距離にまで近づける．なぜ二つのシステムが必要なのかは明らかでない．

SNAREは膜内在性タンパク質で，C末端が膜貫通アンカー（脂質修飾を代用することもある）として働き，N末端側のドメインは細胞質側を向いている．SNAREは，輸送小胞にあるか標的膜にあるかによってv-SNAREとt-SNAREに分類される．v-SNAREは，輸送小胞が出芽するときに積み込まれる（たとえば，§4・6“COPⅡ被覆小胞は小胞体からゴルジ体への輸送に働く”参照）．

SNAREタンパク質は，はじめ，神経シナプスの一種の分泌小胞である，シナプス小胞の構成成分として同定された．

SNAREは，互いに複合体を形成する性質と，*N*-エチルマレイミド感受性因子（*N*-ethylmaleimide-sensitive factor, NSF）および可溶性NSF結合タンパク質（soluble NSF attachment protein, SNAP）に結合する性質を利用して精製された（EXP:4-000 6）．NSFとSNAPは，*in vitro* での膜融合で，機能はよくわからないが重要な役割を果たす因子として，それ以前に見いだされていた．SNAREは，質量分析で同定された結果，すべての真核生物に存在する巨大なタンパク質ファミリーを構成していることがわかった．興味深いことに，個々のメンバーは特徴的な細胞内分布を示し，Rabタンパク質と同じように，それぞれ特異的な細胞内細胞小器官に局在している（図4・31）．酵母のSNARE遺伝子の変異体では，エンドサイトーシスおよびエキソサイトーシス経路の小胞輸送の特定のステップが阻害される．その阻害のステップは，SNAREが局在する細胞小器官と一致する．

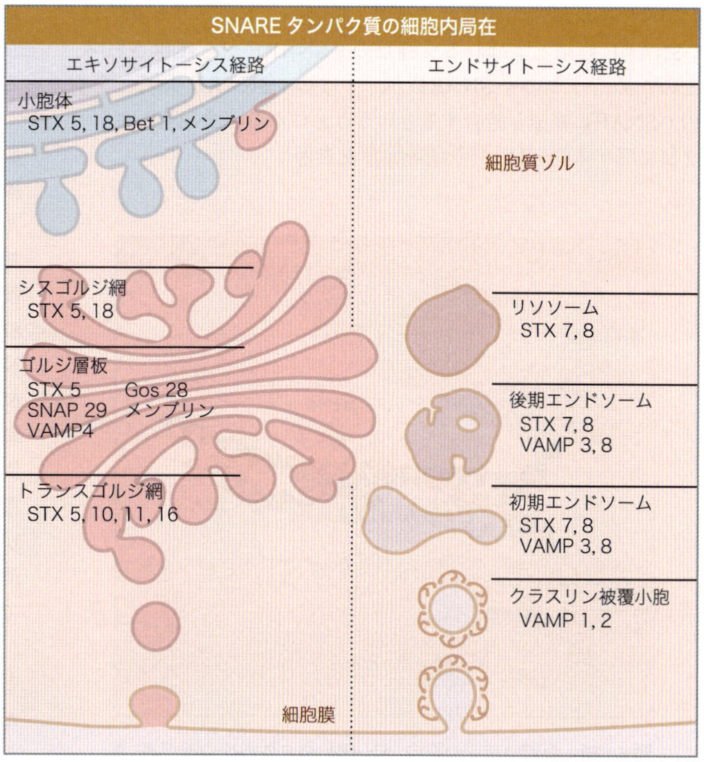

図4・31 おもなSNAREタンパク質の細胞内局在．

SNARE仮説は，SNAREタンパク質がどのようにして輸送小胞と標的膜の特異性を決定できるかを説明するために提唱されたものである．SNARE仮説では，輸送小胞上に存在するv-SNAREが，標的膜に存在する相補的なt-SNAREと相互作用し，この特異的な相互作用によって膜融合がひき起こされると考える．現在では，哺乳類でも酵母でも，すべての小胞輸送のステップで相補的なSNAREの組合わせが同定されている．酵母の遺伝学的な実験で，細胞内のすべての膜融合のステップにSNAREが関与していることが示された．SNAREの特異性に関する，*in vitro* 実験の結果も報告されている．効率良く結合して複合体を形成するSNAREの組合わせは，実際の細胞内輸送のステップと合致していた．ゲノム解析によって，約20〜60種類と数は異なるが，酵母，ショウジョウバエ，ヒトで発現しているすべてのSNAREが明らかになっている．

SNAREはどうやって膜を近づけて融合させるのだろうか？ SNAREの働きは，相補的なSNARE結合に関与するコイルドコイルドメインをもつ，N末端の細胞質ドメインによって制御されている．最も重要なことはコイルが平行に並ぶということであり，その結果，相補的SNAREの結合がC末端の膜アンカー部分を近接させることになる（図4・32）．小胞と標的膜間で結ばれたコイルの“ロゼット”は，融合に十分な距離にまで膜と膜を近づける．*in vitro* では，1種類のv-SNAREだけを含んでいるリポソームは，その相補的なt-SNAREを含んでいるリポソームと融合するこができる．この結果は，*in vitro* では，SNAREタンパク質さえあれば膜融合に十分であることを示唆している．しかし，生体内での融合に他のタンパク質が必要でないのかどうかは明らかでない．

SNARE複合体の結晶構造から，コイルドコイルドメインが4本のヘリックスからなる束を形成することが明らかとなった．v-SNAREがヘリックスの1本を提供し，t-SNAREから3本のヘリックスが提供されている．ニューロンのt-SNAREはちょっと変わっていて，シンタキシン（t-SNARE重鎖）から1本のヘリックスが，SNAP-25から2本のヘリックスが提供される（図

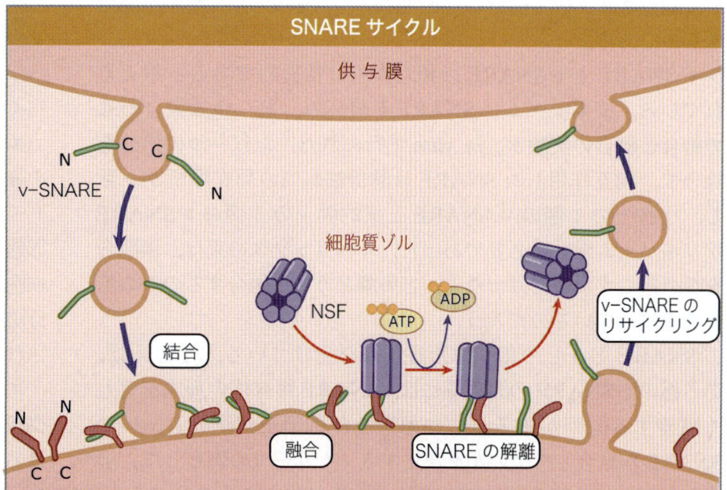

図4・32 v-SNAREは供与膜と受容膜の間をサイクルしている．輸送小胞に積み込まれたv-SNAREは，標的膜上のt-SNAREと結合する．この結合が互いの膜を近くまで引きつけ，融合をひき起こす．融合が終わると，SNARE複合体は，NSF/SNAPによるATP加水分解を伴う反応によって解離され，v-SNAREは供与膜へリサイクルされる．

4・33）．それ以外の場合はすべて，後者の2本のヘリックスは，t-SNARE軽鎖とよばれる2種類のt-SNAREから提供される．そのため，一つのv-SNAREが，1本のt-SNARE重鎖と2本のt-SNARE軽鎖と結合するということになる（SNAREタンパク質に関する詳細は STRC：4-0001 を参照）．

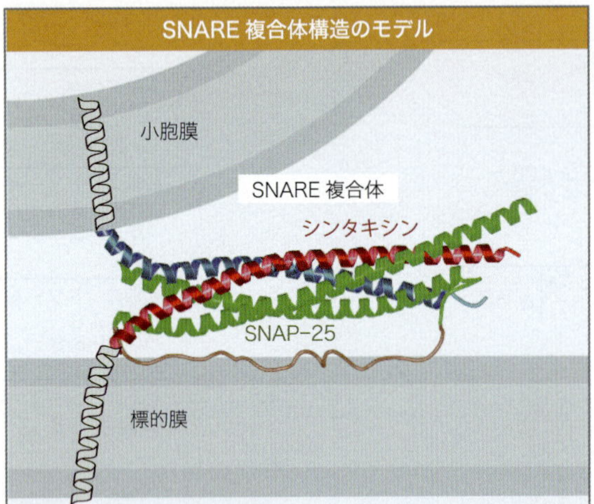

図4・33　小胞の結合の際の，SNARE複合体形成のモデル．4本のヘリックスの束を形成する，SNAREタンパク質の細胞質ドメインのX線構造解析に基づいている．t-SNAREはシンタキシンとSNAP25で，v-SNAREはシナプトブレビンである．膜の挿入部位は推測による．茶色の線は，SNAP-25の2本のヘリックス間をつなぐ推定構造［R.B. Sutton, et al., *Nature* **395**, 347〜353より改変］

構造解析によって，SNAREタンパク質とエンベロープウイルスの融合タンパク質の思いがけない関係が明らかになった．ウイルスの融合タンパク質で最もよく研究されているのは，インフルエンザウイルスの赤血球凝集素（ヘマグルチニン）とHIV-1のgp120である．いずれの場合も，融合にかかわるサブユニットが長いコイルドコイル構造を形成し，低pHにさらされるか細胞の受容体に結合したときにコンホメーション変化を起こして，疎水性の“融合ペプチド”を露出させる．コイルドコイルドメインには二つの機能がある．融合ペプチドを隠すことと，活性化後に，融合ペプチドを宿主細胞の膜に近づけることである．このようにして，ウイルスは自分のエンベロープを宿主細胞の膜に結合し，融合させ，宿主細胞にウイルスゲノムを注入して感染を開始するのである．

v-SNAREとt-SNAREの相互作用は特異的であると考えられている．リポソームにSNAREを組込み，あらゆる組合わせの結合と融合の実験が，*in vitro*で行われた．ただ一つの例外を除いて，相互作用したSNAREは酵母細胞内の局在場所が一致し，小胞上の1個のv-SNAREと標的膜上の3個のt-SNAREがリポソーム融合に必要であった．4ヘリックスの束は，膜融合をひき起こすためだけでなく，どの膜どうしが融合するのかの特異性を決めているのだろう．

SNAREどうしの相互作用は制御を受けている．たとえば，ある種のt-SNAREのN末端には，SNARE複合体の形成を著しく阻害する配列がある．この配列を制御因子が認識し，いつSNAREが結合してよいかを決定する．もう一つの例として，会合したSNARE複合体に制御タンパク質が結合することがある．このような相互作用の制御は，融合のタイミングを決定するのに重要であり，ニューロンや膵臓で起こる調節性分泌では特に重要な要因である（詳細は§4・19“分泌のためにタンパク質を貯蔵する細胞がある”参照）．

図4・32に示すように，融合後にコイルドコイルは解きほどかれ，v-SNAREは，次回に出芽する小胞に積まれるために，元の膜にリサイクルされる．SNARE複合体は非常に安定で，ドデシル硫酸ナトリウム（SDS）のような強力なイオン性界面活性剤に対しても低濃度であれば抵抗性があるほどで，SNARE複合体を解きほどくには多くのエネルギーを必要とする．NSFは，SNARE複合体を解きほどく，細胞質ゾルのATPaseである．NSFは中央に空洞をもつ，たる型の六量体の構造をしている．NSFは，SNAPを介して間接的にSNAREに結合している．精製タンパク質や生体膜に組込んだタンパク質を用いた*in vitro*実験で，NSFによるATPの加水分解によって，4ヘリックスの束がばらばらになることが示された．解きほどく機構はよくわかっていない．一つの可能性として，SNAREがNSFの中央空洞の壁に結合し，ATP加水分解によってその空洞が広がることで，個々のSNAREがひき離されるということが推定される．

v-SNAREとt-SNAREが分離すると，v-SNAREは供与膜へとリサイクルされる．リサイクリングが起こることは，v-SNAREとt-SNAREが一つの膜に蓄積せず，また速やかに分解されないことで示される．どのようにv-SNAREが輸送されるかについては二つの可能性が考えられる．一つは，v-SNAREの細胞質ドメインに存在する逆送シグナルによって，リサイクリング小胞の積荷となる可能性である．SNAREタンパク質の逆送シグナルについてはいくつか報告があるが，このシステムがどのように働くかについてはほとんどわかっていない．もう一つの可能性として，ある種のv-SNAREが両方向の輸送に働いているかもしれない．順行方向の輸送小胞を標的膜へ，逆行方向の輸送小胞を元の供与膜へとである．いずれにせよ，細胞膜受容体と同様に，SNAREは機能すべき区画の間を連続してリサイクルしている．

4・13 クラスリン被覆小胞が介在するエンドサイトーシス

重 要 な 概 念

- クラスリン・トリスケリオンの逐次的な集合により，膜が機械的に変形して被覆ピットを生じる．
- さまざまなアダプター複合体は，選別シグナルとクラスリン・トリスケリオンの両者に結合し，積荷の選別輸送に働く．
- ダイナミンファミリーのGTPaseは，膜から被覆小胞を切り離す．
- 脱被覆ATPaseは，結合と融合の前にクラスリン被覆を解離させる．

エンドサイトーシスは，細胞外の巨大分子や細胞膜タンパク質を細胞内に取込むための主要な経路である（§4・3“エンドサイトーシス経路の概要”参照）．エンドサイトーシスにもさまざまな形態があるが，膜交通のもう一つの代表例ということができる．細胞膜が陥入し，輸送小胞が出芽する．エンドサイトーシスは，分泌経路の細胞小器官の場合と方向は逆だが，膜から小胞が形成される方式はよく似ている（§4・4“小胞輸送の基本概念”参照）．

エンドサイトーシスのなかでも最もよく知られている機構は，**クラスリン**（clathrin）タンパク質と，クラスリンと膜を結びつける，一つまたは複数のタイプの**アダプター複合体**（adaptor complex）からなる被覆をもつ輸送小胞を用いるものである．アダプターは，出芽中のエンドサイトーシス小胞に，積荷を選別して積み込む役割も果たしている．クラスリンとアダプター複合体は，細胞質ゾルから出芽小胞上に集合する．

クラスリン被覆小胞中の細胞膜由来の積荷分子としては，素早く細胞に取込まれるべき細胞外リガンドに対する受容体が代表的なものである．実際，クラスリン被覆小胞による受容体の選択的取込みは，膜交通における積荷選別の，最初に明らかにされた例であった．クラスリン被覆小胞は，トランスゴルジ網における輸送にも働いている．その場合には，エンドサイトーシス小胞とは異なるアダプターを使い，異なる積荷タンパク質を運んでいる（§4・17“リソソームタンパク質の選別はトランスゴルジ網で起こる”参照）．

被覆ピット（coated pit）と**被覆小胞**（coated vesicle）は，1960年代初頭に，カの卵母細胞の電子顕微鏡観察で初めて発見された．卵母細胞は，将来の胚発生のために卵黄顆粒を取込み蓄積する．卵黄顆粒の取込み速度は非常に速いので，卵母細胞表面の大部分に被覆ピットがみられる（図4・34）．

1970年代初頭には，神経シナプスで前シナプス膜からシナプス小胞がリサイクルする過程を電子顕微鏡凍結置換法によって観察することにより，被覆小胞の被覆構造が明らかにされた（シナプス顆粒についての詳細は§4・19“分泌のために タンパク質を貯蔵する細胞がある”参照）．被覆は，図4・35に示すように，タンパク質が連結して整列した構造をとっている．この規則正しい整列から，その構成タンパク質には“クラスリン”（格子を表記するために用いるclathrateより）という名前がつけられた．

クラスリン被覆小胞は1969年に脳から最初に単離され，後にクラスリン被覆は，おもに二つのタンパク質，クラスリン重鎖（180 kDa）とクラスリン軽鎖（30 kDa）で構成されることが示された．被覆中に重鎖と軽鎖は等モル存在する．電子顕微鏡観察によって，クラスリンタンパク質は，**トリスケリオン**（triskelion）とよばれる特徴的な3本足の複合体を形成することが明らかになった（図4・36）．トリスケリオンのそれぞれの“足”はクラスリン重鎖1本と軽鎖1本で構成されている．足の付け根側はトリスケリオンの頂点（交点）部分にあり，ここに軽鎖が結合する．足の先端側は外側に伸びて重鎖の大部分を構成している．

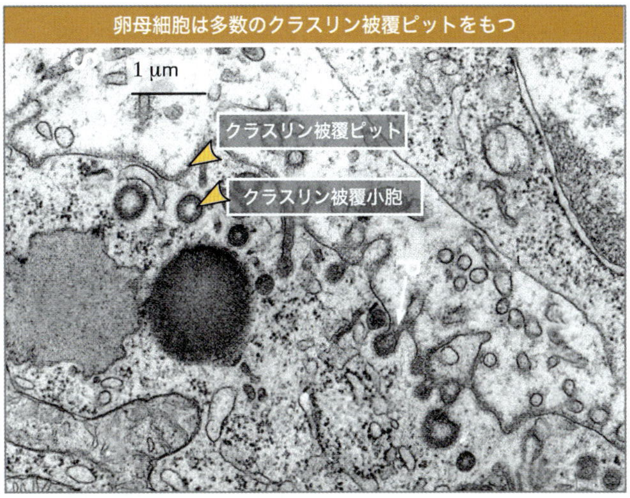

図4・34 卵母細胞表面のクラスリン被覆ピットとクラスリン被覆小胞の透過型電子顕微鏡写真［写真は*The Journal of Cell Biology*, **20**, 313～332 (1964) より，The Rockefeller University Pressの許可を得て転載］

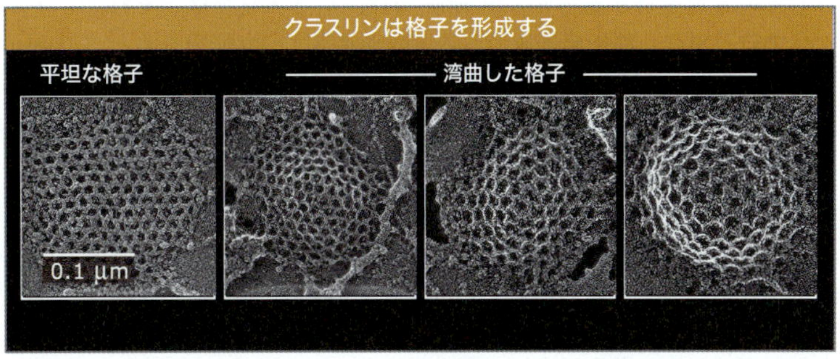

図4・35 細胞膜で見られるクラスリン被覆構造の電子顕微鏡写真．クラスリン格子はその曲率を変化させる．各写真は異なる格子を示す［写真はJohn Heuser, Washington University School of Medicineの好意による］

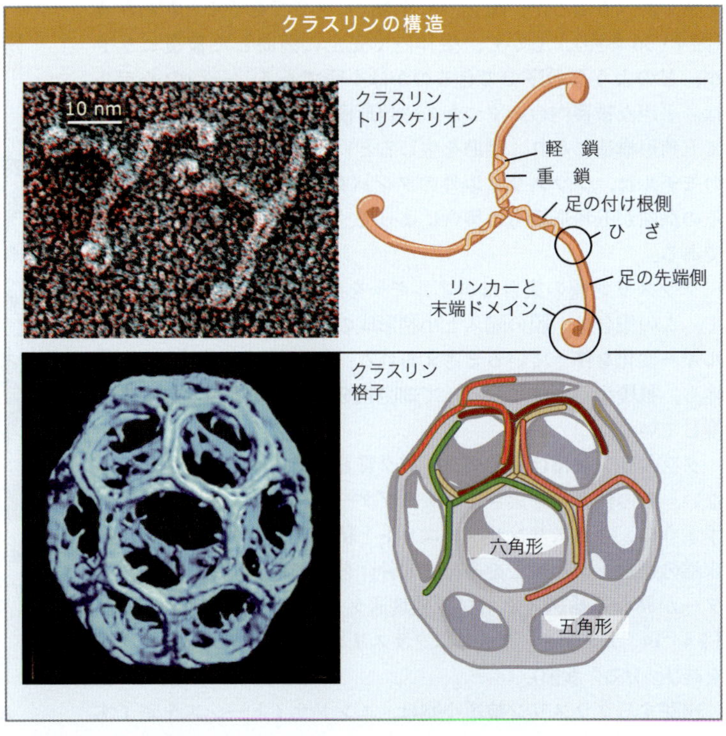

図4・36 クラスリントリスケリオンは閉じた籠状に会合する．トリスケリオン構造は六角形と五角形の格子を形成することができ，その結果閉じた籠が形づくられる．単純化のため，軽鎖は下側右の図には示していない［トリスケリオンはJohn Heuser, Washington University School of Medicineの好意による．クラスリン格子はC.J. Smith, N. Grigorieff, B.M.F. Pearse, ‘Clathrin coats at 21Å resolution...’, *EMBO J.* **17**, 4943～4953 (1998)より，Oxford University Pressの許可を得て転載．写真はBarbara Pearse, MRC Laboratory of Molecular Biologyの好意による］

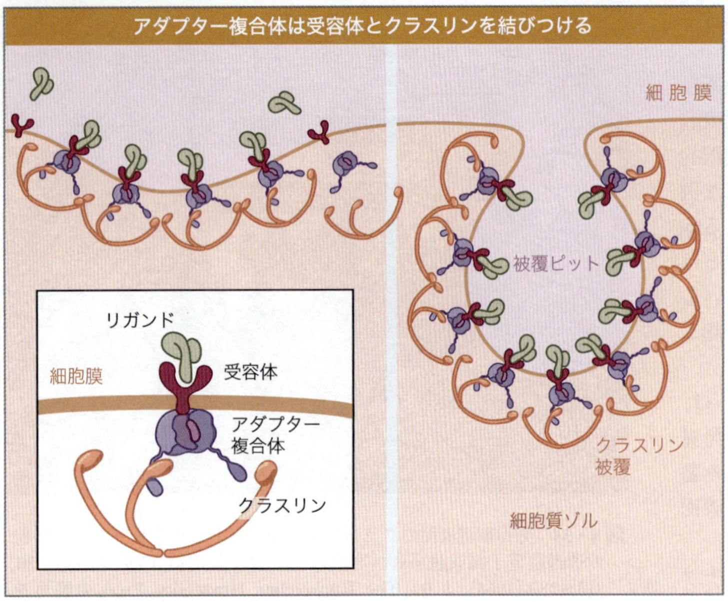

図4・37 クラスリンは，積荷タンパク質の細胞質末端の選別シグナルを認識するアダプターに結合する．

生体内では，クラスリン被覆の集合にほかのタンパク質が手助けしている可能性があるが，*in vitro* では，クラスリンは，それだけで自己集合し格子構造をつくるという注目すべき能力をもっている．細胞から精製され，適切な塩濃度と pH の条件におかれたトリスケリオンは，生体内で膜を取囲んでいるものとよく似た，空のクラスリン籠構造を自発的に形成する．クライオ電子顕微鏡観察（図4・36参照）から，精製したクラスリン重鎖と軽鎖から再構成されたクラスリン籠では，トリスケリオンが六角形と五角形の被覆構造を形つくることがわかった．この籠構造は，生体内で小胞を囲んでいる被覆と非常によく似ていて，クラスリン重鎖と軽鎖が格子構造形成に必要十分であることを示している．頂点部分はトリスケリオンの結び目となっており，五角形または六角形の各辺は，異なるトリスケリオンからの4本の足でできている．

六角形のクラスリン格子は平面構造をとり，五角形のクラスリン格子が入ることが，籠をつくる湾曲に必要であることがわかる（図4・36参照）．しかし，生体内で完全に湾曲した被覆ピットが，どのような順序でできるのかは不明である．一つのモデルは，平坦な被覆内のいくつかの六角形構造が何らかの修飾を受けて五角形構造になり，湾曲を生じるというものである．もう一つのモデルは，クラスリン以外のタンパク質が膜に湾曲を導入し，その湾曲が五角形構造の集合によって“固定”されるというものである．

クラスリン籠の集合はエネルギーを必要としない．したがって，この集合は，膜の陥入と小胞形成の駆動に好都合な自由エネルギー変化を伴っていると考えられる．一方で，アダプター複合体も，被覆小胞形成に先立って細胞膜を変形させる重要な役割を演じている．

クラスリン被覆は膜や膜タンパク質と直接には相互作用していない．その代わりさまざまなアダプター複合体が，図4・37に示すように，クラスリンサブユニットと積荷タンパク質の細胞質側末端の選別シグナルとを連結する仲介をしている．異なるアダプターが異なる輸送ステップで膜貫通タンパク質を選択している（§4・14“アダプター複合体はクラスリンと膜貫通積荷タンパク質を結びつける”参照）．

出芽するクラスリン被覆小胞は，エンドサイトーシスを完了するために細胞膜からやがて切断されなければならない．切断はエネルギーを必要とする過程であり，そこには**ダイナミン**（dynamin）というタンパク質が働いている．ダイナミンは，ショウジョウバエの *shibire* 突然変異体（日本語の“しびれ”から命名）で最初に見つかった GTPase である．この突然変異体は，非許容温度で飛ぶことができない．この突然変異ショウジョウバエを非許容温度において，神経細胞を観察すると，図4・38に示すように，シナプス中の被覆ピットは首の部分が長く伸び，細胞膜からくびり切られていない．これらの構造は許容温度ではみられない．この観察結果は，*shibire* 突然変異体の表現型は，シナプス顆粒の成分が細胞膜からリサイクルすることができず，したがって事実上神経伝達を止めてしまうためであることを示唆するものであった．その後，*shibire* 突然変異体はダイナミンに欠損があ

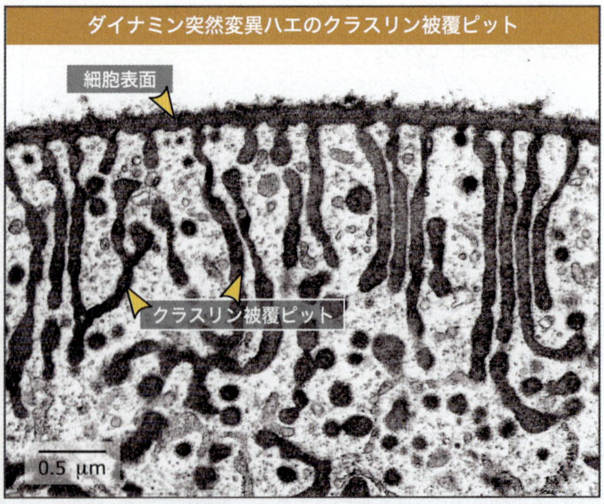

図4・38 ダイナミン突然変異ショウジョウバエの非許容温度（30 °C）におけるクラスリン被覆ピットの電子顕微鏡写真．細胞表面から伸びてクラスリン被覆芽で終わる細管に注目．変異ダイナミンはこの温度では働かないので，これらの伸長した被覆ピットはくびり切られない［写真は Dr. Toshio Kosaka, Kyushu University の好意による．*The Journal of Cell Biology* **97**, 499〜507 より，The Rockefeller University Press の許可を得て転載］

ることが突き止められた．精製した哺乳類のダイナミンは，*in vitro*，GTP 非加水分解アナログの存在下で，細胞膜から首が長く伸びた構造を形成する．

shibire ダイナミン構造より短い型である“襟”構造は，通常のクラスリン被覆ピットの首の周囲にみられる．ダイナミンは，細胞質ゾルから，出芽する被覆小胞の首の周囲にらせん構造を形成するように集合し，細胞膜からクラスリン被覆ピットを切断することを助けるようである（図4・39）．しかし，切断の機構は

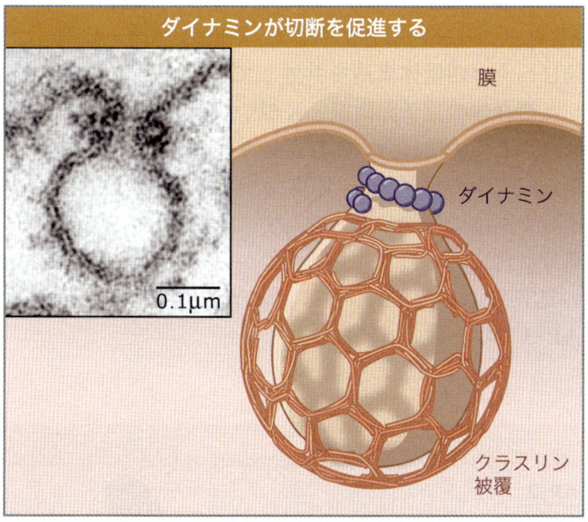

図4・39 ダイナミンは出芽する小胞の首の周囲にらせん構造を形成し，膜の切断をひき起こす［写真は Pietro de Camilli, Yale University School of Medicine の好意による］

明らかではない．一つのモデルは，GTP の加水分解によってこれらのらせん構造が収縮し，クラスリン被覆小胞の遊離に必要な膜融合を促進するというものである．もう一つのモデルは，ダイナミンは，他の分子の集合を助けるか，小胞形成に有利なように被覆ピットの構造を変化させることによって，間接的に切断を促進するというものである．どちらの場合にしても，細胞膜およびおそらくトランスゴルジ網において，ダイナミンが，膜からクラスリン被覆小胞を遊離させる主要な因子であることに疑いはない（§4・17“リソソームタンパク質の選別はトランスゴルジ網で起こる”参照）．

クラスリン被覆小胞は，形成の後，その動きを助けるために，細胞質のアクチン細胞骨格と相互作用しているのかもしれない．新たに形成されたエンドサイトーシス小胞は，アクチンフィラメントの集合部位として働き，アクチン依存性の運動を行うことができる．この運動の必要性についてはまだ確立されていないが，クラスリン被覆ピットに集められる“アクセサリータンパク質”の多く，特にダイナミンが，アクチン集合の核になることは確かである．

クラスリン被覆小胞の形成後，この経路の次の区画である初期エンドソームに標的化するために，脱被覆が起こらなければならない．脱被覆には，Hsp70 ファミリーの熱ショックタンパク質の一つである細胞質酵素，脱被覆 ATPase と，脱被覆 ATPase と相互作用するオーキシリンの，少なくとも二つのタンパク質がかかわっている（図4・40）．脱被覆の正確な機構はまだ明らかでないが，Hsp70 の結合にひき続き起こるクラスリン被覆の不安定化と解離が関係していそうである．このことは，このファミリーの ATPase が，タンパク質に結合しその高次構造を不安定化するシャペロンとしての機能をもつことを考えればもっともなことであり，タンパク質合成と分解の際のタンパク質の折りたたみ制御と同様に考えることができる．酸性リン脂質の加水分解も，被覆の解離，特にアダプター複合体の脱離に関与しているかもしれない（§4・14“アダプター複合体はクラスリンと膜貫通積荷タンパク質を結びつける”参照）．

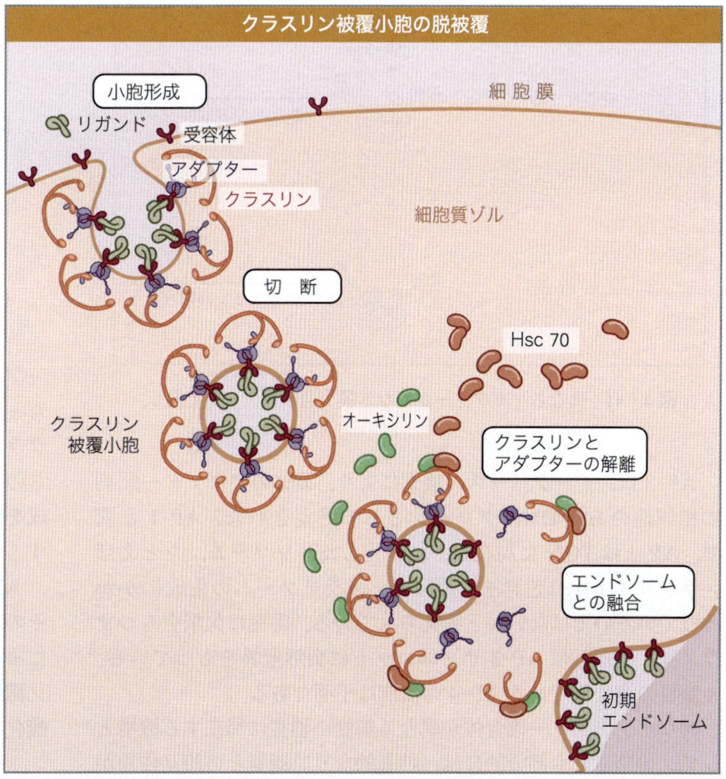

図4・40 Hsc70 とオーキシリンはクラスリン被覆小胞の脱被覆に関与する二つのタンパク質である．

4・14 アダプター複合体はクラスリンと膜貫通積荷タンパク質を結びつける

重 要 な 概 念

- アダプター複合体は，膜貫通積荷タンパク質の細胞質側末端，クラスリン，リン脂質に結合する．
- AP ファミリーのアダプターは，二つのアダプチンサブユニットと二つのより小さいタンパク質のヘテロ四量体複合体である．
- AP アダプターは，積荷タンパク質の細胞質側末端にある選別シグナルに結合する．最もよく調べられているシグナルとしては，チロシンまたはロイシン 2 残基をもつものがある．
- アダプター複合体は，受容体とリガンドの選択的かつ速やかな取込みを可能にする．

アダプター複合体は，膜貫通積荷タンパク質の細胞質末端とクラスリンを結びつけている．最もよく知られているアダプターは“AP”ファミリーで，四つの主要なタイプがある．これらのアダプターは，図 4・41 に示す通り，特徴的な細胞内分布をみせる．AP–1 と AP–2 は，単離したクラスリン被覆小胞の主要成分として同定された．AP–1 はトランスゴルジ網（TGN）とエンドソームに局在し，AP–2 は細胞膜に限定される．AP–1 は，TGN からエンドソームとリソソームへ，可溶性リソソームタンパク質と膜タンパク質を輸送する過程で働いている（§4・17“リソソームタンパク質の選別はトランスゴルジ網で起こる”参照）．AP–2 は，エンドサイトーシスで働く．

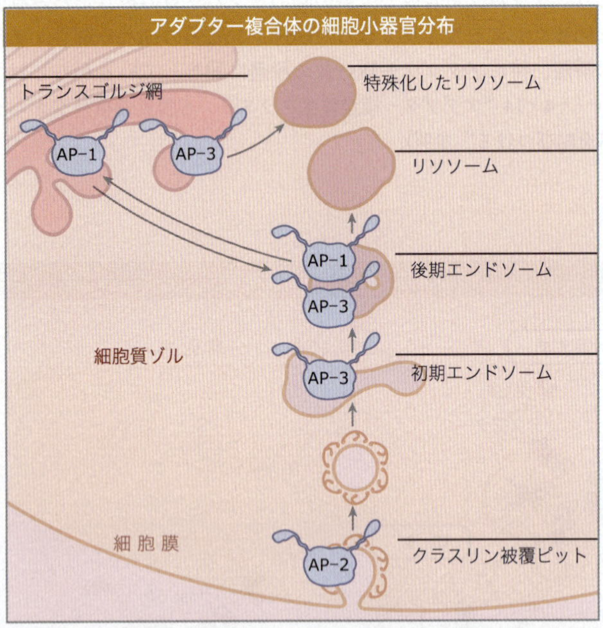

図 4・41 異なるアダプターが異なる膜交通のステップで働く．

AP–3 は，データベースの検索により，既知のアダプター配列に相同性のある DNA クローンとして同定された．AP–1 と同様，AP–3 は TGN に局在し，特殊化したリソソーム，たとえばメラノサイト中に色素を貯蔵する，メラノソームの生成にかかわっているのではないかと考えられている．毛色に欠損をもつマウスは，しばしば AP–3 サブユニットに突然変異をもっている．4 番目の複合体である AP–4 の機能は不明である．

異なるアダプター複合体が異なる細胞小器官に局在する機構として，少なくとも部分的には，特異的なリン脂質との相互作用が重要である．AP–2 は，細胞膜の細胞質側の層で優先的に生成する脂質である，ホスファチジルイノシトール–4,5–二リン酸（PI4,5P または PIP2）に結合する．それに対して AP–1 は，細胞内膜，たとえばゴルジ体とエンドソームの膜におもに見いだされる PI4P に結合する．適切な脂質分子種との相互作用も，アダプターと積荷タンパク質との相互作用を促進するような構造変化をもたらし，特異性をさらに確実なものにしているのかもしれない．

アダプターは四つの異なるサブユニットの複合体である．各複合体の二つの大サブユニットは**アダプチン**（adaptin）とよばれる．AP ファミリーのすべてのメンバーは，図 4・42 に示すように，同じヘテロ四量体構造を共通してもっている．全体の形は，精製した複合体の電子顕微鏡と X 線結晶構造解析によって明らかにされた．その構造は，大きなレンガ積みあるいは“胴体”ドメインから，二つの付属物（“耳”）が伸び，長い“ちょうつがい”ドメインで胴体に接続している．すべての四つのサブユニットは胴体部分に含まれており，ちょうつがい領域と耳ドメインは二つの鎖の延長である（AP–1 では β と γ 鎖；AP–2 では α 鎖と β 鎖；AP–3 では β 鎖と δ 鎖）．

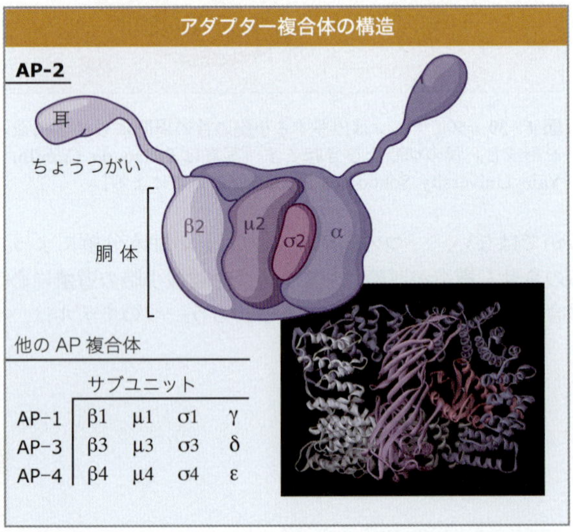

図 4・42 アダプター複合体はクラスリン被覆小胞が介与する輸送にかかわっている．アダプターは，膜受容体の細胞質末端のシグナルに結合する“胴体”と，クラスリンに結合する“耳”に連結するちょうつがい領域からなるヘテロ四量体である．X 線構造は胴体領域だけのものである［X 線構造は B.M. Collins et al., ‘Molecular Architecture and Functional...’, *Cell* **109**, 523〜535（2002）より，Elsevier の許可を得て転載］

アダプター複合体の異なる領域は異なる機能をもっている．ちょうつがいと耳ドメインは，β プロペラドメインとよばれる，クラスリンの特異的な領域に対する結合部位をもっている．これらのドメインは，アダプター複合体が，クラスリン被覆小胞の形成を制御する他のさまざまなアクセサリータンパク質と相互作用することにも関与している．

AP–2 の胴体部分は，細胞膜受容体の細胞質側末端に結合し，その結果クラスリン被覆を細胞膜に連結する．AP–2 のリン酸化により，その結合部位が受容体末端に露出する．特異的なリン酸化酵素（AAK1 とよばれる）が，被覆集合の際に AP–2 をリン酸化する．リン酸化により露出される部分は，AP–2 の μ サブユニットであり，ここがエンドサイトーシスする受容体上の，被覆ピット陥入シグナルを認識する部位である．このリン酸化は，ホスホイノシチドとの結合部位も露出する．この負に帯電した細胞質膜脂質も，AP-2 複合体を細胞膜につなぎ止める効果をもつ．

アダプターは，図4・43 に示すように，積荷タンパク質の細胞質側末端の選別シグナルに特異的に結合する．アダプターが，積荷を選別し，形成中の被覆小胞の中へ積み込むうえで果たしている重要な機能は，AP-2 に関して最もよくわかっている．AP-2 の μ 鎖に結合する選別シグナルは，クラスリン被覆ピットに取込まれるタンパク質にのみ見いだされ，エンドサイトーシス選別シグナルとよばれる．AP-2 は，チロシンを基盤としたものとロイシン 2 残基を基盤としたものの，二つの異なるタイプの選別シグナルに結合するようである．

主要な選別シグナルとアダプターとの相互作用

選別シグナル	結合相手
Tyr-X-X-疎水性残基 (YXXϕ)	アダプター複合体の μ サブユニット
Asn-Pro-X-Tyr (NPXY)	他のアクセサリータンパク質 (ARH，Dab2)
[Asp/Glu]-X-X-X-Leu-[Leu/Ile] (2 ロイシン)	GGA，その他？
モノユビキチン	他のアクセサリータンパク質 (Eps15)

図4・43 エンドサイトーシスの選別シグナルとして知られているのは，チロシンまたはロイシン 2 残基を基盤としたもののどちらかである．X は任意のアミノ酸残基を表す．

チロシンを基盤としたシグナルは，クラスリン被覆ピットに入っていくことのできない変異 LDL 受容体の解析によって，最初に同定された膜選別シグナルである（EXP :4-0007 参照）．変異は，チロシンを含む短い配列中に見いだされ，この配列が取込みに必要十分であることがわかった．変異受容体の取込み欠損は，この配列がエンドサイトーシスにとって必要であることを示した．また，通常はエンドサイトーシスされない細胞質膜タンパク質にこの選別配列をつけ加えたキメラタンパク質は，通常の LDL 受容体と同じ速度で取込まれる．この実験は，この配列がエンドサイトーシスに十分であることを示した．

配列のマッピングのために一連の変異 LDL 受容体をつくり，細胞内取込みアッセイでテストした結果，チロシン残基がまず決定的に重要であり，また隣接するアミノ酸残基も重要であることがわかった．明らかにされた取込みのための二つの共通配列は Tyr-X-X-ϕ と Asn-Phe-X-Tyr であった．ここで，X は任意のアミノ酸，ϕ は大きな疎水性の側鎖をもつアミノ酸である．酵母ツーハイブリッド実験では，前者のシグナルだけが AP-2 μ 鎖に直接結合することが示されている（酵母ツーハイブリッドアッセイは GNTC :4-0002 参照）．

ロイシン 2 残基を基盤とする 2 ロイシンシグナルは，多くの受容体の速いエンドサイトーシスに関与する．AP-2 の μ 鎖ではなく σ 鎖が，これらのシグナルを認識するのだろうと考えられている．しかし，この相互作用についてはまだ研究は十分でなく，ほかのサブユニットも関与しているかもしれない．2 ロイシンシグナルは，トランスゴルジ網におけるリソソームタンパク質の選別でも働いている（§4・17 "リソソームタンパク質の選別はトランスゴルジ網で起こる" 参照）．

AP ファミリーメンバー以外のアダプター複合体は，AP 複合体と似たやり方で，ある種のエンドサイトーシス受容体とクラスリンを結合させている．たとえば β アレスチンは，β アドレナリン受容体の細胞質側末端のシグナルとクラスリンに結合し，AP-2 なしで受容体の取込みを行うことができる．同様に，Eps15 のようなエプシンタンパク質ファミリーのメンバーは，上皮増殖因子受容体などの受容体チロシンリン酸化酵素に結合し，アダプターとしての機能も果たしているのかもしれない．

アダプターの存在によって，エンドサイトーシスの最も重要な特徴の一つである，選択性について説明することができる．大部分の動物細胞では，構成的なエンドサイトーシスの量はかなりのもので，細胞の全細胞膜に相当する量が，1〜2 時間ごとにクラスリン被覆小胞に取込まれる計算になる．しかし，特異的な受容体の取込みは，わずか数分の半減期で起こる．したがって，これらの受容体の取込みは選択的に起こっているはずである．今では，受容体は，その細胞質側末端がアダプター複合体と特異的に結合すると，エンドサイトーシス部位で選択的に濃縮されることがわかっている．これが，受容体をクラスリン被覆小胞へ導くことになる．一方，アダプターと結合しない細胞質膜タンパク質は，選択的な取込みを受けない．これらのタンパク質は，ずっと遅い速度で取込まれるか，あるいは，選択的に積み込まれた受容体が高濃度で存在するために，被覆ピットから空間的に排除されるのかもしれない．

さらに，内腔の内容物なしに小胞を形成することは不可能なので，可溶性の細胞外タンパク質は，クラスリン被覆小胞に低レベルで取込まれる．細胞外のほとんどのリガンドの濃度は非常に低いので，受容体に結合することによってのみ，相当量のリガンドが取込まれることになる．

4・15 受容体には，初期エンドソームからリサイクルするもの，リソソームで分解されるものがある

重要な概念

- 初期エンドソームは弱酸性で分解酵素を欠いているので，取込まれたリガンドは，その受容体の分解なしに解離することができる．
- 多くの受容体は，初期エンドソームの細管状に伸びた部分から出芽する輸送小胞によって，細胞表面へリサイクルされる．
- 解離したリガンドは，初期エンドソームから，より酸性で加水分解酵素に富む後期エンドソームおよびリソソームに運ばれ，分解される．
- リサイクルされない受容体は，多胞体中の小胞に隔離され，後期エンドソームとリソソームへ運ばれて分解される．
- 循環エンドソームは，核の近傍に見いだされ，必要なときに細胞表面へ素早くリサイクルする受容体を保持している．

クラスリン被覆小胞によって取込まれた受容体，リガンド，細胞外液は，空胞と伸びた細管の構造をもつ細胞小器官である，初期エンドソームに届けられる．初期エンドソームは，細胞質の周辺部全体に位置している．取込まれた被覆小胞の初期エンドソームへの輸送は，小胞の切断とクラスリン脱被覆の直後に起こる．クラスリン脱被覆は，被覆小胞形成のすぐ後（< 1 分）に起こる（切断と脱被覆に関しては §4・13 "クラスリン被覆小胞が介在するエンドサイトーシス" 参照）．脱被覆小胞の初期エンドソームとの繋留，結合，融合は，Rab，繋留装置，SNARE を必要とする，分

泌径路で述べたものと著しく類似している（§4・11 “Rab GTPase と繫留タンパク質が小胞の標的化を制御する” 参照）．ただし，それぞれのタンパク質ファミリーで，分泌経路とは異なるメンバーがエンドサイトーシス経路で使われている．図4・44 に示すように，ここで重要な Rab タンパク質は Rab5，t-SNARE はおそらくシンタキシン 13，そして繫留装置は初期エンドソーム抗原 1（EEA1）と名づけられた長いコイルドコイルタンパク質である．EEA1 は Rab5（いくつかのアクセサリータンパク質と一緒に），シンタキシン 13，そしてホスファチジルイノシトール 3- リン酸（PI3P）と結合する．これらの構成因子は異なる膜上にあるため，EEA1 はその膜を連結し融合を促進している．

取込まれた受容体とリガンドには，図4・45 に示すように二つの主要なルートがある．一つの経路では，取込まれた受容体が，内腔の pH が 6.4 から 6.8 の初期エンドソームでリガンドを放出する．この弱酸性の pH は，さまざまなタイプのリガンドの解離をひき起こし，初期エンドソームの空胞部分から伸びた細管から細胞表面へ，受容体をリサイクルさせる．解離したリガンドはこれらの細管には容易に入れず，初期エンドソームの内腔に蓄積する．これらのリガンドは後期エンドソームとリソソームに移動し，分解される．初期エンドソームは，リソソームよりも加水分解酵素の濃度がずっと低く pH が高いので，受容体にとってダメージや分解の危険が少なく，繰返しリサイクルするための比較的安全な場所を提供している．この経路はたとえば，栄養素受容体によって使われている．もう一つの経路では，取込まれた受容体とリガンドは，共に後期エンドソームとリソソームに運ばれ，分解される．この経路は，たとえば，成長因子受容体のダウンレギュレーションに用いられている．

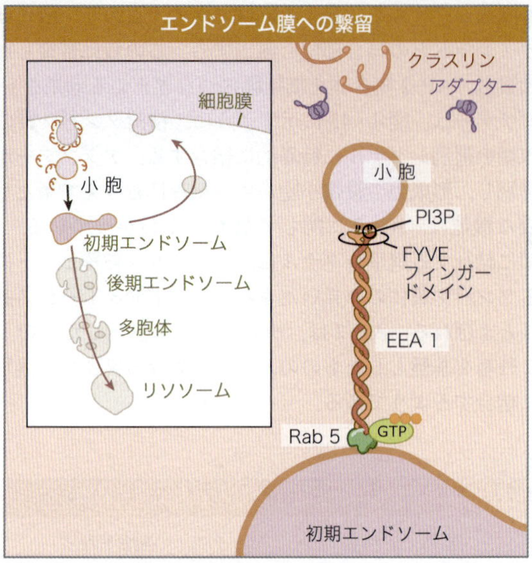

図4・44　クラスリン被覆小胞は脱被覆し，ホスファチジルイノシトール 3-リン酸と Rab5 に結合する EEA1 を介して初期エンドソームに繫留される．

リサイクルする受容体の一例として，トランスフェリン受容体をあげる．この受容体は，タンパク質トランスフェリンと鉄の複合体を受容し，鉄を細胞内に運搬している．図4・45 に示すように，初期エンドソーム内腔の pH で，鉄はトランスフェリンから解離し，その後細胞質へと輸送される．アポトランスフェリン（鉄と結合していないトランスフェリン）は，その受容体と結合した複合体のまま，エンドソーム細管から形成された小胞で細胞

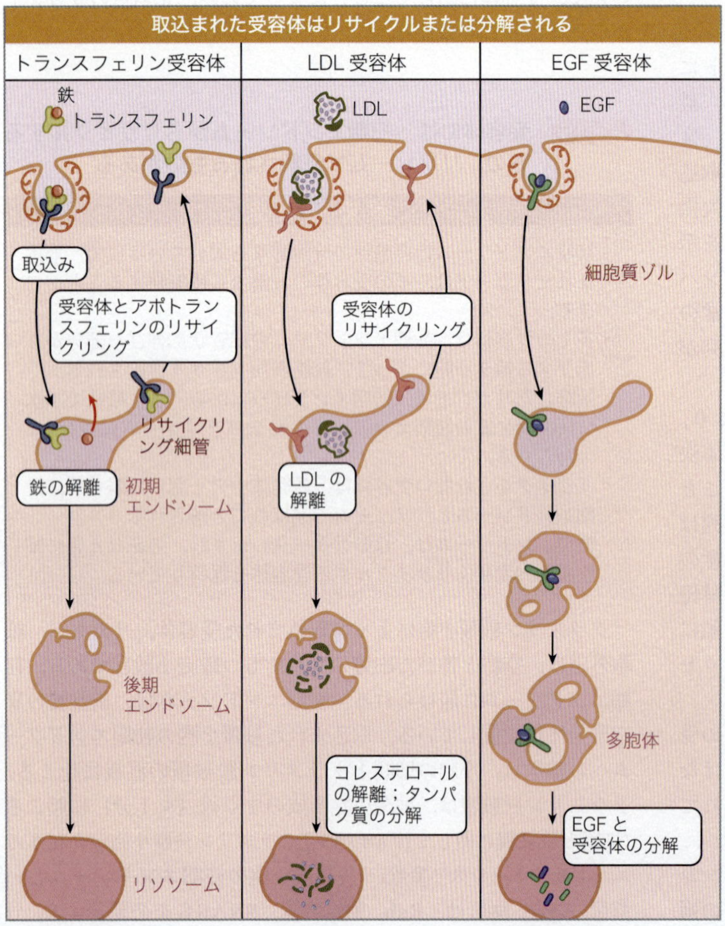

図4・45　取込まれた受容体の運命．トランスフェリン受容体と低密度リポタンパク質（LDL）受容体は細胞膜とエンドソームの間を循環するのに対し，上皮細胞増殖因子（EGF）受容体はリソソームで分解される．

表面へと輸送される．細胞表面では，中性の pH のために受容体からアポトランスフェリンがはずれ，受容体は再び，鉄を結合した別のトランスフェリン分子を結合することができる．

リサイクルする受容体のもう一つの例として，細胞にコレステロールを運ぶ血清中の顆粒の一つ，LDL に対する受容体をあげよう．LDL は，受容体に結合して取込まれたのち，エンドソーム内腔で解離されて分解される（図4・45）．受容体はエンドソームの細管状に伸びた部分へ移動する．輸送小胞がこの細管から出芽し，受容体を再び取込むために細胞膜へリサイクルする．

初期エンドソームから細胞膜へリサイクルするトランスフェリン受容体と LDL 受容体とは対照的に，他の受容体–リガンド複合体は効率良くリサイクルせず，分解のために後期エンドソームに運ばれる．そのような受容体としては，受容体チロシンリン酸化酵素ファミリーのメンバー，たとえば上皮細胞増殖因子（EGF）受容体やインスリン受容体がある．これらの受容体は，特異的なリガンドであるホルモンが結合すると，細胞分裂の信号を細胞に送る．このような場合，リガンド–受容体複合体のエンドサイトーシスは，細胞表面から受容体を取除き，細胞を次のリガンドの暴露に不感受性にする，受容体ダウンレギュレーションとしての意味をもつ．EGF 受容体のダウンレギュレーションの欠損は，抑制されない細胞成長，ひいてはがん化をまねいてしまう．EGF と EGF 受容体に関して図4・45 に示す通り，分解される運命の受容体–リガンド複合体は，エンドソーム膜の面の内側に隔離され，エンドソームの内腔へ取込まれる．この過程により，内部小胞をもつ後期エンドソームの一種である，多胞体（MVB）が生じる（§4・16“初期エンドソームは成熟によって後期エンドソームとリソソームになる”参照）．

受容体と解離したリガンドは，初期エンドソームで，基本的に幾何学的な過程によって“選別”される．初期エンドソームでは，容積に対して表面積の割合が高いため，表面領域の大部分は，細管ドメインを形成している．逆に言えば，初期エンドソームの内部容積の大部分は，その形が球状に近い空胞ドメインにある．したがって，受容体は，単純に膜の大部分が存在するところであるという理由で，伸びた細管部分に存在する確率が高い．しかし，リガンドの解離後，受容体はさらに選択的に細管領域に濃縮されるらしいという証拠もある．これらの細管は初期エンドソームからくびり切られ，輸送小胞を生じて，リガンドの外れた受容体を再利用のために細胞膜へ戻す．

リサイクリング交通の大半は，ほんの数分の半減期で初期エンドソームから直接かつ急速に進む．しかし，受容体の約 25 % は**循環（リサイクリング）エンドソーム**（recycling endosome）という別のエンドソームに輸送され（図4・46），そこで 1 時間程度，細胞内プールとしてとどまることができる．典型的な細胞では，初期エンドソームと循環エンドソームの膜表面積は，全部合わせても細胞膜の表面積の約 25 % にすぎない．細胞膜の 100 % にも相当する量が 1 時間ごとに取込まれるので，初期エンドソームと循環エンドソームの表面積は 1 時間当たり数回転しているに違いない．

解離したリガンドと細胞外液から非特異的に取込まれた巨大分子は，初期エンドソームの中で，内部容積が非常に小さいリサイクリング細管からはほとんど排除される．細管から生じる輸送小胞を経由して細胞から漏れ出すものも，部分的には存在する．それでも，これらの液相成分の大部分は，初期エンドソームの空胞部分に蓄積し，後期エンドソームへ移行していく．

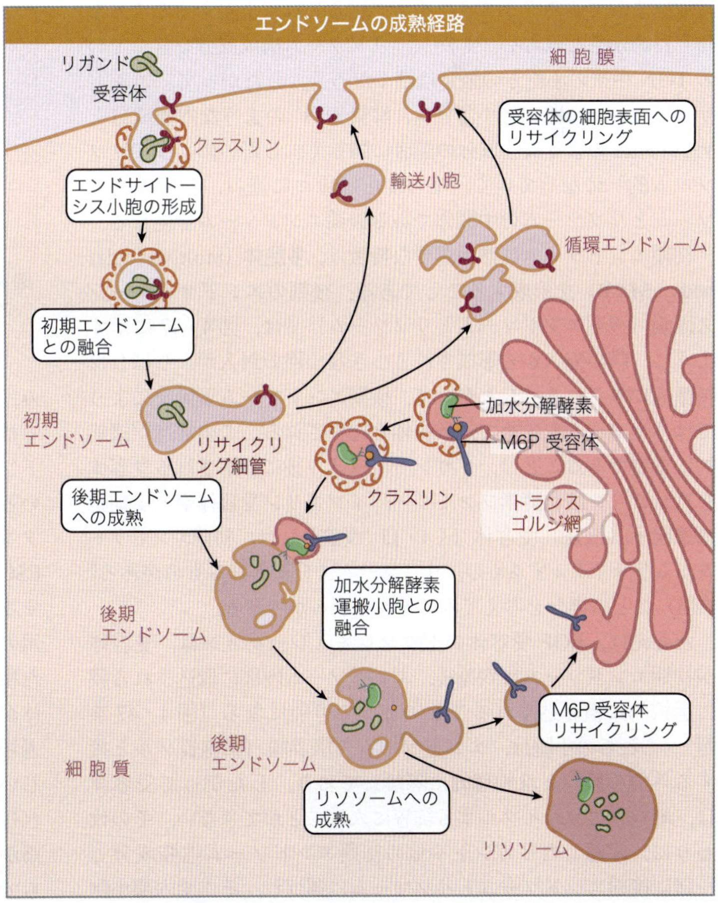

図4・46 エンドソームが初期エンドソームから後期エンドソームに成熟する過程で，輸送小胞は積荷成分をエンドソームに運び，エンドソームから受容体をリサイクルする．

4・16 初期エンドソームは成熟によって後期エンドソームとリソソームになる

重要な概念

- 初期エンドソームから後期エンドソーム・リソソームへの物質移動は“成熟”によって行われる．
- 一連のESCRTタンパク質複合体は，エンドソーム内腔中へ出芽する小胞へタンパク質を選別し，タンパク質分解の過程を容易にする多胞体を形成する．

初期エンドソームから後期エンドソーム，そして最終的にリソソームへの進行は，ゴルジ体における槽成熟の概念とよく似た（§4・9“ゴルジ体層板内の順行輸送には二つのモデルがある”参照）成熟の過程（図4・46参照）に起因している．輸送小胞は，エンドソーム間のタンパク質の移動には，大きな役割をもっていないようにみえる．その代わりに，初期エンドソームから細胞膜へ受容体がリサイクルして失われていくのにつれて，初期エンドソームは，LDLのような解離したリガンドをもつ後期エンドソームに変化していく（§4・15“受容体には，初期エンドソームからリサイクルするもの，リソソームで分解されるものがある”参照）．新たに合成されたリソソーム酵素と膜タンパク質をもつ輸送小胞は，トランスゴルジ網から生じ，後期エンドソームと融合する（§4・17“リソソームタンパク質の選別はトランスゴルジ網で起こる”参照）．この過程によって後期エンドソームがリソソームに変化し，解離したリガンドが分解される．

受容体は，初期エンドソームから形成されるリサイクリング細管によって，選択的かつ連続的に取除かれる．それ以外のものは，初期エンドソームの空胞部分に残り，微小管に結合して細胞の中心部に移動し，やがて，微小管形成中心に近接する核周辺の領域に蓄積することになる．この運動の理由の一つは，細胞膜から取込まれてくるクラスリン被覆小胞とそれ以上融合することを防ぐためかもしれない．しかし，リソソーム構成成分を含んでいるTGN由来の小胞との融合は続くだろう．したがって，エンドサイトーシス経路細胞小器官は，酵素やH^+のような内腔成分とV-ATPaseのような膜成分の両者に関して，しだいにより“リソソーム的”になっていく．その変化は徐々に進み，初期エンドソームとリソソームの中間体である後期エンドソームを生じる．

初期エンドソーム成熟の重要な特徴は，**多胞体**（multivesicular body, **MVB**）を形成することである．後期のエンドサイトーシス区画（後期エンドソームとリソソーム）では，図4・47に示すように，膜の陥入から形成される小さな小胞の封入が，しばしば特徴的にみられる．したがって，後期エンドソームと場合によってはリソソームも含めて，多胞体と総称される．この構造が機能的に重要であることは，リガンドの取込み後に分解される受容体チロシンリン酸化酵素ファミリー，インスリン受容体や上皮細胞増殖因子（EGF）受容体（§4・15“受容体には，初期エンドソームからリサイクルするもの，リソソームで分解されるものがある”参照）などの場合を考えてみると最も明らかである．

たとえば，EGF受容体のダウンレギュレーションは，受容体が初期エンドソームに到達後，エンドソーム内部に取込まれる膜に選択的に積み込まれることによって可能になる（図4・47参照）．これらの小胞は，エンドソームの限界膜（細胞質ゾルと接する外側の膜）とは物理的に隔離しており，したがって受容体は，細胞膜にリサイクルする細管に入ることができない．その代わりに，解離したリガンドや他の初期エンドソーム内腔成分と一緒に後期エンドソームとリソソームに運ばれ，そこで内部小胞と蓄積した受容体がリパーゼ（脂質消化酵素）とプロテアーゼによって分解される．

多胞体形成欠損の酵母突然変異体の研究によって，多胞体が形成され，膜タンパク質が内部小胞の膜に選別され，隔離されるメカニズムが明らかになった．動物細胞でもおそらく同様である．基本原理は，受容体に，小さな細胞質タンパク質であるユビキチンが共有結合し，受容体のダウンレギュレーションのシグナルになるというものである．特異的なユビキチンリガーゼが，受容体にユビキチンタンパク質を付加する．そのようなリガーゼの一例は，がん原遺伝子がコードする細胞質タンパク質Cblで，EGF受容体にモノユビキチンを付加する．Cblの欠損は，EGF受容体のダウンレギュレーションの損傷をひき起こし，無制御な細胞増殖につながる．ある種のタンパク質複合体が，これらのモノユビキチン化されたタンパク質を検出し，内部小胞に選択的に取込み，また小胞そのものの形成に関与している．この一連のできごとは初期エンドソームで始まるので，多胞体の形成は，初期エンドソームから後期エンドソーム・リソソームへの成熟を反映している．酵母と動物細胞における多胞体形成の研究から，細胞質タンパク質（Hrs）がユビキチン部分を認識し，ひき続いてESCRT複合体とよばれるさらに3種のタンパク質複合体が集合することがわかっている．これらの複合体は，ユビキチンを再利用のために除去し，さらに重要なことに，ユビキチン化されていた積荷を選別して，内部へ陥入する膜小胞を形成していく．多胞体が小胞を形成する方向は，これまで考察してきた他の膜交通の過程での小胞形成と，位相的に正反対だということに注目してほしい（細胞質ゾルに向かうか，細胞小器官内腔に向かうか）．それは，多胞体形成の目的が，選択された膜成分を，通常の輸送経路から取除き，リソソームでの消化を確実なものにするためだからである．

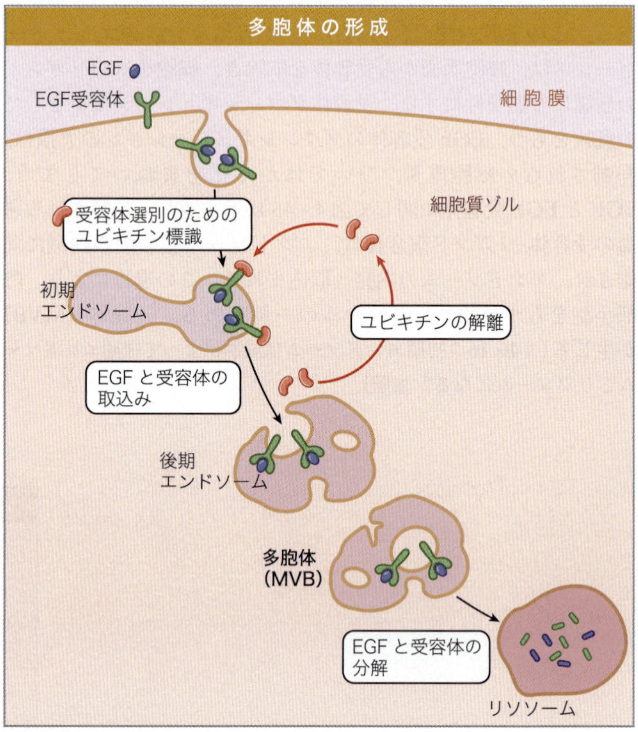

図4・47 ユビキチンが介在するタンパク質分解は，エンドサイトーシス経路の後期エンドソーム区画である多胞体で起こる．

4・17 リソソームタンパク質の選別はトランスゴルジ網で起こる

重要な概念

- 新たに合成された膜タンパク質と分泌タンパク質は，トランスゴルジ網まで同じ経路を共有し，そこから目的地によって異なる輸送小胞の中へ選別される．
- クラスリン被覆小胞は，リソソームタンパク質をトランスゴルジ網から成熟中のエンドソームへ輸送する．
- ゴルジ体で，リソソーム行きの可溶性酵素にマンノース 6-リン酸が共有結合で付加される．マンノース 6-リン酸受容体は，これらの酵素をトランスゴルジ網からエンドサイトーシス経路へ運ぶ．
- リソソーム膜タンパク質は，トランスゴルジ網から成熟中のエンドソームへ運ばれるが，可溶性リソソームタンパク質とは異なるシグナルを使う．

リソソーム行きのタンパク質は，分泌およびエンドサイトーシス経路上の区画行きの他のタンパク質と同様に，小胞体で合成される．リソソームの可溶性分解酵素と膜貫通タンパク質は，小胞体からゴルジ体を通りトランスゴルジ網（TGN）へ行く経路で輸送され（図4・4参照），TGN で細胞表面や他の目的地に行くタンパク質から選別される．

動物細胞では，TGN における可溶性リソソーム酵素の選別には，これまでに論じたタンパク質の細胞質側ドメインの選別シグナルとは異なるシグナルが必要である．その代わりに，マンノース 6-リン酸（M6P）シグナルとよばれるリソソーム選別シグナルが内腔側にあり，これはリソソーム酵素に共有結合しているオリゴ糖の修飾によって生成する．M6P シグナルは，I 細胞病（ムコリピドーシスⅡともよばれる）などのある種のリソソーム病の解析の過程で発見された．この病気の患者のリソソームは，通常の酵素を欠如しており，リソソーム酵素は細胞外に分泌されてしまう．これらのリソソームは，酵素の欠損のために未消化物を蓄積し，その結果，特徴的な細胞内封入体（inclusion，これが I 細胞病の“I”の由来である）を形成する．同じような封入体は，テイ-サックス病のような他のリソソーム病でも見いだされる．テイ-サックス病では，リソソーム酵素の一つ，ヘキソサミニダーゼAを欠損している（図4・48）．

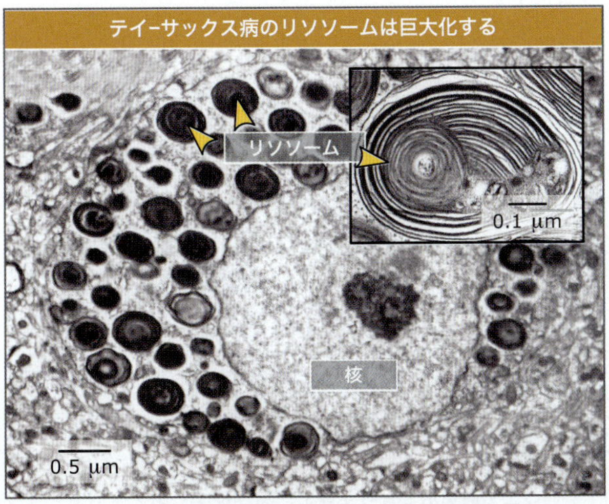

図4・48　テイ・サックス病患者の大脳の神経細胞．多量の異常リソソームに注目．そのうちの一つを高倍率で示す［写真は *Journal of Neuropathology and Experimental Neurology* の許可を得て転載］

M6P シグナルは，*N* 結合型糖鎖のマンノース残基末端のリン酸化によって生じる．図4・49 に示すように，*N*-アセチルグルコサミンリン酸（GlcNAc-P）が，ホスホトランスフェラーゼの働きによって，選択されたマンノース残基末端の C6-ヒドロキシ基に付加される（I 細胞病では，このホスホトランスフェラーゼを欠損しているために，大部分のリソソーム酵素が　M6P シグナルを付加できない）．GlcNAc-P の付加は，ゴルジ体のシス領域で起こっているようである．つぎに，TGN に存在する“除去”酵素が GlcNAc 残基を外し，その結果 M6P 部分が露出する．したがって，選別シグナルは選別が起こる場所だけで露出されることになる．

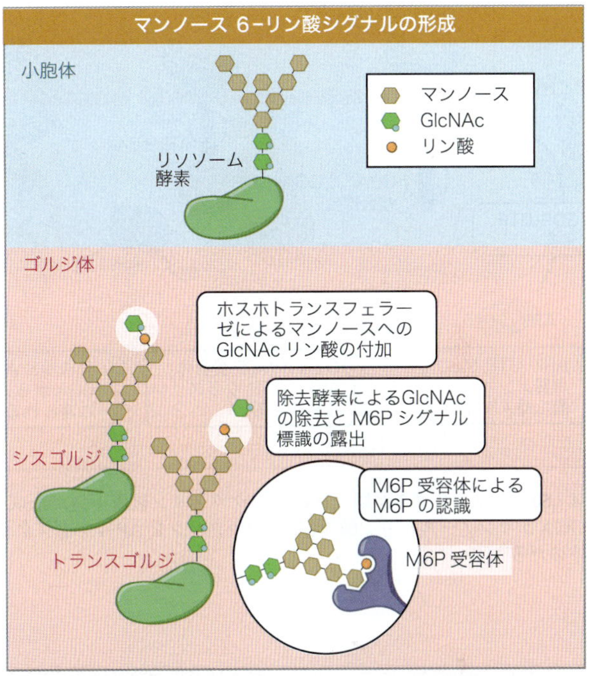

図4・49　マンノース 6-リン酸選別シグナルの形成．リソソーム酵素に結合した高マンノース型オリゴ糖は，ゴルジ体のシス領域で *N*-アセチルグルコサミンリン酸の付加による修飾を受ける．*N*-アセチルグルコサミン残基はゴルジ体トランス領域で取除かれ，M6P 受容体に認識されるマンノース 6-リン酸部分を露出する．

もちろん，分泌経路の多くのタンパク質は，高マンノース型オリゴ糖を付加されてもリソソーム酵素にはならないので，M6P シグナルの付加は，リソソーム酵素の構造中にのみ存在する何か他の情報を必要とするのに違いない．この情報は，他の多くの選別シグナルのようにアミノ酸の一次配列にあるのではなく，リソソーム酵素のあちこちの部分から形成される“つぎはぎ”的な立体構造にある．ホスホトランスフェラーゼは，最初にこの“つぎはぎ”構造を認識して，結合したオリゴ糖を修飾するのに違いない．

M6P 選別シグナルは，おもに TGN に局在する M6P 受容体（二つのタイプがある）によって認識される．両 M6P 受容体の細胞質側末端はエンドソームへ向かうための選別シグナルをもっている．一つの選別シグナルは，チロシンシグナルを基盤にしていて，TGN で AP-1 クラスリンアダプター複合体によって認識されると考えられている（アダプターに関しては §4・14“アダプター複合体はクラスリンと膜貫通積荷タンパク質を結びつける”参照）．

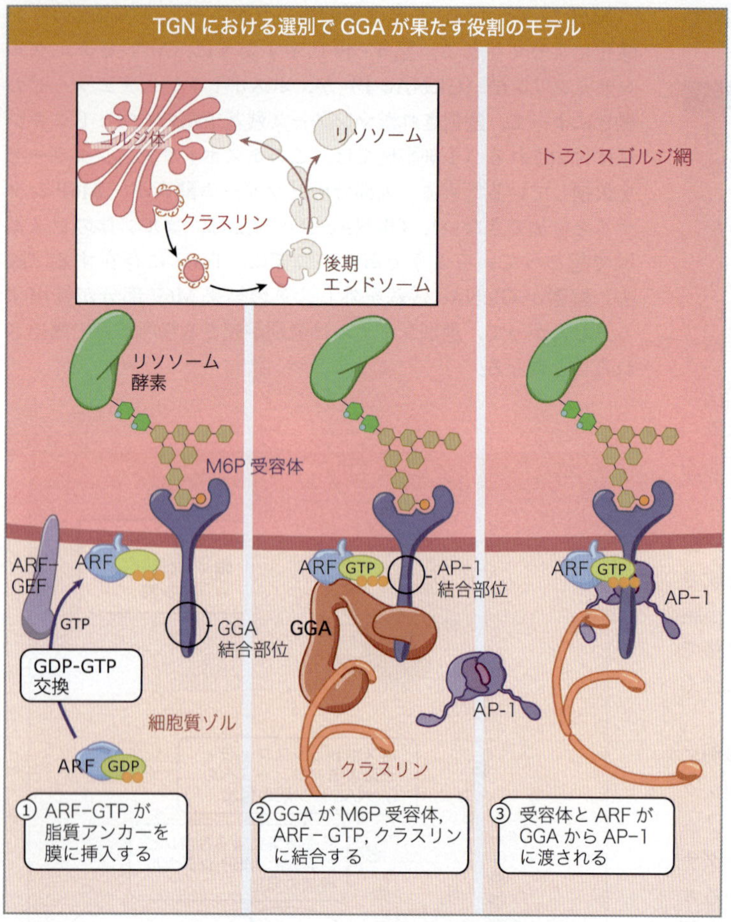

図 4・50　トランスゴルジ網（TGN）でクラスリン被覆小胞が形成される際に，GGA がマンノース 6–リン酸受容体とクラスリンを AP–1 アダプター複合体に移すのだろう．

M6P 受容体の細胞質側末端にあるもう一つの選別シグナルは，酸性クラスター中の 2 ロイシンシグナルである．このシグナルは，細胞質表面からの取込みに働くロイシン 2 残基を基本にしたシグナルとは違って，GGA タンパク質と相互作用する（図 4・50）．GGA はゴルジ（Golgi）体に局在し，γ（gamma）アダプチンの耳ドメインとホモロジーのある配列を含み，ADP リボシル化因子に結合することから名づけられたタンパク質ファミリーである．GGA は，リソソーム酵素に結合した M6P 受容体を，トランスゴルジ網から出芽するクラスリン被覆小胞中に積み込む手助けをする，荷造り分子だと考えられている．GGA は，形成中の小胞上で，M6P 受容体とクラスリンを AP–1 複合体へ手渡すようだ．

図 4・51 に示すように，トランスゴルジ網（TGN）由来のクラスリン被覆小胞は，おそらく後期エンドソームに標的化され，エンドサイトーシスされる受容体–リガンド複合体と同様に，そこで M6P 受容体とそれに結合する酵素を解離させる．リソソーム酵素の輸送は，TGN から細胞表面を経由して初期エンドソームに至る副次的な経路によって起こることもある．エンドソームは TGN よりも酸性で，この酸性 pH は M6P 受容体から酵素を解離させるので，エンドソーム内腔に酵素がフリーの状態で蓄積できる．M6P 受容体は，酵素輸送を繰返すために，エンドソームから TGN へリサイクルされる．このリサイクリングの過程には，異なるアダプター分子である TIP47 が働く．TIP47 は，M6P 受容体の細胞質側末端にある，別の選別シグナル（フェニルアラニン / トリプトファンあるいは疎水性残基シグナル）を認識する．TIP47 は，他の既知のアダプター分子と異なり，M6P 受容体を TGN にリサイクルする新生小胞に Rab9 を結合させる．Rab9 はこの小胞の標的化のステップに関与している．

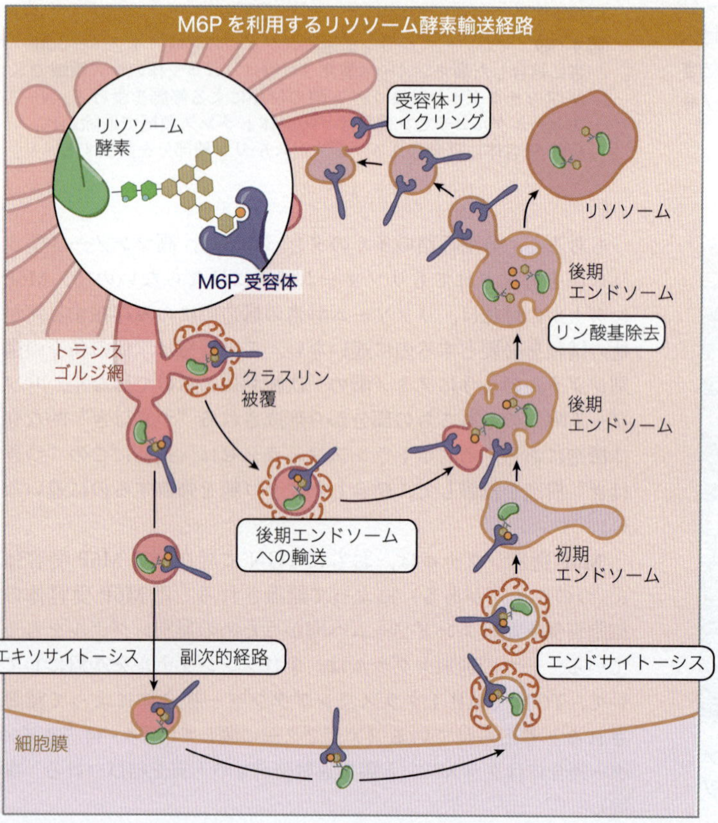

図 4・51　マンノース 6–リン酸選別シグナルは，リソソーム酵素のトランスゴルジ網（TGN）からエンドサイトーシス経路への輸送に用いられる．主要経路は，TGN から後期エンドソームへ直接向かう．細胞表面を経由する副次的な経路もある．

分泌経路を経由してエンドソームへ可溶性リソソーム酵素が配達されるのは，酵素の正常な成熟過程の一部分にすぎない．リソソーム酵素は，エンドサイトーシス経路の最終目的地，つまりリソソームに到達するまで，活性化されずにいる．酵素が正しい区画でのみ活性になることを保証するために，少なくとも三つの機構がある．

- リソソーム酵素は，小胞体とゴルジ体の pH では不活性で，エンドソームとリソソームの酸性 pH でのみ活性である．したがって，エンドソームの酸性 pH は，M6P 受容体からの解離を容易にするだけでなく，酵素活性化のためにも必須である．
- いくつかのリソソーム酵素は，小胞体で合成されるときに，エンドソームで切断されるまで活性を抑制する短い N 末端のペプチド配列をもつプロ酵素として合成される．プロ配列の切断は多くの場合“自己触媒的”であり，酵素が十分に低い pH の細胞小器官に到達すると，直ちに自分自身で活性化することができる．
- 活性化される酵素には，M6P 選別シグナルを切断するホスファターゼが含まれる．M6P シグナルの除去は，リサイクルする M6P 受容体への結合を妨げ，活性なリソソーム酵素の TGN への漏出を制限している．

これらの成熟過程はすべて，酵素がエンドサイトーシス経路に入っていく時点，つまり後期エンドソームで開始される．それにひき続くリソソームへの酵素の移動が，成熟の速度と効率を増大する．初期エンドソーム（pH 6.5〜6.8）から後期エンドソーム（pH 4.5〜5.0）にかけて，pH がしだいに減少する．大部分のリソソーム酵素は，pH $<$ 5 で最適酵素活性を示すので，エンドサイトーシス経路を進むほど活性が上昇する．

リソソーム糖タンパク質（lgp）やリソソーム膜結合タンパク質（lamp）などと名づけられたリソソーム固有の膜タンパク質は，M6P に依存しない機構によって TGN からリソソームに標的化される．これらのタンパク質は，細胞質ドメインにチロシンシグナルをもち，これがアダプター複合体（AP-1 または AP-3）あるいは GGA タンパク質との相互作用に働いている．TGN からエンドソームへはおそらくクラスリン被覆小胞によって運ばれ，リソソームに蓄積する．M6P 受容体と異なり，おそらく TIP47 と相互作用する能力を欠いているために TGN にリサイクルはしない．他の大部分の膜タンパク質はリソソームで分解するが，lgp と lamp タンパク質はリソソームのタンパク質分解に耐性である．lgp/lamp タンパク質は多量の糖鎖修飾を受けていて，この糖鎖が防護被覆となっているか，リソソーム膜上でのタンパク質の稠密な充填が，この耐性の原因になっていると考えられている．

酵母細胞と動物細胞では，リソソームタンパク質の選別方法がまったく異なっている．酵母でリソソームと相同な細胞小器官は液胞である．液胞も，膜受容体によって運ばれる一群の可溶性加水分解酵素を含んでいる．しかし，TGN から酵母液胞への輸送は，M6P シグナルも，M6P 受容体（ホモログが存在しない）の関与もなしに起こる．酵母液胞の可溶性酵素の標的化シグナルはまだ完全には同定されていないが，酵素が膜受容体に結合することは明らかである．遺伝学的に，この受容体が GGA タンパク質と相互作用することを示唆する証拠があり，選別戦略が全般的に保存されていることを示している．液胞膜タンパク質も，動物細胞のリソソーム膜タンパク質と同様，ゴルジ体からクラスリンアダプター（たとえば AP-3 など）に依存して輸送されていることが明らかである．酵母の AP-3 は，チロシンではなくロイシン 2 残基を基盤とする標的化シグナルを認識しているかもしれない．

4・18 極性上皮細胞は頂端部と側底部の細胞膜にタンパク質を選別輸送する

重要な概念

- 極性細胞の細胞膜は，異なる一群のタンパク質をもつ分離したドメインをもち，そのためにさらに複雑な選別ステップを必要とする．
- 極性細胞での細胞表面タンパク質の選別は，細胞のタイプによって異なるが，トランスゴルジ網，エンドソーム，あるいは細胞膜の特定のドメインで起こる．
- 極性細胞での選別には，特異的なアダプター複合体と，おそらく脂質ラフトとレクチンが働いている．

多細胞生物において，多くの細胞の細胞膜は，連続する脂質二重層の上に，多種多様な生化学的，構造的，そして機能的に異なるドメインを含んでいる．このような細胞は“極性”があると見なされる．最もわかりやすい例は上皮細胞と神経細胞である．上皮細胞は，すべての体腔（たとえば，腸，腎臓，気道）に面して並び，したがって，二つの異なる表面をもっている．頂端部ドメインは器官の内腔に面し，側底部ドメインは血液あるいは隣の細胞に面している（図 4・15 参照）．

栄養吸収のために特殊化した上皮（たとえば腸の）では，頂端部細胞膜ドメインは，吸収のために細胞の表面積を増大させる，微絨毛とよばれる小さな外側への突出が特徴的である．この種の上皮細胞の頂端部細胞膜は，たとえばアミノ酸，糖，そしてその他の分子等の栄養の取込みのための膜タンパク質に富んでいる．また，一群の固有の膜糖脂質も豊富にもつ．

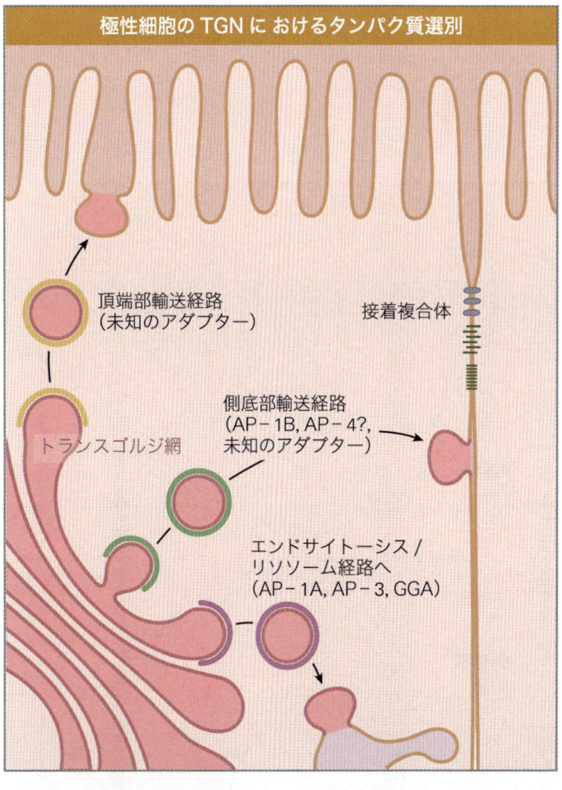

図 4・52 極性上皮細胞のトランスゴルジ網では三つのタイプの選別が起こる．タンパク質はエンドサイトーシス経路と，頂端部膜，側底部膜へ選別される．異なるアダプター複合体がそれぞれの経路で用いられる．

対照的に，側底部ドメインは，非極性細胞の細胞膜で見いだされる大部分の膜タンパク質（たとえば，LDL 受容体と EGF 受容体）と脂質を含んでいる．さらに，側底部ドメインの輸送体は，栄養分を細胞外の血漿中へ運び出す．

接着複合体は，密着接合，付着接合，デスモソームからなり，頂端部と側底部ドメインを分離する（§15・16“密着結合は選択的な透過性をもつ細胞間障壁を形成する”参照）．これらの複合体の機能の一つは，頂端部膜構成成分の側底部膜への，またその逆も同じく，水平拡散を防ぐことである．したがって，脂質とタンパク質は正しいドメインに標的化されなければならない．分泌経路とエンドサイトーシス経路の輸送は，頂端部と側底部膜の構成因子をそれぞれ正しい目的地に輸送するために極性をもつ．側底部ドメインと頂端部ドメインへの輸送は，それぞれ異なる標的化シグナルに依存している．

新たに合成された膜タンパク質は，頂端部あるいは側底部のどちらに配達されようとしているかによって，トランスゴルジ網（TGN）で異なるクラスの輸送小胞に選別される（図4・52）．側底部輸送については，さまざまな極性上皮細胞の研究から理解が進んでいる．大部分の側底部タンパク質は，チロシンまたは2ロイシンを基盤としたシグナルを細胞質側末端にもち，これがエンドサイトーシスあるいはリソソーム標的化と同様の過程でアダプター複合体に認識される（§4・14“アダプター複合体はクラスリンと膜貫通積荷タンパク質を結びつける”と§4・17“リソソームタンパク質の選別はトランスゴルジ網で起こる”参照）．チロシン基盤シグナルといくつかの非チロシン基盤シグナルは，TGN において，クラスリン AP-1 アダプター複合体の上皮細胞特異的なアイソフォームである AP-1B によって認識される．AP-1B はクラスリンと共同して側底部行きの輸送小胞を生じる．AP-1B は普遍的に分布する AP-1A 複合体と μ 鎖だけが異なっている．μ1A と μ1B サブユニットは 80 %近く同一だが，異なるタイプのシグナルに結合する．この違いの構造的な基盤はまだ明らかにされていない．

頂端部細胞膜行きのタンパク質は，特異的な細胞質ドメインシグナルをもたない．代わりに，内腔ドメインに重要な *N* 結合型あるいは *O* 結合型糖鎖をもつか，あるいは頂端部に向かう輸送小胞に選別されるための固有の膜アンカードメインをもっている．そのような膜アンカーの一例は，小胞体である一群のタンパク質に付加される GPI アンカーである（§3・13“いくつかの膜透過されたタンパク質には GPI 脂質が付加される”参照）．頂端部へ標的化される小胞は，脂質ラフトとよばれるユニークな脂質ドメインをしばしば含んでいて，ここに頂端面タンパク質が蓄積し，そのことが頂端部行き小胞への選択的な濃縮に働いている（図4・52参照）．おそらく，この機構は脂質の分配にも寄与できるので，上皮細胞の頂端部のみに見いだされ側底部には存在しない複合型糖脂質も，これらの小胞で選別されるのだろう．

3番目のタイプの極性輸送は，標的化情報を何ももたず，頂端部小胞と側底部小胞の両方で TGN から運び出される膜タンパク質のためのものである．これらのタンパク質は，どちらかの細胞膜に輸送された後に，依然として極性化することができる．これは，ドメイン特異的な残留過程によるもので，膜タンパク質は前もって極性化していた細胞骨格の足場と相互作用する．足場は，細胞接着のようなシグナルに応答して特定の膜ドメインに集合するタンパク質を含んでいる．このような足場は，しばしば接着複合体に集合するので，膜タンパク質が非対称に蓄積することになる．（接着複合体に関しては§15・16“密着結合は選択的な透過性をもつ細胞間障壁を形成する”参照．）足場と相互作用する膜タンパク質は，適切な膜ドメインに安定に保持される．対応すべき足場をもたないドメインに配達された膜タンパク質は，エンドサイトーシスによって取込まれ，リソソームで分解されるか，あるいはリサイクルされて，適切な足場を含むドメインに到達するチャンスが再び与えられる．

頂端部と側底部タンパク質の選別はエンドソームでも起こる．エンドサイトーシスは上皮細胞の頂端部と側底部の両方から起こるので，取込まれた膜タンパク質は，元のドメインにリサイクルして戻らなければならない．エンドソーム，おそらく初期エンドソームは，頂端部と側底部のタンパク質を，それぞれに戻される特異的なリサイクリング小胞に選別するという意味において，TGN と同じような働きをしている（図4・53）．実際，エンドソームでの極性選別は，TGN での極性選別と同じシグナルを利用する．上皮細胞にとって，間断なく続くエンドサイトーシスにもかかわらず細胞膜の極性を維持するためには，エンドソームからの極性リサイクリングは必要不可欠である．実際，新生タンパク質の選別でさえエンドソーム，特に循環エンドソームで起こるのではないかと考えられている．つまり，TGN から側底部細胞膜への経路は，中間体として循環エンドソームを経由しているのかもしれず，なぜ同じシグナルの組合わせが両方の経路で使われているかの説明になるだろう．

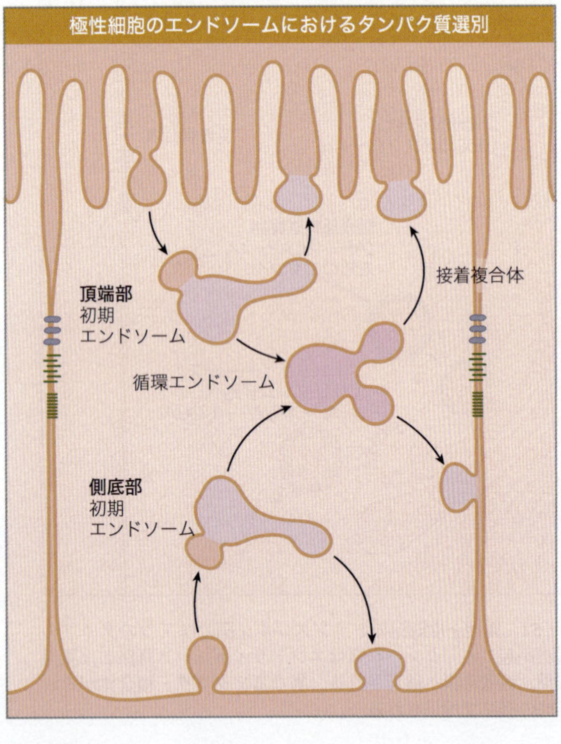

図4・53 頂端部膜あるいは側底部膜から取込まれた分子は初期エンドソームから元の膜ドメインに直接リサイクルするか，循環エンドソームを経由して異なる膜ドメインへ選別される．

4・19 分泌のためにタンパク質を貯蔵する細胞がある

重要な概念

- ある種の積荷分子は，分泌顆粒に蓄積され，刺激があったときにはじめて細胞膜と融合して放出される．
- 調節性分泌のためのタンパク質の貯蔵では，積荷が自己会合し，細胞外への配達に備えて濃縮された塊を形成する，濃縮の過程がしばしば起こる．
- 調節性分泌のためのタンパク質の濃縮は，しばしば小胞体で始まり，ゴルジ体で続き，最後に分泌顆粒を生じる濃縮空胞で完了する．
- 濃縮は分泌のすべての段階で，選択的な膜回収を伴って起こる．
- 細胞膜とシナプス小胞の融合は，SNARE タンパク質が関与するが，シナプトタグミンのようなカルシウム感受性タンパク質によって制御されている．

多くの真核細胞は，細胞が適切な信号（分泌刺激）によって刺激された時にだけ，細胞外に分泌タンパク質が放出されるように，細胞内小胞に分泌タンパク質を貯蔵することができる．この過程は調節性分泌とよばれ，新規合成による遅れなしに，大量の物質を速やかに放出する方法となっている．神経伝達物質からホルモン，そして消化酵素まで多種多様のタンパク質が，こうして貯蔵されることができる．**分泌顆粒**（secretory granule）とよばれる貯蔵小胞は，成熟の過程によって TGN から生じる．

調節性分泌の詳しい研究は，膵線房細胞を用いて最初に行われた．膵線房細胞では，大量に合成されるタンパク質の大部分が分泌タンパク質（大部分は胃と小腸の消化酵素）である（§4・2 "エキソサイトーシス径路の概要" 参照）．図 4・54 に示すように，分泌タンパク質の梱包は，分泌径路の初期，小胞体を出た直後に始まる．これらのタンパク質は，輸送シグナルをもっていないようなので，小胞体中，出芽中そして出芽した COPII 小胞で，濃度は変わらない．しかし，COPII 小胞が融合し小胞細管クラスター（VTC）を形成すると，COPI 小胞が回収過程を開始するが，出芽する COPI 小胞から分泌タンパク質は，何らかの方法で排除される．その結果，小胞細管クラスター中の分泌タンパク質の濃度が上昇する．分泌タンパク質の排除は，相互に結合し他のタンパク質をその集合体から締め出す，分泌タンパク質自身の性質によっているのかもしれない．このタンパク質集合体は，逆行 COPI 小胞に入っていくには大きすぎるのかもしれない．

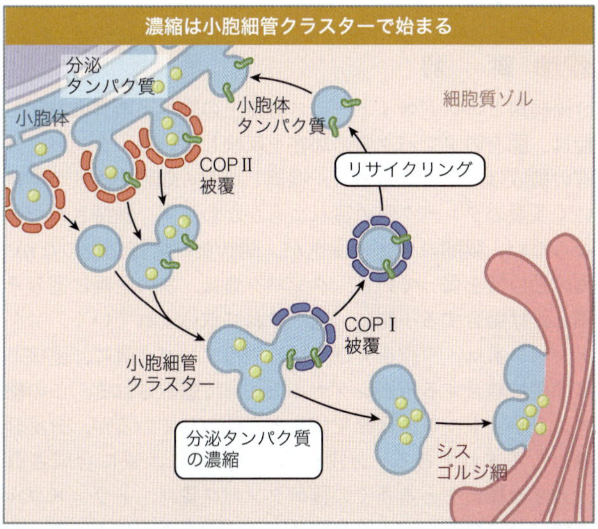

図 4・54 調節性分泌によって分泌されるタンパク質は，小胞体–ゴルジ体間の小胞細管クラスター中で濃縮される．これは，それ以外のタンパク質が COP I 被覆小胞によって取除かれるからである．

濃縮過程は，ゴルジ体を経て，TGN から出芽する濃縮空胞まで続く．形成される分泌顆粒は，驚くほど均一な大きさ（直径約 0.5 mm）をもち，細胞内で頂端膜付近の固有の領域を占め，細胞が分泌刺激で刺激されると頂端膜と融合する（図 4・7 参照）．膵外分泌線の場合，分泌刺激の一例として CCK とよばれるペプチドがあり，胃の食物摂取によって放出される．CCK が膵臓からの分泌顆粒の放出を刺激することによって，消化管に消化酵素が分泌される．

分泌顆粒の成熟は，副腎由来で神経成長因子に応答してホルモンを分泌する，神経内分泌細胞株 PC12 細胞でも研究されている．図 4・55 に示すように，濃縮空胞が TGN から出芽し，さらに濃縮と最終的に顆粒には残らない膜成分の除去によって成熟する．これらの膜成分は，顆粒表面からクラスリン被覆小胞が形成することによって除去される．この小胞は，出芽する顆粒膜に偶然取込まれた，たとえばフリンや M6P 受容体のような TGN タンパク質を回収することができる．

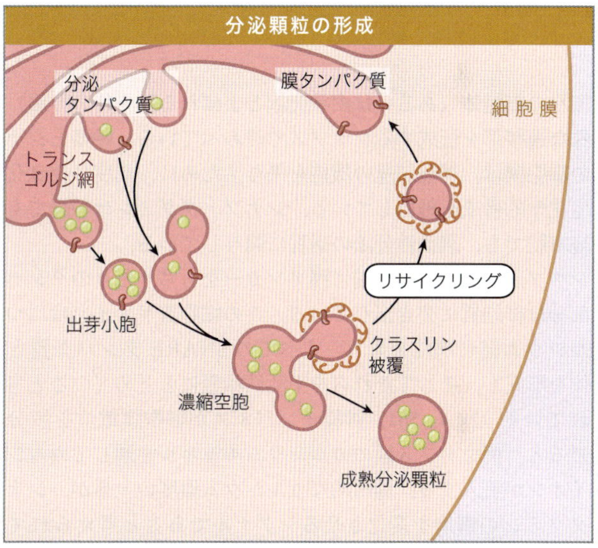

図 4・55 調節性分泌によって分泌されるタンパク質は，トランスゴルジ網から出芽し，互いに融合する小胞中に積み込まれる．分泌タンパク質の濃縮によって過剰になった膜は，クラスリン被覆小胞によってリサイクルされる．成熟した分泌顆粒は，細胞が適切な刺激を受取ったときにはじめて細胞膜と融合する．

分泌顆粒と細胞膜の調節性融合は，構成性分泌過程と基本的に同じ機構を使っている．大きな違いは，SNARE 複合体の形成段階で融合が阻止されることである．融合は，細胞外からのカルシウムイオン流入のシグナルを必要とする．図 4・56 に示すように，カルシウム結合タンパク質，シナプトタグミンは，この調節過程の重要な役者である．

シナプトタグミンは，神経末端で神経伝達物質放出に働く，特化した分泌顆粒であるシナプス小胞の膜タンパク質として，最初に同定された．神経細胞も，細胞体と軸索という二つの異なるドメインをもつ極性細胞である（図 4・56 参照）．細胞体と軸索は明確な接合構造によって分離されていない．軸索は一つの神経細胞から次の神経細胞に電気インパルスを運ぶ非常に長い伸展構造（何 m もの長さをもつものもある）で，筋肉細胞あるいは他の神

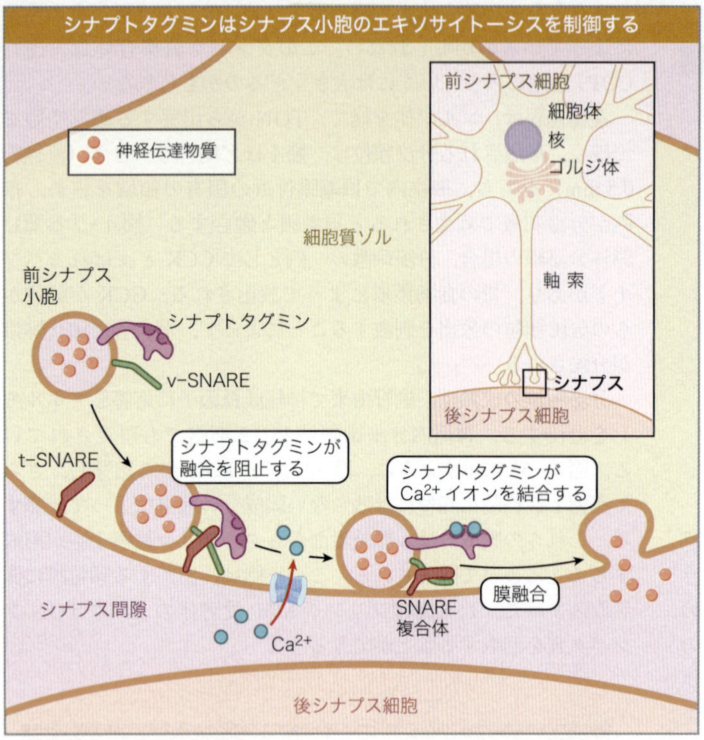

図4・56 シナプトタグミンはシナプス小胞の内容物の放出を制御する．シナプトタグミンは，v- および t-SNARE の複合体に結合し，それによって膜融合を妨げていると考えられる．カルシウムチャネルを通って流入するカルシウムイオンがシナプトタグミンに結合すると，SNARE 複合体が解放され，膜融合が可能になる．

経細胞の細胞体（あるいは樹状突起とよばれる細胞体の伸展）と特殊な連接部を形成するシナプスで終わっている．軸索とシナプスの細胞膜は，神経伝達の機能を果たすために，高度に特殊化した生化学的構成を維持している．シナプトタグミンは神経でも非神経細胞でも，調節性分泌の過程に関与している．

シナプトタグミンは一端に膜アンカーをもち，残りのタンパク質部分は細胞質に突き出している．この細胞質ドメインは二つのカルシウム結合部位をもち，すべての SNARE タンパク質と複合体を形成し，そしてそれらを不活性状態にとどめていると考えられている（図4・56）．神経インパルスが細胞膜電位を脱分極させると，前シナプス膜のカルシウムチャネルを通してカルシウムイオンが流入する．局所的なカルシウム濃度の上昇が，シナプトタグミンの構造を変化させるシグナルであると考えられている．この構造変化は，シナプトタグミンを SNARE 複合体から解離させ，SNARE 複合体が膜融合に働くことを可能にする．

4・20 次なる問題は？

膜交通装置の部品であるタンパク質の多く，おそらく大部分がこれまでに同定されてきて，その機能についてもいくつかの例で明らかになってきている．しかし，他の多くのタンパク質については，機能がわずかに推測できるだけであり，高い解像度で機能解析を行う必要性が差し迫っている．例として，膜への小胞の係留は，現時点では全か無かのできごととして測定され，実はその過程が時間と空間で高度に統制されているかもしれないという事実を見落としてしまう．生化学的および顕微鏡的解析の組合せは，これらの過程を理解するのに必要な，新しい解析法を提供してくれるだろう．

さらに，個別の輸送過程を全体に統合する必要がある．個々のステップは理解できても，それらが相互にどのように適合するのかは，多くの場合あいまいである．一例として，極性細胞の側底部膜への輸送のための積荷選択の問題がある．特異的アダプター（AP-1B）が必要なのは明らかであるが，被覆の集合過程とどう関連しているのか？ 側底部積荷タンパク質に結合するアダプターと M6P 受容体に結合するアダプターは，いずれもクラスリンに結合するが，行き先は異なっている．両タイプのアダプター積荷複合体が，なぜ同じ輸送小胞に入らないのか？ 発生の過程，また細胞あるいは組織の代謝変化の過程で，何が個々の膜輸送のできごとを制御し調整するのか？ 繰返すが，生化学と顕微鏡の技術は，このようなできごとをリアルタイムに正確に観察し，解析することを可能にするに違いない．

他の側面では，タンパク質複合体の複雑な構造が，X線解析と核磁気共鳴の方法を用いてどんどん解かれてきている．最近のものでは，AP-2 アダプター複合体の構造がある．これらの構造によって，可能な分子機構に対して必要とされる多くの洞察が得られ，それがさらに遺伝学的，生化学的アプローチで検証されることになるだろう．

4・21 要　約

分泌経路とエンドサイトーシス経路上の細胞小器官の特化した機能は，固有のタンパク質の局在を反映している．タンパク質の固有の構成は，生合成ののち，機能しながら細胞小器官を通過していく多量のタンパク質の流れにもかかわらず，維持されなければならない．膜間の小胞の往復が，間断ない物質交換のなかで，区画の独自性を保っている．タンパク質は，次の区画に進みその区画とだけ融合する小胞に，選別されて取込まれていく．

タンパク質は，小胞をくびり切る被覆タンパク質に，直接あるいは間接に結合する選別シグナルを使って選択される．この機構はエンドサイトーシス経路で特によく使われているが，分泌経路ではむしろまれである．分泌経路では，特に大量に合成されるか，大きな構造をとる多くの積荷タンパク質は，トランスゴルジ網までは分泌経路をバルク移動によって動くようにみえる．直接的な選抜の欠如のため，残留と回収という他の二つの型のシグナルが選別の任に当たることになった．残留は，分泌経路の特定の膜に，膜貫通ドメインを必要とする機構によってタンパク質を局在させる．回収は，漏れ出したタンパク質を逆送し，本来機能すべき細胞小器官に戻す．たとえば，小胞体に多量に存在する可溶性タンパク質の多くは，C末端にKDELシグナルをもち，これがゴルジ体のシス区画から回収するために使われている．また小胞体膜タンパク質には，2塩基性回収シグナルをもっているものがある．

正しい区画に小胞を標的化するために，Rab GTPase，膜繋留装置とSNAREタンパク質を必要とする．相補的なSNAREの組合わせが相互作用し，二つの膜がひき寄せられ，最終的に融合する．この融合の最終幕は，消化酵素から神経伝達物質に至るまで，積荷の調節性分泌のために制御することもできる．

参考文献

4・1 序　論

総　説

Mellman, I., and Warren, G., 2000. The road taken: past and future foundations of membrane traffic. *Cell*, **100**, 99–112.

4・2 エキソサイトーシス経路の概要

総　説

Griffiths, G., and Simons, K., 1986. The trans Golgi network: sorting at the exit site of the Golgi complex. *Science* **234**, 438–443.

Helenius, A., and Aebi, M., 2001. Intracellular functions of N-linked glycans. *Science* **291**, 2364–2369.

Kornfeld, R., and Kornfeld, S., 1985. Assembly of asparagine-linked oligosaccharides. *Annu. Rev. Biochem.* **54**, 631–664.

Palade, G., 1975. Intracelluler aspects of the process of protein synthesis. *Science* **189**, 347–358.

Pfeffer, S., 2003. Membrane domains in the secretory and endocytic pathways. *Cell* **112**, 507–517.

Rothman, J. E., 1981. The Golgi apparatus: two organelles in tandem. *Science* **213**, 1212–1219.

Rothman, J. E. and Wieland, F. T., 1996. Protein sorting by transport vesicles. *Science* **272**, 227–234.

Van den Steen, P., Rudd, P. M., Dwek, R.A., and Opdenakker, G., 1998. Concepts and principles of O-linked glycosylation. *Crit. Rev. Biochem. Mol. Biol.* **33**, 151–208.

論　文

Hang, H.C., and Bertozzi, C. R., 2005. The chemistry and biology of mucin-type O-linked glycosylation. *Bioorg. Med. Chem.* **13**, 5021–5034.

Novick, P., Ferro, S., and Schekman, R., 1981. Order of events in the yeast secretory pathway. *Cell* **25**, 461–469.

4・3 エンドサイトーシス経路の概要

総　説

Aderem, A., and Underhill, D. M., 1999. Mechanisms of phagocytosis in macrophages. *Annu. Rev. Immunol.* **17**, 593–623.

Conner, S. D. and Schmid, S. L., 2003. Regulated portals of entry into the cell. *Nature* **422**, 37–44.

Goldstein, J. L., Anderson, R. G., and Brown, M. S., 1979. Coated pits, coated vesicles, and receptor-mediated endocytosis. *Nature* **279**, 679–685.

Greenberg, S., and Grinstein, S., 2002. Phagocytosis and innate immunity. *Curr. Opin. Immunol.* **14**, 136–145.

Mellman, I., 1996. Endocytosis and molecular sorting. *Annu. Rev. Cell Dev. Biol.* **12**, 575–625.

Mellman, I., Fuchs, R., and Helenius, A., 1986. Acidification of the endocytic and exocytic pathways. *Annu. Rev. Biochem.* **55**, 663–700.

Rojas, R., and Apodaca, G., 2002. Immunoglobulin transport across polarized epithelial cells. *Nat. Rev. Mol. Cell Biol.* **3**, 944–955.

Stevens, T. H. and Forgac, M., 1997. Structure, function and regulation of the vacuolar (H^+)-ATPase. *Annu. Rev. Cell Dev. Biol.* **13**, 779–808.

Trombetta, E.S., and Mellman, I., 2005. Cell biology of antigen processing *in vitro* and *in vivo*. *Annu. Rev. Immunol.* **23**, 975–1028.

Tuma, P. L., and Hubbard, A.L., 2003. Transcytosis: crossing cellular barriers. *Physiol Rev.* **83**, 871–932.

論　文

Fuchs, R., Schmid, S., and Mellman, I., 1989. A possible role for Na^+, K^+-ATPase in regulating ATP-dependent endosome acidification. *Proc. Natl. Acad. Sci. USA* **86**, 539–543.

Galloway, C.J., Dean, G.E., Marsh, M., Rudrick, G., and Mellman, I., 1983. Acidification of macrophage and fibroblast endocytic vesicles *in vitro*. *Proc. Natl. Acad. Sci. USA* **80**, 3334–3338.

4・4 小胞輸送の基本概念

総　説

Rothman, J.E., 1994. Mechanisms of intracellular protein transport. *Nature* **372**, 55–68.

Springer, S., Spang, A., and Schekman, R., 1999. A primer on vesicle budding. *Cell* **97**, 145–148.

Waters, M. G., and Hughson, F. M., 2000. Membrane tethering and fusion in the secretory and endocytic pathways. *Traffic* **1**, 588–597.

4・5 タンパク質輸送におけるシグナル選別とバルク移動の概念

総　説

Pfeffer, S. R., and Rothman, J. E., 1987. Biosynthetic protein transport and sorting by the endoplasmic reticulum and Golgi. *Annu. Rev. Biochem.* **56**, 829–852.

Rothman, J. E., and Wieland, F. T., 1996. Protein sorting by transport vesicles. *Science* **272**, 227–234.

論　文

Bretscher, M. S., Thomson, J. N., and Pearse, B. M., 1980. Coated pits act as molecular filters. *Proc. Natl. Acad. Sci. USA* **77**, 4156–4159.

Wiedmann, M., Huth, A., and Rapoport, T. A., 1984. Xenopus oocytes can secrete bacterial beta-lactamase. *Nature* **309**, 637–639.

Wieland, F. T., Gleason, M. L., Serafini, T. A., and Rothman, J. E., 1987. The rate of bulk flow from the endoplasmic reticulum to the cell surface. *Cell* **50**, 289–300.

4・6 COPⅡ被覆小胞は小胞体からゴルジ体への輸送に働く

総　説

Barlowe, C., 2003. Molecular recognition of cargo by the COPII complex: a most accommodating coat. *Cell* **114**, 395–397.

Hauri, H. P., Kappeler, F., Andersson, H., and Appenzeller, C., 2000. ERGIC-53 and traffic in the secretory pathway. *J. Cell Sci.* **113** (Pt 4) , 587–596.

Springer, S., Spang, A., and Schekman, R., 1999. A primer on vesicle budding. *Cell* **97**, 145–148.

Warren, G. and Mellman, I., 1999. Bulk flow redux? *Cell* **98**, 125–127.

論　文

Barlowe, C., Orci, L., Yeung, T., Hosobuchi, M., Hamamoto, S., Salama, N., Rexach, M. F., Ravazzola, M., Amherdt, M., and Schekman, R., 1994. COPII: a membrane coat formed by Sec proteins that drive vesicle budding from the endoplasmic reticulum. *Cell* **77**, 895–907.

Belden, W. J. and Barlowe, C., 2001. Role of Erv29p in collecting soluble secretory proteins into ER-derived transport vesicles. *Science* **294**, 1528–1531.

Bi, X., Corpina, R. A., and Goldberg, J., 2002. Structure of the Sec23/24-Sarl pre-budding complex of the COPII vesicle coat. *Nature* **419**, 271–277.

Kuehn, M. J., Schekman, R., and Ljungdahl, P. O., 1996. Amino acid permeases require COPII components and the ER resident membrane protein Shr3p for packaging into transport vesicles *in vitro*. *J. Cell Biol.* **135**, 585–595.

Nichols, W. C. et al., 1998. Mutations in the ER-Golgi intermediate compartment protein ER-GIC-53 cause combined deficiency of coagulation factors V and VIII. *Cell* **93**, 61–70.

Nishimura, N., Bannykh, S., Slabough, S., Matteson, J., Altschuler, Y., Hahn, K., and Balch, W. E., 1999. A di-acidic (DXE) code directs concentration of cargo during export from the endoplasmic reticulum. *J. Biol. Chem.* **274**, 15937–15946.

Presley, J. F., Cole, N. B., Schroer, T. A., Hirschberg, K., Zaal, K. J. M., and Lippincott-Schwartz, J., 1997. ER-to-Golgi transport visualized in living cells. *Nature* **389**, 81–85.

Springer, S., and Schekman, R., 1998. Nucleation of COPII vesicular coat complex by endoplasmic reticulum to Golgi vesicle SNAREs. *Science* **281**, 698–700.

4・7 小胞体からもれ出た小胞体タンパク質は回収される

論 文

Munro, S., and Pelham, H. R., 1987. A C-terminal signal prevents secretion of luminal ER proteins. *Cell* **48**, 899–907.

Nilsson, T., Jackson, M., and Peterson, P. A., 1989. Short cytoplasmic sequences serve as retention signals for transmembrane proteins in the endoplasmic reticulum. *Cell* **58**, 707–718.

Schindler, R., Itin, C., Zerial, M., Lottspeich, F., and Hauri, H. P., 1993. ERGIC-53, a membrane protein of the ER-Golgi intermediate compartment, carries an ER retention motif. *Eur. J. Cell Biol.* **61**, 1–9.

Schutze, M. P., Peterson, P. A., and jackson, M. R., 1994. An N-terminal double-arginine motif maintains type II membrane proteins in the endoplasmic reticulum. *EMBO J.* **13**, 1696–1705.

Wilson, D. W., Lewis, M. J., and Pelham, H. R., 1993. pH-dependent binding of KDEL to its receptor *in vitro*. *J. Biol. Chem.* **268**, 7465–7468.

4・8 COP I 小胞はゴルジ体から小胞体への逆行輸送に働く

総 説

Pelham, H. R., 1994. About turn for the COPs? *Cell* **79**, 1125–1127.

論 文

Aoe, T., Huber, I., Vasudevan, C., Watkins, S. C., Romero, G., Cassel, D., and Hsu, V. W., 1999. The KDEL receptor regulates a GTPase-activating protein for ADP-ribosylation factor 1 by interacting with its non-catalytic domain. *J. Biol. Chem.* **274**, 20545–20549.

Donaldson, J. G., Lippincott-Schwartz, J., Bloom, G. S., Kreis, T. E., and Klausner, R. D., 1990. Dissociation of a 110-kD peripheral membrane protein from the Golgi apparatus is an early event in brefeldin A action. *J. Cell Biol.* **111**, 2295–2306.

Letourneur, F., Gaynor, E. C., Hennecke, S., Démollière, C., Duden, R., Emr, S.D., Riezman, H., and Cosson, P., 1994. Coatomer is essential for retrieval of dilysine-tagged proteins to the endoplasmic reticulum. *Cell* **79**, 1199–1207.

Nickel, W., Brugger, B., and Wieland, F. T., 2002. Vesicular transport: the core machinery of COPI recruitment and budding *J. Cell Sci.* **115**, 3235–3240.

Serafini, T., Orci, L., Amherdt, M., Brunner, M., Kahn, R. A., and Rothman, J. E., 1991. ADP-ribosylation factor is a subunit of the coat of Golgi-derived COP-coated vesicles: a novel role for a GTP-binding protein. *Cell* **67**, 239–253.

Waters, M. G., Serafini, T., and Rothman, J. E., 1991. 'Coatomer': a cytosolic protein complex containing subunits of non-clathrin-coated Golgi transport vesicles. *Nature* **349**, 248–251.

4・9 ゴルジ体層板内の順行輸送には二つのモデルがある

総 説

Pelham, H. R., and Rothman, J. E., 2000. The debate about transport in the Golgi—two sides of the same coin? *Cell* **102**, 713–719.

4・10 ゴルジ体でのタンパク質の残留は膜貫通領域によって決定される

総 説

Bretscher, M. S., and Munro, S., 1993. Cholesterol and the Golgi apparatus. *Science* **261**, 1280–1281.

Nilsson, T. and Warren, G., 1994. Retention and retrieval in the endoplasmic reticulum and the Golgi apparatus. *Curr. Opin. Cell Biol.* **6**, 517–521.

Pelham, H. R. and Munro, S., 1993. Sorting of membrane proteins in the secretory pathway. *Cell* **75**, 603–605.

論 文

Munro, S., 1995. An investigation of the role of transmembrane domains in Golgi protein retention. *EMBO J.* **14**, 4695–4704.

Nilsson, T., Hoe, M. H., Slusarewicz, P., Rabouille, C., Watson, R., Hunte, F., Watzele, G., Berger, E. G., and Warren, G., 1994. Kin recognition between medial Golgi enzymes in HeLa cells. *EMBO J.* **13**, 562–574.

4・11 Rab GTPase と繋留タンパク質が小胞の標的化を制御する

総 説

Barr, F. A., Warren, G., 1996. Disassembly and reassembly of the Golgi apparatus *Semin. Cell Dev. Biol.* **7**, 505–510.

Guo, W., Sacher, M., Barrowman, J., Ferro-Novick, S, and Novick, P., 2000. Protein complexes in transport vesicle targeting. *Trends Cell Biol.* **10**, 251–255.

Pfeffer, S. R., 1999. Transport-vesicle targeting: tethers before SNAREs. *Nat. Cell Biol.* **1**, E17–22.

Waters, M. G., and Hughson, F. M., 2000. Membrane tethering and fusion in the secretory and endocytic pathways. *Traffic* **1**, 588–597.

Whyte, J. R., and Munro, S., 2002. Vesicle tethering complexes in membrane traffic. *J. Cell Sci.* **115**, 2627–2637.

Zerial, M., and McBride, H., 2001. Rab proteins as membrane organizers. *Nat. Rev. Mol. Cell Biol.* **2**, 107–117.

論 文

Salminen, A. and Novick, P. J., 1987. A ras-like protein is required for a post-Golgi event in yeast secretion. *Cell* **49**, 527–538.

4・12 SNAREタンパク質は小胞と標的膜の融合に働いている

総 説

Brunger, A. T., 2001. Structure of proteins involved in synaptic vesicle fusion in neurons. *Annu Rev Biophys Biomol Struct* **30**, 157–171.

Chen, Y. A., and Scheller, R. H., 2001. SNARE-mediated membrane fusion. *Nat. Rev. Mol. Cell Biol.* **2**, 98–106.

Ferro-Novick, S., and Jahn, R., 1994. Vesicle fusion from yeast to man. *Nature* **370**, 191–193.

Gerst, J. E., 2003. SNARE regulators: matchmakers and match-

breakers. *Biochim. Biophys. Acta* **1641**, 99–110.
Jahn, R., Lang, T., and Sudhof, T. C., 2003. Membrane fusion. *Cell* **112**, 519–533.
Skehel, J. J., and Wiley, D. C., 1998. Coiled coils in both intracellular vesicle and viral membrane fusion. *Cell* **95**, 871–874.
Söllner, T. H., 2003. Regulated exocytosis and SNARE function (Review). *Mol. Membr. Biol.* **20**, 209–220.
Toonen, R. F., and Verhage, M., 2003. Vesicle trafficking: pleasure and pain from SM genes. *Trends Cell Biol.* **13**, 177–186.

論　文

Hanson, P. I., Roth, R., Morisaki, H., Jahn, R., and Heuser, J. E., 1997. Structure and conformational changes in NSF and its membrane receptor complexes visualized by quick-freeze/deep-etch electron microscopy. *Cell* **90**, 523–535.
Parlati, F., McNew, J. A., Fukuda, R., Miller, R., Sollner, T. H., and Rothman, J. E., 2000. Topological restriction of SNARE-dependent membrane fusion. *Nature* **407**, 194–198.
Söllner, T., Bennett, M. K., Whiteheart, S. W., Scheller, R. H., and Rothman, J. E., 1993. A protein assembly-disassembly pathway in vitro that may correspond to sequential steps of synaptic vesicle docking, activation, and fusion. *Cell* **75**, 409–418.
Sollner, T., Whiteheart, S. W., Brunner, M., Erdjument-Bromage, H., Geromanos, S., Tempst, P., and Rothman, J. E., 1993. SNAP receptors implicated in vesicle targeting and fusion. *Nature* **362**, 318–324.
Sutton, R. B., Fasshauer, D., Jahn, R., and Brunger, A. T., 1998. Crystal structure of a SNARE complex involved in synaptic exocytosis at 2.4 Å resolution. *Nature* **395**, 347–353.

4・13 クラスリン被覆小胞が介在するエンドサイトーシス

総　説

Lemmon, S. K., 2001. Clathrin uncoating: Auxilin comes to life. *Curr. Biol.* **11**, R49–R52.
Sever, S., Damke, H., and Schmid, S. L., 2000. Garrotes, springs, ratchets, and whips: putting dynamin models to the test. *Traffic* **1**, 385–392.

論　文

Ford, M. G., Mills, I. G., Peter, B. J., Vallis, Y., Praefcke, G. J., Evans, P. R., and McMahon, H. T., 2002. Curvature of clathrin-coated pits driven by epsin. *Nature* **419**, 361–366.
Heuser, J., 1980. Three-dimensional visualization of coated vesicle formation in fibroblasts. *J. Cell Biol.* **84**, 560–583.
Hinshaw, J. E., and Schmid, S. L., 1995. Dynamin self-assembles into rings suggesting a mechanism for coated vesicle budding. *Nature* **374**, 190–192.
Kanaseki, T., and Kadota, K., 1969. The "vesicle in a basket." A morphological study of the coated vesicle isolated from the nerve endings of the guinea pig brain, with special reference to the mechanism of membrane movements. *J. Cell Biol.* **42**,202–220.
Kirchhausen, T. and Harrison, S. C., 1981. Protein organization in clathrin trimers. *Cell* **23**, 755–761.
Kosaka, T., and Ikeda, K., 1983. Reversible blockage of membrane retrieval and endocytosis in the garland cell of the temperature-sensitive mutant of *Drosophila melanogaster*, shibire tsl. *J. Cell Biol.* **97**, 499–507.
Merrifield, C. J., Moss, S. E., Ballestrem, C., Imhof, B. A., Giese, G., Wunderlich, I., and Almers, W., 1999. Endocytic vesicles move at the tips of actin tails in cultured mast cells. *Nat. Cell Biol.* **1**, 72–74.
Musacchio, A., Smith, C. J., Roseman, A. M., Harrison, S. C., Kirchhausen, T., and Pearse, B. M., 1999. Functional organization of clathrin in coats: combining electron cryomicroscopy and X-ray crystallography. *Mol. Cell* **3**, 761–770.
Pearse, B. M., 1975. Coated vesicles from pig brain: purification and biochemical characterizarion. *J. Mol. Biol.* **97**, 93–98.
Roth, T. F., and Porter, K. R., 1964. Yolk protein uptake in the oocyte of the mosquito *Aedes aegypti*. *J Cell Biol.* **20**, 313–332.
Takei, K., McPherson, P. S., Schmid, S. L., and De Camilli, P., 1995. Tubular membrane invaginations coated by dynamin rings are induced by GTP-gamma S in nerve terminals. *Nature* **374**, 186–190.
Ungewickell, E., and Branton, D., 1981. Assembly units of clathrin coats. *Nature* **289**, 420–422.
van der Bliek, A. M., and Meyerowitz, E. M., 1991. Dynamin-like protein encoded by the *Drosophila shibire* gene associated with vesicular traffic. *Nature* **351**, 411–414.
Woodward, M. P., and Roth, T. F., 1978. Coated vesicles: characterization, selective dissociation, and reassembly. *Proc. Natl. Acad. Sci. USA* **75**, 4394–4398.

4・14 アダプター複合体はクラスリンと膜貫通積荷タンパク質を結びつける

総　説

Bonifacino, J. S., and Traub, L. M., 2003. Signals for sorting of transmembrane proteins to endosomes and lysosomes. *Annu. Rev. Biochem.* **72**, 395–447.
Robinson, M. S., 2004. Adaptable adaptors for coated vesicles. *Trends Cell Biol.* **14**, 167–174.
Robinson, M. S., and Bonifacino, J. S., 2001. Adaptor-related proteins. *Curr. Opin. Cell Biol.* **13**, 444–453.
Setaluri, V., 2000. Sorting and targeting of melanosomal membrane proteins: signals, pathways, and mechanisms. *Pigment Cell Res.* **13**, 128–134.

論　文

Anderson, R. G., Goldstein, J. L., and Brown, M. S., 1977. A mutation that impairs the ability of lipoprotein receptors to localize in coated pits on the cell surface of human fibroblasts. *Nature* **270**, 695–699.
Collins, B. M., McCoy, A. J., Kent, H. M., Evans, P. R., and Owen, D. J., 2002. Molecular architecture and functional model of the endocytic AP2 complex. *Cell* **109**, 523–535.
Confalonieri, S., Salcini, A. E., Puri, C., Tacchetti, C., and Di Fiore, P. P., 2000. Tyrosine phosphorylation of Eps15 is required for ligandregulated, but not constitutive, endocytosis. *J. Cell Biol.* **150**, 905–912.
Davis, C. G., Lehrman, M. A., Russell, D. W., Anderson, R. G., Brown, M. S., and Goldstein, J. L., 1986. The J. D. mutation in familial hypercholesterolemia: amino acid substitution in cytoplasmic domain impedes internalization of LDL receptors. *Cell* **45**, 15–24.
Dell'Angelica, E. C., Mullins, C., and Bonifacino, J. S., 1999. AP-4, a novel protein complex related to clathrin adaptors. *J. Biol. Chem.* **274**, 7278–7285.
Dell'Angelica, E. C., Ohno, H., Ooi, C. E., Rabinovich, E., Roche, K. W., and Bonifacino, J. S., 1997. AP-3: an adaptor-like protein complex with ubiquitous expression. *EMBO J.* **16**, 917–928.
Gaidarov, I., Chen, Q., Falck, J. R., Reddy, K. K., and Keen, J. H., 1996. A functional phosphatidylinositol 3,4,5-trisphosphate/phosphoinositide binding domain in the clathrin adaptor AP-2 alpha subunit. Implications for the endocytic pathway. *J. Biol. Chem.* **271**, 20922–20929.
Goodman, O. B., Krupnick, J. G., Santini, F., Gurevich, V. V., Penn, R. B., Gagnon, A. W., Keen, J. H., and Benovic, J. L., 1996. Beta-arrestin acts as a clathrin adaptor in endocytosis of the beta2-adrenergic receptor. *Nature* **383**, 447–450.
Heuser, J. E., and Keen, J., 1988. Deep-etch visualization of pro-

teins involved in clathrin assembly. *J. Cell Biol.* **107**, 877–886.
Matter, K., Hunziker, W., and Mellman, I., 1992. Basolateral sorting of LDL receptor in MDCK cells: the cytoplasmic domain contains two tyrosine-dependent targeting determinants. *Cell* **71**, 741–753.
Ohno, H., Stewart, J., Fournier, M., C., Bosshart, H., Rhee, I., Miyatake, S., Saito, T., Gallusser, A., Kirchhausen, T., and Bonifacino, J. S., 1995. Interaction of tyrosine-based sorting signals with clathrin-associated proteins. *Science* **269**, 1872–1875.
Owen, D. J., Vallis, Y., Pearse, B. M., McMahon, H. T., and Evans, P. R., 2000. The structure and function of the beta 2-adaptin appendage domain. *EMBO J.* **19**, 4216–4227.
Rapoport, I., Chen, Y. C., Cupers, P., Shoelson, S. E., and Kirchhausen, T., 1998. Dileucine-based sorting signals bind to the beta chain of AP-1 at a site distinct and regulated differently from the tyrosine-based motif-binding site. *EMBO J.* **17**, 2148–2155.
Robinson, M. S., and Pearse, B. M., 1986. Immunofluorescent localization of 100K coated vesicle proteins. *J. Cell Biol.* **102**, 48–54.
Simpson, F., Peden, A. A., Christopoulou, L., and Robinson, M. S., 1997. Characterization of the adaptor-related protein complex, AP-3. *J. Cell Biol.* **137**, 835–845.
Steinman, R. M., Brodie, S. E., and Cohn, Z. A., 1976. Membrane flow during pinocytosis. A stereologic analysis. *J. Cell Biol.* **68**, 665–687.
Ybe, J. A., Brodsky, F. M., Hofmann, K., Lin, K., Liu, S. H., Chen, L., Earnest, T. N., Fletterick, R. J., and Hwang, P. K., 1999. Clathrin self-assembly is mediated by a tandemly repeated superhelix. *Nature* **399**, 371–375.

4・15 受容体には，初期エンドソームからリサイクルするもの，リソソームで分解されるものがある

総 説

Helenius, A., Mellman, I., Wall, D., and Hubbard, A., 1983. Endosomes. *Trends Biochem. Sci.* **8**, 245–250.
Katzmann, D. J., Odorizzi, G., and Emr, S. D., 2002. Receptor downregulation and multivesicular-body sorting. *Nat. Rev. Mol. Cell Biol.* **3**, 893–905.
Mellman, I., 1996. Endocytosis and molecular sorting. *Annu. Rev. Cell Dev. Biol.* **12**, 575–625.

論 文

Davis, C. G., Goldstein, J. L., Südhof, T. C., Anderson, R. G., Russell, D. W., and Brown, M. S., 1987. Acid-dependent ligand dissociation and recycling of LDL receptor mediated by growth factor homology region. *Nature* **326**, 760–765.
Geuze, H. J., Slot, J. W., and Schwartz, A. L., 1987. Membranes of sorting organelles display lateral heterogeneity in receptor distribution. *J. Cell Biol.* **104**, 1715–1723.
Gorvel, J. P., Chavrier, P., Zerial, M., and Gruenberg, J., 1991. rab5 controls early endosome fusion in vitro. *Cell* **64**, 915–925.
Klausner, R. D., Ashwell, G., van Renswoude, J., Harford, J. B., and Bridges, K. R., 1983. Binding of apotransferrin to K562 cells: explanation of the transferrin cycle. *Proc. Natl. Acad. Sci. USA* **80**, 2263–2266.
Levkowitz, G., Waterman, H., Zamir, E., Kam, Z., Oved, S., Langdon, W. Y., Beguinot, L., Geiger, B., and Yarden, Y., 1998. c-Cbl/Sli-1 regulates endocytic sorting and ubiquitination of the epidermal growth factor receptor. *Genes Dev.* **12**, 3663–3674.
Marsh, M., and Helenius, A., 1980. Adsorptive endocytosis of Semliki Forest virus. *J. Mol. Biol.* **142**, 439–454.
Marsh, M., Griffiths, G., Dean, G. E., Mellman, I., and Helenius, A., 1986. Three-dimensional structure of endosomes in BHK-21 cells. *Proc. Natl. Acad. Sci. USA* **83**, 2899–2903.
McBride, H. M., Rybin, V., Murphy, C., Giner, A., Teasdale, R., and Zerial, M., 1999. Oligomeric complexes link Rab5 effectors with NSF and drive membrane fusion via interactions between EEA1 and syntaxin 13. *Cell* 98, 377–386.
Mu, F. T., Callaghan, J. M., Steele-Mortimer, O., Stenmark, H., Parton, R. G., Campbell, P.L., McCluskey, J., Yeo, J.P., Tock, E. P., and Toh, B. H., 1995. EEA1, an early endosome-associated protein. EEA1 is a conserved alpha-helical peripheral membrane protein flanked by cysteine 'fingers' and contains a calmodulin-binding IQ motif. *J. Biol. Chem.* **270**, 13503–13511.
Prekeris, R., Klumperman, J., Chen, Y. A., and Scheller, R. H., 1998. Syntaxin 13 mediates cycling of plasma membrane proteins via tubulovesicular recycling endosomes. *J. Cell Biol.* **143**, 957–971.
Sheff, D. R., Daro, E. A., Hull, M., and Mellman, I., 1999. The receptor recycling pathway contains two distinct populations of early endosomes with different sorting functions. *J. Cell Biol.* **145**, 123–139.
Simonsen, A., Lippé, R., Christoforidis, S., Gaullier, J. M., Brech, A., Callaghan, J., Toh, B. H., Murphy, C., Zerial, M., and Stenmark, H., 1998. EEA1 links PI(3)K function to Rab5 regulation of endosome fusion. *Nature* **394**, 494–498.

4・16 初期エンドソームは成熟によって後期エンドソームとリソソームになる

総 説

Helenius, A., Mellman, I., Wall, D., and Hubbard, A., 1983. Endosomes. *Trends Biochem. Sci.* **8**, 245–250.
Katzmann, D. J., Odorizzi, G., and Emr, S. D., 2002. Receptor downregulation and multivesicular-body sorting. *Nat. Rev. Mol. Cell Biol.* **3**, 893–905.
Kornfeld, S., and Mellman, I., 1989. The biogenesis of lysosomes. *Annu. Rev. Cell Biol.* **5**, 483–525.
Mellman, I., 1996. Endocytosis and molecular sorting. *Annu. Rev. Cell Dev. Biol.* **12**, 575–625.
Steinman, R. M., Mellman, I. S., Muller, W. A., and Cohn, Z. A., 1983. Endocytosis and the recycling of plasma membrane. *J. Cell Biol.* **96**, 1–27.

論 文

Dunn, K. W., McGraw, T. E., and Maxfield, F. R., 1989. Iterative fractionation of recycling receptors from lysosomally destined ligands in an early sorting endosome. *J. Cell Biol.* **109**, 3303–3314.
Felder, S., Miller, K., Moehren, G., Ullrich, A., Schlessinger, J., and Hopkins, C. R., 1990. Kinase activity controls the sorting of the epidermal growth factor receptor within the multivesicular body. *Cell* **61**, 623–634.
Gruenberg, J., Griffiths, G., and Howell, K. E., 1989. Characterization of the early endosome and putative endocytic carrier vesicles *in vivo* and with an assay of vesicle fusion *in vitro*. *J. Cell Biol.* **108**, 1301–1316.
Katzmann, D. J., Babst, M., and Emr, S. D., 2001. Ubiquitin-dependent sorting into the multivesicular body pathway requires the function of a conserved endosomal protein sorting complex, ESCRT-I. *Cell* **106**, 145–155.
Levkowitz, G., Waterman, H., Zamir, E., Kam, Z., Oved, S., Langdon, W. Y., Beguinot, L., Geiger, B., and Yarden, Y., 1998. c-Cbl/Sli-1 regulates endocytic sorting and ubiquitination of the epidermal growth factor receptor. *Genes Dev.* **12**, 3663–3674.
Matteoni, R., and Kreis, T. E., 1987. Translocation and clustering of endosomes and lysosomes depends on microtubules. *J. Cell Biol.* **105**, 1253–1265.

Schmid, S. L., Fuchs, R., Male, P., and Mellman, I., 1988. Two distinct subpopulations of endosomes involved in membrane recycling and transport to lysosomes. *Cell* **52**, 73–83.

4・17 リソソームタンパク質の選別はトランスゴルジ網で起こる

総 説

Bonifacino, J. S., and Traub, L. M., 2003. Signals for sorting of transmembrane proteins to endosomes and lysosomes. *Annu. Rev. Biochem.* **72**, 395–447.

Kornfeld, R. and Kornfeld, S., 1985. Assembly of asparagine-linked oligosaccharides. *Annu. Rev. Biochem.* **54**, 631–664.

Kornfeld, S., 1992. Structure and function of the mannose 6-phosphate/nsulinlike growth factor II receptors. *Annu. Rev. Biochem.* **61**, 307–330.

Kornfeld, S., and Mellman, I., 1989. The biogenesis of lysosomes. *Annu. Rev. Cell Biol.* **5**, 483–525.

Stack, J. H., Horazdovsky, B., and Emr, S. D., 1995. Receptor-mediated protein sorting to the vacuole in yeast: roles for a protein kinase, a lipid kinase and GTP-binding proteins. *Annu. Rev. Cell Dev. Biol.* **11**, 1–33.

論 文

Boman, A. L., Zhang, C., Zhu, X., and Kahn, R. A., 2000. A family of ADP-ribosylation factor effectors that can alter membrane transport through the trans-Golgi. *Mol. Biol. Cell* **11**, 1241–1255.

Carroll, K. S., Hanna, J., Simon, I., Krise, J., Barbero, P., and Pfeffer, S. R., 2001. Role of Rab9 GTPase in facilitating receptor recruitment by TIP47. *Science* **292**, 1373–1376.

Costaguta, G., Stefan, C. J., Bensen, E. S., Emr, S. D., and Payne, G. S., 2001. Yeast Gga coat proteins function with clathrin in Golgi to endosome transport. *Mol. Biol. Cell* **12**, 1885–1896.

Darsow, T., Burd, C. G., and Emr, S. D., 1998. Acidic dileucine motif essential for AP-3-dependent sorting and restriction of the functional specificity of the Vam3p vacuolar t-SNARE. *J. Cell Biol.* **142**, 913–922.

Dell' Angelica, E. C., Puertollano, R., Mullins, C., Aguilar, R. C., Vargas, J. D., Hartnell, L. M., and Bonifacino, J. S., 2000. GGAs: a family of ADP ribosylation factor-binding proteins related to adaptors and associated with the Golgi complex. *J. Cell Biol.* **149**, 81–94.

Doray, B., Bruns, K., Ghosh, P., and Kornfeld, S., 2002. Interaction of the cation-dependent mannose 6-phosphate receptor with GGA proteins. *J. Biol. Chem.* **277**, 18477–18482.

Geuze, H. J., Stoorvogel, W., Strous, G. J., Slot, J. W., Bleekemolen, J. E., and Mellman, I., 1988. Sorting of mannose 6-phosphate receptors and lysosomal membrane proteins in endocytic vesicles. *J. Cell Biol.* **107**, 2491–2501.

Hirst, J., Lui, W. W., Bright, N. A., Totty, N., Seaman, M. N., and Robinson, M. S., 2000. A family of proteins with gamma-adaptin and VHS domains that facilitate trafficking between the trans-Golgi network and the vacuole/ysosome. *J. Cell Biol.* **149**, 67–80.

Howe, C. L., Granger, B. L., Hull, M., Green, S. A., Gabel, C. A., Helenius, A., and Mellman, I., 1988. Derived protein sequence, oligosaccharides, and membrane insertion of the 120-kDa lysosomal membrane glycoprotein (lgp120): identification of a highly conserved family of lysosomal membrane glycoproteins. *Proc. Natl. Acad. Sci. USA* **85**, 7577–7581.

Kornfeld, S., and Sly, W. S., 1985. Lysosomal storage defects. *Hosp Pract* (*Off Ed*) **20**, 71–75, 78–82.

Pelham, H. R., 1988. Evidence that luminal ER proteins are sorted from secreted proteins in a post-ER compartment. *EMBO J.* **7**, 913–918.

Puertollano, R., Aguilar, R. C., Gorshkova, I., Crouch, R. J., and Bonifacino, J. S., 2001. Sorting of mannose 6-phosphate receptors mediated by the GGAs. *Science* **292**, 1712–1716.

Zhu, Y., Doray, B., Poussu, A., Lehto, V. P., and Kornfeld, S., 2001. Binding of GGA2 to the lysosomal enzyme sorting motif of the mannose 6-phosphate receptor. *Science* **292**, 1716–1718.

4・18 極性上皮細胞は頂端部と側底部の細胞膜にタンパク質を選別輸送する

総 説

Drubin, D. G., and Nelson, W. J., 1996. Origins of cell polarity. *Cell* **84**, 335–344.

Griffiths, G., and Simons, K., 1986. The trans Golgi network: sorting at the exit site of the Golgi complex. *Science* **234**, 438–443.

Mellman, I., 1995. Molecular sorting of membrane proteins in polarized and nonpolarized cells. *Cold Spring Harb. Symp. Quant. Biol.* **60**, 745–752.

Mostov, K. E., Verges, M., and Altschuler, Y., 2000. Membrane traffic in polarized epithelial cells. *Curr. Opin. Cell Biol.* **12**, 483–490.

Munro, S., 2003. Lipid rafts: elusive or illusive? *Cell* **115**, 377–388.

Rodriguez-Boulan, E., and Powell, S. K., 1992. Polarity of epithelial and neuronal cells. *Annu. Rev. Cell Biol.* **8**, 395–427.

Simons, K., and Ikonen, E., 1997. Functional rafts in cell membranes. *Nature* **387**, 569–572.

論 文

Ang, A. L., Taguchi, T., Francis, S., Fölsch, H., Murrells, L. J., Pypaert, M., Warren, G., and Mellman, I., 2004. Recycling endosomes can serve as intermediates during transport from the Golgi to the plasma membrane of MDCK cells. *J. Cell Biol.* **167**, 531–543.

Fölsch, H., Ohno, H., Bonifacino, J. S., and Mellman, I., 1999. A novel clathrin adaptor complex mediates basolateral trageting in polarized epithelial cells. *Cell* **99**, 189–198.

Matter, K., Whitney, J. A., Yamamoto, E. M., and Mellman, I., 1993. Common signals control low density lipoprotein receptor sorting in endosomes and the Golgi complex of MDCK cells. *Cell* **74**, 1053–1064.

Matter, K., Yamamoto, E. M., and Mellman, I., 1994. Structural requirements and sequence motifs for polarized sorting and endocytosis of LDL and Fc receptors in MDCK cells. *J. Cell Biol.* **126**, 991–1004.

Rindler, M. J., Ivanov, I. E., Plesken, H., Rodriguez-Boulan, E., and Sabatini, D. D., 1984. Viral glycoproteins destined for apical or basolateral plasma membrane domains traverse the same Golgi apparatus during their intracellular transport in doubly infected Madin-Darby canine kidney cells. *J. Cell Biol.* **98**, 1304–1319.

Scheiffele, P., Peränen, J., and Simons, K., 1995. N-glycans as apical sorting signals in epithelial cells. *Nature* **378**, 96–98.

Wandinger-Ness, A., Bennett, M. K., Antony, C., and Simons, K., 1990. Distinct transport vesicles mediate the delivery of plasma membrane proteins to the apical and basolateral domains of MDCK cells. *J. Cell Biol.* **111**, 987–1000.

4・19 分泌のためにタンパク質を貯蔵する細胞がある

総 説

Case, R. M., 1978. Synthesis, intracellular transport and discharge of exportable proteins in the pancreatic acinar cell and other cells. *Biol. Rev. Camb. Philos. Soc.* **53**, 211–354.

Gerber, S. H., and Südhof, T. C., 2002. Molecular determinants of regulated exocytosis. *Diabetes* **51** Suppl 1, S3–11.

Huttner, W. B., Ohashi, M., Kehlenbach, R. H., Barr, F. A., Bauerfeind, R., Bräunling, O., Corbeil, D., Hannah, M., Pasol-

li, H. A., and Schmidt, A., 1995. Biogenesis of neurosecretory vesicles. *Cold Spring Harb. Symp Quant Biol.* **60**, 315–327.
Palade, G., 1975. Intracellular aspects of the process of protein synthesis. *Science* **189**, 347–358.
Schiavo, G., Osborne, S. L., and Sgouros, J. G., 1998. Synaptotagmins: more isoforms than functions? *Biochem. Biophys. Res. Commun.* **248**, 1–8.
Südhof, T. C., and Rizo, J., 1996. Synaptotagmins: C2-domain proteins that regulate membrane traffic. *Neuron* **17**, 379–388.
Warren, G., and Mellman, I., 1999. Bulk flow redux? *Cell* **98**, 125–127.

論 文

Bendayan, M., 1984. Concentration of amylase along its secretory pathway in the pancreatic acinar cell as revealed by high resolution immunocytochemistry. *Histochem. J.* **16**, 85–108.
Dittié, A. S., Klumperman, J., and Tooze, S. A., 1999. Differential distribution of mannose-6-phosphate receptors and furin in immature secretory granules. *J. Cell Sci.* **112** (Pt 22), 3955–3966.
Klumperman, J., Kuliawat, R., Griffith, J. M., Geuze, H. J., and Arvan, P., 1998. Mannose 6-phosphate receptors are sorted from immature secretory granules via adaptor protein AP-1, clathrin, and syntaxin 6-positive vesicles. *J. Cell Biol.* **141**, 359–371.
Martínez-Menárguez, J. A., Geuze, H. J., Slot, J. W., and Klumperman, J., 1999. Vesicular tubular clusters between the ER and Golgi mediate concentration of soluble secretory proteins by exclusion from COPI-coated vesicles. *Cell* **98**, 81–90.

PART

III

核

核の構造と輸送

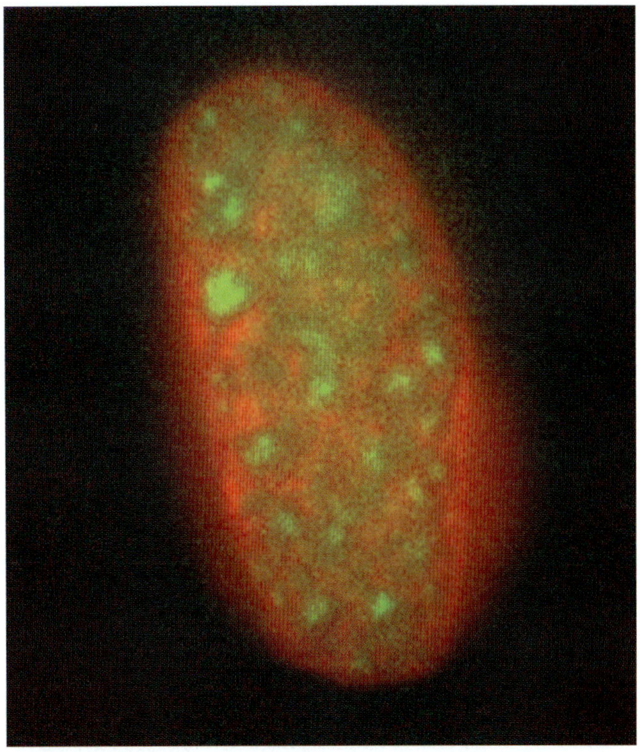

この蛍光顕微鏡写真は，哺乳類細胞の核内での DNA（赤）と mRNA（緑）の分布を示している．mRNA は，間期クロマチンが占めている領域と領域の間に存在している［X.D. Shav-Tal, et al, *Science* **304**, 1794〜1800 (2004) より許可を得て転載．© AAAS. 写真は Shailesh M. Shenoy, Robert Singer, Albert Einstein College of Medicine of Yeshiva University の好意による］

5・1 序　論

重 要 な 概 念

- 核は，細胞の大部分の DNA を保持しており，洗練された複雑な遺伝子発現制御を担っている．
- 核膜は，核を包む 2 層の膜である．
- 核内には，膜に包まれていない小区画がある．
- 核膜には，核内へのタンパク質輸送や核外への RNA やタンパク質の輸送を担う小孔がある．

光学顕微鏡で真核細胞を観察すると，**核**（nucleus）は，最も大きな細胞内区画として見える（図 5・1）．“真核”とは，“真実の核”という意味であり，核をもつことが真核細胞の特性の一つである．核は，真核細胞のほとんどすべての遺伝物質をもっており，細胞機能を制御する司令塔として機能する（ミトコンドリアや葉緑体にも少量の DNA は存在する）．

最初に核を観察したのは Antony van Leeuwenhoek（1632〜1723）かもしれない．というのは，彼は両生類や鳥類の血球を観察して，中央部分に“明るい領域”があると記述しているからである．しかし，核を実際に発見したと言えるのは Felice Fontana 修道院長（1730〜1805）で，1781 年に，ウナギの皮膚の上皮細胞の中に，核を卵様構造体として描いた．スコットランド人の植物学者 Robert Brown（1773〜1858）は，観察したすべての植物細胞が“一般的に言って，細胞の膜よりもいくぶん不明瞭な，1 個の円形の構造体”をもっていると記述し，ラテン語の“核心(*kernel*)”にちなんで，“核”とよんだ．

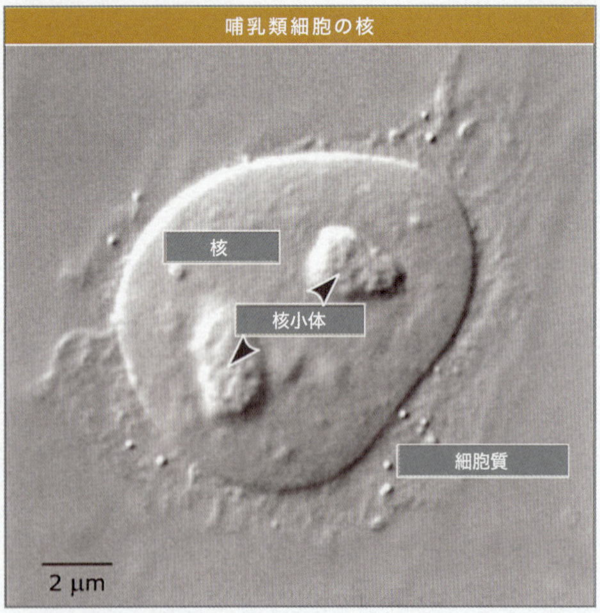

図 5・1　ヒトの子宮頸がん細胞株 HeLa 細胞の核は，光学顕微鏡で容易に見える［写真は Zheng'an Wu and Joseph Gall, Carnegie Institution の好意による］

図 5・2 の電子顕微鏡写真でわかるように，**核膜**（nuclear envelope）とよばれる 2 層の二重膜が核を包んでいる．二つの二重膜で挟まれた空間（腔）は，小胞体とつながっている．**核膜孔複合体**（nuclear pore complex, NPC）が核膜を貫き，核と細胞質の間の高分子物質輸送の通路となっている．小胞体やミトコンドリアの膜を通過するタンパク質（第 3 章“タンパク質の膜透過と局在化”参照）と違って，核膜孔を通過するタンパク質は，完全に折りたたまれている．

核には，膜によって包まれていない小区画があり，それぞれ特有の機能をもっている．光学顕微鏡で観察できる唯一の小区画は**核小体**（nucleolus）で（図 5・1 参照），リボソーム RNA の合成とリボソームサブユニットの組立てが行われている．他の小区画，たとえば，RNA スプライシング因子を含むスペックルや複製工場は，免疫蛍光顕微法によって見えてくる．核内の核小体以外の部分は**核質**（nucleoplasm）ともよばれる．

核内の DNA は，不均一な構築をしている（§6・2“クロマチンは，ユークロマチンとヘテロクロマチンに分けられる”参照）．一部の DNA は高度に折りたたまれていて，電子顕微鏡では暗く見える．この部分を**ヘテロクロマチン**（heterochromatin）とよび，転写は不活発である．多くのヘテロクロマチンは，核膜の近くにみられる．残りの部分の DNA は，折りたたみがゆるやかで，**ユークロマチン**（euchromatin）とよばれる．活発に転写されている遺伝子はこの部分にみられる．たいていの細胞では，ヘテロクロマチンよりも，ユークロマチンに存在する DNA の方がずっと多い．

核をもつ利点は何だろうか？　核は細胞の DNA を保護し，洗練された遺伝子制御を可能にする．真核細胞がもつ DNA は，原核細胞よりも多く，1 万倍以上もの DNA 量をもつ場合もある．真核細胞の DNA は，染色体の形に折りたたまれているが，それぞれの染色体は 1 本の DNA からなる（第 6 章“クロマチンと染色体”，および §5・3“染色体はそれぞれ別の領域を占める”参照）．染色体 DNA に，二重鎖切断が 1 箇所入るだけで，その細胞にとっては致命的になりうる．分裂間期では，DNA は比較的ゆるやかに折りたたまれているので，DNA 複製や RNA 合成にかかわる酵素が DNA に近づきやすい．一方，DNA の折りたたみがゆるやかになると，DNA は傷つきやすくなる．分裂間期には核内で DNA を保護しておかないと，ダイナミックに動いている細胞骨格が剪断力となって DNA を切断してしまう．対照的に分裂期では，染色体は非常にコンパクトで，DNA は高度に折りたたまれた高次構造をとっている．核膜は分裂期に崩壊し，DNA は細胞質環境にさらされるけれども，凝縮した染色体は細胞骨格がもたらす剪断力に耐えられる．

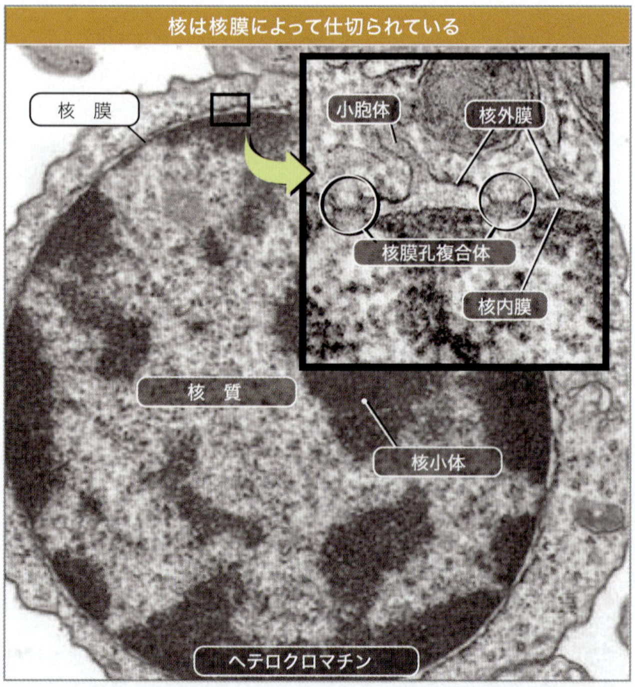

図 5・2　リンパ球の核の特徴の多くは，電子顕微鏡で容易に観察できる［写真は Terry Allen, Paterson Institute for Cancer Research の好意による］

核をもつことで，原核細胞よりもずっと洗練された複雑な遺伝子発現の制御が可能になる．原核細胞では，翻訳と転写が共役して起こる．つまり，mRNA 合成が完了する前に翻訳が開始される．真核細胞では核と細胞質が分かれているので，相互にたくさんの高分子物質をやりとりする必要がある．たとえば mRNA は，核内で転写されプロセシングを受けたのち，タンパク質合成装置の存在する細胞質に輸送される．このような原核細胞と真核細胞の反応の違いを図 5・3 に示す．複製，転写やその他の核内で起こる反応にはたくさんのタンパク質が必要で，それらは細胞質から輸送される．リボソームサブユニットは，核内で合成される多種類の RNA と，細胞質から輸送された 100 種類以上のタンパク質とから，核内で組立てられる．組立てられた大小サブユニットは，その後，細胞質に輸送される．これらの高分子物質はすべて，核膜孔複合体を通って核内外を移行する．核内外の物質輸送が制御可能であることは重要である．

図5・3　原核細胞では，転写と翻訳は協調して起こる(左)．真核細胞では，転写と翻訳は，別の区画で起こる(右)．

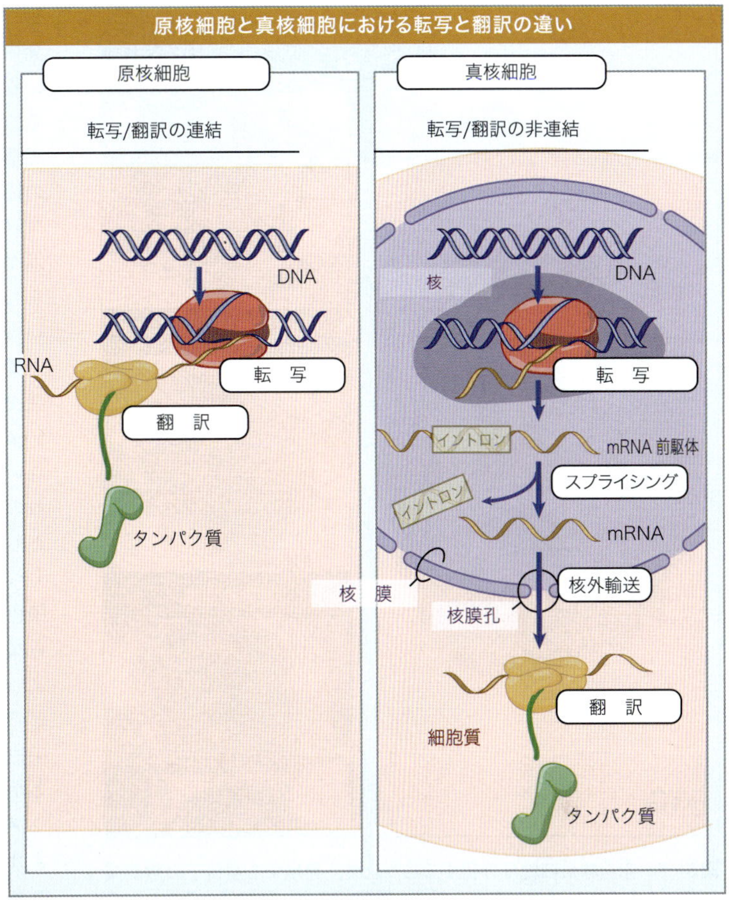

5・2 核の外観は細胞の種類や生物種によって異なる

重要な概念

- 核の大きさは，直径約1 μm から 10 μm 以上までさまざまである．
- たいていの細胞は1個の核をもつが，多核の細胞も，核をもたない細胞もある．
- ヘテロクロマチンとなっているゲノムの割合は細胞によって異なり，細胞が分化するほどその割合は増加する．

核の大きさは，内包するDNAの量と関連している．最も小さな核は，直径およそ1 μmで，パン酵母 *Saccharomyces cerevisiae* のような単細胞真核生物でみられる．多細胞生物の細胞核の多くは，直径5〜10 μmである．アフリカツメガエルの卵母細胞は直径約400 μmの核をもつ．この卵母細胞は，細胞（直径1 mm）も核も大きく，また，入手しやすい点から，細胞生物学的あるいは生化学的研究に幅広く用いられてきた．しかも，細胞を破裂させて核を遠心によって沈降することにより，核と細胞質を容易に分離できるので，核と細胞質の内容物を生化学的に解析したり，光学顕微鏡や電子顕微鏡で形態学的に解析できる．また，核や細胞質へ物質を微小注入することが比較的簡単なので，核と細胞質間の高分子物質輸送の研究にも利用できる．

ほとんどの細胞では，核は，最小限の表面積ですむように，球形か楕円球形をしている．細胞全体に占める核の割合は細胞の種類によってまちまちで，酵母細胞では1％から2％，たいていの体細胞では10％，細胞質の機能をあまり必要としない分泌細胞などでは40％から60％にも及ぶ（第3章“タンパク質の膜透過と局在化”参照）．

ほとんどの細胞は核を1個だけもっているが，多核の細胞もあるし，また，分化した細胞の中には核のないものもいくつかある．多核細胞は，1個の細胞が，細胞質分裂をせずに何度も核分裂を繰返すことでできる．たとえば，図5・4に示すように，キイロショウジョウバエや類似の昆虫の初期胚は，一つの細胞質に数百個の核をもっている．このため，ある一群の核でつくられた

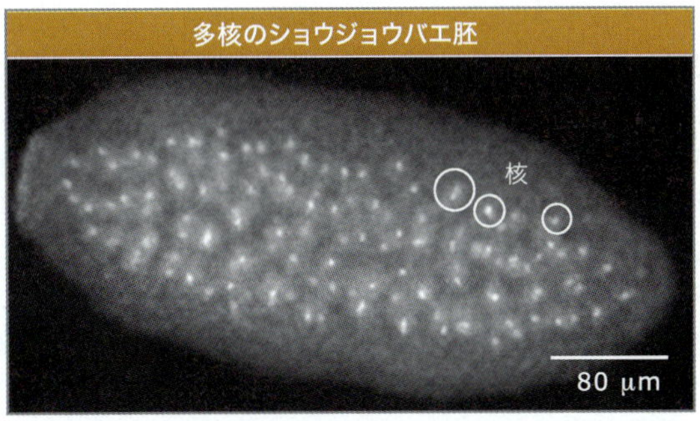

図5・4　多核段階でのショウジョウバエの胚．DNAはDAPIで染色されている［写真はSharon Bickel, Dartmouth Collegeの好意による］

RNAやタンパク質が，共有する細胞質全体に移動することになり，濃度勾配ができる．このRNAやタンパク質の濃度勾配が，その後のハエの正しい前後軸形成に中心的役割を果たすのである．複数の細胞が融合してできる多核細胞もある．たとえば，成熟した筋肉の細胞（筋細胞）は，その前駆細胞（筋芽細胞）が融合してできる．哺乳類の赤血球，血小板や脊椎動物の眼のレンズにみられるある種の細胞には核がない．

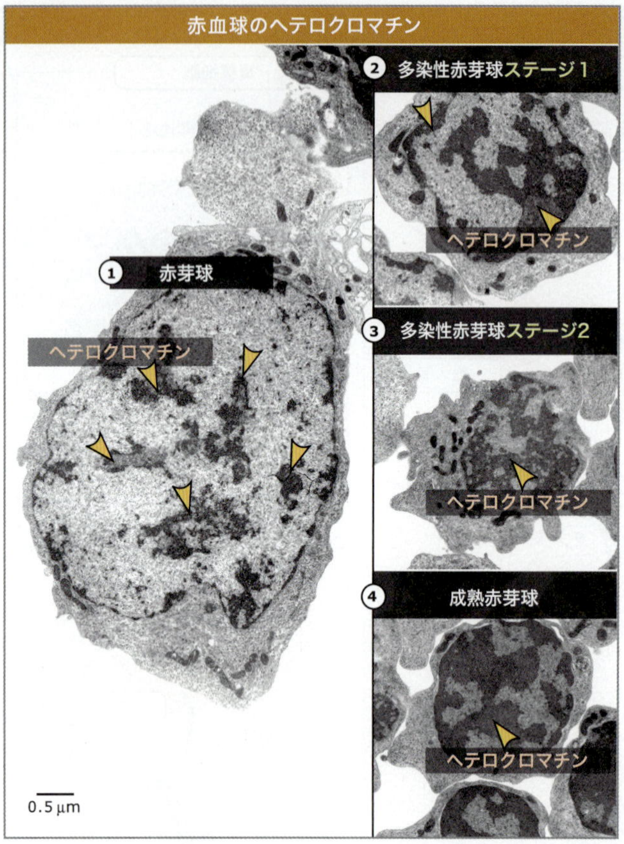

図5・5　赤血球系細胞は分化するにつれて，発現する遺伝子の数が減り，ヘテロクロマチンとなるゲノム領域が増え，細胞が小さくなっていく［写真は Terry Allen, Paterson Institute for Cancer Research の好意による］

核の形と外観は，細胞の区別に利用できることがある．たとえば白血病は血液の疾患で，この病気では，白血球が異常に増える．白血球には多くの種類があり，数段階の分化過程を経てつくられ，それぞれの段階で，それぞれの細胞種に特徴的な核の外観を示す．白血病の種類の診断に用いられる多くの検査の一つは，大量に増えている細胞の核の形態を決定することである．

ヘテロクロマチンの量も細胞の種類の同定に役立つ．たとえば，図5・5に示すように，未成熟な赤芽細胞が赤血球へと分化するにつれて，DNA がどんどんヘテロクロマチンになっていく．ヘテロクロマチンの量が増えるのは，ほとんどの遺伝子が恒久的に不活化されるためで，成熟した赤血球で合成される mRNA のほとんどはグロビン mRNA だけである．ある動物種では，赤血球の核は最終的には放出され，酸素と二酸化炭素を運ぶために必要なヘモグロビンや他のタンパク質を包む膜の“袋”になる．赤血球が，きわめて細い毛細血管の中を簡単に通れるように，特殊な両凹型円盤形になるのは，核が放出されてからである．

5・3 染色体はそれぞれ別の領域を占める

重要な概念

- 核は内部に脂質二重膜を含んでいないが，高次構造をとり，多くの小区画を含んでいる．
- 個々の染色体はそれぞれ異なる領域を占め，染色体どうしが絡まらないようにしている．
- 核には，染色体ドメインと染色体間ドメインがある．

細胞質の大きな特徴の一つは，脂質二重膜に囲まれた細胞小器官で区画されていることである．これにより，特有の細胞機能を発揮するための最適の環境が保たれている．対照的に核は，内部に脂質二重膜を含まないにもかかわらず，高度に組織化されている．核内には多くの小区画があり，核内で起こる重要な機能にとって最適な，生化学的に異なる環境づくりがなされている．この節では，染色体構成の全体像について説明する．また，§5・4 “核は膜に囲まれない小区画をもつ” と §5・5 “反応によっては別々の核内領域で起こるものもあり，基盤構造を反映しているかもしれない” では，リボソームサブユニット形成や DNA 複製といった核内反応がどこで起こるかを説明する．

染色体は，核内で高度に組織化されている．細胞を固定して，個々の染色体を染め分けると，その組織構築が見えてくる．図5・6に示す蛍光顕微鏡写真から，染色体どうしは絡み合っていないことがわかる．染色体は空間的に組織化されており，それぞれの染色体が，染色体領域（染色体ドメイン，染色体テリトリーともいう）とよべる別々の空間に局在している．染色体どうしがもつれあっていたならば，細胞分裂期の染色体分配が起こる前に，染色体分断を避けるため，絡み合った染色体をほどかなければならないだろう．それぞれの染色体を固有の領域に収納することによって，この問題を回避しているのである．染色体テリトリーがどのように維持されているかは不明であるが，多くの細胞種では，染色体末端（テロメア）が核膜につなぎとめられていて，このことが染色体どうしの絡み合いを防いでいるように思われる．

クロマチンは核全体を占めているのではない．図5・6に示すように，クロマチンが局在している領域（**染色体ドメイン** chromosome domain）と**染色体間ドメイン**（interchromosomal domain）とよばれるクロマチンのない領域がある．染色体間ドメインにはポリ(A)$^+$RNA が含まれており，mRNA プロセシングの最終段階が行われ，核外輸送に向け，核の周辺部への拡散が起こっている（図5・53および§5・22 “hnRNP はプロセシングの場所から核膜孔複合体まで移動する” 参照）．

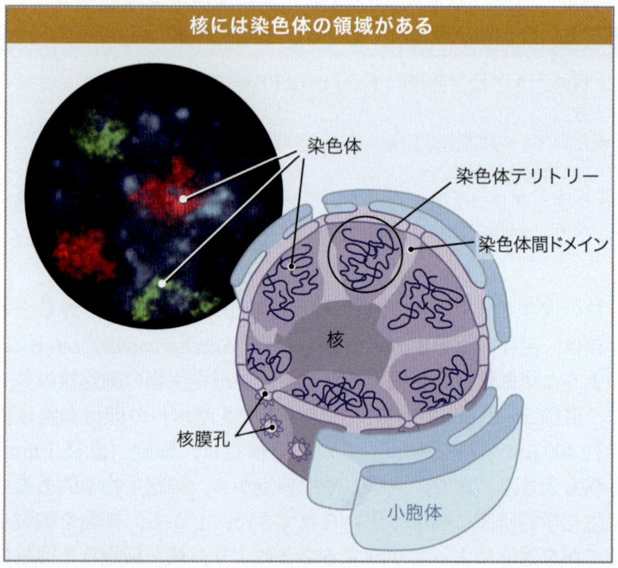

図5・6　個々の染色体は，染色体テリトリーとよぶ核内の別々の領域を占有する［写真は Thomas Reid の好意による．D.L. Spector, *J. Cell Sci.* **114**, 2891〜2893(2001)より，Company of Biologists Ltd. の許可を得て転載］

さらに，どの遺伝子が染色体間ドメインの近傍に存在するかという染色体組織構築がみられる．高感度の *in situ* ハイブリダイゼーション法や最新鋭のイメージング技術によって，ある特定の遺伝子やその転写産物が核内のどこに局在しているかを決定できる．これらの解析から，転写が活発に行われている遺伝子は，染色体間ドメインの近傍で，染色体ドメインの周辺部に局在する傾向があることがわかってきた．細胞の種類が異なれば，異なる遺伝子が活性化されているので，染色体間ドメイン近傍に存在する遺伝子は，細胞の種類によって変化すると予想される．あるドメイン内の染色体の構築は固定されたものではなく，遺伝子発現パターンの変化に応じて変わる（§5・2“核の外観は細胞の種類や生物種によって異なる”参照）．染色体間ドメインに近接することにより，最も豊富に存在するmRNAが染色体間ドメインを通って核膜孔複合体まで拡散しやすくなり，その結果として，細胞質への輸送が促進されるのであろう．さらに，活発に転写されている遺伝子がしばしば核膜孔複合体の近くに局在化している．このため，その遺伝子にコードされたmRNAの細胞質への輸送が効率良く起こるのかもしれない（核膜孔複合体についての詳細は§5・9“核膜孔複合体は対称的構造の通路である”参照）．

5・4　核は膜に囲まれない小区画をもつ

重要な概念

- 核の小区画は膜によって囲まれていない．
- 核小体では，リボソームRNAが合成され，リボソームサブユニットが形成される．
- 核小体はリボソームRNAをコードするDNAを含んでいるが，そのDNAは複数の染色体上に存在する．
- mRNAのスプライシング因子は核スペックルに蓄えられており，それら因子が機能する転写部位に移動していく．
- ほかにも核内構造体が種々の抗体によって同定できるが，これらの構造体のほとんどは機能がわかっていない．

核内の主要な反応として，転写やRNAプロセシングといった，多段階からなる遺伝子発現がある．これらの反応は核内の個別の領域で起こる．核小体の機能が最もよく理解されている．核小体以外の小区画についても研究されてきたが，その機能の大部分は不明である．

最も顕著な核の小区画は核小体である（図5・1，図5・2参照）．たいていの正常細胞は1個の核小体をもつが，図5・1のように，複数の核小体がみられることもときどきある．核小体では，リボソームRNAが合成され，プロセシングを受け，リボソームサブユニットが形成される．核小体の大きさは，その細胞のリボソーム生合成の量に依存して変化する．

核小体はリボソームサブユニット形成に必要なすべての因子を含んでおり，効率の良いリボソームサブユニット形成の場となっている．必要な因子は，複数の染色体上に存在するリボソームRNA遺伝子，リボソームRNA，リボソームRNAの合成やプロセシングにかかわる酵素や細胞質から輸送されたリボソームタンパク質などである．図5・7に示すように，核小体の中には形態学的に区別できる領域が複数あり，リボソームRNA遺伝子の転写，リボソームRNAのプロセシングとリボソームサブユニットの形成が核小体内の別々の領域で起こる．

核小体は膜で囲まれていないが，核小体に存在するタンパク質やRNAは，核小体のみにあり，核内のほかの場所には存在しない．核小体は，リボソームサブユニットの形成が起こっているときにのみ観察される．リボソームRNAの転写を実験的に阻害すると，核小体は消失し，転写が再開すると，再び現れる．このように，核小体は，リボソームRNA遺伝子，リボソームRNA遺伝子のプロモーターに結合する転写因子とその転写因子によって集積したRNAポリメラーゼⅠ分子が集合してはじめて生じると考えられている．新しく合成されたリボソームRNAは，順番にリボソームタンパク質を引き寄せ，規則正しい順番で，リボソームサブユニット形成に必要な多くのプロセシング因子を集合させるのであろう（MBIO:5-0001 参照）．まだ，その分子集合の順番はわかっていない．核小体は細胞分裂期に崩壊し，細胞分裂が完了すると再構築されるが，そのメカニズムは不明である．

核小体には小区画がある

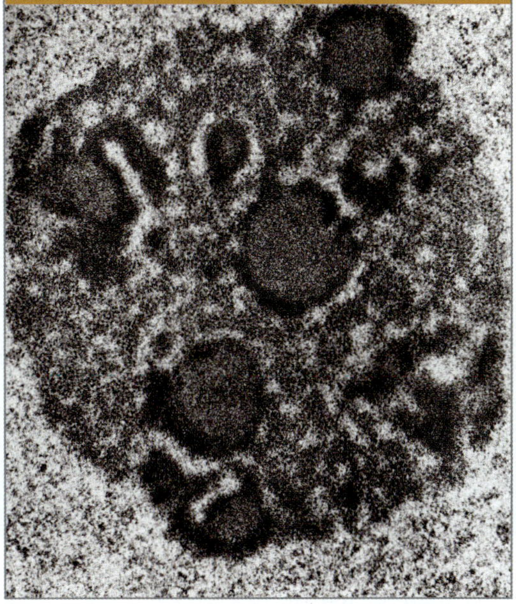

図5・7　核小体の中の小区画を電子顕微鏡写真で示す［写真はDr. Don M. Fawcettの好意による．“The Cell” (1981) より転載．撮影はDavid M. Phillips, The Population Councilによる］

核小体の機能は，リボソームサブユニットの生合成だけではない．tRNA遺伝子が核小体に集積しており，tRNAがそこで転写され，プロセシングが開始する．核小体にはリボソームサブユニット形成に関与するとは思われない多くのタンパク質があるが，ほとんどについてはなぜ核小体に局在しているのかわかっていない．ある種の細胞周期で制御されたタンパク質がその例であるが（MBIO:5-0002 参照），核内で機能するタンパク質が核小体にいったん隔離され，その後，核質に速やかに放出されて機能している場合があるようである．ヒト培養細胞から調整した核小体のプロテオーム解析から，核小体は400以上の異なるタンパク質を含んでおり，そのうちの30％は未知の分子かあるいは機能が未解析の分子であることがわかった．

自己免疫疾患患者の抗体や特定の核タンパク質に反応する抗体を利用して，核小体よりも小さい，数個の異なる核内小区画が同定された．これらは光学顕微鏡観察だけでは見えないので，蛍光抗体法や免疫電子顕微鏡法を用いて同定する．核ボディーともよばれるこれらの小区画（スペックル，カハール小体，ジェミニ小体，PML小体など）は多くの真核細胞にみられるが，膜で囲まれてはいない．核ボディーの機能の一つは，反応に必要な多数の高分子物質を集合させることにより，生物学的反応の効率を上げることなのかもしれない．

RNA スプライシング因子は，空間的には核内の**スペックル** (speckle) に集合している．図 5・8 に示すように，スプライシング因子は，細胞当たり 20〜50 個のスペックルに集中して存在するが，染色体間顆粒とよばれるたくさんの他の領域にも拡散して存在している．スペックルは mRNA 前駆体を含んでいないので，スプライシング工場というよりはむしろ，スプライシング因子を貯蔵する場であると信じられている．スプライシングは，ポリ(A)付加された RNA とスプライシング因子が両方とも存在する，広範な領域で起こると考えられている．この仮説を支持する実験を図 5・8 に示す．RNA ポリメラーゼⅡの阻害剤を用いて転写を阻害すると，スプライシング因子はスペックルの方に局在を変え，広範囲に存在していたスプライシング因子は消える．RNA ポリメラーゼⅡによる転写を再開させると，拡散して広範囲に局在していたパターンに戻る．

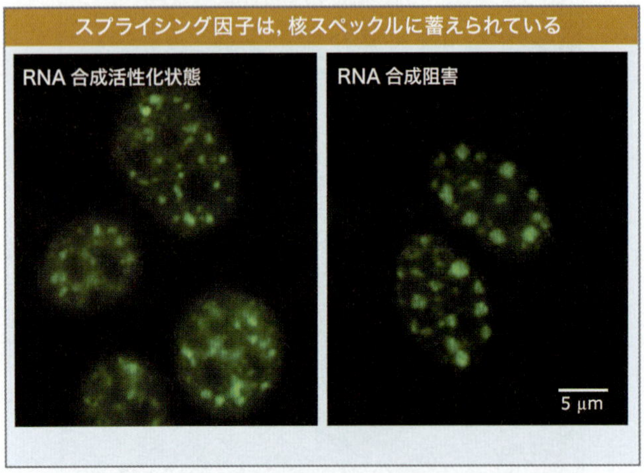

図 5・8　スプライシング因子は，核スペックルに濃縮して存在する．これらの因子が，より拡散して存在する場所は，mRNA 前駆体がプロセシングを受けている場所である（左）．アクチノマイシン D は転写を抑制する（右）．スペックルは，U2 snRNP の構成因子である β''スプライシング因子に対する抗体を使った間接蛍光抗体法によって局在が示された [写真は David Spector, Cold Spring Harbor Laboratory の好意による]

いくつかのスプライシング因子は，カハール小体あるいはコイルド小体という，別の構造にも存在する（図 5・9）．**カハール小体** (Cajal body) は，通常，核内に 1 個あるいは数個存在し，核小体の近くによくみられる．カハール小体は，スペックルには存在しないコイリンとよばれるタンパク質を含んでいる．カハール小体は mRNA 前駆体を含まないので，スプライシング反応には関与していないことがわかっているが，核内低分子 RNA (small nuclear RNA, snRNA) や核小体内低分子 RNA (small nucleolar RNA, snoRNA) を含んでおり，これらの RNA の転写後修飾や RNA タンパク質複合体への集合が起こると考えられている（核内低分子 RNA についての詳細は MBIO:5-0003 および §5・24 “U snRNA は核外輸送され，修飾を受け，複合体に集合して核内輸送される” 参照．核小体内低分子 RNA についての詳細は MBIO:5-0004 と EXP:5-0001 参照）．図 5・9 には別な核ボディーである**ジェミニ小体** (Gemini body) も示してある．ジェミニ小体は，すべての細胞にあるわけではなく，ジェミニ小体に含まれる因子のいくつかは，カハール小体でもみられるので，この二つの小体は同様の機能を担うのかもしれない．

PML 小体は，また別の核内小区画である．この小体は，前骨髄性白血病 (promyelocytic leukemia) の患者で見つかった分子に関連するタンパク質を含んでおり，患者から得られた抗体で最初に同定されたので，PML 小体と名づけられた．PML 小体のタンパク質は，他の多くのタンパク質を集合させて，PML 小体を形成するが，その機能は不明である．PML 小体は，DNA 複製，転写や RNA プロセシングには関与せず，スプライシング因子を貯蔵することもない．

核小体よりも小さなこれらの核ボディーの多くは，酵母のような小さな単細胞真核生物にはみられないようである．しかし，酵母細胞はカハール小体に似た核ボディーをもつ．他の核ボディーも存在するのかもしれないが，それらが多細胞動物細胞のものよりもずっと小さいために，同定が困難なのだろう．

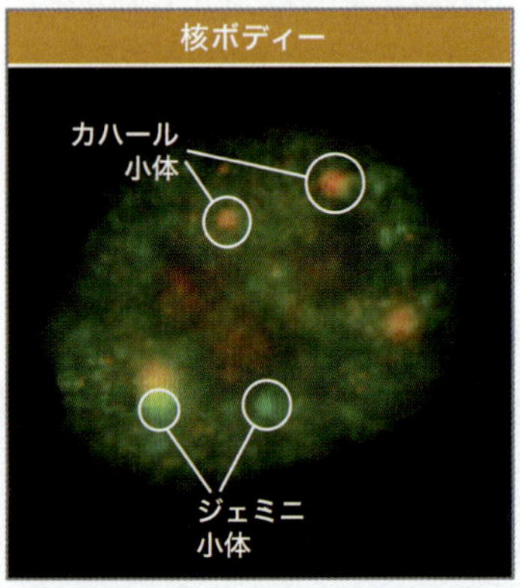

図 5・9　カハール小体とジェミニ小体は，特異的抗体を用いた間接蛍光抗体法によって検出できる [写真は Greg Matera の好意による．D. L. Spector, *J. Cell Sci.* **114**, 2891〜2893 (2001) より Company of Biologists Ltd. の許可を得て転載]

5・5　反応によっては別々の核内領域で起こるものもあり，基盤構造を反映しているかもしれない

重 要 な 概 念

- 核には，DNA が合成される複製領域がある．
- 核には，核機能の発揮を助ける核骨格があるかもしれない．

これまでの節で，独特の組成や機能をもつ核内ドメインや小区画のことを説明してきた（§5・3 “染色体はそれぞれ別の領域を占める” および §5・4 “核は膜に囲まれない小区画をもつ” 参照）．DNA 複製などの反応もまた核内で行われる．DNA 複製や RNA スプライシングのための分子装置は，その基盤となる核内構造と連結しているかもしれない．

S 期の初期，DNA 合成のときに，細胞には多くの DNA 複製部位がみられる．S 期が進行するにつれて，これらの複製部位は合体し，ほんの数十の，ずっと大きな複製部位が観察できるようになる．このような大きな複製部位を複製工場 (replication factory) とよぶ．図 5・10 は，S 期のさまざまな段階での複製工場の分布を示している．S 期のどの時期でも，複製工場の数よりもずっと多くの複製開始点が活性化されているので，それぞれの複製工場は，数十あるいは数百の複製開始点を含んでいるはずである．同じような解析により，転写もまた，転写工場 (transcription factory) とよばれる，限られた数の部位で起こるかもしれないと示唆されている．

核内反応の場が別々の部位にあるということは，核内にはそれぞれの反応の基盤となる構造があるのかもしれない．核には，細胞骨格のような高度に配列された骨格はない．しかし，いくつかの研究により，**核マトリックス**（nuclear matrix）とよばれる，一種の繊維状のネットワークの存在が示唆されている．簡単に可視化できる細胞骨格とは違って，このネットワークは，核を界面活性剤，DNase と高濃度の塩で処理してはじめて見える．この処理でほとんどすべての DNA やすべての膜を含む多くの物質が抽出され，残るのは，不溶性タンパク質やある種の RNA のみである．このネットワークには，大きさとしては中間径フィラメントに似た短い繊維状構造，アクチン（フィラメント状ではないもの）や多くの他のタンパク質が含まれる．これらの構成因子は，うまく配列してより大きな構造を構築するということはない．

核マトリックスは比較的不溶性なので，丸ごと研究するのは難しい．核マトリックスが過激な抽出操作の後でのみみられることから，これを人工的産物であると信じている細胞生物学者もいる．しかし，多くの重要で複雑な反応が核内で起こり，かつ，正確に実行される必要があることを考えると，何らかの基盤となる構造が存在しそうである（§6・4“真核細胞の DNA はループ状構造をとり，足場構造に結合した領域がある”，§6・5“特異的配列によって DNA は分裂間期の核マトリックスに結合している”参照）．

核内基盤構造の機能として考えられる一つの可能性は，複製複合体が行う複製，RNA ポリメラーゼⅡ複合体が行う転写や，スプライシング複合体が行う RNA プロセシングのための装置を構築することである．多数のサブユニットからなるこれらの大きな複合体は，染色体に比べるとずっと小さな固まりであるが，基質となる核酸よりはずっと直径が大きい．構造解析から，これらの複合体は，核酸の鎖が通過できる裂け目か通路をもつことが示されている（MBIO:5-0005 と MBIO:5-0006 参照）．多くの研究から，これらの複合体は基盤構造に連結していることが示唆されている（図5・11）．したがって，複製，転写やスプライシングが起こるときには，タンパク質装置複合体は固定されていて，核酸の方がその複合体の間を通過しているのかもしれない．

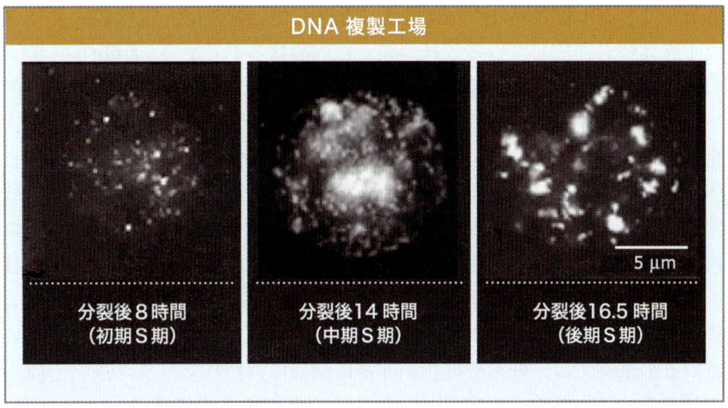

図5・10 DNA 複製は，複製工場とよばれる限られた数の領域で起こる．DNA は，ブロモデオキシウリジン（BrdU）で標識され，BrdU に対する蛍光標識抗体を使って検出された．個々の画像は，細胞分裂後の異なる時間での細胞を示している［写真は Peter Cook の好意による．P. Hozak, D.A. Jackson, P.R. Cook, *J. Cell Sci.* **107**, 2191〜2202 (1994) より，Company of Biologists Ltd. の許可を得て転載］

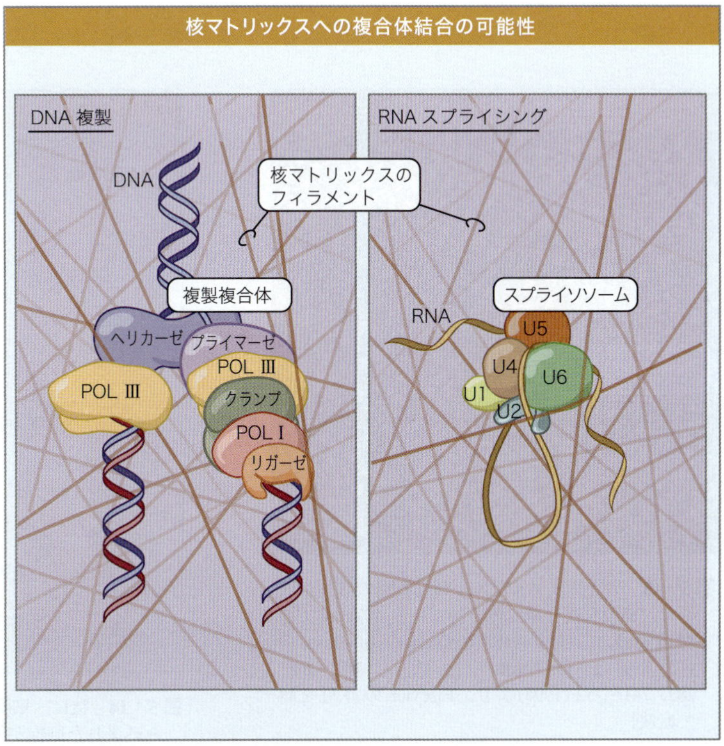

図5・11 DNA を複製したり，RNA をスプライシングする酵素活性をもつ装置は，核マトリックスに付着しているのかもしれない．

5・6 核は核膜によって取囲まれている

重要な概念

- 核は，2 層の完全な脂質二重膜からなる核膜で取囲まれている．
- 核外膜は小胞体膜とつながっており，核膜腔は小胞体腔と連続している．
- 核膜は，核と細胞質間の分子流通のための唯一の通路である核膜孔複合体を数多くもっている．

図 5・2 に示したように，核は，**核外膜**（outer nuclear membrane）と**核内膜**（inner nuclear membrane）という，2 層の同心円状の膜である核膜で囲まれている．核外膜と核内膜は完全なリン脂質膜からなり，それぞれ別のタンパク質を含んでいる．ある種の単細胞真核生物を除き，網目状構造に組立てられた繊維状ネットワークが核内膜を裏打ちしている．このネットワークは核ラミナとよばれる（§5・7“核ラミナは核膜の基盤となる”参照）．

核外膜は，小胞体膜とつながっており（図 5・12），小胞体の大部分と同じように，リボソームが付着してタンパク合成が行われている．

核外膜と核内膜の間の空間が**核膜腔**（nuclear envelope lumen）である．核外膜は小胞体膜につながっているので，核膜腔は小胞体腔と連続している．核外膜と核内膜はそれぞれ 7〜8 nm の厚みがあり，核膜腔の幅は 20〜40 nm である．

電子顕微鏡レベルでみられる最も顕著な核膜の特徴は，核と細胞質間のほとんどの分子の移行を担う通路として働く核膜孔複合体である（§5・9“核膜孔複合体は対称的構造の通路である”参照）．たいていの細胞の核膜は，表面積 1 μm^2 当たり 10〜20 個の核膜孔複合体をもっている．つまり，酵母細胞は 150〜250 個の核膜孔複合体をもち，哺乳類の体細胞は 2000〜4000 個もつ．核膜孔複合体をずっと高密度にもつ細胞もあるが，これはおそらく，その細胞では，転写や翻訳が非常に活発に行われており，核内外の高分子物質輸送が盛んに行われる必要があるのであろう．たとえば図 5・13 に示すように，カエルの卵母細胞の核表面は，ほとんど完全に核膜孔複合体によって覆われている．

小胞体膜と核膜は連続している

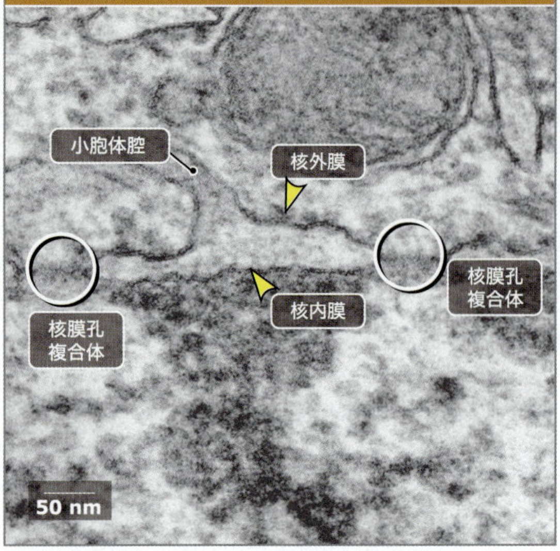

図 5・12　核膜は小胞体膜と連続している［写真は Terry Allen, Paterson Institute for Cancer Research の好意による］

核の 2 層の膜はどのようにして出現したのだろうか？　真核細胞がもつ他の細胞小器官であるミトコンドリアと葉緑体についても同じ疑問がある．細胞内共生説によると，これらの細胞小器官は，進化の過程で細胞が別の細胞を飲み込んだことによって出現したと考えられる．取込まれた細胞は，取込まれたときに，二つの膜，つまり，自分自身の膜と飲み込んだ細胞の膜で囲まれることになる．取込まれた細胞は，光合成のような，飲み込んだ細胞にはなかった機能を与えることができたのであろう．葉緑体やミトコンドリアの起原が共生によるものであろうという最も確からしい証拠として，両方とも，含まれるリボソームが現代の原核細胞のリボソームによく似ており，真核細胞の細胞質に存在するリボソームとはかけ離れていることがあげられる．核の起原については，確からしさは低い．しかし，ミトコンドリアや葉緑体のように，2 層の膜をもっているので，取込まれた原核細胞が進化

卵母細胞の核膜孔複合体

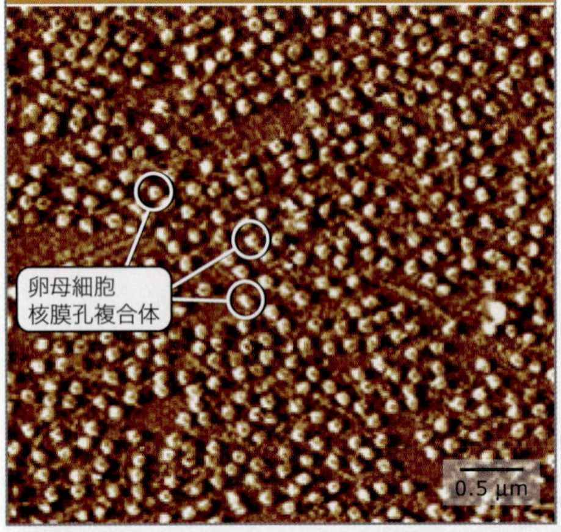

図 5・13　アフリカツメガエル卵母細胞の核膜の表面は，核膜孔複合体で覆われている［原子間力顕微鏡画像は，Ueli Aebi University of Basel の好意による．D. Stoffler, et al., *J. Mol. Biol.* **287**, 741〜752 (1994) より，Elsevier の許可を得て転載］

核は，細胞内共生によって生じたのかもしれない

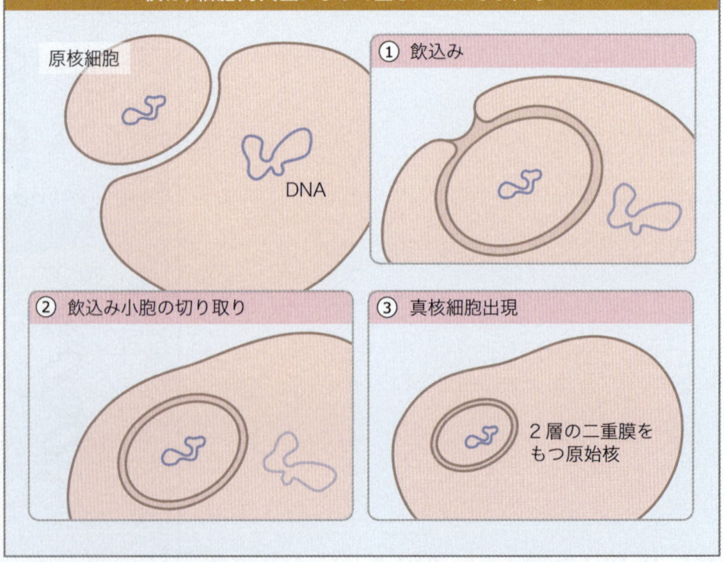

図 5・14　核は，細胞内共生，つまり，一つの原核細胞が別の細胞を飲み込み，飲み込まれた細胞が原始核になるという過程で生じたのかもしれない．

し，その細胞がもっていたほとんどすべての DNA を保持して，核となったという仮説が導かれている（図 5・14）．

5・7 核ラミナは核膜の基盤となる

重要な概念

- 核ラミナはラミンとよばれる中間径フィラメントによって構成される．
- 核ラミナは，核内膜の直下に位置し，ラミナ関連膜内在性タンパク質によって物理的に核内膜と連結している．
- 核ラミナは核膜の構築に役割を果たし，核膜を物理的に支持しているのであろう．
- タンパク質が核ラミナとクロマチンを連結している．これにより，核ラミナが DNA 複製と転写を有機的に組織化できるのかもしれない．
- 酵母や他のいくつかの単細胞真核生物は核ラミナがない．

多細胞動物細胞の核に共通した特徴は，**核ラミナ**（nuclear lamina）をもつことである．核ラミナは中間径フィラメントの網目構造で，核内膜の直下に存在する（第 9 章“中間径フィラメント”参照）．ラミナに含まれるタンパク質の一つに対する抗体を用いた間接蛍光抗体法によってラミナを簡単に可視化できる（図 5・15）．電子顕微鏡で見ると，ラミナは繊維状の網目構造をしている．図 5・15 には，核内膜の直下に並ぶ，典型的な無秩序状態のラミンフィラメントも示されている．

核ラミナタンパク質は，細胞質の中間径フィラメントであるケラチンに似ている．ラミンもケラチンも，構成フィラメントの大きさ（直径 10〜20 nm）が，アクチンフィラメント（直径 7 nm）と微小管（直径 25 nm）の中間であることから，中間径フィラメントタンパク質とよばれる．また，図 5・15 にみられるように，核ラミナは，核膜孔複合体によって遮断されるが，その核膜孔複合体は，核ラミナにつながっている．

核ラミナはラミンのほかに，ラミナ関連タンパク質とよばれる一連の膜内在性タンパク質を含むが，そのなかにはラミナと核内膜の間の相互作用を担うものもある．図 5・16 に示すように，ラミナは 2 種類の相互作用によって核内膜とつながっている．一つは，ラミンタンパク質と核内膜の膜内在性タンパク質との間の相互作用，もう一つは，ラミンタンパク質と核内膜の脂質のファルネシル基との結合である．

植物ゲノムには核ラミンはコードされていないが，植物には，同様の機能をもつ別の構造タンパク質があるかもしれない．*S. cerevisiae* や *S. pombe* のような酵母や他のいくつかの単細胞真核生物にはラミンがなく，したがって，ラミナをもっていない．なぜいらないのか？　少なくとも二つの可能性が考えられるが，両方とも，酵母細胞の核が小さい（直径 1 μm 以下）のに対し，多細胞生物がずっと大きな核（直径平均 10 μm）をもっているという重要な違いに基づいている．一つは，酵母細胞が閉鎖分裂を行い，常に核膜が崩壊しないということである．多細胞生物の細胞では，細胞分裂期の初期に核膜が崩壊する．そして染色体分配後に，新しい核膜がそれぞれの染色体の周囲に再構築される．ラミナはこのとき，核の再構築に中心的役割を果たすと考えられる．第二に，ラミナは，多細胞動物の細胞にみられる，酵母細胞よりもずっと大きな核膜を支えるために必須の構造的基盤なのかもし

核ラミナは，核内膜の裏打ちとして存在する

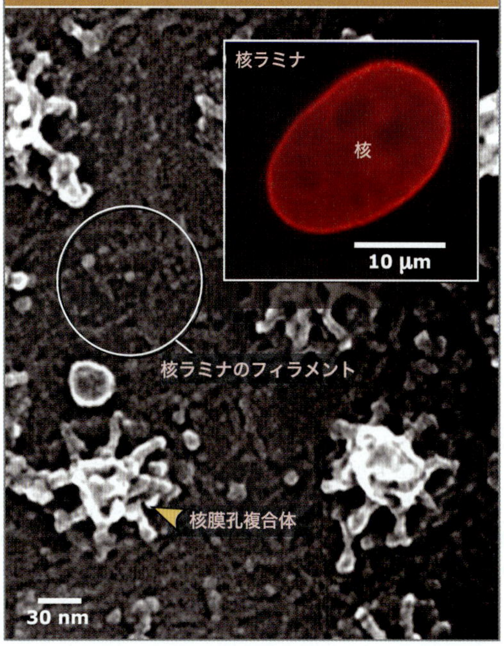

図 5・15　ラミンタンパク質に対する抗体で蛍光顕微鏡観察することで核ラミナを可視化できる（挿入写真）．電子顕微鏡写真には，核膜孔複合体の核バスケットと核ラミナのフィラメントが見える［電子顕微鏡写真は Martin Goldberg と Terry Allen，挿入写真は Anne と Bob Goldman, Department of Cell and Molecular Biology, The Feinberg School of Medicine, Northwestern University, Chicago, IL の好意による］

核ラミナは，核内膜と核膜孔複合体に繋留している

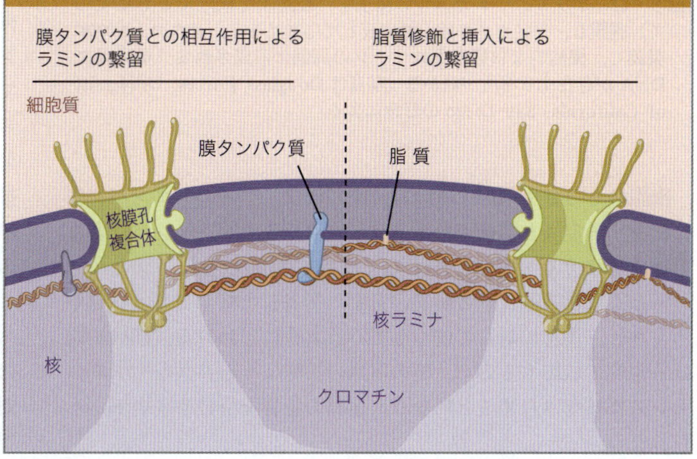

図 5・16　核ラミナは，2 種類の相互作用様式で核内膜に繋留している．

れないという可能性である．（分裂期のラミンの役割についての詳細は §11・10 "細胞分裂では数多くの形態的変化が起こる" に示す．）

核の再構築と構造的な支持という役割に加えて，核ラミナは，クロマチンと相互作用しており，DNA 複製に必要かもしれない．核ラミナが DNA 複製に何らかの役割を果たすという証拠は，精子クロマチンをアフリカツメガエル卵母細胞の抽出液に加えると，核膜が精子クロマチンの周りに形成されるという実験によって示される（図 5・17）．できた核は膨張し，精子核の中で高度に凝縮されていた染色体が脱凝縮する．（この脱凝縮は，受精の間に，精子クロマチンが卵母細胞中のある種の因子と相互作用して起こることとそっくりである．）その後，核内で DNA が複製される．核ラミンやラミナ関連タンパク質は，この抽出液中に豊富に含まれる．固定化したラミンに対する抗体と反応させることにより，抽出液からラミンを除去しても，核膜はなお精子クロマチンの周りに形成されるが，その核は小さくて壊れやすく，DNA 複製は起こらない．これらの結果から，ラミナは DNA 複製が起こるようなクロマチンの構築に重要かもしれないことがわかる．

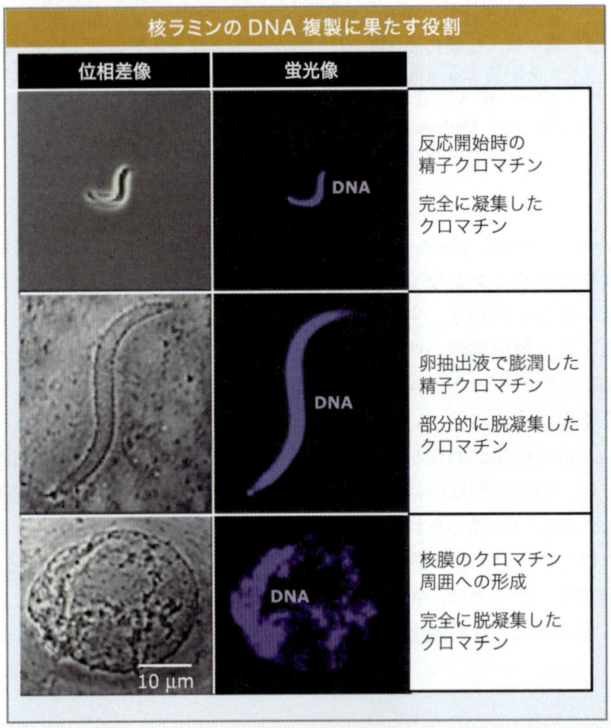

図 5・17 アフリカツメガエルの精子を（細胞膜を取除くことによって）脱膜し，ツメガエル卵の抽出液と反応させると，クロマチンが脱凝縮し，機能的な核膜がクロマチンの周囲に形成される．蛍光像で DNA が存在する場所がわかる［写真は Douglass Forbes, University of California, San Diego の好意による］

細胞のもろさが増加するのは，中間径フィラメントタンパク質に影響する変異と関係がある．ラミンやラミナ関連タンパク質に影響するような変異は，主として筋肉に影響を与え，ラミノパシーとよばれる遺伝病と関連がある．変異した核ラミンは核をもろくさせ，傷害に対して弱くしているように思われる．筋肉細胞は日常的に収縮するので，他の組織の細胞よりも甚大な力学的ストレスに核をさらすことになり，変異の影響を受けやすいのかもしれない．

5・8 大きな分子は核と細胞質間を能動的に輸送される

重要な概念

- 100 Da 以下の荷電をもたない小さな分子は，核膜の二重膜を通過できる．
- 100 Da 以上の分子は，核膜孔複合体を通過することにより，核膜を横断する．
- 直径 9 nm までの粒子（40 kDa までの球状タンパク質に相当）は，受動拡散によって核膜孔複合体を通過できる．
- もっと大きな分子は，能動的に核膜孔複合体を通して輸送され，その輸送に必要な特別な情報をもっている．

水分子など 100 Da 以下の荷電をもたない小さな分子はリン脂質二重膜を自由に拡散できるが，核膜を横切って輸送される他の分子はすべて，核膜孔複合体を介して移動する．核膜孔複合体を介した移動の過程を核膜通過とよぶ．図 5・18 に，核膜孔複合体を介して核内外を移動するさまざまな分子を示した．

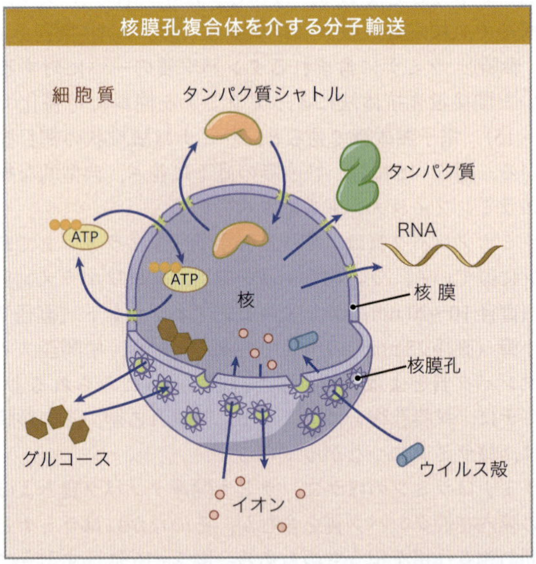

図 5・18 多種類の分子や高分子が核膜孔複合体を通して輸送される．核膜を拡散で通過できる 100 Da 以下の小さな荷電をもたない分子は示していない．

100 Da 以上の分子の核と細胞質間の動きは，分子を放射性同位体か蛍光色素で標識することで研究できる．標識分子を，カエル卵母細胞のような大きな細胞の細胞質か核へ微小注入する．放射性同位体標識した分子の局在は，細胞を分画することによって計測し，蛍光色素標識した分子の細胞内局在は，蛍光顕微鏡で解析する．これらの手法を用いた解析によると，グルコース 6-リン酸や蛍光色素のような比較的小さな分子は，数秒以内ときわめて速やかに核膜を横断する．平衡状態では，核膜を挟んだ，これらの小さな分子の核内外の濃度は均一である．これらの小さな分子は，4 ℃ でも生理的温度と同じ速さで移動するので，単純拡散で移動していると信じられている．タンパク質に依存した輸送は，4 ℃ では非常に効率が悪いか，まったく起こらないのに対し，拡散は 4 ℃ でも生理的温度でもほとんど同程度に起こる．

核膜を挟んでどれくらいの大きさの粒子が自由に拡散できるかは，正確な大きさの金粒子を核か細胞質に微小注入し，核膜の反対側に移動できるかどうかをみることで解析された．図 5・19 に要約したように，直径 9 nm 以下の小さな粒子は核膜孔を介して核内外を受動拡散で移動できると推測された．この直径は，およそ 40 kDa の球状タンパク質に相当する．拡散の速度は大きさに比例するので，大きな分子ほどゆっくりと核内外を拡散する．拡散の速度は，核から細胞質への方向でも，細胞質から核への方向でも一緒である．

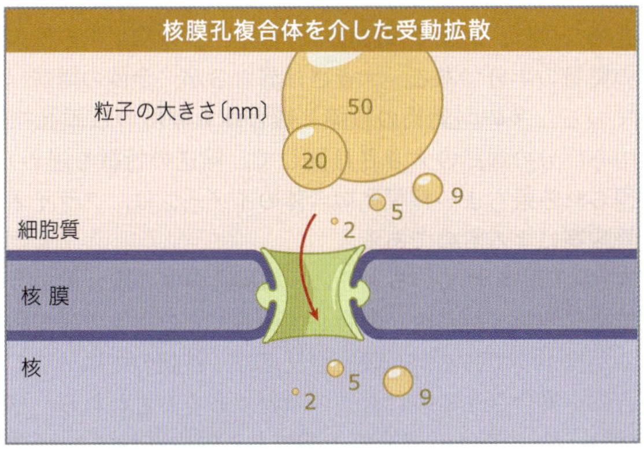

図5・19　さまざまな大きさのポリビニル・ピロリディン被覆金粒子を細胞に導入すると，9 nm 以下の小さな金粒子であれば，核膜孔複合体を受動拡散で通過できる．

約 9 nm より大きなタンパク質は核膜孔を自由に拡散することはできない．つまり，これらのタンパク質は能動的かつ選択的に輸送される．この結論は，さまざまな大きさのタンパク質を細胞質に微小注入する実験によって実証される．このような研究から，ある種のタンパク質のみが核内へ輸送され，その輸送速度は分子の大きさには比例しないことがわかった．核から細胞質へのタンパク質の移行も同じである．タンパク質の核内外移行は選別輸送である．核内輸送も核外輸送も，ATP が枯渇したり，4℃にしたりすると起こらなくなるので，輸送はエネルギーに依存した反応であることがわかる．後でも説明するが，ある種のタンパク質だけが，核内に入ったり，核から出たりするということは，そのようなタンパク質が核膜を横切って輸送されるために必要なシグナルをもっていることを意味している（§5・11 "タンパク質は核膜孔を通して選択的に核内に輸送される" 参照）．

5・9　核膜孔複合体は対称的構造の通路である

重 要 な 概 念

- 核膜孔複合体は，核内膜と核外膜が融合する部位にみられる対称的構造体である．
- ヒト細胞の個々の核膜孔複合体は，約 120 MDa にも及ぶ分子質量をもっており，リボソームの 40 倍の大きさであり，多コピーの約 30 種類のタンパク質によって構成されている．
- 核膜孔複合体は，細胞質に向かって伸びるフィブリルと核内に向かって伸びるバスケット様構造をもっている．

核膜に存在する核膜孔複合体は，核と細胞質をつなぐ唯一の通路である．ヒト細胞の核膜孔複合体は，約 120 MDa の分子量をもち，外周の直径が約 120 nm であると推測されている．全体として，一つの核膜孔複合体は，真核細胞のリボソームの約 40 倍の質量をもつ．核膜孔複合体には，ヌクレオポリンとよばれる，およそ 30 種類の異なるタンパク質が多コピーで存在している（§5・10 "核膜孔複合体は，ヌクレオポリンとよぶタンパク質でできている" 参照）．これとは対照的に，リボソームは，4 種類の RNA を 1 個ずつと，約 80 種類の異なるタンパク質を含んでいる．

核膜孔複合体は，核膜を貫く "たる" のような構造体であり，核内膜からも核外膜からもいくぶん突き出ていて，環状あるいはリング状構造を形成している．図5・20 に示すように，たいていの核膜孔複合体は，8 回回転対称構造をとっている．図5・21 と図5・22 を見ればわかるように，核膜孔複合体の細胞質側と核質側とではまったく異なる．細胞質と核質に向かって伸びる核膜孔複合体の部分は末端構造とよばれる．核膜孔複合体の細胞質側から伸びる末端構造は，8 個の比較的短いフィブリルで，細胞質に向かって約 100 nm の長さである．核質側では，同様のフィブリルが，一つのリングにつながっている（図5・20 参照）．この

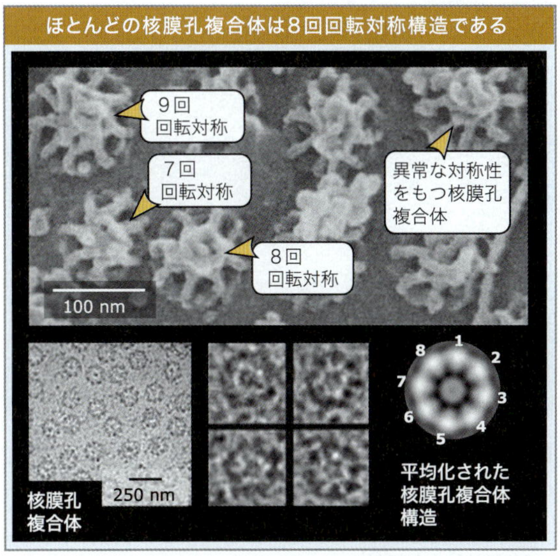

図5・20　核膜孔複合体は，核膜に垂直に 8 回回転対称構造をしている．7 回回転あるいは 9 回回転対称構造をとっている核膜孔複合体もときどきみられる．8 回回転対称構造は，個々の核膜孔複合体の拡大像で容易に判別できる（下図）．数百個の核膜孔複合体の電子顕微鏡像を平均化すると，平均の電子密度地図ができる（右下図）［写真(上)は Martin Goldberg と Terry Allen の好意による．D. Stoffler, et al., *Journal of Molecular Biology* **328**, 119～130(2003) より，Elsevier の許可を得て転載．写真(下)は Ueli Aebi, University of Basel の好意による］

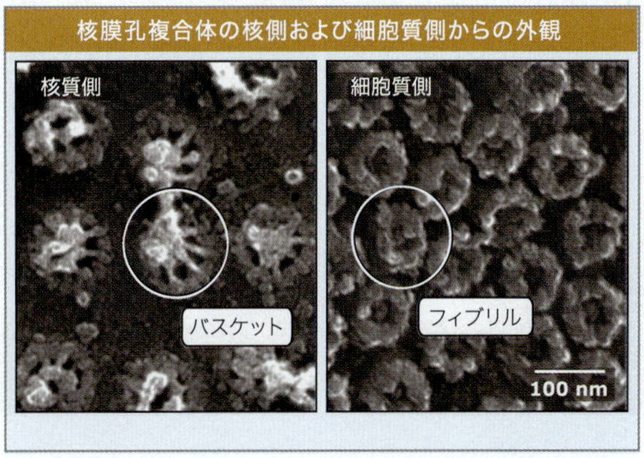

図5・21　核膜孔複合体の末端構造は異なる．電子顕微鏡観察では，核質側にはバスケット構造が（左），細胞質側にはフィブリル構造が（右）ある［写真は Ueli Aebi, University of Basel の好意による．B. Fahrenkrog, et al., *J. Struct. Biol.* **140**, 254～267(2002) より，Elsevier の許可を得て転載］

末端構造は，核バスケットあるいは“魚を捕獲するわな”と比喩される．多細胞生物のある種の細胞では，バスケット構造からさらにフィブリルが核の内部に向かって深く伸びていることもある．細胞質側の末端構造も核質側の末端構造も，輸送される分子が，まず核膜孔複合体と相互作用する部位であり，また，核膜孔複合体通過後，最後に相互作用する部位でもある（§5・11“タンパク質は核膜孔を通して選択的に核内に輸送される”参照）．

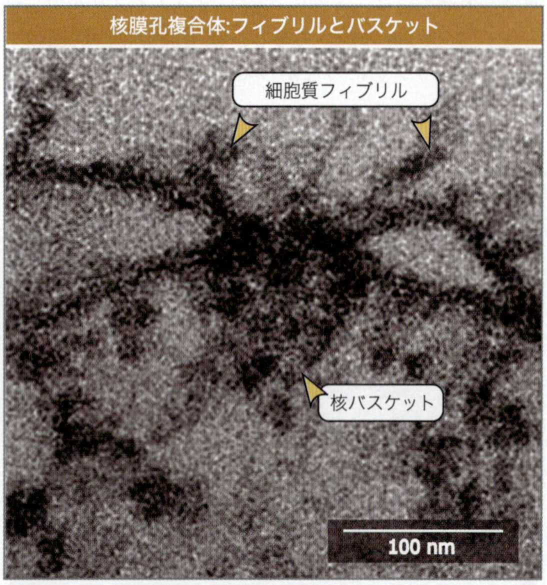

図 5・22　透過型電子顕微鏡で観察したときに見える，核膜孔の細胞質フィブリルと核内バスケット［写真は Ueli Aebi, University of Basel の好意による．Rockefeller University Press の許可を得て，*The Journal of Cell Biology*, **143**, 577〜588(1998) より転載］

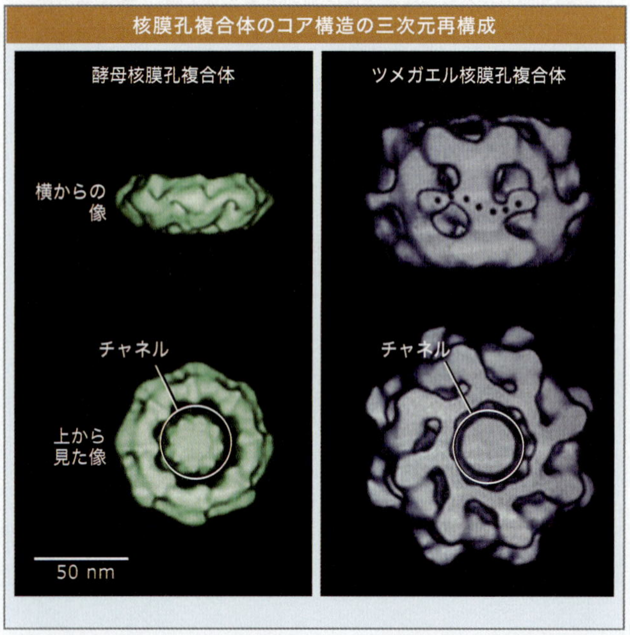

図 5・23　コンピューター解析によって，核膜孔複合体の平均電子密度のパターンを三次元モデルとして示す．核膜面から見たモデル（側面像）と，核膜の上から見たモデルとがある［写真は Ueli Aebi, University of Basel の好意による．B. Fahrenkrog, et al., *Curr. Opin. Cell Biol.* **11**, 391〜401(1999) より，Elsevier の許可を得て転載］

何百にも及ぶ，個々の核膜孔複合体の高解像度電子顕微鏡写真の解析から，核膜孔複合体のモデルが提唱されている．数学的手法を用いて，たくさんの電子顕微鏡写真のイメージを重ね合わせて平均化し，核膜孔複合体の中心部分の平均的な電子密度地図や，あるいは平均的な構造が示される（この方法では，末端構造は解けない）．図 5・23 は，酵母とツメガエルの核膜孔複合体の中心部分の構造モデルである．出芽酵母や他の単細胞真核生物の核膜孔複合体は，およそ 60 MDa であり，多細胞生物の核膜孔複合体の質量の半分である．大きさは異なるが，全体の構造は保存されている．多細胞動物の核膜孔複合体も酵母の核膜孔複合体も，中心部分の通路の大きさは同じで，輸送の特徴も違わない．最近得られる最もよい核膜孔複合体のイメージは，クライオ電子顕微鏡観察によるものである．

図 5・24 に描かれているように，核膜孔の中の複合体が存在する部位で核内膜と核外膜が融合している．どのようにして融合が起こるかは不明であるが，膜融合反応は，核膜の中に一つの核膜孔複合体を集合させるのに必須の過程であると思われる．核膜孔複合体は，中心部分の構造の一部である膜内在性タンパク質によって核膜につなぎとめられている．これらの膜内在性タンパク質は，核膜腔に向かって突き出ている．核膜孔複合体は核ラミナを貫くとともに，核ラミナにつなぎ止められている．

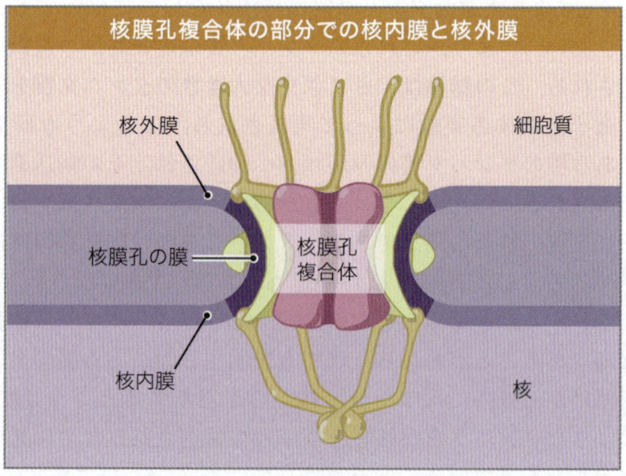

図 5・24　核膜の内膜と外膜は核膜孔複合体のところで融合している．

多くの研究から，核膜孔複合体の構築モデルが提唱されており，図 5・25 に示すように，多くのリング状構造と車輪のスポーク（輻状）構造が複雑に絡み合ってできている．核膜孔複合体は，構成要素（モジュール）の積み重ねである．この考えを支持するさまざまな小構造が走査電子顕微鏡法で観察されており，その小構造がどのように構築されているのかを示す一つのモデルができている．しかし，その構成要素が実際にどのように互いにはまり合っているのかを知る手立てがない．また，核膜孔複合体の集合する過程についてもほとんどわかっていない．

試料を固定することで，核膜孔複合体を通過中の物質をとらえた像を見ることができる．つまり，核膜孔複合体を電子顕微鏡で観察すると，電子密度の高い物質が中心通路をふさぐように存在しているのがしばしばみられる（図 5・23 参照）．この物質が何かについて，相反する考え方がある．一つの考え方は，この物質は核膜孔複合体の一部で，輸送されている積荷分子と最も密接に接触する部分だというものである．トランスポーター（輸送体）とかプラグ（差込）とかとよばれるのは，この考え方によっている．一方，この電子密度の高い物資は，輸送基質とその輸送受容

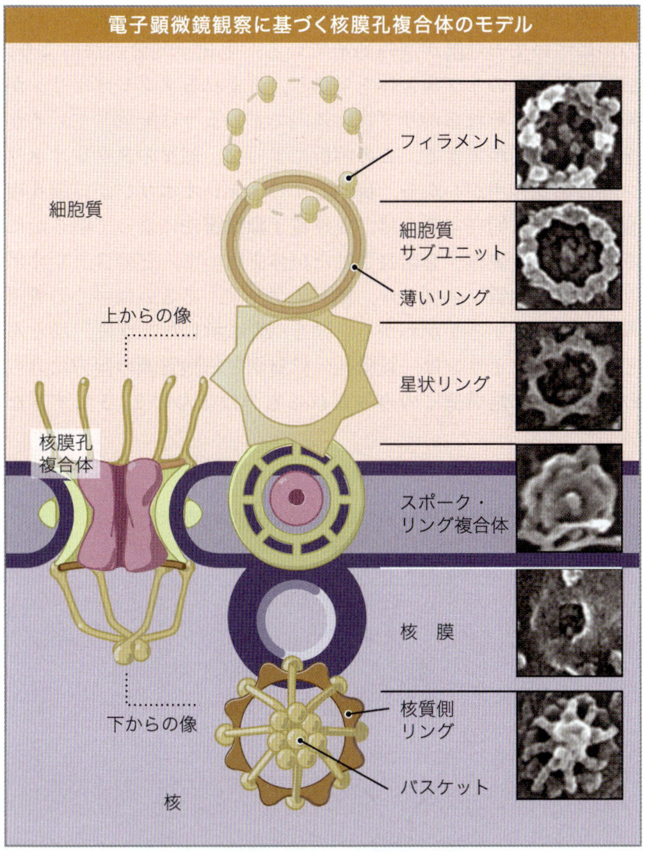

図 5・25 核膜孔複合体は，基本単位から構成されているように思われる．これらの基本単位は，細胞分裂期の後の核膜孔複合体再構築のさまざまな段階でみられる［写真は Martin Goldberg, Steve Bagley, Terry Allen の好意による原図を改変したもの］

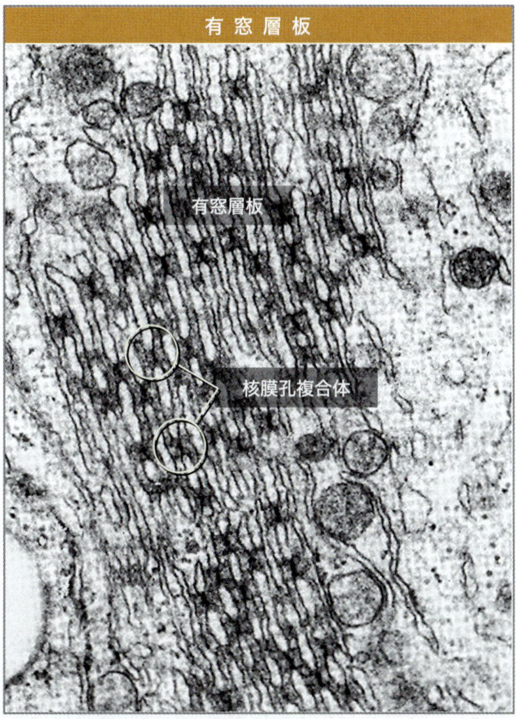

図 5・26 透過型電子顕微鏡で観察されたアフリカツメガエル卵母細胞の有窓層板［写真は Dr. Don W. Fawcett の好意によるもので，"The Cell" (1981) から複写．撮影は Héctor E. Chemes Dept. Endocrinology, Children's Hospital, Buenos Aires, Argentina による］

体との複合体そのものであるという別の考え方がある．高解像度の電子顕微鏡像によると，この物質は，大きさもまちまちであるし，核膜孔複合体の通路の中で存在する場所も異なるように見える．このことは，この物質が，輸送積荷－輸送受容体複合体であるという考え方を支持している．

ある種の細胞では，核膜孔複合体が核膜のみならず，細胞質にも存在している．**有窓層板**（annulate lamellae）とよばれる，核膜孔複合体を含む 2 層の二重膜が積み重なったものが細胞質にあるのである．図 5・26 のように，核膜孔複合体が，有窓層板の多層にわたって並んでいるのがよくみられる．有窓層板は，無脊椎動物や脊椎動物の卵母細胞に共通してみられるが，他の細胞種でもみられる．この構造体の起源や機能は不明である．哺乳類の核膜から核膜孔複合体を単離するのは難しい．なぜなら，核膜孔複合体は通常，核ラミナに結合していて，核ラミナは不溶性で扱いにくいからである．一方，有窓層板にはラミナがないため，生化学的，細胞学的に解析するための核膜孔複合体の重要な材料となってきた．有窓層板の核膜孔複合体と核膜の核膜孔複合体は，構造も組成も同じであると思われる．

5・10 核膜孔複合体は，ヌクレオポリンとよぶタンパク質でできている

重 要 な 概 念

- 核膜孔複合体のタンパク質はヌクレオポリンとよばれる．
- 多くのヌクレオポリンは，Gly–Leu–Phe–Gly，X–Phe–X–Phe–Gly や X–X–Phe–Gly といった短い繰返し配列をもっており，この配列が物質輸送の際に輸送因子と相互作用すると考えられている．
- ヌクレオポリンの中には，膜貫通タンパク質がいくつかあり，それらが，核膜孔複合体を核膜につなぎとめていると考えられる．
- 酵母の核膜孔複合体のヌクレオポリンはすべて同定されている．
- 核膜孔複合体は，細胞分裂期にいったん崩壊したのち，再形成される．
- ヌクレオポリンのなかには，ダイナミックに変動するものがある．つまり，核膜孔複合体に速やかに付いたり離れたりしている．

核膜孔複合体を構成するタンパク質は**ヌクレオポリン**（nucleoporin）とよばれる．パン酵母 *S.cerevisiae* の核膜孔複合体が最もよく調べられており，大きく二つのアプローチによってすべてのヌクレオポリンが同定された．一つは，核輸送に障害のある変異株を単離するという遺伝学的なアプローチである．もう一つは，単離核膜から核膜孔複合体を精製し，生化学的に同定するという方法である．酵母には核ラミナがないため，核膜孔複合体の可溶化が容易だった（§5・7"核ラミナは核膜の基盤となる"参照）．図 5・27 に示すように，ヌクレオポリンを電気泳動法によって分離し，質量分析法を用いて同定した．このように，遺伝学的な方法と生化学的な方法によっておよそ 30 種類のヌクレオポリンが同定された．

カエルや哺乳類などの多細胞動物のヌクレオポリンも同定された．多細胞動物の核膜孔複合体は，酵母の約 2 倍の質量をもっているが，ヌクレオポリンの種類はほぼ同じである．遺伝学的方法を脊椎動物に適用するのは難しいので，ヌクレオポリンの同定は，生化学的アプローチや免疫学的アプローチによってなされた．有窓層板には核ラミナがないので，アフリカツメガエルを

使って核膜孔複合体を単離することができた．

多くのヌクレオポリンに共通する一つの特徴は，短いアミノ酸配列が多数繰返して存在していることである．この繰返し配列は，核輸送に際して，積荷分子が核膜孔複合体に結合する部位であると考えられている．およそ 3 分の 1 のヌクレオポリンが，Gly–Leu–Phe–Gly，X–Phe–X–Phe–Gly あるいは X–X–Phe–Gly という繰返し配列をもっている（X は任意のアミノ酸）．フェニルアラニン–グリシンというアミノ酸ペアを含むので，しばしば **FG 繰返し配列**（FG repeat）とよばれる．3〜15 個のアミノ酸がこの繰返し配列間に存在する．一般的には，FG 繰返し配列をもつヌクレオポリンは，10〜30 個の繰返し配列をもつが，1 個か 2 個しかもたないものもある．たくさんの FG 繰返し配列をもつヌクレオポリンでは，その繰返し配列は，ヌクレオポリンの 1 箇所に集中して存在している．FG 繰返し配列は，輸送因子の結合部位として働き，核膜孔複合体の中心通路に沿って並んでいると考えられている．それ以外の FG 繰返し配列をもつヌクレオポリンは，細胞質フィブリルや核バスケットの構成因子となっている．驚くべきことに，酵母のヌクレオポリンから数多くの FG 繰返し配列を除去しても，細胞の生存には影響を及ぼさない．特に，細胞質フィブリルや核バスケットにある FG 繰返し配列はすべて取除いても大丈夫であるが，中心通路に存在する FG 繰返し配列は，生存に影響を与えないで取除くことができるのはごく少数である．

多くのヌクレオポリンのもう一つの特徴は，コイルドコイルとよばれる構造上のモチーフをもつことである．コイルドコイル領域は特殊なタイプの α ヘリックス領域で，この領域の基本機能は，他のコイルドコイル領域と相互作用して多量体を形成することである．このコイルドコイル間の相互作用は，おそらく，核膜孔複合体の全体構造にとって非常に大事なのであろう．

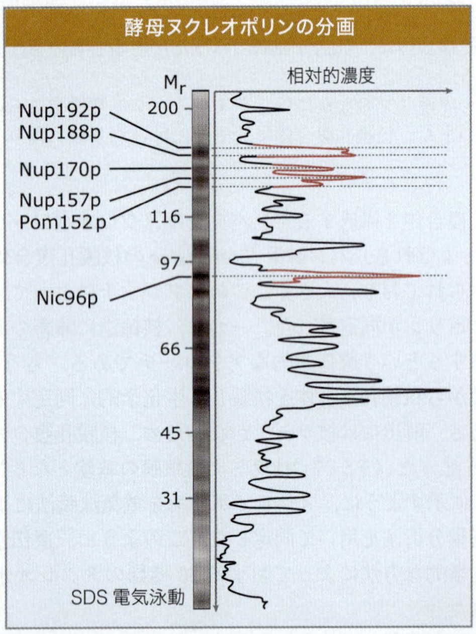

図 5・27　核膜孔複合体は，単離した哺乳類の核膜から精製でき，そこに存在するヌクレオポリンはポリアクリルアミドゲル電気泳動法で分離できる．染色したゲル(左)とそれをデンシトメーターで定量化したもの(右)を示す．いくつかの豊富に存在しているヌクレオポリンが表示されている［*The Journal of Cell Biology* **131**, 1133〜1148 (1995) より，The Rockefeller University Press の許可を得て改変．写真は Michael Rout, The Rockefeller University の好意による］

核膜孔複合体の中でヌクレオポリンがどのように配置しているのかについての理解が進み始めている．生化学的分画法により，核膜孔複合体のサブ複合体を単離し，含まれるヌクレオポリンが何であるか，それらがサブ複合体内でどのように配置しているかを決めることができる．この解析によって，個々のヌクレオポリン間の相互作用がわかる．目的とするヌクレオポリンが核膜孔複合体のどこに局在するかは，免疫電子顕微鏡法によって明らかにされている．金粒子を結合させた抗体を用いて，どのヌクレオポリンが，細胞質フィブリル，核バスケット，あるいは中心の骨組み部分に存在するかがわかる．図 5・28 に示したように，ほとんどのヌクレオポリンは，核膜孔の核質側と細胞質側の両方にみられ，一方の末端構造にのみみられるものはほんの 2，3 にすぎない．

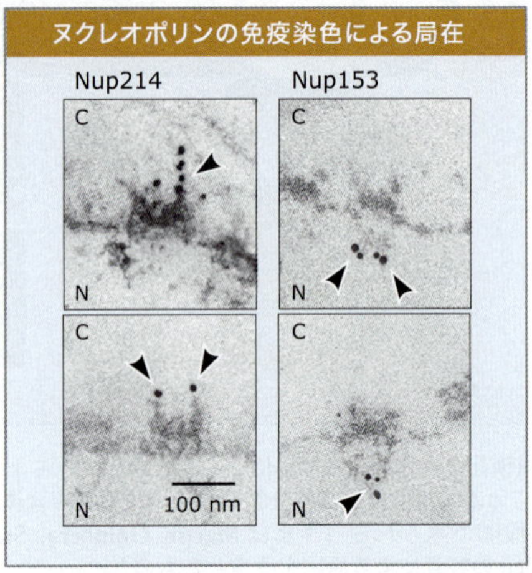

図 5・28　個々のヌクレオポリンは，免疫電子顕微鏡法によって核膜孔複合体の中のどこに局在しているかがわかる［写真は Ueli Aebi, University of Basel の好意による．*The Journal of Cell Biology* **143**, 577〜588 (1998) より，The Rockefeller University Press の許可を得て転載］

多細胞動物や酵母の核膜孔複合体では，膜貫通タンパク質であるヌクレオポリンが少数存在する．以下の三つの観察結果がこの結論を支持している．

- 電子顕微鏡観察で，これらのヌクレオポリンは，核膜孔の膜部分に密に接触して存在しているように見える．
- これらのヌクレオポリンは，脂質二重膜を貫通するのに十分な長さの疎水性アミノ酸の並びをもっている．
- 高塩濃度処理をすると，膜貫通タンパク質だけが残るが，これらのヌクレオポリンは，高塩濃度で処理した単離核膜上に認められる．

膜貫通ヌクレオポリンは，核膜孔複合体を核膜につなぎとめる手助けをしていると考えられている．

酵母の核膜孔複合体の異なる部位に存在するそれぞれのヌクレオポリンが，相対的に何個ずつ存在しているのかについて，図 5・29 にモデルを示す．ある種のヌクレオポリンは，他のヌクレオポリンに比べて非常にたくさんある．核膜孔複合体は 8 回回転対称構造をしているので，どのヌクレオポリンも，1 個の核膜孔複合体当たり 8 個よりも少ないということはなく，16 個，32 個あるいはそれ以上存在すると信じられている．最も数が少ないのは，細胞質フィブリルや核バスケットにみられるヌクレオポリン

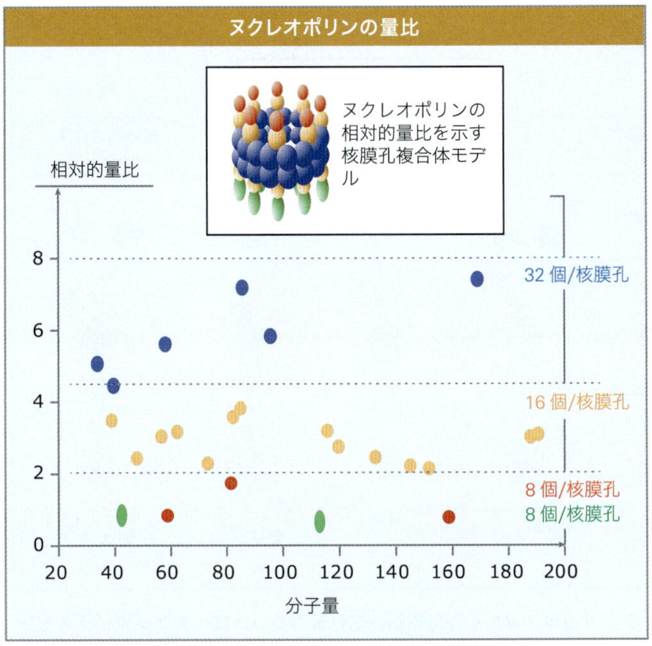

図 5・29 それぞれのヌクレオポリンの相対的な量がゲル電気泳動上で計算できる．モデルでは，核膜孔複合体の異なる位置に存在する，さまざまなヌクレオポリンの相対的な量が示されている．末端部構造に存在するヌクレオポリンだけが非対称に分布している［*The Journal of Cell Biology* **148**, 639〜651(2000) より，The Rockefeller University Press の許可を得て改変］

である．個々のヌクレオポリンの分子量と数から，酵母の核膜孔複合体の総分子量を決定することができる．その数値は，電子顕微鏡観察によって得られている推測の総質量測定値である 60 MDa とよく一致する（§5・9 “核膜孔複合体は対称的構造の通路である” 参照）．

ヌクレオポリンには，安定して他のヌクレオポリンと結合しているものもあれば，激しく動き回っているものもあることが，光退色後蛍光回復(FRAP)という手法を用いて実験的に証明されてきた．このアプローチでは，GFP を融合させたヌクレオポリンを発現するようにした哺乳類細胞が使われる．核膜のごく小さい部分に光を当てて蛍光を消退させ，蛍光が消退させた部分に戻ってくる速度関数を測定するわけである．これらの解析によって，ヌクレオポリンのおよそ半数が安定に核膜孔複合体にとどまっており，それらのタンパク質は核膜孔複合体の骨格構造を構成している分子であると考えられる．その他のヌクレオポリンは，数時間，核膜孔複合体に局在するが，少数のヌクレオポリンは，きわめて動的な挙動をとり，2，3 分かそれ以下の時間しか核膜孔複合体にとどまらない．

ある種の生物では，核膜が細胞分裂期に崩壊し，核膜孔複合体はサブ複合体に解離する．解離した核膜孔複合体は，細胞分裂期の後期，核膜が形成されるときに再集合する．この解離と再集合の過程はそれぞれ，生体内では 1 時間以内に起こる．再集合の過程は，さまざまな段階で電子顕微鏡法によって可視化できるが，多段階の再現性の高い過程を経て進行するようである．再集合のメカニズムや，核膜孔複合体の集合を手助けする他のタンパク質があるのかはほとんどわかっていない．新しい核膜孔複合体が，新しく合成されたヌクレオポリンから細胞分裂間期にも形成される．新たな核膜孔複合体形成と再集合とが同じメカニズムで起こるのかは不明である．

5・11 タンパク質は核膜孔を通して選択的に核内に輸送される

重要な概念

- 成熟核タンパク質は，核局在化に必要な配列情報をもっている．
- タンパク質は，核膜孔を通して選択的に核を出たり入ったりする．
- 核内移行に必要な情報は，輸送されるタンパク質の小さな領域に存在する．

すべての高分子は，核膜孔の大きな通路を通して核に入ったり，核から出たりすると信じられている．いくつかの輸送基質タンパク質について，図 5・30 に輸送効率を示した．

核内輸送は，積荷タンパク質と細胞質に突き出た核膜孔複合体フィブリルとの結合（ドッキング）によって始まる．このことは，核膜孔複合体をタンパク質が通過する過程を電子顕微鏡法によって解析することでわかった．電子密度の高い金粒子を核タンパク質で覆い，卵母細胞の細胞質に微小注入すると，その粒子は核内に集積するが，そのうちのいくつかは，細胞質フィブリルや核膜孔複合体の通路上に並んで存在するのが見える．

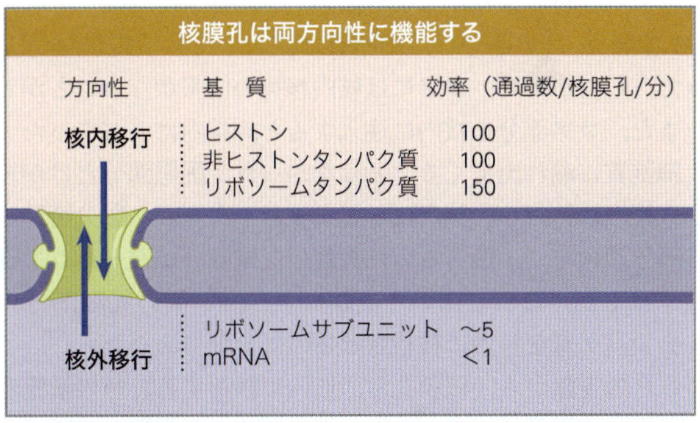
核膜孔は両方向性に機能する
方向性
基 質
効率（通過数/核膜孔/分）
核内移行
ヒストン 100
非ヒストンタンパク質 100
リボソームタンパク質 150
リボソームサブユニット ~5
mRNA <1
核外移行

図 5・30 核膜孔を通過する 2，3 の高分子の核内外輸送効率．効率は，基本的には，それぞれのタンパク質の，細胞内に存在する量と細胞にとって輸送されないといけない量とを反映している．

積荷タンパク質が核膜孔複合体に結合するにはエネルギーは要らないが，輸送にはエネルギーが必要である．細胞を低温で培養したり，エネルギーが必要な反応を阻害したりすると，積荷タンパク質で覆った金粒子は核膜孔複合体の細胞質側にとどまったままで，核膜孔複合体の通路にも，核内にも観察されない．

タンパク質は，きわめて選択的に核膜孔複合体を通過する（§5・8 “大きな分子は核と細胞質間を能動的に輸送される” 参照）．多くの場合，輸送されるタンパク質は，核に移行するための情報をもっている．移行シグナルをもたないタンパク質も，移行シグナルをもつタンパク質に結合することで核内に輸送されうる．核タンパク質が移行シグナルをもっていることは，アフリカツメガエル卵母細胞から核タンパク質を単離し，それを卵母細胞の細胞質に微小注入するという実験で見事に証明された．注入されたタンパク質は速やかに核内に移行したのである．

この実験からさらにわかったことは，核への移行シグナルは，小胞体への輸送に必要なシグナル配列とは違って，タンパク質が核内に入った後も，切り出されないということである．核タンパク質に再輸送される能力があることは重要である．細胞が分裂するときには，核膜が崩壊し，核タンパク質は細胞全体に分散してしまう．タンパク質は，細胞分裂後，新しく構築された核に再輸送されなければならないのである．

核局在に必要な配列情報はタンパク質の小さな領域に存在するが，このことは，ヌクレオプラスミンを用いたLaskeyの古典的な実験によって初めて証明された．ヌクレオプラスミンは，豊富に存在する核タンパク質である．ヌクレオプラスミンをアフリカツメガエル卵母細胞の細胞質に微小注入すると，速やかに核内に集積する（図5・31）．核はすでに大量のヌクレオプラスミンを含んでいるので，新たに注入されたヌクレオプラスミンは，濃度勾配に逆らって蓄積したことになる．ヌクレオプラスミンは分子量33 kDaの比較的小さなタンパク質だが，通常，五量体を形成し，総分子量は150 kDaに近い．したがって，大きすぎて核内には拡散できない．

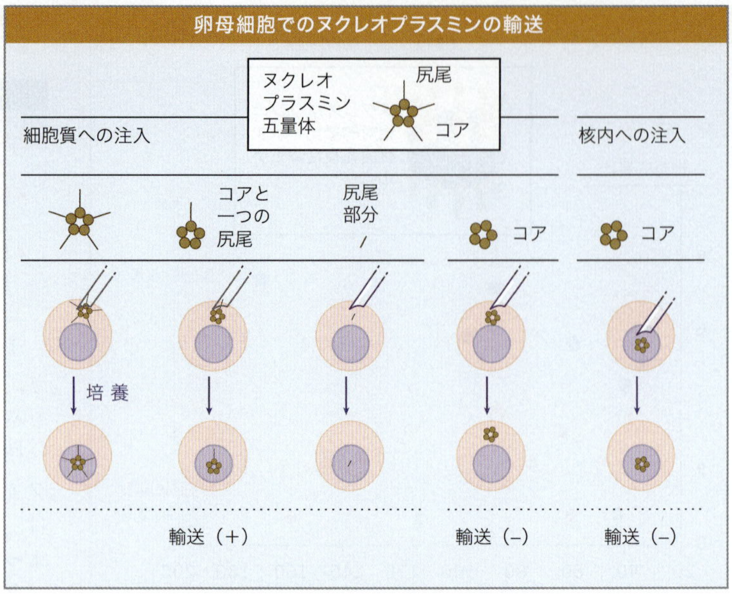

図5・31　アフリカツメガエル卵母細胞の細胞質あるいは核へヌクレオプラスミンを注入することで，核内輸送にはそのC末端側断片が重要な働きをすることがわかる．

核移行のための情報がタンパク質の一部分にのみ存在することを実証するために，ヌクレオプラスミン五量体をタンパク質分解酵素で切断し，ヌクレオプラスミンのC末端側10 kDaの“尻尾”部分と，残りの100 kDaの五量体“コア（中心）”部分に分けた．これをアフリカツメガエル卵母細胞に微小注入して，どちらに核内移行の情報が含まれるのかを解析した（図5・31参照）．コア部分は，細胞質に注入しても核内に移行しなかった．したがって，コアには核内移行の情報がないことがわかる．また，コア部分を核内に注入すると，核内にとどまったままで，細胞質に漏れ出てくることはなかった．尻尾部分だけが細胞質から核内に移行し，核内にとどまった．タンパク質分解酵素による部分消化で，1個あるいは複数の尻尾部分が残ったコア部分をつくれるが，これを用いた実験により，1個の尻尾部分だけで，タンパク質を核内に移行させるのに十分であった．

これらの実験から，核膜孔は，核内に移行するための正確な情報をアミノ酸配列上にもったタンパク質のみを選択的に通過させる通路であることが結論できる．核内移行のための情報は，そのタンパク質のごく一部の領域にのみ存在する．ヌクレオプラスミンの場合には，10 kDaの尻尾部分である．さらに，単純拡散と核内保持という反応では，一つのタンパク質を細胞質から核へ移行させるのは無理であることは，五量体コア部分は，核内に注入すると，核内に滞在し続けるが，けっしてそれだけで核内に集積することはできないという事実から明らかである．

5・12　核局在化配列によってタンパク質は核内に移行する

重要な概念

- 核局在化配列は塩基性アミノ酸の短い並びであることが多い．
- 核局在化配列は，核内移行に必要十分な配列として定義される．

タンパク質を核内に移行させるシグナルは，アミノ酸の短い並びからなり，**核局在化シグナル**（nuclear localization signal, **NLS**）と名づけられている．最も一般的な核局在化シグナルは，リシンやアルギニンといった塩基性アミノ酸を含む．最もよく性質がわかっている核局在化シグナルは，ウイルスの核タンパク質であるSV40ラージT抗原のもつ配列である．SV40ウイルスが感染すると，ウイルスタンパク質であるラージT抗原が細胞質で合成され，核内に移行してウイルス増殖に働く．このラージT抗原は，宿主細胞の装置を利用して核内に移行する．

SV40ラージT抗原の核局在化シグナルは，126〜132番目のアミノ酸であるPro–Lys–Lys–Lys–Arg–Lys–Valからなる（図5・32）．この核局在化シグナルは，二つの実験に基づいて同定された．第一は，T抗原の128番目のリシンをトレオニンに変異させた実験で，この変異のため，核局在化シグナルは不活性化され，もはや核内に移行できなくなる．核局在化シグナル以外のアミノ

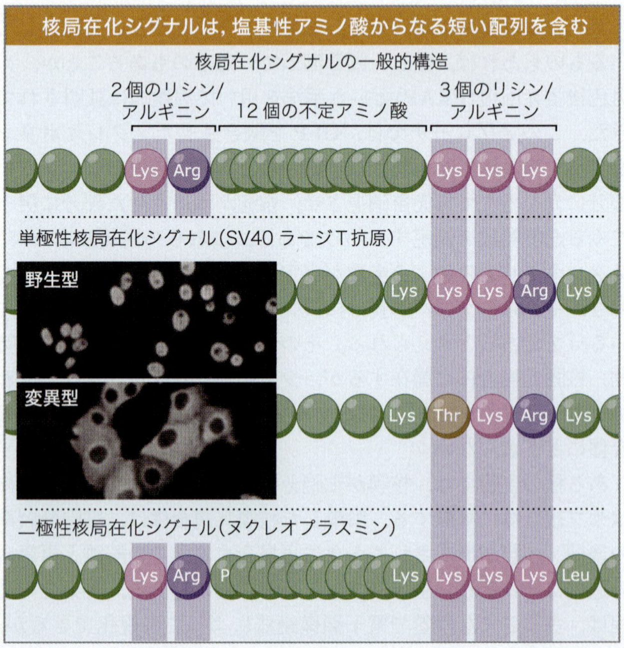

図5・32　SV40ラージT抗原の核局在化シグナルには，塩基性アミノ酸からなる短い配列が一つだけあり，リシン1個をトレオニンに変異させるだけで，T抗原は核に局在できなくなる．ヌクレオプラスミンの核局在化シグナルは，2箇所の塩基性アミノ酸領域が12個の不定のアミノ酸で隔てられた，二極性の核局在化シグナルの一例である［写真はD. Kalderon, et al., *Cell* **39**, 499〜509(1984)より，Elsevierの許可を得て転載］

酸に変異を導入しても核内移行にはまったく影響しない．つまり，この核局在化シグナルが，タンパク質の核局在に必要であることがわかる．第二は，通常は核内に移行しないタンパク質に最小限の核局在化シグナル部分のペプチドを結合させると，核内に移行できるようになるという実験である．変異が導入された核局在化シグナルのペプチドとのキメラタンパク質は核内には移行しない．つまり，核局在化シグナルがあれば核内移行には十分であることがわかる．あるアミノ酸配列が核局在化シグナルとよばれるには，核内移行にとって必要であり十分であるという条件を満たさなければならない．

多くの核タンパク質は，T抗原の核局在化シグナルに似た短い塩基性のシグナルをもっている．もう一つ，一般的な核局在化シグナルがあって，それは，塩基性アミノ酸のより短い並びを2箇所もち，その間におよそ12個のさまざまなアミノ酸が挟まれている．この配列は二極性核局在化シグナルとよばれ，ヌクレオプラスミンにはこの型の核局在化シグナルが存在している（図5・32参照）．この二つのタイプの核局在化シグナルは，共に，“古典的”核局在化シグナルといわれ，タンパク質輸送の過程で，同じ輸送因子に認識される．あまりよく解析されていないが，相対的には塩基性アミノ酸を含む，別のタイプの核局在化シグナルもある．このように，分泌シグナル配列と似て，核局在化シグナルは，一般的な特徴をもっているが，特定の厳密な配列を必要とはしない．

5・13 細胞質に存在する核局在化シグナル受容体が核タンパク質輸送を担う

重要な概念

- 核内輸送の受容体は，積荷タンパク質の核局在化シグナルに結合する細胞質タンパク質である．
- 核内輸送受容体は，通常，カリオフェリンと総称される大きなファミリータンパク質群に属する．

タンパク質の核内移行は，受容体に担われる．タンパク質の核内移行は，無制限に起こるのではなく，上限があるという実験結果があり，このことから，核局在化シグナルを認識する受容体の存在が示唆された．この実験は，アフリカツメガエルの卵母細胞を用いて，核内輸送の速度関数を測定するというものだった（図5・33）．まず，核局在化シグナルを含む短いポリペプチドを，通常は核へ移行しないタンパク質であるウシ血清アルブミンに化学架橋した．この核局在化シグナル-アルブミン結合物を卵母細胞の細胞質に微小注入すると核へ移行したが，アルブミンだけでは細胞質にとどまったままであった．核局在化シグナル-アルブミン結合物の濃度を上げていくと，核内移行するタンパク質の量は飽和していった．これは，核局在化シグナルを認識し，核内移行を起こす因子には量的制限があることを意味している．言いかえると，核局在化シグナルをもつタンパク質を認識する受容体が存在することを意味している．

現在では，核局在化シグナル受容体は，可溶性の細胞質因子であることがわかっている．細胞内で起こっていることを再現し，正確な核内移行に必要な細胞質因子の精製を可能にする *in vitro* アッセイを使って，いくつかの核局在化シグナル受容体が同定された．図5・34にあるように，このアッセイでは，細胞膜をジギトニンという界面活性剤で透過性にする．細胞質成分は，細胞膜に開いた小孔を通して漏れ出るが，核膜はジギトニンの影響を受けない．核局在化シグナルをもつタンパク質をこの透過性細胞に加えると，細胞膜の小孔を通して細胞内に入るが，細胞質抽出液を加えなければ，核内にまでは入れない．

細胞質抽出液には二つの異なる活性が確認された．一つは積荷タンパク質が核膜孔に結合する活性で，もう一つは核膜孔複合体の通過を担う活性である（図5・34参照）．このように，核タン

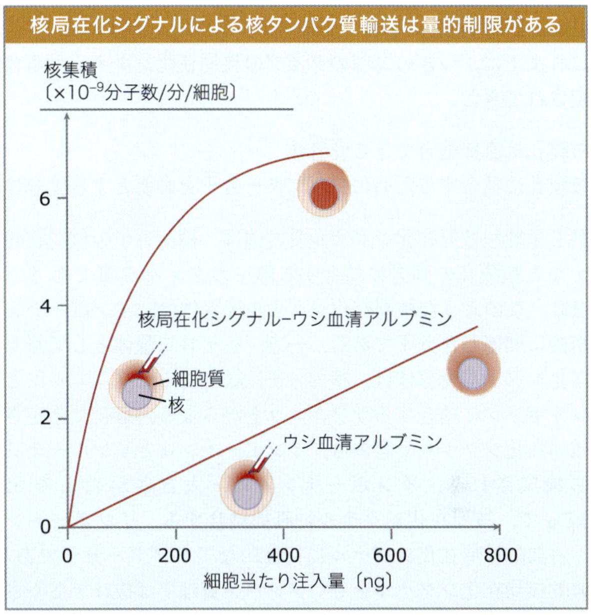

図5・33 核局在化シグナルを結合させたウシ血清アルブミンを卵母細胞の細胞質に注入すると，核内移行は量的に飽和状態になる．

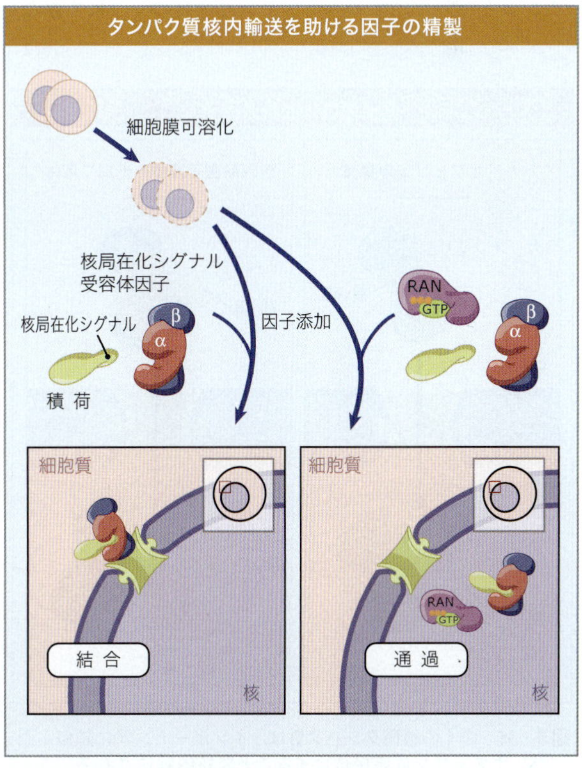

図5・34 タンパク質の正確な核内輸送に必要な細胞質タンパク質を精製するため，透過性細胞を利用した．

パク質輸送は，つぎの二つのステップに分けることができる．

- 核局在化シグナルをもったタンパク質が核膜孔に結合するステップ．
- 核内に向かって通過するステップ．

核膜孔結合を担う活性は，核局在化シグナル受容体として同定された．この受容体は，積荷分子を連れて核膜孔複合体を通って核内に入り，核内で積荷分子を放出し，その後，つぎの輸送のため，細胞質に戻る．核膜孔通過のステップを担う活性は，Ran GTPase として同定された．

これまでに，つぎの二つのタイプの核局在化シグナル受容体が同定されてきた．

- 核膜孔に直接結合できる受容体．
- 核膜孔に結合するためにアダプター分子を必要とする受容体．

最も単純な核局在化シグナル受容体は，積荷分子の核局在化シグナルと核膜孔の両方に結合する単一のタンパク質である（図5・35）．このような核局在化シグナル受容体は，インポーチン β に密接に関連した分子である．一方，ヘテロ二量体として働く核局在化シグナル受容体は，積荷分子に結合するサブユニットとヌクレオポリンに結合するサブユニットからなる．最初に同定された核局在化シグナル受容体は，インポーチン α とインポーチン β から構成される．インポーチン α は，大きさがおよそ 55〜60 kDa で，核局在化シグナルに直接結合する．インポーチン α は，古典的核局在化シグナルに特異的なアダプター分子である．古典的核局在化シグナルをもつタンパク質はずば抜けてたくさん存在するが，それらのタンパク質はインポーチン α をアダプター分子として利用するため，数多くの積荷タンパク質は，インポーチン α とインポーチン β が協調して輸送する．インポーチン β は，大きさがおよそ 90 kDa であり，インポーチン α と共に核膜孔に結合する．インポーチン α は，核局在化シグナルを認識し，インポーチン β と相互作用する多くのタンパク質の一つにすぎない．

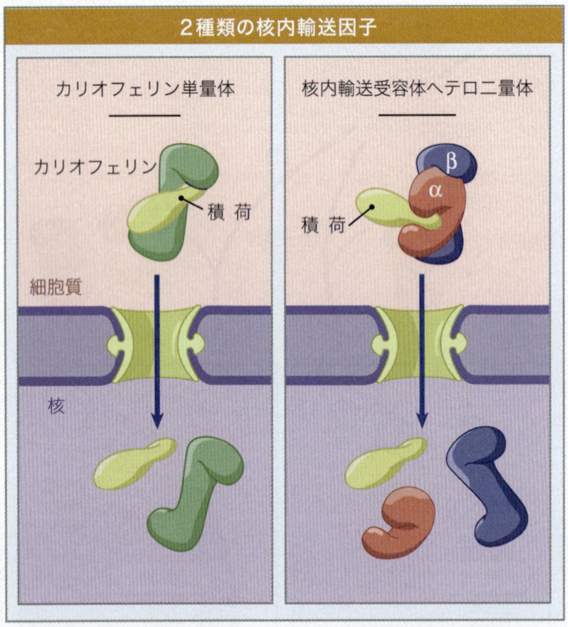

図5・35 多くの積荷タンパク質は，インポーチン β に類似したカリオフェリンに直接結合することで核内輸送される（左）．それ以外の積荷タンパク質は，インポーチン α/β ヘテロ二量体を利用する（右）．

インポーチン α と SV40 T 抗原核局在化シグナル複合体の三次元構造が解かれたが，インポーチン α には核局在化シグナルのための二つの結合ポケットがあることがわかる．このことから，単極性核局在化シグナルと二極性核局在化シグナルの両方（図5・32参照）が，同じ受容体に結合できることが説明できる．核局在化シグナルの中の第3番目のリシンが，インポーチン α の三つの重要なアミノ酸と結合していることから，この3番目のリシンが，正確な核局在化シグナル結合にとって最も重要なアミノ酸残基になっていることがわかる．このことから，核局在化シグナルの一次配列がどのように少しは変化してもよいのかがわかるし，また，第3番目のリシンだけが変異してもその機能が完全に失われてしまうことが説明できる（§5・12“核局在化配列によってタンパク質は核内に移行する”参照）．

核膜孔複合体の細胞質側に結合したのち，カリオフェリン－積荷タンパク質複合体は核膜孔の通路を通過するが，そのメカニズムはわかっていない．通過中に，その複合体がヌクレオポリンと，どれくらい頻回に連続して接触するのか，また，通路に沿ってどのようなメカニズムで動いていくのかを理解するためには，さらに研究が必要である．核膜孔通過のモデルのうちの二つについては，§5・16“核膜孔通過のメカニズムに関して多数のモデルが提唱されている”で説明する．

積荷タンパク質のなかには，複数の核輸送受容体によって核内に移行するものもある．輸送経路が複数あるのは，効率良く輸送するためか，あるいは，別のレベルで輸送制御をするためかもしれない．さらに，すべてのタンパク質がカリオフェリンによって核内に輸送されているわけではない．シグナル伝達分子である β カテニンのようなタンパク質は，輸送因子を必要とせず，単にヌクレオポリンに直接結合することで核内に入る．なぜ，ある種のタンパク質がカリオフェリンとは関係なく輸送されるようになったのかは不明であるが，他の核輸送と別に輸送を制御するためかもしれない．

ウイルスタンパク質のなかには，ヌクレオポリンや細胞内輸送因子と相互作用するために，自分自身の輸送因子で適応してきたものもある．たとえばウイルスの Vpr タンパク質は，非増殖細胞に HIV ウイルスが感染するために必須であるが，インポーチン α とヌクレオポリンに結合し，ウイルスゲノムを核内に輸送するのに働く．Vpr は，核輸送において，インポーチン β の機能をまねているのである．

インポーチン β は核輸送でのみ働くと考えられていたが，さまざまな細胞機能の制御に関与することがわかってきている．インポーチン β は，積荷タンパク質と微小管に相互作用できるので，核タンパク質を微小管に沿って核の周辺部分にまで移動させることができるかもしれない．インポーチン β は，他の核輸送因子と協調して，分裂期紡錘体の形成，分裂後の核の再形成や核膜孔複合体の集合に役割を果たす．

5・14 タンパク質の核外輸送も受容体によって担われる

重 要 な 概 念

- ロイシンに富んだ短いアミノ酸配列が最も一般的な核外輸送配列として働く．
- 核外輸送受容体が，核内で核外輸送配列をもつタンパク質に結合し，細胞質へ輸送する．

タンパク質のなかには，細胞質で合成され，核内に輸送されてから，核外に搬出されるものがある．このようにシャトルするタンパク質の多くは転写因子であり，その活性が細胞内局在によって制御されている．また，核–細胞質間シャトルとよばれる過程で，絶えず核と細胞質の間を行き来しているタンパク質もある．これらのタンパク質は，核内輸送に必要な核局在化シグナルだけではなく，核外輸送に必要なシグナルももっている．核外への輸送に必要なシグナルを**核外輸送シグナル**（nuclear export signal, **NES**）とよぶ．タンパク質の核外輸送の一般的な原理は，核内輸送と似ている．しかし，後で述べる輸送の制御に関しては重大な違いがある（§5・17“核輸送は制御される”参照）．

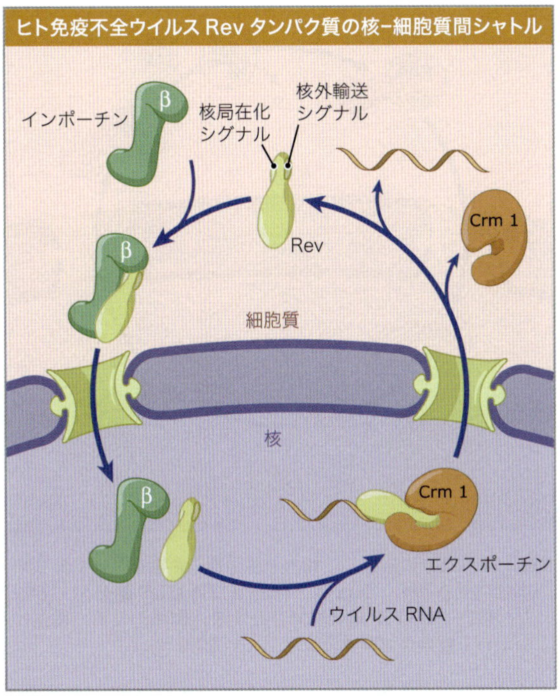

図5・36　ヒト免疫不全ウイルス Rev などのいくつかのタンパク質は，核と細胞質の間をシャトルする．簡単のため，輸送に関与する他のタンパク質は図には示していない．

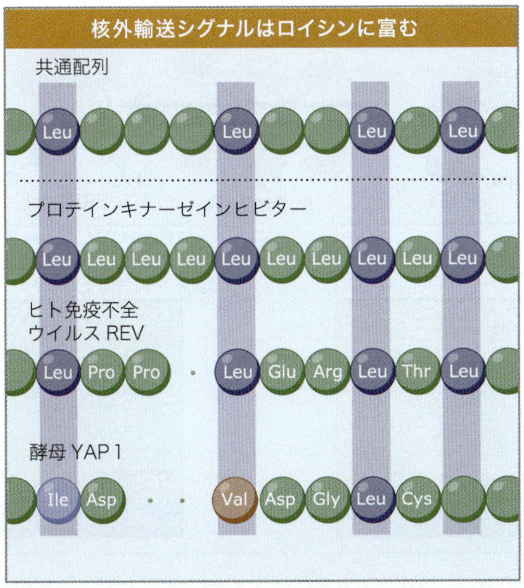

図5・37　最もよく解析されている核外輸送シグナルのうちのいくつかは，ロイシンをたくさんもっている．イソロイシンやバリンのような，ロイシン以外の疎水性アミノ酸がロイシンの代わりに存在することもある．

核外輸送シグナルは，ヒト免疫不全ウイルス（HIV）の感染細胞での増殖を研究する過程で発見された．HIV はゲノムとして RNA をもっているので，核内で合成されたウイルス RNA のうちのいくつかは，翻訳を受けたり，新しいウイルス粒子に組込まれるために，細胞質に運び出される．Rev とよばれる小さな HIV タンパク質は感染細胞の核に移行して，ウイルス RNA に特異的に結合する．RNA–Rev 複合体は，核から細胞質に出て，細胞質で RNA は放出され，Rev は，再び核内に入ってつぎの RNA 輸送に働く．Rev タンパク質は，核内移行に必要な情報として，古典的核局在化シグナルをもち，核外輸送のためには別の情報（核外輸送シグナル）をもつ（図5・36）．

核外輸送シグナルは，ウイルス複製を維持できない Rev の変異体を研究することで性状が解明された．Rev の変異体と野生型の Rev を比べることにより，適切な間隔で並ぶ四つのロイシンを含む約 10 個のアミノ酸からなる短い配列が，正確な核外輸送に必要であることが証明され，それが変異型 Rev の機能欠損を説明できた．よく似たロイシンに富んだ配列が，核と細胞質の間をシャトルする多くの細胞内タンパク質にも存在する．核外輸送シグナルの例を図5・37に示す．これらのロイシンに富んだ配列が“古典的”核外輸送シグナルであり，タンパク質の核外への輸送に必要かつ十分な配列である．

核外輸送シグナルは，一見，核内に移行しないと思われる多くのタンパク質にも存在する．これらのタンパク質のなかには，核からそのタンパク質を排除するために核外輸送シグナルをもっているのかもしれないものがある．ほとんどの細胞では，細胞分裂の過程で核膜は崩壊し，分裂終期に各染色体の周囲に再構築される．このとき，核タンパク質ではないタンパク質が核内に残ってしまう可能性がある．このような核タンパク質ではないタンパク質は，核外輸送シグナルによって，核膜再構築後に，速やかに核外に運び出されるのかもしれない．

核外輸送シグナルをもったタンパク質が核内に入ると，カリオフェリンタンパク質ファミリーの一員である**エクスポーチン**（exportin）とよばれる核外輸送受容体に認識される．Crm1 が，これまで解析されたすべての細胞にみられる主要なエクスポーチンである．積荷タンパク質–エクスポーチン複合体が核膜孔の通路を通って核から細胞質に移動し，細胞質で積荷タンパク質が開放される．その後，エクスポーチンは次の輸送のために核へ戻る．Rev タンパク質の例を図5・36に示した．

レプトマイシンは自然界の産物であるが，Rev の機能を阻害し，ひいては HIV の増殖を阻害するという活性で菌類から単離された．レプトマイシンは Crm1 に共有結合し，核外輸送シグナルの結合を阻害することによって Rev の核外輸送を抑える．レプトマイシンはすべての古典的核外輸送シグナルに依存した核外輸送を阻害するので，細胞にとっては毒性があり，薬としては使えない．しかし，古典的核外輸送シグナルが，ある特定のタンパク質の核外輸送にかかわっているかどうかを研究するには有益な化合物である．

Crm1 に加えて，2，3 の他のカリオフェリンもまた核外輸送を担う．インポーチン α の場合を考えてみよう．インポーチン α は，積荷タンパク質とインポーチン β と一緒に核内に入り，つぎのタンパク質輸送のために核外に出てこなければならない．それに働くエクスポーチンは，CAS とよばれ，インポーチン α に結合して，インポーチン α を細胞質に運び出す．RNA のなかには，さまざまなエクスポーチンの積荷分子として核から輸送されるものがある（§5・19“リボソームサブユニットは，核小体で集合し，エクスポーチン 1 で核外輸送される”，§5・20“tRNA は，専用のエクスポーチンによって核外輸送される”，§5・24“U snRNA は核外輸送され，修飾を受け，複合体に集合して核内輸送される”，§5・25“マイクロ RNA の前駆体は核から輸送され細胞質でプロセシングを受ける”参照）．

5・15　Ran GTPase は核輸送の方向性を制御する

重要な概念

- Ran は，すべての真核生物に共通して存在する低分子量 GTPase であり，核と細胞質の両方に局在する．
- Ran-GAP が，Ran による GTP 加水分解反応を促進し，Ran-GEF が，Ran の GDP と GTP の変換を促進する．
- Ran-GAP が細胞質に存在するのに対し，Ran-GEF は核内に存在する．
- Ran は，カリオフェリンに結合して，カリオフェリンがもつ積荷分子との結合能に影響を与えることで核輸送を制御する．

細胞内では，常時，多数のタンパク質が核を出たり入ったりしている．輸送は，積荷タンパク質がもつ核局在化シグナルあるいは核外輸送シグナルとカリオフェリン輸送因子ファミリーメンバーとの相互作用によって起こる．輸送因子は，核内外をシャトルし，核膜孔複合体をはさんでどちらか一方で積荷分子と結合し，反対側でそれを放出する．この輸送の方向性を制御しているのは何なのだろうか？　答えは，Ran とよぶ低分子量単量体 GTP 結合タンパク質にあり，Ran は，輸送因子に結合し，核と細胞質間を移動する．Ran 自身は，核局在化シグナルや核外輸送シグナルをもたない．

多くの GTP 結合タンパク質と同様に，Ran は，それ自身では非常に低い効率でしか GTP を加水分解できない．Ran には，Ran-GAP と Ran-GEF という，Ran の酵素活性を制御する二つの主要タンパク質がある．Ran-GAP は，GTPase 活性化タンパク質（GTPase-activating protein）で，Ran に結合した GTP の加水分解を促進し，GDP 結合型 Ran を生じる（MBIO:5-0007 参照）．Ran-GEF は，グアニンヌクレオチド交換因子（guanine nucleotide exchange factor）で，Ran に結合している GDP を取除いて，代わりに新たに GTP を再結合させる．このように，相互作用する制御因子に依存して，Ran は，GTP 結合型になったり，GDP 結合型になったりする．Ran-GEF（Rcc1 ともよばれる）と Ran は，分裂期紡錘体の形成にも関与する（MBIO:5-0008 参照）．

核輸送の方向性を決める鍵は，Ran-GAP と Ran-GEF の局在である．図5・38 に示すように，Ran-GAP は細胞質に局在しており，核膜孔複合体の細胞質側のフィラメントに結合しているものもある．Ran-GAP は Ran に結合した GTP の加水分解を促進するので，細胞質では，Ran は GDP 結合型になっていると予想される．これとは対照的に，Ran-GEF は核内に存在している．Ran-GEF は，Ran-GDP が核内に入ってくると，結合している GDP を GTP に置き換えるので，核内では，Ran は GTP 結合型になっていると予想される．このように，Ran の調節因子が非対称性の局在をするので，Ran-GDP の濃度は細胞質の方が高く，Ran-GTP の濃度は核内の方が高いと考えられる．このことは，Ran-GTP には結合するが Ran-GDP には結合しないタンパク質に，二つの蛍光タンパク質，黄色の YFP（yellow fluorescent protein）と青色の CFP（cyan fluorescent protein）を融合させ，細胞に発現させるというエレガントな実験で証明された（図5・39）．この Ran-GTP 結合タンパク質が Ran-GTP と結合しないときには，融合している YFP と CFP が非常に近接して存在し，エネルギー転移が起こる．この相互作用は，蛍光共鳴エネルギー移動（fluorescence resonance energy transfer, FRET）とよばれ，蛍光顕微鏡を使って測定できる（TECH:5-0001 参照）．つまり，FRET は，この融合タンパク質が，Ran-GDP の存在している条件下で起こると思われる．これとは対照的に，Ran-GTP 存在下では，この融合タンパク質は Ran-GTP に結合

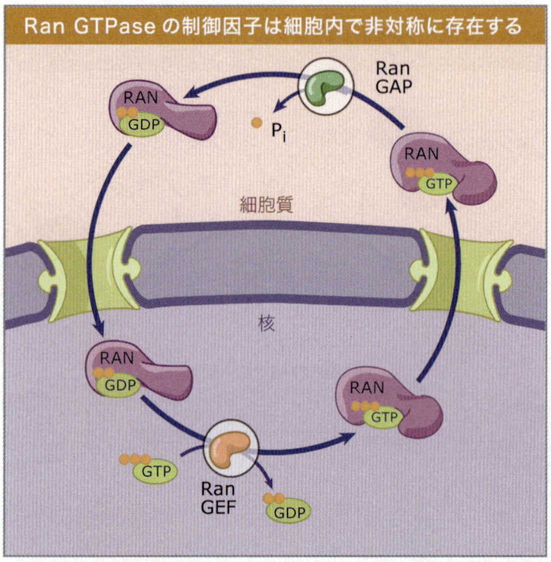

図5・38　GTP に結合し，加水分解活性に影響を及ぼす酵素の細胞内局在から，Ran は，細胞質では GDP 結合型で存在し，核内では GTP 結合型で存在する．簡単のため，輸送にかかわる他のタンパク質は示していない．

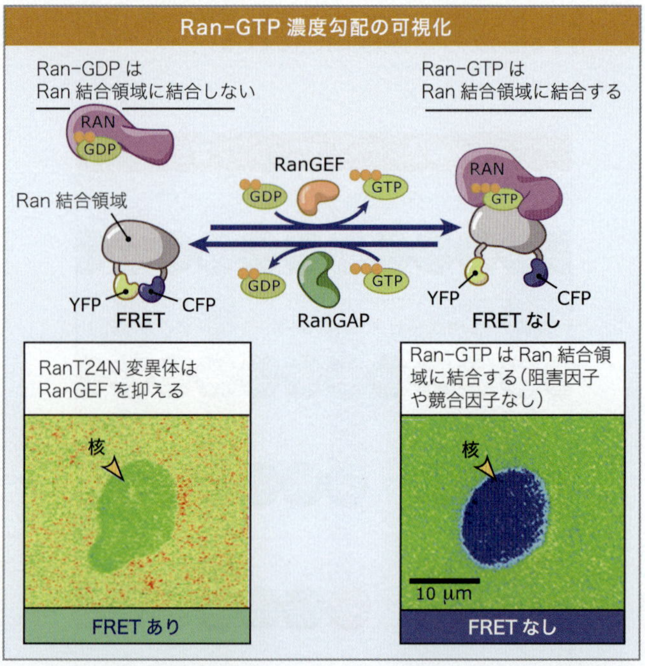

図5・39　Ran-GTP にのみ結合できる Ran 結合ドメインを利用して，異なる細胞内区画に存在する Ran-GTP と Ran-GDP の相対的な濃度の定量ができる［写真は Rebecca Heald, University of California, Berkeley の好意による．P. Kalab, K. Weis, R. Heald, *Science* **295**, 2452〜2456 (2002) より，許可を得て転載．© AAAS］

すると思われる．Ran-GTP が結合すると，YFP と CFP の相互作用が阻害され，FRET のシグナルが消える．図 5・39 の右下の顕微鏡写真を見ると，青い FRET シグナルが核内に観察され，Ran-GTP が核内に高濃度で存在しており，細胞質には存在しないことがわかる．対照実験が図 5・39 の左下に示されているが，Ran-GEF に結合し，野生型 Ran に結合した GDP の GTP への交換を阻害する Ran の変異体（RanT24N）を発現している細胞では，核内の Ran-GTP レベルが減っているのがわかる．つまり，核が，ずっと弱い緑色の FRET シグナルとして可視化されている．これらの結果から，Ran は，核内では主として GTP 結合型として存在し，細胞質では GDP 結合型であることがわかる．核内の Ran-GTP の濃度は細胞質のおよそ 200 倍と推定されている．

Ran は，カリオフェリンに結合し，カリオフェリンがもつ積荷分子との結合能に影響を与えることで核輸送の方向性を制御している．Ran の効果は，核内輸送因子に結合するか，核外輸送因子に結合するかで異なる．核内輸送受容体インポーチンについて考えてみよう．細胞質で，インポーチンは核局在化シグナルをもつ積荷分子に結合する（図 5・40）．核内に入ると，インポーチン積荷分子複合体は Ran-GTP に結合する．この結合が，複合体内の分子配置変換をひき起こし，積荷分子の解離を誘導する．つまり，インポーチン積荷分子複合体は細胞質では安定であるが，核内で Ran-GTP に結合すると解離する．Ran-GDP の濃度は細胞質で高いけれども，Ran-GDP はインポーチンが積荷分子に結合するのにも必要ないし，輸送過程にも不要であることを明記しておく．

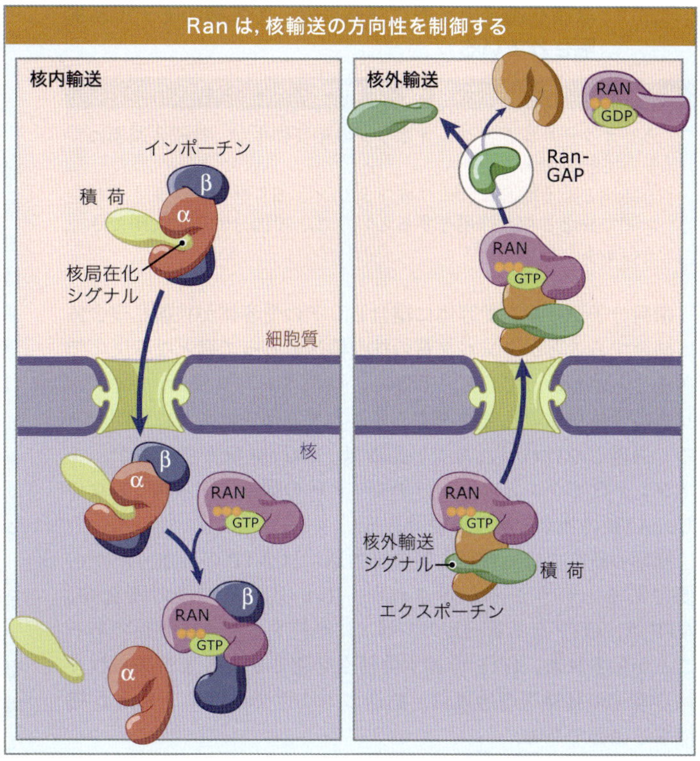

図 5・40　インポーチンは，細胞質で積荷に結合し，核内で Ran-GTP に結合したのち，積荷を放す．逆に，核外輸送複合体は，Ran-GTP と共に核内で形成される．核外輸送される積荷は，細胞質で Ran-GTP の GTP が加水分解されると，複合体から放たれる．

一方，Ran-GTP は，エクスポーチンが核外輸送シグナルをもつ積荷タンパク質に結合するのに必要である．Ran-GEF が存在しているので，核内で Ran-GTP が高濃度に維持されている．図 5・40 に示すように，Ran-GTP，エクスポーチンと積荷分子が協調して結合し，三者複合体が形成される．この三者複合体が核膜孔を通過して細胞質に出ると，GTP の加水分解を促進する Ran-GAP に出会うことになる．これが引き金となって三者複合体は解離し，積荷タンパク質が開放される．

Ran が，GTP 結合型と GDP 結合型で，核と細胞質に正確に局在することが，核輸送にとって肝要である．ほとんどの細胞では，Ran は核に集積している．しかし，どんなときも，一部の Ran-GTP はエクスポーチンと一緒に核外に出る．GTP の加水分解と積荷分子の解離が起こると，Ran-GDP は，それ自身の輸送受容体である Ntf2 によって核内に輸送される（図 5・41）．核内では，Ran-GEF が Ran に結合した GDP を GTP に置き換え，Ntf2 は Ran から解離する．Ntf2 はその後核から出て，別の Ran-GDP の核内輸送を担う．

Ran-GAP と Ran-GEF に加え，Ran に結合して Ran の活性に影響を与える別のタンパク質が存在する．Ran 結合タンパク質（RanBP1）が核膜孔複合体の細胞質側に存在し，Ran-GAP による Ran の GTPase 活性を促進し，積荷分子の解離の効率を上げている．第二の Ran 結合タンパク質（RanBP3）が核内に存在しているが，この分子は，エクスポーチンと核膜孔複合体の相互作用を促進するのに重要である．ある種のヌクレオポリンも核膜孔複合体の核質側および細胞質側で Ran に結合しており，Ran は核膜孔複合体のところで高濃度で存在する．この役割を果たすヌクレオポリンの一つである Nup358 は，RanBP2 ともよばれる．

Ran はまた，細胞分裂期でも重要な役割を果たすが，インポーチン β と相互作用して，鍵分子の分裂期紡錘体への配置を制御する．

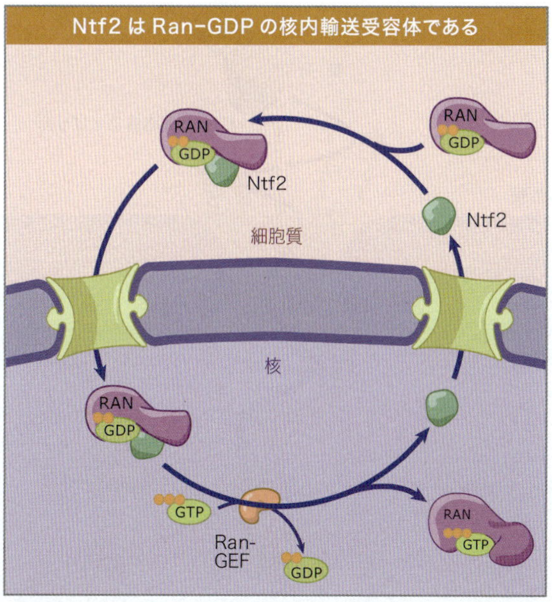

図 5・41　Ntf2 とよばれる小さなタンパク質が Ran の核内への輸送を担う．

5・16 核膜孔通過のメカニズムに関して多数のモデルが提唱されている

重要な概念

- カリオフェリンとヌクレオポリンの相互作用が，核膜孔通過にとって肝要である．
- 方向性という問題は，カリオフェリンとある種のヌクレオポリン間で異なる相互作用をするということで部分的には説明できるのかもしれない．

積荷分子が核輸送受容体に結合し，その受容体が核膜孔複合体に結合することがタンパク質の核内輸送にとって鍵となる反応であることがわかっている．しかし，積荷タンパク質–カリオフェリン複合体が核膜孔を通過するメカニズムは，いまだに不明である．通過しなければならない距離は，200 nm ほどであるが，キネシンやミオシンといった分子モーターの関与は知られていないし，ATP の加水分解も不要である．

初期の研究では，核膜孔複合体通過には ATP の加水分解が必要であるということが示された．しかし，その後の研究で，ATP は，GTP をある一定のレベルに維持するために必要であることが示された．GTP の加水分解を必要とすることが知られている唯一の核輸送の過程は，輸送の方向性を決定する Ran が機能する場面である．

どのようにしてカリオフェリン–積荷分子複合体が核膜孔という通路を通過するのかはわかっていない．通過のメカニズムを考えるに際し，わかっていることを列挙する必要がある．

- カリオフェリンは，Phe–Gly（FG）繰返し配列を介してほとんどのヌクレオポリンと相互作用し，FG 繰返し配列は，核膜孔の中心通路に並んで存在する．
- 結合実験から，カリオフェリンのなかには，ある種のヌクレオポリンに対してより高い親和性をもつものがある．
- Ran は，積荷分子とカリオフェリン間だけではなく，カリオフェリンとヌクレオポリン間の相互作用を調整する．
- カリオフェリンは，たいていの場合，積荷分子を運ぶのは一方向にのみであるけれども，核膜孔を両方向に通過することができる．

一つの単純なモデルとして，促進的拡散で核膜孔の通路を通過するという考え方がある．このモデルでは，輸送受容体は，結合反応には方向性がなく，ヌクレオポリンと親和性の低い一時的な相互作用をすると考える．図 5・42 に，核内輸送の場合を示すが，輸送の方向性は，核膜孔のどちらかの側で，Ran が輸送を終わらせることによって決まるのであろう．このモデルをもっと複雑にしたものとして，輸送の方向性は，輸送受容体とヌクレオポリン間の親和性が徐々に増加することによって決まり，それに沿って積荷分子/受容体複合体が核膜孔複合体の通路を通過していくと考える．このモデルによると，輸送受容体のための親和性の上昇勾配があって，それに沿って受容体複合体がヌクレオポリンと出会っていくと考える．

疎水性の FG 配列を含むヌクレオポリンの多くが，核膜孔の通路に沿って並んでいるという観察結果から，別のモデルが立てられている．これらのヌクレオポリンの FG 領域は，きちんとした構造をとっているのではなく，核膜孔という通路の中に疎水性環境をつくっていると推測される．図 5・43 に示す選択相モデルでは，ヌクレオポリンの FG に富んだ領域が互いに引きつけ合って，中心部分にバリアーを形成し，たいていのタンパク質が通過できないようになっていると考える．このモデルでは，さらに，カリオフェリンには，核膜孔複合体の通路内に存在するこのような特殊な環境に対して選択的な親和性をもつと提唱している．これは，核膜孔が多くのタンパク質を通過させず，カリオフェリン複合体だけは促進的に拡散できることの説明になるだろう．カリオフェリンが FG–ヌクレオポリンと相互作用し，核膜孔の特殊な領域に選択的に入り込んで通過できるため，積荷分子は輸送されるのだろう．このモデルに対する証明はまだ不十分であるが，核内輸送が速度論的に急速な反応であるという事実で支持されるし，カリオフェリンがヌクレオポリンの FG 配列に結合するという観察によっても支持される．しかし，このモデルでは，リボソームや mRNA–タンパク質複合体のような巨大な複合体がどのように輸送されるのかは説明できない．

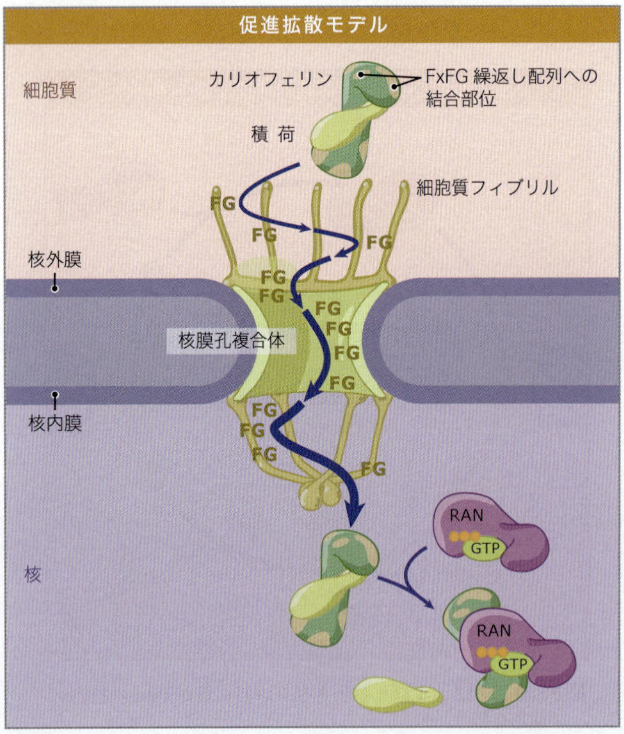

図 5・42 ヌクレオポリンの Phe–Gly 繰返し配列（FG 繰返し配列）とカリオフェリンが接触するということが，どのようにして核膜孔通過が起こるのかを理解するための鍵となる．

図5・43　通過のための選別相モデルによると，FG 繰返し配列間の相互作用のために，ほとんどのタンパク質は核膜孔複合体を通過できない．FG 繰返し配列に対する結合部位をもつタンパク質が，この相互作用を壊すことができ，核膜孔複合体を通過できる．

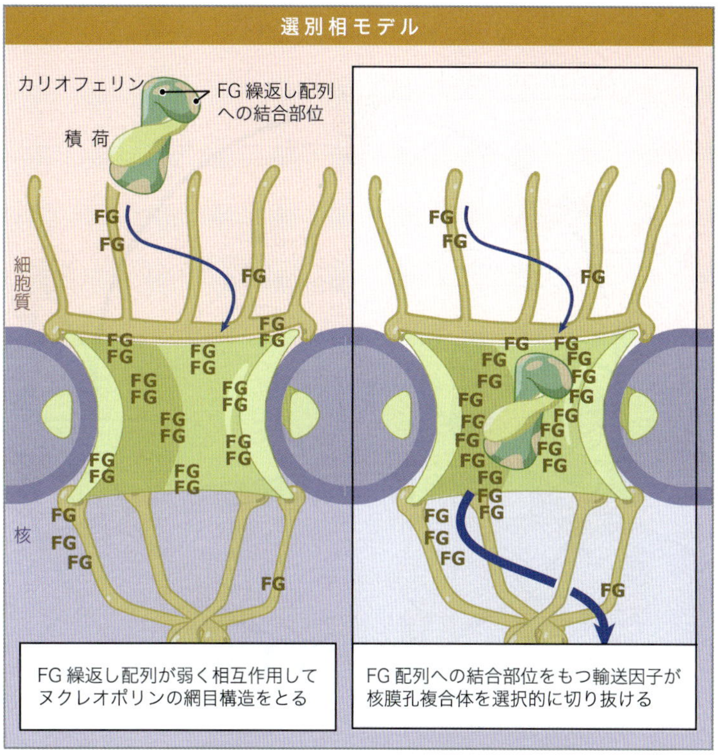

蛍光顕微鏡を使った新しい生物物理学的アプローチにより，1 分子を解析できるようになってきており，核輸送の研究にも適用されつつある．これらの研究によると，核膜孔複合体の通路の通過は非常に速く（平均 10 ミリ秒），カリオフェリン–積荷分子複合体が核膜孔複合体の通路を通過するのはほとんどランダムである．律速段階になっているのは，中心通路から核内に放出される段階なのかもしれない．これらの解析から，一つの核膜孔複合体が同時に少なくとも 10 個の基質分子をその輸送受容体と共に輸送でき，一つの核膜孔複合体が 1 秒間におよそ 1000 分子を輸送できることも示唆されている．

5・17　核輸送は制御される

重要な概念

- タンパク質の核内移行も核外輸送も制御されている．
- 細胞は，核輸送を使って，細胞周期の進行や細胞外刺激への応答といった多くの機能を制御している．
- 転写因子 NF-κB の挙動をみれば，核輸送がどのように制御されているのかがわかる．

核膜があることによって，真核生物は，原核生物では不可能なレベルでの遺伝子発現や細胞周期の制御を可能にしている．タンパク質の核内輸送も核外輸送も制御されており，核輸送制御の重要性に関して，たくさんの例をあげることができる．細胞は，ストレスや増殖制御刺激に応じて転写を調節するために，転写因子の核–細胞質間の挙動を制御する．たとえば，概日リズムは，ピリオドやタイムレスという転写因子の核輸送を制御することで調節されている．さらに，タンパク質リン酸化酵素やその制御因子の核–細胞質間輸送は，細胞周期進行や細胞外刺激応答に重要である．

タンパク質の核への移行と核からの輸出の制御はいくつかのレベルで起こりうる．まず，積荷分子がその輸送受容体と結合する活性が，積荷分子の，たとえばリン酸化といった直接修飾によって制御されうる．第二に，積荷分子が，核膜の片側でつなぎとめられ，それから解き放たれるまで，動けないということが起こりうる．第三に，核膜孔複合体自身のタンパク質輸送活性が制御されうる．

転写因子 NF-κB の挙動をみると，核輸送制御の多くの重要な局面が明確になる（図 5・44）．たくさんの刺激に応じて，NF-κB は細胞質から核内へ移行し，免疫応答に関係する多くの遺伝子の転写を活性化する．NF-κB は，適切な刺激が来たときにのみ活性化されるように，細胞質で阻害因子 I-κB（inhibitor of κB）に結合している．この結合により，NF-κB の核局在化シグナルがインポーチン α に認識されるのを防いでいる．細胞が刺激を受け，NF-κB が活性化されると，I-κB はリン酸化され，急速に分解される．これにより，NF-κB の核局在化シグナルが表面に露出され，核内輸送受容体と相互作用して核内に入ることができ，核内で標的遺伝子の転写を活性化する．

逆に，NF-κB は適切な時期に核外に輸送され，転写反応は終結する．I-κB は，核局在化シグナルと核外輸送シグナルをもっており，核と細胞質の間をシャトルしている．新しく合成された I-κB が核内に入り，NF-κB と結合して，NF-κB の核外への輸送を促進する．NF-κB と I-κB が結合すると，NF-κB の核局在化シグナルが隠されるだけではなく，I-κB の核局在化シグナルも隠される．両方のタンパク質の核局在化シグナルが隠されるので，NF-κB と I-κB の複合体は細胞質にとどまり，NF-κB による転写の再活性化が防がれる．このように，一つの転写因子の核内移行と核外移行の両方を制御することで，細胞はさまざまな刺激に対する反応を調節することができる．I-κB のリン酸化も NF-κB の輸送も刺激後 2，3 分以内に起こるので，刺激応答反応は速やかである．もし，新たな転写や翻訳が必要ならば，活性のある転写因子ができるのに 30 分から 60 分かかる．

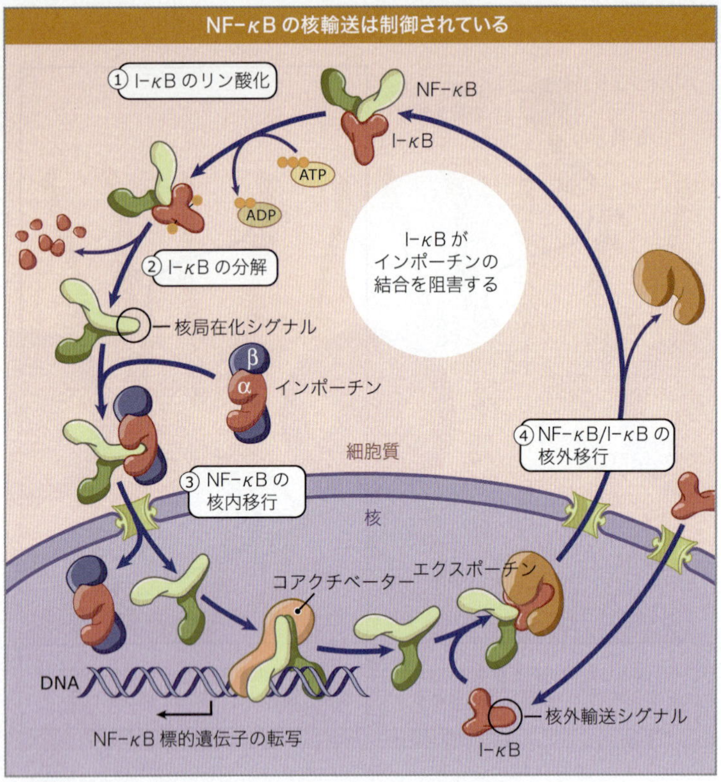

図 5・44　NF-κB は，細胞質の係留タンパク質である I-κB の修飾と，新たに合成された I-κB とに依存し，高度に制御され核内外を移動する．簡単のため，Ran は示していない．

5・18　多種類の RNA が核から輸送される

重要な概念

- 核内で合成された mRNA，tRMA やリボソームサブユニットが，細胞質での翻訳のために核膜孔複合体を通して輸送される．
- タンパク質輸送と RNA 輸送には同じ核膜孔複合体が使われる．
- RNA の核外輸送は，受容体によって行われ，エネルギーが利用される．
- それぞれの種類の RNA の輸送には，異なる可溶性輸送因子が必要である．

真核細胞では，核内で合成されたほとんどすべての RNA は，細胞質での翻訳に必要とされる（MBIO:5-0009 参照）．したがって，mRNA，tRNA や rRNA を含むリボソームサブユニットは，核から輸送されなければならない（図 5・45）．たいていの RNA は核外輸送シグナルをもっていないので，核外に出るためには，核外輸送シグナルをもつタンパク質に結合しなければならない．実際に，細胞内の RNA 分子は，通常は，RNA 分解を妨げ，他の細胞内因子と相互作用するのに働くタンパク質と複合体を形成している．

RNA の核外輸送には，タンパク質輸送と同じ核膜孔複合体が使われる．このことは，電子顕微鏡観察で示された．アフリカツメガエル卵母細胞の核に RNA で覆われたコロイド金粒子を微小

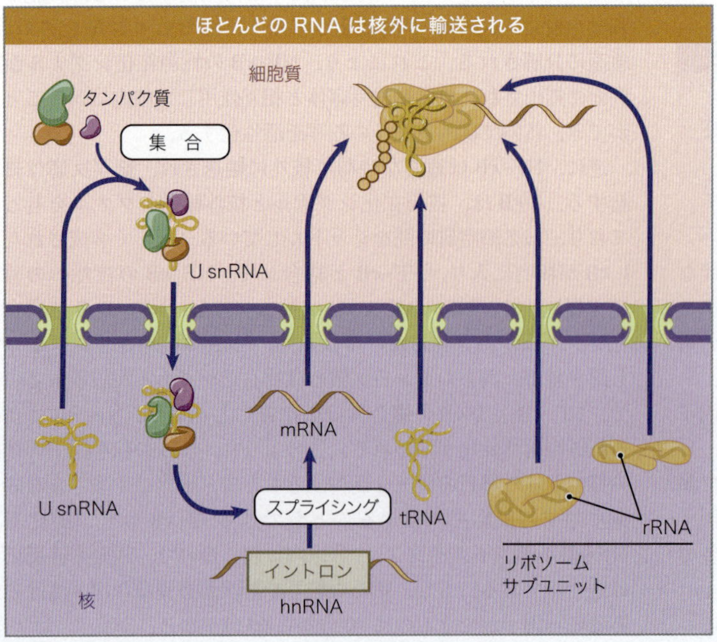

図 5・45　mRNA，tRNA やリボソームサブユニットは核外に輸送され，細胞質でタンパク質合成に働く．U snRNA は，核外に輸送され，プロセシングを受けて，RNA-タンパク質複合体へと集合し，核内に輸送される．その後，核内で RNA プロセシングに関与する．

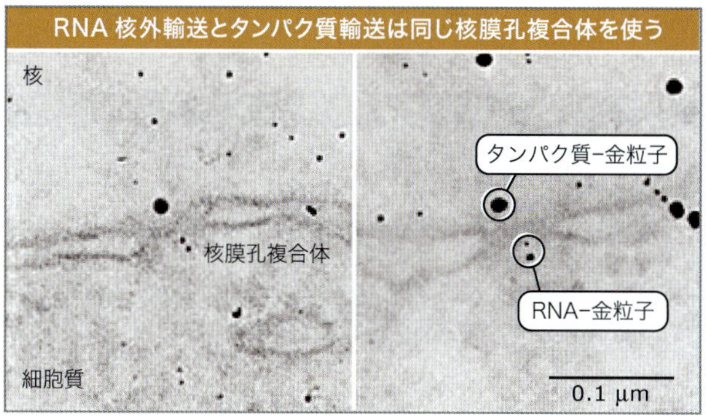

図5・46 核局在化シグナルをもつタンパク質であるヌクレオプラスミンで覆った大きな金粒子をアフリカツメガエル卵母細胞の細胞質に注入し，RNAで覆った小さな金粒子を核に注入した．左の写真は，核膜孔複合体の細胞質側から核質側に向かって動いているタンパク質–金粒子を示しており，右の写真は，同じ核膜孔複合体を核質側から細胞質側に向かって動いているRNA–金粒子と細胞質側から核質側に向かって動いているタンパク質–金粒子の両方が見られる一つの核膜孔を示している［写真はCarl FeldherrとSteve Dworetzkyの好意による．*The Journal of Cell Biology* **106**, 575〜584(1988)より，The Rockefeller University Pressの許可を得て転載］

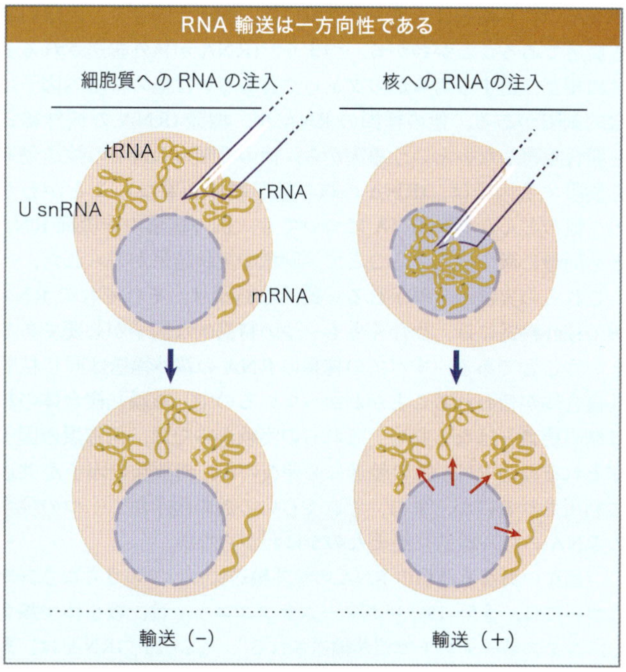

図5・47 ほとんどのRNAの輸送は，核から細胞質への一方向である．

注入し，その卵母細胞の切片を連続的に電子顕微鏡で観察すると，金粒子が，核膜孔複合体の通路内に見えた．飽和量の粒子を核に注入すると，ほとんどの核膜孔複合体にRNAで覆われた金粒子が1個以上みられた．別の実験で，核局在化シグナルで覆われた，十分量の金粒子を細胞質に微小注入すると，ほとんどの核膜孔に金粒子が認められた．これらの実験から，RNA核外輸送とタンパク質核内輸送は同じ核膜孔複合体を利用することがわかる．さらには，図5・46に示すように，タンパク質で覆われた，ある大きさの粒子を細胞質に，また，RNAで覆われた，別の大きさの粒子を核に，それぞれ微小注入すると，多くの核膜孔に，両方の大きさの金粒子がみられることで証明された．

ほとんどすべての種類のRNAが，核から輸送される．このことは，アフリカツメガエル卵母細胞の核に放射性同位体標識したRNAを微小注入することで証明されてきた．輸送が起こる時間だけ細胞を培養したのち，細胞を核と細胞質に分画し，注入したRNAが細胞質に輸送されているかを解析するのである．このような解析から，tRNA, mRNA, rRNAやU snRNAが核外輸送されることがわかる（図5・47）．対照的に，RNAを細胞質に注入しても，細胞質にとどまったままである．このことから，RNA輸送は一方向性であることがわかる．核への注入実験を0℃で行うと，RNA輸送は起こらない．したがって，RNA核外輸送は，タンパク質輸送と同じく，エネルギーに依存した過程であることがわかる．

RNAの種類が違っても同じ種類の輸送受容体で輸送されるのだろうか？ この疑問は，ある一つのRNA種が，別の種類のRNAの核外輸送を競合的に阻害するのかをみることで解析された．実験では，放射性同位体標識した一つのRNA種と，標識していない，同じRNA種かあるいは別のRNA種を核内に微小注入する．培養後，核分画と細胞質分画を単離し，注入したRNAが細胞質に出ているかどうかを電気泳動法で解析するのである．

図5・48の実験では，放射性同位体標識されたtRNAを卵母細胞の核に注入し，同時に注入する標識していないtRNAかあるいはU1snRNAの量を増やして解析した．非標識tRNAは，標識tRNAの核外輸送を競合的に阻害したが，非標識U1snRNA（や他の種類のRNA）は阻害できなかった．非標識tRNAが，標識tRNAの輸送を競合阻害するということは，

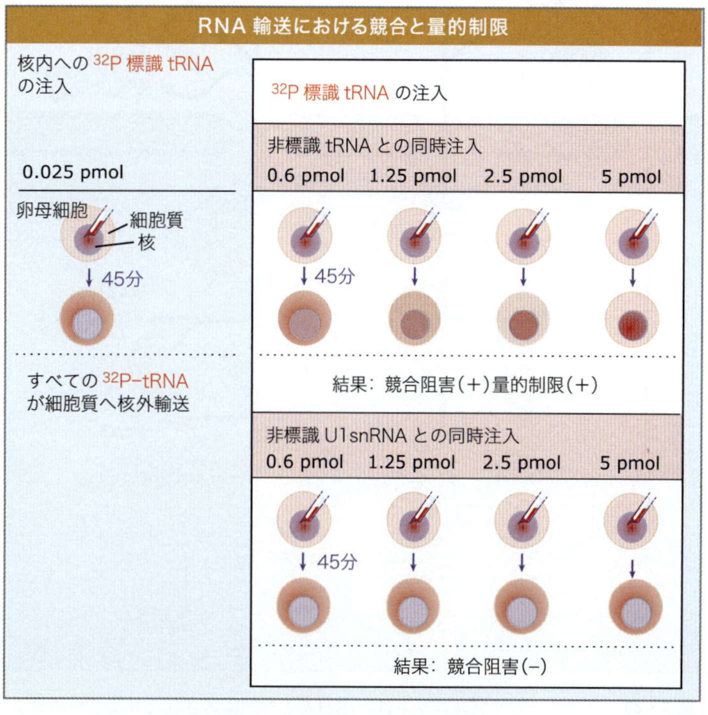

図5・48 RNA輸送には量的な制限がある．異なる種類のRNAの核外輸送は，異なる輸送タンパク質によって担われており，その輸送タンパク質の量が核外輸送の効率を制限している．

tRNAの核外輸送は，タンパク質の核内輸送と同じく，上限のある反応であることがわかる．つまり，tRNAが核外輸送されるときに相互作用する何らかのタンパク質あるいは他の細胞内因子に量的制限がある．他の種類のRNAが，標識tRNAの核外輸送を競合阻害しないという事実から，他の種類のRNAの輸送効率を制限する因子は，tRNAの核外輸送には必要ないことがわかる．他のどんな標識RNAについても，別の種類の非標識RNAとを同時に微小注入することで，同様の実験結果が得られた．

これらの実験から導かれる一般的な結論は，それぞれのRNA種の核外輸送には，少なくとも一つの特異的な因子が必要であるということである．すべての種類のRNAの核外輸送は同じ核膜孔複合体が使われることがわかっているので，核膜孔複合体の数は制限要素とはならない．これらの実験からでは，何種類の因子がそれぞれのRNA種の輸送に必要なのか，何種類の因子が共通に利用されるのか，また，どれくらいの数の因子が，一つの種類のRNAの核外輸送に必要なのかはわからない．

（個々の異なる種類のRNAの核外輸送についてのさらなる詳細については，§5・19“リボソームサブユニットは，核小体で集合し，エクスポーチン1で核外輸送される”，§5・20“tRNAは，専用のエクスポーチンによって核外輸送される”，§5・21“mRNAはRNA–タンパク質複合体として核外輸送される”，§5・23“mRNA輸送には数種の特異的因子が必要である”，§5・24“U snRNAは核外輸送され，修飾を受け，複合体に集合して核内輸送される”，§5・25“マイクロRNAの前駆体は核から輸送され細胞質でプロセシングを受ける”を参照．）

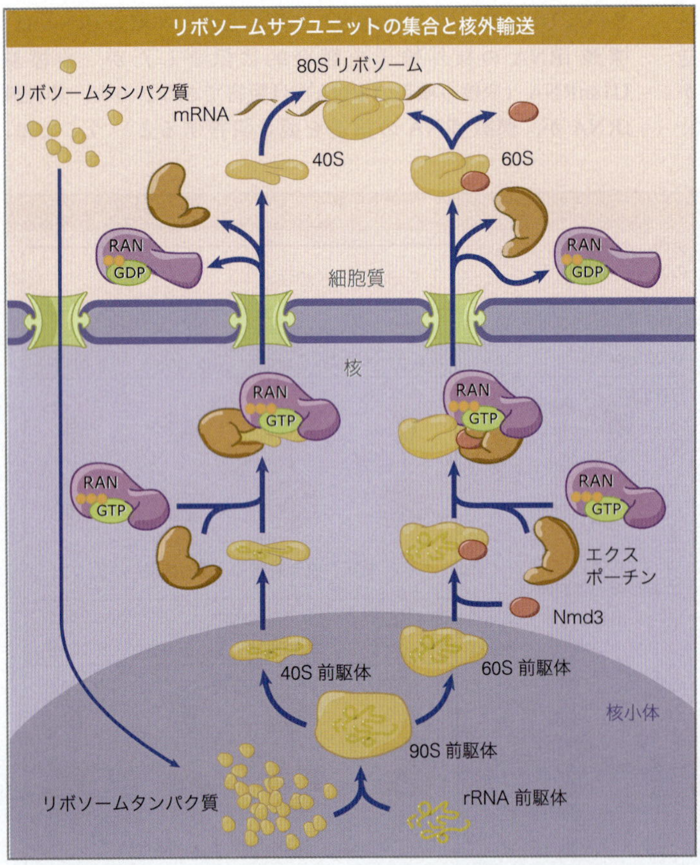

図5・49　リボソームサブユニットは，rRNAと核内輸送されたリボソームタンパク質とが，核小体で集合してできる．その後，Ranに依存した形で，エクスポーチンであるCrm1によって核外輸送される．Nmd3が，Crm1と大サブユニットとの結合を促進する．

5・19　リボソームサブユニットは，核小体で集合し，エクスポーチン1で核外輸送される

重要な概念

- リボソームサブユニットは，リボソームRNAが合成される核小体で集合する．
- リボソームタンパク質は細胞質から輸送され，リボソームサブユニットへと集合する．
- リボソームサブユニットの核外輸送は，輸送因子によって担われ，Ranを必要とする反応である．

リボソームは，二つのサブユニットからなる大きな複合体で，全体として，約80個のタンパク質と4個のリボソームRNAで構成されている．二つのサブユニットは別々に核小体で集合し，細胞質に輸送されてから，最終的に二つが集合する．リボソームサブユニットは，核膜孔複合体を通過して輸送される，最も大きな複合体の一つであり，核膜孔の通路が通すことができる上限の大きさである．サイズが大きいために，リボソームサブユニットが核膜孔を通過しているときには，他の高分子は通過できないかもしれない．このことと，以前に記載した，RNAとタンパク質が同じ核膜孔複合体に局在するという事実とは対照的なこととしてとらえられるだろう（§5・18“多種類のRNAが核から輸送される”参照）．

二つのリボソームサブユニットの集合と核外輸送はとても複雑な反応で，核輸送に依存している部分が多い．つまり，すべての核輸送の50％までもがリボソーム合成にかかわっているかもしれない．リボソーム構成因子群は細胞内で最も豊富に存在するタンパク質やRNAの一つである．リボソームタンパク質は，細胞質で合成され，核内に輸送されてから，核小体に入る．核小体では，それらリボソームタンパク質は，核小体で転写されたリボソームRNA前駆体ならびに集合化因子と相互作用する．正確に集合したのち，それぞれのサブユニットは，核膜孔複合体を通過して核外に輸送される．細胞質では，それらサブユニットは，翻訳開始因子ならびにmRNAと集まって，翻訳のための成熟したリボソームを形成する．

これまで研究されてきたリボソームタンパク質の核内輸送はすべて，カリオフェリンタンパク質ファミリー分子とRan–GTPaseによって行われることがわかっている．しかし，リボソームタンパク質のなかには，複数の輸送因子で運ばれるものもある．たとえば酵母では，カリオフェリンファミリー中の二つの違うメンバーが，同じリボソームタンパク質の核内輸送を担っている．正確なリボソーム生合成は細胞の生存に必須なので，重複があるというのは，集合するのに十分な量の因子を供給するのを保証しているのだろう．

他の核外輸送される高分子と同様に，リボソームサブユニットの核外輸送には限界があり，受容体に依存している．このことは，アフリカツメガエル卵母細胞の核へリボソームサブユニットを微小注入する実験で示された．さらには，リボソームサブユニットの核外輸送は，他のRNAとタンパク質の複合体の輸送とは競合しないので，異なる輸送受容体が働いていることが示唆される．バクテリアのリボソームですら核外輸送されるということは，真核細胞の核外輸送装置がバクテリアのリボソームをも認識できることを示唆している．これは偶然なのかもしれないが，核外輸送装置が，真核生物の進化

の初期段階で進化したため，祖先に当たる原核生物のリボソームを運べるということを示しているのかもしれない．

リボソームサブユニットの輸送受容体は何か？　酵母の変異株を使った研究から，60S 大サブユニットも 40S 小サブユニットも両方とも，エクスポーチンである Crm1 と Ran を必要とすることがわかっている．60S サブユニットの場合には，Nmd3 とよばれるアダプタータンパク質がそのサブユニットに結合し，Crm1 への結合を促進している（図 5・49）．40S サブユニットの核外輸送もエクスポーチンによるが，Nmd3 は不要で，アダプター分子は同定されていない．酵母の他の研究から，別のタンパク質である Rrp12 もまた，リボソームサブユニットの核外輸送にかかわっていることが示されている．このタンパク質は，カリオフェリンファミリー受容体によく似た構造をしており，カリオフェリンの場合のように，ヌクレオポリンの FG 繰返し配列と Ran の両方に結合する．Rrp12 は，リボソーム RNA 前駆体にも結合する．

5・20 tRNA は，専用のエクスポーチンによって核外輸送される

重要な概念

- エクスポーチン t が tRNA の輸送受容体である．
- tRNA 輸送には Ran が必要である．
- tRNA 輸送は，tRNA の修飾によって影響を受けるかもしれない．
- tRNA は，核内に再輸送されるかもしれない．

tRNA は核内で転写され，プロセシングを受けたのち細胞質に輸送されるが，細胞質では，アミノアシル化され，翻訳に働く．完全にプロセシングを受けた tRNA だけが核外輸送される（MBIO：5-0010 参照）．

tRNA の核外輸送は，専用の輸送受容体によって担われており，Ran が必要である．tRNA の核外輸送が受容体によって行われることを示唆した実験は，アフリカツメガエル卵母細胞の核に tRNA の量を増やして微小注入していくというもので，輸送がある一定のレベルで飽和状態に達するという結果が出たのである．Ran の局在が不均等に維持される，つまり，核内には Ran-GTP が多く，細胞質には Ran-GDP が多いことは，tRNA の核外輸送にも重要である．tRNA の核外輸送に Ran が必要なことは，通常は細胞質に存在する Ran-GAP を核内に微小注入することで示された．Ran-GAP は Ran による GTP の加水分解を促進するので，核内に微小注入するということは，Ran-GTP が核内に蓄積することを妨げ，その結果として tRNA の核外輸送を阻害するのである．

tRNA の核外輸送因子は，カリオフェリンファミリーの一つであるエクスポーチン t である．エクスポーチン t は，RNA に直接結合する唯一のカリオフェリンである．さらに，エクスポーチン t は完全にプロセシングされた tRNA にしか結合しないので，tRNA が未成熟な状態で核外輸送されるのを防いでいる．エクスポーチン t は，核内で Ran-GTP の存在下で tRNA に直接結合し，tRNA/エクスポーチン/Ran-GTP 三者複合体を形成する（図 5・50）．この複合体は，他のエクスポーチンと核外輸送シグナルをもつタンパク質との複合体とよく似ている．この三者複合体は，核膜孔を通過して細胞質に出る．Ran-GAP が GTP 加水分解を促進すると，複合体が解離して tRNA が複合体から開放される．

tRNA は，翻訳に機能するため，アミノアシル化されるが，それは，通常，細胞質で起こる．しかし，tRNA のアミノアシル化は，核内でも起こる．アミノアシル化された tRNA は，より効率良く核外輸送され，エクスポーチン t のより良い基質になるかもしれないことを示す研究もある．アミノアシル化されるためには，その前に tRNA 前駆体が完全にかつ正確にプロセシングされる必要があるので，機能をもった tRNA だけが翻訳のために細胞質に存在できるようにする，校正機能として働くのかもしれない．

tRNA のなかには，mRNA 前駆体のスプライシングとは異なるメカニズムでスプライシングを受けて成熟するものもある．酵母では，スプライシングする酵素が細胞質に存在するような tRNA がいくつかあり，この種の tRNA のスプライシングに欠損がある変異株では，細胞質にスプライシングを受けていない tRNA が蓄積する．このような tRNA では，成熟した tRNA が核内にみられるので，tRNA は，細胞質でスプライシングを受けてから核内に輸送され，その後，再び核外輸送されるのかもしれない．このような経路があるということは，より洗練された校正機能となり，正しくプロセシングを受けた tRNA だけがタンパク質合成に関与することができるようにしているのかもしれない．

酵母では，エクスポーチン t をコードする遺伝子は一つあって，Los1 とよばれる．おもしろいことに，Los1 は酵母細胞の生

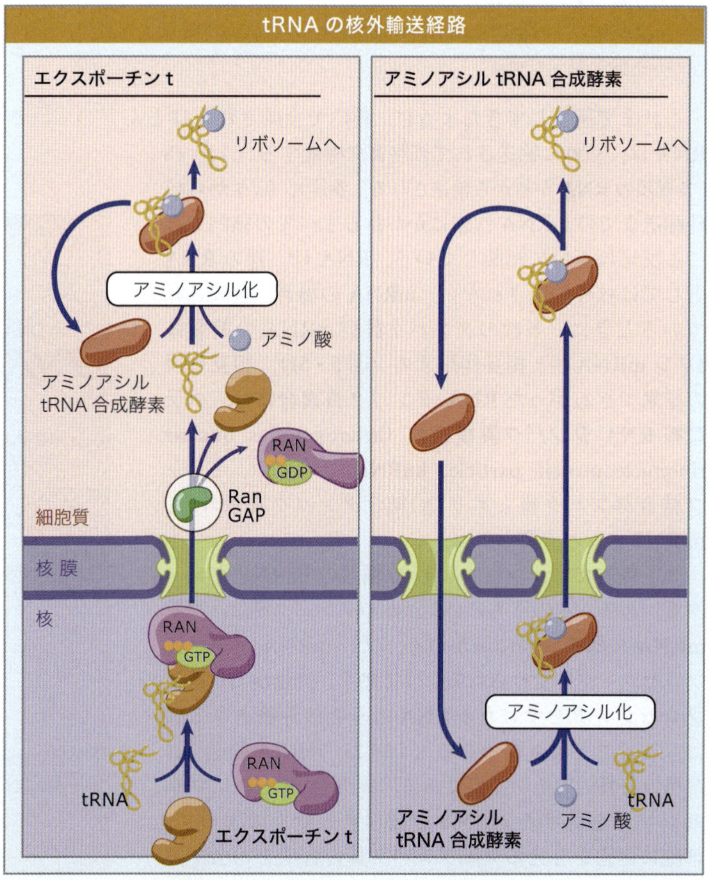

図 5・50　tRNA の核外への輸送は，Ran を介する経路を利用しているようであり，tRNA はエクスポーチン t に結合する（左）．tRNA のアミノアシル化もまた核外輸送に役割を果たしているようである（右）．

存に必須ではなく，tRNA を輸送する別の経路があることを意味している．tRNA は小さいので（約 3 万 Da），拡散で核外に出られるかもしれない．拡散で動くとすると，tRNA の濃度は細胞全体で均一になるはずである．しかし，ほとんどの tRNA は細胞質に存在していることがわかっている．そうすると，tRNA を核外輸送する輸送因子が他にあるのだろうか？　tRNA 合成が遅いという変異をもつ酵母細胞の場合，エクスポーチン t が正常でなければ生存できない．このことから，アミノ酸と tRNA をつなぐ酵素，つまり，アミノアシル tRNA 合成酵素が tRNA の核外輸送因子として機能できるかもしれないことが示唆される（図 5・50 参照）．このモデルでは，これらの tRNA 合成酵素がシャトルする必要がある．つまり，アミノアシル tRNA 合成酵素が核内で tRNA に結合してアミノアシル化し，アミノアシル化した tRNA を細胞質に運び出し，翻訳のために tRNA を離してから，再び核内に戻るのではないかと考えられる．

5・21　mRNA は RNA–タンパク質複合体として核外輸送される

重要な概念

- 転写のときに mRNA に相互作用するタンパク質は，mRNA 前駆体がプロセシングを受ける部位の決定を助けるとともに，mRNA を核外輸送されやすいようにパッケージすると考えられている．
- 核内で mRNA に相互作用するタンパク質のほとんどは，核外輸送されたのち取除かれ，核内に戻る．少数のタンパク質は，核外輸送の直前に取除かれる．
- mRNA 核外輸送のシグナルは，その mRNA に結合したタンパク質がもっている．
- mRNA の核外輸送は制御可能なものであるが，制御のメカニズムは不明である．

これまで議論してきたように，核内で合成されたほとんどの RNA は，核外に輸送されて細胞質で機能する（§5・18 “多種類の RNA が核から輸送される” 参照）．転写から核外輸送までの mRNA 代謝にかかわるすべての核内で起こる反応は互いに相関している．RNA は，裸の RNA としては核外輸送されない．mRNA の場合，合成されているときに，多数のタンパク質が mRNA の前駆体（プレ mRNA）と相互作用する（図 5・51）．相互作用の結果できあがった RNA–タンパク質複合体は，**ヘテロ核 RNA–タンパク質複合体**（heterogeneous nuclear ribonucleoprotein particle, **hnRNP**）とよばれ，キャップ結合タンパク質とポリ(A)結合タンパク質以外は，hnRNP タンパク質とよぶ．

ヒト細胞では，少なくとも 20 種類の hnRNP タンパク質がある．そのうちのいくつかのタンパク質は，プレ mRNA の構造構築にかかわり，プレ mRNA が正確にプロセシングを受けられるように働く．完全かつ正確にプロセシングを受けた mRNA のみを核外輸送するには，このことは重要である（§5・23 “mRNA 輸送には数種の特異的因子が必要である” 参照）．不正確にプロセシングを受けた mRNA を鑑別する能力によって，細胞に傷害を与える欠陥タンパク質の合成を司令する欠陥 mRNA を核外輸送してしまうことを避けることができる．

核内で mRNA に結合するタンパク質の多くは，mRNA が核外輸送されるようにパッケージする機能をもつ．たいていの真核細胞は，3000〜15000 種類の異なる mRNA をもち，これらの mRNA は，大きさ，配列や二次構造に大きな差異がある．核外輸送される前に RNA–タンパク質複合体を形成することにより，さまざまな種類の mRNA が，効率良く核外輸送されるために重要な共通の構造的特徴をもつようになると考えられている．

これらのタンパク質が mRNA と相互作用するのは一時的な反応である．核膜孔複合体を hnRNP が通過する前に取除かれるタンパク質もあるが，それ以外のタンパク質は，核外まで RNA に結合したままである．核膜孔複合体通過後，結合していたタンパク質のほとんどは取除かれ，核内に戻って，次の mRNA の核外輸送に利用される．

hnRNP は大きな複合体なので，核膜孔複合体が通過できるようにコンホメーションを変えるのかもしれない．昆虫の一種であるユスリカのユニークな特徴を生かして，hnRNP の核外輸送を可視化することができた．ユスリカでは，発生のある特別な時期に，数個の遺伝子の転写がシグナルによって強く誘導され，きわめて大きな一群の mRNA が合成される．これらの非常に活性化された転写部位を**バルビアニ環**（Balbiani ring）とよぶ（§6・14 “多糸染色体は遺伝子が発現している場所で膨張する” 参照）．その mRNA は非常に大きく，他の mRNA と同様に，hnRNP タンパク質と相互作用している．これらの hnRNP を**バルビアニ環顆粒**（Balbiani ring granule）とよぶ．図 5・52 の電子顕微鏡写真を見ればわかるように，これらは核内で小さなリングのように見える．

バルビアニ環顆粒の直径は，核膜孔複合体のチャネルの直径よりも大きく，27 nm くらいである．電子顕微鏡観察の前に固定すると，輸送過程の異なる段階でバルビアニ環顆粒を観察できる．バルビアニ環顆粒は，核膜孔複合体を通過するときに直鎖状になる（図 5・52 参照）．直鎖状になった hnRNP は核膜孔複合体を

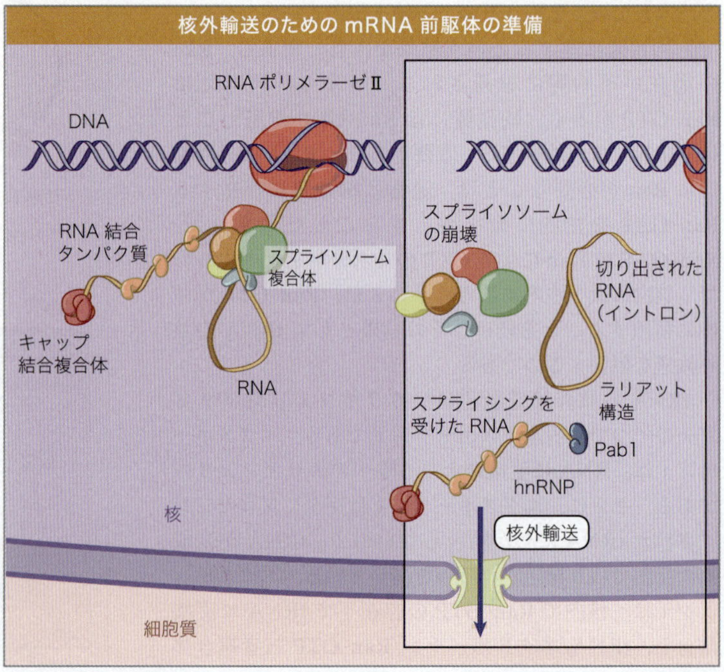

図 5・51　hnRNP タンパク質が，合成中の mRNA に相互作用する．スプライシング後，スプライソソームと切断されたラリアット構造が核内にとどまり，hnRNP タンパク質の結合した mRNA が核外輸送される．

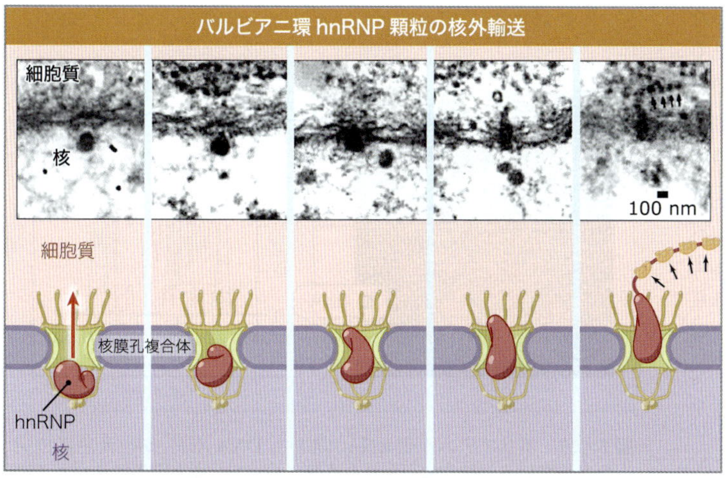

図5・52 電子顕微鏡観察によるユスリカのバルビアニ環 hnRNP 顆粒の核外輸送. 輸送の各段階を模式図で示す［顕微鏡写真は B. Daneholt, Medical Nobel Institute の好意による. Mehlin, et al., *Cell* **69**, 605〜613(1992)より, Elsevier の許可を得て転載］

貫くだけの長さがあり，細胞質と核の両方に延びている．バルビアニ環顆粒の全長に沿って構造変化がみられるので，この顆粒は，mRNA の 5′ 末端を先頭にして，いつも同じ方向に核膜孔複合体を通過しているのがわかる．他の mRNA もまた 5′ 末端が先に出てくるのかはわからないが，すべての mRNA のコンホメーションが必要に応じて変化しうると思われる．

細胞内ではさまざまな mRNA が合成されるが，核外輸送シグナルとして機能する特徴にはほとんど共有したものがない．にもかかわらず，それらの mRNA は，多くの同じタンパク質と相互作用するので，核外輸送のメカニズムとして，一つかそれ以上の hnRNP タンパク質が核外輸送シグナルをもつという可能性が考えられる．このモデルに従うと，核外輸送シグナルをもったタンパク質が mRNA に結合し，輸送因子がその核外輸送シグナルを認識するのだろう．少なくともいくつかの hnRNP タンパク質は核外輸送シグナルをもっているが，もっていないものもある．hnRNP タンパク質ではない mRNA 結合タンパク質にみられるシグナルによって核外輸送される mRNA もある．

mRNA は，一般的に，mRNA プロセシングが完了するまで核外輸送されないが，ウイルス RNA のなかには，イントロンが除去されないままで核外輸送されるものもある．ヒト免疫不全ウイルス 1 （human immunodeficiency virus-1, HIV-1）の RNA は，最もよく研究された例である．すべてのレトロウイルスと同じように，HIV-1 は，一群のオーバーラップした mRNA を合成する．そのうち一部はスプライシングを受ける．しかし，新しい感染性ウイルス粒子生成用としても，また，いくつかの HIV タンパク質の合成用としても，ウイルス mRNA が全長の形で核外輸送される必要がある．

HIV-1 は，スプライシングを受けないウイルス mRNA を核外輸送するためにユニークな戦略を獲得してきた．ウイルスの Rev タンパク質は，スプライシングを受けたウイルス mRNA から翻訳されて合成される．HIV-1 Rev は，Rev 反応性エレメント（Rev response element, RRE）とよばれる RNA 配列に結合するが，このエレメントは，スプライシングを受けていない HIV-1 mRNA に存在する．Rev はロイシンに富んだ核外輸送シグナルをもつ（§5・14 “タンパク質の核外輸送も受容体によって担われる” 参照）．この核外輸送シグナルは，タンパク質単独でも，Rev 反応性エレメントをもつ mRNA と結合した状態でも，Rev の核外輸送のために働く．Rev 反応性エレメントは，Rev が結合するのに十分な配列であり，細胞質への核外輸送を担う．Rev によって行われる RNA の核外輸送は，エクスポーチン 1 を含む，タンパク質の核外輸送を担うのと同じ経路と因子を利用する（図5・36 参照）．

タンパク質輸送が，細胞外シグナルや細胞内環境変化に応じて制御されるのとちょうど同じように（§5・17 “核輸送は制御される” 参照），mRNA 輸送も制御されうる．その最もよい例は，細胞が熱などのストレスに対応するときの反応の一部としてみられる．浸透圧ショックや，毒性のある金属イオンへの暴露，高濃度のエタノールといった他のストレスでももちろんよく似た反応は起こるけれども，この現象は，熱ショック応答とよばれる．

熱ショック応答の一部として，ほとんどのポリ(A)-RNA は，核外輸送されず，核内に蓄積する．細胞は，熱ショック遺伝子の発現を上昇させるが，熱ショック遺伝子産物は，細胞をストレスによる傷害から守る．熱ショック mRNA は核外輸送されなければならない．このように，熱ショック後，ある種の mRNA の核外輸送は抑制されるが，熱ショック mRNA の核外輸送は効率良く起こる．このようなことが起こるメカニズムは，まだわかっていない．熱ショックによる mRNA 核外輸送の制御には新たなタンパク質合成が不要であることがわかっており，熱ショック後，2，3 分以内に起こる．これらの観察結果から，熱ショックによって単一のシグナル伝達経路が活性化され，ストレス応答のための mRNA のみを選択的に輸送できるように核輸送を調節するか，あるいは，ストレス応答のための mRNA だけを正確にパッケージし，核外輸送のために選別できるよう，mRNA 代謝系を変化させるのであろうと示唆される．

5・22 hnRNP はプロセシングの場所から核膜孔複合体まで移動する

重要な概念

- mRNA は，mRNA 前駆体のプロセシングが完了したのち，染色体テリトリーから染色体間ドメインに放出される．
- mRNA は，核周辺部に向かって染色体間空間を拡散で移動する．

mRNA の転写とプロセシングは，核の内部で起こるので，hnRNP が転写部位から核の周辺部にある核膜孔複合体にまで移動する必要がある．また，転写部位は，mRNA のプロセシングのほとんどが起こる部位でもある．5′ 末端のキャッピング反応は，その RNA が十分に長ければ，RNA ポリメラーゼ全酵素によって転写されるとすぐに起こる．また，スプライシングは転写中に始まるし，3′ 末端は，RNA の切断によって，まだ RNA 鎖が伸びている最中につくられる．スプライシングや 3′ 末端のプロセシングが起こらなかった場合，mRNA は核外輸送されない．

hnRNP は，転写とプロセシングの部位から染色体間ドメインを通って核膜孔複合体にまで拡散し，その後，核外に輸送されると信じられている．RNA は，染色体が存在しない，すべての核内空間に存在していることがわかっている（図5・53）．hnRNP が，これらの染色体間ドメインを通って核膜孔複合体まで拡散するという事実は，キイロショウジョウバエの唾液腺細胞を使った研究で示されている．これらの細胞では核が非常に大きく，たくさんの余分なコピー数のショウジョウバエゲノムを含んでいる．プロセシングを受けたのち，これらの細胞の核内で hnRNP がすべての方向に向かって均一の速度で核の周辺部に向かって動いていくのが観察できる．移動速度は，毎秒約 1μm であるが，これは，受動拡散で移動すると仮定した場合に予想される速度と一致する．分子モーターであれば，毎秒 20〜30 μm から毎秒 10 μm まで，幅広い範囲の速度で積荷分子を運搬する．しかし，これらのモーター分子は，一般的に，フィラメントに沿って，非常に限られた方向に向かって，積荷分子を輸送する．

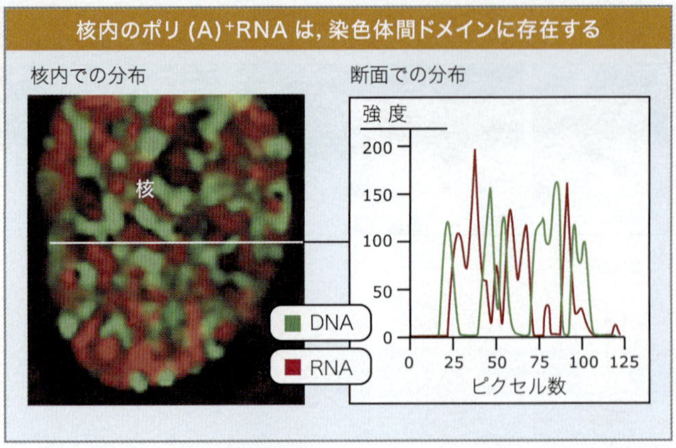

図 5・53　ポリアデニル化 RNA（赤）と DNA（緑）が蛍光色素で染色されている．核内に引かれた直線に沿って，赤と緑の蛍光がどこに存在しているかを解析すると（右），RNA と DNA が重ならないことがわかる．むしろ mRNA は，DNA がネットワークをなして存在している場所の近くで，DNA と絡み合うような場所にネットワークをなして存在している［写真は Joan C. Ritland Politz, University of Massachusetts Medical School の好意による．J.C. Politz, *Curr. Biol.* **9**, 285〜291(1999) より，Elsevier の許可を得て転載．グラフは改変した］

5・23　mRNA 輸送には数種の特異的因子が必要である

重 要 な 概 念

- mRNA 輸送に特異的な多くの因子が同定されてきた．
- mRNA タンパク質複合体と核膜孔複合体の両者に結合できる因子が mRNA 核外輸送を担う．
- 一つの因子である Dbp5 は，ATPase であり，ATP 加水分解によるエネルギーを利用して，輸送中に，mRNA タンパク質複合体の中のタンパク質を取除くのであろう．

mRNA の核外輸送は，核膜を介したタンパク質の輸送よりもかなり複雑である．まず，mRNA 核外輸送には，タンパク質の核内外輸送よりも多くのタンパク質因子が必要である．それらの因子はどれも，Ran やタンパク質輸送にかかわるカリオフェリンと関連性がない．第二に，mRNA 核外輸送は，転写ならびに mRNA プロセシングと共役して起こるので，完全にプロセシングを受けた mRNA だけが核外輸送される．事実，mRNA 核外輸送に必要な因子には，mRNA が核外に輸送されるべく，正確に完了しなければならないプロセシング反応にも関与しているものもあるようである．何がどのようにして，核外輸送してもよい mRNA を認識するのだろうか？　この疑問は，今日の活発な研究分野となっている．

mRNA の 5′ 末端にあるキャップ構造は，mRNA 核外輸送にとって必須ではないが，その反応を促進する．逆に，スプライシングと 3′ 末端のプロセシングは，核外輸送と共役している．スプライシングやポリアデニル化因子は，mRNA が転写途中であっても，その mRNA に相互作用し始める（図 5・51 参照）．スプライシングの後，多細胞動物の場合，エキソン結合部位複合体とよばれるタンパク質複合体が，スプライス部位の近くにとどまる（図 5・54）．この複合体が存在することが，その mRNA が

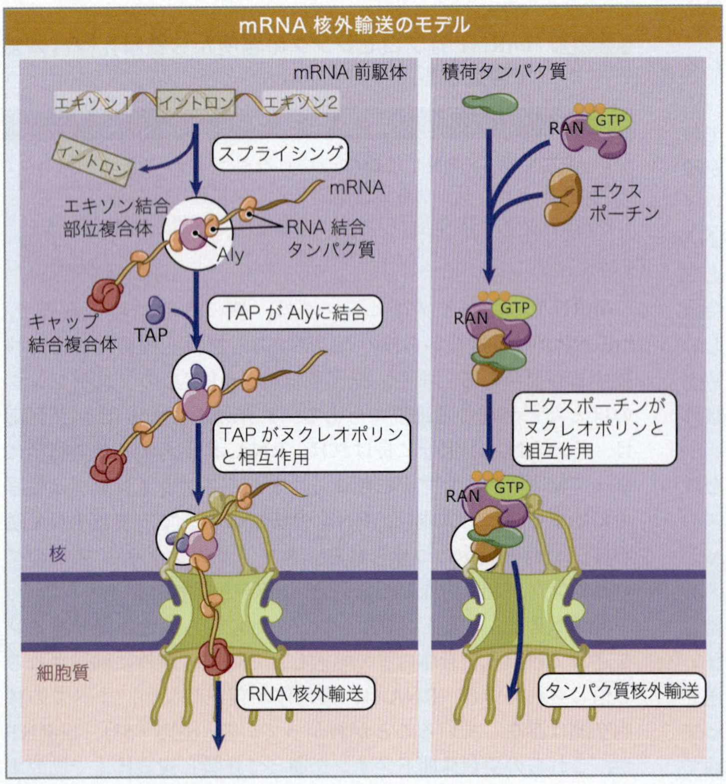

図 5・54　TAP が mRNP と核膜孔複合体の両方に結合し，mRNA の核外輸送受容体として機能する．TAP の機能は，積荷タンパク質を運ぶときのエクスポーチンの機能に似ている．

スプライシング済みであることを示すシグナルになっているのであろう．しかし，mRNA が核外輸送できることを示すにはこれだけでは不十分である．というのは，mRNA は，一つのイントロンが取除かれれば，そこにエキソン結合部位複合体が形成されるが，すべてのイントロンが除去されるまで，核外輸送されないからである．

エキソン結合部位複合体のタンパク質に，Aly とよばれる mRNA 核外輸送因子があるが，この分子は REF ファミリー RNA 結合タンパク質の一つである．Aly は，UAP56 というスプライソソーム構成因子の一つと相互作用するとともに，いくつかのヌクレオポリンにある FG 繰返し配列に結合する因子である TAP と相互作用する（§5・10 "核膜孔複合体は，ヌクレオポリンとよぶタンパク質でできている" 参照）．TAP は，成熟 mRNA と mRNA 結合タンパク質の複合体である，**mRNA タンパク質複合体粒子**（messenger ribonucleoprotein particle, **mRNP**）に結合するとともに，同時にヌクレオポリンにも結合することにより，エクスポーチン 1 のようなカリオフェリンと同じような役割を mRNA 核外輸送で果たすのだろう（図 5・54 参照）．このように，TAP は，mRNP の受容体と考えられる．哺乳類細胞の少数の mRNA では，核外輸送にエクスポーチン 1 が必要かもしれないが，カリオフェリンは，たいていの mRNA の核外輸送には必須ではないように思われる．

酵母では，ほとんどの遺伝子にはイントロンがない．しかし，Aly の酵母ホモログである Yra1 は，mRNA 核外輸送にとって重要であり，類似の役割を果たすと考えられている．転写中に，UAP56 の酵母ホモログである Sub2 が Yra1 に沿って mRNA に集合する．Sub2 と Yra1 は，THO とよばれるタンパク質複合体にまず相互作用するようであるが，この THO は，転写伸長に関与し，Sub2 と Yra1 を初期段階の mRNA に引き寄せるのであろう．図 5・54 の多細胞動物細胞の場合のモデルに似て，TAP のホモログである Mex67 が Yra1 に相互作用する．

TAP はもともと，レトロウイルスの一つである Mason–Pfizer サルウイルス（MPMV）の研究で同定された．すべてのレトロウイルスは，スプライシングを受けたウイルス mRNA も受けていない mRNA も両方とも核外輸送される必要があるが，ほとんどのウイルス mRNA は，HIV-1 Rev のような核外輸送を担うタンパク質をコードしていない（§5・14 "タンパク質の核外輸送も受容体によって担われる" 参照）．スプライシングを受けていない MPMV の RNA の核外輸送には，構成的輸送エレメント（constitutive transport element, **CTE**）とよばれる短い配列が必要であり，この配列が TAP に結合する．MPMV の CTE のような配列は，細胞由来の mRNA にはないけれども，TAP/Mex67 は，ほとんどすべての細胞由来 mRNA の核外輸送にとって重要である．TAP は，NXF ファミリータンパク質の一つで，このファミリー分子はすべて，RNA 核外輸送時に働くと考えられている．

mRNA は，核からの輸送の前に，正しくかつ完全にプロセシングを受けたかどうかが監視されるようである．少なくとも酵母では，完全にプロセシングされていない mRNA は，転写部位の近くにとどまったままである．エキソソームは転写部位の近くに局在するリボヌクレアーゼの複合体で，不正確にプロセシングされた mRNA を分解する（MBIO:5-0012 参照）．とどめられている部位から mRNA が解放されるには，正確な 3′末端のプロセシングとポリアデニル化が必要なように思われる．

核内の mRNA–タンパク質複合体の組成と，核膜孔複合体通過後の組成は異なる．mRNA 結合タンパク質がいくつか取除かれることが，輸送中に起こる．タンパク質輸送の場合，輸送されるタンパク質は，核内外で同じであって，Ran-GTPase システムによって方向性が制御される（§5・15 "Ran GTPase は核輸送の方向性を制御する" 参照）．これとは対照的に，mRNA 核外輸送の場合は，mRNP が核内でのみ積荷として認識されるように，mRNP の組成を変化させることでその方向性が制御されているかもしれない．さらに，mRNP のタンパク質の除去は，翻訳時にリボソームと mRNA の間で起こる緊密な相互作用にとっても必要だろう．mRNP は核膜孔複合体から出ながら，リボソームと相互作用するが，このことによって，核外輸送が促進されるのかもしれない．しかし，タンパク質合成阻害剤が mRNA 核外輸送を阻害しないので，リボソーム機能は核外輸送には必須ではないかもしれない．

mRNP のタンパク質はどのようにして取除かれるのか？ わかっていないが，少なくとも三つの可能性がある．hnRNP タンパク質のなかには，核内に輸送されるタンパク質としてカリオフェリンに認識されるものがある．カリオフェリンが結合すると，タンパク質の形が変化して mRNA から離れる．それ以外のタンパク質は，単純に，輸送後に mRNP から離れ，再結合する前に核内に再輸送されるのかもしれない．しかし，多くの mRNA 結合タンパク質は，非常に強く mRNA に結合するので，解離によって効率良くタンパク質を取除くことはできない．

第三の可能性として，酵素が働いて mRNA に結合したタンパク質を取除くのかもしれない．そのような候補分子の一つは酵母や哺乳類の mRNA 核外輸送必須因子である Dbp5 で，核と細胞質間をシャトルし，核膜孔複合体の細胞質フィブリルに結合する．DEAD ボックスファミリータンパク質の一つであり，Glu–Asp–Ala–Glu（DEAD）配列や他の保存配列をもっている．

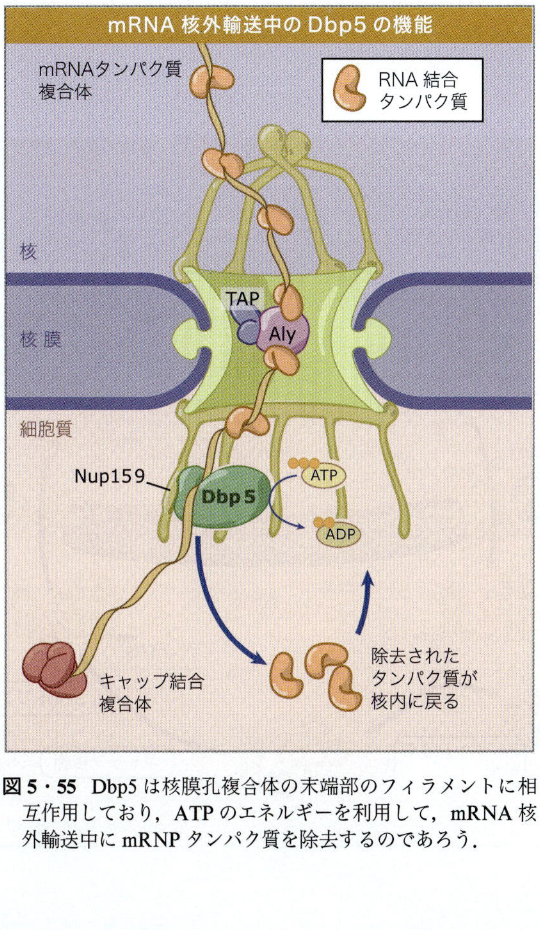

図 5・55 Dbp5 は核膜孔複合体の末端部のフィラメントに相互作用しており，ATP のエネルギーを利用して，mRNA 核外輸送中に mRNP タンパク質を除去するのであろう．

DEADボックスタンパク質は，ATPの加水分解を行い，mRNA代謝のいろいろな局面で機能すると考えられる．*in vitro*で，短い二本鎖RNAを分解するDEADボックスタンパク質がいくつかあり，また，一つの分子は，mRNAに安定に結合したタンパク質を取除くことが示されてきた．Dbp5によるmRNPのタンパク質除去に関するモデルを図5・55に示す．このモデルでは，核膜孔複合体の細胞質フィブリルに結合したDbp5が，ATP加水分解のエネルギーを利用してmRNPの中のタンパク質を取除く．

5・24 U snRNAは核外輸送され，修飾を受け，複合体に集合して核内輸送される

重要な概念

- 核内で合成されるUsnRNAは，核外輸送され，修飾を受け，UsnRNA–タンパク質複合体となって包み込まれて，核内に輸送され，RNAプロセシングに働く．

核内低分子RNAタンパク質粒子（small nuclear ribonucleoprotein particle, snRNP）は，RNAとタンパク質の複合体であり，mRNA前駆体のスプライシングや核内で起こるmRNAの他のプロセシングに中心的役割を果たす（MBIO:5-0013参照）．snRNPの中に存在するRNA，つまりsnRNAは，核内で合成される．しかし，哺乳類細胞では，機能的なsnRNPができるには，UsnRNA* が核外輸送され，細胞質で修飾を受けてタンパク質と相互作用し，UsnRNP複合体として核内に輸送されることが必要である（図5・56）．核内輸送されたUsnRNP複合体は，その後，最終的な集合が起こり，snRNPとなる．

＊ 訳者注：UsnRNA（uridine rich small nuclear RNA富ウリジン核内低分子RNA）は核内低分子RNAの一種で，ウリジン残基に富んでいることから名づけられた．20数種類知られている．mRNAのスプライシング反応にかかわるものが有名．

ほとんどのUsnRNAは，RNAポリメラーゼⅡによって転写される．RNAポリメラーゼⅡの転写産物であるmRNAと似て，モノメチル化5′キャップ構造をもつが，ポリ(A)鎖をもたないことがmRNAとの違いである．UsnRNAのキャップ構造が核外輸送のための鍵となるシグナルである．UsnRNAが細胞質に運ばれると，そのキャップ構造がさらにメチル化され，トリメチル化グアニンキャップとなり，Smタンパク質とよばれる一群のタンパク質と相互作用することにより，RNA–タンパク質複合体が形成される．トリメチル化キャップ構造は，スプライシングに貢献し，Smタンパク質は，個々のsnRNPの重要な三次元構造構築に働く．UsnRNP複合体は，アダプター分子スノーポーチン（snurportin）とインポーチンβとからなる輸送受容体によって核内に輸送される．キャップ結合タンパク質とSmタンパク質は核内輸送のための二重のシグナルとして働く．

UsnRNAは，出芽酵母では核外輸送されないと信じられている．酵母のUsnRNPは，RNAと核内輸送されたタンパク質とで，核の中で形成される．なぜ，哺乳類細胞では，機能的なsnRNPをつくるのに核内外輸送が必要なのかはわからない．

5・25 マイクロRNAの前駆体は核から輸送され細胞質でプロセシングを受ける

重要な概念

- マイクロRNAは，核内で転写され，部分的にプロセシングを受けてヘアピン構造をもつ前駆体となり，エクスポーチンVによって核外輸送され，細胞質で最終的なプロセシングを受ける．

マイクロRNA（miRNA）とよばれる一群の小分子RNAは，遺伝子発現の制御に重要な役割を果たす．長さ21〜22ヌクレオチドで，多細胞生物である植物と動物の両方でみられる．ヒトでは，250種類以上のマイクロRNAが存在する．マイクロRNAは，発生，分化，プログラム細胞死（アポトーシス），形態形成

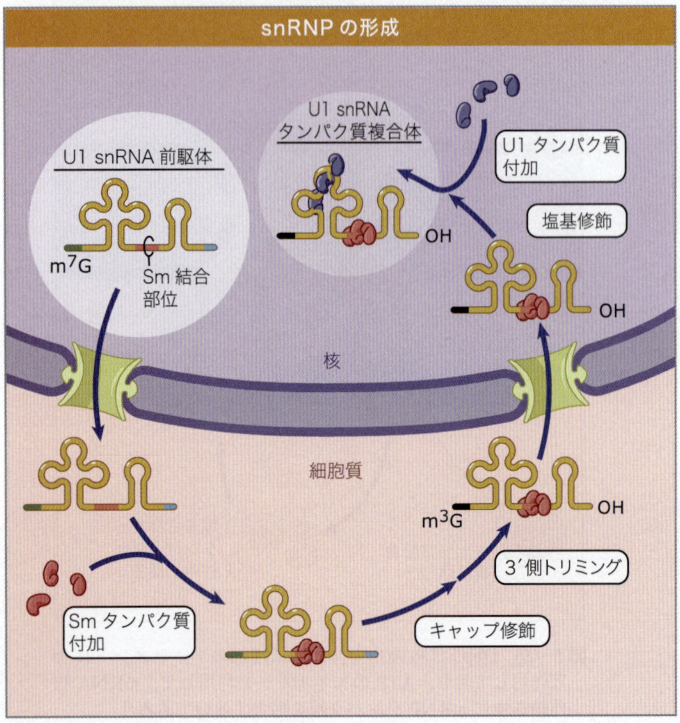

図5・56 snRNPの生成には，U1 snRNA前駆体が核外輸送され，細胞質で修飾を受け，その後，核内に輸送され，さらに修飾を受けることが必要である．

や細胞増殖といったさまざまな経路の制御に役割をもつ．マイクロRNAは，細胞質で標的mRNAに結合し，その翻訳を阻害し，おそらくそのmRNAの分解を促進することで機能を果たしている．

マイクロRNAは，RNAポリメラーゼⅡの転写産物で，動物では，RNaseⅢ様酵素複合体によって大きな前駆体からプロセシングを受けてつくられる．マイクロRNAをコードする遺伝子は，一般的に，ゲノムの遺伝子間領域やタンパク質をコードする遺伝子のイントロン領域内にみられる．しばしば，前駆体は多数のマイクロRNAを含んでおり，複雑な部分的ヘアピン構造をとっている．核内で，ドローシャ（Drosha）という酵素がその前駆体のプロセシングを行い，それぞれが単一のマイクロRNAを含むヘアピン構造をもつ前駆体をつくる（図5・57）．これら前駆体は，エクスポーチンtによってtRNAが核外輸送されるのと似た方法で，エクスポーチン5によって核外輸送される．細胞質に出てくると，別のRNaseⅢ様酵素であるダイサーが他の因子と一緒になって働き，ヘアピン構造をプロセシングし，機能的なマイクロRNAをつくる（詳細は MBIO:5-0014 参照）．

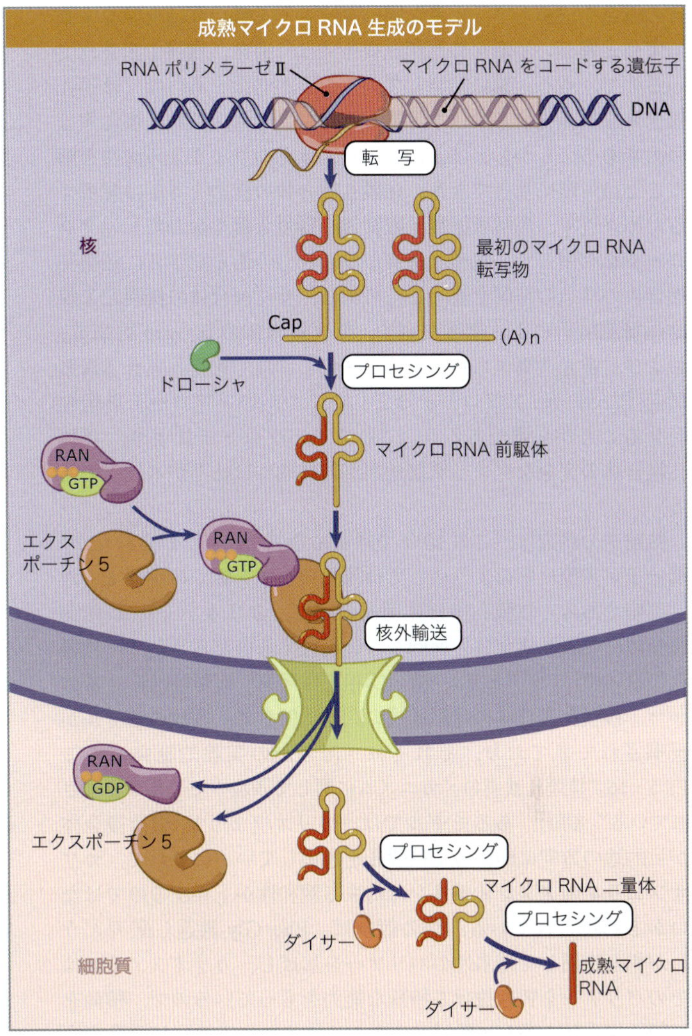

図5・57　マイクロRNAは核内で一部プロセシングを受け，細胞質に核外輸送される．細胞質では，さらにプロセシングを受けて，成熟したマイクロRNAとなる．

5・26 次なる問題は？

核の構築と核輸送メカニズムは，今日，核の細胞生物学的研究領域において，最も活発な研究分野になっている．核の基盤構造については論争がある．細胞質を形づくり，細胞内輸送を行っている細胞骨格のような役割とよく似た役割を果たす核骨格を核はもっているのであろうか？　核を徹底的に抽出すると，短い繊維状構造をとる不溶性ネットワークが残るが，生きた核内では，このような繊維状構造の構築の本体は何なのだろうか？　複製工場は，基盤となる核内構造に付着しているのだろうか？　もしそうだとしたら，複製工場が働く場合に，DNAが動き，工場そのものは固定していることになる．転写もまた工場で起こるのだろうか？

免疫組織学的に同定される核内領域や核内小体の数はどんどん増えてきており，将来的にはもっと発見されるであろう．これらの核内小体の構造的基盤は何か？　個々の核内小体には，どのようなタンパク質がみられるのか？　そして，どのようなタンパク質が，どのような条件下でこれらの核内小体に入るのを何が決めるのか？　RNAプロセシングに必要な因子の貯蔵に関連すると思われる核内小体もあるが，これらの小体を高分子がどのように出入りし，どのように高分子複合体が集合するのかわからない．核小体や核スペックルで行ったように，核内小体を精製するか濃縮し，プロテオミクス解析を行って，構成因子を決定することが可能だろう．そのようなアプローチは，それらの機能を理解するための手がかりとなるかもしれず，それらの役割について実験可能な仮説を立てられるようになるかもしれない．

タンパク質がどのようにして核膜の内膜と外膜に局在化するのかもわかっていない．小胞体への組込みが局在化のメカニズムの一部となっているようで，核膜内膜に局在化するタンパク質のなかには，核膜孔複合体にあって，核膜内膜につながっている曲がった膜を通して，核膜外膜から動いていくものがある．核膜内膜のタンパク質で，核膜の内腔を横断するものもあるのだろうか？

核膜孔複合体は，リボソームの40倍もの大きさであるが，対称性があるので，リボソームよりもずっと少ない種類のタンパク質からできている．核膜孔複合体は，細胞分裂期に核膜が崩壊するときに脱集合する．脱集合は不完全で，ヌクレオポリンは，サブ複合体の状態で残ると考えられている．核膜が再び形成されるときに，核膜孔が再集合するメカニズムはどうなっているのだろうか？　1個の細胞当たりの核膜孔複合体の数は，分裂間期に2倍になる．新しい核膜孔複合体は，細胞分裂期の終わりでみられる核膜孔を再集合させるメカニズムと同じメカニズムで構築されていくのだろうか？　ヌクレオポリンの数は比較的少ないので，この問題は挑戦できそうだ．

核膜孔複合体の全体構造はどうなっているのか？　核膜孔複合体のX線結晶構造は決定できるだろうか？　いくつかの要因があって，これはきわめて困難と思われる．まず，結晶化には大量の高度に精製された材料が必要であるが，核膜孔複合体は，核ラミナのない有窓層板（annulate lamellae）からでさえ精製は難しい．第二に，核膜孔複合体の全三次元構造を維持するためには，核膜と相互作用している必要があるであろう．大きな進歩があって，いくつかの膜結合タンパク質の構造を解けるようになったけれども，核膜孔複合体の構造を解くことは，可溶性タンパク質の構造を決めたり，小さな膜結合タンパク質の構造を解くよりもずっと難しい．個々の核膜孔複合体は，通常，核膜で囲まれているので，もし，膜に結合していることが必須であれば，核膜孔複合体を結晶化するのは不可能だろう．さらに，核膜孔複合体は巨大である．しかし，ほとんど同じ大きさのウイルスの構造を解くことは可能になってきた．核膜孔複合体の構造を詳細に解析するため，近年，高解像度電子顕微鏡や質量分析を含む新しいアプローチを利用して，急速な進歩がみられつつある．さらに核膜孔複合体の構造の理解を進めるためには，サブ複合体の精製とX線結晶構造解析による構造決定や，サブ複合体の *in vitro* 再構成，および，蛍光共鳴エネルギー移動法のような，核膜孔複合体構築に向けた *in vivo* アプローチなど，いくつかのアプローチを組合わせることが必要であろう．これらのアプローチにより，核膜孔複合体の完全なタンパク質地図が最終的には仕上がるはずである．

核輸送の研究は，この10年で非常に急速な進展がみられたが，高分子が実際にどのようにして核膜孔複合体を動くのかはまったく不明である．核膜孔複合体通過の間に，カリオフェリン–積荷複合体は核膜孔複合体と何回ぐらい接触するのだろうか？　核膜孔複合体–カリオフェリン–積荷間相互作用を，何が解離させるのか？　核膜孔複合体の通路通過の問題に関して，多数のモデルが提唱されてきており，それぞれ，何らかの実験的証拠がある（§5・16“核膜孔通過のメカニズムに関して多数のモデルが提唱されている”参照）．あるモデルでは，カリオフェリン–積荷複合体が目的地の方向に向かって核膜孔を通過していくにつれて，カリオフェリンのヌクレオポリンに対する親和性が上昇するのではないかと示唆されている．別の仮説は，Phe–Gly 繰返し配列どうしが相互作用して疎水性のバリアーを形成し，カリオフェリンはそのバリアーを突き抜ける特殊な能力をもっているので，積荷を核膜孔複合体を通して輸送できるというものである．核膜孔複合体の通路内の化学的環境が，核質や細胞質内の環境とどのように異なるのか，また，その環境がどのように輸送に促進的に働くのかはわかっていない．これについては，1分子の移行を観察するという生物物理学に基づく強力なアプローチが開発され，何らかの情報が得られ始めている．

ほとんどのカリオフェリンについて，その積荷分子がいくつか同定されてきているけれども，その核局在化シグナルについては同定できていない．シグナルはいつもアミノ酸の一次配列であるのか，それとも，エクスポーチン t が tRNA を認識する場合と同じように，構造がときには認識されるのだろうか．プロテオミクス解析によって，個々のカリオフェリンの積荷分子が完全に決定されるだろう．輸送が制御されるほとんどの場合というのは，輸送が起こるかどうかは，積荷分子の修飾か，あるいは，その積荷分子が利用できる状態にあるかどうかで決まる．まれであったとしても，どのようなときに，輸送受容体のレベルで輸送が制御されるのだろうか？　多細胞生物の場合，たとえば，似てはいるけれども異なる数種類のカリオフェリン α があるように，多種類のカリオフェリンがある．出芽酵母では，単一のカリオフェリン α しかない．異なるカリオフェリン α が，発生，分化や組織特異的機能でそれぞれ特別な役割を果たすのだろうか？　分裂酵母には二つのインポーチン α 分子があるが，必須遺伝子は片方だけなので，役割が異なるのだろうと示唆される．

mRNA やリボソームサブユニットの輸送は，タンパク質や tRNA の輸送よりも複雑である．mRNA やリボソームサブユニットに関する，特殊な核外輸送因子がたくさん同定されているが，そのうちのいくつかの分子の機能はわかっていない．核外輸送の間，mRNA と一緒に存在するタンパク質のなかには，転写中には RNA ポリメラーゼと相互作用し，mRNA の合成が進むにつれて，mRNA に結合するようになるものがある．多細胞生物では，すべてがそれぞれの mRNA に相互作用するとは限らないが，少なくとも20種類のタンパク質が核内で mRNA に結合する．これらのタンパク質は，プロセシングを受ける場所を決めるとともに，核外輸送されるように mRNA を折りたたむと考えられている．これらのタンパク質は，mRNA に対して，全体としてどのような構造をとらせるのだろうか？　これらの結合タンパク質と mRNA の結合の親和性はどれくらいなのか？　これらのタンパク質の RNA への結合は，どのようなタンパク質でどのように影響されるのだろうか？　核外輸送される前に，これらの RNA 結合タンパク質に結合するようなタンパク質がほかにもあるのだろうか？　これらのタンパク質の機能は何なのか？

mRNP は，合成や核外輸送のとき，どれくらいダイナミックに変化するのだろうか？　転写反応，5′ キャッピング反応，スプライシングや mRNA の 3′ プロセシングはすべて，*in vitro* で別々に詳しく研究されてきた．しかしこれらの反応は，細胞内では，互いに，また，mRNA の核外輸送と統合された反応であることは明らかである．それらの過程はどのように調整されているのだろうか？　ある mRNA が正確かつ完全にプロセシングされたものであると目印をつけるのは何なのか？　壊されるべき核内 RNA と，核外輸送されるべき RNA はどのようにして区別されるのだろうか？　一つの可能性は，スプライシング装置が相互作用することによって，スプライソソームが完全にプロセシングを完了するまで，mRNP の動きを物理的に制限しているのではないかということである．この場合，ある種の速度論的な校正機構が働いて，ある限られた時間の範囲内でスプライソソームから外に出られなかった mRNA がすべて壊されるのであろう．これまでの研究では，どのカリオフェリンも Ran GTPase システムも mRNA 輸送に直接関与していることを示す結果は得られていないけれども，本当にそれらの分子が関係しないのかはわからない．リボソームサブユニットの核外輸送に関しては，どのようにして，リボソームが核から出て行ってよいと判断されるのだろうか？　また，核小体から核膜孔複合体までの移動のメカニズムは何なのか？　エクスポーチン1がリボソームサブユニットの核外輸送に役割を果たしているが，リボソームサブユニットはカリオフェリンの通常の積荷タンパク質よりもずっと巨大である．核膜孔複合体の通路を通過するのは，かなり複雑で，タンパク質の輸送よりも多くの因子を必要としそうである．

核輸送は，核内で複製する多くのウイルスの核内移行に重要な役割を果たす．小さなウイルスはそのままで核内に入るが，大きすぎて核膜孔複合体を通過できないウイルスは，部分的に脱集合するようだ．ウイルスを核内に入れるための情報は何か？　可溶性の受容体分子か他の因子に認識されるウイルス粒子もあるのか？　アデノウイルスのような，大きすぎてそのままでは核内に入れないウイルスのなかには，核膜孔複合体の細胞質側に相互作用して，ウイルス DNA を核内に導入しやすくしているようにみえるものがある．この相互作用にかかわるウイルス側因子と核膜孔複合体側因子を決定することが重要である．このやり方は，ほとんどの巨大ウイルスがとる一般的な方法なのだろうか．それとも，ウイルスゲノムやその結合タンパク質を細胞質に放出し，そのあとで，核膜孔複合体に移動して通過するウイルスもあるのだろうか？　細胞自体の輸送機能を完全に残したまま，ウイルスの生活環の中の核内輸送の段階だけを標的とするような抗ウイルス剤を開発することは可能なのだろうか？

5・27 要　約

核は，真核細胞を定義づける特徴であり，真核細胞のすべての染色体を含んでいる．核には，膜に囲まれた区画はないけれども，特別な機能のある異なる領域がある．核は，核膜孔複合体が貫く2層の二重膜で囲まれ，この核膜孔複合体は，核内外の分子流通のための唯一の通路である．核の構築はダイナミックである．複製や，おそらくmRNA転写は，工場とよばれる限られた数の領域で起こる．RNAプロセシング因子は，貯蔵場所と転写場所との間を行き来する．

低分子や約40 kDa以下の高分子は核膜孔複合体を拡散することができるが，より大きな高分子の輸送には特別なシグナルが必要である．ほとんどの核輸送は，カリオフェリンとよばれる一群の関連タンパク質によって担われる．カリオフェリンは，特異的シグナルを認識するとともに，核膜孔複合体と相互作用する．多くのタンパク質が核内に輸送され，シャトルするタンパク質は，核外輸送もされる．

タンパク質を正しい方向に輸送するために，細胞はGTPaseの一つであるRanを利用する．Ran–GTPは核に，Ran–GDPはおもに細胞質に存在する．Ran–GTPは，核内輸送受容体に相互作用し，核内で，輸送されてきたタンパク質の解離をひき起こす．Ran–GTPは，核外輸送受容体とシャトルするタンパク質と協調して相互作用し，核外輸送複合体の形成を担う．受容体は，積荷分子を離したのち，もともと存在していた場所に戻るが，あるものは，別の受容体の積荷として，また，あるものは，それ自身の能力で戻る．

核輸送の制御は，遺伝子発現や他の細胞機能を調節する重要な方法である．多くの転写因子は，特異的な細胞内シグナル伝達が起こったときか，別の刺激が存在したときにのみ，核内に輸送される．多くのメカニズムが輸送制御の基盤となっているが，その一つは，転写因子やそれ以外のタンパク質が，輸送受容体に認識される前に，シグナル伝達特異的に修飾（リン酸化や脱リン酸化）されるというメカニズムである．タンパク質は，複合体の一部として細胞質にとどまっていることがある．ある場合には，その複合体の他の構成因子がリン酸化を受け，転写因子が解離し，その後，核内に輸送される．

核内で合成されたRNAのほとんどは，細胞質で機能し，核外輸送されなければならない．核内でのRNAプロセシングの全過程が完了するまで，核外輸送は起こらない．tRNAとマイクロRNAは，カリオフェリンファミリーの一員で，タンパク質の輸送を担うタンパク質に非常によく似た受容体によって核外輸送される．リボソームサブユニットは，核小体で集合し，数種類の他の因子の働きで核外輸送される．mRNAは，mRNA前駆体のプロセシングののち，RNA–タンパク質複合体として核外輸送される．転写，mRNA前駆体のプロセシングとmRNA核外輸送は，連携して起こる．プロセシングや核外輸送に重要な役割を果たす因子は，転写中にはRNAポリメラーゼⅡと相互作用しているが，核外輸送が起こるまでmRNAと相互作用したままのものもある．mRNA核外輸送もまた，多数の特異的なmRNA核外輸送因子を必要とする．正確かつ完全にプロセシングされたRNAだけが核外に輸送されるよう，核内には多くの校正機能が存在する．

参考文献

5・3 染色体はそれぞれ別の領域を占める

総　説

Gilbert, N., Gilchrist, S., and Bickmore, W.A., 2005. Chromatin organization in the mammalian nucleus. *Int. Rev. Cytol.* **242**, 283–336.

Parada, L., and Misteli, T., 2002. Chromosome positioning in the interphase nucleus. *Trends Cell Biol.* **12**, 425–432.

Singer, R.H., and Green, M.R., 1997. Compartmentalization of eukaryotic gene expression: causes and effects. *Cell* **91**, 291–294.

論　文

Casolari, J.M., Brown, C.R., Komili, S., West, J., Hieronymus, H., and Silver, P.A., 2004. Genome-wide localization of the nuclear transport machinery couples transcriptional status and nuclear organization. *Cell* **117**, 427–439.

Fay, F.S., Taneja, K.L., Shenoy, S., Lifshitz, L., and Singer, R.H., 1997. Quantitative digital analysis of diffuse and concentrated nuclear distributions of nascent transcripts, SC35 and poly(A). *Exp. Cell Res.* **231**, 27–37.

Mathog, D., Hochstrasser, M., Gruenbaum, Y., Saumweber, H., and Sedat, J., 1984. Characteristic folding pattern of polytene chromosomes in *Drosophila* salivary gland nuclei. *Nature* **308**, 414–421.

Politz, J.C., Tuft, R.A., Pederson, T., and Singer, R.H., 1999. Movement of nuclear poly(A) RNA throughout the interchromatin space in living cells. *Curr. Biol.* **9**, 285–291.

Zachar, Z., Kramer, J., Mims, I.P., and Bingham, P.M., 1993. Evidence for channeled diffusion of pre-mRNAs during nuclear RNA transport in metazoans. *J. Cell Biol.* **121**, 729–742.

5・4 核は膜に囲まれない小区画をもつ

総　説

Carmo-Fonseca, M., Mendes-Soares, L., and Campos, I., 2000. To be or not to be in the nucleolus. *Nat. Cell Biol.* **2**, E107–12.

de Jong, L., Grande, M.A., Mattern, K.A., Schul, W., and van Driel, R., 1996. Nuclear domains involved in RNA synthesis, RNA processing, and replication. *Crit. Rev. Eukaryot. Gene Expr.* **6**, 215–246.

Dundr, M. and Misteli, T., 2001. Functional architecture in the cell nucleus. *Biochem. J.* **356**, 297–310.

Gall, J.G., 2000. Cajal bodies: the first 100 years. *Annu. Rev. Cell Dev. Biol.* **16**, 273–300.

Huang, S., and Spector, D.L., 1996. Dynamic organization of pre-mRNA splicing factors. *J. Cell Biochem.* **62**, 191–197.

Lamond, A.I., and Sleeman, J.E., 2003. Nuclear substructure and dynamics. *Curr. Biol.* **13**, R852–R828.

Matera, A.G., 1999. Nuclear bodies: multifaceted subdomains of the interchromatin space. *Trends Cell Biol.* **9**, 302–309.

Misteli, T., and Spector, D.L., 1998. The cellular organization of gene expression. *Curr. Opin. Cell Biol.* **10**, 323–331.

Olson, M.O., Dundr, M., and Szebeni, A., 2000. The nucleolus: an old factory with unexpected capabilities. *Trends Cell Biol.* **10**, 189–196.

Scheer, U., and Hock, R., 1999. Structure and function of the nucleolus. *Curr. Opin. Cell Biol.* **11**, 385–390.

Spector, D.L., 1993. Macromolecular domains within the cell nucleus. *Annu. Rev. Cell Dev. Biol.* **9**, 265–315.

Spector, D.L., 2001. Nuclear domains. *J. Cell Sci.* **114**, 2891–2893.

Sternsdorf, T., Grotzinger, T., Jensen, K., and Will, H., 1997. Nuclear dots: actors on many stages. *Immunobiology* **198**, 307–331.

論 文

Andersen, J.S., Lyon, C.E., Fox, A.H., Leung, A.K., Lam, Y.W., Steen, H., Mann, M., and Lamond, A.I., 2002. Directed proteomic analysis of the human nucleolus. *Curr. Biol.* **12**, 1–11.

O'Keefe, R.T., Mayeda, A., Sadowski, C.L., Krainer, A.R., and Spector, D.L., 1994. Disruption of pre-mRNA splicing *in vitro* results in reorganization of splicing factors. *J. Cell Biol.* **124**, 249–260.

Scherl, A., Couté, Y., Doné, C., Callé, A., Kindbeiter, K., Sanchez, J.C., Greco, A., Hochstrasser, D., and Diaz, J.J., 2002. Functional proteomic analysis of human nucleolus. *Mol. Biol. Cell* **13**, 4100–4109.

Verheggen, C., Lafontaine, D.L., Samarsky, D., Mouaikel, J., Blanchard, J.M., Bordonne, R., and Bertrand, E., 2002. Mammalian and yeast U3 snoRNPs are matured in specific and related nuclear compartments. *EMBO J.* **21**, 2736–2745.

5・5 反応によっては別々の核内領域で起こるものもあり，基盤構造を反映しているかもしれない

総 説

Cook, P.R., 1999. The organization of replication and transcription. *Science* **284**, 1790–1795.

de Jong, L., Grande, M.A., Mattern, K.A., Schul, W., and van Driel, R., 1996. Nuclear domains involved in RNA synthesis, RNA processing, and replication. *Crit. Rev. Eukaryot. Gene Expr.* **6**, 215–246.

Jackson, D.A., 2003. The principles of nuclear structure. *Chromosome Res* **11**, 387–401.

Nickerson, J.A., Blencowe, B.J., and Penman, S., 1995. The architectural organization of nuclear metabolism. *Int. Rev. Cytol.* **162A**, 67–123.

Penman, S., 1995. Rethinking cell structure. *Proc. Natl. Acad. Sci. USA* **92**, 5251–5257.

Singer, R.H., and Green, M.R., 1997. Compartmentalization of eukaryotic gene expression: causes and effects. *Cell* **91**, 291–294.

論 文

Capco, D.G., Wan, K.M., and Penman, S., 1982. The nuclear matrix: three-dimensional architecture and protein composition. *Cell* **29**, 847–858.

Fay, F.S., Taneja, K.L., Shenoy, S., Lifshitz, L., and Singer, R.H., 1997. Quantitative digital analysis of diffuse and concentrated nuclear distributions of nascent transcripts, SC35 and poly(A). *Exp. Cell Res.* **231**, 27–37.

He, D.C., Nickerson, J.A., and Penman, S., 1990. Core filaments of the nuclear matrix. *J. Cell Biol.* **110**, 569–580.

Hozak, P., Jackson, D.A., and Cook, P.R., 1994. Replication factories and nuclear bodies: the ultrastructural characterization of replication sites during the cell cycle. *J. Cell Sci.* **7**, 2191–2202.

O'Keefe, R.T., Henderson, S.C., and Spector, D.L., 1992. Dynamic organization of DNA replication in mammalian cell nuclei: spatially and temporally defined replication of chromosome-specific alpha-satellite DNA sequences. *J. Cell Biol* **116**, 1095–1110.

5・6 核は核膜によって取囲まれている

総 説

Andersson, S.G., and Kurland, C.G., 1999. Origins of mitochondria and hydrogenosomes. *Curr. Opin. Microbiol* **2**, 535–544.

Fahrenkrog, B., Stoffler, D., and Aebi, U., 2001. Nuclear pore complex architecture and functional dynamics. *Curr. Top Microbiol. Immunol.* **259**, 95–117.

Lang, B.F., Gray, M.W., and Burger, G., 1999. Mitochondrial genome evolution and the origin of eukaryotes. *Annu. Rev. Genet.* **33**, 351–397.

McFadden, G.I., 1999. Endosymbiosis and evolution of the plant cell. *Curr. Opin. Plant Biol.* **2**, 513–519.

Rout, M.P., and Aitchison, J.D., 2001. The nuclear pore complex as a transport machine. *J. Biol. Chem.* **276**, 16593–16596.

論 文

Daigle, N., Beaudouin, J., Hartnell, L., Imreh, G., Hallberg, E., Lippincott-Schwartz, J., and Ellenberg, J., 2001. Nuclear pore complexes form immobile networks and have a very low turnover in live mammalian cells. *J. Cell Biol.* **154**, 71–84.

Maul, G.G., Price, J.W., and Lieberman, M.W., 1971. Formation and distribution of nuclear pore complexes in interphase. *J. Cell Biol.* **51**, 405–418.

Stoffler, D., Goldie, K.N., Feja, B., and Aebi, U., 1999. Calcium-mediated structural changes of native nuclear pore complexes monitored by time-lapse atomic force microscopy. *J. Mol. Biol.* **287**, 741–752.

Winey, M., Yarar, D., Giddings, T.H., Jr., and Mastronarde, D.N., 1997. Nuclear pore complex number and distribution throughout the *S. cerevisiae* cell cycle by three-dimensional reconstruction from electron micrographs of nuclear envelopes. *Mol. Biol Cell* **8**, 2119–2132.

5・7 核ラミナは核膜の基盤となる

総 説

Broers, J.L., Hutchison, C.J., and Ramaekers, F.C., 2004. Laminopathies. *J. Pathol* **204**, 478–488.

Dabauvalle, M.C., and Scheer, U., 1991. Assembly of nuclear pore complexes in *Xenopus* egg extract. *Biol. Cell* **72**, 25–29.

Goldman, R.D., Gruenbaum, Y., Moir, R.D., Shumaker, D.K., and Spann, T.P., 2002. Nuclear lamins: building blocks of nuclear architecture. *Genes Dev.* **16**, 533–547.

Gruenbaum, Y., Margalit, A., Goldman, R.D., Shumaker, D.K., and Wilson, K.L., 2005. The nuclear lamina comes of age. *Nat. Rev. Mol. Cell Biol.* **6**, 21–31.

Hutchison, C.J., Alvarez-Reyes, M., and Vaughan, O.A., 2001. Lamins in disease: why do ubiquitously expressed nuclear envelope proteins give rise to tissue-specific disease phenotypes? *J. Cell Sci.* **114**, 9–19.

Taddei, A., Hediger, F., Neumann, F.R., and Gasser, S.M., 2004. The function of nuclear architecture: a genetic approach. *Annu. Rev. Genet.* **38**, 305–345.

Wilson, K.L., Zastrow, M.S., and Lee, K.K., 2001. Lamins and disease: insights into nuclear infrastructure. *Cell* **104**, 647–650.

5・8 大きな分子は核と細胞質間を能動的に輸送される

論 文

Feldherr, C.M., 1969. A comparative study of nucleocytoplasmic interactions. *J. Cell Biol.* **42**, 841–845.

5・9 核膜孔複合体は対称的構造の通路である

総 説

Fahrenkrog, B., Stoffler, D., and Aebi, U., 2001. Nuclear pore complex architecture and functional dynamics. *Curr. Top. Microbiol. Immunol.* **259**, 95–117.

Kessel, R.G., 1992. Annulate lamellae: a last frontier in cellular organelles. *Int. Rev. Cytol.* **133**, 43–120.

Rout, M.P. and Aitchison. J.D., 2001. The nuclear pore complex as a transport machine. *J. Biol. Chem.* **276**, 16593–16596.

Schwartz, T.U., 2005. Modularity within the architecture of the nuclear pore complex. *Curr. Opin. Struct. Biol.* **15**, 221–226.

Wischnitzer, S., 1970. The annulate lamellae. *Int. Rev. Cytol.* **27**, 65–100.

論 文

Akey, C.W., and Radermacher, M., 1993. Architecture of the *Xenopus* nuclear pore complex revealed by three-dimensional cryo-electron microscopy. *J. Cell Biol.* **122**, 1–19.

Arlucea, J., Andrade, R., Alonso, R., and Arechaga, J., 1998. The nuclear basket of the nuclear pore complex is part of a higher-order filamentous network that is related to chromatin. *J. Struct. Biol.* **124**, 51–58.

Beck, M., Förster, F., Ecke, M., Plitzko, J.M., Melchior, F., Gerisch, G., Baumeister, W., and Medalia, O., 2004. Nuclear pore complex structure and dynamics revealed by cryoelectron tomography. *Science* **306**, 1387–1390.

Fahrenkrog, B., Hurt, E.C., Aebi, U., and Panté, N., 1998. Molecular architecture of the yeast nuclear pore complex: localization of Nsp1p subcomplexes. *J. Cell Biol.* **143**, 577–588.

Goldberg, M.W., and Allen, T.D., 1993. The nuclear pore complex: three-dimensional surface structure revealed by field emission, in-lens scanning electron microscopy, with underlying structure uncovered by proteolysis. *J. Cell Sci.* **106**, 261–274.

Goldberg, M.W., and Allen, T.D., 1996. The nuclear pore complex and lamina: three-dimensional structures and interactions determined by field emission in-lens scanning electron microscopy. *J. Mol. Biol.* **257**, 848–865.

Hinshaw, J.E., Carragher, B.O., and Milligan, R.A., 1992. Architecture and design of the nuclear pore complex. *Cell* **69**, 1133–1141.

Jarnik, M., and Aebi, U., 1991. Toward a more complete 3-D structure of the nuclear pore complex. *J. Struct. Biol.* **107**, 291–308.

Rout, M.P., and Blobel, G., 1993. Isolation of the yeast nuclear pore complex. *J. Cell Biol.* **123**, 771–783.

Yang, Q., Rout, M.P., and Akey, C.W., 1998. Three-dimensional architecture of the isolated yeast nuclear pore complex: functional and evolutionary implications. *Mol. Cell* **1**, 223–234.

5・10 核膜孔複合体は，ヌクレオポリンとよぶタンパク質でできている

総　説

Conti, E., and Izaurralde, E., 2001. Nucleocytoplasmic transport enters the atomic age. *Curr. Opin. Cell Biol.* **13**, 310–319.

Doye, V., and Hurt, E.C., 1995. Genetic approaches to nuclear pore structure and function. *Trends Genet.* **11**, 235–241.

Panté, N., 2004. Nuclear pore complex structure: unplugged and dynamic pores. *Dev. Cell* **7**, 780–781.

Rout, M.P., and Aitchison, J.D., 2001. The nuclear pore complex as a transport machine. *J. Biol. Chem.* **276**, 16593–16596.

Suntharalingam, M., and Wente, S.R., 2003. Peering through the pore: nuclear pore complex structure, assembly, and function. *Dev. Cell* **4**, 775–789.

論　文

Amberg, D.C., Goldstein, A.L., and Cole, C.N., 1992. Isolation and characterization of RAT1: an essential gene of *S. cerevisiae* required for the efficient nucleocytoplasmic trafficking of mRNA. *Genes Dev.* **6**, 1173–1189.

Fahrenkrog, B., Aris, J.P., Hurt, E.C., Panté, N., and Aebi, U., 2000. Comparative spatial localization of protein-A-tagged and authentic yeast nuclear pore complex proteins by immunogold electron microscopy. *J. Struct. Biol.* **129**, 295–305.

Kadowaki, T., Zhao, Y., and Tartakoff, A.M., 1992. A conditional yeast mutant deficient in mRNA transport from nucleus to cytoplasm. *Proc. Natl. Acad. Sci. USA* **89**, 2312–2316.

Miller, B.R., and Forbes, D.J., 2000. Purification of the vertebrate nuclear pore complex by biochemical criteria. *Traffic* **1**, 941–951.

Rabut, G., Doye, V., and Ellenberg, J., 2004. Mapping the dynamic organization of the nuclear pore complex inside single living cells. *Nat. Cell Biol.* **6**, 1114–1121.

Rout, M.P., and Blobet, G., 1993. Isolation of the yeast nuclear pore complex. *J. Cell Biol.* **123**, 771–783.

Strawn, L.A., Shen, T., Shulga, N., Goldfarb, D.S., and Wente, S.R., 2004. Minimal nuclear pore complexes define FG repeat domains essential for transport. *Nat. Cell Biol.* **6**, 197–206.

Yang, Q., Rout, M.P., and Akey, C.W., 1998. Three-dimensional architecture of the isolated yeast nuclear pore complex: functional and evolutionary implications. *Mol. Cell* **1**, 223–234.

5・11 タンパク質は核膜孔を通して選択的に核内に輸送される

論　文

Dingwall, C., Sharnick, S.V., and Laskey, R.A., 1982. A polypeptide domain that specifies migration of nucleoplasmin into the nucleus. *Cell* **30**, 449–458.

Feldherr, C.M., Kallenbach, E., and Schultz, N., 1984. Movement of a karyophilic protein through the nuclear pores of oocytes. *J. Cell Biol.* **99**, 2216–2222.

5・12 核局在化配列によってタンパク質は核内に移行する

論　文

Kalderon, D., Roberts, B.L., Richardson, W.D., and Smith, A.E., 1984. A short amino acid sequence able to specify nuclear location. *Cell* **39**, 499–509.

5・13 細胞質に存在する核局在化シグナル受容体が核タンパク質輸送を担う

総　説

Goldfarb, D.S., Corbett, A.H., Mason, D.A., Harreman, M.T., and Adam, S.A., 2004. Importin alpha: a multipurpose nuclear-transport receptor. *Trends Cell Biol.* **14**, 505–514.

Harel, A., and Forbes, D.J., 2004. Importin beta: conducting a much larger cellular symphony. *Mol. Cell* **16**, 319–330.

Mosammaparast, N., and Pemberton, L.F., 2004. Karyopherins: from nuclear-transport mediators to nuclear-function regulators. *Trends Cell Biol.* **14**, 547–556.

論　文

Adam, S.A., Marr, R.S., and Gerace, L., 1990. Nuclear protein import in permeabilized mammalian cells requires soluble cytoplasmic factors. *J. Cell Biol.* **111**, 807–816.

Conti, E., Uy, M., Leighton, L., Blobel, G., and Kuriyan, J., 1998. Crystallographic analysis of the recognition of a nuclear localization signal by the nuclear import factor karyopherin alpha. *Cell* **94**, 193–204.

Goldfarb, D.S., Gariapy, J., Schoolnik, G., and Kornberg, R.D., 1986. Synthetic peptides as nuclear localization signals. *Nature* **322**, 641–644.

Gorlich, D., Prehn, S., Laskey, R.A., and Hartmann, E., 1994. Isolation of a protein that is essential for the first step of nuclear protein import. *Cell* **79**, 767–778.

Gorlich, D., Vogel, F., Mills, A.D., Hartmann, E., and Laskey, R.A., 1995. Distinct functions for the two importin subunits in nuclear protein import. *Nature* **377**, 246–248.

Moore, M.S. and Blobel, G., 1992. The two steps of nuclear import, targeting to the nuclear envelope and translocation through the nuclear pore, require different cytosolic factors. *Cell* **69**, 939–950.

Vodicka, M.A., Koepp, D.M., Silver, P.A., and Emerman, M., 1998. HIV-1 Vpr interacts with the nuclear transport pathway to promote macrophage infection. *Genes Dev.* **12**, 175–185.

5・14 タンパク質の核外輸送も受容体によって担われる

総　説

Ullman, K.S., Powers, M.A., and Forbes, D.J., 1997. Nuclear export receptors: from importin to exportin. *Cell* **90**, 967–970.

論　文

Fritz, C.C., and Green, M.R., 1996. HIV Rev uses a conserved cellular protein export pathway for the nucleocytoplasmic

transport of viral RNAs. *Curr. Biol.* **6**, 848–854.
Stade, K., Ford, C.S., Guthrie, C., and Weis, K., 1997. Exportin 1 (Crmlp) is an essential nuclear export factor. *Cell* **90**, 1041–1050.
Wolff, B., Sanglier, J.J., and Wang. Y., 1997. Leptomycin B is an inhibitor of nuclear export: inhibition of nucleo-cytoplasmic translocation of the human immunodeficiency virus type I (HIV-1) Rev protein and Rev-dependent mRNA. *Chem. Biol.* **4**, 139–147.

5・15 Ran GTPase は核輸送の方向性を制御する

総　説

Bayliss, R., Corbett, A.H., and Stewart, M., 2000. The molecular mechanism of transport of macromolecules through nuclear pore complexes. *Traffic* **1**, 448–456.
Dasso, M., 2002. The Ran GTPase: theme and variations. *Curr. Biol.* **12**, R502–R508.

論　文

Kalab, P., Weis, K., and Heald, R., 2002. Visualization of a Ran-GTP gradient in interphase and mitotic *Xenopus* egg extracts. *Science* **295**, 2452–2456.

5・16 核膜孔通過のメカニズムに関して多数のモデルが提唱されている

総　説

Becskei, A., and Mattaj, I.W., 2005. Quantitative models of nuclear transport. *Curr. Opin. Cell Biol.* **17**, 27–34.
Rout, M.P., and Aitchison, J.D., 2001. The nuclear pore complex as a transport machine. *J. Biol. Chem.* **276**, 16593–16596.

論　文

Ben-Efraim, I., and Gerace, L., 2001. Gradient of increasing affinity of importin beta for nucleoporins along the pathway of nuclear import. *J. Cell Biol.* **152**, 411–417.
Ribbeck, K., and Gorlich, D., 2001. Kinetic analysis of translocation through nuclear pore complexes. *EMBO J.* **20**, 1320–1330.
Yang, W., Gelles, J., and Musser, S.M., 2004. Imaging of single-molecule translocation through nuclear pore complexes. *Proc. Natl. Acad. Sd. USA* **101**, 12887–12892.

5・17 核輸送は制御される

総　説

Hood, J.K., and Silver, P.A., 2000. Diverse nuclear transport pathways regulate cell proliferation and oncogenesis. *Biochim. Biophys. Acta* **1471**, M31–M41.
Kaffman, A., and O'Shea, E.K., 1999. Regulation of nuclear localization: a key to a door. *Annu. Rev. Cell Dev. Biol.* **15**, 291–339.
Poon, I.K., and Jans, D.A., 2005. Regulation of nuclear transport: central role in development and transformation? *Traffic* **6**, 173–186.

5・18 多種類の RNA が核から輸送される

論　文

Dworetzky, S.I., and Feldherr, C.M., 1998. Translocation of RNA-coated gold particles through the nuclear pores of oocytes. *J. Cell Biol.* **106**, 575–584.
Hamm, J., Dathan, N.A., and Mattaj, I.W., 1989. Functional analysis of mutant *Xenopus*. U2 snRNAs. *Cell* **59**, 159–169.
Hamm, J., and Mattaj, I.W., 1990. Monomethylated cap structures facilitate RNA export from the nucleus. *Cell* **63**, 109–118.
Jarmolowski, A., Boelens, W.C., Izaurralde, E., and Mattaj, I.W., 1994. Nuclear export of different classes of RNA is mediated by specific factors. *J. Cell Biol.* **124**, 627–635.

5・19 リボソームサブユニットは，核小体で集合し，エクスポーチン 1 で核外輸送される

総　説

Johnson, A.W., Lund, E., and Dahlberg, J., 2002. Nuclear export of ribosomal subunits. *Trends Biochem. Sci.* **27**, 580–585.

論　文

Bataille, N., Helser, T., and Fried, H.M., 1990. Cytoplasmic transport of ribosomal subunits microinjected into the *Xenopus laevis* oocyte nucleus: a generalized, facilitated process. *J. Cell Biol.* **111**, 1571–1582.
Ho, J.H., Kallstrom, G., and Johnson, A.W., 2000. Nmd3p is a Crm1p-dependent adapter protein for nuclear export of the large ribosomal subunit. *J. Cell Biol.* **151**, 1057–1066.
Moy, T.I., and Silver, P.A., 1999. Nuclear export of the small ribosomal subunit requires the ran-GTPase cycle and certain nucleoporins. *Genes Dev.* **13**, 2118–2133.
Oeffinger, M., Dlakic, M., and Tollervey, D., 2004. A pre-ribosome-associated HEAT-repeat protein is required for export of both ribosomal subunits. *Genes Dev.* **18**, 196–209.

5・20 tRNA は，専用のエクスポーチンによって核外輸送される

論　文

Arts, G.J., Fornerod, M., and Mattaj, I.W., 1998. Identification of a nuclear export receptor for tRNA. *Curr. Biol.* **8**, 305–314.
Jarmolowski, A., Boelens, W.C., Izaurralde, E., and Mattaj, I.W., 1994. Nuclear export of different classes of RNA is mediated by specific factors. *J. Cell Biol.* **124**, 627–635.
Lund, E., and Dahlberg, J.E., 1998. Proofreading and aminoacylation of tRNAs before export from the nucleus. *Science* **282**, 2082–2085.
Shaheen, H.H., and Hopper, A.K., 2005. Retrograde movement of tRNAs from the cytoplasm to the nucleus in *Saccharomyces cerevisiae*. *Proc. Natl. Acad. Sci. USA* **102**, 11290–11295.
Takano, A., Endo, T., and Yoshihisa, T., 2005. tRNA actively shuttles between the nucleus and cytosol in yeast. *Science* **309**, 140–142.

5・21 mRNA は RNA–タンパク質複合体として核外輸送される

総　説

Aguilera, A., 2005. mRNA processing and genomic instability. *Nat. Struct. Mol. Biol.* **12**, 737–738.
Daneholt, B., 1997. A look at messenger RNP moving through the nuclear pore. *Cell* **88**, 585–588.
Daneholt, B., 1999. Pre-mRNP particles: From gene to nuclear pore. *Curr. Biol.* **9**, R412–R415.
Fukumori, T., Kagawa, S., Iida, S., Oshima, Y., Akari, H., Koyama, A.H., and Adachi, A., 1999. Rev-dependent expression of three species of HIV-1 mRNAs. *Int. J. Mol. Med.* **3**, 297–302.
Nakielny, S., and Dreyfuss, G., 1999. Transport of proteins and RNAs in and out of the nucleus. *Cell* **99**, 677–690.
Pollard, V.W., and Malim, M.H., 1998. The HIV-1 Rev protein. *Annu. Rev. Microbiol.* **52**, 491–532.
Saguez, C., Olesen, J.R., and Jensen, T.H., 2005. Formation of export-competent mRNP: escaping nuclear destruction. *Curr. Opin. Cell Biol.* **17**, 287–293.

論　文

Choi, Y.D., and Dreyfuss, G., 1984. Isolation of the heterogeneous nuclear RNA-ribonucleoprotein complex (hnRNP): a unique supramolecular assembly. *Proc. Natl. Acad. Sci. USA* **81**, 7471–7475.
Mehlin, H., Daneholt, B., and Skoglund, U., 1992. Translocation of a specific premessenger ribonucleoprotein particle through the nuclear pore studied with electron microscope tomography. *Cell* **69**, 605–613.

Pinol-Roma, S., Choi, Y.D., Matunis, M.J., and Dreyfuss, G., 1988. Immunopurification of heterogeneous nuclear ribonucleoprotein particles reveals an assortment of RNA binding proteins. *Genes Dev.* **2**, 215–227.

Saavedra, C., Tung, K.-S., Amberg, D,C., Hopper, A.K., and Cole, C.N., 1996. Regulation of mRNA export in response to stress in *S. cerevisiae*. *Genes Dev.* **10**, 1608–1620.

Visa, N., Izaurralde, E., Ferreira, J., Daneholt, B., and Mattaj, I.W., 1996. A nuclear cap-binding complex binds Balbiani ring pre-mRNA cotranscriptionally and accompanies the ribonucleoprotein particle during nuclear export. *J. Cell Biol.* **133**, 5–14.

5・22 hnRNP はプロセシングの場所から核膜孔複合体まで移動する

論文

Politz, J.C., Tuft, R.A., Pederson, T., and Singer, R.H., 1999. Movement of nuclear poly(A) RNA throughout the interchromatin space in living cells. *Curr. Biol.* **9**, 285–291.

Zachar, Z., Kramer, J., Mims, I.P., and Bingham, P.M., 1993. Evidence for channeled diffusion of pre-mRNAs during nuclear RNA transport in metazoans. *J. Cell Biol.* **121**, 729–742.

5・23 mRNA 輸送には数種の特異的因子が必要である

総説

Cullen, B.R., 2003. Nuclear RNA export. *J. Cell Sci.* **116**, 587–597.

de la Cruz, J., Kressler, D., and Linder, P., 1999. Unwinding RNA in *S. cerevisiae*: DEAD-box proteins and related families. *Trends Biochem. Sci.* **24**, 192–198.

Jensen, T.H., Dower, K., Libri, D., and Rosbash, M., 2003. Early formation of mRNP: license for export or quality control? *Mol. Cell* **11**, 1129–1138.

論文

Braun, I.C., Rohrbach, E., Schmitt, C., and Izaurralde, E., 1999. TAP binds to the constitutive transport element (CTE) through a nobel RNA-binding motif that is sufficient to promote CTE-dependent RNA export from the nucleus. *EMBO J.* **18**, 1953–1965.

Hilleren, P., McCarthy, T., Rosbash, M., Parker, R., and Jensen, T.H., 2001 Quality control of mRNA 3′-end processing is linked to the nuclear exosome. *Nature* **413**, 538–542.

Hodge, C.A., Colot, H.V., Stafford, P., and Cole, C.N., 1999. Rat8p/Dbp5p is a shuttling transport factor that interacts with Rat7p/Nup159p and Gle1p and suppresses the mRNA export defect of *xpol-1 cells*. *EMBO J.* **18**, 5778–5788.

Jankowsky, E., Gross, C.H., Shuman, S., and Pyle, A.M., 2000. The DExH protein NPH-II is a processive and directional motor for unwinding RNA. *Nature* **403**, 447–451.

Jankowsky, E., Gross, C.H., Shuman, S., and Pyle, A.M., 2001. Active disruption of an RNA-protein interaction by a DExH/D RNA helicase. *Science* **291**, 121–125.

Kang, Y., and Cullen, B.R., 1999. The human Tap protein is a nuclear mRNA export factor that contains novel RNA-binding and nucleocytoplasmic transport sequences. *Genes Dev.* **13**, 1126–1139.

Lel, E.P., and Silver, P.A., 2002. Intron status and 3′-end formation control cotranscriptional export of mRNA. *Genes Dev.* **16**, 2761–2766.

Libri, D., Dower, K., Boulay, J., Thomsen, R., Rosbash, M., and Jensen, T.H., 2002. Interactions between mRNA export commitment, 3′-end quality control, and nuclear degradation. *Mol. Cell Biol.* **22**, 8254–8266.

Strässer, K. et al., 2002. TREX is a conserved complex coupling transcription with messenger RNA export. *Nature* **417**, 304–308.

Tseng, S.S., Weaver, P.L., Liu, Y., Hitomi, M., Tartakoff, A.M., and Chang, T.H., 1998. Dbp5p, a cytosolic RNA helicase, is required for poly(A)$^+$RNA export. *EMBO J.* **17**, 2651–2662.

5・24 U snRNA は核外輸送され，修飾を受け，複合体に集合して核内輸送される

論文

Hamm, J., and Mattaj, I.W., 1990. Monomethylated cap structures facilitate RNA export from the nucleus. *Cell* **63**, 109–118.

Huber, J., Cronshagen, U., Kadokura, M., Marshallsay, C., Wada, T., Sekine, M., and Luhrmann, R., 1998. Snurportin 1, an m3G-cap-specific nuclear import receptor with a novel domain structure. *EMBO J.* **17**, 4114–4126.

Palacios, I., Hetzer, M., Adam, S.A., and Mattaj, I.W., 1997. Nuclear import of U snRNPs requires importin beta. *EMBO J.* **16**, 6783–6792.

5・25 マイクロ RNA の前駆体は核から輸送され細胞質でプロセシングを受ける

総説

Ambros, V., 2004. The functions of animal microRNAs. *Nature* **431**, 350–355.

Kim, V.N., 2005. MicroRNA biogenesis: coordinated cropping and dicing. *Nat. Rev. Mol. Cell Biol.* **6**, 376–385.

Zamore, P.D., and Haley, B., 2005. Ribognome: the big world of small RNAs. *Science* **309**, 1519–1524.

Pinol-Roma, S., Choi, Y.D., Matunis, M.J., and Dreyfuss, G., 1988. Immunopurification of heterogeneous nuclear ribonucleoprotein particles reveals an assortment of RNA-binding proteins. Genes Dev. 2, 215-227.
Saavedra, C., Tung, K.-S., Amberg, D.C., Hopper, A.K., and Cole, C.N., 1996. Regulation of mRNA export in response to stress in S. cerevisiae. Genes Dev. 10, 1608-1620.
Visa, N., Izaurralde, E., Ferreira, J., Daneholt, B., and Mattaj, I.W., 1996. A nuclear cap-binding complex binds Balbiani ring pre-mRNA cotranscriptionally and accompanies the ribonucleoprotein particle during nuclear export. J. Cell Biol. 133, 5-14.

[illegible]

[illegible]
Politz, J.C., Tuft, R.A., Pederson, T., and Singer, R.H., 1999. Movement of nuclear poly(A) RNA throughout the interchromatin space in living cells. Curr. Biol. 9, 285-291.
Zachar, Z., Kramer, J., Mims, I.P., and Bingham, P.M., 1993. Evidence for channeled diffusion of pre-mRNAs during nuclear RNA transport in metazoans. J. Cell Biol. 121, 729-742.

[illegible]

[illegible]
Cullen, B.R., 2003. Nuclear RNA export. J. Cell Sci. 116, 587-597.
de la Cruz, J., Kressler, D., and Linder, P., 1999. Unwinding RNA in S. cerevisiae: DEAD-box proteins and related families. Trends Biochem. Sci. 24, 192-198.
Jensen, T.H., Dower, K., Libri, D., and Rosbash, M., 2003. Early formation of mRNPs: license for export or quality control? Mol. Cell 11, 1129-1138.
[illegible]
Braun, I.C., Rohrbach, E., Schmitt, C., and Izaurralde, E., 1999. TAP binds to the constitutive transport element (CTE) through a novel RNA-binding motif that is sufficient to promote CTE-dependent RNA export from the nucleus. EMBO J. 18, 1953-1965.
Hilleren, P., McCarthy, T., Rosbash, M., Parker, R., and Jensen, T.H., 2001. Quality control of mRNA 3′-end processing is linked to the nuclear exosome. Nature 413, 538-542.
Hodge, C.A., Colot, H.V., Stafford, P., and Cole, C.N., 1999. Rat8p/Dbp5p is a shuttling transport factor that interacts with Rat7p/Nup159p and Gle1p and suppresses the mRNA export defect of xpo1-1 cells. EMBO J. 18, 5778-5788.
Jankowsky, E., Gross, C.H., Shuman, S., and Pyle, A.M., 2000. The DExH protein NPH-II is a processive and directional motor for unwinding RNA. Nature 403, 447-451.
Jankowsky, E., Gross, C.H., Shuman, S., and Pyle, A.M., 2001. Active disruption of an RNA-protein interaction by a DExH/D RNA helicase. Science 291, 121-125.
Kang, Y., and Cullen, B.R., 1999. The human Tap protein is a nuclear mRNA export factor that contains novel RNA-binding and nucleocytoplasmic transport sequences. Genes Dev. 13, 1126-1139.
Lei, E.P., and Silver, P.A., 2002. Intron status and 3′-end formation control cotranscriptional export of mRNA. Genes Dev. 16, 2761-2766.
Libri, D., Dower, K., Boulay, J., Thomsen, R., Rosbash, M., and Jensen, T.H., 2002. Interactions between mRNA export commitment, 3′-end quality control, and nuclear degradation. Mol. Cell Biol. 22, 8254-8266.
Strässer, K. et al., 2002. TREX is a conserved complex coupling transcription with messenger RNA export. Nature 417, 304-308.
Tseng, S.S., Weaver, P.L., Liu, Y., Hitomi, M., Tartakoff, A.M., and Chang, T.H., 1998. Dbp5p, a cytosolic RNA helicase, is required for poly(A)+ RNA export. EMBO J. 17, 2651-2662.

[illegible]

[illegible]
Hamm, J., and Mattaj, I.W., 1990. Monomethylated cap structures facilitate RNA export from the nucleus. Cell 63, 109-118.
Huber, J., Cronshagen, U., Kadokura, M., Marshallsay, C., Wada, T., Sekine, M., and Lührmann, R., 1998. Snurportin 1, an m3G-cap-specific nuclear import receptor with a novel domain structure. EMBO J. 17, 4114-4126.
Palacios, I., Hetzer, M., Adam, S.A., and Mattaj, I.W., 1997. Nuclear import of U snRNPs requires importin beta. EMBO J. 16, 6783-6792.

[illegible]

[illegible]
Ambros, V., 2004. The functions of animal microRNAs. Nature 431, 350-355.
Kim, V.N., 2005. MicroRNA biogenesis: coordinated cropping and dicing. Nat. Rev. Mol. Cell Biol. 6, 376-385.
Zamore, P.D., and Haley, B., 2005. Ribo-gnome: the big world of small RNAs. Science 309, 1519-1524.

クロマチンと染色体

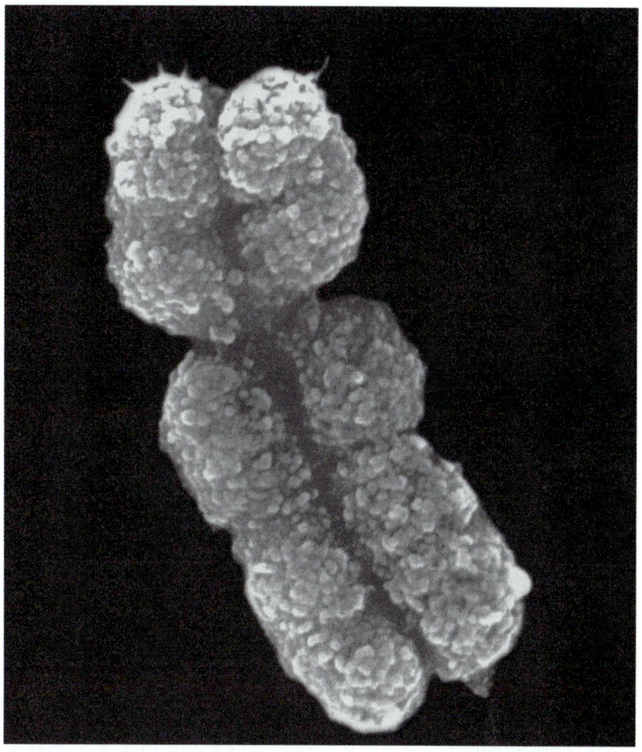

ヒト染色体[写真はDaniel L. Hartl, Harvard Universityの好意による]

6・1 序　論

すべての細胞の遺伝物質は，ある制限された容積の中にコンパクトに収納されて存在する．バクテリアでは，遺伝物質は，その細胞内に，他から区別できる固まりである**ヌクレオイド**（nucleoid）の形でみられる．真核細胞では，遺伝物質は，細胞分裂間期の核内に，**クロマチン**（chromatin）という固まりとしてみられる．クロマチンの凝縮度は可変的で，真核細胞の細胞周期で変化する．間期クロマチンは，分裂(体細胞分裂または減数分裂)のときに，さらに高度に凝縮され，個々の**染色体**(chromosome)が区別されて目に見えるようになる．

染色体というのは，細胞分裂時に遺伝物質を分配する装置である．分配が完了するための重要な構造上の特徴は**セントロメア**(centromere)であり，セントロメアは，光学顕微鏡下で1本の長い染色体の中のくびれのように見える部分である．さらに詳細に観察すると，セントロメアには**キネトコア**（**動原体** kinetochore）を含んでいることがわかるが，この動原体は，紡錘体に接着している．真核細胞の染色体は，通常，とても長い直鎖状DNAから構成されているが，もう一つの重要な特徴は，**テロメア**（telomere）である．テロメアは，染色体末端を安定化させるとともに，直鎖状DNAの末端を複製する難しさが，特殊なメカニズムで回避されて伸長される．

DNAの密度は高い．バクテリアの核様体では約10 mg/mL，真核細胞の核では約100 mg/mL，T4ウイルスファージの頭部では500 mg/mL以上にもなる．このような高濃度の溶液は，粘度の高いゲルに相当し，（十分には理解されていないけれども）タンパク質のもつDNA結合部位の見つけやすさと密接に関係があるのであろう．複製や転写のようなDNAのいろいろな活動は，このような限られた空間で行われなければならない．遺伝物質の組成は，不活化状態と活性化状態の間を遷移しなければならない．図6・1には，ゲノムの大きさの範囲が示されており，また，ゲノムは，DNA量が非常に異なるいくつかの染色体に配分されていることがわかる．

染色体の大きさには大きな違いがある

生物種	ゲノム〔Mb〕	半数体染色体	染色体長の範囲〔Mb DNA〕	全遺伝子
大腸菌	4.6	1	4.6	4,401
出芽酵母	12.1	16	(0.2)～1.5	6,702
キイロショウジョウバエ	165	4	(1.3)～28	14,399
イネ	389	12	24～45	37,544
マウス	2,500	20	60～195	26,996
ヒト	2,900	23	49～245	24,194

図6・1 ゲノム半数体当たりの染色体数と染色体の大きさには生物によって大きな幅がある．

DNAの伸展した状態での長さは，それを収納している場所の大きさをはるかに超えている．DNAが凝集しているのは，DNAが塩基性のタンパク質に結合しているからである．これらのタンパク質の正電荷によって，核酸の負電荷が中和される．核酸–タンパク質複合体の構造は，DNAを堅いコイル状構造に凝集させるタンパク質との相互作用によってできあがっている．このように，一般的に伸展した二重鎖として描かれるDNAとは異なり，DNAは構造上変形して，より緻密な形に折れ曲がったり，折りたたまれたりしているのがふつうであって，例外ではない．

クロマチンの大部分は，比較的分散した形態をとる．これを**ユークロマチン**（euchromatin）とよび，活発な遺伝子が含まれている．クロマチンの中には，より高密度に詰込まれたような部分があり，**ヘテロクロマチン**（heterochromatin）とよび，一般的には不活化されている．

クロマチンの一般的な構造はどうなっていて，活性化された遺伝子配列と不活化された配列にはどのような差があるのだろうか？ 遺伝情報物質が全体として高度に詰込まれていることから考えて，DNAが，最終的なクロマチン構造に直接折りたたまれるということはありえないと推察できる．つまり，構造にはヒエラルキー（階層）がなければならない．大きな疑問は，詰込み方の特異性に関してである．DNAは，ある特定のパターンに折りたたまれるのか？ それとも，ゲノム中の個々のDNAで違いがあるのか？ DNAが複製されたり，転写されたりしたときに，詰込み方のパターンはどのように変化するのか？

クロマチンの基本ユニットは，すべての真核生物で，同じ構築をしている．**ヌクレオソーム**（nucleosome）は，約200 bpのDNAを含み，八量体の小さな塩基性タンパク質によってビーズ様構造をとっている．そのタンパク質成分は**ヒストン**（histone）である．ヒストンが内部コアを形成し，DNAはそのコア粒子の表面に位置する．ヌクレオソームは，分裂間期核のユークロマチンやヘテロクロマチンならびに分裂期染色体の不変的構成要素である．ヌクレオソームが構造の基本レベルとなる．ヌクレオソーム構造をとることにより，67 nmのDNAは直径11 nmの球体に折りたたまれる．ヌクレオソームの構成要素や構造はよくわかっている．直線状のヌクレオソームは，“10 nm繊維”を形成する．

その次のレベルの構造は，ヌクレオソームがとぐろを巻いてらせん状の構造をとり，間期クロマチンでも分裂期染色体でもみられる，直径約30 nmの繊維となる（図6・2）．これにより，ヌクレオソームを，単位長さ当たりにして6～7倍凝集させることになる．この繊維構造をつくるために，さらにいくつかのタンパク質が必要であるが，よくわかっていない．

セントロメア部分で染色体は締めつけられた構造をしている

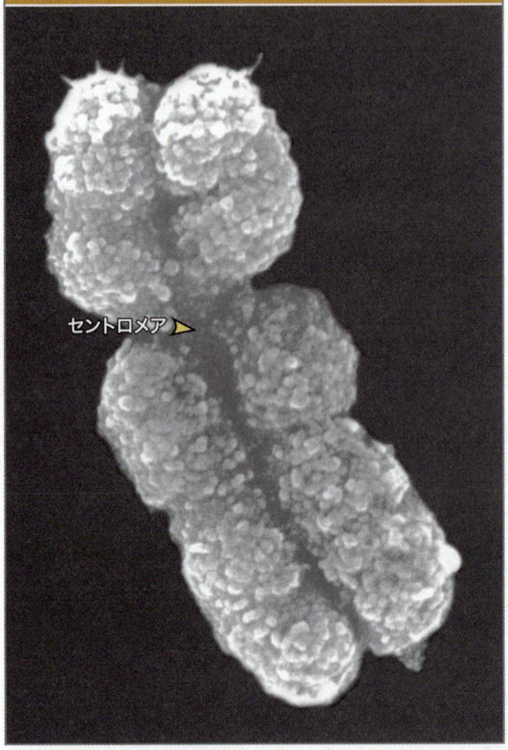

図6・2 分裂期の1対の姉妹染色分体はそれぞれ，直径約30 nmの繊維状構造からなり，それらが密に折りたたまれて染色体となっている［写真はDaniel L. Hartl, Harvard Universityの好意による］

最終的な詰込み率は，第3のレベルの構造で決まるが，それは，30 nm繊維の折りたたみである．ユークロマチンでは，30 nm繊維に比較して，約50倍の凝縮度になっている．ユークロマチンは，周期的に分裂期染色体へと凝縮度が変化しうるが，分裂期染色体というのは，さらに約5～10倍凝縮している．ヘテロクロマチンは，一般的に分裂期染色体と同じ凝縮度をしている．

クロマチンは，DNAの2倍までの質量のタンパク質を含んでいる．タンパク質の質量のおよそ半分は，ヌクレオソームの部分である．RNAの質量は，DNAの質量の10％以下である．そのRNAの多くは，鋳型DNAとの関連を保ったままの状態である初期転写物である．

クロマチン構造は，他のタンパク質との相互作用や，存在する染色体タンパク質の修飾によって変化する．複製にも転写にも，DNAの巻戻しが必要で，関連する酵素がDNAを操作できるように構造がほどかれなければならない．これには，構造がすべてのレベルで変化する必要がありそうだ．

非ヒストンタンパク質(nonhistone protein)は，ヒストン以外のすべてのクロマチンタンパク質をさす．それらは，組織間や種間で，より大きな差異があり，ヒストンよりも，質量的には比率は少ない．つまり，非ヒストンタンパク質は，ずっと多くの種類があって，どの非ヒストンタンパク質も，量としては，どのヒストンよりもずっと少ない．

6・2 クロマチンは，ユークロマチンとヘテロクロマチンに分けられる

重要な概念

- 個々の染色体は分裂期にのみ見える．
- 分裂間期には，クロマチンは，一般的に，ユークロマチンの形で存在するが，ユークロマチンというのは，分裂期染色体に比べて緩く折りたたまれている．
- ヘテロクロマチンの領域は，分裂間期でも固く折りたたまれたままである．

それぞれの染色体は，1本の非常に長い二本鎖DNAからなっており，そのDNAは，染色体全体にわたってつながる1本の繊維に折りたたまれている．したがって，分裂間期クロマチンや分裂期染色体の構造を理解するには，単一のきわめて長いDNA分子を，転写や複製ができて，かつ，周期的に緩く凝縮したり固く凝縮したりできる形に，どのように折りたたむのかがわからないといけない．

個々の染色体は，細胞分裂のときにのみ目で見ることができ，それぞれの染色体は，一つのぎっしり詰まったユニットとして見える．図6・2は，分裂期にとらえられた姉妹染色分体の電子顕微鏡写真である．（姉妹染色分体とは，先立って起こったDNA複製によってつくられた娘染色体で，分裂期に，まだ互いにつながっている状態のものをいう）それぞれの姉妹染色分体は，直径約30 nmの繊維からなっており，粗い不規則な外観をしている．染色体の中のDNAは，分裂間期クロマチンのDNAよりも5〜10倍凝縮している．

一方，真核細胞の細胞周期のほとんどの間，DNAは核内のある領域を占めているが，個々の染色体は区別できない．クロマチンを構成している30 nm繊維は，分裂期染色体に類似しているか，または，同一のものである．

クロマチンは，図6・3の核の断面に見られる二つのタイプに分類できる．

- ほとんどの領域では，繊維は分裂期染色体に比べてずっと緩く凝縮している．この部分をユークロマチンとよび，核内で比較的分散した外観を示し，核のほとんどの部分を占めている．
- クロマチンのある領域は，繊維が非常に密に凝縮しており，分裂期の染色体に匹敵する状態になっている．この部分をヘテロクロマチンとよぶ．典型的なものはセントロメアの部分にみられるが，他の場所でもみられる．ヘテロクロマチンは，凝縮度という意味では，細胞周期を通して比較的小さな変化しか示さない．図6・3に示したように，ヘテロクロマチンは個別の固まりを形成するが，しばしば，さまざまなヘテロクロマチン領域が凝集して，一つの高度に凝縮した**染色中心**（chromocenter）となる．（これは，構成的ヘテロクロマチンとよばれる，常にヘテロクロマチン状になっている領域をさす．また，これとは別のタイプのヘテロクロマチンがあって，機能的ヘテロクロマチンとよぶが，そこでは，ユークロマチンの部分がヘテロクロマチン状に変化している．）

同一の繊維状DNAがユークロマチンとヘテロクロマチン間に存在していることから，この2種類のクロマチンの状態は，DNAの凝縮の程度が異なったものであることがわかる．同様に，ユークロマチン領域というのは，分裂間期と分裂期で凝縮の程度が異なることがわかる．このように，遺伝物質DNAは，クロマチンの中で別々の状態で存在することができ，また，分裂間期と分裂期でユークロマチンの凝縮度が周期的に変化できるように構築されている．この状態の分子基盤については，この章の後半で述べる．

ヘテロクロマチンはひと固まりとなって集合している

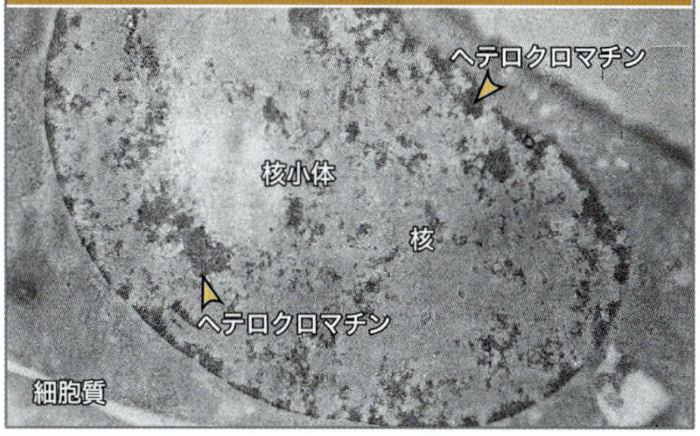

図6・3　フォイルゲン様物質で染色した核の超薄切片を観察すると，ヘテロクロマチンが，密に詰まった領域として，核小体や核膜周辺に集合しているのが見える［写真はEdmund Puvion, Centre National de la Recherche Scientifiqueの好意による］

DNAの構造的状態は，その活性と関係がある．構成的ヘテロクロマチンに共通した性質は以下のとおりである．

- 常に凝縮している．
- しばしば，転写されない短い配列のDNAが多数繰返している．
- この領域の遺伝子の密度はユークロマチンと比べて非常に低くなっており，ヘテロクロマチンの中やその近くに存在する遺伝子はしばしば不活化している．
- おそらく凝縮された状態のためと思われるが，ヘテロクロマチンは，ユークロマチンよりも遅くに複製し，遺伝的組換えの頻度も低い．

DNAやタンパク質因子の性質の変化を示す分子マーカーがある（§6・31“ヘテロクロマチンはヒストンとの相互作用に依存する”参照）．たとえば，ヒストンのアセチル化の減少，一つのヒストンのメチル化の上昇，DNAのシトシン残基の高メチル化などである（図6・72参照）．これらの分子変化はDNAの凝縮をひき起こし，その不活化の原因となる．

活性化された遺伝子はユークロマチンに含まれているけれども，常に転写されているのは，ユークロマチンの中の限られた少数の配列だけである．つまり，ユークロマチンに局在することは遺伝子発現にとって“必要である”けれども，“十分ではない”．

6・3 染色体にはバンドパターンがある

重要な概念

- ある種の染色法によって，染色体にはGバンドとよばれる一連の縞模様ができる．
- バンド領域は，GC含量がバンド間領域よりも低い．
- 遺伝子は，GC含量の高いバンド間領域に集中して存在している．

クロマチンは分散した状態にあるので，その構造の特性を直接決めることはできない．しかし，（分裂期）染色体の構造がどの

ように構築されているのかは調べることができる．特定の配列が常に特定の場所に位置しているのか，それとも，繊維状DNAが折りたたまれて全体構造をつくり上げるのは，もっと無作為なものなのか？

染色体のレベルでは，それぞれの染色体は，再現性をもって異なる高次構造をとる．ある種の処理を行い，化学色素であるギムザで染めると，染色体は**Gバンド**（G-band）に分染される．図6・4にヒトの例を示す．

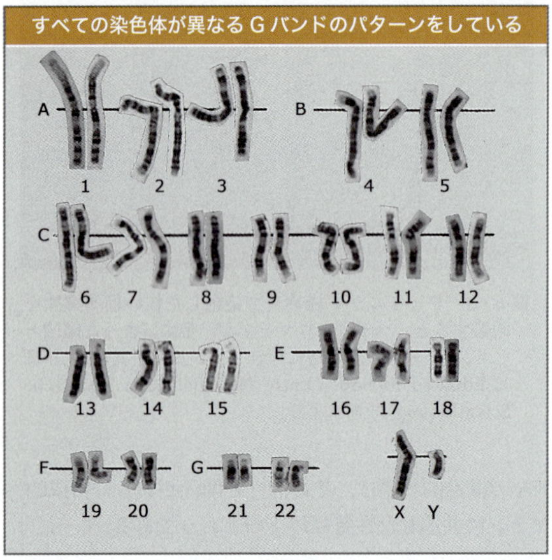

図6・4　Gバンド法によって，それぞれの染色体に特徴的な水平方向のバンドができる［写真はLisa Shaffer, Washington State University—Spokaneの好意による］

この手法が開発されるまでは，染色体は，その大きさとセントロメアの相対的な位置のみで区別されていた．Gバンド法が開発されて，それぞれの染色体が，その特徴的なバンドパターンによって同定することができる．このパターンを用いて，正常の二倍体の染色体セットと比べることにより，一つの染色体から別の染色体への転座を見つけることができる．図6・5には，ヒトX染色体のバンドの図が示されている．バンドは，非常に大きな構造で，それぞれ約10^7 bpのDNAからなり，何百もの遺伝子が含まれうる大きさである．

分染法はきわめて利用価値の高いものであるが，分染のメカニズムはまだ不明である．確かなのは，未処理の染色体は，多かれ少なかれ均等に色素によって染まってしまうことである．つまり，分染するためには，（おそらくバンドにならない領域から色素に結合する因子を抽出することにより）染色体の反応性を変化させるような，さまざまな処理が必要である．しかし，よく似たバンドが，さまざまな処理で見えてくる．

バンド領域とバンド間領域を区別する唯一の特徴は，バンド領域はバンド間領域よりもGC含量が少ないということである．もし，全体で約100 Mbもの巨大な染色体に約10本のバンドがあったとすれば，その染色体は，GC含量の低いバンド領域と高いバンド間領域が交互に出現する，長さ約5 Mbの領域に分けられることになる．（mRNAのハイブリダイゼーションにより）遺伝子は，バンド間領域に局在する傾向がある．このことから，長い領域で考えると，何らかの配列に依存した染色体構築があると言える．

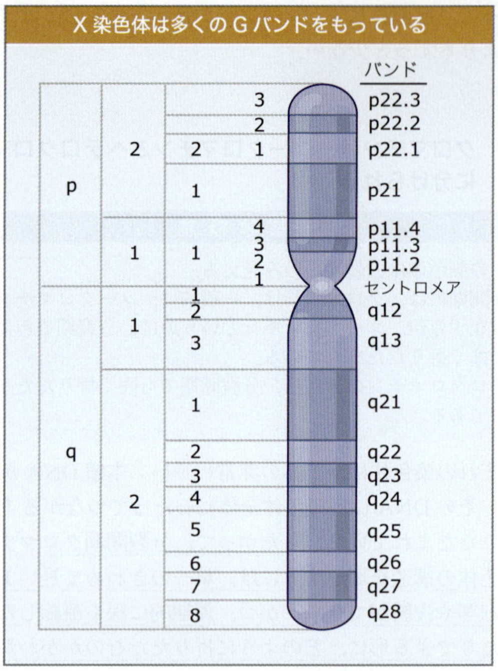

図6・5　ヒトX染色体は，Gバンドのパターンによって異なる領域に分類することができる．短腕がp，長腕がqで，それぞれ，さらに細かく分類できる大きな領域に分かれている．この地図は低解像度の構造を示していて，もっと高解像度のものでは，バンドの中に，さらに小さなバンドとバンド間領域を分けることができるものがある．たとえば，p21は，p21.1，p21.2とp21.3に分けることができる．

ヒトゲノム配列の決定により，基本的な解析ができるようになる．図6・6に示すように，ゲノムを小さな領域に分けてみると，GC含量には変動がみられる．哺乳類のゲノムでは共通して，GC含量が平均で41％である．30％の低い領域もあるし，65％もの高い領域もある．さらに長い領域で調べてみると，偏差は少なくなる．43％以上のGC含量をもつ領域の平均的な長さは，200〜250 kbである．このことから，バンド領域は，低いGC含

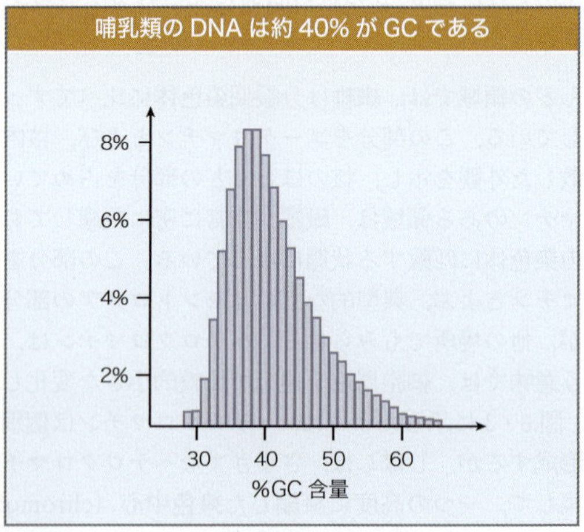

図6・6　ゲノム上で少し離れただけでGC含量が大きく変動する．それぞれの縦線は，示されたGC含量をもつ20 kbのDNA断片のパーセントを示している．

量の部分をよりたくさん含んではいるけれども，バンド構造というのは，GC含量の異なる部分が交互に出現することででき上がっているのではないことは明白である．遺伝子は，GC含量の高い領域に集中している．どのようにしてGC含量が染色体構造に影響を及ぼすのかはまだ理解できていない．

6・4 真核細胞のDNAはループ構造をとり，足場構造に結合した領域がある

重要な概念

- 分裂間期クロマチンのDNAは，負の超らせん構造をとり，約85 kbの独立した領域に分かれる．
- 分裂期染色体には，タンパク質の足場構造があり，それに超らせん構造のDNAのループが結合している．

すべての染色体の特徴的なバンド構造は，DNAとタンパク質が繊維状複合体として折りたたまれてできる．繊維状構造はさらに，タンパク質のマトリックスによってループ構造をとる．分子的基盤はいくぶん異なるが，ループ構造はバクテリアの核様体にもみられる．バクテリアでも真核細胞でも，ループ構造は，細胞を穏やかに溶解させることによって見えてくる．

大腸菌を溶かすと，繊維が，破砕された細胞壁に結合したループ構造として現れる．図6・7に見られるように，このループ状のDNAは，伸展した裸の二本鎖DNAの形ではなく，タンパク質と相互作用した緻密な構造をしている．核様体は，質量として約80 %がDNAの，急速に沈降する複合体として単離できる．

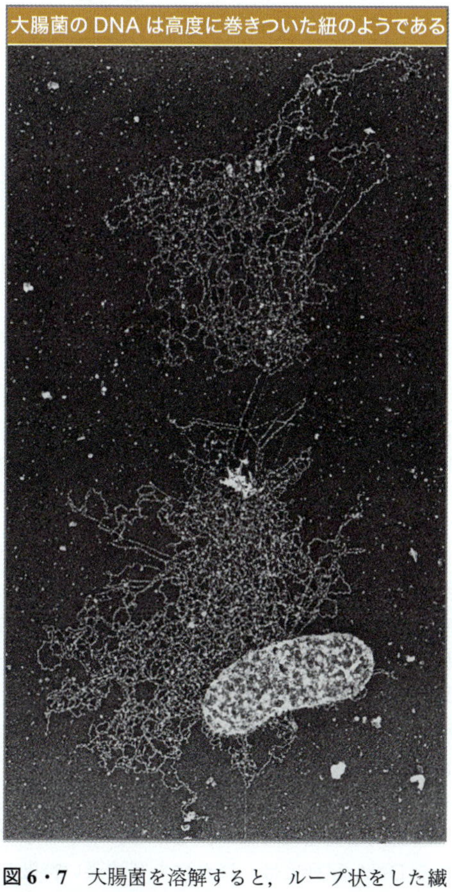

図6・7 大腸菌を溶解すると，ループ状をした繊維の形で核様体が漏れ出てくる［写真はJack Griffith, University of North Carolina at Chapel Hillの好意による］

単離されたバクテリア核様体DNAの明白な特徴は，エチジウムブロミドに対する反応性から判断して，閉鎖型二本鎖構造をしていることである．エチジウムブロミドは，塩基対間に入り込み，閉鎖環状DNAに正の超らせん回転を誘導する．つまり，DNAは，二本鎖間の共有結合が保たれる（一方のDNA鎖に切断が入っている開放型環状DNAの場合や，直鎖状DNAの場合，DNAは，化合物が挿入されることに反応して自由に回転することができ，張力がなくなる）．

単離の間に，核様体の中にいくつかの切断が入る．切断は，DNaseによる限定処理によっても誘導できる．しかし，これによって，エチジウムブロミドが正の超らせんを誘導するのを阻害することにはならない．ゲノムに切断が起こっても，エチジウムブロミドに対する反応性が残っているのは，ゲノムが多くの独立した染色体領域をもっていることを示している．つまり，それぞれの領域の超らせんは別の領域で起こる変化の影響を受けない．それぞれの領域がループ状DNAで構成され，その末端が何らかの（未解明の）方法で保護されており，回転を伴うような変化が一つの領域から別の領域に拡大することができないようになっている．

負の超らせん構造をとっている天然の閉鎖型DNAでは，エチジウムブロミドが入り込むと，まず，負の超らせんが解除され，つぎに，正の超らせんが誘導される．超らせん構造をゼロにするのに必要なエチジウムブロミドの量で，負の超らせんがもともとどのくらいの密度で存在するかを知ることになる．以前のデータでは，それぞれの領域は約40 kbのDNAからなると考えられていたが，最近の解析では，もっと小さくて，約10 kbのDNAからなっていると考えられている．この長さは，大腸菌のゲノムが約400の領域に分かれることを意味している．それぞれの領域の末端は，DNA上のあらかじめ決められた位置に存在しているのではなく，無作為に分布している．

同じことが真核細胞の染色体にも当てはまる．核をショ糖密度勾配に乗せて溶解させると，真核細胞のゲノムは，単一の緻密な小体として単離できる．キイロショウジョウバエから単離すると，タンパク質の結合したDNAからなる，（直径10 nmの）ぎっしりと折りたたまれた繊維として見えてくる．

エチジウムブロミドに対する反応性から判断すると，200 bpごとに約1回の負の超らせん構造をとっていることになる．このような超らせんは，DNaseで処理して切断を入れることで解除されるが，DNAは10 nm繊維構造をとったままである．このことから，超らせんというのは，繊維の空間的な配置によって誘導されており，ねじれを示している．

超らせんを完全に解除するには，85 kbごとに1回の切断が必要で，これが，閉鎖状DNAの平均の長さとなっている．この長さの領域というのは，バクテリアゲノムの場合にみられたのとよく似た性状のループまたはドメイン構造をとっているのであろう．ループ構造は，分裂期染色体から，ほとんどのタンパク質を抽出した際に，直接見ることができる．調製された複合体は，もともと存在していたタンパク質のうちの約8 %のタンパク質が結合した状態のDNAからなる．タンパク質を除去した染色体は，太陽のかさ状のDNAで取囲まれた，中心部に**足場構造**（scaffold）が見える形になる（図6・8）．

分裂期染色体の足場構造は，繊維状の緻密なネットワークからできている．DNAは見かけ上，平均長10〜30 μm（30〜90 kb）のループとして，糸状に足場構造から放射している．足場構造は，一群の特別なタンパク質によって構成されており，DNAは，足場構造を保持したまま分解することができる．このことから，約60 kbのループ状のDNAが，中心部のタンパク質性の足場構造につながれたような構造をしていると思われる．

足場構造の外観は，一対の分裂期姉妹染色分体に似ている．姉妹染色分体の足場構造は，通常，密接に結合しているが，分離していることもあり，その場合は，数本の繊維状構造のみでつながっている．これが，分裂期染色体の形態を保持するための構造

となるのか？ この構造は，分裂間期クロマチンにみられるループ構造のもとになっているタンパク質因子が集合してでき上がっているのか？

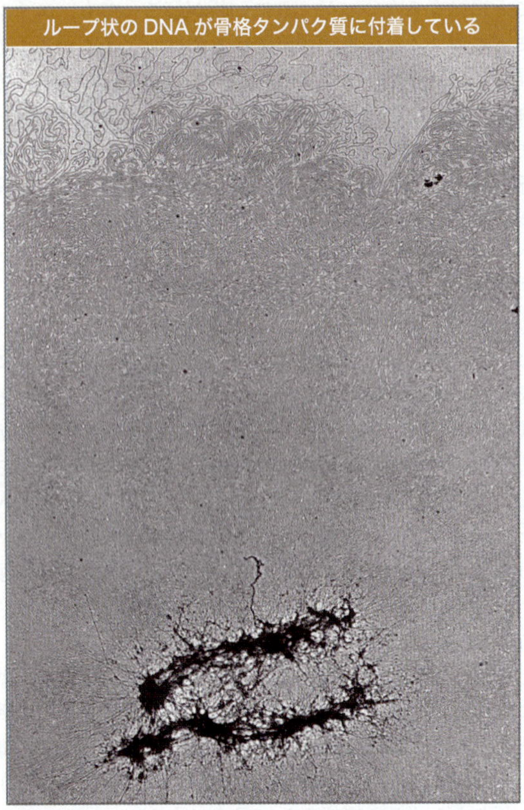

ループ状のDNAが骨格タンパク質に付着している

図6・8 ヒストンを除去した染色体にはタンパク質の骨格があり，それにループ状のDNAが付着している［写真はUlrich K. Laemmli, University of Geneva, Switzerlandの好意による］

6・5 DNAは特定の配列によって分裂間期の核マトリックスに結合している

重要な概念

- DNAは，マトリックス接着領域（MAR）とか足場構造接着領域（SAR）とよばれる特定の配列部分で核マトリックスに結合している．
- マトリックス接着領域は，AT含量に富んでいるが，特別な共通配列はもたない．

DNAは，特定の配列によって足場構造に結合しているのだろうか？ 分裂間期核のタンパク質性構造体に結合しているDNA部位のことを，マトリックス接着領域（matrix attachment region, MAR）とよぶが，足場構造接着領域（scaffold attachment region, SAR）とよぶこともある．分裂間期細胞のマトリックス接着領域が結合している構造の本態はよくわかっていない．クロマチンがしばしば核マトリックスに結合しているように見え，この接着が，複製や転写に必要であることを示唆する多くの事実が示されてきた．核を処理してタンパク質を除去すると，DNAは，残ったタンパク質性の構造体からループ状に突き出てくる．しかし，この試料に含まれるタンパク質と未処理細胞の構成因子とを関係づけることができていない．

特定のDNA領域が核マトリックスに結合するのだろうか？ 図6・9に，*in vivo*と*in vitro*の研究方法が要約されているが，いずれも，核マトリックスを，クロマチンと核タンパク質を含む核粗抽出物として分離することから始める．その後，異なる処理をすることで，核マトリックスに含まれるDNAの性質を調べたり，核マトリックスに結合できるDNAを同定することができる．

染色体のループ構造からタンパク質を抽出して，脱凝縮させることで，そこに存在するマトリックス接着領域を解析することができる．制限酵素で処理をして，DNAループ構造を除去することで，核マトリックスに結合した（おそらく）内在性MAR配列のみが残ることになる．

別の方法として，DNaseで処理をして，核マトリックスからすべてのDNAを取除き，その後，単離したDNA断片のうちのどれが核マトリックスに結合できるかを*in vitro*で調べるという方法がある．

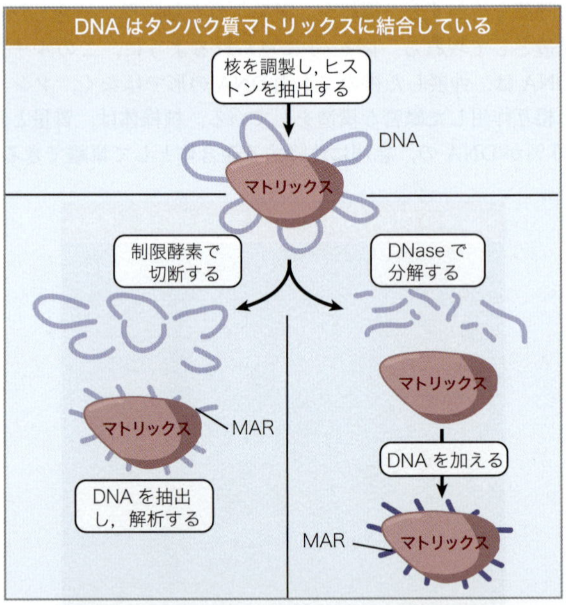

図6・9 *in vivo*で単離されたマトリックスに残っているDNAを調べたり，すべてのDNAを取除いたマトリックスに結合できるDNA断片を見つけることによって，マトリックス接着領域は同定される．

同じ配列が*in vivo*でも*in vitro*でも核マトリックスに結合しているはずである．マトリックス接着領域と思われるDNA領域が同定されれば，そのDNAを短くしていくことで，結合に必要な最小領域の大きさを*in vitro*で決めることができる．さらに，MAR配列に結合するタンパク質を同定することもできる．

驚くべきことに，マトリックス接着領域のDNA断片には，配列上の保存性がみられない．通常，AT含量が70％ぐらいではあるが，共通配列は見当たらない．しかし，マトリックス接着領域に含まれるDNA配列には，ほかにも興味深い特徴がしばしばみられる．転写を制御するシス配列部分は，共通である．また，トポイソメラーゼIIの認識部位が通常，マトリックス接着領域に存在している．したがって，マトリックス接着領域は，核マトリックスに結合するための部位として働くだけではなく，DNAの位相変化に影響を及ぼす別の領域を含む可能性がある．

分裂期染色体の足場構造と分裂間期細胞の核マトリックスの関係はどうなっているのだろうか？ 同じDNA配列が両方の構造に結合しているのだろうか？ *in vivo*で核マトリックスにみられるDNAと同じ断片が，分裂期染色体の足場構造から回収されてくる．また，MAR配列を含む断片が，分裂期染色体の足場構造に結合できる．したがって，DNA には，分裂間期には核マトリックスに結合し，分裂期には染色体足場構造に結合できるような，単一の結合領域がありそうである．

核マトリックスと染色体の足場構造には，共通のタンパク質因子もいくつか含まれるが，異なるタンパク質も含まれている．トポイソメラーゼⅡは，染色体足場構造の代表的な要素であり，核マトリックスの一成分であることから，DNA の位相の制御がどちらでも大事であることが示唆される．

6・6　セントロメアは，染色体分離に必須である

重要な概念

- 真核細胞の染色体は，セントロメア部分にできる動原体に微小管が結合することで分裂期紡錘体に付着する．
- セントロメアには，サテライト DNA 配列に富むヘテロクロマチンがよく存在している．

分裂期に，姉妹染色分体は，細胞の両極に向かって動いていく．その動きは，染色体が微小管につながっていることで起こるが，その微小管は，反対側の末端で紡錘体極につながっている．(微小管は，細胞の繊維状装置であり，分裂期で再構築され，染色体を細胞の両極につなぐ．) 微小管が終わる二つの場所，つまり，紡錘体極の中心体の近くと染色体の場所は，特殊な構造をとり，**微小管形成中心**（microtubule organizing center, **MTOC**）とよばれる．

図6・10 に，分裂期が中期から終期に進むにつれて，姉妹染色分体が分かれる様子が描かれている．体細胞分裂期や減数分裂期

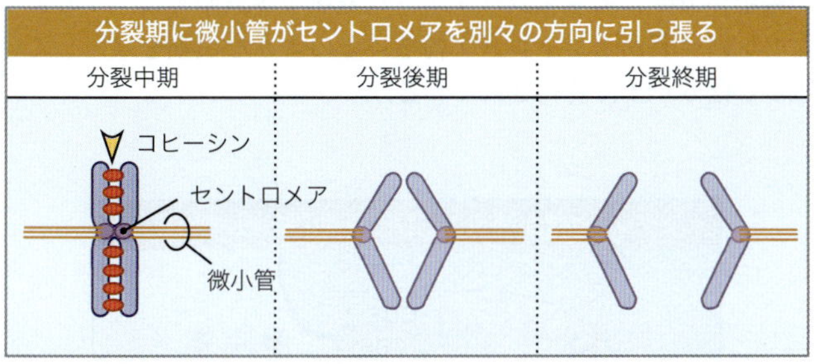

図6・10　染色体は，セントロメアに付着した微小管によって両極に引っ張られる．姉妹染色分体は，終期まで糊となるタンパク質（コヒーシン）によってつながっている．セントロメアは，ここでは染色体の中心部（中部セントロメア）に描かれているが，染色体の全長に沿って，どこでも存在する可能性があって，末端部の近く（端部セントロメア）や末端部（末端セントロメア）に存在することもある．

に姉妹染色分体の分配にかかわる染色体の一部分のことをセントロメアとよぶ．個々の姉妹染色分体上のセントロメア領域は，微小管によって反対極に引っ張られ，くっついていた染色体を引き離す．つまり，染色体には，多くの遺伝子を分裂装置に結合させるための装置がある．染色体には，個々の染色体が分離する前に，姉妹染色分体を互いにつなぎ止める部分があることになる．図6・2の写真は，分裂中期の姉妹染色分体を示しているが，そのセントロメアというのは，4本の染色体腕をつなぐ，締めつけられたような領域である．

損傷を受けた染色体の動態からわかるように，セントロメアは分離に必須である．単一の染色体切断により，セントロメアを保持する部分と，それがない，**無セントロメア断片**（acentric fragment）ができる．無セントロメア断片は，分裂期紡錘体に結合することができず，その結果として，いずれの娘細胞の核にも含まれることはない．

セントロメアの周辺部は，よくサテライト DNA 配列に富んでおり，かなりの量のヘテロクロマチンが含まれる．全染色体領域が凝縮しているので，セントロメアのヘテロクロマチンは分裂期染色体では目立ってはいない．しかし，**Cバンド**（C-band）をつくる方法で見ることができる．図6・11 の例では，すべてのセントロメアが暗く染色されている．ヘテロクロマチンは共通した構造であるが，ヘテロクロマチンがすべてのセントロメアの周辺にみられるわけではなく，ヘテロクロマチンは染色体分離に必須ではないのかもしれない．

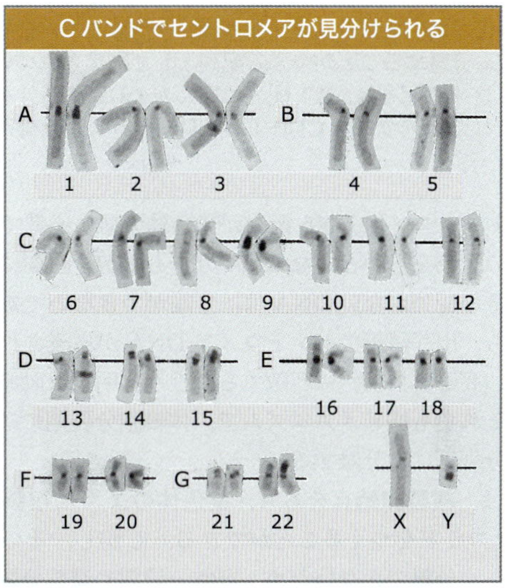

図6・11　Cバンド法では，すべての染色体のセントロメア部分が強く染まる［写真は Lisa Shaffer, Washington State University—Spokane の好意による］

セントロメアを構成する染色体領域は，その DNA 配列が決まっている（その配列は，ごく限られた場合でしかはっきりとわかっていないけれども）．セントロメア DNA は特別なタンパク質と結合することで，染色体を微小管につなぐ構造をつくる．この構造を動原体とよぶ．動原体は，直径約 400 nm の暗く染色される繊維状の構造体である．動原体は，染色体上の微小管形成中心である．図6・12 には，セントロメア DNA を微小管につなぐ

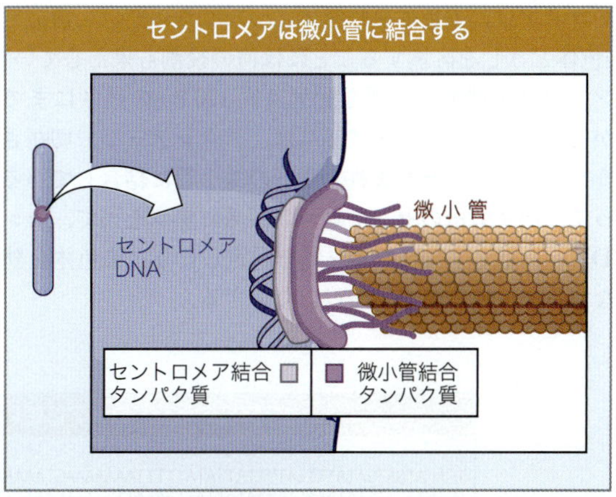

図6・12　セントロメアには，特別なタンパク質に結合する DNA 配列がある．これらのタンパク質自身は，微小管に結合しないが，微小管結合タンパク質が結合できる場をつくっている．

階層構造が示されている．（§6・8“セントロメアはタンパク質複合体に結合する”参照）

姉妹染色分体上のセントロメアが両極に向かって引っ張られ始めたときには，コヒーシンとよばれる“糊”タンパク質が姉妹染色分体を互いにくっつけている．最初，姉妹染色分体は，セントロメアの部分から分離し始め，それから，コヒーシンが分解してしまう分裂後期に互いに完全に分離する．

6・7 出芽酵母では，セントロメアは短い DNA 配列をもっている

重要な概念

- 出芽酵母では，セントロメア配列は，プラスミドが細胞分裂期に正確に分離することができる配列として同定されている．
- セントロメア配列は，AT 配列に富んだ CDE-Ⅱ部分を，短い保存された配列である CDE-Ⅰと CDE-Ⅲが取囲む構造になっている．

もし，セントロメア DNA 配列が染色体分離に必要であるとしたら，その配列をもつどんな DNA 分子も細胞分裂期に適切にふるまい，その配列がない DNA は，分離ができないであろう．この仮説から，出芽酵母でセントロメア DNA が単離された．酵母染色体は，高等真核細胞に匹敵するような，明瞭な動原体をもたないが，それでも同じメカニズムで，体細胞分裂期には分裂を行い，減数分裂期には分離する．

酵母では，複製開始点をもち，染色体のように複製する環状 DNA プラスミドをつくることができる．しかし，そのプラスミドは，正しく分離できないため，細胞分裂期や減数分裂期に不安定で，大部分の細胞から抜け落ちてしまう．このプラスミドを細胞分裂期に安定に保持させることができる活性を指標にして，セントロメアを含む染色体 DNA が単離された．

CEN 配列は，プラスミドに安定性を与える最小の配列として同定される．そのような CEN 配列の機能を理解する別の方法というのは，その配列を *in vitro* で改変し，それから酵母細胞に戻すことである．その場合，戻した配列が染色体上の相当するセントロメア部分と置き換わることになる．このような実験で，セントロメア機能に必要な配列が，染色体上で直接同定できる．

一つの染色体由来の CEN 配列は別の染色体のセントロメアと，見かけ上はまったく影響なく置き換えることができる．このことから，セントロメアは，相互交換できることが示唆される．セントロメアは，染色体を紡錘体につなぐためだけに機能しており，染色体どうしを区別することには何の役割も果たしていない．

セントロメア機能に必要な配列は約 120 bp の長さにまで絞ることができる．セントロメア領域は，ヌクレアーゼで切断されないような構造に折りたたまれ，単一の微小管に結合している．したがって，出芽酵母のセントロメア領域に焦点を当て，セントロメア DNA に結合するタンパク質を同定したり，染色体を紡錘体につなげるタンパク質を見つけたりできる．

CEN 領域には，三つのタイプの配列が存在する（要約は図 6・13）．

- CDE-Ⅰ：すべてのセントロメアの左側の境界にあって，少しだけ差違があるけれどもよく保存された 9 bp の配列．
- CDE-Ⅱ：すべてのセントロメアにみられる，90 %以上が AT に富んだ 80〜90 bp の配列．その機能は，配列が正確であるというよりも，その長さに依存している．ある種の短い縦列繰返し（サテライト）DNA に似た配列で構成されている．
- CDE-Ⅲ：すべてのセントロメアの右側の境界に存在する高度に保存された 11 bp の配列．この配列の両側の配列も，やや保存度は落ちるが，セントロメア機能には必要と思われる．

CDE-Ⅰと CDE-Ⅱに変異を入れても，セントロメア機能を減弱はさせるが，不活化はしない．しかし，CDE-Ⅲの中心部分の CCG に点変異を加えると，セントロメアを完全に不活化する．

6・8 セントロメアはタンパク質複合体に結合する

重要な概念

- 通常のクロマチン構造とは別の，特殊なタンパク質複合体が CDE-Ⅱの部分に形成される．
- CDE-Ⅲに結合する CBF3 タンパク質複合体はセントロメア機能に必須である．
- これらの二つの複合体をつなぐタンパク質が，微小管との連結を担っているのだろう．

セントロメア配列の機能に必要なタンパク質を同定できるのだろうか？　遺伝子産物がセントロメアに存在していて，その変異が染色体分配に影響を及ぼすような遺伝子が数個ある．このようなタンパク質がセントロメア構造にどのような役割を果たしているかが図 6・14 に要約されている．

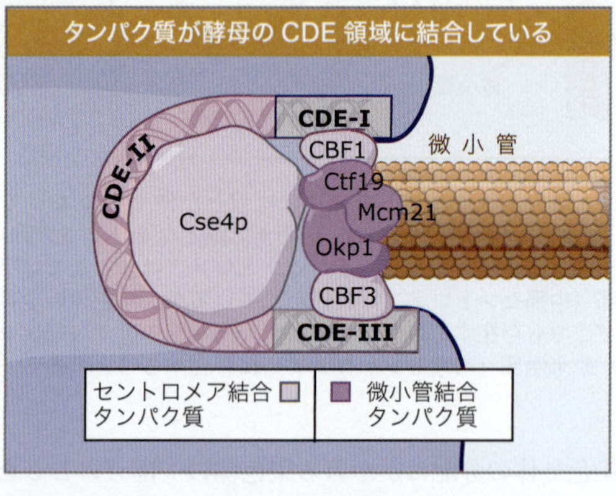

図 6・14　DNA は，CDE-II の部分で，Cse4p を含むタンパク質複合体の周りに巻きついており，CDE-III は，CBF3 に結合し，CDE-I は，CBF1 に結合する．これらのタンパク質は，ctf19，Mcm21 や Okp1 によってつながれている．

出芽酵母のセントロメアは短い保存された配列と AT からなる長い領域をもつ

TCACATGATGATATTTGATTTTATTATATTTTTAAAAAAAGTAAAAAATAAAAAGTAGTTTATTTTTAAAAAATAAAATTTAAAATATTTCACAAAATGATTTCCGAA
AGTGTACTACTATAAACTAAAATAATATAAAAATTTTTTTCATTTTTTATTTTTCATCAAATAAAAATTTTTTATTTTAAATTTTATAAAGTGTTTTACTAAAGGCTT

CDE-I　　*CDE-II* 80-90 bp, >90% A+T　　*CDE-III*

図 6・13　酵母のセントロメア配列間の配列類似性から，三つの保存された領域が見つかる．

CDE-Ⅱ領域に，Cse4p とよばれる，クロマチンの基本サブユニットを構成するヒストンに似たタンパク質が結合することで，特殊なクロマチン構造がつくられている（§6・31"ヘテロクロマチンはヒストンとの相互作用に依存する" 参照）．Mif2p とよばれるタンパク質もまた，この複合体に含まれているか，あるいは，複合体に結合していると思われる．Cse4p も Mif2p も，高等真核生物のセントロメアに局在する類似体があり，CENP-A ならびに CENP-C とよばれる．つまり，この相互作用は，セントロメアの構築上，普遍的な特徴なのだろう．この相互作用により，CDE-Ⅱ領域の DNA がタンパク質集合体の周りに折りたたまれることになるが，その反応には，おそらく CDE-Ⅱ配列がもともともっている折れ曲がりが起こりやすいという性質が助けとなっているのだろう．

CDE-Ⅰには，CBF1 のホモ二量体が結合するが，この相互作用はセントロメア機能には必須ではない．しかし，もし，CBF1 がないと，染色体分配の厳密度がおよそ 10 倍低下する．四つのタンパク質からなる 240 kDa の複合体である CBF3 が，CDE-Ⅲに結合する．この相互作用は，セントロメア機能に必須である．

CDE-Ⅰと CDE-Ⅲに結合するタンパク質は，互いに連結しており，また，別のグループのタンパク質（Ctf19，Mcm21，Okp1）によって CDE-Ⅱに結合したタンパク質構造体にも連結している．微小管への結合は，この複合体を介していると思われる．

総合的なモデルでは，この複合体は，正常なクロマチン構成単位であるヌクレオソームに似たタンパク質構造体によってセントロメアに局在していると示唆されている．このセントロメア構造のところで，DNA が折れ曲がっているため，タンパク質は隣の因子と結合することができ，それぞれが単一の複合体の一部分となることができる．セントロメア構造体の中のいくつかの因子（おそらく DNA に直接結合していない因子）がセントロメアを微小管につなげている．動原体の構造はおそらくよく似たパターンをしており，さまざまな生物種間でよく似た構成因子からできているのだろう．

6・9　セントロメアは反復配列 DNA を含む

重 要 な 概 念

- 高等真核生物の染色体のセントロメアは，大量の反復配列 DNA を含んでいる．
- 反復配列 DNA の機能はわかっていない．

セントロメア機能に必要な DNA の長さは，非常に長い場合が多い（短くて，不連続な配列である出芽酵母の場合は，例外である）．ある特別な DNA 配列が，セントロメア領域だといえる場合，その配列には通常反復配列が含まれる．かなり短い DNA 配列が何度も繰返して縦に並んでおり，遺伝情報をコードする機能はない．

出芽酵母は，その安定性がプラスミドで再現できるという活性でセントロメア DNA が同定できた，これまでに唯一の例である．しかし，分裂酵母の場合も，よく似たアプローチが進められてきた．分裂酵母は，3 本の染色体しかもたず，それぞれのセントロメアを含む領域は，それぞれの染色体から，大部分の配列を除去して，安定なミニ染色体を作成することで同定された．このアプローチで，セントロメアは，大部分あるいは完全に反復配列 DNA だけからなる，40〜100 kb の領域に絞られる．このようなかなり長い領域のうちのどれくらいの領域が，細胞分裂や減数分裂のときの染色体分配に必要なのかは明らかではない．

ショウジョウバエの染色体で，セントロメア機能領域を絞り込もうとする試みからわかったことは，セントロメア機能は，200〜600 kb の大きな領域に散らばって存在しているということである．セントロメアが，このような大きなサイズであるということは，数種の特殊な機能を別々に担い，動原体構築や姉妹染色分体対合などに必要な配列をそれぞれ含んでいるのであろうと思われる．

シロイヌナズナのセントロメアの大きさは，これに匹敵する．5 本の染色体のそれぞれがセントロメア領域をもっており，そこでは，相同組換えが強く抑えられている．その領域は，500 kb 以上にもなる．明らかにその領域にはセントロメアが含まれるが，そのうちのどれだけが必要であるかについて，直接の情報はない．これらの領域には，発現する遺伝子が含まれており，全領域がセントロメアの一部分であるかどうかにはいささかの疑問がある．この領域の中央部分には，180 bp の反復配列があるが，これは，一般的にセントロメア構造の典型といえる．これらの構造がどのようにセントロメア機能と関連しているのかを言うには時期尚早である．

霊長類のセントロメアのヘテロクロマチンを構成する一次構造は，αサテライト DNA である．このαサテライト DNA には，170 bp の繰返し配列が縦に並んでいる．いずれのセントロメアについて見ても，そこにある繰返し配列は，他のセントロメア領域に存在するファミリーメンバーよりも互いによく似てはいるけれども，個々の繰返し配列間にはかなりの変異がみられる．セントロメア機能に必要な配列は，αサテライト DNA 内にあるが，αサテライト DNA 配列そのものがセントロメア機能を担っているのか，あるいは，他の配列がαサテライト DNA 間に埋込まれているのかどうかは明確ではない．

6・10　テロメアは特殊なメカニズムで複製される

重 要 な 概 念

- テロメアは，染色体末端の安定性のために必要である．
- テロメアは，単純な繰返し配列からなり，CA に富んだ $C_{>1}(A/T)_{1\sim4}$ という配列をもつ．

すべての染色体がもつ，もう一つの必須の特徴は，テロメアであり，テロメアが末端をシールしている．DNA 損傷によってできた染色体末端は接着性が高く，他の染色体と反応しやすいのに対し，本来の染色体末端は安定であるため，テロメアは特殊な構造をとらないといけないことがわかる．

テロメア配列を同定するために，二つの判断基準を設けることができる：

- テロメアは，染色体の末端に位置する．
- テロメアは，線状の DNA 分子に安定性を付与する．

機能的な解析をする系を見つける努力が，この場合も酵母を用いて行われてきた．（自動複製配列とセントロメア配列をもっていて）酵母で複製できるすべてのプラスミドは，環状 DNA である．（分解してしまうので）線状プラスミドは不安定である．この不安定なプラスミドに安定性を付与する配列としてテロメアを見つけることができる．このような解析から，染色体末端に局在する酵母の DNA 断片が同定できる．また，よく知られた線状

DNA分子である，テトラヒメナの染色体外リボソームDNAの末端領域は，酵母のプラスミドDNAを線状の状態で安定化することができる．

テロメア配列は，下等真核生物から高等真核生物まで，幅広い生物種で，その特徴が研究されてきた．同じタイプの配列が，植物とヒトでみられ，テロメアの構造は，普遍的な原理でできていると思われる．それぞれのテロメアは，短い繰返し配列が縦に長く連なってできている．生物種によって違うが，100〜1000回繰返している．

すべてのテロメア配列は，一般的に，$C_n\ (A/T)_{m'}\ (n>1,\ m'=1〜4)$ の形で表せる．図6・15に一般的な例が示されている．テロメア配列がもつ，ふつうにはみられない一つの特徴は，GTに富んだDNA鎖が伸びていることで，通常，14〜16塩基の長さの一本鎖である．そのGテール部分は，CAに富んだDNA鎖が特異的に限定分解されることでできるのであろう．

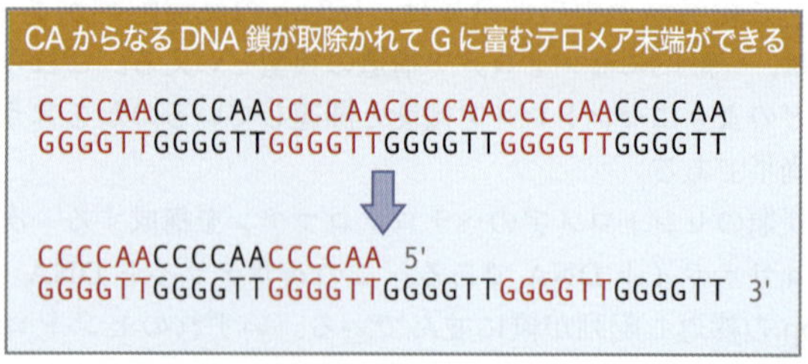

図6・15 典型的なテロメアは，CAに富んだDNA鎖から突き出した，GTに富んだ単純な繰返し構造をもつ一本鎖DNA鎖からできている．Gに富むテロメア末端は，CAに富んだDNA鎖が限定分解されてできる．

テロメアは，特殊なメカニズムで複製される．テロメラーゼは，CAに富んだDNA鎖と同じ配列をもつ鋳型RNAを含むリボ核タンパク質である．鋳型RNAは，テロメア部分で相補する配列とペアを組んでプライマーとなり，そのプライマーは，テロメラーゼがもつ逆転写活性によって延ばされる．テロメアの進展活性と付加される繰返し配列の数は，補助タンパク質が制御する．

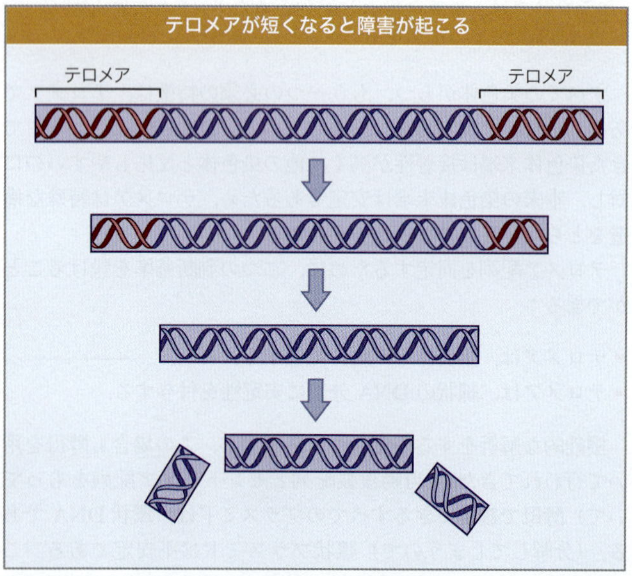

図6・16 テロメラーゼに変異があると，細胞周期ごとにテロメアが短くなる．その結果として，テロメアが欠失すると，染色体切断や転座が起こる．

DNA複製は，直鎖状分子の末端からは開始できないので，染色体が複製するときに，テロメアの反復配列の数が減少する．このことは，テロメラーゼ活性を除くことで直接証明することができる．もし，分裂細胞でテロメラーゼに変異があると，テロメアは，分裂するごとに徐々に短くなっていく（図6・16）．酵母でのそのような変異の例が図6・17に示されていて，テロメア長が，120回以上の世代を経て，400 bpからゼロになっていくのがわかる．

テロメラーゼは，テロメアに反復配列を新たに付加していくことができる能力をもつ反面，染色体末端まで複製できないために，反復配列の欠失も起こってしまう．伸長と短縮とが動的平衡状態にある．もし，テロメアが常に長くなっていけば（あるいは短くなっていけば），その配列は適切さを欠いたものになるだろう．末端は，反復配列付加に適切な基質であると認識される必要がある．テロメラーゼ活性はすべての分裂細胞にみられるもので，一般的に言って，分裂を停止した終末分化細胞では活性が消失する．

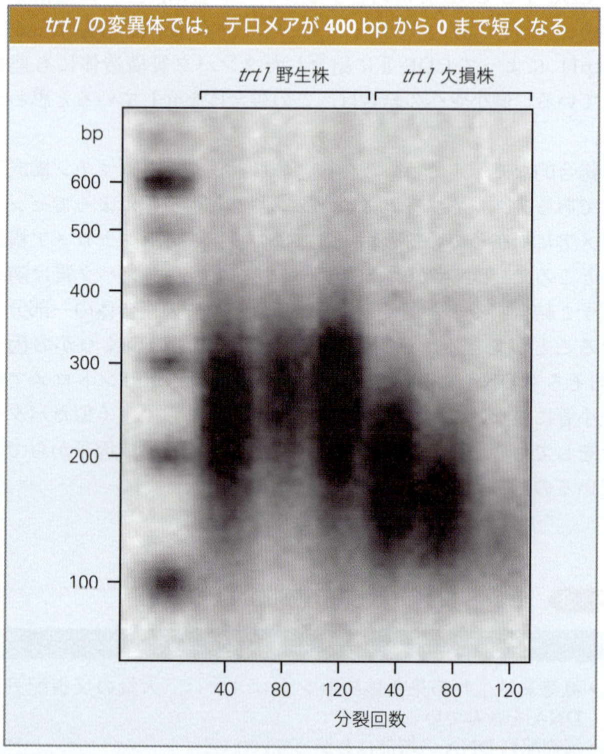

図6・17 テロメア長は，野生型の酵母では，約350 bpで維持されるが，テロメラーゼのRNA校正因子をコードする *trt1* 遺伝子に変異があると，テロメアの長さが急速に短くなり，0にまでなる［写真はDr. T.R. Cechの許可を得て，T.M. Nakamura, et al., *Science* **277**, 955 (1997) より転載．© AAAS］

6・11 テロメアは染色体末端を封印する

重要な概念

- TRF2タンパク質は，GTに富んだDNA鎖の3′末端反復配列単位をテロメアの上流領域に存在する相同配列と置き換え，ループ状構造を形成させる．

直鎖状DNA末端を複製するという問題を解決することに加えて，テロメラーゼは，染色体末端を安定化させる．単離したテロメア断片は，異常な電気泳動パターンなどの性質を示し，あたかも一本鎖DNAを含んでいるような挙動をとらない．

テロメア部分では，DNAがループを形成する（図6・18）．自由末端が存在しないのが，染色体末端を安定化する重要な特徴なのであろう．動物細胞の場合，そのループの長さは，5～10 kbである．

図6・18　ループ状構造が染色体DNAの末端で形成される［写真はJack Griffith, University of North Carolina at Chapel Hillの好意による］

テロメアの3′一本鎖DNA末端（TTAGGG）$_n$が，テロメアの上流領域に存在する同一配列と置き換わってループが形成される（図6・19）．これにより，テロメアの二本鎖部分は，TTAGGG反復配列が一本鎖となり，テロメア末端が相同配列をもつDNA鎖とペアをつくる構造になる．

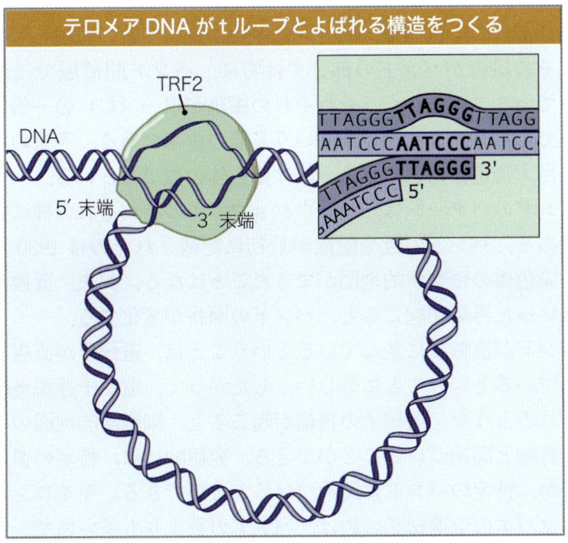

図6・19　テロメアの3′一本鎖末端（TTAGGG）$_n$が，二本鎖DNAの中の相同性のある繰返し配列部分と置換し，tループとよばれるループ構造を形成する．この反応は，TRF2によって媒介される．

この反応は，テロメア結合タンパク質であるTRF2によってひき起こされ，他のタンパク質が協調的に働いて染色体末端を安定化する複合体を形成する．TRF2が欠損すると染色体の再編が起こることから，染色体末端を保護することがいかに重要かがわかる．

6・12　ランプブラシ染色体は伸展する

重要な概念

- ランプブラシ染色体上の遺伝子発現が行われる部分は，染色体軸からループ状に伸展する．

どのような構造上の変化が転写と関連して起こるのかをみるには，遺伝子発現をその本来の状態で可視化するのがきわめて有効だろう．DNAは，クロマチンの形に圧縮されており，特定の遺伝子をその中で同定することは困難であるため，個々の活性化された遺伝子の転写を可視化するのは不可能である．

遺伝子発現は，染色体がきわめて伸展した状態で観察でき，個々の遺伝子座（あるいは遺伝子座群）が可視化できる，通常にはない状態であれば直接見ることができる．多くの染色体では，最初，減数分裂に入ったときに，構造上の変動が見える．この時期に，染色体は，紐上に並んだビーズに似た状態になる．ビーズは，電子密度の高い粒子であり，**染色小粒**（chromomere）として知られているが，通常，減数分裂では遺伝子発現はほとんど起こらず，この小粒を，個々の遺伝子の活性を計るのに利用するのは実用的ではない．しかし，ある種の両生類でとてもよく解析されてきた**ランプブラシ染色体**（lampbrush chromosome）のときは例外で，この小粒を調べることができる．

ランプブラシ染色体は，数カ月にも及ぶ異常に長い減数分裂の間に形成されるのである！　この期間の間に，染色体は，光学顕微鏡でも可視化できるような伸展状態に保持される．減数分裂の後半では，その染色体は通常の圧縮された大きさに戻る．そのため，その伸展した状態というのは，本質的には，正常な状態の染色体が広がっているだけと考えられる．

ランプブラシ染色体は，減数分裂期の2価染色体であり，2対の姉妹染色分体で構成されている．図6・20の例では，姉妹染色分体の対がほとんどばらばらになっており，キアズマでのみ互いにつながっている状態である．それぞれの姉妹染色分体の対は，直径約1～2 μmの楕円体状の染色小粒を形成しており，その染色小粒は，非常に細い糸でつながっている．この糸は，2本の姉妹DNA二本鎖を含んでおり，染色小粒を貫いて，染色体に沿って連続的に並んでいる．

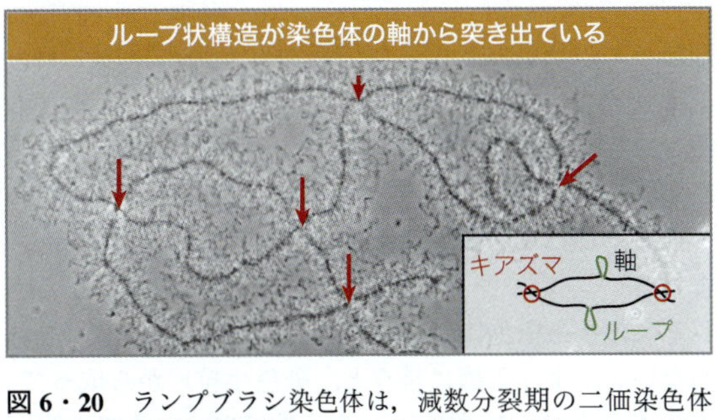

図6・20　ランプブラシ染色体は，減数分裂期の二価染色体で，2対の姉妹染色分体がキアズマ部分（矢印）でつながっている［写真はJoseph G. Gall, Carnegie Institutionの好意による］

イモリ（*Notophthalamus viridescens*）の個々のランプブラシ染色体の長さは，400～800 μmの範囲であり，減数分裂後半でみられる15～20 μmの範囲の長さと比較すると，ランプブラシ染色体というのは，約30倍も緩く圧縮されている．全ランプブラシ染色体の長さは，総計で5～6 mmにもなり，約5000個の染色小粒でできている．

ランプブラシ染色体というのは，ある場所で染色小粒から側方に突き出たループ状構造が，今では見ることのなくなった，ランプを磨くブラシに似ているところから名づけられた．ループは，それぞれの姉妹染色分体から対を成して伸びている．ループは，軸と連続しており，染色小粒の中にある，より固く圧縮された構造体から突き出た染色体構成成分であると示唆される．

ループは，リボ核タンパク質のマトリックスで囲まれており，初期 RNA 鎖を含んでいる．ループの周りを動くようにリボ核タンパク質の長さが増加していくのから判断して，転写単位がわかることがよくある（図 6・21 に例を示す）．

ランプブラシ染色体のループ状構造の部分は転写されている

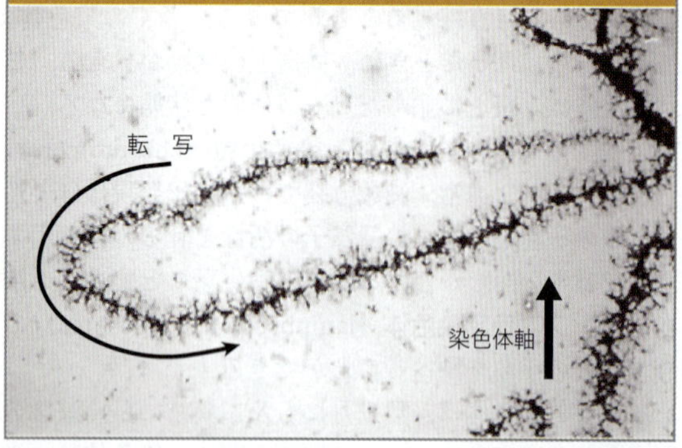

図 6・21 ランプブラシ染色体のループ状構造は，リボ核酸タンパク質で取囲まれている［写真は Oscar Miller の好意による］

つまり，ループは，活発に転写されている DNA 部分が突き出ているのである．特定の遺伝子に相当するループが同定されている場合もある．転写されている遺伝子の構造やその転写産物の性質を転写の場で細かく調べることができる．

6・13 多糸染色体はバンドを形成する

重要な概念

- 双翅類の多糸染色体は，細胞学的地図として使われる一連のバンドをもつ．

双翅類ハエの幼虫のある種の組織細胞の分裂間期核には，通常の状態と比べて非常に大きくなった染色体が含まれるものがある．その大きくなった染色体は，直径も長さも増加している．図 6・22 の例では，キイロショウジョウバエの唾液腺の染色体が示されている．これらは**多糸染色体**（polytene chromosome）とよばれている．

それぞれの多糸染色体は目に見える**バンド**（band）（まれにしか言わないが，より正確に言うと，染色小粒）から成っている．バンドの大きさは，幅約 0.5 μm から約 0.05 μm までの範囲である（最も小さいバンドは，電子顕微鏡下でないと区別できない）．バンドは，ほとんどが DNA の固まりで，適切な試薬で強く染色できる．バンドとバンドの間の領域は，より明るく染色され，**バンド間領域**（interband）とよばれる．キイロショウジョウバエの全染色体で，約 5000 本のバンドがみられる．

キイロショウジョウバエの 4 本すべての染色体のセントロメアが集合して，ほとんどがヘテロクロマチンからなる染色中心を形成している（雄では Y 染色体全体が含まれる）．半数体 DNA のうちの約 75 % が，交互に存在するバンドとバンド間領域の部分に構築されている．DNA は，伸展した形であれば，約 40,000 μm の長さになるであろう．多糸染色体全体の長さは，約 2000 μm であり，分裂期染色体全体の長さよりも約 100 倍長い．このことから，多糸染色体では，分裂間期クロマチンや分裂期染色体の通常の状態に比べて，遺伝物質 DNA が明らかに伸展していることがわかる．

多糸染色体にはたくさんのバンドがある

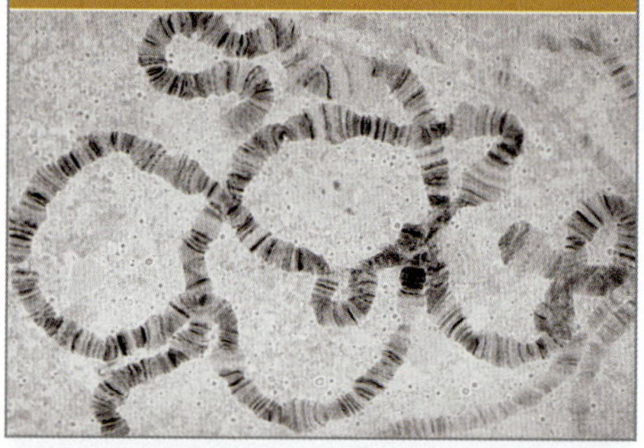

図 6・22 キイロショウジョウバエの多糸染色体はバンドとバンド間領域が繰返す構造をしている［写真は José Bonner, Indiana University の好意による］

このような巨大な染色体の構造はどうなっているのか？ それぞれの多糸染色体は，連結した染色体対が何度も連続して複製することで形成される．複製産物は分離せず，伸びた状態で互いにくっついたまま残る．複製開始時点では，それぞれ連結した染色体対には 2 C（C は個々の染色体の DNA 量を表す）の DNA 量が含まれている．その後，9 回まで倍化し，最大 1024 C の DNA 量となる．倍加する数は，キイロショウジョウバエの組織によって異なる．

それぞれの染色体は，縦方向に並行に走る多数の繊維として見え，その繊維がバンドの部分では密に，バンド間領域では疎になっている．おそらく，それぞれの繊維が単一（C）の一倍体染色体であろう．これが多糸という名前の由来である．多糸の程度は，巨大染色体に含まれる一倍体染色体の数で表される．

バンドのパターンは，ショウジョウバエのそれぞれの種に特異的である．バンドの数や配置が最初に記載されたのは 1930 年代で，染色体の細胞学的地図ができたことになる．欠失，置換や倍化といった再編が起こると，バンドの順番が変化する．

バンドが直線状に並んでいるということは，遺伝子が直線状に並んでいるということに等しい．したがって，遺伝子連鎖地図にみられるような，遺伝子の再編が起こると，細胞学的地図の構造的な再編と関連づけることができる．究極的には，特定の遺伝子変異が，特定のバンドに関連づけることができる．キイロショウジョウバエの全遺伝子の数は，バンドの数よりも多いので，おそらくほとんどすべてのバンドには複数の遺伝子が存在しているのであろう．

細胞学的地図上の特定の遺伝子の位置は，***in situ* ハイブリダイゼーション**（*in situ* hybridization）という手法で直接決めることができる．プロトコールが図 6・23 に要約されている．ある一つの遺伝子を表す放射性標識されたプローブ（ふつうは，その mRNA に由来する標識 cDNA クローン）と，多糸染色体の変性させた DNA とを *in situ* でハイブリダイズさせる．オートラジオグラフィーを行うと，特定のバンドのところに粒子が乗るため，相当する遺伝子の場所がわかる（図 6・24 に例を示す）．もっと最近では，蛍光プローブが放射性プローブに代わって使用されるようになった．蛍光プローブが利用できるようになって，特定の配列が乗っているバンドを直接決めることが可能になった．

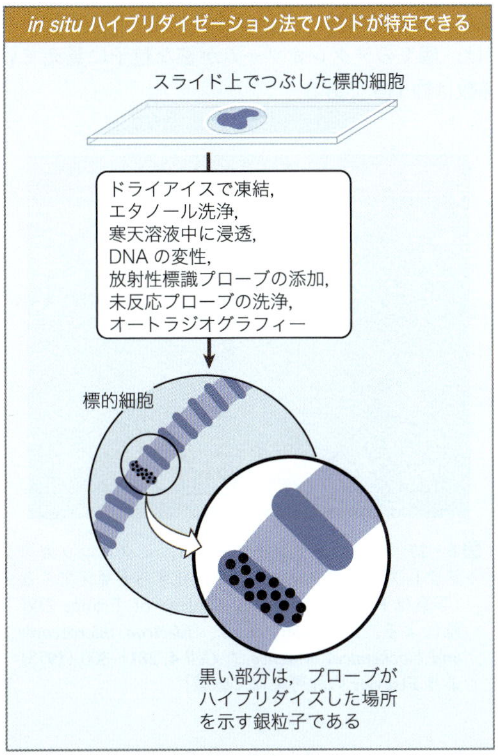
in situ ハイブリダイゼーション法でバンドが特定できる
スライド上でつぶした標的細胞
ドライアイスで凍結，
エタノール洗浄，
寒天溶液中に浸透，
DNA の変性，
放射性標識プローブの添加，
未反応プローブの洗浄，
オートラジオグラフィー
標的細胞
黒い部分は，プローブがハイブリダイズした場所を示す銀粒子である

図 6・23　個々のバンドは特定の遺伝子をもつことが，*in situ* ハイブリダイゼーション法によってわかる．

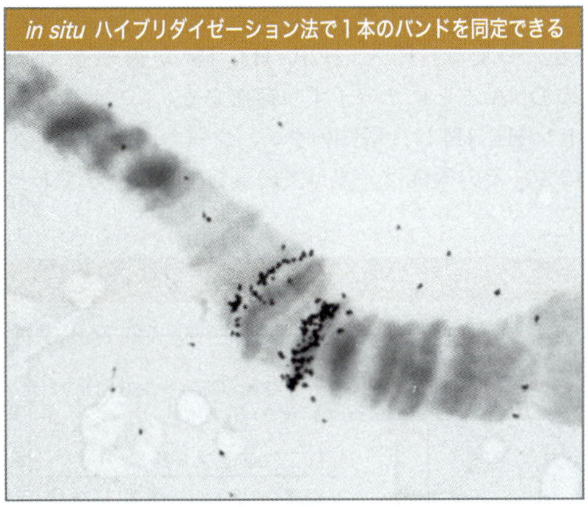
in situ ハイブリダイゼーション法で1本のバンドを同定できる

図 6・24　87A と 87C のバンドを強拡大で見ると，熱ショックを与えた細胞から抽出して標識した RNA で，*in situ* ハイブリダイゼーションされることがわかる［写真は José Bonner, Indiana University の好意による］

6・14　多糸染色体は遺伝子が発現している場所で膨張する

重要な概念

- 多糸染色体上の遺伝子が発現している場所があるバンドは膨張して“パフ”となる．

多糸染色体の興味深い特徴の一つは，転写活性部位が目で見えるということである．バンドのなかには，一時的に膨張した状態になるものがあり，多糸染色体上に**パフ**（puff）のような膨らみを見せるが，そのときには，DNA が多糸染色体の軸から突き出た状態になる．図 6・25 に，非常に大きなパフ（バルビアニ環とよばれる）の例を示す．

パフの本態は何なのか？　パフというのは，バンドの中で通常に圧縮された状態から染色体繊維がほどけ出てきた場所である．その繊維は染色体軸に残っている繊維とつながったままである．パフは通常，単一のバンドから放射してできたものであるが，バルビアニ環のように，パフが非常に大きい場合，膨張度が非常に大きいため，どのバンドから出てきたのかよくわからない場合もある．

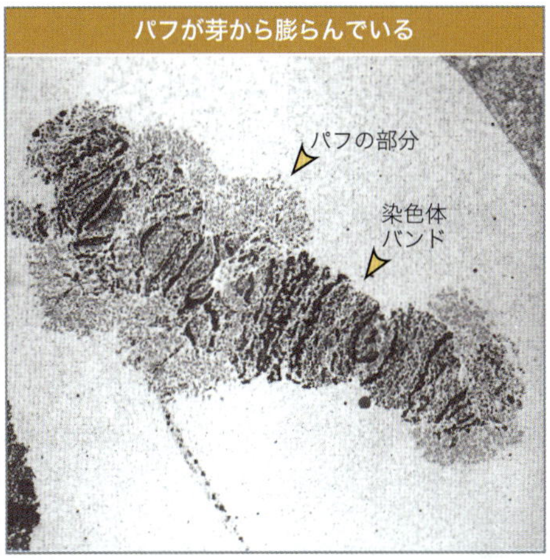
パフが芽から膨らんでいる
パフの部分
染色体
バンド

図 6・25　線虫の第 4 染色体には，唾液腺では三つのバルビアニ環がある［写真は B. Daneholt, Medical Nobel Institute の好意による．B. Daneholt, et al., '*Transcription in polytene chromosomes*', *Cell* **4**, 1〜9 (1975) より，Elsevier の許可を得て転載］

パフのパターンは遺伝子発現と関連がある．幼虫のとき，パフが出現し，明確な組織特異的パターンとなる．特徴的なパフのパターンがそれぞれの組織で時期に応じてみられる．パフは，ショウジョウバエの発生を制御するホルモンであるエクジソンによって誘導される．パフのなかには，そのホルモンによって直接誘導されるものもあれば，先にできたパフの産物で間接的に誘導されるものもある．

パフは，RNA が合成されている場所である．バンドが膨張しているのは，RNA を合成するため，構造が緩む必要があり，その結果としてパフができるという考え方が受入れられてきた．したがって，パフがあるというのは，転写の結果を見ていることになる．一つのパフは，単一の活性化された遺伝子からできる．パフの場所は，通常のバンド部分とは異なり，RNA ポリメラーゼⅡや他の転写にかかわるタンパク質を含む，いくつかのタンパク質が集積している．

ランプブラシ染色体や多糸染色体でみられる特徴から，一般的な結論が導ける．つまり，転写されるためには，遺伝物質は通常の固く圧縮された状態から，ほどけた状態になる．ただ，考えておかなければならない疑問点は，このような，染色体という大きなレベルでみられる，ほどけた状態というのが，通常の間期ユークロマチンの中で分子レベルで起こる事象とよく似ているのかどうかという点である．

多糸染色体のバンドは機能的に重要なのか，つまり，それぞれのバンドがある種の遺伝単位に相当しているのか？　バンド間領域をゲノム内にマッピングすることで，一つのバンドが何らかの特定の個性をもっているかどうかを知ることができるはずなので，答えは，ハエのゲノム配列から調べればすぐに明らかになるだろうと思うかもしれない．しかし，これまで，機能的重要性を示すようなバンドのパターンは見いだされていない．

6・15 ヌクレオソームはクロマチンの基本単位である

重要な概念

- ミクロコッカスヌクレアーゼでクロマチンを処理すると，ヌクレオソームが11S粒子として遊離してくる．
- ヌクレオソームには，約200 bpのDNA，2対のコアヒストン（H2A, H2B, H3, H4）と1個のH1が含まれる．
- DNAは，ヒストン八量体の外側表面の周りに巻きつく．

クロマチンと染色体は，数層の階層構造をもつ，繊維状のデオキシリボ核タンパク質からできている．分裂期染色体のバンド構造が，最も複雑で，完全に折りたたまれた状態である．その基本単位はすべての真核生物に共通で，ヌクレオソームとよばれるが，ヌクレオソームには，約200 bpのDNAとヒストンタンパク質が含まれる．非ヒストンタンパク質が，その糸状のヌクレオソーム構造を，より高次の繊維状構造体へと折りたたむ．

分裂間期核を低張溶液に浸すと，核は膨張し破裂して，クロマチン繊維が遊離する．図6・26には，溶解した核が示されているが，そこには，繊維状構造が流れ出ているのが見える．繊維状構造が密に詰め込まれたような状態になっている部分もあるが，伸展している部分もあり，その部分には，不連続の粒子が見える．これらがヌクレオソームである．特に強く伸展した部分では，個々のヌクレオソームが，遊離二本鎖DNAの細い糸状構造でつながっているのが見える．連続した二本鎖DNAが一つながりの粒子を突き抜けている．

クロマチンは紐につながったビーズ構造が連なったものである

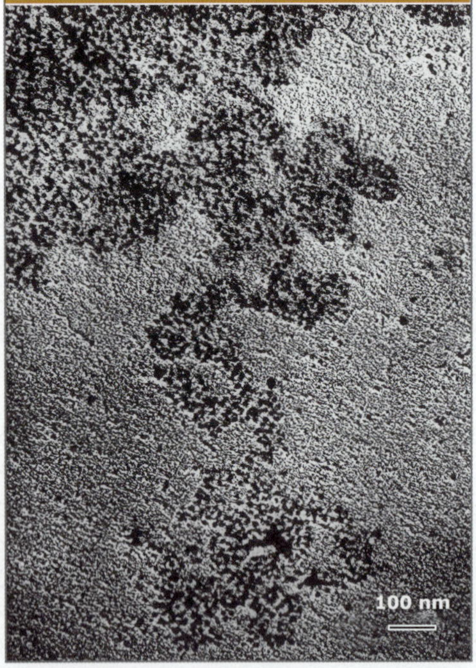

図6・26　核を溶解したときに解け出てくるクロマチンは，ぎっしりと詰まった一つながりの粒子群でできている［写真はPierre Chambon, College of Franceの好意による．P. Oudet, et al., '*Electron microscopic and biochemical evidence...*' *Cell* **4**, 281～300 (1975)より，Elsevierの許可を得て転載］

個々のヌクレオソームは，エンドヌクレアーゼである**ミクロコッカスヌクレアーゼ**（micrococcal nuclease）でクロマチンを処理すると得られる．このヌクレアーゼは，ヌクレオソーム間の接合部分でDNAを切断する．まず，粒子が固まりとなって遊離してくるが，最終的には，単一のヌクレオソームが得られる．図6・27では，個々のヌクレオソームが密な粒子に見えている．その沈降係数は約11Sである．

ヌクレオソームは10 Åのビーズである

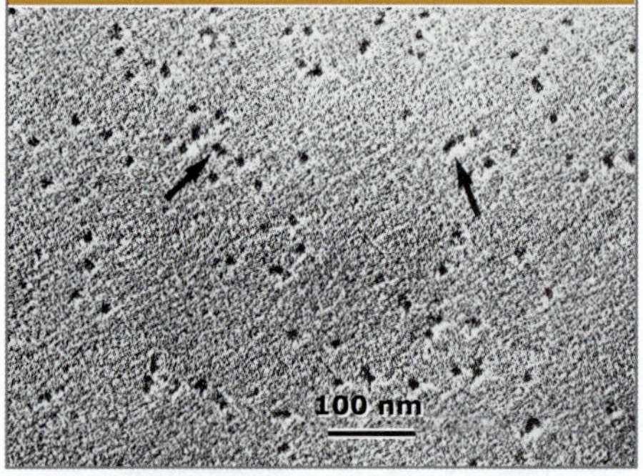

図6・27　個々のヌクレオソームは，ミクロコッカスヌクレアーゼでクロマチンを消化すると見えてくる［写真はPierre Chambon, College of Franceの好意による．P. Oudet, et al., '*Electron microscopic and biochemical evidence...*', *Cell* **4**, 281～300 (1975)よりElsevierの許可を得て転載］

ヌクレオソームは，約200 bpのDNAと，H2A, H2B, H3, H4のそれぞれが2対あるヒストン八量体とでできている．このヒストン八量体は，**コアヒストン**（core histone）といわれる．コアヒストンを模式的に示すと図6・28のようになる．このモデルでは，クロマチンの中のコアヒストンの化学量論的な量比が説明できる．つまり，H2A, H2B, H3, H4が等モルで，かつ約200 bpのDNAごとに2分子ずつ存在する．

ヒストンH3, H4は，既知のタンパク質のなかで最も保存されているので，その機能は，すべての真核生物で同じであろうと思

ヌクレオソームには200 bpのDNAとコアヒストンが含まれる

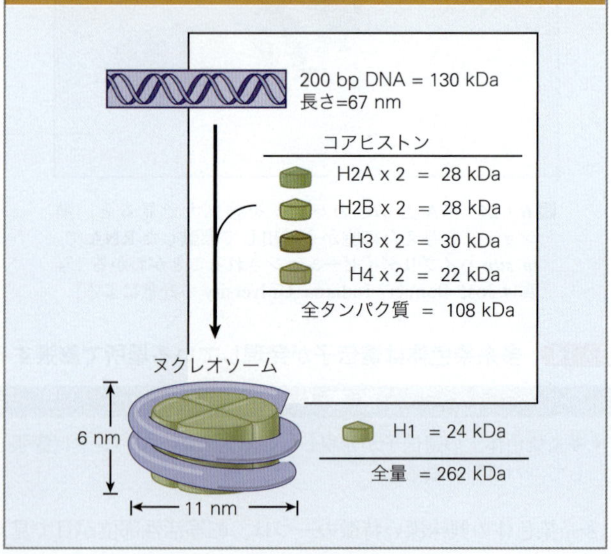

図6・28　ヌクレオソームには，ほぼ等量のDNAとヒストン（ヒストンH1を含む）が含まれている．ヌクレオソームの推定質量は262 kDaである．

われる．ヒストン H2A, H2B は，すべての真核生物にみられるけれども，その配列には，種特異的なかなりの変化がある．

ヒストン H1 は，組織間や種間でかなりの違いがある類似のタンパク質群である（が，酵母にはない）．H1 の役割はコアヒストンとは違う．コアヒストンの半分の量しかなく，クロマチンからはより簡単に（典型的には 0.5 M の低塩濃度溶液で）抽出できる．H1 は，ヌクレオソーム構造に影響を及ぼさずに取除くことができることから，ヒストン粒子の外側に位置していると思われる．

ヌクレオソームは，直径 11 nm，高さ 6 nm の平板あるいは円筒のような形である．ヌクレオソームの DNA の長さは，その円周約 34 nm のおよそ 2 倍である．DNA は，ヒストン八量体の周囲を対称性をもって取巻いている．その DNA を模式的に描くと図 6・29 のようになり，円筒状のヒストン八量体の周囲をらせん状に 2 回取巻く．DNA は，互いに近い場所でヌクレオソームから出入りしていることに注目してほしい．ヒストン H1 は，この出入り部分に存在しているのだろう（§ 6・17 “ヌクレオソームには共通の構造がある” 参照）．

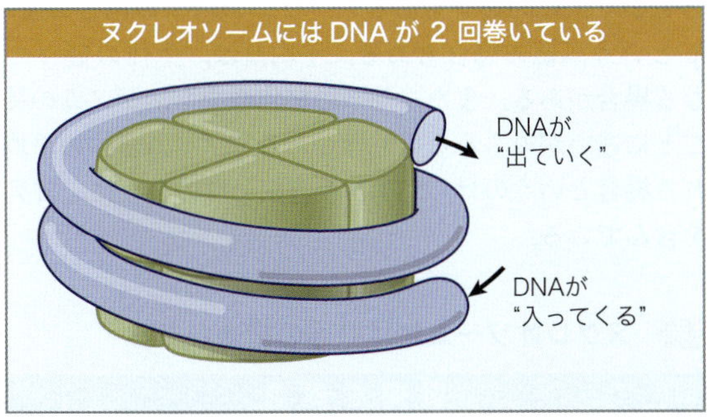

図 6・29　ヌクレオソームは円柱状をしていて，その表面を DNA が 2 回巻いた構造をしていると思われる．

このモデルでヌクレオソームの断面をとらえると（図 6・30），2 巻きの DNA が互いに近接して並ぶ．円筒の高さは 6 nm で，そのうち，4 nm は，2 巻きの DNA（それぞれの直径が 2 nm）で占められている．

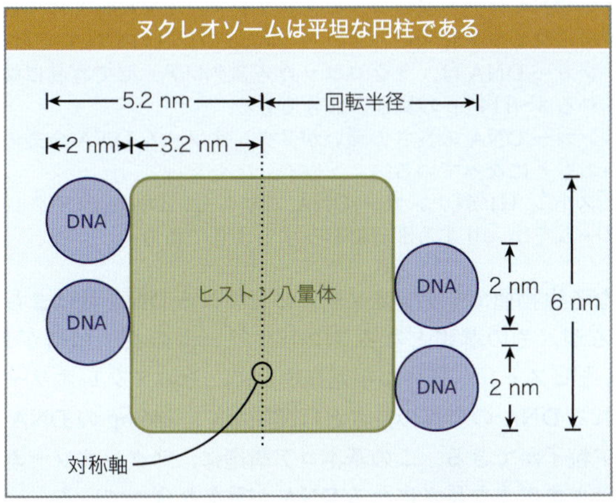

図 6・30　ヌクレオソームに 2 回巻いている DNA は，互いに接近している．

この 2 巻きのパターンが機能と関連すると思われる．ヌクレオソーム周囲の 1 巻きは，約 80 bp の DNA であるので，二本鎖 DNA 上の 80 bp 離れた 2 点がヌクレオソーム上では実際には近接していることになる（図 6・31）．

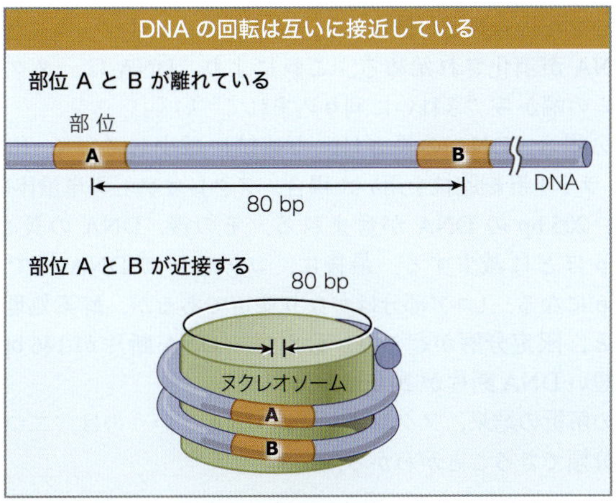

図 6・31　ヌクレオソームの周りを取巻く 2 巻きの回転部分に存在する DNA 配列が，互いに接近することになる．

6・16 DNA はヌクレオソームに巻きついている

重 要 な 概 念

- ミクロコッカスヌクレアーゼでクロマチン DNA を切断すると，95 %以上の DNA がヌクレオソーム部分に回収される．
- ヌクレオソーム当たりの DNA の長さは，個々の組織で異なり，154〜260 bp の範囲である．

クロマチンをミクロコッカスヌクレアーゼで消化すると，DNA が，ある単位長さの整数倍に切れる．電気泳動で分離すると，はしご状になる（図 6・32）．はしご状にバンドが 10 段階ほど伸び，連続する二つのバンド間の距離から判断して，単位長は約 200 bp である．

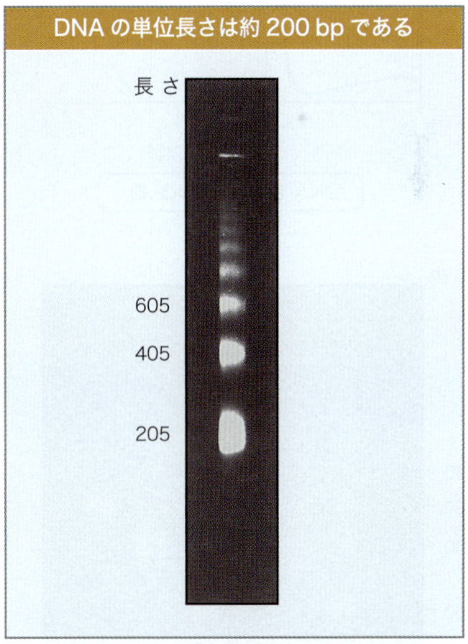

図 6・32　ミクロコッカスヌクレアーゼで核内のクロマチンを消化すると，多様な DNA バンドがゲル電気泳動で分離できるようになる［写真は Markus Noll, Universität Zürich の好意による］

はしご状バンドはヌクレオソームの集まりであることがわかる（図 6・33）．ヌクレオソームをショ糖密度勾配遠心で分画すると，単量体，二量体，三量体などに相当する異なるピークがみられる．DNA を個々の分画から回収してきて電気泳動すると，それぞれの分画には，ミクロコッカスヌクレアーゼによる切断段階に応じた長さの DNA がみられる．つまり，ヌクレオソーム単量体には，単位長の DNA が含まれ，ヌクレオソーム二量体にはその倍の長さの DNA が含まれるといった具合である．

このように，はしご状のそれぞれのバンドは，異なる数のヌクレオソームに含まれる DNA を示していることになる．したがって，いずれのクロマチンにも 200 bp のはしご状バンドが存在することから，クロマチンの DNA というのは，ヌクレオソーム構造をとっていることがわかる．ミクロコッカスヌクレアーゼによってはしご状バンドができてくるが，このとき，核内 DNA のうち，ほんの 2 %ぐらいがヌクレアーゼで断片化し，酸溶性になっているだけである．このように，DNA のわずかな部分が特異的にヌクレアーゼで切断される．このことから，クロマチンには，特にヌクレアーゼで切断されやすい部分があることがわかる．

クロマチンを核から漏れ出させると，遊離した糸状 DNA で連結された一つながりのヌクレオソーム（“ひもの上のビーズ”と表現される）がよく見えてくる．しかし，生きた細胞内では，DNA は密に折りたたまれていなければならないので，おそらく，ふつうは遊離状 DNA はほとんどないのであろう．

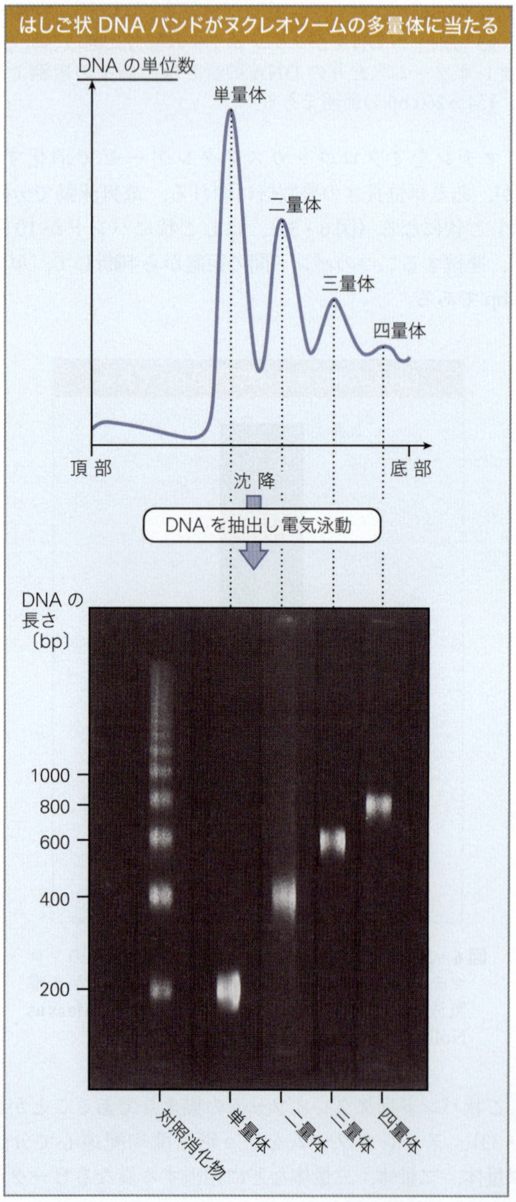

図 6・33 ヌクレオソーム多量体はそれぞれ，単位長さの DNA の倍数分だけ DNA を含んでいる［写真は John Finch, MRC Laboratory of Molecular Biology の好意による］

この考え方は，クロマチン DNA の 95 %以上が 200 bp を単位としたはしご状 DNA として回収できるという事実からも正しいと言える．つまり，ほとんどすべての DNA は，ヌクレオソームを構成しているに違いない．自然な状態では，ヌクレオソームは密に折りたたまれており，DNA は一つのヌクレオソームから次のヌクレオソームへと連結していると思われる．遊離 DNA は，おそらく，単離の間にヒストン八量体が消失してしまってできたものであろう．

ヌクレオソームに含まれる DNA の長さは，典型的といえる 200 bp とはいくぶん異なっている場合もある．どのような細胞種でも，そのクロマチンはある平均値をもっている．その平均値は，通常，180 bp と 200 bp の間であるが，カビの場合のように 154 bp という低値の場合もあるし，ウニの精子の場合のように，260 bp という高値の場合もある．平均値は，生体の個々の組織で異なる場合がある．また，一つの細胞種でも，ゲノムの異なる領域ごとに違いがみられる可能性がある．ゲノム全体の平均値からずれる場合というのは，5S RNA 遺伝子群のように，縦列反復配列を含んでいる．

6・17 ヌクレオソームには共通の構造がある

重要な概念

- ヌクレオソーム DNA は，ミクロコッカスヌクレアーゼに対する切れやすさに応じて，コア DNA とリンカー DNA に分かれる．
- コア DNA は，ミクロコッカスヌクレアーゼを長時間作用させて得られるコア粒子にみられる 146 bp の長さの DNA である．
- リンカー DNA は，ミクロコッカスヌクレアーゼで容易に切断される 8〜114 bp の長さの部分である．
- リンカー DNA の長さの違いがヌクレオソーム DNA 全長の違いのもとになっている．
- ヒストン H1 がリンカー DNA に結合し，DNA がヌクレオソームを出入りする部分に存在するようである．

異なる生物種でヌクレオソームに含まれる DNA 量はまちまちであるが，その基礎となるヌクレオソームの共通構造がある．DNA とヒストン八量体が相互作用して，そのヌクレオソームに含まれる DNA の全長の長さとは関係なく，146 bp の DNA を含むコア粒子ができる．この基本コア構造に，ヌクレオソーム当たりではさまざまな長さになる DNA が重なり合っている．

コア粒子は，ミクロコッカスヌクレアーゼで処理すると，ヌクレオソーム単量体の中にはっきりと見えてくる．このヌクレアーゼ処理で，まず，ヌクレオソーム間が切断されるが，もし，単量体ができた後も処理し続けると，個々のヌクレオソームに含まれる DNA が消化され始める．これにより，DNA は，ヌクレオソームの端から“きれいに刈り込まれて”いく．

この場合，DNA の長さは，不連続に減少していく（図 6・34）．ラット肝細胞核を用いた場合，ヌクレオソーム単量体には，最初，205 bp の DNA が含まれる．その後，DNA の長さは，165 bp ほどに減少する．最後に，コア粒子の DNA 長である 146 bp になる．（コア部分はかなり安定であるが，酵素処理を続けると，限定分解が起こり，最も長い DNA 断片が 146 bp で，最も短い DNA 断片が 20 bp ほどになる）

この解析の結果，ヌクレオソーム DNA というのは，二つの部分に分類できることがわかる．

- コア DNA は，146 bp の不変の長さをもち，ヌクレアーゼ消化に対して比較的耐性である．

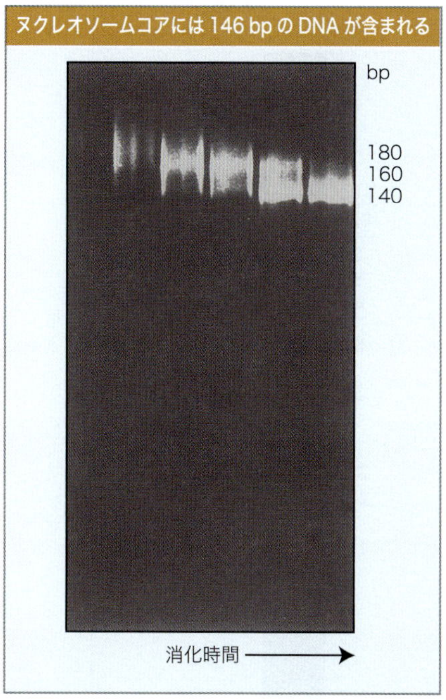

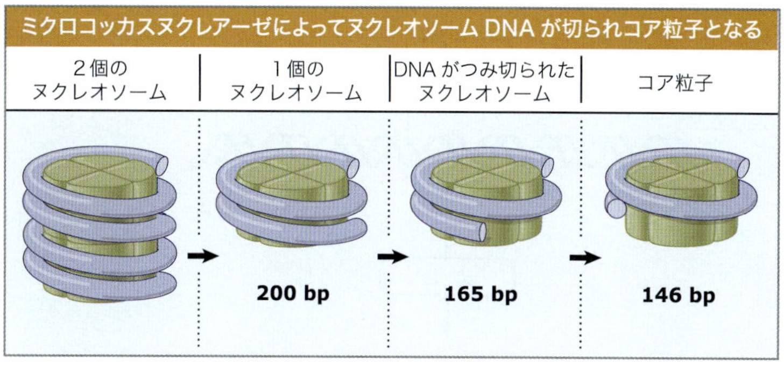

図6・35　ミクロコッカスヌクレアーゼは，まず，ヌクレオソームとヌクレオソームの間を切断する．典型的なヌクレオソーム単量体は，約 200 bp の DNA をもつ．ヌクレオソーム DNA の末端から切断が進むにつれ，まず，約 165 bp になり，その後，146 bp のコア粒子ができる．

図6・34　ミクロコッカスヌクレアーゼで消化すると，段階的にヌクレオソーム単量体の長さが減っていく［写真は Roger Kornberg, Stanford University の好意による］

- リンカー DNA は，繰返し単位の残りの部分である．その長さは 8 bp から 114 bp まで変動する．

ミクロコッカスヌクレアーゼですぐに切れてくる DNA がシャープなバンドになることから，ヌクレアーゼで切れやすい部分は決まっているように思われる．切れやすい部分というのは，それぞれのリンカーのある一部分のみである（もし，リンカー DNA がすべて切れやすかったら，バンドは，146 bp から 200 bp 以上の幅広い範囲になるだろう）．しかし，いったん，リンカー DNA が切断を受けると，残りの部分も切れやすくなって，さらに酵素処理をすると，それまでよりも早く切断されていく．ヌクレオソーム間の連結状態が図6・35に示されている．

コア粒子は，ヌクレオソームよりも小さいけれども，ヌクレオソームに似た性質がある．形も大きさもヌクレオソームに似ており，このことから，コア粒子の基本構造は，DNA とコア粒子のヒストン八量体の相互作用からできていることが示唆される．コア粒子の方がより容易に均一化できるので，ヌクレオソームの試料よりも構造研究には好んで用いられる（ヌクレオソームは，そこに含まれる DNA の末端が刈り取られていない形で試料を作成することが難しいので，多様性の高いものになってしまう）．

コアとリンカー部分の生理的性質は何なのか？　コアとかリンカーという用語は，ヌクレアーゼ処理に対して切れやすい部分かどうかという，実験操作上の差による定義である．つまり，実際の構造とはなんら関係がない．しかし，コア DNA の大部分は，ヌクレオソームのところで急激に曲がっており，コアの末端部分やリンカー部分は比較的伸展している（§6・18“DNA 構造はヌクレオソーム表面で変化している”参照）．

リンカー DNA には，4種類のコアヒストン以外の因子が関与している．*in vitro* 再構成実験では，ヒストンには DNA をコア粒子に巻きつかせる力はあるが，適切な単位長のヌクレオソームを形成することはできない．DNA のスーパーコイルの度合いが重要な要素になる．ヒストン H1 や非ヒストンタンパク質が，天然のヌクレオソーム構造にみられるリンカー DNA の長さに影響を及ぼす．そして，ヌクレオソーム構造の一部とは異なる“集合タンパク質”が，生きた細胞内で，ヒストンと DNA からヌクレオソームを構築する役割を果たす（§6・21“クロマチンを再構築するにはヌクレオソームが集合する必要がある”参照）．

ヒストン H1 はどこに存在しているのか？　ヒストン H1 は，ヌクレオソーム単量体が分解する間に失われてしまう．H1 は，ヌクレオソーム単量体に 165 bp の長さの DNA があるときは残っているが，146 bp のコア粒子に最終的になってしまったときには必ずみられなくなる．このことから，ヒストン H1 は，コア DNA のすぐ近くの，リンカー DNA の部分に存在していると思われる．

もし，ヒストン H1 がリンカー部分にあるとしたら，DNA がヌクレオソームに出入りする部分に結合して，ヌクレオソームの DNA を密閉しているのだろう（図6・29参照）．ヒストン H1 が隣り合うヌクレオソームを結びつける部分に存在するという考えは，H1 がクロマチンから最も簡単に取除け，H1 を除いたクロマチンは簡単に可溶化できるという古くからの実験結果とも矛盾しない．そして，ヒストン H1 を取除けば，繊維状のヌクレオソーム構造をもつ DNA を，進展した形で，より容易に分離できる．

6・18　DNA 構造はヌクレオソーム表面で変化している

重要な概念

- DNA は，ヒストン八量体の周囲を 1.65 回転する．
- DNA の構造が変化し，中央部分では塩基対の数が増え，末端で減少している．
- 構造変化によって，DNA の負の回転がおよそ 0.6 吸収され，溶液中の 10.5 から，ヌクレオソーム表面では平均 10.2 となり，DNA のからまり数（リンキング数）の矛盾が説明できる．

ヌクレオソームの表面に DNA が露出しているので，DNA は，ある種のヌクレアーゼで切断される．一本鎖 DNA を切断するヌクレアーゼ反応が特によく知られている．このような酵素（DNase I など）は，DNA の一本鎖に切れ目を入れるが，もう一方の鎖には同じ場所では切れ目が入らない．そのため，二本鎖 DNA としては影響がみられない．しかし，変性させると，全長

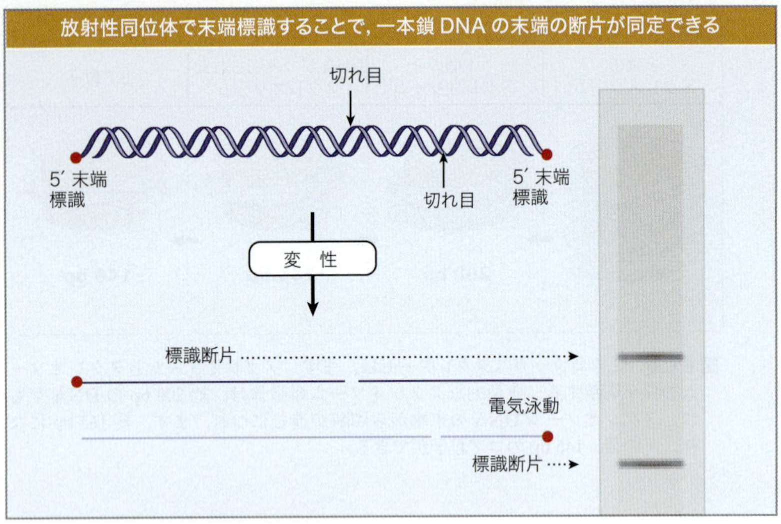

図6・36　二本鎖DNAに切れ目があると，DNAを変性させて一本鎖にした場合，断片を調べると切れ目の位置がわかる．もし，そのDNAを，（たとえば）5′末端で標識しておくと，5′末端側の断片だけがオートラジオグラフィーで可視化できる．その断片の大きさから，標識された末端から切れ目までの距離がわかる．

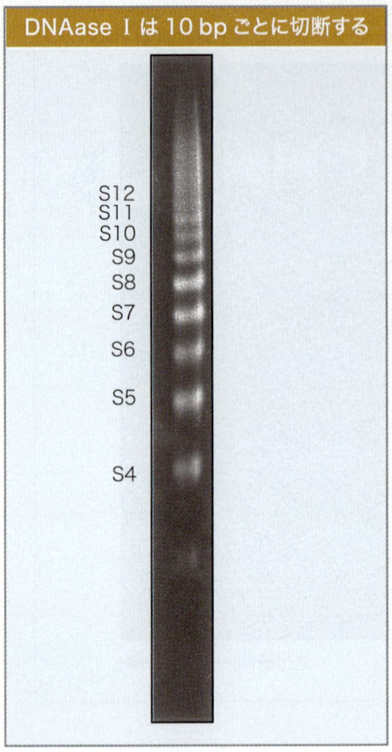

図6・37　核をDNase Ⅰで消化すると，コアDNAに沿って，規則的な長さで切れ目が入る［写真はLeonard Lutter, Henry Ford Hospitalの好意による］

の一本鎖DNAではなく，短い断片のDNAが遊離してくる．もし，DNAの末端を標識すると，その末端が標識されたDNA断片がオートラジオグラフィーで検出できる（図6・36）．

溶液中のDNAは，（相対的に言って）ランダムに切れ目が入る．ヌクレオソーム上のDNAもまた，その酵素で切れ目がつくが，規則正しい間隔でのみ切れ目が入る．切れ目の場所は，末端を放射性標識したDNAを使って，DNAを変性させ，電気泳動することで，はしご状のバンドとして見ることができる（図6・37）．

切れ目間の間隔は10～11塩基である．はしご状バンドの長さは，コアDNAの全長にわたっている．切断点をS1からS13と番号をつけてある（S1は標識された5′末端から約10塩基のところで，S2は，約20塩基といった具合である）．

すべての場所が均等に切断されるわけではなく，ある場所は切れやすく，ほとんどまったく切れない場所もある．できてくるバンドの強度に若干の差はあるが，DNase ⅠでもDNase Ⅱでも断片は同じはしご状バンドとなる．切断に一定のパターンがあることから，個々の酵素に対して若干選択的に切れやすくなるようにDNAが構築され，DNA上にある特別な標的部位ができていることがわかる．同じような切断のパターンが，ヒドロキシ基で切断したときにもみられることから，何らかの配列特異性があるというより，DNA自身の構造を反映したものであろう．ヌクレオソームでは，DNA上のある部分が隠されており，標的部位の中で，限られた部位が切断を受けないのは，この構造によると思われる．

コア粒子のDNAは二重鎖なので，末端標識実験では，両方の5′末端（あるいは3′末端）が標識され，それぞれの鎖の一方の末端が標識される．したがって，切断パターンは，両方の鎖からできてくる断片によるものである．図6・36にみられる標識されたバンドは，別々の鎖から切れてできた断片が集まったものである．実際に，標識されたバンドはそれぞれ，二つの標識末端から同じ距離のところで切断された二つの断片を含んでいる．

特定の場所で，不連続に選択的切断が起こることには，どのような意味があるのか？　一つの考え方は，コア粒子の上を通るDNAの道筋が（図6・29に描かれたヌクレオソームの水平軸に対して）対称になっているということである．したがって，（たとえば）80 bpの断片がDNase Ⅰ処理では得られないとすると，いずれの鎖の5′末端からも，80 bpの位置では酵素が作用できないと考えられる．

DNAが平らな表面に固定化されると，規則正しく切断される．つまり，図6・38に示すように，B型DNA（ワトソンとクリックによって発見された古典的二本鎖DNA）のらせん状周期に応じて切断部位が出現する．切断の周期（切断点間の距離）は，構造上にみられる周期性（二本鎖DNAの1回転当たりの塩基対の数）と一致することになり，実際に一致している．したがって，切断点間の距離は，1回転当たりの塩基対の数に相当する．この測定により，B型二本鎖DNAの平均値は，1回転当たり10.5 bpである．

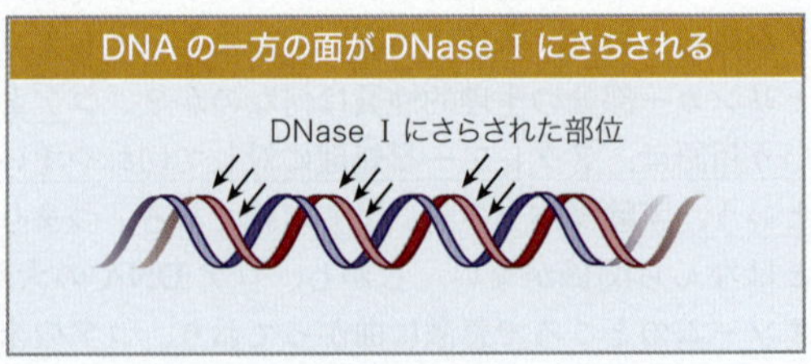

図6・38　DNA上で最もDNase Ⅰにさらされやすい場所というのは，二本鎖ヘリックス構造を反映して，周期的に出てくる（わかりやすくするため，一方のDNA鎖のみ，その場所を示す）．

ヌクレオソーム上の標的部位の性状はどうなっているのか？　図6・39から，それぞれの部位には，3～4箇所の切断点があることがわかる．つまり，切断部位は，±2 bpの範囲に限定される．したがって，切断点は，両方のDNA鎖上の3～4 bpほどの短い範囲がヌクレアーゼにさらされてできる．相対的にバンドの強度に差があるのは，場所によって，他の部分よりも切れやすい部分があるということである．

この電気泳動パターンから，平均の切断点を計算できる．DNA の末端部分では，S1 から S4 まで，あるいは，S10 から S13 まで，それぞれ 10.0 塩基分の距離が離れている．ヌクレオソーム粒子の中央部分では，S4 から S10 まで，10.7 塩基の距離がある．（この解析では，平均的な位置を示すことになるので，切断点間が，絶対数としてどれだけ塩基分，離れているかについては整数になるとは限らない．）

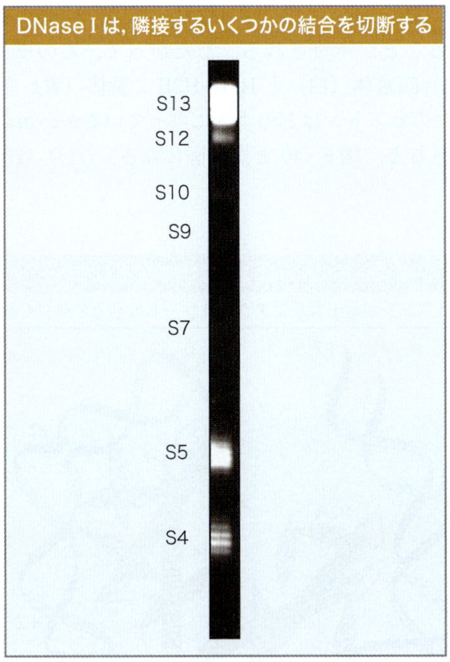

図 6・39 末端標識したコア粒子で解析したこの例では，S4 と S5 という場所が見えているが，高解像度の解析をすることで，DNase I に感受性のある場所は，数個の隣接するホスホジエステル結合を含んでいることがわかる［写真は Leonard Lutter, Henry Ford Hospital の好意による］

コア DNA の部分では切断点の周期性に差がみられる（末端では 10.0，中央部分では 10.7）ことから，コア DNA に構造上の周期性があると思われる．中央部分では，溶液中の DNA よりも，1 回転当たりの塩基対数が多く，末端部分では少ない．ヌクレオソーム全体では，平均の周期は，1 回転当たり 10.17 bp しかなく，溶液中の 1 回転当たり 10.5 bp という値よりかなり少ない．

コア粒子の結晶構造では，DNA は，ヒストン八量体の周りに，平坦な超らせん構造をとって 1.65 回取巻いていることがわかる．超らせんの程度には差があり，中央部分では不連続になっている．急激に湾曲した部分が対称に位置しており，その位置は，S6 と S8 ならびに S3 と S11 に相当し，DNase I で最も切れにくい部位である．

ヌクレオソームコアの高解像度解析では，DNA の構造がどのように乱れているかが詳細にわかる．超らせんのほとんどは，中央の 129 bp の部分で生じており，直径 80 Å（二本鎖 DNA 自身の直径の 4 倍にすぎない）の左巻き超らせんが 1.59 回巻くという状態になっている．両末端の配列は全体の湾曲にはほとんど影響していない．

中央の 129 bp の DNA は，B 型であるが，超らせんを形成するために，かなり湾曲している．DNA の大きな溝は滑らかに曲がっているが，小さな溝の方は急に曲がっている．このような構造上の変化のために，ヌクレオソームの中央部分の DNA は，通常は調節タンパク質が結合する標的にはならず，調節タンパク質は，主として，コア DNA の末端部分かリンカー配列に結合する．

制御タンパク質を取除くと，DNA は，ヌクレオソームの表面上に，約 1 回の負の超らせん回転をとる．しかし，DNA がヌクレオソーム上を通る道筋としては，約 1.67 回の負の超らせん回転をする分ある（図 6・29）．この差は，ときに，からまり数の矛盾とよばれる．

この差は，ヌクレオソーム DNA が，1 回転当たり平均 10.17 bp であるのに対し，遊離 DNA では，1 回転当たり 10.5 bp であるという違いから説明される．200 bp のヌクレオソームでは，200/10.17＝19.67 回転である．DNA がヌクレオソームから離れると，200/10.5＝19.0 回転となる．ヌクレオソーム上では，DNA がよりゆるやかに巻きついているため，0.67 回転分，回転数は増える．そして，このことから，DNA の通る道筋としては，理論的には，1.67 回の負の超らせん回転ができるはずが，実際には 1.0 回の負の超らせん回転となっていることの説明ができる．実際には，ヌクレオソーム DNA には，ねじれのひずみができ，そのなかには，1 回転当たりの塩基対数を増やすものもあり，それ以外のねじれだけが超らせんとして計測される．

6・19 ヒストン八量体の構築

重要な概念

- ヒストン八量体は，$(H3)_2(H4)_2$ 四量体と 2 対の H2A–H2B 二量体が相互作用して中核部分を形成している．
- それぞれのヒストンは，パートナーとなる分子と強く指のように絡み合っている．
- コアヒストンはすべて，ヒストン折りたたみという構造上のモチーフをもっている．
- ヒストンの N 末端側の尾部はヌクレオソームから突き出ている．

これまで，DNA がどのようにヌクレオソームの表面に巻きついているのかという観点からヌクレオソーム構造を見てきた．タンパク質の観点から見ると，ヒストンがどのようにして互いに相互作用しているのか，また，DNA と相互作用しているのかを知る必要がある．ヒストンは，DNA がある時にのみ適切に反応するのか，それとも，DNA とは関係なく，八量体をつくる能力をもっているのか？ ヒストンとヒストンが相互作用するという証明は，ヒストン自身が安定な複合体をつくる能力があるという実験や，ヌクレオソームを用いてヒストンを架橋（crosslink）するという実験から示される．

コアヒストンは 2 種類の複合体をつくる．H3 と H4 は，四量体 $(H3)_2(H4)_2$ をつくる．H2A と H2B とからは，いろいろな複合体，特に，二量体（H2A–H2B）ができる．

完全なヒストン八量体は，クロマチンから抽出することによって，あるいは，（より難しいけれども）高塩濃度，高タンパク質濃度下で，*in vitro* でヒストンどうしを相互作用させることで得られる．八量体は分解して，H2A–H2B 二量体のないヒストン六量体となることができる．その後，もう一つの H2A–H2B 二量体が別に失われ，$(H3)_2(H4)_2$ 四量体が残る．このことから，ヌクレオソームは，$(H3)_2(H4)_2$ 四量体から成る中核部分をもつことがわかる．この四量体は，*in vitro* で DNA を粒子状に構築することができ，その粒子は，コア粒子の性質の一部をちゃんと示している．

架橋を使った実験から，さらに，どのヒストンが対になってヌクレオソーム内で近接して存在しているのか確認できる．（この種の実験で難しいのは，通常，タンパク質の一部分しか架橋されないということで，得られた結果が主たる相互作用を本当に示しているのかを注意深く判断しなければならない．）これらの研究結果から，ヌクレオソームの構築について，一つのモデルが提唱されてきた（図6・40）．

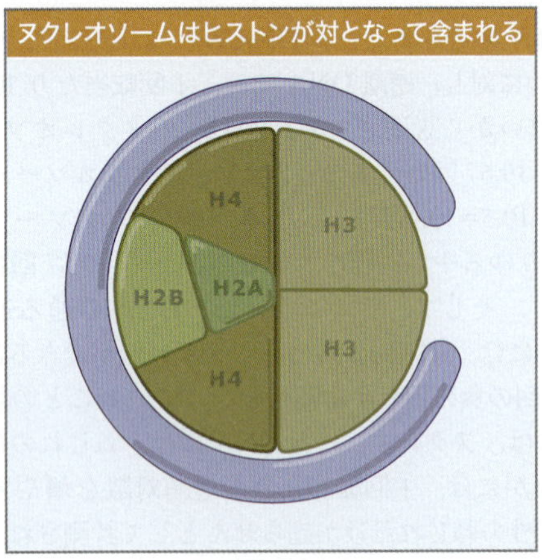

図6・40　ヌクレオソームは対称性があるというモデルでは，$(H3)_2(H4)_2$四量体が構造の核となる．上から見ると，H2A–H2B二量体が一つあり，もう一つが裏側にある．

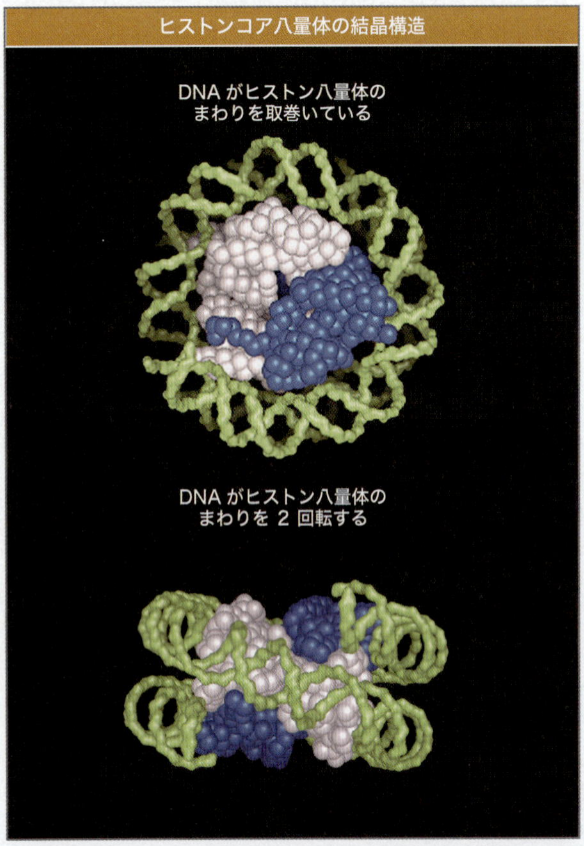

図6・41　ヒストンコア八量体の結晶構造が，空間をヒストンコアが埋める形をとるというモデルに沿って示されているが，$(H3)_2(H4)_2$四量体は白で，H2A–H2B二量体は青で示されている．一方のH2A–H2B二量体は裏側に隠れるので，上から見るともう一方のH2A–H2B二量体だけが見える．DNAは緑で示されている［写真はE.N. Moudrianakis, Johns Hopkins Universityの好意による］

構造的解析から，単離したヒストン八量体の全体構造は，コア粒子に似ていることがわかる．このことから，ヒストンとヒストンの相互作用が基本構造をつくることが示唆される．個々のヒストンの位置関係について，互いの相互作用様式や架橋に対する反応性に基づいて，八量体のどこに存在するかが決められてきた．

結晶構造（解像度3.1 Å）から，図6・41のようなヒストン八量体のモデルが示唆されている．結晶構造の中で個々のポリペプチドの中心線をなぞっていくと，ヒストンは，個々の球状タンパク質として集合しているのではなく，それぞれが対となるヒストンどうし，H3とH4，ならびにH2AとH2B，が指のように絡み合っていることが示唆される．したがって，このモデルでは，$(H3)_2(H4)_2$四量体（白）とH2A–H2B二量体（青）を区別できるが，個々のヒストンはどのようになっているかわからない．

上から見ると，図6・40と同じ図になる．$(H3)_2(H4)_2$四量体

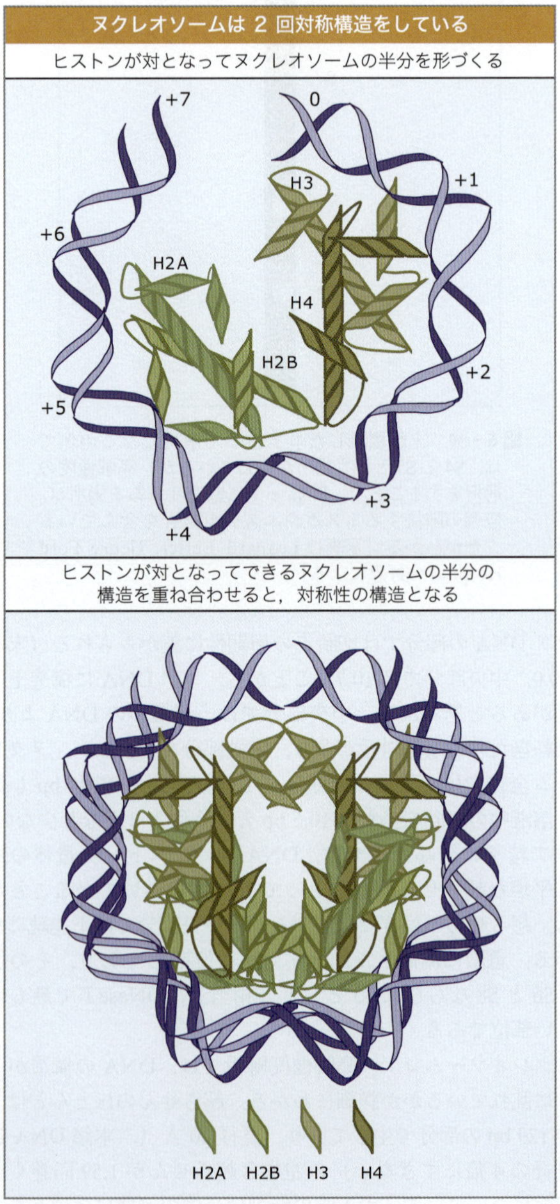

図6・42　ヌクレオソームの半分を上から見ると，ヒストンは，H3–H4とH2A–H2Bが対となって位置しているのがわかる．半分ずつのヌクレオソームを重ね合わせると，対称性の構造をとっていることがわかる．

が八量体全体の直径となっており，蹄鉄形をしている．H2A–H2B 二量体が 2 対の二量体として，その中に入り込んでいるが，この図では，一方しか見えない．横から見ると，図 6・29 と同じ図になる．このように見ると，$(H3)_2(H4)_2$ 四量体と H2A–H2B 二量体の役割を区別できる．ヒストンは一種の糸巻きを形成し，DNA が結合できる球状の道筋ができ，一つのヌクレオソームで，DNA がほぼ 2 回巻きつくように思われる．モデルでは，横から見て，垂直方向に走る軸に対して 2 回回転対称になっている．

ヒストンの位置について，（解像度 2.8 Å の結晶構造に基づく）もっと詳細な図が図 6・42 に示されている．上から見た図では，それぞれのタイプのヒストンの一つが，ヌクレオソーム DNA の 1 回転（0 から +7 と数字がつけられている）との位置関係からみて，どこに存在しているかがわかる．4 種類のコアヒストンはすべて，よく似た構造をとっており，三つの α ヘリックスが二つのループでつながっている．これを**ヒストンの折りたたみ**（histone fold）とよぶ．これらの部分が相互作用して，半月状のヘテロ二量体を形成する．それぞれのヘテロ二量体が，2.5 回転する二重鎖 DNA らせんに結合する（H2A–H2B は，+3.5 から +6 の部分で結合し，H3–H4 は +0.5 から +3 の部分で結合する）．結合は，ほとんど，リン酸ジエステル結合の部分で起こっている（このことは，配列に関係なく，どんな DNA でも折りたたむ必要があることと矛盾しない）．$(H3)_2(H4)_2$ 四量体は，二つの H3 分子間の相互作用でできている（図 6・42，下図）．

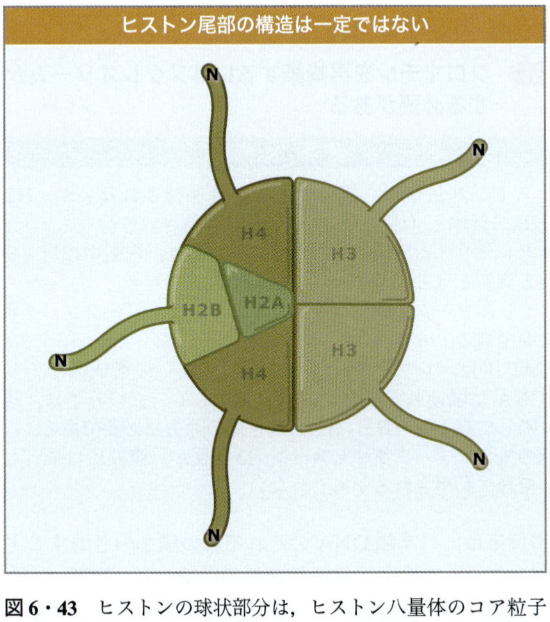

図 6・43　ヒストンの球状部分は，ヒストン八量体のコア粒子の中に存在しているが，さまざまな修飾の場となるヒストン尾部の場所は不明で，可変性が高い．

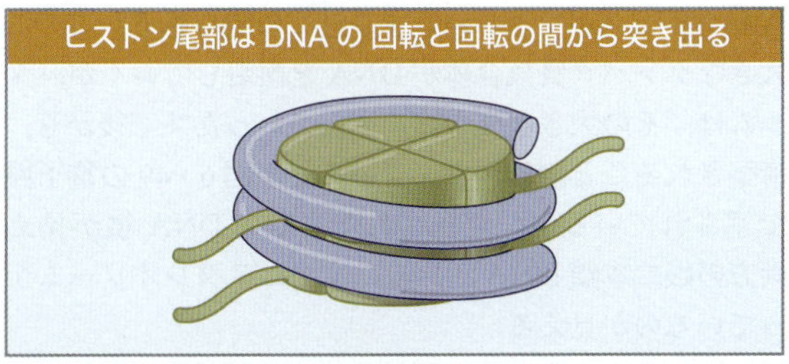

図 6・44　ヒストンの N 末端尾部は，秩序だった構造ではなく，DNA の回転と回転の間を通ってヌクレオソームから突き出ている．

コアヒストンはそれぞれ，本体は球状であり，その部分が，ヌクレオソームの中心部分を構成している．それぞれのヒストンは，また，N 末端に，曲がりやすい尾部があり，修飾を受ける場となっているが，その修飾は，クロマチン機能にとって重要と思われる．タンパク質の分子量では，およそ 4 分の 1 に当たる尾部の位置は，それほどよくわかっていない（図 6・43）．しかし，H3 と H2B の尾部は，DNA 超らせんの回転と回転の間からすり抜け，ヌクレオソームから突き出ているように見える（図 6・44）．ヒストン尾部を紫外線照射で DNA とクロスリンクすると，コア粒子よりも大きなヌクレオソームが得られるので，尾部は，リンカー DNA に接触していると思われる．H4 の尾部は，H2A–H2B 二量体に接触しているように見え，この接触が，全体構造にとって重要な性質と思われる．

6・20　クロマチン繊維の中のヌクレオソーム

重要な概念

- 10 nm クロマチン繊維は 30 nm 繊維から解きほぐされてでき，1 本のヌクレオソームでできている．
- 30 nm 繊維は，1 回転当たり 6 個のヌクレオソームがあり，ソレノイドを形成する．
- ヒストン H1 は，30 nm 繊維を形成するのに必要である．

クロマチンを電子顕微鏡で観察すると，2 種類の繊維，10 nm 繊維と 30 nm 繊維，が見られる．その繊維のおよその直径の長さから名づけられた（実際，30 nm 繊維は約 25〜30 nm の直径である）．

10 nm 繊維（10 nm fiber）は，基本的にはヌクレオソームが一つながりになったひも状のものである．時には，実際に，ヌクレオソームがつながったまま，より伸展した状態になって，そこでは，ヌクレオソームが，ビーズのつながった糸のように見えることがある（図 6・45）．10 nm 繊維構造は，低塩濃度下で得

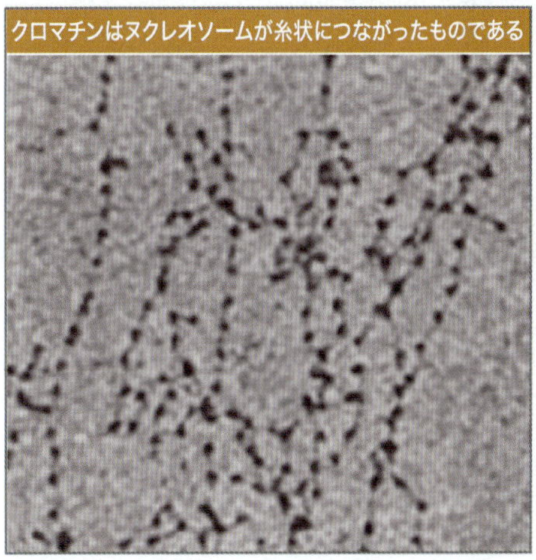

図 6・45　特殊な形で巻戻した状態で 10 nm 繊維を見ると，ヌクレオソームが糸状に連なっているのがわかる［写真は Barbara A. Hamkalo, University of California, Irvine の好意による］

られ，ヒストン H1 は存在する必要がない．このことから，10 nm 繊維というのは，厳密な意味で，ヌクレオソームそのものが会合したものである．10 nm 繊維は，基本的には，ヌクレオソームが一つながりになっているのが見えているのだろう（図 6・46）．このような構造が生きた細胞内で存在するのか，それと

も，*in vitro* で抽出しているときに，解きほぐされた結果できたものか，不明である．

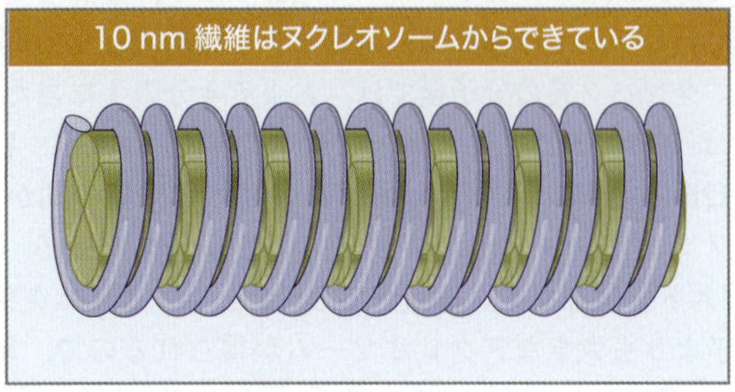

図 6・46　10 nm 繊維は，ヌクレオソームが糸状に連続してつながったものである．

クロマチンを，より高塩濃度下で可視化すると，**30 nm 繊維** (30 nm fiber) が得られる．その例は図 6・47 である．この繊維は，基盤構造として，コイル状をしているように見える．それぞれの回転ごとに約 6 個のヌクレオソームが含まれ，DNA を 40 倍圧縮させたことになる（つまり，30 nm 繊維の軸に沿って，1 μm ごとに，40 μm の DNA を含んでいることになる）．この構造には，H1 が必要である．この繊維は，分裂間期クロマチンと分裂期染色体の両方の基本要素である．

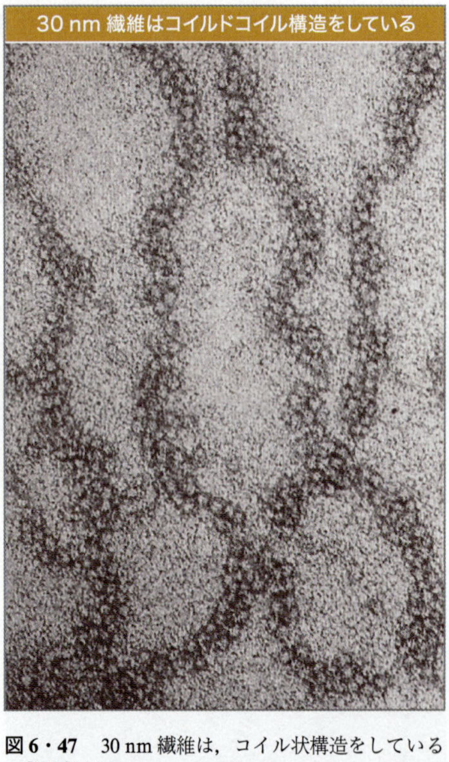

30 nm 繊維はコイルドコイル構造をしている

図 6・47　30 nm 繊維は，コイル状構造をしている［写真は Barbara A. Hamkalo, University of California, Irveine の好意による］

もっとも考えやすい，ヌクレオソームから 30 nm 繊維への圧縮方法は，ソレノイドをつくることで，ソレノイドでは，ヌクレオソームは，中央部分の空洞の回りにとぐろを巻き，らせん状に回転する．ソレノイドには，二つのおもな形が考えられ，一つは，単一のヌクレオソーム列からできるもので，もう一つは，2 本のヌクレオソームの列からできるものである．図 6・48 には，2 本のヌクレオソーム列からできるモデルが示されているが，このモデルは，30 nm 繊維の中に，二重に積み重なったヌクレオソームが見えるという，架橋実験のデータから示唆されている．

30 nm 繊維と 10 nm 繊維は，イオン強度を変えることで互いに変換させることができる．このことから，10 nm 繊維の直線状ヌクレオソームが，高塩濃度でヒストン H1 が存在すると，30 nm 繊維に巻き上がることがわかる．

30 nm 繊維の形成には，H1 が必要であるが，H1 がどこに存在しているかは，議論があり，定かではない．H1 は，クロマチンから比較的容易に抽出されることから，H1 は，超らせん状繊維の外側に存在していると思われる．しかし，回折データや，H1 は，それが残っている 10 nm 繊維よりも，30 nm 繊維の方が見つけにくいという事実があって，30 nm 繊維の内部に存在している可能性もある．

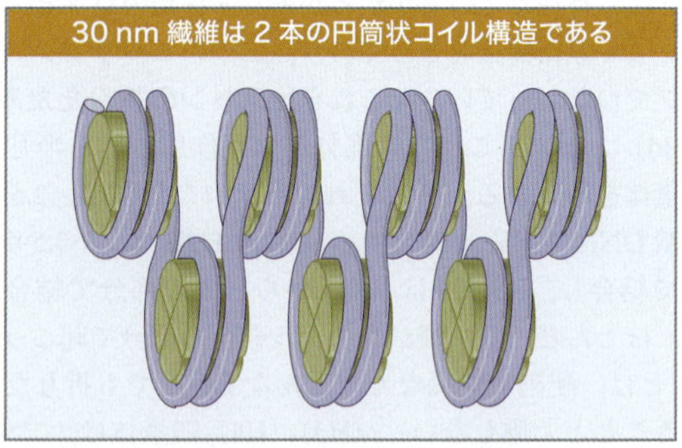

図 6・48　30 nm 繊維は，並行する 2 列のヌクレオソームが円筒状コイル構造をとり，らせんを巻いたリボン状構造である．

6・21 クロマチンを再構築するにはヌクレオソームが集合する必要がある

重要な概念

- ヒストン八量体は，複製のときには保持されないが，H2A–H2B 二量体と $(H3)_2(H4)_2$ 四量体は保持される．
- ヌクレオソーム形成には異なる経路があり，複製中に起こる経路と複製とは独立して起こる経路である．
- ヌクレオソーム形成には手助けするアクセサリータンパク質が必要である．
- CAF-1 は，レプリソーム（複製複合体）の構成因子の一つ PCNA に関連した集合タンパク質である．この分子は，複製に際して起こる $(H3)_2(H4)_2$ 四量体の除去に必要である．
- 別の集合タンパク質やヒストン H3 亜種が，複製には依存しない集合に利用されるかもしれない．

複製反応は，二本鎖 DNA のそれぞれの鎖を引き離すことになるので，ヌクレオソーム構造は必然的に壊れる．複製フォークの構造は独特である．複製フォークは，ミクロコッカスヌクレアーゼが効きにくく，消化された DNA は，ヌクレオソーム DNA とは大きさの違うバンドになる．このように構造が変化した領域は，複製フォークができているすぐ近くに限られる．このことから，大きなタンパク質複合体が DNA を複製していくが，ヌクレオソームは，その大きな複合体が進んでいったすぐ後から，直ちに再構築されることがわかる．このことが図 6・49 の電子顕微鏡写真で示されているが，複製されたすぐの DNA 鎖が見えており，両方の娘二本鎖 DNA 断片上にすでにヌクレオソームができ上がっているのが見える．

複製フォークを生化学的に解析したり，可視化してみると，ヌクレオソーム構造が崩壊しているのは，複製フォークの周辺のごく限られた領域のみであることが示唆される．複製フォークが伸びると，ヌクレオソームは崩壊するが，複製フォークがさらに伸びるにつれ，非常に速やかに娘鎖DNA上にヌクレオソームが形成される．事実，ヌクレオソームの集合は，DNAを倍化させるレプリソーム（複製複合体）に直接関連している．

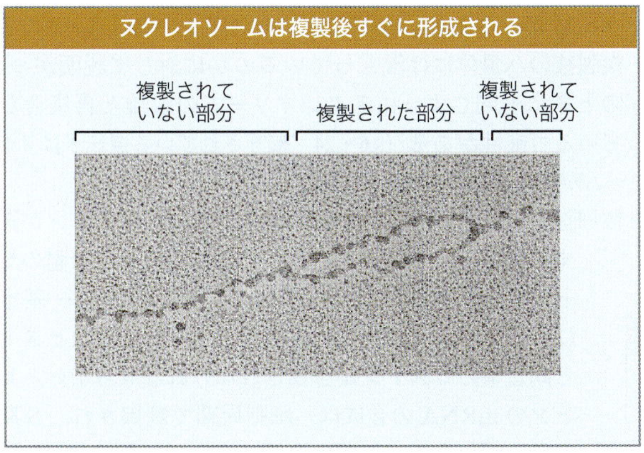

図6・49 複製したDNAは，直ちにヌクレオソームに組込まれる［写真はSteven L. McKnight, UT Southwestern Medical Centerの好意による］

ヒストンはどのようにDNAと相互作用してヌクレオソームを形成するのだろうか？ ヒストンが“前もって”ヒストン八量体を“形成し”，その周りにDNAがひき続き巻きついていくのだろうか？ それとも，ヒストン八量体が，遊離ヒストンからDNA上に集合していくのだろうか？ *in vitro*では，ヌクレオソームを集合させるのに二つのやり方があって，用いた条件によって異なってくる(図6・50)．一つの方法では，前もってできたヒストン八量体がDNAに結合する．もう一つの方法では，最初に，$(H3)_2(H4)_2$四量体が，その後，2対のH2A–H2B二量体が加えられる．両方とも，生きた細胞内で起こっていることと関係がある．最初の方は，ヒストン八量体をDNAに沿って取除くことで，クロマチンが再構築できる能力を反映している（§6・28“クロマチン改築は活性化反応である”参照）．もう一方は，複製のときに利用されるやり方を示している．

アクセサリータンパク質が働いて，ヒストンがDNAに結合することを手助けする．この補助の役割をすると思われる候補分子が，ヒストンと内在性DNAからヌクレオソームを形成する活性のある抽出液から同定できる．アクセサリータンパク質は，“分子シャペロン”として働き，ヒストンに結合して，個々のヒストン分子かあるいはヒストン複合体〔$(H3)_2(H4)_2$四量体またはH2A–H2B二量体〕を，ある制御下で，DNAに対して供給するのであろう．このような機能は，ヒストンが塩基性タンパク質であり，DNAに対して高い親和性をもっているために必要になるのであろう．つまり，ヒストンとアクセサリータンパク質の相互作用があると，別の活性のある中間体（すなわち，ヒストンとDNAの凝集したような別の複合体）を形成することなく，ヒストンがヌクレオソーム構造をとることができる．

複製中に起こるヌクレオソーム形成をまねる実験系が開発されてきたが，その系では，SV40 DNAを倍化させ，その産物をクロマチンに集合させることができるヒト細胞抽出液を利用する．集合反応は，複製しているDNA上で優先して起こる．この反応には補助因子であるCAF–1が必要であるが，このCAF–1というのは，5個以上のサブユニットからなり，全分子質量が238 kDaである．CAF–1は，DNAポリメラーゼの進行因子であるPCNAによって複製フォークに引き寄せられる．このことで，複製とヌクレオソーム集合が連動し，ヌクレオソームが，DNA複製とほぼ同時に形成されるようになる．

CAF–1は，化学量論的に働き，新たに合成されたH3とH4に結合することで機能する．このことから，新しいヌクレオソームは，まず，$(H3)_2(H4)_2$四量体が形成され，その後で，H2A–H2B二量体が付加されてできあがることが示唆される．H1はまったく含まれていないけれども，*in vitro*で合成されたヌクレオソームは，200 bpの長さの繰返し構造をとっており，適切な間隔をとるのにH1は必要ないことがわかる．

クロマチンが再構築されると，“ヌクレオソームにすでに結合している”DNA鎖が複製され，2本の娘二重鎖ができる．このとき，もともと存在していたヌクレオソームには何が起こるのか？ ヒストン八量体が解離して遊離のヒストンとなり再利用されるのだろうか，それとも，ヒストン八量体は集合したままなのであろうか？ ヒストン八量体がそのままなのかどうかは，重アミノ酸の中で細胞を増やし，複製の直前に軽アミノ酸と切り換えて，それから，タンパク質を架橋することで，八量体が1種類のアミノ酸のみでできているか，混合体となっているのかを見るこ

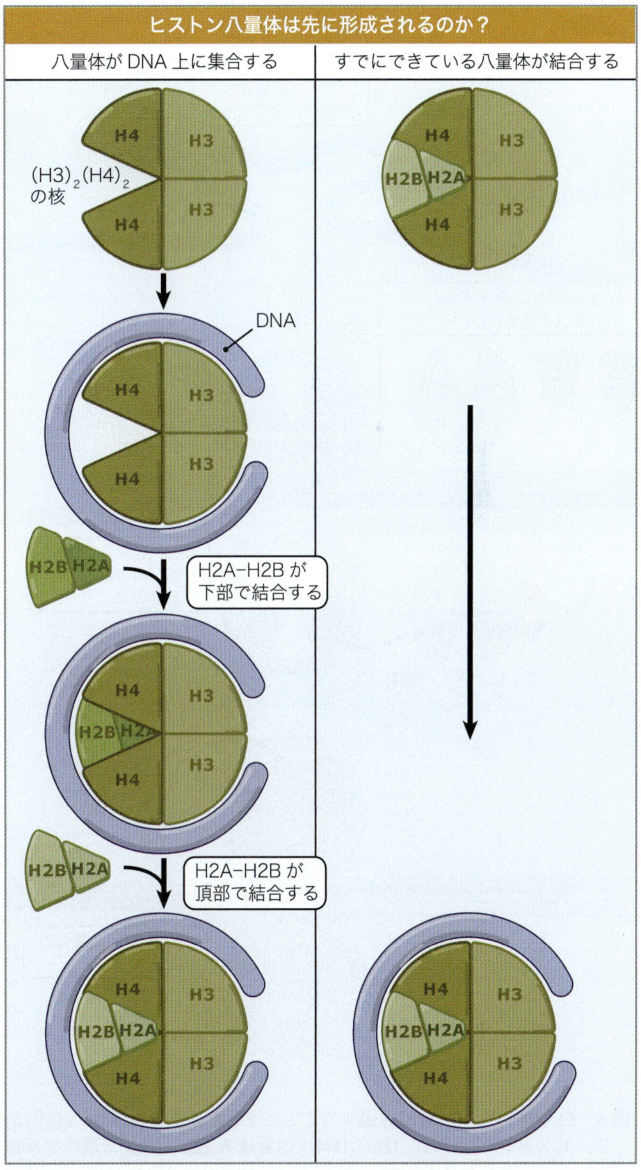

図6・50 *in vitro*では，DNAは，完全な（結合した）ヒストン八量体と直接結合でき，また，$(H3)_2(H4)_2$四量体と結合してから，そこにH2A–H2B二量体が二つ加わることもできる．

とで調べることができる．その結果，複製前にできたヒストンと複製中にできたヒストンの混合が起こっていることがわかり，ヒストン八量体の構成因子の少なくとも一部は，解離と再集合を起こしていると思われる．

解離と再集合のパターンを詳細に知ることは難しかったけれども，われわれの作業仮説を図6・51に示す．複製フォークがヒストン八量体を置換し，その置換された八量体は，その後，$(H3)_2(H4)_2$四量体とH2A–H2B二量体に解離する．この“古い”四量体と二量体は，新たに合成されたヒストンからできた，“新しい”四量体と二量体も含まれる細胞内プールに入る．ヌクレオソームは，複製フォークの後方約600 bpのところから集合し始める．その集合は，CAF-1の手助けを受け，$(H3)_2(H4)_2$四量体が娘二重鎖DNAに結合することから始まる．その後，2対のH2A–H2B二量体がそれぞれ，$(H3)_2(H4)_2$四量体に結合し，ヒストン八量体が完成する．四量体と二量体の集合は，“古い”サブユニットと“新しい“サブユニットという観点から見ると，ランダムに起こるため，なぜ，古いヒストンと新しいヒストンが，複製後の八量体には混ざっているのかに対して説明がつく．転写のときにも同じようにヌクレオソームの解離と再集合が起こっている可能性がある（§6・24“転写されている遺伝子はヌクレオソームが構築されるのか？”参照）．

真核細胞のS期（DNA複製の時期）には，クロマチンが複製するには，全ゲノムを折りたたむため，十分な量のヒストンタンパク質が合成されなければならない──基本的には，ヌクレオソームにもともと含まれていたヒストンと同じ量のヒストンが合成されなければならない．ヒストンのmRNAの合成は，細胞周期で制御され，S期で非常に増加する．S期に等量の古いヒストンと新しいヒストンからクロマチンを形成する経路のことを，複製に連動した経路とよぶ．

もう一つの経路は，複製非依存的経路とよぶが，この経路は，DNAが合成されていない，細胞周期のS期以外の時期でヌクレオソーム集合に働く．この経路は，DNAが損傷を受けたときや，ヌクレオソームが転写中に置換されたときに必要となるだろう．この集合経路は，複製装置と連動できないので，複製に連動した経路とは，必然的にいくらか異なる点がある．複製非依存的経路のもつ最も興味深い特徴の一つは，複製のときに使われるヒストンとは異なる，ヒストン亜種が使われることである．

ヒストンH3.3亜種と高度に保存されたヒストンH3とは，4個のアミノ酸が異なる．H3.3は，複製サイクルがない分化細胞の中で，ゆっくりとH3と置き換わっていく．これは，新しいヒストン八量体が，何らかの理由でDNAから取除かれたヒストン八量体と置き換わって集合した結果である．複製非依存的経路でH3.3を確実に利用するメカニズムは，これまで調べられてきた二つの場合で異なる．

原生動物テトラヒメナでは，どのヒストンを利用するかは，完全に，利用しやすさで決まる．ヒストンH3は，細胞周期中でのみ合成される．置き換わるヒストン亜種は，増殖していない細胞でのみ合成される．しかし，キイロショウジョウバエでは，複製非依存的経路でH3.3を積極的に利用する．ヒストンH3.3を含む新しいヌクレオソームが，おそらくRNAポリメラーゼで取除かれたヌクレオソームに置き換わることで，転写部位に集合していく．集合する過程で，その配列によってH3とH3.3が見分けられ，H3が排除される．一方，複製に連動した経路では，両方のH3が使われる（H3.3はH3と比べてずっと少ない量しか利用できないため，H3.3がヌクレオソームに取込まれるのはごくわずかであるが）．

CAF-1は，おそらく，複製非依存的経路には関与しない（それに，酵母やシロイヌナズナのように，CAF-1遺伝子が必須ではない生物もあり，その場合には，別の集合経路が複製に連動した集合には使われるのだろう）．複製非依存的経路に関与すると思われるタン

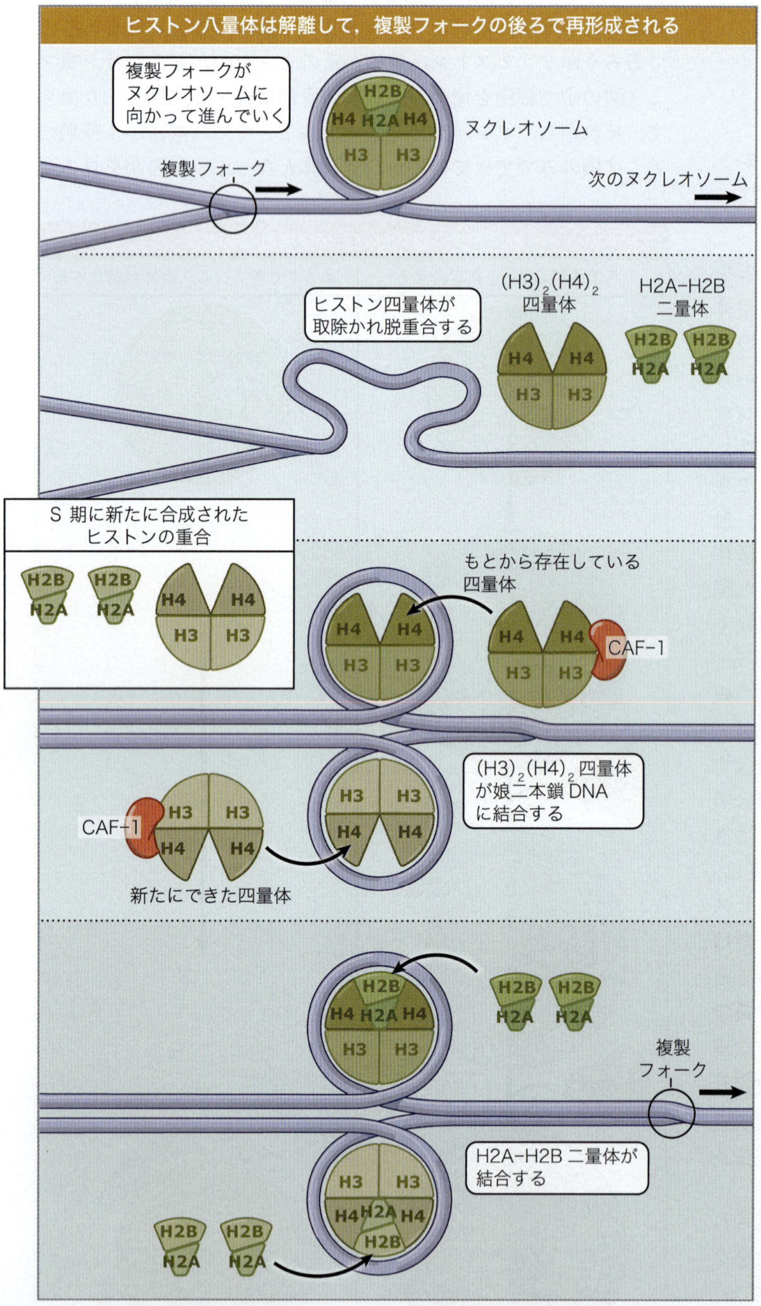

図6・51　複製フォークが通過することでDNAからヒストン八量体が取除かれる．ヒストン八量体は，$(H3)_2(H4)_2$四量体とH2A–H2B二量体に解離する．新たに合成されたヒストンが，$(H3)_2(H4)_2$四量体とH2A–H2B二量体になる．元からある$(H3)_2(H4)_2$四量体とH2A–H2B二量体と新しくできた$(H3)_2(H4)_2$四量体とH2A–H2B二量体が，複製フォークのすぐ後ろ側で，CAF-1の働きでランダムに集合して新しいヌクレオソームとなる．

パク質として，HIRA とよばれる分子がある．この HIRA を，*in vitro* ヌクレオソーム形成実験系から除去すると，複製されたのではない DNA 上にヌクレオソームが形成されるのは阻害されるが，複製している DNA 上にはヌクレオソームは形成されることから，二つの経路は，明らかに別のメカニズムでヌクレオソーム形成を行うことがわかる．

H3 の亜種を含むヌクレオソームが形成されるのは，セントロメアのところでも起こる（§6・31“ヘテロクロマチンはヒストンとの相互作用に依存する”参照）．セントロメア DNA は，（周囲のヘテロクロマチン領域が後期に複製されるのとは対照的に）細胞周期の複製期の初期に複製される（MBIO：6-0001 参照）．H3 のセントロメアへの取込みが阻害され，その代わりに，CENP-A というタンパク質が高等真核生物では取込まれる（ショウジョウバエでは，その分子は Cid とよばれ，酵母では，Cse4p とよばれる）．明らかに，複製に連動した経路は，セントロメア DNA が複製している，ごく短い時間帯は阻害されているので，この取込みは，複製非依存的経路で起こっている．

6・22 ヌクレオソームは特別な位置にできるのか？

重要な概念

- ヌクレオソームは，DNA の局所構造や特別な配列に結合するタンパク質のため，特別な位置に形成されるかもしれない．
- DNA に結合するタンパク質が境界をつくると，通常，ヌクレオソームの位置化（ポジショニング）が起こる．
- 位置化が起こると，DNA のどの部分がリンカー部分に来て，DNA のどの部分がヌクレオソーム表面に露出するのかが決まるのだろう．

in vitro では，DNA 配列に関係なくヌクレオソームが再構成できることがわかっているが，だからといって，生きている細胞内で，ヌクレオソーム形成が配列とは関係なく起こるとはいえない．生きた細胞内では，ヌクレオソーム上の位置という観点から見て，ある特別な DNA 配列が，ある定まった位置に常に存在するのだろうか？　それとも，ヌクレオソームは，DNA 上にランダムに形成されるため，特別な配列がいろんな場所，たとえば，ゲノムの 1 コピーはコア領域に，そしてもう一方のコピーはリンカー領域に存在するといったことになるのだろうか？

この疑問に答えるため，ある決まった DNA 配列を利用する必要がある．もっと正確にいうと，DNA の中のある決まった点がヌクレオソームのどこにくるかを知る必要がある．図 6・52 に，このことを解析するための方法論の原理を示す．

DNA 配列が，一つの特殊な配置でヌクレオソームを形成すると仮定すると，その DNA 上のそれぞれの部位は，常に，ヌクレオソーム上のある定まった位置にくるはずである．このような構築を，**ヌクレオソームの位置化**（nucleosome positioning）（あるいは，ヌクレオソームの位相化）とよぶ．位置化したヌクレオソームでは，リンカー領域の DNA が，特徴をもつことになる．

単一のヌクレオソームについて位置化のことを考えてみよう．ミクロコッカスヌクレアーゼで切断すると，“特別な配列”を含むヌクレオソーム単量体の断片ができる．もし，その DNA を単離し，その断片には切断部位が 1 箇所しかない制限酵素で切断すると，その DNA 断片に特有の 1 箇所で切断され，特有の大きさをもった，二つの断片に分かれるはずである．

ミクロコッカスヌクレアーゼと制限酵素の両方で二重処理してできる産物を電気泳動で分離する．制限酵素切断部位の片側に存在する配列に対するプローブを使って，二重消化でできる断片を同定する．この手法は，**間接的末端ラベル法**（indirect end labeling）とよばれる．

議論を元に戻すと，この方法で単一のシャープなバンドが検出されるということは，ヌクレオソーム DNA の末端（ミクロコッカスヌクレアーゼで切断することで決まる）から見て，制限酵素切断部位がある決まった位置に存在することになる．したがって，ヌクレオソームは，ある特有の DNA 配列をもっている．

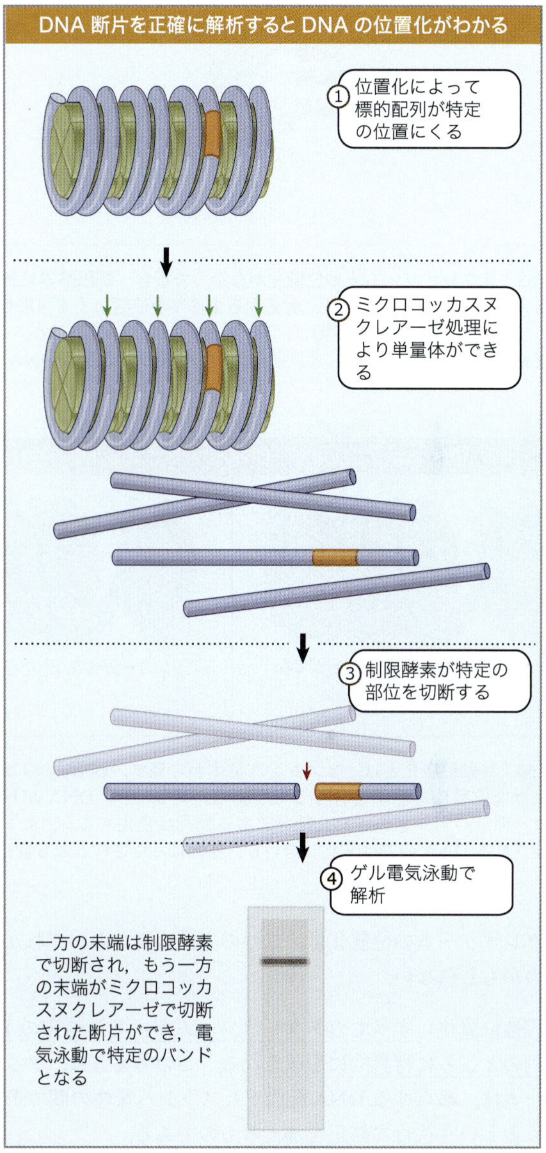
DNA 断片を正確に解析すると DNA の位置化がわかる
① 位置化によって標的配列が特定の位置にくる
② ミクロコッカスヌクレアーゼ処理により単量体ができる
③ 制限酵素が特定の部位を切断する
④ ゲル電気泳動で解析
一方の末端は制限酵素で切断され，もう一方の末端がミクロコッカスヌクレアーゼで切断された断片ができ，電気泳動で特定のバンドとなる

図 6・52　ヌクレオソーム上で DNA がある位置化をすると，ミクロコッカスヌクレアーゼで切断されるリンカー部分から見て，ある特定の位置に制限酵素切断部位がくることになる．

もし，ヌクレオソームが単一の位置をとらないとするとどうなるのか？　さて，リンカー部分には，ゲノムがもつそれぞれのコピーのうちの“異なる”DNA 配列が含まれている．したがって，制限酵素切断部位は，毎回異なる位置をとる．事実，制限酵素切断部位は，ヌクレオソーム単量体 DNA の末端からみて，とりうるすべての部位にくる．そうすると，二重消化すると，20 bp くらいの最も小さな断片から，ヌクレオソーム単量体 DNA の長さまで，幅広い，しみのようなバンドになる（図 6・53）．

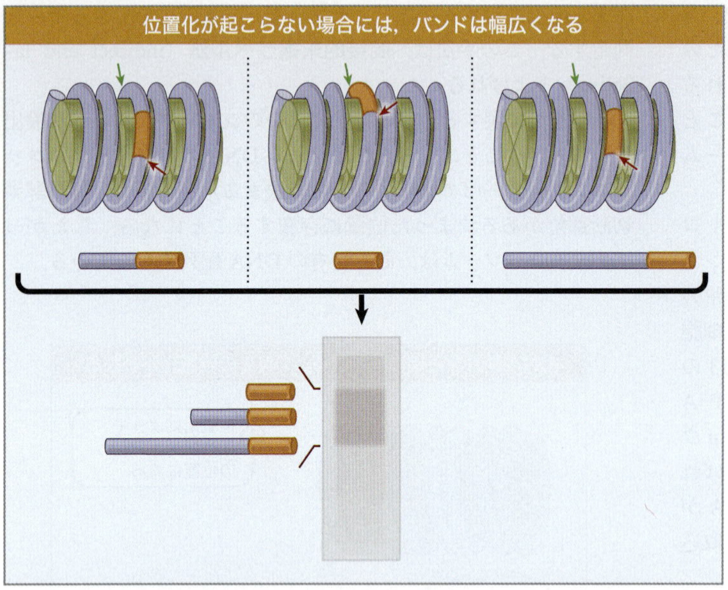

図 6・53　ヌクレオソーム上の位置化がなかった場合，制限酵素切断部位は，いくつものゲノム DNA があれば，考えうるすべての位置にくる可能性がある．したがって，制限酵素で切断し（赤），ミクロコッカスヌクレアーゼでヌクレオソーム間の連結部位で切断する（青）と，考えうるすべての大きさの DNA 断片ができる．

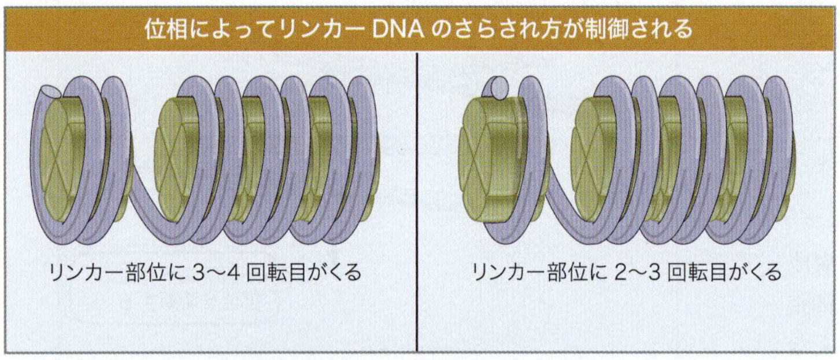

図 6・54　移動位置化とは，ヒストン八量体から見て，DNA のリンカー部分がどのような位置にあるかを言うことである．10 bp だけ DNA が移動すると，リンカー部分のよりさらされた部分にある配列は変化するが，ヒストンによって保護される DNA の面は変化しないし，外側にさらされる面も変化しない．

ヌクレオソームの位置化は，二つの方法のうちのいずれかで起こるのかもしれない．

- 内因性位置化：すべてのヌクレオソームが，ある特定の DNA 配列のところに特異的に形成される．この考え方は，ヌクレオソームは，あらゆる DNA 配列とヒストン八量体の間で形成されうるという視点に修正を加えるものである．
- 外因性位置化：一つの領域の中で，最初のヌクレオソームが，ある特定の位置に優位性をもって形成される．ヌクレオソーム位置化が，ある優位性をもって，一つの地点から始まるということが，ヌクレオソームができにくい領域が存在する結果として起こる．このヌクレオソームができにくい領域というのは，隣接するヌクレオソームが利用できる場所が制限される“境界部分”となる．その後，ヌクレオソームが，ある一定の長さで繰返し，つぎつぎと形成されていくのだろう．

今，DNA 上へヒストン八量体が位置取りをしていくのは，配列の観点から見てランダムではないというのは明白である．その位置取りのパターンが内因性の場合があるが，その場合，DNA の構造上の特性で決まる．外因性の場合には，他のタンパク質が，DNA がヒストンに結合する結果起こる．

DNA のある種の構造上の特性がヒストン八量体の位置取りに影響を与える．DNA は，その内因的な傾向として，一つの方向に曲がりやすい．つまり，AT に富んだ領域が，小溝がヒストン八量体に面するように並ぶのに対し，GC に富んだ領域は，小溝が外側を向くように並ぶ．長い dAdT（＞8 bp）領域は，ヌクレオソームコアの中央部分の超らせん回転に位置することを避ける．まだ，位置取りに関連する構造上の特性をすべて理解することはできないし，したがって，ある特別な DNA 配列がヌクレオソームのどの位置にくるかを予測することはできない．DNA がもっと極端な構造をとるような配列があって，それがヌクレオソームを排除するといった効果をもっているのかもしれないし，境界効果を示しうるかもしれない．

境界部分の近くのヌクレオソームの位相は共通したものがある．もし，ヌクレオソーム構築がいくぶん変化するものであれば，――たとえば，リンカー部分の長さが，10 bp ほど変化しうるとしたら――特異的な位相性というのは，境界部分で，最初にできたヌクレオソームから離れるにつれ，なくなっていく．この場合には，位置化は，境界領域の近くでのみ厳密に保持されると考えられる．

ヌクレオソーム上の DNA の位置は，二つの方法で記述できる．**移動位置化**（translational positioning）は，ヌクレオソームの境界部分の観点から DNA の位置を記述するというものである（図 6・54）．特に，どの配列がリンカー領域にみられるかで定義する．DNA を 10 bp だけずらすと，次の回転をリンカー領域に移動させることになる．つまり，移動位置化というのは，どの領域が近づきやすいか（少なくとも，ミクロコッカスヌクレアーゼに感受性があるかどうか）を決めている．

DNA は，ヒストン八量体の外側に位置しているので，どの配列でも，一つの面はヒストンで隠れているが，もう一つの面が表に出ている．調節タンパク質に認識されるべき DNA 部位が，ヌクレオソーム上の位置に依存して，認識されるかどうかが決まる．したがって，ヒストン八量体が DNA 配列のどこに位置するかが厳密であることが重要と思われる．図 6・55 には，ヒストン八量体に対して二重鎖 DNA がどのように位置取りをするかという，**回転位置化**（rotational positioning）の効果について示されている．

移動位置化も回転位置化も，DNA への近づきやすさを調節するという意味で重要である．位置化について最もよく研究されているのは，プロモーター領域でのヌクレオソームの特別な配置に関してである．移動位置化と，ある特別な配列にはヌクレオソームは形成されないということで，転写複合体が形成できるのだろう．調節因子のなかには，ヌクレオソームが形成されずに，DNA に自由に近づける状態になったときにのみ，DNA に結合できるものがあり，この部分が移動位置化でいう境界部分となる．別の事例として，調節因子がヌクレオソームの表面に存在する DNA に結合する場合があるが，この場合は回転位置化が重要で，適切な接触点をもつ DNA の面が露出されなければならない．（ヌクレオソーム構築と転写の関係については MBIO:6-0002 で議論する．）

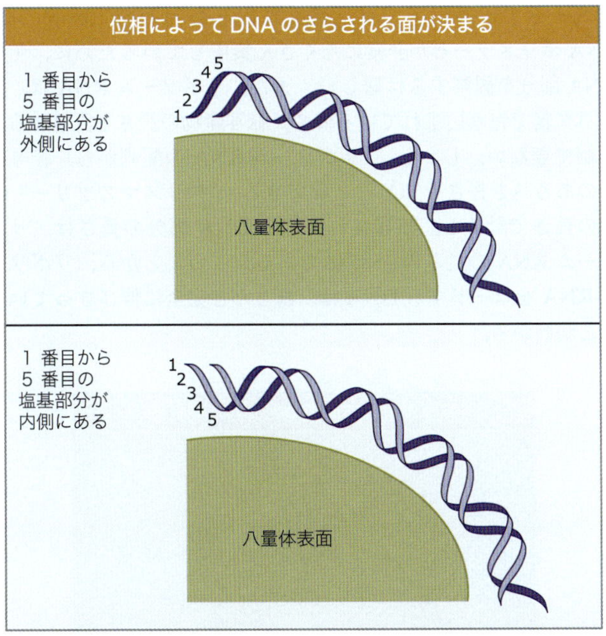

図6・55　回転位置化とは，ヌクレオソームの表面にDNAのどの部分をさらすのかをいう．らせんの繰返し（1回転当たり約10.2 bp）とは異なる動きがあると，ヒストンの表面から見て，DNAは移動したことになる．ヌクレオソーム内の塩基は，ヌクレオソーム外の塩基に比べて，ヌクレアーゼから守られる．

6・23　ドメインとは活性化している遺伝子を含む領域のことである

重要な概念

- 転写されている遺伝子を含むドメインは，DNase I での切断されやすさでわかる．

活性化している遺伝子を含むゲノム領域は，構造が変化しているかもしれない．構造変化は，RNAポリメラーゼが実際に通過することで起こるヌクレオソーム構造の崩壊とは別で，それよりも先に起こっている．

転写されているクロマチンの構造が変化しているというのは，DNase I に対して感受性が増加することで知ることができる．DNase I の感受性によって，**染色体ドメイン**（chromosomal domain）を定義することができ，ドメインというのは，少なくとも一つの活性化された転写単位を含み，時には，さらに多くの転写単位をもつ，構造が変化した領域のことである．（"ドメイン"という用語は，クロマチンや染色体のループにみられる構造上のドメインとは何ら関係がないことに注意すること．）

クロマチンをDNase I で消化すると，最終的には，酸可溶性物質（非常に小さなDNA断片）にまで分解する．反応の進行度は，酸可溶性になったDNAの割合で追跡することができる．全DNAのうちの10％が酸可溶性になっただけで，活性化された遺伝子を含むDNAの50％以上が失われたことになる．このことから，活性化された遺伝子が優位に分解を受けることがわかる．

個々の遺伝子がどうなったかは，切れないで残っていて，特別なプローブに反応できるDNAの量を測定することで知ることができる．実験手順の概要を図6・56に示す．原理は，ある特定のバンドがなくなれば，そのプローブに相当するDNA領域がヌクレアーゼで切断されたことがわかるというものである．

図6・57には，ニワトリ赤血球（グロビン遺伝子が発現しており，卵白アルブミン遺伝子は不活化されている）から抽出したクロマチンでは，βグロビン遺伝子と卵白アルブミン遺伝子がどうなっているかが示されている．βグロビン遺伝子を示す制限酵素断片は速やかになくなっていくが，卵白アルブミン遺伝子に相当する断片はほとんど分解しない（事実，卵白アルブミン遺伝子は，DNA全体と同じ速度で分解される）．

したがって，クロマチンは全体としては，比較的DNase I に対して抵抗性を示し，発現していない遺伝子（ならびに他の配列）を含んでいることがわかる．遺伝子は，発現している組織で特異的に分解されやすくなる．

分解されやすいという性質は，グロビンのように，かなり活発に発現している遺伝子に限られた特性なのか，それとも，すべての活性化されている遺伝子の特性なのか？　細胞の全mRNA種に相当するプローブを用いた実験では，たくさんmRNAが発現されていてもいなくても，活性化されている遺伝子はすべて，DNase I で切断されやすくなっている（しかし，ヌクレアーゼ感受性には差がある）．あまり発現していない遺伝子では，いずれの時点でも，実際に転写を行っているRNAポリメラーゼ分子の

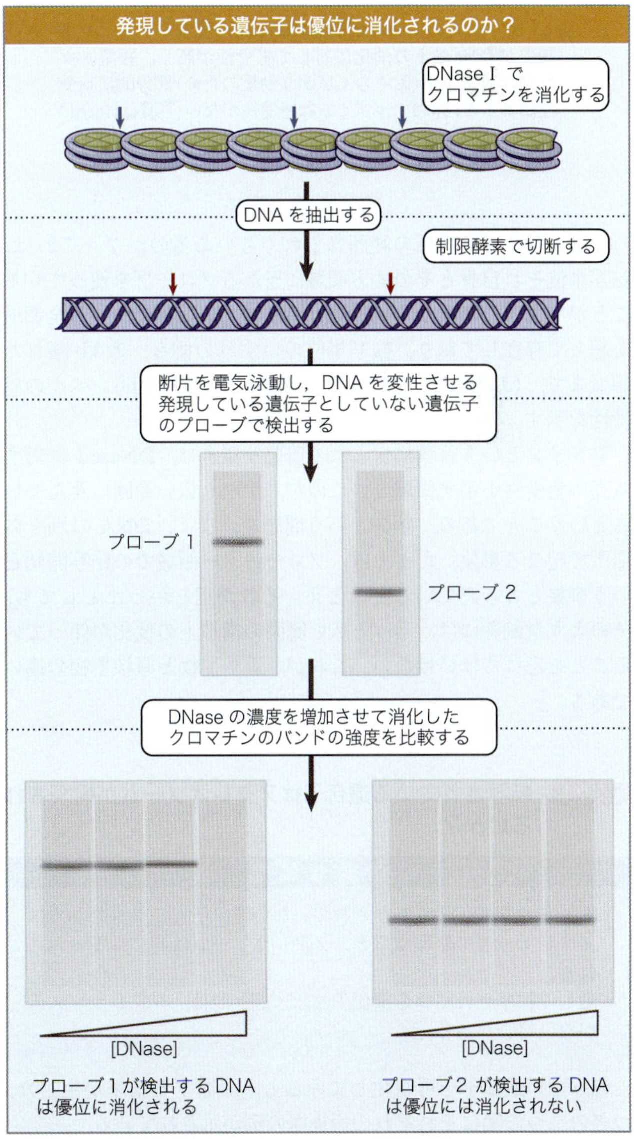

図6・56　DNase I に対する感受性というのは，特別なプローブでハイブリダイズするDNAがなくなっていく率を知ることで計測できる．

数が非常に少ないので，DNase I に対して感受性があるというのは，転写の結果として起こるのではなく，転写可能な状態にある遺伝子の特徴といえる．

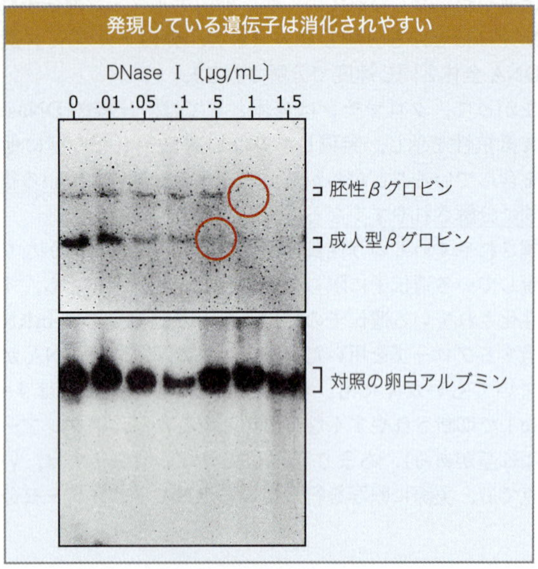

図 6・57　成人の赤芽球様細胞では，成人型のβグロビン遺伝子が DNase I の消化に対して感受性が高く，胚型βグロビン遺伝子は(おそらく広がり効果のため)部分的に感受性があるが，卵白アルブミンは感受性がない［写真は Harold Weintraub and Mark Groudine, Fred Hutchinson Cancer Research Center の好意による］

分解されやすい領域の範囲はどれくらいあるのか？　これは，転写単位それ自身とその側方領域に当たるプローブを使って知ることができる．切れやすい領域は，常に，転写されている全領域を超えて存在しており，転写単位のいずれの側も，数 kb 離れた領域まで，(おそらく，拡大効果の結果として) 中間レベルの感受性を示す．

ドメインという言葉に含まれる重要な概念は，DNase I に対する高い感受性を示す領域というのが，かなり広い範囲に及んでいるということである．制御という問題を，よく，DNA の別々の場所で起こる事象，たとえば，プロモーター領域での転写開始という事象ととらえている．たとえ，それが正しかったとしても，そのような制御には，もっと広い範囲の構造上の変化が伴っていることを忘れてはいけない．これが，真核生物と原核生物の違いである．

6・24 転写されている遺伝子はヌクレオソームが構築されるのか？

重 要 な 概 念

- 転写された遺伝子も転写されていない遺伝子もミクロコッカスヌクレアーゼで処理すると，ヌクレオソームは同じ頻度でみられる．
- 激しく転写されている遺伝子には，例外的に，ヌクレオソームがない場合がある．

転写中の遺伝子を可視化してみると，矛盾する結果が生じた．つぎの二つの図にそれぞれの両極端の例が示されている．

激しく転写されているクロマチンは，非常に伸展していて，ヌクレオソームで覆われていないように見える．リボソーム RNA をコードする遺伝子では，盛んに転写が行われ（図 6・58)，RNA ポリメラーゼが非常にたくさん集中しているために，その DNA 部分を観察するは難しい．また，リボソーム RNA は，タンパク質で包み込まれているので，転写産物の長さを直接計ることができない．しかし，(リボソーム RNA の配列から) 転写産物のあるべき長さを知ることはできる．“クリスマスツリー”の軸の長さで計ると，転写されている DNA 部分の長さは，リボソーム RNA の長さの約 85 % である．このことから，リボソーム RNA をコードする DNA は，ほとんど完全に伸びきっていることがわかる．

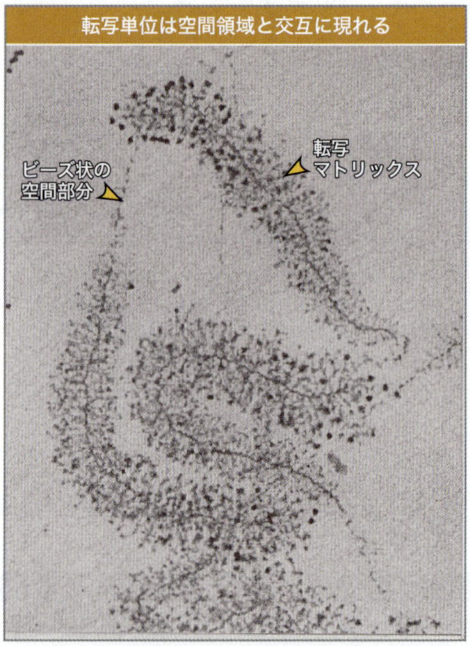

図 6・58　rDNA 転写単位の広がった領域は，少ししか広がりのない，非転写空間領域と交互に出現する［写真は Victoria Foe, Yean Chooi, and Charles Laird の好意による］

一方，SV40 ミニ染色体の転写複合体を感染細胞から抽出できる．このミニ染色体には，通常のヒストン群が含まれ，粒子状構造を示す．RNA 鎖が，そのミニ染色体から出てきているのが観察できる（図 6・59)．このことから，SV40 DNA がヌクレオソーム構造をとっているのに，転写は起こりうることがわかる．もちろん，SV40 ミニ染色体は，リボソーム RNA 遺伝子よりも

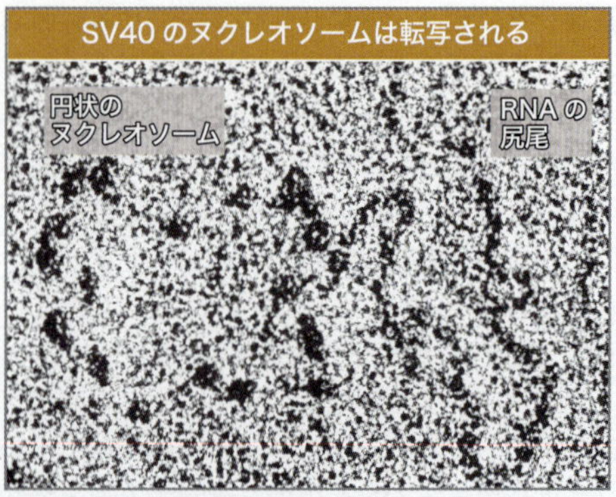

図 6・59　SV40 ミニ染色体は転写される［写真は Pierre Chambon, College of France の好意による．P. Gariglio, et al., '*The template of the isolated...*', *J. Mol. Bio.* **131**, (1979) より，Elsevier の許可を得て転載］

転写活性は低い．

転写には，DNA の巻戻しが必要で，ヌクレオソーム繊維がクロマチンのある限られた領域でほどける必要がある．単純に考えると，転写にはある種の“ゆとり”が必要であろう．上述した多糸染色体やランプブラシ染色体の特徴がヒントとなるが，より広がったクロマチン構造と遺伝子発現とが関連している．

活性化された遺伝子の構造に関して，まず浮かぶ疑問は，転写されている DNA はヌクレオソーム構造をとったままなのかどうかということである．もし，ヒストン八量体が取除かれるとすれば，ヒストン八量体は，転写されている DNA に何とかしてくっついたままになっているのだろうか？

一つの実験的アプローチとして，クロマチンをミクロコッカスヌクレアーゼで消化し，その後で，ある特異的な遺伝子に対するプローブを使って，プローブに相当する断片が，予想される濃度で，通常の 200 bp はしご状バンド部分に存在するかどうかをみることが考えられる．このような実験から言える結論は限られているけれども，重要である．転写されている遺伝子は，転写されていない領域と同じ頻度でヌクレオソームを含んでいる．したがって，遺伝子は，転写されるために，別の構造をとる必要は必ずしもない．

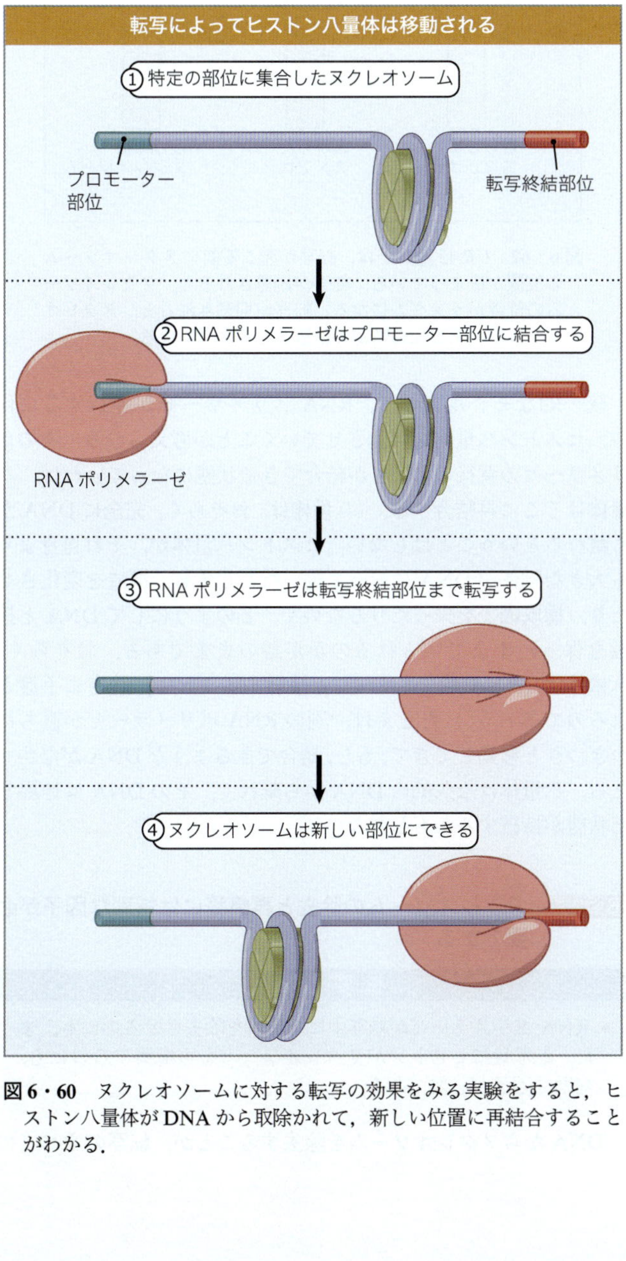

図 6・60　ヌクレオソームに対する転写の効果をみる実験をすると，ヒストン八量体が DNA から取除かれて，新しい位置に再結合することがわかる．

しかし，転写されている遺伝子は，平均的には，どんな時点でも，RNA ポリメラーゼが 1 個だけしか存在していないので，実際に RNA ポリメラーゼが働いている部位で起こっていることを示していることにはならない．おそらく，転写されている遺伝子は，ヌクレオソームを保持しているのだろう．ヌクレオソームは，RNA ポリメラーゼが通り過ぎていくときには一時的に離れるが，その後すぐに再構築されるというのが最も考えやすい．

6・25　ヒストン八量体は転写によって取除かれる

重要な概念

- モデル系では，RNA ポリメラーゼが，転写中にヒストン八量体を取除くが，八量体は，ポリメラーゼが通り過ぎるとすぐに DNA と再結合する．
- ヌクレオソームは，転写が終わると再構築される．

RNA ポリメラーゼがヌクレオソームを直接通り抜けて転写することができるのかを調べてみると，ヒストン八量体が転写によって取除かれることが示唆される．図 6・60 には，*in vitro* で，ファージの T7 RNA ポリメラーゼがヒストン八量体コアを一つだけもつ短い DNA 断片を転写するときの様子が示されている．ヒストンコアは DNA に結合したままであるが，別の場所に移っている．ヒストンコアは，いったん取除かれた DNA と同じ DNA 分子に再結合するというのが最も考えやすい．

図 6・61 が，ポリメラーゼ進行反応のモデルである．DNA は，ポリメラーゼがヌクレオソームのところに入ってくると，ヒ

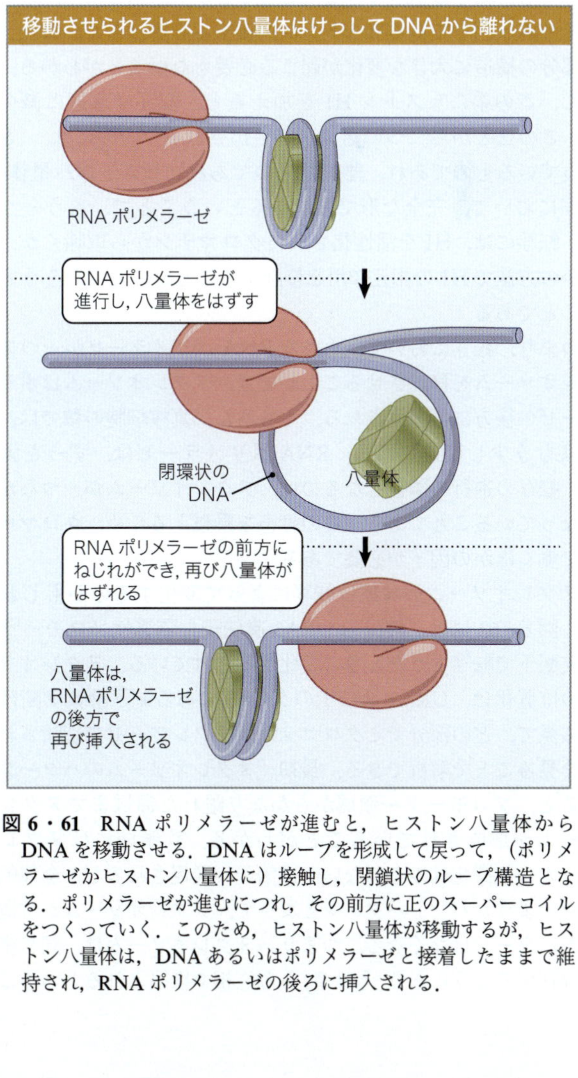

図 6・61　RNA ポリメラーゼが進むと，ヒストン八量体から DNA を移動させる．DNA はループを形成して戻って，（ポリメラーゼかヒストン八量体に）接触し，閉鎖状のループ構造となる．ポリメラーゼが進むにつれ，その前方に正のスーパーコイルをつくっていく．このため，ヒストン八量体が移動するが，ヒストン八量体は，DNA あるいはポリメラーゼと接着したままで維持され，RNA ポリメラーゼの後ろに挿入される．

ストンコアから引き離されるが，ポリメラーゼは，DNA がループを形成し，再接触して，閉じた状態になっている地点に到達する．ポリメラーゼがさらに進むにつれ，DNA を巻戻し，このループ部分に正の超らせんを誘導する．ループ状に閉じている部分は約 80 bp しかないので，その効果は劇的で，ポリメラーゼが進むにつれ，それぞれの塩基対がつぎつぎと超らせん構造になっていく．事実，最初の 30 bp は，ポリメラーゼは，容易にヌクレオソームの中に入っていく．その後，あたかも出くわす障害が大きくなっていくかのように，進行がゆっくりになる．10 bp ごとに一休みするが，このことから，DNA に回転が加わり，ループの構造に進行を束縛するような変化が生じていることが示唆される．ポリメラーゼがヌクレオソームの中間点（付加される塩基が必ず二回対称軸になる）に到達すると，休止をやめ，ポリメラーゼは，速やかに進行するようになる．このことから，ヌクレオソームの中間点というのは，ヒストン八量体が取除かれる地点の目印となっていると思われる（おそらく，中間点では，正の超らせんがある臨界レベルに達し，ヒストン八量体が DNA から離れると思われる）．ヒストン八量体が離れることで，ポリメラーゼの前にある張力が解消され，ポリメラーゼは進むことができるようになる．その後，ヒストン八量体がポリメラーゼの後方で DNA に結合し，もはや，ポリメラーゼ進行の障害とはならない．おそらく，ヒストン八量体は，DNA との接触が完全には失われることなく，DNA 上の別の場所に結合するのであろう．

ヒストン八量体は，完全な形で DNA から離れるのか？ 八量体のタンパク質どうしを架橋しても，転写の障害にはならない．コアヒストンの中央部分がくっついて離れないほど十分に強く架橋しても，転写は継続できる．このことから，転写には，八量体がその構成因子であるヒストンに解離する必要はなく，また，中央部分の構造に大きな変化が起こる必要もないことがわかる．しかし，この系にヒストン H1 を加えると，転写は急速に減少する．このことから二つの結論が導き出される：一つには，（とどまっているものであれ，離れたものであれ）ヒストン八量体は，転写において，完全な形で機能するということで，もう一つには，転写には，H1 を活性化されたクロマチンから取除くか，何らかの方法で H1 の相互作用を修飾することが必要であろうということである．

つまり，転写において，小さな RNA ポリメラーゼが一つのヌクレオソームを移動させることができ，ヌクレオソームはポリメラーゼの後方に再構築される．もちろん，真核細胞の核では，状況はもう少し複雑である．RNA ポリメラーゼは，ずっと大きく，転写の進行の障害となるのは，ヌクレオソームが一つながりになっていることである．この障害を乗越えるため，クロマチン上で働くほかの因子が必要である．

ヌクレオソームの構成は転写によって変化するのかもしれない．図 6・62 には，酵母の URA3 遺伝子を誘導性プロモーターの支配下で転写させたときの変化が示されている．ヌクレオソームの位置化は，URA3 遺伝子の 5′ 末端のある制限酵素切断部位から見て，どの部分でミクロコッカスヌクレアーゼで切断されるかを見ることで解析できる．最初，ヌクレオソームのパターンを見ると，プロモーター領域からかなり離れた領域までヌクレオソームが形成されていることがわかる．3′ 領域にはヌクレオソームの位置化はみられない．遺伝子が発現されると，全体的にしみのようなバンドパターンとなって，ヌクレオソームが位置化したパターンはなくなる．つまり，ヌクレオソームは，同じ密度で存在するようになり，もはや，ある位相で構築されるということはない．このことから，転写によって，ヌクレオソームの位置化が破壊されることがわかる．再び転写抑制が完了すると，10 分以内に（完全ではないけれども）ヌクレオソームの位置化が出現する．このことから，興味深いことに，ヌクレオソームの位置は，複製が起こらなくても修正されるということがわかる．

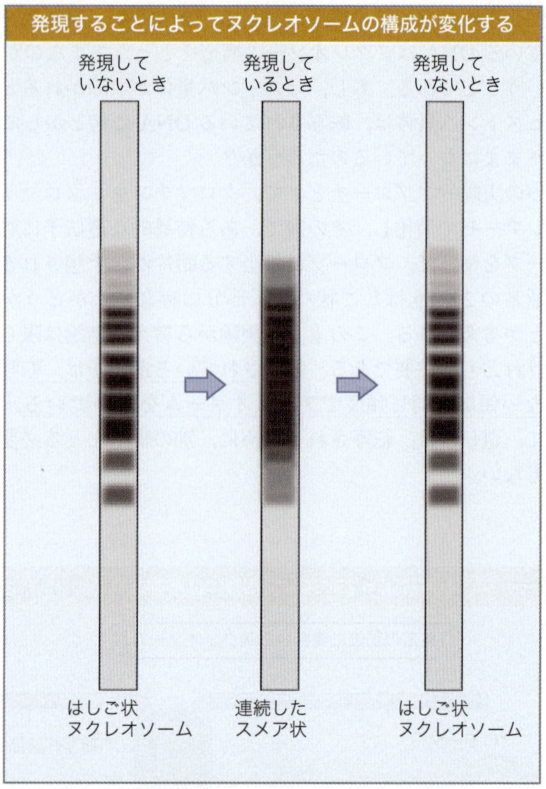

図 6・62 *URA3* 遺伝子は，転写が起こる前にヌクレオソームの位置が決まっている．転写が誘導されると，ヌクレオソームの位置がランダムになる．転写が抑制されると，ヌクレオソームが，再び元の特定の位置をとるようになる．

統一的なモデルとして，RNA ポリメラーゼが進行するに伴い，ヒストン八量体を移動させていくことが考えられる．そのポリメラーゼの背後の DNA が結合できる状態になっていれば，八量体はそこに再結合する．（八量体は，おそらく，完全に DNA から離れるということはしない．ヒストン八量体が，それ自身よりも大きな物体が DNA に沿って動いたとしても，構造を変化させたり，構成因子を失ったりしないで，どのようにして DNA と接触を保ったままでいられるのかが謎のままである．おそらく，八量体は，RNA ポリメラーゼと接触することで，後方に手渡されるのであろう．）たとえば，別の RNA ポリメラーゼが直ちにつぎつぎと移動してきて，もし，結合できるような DNA がなかったら，八量体は永久的に DNA から離れて，その DNA は伸展した状態が持続するかもしれない．

6・26 ヌクレオソームの除去と再構築には特別な因子が必要である

重要な概念

- RNA ポリメラーゼが転写中に八量体を除去させるのにも，また，転写後にヒストンがヌクレオソームを再構築するのにも，補助的因子が必要である．

DNA からヌクレオソームを除去することが，転写のすべての段階で鍵になってくる．転写の過程は，開始に関して，最も研究が進んできた．活性化されたプロモーターでは，ヒストン八量体がDNAから除去させられているので，DNaseに対して感受性がある（§6・27 "DNase高感受性部位がクロマチン構造を変換する" 参照）．ヒストン八量体の除去には，リモデリング複合体が必要で，リモデリング複合体は，転写因子によって転写の場に引き寄せられ，ATPの加水分解でできるエネルギーを使ってクロマチン構造を変換させる（MBIO:6-0003 参照）．このことから，RNAポリメラーゼは，ヌクレオソームで邪魔されない，ある短いDNA部分からRNA合成を開始することがわかる．RNA伸長の間，RNAポリメラーゼが進み続けるように，ヒストン八量体はその前方で取除かれないといけない．そして，その後で，DNAを裸の状態で残さないように，転写後に八量体が再構築されないといけない．

RNAポリメラーゼⅡによる *in vitro* での転写では，FACT（facilitate chromatin transcription; RNAポリメラーゼの一部分ではないが，転写伸長期には，RNAポリメラーゼに特異的に相互作用する）とよばれる，転写延長因子のように働くタンパク質が要る．FACTは，すべての真核細胞でよく保存された二つのサブユニットからなる．FACTは，活性化された遺伝子のクロマチンと相互作用する．

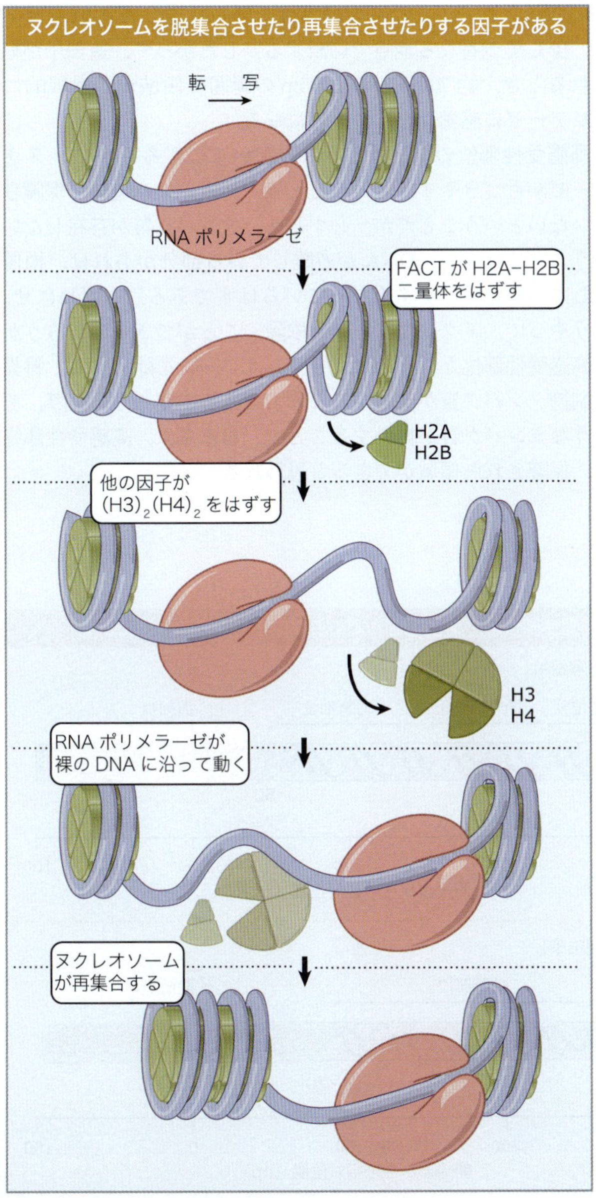

図6・63　ヒストン八量体は転写に先立って脱集合し，ヌクレオソームが取除かれ，転写後に再集合する．おそらく，H2A–H2B二量体が離れるということが脱集合過程の最初に起こる．

FACTをヌクレオソームに添加すると，ヌクレオソームからヒストンH2A–H2B二量体が除かれる．このことから，FACTは，転写中にヒストン八量体を除く機構の一翼を担っていると思われる．FACTは，コアヒストンを利用して，ヌクレオソームを形成するのを助けるので，この分子はまた，転写後にヌクレオソームを再集合させるのにも必要なのかもしれない．

これらから，図6・63のようなモデルが示唆されているが，そのモデルでは，FACTがRNAポリメラーゼの前方で，ヌクレオソームからH2A–H2Bを引き離し，その後，RNAポリメラーゼの後方で集合していくヌクレオソームにH2A–H2Bを付加する手助けをする．この反応を完了するには，他の因子群が必要である．FACTはまた，DNA複製や修復といった，ヌクレオソームが除去されないといけない他の反応でも必要なのだろう．

転写されている領域のクロマチンが完全な状態で保たれるには，他の因子群が必要であるが，おそらく，その根拠は，その因子群がまた，ヌクレオソームの分解と再集合にも関与しているからである．しかし，それらの機能の詳細については，まだ，不明である．

6・27　DNase高感受性部位がクロマチン構造を変換する

重要な概念

- 高感受性部位は発現している遺伝子のプロモーターにみられる．
- 転写因子が結合して，ヒストン八量体を取除くことで，高感受性部位となる．

活性化されているか，あるいは活性化される可能性のある領域でみられる一般的な変化に加えて，転写開始やDNAのある種の構造的な特徴と関連して起こる構造変化がある．このような変化は，最初，非常に低濃度のDNase Iでクロマチンを消化したときにみられた．

クロマチンをDNase Iで消化すると，その最初にみられる効果として，特異的な**高感受性部位**（hypersensitive site）で二本鎖DNAが切断される．DNase Iに感受性があるということは，クロマチンの中で，DNAにその酵素が触れることができるということなので，このような部位は，通常のヌクレオソーム構造をとっていないために，DNAが特に露出しているクロマチン領域と考えることができる．典型的な高感受性部位というのは，クロマチン全体と比べて100倍も酵素感受性が高い．このような部位は，他のヌクレアーゼや化学薬剤に対しても感受性が高い．

高感受性部位は，（組織特異的）クロマチン構造で決まっている．その位置は，ヌクレオソーム位置化のことを知るときに使った，末端標識の方法で決めることができる．図6・64にその方法が示されている．この場合，DNase Iの高感受性部位で切断が起こって，DNA断片の一方の末端となり，そこまでの距離は，ある制限酵素で切断したときにできる，もう一方の末端から計ればわかる．

高感受性部位の多くは，遺伝子発現と関係している．活性化されている遺伝子にはすべて，プロモーター領域に，1箇所あるいはそれ以上の高感受性部位がある．ほとんどの高感受性部位は，その部位に関係する遺伝子が発現しているクロマチン領域にのみ存在する．遺伝子が不活化されている場合には，高感受性とはならない．5′高感受性部位は，転写が始まる前に現れ，変異導入実験でわかるように，高感受性部位に含まれるDNA配列が遺伝子発現には必要である．

特によく研究されているヌクレアーゼ感受性部位は，SV40ミニ染色体にある．複製起点の近くで，後期転写単位のプロモーターのすぐ上流部分にある短い部分が，DNaseⅠ，ミクロコッカスヌクレアーゼや（制限酵素を含む）他のヌクレアーゼで選択的に切断を受ける．

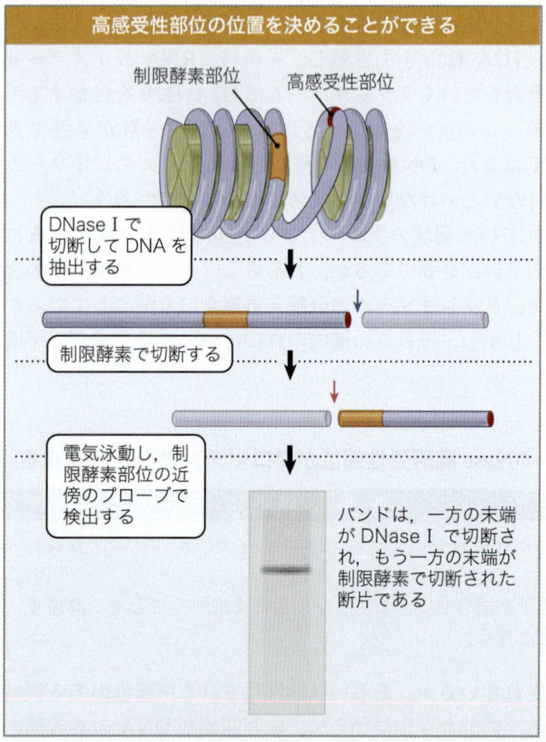

図6・64　間接的末端標識をすると，制限酵素切断部位からDNase高感受性部位までの距離がわかる．DNaseⅠで特に切断されやすい部位があると，明確な1個の断片ができ，その断片の大きさから，制限酵素切断部位からDNaseⅠ高感受性部位までの距離がわかる．

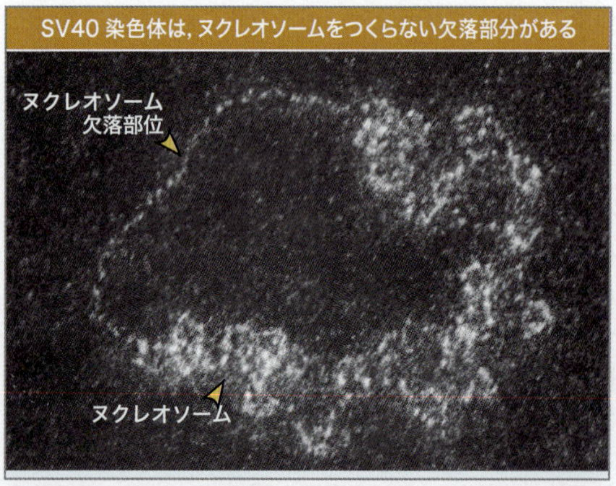

図6・65　SV40ミニ染色体はヌクレオソームのない欠落部分がある［写真はMoshe Yaniv, Pasteur Instituteの好意による］

SV40ミニ染色体の大きさは，電子顕微鏡でわかる．そのミニ染色体の試料のうちの20％までに，ヌクレオソーム構造に“ギャップ（欠落）”がみられる（図6・65）．この欠落領域は，約120 nm（約350 bp）の長さで，その両側にはヌクレオソームがみられる．この欠落部分がヌクレアーゼ感受性部位に相当する．このことから，ヌクレアーゼに対して感受性が増加するということは，ヌクレオソームが取除かれることと関連があることがわかる．

高感受性部位というのは，必ずしもヌクレアーゼに対して一様に感受性があるわけではない．図6・66には，2箇所の高感受性部位が示されている．

SV40の約300 bpのヌクレオソーム欠落部位では，2箇所のDNaseⅠ高感受性部位と，1箇所の切断を受けない部位がある．切断を受けない部位では，おそらく，DNAに（非ヒストン）タンパク質が結合していると思われる．この欠落部位は，プロモーター機能に必要なDNA配列と関連がある．

βグロビンプロモーターの高感受性部位は，DNaseⅠ，DNaseⅡやミクロコッカスヌクレアーゼを含む，いくつかの酵素で選択的に切断される．これらの酵素は，同じ共通した領域ではあるが，少しずつ異なる地点で切断する．したがって，遺伝子が転写されるとき，約70 bpから270 bpの範囲の領域が，選択的にヌクレアーゼに感受性をもつようになる．

高感受性部位の構造はどうなっているのだろうか？　ヌクレアーゼが近づきやすいということは，ヒストン八量体で保護されていないということだが，必ずしも，タンパク質が存在しないということではない．DNAが遊離している部分があれば，損傷に対して影響を受けやすくなっているはずである．いずれにせよ，どうやって，ヌクレオソームを取除くことができるのだろうか？

高感受性部位というのは，ヌクレオソームを除去する，特異的な制御タンパク質が結合することでできるのだろう．実際，そのようなタンパク質が結合することで，おそらく，高感受性部位内に，保護された領域ができると思われる．

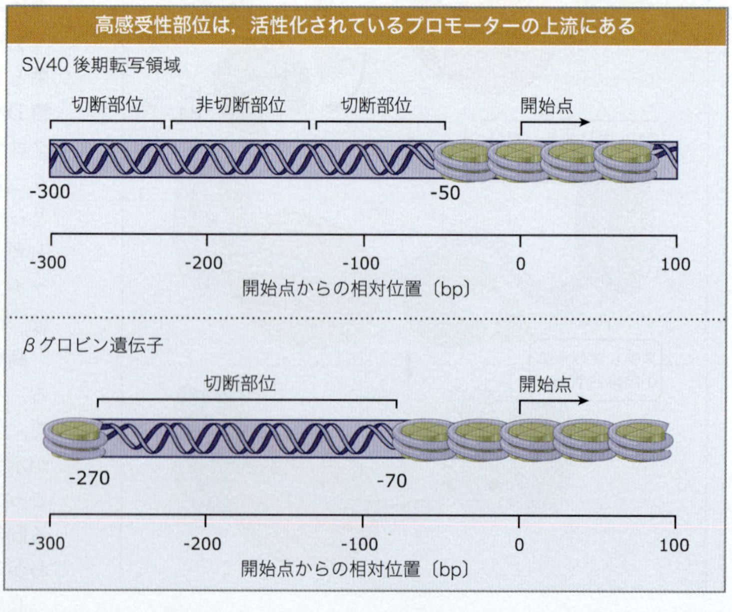

図6・66　SV40ミニ染色体の欠落部分には，高感受性部位，感受性部位と非感受性部位がある．ニワトリβグロビンの高感受性部位には，数種類のヌクレアーゼに感受性のある部分がある．

高感受性部位は，プロモーターやそれ以外の転写調節領域，複製起点，セントロメアや，それ以外の構造上重要な部位と関連があるので，高感受性部位をつくるタンパク質は，いろんなタイプの調節因子が関係していると思われる．それらの因子のなかには，もっと広範囲のクロマチン構造に関係しているものもある．高感受性部位は，一群のヌクレオソーム構造の境界となっているかもしれない．転写に関連する高感受性部位は，転写因子が，RNA ポリメラーゼに接近する反応の一部として，プロモーターに結合することでできるのかもしれない（MBIO：6-0004 参照）．

6・28 クロマチン改築は活性化反応である

重要な概念

- クロマチン構造が，ATP の加水分解エネルギーを利用する改築（リモデリング）複合体によって変化する．
- SWI/SNF，RSC と NURF 複合体はすべて非常に巨大で，いくつかの共通したサブユニットをもっている．
- リモデリング複合体自体は，ある特殊な標的部位に対する特異性をもっているのではなく，転写装置に含まれる構成因子によび寄せられる．
- リモデリング複合体は，配列特異的活性化因子によって，プロモーター部位によび寄せられる．
- リモデリング複合体が結合すると，その配列特異的活性化因子は離れるのだろう．

細胞のゲノムはヌクレオソームで構築されているが，もし，プロモーター領域がヌクレオソームで包まれていると，転写開始は通常は抑えられる．この意味で，（かなり古い考え方として）ヒストンは，一般的な転写抑制因子として機能する．遺伝子の活性化により，クロマチン状態の変化が起こる．どのようにして，転写装置がプロモーター DNA に接近できるかが必須の問題である．

ある一つの遺伝子が発現されるかどうかは，（プロモーター領域での）局所的なクロマチン構造とその周辺領域のクロマチン構造の両方がかかわっている．したがって，クロマチン構造は，個々の活性化反応か，あるいは広範な染色体領域に影響を及ぼすような変化によって制御される．もっとも局所的な反応というのは，個々の標的遺伝子の部分で起こり，その部分では，プロモーター領域のすぐ近傍で，ヌクレオソームの構造や構築が変化する．もっと一般的な変化として，染色体全域といった大きな領域に影響を及ぼすような変化が起こるかもしれない．

大きな領域に影響を及ぼすような変化によって，ある一つの遺伝子が発現されるかどうかが制御される．**サイレンシング**（silencing）という用語は，局所的な染色体領域で遺伝子活性の抑制という意味で使われる．ヘテロクロマチンという用語は，顕微鏡で物理的により凝縮した構造をとっているのが見えるくらいの大きさの染色体領域をさすときに用いられる．両者の変化は基本的に同じである．さらにいくつかのタンパク質がクロマチンに結合し，直接的にせよ間接的にせよ，転写因子や RNA ポリメラーゼがプロモーター領域でプロモーターを活性化するのを防いでいる．

個々のプロモーター領域で変化が起こって，ある特定の遺伝子の転写が開始するかどうかが制御される．この変化は，活性化であったり，抑制化であったりする．

局所的なクロマチン構造は，遺伝子発現制御には欠くことのできない要因である．遺伝子は，2 種類の状態の構造のうちのどちらかをとるのだろう．その遺伝子が発現している細胞では，遺伝子は“活性化”状態にある．構造変化が転写反応に先立って起こり，遺伝子は，“転写可能”状態になる．このことから，“活性化された”構造をとるということが，遺伝子発現の第 1 段階であることが示唆される．活性化された遺伝子は，ヌクレアーゼで切断を受けやすいユークロマチン領域にみられる（§6・23“ドメインとは活性化している遺伝子を含む領域のことである”参照）．高感受性部位は，遺伝子が活性化される前にプロモーター部分につくられる（§6・27“DNase 高感受性部位がクロマチン構造を変換する”参照）．

転写開始とクロマチン構造には，緊密な関係が継続して存在する．遺伝子転写活性化因子のなかに，直接ヒストンを修飾するものがある．特に，ヒストンのアセチル化は，遺伝子活性化に関係がある．逆に，転写不活性化には，ヒストンの脱アセチルに働く因子がある．つまり，プロモーター近傍でヒストンの構造が可逆的に変化することが，遺伝子発現制御にかかわる．このアセチル化・脱アセチルが，ある一つの遺伝子を活性化状態かあるいは不活性化状態に維持するメカニズムの一部を担っているのであろう．

クロマチンの局所領域が不活性化（沈黙）状態に維持されるメカニズムも，個々のプロモーター領域が抑制される方法と関連がある．ヘテロクロマチン形成に関与するタンパク質が，ヒストンを介してクロマチンに作用するが，ヒストンの修飾が，その相互作用に重要な役割を果たすと思われる．

クロマチン構造に変化をもたらす過程は，一般に，**クロマチンリモデリング**（chromatin remodeling）とよぶ．この過程には，エネルギーを使ってヒストンを置き換えるメカニズムが働く．ヒストンをクロマチンから離すには，多くのタンパク質–タンパク質間相互作用やタンパク質–DNA 相互作用を壊す必要がある．

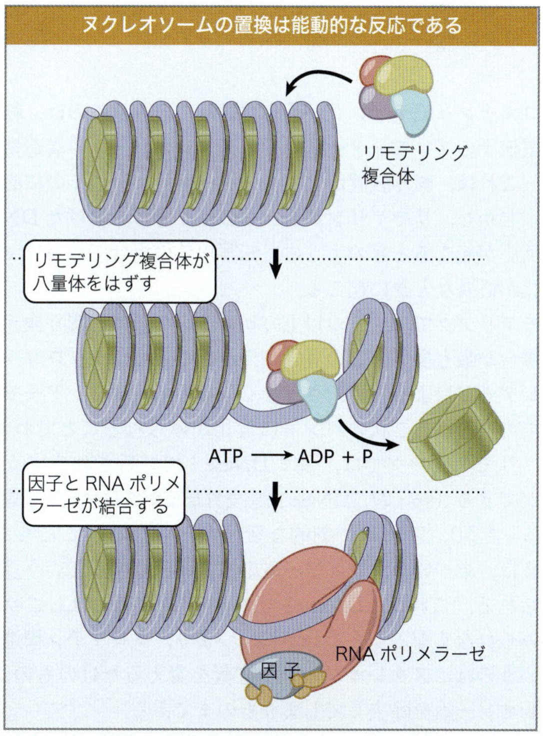

図 6・67 クロマチン転写のダイナミックなモデルでは，ATP の加水分解のエネルギーを利用して，特定の DNA 配列からヌクレオソームを移動させる働きがある因子が想定される．

壊すには，エネルギーが供給されないといけない．ATP を加水分解する因子によって起こされるダイナミックなリモデリングの原理が図 6・67 に示されている．ヒストン八量体が DNA から離れると，他のタンパク質（この場合，転写因子や RNA ポリメラーゼ）が結合できる．

図 6・68 には，*in vitro* で解析できるクロマチンのリモデリングの型が要約されている．

- ヒストン八量体が DNA に沿ってスライドし，DNA とタンパク質の関係が変化する．これにより，ヌクレオソーム上で，ある特定の配列の位置が変化する．
- ヒストン八量体間の距離が変化し，その結果として，個々の配列の位置がタンパク質に対して変化する．
- 最も極端な変化は，八量体が DNA から完全に置き換わって，ヌクレオソームのない隙間ができる．

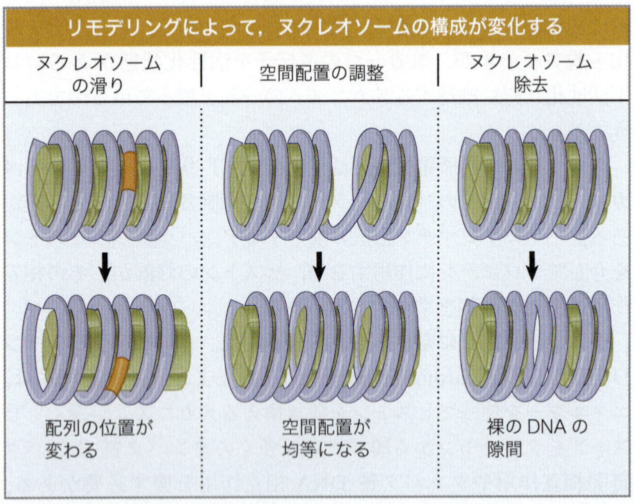

図 6・68 リモデリング複合体によって，ヌクレオソームは DNA に沿って滑ったり，DNA からヌクレオソームが置換したり，あるいは，ヌクレオソーム間の距離が変化したりする．

クロマチンリモデリングが最も共通してみられるのは，転写される遺伝子のプロモーター部分でのヌクレオソームの構造変化である．これは，転写装置がプロモーター部分に近づくのに必要である．しかし，リモデリングというのは，傷害を受けた DNA で修復反応が起こるときのように，転写以外の場合でもクロマチンの変化が必要なときに起こる．

リモデリングでは，一つ以上のヒストン八量体を置き換えるという場合が最も多い．この置き換えが起こると，ミクロコッカスヌクレアーゼによって切断されなくなるので，ヌクレアーゼで処理してできるはしご状のバンドに変化がみられることでわかる．また，リモデリングでは，よく DNase I で切断されやすくなる部分ができる（§6・27 “DNase 高感受性部位がクロマチン構造を変換する” 参照）．時には，劇的な変化がみられないこともある．たとえば，単一のヌクレオソームの位置が回転するという変化があげられる．これは，DNase I でできる 10 塩基のはしご状バンドがみられなくなることでわかる．つまり，クロマチン構造の変化というのは，ヌクレオソームの位置を変えるだけのものから，ヌクレオソームを除去してしまうものまである．

クロマチンリモデリングは，ATP を加水分解してエネルギーを供給する大きな複合体によってひき起こされる．リモデリング複合体の中心は，ATPase サブユニットである．リモデリング複合体は，ATPase サブユニットのタイプによって通常分類され，よく似た ATPase サブユニットをもつリモデリング複合体は，同じファミリーに属すると考える（通常，他のサブユニットのなかには共通のものもある）．図 6・69 に，それらの名前が列記されている．大きく二つのタイプの複合体があって，SWI/SNF と ISW（ISW は SWI 類似体の意味）とよばれる．酵母は，それぞれタイプについて，二つの複合体がある．両方のタイプの複合体は，ハエやヒトにもみられる．それぞれのタイプの複合体は，異なるリモデリング活性をもっていると思われる．

数種類のリモデリング複合体がある

複合体の種類	SWI/SNF	ISW	その他
酵 母	SWI/SNF RSC	ISW1 ISW2	
ハ エ	dSWI/SNF (Brahma)	NURF CHRAC ACF	
ヒ ト	hSWI/SNF	RSF hACF/WCFR hCHRAC	NuRD
カエル			Mi-2

図 6・69 リモデリング複合体は，その中に含まれる ATPase サブユニットによって分類できる．

SWI/SNF は，最初に同定されたリモデリング複合体であった．その名前は，その複合体のサブユニットが出芽酵母の *SWI* や *SNF* という変異でもともと同定された遺伝子でコードされていたことに由来する．この *SWI* や *SNF* の変異は，特に，非ヒストンタンパク質をコードしている *SIN1* やヒストン H3 をコードしている *SIN2* といったクロマチンの構成因子をコードする遺伝子の変異と遺伝的相関がある．*SWI* と *SNF* 遺伝子は，さまざまな遺伝子座の発現に必要である（出芽酵母のおよそ 120 つまり 2 % の遺伝子が影響を受ける）．これらの遺伝子座の発現には，SWI/SNF 複合体が必要で，プロモーター領域のクロマチンがリモデリングを受ける．

SWI/SNF は，*in vitro* で酵素活性を発揮し，酵母細胞当たりおよそ 150 個の複合体しか存在しない．SWI/SNF 複合体のサブユニットをコードする遺伝子はすべて生存には必須ではないので，酵母は，クロマチンをリモデリングする別の方法ももっているに違いない．RSC 複合体は，もっと豊富に存在し，生存に必須である．RSC は，およそ 700 の遺伝子座を標的にしている．

SWI/SNF 複合体は，*in vitro* で，全体としてはヒストンを失うことなく，クロマチンをリモデリングしたり，ヒストン八量体を置き換えたりすることができる．どちらのタイプの反応も，同じ中間体を通して起こると思われ，その中間体では，標的となるヌクレオソームの構造が変化し，もともとの DNA 上に（リモデリングされた）ヌクレオソームを再構築するか，あるいは，ヒストン八量体を別の DNA 分子に置き換える反応が進む．SWI/SNF 複合体は，標的部位で DNase I に対するヌクレオソームの感受性を変化させ，タンパク質-DNA 相互作用に変化を与えるが，その変化は，SWI/SNF 複合体がヌクレオソームから解離しても維持される．SWI2 サブユニットが ATPase であり，SWI/SNF 複合体によるリモデリングに必要なエネルギーを供給する．

DNA とヒストン八量体の間には多くの相互作用があり，結晶構造では，14 箇所みられる．ヒストン八量体が解離したり，新しい部位に移動したりするには，これらの相互作用がすべて壊れないといけない．どのように相互作用は崩されるのか？　リモデリングの過程で，一本鎖DNAができることはない（そして，SWI/SNF複合体にはヘリカーゼ活性はない）ので，いくつかのすぐ思いつくようなメカニズムは除外できる．現在考えられているのは，SWIならびにISW型のリモデリング複合体はATPの加水分解を利用して，ヌクレオソーム表面のDNAにねじれを入れるということである．間接的な証拠ではあるが，このねじれによって力学的な力が発生し，DNAの小さな領域がヌクレオソーム表面から離れ，その後，再び付着するのではないかと考えられている．

リモデリング複合体によって触媒される一つの重要な反応は，ヌクレオソームのすべりの変化を伴う．ISWファミリーがヒストン八量体を解離させることなくヌクレオソームの位置を変化させるということが最初観察された．この反応は，滑り反応によって起こり，ヒストン八量体はDNAに沿って動く．ヒストンH4のN末端を除去すると，滑り反応は起こらないが，ヒストンH4のN末端部分がどのように機能しているのかはよくわからない．SWI/SNF複合体は同じ能力をもっている．つまり，DNAに障害となるものを導入してやると，反応は抑制されるが，これは，滑り反応があるということを意味しており，ヒストン八量体が，DNAと離れることなく，多かれ少なかれ，連続的にDNAに沿って動くということを意味している．

SWI/SNF複合体の反応に関する一つの謎は，複合体の全体のサイズである．この複合体は，11のサブユニットからなり，全分子量は約2×10^6になる．この大きさは，RNAポリメラーゼやヌクレオソームよりも大きいため，構成因子のすべてがどのようにしてヌクレオソーム表面にあるDNAと相互作用できるのかが理解しにくい．しかし，RNAポリメラーゼⅡホロ酵素とよばれる，全活性をもつ転写複合体には，RNAポリメラーゼⅡ自体，TBPとTFⅡAを除くすべてのTFⅡ因子ならびにSWI/SNF複合体がみられ，SWI/SNF複合体はRNAポリメラーゼⅡのCTD尾部に相互作用している．事実，SWI/SNF複合体のすべての因子がRNAポリメラーゼⅡホロ酵素調製物にみられる．このことから，クロマチンのリモデリングとプロモーター領域の認識は，単一の複合体が協調して行っているのではないかと示唆される．

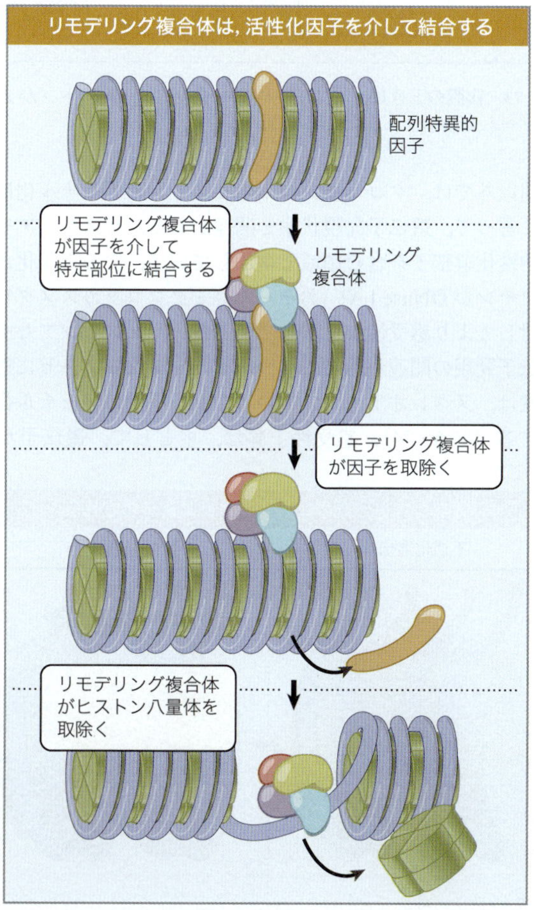

図6・70　リモデリング複合体は，活性化因子（あるいは抑制因子）を介してクロマチンに結合する．

どのようにして，リモデリング複合体はクロマチンの特定の部位を目標にすることができるのか？　リモデリング複合体それ自身には，DNAの特定の配列に結合するサブユニットは含まれていない．このことから，リモデリング複合体は，活性化因子かあるいは（時には）抑制化因子によって引き寄せられるというモデルが考えられる（図6・70）．これは“ヒット・エンド・ラン”メカニズムで成し遂げられ，活性化因子や抑制化因子は，リモデリング複合体が結合すると解離するのであろう．

クロマチンリモデリングは，ヒストンの状態変化，特に，H3やH4のN末端尾部の修飾によって起こされる．ヒストン尾部は，N末端20個のアミノ酸で構成され，DNAの回転の間を通ってヌクレオソームから外に突き出ている（§6・19“ヒストン八量体の構築”の図6・44参照）．ヒストン尾部は，メチル化，アセチル化やリン酸化によって数箇所で修飾される．ヒストンの修飾によって，非ヒストンタンパク質が付着できる結合部位ができ，その結果として，クロマチンの性質が変化する．

ヒストン修飾が起こるヌクレオソームの範囲には幅がある．修飾が局所的に，たとえば，プロモーター領域のヌクレオソームに限られることがある．あるいは，広範囲に，たとえば，全染色体で起こることもある．一般的に言って，アセチル化は活性化クロマチンと関係し，メチル化は不活化クロマチンと関係する（図6・71）．しかし，それほど単純ではなく，修飾される場所の特殊性が重要であることもあるし，いくつかの修飾が混在することが重要であることもあり，したがって，（たとえば，）ある場所でメチル化されたヒストンが，活性化クロマチンの中にみられるといった例外もある．

修飾の特異性というのは，修飾酵素の多くが，特定のヒストンにそれぞれの標的部位があることで説明できる．いくつかの修飾

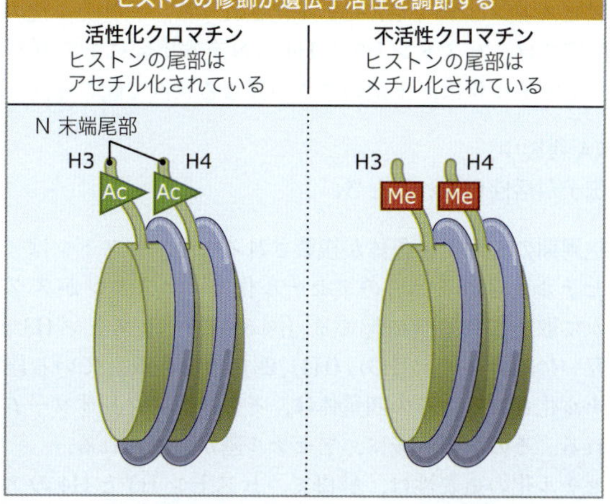

図6・71　H3とH4のアセチル化と活性化クロマチンは関係しており，メチル化は不活化クロマチンと関連がある．

について，図6・72に要約されている．ほとんどの修飾部位は，一つのタイプの修飾だけが起こる．一つの部位の修飾が他の部位の修飾を活性化する場合もあるし，抑制する場合もある．ヒストン修飾の組合せがクロマチンの型を決めるという考えがあり，“ヒストンコード”とよばれている．

ヒストンの修飾がクロマチンの構造と機能に影響を及ぼす

ヒストン	修飾部位	修 飾	機 能
H3	Lys-4	メチル化	
	Lys-9	メチル化	クロマチン凝集，DNA メチル化に必要
		アセチル化	
	Ser-10	リン酸化	
	Lys-14	アセチル化	Lys-9 のメチル化阻害
	Lys-79	メチル化	テロメア不活化
H4	Arg-3	メチル化	
	Lys-5	アセチル化	
	Lys-12	アセチル化	
	Lys-16	アセチル化	ヌクレオソーム集合，ハエの X 染色体不活化

図6・72 ヒストンのほとんどの修飾部位は，単一の特定の修飾を受けるが，修飾部位のなかには，複数種の修飾を受けるものもある．

6・29 ヒストンのアセチル化は遺伝的活性と関係がある

重 要 な 概 念

- ヒストンのアセチル化は，複製のときに一過性に起こる．
- ヒストンのアセチル化は，遺伝子発現の活性化と関連がある．
- 脱アセチルされたクロマチンは，より凝集した構造をとっていると思われる．
- 転写活性化因子は，ヒストンアセチル化活性とともに大きな複合体を構成する．
- リモデリング複合体がアセチル化複合体を引き寄せると思われる．
- ヒストンアセチル化酵素の標的部位の特異性は多様である．
- アセチル化は，質的にも量的にも転写に影響を及ぼしうる．
- 脱アセチルは，遺伝子活性の抑制と関連がある．
- 脱アセチル酵素は，転写抑制活性のある複合体に含まれる．
- ヒストンのアセチル化は，転写複合体を活性化状態に維持する反応と思われる．

コアヒストンはすべてアセチル化されうる．アセチル化の主要な標的部位は，ヒストンH3とH4のN末端尾部にあるリシンである．アセチル化は，下記の二つの異なる状況で起こる．

- DNA 複製中．
- 遺伝子が活性化されるとき．

細胞周期のS期で染色体が複製されるとき，ヒストンは一過性にアセチル化される．このアセチル化は，ヒストンがヌクレオソームに取込まれる前に起こる（図6・73）．ヒストンH3とH4は，互いに結合して，$(H3)_2(H4)_2$四量体を構成している段階でアセチル化される．その四量体は，その後，ヌクレオソームに取込まれる．そのすぐ直後に，アセチル基が除去される．

アセチル化の重要性は，酵母で，ヒストンH3とH4のアセチル化をDNA複製中に阻害すると，生存性が失われるという事実でわかる．ヒストンH3とH4は，酵素の基質としては豊富に存在していて，酵母は，S期の間に，ヒストンH3かH4のいずれかをアセチル化できさえすれば，完全に生きることができる．アセチル化の役割は，可能性として二つ考えられる．ヒストンをヌクレオソームに組込む因子によって認識されるようにするためか，あるいは，新しいヌクレオソームの集合や構造に必要なのであろう．

クロマチン集合に関与すると知られている因子は，アセチル化されたヒストンとされていないヒストンを見分けることができないので，ヒストンの修飾は，ヌクレオソーム形成後の相互作用に必要なのだろうと示唆される．アセチル化は，ヒストンがヌクレオソームに取込まれてから起こるタンパク質–タンパク質間相互作用を制御する手助けになると長い間考えられてきた．このような役割を示す証拠として，酵母のSASヒストンアセチル化複合体が，複製フォークのところでクロマチン集合複合体に結合することがあげられるが，そこでは，ヒストンアセチル化複合体は，ヒストンH4の^{16}Lysをアセチル化する．これが，複製後にヒストンアセチル化パターンを確定する方法の一部となっているのだろう．

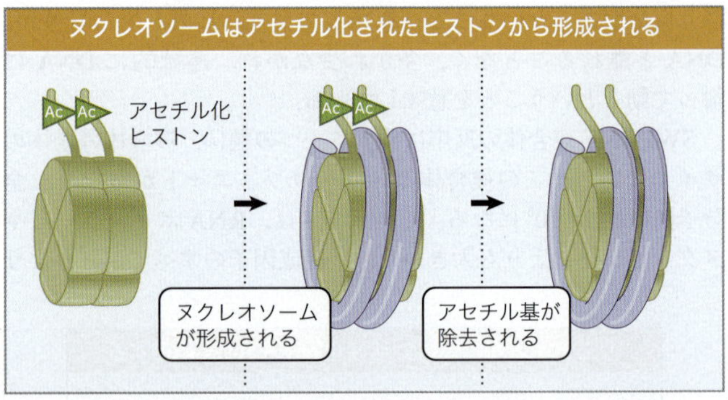

図6・73 複製のときに，ヒストンのアセチル化は，ヒストンがヌクレオソームの取込まれる前に起こる．

S期以外では，クロマチンの中のヒストンのアセチル化は，一般的に言って，遺伝子発現状態と関連がある．ヒストンアセチル化が活性化遺伝子を含む領域で増加していて，アセチル化されたクロマチンがDNase Iや（おそらく）ミクロコッカスヌクレアーゼに対してより感受性が上がっているため，ヒストンアセチル化と遺伝子発現の関連が最初に見つかった．ヌクレアーゼに対する感受性は，ヌクレオソームの中のヒストン尾部のアセチル化を必要とする（図6・74）．感受性上昇は，主として，遺伝子が活性

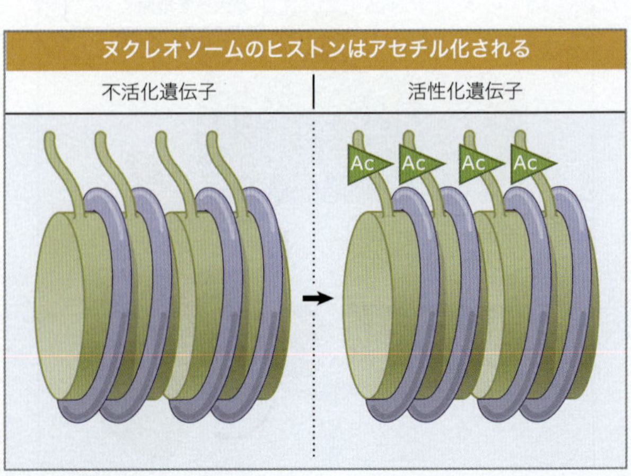

図6・74 遺伝子活性化に関連して，ヌクレオソームに含まれるヒストンが直接アセチル化される．

化されたときに，プロモーター領域の近傍でヌクレオソームのアセチル化が起こることでひき起こされる．

個々のプロモーター上で起こるのに付け加えて，性染色体上で大規模なアセチル化の変化が起こる．この変化は，一つの性では2本のX染色体があるが，もう一方の性では，（Y染色体に加えて）1本のX染色体しかないことを補正するために，X染色体上の遺伝子の活性を変化させるメカニズムの一つとして起こる（§6・32“X染色体は全体的な変化をする”参照）．雌の哺乳類にみられる不活化X染色体では，ヒストンH4のアセチル化の程度は低い．ショウジョウバエの雄の高度に活性化されたX染色体では，ヒストンH4のアセチル化が増加している．このことから，アセチル基が存在することが，凝縮度の低い，活性化された構造をとるための必要条件になっているのだろう．雄のショウジョウバエでは，X染色体は，ヒストンH4の ^{16}Lysが特異的にアセチル化されている．MOFとよばれる，大きなタンパク質複合体の一部として染色体に動員される酵素が重要な働きをする．この“量的補正”複合体は，X染色体に広範な変化をもたらし，X染色体がより活性化されるために重要である．アセチル化が増加するのは，その複合体の活性のほんの一つである．

アセチル化は可逆的である．アセチル化・脱アセチルは，それぞれ特別な酵素によって触媒される．ヒストンをアセチル化する酵素は，**ヒストンアセチル転移酵素**（histone acetyltransferase）あるいは**HAT**とよばれる．アセチル基は，**ヒストン脱アセチル酵素**（histone deacetylase）あるいは**HDAC**によって取除かれる．HATには二つのグループがある：グループA酵素は，クロマチンのヒストンに働きかけて，転写制御に関係するが，グループB酵素は，細胞質で新しく合成されたヒストンに働きかけて，ヌクレオソーム集合に関与する．

アセチル化の一般的な特徴というのは，グループAのHAT酵素が大きな複合体の一部であるということである．図6・75に，HATの動態に関する単純化されたモデルを示す．典型的には，

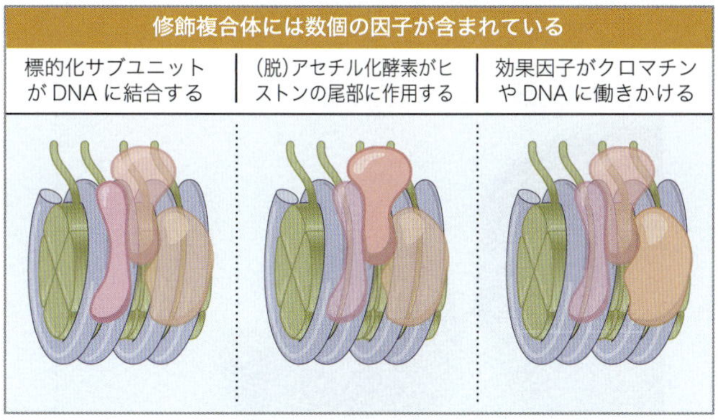

図6・75 クロマチン構造や活性を修飾する複合体は，その作用部位を決める標的サブユニット，ヒストンをアセチル化したり，脱アセチルする酵素であるHATやHDAC，ならびに，クロマチンやDNAに他の作用を及ぼす効果サブユニットからなる．

その大きな複合体には，DNA上の結合部位を決定する標的認識サブユニットが含まれる．このサブユニットがHATの標的を見つける．この複合体は，また，クロマチン構造に影響を与えたり，転写に直接働きかける効果因子も含んでいる．おそらく，少なくとも，効果因子のなかには機能するためにアセチル化を必要とするものがあるのだろう．HDACによって触媒される脱アセチルも同じように働くと思われる．

アセチル化の効果は，量的なものなのか，あるいは質的なものなのか？ 一つの可能性は，ある特定の数だけアセチル基があるということが効果があり，アセチル化がどこで起こるかという正確な位置はほとんど関係がない，という考えである．別の考え方は，個々のアセチル化がそれぞれ特別な効果をもつというものである．多種類のHAT活性をもつ複合体が存在するということは，いずれの可能性も考えられる．つまり，もし，個々の酵素が異なる特異性をもっているとすると，異なる場所に十分な量のアセチル基を導入するためか，あるいは，個々のアセチル化が転写に対して異なる効果を示すために，多様なアセチル化活性が必要なのだろうと推測できる．複製のときには，少なくともヒストンH4に関しては，三つのアセチル化できる部位のうち，どの2箇所でもアセチル化されれば十分であるように思われ，この場合には，量的モデルが相応しいように思われる．クロマチン構造が変化して，転写が影響を受ける場合には，特別な部位でのアセチル化が重要である（§6・31“ヘテロクマチンはヒストンとの相互作用に依存する”参照）．

転写の活性化がアセチル化酵素と関連があるのと同じように，不活化と脱アセチル酵素が関係する．このことは，個々の遺伝子についてもヘテロクロマチンについてもいえる．個々のプロモーターの不活化は，そのプロモーター領域の近傍の局所的な部位に働きかける脱アセチル活性をもつ複合体によってひき起こされると思われる．ヘテロクロマチンにアセチル化がみられないのは，構成的ヘテロクロマチン（典型的には，セントロメアやテロメアのような領域）でも条件的ヘテロクロマチン（ある細胞では不活化されているが，別の細胞では活性化されているような領域）でも一緒である．ヒストンH3とH4のN末端尾部がヘテロクロマチンではアセチル化されない．

アセチル化酵素（あるいは脱アセチル酵素）はどのようにして特別な標的部位に引き寄せられるのか？ リモデリング複合体にみられるように，その過程は間接的に起こるようである．配列特異的な活性化因子（あるいは抑制因子）とアセチル化酵素（あるいは脱アセチル酵素）の一つの構成要素が相互作用し，その酵素をプロモーター部分に引き寄せると思われる．

また，リモデリング複合体とヒストン修飾複合体間には直接の相互作用があるようである．SWI/SNF複合体の結合が，ひき続いて，アセチル化酵素複合体の結合を誘導するようである．ヒストンのアセチル化が起こると，その後，SWI/SNF複合体の結合を安定化させ，プロモーター領域でのそれぞれの構成因子に起こる変化を相互に増強すると思われる．

プロモーター領域で起こる一連の反応をすべてまとめると図6・76のようになる．最初に，配列特異的因子（クロマチンの中で標的DNA配列を見つけることができる因子）が結合する．この因子がリモデリング複合体を引き寄せる．ヌクレオソーム構造が変化する．アセチル化酵素複合体が結合し，標的ヒストンがアセチル化され，活性化された部位の印となる．

DNAの修飾もプロモーター領域で起こる．CpG二量体のシトシンのメチル化は遺伝子不活化と関係がある．メチル化の標的として，DNAがどのように認識されるのかはよくわかっていない．

プロモーター領域でのクロマチンリモデリングには，アセチル化を含む，さまざまな変化が必要であることは明らかであるが，その遺伝子をRNAポリメラーゼが通過していくには，その遺伝子にどんな変化が起こることが必要なのだろうか？ RNAポリメラーゼは，遊離DNAを鋳型にしたときのみ，*in vitro*でも*in* *vivo* に匹敵する早さ（毎秒約25ヌクレオチド）で転写が起こる．RNAポリメラーゼが*in vivo*でクロマチンを転写する速さを向上させる活性をもつ分子が数個知られている．それらの分子に共通した特徴は，クロマチンに働きかけるという点である．現在考えられるモデルは，それらの分子は，RNAポリメラーゼと相互作用し，ヒストンに働きかけヌクレオソーム構造を変化させながら，鋳型に沿ってRNAポリメラーゼと一緒に動くというものである．それらの因子には，ヒストンアセチル化酵素が含まれる．一つの可能性として考えられるのは，一つの遺伝子を転写する最初のRNAポリメラーゼが，転写単位の構造を変化させる因子を運びながら，先駆RNAポリメラーゼとして働き，そのことで，それに続くRNAポリメラーゼが働きやすくなっているというものである．

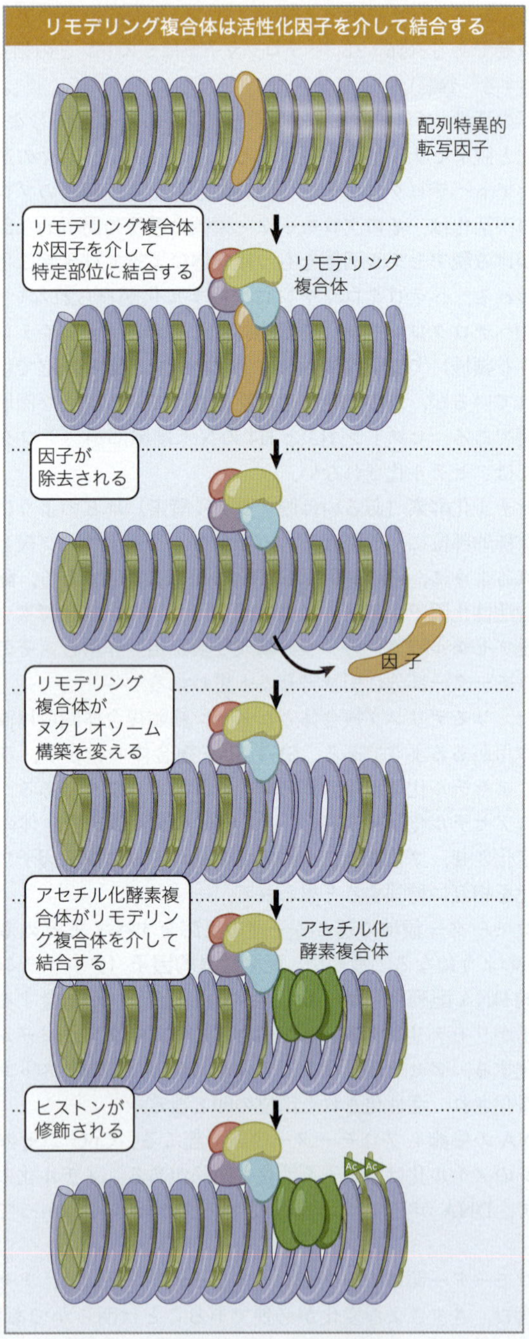

図6・76　プロモーターの活性化には，配列特異的活性化因子が結合し，リモデリング複合体が集められて作用すること，ならびに，アセチル化複合体が集められて作用することが必要である．

6・30　ヘテロクロマチンは一つの凝集反応から拡大する

重要な概念

- ヘテロクロマチンは，ある特別な配列が核となって凝集し，不活性な構造がクロマチン繊維に沿って広がっていく．
- ヘテロクロマチン領域に含まれる遺伝子は不活化されている．
- 細胞によって，不活化された領域の長さは異なるので，その近傍に位置する遺伝子の不活化が位置効果による斑入りという現象をもたらす．
- よく似た広がり方が，テロメアや酵母の接合型でみられるサイレント遺伝子座で起こる．

分裂間期の核には，ユークロマチンとヘテロクロマチンが存在する．ヘテロクロマチンの凝縮度は，分裂期染色体の凝縮度に近い．ヘテロクロマチンは不活性状態にある．ヘテロクロマチンは，分裂間期でも凝集したままで，転写は抑制され，S期の後期で複製され，核周辺部に局在しているように思われる．セントロメアのヘテロクロマチンが典型的であり，サテライトDNAからなる．しかし，ヘテロクロマチン形成は，厳密には配列では決まらない．ある一つの遺伝子が，染色体転座や，遺伝子導入と挿入を通して，ヘテロクロマチンの近傍に導入されると，その遺伝子は，新しく挿入された位置の影響を受け，不活性状態になると思われるが，このことから，その遺伝子がヘテロクロマチン状態になったといえる．

このような不活化は，一つの**エピジェネティック効果**（epigenetic effect）の結果である（MBIO：6-0005 参照）．動物では，個々の細胞間で不活化状態は異なり，**位置効果による斑入り**（position effect variegation）という状態になるが，この位置効果による斑入りが起こるので，遺伝的には同一の細胞が，異なる表現型を示すようになるのである．このことは，ショウジョウバエでよく研究されてきた．図6・77に，ハエの眼にみられる，位置効果による斑入りの例が示されているが，ある細胞では，白色遺伝子が，近傍のヘテロクロマチンの影響で不活化されるのに対し，別の細胞では，その遺伝子が活性化されたままなので，眼の中のある場所では色がないのに，他の部分は赤くなっている．

図6・77　白色遺伝子がヘテロクロマチンの近くに挿入されると，結果として，眼の色に位置効果による斑入りが起こる．白色遺伝子が不活化された細胞は白眼の部分となり，白色遺伝子が活性化された細胞は赤眼の部分となる．その効果がどれくらい激しいかは，挿入された遺伝子の位置がヘテロクロマチンにどれくらい近いかによる［写真はSteven Henikoff, Fred Hutchinson Cancer Research Centerの好意による］

この効果について，図6・78で説明する．ヘテロクロマチンの領域から近接する領域に向かって，不活性化状態がさまざまな距離で広がっていく．ある細胞では，近接する1個の遺伝子だけが不活化されるように広がるが，別の細胞ではそうではない．この広がりが，胚発生のある時点で起こり，その後は，その遺伝子の状態が子孫細胞すべてに伝播される．その遺伝子が不活化された祖先細胞から生じた細胞が，機能欠損の表現型（白色遺伝子の場合には，色がないという表現型）を示す部分を形成する．

ある一つの遺伝子がヘテロクロマチンの近くに存在すればするほど，不活化される可能性が高くなるのだろう．このことから，ヘテロクロマチン形成は二つの段階を経て起こると思われる：つまり，ある特別な配列でヘテロクロマチンの“核”ができる．そして，その後，クロマチン繊維に沿って不活化された構造が“増幅”する．不活化された構造がどのくらい離れた部分にまで広がっていくのかは正確には不明で，確率論的のようであり，関係するタンパク質因子に量的制限があるといったことが要因になっていると思われる．ヘテロクロマチンの拡大に影響を及ぼすかもしれない一つの要因は，その領域に存在するプロモーターの活性化状態である．活性化されているプロモーターは，ヘテロクロマチンの拡大を防ぐのだろう．

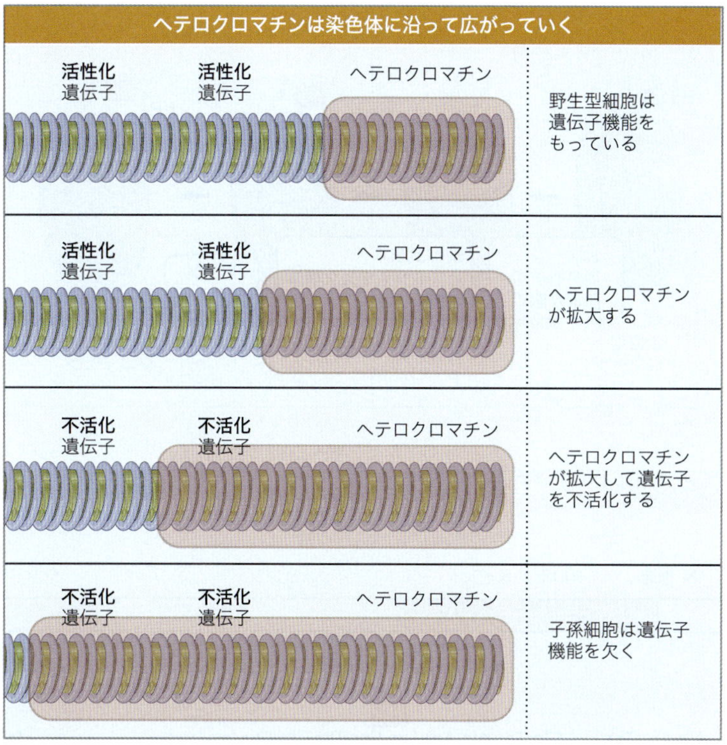

図6・78　ヘテロクロマチンが拡大すると，遺伝子が不活化される．ある一つの遺伝子が不活化されるかどうかは，ヘテロクロマチン領域からの距離によって決まる．

遺伝子が，ヘテロクロマチンに近ければ近いほど，その遺伝子は，不活化されやすくなると思われ，したがって，より多くの細胞で不活化されるのだろう．このモデルでは，ヘテロクロマチン領域の境界というのは，ヘテロクロマチン化に必要なタンパク質の一つが供給できなくなった部分にできると考えられる．

酵母でみられる**テロメアサイレンシング**（telomeric silencing）の効果は，ショウジョウバエの位置効果による斑入りの状態に類似している；テロメア領域に転座した遺伝子は，同じような形で活性がなくなる．これは，ヘテロクロマチン化の効果がテロメア部分から広がった結果である．

もう一つのサイレンシングが酵母では起こる．酵母の接合型は，単一の活性化遺伝子座（*MAT* 遺伝子座）の活性化状態で決まるが，酵母ゲノムには，別の二つの接合型配列（*HML* と *HMR*）が含まれており，その二つの遺伝子座は不活化状態で保持されている．サイレント遺伝子座である *HML* と *HMR* は，多くの性状がヘテロクロマチンと共通しており，小規模なヘテロクロマチン領域を構成していると考えられる．

6・31　ヘテロクロマチンはヒストンとの相互作用に依存する

重要な概念

- HP1は，哺乳類のヘテロクロマチンを形成するための鍵となるタンパク質であり，メチル化ヒストンH3に結合して働く．
- 酵母では，RAP1が，DNA上の特別な標的配列に結合してヘテロクロマチン形成を開始させる．
- RAP1の標的として，テロメア繰返し配列や，*HML* と *HMR* のサイレンサーがある．
- RAP1がSIR3/SIR4を引き寄せ，引き寄せられたSIR3/SIR4はヒストンH3とH4のN末端尾部と相互作用する．

ヌクレオソーム繊維にタンパク質を付加するとクロマチンが不活化される．この不活化というのは，クロマチンが凝集して，遺伝子発現に必要な装置に近づけなくなるといったことや，遺伝子制御領域に近づくのを直接阻害するタンパク質が加わったり，転写を直接抑制するタンパク質が加わったりといった，さまざまな効果が合わさったものである．

分子レベルで解析が進んできた二つの系があるが，一つは，哺乳類のHP1による系で，もう一つは，酵母でみられるSIR複合体の系である．それぞれの系で必要とされるタンパク質間には細部に至る類似性はないが，一般的な搬送メカニズムは類似している．つまり，クロマチン上の結合部位はヒストンのN末端尾部である．

HP1（ヘテロクロマチンタンパク質1）は，もともと，その特異抗体で多糸染色体を染色したときに，ヘテロクロマチンに局在するタンパク質として同定された．分裂酵母のホモログは *swi6* である．最初にHP1と同定されたタンパク質は，今，HP1α とよばれているが，それは，HP1β とHP1γ という二つの類似タンパク質がその後見つかったからである．

HP1は，N末端側にクロモドメインとよばれる領域をもち，C末端側に，クロモシャドウドメインとよばれる，クロモドメインに似た別の領域をもつ（図6・80参照）．HP1の変異の多くがクロモドメインに存在することから，クロモドメインの重要性がわかる．クロモドメインは，60個のアミノ酸からなる，多くのタンパク質に共通したタンパク質モチーフである．このモチーフは，活性化クロマチンや不活化クロマチンに必要なタンパク質にみられることから，クロマチン上の標的部位で，タンパク質間相互作用をつかさどるモチーフであろうと示唆される．クロモドメインは，ヒストン尾部のメチル化リシンを認識することで，ヘテロクロマチンにタンパク質を導く．

ヒストンH3のアセチル化 ^{14}Lys に働きかける脱アセチル酵素に変異があると，^{9}Lys のメチル化が阻害される．^{9}Lys がメチル

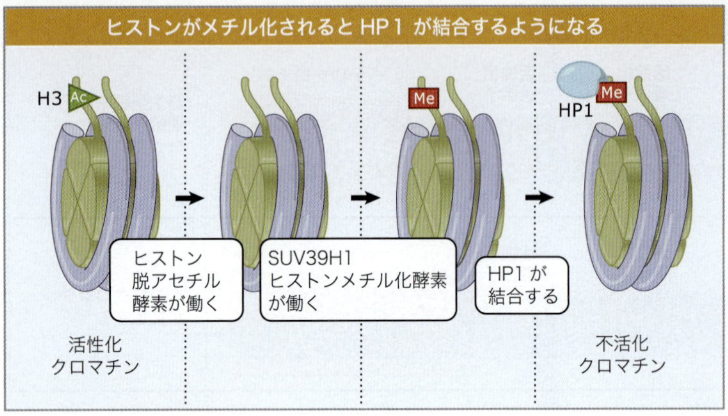

図 6・79　SUV39H1 は，ヒストン H3 の ^{9}Lys に作用するヒストンメチル化酵素である．HP1 がメチル化されたヒストンに結合する．

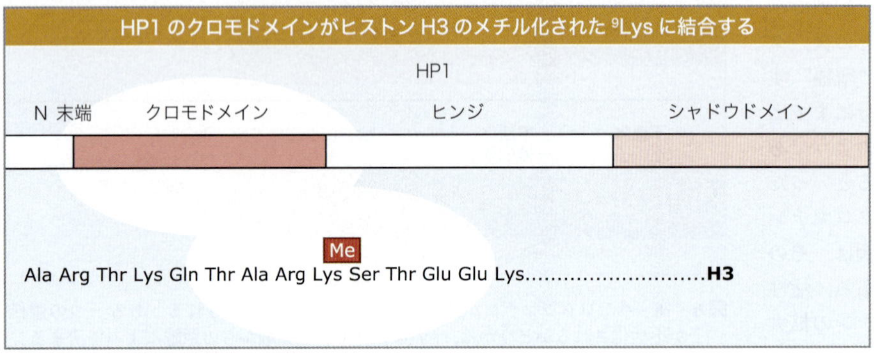

図 6・80　ヒストン H3 のメチル化が HP1 の結合部位となる．

化されたヒストン H3 は HP1 のクロモドメインに結合する．この結合から，ヘテロクロマチン形成開始のモデルが提唱されている（図 6・79）．まず，脱アセチル酵素が働いて ^{14}Lys の修飾が取除かれる．その後，メチル化酵素がヒストン H3 の尾部に働きかけてメチル化し，それがシグナルとなって，HP1 が結合する．図 6・80 には，その結合反応を拡張して示しているが，クロモドメインとメチル化リシン間で相互作用が起こる．この反応が，不活化クロマチン形成の引き金となる．その後，さらに HP1 分子どうしが互いに結合して，不活化領域が広がっていくのであろう（図 6・81）．

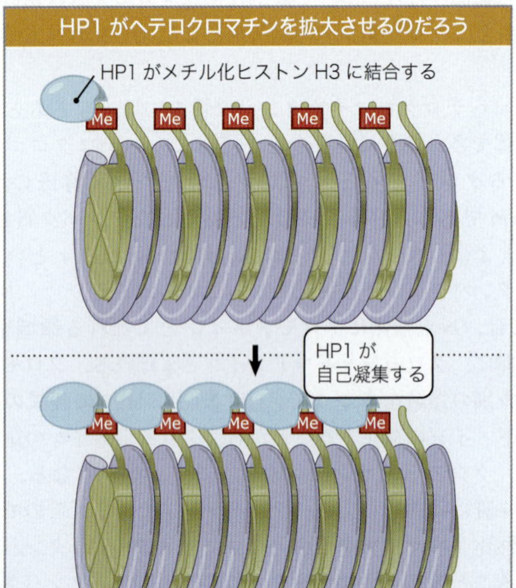

図 6・81　HP1 がメチル化されたヒストン H3 に結合することが引き金となって，さらに HP1 分子がヌクレオソーム鎖上に凝集し，遺伝子不活化をひき起こす．

酵母では，サイレンシングにかかわる共通の遺伝子座があることから，遺伝子サイレンシングには共通の基盤があることが示唆される．多くの遺伝子のいずれの変異でも，二つのサイレント遺伝子座（*HML* と *HMR*）を活性化し，テロメアヘテロクロマチンの近傍に挿入された遺伝子の不活化状態を解除する．したがって，これらの遺伝子座の産物が，両方のヘテロクロマチンの不活化状態を維持するために機能していることがわかる．

図 6・82 に，これらのタンパク質がどのように機能するかのモデルが示されている．これらのタンパク質のうち，一つだけが，配列特異性をもつ DNA 結合タンパク質である．それは，RAP1 とよばれ，テロメアの $C_{1\sim3}$A 領域に結合するとともに，*HML* や *HMR* の不活化に必要な，シスに作用するサイレンサー配列に結合する．SIR3 と SIR4 タンパク質が RAP1 と結合し，また，互いにも結合する（SIR3 と SIR4 は，ヘテロ多量体として働くのだろう）．SIR3/SIR4 は，ヒストン H3 と H4 の N 末端尾部と相互作用する．（実際，ヒストンがクロマチン形成に直接関与することが最初に証明されたのは，*HML* と *HMR* でのサイレンシングをなくす変異がヒストン H3 と H4 遺伝子で見つかったことによる．）

RAP1 は，ヘテロクロマチンが形成される DNA 配列を見つけるのに重要な役割を果たす．RAP1 が SIR3/SIR4 を引き寄せ，SIR3/SIR4 がヒストン H3, H4 と直接相互作用する．SIR3/SIR4 がヒストン H3–H4 と結合すると，その複合体がさらに多量体化し，クロマチン繊維に沿って広がっていく．SIR3/SIR4 が包むこと自体阻害的な効果をもつか，あるいは，ヒストン H3–H4 に結合することで構造上何らかの変化をさらに誘導することで，SIR3/SIR4 が結合した領域は不活化される．SIR3/SIR4 複合体が広がっていくのを何が制限するのかはわからない．SIR3 の C 末端は核ラミンタンパク質（核マトリックスの構成要素）に似ており，ヘテロクロマチンを核周囲につなぎ止める役割を果たしているのかもしれない．

よく似た反応によって *HML* と *HMR* の不活化領域ができる．3 種類の配列特異的因子，RAP1，ABF1（転写因子）と ORC（複製開始点複合体）が，SIR3/SIR4 複合体形成に関与する．この場合，SIR1 が配列特異的因子に結合し，SIR2，SIR3 と SIR4 を引き寄せ，不活化構造を形成する．SIR2 は，ヒストン脱アセチル酵素である．脱アセチル反応は SIR 複合体がクロマチンに結合し続けるのに必要である．

サイレンシング複合体がどのようにしてクロマチン活性を抑制するのか？ その複合体がクロマチンを凝集させ，そのため，制御タンパク質がその標的部位に結合できなくなるのであろう．最も単純な場合として，サイレンシング複合体があるために，転写因子や RNA ポリメラーゼが結合できなくなるということが考えられる．その原因として，サイレンシング複合体が，リモデリングを阻害する（そして，その結果，間接的に，因子が結合できなくする）か，あるいは，サイレンシング複合体が直接 DNA 上の転写因子結合部位を隠してしまうことが考えられる．しかし，転写因子や RNA ポリメラーゼは不活化クロマチンの中のプロモーター領域にもみられるので，状況はそれほど単純ではないだろう．このことから，サイレンシング複合体は，転写因子や RNA ポリメラーゼが結合するのを妨げるというよりは，働くのを妨げるのであろう．実際，遺伝子活性化因子とクロマチン抑制効果は拮抗的に働き，プロモーターの活性化がサイレンシング複合体の動く早さを抑制する．

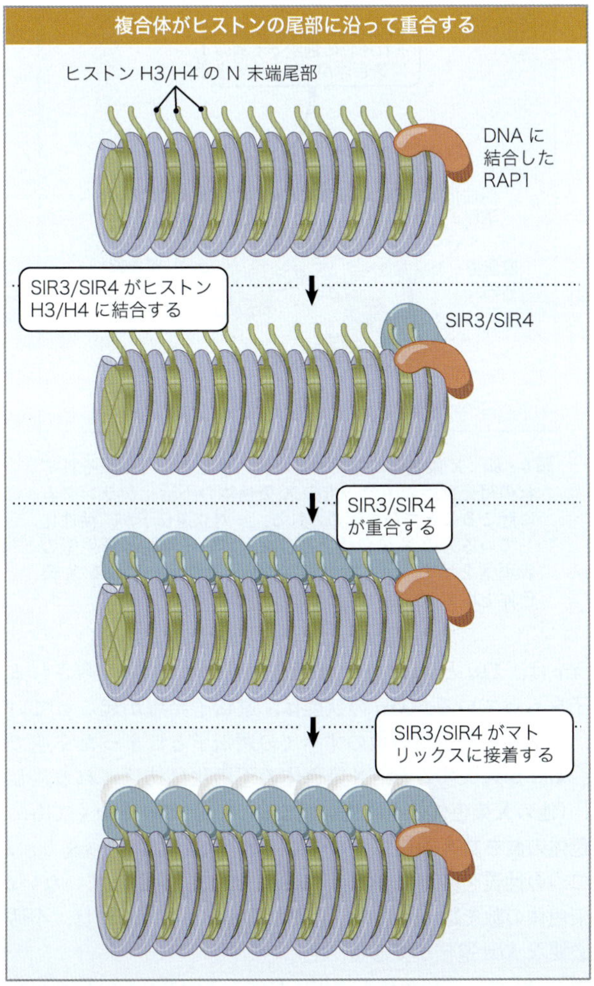

図 6・82 RAP1 が DNA に結合するとヘテロクロマチン形成が開始する．SIR3/SIR4 が RAP1 とヒストン H3/H4 に結合する．その複合体がクロマチンに沿って重合していき，テロメアを核マトリックスに連結させるのだろう．

セントロメアを構築する特殊なクロマチン構造（§6・8 “セントロメアはタンパク質複合体に結合する” 参照）は，セントロメア領域でのヘテロクロマチン形成と関連があると思われる．ヒト細胞では，セントロメア特異的タンパク質 CENP-B がヒストン H3 の修飾（^{9}Lys と ^{14}Lys の脱アセチルと，それに続く ^{9}Lys のメチル化）の開始に必要で，ヒストン H3 の修飾は，セントロメアでヘテロクロマチン形成を導くタンパク質 Swi6 との相互作用の引き金となる．

6・32 X 染色体は全体的な変化をする

重要な概念

- 2 本の X 染色体の一つが，哺乳類の胚発生のときに，個々の細胞でランダムに不活化される．
- 2 本以上の X 染色体があるような，例外的な場合には，1 本を除いて，他のすべてが不活化される．
- *Xic*（X 染色体不活化中心）は X 染色体上にあって，1 本の X 染色体だけを活性化状態に保つために必要十分なシス領域である．
- *Xic* には *Xist* 遺伝子が含まれており，*Xist* 遺伝子は，不活化 X 染色体上にのみ存在する RNA をコードしている．
- *Xist* RNA が活性化 X 染色体に集積しないようにしているメカニズムは不明である．

X 染色体の数には差があることから，性というのは，遺伝子制御の観点から興味深い問題点を提示する．X 染色体上の遺伝子がそれぞれの性で均等に活発に発現しているとしたら，それぞれの遺伝子産物について，雌は，雄の 2 倍量もっていることになる．このような状況を避けることが重要だというのは，**遺伝子量補償**（dosage compensation）という現象が存在することからわかる．遺伝子量補償とは，雄と雌で，X 染色体上の遺伝子の発現量を均等化するという現象である．そのメカニズムは動物種によって異なる（図 6・83）．

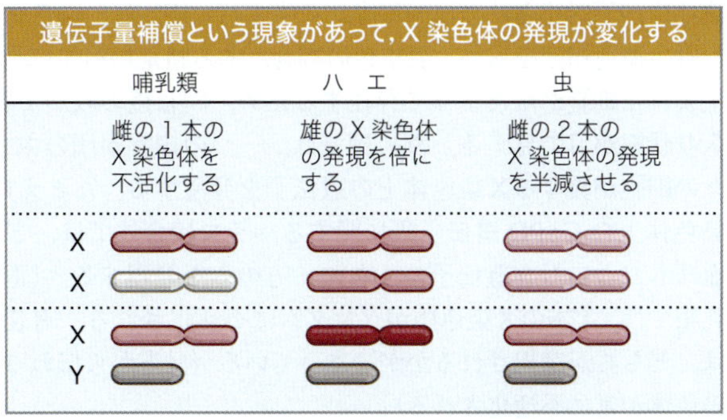

図 6・83 遺伝子量補償にはいくつかの異なる手段があり，それによって，X 染色体の発現を雄と雌で等しくなるようにしている．

- 哺乳類では，2 本の X 染色体のうちの 1 本を完全に不活化させる．その結果，雌は 1 本の活性化した X 染色体のみをもつことになり，雄と同じ状態になる．雌の活性化 X 染色体と雄の 1 本の X 染色体からは同じレベルで発現される．
- ショウジョウバエでは，1 本の雄の X 染色体からの発現が，雌のX染色体のそれぞれから発現してくる量の2倍になる.
- 線虫では，雌のX染色体のそれぞれから発現してくる量が，雄の1本のX染色体から発現してくる量の半分になる.

これらの遺伝子量補償すべてに共通したメカニズムの特徴は，染色体全体が制御の標的であるということである．その染色体上のすべてのプロモーターに量的な影響を与える大きな変化が起こる．哺乳類の雌にみられるX染色体の不活化に関して，よく知られており，X染色体全体がヘテロクロマチン化する.

ヘテロクロマチンの性質として対をなすのは，染色体が凝集することとそれに関連して不活化することである．ヘテロクロマチン化は，二つのタイプに分類できる.

- **構成的ヘテロクロマチン**（constitutive heterochromatin）は，遺伝子をコードすることのない特別な配列で起こる．典型的な例として，サテライトDNAをあげることができ，通常，セントロメア部分でみられる．その配列がもつ内因性の性質のため，構成的ヘテロクロマチンの領域は，常にヘテロクロマチン化している.
- **条件的ヘテロクロマチン**（facultative heterochromatin）は，ある細胞系譜では発現しているけれども，別の細胞系譜では不活化されている染色体全体で起こる．典型的な例は，哺乳類のX染色体である．不活化されたX染色体は，ヘテロクロマチン状態に保たれるが，活性化X染色体は，ユークロマチンの一部である．つまり，同一のDNA配列が両方の状態にかかわることになる．ひとたび不活化状態が完成すると，その状態が子孫細胞にひき継がれる．この子孫への伝播は，DNA配列に依存しないので，エピジェネティック遺伝の一例である.

哺乳類の雌のX染色体の基本的な概念は，1961年に**単一X染色体仮説**（single X hypothesis）によって打ち立てられた．X染色体性の表皮色遺伝子に変異があるヘテロ雌マウスでは，斑入りの表現形を示し，表皮のある部分は野生型となるが，他の部分は変異型の色となる．この現象は，2本あるX染色体のうちの1本が，表皮の子孫となる小数の細胞群の中の個々の細胞でランダムに不活化されると仮定すると説明できる（図6・84）．野生型遺伝子をもつX染色体が不活化された細胞は，活性化されたX染色体上の変異遺伝子のみを発現する子孫を生む．変異遺伝子をもつX染色体が不活化された祖先細胞から生まれた細胞は，活性化された野生型遺伝子をもつ．表皮色の場合，ある特定の祖先細胞から生まれた細胞がかたまって存在するため，同じ色の紋ができ，斑入り状態が目で見える．別の例では，一つの細胞集団の中で，個々の細胞が異なるX染色体上の遺伝子を発現する．たとえば，X染色体上のG6PD遺伝子座に関するヘテロ接合体では，どの赤血球も二つの対立遺伝子のうちの一方のみを発現する．〔正獣哺乳類では，1本のX染色体がランダムに不活化される．有袋類では，どちらが選択されるかが決まっている（父方から伝わったX染色体が常に不活化される）〕

雌のX染色体の不活化は，**n−1の法則**（n−1 rule）に従う；つまり，X染色体がたくさん存在するような場合はいつでも，1本のX染色体を除いてすべて不活化される．正常な雌では，もちろん，2本のX染色体が存在するが，まれに染色体の不分離が起こって，3本かそれ以上のX染色体をもつ場合が生じるが，その場合，1本のX染色体だけが活性化状態に保たれる．このことから，ある特別な事象が1本のX染色体に限って起こり，他のすべてのX染色体に起こる不活化機構から守られるというモデルが一般的に考えられる.

不活化には，X染色体上のある一つの遺伝子座があれば十分である．X染色体と，ある1本の常染色体間で転座が起こると，その遺伝子座は，転座が起こった2本の染色体のいずれか一方にのみ存在することになり，その遺伝子座をもった転座染色体のみが不活化されることになる．そのような転座を起こした，異なる染色体を比較することで，この遺伝子座の位置を決めることが可能で，その遺伝子座のことを *Xic*（X染色体不活化中心）とよぶ．*Xic* が備えるべきすべての特徴をもつ領域として，450 kbの領域が単離されている．この配列が一つの常染色体上に挿入されると，その常染色体は，（細胞培養系で）不活化される.

Xic は，X染色体の数を数え，1本を除いて他のすべてのX染色体を不活化するのに必要な情報をもっている．不活化は，*Xic* の部分からX染色体全体に広がる．*Xic* がX染色体と常染色体が転座した染色体に存在していると，（不活化の効果は必ずしも完全ではないけれども）不活化が常染色体の領域にも広がる.

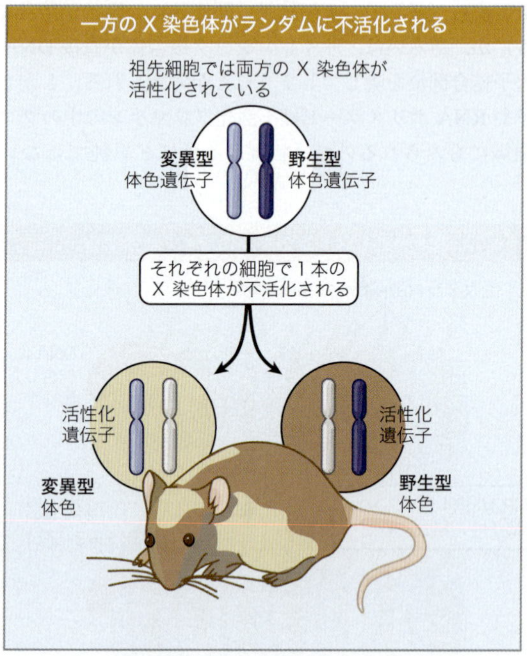

図6・84 X染色体にリンクした斑入りというのは，それぞれの祖先細胞の中で一方のX染色体の不活化がランダムに起こることでひき起こされる．＋対立遺伝子が，活性化している方のX染色体上に存在している細胞は野生型の表現型を示すが，－対立遺伝子が，活性化しているX染色体上にある細胞は変異型の表現型を示す.

Xic は，*Xist* とよばれる，不活化X染色体でのみ発現される遺伝子をもっている．*Xist* の状態は，遺伝子発現が起こっていない，不活化X染色体の他のすべての遺伝子とはまったく逆である．*Xist* が欠失すると，X染色体の不活化は妨げられる．しかし，（他のX染色体は不活化が起こるので，）*Xist* がなくても，X染色体の数を数える機構がなくなるわけではない．つまり，*Xic* の二つの性質を区別できる．一つは，まだ同定されていないが，X染色体の数を数えるために必要な配列と，もう一つは，不活化に必要な *Xist* 遺伝子である.

図6・85に，X染色体不活化における *Xist* RNAの役割が図示されている．*Xist* は，翻訳枠のないRNAをコードしている．*Xist* RNAは，それが合成されたX染色体の表面を覆うが，このことから，*Xist* RNAが構造上の役割をもっていることが示唆さ

れる．X染色体が不活化される前は，*Xist* RNA は，雌の両方のX染色体から合成される．不活化が起こると，*Xist* RNA は，不活化されたX染色体上にのみみられる．

X染色体の不活化が起こる前は，*Xist* RNA は半減期約2時間で壊れる．X染色体の不活化は，不活化X染色体上で *Xist* RNA を安定化することで起こる．*Xist* RNA はその不活化X染色体に沿って斑点状に存在することから，タンパク質と相互作用し特殊な構造を形成することで安定化するのではないかと示唆される．この反応にかかわる他の因子が不明で，どのようにして *Xist* RNA が不活化X染色体に沿ってのみ限定されて広がっていくのかもわからない．ヒストン H4 のアセチル化がないとか，CpG 配列のメチル化が起こっているといった，不活化X染色体の特徴的な性質（MBIO：6-0006 参照）は，おそらく，不活化機構の一部として，後の方で起こるのだろう．

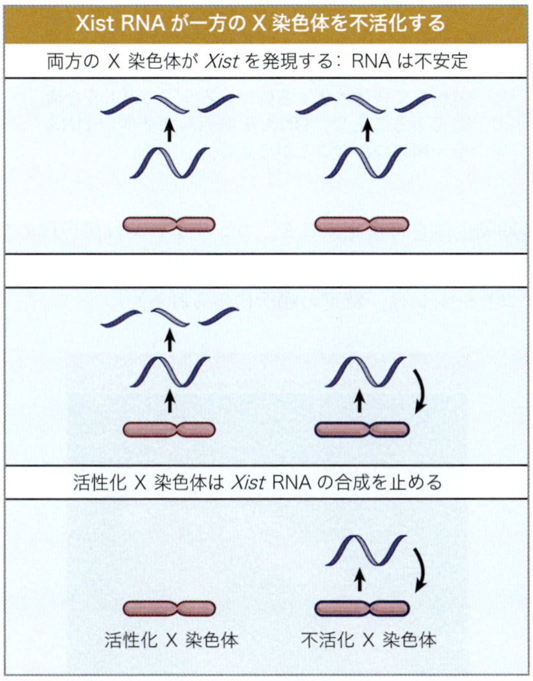

図6・85　X染色体の不活化には，*Xist* RNA が安定化することが必要であるが，安定化した *Xist* RNA は不活化された染色体の表面を覆う．

n−1 の法則では，*Xist* RNA は何もしないと安定に存在し，安定化を防ぐ機構が，（活性化X染色体となる）もう一つのX染色体には働くのであろう．このことから，*Xic* は，一つの染色体が "不活化される" のに必要十分な領域ではあるが，活性化X染色体ができ上がるには，別の遺伝子座の産物が必要なのだろう．

6・33　染色体凝集はコンデンシンによって誘導される

重 要 な 概 念

- SMC タンパク質は，コンデンシンとコヒーシンを含む ATPase である．
- SMC タンパク質のヘテロ二量体が他のサブユニットと相互作用する．
- コンデンシンは，DNA に正の超らせんを誘導することでクロマチンに，より高度なねじれを起こす．
- コンデンシンは，分裂期に染色体を凝集する役割を果たす．
- 染色体特異的コンデンシンは，線虫では，不活化X染色体を凝集する働きをもつ．

全染色体の構造は，SMC（structural maintenance of chromosome，染色体構造維持）ファミリータンパク質との相互作用で決まる．この SMC タンパク質は，ATPase で，二つの機能グループに分類できる．**コンデンシン**（condensin）は，全般的な構造の制御に関係があり，分裂期にコンパクトな染色体に凝集するのに関与する．**コヒーシン**（cohesin）は，分裂期には離れないといけない姉妹染色分体間の接着に関係する．両方とも，SMC タンパク質で形成される二量体からなる．コンデンシンは，SMC2–SMC4 ヘテロ二量体がコアになり，他の（SMC ではない）タンパク質と相互作用して複合体を形成している．コヒーシンは，SMC1–SMC3 ヘテロ二量体がコアとなり，よく似た構成をしている．

SMC タンパク質というのは，中央部分にコイルドコイル構造があるが，その構造は可動性のあるちょうつがい領域で分断されている（図6・86）．アミノ末端とカルボキシ末端の両方に ATP と DNA に結合するモチーフがある．分子内相互作用か分子間相互作用のどちらで二量体になるかによって，これらのタンパク質の反応の仕方について，異なったモデルが提唱されてきた．

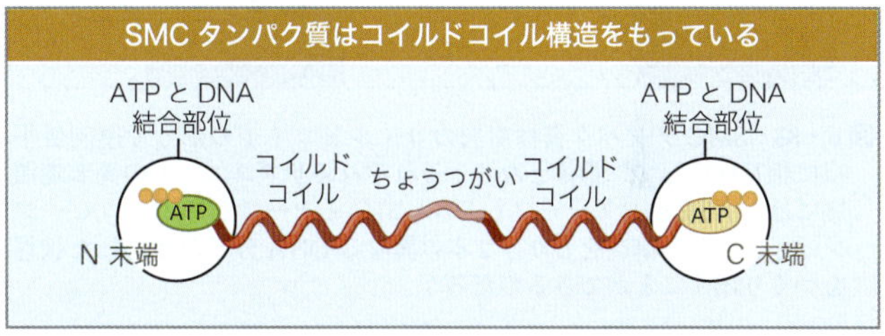

図6・86　SMC タンパク質は，その両端に，ATP 結合部位と DNA 結合部位をもつウォーカー単位とよばれる構造をもち，ちょうつがい領域で連結したコイルドコイル構造でつながっている．

SMC タンパク質の大腸菌ホモログを利用した実験から示唆されているのは，二量体は，コイルドコイル間が反平行に相互作用して形成されるため，一つのサブユニットのN末端ともう一つのサブユニットのC末端が結合するというものである．可動性のあるちょうつがい領域があるため，コンデンシンとコヒーシンが，二量体となって異なる作用機序を示すことができる．コヒーシンは，86 度の角度のアームをもつ，V字型構造をし，一方，コンデンシンは，アーム間が6度しかなく，もっと鋭い折れ方をしている（図6・87）．このような構造のため，コヒーシンは姉妹染色分体を抱えることができるのに対し，一方，コンデンシンは，個々の染色体を凝集させることができる．コヒーシンは，伸展した二量体を形成し，2本の DNA 分子を結合させることができる

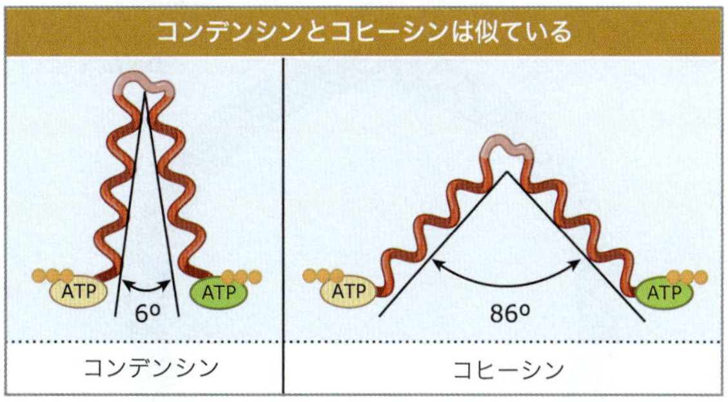

図6・87　コンデンシンは，半分のところで，6度の角度で折れ曲がっている．コヒーシンは，もっと広がった構造をしており，半分のところで，86 度の角度で折れ曲がっている．

コヒーシンは二量体を形成して DNA を結合できる

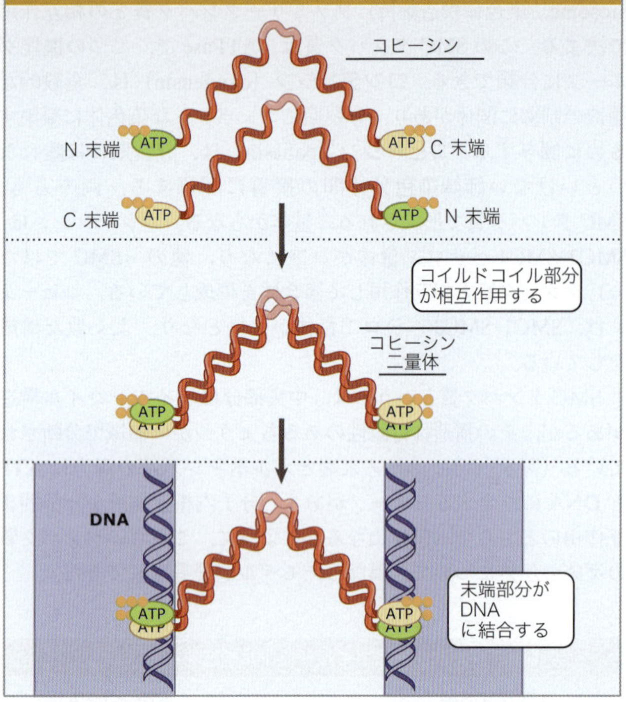

図 6・88 SMC タンパク質は中央のコイルドコイルの部分で逆向き平行に相互作用して二量体となる．それぞれのサブユニットの両末端領域には，ATP 結合モチーフと DNA 結合モチーフがある．コヒーシンは，伸展した構造をとり，2 本の異なる DNA 分子が連結した状態をつくり出すことができるのだろう．

(図 6・88)．コンデンシンは，ちょうつがい部分で必ず折れ曲がり，V 字型の二量体を形成し，同一の DNA 分子の離れた部位を引き寄せ，DNA を凝集させる (図 6・89)．

酵母のタンパク質は分子内相互作用によって二量体となるという実験から，別のモデルが提唱されている．つまり，ホモ二量体だけが，二つの同一のサブユニット間の相互作用で形成されるというものである．2 種類の異なるタンパク質（この場合，SMC1 と SMC3）から二量体ができる場合は，二つのタンパク質の頭部とちょうつがいの両方の部分で相互作用してでき，環状構造をとるのであろう (図 6・90)．DNA に直接結合するのではなく，この構造では，DNA を取囲んで抱きかかえることができるのだろう．

コンデンシンは DNA を凝縮させることができる

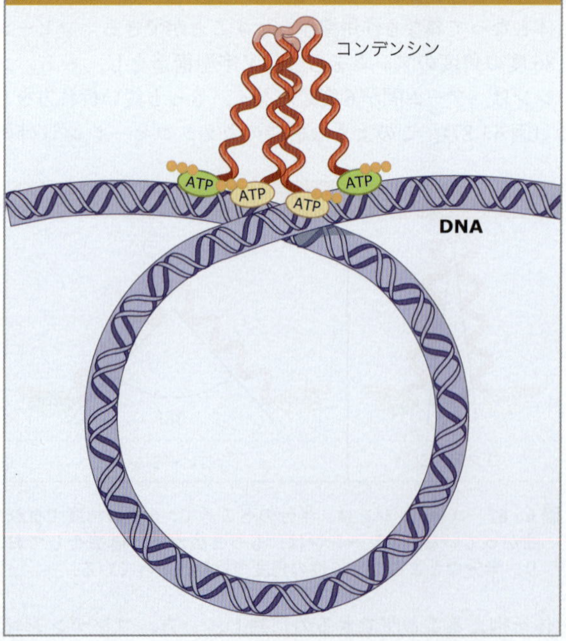

図 6・89 コンデンシンはちょうつがい部分で折れ曲がって，DNA を凝縮させることで緻密な構造をつくるのだろう．

コヒーシンは DNA の周りに環状構造をとるのだろう

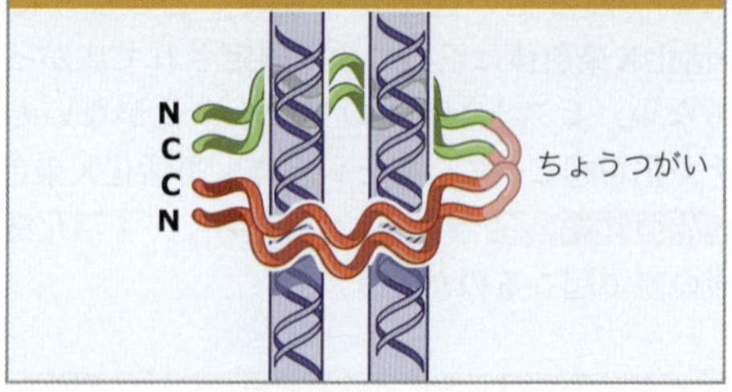

図 6・90 コヒーシンは分子内相互作用によって二量体化し，さらに，頭部とちょうつがいの部分で連結して多量体化するのであろう．このような構造をとることで，DNA を取囲んで 2 本の DNA を一緒につかむことができる．

分裂期染色体を可視化すると，コンデンシンは染色体の全長に沿っていたるところに存在している（図 6・91）（これとは対照的に，コヒーシンは，特定の場所にみられる）．

コンデンシンは染色体軸に沿って広がっている

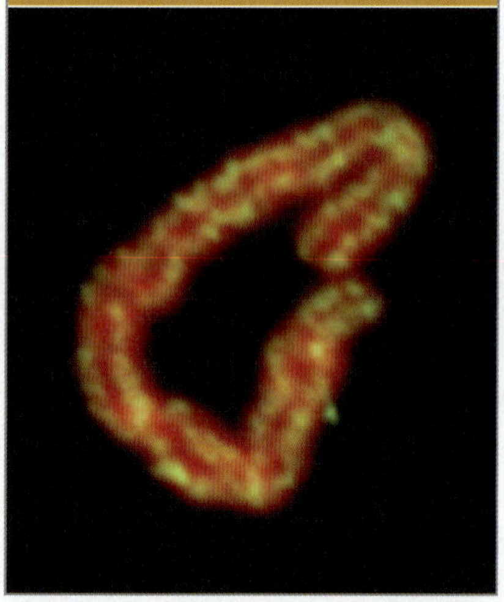

図 6・91 コンデンシンは，分裂期染色体の全長にわたって存在している．DNA が赤色で，コンデンシンは黄色である［写真は Ana Losada and Tatsuya Hirano, Cold Spring Harbor Laboratory の好意による］

コンデンシン複合体というのは，*in vitro* で，クロマチンを凝集させる活性があるということで名づけられた．コンデンシン複合体は，ATP の加水分解を利用し，トポイソメラーゼ I が存在していることを条件として，DNA に正の超らせんを誘導する活性をもつ．この活性は，分裂期に起こる SMC ではないサブユニットのリン酸化によって制御される．このリン酸化が，クロマチンの他の修飾，たとえば，ヒストンのリン酸化とどのように関連するのかはまだわかっていない．コンデンシン複合体が分裂期に特異的に活性化されることから，分裂間期へテロクロマチン形成にもコンデンシン複合体が関与するのかどうかは疑問である．

広範な変化が他の遺伝子量補償の場合にも起こる．ショウジョウバエでは，SMCタンパク質複合体が雄でみられ，その複合体はX染色体上に存在する．線虫では，タンパク質複合体がXX胚の両方のX染色体と相互作用しているが，XO胚では，そのタンパク質構成要素が核に拡散して存在したままである．そのタンパク質複合体はSMCがコアとなっており，他の動物種の分裂期染色体に相互作用しているコンデンシン複合体に似ている．このことから，SMC複合体は，染色体をより凝集した不活性な状態にする構造上の役割をもっているのであろうと示唆される．SMC複合体がX染色体に沿って完全に分布するには，X染色体上に多数の結合部位が必要と思われる．SMC複合体がこれらの部位に結合し，その後，X染色体に沿って，染色体をより完全に覆うように広がっていく．

クロマチンの活性とヒストンのアセチル化状態，特に，ヒストンH3とH4のN末端尾部で起こるアセチル化状態の間には相関関係がある．転写活性化は，プロモーターの近傍でのアセチル化と関連があり，転写抑制と脱アセチルが相関する（MBIO：6-0007参照）．最も劇的な相関関係がみられるのは，哺乳類の雌細胞の不活化X染色体では，ヒストンH4が低アセチル化状態にあるということである．

6・34 次なる問題は？

ヌクレオソームが発見されて，クロマチン研究に革命がもたらされて以来，二つの方向性の研究が同時に進行してきた．

- ヌクレオソーム自身の構造解析と，ヌクレオソームがどのようにして，より高次の構造に組上げられていくのかという解析．
- 転写活性化において，あるいは転写中にクロマチン構造に起こる反応に関連した，ヌクレオソームの機能に関する解析．

以上の方向性に沿って，最優先で解明すべき疑問は，30 nm繊維の構造をヌクレオソームとそれ以外の構成タンパク質の観点からきちんと定義することと，転写活性化あるいは抑制化装置が，それら自身の機能を発揮するため，ヌクレオソームの修飾を通して，どのように働くのかを解明することである．

1970年代において，ヒストンは，一般的には，転写の抑制因子であり，遺伝子が発現されるためにはその抑制効果が解除されないといけないと考えられていた．しかし，どのようにそれが解除されるのかということに対して，ヒストンは，転写活性化因子がDNAに到達するためにクロマチンから取除かれないといけないという考えを覆すような知見はほとんどなかった．現在ずっと多くのことがわかってきており，クロマチン機能を構造の観点から理解できる段階にまで来ている．アセチル化，脱アセチルやヒストンを修飾する他の酵素の役割の理解が猛烈に進み，それらの酵素が，どのようにして，局所でクロマチン構造を変化させ，プロモーターを活性化できるのかが見え始めている．修飾を受けたヒストンが構造上どのような相互作用をするかという観点でみると，プロモーター活性化の理解に近づいている．また，ヒストンを抑制化因子として見ると，エピジェネティックに伝わり，局所的にあるいはクロマチンの広い領域でさえ不活化してしまうヘテロクロマチン構造が，修飾ヒストンと他のタンパク質と相互作用を通して，どのようにしてできあがるのかについて，理解されつつある．ヘテロクロマチン化のすべての反応が，個々の要素の精密な構造解明の観点，つまり，個々のヒストンやクロマチンの他のタンパク質の分子変化の観点から語られる日も近いであろう．

より高次の構造，つまり，染色体そのものを理解するのはまだ難しい．膨大なゲノム解析が進んだが，バンドやバンド間構造の特性，GCに富んだ領域が集中していることなどの重要性は理解されていない．これらの特徴をDNAとタンパク質間の相互作用として理解できていない．30 nm繊維の構造が解けたとしても，より高次の構造について学ばないといけないことがたくさんある．高等真核生物のセントロメアのDNA配列の役割はまだまだ理解しなければならないけれども，染色体の他の特性，つまり，最も大事なものとしては，セントロメアやテロメアについて，構成因子がわかりつつある．

生物学のほかの領域と同様に，構造的な理解が進み，それらを機能的変化に結びつけて考えることができるようになり，物事を深く理解するのに役立つ強力な洞察ができるようになっている．

6・35 要　約

すべての生物やウイルスの遺伝物質は，高度に凝集した核酸タンパク質複合体の形をとっている．真核生物では，転写が活発に起こっている配列は，分裂間期クロマチンの大部分を占めるユークロマチンに存在する．ヘテロクロマチンの部分は，5〜10倍高度に凝集しており，転写は不活化している．すべてのクロマチンが，細胞分裂期には高度に凝集し，個々の染色体を見分けることができる．染色体をギムザ染色するとGバンドが見えることから，染色体は再現性よく超構造をとることがわかる．このバンドは約10^7 bpにも及ぶ非常に大きな領域で，染色体の転座やそれ以外の構造上大きな変化をした位置を知るのに使われる．

真核細胞では，分裂間期クロマチンも分裂期染色体も大きなループ構造をとっているように思われる．それぞれのループは，独立して超らせん構造をとっているのだろう．ループの根元は，特殊なDNA配列部分で，分裂期足場構造あるいは核マトリックスにつながっている．

セントロメア領域は，動原体を含むが，動原体は染色体を分裂期紡錘体に付着させる役目がある．セントロメアは通常ヘテロクロマチンで取囲まれている．セントロメア配列は，出芽酵母でのみ同定されているが，その配列には，CDE-ⅠやCDE-Ⅲとよぶ，短い保存された配列が含まれており，それぞれ，CBF1とCBF3複合体に結合している．また，CDE-ⅡとよばれるATに富んだ長い領域があり，その部分には，Cse4pが結合して，特殊なクロマチン構造をとっている．この動原体に結合するほかの一群のタンパク質というのは，動原体を微小管につなぐ役割をする．

テロメアは，染色体末端を安定化させる．知られているほとんどすべてのテロメアというのは，多数の繰返し配列をもっており，一方のDNA鎖に共通した配列として，$C_n(A/T)_m$，（ここで，nは1よりも大きく，mは1〜4の間）をもつ．もう一方のDNA鎖には，$G_n(T/A)_m$配列があり，一本鎖で突き出た末端構造をとり，その部分が，鋳型となって，ある規則に則って個々の塩基が付加される．酵素であるテロメラーゼはリボ核酸タンパク質複合体であり，そこに含まれるRNA因子がGに富んだDNA鎖を合成するための鋳型となる．これによって，二重鎖DNAの最末端が複製できないという問題を克服している．テロメアでは，$G_n(T/A)_m$をもつ一本鎖DNAが，テロメアにもともと存在していた繰返し配列部分を覆いかぶさるようにして押しのけ，ループ構造を形成させることで，遊離末端が存在しない状態になっており，このテロメア構造によって，染色体末端が安定化している．

カエルのランプブラシ染色体やハエの多糸染色体は，凝集率が100以下で，ふつうにはみられないような進展した構造をとっている．キイロショウジョウバエの多糸染色体は，約5000個のバンド構造に区分されるが，それぞれのバンド構造の大きさはさまざまで，平均で約25 kbの塩基対が含まれている．転写活性化領域は，さらに凝縮していない（膨らんだ）構造をしており，DNAが染色体の軸から突き出た構造をとっている．このような構造は，スケールは小さいが，ユークロマチンで，ある配列が転写されるときにみられる変化に似ている．

すべての真核細胞のクロマチンはヌクレオソーム構造をとっている．ヌクレオソームは，通常，約200 bpの特徴的な長さのDNAを含んでおり，そのDNAは，ヒストンH2A，H2B，H3，H4がそれぞれ2分子ずつ含まれる八量体の周囲を取巻いている．1個のヒストンH1がそれぞれのヌクレオソームと結びついている．事実上すべてのゲノムDNAがヌクレオソーム構造をとっている．ミクロコッカスヌクレアーゼで処理すると，それぞれのヌクレオソームに含まれるDNAを実験操作上二つの領域に分けることができる．リンカー領域は，ヌクレアーゼで速やかに消化されるが，146 bpのコア領域は消化されにくい．ヒストンH3とH4が最も保存されており，$(H3)_2(H4)_2$四量体がヌクレオソーム粒子の直径を決めている．ヒストンH2AとH2Bに関しては，H2A–H2B二量体が二つ存在している．八量体は，$(H3)_2(H4)_2$四量体が核となり，そこに二つのH2A–H2B二量体がつぎつぎと付加されてできあがる．

ヌクレオソームは30 nmの直径をもった繊維構造になり，その繊維構造では，1回転当たり6個のヌクレオソームが存在しており，凝集度はヌクレオソームの40倍になる．ヒストンH1を除去すると，この繊維状構造は10 nmの繊維構造に緩むが，この10 nm繊維はヌクレオソームが一直線にひも状に並んでいる．30 nm繊維はおそらくこの10 nm繊維が円筒状コイルのように巻きついてできているのであろう．この30 nm繊維がユークロマチンでもヘテロクロマチンでも基本構成構造となっている．非ヒストンタンパク質が働いて，この30 nm繊維構造をさらに凝集させて，クロマチンや染色体といった超構造をつくる．

ヌクレオソームの集合方法には二つの経路がある．複製に呼応した経路では，複製複合体のDNA鎖伸長活性サブユニットであるPCNAがCAF–1を引き寄せ，CAF–1がヌクレオソーム集合因子として働く．CAF–1が，複製によってできた娘二本鎖DNAに$(H3)_2(H4)_2$四量体が集合するのを助ける．その$(H3)_2(H4)_2$四量体は，もともと存在していたヌクレオソームが複製フォークが進むにつれ破壊されてできるか，あるいは，新たに合成されたヒストンが集合してできるのだろう．H2A–H2B二量体も同じようにしてできるが，その後$(H3)_2(H4)_2$四量体と結合して，完全なヌクレオソームができあがる．$(H3)_2(H4)_2$四量体とH2A–H2B二量体はランダムに集合するので，新しくできたヌクレオソームは，もともと存在していたヒストンと新しくできたヒストンの両者を含むことになる．

RNAポリメラーゼは，転写中にヒストン八量体を移動させる．もし，（rDNA領域のように）転写が非常に活発に行われ，ヌクレオソームが完全に移動させられない限り，ポリメラーゼが通過したのち，ヌクレオソームはDNA上に再構築される．複製に依存しないヌクレオソーム集合の経路は，転写によって移動させられたヒストン八量体を元に戻すときに働く．この経路では，ヒストンH3の代わりに，ヒストン亜種であるH3.3を利用する．よく似た経路が，別のヒストンH3の亜種を使って，複製後のセントロメアDNA配列でヌクレオソームを形成するときに働く．

ヌクレアーゼに対する感受性には二つのタイプがあって，遺伝子活性と関係がある．転写されうるクロマチンは，一般的に言って，DNaseⅠに高い感受性を示し，活性化遺伝子あるいは，活性化されうる遺伝子を含む領域を越えて広範な領域に構造変化が起こっていることがわかる．DNAの高感受性領域は，不連続に存在し，DNaseⅠに対する感受性が非常に増加していることでわかる．高感受性部位というのは，ヌクレオソームが，他のタンパク質で置き換えられた，約200 bpの配列からできている．高感受性部位は，境界部を形成し，隣接するヌクレオソームの位置が制限される．ヌクレオソームの位置取りは，制御タンパク質がDNAに近づくのを調節するうえで重要であろう．

制御領域がヌクレオソーム構造をとっている遺伝子は，通常，発現していない．特別な制御タンパク質が存在しない場合には，プロモーターやそれ以外の制御領域が，ヒストン八量体によって活性化できないような状態に構築されている．このことから，必須の制御領域が適切に露出するためには，ヌクレオソームがプロモーターの近傍で正確に位置取りすることが必要であることがわかる．転写因子のなかには，ヌクレオソーム表面のDNAを認識する活性をもつものがあり，DNAが特別な位置に配置されることが転写開始には必要であろう．

活性化クロマチンと不活化クロマチンは平衡状態にはない．突然，破壊的反応が起こって，一方の状態からもう一方の状態へと変換する．クロマチンリモデリング複合体には，ATPの加水分解を利用して，ヒストン八量体を移動させる活性がある．リモデリング複合体は巨大であり，ATPaseサブユニットの型で分類される．二つの共通に存在する型として，SWI/SNFとISWがある．このクロマチンリモデリングの典型的な形というのは，一つ以上のヒストン八量体を特別なDNA配列部分から移動させて境界をつくり，その結果，隣接するヌクレオソームが，正確に，選択的に位置取りできるようになることである．クロマチンリモデリングには，時には，ヒストン八量体をDNAに沿って滑らせて，ヌクレオソームの位置を変化させる場合もある．

ヒストンのアセチル化が複製でも転写でも起こり，クロマチン構造が緩むのに必要なのであろう．逆に，抑制因子は，脱アセチル酵素と結びついているようである．これらの修飾酵素は，通常，特定のヒストンの特定のアミノ酸に特異的に働く．最も一般的な修飾部位は，ヒストンH3とH4のN末端尾部にあり，この部分は，DNAとDNAの間を通ってヌクレオソームから突き出ている．活性化（あるいは抑制化）複合体は，通常，巨大で，ふつうは，クロマチンのいろんな修飾を行う活性をもっている．

ヘテロクロマチンは，（テロメアのような）特別な染色体領域に結合し，ヒストンと相互作用するタンパク質によって形成される．不活性な構造が，最初にできたヘテロクロマチン中心からクロマチン繊維に沿って拡大していくのであろう．よく似た反応が，酵母の接合子座を不活化するときにも起こる．

ヘテロクロマチンは，ある部位で開始し，その後，正確には決まっていないが，ある一定の離れたところまで拡大していく．ヘテロクロマチン状態がいったん形成されると，細胞分裂を通してつぎつぎとひき継がれる．これにより，エピジェネティックな遺伝パターンができあがり，二つのまったく同一のDNA配列に異なるタンパク質構造が集合し，その結果，発現状態が異なるようになる．これで，ショウジョウバエでみられる位置効果による斑入りの現象が説明できる．

ヒストン尾部の修飾はクロマチン再構築の引き金となる．アセチル化は，一般的には，遺伝子活性化とつながる．ヒストンアセチル化酵素は，活性化複合体にみられ，ヒストン脱アセチル酵素は，不活化複合体にみられる．ヒストンのメチル化は，遺伝子の不活化とつながっている．ヒストン修飾には，他の修飾から独立して働くものもあれば，相乗的に働くものもある．

酵母のテロメアや不活化された接合子座で不活化クロマチンがみられるのは，両者に共通した原因があるように思われ，ヒストンH3やH4のN末端尾部にある種のタンパク質が相互作用することが必要である．不活化複合体の形成は，一つのタンパク質が特定のDNA配列に結合することで始まる．その後，他の因子が染色体に沿って協調して重合していく．

(正獣)哺乳類の雌でみられる，1本のX染色体の不活化は，ランダムに起こる．*Xic* 遺伝子座は，X染色体の数を数えるのに必要十分な領域である．$n-1$ の法則があり，1本のX染色体を除いてすべてのX染色体が不活化される．*Xic* は *Xist* 遺伝子をもち，この遺伝子は不活化されたX染色体でのみ発現されるRNAをコードしている．不活化X染色体が区別されるメカニズムというのは，*Xist* RNAが安定化されることである．

参考文献

6・3 染色体にはバンドパターンがある

論　文

International Human Genome Sequencing Consortium, 2001. Initial sequencing and analysis of the human genome. *Nature* **409**, 860–921.

Saccone, S., De Sario, A., Wiegant, J., Raap, A. K., Della Valle, G., and Bernardi, G., 1993. Correlations between isochores and chromosomal bands in the human genome. *Proc. Natl. Acad. Sci. USA* **90**, 11929–11933.

Venter, J. C., et al., 2001. The sequence of the human genome. *Science* **291**, 1304–1350.

6・4 真核細胞のDNAはループ構造をとり，足場構造に結合した領域がある

論　文

Postow, L., Hardy, C. D., Arsuaga, J., and Cozzarelli, N. R., 2004. Topological domain structure of the *Escherichia coli* chromosome. *Genes Dev.* **18**, 1766–1779.

6・6 セントロメアは染色体分離に必須である

総　説

Hyman, A. A. and Sorger, P. K., 1995. Structure and function of kinetochores in budding yeast. *Annu. Rev. Cell Dev. Biol.* **11**, 471–495.

6・7 出芽酵母では，セントロメアは短いDNA配列をもっている

総　説

Blackburn, E. H. and Szostak, J. W., 1984. The molecular structure of centromeres and telomeres. *Annu. Rev. Biochem.* **53**, 163–194.

Clarke, L., and Carbon, J., 1985. The structure and function of yeast centromeres. *Annu. Rev. Genet.* **19**, 29–56.

論　文

Fitzgerald-Hayes, M., Clarke, L., and Carbon, J., 1982. Nucleotide sequence comparisons and functional analysis of yeast centromere DNAs. *Cell* **29**, 235–244.

6・8 セントロメアはタンパク質複合体に結合する

総　説

Kitagawa, K., and Hieter, P., 2001. Evolutionary conservation between budding yeast and human kinetochores. *Nat. Rev. Mol. Cell Biol.* **2**, 678–687.

論　文

Lechner, J., and Carbon, J., 1991. A 240 kd multisubunit protein complex, CBF3, is a major component of the budding yeast centromere. *Cell* **64**, 717–725.

Meluh, P. B., and Koshland, D., 1997. Budding yeast centromere composition and assembly as revealed by *in vitro* cross-linking. *Genes Dev.* **11**, 3401–3412.

Meluh, P. B., et al., 1998. Cse4p is a component of the core centromere of *S. cerevisiae*. *Cell* **94**, 607–613.

Ortiz, J., Stemmann, O., Rank, S., and Lechner, J., 1999. A putative protein complex consisting of Ctf19, Mcm21, and Okp1 represents a missing link in the budding yeast kinetochore. *Genes Dev.* **13**, 1140–1155.

6・9 セントロメアは反復配列DNAを含む

総　説

Wiens, G. R., and Sorger, P. K., 1998. Centromeric chromatin and epigenetic effects in kinetochore assembly. *Cell* **93**, 313–316.

論　文

Copenhaver, G. P., et al., 1999. Genetic definition and sequence analysis of *Arabidopsis* centromeres. *Science* **286**, 2468–2474.

Haaf, T., Warburton, P. E., and Willard, H. F., 1992. Integration of human alpha-satellite DNA into simian chromosomes: Centromere protein binding and disruption of normal chromosome segregation. *Cell* **70**, 681–696.

Sun, X., Wahlstrom, J., and Karpen, G., 1997. Molecular structure of a functional *Drosophila* centromere. *Cell* **91**, 1007–1019.

6・10 テロメアは特殊なメカニズムで複製される

総　説

Blackburn, E. H., and Szostak, J. W., 1984. The molecular structure of centromeres and telomeres. *Annu. Rev. Biochem.* **53**, 163–194.

Zakian, V. A., 1989. Structure and function of telomeres. *Annu. Rev. Genet.* **23**, 579–604.

論　文

Nakamura, T. M., Morin, G. B., Chapman, K. B., Weinrich, S. L., Andrews, W. H., Lingner, J., Harley, C. B., and Cech, T. R., 1997. Telomerase catalytic subunit homologs from fission yeast and human. *Science* **277**, 955–959.

Wellinger, R. J., Ethier, K., Labrecque, P., and Zakian, V. A., 1996. Evidence for a new step in telomere maintenance. *Cell* **85**, 423–433.

6・11 テロメアは染色体末端を封印する

総　説

Griffith, J. D., et al., 1999. Mammalian telomeres end in a large duplex loop. *Cell* **97**, 503–514.

Karlseder, J., Broccoli, D., Dai, Y., Hardy, S., and de Lange, T., 1999. p53-and ATM-dependent apoptosis induced by telomeres lacking TRF2. *Science* **283**, 1321–1325.

van Steensel, B., Smogorzewska, A., and de Lange, T., 1998. TRF2 protects human telomeres from end-to-end fusions. *Cell* **92**, 401–413.

6・15 ヌクレオソームはクロマチンの基本単位である

総　説

Kornberg, R. D., 1977. Structure of chromatin. *Annu. Rev.*

Biochem. **46**, 931–954.

McGhee, J. D., and Felsenfeld, G., 1980. Nucleosome structure. *Annu. Rev. Biochem.* **49**, 1115–1156.

論 文

Kornberg, R. D., 1974. Chromatin structure: A repeating unit of histones and DNA. *Science* **184**, 868–871.

Richmond, T. J., Finch, J. T., Rushton, B., Rhodes, D., and Klug, A., 1984. Structure of the nucleosome core particle at 7 Å resolution. *Nature* **311**, 532–537.

6・16 DNA はヌクレオソームに巻きついている

論 文

Finch, J. T. et al., 1977. Structure of nucleosome core particles of chromatin. *Nature* **269**, 29–36.

6・17 ヌクレオソームには共通の構造がある

論 文

Shen, X., et al., 1995. Linker histones are not essential and affect chromatin condensation *in vitro*. *Cell* **82**, 47–56.

6・18 DNA 構造はヌクレオソーム表面で変化している

総 説

Travers, A. A., and Klug, A., 1987. The bending of DNA in nucleosomes and its wider implications. *Philos. Trans. R. Soc. Lond. B Biol. Sci.* **317**, 537–561.

Wang, J., 1982. The path of DNA in the nucleosome. *Cell* **29**, 724–726.

論 文

Richmond, T. J., and Davey, C. A., 2003. The structure of DNA in the nucleosome core. *Nature* **423**, 145–150.

6・19 ヒストン八量体の構築

論 文

Angelov, D., Vitolo, J. M., Mutskov, V., Dimitrov, S., and Hayes, J. J., 2001. Preferential interaction of the core histone tail domains with linker DNA. *Proc. Natl. Acad. Sci. USA* **98**, 6599–6604.

Arents, G., Burlingame, R. W., Wang, B.-C., Love, W. E., and Moudrianakis, E. N., 1991. The nucleosomal core histone octamer at 31 Å resolution: A tripartite protein assembly and a left-handed superhelix. *Proc. Natl. Acad. Sci. USA* **88**, 10148–10152.

Luger, K., et al., 1997. Crystal structure of the nucleosome core particle at 28 Å resolution. *Nature* **389**, 251–260.

6・20 クロマチン繊維の中のヌクレオソーム

総 説

Felsenfeld, G. and McGhee, J. D., 1986. Structure of the 30 nm chromatin fiber. *Cell* **44**, 375–377.

論 文

Dorigo, B., Schalch, T., Kulangara, A., Duda, S., Schroeder, R. R., and Richmond, T. J., 2004. Nucleosome arrays reveal the two-start organization of the chromatin fiber. *Science* **306**, 1571–1573.

6・21 クロマチンを再構築するにはヌクレオソームが集合する必要がある

総 説

Osley, M. A., 1991. The regulation of histone synthesis in the cell cycle. *Annu. Rev. Biochem.* **60**, 827–861.

Verreault, A., 2000. De novo nucleosome assembly: New pieces in an old puzzle. *Genes Dev.* **14**, 1430–1438.

論 文

Ahmad, K., and Henikoff, S., 2002. The histone variant H3.3 marks artive chromatin by replication-independent nucleosome assembly. *Mol. Cell* **9**, 1191–1200.

Ahmad, K., and Henikoff, S., 2001. Centromeres are specialized replication domains in heterochromatin. *J. Cell Biol.* **153**, 101–110.

Gruss, C., Wu, J., Koller, T., and Sogo, J. M., 1993. Disruption of the nucleosomes at the replication fork. *EMBO J.* **12**, 4533–4545.

Ray-Gallet, D., Quivy, J. P., Scamps, C., Martini, E. M., Lipinski, M., and Almouzni, G., 2002. HIRA is critical for a nucleosome assembly pathway independent of DNA synthesis. *Mol. Cell* **9**, 1091–1100.

Shibahara, K., and Stillman, B., 1999. Replication-dependent marking of DNA by PCNA facilitates CAF-1-coupled inheritance of chromatin. *Cell* **96**, 575–585.

Smith, S., and Stillman, B., 1989. Purification and characterization of CAF-Ⅰ, a human cell factor required for chromatin assembly during DNA replication *in vitro*. *Cell* **58**, 15–25.

Smith, S., and Stillman, B., 1991. Stepwise assembly of chromatin during DNA replication *in vitro*. *EMBO J.* **10**, 971–980.

Yu, L., and Gorovsky, M. A., 1997. Constitutive expression, not a particular primary sequence, is the important feature of the H3 replacement variant hv2 in *Tetrahymena thermophila*. *Mol. Cell. Biol.* **17**, 6303–6310.

6・23 ドメインとは活性化している遺伝子を含む領域のことである

論 文

Stalder, J. et al., 1980. Tissue-specific DNA cleavage in the globin chromatin domain introduced by DNAase Ⅰ. *Cell* **20**, 451–460.

6・24 転写されている遺伝子はヌクレオソームが構築されるのか？

総 説

Kornberg, R. D., and Lorch, Y., 1992. Chromatin structure and transcription. *Annu. Rev. Cell Biol.* **8**, 563–587.

6・25 ヒストン八量体は転写によって除去される

総 説

Cavalli, G., and Thoma, F., 1993. Chromatin transitions during activation and repression of galactose-regulated genes in yeast. *EMBO J.* **12**, 4603–4613.

Studitsky, V. M., Clark, D. J., and Felsenfeld, G., 1994. A histone octamer can step around a transcribing polymerase without leaving the template *Cell.* **76**, 371–382.

6・26 ヌクレオソームの除去と再構築には特別な因子が必要である

総 説

Belotserkovskaya, R., Oh, S., Bondarenko, V. A., Orphanides, G., Studitsky, V. M., and Reinberg, D., 2003. FACT facilitates transcription-dependent nucleosome alteration. *Science* **301**, 1090–1093.

Saunders, A., Werner, J., Andrulis, E. D., Nakayama, T., Hirose, S., Reinberg, D., and Lis, J. T., 2003. Tracking FACT and the RNA polymerase II elongation complex through chromatin in vivo. *Science* **301**, 1094–1096.

6・27 DNase 高感受性部位がクロマチン構造を変換する

総 説

Gross, D. S., and Garrard, W. T., 1988. Nuclease hypersensitive sites in chromatin. *Annu. Rev. Biochem.* **57**, 159–197.

論 文

Moyne, G., Harper, F., Saragosti, S., and Yaniv, M., 1982. Absence of nucleosomes in a histone-containing nucleoprotein complex obtained by dissociation of purified SV40 virions.

Cell **30**, 123–130.

Scott, W. A., and Wigmore, D. J., 1978. Sites in SV40 chromatin which are preferentially cleaved by endonucleases. *Cell* **15**, 1511–1518.

Varshavsky, A. J., Sundin, O., and Bohn, M. J., 1978. SV40 viral minichromosome: Preferential exposure of the origin of replication as probed by restriction endonucleases. *Nucleic Acids Res*. **5**, 3469–3479.

6・28 クロマチン改築は活性化反応である

総　説

Becker, P. B., and Horz, W., 2002. ATP-dependent nucleosome remodeling. *Annu. Rev. Biochem*. **71**, 247–273.

Felsenfeld, G., 1992. Chromatin as an essential part of the transcriptional mechanism. *Nature* **355**, 219–224.

Grunstein, M., 1990. Histone function in transcription. *Annu. Rev. Cell Biol*. **6**, 643–678.

Jenuwein, T., and Allis, C. D., 2001. Translating the histone code. *Science* **293**, 1074–1080.

Narlikar, G. J., Fan, H. Y., and Kingston, R. E., 2002. Cooperation between complexes that regulate chromatin structure and transcription. *Cell* **108**, 475–487.

Peterson, C. L., and Côté, J., 2004. Cellular machineries for chromosomal DNA repair. *Genes Dev*. **18**, 602–616.

Tsukiyama, T., 2002. The *in vivo* functions of ATP-dependent chromatin-remodelling factors. *Nat. Rev. Mol. Cell Biol*. **3**, 422–429.

Vignali, M., Hassan, A. H., Neely, K. E., and Workman, J. L., 2000. ATP-dependent chromatin-remodeling complexes. *Mol. Cell Biol*. **20**, 1899–1910.

論　文

Cairns, B. R., Kim, Y.-J., Sayre, M. H., Laurent, B. C., and Kornberg, R., 1994. A multisubunit complex containing the SWI/ADR6, SWI2/1, SWI3, SNF5, and SNF6 gene products isolated from yeast. *Proc. Natl. Acad. Sci. USA* **91**, 1950–622.

Cote, J., Quinn, J., Workman, J. L., and Peterson, C. L., 1994. Stimulation of GAL4 derivative binding to nucleosomal DNA by the yeast SWI/SNF complex. *Science* **265**, 53–60.

Gavin, I., Horn, P. J., and Peterson, C. L., 2001. SWI/SNF chromatin remodeling requires changes in DNA topology. *Mol. Cell* **7**, 97–104.

Hamiche, A., Kang, J. G., Dennis, C., Xiao, H., and Wu, C., 2001. Histone tails modulate nucleosome mobility and regulate ATP-dependent nucleosome sliding by NURF. *Proc. Natl. Acad. Sci. USA* **98**, 14316–14321.

Kadam, S., McAlpine, G. S., Phelan, M. L., Kingston, R. E., Jones, K. A., and Emerson, B. M., 2000. Functional selectivity of recombinant mammalian SWI/SNF subunits. *Genes Dev*. **14**, 2441–2451.

Kingston, R. E., and Narlikar, G. J., 1999. ATP-dependent remodeling and acetylation as regulators of chromatin fluidity. *Genes Dev*. **13**, 2339–2352.

Kwon, H., Imbaizano, A. N., Khavari, P. A., Kingston, R. E., and Green, M. R., 1994. Nucleosome disruption and enhancement of activator binding of human SWI/SNF complex. *Nature* **370**, 477–481.

Logie, C. and Peterson, C. L., 1997. Catalytic activity of the yeast SWI/SNF complex on reconstituted nucleosome arrays. *EMBO J*. **16**, 6772–6782.

Lorch, Y., Cairns, B. R., Zhang, M., and Kornberg, R. D., 1998. Activated RSC-nucleosome complex and persistently altered form of the nucleosome. *Cell* **94**, 29–34.

Lorch, Y., Zhang, M., and Kornberg, R. D., 1999. Histone octamer transfer by a chromatin-remodeling complex. *Cell* **96**, 389–392.

Peterson, C. L., and Herskowitz, I., 1992. Characterization of the yeast SWI1, SWI2, and SWI3 genes, which encode a global activator of transcription. *Cell* 68, 573–583.

Robert, F., Young, R. A., and Struhl, K., 2002. Genome-wide location and regulated recruitment of the RSC nucleosome remodeling complex. *Genes Dev*. 16, 806–819.

Schnitzler, G., Sif, S., and Kingston, R. E., 1998. Human SWI/SNF interconverts a nucleosome between its base state and a stable remodeled state. *Cell* **94**, 17–27.

Tamkun, J. W., Deuring, R., Scott, M. P., Kissinger, M., Pattatucci, A. M., Kaufman, T. C., and Kennison, J. A., 1992. Brahma: A regulator of *Drosophila* homeotic genes structurally related to the yeast transcriptional activator SNF2/SWI2. *Cell* **68**, 561–572.

Tsukiyama, T., Daniel, C., Tamkun, J., and Wu, C., 1995. ISWI, a member of the SWI2/SNF2 ATPase family, encodes the 140 kDa subunit of the nucleosome remodeling factor. *Cell* **83**, 1021–1026.

Tsukiyama, T., Palmer, J., Landel, C. C., Shiloach, J., and Wu, C., 1999. Characterization of the imitation switch subfamily of ATP-dependent chromatin-remodeling factors in *S. cerevisiae*. *Genes Dev*. **13**, 686–697.

Whitehouse, I., Flaus, A., Cairns, B. R., White, M. F., Workman, J. L., and Owen-Hughes, T., 1999. Nucleosome mobilization catalysed by the yeast SWI/SNF complex. *Nature* 400, 784–787.

Yudkovsky, N., Logie, C., Hahn, S., and Peterson, C. L., 1999. Recruitment of the SWI/SNF chromatin remodeling complex by transcriptional activators. *Genes Dev*. **13**, 2369–2374.

6・29 ヒストンのアセチル化は遺伝的活性と関係がある

総　説

Hirose, Y., and Manley, J. L., 2000. RNA polymerase II and the integration of nuclear events. *Genes Dev*. **14**, 1415–1429.

Orphanides, G., and Reinberg, D., 2000. RNA polymerase II elongation through chromatin. *Nature* **407**, 471–475.

Richards, E. J., Elgin, S. C., and Richards, S. C., 2002. Epigenetic codes for heterochromatin formation and silencing: Rounding up the usual suspects. *Cell*. **108**, 489–500.

Verreault, A., 2000. De novo nucleosome assembly: new pieces in an old puzzle. *Genes Dev*. **14**, 1430–1438.

論　文

Akhtar, A., and Becker, P. B., 2000. Activation of transcription through histone H4 acetylation by MOF, an acetyltransferase essential for dosage compensation in *Drosophila*. *Mol. Cell* **5**, 367–375.

Bortvin, A., and Winston, F., 1996. Evidence that Spt6p controls chromatin structure by a direct interaction with histones. *Science* **272**, 1473–1476.

Cosma, M. P., Tanaka, T., and Nasmyth, K., 1999. Ordered recruitment of transcription and chromatin remodeling factors to a cell cycle-and developmentally regulated promoter. *Cell* **97**, 299–311.

Hassan, A. H., Neely, K. E., and Workman, J. L., 2001. Histone acetyltransferase complexes stabilize swi/snf binding to promoter nucleosomes. *Cell* **104**, 817–827.

Jackson, V., Shires, A., Tanphaichitr, N., and Chalkley, R., 1976. Modifications to histones immediately after synthesis. *J. Mol. Biol*. **104**, 471–483.

Ling, X., Harkness, T. A., Schultz, M. C., Fisher Adams, G., and Grunstein, M., 1996. Yeast histone H3 and H4 amino termini are important for nucleosome assembly *in vivo* and *in vitro*: Redundant and position-independent functions in assembly but not in gene regulation. *Genes Dev*. **10**, 686–699.

Orphanides, G., LeRoy, G., Chang, C. H., Luse, D. S., and

Reinberg, D., 1998. FACT, a factor that facilitates transcript elongation through nucleosomes. *Cell* **92**, 105–116.

Shibahara, K., Verreault, A., and Stillman, B., 2000. The N-terminal domains of histones H3 and H4 are not necessary for chromatin assembly factor-1-mediated nucleosome assembly onto replicated DNA *in vitro*. *Proc. Natl. Acad. Sci. USA* **97**, 7766–7771.

Turner, B. M., Birley, A. J., and Lavender, J., 1992. Histone H4 isoforms acetylated at specific lysine residues define individual chromosomes and chromation domains in *Drosophila* polytene nuclei. *Cell* **69**, 375–384.

Wada, T., Takagi, T., Yamaguchi, Y., Ferdous, A., Imai, T., Hirose, S., Sugimoto, S., Yano, K., Hartzog, G. A., Winston, F., Buratowski, S., and Handa, H., 1998. DSIF, a novel transcription elongation factor that regulates RNA polymerase Ⅱ processivity, is composed of human Spt4 and Spt5 homologs. *Genes Dev.* **12**, 343–356.

6・30 ヘテロクロマチンは一つの凝集反応から拡大する

論 文

Ahmad, K., and Henikoff, S., 2001. Modulation of a transcription factor counteracts heterochromatic gene silencing in *Drosophila*. *Cell* **104**, 839–847.

6・31 ヘテロクロマチンはヒストンとの相互作用に依存する

総 説

Loo, S., and Rine, J., 1995. Silencing and heritable domains of gene expression. *Annu. Rev. Cell Dev. Biol.* **11**, 519–548.

Moazed, D., 2001. Common themes in mechanisms of gene silencing. *Mol. Cell* **8**, 489–498.

Rusche, L. N., Kirchmaier, A. L., and Rine, J., 2003. The establishment, inheritance, and function of silenced chromatin in *Saccharomyces cerevisiae*. *Annu. Rev. Biochem.* **72**, 481–516.

Thompson, J. S., Hecht, A., and Grunstein, M., 1993. Histones and the regulation of heterocromatin in yeast. *Cold Spring Harbor Symp. Quant. Biol.* **58**, 247–256.

Zhang, Y., and Reinberg, D., 2001. Transcription regulation by histone methylation: Interplay between different covalent modificactions of the core histone tails. *Genes Dev.* **15**, 2343–2360.

論 文

Ahmad, K., and Henikoff, S., 2001. Modulation of a transcription factor counteracts heterochromatic gene silencing in *Drosophila*. *Cell* **104**, 839–847.

Bannister, A. J., Zegerman, P., Partridge, J. F., Miska, E. A., Thomas, J. O., Allshire, R. C., and Kouzarides, T., 2001. Selective recognition of methylated lysine 9 on histone H3 by the HPl chromo domain. *Nature* **410**, 120–124.

Cheutin, T., McNairn, A. J., Jenuwein, T., Gilbert, D. M., Singh, P. B., and Misteli, T., 2003. Maintenance of stable heterochromatin domains by dynamic HP1 binding. *Science* **299**, 721–725.

Hecht, A., Laroche, T., Strahl-Bolsinger, S., Gasser, S. M., and Grunstein, M., 1995. Histone H3 and H4 N-termini interact with the silent information regulators SIR3 and SIR4: A molecular model for the formation of heterochromatin in yeast. *Cell* **80**, 583–592.

Imai, S., Armstrong, C. M., Kaeberlein, M., and Guarente, L., 2000. Transcriptional silencing and longevity protein Sir2 is an NAD-dependent histone deacetylase. *Nature* **403**, 795–800.

James, T. C., and Elgin, S. C., 1986. Identification of a nonhistone chromosomal protein associated with heterochromatin in *D. melanogaster* and its gene. *Mol. Cell Biol.* **6**,3862–3872.

Kayne, P. S., Kim, U. J., Han. M., Mullen, R. J., Yoshizaki, F., and Grunstein, M., 1988. Extremely conserved histone H4 N terminus is dispensable for growth but essential for repressing the silent mating loci in yeast. *Cell* **55**, 27–39.

Koonin, E. V., Zhou, S., and Lucchesi, J. C., 1995. The chromo superfamily: new members, duplication of the chromo domain and possible role in delivering transcription regulators to chromatin. *Nucleic Acids Res.* **23**, 4229–4233.

Lachner, M., O'Carroll, D., Rea, S., Mechtler, K., and Jenuwein, T., 2001. Methylation of histone H3 lysine 9 creates a binding site for HP1 proteins. *Nature* **410**, 116–120.

Landry, J., Sutton, A., Tafrov, S. T., Heller, R. C., Stebbins, J., Pillus, L., and Sternglanz, R., 2000. The silencing protein SIR2 and its homologs are NAD-dependent protein deacetylases. *Proc. Natl. Acad. Sci. USA* **97**, 5807–5811.

Manis, J. P., Gu, Y., Lansford, R., Sonoda, E., Ferrini, R., Davidson, L., Rajewsky, K., and Alt, F. W., 1998. Ku70 is required for late B cell development and immunoglobulin heavy chain class switching. *J. Exp. Med.* **187**, 2081–2089.

Moretti, P., Freeman, K., Coodly, L., and Shore, D., 1994. Evidence that a complex of SIR proteins interacts with the silencer and telomere-binding protein RAP1. *Genes Dev.* **8**, 2257–2269.

Nakagawa, H., Lee, J. K., Hurwitz, J., Allshire, R. C., Nakayama, J., Grewal, S. I., Tanaka, K., and Murakami, Y., 2002. Fission yeast CENP-B homologs nucleate centromeric heterochromatin by promoting heterochromatin-specific histone tail modifications. *Genes Dev.* **16**, 1766–1778.

Nakayama, J., Rice, J. C., Strahl, B. D., Allis, C. D., and Grewal, S. I., 2001. Role of histone H3 lysine 9 methylation in epigenetic control of heterochromatin assembly. *Science* **292**, 110–113.

Palladino, F., Laroche, T., Gilson, E., Axelrod, A., Pillus, L., and Gasser, S. M., 1993. SIR3 and SIR4 proteins are required for the positioning and integrity of yeast telomeres. *Cell* **75**, 543–555.

Platero, J. S., Hartnett, T., and Eissenberg, J. C., 1995. Functional analysis of the chromo domain of HP1. *EMBO J.* **14**, 3977–3986.

Schotta, G., Ebert, A., Krauss, V., Fischer, A., Hoffmann, J., Rea, S., Jenuwein, T., Dorn, R., and Reuter, G., 2002. Central role of *Drosophila SU*(VAR)3-9 in histone H3-K9 methylation and heterochromatic gene silencing. *EMBO J.* **21**, 1121–1131.

Sekinger, E. A., and Gross, D. S., 2001. Silenced chromatin is permissive to activator binding and PIC recruitment. *Cell* **105**, 403–414.

Shore, D., and Nasmyth, K., 1987. Purification and cloning of a DNA-binding protein from yeast that binds to both silencer and activator elements. *Cell* **51**, 721–732.

Smith, J. S., Brachmann, C. B., Celic, I., kenna, M. A., Muhammad, S., Starai, V. J., Avalos, J. L., Escalante-Semerena, J. C., Grubmeyer, C., Wolberger, C., and Boeke, J. D., 2000. A phylogenetically conserved NAD^+-dependent protein deacetylase activity in the Sir2 protein family. *Proc. Natl. Acad. Sci. USA* **97**, 6658–6663.

6・32 X染色体は全体的な変化をする

総 説

Plath, K., Mlynarczyk-Evans, S., Nusinow, D. A., and Panning, B., 2002. Xist RNA and the mechanism of x chromosome inactivation. *Annu. Rev. Genet.* **36**, 233–278.

論 文

Jeppesen, P., and Turner, B. M., 1993. The inactive X chromosome in female mammals is distin-guished by a lack of histone H4 acetylation, a cytogenetic marker for gene expression. *Cell* **74**, 281–289.

Lee, J. T. et al., 1996. A 450 kb transgene displays properties of

the mammalian X-inactivation center. *Cell* **86**, 83–94.
Lyon, M. F., 1961. Gene action in the X chromosome of the mouse. *Nature* **190**, 372–373.
Panning, B., Dausman, J., and Jaenisch, R., 1997. X chromosome inactivation is mediated by Xist RNA stabilization. *Cell* **90**, 907–916.
Penny, G. D., et al., 1996. Requirement for Xist in X chromosome inactivation. *Nature* **379**, 131–137.

6・33 染色体凝集はコンデンシンによって誘導される

総 説

Hirano, T., 2000. Chromosome cohesion, condensation, and separation. *Annu. Rev. Biochem.* **69**, 115–144.
Hirano, T., 1999. SMC-mediated chromosome mechanics: A conserved scheme from bacteria to vertebrates? *Genes Dev.* **13**, 11–19.
Hirano, T., 2002. The ABCs of SMC proteins: Two-armed ATPases for chromosome condensation, cohesion, and repair. *Genes Dev.* **16**, 399–414.
Jessberger, R., 2002. The many functions of SMC proteins in chromosome dynamics. *Nat. Rev. Mol. Cell Biol.* **3**, 767–778.
Nasmyth, K., 2002. Segregating sister genomes: The molecular biology of chromosome separation. *Science* **297**, 559–565.

論 文

Csankovszki, G., McDonel, P., and Meyer, B. J., 2004. Recruitment and spreading of the *C. elegans* dosage compensation complex along X chromosomes. *Science* **303**, 1182–1185.
Haering, C. H., Lowe, J., Hochwage, A., and Nasmyth, K., 2002. Molecular architecture of SMC proteins and the yeast cohesin complex. *Mol. Cell* **9**, 773–788.
Kimura, K., Rybenkov, V.V., Crisona, N. J., Hirano, T., and Cozzarelli, N. R., 1999. 13S condensin actively reconfigures DNA by introducing global positive writhe: Implications for chromosome condensation. *Cell* **98**, 239–248.

PART

IV

細胞骨格

7

微　小　管

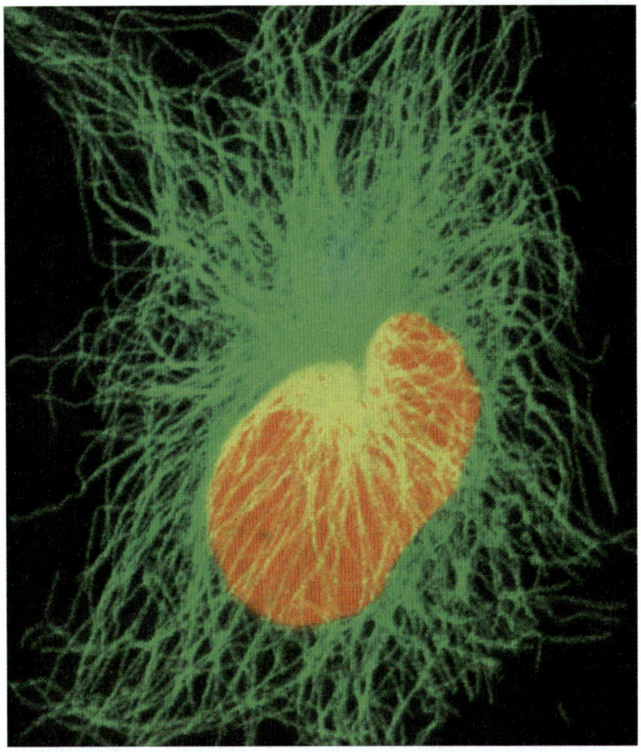

微小管を緑色で，DNA を赤色で示したヒト上皮細胞［写真は Lynne Cassimeris, Lehigh University の好意による］

7・1　序　　論

重要な概念

- 細胞骨格はタンパク質の重合体である．一つの重合体は数千の同一なサブユニットからなり，サブユニットが数珠つなぎになることによってフィラメントを形成している．
- 細胞骨格は細胞の運動を生み出し，また細胞を力学的に支える支持体になる．
- 細胞には，アクチンフィラメント，中間径フィラメント，微小管の 3 種類の細胞骨格がある．
- 細胞骨格は，いずれもサブユニットが常に結合と解離を繰返している動的な構造である．
- 微小管はチューブリンをサブユニットとする重合体である．
- 微小管はほとんど常に分子モーターと協同で働く．分子モーターは，力を発生し，微小管に沿って小胞やその他の複合体を輸送する．
- 繊毛や鞭毛は微小管とモータータンパク質からなる特殊化した細胞小器官であり，細胞が液体中で泳いだり，細胞表面上で液体を流動させたりするのに用いられる．
- 微小管を壊す薬剤は，医療や農業で役立っている．

真核細胞の細胞質が常に動いていることは，細胞小器官が常に位置を変えていることから明らかである．そのような細胞質の動きは，図 7・1 のように神経細胞のような長く伸びる細胞において特に明瞭である．他のすべての種類の細胞においても運動は起こっている（図 7・2）．細胞小器官の運動にはさまざまな役割がある．分泌小胞は，細胞の中心付近にあるゴルジ体から細胞膜へと輸送され，そこで内容物を細胞外の空間へ放出する．同時に，細胞膜で取込まれた小胞はエンドソームへと輸送される．ミトコ

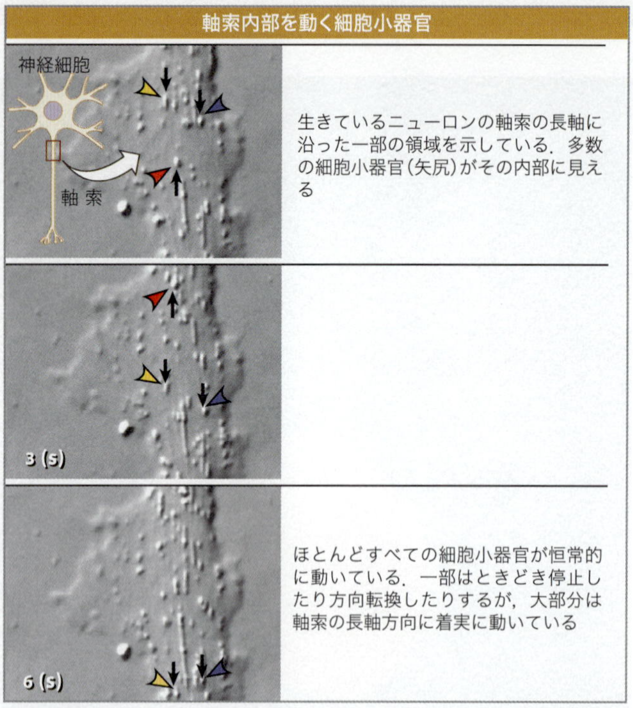
軸索内部を動く細胞小器官
神経細胞
軸 索
生きているニューロンの軸索の長軸に沿った一部の領域を示している．多数の細胞小器官（矢尻）がその内部に見える
3 (s)
ほとんどすべての細胞小器官が恒常的に動いている．一部はときどき停止したり方向転換したりするが，大部分は軸索の長軸方向に着実に動いている
6 (s)

図7・1　生きている神経細胞の軸索のビデオ連続画像．細胞全体の外形は，最上段の図にスケッチで示してある．三つの小胞に対して赤色，黄色，青色の矢尻で印をつけ，6秒間隔で動きを追跡した．三つの小胞のうち二つは軸索の先端に向かって移動し，一つは細胞体に向かって移動した［写真は Paul Forscher, Yale University の好意による］

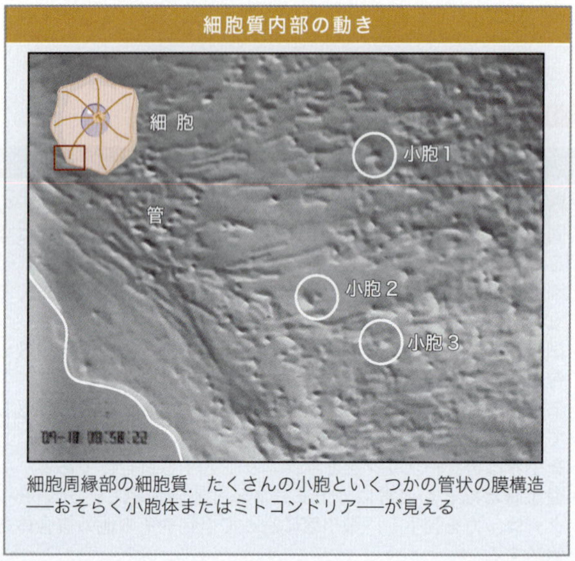
細胞質内部の動き
細 胞
小胞 1
管
小胞 2
小胞 3
細胞周縁部の細胞質．たくさんの小胞といくつかの管状の膜構造―おそらく小胞体またはミトコンドリア―が見える

図7・2　ビデオから取った画像で，哺乳類細胞の細胞質の小さな領域を示している．細胞の縁は左下にあり，核は右上方向の写真から外れたところにある．ビデオから，ほとんどの小胞は常に運動していることがわかる［写真は Lynne Cassimeris, Lehigh University の好意による］

ンドリアは常に居場所を転々とし，小胞体は伸長して新たな形態をとる．有糸分裂期の細胞では，染色体はまず一列に並んでから細胞の両端へと移動する．細胞小器官や染色体を適切な時期に適切な場所へと移動させるのは**細胞骨格**(cytoskeleton)の役割である．細胞骨格は，細胞内輸送システムにおいて通路を形成するタンパク質とその上を動くモータータンパク質からなる．

このほかにも，すべての細胞において構造的支柱となって細胞の形態を決めることや動き回る細胞の運動の原動力となることなど，細胞骨格はいくつもの重要な役割を担っている．動物細胞や単細胞生物あるいは一部の配偶子の場合のように，さまざまな種類の細胞が個体内を動き回ったり，外界を動き回ったりする．侵入したバクテリアを追跡して破壊する白血球のような細胞は這って動く．精子細胞などは，目的地まで泳いで移動する．細胞骨格はこの両方の種類の細胞運動の原動力となったり，舵取りの役目を果たしたりする．細胞運動のほかにも，細胞骨格は細胞の内部構造を形づくり，細胞の上下・左右・前後方向の軸を決定する．細胞骨格は細胞質全体の組織化を担うことを通して，細胞全体の形態も決定する．細胞骨格を介して，上皮細胞の長方形の形態や，神経細胞の細長い樹状突起や軸索（ヒトでは長いものは 1 m にもおよぶ）ができあがる．

細胞骨格は，**微小管** (microtubule)，ミクロフィラメント（第8章“アクチン”参照），中間径フィラメント（第9章“中間径フィラメント”参照）という三つの主要な構造タンパク質からなる．これら3種類のタンパク質は（図7・3），いくつか共通の重要な特徴を備えている．いずれも単独のタンパク質分子としてではなく，同一のサブユニットタンパク質が多数重合した重合体として機能する．ビーズが数珠つなぎになってネックレスができるように，細胞質内で数千個のサブユニットタンパク質が数珠つなぎになって細胞骨格は構築される．細胞骨格の一般的な特徴として，これが静的構造ではなく，サブユニットが常に結合と解離を繰返す動的構造をとっていることがあげられる．細胞骨格には，サブユニットが動的に入れ替わって自らを再構成する能力がある．細胞骨格は，細胞内で変化が必要なときに物質輸送の新しい経路となり，また細胞を支えるための新しい支柱にもなる．

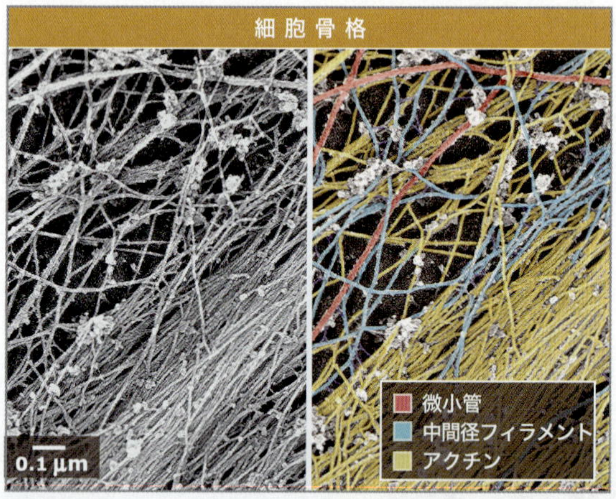

図7・3　電子顕微鏡によって観察した繊維芽細胞の小さな領域（左図）．たくさんのフィラメントが見える．右図では，真核細胞に存在する3種類の細胞骨格を，簡単に識別できるように色分けしてある［写真は Tatyana Svitkina の好意による．T. Svitkina, et al., *J. Struct. Biol.* **115**, 290～303 (1995) より Elsevier の許可を得て転載］

3種の細胞骨格は共通の特徴以外に独自の特徴も備えており，細胞内で独自の役割を果たすように適応している．本書では3種の細胞骨格系を別々に取上げるが，それらは共同で働くことも多い．

本章では，微小管について解説する．微小管を構成するサブユニットはチューブリンタンパク質である．チューブリン分子は重合して直径約 25 nm の中空の管，つまり微小管を形成する．1本の微小管は，1万から10万のチューブリン分子を含み，

数 μm（ほとんどの真核細胞の半分以上の長さ）にまで伸長する．間期の細胞には，図 7・4 のように数百本の長い微小管が細胞質全体に張りめぐらされ，細胞内の異なる領域を結びつけている．

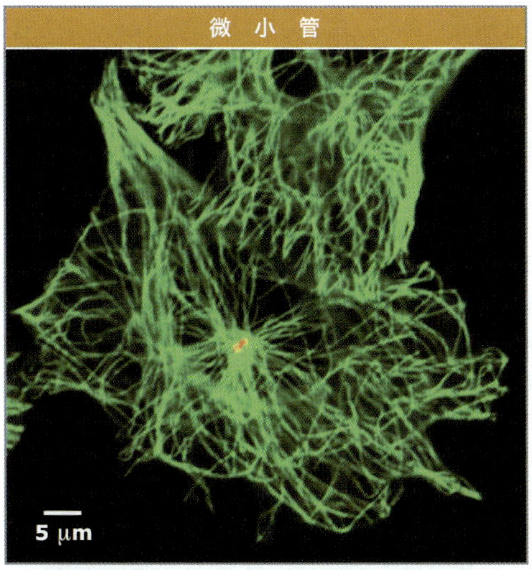

図 7・4　緑色に見えるように蛍光色素で標識した繊維芽細胞の微小管．微小管は細胞中心付近の一点から広がっている．ほとんどの微小管は，細胞全体を横切るほど長い［写真は Lynne Cassimeris, Lehigh University の好意による］

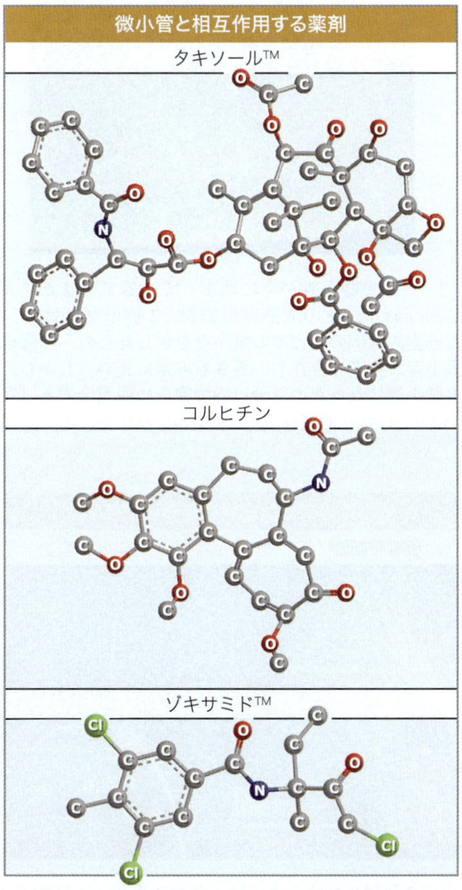

図 7・5　微小管の重合や脱重合を阻害する 3 種類の有機低分子の構造．パクリタキセル（タキソール™）とコルヒチンは，ある種の植物によって産生される天然の産物である．ゾキサミド™は，多数の低分子から，微小管を阻害する能力をもっているものを選択することで発見された人工分子である．

微小管はほとんどいつも，微小管の上を動く分子モーターと共同で働く（§7・12“モータータンパク質はどのようにして働くか”参照）．これらのモータータンパク質は，高速道路で荷物を運んでいるトラックのように，細胞小器官や小胞などのさまざまな積荷を結合し，これを微小管に沿って運ぶ．微小管とモータータンパク質は，有糸分裂で複製された染色体の分離にも共同で働くし（第 10 章“細胞分裂”），細胞が泳いだり，あるいは細胞表面で液体を流動させたりするのに使われる細胞運動装置の構成成分でもある（§7・16“運動構造としての繊毛と鞭毛”参照）．微小管とモータータンパク質は，HIV やアデノウイルスのようなウイルスが核に素早く到達して複製するのにも使われる．

微小管の重合を阻害する低分子有機物質は，医療や農業の分野で役立っている．微小管を安定化または不安定化する薬剤は，細胞の有糸分裂を阻害するので，がんの治療に用いられる．そのような薬剤の一つであるパクリタキセル（タキソール™，図 7・5 に構造を示した）は，卵巣がんや乳がんの治療に用いられている．タキソールは，微小管に結合しチューブリンサブユニットの解離を妨げて，微小管を安定化する．別のチューブリン毒であるコルヒチン（図 7・5）は，タキソールとは正反対の効果を微小管に及ぼし，細胞から微小管を消滅させる．微小管を破壊すると痛風の炎症をひき起こす白血球の移動が阻害されるので，コルヒチンは痛風の治療に用いられる．微小管を標的とした薬剤は，農業においても重要な役割を果たしている．たとえば，殺真菌薬の一つであるゾキサミド™（図 7・5）は，菌類のチューブリンに特異的に結合して菌類の成長を阻害する．ゾキサミドは，菌類によってひき起こされる病気で，1850 年のアイルランドジャガイモ飢饉の原因にもなったジャガイモの胴枯れ病を抑えるのに用いられる．医療や農業に役立つようなチューブリンに結合する新薬の探索は，今日ますます研究が盛んになっている．

7・2　微小管の一般的な機能

重要な概念

- 微小管は細胞骨格中では最も強度があるので，細胞の構造的な支持体として使われる．微小管は圧縮力に対しても抵抗性がある．
- 微小管の動的な重合・脱重合は，細胞が微小管系を素早く再構成するのに利用される．
- 細胞は微小管の動的性質を変えることができる．そして，動的な微小管ではその適応性を利用し，安定な微小管ではその強度を利用する．
- 分化した細胞は，必要に応じて独自の微小管構造をもっている．

細胞の微小管を破壊する単純な実験によって，細胞骨格としての微小管の役割が明らかにされてきた．細胞をコルヒチン（§7・1“序論”参照）のような薬剤で処理すると，チューブリンが数珠つなぎになってできた微小管は脱重合して，ばらばらのサブユニットになる．これらの薬剤は新しい微小管の形成を妨げて，恒常的な微小管の形成と分解のつり合いを破る．脱重合した微小管が新たな微小管で置き換わらないために，しばらくすると細胞質からはすべての微小管がなくなる．ほとんどの細胞は，微小管が脱重合すると形態を保つことができず丸いボール形となる．細胞の内部構成も破壊される．たとえば，ゴルジ複合体はひとまとまりの構造体として核の周辺に存在しているが，微小管が脱重合すると断片化して細胞質全体に分散する．小胞体は，核膜から細胞質全体に伸びたネットワーク構造をとっているが，微小管の脱重合に伴い核の周囲で脱重合する．これらの変化はすべて，微小管脱重合剤を除くと元に戻る．すなわち，微小管が再構成され元の形態に戻り，細胞も元の形状を取戻して，小胞体とゴルジ体は元の場所に戻る．このように，微小管を破壊する単純な実験によって，細胞の内部構成，構造，運動における微小管の幅広い機能を明らかにできる．

細胞内における微小管の機能は，固い構造要素になりうるし同時に簡単に脱重合するという見かけ上正反対の二つの特質に依存している．微小管は直径の大きな管構造をとるため，比較的固く圧縮力に対して抵抗性がある．微小管は，長距離では屈曲するものの，圧縮することはできないので，ゴムホースのようなものと考えればよい．ホースと違うのは，微小管の構造が非常に動的なことである．微小管だけが存在しているときは，サブユニットが結合と解離を繰返して，恒常的に伸長したり短縮したりしている．微小管の短縮は特に劇的で，ほとんどの部分が短縮してしまうことが頻繁にあり，微小管全体が消滅してしまうこともしばしばみられる．微小管は元来，重合した後も脱重合しやすいため，細胞は微小管を安定化してその脱重合を防ぐために他のタンパク質を必要としている．脱重合しやすく設計された構造要素とは奇妙にみえるが，こうした不安定性があるために，細胞内の微小管は必要に応じて分単位で脱重合したり再構成されたりする．そのような例として図7・6に示したのは，有糸分裂初期に起こる微小管の劇的な再編成である．この再編成には2，3分しかかからない．微小管の再編成の別の例は，発生過程にある卵母細胞でみられ，その規模は非常に大きい．アフリカツメガエル *Xenopus laevis* の一つの卵母細胞は，図7・7に示したように直径約1 mmであり，平均600 μm長の微小管をおよそ50万本ももっている．もしこれらの微小管がつながって1本の長い微小管になったら，その長さは約300 mにもなる．このように大量の微小管が存在するにもかかわらず，卵母細胞が成熟して卵になるような刺激を受けると，微小管は30分以内に脱重合して再編成される．

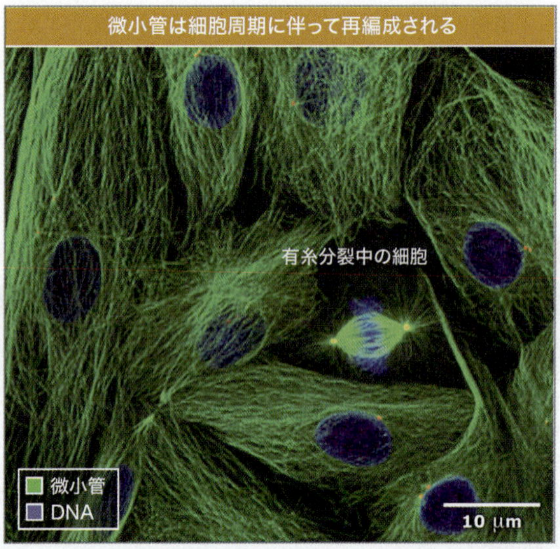

図7・6　多くの細胞の微小管と染色体を同時に蛍光顕微鏡で可視化した像．微小管がはっきりした有糸分裂紡錘体になっていることから有糸分裂期にあることがわかる細胞一つが，多くの間期の細胞に囲まれている．細胞が有糸分裂期に入るときに起こる微小管の再構成は，劇的ではあるものの数分とかからない［写真はLynne Cassimeris, Lehigh Universityの好意による］

一部の細胞では，動的な微小管は，ある種類の配置から他の種類へと素早く再編成する以上のことをしている．たとえば，繊維芽細胞は方向を変えながら体内を移動する必要がある．繊維芽細胞の微小管は星状のパターンを形成しており，図7・8のように核周辺の一点から全方向に向けて放射状に広がっている．これらの微小管は短命であり，ほとんどは細胞がほんの少し移動する間に脱重合してしまう．繊維芽細胞は，微小管がすべて脱重合しても運動を持続できるが，興味深いことに，微小管がなければ方向転換や舵取りをすることができなくなってしまう．このことから，微小管の動的性質は，繊維芽細胞が方向転換するのに必要であることがわかる．

神経細胞は形状と挙動の両面で繊維芽細胞とはまったく異なっており（図7・8参照），微小管をもっぱら強度の維持に利用している．神経細胞は動くことができず，小さな細胞体から寿命の長い突起（軸索と樹状突起）が非常に長い距離にわたって伸びてい

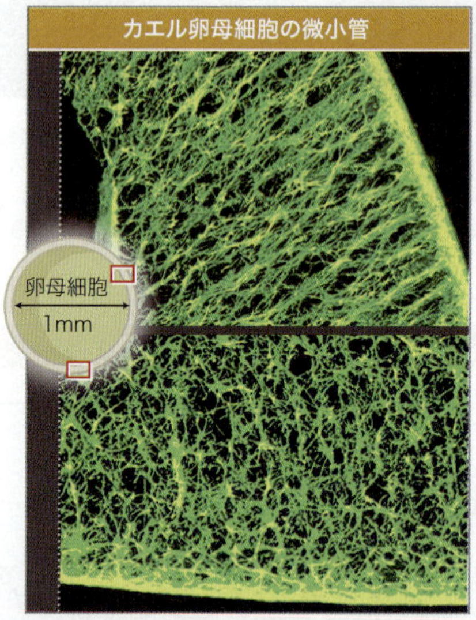

図7・7　巨大で微小管が密に詰まっているアフリカツメガエル *Xenopus laevis* の成熟卵母細胞．2枚の写真は，一つの卵母細胞周縁部の2点での微小管を示したもの．卵母細胞には微小管が数多く存在し，長さも非常に長い．しかし，これらの微小管はたったの数分以内で完全に脱重合する［写真はDavid L. Gard, University of Utahの好意による］

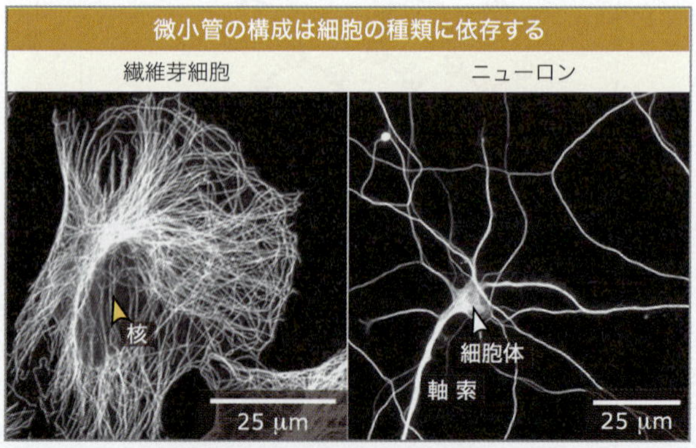

図7・8　上の2種類の細胞のように，極端に異なった形態をとるには，微小管の組織化が異なっていなければならない．ヒト繊維芽細胞では，1本1本の微小管を見ることができ，それぞれが核近傍の1点から細胞質全体に張り巡らされている．神経細胞では，細胞体から突出している長くて細い突起の内部で微小管は束ねられている［左の写真はLynne Cassimeris, Lehigh Universityの好意による．右の写真はG. Withers, Whitman Collegeの好意による］

る．突起内部は，微小管の平行な束で占められている．これらの微小管上を，多数の小胞やその他の物質がシナプスを出発点あるいは目的地として移動している．繊維芽細胞の微小管とは異なり，神経細胞の突起内部の微小管は安定であり，細胞の構造を保持するのに必須である．もし微小管が脱重合すると，突起はゆっくりと崩壊する．このように神経細胞は，微小管の強度を利用してこれを安定な構造要素として用いている．

成熟した神経細胞は微小管を強度維持に利用しているが，成長過程にある神経細胞は微小管の動的性質も利用している．神経細胞が成長して最初に他の神経細胞とシナプスを形成するとき，両方の細胞は細胞体から細い突起を伸ばす．それらの突起は軸索と樹状突起になる．それぞれの突起の先端は，成長円錐とよばれる非常に活発で運動性の高い領域である（図7・9）．成長円錐は，

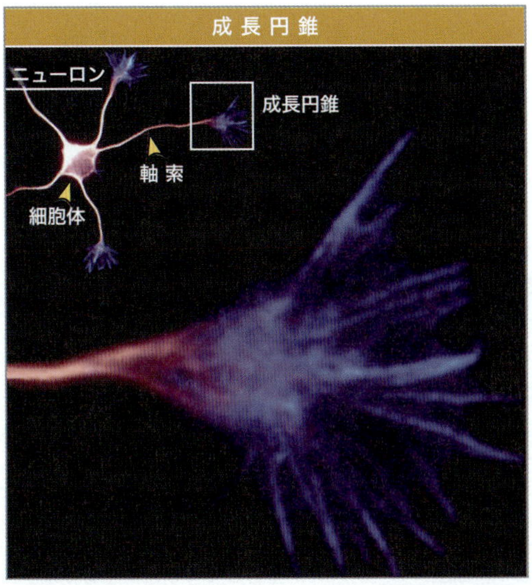

図7・9　左上は神経細胞全体の写真で，数本の軸索が細胞体から突出している．軸索の先端には成長円錐（青色）がある．右方向に伸びている1本の軸索の先端部にある成長円錐を拡大したのが下の写真である．微小管を赤色で，アクチンフィラメントを青色で示した［写真は Dr. Leif Dehmelt, Dr. Shelly Halpain, The Scripps Research Institute の好意による］

長い距離を移動しながら移動の道筋に沿って突起を形成し，突起を伸ばしていく．成長円錐には移動中の繊維芽細胞とよく似た動的な微小管があり，これが成長円錐の移動を助けている．このように，神経細胞はいつどこで微小管を動的にし，いつどこで安定にするかを制御している．微小管の動的な入れ替わりを時空間的に制御する能力は，すべての細胞に共通して備わる特徴である．

微小管は，それぞれの細胞独自の必要に応じて編成されている．一例として，図7・10に形状の似た二つの細胞を示した．一つは単細胞の分裂酵母 *Schizosaccharomyces pombe* で，もう一つは哺乳類以外の脊椎動物（ニワトリやカエルなど）に含まれる有核の赤血球である．どちらの場合も細胞はソーセージのような形状をしているが，微小管の形態はまったく異なっている．*S.pombe* 細胞では，極性を維持しながら成長するにあたって，細胞両端に新しい物質が運び込まれている．微小管の束はこの細胞両端に向かって伸びている．この微小管の束は，核を細胞中央に配置するのにも役立っている．*S.pombe* は細胞壁をもっているので，圧縮力に抗するのに微小管を使う必要はない．これとはまったく異なる微小管の形態が脊椎動物の赤血球で見いだされている．他のすべての動物細胞と同様に，赤血球は細胞壁をもたない．これらの細胞では，周辺帯とよばれる構造の中に，細胞膜と結合した微小管の束がある．哺乳類の赤血球におけるアンキリンとスペクトリンのように，周辺帯微小管は細胞膜に強度を与える役割を担っている．

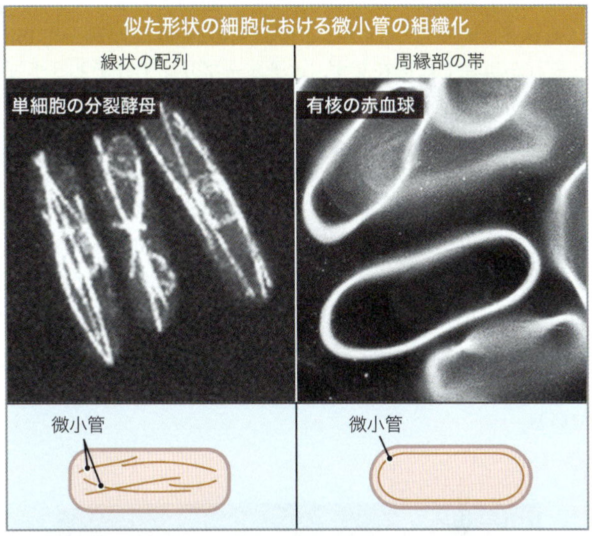

図7・10　酵母の *S.pombe*（左図）には比較的少数の束になった微小管が存在し，それによって核が細胞内の中央に配置され，また成長を制御する因子が細胞の両端に輸送される．両生類の赤血球（右図）には環状の微小管の帯が細胞膜の直下に存在し，細胞が毛細血管の中を押し進むとき，変形力に抗するのに役立っている［左の写真は Phong T. Tran, University of Pennsylvania, 右の写真は Lynne Cassimeris Lehigh University の好意による］

以上の例では微小管の機能を見てきたが，同時にいくつかの疑問も浮かび上がってくる．微小管はどのようにして速やかに形成され，脱重合するのか？　細胞はどのようにして微小管の動的性質を制御しているのか？　何が細胞内の微小管の形態を決定しているのか？　微小管はどのようにして運動を生み出すのか？　本章の残りの節でこれらの疑問に答える．

7・3　微小管はαチューブリンとβチューブリンからなる極性重合体である

重 要 な 概 念

- 微小管はチューブリンのヘテロ二量体を構成成分とする中空の重合体である．
- サブユニットが直鎖状に連なったプロトフィラメント13本が互いに側面で結合して，微小管ができる．
- プロトフィラメント間の側面の結合は微小管を安定化し，微小管先端におけるサブユニットの結合や解離を制限している．
- 微小管は極性をもった重合体である．プラス端はβチューブリンによって覆われており，重合は速い．マイナス端はαチューブリンによって覆われており，重合は遅い．

微小管は幅広い細胞機能に関与しているが，その土台となっている微小管の構造や微小管を構成するサブユニットについては，酵母からヒトにいたるまでほとんど変わらない．本節以降，数節にわたって，微小管の構造や *in vitro* で精製サブユニットがどのように重合して微小管になるかを解説する．微小管の *in vitro* における挙動は，細胞内で起こっている現象とあまり関係ないよう

に見えるかもしれないが，微小管の基礎的な性質や動態を明らかにするためには重要である．微小管の *in vitro* での挙動によって，細胞が微小管を組織化するために何をしなければならないか，あるいは細胞はどのように微小管を利用できるかが決まってくる．

微小管の構成単位はチューブリンタンパク質である．チューブリンは二つの非常に似たタンパク質である α チューブリンと β チューブリンを構成成分とするヘテロ二量体である．α チューブリンと β チューブリンはアミノ酸配列の約 40 % が同一であり，それぞれが単独では存在せず，α チューブリン 1 分子と β チューブリン 1 分子が結合した分子量 100 kDa のチューブリンヘテロ二量体を形成している．ほとんどの場合，ヘテロ二量体が一つの単位として働くという事実を考慮して，ヘテロ二量体を“チューブリン”とよぶことが多い．α チューブリンと β チューブリンの両方とも球に近いため，ヘテロ二量体は図 7・11 のようにピーナッツに似た形をしている．ヘテロ二量体の構造は原子レベルまでわかっている．α チューブリンと β チューブリンは非常に似ており，ヘテロ二量体内部では，一つのチューブリンの前部がもう一つのチューブリンの後部に結合するようにして二つが一列に並んでいる．

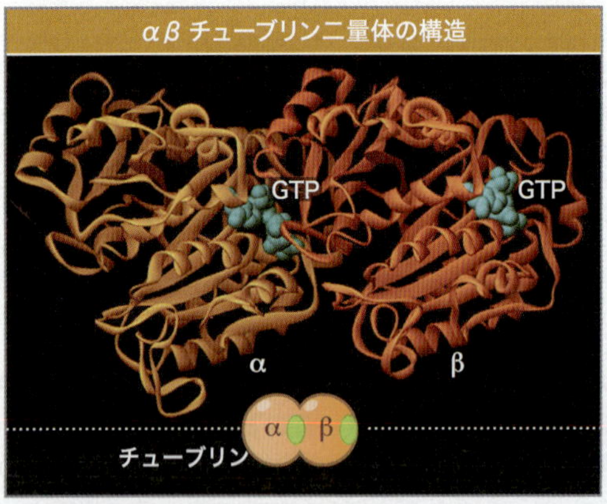

図 7・11 微小管の構築単位であるチューブリンヘテロ二量体の三次元構造．金色と銅色で示したのは，二つのタンパク質サブユニットの骨格となるポリペプチドである．ヘテロ二量体のそれぞれに結合した GTP 2 分子を緑色で示した．二つのサブユニットの構造がよく似ており，一方が頭をもう一方の尻につけるように二つが並んでいることに注意．下図は，二量体が本章の図でどのように表されるかを模式的に描いたものである［E. Nogales, S.G. Wolf, K.H. Downing, *Nature* **391**, 199～203 (1998) より改変した］

α チューブリンと β チューブリンはそれぞれ GTP 1 分子を結合する．チューブリンヘテロ二量体の構造から，α チューブリンに結合した GTP は β チューブリンとの接触面に位置していることがわかる（図 7・11 参照）．この GTP は加水分解されず，溶液中のヌクレオチドと交換されることもない．それに対して β チューブリンに結合した GTP は，ヘテロ二量体の一方の端に露出しているので，溶液中のヌクレオチドとの交換が可能である（図 7・11 参照）．β チューブリンの GTP は，チューブリンが微小管に取込まれると GDP に加水分解される．GTP から GDP への加水分解によって，チューブリンヘテロ二量体の構造は変化する．この構造変化は，微小管の動的な入れ替わりに重要な役割を果たしている．

微小管は，数千のチューブリンサブユニットからなるタンパク質の重合体であり，それらのサブユニットが重合して中空の管を形成している．典型的な微小管では，チューブリンサブユニットが直鎖状に連なった**プロトフィラメント**（protofilament）とよばれるフィラメント 13 本が，長軸方向に平行に走っている．プロトフィラメントは，図 7・12 のように互いに側面で結合して微小管を形成する．プロトフィラメントが 11 本から 15 本の間であれば微小管はできるが，細胞内に存在する微小管の大部分は 13 本のプロトフィラメントからなる．プロトフィラメントが 13 本だと微小管の直径は 25 nm になるが，これは微小管の管壁の厚さの約 5 倍に相当する．

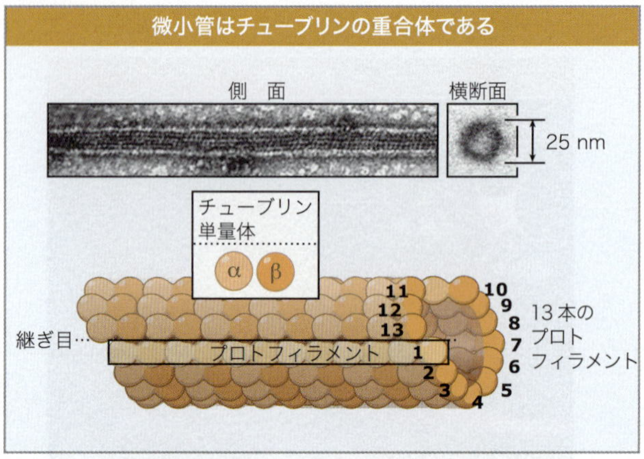

図 7・12 微小管の構造．個々のチューブリンヘテロ二量体が端と端をつけるように並んで直線状のプロトフィラメントを形成し，プロトフィラメントが側面どうしをつけるように並び中空の管を形成する．ヘテロ二量体はすべて同じ方向を向いており，β サブユニットは微小管の一方の端に，α サブユニットは他方の端に向いている．上図は，精製チューブリンが重合してできた微小管の電子顕微鏡写真である［写真は，（左）Lynne Cassimeris, Lehigh University の好意による．（右）Harold Erickson, Duke University School of Medicine の提供］

チューブリンヘテロ二量体は，プロトフィラメントの長軸方向に沿って，頭を前のヘテロ二量体の尻につけるやり方で結合する（図 7・12 参照）．隣接するプロトフィラメントでは，ほとんどの場合 α チューブリンの隣には α チューブリンが，β チューブリンの隣には β チューブリンが存在する．隣接したプロトフィラメントどうしはわずかにずれているので，不連続部（継ぎ目）が 1 箇所だけ存在する．そこでは，一方のプロトフィラメントの α チューブリンは，もう一方のプロトフィラメントの β チューブリンと隣接している．この継ぎ目は微小管の重合に重要な役割を果たしているらしい．

微小管の中では，チューブリンヘテロ二量体は隣どうしで強い非共有結合を形成している．図 7・13 に示したように，これらの非共有結合はプロトフィラメント内部で微小管の長軸方向に形成されるだけでなく，側面にも形成されて隣接するプロフィラメントどうしを結びつけている．結合 1 個分では長軸方向の結合の方が側面の結合よりも強いが，重合体の強度には，莫大な数の側面における結合の寄与が大きい．その理由は簡単である．プロトフィラメント 1 本の内部では，サブユニット間の結合は長軸方向にだけ形成される．この結合の強さはすべて同じであるため，結合が破断する確率はプロトフィラメントのどこでも同じである．

このため1本のプロトフィラメントは破断されやすい（図7・13参照）．ところが微小管に取込まれたサブユニットは，隣接するプロトフィラメントのサブユニットとも側面で結合している．そこで，微小管を破断するには，13本のプロトフィラメントすべてについて同時に同じ位置で長軸方向の結合が切れなければならない．こうしたことが起こる確率はきわめて低いので，微小管の破断はめったに起こらない．

サブユニットが側面で結合していることは，微小管の内部のチューブリン二量体を微小管から解離させるには複数の結合を同時に切断しなくてはならないことを意味しており，こうした解離を起こりにくくしている．そこでサブユニットは，わずかな数の結合で微小管と連結できるフィラメント末端だけで結合・解離する（図7・13参照）．

精製されたチューブリンヘテロ二量体は，微小管を形成するのに必要な側面および長軸方向の結合を自発的に形成できる．そのため，微小管の重合は**自己集合**（self-assembly）過程であり，最終的な構造を形成するのに必要な情報はすべて，サブユニットに含まれている．他の自己集合過程の例としては，アクチンフィラメントの重合やウイルスの頭殻の集合などがある．

微小管内部でサブユニットは決まった方向に配置されるため，微小管の両端は異なっている（図7・12参照）．プロトフィラメント内部ではすべてのチューブリンヘテロ二量体が同じ方向に向いており，微小管内部ではすべてのプロトフィラメントが同じ方向に走っている．そこで，微小管の一方の端にはβチューブリンが露出し（プラス端とよばれる），もう一方の端にはαチューブリンが露出することになる（マイナス端とよばれる）．このような構造のため，微小管は二つの非常に重要な特性を示す．第一に，二つの端は構造的に異なっており，異なった挙動をする．これから見ていくように，二つの端での重合を別々に制御するなど，細胞はこれをよく利用している．第二に，微小管は極性すなわち固有の方向性を備えており，1本1本が異なった方向に向いていると考えることができる．微小管の極性は，微小管の両端だけでなく全域にわたって存在する．微小管表面のどの一点に着目しても，そこが両端からどれだけ離れていようと，どちらがプラス端の方向でどちらがマイナス端の方向かを指し示すことができる．微小管の極性は分子モータータンパク質の運動の方向を決めるので，細胞内部の組織化にかかわる微小管とモータータンパク質にとって重要である．

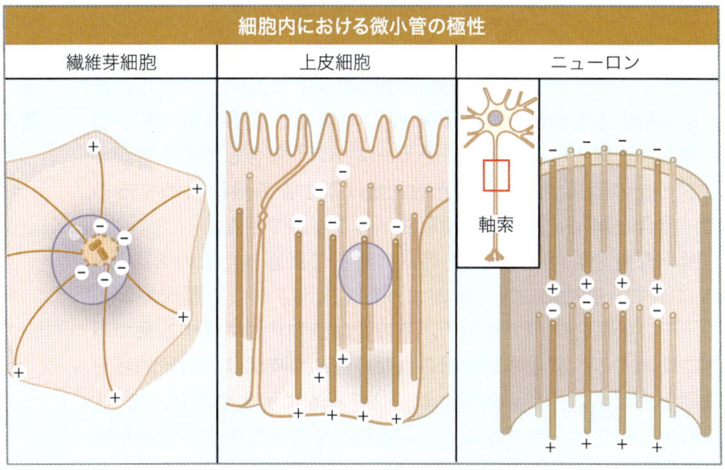

図7・14　ここに示す3種類の細胞では，それぞれ細胞内の微小管はすべて同じ極性をもっている．このため微小管の極性は，細胞質内で正確に方向性を指示することになる．たとえば上皮細胞では，プラス端からマイナス端への方向は，"上"向きになる．細胞の形態や，細胞表面や内部が特化することは，微小管の極性に依存している．

細胞内では，微小管の極性は図7・14のようにそろっている．たとえば，繊維芽細胞などのように放射状に並んだ微小管をもっている細胞では，すべての微小管のマイナス端が細胞の中心付近に，プラス端が細胞の周縁部にくるように配置されている．上皮細胞では，微小管は互いに平行に並んで細胞の頂端面から基底面まで走っているが，プラス端はすべて基底面側に，マイナス端は頂端面側にある．同じように，神経軸索でもすべての微小管は同じ方向を向いている．いずれの場合も，極性をもった微小管がどのように配置されているかは，細胞の組織化と機能に重要な意味をもつ．

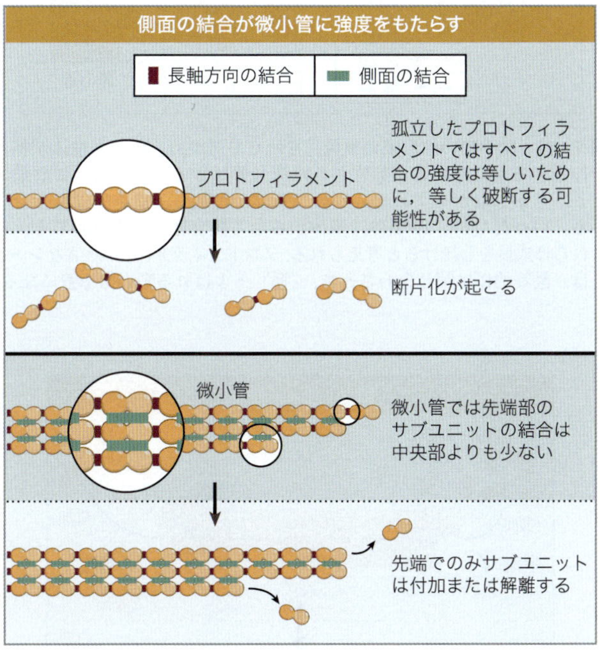

図7・13　長軸方向の結合（プロトフィラメントの長軸に沿って）と側面での結合（隣接するプロトフィラメントのサブユニット間）によってチューブリンヘテロ二量体どうしが接触する．1本のプロトフィラメントは，すべての結合の強度が等しく破断される確率も等しいので，断片化しやすい．微小管内部では側面の結合があるために，重合体の真ん中では破断されにくくなっている．サブユニットが付加または解離するのは微小管の先端だけだが，それは微小管の先端のほうが真ん中よりもサブユニットを固定している結合の数が少ないからである．わかりやすくするために，3本のプロトフィラメントだけを示した．

7・4　精製チューブリンサブユニットは重合して微小管になる

重 要 な 概 念

- 微小管形成は，少数の核（小さい重合体）の形成から始まる．
- 重合体の両端にサブユニットが付加することによって，微小管は重合する．
- 多くの場合，臨界濃度分のチューブリンサブユニットが溶液中に残存している．チューブリンが重合して微小管ができるには，チューブリンの濃度が臨界濃度以上である必要がある．

チューブリンサブユニットの重合で微小管ができる．重合の過程は，精製チューブリンを用いて *in vitro* で調べることができる．チューブリンと GTP を適切な緩衝液中で混合してから，重合を開始するためにその溶液を 37 ℃で温める（哺乳類の微小管の場合）と微小管ができる．チューブリンが重合して微小管ができると光の散乱が増加し，光散乱量は微小管の量に比例するので，重合過程は光散乱で簡単に調べることができる．

微小管量を重合開始からの時間に対して目盛ったものを図 7・15 に示す．最初に，重合体がまったく検出されない遅滞期がある．その後重合体ができ始め，その量は飽和状態に達するまで線形に増加する．重合体が検出されない最初の時期は，自発的核形成期とよばれる．この時期には，図 7・16 に示すように，2，3 個のチューブリンサブユニットが重合してできた小さい核が形成され始める．これらの核は，サブユニットがさらに付加するよりも，解離の方が起こりやすいため不安定である．しかし一部には大きくなるものもある．いったん十分な数（6〜12 個）のサブユニットが重合すると，核は脱重合よりも成長の方が起こりやすくなり，安定になる．十分な大きさの核が形成される確率は小さいので，核形成が微小管形成の律速段階となる．しかし細胞には，特定の場所で核形成を加速して微小管形成が起こる場所を選択するための特別なタンパク質の複合体が備わっており，自発的核形成が遅いという問題は回避できる．

重合量が線形に増加する時期には，チューブリンサブユニットは，自発的核形成期に形成された微小管核の両端に付加する．サブユニットがプラス端とマイナス端の両方に付加して，個々の微小管は伸長する．サブユニットは両端から解離することもあるが，その頻度は付加の頻度よりも低いので，図 7・17 に示したようにサブユニットが付加していく．正味の伸長速度は，サブユニットの結合と解離の速度に依存し，次式 7・1 で表される．

$$\frac{\mathrm{d}P}{\mathrm{d}t} = k_{\mathrm{on}}\,[\text{チューブリン}] - k_{\mathrm{off}} \qquad (7\cdot 1)$$

ここで $\mathrm{d}P/\mathrm{d}t$ は単位時間当たりに形成される重合体の量，[チューブリン]は溶液中のチューブリン濃度，k_{on} は結合速度定数(単位は $\mathrm{M^{-1}\cdot sec^{-1}}$)，$k_{\mathrm{off}}$ は解離速度定数(単位は $\mathrm{sec^{-1}}$)である．プラス端とマイナス端で速度定数は異なるので，式 7・1 は重合体の両端についてそれぞれ書き下さなければならない．式 7・1 から数学的に明らかなように，チューブリンの濃度が高いほど微小管の重合速度は大きくなる．

最終的には，系が定常状態に達してサブユニットの付加と解離のつり合いがとれたときに，チューブリン重合体の量は最大になる．最大量の重合体が形成されたときも，溶液中にはサブユニットがいくらか残っている．溶液中に残存しているサブユニットの濃度は**臨界濃度**(C_{c}, critical concentration)とよばれ，この濃度は最初のチューブリン濃度にかかわらず常に一定である．臨界濃度を数学的に考えれば，その理由は明らかである．定常状態では，重合体の正味の重合は起こっていないので，式 7・1 の $\mathrm{d}P/\mathrm{d}t$ は 0 に等しくなる．$\mathrm{d}P/\mathrm{d}t$ が 0 のときに，[チューブリン]について式 7・1 を解くと次式 7・2 のようになる．

$$[\text{チューブリン}] = C_{\mathrm{c}} = \frac{k_{\mathrm{off}}}{k_{\mathrm{on}}} \qquad (7\cdot 2)$$

精製チューブリンでは，臨界濃度は約 7 μM である．この濃度は定常状態で溶液中に残存しているサブユニットの濃度に等しいため，重合を起こすためには，チューブリンの濃度が臨界濃度よりも高くなければならない．もし定常状態にある微小管重合体を総チューブリン濃度が減るように希釈したら，微小管は脱重合し始め重合体の量は減少する．溶液中のチューブリンサブユニットの濃度が再び臨界濃度に等しくなったとき，重合体の減少は停まる．このように，臨界濃度は微小管形成に必要な最小の濃度とも考えられる．

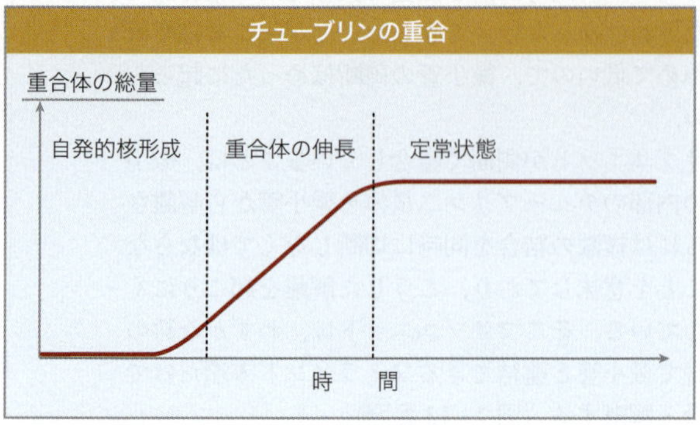

図 7・15　精製チューブリンを *in vitro* で重合させたときの，チューブリン重合体量を時間で追ったグラフ．最初は，重合体が検出されない．その後重合体の量は，一定のレベルに達するまで時間に対して直線的に増加する．三つの段階のそれぞれで，異なる分子反応が起こっている．

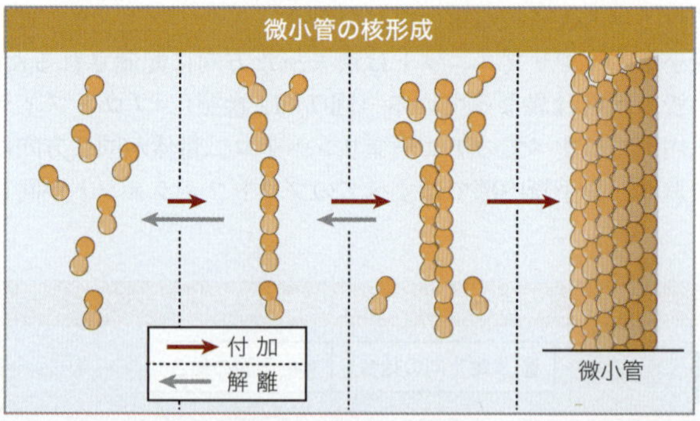

図 7・16　微小管の核形成の単純化されたモデル．少数の二量体が相互作用するが，そのとき形成された複合体はほとんどの場合に解離する．しかしながらまれに，別の二量体が付加し，横並びにも会合する．いったん 6〜12 個の二量体からなる複合体が形成されると，それらは成長をし続けると考えられる．プロトフィラメントの小さなシートは，最終的には閉じ合わさって，“種”とよばれる短い微小管になる．

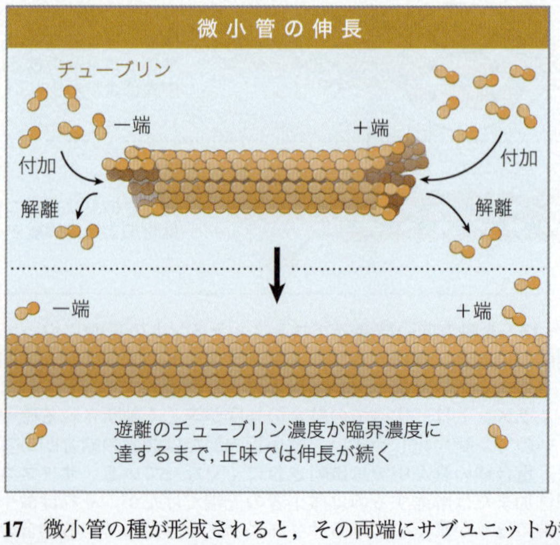

図 7・17　微小管の種が形成されると，その両端にサブユニットが付加して伸長する．一方の先端はもう一方よりも速く伸長する．自発的な核形成期に続くこの伸長によって，重合体の総量は直線的に増加する．

いったん定常状態に達したとき，個々の微小管では何が起こっているのだろうか．最も単純な可能性は，多くの化学反応のように，微小管形成反応は真の平衡に達し，すべての微小管の両端は溶液中のチューブリン分子と平衡にあるというものである．もしそうならば，定常状態の微小管ではサブユニットの交換はほとんど起こらないはずである．この理由については，以下の節で簡単に解説する（EXP：7-0001 も参照）．実験からはまったくこの逆であることがわかっている．定常状態では，微小管へのサブユニットの付加や微小管からの解離は，平衡状態での交換から予想されるのよりもはるかに活発である．このことから，単純な平衡よりももっと興味深いことが起こっていることがわかる．このような活発な交換や重合体の入れ替わりを説明する機構は，微小管の挙動を理解するのに重要であり，次節で解説する．

7・5 微小管の形成と脱重合は動的不安定性という独特な過程によって進行する

重要な概念

- 微小管は常に伸長と短縮の相が切り替わっている．この過程は動的不安定性とよばれる．
- 伸長状態から短縮状態への遷移はカタストロフィーとよばれる．
- 短縮状態から伸長状態への遷移はレスキューとよばれる．
- 微小管集団がすべて同時に伸長または短縮することはない．どの瞬間を見ても，ほとんどの微小管が伸長し，残りのわずかな微小管が短縮している．
- 伸長している先端と短縮している先端の構造は大きく異なっている．伸長している先端のプロトフィラメントは伸びているが，短縮している先端のプロトフィラメントは後方に曲がって微小管格子から遠ざかっている．

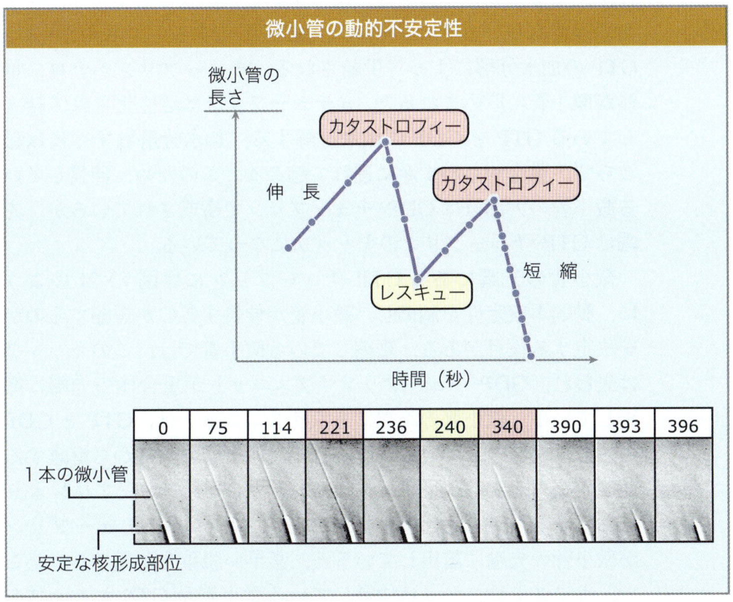

図7・18 *in vitro* で1本の微小管が，安定な核形成部位から伸長している．微小管のマイナス端は核形成部位に結合しており，プラス端は開放されている．微小管の長さを一定時間ビデオ顕微鏡によって記録し，その結果を上図のグラフで示した．微小管は最初に伸長し，その後唐突に短縮し始めた（カタストロフィー）．ほとんどの部分が脱重合した後，再び伸長し始めた．しばらく後に，2回目のカタストロフィーが起こり，このときは完全に脱重合してしまった．微小管は重合するのと同じくらいの速度で数回脱重合していることに注意．ビデオの各コマの上に，時間を秒で表した［写真は Lynne Cassimeris, Lehigh University の好意による］

微小管形成の動力学と速度論を理解するための *in vitro* の実験は，当初は光散乱のように，存在する重合体の総量のみを測定する方法を用いていた．1980年代の中頃になって，免疫染色や電子顕微鏡によってチューブリンの重合を追跡する方法が導入された．これらの方法によって，光散乱ではなしえなかった，重合反応過程にある微小管1本ずつの可視化が可能になった．これらを用いて微小管の本数を数え，長さを測定した．結果はまったく予想を裏切るものであり，チューブリンサブユニットの重合体への付加と脱離が平衡状態の交換に基づいて予想されるのよりもはるかに速い理由について，興味深い解答を与えるものであった（EXP：7-0002 参照）．微小管が平衡状態の重合体であれば，いったん定常状態になると，長さにほとんど差はみられず，微小管の本数も時間がたってもほとんど変化しないはずである．しかしながら，新しい方法を用いると，定常状態では（図7・15のプラトー期），微小管の長さと本数の両方ともが変化していることがわかった．およそ40分間で，一部の微小管は元の長さの10倍にまで成長したが，微小管の総本数は減少した．さらに中心体（安定な核形成部位，§7・7“細胞は微小管形成の核として微小管形成中心を用いる”を参照）からの微小管形成を調べる実験でも，予想を裏切る結果が出た．最初に中心体から微小管を伸ばしたのち，臨界濃度未満の濃度になるように試料を希釈した．このとき，すべての微小管はすぐに脱重合を開始し，再び臨界濃度に達するまで脱重合し続けるということが，平衡重合体から予想される結果だった．しかし実際の結果は，一部の微小管が脱重合する一方で，残りの微小管は重合し続けるというものであり，平衡重合体ではありえないものだった．以上の結果や他の実験を説明するために，**動的不安定性**（dynamic instability）とよばれる微小管重合モデルが導入された．このモデルでは，微小管は伸長または短縮のどちらかの相を持続し，唐突に相間を遷移する．この突然の遷移について，伸長から短縮への切り替えは**カタストロフィー**（catastrophe）とよばれ，短縮から成長への切り替えは**レスキュー**（rescue）とよばれる．

動的不安定性のモデルは，光学顕微鏡を用いて個々の微小管が伸長や短縮するところを観察することによって確かめられた．図7・18にこうした実験を示す．これらの実験によって，個々の微小管は数μmの長さにわたって安定に伸長し，カタストロフィーが起こると速やかに短縮することがわかった．その後レスキューが起こって，微小管は再び伸長を開始するかもしれないし，完全に脱重合してしまうかもしれない．図7・19に，微小管が伸長と短縮の相を遷移しているところをビデオで観察した2枚の画像を示す．2本の微小管は，繊毛軸糸（軸糸は安定な微小管を構成成分とする細胞小器官）の短い断片一つを重合核とし，2本の微小管のうち1本はプラス端から，1本はマイナス端から伸長している．こうして，微小管のプラス端とマイナス端の両端での重合の動態を追うことができる．このような実験によって，微小管のプラス端はマイナス端よりも速く伸長することがわかった．プラス端ではカタストロフィーの頻度もマイナス端より高いため，プラス端はマイナス端に比べいっそう動的である．

伸長相と短縮相それぞれがどの程度持続するか，そして相転移がどの程度突然に起こるかが，動的不

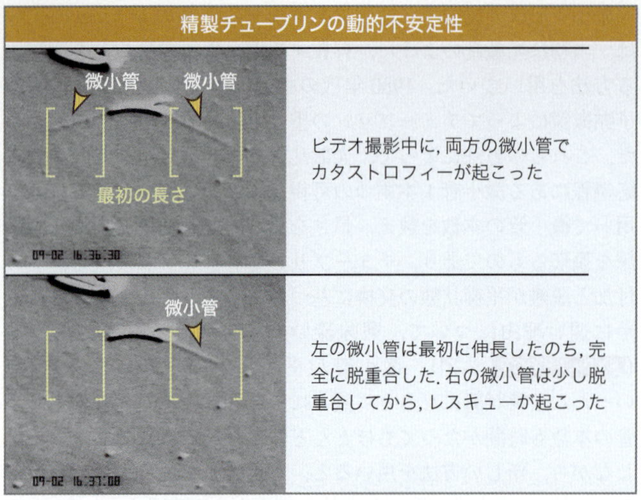

図7・19 *in vitro* で精製チューブリンを重合させるための安定な核として，鞭毛軸糸の断片を用いた．2コマのビデオ画像を示す．上図では，微小管が1本ずつ，軸糸の両端から重合している．左側の微小管はプラス端が開放されており，右側の微小管はマイナス端が開放されている．上と下のコマの間に，左側の微小管は完全に脱重合した．右側の微小管は短い距離脱重合したのち，再び伸長している［写真は Lynne Cassimeris, Lehigh University の好意による］

安定性を規定する．カタストロフィーとレスキューは不規則な間隔で起こるため，集団の中での個々の微小管の挙動は，一様でなくまた同期していない．ほとんどの微小管はゆっくりと伸長しているが，同時にどんどん短縮しているものもある．微小管の1本1本はけっして定常状態の長さに達することはなく，たいていはそれよりも長いか短いかのどちらかである．

微小管先端の構造は，伸長しているときと短縮しているときで異なっている．重合するときは，微小管の先端はシート状に伸長していることが多く，その中では図7・20のように一部のプロトフィラメントが他のプロトフィラメントよりも長く伸びている．

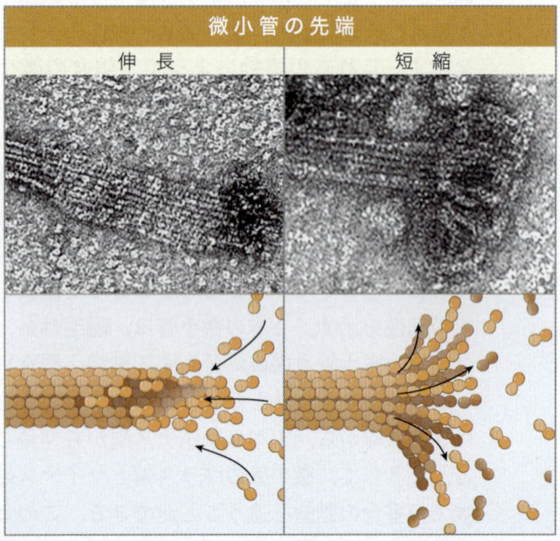

図7・20 プラス端が伸長しているところと短縮しているところの電子顕微鏡写真．伸長している微小管の先端の一方の側からは長いプロトフィラメントが伸長している．これらのプロトフィラメントは，電子顕微鏡グリッドの上に横たわっている．その結果，微小管の先端にプロトフィラメントの平らなシートが見えている．短縮している先端では，プロトフィラメントは微小管の壁から剝離して，後方に曲がっている［写真は Lynne Cassimeris, Lehigh University の好意による］

各プロトフィラメントが伸長するにつれて，サブユニットは隣どうしで側面の結合を形成し，最終的にはシートを閉じて微小管の管構造を形成する．微小管が脱重合するときは，個々のプロトフィラメントが重合体の格子から剝離する．屈曲したプロトフィラメント1本1本の内部では，サブユニットは長軸方向の結合のみでつながっている．前述のように（§7・3“微小管はαチューブリンとβチューブリンからなる極性重合体である”参照），1本のプロトフィラメント内のサブユニット間の結合はどこでも等しく破断する可能性がある．そこで，サブユニットの先端からの解離と他の点での結合の破断の両方が起こって，曲がったプロトフィラメントは速やかに脱重合する．

7・6 GTP–チューブリンサブユニットのキャップが動的不安定性を制御する

重要な概念

- βチューブリンに結合したGTPはサブユニットが微小管に付加してから少し後にGDPに加水分解されるため，伸長している微小管の先端にはGTP–チューブリンのキャップが付いている．
- 微小管の大部分はGDP–チューブリンを構成成分とする．
- GTPの加水分解は，チューブリンの構造変化と共役している．
- GTP–チューブリンは直線形のプロトフィラメントを形成する．そのプロトフィラメントは，隣接するプロトフィラメントのサブユニットとの結合を維持しており，これらのプロトフィラメントが伸長し続けることを可能にする．
- GDP–チューブリンが微小管の外側に曲がると，隣接するプロトフィラメントとの側面の結合が破断されてプロトフィラメントが剝離する．

チューブリンにGTPが結合し加水分解されると，動的不安定性が生じる．動的不安定性による微小管の形成と脱重合は，非平衡過程であり，エネルギーの入力を必要とする．エネルギーは，GTPの加水分解によって供給される．チューブリンヘテロ二量体が微小管に取込まれると，βチューブリンは活性化されて結合しているGTPをGDPに加水分解する．加水分解はすぐには起こらず，重合からわずかに遅れて起こる．このため，伸長している微小管の大部分はGDP–チューブリンで構成されているが，先端はGTP–チューブリンのキャップになっている．

微小管の先端にあるGTP–チューブリンには図7・21のように，動的不安定性を制御し，微小管が伸長するのか短縮するのかを決定する役目がある．短縮している微小管では，このキャップは失われ，GDP–チューブリンサブユニットが重合体の先端に露出している．微小管の両端にあるサブユニットは，GTPとGDPのどちらが結合しているかによって，微小管の両端から解離する速度が異なる．GDP–チューブリンは，GTP–チューブリンよりもおよそ50倍も速く解離する．そのため，GDP–チューブリンが微小管の先端に露出していると，素早い脱重合が起こる．そこで，カタストロフィーは伸長している微小管がGTPキャップを失った結果起こるのに対して，レスキューが起こるためには短縮している微小管先端で再びGTP–チューブリンがキャップになることが必要である（図7・21参照）．

微小管の先端にGTP–チューブリンやGDP–チューブリンが存在すると，先端の構造が変化して，チューブリンの結合速度や解離速度が変わる．構造学的研究によって，GTP–チューブリンは直線形のプロトフィラメントを形成することがわかっている．一

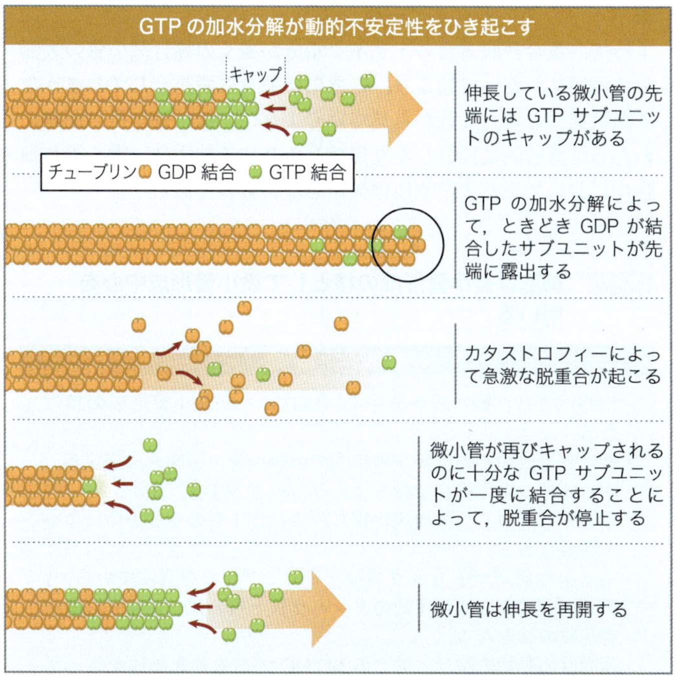
GTP の加水分解が動的不安定性をひき起こす
キャップ
伸長している微小管の先端には GTP サブユニットのキャップがある
チューブリン GDP 結合　GTP 結合
GTP の加水分解によって，ときどき GDP が結合したサブユニットが先端に露出する
カタストロフィーによって急激な脱重合が起こる
微小管が再びキャップされるのに十分な GTP サブユニットが一度に結合することによって，脱重合が停止する
微小管は伸長を再開する

図 7・21　動的な微小管の先端で起こっているできごとを模式的に表した．βチューブリンに結合した GTP は，チューブリン二量体が微小管に付加した少し後に加水分解されるので，微小管が伸長するときその先端には GTP が結合したサブユニットのキャップができる．キャップが存在する限り，微小管は伸長し続ける．しかし，いったん GDP が結合したサブユニットが先端に露出すると，微小管は素早く脱重合し始める．微小管が脱重合しているときに GTP サブユニットが結合すると，微小管は再び重合し始める（レスキュー）．脱重合は速く，レスキューの頻度は低いために，微小管はレスキューされる前に大部分が脱重合してしまう．

方 GDP-チューブリンは，図 7・22 のように，脱重合している微小管先端でみられるのに非常に似た曲線状のプロトフィラメントの状態で最も安定になる．そこで，微小管先端にあるチューブリンが GTP と GDP のどちらの状態にあるかによって先端の構造が決まり，先端の構造によって微小管が伸長するか短縮するかが決まる．GTP-チューブリンのキャップは，プロトフィラメントの直線的な形状を保持し，微小管内部にある GDP-チューブリンが弛緩して曲線状の構造になるのを防ぐ．しかしいったん GDP-チューブリンが微小管の先端に露出すると，GDP-チューブリンが隣接するチューブリンとの間の側面の結合を破壊するので，プロトフィラメントは微小管本体から遠ざかるように曲がる（図 7・22）．曲線状のプロトフィラメントはどの位置でも破断され，断片は脱重合してばらばらなサブユニットになる（図 7・22）．

GTP キャップはどのようにして形成され，どのようにして微小管から消滅するのだろうか．GTP キャップの正確な大きさはまだわかっていないが，非常に小さく（200 サブユニット以下），奥行きがサブユニット 1 層分しかないかもしれない．チューブリンが重合体に取込まれ，次のチューブリンが同じプロトフィラメントに取込まれるまで GTP の加水分解が起こらない場合に，GTP キャップが存在する．これを可能にする機構は，チューブリンの構造とその中で GTP が結合する位置に依存している．図 7・23 のように，新しいチューブリンヘテロ二量体が微小管先端に付加したとき，その中のαチューブリンは隣接するチューブリンの GTP と接触する．これによって GTP は加水分解されると考えられる（STRC：7-0001 参照）．この説では，新しく付加したサブユニットがその隣のサブユニットの GTP 加水分解を活性

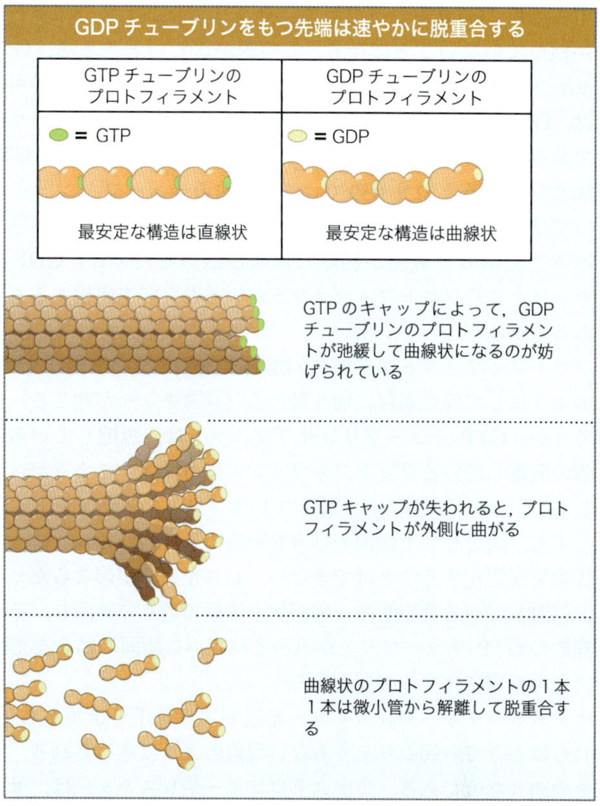
GDP チューブリンをもつ先端は速やかに脱重合する
GTP チューブリンの プロトフィラメント
GDP チューブリンの プロトフィラメント
= GTP
= GDP
最安定な構造は直線状
最安定な構造は曲線状
GTP のキャップによって，GDP チューブリンのプロトフィラメントが弛緩して曲線状になるのが妨げられている
GTP キャップが失われると，プロトフィラメントが外側に曲がる
曲線状のプロトフィラメントの 1 本 1 本は微小管から解離して脱重合する

図 7・22　微小管の先端にある GTP キャップは，微小管の残りの部分を構成しているプロトフィラメント（GDP を結合している）に真っすぐ伸びた形態をとらせる．GTP キャップが失われるとすぐに，プロトフィラメントは弛緩して，より安定な曲線状の構造になる．プロトフィラメントが曲がると互いに解離するので，壊れやすくなる．上図では，すべてのβサブユニットに結合しているヌクレオチドが示されている．わかりやすくするために下の 3 枚の図では，プロトフィラメント先端のサブユニットに結合したヌクレオチドだけを示している．

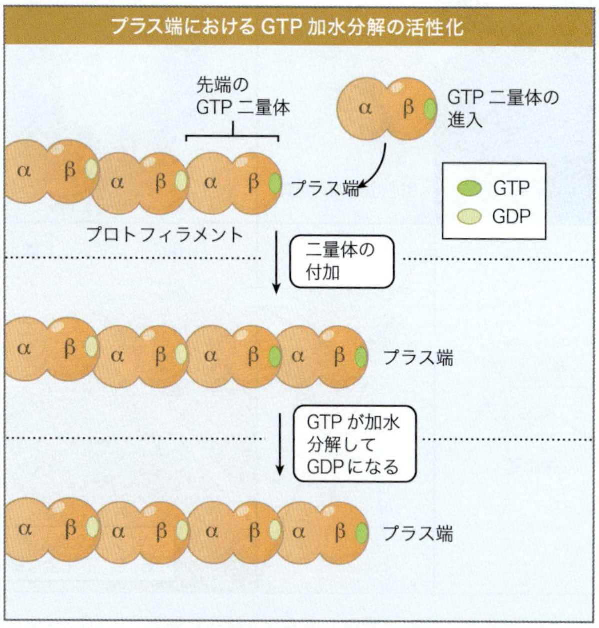

図 7・23　微小管先端での GTP キャップ形成のモデル．βチューブリンに結合した GTP はチューブリンヘテロ二量体の一方の端にのみ存在するので，最後の二量体の GTP はプロトフィラメントの一端に露出している．新たに入り込んだ二量体のαチューブリンが GTP に接触すると，GTP が加水分解される．この機構だと，GTP キャップはサブユニット 1 層分だけが維持されることになる．

化するため，GTP キャップは常にサブユニット 1 層分の奥行きしか残っていないことになる．この説が正しいとすると，GTP キャップ自体はどのようにして消滅するのだろうか．一つの可能性は，GTP サブユニットが重合体の先端から解離するというものである．あるいは，先端にあるサブユニットが自発的に GTP を加水分解するというもので，これは他のチューブリン分子によって活性化された場合の加水分解速度と比較して遅いと考えられる．先端の全構造が剝離し短縮し始めるために，GDP をキャップとするプロトフィラメントがいったい何本露出する必要があるのかはわかっていない．

プロトフィラメントが外側に剝離して短縮している微小管は，どのようにして伸長過程に切り替わる（レスキューが起こる）のだろうか．GTP–チューブリンサブユニットは，短縮している微小管の剝離しているプロトフィラメントにも付加するようだ．しかし GTP–チューブリンは剝離しているプロトフィラメントに付加しても，隣どうしで側面の結合を形成できないために，微小管の先端を安定化することはできない．レスキューが起こるためには，剝離している微小管の一部が微小管壁の近くで破断し，そこに複数の GTP–チューブリンが取込まれ互いに側面の結合を形成して先端を安定化する必要があろう．

カタストロフィーやレスキューを説明する分子モデルからは，これらはとうてい起こりそうもない現象のように感じられる．実際その通りなのである．カタストロフィーやレスキューは，サブユニットの微小管への結合や微小管からの解離と比較するとまれな現象である．繊維芽細胞で脱重合している微小管では，レスキューが起こる前に 1 本でおよそ 11,000 個のサブユニットが解離する．カタストロフィーやレスキューの頻度が小さいことによって，重合や脱重合の 1 サイクル分が多くの場合微小管の大部分の領域にわたって起こり，ときには完全に脱重合してしまうことが可能になる．これから見ていくように，微小管が長い距離にわたって持続的に伸長したり短縮したりする能力は，微小管が細胞内において果たす役割には欠かせないものである．

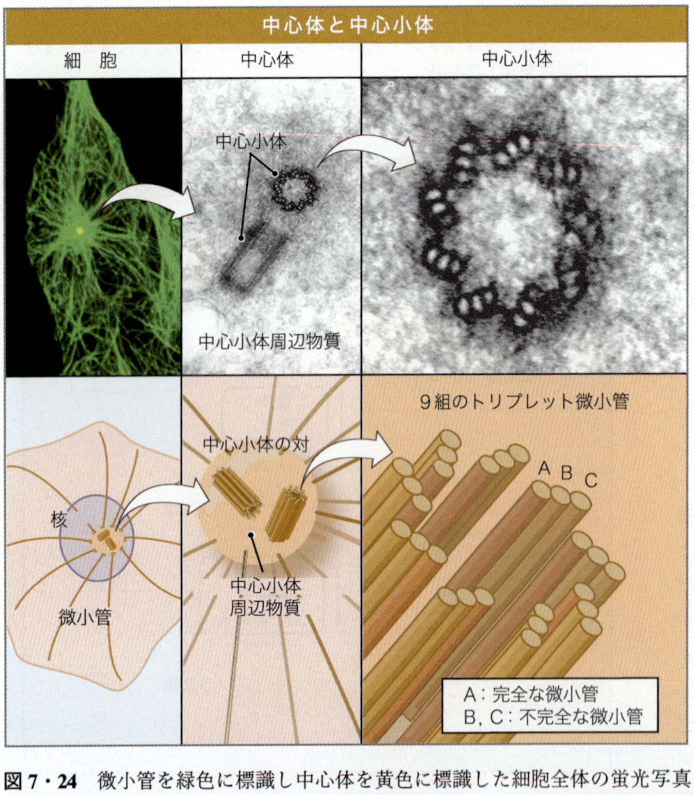

図 7・24 微小管を緑色に標識し中心体を黄色に標識した細胞全体の蛍光写真（左上の図）．微小管は中心体から放射状に広がっている．中心体全体の電子顕微鏡写真（中央の図），中心小体の電子顕微鏡写真（右上の図）も示す．中心体の顕微鏡写真から，中心体は互いに決まった角度で交叉している．中心小体周辺物質は，二つの中心小体を囲んでいる粒状の物質のように見える．中心小体周辺物質と比較すると写真上部および下部にある細胞質は明るく見える［写真は Lynne Cassimeris, Lehigh University の好意による］

7・7 細胞は微小管形成の核として微小管形成中心を用いる

重要な概念

- 細胞内では，微小管形成中心（MTOC）が微小管形成の核になる．
- 微小管形成中心の位置が細胞内での微小管の形態を決定する．
- 中心体は，動物細胞で最もよくみられる MTOC である．
- 中心体は，中心小体周辺物質に囲まれた 1 対の中心小体によって構成される．
- 中心小体周辺マトリックスは γ チューブリンを含んでいる．γ チューブリンは他の多数のタンパク質と複合体をつくり，微小管形成の核となる．
- 運動性の動物細胞は，第二の MTOC である基底小体をもっている．

これまでの節では，精製チューブリンがどのようにして重合して微小管になるかを見てきた．まず重合核が形成され，その後サブユニットが付加したり解離したりすることによって，微小管が伸長したり短縮したりした．これらの一連のできごとは同じように細胞内でも起こっているが，細胞は微小管形成を開始するのに，**微小管形成中心**（microtubule-organizing center, **MTOC**）という特定の細胞内小器官を利用している．微小管形成中心は微小管形成の核として機能する．自発的な核形成は非常に遅いため，ほとんどすべての細胞で微小管は MTOC を重合の核としている．名称からもわかるように，MTOC は細胞内で微小管の形態形成に働いている．それは，微小管の核になっている MTOC は微小管のマイナス端と結合しており，そのため微小管の位置と方向を規定するからである．

動物細胞で最もよくみられる MTOC は，図 7・24 に示した**中心体**（centrosome）である．中心体は，**中心小体周辺物質**（pericentriolar material）に囲まれた 1 対の**中心小体**（centriole）によって構成されている．中心小体はたる形の小さな細胞小器官であり，中心体の中心で互いに適切な方向を向くように配置されている．中心小体は，トリプレット（三つ組）微小管とよばれる変わった微小管構造によって構築されている．トリプレット微小管は 9 本対称に配列され，たるの壁を形成している．トリプレット微小管はそれぞれ，1 本の完全な微小管（A 小管）と 2 本の不完全な微小管（B 小管と C 小管）を含んでいる．α チューブリンと β チューブリンのほかに，中心小体はチューブリンスーパーファミリーに属する δ チューブリンと ε チューブリンを含んでいる．チューブリンだけが中心小体や中心小体周辺物質の構成成分というわけではない．少なくとも 100 以上の異なる種類のタンパク質が，これらの構造を構成している．

中心小体周辺物質は，最初は電子顕微鏡写真において，中心小体を囲む不明瞭な領域で，隣接する細胞質よりも暗く染まる場所として同定された（図 7・24 参照）．

現在では，中心小体周辺物質は，中心小体周辺に集まった多数の異なる種類のタンパク質からなることが明らかになっている．中心小体周辺のタンパク質の少なくとも一部は，三次元格子状に配置されている．このマトリックスの一部は，チューブリンスーパーファミリーに属する**γチューブリン**（γ-tubulin）によって構成されている．γチューブリンは，他のタンパク質とともに**γチューブリン環状複合体**（γ-tubulin ring complex, **γTuRC**）を構成する．

中心小体周辺物質のγTuRCは，αチューブリンとβチューブリンに結合し，微小管形成の核となる中心体の構成成分になる．γTuRC複合体が微小管形成の核になる機構はまだ明らかではないが，その構造は示唆に富むものである．γTuRCの内部では，γチューブリン分子は非常に薄いらせんとして1層分並んでいる．このためγチューブリンは，図7・25のようにワッシャーのような形状になる．この配置は，微小管表面を横方向にたどったときのらせん1回分に似ている．このことから，γTuRCは微小管の端を形成するための鋳型として働くと考えられる．γTuRCがどのように微小管の核を形成しているかはわからないが，微小管のマイナス端から働いていることは明らかである．

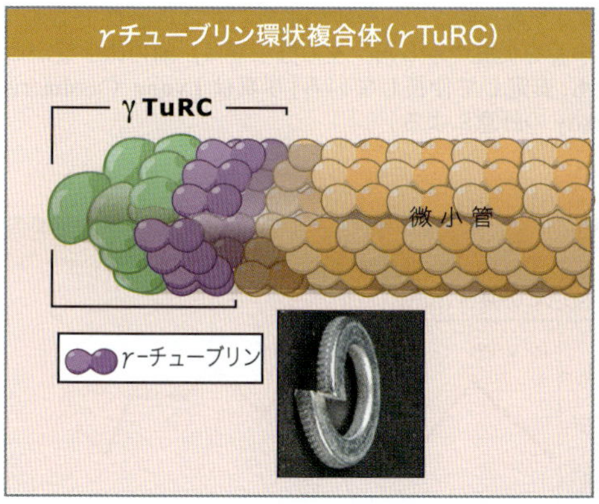

図7・25　γチューブリン(紫色)と結合タンパク質(緑色)は大きな複合体を形成しており，それが微小管のマイナス端で，微小管重合の鋳型として働く．複合体内部では，γチューブリンサブユニットはらせんの1回転分だけ並んでおり，ワッシャー(下図)に似た構造を形成している．γチューブリンからなる1回転分のらせんのピッチは，微小管中のサブユニットのらせんのピッチと同じである．そこで，この複合体は微小管の最初の1回転分となり，その重合核として機能することがわかる［写真はLynne Cassimeris, Lehigh Universityの好意による］

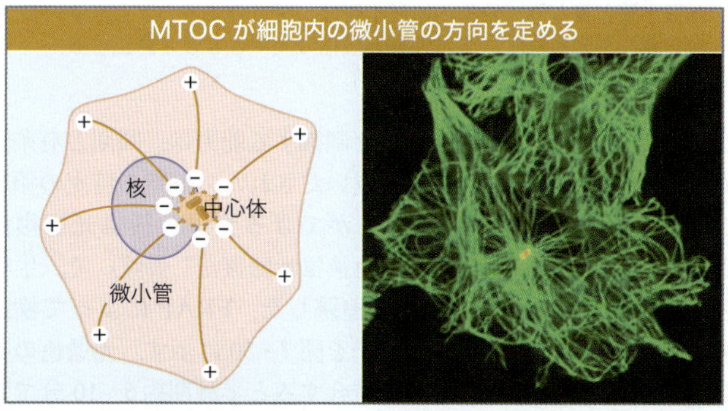

図7・26　核形成部位の位置によって，細胞内での微小管の並び方が決まる．中心体を重合核とした微小管はすべて同じ極性をもっており，中心体と結合したままであることが多い．微小管は，マイナス端を細胞の中心に，プラス端を細胞周縁部に向けながら放射状に並ぶ．写真では中心体は，橙色の二つの点として見える［写真はLynne Cassimeris, Lehigh Universityの好意による］

γTuRCによる微小管の核形成は，多くの細胞において微小管の方向を規定する．γTuRCは微小管のマイナス端のみと結合するので，中心体を重合核として形成された微小管のプラス端はすべて図7・26のように中心体の反対を向いている．中心体が細胞の中心にあると，プラス端はすべて細胞の周縁部に配置されるために，微小管は星形のように見える．

中心体は，細胞周期の1周期ごとに自らを再生産し，有糸分裂に備える．最初に中心小体が複製され，同時に図10・20のようにDNAが複製される（第11章“細胞周期の制御”参照）．中心小体が複製されるときは，古い二つの中心小体のそれぞれに対して特定の角度で新しい中心小体が形成される．中心体が二つに分裂するとき，新しい中心体はそれぞれ，古い中心小体一つと新しく形成された中心小体一つを受取る．二つの新しい中心体は有糸分裂のときに分離し（第10章“細胞分裂”参照），それぞれの娘細胞は1対の中心小体を含む中心体を一つずつ受取る．なぜ新しい中心小体が既存の中心小体の隣でだけ形成されるのか，なぜ古い中心小体一つに対して新しい中心小体は一つしか形成されないのか，そしてなぜ中心小体は正確に互いに対して特定の角度で配置されるのかについてはまったくわかっていない．中心小体がどのようにして中心小体周辺マトリックスの形成に関与しているのかも不明である．

中心体は細胞周期によって大きさが変化する動的な構造である．複製されたのち，中心体は細胞が有糸分裂の準備を進めるのに伴って大きくなっていく．有糸分裂の最初に，中心体は微小管の核形成速度を約5倍上昇させる．有糸分裂紡錘体を形成するためには非常に高密度の微小管が必要になるので，この微小管の“生成速度”の大きな増加は有糸分裂にとって重要と考えられている．

運動性の動物細胞（精子細胞など）は，第二のより特殊化したMTOCである基底小体をもっている．基底小体は軸糸集合のための鋳型となる．軸糸は，複雑な構造をした微小管の束であり，繊毛と鞭毛の中核を形成し，その運動を担っている（§7・16“運動構造としての繊毛と鞭毛”参照）．基底小体は中心小体とよく似た構造をしており，9本の互いにつながったトリプレット微小管がたる状に並んだ構造をもっている．構造の類似性は，一部の機能が重複していることを反映している．一部の細胞では，基底小体は中心小体に変換されうる．しかしながら，中心小体とは異なり，基底小体は1対で働く必要はなく，囲んでいるマトリックスからではなく直接微小管の重合核になる．繊毛や鞭毛の形成時に，微小管は基底小体の中のトリプレット微小管から直接伸長する．基底小体は，形成した微小管のマイナス端に結合したまま残り，繊毛や鞭毛の基部となる．

すべての細胞が微小管の核として中心体を用いているわけではないが，すべての真核細胞は，微小管形成の核となるある種の微小管形成中心を一つ以上もっている．菌類では，中心体に相当するのは紡錘体極とよばれる，核膜に埋込まれた構造である．植物にはMTOCとして機能するはっきりとした構造はないが，微小管重合の核となる部位が細胞表層全域にわたって多数分布している．神経細胞，上皮細胞や筋肉細胞のように多くの種類の分化した動物細胞には，中心体に結合していない微小管の集団が存在する．これは，特別な微小管を形成するために，小さなMTOCが存在していることを示唆している．たとえば上皮細胞は，細胞の頂端側付近に多数の微小管形成の核となる部位が存在する．微小管のプラス端は，頂端側のMTOCから出て細胞の基底側に向かって伸長している．植物，動物，菌類のMTOCがいずれも

γチューブリンを含んでいることから，すべてのMTOCは微小管形成の核として働くのに同じような機構を用いていると考えられる．

7・8 細胞内における微小管の動態

重要な概念

- 動的不安定性は，細胞内で微小管の入れ替わりが起こるときの主要な経路となる．
- 細胞内では微小管のプラス端は *in vitro* よりもさらに動的である．
- 解放されたマイナス端はけっして伸長せず，安定化されるか脱重合するかのどちらかである．
- 細胞には動的でない安定な微小管も存在する．

細胞内の微小管は動的不安定性によって伸びたり縮んだりする．動的不安定性によると，ある微小管は伸長し別の微小管は短縮することが同時に起こりうるので，微小管の入れ替わり機構を検出するには生細胞内で微小管を1本ずつ観察する必要がある．生細胞内で微小管の形成を可視化するには，蛍光タンパク質を融合したチューブリンを発現させるかまたは蛍光色素を共有結合させた精製チューブリンを注入し，まず細胞内のチューブリンを蛍光標識する必要がある．その後は細胞を光学顕微鏡で観察し，蛍光像を秒単位で取得する．図7・27はこれらの方法を用いて作成したものであり，生細胞内における微小管の動態を示す．細胞の

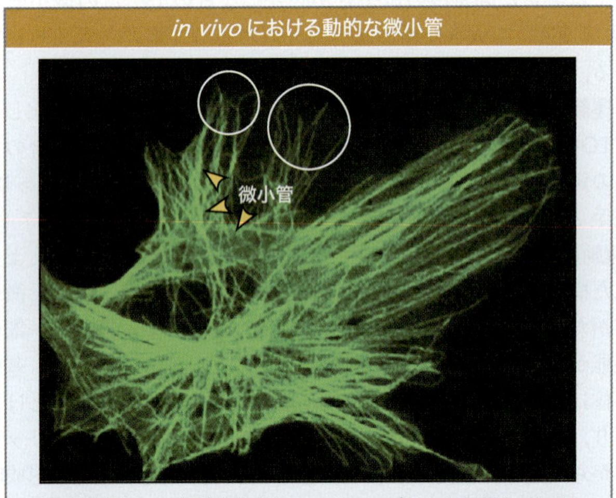

緑色蛍光タンパク質を融合したαチューブリンを発現している生細胞．1本1本の微小管が見える．伸長や短縮を行っている微小管は細胞周縁部のいたるところに見えるが，丸で囲んだ領域で特にはっきり見える

図7・27 蛍光チューブリンを発現している細胞のビデオ画像．微小管は緑色で示した．ビデオの連続画像では，多数の微小管が動的不安定性によって，伸長したり短縮したりしている．二つの細胞の円で囲んだ領域では，多数の動的な微小管がみられる．このような領域のうちの一つについて，連続画像を図7・28に示した［写真はMichelle Piehl, Lehigh Universityの好意による］

周縁部付近の各点では，多数の微小管が伸長と短縮を繰返しているのが見える．伸長と短縮がすぐ隣どうしの微小管で起こっていることも多い．細胞の周縁部付近で1本は伸長し1本は短縮している例を図7・28に示す．

このようにして時間ごとに微小管の長さを測定し，細胞内と *in vitro* での微小管の挙動を比較することが可能になる．この結果，精製チューブリンが *in vitro* で重合してできた微小管と細胞内の微小管では，動的不安定性がいくつかの点で異なっていることがわかる．生細胞内の微小管のプラス端は，精製チューブリンから重合した微小管よりもさらに動的である．細胞内の微小管のプラス端は，*in vitro* よりもおよそ5〜10倍も速く伸長する．細胞内の微小管は，図7・29のように伸長と短縮の切り替え頻度も高い．微小管の伸長も短縮も検出できないような停止期間は，*in vitro* ではまれだが，生細胞の微小管では頻繁に観察される．このように *in vivo* と *in vitro* で微小管の動態が異なっていることから，細胞が動的不安定性を調節して，その速度を上げたり下げたりしていることがわかる．後で見るように，これらは微小管に結合するタンパク質によって行われている．

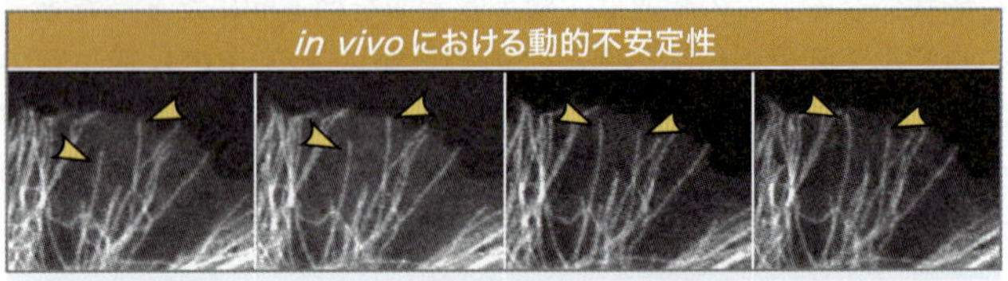

図7・28 蛍光チューブリンを発現している生細胞のごく先端の小さな領域．4コマの画像は，一定時間撮影した連続画像である．異なる2本の微小管を矢尻で示した．左の微小管は，隣の微小管が短縮しているときも，安定して伸長している［写真はLynne Cassimeris, Lehigh Universityの好意による］

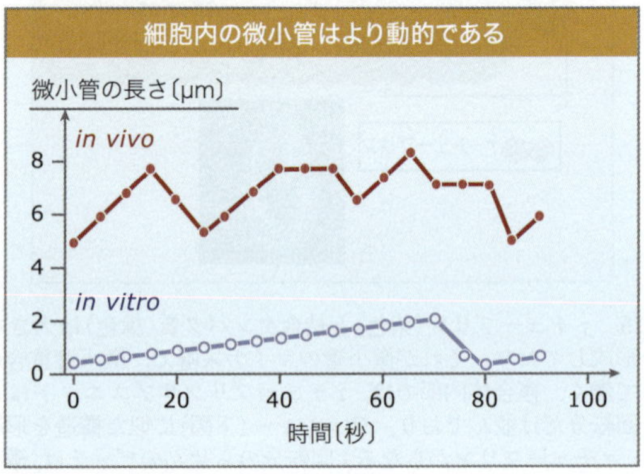

図7・29 一定時間記録した1本の微小管の長さの変化．精製チューブリンを *in vitro* で重合させた微小管（青色）は，1分間以上にわたって安定に伸長し，その後完全に脱重合してから再び伸長し始めた．典型的な細胞内の微小管（赤色）は，*in vitro* の微小管よりも数倍長いうえに，同じ時間でもっと多くの遷移を行った．*in vitro* で重合させた微小管と異なり，細胞内の微小管は，脱重合するときも全体の長さの一部しか失われず，また伸長と短縮の間でときどき静止する．

細胞が微小管形成の動的性質を制御する能力は，間期と有糸分裂期の微小管の動態の比較から見いだされた．細胞の特定の領域での微小管形成速度を測ることができる光退色後蛍光回復法（FRAP）（§7・20“補遺：光退色後蛍光回復法”参照）で，生細胞内での微小管の入れ替わりを追跡した．FRAPによって検出された微小管の入れ替わりの様子を図7・30に示す．光退色の実験によって，間期の微小管が脱重合すると半減期約5〜10分で新しく重合した微小管と入れ替わるが，有糸分裂期の微小管は半減期0.5〜1分で入れ替わることがわかる．有糸分裂中の細胞内の微小管1本ずつを前述のような技術で観察すると，微小管の入れ替わりの増加は，遷移頻度の変化（たとえば，カタストロフィーの増加やレスキューの減少など）と停止期間の大幅な減少による

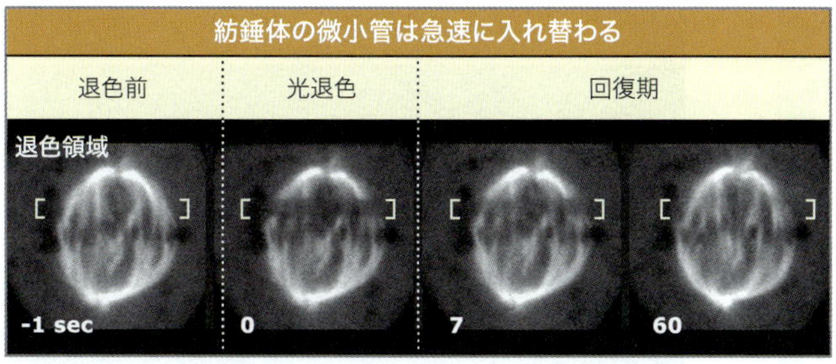

図 7・30　光退色後蛍光回復法（FRAP）で見た紡錘体微小管の速い入れ替わり．蛍光チューブリンを発現している細胞の有糸分裂紡錘体の微小管が見える．紡錘体の極は上部と下部にある．最初の 2 コマの間に，チューブリンの蛍光標識を局所的に，紡錘体を横切る（カギ括弧で示した）ように破壊した（退色させた）．退色した領域の蛍光は 60 秒以内に元の強度に戻ったことから，蛍光サブユニットを含む新しい微小管が退色した領域に伸長したことがわかる．これは，紡錘体内部で恒常的に微小管が重合したり脱重合したりしているために起こる［写真は Lynne Cassimeris, Lehigh University の好意による］

ものであることがわかる．図 7・31 は，遷移頻度の変化の一例である．

細胞が有糸分裂に入るとき起こる微小管の動的性質の変化は，細胞質の全域にわたっている．微小管の動的性質は，細胞の特定の領域内でも制御されうる．たとえば，細胞の中心付近にある微小管は，カタストロフィーを起こす確率が低く，細胞の周縁部に向かって伸長を続けている．細胞膜近くの領域では，伸長と短縮の切り替え頻度が大きくなる．もし微小管の動的性質が細胞の内部と周縁部で異なるように制御されなければ，細胞の縁に届く微小管はほとんどなくなるだろう．

細胞内のすべての微小管が同じような動態を示すわけではない．多くの間期の細胞では，入れ替わりの速度が異なる 2 種類の微小管の集団が存在する．第一の集団は，動的で交換が速い（数分以内）．第二の集団は，ずっと安定で，1 時間以上も持続する．これらの安定な微小管は，プラス端で伸長したり短縮したりすることはないので，プラス端にキャップがあるのだろう．これらの集団の違いは，図 7・32 にはっきり現れている．

安定な微小管は動的な微小管から生じるが，どのようにしてそれが起こるかはまだはっきりしていない．細胞には，α チューブリンにさまざまな化学修飾をほどこす酵素が含まれているので，これらが関与しているのかもしれない（§7・21 “補遺：チューブリンの合成と修飾” 参照）．安定な微小管には，他の微小管よりもずっと多くの修飾されたチューブリンが含まれている．このことから安定な微小管は，これらの修飾酵素の基質になりやすく，修飾されたチューブリンは微小管の動的性質の抑制を助けている可能性がある．安定な微小管の機能はまだわかっていないが，少なくとも安定な微小管の数が細胞の種類によって異なっていることははっきりしている．未分化の細胞では，およそ 70 % の微小管が動的で，残りの 30 % が安定である．安定な微小管は，筋肉，上皮細胞や神経細胞のような分裂しない分化した細胞に豊富に含まれている．

中心体が微小管の重合核になるが，すべての微小管が中心体につながれたままというわけではない．微小管は中心体から解離することがあるが，それが起こる速度は細胞の種類と細胞周期によって異なる．微小管が中心体から解離すると，微小管のプラス端とマイナス端の両方がむき出しになる．中心体につながれていない微小管は，既存の中心体微小管が切断されても生じる．中心体から解離した微小管は，マイナス端が安定化された場合にだけ存続するはずだが，この安定化の機構はわかっていない．繊維芽細胞では，解離した微小管は素早く脱重合するので，中心体につながれている微小管だけが存続する．上皮細胞や神経細胞では，微小管のマイナス端は安定であり，解離した微小管が細胞質に存在する．これらの微小管は分子モーターによって輸送され（§7・11 “微小管系モータータンパク質”），繊維芽細胞でみられるような放射状の配置以外の形状に再編成される（図 7・8 参照）．

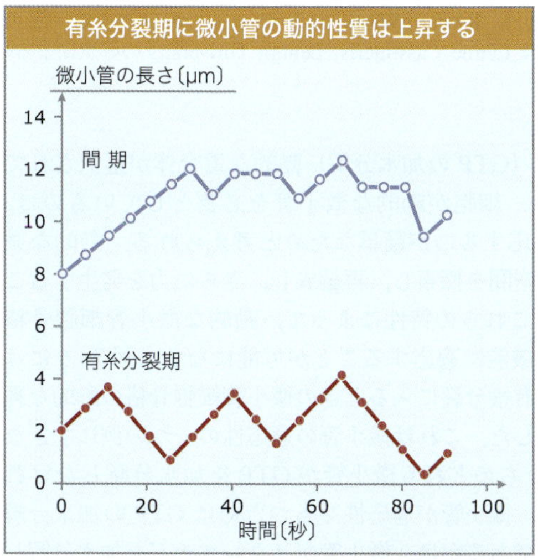

図 7・31　典型的な間期（青色）と有糸分裂期（赤色）の微小管の長さを示したグラフ．間期の微小管は有糸分裂期のものよりも長く，また長さの変化は比較的小さい．時によっては伸長も短縮もしないことがある．有糸分裂期の微小管は，けっしてある長さにとどまることはなく，脱重合するときは必ずほとんどの領域を失ってしまう．動的不安定性を定める要因が細胞周期に依存して変化するために，有糸分裂期の微小管は間期のものよりも短く，いっそう動的な傾向がある．

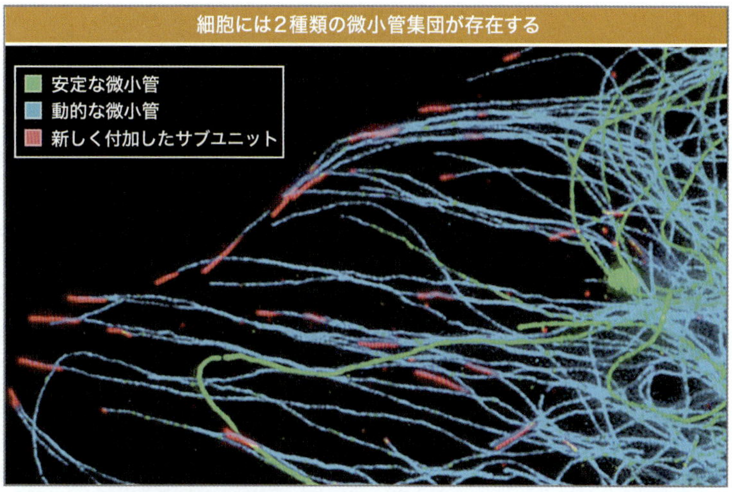

図 7・32　細胞の縁の小さな領域での微小管の蛍光写真．安定な微小管にしかみられない，共有結合によって修飾されたチューブリンを緑色で示し，修飾されていないチューブリンを青色で示した．伸長している微小管先端の目印とするために，試料を調製する直前に，細胞に標識チューブリン（赤色）を注入した．細胞内の微小管がはっきりと緑色か青色のどちらかに分かれていることから，微小管には 2 種類の異なる集団が存在することがわかる．青色の微小管にのみ赤色のキャップが存在することから，安定な微小管にはサブユニットが付加しないことがわかる［写真は Gregg Gunderson, Columbia University College of Physicians and Surgeons の好意による．A.S. Infante, et al. *J. Cell Sci.* **113**, 3907～3919 (2000) より，The Company of Biologists, Ltd. の許可を得て転載］

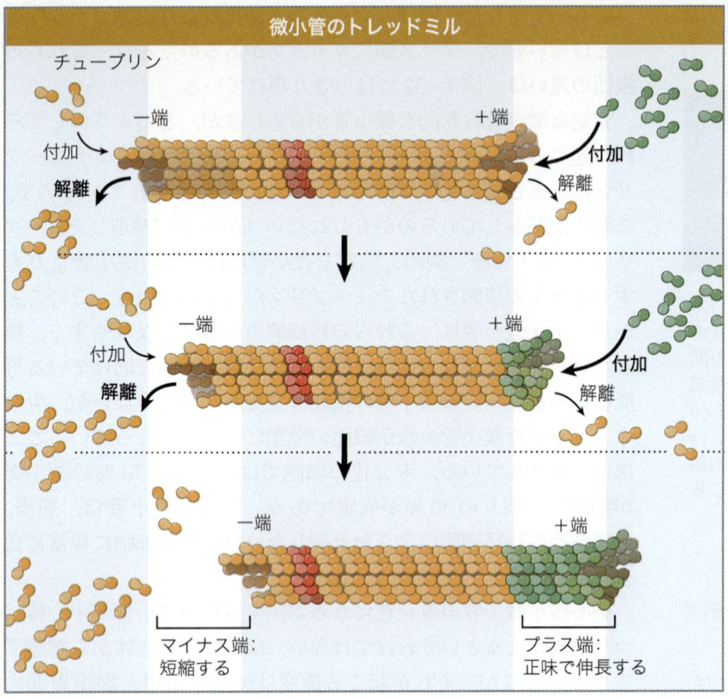

図7・33　条件によっては，微小管はトレッドミルを行う．そのときチューブリンサブユニットは微小管のもっぱらプラス端に付加し，マイナス端から解離する．微小管の一端にサブユニットが付加し，他端から解離するということは，チューブリンサブユニットは，図中の赤で印をつけたサブユニットのように，微小管のプラス端からマイナス端へとトレッドミルを行うことを意味する．トレッドミルは，植物細胞では微小管入れ替わりのための主要な経路の一つである．

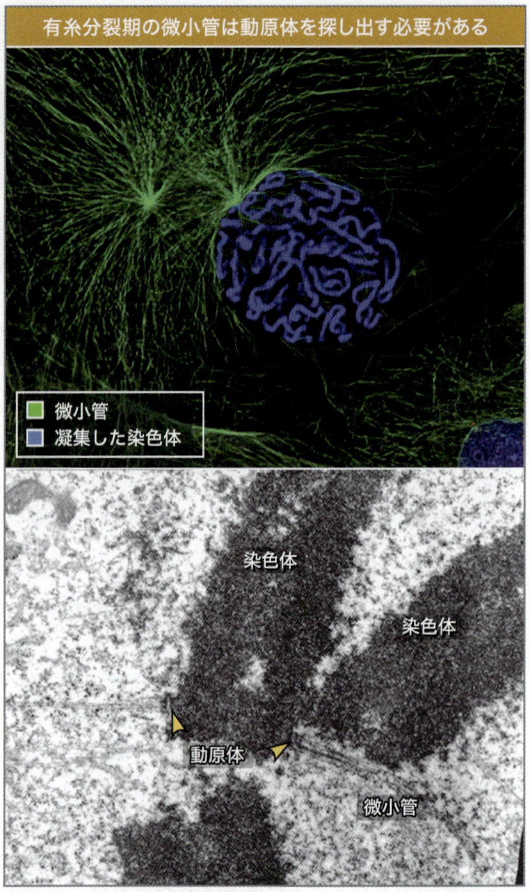

図7・34　上図は細胞が有糸分裂期に入ったときの微小管および凝縮した染色体．下図は，凝縮した染色体の二つの動原体の周囲の電子顕微鏡写真．数本の微小管が二つの動原体に進入しているのが見える．これら2枚の写真から，有糸分裂の初期には染色体がどれだけ乱雑に並んでいるか，そして動原体は染色体全体と比較してどれだけ小さいかがはっきりとわかる．上の写真から，二つの中心体を重合核とした動的な微小管の密度がわかる．微小管の密度が高く，またそれぞれが動的性質をもっているために，動原体は小さく位置も不確定であるにもかかわらず，確実に捕捉される［上の写真は，Conly L. Rieder, Wadsworth Center の好意による．下の写真は Lynne Cassimeris, Lehigh University の好意による］

細胞によっては，中心体につながれていない微小管でトレッドミルとよばれる現象が観察される．トレッドミルを行っている微小管では，プラス端の動的不安定性は正味で伸長する傾向にあり，マイナス端は短縮する傾向にある．この過程によって，チューブリンサブユニットはプラス端に入ってマイナス端から出てくるので，結果的に，図7・33のように微小管は長軸方向に移動することになる．中心体がない植物細胞では，トレッドミルが顕著である（§17・15“微小管とアクチンの相互作用”）．細胞内で観察されるトレッドミルには結合タンパク質が必要であり，トレッドミルが精製チューブリン溶液で観察されることはない（アクチンフィラメントのトレッドミルについては第8章“アクチン”参照）．

7・9　細胞にはなぜ動的な微小管が存在するのか

重要な概念

- 動的な微小管は細胞内の空間を探索することによって，存在する場所によらず素早く標的を発見することができる．
- 動的な微小管には適応性があり，簡単に再構成することができる．
- 伸長したり短縮したりしている微小管は力を出すことができるので，小胞その他の細胞内構成物を移動するのに利用される．
- 微小管の力発生によって，その配置が自発的に星状になる．

現在までに調べられているすべての真核生物において動的な微小管が見いだされているので，進化が不安定な微小管細胞骨格を選択してきたことは明らかである．このことから，動的な微小管は少なくとも7億年以上にわたって真核細胞の特質であったことが示唆される．なぜ一度できれば安定な重合体よりも，エネルギーを消費する（GTP の加水分解）動的な重合体が選択されてきたのだろうか．細胞が動的な微小管を必要としているのは，新しい目的に適応するのが簡単なためと考えられる．動的な微小管は細胞内の空間を探索し，再編成し，さらに力を発生することさえできる．これらの特性によって，動的な微小管細胞骨格は，幅広い細胞機能に適応することが可能になる．図7・6には細胞が間期から有糸分裂に入るときの微小管細胞骨格の動的な再構成の様子を示した．これは微小管の適応性の一つの例にすぎない．（これらのうちのどれも微小管が GTP を加水分解しなければ不可能である．微小管が適応性をもつために GTP の加水分解がどれだけ重要であるかは，微小管がヌクレオチドを加水分解しなければどうなるかを考えてみればはっきりする．§7・19“補遺：チューブリンが GTP を加水分解しないとどうなるか”を参照）

動的な微小管が細胞内部を探索する能力の例として，有糸分裂紡錘体の形成がある．紡錘体形成には，中心体から出ている微小管のプラス端が，染色体上の有糸分裂紡錘体結合領域である動原体を見つけ出し，ここに結合する必要がある．細胞の大きさからみると，図7・34のように動原体はごく小さいし，中心体から遠く離れている．もし動原体1個がダーツボードの中心部分（約2.5 cm）ぐらいになるように，細胞を拡大したとしたら，中心体は投げ矢遊びの仕切り位置に相当する．もし中心体から微小管を投げて動原体という的をねらわなければならないとしたら，前もって動原体の位置に関する知識が必要なだけでなく，並はずれた命中力が必要になるだろう．しかし実際は，それらがなくても動的不安定性が中心体と動原体を確実に結びつける．中心体を核として微小管は全方向に伸びるので，多数の伸長している微小管先端によって，実質的に細胞質の全域が探索される．動原体に当たらなかった微小管は素早く脱重合して，遊離したチューブリンサブユニットは再び重合する．まれに動原体に当たった微小管は安定化され，紡錘体極と染色体の接続を確立する．わずかな数の微小管しか動原体に当たらないが，動的不安定性によって微小管が急速な重合と脱重合を続けるので，2，3分以内で動原体はすべて見つかり中心体とつながり，このとき動原体1個は最大40本の微小管とつながっている．この紡錘体形成における“探索と捕捉”機構には，紡錘体を構築するためにあらかじめ中心体と動原体の位置を決めておく必要がないという利点がある．すべての細胞で，有糸分裂が始まるときの染色体の位置は違っているので，この紡錘体形成の柔軟性はすべての細胞分裂に利用されている．

図7・35に示したように，紡錘体の形成を可能にしている微小管の伸長，短縮や選択的安定化は，他の状況，特に細胞が環境変化に対応するときも役立っている．他の細胞と接触したときのように，細胞膜の特定の領域のシグナルを検出しなければならないとき，細胞はその方向に極性をもつ必要がある．こうしたシグナルを受取る場所は，前もって予想することが不可能であり，しかも細胞表面の小さな部分にすぎないかもしれない．しかしながら，動的な微小管が細胞質全域で恒常的に伸長・短縮を行うことで，微小管の一部は確実にそのシグナルに遭遇する．もしそのシグナルで微小管が安定化されたら，この微小管が輸送路となってその領域に必要な小胞を運び込むことが可能になる．特定の領域に新しい膜を挿入することで，細胞は極性をもつようになり，伸長した形状に変化し始める．微小管の局所的な安定化と細胞の極性形成は，たとえば，ペトリ皿の一部から細胞を取除いてつくり出した人工的な“傷”の回復過程でみられる．このとき，“傷”の縁にいる細胞が傷の中に移動して分裂を開始する．細胞は移動する前にまずその方向に極性をもつ．極性の形成には細胞の微小管の再配向が必要で，それは傷に面している微小管の局所的安定化によってひき起こされる．

動的な微小管は，力を発生し運動をひき起こすことができるように，進化の過程で選択されてきたのかもしれない．伸長・短縮している微小管の先端から離れずに付着し続けると，微小管の長さが変化するときに押されるかまたは引っ張られる．多数のタンパク質や，染色体，いくつかの小胞を含む細胞内小器官は，このようにして微小管の先端に結合して輸送される．短縮している微小管の先端に結合して動いている小胞の例を，図7・36に示す．

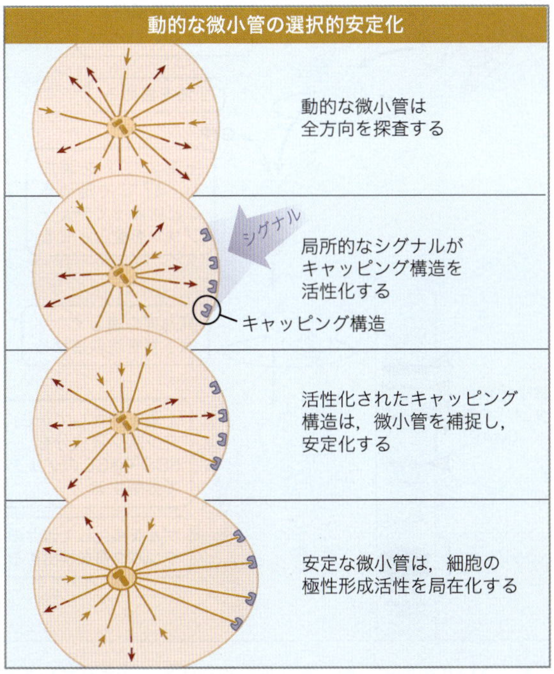

図7・35　微小管の安定性が局所的に変化すると，細胞に極性が生じたり形態が変化したりする．最初，微小管は球状の細胞の内部で放射状に並んでいる．微小管は，動的不安定性で恒常的に入れ替わり，事実上細胞内をくまなく探査している．局所的なシグナルが，微小管の一部を安定化する．安定な微小管によって，その領域は他と区別できるものになる，たとえば膜の陥入がひき起こされ，細胞の極性形成に至る．このような“選択的安定化”機構で微小管の不規則な重合と脱重合を調節し，細胞の極性を生み出す．

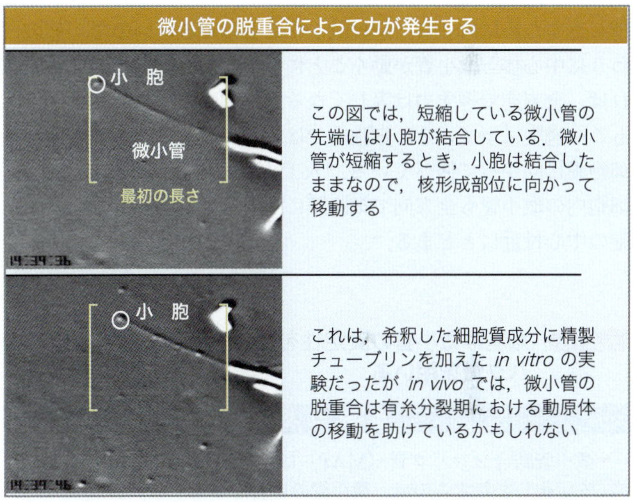

図7・36　*in vitro* で微小管の先端に結合させた小胞の連続ビデオ画像．微小管が核形成部位に向かって短縮するときも小胞は微小管の先端にとどまり続けるので，核形成部位に向かって輸送される［写真は Lynne Cassimeris, Lehigh University の好意による］

微小管の短縮に共役した運動は，微小管重合に伴うGTP加水分解によって微小管に蓄積されたエネルギーを利用している．細胞内の運動のほとんどは分子モーターによって生み出されており，微小管の伸長と短縮によるものではないが，最初に進化したのは動的な微小管と考えるのも面白い．なぜならば，動的な微小管を介して，シグナルに素早く応答して細胞骨格を再編成し，細胞質内の標的を探索し，力を発生することが可能になったからである．（分子モーターについて詳しくは§7・11“微小管系モータータンパク質”を参照せよ．）

動的な微小管が力を発生する能力は，微小管細胞骨格が自らを自律的に配置するときにも使われる．これは細胞外でも起こりうる．図7・37のように，精製した中心体とチューブリンを用いた実験によってこの特質が明らかにされている．もし中心体を非常に小さな箱の中に置き（ガラス表面のフォトリソグラフィーによって作製することができる，同じ技術はコンピューターのチッ

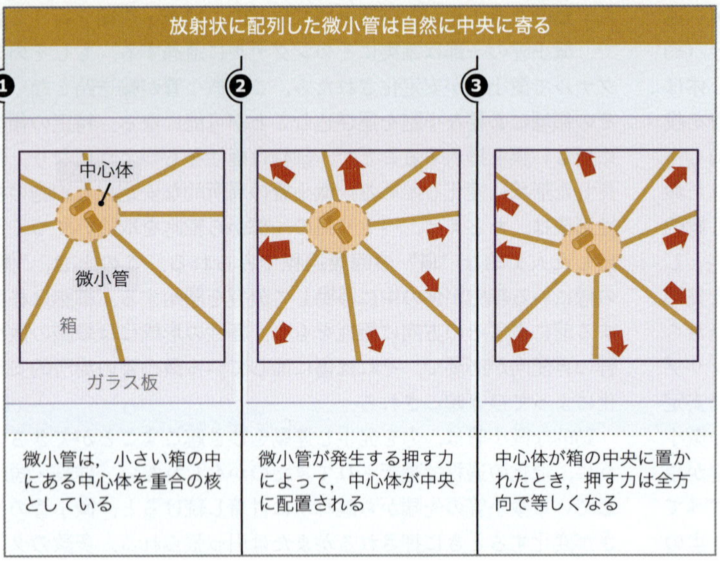

放射状に配列した微小管は自然に中央に寄る
❶
❷
❸
中心体
微小管
箱
ガラス板
微小管は，小さい箱の中にある中心体を重合の核としている
微小管が発生する押す力によって，中心体が中央に配置される
中心体が箱の中央に置かれたとき，押す力は全方向で等しくなる

図7・37　細胞と同程度の大きさのチャンバー内で動的な微小管の放射状配列をつくり出すために，この実験では中心体が使われている．微小管ができてチャンバーの壁に対して押す力を発生するので，数分のうちに放射状の微小管はチャンバー中心に位置する．力の相対的な大きさを，矢印の大きさで示す．微小管の三次元的並びが中心を見つけたりつり合いを取ったり自然にできることは，細胞内で構造体を並べるのに使われるかもしれない．

プを作るのにも使われている)，重合核となって微小管を形成するように刺激を与えると，中心体は最初の位置にかかわらず箱の中心に移動するだろう．これは，重合している微小管が箱の壁を押し返すために起こる．壁は動かすことはできないので，その代わりに中心体と微小管が動くことになる．中心体が箱の中心にあれば，全方向で押す力は等しくなる．細胞内で起こっていることもこの過程に似ている．細胞内では多数の微小管が細胞内部から細胞膜に向かって伸びている．人工の箱の微小管と同じように，細胞内の微小管も全方向で細胞膜に向かって重合し，中心体は細胞の中心付近にとどまる．

7・10　細胞は微小管の安定性を制御するために複数のタンパク質を用いる

重 要 な 概 念

脳組織を破砕する
低速度の遠心で，核と未破砕細胞を沈殿させる
上清を集める

- 微小管結合タンパク質（MAP）は，微小管を安定化したり不安定化したりするので，微小管の重合を制御する．
- MAP は，微小管がどのくらい伸長または短縮するかを決定する．
- MAP は微小管上の異なった位置に結合する．あるものは微小管の側面に沿って結合し，あるものは微小管の先端にのみ結合する．さらに他のものはチューブリン二量体にのみ結合し，チューブリンが重合するのを妨げる．
- 安定化因子と不安定化因子の間のつり合いを変えることによって，微小管の入れ替わりを制御できる．
- MAP の活性はリン酸化によって制御される．
- MAPは膜やタンパク質複合体と微小管をつなぐこともできる．

細胞は微小管を幅広い機能に用いている．これらの機能のあるものは安定な微小管を必要とし，他のものは動的な微小管を必要とする．多くの細胞小器官やその他の構造（他の細胞骨格成分を含む）が微小管の壁や先端に結合する．こうした微小管機能の発現には，**MAP**（microtubule-associated protein **微小管結合タンパク質**）とよばれる多数のタンパク質が必要である．あるMAPは，微小管の先端におけるチューブリンの付加や解離を遅めたり速めたりして，動的不安定性を調節する．またあるものは，微小管の先端や側面と膜小胞やその他の構造をつなぐ．重合を制御しながら積荷を微小管につなぎ止めるという両方の機能をもつMAP もある．

MAP は最初，哺乳類の脳組織から単離した微小管と共に精製されるタンパク質として見いだされた．MAP の精製がどのようにして見いだされたか，その過程を図7・38 に示した．これらのMAP のうち，MAP2 および τ とよばれる2種は神経細胞にのみ存在し，軸索や樹状突起の維持に欠かせない非常に長寿命な微小管を生み出す役割を担っている．MAP2 と τ は，微小管の側面に沿って結合し，これらの機能を果たしている．MAP2 と τ は

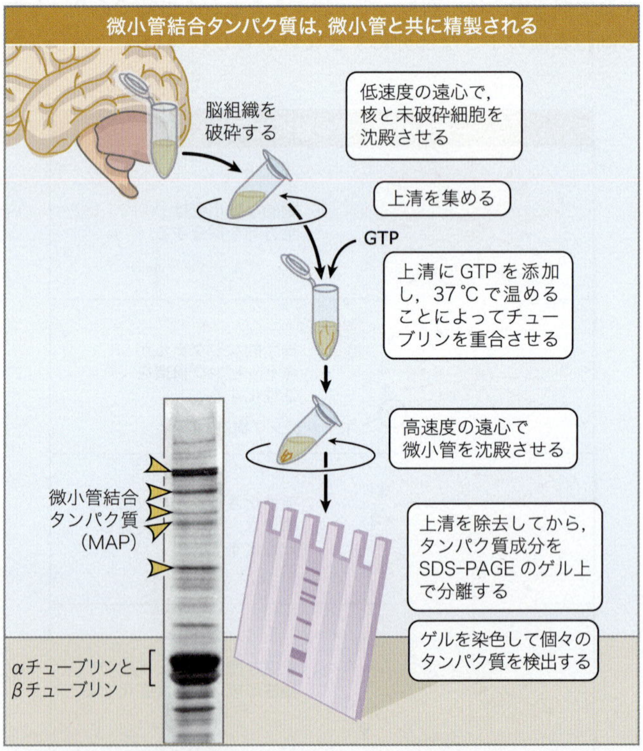

上清を除去してから，タンパク質成分を SDS-PAGE のゲル上で分離する
ゲルを染色して個々のタンパク質を検出する

図7・38　MAP の同定．微小管は神経細胞に多く含まれているので，出発材料として脳を用いた．最初に，微小管が脱重合するような条件で脳を処理し，つぎに遠心によって，上清に可溶性のタンパク質だけを残して大きな物質をすべて除去した．可溶性のタンパク質には，脳組織のすべての微小管が含まれるために高濃度のチューブリンが存在している．チューブリンを重合させてから2回目の遠心で微小管を採集すると，αチューブリンやβチューブリン以外にも多数のタンパク質が存在していた［写真は Lynne Cassimeris, Lehigh University の好意による］

一部の MAP は，伸長している微小管のプラス端と結合する

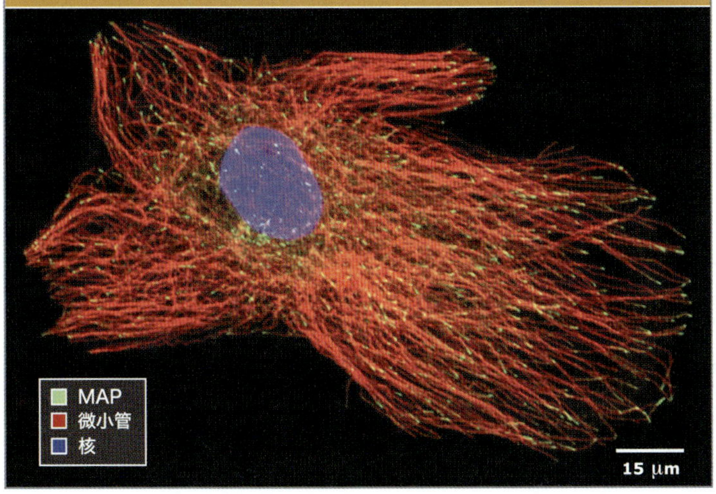

図 7・39　チューブリンを赤色で，伸長している微小管のプラス端にのみ結合する MAP である EB1 を緑色で表示した蛍光顕微鏡写真．核は青色で示した．EB1 は，微小管先端の短く伸びた領域だけにみられる［写真は Lynne Cassimeris, Lehigh University の好意による］

＋TIP タンパク質は伸長している微小管先端の目印になる

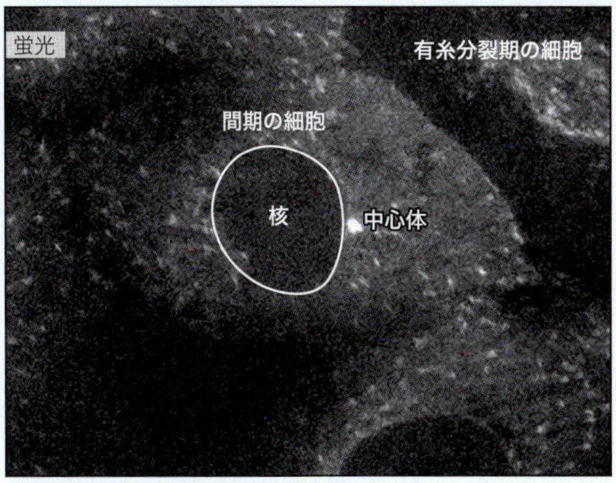

蛍光顕微鏡で細胞を観察することによって，＋TIP タンパク質 EB1 の位置がわかる．ほとんどの蛍光は，たくさんの小さな少し伸びた点として細胞質全体に散在しているように見える．EB1 は中心体にも存在している

図 7・40　蛍光標識した＋TIP タンパク質 EB1 が，上皮細胞で微小管の先端に結合しているビデオの連続画像のうちの 1 コマ．＋TIP タンパク質は伸長している微小管の先端にのみ結合するので，彗星のように蛍光スポットが細胞質を“通過”していく．実際には，これは微小管の伸長を示している［上皮細胞中の EB1-GFP の画像は，U.S. Tulu と P. Wadsworth 提供］

一度に複数のチューブリンと結合するので，動的不安定性に影響を与える．両方ともカタストロフィーを抑制しレスキューの確率を大幅に増加させ，微小管の脱重合を起こりにくくする．その結果，チューブリン単独ではありえないぐらい長い微小管が生じる．この種のタンパク質は，たいてい微小管の長軸方向に沿って結合して微小管の表面を覆うので，まるでサブユニットの解離を抑えるために微小管の壁に打ち付けた支柱のようである．

MAP には，微小管のプラス端にのみ結合する“＋TIP”と名づけられたものがある．図 7・39 のように，蛍光標識した＋TIP は，微小管のプラス端の短い部分に局在している．＋TIP は微小管のプラス端が伸長しているときだけ微小管に結合するので，伸長している先端に乗っているように見える．図 7・40 は，蛍光標識された＋TIP を発現している細胞の静止画である．ビデオで見ると，＋TIP は細胞質を通り抜ける彗星のように見え，それぞれが伸長している個々の微小管の先端の目印になっている．＋TIP は，新しいチューブリンサブユニットが微小管の伸長している先端に付加されるとき，そのサブユニットに結合すると考えられる．個々の＋TIP は，微小管から解離するまでのほんの短い間結合しているにすぎない．＋TIP が結合している間も，微小管は伸長を続け，新しい＋TIP が絶え間なく結合する．＋TIP タンパク質は微小管の先端に結合しそのわずか後に解離するので，図 7・41 のように，結合している＋TIP タンパク質の濃度は，常に微小管の先端で最も高くなることが保証されている．いくつかのタンパク質ファミリーが，微小管の先端に結合する．多種類の細胞で見いだされる＋TIP の一つに，CLIP-170 がある．このタンパク質は，レスキューを促進して微小管を安定化させると同時にエンドソームと微小管を結びつけるという二つの機能をもっている MAP の例である．

有糸分裂時のように動的な微小管が必要なときは，微小管を不安定化するような MAP によって微小管の入れ替わりが加速される．これらの不安定化因子は，微小管のカタストロフィーおよび短縮を起こりやすくするとともに，レスキューを起こりにくくするので，微小管が伸長を再開するまでに多数のサブユニットが微小管から失われる．不安定化因子が機能を発揮するには，図 7・42 に示すように，GTP キャップを破壊してカタストロフィーを活性化する，微小管を短い断片に切断して短縮が起こる先端の数を増やす，そして，遊離状態のチューブリンサブユニットに結合して重合可能なチューブリンの量を減らす，という三つのやり方がある．

微小管はカタニンによって切断される．カタニンは日本語の“刀”から名づけられたタンパク質である．カタニンは，微小管の壁に結合してチューブリンサブユニット間の結合を破断して，微小管を切断する．カタニンが微小管を切断するには，数分子の

＋TIP は結合してから速やかに解離する

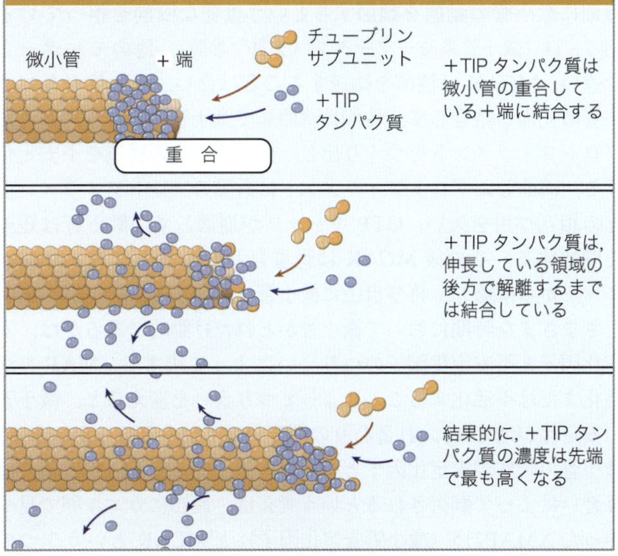

図 7・41　＋TIP の結合と解離の機構．この機構で，＋TIP は微小管の伸長している先端に局在できる．

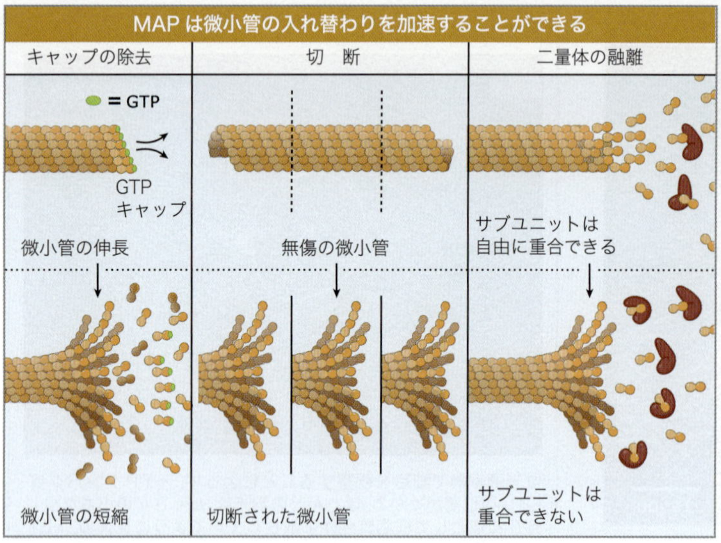

図7・42 微小管を不安定化する三つの方法. 微小管のGTPキャップを除去するか, または微小管を内部で切断すると, すぐに先端にGDPが結合しているサブユニットが露出し, 脱重合が始まる. 微小管切断では, 脱重合する先端の数も一度に増加する. 遊離状態のチューブリンを隔離すると, 重合が遅くなり, また個々のプロトフィラメントの先端でGTPの加水分解が起こりやすくなる.

カタニンが微小管に結合してATPを加水分解する必要がある. その切断の機構は明らかになっているが, カタニンの微小管切断能が細胞内でどのように使われているのかははっきりしない. カタニンはすべての細胞に存在し, またカタニンの変異体や阻害剤を用いた研究によって, カタニンは細胞の主要な機能に関与していることがわかっている. たとえば, ある生物では減数分裂紡錘体の集合に必要であり, また植物細胞では微小管の組織化に必要であるが, どちらの場合もどのような機構が働いているかわかっていない. カタニンの細胞内での役割として, 長い微小管を多数の断片に切断して脱重合を加速することが考えられる. これは, 卵のような非常に大きな細胞では有用であろう. しかし, カタニンにはほかにも役割があるかもしれない. いくつかの細胞ではカタニンは中心体に存在しており, このことから, カタニンは新しく重合された微小管をMTOCから解離させているという仮説が提唱されている.

GTPキャップを破壊することで微小管を不安定化するタンパク質の一例は, 有糸分裂セントロメア結合キネシン (Mitotic centromere associated kinesin, MCAK) である. MCAKは分子モーターであるキネシンスーパーファミリーの仲間で, 有糸分裂期に微小管の動態を調節するという重要な役割を担っている (§7・11 "微小管系モータータンパク質" 参照). 他のモーターとは違い, MCAKは積荷を輸送することはない. その代わりに微小管の先端に結合して, 外側に湾曲して微小管の壁からはがれたプロトフィラメントをつくり出し, 微小管先端の構造を不安定化する. 湾曲したプロトフィラメントは近隣のプロトフィラメントとの相互作用を失い, GTPキャップが崩壊して, 微小管は短縮を開始する. その後MCAKは脱重合したチューブリンサブユニットから解離し, 再び自由に微小管に結合する.

さまざまな時期において微小管がどれだけ動的であるかは, 安定化因子と不安定化因子のつり合いによって決まる. MAPを活性化または不活化することによってつり合いを変えると, 微小管の安定性が増すか, 入れ替わりの頻度が増すかのどちらかになる. 微小管の動態が安定化因子と不安定化因子であるMAPの間のつり合いによって制御されるという考えは, 最初にカエル卵で見つかったXMAP215 (微小管安定化因子) とMCAKという二つのMAPに基づいて提唱された. カエル卵からXMAP215を除くと, MCAKが優勢になる. その結果, 図7・43のように, カタストロフィーの速度が高くなった非常に短い微小管が出現する. 逆に, MCAKを除くと, カタストロフィーがほとんど起こらなくなるため, 長い距離を伸長する安定な微小管が出現しやすくなる方に, つり合いが傾く. 有糸分裂期でXMAP215とMCAKのつり合いが適切でないと, 正常な紡錘体が形成されない.

MAPの活性はどのように制御されているのだろうか. 一般に微小管の安定性の変化は素早く起こるので, MAPをコードしている遺伝子の発現に変化があるとは思えない. その代わりに, 大

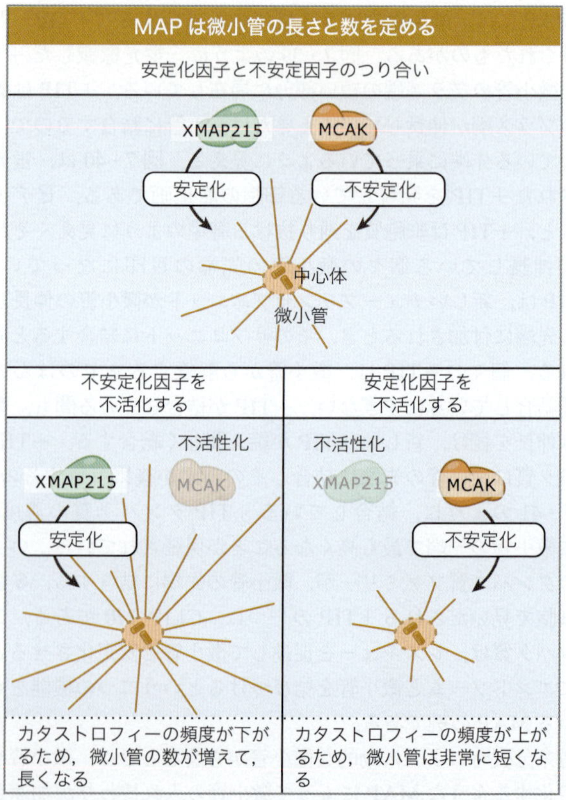

図7・43 微小管を安定化するMAPと不安定化するMAPは対になって働き, 微小管の並び方を決定する. 不安定化因子を不活化すると, カタストロフィーが起こりにくくなり, 微小管が増加する. 安定化因子を不活化すると逆の効果がある. 反対の効果をもたらす成分のつり合いを利用することによって, 急速な変化が可能となる.

多数のMAPの活性はリン酸化によって制御されている．たとえば，τタンパク質の微小管に対する親和性はリン酸化によって減少するので，微小管を安定化する能力も低下する．MAPのリン酸化は必ずしも細胞全域で起こるわけではない．細胞のある領域で局所的にキナーゼが活性化されると，その領域でだけMAPの活性が変化する．微小管の安定化因子と不安定化因子をスイッチオン状態とオフ状態の間で切り替えると，微小管のつり合いがより安定またはより動的な方に傾く．局所的にMAP活性を変化させることで，特定の領域で微小管を伸長させたり消滅させたりして，シグナルに反応する．MAP活性の局所的な制御は，細胞運動や有糸分裂紡錘体の集合に伴って起きている可能性がある．

τタンパク質のリン酸化はアルツハイマー病とも関連しているが，微小管の動態の変化がこの病気にかかわっているかどうかははっきりしていない．τタンパク質が過剰にリン酸化されると，凝集して，図7・44のようにアルツハイマー病の患者の脳にみられるような神経原繊維変化が生じる．アルツハイマー病で観察されるτの欠陥が，神経変成の原因であるのか結果であるのかはまだ明らかではない．τの欠陥でアルツハイマー病がひき起こされるかどうかはまだわからないが，他のヒトの神経疾患にもτ遺伝子内の特定の変異に由来しているものがある．この場合，τタンパク質からなる繊維が神経変成をひき起こす．

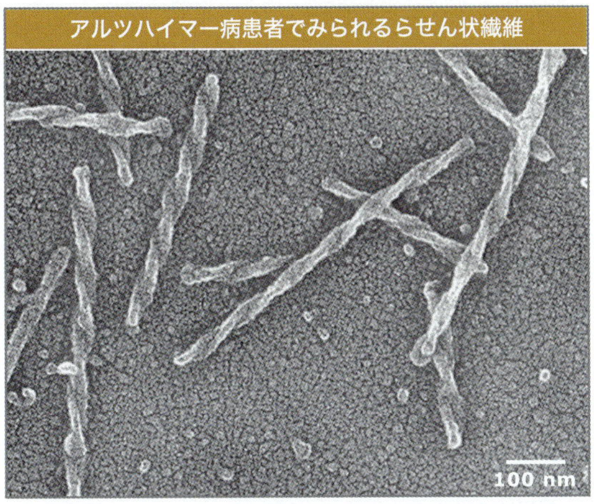

図7・44 τタンパク質は神経組織に存在するMAPであり，アルツハイマー病に付随した神経変性のときには，過剰にリン酸化され凝集してらせん状繊維になる．ここでは，精製した繊維を電子顕微鏡によって観察した［写真は，1994年，Denah Appelt, Brian Balin, Philadelphia College of Osteopathic Medicineの好意による］

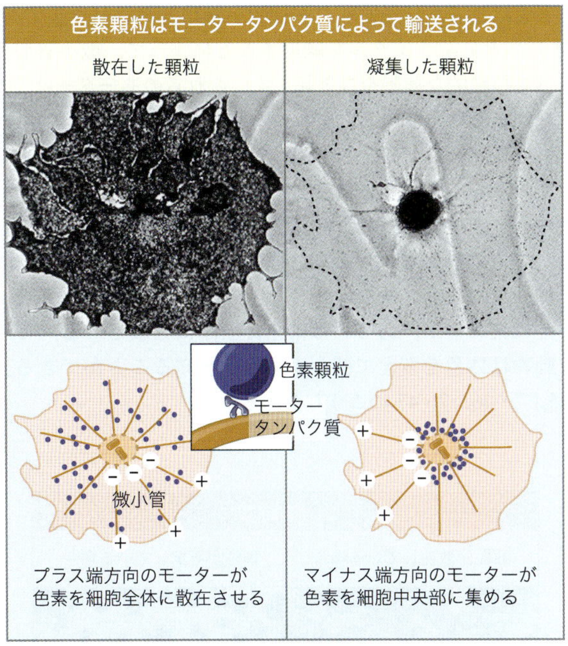

図7・45 写真は，1個の細胞に数千もの色素顆粒が含まれているところを示している．色素顆粒は，暗い色素が濃く詰まった小さな粒子である．右側の写真の明るい領域には，個々の顆粒が小さい点として見える．すべての顆粒には，プラス端方向およびマイナス端方向に運動するモーターが結合している．ホルモンの一つであるメラトニンに反応して，マイナス端方向に運動するモーターが顆粒を微小管に沿って内向きに輸送し，色素を細胞の中心に凝集させる．ホルモンがないときは，別のモーターが顆粒を微小管に沿って外側に輸送するので，色素は再び細胞全体に散在する［写真はVladimir Rodionov, University of Connecticut Health Centerの好意による］

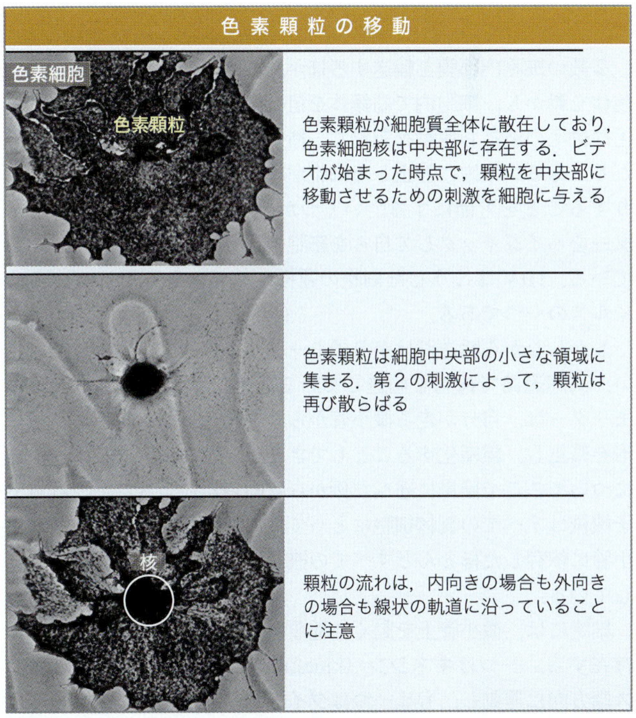

図7・46 ビデオの静止画は，色素細胞内における色素顆粒の運動を示している．上段の図では，色素顆粒は細胞全体に散在している．中段の図では，顆粒は細胞中心部に凝集している．下段の図では，顆粒は再び細胞全体への分布に戻っている．ビデオでは，色素顆粒は線状の軌道に沿って移動している［写真はVladimir Rodionov, University of Connecticut Health Centerの好意による］

7・11 微小管系モータータンパク質

重 要 な 概 念

- 微小管に依存したほとんどすべての細胞機能は，微小管系モータータンパク質を必要とする．
- 分子モーターは力を発生して，微小管のプラス端またはマイナス端方向に向かって“歩く”酵素である．
- “頭部”モータードメインが微小管に結合して力を発生する．
- “尾部”ドメインは膜その他の積荷を結合することが多い．
- キネシンの大部分は微小管のプラス端方向に向かって“歩く”．
- ダイニンは微小管のマイナス端方向に向かって“歩く”．

微小管の主要な機能の一つに，細胞内のある場所から他の場所へ物質を移動するための経路となることがあげられる．この細胞内の“高速道路”を通って荷物を運搬するトラックは，分子モーターとよばれる．分子モーターは微小管結合タンパク質であり，ATP の加水分解サイクルを繰返すことによって，微小管の側面に沿って持続的な運動をひき起こす．これらのモーターは，分泌小胞を細胞膜に運び，取込まれた小胞をエンドソームに輸送し，あるいはミトコンドリアと小胞体を細胞全域に分配する．ある種の魚類のうろこや両生類の表皮細胞での色素顆粒——色素分子が詰まった小さな小胞——の協調した動きは，分子モーターの仕事のなかでも鮮やかな例である．微小管に依存した分子モーターは，神経系由来のホルモンやシグナルに反応して色素顆粒を細胞中心部に集めるか，あるいは細胞質全体に分散させる．こうして，動物は体色を変えて捕食者から身を守ることができる．図 7・45，7・46，7・47 にこうした例を示す．

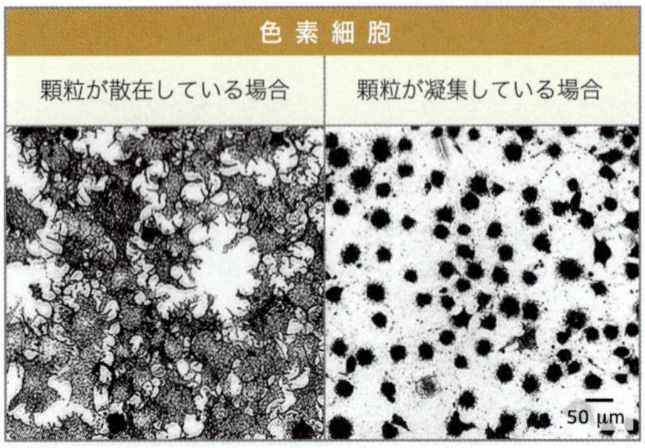

図 7・47　色素細胞は，通常は表皮全体にみられる．色素が個々の細胞で中心に向かって移動することによって，動物は色を変えることができる．ここでは，表皮の代わりに培養色素細胞のシートで色の変化を見ている［写真は Vladimir Rodionov, University of Connecticut Health Center の好意による］

多数の細胞内部膜を輸送するほか，モーターは有糸分裂期に染色体を動かし，細胞内で紡錘体を組織化する．モーターはまた繊毛や鞭毛の波打ち運動を駆動し，精子のような特殊な細胞が泳いだり，あるいは逆に静止した細胞が細胞表面上で物質を動かしたりすることを可能にする．いくつかのウイルスは，細胞のモーターをハイジャックして自らを細胞の核へと輸送するのに利用している．HIV はこうした細胞の運搬システムを利用しているウイルスの一つである．

しかしながら輸送だけが分子モーターの機能というわけではない．高速道路で荷物を輸送しているトラックとは違って，分子モーターは，自分が走る微小管からなる高速道路システム自体の形を修正し，組織化することもできる．分子モーターが行う仕事についてここで簡単に述べた例からも明らかなように，これら分子機械はすべての真核細胞にとって普遍的な構成要素であり，微小管に依存したほとんどすべての機能について重要な役割を果たしている．

細胞には，微小管上を動く 2 種類の分子モーターファミリーが存在する．一つは**キネシン**（kinesin）でたいてい微小管のプラス端方向に運動し，もう一つは**ダイニン**（dynein）で微小管のマイナス端方向に運動する．微小管の配置とモーターが運動する方向によって，積荷を適切な目的地に向かわせるのに必要な道順の情報が与えられる．典型的な繊維芽細胞でみられる放射状の微小管の配置では（図 7・8），微小管のマイナス端方向に運動するモーターは積荷を細胞の中心（核やゴルジ体など）に輸送し，プラス端方向に運動するモーターは積荷を周縁部（細胞膜など）に輸送する．

微小管上を動くにせよ，アクチンフィラメント上を動くにせよ，すべての分子モーターにとって，極性をもつフィラメント上を一方向に移動することは必須の性質である．これによって，フィラメントの極性が，分子モーターの運動方向を決定することになる．中間径フィラメントは極性をもたないので（第 9 章“中間径フィラメント”参照），中間径フィラメント上を運動するモーターは見つかっていない．

キネシンやダイニンによって運ばれる積荷には微小管も含まれていることから，モーターは細胞内における微小管の組織化や再構成にも役割を果たしている．図 7・48 のように，微小管が（中心体に結合されているときのように）固定されていたら，モーターは微小管に沿って運動し，積荷を輸送する．もし状況が逆転し，モータータンパク質の方が（たとえば細胞表層などに）固定されていたら，逆にモーターが微小管を動かし，微小管の配置を再編成するのを助ける（図 7・50 参照）．動くのが微小管であるときも，自身の極性が道順の手がかりを与えるのに変わりはない．この場合は，微小管の極性が自身の運動方向を決定する．

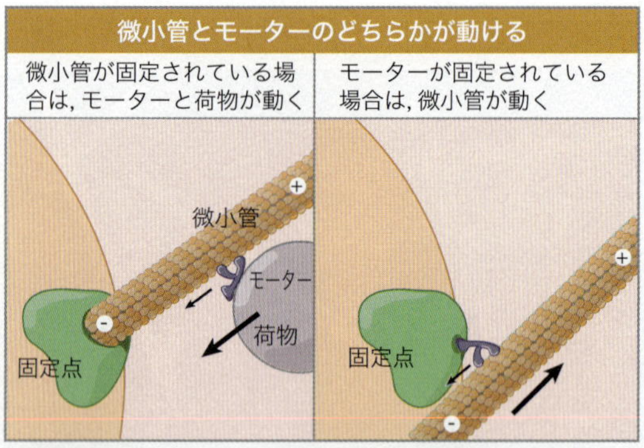

図 7・48　モーターと微小管が相互作用したとき，どちらが動くかは，どちらが固定されているかによる．どちらの場合も細胞で起こりうる．微小管を固定すると小胞を輸送することができるのに対して，モーターを固定すると細胞骨格を再編成することが可能になる］

アクチンモーターであるミオシン（第 8 章“アクチン”参照）を含むすべての分子モーターは，与えられた任務を遂行できるように，特徴的な形状をしている．この形状は図 7・49 のように，分子モーターを 1 分子ずつ電子顕微鏡で観察するとはっきりする．どの場合もモーターは，同等な 2 個の大きな球状ドメインが長い棒状ドメインの一端に結合しているので，モーターは全体的に長くて（40〜100 nm）細い形状になっている．大きな球状ドメインには，モーターがフィラメント（微小管やアクチン）に結合する部位と ATP を結合する部位が含まれており，“頭部”または“モーター”ドメインとよばれる．モータードメインは，モーター分子の中で力を発生するのに唯一必要な領域である．他のドメインは，モータードメインが発生した力が細胞内で特定の目的に使われるように働く．ダイニンモーターは，球状ドメインから突出した余分な“柄部”をもっている点で，独特である．ダイニンでは，微小管に結合するのはこの柄部の先端である．2 個の頭部の反対側には，“尾部”ドメインがある．小胞などのような積荷が結合するのはこの領域である．

一般的に，一つのモーター分子には大きさが異なる複数のポリペプチドが含まれている．モーターのほとんどの部分は，“重鎖”とよばれる最も大きいポリペプチドの二量体によって占められている．二つの重鎖は大部分の領域でコイルドコイルを形成して二量体となる．コイルドコイルはモーターの中央部で棒状の領域となる．コイルドコイルの両端は，それぞれ頭部および尾部ドメインである．さまざまな種類のモーターで，重鎖とは異なる1，2種類の“軽鎖”とよばれる小さなポリペプチドが重鎖それぞれに結合し，モーターを制御する役割を果たす．

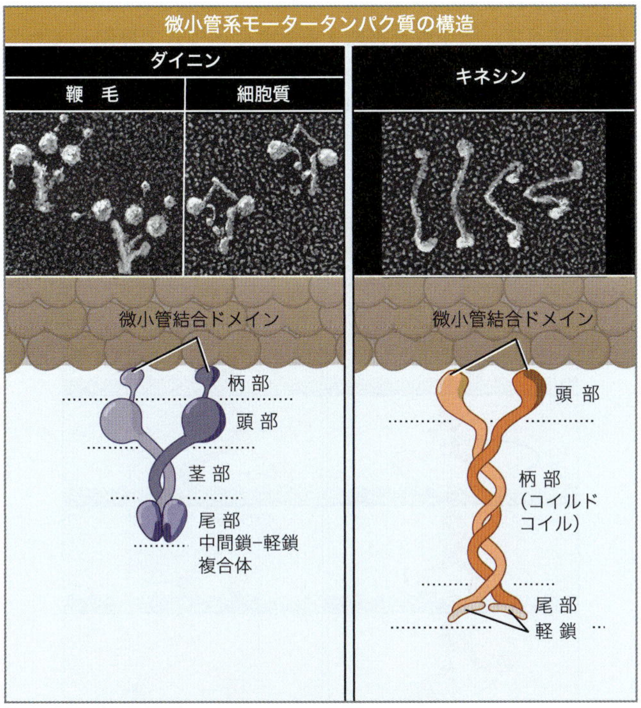

図7・49 微小管系モータータンパク質の構造を，ロータリーシャドウィング法を用い電子顕微鏡で観察した（上図）．微小管に結合したモーターを模式的に表したものを下図に示した．個々のモーターは，2個以上の大きなポリペプチド(重鎖)といくつかの小さなポリペプチド(軽鎖)でできている［写真はJohn Heuser, Washington University, School of Medicineの好意による］

微小管モータータンパク質の一種であるキネシンは，非常に大きなファミリーを形成している．ヒトは約45種の異なるキネシンモーターをもっている．この数からだけでも，微小管モータータンパク質が細胞内で果たす役割の多様さと，そのためにモーターが専門化されていることがわかる．キネシンの半分以上は細胞内で特定の目的地に積荷を運ぶのに必要であり，残りは有糸分裂に必要である．キネシンファミリーに属するタンパク質は，モータードメイン内部で高い配列相同性をもつ．モータードメイン以外の領域の配列は非常に多様で，多くの場合互いにまったく違っている．こうした多様な領域を介して，それぞれのキネシンが特定の積み荷を結合することが可能になる．

キネシンスーパーファミリーは，重鎖内におけるモータードメインの位置によって，三つのグループに大別される．最初に同定されたキネシンは，モータードメインがN末端付近にあった．この“古典的”キネシンは，微小管のプラス端方向に小胞を輸送する．他のキネシンスーパーファミリーの仲間には，モータードメインが重鎖のC末端付近に存在するものもある．モータードメインがC末端側にあることは，微小管のマイナス端方向に運動することと関係がある．いくつかのキネシンは，モータードメインが重鎖の中央付近にある（MCAKなど）．中央にモータードメインがあるキネシンは，運動をひき起こすよりも，ATPの加水分解を利用して微小管先端の構造を弱くして，微小管の動態を制御する（§7・10“細胞は微小管の安定性を制御するために複数のタンパク質を用いる”参照）．

キネシンモーターには，尾部が互いに結合して四つの頭部からなる双極性モーターを形成するものがある．図7・50のように，モータードメインが互いに反対方向を向くので，こうしたモーターは一度に2本の微小管と結合して，それらを互いに反対方向に滑らす．微小管が互いに反対方向に滑ることは，特に有糸分裂において重要である（第10章“細胞分裂”参照）．そのような活性は，有糸分裂紡錘体や中央体を形成するのに必須である．中央体は細胞質分裂に必須の役割を果たす微小管構造である．明らかにこの種類のモーターにとって唯一の積荷は微小管そのものであり，モーターの役割は微小管細胞骨格の再編成に限定されている．

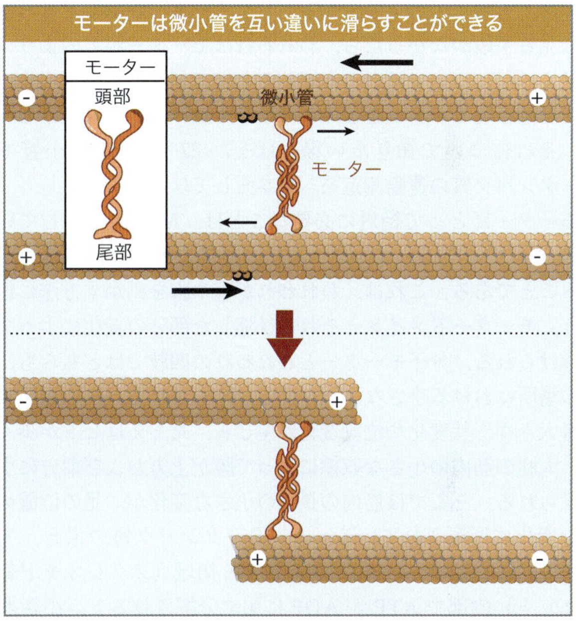

図7・50 一部のキネシンは，尾部ドメインを介して結合し，二つの頭部モータードメインが両端にあるような双極性のモーターを形成する．そのようなモーターは，極性が反対の2本の微小管に同時に結合し，それに沿って運動する．その結果，微小管が互いに反対方向に滑り運動する．小さい矢印は，モーターが運動する方向を示す．大きい矢印は，その結果微小管が動く方向を示す．

キネシンモーターの巨大なファミリーと比較すると，ダイニンファミリーは比較的小規模である．キネシンとは異なり，ダイニンは微小管のマイナス端方向にのみ運動する．すべての細胞には細胞質タイプのダイニンが1種存在し，積荷の輸送や有糸分裂で働いている．細胞質ダイニンは二つの同一の重鎖からなる二量体であるので，ダイニン1分子には二つのモータードメインが存在する．ダイニンファミリーの他の仲間である軸糸ダイニンは，繊毛または鞭毛にのみみられる．細胞質ダイニンとは異なり，軸糸ダイニンは異なる重鎖サブユニットからなるヘテロ二量体または三量体であり，1分子について二つまたは三つのモータードメインをもつ．これについては，軸糸ダイニンがどのように繊毛鞭毛運動をひき起こすかという問題も含めて，§7・16“運動構造としての繊毛と鞭毛”で詳しく述べる．

7・12 モータータンパク質はどのようにして働くか

重要な概念

- モータータンパク質はATPを加水分解して運動をひき起こす.
- モーターの頭部ドメインに結合したヌクレオチド（ATP, ADP, ヌクレオチドなし）の種類によって，頭部がどれだけ微小管に強く結合するかが決まる.
- ATPの加水分解によって頭部が変形する．この変形が増幅されることによって，モーター分子の大きな動きがひき起こされる.
- ATPの加水分解とヌクレオチド放出のサイクルは，微小管への結合とモーターの頭部ドメインの変形を共役させる．この機構によって，モーターは1回のATP加水分解について1歩進みながら微小管に沿って歩く.

分子モーターは運動をひき起こすためにATPを燃料として利用している．それでは，モータータンパク質はATPに蓄積された化学的エネルギーをどのようにして機械的仕事に変換しているのだろうか．この節では，モータータンパク質がどのようにして微小管上を動くのかを解説する．もしモーターが動くところを実際に見る手段がなかったら，われわれはモーターがどのようにして動くのかについてほとんど知ることはできなかっただろう．ここでは微小管モーターをどのようにして調べるかは深入りしないが，それについて知りたい場合は§7・22“補遺：微小管モータータンパク質の運動測定系”を参照してほしい.

モーターにとって絶対に必要なことは，ATPが結合しているときとADPが結合しているときに，非常に大きな構造変化が起こることである．これは，われわれが腕や脚を動かす方法に似ており，モータードメインとそれに付随した部分の変化によって成し遂げられる．分子モーターとわれわれの四肢ではどちらも，一つの場所における小さな形状の変化が増幅されて，別の場所での一層大きな形状変化や位置変化が生じる．たとえばヒトが歩くとき，大腿の筋肉の小さな収縮によって脚が上方および前方に引き上げられる．そこでは筋肉の長さの小さな変化が，足の位置の大きな変化に増幅されている．モータータンパク質の場合，モーターの頭部ドメインのATPが結合する領域（ヌクレオチド結合ポケット）内部でATPがADPに加水分解されると，小さな変形が起こる．ヌクレオチド結合ポケット内部の変化は分子の別の部分で増幅され，頭部の一つを前方に動かす.

分子モーターと歩行者は，結合している表面からいったん離れる必要がある点でも共通している．もしそうでないと，どちらも前に進むことはできない．歩行者が脚を前方に動かすために足を地面から引き上げなければならないのとまったく同じように，モータータンパク質は動くために微小管から解離しなければならない．微小管から離れるためには，モータータンパク質は微小管に対する結合の親和性を減少させなければならない．モーターがどのくらい強く微小管に結合しているかは，モーターのヌクレオチド結合ポケットにATPとADPのどちらが結合しているか，あるいは結合していないかによって決定される．キネシンの場合，ATPが結合したとき，微小管への結合は最も強くなる．ATPの加水分解とヌクレオチドの放出によって，キネシンが微小管に固定される強さが変化し，モーターと微小管との結合が調節される．また，ATPの加水分解でモーターの頭部ドメインの変形がひき起こされる．そこで，ヌクレオチドの結合・加水分解・放出のサイクルによって，モーターの構造変化と微小管との結合・解離が共役する．これによって，ATPを1個加水分解するごとに，微小管への結合，構造変化，解離が1回まわり，キネシンは微小管に沿って“1歩”歩む.

双頭のモーターの場合，微小管に沿った歩行を生み出すには二つの方法が思い浮かぶ．第一の機構では，双頭のモーターは，図7・51のように“運梯式（うんてい）”の動きで移動する．そこでは，前に1歩進むたびに後方の頭部が前方の頭部を追い越す．このタイプの動きは，われわれが歩くとき1歩進むたびに片足がもう片足を追い越すのに似ている．第二の機構では，モータードメインが“尺取り虫”の動きで移動する．そこでは，後方の頭部が前方の頭部のところまで移動してから前方の頭部が前進し，そのサイクルが繰返される（図7・51参照）．今日まで研究された双頭のモーターはすべて，微小管を移動するときは運梯式で移動していることがわかっている．言いかえると，キネシンやその他のモーターは，微小管上を“歩いている”と見なすことができる.

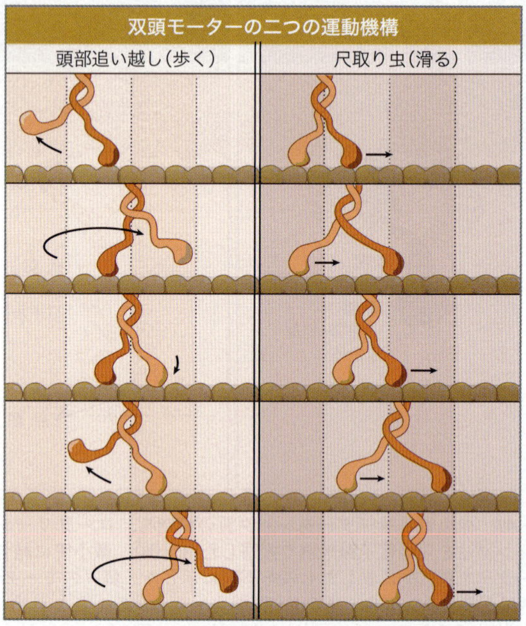

図7・51 双頭のモーターが微小管に沿って運動する二つの機構．二つの頭部の活性を協調させると，“尺取り虫”型の運動になりうる（右図）．この運動では，赤色の頭部が前を進み，橙色の頭部が後を追いかけ，そのサイクルが繰返される．橙色の頭部が赤色の頭部の前にくることは決してない．この機構はありうるものの，これを用いているモーターはまだ見つかっていない．既知の双頭のモーターのすべてが，尺取り虫型ではなく歩行に類似の機構で運動している（左図）．この運動では，二つの頭部は互いに追い越し合い，交代で前に出る.

キネシンの歩く能力に欠かせないのは，頸部リンカーとよばれる小さなドメインである．頸部リンカーは15残基程度の引き伸ばされた構造で，キネシンの頭部ドメインとコイルドコイルドメインをつないでいる．頸部リンカーは，ヌクレオチド結合ポケット内部の小さな構造変化を，キネシンが一定の距離歩くのに必要な大きな変化に増幅する領域である．大きな変化は頸部リンカーの前後へのスイングの形をとっているので，頸部リンカーはキネシン分子の“脚”とみなすことができる．これから見ていくように，二つの頭部のATPaseサイクルのどこで頸部リンカーがスイングするかを制御することで，キネシンは微小管上を歩行できる.

キネシンが微小管に沿って移動するとき，二つの頭部は縦並びで歩く．一方の頭部のできごとは，もう一方の頭部の変化の結果として起こることが多い．どのようなサイクルによってモーターが微小管に沿って歩いているのかを理解するために，図7・52のようにちょうどキネシンが最初に微小管に着地したところから始めよう．第1の頭部は微小管に強く結合しており，活性部位にヌクレオチドはない．その頭部の頸部リンカーは頭部の後ろに絡みついている．第2の頭部は活性部位にADPがあり，第1の頭部の後方に位置し，微小管のそばでふらふらしている．このときキネシンは第1歩を踏み出す準備ができており，二つの頭部の間の協調性が役立つ．前方の頭部（頭部1）にATPが結合すると，その頭部の頸部リンカーは微小管のプラス端方向に向かって前方にスイングする．この頭部1で生じた動きの結果として，頭部2が後方から先頭の位置へと移動する．そのとき，頭部2は微小管上の次の結合部位の上に位置する．頭部2は弱く微小管に結合してADPを放出する．その後，頭部1のATPの加水分解によって頭部2と微小管の結合が強まり，その結果，両方の頭部が微小管に強く結合した中間体が形成される．いったん頭部2（今は先頭の頭部）が強く結合すると，頭部1（今は後方の頭部）はATPを加水分解したときに生成したリン酸基を放出する．リン酸の放出によって，頭部1は微小管から離れ，その結果頭部2で構造変化が起こって活性部位が再び開く．この一連のサイクルによってキネシンは最初の状態に戻る．前の状態と大きく違うのは，今は頭部2が前にあり，キネシン分子は微小管のプラス端に8 nm近づいていることである．頭部2にATPが結合すると第2回目のサイクルが始まる．二つの頭部は，数百回あるいは数千回役割を交換しながら1サイクルにつき1歩進むことによって，微小管のプラス端に向かって移動する．図7・53の，キネシン1分子が連続的に数歩進んでいる一連の静止画を見ると，二つの頭部間の協調した動きと1歩ごとの役割交換が，どのようにして微小管に沿った歩行を可能にしているかがわかる．

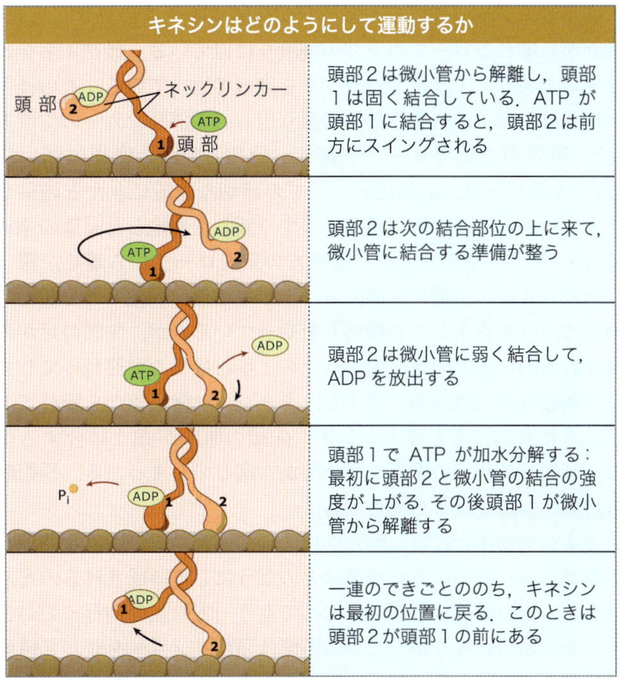

図7・52　キネシンが微小管に沿って歩くときに経る一連の事象．一方の頭部で起こった事象に反応してもう一方の頭部に変化が生じ，これが数段階にわたって起こる．キネシンは，常に二つの頭部のうちの少なくとも一つが微小管と強く結合している．

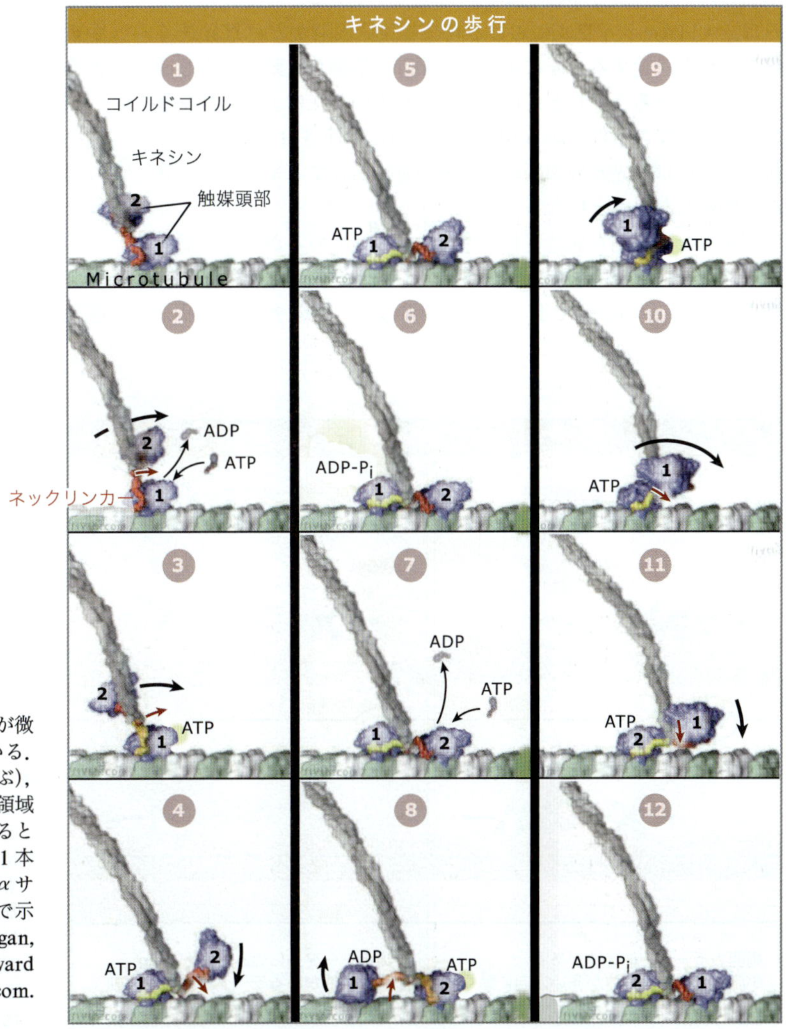

図7・53　ビデオの連続動画は，キネシンの二つの頭部が微小管に沿って協同的な運動をしていることを示している．キネシンの二つの頭部を青色で（それぞれ1と2とよぶ），コイルドコイル領域を灰色で示した．ネックリンカー領域を，前方に向いているときは黄色で，後方に向いているときは赤色で示した．わかりやすくするため，微小管は1本のプロトフィラメントのみを示した．チューブリンのαサブユニットとβサブユニットをそれぞれ白色と緑色で示した．プラス端は図の右側である［動画はRon Milligan, The Scripps Research Institute; Ronald Vale, Howard Hughes Medical Center; Graham Johnson, fiVth. com. の好意による］

微小管上を歩いているキネシンが経験する一連のできごとは，地面から離れたロープの上での綱渡りに似ている．最初キネシンは安定であり，1本足でバランスを取って立っている．その後キネシンはもう1本の脚を前方に振り出し（頸部リンカーの位置変化），恐る恐る足でロープを探る（最初の先頭の頭部の弱い結合）．キネシンは，前の足がロープの適切な位置にきたと確信したときにのみ，その足に重心を移す（新しく着地した頭部の強い結合）．そうするとキネシンは後方の足をロープから離し，第2歩を行うための位置に配置することができる．綱渡りとの類推でいえば，もしキネシンや綱渡りをやっている人が，先頭の足が確保される前に後方の足を動かしたら，歩行はそこで終わってしまう．綱渡りの人は地面に落下し，キネシンは微小管から離れて漂うことになる．もしキネシンが，先頭の頭部が強く結合する前に，高頻度で後方の頭部を微小管から離してしまったら，長距離の持続的な移動は不可能となる．

キネシンの歩行には，明らかに二つの頭部の間の確実な協調が必要である．そのような協調はどのようにして達成されるのだろうか．一方の頭部はどのようにしてもう一方の頭部が行っていることを知るのだろうか．二つの頭部は頸部リンカーを介して情報伝達するらしい．キネシンの頭部の双方が微小管に強く結合したとき，頸部リンカーは引き伸ばされて，力学的なゆがみが生じている．二つの頭部が互いに情報を伝達し，活性（頭部のATPaseサイクル）を共役させることを可能にしているのは，このゆがみであろう．ゆがみの存在は，後方の頭部に，先頭の頭部が微小管に強く結合していることを伝える．そのとき初めて，後方の頭部は無事に微小管から離れることができるのである．おそらくゆがみは，ATPaseサイクルにおける異なる反応段階がどれだけ速く起こるかを決定することによって，頭部の協調した動きを成し遂げているのだろう．たとえば，仮にゆがみの存在によってリン酸放出が無視できる程度から相当速いものに加速されるとしたら，後方の頭部は，先頭の頭部が強く微小管に結合するまで，微小管から解離しないことになる．

ダイニンの運動も構造変化の増幅に基づいているが，その構造変化はより大きい距離で起こる．キネシンとダイニンの両方とも微小管を8 nmの歩幅で歩く．この歩幅は，1個のチューブリンヘテロ二量体の長さに等しい．キネシンは，1本のプロトフィラメントの上で一つのヘテロ二量体から次のヘテロ二量体へと伝って，プロトフィラメントからはずれないように歩く．キネシンと比較すると，ダイニンは歩くとき，異なるプロトフィラメント間を不規則に移動しながら，微小管のマイナス端に向かって進む．

キネシンはその運動機構のために，微小管上を持続的に歩行することができる（キネシンの運動は非常に“連続性”が高い）．たとえば，*in vitro* の実験で，ガラスビーズに結合した双頭キネシンモーターは1分子で微小管上を数百，数千歩も歩くので，長い距離にわたって微小管から外れることなくビーズを輸送することができる．1分子のキネシンが微小管に沿って長い距離積荷を移動する能力は，それぞれのキネシン頭部が時間のおよそ半分は微小管に結合しており，しかも少なくとも一つの頭部が常に微小管に結合しているように二つの頭部の活性が協調して働くことで初めて可能になる．二つの頭部のうちの一つが常に微小管に結合しているのは，小胞を運ぶモーターのように1個または少数で働くモーターにみられる特徴である．これらのモーターは，こうした運動機構によって，細胞内で積荷を長い距離にわたって確実に運ぶことができる．

常に頭部が微小管に結合しているわけではなく，モーターとその積荷が微小管表面からすぐに離れてしまうようなモーターにも用途はある．鞭毛の中のモーターのように（§7・16“運動構造としての繊毛と鞭毛”），多数の分子が並んで働くモーターは，小胞を運ぶモーターよりも短い時間しか微小管に結合しない．鞭毛内部で配列したダイニンのうち，一部の頭部のみが結合して力を発生しているのだろう．1歩分の動きを終えた頭部は素早く微小管から離れて，運動中の他のモーターが力を発生するのを妨げないようにしなければならない．

多くの細胞小器官は細胞内で両方向に移動する．このとき，微小管の一方の方向に一定距離移動したのち，方向転換して反対方向にかなりの距離を移動する．これらの細胞小器官にはダイニンとキネシンファミリーの仲間の双方が結合しているので，どちらの方向に向かう場合も，どのようにして長い移動距離を達成しているかという疑問が生じてくる．細胞小器官の双方向性の運動を説明するために，図7・54のような二つのモデルが提案さ

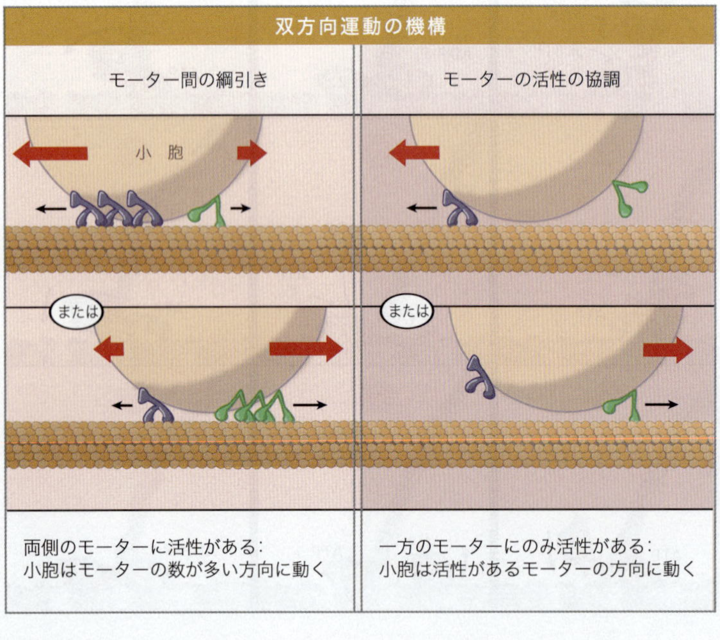

図7・54 微小管に沿って積荷を双方向に動かす方法の二つの可能性．どちらの場合も，プラス端方向に運動するモーターとマイナス端方向に運動するモーターの両方が，小胞表面に結合している．左図では，両方のモーターは同時に活性をもっており，（おそらくはモーターの数が多いために）大きな牽引力を発生する方が小胞の運動方向を決定する．右図では，モーターは協調しており，一つの方向に牽引するモーターだけが活性をもつことができる．最近見つかった証拠によると，細胞は右の機構を用いているようであるが，モーターの活性がどのように協調しているかはまだわかっていない．

れている．一つは，反対方向に運動するモーターどうしが綱引きをしているというものである．このモデルでは，両方のモーターとも常に活性をもっているが，どちらか一方の数が多いために引っ張る力が勝り，綱引きに勝つ．もう一つは，一方のタイプのモーターが活性をもっているときはもう一方が停止し，モーターの活性が協調して働いているというものである．後者の機構は実際に細胞内で働いているようだが，モーター活性が小胞表面でどのように調節されているのかは，まだわかっていない．

7・13 積荷はどのようにしてモーターに積まれるのか

重要な概念

- モーターが特定の積荷と結合するときはモーターの尾部ドメインが仲介している．
- アダプタータンパク質がモーターに結合して，モーターの活性を制御し，モーターと積荷を結びつけている．
- プラス端方向のモーターとマイナス端方向のモーターの活性が協調して働くことによって，細胞内小器官の双方向性の運動が生み出される．

細胞には，多数の異なる積荷を細胞質の特定の場所に移動する必要がある．特定の積荷を特定の場所に運ぶことは，積荷とモーターを適切に組合わせせることによって成し遂げられる．ここで，どのようにしてそれぞれの積荷に適切なモーターが結合して適切な場所へと配達されているのかという疑問が生じる．細胞内部から細胞膜への，あるいはその逆方向の膜輸送を行うには，特定の積荷にどのモーターが結合するかを決める必要がある．プラス端方向に運動するキネシンは，ゴルジ体から出発する小胞に結合してそれらを細胞膜やエンドソームに運んでいるが，マイナス端方向に運動するモーターは，細胞の周縁部で細胞内に取込まれた小胞を捕捉して細胞の中心部へと運ぶ．積荷を正しいモーターに結合するのは，モーターの尾部が仲介している．モーターのなかでもキネシンのような大きなファミリーでは，ファミリー中のそれぞれのタンパク質で尾部ドメインが大きく違っており，それぞれが独自のモーターとして区別できる．ところが，モータードメインは互いに非常に似ており，特定の積荷を結合することには寄与していない．このように，頭部ドメインはすべての通路に共通したエンジンであり，尾部ドメインは選ばれた積荷だけが積まれる独自の荷台である．

一般的に，モーターの尾部ドメインが積荷に直接結合することはない．たいていアダプタータンパク質の一端に膜タンパク質が結合し他端にモーターの尾部が結合することによって，モーターと小胞とが間接的に結びついている．たとえば，トランスゴルジ網を出発してエンドソームに向かう小胞には，膜の中にマンノース 6-リン酸受容体が存在する．この受容体の細胞質側ドメインはアダプター複合体 AP-1 と結合し，AP-1 はキネシンの尾部に結合する．AP-1 は，トランスゴルジ網の小胞が発芽する領域にクラスリンをつなぐことでよく知られたアダプターである．このように AP-1 は，発芽した小胞にモーターをつないで，新しく発芽した小胞に輸送のための適切な装備をほどこす．（AP-1 についてこれ以上は，§4・14“アダプター複合体はクラスリンと膜貫通積荷タンパク質を結びつける”参照．）

アダプタータンパク質は，細胞質ダイニンと膜をつなぐ役目も果たしている．最もよく調べられたアダプターはダイナクチン複合体である．ダイナクチンは，七つのポリペプチドと，アクチンに非常に類似したタンパク質である Arp1 でできた短いフィラメントを構成成分とする複合体である．最近提案されたモデルでは，図 7・55 のように，Arp1 フィラメントは膜の細胞質側表面にあるスペクトリンに結合して，ダイニンと膜小胞をつないでいる．この結合は，多くの膜にみられるスペクトリン・アクチンネットワーク内のスペクトリンとアクチンの相互作用に似ており，なぜダイナクチンがアクチン様のフィラメントをもっているのかについても説明がつく．ダイニンと膜をつなぐほかにも，ダイナクチンは，ダイニンが微小管上を動くにあたって微小管との結合を維持するのに役立っている．

ダイナクチンはダイニンと小胞をつなぐ

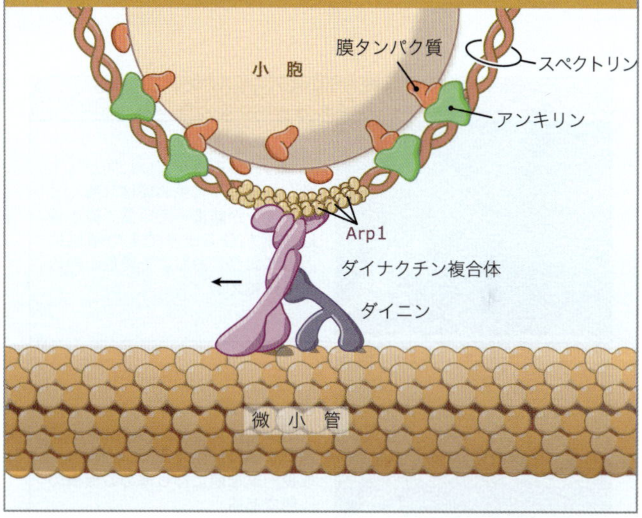

図 7・55 ダイナクチン複合体（紫色）が細胞質ダイニンを膜小胞に結びつけるモデル．多くの膜上でのアクチン繊維とスペクトリンとの相互作用と同様に，ダイナクチン複合体の Arp1 フィラメントは小胞膜上でスペクトリンと結合している．ダイナクチン複合体の他の構成成分は，ダイニンと微小管の両方に結合している．

モータータンパク質が輸送しているのは膜小胞だけではない．他の積荷としては，一部の mRNA やウイルス粒子がある．もっとも後者は，細胞の通常の積荷ではないのは明らかだが．mRNA を輸送することで，細胞は一部のタンパク質の合成を特定の場所に限定したり，非常に大きな細胞の離れた場所にも mRNA を確実に届けたりできる．たとえば神経細胞では，特定の mRNA が軸索や樹状突起に仕分けされ，そこでは非常に特殊な細胞領域にのみ必要なタンパク質が合成される．軸索や樹状突起は非常に長いため，分子モーターが mRNA を輸送する必要がある．RNA が拡散だけで移動するなら遅すぎるうえに，細胞がそのような長く特殊な構造を構築・維持するのに必要な極性ももたないだろう．膜小胞の場合と同様に，mRNA とモーターの尾部をつなぐのにもアダプタータンパク質が使われている．HIV や単純ヘルペスウイルス，アデノウイルスなどのようなウイルスは，タンパク質の殻に包まれた核酸を中核とする粒子として，細胞内に侵入する．ウイルス粒子が複製されるには，核に到達して，そこで宿主細胞の DNA 複製系を利用しなければならない．細胞内に侵入したウイルスは，ダイニンに結合して細胞膜から核に直接移動して，複製過程を加速している．

7・14　微小管の動態とモーターが結びつくことによって細胞の非対称的な構成が生み出される

重要な概念

- 動的な微小管とモーターが一緒に働くことで，細胞の非対称性が生み出される．
- 細胞運動や有糸分裂紡錘体の配置などの過程で，微小管はアクチン細胞骨格と協調して働く．

細胞内での小器官の配置や細胞全体の形態は，はっきりとした非対称性をもつことが多い．細胞は，小器官や細胞質の特定の領域を積み上げげて，一方の端ともう一方の端を区別できるものにするが，これは基礎的で重要な特性である．単離された1個の細胞はこの能力がなくても生きていけるだろうが，そのような細胞は移動することや，生体を構築・維持するのに必要な，形態が高度に発達して特殊化した細胞となることがまったくできないだろう．たとえば，繊維芽細胞やその他の運動性の高い細胞は，傷や感染に応じて体内を動き回るために，一方の端を伸長してもう一方の端を取込まなければならない．このためには，個々の細胞の両端でいろいろな装置を用意してから，それらを協調させる必要がある．

細胞の非対称な構成は，たいてい微小管の並び方や，動的な入れ替わり，微小管に沿った微小管モータータンパク質の運動に依存している．アクチンと中間径フィラメントも，細胞内部の構造を組織化するのに関与しており，三つのフィラメント系は相互作用して互いの挙動を制御している．本節では，微小管細胞骨格の構成成分がどのように機能して細胞の非対称性を生み出すのかについて，いくつかの例を述べる．その中には，微小管とアクチンがどのように協調して働くかを示す例もある．

発生過程で脳の神経回路ができるとき，個々の神経細胞は，軸索とよばれる長い突起を伸ばし標的の神経細胞と接触し，シナプスを形成して神経情報伝達のための回路を確立する．軸索が伸長しているとき成長円錐とよばれる先端では，たくさんのアクチンと微小管が表面に伸びて運動性の高い領域ができる（図7・9参照）．成長円錐の動きに伴い軸索が伸長する．成長円錐は伸長するとき周囲の領域を探索し，方向転換しながら誘導刺激シグナルに反応する．誘導刺激シグナルによってひき起こされる一連の方向転換を経て，成長円錐は標的に誘導され，そこで運動を停止してシナプスを形成する．

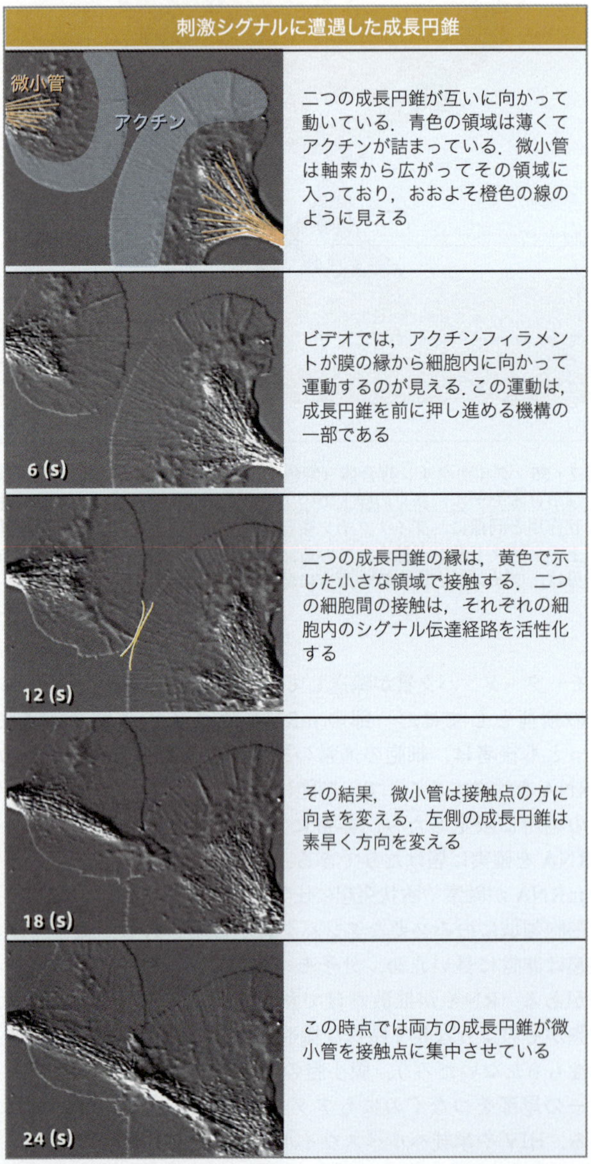

図7・56　*in vitro* で培養された2個の神経細胞の成長円錐を示す連続ビデオ画像．成長円錐どうしが衝突したときの反応は，*in vivo* で成長円錐が他の細胞に遭遇したときに起こる反応によく似ている．両方の成長円錐では，接触点に向かって速やかに微小管が伸長する［写真は Paul Forscher, Yale University の好意による．*The Journal of Cell Biology* **121,** 1369〜1383 (1993) より，The Rockefeller University Press の許可を得て転載］

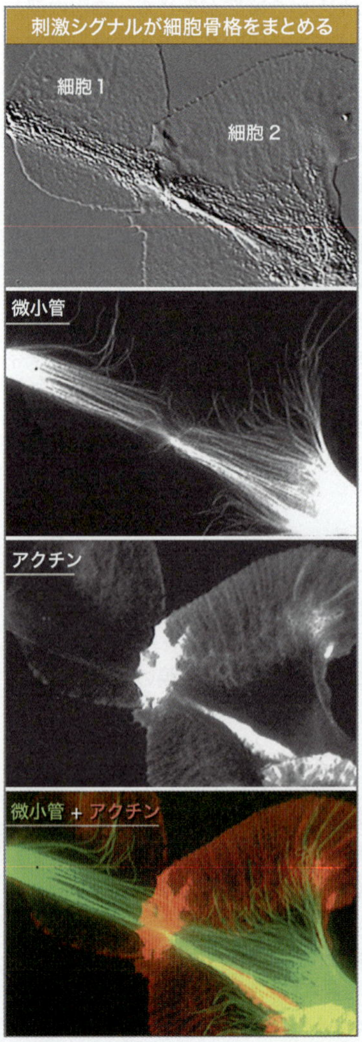

図7・57　二つの成長円錐が衝突してから数分たったときのアクチンと微小管．微小管が接触点に集まっていること，またアクチンの大量の重合がそこに集中していることに注意［写真は C.H. Lin, Paul Forscher, Yale University の好意による．*The Journal of Cell Biology* **121,** 1369〜1383 (1993) より，The Rockefeller University Press の許可を得て転載］

成長円錐の運動を方向づける過程で，微小管細胞骨格はきわめて重要な役割を果たす．成長円錐は大きく平らな構造をもち，運動を行っている表面上に広がる．外部からの誘導刺激シグナルがないときは，成長円錐の後部を重合核として動的な微小管が形成され，成長円錐の内部全体に扇状に並んで伸長と短縮を繰返している．成長円錐が誘導刺激シグナルに遭遇すると，これと接触した細胞膜の小さな領域でだけシグナルが発生する．つづいて，図7・56のように目を見張るような反応が起こる．成長円錐内部の微小管は，シグナルの源に向かって伸長する．MAPが必須であるかどうかはわからないが，シグナルにより微小管安定化因子のMAPが局所的に活性化し，微小管はシグナルが生じた部位に向けて伸長し続ける．図7・57は，二つの成長円錐が最初に接触してから数分後の成長円錐内部の微小管である．微小管が方向転換して伸長したのち，微小管に沿ってプラス端方向に運動するキネシンが細胞周縁部に向かって小胞を輸送するので，小胞が細胞膜と融合し細胞が伸展する．その結果，成長円錐の構造に局所的な非対称性が形成される．その後，微小管によって目印を付けられた方向に向かって膜を前進させる力がアクチン細胞骨格によって生み出される．

微小管とモーターが細胞の非対称性をつくり出す過程としては，ほかに上皮細胞の有糸分裂紡錘体の配置がある．上皮を伸長したり修復したりするために新しい細胞を生み出すには，上皮シート内で分裂しようとしている細胞は，図7・58のように，すでにある細胞と同じ形状および方向になるように二つの娘細胞を生み出す必要がある．細胞はたいてい紡錘体に垂直に分裂するが，分裂は上皮細胞の長軸方向に沿って起こる．そこで，紡錘体は染色体が分離する前に，細胞内で横向きにならなければならない．はじめ，紡錘体は不規則な方向に形成される．これを横向きにそろえるために，星状体微小管（紡錘体の両端から，染色体とは異なる方向に広がっている微小管）が紡錘体を回転させる．星状体微小管は非常に動的なので，細胞の周縁部を探索することができる．細胞質ダイニンは細胞膜部位に，細胞中央を取巻く帯のように並んで固定されている．ダイニンの帯に遭遇した星状体微小管がダイニン/ダイナクチン複合体と結合すると，ダイニン/ダイナクチン複合体は牽引力を発生し，紡錘体を揺さぶって正しい方向に向ける．

細胞の非対称性を生み出す機構が最もよくわかっているのは，酵母 *Saccharomyces cerevisiae* の細胞分裂である．この酵母は，パンを焼いたりビールを醸造したりするのに使われる．図7・59は，この酵母が出芽によって分裂するところである．出芽の過程

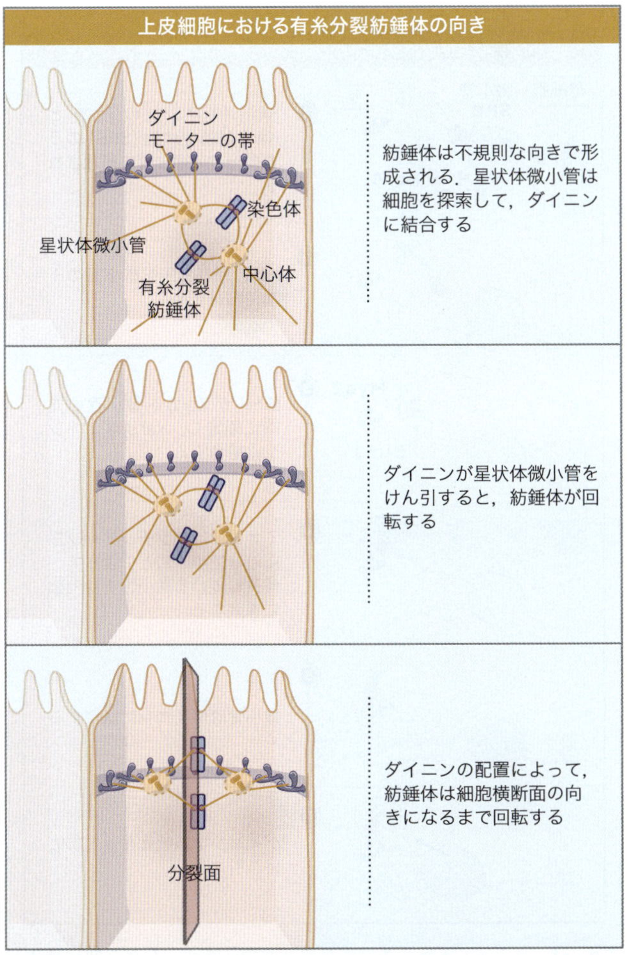

図7・58　この細胞は，図の左右方向に広がる上皮層内にある細胞の一つである．ダイニンが細胞の周囲に環状に配置されるため，はじめどのような向きになっていても，紡錘体は確実に側面に垂直の向きで静止する．紡錘体がこの向きになると，細胞は頂端側と基底膜側を結ぶ面で分裂し，生まれた二つの新しい細胞が上皮層に加わる．上皮層内の隣接した細胞どうしが密着している密着結合にダイニンは局在している．

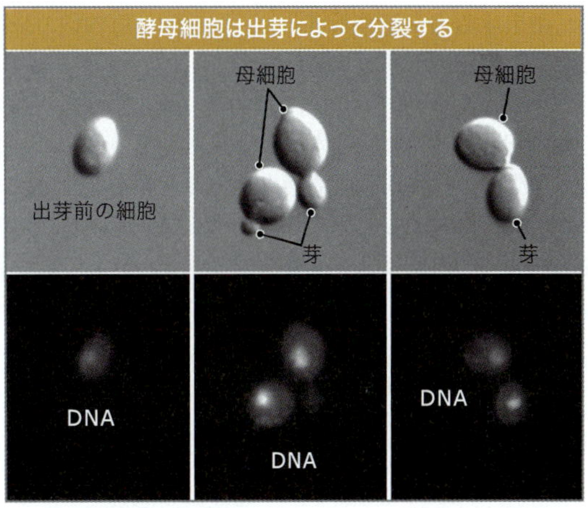

図7・59　上段の三つの図は，それぞれ細胞周期中の出芽酵母細胞を示している（左から右に向かって時間が進行している）．細胞周期が進行するのに伴って，芽は母細胞と同じ大きさになるまで徐々に大きくなる．下段の図は，細胞内のDNAを示す．下段中央と下段右の図は，芽が母細胞と同じ大きさになってはじめてDNAが出現することを示している［写真はRobert Skibbens, Lehigh Universityの好意による］

では，母細胞表面の一部の小さな領域が外側に成長して芽を形成し，芽は細胞周期が進行する間に伸長して，最終的には娘細胞になる．出芽の過程が開始するのとほぼ同時に，母細胞内に1個しかないMTOC ── 酵母では紡錘体極とよばれる構造で，核膜に埋込まれている ── が複製され，その結果生じた二つの紡錘体極は分離して，図7・60のように核の両端に移動する．酵母の分裂では核膜が崩壊しないので，紡錘体は核の内部に形成される．紡錘体は二つの紡錘体極を重合核とする微小管によって形成される．紡錘体極は核の外側にある微小管の重合核にもなる．紡錘体は芽の位置に関係なく，不規則な向きに形成される．

これらのすべては母細胞内で起こる．母細胞と娘細胞の双方が染色体を一そろい受継ぐためには，紡錘体は母細胞と娘細胞を結ぶ軸に沿って並び，両細胞間の隙間にくるように移動しなければならない．

紡錘体極のうちの一つから細胞質に向かって伸長した微小管が，紡錘体の整列と輸送を行う．微小管がどのようにしてこれらの作業を行うかを図7・61に示す．まず一方の紡錘体極で，Kar9とよばれるタンパク質が微小管に搭載される．Kar9は，紡錘体極から微小管のプラス端方向に向かって，キネシンファミリーの仲間(Kip2)によって輸送される．先端に到達したKar9は，+TIP（Bim1）に結合してその場に残る．これらの過程のいずれかの時点で，Kar9は高い連続運動性をもつミオシンの仲間（アクチンフィラメントから離れずに長い距離を歩けるミオシンVの仲間）とも結合し，細胞質微小管の先端とアクチンフィラメントの間を結びつける役割を果たす．酵母では，アクチンフィラメントは母細胞の細胞質から芽の中へ走っている長いケーブルとして存在している．芽の中では，アクチンケーブルは芽先端部の表層に1点で結合している．ケーブル内のアクチンはすべて同じ極性をもっているので，ケーブルは母細胞から芽への方向を指し示す極性構造である．ミオシンはアクチンケーブルに沿って微小管の先端を輸送し，微小管を芽の内部へと誘導する．そこで，微小管は表層に固定されたマイナス端方向モーター（ダイニンやキネシンの一種）に結合する．これらマイナス端方向のモーターは，微小管を引き寄せると同時に，微小管が脱重合するときにも先端に取りついている．このように，能動的な牽引力と微小管の脱重合に由来する力が組合わさって，紡錘体は母細胞の細胞質を通過して芽の内部へと移動する．

酵母細胞と上皮細胞の両方で，微小管の動的性質は紡錘体の方向を定めて配置するのに主要な役割を果たしている．この二つの状況は，微小管の先端が細胞表層上の1点を探索しなければならないという点では共通しているが，それを成し遂げるための微小管の動的性質の利用法は大きく異なっている．酵母の微小管は非常に安定なので，微小管が恒常的に伸長・短縮を繰返すことが必要な“探索・捕捉”機構を用いて標的を探索することはない．むしろ酵母の微小管は標的に向かって輸送される．ミオシン分子が微小管の先端をアクチンフィラメントに沿って引っ張るとき，微小管の動的性質が必要になる．微小管の先端を引っ張るには，アクチンフィラメントとのつながりが壊れないようにしながらチューブリンサブユニットを先端に付加しなければならない．これはBim1タンパク質があるためにできることかもしれない．哺乳類のBim1の仲間は，伸長している微小管の先端にも積荷が結合し続けることを可能にしている．

もし両方の紡錘体極から出ている微小管がアクチンとつながったら，酵母の紡錘体の位置を定める機構が働かないことは明らかである．その場合は，紡錘体は母細胞から離れず，その軸は母細胞と娘細胞を結ぶ軸に垂直になるだろう．これを防ぐ方法は，紡錘体極の複製機構に基づいている．中心小体と同様に，紡錘体極も複製した後，古い紡錘体極と新しい紡錘体極とを区別できる．そして複製した母中心小体と娘中心小体の周囲に形成される中心体のように，古い紡錘体極と新しい紡錘体極の構成成分は異なっている．酵母ではこの差は，Kar9を不活性化するタンパク質が新しい紡錘体極上にだけ確実に存在するように使われている．その結果，Kar9は古い紡錘体極から伸長している微小管にのみ搭

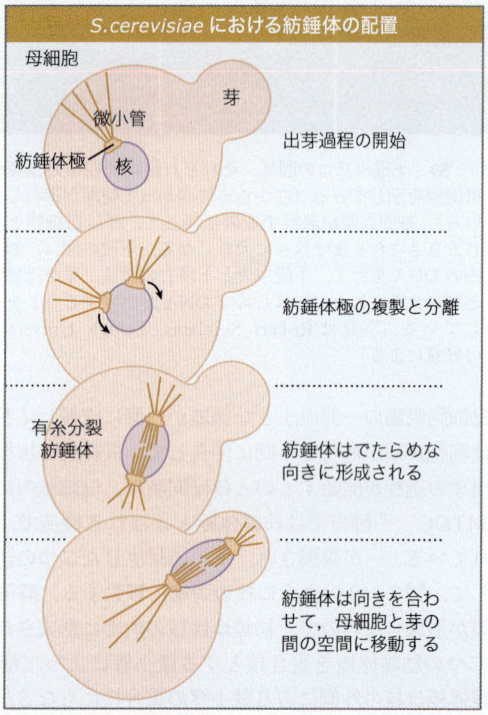

図7・60 出芽酵母は核膜崩壊なしに分裂する．紡錘体極は核膜に埋込まれた構造であり，細胞質と核内部の両方の微小管の重合核となって，有糸分裂紡錘体を形成する．紡錘体は母細胞で形成されるので，母細胞と芽の間をつなぐところに配置されなければならない．紡錘体が適切な位置にくるには，紡錘体が芽に向かって移動することと，芽と母細胞を結ぶ軸に向くことが必要である．

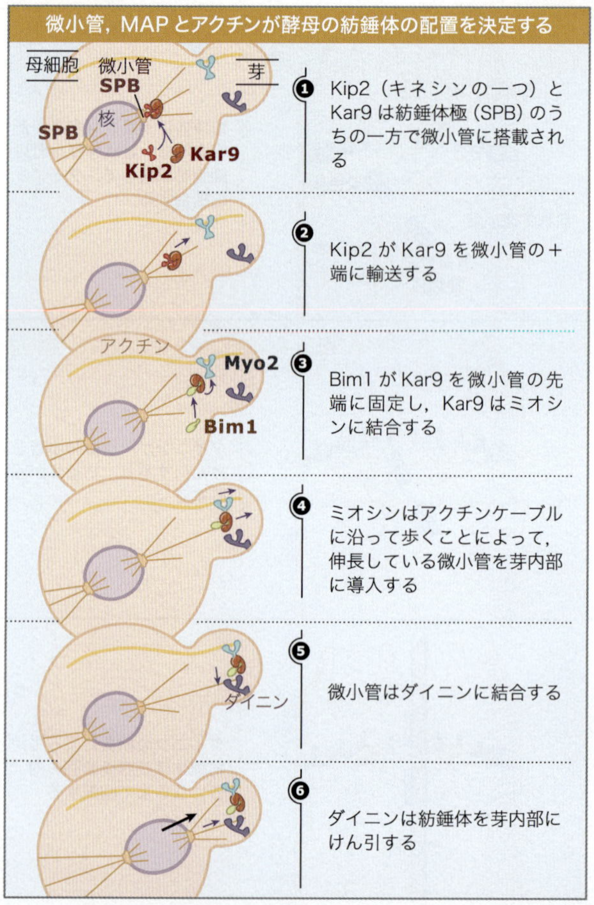

図7・61 アクチンと微小管細胞骨格の協同作業で，有糸分裂紡錘体が芽の中にもち込まれる．極のアクチンケーブルは母細胞から芽内部に進入し，二つの紡錘体極のうちの一つから出ている微小管を適切な方向に引っ張る．いったん芽の中に入ると，微小管はダイニンに捕捉される．ダイニンは膜に結合しているので，ダイニンの働きによって紡錘体は芽の中へと引っ張られる．もしKar9とBim1が，二つの紡錘体極で同じように微小管に結合するなら，このような機構はありえない．

載される．こうして，古い紡錘体極から伸びている微小管だけが芽の中へ誘導される．

7・15 微小管とアクチンの相互作用

重 要 な 概 念

- 細胞運動や細胞分裂のとき，微小管とアクチンフィラメントは協調して働く．
- 一般に，アクチンがいつどこで重合し収縮力を発生するかは，微小管が決める．微小管は，直接的に結合するかまたは間接的にシグナルを伝えて，アクチン細胞骨格に影響を与える．
- 微小管とアクチンフィラメントの両方に結合する架橋タンパク質によって，二つの細胞骨格系は結びつけられている．
- 微小管の動的な伸長と短縮は，Gタンパク質を活性化する．活性化されたGタンパク質は，アクチンの重合と細胞の収縮を制御する．

多くの動的な細胞機能において，異なる細胞骨格どうしの協力が必要となる．たとえば，細胞が基質上を移動したり二つに分裂したりするとき，微小管はアクチンフィラメントと共に働く（§7・14“微小管の動態とモーターが結びつくことによって細胞の非対称的な構成が生み出される”参照）．中間径フィラメントもまた，微小管やアクチンフィラメントの両方と相互作用して，細胞や組織の強度を維持している．本節では，運動や分裂における微小管–アクチン相互作用のいくつかの側面について解説する．

いろいろな観察から，細胞内で微小管とアクチンフィラメントが相互作用していることが示唆されている．コルヒチンのような薬剤を添加して微小管を脱重合すると細胞が収縮することは30年以上前から知られていた．収縮はアクチン細胞骨格とそのモータータンパク質であるミオシンによってひき起こされるので，微小管は通常は収縮に抗しているということがわかる．微小管が脱重合された細胞は極性も失う．表面を遊走している細胞では，アクチンフィラメントは通常細胞先端に豊富に存在し，そこでアクチンが重合して運動がひき起こされる．これらの細胞で微小管が脱重合されると，アクチンフィラメントはもはや細胞先端に局在しなくなる．これらの実験的な観察を一般化すると，微小管は管理者であり，アクチンがどこで重合しどこで収縮するかを決定しているといえる．このように，アクチンが力を発生するのに使われているのに対して，微小管はこれらの力がどこで発揮されるべきかを決め，制御するのに使われている．アクチンと微小管は協調して働き，特定の細胞機能を生み出すために適切な時期に適切な場所で力を発生する．

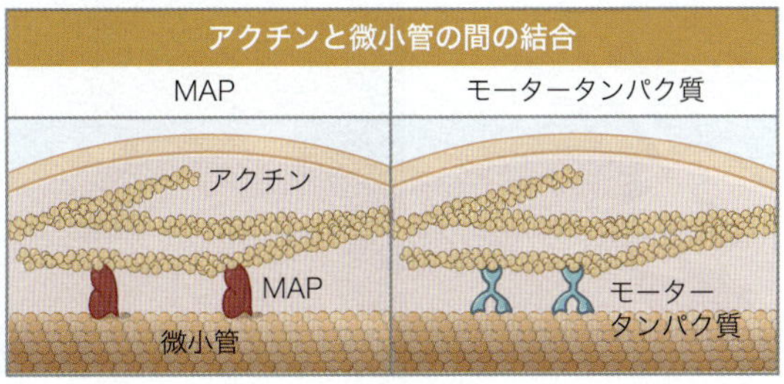

図7・62 タンパク質やタンパク質複合体が微小管とアクチンフィラメントの両方に結合して，両者を結びつけている．左図は，両方のフィラメントに直接結合し，両者をつなぐタンパク質である．モーターも右図のように架橋となる．この場合は，モータードメインが二つのフィラメントのうちの一方に結合しながら，尾部または尾部に結合した他のタンパク質がもう一方に結合する．この種の相互作用を介して，微小管とアクチンフィラメントとの相対的な滑りがひき起こされる．

分子レベルでは，アクチンと微小管細胞骨格はどのように相互作用しているのだろうか．一つの方法は，図7・62のように，アクチンフィラメントと微小管の両方に結合するような架橋因子を介するというものである．多数のMAPが，微小管だけでなくアクチンフィラメントにも結合し両者を安定につなぐことによって，この役割を果たしている．神経細胞のMAPであるMAP2cはそのようなタンパク質の一つで，アクチンと微小管の両方に結合する．成長している神経細胞では，神経細胞が長い突起を形成し伸ばし始めるので，アクチンと微小管が結合することは重要と考えられる．モータータンパク質がアクチンと微小管の物理的架橋を仲介することもあるらしい．この場合は，結合は動的で一方のフィラメントがもう一方を牽引することもできる．そのような結合によって，微小管は細胞表層につなぎとめられている．これについては，上皮細胞の紡錘体の回転や，酵母の紡錘体の移動ですでに見てきた通りである（§7・14“微小管の動態とモーターが結びつくことによって細胞の非対称的な構成が生み出される”参照）．この両方の例とも，アクチン細胞骨格に固定された微小管モータータンパク質が微小管を引張って，紡錘体を細胞分裂のために必要とされる位置に移動させる．

微小管とアクチンフィラメントとの架橋を介して，伸長している微小管が細胞内の特定の部位に誘導されることがある．運動中の細胞では，細胞外基質への接着部位である細胞の接着斑に向かって一部の動的な微小管が伸長する（第8章“アクチン”参照）．接着部位に結合したアクチンフィラメントの束が，これら動的な微小管を接着点に誘導する．微小管の先端に結合した＋TIPが微小管とアクチン束を結びつけて，微小管が接着点に向かって伸長するようにしむける．微小管は細胞後部の接着部位に向かって伸長し，接着を破壊するようなシグナルを伝える．この結果，細胞後部が選択的に基質から解離する．この過程を，細胞先端の伸展と協調させながら繰返すと，細胞は前方に移動する．このように，細胞後部の接着部位だけに向かって伸長し，この接着構造をばらばらにするのは，微小管が細胞運動の方向付けにかかわる方法の一つである．

アクチンフィラメントと微小管は，物理的に結合していなくても，協調して働くことができる．この2種類の細胞骨格は，互いにシグナルを伝達しながら，相手が伸長する場所とタイミングを制御している．互いにシグナルを伝達して連絡を取合う能力は非常に重要である．そのような相互作用によって，微小管とアクチンフィラメントは活性を協調させ，それぞれの構築と解体，あるいは力発生の場所とタイミングを制御することができる．微小管とアクチンフィラメントは互いにシグナルを伝えることができると同時に，細胞内外の他の刺激に反応するシグナル伝達経路によっても制御されている．これらのシグナル伝達経路は，微小管やアクチン細胞骨格だけでなく，多数の下流の標的に作用する．これらのなかで最もよくわかっているのは，アクチンフィラメントの重合と組織化を制御するシグナルである．細胞内におけるアクチンフィラメントの組織化は，多くの場合，Gタンパク質とよばれる少数のタンパク質によって制御されている．Gタンパク質が活性化されると，糸状仮足（細胞先端部から突き出した指状突起で，アクチンフィラメントが詰まっている）や，葉状仮足（細胞先端部から広がった細胞質の薄いシートで，アクチンフィラメントが詰まっている），ストレスファイバーのような収縮性アクチン束の形成がひき起こされる．ストレスファイバーは接着斑（後述）とつながり，基質上で細胞体を引っ張ることを可能にしている．ふつう，活性型Gタンパク質はアクチン結合タンパク質を

（しばしば間接的に）活性化し，アクチン結合タンパク質はアクチン細胞骨格構造を制御する．注目すべきは，微小管の重合や脱重合がGタンパク質の活性を切り替え，この結果，アクチン細胞骨格構造が制御されることである．このように，動的な微小管は，物理的にアクチンフィラメントに結合していなくても，アクチンの重合や収縮を制御している．

微小管とアクチンフィラメントの間のシグナル伝達は，細胞が基質上を遊走するのに欠かせない．細胞が運動するには，細胞を前に進めるために細胞先端で常にアクチンが重合し，細胞体を押し進めるために細胞後部で収縮が起こることが必要である．細胞の先端ではアクチンの重合が葉状仮足を押し進めるが，この重合はGタンパク質のRac1によって活性化される．それでは何が細胞先端でRac1を活性化し，またなぜ細胞は同じ方向に移動し続けるのだろうか．機構は不明だが，伸長している微小管はRac1を活性化する．微小管によるRac1の活性化は，微小管の動的状態が細胞の特定の領域でシグナルカスケードを活性化できることを意味している．

微小管とRac1の間の情報伝達は一方通行ではない．図7・63のように，Rac1はいったん活性化されると，微小管が伸長状態にあり続けるようにシグナルを伝達する．活性型Rac1は微小管

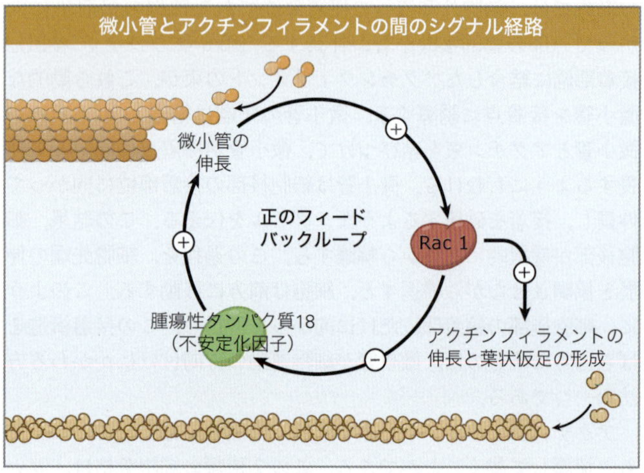

図7・63　微小管が伸長するか短縮するかに依存して，間接的にアクチンフィラメントの動態と組織化が変わる．そこでは低分子量Gタンパク質が介在していることが多い．この図の例では，伸長している微小管はRac1を活性化している．Rac1は，アクチンの重合を促進して，葉状仮足の形成を促す低分子量Gタンパク質である．活性型Rac1は，間接的に微小管不安定化因子である腫瘍性タンパク質18を不活化して，微小管の伸長や糸状仮足の形成を助けるような正のフィードバックループを活性化する．これに対して短縮している微小管は，別の低分子量Gタンパク質を活性化し，別種のアクチン依存的構造の形成を促す．

不安定化タンパク質（腫瘍性タンパク質18）を間接的に不活化し，微小管の伸長をひき起こす．このようにRac1と微小管の間の情報伝達から，伸長している微小管がRac1を活性化し，活性型Rac1が微小管の伸長をひき起こすという局所的な正のフィードバックループが形成される．このフィードバックループによって，微小管は細胞先端に向かって伸長し続け，そこでアクチンの重合をひき起こす．アクチンの重合が細胞先端を広げていくのに伴って，Rac1は微小管が新しく伸展した領域に中へと伸長するよう活性化する．このように，微小管とRac1の間のフィードバックを用いることによって，細胞は極性を維持しながら同じ方向に恒常的に運動する．

微小管の脱重合もシグナルカスケードの開始点になる．微小管が脱重合したときは，別のGタンパク質であるRhoAが活性化される．活性型RhoAはストレスファイバーと接着班（フォーカルアドヒージョン）の集合の引き金となり，また間接的にアクチンモーターであるミオシンを活性化する．これらのアクチン細胞骨格の変化は，細胞の収縮をひき起こす．興味深いことに，活性型RhoAは一部の微小管を安定化して動的性質を失わせるようなシグナルカスケードを開始することもできる．活性型RhoAが，一部の微小管を安定化することによって自らの活性を制限しているかどうかについてはまだわかっていない．

アクチンと微小管細胞骨格がどのようにして互いに連絡しシグナルを伝達しているかについては，まだまだ研究すべき点が多い．二つの細胞骨格の相互作用や，二つの細胞骨格間の仲介役として機能するシグナルタンパク質を研究すれば，細胞の運動と分裂がどのように制御されているのか，さらには，病的状態の細胞でこれらの過程がどのように調節されているかについて，多くのことがわかるだろう．

7・16　運動構造としての繊毛と鞭毛

重 要 な 概 念

- 繊毛や鞭毛には，軸糸とよばれる高度に秩序化された中心構造がある．
- 軸糸は，1対の中心の微小管とそれを囲む9組のダブレット周辺微小管によって構成されている．
- 放射状のスポークは，いくつかのポリペプチドの複合体であり，個々の周辺微小管と軸糸の中央部を結びつけている．
- ダイニンは個々の周辺微小管に結合し，モータードメインを隣接する周辺微小管に向かって伸ばしている．
- ダイニンは周辺微小管を互いに反対方向に滑らせる．周辺微小管をつないでいる構造によって，滑り運動は軸糸の屈曲に変換される．
- キネシンは，軸糸タンパク質を鞭毛の先端に輸送し，鞭毛の集合にかかわる．
- 運動性をもたない一次繊毛は，感覚受容にかかわる．

細胞内での積荷の輸送だけでなく，微小管は細胞体の移動にもかかわる．図7・64に見られるように，多くの細胞の表面から髪

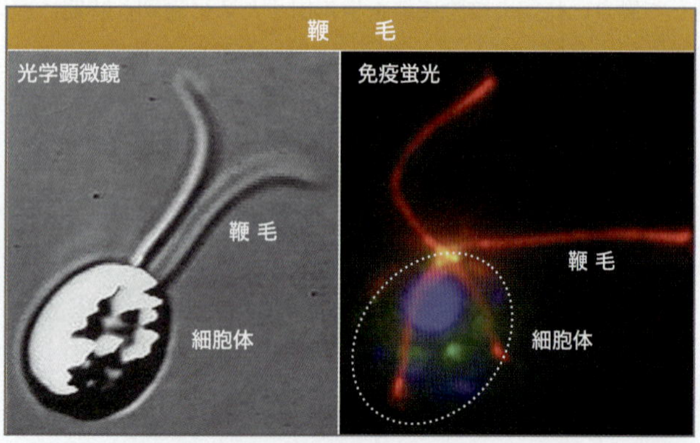

図7・64　*Chlamydomonas reinhardtii*の明視野および蛍光像．突出した2本の鞭毛が細胞の頂端部から伸びている．微小管は蛍光像の赤色で示した．鞭毛は微小管からなる構造であることがわかる．*Chlamydomonas*細胞は，鞭毛を規則的な波打ちのように動かして泳ぐ［左の写真はLynne Cassimeris, Lehigh Universityの好意による．右の写真はNaomi Morrissette, Susan Dutcher, Washington University School of Medicineの好意による］

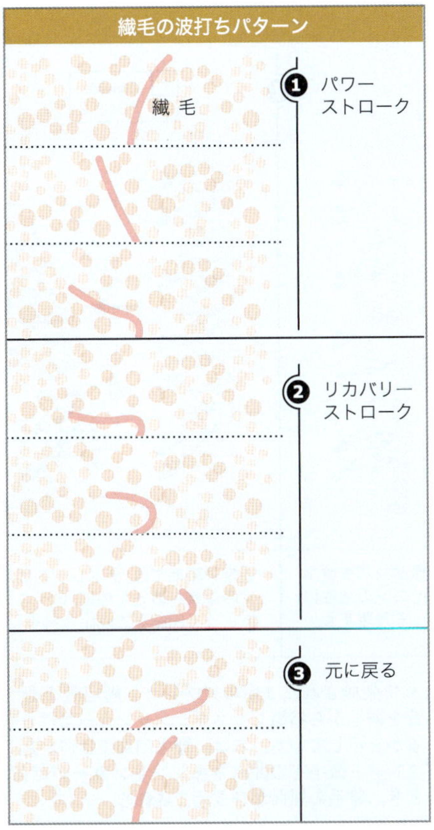

図 7・65　繊毛の波打ちは二つの部分に分けられる．パワーストロークの間，繊毛は十分に伸びきり液体を細胞表面の後方に動かす．それに続くリカバリーストロークでは，繊毛は一方の端からもう一方の端までを屈曲させて，次のパワーストロークを行うための開始位置にまで戻る．

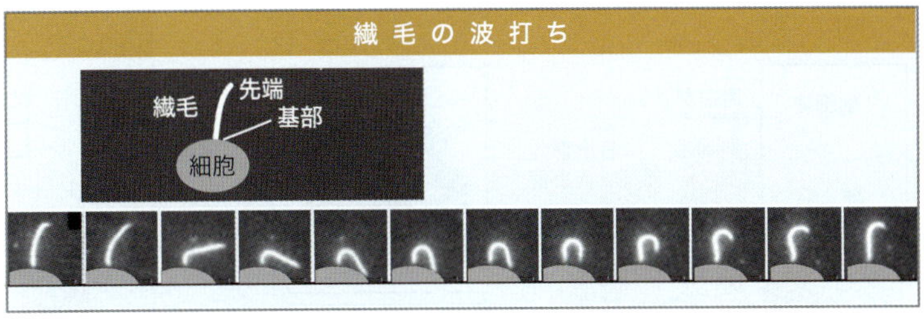

図 7・66　暗視野顕微鏡で観察した繊毛の波打ち．パワーストロークでは繊毛が基部の周りで急角度で屈曲すること，そしてリカバリーストロークではなめらかに元に戻ることに注意．繊毛の画像はビデオから取得した［写真 D.R. Mitchell, SUNY Upstate Medical Center の好意による］

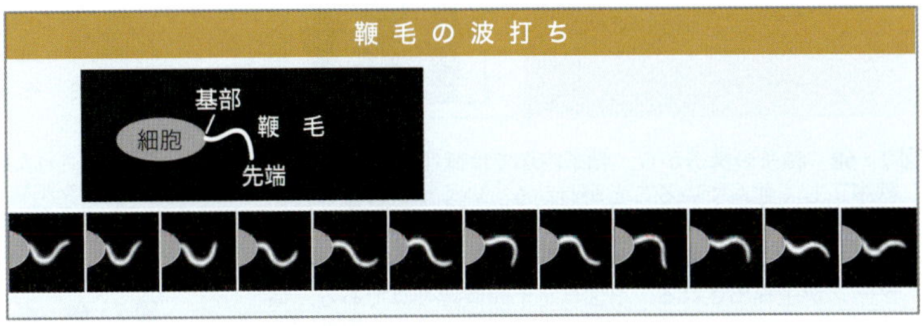

図 7・67　暗視野顕微鏡で観察した鞭毛の波打ち．鞭毛の画像はビデオから取得した［写真は D.R. Mitchell, SUNY Upstate Medical Center の好意による］

の毛のように突き出ている繊毛や鞭毛によって細胞体が移動する．こうした鞭毛や繊毛は，細胞膜に囲まれた長い微小管の束を核にして構築されている．束内部の微小管どうしの相互作用によって鞭毛や繊毛は屈曲し，前後に波を打ち，その結果，図 7・65 のように液体が細胞表面に対して動く．そこで，多数の細胞からなるたとえば上皮のような組織では，液体や物体が組織表面に沿って動く．一方，孤立した接着していない細胞では，細胞自身が液体中を泳ぐ．繊毛や鞭毛は，ほとんどの真核生物の精子以外に，ゾウリムシやクラミドモナス（緑藻類）のような単細胞生物にもみられる．哺乳類では，繊毛は一部の上皮細胞の頂端側を覆っており，同調して波を打つことで，組織表面を伝播する繊毛運動の波をつくる．気管内部では，この運動によって呼吸器から粘液とごみが除去される．卵管では，卵巣から子宮に卵を輸送する．また，脳では，脳脊髄液を循環させている．

繊毛と鞭毛はふつう同じ構造をもち，似た機構で運動しているものの，いくつかの点で異なっている．もっとも顕著な差は，長さや細胞ごとの数，それらが生み出す波打ちの規則性にみられる．繊毛は短く（10〜15 μm），1 個の細胞につき 100 本以上あることが多い．個々の繊毛は，その基部付近で屈曲して力を発生する（図 7・65 参照）．繊毛の先端部はまっすぐなままで，基部付近で屈曲するので，水の中でオールをこぐのに似た動きになる．この後にオールを戻す動きがあり，繊毛の屈曲は基部から先端に伝播して，次のオールこぎの準備をする．図 7・66 に，実際に繊毛が波を打つときの動きを示した．（繊毛の動きを追うため，オンラインのビデオはかなり減速してある．実際は，繊毛の波打ちは 1 秒に何度も起こるので，像はぼやけてしまう．）

鞭毛は繊毛よりも長いことが多く（10〜200 μm），ふつう 1 個の細胞につき 1 本または 2，3 本しかない．鞭毛もまた屈曲することによって力を発生する．図 7・67 のように，S 字形の波が鞭毛の基部から先端に伝播する．繊毛と鞭毛の波打ちのパターンは，両方とも内部での屈曲の発生によっている点で共通している．繊毛と鞭毛では，長軸に沿った屈曲の伝わり方が異なるために，それぞれ異なる波形が生み出される．しかし，この二つの細胞小器官には本質的な違いはないので，以降では共通の特徴に焦点を当てる．繊毛の波形に言及しない限りは，両者の構造と運動を述べるのに鞭毛という用語を用いる．

鞭毛は細胞から切り離されても波打ち運動を続けることから，波打ち運動はこの細胞小器官だけで生み出されることがわかる．また，ATP が存在すると，細胞膜を除去した後でも波打ち運動を続ける．こうしたことから，鞭毛を構成するタンパク質が ATP を加水分解して力を生み出していることがわかる．

鞭毛の中心部は，高度に秩序化した構造であり，少なくとも 250 種類以上の異なるポリペプチドからなる．この構造は**軸糸**（axoneme）とよばれる．軸糸の構造は，単細胞原生動物であるクラミドモナスからヒトにいたる広範な生物でよく保存されている．

軸糸の構造上の主要な特徴を図 7・68 に示した．特に横断面を見た場合に最も目立つ特徴は，正確に配置された微小管の束が軸糸の全長にわたって切れ目なく続いていることである．ふつうはみられない“ダブレット（二つ組）微小管”が 9 本環状に並んでいる．それぞれのダブレット微小管のうち，1 本はプロトフィラメントが 13 本ある通常の微小管（A 小管とよばれる）で，その微小管の壁に，もう 1 本のプロトフィラメントが 10〜11 本しかない不完全な微小管（B 小管とよばれる）が結合している（図 7・68）．ダブレット微小管からなる環の中心には，プロトフィラメントが 13 本ある通常の微小管が 2 本存在する（“中心対”）．こ

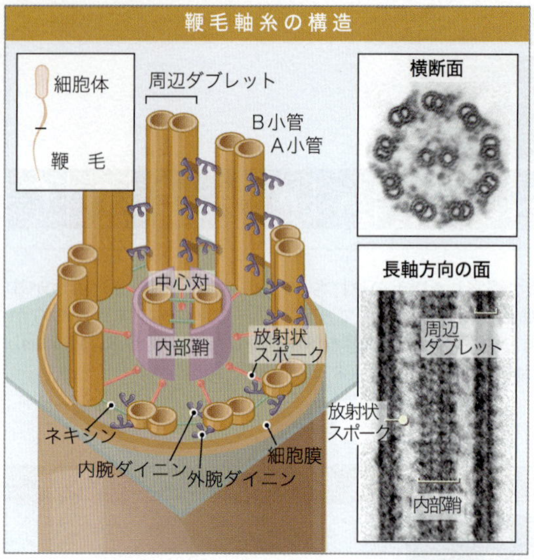

図 7・68 軸糸の構造から，軸糸内部では微小管がきわめて秩序正しく並んでいることがわかる．いくつかの種類のタンパク質の架橋が，微小管を広い範囲にわたってつないでいる．これらの架橋が協調して働いて，鞭毛の波打ちのパターンが生み出される．右図は電子顕微鏡写真である．横断面には，ダブレット周辺微小管をつないでいる内腕ダイニンと外腕ダイニンが見える．明瞭な放射状スポークおよびその頭部（左下）も 1 本見える［写真は Gerald Rupp, Southern Illinois University School of Medicine の好意による］

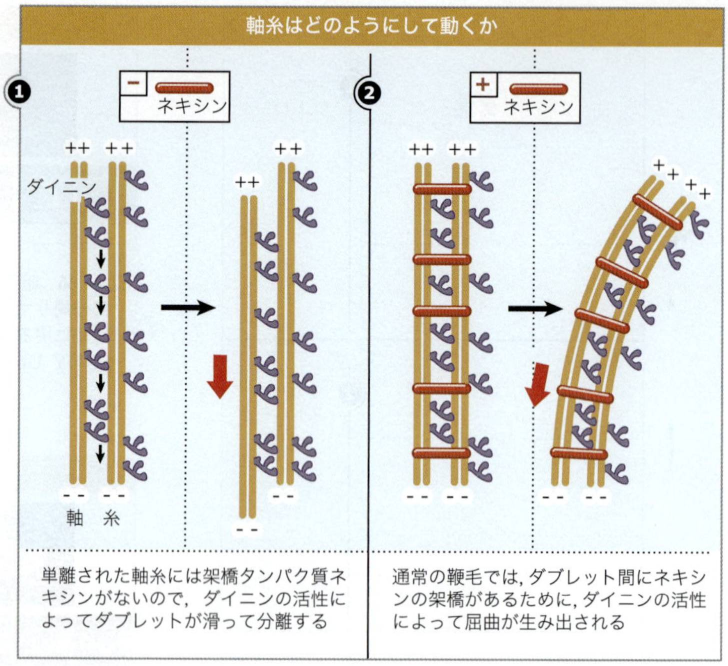

図 7・69 ダイニンによって架橋された 2 組のダブレット周辺微小管（金色）．左は，ダブレット微小管を鞭毛から精製し，ネキシンリンカーだけを選択的に除去すると，何が起こるかを示している．右は，鞭毛内部では何が起こっているかを示している．ダブレット微小管の間にネキシンリンカーが存在すると，ダイニンが力を出したとき，鞭毛の屈曲がひき起こされる．

のような軸糸内部における微小管の特徴的な配置は，“9＋2”構造とよばれている．微小管はすべて同じ向きにそろっており，プラス端を鞭毛先端に，マイナス端を基部に向けている．さまざまなタンパク質が微小管に結合し，その安定化に寄与している．

軸糸内部の微小管は，いくつかの種類の架橋によって相互に結びつけられている（図 7・68 参照）．これらの架橋を形成するタンパク質は，多数の微小管をまとめて一つの運動単位とし，またこうした運動を協調させて波形打を生み出すのに必須である．隣接するダブレット微小管は，ネキシンとよばれるタンパク質によって軸糸の周囲で結びつけられている．一方，ポリペプチド複合体がスポークヘッドとスポークからなる放射状構造をつくり上げており，これがダブレット微小管と中心対微小管をつないでいる．スポークとスポークヘッドという二つの構造だけでも十分に複雑であり，これに合わせて 17 種類の異なるポリペプチドが含まれている．スポークヘッドは内部鞘の周囲に並んでいる．内部鞘は，2 本の中心対微小管を囲む構造である．軸糸が出す力は，隣接するダブレット微小管をつないでいる軸糸ダイニン（繊毛，鞭毛ダイニンともよばれる）によって生み出される．ダイニンの尾部ドメインはダブレット微小管のうち A 小管に結合し，頭部ドメインは B 小管に結合している．ネキシン，放射状スポークやダイニンによって形成される架橋はいずれも，軸糸の長軸方向に沿って規則的な間隔で存在しているが，その間隔は違っている．このため，軸糸の横断面の電子顕微鏡像でこれら三つを一度に見ることはできない．これを一度に見たとすると，軸糸は，太いスポークと際立ったハブをもつ車輪に似ている．

軸糸の他の部分が複雑であるのと同様に，軸糸内部のダイニンの構造と配置も複雑である．軸糸には，細胞質ダイニンよりも大きく，また細胞質ダイニンとは違うポリペプチドからなる 1 種類以上のダイニンが存在している．隣接するダブレット微小管は，内腕ダイニンと外腕ダイニンとよばれている 2 組のダイニン分子によってつながれている（図 7・68 参照）．外腕ダイニンが双頭または三つの頭部をもっているのに対して，内腕ダイニンは単頭または双頭である．

これらの架橋を用いて，鞭毛はどのようにして運動して波打ちを生み出すのだろうか．運動はモーターであるダイニンによって生み出されるに違いないので，ダイニンはどのようにして鞭毛内部で働くかというのが最初の疑問である．鞭毛運動におけるダイニンの寄与を明らかにするために，細胞から鞭毛を単離して，軸糸のまわりの膜を除去する．そのような脱膜した軸糸を短時間プロテアーゼで処理すると，ダブレットの周辺微小管の間をつないでいるネキシンを分解することができる．そこに ATP を添加すると，図 7・69 のようにこれらの微小管は互いに滑り運動して分離する．ダイニンが尾部を一方の微小管に結合したまま，隣接する微小管に対してプラス端からマイナス端に向けて力を発生することで，この滑り運動は生み出される．無処理の軸糸内部では，ダブレット周辺微小管はネキシンによって互いにつながれているので，ダイニンによってばらばらに滑りあうことはない．その代わりに，ダイニンが発生した力は屈曲運動に変換される．

繊毛や鞭毛は，軸糸内部の屈曲を伝播させて，波打ち運動を生み出す．屈曲は，繊毛や鞭毛の基部から始まり，先端に向かって伝播する．屈曲が起こるのは，どの瞬間にも軸糸の一部の領域のダイニンにだけ活性があるためである．ダイニンは，軸糸の長軸に沿って，あるいは軸糸の周りでつぎつぎと活性化され，その結果，屈曲が伝播する．ダイニンの活性は中心対微小管と放射状スポークによって制御される．このような構造を欠失した鞭毛の変異体は，麻痺しており波打ちができない．一部の生物では，中心対微小管は高速で回転しており，回転するとき放射状スポークにシグナルを伝達して，ダイニンを活性化する．キナーゼやホスファターゼが中心対と放射状スポークに局在し，中心対の回転によって，局所的なシグナル伝達系が活性化されて近くのダイニンを活性化すると考えられている．特定のダイニンアイソフォームを局所的に活性化または不活化することによって，軸糸は繊毛や鞭毛の波打ちをひき起こし，波打ち打の力と頻度を制御する．

鞭毛の基部は，**基底小体**（basal body）とよばれる構造になっている．基底小体は中心小体と同じ構造をもっている（§7・7 "細胞は微小管形成の核として微小管形成中心を用いる" 参照）．個々の基底小体は9本のトリプレット（三つ組）微小管からなる円筒であり，トリプレット微小管は，それぞれ，13本のプロトフィラメントからなる完全なA小管および11本のプロトフィラメントからなるB小管とC小管からできている．基底小体のA小管とB小管は，軸糸内部で9本のダブレット周辺微小管が重合するための鋳型となる．軸糸を生み出した後も基底小体は基部に結合したままとどまり，軸糸を細胞体に固定する．

鞭毛の集合を調べるには，既存の鞭毛を細胞から切り離して新しい鞭毛が成長するところを観察すればよい．鞭毛は1時間以内に再生し，再生の途中でも波打ち運動する．新しい鞭毛の成長は，軸糸微小管のプラス端，すなわち鞭毛の先端で起こる．鞭毛が集合するには，必要な軸糸成分が先端に輸送されて，軸糸が成長するのに伴って軸糸に取込まれなければならない．輸送は大きなタンパク質複合体によって行われる．タンパク質複合体が先端に向かって，細胞膜の直下で軸糸の周囲表面に沿って移動するところが観察できる．この移動は**鞭毛内輸送**（intraflagellar transport，IFT）とよばれ，キネシンによってひき起こされる．タンパク質複合体は鞭毛の先端から基部に向かっても移動するが（微小管のマイナス端方向），この方向に向かう輸送の機能はわかっていない．細胞体に向かうIFTは，細胞質ダイニンが駆動している．

ほとんどの繊毛は波打ち運動するが，運動しない繊毛も存在し，細胞内でまったく違う役割を担っている．一次繊毛は，赤血球以外のほとんどすべての脊椎動物細胞にみられる運動しない細胞小器官である．運動性の繊毛と違い，1個の細胞には1本の一次繊毛しかないことが多い（図7・70）．一次繊毛の軸糸には中心対微小管がないため，しばしば "9+0" 構造とよばれる．ほとんどの一次繊毛は，外見上は通常の繊毛のように，単に細胞表面から短い毛のように1本飛び出している．しかしながら高度に分化した細胞では，一次繊毛の先端は大きく伸びて，細胞体と同程度の大きさの特殊化したドメインになっている．これはたとえば，桿体細胞や錐体細胞のような網膜で光を吸収する光受容器でみられる．これらの細胞では，繊毛の先端は伸長して外節とよばれる大きなドメインになり，その中では光受容体タンパク質のロドプシンが詰まった円板膜が多数重なっている．この例を図7・71に示す．一次繊毛の基部は，外節と細胞のそれ以外の部分を連結し，軸糸は外節が始まる点から少し上までしか伸びていない．IFT型の輸送によって，ロドプシンが含まれている膜小胞が細胞体から外節に運ばれ，外節の構築と維持に用いられる．

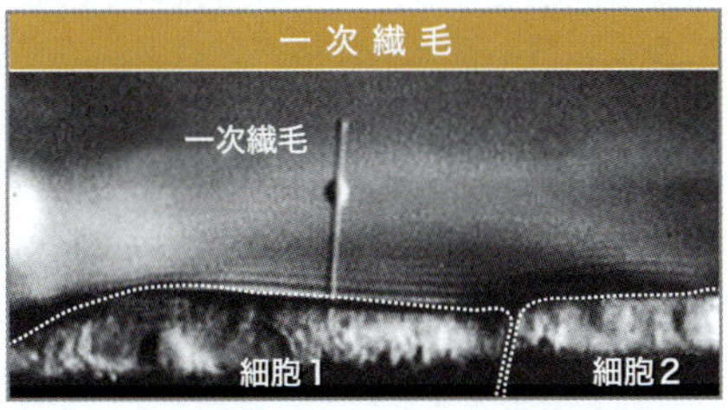

図7・70 細胞表面から伸びた一次繊毛．細胞はほぼ横断面が見えている．自身と隣接する細胞の膜を点線で示した．一次繊毛の途中にあるふくらみは，繊毛内部の軸糸と，繊毛を囲んでいる膜の間を動いている積荷によるものと考えられる［写真は Sam Bowser, Wadsworth Center の好意による］

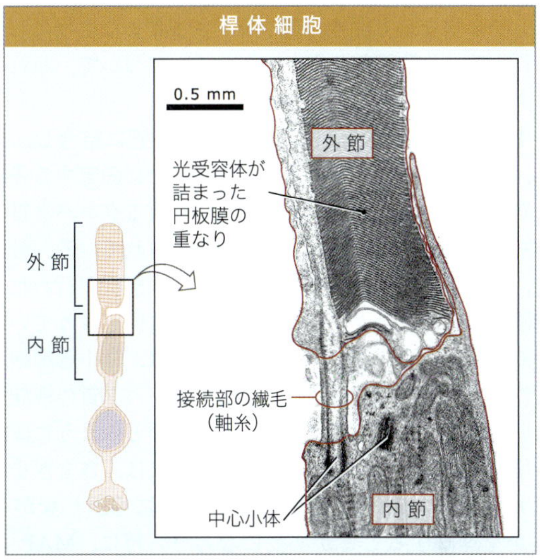

図7・71 左図は桿体細胞全体で，内節と外節，およびそれらを結ぶ細い接続部が示されている．右図は，内節と外節を結んでいる領域の電子顕微鏡写真である（図中では四角で囲った部分に相当する）．内節と外節をつないでいる繊毛は，内節を出てから少しの間は通常の繊毛のように見える．しかしながらその先端部は，精巧な作りになって外節を形成している［写真は M.J. Hogan, J.A. Alvarado, J.E. Weddell, "Histology of the Human Eye", p.425 より Elsevier の許可を得て転載．©1971］

光感受装置として桿体細胞の外節を用いることは，一次繊毛に広くみられる特性のうちの極端な例かもしれない．感覚装置としての一次繊毛の一般的な機能は，最近になって認知され始めている．桿体細胞ほどは精巧でない一次繊毛をもっている細胞でも，さまざまな種類の受容体がそこに特別に局在している．これらの受容体は，一次繊毛に局在化して，ある種のアンテナとして細胞外環境の変化を検出し，細胞体にこの情報を伝達する．

ヒトのまれな病気のなかには，繊毛や鞭毛が動かなくなる変異が原因になっているものがある．これらの変異を遺伝的に受継いだ患者は，繊毛が動かないので，粘液や捕捉された病原菌を輸送して気道から排出することができず，気道感染症になりやすい．男性の患者は，精子が動かないために生殖不能になることが多い．繊毛や鞭毛が動かないために起こる病気のなかで最も知られているのは，カルタゲナー症候群である．気道感染症や男性の生殖不能以外に，カルタゲナー症候群の全患者のうちの半数は内蔵逆位を生じ，内臓器における通常の左右非対称性が逆転する．正常な発生の初期には，臓器が形成される前に，鞭毛の波打ちが胚内部の液体の還流をひき起こし，左右非対称性を決定づける分泌性モルフォゲンの勾配が形成されると考えられている．モルフォゲンの勾配がないと，左右軸に沿った臓器の位置はでたらめになる．鞭毛ダイニンやIFTに必要なモーターに変異をもつマウスも内蔵逆位を生じることから，鞭毛の運動と集合のどちらに影響を与える変異も，発生の欠陥の原因となることがわかる．

7・17 次なる問題は？

微小管の形成・脱重合にかかわる動的不安定性が最初に指摘されたのは1984年であり，これは最初のキネシンが発見された年でもある．これらの二つの発見を契機として，どのようにして微小管細胞骨格が組立てられるか，あるいはどのようにしてモータータンパク質が運動をひき起こすかといった問題に対する知見が爆発的に増加し始めた．つぎつぎになされる発見の速度に衰えの兆しはみられない．特に最近のいくつかの発見は，研究の新しいフロンティアを切り開き，微小管がさまざまな生物においてどのように幅広い細胞機能に関与しているかについて，われわれの知識を大きく広げるものであった．

ここ10年で行われた実験によって，微小管に結合し，重合を制御し，力を発生し，微小管を他の細胞成分に固定する多数のタンパク質が同定された．微小管と相互作用するタンパク質はすでに多数知られているが，未発見のものも残されている．最近，中心体や，酵母の動原体についてプロテオーム解析が行われ，これらの細胞小器官の成分タンパク質が網羅的に同定されている．これらの新しく同定されたタンパク質の多くは，微小管細胞骨格とも相互作用する．次の段階は，これらのタンパク質の機能を同定するということになる．個々のタンパク質がどのように微小管と相互作用しているかを明らかにすれば，次には，さまざまな細胞機能においてタンパク質"部品"がどのように協調しながら働いているかを理解することが必要になろう．特に，MAPとモーターの相互作用が理解できれば，細胞がどのような機構で有糸分裂時の染色体分離を行うか，小胞を適切な場所に輸送するか，あるいは細胞の形状を変えるかといった問題を解く助けになるだろう．

多くのMAPと一部のモーターは，細胞内の特定の領域でのみ機能しているらしい．これらのタンパク質が特定の場所でのみ活性をもっているのは，そのタンパク質が単にそこに局在しているからだけなのか．もしそうならば，どのようにしてそのタンパク質はそこにたどり着くのか．あるいは，MAPやモーターは細胞の特定の領域でのみ活性が切り替わるように制御されているのだろうか．何が切り替えのシグナルを局在化し，このシグナルが細胞の小さな領域から漏れないようにしているのだろうか．

細胞骨格タンパク質は真核生物で同定され，真核生物にだけ存在すると考えられてきた．しかし今日では，原核生物にも細胞骨格重合体FtsZ（チューブリンのホモログ）とMreB（アクチンのホモログ）が存在していることが知られている．FtsZのサブユニットはチューブリンの単量体であるαチューブリンやβチューブリンに非常に似ている．FtsZの単量体は重合して微小管のプロトフィラメントに似た繊維を形成し，しかもFtsZはGTPを結合して加水分解し，これに伴いバクテリア内部で恒常的に重合・脱重合を繰返している．FtsZの重合体はバクテリアの膜と相互作用し，分裂中の細胞を中央部で膜を締め付けて二つの娘細胞に分離するのを助けている．Ftszがどのように機能しているか（そしてどのような機構でバクテリアが分裂するか）という疑問に対する答はまだない．将来FtsZとチューブリンを比較することによって，どのようにしてそれぞれのタンパク質が機能するのか，あるいはどのような特徴によってチューブリンは重合して微小管になり，FtsZは重合して1本のプロトフィラメント様の繊維になるのかについて理解できるようになるだろう．このような比較研究は，進化の過程でいつ細胞骨格が出現したか，あるいは細胞骨格が真核生物や原核生物においてどのように進化してきたのかを理解する助けにもなろう．

他のまだあまり研究されていない分野は，物理的な力が微小管形成の動態にどのように影響するかという問題である．物理的な力は，モーターが微小管を引っ張ったり，微小管が細胞膜のような障壁に逆らって重合したりするとき，微小管にかかる．微小管が細胞膜にたどり着くと，多くの場合膜の輪郭に沿うように屈曲する．他に屈曲せずにたわむ場合もあり，大きくたわみすぎると破断することすらある．膜やその他の物理的障害は，チューブリンサブユニットの付加を阻害し，それ以上の重合を妨げてカタストロフィーをひき起こすこともあるかもしれない．伸長している微小管が細胞膜のような物理的障害に当たったとき，微小管が，屈曲するか，たわむか，破断するか，または短縮を開始するかは何によって決まるのだろうか．微小管を引っ張るモーターは，微小管の動的性質を変えるのだろうか．MAPと物理的な力は，微小管の重合と組織化を制御するために，どのように協調しながら働いているのだろうか．

微小管とアクチン細胞骨格が細胞内で協調しながら働いている様子についても，まだまだわからないことが多い．これら二つの細胞骨格重合体の相互作用は，細胞運動と細胞の極性形成において重要である．微小管とアクチン細胞骨格は，他のタンパク質を介してつながり，物理的に相互作用する．この二つの細胞骨格は，キナーゼやその他のシグナル分子の活性化を介して互いにシグナルを伝達し，間接的に情報を伝え合うこともできる．シグナルの伝達は物理的な力を介することもあるかもしれない．アクチン繊維と微小管の間の間接的な情報伝達によって，正のフィードバックループが生み出され，一方のフィラメントの重合が，もう一方のフィラメント重合のためのシグナルとなる．そのようなフィードバックループがどのように発生し，方向性のある細胞運動のような過程でどのように機能しているのかについては，今も研究が進行している．

今日では，微小管モータータンパク質やMAPをコードしている遺伝子に変異があると，神経細胞の形態形成や細胞成長の調節に欠陥を生じることが知られている．たとえば，ダイナクチン複合体の構成成分の一つに変異があると，家族性運動神経疾患の原因となる．変異型のMAPやモーターがどのようにして通常の細胞内輸送や細胞骨格の組織化を破壊するのかは，将来に残された重要な問題である．ヒトの病気の原因として，今後数年でさらに多くの微小管細胞骨格タンパク質の変異が同定され，微小管細胞骨格の変化が細胞の生理活性や状態にどのような影響を与えるかについて，われわれの理解はさらに深まるだろう．

微小管細胞骨格の欠陥が病気の原因となる一方で，微小管細胞骨格は，他の種類の病気と闘うための新規薬剤開発の標的にもなりうる．有糸分裂を阻害する低分子の探索から，モナストロールが同定された．モナストロールは，有糸分裂でのみ機能する特定のキネシンの運動活性を阻害する低分子である．モナストロールのように有糸分裂を阻害する低分子は，がんの治療にとって有効な薬剤となるかもしれない．モナストロールその他の低分子のようにチューブリン以外のタンパク質に結合する物質は，今日使われているチューブリン結合性の薬剤と比較しても毒性が低く，がんの治療に使用されるとき副作用が少ないという利点があるかもしれない（§7・1"序論"参照）．限られた生物種のチューブリンにのみ結合する薬剤の開発も行われている．チューブリンは真核生物で高度に保存されているものの，菌類やマラリアの原因となる寄生生物のような病原性寄生生物のチューブリンだけを特別に標的とする低分子も単離されている．

7・18 要　約

微小管は動的で極性をもった重合体であり，細胞の構造の組織化や極性形成，運動にかかわっている．動物細胞の微小管形成中心である中心体は，微小管形成の核となり，微小管のマイナス端をつなぎ留めている．このように，中心体の位置によって細胞内に存在する微小管全体の形態が定まる．一般的に，微小管のプラス端は細胞膜付近に位置し，マイナス端は細胞の中心付近に位置する．微小管は動的不安定性により素早く重合または脱重合し，新しい状況に適応して新しい形態を再構成する．

微小管の主要な役割の一つは，分子モーターであるキネシンやダイニンのために，極性をもった軌道として働くことである．これらのモーターは，膜小胞，細胞小器官，染色体などの積荷に結合し，それらを微小管のプラス端またはマイナス端方向に牽引する．微小管の極性構造は，積荷を細胞内の適切な目的地に運ぶのに必要な道標となる．

一部の特殊な細胞は，微小管を繊毛や鞭毛の主要な構造タンパク質として用いる．9本のダブレット微小管と2本の中心対微小管によって，軸糸の中心部が形成される．他のタンパク質が，ダブレット微小管と中心対微小管を連結する．軸糸のダイニンは，ダブレット周辺微小管を互いに滑り運動させて，繊毛や鞭毛運動をひき起こす．多くの架橋構造をもつ軸糸では，微小管どうしの滑り運動から屈曲が生じる．軸糸ダイニンの活性を素早く切り替えることによって，屈曲が繊毛や鞭毛の先端に伝播する．

7・19 補遺：チューブリンが GTP を加水分解しないとどうなるか

重要な概念

- もし微小管が平衡状態にある重合体だったら，脱重合は非常にゆっくりと起こり，また微小管は簡単には再構成されないだろう．
- チューブリン二量体は重合するとき GTP を加水分解する．このため，微小管は非平衡状態にあり，素早く脱重合できる．

チューブリンサブユニットは重合体に取込まれると GTP を加水分解するので，微小管は平衡状態の重合体ではない．GTP の加水分解は微小管の重合には必要ないが，微小管の脱重合を容易にしている．

微小管が平衡状態にある重合体だったら，どのくらい脱重合が難しくなるのかを考えよう．もしそうだったら，微小管の先端におけるサブユニットの付加や解離は，単純な平衡にあることになる．チューブリン重合体の形成速度についての式7・1を思い出そう．

$$\frac{dP}{dt} = k_{on}\,[\text{チューブリン}] - k_{off} \qquad (7\cdot1)$$

平衡状態では，重合体形成の速度はゼロなので，式7・2のようになる．

$$[\text{チューブリン}] = C_c = \frac{k_{off}}{k_{on}} \qquad (7\cdot2)$$

遊離のサブユニット濃度が変化したときだけ，微小管へのサブユニットの正味の付加または微小管からのサブユニットの解離が起こる（すなわち，長さが伸長または短縮する）．細胞内部の再構成には微小管の脱重合が必要なので，このためには何が必要かを考えなければならない．チューブリンサブユニットの濃度がゼロになったとき，脱重合速度は最大になる（上式7・1を参照せよ）．解離速度が1秒につき二量体15個（GTP–チューブリンの解離速度）であることと，1 μm の微小管がチューブリン二量体およそ1624個からなることを用いると，微小管が脱重合するのにかかる時間を計算することができる．これらの値を用いると，100 μm の長さの微小管（一部の間期の細胞の微小管）は脱重合するのに3時間かかることになる．しかしながら，細胞は有糸分裂期に入るとき，間期の微小管配列を数分で完全に脱重合してしまう．もし解離速度がもっと大きければもっと速く脱重合を行うことも可能になるだろうが，すべての微小管をそのような速い脱重合の相に保つことは難しいだろう．これは，解離速度を大きくするには，臨界濃度が高くなければならないからである（式7・2を参照せよ）．平衡を仮定した微小管が，細胞内で観察されるような速度で脱重合するには，式7・1における解離速度は二量体540個/秒でなければならない．このような大きい解離速度では，臨界濃度（式7・2）もずっと大きくなってしまう．解離速度が上記の値のとき，臨界濃度は約36倍の250 μM にまで上昇する．これは実際の細胞内チューブリン濃度の10倍であり，ATP の細胞内濃度（約1 mM）に近い．これでは，細胞内にはチューブリン以外にほとんど何もないことになる！

このように，もし微小管が平衡状態の重合体だったら，細胞内に微小管は存在するものの，それらを再編成するために脱重合させることはきわめて難しくなる．平衡状態にある微小管を脱重合させるためには微小管と遊離のチューブリンの間の平衡を変える必要がある．そこで，チューブリンの大部分を破壊するのが，微小管を脱重合させる唯一の方法ということになる．結局，微小管が平衡にあった場合には，細胞は素早い反応ができなくなり，細胞の形態が環境の変化に適応することがきわめて難しくなる．

これらの困難を回避するには，チューブリンが重合したのち GTP を加水分解して，微小管を非平衡状態の重合体にすればよい．平衡状態にある重合体とは異なり，非平衡状態の微小管は素早く重合し，また脱重合でき，しかもそれを同じチューブリン濃度で行うことができる．これは，微小管先端におけるサブユニットの付加と解離が，もはや単純な結合平衡のように，一つの反応とその逆反応では表されないからである．その代わりに，結合には GTP–チューブリンがかかわり，解離には GDP–チューブリンがかかわる．二つの反応の間に GTP の加水分解によってエネルギーが放出されることは，結合速度定数と解離速度定数は互いに独立していることを意味する．言いかえると，どちらの値も細胞にとって都合の良いものにすることができる．進化の過程で，解離速度定数は，細胞が微小管を素早く脱重合することができるように大きい値に設定された．そのために，チューブリン濃度を変えなくても，細胞は微小管を素早く再配置でき，大きな適応力をもてるようになった．

7・20 補遺：光退色後蛍光回復法

重要な概念

- タンパク質や脂質の蛍光標識は，レーザーからの非常に強い光によって局所的に破壊される．
- 退色していないタンパク質や脂質が，退色した領域内に移動して退色したタンパク質や脂質と場所を交換することで，退色した領域の蛍光回復が起こる．
- 蛍光標識された微小管で退色した領域の回復が起こるためには，退色した微小管が脱重合したのちに，新しく退色していない蛍光チューブリン二量体が重合によって取込まれる必要がある．

光退色後蛍光回復法（fluorescence recovery after photobleaching, FRAP）は，細胞内の小さな領域で特定の分子や構造がどれくらいの速度で同種の分子と交換されるかを測定する方法である．孤立した分子（たいてい大きな構造の一部ではない脂質やタンパク質）については，FRAPによって，その分子がどれくらいの速度で拡散するか，あるいはどのくらいの割合で動くのかといったことがわかる．大きくて動かない構造（細胞骨格など）の構成成分であるタンパク質については，その構造が解体して再構成される頻度がわかる．

FRAPの実験を行うためには，まず標的のタンパク質や脂質を蛍光で標識して，細胞内に導入する．そしてその細胞を蛍光顕微鏡で観察し，特定の領域をレーザー光で照射して，その領域内の蛍光標識を破壊する．蛍光標識がレーザーの強い光で破壊されることは退色とよばれるので，光退色という用語が用いられる．そのとき蛍光標識だけが破壊され，標識されているタンパク質や脂質は機能を保持しているが（そしてそれらがどんな構造の一部であっても無傷のままだが），蛍光顕微鏡で観察することはできなくなっている．もし退色していない蛍光標識分子が退色した領域に拡散で移動したり組込まれたりしたら，退色した領域の蛍光は回復する．

微小管についてFRAPを行うには，蛍光標識したチューブリンを細胞内に導入してから，細胞内のすべての微小管に均等に取込まれるまで十分な時間おく．蛍光標識は，精製チューブリンに共有結合する蛍光低分子でもよいし，αチューブリンと緑色蛍光タンパク質（green fluorescent protein, GFP）との融合タンパク質でもよい．図7・72は，特定の領域で蛍光を破壊し退色した後にその領域で蛍光の回復が起こるためには，退色した微小管が脱重合し，退色していないチューブリンを取込んだ新しい微小管が重合することが必要であることを示したものである．このように，蛍光回復の速度は微小管の入れ替わりの速度に比例している．

7・21 補遺：チューブリンの合成と修飾

重要な概念

- 新規のチューブリンの合成は，細胞質中の二量体濃度によって制御される．
- αチューブリンとβチューブリンが適切に折りたたまれ，重合してヘテロ二量体になるためには，細胞質シャペロニンとそれ以外の補因子が必要である．
- チューブリンは翻訳後修飾を受ける．
- ある種の修飾は，重合体内のチューブリンにのみ起こる．これらの修飾は，微小管の一部の安定化と関連している．
- ある種の生物では，翻訳後修飾を受けたチューブリンが微小管に存在すると，モーターの微小管への結合が促進される．こうした過程も細胞内の小胞輸送を制御する機構として働いている．

αチューブリンとβチューブリンの合成は，図7・73のように，細胞内の利用可能なチューブリンの量に応答するフィードバック機構によって制御されている．翻訳の間，リボソームから生じた生まれたてのチューブリンポリペプチドには，すでにできているチューブリン二量体が結合して，チューブリンのmRNAのみを特異的に分解するRNaseを活性化する．このように，チューブリン二量体の濃度が高くなった細胞では，チューブリン

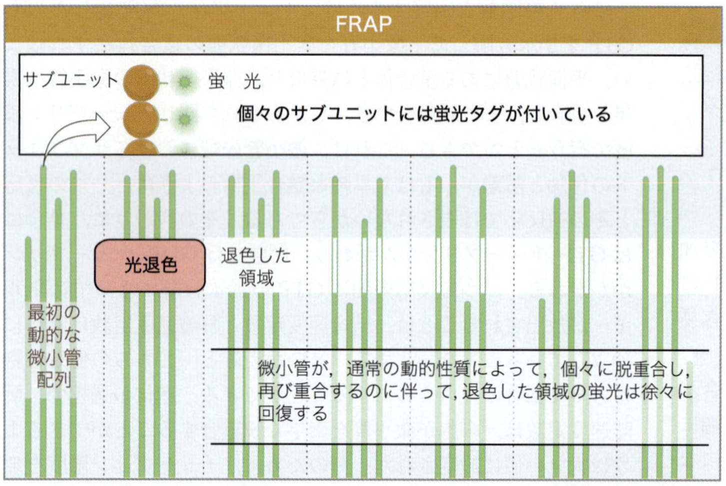

図7・72 緑の線は，蛍光標識が付いたサブユニットからなる微小管1本1本を示している．まず，一部の領域の蛍光標識を非常に強い光で退色させる．もし微小管が動的でなければ，退色した領域はずっとそのまま残るはずである．もし微小管が図のように動的であれば，退色した微小管が脱重合し，重合によって退色していないサブユニットを取込んだ新しい微小管がそれに置き換わる．それに伴って，退色した領域は徐々に蛍光を回復する．退色したサブユニットの数は，細胞内における蛍光標識したサブユニットのプールの合計と比較すると少ないので，新しく重合した微小管は全長にわたって均等に蛍光を発するように見える．領域内の蛍光が回復する速度は，その領域で微小管がどのくらい動的であるかを示す指標となる．

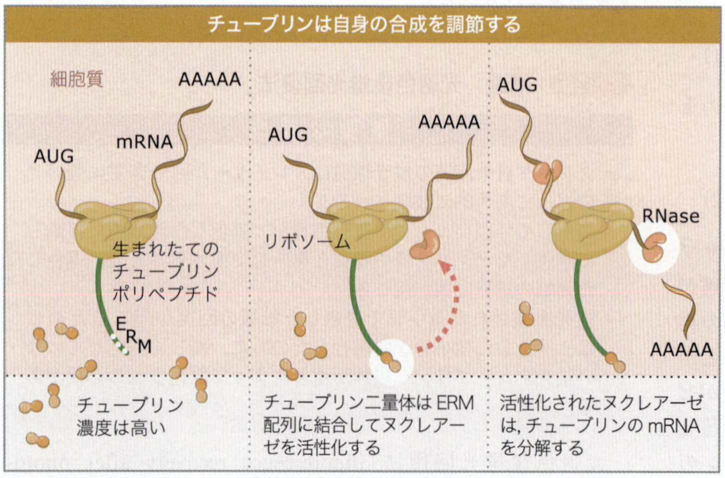

図7・73 チューブリン二量体と新規に合成されたチューブリンポリペプチド鎖末端の短い配列が相互作用すると，チューブリンmRNAが分解され，チューブリンの合成量が減少する．このフィードバック機構によって，細胞質のチューブリン濃度はごく狭い範囲に保たれる．この図では，チューブリンとヌクレアーゼだけを示しているが，他の因子も関与している可能性がある．

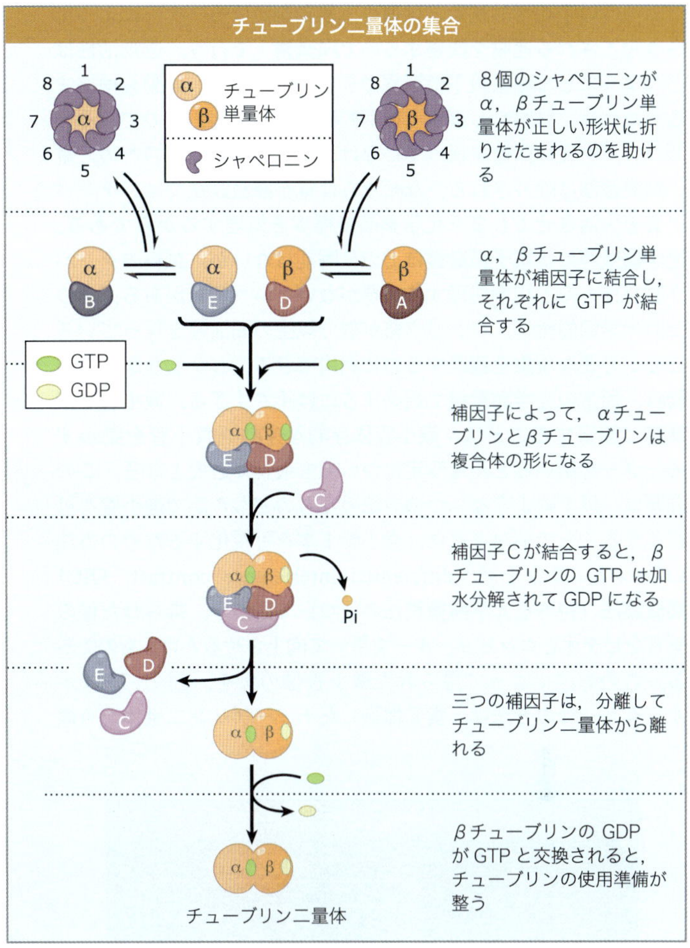

図 7・74　チューブリンヘテロ二量体が重合するために必要な過程．二つのチューブリンサブユニットは別々に折りたたまれ，補因子の助けをかりて二量体になる．補因子のいくつかはチューブリンに特異的である．折りたたまれたチューブリンサブユニットはチューブリン二量体に取込まれるまでは安定ではないために，A，B，D，E という補因子を必要とするらしい．また，二量体となるには，αサブユニットとβサブユニットの構造が少しゆがむ必要があるかもしれない．二量体ができた後は，補因子を解離させるために，補因子 C とβチューブリンの GTP 加水分解によるエネルギーの入力が必要になる．

の mRNA は安定性が低下するので，新規のチューブリンは合成されにくくなる．逆に，チューブリン濃度が通常よりもいくらか低下した細胞では，チューブリンの mRNA はより安定になるので，チューブリンが合成されてチューブリンプールに補給される．チューブリンのタンパク質量がチューブリン mRNA の安定性を規定することで，細胞のチューブリン二量体プールは，微小管が適切に機能するような範囲の濃度に維持される．

αチューブリンとβチューブリンは，単独では折りたたまれたり，ヘテロ二量体になったりしない．他にいくつかのタンパク質が必要であり，そのうちのいくつかはチューブリンに特異的なものである．翻訳ののち，チューブリンの単量体はまず細胞質のシャペロニンであるCCTに，ATP 依存的に結合して折りたたまれる．その後は図 7・74 に概略を示したように，折りたたまれたα，βサブユニットを結合させてヘテロ二量体にするために，大きな複合体を形成しているいくつかの他のタンパク質（補因子A～E）が必要となる．ヘテロ二量体形成過程のある時点で，サブユニットのそれぞれに GTP 分子が結合する．このヘテロ二量体が補因子複合体から解離するためには，βサブユニットに結合した GTP は加水分解しても，αサブユニットに結合した GTP は加水分解しないままでいる必要がある．いったん適切に折りたたまれたチューブリン二量体が解離すると，βサブユニットの GDP は速やかに GTP と交換され，最終的にチューブリン二量体は微小管に取込まれる．

チューブリンサブユニットは，リン酸化（α，βチューブリンの両方），脱チロシン（αチューブリンの最終チロシンの脱落），アセチル化（αチューブリン内の特定のリシン残基のアセチル化），ポリグルタミル化（α，βチューブリンの両方にグルタミン酸の鎖が共有結合する），ポリグリシル化（α，βチューブリンの両方にグリシンの鎖が共有結合する）などの多様な翻訳後修飾の標的となる．アセチル化や脱チロシンのような修飾は，たいていは他の微小管よりもずっと安定な一部の微小管に存在していると長く考えられてきた．修飾を受けたチューブリンは，脳組織あるいは繊毛や鞭毛の軸糸微小管に高濃度で存在している．他の細胞では，修飾を受けたチューブリンの量はさまざまである．ほとんどの場合，チューブリンの修飾がどのように微小管の機能に寄与しているのかははっきりしていない．

修飾を受けたチューブリンの存在は微小管の安定性を知るための便利な指標であるが，翻訳後修飾自体が微小管を安定化しているわけではない．現時点では，微小管がどのようにして安定化されるのかはわかっていないが，特定の MAP が微小管の壁や先端に結合して安定化していることが予想される．いったん微小管が安定化されると，内部のチューブリンサブユニットは前述のように単一もしくは複数の方法で修飾される．いくつかの細胞では，安定化した微小管にモータータンパク質が結合しやすくなって，この微小管上で小胞輸送が促進される．

7・22　補遺：微小管系モータータンパク質の運動測定系

重 要 な 概 念

- 細胞抽出物にモーターの活性が残っているので，モーターを精製することができる．
- スライドガラス表面に付着したモータータンパク質によって，微小管の滑り運動が駆動される．
- モータータンパク質で覆ったビーズは，微小管上を移動する．
- 極性が判別できる微小管を用いると，モーターが微小管上でどちらの方向に動くのかを決定できる．

微小管上を動くモータータンパク質の発見と単離は，新しい測定系の発達によって可能になった．新しい測定系を用いると，細胞抽出物または精製したモータータンパク質のどちらでも，*in vitro* で運動を観測することができる．ヤリイカの巨大軸索 1 本から取出した未精製のままの抽出物，つまり未希釈の細胞質の中で小胞が動き続けるのが見えたのが，キネシン発見の端緒となった．軸索内には非常に多くの微小管依存的な小胞輸送系が存在する（図 7・1 参照）ので，軸索は微小管系分子モーターを探すための格好の材料である．ヤリイカを切開して巨大軸索を取出し，細胞質（神経生物学者には軸索原形質とよばれていた）をスライドガラス上に絞り出すと，滑り運動を観察できる．Ron Vale とそのグループは，軸索原形質を分画しておのおのの画分について運動アッセイを行い，最初のキネシンモーターを単離した．

ふつうの生化学的測定とは違い，運動測定はモーターによってひき起こされる運動を観察するので顕微鏡下で行う．運動活性はどのようにして顕微鏡下で観察できるのだろうか．運動を検出するためには，試料をしばらくの間観察する必要があるので，その間タンパク質は活性を保っていなければならない．このため，電子顕微鏡法は除外される．なぜならば電子顕微鏡法では，タンパク質を失活させてしまう化学薬品で標本を処理するからである．光学顕微鏡には電子顕微鏡ほどの分解能はないが，試料のタンパク質をほとんど化学処理する必要がないという利点がある．そのため光学顕微鏡は，タンパク質が数分以上の間活性を保っていることが必要な現象を観察するのに利用できる．しかしながら微小管は，通常の光学顕微鏡で観察するには小さすぎる．微小管を顕微鏡で観察することは，微小管依存的な運動や微小管を動かすモーターを用いるどんな測定についても最初に必要となる．この問題は，以下のような二つの方法のうちのどちらかで微小管を可視化することで解決された．微小管1本を可視化するための方法の一つは，微分干渉（differential interference contrast, DIC）顕微鏡法（特殊な光学顕微鏡法の一つ）で観察し，得られた像の画質をビデオとコンピューターを用いて向上させるというものである．この方法によって得られた微小管像の例を，図7・75に示す．もう一つの方法は，蛍光標識したチューブリン二量体から微小管を重合させ，蛍光微小管を蛍光顕微鏡で観察するというものである．

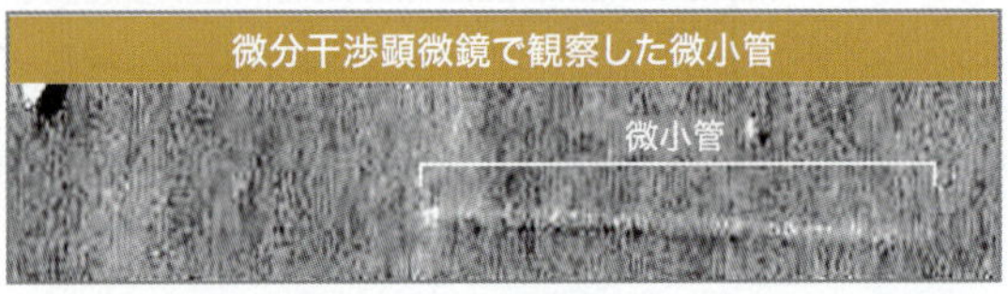

図7・75 微分干渉（DIC）顕微鏡とコンピューターによる画像増強を使って見た微小管．画像は粗いが，微小管の位置と長さははっきりわかる．この顕微鏡法は，微小管の長さを測定したり，微小管が動くところを観察したり，微小管に沿って顆粒が移動するのを観察したりするのに用いられる［写真はLynne Cassimeris, Lehigh Universityの好意による］

驚くべきことに，モーターが駆動する運動を測定するには，モーターの積荷となるものは必要ない．これは，モータータンパク質はガラス（顕微鏡のスライドガラスとカバーガラス）に結合するが，微小管は結合しないという性質に基づく．モーターがガラスに固定されて微小管が遊離した状態の場合，モーターに駆動されて微小管がガラス表面を滑り運動する．この例は，図7・76や7・77に見ることができる．

この単純な微小管滑り運動アッセイ系は，キネシンを最初に精製したとき，生化学的画分の運動活性のアッセイに用いられた．今日では微小管モータータンパク質の研究に日常的に用いられている．この滑り運動アッセイ系の別法では，モータータンパク質に覆われたガラスまたはラテックスのビーズが微小管に沿って動くのを観察する．この“ビーズアッセイ系”は，ビーズと微小管の両方を光学顕微鏡で見なければならないので，少々込み入っている．いずれの方法でも，微小管にはあらかじめ薬剤のパクリタキセルを結合させて安定化してある（§7・1“序論”参照）．

モータータンパク質の重要な特徴の一つに，微小管の一方の方向にのみ運動することがあげられる．あるモーターが微小管のプラス端方向に運動するのかマイナス端方向に運動するのかを明らかにするためには，微小管の極性を判別する方法が必要となる．運動アッセイ系で微小管の極性を確定するには，精製した中心体から放射状に並ぶように微小管を形成させて，それを顕微鏡のスライドガラスに付着させる．その後，モータータンパク質で覆ったビーズを添加する．星状体の中心に向かって動くビーズはマイ

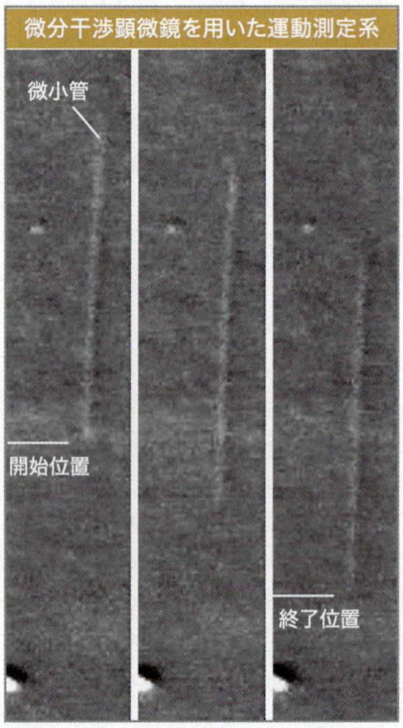

図7・76 連続ビデオ画像から取った一連の画像は，*in vitro*で微小管がガラス表面を滑り運動するところを示している．微小管は，微分干渉顕微鏡と画像処理によって観察している．カバーガラスに付着したモータータンパク質が力を発生して微小管を動かしている［写真はLynne Cassimeris, Lehigh Universityの好意による］

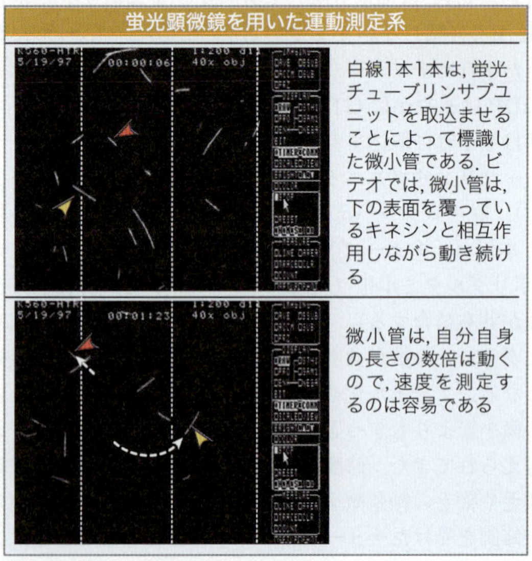

図7・77 連続ビデオ画像から取った2枚の画像は，ガラス表面を滑り運動する数本の微小管を示している．微小管は精製したチューブリンを重合したもので，チューブリンには蛍光団で修飾したチューブリンが少量混ぜられている．キネシンの尾部ドメイン内の正に荷電した領域がガラス表面の負電荷と相互作用するという単純な理由で，キネシンはガラスに付着する．2本の微小管を赤色と黄色の矢尻で示した．それらの運動の軌跡を点線の矢印で示した［写真はR. Milligan, *Science* **288,** 88〜95（2000）より許可を得て転載．©AAAS．ビデオはRon Milligan, The Scripps Research Institute; Ronald Vale, Howard Hughes Medical Institute; Graham Johnson, fiVth. com.の好意による］

ナス端方向に運動しているのに対して，中心から外側に向かって動くビーズはプラス端方向に運動している．微小管の極性を標識するもう一つの方法は，プラス端のほうが速く重合することを利用するものである．このような微小管を調製するには，まず非常に高い割合で蛍光サブユニットが取込まれた短い微小管をつくる．つぎにこの明るい蛍光微小管を重合核としてもっと長い微小管を溶液中で形成させるが，この中のチューブリンが蛍光標識されている割合を低くしておく．チューブリン分子は重合核の両端に付加するが，プラス端に付加する方がはるかに速い．その結果，図7・78のように，1本の微小管は中央の非常に明るい短い部分をもち，その両端に暗い部分をもつことになる．プラス端から伸長した部分はマイナス端から伸長した部分よりもずっと長いので，一見しただけで微小管の極性を決定することができる．この蛍光性の極性標識微小管を滑り運動アッセイ系で用いると，モーターの運動方向性を決定できる．そのようなアッセイの結果を解釈するときは，モータータンパク質の方が固定されていることを覚えておく必要がある．つまり，プラス端方向に運動するモーターの上では，微小管はマイナス端を先頭にして滑る．

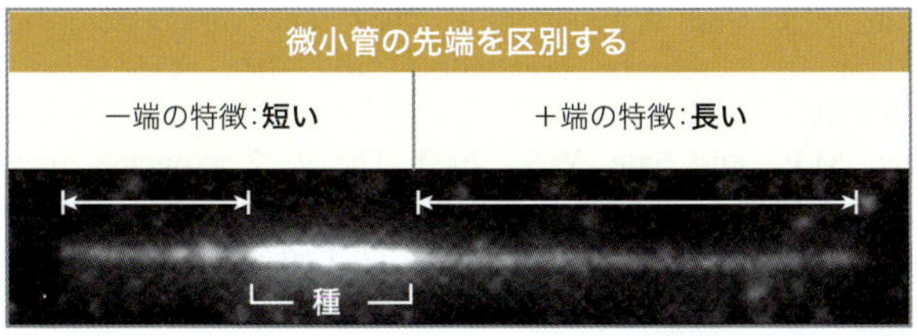

図7・78 短い種から伸長した1本の微小管．微小管のプラス端側にはより多くの蛍光チューブリンサブユニットが存在する．プラス端側とマイナス端側における伸長した長さの違いがはっきり出ている．このような方法で標識した微小管を用いると，モーターが微小管に沿ってどちらに向かっているかを簡単に決定できる［写真は Arshad Desai, Ludwig Institute for Cancer Research の好意による］

ほとんどすべての運動アッセイ実験は，上記のアッセイ系の別法である．明らかにしたい問題，洗練度，分解能はそれぞれ違っているかもしれないが，アッセイ法の基本原理は同じである．

参 考 文 献

7・1 序 論

総 説

Jordan, M.A., and Wilson, L., 1998. Microtubules and actin filaments: Dynamic targets for cancer chemotherapy. *Curr. Opin. Cell Biol.* **10**, 123–130.

Kries, T., and Vale, R., eds., 1998. Guidebook to Cytoskeletal and Motor Proteins. Oxford University Press.

7・2 微小管の一般的な機能

総 説

Gard, D.L., Cha, B.J., and Schroeder, M.M., 1995. Confocal immunofluorescence microscopy of microtubules, microtubule-associated proteins, and microtubule-organizing centers during amphibian oogenesis and early development. *Curr. Top Dev. Biol.* **31**, 383–431.

Howard, J., and Hyman, A.A., 2003. Dynamics and mechanics of the microtubule plus end. *Nature* **422**, 753–758.

7・3 微小管はαチューブリンとβチューブリンからなる極性重合体である

総 説

Nogales, E., 2001. Structural insight into microtubule function. *Annu. Rev. Biophys. Biomol. Struct.* **30**, 397–420.

論 文

Song, Y.H., and Mandelkow, E., 1995. The anatomy of flagellar microtubules: Polarity, seam, junctions, and lattice. *J. Cell Biol.* **128**, 81–94.

7・4 精製チューブリンサブユニットは重合して微小管になる

総 説

Desai, A., and Mitchison, T.J., 1997. Microtubule polymerization dynamics. *Annu. Rev. Cell Dev. Biol.* **13**, 83–117.

Job, D., Valiron, O., and Oakley, B., 2003. Microtubule nucleation. *Curr. Opin. Cell Biol.* **15**, 111–117.

Mitchison, T.J., 1992. Compare and contrast actin filaments and microtubules. *Mol. Biol. Cell* **3**, 1309–1315.

7・6 GTP–チューブリンサブユニットのキャップが動的不安定性を制御する

総 説

Desai, A., and Mitchison, T.J., 1997. Microtubule polymerization dynamics. *Annu. Rev. Cell Dev. Biol.* **13**, 83–117.

Howard, J., and Hyman, A.A., 2003. Dynamics and mechanics of the microtubule plus end. *Nature* **422**, 753–758.

Mitchison, T.J., 1992. Compare and contrast actin filaments and microtubules. *Mol. Biol. Cell* **3**, 1309–1315.

論 文

Arnal, I., Karsenti, E., and Hyman, A.A., 2000. Structural transitions at microtubule ends correlate with their dynamic properties in *Xenopus* egg extracts. *J. Cell Biol.* **149**, 767–774.

7・7 細胞は微小管形成の核として微小管形成中心を用いる

総 説

Bornens, M., 2002. Centrosome composition and microtubule anchoring mechanisms. *Curr. Opin. Cell Biol.* **14**, 25–34.

論 文

Dictenberg, J.B., Zimmerman, W., Sparks, C.A., Young, A., Vidair, C., Zheng, Y., Carrington, W., Fay, F.S., and Doxsey, S.J., 1998. Pericentrin and gamma-tubulin form a protein complex and are organized into novel lattice at the centrosome. *J. Cell Biol.* **141**, 163–174.

Moritz, M., Braunfeld, M.B., Sedat, J.W., Alberts, B., and Agard, D.A., 1995. Microtubule nucleation by gamma-tubulin-containing rings in the centrosome. *Nature* **378**, 638–640.

7・8 細胞内における微小管の動態

総 説

Bornens, M., 2002. Centrosome composition and microtubule anchoring mechanisms. *Curr. Opin. Cell Biol.* **14**, 25–34.

論 文

Komarova, Y.A., Vorobjev, I.A., and Borisy, G.G., 2002. Life cycle of MTs: Persistent growth in the cell interior, asymmetric transition frequencies and effects of the cell boundary. *J. Cell Sci.* **115**, 3527–3539.

Rusan, N.M., Fagerstrom, C.J., Yvon, A.M., and Wadsworth, P., 2001. Cell cycle-dependent changes in microtubule dynamics in living cells expressing green fluorescent protein-alpha tubulin. *Mol. Biol. Cell* **12**, 971–980.

7・9 細胞にはなぜ動的な微小管が存在するのか

論 文

Holy, T.E., Dogterom, M., Yurke, B., and Leibler, S., 1997. Assembly and positioning of microtubule asters in microfabricated chambers. *Proc. Natl. Acad. Sci. USA* **94**, 6228–6231.

7・10 細胞は微小管の安定性を制御するために複数のタンパク質を用いる

総 説

Cassimeris, L., 1999. Accessory protein regulation of microtubule dynamics throughout the cell cycle. *Curr. Opin. Cell Biol.* **11**, 134–141.

Lee, V.M., and Trojanowski, J.Q., 1999. Neurodegenerative tauopathies: human disease and transgenic mouse models. *Neuron* **24**, 507–510.

論 文

Desai, A., Verma, S., Mitchison, T.J., and Walczak, C.E., 1999. Kin I kinesins are microtubule-destabilizing enzymes. *Cell* **96**, 69–78.

Gundersen, G.G., and Bretscher, A., 2003. Cell biology. Microtubule asymmetry. *Science* **300**, 2040–2041.

Heald, R., 2000. A dynamic duo of microtubule modulators. *Nat. Cell Biol.* **2**, E11–E12.

McNally, F.J., 2001. Cytoskeleton: CLASPing the end to the edge. *Curr. Biol.* **11**, R477–R480.

7・11 微小管系モータータンパク質

総 説

Gibbons, I.R., 1995. Dynein family of motor proteins: present status and future questions. *Cell Motil. Cytoskeleton* **32**, 136–144.

7・12 モータータンパク質はどのようにして働くか

総 説

Gibbons, I.R., 1995. Dynein family of motor proteins: present status and future questions. *Cell Motil. Cytoskeleton* **32**, 136–144.

Vale, R.D., and Milligan, R.A., 2000. The way things move: Looking under the hood of molecular motor proteins. *Science* **288**, 88–95.

Woehlke, G., and Schliwa, M., 2000. Walking on two heads: The many talents of kinesin. *Nat. Rev. Mol. Cell Biol.* **1**, 50–58.

論 文

Burgess, S.A., Walker, M.L., Sakakibara, H., Knight, P.J., and Oiwa, K., 2003. Dynein structure and power stroke. *Nature* **421**, 715–718.

Gross, S.P., Welte, M.A., Block, S.M., and Wieschaus, E.F., 2002. Coordination of opposite-polarity microtubule motors. *J. Cell Biol.* **156**, 715–724.

Vallee, R.B., and Höök, P., 2003. Molecular motors: A magnificent machine. *Nature* **421**, 701–702.

7・13 積荷はどのようにしてモーターに積まれるのか

総 説

Goldstein, L.S., 2001. Kinesin molecular motors: transport pathways, receptors, and human disease. *Proc. Natl. Acad Sci. USA* **98**, 6999–7003.

Holleran, E.A., Karki, S., and Holzbaur, E.L., 1998. The role of the dynactin complex in intracellular motility. *Int. Rev. Cytol.* **182**, 69–109.

Kamal, A., and Goldstein, L.S., 2002. Principles of cargo attachment to cytoplasmic motor proteins. *Curr. Opin. Cell Biol.* **14**, 63–68.

Vale, R.D., 2003. The molecular motor toolbox for intracellular transport. *Cell* **112**, 467–480.

7・15 微小管とアクチンの相互作用

総 説

Rodriguez, O.C., Schaefer, A.W., Mandato, C.A., Forscher, P., Bement, W.M., and Waterman-Storer, C.M., 2003. Conserved microtubule–actin interactions in cell movement and morphogenesis. *Nat. Cell Biol.* **5**, 599–609.

論 文

Bayless, K.J., and Davis, G.E., 2004. Microtubule depolymerization rapidly collapses capillary tube networks in vitro and angiogenic vessels in vivo through the small GTPase Rho. *J. Biol. Chem.* **279**, 11686–11695.

7・16 運動構造としての繊毛と鞭毛

総 説

Cole, D.G., 2003. The intraflagellar transport machinery of *Chlamydomonas reinhardtii*. *Traffic* **4**, 435–442.

Ibañez-Tallon, I., Heintz, N., and Omran, H., 2003. To beat or not to beat: Roles of cilia in development and disease. *Hum. Mol. Genet.* **12**, Spec No 1, R27–R35.

Pazour, G.J., and Witman, G.B., 2003. The vertebrate primary cilium is a sensory organelle. *Curr. Opin. Cell Biol.* **15**, 105–110.

Porter, M.E., and Sale, W.S., 2000. The 9+2 axoneme anchors multiple inner arm dyneins and a network of kinases and phosphatases that control motility. *J. Cell Biol.* **151**, F37–F42.

7・17 次なる問題は？

総 説

Addinall, S.G., and Holland, B., 2002. The tubulin ancestor, FtsZ, draughtsman, designer and driving force for bacterial cytokinesis. *J. Mol. Biol.* **318**, 219–236.

Hirokawa, N., and Takemura, R., 2003. Biochemical and molecular characterization of diseases linked to motor proteins. *Trends Biochem. Sci.* **28**, 558–565.

Kirschner, M., and Mitchison, T., 1986. Beyond self-assembly: From microtubules to morphogenesis. *Cell* **45**, 329–342.

論 文

Mayer, T.U., Kapoor, T.M., Haggarty, S.J., King, R.W., Schreiber, S.L., and Mitchison, T.J., 1999. Small molecule inhibitor of mitotic spindle bipolarity identified in a phenotype-based screen. *Science* **286**, 971–974.

Puls, I., Jonnakuty C., LaMonte, B.H., Holzbaur, E.L., Tokito, M., Mann, E., Floeter, M.K., Bidus, K., Drayna, D., Oh, S.J., Brown, R.H., Ludlow, C.L., and Fischbeck, K.H., 2003. Mutant dynactin in motor neuron disease. *Nat. Genet.* **33**, 455–456.

Zhao, C., et al., 2001. Charcot-Marie-Tooth disease type 2A caused by mutation in a microtubule motor KIF1Bbeta. *Cell* **105**, 587–597.

7・21 補遺：チューブリンの合成と修飾

総 説

Cleveland, D.W., 1988. Autoregulated instability of tubulin mRNAs: A novel eukaryotic regulatory mechanism. *Trends Biochem. Sci.* **13**, 339–343.

Ludueña, R.F., 1998. Multiple forms of tubulin: different gene products and covalent modifications. *Int. Rev. Cytol.* **178**, 207–275.

Rosenbaum, J., 2000. Cytoskeleton: functions for tubulin modifications at last. *Curr. Biol.* **10**, R801–R803.

Szymanski, D., 2002. Tubulin folding cofactors: half a dozen for a dimer. *Curr. Biol.* **12**, R767–R769.

7・22 補遺：微小管系モータータンパク質の運動測定系

論 文

Vale, R.D., Reese, T.S., and Sheetz, M.P., 1985. Identification of a novel force-generating protein, kinesin, involved in microtubule-based motility. *Cell* **42**, 39–50.

8

アクチン

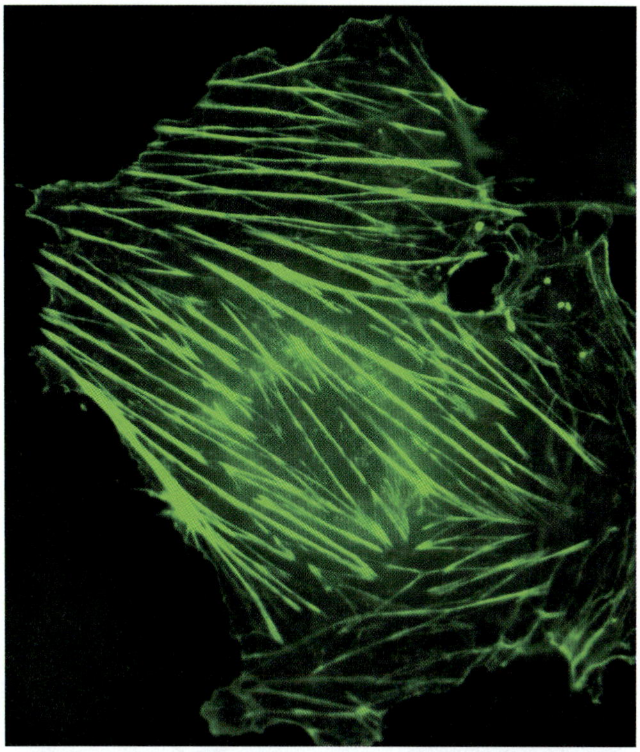

上皮細胞の蛍光顕微鏡写真．アクチンフィラメントを蛍光性ファロイジンで緑色に標識した．明るく標識されている棒状のものは，ミオシンを含む収縮構造でストレスファイバーとよばれる［Nanyun Tang, E. Michael Ostap, University of Pennsylvania の好意による］

8・1 序　論

重要な概念

- 細胞運動はすべての真核細胞にとって必要不可欠な過程である．
- アクチンフィラメントは多様な細胞構造の形成にかかわる．
- 細胞運動に必要な力はアクチン細胞骨格と結合するタンパク質によって生み出される．
- アクチン細胞骨格は動的構造をもち，細胞内外からのシグナルに応じて再編成される．
- アクチンの重合で力が発生し，この力は細胞の生理的過程や一部の細胞小器官の輸送を駆動する．

細胞内部に存在する**細胞骨格**（cytoskeleton）の微小管，**アクチン**（actin）フィラメント（ミクロフィラメントともよばれる），中間径フィラメントは，細胞が形態を維持するための機械的な支えとなるとともに，細胞の移動や変形，内部構造の再配置にも利用される．細胞骨格によって生み出される運動を**細胞運動**（cell motility）とよぶ．多くの細胞活動は複数の細胞骨格ネットワークの協調的な働きを必要とする（§7・15 "微小管とアクチンの相互作用" 参照）が，アクチンフィラメントは細胞質分裂，食作用，筋収縮といった多くの細胞機能で支配的な役割を果たす．

アクチンタンパク質は重合して直径約 8 nm の長い繊維状の構造をつくり，この繊維はさらに他のタンパク質で架橋され多様な細胞構造を形成する．腸管の刷子縁の微絨毛，感覚上皮の不動毛，接着細胞の**ストレスファイバー**（stress fiber），神経細胞の成長円錐，遊走細胞の先行端の突起（**葉状仮足** lamellipodium,

糸状仮足 filopodium），筋繊維の細いフィラメントといったアクチン細胞骨格を主要な構成成分とする細胞構造の一部を図8・1に示す．アクチンを含むほとんどすべての構造は動的で，細胞内外からのシグナルに応じて再編成される．

アクチン細胞骨格は力を発生し細胞運動を駆動するが，これには単量体アクチンのアクチンフィラメントへの重合と，アクチンとミオシンファミリーに属する分子モーターとの相互作用という2通りの方法がある．筋収縮や小胞輸送にみられるように，ミオシン分子モーターはアクチンと結合し，ATP加水分解のエネルギーを利用して力を出してアクチンフィラメント上を運動する．アクチン重合による力は細胞運動の際に細胞膜を押すのに使われる．一方，アクチンとミオシンは筋収縮など多くの過程で協同で働く．

この章では，真核細胞内でのアクトミオシンに基づく運動について解説する．細胞内でのアクチン由来の運動に関する理解は，精製したタンパク質などを用いた生化学実験によってもたらされた．こうした生化学実験から得られた知見をもとに，複雑な細胞運動のモデルが組立てられた．そこで，ここではまずアクチン細胞骨格の分子的性質（アクチンの構造，アクチンフィラメントの形成と解体，細胞内でアクチンの動態を調節するタンパク質）を解説し，つぎに細胞という文脈の中でアクチンおよび関連タンパク質について解説する．アクチン細胞骨格はほとんどすべての細胞過程で非常に重要な役割を演じている．ここではアクチン細胞骨格の役割や動態について他章も参照しつつ，アクチンフィラメント形成によってひき起こされる運動と，アクトミオシンの駆動する収縮および輸送に焦点を当てる．

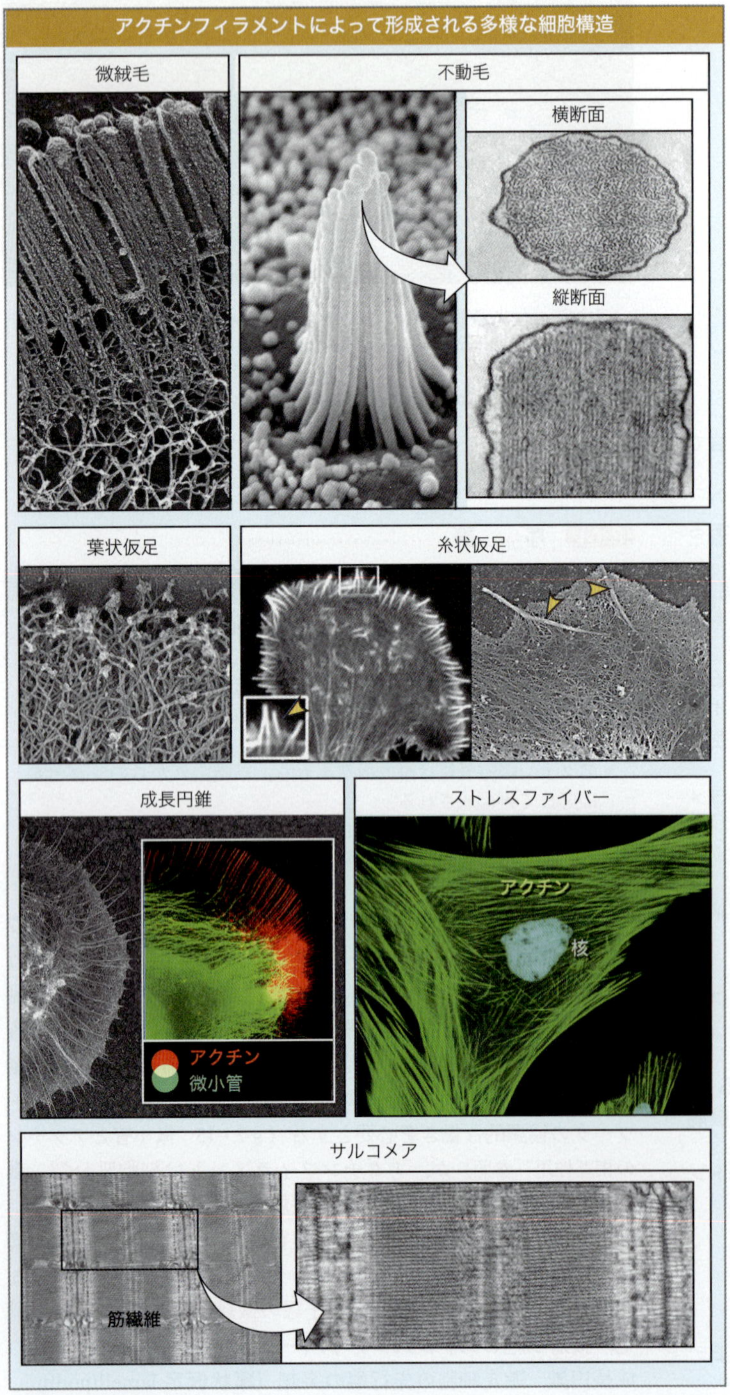

図8・1　アクチンフィラメントは腸管の刷子縁の微絨毛，内耳の不動毛，葉状仮足，糸状仮足，神経細胞の成長円錐，ストレスファイバー，サルコメアの構成要素である［微絨毛の電子顕微鏡写真は *The Journal of Cell Biology*, **94**, 425～443(1982)より，The Rockefeller University Pressの許可を得て転載．不動毛の走査型および透過型電子顕微鏡写真は，James A. Hudspeth, The Rockefeller Universityの好意による．(左) A. J. Hudspeth, R. Jacobs, *Proc. Natl. Acad. Sci. USA*. **76**, 1506～1509(1979)より転載．©National Academy of Sciences, U.S.A. (上,右) *The Journal of Cell Biology*, **86**, 244～259(1980) より，The Rockefeller University Pressの許可を得て転載．葉状仮足の写真はTatyana M. Svitkina, University of Pennsylvaniaの好意による．P.M. Motta, *Recent Advances in Microscopy of Cells, Tissues, and Organs*. より転載．©1997, Antonio Delfino Editore-Roma. 糸状仮足の写真はB. Gertler, et al., *Cell*, **118**, '*Lamellipodial Versus Filopodial*…', 363～373(2004)よりElsevierの許可を得て転載．写真はTatyana M. Svitkinaの好意による．蛍光標識した神経の成長円錐の写真は *The Journal of Cell Biology*, **158**, 139～152(2002) よりThe Rockefeller University Pressの許可を得て転載．写真はAndrew Schaefer, Paul Forscher, Yale Universityの好意による．ストレスファイバーを蛍光標識した細胞の写真はMichael W. DavidsonおよびFlorida State University Research Foundationの好意による．サルコメアの電子顕微鏡写真はClara Franzini-Armstrong, University of Pennsylvania, School of Medicineの好意による］

8・2 アクチンは普遍的に発現している細胞骨格タンパク質である

重要な概念

- アクチンはすべての真核細胞にみられる普遍的で必須のタンパク質である．
- アクチンは単量体もしくは繊維状の重合体として存在し，前者はGアクチン，後者はFアクチンとよばれる．

アクチンはすべての真核細胞に存在する普遍的なタンパク質である．種間で比較したアクチンの配列はふつう 90 %程度の相同性があり，よく保存されている．さらに，原核生物もアクチンとよく似た構造をもつタンパク質を発現する（§16・6“バクテリアの細胞壁はペプチドグリカンの入り組んだ網目構造を含む”参照）．アクチンは筋細胞では全タンパク質の 20 %を占め，多くの非筋細胞でも細胞質に 100 μM 以上の濃度で存在する．

多くの生物は，異なるアイソフォームのアクチンをコードする複数のアクチン遺伝子をもつ（たとえば，ヒトは六つのアクチン遺伝子をもつ）．脊椎動物のアクチンには，α，β，γという三つのアイソフォームが存在する．これらのアイソフォームのアミノ酸配列は非常に似通っているが，機能は異なる．αアイソフォームは筋細胞における主要なアクチンであり，収縮構造の一部を担っている．βおよびγアイソフォームはおもに非筋細胞で発現している．

アクチンは単量体（球状 globular なので**Gアクチン**とよばれる）もしくは直鎖状に連なった重合体（繊維状 filamentous なので**Fアクチン**とよばれる）として存在する．単量体とフィラメントとは可逆的な化学平衡の状態にあり，個々のアクチン単量体はフィラメントの末端に加わったりそこから解離したりする．細胞内では，アクチンの単量体もしくはフィラメントのどちらかと選択的に相互作用する多くのタンパク質によって，アクチンの重合は厳密に調節されている．これらのアクチン結合タンパク質は，単量体の状態とフィラメントの状態との間の遷移を調節する（§8・7“アクチン結合タンパク質はアクチンの重合と組織化を調節する”参照）．

アクチン関連タンパク質（actin-related protein, Arp）は全体の構造がアクチンと似たタンパク質である．このうち，たとえば Arp1 は微小管モータータンパク質のダイニンを膜につなぐ機能をもつタンパク質複合体の一部である（§7・13“積荷はどのようにしてモーターに積まれるのか”参照）．また本章の中でも，Arp2 および Arp3 を含むタンパク質複合体がアクチン重合の調節において果たす役割について解説する（§8・9“核形成タンパク質は細胞内でのアクチン重合を調節する”参照）．

8・3 アクチン単量体は ATP と ADP を結合する

重要な概念

- アクチン単量体は 43 kDa の分子で，四つのサブドメインをもつ．
- ヌクレオチドと二価の陽イオンがアクチン単量体の裂け目に可逆的に結合する．

アクチン単量体は 43 kDa の分子で，ヌクレオチドと二価の陽イオンを結合している．その全体の形は，図8・2のX線結晶構造のように，間に裂け目をもった2枚の葉のように見える．それぞれの葉は二つのサブドメインからなり，これら四つのサブドメインはそれぞれサブドメイン 1～4 とよばれる．サブドメイン 1 と 3 の間に伸びる 2 本の鎖が，2 枚の葉をつないでいる．これらの鎖がちょうつがいとなって，2 枚の葉は相対的に動く．

ヌクレオチド（ATP または ADP）と二価の陽イオン（カルシウムまたはマグネシウム）はアクチン単量体の中心，サブドメイン 2 と 4 の間の裂け目の奥深くに結合する．ヌクレオチドの結合で 2 枚の葉の間の裂け目が閉じられると考えられている．アクチン単量体へのヌクレオチド結合は可逆的で，結合したヌクレオチドは溶液中の遊離のヌクレオチドと交換する．アクチンは ATP を ADP より強く結合し，細胞内では ATP は ADP よりも高濃度で存在する．また，Mg^{2+} の細胞質での濃度は Ca^{2+} のそれよりもはるかに高いため，細胞内のアクチン単量体のヌクレオチド結合部位は MgATP によって占められている．

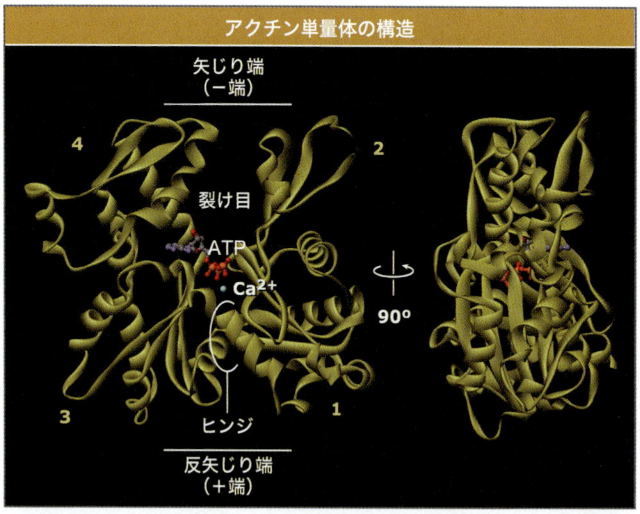

図8・2 アクチン単量体のX線結晶構造のリボンモデル．各サブドメインには 1～4 の番号をふってある．画像は Protein Data Bank file 1ATN から作成した［W. Kabsch, H.G. Mannherz, D. Suck, E.F. Pai, K.C. Holmes, 'Atomic structure of the actin: DNase I complex', *Nature* **347**, 37～44(1990)のデータより］

8・4 アクチンフィラメントは極性構造をもった重合体である

重要な概念

- 生理的濃度の一価および二価の陽イオン存在下では，アクチン単量体は重合してフィラメントを形成する．
- アクチンフィラメントは極性構造をもっており，両端は区別できる．

生理的濃度の一価および二価の陽イオン存在下では，アクチン単量体は自己集合して直径 8 nm のフィラメントとなる．重合は可逆的で，単量体は絶え間なくフィラメントの末端に加わったりそこから解離したりしている．この結合と解離はアクチン重合に基づいた細胞運動の駆動力となる．

図8・3と図8・4に示したように，アクチン単量体は方向をそろえて連なりフィラメントを形成するので，フィラメント中のすべてのサブユニットは同じ方向を向いている．また，図8・3と図8・5に見られるように，アクチンフィラメントはビーズを通した 2 本の糸をらせん状に右方向にねじったような形をしている．こうした構造的特徴は電子顕微鏡によって明らかにされた．単量体は極性構造をもつ（図8・2参照）ため，フィラメントも

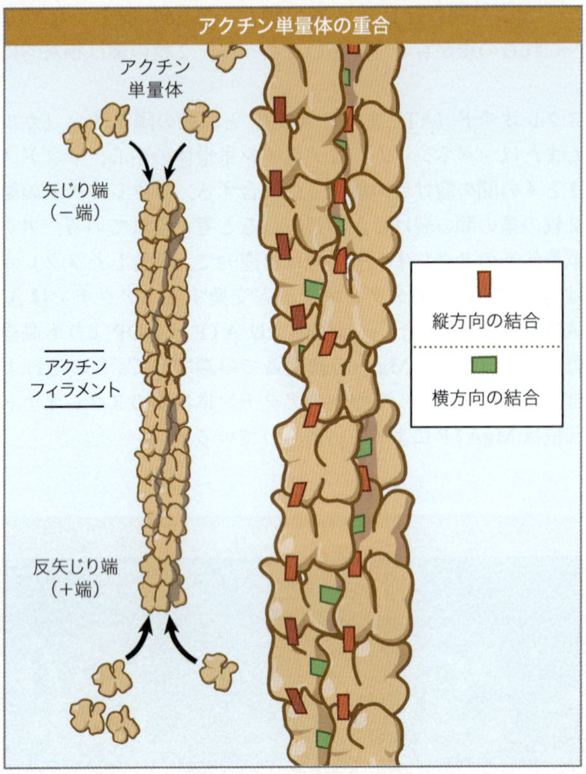

図8・3 アクチン単量体は方向性をもって集合し，極性のある二本鎖のフィラメントを形成する．

また極性をもつ．つまりフィラメントの両端は互いに異なっていて，それぞれ**反矢じり端**（barbed end），**矢じり端**（pointed end）とよばれる．この極性は，細胞内で方向性のある輸送を行ったり，細胞の形に極性をもたせたりするのに重要である．

サブドメイン1と3が露出している方の末端を反矢じり端，サブドメイン2と4が露出している方の末端を矢じり端とよぶ（図8・3参照）．この反矢じり，矢じりという言葉は，ミオシンが結合したアクチンフィラメントの様子に由来する．アクチンフィラメントはらせん状で極性があるため，結合したミオシンタンパク質は電子顕微鏡で矢じりのように見える（図8・9参照）．アクチンフィラメントの反矢じり端，矢じり端はまた，それぞれプラス(＋)端，マイナス(−)端ともよばれる．同様に微小管の末端にもプラス端，マイナス端という呼び名が用いられる（§7・3“微小管はαチューブリンとβチューブリンからなる極性重合体である”参照）．

アクチンフィラメント内では，個々のアクチンサブユニットは隣接する四つのサブユニットとつながっている．同じ鎖の前後にあるサブユニット一つずつ（縦方向の接触）と，逆の鎖の二つのサブユニット（横方向の接触）である（図8・3参照）．これらの接触によってアクチンフィラメントは強化され，熱的な力による切断に対抗できて，サブユニット数千個分まで伸びることができる．アクチンフィラメントは硬く，切断されない限り鋭角で折れ曲がることはない．短いフィラメント（$<5\ \mu m$）はあまり屈曲しないが，長いフィラメント（$>15\ \mu m$）はしばしば屈曲する．

図8・4 アクチン単量体が重合してアクチンフィラメントができる過程を描いたアニメーション［写真はKenneth C. Holmes, Max Planck Institut für Medizinische Forschungの好意による］

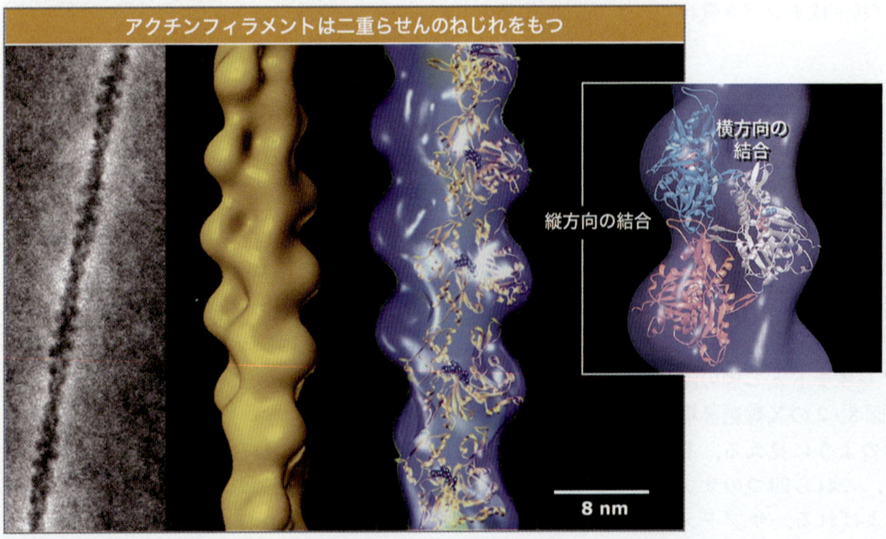

図8・5 （左）アクチンフィラメントの電子顕微鏡写真．（中）電子顕微鏡像の三次元再構成で作成したアクチンフィラメントのモデル．（右）三次元再構成モデルにアクチン単量体の原子構造を重ね合わせ，アクチンフィラメントの一方の鎖の中で単量体がどのように位置しているか示したもの［写真はUeli Aebi, University of Baselの好意による］

8・5 アクチン重合は多段階の動的な過程である

重要な概念

- 新規のアクチン重合は核形成，伸長などからなる多段階の過程である．
- アクチンフィラメントへの単量体の付加速度は，二つの末端で異なる．
- アクチンフィラメントの反矢じり端は，伸長速度の速い末端である．

細胞は先端を伸長し，後端を縮めて遊走する．遊走中の細胞の前方の突起は葉状仮足もしくは糸状仮足となる．葉状仮足は膜に囲まれた薄いシート状の構造で，枝分かれしたブラシ様のアクチンフィラメントのネットワークを含む（図8・1参照）．これと対照的に，糸状仮足は膜に囲まれた指のような突起であり，平行なアクチンフィラメントの束を含んでいる（図8・1参照）．葉状仮足，糸状仮足の突出にはアクチンの重合が必要であるが，ここではこの過程について詳しく解説する．

アクチン単量体の重合によるアクチンフィラメントの形成は多段階の過程であり，*in vitro* で研究できる．低イオン強度の溶液中にある精製したアクチン単量体は，溶液の塩濃度を生理的なレベルに上げると重合を開始する．*in vitro* における自発的重合の経時変化は，図8・6に示すように**核形成**，**伸長**，**定常状態**という三つの異なる段階に分けることができる．

核形成の段階は，長いフィラメントと似た性質をもち，アクチン重合の核となるアクチンオリゴマーの形成を反映している．核は三量体で，フィラメント内の横方向，および縦方向の結合をもつ最小の単位である（図8・5参照）．したがって核形成は，二つの単量体からの二量体の形成と，三つめのサブユニットの追加による三量体形成という，二段階の反応である．アクチン二量体と三量体は不安定（K_d は約100 μMから1 mM）なので，非常に低濃度でしか存在しない．このため核形成は，自発的重合の経時変化の中での遅滞期となる．この遅滞期は，重合の核があらかじめ存在するとなくなってしまう（たとえば，あらかじめ重合させたフィラメントが存在するような場合）．細胞内では，アクチン結合タンパク質がフィラメントの形成を開始する（§8・9“核形成タンパク質は細胞内でのアクチン重合を調節する”参照）．

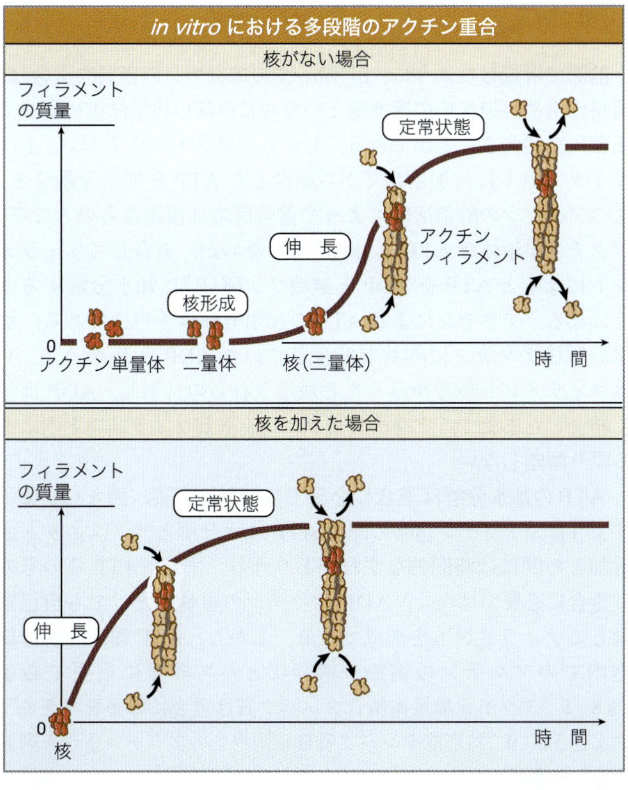

図8・6 アクチン重合過程は，単量体の溶液から開始した場合，核形成，伸長，定常状態という段階に分けることができる．核形成の段階は，あらかじめ重合させた少量のフィラメントを加えることでスキップできる．

伸長の段階は速い縦方向のフィラメントの成長を表している（図8・6参照）．アクチンフィラメントはその末端を伸ばして成長し，側方へは伸びない．この結果，フィラメントはさまざまな長さをもつようになるが幅はすべて同じになる．伸長段階は，重合が進み溶液中の遊離の単量体濃度が減少するにつれて，しだいに遅くなっていく．

重合反応の定常状態では，全体としてはフィラメントの成長がなくなる．しかし，フィラメントの末端にあるアクチンサブユニットと単量体のプールとの間では，ゆっくりとした交換が進行している．図8・7に示すように，定常状態における未重合のアクチン単量体の濃度を**臨界濃度**（C_c, critical concentration）とよぶ．臨界濃度はまた，フィラメントの形成に必要なアクチンサブユニットの濃度としても定義できる（アクチン重合のための C_c）．単量体アクチンの全濃度が臨界濃度よりも高ければフィラメントが形成され，反対にアクチン単量体の全濃度が臨界濃度よりも低ければ単量体のみが存在する．臨界濃度は溶液条件が決まっていれば一定であるが，アクチン単量体やフィラメントに結合する調節タンパク質の影響で変化する（§8・8“アクチン単量体結合タンパク質は重合に影響を与える”および§8・9“核形成タンパク質は細胞内でのアクチン重合を調節する”参照）．

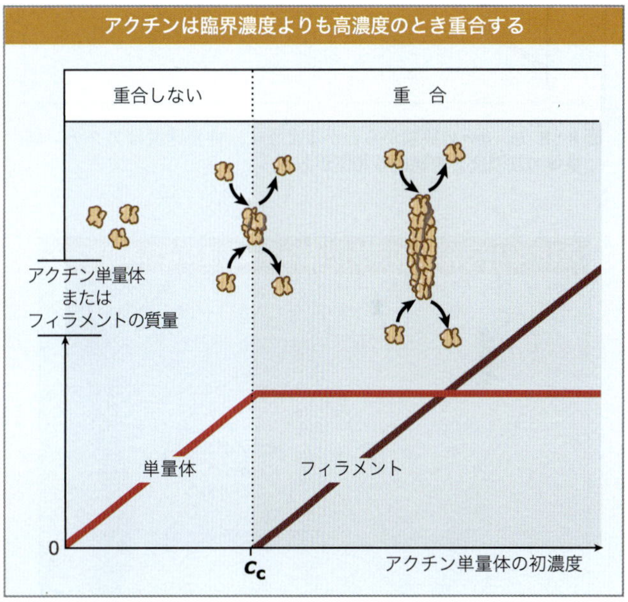

図8・7 *in vitro* でのアクチンフィラメント形成は，アクチン単量体の初濃度が臨界濃度 C_c よりも高いときのみ起こる．

単量体の濃度が臨界濃度よりも高い場合，フィラメントは図8・8に示したように溶液中の単量体濃度に直線的に依存した速度で伸長する．個々のフィラメントの伸長速度は，単量体結合の速度定数（k_{on}; $\mu M^{-1}\cdot sec^{-1}$ の単位）に単量体の濃度をかけたものと等しい．脱重合の速度（k_{off}; sec^{-1} の単位）はアクチン単量体の濃度に依存しない．アクチン単量体の濃度が臨界濃度と等しくなるとき，伸長速度と脱重合速度が等しくなっており，全体としてのフィラメントの成長がなくなる：

$$(k_{on})(C_c) = k_{off}$$

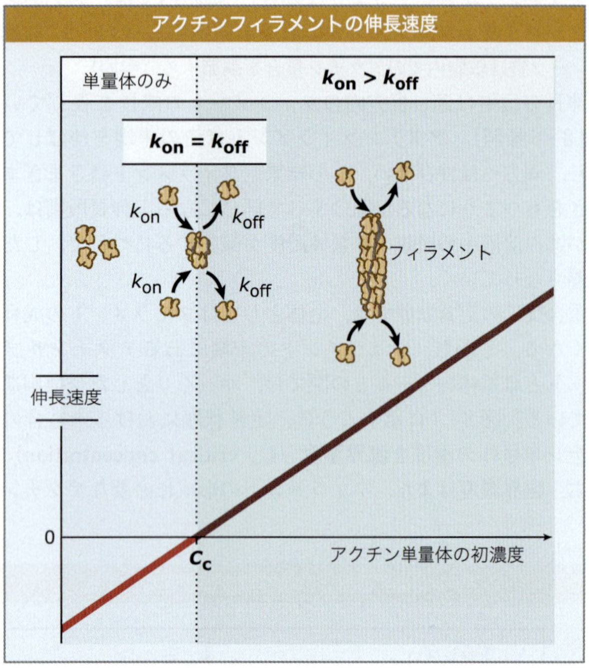

図8・8 *in vitro* の実験からわかるように，伸長速度はアクチン単量体の初濃度と直線的な相関がある．

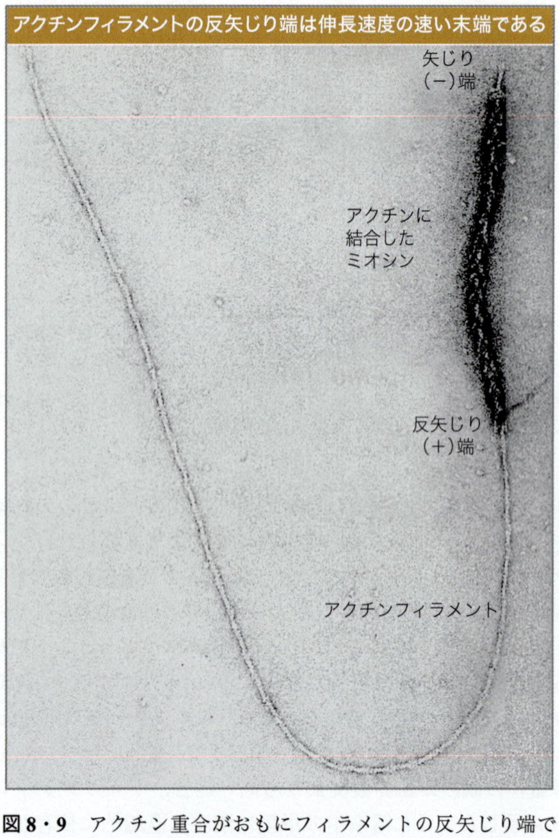

図8・9 アクチン重合がおもにフィラメントの反矢じり端で起こることを示す実験の電子顕微鏡写真．ミオシンで覆われたアクチンをフィラメント伸長の核として用いた［Marschall Runge, Johns Hopkins School of Medicine および Thomas Pollard, Yale University の好意による］

この式を書き換えると：

$$C_c = \frac{k_{off}}{k_{on}}$$

平衡状態の反応において，解離定数 K_d は k_{off}/k_{on} と等しい．したがって，臨界濃度はフィラメントの末端におけるアクチン単量体の解離定数と等しい：

$$C_c = K_d$$

フィラメントの両端への単量体の付加速度は等しくない．伸長速度定数 k_{on} および k_{off}（したがってまたそれらの比，すなわち臨界濃度も）は，次節で詳しく解説するように，アクチンに結合しているヌクレオチドに依存して変化する．図8・9に示した実験でわかるように，ATP 存在下でアクチン単量体はフィラメントの反矢じり端に矢じり端の約10倍の速度で結合する．この実験では，ミオシンで覆われた短いアクチンフィラメントを重合の核として用いている．伸長後に撮影した電子顕微鏡写真から，反矢じり端ではアクチン重合が矢じり端よりはるかに速く起こっていることがわかる．このことから，反矢じり端は伸長速度の速い（プラス）末端，矢じり端は伸長速度の遅い（マイナス）末端とよばれることが多い．

8・6 アクチンサブユニットは重合後 ATP を加水分解する

重要な概念

- アクチンフィラメント内のサブユニットによる ATP 加水分解は不可逆であり，このためアクチン重合は非平衡の過程となる．
- アクチン会合の臨界濃度は，アクチンが ATP を結合しているか ADP を結合しているかによって変わる．
- ATP–アクチンの臨界濃度は ADP–アクチンのものより低い．
- ATP 存在下では，アクチンフィラメントの両端で臨界濃度が異なる．

前節で解説したように，*in vitro* でのアクチンの自発的重合は，質量作用や可逆反応の速度論というなじみ深い化学法則によって正確に記述することができる．しかし，アクチンサブユニットはフィラメントに付加されてから結合した ATP を加水分解する．このアクチンの酵素活性によって重合反応は複雑なものとなる．アクチン単量体は ATP を加水分解しないが，重合してフィラメントになると ATP を ADP と無機リン酸(P_i)に加水分解するようになる．アクチンによる ATP の加水分解は不可逆である．加水分解後アクチンに非共有結合していた ADP と P_i のうち，P_i はフィラメントからゆっくりと放出されるのに対し，ADP は強く結合したままで，アクチンサブユニットがフィラメント内にある限り解離しない．

ATP の加水分解は重合に必須ではない．事実，図8・10に示すように，アクチン重合の際に ATP 加水分解とサブユニットの付加との間には時間的なずれがありうる．また，ATP そのものは重合に必要ではなく，ADP–アクチンの単量体だけでも自己集合してフィラメントを形成できる．しかし，ATP 加水分解は細胞内でのアクチンの調節や機能にとって非常に重要である（§8・8“アクチン単量体結合タンパク質は重合に影響を与える”，および§8・9“核形成タンパク質は細胞内でのアクチン重合を調節する”を参照）．

図8・11に示すように，アクチン重合の臨界濃度はどのヌクレオチド（ATP，ADP–P_i，ADP）が結合しているかによって変わる．臨界濃度はフィラメントの形成に必要なアクチン単量体の濃

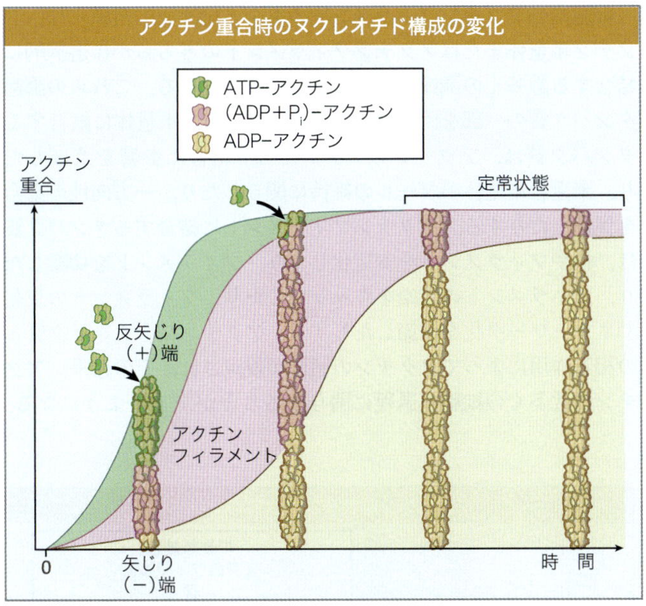

図 8・10　フィラメント伸長初期の伸長速度が速い段階では，アクチンサブユニットは ATP もしくは ADP+P_i を結合している．伸長が進み，遊離の単量体のプールが枯渇していくと，伸長速度は ATP 加水分解よりも遅くなる．したがって定常状態では，アクチンフィラメントはほぼ ADP–アクチンのみからなり，その反矢じり端にだけ (ADP+P_i)–アクチンを含む［M. F. Carlier, *J. Biol. Chem.* **266**, 1～4(1991)より改変. ©The American Society for Biochemistry and Molecular Biology, Inc.］

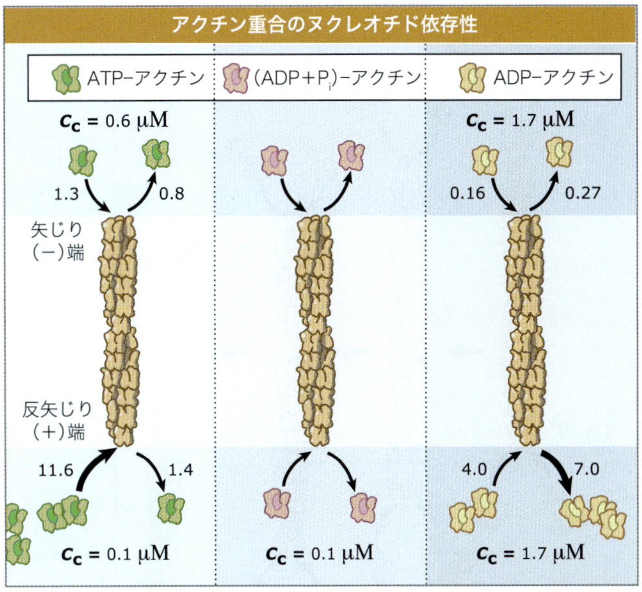

図 8・11　*in vitro* の定常状態では，ATP–アクチンまたは ADP+P_i–アクチンの臨界濃度（C_c）はフィラメントの反矢じり端において矢じり端においてよりも低くなるが，ADP–アクチンの C_c は反矢じり端でも矢じり端でも同程度である．C_c を求めるのに用いた，アクチン単量体の重合および解離の速度定数，すなわち k_{on} および k_{off} も記してある［Enrique De La Cruz, Yale University 提供の原画を改変．E. De La Cruz, T.D. Pollard, *Science* **293**, 616～618(2001) より許可を得て転載. ©AAAS］

度，および *in vitro* の系で決定した k_{off} と k_{on} の値から求められた．アクチンフィラメントの反矢じり端では，臨界濃度は ADP–アクチン(1.7 μM)よりも ATP–アクチン(約 0.1 μM)のほうが低い．このことは，精製した ATP–アクチンは単量体の濃度が約 0.1 μM に達するまで重合し続けることを意味する．同様に，ADP–アクチンは単量体の濃度が 1.9 μM に達するまで重合し続ける．反矢じり端での ADP–P_i アクチンの臨界濃度（0.1 μM）は，ATP–アクチンのそれと同程度である．$C_c = K_d$ であるから，末端のサブユニットの結合の親和性が P_i の放出に伴って変化することがわかる．言いかえれば，ATP 加水分解によるエネルギーは P_i が放出されるまで保存されていて，P_i の放出後は末端のサブユニット（この段階では ADP を結合している）のフィラメントへの結合が弱くなる．

ADP–アクチンからなるアクチンフィラメントについては，その全長にわたってサブユニットが同じヌクレオチドを含んでおり，その間の結合も同一であるため，単量体の臨界濃度は両端でだいたい同じ(約 0.2 μM)になる．しかし，ATP 存在下では，反矢じり端における臨界濃度(0.1 μM)は矢じり端におけるそれ(0.7 μM)よりも低い．これは反矢じり端のアクチンサブユニットが ATP（または ADP–P_i）を含むのに対し，矢じり端のサブユニットは ADP を結合しているためである（図 8・10 参照）．こうしたフィラメントの化学的極性のために，ATP を結合した単量体は反矢じり端へ素早く付加され，その結果“ATP キャップ”が形成される．矢じり端では，単量体の付加が遅いため，重合が非常に速くない限り ATP の加水分解と P_i の放出が ATP–アクチン単量体の付加よりも速く起きてしまう．

細胞内のアクチン単量体のプールにあるのはほとんどが ATP–アクチンであるが，このときにはフィラメント全体についての臨界濃度（つまり，定常状態におけるアクチン単量体の濃度）は両端の臨界濃度の中間になり，反矢じり端よりは高く，矢じり端よりは低い（図 8・11 参照）．この結果，定常状態では，アクチン単量体（ATP–アクチン）は反矢じり端には結合していくが，ATP 加水分解と P_i の放出後，ADP–アクチンとなって矢じり端からは解離していく．それぞれの末端での重合と脱重合により，重合体および単量体の全体の濃度は変わることなく，フィラメント内でサブユニットの一定の流れがつくり出される．図 8・12 に示したこの流れを**トレッドミル**（treadmill）とよぶ．細胞内でのトレッドミルはアクチン結合タンパク質に調節されている．

ADP–アクチンの単量体からフィラメントが形成されるような実験条件では，両端での臨界濃度は変わらない（図 8・11 参照）のでトレッドミルは起きない．したがって，矢じり端から脱重合したアクチンサブユニットが反矢じり端に結合するには，このアクチンがもっている ADP は ATP と入替わらなければならない．ATP 加水分解のエネルギーは，重合そのものにではなく，アクチンの重合と脱重合をひき起こしてフィラメント内で方向性のある単量体の流れをつくるために使われる．

トレッドミルは，アクチン単量体の濃度が両端の臨界濃度の間にあるときのみ起こる．単量体の濃度が反矢じり端と矢じり端の臨界濃度のどちらよりも高い場合は，フィラメントはその両端で伸長する．単量体の濃度が両端の臨界濃度のどちらよりも低い場合は，フィラメントはその両端から脱重合する．単量体の濃度が両端の臨界濃度の間にある場合は，単量体は反矢じり端で付加されるが矢じり端からは解離する．したがって，もし細胞がアクチン単量体の濃度と，反矢じり端および矢じり端の臨界濃度を調節できるなら，重合と脱重合の程度，速度，場所も調節できるはずである．このことについては次節で詳しく解説する．

アクチンフィラメントと微小管形成の仕組みは，極性のある構造をつくり出す点，そしてヌクレオチドの加水分解と伸長が共役

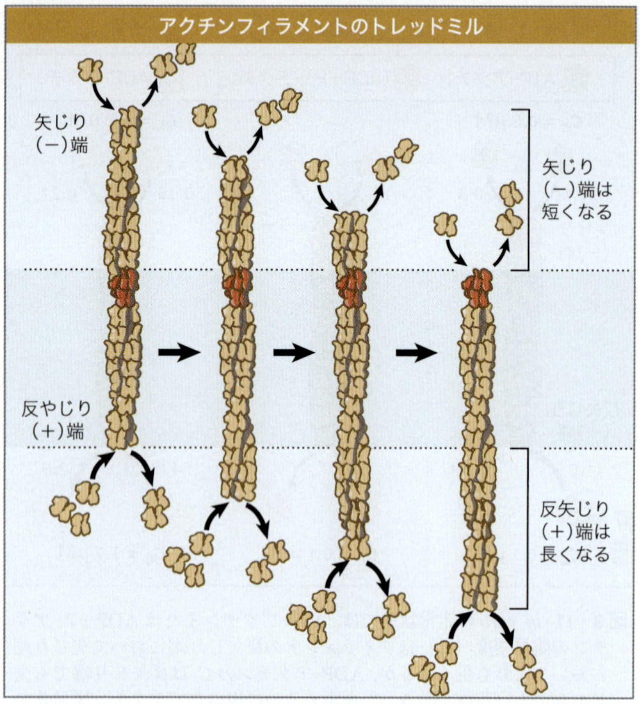

図 8・12 定常状態ではアクチンフィラメントはトレッドミルを起こす．ATP–アクチンの単量体は反矢じり端に結合し，ADP–アクチンサブユニットは矢じり端から解離していくので，フィラメントの長さは変わらない．

している点で似通っている．微小管では，フィラメントが急速に伸長したり短縮したりする動的不安定とよばれる現象が起こる．しかし，アクチンフィラメントは急速に脱重合して短縮するような段階（カタストロフ段階とよばれる）をもたない．こうしたアクチンフィラメントと微小管との違いは，アクチン単量体のフィラメントからの解離速度がチューブリンに比べ約 100 倍も遅いことによる（動的不安定性の詳細については，§7・5“微小管の形成と脱重合は動的不安定性という独特な過程によって進行する”参照）．

8・7 アクチン結合タンパク質はアクチンの重合と組織化を調節する

重 要 な 概 念

- アクチン細胞骨格による細胞運動を駆動するためには，細胞はアクチンの重合と脱重合を調節する．
- アクチン結合タンパク質は単量体またはフィラメントに結合し，細胞内でのアクチンフィラメントの組織化に影響を与える．

アクチン細胞骨格は細胞の分裂，分化，移動をひき起こすような外部刺激に応答して再編成される．再編成過程を調節するために，細胞はアクチンフィラメントを素早く形成させたり脱重合させたりする．アクチン細胞骨格が細胞の運動や形態の変化を駆動するには，以下のような事象を左右する調節機構が必要となる．

- 単量体アクチンのプールからの自発的重合を阻害する．
- 新しいアクチンフィラメントのための核を短時間で形成させる．
- アクチンフィラメントの長さを調節する．
- もともとあったアクチンフィラメントを伸長させる．

このような機構を担っているのがアクチン結合タンパク質で，これらのタンパク質の多くを細胞内シグナルが調節している．

細胞内のアクチンフィラメントの重合と三次元的組織化は，アクチン単量体またはアクチンフィラメントのどちらかに選択的に結合する数多くの調節タンパク質の影響を受ける．これらの調節タンパク質の一部を図 8・13 に示す．アクチン単量体に結合するタンパク質は，アクチンのヌクレオチド結合に影響を及ぼしたり，未重合単量体のプールの維持に関与したり，一方向性の重合を促進したりする．アクチンフィラメントに結合するタンパク質は，核やフィラメントを安定化したり，フィラメントを切断したり，フィラメントの末端をキャップしたり，フィラメントの束化やネットワーク化を調節したりする．アクチン結合タンパク質との相互作用によってアクチンの機能が規定され，その結果，アクチンは数多くの細胞内過程に関与することができるようになる．

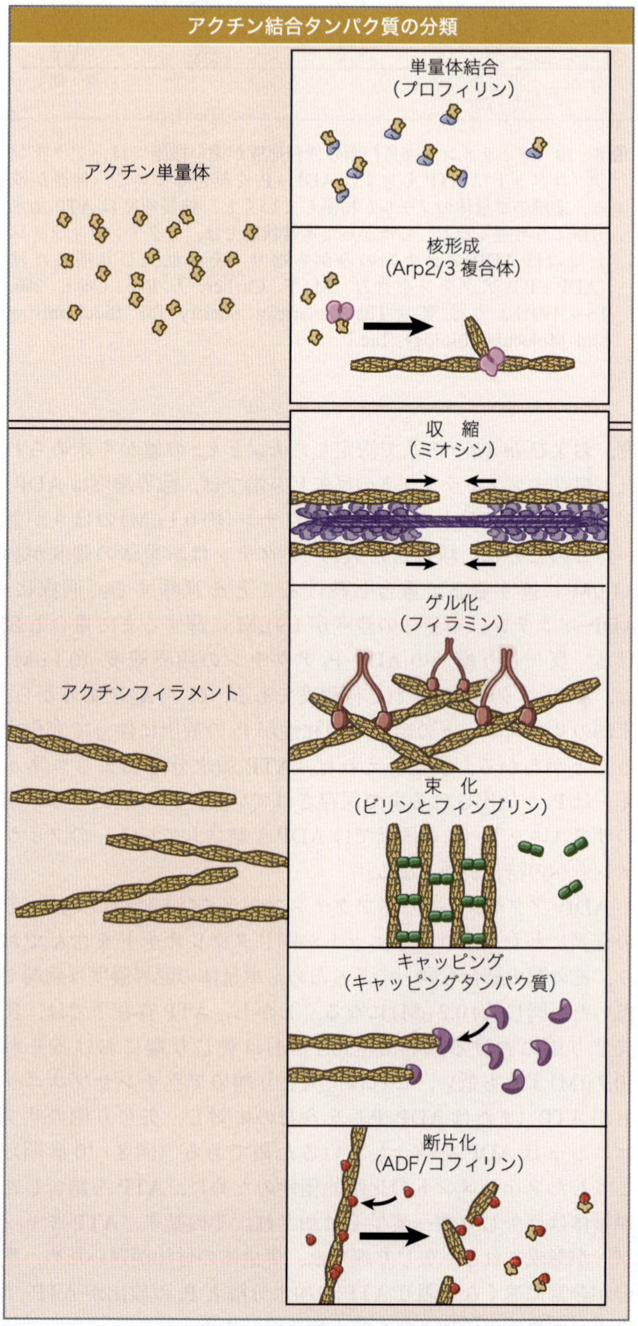

図 8・13 アクチン結合タンパク質は，細胞内でアクチンの重合とアクチンフィラメントの組織化を調節する．一部のタンパク質はアクチン単量体と相互作用し，他のタンパク質はフィラメントと相互作用する．

プロフィリンはアクチンの反矢じり端に結合する

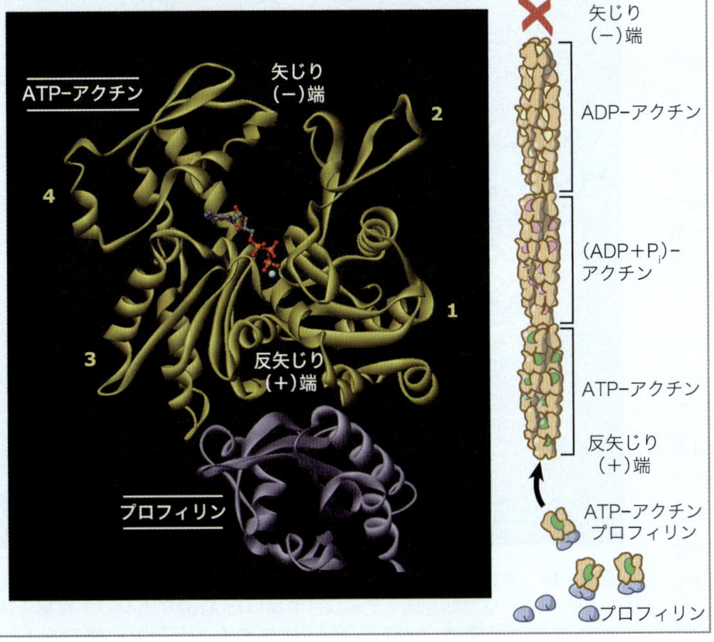

図8・14 プロフィリンはアクチン単量体の反矢じり端に結合する．そこで単量体の付加がフィラメントの反矢じり端だけで起こり，アクチン重合調節が可能になる［プロフィリン–アクチン複合体の原子構造の画像は Protein Data Bank file 2BTF より作成］

以下数節にわたり，数種類のアクチン結合タンパク質について解説し，続く節でこれらのタンパク質が協同的に働く機構について説明する（§8・13“アクチンとアクチン結合タンパク質は協同で働き細胞の遊走をひき起こす”参照）．

8・8 アクチン単量体結合タンパク質は重合に影響を与える

重要な概念

- チモシン β_4 とプロフィリンは多くの真核生物において主要なアクチン結合タンパク質である．
- 後生動物の細胞では，チモシン β_4 がアクチン単量体を隔離し，ATP–アクチンのプールができる．このプールの ATP–アクチンはフィラメントの素早い伸長に利用される．
- プロフィリン–アクチン単量体の複合体は反矢じり端におけるフィラメントの伸長に寄与するが，矢じり端の伸長には寄与しない．

細胞はアクチン単量体のプールを維持しており，細胞外からの刺激を受けて特定の時間，場所でフィラメント形成が必要になると，このプールをフィラメントの素早い伸長に利用する．アクチンフィラメントの伸長速度は，重合に利用できるアクチン単量体の濃度に依存する（図8・7参照）．細胞のもつ時間スケールに対して素早い伸長を実現するには，重合に利用できるアクチン単量体の濃度は臨界濃度よりもはるかに高くなければならない．アクチン単量体に結合するタンパク質はフィラメントの伸長速度を調節する．

後生動物で最も豊富に存在する**アクチン単量体結合タンパク質**（actin monomer-binding protein）はチモシン β_4 とプロフィリンである．チモシン β_4 は高等真核生物にのみみられ，運動性の高い細胞や貪食細胞で最も多く発現する．プロフィリンは植物，動物，酵母を含むほとんどの真核生物がもっている．これらのタンパク質の濃度は細胞内の全アクチン濃度に匹敵する．チモシン β_4 とプロフィリンはどちらもアクチン単量体と結合するが，アクチン重合の調節に与える影響は大きく異なり，どちらも細胞の生理的過程で非常に重要な役割を果たす．

チモシン β_4 は小さなペプチドで（$M_r < 5$ kDa），よく保存されたアクチン単量体結合タンパク質ファミリーに属しており，単量体アクチンと 1:1 の複合体を形成する．チモシン β_4 はアクチン単量体の自発的重合を抑制し，フィラメントへの単量体の付加を阻害する．小さなペプチドではあるが，アクチン単量体の表面に広範囲にわたって結合し，フィラメントを安定にするのに必要な相互作用部位を立体的に覆ってしまうと考えられている．チモシン β_4 の細胞内濃度は，好中球のように運動性の高い細胞では数百 μM に達し，細胞質での膨大なアクチン単量体プールの維持を可能にしている．チモシン β_4 は ATP–アクチン（K_d は約 2 μM）に対して ADP–アクチン（K_d は約 50 μM）よりも高い親和性で結合するので，細胞内の未重合アクチンのプールはおもに ATP–アクチンからなる．

プロフィリンもまた小さな（M_r は約 15 kDa）アクチン結合タンパク質で，アクチン単量体と 1:1 の複合体を形成する．しかし，チモシン β_4 とは対照的に，プロフィリン–アクチン単量体の複合体はアクチンフィラメントの反矢じり端に結合できる．プロフィリン–アクチン単量体の複合体がひとたび反矢じり端に結合すると，プロフィリンは解離して別のアクチン単量体と結合する．図8・14に示すように，プロフィリンはアクチン単量体のサブドメイン1と3に結合するため，単量体はプロフィリン存在下では矢じり端に結合できなくなる．したがって，プロフィリン–アクチンによってフィラメントの反矢じり端での伸長のみが進行するようになる．

プロフィリンがもつもう一つの重要な性質は，アクチン単量体に結合したヌクレオチドの交換を触媒することである．細胞内では ATP の方が ADP よりもはるかに高濃度で存在するため，プロフィリンを介してアクチン単量体は素早く細胞質中の ATP と平衡に達し，ADP–アクチン単量体は ATP–アクチン単量体に変換される．こうして，素早いフィラメントの伸長に必要な ATP–アクチン単量体の膨大なプールが維持される．（細胞内でのアクチンの再編成時におけるチモシン β_4 とプロフィリンの役割については §8・13“アクチンとアクチン結合タンパク質は協同で働き細胞の遊走をひき起こす”参照．）

8・9 核形成タンパク質は細胞内でのアクチン重合を調節する

重要な概念

- 細胞は核形成タンパク質を利用して新規のフィラメント形成の時期および場所を調節する．
- Arp2/3 複合体とフォルミンは *in vivo* でフィラメントの核形成を行う．
- Arp2/3 による核形成は枝分かれしたフィラメントのネットワークをつくり出すが，フォルミンタンパク質によって形成されるフィラメントは枝分かれしない．
- Arp2/3 は細胞膜で Scar，WASP，WAVE タンパク質によって活性化される．

核形成は *in vitro* で新しいアクチンフィラメントが生じる反応の最も遅い段階であり（図8・6参照），細胞内でのアクチン重合の重要な調節点である．細胞内の特定の場所で新しいアクチンフィラメントを素早く形成するには，核形成の段階を速める必要がある．こうした新しいフィラメントの形成を促進するタンパク質を**核形成タンパク質**（nucleating protein）とよぶ．Arp2/3 複合体とフォルミンはアクチンフィラメントの核形成を促進する 2 種類のタンパク質で，細胞運動の調節において重要な役割を担っており，またどちらもよく研究されている．これらのタンパク質はそれぞれ違った機構でフィラメントの核形成を促進し，細胞全体に違った形のフィラメントネットワークを構築する．

Arp2/3 複合体は図8・15のX線結晶構造にみられるように，Arp2，Arp3 とその他の五つのタンパク質からなる高分子タンパク質複合体である．Arp2 と Arp3 はアクチン関連タンパク質で，アクチンと類似の構造をもっているが（図8・2参照），それ自身では重合してフィラメントを形成することはできない．Arp2 と Arp3 は反矢じり端の露出した安定なアクチン二量体を模倣するような形で複合体をつくるので，ここにアクチン単量体が結合すると直ちに安定な核が形成される．矢じり端で新しいフィラメントが伸長する間も，Arp2/3 複合体は反矢じり端に結合したままになっている．

Arp2/3 複合体の核形成活性は，調節タンパク質や既存のアクチンフィラメント側部との相互作用で活性化される．Arp2/3 複合体による核形成は細胞膜で起こる（図8・22参照）．新たに合成される"娘"フィラメントは，既存の"母"フィラメントの側部から 70° の方向に反矢じり端を伸長していく．Arp2/3 複合体が既存のアクチンフィラメント側部に結合して，運動性細胞の伸長末端（図8・1の葉状仮足を見よ）にみられるアクチンフィラメントの樹状のネットワークがつくり出されることが，*in vitro* 実験で明かにされた．Arp2/3 複合体はアクチンフィラメントのサブユニットのうち，ADP を結合したもの（"古い"フィラメント）よりも ATP または ADP–P_i を結合したもの（"できたばかりの"フィラメント）に強く結合する（§8・6"アクチンサブユニットは重合後 ATP を加水分解する"参照）．したがって，Arp2/3 はできたばかりのフィラメントと選択的に結合して枝分かれをひき起こす．P_i が放出されフィラメントが古くなると，Arp2/3 はアクチンフィラメントから解離し，枝分かれは失われアクチンフィラメントのネットワークも離散してしまう．

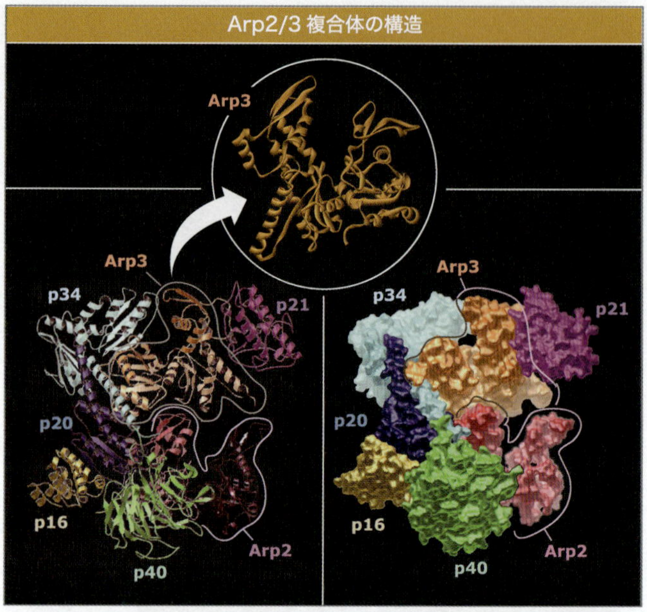

図8・15 それぞれのサブユニットをタンパク質骨格のリボンモデル(左)あるいは空間充塡モデル(右)で描いた Arp2/3 タンパク質複合体の X 線結晶構造．Arp2 と Arp3 はアクチンと類似の構造をもつ［Arp3 の画像は Protein Data Bank file 1KBK から作成し，Arp2 は一部をモデル化して当てはめてある．この Arp2 / 3 複合体の構造は，Thomas D. Pollard, Yale University の好意による．R.C. Robinson, et al., *Science* **294**, 1679～1684(2001) より，許可を得て転載．©AAAS］

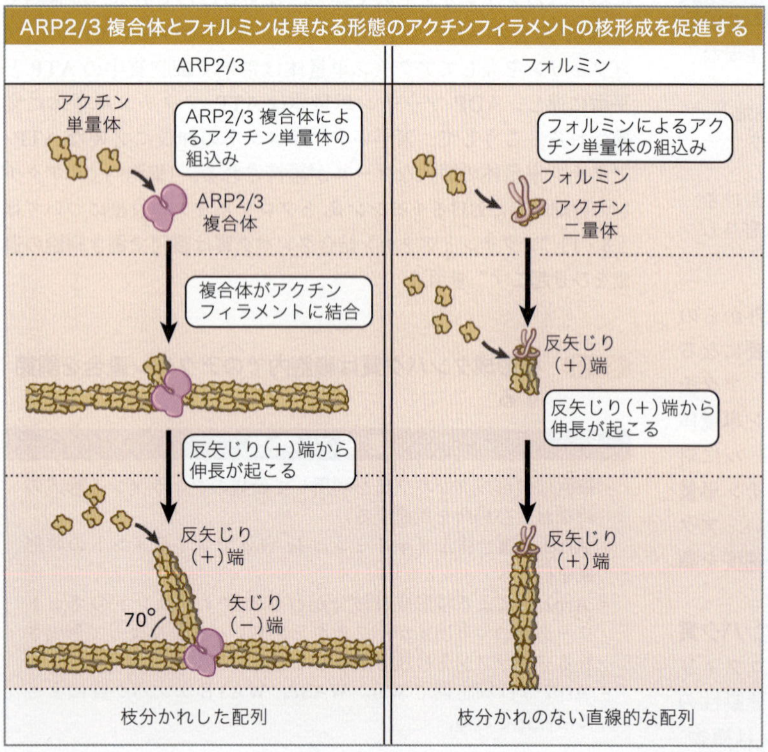

図8・16 Arp2/3 複合体は枝分かれしたアクチンフィラメントの核形成を行い，一方フォルミンは枝分かれのない直線的なアクチンフィラメントの核形成を促進する．

膜ではシグナル伝達経路に応答して，Scar（suppressor of cAMP reseptor），WASP（Wiskott-Aldrich syndrome protein），WAVE（WASP-verprolin homolog）といったタンパク質がArp2/3複合体を活性化する．膜でのArp2/3の活性化は，膜が突出するに際してアクチンが働くうえで非常に重要である（§8・13“アクチンとアクチン結合タンパク質は協同で働き細胞の遊走をひき起こす”参照）．上記タンパク質は低分子量Gタンパク質によって活性化されると，既存のアクチンフィラメントと協同してArp2/3複合体を活性化する．

フォルミンは構造がよく保存されたタンパク質ファミリーであり，マウスの遺伝子である limb deformity にちなんで名づけられた．フォルミンファミリーに属するタンパク質はフォルミンホモロジー1, 2（FH1, FH2）とよばれる二つの特徴的な相同ドメインをもつ．FH1ドメインはプロフィリンと結合し，FH2ドメインはアクチン重合のための核形成を促進する．注目すべきことに，フォルミンはフィラメントの反矢じり端が伸長する間にも反矢じり端と結合し続けて，伸長中の反矢じり端がキャップタンパク質でふさがれないようにするとともに，プロフィリンと直接結合してフィラメントの伸長速度を速める．

このようなフォルミンによる核形成と伸長の機構は，伸長の間に矢じり端にとどまるArp2/3複合体と異なっている．フォルミンは既存のアクチンフィラメントの側部と結合することなく新しいフィラメントの核形成を促進するので，図8・16に示すように，Arp2/3複合体によってつくられるような枝分かれしたネットワークではなく，枝分かれのないフィラメントの形成を促す．

8・10 キャップタンパク質はアクチンフィラメントの長さを調節する

重要な概念

- キャップタンパク質はアクチンフィラメントの伸長を阻害する．
- キャップタンパク質はアクチンフィラメントの反矢じり端，矢じり端のどちらかで働く．
- キャップタンパク質とゲルゾリンは，反矢じり端の伸長を阻害するが，この機能は細胞膜のリン脂質によって抑制される．
- トロポモジュリンはアクチンフィラメントの矢じり端をキャップするタンパク質である．

in vitro で調節を受けない環境では，アクチンフィラメントは遊離のアクチン単量体の濃度が臨界濃度と等しくなるまで素早く持続的に伸長する（図8・6，図8・7参照）．*in vivo* では，多数の露出した反矢じり端を修飾するための機構が存在する．このような調節機構は，アクチン単量体のプールの枯渇を防いだり，特定のアクチン構造の大きさを規定したりするのに必要となる．また，アクチンフィラメントは短いものよりも長いものの方が堅いため，フィラメントの長さの調節はアクチンネットワークの力学的性質に影響を与える．アクチンフィラメントの末端に結合してアクチン単量体の組込みを阻止するタンパク質を，**キャップタンパク質**（capping protein）とよぶ．反矢じり端に結合するキャップタンパク質と，矢じり端に結合するキャップタンパク質がある．反矢じり端キャップタンパク質は伸長を阻害してアクチンフィラメントの長さを制限し，一方矢じり端キャップタンパク質は脱重合を阻害する．

反矢じり端キャップタンパク質には，キャップタンパク質（CapZ ともよばれる），EPS8，ゲルゾリンスーパーファミリーに属するタンパク質などがある．キャップタンパク質とゲルゾリンは構造や動作機構は異なるが，共にアクチンフィラメントの反矢じり端に結合し，単量体の付加を防いで伸長を阻害する．これらのタンパク質はアクチンフィラメントの反矢じり端に対して高い親和性をもち，細胞内のアクチン単量体濃度が高いときでもアクチンサブユニットの付加を阻止する（CapZについてより詳しくは§8・21“ミオシンⅡは筋収縮で働く”参照）．

ゲルゾリンやキャップタンパク質のキャップ活性は，細胞膜のリン脂質によって調節される．ホスファチジルイノシトール二リン酸（PIP_2）は両方のタイプのキャップタンパク質をアクチンフィラメントの反矢じり端から解離させ，細胞膜で脱キャップ作用，あるいはキャップ阻害作用を及ぼす．PIP_2 は細胞膜の内側の層に存在する，細胞内シグナル伝達に重要な物質である．PIP_2 の量は，ある種のGタンパク質と共役している細胞表面受容体を介したシグナルに応答して調節される．脱キャップの調節によって，細胞の遊走や細胞膜の突出にとって重要な，細胞膜でのフィラメント伸長の調節が可能になる（§8・13“アクチンとアクチン結合タンパク質は協同で働き細胞の遊走をひき起こす”参照）．キャップタンパク質の活性レベルは細胞が形成する突起の種類（葉状仮足または糸状仮足）に影響する（PIP_2 についてより詳しくは第14章“細胞のシグナル伝達”参照）．

トロポモジュリンファミリーのタンパク質はいろいろな組織で発現しているキャップタンパク質であり，アクチン調節タンパク質の一つであるトロポミオシンが存在するときにアクチンフィラメントの矢じり端に高い親和性を示す．トロポモジュリンは横紋筋でアクチンフィラメントの長さの決定に寄与し（§8・21“ミオシンⅡは筋収縮で働く”参照），また赤血球や上皮細胞でもアクチンフィラメントの長さや重合の動態を調節する．

8・11 切断タンパク質や脱重合タンパク質はアクチンフィラメントの動態を調節する

重要な概念

- アクチンフィラメントは脱重合して，可溶性の単量体プールを維持する．
- コフィリン/ADFファミリーに属するタンパク質は，アクチンフィラメントの切断や脱重合を促進する．
- 切断によりフィラメントの末端が増加し，この末端から重合または脱重合が起きる．
- コフィリン/ADFはアクチンフィラメントに協同的に結合し，フィラメントのねじれに変化をひき起こす．
- ADPを結合したアクチンフィラメントは，コフィリン/ADFタンパク質の標的になる．

細胞が可溶性のアクチン単量体プールを素早く補充するには，重合したアクチンフィラメントを脱重合させなくてはならない．アクチン単量体のプールの維持には新規のタンパク質合成も必要であるが，タンパク質合成の進行はアクチン細胞骨格を素早く再編成するには遅すぎる．コフィリン/アクチン脱重合因子（cofilin/actin depolymerizing factor, ADF）ファミリーに属するアクチン調節タンパク質は，アクチンフィラメントに結合し，フィラメント末端からのサブユニットの解離の加速，およびフィラメントの断片化（切断）という，二通りの方法で脱重合を促進する．フィラメントの断片化はまた，伸長可能なフィラメント末端の総数を増加させる．コフィリン/ADFタンパク質のアクチンフィラメントへの結合は協同的であり，低濃度でも非常に効率的にフィラメントを標的として脱重合を促す．

図8・17に示すように，裸のアクチンフィラメントとコフィリンで覆われたアクチンフィラメントの電子顕微鏡写真を比較すると，コフィリンはフィラメントのらせんのねじれを大きくすることがわかる．らせんのねじれの変化はおそらくコフィリンの協同的結合を促進し，これによって生じた物理的なゆがみがアクチンサブユニット間の縦方向，横方向の結合を弱めるので，サブユニットの解離やフィラメントの切断がひき起こされる．コフィリン/ADFタンパク質がどのような機構で切断を促進するかは，まだ完全にはわかっていない．

コフィリン/ADFのアクチンフィラメントへの結合は，アクチンサブユニットに結合しているヌクレオチドに大きく依存する．ADPを結合したフィラメントはコフィリン/ADFタンパク質に選択的に認識され，切断される．一方ADP–P_iを結合したフィラメントとコフィリン/ADFとの親和性は低いので，そのようなフィラメントは切断に対して耐性をもつ．ADP–アクチンへの選択的な結合により，コフィリン/ADFはATP–アクチン，ADP–P_iアクチンからなる新しく形成されたフィラメントは切断せず，ADP–アクチンサブユニットだけを標的にする．したがって，細胞が外部からの刺激に応答する際，アクチン細胞骨格の再編成に伴って古いフィラメントが選択的に脱重合する．

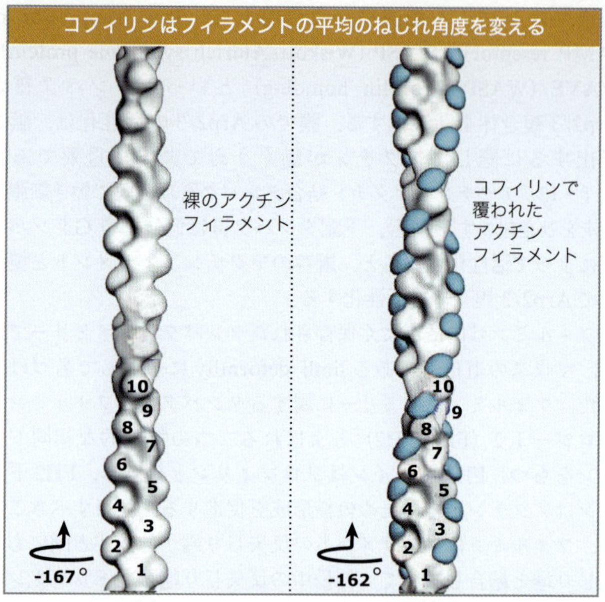

図8・17 多数のコフィリン分子がアクチンフィラメントに結合すると，らせんのねじれの角度が大きくなる．おそらくこのためにサブユニット間の相互作用が不安定になり，フィラメントが壊れる［画像はJ.R. Bamburg, A. McGough, S. Ono, 'Putting a new twist on actin …', *Trends Cell Bio.* **364**, 364～370(1999)より，Elsevierの許可を得て転載．James Bamburg, Colorado State Universityの好意による］

8・12 架橋タンパク質はアクチンフィラメントの束化やネットワークの形成を促す

重 要 な 概 念

- 架橋タンパク質はアクチンフィラメントどうしを架橋し，束化したりネットワークを形成させたりする．
- アクチン束やアクチンネットワークは機械的強度が非常に強い．
- アクチン架橋タンパク質は二つのアクチンフィラメント結合部位をもつ．
- アクチンネットワークはシート（ラメラ）あるいはゲルを形成する．

アクチンフィラメントは複雑な高次構造形成や組織化を経て，細胞の形や強度に寄与する．細胞内でみられる二つのアクチンフィラメントの高次構造は，**アクチン束**(actin bundle)と**アクチンネットワーク**(actin network)である．束化したアクチンフィラメントは平行に並んでいるが，ネットワーク化したフィラメントは十字型に交叉した網目構造をとる（図8・1の葉状仮足を見よ）．これらの構造は細胞に機械的強度を与え，成長に伴って膜を押す力を出すことができる．こうしたアクチンフィラメントの高次構造は細胞質中で比較的大きな領域に広がる．

束やネットワークは，アクチンフィラメントと**架橋タンパク質**(crosslinking protein)の相互作用によって生じる．違った種類の細胞は違う架橋タンパク質を発現する．架橋タンパク質は同時に2本のアクチンフィラメントと相互作用するので，図8・18に示すように二つのアクチンフィラメント結合部位をもつ．架橋タンパク質のなかには，アクチン結合やネットワーク形成能がリン酸化で阻害されるものもある．

図8・18に示すように，アクチンフィラメントを架橋するタンパク質は三つのグループに分類される．フィンブリン，αアクチニン，スペクトリン，フィラミン，ABP120といったアクチンフィラメント架橋タンパク質はアクチン結合ドメイン(actin-binding domain, ABD)ファミリーに属しており，図8・18ではグループⅢに分類されている．これらのタンパク質は，αヘ

アクチン架橋タンパク質

グループ	タンパク質	分子量〔kDa〕	場　所
I	ファシン	55	• 先体突起 • 糸状仮足 • 葉状仮足 • 微絨毛 • ストレスファイバー
I	スクルイン	102	• 先体突起
II	ビリン	92	• 腸および腎臓の刷子縁の微絨毛
III カルポニン相同ドメインスーパーファミリー	フィンブリン	68	• 接着板 • 微絨毛 • 不動毛 • 酵母アクチンケーブル
III	ジストロフィン	427	• 筋細胞表層ネットワーク
III	ABP120（二量体）	92	• 仮　足
III	αアクチニン（二量体）	102	• 接着板 • 糸状仮足 • 葉状仮足 • ストレスファイバー
III	フィラミン（二量体）	280	• 糸状仮足 • 仮　足
III	スペクトリン（四量体）	α280 β246～275	• 細胞表層ネットワーク

図8・18 アクチンフィラメントを組織化する働きをもつ架橋タンパク質は，アクチン結合ドメインとそれらを隔てるさまざまな長さのスペーサー領域からなるモジュール構造をもつ．これらのタンパク質はアクチン結合ドメイン(actin-binding domain, ABD)の性質に基づいて三つのグループに分類される．グループⅠのタンパク質は独特のABDをもち，グループⅡのタンパク質ビリンは約7 kDaのABDをもつ．グループⅢタンパク質はカルポニン相同ドメイン(約26 kDa)をもつが，このアクチン結合ドメインは多種類のアクチン結合タンパク質に見いだされる．

リックスを形成するカルポニン相同ドメイン二つからなる保存された 27 kDa の ABD をもつ．ほとんどの ABD ファミリータンパク質はホモまたはヘテロ二量体を形成し，それぞれの分子が二つの ABD をもつため，異なる二つのフィラメントに結合しこれらを架橋する．架橋で生じる組織化されたアクチンフィラメントの形態は，図 8・19 に示すように，ドメインの幾何学的な構成や間隔に依存する．たとえば，フィンブリン単量体がもつ二つの ABD は近接しているため，フィンブリンは微絨毛でみられるような高密度のアクチン束を形成する．一方，α-アクチニン，フィラミン，スペクトリン，ジストロフィンの二量体では長いスペーサーによって ABD が隔てられているため，これらのタンパク質はゆるいアクチン束やアクチンネットワークを形成する．

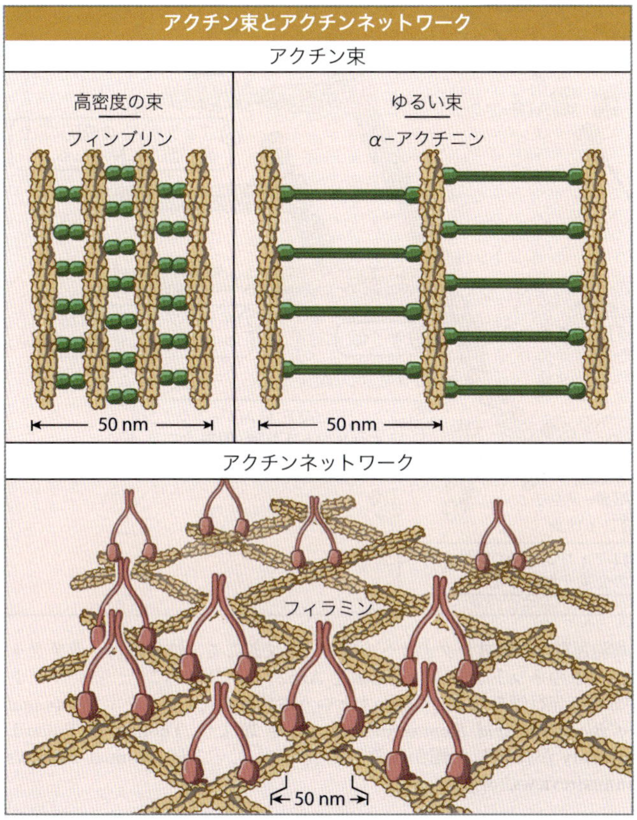

図 8・19 架橋タンパク質はアクチンフィラメントと相互作用し，平行なフィラメントの束とネットワークという 2 種類の構造をつくり出す．

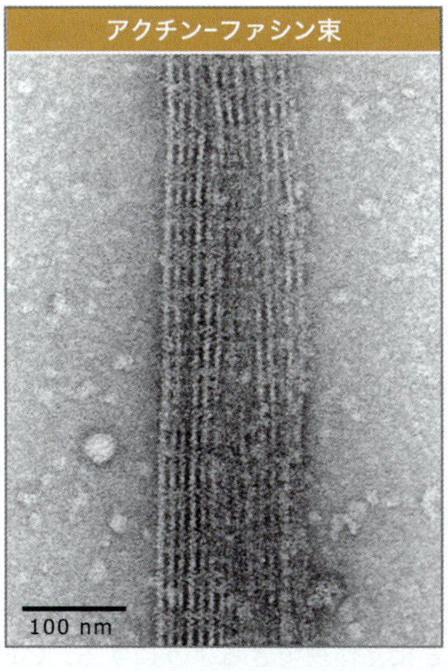

図 8・20 ファシンによって架橋されたアクチンフィラメントの束の走査型電子顕微鏡写真［*The Journal of Cell Biology*, **125**, 369〜380 (1994) より The Rockefeller University Press の許可を得て転載．Lynn Cooley, Yale University Medical School の好意による］

ABD ファミリーとは異なる架橋タンパク質としてファシンやビリンがあり，それぞれ図 8・18 ではグループⅠ，グループⅡに分類されている．ファシンは，図 8・20 にみられるように，フィラメントを高密度に束化する．この束は遊走神経細胞の成長円錐などに存在する糸状仮足を形づくる（図 8・1 参照）．ビリンはある種の上皮細胞がもつ微絨毛に多く存在する（図 8・1 参照）．ビリンでは，フィンブリンと同様にアクチンと結合するドメインが近接しており，これらのタンパク質は両方とも微絨毛でアクチンフィラメントを架橋する．

8・13 アクチンとアクチン結合タンパク質は協同して細胞の遊走をひき起こす

重要な概念

- アクチン単量体またはフィラメントに結合するタンパク質とアクチンとの相互作用は，細胞の突起構造の成長や組織化を調節する．
- 細胞膜においてアクチンフィラメントの反矢じり端にアクチン単量体が付加されると，膜は外側に押し出される．

基質表面に沿った細胞の遊走には，アクチンを多く含む突起構造の形成と成長，突起構造の表面への接着（第 15 章“細胞外マトリックスおよび細胞接着”も参照），細胞体の退縮が必要である．調節されたアクチン重合によってアクチン細胞骨格の再編成がひき起こされると，図 8・21 に示したような遊走細胞の葉状仮足の先行端で突起が生じるが，本節では，その機構について解説する．葉状仮足形成とその成長の機構はよくわかっている．葉状仮足形成には，Arp2/3 複合体によるアクチンフィラメントの核形成が必要とされる．これに続き，細胞の端に位置するアクチンフィラメントの反矢じり端にアクチン単量体が付加され，細胞膜が前面に押し出される（これがどのように起こるかは，§8・24“補遺：重合体の形成が力を発生する仕組みの二つのモデル”で論じる）．この運動は，精製したアクチン，Arp2/3，コフィリン，キャップタンパク質を用いて *in vitro* で再現できる．

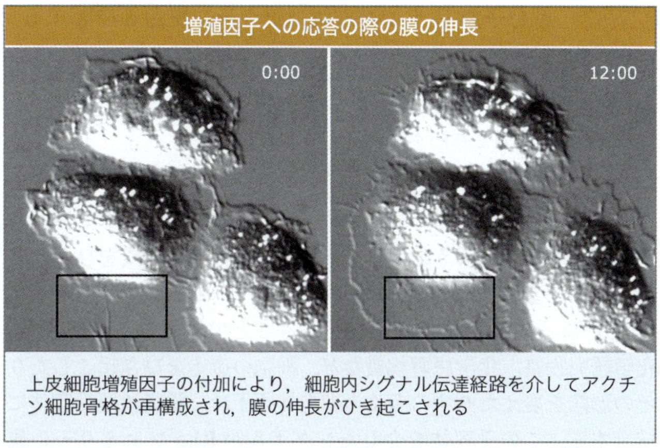

図 8・21 上皮細胞増殖因子（epidermal growth factor, EGF）は，EGF 受容体を発現した細胞の遊走や分裂をひき起こす．この動画は，EGF に応答してアクチン重合により膜を伸長させている上皮細胞を示している．時間は分：秒で表してある［E. Michael Ostap, University of Pennsylvania の好意による］

多くの細胞では，葉状仮足の先行端での単量体付加速度が後方端におけるフィラメントの脱重合速度と等しいため，遊走中の細胞の葉状仮足の大きさはだいたい一定である．アクチン，核形成因子，キャップタンパク質，隔離タンパク質，切断タンパク質の間に働く相互作用がこの成長を調節し，突起の形状を決定する．

アクチン細胞骨格の再編成をひき起こす一連の事象は，図8・22に示すように，細胞外シグナルがシグナル伝達経路を介してWASP/Scarタンパク質を活性化することで始まる．これらのタンパク質はArp2/3複合体と結合してこれを活性化し，その結果，既存のフィラメントから枝分かれした新しいフィラメントができる．このとき，新しいフィラメントの反矢じり端は細胞膜の方を向く．

フィラメントは急速に伸長し，反矢じり端がキャップタンパク質によってキャップされるまで膜を前方に押し続ける．Arp2/3複合体と新たにできた短いアクチンフィラメントは，基質表面を覆う膜の突起を維持するのに適したネットワークをつくり出す（図8・1の葉状仮足を見よ）．

チモシンβ_4を結合したATP–アクチンの大きな可溶性プールは，伸長に使われる単量体を供給する．ATP–アクチン単量体はチモシンβ_4を結合した状態とプロフィリンを結合した状態の間で平衡にある．プロフィリンを結合したアクチンは，アクチンフィラメントの反矢じり端に会合する．プロフィリン–アクチン複合体が反矢じり端に結合すると，プロフィリンは解離し，さらに次の単量体をフィラメントに付加できるようになる．重合アクチンサブユニットに結合していたATPは加水分解され，P_iがゆっくりと放出されてADP–アクチンができる．P_i放出により，Arp2/3複合体のアクチンフィラメントからの解離速度が増すとともに，コフィリン/ADFがADP–アクチンに結合してアクチンフィラメントの切断，脱重合を行うようになる．フィラメントから解離したアクチン単量体にはプロフィリンが作用し，ADPのATPへの交換を触媒する．ATP–アクチン単量体はチモシンβ_4を結合し，アクチン単量体のプールが補充される．

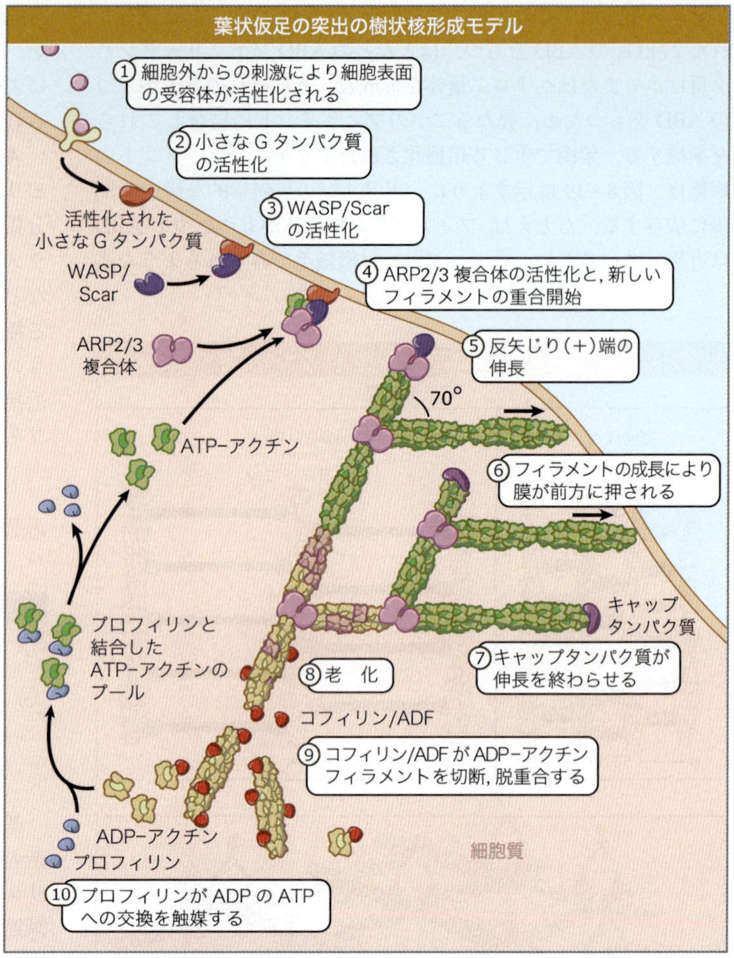
葉状仮足の突出の樹状核形成モデル
① 細胞外からの刺激により細胞表面の受容体が活性化される
② 小さなGタンパク質の活性化
③ WASP/Scarの活性化
④ ARP2/3複合体の活性化と，新しいフィラメントの重合開始
⑤ 反矢じり(＋)端の伸長
⑥ フィラメントの成長により膜が前方に押される
⑦ キャップタンパク質が伸長を終わらせる
⑧ 老化
⑨ コフィリン/ADFがADP–アクチンフィラメントを切断，脱重合する
⑩ プロフィリンがADPのATPへの交換を触媒する
活性化された小さなGタンパク質
WASP/Scar
ARP2/3複合体
ATP–アクチン
70°
キャップタンパク質
プロフィリンと結合したATP–アクチンのプール
コフィリン/ADF
ADP–アクチン
プロフィリン
細胞質

図8・22 細胞運動は細胞外シグナルへの応答として起こる．枝分かれしたアクチンフィラメントのネットワークの核形成をArp2/3がひき起こし，このネットワークが細胞の先行端を外方向へ動かすという樹状核形成モデルを示す［*Annual Review of Biophysics and Biomolecular Structure* **29**より，Thomas D. Pollard, Yale Universityが作製した図から許可を得て改変．©2000 Annual Reviews (www. annualreviews. org)］

8・14 低分子量Gタンパク質はアクチン重合を調節する

重要な概念

- Rhoファミリーに属する低分子量Gタンパク質は，アクチンの重合と動態を調節する．
- Rho, Rac, Cdc42タンパク質の活性化は，それぞれ葉状仮足，糸状仮足，収縮フィラメントの形成を促す．

前節で解説したように，アクチン細胞骨格の再編成をひき起こす一連の事象は，細胞外シグナルがシグナル伝達経路を介してWASP/Scarタンパク質を活性化することで始まる．増殖因子，化学誘引物質，化学忌避物質など，細胞の遊走をひき起こしたりその形態を変えたりする多くの細胞外因子は，膜貫通型受容体に結合する．この受容体を介したシグナルがRhoファミリーに属する単量体Gタンパク質を活性化するが，細胞表面の受容体によって活性化するRhoファミリータンパク質は異なる．Rhoタンパク質はGTP加水分解酵素であり，GDPのGTPへの交換によって活性化されるRasスーパーファミリーのメンバーである（§14・23“低分子量単量体型GTP結合タンパク質は多用途スイッチである”参照）．ヒトでは，少なくとも20の異なる遺伝子がRhoファミリータンパク質をコードしている．アミノ酸配列や細胞内機能に基づいて，これらの遺伝子の産物はRho, Rac, Cdc42というサブファミリーに分類される．これらのタンパク質の多くは，細胞外シグナルに応答してアクチン細胞骨格の変化をひき起こすという重要な役割を担っている．

RacおよびCdc42のサブファミリーに属するタンパク質は，WASP/ScarとWAVEタンパク質を活性化してアクチンの再編成を開始する．活性化されたWASP/ScarやWAVEタンパク質によって，さらにArp2/3複合体が活性化される．Rac, Cdc42, Rhoのそれぞれを活性化した結果を図8・23に示すが，その下流にある標的がそれぞれ違うため，違ったアクチン高次構造が形成される．Rac様タンパク質は，葉状仮足や細胞表面で伸び縮みする葉状仮足様の膜ラッフルの形成を促す．Rac様タンパク質はWAVEタンパク質とは直接相互作用せず，むしろ不活性な複合体に取込まれたWAVEタンパク質を放出させる，自由にArp2/3複合体と相互作用できるようにする．Cdc42様タンパク質はWASPと直接結合し，これを不活性状態からArp2/3複合体との相互作用が可能な状態に活性化する．Cdc42の活性化はアクチンフィラメントの束化や糸状仮足の伸長をひき起こす．

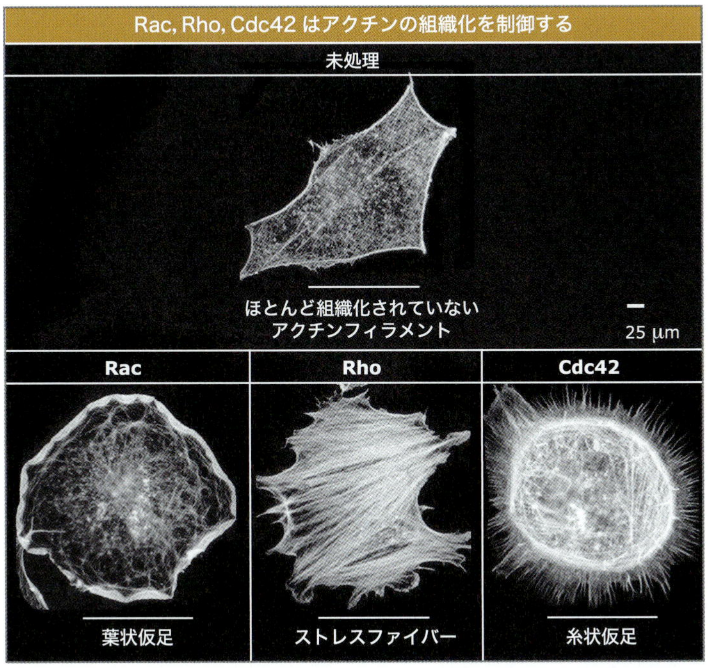

図 8・23 アクチンを蛍光染色した細胞の蛍光顕微鏡像．細胞内での Rac, Rho, Cdc42 の活性化によって，異なるアクチン構造が生じる［Alan Hall, MRC Laboratory of Molecular Cell Biology & Cell Biology Unit の好意による．A. Hall, *Science* **279**, 509〜514(1998) より転載．©AAAS］

Rho サブファミリーのタンパク質はアクチンとミオシンⅡからなる収縮フィラメント（図 8・1 のストレスファイバーのような）の形成を促す．こうした収縮フィラメントは，細胞内での機械的張力を維持し，細胞の形態維持や接着のために必要な力を生み出す（ストレスファイバーと接着点の詳細については §15・14 “インテグリン受容体は細胞シグナル伝達に関与している” 参照）．Rho タンパク質を介したシグナルは，非筋ミオシンを活性化するミオシン軽鎖のリン酸化をひき起こす（§8・20“ミオシンは複数の機構により調節される” 参照）．Rho タンパク質はまた，コフィリンリン酸化酵素（LIM キナーゼ）を活性化しアクチンフィラメントの切断と脱重合を阻害して，ミオシンを含むフィラメントを安定化する．さらに酵母では，Rho ファミリータンパク質は，フォルミンによるアクチンフィラメント核形成を活性化する．

8・15 ミオシンは多くの細胞内過程で重要な役割を担うアクチン系分子モーターである

重要な概念

- ミオシンタンパク質は，ATP を使ってアクチンフィラメント上で運動したり力発生したりするエネルギー変換機械である．
- アクチン系分子モーターであるミオシンスーパーファミリーには少なくとも 18 のサブファミリーがあり，その多くのものには複数のアイソフォームが含まれる．
- ミオシンには筋や細胞の収縮を駆動するものもあれば，膜や小胞の輸送を駆動するものもある．
- ミオシンは細胞の形態や極性を調節するうえで重要な役割を果たす．
- ミオシンはシグナル伝達経路や知覚経路に関与する．

ミオシンは ATP の結合，加水分解によるエネルギーを利用して，アクチンフィラメント上で力発生したり運動したりする分子モータータンパク質である．ミオシンの筋収縮における働きは最もよくわかっているが（§8・21 “ミオシンⅡは筋収縮で働く” で解説する），その発現は筋細胞に限られているわけではない．ミオシンは多種類のタンパク質からなるスーパーファミリーを形成し，ほとんどすべての種類の真核細胞に広く存在している．ミオシンファミリーに属するタンパク質はそれぞれ，細胞内における

ミオシンの発現と機能

ミオシンファミリー	生　物	細胞内機能
I	真　菌 原生動物 すべての後生動物	• アクチン細胞骨格と脂質膜の連結 • 膜輸送 • 機械刺激のシグナル変換 • 細胞膜ダイナミクス
II （従来型ミオシン）	真　菌 原生動物 すべての後生動物	• 心筋，骨格筋，平滑筋の収縮 • 非筋アイソフォームは以下のような多くの機能をもつ ——細胞質分裂 ——細胞遊走 ——細胞の形の決定 ——細胞極性の調節
III	脊椎動物 カブトガニ ショウジョウバエ	• 光受容器のシグナル伝達分子の輸送など感覚細胞の機能維持 • ヒトのアイソフォームに変異が入ると聴覚が失われる
IV	アカントアメーバ（原生生物）	• 未　知
V	ほとんどの真核細胞	• 短距離の小胞の輸送および分散 • mRNA の局在
VI	後生動物	• エンドサイトーシスおよび膜輸送 • アクチン細胞骨格構造の組織化
VII	後生動物 細胞性粘菌	• 細胞接着，ファゴサイトーシス，アクチン細胞骨格構造の組織化 • ヒトではこの遺伝子に変異が入ると聴覚が失われる
VIII	植　物	• エンドサイトーシスおよび細胞の辺縁部におけるアクチンの組織化
IX	脊椎動物 線　虫	• シグナル伝達活性の調節
X	脊椎動物	• 膜結合型の積荷運搬体 • イノシトールリン脂質を介したシグナル伝達をファゴサイトーシスに結びつける • 核の位置決定
XI	植　物 細胞性粘菌	• ミオシン V と同様の積荷運搬体
XII	線　虫	• 未　知
XIII	カサノリ属（緑藻類）	• 細胞小器官輸送や藻類の先端成長
XIV	トキソプラズマ マラリア原虫	• 滑走運動の駆動および宿主への感染
XV	脊椎動物 ショウジョウバエ	• 内耳の感覚有毛細胞などがもつ，アクチンを多く含む構造の形成および維持 • ヒトやマウスではこの遺伝子に変異が入ると聴覚が失われる
XVI	脊椎動物	• 発生中の脳における，細胞の特定領域へのリン酸化酵素の移送
XVII	真　菌	• 極性をもった細胞壁の合成や真菌の形態形成
XVIII	脊椎動物 ショウジョウバエ	• 未　知

図 8・24 ミオシンスーパーファミリーに属する 18 のミオシンファミリー．それぞれのミオシンファミリーを発現する生物とその機能を示す．一部のミオシンファミリーの機能はまだわかっていない．

ミオシンの構造的, 生化学的, 力学的な性質		
ミオシンファミリー	構造的特徴	生化学的, 力学的な性質
I	• 単頭分子 • 性質のわかっているすべてのアイソフォームは, 酸性のリン脂質と結合する尾部ドメインをもつ • 一部のアイソフォームは, Src ホモロジー 3(SH3) ドメインとヌクレオチド非依存的アクチン結合部位をもつ	• 連続運動性をもたない, 稼働比の低いモーター
II (従来型ミオシン)	• コイルドコイルドメインが重合して双極性のフィラメントを形成する	• 性質のわかっている筋アイソフォームは稼働比が低い • 少なくとも一つの非筋アイソフォームは比較的稼働比が高く, ゆっくりとした持続的な収縮に適しているようである
III	• モータードメインの N 末端にリン酸化酵素ドメインをもつ	• 稼働比が低いようである
IV	• 尾部ドメインに SH3 ドメインおよびタンパク質間相互作用ドメインが含まれる	• 未 知
V	• コイルドコイルドメインが二量体化して双頭分子を形成する • 尾部ドメインに結合して, 特定の細胞小器官とミオシン V を結びつけるタンパク質が同定されている	• 稼働比の高いモーター • 双頭のミオシン V は, 解離するまでにアクチンフィラメント上を数歩進む
VI	• モータードメインには挿入配列があり, この挿入配列のためにミオシンVIはアクチンフィラメントの矢じり端方向に運動することができる	• 単量体, 二量体の両方で存在する可能性がある, 稼働比の高いモーター • 二量体は, 解離するまでにアクチンフィラメント上を数歩進む
VII	• 二量体化して双頭分子を形成するかもしれない • 少なくとも一つのアイソフォームの尾部ドメインは細胞骨格タンパク質のタリンと結合する	• 解離するまでにアクチンフィラメント上を数歩進む • 稼働比の高いモーター
VIII	• 二量体化のためのコイルドコイルドメインをもつ • モータードメインの N 末端には機能未知の延長配列が存在する	• 未 知
IX	• RhoGAP ドメインをもつ • モータードメインのアクチン結合部位には大きな挿入配列があり, またこれとは別に Ras 結合ドメインと構造的に相同な挿入配列ももつ	• 単頭で連続運動性をもつモーター • アクチンフィラメントの矢じり端方向に運動するかもしれない
X	• 尾部ドメインにプレクストリン相同ドメインとタンパク質間相互作用ドメインがある	• 稼働比の低いモーター
XI	• コイルドコイルドメインが二量体化して双頭分子を形成する	• 連続運動性のある, 稼働比の高いモーター
XII	• モータードメインに機能未知の特徴的な挿入配列が存在する • 尾部ドメインにはタンパク質間相互作用ドメインが含まれる	• 未 知
XIII	• モータードメインの N 末端に機能未知の延長配列が存在する	• 未 知
XIV	• 短い尾部ドメインに調節機能をもつ可能性がある	• 連続運動性のない, 稼働比の低いモーター
XV	• 尾部ドメインに MyTH4 ドメインおよび FERM ドメインをもつ	• 未 知
XVI	• N 末端延長配列には, 脱リン酸酵素を結合するアンキリン繰返し配列がある • 尾部ドメインにプロリン残基の連なった配列がある	• 未 知
XVII	• 尾部ドメインにキチン合成酵素ドメインをもつ	• 未 知
XVIII	• アイソフォームの一つは, タンパク質相互作用の足場として機能する PDZ ドメインからなる, N 末端延長配列をもつ • 尾部ドメインには, コイルドコイル領域および C 末端球状尾部が存在する	• 未 知

図8・25 ミオシンファミリーの構造的特徴とモーターとしての性質.

特定の役割を担うために進化した構造的, 生化学的特徴をもつ.

アクチン系分子モーターであるミオシンスーパーファミリーには少なくとも 18 のサブファミリーがあり, その多くには複数のアイソフォームが含まれる. それぞれのサブファミリーはタンパク質配列解析で区別できる. 性質のわかっているすべてのミオシンは, ミオシンⅥを除き, アクチンフィラメントの反矢じり端方向に運動する. 発現しているミオシンの種類や数は, 細胞あるいは生物間でかなり違っている. たとえば, 酵母 *Saccharomyces cerevisiae* は三つのサブファミリーに属する 5 種類のミオシンを発現するが, ヒトは 12 のサブファミリーに属する 40 種類のミオシンを発現している.

ミオシンスーパーファミリーに属するタンパク質は, 重要で多彩な細胞内機能を担う. すべてのミオシンは, 細胞内でのさまざまな機械的, 調節的役割に適応するように進化してきた三つのドメイン (頭部またはモータードメイン, 調節ドメイン, 尾部ドメイン) をもつ. モータードメイン, 調節ドメインはミオシンの運動を駆動し, 尾部ドメインはミオシンどうしの会合やミオシンが輸送する細胞成分との結合にかかわる (§8・16 “ミオシンは三つの構造ドメインをもつ” を参照). 特定のミオシンがどのような機能を細胞内で果たすか, そしてモータードメインおよび尾部ドメインがどのようにしてこうした機能を生み出すのかについては, 盛んな研究が行われてきた. 図8・24 にそれぞれのミオシンファミリーの機能を, 図8・25 にミオシンがもつドメインの特徴を, 図8・26 にヒトのミオシンの発現パターンを示す. 性質のわかっているミオシンは, その機能に基づいて四つの大きなグループに分類することができる.

筋および細胞の収縮を駆動するミオシン. ミオシンⅡサブファミリーに属するタンパク質は, 骨格筋, 心筋, 平滑筋における強い収縮力を生み出す (§8・21 “ミオシンⅡは筋収縮で働く” 参照). これらのミオシンはまた, 細胞質分裂の際の収縮環の収縮や細胞の遊走など細胞全体の収縮現象を担っている.

膜や小胞の輸送を駆動するミオシン. 細胞質中で膜小胞の長距離輸送を行うのは微小管系モーターである (詳しくは第 7 章 “微小管” 参照). しかし, 小胞や細胞小器官の短距離輸送，あるいはそれらの細胞内分布の調節に重要な役割を果たすミオシンもある．たとえば，連続運動性をもったモーターであるミオシンⅤは，皮膚や毛の色を決める色素を含む細胞小器官の輸送にかかわる．また，ミオシンⅠ，Ⅵ，Ⅸ，Ⅹサブファミリーに属するタンパク質は，エンドサイトーシスやファゴサイトーシスにおける小胞形成と輸送を担う．

細胞の形態や極性を決める働きをもつミオシン．ミオシンは糸状仮足，不動毛，仮足など，アクチンが豊富に含まれる細胞表面構造の形成と動態にもかかわっている．たとえば，ミオシンⅠサブファミリーに属するタンパク質の一部は，脂質膜とアクチン細胞骨格とをつなぎ，また，アクチンが豊富な膜突起を引っ込めるときに働く．ミオシンⅡサブファミリーに属するタンパク質は，細胞の形態を決めるストレスファイバーや表層アクチンケーブルを収縮させる．ミオシンⅦは，アクチン細胞骨格と細胞外接着物との間に収縮性の連結をつくり出す．

シグナル伝達経路や知覚経路に関与するミオシン．ミオシンはシグナル伝達タンパク質との結合を介してシグナル伝達経路にかかわる．たとえば，ミオシンⅠは一部のカルシウムチャネルの活性を調節し，ミオシンⅢは眼の光受容体のシグナル伝達分子と相互作用し，ミオシンⅨはRhoの調節因子として働くと考えられている．またミオシンⅩⅥは，リン酸化酵素を特定の細胞内領域に振り向けるという役割をもつ可能性がある．ミオシンはまた知覚という過程でも重要で，たとえば，ミオシンⅥ，Ⅶ，ⅩⅤをコードする遺伝子に自然発生的に変異が入ると，耳の感覚有毛細胞にあるアクチンを含む構造が異常になり，聴覚が失われてしまう．

ヒトのミオシンの発現パターン

ミオシンファミリー	遺伝子の数	発　現
I	8	広く発現している
II（従来型ミオシン）	14	筋および非筋遺伝子に分けられる．非筋遺伝子は広く発現している
III	2	網膜(眼)，精巣，腎臓，腸管，球形嚢(耳)
V	3	広く発現している
VI	1	広く発現している
VII	2	蝸牛(耳)，網膜(眼)，肺，精巣，腎臓などの組織で特異的に発現している
IX	2	広く発現している
X	1	広く発現している
XV	2	蝸牛，脳下垂体，胃，腎臓，腸管，結腸で特異的に発現している
XVI	2	脳，腎臓，肝臓
XVIII	2	造血細胞，筋，腸管で特異的に発現している

図8・26　ヒトで発現するミオシンファミリータンパク質およびその発現組織．

次節では，ミオシンの構造とともに，性質のわかっているすべてのミオシンに共通な力発生機構，こうした機構がミオシンの細胞生物学的機能とどのように関係しているかについて解説する．（微小管と相互作用するモータータンパク質についての議論は，§7・11“微小管系モータータンパク質”参照．酵母における細胞分裂の際のミオシンの役割についての議論は§7・14“微小管の動態とモーターが結びつくことによって細胞の非対称的な構成が生み出される”参照．）

8・16　ミオシンは三つの構造ドメインをもつ

重要な概念

- ミオシンファミリーに属するタンパク質は頭部（モーター）ドメイン，調節ドメイン，尾部ドメインとよばれる三つの構造ドメインをもつ．
- モータードメインはATP結合部位およびアクチン結合部位をもち，ATP加水分解により放出されるエネルギーを機械的仕事に変換するという役割を担う．
- ほとんどのミオシンでは，調節ドメインは力変換を行うレバーアームとして働く．
- ミオシンの尾部ドメインは積荷タンパク質や脂質と相互作用し，ミオシンの生物学的機能を決定する．

ミオシンファミリーに属するタンパク質は，図8・27に示すように，モータードメイン，調節ドメイン，尾部ドメインという三つの構造ドメインをもつ．80 kDaほどのモータードメインはATP結合部位およびアクチン結合部位をもち，ATP加水分解により放出されるエネルギーを機械的仕事に変換するという役割を担う．この触媒機能をもつモータードメインはミオシンスーパーファミリーのすべてのタンパク質でよく保存されており，保存されたこのモータードメインをもつタンパク質がミオシンと定義される．

調節ドメインは軽鎖（ミオシン“重鎖”よりも分子量が小さいためこうよばれる）というタンパク質が結合する領域である．ほとんどの軽鎖はカルモジュリンまたはカルモジュリン様タンパク質である（§14・15“Ca^{2+}シグナル伝達はすべての真核生物でさまざまな役割を担っている”参照）．どのような軽鎖が結合するかはミオシンの種類や生物の発生段階によって異なり，また何分子の軽鎖が結合するかはミオシンの種類によって異なる．軽鎖はふつうミオシンと強く結合したままなので，ミオシン分子のサブユニットとして扱われる．リン酸化やカルシウムの結合といった軽鎖の修飾は，一部のミオシンの運動性やATP加水分解活性を調節する（§8・20“ミオシンは複数の機構により調節される”参照）．

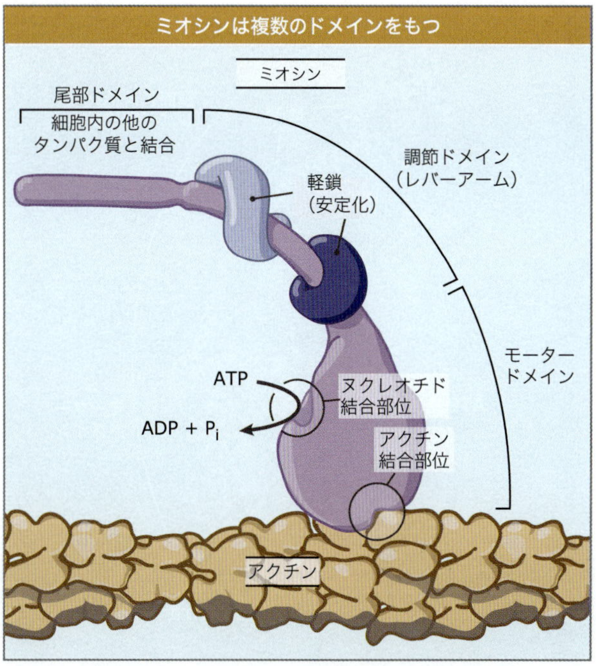

図8・27　ミオシンタンパク質はそれぞれ異なった機能をもつ三つの構造ドメイン（モータードメイン，調節ドメイン，尾部ドメイン）からなる．

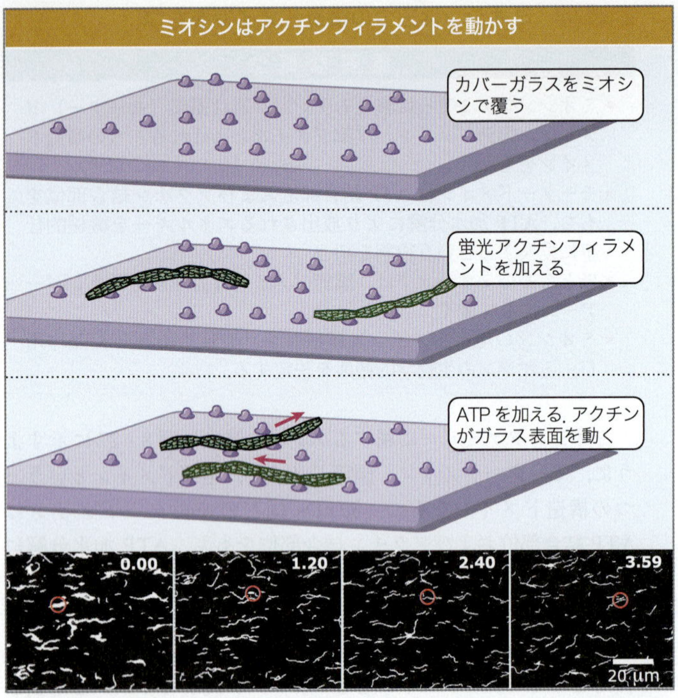

図8・28　モータードメインと調節ドメインのみを含むミオシン断片がアクチンフィラメントを動かすことができることを示す *in vitro* 運動実験．経時的なアクチンの運動を撮影したビデオ画像からいくつかのコマを抜き出した［Tianming Lin, E. Michael Ostap, University of Pennsylvania の好意による］

図8・28に示した *in vitro* 運動実験から，力発生にはモータードメインと調節ドメインが必要かつ十分であることがわかっている．

図8・29に示したミオシンのモータードメインと調節ドメインのX線結晶構造は，力発生機構の解明のための重要な手掛かりとなる．ミオシンは伸びた構造をしていて，モータードメインはαヘリックスに囲まれたβシートの核をもつ．この構造と微小管系モーターであるキネシンの構造（図7・51参照）とは，両者の配列に相同性がみられないにもかかわらず，きわめてよく似ている（§7・11"微小管系モータータンパク質"参照）．他のATP加水分解酵素やGタンパク質と同様に，ATP結合部位はATPのリン酸基およびATPと一緒にいるマグネシウムイオンを結合する．ATP結合部位にヌクレオチドが結合すると，アクチン結合部位と調節ドメインの構造が変化する．アクチン結合部位はミオシン分子末端の大きな裂け目の部分にあり，ATP結合部位から約4 nm離れている．この裂け目はミオシンのヌクレオチド結合に伴って開閉し，ミオシンのアクチン結合に影響を与える．ミオシンにATPが結合すると裂け目が少し開き，ミオシンとアクチンとの親和性が低下する．

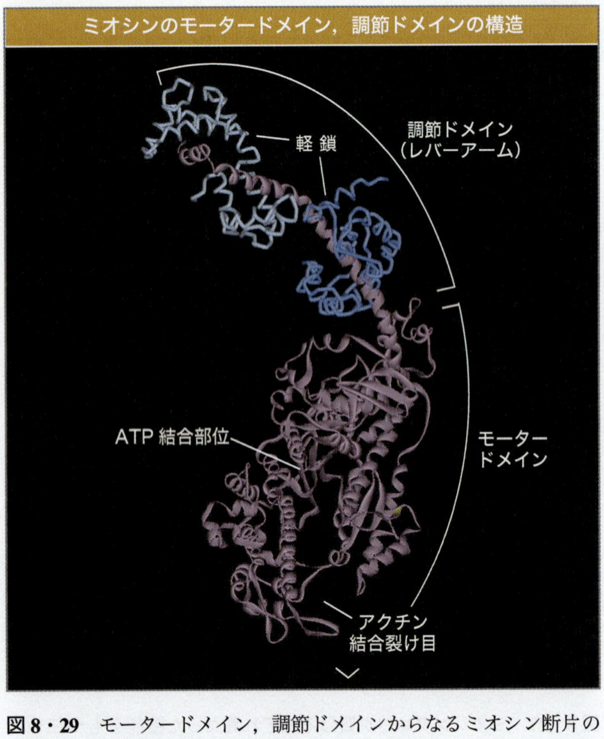

図8・29　モータードメイン，調節ドメインからなるミオシン断片のX線結晶構造．タンパク質骨格をリボン表示した［Protein Data Bank file 2MYS から作成］

調節ドメインはモータードメインから伸びた長いαヘリックスである（図8・29参照）．ミオシンの調節ドメインは力発生のための"レバーアーム"として働き，重要な機械的役割を担っている．ヌクレオチド結合部位の構造はATP，ADP-P_i，ADPのうちどれが結合しているかによって異なるが，この構造の変化はモータードメインから調節ドメインへと伝えられる．こうした構造変化はレバーアームの回転をひき起こし，図8・30に示したような**パワーストローク**（powerstroke）によって力が生じる（パワーストロークについては次節§8・17"ミオシンによるATP加水分解は多段階の反応である"で詳細に解説する）．軽鎖は調節ドメインを構造的に安定化し，堅いレバーアームとして働けるようにする．

ミオシンの尾部ドメインは他の細胞内タンパク質や脂質との結合，ミオシン分子の自己集合に関与する．ミオシン尾部ドメインの配列と構造は，ミオシンスーパーファミリーのなかでもきわめて多様である．図8・31に示すように，多くのミオシンの尾部ドメインは，タンパク質間相互作用部位として性質のよくわかったサブドメインを含む．尾部は輸送する積荷（タンパク質または脂質）の性質を特定する．また一部のミオシンでは，尾部ドメインを介して二量体化やフィラメントへの多量体化が起こり，二つ以上の触媒モータードメインをもつようになる．横紋筋の太いフィラメントはそのようなミオシンフィラメントの一例である（§8・21"ミオシンⅡは筋収縮で働く"で述べる）．尾部ドメインの配列の多様性は，それぞれのミオシンが細胞内での特定の役割に適応した結果である（図8・24参照）．

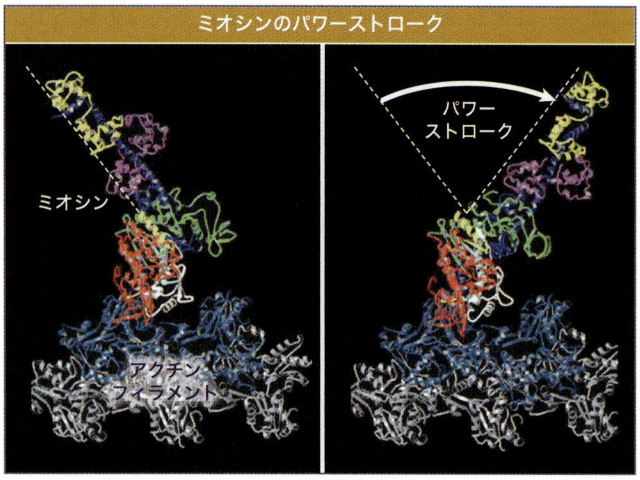

図8・30　ミオシンの調節ドメイン（レバーアーム）は大きな構造変化を起こし，アクチンフィラメント上を運動するのに必要な力を生み出す．ATPの加水分解およびP_i放出に伴ってアクチン結合部位で小さな構造変化が起こり，これが結果的にこの大きな構造変化をひき起こす［画像はKenneth C. Holmes, Max Planck Institut für Medizinische Forschungの好意による．K. Holmes, et al., *Phil. Trans. R. Soc.* **359**, 1819〜1828(2004)より，The Royal Societyの許可を得て転載］

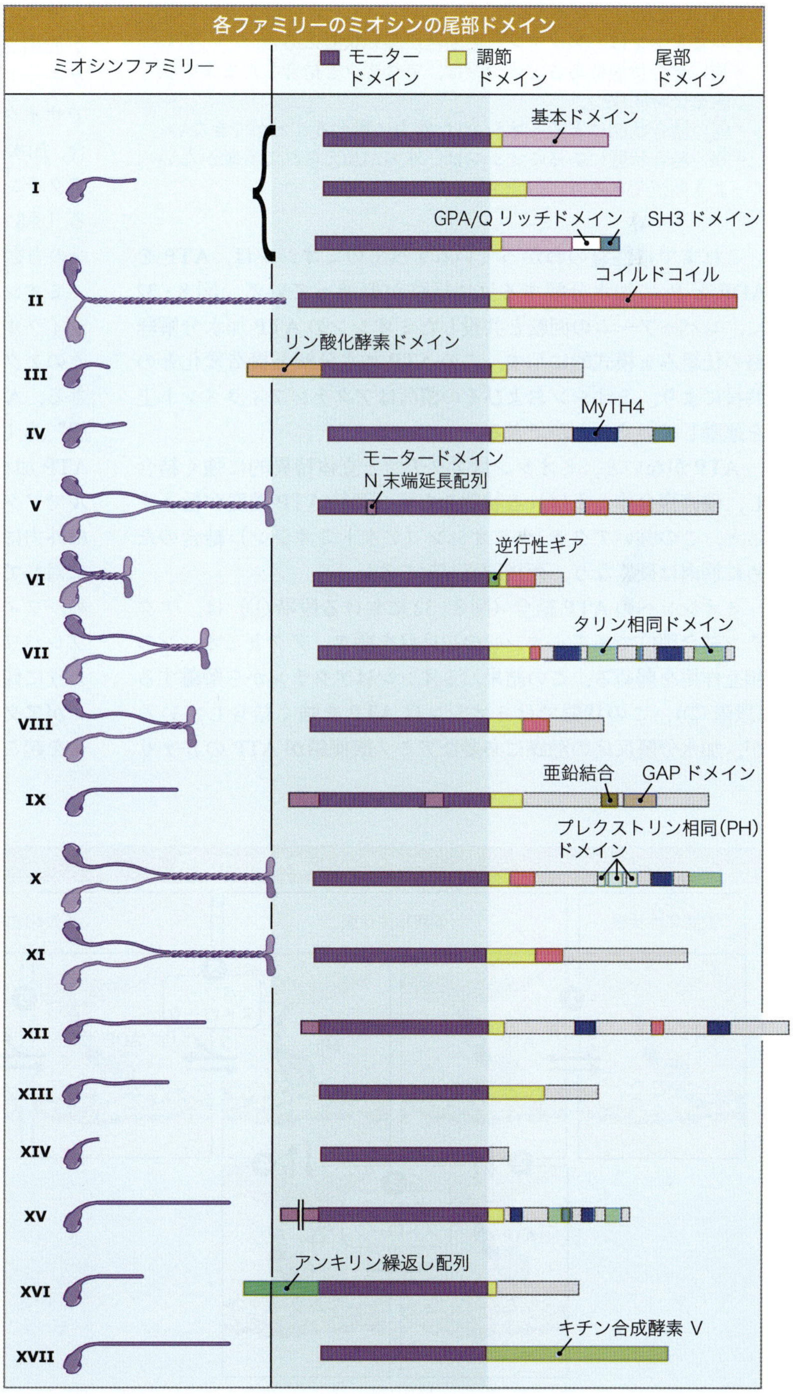

図8・31　それぞれのミオシンに特有の機能は尾部ドメインによって決まる．多量体化してミオシンフィラメントを形成するための領域をもつ尾部ドメインもあれば，積荷タンパク質を結合したり酵素として機能したりする尾部ドメインもある．

8・17 ミオシンによる ATP 加水分解は多段階の反応である

重 要 な 概 念

- ミオシンスーパーファミリーに属するタンパク質は，共通の ATP 加水分解反応経路をもつ．
- ミオシンとアクチンとの親和性は，ミオシンのヌクレオチド結合部位に ATP，ADP–P_i，ADP のどれが結合しているかによって変化する．
- ATP または ADP–P_i を結合したミオシンは，アクチンとの結合が弱い状態にある．
- 弱い結合状態では，ミオシンはアクチンと素早く結合，解離している．
- ATP 加水分解はミオシンを“活性化”し，ミオシンがアクチンから解離している間に起きる．
- ミオシンのパワーストロークによる力発生は，ADP–P_i をもったミオシンがアクチンと再結合した後の P_i 放出に伴って起きる．
- ADP を結合したミオシンまたはヌクレオチドを結合していないミオシンは，アクチンとの結合が強い状態にある．
- 強い結合状態にあるミオシンは，アクチンと結合したままの状態を長時間保つ．
- 弱い結合状態にあるミオシンは，外力に耐えることができない．
- 強い結合状態にあるミオシンは，外力が加えられても動かないよう抵抗できる．

これまでに性質のわかっているすべてのミオシンは，ATP を ADP と P_i に加水分解する反応経路が似通っている．図 8・32 に，レバーアームの回転と共役したミオシンの ATP 加水分解経路の仕組みを模式的に示す．この ATP 加水分解と構造変化との共役により，ミオシンおよびその積荷はアクチンフィラメント上を運動していくことができる．

ATP がないと，ミオシンはアクチンと立体特異的に強く結合し，硬直複合体とよばれる状態をとる〔死後 ATP 濃度が低下すると，この強いアクチン–ミオシン（アクトミオシン）結合のために筋肉は硬くなり，死後硬直が起こる〕．

ミオシンへの ATP 結合（図 8・32 における段階①）は，アクチン結合部位であるミオシンの裂け目を開き，アクトミオシンの相互作用を弱める．この結果，ミオシンはアクチンから解離する（段階②）．この状態ではミオシンは ATP を強く結合しているが，加水分解反応の触媒に必要なアミノ酸側鎖が ATP の β–γ リン酸結合を攻撃するのに適した位置にないため，ATP を加水分解できない．

ミオシンが次の構造変化を起こすと，ATP が ADP と P_i に加水分解される（段階③）．この ADP と P_i はひき続きミオシンと非共有結合する．この構造変化は，調節ドメインの回転をひき起こすようなモータードメインの構成要素の動きを含む．レバーアームとして働く調節ドメインはこの回転により傾いてプレパワーストローク状態に入り，パワーストロークによる力発生の準備が整う．

アクチンが結合していないと，プレパワーストローク状態にあるミオシンからのリン酸放出はきわめて遅い．このためミオシンは，アクチンと相互作用していないときに ATP を無駄遣いすることがない．アクチンとの結合に伴い（段階④），ミオシンからのリン酸放出の速度が劇的に上がる．ミオシンのパワーストローク，すなわち調節ドメインの回転（段階⑤）による力発生は，リン酸放出と同時に起こる．パワーストロークが完了すると ADP が放出され（段階⑥），ミオシンはヌクレオチドを結合せずにアクチンと結合した状態になる．ここに次の ATP が結合することでサイクルが繰返される．ミオシンの種類によって，ATP の結合，加水分解，そしてリン酸放出というサイクルが 1 回まわると，アクチンフィラメントに沿った 5〜25 nm の運動がひき起こされる（§8・19“ミオシンはナノメートルの歩幅で歩き，ピコニュートンの力を出す”参照）．

ミオシンとアクチンとの親和性は，ミオシンの ATP 加水分解サイクルを通じて変化する．このサイクルの生化学的中間体は，そのアクチンフィラメントへの親和性によって定義することができる．ATP または ADP–P_i を結合したミオシンは“弱い結合状態”もしくは“前力発生状態”（段階②および④）にあり，ATP 加水分解サイクル全体の速度の 100 倍以上速い時間スケールでアクチンフィラメントと結合，解離する．この弱い結合状態は外力に耐えることができず，ミオシンをアクチンフィラメントに対して押すと，ミオシンはアクチンと素早く結合，解離するため，フィラメント上を滑っていってしまう．ミオシンが回転してプレパワーストローク状態に入り，続いて起こる力発生が可能なように傾くのは，この弱い結合状態においてである．もしミオシンがアクチンフィラメントと結合したままこの逆パワーストロークを起こしてしまったら，ミオシンは逆向きに動くことになる．

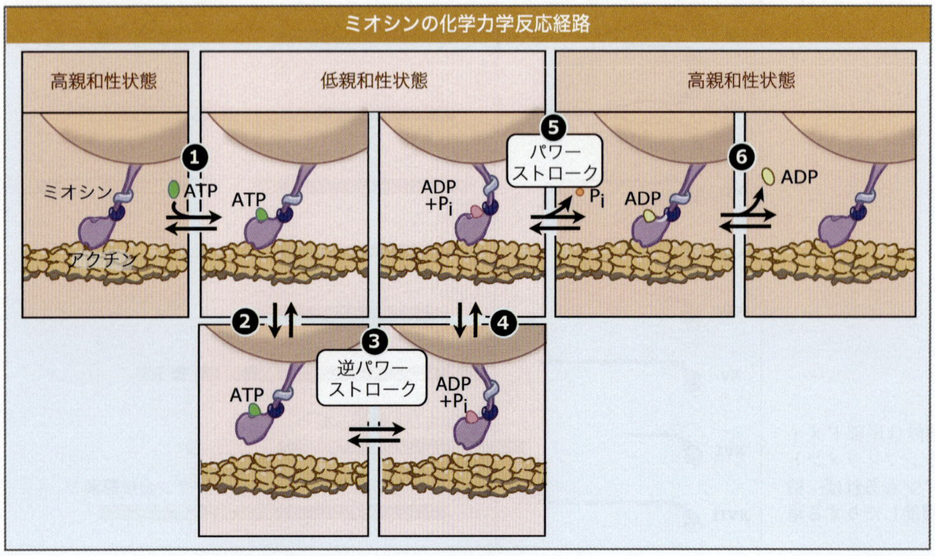

図 8・32 ATP の結合，加水分解，P_i および ADP の放出という一回りのサイクルごとに，ミオシンはアクチンフィラメント上を一歩進む．ATP 加水分解サイクルと共役した構造変化によって，ミオシンのアクチンへの親和性が変化し，ミオシンはアクチンと結合したりアクチンから解離したりする．

ヌクレオチドをまったく結合していないか ADP を結合しているミオシンは，フィラメント内のアクチンサブユニットの特定の位置に強く結合する．この強い結合状態にあるミオシンは，“外力に耐える”中間体である．ミオシンは，強い結合状態に入ったときにパワーストロークを起こす．もしアクチンフィラメントが押されても，アクチンと強く結合しているミオシンはこの動きに抵抗し，アクチンフィラメントを固定させておくことができる．(微小管系モーターが機能する仕組みについては §7・12“モータータンパク質はどのようにして働くか”で論じてある)

8・18 ミオシンモーターの速度論的性質はその細胞内での機能に適したものになっている

重要な概念

- ATP 加水分解サイクルの機構はすべてのミオシンで保存されている．
- ATP 加水分解サイクルの速度論は，それぞれのミオシンがもつ特定の生物学的機能に適合している．
- 稼働比の高いミオシンは，ATP 加水分解サイクルのほとんどの時間をアクチンに結合した状態ですごす．
- 稼働比が低いミオシンは，ほとんどの時間をアクチンから解離した状態ですごす．
- 稼働比が高いミオシンには連続運動性があり，アクチンフィラメント上を長距離“歩く”ことができる．

すべてのミオシンは前説で述べたような化学・力学過程をたどるが，モータードメインの生化学的，機械的性質はミオシンの種類によって異なり，図 8・24 および図 8・25 に示すようなそれぞれの細胞内機能に適したものとなっている．たとえば，1 分子あるいは数分子が機能単位となってアクチンフィラメント上での長距離の細胞小器官輸送を行うミオシンと，多数の分子がフィラメントとなって大きな力を生み出し，素早い収縮を駆動するミオシン（たとえば筋肉のミオシン）とでは，その性質が異なる．それぞれのミオシンの性質は，ATP 加水分解反応の経路全体の違いによってではなく，ATP 加水分解サイクルに含まれるステップ間の遷移の速度定数の違いによって決まる．速度定数の違いは，ATP 加水分解サイクルの速度や，ミオシンの**稼働比**（duty ratio）の違いに結びつく．稼働比は，図 8・33 に示すように，ATP 加水分解サイクル全体の時間のうち，モーターが強い結合状態でアクチンと結合している時間の割合として定義される．

多数のモーターからなる大きな集合体となって働くミオシンは，ふつう稼働比が低い．数百のモータードメインを含むミオシンフィラメント（たとえば筋肉の太いフィラメント）では，それぞれのモーターはアクチンと結合してパワーストロークを起こしたのち，同じフィラメントにある他のミオシンを邪魔しないようにすぐにアクチンから解離しなければならない．一つ一つのミオシンモーターが長時間アクチンと結合したままであったら，フィラメントに含まれる他のミオシンのパワーストロークが阻害され，筋収縮でみられるような素早い滑りが妨げられてしまう（§8・21“ミオシンⅡは筋収縮で働く”参照）．

稼働比の高いミオシンは，単独でもアクチンフィラメントから解離することなく複数のステップを踏むことができる．アクチンフィラメント上で細胞小器官を輸送する，二量体のミオシン（ミオシンVのような）について考えてみよう．もし二つのモータードメインの両方がアクチンから解離してしまったら，ミオシン分子は熱揺らぎによって拡散し，アクチンフィラメントから遠くに離れてしまう．そこで，安定な輸送を行うには，少なくとも一つのモーターが常にアクチンと結合していなければならない．このような連続運動性をもった双頭ミオシンは，二つの頭部の ATP 加水分解活性を協調させ，よく統制のとれた“うんてい（運梯）型”とよばれる歩行運動をする．

8・19 ミオシンはナノメートルの歩幅で歩き，ピコニュートンの力を出す

重要な概念

- ミオシンモーターは，単独でも生体分子や小胞を輸送するのに十分な力（数ピコニュートン）を出す．
- ミオシンのストロークの大きさはその“レバーアーム”の長さに比例する．

ミオシンは ATP の ADP と P_i への加水分解を触媒する酵素ではあるが，生物学的に重要な産物は ADP と P_i ではなく，力発生である．生理的な溶液条件下では，1 分子の ATP の加水分解エネルギーを利用して，おおよそ 80 pN·nm の仕事が可能になる．ここで，pN はピコニュートン（10^{-12} ニュートン）の，nm はナノメートル（10^{-9} メートル）の略である．参考までに，1 pN は

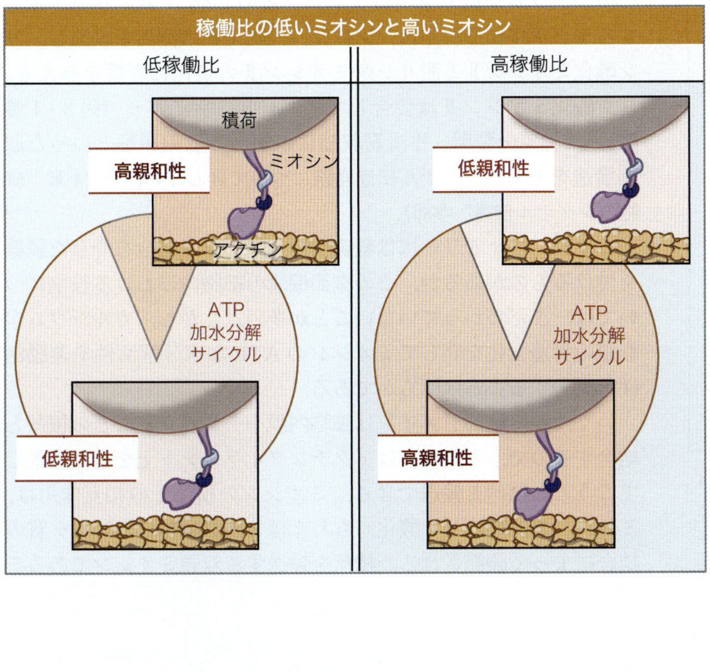

図 8・33 稼働比とは，ATP 加水分解サイクルにおいてミオシンモーターがアクチンと結合している時間の割合である．

だいたい赤血球細胞一つ分を支える力であり，1 nm は DNA 鎖の太さの半分くらいの長さである．ミオシンは ATP 加水分解による全エネルギーのうち，約 50 % を実用的な仕事に変換することができる（残りのエネルギーは熱になってしまう）ので，実際にはミオシンは 1 分子の ATP 当たり約 40 pN•nm の仕事を産み出す．これは大した仕事量ではないように思えるかもしれないが，体温での熱エネルギーの 10 倍に相当し，ミオシン分子が細胞質中で細胞小器官を輸送するのに十分なエネルギーである．しかし，われわれにとって身近なスケールで仕事を行うには，筋組織で大量のミオシンが一緒に仕事をしないといけない．たとえば，いっぱいになったスーパーの袋を床からテーブルに持ち上げるには，約 50 N•m ものエネルギーが必要である．

1 分子のミオシンが出す力の大きさは，光ピンセット法を用いて測ることができる．この技術によって，1 分子のミオシンがアクチンフィラメント上で滑り運動しているときに出す力の測定が可能になる（TECH：8-0001 参照）．ミオシンの種類によって違うものの，1 分子の ATP の加水分解によって，おおよそ 5〜10 pN の力が出る（単位出力）．すべてのミオシンはだいたい同じくらいの力を発生するが，パワーストロークの後にアクチンフィラメントと強く結合している時間はミオシンの種類によってはっきり違い，これは生化学的な反応速度論からの予想と一致する．

単位ストロークの大きさ，すなわち 1 分子の ATP を加水分解するごとに 1 分子のミオシンが動く距離も多様である．また，1 分子計測で単位出力の大きさの測定も可能になり，ミオシンの運動がレバーアーム機構によることがわかってきた．ミオシンの単位ストロークの大きさは調節ドメインの回転する角度にも依存する．図 8・34 に示すように，回転角度が同じなら調節ドメインの長いミオシンは短いミオシンよりもストロークが大きい．ミオシンの滑り速度(v)は，ある時間(t)の間に移動した距離(d)の比に等しく，$v = d/t$ である．したがって，ATP 加水分解速度が同じなら，ストロークの大きいミオシンはストロークの小さいミオシンよりも滑り速度が速い．

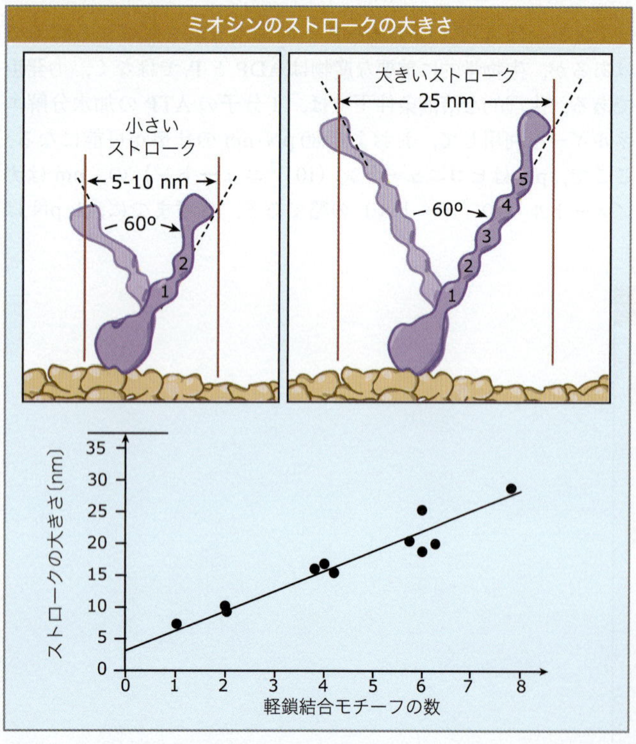

図 8・34　ATP を 1 分子加水分解するごとにミオシンがアクチンフィラメント上を移動する距離は，レバーアーム（調節ドメイン）の長さに依存する［D. M. Warshaw, *J. Muscle Res. Cell Motil.* **25**, 467〜474(2004)より改変］

8・20　ミオシンは複数の機構により調節される

重要な概念

- ミオシンの力発生および細胞内局在は調節されている．
- ミオシンの機能は，リン酸化およびアクチン結合タンパク質やミオシン結合タンパク質との相互作用によって調節される．

ミオシンの力発生および細胞内局在は，リン酸化およびアクチン結合タンパク質やミオシン結合タンパク質との相互作用によって調節されている．ミオシンの活性を調節するものとして最もよく性質がわかっているのは，横紋筋細胞で発現しているアクチンフィラメント結合タンパク質のトロポミオシンとトロポニンである（詳しくは§8・21“ミオシンⅡは筋収縮で働く”参照）．この節では，調節ドメインや尾部ドメインを介したミオシンの調節について解説する．

ミオシンの活性には，調節ドメインに結合したミオシン軽鎖のリン酸化によって調節されるものがある．このような調節機構のうち最も性質が明らかなのは，細胞質および平滑筋のミオシンⅡのものである．これらのミオシンの重鎖は，必須軽鎖および調節軽鎖とよばれる軽鎖を一つずつ結合している．図 8・35 に示すように，ミオシン軽鎖リン酸化酵素（myosin light chain kinase, MLCK）による調節軽鎖のリン酸化はミオシンを活性化し，ミオシン軽鎖脱リン酸酵素（myosin light chain phosphatase, MLCP）による脱リン酸はミオシン活性を阻害する．調節軽鎖がリン酸化されていないときは，ミオシン分子の二つのモータードメインが相互作用して，ATP 加水分解やアクチン結合を阻害し合う．さらに，脱リン酸状態のミオシン分子は“折りたたまれた”構造をとることが *in vitro* で示されており，このような構造はミオシンフィラメントの形成を阻害する．しかしながら，ミオシンが細胞内でもこうした“折りたたまれた”構造をとっているかどうかはわかっていない．調節軽鎖のリン酸化によって，ミオシン分子内の阻害的相互作用が解除され，ミオシンフィラメント形成が促されるとともに，ミオシンの ATP 加水分解活性も上昇する．

カルシウムや低分子量 G タンパク質の Rho ファミリーが関与するシグナル伝達経路は，MLCK と MLCP の活性を調節し，リン酸化ミオシンⅡと脱リン酸ミオシンⅡの量比に影響を与える．リン酸化ミオシンⅡは会合してストレスファイバー（図 8・1 参照），細胞質分裂環，平滑筋収縮にかかわる収縮繊維といった収縮構造をとる（シグナル伝達経路について詳しくは，第 14 章“細胞のシグナル伝達”参照）．

ミオシンファミリーには軽鎖へのカルシウム結合を介した調節を受けるものがあるが，この調節機構の細胞内における役割については，まだわかっていないことが多い．しかし，カルシウムが軽鎖の構造変化を介してミオシンの ATP 加水分解活性や運動活性を調節することは明らかである．

いくつかの尾部ドメインは細胞内膜やタンパク質などの積荷と結合するので，ミオシンはアクチンフィラメント上を滑り運動してこうした積荷を輸送できる．ミオシンの積荷との相互作用は，ミオシンの尾部のリン酸化，もしくはミオシン結合タンパク質の結合によって調節される．積荷を輸送する双頭ミオシンであるミオシンVの尾部では，図8・36に示すように，この調節機構の両方が働く．ミオシンVの尾部のリン酸化は積荷との結合を弱め，積荷の解離をひき起こす．逆に，脱リン酸によってミオシンは積荷を結合してアクチンフィラメント上を輸送する．ミオシンVはまた，低分子量Gタンパク質のRabファミリーとの結合を介して積荷と相互作用する．ミオシンVはGTPを結合したRabとは高い親和性で結合するが，GDPを結合したRabからは解離する．ミオシンVが積荷と結合していないときには折りたたまれた構造をとっていて，ATP加水分解活性が抑えられているのかもしれない．

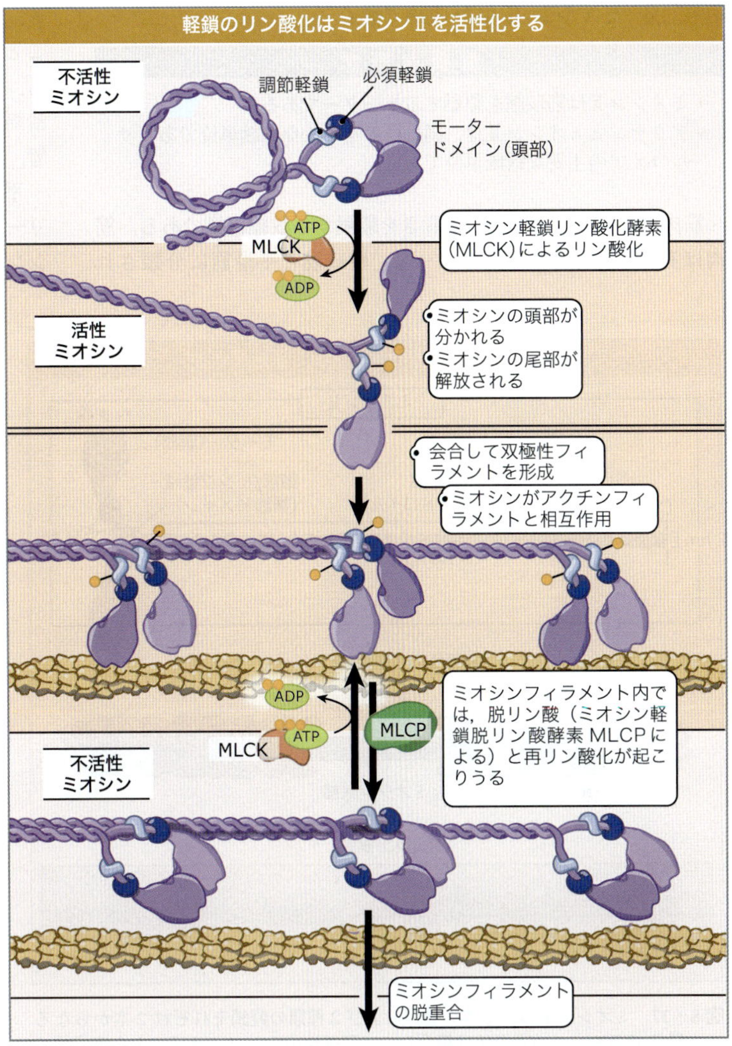

図8・35　ミオシン軽鎖リン酸化酵素による非筋ミオシンⅡのリン酸化は，ミオシンフィラメント形成を誘導するとともに，ミオシンとアクチンとの結合を可能にし，ミオシンⅡを活性化する．ミオシン軽鎖脱リン酸酵素により脱リン酸された場合には，二つのモータードメインが相互作用して活性を阻害し合う．

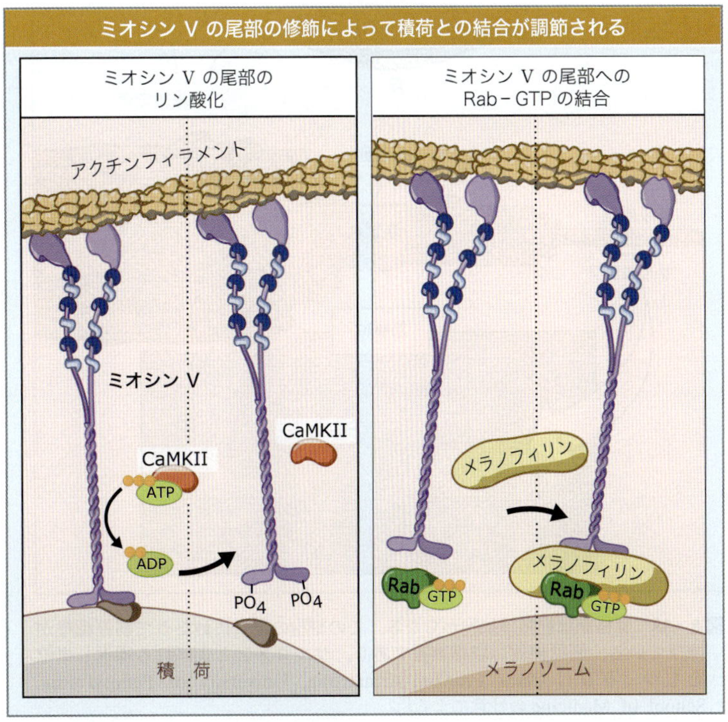

図8・36　ミオシンVはアクチンフィラメント上で膜結合小胞と結合し，これを輸送する．ミオシンVと小胞との結合はリン酸化によって調節されることもあるし，メラノソームなどの場合のようにRabタンパク質によって調節されることもある．

8・21　ミオシンⅡは筋収縮で働く

重要な概念

- ミオシンⅡは筋収縮を駆動するモーターである．
- アクチンとミオシンⅡは，横紋筋の基本的な収縮単位であるサルコメアの主要な構成単位である．

筋肉は体の動きや体内での動きを駆動する収縮組織である．筋肉はその収縮繊維の形態によって，横紋筋と平滑筋に分類される．横紋筋は，繊維を高倍率の顕微鏡で観察すると縞状に見えることからそのように名づけられ，骨格筋や心筋がこれに含まれる．骨格筋は骨格の運動を，心筋は心臓の収縮を担っている．平滑筋の繊維には縞が見られず，紡錘状の形をしていて，膀胱，血管，消化管といった臓器の壁面に存在する．

平滑筋や横紋筋の収縮を駆動するのは，ミオシンⅡのファミリーに属するモータータンパク質である（図8・24参照）．ミオシンⅡは脊椎動物が最も豊富にもつタンパク質の一つで，生化学的な単離が容易なため，最も性質の明らかなミオシンの一つとなっている．図8・37に示すように，1分子のミオシンⅡは，二つの重鎖および2組の二つの軽鎖という，計六つのポリペプチド鎖からなる．筋肉のミオシンⅡの尾部の末端は，他のミオシンⅡ分子と結合し，約300ものミオシン分子からなるフィラメントができる．ミオシンフィラメントは双極性で，すべてのミオシンのモータードメインは露出した中心部と逆側を向いている．こうしたミオシンフィラメントは**双極性の太いフィラメント**（bipolar thick filament）とよばれる．この節ではこれ以降，よくわかっている横紋筋収縮におけるミオシンⅡの組織化と役割について解説する．

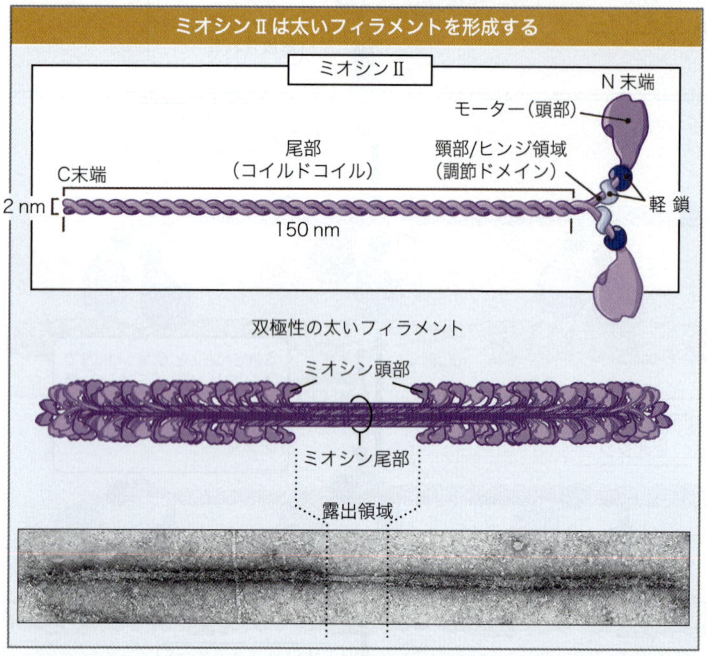

図8・37　ミオシンⅡは，2本の重鎖および2種類の軽鎖それぞれ2本からなる六量体である．この複合体は集合して，双極性の太いフィラメントを形成する［写真はAndrea Weisberg, Saul Winegrad, University of Pennsylvaniaの好意による］

横紋筋組織は筋繊維の束から構成される．筋繊維は大きな多核細胞で，長さは数mmから数cm，直径は20〜100 μmある．図8・38に示すように，それぞれの筋繊維は筋原繊維という棒状の収縮小器官1000個以上からなる．筋原繊維は**サルコメア**（sarcomere）とよばれる端から端に連なった繰返し単位からなるが，筋が縞状に見えるのはこのサルコメアのためである．

サルコメアは横紋筋収縮の基本単位で，その長さは筋の収縮や弛緩に伴って変化する．サルコメアは，図8・39に示すように，おもに双極性のミオシンⅡフィラメントからなる太いフィラメントと，アクチンフィラメントおよびアクチン調節タンパク質からなる細いフィラメントを含む．アクチンフィラメントの反矢じり端は，サルコメアの両端でZ帯とよばれる構造に固定されているため，Z帯の片側にあるアクチンフィラメントはすべて同じ極性をもっている．Z帯に固定されたアクチンフィラメントは，キャップタンパク質（CapZ）によってキャップされ，脱重合が阻害されている．アクチンフィラメントの矢じり端はサルコメアの中心部を向き，トロポモジュリンによってキャップされている．ネブリンというタンパク質もアクチンフィラメントと相互作用するが，これは細いフィラメントの形成やその長さの調節にかかわっているのかもしれない．

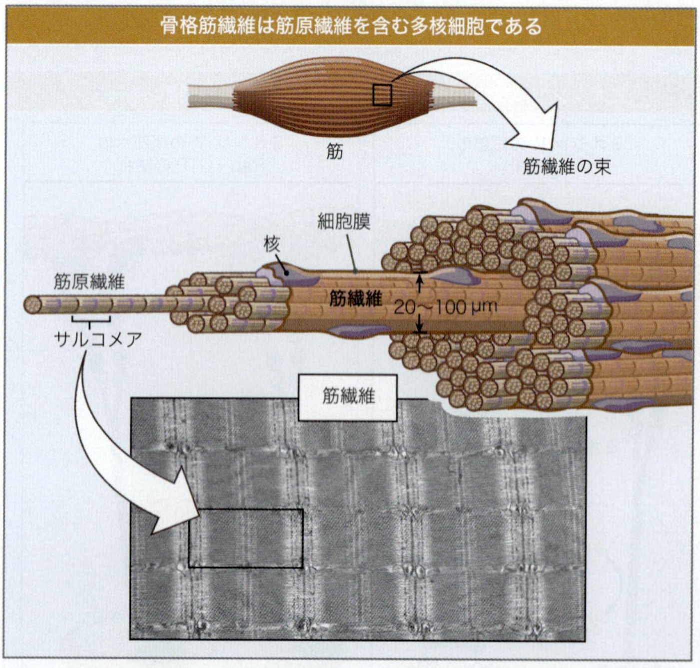

図8・38　骨格筋は筋繊維細胞からなる．この細胞の全長にわたって筋原繊維が伸びている．筋原繊維は収縮装置であり，サルコメアとよばれる繰返し単位をもつ［写真はClara Franzini-Armstrong, University of Pennsylvania, School of Medicineの好意による］

太いフィラメントは，Z帯の間にM線を中心として位置する．M線は双極性の太いフィラメントの間を連結する柔軟な構造で，この連結を介して太いフィラメントは六角形に並んでいる．さらに，巨大な繊維状のタンパク質であるチチンは，Z帯とミオシンフィラメントの間に弾性をもったつながりをつくる．タイチンは，太いフィラメントをサルコメアの中央に維持し，またサルコメアの過剰な伸長に抗してバネとして働く．

太いフィラメントと細いフィラメントは互いに指を組むようにして組合わさり，正確な三次元の格子を形成する．サルコメアは双極性で，ミオシンモーターのアクチンに対する向きはサルコメア内の両側で同じである．収縮の際，図8・40に示すように，ミオシンのモータードメインは太

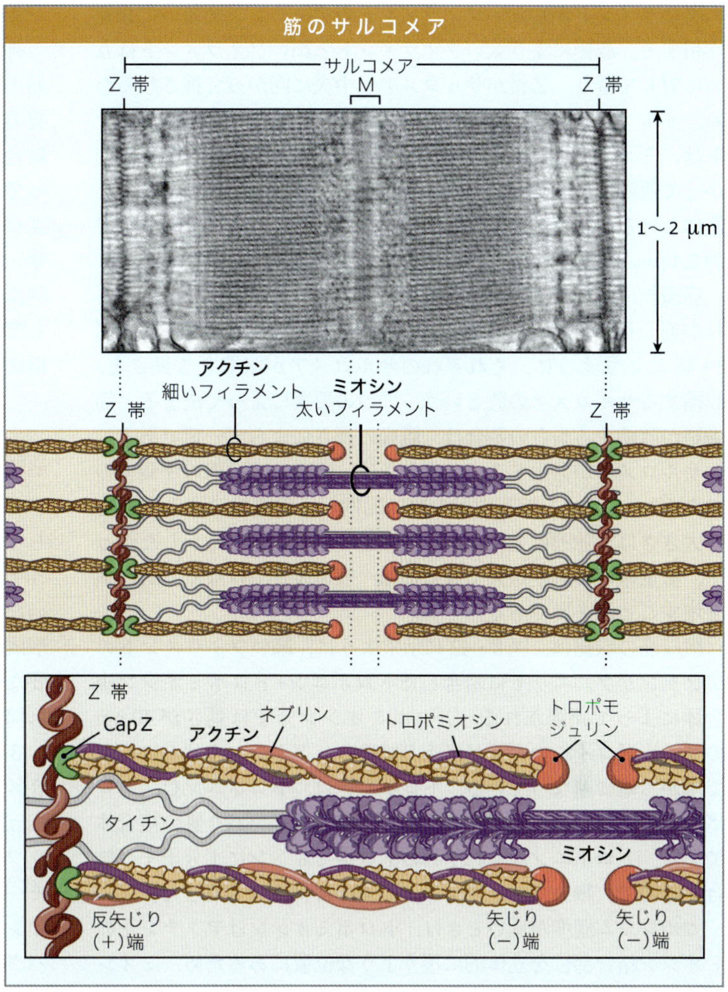

図 8・39　それぞれのサルコメアは Z 帯によって区切られており，アクチンフィラメントは CapZ（キャップタンパク質）を介してこの Z 帯に固定されている．ミオシンの太いフィラメントはタイチンを介して Z 帯とつながり，アクチンフィラメントと互いに組合わさっている．ネブリンは Z 帯からトロポモジュリンまで伸びているが，これがどのようにしてアクチンと結合するか，詳しくはわかっていない［写真は Clara Franzini-Armstrong, University of Pennsylvania, School of Medicine の好意による］

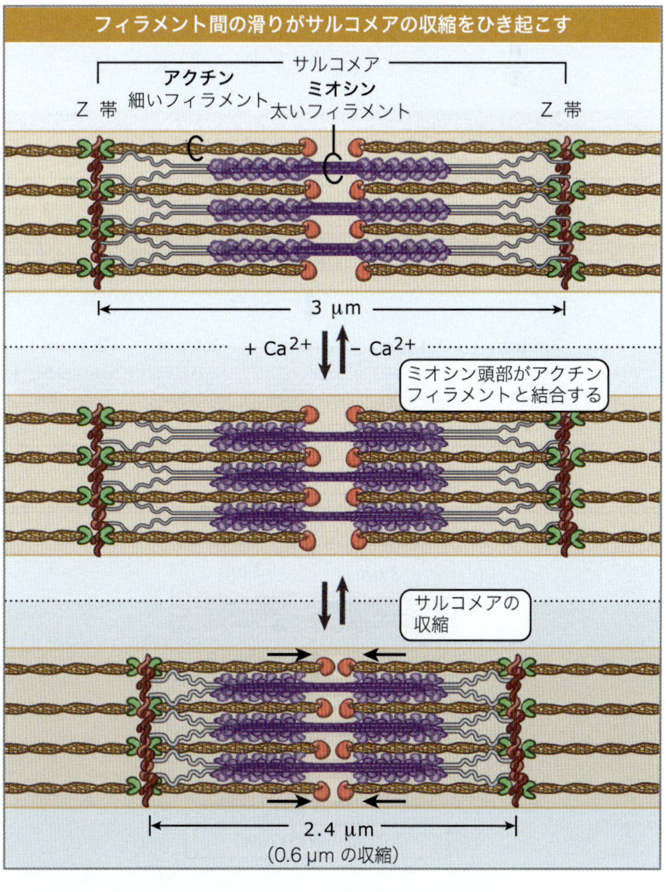

図 8・40　筋収縮は，ミオシンの太いフィラメントがアクチンフィラメントと結合してこれを引っ張り，隣接する Z 帯が近づいてサルコメアが短くなることによって起こる．

いフィラメントから細いフィラメントのアクチンまで届いて相互作用する．収縮により太いフィラメントと細いフィラメントは互いに対して滑り，Z帯がサルコメアの中央に向かって押されるため，サルコメアは短くなる．太いフィラメントと細いフィラメントは，ミオシン頭部がアクチンフィラメントの反矢じり端に向かって運動する間，一定の長さを保つ．脊椎動物では，弛緩した筋におけるサルコメアの長さは約3 μm であるが，収縮に伴って約2.4 μm まで縮む．

筋繊維の中では直列に連なった数千のサルコメアが収縮し，これが筋全体の収縮をひき起こす．筋繊維が収縮する長さは，図8・41に示すように，それぞれのサルコメアが収縮する長さと，収縮するサルコメアの数という，二つの要素によって決まる．筋繊維が収縮する長さの割合は，繊維の長さによらず一定である．

サルコメアが発生する力の大きさは，サルコメア内の片側でのアクチン–ミオシン相互作用の数に比例し，筋繊維の産み出す力の大きさは，並列に並んだサルコメアの数に比例する．したがって，重量挙げの選手が強くなるには，筋の長さではなく，断面積を増すことが必要である．

横紋筋の収縮は，図8・42に示すように，細いフィラメントのアクチンサブユニットに結合したトロポニン–トロポミオシン複合体によって調節される．トロポミオシン分子は長さが40 nmのコイルドコイルのポリペプチドであり，アクチンらせんに沿って端から端に連なっている．トロポニンは，トロポニンC，トロポニンI，トロポニンTという三つの異なるタンパク質の複合体である．トロポニンはそれぞれのトロポミオシンに1分子ずつ結合するので，細いフィラメント上に40 nm間隔で存在する．

カルシウム濃度が低いときは，トロポミオシンはアクチン上のミオシン結合部位を立体的に覆うような位置にあるため，ミオシンによるATP加水分解速度は非常に遅く，筋は弛緩している．弛緩したサルコメアは受動的に引き伸ばされ，アクチン–ミオシン相互作用による抵抗がほとんどない．

神経からの刺激に伴い，筋肉のカルシウムの貯蔵小器官である筋小胞体から細胞質へカルシウムが放出される．この結果，細胞質のカルシウム濃度が高くなると，カルシウムはトロポニンCに結合し，トロポニンの構造変化をひき起こす．この構造変化によってトロポミオシンはアクチン上のミオシン結合部位から引き離され，ミオシンはアクチンと相互作用できるようになり，その化学・力学サイクルによって力が発生する（図8・32参照）．（筋小胞体とカルシウム放出について詳しくは§3・24“小胞体は形態的にも機能的にも細かく分けられる”および§2・13“心筋や骨格筋の収縮は興奮収縮連関によってひき起こされる”参照．）

8・22 次なる問題は？

アクチン重合の仕組みと調節についての研究は，目覚ましく進展してきた．しかし，シグナル伝達経路が，特定の機能を果たすようアクチン細胞骨格を組織化する機構については，まだわかっていないことが多い．たとえば，糸状仮足を形成するには，どの核形成タンパク質，キャッピングタンパク質，架橋タンパク質が必要なのだろうか．また，収縮環を組織するのに必要なタンパク質は何だろうか．

3種類の細胞骨格フィラメントのネットワーク（アクチンフィラメント，微小管，中間径フィラメント）は，さまざまな場面で相互作用する．たとえば，輸送小胞や細胞小器官の一部はアクチンフィラメント上でも微小管上でも輸送されるし，また微小管モーターは中間径フィラメントを結合して輸送する．さらに，ミオシンモーターや他のアクチン結合タンパク質は微小管結合タンパク質と複合体を形成することが知られている．現在は，細胞骨格のネットワークがどのように相互作用するか，この相互作用が細胞にどのような影響を及ぼすかについて，研究が進められてい

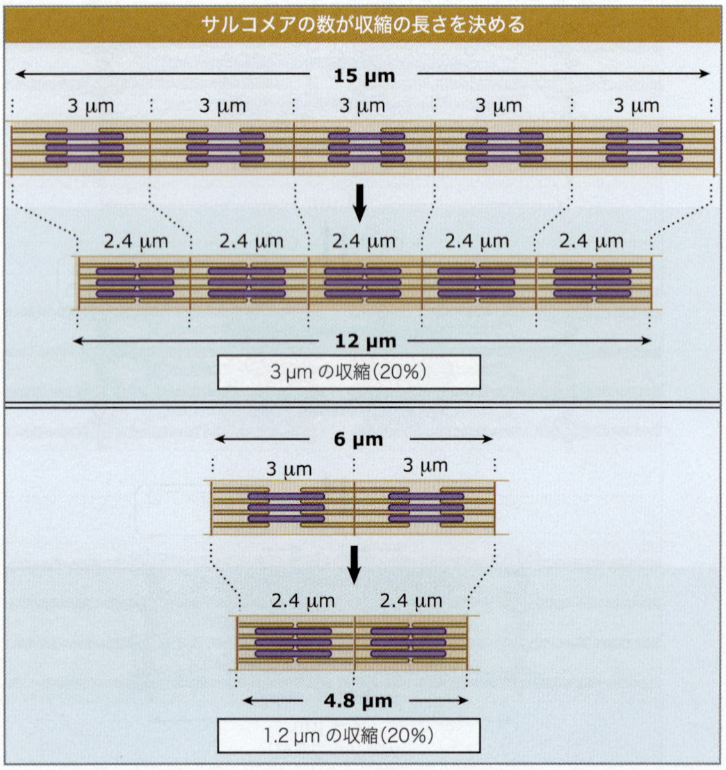

図8・41 筋原繊維が長いほど（すなわち，サルコメアが多いほど），収縮する長さは大きくなる．しかし，収縮する長さの割合は，サルコメアの数によらず一定である．

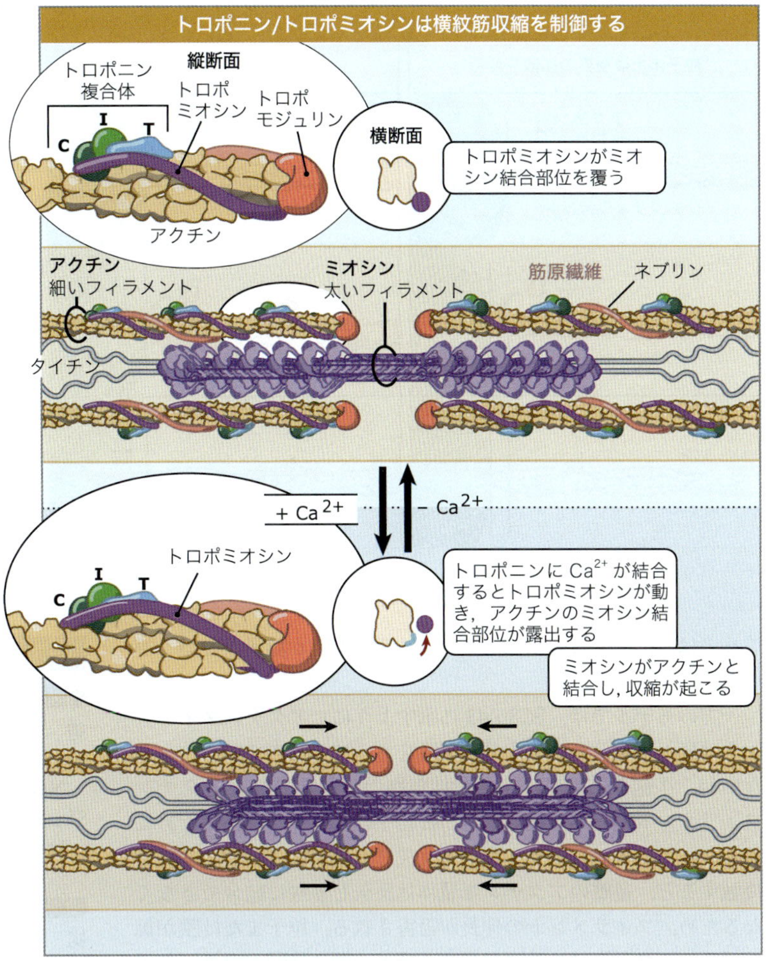

図 8・42　細胞質の Ca^{2+} 濃度に依存してミオシンおよびアクチンに対するトロポニン/トロポミオシン複合体の位置が変わり，横紋筋収縮・弛緩の調節が行われる．

る．

ミオシンの分子機能に関しても，このスーパーファミリーに属するタンパク質のほとんどについて，研究の余地が残されている．ミオシンスーパーファミリーのタンパク質それぞれがどのような過程に関与するかは知られていても，その過程におけるミオシンの分子機能がわかっていない．興味深い疑問としては，なぜシグナル伝達タンパク質にモータードメインが必要なのか（ミオシンⅡ，Ⅸ，ⅩⅥ），ミオシンⅠやⅥのようなタンパク質は細胞の飲食作用あるいは膜輸送でどのような役割を果たすのか，アクチンを多く含む突起構造の調節にミオシンがどのような機能を担うのか（ミオシンⅠ，Ⅵ，Ⅶ，ⅩⅤ），などがあげられる．ミオシンの分子機能を理解するため，ミオシンの生化学的，構造的な特性や，細胞内での性質についての研究が続けられている．

8・23　要　約

アクチン細胞骨格は細胞の機械的な支えで，細胞の動的形態を規定し，遊走運動を駆動し，細胞内構造や細胞小器官の位置を決める．この動的な性質は，アクチンフィラメントの重合と脱重合を介して産み出される．アクチンフィラメントは，アクチン単量体からなる構造的に極性をもった重合体である．単量体からアクチンフィラメントへの重合も，フィラメントから単量体への脱重合も，多数のアクチン結合タンパク質によって細胞内で厳密に調節されている．

アクチン結合タンパク質は，新しいアクチンフィラメントの重合を調節したり，アクチン単量体の重合を阻害したり，フィラメントの長さを調節したり，アクチンフィラメントどうしを架橋したりする．細胞骨格の動態や構造の調節機構は，シグナル伝達経路とアクチン結合タンパク質との相互作用に基づいている．

ミオシンは，ATP 加水分解によるエネルギーを利用して機械的な仕事を行うアクチン結合タンパク質である．ミオシンはすべての真核細胞に存在し，少なくとも 18 のサブファミリーからなる大きなスーパーファミリーを形成する．このスーパーファミリーを構成する個々のタンパク質はそれぞれ，筋肉や細胞の収縮，膜や小胞の輸送，細胞の形態や極性の調節，シグナル伝達経路への関与といったさまざまな細胞内機能を担うために，その構造や生化学的性質を進化させてきた．

8・24　補遺：重合体の形成が力を発生する仕組みの二つのモデル

アクチン単量体のフィラメントへの付加によって，どうして膜の突出を駆動する力が生じるのだろうか．アクチン重合が力を発生し粒子や膜を動かす仕組みについては，二つの“ブラウン・ラチェット”モデルが提唱されている．両モデルとも，アクチンフィラメントまたは粒子がランダムな熱（ブラウン）運動を行うこと，そして，アクチン単量体の濃度が臨界濃度を上回っており，アクチンフィラメントが伸長することを前提にしている．両者で

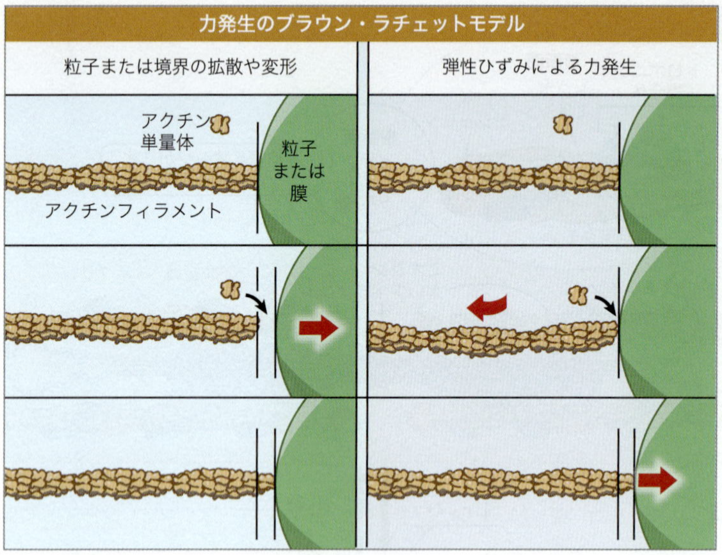

図 8・43 反矢じり端へのアクチン単量体の付加によって，膜や小胞を動かすのに十分な力が発生する仕組み．二つのモデルを示す．

違うのは，拡散するのがアクチンフィラメントか粒子かという点である．

一方のモデルでは，図 8・43 に示すように，アクチンフィラメントは動かず，そのうえ十分な強度をもっているので曲がりもしないが，小胞などの粒子や運動性細胞の先行端膜などアクチンフィラメントの先端が接触している相手はブラウン運動のためにふらついている．フィラメントの反矢じり端が粒子あるいは膜と接触すると，遊離のアクチン単量体は反矢じり端に結合できなくなるため，フィラメントの伸長が阻害される．粒子または膜が拡散すると，フィラメントの反矢じり端との間に隙間ができ，この隙間が十分に大きければ反矢じり端に単量体が結合するので，粒子は最初と逆の向き（図 8・43 の左方向）に拡散できなくなる．逆方向への拡散が抑えられるとともに，反矢じり端と粒子の間に隙間ができしだいそれが新たな単量体アクチンで埋められるので，粒子や膜の拡散が整流されて一方向（図 8・43 の右方向）への運動がひき起こされる．粒子や膜の運動速度は，粒子や膜の拡散速度と，アクチン単量体が新たに付加される確率（これはアクチン濃度および伸長に十分な隙間ができる確率に依存する）に依存する．粒子の拡散速度が速いほど，反矢じり端の伸長速度が速くなり，粒子が右に動く速度も速くなる．

もう一方のモデルでは，フィラメントと粒子あるいは膜が両方ともブラウン運動する．ブラウン運動は大きさに反比例するので（大きな分子は小さな分子よりも拡散速度が遅い），アクチンフィラメントよりはるかに大きい粒子は比較的拡散が遅い．アクチンフィラメントは全体では拡散は遅いが，熱エネルギーで屈曲する．フィラメントの屈曲により粒子あるいは膜とフィラメントの間に隙間が生じ，反矢じり端に単量体が結合できるようになる．屈曲したフィラメントは弾性ひずみを解消するためにまっすぐになろうとし，このとき粒子あるいは膜に対して力が出る．この力が十分に大きければ，フィラメントがまっすぐになるのに伴って粒子が動く．

重合反応による力発生は，ATP 加水分解で放出されるエネルギーを必要としない．ATP 加水分解は，アクチンサブユニットを再利用してこの過程を繰返すのに必要となる（§8・13 “アクチンとアクチン結合タンパク質は協同で働き細胞の遊走をひき起こす” 参照）．加水分解と単量体の再利用が行われなければ，上記の過程は 1 回しか起こらない．

参 考 文 献

8・1 序　論

総　説

Bray, D., 2001. “Cell Movements: From Molecules to Motility.” New York: Garland.

Sheterline, P., Clayton, J., and Sparrow, J.C., 1999. “Actin”, 4th Edition. Oxford: Oxford University Press.

8・2 アクチンは普遍的に発現している細胞骨格タンパク質である

総　説

Sheterline, P., Clayton, J., and Sparrow, J.C., 1999. “Actin”, 4th Edition. Oxford: Oxford University Press.

8・3 アクチン単量体は ATP と ADP を結合する

論　文

Holmes, K.C., Popp, D., Gebhard, W., and Kabsch, W., 1990. Atomic model of the actin filament. *Nature* **347**, 44–49.

Kabsch, W., Mannherz, H.G., Suck, D., Pai, E.F., and Holmes, K.C. 1990. Atomic structure of the actin: DNase I complex. *Nature* **347**, 37–44.

Tirion, M. M., and ben-Avraham, D., 1993. Normal mode analysis of G-actin. *J. Mol. Biol.* **230**, 186–195.

8・4 アクチンフィラメントは極性構造をもった重合体である

総　説

Oosawa, F., and Asakura, S., 1975. “Thermodynamics of polymerization of protein.” London: Academic Press.

論　文

Holmes, K.C., Popp, D., Gebhard, W., and Kabsch, W., 1990. Atomic model of the actin filament. *Nature* **347**, 44–49.

Huxley, H.E., 1963. Electron microscope studies on the structure of natural and synthetic protein filaments from striated muscle. *J. Mol. Biol.* **16**, 281–308.

Lorenz, M., Popp, D., and Holmes, K. C., 1993. Refinement of the F-actin model against X-ray fiber diffraction data by the use of a directed mutation algorithm. *J. Mol. Biol.* **234**, 826–836.

Wegner, A., 1976. Head to tail polymerization of actin. *J. Mol. Biol.* **108**, 139–150.

8・5 アクチン重合は多段階の動的な過程である

総　説

Frieden, C., 1985. Actin and tubulin polymerization: The use of kinetic methods to determine mechanism. *Annu. Rev. Biophys. Biophys. Chem.* **14**, 189–210.

Oosawa, F., and Asakura, S., 1975. "Thermodynamics of polymerization of protein." London: Academic Press.

論　文

Pollard, T.D., 1986. Rate constants for the reactions of ATP- and ADP-actin with the ends of actin filaments. *J. Cell Biol.* **103**, 2747–2754.

Pollard, T.D., and Mooseker, M.S., 1981. Direct measurement of actin polymerization rate constants by electron microscopy of actin filaments nucleated by isolated microvillus cores. *J. Cell Biol.* **88**, 654–659.

Woodrum, D.T., Rich, S.A., and Pollard, T.D., 1975. Evidence for biased bidirectional polymerization of actin filaments using heavy meromyosin prepared by an improved method. *J. Cell Biol.* **67**, 231–237.

8・6 アクチンサブユニットは重合後 ATP を加水分解する

総　説

Mitchison, T.J., 1992. Compare and contrast actin filaments and microtubules. *Mol. Biol. Cell* **3**, 1309–1315.

論　文

Carlier, M.F., Pantaloni, D., Evans, J.A., Lambooy, P.K., Korn, E.D., and Webb, M. R., 1988. The hydrolysis of ATP that accompanies actin polymerization is essentially irreversible. *FEBS Lett.* **235**, 211–214.

Carlier, M.F., and Pantaloni, D., 1986. Direct evidence for ADP-Pi-F-actin as the major intermediate in ATP-actin polymerization. Rate of dissocation of Pi from actin filaments. *Biochemistry* **25**, 7789–7792.

Combeau, C., and Carlier, M.F., 1988. Probing the mechanism of ATP hydrolysis on F-actin using vanadate and the structural analogs of phosphate BeF-3 and AlF-4. *J. Biol. Chem.* **263**, 17429–17436.

Cooke, R., 1975. The role of the bound nucleotide in the polymerization of actin. *Biochemistry* **14**, 3250–3256.

Pollard, T.D., 1984. Polymerization of ADP-actin. *J. Cell Biol.* **99**, 769–777.

Pollard, T.D., and Mooseker, M.S., 1981. Direct measurement of actin polymerization rate constants by electron microscopy of actin filaments nucleated by isolated microvillus cores. *J. Cell Biol.* **88**, 654–659.

Pollard, T.D., and Weeds, A.G., 1984. The rate constant for ATP hydrolysis by polymerized actin. *FEBS Lett.* **170**, 94–98.

Wegner, A., 1976. Head to tail polymerization of actin. *J. Mol. Biol.* **108**, 139–150.

8・7 アクチン結合タンパク質はアクチンの重合と組織化を調節する

総　説

dos Remedios, C.G., Chhabra, D., Kekic, M., Dedova, I.V., Tsubakihara, M., Berry, D.A., and Nosworthy, N.J., 2003. Actin binding proteins: Regulation of cytoskeletal microfilaments. *Physiol. Rev.* **83**, 433–473.

Zigmond, S.H., 2004. Beginning and ending an actin filament: Control at the barbed end. *Curr. Top. Dev. Biol.* **63**, 145–188.

8・8 アクチン単量体結合タンパク質は重合に影響を与える

論　文

Mockrin, S.C., and Korn, E.D., 1980. *Acanthamoeba* profilin interacts with G-actin to increase the rate of exchange of actin-bound adenosine 5′-triphosphate. *Biochemistry* **19**, 5359–5362.

Safer, D., Elzinga, M., and Nachmias, V.T., 1991. Thymosin beta 4 and Fx, an actinsequestering peptide, are indistinguishable. *J. Biol. Chem.* **266**, 4029–4032.

Schutt, C.E., Myslik, J.C., Rozycki, M.D., Goonesekere, N.C., and Lindberg, U., 1993. The structure of crystalline profilin-beta-actin. *Nature* **365**, 810–816.

Tilney, L.G., Bonder, E.M., Coluccio, L.M., and Mooseker, M.S., 1983. Actin from Thyone sperm assembles on only one end of an actin filament: A behavior regulated by profilin. *J. Cell Biol.* **97**, 112–124.

8・9 核形成タンパク質は細胞内でのアクチン重合を調節する

総　説

Pollard, T.D., and Borisy, G.G., 2003. Cellular motility driven by assembly and disassembly of actin filaments. *Cell* **112**, 453–465.

Vartiainen, M.K., and Machesky, L.M., 2004. The WASP-Arp2/3 pathway: Genetic insights. *Curr. Opin. Cell Biol.* **16**, 174–181.

Zigmond, S.H., 2004. Formin-induced nucleation of actin filaments. *Curr. Opin. Cell Biol.* **16**, 99–105.

論　文

Machesky, L.M., Atkinson, S.J., Ampe, C., Vandekerckhove, J., and Pollard, T.D., 1994. Purification of a cortical complex containing two unconventional actins from *Acanthamoeba* by affinity chromatography on profilin, agarose. *J. Cell Biol.* **127**, 107–115.

Machesky, L.M., Mullins, R.D., Higgs, H.N., Kaiser, D.A., Blanchoin, L., May, R.C., Hall, M.E., and Pollard, T.D., 1999. Scar, a WASp-related protein, activates nucleation of actin filaments by the Arp2/3 complex. *Proc. Natl. Acad. Sci. USA* **96**, 3739–3744.

Robinson, R.C., Turbedsky, K., Kaiser, D.A., Marchand, J.B., Higgs, H. N., Choe, S., and Pollard, T. D., 2001. Crystal structure of Arp2/3 complex. *Science* **294**, 1679–1684.

8・10 キャッピングタンパク質はアクチンフィラメントの長さを調節する

総　説

Fischer, R.S., and Fowler, V.M., 2003. Tropomodulins: life at the slow end. *Trends Cell Biol.* **13**, 593–601.

Wear, M.A., and Cooper, J.A., 2004. Capping protein: new insights into mechanism and regulation. *Trends Biochem. Sci.* **29**, 418–428.

Yin, H.L., and Janmey, P.A., 2003. Phosphoinositide regulation of the actin cytoskeleton. *Annu. Rev. Physiol.* **65**, 761–789.

Zigmond, S.H., 2004. Beginning and ending an actin filament: Control at the barbed end. *Curr. Top. Dev. Biol.* **63**, 145–188.

8・11 切断タンパク質や脱重合タンパク質はアクチンフィラメントの動態を調節する

総　説

Bamburg, J.R., 1999. Proteins of the ADF/cofilin family: Essential regulators of actin dynamics. *Annu. Rev. Cell Dev. Biol.* **15**, 185–230.

論　文

Galkin, V.E., Orlova, A., VanLoock, M.S., Shvetsov, A., Reisler, E., and Egelman, E.H., 2003. ADF/cofilin use an intrinsic mode of F-actin instability to disrupt actin filaments. *J. Cell Biol.* **163**, 1057–1066.

McGough, A., Pope, B., Chiu, W., and Weeds, A., 1997. Cofilin changes the twist of F-actin: implications for actin filament dynamics and cellular function. *J. Cell. Biol.* **138**, 771–781.

8・12 架橋タンパク質はアクチンフィラメントの束化やネットワークの形成を促す

総　説

Kreis, T., and Vale, R., 1999. "Guidebook to the Cytoskeletal and Motor Proteins." Oxford: Oxford University Press.

8・13 アクチンとアクチン結合タンパク質は協同で働き細胞の遊走をひき起こす

総 説

Bray, D., 2001. "Cell Movements: From Molecules to Motility." New York: Garland.

Pollard, T.D., Blanchoin, L., and Mullins, R.D., 2000. Molecular mechanisms controlling actin filament dynamics in nonmuscle cells. *Annu. Rev. Biophys. Biomol. Struct.* **29**, 545–576.

Pollard, T.D., and Borisy, G.G., 2003. Cellular motility driven by assembly and disassembly of actin filaments. *Cell* **112**, 453–465.

Rafelski, S.M. and Theriot, J.A., 2004. Crawling toward a unified model of cell mobility: spatial and temporal regulation of actin dynamics. *Annu. Rev. Biochem.* **73**, 209–239.

論 文

Loisel, T.P., Boujemaa, R., Pantaloni, D., and Carlier, M.F., 1999. Reconstitution of actin-based motility of *Listeria* and *Shigella* using pure proteins. *Nature* **401**, 613–616.

Svitkina, T.M., and Borisy, G.G., 1999. Arp2/3 complex and actin depolymerizing factor/cofilin in dendritic organization and treadmilling of actin filament array in lamellipodia. *J. Cell Biol.* **145**, 1009–1026.

Theriot, J.A., Mitchison, T.J., Tilney, L.G., and Portnoy, D.A., 1992. The rate of actin-based motility of intracellular *Listeria monocytogenes* equals the rate of actin polymerization. *Nature* **357**, 257–260.

Theriot, J.A., and Mitchison, T.J., 1991. Actin microfilament dynamics in locomoting cells. *Nature* **352**, 126–131.

Wang, Y.L., 1985. Exchange of actin subunits at the leading edge of living fibroblasts: possible role of treadmilling. *J. Cell Biol.* **101**, 597–602.

8・14 低分子量 G タンパク質はアクチン重合を調節する

総 説

Raftopoulou, M., and Hall, A., 2004. Cell migration: Rho GTPases lead the way. *Dev. Biol.* **265**, 23–32.

8・15 ミオシンは多くの細胞内過程で重要な役割を担うアクチン系分子モーターである

総 説

Balasubramanian, M.K., Bi, E., and Glotzer, M., 2004. Comparative analysis of cytokinesis in budding yeast, fission yeast and animal cells. *Curr. Biol.* **14**, R806–R818.

Berg, J. S., Powell, B. C., and Cheney, R. E., 2001. A millennial myosin census. *Mol. Biol. Cell* **12**, 780–794.

De La Cruz, E.M., and Ostap, E.M., 2004. Relating biochemistry and function in the myosin superfamily. *Curr. Opin. Cell Biol.* **16**, 61–67.

Hasson, T., 2003. Myosin VI: two distinct roles in endocytosis. *J. Cell Sci.* **116**, 3453–3461.

Hirokawa, N., and Takemura, R., 2003. Biochemical and molecular characterization of diseases linked to motor proteins. *Trends Biochem Sci.* **28**, 558–565.

Howard, J., 2001. "Mechanics of Motor Proteins and the Cytoskeleton." Sunderland, MA: Sinauer Associates.

Kreis, T., and Vale, R., 1999. "Guidebook to the Cytoskeletal and Motor Proteins." Oxford: Oxford University Press.

Lauffenburger, D.A., and Horwitz, A.F., 1996. Cell migration: a physically integrated molecular process. *Cell* **84**, 359–369.

Sellers, J., 1999. "Myosins", 2nd Edition. Oxford: Oxford University Press.

Sokac, A.M., and Bement, W.M., 2000. Regulation and expression of metazoan unconventional myosins. *Int. Rev. Cytol.* **200**, 197–304.

Soldait, T., 2003. Unconventional myosins, actin dynamics and endocytosis: a ménage à trois? *Traffic* **4**, 358–366.

論 文

Avraham, K.B., Hasson, T., Steel, K.P., Kingsley, D.M., Russell, L.B., Mooseker, M.S., Copeland, N. G., and Jenkins, N. A., 1995. The mouse Snell's waltzer deafness gene encodes an unconventional myosin required for structural integrity of inner ear hair cells. *Nat. Genet.* **11**, 369–375.

Holt, J.R., Gillespie, S.K., Provance, D.W., Shah, K., Shokat, K.M., Corey, D.P., Mercer, J.A., and Gillespie, P.G., 2002. A chemical-genetic strategy implicates myosin-1c in adaptation by hair cells. *Cell* **108**, 371–381.

Lee, S.J., and Montell, C., 2004. Light-dependent translocation of visual arrestin regulated by the NINAC myosin III. *Neuron.* **43**, 95–103.

Liang, Y., et al., 1999. Characterization of the human and mouse unconventional myosin XV genes responsible for hereditary deafness DFNB3 and shaker 2. *Genomics* **61**, 243–258.

Müller, R.T., Honnert, U., Reinhard, J., and Bähler, M., 1997. The rat myosin myr 5 is a GTPase-activating protein for Rho in vivo: essential role of arginine 1695. *Mol. Biol. Cell* **8**, 2039–2053.

Novak, K.D., Peterson, M.D., Reedy, M.C., and Titus, M.A., 1995. Dictyostelium myosin I double mutants exhibit conditional defects in pinocytosis. *J. Cell Biol.* **131**, 1205–1221.

Patel, K.G., Liu, C., Cameron, P.L., and Cameron, R.S., 2001. Myr 8, a novel unconventional myosin expressed during brain development associates with the protein phosphatase catalytic subunits lalpha and lgammal. *J. Neurosci.* **21**, 7954–7968.

Richards, T.A., and Cavalier-Smith, T., 2005. Myosin domain evolution and the primary divergence of eukaryotes. *Nature* **436**, 1113–1118.

Tuxworth, R.I., Weber, I., Wessels, D., Addicks, G.C., Soll, D.R., Gerisch, G., and Titus, M.A., 2001. A role for myosin VII in dynamic cell adhesion. *Curr. Biol.* **11**, 318–329.

Weil, D., Blanchard, S., Kaplan, J., Guilford, P., Gibson, F., Walsh, J., Mburu, P., Varela, A., Levilliers, J., and Weston, M. D., 1995. Defective myosin VIIA gene responsible for Usher syndrome type 1B. *Nature* **374**, 60–61.

Wu, X., Bowers, B., Wei, Q., Kocher, B., and Hammer, J.A., 1997. Myosin V associates with melanosomes in mouse melanocytes: Evidence that myosin V is an organelle motor. *J. Cell Sci.* **110** (Pt 7), 847–859.

8・16 ミオシンは三つの構造ドメインをもつ

総 説

Geeves, M.A., and Holmes, K.C., 1999. Structural mechanism of muscle contraction. *Annu. Rev. Biochem.* **68**, 687–728.

Holmes, K.C., and Geeves, M.A., 2000. The structural basis of muscle contraction. *Philos. Trans. R. Soc. Lond. B Biol. Sci.* **355**, 419–431.

Krendel, M., and Mooseker, M.S., 2005. Myosins: Tails (and heads) of functional diversity. *Physiology (Bethesda)* **20**, 239–251.

Warshaw, D.M., 2004. Lever arms and necks: A common mechanistic theme across the myosin superfamily. *J. Muscle Res. Cell Motil.* **25**, 467–474.

論 文

Kull, F.J., Sablin, E.P., Lau, R., Fletterick, R.J., and Vale, R.D., 1996. Crystal structure of the kinesin motor domain reveals a structural similarity to myosin. *Nature* **380**, 550–555.

Rayment, I., Holden, H.M., Whittaker, M., Yohn, C.B., Lorenz, M., Holmes, K.C., and Milligan, R.A., 1993. Structure of the actin-myosin complex and its implications for muscle contrac-

tion. *Science* **261**, 58–65.
Rayment, I., Rypniewski, W.R., SchmidtBase, K., Smith, R., Tomchick, D.R., Benning, M.N., Winkelmann, D.A., Wesenberg, G., and Holden, H.M. 1993. Three-dimensional structure of myosin subfragment-1: A molecular motor. *Science* **261**, 50–58.
Toyoshima, Y.Y., Toyoshima, C., and Spudich, J.A., 1989. Bidirectional movement of actin filaments along tracks of myosin heads. *Nature* **341**, 154–156.
Warshaw, D.M., Guilford, W.H., Freyzon, Y., Krementsova, E., Plamiter, K.A., Tyska, M.J., Baker, J.E., and Trybus, K.M., 2000. The light chain binding domain of expressed smooth muscle heavy meromyosin acts as a mechanical lever. *J. Biol. Chem.* **275**, 37167–37172.

8・17 ミオシンによる ATP 加水分解は多段階の反応である

総 説

De La Cruz, E. M., and Ostap, E. M., 2004. Relating biochemistry and function in the myosin superfamily. *Curr. Opin. Cell Biol.* **16**, 61–67.
Geeves, M.A., and Holmes, K.C., 1999. Structural mechanism of muscle contraction. *Annu. Rev. Biochem.* **68**, 687–728.
Vale, R.D., and Milligan, R.A., 2000. The way things move: Looking under the hood of molecular motor proteins. *Science* **288**, 88–95.

論 文

Lymn, R.W., and Taylor, E.W., 1971. Mechanism of adenosine triphosphate hydrolysis by actomyosin. *Biochemistry* **10**, 4617–4624.

8・18 ミオシンモーターの速度論的性質はその細胞内での機能に適したものになっている

総 説

De La Cruz, E.M., and Ostap, E.M., 2004. Relating biochemistry and function in the myosin superfamily. *Curr. Opin. Cell Biol.* **16**, 61–67.

論 文

Sellers, J.R., and Veigel, C., 2006. Walking with myosin V. *Curr. Opin. Cell Biol.* **18**, 68–73.

8・19 ミオシンはナノメートルの歩幅で歩き，ピコニュートンの力を出す

総 説

Guilford, W.H., and Warshaw, D.M., 1998. The molecular mechanics of smooth muscle myosin. *Comp. Biochem. Physiol. B Biochem. Mol. Biol.* **119**, 451–458.
Howard, J., 2001. “Mechanics of Motor Proteins and the Cytoskeleton.” Sunderland, MA: Sinauer Associates.
Warshaw, D.M., 2004. Lever arms and necks: a common mechanistic theme across the superfamily. *J. Muscle Res. Cell Motil.* **25**, 467–474.

論 文

Finer, J.T., Simmons, R.M., and Spudich, J.A., 1994. Single myosin molecule mechanics: Piconewton forces and nanometre steps. *Nature* **368**, 113–119.
Warshaw, D.M., Guilford, W.H., Freyzon, Y., Krementsova, E., Palmiter, K.A., Tyska, M.J., Baker, J.E., and Trybus, K.M., 2000. The light chain binding domain of expressed smooth muscle heavy meromyosin acts as a mechanical lever. *J. Biol. Chem.* **275**, 37167–37172.

8・20 ミオシンは複数の機構により調節される

総 説

Bähler, M., and Rhoads, A., 2002. Calmodulin signaling via the IQ motif. *FEBS Lett.* **513**, 107–113.
Matsumura, F., 2005. Regulation of myosin II during cytokinesis in higher eukaryotes. *Trends Cell Biol.* **15**, 371–377.
Somlyo, A.P., and Somlyo, A.V., 2003. Ca^{2+} sensitivity of smooth muscle and nonmuscle myosin II: modulated by G proteins, kinases, and myosin phosphatase. *Physiol. Rev.* **83**, 1325–1358.

論 文

Adelstein, R.S., and Conti, M.A., 1975. Phosphorylation of platelet myosin increases actin-activated myosin ATPase activity. *Nature* **256**, 597–598.
Karcher, R.L., Roland, J.T., Zappacosta, F., Huddleston, M.J., Annan, R.S., Carr, S.A., and Gelfand, V.I., 2001. Cell cycle regulation of myosin-V by calcium/calmodulin-dependent protein kinase II. *Science* **293**, 1317–1320.
Wang, F., Thirumurugan, K., Stafford, W.F., Hammer, J.A., Knight, P.J., and Sellers, J.R., 2004. Regulated conformation of myosin V. *J. Biol. Chem.* **279**, 2333–2336.
Wendt, T., Taylor, D., Messier, T., Trybus, K.M., and Taylor, K. A., 1999. Visualization of head-head interactions in the inhibited state of smooth muscle myosin. *J. Cell Biol.* **147**, 1385–1390.
Wu, X., Bowers, B., Wei, Q., Kocher, B., and Hammer, J.A., 1997. Myosin V associates with melanosomes in mouse melanocytes: Evidence that myosin V is an organelle motor. *J. Cell Sci.* **110** (Pt7), 847–859.

8・21 ミオシン II は筋収縮で働く

総 説

Bagshaw, C.R., 1992. “Muscle Contraction”, 2nd Edition. London: Chapman and Hall.
Engel, A.G., and Franzini-Armstrong, C., 2004. “Myology.” New York: McGraw-Hill.

8・24 補遺：重合体の形成が力を発生する仕組みの二つのモデル

論 文

Peskin, C.S., Odell, G. M., and Oster, G.F., 1993. Cellular motions and thermal fluctuations: the Brownian ratchet. *Biophys. J.* **65**, 316–324.

中間径フィラメント

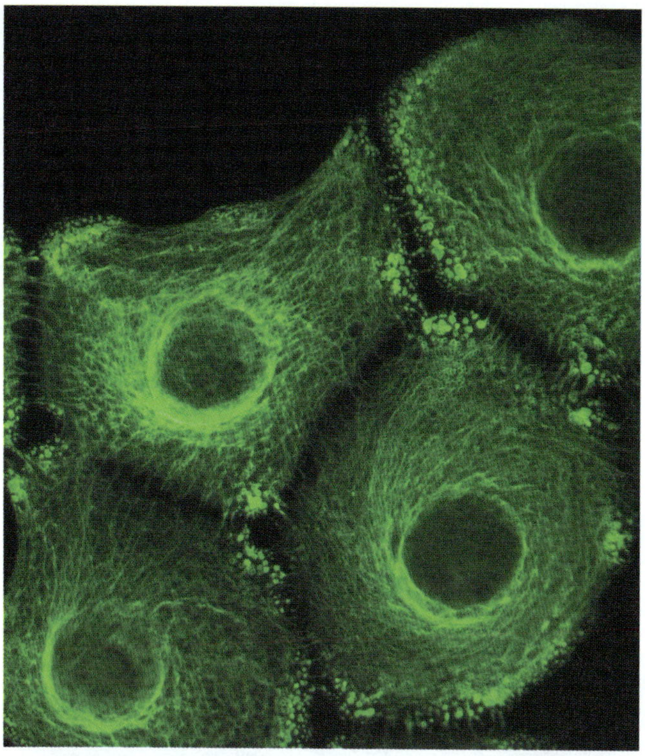

生体の皮膚をもろくするようなケラチン変異があると，培養条件下では機械的刺激でフィラメント崩壊が進行する［写真は Birgit Lane, Centre for Molecular Medicine, Singpore の好意による．D. Russell, P.D. Andrews, E.B. Lane, *J. Cell Sci.* **117**, 5233〜5243 (2004) より転載］

9・1 序　論

重要な概念

- 中間径フィラメントは核と細胞質の細胞骨格の主要な構成要素である．
- 中間径フィラメントは，組織の構造や機能を維持するのに必須である．
- 中間径フィラメントの太さは，アクチンフィラメントと微小管の中間であり，強固なネットワークを形成する．
- 中間径フィラメントは，多数のサブユニットが重合してできたポリマーである．
- 中間径フィラメントタンパク質は多様な成分からなり，巨大かつ複雑な遺伝子スーパーファミリーにコードされている．
- 50種を越えるヒトの疾病が中間径フィラメントの変異と関連がある．

微小管，アクチンフィラメント（ミクロフィラメント），そして**中間径フィラメント**（intermediate filament）が細胞骨格の主要な三つの繊維状タンパク質である．ほぼすべての動物細胞において，図9・1に示すように，中間径フィラメントは細胞質と核内で網目構造を形成する．*in vitro* で培養したばらばらの細胞の生存にも必要な微小管やアクチンフィラメントとは異なり，中間径フィラメントは，細胞を組織にまで組上げる段階で機能し，組織や器官が正常に機能するために必要である．ある種の中間径フィラメントは，組織の形成に重要な細胞連結にかかわっている．

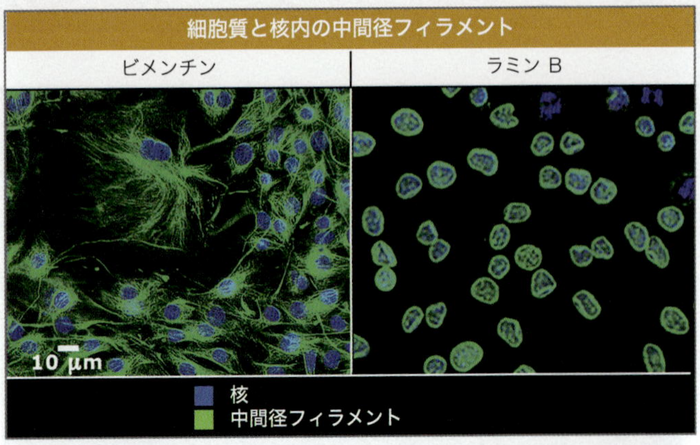

図9・1　培養繊維芽細胞のビメンチンとラミンBの免疫蛍光顕微鏡像．異なる種類の中間径フィラメントの分布を示す．ビメンチンは細胞質にあるのに対し，ラミンは核内に存在する［写真はJohn Common, Birgit Lane, Centre for Molecular Medicine, Singaporeの好意による］

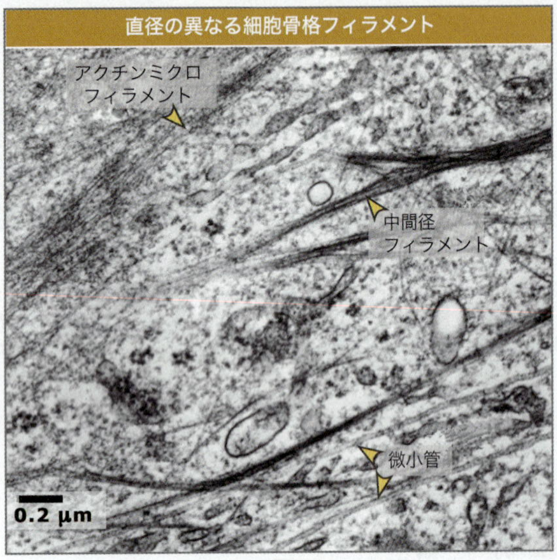

図9・2　透過型電子顕微鏡でとらえた主要な細胞骨格．腎臓上皮細胞の薄い切片に，ミクロフィラメント，K8/K18中間径フィラメント，微小管が見える［写真はBirgit Lane, School of Life Sciences, University of Dundeeの好意による．"The Keratinocyte Handbook", ed. by I.M. Leigh, et al., © Cambridge University Press（1994）より許可を得て転載］

それぞれが複数のサブファミリーを含む多数の遺伝子ファミリーが，中間径フィラメントタンパク質をコードしている．これらのタンパク質は，通常の生理的条件下では細胞中の全タンパク質の80％にも達し，複雑な繊維状構造を形成する．中間径フィラメントは，微小管やアクチンフィラメントとは細胞内局在が異なる．中間径フィラメントは，1960年代に筋組織の電子顕微鏡観察でミオシンⅡの"太いフィラメント"とアクチンの"細いフィラメント"の中間の太さのフィラメントとして見いだされたが，そのはるか前から，組織学者はその存在を（神経細胞中の神経原繊維や表皮細胞中のトノフィラメントとして）知っていた．なお，中間径フィラメントの平均の直径は10 nmで，アクチンフィラメント（約8 nm）よりも太く，微小管（約25 nm）よりも細い．これら3種のフィラメントを図9・2に示す．

すべての中間径フィラメントタンパク質は似たような分子構造をもち，重合すると引っ張りに対して抵抗性のある繊維ができる．また電子顕微鏡で観察すると，よく似た外観をしている．この章で詳しく解説するが，高等脊椎動物は最も複雑な中間径フィラメントタンパク質ファミリーをもつ．脊椎動物よりもはるかに少数の中間径フィラメント遺伝子しかもたない無脊椎動物にも，脊椎動物のものと明らかに類縁関係にある中間径フィラメントが存在する．さらに，無脊椎動物の中間径フィラメントを構成するタンパク質の種類は少なく，組織特異性も低い．ヒトゲノム中には70種の中間径フィラメント遺伝子がある．これらの遺伝子のうち数種が選択的スプライシングを受けることを計算に入れると，ヒトの中間径フィラメントタンパク質の総計は約75種類となる．アクチンやチューブリンに比べると，ヒト中間径フィラメントタンパク質の種類はずっと多い．すべての中間径フィラメントタンパク質の発現は，組織特異的かつ分化特異的である．

こうした中間径フィラメントの発現や生化学的な性質のほとんどは，疾病との関連が明らかになる前からわかっていた．中間径フィラメント遺伝子の変異は，現在非常に多様な表現型を示す多くの遺伝病と関連づけられており，脆弱性水泡症や早期老化など，少なくとも50種類の疾病にかかわっている．中間径フィラメントタンパク質遺伝子のほとんどは，多かれ少なかれ組織がもろくなるという障害に関係している．この事実は，生体内の組織には適度の物理的な弾性が必要であること，そして，この弾性は直接的にせよ間接的にせよ細胞の中間径フィラメントに依存していることを強く示唆している．さらに，中間径フィラメント遺伝子の発現は組織特異性が高く，それぞれが組織の細胞に微妙に異なる性質を付与する可能性が高い．組織の硬さや柔軟性，あるいは組織を補強するためのタンパク質の重合や脱重合，といった異なる要求が組織内の細胞に課せられるので，進化の過程で多数の異なる中間径フィラメント遺伝子が出現したのだろう．

9・2　6種の中間径フィラメントタンパク質は似た構造をもつが，発現は異なる

重 要 な 概 念

- 中間径フィラメントタンパク質はすべて，中央に細長いαヘリックスドメインをもち，似た構造をしている．
- 中間径フィラメントファミリーは配列の相同性から六つのグループに分けられる．
- 異なる種類の中間径フィラメントは異なる組織発現パターンを示す．
- 個別の中間径フィラメントに対する抗体は，細胞分化の追跡や病理学にとって重要な道具である．

中間径フィラメントタンパク質のファミリーは，DNAやタンパク質の配列相同性に基づいて六つのグループに分けられる．そのグループの違いによって，組織特異的な発現パターンをある程度予測できる．これまでに知られているすべての中間径フィラメントタンパク質は類似した構造をもち，同じ組織化の原則に従って重合し，電子顕微鏡で観察されるように直径約10 nmの繊維になる．中間径フィラメントタンパク質は細長い分子で，長いαヘリックスの棒状ドメインの両側に，αヘリックスではない頭部および尾部ドメインをもつ（図9・3）．棒状ドメインは，"リンカー領域"（L1, L12およびL2）で分断された四つのαヘリックス断片（1A, 1B, 2Aと2B）からなる．リンカー領域はその配列からヘリックスではないと考えられる．棒状ドメインの長さはすべての哺乳類の細胞質中間径フィラメントで保存されているが

図9・3　一次アミノ酸配列から予測されたヒト中間径フィラメントタンパク質の構造．すべての中間径フィラメントタンパク質は中央に棒状ドメインをもち，それを挟むように頭部と尾部ドメインが存在する．この構造は，Ⅱ型，Ⅲ型，Ⅳ型タンパク質に当てはまるが，Ⅰ型タンパク質はH1/H2領域を欠き，Ⅴ型タンパク質はE/Vドメインを欠く．ラミンタンパク質については，脊椎動物ラミンや無脊椎動物のラミン様タンパク質の棒状ドメインに挿入されている特異的アミノ酸配列の位置を示す．矢印は共通するリン酸化部位（中間径フィラメントタンパク質のなかには，このほかにもリン酸化部位をもつものがある），カスパーゼ切断部位，脂質修飾部位を示す．

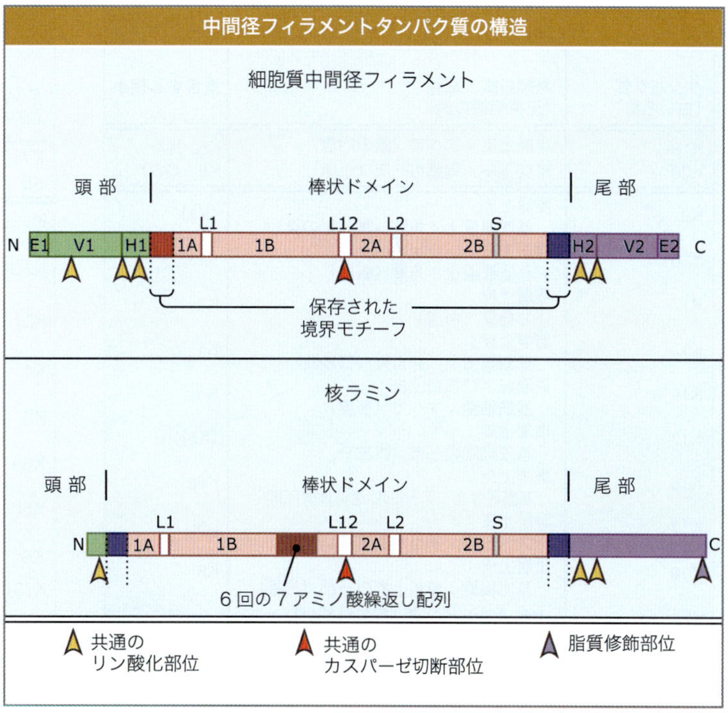

（約310アミノ酸），核中間径フィラメントのラミン型の棒状ドメインはそれより若干長い（約350アミノ酸）．多くの中間径フィラメントタンパク質の分子量は40 kDaから70 kDaの間である．

棒状ドメインの境界には，二つのよく保存された配列モチーフがある（図9・3参照）．棒状ドメインのC末端側の最後の12残基ほどはヘリックス終末モチーフで，通常Glu-Ile-Ala-Thr-Tyr-Arg-（X）-Leu-Leu-Glu-Gly-Glu（Xはどのアミノ酸でもよい）というすべての中間径フィラメントタンパク質にみられる非常に特徴的な配列をもつ．棒状ドメインのN末端にある開始モチーフは，これよりもいくらか多様だがやはり保存性は高く，重要な機能を担っていると考えられる．多くの実験的な証拠から，このC末端側とN末端側のヘリックス境界モチーフがフィラメント形成の際に末端間相互作用の結合部位として働くことがわかっている．これらの部位に変異が入ると，深刻な病状をひき起こす傾向がある（§9・4"ケラチンの変異は上皮細胞を脆弱にする"参照）．このほかにも棒状ドメインを特徴づけるよく保存された配列がある．一つはヘリックス2B中にあり"Stutter"とよばれる不規則配列(図9・3のS)である．もう一つはαヘリックスの表面に沿って正電荷を帯びたアミノ酸のクラスターと負電荷を帯びたアミノ酸のクラスターが交互に並んだ配列である．この交互に並んだパターンは約9.5残基ごとに繰返し，フィラメント形成の際に，棒状ドメインの側面での相互作用に重要である（§9・8"中間径フィラメントのサブユニットは高い親和性をもって集合し，引っ張りに抗する構造をとる"参照）．

N末端の頭部ドメインとC末端の尾部ドメインは，長さも配列も棒状ドメインに比べてずっと多様である．これらの末端ドメインは通常三つのはっきりとしたサブドメインをもつ．最も端に位置する電荷に富んだドメイン（E1またはE2），グリシンあるいはセリンの豊富な緩い繰返し配列を含む多様な領域（頭部のV1と尾部のV2），そして非常に多様な領域（H1とH2）である（図9・3参照）．多くの中間径フィラメントタンパク質中の末端ドメインは，フィラメントの形成と脱重合を制御するリン酸化部位をもつ．頭部および尾部ドメインの三次構造は完全にはわかっていないが，その構造はタンパク質の重合に伴い変化する．頭部ドメインはフィラメント形成に必須であるが，中間径フィラメントにはもともと尾部ドメインをもたないものもあるので，尾部ドメインの役割は現在のところ不明である．

中間径フィラメントスーパーファミリーの六つのグループは，図9・4に示す通り，DNAやアミノ酸の配列と遺伝子の構造の相同性に基づいており，Ⅰ～Ⅵ型配列相同グループとよばれる．

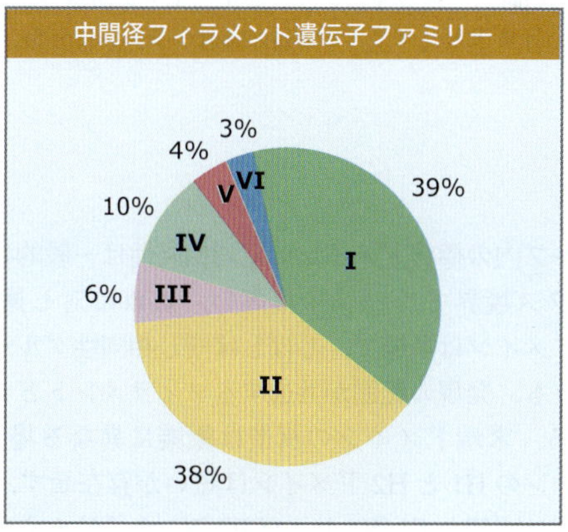

図9・4　中間径フィラメント遺伝子は，配列の相同性に基づき六つのグループに分けられる．タイプⅠとタイプⅡ遺伝子が中間径フィラメント遺伝子の多数を占める（%で示している）．

最初に明らかになった中間径フィラメントタンパク質の配列は，Ⅰ型/Ⅱ型羊毛ケラチンとよばれる髪のケラチンのものであった．Ⅰ型とⅡ型グループに属するタンパク質を図9・5と図9・6に示す．

同じグループに属する遺伝子間の配列相同性は，ほとんどのもので60％ほどであるが，95％を超えるものもある．異なるグループに属する遺伝子間では，相同性は20％程度まで下がる．

Ⅰ型のヒト中間径フィラメント（Ⅰ型ケラチン）		
タンパク質（古い名称）	発現組織・細胞（正常組織の例）	重合する相手
K18	単純上皮：すべて（腸の内層）	K8，K7
K20	単純上皮：胃腸の一部（小腸）	K8，（K7）
K9	重層上皮：基底層直上；角質（掌，足の裏）	（K1）
K10	重層上皮：基底層直上；角質（表皮）	K1
K12	重層上皮：非角質（角膜）	K3
K13	重層上皮：基底層直上；非角質（口腔）	K4
K14	重層および複合上皮：基底細胞；すべて（表皮）	K5
K15	重層上皮：基底細胞の一部（表皮）	（K5）
K16	重層上皮：基底層直上；ストレス，速い代謝（口腔）	K6a
K17	重層上皮：ストレス，速い代謝（深い毛包）	K6b
K19	重層上皮：基底細胞；単純上皮の一部（乳腺）	K8
K23	上皮（マッピングされていない）	
K24	上皮（マッピングされていない）	
K25（K25irs1） K26（K25irs2） K27（K25irs3） K28（K25irs4）	構造上皮細胞：付属肢形成上皮（内毛包）	
K31（Ha1） K32（Ha2） K33a（Ha3－Ⅰ） K33b（Ha3－Ⅱ） K34（Ha4） K35（Ha5） K36（Ha6） K37（Ha7） K38（Ha8） K39 K40	構造上皮細胞：硬い構造と付属肢（毛，爪，舌）	タイプⅡ毛包ケラチン

図9・5 Ⅰ型配列相同グループに属するヒト中間径フィラメントタンパク質（Ⅰ型ケラチン）．これらのタンパク質は単層ケラチン（単純上皮細胞），境界ケラチン（重層扁平上皮や複合上皮），そして表皮の付属体と結合する2種類の構造ケラチンに分類される．

Ⅱ型のヒト中間径フィラメントタンパク質（Ⅱ型ケラチン）		
タンパク質（古い名称）	発現組織・細胞（正常組織の例）	重合する相手
K7	単純上皮：多数（乳腺）	K18（K19）
K8	単純上皮：すべて（腸の内層）	K18（K19，K20）
K1	重層上皮：基底層直上；角質（表皮）	K10（K9）
K2（K2e）	重層上皮：基底層直上；角質；後期（表皮）	（K10）
K3	重層上皮：非角質（角膜）	K12
K4	重層上皮：基底層直上；非角質（口腔）	K13
K5	重層および複合上皮：基底細胞；すべて（表皮）	K14（K15）
K6a	重層上皮：基底層直上；ストレス，速い代謝（口腔）	K16
K6b	重層上皮：ストレス，速い代謝（深い毛包）	K17
K6c（K6e/h）	上皮（マッピングされていない）	
K75（K6hf）	重層上皮（毛包鞘）	（K16，K17）
K76（K2p）	重層上皮：基底層直上；角質（口蓋）	（K10）
K77（K1b）	上皮（汗腺）	
K78（K5b）	上皮（マッピングされていない）	
K79（K6l）	上皮（マッピングされていない）	
K80（Kb20）	上皮（マッピングされていない）	
K71（K6irs1） K72（K6irs2） K73（K6irs3） K74（K6irs4）	構造上皮細胞：付属肢形成上皮（内毛包）	
K81（Hb1） K82（Hb2） K83（Hb3） K84（Hb4） K85（Hb5） K86（Hb6）	構造上皮細胞：硬い構造と付属肢（毛，爪，舌）	タイプⅠ毛包ケラチン

図9・6 Ⅱ型配列相同グループに属するヒト中間径フィラメントタンパク質（Ⅱ型ケラチン）．これらのタンパク質は単層ケラチン（単純上皮細胞），境界ケラチン（重層扁平上皮や複合上皮），そして表皮の付属物と結合する2種類の構造ケラチンに分類される．

同一グループ内の棒状ドメインの配列相同性は一般的に高く，特にヘリックス境界モチーフ中は高い．これに対し頭部ドメインと尾部ドメインは多様で，しばしば同じ相同性グループの配列どうしよりも，発現の範囲が共通するフィラメントどうしのほうが似ている．末端ドメインの構造は極端に異なる場合がある．Ⅰ型ケラチンのH1とH2ドメインは短いか存在せず，他方Ⅳ型タンパク質は明確なE1/V1およびE2/V2サブドメインをもたない．

これらの配列相同グループによる分類は，中間径フィラメントタンパク質の厳密な組織特異的発現パターンや，それらの進化の過程とよく一致する．Ⅰ型とⅡ型タンパク質はケラチンである．ケラチンは上皮で発現し，70あるヒト中間径フィラメント遺伝子のうち54を占める．Ⅲ型グループは4種類の非常によく似たタンパク質を含み，それぞれが細胞特異的な発現をする．Ⅳ型グループには7種類のニューロフィラメント関連タンパク質が含まれる．Ⅴ型タンパク質は，すべての中間径フィラメントをもつ細胞に存在する核ラミンであり，進化的には最も古い中間径フィラメント遺伝子グループである．Ⅵ型グループは，他のグループには入らない2種の異なる眼レンズフィラメントタンパク質を含む．

組織特異性は各グループ中の個々のタンパク質間でもみられる（図9・5，図9・6，図9・12参照．上皮の異なるタイプについての記述は§9・3“中間径フィラメントで最大のグループはⅠ型ケラチンとⅡ型ケラチンである”参照）．さらに，いくつかの中間径フィラメントタンパク質はストレス刺激や創傷に反応して発現する．組織や組織分化の標識として，中間径フィラメントはおそらく最もよい指標となる．抗中間径フィラメント抗体を用いると，分化を通じて中間径フィラメントの組織特異的な発現を追跡することが可能である．また，分化は転移性の腫瘍の中でも継続しているので，細胞生物学から病理学にわたって細胞や組織の分化過程を追跡するのに，こうした抗体が広く使用されている．中間径フィラメントの発現が変化することで見つかることの多い異常な分化は，深刻な病変の初期の手がかりとなる．組織特異性は中間径フィラメントの目覚ましい特徴で，広範な疾病との関連が発見される以前には，これが中間径フィラメントタンパク質の研究を促してきた．

9・3 中間径フィラメントで最大のグループはⅠ型ケラチンとⅡ型ケラチンである

重要な概念

- 哺乳類の中間径フィラメントタンパク質のほとんどがケラチンである．
- ケラチンは必ずⅠ型とⅡ型タンパク質両者を含むヘテロ多量体である．
- 対になったケラチンの発現から上皮の分化や増殖の段階を予測することができる．
- 単層ケラチンのK8とK18は最も特化していないケラチンである．
- 境界ケラチンはすべての中間径フィラメントのなかで最も複雑かつ多様な発現を示す．
- 生物の硬い付属体に含まれる構造ケラチンは他のケラチンとは区別され，おそらく最近になって進化した哺乳類ケラチンである．

ほとんどのヒト中間径フィラメント遺伝子はケラチンをコードしている：図9・5と図9・6に示すように．28種類のⅠ型ケラチンと26種類のⅡ型ケラチンが存在する．ケラチンはサイトケラチンともよばれ，上皮組織中でⅠ型/Ⅱ型の対として共発現する．ケラチンは上皮の基本的な特徴であり，ケラチンの存在するところが上皮組織と定義される．ケラチンを発現しない層状の組織（例：血管の内皮）は上皮に分類されない．ケラチンフィラメントは細胞と細胞の結合（デスモソーム）や細胞とマトリックスの結合（ヘミデスモソーム）とつながっている．これらの結合と共にケラチンフィラメントは組織横断的な構造ネットワークを形成しており，この構造は特に表皮のような層状の外皮で顕著である（これらの結合の詳細は第15章“細胞外マトリックスと細胞接着”参照）．上皮層組織の主要なケラチンの大部分は，その分子量と電荷によって，最大かつ最も塩基性のK1（Ⅱ型グループ）から最小かつ最も酸性のK19に分類される．

Ⅰ型の各ケラチンは特定のⅡ型ケラチンと共発現する．図9・7に示すように，それぞれのケラチンの対は特定の種類の上皮細胞への分化や特化に特徴的で，そうした分化や特化が起きたことを示す指標となる．*in vitro* ではどの型のケラチンも幅広い型のケラチンと対になってフィラメントを形成するが，*in vivo* ではあらかじめ決まった特定の対ができ，選択的な会合をする．これらのケラチン対の発現は，特定の上皮の分化経路と，場合によっては，その経路の特定の段階とも連動しており，ケラチン対の片方のタンパク質が存在すればほぼ常にもう一方も存在する（図9・8参照）．機能面からケラチン対は少なくとも三つのグループに分けられる．単層ケラチン，境界ケラチン，そして構造ケラチンである．

ケラチンは上皮細胞で発現する．上皮はふつうにみられる組織で，そのなかでは細胞が層状に密着しており，臓器の境界となったり，分泌および吸収チャンネルの境界を形成したりする．これらは，一層の**単層上皮**（simple epithelia）であることが多い．単層上皮では，細胞は下にある特殊な細胞外マトリックス層（基底膜）と直接接触しており，図9・8に示す通り管路や腸管の内腔に向かって表面が露出している．これと対極にあるのが，多層，もしくは**重層上皮**（stratified epithelia）である．重層上皮は，体の外表面を覆う表皮から，体の開口部とそれに近接する管路をかたどる特殊な上皮まで及ぶ，物理的障壁となる主要な組織を形成する．重層上皮の細胞は通常，角化細胞とよばれる．重層上皮組織から，単層上皮構造を一部含む分泌腺，髪，爪といった付属組織の特化した複雑な上皮が生じる．発生が完了すると，重層境界上皮の外側の細胞は，扁平，もしくはうろこ状になる．うろこ状の重層上皮は，ふつう6〜10の細胞層からなる．この細胞層は厚く，物理的，化学的障害，そして発がん性の刺激から体を保護するために絶え間なく代謝している．

細胞間のデスモソーム連結や細胞と基質間のヘミデスモソーム連結を介して，上皮細胞どうしは細胞膜で接触しており，各細胞の細胞質を横断する高密度のケラチンフィラメント束のネットワークでつながっている（第15章“細胞外マトリックスおよび細胞接着”参照）．強い物理的な力に抗するため，重層上皮の角化細胞には，他のいかなるタイプの細胞よりも，大量かつ多種の中間径フィラメントタンパク質が発現している．ここでは，特殊なケラチンフィラメントタンパク質が，場所や生理的状態に応じて発現する．これは重層上皮で進行中の分化に際してみられるケラチンの発現の変化に，はっきりと見てとれる．重層上皮のなかで最も分化が進んでいない細胞は基底細胞で，まだ基底膜と接触しており，分裂する．基底細胞の一部は組織幹細胞となり，ごくまれにしか分裂しなくなるが，ほとんどの細胞は細胞分裂し組織を大きくする．基底細胞が分裂すると，娘細胞の一つが基底部を離

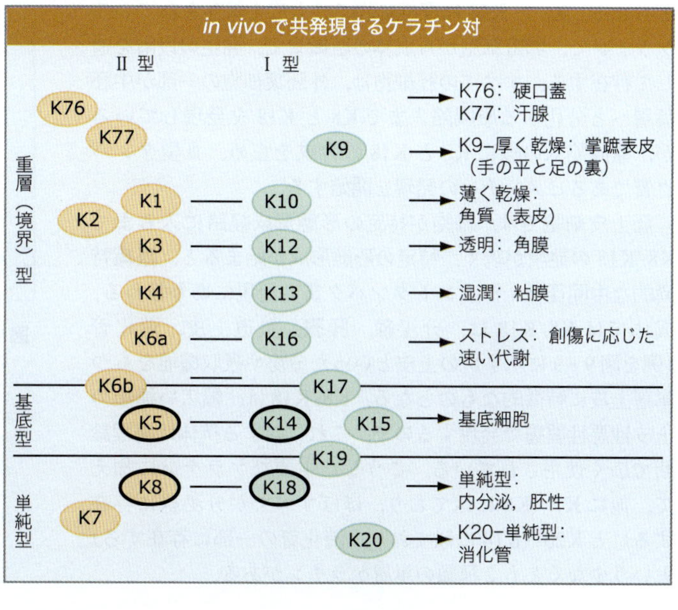

図9・7 ケラチンは，組織特異的なⅠ型/Ⅱ型タンパク質の対として発現する．各ケラチンの対は個々の上皮の分化に特徴的なものである．太い枠線は一次ケラチンであることを示す．

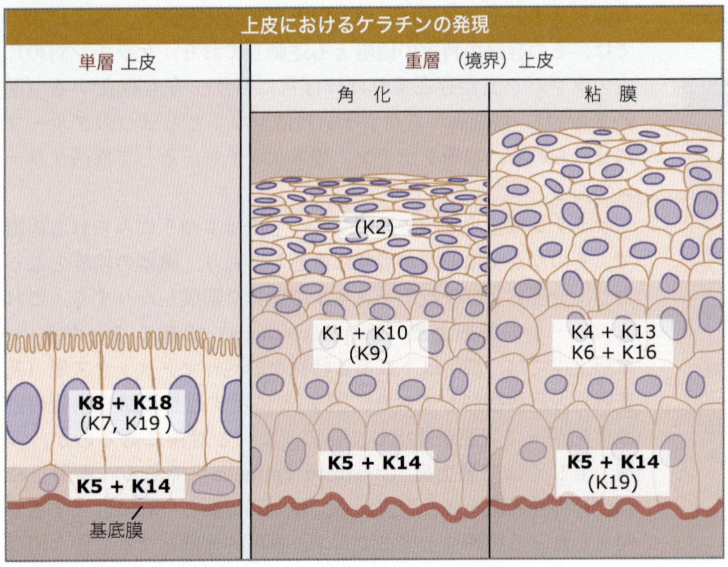

図9・8 単層上皮（例: 分泌線）と境界上皮（例: 角化上皮もしくは粘膜）における，主要な上皮ケラチンの逐次的な発現．一次ケラチンは太字で示した．発現が一定しないケラチンやあまり主要ではないケラチンは示していない．ケラチンの発現は，組織内での細胞の位置と関連しており，その細胞が増殖サイクル中のどの状態にいるのかということにも関連している．基底膜との接触がなくなると細胞周期から外れ，分化が進行する．

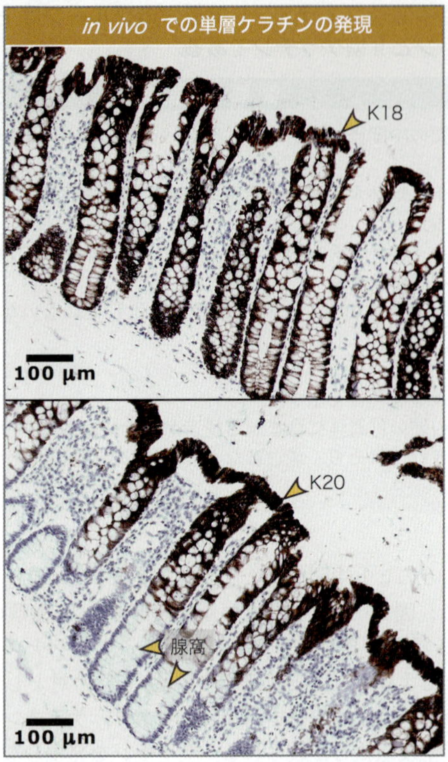

図9・9 大腸上皮層での単層ケラチンの免疫組織化学的検出．Ⅰ型ケラチンであるK18とK20の位置を，2種類の特異的モノクローナル抗体を用いた免疫ペルオキシダーゼ染色で検出した．茶色の染色はケラチン，青色の染色はヘマトシリンによる対比組織染色．一次ケラチンのK18はすべての単純上皮に存在するのに対し，K20は特定の消化管分化細胞でだけ発現している．この写真では，細胞は分化に伴い腺窩の底から上方へと移動しており，K20は段階的に分化の進んだ上皮の，後方の限られた領域で発現している［写真はDeclan Lunny, Birgit Lane, School of Life Sciences, University of Dundeeの好意による］

れ，基底層直上の一つめの層に移動する．この結果，移動した細胞は基底膜からの直接の影響や，基底膜が供給する増殖シグナルの影響を受けなくなり，終末分化が決定づけられて，上皮表面から体外へ放出される道を歩んでいく．この終末分化を経て細胞は最終的に死に，組織から失われる．増殖領域を離れ，終末分化へと進んでいくことと同調して，上皮細胞でケラチンの発現がしだいに変わっていく様子を図9・8に示す．

重層上皮分化の過程で最初に発現するケラチンは単層ケラチンであり，このグループのなかで主要なケラチンはK8（Ⅱ型）とK18（Ⅰ型）である．これらのケラチンは最も初期の胚細胞でもみられ，おそらく進化上最も古いケラチンである．K8とK18の発現は細胞が未分化に近いことを意味しており，極性のある細胞が隙間なく並んだ機能性上皮の指標ともなる．K8とK18は脊椎動物で最も広く保存されているケラチンで，卵母細胞から成体の組織まで，発生の段階を通して存在する．すべての胚細胞は，外胚葉細胞の一部が中胚葉層へと分化する原腸陥入までK8とK18を発現しているが，原腸陥入の際にK8とK18の合成を止め，Ⅲ型タンパク質であるビメンチンの発現を開始する．

胚上皮細胞では，細胞が特定の形態形成経路に入るまでK8/K18の発現が続く．特定の形態形成が始まると，組織特異的な中間径フィラメントタンパク質の発現に切り替わる．成体ではK8/K18は，分泌線，肝臓，気道上皮，消化管（例を図9・9に示す）の上皮といった分泌や吸収機能をもつ単層上皮に特徴的なものとなる．K8/K18は，幅広い種類の上皮性悪性腫瘍で発現するので，これに対する抗体は病理診断で広く使用されている．こうした主要なケラチンに加えて，他にK7（K8に似ており，ほぼすべてが分泌線に存在する）とK20（K18に似ており，消化管の一部に存在する）という少なくとも2種類の単層ケラチンがある．

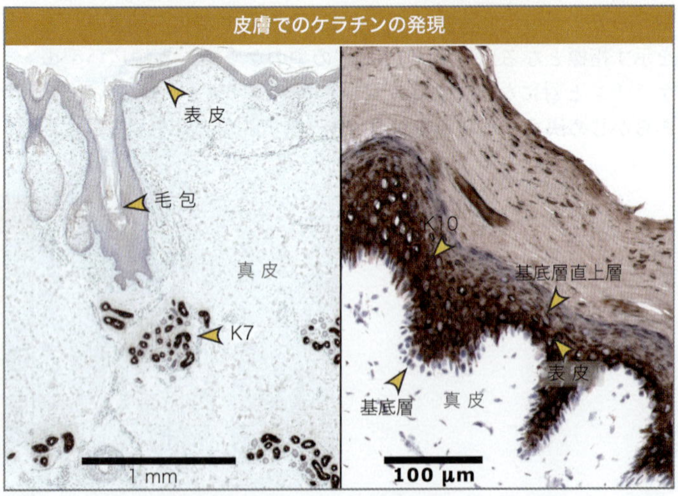

図9・10 表皮での組織特異的なケラチンの発現．（左）Ⅱ型単層ケラチンのK7に対する抗体を用いて染色した組織断片では，汗腺の分泌細胞だけが染まって見える（焦げ茶色．間接免疫ペルオキシダーゼ染色を用いた）．表皮の重層扁平境界上皮は抗体によって認識されず，ヘマトキシリンの組織染色によって薄く青色に染まるだけである．（右）K10に対する抗体で染色した表皮の厚い断片．Ⅰ型の二次的つまり組織特異的なケラチンであるK10は，角化保護組織中，有糸分裂後の基底膜直上の細胞で発現する．基底細胞層は抗体によって染色されず，核は青色に染色されている［写真はDeclan Lunny, Birgit Lane, School of Life Sciences, University of Dundeeの好意による］

境界ケラチンは重層上皮に特徴的なものである．このグループの中で主要なケラチンは，K14（Ⅰ型）とK5（Ⅱ型）であり，皮膚などの重層うろこ状上皮の基底膜角化細胞に存在する．このK5/K14が発現している基底細胞の単層は，最も未分化な組織で，増殖能を維持している．複合腺上皮内で，K5/K14を発現している基底細胞は，K8/K18を発現している単層上皮細胞（図9・8参照）のそばにもみられる．ある組織では，増殖している基底細胞はK19，K15およびK6/K17といった他の数種類のケラチンも発現する．

細胞は基底層から離れるとK5/K14の産生をやめ，二次的つまり分化特異的なケラチンの産生へと発現を切り替える（図9・8参照）．表皮では，図9・10に示されたⅡ型ケラチンK1とⅠ型ケラチンK10が合成される．基底細胞層直上での二次ケラチンの発現は，組織の種類によって変化する（図9・7および図9・8参照）．K6の異性体とK16あるいはK17というケラチンの対は，表皮におけるストレス反応タンパク質のような挙動を示し，創傷もしくは炎症によって素早く発現が誘導される．他の組織はこれらの“ストレス”ケラチンを構成的に発現しているので，この誘導刺激に常にさらされているに違いない．

したがって，重層境界上皮内の増殖領域（基底細胞層）は，分化区域（基底層直上の層）とは異なるケラチン合成プログラムをもつ．境界組織の増殖周期から脱することと，一次ケラチン合成の休止およびそれに続く分化特異的なケラチン合成の開始とは，密接に相関している．基底層直上のケラチンは組織に大きな弾性を与えることに特化しているが，これにかかわる二次ケラチンの発現は有糸分裂に伴う細胞の分離を妨げるので，増殖とは両立できない．

3番目のグループは構造ケラチンで，毛や爪といった特殊な硬い構造体や付属体の中や周辺でだけ発現する多種の中間径フィラメントタンパク質（図9・5および図9・6参照）によって構成される．毛髪細胞ケラチンや上皮細胞がつくる特殊なケラチンがこうした構造体をつくる．この二つのグループのケラチンははっきりと異なる配列をもち，脊椎動物がごく最近になって獲得したものと考えられている．

構造ケラチンの逐次的な発現は，毛包でよくわかっている．構造ケラチンの第一グループが，毛包内毛根鞘の上皮管が集中した層で，選択的に発現する．この管状の構造は非常に硬くなり，毛幹形成の鋳型となる．第二グループである硬ケラチン（毛髪ケラチン）は毛幹内だけでなく，爪や舌表面の乳頭上の突起にある硬い細胞（猫の舌で特に明確にみられる）でも発現し，膵臓でも少量発現する．これらの毛髪ケラチンは，その頭部と尾部ドメインにシステインおよびプロリン残基を多く含み，毛髪細胞が分化し硬くなる際に，細胞質中でケラチン結合タンパク質とよばれる非フィラメント毛髪タンパク質とジスルフィド結合する．この架橋が，付属体の硬い組織を形づくる非常に強固な構造の基礎となる．

9・4 ケラチンの変異は上皮細胞を脆弱にする

重要な概念

- K5もしくはK14の変異は皮膚疱疹を生じる単純型表皮水疱症をひき起こす．
- 単純型表皮水疱症における深刻な変異は，非繊維性ケラチンの蓄積と関連している．
- 多様な臨床上の表現型を示す組織がもろくなる疾病の多くは，他のケラチン遺伝子中の類似の変異によって起こる．
- 細胞がもろくなる疾病から，ケラチン中間径フィラメントが組織強化に役立っているという明確な証拠が得られる．

1990年代初めに，上皮の基底細胞で発現する二つのケラチンK5とK14の変異が，単純型表皮水疱症（epidermolysis bullosa simplex, **EBS**）という表皮に水泡ができるまれな遺伝病をひき起こすことが見いだされ，中間径フィラメントの機能に対する理解が大きく進んだ．つぎの三つの証拠がケラチン変異とEBSとの関連を示している．

- 組換え変異ケラチン遺伝子を発現したマウスは，EBSと共通した皮膚の変化を示した．
- 遺伝連鎖解析により，EBSの家系でK14変異が見つかった．
- EBS患者の表皮細胞でのタンパク質の凝集が，有糸分裂時の一過性のケラチン凝集と似ており，さらにK5に欠陥があることが免疫化学的およびDNA配列解析からわかった．

EBS患者は，かいたりこすったり，さらには歩行などという日常的なストレスに耐えられないほど，非常に皮膚がもろい．皮膚が物理的なストレスにさらされると，基底細胞が裂け，水分が基

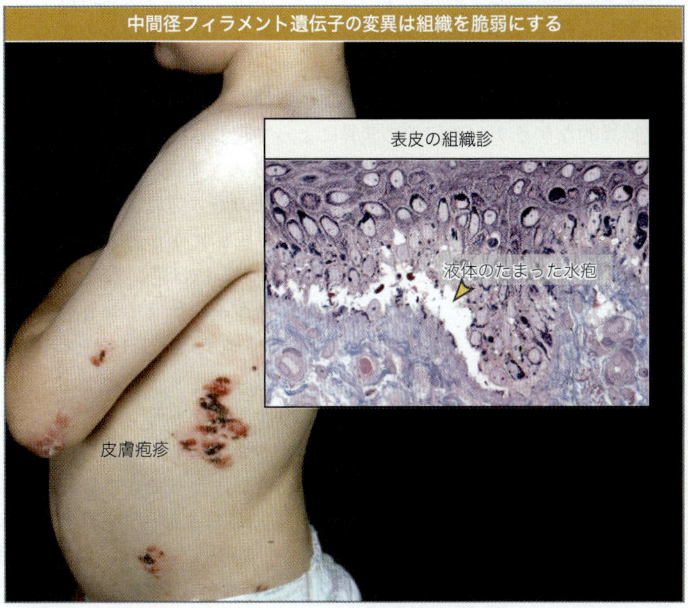

図9・11 単純型表皮水疱症（EBS）の症状．EBSは中間径フィラメント遺伝子の変異と関連することが初めてわかった疾病で，ケラチンのK5かK14への変異によって発症する．この写真は，かいたり，こすったり，きつい服を着用したりすることで生じる特徴的な表皮の水疱を示している．挿入図では，表皮表面を消しゴムでこするという組織診の，表皮の横断面を示している．表皮角化細胞の基底層には，細胞が壊れてできる液体で満たされた水疱がある［写真はRobin A. Eady, St. John's Institute of Dermatology, St. Thomas' Hospitalの好意による］

底膜とその上層の無傷の上皮細胞との間にたまり，図9・11に示すような表皮水疱ができる．これらの表皮の水疱は破裂しなければ大きくなって広がるが，通常は痕なしに治る．

EBSの臨床的症状は変異によってさまざまである．最も深刻な場合，皮膚をそっとかいたりこすったりしただけで水疱が広がる．これは，フィラメント形成に必須なケラチンタンパク質のヘリックス境界ペプチド（図9・3および図9・15参照）に変異があると起こる．手や足といった最もストレスのかかる部分だけに水疱ができる軽い症状では，アミノ酸配列の変化があまり重篤な結果を及ぼさない棒状ドメインか非ヘリックス領域のどこかに変異が起きている．疾病にかかわるケラチン変異のほとんどが優性で，遺伝子の二つのコピーのうち一方の欠陥だけで，表現型が現れる．まるで鎖のなかの弱い環のように，欠陥のあるサブユニットが少数混じるだけで，フィラメントの機能が低下するからである．したがって，両親のどちらかから欠陥のある遺伝子を1コピー受継ぐだけでEBSを発症しうる．しかし，遺伝子の両方のコピーとも欠陥のある場合にだけ発症する劣性EBSというケースがいくつか報告されている．これらはK14欠失変異が多く，両方のK14遺伝子のコピーに欠失変異のある患者では，水疱はできるものの，K14をまったく欠損した状態でも生き延びる．こうしたK5およびK14の変異とEBSとが関連しているという発見から，ケラチンフィラメントが組織内の上皮細胞を物理的に強固にすることが明らかになり，中間径フィラメントの機能に対する理解が大きく広がった．つまり，中間径フィラメントネットワークがうまく働かないと，細胞はもろくなり，穏やかな物理的外傷によって破壊されやすくなる．

ケラチンの既知の発現パターンに基づいて他の多数の表皮がもろくなる症状を解析したところ，少なくとも19のケラチン遺伝子の変異が，少なくとも25の臨床的に異なる疾患と関連していることが明らかになった．それぞれのケラチンに関係した臨床的な症状は，変異により障害が起きた細胞に依存して大きく変わる．たとえば，K1もしくはK10の変異はすべての基底層直上の角化細胞層をもろくするが，二次的な後期発現型ケラチンのK2の変異では，より表面的な平たい水疱ができる．K9（手の平と足の裏に位置特異的に発現）やK16を含むいくつかのケラチンの変異では，手の平や足の裏の肌が著しく厚くなる．K4もしくはK13，およびK16もしくはK6aの変異は，口腔や生殖器の上皮にある基底膜直上の細胞がもろくなる．他のケラチン疾患は，爪が著しく厚くなるものから角膜表面に水ぶくれができるものまで，多様な表現型をもつ．

一次ケラチンのK5とK14の変異が多様なのとは対照的に，分化特異的なケラチン遺伝子の変異によって起こる疾病は，そのほとんどがヘリックス境界モチーフで見つかっている．ここは，どのケラチンでもよく保存されている領域なので，変異によって障害が起こることは避けられない．二次ケラチンにかかわる疾病では，軽いEBSをひき起こすような変異はあるには違いないがまれである．二次ケラチンでは，変異の影響が一次ケラチンと違うのだろう．これは，基底細胞からもち越されたK5/K14フィラメントが，基底膜直上のケラチン細胞骨格も強化することを示唆している．ケラチンの変異で起こるような表皮がもろくなる疾病は，プレクチンもしくはデスモソームやヘミデスモソームのタンパク質などのケラチン結合タンパク質の変異によってもひき起こされる（§9・10“中間径フィラメントと結合するタンパク質は必須ではないが，場合によっては必要とされる”参照）．

単層上皮ケラチンのK8とK18はすべての脊索動物でよく保存されており，通常の発達に必須であるが，これらのケラチンの変異とヒトの疾病との関係は明瞭ではない．マウスでは，K8の欠失は胎盤が不十分になるため致死的であり，K8とK18は細胞を多様なストレスから保護している．これらのケラチンはヒトでも同じ働きをしているのだろう．K8とK18の破壊的な変異（ヘリックス境界モチーフの変異）はヒトではみられず，致死的らしい．これに対して，“軽い”変異は確かに起きており，肝臓，膵臓，胃上皮に影響する多様な疾病の危険因子であると考えられる．これらケラチンの欠陥が軽い場合だけ胚が生き延びることが可能で，重大な疾病をひき起こさない．

9・5 神経，筋，結合組織の中間径フィラメントはしばしば重なり合って発現する

重要な概念

- Ⅲ型とⅣ型中間径フィラメントタンパク質は，重なり合って発現する．
- 複数の型の中間径フィラメントタンパク質の共発現は，一つの型のタンパク質における変異の影響を目立たなくする．
- デスミンは必須の筋タンパク質である．
- ビメンチンは孤立した細胞で発現することが多い．
- Ⅲ型もしくはⅣ型遺伝子の変異は，筋もしくは神経変性疾患と関連することが多い．

非ケラチン相同グループであるⅢ～Ⅵ型に分類される中間径フィラメントタンパク質を図9・12にまとめた．この節では，中間径フィラメントタンパク質のⅢ型およびⅣ型配列相同グループについて解説する．Ⅲ型タンパク質には，デスミン，ビメンチン，グリア細胞繊維性酸性タンパク質（glial fibrillary acidic protein, GFAP，図9・13），ペリフェリンがある．これらは，結合組織の細胞，筋細胞，神経細胞，あるいは他のいくつかの分化細胞で，個別に発現する．その発現はそれぞれ制御を受け，分化の特定の経路と密接に関係している．いくつかのタンパク質は重なり合って発現し，またある種のⅢ型およびⅣ型タンパク質は互いに共重合するが，これらはけっしてケラチン（Ⅰ型/Ⅱ型）やラミン（Ⅴ型）と結合しない．他の中間径フィラメントタンパク質と同様，これらのタンパク質の配列の差がそれぞれの細胞での特定の機能とどのように関連しているのか，正確にはわかっていない．しかし，これらのタンパク質の変異は，それぞれの組織の欠陥と明らかに関連がある．

デスミンはすべてのタイプの筋細胞（横紋筋，心筋，平滑筋）の機能に必須である．上皮におけるケラチンと同様，デスミンも組織細胞に物理的弾性を与える．デスミンフィラメントは，収縮装置（たとえば横紋筋のサルコメア）どうしをつないでいる．ここは筋細胞内でかなり張力のかかる点なので，デスミンが筋細胞内の引っ張りに抗する役割を担っていることが予想される．デスミンの変異や欠失が起こると，筋組織が張力を維持する能力を失うことも，これを裏づけている．ある種の細胞では，デスミンが他のⅢ型タンパク質と共に集合し，Ⅳ型タンパク質とも相互作用する（筋収縮に関する詳細は§8・21“ミオシンⅡは筋収縮で働く”参照）．

デスミンとは対照的に，ビメンチンは，筋や多くの上皮のように密集した組織内よりも，単一の細胞，緩く集まった細胞，もしくはシート状細胞層の細胞で発現する．発生に際しては，ビメンチンはケラチンに続いて発現する．上皮のみならず，繊維芽細胞（図9・1参照）から造血幹細胞および血管上皮細胞に及ぶ多くの

Ⅲ～Ⅵ型のヒト中間径フィラメントタンパク質

	タンパク質	発現組織・細胞	重合する相手（既知のもの）
Ⅲ 型	ビメンチン	広　範	自　身
	GFAP	星状グリア細胞	自　身
	デスミン	全種の筋細胞	自　身
	ペリフェリン	末梢神経系；CNSの数種；傷ついた軸索	自身，NF-L
Ⅳ 型	NF-H	神経細胞	NF-L
	NF-M	神経細胞	NF-L
	NF-L	神経細胞	自　身
	ネスミン	広範：神経上皮幹細胞，グリア細胞，筋	タイプⅢ
	αインターネキシン	神経細胞	自　身
	サイネミンα，デスモスリン/サイネミンβ	筋細胞	タイプⅢ
	シンコイリン	筋細胞	タイプⅢ，Ⅳ
Ⅴ 型	ラミンA	核；多くの細胞，分化した細胞	ラミンA，C
	ラミンC1，C2	核；多くの細胞，分化した細胞	ラミンA，C
	ラミンB1	核；多くの細胞，より未分化の細胞	ラミンB
	ラミンB2，B3	核；発生の初期から	ラミンB
Ⅵ 型	フィレンシン/CP115	眼レンズ	CP49
	CP49/ファキニン	眼レンズ	フィレンシン

図9・12　Ⅲ～Ⅵ型配列相同グループに属するヒト中間径フィラメントタンパク質．

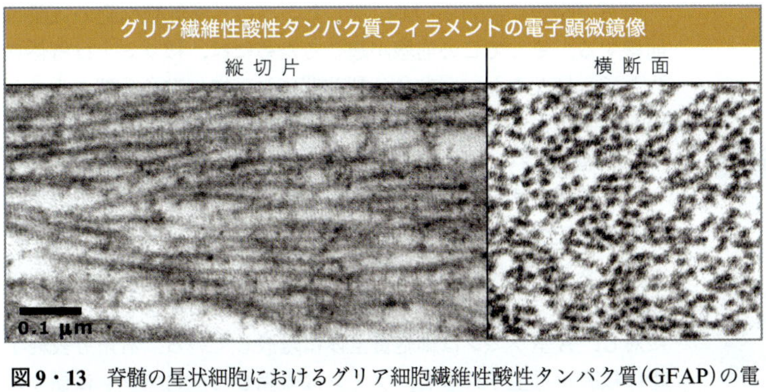

図9・13　脊髄の星状細胞におけるグリア細胞繊維性酸性タンパク質(GFAP)の電子顕微鏡像［写真はC. Eliasson, et al., *J. Biol. Chem.* **274**, 23996～24006 (1999)より転載．© ASBMB. Dr. Milos Pekny, Dr. Claes-Henric Berthold Sahlgrenska Academy, Göteborg Universityの好意による］

間葉細胞および結合組織細胞で発現し，その発現は成体になっても続く．

星状細胞とグリア細胞は神経系でみられる非神経細胞で，神経細胞の成長，分化，再生に必要とされる．すべての星状グリア細胞は，通常ビメンチンもしくはⅣ型タンパク質と共に，GFAPを発現する．この共発現が，一つの遺伝子の変異や消失による障害から細胞を保護している．モデル動物での二重変異実験の組合わせから，中枢系での創傷治癒時における星状細胞のふるまいや，浸透圧ストレスに抗するためには，これらのタイプⅢ中間径フィラメントタンパク質が必須であることがわかった．通常の星状細胞の機能には細胞突起の伸長が必要で，この突起は中間径フィラメントなしではうまく機能しない．

末梢神経系ではペリフェリンがおもに発現している．軸索の伸長の際に，軸索はまずペリフェリンとビメンチンを発現し，つづいて3種類のニューロフィラメントタンパク質（NF-L，NF-M，NF-H）の発現がこれに取って代わる．しかしペリフェリンは，神経が損傷を受けると素早く再び発現する．細胞がふつうに機能するために，ペリフェリンの量が重要らしい．マウスのモデルでは，過剰量のペリフェリンは致死的で，神経変性の表現型を示す．一方，ペリフェリンの不足は感覚神経軸索の消失をもたらす．

Ⅳ型配列相同グループは，低分子量（Low），中分子量（Middle），高分子量（High）という3種類のニューロフィラメントタンパク質（それぞれNF-L，NF-M，NF-H）に加えて，αインターネキシン，ネスチン，シンコリン，サイネミン（図9・12参照）を含む．ほとんどのⅣ型タンパク質はヘテロ多量体化しやすく，Ⅲ型や他のⅣ型タンパク質と対になった方が，はるかに効率良く多量体を形成する．3種のニューロフィラメントタンパク質は成熟した神経細胞中でほとんど常に発現している．それに対して，シンコイリンや選択的スプライシングを受けた2種類のサイネミン（αとβ）は，筋細胞でおもに発現し，Ⅲ型タンパク質と会合する．免疫組織化学的方法で調べると，シンコイリンとサイネミンはデスミンと同様に，筋細胞で力がかかる点に局在する．これは，これらの中間径フィラメントタンパク質も引っ張りに抗するという機能をもつことを示唆している．

神経細胞の軸索突起が非常に長いことは（ヒトの座骨神経では1mに及ぶ），細胞質を補強しているニューロフィラメントの発現を維持することの重要さを示している．神経細胞の発生段階でのニューロフィラメントの発現は，一つのタンパク質に他のタンパク質が続くというように順序が重複し複雑に絡み合っている．この順序がステップ状に進行し，結果的に，神経細胞では中間径フィラメントタンパク質が常に発現していることになる．ネスチンはビメンチンと共に最初に発現する（星状グリア細胞でのGFAPと同様に，神経細胞ネスチンは創傷を受けた際に再発現する）．神経突起の伸長に伴い，αインターネキシンの発現がネスチンやビメンチンに取って代わり，その次にNF-Lが続き，最後にNF-Hが発現する．3種のニューロフィラメントタンパク質は，伸長した軸索や樹状突起を安定化するのに重要である．

Ⅳ型タンパク質のあるものは，細胞質の構造を組織化する機能をもつと考えられる長い尾部ドメインをもつ．NF-Hの尾部ドメインは一連のLys-Ser-Proモチーフの繰返し配列をもち，この領域がセリンリン酸化の標的となる．これらの繰返し配列がリン酸化されると，尾部は高い電荷を帯び，フィラメント本体から適度な角度をもって飛び出す．このことは，軸索細胞質の空間を広げるのに役立つだろう．マウスでは，軸索の数と直径がニューロフィラメント発現の程度と関連している．軸索の直径が大きいほど神経の伝導速度が速くなり，このことは脊椎動物の大きな体への進化にとって特に重要な形質である．

Ⅲ型遺伝子への変異は多様な病状と関連しており，いくつかの場合には，動物モデルでの研究からその機構が明らかになっている．ヒトでは，GFAPの変異が致命的な神経変性疾患のアレキサンダー病と関連している．動物実験では，GFAPなしでは星状グリア細胞の創傷に対する反応が異常になり，星状細胞が細胞質突起を伸ばせなくなってしまう．多くの病原性突然変異がデスミンで起こり，それらはタンパク質全体にわたって散在している．ヒトデスミンの変異は心臓血管異常，特に拡張型心筋症による心不全やある種の筋ジストロフィーと関連している．デスミンを欠いたネズミでは，主要な血管壁が柔らかすぎて適切な血圧を保てない．このことがすでに弱っている心臓に力をかけることになり，拡張型心筋症をひき起こしがちである．ある種の EBS 患者の基底角化細胞で凝集したケラチンがみられるのと同様に，多くのデスミン筋障害では，筋細胞は凝集したデスミンを含む．ビメンチンの変異と関連した疾病が見つかっていないのは，おそらくビメンチンが他のフィラメントタンパク質と共発現することを反映しているのだろう．

Ⅳ型ニューロフィラメントタンパク質の変異は，ほとんどすべてが頭部と尾部ドメインに集中しており，神経変性疾患，筋萎縮性側索硬化，シャルコー・マリー・ツース病の 1 型と 2E 型，パーキンソン病と関連している．神経細胞の軸索は細長いため，物理的なもろさだけでなくさまざまな理由によって脆弱化したり機能不全に陥ったりする．ニューロフィラメントタンパク質は細胞体で合成され，その後微小管モータータンパク質によって，軸索の先端へ輸送される．ニューロフィラメントの細胞体での蓄積は，神経原繊維変化とよばれ，神経変性の指標であるが，これに因果関係があるかどうかはわかっていない．神経変性は，むしろ，微小管の機能異常といった軸索輸送を妨げる他の要因の二次的な結果かもしれない．ニューロフィラメント変異と神経変性の因果関係を決定することは，ケラチンに比べてはるかに難しい．これは，ケラチン異常は誕生時もしくはその直後に露わになるのに対し，神経変性疾患は発病が遅く，遺伝子解析を混乱させてしまうためである．

9・6　ラミン中間径フィラメントは核膜を強化する

重要な概念

- ラミンは中間径フィラメントで，核膜を裏打ちするラミナを形成する．
- 膜結合部位はラミンの翻訳後修飾により生じる．
- Cdk1 によるリン酸化を受けてラミンフィラメントが脱重合するため，有糸分裂時に核膜が崩壊する．
- ラミン遺伝子は選択的スプライシングを受ける．

Ⅴ型の中間径フィラメントにはラミンが含まれる．ラミンは，脊椎動物の他の細胞質中間径フィラメントとは次のように多くの点で異なる．

- 核内に存在する（図 9・1 参照）．
- 選択的スプライシングを受ける．
- 膜と結合できるように修飾される．
- 非常に長いヘリックス 1B（図 9・3 参照）を棒状ドメインにもつ．これは無脊椎動物の中間径フィラメントと共通する構造である．
- ほかの中間径フィラメントタンパク質とはフィラメント形成の様式が異なり，タイプⅤタンパク質以外のものとはけっして共重合しない．

ラミンは核膜の内側表面に沿って，安定なフィラメントの網目構造を形成する．そして，ラミン結合タンパク質やラミン B 受容体など多数の特異的なタンパク質と結合して，機能的な核という環境を用意し，維持する．三つの哺乳類ラミン遺伝子（*LMNA*, *LMNB1*, *LMNB2*）は六つのタンパク質をコードしている．*LMNA* は選択的スプライシングを受けて，ラミン A，C1，C2 という 3 種類のタンパク質（まとめて A 型ラミンとよばれる）の mRNA が生じる．*LMNB1* からは，ラミン B1 mRNA が，*LMNB2* からは選択的スプライシングによりラミン B2 およびラミン B3 の mRNA が生じる．B 型ラミンは，初期胚から始まるすべての種類の細胞で発現するのに対し，A 型ラミンはより分化の進んだ細胞だけで発現する．たとえば肌の表皮では，基底角化細胞はラミン B2 のみ発現し，細胞分化に伴って A 型ラミンが追加される．C2 と B3 ラミン，および他の脊椎動物のそれらに対応するものの発現は，生殖細胞に限られている．

ラミンフィラメントタンパク質は，細胞質中間径フィラメントタンパク質とは大きく異なる構造をもち，フィラメント形成の仕方も異なる（§9・8“中間径フィラメントのサブユニットは高い親和性をもって集合し，引っ張りに抗する構造をとる”参照）．ラミンタンパク質のヘリックス 1 サブドメインには 6 個の 7 アミノ酸繰返し配列（合計 42 残基）の挿入があるが（図 9・3 参照），これは脊椎動物の細胞質中間径フィラメントからは失われたものである．この棒状サブドメインの長さの違いだけが，ラミンと他のフィラメントタンパク質との共重合を防いでいる．6 個の 7 アミノ酸繰返し配列の挿入は，無脊椎動物の細胞質中間径フィラメントタンパク質でもみられ，この形が進化的な意味で“古い”ことを強く示唆している．したがって，ラミンは進化的に最も古い形の中間径フィラメントと関係があると考えられている．おそらく，壊れやすい DNA 繊維を切断から保護する機構が，複雑な生物への進化における初期の段階で必須であったのだろう．

有糸分裂時には図 9・14 に示したように，哺乳類細胞の核膜は崩壊する．そしてこの崩壊が起こるためには，核ラミナは解体されなければならない．有糸分裂前期において，有糸分裂キナーゼの Cdk1 によってラミンの頭部と尾部ドメイン（図 9・3 参照）がリン酸化され，ラミンの脱重合がひき起こされる．尾部ドメインは，特定のラミンの核への輸送を指示する核輸送配列や，ラミンを核膜に繋留する配列（A 型ラミンにはない）をもつ．A 型ラミンと B 型ラミンは有糸分裂時に異なったふるまいをする．有糸分裂を通じて，B 型ラミンは核膜小胞断片との結合を維持するのに対し，A 型ラミンは細胞質全体に離散している．有糸分裂終了時に核膜が再生されると，ラミンは凝縮したクロマチンに徐々に集合してくる．B 型ラミンは，尾部ドメイン末端のよく保存された領域（図 9・3 参照）の翻訳後脂質修飾を介して，核膜と結合

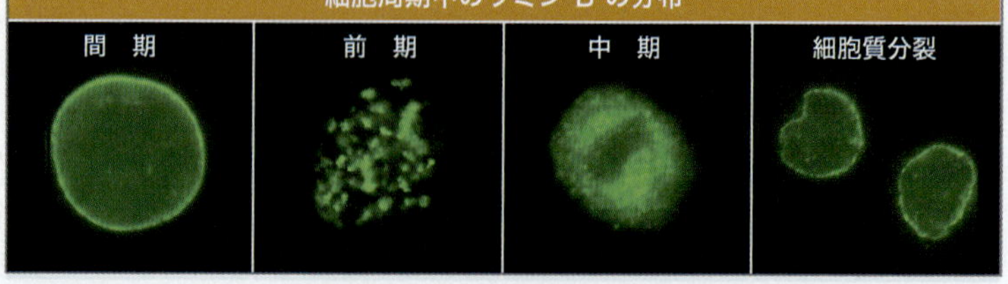

図 9・14　免疫蛍光染色したラミン B．細胞周期が進行中の繊維芽細胞内のラミン B を標識した．染色されたラミン B は，間期には核膜を覆っているが，前期にラミンがリン酸化されると断片化する．中期の間，ラミン B は分散したままで，後期にはクロマチンと再結集して，細胞質分裂の際にそれぞれの娘核の周りに核膜をつくる［写真は John Common, Birgit Lane, Centre for Molecular Medicine, Singapore の好意による］

する．A型ラミンでは，この領域はRNAスプライシングもしくは翻訳後タンパク質分解によって除去される．したがって多くの細胞では，B型ラミンのみが核膜と直接結合できる．生殖細胞（精核）では，C2ラミンの頭部ドメインに，別の膜結合機構があり，核膜と結合できる（核についての詳細は第5章“核の構造と輸送”，細胞分裂についての詳細は第10章“細胞分裂”と第11章“細胞周期の制御”参照）．

ラミンの変異と関連した疾病の発症機構の解明は難しい．A型ラミンの変異は，筋，神経あるいは脂肪組織を冒す家族性リポジストロフィー（体の一部から脂肪が失われるのに加えて糖尿病の症状を示す），進行性末梢神経変性疾患（シャルコー・マリー・ツース病の2B1型），早老症など多様な遺伝病と関係している．培養細胞では，ラミンの破壊的突然変異や欠失によって核膜がもろくなり通常の形を維持できなくなる．このため自然に核膜が変形し，機械的ストレスへの抵抗性も弱まる．ヒトB型ラミン変異は見つかっていない．すべての細胞で胚形成のごく初期からB型ラミンが発現することからみても，おそらくこの変異は致死的だろう．切り詰められた形のラミンB1を発現したマウスは，A型ラミン変異でひき起こされるヒトの疾病を連想させる多様な発育不全を示し，誕生直後に死ぬ．このマウスモデルは，ヒトの疾病の発症機構の解明に役立つかもしれない．

タンパク質機能不全によってひき起こされる疾病の研究は，タンパク質の生物学的な機能を明らかにするのに役立つが，中間径フィラメントの場合もまさにそうであった．疾病の発症機構が完全にわかったとはいえないものの，ケラチン，デスミン，GFAP，ニューロフィラメントに関しては，臨床の症状と細胞のもろさとの間にわかりやすいつながりがある．しかし非常に多岐にわたる“ラミン病”の判定が増加するにつれ，これらすべての疾患が直接的にせよ間接的にせよ，本当に細胞や組織の弾力不足だけに起因しているのかという疑問がもち上がってきた．もちろん生理学上のストレスの多くは，細胞レベルの機械的ストレスへと変換されうる．たとえば化学的ストレスは，浸透圧膨張をひき起こす．しかし，ラミン病は傷ついた細胞が組織から選択的，加速的に失われたことを反映しているという，別の考えもある．この場合，まだ知られていない他の因子がラミン病をひき起こすことになる．この領域には未解決な問題が多い．

9・7 ほかと大きく違うレンズフィラメントタンパク質さえも進化上保存されている

重要な概念

- 眼のレンズには，CP49とフィレンシンという二つの非常に特異な中間径フィラメントタンパク質が含まれ，これらはタイプⅥ配列相同グループを構成している．
- これらの特異な中間径フィラメントタンパク質は，脊椎動物の進化上保存されている．

眼という組織が機能するために，脊椎動物のレンズ細胞は，以下のような厳密な基準を満たすよう極端な分化をする．

- レンズは著しい堅牢さと共に，異なる焦点距離に適応するために適度な弾力性をもつ．
- ひずみなく光を透過させるために，できる限り透明度を保つ．
- 生物の一生を通して，このような状態を維持する．

レンズ細胞は二つの特異な中間径フィラメントタンパク質を含む．これらは共重合して，電子顕微鏡で粒々に見える外見から“ビーズフィラメント”とよばれる構造を形成する．（他の中間径フィラメントの外見は滑らかである）．このタンパク質はCP49（またはファキニン）とフィレンシンで，これらはⅥ型タンパク質に分類される．どちらのタンパク質も他の多様な配列相同グループと共通の構造的特徴をもつが，どのグループとも配列が合致しない．最も特筆すべき違いの一つは，中間径フィラメントの特徴的なアミノ酸配列であるヘリックス終止モチーフの中にみられる．他の中間径フィラメントタンパク質でみられるよく保存されたTyr–Arg–Lys–Leu–Leu–Glu–Gly–Gluという配列の代わりに，CP49の棒状ドメインはTyr–His–Gly–Ile–Leu–Asp–Gly–Gluという配列で終了する．

CP49とフィレンシンの遺伝子は，他の中間径フィラメント遺伝子とは大きく異なるにもかかわらず，脊椎動物内では明らかに保存されている．この特異な特徴が眼レンズでは自然選択に有利だったのだろう．CP49/ファキニン配列は，進化上哺乳類から非常に遠い脊椎動物であるフグ（*Fugu ribripes*）ゲノム中にも見いだすことができる．配列の保存性は，CP49/ファキニンヘリックス終止モチーフの特異な配列中でも高い．

さまざまな理由から，レンズ細胞タンパク質には例外的な特性が要求される．まず，レンズ細胞を光学的な透明度が非常に高いまま発育させる．さらに，レンズは長寿命なため，レンズ細胞中のタンパク質は例外的な生化学的安定性をもち，タンパク質分解を抑える必要がある．こうすれば，分解に伴ってタンパク質の構造変化が起こり，レンズの光学的もしくは物理的性質の変化や機能の消失がひき起されるという事態が避けられる．CP49とフィレンシンの特異な配列と形態上の特徴は，こうした必要性に適合した結果と考えられる．レンズフィラメントタンパク質の発現を変えた動物モデルでは，眼レンズの機能が結果的に低下する．また，CP49の優性突然変異は，ヒトの家族性白内障の早期発症の原因である．

9・8 中間径フィラメントのサブユニットは高い親和性をもって集合し，引っ張りに抗する構造をとる

重要な概念

- *in vitro* では中間径フィラメント形成は速く，他の因子は必要としない．
- どんな中間径フィラメントタンパク質でも，その中央の領域は長いαヘリックス棒状ドメインで，二量体を形成する．
- 逆平行四量体の重合で生じた細胞質中間径フィラメントは，無極性となる．
- 中間径フィラメントネットワークはアクチンフィラメントや微小管よりも強固で，ストレスがかかるとひずみ硬化を示す．

中間径フィラメントタンパク質の構造に関する情報は，アミノ酸一次配列，相同性モデリング，生化学的解析から推定されており，断片の結晶構造も徐々に利用できるようになってきている．

中間径フィラメント重合の最初の段階は，図9・15に示すαヘリックス棒状ドメインの結合を介したコイルドコイル二量体の形成である．αヘリックスは自然界でみられる最も一般的なタンパク質の二次構造であり，中間径フィラメントタンパク質で最初に発見された．中間径フィラメントタンパク質のαヘリックスは並外れて長い．細胞質中で安定に存在するには，棒状ドメインが他の中間径フィラメントタンパク質のαヘリックス棒状ドメインとコイルドコイルを形成しなくてはならない．このコイルドコイル形成は，αヘリックス全長に沿って規則正しく並び，細胞質中では単量体を不安定にさせる疎水性残基の存在から推定できる．タ

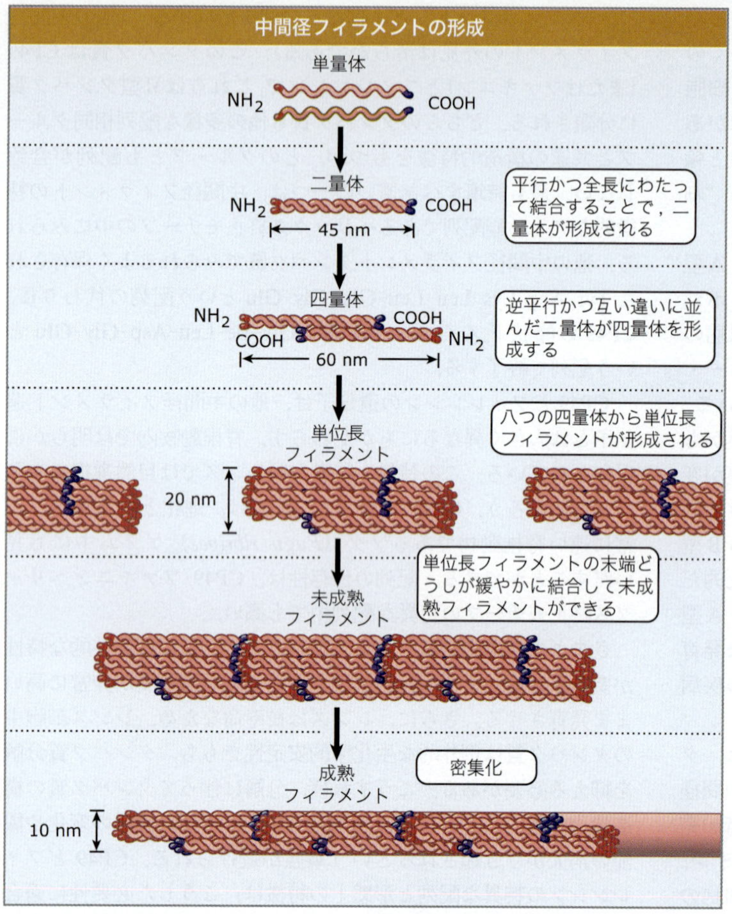

中間径フィラメントの形成
単量体
NH2
COOH
二量体
NH2
COOH
45 nm
平行かつ全長にわたって結合することで，二量体が形成される
四量体
NH2
COOH
COOH
NH2
60 nm
逆平行かつ互い違いに並んだ二量体が四量体を形成する
単位長フィラメント
八つの四量体から単位長フィラメントが形成される
20 nm
未成熟フィラメント
単位長フィラメントの末端どうしが緩やかに結合して未成熟フィラメントができる
成熟フィラメント
密集化
10 nm

図 9・15　単量体タンパク質が重合して中間径フィラメントが生じるモデル．二量体への重合は素早く，タンパク質の分解を防ぐために必要である．*in vivo* では，四量体がこのタンパク質の最小の状態である．図を単純化するために非らせんドメインは描かれていない．らせん境界モチーフは，棒状ドメインの赤（N 末端）と青（C 末端）の端として描かれている．

ンパク質の α ヘリックスは 7 アミノ酸残基ごとに 2 回転している（各 7 アミノ酸内における位置は a から g と記述される）．a と d に位置するものの大部分は疎水性残基（通常ロイシン，イソロイシン，バリン，アラニン，メチオニンのいずれか）もしくはかさ高い残基（通常フェニルアラニンかトリプトファン）である．コイルドコイル中では，両方のポリペプチド上の a と d の疎水性残基は二つのヘリックスの接触面に位置する（このコイルドコイル構造は，"ロイシンジッパー" モチーフとよばれることがある）．2 本の α ヘリックスからなる長さ 45 nm のコイルドコイルは，幅 10 nm の中間径フィラメントの基本要素となる．もし中間径フィラメントタンパク質間でこの相互作用が働かなければ，単量体は誤った形に折りたたまれ，フィラメントタンパク質は分解される（タンパク質の折りたたみに関する詳細は §3・18 "タンパク質の複合体形成は監視されている" 参照）．

ケラチンではⅠ型/Ⅱ型二量体が必要であることがわかっていたので，ケラチンに関する知識はフィラメント形成反応初期のさまざま様相を考えるに当たって非常に役立った．細胞内では単独のケラチン分子は不安定で分解されてしまう．そこで，さまざまな形のケラチン遺伝子で細胞を形質転換すれば，どのようなケラチン分子の特徴がケラチン二量体化を可能にしているのか調べることができる．このような実験により，単量体は確かに不安定であること，そして，ケラチンのホモ二量体はフィラメントを形成できず，ケラチンヘテロ二量体は互いにずれながら平行に重合することが証明された．

中間径フィラメントは極性をもたず，複数の糸をよったような構造の重合体で，このことが中間径フィラメント重合の解析を難しくしている．利用できるほとんどすべての情報は *in vitro* の研究によるもので，棒状ドメインにかかわるものだけである．広く受入れられている細胞質型中間径フィラメントの *in vitro* における重合モデルを図 9・15 に示す．このモデルでは，中間径フィラメントタンパク質の二量体が，逆平行で互いにずれた四量体を素早く形成する．この四量体は安定に存在できる最小ユニットである（これと対照的に，核ラミンフィラメントは，まず二量体末端どうしがつながって四量体となり，これがフィラメントを形成する．細胞質タンパク質とは違い，二量体が側面で会合して四量体を形成することはない）．多量体への重合も細胞中では素早く起こるようだが，この過程を遅くすると，以下の三段階を経て進行する．

- 八つの四量体が素早く側面で結合して，太くて（幅 20 nm）短い（約 60 nm）"単位長フィラメント"（unit length filament, ULF）ができる．
- 単位長フィラメントの末端どうしが結合して，緩んで厚みのある未熟なフィラメントが生じる．
- 未熟なフィラメントがさらに密集し，長く滑らかな外形で 10 nm の厚みをもち，平均 32 本のポリペプチド鎖からなる成熟フィラメントが生じる．

この *in vitro* 重合過程は，異なる生物の種々の中間径フィラメントタンパク質で観察されるが，各段階の速度や効率はそれぞれ違う．この重合モデルは，中間径フィラメントタンパク質配列の既知の特徴と一致する．つまり，単位長フィラメントを形成する四量体の側面会合は，棒状ドメインに沿った電荷相互作用を介して起こり，フィラメント形成時の四量体の末端どうしの会合は，保存されたヘリックス境界モチーフを介して起こる．サブユニッ

ビメンチン四量体の分子モデル

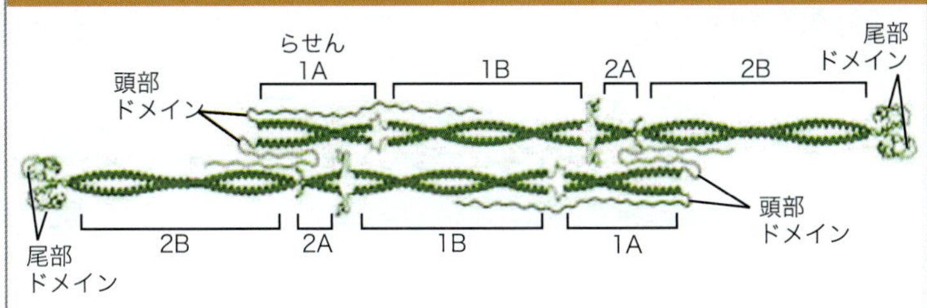

図9・16　Ⅲ型タンパク質であるビメンチンのホモ多量体の分子モデル．このタンパク質の一部の結晶構造と構造計算を基にして予測した．フィラメントへとタンパク質が重合する際，頭部ドメインは図示した領域で棒状ドメインと結合するらしい［図は Harald Herrmann, German Cancer Research Center, と Ueli Aebi, M. Muller Institute, Basel の好意による．*Annual Review of Biochemistry* **73**, (2004) より，Annual Review (www. annualreviews.org) の許可を得て転載］

中間径フィラメントの弾性

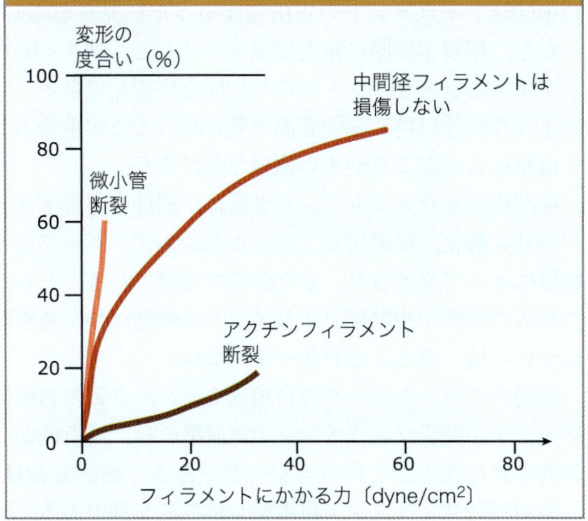

図9・17　わずかな力で崩壊する微小管やアクチンフィラメントと比べて，中間径フィラメントははるかに引っ張りに対して強い．細胞から精製されたフィラメントにずり応力をかけて生じる伸長の度合でひずみを見積もった［*The Journal of Cell Biology* **113**, 155～160 (1991) より，The Rockefeller University Press と Paul A. Janmey, Institute for Medicine and Engineering, University of Pennsylvania Health System の許可を得て転載］

トが重合してフィラメントとなるときに生じると予想されるヘリックス境界ペプチドの重なり(図9・3参照)から，なぜヘリックス境界モチーフへの変異が有害なのか，そして K5/K14 中のこの領域への変異がなぜ単純型表皮水疱症（EBS）でそれほど深刻な皮膚のもろさをもたらすのか，ということも説明できる．

組織から精製した成熟フィラメント中で近傍にあるものどうしの相互作用を調べると，四量体に比べて成熟フィラメントの方に側面での相互作用が多く見いだされる．こうした新たな相互作用は，成熟フィラメントができる密集化の過程で起こるようである．つまり，フィラメントが成熟構造をとるにあたって，サブユニットは互いに近づき，長軸方向にずれ，短軸方向でも新たな相互作用が生じる．さらに，末端ドメイン間の相互作用によって成熟化が進行するのだろう．なお，図9・15のモデルでは，成熟フィラメント形成のための密集化は考慮されていない．構造情報から判断して，フィラメント中では，頭部ドメインは同一分子もしくは近傍分子の棒状ドメインと相互作用しており，また，尾部ドメインは小さくまとまっているようである（ラミンのように）．

図9・16は，ビメンチン棒状ドメインの一部の結晶構造と構造計算で予測した構造を組合わせてつくったビメンチンの分子モデルである．ここに描かれたモデルでは，長いαヘリックスサブドメインが二量体中で互いによじれてコイルドコイルを形成し，この二量体が逆平行に互いにずれながら側面で会合して四量体となっている．中間径フィラメントの型によって，二量体はホモ二量体(ビメンチンなど)にもヘテロ二量体(ケラチン)にもなる．

in vivo での中間径フィラメント重合についてはわずかなことしかわかっていない．細胞内には脱重合した中間径フィラメントタンパク質は少量しかない（細胞当たり単層ケラチンの5％以下と見積もられる．これと対照的に，細胞中のアクチンや微小管では25～50％を脱重合したタンパク質が占める）．長いαヘリックス棒状ドメインは不安定なことが予想され，安定化のために合成後の非常に速い重合，もしくはシャペロンタンパク質の関与が必要である．シャペロンタンパク質は標的タンパク質に結合して，重合の中間段階でのタンパク質の適切な折りたたみを助ける．小さな熱ショックタンパク質の Hsp27 やαBクリスタリンといったシャペロンタンパク質は，特に細胞ストレスがかかった場合に中間径フィラメントタンパク質と結合する．中間径フィラメントタンパク質の適切な折りたたみには，互いの相互作用が必要なので（異常な折りたたみや分解を防ぐため，他の中間径フィラメントタンパク質分子と素早くコイルドコイル二量体を形成しなければならない），中間径フィラメント分子にとって最も重要なシャペロンは自身の会合相手であろう．分化が進行している組織内の細胞でよく観察される発現の連続的，重複的な変化から考えて，こうした細胞では，すでに存在していた中間径フィラメントのタンパク質を別種のタンパク質で置換しながら発現パターンを変化させているらしい．つまり，既存の中間径フィラメントを新たなフィラメント形成の鋳型として利用しているらしい．

in vitro での生物物理的解析によって，図9・17に示すように，中間径フィラメントが微小管やアクチンフィラメントよりもはるかに張力に対して抵抗性があるということがわかっている．さらに，引き伸ばされたケラチン中間径フィラメントの計測から，張力に対する高い抵抗性，幅広い領域にわたる弾性，そして伸長したフィラメントの不可逆的変形といった性質が明らかとなった．異なる型の中間径フィラメントでは，*in vitro* での機械的ストレスに対する生物物理的性質は違う．また，微小管やアクチンフィラメントとは異なり，強い力がかかると中間径フィラメントは変形への抵抗性が高まる（ひずみ硬化とよばれる性質）．

9・9　翻訳後修飾が中間径フィラメントタンパク質の構造を制御する

重要な概念

- 中間径フィラメントは動的で，周期的に素早く構造変化する．
- 翻訳後修飾が頭部および尾部ドメインに影響を与える．
- リン酸化は，細胞における中間径フィラメント再構築の主要な機構である．
- タンパク質分解がタンパク質の量を調節し，アポトーシスを促進する．

微小管の場合とは異なり，細胞内で選択的に中間径フィラメント重合をひき起こす組織化中心は存在しない．中間径フィラメントタンパク質は，*in vitro* では他の補因子なしで迅速に重合する．また，フィラメントの無極性という性質は，重合がどちらの末端でも起こりうることを意味している．細胞を見ても，長い中間径フィラメントの自由端はめったに見られない．しかし，培養生細胞に蛍光標識をつけると，図9・18に示すようにフィラメント断片や小片を可視化できる．このような断片は特に細胞表面で見られ，ここが重合もしくは脱重合の起こりやすい領域なのだろう．

中間径フィラメントタンパク質は，頭部と尾部ドメインのリン酸化，糖鎖付加，ファルネシル化，グルタミン転移によって修飾され，また酵素で分解される．しかしこれらの修飾が中間径フィラメントの機能に与える影響については，ほとんどわかっていない．

細胞内でのケラチンを含む粒子の動き

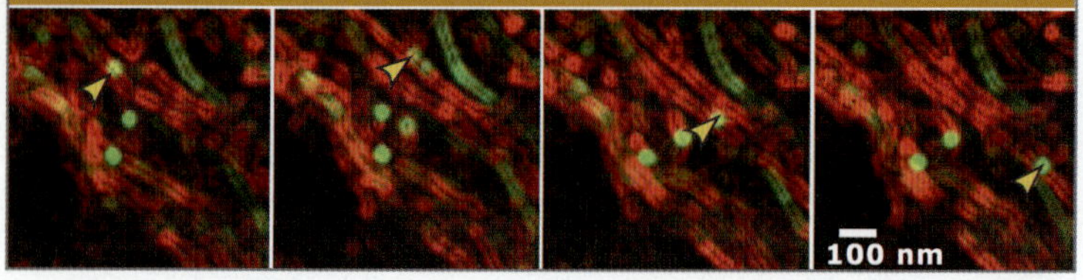

図9・18 異なる種類の細胞骨格フィラメントに沿って細胞質中を移動する中間径フィラメントタンパク質を含む粒子．おそらく，この粒子はモータータンパク質によって運ばれている．焦点面に出たり入ったりしている微小管（赤色：緑として撮られている）に沿って，緑色蛍光タンパク質（矢印）で標識されたケラチンを含む粒子が視野を横切って移動している［写真はMirjana Liovic, Birgit Lane, School of Life Sciences, University of Dundeeの好意による］

細胞内でネットワークの再編成やタンパク質の再配置を起こす中間径フィラメントの再構築には，局所的かつ制御された脱重合と再重合が必要である．細胞分裂は，この中間径フィラメント再構築が起こる一例である．有糸分裂中の中間径フィラメントタンパク質のリン酸化は重要である．有糸分裂キナーゼのCdk1によるラミンタンパク質（A型およびB型）のリン酸化は，核膜崩壊をひき起こす．さらに，細胞が二つに分かれるために，有糸分裂中に細胞質中間径フィラメントは一時的に緩くなる．Ⅰ型，Ⅱ型，Ⅲ型のタンパク質は細胞質分裂の前期にリン酸化される．ビメンチン，GFAP，ネスチン，K18はCdk1によってリン酸化される共通の領域をもっており，他のキナーゼもかかわっている可能性がある．培養上皮細胞では，有糸分裂に先んじたケラチンのフィラメントから小さな会合体への変化に伴う，細胞質中間径フィラメントの崩壊がはっきり観察されることがある．しかし細胞質分裂後に，小さな会合体は再びフィラメントに再構築される．組織内では，中間径フィラメントは小さな会合体となるまで崩壊するのではなく，単に緩むか分裂溝で局所的に脱重合するのだろう．

リン酸化は，細胞分裂以外での中間径フィラメントの再構築においても重要である．中間径フィラメントの形成と脱重合の制御は，アクチンや微小管のようにヌクレオチドの加水分解サイクルに依存するのではなく，むしろリン酸化と脱リン酸に依存する．複数のセリンリン酸化部位が，中間径フィラメントタンパク質のすべての配列相同グループで同定されている．いくつかのものでは作用するキナーゼもわかっているが，リン酸化部位とそこに作用するキナーゼが完全に同定された中間径フィラメントタンパク質の例は少ない．リン酸化部位は，おもに非ヘリックス頭部または尾部ドメインにある（図9・3参照）．その部位では，どのような電荷の増加もフィラメントの脱重合を促すので，リン酸化による負電荷の増加はフィラメント量の低下をひき起こす．単層ケラチンは，ストレスで活性化するキナーゼによって，ストレスに反応してリン酸化される．ネスチンはリン酸化されて，筋芽細胞分化時の自身の発現を調節する．ニューロフィラメント尾部ドメインは高度にリン酸化される．それにより生じた負電荷をもった尾部ドメインは互いに反発し合って，フィラメント軸から適度な角度で飛び出すため，このリン酸化が実効的な軸索の形態を決定していると考えられている．リン酸化は中間径フィラメントタンパク質といくつかのシグナル伝達分子との相互作用も制御している．

中間径フィラメントタンパク質でみられる他の翻訳後修飾には，膜結合のためのラミンのファルネシル化やミリストイル化，ある種のケラチンへのグルタミン転移，ジスルフィド結合形成，糖鎖付加がある．これら中間径フィラメントタンパク質の修飾の多くは，組織特異的である．ケラチンへの糖鎖付加は上皮角化細胞および毛包で起こる．表皮では，この修飾は終末分化している角化細胞の角化膜形成に寄与し，引っ張りに対する高い抵抗性をもたらす．グルタミン転移は毛髪形成時の同心円層での堅い細胞構造の形成に寄与している．システイン残基は中間径フィラメントタンパク質でふつうにみられるアミノ酸ではないが，ケラチンによっては，ジスルフィド結合形成が堅いケラチン構造の成熟や角化細胞の終末分化に伴って起こる．糖鎖付加（*O*結合型*N*–アセチルグルコサミン）はK18，K13，NF–M，NF–Lでみられ，可溶性もしくは重合していない状態のタンパク質とかかわっているようであり，この修飾を介して単量体が蓄積される．

中間径フィラメントのタンパク質分解は，アポトーシスを起こした細胞の除去に重要である．また，形質転換実験で示されたように，共発現した2種のケラチンの量的なバランスを制御する．ケラチンフィラメントはⅠ型とⅡ型のヘテロ二量体だけから形成されるが，仮に，細胞内で一方のタイプのケラチンが過剰に合成されると，過剰な重合していないケラチンはタンパク質分解によって除かれる．中間径フィラメントタンパク質は，ユビキチン化によりタンパク質分解の標的となる．神経変性疾患から肝硬変に及ぶ多様な疾病に特徴的なタンパク質蓄積で，このユビキチン化が検出される．リン酸化と同様に，ユビキチン化はストレスと結びついている（ユビキチン化についての詳細は BCHM:9-0001，EXP:9-0001，EXP:9-0002 参照）．

中間径フィラメントタンパク質は，アポトーシスによる素早い細胞の排除の一翼を担うカスパーゼの標的となる．ビメンチン，ラミン，K18で，カスパーゼによる分解部位が同定されている（図9・3参照）．アポトーシスにおける中間径フィラメントの運命は，発生過程での大きな形態変化やがん（アポトーシスがうまくいかないことががんの進行に寄与している）に関係していることが多い上皮細胞のラミンとケラチンについて，最もよく研究されている．ラミンとⅠ型ケラチンの両方とも，αヘリックス棒状ドメインの真ん中にあるリンカーに，カスパーゼ6の保存された標的部位をもつ．Ⅱ型ケラチンはこの標的部位をもたないが，Ⅰ型ケラチンなしでは重合できないため，細胞内でネットワーク全体を壊すには2種類のケラチンの一方を壊すだけですむ．K18のC端領域内にもカスパーゼの標的部位がある．アポトーシスの影響（DNAの断片化や膜極性の消失など）が明らかに観察される前に，この部位はカスパーゼ3および7によって分解されるので，抗体で検出できる特異的認識部位が生じる．これを使って，アポトーシス初期の活性を追跡できる（カスパーゼについての詳細は第12章“アポトーシス”，がんについての詳細は第13章“がん：発生の原理と概要”参照）．

9・10 中間径フィラメントと結合するタンパク質は必須ではないが，場合によっては必要とされる

重要な概念

- 中間径フィラメントタンパク質は，その重合に結合タンパク質を必要としない．
- 中間径フィラメント結合タンパク質には，細胞間および細胞－マトリックス間連結タンパク質や，角化細胞の終末分化マトリックスタンパク質がある．
- 一時的に中間径フィラメントに結合するタンパク質には，多機能性細胞質骨格架橋タンパク質であるプラキンファミリーがある．

少なくとも *in vitro* においては，中間径フィラメントタンパク質は重合してフィラメントを形成する際に，他のタンパク質との結合は必要としない．ケラチンなどのいくつかの中間径フィラメントは横方向に凝集する傾向があり束化する．それに対し，ビメンチンなどの他のものは細胞質全体にわたって1本ずつ走っているが，こうした性質は中間径フィラメントに本来備わっているものである．しかしながら生細胞中では，細胞が効果的に機能するために，中間径フィラメントは他のタンパク質と結合しなくてはならない．これらの結合タンパク質は多様で，しばしば複数の機能をもち，中間径フィラメントタンパク質の特定のタイプにのみ結合することはほとんどない．中間径フィラメントタンパク質は，一時的にプラキンタンパク質や微小管モータータンパク質と結合する．ラミンと核膜構成物，ケラチンもしくはデスミンと連結タンパク質，ケラチンと終末分化マトリックスの間の特異的かつ選択的な結合については，よくわかっている．最後の例では，結合は不可逆的である．

どの組織にもみられる中間径フィラメント結合タンパク質は，プラキンという細胞骨格架橋タンパク質である．プラキンタンパク質はサイトリンカーともよばれ，スペクトルプラキンという大きなグループに分類される．このグループのなかで，プラキンタンパク質は，中間径フィラメント，アクチンフィラメント，微小管と結合する大きな多機能性タンパク質からなるファミリーを形成する．このプラキンファミリーには，プレクチン，デスモプラキン，BPAG1（BP230），エンボプラキン，ペリプラキンが含まれる．これらのタンパク質の多くは，選択的スプライシングで生じた複数の形をとりうる．またこれらのタンパク質は，複数の細胞骨格タンパク質への結合ドメインをもち，多くの場合，アクチンフィラメントあるいは微小管の少なくとも一方と中間径フィラメントタンパク質とに同時に結合する．そしてほとんどのものが，表皮でも他の組織でも発現している．デスモプラキンは，重層扁平上皮にある角化細胞のデスモソームの主要な構造構成成分である．BPAG1とプレクチンは，ヘミデスモソームで同じような場所に存在している．プレクチンは図9・19の電子顕微鏡像が示すように，中間径フィラメントと微小管の連結を形成し，細胞内の異なる細胞骨格系を一体化することに寄与する．プラキンファミリータンパク質は，組織がもろくなる疾病にも関連しており，たとえば表皮水疱を伴う筋ジストロフィーがプレクチンの突然変異で起こる．

“積荷”を微小管に沿って運ぶダイニンとキネシンというモータータンパク質も，中間径フィラメントタンパク質と一時的に結合する．中間径フィラメントタンパク質も積み荷の一種なのであろう．生細胞イメージングによって，緑色蛍光タンパク質（GFP）で標識されたケラチンを含む粒子がアクチンフィラメントや微小管に沿って移動する様子も観察されている（図9・18参照）．

さらに，フィラググリンなどのタンパク質は終末分化の際にケラチンフィラメントと相互作用し，表皮の最上層にある密集した物理的弾性に富む複合体を形成する．この複合体は皮膚の保護層形成に必須である．フィラググリンの変異は，乾燥肌やアトピー性皮膚炎をひき起こす．毛幹形成における毛髪ケラチンとケラチン結合タンパク質との相互作用のように，特殊な上皮付属体構造形成時には，ケラチンは分化経路特異的なタンパク質と相互作用する．ケラチン結合タンパク質は小さなタンパク質で，硫黄原子を含む残基もしくはグリシンおよびチロシン残基に富んでいる．また，これらのタンパク質はシステイン残基の含有量が多く，ケラチンとの間に多数の架橋を形成する．その結果，髪や爪でみられるような細胞内の密に詰まったマトリックスが生じ，堅い組織ができ上がる．

9・11 後生動物の進化全体を通じて，中間径フィラメント遺伝子が存在する

重要な概念

- 中間径フィラメント遺伝子は，これまでに解析されたすべての後生動物ゲノム中に存在する．
- 中間径フィラメント遺伝子は重複と転座によって進化し，その後さらに重複が起きて現在の姿になった．
- ヒトは，中間径フィラメントタンパク質をコードする70の遺伝子をもつ．
- ヒトケラチン遺伝子はクラスターとなって存在するが，非ケラチン中間径フィラメント遺伝子は散在している．

異なる生物のゲノム情報が増えるにつれ，中間径フィラメント様タンパク質をコードする遺伝子の進化をたどることができるようになった．現在では，中間径フィラメント様タンパク質の遺伝

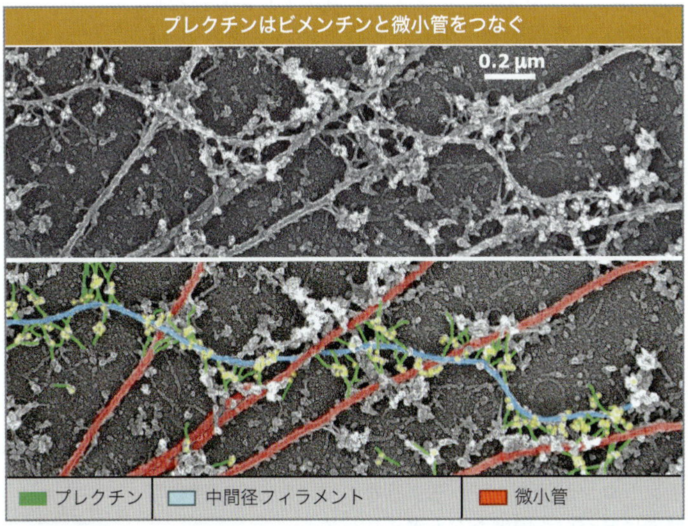

図9・19 プラキンは中間径フィラメントと結合し，アクチンフィラメントや微小管と中間径フィラメントをつなぐ．これらの走査型電子顕微鏡像は，微小管と中間径フィラメントが巨大なプラキンタンパク質であるプレクチンと相互作用している様子をとらえたものである．下の図では，上の写真に擬似色をつけてある．プレクチンは金粒子（黄色）で標識している［写真は Tatyana M. Svitkina, University of Pennsylvania の好意による．*The Journal of Cell Biology* **135**, 991～1007(1996)より，The Rockefeller University Press の許可を得て転載］

子は，哺乳類ゲノムから原始的な後生動物のゲノムにいたるまで見いだされている．中間径フィラメントは特に運動性の多細胞生物で進化したらしい．細胞外の支持体（堅い外骨格など）を獲得する進化的道筋をたどらなかった多細胞生物において，細胞と組織を強化するための方策として細胞質中間径フィラメントが進化したようにみえる．

後生動物では，中間径フィラメント遺伝子には二つの系統がある．L型はラミン様で長いヘリックス 1B ドメインをもち，S型はヒト細胞質中間径フィラメントのように短いヘリックスをもつ．この二つの系統は，脊椎動物（背骨のある動物）や脊索構造（背骨の前駆体）をもつ脊索動物を含む新口動物と無脊椎原口動物とが分かれてからすぐに分岐した．原口動物はL型のみをもつのに対し，すべての脊索動物が両方の型をもっており，こちらでは今ではL型はラミンとして，S型は細胞質中間径フィラメントとして存在している．このことは，中間径フィラメント遺伝子ファミリーの原型がラミン様であったことを示唆している．

無脊椎動物と脊索動物の中間径フィラメントタンパク質は，他にも多くの類似点があり，原口動物と新口動物との分岐以前の特徴を示している．たとえば，線虫 *Caenorhabditis elegans* の中間径フィラメントタンパク質のいくつかはケラチンのような重合性をもち，進化初期からヘテロ多量体化が必要だったことを示唆している．対照的に，ショウジョウバエ *Drosophila melanogaster* は二つのラミン遺伝子をもつが，細胞質中間径フィラメント遺伝子をもたない．外骨格をもつ動物では中間径フィラメントの進化はそれほど必要とされない．それでも細胞にとって何らかの強化策は必要であるが，*Drosophila* は代わりに発達した微小管をもつことで，その要求を満たしている．

中間径フィラメント遺伝子ファミリーの広がりは，脊索動物の複雑さが増すことと並行している．たとえば最も原始的な脊索動物の一つである被嚢類 *Ciona intestinalis* は五つの中間径フィラメント遺伝子しかもたないのに対し，脊椎動物や無脊椎動物に近い生物の *Branchiostoma* は 13，フグ *Fugu ribripes* は 40 以上，*Homo sapiens* は 70 の中間径フィラメント遺伝子をもつ．

遺伝子中のイントロンの箇所は，その遺伝子の進化的な歴史の手がかりとなる．図 9・20 に示すように，多くの中間径フィラメント遺伝子には，棒状ドメインをコードする領域の全体にわたって，5〜7 のイントロンが同じような位置に存在する．このうち少なくとも五つのイントロンの位置は，ヒトゲノムと下位の脊椎動物ゲノム（*Fugu ribripes*）の間で保存されている．Ⅳ型グループではイントロンの位置が異なる．これはニューロフィラメントの進化的起原が，他の中間径フィラメントとは異なることを示唆している．このグループではいくつかのイントロンが消失しているようなので，たとえば逆転写酵素に基づいた機構なども考えられる．

イントロンを欠く偽遺伝子は，発生初期にレトロウイルスの活動によって処理された偽遺伝子であると解釈されている（レトロウイルスは自身の RNA ゲノムと共に細胞に感染する．その RNA ゲノムは逆転写され，宿主ゲノムに組込まれる DNA を産生する）．いくつかの中間径フィラメント遺伝子には一つか二つの偽遺伝子があるが，一次単層ケラチンの K8 には 35，K18 には 62 という例外的に多くの数の偽遺伝子があり，さらに多数の断片がゲノム全体に散在している．*KRT8* と *KRT18* 遺伝子は数個の細胞しか存在しない胚形成の初期に複写されるので，これに由来するレトロウイルス様転位が生殖細胞でも起こり，そこで保持される．その結果，偽遺伝子がゲノムの中に固定されることになる．

ゲノム中で関連した遺伝子が近接しているという事実から，これらの遺伝子が生じた機構を推測できる．ヒトケラチン遺伝子の二つのファミリーは 12 番と 17 番染色体の二つの場所に密に集まっているので，これらのファミリーが重複を通じて生まれたことが示唆される．17q21.2 染色体の 970 kb 領域中には，Ⅰ型の

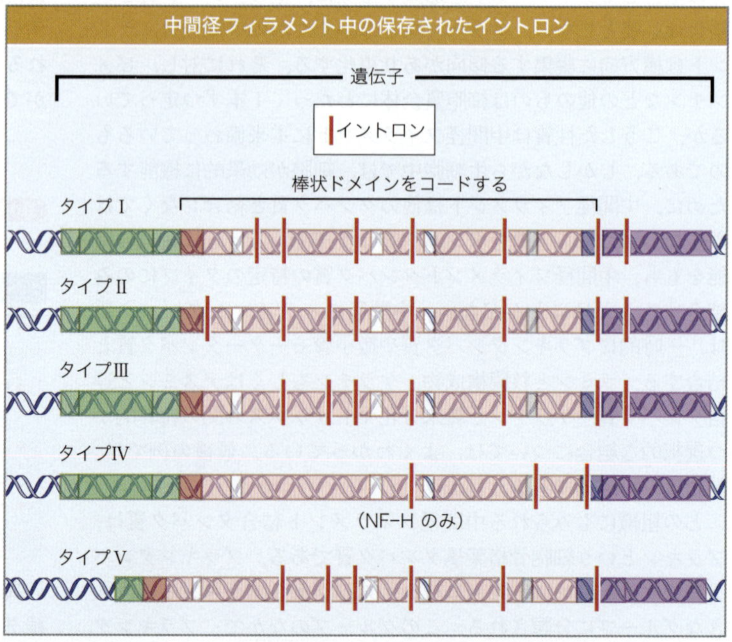

図 9・20　タイプⅠ〜Ⅴヒト中間径フィラメント遺伝子の保存されたイントロン（垂直の赤線で示す）の相対的な位置（変化の大きい数種類の尾部イントロンは除いた）．

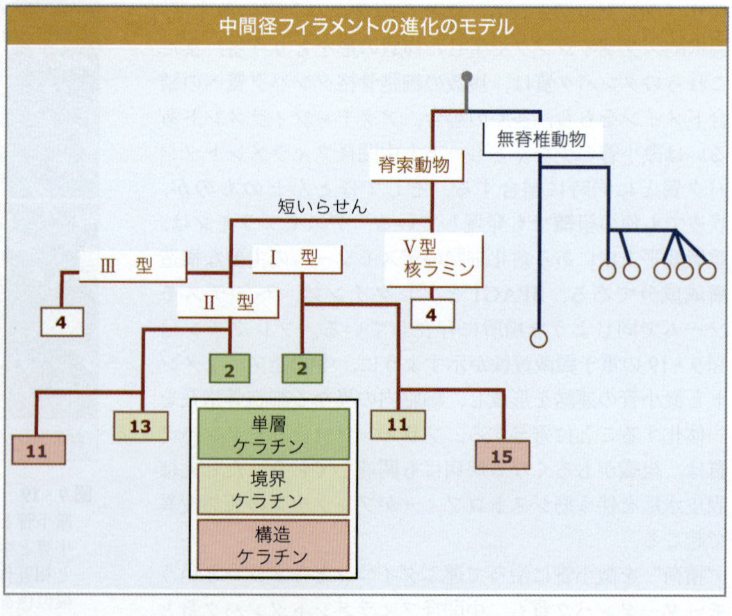

図 9・21　Ⅰ〜Ⅲ型とⅤ型ヒト中間径フィラメント遺伝子の予想される進化的な関係．青線（無脊椎動物）は指標として示しただけである；四角の枠線内の数字は，それぞれのグループ内の遺伝子数を示す．

全機能遺伝子（28遺伝子）のうち27遺伝子と五つの偽遺伝子が存在している．これらの遺伝子の転写方向は決まっていない．このケラチン遺伝子の一群の中間には，ケラチン結合タンパク質をコードした32の遺伝子群を含む350 kbの領域が挟まっている．12q13.13染色体の780 kb領域中にはⅡ型遺伝子群が集まっており，そこには27の機能遺伝子（26のⅡ型遺伝子と一つのⅠ型遺伝子）と八つの偽遺伝子が含まれる．この領域では，すべての遺伝子が同じ方向に転写される．12qに位置するただ一つのⅠ型遺伝子は，胚性単層上皮ケラチンK18をコードしている．面白いことに，この遺伝子は対をつくるK8の遺伝子と一緒にいる．

われわれが知っている機能とつじつまがあう形で，この多彩で大きな遺伝子ファミリーの進化の過程を再構成できるだろうか．長いDNA繊維を保護するための安定な“かご”をもつことは初期の自然選択で有利だったはずなので，機能性ラミンはおそらく進化上で最初の“優先権”をもっただろう．細胞質中間径フィラメント遺伝子が進化するには，ラミン遺伝子から，核に取込まれるような特徴的配列，あるいは核につなぎとめられるような特徴的配列が脱け落ちたに違いない．哺乳類の中間径フィラメントタンパク質のアミノ酸配列はよく保存されており，明らかに哺乳類の出現と種分化以前に分岐したものである．脊索動物の進化中には，上皮の複雑さが有利になったため，重複と転座によってケラチンが多様化した．K8（Ⅱ型）とK18（Ⅰ型）はおそらく最も古いケラチンで，最初に枝分かれしたと思われる．胚性K8はⅢ型タンパク質により近く，H1/H2ドメインの重複と欠失の結果，同じ分子どうしでは重合できないというケラチン，つまりK18の祖先のⅠ型タンパク質前駆体が生じたのだろう．もしかすると，次に起こった重複と転座によってⅠ型タンパク質前駆体からK18が枝分かれし，その後の広範で並行した重複でこの二つの遺伝子座が増幅され，現在ヒトでみられるような12番と17番染色体上の遺伝子座に拡大したのかもしれない．ケラチンの進化では，哺乳類の毛皮，体毛，爪をつくる毛包もしくは毛髪ケラチンは最近になって出現したようである．ヒトと大型類人猿との間で起こった変化は，このケラチンの進化がいまだに進行中であることを示す．図9・21にここまで述べた進化の仮説を図示した．Ⅳ型タンパク質は独特な遺伝子構造をもつためこの枠組みに入れることは難しく，ここでは示していない．

最後に，植物と菌類のゲノム内には，ここまで調べられた限りでは中間径フィラメントの特徴とわかる配列は見つかっていない．したがって，動物細胞系統ではラミンがとても古くから存在し，必須であるにもかかわらず，植物では，核の組織化は明らかにラミンなしでも達成でき，その代わりに堅い細胞壁をつくる．バクテリアからは，中間径フィラメント様のタンパク質が同定されている．これは，曲線状の形をした *Caulobacter crescentus* 種がもつクレセンチン(crescentin)タンパク質と，胃病原体で胃潰瘍感受性にかかわる *Helicobacter pylori* がもつ相同の遺伝子である．どちらの場合でも，これらのタンパク質は細胞の形態維持に寄与しているようで，アミノ酸配列は中間径フィラメントとは違っているものの，動物の中間径フィラメントと機能上は相同性を示す．このような収束性進化の存在は，後生動物で中間径フィラメント遺伝子ファミリーがこれほど多様に進化したのは，このタンパク質が組織内での細胞の形態維持に必須なためである，という仮説の証拠となる．

9・12 次なる問題は？

1970年代には中間径フィラメントタンパク質の分類に関する情報が爆発的に増加したが，その後は，中間径フィラメントの機能に関する理解はなかなか進まなかった．しかし1990年代の技術的進展によって，DNA配列解析は速くなり，顕微鏡はより大がかりになり，生細胞観察ができるようになった．また，中間径フィラメントの欠陥が病理的に破壊的な影響をもたらすということがわかり，中間径フィラメントの理解も飛躍的に進んだ．ますます厚い試料を扱えるようになった生細胞観察を用いることで，いまや細胞骨格のタンパク質動態を生理的機能という枠組みで明らかにできる時代がやってきた．

この次にくるのは何だろうか．これに対する答えは，新たな技術によって決まるだろう．われわれは生細胞中での中間径フィラメントの動態を観察する必要があり，生きた組織の中でこの動態がどのように制御されているか，もっとよく知る必要がある．そうしてはじめて，機械的な弾性をもたらす中間径フィラメントが，発生段階とか疾病といった外部環境に応じて，どのように細胞のふるまいや遺伝子発現に影響を与えるのかを理解できよう．ペトリ皿で培養している細胞の弾力をしっかり評価した研究はほとんどない．生きた組織内の細胞を高解像度かつ固定せずに観察できるよう，厚い試料を見る顕微鏡法や培養技術の改良が必要である．

近年，単層上皮ケラチンの機能が議論の的になっている．明らかにK8/K18の発現は，化学的な毒物からアポトーシスに及ぶ多様なストレスから組織や細胞を保護する．そして，ヒトのK8/K18変異はいくつかの疾病の危険因子である．現在，中間径フィラメントが関与する情報伝達経路の研究が始まったが，保護組織の角化細胞ケラチンで考えられているようにストレスを最終的にはすべて機械的ストレスと見なすことができるかどうかについては議論がある．中間径フィラメントは浸透圧ストレスから細胞を保護する．毒性ストレスが細胞代謝を止め，膜イオンポンプを不活性化するならば，この情報は浸透圧ストレスという形で中間径フィラメントを介して伝わるだろう．

新たに見つかった中間径フィラメントタンパク質に関する研究も必要である．こうしたタンパク質がどの程度重要かという問題と，これまでこれらの少数の遺伝子がなぜ見落とされていたのかという理由とは関係がある．こうした遺伝子産物のうちいくつかは，ひどく溶解性が悪いために *in vitro* での解析が困難である．いくつかは主要ではないケラチンで，機能の重要性も低いであろう（おそらく新たに進化した遺伝子）．ネスチンのように発生の一時期に，あるいはサイネミンのように非常に特異的な組織にだけ重要かもしれない．研究対象にはふつう選ばれない組織で発現するため，あるいは生化学的な特性が既知の他のタンパク質と似ているために見落とされていたものもあるだろう．

40種のヒトの疾病が中間径フィラメントの変異により起こることがすでに知られている．しかし，知られているよりもさらに多くの疾病に中間径フィラメントが関与していることはほぼ明らかである．複数の中間径フィラメントタンパク質が重複して発現するため変異の効果が出にくいことがあったり，炎症性腸疾患で起こっているようにあまりに初期の疾患では見つけにくい位置に組織があったりするため，臨床的に不明瞭なものもあるだろう．いろいろな組織で細胞弾性が失われると何が起こるかを考慮し，そうしたことが臨床医学や生理学的にみてどんな結果をひき起こすかを知ることができるようになって，初めて中間径フィラメント疾病の全貌が明らかになろう．われわれは，中間径フィラメントの欠陥による症状がどれだけ幅広いものであるかを理解し始めたところであり，数多くの新たな中間径フィラメント疾患の発見は，これらの遺伝病に対する新たな治療戦略の開発に対する大きな刺激となるだろう．ここでも，個人へのテーラーメイド遺伝子治療にかかわる経費の問題を回避する特別な方策が必要となる．

9・13 要　約

中間径フィラメントは，細胞骨格の主要な構成成分であり，組織構造および機能の維持に必須である．中間径フィラメントは直径 10 nm（アクチンフィラメントと微小管との中間の直径をもつ）のフィラメントで，堅牢なネットワークを細胞質と核内に形成する．このタンパク質は巨大な遺伝子ファミリーにコードされ，中央に長いαヘリックス棒状ドメインをもち，その前後に頭部と尾部ドメインが位置するという共通の構造もつ．頭部と尾部ドメインは翻訳後修飾を受け，リン酸化によって重合が制御される．*in vitro* での重合は素早く，他の因子は必要でないが，タンパク質ごとにその動態はさまざまである．二量体は逆平行の四量体重合サブユニットを形成して（そのため最終的なフィラメントは無極性となる），*in vitro* では急速に縦横の両方向へと重合し，10 nm フィラメントとなる．成熟中間径フィラメントネットワークは引っ張りに対して強い抵抗性をもち，ひずみ硬化を示す．

それぞれの中間径フィラメントは分化特異的な組織発現パターンを示す．そのため，個々のタンパク質に対する抗体は分化を追跡するのに用いることができ，細胞生物学や病理学にとって有用な道具となる．最も豊富な中間径フィラメントタンパク質はケラチン（Ⅰ型とⅡ型）で，上皮（シート上の組織）で発現する．単層ケラチン（K8/K18）は最も広く存在し，おそらく進化上最も古いケラチンである．これに対し，毛髪ケラチンはおそらく最も近年になって進化したものである．保護組織の角化細胞でみられるケラチンは，すべての中間径フィラメントタンパク質のなかで最も多様でよく発達し，最も弾性に富む．結合，神経，筋，造血組織で発現するⅢ型とⅣ型グループは，ある程度重複発現し，しばしば組織内でヘテロ多量体化する．ビメンチンは最小の非上皮中間径フィラメントタンパク質で，独立で存在する細胞に特徴的である．Ⅴ型タンパク質は，すべての生物に存在し，古くからあるラミンである．ラミンは核膜を強化し，翻訳後修飾でできた膜結合部位を介して核膜と相互作用する．ラミンだけでなく，おそらく他のすべての中間径フィラメントタンパク質も，有糸分裂時のリン酸化によって脱重合して，その結果，染色体分離や細胞質分裂が可能となる．特にラミンについて顕著であるが，中間径フィラメント遺伝子から転写されたRNAには選択的スプライシングを受けるものがある．

さまざまな疾病が中間径フィラメント遺伝子の変異と関連している．これらの疾病は，個々としてはとても珍しいものだが，まとめてみると中間径フィラメントと関連した疾病のもつ重みは明らかである．疾病の研究によって，中間径フィラメントが物理的な弾性を細胞に与えていることが証明されてきた．単純型表皮水疱症（EBS）のような疾患では，その変異は組織の細胞をもろく，簡単に壊れてしまう状態にする．細胞質中間径フィラメントの変異と関連した疾病の多くは，タンパク質の凝集という特徴をもつ．こうしたタンパク質凝集がどの程度疾病に関係した表現型なのか，つまり，フィラメントの弾性が障害を受けたことが疾病に直接に寄与しているのか，そうではなくて凝集は疾病の二次的な病理学的特徴なのか，という問題は決着がついていない．

中間径フィラメントの再構成は有糸分裂時および細胞移動時に起こり，おもにリン酸化と脱リン酸によって駆動される．タンパク質分解は，タンパク質の量を調節し，アポトーシスを促進する．中間径フィラメントに結合するタンパク質は，その機能には必須ではなく，ふつう分化特異的である．フィラグリンのようなタンパク質は組織の機能発現のために中間径フィラメントを修飾し，プラキンなどは細胞内でのフィラメントの配置を左右する．

解析されたすべての後生動物ゲノムには中間径フィラメント遺伝子が存在し，おそらくラミンに似た祖先遺伝子を起源とする．今日の中間径フィラメント遺伝子ファミリーは，重複，転座，そしてさらなる重複によって進化してきた．これは現代の哺乳類の主要な中間径フィラメントグループであるケラチンで最もよくみてとれる．ヒトケラチン遺伝子は 12 番（Ⅱ型遺伝子とⅠ型のK18）と 17 番（他のタイプⅠ遺伝子）染色体に集中して存在するのに対し，16 の非ケラチン遺伝子はゲノム全体に散在している．中間径フィラメント遺伝子は小さく，イントロンの位置は配列相同グループ内で保存されており，多くの遺伝子が 1 種類のタンパク質のみをコードしている．

参 考 文 献

9・2 6 種の中間径フィラメントタンパク質は似た構造をもつが，発現は異なる

総　説

Steinert, P. M., and Parry, D. A., 1985. Intermediate filaments: conformity and diversity of expression and structure. *Annu. Rev. Cell Biol.* **1**, 41–65.

論　文

Sun, T. T., Eichner, R., Nelson, W. G., Tseng, S. C., Weiss, R. A., Jarvinen, M., and Woodcock-Mitchell, J., 1983. Keratin classes: molecular markers for different types of epithelial, differentiation. *J. Invest. Dermatol.* **81**, 109s–115s.

Moll, R., Franke, W. W., Schiller, D. L., Geiger, B., and Krepler, R., 1982. The catologue of human cytokeratin polypeptides: Patterns of expression of specific cytokeratins in normal epithelia, tumors and cultured cells. *Cell* **31**, 11–24.

Hatzfeld, M., and Weber, K., 1990. The coiled coil of *in vitro* assembled keratin filaments is a heterodimer of type I and II keratins: Use of sito-specific mutagenesis and recombinant protein expression. *J. Cell Biol.* **110**, 1199–1210.

Lu, X., and Lane, E. B., 1990. Retrovirus-mediated transgenic keratin expression in cultured fibroblasts: Specific domain functions in keratin stabilization and filament formation *Cell* **62**, 681–696.

Rogers, M. A., Winter, H., Langbein, L., Bleiler, R., and Schweizer, J., 2004. The human type I keratin gene family: Characterization of new hair follicle specific members and evaluation of the chromosome 17q21. 2 gene domain. *Differentiation* **72**, 527–540.

Rogers, M. A., Edler, L., Winter, H., Langbein, L., Beckmann, I., and Schweizer, J., 2005. Charactarization of new members of the human type II keratin gene family and a general evaluation of the keratin gene domain on chromosome 12q13.13. *J. Invest. Dermatol.* **124**, 536–544.

9・3 中間径フィラメントで最大のグループはⅠ型ケラチンとⅡ型ケラチンである

総　説

Coulombe, P. A., and Omary, M. B., 2002. 'Hard' and 'soft' principles defining the structure, function and regulation of keratin intermediate filaments. *Curr. Opin. Cell Biol.* **14**, 110–122.

Lane, E. B., and Alexander, C. M, 1990. Use of keratin antibodies in tumor diagnosis. *Semin. Cancer Biol.* **1**, 165–179.

論 文

Sun, T. T., Eichner, R., Nelson, W. G., Tseng, S. C., Weiss, R. A., Jarvinen, M., and Woodcock-Mitchell, J., 1983. Keratin classes: molecular markers for different types of epithelial, differentiation. *J. Invest. Dermatol.* **81**, 109s-115s.

Moll, R., Franke, W. W., Schiller, D. L., Geiger, B., and Krepler, R., 1982. The catologue of human cytokeratin polypeptides: Patterns of expression of specific cytokeratins in normal epithelia, tumors and cultured cells. *Cell* **31**, 11–24.

Purkis, P. E., Steel, J. B., Mackenzie, I. C., Nathrath, W. B., Leigh, I. M., and Lane, E.B., 1990.Antibody markers of basal cells in complex epithelia. *J. Cell Sci.* **97**, 39–50.

Schweizer, J., Bowden, P. E., Coulombe, P. A., Langbein, L., Lane, E. B., Magin, T. M., Maltais, L., Omary, M. B., Parry, D. A., Rogers, M. A., and Wright, M. W., 2006. New consensus nomenclature for mammalian keratins. *J. Cell Biol.* **174**, 169–174.

9・4 ケラチンの変異は上皮細胞を脆弱にする

総 説

Fuchs, E., and Cleveland, D. W., 1998. A structural scaffolding of intermediate filaments in health and disease. *Science* **279**, 514–519.

Owens, D. W., and Lane, E. B., 2004. Keratin mutations and intestinal pathology. *J. pathol.* **204**, 377–385.

Irvine, A. D., and McLean, W. H. I., 1999. Human keratin diseases: The increasing spectrum of disease and subtlety of the phenotype-genotype correlation. *Br. J. Dermatol.* **140**, 815–828.

Omary, M. B., Coulombe, P. A., and McLean, W. H.(2004). Intermediate filament proteins and their associated diseases. *N. Engl. J. Med.* **351**, 2087–2100.

論 文

Bonifas, J. M., Rothman, A. L., and Epstein, E. H., Jr., 1991. Epidermolysis. bullosa simplex: Evidence in two families for keratin gene abnormalities. *Science* **254**, 1202–1205.

Coulombe, P. A., Hutton, M. E., Letai, A., Hebert, A., Paller, A. S, and Fuchs, E., 1991. Point mutations in human keratin 14 genes of epidermolysis bullosa simplex patients: Genetic and functional analyses. *Cell* **66**, 1301–1311.

Lane, E. B., Rugg, E. L., Navsaria, H., Leigh, I. M., Heagerty, A. H., Ishida-Vamamoto, A., and Eady, R. A., 1992. A mutation in the conserved helix termination peptide of keratin 5 in hereditary skin blistering. *Nature* **356**, 244–246.

Owens, D. W., Wilson, N. J., Hill, A. J., Rugg, E. L., Porter, R. M., Hutcheson, A. M., Quinlan, R. A., van Heel, D., Parkes, M, Jewell, D. P., et al., 2004. Human keratin 8 mutations that disturb filament assembly observed in inflammatory bowel disease patients *J. Cell Sci.* **117**, 1989–1999.

Ku, N. O., Gish, R., Wright, T. L., and Omary, M. B., 2001. Keratin 8 mutations in patients with cryptogenic liver disease. *N. Engl. J. Med.* **344**, 1580–1587.

9・5 神経，筋，結合組織の中間径フィラメントはしばしば重なり合って発現する

総 説

Magin, T. M., Reichelt, J., and Hatzfeld, M., 2004. Emerging functions: Diseases and animal models reshape our view of the cytoskeleton. *Exp. Cell Res.* **301**, 91–102.

Al-Chalabi, A., and Miller, C. C, 2003. Neurofilaments and neurological disease. *Bioessays* **25**, 346–355.

Cairns, N. J, Lee, V. M, and Trojanowski, J. Q., 2004. The cytoskeleton in neurodegenerative diseases. *J. Pathol.* **204**, 438–449.

Lane, E. B., and Pekny, M. (2004). Stress models for the study of intermediate filament function. *Methods Cell Biol.* **78**, 229–264.

論 文

Hesse, M., Magin, T. M., and Weber, K., 2001. Genes for intermediate filament proteins and the draft sequence of the human genome: Novel keratin genes and a surprisingly high number of pseudogenes related to keratin genes 8 and 18. *J. Cell Sci.* **114**, 2569–2575.

Balogh, J., Merisckay, M., Li, Z., Paulin, D., and Arner, A., 2002. Hearts from mice lacking desmin have a myopathy with impaired active force generation and unaltered wall compliance. *Cardiovasc. Res.* **53**, 439–450.

Weisleder, N., Taffet, G. E., and Capetanaki, Y., 2004. Bcl-2 overexpression corrects mitochondrial defects and ameliorates inherited desmin null cardiomyopathy. *Proc. Natl. Acad. Sci. U.S.A.* **101**, 769–774.

Pekny, M., Johansson, C. B., Eliasson, C., Stakeberg, J., Wallen, A., Perlmann, T, Lendahl, U., Betsholtz, C., Berthold, C.H., and Frisen, J. 1999. Abnormal reaction to central nervous system injury in mice lacking glial fibrillary acidic protein and vimentin. *J. Cell Biol. v.* **145**, 503–514.

9・6 ラミン中間径フィラメントは核膜を強化する

総 説

Mattout, A., Dechat, T., Adam, S. A., Goldman, R. D., Gruenbaum, Y., 2006. Nuclear lamins, diseases and aging. *Curr. Opin. Cell Biol.* **18**, 335–341.

Mounkes, L., Kozlov, S., Bueke, B., and Stewart, C. L., 2003. The laminopathies: Nuclear structure meets disease. *Curr. Opin. Genet. Dev.* **13**, 223–230.

Smith, E. D., Kudlow, B. A., Frock, R. L., and Kennedy, B. K., 2005. A-type nuclear lamins, progerias and other degenerative disorders. *Mech. Ageing Dev.* **126**, 447–460.

Broers, J. L., Ramaekers, F. C., Bonne, G., Yaou, R. B., and Hutchison, C. J., 2006. Nuclear lamins: Laminopathies and their role in premature ageing. *Physiol. Rev.* **86**, 967–1108.

Broers, J. L., Hutchison, C. J., and Ramaekers, F. C., 2004. Laminopathies. *J. Pathol.* **204**, 478–488.

Zastrow, M. S., Vlcek, S., and Wilson, K. L., 2004. Proteins that bind A-type lamins: Integrating isolated clues. *J. Cell Sci.* **117**, 979–987.

論 文

Erber, A., Riemer, D., Bovenschulte, M., and Weber, K., 1998. Molecular phylogeny of matazoan intermediate filament proteins. *J. Mol. Evol.* **47**, 751–762.

Sullivan, T., Escalante-Alcalde, D., Bhatt, H., Anver, M., Bhat, N., Nagashima, K., Stewart, C. L., and Burke, B., 1999. Loss of A-type lamin expression compromises nuclear envelope integrity leading to muscular dystrophy. *J. Cell Biol.* **147**, 913–920.

Vergnes, L., Peterfy, M., Bergo, M. O., Young, S. G., Reue, K., 2004. Lamin Bl is required for mouse development and nuclear integrity. *Proc. Natl. Acad. Sci. U.S.A.* **101**, 10428–10433.

9・7 ほかと大きく違うレンズフィラメントタンパク質さえも進化上保存されている

総 説

Perng, M. D., Sandilands, A., Kuszak, J., Dahm, R., Wegener, A., Prescott, A. R., and Quinlan, R. A., 2004. The intermediate filament systems in the eye lens. *Methods Cell Biol.* **78**, 597–624.

論 文

Zimek, A., Stick, R., and Weber, K. (2003). Genes coding for intermediate filament proteins: Common features and unexpected differences in the genomes of humans and the teleost fish *Fugu rubripes*. *J. Cell Sci.* **116**, 2295–2302.

Conley, Y. P., Erturk, D., Keverline, A., Mah, T. S., Keravala, A., Barnes, L. R., Bruchis, A., Hess, J. F., FitzGerald, P. G,

Weeks, D. E., Ferrell, R. E., and Gorin, M. B., 2000. A juvenile-onset, progressive cataract locus on chromosome 3q21-22 is associated with a missense mutations in the beaded filament structural protein-2. *Am. J. Hum. Genet.* **66**, 1426-1431.

Sandilands, A., Prescott, A. R., Wegener, A., Zoltoski, R. K., Hutcheson, A. M., Masaki, S., Kuszak, J. R., and Quinlan, R. A., 2003. Knockout of the intermediate filament proteins CP49 destabilises the lens fibre cell cytoskeleton and decreases lens optical quality, but dose not induce cataract. *Exp. Eye Res.* **76**, 385-391.

9・8 中間径フィラメントのサブユニットは高い親和性をもって集合し，引っ張りに抗する構造をとる

総 説

Fuchs, E., and Cleveland, D. W., 1998. A structural scaffolding of intermediate filaments in health and disease. *Science* **279**, 514-519.

Herrmann, H., Hesse, M., Reichenzeller, M., Aebi, U., and Magin, T. M., 2003. Functional complexity of intermediate filament cytoskeletons: from structure to assembly to gene ablation. *Int. Rev. Cytol.* **223**, 83-175.

論 文

Crick, F. H. C., 1952. Is alpha-keratin a coiled coil? *Nature* **170**, 882-883.

Janmey, P. A., Euteneuer, U., Traub, P., and Schliwa, M., 1991. Viscoelastic properties of vimentin compared with other filamentous biopolymer networks. *J. Cell Biol.* **113**, 155-160.

Ma, L., Xu, J., Coulombe, P. A., and Wirtz, D., 1999. Keratin filament suspensions show unique micromechanical properties. *J. Biol. Chem.* **274**, 19145-19151.

9・9 翻訳後修飾が中間径フィラメントタンパク質の構造を制御する

総 説

Coulombe, P. A., and Omary, M. B., 2002. 'Hard' and 'soft' principles defining the structure, function and regulation of keratin intermediate filaments. *Curr. Opin. Cell Biol.* **14**, 110-122.

Omary, M. B., Ku, N. O., Liao, J., and Price, D., 1998. Keratin modifications and solubility properties in epithelial cells and in vitro, *Subcell. Biochem.* **31**, 105-140.

Omary, M. B., Ku, N.-O., Tao, G. Z., Toivola, D. M., Liao, J., 2006. 'Heads and tails' of intermediate filament phosphorylation: Multiple sites and functional insights. *Trends Biochem.* Sci. **31**, 383-394.

論 文

Inagaki, M., Gonda, Y., Matsuyama, M., Nishizawa, K., Nishi, Y., and Sato, C., 1988. Intermediate filament reconstitution in vitro. The role of phosphorylation on the assembly-disassembly of desmin. *J. Biol. Chem.* **263**, 5970-5978.

Ku, N.-O., Fu, H., and Omary, M. B., 2004. Raf-1 activation disrupts its binding to keratins during cell stress. *J. Cell Biol.* **166**, 479-485.

9・10 中間径フィラメントと結合するタンパク質は必須ではないが，場合によっては必要とされる

総 説

Rezniczek, G. A., Janda, L., and Wiche, G., 2004. Plectin. *Methods Cell Biol.* **78**, 721-755.

Ruhrberg, C., and Watt, F. M., 1997. The plakin family: Versatile organizers of cytoskeletal architecture. *Curr. Opin. Genet. Dev.* **7**, 392-397.

Hudson, T. Y., Fontao, L., Godsel, L. M., Choi, H. J., Huen, A. C., Borradori, L., Weis, W. I., and Green, K. J. (2004). In vitro methods for investigating desmoplakin-intermediate filament interactions and their role in adhesive strength. *Methods Cell Biol.* **78**, 757-786.

論 文

Janda, L., Damborsky, J., Rezniczek, G. A., Wiche, G., 2001. Plectin repeats and modules: Strategic cysteines and their presumed impact on cytolinker functions. *Bioessays.* **23**, 1064-1069.

Smith, F. J., Irvine, A. D., Terron-Kwiatkowski, A., Sandilands, A., Campbell, L. E., Zhao, Y., Liao, H., Evans, A. T., Goudie, D. R., Lewis-Jones, S., Arseculeratne, G., Munro, C. S., Sergeant, A., O' Regan, G., Bale, S. J., Compton, J. G., DiGiovanna, J. J., Presland, R. B., Fleckman, P., McLean, W. H., 2006. Loss-of-function mutations in the gene encoding filaggrin cause ichthyosis vulgaris. *Nat. Genet.* **38**, 337-342.

9・11 後生動物の進化全体を通じて，中間径フィラメント遺伝子が存在する

論 文

Erber, A., Riemer, D., Bovenschulte, M., and Weber, K., 1998. Molecular phylogeny of metazoan intermediate filament proteins. *J. Mol. Evol.* **47**, 751-762.

Karabinos, A., Zimek, A., and Weber, K., 2004. The genome of the early chordate *Ciona intestinalis* encodes only five cytoplasmic intermediate filament proteins including a single type I and type II keratin and a unique IF-annexin fusion protein. *Gene* **326**, 123-129.

Zimek, A., Stick, R., and Weber, K., 2003. Genes coding for intermediate filament proteins: Common features and unexpected differences in the genomes of humans and the teleost fish *Fugu rubripes. J. Cell Sci.* **116**, 2295-2302.

PART

V

細胞分裂・アポトーシス・がん

10

細　胞　分　裂

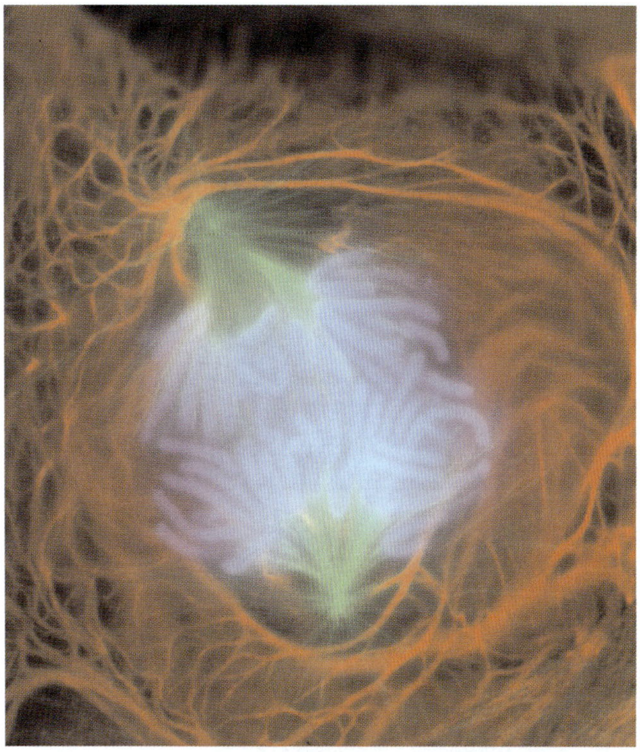

この蛍光顕微鏡画像は，細胞分裂後期のサンショウウオ肺の細胞である．分裂後期に，染色体は均等に分配される．二つの染色体群は充分な距離まで引き離され，それぞれ娘細胞の核となる．細胞の DNA は青く，微小管は緑に，中間径フィラメントは赤く蛍光染色されている［写真は © Conly Rieder, Wadsworth Center］

10・1　序　　論

重 要 な 概 念

- すべての細胞は，細胞分裂とよばれる過程によって生じる．
- 細胞が DNA を複製し終わった後に，細胞分裂が起こる．細胞分裂により染色体は均等に分配され，分配された染色体の中間で細胞が二つに分けられ，二つの娘細胞が生じる．
- 細胞分裂中に間違いが起こると，それは細胞にとって致命的となるが，間違いを修正する機構が発達している．

細胞にとって最も重要な働きは，自分と同じものをつくることであろう．すなわち，生命は細胞が分裂する能力によって維持されている．単細胞生物にとっては，細胞分裂そのものが自己と同じものをつくることを意味する．複雑な多細胞生物では，細胞分裂は分化や成長するために必須な細胞をつくるのに必要なだけでなく，死んだ細胞を補充するためにも必要である．

“細胞（cell）”という名称は 1665 年，Robert Hooke によって初めて用いられた．彼は，顕微鏡でコルクの切片を観察し，中空の小さな区画を見いだし，これを細胞と名づけた．以後 175 年間，幾多の顕微鏡観察が行われ，Schleiden と Schwann により，細胞が生命の基本的な構成要素であるという“細胞説”が提唱されるに至った．この 19 世紀の科学の画期的な成果が一般に受入れられるにつれ，つぎは，どのようにして新しい細胞が生じるかということが問題となった．当時，細胞は自発的に生じると信じる人もいたが，1855 年ドイツの病理学者 Virchow が“すべての細胞は細胞から”，すなわち，すべての細胞はすでに存在している母細胞の子孫であるという決定的な説を唱えるに至った．

19世紀後半，複数のレンズを組合わせた顕微鏡が発明され広く用いられるにつれて，細胞の分裂に伴う事象の記述は飛躍的に増加した．1879年，ドイツの解剖学者 Walther Flemming は分裂中のサンショウウオの細胞の核の中に対になった糸に似た構造体が形成されることを見いだし，この事象に対して**有糸分裂** (mitosis)（ギリシャ語：*mitos* 糸）という名称を用いた．彼は，図10・1に示されるような一連の変化について記述している．核の中に形成される Flemming が**クロマチン** (chromatin) と名づけた構造体は**染色体** (chromosome)（ギリシャ語：*chroma* 色，*soma* 体）という名でよばれるようになった．Flemming は，有糸分裂の初期に，すべての染色体は二つの相同の糸すなわち**染色分体** (chromatid) がそれらの長軸方向に沿って接着していると記述している（図10・2）．高等生物の細胞のすべての染色体中には，染色分体どうしが他の部域より明らかにより近接した狭い部

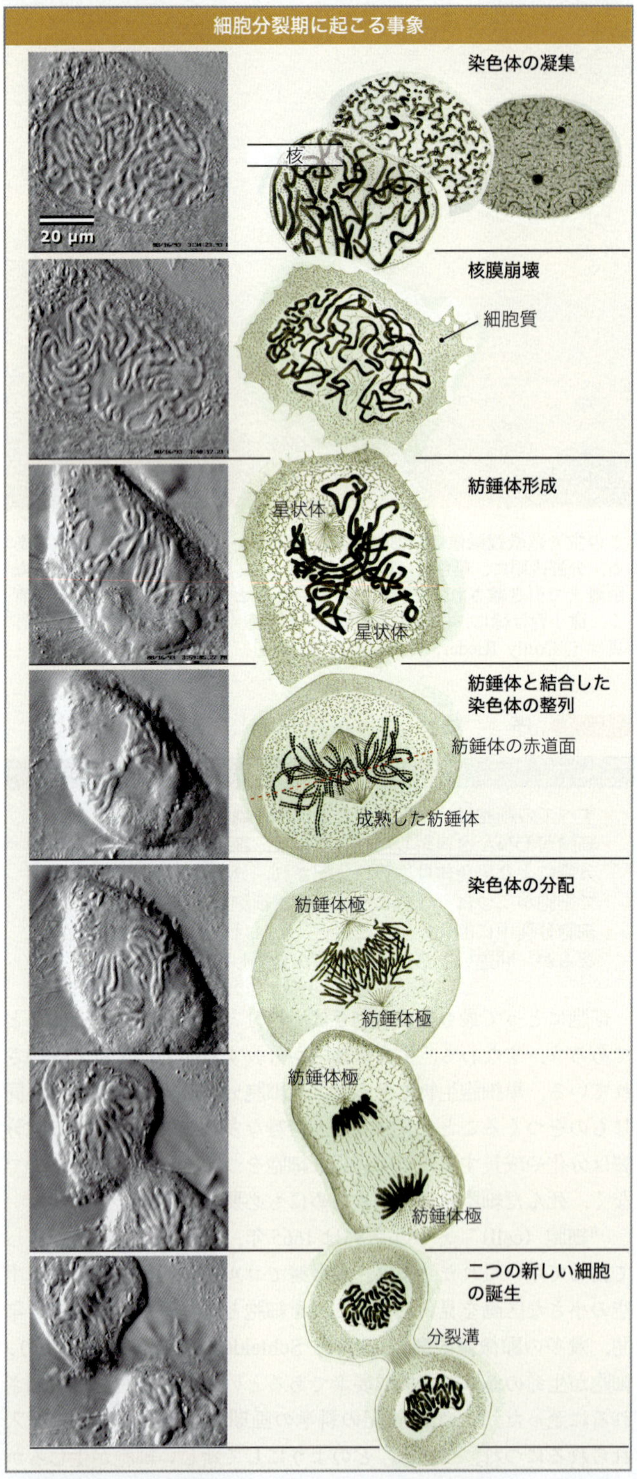

図10・1 一番上の図には核だけを示す．他の図は細胞全体を示す．紡錘体が完成したとき，二つの紡錘体極は，細胞質中の二つの透明な部分（左上と右下）のそれぞれの中央に存在している［写真は © Conly Rieder, Wadsworth Center. イラストは W. Flemming, “Archiv fur Mikroskopische Anatomie” (1879) より］

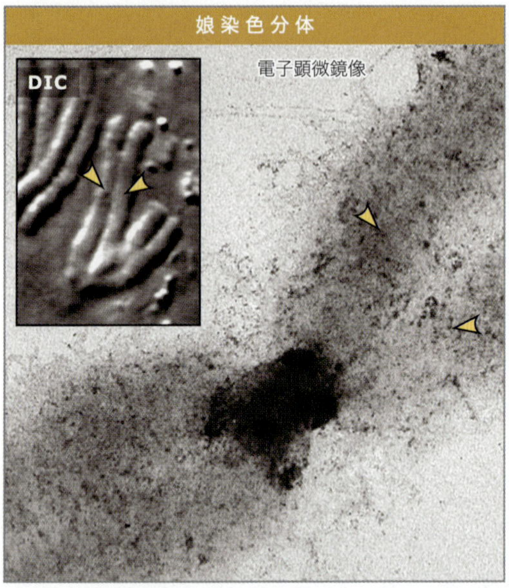

図10・2 挿入図は，生きたイモリ細胞内の中期染色体の全体像．拡大写真は，中期染色体の一次狭窄部分を示す．両写真とも，矢頭は二つの娘染色分体を示す（DIC：微分干渉顕微鏡像，光学顕微鏡の一種）［写真は Jerome B.Rattner, University of Calgary, Canada, の好意による．挿入写真は © Conly Rieder, Wadsworth Center］

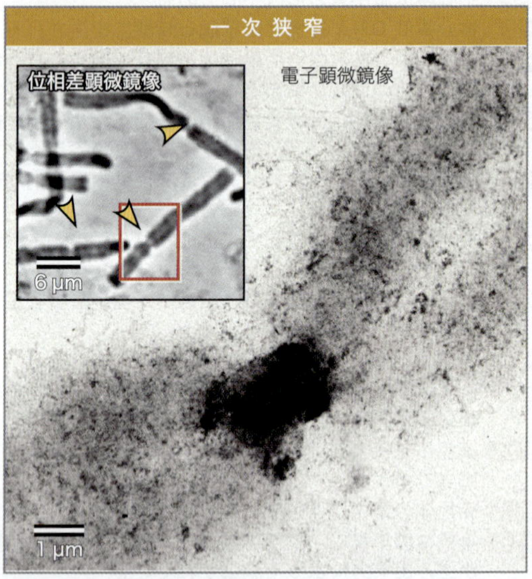

図10・3 挿入図は，生きたイモリの中期染色体を示す．各染色体は一次狭窄とよばれる特定の場所で細くなっている．電子顕微鏡写真は，一つの染色体の一次狭窄部分の強拡大像である［写真は Jerome B. Rattner, University of Calgary, Canada の好意による．挿入写真は © Conly Rieder, Wadsworth Center］

＊1 訳者注：mitosis の正式な訳は有糸分裂であり，通常の細胞分裂は，染色体凝集や紡錘体形成を伴う有糸分裂という形で行われる．これに対する語は無糸分裂である．無糸分裂は，染色体凝集や紡錘体形成を伴わず，核が直接くびれ切れる分裂様式であるが，あまり一般的でない．本章では，mitosis という語のほとんどを通常の細胞分裂の意味で用いているため，それらを“細胞分裂”と訳した．

域が存在しており，これらは一次狭窄あるいは**セントロメア**(centromere) とよばれる (図 10・3). 一つの生命体中に存在する細胞はすべて同じ数の染色体をもち，この数は同じ種類の生命体で一定である．一方，染色体の数は種によって異なり，ある種は他の種の何倍もの数の染色体をもつ．

Flemming は，すでに 1880 年に，すべての細胞で“核の形態が変化して多数の糸状構造体が形成される”過程を経て増殖することを主張している．1883 年には，ウニ卵の受精の観察によって，胚細胞は，卵と精子に由来する同じ数の染色体をもつことがわかった．その 2 年後には，一つの生物のすべての核は，卵と精子の融合の結果できた核が，その後何回も分裂を繰返してできたものであることが示された．したがって 1885 年には，すべての細胞は両親と同じ染色体をもつことが明らかになった．この結論は，Schleidem と Schwann の“細胞説 (1838)”と Darwin の“進化説 (1859)”とを結びつけた．のちに，染色体には生物がその性質を幾世代にもわたって受渡すための単位，すなわち遺伝子が含まれているという発見によって，上記の二つの説の融合は確実なものとなった．

精子と卵子という例外を除いて，一つの個体に含まれるすべての細胞は**二倍体** (dipoid, di=2) である．すべて二倍体細胞は，同じ染色体を二つずつもち，一方は母親からの卵子に由来し，もう一方は父親からの精子に由来する (ヒト細胞は 23 対の染色体，すなわち，46 本の染色体をもつ)．細胞分裂の目的は，何世代もの細胞にわたって二倍体の染色体数を保持することにある．精子と卵子は**一倍体** (haploid) であり，それらは体細胞の半分の数しか染色体をもたず，体細胞分裂 (通常の細胞の分裂) によってつくられるのではない．これら特殊な細胞 (配偶子，生殖細胞とよばれる) は，**減数分裂** (meiosis) とよばれる過程によって形成されるのである (図 10・4)．減数分裂では，一つの前駆体細胞から，二組存在する染色体のうちの一組をもつ四つの一倍体細胞がつくられる．前駆体細胞の 1 回の分裂によって染色体数が半減するのではなく，前駆体細胞の染色体が 1 回複製された後に，2 回の分裂が起こることによって，染色体数は半分になるのである．体細胞分裂の場合と異なり，減数分裂の目的は，ある生物種が幾世代にもわたって二倍体染色体数を保持することにある．実際のところ，体細胞分裂と減数分裂は共通の機構を多数もっているが，第一減数分裂が大きく違うのは，染色体の形成と分配の様式である．

この章では，高等動物，特に脊椎動物において細胞分裂がどのように起こるかという点に焦点をあてて解説する．生物種によって細部は異なるが，体細胞分裂の基本的な様式は，すべての細胞で同一である．体細胞分裂の各過程を，図 10・1 に示す．高等動物細胞における細胞分裂の最初の可視的兆候は，すでに複製された染色体が核内で観察されるようになることである．いったん，染色体の凝集が始まると，染色体を取囲んでいる核膜が崩壊する．その結果，染色体は細胞質中に分散させられる．つぎに，染色体は**紡錘体** (spindle) (同じ大きさの二つの円錐が底面の部分でつなぎ合わされてできた“つむ”のような形をとるため，このようによばれる) という構造体に結合する．紡錘体 (分裂装置ともよばれる) は，染色体が動くための力を発生させ，さらに染色体が細胞内のどこに向かって動くかを決める．染色体が紡錘体に結合すると，それらはしだいに，紡錘体の中央部 (赤道面とよぶ) に整列するようになる．染色体凝集から赤道面への整列までの細胞分裂のすべての過程をビデオに撮って観察することができる．その最初の画像を図 10・5 に示す．

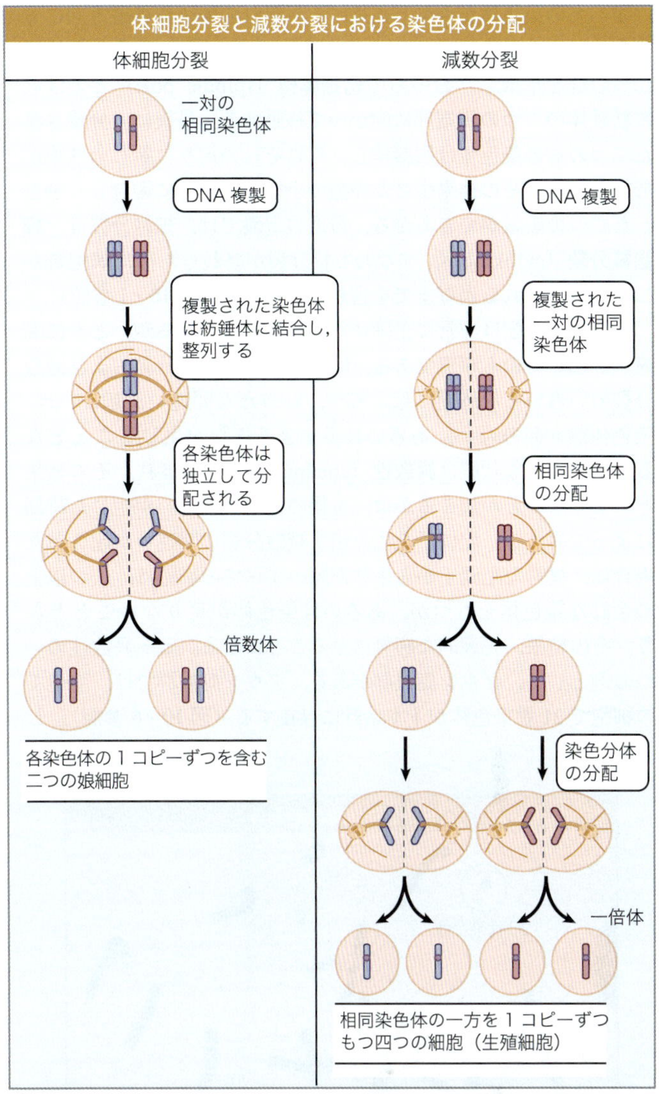

図 10・4 減数分裂は，連続した 2 回の分裂から成り立つ．1 回目の分裂で，二つの相同染色体が分配され，2 回目の分裂で各染色体の二つの染色分体が分配される．体細胞分裂では，染色分体の分配だけが行われる．

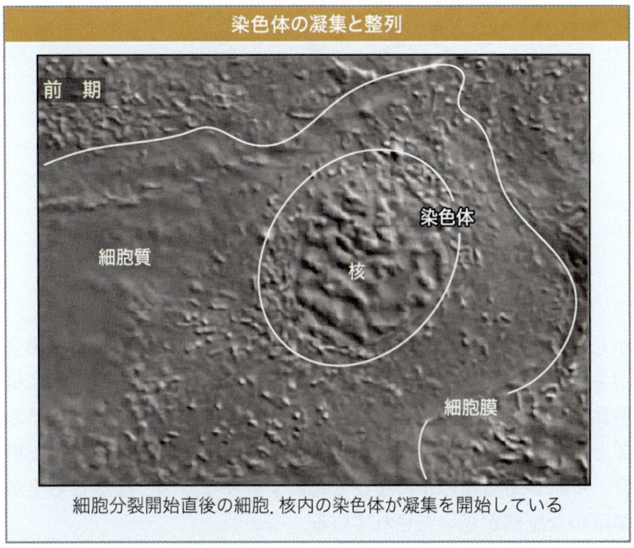

図 10・5 細胞分裂初期の染色体の動きを追ったビデオの初期の 1 コマ [写真は © Conly Rieder and Alexey khodjakov, Wadsworth Center]

すべての染色体が整列した後，それぞれの染色体は縦方向に分割され（すなわち，染色分体が分離し），それぞれの染色分体は二つの群を形成し，おのおの**紡錘体極**（spindle pole）とよばれる紡錘体の二つの先端部に向かって移動する．最後に，分離された二つの群の染色体は脱凝縮し，それぞれの周りに新しい核膜が形成される．その結果生じた多数の小核は，互いに融合し，独立した二つの娘核ができあがる．最近の定義では，細胞分裂は，**細胞質分裂**（cytokinesis）すなわち核分裂が終わった後に細胞質が二つに分割される過程までを含む場合が多い（図10・1参照）．

染色体の分配は非常に正確に行われるものであるが，ときに間違いが起こるのも事実である．間違いは，体細胞分裂および減数分裂のいろいろな時期に起こるが，いったん間違いが起これば，染色体数が足りない，あるいは多すぎる細胞が生じることとなる．このような状態は**異数性**（aneuploidy）とよばれ，その結果どのようなことが起こるかは，生物の種類と間違いが生じた時期によって異なる．配偶子を生み出す減数分裂に間違いが起こった場合は，異常な配偶子から生じた胚のすべての細胞は，一つ以上の余計な染色体をもつか，あるいは染色体が足りないこととなり，その結果，先天的な病気に至ることになる．ヒト異数性の一つの例として，ダウン症候群がある．ダウン症候群では，すべての細胞で21番染色体が1本余計に存在する（図10・6参照）．しかし，異数性をもつ胚は，分化が完了する前に死んでしまう場合が多い．一方，分化の過程で異数性が生じた場合は，組織中に染色体数が異なる細胞を含む**モザイク**（mosaic）な個体が生じることになる．さらに，成体の組織に異数性をもつ細胞が生じた場合，それがある種のがんをひき起こす重要な原因となることを示す確かな証拠が見いだされている．

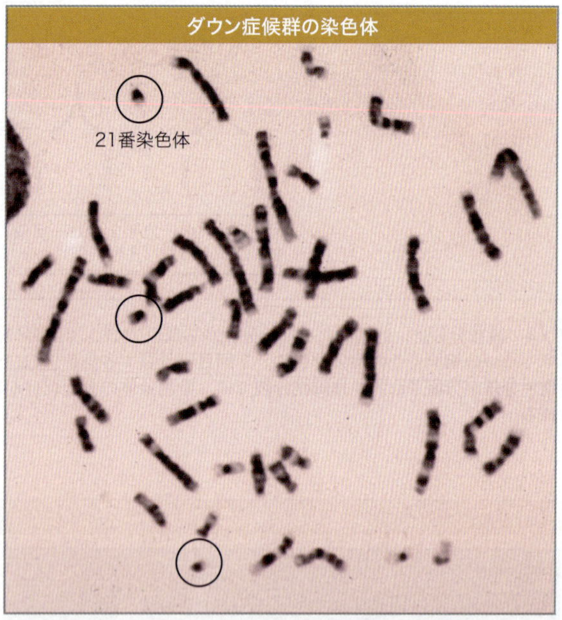

図10・6 ダウン症候群のヒトの1個の細胞内に含まれる分裂期の染色体．大きさ，一次狭窄の位置，明るいバンドと暗いバンドのパターンによって，個々の染色体が区別される．小さな21番染色体が三つ存在している［写真はAnn Wiley, Wadsworth Centerの好意による］

生物が生きていくためには，染色体を等しく分配することが必須であるため，細胞分裂には，正確性を保証する目的のためにつくられたいくつかの過程が存在する．すべての生物に存在する**チェックポイント制御**（checkpoint control）によって，染色体分配における高い正確性が保たれている．チェックポイントとは，ある事象が完了するまで，あるいは間違いが修正されるまで，細胞分裂を停止あるいは遅らせる生物学的機構のことである．たとえば，紡錘体の形成や染色体の移動など，高度な正確性が必要とされる事象には，同じ目的を遂行するための複数の経路が存在する．細胞分裂は常に前述のような一連の過程によって進行するが，比較的重要な過程を遂行するために，複数の可能な経路が存在する．つい最近わかってきたことであるが，このように重複した機構が存在することによって，細胞分裂の過程が非常に複雑なものとなった．しかしながら，このような重複した機構が存在することによって，存在しない場合に起こると考えられる間違いが回避されることとなった．

10・2 細胞分裂はいくつかの行程を経て進行する

重要な概念

- 細胞分裂は，染色体の位置と挙動によって特徴づけられる一連の過程に従って進行する．
- ある段階から次の段階への変化は，細胞周期の過程に対応した不可逆な行程である．

細胞分裂の開始から完了までは，大きく二つの行程に分けられる．最初の行程は，通常，**核分裂**（karyokinesis）（ギリシャ語：*karyo* たね，*kinesis* 分裂）とよばれ，染色体が二つの娘核に分配される．次の行程は細胞質分裂とよばれ，ここで，細胞質が一つずつの娘核を含むように分割され，互いに独立した二つの娘細胞が生じる．組織化学的には，核分裂は染色体の構造と位置によって定義されるいくつかの過程に分けられる．細胞分裂のような一連の複雑な事象を，いくつかの段階に分けて考えるのは意味がある．一つの段階から次の段階への移行には，不可逆的な過程が含まれる場合がある．それらの過程のうちのあるものには，特別な酵素の活性化や不活性化が含まれている場合があり，また細胞分裂において非常に重要な役割を担う特別なタンパク質が適切な時期に分解される過程が含まれる場合もある．細胞分裂を一連の過程としてとらえることは，つぎに述べる理由からも意味がある．すなわち，染色体，紡錘体ともに，細胞分裂の各段階で異なる挙動を示すからである．このことは，細胞分裂の各段階では，分子レベルでそれぞれ異なる特徴的な機構が働いていることを示している．各過程について詳細に述べるにあたって，図10・1を参照されたい．

細胞分裂を開始しようとしている細胞にみられる最初の兆候は，核内で染色体の凝集が起こることである．染色体の凝集によって細胞分裂の**前期**（prophase）が始まる．巨大な染色体をもつ冷血動物（たとえばサンショウウオやバッタ）では，この段階に数時間を要する．小さな染色体をもつ温血動物（マウスやヒト）では，凝集にはせいぜい15分ほどが費やされるだけである．前期中のある時点で，細胞が分裂過程に入ることを決定的にするために必要な生化学的変化が起こる．この**後戻りできない時点**（ponit of no return）よりも前に，細胞に物理的あるいは化学的な傷害が加えられると，染色体は再び脱凝集してしまう．

前期に特徴的な共通の現象として，二つの**中心体**（centrosome）の出現がある．多くの前期細胞において，中心体は透明な領域に囲まれた二つの小さな点として観察される．これから説明するように，二つの中心体は紡錘体形成において重要な役割を担う．すなわち，中心体は紡錘体の二つの極を決定するのみならず，紡錘体を構成する**微小管**（microtubule）形成の核として働く．

ある種のタンパク質にリン酸基が付加され，あるいはリン酸基が除かれることによって，細胞は分裂過程に入る．キナーゼ（リン酸化酵素）およびホスファターゼ（脱リン酸酵素）とよばれる酵素群が，タンパク質のリン酸化と脱リン酸を触媒する．分裂期で最も重要なキナーゼは，**サイクリンB**（cyclin B）/**CDK1**複合体である．この酵素は，細胞分裂の中心的制御因子であると考えられる．なぜならば，この酵素複合体を細胞に注入すると，細胞分裂が誘起されるからである（この酵素の発見と，その制御機構の解明に対して，2001年のノーベル医学生理学賞が与えられた）．前期の終わり近くに，サイクリンB/CDK1は，酵素的に不活性な状態で核内に集積する．その直後に，別の酵素cdc25ホスファターゼが核内に入り，核内でサイクリンB/CDK1を脱リン酸して活性化する．いったんサイクリンB/CDK1が活性化されると，この酵素は核内の多くのタンパク質をリン酸化する．そのなかには，核膜の構造を支えるタンパク質も含まれる．その結果，このタンパク質と核膜との結合力がなくなり，核は膨潤し，核膜が崩壊する（図10・1参照）．

核膜の崩壊は，細胞分裂の**前中期**（prometaphase）開始の指標となる．前中期には，染色体は二つの中心体から放射状に伸びた微小管と相互作用し，紡錘体が形成される（図10・1参照）．染色体が紡錘体と結合すると，染色体は**集結**（congression）とよばれる一連の複雑な運動を行って，紡錘体の中央に集まってくる．集結の間に，染色体は極から遠ざかる運動と極に近づく運動を繰返す．各染色体は独立に動き，一方の極に向かって動いた後に，もう一方の極に向かって動き，集結が完了するまでに何度も動きの方向を変える．最終的に，すべての染色体は平面上，言いかえると板状に整列し，二つの極の中間に赤道板（中期板ともよばれる．染色体が紡錘体の赤道近くに並んで全体として板状の構造をつくったもの）を形成する．多くの細胞において，すべての染色体が赤道面に並ぶまで前中期が続き，この過程は細胞分裂の全過程の中で最も長い．前中期は胚細胞ではほんの数分で完了するが，平面的な形態をとる培養細胞では数時間続く場合もある．

すべての染色体が紡錘体の赤道近くに並んだとき，その細胞は**中期**（metaphase）にあるとみなされる（図10・1参照）．中期の長さは細胞によって異なる．驚くべきことに，細胞がこの時期に至るまでに起こる複雑な事象は顕微鏡で子細に観察することができる．前中期あるいは中期の細胞に，微小管を脱重合させるコルセミドやノコダゾールなどの薬剤や，低温や高圧などの処理をして紡錘体を壊しても，これらの処理を除くとすぐに紡錘体は再構成され，染色体は再び整列運動を行う．一方，中期にある細胞の紡錘体を破壊すると，それ以後の細胞周期の進行が妨げられる．この方法によって，実験的に“中期にそろえた”細胞群を調製することができる．実際には，これらの細胞は前中期にある．なぜならば，凝集した染色体は細胞質中に分散しているからである（微小管については第7章“微小管”参照）．

各染色体の娘染色分体が分離し始めることによって，中期は終わり，**後期**（anaphase）が始まる（図10・1参照）．すべての染色体は細胞分裂の前に複製されているのであるが，複製された染色体を，染色分体という単位として明確に観察することができるのは中期の終わり以降である（図10・2参照）．ビデオ画像では，突然，すべての染色分体の分離が同時に起こることが観察されるが，実際は，すべての染色分体の移動開始には数分かかり，動き始める時期は染色体によって微妙に異なる．後期初めに起こる染色分体の分配開始は，細胞分裂におけるもう一つの後戻りできない時点である．この時期には，染色分体を結びつけていた接着タンパク質が壊され，同時に細胞を分裂期に誘導する最も重要な酵素活性が失われる（詳細は第11章“細胞周期の制御”参照）．染色分体が解離すると，それらは別々の極に向かって移動し，互いに離れていく．この染色体の運動は，二つの機構が複合的に働くことによって進行する．**後期A**（anaphase A）では，染色分体とそれが結合している極との距離が縮まるような運動が行われる．同時に，二つの極自身も互いに離れていき，それぞれに結合した一群の染色体を引っ張ることによって分離させる．この運動は紡錘体伸長あるいは**後期B**（anaphase B）とよばれる（図10・1参照）．二つの染色体群が分配されるにつれて，紡錘体は分解し始め，動物細胞では染色体間にステムボディーとよばれる新しい構造体が形成される（図10・55参照）．

細胞分裂の最後の段階である**終期**（telophase）（ギリシャ語：*telo* 終わり）に入ると，染色体が極の近傍で核を形成し始める（図10・1参照）．大きな細胞では，終期が始まった時点で後期染色体どうしが近い距離にない場合に，それぞれの染色体が別個の核を形成するといった事象がみられる場合があるが，それらはやがて融合して単一の大きな核となる．終期の間に，細胞が二つに分割するために必要な一連の事象もまた起こり始める．まず，中期に染色体が整列したのと同一な平面上の細胞表層部分に分裂溝が形成される．この位置に存在する分裂溝は新しく形成した二つの核から等距離にあり，ステムボディーを取囲んでいる（図10・1参照）．分裂溝が形成されると，それはしだいに収縮し，ステムボディーは集められて**中央体**（midbody）とよばれる微小管の強固な束となる．この中央体は二つの娘細胞をつなぐ分裂期最後の構造体である（図10・55および図10・56参照）．終期に固有の事象が起こるためには，サイクリンB/CDK1が不活性化されることが必要であり，かつ，これらの事象は，細胞が分裂期を脱しつつあることを示す．

生きた細胞や固定化した細胞の静止画像を示すことによって細胞分裂の一連の過程について説明すると，それらはある種の固定化した，不連続的なものと受取られがちである．しかし実際には，それらは連続的で，きわめて動的なものであり，実際の動画を見ることによって初めて理解できるものである（たとえば図10・7は動画の最初の1コマである）．

細胞分裂は動的な過程である

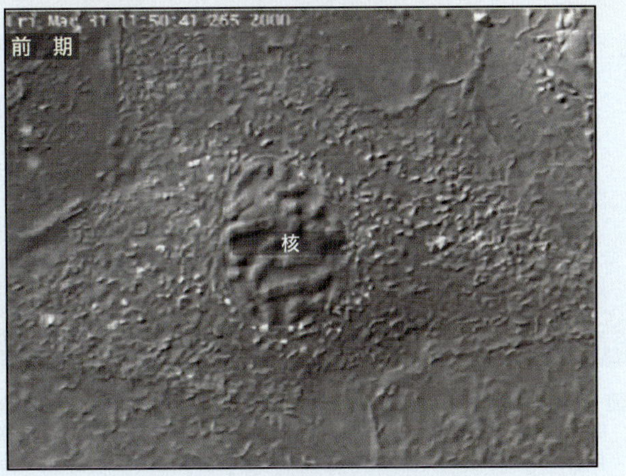

図10・7　細胞分裂の全過程を示すビデオの最初の1コマ［写真は © Conly Rieder and Alexey Khodjakov, Wadsworth Center］

10・3 細胞分裂には，紡錘体とよばれる新しい構造体の構築が必要である

重要な概念

- 染色体は紡錘体によって分配される．
- 紡錘体は対称的な双極性の構造体である．この構造体は二つの極間に伸びた微小管によってつくられている．それぞれの極には中心体が存在する．
- 染色体中の動原体と紡錘体微小管とが相互作用することによって，染色体は紡錘体につなぎ止められている．

紡錘体は動的で複雑な構造体であり，細胞分裂が始まるときに突如出現し，分裂の諸過程が完了するや否や消滅する（図10・54参照）．紡錘体は細胞分裂に必須のものであり，つぎの二つの機能をもっている．① 紡錘体は核分裂において，複製された染色体を二つの娘核に分配し，かつ ② 細胞質分裂の諸過程を支配，監督する．種々の薬剤などにより，紡錘体の形成が妨げられると，染色体の凝集は起こるが，正常な分裂にみられる染色体の運動はまったくみられず，分裂の進行は停止してしまう．紡錘体は，いろいろな方法で，化学的エネルギーを染色体移動や細胞質分裂に必要な運動エネルギーに変換する生物学的機械である．紡錘体のもつこれらの機能は，その構造に立脚している．二つの極をもち，対称的な紡錘体の構造は細胞分裂を間違いなく遂行するのに必須なものである．たしかに，紡錘体のもつ対称的な構造によって，一つの細胞で複製されたDNAが二つの娘細胞に均等に分配されるという細胞分裂特有の“二価性”が保証される．

紡錘体は，いろいろな方法で観察することが可能である．微小管は紡錘体の主要構成要素であるが，細すぎて光学顕微鏡で直接見ることはできない（すなわち，個々の微小管を識別することはできない）．したがって，通常の光学顕微鏡では，高等動物の凝集した染色体を見ることができるが，紡錘体を見ることはできない．しかし多くの細胞で，紡錘体の形を推測することはできる．その理由は，目に見える細胞小器官が，紡錘体が形成される場所から排除されるからである．図10・8に示されるように，紡錘体が存在する場所は，それ以外の細胞質から明確に区別することができる．初期の科学者は，紡錘体が繊維状構造体からできていることを推察してはいたが，このことが証明されたのは1950年代初頭であった．この時期に，偏光顕微鏡が改良され，生きた細胞中の紡錘体を見ることができるようになった．この方法で撮影した典型的な紡錘体の写真を図10・8（中央）に示す．この写真では，微小管が偏光と相互作用するため，紡錘体が暗く写っている．1970年代に入ると，蛍光色素を結合させた抗体を用いた強力な染色法が開発され，今では固定化された細胞や生きた細胞の紡錘体の構成要素を三次元画像として見ることができるようになった（図10・8参照）．この技術を用いることによって，紡錘体中の1種あるいはそれ以上のタンパク質の存在部位を決定することができ，さらにそれらのタンパク質の細胞分裂の進行に伴う変化を追うこともできるようになった．多くの場合，観察対象となるタンパク質はチューブリンであり，このタンパク質を見ることによって微小管を観察することができる．

動物細胞の成熟した紡錘体を電子顕微鏡で観察すると，図10・9に示されるように，紡錘体は3種類の主要要素を含むことがわかる．極の部分には中心体が存在する（図10・10）．この美しい構造体は，**中心子**（centriole），中心小体，あるいは中心粒とよばれる濃く染色される一対の構造体と，それを取巻く薄く染色されるぼやけた雲状の物質から成り立っている．二つの中心体の間には染色体が存在する．多くの生物において，染色体は紡錘体中で最も大きな構造体である（図10・9参照）．染色体は，25 nmの直径をもつクロマチン繊維がコイル状にきっちりと堅く巻いた構造体で，強く染色される．染色体には**動原体**（kinetochore）（ギリシャ語：*kineto* 動く，*chora* 場所）とよばれる小さな構造体が二つ存在し，両者はセントロメアのそれぞれ反対側に存在している（図10・3参照）．二つの極の間には，ほぼ平行な多数の微小管が高密度に並んで存在している．図10・9を見ればこのことがよくわかる．これらの紡錘体微小管には二つの先端があり，一方の端は，極の中あるいは極の近傍に存在している．

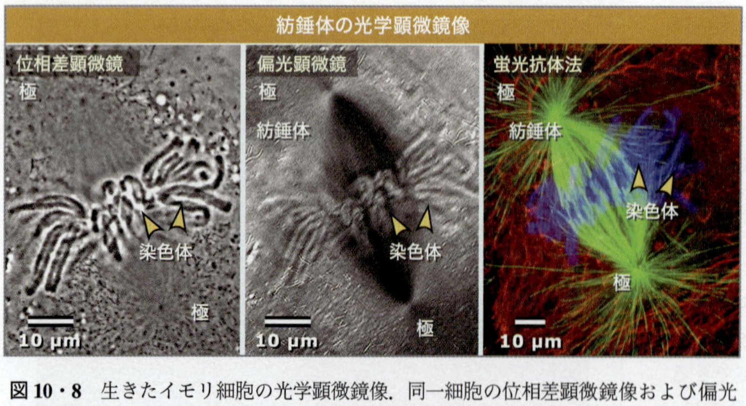

図10・8　生きたイモリ細胞の光学顕微鏡像．同一細胞の位相差顕微鏡像および偏光顕微鏡像．これとは別の似た形の中期細胞の蛍光抗体染色像，微小管(緑)，染色体(青)，ケラチン繊維(赤)．紡錘体は位相差顕微鏡では見えないが，偏光顕微鏡では見えることに注目．紡錘体微小管は蛍光抗体染色することによって，はっきり見ることができる［左および中央の写真はConly Rieder, Alexey Khodjakov, Wadsworth Centerの好意による．C. Rieder, A. khodjakov, *Science* **300**, 91～96 (2003)より許可を得て転載．© AAAS］

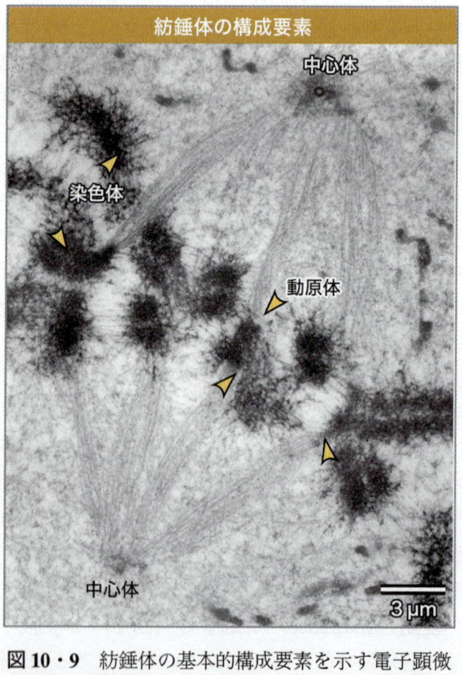

図10・9　紡錘体の基本的構成要素を示す電子顕微鏡像．太い微小管の束が染色体中にある動原体と中心体とを結びつけている．中央の矢頭で示した動原体を見ると，一つの染色体中の二つの動原体はそれぞれ別の極と向き合っていることがわかる［写真はConly Rieder, Wadsworth Centerの好意による．C. Rieder, A. Khodjakov, *Science* **300**, 91～96(2003)より，許可を得て転載．© AAAS］

もう一方の先端は，非結合状態か，あるいは動原体に結合している．微小管は二つの極から伸びており，それぞれの極から反対向きに延びた微小管群どうしが重なり合うことによって，紡錘体の対称的な構造が形成される．それぞれの微小管群は**半紡錘体**（half-spindle）とよばれる．脊椎動物細胞の半紡錘体には，多くの場合 600〜750 本の微小管が含まれ，これらのうちの 30〜40 % が動原体と結合している．

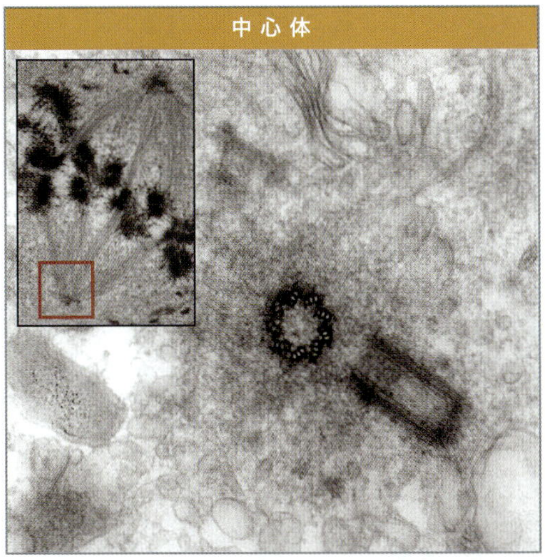

図 10・10 大きい写真は中心体の電子顕微鏡像である．二つの中心子は，互いに直交しているため，一方は円，他方は長方形に見える．前者の周りには，小さい粒子状の物質が存在するのがわかる（中心子のすぐ近くの部分と，細胞質中で中心子から離れた薄く染色されている部分や，多くの膜顆粒を含む部分とを比較すること）［写真は Conly Rieder, Wadsworth Center の好意による．挿入写真は C. Rieder, A. Khodjakov, *Science* **300**, 91〜96(2003) より，許可を得て転載．© AAAS］

半紡錘体を構成する微小管のほかに，それぞれの極から外側に向かって伸びている微小管も存在する（図 10・61 参照）．これらの微小管はあらゆる方向に伸びており，極を中心とした放射状の構造体を形成する．この構造体は星状体とよばれる．紡錘体微小管と同様，**星状体微小管**（astral microtubule）の一端は極に接し，他端は極から離れた細胞質中に存在している．星状体は，細胞分裂においていくつかの役割を担っている．星状体は，細胞内における紡錘体の位置，さらに細胞質分裂の面の決定に関与する以外に，紡錘体の形成および後期 B における極（中心体）の分離においても重要な役割を担う．

各染色体に存在する二つの動原体もまた，細胞分裂において非常に重要な役割を担う．動原体をもたない染色体断片は，正しい方向に移動することができないことから，染色体の運動における動原体の重要性は昔からわかっていた．動原体の役割に関して決定的に重要な点は，二つの動原体の相対的位置である．二つの動原体はセントロメアの反対の側に位置しているため，それらは別々の紡錘体極の方向に向いている．そのため，複製された染色体が二つの極に結合することが可能となる．二つの染色分体がそれぞれ別の娘核に確実に分配されるためには，このような二つの動原体の位置関係が非常に重要である．紡錘体が形成されるとき，それぞれの動原体は，一方の極から延びている多数の微小管の先端と結合する．動原体と極とを結ぶこれらの微小管の束は，**動原体糸**（kinetochore fiber）とよばれる（図 10・11）．動原体糸と動原体は，染色分体を極に引っ張るための単なる綱と留め金ではない．それらは，複雑で多種類の分子間相互作用を利用して，染色体の運動方向を決め，さらに運動をひき起こす力を発生させるうえで中心的な役割を担う．

細胞分裂を分子レベルで理解するために解明しなければならない問題は，以下のようなものである．どのようにして紡錘体が形成されるか，またその双極性はどのようにして確立されるか．染色体を移動させるための力はどのようにして生み出されるか，また，力はどのように制御されるか．どのようにして染色体分配の正確性が保たれるか．染色体が二つの娘核に分配されたのち，どのようにして細胞質が二つに分けられるか．などである．

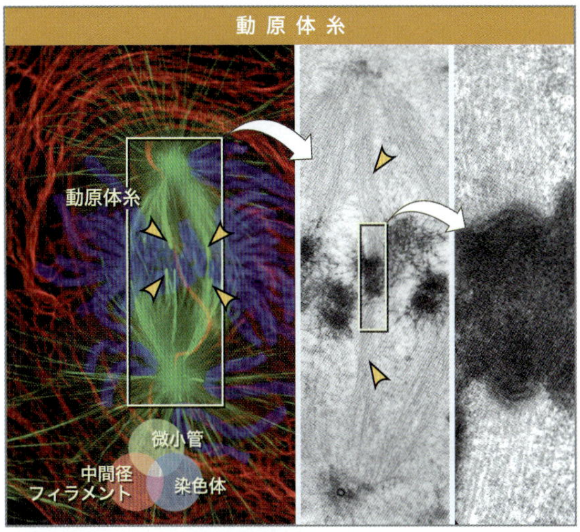

図 10・11 二つの娘動原体に結合している動原体糸の蛍光抗体染色像（左）および電子顕微鏡像（中央および右）［© Conly Rieder, Wadsworth Center］

10・4 紡錘体が形成し機能するためには，動的な性質をもつ微小管とこれに結合したモータータンパク質が必要である

重要な概念

- 紡錘体は，微小管と微小管依存モータータンパク質の複雑な複合体である．紡錘体の微小管の極性は非常によく統制がとれている．
- 紡錘体微小管は非常に動的である．動的不安定性を示す微小管もあれば，サブユニットの流れが観察される微小管もある．
- 微小管とモータータンパク質の相互作用によって，紡錘体の形成に必要な力が生じる．

紡錘体の形成には，微小管の動的性質と微小管依存性モータータンパク質が必要である．紡錘体の最も主要な構成要素は微小管であるが，微小管を組織化して紡錘体をつくらせ，染色体を移動させるうえで重要な役割を担うのは，一群のモータータンパク質である．紡錘体形成に直接関与し，紡錘体の構成要素どうしを連結する働きをするモータータンパク質もあり，染色体に結合して染色体が移動するのに必要な力を発生するモータータンパク質もある．これまで，紡錘体は単に微小管からできている構造体とみなされてきたが，紡錘体は，微小管とモータータンパク質および他のタンパク質の複合体であると考えたほうがより正確である．

微小管依存性モータータンパク質は，紡錘体内の力の発生において中心的な役割を担っているが，微小管は，単にモータータンパク質が動くために必要な静的な骨組みではない．細胞分裂の過程を通じて，微小管はきわめて動的であり，この性質は，紡錘体の形成と染色体の運動にとって不可欠のものである．

紡錘体内の微小管の極性は，非常によく統制がとれている．第7章“微小管”で詳しく説明されているが，微小管の二つの先端は，化学的にも構造的にも異なっており，このため微小管には構造的な“極性”が生じる．このため，微小管はどちらか一方に向いた矢印のような構造体とみなすことができる．それぞれの半紡錘体およびそれと結合した星状体中の微小管の方向性は，すべて同じである．図10・12に示すように，微小管は，マイナス端を極近くに，プラス端を極から離れた方向に向けている．二つの半紡錘体を構成する微小管群が交わるところで，双方の微小管は重なり合い，紡錘体の中央部分を形成する．ここでは，近接した微小管どうしの方向性は逆である．二つの半紡錘体の微小管がそれぞれ逆の均一な方向性をもつことは，モータータンパク質が細胞分裂に関与するために必要なことである．半紡錘体内の微小管の方向性が一定でなければ，同一種類のモータータンパク質の各分子がそれぞれ逆向きの運動をすることになり，個々のモータータンパク質が動くことができても，全体の運動は混沌としたものになってしまう．

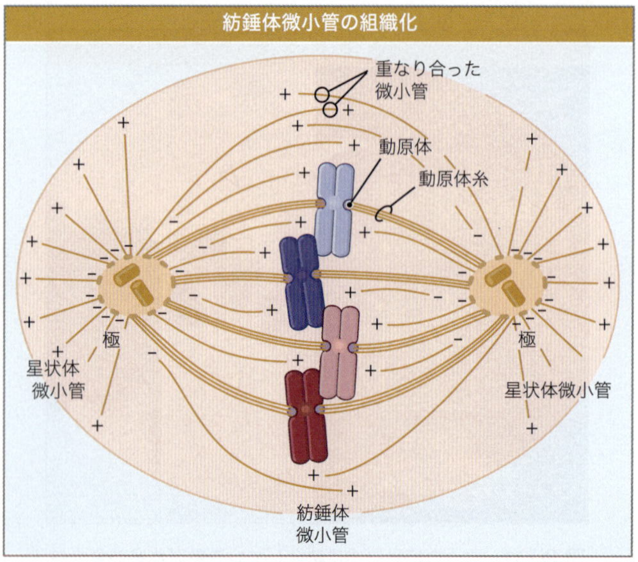

図10・12　紡錘体中の微小管の極性はそろっている．すべての微小管は，マイナス端をどちらか一方の中心体に接し，プラス端を中心体から遠い方向に向ける形で存在している．二つの中心体から伸びた微小管の一部は，紡錘体の中央で重なり合う．

微小管の動的性質が，細胞分裂のすべての段階で重要である．脊椎動物の培養細胞およびアフリカツメガエル卵の抽出液を用いた実験によって，星状体の微小管は動的不安定性を示し，間期の微小管よりも短く，より動的であることが示された．このような性質の違いは，間期の微小管よりも分裂期の微小管のほうが，プラス端における伸長・重合状態から短縮・脱重合状態への突然の変化の頻度が高いことに由来する．また，分裂期微小管では，短縮・脱重合状態から伸長・重合状態への回復の頻度が低いことにも由来する．細胞が分裂期に入ると，間期では微小管の脱重合を妨げていた微小管結合タンパク質の活性が抑えられ，微小管重合を促進するタンパク質が活性化されるため，微小管の動的性質が増加する．これら二つの相反するタンパク質の活性のバランスは，核膜崩壊の時期に活性化されて分裂期を支配するキナーゼであるサイクリンB/CDK1によって制御されている（§10・2“細胞分裂はいくつかの行程を経て進行する”参照）．つぎに述べるように，細胞が分裂期に入るときに上昇する微小管の動的性質は，紡錘体形成にとって最も重要な要素である．

紡錘体が形成されると，動的不安定性とは異なる種類の微小管の動的性質が現れる．この時期の微小管は，**サブユニット流動**（subunit flux）とよばれる挙動を示す．この奇妙な挙動は，微小管のサブユニットであるチューブリンが微小管のプラス端に取込まれ，マイナス端から遊離することによって，プラス端からマイナス端へのチューブリンの流れが生じることによる．流動は紡錘体のすべての微小管で起こるが，動原体微小管においてより顕著である（図10・13および図10・14）．この流動の原因ははっきりしていないが，紡錘体微小管のプラス端とマイナス端が，紡錘体の構成要素である別のタンパク質（たとえばモータータンパク質）と相互作用しているからかもしれない．紡錘体微小管が流動しても，星状体微小管の動的不安定性という性質は変わらない．サブユニット流動の目的ははっきりしないが，これが染色体の移動において重要な役割を演じ，かつ，紡錘体内に生じる力の均衡を保つことによって紡錘体の対称性を維持するのに役立って

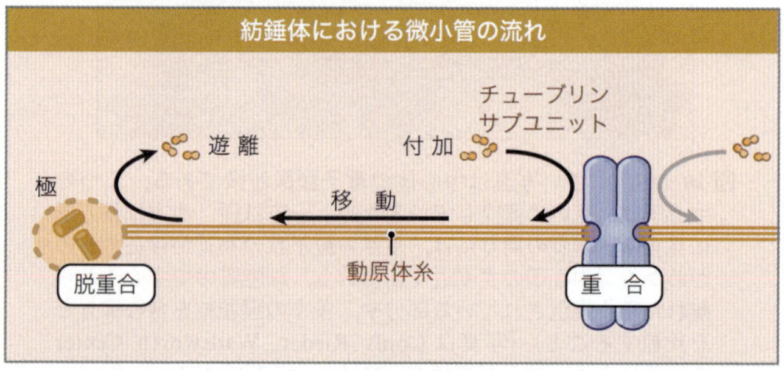

図10・13　チューブリン分子は，動原体に接する部位で微小管のプラス端に継続的に取込まれ，極方向にゆっくりと移動し，極と接する部位で微小管から遊離する．したがって，チューブリンは，動原体糸の微小管中を動原体から極へ向かって継続的に流れることとなる．中期の間は，プラス端における重合速度と，マイナス端における脱重合速度が等しいため，動原体微小管の長さは一定に保たれる．もしも動原体における重合速度が減少し，極における脱重合速度が変わらないならば，動原体は極に向かって動くことになる．したがって，微小管の流れは，染色体を動かす要因の一つとなる．

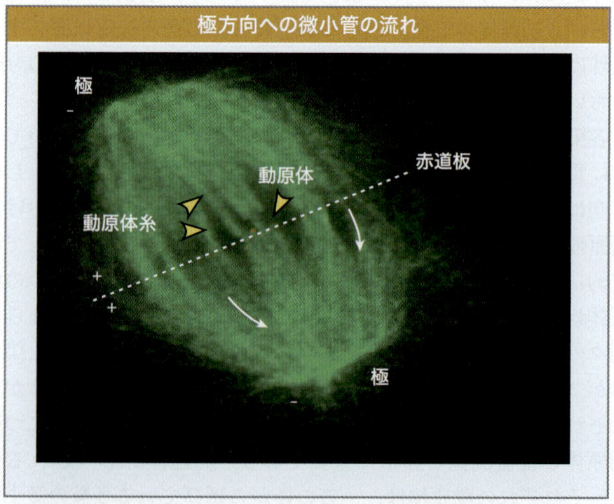

図10・14　チューブリンの一部を蛍光ラベルして(緑)，体細胞分裂の紡錘体のビデオ撮影を行った．その最初の1コマを示す．オレンジ色は動原体を表す．ビデオでは，動原体糸全体にわたって，緑の点が極に向かって動くのが観察される［写真はPaul Maddox, Ludwig Institute for Cancer Researchの好意による］

いる可能性がある．

多種類のモータータンパク質が，紡錘体の骨組みである微小管と相互作用している．マイナス端方向に動くモーターであるダイニンや，多くのキネシンスーパーファミリータンパク質（大部分は微小管のプラス端方向に動く）が細胞分裂に関与している．紡錘体は非常に複雑な構造体で，モータータンパク質はその固有の性質に従って紡錘体の形成と染色体移動にかかわっている．高等生物の細胞には，分裂時にのみ働く15種類以上のキネシンスーパーファミリータンパク質が存在する．

モータータンパク質は紡錘体全体に分布している．モータータンパク質が存在する部位として，動原体，染色体の腕部全体，極，極と染色体をつなぐ微小管全体がある．多種類のモータータンパク質が存在する部位もあれば，少数のモータータンパク質しか存在しない部位もある．たとえば，細胞質性ダイニンは動原体と極に存在し，また，細胞表層にも存在して星状体微小管と相互作用している．一方，キネシン様モータータンパク質であるCENP–Eは動原体に集積しており，クロモキネシン類は染色体腕部にのみ存在が認められる．

図10・15に示すように，細胞分裂の間に，モータータンパク質は重要な働きをする．細胞質性ダイニンのようなモータータンパク質は，動原体や細胞膜に結合し，微小管に沿ってそれらを一方向に移動させる（細胞膜に結合したダイニンの場合には，実際に運ばれるのは微小管のほうである）．二つのモータードメインをもち，同時に2本の微小管に結合することによって両者を架橋することができるモータータンパク質も存在する．二つのモーター領域が分子内にどのように配置されるかによって，同じ極性をもつ微小管どうしが架橋されるか，反対の極性をもった微小管どうしが架橋されるかが決まる．もしもモータータンパク質が異なる極性をもつ微小管どうしを架橋した場合，このモータータンパク質が運動すると，二つの微小管が重なり合う部分がなくなるまで二つの微小管を動かす（スライドさせる）ことができる．この種のモータータンパク質として，キネシンファミリーの一員であるEg5がある．このタンパク質は分子の両端で異なる2本の微小管に結合することができる．一方，二つのモーター領域が同じ極性をもった2本の微小管と結合できるような形で配置している場合は，モーターの運動により，同じ極性をもった微小管の先端を一点に集めることができる．その結果，星状体のように放射状に延びた一群の微小管構造体が形成される．また，微小管上を運動せず，プラス端において微小管を脱重合させる働きをもつキネシン関連タンパク質も存在する．このようなタンパク質の好例として，すべての染色体のセントロメアに結合して存在するMCAK（mitotic centromere-associated kinesin 分裂期セントロメア結合性キネシン）がある．このように基本的性質が異なり，それぞれ目的に応じて存在部位が異なる多くのモータータンパク質の働きによって，紡錘体が形成され，染色体を動かすための力が生み出されるのである．

すべてのモータータンパク質が，紡錘体においてどのような機能を担っているかは，必ずしも明確でない．反対の働きをする複数種類のモータータンパク質が，同じ部位に存在する場合もある．紡錘体という系のすべてがわかっているわけではないが，つぎのことは確かである．すなわち，紡錘体の形成と染色体の移動には多数の力がバランスをとって働く必要があり，それらの力は，動的な微小管という骨組みの上で働く一群の微小管依存モータータンパク質によって生み出されるのである．

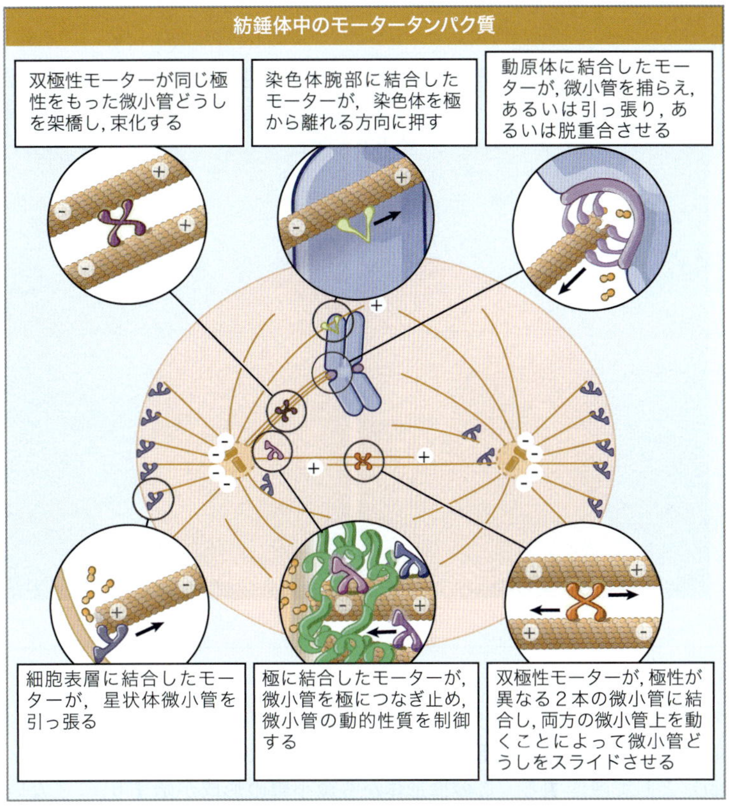

図10・15　紡錘体には，微小管上を動く多種類のモータータンパク質が含まれる．これらモータータンパク質と微小管との特異的な相互作用により，紡錘体が形成され，染色体分配に必要な運動と力が生じる．矢印は，モータータンパク質が動く方向を示す．

10・5　中心体は微小管の形成中心である

重要な概念

- 中心体は紡錘体の極を決定し，紡錘体形成において重要な役割を担う．
- 中心体は微小管重合の核として働き，重合した微小管のマイナス端と結合したままでいる場合が多い．

細胞が細胞分裂過程に決定的に入ってしまう時点付近で，細胞内にいくつかの変化が起こる．動物細胞において，最も顕著な変化の一つは，間期に存在する長い微小管のネットワークが消失し，代わりに放射状に伸びた短い微小管群が二つ形成される．これらは通常，星状体とよばれる．この微小管構造体の変化を図10・21に示す．それぞれの放射状微小管の中心には，中心体が存在する．動物細胞では，中心体どうしが離れる方向に移動しながら，二つの星状体から紡錘体が形成される．二つの中心体が紡錘体の極を決定するため，分裂期に中心体が二つ存在し，かつそれ以外の数ではないことが決定的に重要である．二つの星状体が相互作用して紡錘体を形成し始めるのにひき続き，染色体が紡錘体構造を安定化させる．この際，最も重要な役割を担うのが動原体である．

分裂によって細胞が新しく生まれたときには，一つの細胞に含まれる中心体は一つである．これは，直前の分裂において一方の極を形づくっていたものに由来する．通常，分裂していない細胞

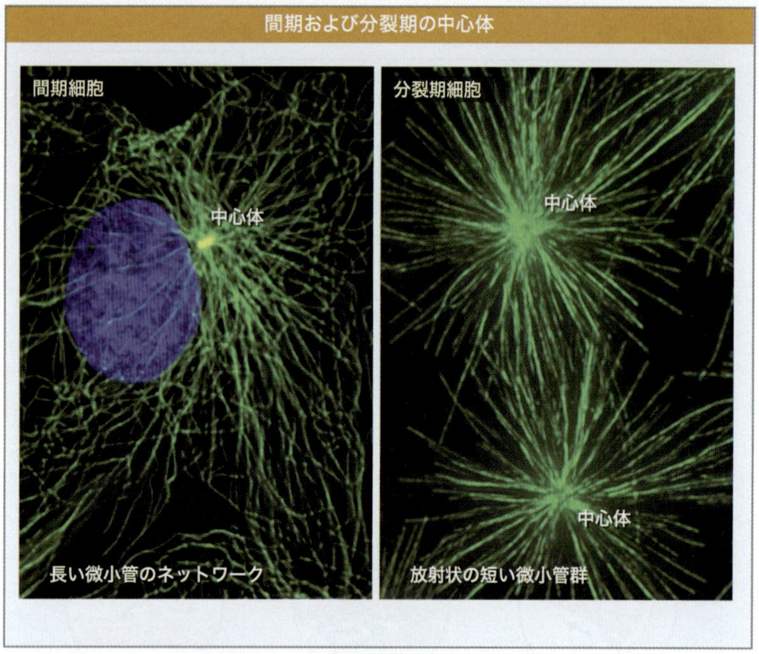

図 10・16　間期の細胞では，中心体(核近くの黄色い点)は微小管重合の核となり，細胞周辺部に向かって放射状に伸びた長い微小管のネットワークを形成させる．分裂期の細胞では，中心体の微小管の重合核としての活性は上昇する．複製によって生じた二つの中心体は，共に放射状の，短くかつ真っ直ぐな微小管群(星状体微小管)を形成させる．微小管は緑に，DNA は青く蛍光染色されている［写真は © Conly Rieder, Wadsworth Center］

では，中心体は細胞の中央近く，核に隣接して存在している．間期では，中心体は**微小管形成中心**（microtubule organizing center）として機能する．この構造体から微小管の形成が始まり，図 10・16 に見られるような細胞質中に放射状に張り巡らされた微小管ネットワークが形成される．この放射状の微小管群は，細胞質の組織化や，細胞内における物質や細胞小器官の運搬に関与する．

中心体は，微小管形成の核として働き，放射状の微小管群を形成させる．微小管は，中心体内に存在する環状構造体（この中にはチューブリンの一種であるγチューブリンが含まれる）から延びている（§7・7“細胞は微小管形成の核として微小管形成中心を用いる”参照）．微小管の重合が始まったのち，そのマイナス端は中心体に結合したままである．形成された微小管は，チューブリンの付加と遊離に伴って伸長と短縮を繰返すが，この現象は，主として中心体から離れたプラス端で行われる．微小管が中心体に結合したままでいる時間は，場合によって異なり，ある種の細胞では，中心体に存在するタンパク質の働きによって，微小管の遊離が活発に起こる．微小管の中心体への結合には，数種類の構造タンパク質と，細胞質性ダイニンやキネシンファミリーの一員である HSET などのマイナス端方向に動くモータータンパク質が関与している．（微小管依存性モータータンパク質について詳しくは §7・11“微小管系モータータンパク質”参照．）

10・6　中心体は DNA 複製とほぼ同じ時期に複製される

重要な概念

- 中心体は一対の中心子とその周りに存在する中心子周辺物質から成り立っている．
- 新しい中心体ができるためには中心子の複製が必要である．
- 中心子の複製は細胞周期によって制御されており，DNA 複製と同調している．
- あらかじめ存在している二つの中心子のそれぞれに隣接した場所に短い中心子が新たに生じ，それが伸長することによって，中心子の複製が行われる．

細胞分裂の間，細胞内に存在するすべての中心体は紡錘体の極を形成する能力をもっている．通常の紡錘体が双極性であるのは，分裂期に入るときに細胞内にただ二つの中心体しか存在しかないからである．細胞が分裂期に入るときに三つ以上の中心体が存在する場合は，三つ以上の極が形成され（図 10・17），正規の染色体数をもたない細胞が生まれる確率が高くなる．このような状態に陥ることを防ぐため，中心体の複製は細胞周期の間にただ 1 回と定める機構が存在する．この制御機構が壊れると，多くの中心体が複製されてしまい，その結果，遺伝的欠陥が生じ，がん細胞が生まれ，がんが生じる可能性がある．どのようにして双極

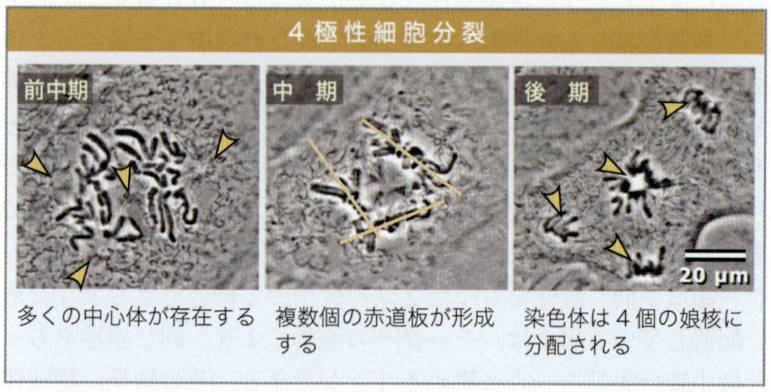

4 極性細胞分裂
前中期
中　期
後　期
20 μm
多くの中心体が存在する
複数個の赤道板が形成する
染色体は 4 個の娘核に分配される

図 10・17　中心体複製の異常により四つの中心体（左図の黄色い矢頭）をもつネズミカンガルー細胞の細胞分裂．三つの赤道板（中央図の黄色の線）と，4 群の染色体（右図の黄色い矢頭）が生じる．細胞質分裂の結果，異数性をもつ細胞が四つ生まれる［G. Sluder, et al., *J. Cell Sci.* **110**, 421〜429(1997)より，Company of Biologists, Ltd. の許可を得て転載．写真は Conly Rieder, Wadsworth Center の好意による］

性の正常な紡錘体が確実に形成されるかを理解するためには，中心体はどのような構造をもつかということと，中心体の複製はどのように制御されているかについて詳細に調べる必要がある．

生きた細胞を光学顕微鏡で見ると，多くの場合，中心体は一つないし二つの小さな点にすぎない．この細胞小器官を詳細に観察し，その複雑な構造について正しく理解するために，電子顕微鏡が用いられる．電子顕微鏡を用いることによって，中心体の中央部に中心子とよばれる一対の構造体が観察される（図 10・18）．

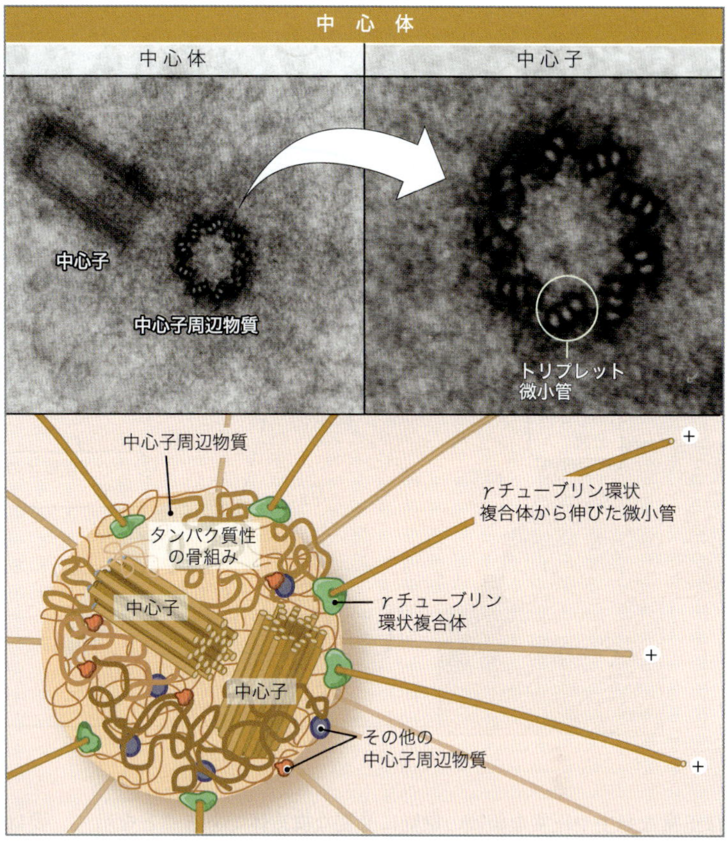

図 10・18　細胞分裂期細胞の中心体（上左の図）には二つの中心子が含まれる．母中心子（この電子顕微鏡像では縦断面が見える）と娘中心子（横断面が見える）の周りには，不定形の雲状の中心子周辺物質が存在する．各中心子（上右の図）は，トリプレット微小管が筒の壁のような形に配置されている．下の模式図は，二つの中心子が互いに直交して存在し，それらの周りを他種類のタンパク質が取囲んで中心子周辺物質を形成していることを表したものである［写真は © Conly Rieder, Wadsworth Center］

それぞれの中心子は，9 個の三連微小管（トリプレット微小管）が等距離に並んで直系約 0.3 μm の円筒状構造をつくったもので，縦方向から見るとかざぐるまのような形をしている．1888 年にすでに Boveri らは，当時の光学顕微鏡では中心子を単に点として見ることしかできなかったにもかかわらず，この構造体が安定に存在する独立した細胞小器官であって，もともと存在する中心子の分裂によってのみ新たな中心子が生じると述べている．確かに，少数の例外を除いて，新しい中心子は，すでに存在している中心子の近傍で形成される．ある種の細胞では，二つの中心子は細胞周期を通じて物理的に結合している．しかしながら，多くの細胞では，間期には中心子間の結合がなくなり，二つの中心子はそれぞれ独立に細胞質中を動き回る．

各中心子には，電子顕微鏡でやや不透明に見えるぼやけた雲状の物質が付着している．この物質は，図 10・10 の縦向きの中心子の周りにはっきり見ることができる．この**中心子周辺物質**（pericentriolar material）は，足場構造体に結合した多くのタンパク質からできている．一般的に，古い(母)中心子は新しい(娘)中心子よりも多くの中心子周辺物質を結合している．この状態は，少なくとも次の中心子の複製が完了するまで続く．中心子周辺物質には，数種類の微小管依存性モータータンパク質や，微小管重合核として働く γ チューブリン環状複合体が含まれる（図 10・18 参照）．中心子自身も，何種類かの構造タンパク質や酵素を結合している．そのうちのいくつかは，中心子周辺物質にも存在している．

間期には中心体はいくつかの異なる仕事を行う．G_1 期に母中心子は，細胞膜に包まれた細長い**一次繊毛**（primary cilium）とよばれる構造体の形成を開始させる．図 10・19 に見られるように，この構造体は細胞表面から突き出した形で存在する．あまり注意を払われないことが多いが，一次繊毛は多くの細胞に存在し，これをもたない細胞の種類を数える方が，もつ細胞の種類を数えるよりも簡単なくらいである．ある種の上皮組織では，背面細胞の表面から 20 μm も突出した一次繊毛をもつ場合がある．形質転換した細胞の多くは一次繊毛をもたないことから，この構造体は細胞が生きていくことには必須ではないことがわかる．このような事実から，かつて，生物学者は一次繊毛を，虫垂のように単なる退化した付属物のように考えていた．しかしながら，光を吸収するために高度に分化した網膜の桿体および錐体細胞の外節は，一次繊毛に由来する構造からできている．また，一次繊毛

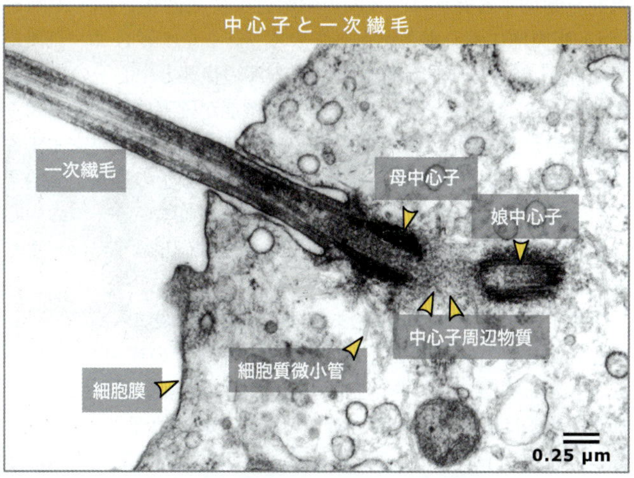

図 10・19　一次繊毛の基底部の電子顕微鏡像．細胞膜直下に存在する母中心子から，一次繊毛が突き出している．母中心子と娘中心子は，中心子周辺物質（両中心子の間に存在する濃い粒状の物質として観察される）によってつなぎ合わされている．この図には，細胞と一次繊毛のごく一部が示されている［写真は © Conly Rieder, Wadsworth Center］

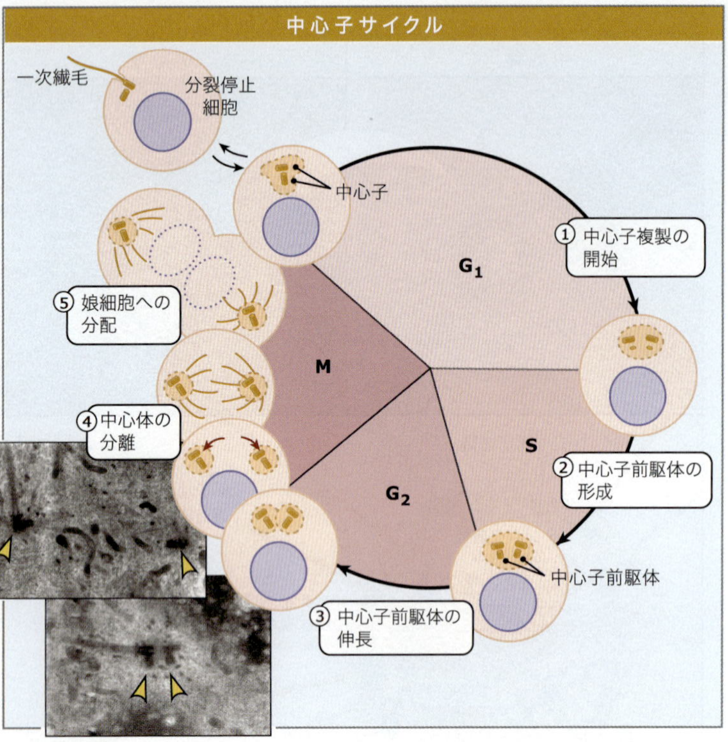

図 10・20 哺乳類細胞の中心子サイクル．母細胞の中心体に含まれる中心子が複製され，二つの中心体が生じる．それらは二つの娘細胞に分配される．挿入図は，細胞分裂期初期において複製された中心体の，分離前および分離後を示す［写真は C. Rieder, et al., *J. Ultrastruct. Res.* **68**, '*The resorption of primary cilia...*', 173～185 (1979) より Elsevier の許可を得て転載．Conly Rieder, Wadsworth Center の好意による］

は正常な発生や正常な組織の機能に必要な構造体であることを示す証拠が増えつつある．

動物細胞では，中心子対の数によって中心体の数が決まる．したがって，細胞は中心子の複製を制御することによって，中心体の数を制御している．中心子を正確に複製する機構や，中心子の複製と核内における DNA 複製を協調的に行わせる機構の解明は，始まったばかりである．現在，中心子の複製が起こる時期は，細胞質内で起こる変化によって決定されていることがわかっている．このことは，可溶性因子が中心子の複製を制御していることを意味する．また，中心子の複製が可能になるのは，DNA 複製が起こる S 期の間であることがわかっている．中心体複製の制御において最も重要なものは，CDK2 キナーゼおよびこの酵素の活性化タンパク質であるサイクリン A と E である．この細胞周期を制御する酵素は，S 期の開始近くに活性化され，細胞を DNA 複製期に導く働きをもっている（詳しくは第 11 章"細胞周期の制御"参照）．同じ制御酵素が DNA の複製と中心子の複製を開始させることによって，二つの細胞機能が確実に協調的に起こり，細胞が分裂期に入る前に，中心子と染色体の複製が完了することができるようになる．どのようにして中心子の複製が開始するかは明らかにされたが，なぜ，すでに存在している一つの中心子からただ一つの新しい中心子がつくられるかという点は，まだ解明されていない．

中心子の複製がいったん始まると，細胞が S 期に入る前に存在していた二つの中心子の近傍で，新しい中心子の複製が起こる．もともとあった二つの中心子のうち，1 回前の細胞周期につくられた中心子はもう一方よりも新しいため，娘中心子とよばれる．古い方の中心子は母中心子とよばれ，2 回以上前の細胞周期につくられたものであり，一次繊毛に結合している（図 10・19 参照）．中心子複製の最初の兆候は，二つの短い**中心子前駆体** (procentriole) の出現であり，すでに存在している中心子と直交する形で新しい中心子の伸長が起こる（図 10・20）．この過程には，すでに存在している二つの中心子が物理的に結合している必要はなく，両者が分離した後でも起こりうる．いったん，前中心子ができると，それらはゆっくり伸長し，分裂期近くになると成熟した中心子と同じ長さとなる．母中心子，娘中心子ともに新しい前中心子をつくることができるが，ほとんどの中心子周辺物質は，より成熟した母中心子と結合したままである．中心子の複製過程の最後には，娘中心子は新しい中心子周辺物質を周りに集めることとなる．新しい中心子周辺物質の一部は，中心体がつくりつつある放射状微小管群によって集められる．間期の終わりには，細胞は二つの中心体をもつことになる．それぞれの中心体は，近接して存在する一対の中心子と中心子周辺物質をもつ．ある細胞では，細胞が分裂期に入るまでは，二つの中心体は物理的につなぎ合わされたままで，一つの単位として機能する．それ以外の細胞では中心子間の結合は消失し，細胞が分裂期に入る兆候が認められるまで，二つの中心体は離れて存在する．二つの中心体の分離の時期と核膜崩壊の時期との関連は，細胞によって異なる．遺伝的に同じで隣り合った細胞どうしの間でさえ，同じことが言える場合がある．

10・7 分離しつつある二つの星状体が相互作用することによって紡錘体の形成が始まる

重 要 な 概 念

- 細胞分裂が始まる時期に，中心体と細胞質ともに変化が起き，二つの中心体の周りに放射状に延びた短く非常に動的な微小管群が形成される．
- 二つの中心体から形成された星状体どうしが相互作用することによって紡錘体の構築が始まる．
- 中心体の分離は，微小管依存性モータータンパク質によって行われる．
- 中心体の分離が核膜崩壊の前に起こるか，後に起こるかによって，紡錘体形成の経路が違ってくる．

細胞が間期から分裂期に移行するに従って，微小管の分布は急速にかつ大きく変化する．間期特有の長い微小管ネットワークは脱重合し，二つの中心体をそれぞれ核とした放射状に伸びた高密度で短い微小管群が形成される（図 10・21 および図 10・16 参照）．図 10・22 に示されるように，これら二つの星状体の微小管は最終的に紡錘体を形成する．分裂期開始に伴う微小管の数と分布の変化には，中心体の内部の変化と細胞質全体で起こる変化の両方が必要である．

細胞が分裂期進入を決定する時期近くに，二つの中心体の性質が変化し，間期よりもはるかに多くの微小管を形成できる能力を獲得する．このような変化が起こる際に，中心体と結合したいくつかのタンパク質が高度にリン酸化され，中心体に含まれる γ チューブリンの量は増加し，中心子を取巻く中心子周辺物質の層は厚くなる．この“成熟”過程が起こる機構については明らかでないが，細胞が G_2 期から M 期に移行する際に活性化されるキナーゼ類（M 期を支配する CDK1 を含む）が関与すると考えられる（詳しくは第 11 章“細胞周期の制御”参照）．

中心体で変化が起こるのとほぼ同時に，細胞質でも変化が起こり，微小管の安定性が減少する．間期の長い微小管ネットワークは消失し，前に述べたように，二つの中心体から放射状に伸びる短い星状体微小管群が形成される．その結果，前中期の初めまでに，細胞内の微小管の総量は減少し，新しい微小管が重合する速度と古い微小管が脱重合する速度（すなわち代謝回転）は上昇する．このことは，核膜が消失し始めると，核膜が存在していた場所に，二つの中心体から伸びた多数の動的な微小管が頻繁に探索の手を伸ばすことを意味する．後に詳しく述べるが，このように微小管が高い動的性質をもつことによって，星状体と染色体との結合が速やかに行われる．

二つの星状体から放射状に伸びた微小管どうしが相互作用することによって，二つの中心体が分離し，紡錘体の形成が始まる．紡錘体の形成は驚くほど柔軟な過程で，中心体の分離が核膜崩壊の前に起こるか，後に起こるかによって，つぎに述べる二つの行程のどちらかに従って紡錘体が形づくられる（図 10・23）．二つの行程とも，微小管とモータータンパク質との相互作用が重要である．

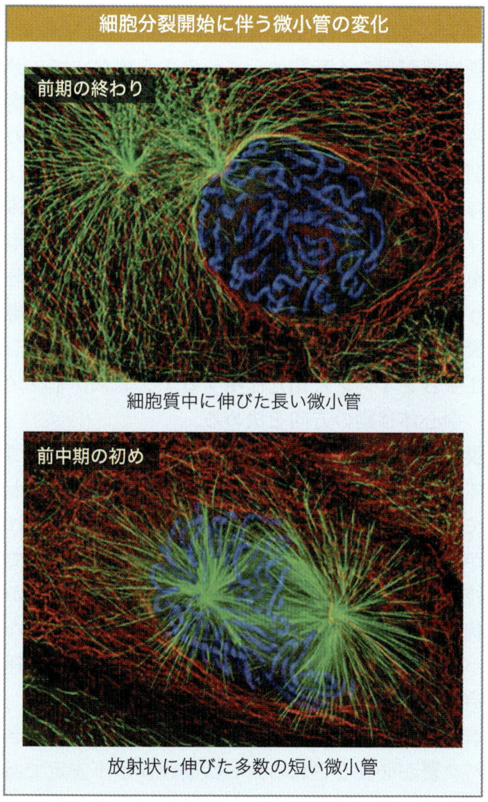

図 10・21 間期微小管ネットワークから，二つの極をもつ分裂期の微小管群への変換は，わずか数分で起こる．微小管は緑，染色体は青，中間径フィラメントは赤く染色されている［写真は © Conly Rieder, Alexey Khodjakov, Wadsworth Center］

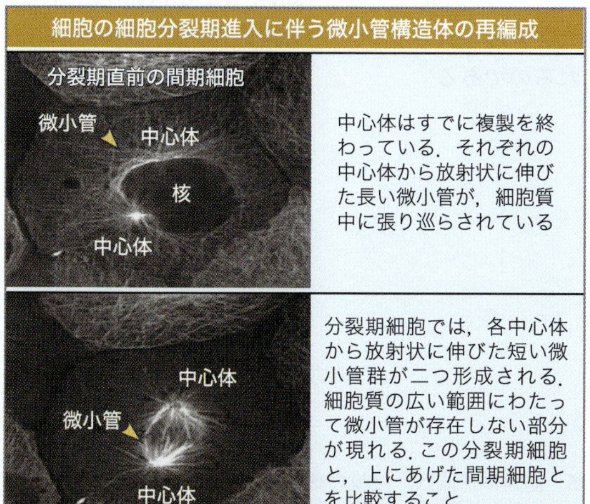

図 10・22 間期微小管ネットワークから分裂期微小管群への移行を示すビデオから 2 コマを抜き出して示す［写真は Patricia Wadsworth, University of Massachusetts, Amherst の好意による］

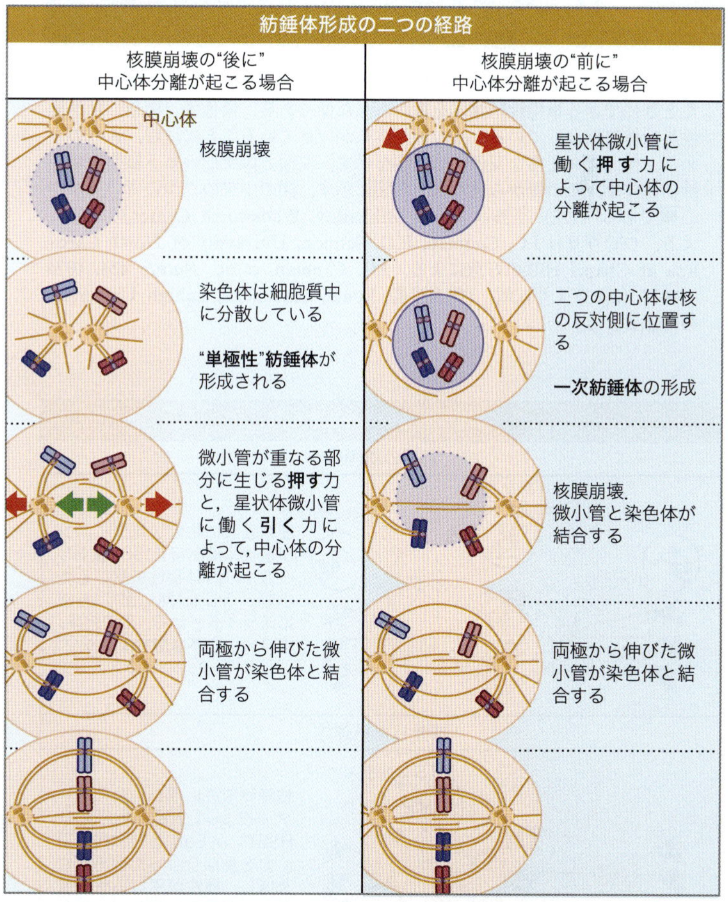

図 10・23 二つの経路は，中心体分離と核膜崩壊のどちらが先に起こるかという点が異なっている．中心体の複製がいつ起こるにせよ，紡錘体形成の過程には，驚くほど柔軟性があることに注意されたい．

中心体分離が始まる前に核膜崩壊が起こる場合は，核膜という束縛を免れた染色体は細胞質全体に分散し，ただ一つの大きな星状体と遭遇することとなる．その結果，図10・24に示されるような“単極性”の半紡錘体が形成される．最終的に二つの中心体が分離し，双極性の紡錘体に変わるまでこの状態が続く．核膜崩壊後の中心体の分離には，2種類の力が必要である．二つの中心体から発した，方向性が異なる近接した2本の微小管と同時に相互作用するキネシン様タンパク質，Eg5によって，一つの力が生み出される．さらに，細胞表層に結合している細胞質性ダイニンが星状体微小管を引っ張ることによって，もう一つの力が生み出される（図10・25）．（さらに詳しくは§7・11“微小管系モータータンパク質”を見ていただきたい）．もしも制約がないならば，これらの押す力と引く力により，二つの星状体由来の微小管どうしが重なり合う部分がなくなるまで，二つの中心体が引き離されることになる．しかしながら，二つの中心体の分離運動は，微小管が重なり合う部分に結合している他のモータータンパク質によって抑制される．また，二つの娘動原体において動原体系微小管が形成されることによって，分離運動は抑制される．染色体と二つの中心体由来の微小管が結合することによって，中心体どうしが結びつけられるからである（§10・8“紡錘体の安定化には染色体が必要であるが，紡錘体は中心体がなくても“自己構築”することができる”参照）．

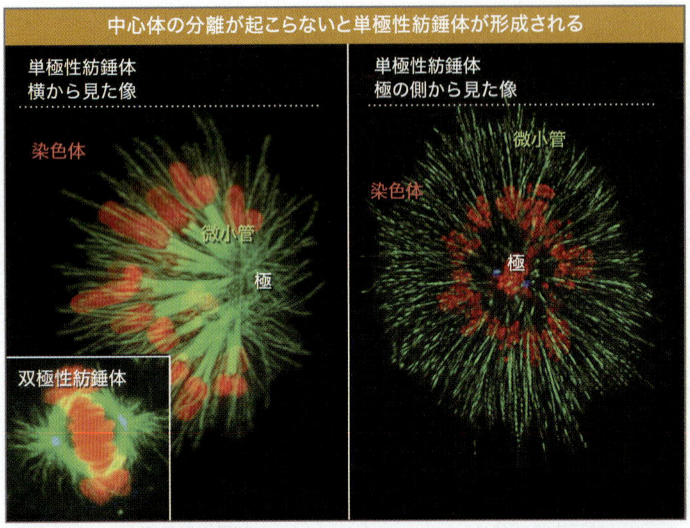

図10・24　左図は，ラットカンガルー細胞において，中心体の分離を阻害したときにできる単極性紡錘体を横から見た像である．染色体（橙色）は単極性星状体に結合している．太い動原体系ができていることに注目．比較のために，挿入図に正常な双極性紡錘体を示す．左図と似た形のヒト細胞の単極性紡錘体を，極の側から見た像を右図に示す．図の中央の二つの青い点が中心体である［(左) 写真はAlexei Mikhailov, Wadsworth Centerの好意による．(右)写真はJ.C. Canman, E.D. Salmon, University of North Carolina at Chapel Hillの好意による．J.C. Canman, et al., *Nature* **424**, 1074〜1078 (2003) より転載．(挿入写真) Lynne Cassimeris, Lehigh Universityの好意による］

核膜崩壊が起こる時期に，二つの中心体がすでに分離している場合，紡錘体は上記とは違う行程に従って構築される（図10・23参照）．この場合，Eg5は中心体の分離に関与しない．なぜならば，この時期，この酵素は核内に存在するからである．その代わり，二つの中心体から伸びた微小管と細胞質性ダイニンが相互作用し，中心体間を結ぶ結合が切れた後は，この酵素が中心体の分離を行うことができる．この場合，ダイニンは細胞表層と核膜表面に存在している．中心体あるいは微小管に沿って存在するミオシンと相互作用するアクチンフィラメントが，中心体移動の方向を決める．

核膜崩壊以前に二つの星状体が分離する場合，二つの星状体に由来する反対向きの微小管が重なり合うことによって，**一次紡錘体**（primary spindle）が形成される場合がある．しかしながら，この構造体は不安定であり，核膜が崩壊する以前に，分離しつつある中心体から放射状に延びた二つの微小管群は微小管どうしの重なり合いがなくなるまで完全に引き離されてしまう．紡錘体が安定に保たれるためには，間期に核内に取込まれ，核膜崩壊によって初めて細胞質中に遊離することができるタンパク質が必要とされる．一次紡錘体が不安定である理由は，これらのタンパク質が細胞質に存在しないからである．その結果，前期の終わりには，ほとんどの細胞において，二つの中心体とこれに付随した微小管群は，核の反対側に位置するようになり，両者の間に相互作用はなくなる．これらの細胞では，動原体と微小管とが結合し，二つの中心体が動原体微小管と染色体を経由してつなぎ合わされるようになってはじめて，紡錘体が形成されるのである．

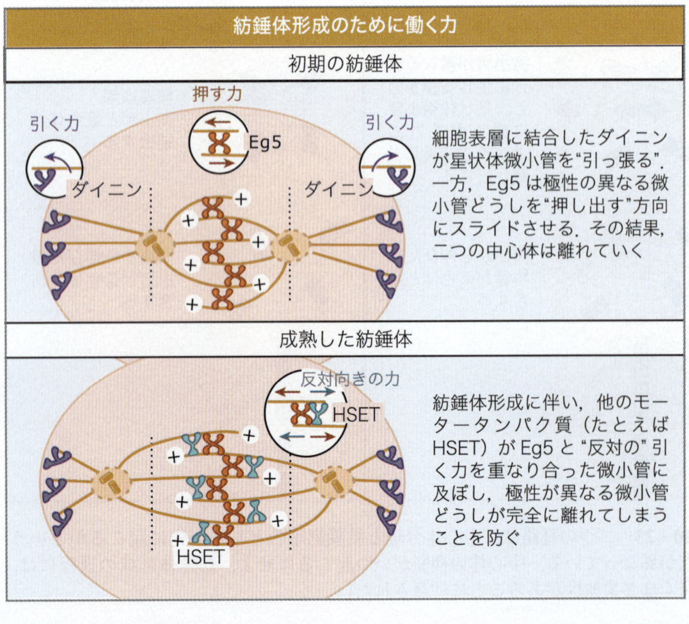

図10・25　紡錘体形成は，核膜崩壊直後に始まる．最初のうちは，二つの中心体はごく接近して存在する．Eg5とHSETは，共にキネシンファミリーに属する微小管依存性モータータンパク質であるが，Eg5が微小管のプラス端方向に動くのに対して，HSETはマイナス端方向に動く．紡錘体の長さは，ダイニン，Eg5，HSETなどのモータータンパク質の均衡によって決まる．

10・8 紡錘体の安定化には染色体が必要であるが，紡錘体は中心体がなくても“自己構築”することができる

重要な概念

- 隣接した二つの星状体は，染色体が存在しないと，完全に分離してしまい，紡錘体を形成することができない.
- 動原体と星状体の微小管が結合することによって，紡錘体の基本的構造が安定化し，同時に微小管も安定化する.
- 中心体が存在しなくても紡錘体の構築は可能である．ただし，構築に時間がかかり，星状体微小管は存在しない.
- 中心体なしの紡錘体構築には，染色体を重合核とした微小管重合が必要であり，中心体が存在する場合と異なる種類のモータータンパク質の機能が必要とされる.

紡錘体が形成されるとき，染色体と動原体および多種類のモータータンパク質によって，この構造は安定化される．さらに，紡錘体には他のタンパク質が結合してくる.

紡錘体の基本的構造を決定するうえで特に重要なものは，近接する極性が異なる微小管どうしを連結するモータータンパク質である．このような微小管は，二つの星状体が重なる部分に存在し，それらの微小管が架橋されることによって，通常の紡錘体とほぼ同じ長さの紡錘体と似た構造体が形成される．しかしながら，染色体を含まない紡錘体は不安定で，しだいにそれを構成している微小管が消失する.

形成中の紡錘体と染色体が結合することによって微小管の消失が防がれるが，これはどのような機構によるものであろうか．これに対する十分な答えはまだ得られていないが，同じ機能をもついくつかの機構が存在すると考えられている．それぞれの動原体は多くの星状体微小管と結合し，動原体と極を結ぶ動原体糸とよばれる微小管の束が形成される（次節§10・9“動原体を含むセントロメアは，染色体中の特別な部位である”参照）．動原体糸に組込まれた微小管は，紡錘体中の他の微小管よりも安定化される．二つの星状体の微小管のうち，かなりの部分がこのような形で安定化される．分裂中期までに，典型的な紡錘体に含まれる1200〜1500本の微小管のうちの約30〜40％が動原体と結合することによって安定化される．各染色体には二つの動原体が存在するため，動原体糸によって二つの極が結びつけられる．その結果，二つの星状体から伸びた微小管どうしの相互作用がより促進される.

動原体糸が形成されるのと時を同じくして，各星状体には微小管を安定化する作用をもつきわめて多数のタンパク質が結合，集積する．その中には，微小管の周りに存在する**紡錘体マトリックス**（spindle matrix）とよばれる構造体をつくるタンパク質も含まれる（図10・39参照）．たとえば，NuMA（nuclear mitotic apparatus）タンパク質は，核から遊離し，CDK1によってリン酸化されると紡錘体内に集積するようになる．NuMAは，紡錘体内でいろいろなモータータンパク質と結合することによって，微小管をつなぎ止め，安定化させる．マトリックスが紡錘体を安定化する作用は重要ではあるが，動原体による紡錘体の安定化の重要性には及ばない．成熟した紡錘体では，動原体と結合した微小管は，結合していない微小管のよりも10倍長い寿命をもつ.

驚くべきことに，中心体が存在しなくても，双極性の紡錘体の形成は可能である．この場合，自己構築という驚くべき方法によって紡錘体の形成が行われる．すなわち，無秩序に形成された多くの微小管は，染色体と微小管依存性モータータンパク質によって双極性の構造体にまとめ上げられていくのである．この“中心体に依存しない”紡錘体形成は，高等植物において行われている．また，動物の減数分裂や，ある種の動物の初期胚の体細胞分裂にも利用されている．この中心体に依存しない紡錘体形成は，中心体に依存する紡錘体形成よりも，進化的に古い機構であるという可能性があり，通常の細胞では，中心体に依存性した紡錘体形成という方法があることによって封印されているという可能性がある．通常，中心体をもつ動物組織の細胞でも，中心体が除かれた場合，双極性紡錘体をつくることができるという事実は，上記のような考えを支持する．紡錘体の形成にはいくつもの経路が存在するということは，細胞が一つの目的を達するために複数の方法を開発してきたということを示す格好の例である.

中心体非依存性紡錘体形成が行われる際には，短い微小管が染色体の近くに形成される．この際，染色体表面に存在するタンパク質を含む機構が働く．形成された微小管は，はじめは無秩序な方向を向いているが，複数種類の微小管依存性モータータンパク質により平行な列にまとめ上げられていく（図10・26）．その中で最も重要なものは，方向性の異なる2本の微小管に同時に結合し，両方の微小管上をプラス端方向に向かって運動するモータータンパク質である．この種のモータータンパク質は，まず2本の微小管の全長のどこかに結合して，微小管どうしを架橋する．つぎに，モータータンパク質がそれぞれの微小管上をプラス端方向に移動することによって，それぞれのプラス端部分で結び合わさ

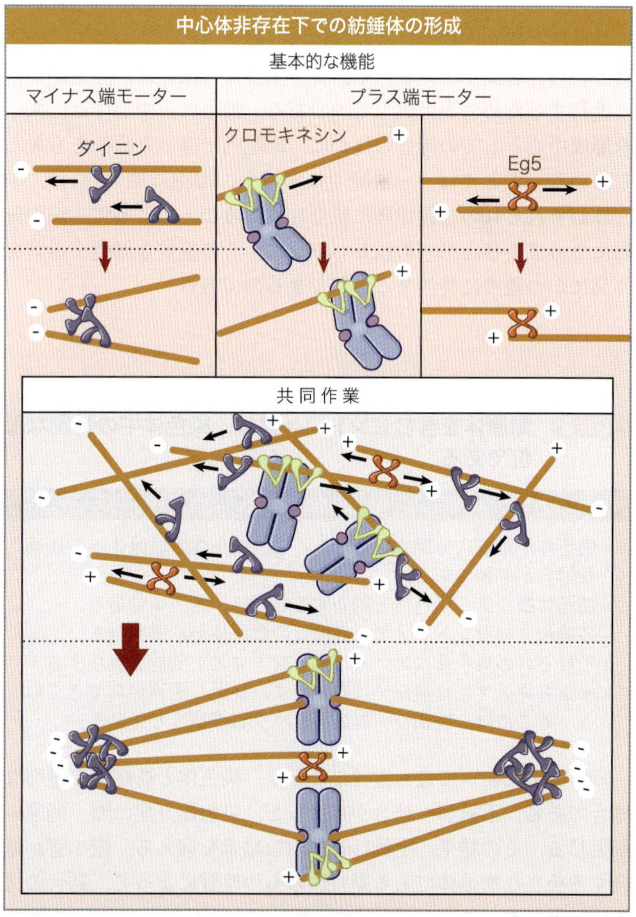

図10・26 染色体の近くで，微小管の重合が起こる．できた微小管の方向性はそろっていない．いったん微小管がつくられると，3種類のモータータンパク質の共同作業によって，染色体の近くに双極性の紡錘体が形づくられる.

れた，同じ向きをもった平行な微小管群が二つつくられる．モータータンパク質は微小管のプラス端付近にとどまることによって二つの微小管群を結びつけ，全体の構造を安定化させている．**クロモキネシン**（chromokinesin）と総称される染色体の腕部に存在するモータータンパク質類も，重要な働きをする．これらの働きの一つは，微小管を染色体近傍につなぎ止めておくことによって，紡錘体が形成されるときに細胞の中央付近に微小管が存在するようにすることである．微小管が二つの群に分けられると，それぞれの微小管群のマイナス端どうしは，ダイニンやHSETなどのマイナス端方向に動くモータータンパク質によって結び合わされ，微小管群全体は紡錘体の形となる．このような自己集合過程は，それぞれの染色体の周りで独立して起こる．その結果できた多くの紡錘体は融合して，中心が不明瞭な二つの極をもつ一つの大きな紡錘体となる．多種類の構造タンパク質やNuMAのようなマトリックスタンパク質が，微小管のマイナス端方向に（すなわち形成中の極に向かって）運ばれ，微小管集合体を接着し，極の部分を安定化させる．

もしも双極性紡錘体形成に中心体が必要でないならば，なぜ多くの動物細胞の細胞分裂で中心体が紡錘体極に存在するのであろうか？　中心体には反応速度論的に有利な点があり，中心体がない場合よりも速やかに紡錘体形成を行わせることができることが，その理由の一つである．生物の発生において，各細胞の紡錘体は同調して非常に急速に形成されなければならない場合が多く，このとき，中心体依存の機構は重要である．また，中心体なしで形成された紡錘体と異なり，中心体によって形成された紡錘体は二つの星状体をもっているという点も重要である．これらの星状体は，細胞内における紡錘体の位置を決め，その結果，細胞質分裂の分裂面が決定される．この星状体の機能は，発生が正常に進行するために不可欠なものである．最後に，中心体は，微小管形成中心としての機能のほかに，細胞内で違った役割をも果たしている（たとえば，一次繊毛の形成や，細胞周期の進行）．中心体がそれぞれの紡錘体極に結合していることによって，細胞分裂によって生じた二つの新しい細胞に，この重要な細胞小器官を容易にかつ確実に受渡すことができるのである．

10・9　動原体を含むセントロメアは，染色体中の特別な部位である

重要な概念

- 染色体が正確に分配されるためには，染色体の紡錘体への適切な結合が必要である．
- 紡錘体微小管が染色体と結合する場所は，動原体である．
- 各染色体のセントロメアには二つの動原体が形成される．
- それぞれの染色体には，一つのセントロメア部位が存在する．
- セントロメアには遺伝子は存在せず，繰返し配列からできている．そこには，特別な一群のタンパク質が結合している．

細胞分裂において最も重要なことは，染色体と紡錘体の適切な結合である．不適切な結合が起こると，染色体分配の際，間違いが生じる．その結果，生物は悲劇的な結末を迎える．微小管が結合する小さな構造体である動原体のもつ性質によって，結合の信頼性が保証される．

微小管の結合は，染色体中に存在するセントロメアによって行われる．この部分は，微小管との結合のために特殊な構造をもっている．セントロメアは，凝集した染色体中の狭窄部分として，光学顕微鏡で容易に観察できる（図10・3参照）．染色体によって狭窄される部位が異なるために，各染色体は固有な形をとることになる．染色体によって，狭窄部分が染色体の中央部に存在したり（中部動原体性 metacentric），染色体の端部に存在したり（端部動原体性 acrocentric），あるいはそれらの中間に存在したり（次中部動原体性 submetacentric）する．一つの染色体中のセントロメアの位置は，変わることはない．

セントロメア部分は，染色体の他の部分と化学的に異なる．この部分は遺伝子をほとんど含まず，αサテライト反復配列あるいはαサテライトDNAとよばれる，非常に多数の繰返し配列から成り立っている．CENPs（centromere proteins）とよばれる特殊な一群のタンパク質がこの配列に結合している．CENPsには，ヒストンH3の特別な分子種であるCENP-A，サテライトDNAの凝集に関与するCENP-BやCENP-G，機能がよくわかっていないCENP-Cなどがある．CENPsのほとんどは構造タンパク質としての機能をもち，繰返し配列に結合して，染色体の他のどの部分にも見られない高度に凝集したヘテロクロマチンとよばれる構造をつくる働きをもつ．

CENPsのほかに，セントロメア部分には，**染色体パッセンジャー**（chromosomal passenger）**タンパク質**とよばれる一群のタンパク質が結合している．パッセンジャータンパク質は，細胞分裂の進行に伴って存在部位を変化させるという特殊なタンパク質である．細胞分裂全体を通じてセントロメアに結合して存在する多くのCENPsとは異なり，パッセンジャータンパク質は，前期と中期にセントロメアに存在しているが，後期が始まると分配されつつある二つの染色体群の間の微小管上に存在するようになる．これまでに見つかっているパッセンジャータンパク質はセントロメア内で一つの複合体をつくっている．その中には，オーロラBとよばれるキナーゼが含まれている．このキナーゼを阻害すると紡錘体形成に劇的な障害が起こる．この複合体は，細胞分裂初期につくられた間違った動原体の結合を正すときに重要な働きをする．この機能は，複合体がセントロメアに存在している間に発揮される必要がある．この後，この複合体は中央紡錘体(spindle midzone）中の微小管上に移行し，細胞質分裂に関与する．

CENPsやパッセンジャータンパク質のほかに，セントロメア部分にはキネシン関連タンパク質も含まれている．微小管の側壁に沿って微小管上を運動する多くのキネシン関連タンパク質と異なり，これらのタンパク質は，微小管のプラス端における脱重合を促進する（キネシンについて詳しく知るためには，§7・12“モータータンパク質はどのようにして働くか”参照）．最近の研究により，このタンパク質は，それを活性化する機能をもつオーロラキナーゼと共に，微小管の動原体への間違った結合を正す機能をもつことが示されている．

セントロメアのもつ最も重要な機能は，染色体上に動原体を形成させることにあると考えられる．動原体は明確な形をもった構造体で，各染色体のセントロメアの表面は，この構造体を形成するために特殊な構造をとっている．染色体全体の長さと比較すると，この部分はきわめて小さく，その形や内部構造を観察するには電子顕微鏡が必要である（図10・9参照）．各セントロメアは，二つの動原体を形成する．これらの動原体は染色体の正反対の場所に位置する．動原体は，染色体が紡錘体に直接結合する部分であり，各染色体における二つの動原体の位置関係は，細胞分裂が間違いなく行われるためにきわめて重要である．

10・10 動原体は前中期のはじめに形成され，微小管依存性モータータンパク質を結合している

重 要 な 概 念

- 細胞分裂が始まると，動原体は形を変え，セントロメア表面で皿状あるいはマット状になる．
- 微小管が結合していない動原体表面からは，多数の繊維状構造体が突き出しており（コロナとよばれる），ここには微小管と結合するタンパク質が多く含まれる．
- コロナは動原体が微小管を捕獲するのを助ける働きがある．

各セントロメアには，二つの“娘”動原体が結合している．これらはセントロメアの反対の位置に存在し，互いに背中合わせで反対方向を向く形をとる．このように，娘動原体どうしが背中合わせの形で存在することによって，それぞれがただ一つの極と連結することができ，さらに両者が別々の極と連結できるようになる．このような双極性結合が完成したときにのみ，各染色体の二つの娘染色分体がそれぞれ反対の紡錘体極に向かって移動することができる．動原体の構造と構成要素は複雑で，細胞周期に従って，また，細胞分裂の各時期で変化する．

1980 年代以前は，動原体がどのような物質でつくられているかは謎であった．この時期に，CREST 症候群（全身性硬化症の一種）とよばれる自己免疫疾患の患者の中に，血液中に動原体タンパク質に対する抗体をもっている者が見いだされた．それらの抗体を用いた蛍光抗体法により，DNA 複製後の間期細胞の核内に近接した二つの点の対が多数認められ，それらの対の数は染色体の数と一致することがわかった．これらの抗体は，間期細胞に存在する前駆的構造体（分裂期には成熟して動原体となる）を認識することも明らかになった．これら“動原体前駆体”は CENPs のうちのいくつかを含み，電子顕微鏡観察により，繊維状物質が堅く折りたたまれて球状の構造体をつくり，セントロメアのヘテロクロマチン中に埋込まれた状態として観察される．細胞が分裂期に入り染色体が凝集するにつれ，動原体前駆体に新たなタンパク質が結合してくる．

核膜崩壊が起こると，動原体前駆体にさらに多くのタンパク質が付加され，その結果，構造的な変化が起こる．前期の動原体に特徴的な繊維の球状の固まりは見えなくなり，セントロメア表面に非常に細い（太さ 50〜75 nm）繊維からなる円盤状のまたは長方形の皿状あるいはマット状構造体が現れる（図 10・27）．この動原体の新しい構造の直径は，通常 0.2〜0.5 μm である．この値は，同一細胞の異なる染色体の間でもかなり違う場合がある．（比較のため，微小管の直径は 0.025 μm，分裂期の染色体の端から端までの長さは最大約 40 μm である）．皿状構造を形成するうえで重要な CENP-A や CENP-C などは，セントロメア表面のマット状構造体と接着する部分に見いだされる．

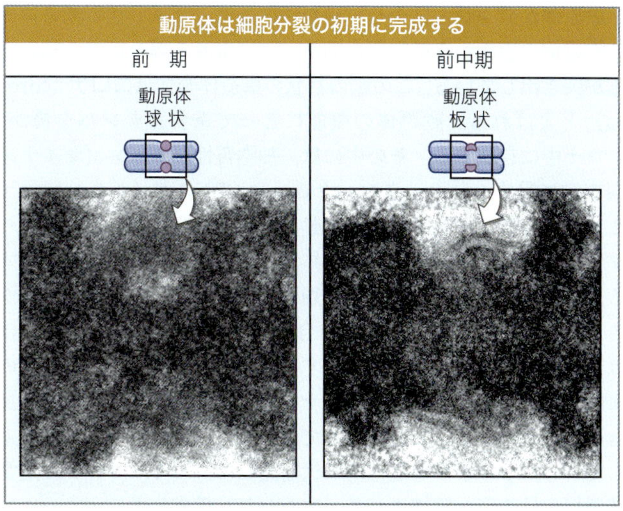

図 10・27　前期（左図）および前中期（右図）のラットカンガルー細胞の動原体．前中期細胞の微小管重合を阻害した状態で電子顕微鏡用の試料を作成したため，動原体に微小管は結合していない．動原体の構造は，球状（前期）から板状（前中期）へと変化する［写真は © Conly Rieder, Wadsworth Center］

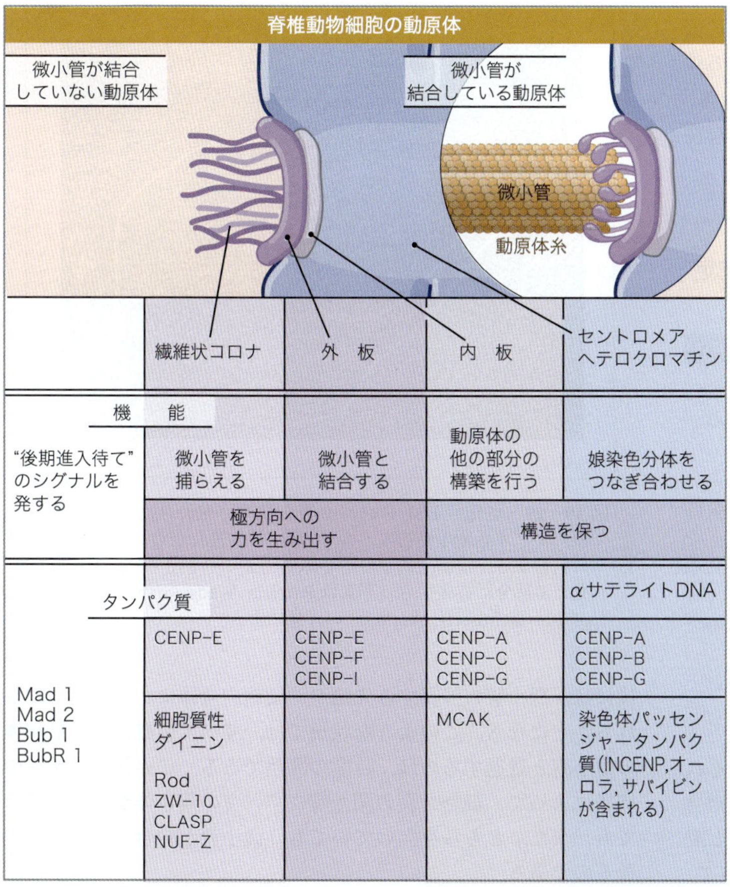
脊椎動物細胞の動原体
微小管が結合していない動原体
微小管が結合している動原体
微小管
動原体糸
繊維状コロナ
外　板
内　板
セントロメアヘテロクロマチン
機　能
“後期進入待て”のシグナルを発する
微小管を捕らえる
微小管と結合する
動原体の他の部分の構築を行う
娘染色分体をつなぎ合わせる
極方向への力を生み出す
構造を保つ
タンパク質
αサテライトDNA
CENP-E
CENP-E
CENP-F
CENP-I
CENP-A
CENP-C
CENP-G
CENP-A
CENP-B
CENP-G
Mad 1
Mad 2
Bub 1
BubR 1
細胞質性ダイニン
Rod
ZW-10
CLASP
NUF-Z
MCAK
染色体パッセンジャータンパク質（INCENP，オーロラ，サバイビンが含まれる）

図 10・28　脊椎動物細胞の動原体の構成タンパク質の機能．動原体の各部分に見いだされているタンパク質の種類の多さから，この構造体がいかに複雑なものであるかがわかる．

動原体が微小管と結合していないときは，マット状の動原体の細胞質側の表面から細胞質に向かって高密度の網の目状の細い繊維が突き出している．この網の目状の構造体全体は**コロナ**（corona）とよばれる．動原体の機能にとって重要なタンパク質が，コロナ中に存在する．その中には，細胞質性ダイニン（マイナス端方向に動くモータータンパク質）やCENP-E（キネシンファミリーの一員，プラス端方向に動く微小管依存性モータータンパク質）が含まれる．また，動原体と微小管との結合の手助けをするタンパク質〔少なくとも1種類の微小管プラス端結合タンパク質（+TIP）が含まれる〕も結合している．さらに，コロナには，紡錘体の形成の状態を監視する細胞周期チェックポイントの構成要素が含まれている．コロナ中に存在する多くのタンパク質とコロナとの結合は非常に動的であり，常に解離と再結合を繰返している．このような恒常的な代謝回転によって，コロナの定常状態における形が維持される．すなわち，構成分子の一つ一つは変化するが，全体としての形と組成は変化しないのである．

コロナの機能の一つは，動原体が微小管を捕獲するのを助けることである．分裂初期にコロナが形成されることによって，その後紡錘体が形成し染色体が結合する際に必要な動原体の表面積が増すことになる．コロナ内にモータータンパク質やそれ以外の微小管結合タンパク質が高濃度に存在することによって，微小管と結合し，微小管を捕獲可能な動原体表面の面積が大きなものとなり，動原体と微小管との結合が促進される．これはちょうど，蝿取り紙が多くの蝿を捕らえるのと同じである．

動原体が微小管を捕獲し，紡錘体に組込まれるに従い，コロナを構成する物質の多くは消失したり，存在部位を変えたりする．同じ時期に，動原体に結合していた分子モータータンパク質の量も減少する．しかしながら，微小管重合阻害剤を用いて動原体に結合していた微小管を脱重合させると，動原体から消えたタンパク質が再び戻ってくる．

動原体の各部分のタンパク質組成と，それらが果たす役割を図10・28にまとめた．動原体の各部分を構成するタンパク質の種類の多さをみても，この構造体がいかに複雑であるかがわかる．動原体全体にわたって，微小管と相互作用するタンパク質が存在することに注意されたい．

10・11 動原体は微小管を捕獲し，結合した微小管を安定化させる

重要な概念

- 探索と捕獲機構によって，動原体と微小管とが結合する．この機構は，微小管がもつ動的不安定性に基づいており，紡錘体形成に大きな柔軟性を与える．
- 微小管を捕獲することによって，動原体は極方向に運動するようになる．その結果，さらに多くの微小管の捕獲が可能となり，動原体糸が形成されるようになる．
- 通常，娘動原体のどちらか一方が微小管を捕獲し，動原体糸を形成する．その後に，もう一方の娘動原体が捕獲を開始する．
- 動原体と結合した微小管は安定化されるが，動原体のもつこの能力が，動原体糸の形成にとって必須である．
- 動原体に張力が加わっている場合のほうが，加わっていないときよりもはるかに微小管を安定化する能力が高い．

染色体が紡錘体に結合するためには，二つの動原体のそれぞれが，二つの中心体のうちのどちらか一方から伸びた微小管と結合する必要がある．どのような機構で，放射状に伸びた微小管と動原体が互いを見つけ，結合するのであろうか？ 細胞にとって，これは，非常に難しい立体幾何学的難問である．染色体は非常に大きく，拡散はきわめて遅い．したがって，染色体が移動することによって，結合を容易にすることは不可能である．つまり，染色体は不動の標的であり，微小管がそれを見つける必要がある．細胞自身が小さいことを考慮に入れても，動原体の大きさはあまりにも小さいため，染色体が適切に分配されるために92個の動原体（ヒト細胞の場合）すべてを微小管が見つけ，結合するのは困難である．この難問は，細胞分裂開始時には，動原体がどこに存在するか予想がつかないという事実に由来する．すなわち，核膜崩壊の後に染色体は細胞質中に散らばり，それらの位置と向きは細胞ごとに，また，分裂のたびに異なるからである．染色体がどのように配置されていても，紡錘体は正しくつくられなければならない．微小管が動原体を見つけ，結合する機構は，きわめて柔軟性に富むものであると同時に確実なものでなければならない．

紡錘体微小管のもつ動的性質によって，この問題が解決される．細胞分裂が始まる直前に，二つの中心体は修飾を受け，間期よりもはるかに多くの微小管の形成核となる能力を得る．これとほとんど同時期に，微小管の動的性質が大きく上昇する．微小管の急激な崩壊はきわめて頻繁に起こり，短縮しつつある微小管が再び伸長する頻度は非常に低くなり，1本の微小管全体が脱重合してしまうという現象が頻繁に起こる．これら二つの変化により，二つの中心体から絶え間なくきわめて多数の新しい微小管があらゆる方向に向かって伸長を始め，それらが動原体によって安定化されなければ，速やかに脱重合して消えてしまうという状況が生まれる．微小管が消失すると，それに代わって別の方向に伸びる他の微小管が生じる．紡錘体形成が始まる直前の，微小管が目標を探す動きをビデオで見ることができる．その1コマ目を図10・29に示す．微小管が示すこの動的性質によって，核膜崩壊後には，微小管の伸長する先端が，細胞内全体にわたって観察されることになる．このような状況では，すべての動原体が星状体の微小管と遭遇するのは，時間の問題である．この探索と捕獲の機構によって，細胞分裂の開始時にすべての染色体がどこにあっても，また，どちらを向いていても，微小管が結合することができるのである．

前期における微小管の動態

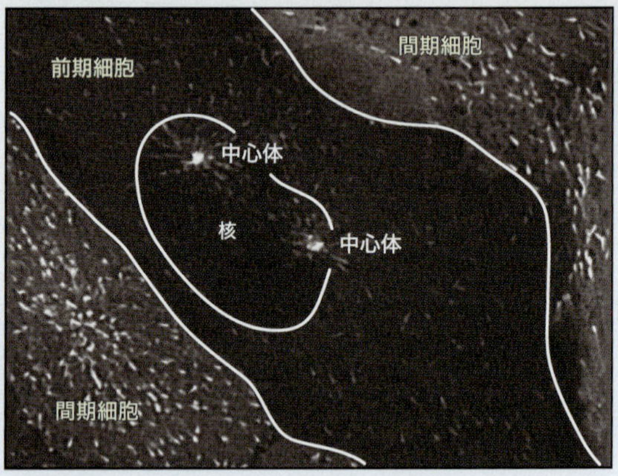

図10・29 蛍光性EB1タンパク質を発現させた生きた鳥類細胞の，ビデオ画像の最初の1コマ．EB1は伸長しつつ微小管の先端に結合する．核は，二つの中心体の間よりやや左下の，少し暗く見える部分に存在する［写真はPatricia Wadsworth, University of Massachusetts, Amherstの好意による］

伸長しつつある微小管が動原体と遭遇すると，微小管は動原体のコロナに存在する分子モーターに捕らえられる．動原体が微小管の管壁と結合する場合もあれば，プラス端と直接結合する場合もある．どちらの場合でも，直ちに動原体は極に向かって微小管上を移動し始める（図10・30および，ビデオとその1コマ目の図10・31参照）．このようにして，染色体は動原体に導かれて極に向かって移動する．微小管壁と相互作用していた動原体は，その途中で，他の星状体微小管のプラス端と結合するようになる．動原体が紡錘体と結合し，極に向かって移動するにつれて，動原体はその面が極に正対するように向きを変える．動原体の面が極と正対する形で移動し続けると，動原体はますます多くの微小管を捕獲するようになり，その結果，染色体糸が形成される．動原体は極の方向を向いているので，新たな微小管が捕獲される場合，微小管のほとんどはその先端で動原体と結合し，それ以上伸長することはない．細胞分裂初期に，染色体糸が徐々にできていく様子を図10・32に示す．

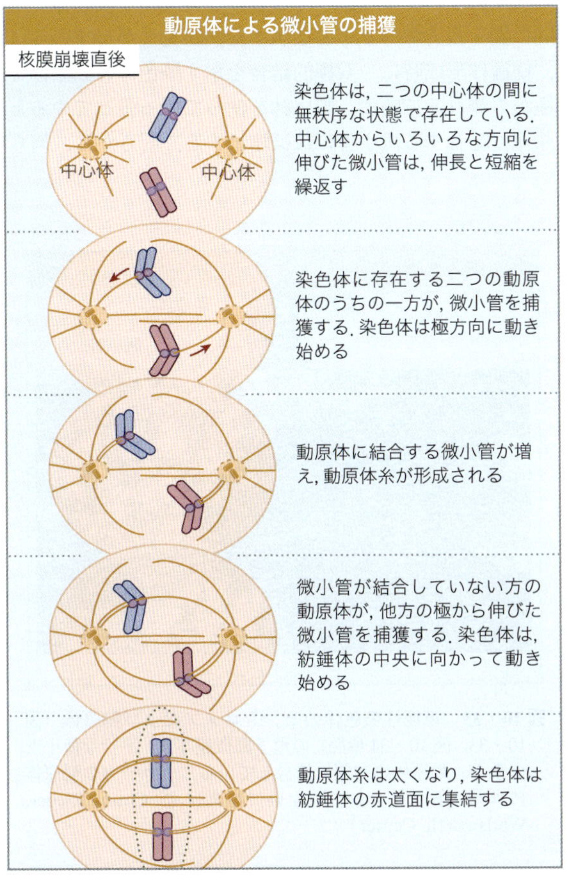

動原体による微小管の捕獲
核膜崩壊直後
中心体
中心体
染色体は，二つの中心体の間に無秩序な状態で存在している．中心体からいろいろな方向に伸びた微小管は，伸長と短縮を繰返す
染色体に存在する二つの動原体のうちの一方が，微小管を捕獲する．染色体は極方向に動き始める
動原体に結合する微小管が増え，動原体糸が形成される
微小管が結合していない方の動原体が，他方の極から伸びた微小管を捕獲する．染色体は，紡錘体の中央に向かって動き始める
動原体糸は太くなり，染色体は紡錘体の赤道面に集結する

図10・30　中心体を起点として細胞中に伸びた微小管は，いろいろな方向に伸長と収縮を繰返して，動原体を探す．動原体と遭遇した微小管は，動原体に捕らえられて安定化される．この探索と捕獲の機構により，細胞の形や，染色体の位置にかかわらず，首尾よく紡錘体が形成されることとなる．

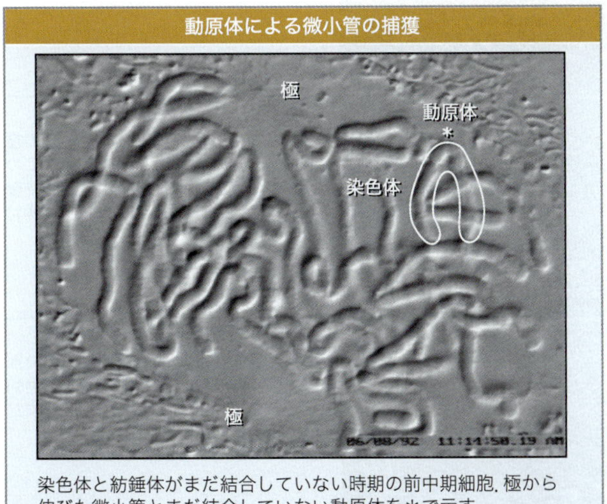

染色体と紡錘体がまだ結合していない時期の前中期細胞．極から伸びた微小管とまだ結合していない動原体を＊で示す

図10・31　動原体と微小管との結合とそれに続く染色体の極方向への移動．ビデオの最初の1コマを示す［写真は © Conly Rieder, Wadsworth Center］

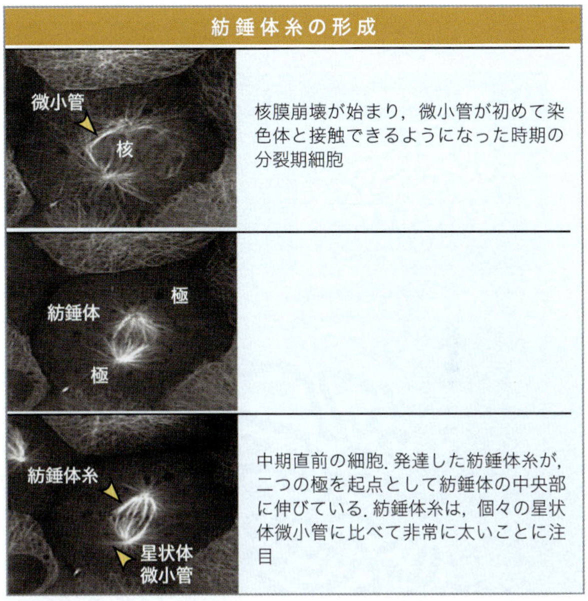

紡錘体糸の形成
微小管
核
核膜崩壊が始まり，微小管が初めて染色体と接触できるようになった時期の分裂期細胞
紡錘体
極
極
紡錘体糸
星状体微小管
中期直前の細胞．発達した紡錘体糸が，二つの極を起点として紡錘体の中央部に伸びている．紡錘体糸は，個々の星状体微小管に比べて非常に太いことに注目

図10・32　微小管が染色体に結合して，紡錘体糸が形成される様子を写したビデオから抜き出した画像［写真は Patricia Wadsworth, University of Massachusetts, Amherst の好意による］

探索と捕獲の機構が確率の法則に基づいているために，両方の娘動原体が同時に形成中の紡錘体と結合することはほとんどない．どちらか一方の娘動原体が紡錘体と結合すると，染色体は**単極性**（mono-oriented）となる（図10・30，図10・33，図10・34，図10・35参照）．このとき，他方の娘動原体には微小管は結合しておらず，この状態は，もう一方の娘動原体が遠くにあるもう一方の極から伸びた微小管と結合するまで続く．両方の娘動原体が極とつながれると，染色体は**双極性**（bi-oriented）となり，動原体と極とを結ぶ動原体糸はしだいに太くなる（図10・30）．双極性とは，複製された染色分体が，分裂後期に確実に別々の極に分配されるような状態だけを示す言葉である．いったん染色体が双極性を獲得すると，図10・36に見られるように，染色体は紡錘体の中央に向かって移動し始める．その過程において，二つの動原体は別々の機能をもつ．すなわち，一方は結合している極に向かう方向に運動する．この場合は微小管の短縮が起こる．もう一方は，伸長しつつある微小管と結合しつつ，つながれている極から離れる方向に運動する．染色体が確実に分配されるためには紡錘体の双極性が必須であるため，細胞は，娘動原体が正しく結合しているかどうかを検査する細胞周期チェックポイント機構を発展させてきた（後述）．

動原体は，結合した微小管の性質を変化させる．動原体のこの作用は非常に重要であり，動原体に最初の1本の微小管が結合したときから，紡錘体が完全にできあがったときまで，その重要性は変わらない．動原体と結合することによって微小管が受ける影響のうちで最も重要なものは，微小管の寿命が延びることである．動原体と結合した微小管の半減期は約5分である．これに対して，紡錘体中で動原体と結合していない微小管は1分以下の寿命しかもたない．結合によって微小管の寿命が延びるため，動原体に結合した微小管の数が増し，その結果，紡錘体が形成されることになる．しかしながら，動原体糸に含まれる微小管もまた動的であり，しばしば動原体から離れて消滅し，また新たな微小管が動原体糸に組込まれる．

最終的に動原体と結合する微小管の数は，動原体の大きさと微小管の代謝回転速度によって決まる．動原体が大きければ大きいほど，同時に結合できる微小管の数は増える．高等動物細胞の動原体は，通常，20本から40本の微小管を結合できる能力をもっているが，常に微小管の動原体からの遊離と動原体への再結合が起こっているため，実際の動原体微小管の数はこれよりも少ない．

微小管の動原体からの遊離速度を決めているのは，何であろうか？　決定因子の一つは，つなぎ合わされている動原体と中心体との間に働く張力であることを示す証拠が見つかっている．たとえば，紡錘体形成時に，双極的結合を示す染色体の動原体を，一方の極から離れる方向に，細い針を使って引っ張ってやると，その動原体に結合する微小管の数は増加する．明らかに，何らかの

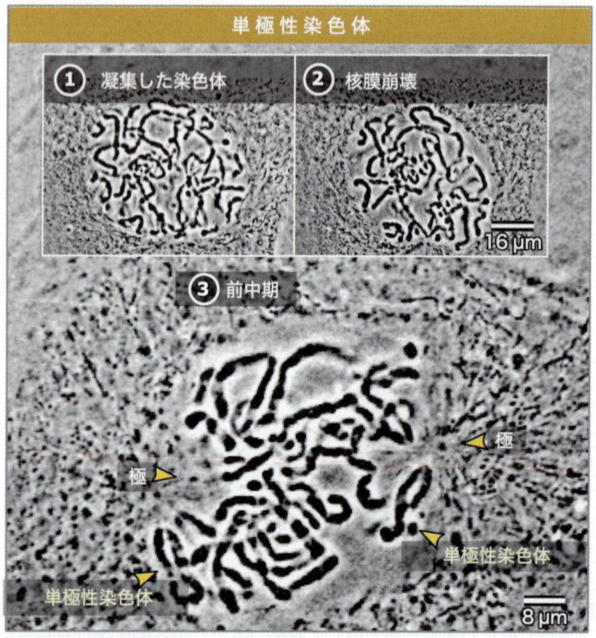

図10・33　核膜崩壊から，極から伸びた微小管と染色体との結合までの一連の過程を表す光学顕微鏡写真．核膜崩壊直後，中心体の近くに存在する染色体のうち，明らかに，その動原体を中心体の方に向けているものがあることがわかる．それ以外の染色体は，極とつながっていないか，あるいはすでに両極とつながっており，紡錘体の中央に向かって移動している［写真は © Conly Rieder, Wadsworth Center］

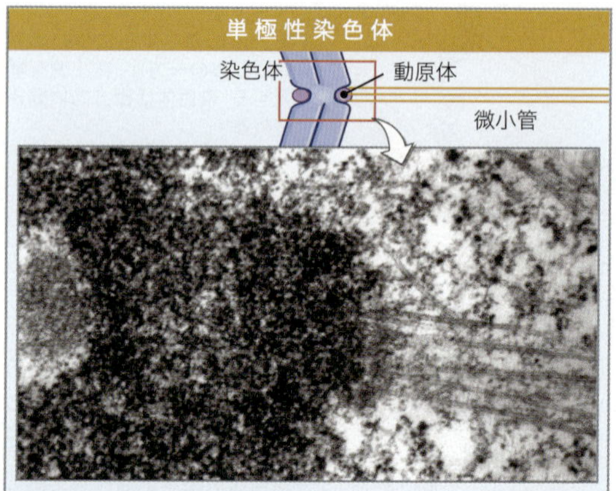

図10・35　単極性染色体のセントロメアおよび動原体（図10・33，図10・34参照）の電子顕微鏡写真．平行な微小管の束が，動原体の右側に結合している．もう一方の動原体には微小管は結合していない［写真は © Conly Rieder, Wadsworth Center］

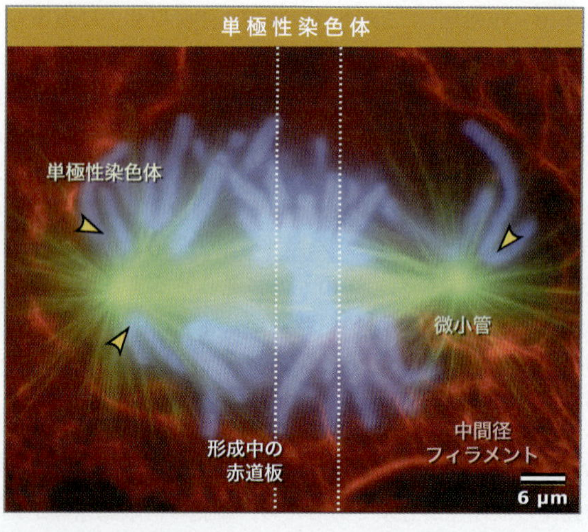

図10・34　前中期細胞の蛍光顕微鏡像．染色体の多くは，すでに両極とつながっており，紡錘体の中央部に向かって移動しているが，いくつかの染色体（矢頭で示す）は，まだ一つの極としかつながっていない．これらの染色体は"V"字型をしており，一方の極の近くに存在していることに注目［写真は © Conly Rieder, Wadsworth Center］

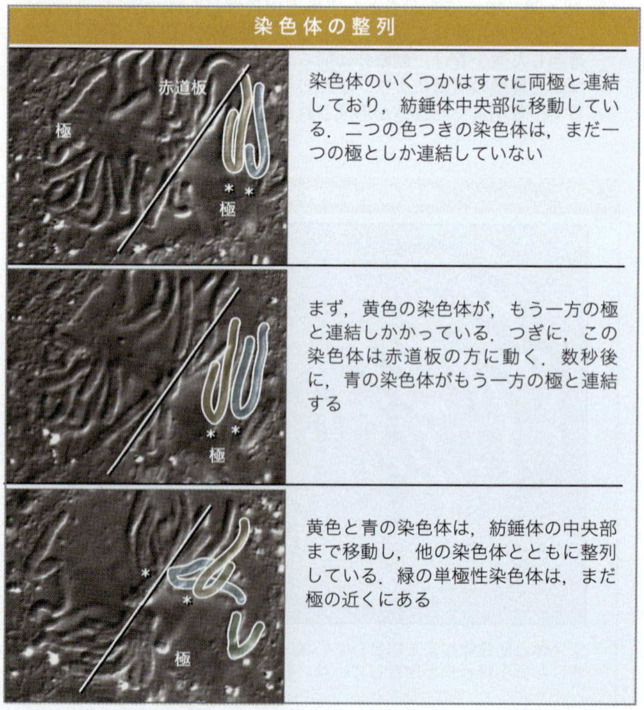

染色体の整列
赤道板
極
極
染色体のいくつかはすでに両極と連結しており，紡錘体中央部に移動している．二つの色つきの染色体は，まだ一つの極としか連結していない
極
まず，黄色の染色体が，もう一方の極と連結しかかっている．つぎに，この染色体は赤道板の方に動く．数秒後に，青の染色体がもう一方の極と連結する
極
黄色と青の染色体は，紡錘体の中央部まで移動し，他の染色体とともに整列している．緑の単極性染色体は，まだ極の近くにある

図10・36　単極性染色体による微小管の捕獲と，それに続く染色体の紡錘体中央部への運動．撮影したビデオから3コマを選んで表示してある［写真は © Conly Rieder, Wadsworth Center］

方法で，“張力”が動原体に結合した微小管を安定化させ，結合する微小管の数を増加させるのである．この現象の意義として，つぎのようなことが考えられる．すなわち，染色体と適切に結合した微小管とのみが選択的に安定化される．また，極と連結した二つの娘動原体それぞれが，連結している極と反対の方向に引っ張られるとき，娘動原体には最大の張力がかかる（引っ張るのは反対側の娘動原体，動原体糸，極である．二つの娘動原体について同じことが言える）．言いかえると，二つの娘動原体が，細胞分裂が間違いなく行われるのに必要な方向に向いているときに，最大の張力が娘動原体にかかるのである．

10・12 動原体と微小管の不適切な結合は修正される

重要な概念

- 染色体が紡錘体と結合する際，一過的に不適切な結合が起こることがある．
- 不適切な形で結合した微小管は動原体によって安定化されないため，結合は解消される．
- 動原体に対して適切で双極的な微小管の結合が起こったときのみ，安定な動原体の結合が形成される．

紡錘体形成の際に起こった間違いを修正する際に，微小管と動原体との間の張力を感知する能力が重要な役割を担う．探索と捕獲の機構は，つぎに述べる二つの間違った結合様式を生み出す危険性をもっている．どちらも，紡錘体が形成する際に実際に起こることである．一つは，**シンテリック**(syntelic)結合（ギリシャ語：*syn* 同じ，*telos* 終わり）であり，この場合，二つの娘動原体は同じ極と連結されている(図 10・37)．通常，この結合は，核膜崩壊直後に起こることが多い．この時期には，染色体は無秩序な方向を向いており，二つの極のうち一方の近くに位置する可能性が高い．そのため，二つの娘動原体が同時に同じ星状体の微小管を捕獲する可能性が高い．

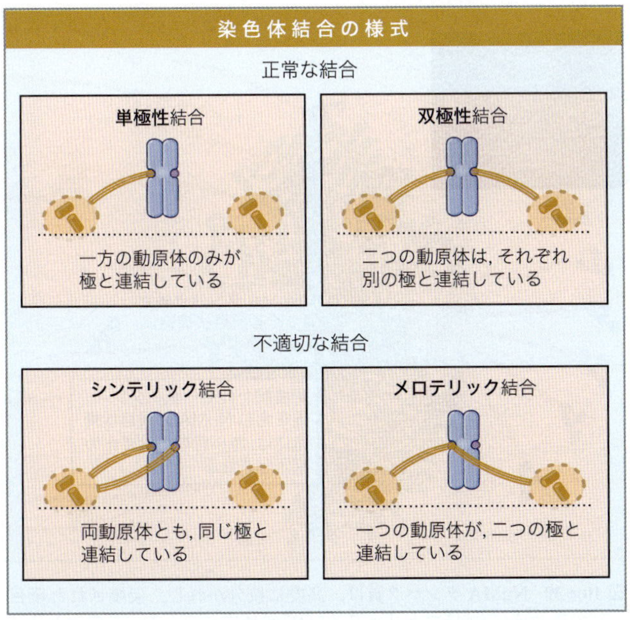

図 10・37 いろいろな結合様式のなかで，双極性結合の場合にのみ，二つの娘細胞への染色体の均等な分配が行われる．後期が始まる前に，すべての染色体は双極性結合を確立していなければならない．単極性結合は，双極性結合が確立するまでに自然に存在する中間的状態である．シンテリック結合やメロテリック結合は，前中期の初めによくみられるが，中期が始まるまでには正常な結合に変えられる．

一つの動原体が二つの極と同時に結合する場合がある（**メロテリック**結合，ギリシャ語：*mero* 部分）(図 10・37 参照)．一つ（場合によっては，二つ）の動原体がメロテリック結合している染色体は，正常な染色体と同じように，紡錘体の赤道面へ移動することができるが，細胞に対して問題をひき起こす．もしも，メロテリック結合が解消されないならば，細胞が後期に入って正常な染色分体が分配されるときに，この不適切な結合をもった染色体は紡錘体の中央部に取残され，二つの極との結合の一方が壊れた後に，極への移動を行う．その結果，二つの娘染色分体が共に，50 %の確率でどちらかの極へ分配される．

通常は，メロテリック結合，シンテリック結合ともに，生じるや否やすぐに解消される．どちらの不適切な結合の場合も，動原体糸を構成する微小管は，動原体の面と直角でなく鋭角で結合している．そのために，動原体の形がゆがみ，微小管と動原体との結合が不安定となる．その結果，その微小管は適切に結合している微小管よりも速やかに動原体から離れ，同じ動原体と再び結合することはほとんどない．このような状況下では，間違った形で動原体と結合している微小管の数はしだいに減少し，遅かれ早かれゼロになってしまう．その結果，二つの不適切な結合のどちらか一方が解消される．不適切な結合がどのタイプであるかによって，間違った結合が解消されて，双極性結合が形成されるか，あるいは，一つの動原体と一つの極の結合だけが残ることによって問題は解決される．後者においてできる単極性結合は，通常のやり方で双極性結合となることが可能である．

動原体が張力を感じる機構もまた，間違った結合を解消するうえで重要な働きをする．不適切な結合が生じると，動原体は正しく極の方を向くことができない．その結果，正しい結合が行われたときに生じる張力が発生しなくなる．特に，シンテリック結合（両方の動原体とも同じ極に結合している）は本質的に不安定である．なぜならば，染色体が正しい向きに置かれてセントロメアが両極から引っ張られる正常な場合と比較すると，シンテリック結合の場合は，二つの動原体の間に発生する張力は，はるかに小さい．この種の間違いは，自然に片方の結合が消失することによって，解消される場合がある．なぜならば，張力がないため，微小管が離れやすくなるからである．あるいは，図 10・38 のように，シンテリック結合に加えて，両動原体のうちの片方と遠い方の極との結合が形成されることによって(図 10・38 の真ん中の図)，問題が解決される場合もある．このような状態になると，突然，動原体に遠い極方向の張力が発生し，もともとあった結合シンテリック結合の片方は不安定化される(図 10・38 の下の図)．

このように，結合の過程が複雑であるということは，動原体の構造がいかに複雑であり，動原体が細胞分裂においていかに重要な役割を演じているかということを端的に示す．実際，複製された染色体が均等に二つの群に分配されるのは，まさに動原体の挙動と機能によるものである．1961 年に Mazia（細胞分裂の機構解明の先駆者の一人）は，“動原体は，細胞分裂において唯一の不可欠な染色体中の部分である”と明言することによって，動原体の重要性を強調している．彼は，それ以外の染色体の部分は“葬儀における遺体”のようなものだと述べている．彼によると，“それは，葬儀が行われるための理由であっても，葬儀を行う能動的な主体ではないからである”．細胞分裂の最大の目的は，娘動原体の分配である（染色体の他の部分は単なる乗客のようなものである）という Mazia の言は正しかったのであるが，その当時，彼ですら，多くの分子からできているこの構造体が，いかに細胞分裂全体を支配しているかについて思い描くことはできなかった．

以上をまとめると，動原体糸は染色体を紡錘体に結びつけ，染色体が移動する方向を決める．細胞分裂において染色体を均等に分配する機構はつぎのような事実と直接的にかかわっている．① 各染色体は二つの娘動原体をもっている．② 二つの動原体は染色体の一次狭窄の反対側の面に存在し，それぞれ反対の方向を向いている．③ 動原体糸を構成する微小管は，動原体の外側の表面とのみ結合している．④ 動原体と極とが間違った結合をする場合があるが，これを解消する機構が存在する．この機構がないと，娘細胞に染色体数の異常が生じる．

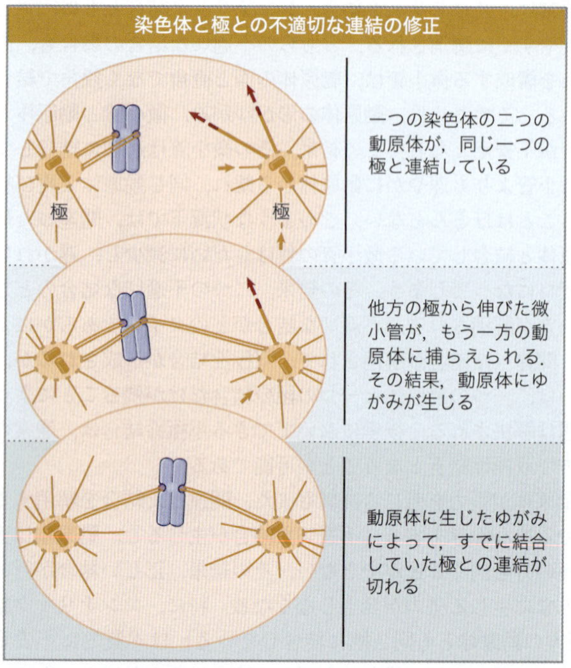

染色体と極との不適切な連結の修正
一つの染色体の二つの動原体が，同じ一つの極と連結している
極
極
他方の極から伸びた微小管が，もう一方の動原体に捕らえられる．その結果，動原体にゆがみが生じる
動原体に生じたゆがみによって，すでに結合していた極との連結が切れる

図 10・38　分裂期特有の微小管の高い動的性質と，動原体に生じたゆがみを是正する機構によって，不適切な結合を適切な結合に変えることができる．一番下の図のような状態になったときのみ，動原体糸は発達し，染色体は紡錘体と安定に結合する．

10・13　染色体運動には，動原体に結合した微小管の短縮や伸長が必要である

重 要 な 概 念

- 細胞分裂の全過程を通じて，微小管を結合した動原体には極方向の力がかかる．
- 動原体糸は極近くにつなぎ止められている．
- 動原体糸をつなぎ止めているのは，NuMA タンパク質や数種類の分子モーターからなる紡錘体マトリックスである．
- 微小管の先端にチューブリン分子が付加されるか，または先端から遊離するかによって，紡錘体糸の長さが変化する．
- 紡錘体糸の長さが変化しても，動原体と極は常に紡錘体糸の先端に結合したままである．

細胞分裂がどのように進行するかということが初めて観察されて以来，“いかなる機構で染色体が動くのか”が常に問われてきた．1880 年，Flemming は，つぎのような問題を要約している．“核に似た形のものの中に存在する糸の運動や位置の変化をひき起こす力は，糸そのものに由来するか，それ以外のものに由来するか，あるいはその両方かという問題に対する答えをもっていない”（Flemming が言うところの糸とは，凝集した染色体のことであり，核に似た形のものとは紡錘体のことである）．

これまで述べてきたように，動原体が紡錘体に結合するや否や，極方向への力が動原体に対して働くようになるのである．さらに，この力は細胞分裂の期間中，継続的に働き，かつ，同じ機構によって生み出されることも重要である．すなわち，前中期に染色体が集結するときの極方向への運動の際に動原体に対して働く力と，後期に染色体が移動するときに動原体に働く力は，同じ機構によって生み出されるのである．

動原体が関与する力によって染色体が移動するためには，動原体微小管は何らかの形で極につなぎ止められていなければならない．もしも固定されていないと，動原体は単に微小管を巻取るだけで，微小管に沿って極方向へ移動できず，染色体はその場を動くことができない．非常に細いガラス棒を用いて染色体を動かす実験を行った結果，極から離れる方向に染色体を引っ張るのは難しいのに対して，染色体を極に対して横方向に動かすのは比較的容易であることがわかった．このことは，動原体微小管のマイナス端は，かなり強固に極の近傍に固定されていることを意味する．

動原体微小管を含む紡錘体中のすべての微小管の周りには，図 10・39 に示すような紡錘体マトリックスが存在する．紡錘体マトリックスのタンパク質は動原体糸を固定する役目をもっている可能性がある．紡錘体マトリックスの主要構成要素は NuMA タンパク質で，紡錘体中のこのタンパク質の濃度と微小管の密度との間には関連がある．図 10・39 に見られるように，微小管の密度は極近くで最も高く，極から赤道面に向かうにつれてしだいに低くなる．したがって，NuMA は特に極近くに集中して存在する．マトリックスには，キネシンと関連した微小管依存性モーターである Eg5 と HSET が存在する．HSET は特殊なキネシン様タンパク質である．このモーターは，細胞質性ダイニンと同様，紡錘体微小管のマイナス端に向かって運動する．その結果，細胞質性ダイニンと同様，HSET もまた極近くに集中する．紡錘体微小管がどのように固定されているかという点に関して，次のようなモデルが提出されている．すなわち，微小管の周りに存在する NuMA にマイナス端方向に動くモータータンパク質が結合

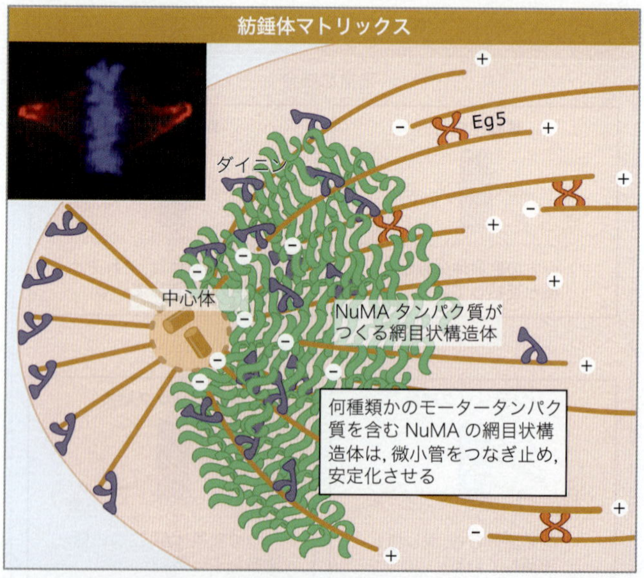

図 10・39　NuMA タンパク質は，高度に枝分かれし，架橋された網目状の構造体（紡錘体マトリックス）を紡錘体中につくる．このマトリックスは，微小管と結合し，微小管を極の近くにつなぎ止める．極で起こる微小管の動的変化（たとえば，動原体糸を極方向に引っ張る際の微小管脱重合）には，マトリックスに結合したモータータンパク質が関与している可能性が高い．挿入図は，中期細胞の蛍光染色像．赤は NuMA，青は染色体［写真は Duane Compton, Dartmouth Medical School の好意による］

し，それに微小管が結合しているというモデルである．モータータンパク質はNuMAと結合することによって固定化され，かつ，微小管の管壁と相互作用することによって微小管を極の近傍につなぎ止める役目を果たす．

動原体がそれと結合した極から離れる方向の運動を行う場合には（この運動は染色体が集結するときに断続的に起こるものである），動原体と結合した染色体糸は伸長する必要がある．同様に，図10・40に示すように，動原体が極方向に移動する場合は，染色体糸は短くならなければならない．動原体微小管の伸長は，動原体と接する微小管のプラス端にサブユニットであるチューブリンが添加されることによって起こる．一方，微小管の短縮は，動原体（プラス端）および極（マイナス端）両方において起こる．チューブリンの添加が起こる場合，遊離が起こる場合，どちらも，動原体が動原体糸と常に結合しているためには，動原体は何らかの方法で微小管の端をつかまえている必要がある．極の近くでチューブリンが遊離し，微小管が短縮する場合も，極と微小管との結合は保たれていなければならない．紡錘体微小管の両端が示すこのような驚くべき挙動の機構については，まだ十分にわかっていない．両端における結合にはモータータンパク質が深く関与している可能性がある．動原体と微小管との結合にはキネシン様モータータンパク質であるCENP-E，微小管プラス端結合タンパク質や，セントロメア中に存在して微小管をプラス端から脱重合させるタンパク質が関与していると考えられる．

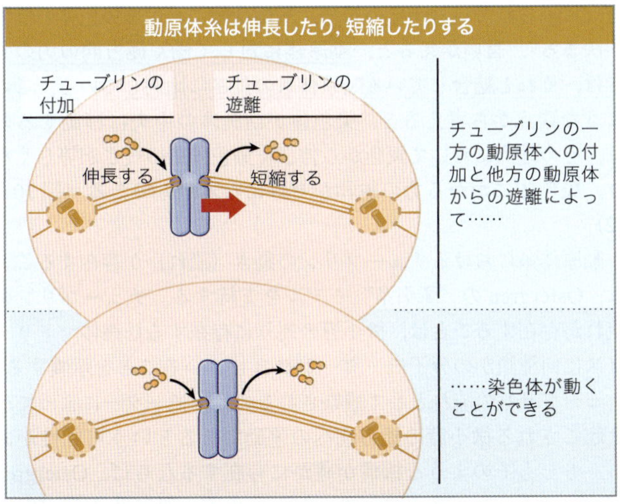

図10・40　双極性の染色体が紡錘体内を運動するためには，二つの動原体糸が同時にかつ協働的に伸長と短縮を行わなければならない．動原体において，微小管にチューブリン分子が付加したり遊離したりすることによって，動原体糸は長さが増えたり減ったりする．

10・14　染色体を極方向へ動かす力は，二つの機構によって生み出される

重 要 な 概 念

- 動原体は染色体を極の方向に引っ張る．しかしながら，染色体の移動速度は，動原体微小管の短縮の速度より速くもなければ遅くもない．
- 動原体に結合したダイニンは，短縮しつつある微小管の末端近くと相互作用して運動することによって，染色体を極方向に動かす．
- 動原体微小管の側面全体に対して働く力にもまた，動原体微小管の極方向への運動に寄与する．微小管末端に結合した染色体は微小管に引っ張られて動く．

いったんすべての染色体で動原体糸ができあがると，動原体は染色体を毎分1〜2 μmの速度で極方向に引っ張る．この速度で紡錘体の長さの約半分の長さである20 μm進むには，10〜20分かかる．染色体とほぼ同じ大きさのものをこのくらいの速度で20 μm移動させるのに必要な力は，理論上，約10^{-8} dynである．驚くべきことに，たった20分子のATP加水分解によって，この程度の力を生み出すことができる．

しかしながら，細胞分裂で実際に起こることは，これとはまったく異なる．染色体の運動の進路に細いガラス棒を差し入れて，それがどのくらいたわむかを測ることによって，染色体運動の力を測定することができる．そのような実験により，驚くべき結果が得られた．紡錘体が染色体に及ぼすことができる最大の力は，通常の細胞分裂の際に観察される速度で染色体を動かすのに必要な力の約10,000倍も強かったのである．したがって，極方向への運動速度は動原体に働く力の大きさによって決まるのではなく，動原体への力がどのようであれ，染色体運動の運動速度を一定に保つ何か別のものの影響によって決まる．自動車にたとえるならば，エンジンの馬力がどれほど大きくても，ギア比によって最大速度は決まってしまい，ローギアで時速100 kmを出すことはできない．紡錘体の場合，律速段階にあるのは，動原体における微小管の脱重合速度である．動原体は，微小管の脱重合速度よりも速く極方向に動くことはできないのである．

染色体の極方向への運動は，二つの機構によって駆動されている．二つとも，細胞分裂全体にわたって存在し，協同的に働く場合が多い（図10・41）．一方の機構には動原体が含まれ，もう一方には動原体と結合している微小管が関与している．それぞれの寄与の度合いは細胞の種類によって異なる．脊椎動物細胞では，染色体運動は，動原体に存在する微小管依存性モータータンパク質の働きと，動原体微小管全体が極方向に向かって移動する力の両方によってひき起こされる．

“パックマン”機構では，動原体内部で微小管が脱重合するのと同調して，動原体に存在するモーターが微小管の先端付近に作用することによって力が生じる．したがって，動原体が移動するとき，微小管の先端を“かみ砕き”ながら進むようにみえる．これがパックマン機構という名の由来である．もう一つの機構は，“牽引糸”モデルとよばれ，力は動原体糸に対して加えられる．この機構では，動原体糸全体が極方向に移動し，動原体はそれに引っ張られて移動する[*2]．

パックマン機構では，染色体の運動は，マイナス端方向に動く微小管モータータンパク質である細胞質性ダイニンによってひき起こされる．動原体に存在するダイニンは，脱重合しつつある微小管のプラス端と相互作用しつつ，動原体を極方向に動かす．この運動が起こるのと同時に，動原体によって加えられる圧力によって，あるいは動原体に結合している微小管脱重合因子によっ

＊2　訳者注：近年，酵母において，動原体中のいくつかのタンパク質が，微小管の直径よりもやや太い内径をもつリング状複合体をつくり，これが腕輪のような形で微小管を保持することが見いだされている．この構造体が，動原体と微小管との結合および染色体の移動において重要な役割を担うという説が提出されている．図7・20に見られるように，微小管のプラス端が短縮する際にはすべてのプロトフィラメントは外側に反りかえった形となりながら脱重合する．プロトフィラメントが反る際に生じる力が，リング状構造体とそれに結合した染色体を微小管のマイナス方向，すなわち極方向に動かすという説である．高等真核細胞では，リング状構造体は存在せず，動原体から伸びた多数の繊維状構造体が，反り返ったプロトフィラメントと相互作用することによって，染色体運動が起こるという説もある．

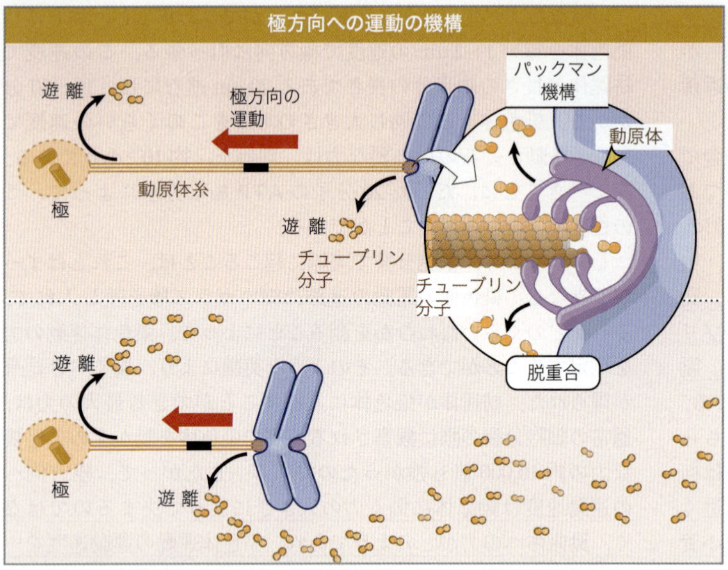

図 10・41　動原体に結合しているモータータンパク質は，動原体糸の微小管に沿って極方向に動く．動原体が動くに伴い，モータータンパク質より後の微小管は脱重合する．それと同時に，他のモータータンパク質が，動原体糸全体を極方向に動かす．極では，微小管からチューブリンの遊離が起こる．動原体糸に印（ここでは黒で表す）を付けたならば，染色体の移動に伴い，印と動原体との距離および印と極との距離は短縮することになる．

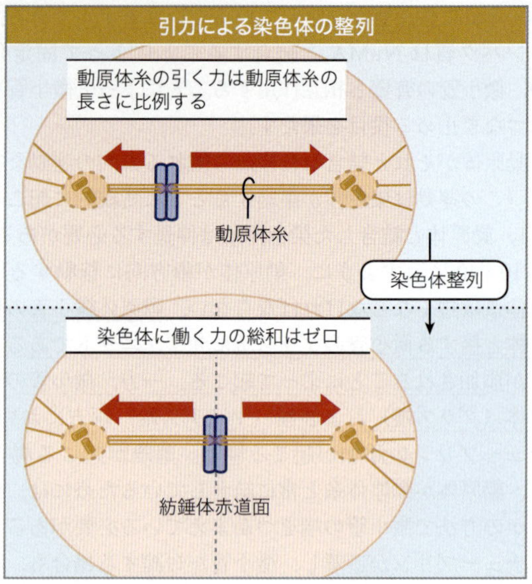

図 10・42　染色体整列機構についての Ostergren の仮説．それぞれの動原体に働く引力は，動原体糸の長さに比例し，動原体糸が長いほど引力が大きいとすると，図に示された双極性染色体は，右方に動く．図の赤い矢印の長さと方向は，引力の強さと方向を表す．

て，微小管のプラス端における脱重合がひき起こされる．ダイニンは，紡錘体形成初期に形成される動原体と紡錘体との結合においても重要な役割を担う．この際，動原体は微小管の表面を毎分 40 μm 以上の速さで極方向に移動することができる．

牽引系モデルは，微小管の片方の端から他方の端へのチューブリン分子の動き（流れ）に基づいている．チューブリン分子は，動原体結合部位で微小管のプラス端に取込まれ，極方向に移動し，極において微小管から遊離する（図 10・13 参照）．動原体におけるチューブリン取込み速度と，極における遊離速度が等しければ，動原体糸の長さは変化せず，動原体の運動は起こらない．しかし，動原体がチューブリン取込みを停止し，かつ，極における遊離が継続的に起こるならば，動原体は極方向に引っ張られることになる（図 10・41 参照）．このように，チューブリンの流れは，動原体とそれに結合した染色体の極方向への運動をひき起こす要素の一つとして働く．

10・15　染色体の集結には動原体を引く力が必要である

重要な概念

- いくつかの力のバランスによって，中期における染色体の整列が起こる．
- 染色体の整列には，動原体に対して働く力と染色体の腕部全体に対して働く力が関与する．
- 動原体糸の長さに比例した極方向の力が働くことによって，染色体が紡錘体の中央に移動するという仮説が提出されている．
- ある種の細胞では，この機構によって，染色体の整列が起こる可能性がある．
- 多くの細胞では，動原体によってひき起こされる力や，染色体に対して極と反対方向に働く力も関与する可能性が高い．

1945 年，細胞分裂の機構の解明を目指した先駆者の 1 人である Ostergren は，染色体の集結について，わかりやすい仮説を提出した．彼はつぎのように述べている．“セントロメアと極との距離に比例した力によって，セントロメア（動原体）は極方向に引っ張られる．ただし，力が働くのは，セントロメアが向かう極方向に限られている．その結果，平衡状態における染色体の位置が決まる”．言いかえると，動原体に対して働く極方向の力の強さは，それと結合している動原体糸の長さに比例している．このような観点から考えると，染色体が紡錘体の中央に移動するのは，その地点において両極から伸びた染色体糸の長さが等しくなり，染色体にかかる力の総和がゼロになるからである（図 10・42）．

動原体糸におけるチューブリンの動き（流れ）が存在することは，Ostergren の“牽引系”モデルを支持する．チューブリンの流れが存在することは，微小管の周りに存在する紡錘体マトリックスに何種類かの分子モーターが結合していることを示唆する．チューブリンの流れとして観察されるのは，モーターによってひき起こされる微小管の極方向への運動であるという可能性がある．もしもそのような機構が確かに存在するならば，Ostergren が述べたように，微小管の長さが長いほど，動原体を極方向に引っ張る力は大きくなる．このモデルでは，動原体は移動する動原体糸の先端に結合しているだけで，紡錘体極方向に運動することになる．

ある種の細胞（たとえば，植物細胞や昆虫の精原細胞）では，チューブリン分子の流れのみによって，染色体の極方向への運動がひき起こされる．これらの系では，染色体の集結をひき起こす機構として，牽引系モデルが依然として最も有力である．しかしながら，牽引系モデルにおいて想定される現象と矛盾する現象が認められる細胞もある．このような細胞では，牽引系モデルは，実際に起こっている染色体運動全体の一部を説明するにすぎないという可能性がある．たとえば，脊椎動物細胞では，染色体の極方向の運動速度から考えて，チューブリンの流れの寄与は，たかだか 30 % にすぎないことが見いだされている．残りの 70 % は動原体の機能に由来する．このような発見により，一見，脊椎動物細胞における染色体の集結には，Ostergren のモデルは適用できないようにみなされがちである．しかしながら，流れの速さからは，それが生み出す力に関する情報は得られない．脊椎動物細胞では，流れによって生じる極方向への力は，動原体に結合したモータータンパク質によって生み出される力よりもはるかに強い可能性がある．

脊椎動物細胞において，動原体を引っ張る力が染色体運動における唯一の力ではないことは明白である．この点においても，モデルを修正する必要がある．このような考えに至る理由の一つとして，ただ一つの極と結ばれている染色体の挙動を観察することによって得られた結果がある．Ostergren のモデルで想定されたように，動原体に働く引く力によってのみ，染色体の位置が決まるならば，単極性の染色体は最終的に極に達してしまうことになる．しかしそのようなことは起こらず，図 10・43 に見られるように，単極性の染色体は多くの微小管を結合した形で，極から離れた場所に安定的に存在しうるのである．このことは，極から離れる方向に染色体を動かす別の力が存在することを意味する．

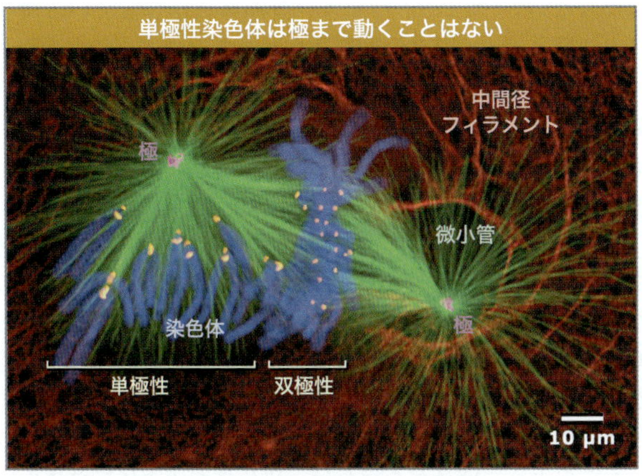

図 10・43 この写真の前中期細胞では，約半数の染色体がすでに双極性結合を完成し，紡錘体の中央に整列している．それ以外(少なくとも 7 個）は，まだ単極性である．すべての単極性の染色体は，明らかに左側の極と連結しているにもかかわらず，その極からかなり離れたところに存在している．黄色の点は動原体である．双極性染色体上の対になった黄色い点（娘動原体）は，紡錘体の長軸と平衡に並んでおり，一方，単極性染色体上の二つの黄色い点は，極から放射状に伸びた線上に存在していることに注目［写真は Alexey Khodjakov, Wadsworth Center］

10・16 染色体の集結は，染色体腕部全体に働く力と，娘動原体が生み出す力によって制御されている

重 要 な 概 念

- 染色体の腕部に働く力は，極から離れる方向に染色体を押しやる．
- このような力は，染色体の腕部と紡錘体微小管との相互作用によって生じる．
- 動原体は，能動的状態と受動的状態との間で状態の切り替えを行う．
- 二つ娘動原体間での状態の変化は互いに関連し合っている．

動原体に働く力のほかに，染色体の腕部に働く力も存在する．非常に小さな焦点に集光したレーザー光線を用いて，単極性の染色体をキネトコアから離れた箇所で切断する実験によって，染色体腕部に働く力の存在を実験的に証明することができる（図 10・44）．図 10・45 に示されるように，染色体腕の一部は，切り離されるや否や，極から離れる方向に急速に運動を始める．このことは，細胞分裂の間，染色体には極から離れる方向の力もまた働いていることを意味する．このような外向きの力は“極風”とよばれ，その一部はクロモキネシン類によって生み出される．キネシンファミリーに属するこれらのタンパク質は，染色体の表面に存在し，紡錘体微小管と相互作用して，染色体を極から遠ざかる方向に動かす．これとは別のもっと繊細な機構もまた，染色体の極から遠ざかる方向の運動に関与している．重合しつつある微小管の先端は，伸長するに従って物質を押し出す働きをもつ．したがって，細胞分裂の間，極から遠ざかる方向に向かって恒常的に伸びる微小管は，染色体を極から離れる方向に向かって押し出す．極から遠ざかるにつれて微小管の密度は減少するため，上記

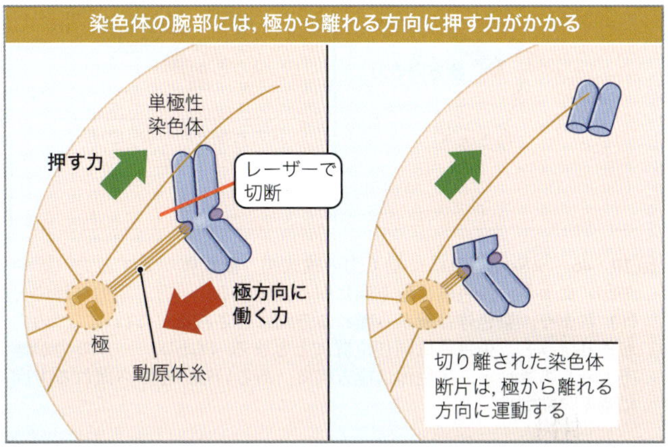

図 10・44 極から離れる方向に染色体を押す力が存在することを示す実験．単極性染色体は，それが結合している極から一定の距離にとどまる．染色体を切断すると，動原体を含まない染色体断片は，急速に極から離れる方向に運動する．染色体の残りの部分は，少し極に接近したのち，その場にとどまる．したがって，動原体に働く極方向の力と反対に，極から遠ざかる方向に染色体の腕部に働く力が存在することがわかる．

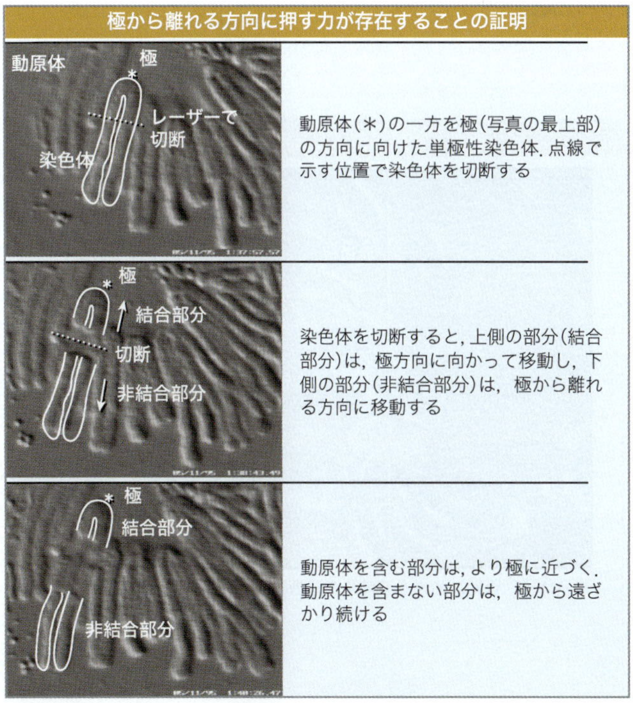

図 10・45 細胞分裂期の染色体には，極から離れる方向に押す力がかかる．このことを示すビデオから抜き出した三つの画像［写真は © Conly Rieder, Wadsworth Center］

の二つの力は，極から遠いほど減少する．このような条件下では，一方の動原体とのみ結合している染色体は，極風によって押し出される力と極に向かって引っ張られる力とがつり合う場所に落ち着く．そのため，染色体が極にまで達してしまうことはない（図10・46）．

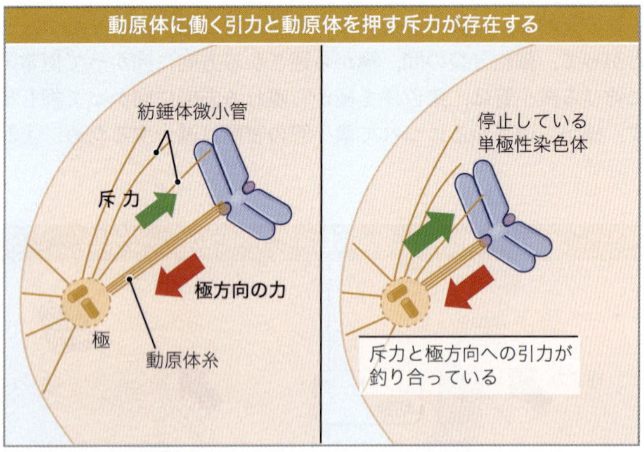

図10・46 単極性染色体に働く力の模式図．動原体が発する力（赤い矢印）により，染色体は極方向に引っ張られる．一方，斥力（緑の矢印）により，染色体は極から離れる方向に押される．これら二つの力が釣り合うと，染色体は同じ位置にとどまる（右図）．一方の力が他方よりも大きいと，染色体は極方向に，あるいは，極から離れる方向に動く（左図）．

当初の牽引糸モデルでは，いったん動原体が紡錘体に結合すると，動原体糸の長さに比例した極方向への力が染色体に対して恒常的に働くことが想定された．もしこのモデルが正しければ，両方の極と結合した染色体は，紡錘体の中央に向かって滑らかにかつ休みなく動き，後期が始まるまでそこにとどまることになる．植物や昆虫細胞などいくつかの細胞において，一見，この想定は正しいように考えられる．これらの細胞では，染色体が赤道板に達すると，それ以上は動かなくなる．しかしほとんどの細胞では，集結した染色体は，紡錘体の中央部付近で，短い距離，往復運動を行う（動画およびその最初の1コマの図10・47参照）．

動原体が二つ存在することによって，上記のような運動が生じるのである．この往復運動を解析することによって，染色体運動の機構について重要なことが明らかにされてきた．このような往復運動が起こるためには，それぞれの動原体には変更可能な二つの状態が存在する必要がある．図10・48に示すように，染色体が運動の方向を逆転させるためには，二つの動原体における状態変化が連動して起こる必要がある．染色体が往復運動を行っているときは，結合している極の方向に運動している動原体は，その極方向への力を生み出しているか，あるいはその極方向への力を受けている．動原体が運動するにつれて，動原体内では，微小管からチューブリン分子が失われていく必要がある．それと同時に，もう一方の動原体のギアは“ニュートラル”に入っていなければならない．“ニュートラルな”動原体に結合している微小管のプラス端にチューブリンが取込まれることによって微小管が伸長し，動原体が微小管の先端に結合しながら極から離れる方向に運動することが可能になる．二つの動原体がそれらの役割を取換えると，動原体の運動方向が逆転し，逆方向の運動が始まる．動原体の定期的な機能変化は，動原体の方向性的不安定性とよばれ，二つの娘動原体の機能切換えが協調的に行われないと，紡錘体中の染色体の位置が大きく変わってしまうこととなる．どのような機構によって，動原体がニュートラルな状態と動的状態とを切換えるか，また，どのような機構によって娘動原体間での協調性が生まれるかはよくわかっていない．紡錘体の赤道面に対する染色体の位置によって，機能の切り換えが行われる必要がある．もしもこのような機構がなければ，染色体が確実に紡錘体の中央に集まることは不可能である．

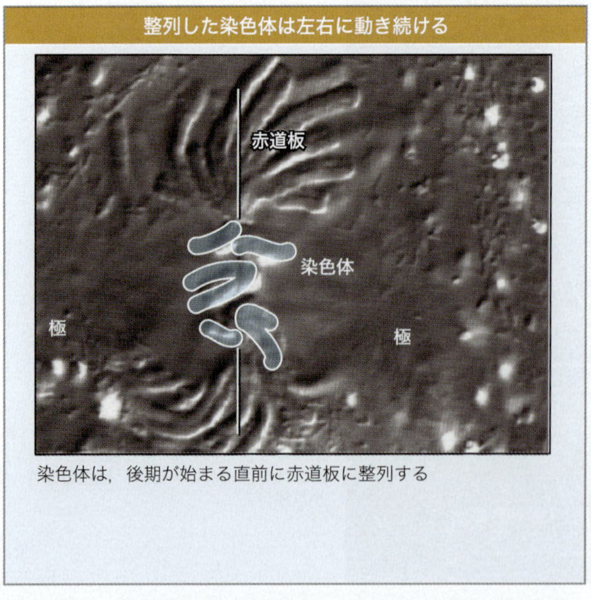

図10・47 中期の染色体は，細胞の中央部の一箇所にとどまらず，両極の間を左右に動き続ける．このことを示すビデオの最初の1コマ［写真は © Conly Rieder, Wadsworth Center］

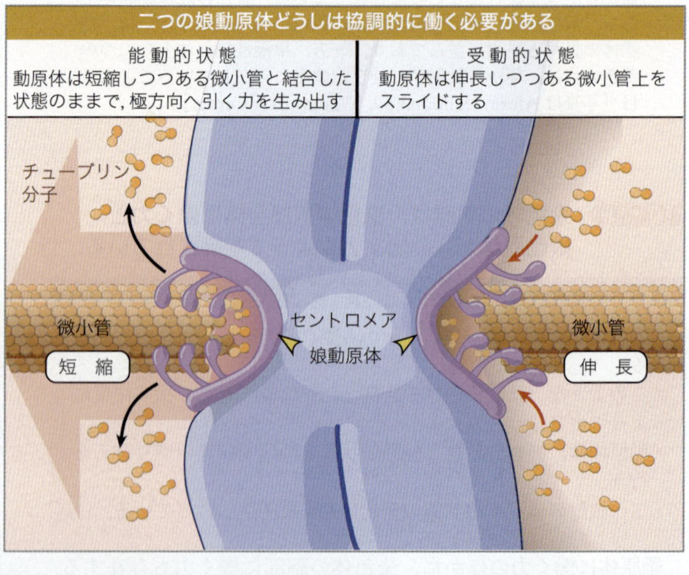

図10・48 紡錘体微小管と結合した動原体は，二つの状態のうちのどちらかを取りうる．一方は，短縮しつつある微小管を結合したまま，極方向に動くという状態である（左図）．他方は，そのままの位置にとどまるか，あるいは，伸長しつつある微小管と結合したまま，極から離れる方向に移動するという状態である（右図）．二つの娘動原体の活性は，片方が活性化されると他方は不活性化されるという形で，調和が保たれており，両者が同時に活性化されることはない．

10・17 動原体は中期から後期への移行を制御する

重要な概念

- すべての動原体が紡錘体と結合しないうちは，チェックポイント機構が働いて，細胞が後期に進入することを阻止する．
- 結合していない動原体は，後期進入を阻止するシグナルを発する．
- 動原体に結合した微小管の数は，チェックポイント機構によって監視されている．
- 細胞内のすべての動原体において適切な結合が完成すると，後期誘導複合体（APC）が活性化される．
- APC が活性化されると，娘染色分体どうしを結合しているタンパク質の分解が起こる．

後期の始まりにおいて，染色分体が分離していく様子を，顕微鏡で観察することができる．このことは，細胞が中期から後期へ移行しているという証拠を実際に目で見ることができることを意味する．染色体の分配という現象は，核膜崩壊とともに，細胞周期の中で視覚的に最も劇的な現象である．核膜崩壊の場合と同様，染色体分離も不可逆な過程である．

もしも，すべての染色体の両極への結合が完成する前に，娘染色分体の分配が開始したら，染色体の異数性が頻繁に生じてしまう．これを防ぐために，細胞分裂の間に動原体が紡錘体と結合したかどうかを監視するチェックポイント機構がつくられてきた．極から伸びる微小管と結合していない，あるいは，結合が弱い動原体が存在する場合，それは紡錘体の形成が不完全であることを意味し，その場合には，“後期開始待て”の信号が発せられて，問題がすべて解決するまで後期の始まりが遅らされる（第11章“細胞周期の制御”参照）．通常，細胞内に結合していない動原体がただ一つでも存在すると，すべての染色体で染色分体分配が開始しない．ただし，結合していない動原体にレーザーの微小光束を当ててこの動原体を破壊すると，その直後に後期が開始する．このことから，チェックポイント機構が存在することがわかる（図10・49）．“後期開始待て”の信号は，核膜崩壊が起こった直後に自動的につくられる必要がある．なぜならば，核膜崩壊直後の染色体はすべて非結合状態にあるからである．それ以後，この信号は，最後の動原体の結合が完成するまで，存続し続ける．

このチェックポイントは，動原体結合チェックポイントあるいは紡錘体形成チェックポイントとよばれ，ほとんどすべての有糸分裂で染色体分配が適切に行われるのはこれのおかげである．しかしながら，このチェックポイント機構は，メロテリック結合，すなわち一つの動原体が二つの極と同時に結合している状態を感知することはできない．紡錘体形成チェックポイントがメロテリック結合を感知できないため，この結合が解消される前に後期が始まってしまうことがありうる．通常，このようなことが起こることは非常にまれではあるが，それでも，10,000 回に 1 回くらいの頻度で不完全な染色体分配が起こる．現在得られている研究結果から，組織中の細胞における異数性の原因の第一は，メロテリック結合であると考えられる．

一つの動原体に何本の微小管が結合しているかを感知することによって，紡錘体形成チェックポイントが働く．結合している微小管の数が少なすぎると，動原体は，“後期開始待て”の信号を発する．動原体と結合する微小管の数が増え，ある臨界点を過ぎると，この信号はオフとなる．動原体に張力がかかると，微小管との結合が安定化され，結合する微小管の数が増えることから考えて，チェックポイント機構は，張力を感知していると考えられる．最大の張力が生じるのは，二つの娘動原体がそれぞれの極と結合しているときである．チェックポイント機構は，個々の動原体にかかる張力からその動原体と結合している微小管の数を測定し，染色体全体が正しく紡錘体と結合しているかどうかを間接的に判定することができる．

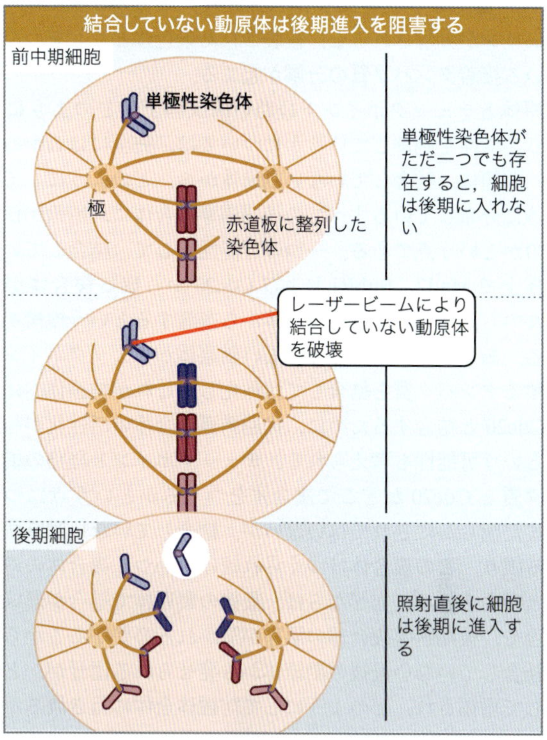

図10・49 結合していない動原体は後期侵入を阻止するシグナルを発することを示す実験．細胞は前中期で停止している（上図）．非常に細いレーザービーム（赤い線）を用いて，結合していない動原体の構成成分を不活性化すると，直ちに後期が始まる．

微小管脱重合剤を用いて紡錘体微小管を壊すと，紡錘体形成チェックポイントは長時間活性化されたままの状態になる．微小管脱重合剤の存在下でもチェックポイントが発動しないような酵母の変異体を単離することによって，チェックポイントに必要な遺伝子の探索が行われてきた．そのようにして見つけられた遺伝子がコードしているタンパク質として，三つの Mad（mitosis arrest deficient）タンパク質と三つの Bub（budding uninhibited by benzamidazole）タンパク質がある．これらのタンパク質に対応するタンパク質が，ヒトを含む脊椎動物細胞にも存在する．三つの Bub や三つの Mad のうちのどれか一つでも活性が阻害されると，チェックポイントは乗越えられ，細胞は後期に入ってしまう．細胞分裂の間，これらのタンパク質のいくつか（BubR1 と Mad2 を含む）は，結合していない動原体に付いたり離れたりを繰返す．一方，結合している動原体上には存在しない．

後期開始すなわち，娘染色分体の分配の開始の際に起こる最も重要なできごとは，**後期誘導複合体**（anaphase-promoting complex，**APC**）とよばれる巨大なタンパク質複合体の活性化である．後期誘導複合体の役目は，特定のタンパク質を分解の経路に導くことにある．具体的には，連鎖状に連なったユビキチン分子を，分解されるべきタンパク質に結合させることである．この一連のユビキチンが目印になって，それらのタンパク質は，タンパク質分解装置であるプロテアソームに認識され，分解される．しかしながら，後期誘導複合体は，単独では機能しない．後期誘導複合体が働くためには，どのタンパク質がいつ分解されなければならないかを特定するための補因子が必要である．後期開始には，後期誘導複合体が補因子であるCdc20によって活性化される必要がある．紡錘体形成チェックポイントは，Cdc20の活性を阻害するという形で機能する．その結果，後期誘導複合体の標的タンパク質である**セキュリン**（securin）の分解が起こらない．セキュリンが分解されると，複製された染色体どうしをつなぎ止めている接着タンパク質の分解が起こる．

動原体とチェックポイント経路の構成因子がどのようにしてCdc20の活性を制御しているかについては，完全にはわかっていない．問題は，結合していない動原体から，どのようにして紡錘体全体に分布しているすべての後期誘導複合体に，情報が伝えられるのかという点である．一つの可能性として，結合していない動原体上でMad2，BubR1およびCdc20から成る複合体が形成されたのち，その複合体が動原体から遊離するという機構が考えられる．あるいは，結合していない動原体がチェックポイントに関与するタンパク質を結合して活性化し，これが紡錘体内に遊離し，Cdc20と結合するために，後期誘導複合体の活性化が起こらないという可能性も考えられる．チェックポイント経路の構成タンパク質とCdc20がどこで複合体をつくるかという点については，まだ明らかにされてはいないが，結合していない動原体が存在する限り，この複合体はつくられ続け，かつ，複合体の寿命は短いと考えられる．なぜならば，最後の動原体で結合が形成されるや否や，後期誘導複合体の阻害が解かれる必要があるからである．結合していない最後の動原体から発せられる信号が，どのようにして増幅され，どのようにして紡錘体全体に行き渡るかについては，まだ解明されていない．

10・18　分裂後期は2種類の運動で進行する

重要な概念

- 娘染色分体間の連結が壊されることによって，両者はそれぞれの極に向かって移動を開始することができるようになる．
- 二つの娘動原体に加えられる牽引力は細胞分裂の間，常に存在するのであるが，染色分体間の連結がなくなることによって，反対方向に働く二つの力が打ち消し合わなくなり，染色分体の運動が開始する．
- 後期の間に，紡錘体の長さが増すことによって，極に向かって移動しつつある染色分体間の距離がさらに増加する．
- 紡錘体中央部の微小管どうしの間に働く押す力と，星状体微小管に働く引っ張る力によって，紡錘体の伸長がひき起こされる．

最後の動原体が紡錘体に結合してから染色分体が分配を開始するまでに，時間的なずれがあり，この間に，セキュリンやその他のタンパク質の分解が起こる．染色分体の分配が始まると，わずか数分で，細胞中のすべての染色分体の分配が完了する．通常，娘染色分体の分離は，まずセントロメア部位で起こる．なぜならば，極方向の力がかかるのはこの部分だからである．セントロメア部分が分離したのち，二つの娘染色分体はほぐれるように分離し，それぞれの極に向かって移動する（図10・50）．

分離した2グループの染色分体が極に近づく運動は，後期Aとよばれる．後期Aは，二つの極そのものが離れる運動である後期Bと区別される．図10・51に後期Aと後期Bを示す．後期AとBとは，後期の間の異なる時期を意味するのではなく，染色体移動をひき起こすために同時に働く，独立した機構を意味する．

後期が始まると，染色体は極に向かって突如動き始めるのであるが，中期から後期への移行の際に，力を生み出す機構が急にオンになるのではない．染色分体分配が始まるよりもかなり前の，前中期において，双極性が成立した染色体の一つの動原体をレーザー光線で破壊する実験を行った結果，このことが明らかになった．この実験で，染色体と一方の極との連結がなくなるや否や，この染色体は，後期における運動とまったく同じように，もう一方の極に向かって運動を開始した．つまり，紡錘体形成および染

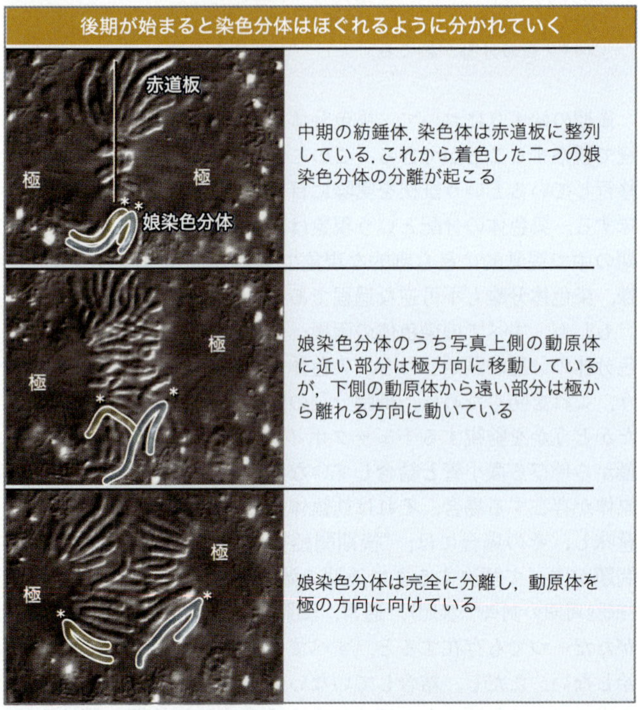

後期が始まると染色分体はほぐれるように分かれていく
赤道板
極
極
娘染色分体
中期の紡錘体. 染色体は赤道板に整列している. これから着色した二つの娘染色分体の分離が起こる
極
極
娘染色分体のうち写真上側の動原体に近い部分は極方向に移動しているが，下側の動原体から遠い部分は極から離れる方向に動いている
極
極
娘染色分体は完全に分離し，動原体を極の方向に向けている

図10・50　互いに分離し赤道板から離れつつある染色分体のビデオ映像から抜き出した画像［写真は © Conly Rieder, Wadsworth Center］

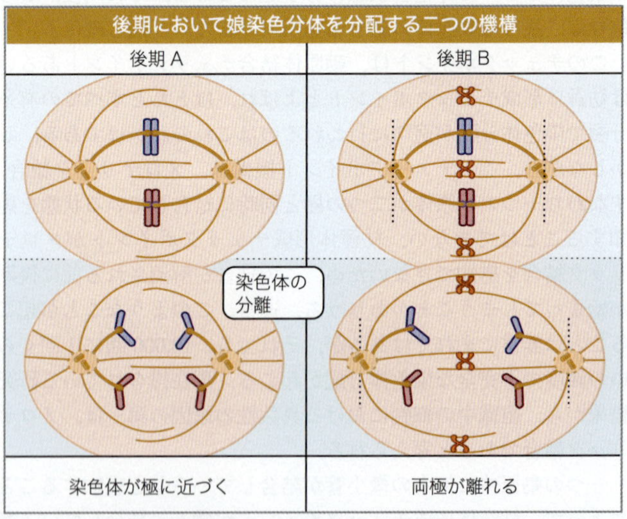

図10・51　染色体が極に向かって移動する（後期A）のと同時に，極どうしも互いに離れる方向に動く（後期B）．これら二つの運動によって，2群の染色体間の距離が増大する．後期Bでは，星状体微小管が極を引っ張り，かつ，紡錘体中央部で重なり合う微小管を架橋するモータータンパク質が微小管どうしをスライドさせることによって，両極は離れていく．後期Aと後期Bによって，新しい二つの核が充分に引き離され，両者の間で何の支障もなく細胞を二つに分けることができる．

色体集結の際に，染色体を極方向に動かす機構と同じ機構が後期にも働いて，染色体を極に向かって動かすのである．動原体にかかる極方向への力は，細胞分裂の期間を通じて存在する．後期が前中期と違うただ一つの点は，二つの娘動原体にかかる力は互いに打ち消し合うのでなく，独立して作用することである．その結果，二つの染色分体が切り離されるや否や，それぞれ二つの極方向へ突然動き始める．脊椎動物細胞では，この極方向への運動は，動原体が生み出す力と微小管の流れに由来する．この点は，後期よりも前の染色体運動でも同様である．

後期Aによって2グループの染色分体がそれぞれの極方向に向かって動くと同時に，二つの極自身も互いに離れる方向に動く（図10・52）．この紡錘体の伸長運動を後期Bとよぶ．後期Bによって，2グループの染色分体の分離は加速され，かつ，二つの娘核の中間で細胞質を二分する役目をもつ分裂溝が形成されるためのスペースが生まれる．後期Aが終わってから後期Bが始まるような生物もあるが，脊椎動物を含むほとんどの細胞では，染色分体の解離が起こるのと同時に極間距離の増加が始まる．つまり，後期Aと後期Bは同時に進行する．一般的に，紡錘体の伸長の度合いは細胞種によって異なり，ある場合は隣り合った細胞間でも大きく異なることもある．これは，細胞の形の違いによる．長方形で細長い細胞のほうが，球状の細胞よりも，紡錘体の伸長の度合いは大きい．

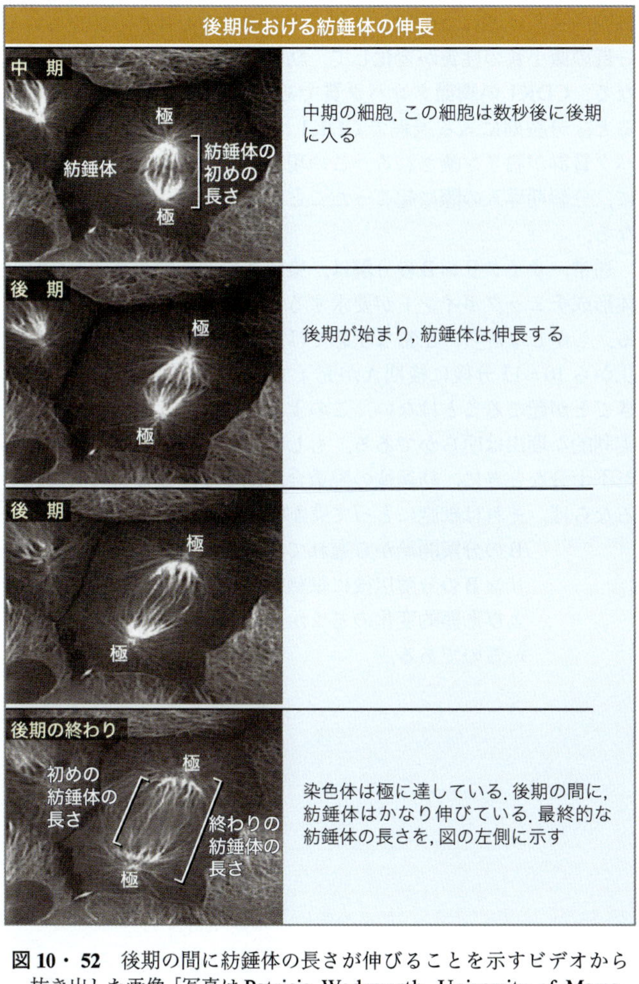

図10・52　後期の間に紡錘体の長さが伸びることを示すビデオから抜き出した画像［写真はPatricia Wadsworth, University of Massachusetts, Amherstの好意による］

図10・53に示すように，後期Bにおいて，いくつかの機構が協同的に働いて極を分離する．多くの単細胞生物（たとえば，酵母，珪藻，菌類など）では，後期Bは，分配される2群の染色分体の間に位置する紡錘体中央部で生じる力によってひき起こされる．この部分には，二つの極から伸びた微小管が重なって存在し，これにキネシン様タンパク質が結合し，隣り合った極性が異なる微小管どうしを架橋する．この分子モーターがそれぞれの微小管のプラス端方向に運動すると，2本の微小管の間に滑りが生じ，それぞれが結合している極の方向へ微小管が押し出される．その結果，紡錘体が伸長する．この間，紡錘体中央部の微小管はプラス端において重合を続ける．そのため，微小管が重なり合う部分の長さは維持され，微小管がどれだけ重合するかによって，紡錘体の伸長の度合いが決まる．

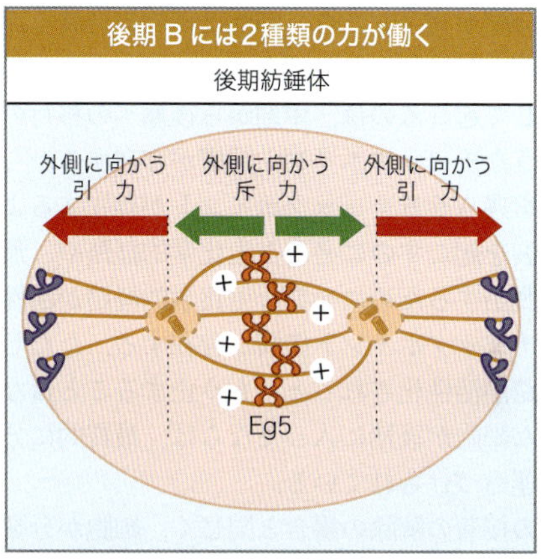

図10・53　後期Bにおいて，2種類の力が働くことによって極どうしが離れ，紡錘体が伸長する．紡錘体中央部には2本の微小管に対して同時に働くキネシン様タンパク質（橙色）が紡錘体の中央部に存在する．このタンパク質が極性の異なる微小管どうしをスライドさせることによって，二つの極を押し広げる．これと同時に，細胞表層に結合した細胞質性ダイニン（紫色）が，星状体微小管を引っ張る．

後期Aと同様，後期Bをひき起こす機構もまた細胞分裂初期から存在する．しかしながら，後期が始まる前は，この両極を引き離そうとする力は，紡錘体内に生じる反対方向の力，すなわち両極の距離を縮めようとする力と釣り合うために，極間の距離は変化しない．この反対向きの力の一部は，近接する極性の異なる微小管どうしを架橋しているマイナス端方向に動くモータータンパク質に由来する．さらに，この反対向きの力は，双極性の結合をもつ染色体の二つの娘動原体に由来する．娘動原体どうしは結合しているため，常に二つの極を赤道板方向に引っ張る働きをする．後期の開始時に娘染色分体の解離が起こると，二つの極どうしを引っ張る力が弱まり，力の均衡が破れる．その結果，極どうしを押し広げる力が優勢になり，極間距離が増加する．

極間を押し広げる力が紡錘体の伸長にどれだけ寄与しているかという点については，議論の余地がある．その理由は，後期の間に二つの極が離れるに従って，動原体に結合していない微小管のマイナス端は極から遊離する傾向にある．つまり，後期の中頃では，脊椎動物の細胞の両極は，押し広げられるというよりも，引き広げられるといった方がよい（図10・53参照）．両極を引き広げる力は，極と結合した状態で存続している星状体微小管と，細胞表層に結合している細胞質性ダイニンとの相互作用によって生じる．ダイニン分子は星状体微小管を“巻取る”ことによって，二つの極を引き離す．

10・19　分裂終期に細胞内で起こる変化によって，細胞は分裂期を脱出する

重要な概念

- 後期開始を制御する機構と同様な細胞周期制御機構が，細胞質分裂の開始や分裂期からの脱出（細胞分裂の終了）にも働いている．
- サイクリンBを分解することによりCDK1の不活性化が起こり，CDK1活性化によって細胞が分裂期に入ったときと逆の現象が起こる．
- 紡錘体形成チェックポイントが要求する条件が満たされることによって，細胞は後期に進入する．この時期に，サイクリンBの分解が始まる．ただし，終期開始までには時間的なずれがあり，染色体が完全に分配されるまでに終期が始まることはない．

染色体の分配が完了したら，細胞は細胞質分裂を開始し，最終的には分裂期を脱出しなければならない．これらの事象が染色体分配と連携して起こるのは，中期から後期への移行の際に働いたのと同じようなチェックポイント機構が存在するからである．後期の始まりを遅らせるチェックポイントが存在するように，細胞が細胞質分裂を起こすのに必要な生化学的経路や，最後に細胞が分裂期から脱出するために必要な生化学的経路が活性化されるのを遅らせるチェックポイント機構が存在する．ただし，いったんこれらの経路が活性化されると，もう止まることはない．すなわち，いったん細胞が後期に入ったならば，最終的に分裂期を脱出することが運命づけられている．

染色分体の接着の解除の場合と同じく，細胞が分裂期から脱出するのを制御するのも，後期誘導複合体である．いったんこの経路が活性化されると，細胞は終期，すなわち細胞分裂の最後の過程に入る．分配された2群の染色体は，終期の間に膨潤し，それらの周囲に核膜が形成される（図10・1参照）．同時に，紡錘体は脱重合し，図10・54に示されるように，二つの星状体の微小管が伸長して，分離された2群の染色体の間に，微小管からなる中央体とよばれる構造体が形成される（図10・55および図10・56）．細胞内でこのような事象が起こりつつあるときに，細胞表層では細胞質分裂を準備する別の事象が進行している．

サイクリンBは，分裂期状態をつくり出す働きをもつキナーゼであるCDK1の活性化に必要であるが，このサイクリンBが壊されることが，終期開始の引き金となる．分解されないようにデザインされたサイクリンBを細胞内に高発現させると，染色分体の解離は正常に起こり，後期Aも後期Bも完全に進行する．しかし，後期紡錘体は脱重合せず，中央体も形成されず，染色体の融合も起こらない．さらに，核膜の再構成も起こらず，細胞質分裂も起こらない．

細胞が分裂期に入るときに起こった現象と逆の現象が起こることによって，細胞は分裂期から脱出する．前に説明したように，サイクリンB/CDK1キナーゼが急激に活性化されることによって，細胞は分裂期に突入する．つぎに，この酵素は標的タンパク質群をリン酸化し，その結果，それらのタンパク質の活性の変化や局在部位の変化が起こる．核膜およびゴルジ体や小胞体などの細胞内膜系は壊れて小胞となり，中心体や中心体から伸びている一群の微小管の性質が変化して，紡錘体形成の道をたどることとなる．CDK1の調節タンパク質であるサイクリンBが分解されると，分裂期に入る過程でCDK1によってリン酸化されたタンパク質群が脱リン酸される．この現象が起こるにつれて，しだいに，分裂期導入の際に起こったことと逆の事象が，起こるようになる．

通常，サイクリンBの分解は，染色体の双極性が完成して紡錘体形成チェックポイントが要求する条件が満たされた直後に始まる．しかしながら，正常な状態では，チェックポイントの不活性化から10〜15分後に後期Aが完了するまでに，終期に固有のできごとが起こることはない．このような時間的なずれが存在する実利的な理由は明らかである．もしも2群の染色体間の距離がまだ不十分なときに，紡錘体の脱重合が起こり，核の再形成が起こるならば，それは細胞にとって悲劇的な結果となる．サイクリンBの分解開始から遅れて終期が始まるために，サイクリンBの分解以後に細胞内で起こる一連の生化学的および形態的変化のどこかに，時間的ずれが設定されているのである．

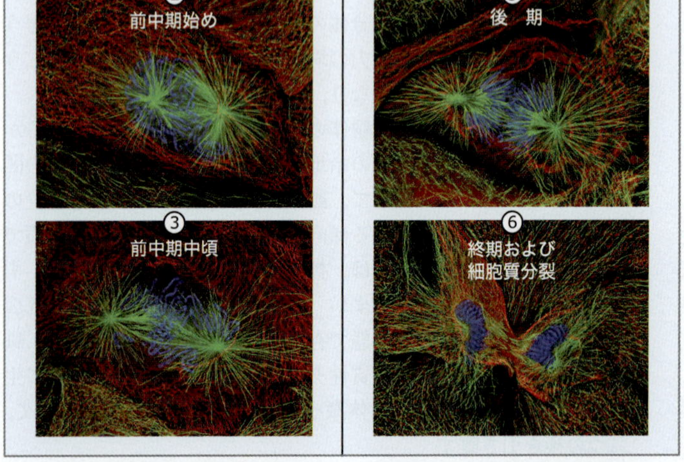

図10・54　細胞分裂の各時期における蛍光抗体染色画像．微小管(緑)，ケラチン繊維(赤)，染色体(青)［写真は © Conly Rieder and Alexey khodjakov, Wadsworth Center］

中 央 体 の 形 成

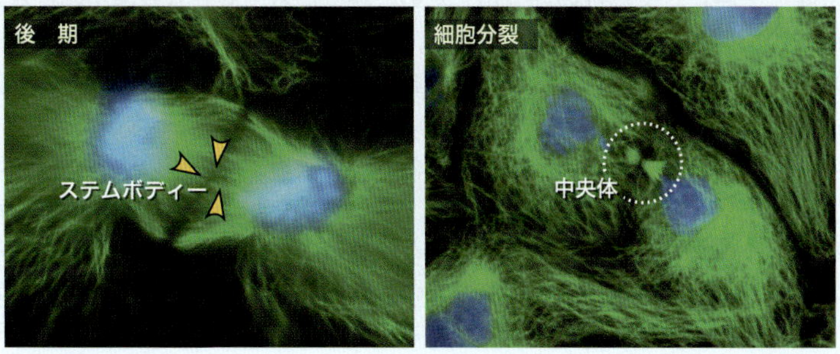

図 10・55　緑は微小管を，青は DNA を表す．後期には，多数の微小管の束（ステムボディー，そのうちのいくつかを矢頭で示す）が，分配されたばかりの染色体の間に存在する．細胞質分裂期までには，ステムボディーは合体して，二つの核の間に存在する一つの構造体である中央体を形成する．中央体および各ステムボディーの中央部分は染色されていない．なぜならば，この部分は特別な構造をとっており，微小管を染色するために用いた蛍光色素を結合した抗体分子が浸透しないからである．各ステムボディーの染色されない中央部分が横に並ぶことによって，後期細胞の中央部分に暗い線があるように見える［写真は© Conly Rieder, Wadsworth Center］

中 央 体

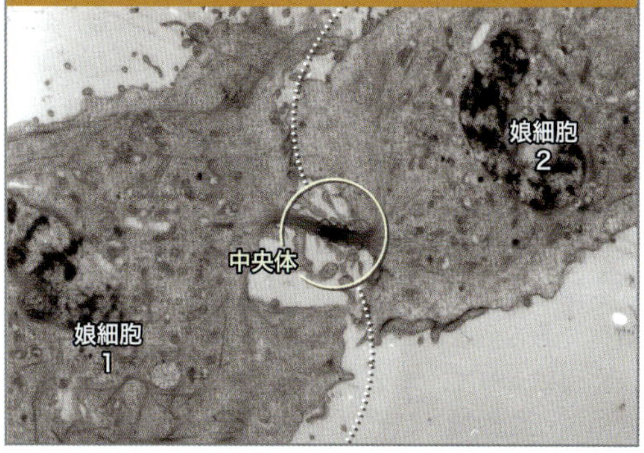

図 10・56　中央体の電子顕微鏡写真．細胞質分裂はほとんど完了し，二つの娘細胞は，主として中央体から成る細い細胞質の橋によってつなぎ合わされている．点線は，二つの細胞のおおよその境界線を表す［写真は© Conly Rieder, Wadsworth Center］

10・20 細胞質分裂によって細胞質は二つに分けられ，新しい二つの娘細胞が生まれる

重 要 な 概 念

- 核分裂によって生じた二つの核は，細胞質分裂によってつくられる二つの細胞に分配される．
- 細胞質分裂の時期には二つの新しい構造体である中央体と収縮環がつくられる．
- 紡錘体と中央体および収縮環は，互いに深く関連し合っている．
- 細胞質分裂は，分裂面の決定，収縮環の収縮，および新しくできた二つの娘細胞の分離という三つの過程に分けられる．

細胞が染色体を分配した後は，二つに分かれる必要がある．動物細胞では，分離された二つの染色体群の間をくびれ切ることによって，細胞質分裂を行う．後期 B の終わり近くに，中期に染色体が並ぶことによってつくられた赤道板と同じ面で収縮が始まる．**細胞質分裂**（cytokinesis）あるいは**分裂**（cleavage）とよばれる 10 分から 15 分続く過程によって，細胞は二つに引きちぎられる．この様子はビデオで見ることができる（その 1 コマ目を図 10・57 に示す）．細胞質分裂は，細胞分裂の最後の過程である．細胞質分裂は細胞が分裂期から脱出しつつある時期に起こり，これにはサイクリン B/CDK1 キナーゼの不活性化が必要である．

染色体分離の場合と同様，細胞質分裂には紡錘体の存在が不可欠である．さらに，新しい構造体である**中央体**（midbody）と**収縮環**（contractile ring）が必要である（図 10・58）．中央体は，紡錘体に由来する微小管が再構成されてできた平行な微小管の束で，分配された二つの染色体群の間に伸びた形で存在する．中央

細 胞 質 分 裂

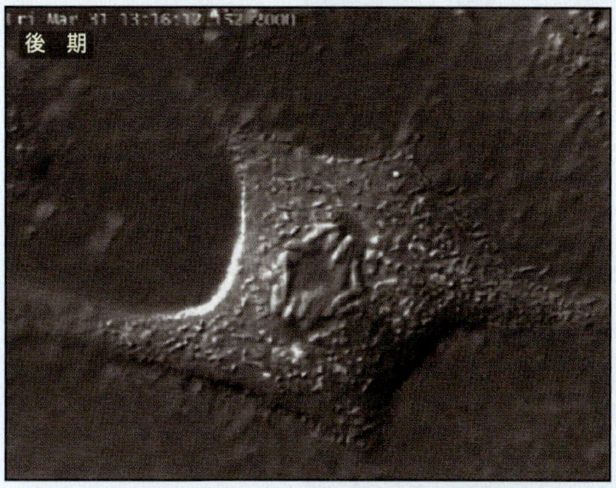

後期を開始してからしばらく後の細胞

図 10・57　染色体の分配が完了してから細胞質分裂に至るまでを撮影したビデオの最初の 1 コマ．細胞の真ん中に深い溝ができることによって，細胞は二つに切断される［写真は© Conly Rieder, Alexey Khodjakov, Wadsworth Center］

新しくつくられた二つの構造体が細胞質分裂を行う

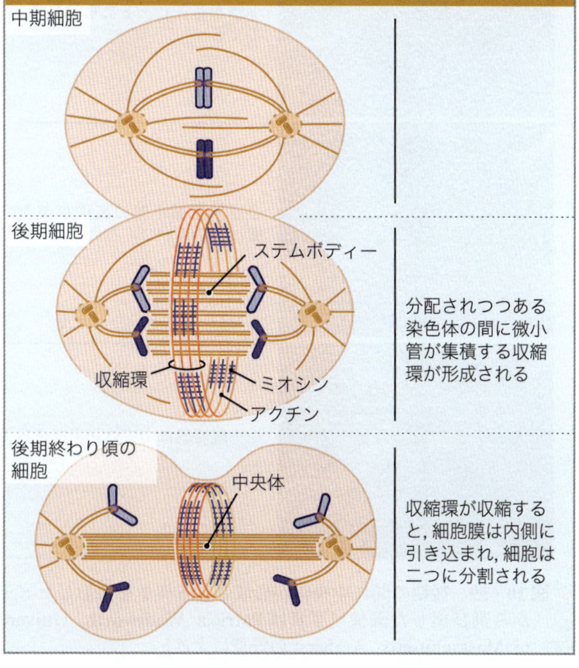

図 10・58　後期の間に分配中の染色体の間に生じる微小管の束が集まって，一つの大きな微小管構造体である中央体が形成される．これと同時に，アクチンフィラメントとミオシンフィラメントが密に集積することによってできる収縮環が，細胞膜直下に形成される．

体は，図10・59に示すように，多くの独立した細い微小管の束がしだいに融合することによって形成される．収縮環は，高密度のアクチンフィラメントの束からできており，細胞膜直下に存在する．筋肉でみられるよりは短い双極性のミオシンフィラメントがアクチンフィラメントを架橋している．中央体，収縮環は共に，微小管およびアクチン，ミオシン以外に，これら構造体の形成に必要な多くのタンパク質を含む．

収縮環は，細胞を二つにくびれ切るのに必要な力を発生する構造体である．収縮環は，そこに含まれるアクチンとミオシンの相互作用によって，その名が示すように，収縮することができる．収縮環は細胞膜と結合しているため，きんちゃくのひもと同じような働きをする．すなわち，収縮によって環の直径が減少し，同時に，くびれの部分がしだいに狭くなる．もしも収縮が起こる場所やタイミングを間違えば，それは細胞にとって致命的なものとなる．収縮環がいつ形成されるか，いつ機能するかは，細胞質分裂のときに存在する二つの細胞骨格構造体によって決まってくる．紡錘体の位置は中央体の位置を決め，中央体の位置は収縮環が形成される位置を決める．このような順序でそれぞれの位置が決定された結果，分配された染色体の中間に収縮環が形成されることとなる．染色体そのものも収縮のタイミングを決定する要素の一つである．後期が始まると，染色体に由来する何らかの因子が作用することによって，収縮環が機能すると考えられる．これまで述べてきた過程のどれが欠けても，細胞質分裂はうまくいかず，二つの核をもつ細胞が生まれてしまう．2核をもつ細胞は，ヒトの組織（たとえば肺や肝臓）中にも認められているが，そのような細胞が分裂することはほとんどない．

染色体の分配と同様，細胞質分裂の過程も，いくつかの連続した段階に分けることができる．各段階ではそれぞれいくつかの特徴的なできごとが起こる．それらの段階のうち最後の段階のみが不可逆的である．つまり，娘細胞どうしが完全に別の細胞に分かれてしまう前ならば，細胞質分裂は可逆的である．

細胞質分裂の最初の段階で（これは後期が始まった直後であるが），細胞表層に，収縮環がつくられる場所が決まる（図10・60）．その結果，細胞分裂が起こる面が決まり，つぎに，その場

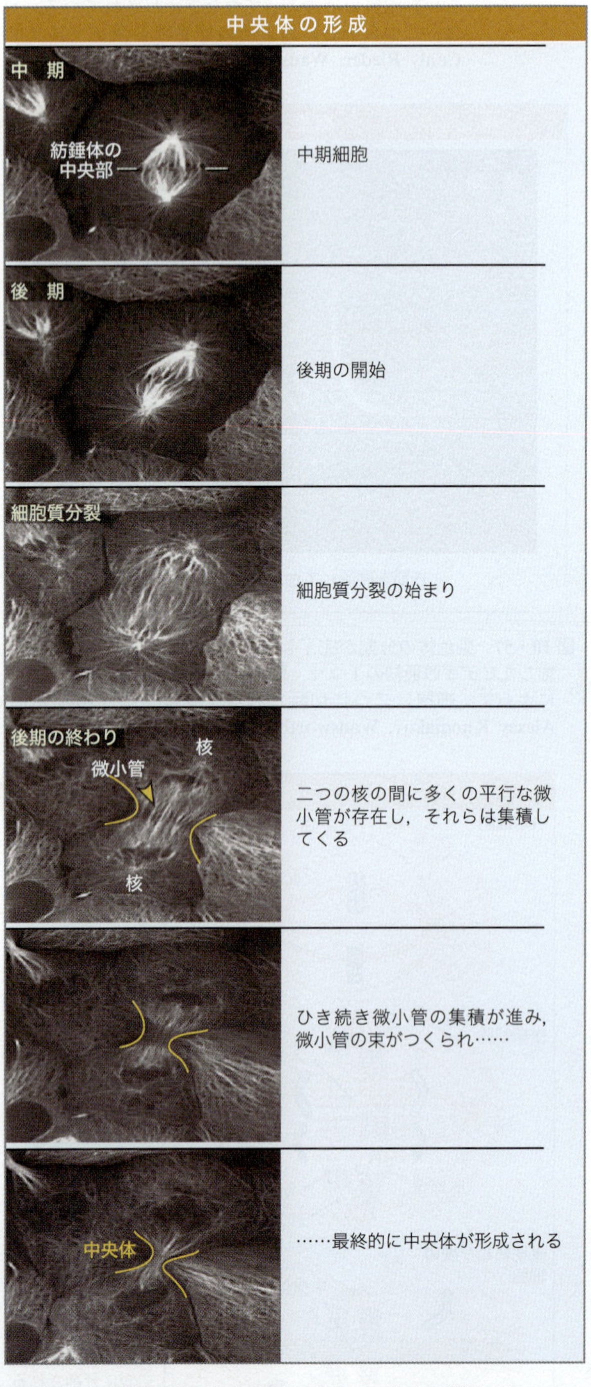

図10・59 後期の間に中央体が形成される様子を撮影したビデオから選び出した画像［写真はPatricia Wadsworth, Univercity of Massachusetts, Amherstの好意による］

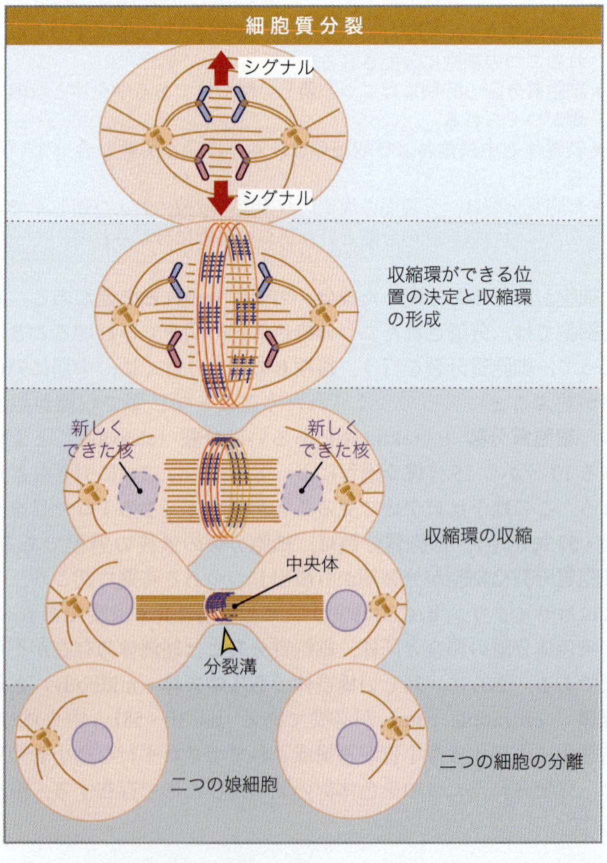

図10・60 細胞質分裂の過程．分配されつつある染色体の間から発せられたシグナルによって細胞表層に収縮環が形成される．収縮環は，形成されるやいなや収縮を始める．収縮環が中央体の近傍に達するまで収縮が続き，半分の細胞どうしが細胞質の細い橋だけでつながれるようになる．この橋が壊されると，完全に分離された二つの細胞が生じる．核分裂のいくつかの段階の場合と同様，細胞質分裂の一連の段階も連続しており，途中に休止期は存在しない．

所に収縮環がつくられる．収縮環の形成の進行中に，収縮が始まる．まず，細胞の表面にくぼみができ，“陥入”が始まり，収縮環の収縮が進むにつれてくぼみは徐々に深まって，細胞を一周する深い溝になる．収縮環の収縮が進むと，最終的には，細胞の半分どうしが，ほぼ中央体だけからなる細胞質の細い橋でつながれているという状態になる．その後，最後の分離あるいは“切り離し”の段階で，細胞は後戻りできない点を越え，細胞質の橋は壊されて，二つの独立した娘細胞が生まれる．

10・21 収縮環の形成には，紡錘体とステムボディーが必要である

重 要 な 概 念

- 紡錘体の位置が，収縮環ができる場所を決める．
- 紡錘体の位置は，星状体の微小管と細胞表層との相互作用によって決まる．
- 後期に，分離しつつある染色体から伸びた平行な微小管の束が形成される．これはステムボディーとよばれる．
- 後期が進行するにつれて，ステムボディーは集合して，中央体とよばれる太い束となる．
- ステムボディーから細胞表層に向かって発せられるシグナルによって，収縮環が形成される．

収縮環ができる位置は，紡錘体と細胞表層との相互作用によって決まる．後期の初めには，表層全体が収縮環と分裂溝を形成する能力をもっているが，のちに，実際に収縮環をつくることになるのは，そのうちのごく一部分である．収縮環の位置の決定における紡錘体の重要性は，後期細胞の紡錘体の位置を人為的に変えるという実験によって示すことができる．すでに収縮環の形成を開始した細胞の紡錘体を細いガラス棒で動かしてやると，新しい紡錘体の位置に第2の収縮環がつくられる．最初の収縮環はしだいに消え，紡錘体の位置を再び変えない限り，第2の収縮環によって細胞質分裂が起こる．どれだけの距離，紡錘体を動かしても，同じような結果が得られるが，後期のある時期を過ぎてから紡錘体を動かすと，新しい収縮環ができなくなる．後期の初めには，表層すべてが紡錘体からの指令に対応することができるが，遅くなると対応できなくなるのである．

紡錘体自身の細胞内における位置は，星状体微小管によって決められる．星状体微小管は，両極から放射状に伸びており，細胞表層のかなり広範な部分と接触できるくらいの長さをもっている（図10・61）．動物細胞の紡錘体は，星状体微小管と表層に結合したダイニンとの相互作用によってその位置が決定される（図10・62）．ダイニンは微小管のマイナス端方向に動くため（ダイニンは極にも結合している），微小管には引っ張る力が働く．表層のどの部分にダイニンが存在しているか，あるいはどの部分のダイニンが活性化されているか，細胞はどのような形をしているか，二つの極から伸びている星状体微小管の相対的密度はどのようであるか，といった，いくつかの要素によって紡錘体の位置が決まる．二つの極から伸びている微小管にかかる張力がつり合って，力学的平衡に達した点で，紡錘体の位置が決定されると考えられる．もちろん例外はあるが，細胞の長軸方向に紡錘体の長軸が向けられる場合が多い．

発生中の胚や組織の細胞では，細胞質分裂によって大きさが非常に異なる娘細胞が生まれる場合がある．細胞分裂の間に紡錘体が急に移動した結果として，このような非対称的細胞質分裂が起こることがあり，終期のさなかに紡錘体が急速にその位置を変え，細胞表層近くに移動するような場合がその例である．このような変化の結果，分裂溝は細胞の中心から離れたところにつくられる．紡錘体がいつ動くかを制御する機構や，紡錘体を細胞内の特定の場所に移動させる機構は，まだわかっていない．

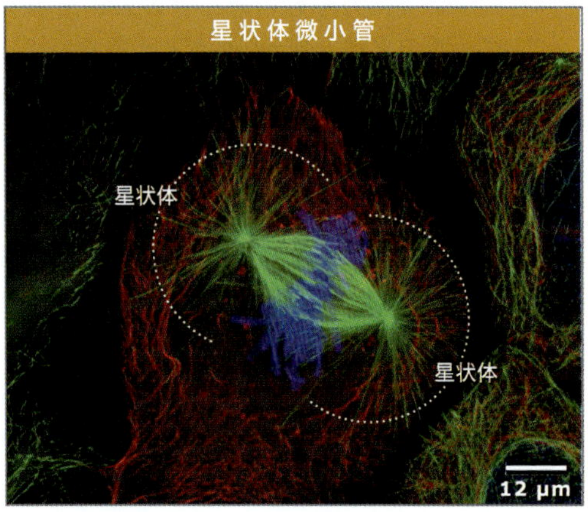

図 10・61 中期紡錘体の二つの極から伸びている星状体微小管．緑は微小管，青は染色体，赤は中間径フィラメント．中間径フィラメントのネットワークの端は，細胞の境界を示す．多くの微小管が四方八方に伸び，細胞の端まで達していることがわかる［写真は © Conly Rieder and Alexey Khodjakov, Wadsworth Center］

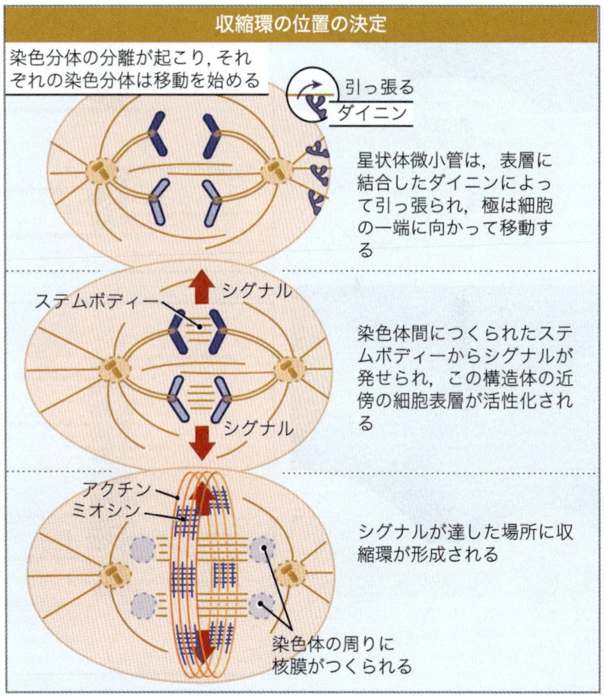

図 10・62 一連の過程によって収縮環の位置が決まる．細胞内における紡錘体の位置は，星状体微小管と表層に結合したダイニンとの相互作用によって決まる．紡錘体の位置によってステムボディーの位置が決まり，そこから発せられるシグナルによって，表層のステムボディーに近い部分に収縮環が形成される．

紡錘体は，どのようにして収縮環の位置を決めるのであろうか？ 最近まで，細胞質分裂面は星状体によって決められると考えられ，非常に多くの実験の結果，つぎのような説が唱えられてきた．すなわち，細胞質分裂は，多くの場合，隣り合う二つの星状体（それらが紡錘体と結合している，いないにかかわらず）の中間で起こる．収縮環形成に必要な因子は，二つの星状体に由来する微小管が重なる部分に集積する，という説である．しかし現在

では，収縮環の位置は星状体によって決められているのではなく，後期初めに，分離しつつある二つの染色体群の間につくられる微小管構造体によって決定されることが明らかになっている*3.

染色体が分配されると，中期に染色体が集結していた場所に，紡錘体と同じ向きに並んだ多数の微小管の束が出現する（図10・63）．この微小管の束は，ステムボディーあるいは紡錘体中央部（中央紡錘体）微小管束とよばれ，中心体を核として重合した後に，後期になって中心体どうしが離れていくときに中心体から遊離した微小管，あるいは後期に新たに重合した微小管からできている．この微小管束は，反対の極性をもつ微小管から成り立っている．束の中央部の狭い領域では，プラス端を含む逆方向の微小管が重なり合っている．この重なり合いの部分は，両極のちょうど中間に位置する．すなわち，微小管束はすべて紡錘体の正中線に集まっている．微小管束中で微小管が重なり合う部分は，固有のタンパク質を結合した特殊な構造をとる．この部分には，近接した極性の異なる2本の微小管と同時に相互作用することができるキネシン様タンパク質であるMKLP1（mitosis kinesin-like protein 1）が結合している．このタンパク質は，結合した2本の微小管それぞれのプラス端方向に同時に運動することによって，ステムボディー構造をつくる働きをもつ．この微小管が重なり合う部分には，別のモータータンパク質であるCENP-Eが存在する．このタンパク質は，後期が始まる前は動原体に結合しており，その後，この場所に移行してきたものである（図10・64）．

細胞質分裂が進行するにつれて，ステムボディーどうしは重なり合って融合し，分配された染色体群の中央に位置する一つの太い微小管の束，すなわち中央体となる（図10・63および図10・59参照）．個々のステムボディーと同様，中央体の中心部では逆

＊3　訳者注：動物細胞の収縮環の位置決定に星状体がまったく関与しないわけではない．特に胚などの大きな細胞では星状体の関与が大きく，通常の細胞では，主として中央紡錘が収縮環の位置を決めていると考えられている．

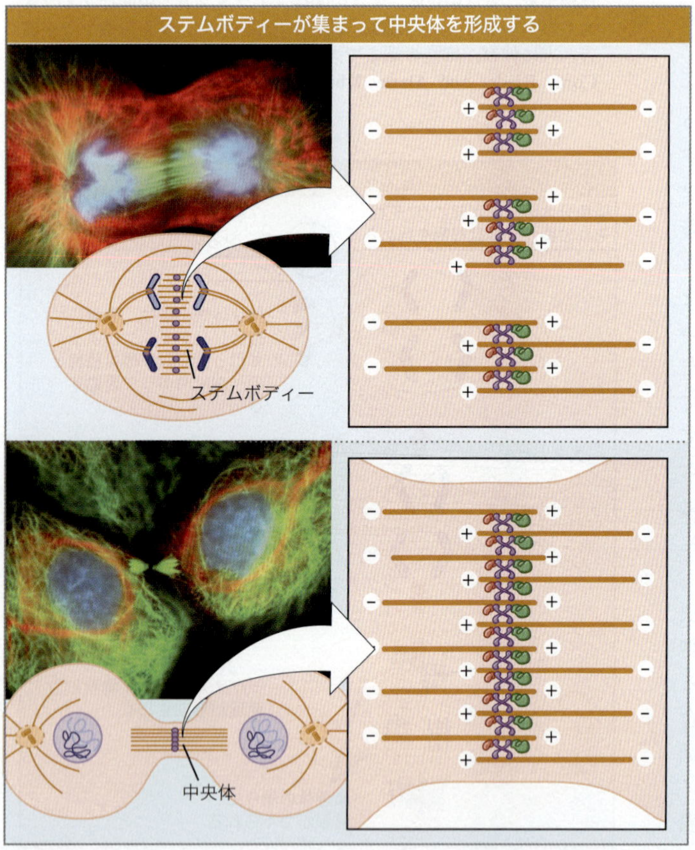

図10・63　上図は後期の半ばから終わりの細胞の写真である．染色体（青）はちょうど極に達したところである．2群の染色体の間には，多くのステムボディー（緑）が幅広く並んでいる．各ステムボディーの中央部には，多くのタンパク質が密に集積しており，蛍光色素を結合した抗体が微小管まで達しないため，緑に染まっていない．下図は，中央体でのみつながれた二つの娘細胞の写真である［写真は © Conly Rieder, Wadsworth Center］

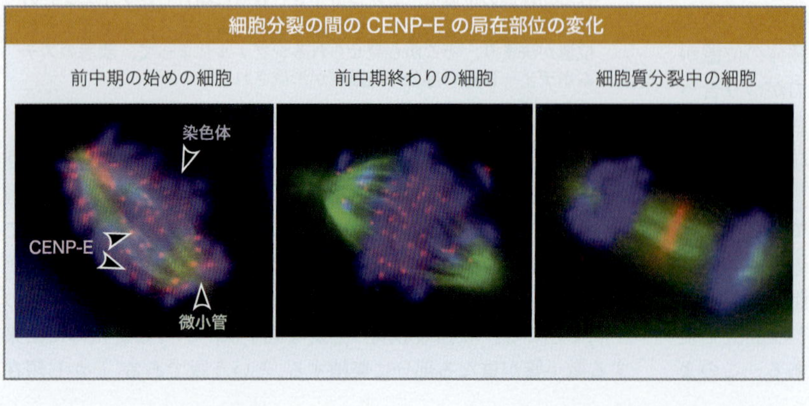

図10・64　細胞分裂の間に，CENP-Eがどのようにその存在部位を変化させるかを示す一連の蛍光抗体染色像．中期の前および中期の間は，CENP-Eは動原体の構成要素であり，はっきりとした点に見える．しかしながら，後期が始まると，CENP-Eは動原体から離れ，紡錘体の中央部の狭い範囲に集積してくる．ここは，極あるいは染色体から伸びた微小管が重なった部分である．CENP-EとDNAが共存すると，両方の蛍光が重なり合って紫色になり，CENP-Eが微小管と共存すると，両方の蛍光が重なり合って橙色となる［写真はBruce F. McEwen, Wadsworth Centerの好意による］

方向の微小管が重なり合っており，多数の固有なタンパク質が結合している．

ステムボディーは，収縮環が形成されるのに必要であり，収縮環ができる位置の決定において重要な役割を担う．収縮環は，その主要構成要素であるアクチンとミオシンのほかに，きわめて他種類のタンパク質が組織的に集合することによって構築される．これらのタンパク質は，細胞膜直下の特定の部位に集められ，集合して環状構造体をつくる．収縮環構成タンパク質が集合し，環構造が形成されるためには，その近くにステムボディーが存在する必要がある．ステムボディーの形成を阻害する実験を行うと，アクチンとミオシンはどこにも集積せず，収縮環は形成されない．細胞を操作して，ステムボディーを紡錘体から切り離し，表層部分の直下に移動させることができる．この実験の結果，ステムボディーを移動させてた場所の近くの表層にアクチンとミオシンが集積し，収縮環が形成することが示された．

ステムボディーは収縮環が形成されるためのシグナルを発すると考えられる．この分子機構はまだよくわかっていないが，シグナルは微小管のプラス端が集積している特別な部分であるステムボディーの中央部から発せられている可能性がある．この部分に局在するタンパク質の一つとして，低分子量 GTPase である Rho の活性化タンパク質がある．細胞活動のいろいろな局面で，Rho はアクチンを含む構造体の形成を制御している．このことから，ステムボディーによって恒常的に生み出され，遊離される活性化 Rho が，アクチンとミオシンの再構成を促し，収縮環が形成される可能性が考えられる．

10・22 収縮環は細胞を二つにくびり切る

重要な概念

- 収縮環が収縮することによって，細胞が締めつけられ，細胞表面にくぼみができる．
- 収縮環は，主としてアクチンとミオシンからできており，両者が相互作用することによって収縮が起こる．
- 収縮環が収縮するには，ステムボディーあるいは中央体からのシグナルが必要である．
- 細胞質分裂の間，相当量の膜融合が必要とされる．

適切な場所に収縮環の材料が集まり収縮環の形成が始まると，この構造体は細胞質を二つに分けるという仕事を開始する．収縮環形成の開始とほとんど同時に，収縮が始まる．収縮につれて，環の直径は減少し続け，新しくできた核を一つずつ含む 1/2 細胞どうしをつなぐ非常に狭い通路だけが残される状態にまでなる（図 10・60 および図 10・57 参照）．収縮環はそのすぐ上に存在する細胞膜と連結しているため，収縮環の収縮によって細胞膜のうち，二つの核から等距離にある部分が内側に引き込まれ，細胞表面に分裂溝とよばれる深い溝が形成される．多くの単細胞生物や動物組織の細胞の場合，分裂溝の幅は広く，溝の側面の角度は緩やかであり，ダンベルのような形態をとる．たとえば，ウニやカエルの胚細胞のような大きな細胞の場合，分裂溝は非常に鋭角的で深い．細胞全体にわたって同時にくびれるのではなく，細胞の片側だけに分裂溝ができて，ナイフで細胞を切るように分裂溝が細胞の反対側にまで及ぶような形式で分裂が行われる細胞もある．このことから，細胞の表面の一部分に三日月状につくられて分裂が進むに従って横に伸びていくという形の収縮装置もまた，通常の収縮環と同じように機能することがわかる．

収縮の力は，アクチンとミオシンの相互作用によって生じる．筋肉のサルコメアと同様，収縮環も互いに重なり合ったミオシンⅡフィラメントとアクチンフィラメントからできており，両方の繊維が互いの上を滑るような形で動くことにより，収縮の力が生じる．収縮環にはアクチンやミオシンよりも量的には少ない多種類のタンパク質が存在し，収縮環構造の形成やアクチンとミオシンの相互作用を調節している．収縮環は，単なる小型で環状の筋肉ではない．収縮環のアクチンフィラメントとミオシンフィラメントは，筋肉のサルコメアの場合ほど秩序だって配置されているわけではない．収縮環は，サルコメアよりもはるかに動的な構造体であり，薬剤を用いてアクチンの重合を阻害すると，急速に崩壊する．収縮が進んでも収縮環の太さが変わらないことからみても，収縮環の動的性質は，その機能にとって不可欠であると考えられる．収縮環の直径が小さくなるにつれて，収縮環から構成タンパク質がしだいに除かれていく必要があり，細胞質分裂の終わり近くでは，当初存在した構成タンパク質の多くが遊離している．

収縮環の収縮は，分配された二つの染色体群の間に伸びている微小管によって制御されている．分裂溝が深くなっていくためには，ステムボディーが継続して存在することが必要であり，ステムボディーが集まって中央体がつくられることによって，分裂溝の進行がひき起こされる可能性が考えられる．細胞にアクチン重合阻害剤を加えて収縮環形成を阻害しても，ステムボディーが集合して一つの太い束になるのは妨げられないという実験結果が出ており，このことから，収縮環が収縮した結果として中央体が形成されるのではないことが示唆される．

ステムボディーから発して収縮環の収縮を起こさせるシグナルは，ステムボディー中央部の微小管が重なっている特別な部分で生み出される．分裂溝が陥入するためには，ステムボディーに存在するいくつかのタンパク質が活性を保っていることが必要である．その例として，オーロラ B キナーゼを含むパッセンジャータンパク質複合体が考えられる．この複合体は後期開始に伴い，セントロメアからステムボディーへと局在部位を変える．この複合体がどのようにして収縮環の収縮を誘起するか，また，この複合体がシグナル伝達機構の一部なのか，あるいはステムボディー形成に必要なのかという点については，まだよくわかっていない*4．分裂期の中の節目の時期に，どのようにしてこの複合体がある場所から別の場所に移動するか，また，複合体の移動が，ステムボディーの形成と位置決定に対してどのような意味をもつのかということは，興味深い問題であるが，まだ答えは得られていない．

収縮環の収縮は進行し，分裂中の細胞の半分どうしが中央体を含む細い橋だけで結ばれているようになる（図 10・56 および図 10・57 参照）．この構造体の役割の第一は，細胞質分裂の最後の過程，すなわち二つの娘細胞が完全に切り離される過程を制御することである．娘細胞の細胞質間をつなぐ構造は何時間も存続する場合があり，最終的にこの構造が壊れるまで細胞質分裂は完了しない．このことは，染色体の一つを巻込んだ形で娘細胞間の架橋が形成された場合に顕著である．このようなことは，後期における染色体の分配が不完全だったときに起こる場合がある．このとき，架橋は何時間も消えずに残ってしまい，最後には，分裂溝が弛緩し，2 核をもった細胞が生じてしまう．正常な細胞質分裂

*4 訳者注：中央紡錘体の形成および収縮環の形成にかかわる Rho の活性の制御において，タンパク質複合体がオーロラ B を含むパッセンジャー中心的な役割を担うことを示す報告が多く提出されている．

で，架橋が壊されて二つの細胞が生まれるのには二つのやり方がある．ある場合は，二つの娘細胞が反対方向に移動することによって，架橋が引きちぎられる．またある場合は，架橋付近にまで運ばれてきた膜小胞が細胞膜と融合して，二つの 1/2 細胞の間のギャップを埋めるという機構によって架橋が消失する．この二つの方法をどの程度用いるかは，細胞によって異なる．運動性の低い細胞には，第一の方法は適用できない．

細胞質分裂中に起こるすべての細胞骨格の変化のほかに，多量の膜融合が起こる必要がある．娘細胞を最後に切り離す際には，確かに膜の融合が必要である．しかしこれ以外にも膜の融合が必要であることは明らかである．立方体や球が均等に二つに割れる場合（細胞質分裂でも基本的には同じことが起こる），生じた二つの物体の体積の和は元の物体の体積と等しい．しかしながら，分裂によって新しい表面が生まれるため，表面積の和は元のものよりもはるかに大きくなる（図 10・65）．このことは，細胞質分裂が起こる際，かなり多量の新しい細胞膜が加えられる必要があることを意味する．この過程は動物細胞で詳しく調べられている．動物細胞では，細胞内に存在する膜小胞が細胞膜と融合することによって分裂溝先端のすぐ後の細胞表面の面積が増加する．カエルなどの両生類の卵割において，明らかに上記の現象が起こっている．これらの卵は非常に大きく，かつ，短時間の間に分裂が次から次へと起こらなければならない．この場合，各細胞周期の間に多量の物質を合成するのは不可能であり，細胞質には多量の膜小胞が蓄えられていて，細胞質分裂の際に，これらが細胞膜との融合に用いられるのである．

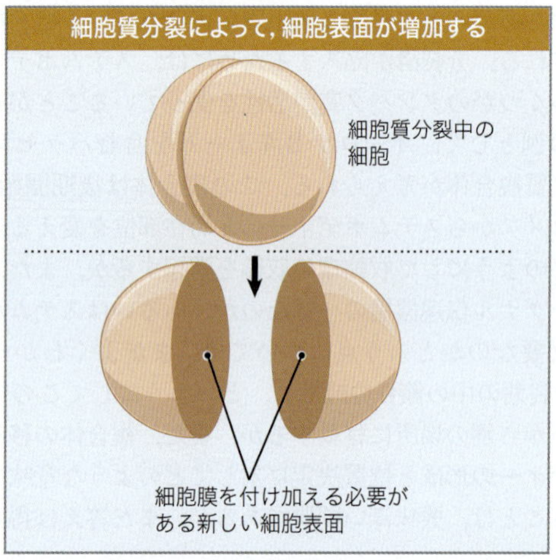

図 10・65　細胞質分裂によって生じた二つの娘細胞の表面積の和は，母細胞の表面積よりも大きい．したがって，細胞質分裂の間，かなりの量の新しい細胞質が付け加えられる必要がある．

10・23　核以外の細胞小器官の分配は，確率の法則に従う

重要な概念

- 細胞分裂の間，細胞内の膜構造体は崩壊し，膜小胞という形で二つの娘細胞に分配される．
- 細胞分裂が終わった後，これらの膜小胞は融合して再び細胞小器官をつくる．

細胞分裂とは，複製された中心体や染色体を二つの娘細胞に分配することだけを意味するわけではない．新しい二つの娘細胞が生きていくためには，母細胞から十分な細胞質と細胞内小器官を受継いでいなければならない．細胞小器官の多くは，多数の小片に分割されて母細胞中にランダムに分散させられることによって，娘細胞に等しく分配され，ひき継がれる．細胞小器官の多くは，細胞分裂全般を支配する制御酵素であるサイクリン B/CDK1 の活性化に伴って小さく分解され，分散化される．

細胞内のほとんどすべての構造物や膜を含む細胞小器官で，上記のような事象が起こる．分裂期には，ゴルジ体，粗面小胞体，滑面小胞体，核膜などの内膜系はすべて小さく分解される．この結果生じた多数の小片は，細胞全体にランダムに分散化される．細胞小器官の小片が，二つの中心体から伸びた動的な微小管と相互作用することによって，分散化が行われる場合がある．微小管を例外として（微小管構造体は形を変えて紡錘体をつくる），細胞骨格系もまたかなりの程度，脱重合を起こす．アクチンフィラメントや中間径フィラメントから脱重合したサブユニットもまた，細胞内全体に拡散する．多くの場合，細胞骨格が壊されることによって，細胞は球形化する．細胞分裂初期に起こるこの細胞形態の劇的変化が，細胞内物質が細胞全体に分散する助けになっているのは確かである．

細胞分裂初期に分解あるいは断片化しない唯一の細胞小器官は，ミトコンドリアである．ミトコンドリアの構造は細胞分裂によって影響を受けず，断片化もしない，ミトコンドリアの場合，すでに他の細胞小器官由来の小片のように，細胞内に同じものが多数存在しているからである．個々のミトコンドリアは細胞周期を通じて働く独立した単位であり，一つの細胞内には何百あるいは何千も存在している．この ATP 生産系は，いわばすでに断片化し細胞内に分散しているのである．これに対して，ゴルジ体は動物細胞の場合，細胞内にただ一つしか存在しないため，その機能が二つの娘細胞にひき継がれるためには分散化されなければならない．

細胞分裂初期にすべての断片化が起こり，その結果，ほとんどの細胞小器官は，後期に入るまでには，多数の断片として細胞内にランダムに分散化されている．細胞質分裂により，細胞質はほぼ同じ体積に分割され，最終的にそれぞれの娘細胞は一つの中心体，1 セットの染色体，ほぼ等量の細胞小器官と細胞骨格系の前駆体を含むことになる．それから，サイクリン B/CDK1 は不活性化され，細胞は分裂期状態から脱出し，分裂期に入るときに起こった分解の経路と逆の経路をたどって細胞内構造体が再構成される．

10・24　次なる問題は？

細胞分裂の機構の解明は，単に学問的な問題ではない．病変をもつ器官の細胞に起こっている遺伝子の変異は，細胞分裂の際に起こった間違いに由来する場合が多い．最新の遺伝学的，分子生物学的手法を用いることによって，染色体分配や細胞質分裂にかかわる新しい分子を見つけることは，比較的簡単になった．問題は，これらのタンパク質の機能を決定することである．すなわち，それらの分子はどのように協同的に働いて一つの仕事を行うか，また，細胞分裂の過程で起こる種々のできごとはどのようにして統合されているかを解明することによって，生命にとって最も基本的な細胞の増殖という過程を理解することができるのである．

細胞分裂にかかわる個々のタンパク質が，どのように機能するかを明らかにするには，さらに多くの研究が必要である．急速に改良が進んでいる画像処理システムや，蛍光物質を結合したタンパク質の細胞内における挙動の追跡の手法の進歩によって，紡錘体の各構成要素の相互作用を可視化できるようになった．特定のタンパク質を不活性化する，あるいは細胞から取除くために広く

用いられている方法（たとえばRNA干渉）と，上記の手法を組合わせることによって，細胞分裂導入や進行において，それぞれの役者がどのように機能しているかについてより明確なイメージを得ることができる．特に解明が期待されるのは，中心体の複製はどのような機構によって行われているか，それはDNAの複製とどのように共役しているか，細胞はどのような機構でこの重要な細胞小器官の数を制御しているかという点である．多くのがん細胞が，がん化の初期の段階で中心体の過剰複製を行っていることが，明らかにされている．中心体が過剰に存在すると，多極の紡錘体が形成され，異数性の染色体をもつ細胞が生じる．どのようにして中心体の過剰複製が起こるか，このことが発がんの初期過程において重要な役割を担うかどうかということを解明することは，非常に重要である．

解明されるべき重要な事柄として，紡錘体形成チェックポイントの分子機構がある．どのようにして，ただ一つの動原体から発せられたシグナルが細胞全体に伝えられて，後期開始が阻止されるのであろうか？ このチェックポイントの異常は，染色体の異数性の直接の原因となる．異数性は，がん化などの悲劇的な結果をひき起こす．多くのがん細胞は，紡錘体形成チェックポイントに欠陥をもっている．したがって，“後期開始待て”のシグナルがどのようにして後期誘導複合体を阻害するかを解明すれば，がん細胞を選択的に殺す薬の開発が進展する可能性が高い．

どのような機構で微小管のサブユニットの流れが生じるか，また，この流れはどのようにして染色体の位置を決め，染色体を動かすかを解明することは，疑いもなく重要なことである．紡錘体マトリックスに結合した多数のモータータンパク質が微小管全長にわたって作用することによって，微小管サブユニットの流れが生じるのであろうか？ あるいは，微小管の両端に対してのみ働く特殊なタンパク質によって，流れがひき起こされるのであろうか？ 動原体に結合したモータータンパク質の働きと，微小管サブユニットの流れ，どちらの方が，動原体の極方向への運動に対して，より大きく寄与するのであろうか？ 動原体が行う仕事は全部でいくつなのか，それらはどのようにして協同的に働くのか？ このような疑問に答えることができれば，染色体が紡錘体の赤道面に並ぶ機構が明らかになるであろう．

最後に言っておきたいことは，細胞が分裂期に入るための制御機構は，まだ十分に解明されていないということである．DNAが損傷を受けると，細胞は分裂期に入らないことは明らかである．しかしながら，ゲノムが完全であるかどうかということのほかに，細胞が分裂期に入るかどうかを決定する多くの変数が存在することが，しだいにわかってきた．それらの変数それぞれに対してチェックポイント機構が存在すると考えられる．微小管の機能を監視するチェックポイント機構が存在する．また，種々の薬剤や環境ストレスによって発動されるチェックポイントも存在する．これらの機構はどのように成り立っているか，どのようにして分裂期への進入を阻止するかということを知ることによって，多くの悲劇的な病気を予防したり，治療したりする道が開かれると考えられる．

10・25 要 約

細胞分裂の諸過程は，生物学の中で非常によく研究されてきた分野である．なぜならば，細胞分裂に間違いが起こると，染色体の異数性やゲノムの不安定性が生じ，がんの原因となるからである．細胞分裂は，連続した二つの過程，すなわち核分裂と細胞質分裂から成り立つ．核分裂（nuclear division あるいは karyokinesis）は，複製された娘染色体を，二つの娘細胞に均等に分配する．核分裂の終わり近くに，細胞質分裂が始まり，細胞を二つに分け，細胞質を二つの娘核に均等に配分する．

分裂装置（mitotic apparatus）*5あるいは紡錘体は，核分裂と細胞質分裂に関与する．前者では，染色体を分配し，後者では，細胞質分裂の分裂面を決定する．この双極性の構造体は，主として微小管からなり，これに微小管結合タンパク質（モータータンパク質を含む）と構造タンパク質が加わることによって形成される．成熟した紡錘体中の微小管は二つに分類される．一方は，染色体に存在する二つの動原体と二つの極とをそれぞれしっかりと結びつけ，もう一方は，片方の末端を極に結合させ，他端を紡錘体内に遊離の状態で存在させているものである．微小管の動的な性質は紡錘体の形成と機能にとって不可欠なものである．

二つの異なる機構によって生じる力によって，動原体およびこれと結合した染色体の極方向への運動がひき起こされる．力の一つは，動原体と結合した微小管の短縮（微小管の端からチューブリンが遊離することによって起こる）によって生じ，もう一つは，動原体に結合したモータータンパク質によって生じる．脊椎動物を含む多くの細胞では，両者は協調的に起こる．

すべての動原体が紡錘体と安定な結合を形成するまで，複雑な細胞周期チェックポイント機構が働いて，中期から後期への移行を遅らせる．すべての動原体で適切な結合が完成して，チェックポイント機構がオフになると，一連の生化学的変化が起こり，その結果，娘染色分体は解離する．さらに，紡錘体そのものの崩壊が始まり，分離しつつある2群の染色体の間にステムボディーが形成される．つぎに，ステムボディーは細胞質分裂の過程を開始させる．

参 考 文 献

10・1 序 論

総 説

Flemming, W., 1879. “Archiv fur Mikroskopische Anatomie (vol.18)”.

10・2 細胞分裂はいくつかの行程を経て進行する

総 説

Pines, J., and Rieder, C.L., 2001. Re-staging mitosis: a contemporary view of mitotic progression. *Nat. Cell Biol.* **3**, E3–E6.

10・3 細胞分裂には，紡錘体とよばれる新しい構造体の構築が必要である

総 説

Rieder, C.L., and Khodjakov, A., 2003. Mitosis through the microscope: Advances in seeing inside live dividing cells. *Science* **300**, 91–96.

論 文

Inoue, S., 1953. Polarization optical studies of the mitotic spindle. I. The demonstration of spindle fibers in living cells. *Chromosoma* **5**, 487–500.

10・4 紡錘体が形成し機能するためには，動的な性質をもつ微小管とこれに結合したモータータンパク質が必要である

総 説

Kline-Smith, S.L., and Walczak, C.E. 2004. Mitotic spindle as-

*5 訳者注：分裂装置という語は紡錘体と同義語として使われる場合もあれば，紡錘体と二つの星状体を合わせたものとして使われる場合もある．

sembly and chromosome segregation: Refocusing on microtubule dynamics. *Mol. Cell* **15**, 317–327.
Scholey, J.M., Brust-Mascher, I., and Mogilner, A., 2003. Cell division. *Nature* **422**, 746–752.

論　文
Mitchison, T.J., 1989. Polewards microtubule flux in the mitotic spindle: Evidence from photoactivation of fluorescence. *J. Cell Biol*, **109**, 637–652.

10・5 中心体は微小管の形成中心である

総　説
Boveri, T., 1888. Zellenstudien, Ⅱ. Fischer.

10・6 中心体は DNA 複製とほぼ同じ時期に複製される

総　説
Bornens, M., 2002. Centrosome composition and microtubule anchoring mechanisms. *Curr. Opin. Cell Biol.* **14**, 25–34.
Nigg, E.A., 2002. Centrosome aberrations: Cause or consequence of cancer progression? *Nat. Rev. Cancer* **2**, 815–825.
Pazour, G.J., and Rosenbaum, J.L., 2002. Intraflagellar transport and cilia-dependent siseases. *Trends Cell Biol.* **12**, 551–555.
Sluder, G., and Nordberg, J.J., 2004. The good, the bad and the ugly: the practical consequences of centrosome amplification. *Curr. Opin. Cell Biol.* **16**, 49–54.

論　文
Tsou, M. F., and Stearns, T., 2006. Mechanism limiting centrosome duplication to once per cell cycle. *Nature* **442**, 947–951.

10・7 分離しつつある二つの星状体が相互作用することによって紡錘体の形成が始まる

総　説
Meraldi, P., and Nigg, E.A., 2002. The centrosome cycle. *FEBS Lett.* **521**, 9–13.

論　文
Zhai, Y., Kronebusch, P.J., Simon, P.M., and Borisy, G.G., 1996. Microtubule dynamics at the G2/M transition: Abrupt breakdown of cytoplasmic microtubules at nuclear envelope breakdown and implications for spindle morphogenesis. *J. Cell Biol.* **135**, 201–214.

10・8 紡錘体の安定化には染色体が必要であるが，紡錘体は中心体がなくても "自己構築" することができる

総　説
Heald, R., and Walczak, C. E., 1999. Microtubule-based motor function in mitosis. *Curr. Opin. Struct. Biol.* **9**, 268–274.
Hyman, A., and Karsenti, E., 1998. The role of nucleation in patterning microtubule networks. *J. Cell Sci.* **111**(Pt.15), 2077–2083.

論　文
Dionne, M. A., Howard, L., and Compton, D. A., 1999. NuMA is a component of an insoluble matrix at mitotic spindle poles. *Cell Motil. Cytoskeleton* **42**, 189–203.
Faruki, S., Cole, R. W., and Rieder, C. L., 20002. Separating centrosomes interact in the absence of associated chromosomes during mitosis in cultured vertebrate cells. *Cell Motil. Cytoskel.* **52**, 107–121.
Khodjakov, A., Cole, R.W., Oakley, B.R., and Rieder, C.L., 2000. Centrosome-independent mitotic spindle formation in vertebrates. *Current Biol.* **10**, 59–67.

10・9 動原体を含むセントロメアは，染色体中の特別な部位である

総　説
Carroll, C.W. and Straight, A.F., 2006. Centromere formation: From epigenetics to self assembly. *Trends Cell Biol.* **16**, 70–78.
Nicklas, R. B., 1971. Mitosis. *Adv. Cell Biol.* **2**, 225–297.

論　文
Earnshaw, W.C., and Bernat, R.L., 1991. Chromosomal passengers: Toward an integrated view of mitosis. *Chromosoma* **100**, 139–146.

10・10 動原体は前中期のはじめに形成され，微小管依存性モータータンパク質を結合している

総　説
Rieder, C.L., 1982. The formation, structure, and composition of the mammalian kinetochore and kinetochore fiber. *Int. Rev. Cytol.* **79**, 1–58.

10・11 動原体は微小管を捕獲し，結合した微小管を安定化させる

総　説
Kline-Smith, S.L., Sandall, S., and Desai, A., 2005. Kinetochore-spindle microtubule interactions during mitosis. *Curr. Opin. Cell Biol.* **17**, 35–46.

論　文
King, J. M., and Nicklas, R. B., 2000. Tension on chromosomes increases the number of kinetochore microtubules but only within limits. *J. Cell Sci.* **113**(pt.21), 3815–3823.
Maiato, H., Rieder, C.L., and Khodjakov, A., 2004. Kinetochore-driven formation of kinetochore fibers contributes to spindle assembly during animal mitosis. *J. Cell Biol.* **167**, 831–840.
Rieder, C. L., and Alexander, S. P., 1990. Kinetochores are transported poleward along a single astral microtubule during chromosome attachment to the spindle in newt lung cells. *J. Cell Biol.* **110**, 81–95.

10・12 動原体と微小管の不適切な結合は修正される

総　説
Ault, J.G., and Rieder, C.L., 1992. Chromosome mal-orientation and reorientation during mitosis. *Cell Motil. Cytoskel.* **22**, 155–159.
Cimini, D., and Degrassi, F., 2005. Aneuploidy: A matter of bad connections. *Trends Cell Biol.* **15**, 442–451.
Mazia, D., 1961. "The Cell (vol.3)". San Diego: Academic Press.

10・13 染色体運動には，動原体に結合した微小管の短縮や伸長が必要である

論　文
Gordon, M. B., Howard, L., and Compton, D. A., 2001. Chromosome movement in mitosis requires microtubule anchorage at spindle poles. *J. Cell Biol.* **152**, 425–434.
Maiato, H., Khodjakov, A., and Rieder, C. L., 2005. Drosophila CLASP is required for the incorporation of microtubule subunits into fluxing kinetochore fibers. *Nat. Cell Biol.* **7**, 42–47.
Mitchison, T., Evans, L., Schulze, E., and Kirschner, M., 1986. Sites of microtubule assembly and disassembly in the mitotic spindle. *Cell* **45**, 515–527.

10・14 染色体を極方向へ動かす力は，二つの機構によって生み出される

総　説
Nicklas, R. B., 1971. Mitosis. *Adv. Cell Biol.* **2**, 225–297.

論　文
Ganem, N. J., Upton, K., and Compton, D. A., 2005. Efficient mitosis in human cells lacking poleward microtubule flux. *Curr. Biol.* **15**, 1827–1832.
Mitchison, T. J., and Salmon, E. D., 1992. Poleward kinetochore fiber movement occurs during both metaphase and anaphase-A in newt lung cell mitosis. *J. Cell Boil.* **119**, 569–582.

10・15 染色体の集結には動原体を引く力が必要である

論 文

Kapoor, T.M., Lampson, M.A., Hergert, P., Cameron, L., Cimini, D., Salmon, E.D., McEwen, B.F., and Khodjakov, A., 2006. Chromosomes can congress to the metaphase plate before biorientation. *Science* **311**, 388–391.

Michison, T.J., and Salmon, E.D., 1992. Poleward kinetochore fiber movement occurs during both metaphase and anaphase-A in newt lung cell mitosis. *J. Cell Biol.* **119**, 569–582.

Ostergren, G., 1945. Equilibrium of trivalents and the mechanism of chromosome movements. *Hereditas* **31**, 498–499.

10・16 染色体の集結は，染色体腕部全体に働く力と，娘動原体が生み出す力によって制御されている

総 説

Rieder, C.L., and Salmon, E.D., 1994. Motile kinetochores and polar ejection forces dictate chromosome position on the vertebrate mitotic spindle. *J. Cell Biol.* **124**, 223–233.

論 文

Skibbens, R.V., Skeen, V.P., and Salmon, E. D., 1993. Directional instability of kinetochore motility during chromosome congression and segregation in mitotic newt lung cells: A push-pull mechanism. *J. Cell Biol.* **122**, 859–875.

10・17 動原体は中期から後期への移行を制御する

総 説

Malmanche, N., Maia, A., and Sunkel, C.E. 2006. The spindle assembly checkpoint: Preventing chromosome mis-segregation during mitosis and meiosis. *FEBS Lett.* **580**, 2888–2895.

Nasmyth, K., Peters, J.M., and Uhlmann, F., 2000. Splitting the chromosome: Cutting the ties that bind sister chromatids. *Science* **288**, 1379–1385.

論 文

Cimini, D., Howell, B., Maddox, P., Khodjakov, A., Degrassi, F., and Salmon, E.D., 2001. Merotelic kinetochore orientation is a major mechanism of aneuploidy in mitotic mammalian tissue cells. *J. Cell Biol.* **153**, 517–527.

Hoyt, M.A., Totis, L., and Roberts, B.T., 1991. *S. cerevisiae* genes required for cell cycle arrest in response to loss of microtubule function. *Cell* **66**, 507–517.

Li, R., and Murray, A.W., 1991. Feedback control of mitosis in budding yeast. *Cell* **66**, 519–531.

Rieder, C.L., Cole, R.W., Khodjakov, A., and Sluder, G., 1995. The checkpoint delaying anaphase in response to chromosome monoorientation is mediated by an inhibitory signal produced by unattached kinetochores. *J. Cell Biol.* **130**, 941–948.

10・18 分裂後期は 2 種類の運動で進行する

論 文

Mastronarde, D.N., McDonald, K.L., Ding, R., and McIntosh, J. R., 1993. Interpolar spindle microtubules in PTK cells. *J. Cell Biol.* **123**, 1475–1489.

McNeill, P.A., and Berns, M.W., 1981. Chromosome behabior after laser microirradiation of a single kinetochore in mitotic PtK2 cells. *J. Cell Biol.* **88**, 543–553.

10・19 分裂終期に細胞内で起こる変化によって，細胞は分裂期を脱出する

総 説

Murray, A.W., and Kirschner, M.W., 1989. Dominoes and clocks: The union of two views of the cell cycle. *Science* **246**, 614–621.

論 文

Brito, D.A., and Rieder, C.L. 2006. Mitotic checkpoint slippage in humans occurs via cyclin B destruction in the presence of an active checkpoint. *Curr. Biol.* **16**, 1194–1200.

Wheatley, S.P., Hinchcliffe, E. H., Glotzer, M., Hyman, A.A., Sluder, G., and Wang, Y.L., 1997. CDK1 inactivation regulates anaphase spindle dynamics and cytokinesis *in vivo*. *J. Cell Biol.* **138**, 385–393.

10・20 細胞質分裂によって細胞質は二つに分けられ，新しい二つの娘細胞が生まれる

総 説

Glotzer, M., 2001. Animal cell cytokinesis. *Annu. Rev. Cell. Dev. Biol.* **17**, 351–386.

10・22 収縮環は細胞を二つにくびり切る

総 説

Rattner, J.B., 1992. Mapping the mammalian intercellular bridge. *Cell Motil. Cytoskeleton* **23**, 231–235.

論 文

Mullins, J. M., and Biesele, J. J., 1977. Terminal phase of cytokinesis in D-98s cells. *J. Cell Biol.* **73**, 672–684.

10・24 次なる問題は？

総 説

Bulavin, D.V., Amundson, S.A., and Fornace, A.J., 2002. p38 and Chk1 kinases: different conductors for the G(2)/M checkpoint symphony. *Curr. Opin. Genet. Dev.* **12**, 92–97.

細胞周期の制御

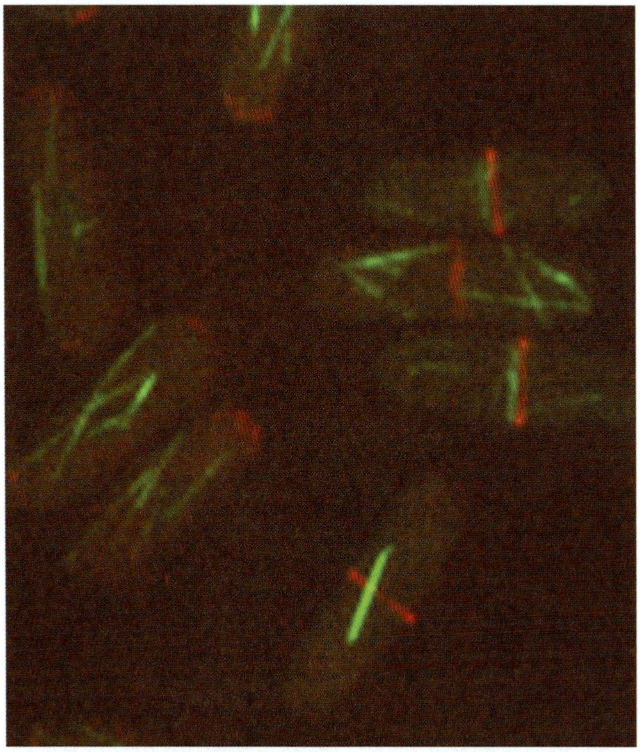

この写真は，さまざまな細胞周期の段階にある分裂酵母の細胞像である．緑色はGFPをタグとして付加したαチューブリン，赤色はCFPをタグとして付加したCdc15の発現を示している．Cdc15はアクトミオシンからなる収縮環の必須の因子である．間期の細胞では，微小管が縦方向に並んでいて，Cdc15は細胞の端に存在する．分裂中の細胞では，Cdc15が細胞の中央のアクトミオシン環に局在し，微小管は紡錘体か終期板を形成している［写真はSrinivas Venkatram and Kathleen L. Gould, Vanderbilt University Medical Schoolの好意による］

11・1 序　論

重要な概念

- 細胞には，細胞分裂周期の間に自分自身を複製するために必要なすべての情報が組込まれている．
- 真核生物の細胞分裂周期（細胞周期）は，一連の順序立った現象によって構成され，分裂前の細胞から二つのコピーがつくられる．
- 細胞周期は明確な段階（位相）に分けられ，そのそれぞれにおいて異なる現象が起こる．
- 細胞の染色体の複製と複製した染色体の分離は，細胞周期の中で重要な現象である．

生物学の中心に，Theodor Schwann（1810〜1882）とMatthias Schleiden（1804〜1881）が提出した“細胞説”がある．すべての細胞は細胞から生じるというのが細胞説である．つまり，当時まで広く信じられていたように，“新たな細胞は自然の中から湧き出る”のではなく，1個の細胞から2個の細胞を生じる分裂の過程を経て生じるのである．単細胞生物では，分裂ごとに新しく独立した生命体が生じる．一方，大きな多細胞生物，たとえば動物1個体をつくるには，単一細胞から開始して千回以上の細胞分裂を行うことが必要である．このほか，生きている間に失われていく細胞を置き換えるために，多くの分裂が一生必要である．

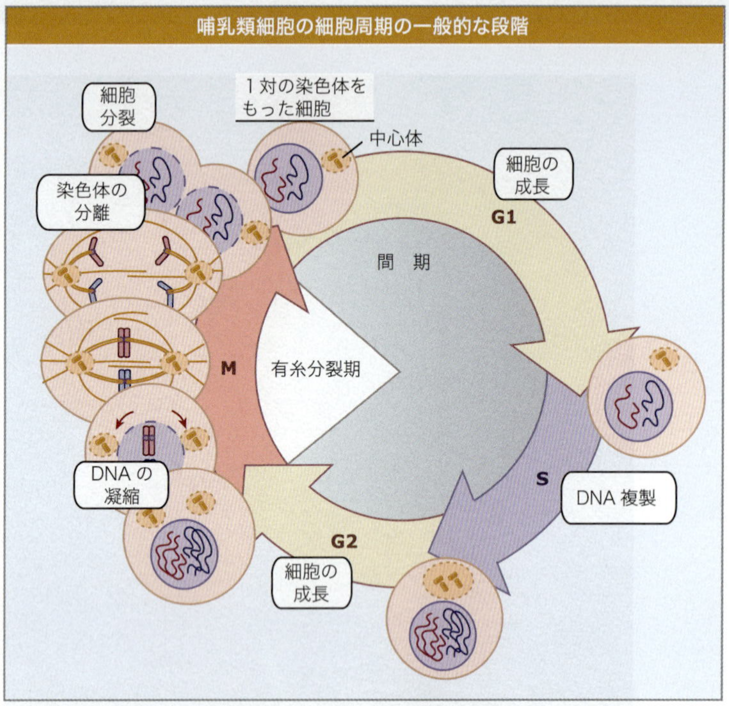

図 11・1　この例では，細胞周期が1回転するのに約24時間かかる．DNA 複製期（S期）と有糸分裂期（M期）は，二つのギャップ期（G_1 期および G_2 期）によって分けられる．赤線と青線で示した染色体は，分裂期まで核膜の中に含まれている．中心体は，S期においてあらかじめ複製し，分裂期において紡錘体の形成中心，すなわち極として働く．中心体には，それぞれ2個の棒状の中心小体（中心粒）が中央に存在する．

細胞が増えるには，図 11・1 に示した**細胞周期**（cell cycle）とよばれる一連の現象が秩序正しく進行することが必要である．核の DNA は，**S期**（S phase）に複製する．複製したゲノムのコピーは，**M期**（M phase）あるいは有糸分裂期（分裂期）において分離する．このときには紡錘体が形成され，染色体は複雑な動きをした後に，複製によって生じた同一の染色体の組合せがそれぞれ細胞の反対側に分離する．その後，通常はM期の一部とみなされる**細胞質分裂**（cytokinesis）によって細胞質が分裂し，二つの独立した細胞が形成される．この点については，第10章の“細胞分裂”において詳細に述べた．

通常の細胞では，S期とM期とは“ギャップ”期によって分けられている．細胞周期が1回済む時点となるM期と次の細胞周期のS期の間が**G_1 期**であり，その細胞周期のS期とその次のM期の間が**G_2 期**である．このギャップ期には，それぞれ細胞が成長する（容積を倍化するために必要なすべての要素を合成する）時間や，おもな細胞周期の現象が次の段階を行うまでに完了していることを確認する時間などの目的がある．特殊な細胞分裂においては，ギャップ期が飛ばされて，S期とM期を交互に行う場合もある．たとえば，初期胚のように細胞が大きく分裂期の間に容積を増やす必要がない細胞周期では，このような現象が起きている．

一般的に細胞分裂周期は連続的には起こらない．細胞周期への進入は，細胞がおかれている環境条件によって制御されており，環境から細胞に対して刺激性のシグナルと抑制性のシグナルが与えられている．こうした外的な制御を必要とする理由にはいくつかある．たとえば，細胞は，細胞周期を1回完了するために十分な資源がないときには細胞分裂に入らない．栄養源が十分ではない状況で細胞周期に入ることは，多細胞生物の細胞では必ずしも当てはまらないが，単細胞生物にとっては，破滅的な結果（死）をまねく可能性がある．また同様に，動物細胞においても，周囲の細胞がどういう状況にあるかに関係なく分裂することは有害である．生命体は協同作用をしている細胞の社会であり，この協同作用には，細胞がいつ分裂するかを厳密に制御することが含まれている．少数の細胞であっても，こうした制御が破壊された結果としてがんを生じる．がんは，制御を受けない細胞分裂を行うことによってひき起こされうる病気である．

細胞周期において，染色体の複製や分離，細胞の分裂などの基本的な現象が，順序正しく行われる理由は明白である．たとえば，もし，細胞の DNA があらかじめ複製を完了していない時点で染色体を分離すると，分裂後にゲノムが失われた状態になってしまう．それでは，細胞はどのようにして，細胞周期の現象が起こる順番を決めているのだろうか．

細胞周期の移行は，細胞周期制御系の中枢を形成する一連のタンパク質群によって制御されている．この制御系は，DNA の複製や分離を行う装置や細胞を分裂させる装置を制御しており，装置それぞれがいつ働くかを指示する．**チェックポイント**（checkpoint）は，この制御中枢に作用することで二つの重要な目的を果たしている．第一は，一つの細胞周期の現象が，その前の現象が正しく完了する前に始まらないことを保証する．第二は，すでに述べたように，細胞環境に依存して細胞周期を開始させる役割を担う．図 11・2 には，細胞周期制御系とチェックポイントによって制御されるおもな細胞周期の制御点を示した．

この章では，真核生物の細胞周期制御の中枢と，それに作用するチェックポイントについて学ぶ．課題は，以下の点である．制御機構の構成因子にはどのようなものがあるのか．それらが順番に活性化と不活性化をする相互作用にはどのようなものがあるのか．細胞は，どのように必要に応じて細胞の外から制御されるのか．細胞周期を開始する決定はどのようになされるか．細胞周期制御系は，どのようにして細胞周期におけるそれぞれの現象をひき起こすための装置を活性化しているのか．最後に，この系が乱れたとき，どのような結果がもたらされるのか．

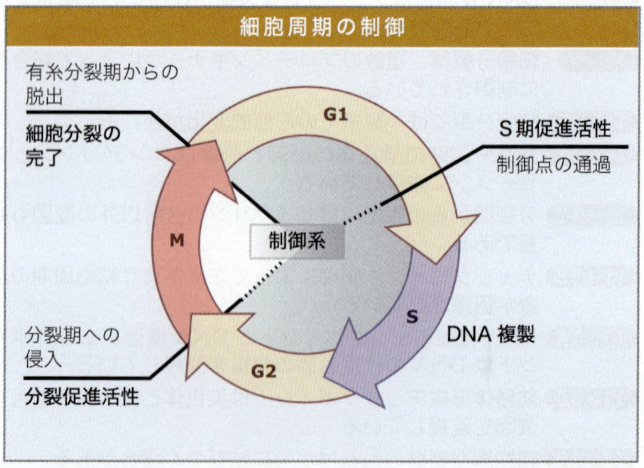

図 11・2　細胞周期の主要な移行過程は，細胞周期制御系によって制御されている．

11・2 細胞周期の解析に用いられる実験系には複数の種類がある

重要な概念

- さまざまな生物種を用いた研究から細胞周期制御に関する知見が得られており，それぞれの系には利点と欠点がある．
- 酵母を用いた細胞周期の遺伝学的解析によって，進化的に保存された細胞周期制御因子が同定された．
- 多細胞生物を用いたタンパク質複合体の生化学的解析によって，単細胞生物での遺伝学的解析を補足する結果が得られた．
- 細胞周期を同調させた細胞集団は，細胞周期における現象を研究するために重要である．

細胞周期制御に関する具体的な議論をする前に，細胞周期に関する発見がなされた実験系を紹介しよう．細胞周期の解析を行う実験系は，単細胞生物から，両生類の卵，ヒトの組織培養細胞に至るまで広い範囲に及ぶ．それぞれの系には，細胞周期の研究における独自の利点がある．また，細胞周期制御の根底には進化的に保存された機構があるため，一つの系で発見されたことは，大体において他の系にもその原則が当てはまる．

細胞周期を研究する者にとって魅力的な実験生物系は，細胞分裂がもともと同調した状態にある系である．たとえば，ウニ (*Arbacia punctulata*)，アフリカツメガエル (*Xenopus laevis*)，ウバガイ（二枚貝の一種）(*Spisula salidissima*) の卵母細胞は，適当なホルモンの処理によって，同調して減数分裂による成熟が誘導される．卵母細胞は，このホルモン刺激によって，間期停止状態（未成熟な卵母細胞）から中期で停止した状態に誘導され，受精を待つ．卵母細胞の成熟から受精に至る段階を図11・3に示した．受精後，受精卵で起こる初期胚の細胞分裂も同調している．このように分裂が同調しているため，細胞を1個としてだけではなく，細胞集団としてその挙動を研究することができる．軟体動物や両生類の卵母細胞や受精卵を細胞周期研究に用いることのもう一つの利点は，これらの細胞は大きいため，集めて生化学的な分析を行うことが可能な比較的多量の材料が得られる点である．また，大きいことによって，タンパク質や薬剤などの生理活性をもつ物質を細胞に注入して，細胞周期の進行に対するそれらの効果を研究することができる．さらに，これらから調製した細胞質画分を集めて，その後の実験にも用いることができる．このような抽出物には，順番に，DNAの周りに核膜を形成し，外来のDNAを複製し，紡錘体を形成する能力がある．つまり，細胞周期の現象を *in vitro* で再現することができるのである．また，この抽出物には，細胞周期を複数回繰返させる能力もある．このような両生類や軟体動物の卵母細胞の性質によって，細胞周期過程に関係するタンパク質の精製や同定が可能になっているほか，これらの因子のレベルを操作する，あるいは，*in vitro* で細胞周期制御に関する仮説を検証する目的に広く用いることができる．

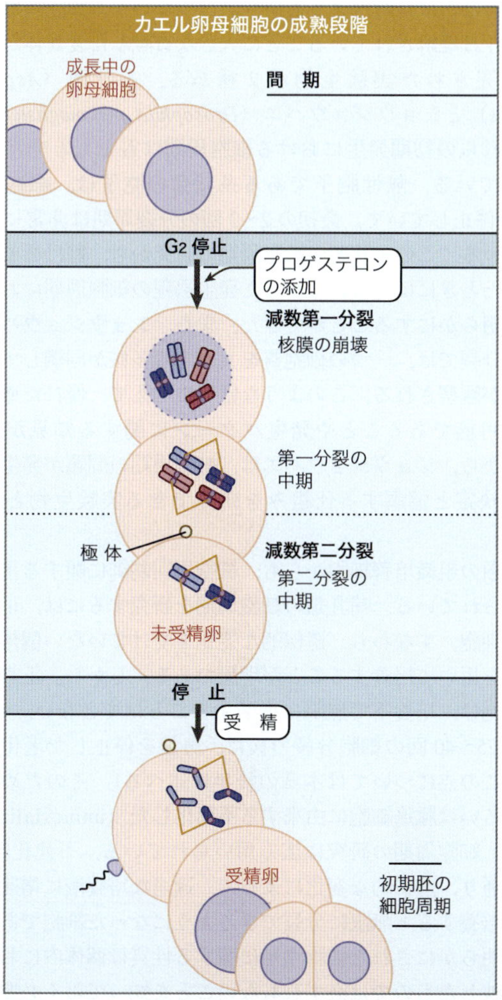

図11・3 成長した卵母細胞は間期で停止する．卵母細胞は，プロゲステロンのシグナルによって，減数第一分裂を通過して減数第二分裂を開始する．その後，減数第二分裂の中期で停止して受精に備える．受精によって，この第二の細胞周期停止は解除され，受精卵は胚期の細胞周期を進行させる．

出芽酵母 (*Saccharomyces cerevisiae*) と分裂酵母 (*Schizosaccharomyces pombe*) は，共に細胞周期の研究に盛んに用いられてきた単細胞真核生物である．この細胞には，細胞周期の基本的過程が存在していて，多細胞生物に比べて多くの実験的な利点がある．すなわち，実験室で容易に増殖し，さまざまな操作が可能で，1〜4時間という短い分裂周期で増える．また，大きさによる選別で同調させることが可能であり，さらに，遺伝子操作も容易である．しかし，酵母の細胞周期と多細胞生物の細胞周期には大きな違いがある．最も重要な点は，酵母の核膜は分裂時に崩壊しないことである．このことから，酵母は“閉じた”細胞分裂を行うと言われる．しかしながら，細胞周期制御系とチェックポイントはすべて酵母にも存在している．

出芽酵母は，名前の通り，芽を形成して複製を行う細胞であり，できた芽体は間期に成長し，分裂期に“母”細胞から離れて新しい娘細胞になる．芽体の大きさは，その細胞がおかれている細胞周期の段階を示す目印になる．たとえば，芽体がない細胞はG_1期にあり，大きな芽体をもつ細胞はG_2期かM期にある．図11・4に，

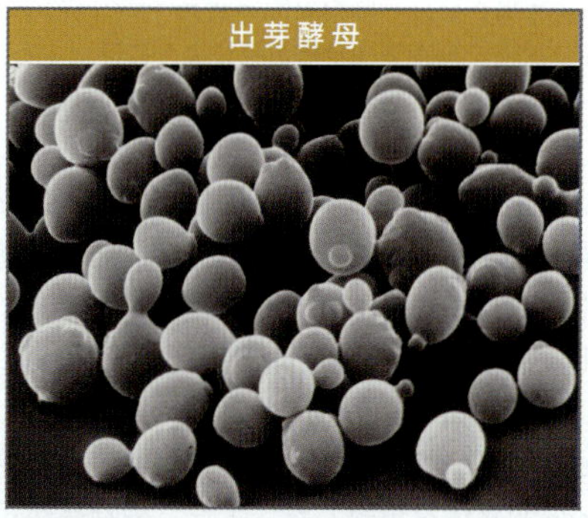

図11・4 出芽酵母の走査電子顕微鏡写真．芽体をもたない細胞はG_1期にあり，大きな芽体をもつ細胞はG_2期かM期である [写真はIra Herskowitz, University of California, SanFrancisco の好意による．Eric Schabtach, University of Oregon の許可を得て転載]

出芽酵母が集まった写真を示した．

出芽酵母も分裂酵母も半数体細胞の状態で生育でき，あらゆる過程に関する変異体が，単離する方法さえ設定できれば，**条件的**(conditional) 機能欠失の変異体として得ることができる．Hartwell と共同研究者は，25 ℃という**増殖許容条件** (permissive growth condition) から 37 ℃という非許容条件 (制限温度) に移したとき，変異体酵母が同じ大きさの芽体をもつ状態で増殖を停止して死ぬことをもとにして変異体を単離した．同じ大きさの芽体をもつ状態で増殖停止することは，その変異体が細胞周期の特定の段階での進行に欠損をもつことを示している．たとえば，大きな芽体をもった状態で停止する変異体は，染色体分離などの細胞分裂過程に欠損をもつ可能性がある．Hartwell と共同研究者によって単離されたこのような**温度感受性変異体** (temperature-sensitive mutant) は，細胞分裂周期 (cell division cycle) にちなんで *cdc* 変異体とよばれる (この重要な変異体スクリーニングについては EXP：11-0001 参照)．温度感受性 *cdc* 変異の概念を図 11・5 に示す．この *cdc* スクリーニングは，さまざまな細胞周期の現象を制御する遺伝子を単離するうえで非常に有用であった．また，温度感受性変異体のもう一つの有用な特徴として，表現型が均一であり，また，変異が可逆的である (つまり，制限温度から許容温度に戻すと細胞周期を再開する) ため，細胞集団全体を同調させる非常によい方法を提供することがある．

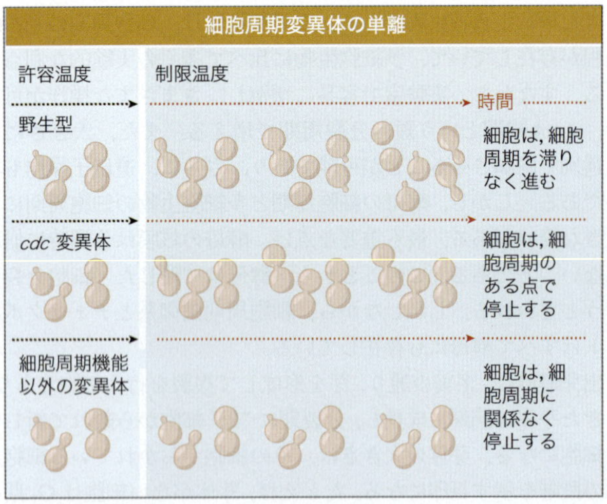

図 11・5　許容温度である 25 ℃で増殖させた出芽酵母には，芽体をもたない細胞，小さな芽体をもつ細胞，大きな芽体をもつ細胞が混じっている．しかし，細胞分裂を制御する遺伝子に温度感受性変異がある場合には，制限温度である 37 ℃に移すと，大きな芽体をもつ状態で細胞集団全体が同じように停止する．

分裂酵母は，出芽酵母とは異なり円柱形で，両端が伸びて成長し，中央に隔壁が生じる形で分裂する．栄養培地で増殖している野生型の細胞においては，細胞長が分裂周期に応じて一定の値を示し，こうした性質から細胞長は細胞周期を示すよい指標になる．つまり，分裂酵母細胞の長さを形態マーカーとして調べることで，Nurse と共同研究者は，分裂せずに野生型細胞よりもずっと長くなる *cdc* 変異体を単離した．また，細胞長が短い状態で分裂する *wee* 変異体も単離した．これらの分裂酵母細胞の変異体と野生型の細胞長の差異を図 11・6 に示す．この研究で，単一の遺伝子座 ($cdc2^{+}$) から *cdc* 変異と *wee* 変異の両方が単離されたことから，細胞分裂の開始に必須の律速因子があることが提案された (この発見の詳細については EXP：11-0002 参照)．Cdc2 については，以下に詳しく述べる．

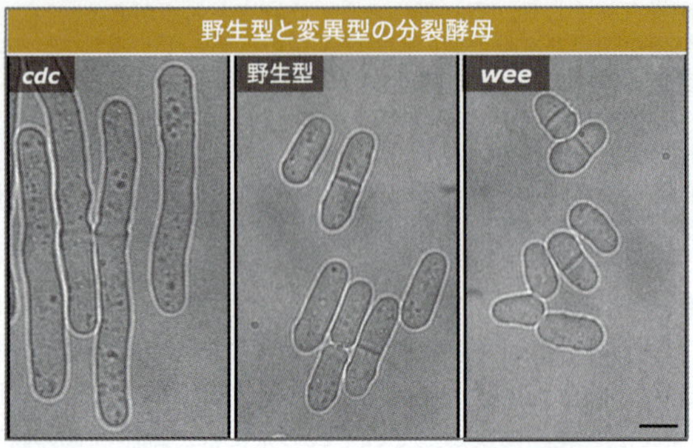

図 11・6　*cdc* 変異体は，野生型とは異なり，分裂できない．*wee* 変異体は野生型よりも早く分裂して小さな細胞を生じる．この表現型から，突然変異の特徴が示される．写真は，分裂酵母の *cdc* 変異体 (左)，野生型 (中央)，*wee* 変異体 (右) の微分干渉顕微鏡像である [写真は Joshua Rosenberg, Kathleen L. Gould, Vanderbilt University Medical Center の好意による]

以上のほかに，酵母よりも研究数は少ないが，細胞周期制御について今日理解されていることに大きな貢献した変異体が単離され，研究された実験生物が 2 種ある．糸状菌 (*Aspergillus nidulans*) とショウジョウバエ (*Drosophila melanogaster*) である．これらの初期発生における細胞周期はもともと非常によく同調している．無性胞子である糸状菌の胞子は，細胞周期の G_1 期で停止していて，最初の 2〜3 回の分裂周期は非常によく同調している．この糸状菌の細胞周期の研究から，酵母をモデル生物としたときには得られなかった発生過程の細胞周期における協調性を明らかにすることができた．また，ショウジョウバエ胚の初期の分裂では，一つの細胞質を共有する多核が同調して核分裂するのが観察される．このような性質に加えて，優れた遺伝学的解析が可能であることや発生パターンに関する知見が多いことなどから，ショウジョウバエは，細胞周期の問題が発生過程における決定と協調する仕組みを研究できる実験生物となっている．

哺乳類の組織培養細胞からも，細胞周期制御に関する重要な知見が得られている．哺乳類の細胞周期を研究するには，正常な初代培養細胞，すなわち，遺伝的な変化を受けていない個体から得た細胞を用いて培養することが理想である．しかし，正常な初代培養細胞は，培養下で無限に増殖することはできない．つまり，多くは 25〜40 回の細胞分裂の後に，分裂を停止した老化状態に入る (この点については本章の後半に述べる)．そのため，正常細胞あるいは腫瘍細胞に由来する**不死化した** (immortalized) 細胞株が，細胞周期の研究に広く用いられている．不死化細胞は，名前の通り，遺伝的な変化によって，適当な培養液に増殖因子を与えて培養すると無限に分裂できるようになった細胞である．ここから明らかにされた細胞増殖に関する性質は個体内における性質を反映したものでは必ずしもないことを知っておく必要はあるが，HeLa 細胞のような不死化細胞株は細胞周期の解析において非常に重要である．このような細胞株は，DNA 複製や細胞分裂を阻害するさまざまな薬剤を用いるか大きさを選別することによって，同調させることが比較的容易であるため，生化学的解析や細胞生物学的解析に適している．

実際，哺乳類細胞を融合させる実験によって，チェックポイント制御と細胞周期の現象に関する協調性の概念の基盤が見事につくられたのである．この細胞融合実験を図11・7に示す．この実験では，細胞周期の異なる段階（G_1，S，G_2，M期）にある細胞を融合させる手法が含まれている．細胞周期制御に関しては，S期の細胞と G_1 期の細胞を融合させると，G_1 期の細胞の核でDNA複製が促されることが最初に見いだされた．この結果から，S期を促進する因子が，融合した G_1/S細胞の細胞質を介して伝達されたという解釈が出された．

分裂期にある細胞（M期の細胞）と，G_1，S，あるいは G_2 期の細胞を融合させた実験からも，細胞周期の進行に優性に作用する因子があるという重要な知見が得られた．この実験では，すべての場合において，間期の細胞の染色体は，その時期ではないにもかかわらず凝縮し，細胞は分裂期のような状態になる．この観察から，分裂期を他の時期に対して優性に作用させるような分裂誘導因子が存在することが示唆され，この因子は，どのような時期の細胞に対しても染色体の凝縮を誘導できると考えられた．さらに，このような活性がすべての真核生物に存在することが示され，さまざまな種類の細胞から精製・同定された．

さらに，G_2 期の細胞をS期の細胞と融合したときには，G_2 期の核はS期の核で起こっている複製を阻害しないが，G_2 期の核は自分のDNAを再複製することはないことが発見された．この観察から，DNAは細胞周期1回当たり1回しか複製しないように，DNA複製は許可を受けて行われるという仮説が立てられた（図11・22を見よ）．

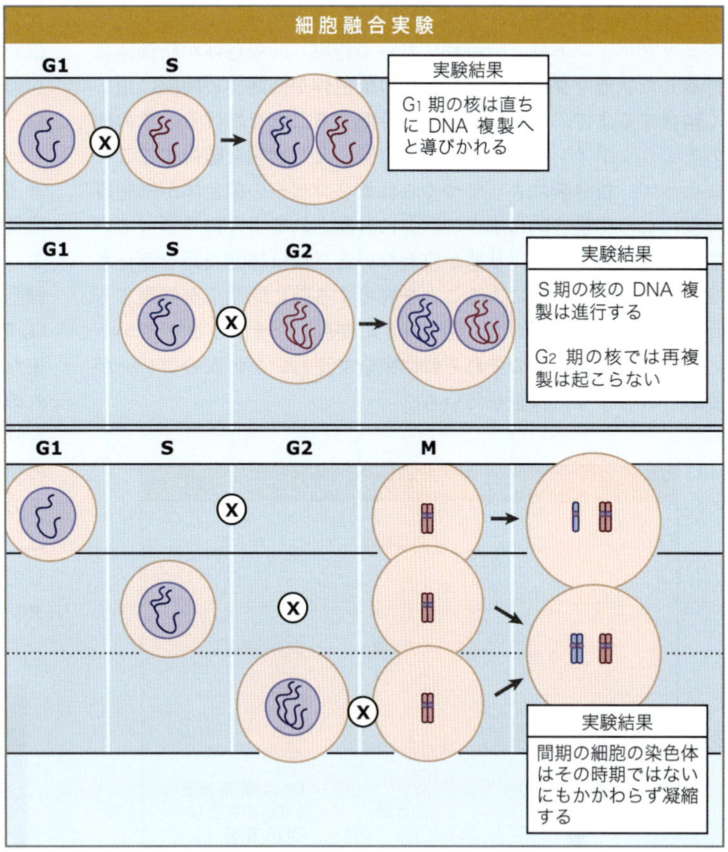

図11・7 （上）G_1 期の哺乳類細胞とS期の細胞を融合すると，G_1 期の核でDNA複製が誘導される．（中央）S期の細胞と G_2 期の細胞と融合すると，G_2 期の核ではDNA複製は起こらない．また，S期の核で進行しているDNA複製が阻害されることもなく，融合細胞が分裂することもない．分裂期に入る前に，S期の核がDNA複製を完了するのを待つ．（下）間期（G_1, S, G_2 期）にある哺乳類細胞を分裂期（M期）の細胞と融合すると，間期の核では染色体の凝縮が直ちに起こり，分裂期に似た状態に入る．したがって，分裂期の細胞には，優性に作用する分裂促進活性があることがわかる．

組織培養細胞株を用いた研究からは，自律的な細胞周期制御に関する重要な規則がもたらされただけではない．外界からの刺激が細胞周期をどのように制御しているかも研究され，がん抑制遺伝子やがん遺伝子（および，がん原遺伝子）が哺乳類細胞で細胞の成長や分裂をどのように制御しているかを解析する研究が行われた（詳細は EXP:11−0003 参照）．

この項で最後に述べる実験は，マウスにおいて遺伝子を欠失させることによって，哺乳類の細胞周期関連遺伝子の機能を明らかにしようという研究である．この方法論によって，細胞周期タンパク質がすべての細胞の細胞周期に必要であるか，あるいは，特定の組織の分化や機能だけに必要であるかが決定できる．また，哺乳類において，ある細胞周期タンパク質の欠失が他のタンパク質によって補償されるかどうかや，一つの細胞周期制御因子を欠いた哺乳類ががんのような疾病を発生しやすくなるかどうかを知ることもできる．

ここまで述べてきた実験系には，それぞれ利点と欠点がある．たとえば，カエル，二枚貝，ウニの卵母細胞は生化学的研究に用いることが容易で，*in vitro* で細胞周期過程を再構成する実験系としては他よりも優れている．一方，酵母，菌類，ショウジョウバエの発達した遺伝学的解析によって，細胞周期の進行における重要な制御因子を同定するための方法論が与えられる．要するに，このようなさまざまな実験系全体から，細胞周期制御機構に関する豊富な知見が得られたのである．

11・3 細胞周期においては，さまざまな現象が協調して行われなければならない

重要な概念

- チェックポイントには，細胞分裂期に入る前にDNA複製が間違いなく完了していることを保証する作用や，S期とM期の時間的な協調性を守る作用がある．

1回の細胞周期が滞りなく完了するためには，いくつかの重要な現象が正しい順序で行われる必要があり，また，平行して起こる現象は互いに関係づけられている必要がある．このような要求は，細胞周期制御の中でどのように実現されているのだろうか．この節では，細胞周期におけるそれぞれの現象が正しく完了していることを監視しながら，細胞周期の一つの段階から次の段階へと移行させているチェックポイントの概念を述べる．

細胞周期の中央に存在する制御系（制御中枢）は，周期全体を通して常にフィードバックを受けている．ある現象の進行中は，次の現象が開始しないようにそのシグナルが制御中枢に送られている．その現象が首尾よく完了してはじめてこの阻害シグナルが止まり，制御中枢が次の段階へと進むことを許す．

このようなチェックポイントには，いくつかの種類が存在する．一つめのチェックポイントは，まだ完全に複製していないDNAや損傷したDNAによって活性化し，細胞が分裂期に入る

のをその問題が解決するまで妨げる作用をする．二つめのチェックポイントは，分裂期において作用し，染色体が紡錘体に付着した状態を見張って，すべての染色体が紡錘体の両極に正しく結合するまで，姉妹染色分体が分離することを妨げる．その他のチェックポイントは，紡錘体の位置などの状態を監視することによって，核分裂によってつくられた2コピーの染色体が細胞質分裂によって最終的に別々の細胞に分配されるように見張っている．いずれの場合も，状態が整わないときには細胞周期を停止させ，細胞が次の段階に入ることを許可する前に問題点を修復する時間を与える．すなわち，図11・8に要約したチェックポイントのすべてが，娘細胞のそれぞれに完全で正しいゲノムのコピーが受取られるように保証している．

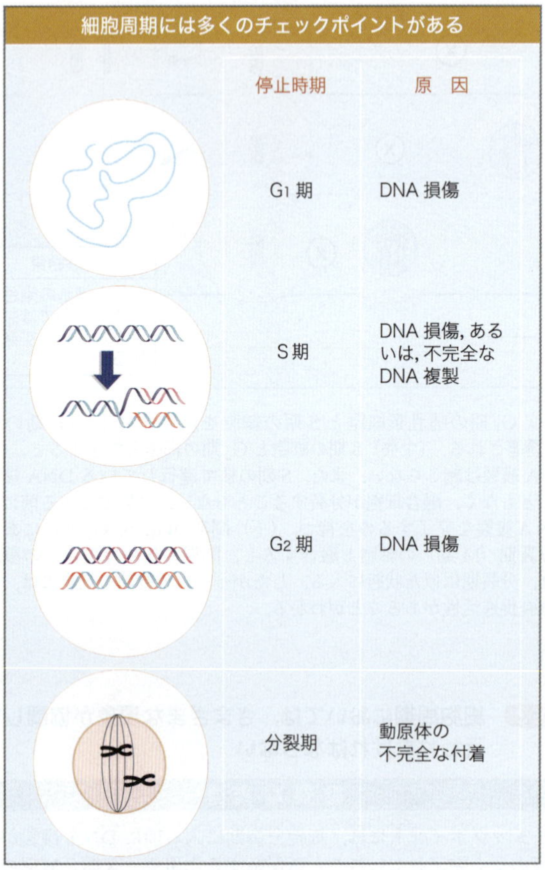
細胞周期には多くのチェックポイントがある
停止時期
原　因
G1 期
DNA 損傷
S 期
DNA 損傷，あるいは，不完全な DNA 複製
G2 期
DNA 損傷
分裂期
動原体の不完全な付着

図11・8　細胞周期の各段階は，障害が起きたときに細胞周期が先へ進まないように監視されている．

11・4　細胞周期は CDK 活性の周期である

重 要 な 概 念

- CDK は細胞周期の統括的な制御因子であり，サイクリンタンパク質と複合体を形成しているときに活性化する．
- サイクリンは，細胞周期の間にタンパク質量が周期的に変動することから命名された．
- 一つの CDK は，細胞周期のさまざまな段階で異なるサイクリンと結合する場合がある．

§11・1の序で述べたように，細胞周期は細胞周期制御中枢によって動かされている．この制御系の重要な因子は，**サイクリン依存性キナーゼ**（cyclin-dependent kinase, CDK）とよばれるプロテインキナーゼの小さなファミリーである．サイクリン依存性キナーゼは，2個のポリペプチド鎖の複合体として作用する．一つのポリペプチド鎖は CDK であり，ATP を結合し，活性部位を含む．しかし，CDK は，もう一つの因子である**サイクリン**（cyclin）と結合したときにだけキナーゼ活性を示す．図11・9に，サイクリンの結合によって CDK のコンホメーションが変化し，基質が触媒中心に接近できるようになる様子を示す．CDK-サイクリン複合体の活性は，細胞周期の特定の段階においてだけ活性化し，他の段階では不活性になるという周期変動をしている．このファミリーに含まれるプロテインキナーゼは，それぞれ細胞周期の異なる段階で活性化する．たとえば，あるキナーゼは G_1 期，別のキナーゼは細胞が DNA 複製を行なっているとき，また，別のキナーゼは分裂期，という様式で活性化する．それぞれのキナーゼは，活性を示す比較的短い時間に多くのタンパク質をリン酸化することによって基質分子の活性化を導き，細胞周期の重要な現象を実行したり，逆に活性を抑えることで細胞周期のその時点よりも前の現象を繰返さないようにしたりする．たとえば，分裂期を開始させる CDK は，ラミンタンパク質をリン酸化して核膜を崩壊させると同時に，紡錘体の会合を制御する多くのタンパク質をリン酸化する．

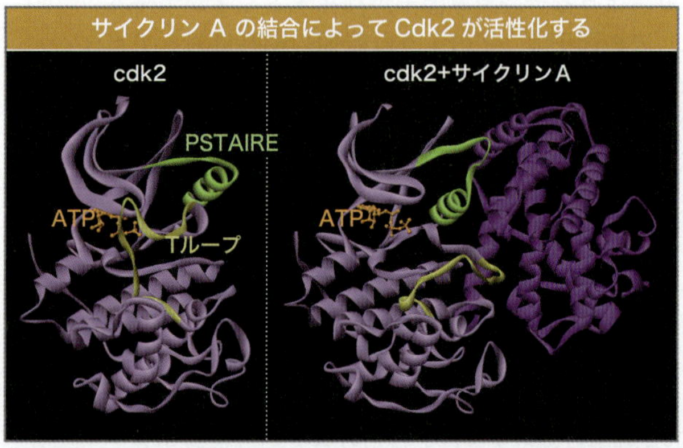

図11・9　CDK にサイクリンが結合すると，CDK のコンホメーションが変化する．具体的には，T ループの位置が変化して，基質が触媒部位に接近できるようになり，さらに，いくつかのアミノ酸側鎖の方向が変化して，リン酸基の転移に必要なコンホメーション変化がひき起こされる［図は，Protein Data Bank file 1B38 および 1FIN より作成］

CDK は，酵母の *cdc* 変異体の解析によってはじめて同定された．分裂酵母の *cdc2*$^{+}$ 遺伝子の DNA 配列を決定したところ，出芽酵母（*Saccharomyces cerevisiae*）の *CDC28* 遺伝子と相同であることがわかり，また，出芽酵母の *CDC28* 遺伝子は，分裂酵母の *cdc2*$^{+}$ 遺伝子の機能を代替することが示された．つまり，*CDC28* 遺伝子を分裂酵母の *cdc2*^{ts} 変異体に導入すると，この株は非許容温度で増殖できるようになったのである．したがって，この二つのタンパク質はオルソログ，すなわち，同じ機能をもつことが示された．その後，このタンパク質は，プロテインキナーゼとして作用することがわかった．さらに，ヒトの相同遺伝子である *CDC2* が，分裂酵母の *cdc2* 変異体に対する**相補**（complementation）試験から単離されたことから，このキナーゼが進化的に保存された細胞分裂の制御因子であることが明らかになった．さらに，同じ方法が他の真核生物に対しても行われ，この発見は，細胞周期制御に関係する進化的に保存された別のタンパク質の発見へと広がった．本章では，これ以降は，生物種に特異的な，*cdc2*，*CDC28*，*CDC2* といったキナーゼ遺伝子の名称を用いる代わりに，**Cdk1** という一般名を用いる．

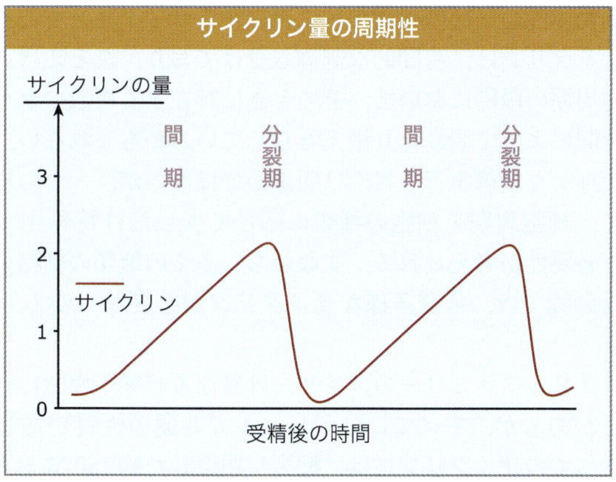

図11・10 初期胚において細胞分裂の開始に連動してサイクリンの量が多くなるという観察結果から，はじめてサイクリンが発見された．サイクリンの量は，分裂後，急激に下がる．

1980年代初期のウニや二枚貝の胚を用いた細胞分裂の研究から，Tim Hunt と共同研究者，および，Joan Ruderman の研究室では，細胞分裂に一致して存在量が下がるという周期変動を示すタンパク質が比較的多量に存在することに着目した．これらのタンパク質は，のちにサイクリンとよばれることになる（詳細は EXP:11-0004 参照）．このタンパク質量の周期性は，単一細胞や細胞周期が一緒に進行する同調した細胞を用いたときにだけ検出できる．このタンパク質量の変動は劇的であり，図11・10に示したように，タンパク質合成によって連続的に蓄積したタンパク質が，染色体が分離して分裂期後期に入ったとき，タンパク質分解によって急激に失われる．このタンパク質の出現と消失は，細胞周期と完全に同調していて，分裂ごとにみられる．サイクリンが周期的に用いられているという事実は，それと複合体を形成している CDK が，1回の細胞周期で短い時間だけ活性を示すことを意味している．

CDK とサイクリンの役割については，アフリカツメガエル（*Xenopus laevis*）の細胞周期制御に関する優れた先駆的な研究によってさらに理解が進んだ．まず，成熟促進因子（maturation promoting factor，**MPF**）がカエル卵母細胞の**減数分裂による成熟**（meiotic maturation）を促進する活性として同定された．その後，MPF が精製されて生化学的な分析が行われた結果，これが Cdk1 とサイクリンからなることがわかった．図11・11に示したように，MPF 活性は，減数分裂や体細胞分裂が1回起こ

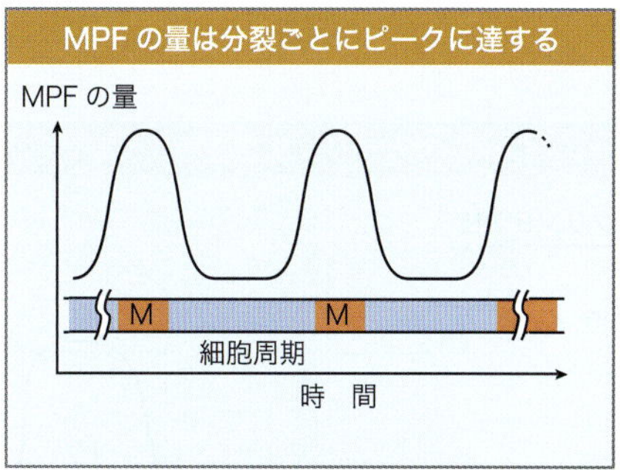

図11・11 分裂周期の間に MPF の量が変化することから，MPF が細胞分裂の制御因子であることが示唆された．

るごとに急激に上昇して，その後下降する．この急激な下降は，サイクリンの分解によるものであり，上昇の一部はサイクリンの量が増すことによるものである．MPF がどのような物質であるかが決定されたことによって，“すべての真核生物の細胞周期を類似したタンパク質が制御している”という意外な事実が確かなものになったのである（詳細は EXP:11-0005 参照）．

生物種によっては，ただ1種類ずつのサイクリンと CDK によって，細胞周期を制御することが十分可能である．たとえば，分裂酵母は，図11・12の左欄に示したように，唯一の CDK と唯一の必須サイクリンをもち，一つの CDK-サイクリン複合体が G_1/S 移行と G_2/M 移行の両方を動かしている．この事実は，

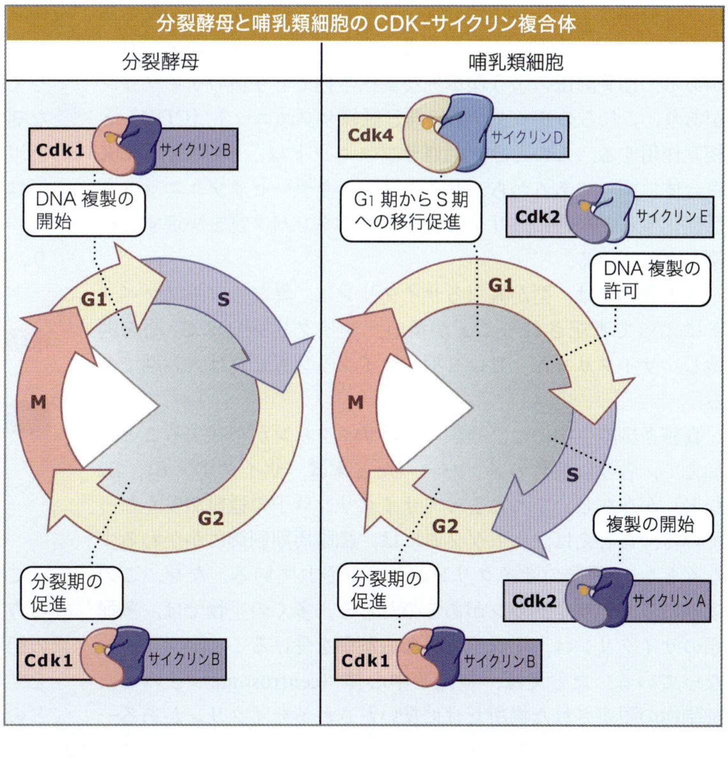

図11・12 分裂酵母においては，単一の CDK-サイクリン複合体（Cdk1-サイクリンB）が複数の段階で細胞周期の移行を行うことができるのに対して（左），哺乳類細胞においては，別々の CDK-サイクリン複合体が細胞周期の移行を行っている（右）．

CDK–サイクリン複合体は1箇所の移行だけを活性化するという概念に反する．しかし，分裂酵母の場合には，CDK–サイクリン活性がこの2箇所の移行で異なるレベルになっていることが必要であると考えられている．すなわち，図11・13に示すように，低レベルではS期を促進し，高レベルでは分裂を促進すると考えられている．サイクリンの量は時間とともに増すことから，この機構によってS期と細胞分裂が，同じCDK–サイクリン複合体によって正しい順序で起こるようになっていると考えられている．

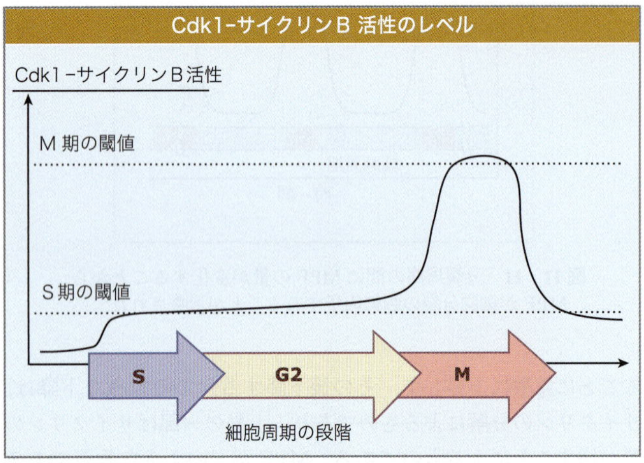

図11・13 このグラフには，分裂酵母の細胞周期において，単一のCdkシグナルによって二つの閾値がつくられ，閾値それぞれに依存して別な現象がひき起こされることが描かれている．

ほとんどの生物種においては，複数のサイクリンが1回の細胞周期で作用しており，異なる段階では別のサイクリンが現れ，消えている．サイクリンは，存在する細胞周期の段階に基づいて，三つの型に分けられる．G_1期サイクリンはG_1期からS期へと向かう細胞周期の移行に必要であり，S期サイクリンはDNA複製を開始するために必要である．そして，M期サイクリン（あるいは，分裂期サイクリン）は細胞分裂を開始させるために必要である．また，多くの細胞には，これらの型それぞれに複数のメンバーがある．出芽酵母のような単純な真核生物でも9種のサイクリンがあり，これらのサイクリンは同じ触媒サブユニット（CDK）と相互作用する．このとき，触媒サブユニットは，すべてのCDK複合体に同じであるから，サイクリンはキナーゼサブユニットを活性化すると同時に，リン酸化する標的タンパク質を決定する役割ももっている．

後生動物では，型が異なるサイクリンは，異なるアルファベットによって表記されることが多い．サイクリンDはG_1期を開始し，サイクリンAとEはS期，サイクリンAとBは分裂期である．

真核多細胞生物には，複数の型のサイクリンが存在することに加えて，各型に複数のメンバー（たとえば，サイクリンB1，B2など）が存在し，これによってサイクリン分子の種類が多くなっている．たとえば，ヒトゲノムには，細胞周期制御にかかわる少なくとも12種類のサイクリンがコードされている．なぜ，このように多くのサイクリンがあるのだろう．多くの生物では，多種類のサイクリンは，それぞれ異なる制御を受けることが明らかになっている．たとえば，核内や**中心体**（centrosome）といった細胞内の限定された場所だけに見いだされるサイクリンがある一方，動物体内の一部の組織だけに存在するサイクリンもある．また，サイクリンは，時間的な制御も受けており，たとえば，一つの細胞周期の段階において，そのときに存在する複数のサイクリンが時間によって表れたり消えたりしているかもしれない．このような細かな制御を行う目的は明らかではないが，一つの可能性として，細胞周期を細胞の種類に応じて少しだけ特殊化するといった必要性が考えられる．すなわち，多くの種類の細胞をもつ大きな動物では，多種多様なサイクリンが必要なのかもしれない．

サイクリンファミリーのメンバーは異なる時期や場所に存在することがあるが，すべてに分子レベルで共通の性質がある．まず，すべてのサイクリンには，配列が類似した約150アミノ酸残基からなる領域が含まれており，サイクリンボックスとよばれている．この配列は，サイクリンがCDK触媒サブユニットに結合する分子内領域である．サイクリンの多くには基質認識に関係する領域に疎水性の配列が含まれているが，サイクリンボックス以外の領域のアミノ酸配列はかなり異なる．それにもかかわらず，サイクリン間には大きな機能的な冗長性があるらしく，一つのサイクリンが別のサイクリンを代替できるケースが，100％ではないが，頻繁にみられる．こうした冗長性は，最初に酵母で発見され，今ではマウスでも見いだされている．たとえば，サイクリンEがなくてもマウスは正常に発生して生きる．おそらく，通常はサイクリンEと同じ作用をしているのではない他のサイクリンが，サイクリンEの欠損をS期の開始時において補償していると思われる．

また，後生動物の細胞には，複数のサイクリン依存性キナーゼが存在する．CDK1は細胞分裂に重要であり，CDK2，CDK4，CDK6は細胞分裂に先立つ細胞周期段階で役割をもっている．CDKの多くは1種類あるいは2種類のサイクリンと会合し，各CDKは異なる組合わせのサイクリンと会合する．そのため，そのときどきに存在するCDK–サイクリン複合体の種類はかなり多い．CDK–サイクリンの異なる組合わせがあることで，多細胞生物を構成する細胞一つ一つにおいて，また，別の細胞を比較したときにおいても，これらがいつどこで機能するかを微妙に制御することが可能になっている．また，基質に関しても，CDK–サイクリンの組合わせのそれぞれが，異なる組合わせの基質に対して作用するようになっている．図11・12の右欄に，さまざまな哺乳類のCDK–サイクリンが作用する段階を示した．

以上述べてきたことはつぎの2点に要約される．細胞周期の移行は，CDK–サイクリン複合体によって制御される．サイクリンは，細胞周期において周期的な量的変動をするタンパク質であり，CDK活性に細胞周期特異性を与えている．

11・5 CDK–サイクリン複合体はさまざまな方法で制御される

重要な概念

- CDK–サイクリン複合体は，リン酸化，阻害タンパク質，タンパク質分解によって制御されるほか，細胞内局在性の制御も受ける．

CDKの制御を行うための第一の方法はサイクリンの結合による方法であるが，別の機構もCDKの活性制御に用いられる．この節では，CDK–サイクリン複合体を制御するさまざまな仕組みを学び，この制御によって複合体が示す細胞周期特異的な活性がどのようにもたらされるかを考える．

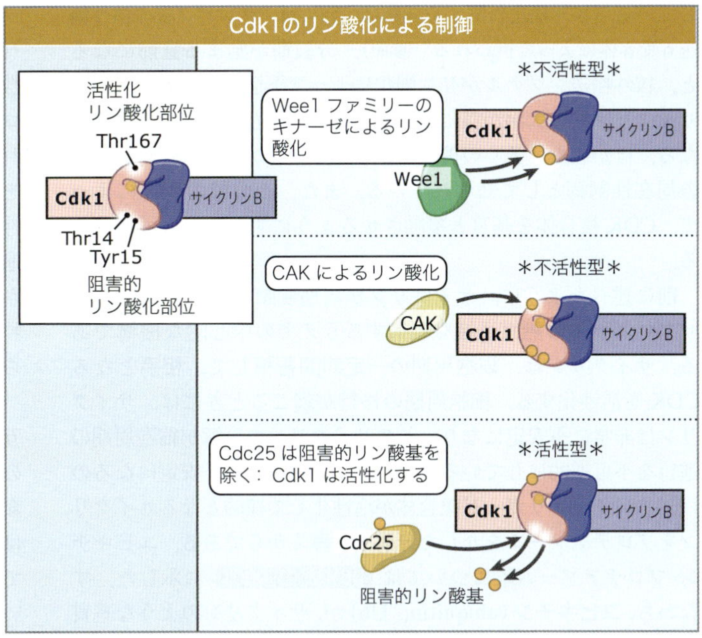

図 11・14 CAK によって Cdk1 の Thr167 がリン酸化されると，複合体は活性化する．しかし，Wee1 ファミリーのキナーゼによる Thr14 と Tyr15 のリン酸化が，Cdk1 複合体を G_2 期において不活性な状態にとどめている．G_2 期から M 期への移行によって，Cdc25 ファミリーのホスファターゼの作用によって Wee1 によるリン酸化が打ち消され，活性化した Cdk1 複合体が生じる．

CDK–サイクリン複合体の制御機構の多くは，CDK がサイクリンに結合した後に CDK 活性を制御するものである．これに加えて，別の制御が作用することによって，細胞周期の段階間の移行を明確に，そして不可逆的に行うことができるようになっている．また，こうした制御によって，細胞内や細胞環境に応じて細胞周期を停止させたり，進行させたりしている．

CDK–サイクリン複合体の活性を制御する一つの方法はリン酸化である．CDK は二つの表面領域でリン酸化を受け，そのリン酸化のうち一方はキナーゼを活性化し，もう一方はキナーゼ活性を阻害する．活性化をひき起こすリン酸化は，キナーゼの T ループという，すべてのプロテインキナーゼで進化的に保存された領域内のトレオニン残基に起こり，このリン酸化によって活性型になるために必要なコンホメーション変化が CDK に起こる．この活性化型のリン酸化の現象は，CDK 活性化キナーゼ（CDK-activating kinase, CAK）によって触媒される．阻害的リン酸化は，図 11・14 に示したように，CDK の別の領域にある進化的に保存されたチロシン残基，あるいは，それに隣接するトレオニン残基に起こる．

阻害的なリン酸基の付加は，Wee1 ファミリーのプロテインキナーゼによって行われ，そのリン酸基の除去は Cdc25 ファミリーのプロテインホスファターゼによって行われる．ある時点における CDK–サイクリン複合体の活性は，これらの部位のリン酸化状態によって制御されており，細胞周期の進行の決定にかかわるさまざまなシグナルは，Wee1 と Cdc25 の両方あるいは一方の活性を制御することによって統合される．たとえば，以下で見るように，環境条件とチェックポイントは，共に，活性化に作用するリン酸化と阻害的なリン酸化のいずれかを制御することで細胞周期に作用している．

CDK の制御を行うもう一つの方法は，一連の小さなタンパク質性阻害因子の結合である．このようなサイクリンキナーゼインヒビター（cyclin kinase inhibitor, **CKI**）には二つのタイプが存在する．p16 ファミリーの阻害因子は，キナーゼサブユニットと相互作用して，サイクリンの会合を妨害する．一方，p27 のような Cip/Kip ファミリーの阻害因子は，図 11・15 に示すように，CDK–サイクリン複合体に結合して阻害する．これまでに同定されている CKI の多くは，G_1 期から S 期にかけて作用し，細胞周期を進行する条件が整うまで進行を止める障壁として働いている．たとえば，p16 阻害因子は G_1 期に存在し，G_1 サイクリンが十分合成されて G_1 期 CDK に会合している p16 に置き換わって CDK–サイクリン複合体ができるまで細胞周期を停止させる．

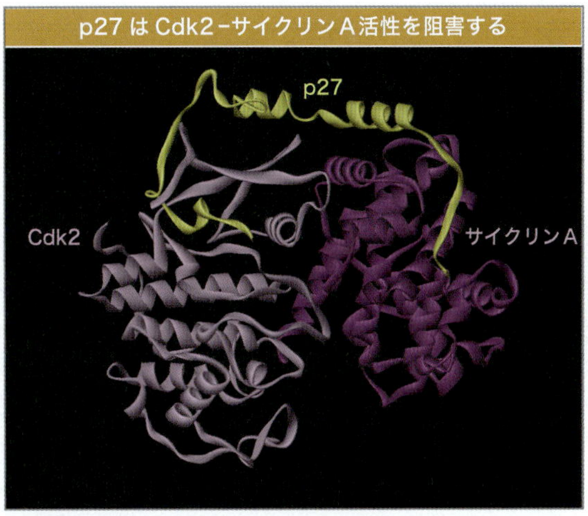

図 11・15 p27 は CDK–サイクリン複合体を阻害する［図は Protein Data Bank file 1JSU より作成］

また，サイクリン依存性キナーゼは，活性化因子や阻害因子による制御のほか，基質と細胞内の異なる空間に分離されることによっても制御される．最もよく研究されている例には，間期におけるサイクリン B1 の局在性の制御がある．細胞が分裂期に入るためには，サイクリン B1 が Cdk1 と会合して核内に存在する基質をリン酸化する必要がある．サイクリン B1 は核と細胞質の間を常に行き来しているが，サイクリン B1 には細胞質保持シグナルと核外輸送シグナルがあるため，間期においては細胞質に蓄積している（核外輸送に関する詳細は，§5・14"タンパク質の核外輸送も受容体によって担われる"参照）．分裂期が始まる直前になると，核外輸送シグナルがリン酸化によって不活性化され，CDK–サイクリンBの大半が核に蓄積して基質と相互作用できるようになる．ほかにも，多くの例がCDK–サイクリンやCDK制御因子の局在性制御として知られている．また，この種の制御によって，CDK複合体を基質と接触させるようにすることも可能である．

前に述べたように，サイクリンが周期変動することが，CDKサブユニットの触媒活性を制御するうえでの中心的な機構である．サイクリンは，細胞周期の一定期間蓄積して，相手となるCDKを活性化する．細胞周期の移行が起こるときには，サイクリンは非常に不安定になり，このサイクリンの分解が細胞周期の進行を不可逆的にしている．サイクリンが急激に不安定になるのは，ユビキチンリガーゼ複合体が活性化して標的となるサイクリンをプロテアソームを介した分解へと導くからである．ユビキチン–プロテアソーム系については BCHM:11-0001 に示した．すなわち，**ユビキチン**（ubiquitin，Ub）が，サイクリンのような基質タンパク質に，Ub活性化（E1），Ub結合（E2），Ubリガーゼ（E3）からなる酵素カスケードによって共通結合で結合する．複数のユビキチンがタンパク質に結合すると，そのタンパク質はプロテアソームとよばれるタンパク質複合体によって認識，分解されるのである．実際，正方向への制御として，Cdk1は自分自身を分解するために，サイクリンに対するユビキチンリガーゼを活性化して自己消滅を導いている（たとえば§11・7"細胞周期への進入は厳密に制御されている"参照）．サイクリンの分解機構にはさまざまな種類があり，それぞれがサイクリンのタイプに対して特異性を示す．図11・16には，CDK活性を制御するために用いられているさまざまな機構をまとめた．

以下では，細胞周期機構の中枢とその制御体系がどのように相互作用して，複数の細胞周期の移行を行っているかを述べる．このような相互作用は，多くの場合，複雑である．ここでは，この複雑性によって，細胞周期の最も基本的な性質，すなわち，移行は完全であると同時に不可逆的であり，細胞が移行に十分備えができたときだけに行わなければならないという性質が形成されていることを学ぶ．

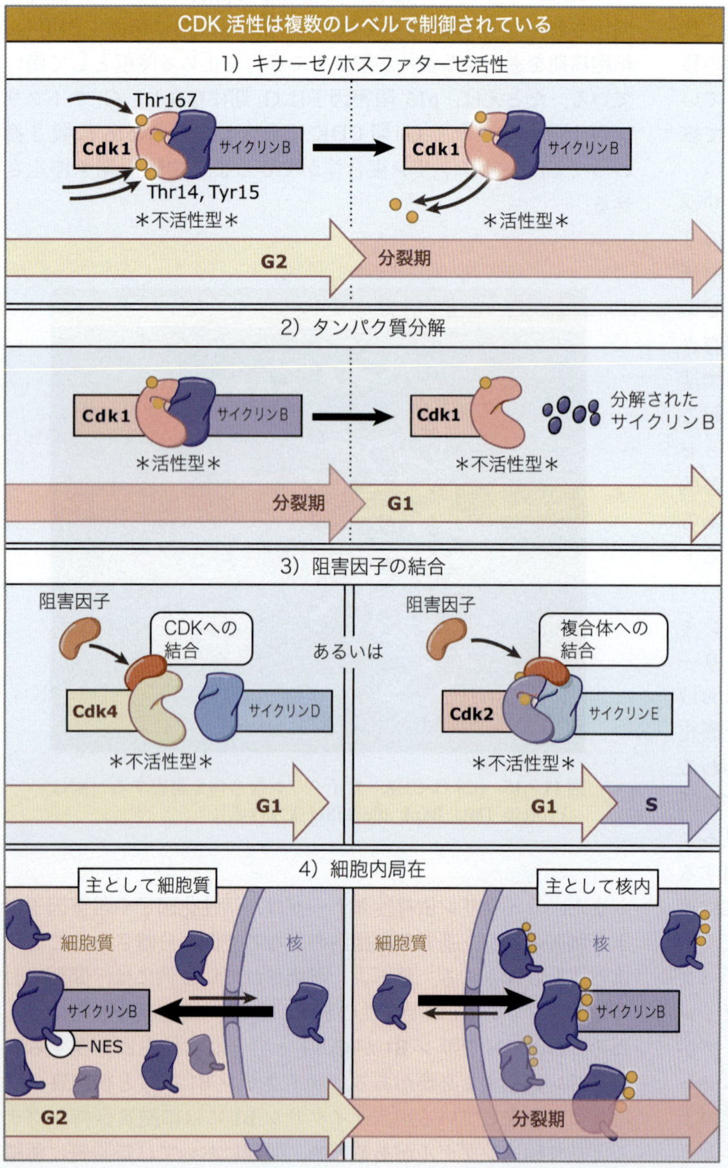

図11・16　1）CDK活性は，活性化に作用するリン酸化と不活性化に作用するリン酸化によって制御されている．2）分裂期から脱出においてサイクリンBがタンパク質分解を受けると，分裂期Cdk1の不活性化が起こる．3）CDKインヒビター（阻害因子）のCDKサブユニット（左）あるいはCDK–サイクリン複合体（右）への結合によってCDK活性が阻害される．4）G_2期には，核外輸送シグナル（NES）が関係するサイクリンBの核外輸送が優先的に起こり，サイクリンBとCdk1の分離が起こる．分裂期に入る許可が与えられると，サイクリンBにおいて核外輸送に重要なアミノ酸残基がリン酸化されて核外輸送が弱まるために，サイクリンBは核内に蓄積して基質に近づけるようになる．

11・6 細胞は，細胞周期から出ることも細胞周期に再び進入することもある

重要な概念

- 細胞は，分裂しない休止状態，すなわち G_0 としてとどまっていることがある．
- 休止状態の細胞は，環境要因の刺激を受けて細胞周期に戻ることがある．
- 細胞が再び細胞周期に入るとき，多くの場合，G_1 期に入る．
- 細胞は，特化した細胞種に分化することで細胞周期から永遠に離れることがある．
- 細胞は，アポトーシスによって自己破壊することがプログラムされている．

ここまでに，細胞周期の進行に必要な細胞周期制御機構の中枢を見てきた．しかし，外界が細胞分裂を促す状態ではないときに分裂することは危険であるから，細胞周期機構が細胞周期を動かす状態にあり続けることはない．この節では，細胞環境から寄せられる情報がどのように統合されて，細胞周期のエンジンをオンにして分裂を開始するのか，あるいは，開始しないのかを決定しているかについて学ぶ．

細胞が分裂した方がよいことを示すシグナルが少ないとき，多細胞動物の細胞は**休止状態**（quiescence）あるいは **G_0 期**とよばれる分裂しない状態に入る．しかし，多くの細胞は，栄養物やシグナルが細胞分裂に十分な量与えられると G_0 から再び細胞周期に戻る．このようなシグナルには，増殖因子やホルモンがある．ところが，細胞は，生体内でも培養下でも分化するに従って，増殖能力を失うことが多く，**老化**（senescence）とよばれる永続的な休止状態に入る．たとえば，完全に分化した神経細胞は，増殖を促進するあらゆる化学物質が与えられても分裂しない．

ある種の細胞外因子は，別な細胞運命，すなわち，**アポトーシス**（apoptosis）への運命を刺激することがある（アポトーシスの詳細は第12章“アポトーシス”参照）．アポトーシスは，多細胞生物の発生における正常な作用の一つであるが，ある種の細胞外シグナルによって培養下でも誘導することができる．たとえば，腫瘍壊死因子 α（TNF-α）は，特異的な受容体に結合して，生化学的な経路を発動して細胞死に至らせる．また，アポトーシスは，相反する細胞外情報，たとえば，十分な栄養物がないにもかかわらず，増殖を刺激する情報を受取ったときにもひき起こされる．

酵母では，飢餓や接合因子の存在が細胞増殖を阻害する作用をもっている．酵母細胞は，窒素原や炭素原が少ない飢餓状態に応答して，ATP を cAMP に変換する酵素であるアデニル酸シクラーゼの活性を下げる．cAMP は一種のセカンドメッセンジャーであり，cAMP 依存性プロテインキナーゼを活性化し，このキナーゼはタンパク質合成を刺激して細胞を分裂する方向に向かわせている．つまり，cAMP の濃度が酵母細胞で下がると，G_1 期に停止するのである．

それでは，どのように接合因子は細胞周期の進行を阻害するのだろうか．一倍体の出芽酵母には二つの接合型，*MAT*a と *MAT*α があり，それぞれ反対の接合型の細胞が応答する接合フェロモンを分泌している．たとえば，α 因子は，*MAT*a 細胞の G_1 期停止を誘導する．α 因子は *MAT*a 細胞表面の受容体に結合すると，プロテインキナーゼのシグナル伝達カスケードが活性化され，二つの応答を導く．この二つの応答とは，接合過程を行えるように接合応答遺伝子を発現させることと細胞周期の停止であり，この細胞周期の停止は，サイクリンキナーゼインヒビター（CKI）である Far1p が G_1 期 CDK-サイクリン複合体に結合することによってひき起こされる．

細胞が休止状態から再び細胞周期に入るように刺激されると，その細胞はたいてい G_1 期に入る．しかし，この G_1 期のある時点になるまでに増殖促進シグナルが除かれると，細胞周期の進行が再び妨げられ，細胞は休止状態に戻る．ところが，G_1 後期のある時点にまで細胞周期が進むと，そうしたシグナルを取除いても細胞周期の進行はもはや影響を受けず，細胞は，細胞外の情報なしに細胞周期を不可逆的に1回まわるように定められる．この G_1 期の点は，細胞に複製サイクルを開始させて完了まで至らせることを決定する点であり，酵母では **START**，多細胞真核生物では**制限点**（restriction point R 点）とよばれる．このような細胞周期における決定点の概念を図11・17に示した．

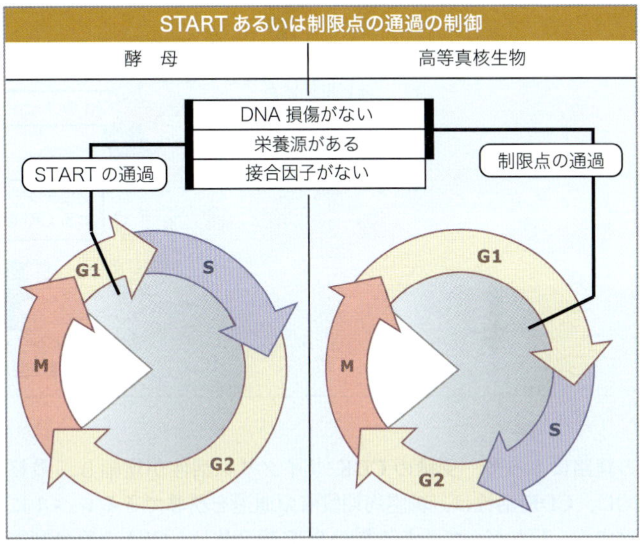

図11・17 スタート（酵母）あるいは制限点（高等真核生物）の通過は，細胞周期の進行を決定するシグナルを与えており，分裂のために利用できる栄養物があることや接合フェロモンが存在しないこと（酵母の場合）などの外的な因子によって制御される．また，DNA が完全であることなどの内因性の因子によっても制御されている．

それでは，細胞周期制御機構は，どのように細胞を休止状態から再び細胞周期を活性化させているのだろうか．一つの機構は，G_1 期 CDK-サイクリン複合体の阻害を解除することである．まず第一に，細胞周期を停止している間に蓄積した阻害性の CKI をユビキチン化によって分解することである．進化的に保存された E3 ユビキチンリガーゼが CKI の分解に必要であり，**SCF**〔skp1-cullin-F-box-protein（complex）〕とよばれている．SCF は，分裂期のサイクリンのユビキチン化に関係する E3 ユビキチンリガーゼとは異なる複合体である．

SCF は，四つの中心的なサブユニット（コアサブユニット），すなわち，Skp1，Cdc53，F ボックスタンパク質，および，リングフィンガータンパク質である Rbx1 からなる．F ボックスタンパク質は，どの細胞にも複数の種類が存在していて，それぞれ異なる基質を認識することによって SCF 複合体の基質特異性を与えている．リングフィンガータンパク質は E2 酵素と相互作用する．

F ボックスタンパク質と SCF が基質を認識するには，その基質があらかじめリン酸化されていることが必須である．CKI の場合には，CDK-サイクリンによって複数の部位がリン酸化されることで SCF によって認識され，その後，タンパク質分解される．CKI が分解されるに従って，G_1 期 CDK が活性化する．こ

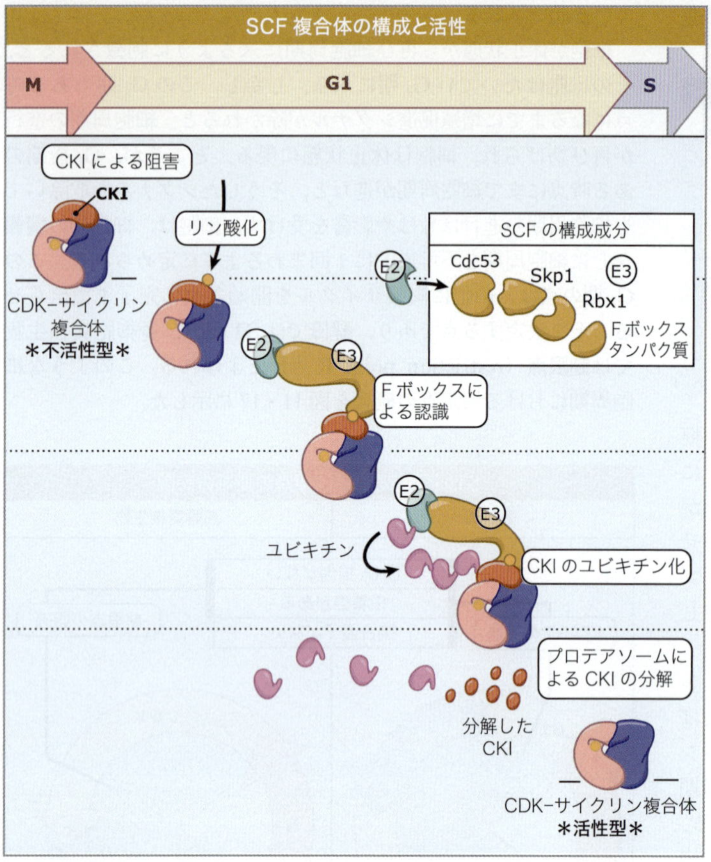

図 11・18　SCF 複合体は，四つの中心的なサブユニット，すなわち，Rbx1（リングフィンガータンパク質），キューリン（たとえば，Cdc53），Skp1，および，F ボックスタンパク質からなる．F ボックスタンパク質は，特異的なリン酸化基質を認識し，F ボックス領域を介して Skp1 に結合することによって，基質を SCF 複合体に結びつけている．

の経路によって，少量の CDK–サイクリン活性が増幅し，最終的に，CDK 活性は，細胞周期段階の通過を誘導できるレベルに達する．したがって，ある種の SCF 複合体は，CKI の負の制御因子，逆にいえば，細胞周期の正の制御因子として作用している．SCF の一般的な構成と CKI に対する活性を図 11・18 に示した．（このほかのユビキチンを介した分解については BCHM:11-0002 参照．）

以上をまとめる．通常は，細胞外状態が細胞が分裂するか否かを支配しており，その状態が分裂するに適していないときには，細胞は休止状態に入る．分裂に都合がよい状態になると，細胞は，細胞周期の G_1 期に再び入る．細胞周期への再進入と G_1 期の通過には G_1 期 CDK の活性化が必要であり，これは，G_1 期サイクリンの合成と CDK–サイクリン複合体を阻害している CKI の不活性化によって行われる．

11・7　細胞周期への進入は厳密に制御されている

重 要 な 概 念

- 細胞分裂は連続的に起こるのではなく，外因性の刺激と利用可能な栄養源とによって制御されている．
- 細胞は，自分を取囲む環境に存在する化学シグナルを検出している．
- 細胞外シグナルは，細胞内の生化学的反応をひき起こし，その結果，細胞は細胞周期に入るか，あるいは，G_1/G_0 期で細胞周期を停止させることができる．

正常な細胞は，置かれている状態が増殖に適当になったときにだけ増殖する．単細胞生物では，十分な栄養物を利用できることが増殖を許容する環境条件である．多細胞生物では，その他の環境情報も増殖するのが適当かどうかのシグナルを与えている．このような外因性シグナルには，刺激性のシグナルと抑制性のシグナルがある．それでは，これらのシグナルはどのように解釈され，どのように細胞周期の機構に統合されるのであろうか．

増殖を刺激するペプチドやホルモンを**増殖因子**（growth factor）とよぶ．これらの因子は血清中に存在しており，これが，細胞を *in vitro* で培養するときに血清を用いる理由である．血清から最初に同定されたペプチド性の増殖因子は血小板由来増殖因子（platelet-derived growth factor, **PDGF**）である．PDGF は，血液凝固に際して血小板から放出され，傷の回復に必要な迅速な細胞増殖に関係している．PDGF や他の増殖因子は，標的細胞の表面にある特異的な受容体に結合する．この受容体は，細胞内シグナル伝達系と共役して，細胞増殖を誘導する．

それでは，増殖因子は，どのようにして S 期や細胞分裂を決定するために必要な CDK の活性化を行うのであろうか．増殖因子を結合した受容体が活性化すると，多くの生化学的現象がひき起こされて，細胞内のセカンドメッセンジャーが生成する．図 11・19 に示したように，これらが最終的に遺伝子発現の変化を導く．血清添加後，直ちに発現する一群の遺伝子があり，初期応答遺伝子とよばれている．これら初期応答遺伝子には，Fos，Jun，Myc などの転写因子がコードされていて，これらの転写因子が遅延性初期応答遺伝子とよばれる他の遺伝子を活性化する．遅延性初期応答遺伝子には，G_1 期サイクリンであるサイクリン D がある．CDK が増殖因子に応答して活性化するには他の現象も必要であるが，サイクリン D の発現を誘導することは，細胞を G_1/S 移行させるための重要な機構である．

CDK とそれに会合している G_1 期サイクリンは，がん抑制因子であるレチノブラストーマ（Rb）タンパク質をリン酸化することによって，制限点の通過を助ける．Rb タンパク質は，E2F という転写因子に結合して阻害するが，ここでは Rb が G_1 期

CDK−サイクリン複合体（主としてCdk4とCdk6のいずれかと会合したサイクリンD）でリン酸化されるために，E2Fから解離するのである．阻害が解けたE2Fは，自分自身（E2Fをコードする遺伝子）の発現と他の遺伝子の発現を促進する．発現誘導される遺伝子には，複製の開始に必要なタンパク質であるサイクリンEや細胞周期のもっと後で作用するタンパク質が含まれる．

Cdk2−サイクリンEもRbをリン酸化し，E2Fから解離したRbによる最初の効果を増幅する．したがって，少量のCDK活性が，G_1期CDK−サイクリン複合体の量と活性を増すように変換されるのである．CDK−サイクリン複合体によるRbとE2Fの制御を図11・20に示した．また，Rbの機能が失われることは，腫瘍の発生に関係している（詳細は，第13章“がん：発生の原理と概要”参照）．

このように，サイクリン依存性キナーゼの一般的パターンが細胞周期のさまざまな段階で繰返しているといえる．しかし，以下で見るように，DNA複製時には，細胞周期依存性は，染色体上のDNA複製起点それぞれにおいてシスに作用する制御と共役している．

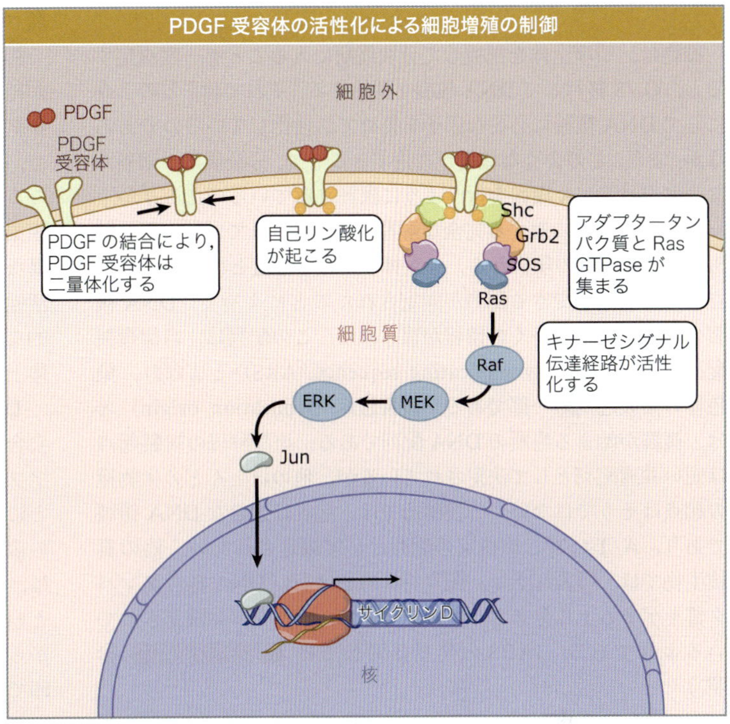

図11・19　リガンドが細胞外表面で受容体に結合すると，受容体は二量体化して活性化する．この例では，チロシンキナーゼ受容体であるPDGF受容体が，分子内リン酸化をひき起こし，Shc，Grb2，SOSとよばれるアダプタータンパク質を集める．これらが集まると，Rasとよばれる GTPaseが活性化する．活性化したRasは，Raf−MEK−ERKという一連のキナーゼが構成するシグナル伝達カスケードを活性化し，最終的に転写応答をひき起こす．細胞の増殖や制限点の通過を制御する遺伝子は，この転写応答の過程で発現誘導され，分裂周期を決定する作用をする．

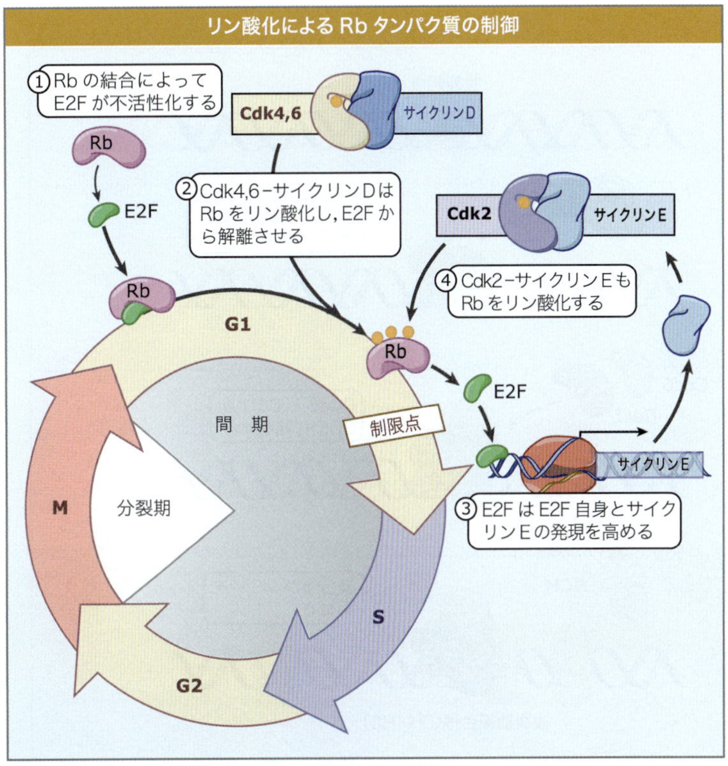

図11・20　転写因子であるE2Fは，Rbタンパク質の結合によって不活性化される．Rbがリン酸化されると，E2Fと結合できなくなり，E2Fが自身をコードする遺伝子とサイクリンEを含む多くの遺伝子の発現を亢進させる．Cdk2−サイクリンE複合体は，さらにRbをリン酸化できるため，増幅ループが形成される．Cdk2−サイクリンE複合体が十分に蓄積すると，細胞では，制限点を越えて細胞周期が進む．

11・8 DNA 複製にはタンパク質複合体が秩序正しく集合することが必要である

重 要 な 概 念

- DNA 複製は，制限点あるいは START を細胞が通過した後に起こる．
- DNA 複製は，段階的に制御されており，細胞分裂と協調している．
- DNA 複製は，配列，位置，間隔などによって決定される複製起点で開始される．
- 複製の開始は，複製が許可された複製起点でのみ起こる．
- 複製起点は，一度用いられると次の細胞周期まで用いられることはない．

細胞は，環境全体を把握して分裂周期に入ることを一度決定すると，G_1/S 移行して DNA 複製を開始する．それでは，どのようにして DNA 複製に必要な因子を集めて活性化しているのであろうか．また，どのような機構が作用することで，分裂周期 1 回当たり一度だけ DNA 複製を行うように保証されているのだろうか．

これらの問題に対する完全な解答はまだ得られていないが，酵母の DNA 配列の解析から，染色体における位置とは無関係に独立に複製を開始できる配列が同定されたことによって，DNA 複製の過程に関する多くの情報が得られた．この配列は，自律複製配列（autonomously replicating sequence, ARS）とよばれ，染色体の複製起点の一部である．**複製起点**（replication origin）とは，複製が始まる場所の DNA 配列である．出芽酵母の複製起点は短い共通配列として決定されているが，他のほとんどの生物種の起点はそうではない．分裂酵母では，起点は大きな DNA 領域であり，A/T に富むが特定の配列として規定されない．他の真核生物では，複製起点は，配列特異的ではない DNA 結合タンパク質をゲノム上に分布させる機構として，ランダムに決定されているようである．（ARS の発見に関しては MBIO:11-0001 参照．）

許された時間内にゲノムの複製が完了するために，染色体には，十分な数の起点が存在することが必須である．バクテリアでは，染色体は一本の環状分子で，1 個の起点だけが必要だが，複数の線状の染色体によって構成される大きなゲノムをもつ真核生物では，複数の起点が必要である．出芽酵母は，ゲノムが約 13 Mb であり，16 本の染色体上に約 400 箇所の起点が分布している．このことからいくつかの難しい制御に関する問題が出てくる．まず，複製起点の使用を S 期の間に一度だけ行うように細胞周期に協調させなければならない．また，細胞は，分裂期に入る前に複製が完了していることを確かめる必要がある．さらに，各起点は 1 回だけ働くことによって，1 回の細胞周期で 1 回だけ複製されることが保証されなければならない．

複製起点には，複製の活性化と DNA 合成の開始に必要な因子が結合するようになっている．DNA 複製の開始は，必要な因子が結合して複製が許可された起点だけで行うことができる．しかし，複製サイクルによっては，DNA 複製は，染色体中の起点となりうるもののうちの一部だけが用いられる．さらに，複製開始の現象は時間的にある程度分かれていて，許可された起点によって異なる時期に活性化される．たとえば，ある起点は S 期の初期に活性化され，別の起点はその後に活性化される．このような時間的な順番を何が決定しているかは明らかではないが，起点の染色体上における位置が複製の時期を特定しているようである．

DNA 複製を開始するには，複製前複合体（**プレ RC**）が起点に会合していなければならない．酵母での遺伝学的解析に加えて，アフリカツメガエル卵抽出物を用いた生化学的解析が行われたことによって，プレ RC の会合の様子が明らかになった．プレ RC の複製起点での会合の順序を図 11・21 に示す．プレ RC の会合は，複製起点認識複合体（origin recognition complex, **ORC**）という 6 個のタンパク質からなる複合体が DNA に結合することから始まる．ORC は，複製に用いられる可能性をもつ起点の目印であるが，これだけでは起点の活性化には十分ではない．ORC

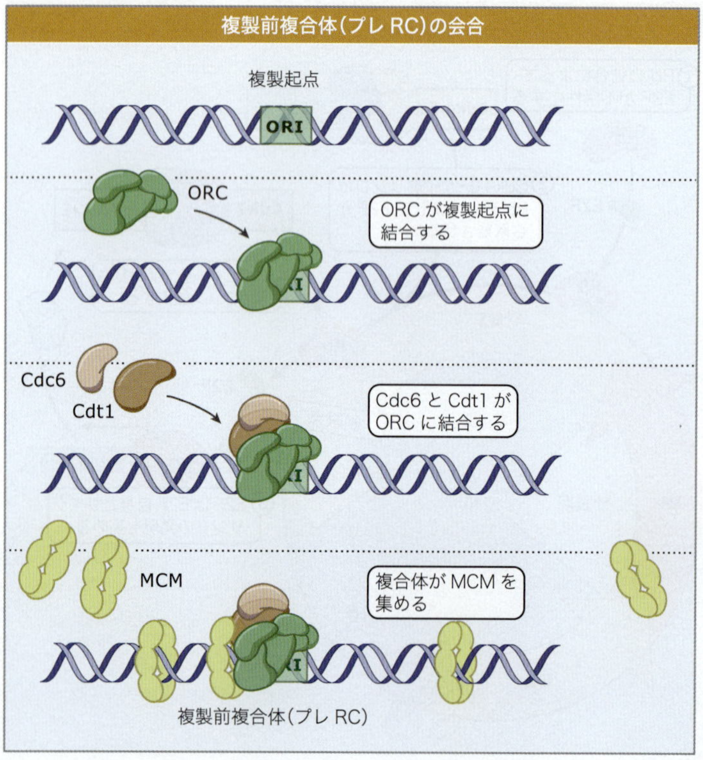

図 11・21　ORC は，細胞周期を通じて染色体の複製起点に結合している．分裂期後期から G_1 期のかけての細胞周期の短い時間に，許可タンパク質である Cdc6 と Cdt1 が複製起点に結合する．さらに，六量体の MCM ヘリカーゼ複合体（MCM2–7）がここに集まる．これによって，複製の許可（ライセンス）を与える過程とプレ RC の会合が完成する．

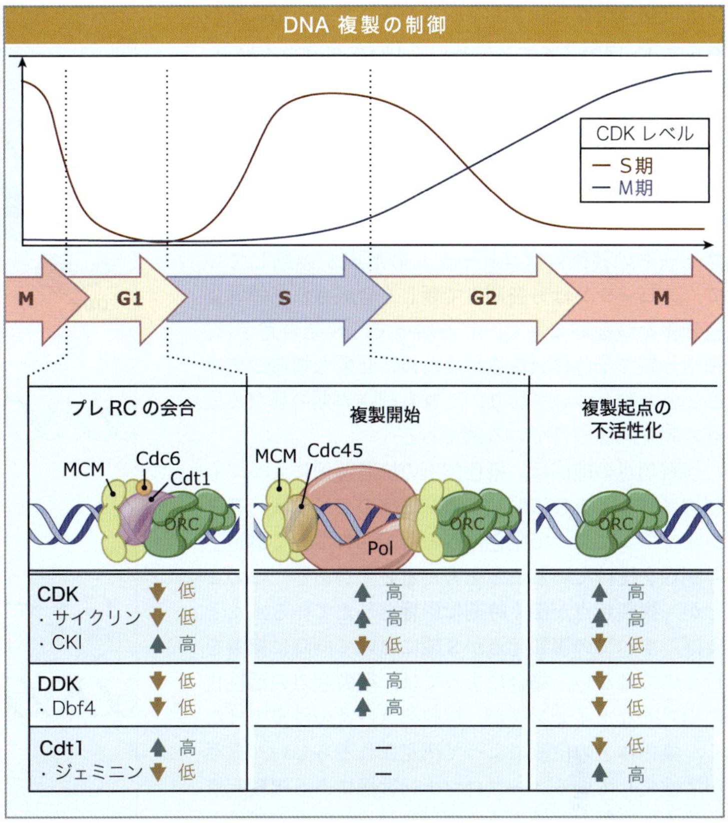

図 11・22 プレ RC は，CDK 活性と DDK 活性が低い M 期後期と G_1 期に会合する．CDK 活性と DDK 活性の上昇に従って，DNA 合成が開始される．プレ RC は開始後に解離し，複製起点を不活性化する．プレ RC は，分裂後に再び CDK 活性が低下したときにはじめて再会合する．

は，AAA^+ ATPase ファミリーの Cdc6，および，Cdt1 という進化的に保存された他の二つの因子が結合する場所として働く．(ATPase 領域を含む多くのタンパク質は，ATP の加水分解エネルギーによって作用を行う．) そのつぎに，ミニクロモソーム維持複合体 (minichromosome maintenance complex, MCM) とよばれる環状構造体が集まる．この構造体は，AAA^+ ATPase ファミリーという大きなファミリーのメンバーである 6 個の類似したタンパク質からなる．MCM は多量に存在するため，MCM 複合体は起点を超えて広がる．一度 MCM が結合すると，ORC と Cdc6 は不要となり，プレ RC は活性化する準備ができたことになる．

プレ RC の会合は，M期の終わりから S 期初期の間に起こるように複数の機構で制御されている．まず第一に，Cdc6 タンパク質が，この時期にだけ用いることができるように量的に制御されていて，MCM タンパク質は，Cdc6 が存在しないと複製起点に結合できない．第二に，多細胞動物では，Cdt1 タンパク質がジェミニンとよばれるタンパク質によって負に制御されていて，このジェミニンは，G_1 期のこの時期以外においては阻害作用をしている．最後に，プレ RC の会合自体が，分裂期の CDK–サイクリン活性によって制限されている．CDK–サイクリン複合体は，ORC のサブユニット，Cdc6，MCM を標的としている．CDK によるリン酸化に応答して Cdc6 は不活性化される．S 期での MCM の CDK によるリン酸化は，DNA から MCM を取除くことに関係している．したがって，プレ RC は，M期と S 期という高い CDK–サイクリン活性を示す二つに時期の間で CDK–サイクリン活性が低くなるときにだけ形成され，そのときにプレ RC の活性が高まって複製起点が働くように作用している．

それでは，複製起点は，どのようにして前複製状態から複製状態へと変換されるのであろうか．この変換には，他の多くのタンパク質の会合が必要であり，CDK–サイクリンと Cdc7–Dbf4 (**DDK**) という二つのキナーゼの制御下にある．つまり，CDK–サイクリン活性が細胞周期の進行に関して複製を正負両方向で共役しており，負の共役では，プレ RC の会合を阻害して複製起点が誤まって再利用されないようにする一方，正の共役では，複製起点の活性化を促進しているのである．したがって，まだ解明されていない問題は，複製開始を促進するこれらのキナーゼの基質は何なのかという点である．

CDK–サイクリン活性が細胞周期の全般的な協調を行う一方，DDK は，個々の複製起点において DNA 合成を開始させる役割を担う．これまで知られている最も重要な DDK の基質は，MCM タンパク質である．興味深いことに，Mcm5 の点突然変異で DDK の要求性が回避されることから，DDK のリン酸化によって，MCM の構造が複製を開始できるように変化することが示唆されている．CDK や DDK 活性による複製制御を図 11・22 に示した．

複製起点それぞれにおける複製開始の律速段階は Cdc45 タンパク質の結合であるらしく，これには CDK–サイクリン活性と DDK 活性の両方が必要である．Cdc45 の結合は，GINS とよばれる別の複合体の集合とともに，MCM 複合体のヘリカーゼとしての活性化をひき起こし，複製起点で DNA の巻戻りが起こる．したがって，MCM は，プレ RC における会合因子という役割から，伸長複合体の一部としてのヘリカーゼに変換されることになる．複製起点における最初の巻戻りによって，一本鎖 DNA 結合タンパク質である RPA が結合できる一本鎖 DNA が出現し，つぎに，ここへ RPA が結合することによって，DNA 合成を開始するプライマーゼ/DNA ポリメラーゼ α 複合体が結合する．MCM 複合体と Cdc45 は複製フォークの拡大とともに移動し，DNA ポリメラーゼ α の代わりに DNA ポリメラーゼ δ を主因子とする大きな**レプリソーム** (replisome) が形成される．図 11・23 に，この DNA 合成の開始の様子を示した．細胞は，チェックポイントと修復機構をレプリソームを維持するために用いることで，複製フォークにおいてDNAを守っている．

MCMが複製起点から離れてしまうと，その起点は“使用済”になり，次の細胞周期のM期になってプレRCがもう一度複製起点に形成されるまで再び活性化することはない．S期が進行するにつれて，MCMは染色体から外される．これに加えて，複製フォークの移動にはコヒーシンの形成が連動していて，コヒーシンは分裂期まで新しく合成された姉妹染色分体をつないでおく．したがって，S期の完了は，細胞分裂で染色体分離を行うために必要な構造ができることと結びついており，これも細胞周期の異なる段階の間を関係づけている例である．

複製起点の機能は，染色体上の位置関係によっても制御される．これに関しては，細胞のDNAは，ヌクレオソームによって染色体へと凝縮されていて構造上の制約を受けていることを考える必要がある．このことが，複製起点が働く時期に影響を与えている．たとえば，すべての複製起点がS期において同時に複製を行うのではない．場合によっては，複製起点の活性化の相対的なタイミングが，複製起点自身の性質ではなく，染色体上の位置によって決定されるらしい．転写が活性化しているユークロマチン近傍にある複製起点は早めに複製が開始するのに対して，転写が不活性なヘテロクロマチン近傍の複製起点は，一般的にS期の後半で複製開始が起こる．たとえば，一般的に転写が不活性な染色体のテロメア領域近傍の複製起点は，S期の後期に複製する．この一般則は，出芽酵母で行われた見事な実験によって裏づけられている．この実験では，通常は後期に複製する起点をユークロマチン領域に移したときに早く複製することが誘導される一方，その逆も起こることが示されている．しかし，複製のタイミングは，起点そのものの性質によっても影響される．つまり，複製の機構におけるクロマチン構造と位置関係の機能は完全にはわかっていないのである．

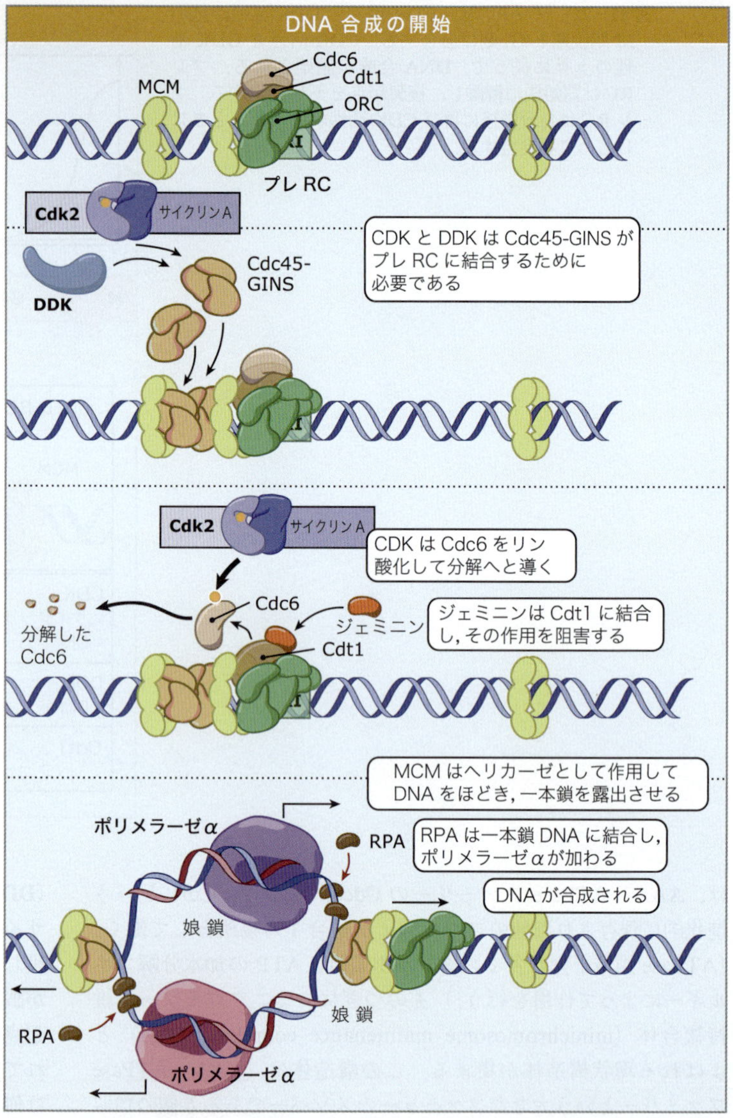

図11・23 DNA合成の開始は，CDKとDDKによって制御される．

以上をまとめる．ゲノムの複製にはさまざまなシグナルの統合が必要であり，細胞の状況を監視する統括的な細胞周期制御因子(CDK)と，クロマチン特異的な結合タンパク質が個々のシス作用部位を制御する仕組みとが関係づけられている．CDK活性とDDK活性の協調は，さまざまな種類のキナーゼが，細胞周期の進行に対して収束的なシグナルをどのように与えているかを表す一例である．

11・9 細胞分裂は，複数のプロテインキナーゼによって総合的に制御されている

重要な概念

- 多くの真核細胞では，G_2期からM期への移行がおもな制御点になっている．
- 複数のプロテインキナーゼの活性化が，G_2–M移行に関係している．

細胞周期のG_2期は，細胞分裂の準備期間である．ほとんどの細胞はこの時期に成長して，細胞分裂後に核と細胞質の比が一定になるようにしている．また，DNA複製における誤りを検出して，細胞が分裂期に入って染色体が分離する前のG_2期の間に修復する．それでは，このような条件がすべて整ったとき，細胞はどのようにして細胞分裂を開始するのだろうか．この節では，細胞分裂（有糸分裂）の進行に関係するプロテインキナーゼについて学ぶ．

Cdk1–サイクリンBは，G_2/M移行を促進する主要な分裂期キナーゼである．分裂期サイクリンが蓄積してCdk1と結合するためにCdk1–サイクリンBが蓄積するが，蓄積と同時にWee1ファミリーのキナーゼによって阻害的なリン酸化を受けるため不活性な状態にとどまっている．Wee1活性がない場合にはCdk1は阻害されないため，細胞は小さなまま分裂期に入って，“小さな(wee)”細胞になる．Mik1は，Wee1の相同遺伝子産物で，S期が長くなったときに，Cdk1をリン酸化して阻害するという重要な機能をもつ．哺乳類のWee1ホモログであるMyt1は小胞体に局在しているが，同じファミリーの他のメンバーは核に局在している．これらのキナーゼは，Cdk1の阻害的チロシン残基(Tyr–15)，あるいは，これに隣接するトレオニン残基(Thr–14)をリン酸化する．

Cdk1の活性化と分裂期への進入の律速段階は，この阻害的リン酸化残基（Try-15,Thr-14）のCdc25ホスファターゼによる除去反応である．*cdc25*遺伝子は，*wee1*とは異なり，分裂酵母において必須遺伝子になっている．つまり，阻害的リン酸基を取除くことができない場合には，細胞分裂を行うことができないのである．哺乳類には，三つの異なるCdc25アイソフォームが存在して，この重要な現象を保証している．

Cdk1の活性化の段階に関しては，Cdc25の制御が最もよく研究されている．高等真核生物では，Cdc25の活性化には，進化的に保存されたポロ様キナーゼ（Polo-like kinase, **PLK**）というCDKファミリーとは別のキナーゼファミリーが作用する．Cdc25がPLKによって活性化され，その結果Cdk1活性が増加すると，Cdc25はCdk1のリン酸化によってさらに活性化される．このCdk1活性化の正のフィードバックループによって，Cdk1キナーゼ活性の急激な増加が起こり，分裂期への進入が導かれる．また，Wee1の活性はCdk1のリン酸化によって負に制御されるため，分裂期へ向けたCdk1の活性化が急激に起こるようになっている．ここで述べたCdk1活性化に関する様式を図11・24に示した．

多細胞生物における分裂期への進入と進行は，二つの異なるCDK-サイクリン複合体によって支配されている．たとえば哺乳類細胞では，Cdk1-サイクリンAが核分裂における染色体の凝縮や紡錘体上への整列などの点を制御しており，これとは異なる局在性や細胞周期での時期特異性を示す複数のサイクリンBがそれぞれ別の基質をリン酸化することによって細胞分裂におけるさまざまな現象を制御していると考えられる．これまでに数多くのCdk1の基質が提案されており，そのうちのいくつかは，細胞分裂におけるCdk1機能に結びつく有力な候補であることが示されている．

Cdk1が主たる細胞分裂制御因子であると考えられる一方，他のプロテインキナーゼも細胞分裂のさまざまな局面で重要な役割を果たしている．以下では，これらのキナーゼについて見てみよう．第一には，すでに述べたPLKが，このようなキナーゼファミリーの一つとしてあげられる．PLKは，最初，ショウジョウバエの細胞分裂において複数の局面で欠損を示す一つの変異体の原因因子として同定され，その後，多くの真核生物で見いだされた．PLKは，細胞分裂への進入，中心体の成熟，紡錘体の形成，染色体の分離，そして，細胞質分裂に関与している．ショウジョウバエと酵母のゲノムには単一のPLKがコードされているが，脊椎動物には，最大4個の異なるメンバーがあり，そのなかでPlk1が，酵母やショウジョウバエのPLKと機能的に最も類似しているようである．このPLKファミリーのすべてのメンバーには，N末端側のキナーゼ領域と，ポロボックス（Polo box）とよばれる進化的に保存されたモチーフを少なくとも1個含むC末端領域がある．PLKの領域構成や活性化様式を図11・25に示した．

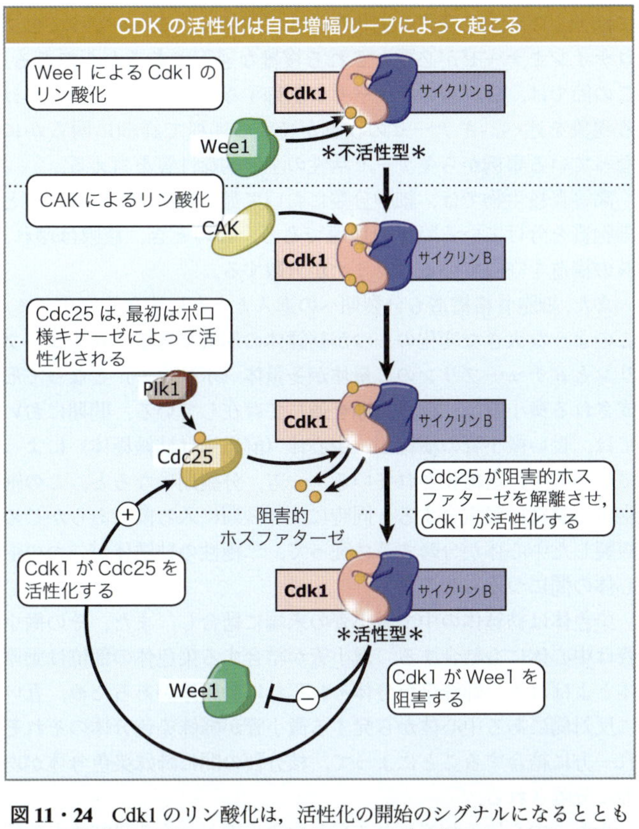

図11・24　Cdk1のリン酸化は，活性化の開始のシグナルになるとともに，不活性な状態にとどめる作用もある．ポロ様キナーゼ（PLK）はCdc25ホスファターゼを活性化し，活性化したCdc25は少量のCdk1の阻害的リン酸基を除いて活性化する．Cdk1が活性化されると，Cdc25をリン酸化してその活性を高める．さらに，少量の活性化したCdk1は，Wee1をリン酸化して不活性化する．この自己増幅ループによってCdk1が急激に活性化するのである．

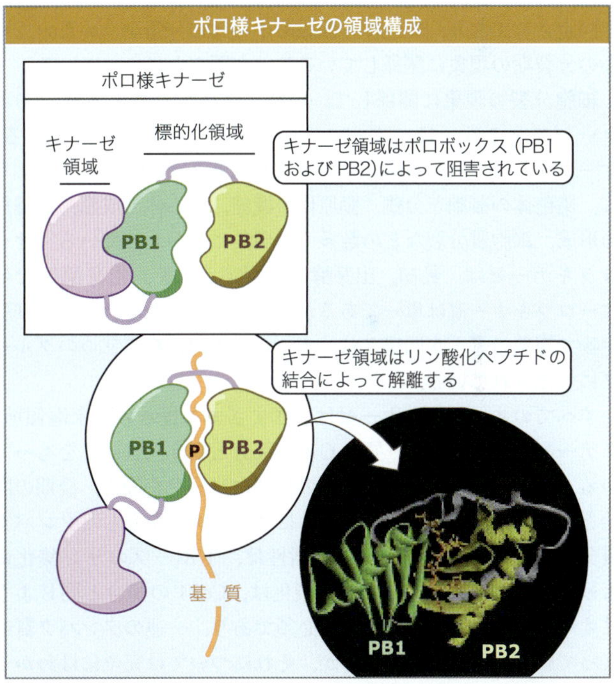

図11・25　ポロファミリーのキナーゼは，N末端のキナーゼ領域，および，ポロボックスとよばれる進化的に保存された領域を2個（PB1とPB2）含むC末端領域からなる．ポロボックスは，キナーゼを細胞内の標的に向かわせる作用をしている［画像はProtein Data Bank file 1UMWから作成］

ポロボックスはPLKの細胞内における標的化領域として作用し，PLKを中心体，**動原体**（kinetochore，染色体を微小管末端に結合させる作用をするタンパク質構造体），紡錘体，収縮環に結合させる働きをしている．ポロボックスは，リン酸化されたSer/Thr-Proというモジュールに結合するが，このモジュールはCdkやMAPキナーゼなどのプロリン指向性キナーゼに共通なリン酸化配列である．PLKの*in vivo*における結合部位には，結合する相手の他の要素も関係していると思われるが，上記の結合特異性から，PLK が Cdk1 や他のキナーゼによってあらかじめリン酸化されたタンパク質に結合することが示唆された．この結合機構は，さまざまな分裂期キナーゼの作用の収束点を与えると同時に，Plk1 と他のプロテインキナーゼを協調させて制御する方法も与えている．また，この機構によって，なぜ，PLK が分裂期において，Cdk1 や他のキナーゼと平行に，あるいは，その下流で活性化されるのかも説明している．PLK には，作用を行う部位に従った多くの基質があるらしい．これまでに詳細に検討された範囲では，得られた結果は，すべて，紡錘体の形成や細胞質分裂において作用するというすでに確立されている PLK の役割に適合する．

分裂期に働く第二のキナーゼファミリーは，NimA 様キナーゼ（NEK）であり，これは，コウジカビ（*A. nidulans*）で発見された．この発見は，細胞周期制御の研究に多数の生物種を用いたことが重要なポイントであり，生物種それぞれが幅広く重要な知見を与えるうえで独自の役割をもつことを示す重要な例である．コウジカビにおいて，*nimA* 変異体は，Cdk1 活性が高いにもかかわらず G_2 期で停止しており，Cdk1 の活性化だけでは細胞分裂のすべての現象を動かすには不十分なことが示唆された．実際，NIMA（*nimA* 遺伝子産物）のプロテインキナーゼ活性は，分裂期の間，Cdk1 の活性と平行している．今までに，アミノ酸配列の相同性をもとにして，NimA 様キナーゼが多くの真核生物において同定されており，染色体の凝縮や中心体の分離を含めたいくつかの分裂期の現象に関係していることが明らかになっている．

細胞分裂の現象に関係して，現在，注目されている第三のキナーゼファミリーは，オーロラファミリーのキナーゼである．オーロラキナーゼ（Aurora kinase）は，Cdk1 や PLK と同じように，染色体の凝縮と分離，動原体の機能，中心体の成熟，紡錘体の形成，細胞質分裂などの数多くの現象にかかわっている．オーロラキナーゼは，最初，出芽酵母で同定された．出芽酵母ではオーロラキナーゼは単一であるが，その後，ヒトを含めた多細胞生物で複数の分子が同定され，オーロラ A，B，C の三つのグループに分類されている．

すべてのオーロラキナーゼは，さまざまな長さの N 末端領域，キナーゼ領域，そして，短い C 末端部分という同じ構成をもっている．オーロラ A の量は分裂期の初期にピークを迎え，後期の開始とともにサイクリンと同じようにユビキチンを介したタンパク質分解を受ける．オーロラ A の活性は，T ループのリン酸化によっても制御される．このリン酸化は，Cdk1 の場合と同じようにオーロラ A のキナーゼ活性に必須であり，一連のタンパク質によって厳密に制御されているが，それについては完全にはわかっていない．オーロラ A の活性は，プロテインホスファターゼ-1（PP1）活性によって相殺される．オーロラ B に関しても同様であると予想されている．

オーロラキナーゼが細胞分裂の複数の段階で重要であることは明らかではあるが，どのように制御されているかや，詳細な作用機構はまだわかっていない．また，オーロラキナーゼの活性が，細胞分裂に関与する他のプロテインキナーゼの活性とどのように関係しているかもわかっていない．つまり，細胞分裂の現象を，他のキナーゼと共にどのように制御しているか，たとえば，平行なのか，連続してなのか，あるいは，協調して作用しているかもわかっていない．

オーロラキナーゼに関する重要な研究の発展として，オーロラキナーゼの制御不全が腫瘍の発生に関与しているらしいということがあげられる．さまざまなタイプの腫瘍では，オーロラキナーゼの発現量が多くなっており，また，オーロラ A の過剰発現によって哺乳類の細胞を悪性転換することができる．また，機構は明らかになっていないが，オーロラキナーゼの過剰発現によって中心体の増幅と染色体分離の欠損が起こるらしい．さらに，オーロラ A は，がん感受性遺伝子としても同定されている（第 13 章 “がん：発生の原理と概要” 参照）．

以上をまとめる．細胞分裂の開始や進行には，CDK，ポロ様キナーゼ，NimA 様キナーゼ，そして，オーロラファミリーのキナーゼが必要である．これらのキナーゼの活性制御はゲノムの完全性を維持するために重要であり，そのため，各キナーゼは，まだ作用する時期が来る前に活性化しないように，また，予定されている時期に不活性化することを保証するために，厳密に制御されている．最近得られた知見によれば，ポロ様キナーゼが他のキナーゼ，特に CDK の活性に依存することがわかってきている．

11・10 細胞分裂では，数多くの形態的変化が起こる

重要な概念

- 細胞分裂時には，核や細胞骨格の構造が劇的に変化する．
- 分裂期キナーゼは，核膜の崩壊，染色体の凝縮と分離，紡錘体の形成，細胞質分裂などの細胞分裂における現象を正しく行うために必要である．

ここまでに，細胞分裂の開始と進行に必要な四つのプロテインキナーゼファミリーについて述べた．それでは，これらのキナーゼは，細胞分裂の過程でどのような機能を果たすのだろうか．この問題は，現在も研究されている研究課題であり，解答を出す途中である．今もまだ未解明な課題がある理由は，分裂期への進入には多くの形態的変化と生化学的変化が伴い，これらすべてにプロテインキナーゼが必要とされる複雑な過程であるからである．この節では，これらのキナーゼが制御するおもな細胞分裂における現象を述べ，キナーゼの役割が特定の過程で詳細に明らかになっている事例からキナーゼ活性の全般的な性質を考える．

高等真核生物では，細胞分裂において最も目立つ変化は，核と細胞質を分けている障壁の崩壊である．このとき，核膜は壊れ，核の構造を守っている核ラミナが分散する．

また，細胞骨格構造も分裂期への進入とともに大きく変化する．このような大きな変化の一つが紡錘体の形成である．α チューブリンと β チューブリンの二量体が多量体（ポリマー）となって形成される微小管は，細胞周期を通じて存在している．間期においては，長い微小管の繊維が，中心体（酵母では紡錘極体）によって細胞質中に組織化されている．一方，分裂期になると，この細胞質の繊維は脱重合すると同時に，分裂期に入る前にあらかじめ複製した中心体が分離するに従って，二極性の紡錘体が二つの中心体の間につくられる．

染色体は紡錘体の中で微小管の末端に結合し，また，その微小管は中心体にも結合する．微小管が結合する染色体の部位は動原体とよばれる．姉妹染色分体それぞれに動原体があるため，互いに反対側にある中心体から発する微小管が姉妹染色分体のそれぞれ一方に結合することによって，核分裂の間に姉妹染色分体が均等に分離される．

また，中心体それぞれから発した微小管がつくる星状体も分裂期に形成され，細胞の表層と相互作用する．この微小管は中心体の位置決めに作用しており，したがって，紡錘体の細胞内における方向を決定している．ほとんどの細胞では，細胞分裂を行う面は紡錘体の位置によって決定されており，紡錘体を細胞の中心か

らずらしたときには，それに従って分裂面が変化する．このような紡錘体が中心からずれる現象は，多細胞生物の発生の特定の時期にみられる．これによって不等価な内容物をもつ娘細胞が形成され，それぞれの細胞が異なる発生運命をたどる．

細胞分裂期には，以上のほかに二つの重要な構造がつくられる．それは，**紡錘体中心**（central spindle）と**中央体**（midbody）である．紡錘体中心とは，単純に紡錘体の中心点のことである．後期の間，紡錘体中心では，反対側にある中心体から発した微小管が並び合っている．これらの微小管は，動原体には結合しておらず，互いに逆平行に束化している．中央体は，細胞質分裂の開始とともに紡錘体中心の残渣から形成され，中には中心体と同様にさまざまなシグナル伝達分子が含まれる．

また，アクチン系細胞骨格も，分裂期に劇的に変化する．アクチンは，間期には細胞質の繊維を形成する重要な細胞骨格分子であるが，核分裂の開始とともに細胞質分裂に備えて細胞の中央領域に集まり，分裂溝や分裂環を形成する（§10・20 “細胞質分裂によって細胞質は二つに分けられ，新しい二つの娘細胞が生まれる” 参照）．分裂溝は，アクチンだけから構成されるのではなく，50 種類ものタンパク質が含まれており，それらによってアクチンフィラメントの形成，束化，すべり，そして，脱重合が制御されている．また，これらのタンパク質の活性が制御されることで分裂溝が陥入する．

4 種の主要なプロテインキナーゼは，形態的な変化や細胞骨格の再構成に，いろいろな面から関与している．以前からよく知られている例として，CDK が核膜の崩壊に果たす役割がある．核ラミナはラミン A とラミン B という二つのタンパク質からなり，ラミン A には Cdk1 のリン酸化部位がある．この部位をリン酸化されないアラニン残基に変異させると，ラミンの解離がなくなる．このような実験から，細胞分裂における最も早い現象に果たす Cdk1 の役割が確立された．Cdk1 による核ラミナの制御を図 11・26 に示した．

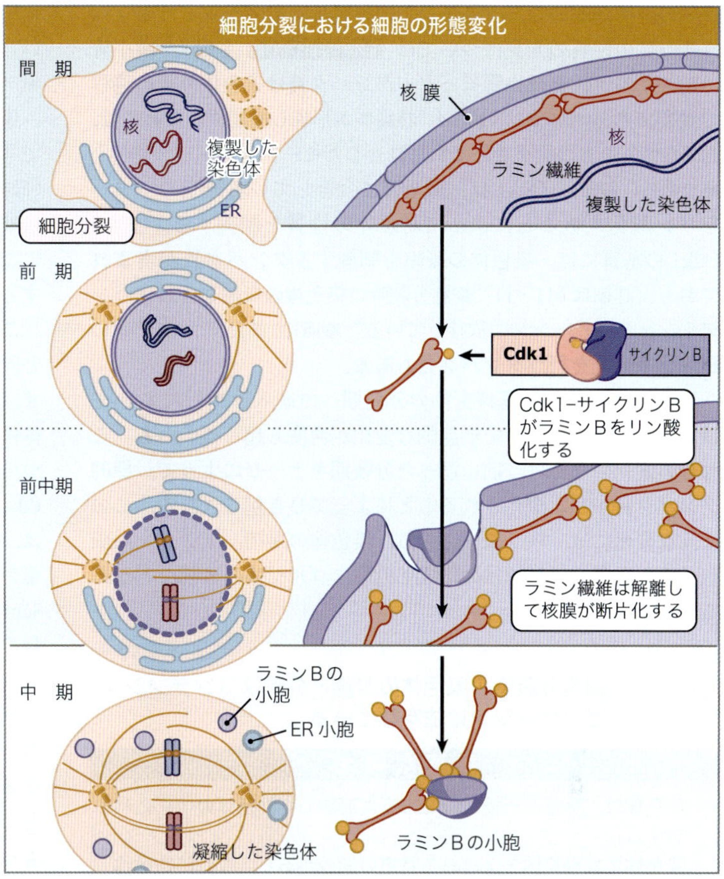

図 11・26 核ラミナ繊維は，ラミン A と B からなり，間期には核膜を裏打ちしている．このとき，染色体 DNA は凝縮しておらず，小胞体は管状の形態をとって核膜につながっている．分裂期に入ると，Cdk はラミンをリン酸化することによって核ラミナと核膜を分散させる．小胞体もまた分散して小胞を形成する．一方，染色体は凝縮し，凝縮した染色体の動原体領域は中心体から発した紡錘体に結合する．また，細胞自体が丸くなる．

細胞分裂期にプロテインキナーゼが演じるさまざまな役割を果たすために，プロテインキナーゼはさまざまな細胞内部位に局在化する．そのような場所として，重要なものに，中心体がある．中心体は，微小管の形成中心としての役割のほか，シグナル伝達の中心としても重要な働きをもち，ここには細胞周期の制御因子やその基質が集まっている．こうした集合作用によって，細胞周期で働くシグナル伝達が迅速に統合され，その都度適当な形態的な応答がひき起こされる．Cdk1−サイクリン，ポロ様キナーゼ，オーロラファミリーや NIMA ファミリーのキナーゼは，いずれも中心体に局在しており，これらの因子の機能を失わせた実験から，これらのキナーゼが中心体の複製と分離を制御していることが示されている．さらに，それぞれのキナーゼの中心体における基質も同定されている．

たとえば，オーロラ A は，セントロメアで微小管の核形成を行わせるための変化（中心体の成熟）と紡錘体の形成という二つの中心体機能の両方に関与することが示唆されている．また，オーロラ A は，中心体が微小管の核形成を行うための重要な因子を集める作用をする．

オーロラ B は，主要な分裂期キナーゼが行う局在性の変化を示す典型例となっている．オーロラ B は，INCENP，サーバイビン，ボレアリンという三つのタンパク質と共に，後期に動原体から紡錘体の中心へと動き，分裂中の細胞の中央体領域に達する．染色体から紡錘体の中心へと動く性質から，これらのタンパク質は**染色体パッセンジャータンパク質**（chromosome passenger protein）とよばれている．この複合体の構成要素のいずれかが存在しなくなると，染色体は，正しい凝縮，中期板への整列，二つの中心体への結合がうまくいかなくなる．

オーロラ B や他の染色体パッセンジャータンパク質の動原体における重要な機能は，動原体と紡錘体微小管の間での張力を生じない結合，すなわち，微小管が両極性に動原体に付着していないタイプの結合を壊すことである．さらに，オーロラ B のキナーゼ活性は紡錘体中心と分裂溝をつくるのにも必要なため，染色体パッセンジャータンパク質のうちのいずれかの機能が失われた細胞は細胞質分裂ができない．ポロ様キナーゼや Cdk1 は，オーロラ B と同じ局在性を示すことはないが，これらも分裂期には局在性を変化させながら，標的と相互作用している．

プロテインキナーゼは核分裂と細胞質分裂のすべての面において非常に重要な役割をするため，さまざまな方法を用いてキナーゼの基質を同定する研究が行われ，その結果，細胞分裂の過程が分子レベルで詳しく解明されている．特に，Cdk1−サイクリンの基質を同定するために多くの研究が行われており，以下はその一例である．分裂期にみられる微小管の特有の性質は，伸長と退縮の速度が速いことである．この挙動は，動的不安定性とよばれる（この性質の発見については EXP:11-0006 参照）．微小管の動的不安定性と微小管モータータンパク質は染色体分離の過程で重要であり（詳細は §10・4 “紡錘体が形成し機能するためには，動的な性質をもつ微小管とこれに結合したモータータンパク質が必要である” 参照），Cdk1 は，微小管に会合している分子モーターをリン酸化することによって紡錘体の性質を制御する．また，Cdk1 の基質には，染色体の凝縮を制御するタンパク質が含まれており（詳細は §11・11 “細胞分裂時の染色体の凝縮と分離はコンデンシンとコヒーシンに依存している” 参照），また，ゴルジ体の断片化や分割を行うタンパク質もある．

以上をまとめる．真核生物の分裂期への進入と進行においては，核と細胞質の両方で形態的な変化が何度も起こっている．これらの変化の多くは，前に述べた分裂期キナーゼによって，標的タンパク質がリン酸化されることによってひき起こされる．このような変化には，核ラミナの分散，染色体の凝縮，アクチン系細胞骨格の再構成，紡錘体の形成と分解，ゴルジ体の分割などがある．

11・11　細胞分裂時の染色体の凝縮と分離はコンデンシンとコヒーシンに依存している

重 要 な 概 念

- 染色体は，分離が可能になるように凝縮して紡錘体の中央に移動する．
- 染色体には動原体とよばれる特定の領域があり，これに紡錘体の両極から発した微小管が結合する．
- 姉妹染色分体を結合させているコヒーシンが解離すると，染色体は分離可能になる．
- 二つに独立した姉妹染色分体は，細胞質分裂の前に空間的に離れる．

すでに述べたように，ほとんどの細胞では，分裂期への進入の際にみられる大きな特徴として染色体の凝縮が観察される．分裂期以外の間期では，遺伝物質は緩やかに分散した状態にあるが，分裂期になると高度に凝縮された構造へ再構成され，これが染色体の分離に重要な作用をしている．この節では，この凝縮がどのように行われ，どのように制御されているかを見る．

染色体の凝縮は，**コンデンシン**（condensin）というタンパク質複合体によって行われる．この複合体には ATPase 領域をもつ二つのコイルドコイル構造のタンパク質が含まれており，これらは歴史的に SMC（structural maintenance of chromosome）とよばれるタンパク質ファミリーに属する．コンデンシンのサブユニットは，DNA に沿って動き，離れた領域を付着させる作用を行うと考えられている．また，コンデンシン複合体には，SMC タンパク質以外にも，DNA が凝縮するためにコンホメーションやトポロジーの変化を導くタンパク質が含まれる．

コンデンシン複合体が染色体に接近する過程は厳密に制御されており，複合体は分裂期にのみ染色体に結合する．核膜が崩壊しない分裂酵母では，間期にはコンデンシンは細胞質に隔離されていて，染色体とは物理的に離れている．分裂期になって，コンデンシンサブユニットの一つが Cdk1 によってリン酸化されると，複合体の核移行が促進される．アフリカツメガエルでは，Cdk1 がコンデンシンがもつスーパーコイル形成活性を促進しているらしい．

ヒストン H1 と H3 のリン酸化などの染色体に会合している他のタンパク質が修飾される現象も染色体凝縮時の特徴であり，オーロラキナーゼがヒストン H3 をリン酸化することが知られている．実際，ヒストン H3 のリン酸化が分裂期におけるオーロラキナーゼ活性の指標に用いられる．

染色体凝縮に関連する過程として，姉妹染色分体の結束構造ができて維持される過程がある．S 期において DNA が複製されて姉妹染色分体ができると，最初は互いにつながった状態になり，中期－後期移行になってはじめて分離する．それでは，どのようにこの結束構造が形成され，それが後期においてどのように解離するのだろうか．

コヒーシン（cohesin）複合体は，コンデンシン複合体の機能と同じように，姉妹染色分体の結束構造を DNA 複製時に形成させ，姉妹染色分体の分離時まで維持している．コヒーシン複合体は，コンデンシン複合体にある SMC タンパク質に似た別の二つのタンパク質から構成される．これに加えて，Scc1，Scc2，Pds5 という三つのタンパク質がこの結束には必要である．以前は，コヒーシン複合体がジッパーのように作用することで姉妹染色分体を束ねると考えられていた．しかし，最近になって，Scc1 サブユニットと共に SMC タンパク質が姉妹染色分体を取囲むことで束ねると考えられるようになった．この結束機能については，まだ研究途中である．

結束を解く際には，二つの機構が働いている．第一は，前期においてほとんどのコヒーシンは染色体のアームから離れ，セントロメアで結合した部分だけにコヒーシンが残された状態になることである．この第一のコヒーシン除去の波は，Scc1 が Plk1 によってリン酸化されることがきっかけとなる．一方，セントロメアでは，Scc1 サブユニットがタンパク質分解を受ける．もし，先に述べたコヒーシンが染色体を取囲むというモデルが正しければ，Scc1 の分解によって，コヒーシンの環が開かれ，姉妹染色分体の物理的な解離が起こりうる．結束の機構に関するいずれのモデルが正しい場合でも，Scc1 の分解という第二の機構によって姉妹染色分体が後期で分離され始めることは明らかである．

セパラーゼ（separase）は，Scc1 を分解する部位特異的プロテアーゼであり，姉妹染色分体を分離させる．細胞周期のほとんどの間，セパラーゼは，**セキューリン**（securin）という別のタンパク質と結合しているため，不活性な状態にある．セキューリンは，中期-後期移行時にユビキチンを介したタンパク分解の標的となる．セキューリンの分解によってセパラーゼ（セパリンともよばれる）が活性化されて Scc1 を分解する．この姉妹染色分体の分離の過程を図 11・27 に示した．すなわち，この単純なモデルでは，染色体分離のきっかけとなる現象は，セキューリンのタンパク質分解作用である．それでは，セキューリンの分解はどのように制御されているのだろうか．

セキューリンは，**後期促進因子**（anaphase-promoting complex，**APC**）とよばれる E3 ユビキチンリガーゼと相互作用することによって分解の標的になる．APC は，分解ボックス（D ボックス）あるいは KEN ボックスとよばれる短いモチーフ配列を含むタンパク質を認識する．この 9 アミノ酸ほどの配列には，他の安定なタンパク質に付加したときに APC を介した分解を受けさせる働きがある．APC による認識には，SCF の場合（§11・6 “細胞は，細胞周期から出ることも細胞周期に再び進入することもある” 参照）とは異なり，基質があらかじめリン酸化されている必要はない．出芽酵母における APC の必須の機能は，他の基質もあるものの，サイクリンとセキューリンを取除くことである．

APC は分裂期と G_1 期にだけ活性があり，その間，サイクリンとセキューリンの蓄積を防いでいる．つぎに，APC の活性がどのように制御されているかを見てみよう．まず第一に，アダプタータンパク質（Cdc20 と Cdh1 とよばれるが，APC^{Cdc20} や APC^{Cdh1} とも記される）が APC に結合することが，APC の時間的特異性と基質特異性を与えている．これらのアダプタータンパク質は，分裂期と G_1 期の間に一時的に APC のコアに加わって制御する．第二の APC の制御は，13 個存在するサブユニットやアダプタータンパク質のいくつかが特異的にリン酸化されることである．Cdk1 と Plk1 の両方が，APC のリン酸化と活性化に関与することが示唆されている．第三の APC の制御は，染色体の結合を監視するシグナル伝達系である紡錘体形成チェックポイントによる活性制御である（§11・15 "紡錘体形成チェックポイントは染色体と微小管の結合の欠陥を監視している" 参照）．このような多段階の制御によって，APC は，分裂期においてのみ活性化して，セキューリンとサイクリンの分解，セパラーゼの遊離，コヒーシンの分解，そして，姉妹染色分体の分離を起こす確実なきっかけとなっている．また，APC は，G_1 期の間，活性化状態にあるため，Cdk1 活性は低く保たれている．Cdk1 活性が低いことによって，次回の DNA 複製に必要なプレ RC が形成される．APC 活性について，図 11・28 にまとめた．

姉妹染色分体がコヒーシンが解離することによって離れると，分体それぞれは，紡錘体微小管によって細胞の反対極へと物理的に分離する（§10・18 "分裂後期は 2 種類の運動で進行する" を思い出しておこう）．細胞質分裂によって染色体が正しく分離したことが確認されると，Cdk1 活性は低下する．

以上をまとめる．分裂期における染色体の凝縮は，コンデンシンというタンパク質複合体によって行われ，姉妹染色分体は，後期にコヒーシン複合体によって分離されるまで結合したままに保たれる．コヒーシンの解離には，セパラーゼというプロテアーゼによるコヒーシンの分解が必要である．セパラーゼの活性化には，阻害因子であるセキューリンが APC を介してユビキチンタンパク質分解系によって分解されることが必要である．

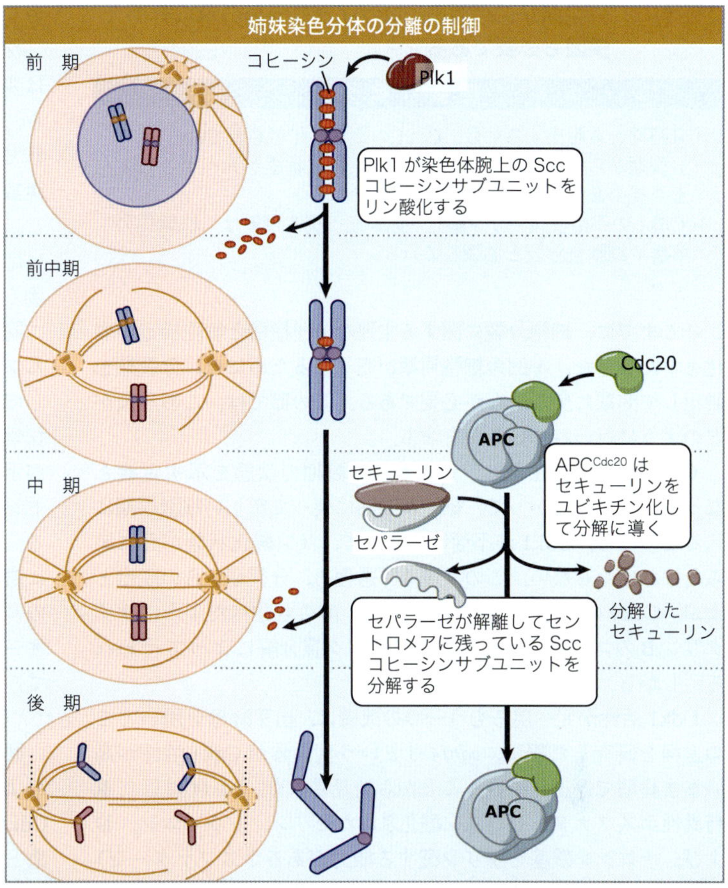

図 11・27　セパラーゼとよばれるプロテアーゼは，中期まではセキューリンと結合して不活性な状態にある．中期になると，APC がセキューリンをタンパク質分解に導き，その結果，セパラーゼの阻害状態が解かれる．活性化したセパラーゼは，コヒーシンを分解することによって姉妹染色分体を分離させる．

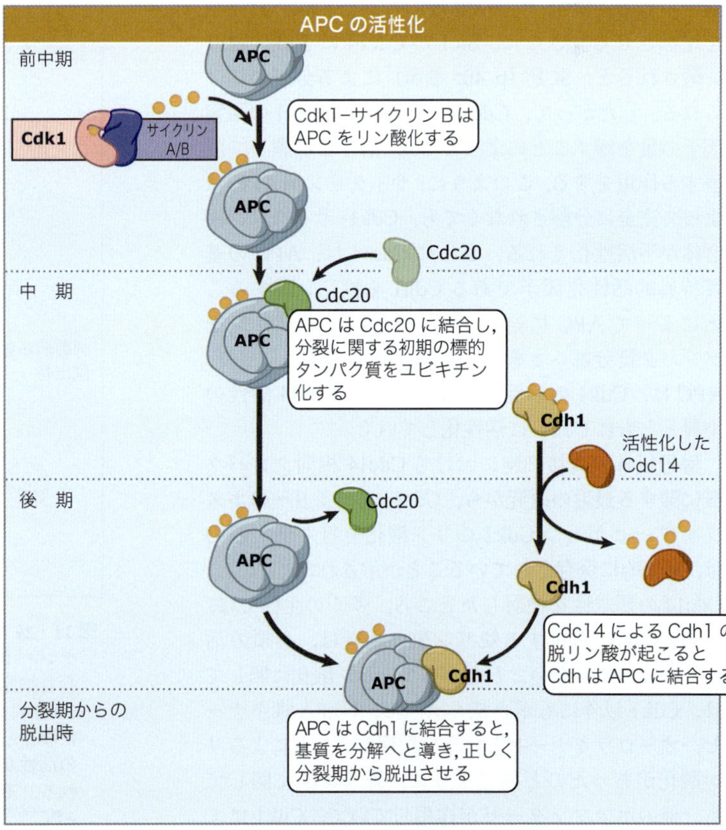

図 11・28　間期においては，APC ユビキチンリガーゼは不活性状態にある．分裂期になると，Cdk1 は APC をリン酸化し，リン酸化した APC は活性化因子である Cdc20 に結合する．すると，APC^{Cdc20} はセキューリンなどの基質を標的として分解へと導き，細胞分裂が不可逆的に進行することが保証される．より後期になると，APC は Cdh1 活性化因子に結合して，別の基質をタンパク質分解の標的となるようにして，正しく分裂期を脱出することを保証する．

11・12 分裂期からの脱出にはサイクリンの分解以外の要因も必要である

重要な概念

- 分裂期から脱出するには，Cdk1 の不活性化が必要である．
- 分裂期からの脱出には，Cdk1 のリン酸化状態が元へ戻ることも必要である．
- Cdk1 の不活性化やリン酸化状態が元へ戻る現象は，紡錘体の解離や細胞質分裂と協調している．

ここまでに，細胞分裂に関する主要な分子機構と細胞構造の変化を学んできた．1 回の細胞周期が完了するためには，分裂期を脱出して間期に戻ることが必要である．この節では，この現象がどのように行われているかを学ぶ．

Cdk1 が高い活性をもつことが，分裂期の状態を示す定義となっている．したがって，細胞が間期に戻って新しい細胞周期に入るためには，Cdk1 が不活性化されて，リン酸化状態が元に戻らなければならない．この“戻る”過程を，分裂期からの脱出とよぶ．Cdk1 の不活性化は，第一には，前にも述べたようにサイクリン B のユビキチン依存的なタンパク質分解によって行われる．しかし，他の機構も関係している．

Cdk1 活性が元へ戻るもう一つの機構は，出芽酵母を用いてこの過程を研究した際に，*cdc14-3* という変異体が Cdk1 活性が高いまま終期で停止していることから発見された．*cdc14* には二重特異性ホスファターゼ（リン酸化されたセリン，トレオニン，および，チロシン残基を脱リン酸する能力があるホスファターゼ）がコードされ，このホスファターゼは，Cdk1 の基質を脱リン酸する．この酵素の標的には，転写因子である Swi5，APC 活性化因子である Cdh1，そして，Cdk1 阻害因子（CKI）である Sic1 がある．

Swi5 は，脱リン酸によって核に蓄積するようになる一方，Cdk1 によるリン酸化によって核への局在が妨げられる．Swi5 は，一度核に入ると，Sic1 の発現を増加させる．さらに，Sic1 が Cdc14 によって脱リン酸されると，SCF（p. 405 参照）による分解が妨げられる．したがって，Cdc14 と Swi5 は，Cdk1 の阻害因子の量を増すことによって Cdk1 活性を協調して阻害する作用をする．このように，サイクリンが APC によって完全に分解されなくても，Cdk1–サイクリン複合体が不活性化される．さらに Cdc14 は，APC の基質特異的活性化因子である Cdh1 を脱リン酸することによって APC に結合させ，分裂期サイクリンをタンパク質分解へと導く．このような方法によって，APC は，Cdk1 の活性レベルの下降と Cdc14 活性の上昇とともにしだいに活性化していく．

酵母以外の真核細胞における Cdc14 相同タンパク質に関する最近の研究から，Cdc14 ファミリーのホスファターゼがもつ Cdk1 のリン酸化を打ち消す能力は，進化的に保存されていることが示された．しかし，Cdc14 の要求性を検討したところ，多くの生物では，この Cdk1 に対抗する脱リン酸の活性は，必須の活性とはなっていない．したがって，リン酸化に関しては，Cdk1 以外にもポロ様キナーゼ，NimA 様キナーゼ，オーロラキナーゼという分裂期キナーゼによるリン酸化があったのと同じように，脱リン酸に関しても，他のホスファターゼが作用していて，Cdk1 によるリン酸化を打ち消していると考えられる．

プロテインホスファターゼ 2A（PP2A）に関しては，酵母では変異によって細胞周期に関する部分的な欠損がみられることから，その機能に一つとして，細胞周期制御に関する役割が示唆されている．PP2A は細胞内に多量に含まれるタンパク質であり，複数の制御サブユニットを介して広範な基質に作用する．しかし，PP2A の制御サブユニットは豊富に存在し，細胞過程の種類に応じたさまざまな作用を示すため，分裂期からの脱出において働くことを詳細に理解するには至っていない．

同じように，PP2A よりももっと多くの制御サブユニットがあるプロテインホスファターゼ 1（PP1）が細胞分裂において果たしている特異的な役割を抽出することは困難である．しかし，遺伝学的解析と生化学的解析から細胞分裂における PP1 の必要性が示されている．PP1 の活性は，オーロラキナーゼによるヒストン H3 のリン酸化とオーロラキナーゼの活性化に関与している．実際，出芽酵母においては，PP1 とオーロラキナーゼの間に遺伝的相互作用と物理的相互作用があり，この二つの酵素活性のバランスが，何らかの分裂過程を制御するらしい．しかし，オーロラキナーゼ以外のキナーゼによるリン酸化が PP1 によって打ち消される現象も，分裂期からの脱出過程で起こっているらしい．

興味深い問題に，姉妹染色分体の分離が Cdk1 の不活性化とどのように協調しているのかという問題がある．この問題は，Cdk1 が姉妹染色分体が分離する前に不活性化すると紡錘体の分散と細胞質分裂が予定よりも早く起こってしまうため，染色体分

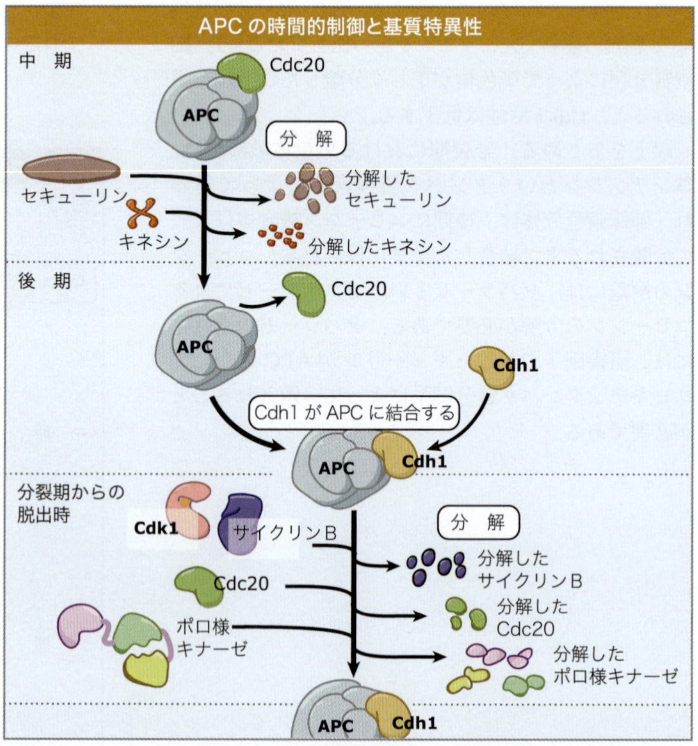

図 11・29　APC^{Cdc20} は，セキューリン，キネシンに類似した一連のモータータンパク質，および，サイクリン B の一部の分解を導く．分裂期初期を含む細胞周期の大半においては，第二の APC 活性化因子である Cdh1 が Cdk1 によってリン酸化され，APC に結合することができない．分裂期後期になると，APC^{Cdc20} によってサイクリン B が分解され始めるために，Cdk1 の活性が下がり，Cdc24 ホスファターゼが活性化して Cdh1 は脱リン酸される．その結果，脱リン酸された Cdh1 は APC と結合できるようになり，APC^{Cdc1} はサイクリンを分解させて Cdk1 を不活性化する．

離がうまくいかなくなるという重大な現象に関係している．ここに作用する一つの機構は，APC の標的の段階的分解である．たとえば，出芽酵母ではセキューリンとサイクリン B が APC を介して分解されるのは別の時期であるが，それには，それぞれ別の形の APC（セキューリンの分解は APC^{Cdc20}，サイクリン B の分解の大半は APC^{Cdh1}）が作用するからであると考えられる．また，同じように出芽酵母を用いた研究から，セキューリンが安定化するとサイクリンの分解が阻害されることが示唆されている．したがって，酵母では，セキューリンが APC^{Cdc20} によって分解されることが，姉妹染色分体の分離とサイクリンの分解の阻害解除の両方に結びついている．

さらに，サイクリン B の大半は中期－後期移行期には安定で Cdk1 は活性をもっているため，Cdh1 はリン酸化状態にあって APC と相互作用することができない．Cdk1 の活性が下がり始めて Cdc14 が活性化するまで，Cdh1 がリン酸化状態にあることによって，サイクリンの分解の大半，すなわち，Cdk1 の不活性化が，セキューリンの分解と染色体の分離の後にはじめて起こるようになっている．出芽酵母におけるこのような APC 依存的なタンパク質分解の時間的な制御と基質特異性を，図 11・29 に示した．この図式がすべて他の生物種にも当てはまるかどうかはわからないが，重要な細胞周期の現象が正しく行われるためには，複雑な制御系が必要なことを示す例になっている．

それでは，出芽酵母では，セキューリンはサイクリンの分解にどのような影響を与えているのだろうか．§11・11 の“細胞分裂時の染色体の凝縮と分離はコンデンシンとコヒーシンに依存している”に述べたように，セキューリンの分解によって活性型のセパラーゼが放出される．セパラーゼはコヒーシンを分解するが，少なくとも出芽酵母では，コヒーシンは，後期において Cdc14 ホスファターゼをとどまっている区画（核小体）から放出されることを促すという第二の役割をもっている．Cdc14 が核小体から離れることが，出芽酵母では活性化につながっている．その結果，Cdc14 は活性化状態に保たれて，分裂期脱出ネットワーク（mitotic exit network, MEN）とよばれるシグナル伝達カスケードによって広い分布を示すようになる．したがって，セパラーゼが一度活性化されると，分裂期の脱出に関するすべての現象が動き出す．

MEN シグナル伝達経路は，分裂期からの脱出とともに細胞質分裂にも関与している．分裂酵母にも類似した経路があり，隔壁形成開始ネットワーク（septation initiation network, SIN）とよばれている．この経路は，細胞質分裂のタイミングと隔壁の形成を制御している．また，この経路は，プロテインキナーゼのシグナル伝達カスケードであり，低分子量 GTPase の働きによって制御されている．MEN 経路と SIN 経路の最終的な目的は，紡錘体極に集まって，細胞質分裂を染色体分離と協調させることである．この協調に関しては，多細胞生物においても同じような経路が働いているようである．実際，この経路の因子に関して，複数の相同因子が植物細胞や動物細胞で同定されている．MEN 経路と SIN 経路を図 11・30 にまとめた．次の重要な課題は，MEN 経路や SIN 経路が細胞質分裂を作動させるときの特異的な標的は何かという問題である．

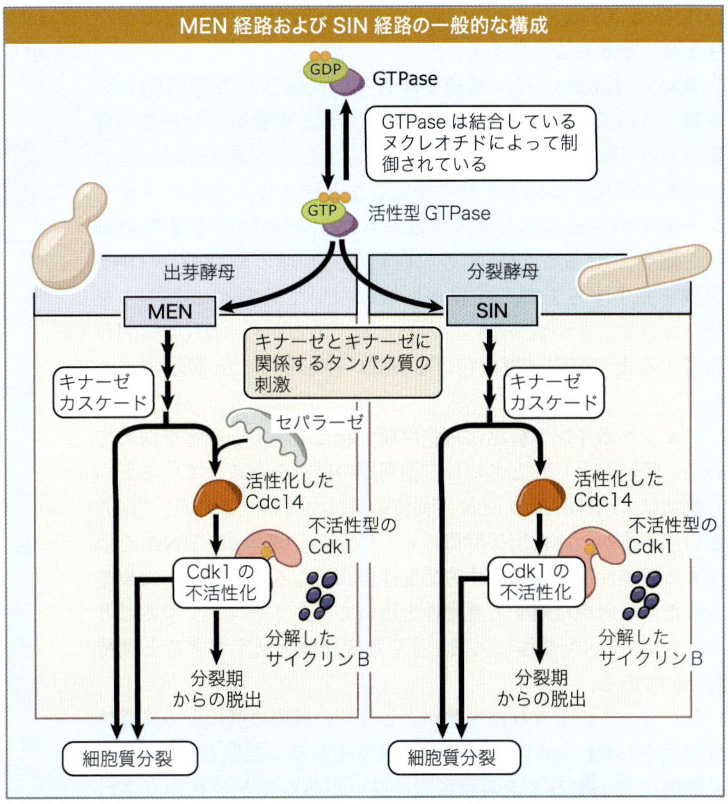

図 11・30　MEN 経路（出芽酵母）と SIN 経路（分裂酵母）は類似したシグナル伝達カスケードであり，GTP を結合した活性型と GDP を結合した不活性型の間で切り替わる GTPase によって制御されている．MEN と SIN のシグナル伝達では，GTPase が活性型になると，下流のプロテインキナーゼ群（MEN の場合は 3 種，SIN の場合は 4 種）を刺激して，Cdc14 ファミリーのホスファターゼの活性化と細胞質分裂を促進する．しかし，この 2 種類の酵母では，このホスファターゼが細胞質分裂に作用しているかどうかはわかっていない．

以上をまとめる．Cdk1 を不活性化してリン酸化状態を段階的に元に戻すことが，姉妹染色分体の分離，紡錘体の解離，細胞質分裂が協調して起こるために重要である．

11・13 チェックポイント制御によってさまざまな細胞周期の現象が協調されている

重要な概念

- 細胞周期の現象は互いに協調している．
- 細胞周期現象の協調は，チェックポイントとよばれる特異的な生化学的経路が作用することによって行われ，先に行われるべき現象が完了していない場合には，細胞周期の進行を遅らせる．
- チェックポイントは，細胞にストレスがかかったり細胞に傷害を受けたりしたときに必要であるとともに，正常な細胞周期においても，複数の現象が互いに正しく協調していることを保証すると考えられている．

細胞は，細胞周期ごとに，DNA を倍化して分離し，その後に分裂する．このような細胞周期現象の順番はどのように維持されているのだろうか．あるいは，この規則性が壊れることはあるのだろうか．また，そのときには，どのような結果がひき起こされるのであろうか．

前に述べたように，チェックポイントという特異的な監視機構が，細胞周期の現象を順番通りに進めている．チェックポイントの作用は，CDK や APC のようなおもな細胞周期制御因子の活性を変化させることである．

Rao と Johnson は，単純ではあるが洗練された細胞融合の実験（§11・2“細胞周期の解析に用いられる実験系には複数の種類がある”参照）によって，先に述べたような細胞周期の進行に優性に作用する因子を明らかにしたと同時に，チェックポイント制御の存在も示した．すなわち，G_2 期の細胞と S 期の細胞を融合させると，G_2 期の細胞核は，S 期の細胞核が DNA 複製を完了するまで，核膜が崩壊しないで分裂期に入るのを待っていることが観察されたのである．ここから，DNA 複製が完了するまで細胞分裂を妨げる機構が存在することが示唆された．

チェックポイント経路が細胞周期で起こる現象の順番を決めていて，問題が生じたときには細胞周期の進行を遅らせているという概念は，出芽酵母の *rad9* 変異体の解析から確立された．“*rad*”という名称がついた出芽酵母のいくつかの変異体が，DNA を損傷する電離性放射線に対する感受性が高くなることをもとに単離された．放射線に対する感受性を用いてスクリーニングすることによって，DNA 修復に欠損を生じた変異体を同定できると期待したのである．

しかし，このような修復遺伝子とは別の種類の遺伝子の変異体も同定された．*rad* 変異体を顕微鏡で注意深く観察したところ，最終的に停止するときの表現型に違いがあることが見いだされた．すなわち，ほとんどの *rad* 変異体は，DNA 損傷の後には分裂しないのに対して，*rad9* 変異体は，死ぬ前に 2，3 回分裂して小さな集団を形成したのである．

大半の *rad* 変異体が示す挙動から，DNA に対する損傷が，細胞周期の遅延のシグナルを伝えて，損傷を修復する時間を与えていることが考えられる．つまり，こうした大半の *rad* 変異体には DNA 修復酵素の欠損があるため，損傷した DNA を修復することができず，これらの変異体では最終的に細胞周期が停止したのである．一方，同じ状況で，*rad9* 変異体はひき続き増殖することから，この変異体においては，DNA 損傷が細胞周期装置によって認識されていないことが示唆された．この結果，DNA の完全性を監視する Rad9 依存性のチェックポイントの存在がわかり，このチェックポイントは DNA 損傷を検出して細胞周期を停止させるシグナルを伝えると考えられた．このチェックポイントは，正常な酵母の細胞周期には必要ではなく，DNA の完全性が傷ついたときだけ必須になる．

多くの *cdc* 変異体は，Rad9 依存性のチェックポイントによって，特定の細胞周期で停止している．たとえば，*cdc9* 変異体は，DNA 複製の完了に必要な DNA リガーゼに欠損があるため，大きな芽体をもった細胞の状態で停止する．しかし，*cdc9rad9* 二重変異体は，停止せずに分裂を続けてやがて死ぬ．したがって，*rad9* は，DNA 複製が不完全なときに分裂期への進入を遅らせることにも関与している．不完全な DNA 複製と分裂期への進入の遅延とを共役させているシグナル伝達経路は，DNA 複製チェックポイントとよばれている．このチェックポイントにおける *rad9* の役割を図 11・31 に示した．

すべての細胞周期チェックポイントは，三つの異なる要素から構成されている．一つめは，細胞周期現象の欠損を検出するセンサーであり，二つめは，異常を検出したというシグナルを伝達するシグナル伝達モジュールであり，三つめは，シグナル伝達経路の標的となる細胞周期の進行を停止する制御作用をもつ細胞周期エンジンの一部である．損傷した DNA あるいは不完全な DNA 複製に応答するチェックポイントの枠組みを図 11・32 に示した．

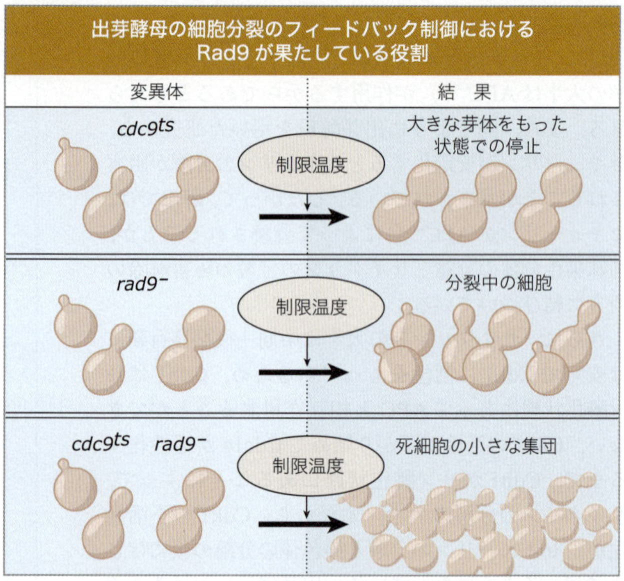

図 11・31　DNA リガーゼの機能をもつ Cdc9p の不活性化が，*cdc9*^{ts} 変異体を制限温度に移すことによってひき起こされ，その結果，DNA 複製が不完全になる．この変異体の細胞は，すべて大きな芽体をもった状態で停止する．Rad9p の機能を失った細胞は，制限温度に移したとき，はっきりした表現型を示さない．しかし，*cdc9* 変異と *rad9* 変異を組合わせると，異なる致死性の表現型が現れる．この細胞は，細胞周期を停止することができず，死細胞の小さな集団を生じる．これによって，*cdc9*^{ts} 変異体の細胞周期の停止は，Rad9 を必要とするチェックポイントによって起こることが明らかになった．

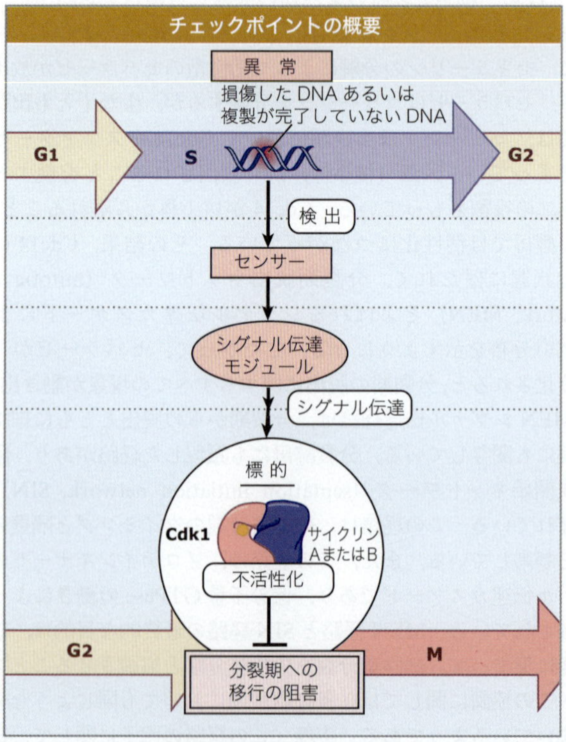

図 11・32　DNA 損傷のような異常が検出されると，細胞はチェックポイントを活性化する．チェックポイントは，細胞周期の進行を妨害するシグナル伝達経路である．ここに示した例では，チェックポイント経路は，Cdk1 の活性化を阻害することによって，分裂期への進入を防ぐ作用をしている．

11・14 DNA 複製チェックポイントと DNA 損傷チェックポイントは DNA の代謝状態の欠損を監視している

重要な概念

- DNA 複製が完了していなかったり複製に欠陥があったりすると，細胞周期チェックポイントが活性化する．
- 損傷を受けた DNA は，DNA 複製チェックポイントとは別のチェックポイントを活性化するが，いくつかの因子はこの二つのチェックポイントに共通である．
- DNA 損傷チェックポイントは，損傷を受けた時期に応じて異なる時期に細胞周期を停止させる．

前節では，チェックポイントの一般的な事項を学んだ．ここでは，細胞を守っているチェックポイントを一つ一つ学ぶ．DNA に対する損傷は，細胞にとって明らかに大きな脅威であり，ゲノムの状態は常に監視されている．また，S 期に働く特異的なチェックポイントが存在して，DNA 複製過程を監視している．今日までに，DNA 損傷や DNA 複製の遅延をひき起こす薬剤に応答するチェックポイントの過程に加わる多くのタンパク質が知られている．それらを図 11・33 に示した．

DNA 損傷チェックポイント応答において重要なタンパク質

タンパク質の分類	酵母 出芽酵母	酵母 分裂酵母	哺乳類
センサー	Rad24 Ddc1 Rad17 Mec3 Tel1 Mec1	Rad17 Rad9 Rad1 Hus1 Tel1 Rad3	Rad17 Rad9 Rad1 Hus1 ATM ATR
メディエーター／トランスデューサー	Rad9 Mrc1 Chk1 Rad53	Crb2 Mrc1 Chk1 Cds1	BRCA1 CLASPIN Chk1 Chk2
標　的	Pds1/APC	Cdc25	Cdc25 ファミリー

図 11・33　数多くの進化的に保存されたタンパク質が，チェックポイント応答の各段階で機能することが知られている．

現在最もわかっていないのは，DNA 損傷チェックポイントと DNA 複製チェックポイントの損傷の検出に関する分子レベルの状況である．しかし，DNA 構造の変化，たとえば，一本鎖 DNA (single-stranded DNA, ssDNA) 領域や二重鎖切断 (double-stranded break, DSB) が DNA 損傷チェックポイントによって認識されることはわかっている．このような異常な構造が形成されると，進化的に保存されたプロテインキナーゼである ATR (および，アダプターの ATRIP) と ATM が集まってきて活性化する．

酵母や高等真核生物では，一本鎖 DNA 領域が ATR 依存的な応答をひき起こす一方，二重鎖切断は ATM 依存的な応答をひき起こす．出芽酵母の研究から，1 個の二重鎖切断の存在，そこから生じた一本鎖 DNA，あるいは，*cdc13* 変異体で生じる一本鎖 DNA のいずれによっても，ATR 相同遺伝子産物である Mec1 キナーゼに依存したチェックポイント応答が起こる．一方，哺乳類細胞を γ 線照射すると二重鎖切断が生じるが，これによって ATM キナーゼ活性の初期段階の上昇が起こり，その後，おそらく二重鎖切断から一本鎖 DNA が生じるために ATR 活性がさらに上昇する．したがって，ATM キナーゼと ATR キナーゼは，損傷を感知してチェックポイント応答をひき起こすときの要の役割を果たしている．また，この二つのキナーゼによって促進される経路にはクロストークがあって，重要な作用をしているらしい．複製フォークが一時的に停止したような場合でも，この領域の一本鎖 DNA が DNA 複製チェックポイントによって検出され，ATM/ATR ファミリーのキナーゼの活性化が起こる．

それでは，染色体上で損傷を受けた部位は，どのように認識されるのであろうか．これについては，原子間力顕微鏡観察から，ATM キナーゼが二重鎖切断で生じた DNA 末端に直接結合できることが示されている．同様に，ATM に類似した ATR キナーゼは，紫外線によって DNA 上に生じた構造に選択的に結合する．したがって，このような結合が，キナーゼ活性の上昇やシグナルの伝播に関係していると考えられる．次の問題は，ATM キナーゼはどのように活性化するかである．ATM は，通常，ホモ二量体として存在するが，DNA 損傷によって自己リン酸化が起こり，このリン酸化によって二量体が解離して活性化した単量体が遊離し，多くの標的をリン酸化する．

ATM/ATR ファミリーに加えて，Rad17–RFC 複合体と 9–1–1 複合体という進化的に保存された複合体によっても，損傷した DNA が検出される．Rad17 ファミリーのタンパク質は，複製因子 C (replication factor C, RFC) に含まれるタンパク質と相互作用して，チェックポイント特異的な DNA 結合活性をもつ複合体を形成する．つぎに，Rad17–RFC 複合体が，9–1–1 複合体 (ヒトでは，Rad9，Rad1，および，Hus1 とよばれる三つの進化的に保存されたタンパク質から構成される) を損傷した DNA 部位に結合させる．9–1–1 複合体は，DNA 複製に関係する PCNA がつくるリング様の構造に類似した構造を形成する．これらのタンパク質は，損傷した DNA 部位を独立に認識して結合していて，これらすべてが DNA 損傷チェックポイントに必要である．しかし，これらが DNA 損傷部位でどのように分子レベルで相互作用しているかは，現在，重要な研究課題になっている．

チェックポイント経路のメディエーター (介在因子) は，センサーに続く第二グループの因子であり，DNA 損傷が感知された後に行われると考えられる DNA 損傷状態の認識，シグナル伝達，および，DNA 修飾に重要である．これらも図 11・33 に示した．このグループに属する因子のいくつかは，チェックポイントと DNA 修復の両方に重要であるため，果たす作用を明確に二分することは難しい．また，これらのメディエーターは，多数のタンパク質から構成される安定なシグナル伝達複合体の核を構成し，これが関係して DNA 損傷に対する応答が常に機能するようになっている．

DNA 損傷チェックポイントと DNA 複製チェックポイントにおける主要なトランスデューサー (伝達因子) は，Chk1 と Chk2 というキナーゼである．この二つは，細胞周期を動かすエンジンを構成する因子を直接リン酸化して，それらの活性を阻害する．

細胞周期のそれぞれの段階では，DNA 構造に生じた同じ欠損が検出されているが，その段階に応じて細胞周期を遅らせたり，止めたりしている．たとえば，損傷した DNA が G_1 期に検出されると，細胞周期の進行が G_1/S 移行で停止する．しかし，同じ損傷が G_2 期に検出されると，分裂期への進入が阻害される．実際には，このような別々の作用をしている因子には共通性がみられるが，3種の異なるチェックポイント，すなわち，G_1/Sチェックポイント，S期チェックポイント，G_2/Mチェックポイントがそれぞれ存在して，DNA損傷に応答して細胞周期の進行を遅らせたり，DNA複製を遅らせたりしている．

G_1/Sチェックポイントについては，哺乳類細胞でよく研究されており，G_1期CDK-サイクリン複合体の活性を阻害することによってS期への移行を遅らせている．この阻害は，細胞が制限点を過ぎた後にも起こり（G_1期CDKについては§11・6"細胞は，細胞周期から出ることも細胞周期に再び進入することもある"参照），つぎのような仕組みが考えられている．G_1期停止は二つの方法で起こる．一つは，G_1期CDK-サイクリン複合体の活性化を阻害することである．ATM/ATRキナーゼの活性化によって，エフェクターキナーゼであるChk1とChk2の一方あるいは両方をリン酸化して活性化する．つぎに，これらのキナーゼは，Cdc25Aをリン酸化して，核外輸送させるか，ユビキチンを介するタンパク質分解系によって分解させる．最終的には，Cdk2–サイクリンE複合体が，不活性なチロシンリン酸化状態のまま維持される．

G_1/S移行をDNA損傷に応じて遅らせる第二の方法は，CKIの発現を上昇させる転写応答によるものである．ATM/ATRは，チェックポイント活性化にしたがって活性化し，p53をリン酸化する．p53は転写因子であり，重要ながん抑制因子である（p53の詳細は，§11・16"細胞周期制御の乱れはがんに結びつく場合がある"参照）．p53は，ATM/ATRによってリン酸化されると分解が抑えられ，その結果，核にp53が蓄積する．これによってp53の標的遺伝子の転写が上昇するが，その中に*p21*遺伝子が含まれている．p21というCKIは，G_1期CDK–サイクリン複合体を阻害する．以上のように，二つの異なる経路が，DNA複製に必要なCDK–サイクリン複合体の阻害に作用している．このDNA損傷に応答するG_1/Sチェックポイントを，図11・34に示した．

S期およびG_2–M期のDNA損傷チェックポイントによって行われる応答の性質は，概念的には，G_1期DNA損傷チェックポイントによる応答に類似している．S期チェックポイントは，損傷したDNAが検出されたときに，S期後半で起こる複製起点の活性化を防ぐ作用と複製フォークの解離を防ぐ作用をまず行う．G_1/Sチェックポイントと同様に，ATM/ATRキナーゼとエフェクターキナーゼChk1およびChk2が，Cdc25AとCDK–サイクリン複合体の阻害を仲介する重要な因子である．しかし，活性化したATM/ATRキナーゼは，さらに複製タンパク質をリン酸化して，DNA複製開始を中断させる．たとえば，ATR–ATRIPは，Cdc7–Dbf4キナーゼを阻害し，その結果，複製に必須なタンパク質であるCdc45が加わることが阻害される．これによって，S期の開始が抑制される．もう一つの重要なチェックポイントキナーゼの標的として，進化的に保存されたエキソヌクレアーゼ複合体があり，このMRN（Mre11/Rad50/Nbs1）という複合体が二重鎖切断の処理を行っている．

S期チェックポイントが機能しなくなると，DNA損傷があってもDNA合成が続く．この状態は，放射線耐性DNA合成（radio-resistant DNA synthesis, RDS）とよばれる．もし細胞周期の経路（ATM/ATR–Chk1/Chk2–Cdc25A）とDNA複製を止める経路の両方が機能しなくなったときに放射線耐性DNA合成の程度が増すならば，S期でのDNA損傷によって開始されるこの二つの経路は平行に作用していることが示唆される．S期チェックポイント応答について，図11・35に示した．

G_2/Mチェックポイントは，ATM/ATRとChk1/Chk2の2段階の活性化によってCDK–サイクリン複合体（G_2–M期の場合には，Cdk1–サイクリンB）が阻害されるという点において，G_1期やS期のチェックポイント（図11・34や図11・35参照）

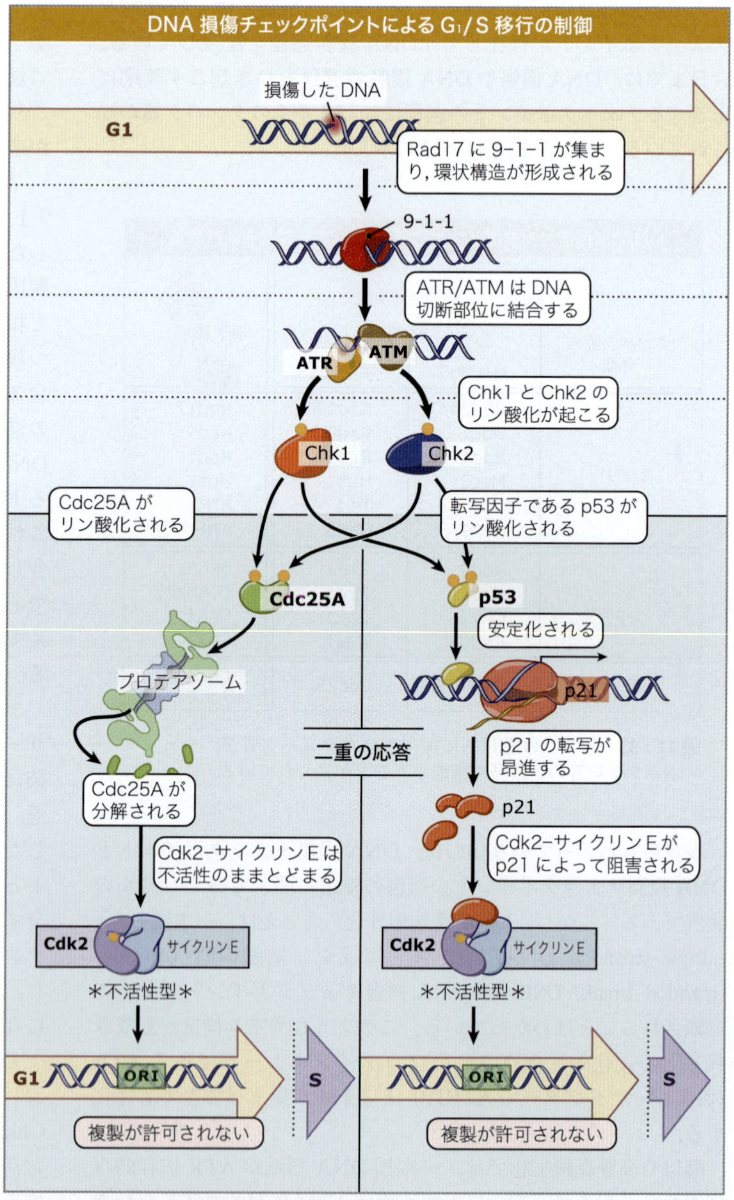

図11・34 損傷したDNAがG_1期に検出されると，ATMとATRに依存したチェックポイント経路が活性化され，少なくとも二つの作用を行う．一つめの作用では，Cdc25Aホスファターゼがリン酸化されて，分解へと導かれる．その結果，Cdk2–サイクリンEはチロシンがリン酸化された不活性な状態で維持される．これに平行した二つめの作用では，転写因子p53がリン酸化され，その結果，安定化される．このp53の安定化は，p21の転写の上昇へとつながり，p21 CKIが蓄積して，これがCdk2–サイクリンEに結合して阻害する．この二つの応答によってG_1/S移行が阻害される．

に類似している．このときも，Chk1 キナーゼと Chk2 キナーゼは，Cdc25 ファミリーのタンパク質を標的としている．G_2/M チェックポイントでは，Cdc25C と Cdc25A の二つが局在性の変化と分解の一方あるいは両方によって阻害される．

生細胞イメージング法と緑色蛍光タンパク質を標的タンパク質に融合させた方法によって，各因子がチェックポイント経路において，いつからどれくらいの時間作用しているかに関する知見が得られた．その結果，数多くのチェックポイントタンパク質が，損傷した DNA 部位や停止した複製フォーク部位に集中して蓄積していることがわかった．こうした研究では，このような集中点がチェックポイントシグナル伝達の部位であると仮定して，チェックポイント因子がそこに集まる順番，その存在時間，置き換わりの相互関係，またこれらの性質が他のチェックポイントタンパク質の有無によって受ける影響が解析された．また，この集中点を可視化する方法は，DNA 損傷が細胞でひき起こされたことを確認したり，その程度を測ったりするために利用できる実験方法にもなっている．

ヒストン H2AX の C 末端が ATM/ATR によってリン酸化されて γ-H2AX が形成されることが，DNA 損傷によるタンパク質の集中点を発生するきっかけを与えていると思われる．いくつかのチェックポイントタンパク質が集まることは γ-H2AX に依存しないが，これらのチェックポイントタンパク質が継続して集中点に存在すること，および，チェックポイント応答自体は，γ-H2AX に依存している．したがって，γ-H2AX はチェックポイントタンパク質や修復タンパク質のシグナル伝達の中枢を組織していて，DNA 修復を行わせてそれを監視しているのかもしれない．

DNA 損傷チェックポイントは，容易に想像できるように，ゲノムの安定性を維持するために重要である．チェックポイントタンパク質の機能が損なわれると，変異が蓄積して，やがてがんを生じる可能性がある．実際，血管拡張性失調症（ataxia-telangiectasia, AT）というヒトの遺伝疾患は，小脳の退縮，免疫不全，放射線感受性，ゲノムの不安定性をひき起こし，また，がんの素因となっている．血管拡張性失調症患者において変異している遺伝子をクローニングした結果，ATM であることがわかり，ATM がゲノムの安定性の維持に寄与していることが確立された．また，ATR の部分的な不活性化は，セッケル症候群というまれなヒトの常染色体劣性遺伝病をひき起こす．

つぎに，DNA 複製チェックポイントがどのように作用しているか，そして，DNA 損傷チェックポイントとは何が違うのかを見てみよう．さまざまな生物種を用いた研究から，DNA 複製チェックポイントを活性化するのは停止した複製フォークであって，不完全に複製した DNA ではないことがわかっている．その理由は，ヒドロキシウレアという薬剤によって dNTP が減少したり，何らかの複製酵素の変異があったりすると，DNA 複製が開始後に停止し，チェックポイント応答がひき起こされるが，このチェックポイント応答は，複製フォークの会合ができなくなった細胞において同じ処理を行っても活性化しないからである．

DNA 複製チェックポイントが働くと，つぎの四つの結果が導かれる．

- 複製起点の活性化がそれ以上起こらない．
- 複製の伸長が遅くなる．
- 停止した複製フォークがそのまま維持される．
- 分裂期への進入が阻害される．

DNA 複製チェックポイントのこの作用を図 11・36 に要約した．

ここで関係する多くの因子は，DNA 複製チェックポイントや DNA 損傷チェックポイントに共通である．たとえば，中枢のチェックポイントキナーゼであ

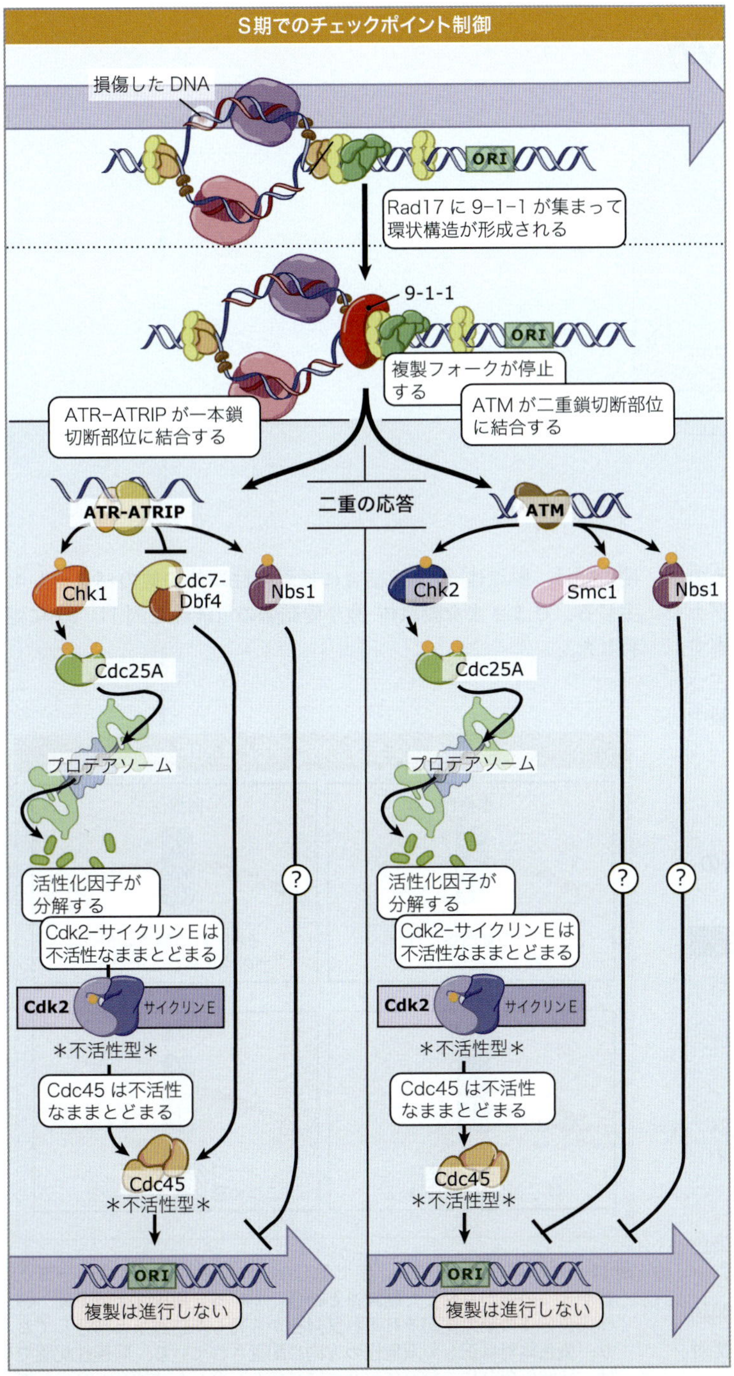

図 11・35　DNA 複製が不完全であったり不正確であったりすると，S 期チェックポイントの阻害シグナルが発生する．このシグナルは，異常が修復されるまで分裂期への移行を妨げる．

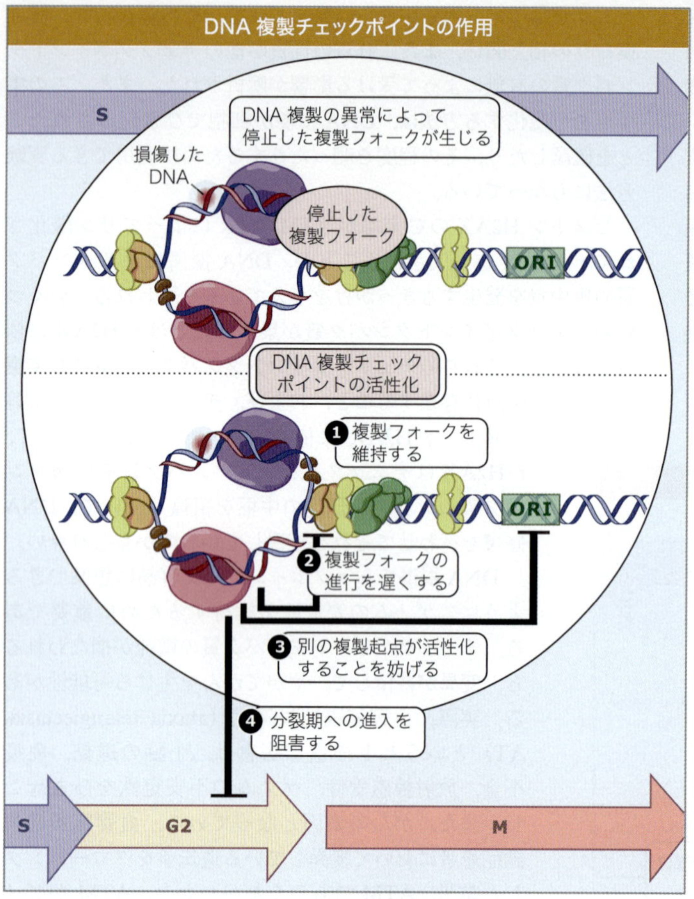

図 11・36 DNA 複製に問題が生じると，複製フォークが停止状態になる．この停止した複製フォークが存在すると，DNA 複製チェックポイントが活性化し，① 新たな複製起点の活性化の防止，② 複製フォークの伸長の遅延，③ 複製フォークの維持，そして，④ 分裂期への進入の阻害の作用を行う．

るATR，あるいはその相同遺伝子産物と，Chk1，あるいはその相同遺伝子産物が，Cdc25 ファミリーのホスファターゼにシグナルを送って，CDK–サイクリンBおよび分裂期への進入を阻害する．実際，これらの因子は，上にあげた四つの応答のうち，三つに必要である．しかし，詳細な理由はわかっていないが，複製中に伸長速度を下げることには必要ではない．

11・15 紡錘体形成チェックポイントは染色体と微小管の結合の欠陥を監視している

重要な概念

- 紡錘体微小管は，分裂期において染色体の動原体それぞれに結合している．
- 微小管が動原体に正しく結合することが染色体の分離に必須である．
- 動原体–微小管結合の欠陥は“紡錘体形成チェックポイント”によって感知され，このチェックポイントによって中期–後期移行が停止して，姉妹染色分体の分離に誤りがないようにする．

細胞分裂の初期段階では，紡錘体微小管は，動原体という染色体のセントロメアDNA に会合したタンパク質複合体に結合している．染色体が娘細胞に等しく分配されるためには，後期が開始する前に二つの姉妹染色分体の動原体が，それぞれ紡錘体の反対極から発する微小管に結合することが絶対的に必要である．このような正しい結合様式を両極性の結合とよぶ．

微小管が動原体で結合するのはランダムな過程であるため，中期の間は，動原体–微小管結合には両極性以外の他のパターンも生じる．さまざまな動原体–微小管結合の可能性を図 11・37 に定義した．

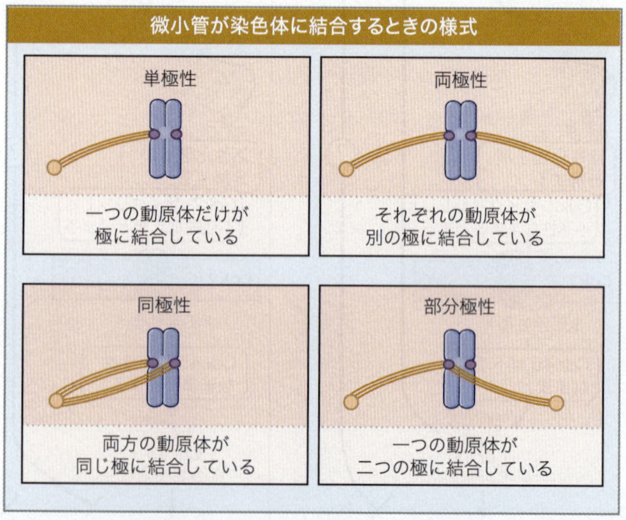

図 11・37 単極性配置では，紫で示した二つの動原体のうちの一方だけが一つの極から発した紡錘糸と結合している．両極性配置では，姉妹染色分体の動原体がそれぞれ反対極から発した紡錘糸と結合しており，染色体対は正しい双極性の方向に配置されている．同極性配置では，姉妹染色分体の動原体が共に同じ極から発した紡錘糸と結合している．部分極性配置では，一つの動原体が両極から発した紡錘糸に結合している．すべての正しくない配置は紡錘体形成チェックポイントによって検出され，その結果，細胞分裂の進行が停止する．

細胞には，正しい両極性の結合と正しくない単極性などの結合を区別する機構が存在する．実際，いくつかのタンパク質が，中期において，正しくない動原体–微小管結合のパターンを正しい両極性の結合へと変える作用をしている．正しくない結合を不安定化する重要なタンパク質に，オーロラBとよばれるプロテインキナーゼがある．オーロラBは，先に述べたように，染色体パッセンジャー複合体の因子であり，分裂期には動原体に局在している（詳細は§11・9“細胞分裂は，複数のプロテインキナーゼによって総合的に制御されている”参照）．このオーロラBがどのように作用して両極性の紡錘体結合を促進しているかは，現在研究されている課題である．

もし，染色体が両極性の配置で紡錘体に結合していなかったり，紡錘体そのものに結合していなかったりするとどうなるのだろうか．このような場合には，“後期を遅延する”シグナルが，“紡錘体形成チェックポイント（spindle assembly checkpoint, **SAC**）”から出される．このチェックポイントの目的は，すべての動原体に正しく紡錘体微小管が結合するまで，姉妹染色分体の分離を遅らせる，すなわち，後期の開始を遅らせることである．もし，後期を遅延させるシグナルが生じないと，姉妹染色分体は，不十分な状態で分離してしまい，染色体分配が不等になる可能性がある．SACは，後期促進因子（APC）が活性化してセキューリンが分解するのを防ぐことによって後期の開始を妨害する．（APCの詳細については§11・11“細胞分裂時の染色体の凝縮と分離はコンデンシンとコヒーシンに依存している”参照．）

つぎに，SACの活性化について見てみよう．紡錘体微小管に結合していないか，誤った配置で結合している動原体は，SACを活性化する．何も結合していない動原体がSACを活性化することは理解しやすいが，以下に述べる研究から，各動原体を通る物理的な張力がない場合にもSACの活性化が誘導されることが示された．SACの分子的な性状がわかる以前に，このSAC活性化がバッタの精母細胞で観察されたのである．観察した細胞には3個の性染色体が存在していて，ある細胞では，このうち1本が対合せず，一方の紡錘極にしか結合していなかった．このように動原体が結合していない状態の染色体を含む細胞は，決して後期に入らず，最終的に縮退していった．ここで行った巧妙な実験では，微小な針を用いて結合している染色体を引っ張った．その結果，この操作によって後期が誘導された．この実験から，動原体を介する張力もSACによる阻害を解除することに重要であることが示唆された．

姉妹染色分体の動原体に微小管が両極性に結合すると，動原体を介した張力が生まれるが，他の配置にはこの張力が存在しないのは明白である．これらのことから，二つの動原体が共に紡錘体微小管に結合していて，この二つの動原体の両側に張力が生じていることが，SACによって監視される重要なパラメーターであるというモデルが提出された．

SACとそれに含まれる因子は，出芽酵母において微小管を不安定にする薬剤に感受性になった変異体を単離する遺伝的スクリーニングによって最初に同定された．しかし，SACは多細胞生物にも存在する．これまでにわかっている範囲では，興味深いことに，酵母においてはSACの因子は栄養増殖に必須ではないが，マウスにおいてはその相同因子が胚の生存に必須になっている．あるSAC因子を欠損したマウス胚から樹立した細胞株では，染色体が誤って分配される現象が高い頻度で起こる．マウス細胞でSACが必須になっているのは，正しく染色体が整序して動原体–微小管結合ができるために長い時間がかかるため，その間，APCは不活性な状態に保たれなければならないからであると考えられている．SACの役割を図11・38に示した．

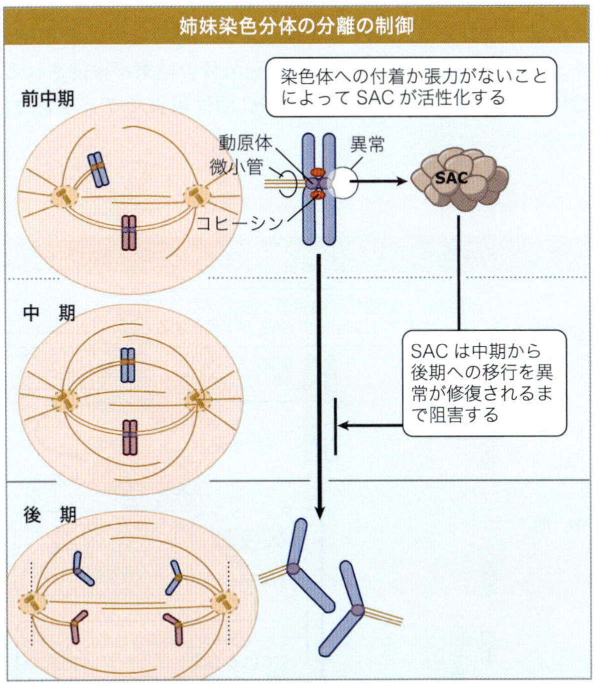

図11・38　微小管が一つの動原体に結合していなかったり，姉妹染色分体を通る張力が正しく存在しなかったりすると，紡錘体形成チェックポイント（SAC）が活性化される．SACは，異常が修正されるまで中期–後期移行を阻害する．

つぎに，SACが後期を遅らせる仕組みを見てみよう．SACの検知経路とシグナル伝達経路に関しては，まだわかっていないことが多い．しかし，SACの活性化のシグナルは動原体から発していることは明らかである．すべてのSAC因子は，正常な細胞周期の間にもチェックポイントシグナルの活性化においても，動原体に存在することが観察されており，動原体がおもな作用部位であることが示唆されている．さらに，SAC因子を動原体に集めることがチェックポイントシグナルの形成と維持に必須であることが示されている．動原体タンパク質の変異によるある種の動原体構造の欠損によって，SAC因子が動原体に会合できなくなる．つまり，このような変異によって不活性なチェックポイントができる．また，別の動原体構造の欠陥は，実際にSACの活性化をひき起こす．

SACの構成因子のいくつかはプロテインキナーゼであり，多くのSAC構成因子はリン酸化されることから，SACのシグナル伝達にはリン酸化カスケードが含まれることがわかる．しかし，最近得られた証拠をみると，SACシグナルは単純な線形の経路を伝達されているのではないらしい．たとえば，複数の因子の存在が，正しい両極性の結合に関するさまざまな状態を監視するために重要であるらしい．また，プロテインキナーゼ構成因子には，複数の標的がある可能性もある．

Cdc20は，SAC活性の標的の一つとして同定された．前に述べたように，Cdc20はAPCの基質特異的な活性化因子である．Cdc20は，Mad2という進化的に保存されたチェックポイントタンパク質に結合することから，Mad2は，Cdc20を取除くことによってAPCを阻害する可能性がある．最近，Cdc20と共に，Mad2，BubR1，Bub3という三つのチェックポイントタンパク質を含む複合体が同定され，分裂期チェックポイント複合体（mitotic checkpoint complex, MCC）とよばれている．Mad2が単独で，あるいは，MCCが加わって，後期を遅らせるシグナルを伝えているかはまだはっきりしていないが，チェックポイントが活性化されると，APC^{Cdc20}は不活性状態になり，その結果，セキューリンが安定化され，姉妹染色分体の結束が維持されることは明らかである．SACによるAPC活性阻害モデルを図11・39に示した．

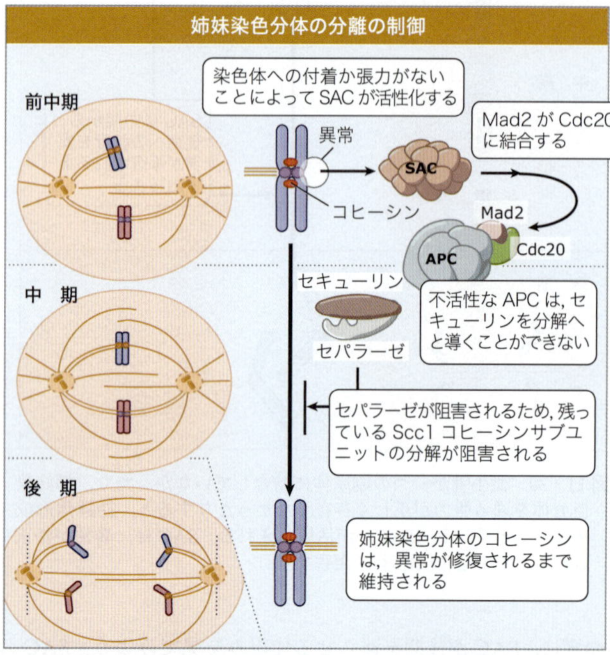

図11・39　紡錘体形成チェックポイント（SAC）が活性化すると，SACの構成因子であるMad2あるいはSAC構成因子複合体（MCC）が，APC活性化因子であるCdc20に結合し，APC^{Cdc20}活性を阻害する．APC^{Cdc20}は，セキューリンをタンパク質分解へと導いて，姉妹染色分体を分離するために必要である．

SACの主要な機能は，姉妹染色分体が動原体に正しく両極性に結合していない状態で染色体の分離が起こるのを防ぐことである．SACが正しく機能していないときには，動原体の結合に欠陥が生じて誤った染色体分離がひき起こされ，細胞死が誘導されたり，娘細胞に遺伝物質が不均等に伝わる異数性を生じたりすることが予想される．実際，多くのがんでは，異数性が特徴になっており，SAC構成因子の変異が，ある種の大腸がんに関係している．SACが細胞分裂時に染色体の損傷を防いでいることを示す強力な証拠が，マウスで染色体を1コピー欠失させてMad2の量を減らした実験から得られた．すなわち，このマウスは腫瘍を生じやすく，Mad2機能を失った細胞では，高い確率で染色体の分離異常の現象が起こっているのである．

以上をまとめる．紡錘体形成チェックポイントは，すべての染色体が正しく紡錘体に結合してはじめて染色体の分離が行われることを保証している．染色体分離はAPCの活性化によってひき起こされるため，このチェックポイント経路は，染色体の紡錘体への結合が正しくなるまでAPCの活性化を妨げている．チェックポイントのシグナルは，動原体において生まれ，チェックポイント構成因子のいくつかがAPCに直接結合してその機能を阻害する．

11・16　細胞周期制御の乱れはがんに結びつく場合がある

重 要 な 概 念

- がん原遺伝子には，細胞を細胞周期に進入させるタンパク質をコードするものがある．
- がん抑制遺伝子には，細胞周期の現象を抑制するタンパク質をコードするものがある．
- がん原遺伝子やがん抑制遺伝子，あるいは，チェックポイント遺伝子の突然変異はがんにつながる可能性がある．

本章の最初で強調したように，数多くの制御が存在することで，細胞分裂に異常がないように行われることが保証されている．このような制御の重要性は，染色体の複製と分離が正確かつ完全に行なわれるように保証することにある．そのため，細胞増殖の厳密性を制御している遺伝子の変異はがんにつながる．

二つのタイプの遺伝子が変異することによって，細胞増殖の制限が失われる可能性がある．この二つとは，**がん原遺伝子**（proto-oncogene）と**がん抑制遺伝子**（tumor suppressor gene）である（これらの遺伝子については，第13章“がん：発生の原理と概要”参照）．がん原遺伝子とがん抑制遺伝子は，細胞増殖の制御に関して逆方向に作用する．がん原遺伝子は，通常，細胞増殖を促進する作用に関係していて，変異や発現上昇によって不適切あるいは恒常的に増殖シグナルを与える能力があることから命名された．実際，これらの遺伝子が変異すると，がん遺伝子になることがある．一方，がん抑制遺伝子は細胞増殖を抑制し，ゲノムの安定性を確実にする作用をしている．したがって，がん抑制遺伝子の二つのコピーの機能が共に失われる変異が起こると増殖制御が作用しなくなり，腫瘍の形成につながる可能性がある．がんの形成には，環境因子も重要な役割をもっている．ヒトの細胞を紫外線やタバコの煙のような突然変異誘発剤（がん誘発剤）に曝すと，がん原遺伝子やがん抑制遺伝子が変異することがある．

*p53*は，細胞周期の進行を抑制する機能をもつ非常に重要ながん抑制遺伝子である（詳細は EXP:11-0007 を見よ）．また，*p53*はチェックポイント遺伝子でもある．多くのヒトの腫瘍ではp53タンパク質の不活性化変異がみられるため，p53タンパク質が作用する機構とその制御は重要な研究対象となっている．p53タンパク質の機能が失われると，その細胞は細胞周期の制御を受けなくなり，DNAが損傷していても増殖できるようになる．これによって，細胞はその後の細胞分裂においてさらに変異を起こしやすくなる．その結果，重要な増殖制御遺伝子の変異が蓄積して，腫瘍が形成される．

他のチェックポイントタンパク質の変異によっても，DNA損傷が存在する状態で細胞周期を進行させる可能性がある．このようなチェックポイントタンパク質の不活性化の例にHus1がある．マウスやヒトの細胞株においては，Hus1が不活性化すると，DNAを損傷する薬剤への感受性が高くなったり，損傷したDNAが存在するまま細胞周期が進行したりする．

DNAの分離に関する遺伝子もまた，がん細胞で観察される遺伝子の変化に関係している．染色体の不安定性（chromosomal instability, CIN）が進行がんの特性の一つであり，最近報告された研究では，染色体の不安定性は悪性転換の結果，あるいはそれに付け加えられるものではなく，紡錘体形成チェックポイント（SAC）のシグナル伝達の欠損が直接悪性転換をひき起こすことが示唆されている．たとえば，SACの構成因子であるMad2は，E2Fの転写制御の標的である．したがって，E2Fの制御が失われた細胞では，Mad2 のレベルが上昇して染色体分離が異常になる．また，Mad2 や他の SAC の構成因子の変異も，ある種のがんで観察されている．すなわち，SAC チェックポイントが作用することと，SAC が正しい時期に不活性化することの両方がゲノムの安定性を維持するために重要なことが，最近の研究から示されたのである．

以上をまとめる．がん原遺伝子，がん抑制遺伝子，および，チェックポイント遺伝子の変異が増すに従って，その個体のがん発生リスクが高まる．がんの詳細な考察については，第 13 章の“がん：発生の原理と概要”で学ぶ．

11・17 次なる問題は？

ゲノムプロジェクトの完了とともに，細胞周期における遺伝子とタンパク質の機能変化を網羅的に知るための研究が開始されている．DNA マイクロアレイ技術によって，細胞周期の段階における転写プログラムの変化や，細胞周期の進行を阻害する薬剤で処理したときの変化をゲノム全体の範囲で同定することが可能になってきた．遺伝子発現プロフィールを総合的に分析する研究は，出芽酵母と分裂酵母で最も進んでおり，細胞周期の間に転写が調節される遺伝子が同定された．また，同じようにマイクロアレイ解析を行うことで，チェックポイントの活性化に伴って転写が上昇あるいは下降する遺伝子を同定することもできる．この方法を酵母以外の生物種に適用して，細胞周期制御やチェックポイント活性化に共通に作用する制御系を見いだしたり，正常な動物細胞と悪性転換した細胞の違いを明らかにすることにも応用されている．また現在，がんのプロファイリングや患者を治療する方法を決定するためにもマイクロアレイ解析が用いられている．

細胞周期制御に関係するタンパク質を明らかにするもう一つの方法は，タンパク質の局在を全般的に分析する方法である．たとえば，出芽酵母や分裂酵母では，ゲノムにコードされるほとんどすべてのタンパク質について，それぞれ緑色蛍光タンパク質を遺伝子レベルで融合させることによって解析されている．また，大規模なプロテオミクスの解析方法によって，細胞機能に関係する多量体や複合体のすべての組成を規定しようという試みも始まっている．このような解析によって，細胞内のさまざまなタンパク質やタンパク質複合体の機能の理解が進んでいくだろう．

すでにチェックポイントが細胞周期の現象を協調させるために重要であることはわかっているが，今後は，作用機序などを分子レベルで完全に理解することが重要である．DNA 損傷チェックポイント，S 期チェックポイント，そして，紡錘体形成チェックポイントには，多くのプロテインキナーゼの作用が必要であるが，これらの基質に関しては，これまでごくわずかしか同定されていない．したがって，今後は，未知の基質を同定するとともに，さまざまなリン酸化の現象によってどのような結果がそれぞれ生じるかを理解することが重要である．こうした疑問に答えることによって，染色体が確実に伝わるように守っているチェックポイントを理解するうえでも，飛躍的な発展があると期待される．

分裂期キナーゼの制御に関しては，チェックポイントキナーゼなどと同様に，これまでによく研究されているが，標的（基質）に関しては，まだよくわかっていないことが多いことも同様である．かつては，酵母における遺伝学的研究と，カエルやウニ卵の抽出物を用いた生化学的研究を組合わせることによって，分裂期の Cdk1 の機能を明らかにすることに関心が寄せられた．しかし，そこからわかった図式は，まだ完成には遠い．たとえば，Cdk1 は，どのようにして染色体の凝縮，紡錘体の形成，姉妹染色分体の分離などの多くの重要な分裂過程を制御しているのだろうか．Cdk1 の分裂期における基質を同定して分析することによって，これらの過程に関する分子レベルの理解を得ることができるだろう．また，Cdk1 機能の低下に関連して，分裂期からどのように脱出するかを理解することも重要である．さらに，Cdk1 活性の低下と，紡錘体の解体や細胞質分裂との関連はどうなっているのかという疑問もある．これに関しては，Cdk1 によるリン酸化の現象と逆の現象によってひき起こされる可能性もあるが，もしそうならば，どのように脱リン酸がこれらの過程を制御するのかという疑問が新たに生じる．

質量分析技術が発達してきたことによって，リン酸化などのタンパク質の修飾を容易に検出できるようになった．また，化学遺伝学という分野ができて，プロテインキナーゼの基質を同定する強力な手法を与えた．この手法では，修飾を加えたキナーゼに特異的な阻害剤を用いて，特定のリン酸化におけるそのキナーゼの役割を決定することができる．このようなアナログ感受性のアリル（ATP の代わりに ATP アナログを用いるキナーゼの変異アリル）は，この特定のキナーゼを *in vivo* で選択的に阻害する実験や，*in vivo* におけるそのキナーゼの標的を同定する実験に用いられる．今後，このような方法論が，以下のような詳細な研究に役立つのは間違いない．すなわち，細胞周期の特定の段階でどのようなタンパク質がリン酸化されるか．また，特定のキナーゼの機能を失わせることによって特定のタンパク質のリン酸化が変化するのか．このような疑問に対する解答から，プロテインキナーゼが，細胞周期の重要な過程をどのように制御しているかを表現する全体像が描かれるであろう．

プロテインキナーゼが細胞周期現象の重要な制御因子である一方，標的を定めたタンパク質分解が細胞周期を前の方向へと不可逆的に進めている．SCF と APC は，共に細胞周期特異的ユビキチンリガーゼとしてよく研究されており，正常な細胞周期の進行に必須である．また，ユビキチン依存的なタンパク質分解の欠損は，腫瘍の発生にも関係している．したがって，細胞分裂周期におけるユビキチン依存的なタンパク質分解の標的となるタンパク質の全リストを作成することは，細胞周期や腫瘍の発達を理解するために重要である．実際，この目的に向けた研究は開始されている．たとえば，巧妙な *in vitro* 系を用いて，分裂期特異的にタンパク質分解を受ける一連のタンパク質が，カエルの抽出物から同定されている．このような解析を拡張し，さらに，SCF と APC の基質を個別に探す研究を合わせることによって，より全体像に近いリストが作られ，細胞周期におけるユビキチン依存的タンパク質分解の役割がより鮮明になるだろう．さらに，細胞周期特異的なタンパク質分解をより詳細に解析することによって，新たな医療の標的を見いだす可能性もある．

がん治療で乗り越えなければならない大きな壁に，がん細胞を特異的に殺すための標的を得ることがある．細胞周期制御の複雑な過程をひき続き研究することによって，どのように細胞周期を操作すると不適切な細胞分裂を防ぐことができるかという命題に関する手がかりが得られるだろう．細胞周期の進行のさまざまな局面で関係するタンパク質を同定することによって，抗がん剤の開発に用いる標的のリストが得られるであろう．また，細胞周期制御に関係する遺伝子の網羅的なリストを作成することも，特定のタイプのがんの素因を同定することや薬物治療のための遺伝的特性を見いだすことに役立つだろう．

11・18 要　約

細胞周期は一連の順序立てられた現象であり，これによって，細胞は内容物が倍加した後に分裂して二つになる．細胞周期の現象は，時間的・空間的に制御されている．チェックポイントという監視機構によって，細胞周期の過程の順序や正確性が保証されている．細胞分裂過程において異常な現象が起こると，チェックポイントが細胞周期の進行を遅らせて，異常が修復されるようにする．

遺伝情報の複製はS期に起こって，倍加したのち，情報の等分配が分裂期に行われる．S期と分裂期（M期）は，G_1期とG_2期という二つのギャップ期によって分けられている．この順番は，チェックポイントによって守られていて，CDKという主要な細胞周期制御キナーゼの活性によって動かされている．ある種の細胞周期現象は，Cdk1活性が低いときだけに起こり（たとえば，複製前複合体の会合），別の現象は高いときだけに起こる（たとえば，核分裂）．DNA複製が許される環境条件はCdk1活性が低いときだけにつくられ，分裂過程はCdk1活性が高くなると開始される．分裂期への進入は，Cdk1や他の進化的に保存された複数のキナーゼが完全に活性化したことを受けて起こる．これらのキナーゼが協同して，染色体の分離装置である紡錘体の機能を制御している．姉妹染色分体が紡錘体に対して両極性に結合したのち，後期の開始とともに分体は離れ，紡錘体の伸長とともに細胞の反対側の極へと運ばれる．後期における姉妹染色分体の分離には，進化的に保存されたユビキチンリガーゼである後期促進因子が機能することが必要である．Cdk1活性は後期とともに下がり始め，次の細胞周期においてS期が始まることを可能にしている．

正常な細胞が分裂周期に進むのか，あるいは，分裂しない休止状態に入るのかを決定しているのは，細胞外刺激である．このようなシグナルには，利用できる栄養源の存在，細胞間の接触，増殖因子の存在などがある．細胞外刺激から発する生化学的なシグナルには，細胞分裂に対して促進的に作用するものと阻害的に作用するものがある．多くの場合，これらのシグナルは，主要な細胞周期制御点となっているG_1期からS期への移行点に作用する．S期へ進行する許可，G_2期から分裂期への移行点，そして，後期の開始は，すべてチェックポイントの標的となっており，チェックポイントは，細胞周期の現象が正確に行われていることを示す基準が満たされるまで細胞周期を遅らせる．チェックポイント機能に欠陥があると，細胞の倍加過程に生じた異常が次の世代へと伝達され，制御を受けない増殖や，がんの発生につながることがある．二つのタイプの変異が，がんの形成に関係している．一つはがん抑制遺伝子の不活性化変異であり，もう一つはがん原遺伝子の活性化変異である．一つの変異が単独でがんを生じさせることはまれであり，複数の異なる遺伝子の変異ががん化には必要である．このような変異によって，遺伝的安定性は弱くなり，がん形成のリスクが高まる．

参 考 文 献

11・2 細胞周期の解析に用いられる実験系には複数の種類がある

総　説

Osmani, S. A., and Mirabito, P. M., 2004. The early impact of genetics on our understanding of cell cycle regulation in *Aspergillus nidulans*. *Fungal Genet. Biol.* **41**, 401–410.

論　文

Fantes, P., and Nurse, P., 1977. Control of cell size at division in fission yeast by a growth-modulated size control over nuclear division. *Exp. Cell Res.* **107**, 377–386.

Hartwell, L., Culotti, J., pringle, J. R., and Reid, B. J., 1974. Genetic control of the cell division cycle in yeast. *Science* **183**, 46–51.

Hartwell, L. H., Culotti, J., and Reid, B., 1970. Genetic control of the cell-division cycle in yeast. I. Detection of mutants. *Proc. Natl. Acad. Sci. USA* **66**, 352–359.

Johnson, R. T., and Rao, P. N., 1970. Mammalian cell fusion: Induction of premature chromosome condensation in interphase nuclei. *Nature* **226**, 717–722.

Lehner, C. F. and Lane, M. E., 1997. Cell cycle regulators in *Drosophila*: downstream and part of developmental decisions. *J. Cell Sci.* **110**(Pt5), 523–528.

Nurse, P., 1975. Genetic control of cell size at cell division in yeast. *Nature* **256**, 547–551.

Nurse, P., Thuriaux, P., and Nasmyth, K., 1976. Genetic control of the cell division cycle in the fission yeast *Schizosaccharomyces pombe*. *Mol. Gen. Genet.* **146**, 167–178.

Nurse, P., and Bissett, Y., 1981. Gene required in G1 for commitment to cell cycle and in G2 for control of mitosis in fission yeast. *Nature* **292**, 558–560.

Rao, P. N., and Johnson, R. T., 1970. Mammalian cell fusion: studies on the regulation of DNA synthesis and mitosis. *Nature* **225**, 159–164.

11・3 細胞周期においては，さまざまな現象が協調して行われなければならない

総　説

Elledge, S. J., 1996. Cell cycle checkpoints: Preventing an identity crisis. *Science* **274**, 1664–1672.

11・4 細胞周期はCDK活性の周期である

総　説

Hunt, T., 1991. Cyclins and their partners: from a simple idea to complicated reality. *Semin. Cell Biol.* **2**, 213–222.

Minshull, J., Pines, J., Golsteyn, R., Standart, N., Mackie, S., Colman, A., Blow, J., Ruderman, J. V., Wu, M., and Hunt, T., 1989. The role of cyclin synthesis, modification and destruction in the control of cell division. *J. Cell Sci. Suppl.* **12**, 77–97.

Morgan, D. O., 1997. Cyclin-dependent kinases: Engines, clocks, and microprocessors. *Annu. Rev. Cell Dev. Biol.* **13**, 261–291.

Nurse, P., 1990. Universal control mechanism regulating onset of M-phase. *Nature* **344**, 503–508.

Russo, A. A., Jeffrey, P. D., and Pavletich, N. P., 1996. Structural basis of cyclin-dependent kinase activation by phosphorylation. *Nat. Struct. Biol.* **3**, 696–700.

Stern, B., and Nurse, P., 1996. A quantitative model for the cdc2 control of S phase and mitosis in fission yeast. *Trends Genet.* **12**, 345–350.

論　文

Beach, D., Durkacz, B., and Nurse, P., 1982. Functionally homologous cell cycle control genes in budding and fission yeast. *Nature* **300**, 706–709.

Brown, N. R., Noble, M. E., Lawrie, A. M., Morris, M. C., Tunnah, P., Divita, G., Johnson, L. N., and Endicott, J. A., 1999. Effects of phosphorylation of threonine 160 on cyclin-dependent kinase 2 structure and activity. *J. Biol. Chem.* **274**, 8746–8756.

Evans, T., Rosenthal, E. T., Youngblom, J., Distel, D., and

Hunt, T., 1983. Cyclin: A protein specified by maternal mRNA in sea urchin eggs that is destroyed at each cleavage division. *Cell* **33**, 389–396.

Gautier, J., Norbury, C., Lohka, M., Nurse, P., and Maller, J., 1988. Purified maturation-promoting factor contains the product of a *Xenopus* homologue of the fission yeast cell cycle control gene cdc2+. *Cell* **54**, 433–439.

Geng, Y., Yu, Q., Sicinska, E., Das, M., Schneider, J. E., Bhattacharya, S., Rideout, W.M., Bronson, R.T., Gardner, H., and Sicinski, P., 2003. Cyclin E ablation in the mouse. *Cell* **114**, 431–443.

Jeffrey, P. D., Russo, A. A., Polyak, K., Gibbs, E., Hurwitz, J., Massague, J., and Pavletich, N. P., 1995. Mechanism of CDK activation revealed by the structure of a cyclinA-CDK2 complex. *Nature* **376**, 313–320.

Lee, M. G., and Nurse, P., 1987. Complementation used to clone a human homologue of the fission yeast cell cycle control gene cdc2. *Nature* **327**, 31–35.

Lohka, M. J., Hayes, M. K., and Maller, J. L., 1988. Purification of maturation-promoting factor, an intracellular regulator of early mitotic events. *Proc. Natl. Acad. Sci. USA* **85**, 3009–3013.

Nurse, P., Masui, Y., and Hartwell, L., 1998. Understanding the cell cycle. *Nat. Med.* **4**, 1103–1106.

Parisi, T., Beck, A. R., Rougier, N., McNeil, T., Lucian, L., Werb, Z., and Amati, B., 2003. Cyclins E1 and E2 are required for endoreplication in placental trophoblast giant cells. *EMBOJ.* **22**, 4794–4803.

Rosenthal, E. T., Brandhorst, B. P., and Ruderman, J. V., 1982. Translationally mediated changes in patterns of protein synthesis during maturation of starfish oocytes. *Dev. Biol.* **91**, 215–220.

Schulman, B. A., Lindstrom, D. L., and Harlow, E., 1998. Substrate recruitment to cyclin-dependent kinase 2 by a multipurpose docking site on cyclin A. *Proc. Natl. Acad. Sci. USA* **95**, 10453–10458.

11・5 CDK- サイクリン複合体はさまざまな方法で制御される

総 説

Coleman, T. R., and Dunphy, W. G., 1994. Cdc2 regulatory factors. *Curr. Opin. Cell Biol.* **6**, 877–882.

Deshaies, R. J., 1997. Phosphorylation and proteolysis: Partners in the regulation of cell division in budding yeast. *Curr. Opin. Genet. Dev.* **7**, 7–16.

Harper, J. W., and Elledge, S. J., 1998. The role of Cdk7 in CAK function, a retro-retrospective. *Genes Dev.* **12**, 285–289.

Nurse, P., 1990. Universal control mechanism regulating onset of M-phase. *Nature* **344**, 503–508.

Pavletich, N. P., 1999. Mechanisms of cyclin-dependent kinase regulation: structures of Cdks, their cyclin activators, and Cip and INK4 inhibitors. *J. Mol. Biol.* **287**, 821–828.

Pines, J., 1999. Four-dimensional control of the cell cycle. *Nat. Cell Biol.* **1**, E73–E79.

Sherr, C. J., and Roberts, J. M., 1999. CDK inhibitors: positive and negative regulators of G1-phase progression. *Genes Dev.* **13**, 1501–1512.

Tyers, M., and Jorgensen, P., 2000. Proteolysis and the cell cycle: with this RING I do thee destroy. *Curr. Opin. Genet. Dev.* **10**, 54–64.

論 文

Gould, K. L., and Nurse, P., 1989. Tyrosine phosphorylation of the fission yeast cdc2+ protein kinase regulates entry into mitosis. *Nature* **342**, 39–45.

Russo, A. A., Jeffrey, P. D., Patten, A. K., Massague, J., and Pavletich, N. P., 1996. Crystal structure of the p27Kipl cyclin-dependent-kinase inhibitor bound to the cyclin A-Cdk2 complex. *Nature* **382**, 325–331.

11・6 細胞は，細胞周期から出ることも細胞周期に再び進入することもある

総 説

Blagosklonny, M. V., and Pardee, A. B., 2002. The restriction point of the cell cycle. *Cell Cycle* **1**, 103–110.

Campisi, J., 2005. Senescent cells, tumor suppression, and organismal aging: good citizens, bad neighbors. *Cell* **120**, 513–522.

Deshaies, R. J., 1997. Phosphorylation and proteolysis: Partners in the regulation of cell division in budding yeast. *Curr. Opin. Genet. Dev.* **7**, 7–16.

Elion, E. A., 2000. Pheromone response, mating and cell biology. *Curr. Opin. Microbiol.* **3**, 573–581.

論 文

Nash, P., Tang, X., Orlicky, S., Chen, Q., Gertler, F. B., Mendenhall, M. D., Sicheri, F., Pawson, T., and Tyers, M., 2001. Multisite phosphorylation of a CDK inhibitor sets a threshold for the onset of DNA replication. *Nature* **414**, 514–521.

11・7 細胞周期への進入は厳密に制御されている

総 説

Sherr, C. J., 1995. D-type cyclins *Trends Biochem. Sci.* **20**, 187–90.

Stevens, C. and La Thangue, N. B., 2003. A New Role for E2F-1 in Checkpoint Control. *Cell Cycle* **2**, 435–437.

11・8 DNA 複製にはタンパク質複合体が秩序正しく集合することが必要である

総 説

Bell, S. P., and Dutta, A., 2002. DNA replication in eukaryotic cells. *Annu. Rev. Biochem.* **71**, 333–374.

Diffley, J. F., 2004. Regulation of early events in chromosome replication. *Curr. Biol.* **14**, R778–R886.

Fangman, W. L., and Brewer, B. J., 1992. A question of time: replication origins of eukaryotic chromosomes. *Cell* **71**, 363–366.

Forsburg, S. L., 2004. Eukaryotic MCM proteins: beyond replication initiation. *Microbiol. Mol. Biol. Rev.* **68**, 109–131, table.

Gilbert, D. M., 2001. Making sense of eukaryotic DNA replication origins. *Science* **294**, 96–100.

Gilbert, D. M., 2002. Replication timing and transcriptional control: Beyond cause and effect. *Curr. Opin. Cell Biol.* **14**, 377–383.

Johnston, L. H., Masai, H., and Sugino, A., 1999. First the CDKs, now the DDKs. *Trends Cell Biol.* **9**, 249–252.

Newlon, C. S., 1988. Yeast chromosome replication and segregation. *Microbiol. Rev.* **52**, 568–601.

論 文

Bell, S. P., Kobayashi, R., and Stillman, B., 1993. Yeast origin recognition complex functions in transcription silencing and DNA replication. *Science* **262**, 1844–1849.

Hardy, C. F., Dryga, O., Seematter, S., Pahl, P. M., and Sclafani, R. A., 1997. mcm5/cdc46-bob1 bypasses the requirement for the S phase activator Cdc7p. *Proc. Natl. Acad. Sci. USA* **94**, 3151–3155.

11・9 細胞分裂は，複数のプロテインキナーゼによって総合的に制御されている

総 説

Barr, F. A., Sillje, H. H., and Nigg, E. A., 2004. Polo-like kinases and the orchestration of cell division. *Nat. Rev. Mol. Cell Biol.* **5**, 429–440.

Blagden, S. P., and Glover, D. M., 2003. Polar expeditions—provisioning the centrosome for mitosis. *Nat. Cell Biol.* **5**, 505–511.

Carmena, M., and Earnshaw, W. C., 2003. The cellular geography of aurora kinases. *Nat. Rev. Mol. Cell Biol.* **4**, 842–854.

Meraldi, P., Honda, R., and Nigg, E. A., 2004. Aurora kinases link chromosome segregation and cell division to cancer susceptibility. *Curr. Opin. Genet. Dev.* **14**, 29–36.

Morgan, D. O., 1997. Cyclin-dependent kinases: Engines, clocks, and microprocessors. *Annu. Rev. Cell Dev. Biol.* **13**, 261–291.

Nigg, E. A., 2001. Mitotic kinases as regulators of cell division and its checkpoints. *Nat. Rev. Mol. Cell Biol* **2**, 21–32.

Nigg, E. A., 1993. Targets of cyclin-dependent protein kinases. *Curr. Opin. Cell Biol.* **5**, 187–193.

O'Connell, M. J., Krien, M. J., and Hunter, T., 2003. Never say never. The NIMA-related protein kinases in mitotic control. *Trends Cell Biol.* **13**, 221–228.

O'Farrell, P. H., 2001. Triggering the all-or-nothing switch into mitosis. *Trends Cell Biol.* **11**, 512–519.

論　文

Chan, C. S., and Botstein, D., 1993. Isolation and characterization of chromosome-gain and increase-in-ploidy mutants in yeast. *Genetics* **135**, 677–691.

Elia, A., Rellos, P., Haire, L., Chao, J,. Ivins, F., Hoepker, K., Mohammad, D., Cantley, L., Smerdon, S., and Yaffe, M., 2003. The molecular basis for phosphodependent substrate targeting and regulation of Plks by Polo-box domain. *Cell* **115**, 83.

Llamazares, S., Moreira, A., Tavares, A., Girdham, C., Spruce, B. A., Gonzalez, C., Karess, R. E., Glover, D. M., and Sunkel, C. E., 1991. *polo* encodes a protein kinase homolog required for mitosis in *Drosophila*. *Genes Dev* **5**, 2153–2165.

Osmani, A. H., McGuire, S. L., and Osmani, S. A., 1991. Parallel activation of the NIMA and p34cdc2 cell cycle-regulated protein kinases is required to initiate mitosis in *A. nidulans*. *Cell* **67**, 283–291.

Sillje, H. H., and Nigg, E. A., 2003. Signal transduction. Capturing polo kinase. *Science* **299**, 1190–1191.

11・10 細胞分裂では，数多くの形態的変化が起こる

総　説

Carmena, M., and Earnshaw, W. C., 2003. The cellular geography of aurora kinases. *Nat. Rev. Mol. Cell Biol.* **4**, 842–854.

Engqvist-Goldstein, A. E., and Drubin, D. G., 2003. Actin assembly and endocytosis: From yeast to mammals. *Annu. Rev. Cell Dev. Biol.* **19**, 287–332.

Meraldi, P., Honda, R., and Nigg, E. A., 2004. Aurora kinases link chromosome segregation and cell division to cancer susceptibility. *Curr. Opin. Genet. Dev.* **14**, 29–36.

Nigg, E. A., Blangy, A., and Lane, H. A., 1996. Dynamic changes in nuclear architecture during mitosis: on the role of protein phosphorylation in spindle assembly and chromosome segregation. *Exp. Cell Res.* **229**, 174–180.

論　文

Heald, R., and McKeon, F., 1990. Mutations of phosphorylation sites in lamin A that prevent nuclear lamina disassembly in mitosis. *Cell* **61**, 579–589.

Jiang, W., Jimenez, G., Wells, N. J., Hope, T. J., Wahl, G. M., Hunter, T., and Fukunaga, R., 1998. PRC1: A human mitotic spindle-asociated CDK substrate protein required for cytokinesis. *Mol. Cell* **2**, 877–885.

Lowe, M., Rabouille, C., Nakamura, N., Watson, R., Jackman, M., Jämsä, E., Rahman, D., Pappin, D. J., and Warren, G., 1998. Cdc2 kinase directly phosphorylates the cis-Golgi matrix protein GM130 and is required for Golgi fragmentation in mitosis. *Cell* **94**, 783–793.

Peter, M., et al., 1990. *In vitro* disassembly of the nuclear lamina and M phase-specific phosphorylation of lamins by cdc2 kinase. *Cell* **61**, 591–602.

Uchiyama, K., Jokitalo, E., Lindman, M., Jackman, M., Kano, F., Murata, M., Zhang, X., and Kondo, H., 2003. The localization and phosphorylation of p47 are important for Golgi disassembly-assembly during the cell cycle. *J. Cell Biol.* **161**, 1067–1079.

11・11 細胞分裂時の染色体の凝縮と分離はコンデンシンとコヒーシンに依存している

総　説

Harper, J. W., Burton, J. L., and Solomon, M. J., 2002. The anaphase-promoting complex: It's not just for mitosis any more. *Genes Dev.* **16**, 2179–2206.

Hirano, T., 1999. SMC-mediated chromosome mechanics: a conserved scheme from bacteria to vertebrates? *Genes Dev.* **13**, 11–19.

Hirano, T., 2005. Condensins: Organizing and segregating the genome. *Curr. Biol.* **15**, R265–R275.

Nasmyth, K., and Haering, C. H., 2005. The structure and function of SMC and kleisin complexes. *Annu. Rev. Biochem.* **74**, 595–648.

Peters, J. M., 2002. The anaphase-promoting complex: Proteolysis in mitosis and beyond. *Mol. Cell* **9**, 931–943.

Pines, J., and Rieder, C. L., 2001. Re-staging mitosis: a contemporary view of mitotic progression. *Nat. Cell Biol.* **3**, E3–E6.

論　文

Ciosk, R., et al., 1998. An ESP1/PDS1 complex regulates loss of sister chromatid cohesion at the metaphase to anaphase transition in yeast. *Cell* **93**, 1067–1076.

Cohen-Fix, O., Peters, J. M., Kirschner, M. W., and Koshland, D., 1996. Anaphase initiation in *Saccharomyces cerevisiae* is controlled by the APC-dependent degradation of the anaphase inhibitor Pds1p. *Genes Dev.* **10**, 3081–3093.

Funabiki, H., Yamano, H., Kumada, K., Nagao, K., Hunt, T., and Yanagida, M., 1996. Cut2 proteolysis required for sister-chromatid separation in fission yeast. *Nature* **381**, 438–441.

Kimura, K., Hirano, M., Kobayashi, R., and Hirano, T., 1998. Phosphorylation and activation of 13S condensin by Cdc2 in vitro. *Science* **282**, 487–490.

Shirayama, M., et al., 1999. APC^{CDC20} promotes exit from mitosis by destroying the anaphase inhibitor Pds1 and cyclin Clb5. *Nature* **402**, 203–207.

Sutani, T., Yuasa, T., Tomonaga, T., Dohmae, N., Takio, K., and Yanagida, M., 1999. Fission yeast condensin complex: essential roles of non-SMC subunits for condensation and Cdc2 phosphorylation of Cut3/SMC4. *Genes Dev.* **13**, 2271–2283.

Uhlmann, F., Lottspeich, F., and Nasmyth, K., 1999. Sister-chromatid separation at anaphase onset is promoted by cleavage of the cohesin subunit Scc1. *Nature* **400**, 37–42.

Uhlmann, F., Wernic, D., Poupart, M. A., Koonin, E. V., and Nasmyth, K., 2000. Cleavage of cohesin by the CD clan protease separin triggers anaphase in yeast. *Cell* **103**, 375–386.

Waizenegger, I. C., Hauf, S., Meinke, A., and Peters, J. M., 2000. Two distinct pathways remove mammalian cohesin from chromosome arms in prophase and from centromeres in anaphase. *Cell* **103**, 399–410.

11・12 分裂期からの脱出にはサイクリンの分解以外の要因も必要である

総　説

Bardin, A. J., and Amon, A., 2001. Men and sin: what's the difference? *Nat. Rev. Mol. Cell Biol.* **2**, 815–826.

Ceulemans, H., and Bollen, M., 2004. Functional diversity of

protein phosphatase-1, a cellular economizer and reset button. *Physiol. Rev.* **84**, 1–39.
Farr, K. A., and Cohen-Fix, O., 1999. The metaphase to anaphase transition: A case of productive destruction. *Eur. J. Biochem.* **263**, 14–19.
Janssens, V., and Goris, J., 2001. Protein phosphatase 2A: a highly regulated family of serine/threonine phosphatases implicated in cell growth and signalling. *Biochem. J.* **353**, 417–439.
McCollum, D., and Gould, K. L., 2001. Timing is everything: Regulation of mitotic exit and cytokinesis by the MEN and SIN. *Trends Cell Biol.* **11**, 89–95.
Trautmann, S., and McCollum, D., 2002. Cell cycle: New functions for Cdc14 family phosphatases. *Curr. Biol.* **12**, R733–R735.

論 文

Champion, A., Jouannic, S., Guillon, S., Mockaitis, K., Krapp, A., Picaud, A., Simanis, V., Kreis, M., and Henry, Y., 2004. AtSGP1, AtSPG2 and MAP4K alpha are nucleolar plant proteins that can complement fission yeast mutants lacking a functional SIN pathway. *J. Cell Sci.* **117**, 4265–4275.
Gromley, A., Jurczyk, A., Sillibourne, J., Halilovic, E., Mogensen, M., Groisman, I., Blomberg, M., and Doxsey, S., 2003. A novel human protein of the maternal centriole is required for the final stages of cytokinesis and entry into S phase. *J. Cell Biol.* **161**, 535–545.
Holloway, S. L., et al., 1993. Anaphase is initiated by proteolysis rather than by the inactivation of MPF. *Cell* **73**, 1393–1402.
Moll, T., Tebb, G., Surana, U., Robitsch, H., and Nasmyth, K., 1991. The role of phosphorylation and the CDC28 protein kinase in cell cycle-regulated nuclear import of the S. cerevisiae transcription factor SWI5. *Cell* **66**, 743–758.
Surana, U., Amon, A., Dowzer, C., McGrew, J., Byers, B., and Nasmyth, K., 1993. Destruction of the CDC28/CLB mitotic kinase is not required for the metaphase to anaphase transition in budding yeast. *EMBO J.* **12**, 1969–1978.
Visintin, R., Craig, K., Hwang, E. S., Prinz, S., Tyers, M., and Amon, A., 1998. The phosphatase Cdc14 triggers mitotic exit by reversal of Cdk-dependent phosphorylation. *Mol. Cell* **2**, 709–718.
Zachariae, W., Schwab, M., Nasmyth, K., and Seufert, W., 1998. Control of cyclin ubiquitination by CDK-regulated binding of Hct1 to the anaphase promoting complex. *Science* **282**, 1721–1724.

11・13 チェックポイント制御によってさまざまな細胞周期の現象が協調されている

総 説

Hartwell, L. H., and Weinert, T. A., 1989. Checkpoints: controls that ensure the order of cell cycle events. *Science* **246**, 629–634.

論 文

Weinert, T. A., and Hartwell, L. H., 1988. The RAD9 gene controls the cell cycle response to DNA damage in *S. cerevisiae*. *Science* **241**, 317–322.

11・14 DNA 複製チェックポイントと DNA 損傷チェックポイントは DNA の代謝状態の欠損を監視している

総 説

Bartek, J., and Lukas, J., 2001. Mammalian G1-and S-phase checkpoints in response to DNA damage. *Curr. Opin. Cell Biol.* **13**, 738–747.
Bassing, C. H., and Alt, F. W., 2004. H2AX may function as an anchor to hold broken chromosomal DNA ends in close proximity. *Cell Cycle* **3**, 149–153.
Donzelli, M., and Draetta, G. F., 2003. Regulating mammalian checkpoints through Cdc25 inactivation. *EMBO Rep.* **4**, 671–677.
Fei, P., and El-Deiry, W. S., 2003. P53 and radiation responses. *Oncogene* **22**, 5774–5783.
Lavin, M. F., and Shiloh, Y., 1996. Ataxia-telangiectasia: A multifaceted genetic disorder associated with defective signal transduction. *Curr. Opin. Immunol.* **8**, 459–464.
Lukas, C., Bartek, J., and Lukas, J., 2005. Imaging of protein movement induced by chromosomal breakage: tiny local lesions pose great global challenges. *Chromosoma*, 1–9.
Lukas, J., Lukas, C., and Bartek, J., 2004. Mammalian cell cycle checkpoints: Signalling pathways and their organization in space and time. *DNA Repair (Amst)* **3**, 997–1007.
Sancar, A., Lindsey-Boltz, L. A., Unsal-Kaçmaz, K., and Linn, S., 2004. Molecular mechanisms of mammalian DNA repair and the DNA damage checkpoints. *Annu. Rev. Biochem.* **73**, 39–85.
Shiloh, Y., 2003. ATM and related protein kinases: Safeguarding genome integrity. *Nat. Rev. Cancer* **3**, 155–168.

論 文

Garvik, B., Carson, M., and Hartwell, L., 1995. Single-stranded DNA arising at telomeres in cdc13 mutants may constitute a specific signal for the RAD9 chekpoint. *Mol. Cell. Biol.* **15**, 6128–6138.
O'Driscoll, M., Ruiz-Perez, V. L., Woods, C. G., Jeggo, P. A., and Goodship, J. A., 2003. A splicing mutation affecting expression of ataxia-telangiectasia and Rad3-related protein (ATR) results in Seckel syndrome. *Nat. Genet.* **33**, 497–501.
Petrini, J. H., and Stracker, T. H., 2003. The cellular response to DNA double-strand breaks: Defining the sensors and mediators. *Trends Cell Biol.* **13**, 458–462.
Sandell, L. L., and ZAkian, V. A., 1993. Loss of a yeast telomere: Arrest, recovery, and chromosome loss. *Cell* **75**, 729–739.
Savitsky, K., Sfez, S., Tagle, D. A., Ziv, Y., Sartiel, A., Collins, F. S., Shiloh, Y, and Rotman, G., 1995. The complete sequence of the coding region of the ATM gene reveals similarity to cell cycle regulators in different species. *Hum. Mol. Genet.* **4**, 2025–2032.
Tercero, J. A., Longhese, M. P., and Diffley, J. F., 2003. A central role for DNA replication forks in checkpoint activation and response. *Mol. Cell* **11**, 1323–1336.
Wright, J. A., Keegan, K. S., Herendeen, D. R., Bentley, N. J., Carr, A. M., Hoekstra, M. F., and Concannon, P., 1998. Protein kinase mutants of human ATR increase sensitivity to UV and ionizing radiation and abrogate cell cycle checkpoint control. *Proc. Natl Acad. Sci. USA* **95**, 7445–7450.
Xu, Y., and Baltimore, D., 1996. Dual roles of ATM in the cellular response to radiation and in cell growth control. *Genes Dev.* **10**, 2401–2410.

11・15 紡錘体会合チェックポイントは染色体と微小管の結合の欠陥を監視している

総 説

Kadura, S., and Sazer, S., 2005. SAC-ing mitotic errors: how the spindle assembly checkpoint (SAC) plays defense against chromosome missegregation. *Cell Motil. Cytoskeleton* **61**, 145–160.
Millband, D. N., Campbell, L., and Hardwick, K. G., 2002. The awesome power of multiple model systems: Interpreting the complex nature of spindle checkpoint signaling. *Trends Cell Biol.* **12**, 205–209.
Musacchio, A., and Hardwick, K. G., 2002. The spindle checkpoint: Structural insights into dynamic signalling. *Nat. Rev. Mol. Cell Biol.* **3**, 731–741.
Nicklas, R. B., 1997. How cells get the right chromosomes. *Science* **275**, 632–637.

Rieder C. L., and Salmon, E. D., 1998. The vertebrate cell kinetochore and its roles during mitosis. *Trends Cell Biol.* **8**, 310–318.

Shannon, K. B., and Salmon, B. D., 2002. Chromosome dynamics: New light on Aurora B kinase function. *Curr. Biol.* **12**, R458–R460.

論 文

Cahill, D. P., Lengauer, C., Yu, J., Riggins, G. J., Wilson, J. K., Markowitz, S. D., Kinzler, K. W., and Vogelstein, B., 1998. Mutations of mitotic checkpoint genes in human cancers. *Nature* **392**, 300–303.

Dobles, M., Liberal, V., Scott, M. L., Benezra, R., and Sorger, P. K., 2000. Chromosome missegregation and apoptosis in mice lacking the mitotic checkpoint protein Mad2. *Cell* **101**, 635–645.

Fang, G., Yu, H., and Kirschner, M. W., 1998. The checkpoint protein MAD2 and the mitotic regulator CDC20 form a ternary complex with the anaphase-promoting complex to control anaphase initiation. *Genes Dev.* **12**, 1871–1883.

Hoyt, M. A., Totis, L., and Roberts, B. T., 1991. *S. cerevisiae* genes required for cell cycle arrest in response to loss of microtubule function. *Cell* **66**, 507–517.

Hwang, L. H., Lau, L. F., Smith, D. L., Mistrot, C. A., Hardwick, K.G., Hwang, E.S., Amon, A., and Murray, A.W., 1998. Budding yeast Cdc20: a target of the spindle checkpoint. *Science* **279**, 1041–1044.

Kim, S. H., Lin, D. P., Matsumoto, S., KItazono, A., and Matsumoto, T., 1998. Fission yeast Slp1: an effector of the Mad2-dependent spindle checkpoint. *Science* **279**, 1045–1047.

Li, R., and Murray, A. W., 1991. Feedback control of mitosis in budding yeast. *Cell* **66**, 519–531.

Li, X., and Nicklas, R. B., 1995. Mitotic forces control a cell-cycle checkpoint. *Nature* **373**, 630–632.

Michel, L. S., Liberal, V., chatterjee, A., Kirchwegger, R., Pasche, B., Gerald, W., Dobles, M., Sorger, P. K., Murty, V. V., and Benezra, R., 2001. MAD2 haplo-insufficiency causes premature anaphase and chromosome instability in mammalian cells. *Nature* **409**, 355–359.

11・16 細胞周期制御の乱れはがんに結びつく場合がある

論 文

Hernando, E., et al., 2004. Rb inactivation promotes genomic instability by uncoupling cell cycle progression from mitotic control. *Nature* **430**, 797–802.

Kinzel, B., Hall, J., Natt, F., Weiler, J., and Cohen, D., 2002. Downregulation of Hus1 by antisense oligonucleotides enhances the sensitivity of human lung carcinoma cells to cisplatin. *Cancer* **94**, 1808–1814.

Weiss, R. S., Leder, P., and Vaziri, C., 2003. Critica role for mouse Hus1 in an S-phase DNA damage cell cycle checkpoint. *Mol. Cell. Biol.* **23**, 791–803.

11・17 次なる問題は？

総 説

Horak, C. E., and Snyder, M., 2002. Global analysis of gene expression in yeast. *Funct. Integr. Genomics* **2**, 171–180.

Pagano, M., and Benmaamar, R., 2003. When protein destruction runs amok, malignancy is on the loose. *Cancer Cell* **4**, 251–256.

Specht, K. M. and Shokat, K. M., 2002. The emerging power of chemical genetics. *Curr. Opin. Cell Biol.* **14**, 155–159.

Spellman, P. T., sherlock, G., Zhang, M. Q., Iyer, V. R., Anders, K., Eisen, M.B., Brown, P.O., Botstein, D., and Futcher, B., Brown, P. O., Botstein, d., and futcher, B., 1998. Comprehensive identification of cell cycle-regulated genes of the yeast *Saccharomyces cerevisiae* by microarray hybridization. *Mol. Biol. Cell* **9**, 3273–397.

Vodermaier, H. C., 2004. APC/C and SCF: Controlling each other and the cell cycle. *Curr. Biol.* **14**, R787–R796.

Zhu, H., Bilgin, M., and Snyder, M. 2003. Proteomics. *Annu. Rev. Biochem.* **72**, 783–812.

論 文

Huh, W. K., Falvo, J. V., Gerke, L. C., Caroll, A. S., Howson, R. W., Weissman, J. S., and O'Shea, E. K., 2003. Global analysis of protein localization in budding yeast. *Nature* **425**, 686–691.

Lusting, K. D., Stukenberg, P. T., McGarry, T. J., King, R. W., Cryns, V.L., Mead, P.E., Zon, L.I., Yuan, J., and Kirschner, M.W., 1997. Small pool expression screening: identification of genes involved in cell cycle control, apoptosis, and early development. *Methods Enzymol.* **283**, 83–99.

McGarry, T. J., and Kirschner, M. W., 1998. Geminin, an inhibitor of DNA replication, is degraded during mitosis. *Cell* **93**, 1043–1053.

Rustici, G., Mata, J., Kivinen, K., Li, P., Penkett, C. J., Burns, G., Hayles, J., Brazma, A., Nurse, P., and Buhler, J., 2004. Periodic gene expression program of the fission yeast cell cycle. *Nat. Genet.* **36**, 809–817.

アポトーシス

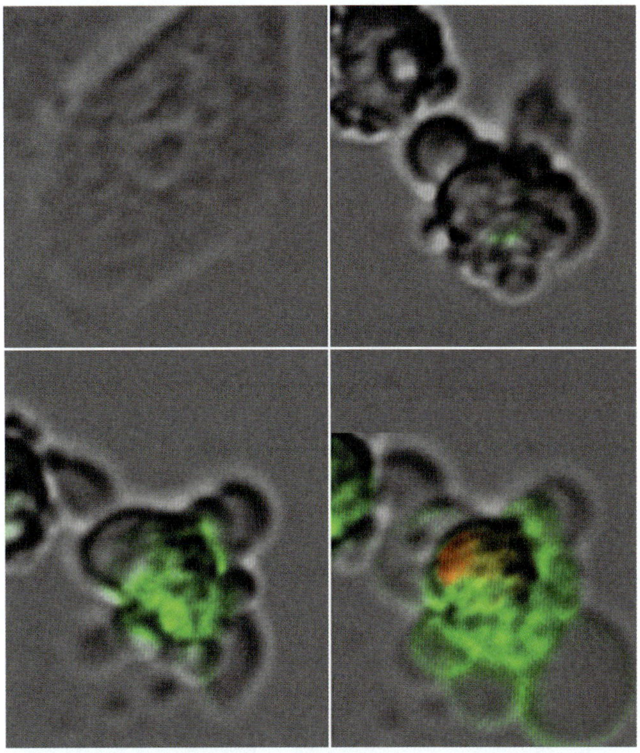

アポトーシスをひき起こしたHeLa細胞は，ここに示した写真のような変化を生じる．この写真は，HeLa細胞をアポトーシスを誘導するような細胞傷害性の薬剤で処理したのち，1時間間隔で撮影し，位相差顕微鏡像と蛍光像を重ね合わせて，左上→右上→左下→右下の順に示したものである．細胞には，細胞外に露出したホスファチジルセリンを検出するアネキシンV-FITC（緑色）と細胞膜の透過性が失われたことを反映するプロピジウムアイオダイド（赤色）が観察される［写真は，Nigel J. Waterhouse, Peter MacCallum Cancer Centreの好意による］

12・1 序　論

重要な概念

- プログラム細胞死は，通常はアポトーシスの過程によって進行する発生過程における現象である．
- アポトーシスは，他のさまざまな調節機能の中で起こる細胞死の様式の一つであり，正常な恒常性の維持，がんの抑止，疾病の過程において機能を果たしている．
- 動物細胞のほとんどは，アポトーシスによる細胞死をひき起こす経路をもっており，この経路は特定の刺激によって活性化される．

動物の発生過程では，一部の細胞が死んでいく．また，不要になった細胞は，胚発生や変態時のほか，組織の更新などにおいても取除かれる．この過程を**プログラム細胞死**（programmed cell death）とよび，一般的には，**アポトーシス**（apoptosis）とよばれる細胞死機構によって行われる．たとえば，脊椎動物の四肢の発達においては，図12・1に示したように，細胞死によって指間の皮膜が取除かれて手足の指が切り出されるように形成される．プログラム細胞死のほとんどはアポトーシスの機構で行われるが，この二つの言葉が意味するところは若干異なる．つまり，プログラム細胞死は，発生の決まった時点で起こる特別な細胞死を意味するのに対して，アポトーシスは細胞死の形態を表している．アポトーシスをひき起こしているときには，図 12・2 に示したように，死につつある細胞（アポトーシス細胞）は小さくなるほか，細胞膜が泡立つような状態になり，また，核と細胞質は断片化してクロマチンは凝縮する．死んだ細胞は，やがて膜に包まれた断片となって最終的に周囲の細胞に飲み込まれる．

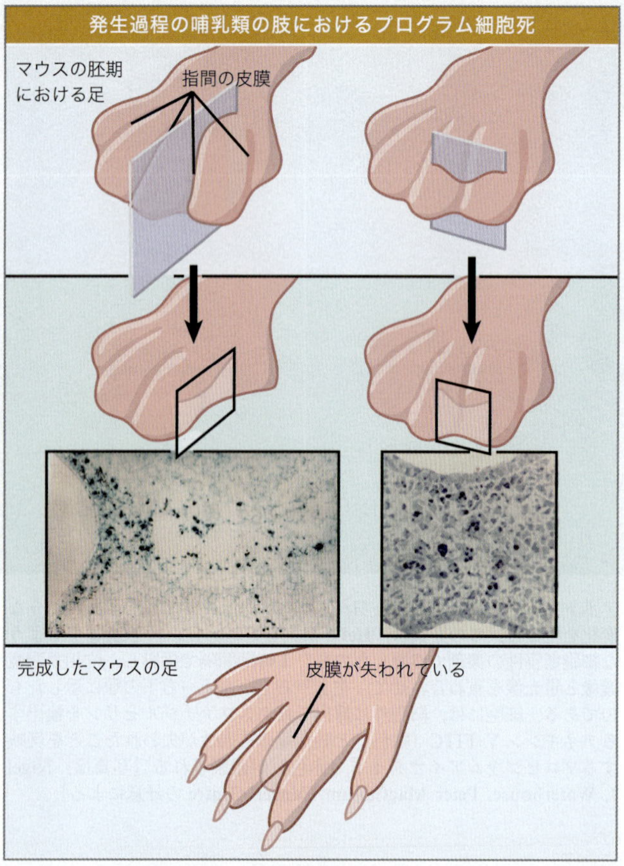
発生過程の哺乳類の肢におけるプログラム細胞死
マウスの胚期における足
指間の皮膜
完成したマウスの足
皮膜が失われている

図 12・1　指間の皮膜にみられる細胞死を組織の薄片を作成して観察した（暗く見えるのが核）．ここに観察されている細胞死は，アポトーシスの特徴を示している［写真は Pierre Golstein, Centre d'Immunologies の好意による．M. Chautan, et al., *Current Biology* **9**, 967〜970 (1999) より，Elsevier の許可を得て転載］

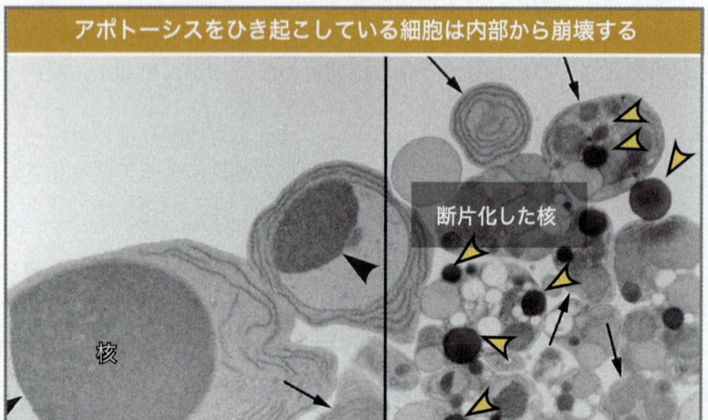
アポトーシスをひき起こしている細胞は内部から崩壊する
断片化した核
核
正常細胞はきちんとした
大きな核をもっている
アポトーシスの過程で核は
崩壊する

図 12・2　アポトーシスの間に起こる細胞構造の変化．左側が正常細胞で，右側がアポトーシスを起こした細胞．金色の矢頭は，凝縮した核断片を示している［写真は Shigekazu Nagata, Osaka University Medical School の好意による］

アポトーシスによる細胞死は，発生過程においてプログラムされている細胞死に限った現象ではない．アポトーシスは，環境因子に加えて，さまざまな刺激によってひき起こされる（図 12・3）．そうした刺激には，必須の培地成分がなくなること，糖質コルチコイドによる刺激，γ線照射や化学薬剤による DNA 損傷，細胞骨格を変化させる薬剤，小胞体の機能不全，高温あるいは低温ショック，そして，細胞へのさまざまなストレスなどがある．

何らかの原因により異常な状態に陥った細胞もアポトーシスによって取除かれる．接着性の細胞は，培養器への足場から遊離することによってもアポトーシスで死ぬが，これは**アノイキス**（anoikis 家を失うこと）とよばれている．免疫系では，細胞傷害性リンパ球が標的細胞を攻撃して，アポトーシスを開始させる．また，アポトーシスは，腫瘍性の細胞を取除く重要な機構ともなっている．たとえば，がん抑制因子である p53 にはアポトーシスを誘導する能力があって，がんに対抗する重要な防御因子である（§13・11“DNA 修復や維持に関係する遺伝子の変異によって細胞の突然変異率が全体として上昇する”参照）．したがって，アポトーシスは，組織の発達に重要であるほか，免疫防御やがん性の細胞を取除くことにも重要である．しかし，アポトーシスは慎重に制御される必要がある．アポトーシスが不適切に活性化されると，神経変性疾患や，脳，心臓などの器官で起こる**虚血性**（ischemic）傷害でみられるような組織破壊がひき起こされる．

ここで注意するべき点として，すべての細胞死がアポトーシスによるものではないことを述べておく．たとえば，虚血のために細胞が死ぬときには，**ネクローシス**（necrosis）による場合がある．ネクローシスは，一般的には，細胞がもう生きられないような大きな傷害を受けたときに起こる．アポトーシスによる細胞死とネクローシスによる細胞死の違いは，死につつある細胞の形態から容易にわかる．アポトーシスを起こした細胞は，すでに述べたように，小さくなって細胞膜が泡立つようになり，染色体は凝縮し，膜に包まれた断片が生じて周囲の細胞に貪食されることが特徴である（図 12・3）．アポトーシスの生化学的な性質として，図 12・4 のように DNA が断片化してはしご状のパターンをつくることがあげられる．それに対して，ネクローシスを起こしている細胞は，アポトーシスの場合とは異なり，膨張して染色体は凝縮しない．もう一つのアポトーシスとネクローシスの重要な違いは，特に脊椎動物において，ネクローシスは炎症応答をひき起こすのに対して，アポトーシスはひき起こさないことである．そのため，アポトーシスは，“静かな”死であるとたとえられる．

アポトーシスは，動物細胞の特性である．ほとんどの動物細胞にはアポトーシス経路に関する分子が含まれていて，何らかの刺激によってアポトーシスによる細胞死をひき起こすことが可能である．また，この経路はある種の刺激によっても活性化される．動物細胞以外のアポトーシスに関しては，まだ見解が統一されていない．アポトーシスに関する分子経路に関しては，そのほとんどが，脊椎動物，昆虫（ショウジョウバエ），線虫（*Caenorhabditis elegans*）から明らかにされてきた．アポトーシスの主要な因子については，詳細な機能はそれぞれの生物種で異なるものの，基本的には進化的に保存されている．

本章では，アポトーシスの主要なエフェクターや阻害因子を述べる．つぎに，このエフェクターが活性化される経路について述べる．また，アポトーシスの遺伝学について，線虫やショウジョウバエを用いて研究・解析されていることも述べる．最後に，死んだ細胞が食作用によって取除かれる過程と，病態におけるアポトーシスの関与について述べる．

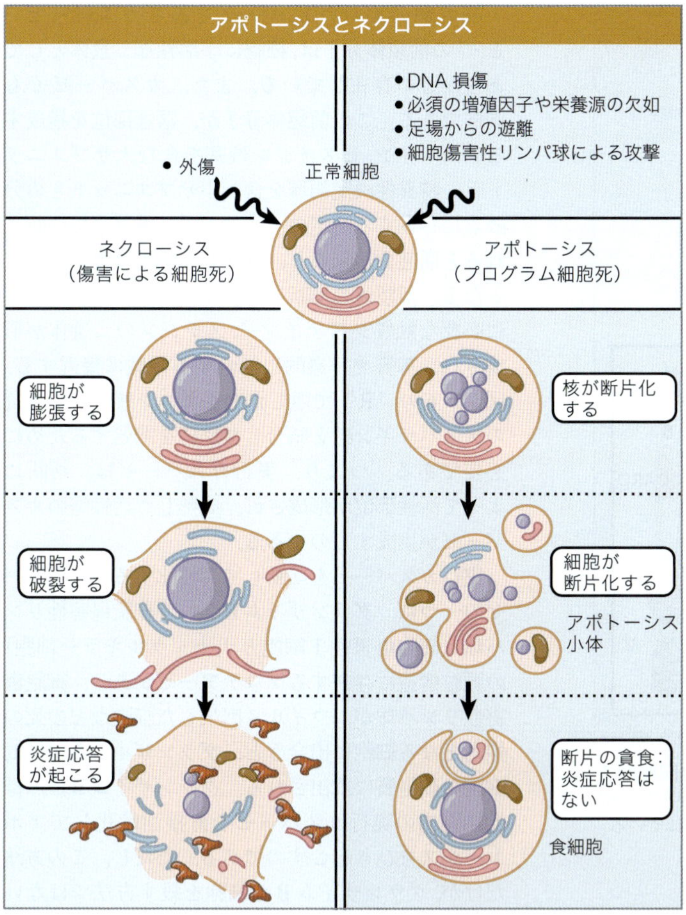

図 12・3　細胞の傷害によってネクローシスがひき起こされることがあり，これはアポトーシスとは異なる様相を示す．すなわち，細胞小器官が膨張して，やがて細胞膜は破裂し，クロマチンは凝縮しない．

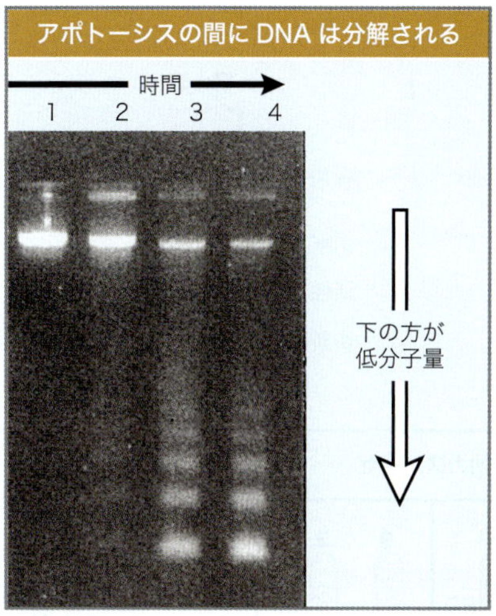

図 12・4　アポトーシスをひき起こした細胞では，DNA の断片化が起こる［写真は Shigekazu Nagata, Osaka University Medical School の好意による］

12・2 カスパーゼは特異的な基質を切断することでアポトーシスを主導する

重要な概念

- カスパーゼとよばれるプロテアーゼには三つのタイプがあり，開始カスパーゼ，実行カスパーゼ，炎症カスパーゼに分類される．このうち，最初の二つがアポトーシスにおいて作用している．
- アポトーシスを起こしている細胞が示す形態の変化と生化学的な変化は，実行カスパーゼが基質に作用したことによって生じる．
- カスパーゼの基質には数多くのタンパク質が知られている．その一部については，カスパーゼによる切断反応が細胞に及ぼす効果が解明されている．

カスパーゼ（caspase，アスパラギン酸特異的システインプロテアーゼ）は，アポトーシスをひき起こして死んでいく細胞に起こるさまざまな細胞の変化と生化学的な変化を主導している．ほとんどの動物細胞には，カスパーゼが不活性な前駆体（**チモーゲン zymogen**）の形で存在しており，アポトーシスの活性化によって新たに合成する必要はない．カスパーゼには，三つの主要なタイプ，すなわち，図 12・5 に示した実行(executioner)カスパーゼ，開始(initiator)カスパーゼ，炎症(inflammatory)カスパーゼが存在し，異なる機能を担っている．実行カスパーゼ（脊椎動物における主たるメンバーはカスパーゼ-3 と -7）がさまざまなタンパク質を切断することによって，実際のアポトーシスに関する作用を行っている．これらのカスパーゼは，一般的に，Asp-Xaa-Xaa-Asp/Gly，Asp-Xaa-Xaa-Asp/Ser，Asp-Xaa-Xaa-Asp/Ala の部位（“/”は切断点を，Xaa は種類を問わないアミノ酸残基を表している）で基質を切断する．哺乳類細胞には，約 500 種類のカスパーゼの基質があると推定されているが，その多くに関しては切断の意義がわかっていない．しかし，いくつかの基質に関しては，切断反応のアポトーシスにおける機能が解析されていて，プログラム細胞死に関連した変化をひき起こしている．他の切断反応には，細胞死には不要で関係ないものもあるらしい．

アポトーシスにおいて起こる DNA の断片化は，つぎに述べるようなカスパーゼが行う切断の結果である．カスパーゼ依存性 DNase（caspase-dependent DNase，CAD）という DNA 分解酵素は，その阻害因子である iCAD と複合体を形成して細胞内に存在する．CAD は，iCAD によって DNase として活性化できる形にあらかじめ折りたたまれることが必要であり，その後，CAD の活性は，iCAD が実行カスパーゼによって切断を受けたときに現れるようになっている．こうして活性化した CAD は，DNA に接近できるヌクレオソーム間の部位で DNA を切断し，アポトーシスにみられる特徴的なはしご状の DNA 断片へと分解する．CAD あるいは iCAD を欠いた細胞は，アポトーシスをひき起こしたときにも，この切断現象を示さない．

ミオシン軽鎖キナーゼである ROCK-1 は実行カスパーゼの基質であるが，この切断反応はキナーゼの活性化をひき起こす．ゲルゾリンはアクチン系の細胞骨格因子であるが，これも切断によって活性が変化する．これらの切断反応によって細胞骨格の変化が生じ，アポトーシスの際に起こる細胞膜の泡立ちのような状態が生まれる（細胞骨格制御の詳細については§8・10“キャッピン

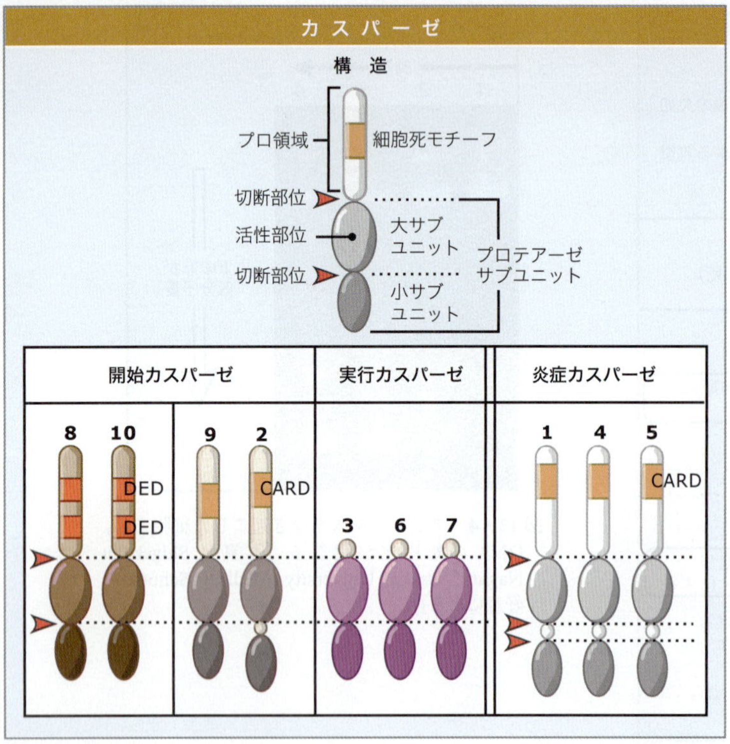

図12・5　脊椎動物で知られているカスパーゼの種類を模式図で示した．開始カスパーゼと炎症カスパーゼにはプロ領域とタンパク質間相互作用領域が存在し，細胞死エフェクター領域（DED）とカスパーゼ会合領域（CARD）とよばれている．

グタンパク質はアクチンフィラメントの長さを調節する”参照）．

カスパーゼによる切断反応のいずれもがアポトーシスの現象に関係する可能性はあるが，どの基質の切断も，あるいは，さまざまに基質を組合わせた一連のタンパク質の切断も，細胞死の原因であることは示されていない．したがって，カスパーゼが最終的に細胞を殺すのは，多くの種類の基質を切断した結果として起こった現象である可能性があり，実際，これまでにカスパーゼ特異的な複数の基質の切断を組合わせて防いでも，カスパーゼの活性化による細胞死自体を止めることにはあまり成功していない．要するに，細胞死には多くの基質の切断が作用しているという最もありそうな解答が考えられる．しかし，単に，最も重要な基質が同定されていない可能性も残されている．一方，VAD-fmk（バリン-アラニン-アスパラギン酸-フルオロメチルケトン）などのカスパーゼの薬理学的な阻害剤によっては，細胞形態の変化や生化学的な変化が阻害され，細胞の死もすべてではないが場合によっては阻害される（§12・15“MOMPによってカスパーゼ非依存性の細胞死がひき起こされることがある”参照）．

12・3　実行カスパーゼは切断されることによって活性化し，開始カスパーゼは二量体化することによって活性化する

重要な概念

- 実行カスパーゼは，特定の切断点で切断されることが，活性化に必要かつ十分である．
- この切断は，通常は開始カスパーゼによって行われる．
- 開始カスパーゼは，細胞死モチーフとよばれるタンパク質間相互作用領域をもつアダプタータンパク質によって活性化される．

哺乳類の実行カスパーゼであるカスパーゼ-3と-7の前駆体分子は，細胞に不活性な二量体としてあらかじめ存在している．また，カスパーゼ-6も同様である．この前駆体分子が，活性部位を構成するシステイン-ヒスチジン残基を含む大サブユニットと，特異性決定領域を含む小サブユニットとの分岐点に存在する特定のアスパラギン酸残基で切断されると活性化が起こり，成熟した活性型カスパーゼとなる．前駆体の切断によって，プロテアーゼ活性に必要な触媒システイン-ヒスチジンの二量体が形成され，基質を一過的に結合する領域に接近する．図12・6の“R”で示したアルギニン残基が，基質のアスパラギン酸と結合して反応を開始するために必要である．つまり，実行カスパーゼは，切断によって活性部位が形成され，成熟した活性型のカスパーゼが生成するのである．

実行カスパーゼを切断して活性化するプロテアーゼの一つに，グランザイムBという細胞傷害性リンパ球（細胞傷害性T細胞とナチュラルキラー細胞）の顆粒構造に存在するプロテアーゼがある．細胞傷害性リンパ球が，ウイルス感染した細胞などの死の標的となる細胞に出会うと，グランザイムBが標的細胞の細胞質に放出される．グランザイムBは，標的細胞内の実行カスパーゼを直接活性化してアポトーシスをひき起こすのである．ただし，この方法だけが，グランザイムBが細胞を殺す方法ではない（§12・14“アポトーシスの細胞死受容体経路はBH3オンリータンパク質Bidの切断を介してMOMPをひき起こす”参照）．

カスパーゼ-6も，活性化したカスパーゼ-3や-7による切断によって同じようにアポトーシスにおいて活性化される．ただ，この状況では，カスパーゼ-3と-7は，通常どのようにして活性化するかという問題が残される．通常のアポトーシスでは，実行カスパーゼの切断は，もう一つのカスパーゼのグループである開始カスパーゼの作用による．アポトーシスのさまざまな経路を規定して，それを協調させているのは，開始カスパーゼによる実行カスパーゼの活性化である．

開始カスパーゼ（哺乳類では，カスパーゼ-2，-8，-9，-10）は，実行カスパーゼとは異なり，単量体として不活性な状態であらかじめ細胞内に存在する．ただし，この単量体は切断されてプロテアーゼとしての活性部位が形成されるのではなく，図12・7に示したように，開始カスパーゼの活性化は，二つの単量体が二量体を形成したときに，その相互作用によって活性部位が形成されたときに起こるのである．また，活性化後直ちに分子内のアスパラギン酸の切断が起こり，形成された二量体が安定化する．この二量体化による活性化機構は，**誘起近接**（induced proximity）とよばれる．

開始カスパーゼには，図12・5と図12・7に示したように，大きなプロ領域が存在し，その中にカスパーゼ会合領域（caspase-recruitment domain, CARD），細胞死エフェクター領域（death effector domain, DED），パイリン領域（pyrin domain, PYR）などのタンパク質間相互作用モチーフが含まれている．（PYRは哺乳類の開始カスパーゼにはみられないが，魚類の開始カスパーゼの一つにあるほか，他のタンパク質にもみられる．）これらは，図12・8に示したように構造が類似していて，総じて“細胞死モチーフ”とよばれている．一つの開始カスパーゼのプロ領域は，

特異的なアダプタータンパク質と相互作用するようになっており，この特異性によってアポトーシス経路が規定される．このような相互作用は，似たものどうしで，つまり，CARD 対 CARD，DED 対 DED というふうに起こりやすい．これらが関連するアポトーシス経路として，細胞死受容体経路とミトコンドリア経路の二つが詳細に解析されている（図 12・7 および §12・6 “アポトーシスの細胞死受容体経路は細胞外シグナルを伝達する” と，§12・8 “アポトーシスのミトコンドリア経路” 参照）．

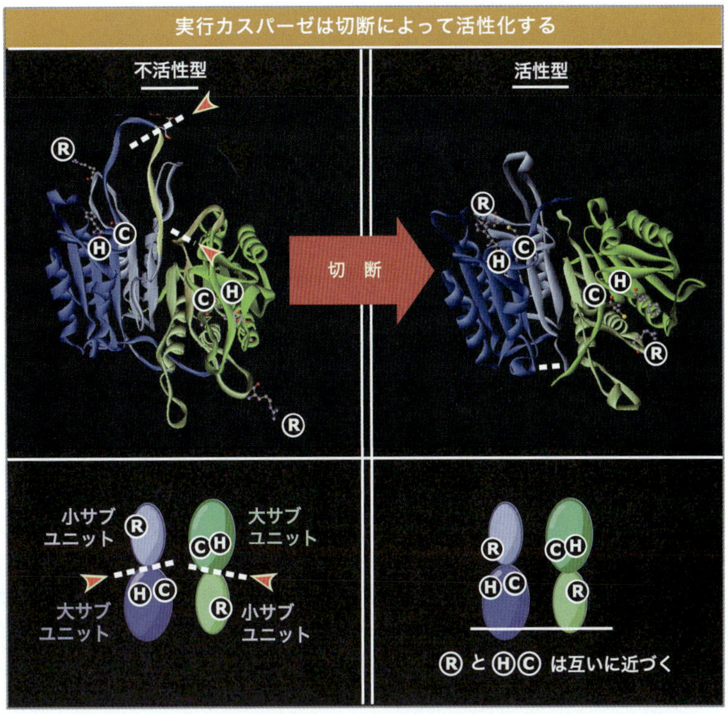

図 12・6　上の図は，カスパーゼ-7 の活性化をひき起こす切断の前（左）と後（右）の構造を示している．C（システイン）と H（ヒスチジン）は触媒ダイアドを形成し，R（アルギニン）は，基質のアスパラギン酸と結合するときの特異性を決定する部位である．切断によって，R が触媒ダイアドに接近することがわかる．下の図は，実行カスパーゼの活性化を模式的に表現したものである．切断によって，活性型のプロテアーゼができる［構造は Protein Data Bank file 1GQF および 1I51 より作成］

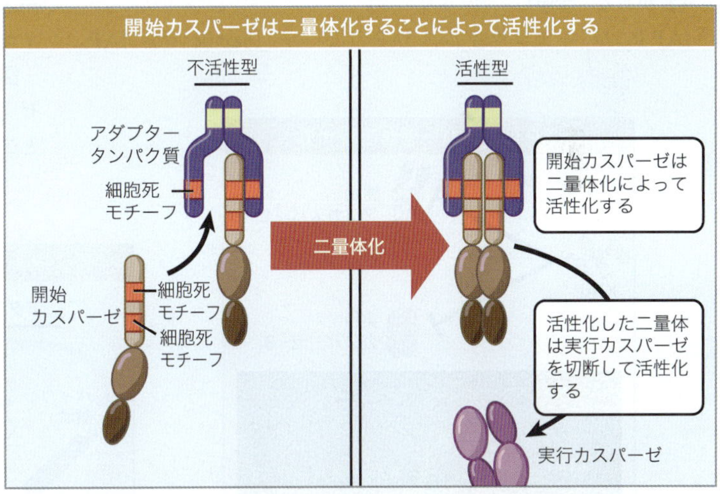

図 12・7　開始カスパーゼは，アダプター分子と結合して二量体化したとき，“誘起近接” 効果によりプロテアーゼの活性部位が形成されて活性化する．活性化した開始カスパーゼは，実行カスパーゼを切断して活性化する．

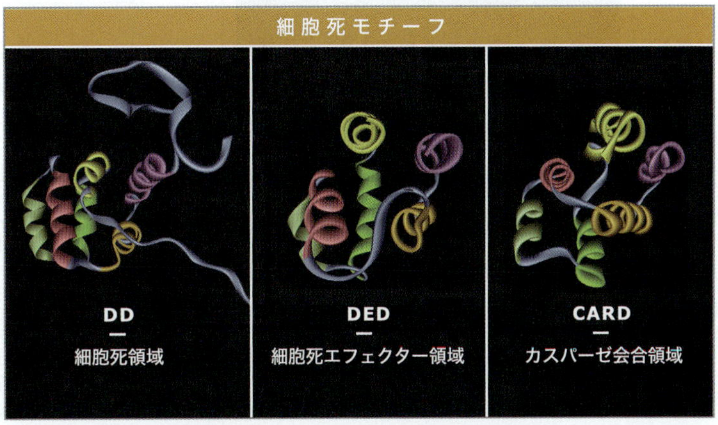

図 12・8　細胞死エフェクター領域（DED），カスパーゼ会合領域（CARD），および，細胞死領域（DD）の構造．ここには示していないがパイリン領域を含めたこれらの領域は，互いに立体構造が類似しており，これらの構造を総称して “細胞死モチーフ” とよぶ．細胞死モチーフは，タンパク質間相互作用領域として働き，別の分子に含まれる類似した領域と相互作用する［構造は Protein Data Bank file 1DDF, 1E41, 1CY5 より作成］

12・4 アポトーシスの阻害タンパク質(IAP)はカスパーゼを阻害する

重要な概念

- アポトーシスの阻害タンパク質（IAP）には機能が異なるファミリーが存在し，カスパーゼに結合して阻害するタンパク質や，カスパーゼをプロテアソームによる分解へと導くタンパク質などがある．
- 実行カスパーゼは切断によって活性化する性質をもち，分子間で互いに切断することも可能なため，実行カスパーゼの活性は細胞内で急激に増幅し，アポトーシスによる細胞死を導く．したがって，細胞内には，死のシグナルがないときに，カスパーゼが事故的に活性化してしまう可能性を防ぐ機構が存在することが重要である．

最初のアポトーシスの阻害タンパク質（inhibitor of apoptosis protein, IAP）は，昆虫ウイルス（バキュロウイルス）において同定され，このIAPはウイルス感染細胞においてアポトーシスを阻害する作用をする（この作用，すなわち，ウイルスがアポトーシスを阻害するタンパク質をコードすることの意味については，本章で後半で述べる）．その後，IAPが，哺乳類を含む他の生物種においても，配列の相同性から見いだされた．IAPの名前や領域構造はさまざまであるが，多くのIAPにはアポトーシスの制御以外の別の機能もある．そのなかで，哺乳類に見いだされたX染色体連鎖性IAP（XIAP）などのIAPは，カスパーゼ，特に開始カスパーゼ-9と実行カスパーゼ-3および-7に対する強い阻害タンパク質として作用する．図12・9には，カスパーゼ-3に結合したXIAPの構造を示した（IAPの詳細については§12・18“昆虫のアポトーシスには哺乳類や線虫のアポトーシスとは異なる性質がある”参照）．

IAPにはバキュロウイルスIAPリピート（baculovirus IAP repeat, BIR）とよばれる領域があり，これに加えて，通常はRINGフィンガー領域も含まれている．XIAPなどのRINGフィンガー領域をもつIAPは，ユビキチンE3-リガーゼとしても機能し，XIAPは，自分自身や標的カスパーゼをユビキチン化してプロテアソームによる分解へと導く．したがって，カスパーゼの活性化が起こっても，もし，IAPの作用によって，カスパーゼが阻害されて分解されてしまえば，最終的にアポトーシスに至るとは限らない．

一方，XIAPには強いカスパーゼ阻害作用があるにもかかわらず，XIAPを欠損したマウスは正常に発生し，アポトーシスが関係する何の異常も明確には示さない．したがって，XIAPのアポトーシス制御に関する意義やXIAPの制御の意味はまだよくわかっていないといえる．

12・5 ある種のカスパーゼは炎症作用に機能する

重要な概念

- 開始カスパーゼと実行カスパーゼに加えて，別のカスパーゼファミリーのグループ（炎症カスパーゼ）が，アポトーシスの制御ではなくサイトカインのプロセシングに関係している．

カスパーゼのなかには，アポトーシスの過程においては重要な役割をもたず，主として炎症作用に機能する種類（炎症カスパーゼ）がある．実際，最初に同定されたカスパーゼは，アポトーシスの制御因子としてではなく，サイトカインの一つであるインターロイキン-1βのプロセシングと分泌に必要なタンパク質としてである．このプロテアーゼは，カスパーゼ-1〔最初は，インターロイキン-1β変換酵素（interleukin-1β converting enzyme, ICE）とよばれていた〕であり，この酵素はインターロイキン-18のプロセシングと分泌にも必要である．

図12・10に，カスパーゼ-1の活性化に，もう一つのカスパーゼ（ヒトではカスパーゼ-5，マウスやラットではカスパーゼ-11）と二つのアダプター分子（NALPおよびASC）を含む複合体の

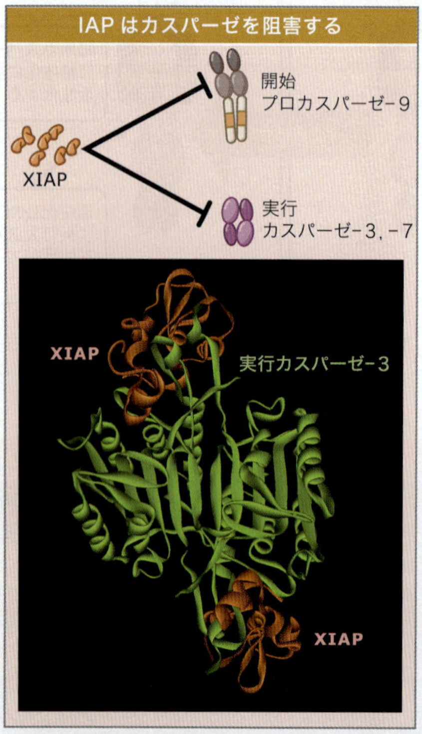

図12・9　XIAPは，カスパーゼ-9，-3，-7に結合して阻害する．カスパーゼ-3とXIAPが相互作用したときの構造を示した［構造はProtein Data Bank file 1I30より作成］

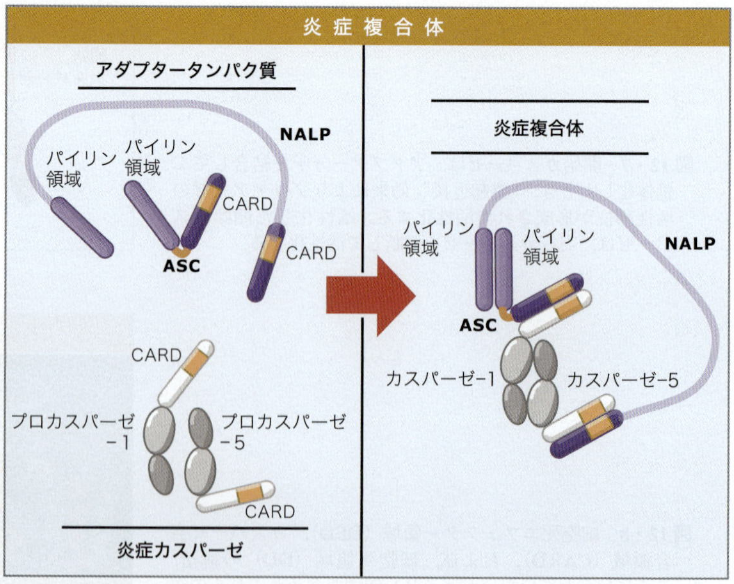

図12・10　カスパーゼ-1は，インターロイキン-1βとインターロイキン-18のプロセシングと分泌に必要であり，もう一つのカスパーゼ（カスパーゼ-5）と二つのアダプター分子（ASCとNALP）を含む複合体によって活性化される．これらのタンパク質は，タンパク質間相互作用領域を介して互いに結合する．こうした炎症複合体はほかにも存在し，ここに示したモデルとほぼ同じ様式を示す．

形成が必要であることを示した．カスパーゼ-1や-11，あるいはASCを欠くマウスは，インターロイキン-1や-18を分泌できないが，発生やアポトーシスには明確な欠損を生じない．逆に，NALP-1の活性化変異は，ヒトにおいてサイトカインの分泌亢進が関係する炎症性の症候群を発症する．

以上のほかに，カスパーゼ-1と-5に隣接してマップされる二つのカスパーゼが存在する．これらは，カスパーゼ-4と-12であり，配列は高い相同性を示し，同じサブファミリーに分類される．カスパーゼ-4の機能はまだよくわかっていない．興味深いことに，ヒトにおいては，カスパーゼ-12は途中に終止コドンがあるために原則的に発現しないが，アフリカ人の約10%では読み過ごし(リードスルー read through)が起こっている．ヒトにおけるカスパーゼ-12の機能は現在のことはまだ不明である．

12・6 アポトーシスの細胞死受容体経路は細胞外シグナルを伝達する

重要な概念

- 詳しく解析されているアポトーシスの二つの経路として，外因性の細胞死受容体経路と内因性のミトコンドリア経路がある．
- カスパーゼの活性化とアポトーシスは，TNFファミリーの特異的なリガンドが受容体(細胞死受容体)に結合することによって起こる．

脊椎動物の細胞では，カスパーゼの活性化は複数のアポトーシス経路によってひき起こされる．よく研究されている二つの経路として，図12・11に示した細胞死受容体経路（あるいは外因性経路）とミトコンドリア経路（あるいは内因性経路）がある．こ

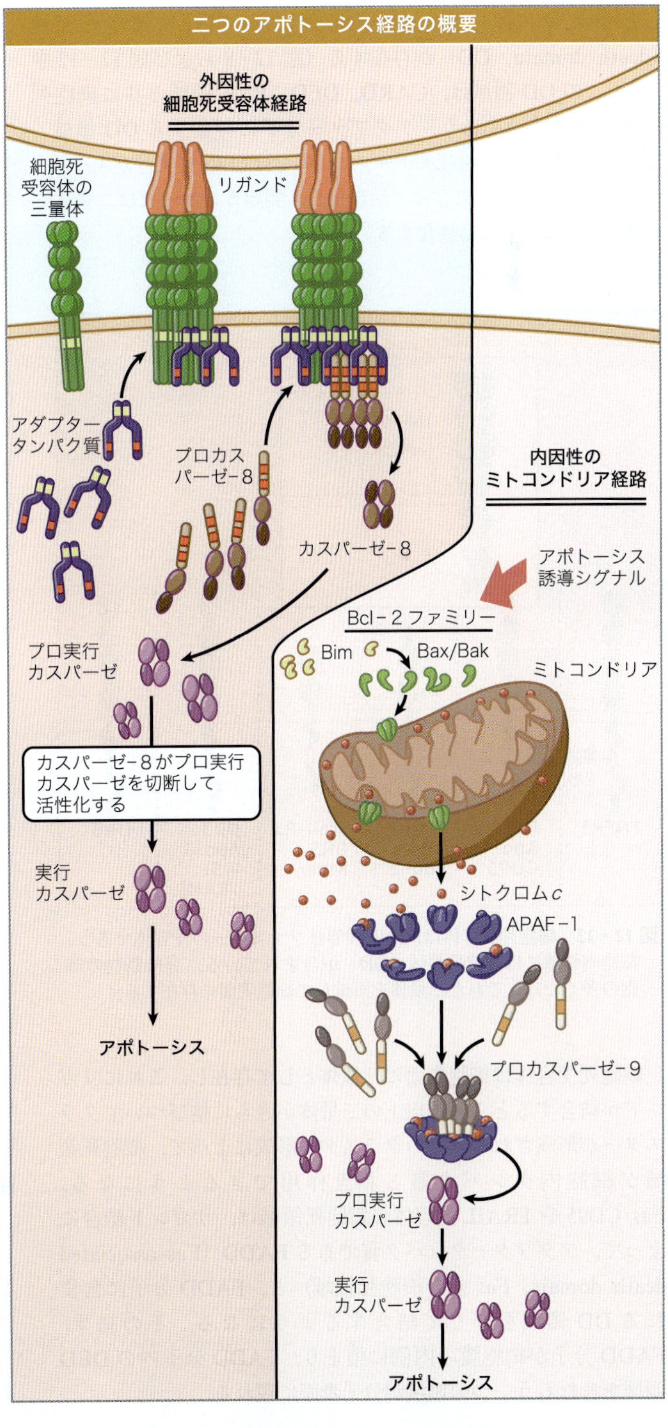

図12・11 脊椎動物に存在する二つのアポトーシス経路を示した．細胞死受容体経路（外因性経路）は，TNFファミリーの特異的な細胞死リガンドが受容体に作用することでひき起こされる．ミトコンドリア経路（内因性経路）は，Bcl-2ファミリータンパク質間の相互作用によってミトコンドリア外膜の透過性が亢進して，膜間腔に存在するタンパク質が細胞質へと放出されることでひき起こされる．この放出タンパク質にシトクロム*c*があり，細胞質タンパク質と相互作用してカスパーゼの活性化をひき起こす．これらについては次節以降で詳しく述べる．

れら二つの経路は，いくつかの点で重要な違いはあるものの，共に開始カスパーゼの誘起近接効果による活性化と，それによる実行カスパーゼの活性化が関係している．また，二つの経路にはクロストークがあり，細胞死受容体経路がミトコンドリア経路を発動することがある．

細胞死受容体は，脊椎動物に存在する腫瘍壊死因子受容体（tumor necrosis factor receptor, TNFR）ファミリーの分子であり，TNFR1，Fas（あるいはCD95，APO-1ともよばれる），TRAIL受容体（ヒトではTRAIL-R1および-R2，あるいはDR4およびDR5ともよばれる）がある．図12・12に，細胞死受容体の各タイプを示す．これらの細胞死受容体は三量体で，特異的なリガンド（TNF，Fasリガンド，TRAILのいずれか）と結合し，直ちにその細胞でアポトーシスをひき起こす．これらのリガンドはさまざまな細胞でつくられており，たとえば，免疫細胞が炎症性の刺激に応答して産生する場合などがある．

細胞死受容体分子の細胞内部分には，共通に細胞死領域（death domain, DD）が存在する（図12・8および図12・12参照）．このDD領域は，CARD，DED，PYR領域と共に細胞死モチーフの一つであり，アダプター分子に存在するDD領域と相互作用する（細胞死モチーフについては§12・3"実行カスパーゼは切断されることによって活性化し，開始カスパーゼは二量体化することによって活性化する"参照）．

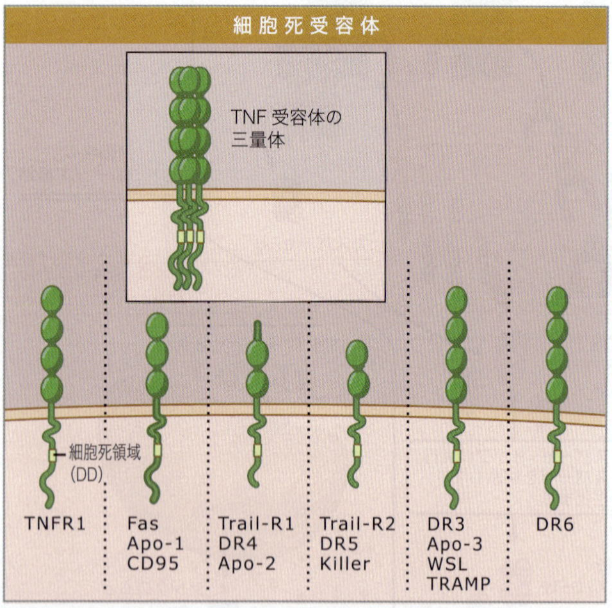

図12・12　細胞死受容体は，TNF受容体ファミリーの受容体であり，細胞内領域には細胞死領域（DD）が含まれている．脊椎動物の細胞の多くでは，これが三量体を形成して細胞表面に存在する．

細胞死受容体は細胞表面に三量体として存在し，これにリガンドが結合すると2分子以上の三量体がさらに結びついてクラスターが形成される．このクラスター形成によって，細胞死領域が細胞内タンパク質と相互作用できるようになる．Fas/CD95やTRAIL受容体の細胞死領域は，リガンド結合によって，アダプタータンパク質であるFADD（Fas-associated death domain, Fas会合細胞死領域）と，FADD分子に含まれるDD領域を介して結合するようになる．その結果，FADD分子が細胞膜の内側に集まり，FADD分子内のDED領域を含むもう一つの領域が分子表面に現れる．

つぎに，FADDのDED領域は，カスパーゼ-8単量体のプロ領域に存在するDED領域と結合し，その結果，カスパーゼ-8の二量体形成が起こって誘起近接効果による活性化がひき起こされる．DD領域の相互作用によって形成される細胞死受容体とFADDの複合体，および，DED領域の相互作用によって形成されるFADDとカスパーゼ-8の複合体は，細胞死誘導シグナル伝達複合体（death-inducing signaling complex, DISC）とよばれ，細胞死リガンドの結合によって速やかに誘導される．こうして活性化したカスパーゼ-8ができると，実行カスパーゼ-3，-7などの細胞内の基質を切断し，アポトーシスが進行する．図12・13は，この細胞死経路をまとめたものである．

細胞死受容体を介したアポトーシスには多くの機能があることが知られており，特に，免疫系の作用やその制御において重要な役割を果たしている．また，神経細胞などのさまざまな細胞種においても，別の機能が示唆されている．このほか，TRAILはある種の腫瘍細胞に対してアポトーシス誘導作用があることから，抗がん治療を目指した研究の対象になっている．

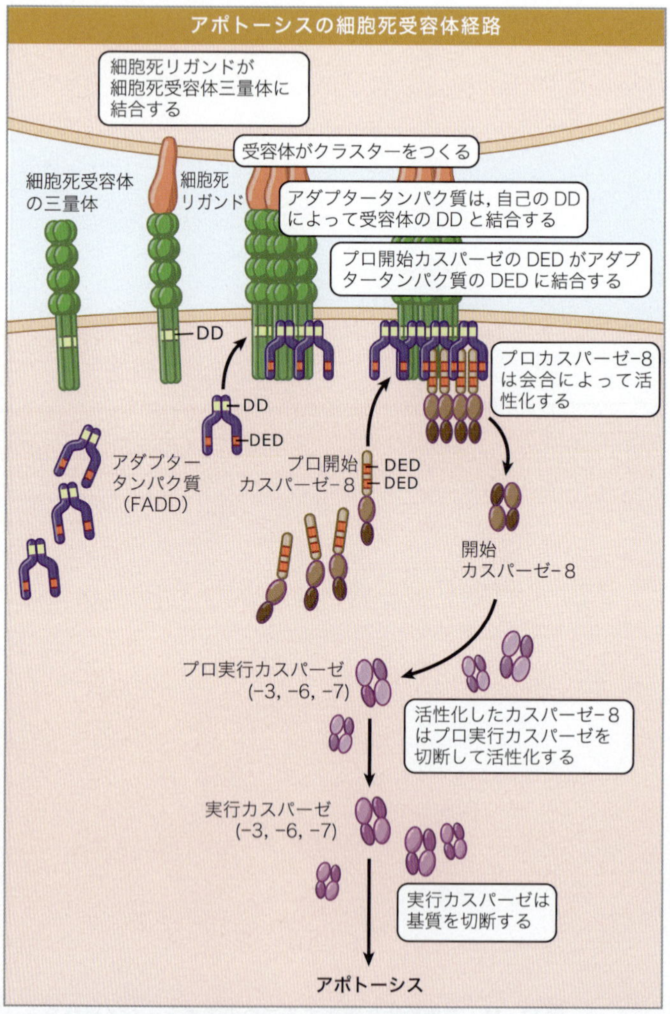

図12・13　細胞死受容体にリガンドが結合すると，アダプタータンパク質FADDが，細胞死領域間の相互作用（DD対DD）によって細胞死受容体の細胞内領域へと集まって結合する．つぎに，カスパーゼ-8が，細胞死エフェクター領域間の相互作用（DED対DED）によってFADDへと集まる．それによってカスパーゼ-8の二量体化が起こると，誘起近接効果によって活性化する．活性化したカスパーゼ-8は実行カスパーゼを切断して活性化し，アポトーシスをひき起こす．細胞死受容体，FADD，およびカスパーゼ-8がつくる複合体は，細胞死誘導シグナル伝達複合体（DISC）とよばれる．

Fas や Fas リガンドが変異したヒトやマウスでは，異常な T 細胞集団の蓄積によってリンパ系組織が肥大する疾病を発症するが，これは免疫系における Fas の機能に一致している．また，その患者や個体には，自己免疫抗体の産生などの B 細胞の異常，そして，B 細胞リンパ腫がみられる．

12・7 TNFR1によるアポトーシスのシグナル伝達は複雑である

重要な概念

- TNF がその受容体の一つである TNFR1 に結合すると，アポトーシス促進シグナルと抗アポトーシスシグナルの両方が生じる．

TNF 受容体 1（TNFR1）の細胞死領域（DD）は，他の細胞死受容体の DD 領域とは異なり，FADD を結合しない．その代わり，図 12・14 に示したように，TNFR1 へのリガンド結合によって，別のアダプター分子 TRADD（TNF receptor-associated death domain，TNF 受容体会合細胞死領域）が結合する．そうすると，TRADD は．TNFR の細胞内領域から二量体を形成して解離し，つぎに，この二量体が細胞質に存在する FADD を探す．その結果，FADD は二量体として開始カスパーゼ -8 に結合して活性化する．

また，TNFR1にリガンドが結合すると，TRAF（TNF receptor-associated factor，TNF 受容体会合因子）などの別の因子も受容体の細胞内領域に結合する．そうすると，TRAF は，NF-κB（核因子-κB）の活性化をひき起こし，活性化した NF-κB は転写因子として作用するようになる．NF-κB の作用で発現するタンパク質には，DISC の形成やカスパーゼ -8 の活性化を妨害するものがある．

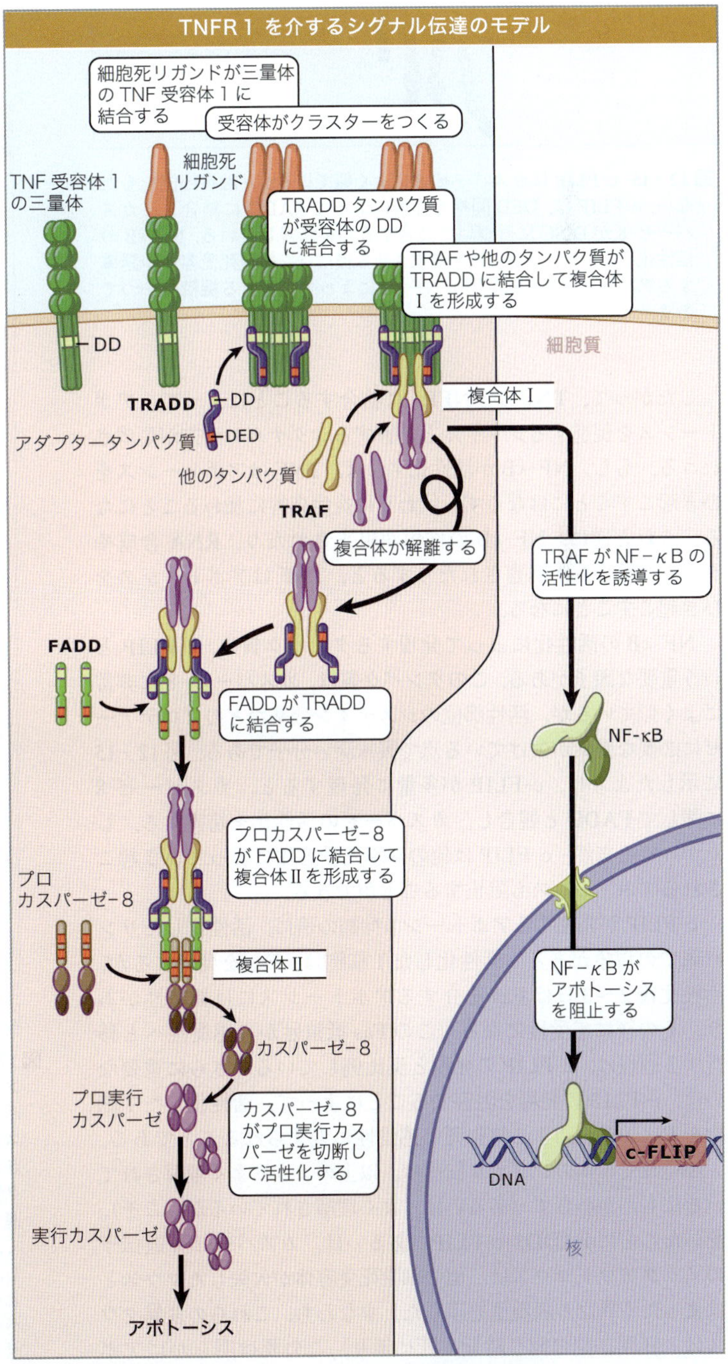

図 12・14 TNF が TNF 受容体 1（TNFR1）に結合すると，NF-κB が活性化してアポトーシスを阻止するか，あるいは，カスパーゼの活性化からアポトーシスをひき起こすか，のいずれかが導かれる．リガンド結合によって，受容体の細胞内領域，アダプタータンパク質（TRADD）などを含む複合体（複合体 I）が形成される．この複合体が解離して，TRADD 二量体が細胞質で FADD に結合し，つぎに，これがカスパーゼに結合して，カスパーゼ-8 が活性化する（複合体 II）．活性化したカスパーゼ-8 は，実行カスパーゼを切断して活性化し，アポトーシスをひき起こす．しかし，NF-κB が活性化すると，抗アポトーシス因子の発現も誘導され，これによってカスパーゼの活性化や細胞死が妨害される．

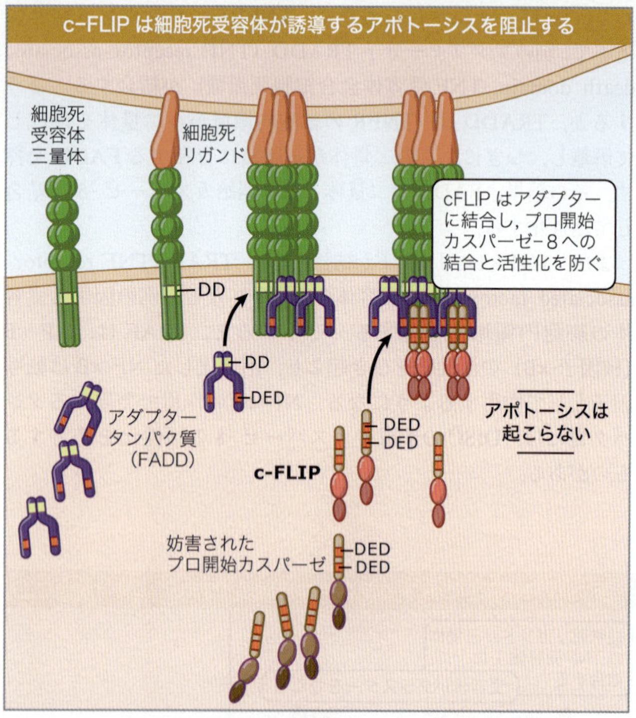

図12・15 c-FLIP はカスパーゼ-8 によく似ているが，触媒部位をもたない．c-FLIP は，DED 間相互作用によって FADD に結合し，カスパーゼ-8 が DISC に近づいて会合するのを妨害している．NF-κB の活性化に応答して c-FLIP を発現させる機構は，細胞死受容体が誘導するアポトーシスを転写因子 NF-κB によって阻害する機構の一つである．

したがって，TNF が TNFR1 に結合することによって，アポトーシスを促進するシグナルと妨害するシグナルの両方が形成されうる．もし，NF-κB が活性化すれば，TNF はアポトーシスをひき起こすことにはならず，代わりに炎症応答に加わることになる．これと逆に，NF-κB の作用が阻止されたり，RNA 合成やタンパク質合成が阻害されたりすると，TNF はアポトーシスをひき起こすことになる．

NF-κB の活性化によって発現するタンパク質に，c-FLIP という重要な因子がある．このタンパク質は，カスパーゼ-8 に非常によく似ているが，活性部位のシステイン残基などのプロテアーゼに必要な要素が欠けている点で興味深い分子である．図12・15 に示したように，c-FLIP が多量に発現すると，カスパーゼ-8 に関して FADD と競合し，カスパーゼの活性化を妨害する．したがって，当然，c-FLIP は他の細胞死受容体によってひき起こされるアポトーシスも阻止することができる．

c-FLIP が介在するアポトーシス抑制の例に，活性化したリンパ球での現象がある．活性化した T 細胞は，Fas を発現するが，活性化後 2〜3 日は Fas を介するアポトーシスには抵抗性があり，その後に感受性になる．この Fas 抵抗性から感受性へと移行する過程は，c-FLIP の発現と反比例している．さらに重要なのは，c-FLIP の発現を阻害することによって，活性化した T 細胞を Fas の結合による細胞死に感受性に変えられることである．

細胞死受容体のシグナル伝達は，以上のようによく理解されているにもかかわらず（あるいは，よく理解されているからこそ），驚いたことに FADD，c-FLIP，あるいは，カスパーゼ-8 遺伝子のノックアウトマウスは，他の細胞死受容体が欠失したマウスとはまったく異なる表現型を示した．すなわち，これらの変異マウスは，胚期初期の同じ時期に死に至り，この死は明らかにアポトーシスの欠損によるものではなかった．むしろ，これらの分子は，胚期の重要な時点において，細胞の生存にかかわるシグナル伝達を行うために必要であると思われたのである．しかし，このシグナル伝達がどのようなものであるかは，まだ正確にはわかっていない．

12・8 アポトーシスのミトコンドリア経路

重要な概念

- 哺乳類細胞でのアポトーシスのほとんどは，ミトコンドリア外膜が損なわれる経路によって起こり，その際には，ミトコンドリア膜間腔にある物質が細胞質に放出される．
- ミトコンドリア外膜の透過性の亢進（MOMP）は，この経路の鍵である．

脊椎動物では，ひき起こされるアポトーシスの大半は，細胞死受容体によるものではなく，アポトーシスのミトコンドリア経路によるものである．この経路が発動すると，ミトコンドリアの外

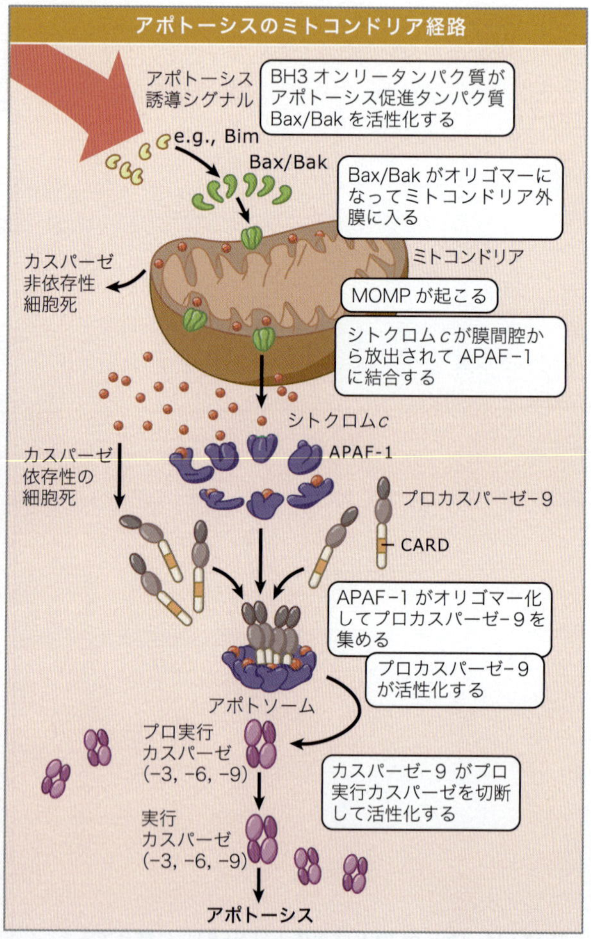

図12・16 アポトーシスをひき起こすシグナルは，Bcl-2 ファミリータンパク質の変化をひき起こす．Bcl-2 ファミリーのタンパク質は，アポトーシスを阻害するか（抗アポトーシスタンパク質），アポトーシスを促進する（アポトーシス促進タンパク質）．アポトーシスが促進される場合には，Bcl-2 ファミリーのアポトーシス促進多領域タンパク質が活性化し，細胞のすべてのミトコンドリアの外膜の透過性が亢進する．このミトコンドリア外膜の透過性の亢進（MOMP）によって，ミトコンドリアの膜間腔に存在するタンパク質が細胞質へと拡散し，これらのうちのシトクロム c が APAF-1 を活性化する．これによって，開始カスパーゼ-9 が集められて活性化し，活性化したカスパーゼ-9 は，実行カスパーゼを切断して活性化することによってアポトーシスをひき起こす．

膜が損なわれる．それによって，ミトコンドリアの膜間腔（ミトコンドリアの二重膜を構成する外膜と内膜の間の空間）に存在する可溶性タンパク質が細胞質へと拡散する．このミトコンドリア外膜の透過性の亢進（mitochondrial outer membrane permeabilization, **MOMP**）は，この経路の重要な現象として位置づけられており，厳密に制御されている．図12・16に，つぎの四つの節で詳細に述べるアポトーシスのミトコンドリア経路を示した．

MOMPによって細胞質へ放出される物質のなかにホロシトクロム *c* があり，これは細胞質タンパク質と結合することによってカスパーゼを活性化するという重要な作用をする．この作用は，ミトコンドリアにおける機能，すなわち，電子伝達経路における複合体ⅢからⅣへの電子伝達とはまったく別物である．MOMPによって放出される他のタンパク質もまた，このアポトーシス経路においてカスパーゼの活性化に加わっている．

アポトーシスにおいてMOMPが起こる場合は，突然，短時間に一つの細胞に存在するすべてのミトコンドリアからタンパク質が放出される．アポトーシスが誘導された細胞集団の中の特定の細胞でMOMPがいつ起こるかは予見不可能であるが，一度MOMPが始まると数分の間に終了する現象である．したがって，MOMPを大きな細胞集団を用いて研究することは難しく，MOMPに関して現在理解されていることのほとんどは，ミトコンドリアを単離して行った実験と単一細胞を用いて行った実験による結果である．図12・17に，シトクロム *c*（緑色）がミトコンドリア（赤色）から放出される様子を示した．

12・9 Bcl-2ファミリーのタンパク質はMOMPに介在してアポトーシスを制御する

重要な概念

- Bcl-2ファミリーのタンパク質は，アポトーシスのミトコンドリア経路における中心的な因子である．
- Bcl-2タンパク質には三つのタイプがあり，それぞれは，MOMPに関して，誘導する，直接ひき起こす，あるいは，阻害している．

MOMPの過程は，アポトーシスにおいて厳密に制御されており，この現象が起こるかどうかによって，細胞の生死を分ける決定がなされる．そして，この決定は，Bcl-2ファミリーのタンパク質の作用によって行われる．

Bcl-2ファミリーのタンパク質は，アポトーシスの制御において正負のいずれの方向にも重要であることが早くからわかっていたが，ミトコンドリア経路について詳しく解析されるまでは，具体的な作用についてははっきりしていなかった．現在では，Bcl-2ファミリータンパク質が行っている主たる制御点は，MOMPの制御にあることがわかっている．

Bcl-2ファミリーのタンパク質には，Bcl-2相同領域（BH領域）が共通に存在し，図12・18に示したように，最大4個の

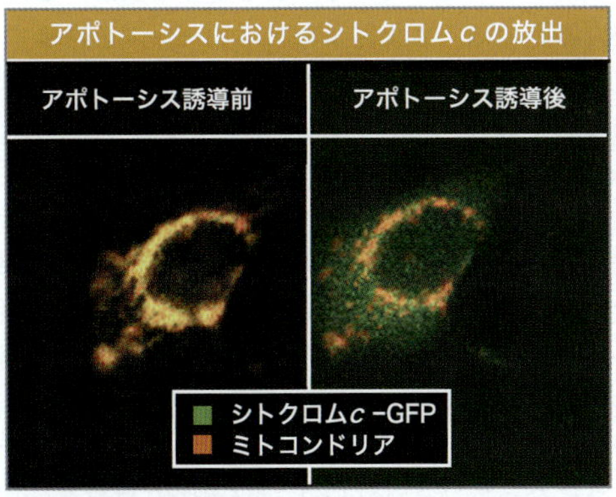

図12・17 左のパネルは，緑色蛍光タンパク質(GFP)を結合したシトクロム *c*（シトクロム *c*-GFP）を発現する細胞を用いて，ミトコンドリアをテトラメチルローダミンエチルエステル（赤色）によって染色した像である．右のパネルは，この細胞にアポトーシスを誘導したときの像であり，誘導から数時間後に突然シトクロム *c*-GFPがミトコンドリアから細胞質へと放出されたときの様子が示されている．この後，数分以内にカスパーゼの活性化が起こる［写真はJoshua C. Goldstein, Douglas R. Green, St. Jude Children's Research Hospitalの好意による］

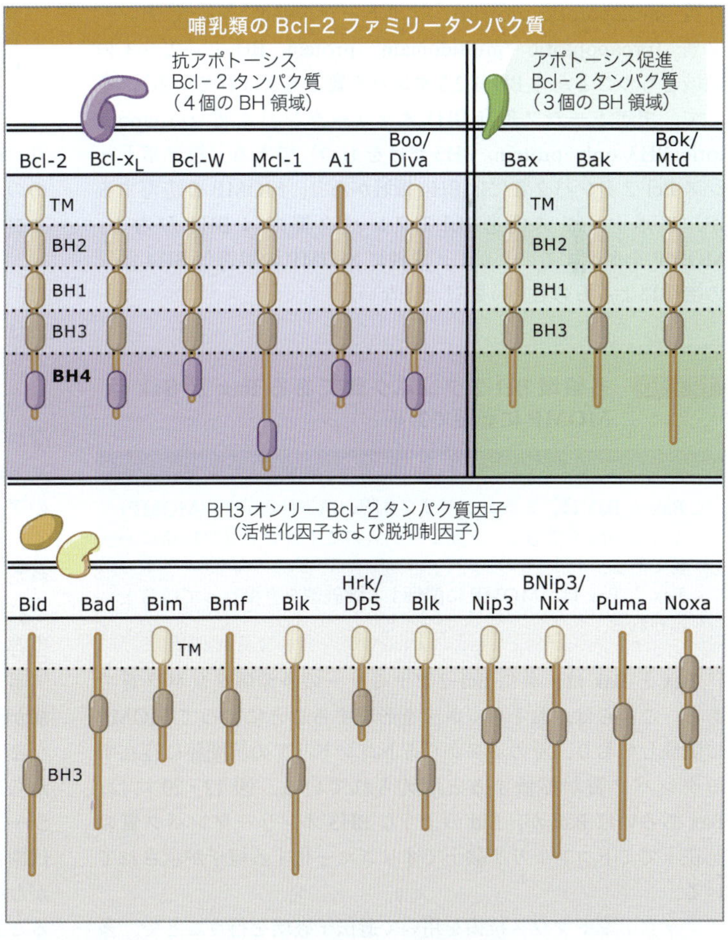

図12・18 Bcl-2ファミリータンパク質には，最大4個のBcl-2相同領域（BH領域）が共通にみられ，抗アポトーシス作用，あるいは，アポトーシス促進作用を示す．アポトーシス促進タンパク質には，多領域タンパク質とBH3オンリータンパク質がある．

BH 領域が含まれている．図 12・19 に，これまでに決定されたこれらのタンパク質の構造を示したが，互いによく似ていることがわかる．さらに，この構造は，バクテリアに存在するポア形成タンパク質（たとえば，ジフテリア毒素の B 鎖など）にも似ている．これらのことから，Bcl-2 タンパク質はポア（孔）をつくることに関係した機能をもつことが推定されたのである．

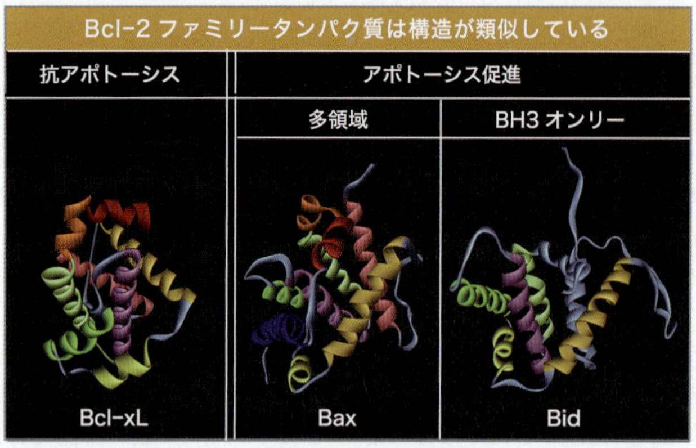

図 12・19 抗アポトーシス Bcl-2 タンパク質（Bcl-xL）の構造は，アポトーシス促進 Bcl-2 タンパク質（Bax，Bid）に似ている［構造は Protein Data Bank file 1PQ0，1F16，1DDB より作成］

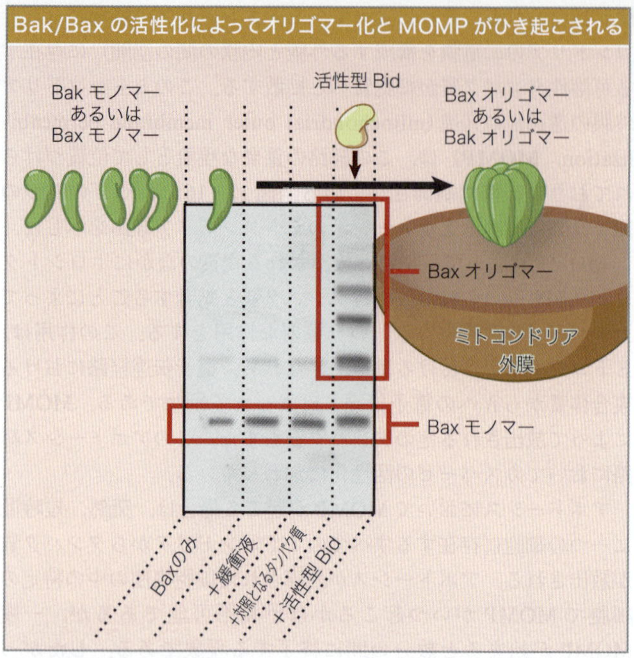

図 12・20 Bax と Bak は，BH3 オンリータンパク質（あるいは，BH3 領域に対応したペプチド）によって活性化されると，ミトコンドリア外膜に入り込んでオリゴマーとなり，詳細な機構は不明であるが，これによって膜の透過性が亢進する．オリゴマー化については，図中央の実験に示しているが，ここでは Bax タンパク質をミトコンドリアの膜と混ぜで保温する際に，Bid という活性化した BH3 オンリータンパク質（あるいは，その対照）を加えた．その後，会合したタンパク質を架橋し，それを電気泳動で分離したのち，Bax に対して免疫ブロットを行った．活性化した Bid は，Bax のオリゴマー化を誘導していることがわかる［写真は Jerry Chipuk, Douglas R. Green, St. Jude Children's Research Hospital の好意による］

Bcl-2 タンパク質には，三つのサブファミリーがあることが知られている．それらは，抗アポトーシス（antiapoptotic）タンパク質（antiapototic protein），アポトーシス促進“多領域”タンパク質（proapoptotic “multidomain” protein, BH-1，-2，-3 の領域をもつことから BH-1,2,3 タンパク質ともよばれている），そして，アポトーシス促進 BH3 オンリータンパク質（proapoptotic BH3-only protein, BH3 だけをもつ）である．抗アポトーシス Bcl-2 タンパク質には BH4 領域があり，MOMP を妨害するが，アポトーシス促進 Bcl-2 タンパク質には BH4 がなく，MOMP を促進する．しかし，単純に MOMP の阻害は BH4 領域の機能によるものというわけではない．

12・10 多領域 Bcl-2 タンパク質である Bax と Bak は MOMP に必要である

重要な概念

- Bax と Bak は，ミトコンドリア外膜の透過性の亢進（MOMP）に必須の因子であり，アポトーシスのミトコンドリア経路に必要である．
- Bax と Bak は，MOMP に関係する膜破壊を直接行っていると思われる．

Bax と Bak は，共に Bcl-2 ファミリーの多領域タンパク質である．これらは，おそらくポアを形成することによって MOMP に関係しており，そのポアからミトコンドリアの膜間腔に存在するタンパク質が拡散すると考えられている．図 12・20 には，Bax あるいは Bak が，Bid のような BH3 オンリータンパク質の存在下でミトコンドリア膜上でオリゴマー化する様子が示されている．

ノックアウトマウス技術を用いて遺伝子破壊を行うことで，多領域タンパク質を欠損させたマウスの研究から，MOMP におけるこれらのタンパク質の役割が明らかになった．多領域タンパク質 Bak を欠損させたマウスは，（残念ながら？）非常に正常であり，Bax を欠損させたマウスも，発生過程に多少の異常は示すものの，発生自体はかなり正常に進行していた．しかし，二重ノックアウトマウスを作成して両方のタンパク質を欠損させたときには，重要な結果が得られた．すなわち，二重ノックアウトマウスは，アポトーシスに関するさまざまな欠損を生じ，胚期か周産期にほとんど致死となったのである．最も重要な点は，これらのマウスから得た細胞では，さまざまなアポトーシスを誘導する刺激に応答して MOMP やアポトーシスをひき起こすことができなくなっていたことである．

Bax-Bak 二重ノックアウトマウス細胞は，さまざまなタイプのアポトーシス刺激に対して完全に抵抗性になっただけではなく，より詳細に分析した結果，つぎのような重要な原理が解明された．野生型細胞を培養すると，それが腫瘍に由来する細胞でなければ（多くの場合は，たとえ腫瘍に由来しても），その細胞の生存は細胞種固有の増殖因子に依存していて，この因子によってアポトーシスが阻害され，また，栄養物の吸収と代謝に要する機構が働くようになっている（§13・2 “がん細胞には数多くの特徴的な表現型がある” 参照）．しかし，Bax-Bak 二重ノックアウト細胞から増殖因子を奪っても，細胞は死なずに代わりに**オートファジー**（autophagy 自食）が起こって，細胞内のいろいろな装置を代謝することで数週間生存が維持される．つまり，Bax や Bak がなければ，細胞はアポトーシスのミトコンドリア経路を発動することができず，したがって，それらの遺伝子が存在した場合よりも長く生存するのである．

ここから得られた原理は，アポトーシスが起こらない場合には，たとえオートファジーを必要とするような状況になっても，細胞は死ではなく生存の方が標準設定の状態になることである．もし，アポトーシスのミトコンドリア経路が完全であれば，生存因子が奪われれば細胞は死ぬ．多細胞動物に含まれる一つの細胞種に対する増殖因子や生存因子は，通常は別の細胞によってつくられていることから，私たちがいつも“動物”とよんでいる“細胞の社会”は，主としてアポトーシス（脊椎動物では，アポトーシスのミトコンドリア経路）によって維持されているといえよう．

12・11 Bax と Bak の活性化は他の Bcl-2 ファミリータンパク質によって制御される

重要な概念

- Bcl-2 ファミリーの抗アポトーシス作用をもつタンパク質は，Bax と Bak によるミトコンドリア外膜の透過性の亢進（MOMP）を阻止する．
- Bcl-2 ファミリーの BH3 オンリータンパク質は，Bax や Bak を直接活性化するか，あるいは，抗アポトーシス Bcl-2 タンパク質の機能を阻害する．

一般的には，Bax と Bak は，他のタンパク質による活性化を受けるか，別の活性化機構で活性化されない限り，MOMP をひき起こす作用はしない．BH3 オンリータンパク質である Bid と Bim は，Bax と Bak のオリゴマー化を誘導することによって活性化する最大の因子である．ただし，Bcl-2 ファミリーのメンバーではない因子を含めて，ほかにも活性化因子はほぼ確実に存在する．

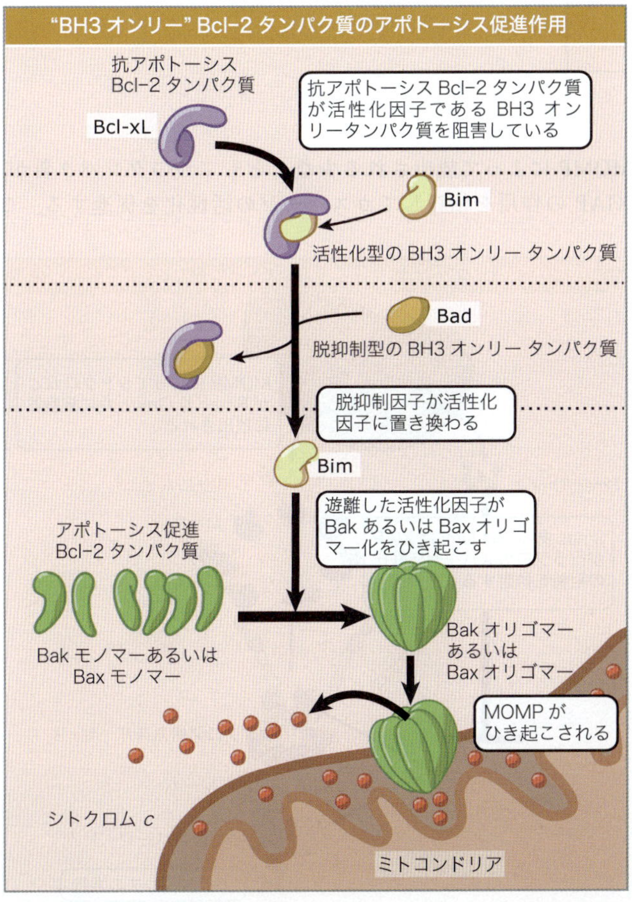

図 12・21 Bcl-2 ファミリーの BH3 オンリータンパク質は，Bax や Bak を直接活性化する（活性化因子となる）か，あるいは，抗アポトーシス Bcl-2 ファミリータンパク質の阻害作用を妨害する．

Bax と Bak の活性化や作用は，Bcl-2，Bcl-xL，Mcl-1 などの Bcl-2 ファミリーの抗アポトーシスタンパク質によって阻害される．これらは，図 12・21 の上半分に示したように，活性化作用を行うタンパク質に結合してその作用を妨害するほか，活性化型の Bax と Bak にも結合する．抗アポトーシス Bcl-2 ファミリーのタンパク質は，こうした方法によって MOMP を防ぎ，アポトーシスを妨害している．

BH3 オンリータンパク質ファミリーの他のメンバーには，Bax や Bak を直接活性化するのではなく，抗アポトーシスファミリーのタンパク質の作用を阻止する（すなわち，阻害因子を阻害する）ことによって活性化するものがある．これらは脱抑制（あるいは“感作性”）BH3 オンリータンパク質とよばれ，細胞をアポトーシスの誘導に対して感受性になるようにしている．

活性化作用をもつ BH3 オンリータンパク質と脱抑制作用をもつ BH3 オンリータンパク質は，それぞれ Bax と Bak を介した作用と抗アポトーシス Bcl-2 タンパク質の作用に拮抗した作用を行い，さらに，それらの効果が組合わされて，MOMP とアポトーシスをひき起こす．BH3 オンリータンパク質は，転写，タンパク質の安定性，他のタンパク質との相互作用，機能に影響を与えるタンパク質の修飾といった複数のレベルで制御されている．制御方法がこのように多様であることから，これらの因子は，刺激を MOMP とアポトーシスへとつなぐ“ストレスセンサー”となっていると考えられている．

12・12 シトクロム *c* は MOMP によって放出されてカスパーゼの活性化を誘導する

重要な概念

- ホロシトクロム *c* は，細胞質の APAF-1 の活性化を誘導し，APAF-1 はカスパーゼ-9 を結合して活性化する．

MOMP の結果，ミトコンドリアの膜間腔に存在する可溶性タンパク質が細胞質へと拡散し，細胞質タンパク質と相互作用する．このタンパク質の放出によって，カスパーゼの活性化がどのように導かれるのであろうか．ホロシトクロム *c*（ヘム基が結合したシトクロム *c*）は，アポトーシスプロテアーゼ活性化因子-1（apoptotic protease activating factor-1, APAF-1）と結合してコンホメーション変化をひき起こし，その結果，APAF-1 は dADP を結合する構造になる．つぎに，dADP の結合によって，APAF-1 はさらに構造変化し，オリゴマー化領域が露出してアポトソームとよばれる 7 個の APAF-1 分子からなる複合体が形成される．その中心には，CARD 領域が露出しており，つぎに，この領域に，開始カスパーゼであるカスパーゼ-9 の CARD 領域が結合する．カスパーゼ-9 分子は，アポトソームの CARD 領域に結合すると二量体化が起こり，誘起近接効果によって活性化する．図 12・22 に，アポトソームの形成とカスパーゼ-9 に結合を示す．カスパーゼ-9 が活性化すると，これによって実行カスパーゼ-3 と -7 が切断され活性化し，アポトーシスを進行させる．

シトクロム *c* は核の DNA にコードされていて，アポシトクロム *c* 分子はミトコンドリアの膜間腔に輸送され，そこでヘム基が酵素反応によって結合してホロシトクロム *c* となる．アポシトクロム *c* ではなくホロシトクロム *c* だけが APAF-1 を活性化することができ，APAF-1 は dATP を結合してアポトソームを形成できる．つまり，この経路によるアポトーシスの活性化は，MOMP のときだけに起こるのである．

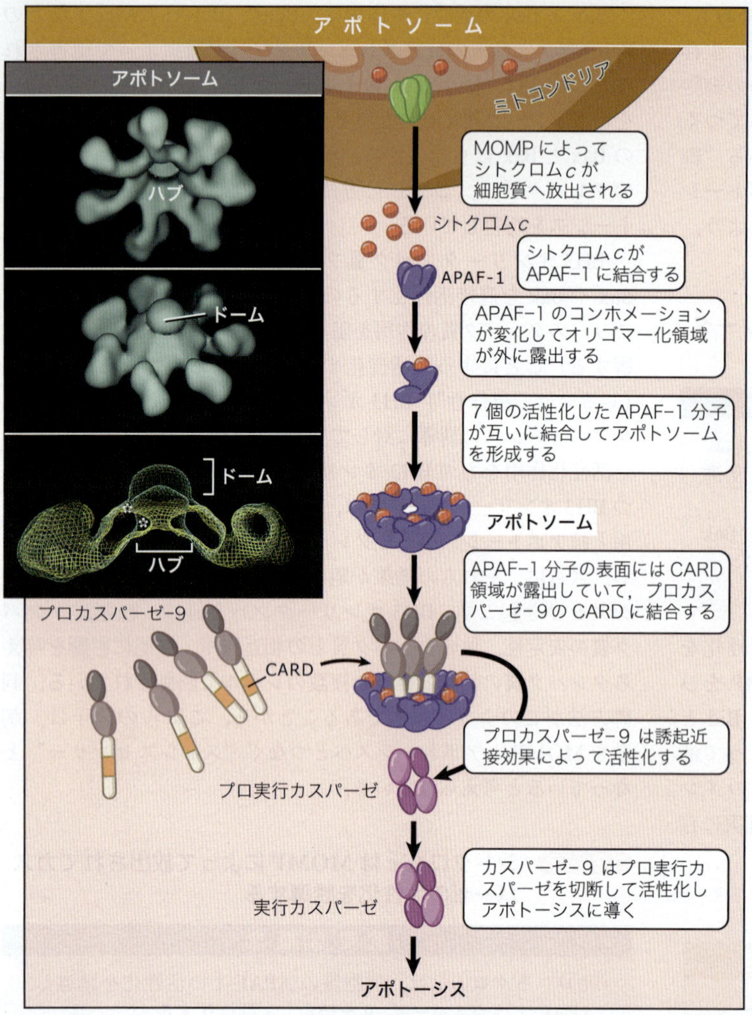

図 12・22 シトクロム *c* は APAF-1 を活性化し，アポトソームが形成される．シトクロム *c* がミトコンドリアから細胞質へと放出されると，APAF-1 と結合して APAF-1 のオリゴマー化領域を露出させるようなコンホメーション変化をひき起こす．その結果，APAF-1 分子は活性化して，互いに会合してアポトソームという複合体を形成する．アポトソーム中では，各 APAF-1 分子は CARD 領域を露出していて，これにカスパーゼ-9 の CARD 領域が結合し，活性化する．活性化したカスパーゼ-9 は，実行カスパーゼを切断して活性化する．写真には，電子顕微鏡を用いて決定されたショウジョウバエのアポトソームの構造を示す［D. Acehan, et al., *Mol. Cell* **9**, 423～432 (2002) より，Elsevier の許可を得て転載．写真は Christopher W. Akey, Boston University School of Medicine の好意による］

APAF-1，カスパーゼ-9，あるいは，カスパーゼ-3 を欠損したマウスは，同じような発達障害を示し，この障害にはアポトーシスのミトコンドリア経路が適当な時期に発動しないことが関係している．この表現型は，シトクロム *c* がミトコンドリアにおける呼吸は維持できるが，アポトソーム形成を促進する活性が弱くなるように変化した遺伝子をもつ変異マウスにも共通である．これらのマウスは，頭蓋と顔面の発達に異常があって，前脳が顕著に大きくなっている．しかし興味深いことに，これらのマウスにおいても，プログラム細胞死は，アポトーシスの様相はみられないながらもゆっくりと起こっている．このカスパーゼ非依存性の細胞死については，§12・15 “MOMP はカスパーゼ非依存性の細胞死をひき起こすことがある” で詳細に述べる．

12・13 MOMP で放出されるタンパク質は IAP を阻害する

重要な概念

- ミトコンドリアの膜間腔タンパク質である Smac と Omi は IAP のカスパーゼ阻害活性を相殺する．

§12・4 “アポトーシスの阻害タンパク質(IAP)はカスパーゼを阻害する” で述べたように，IAP にはカスパーゼの活性化を阻害するものがある．特に，XIAP は，アポトソームにおいて開始カスパーゼ-9 に結合して阻害するほか，カスパーゼ-3 と -7 を阻害してアポトーシスを阻止する．図 12・23 に示したように，MOMP によって放出される少なくとも二つのタンパク質が，XIAP の作用を相殺してカスパーゼの活性化を促進する．こ

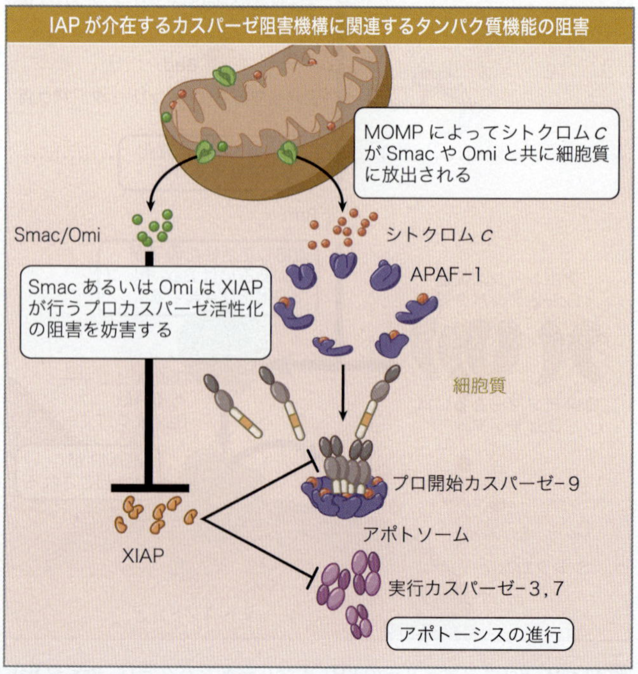

図 12・23 MOMP によって放出されるタンパク質は，IAP によるカスパーゼの阻害作用を妨害する．

れらは，Smac（あるいは DIABLO）と Omi（あるいは HtrA2）とよばれるタンパク質である．Smac は脊椎動物にしか存在しないが，Omi/HtrA2 は酵母を含めて進化的によく保存されている．

Omi と Smac は共にミトコンドリアタンパク質であり，その N 末端の配列が XIAP の阻害作用を担っている．この配列は，成熟した Smac にみられる配列にちなんで AVPI モチーフとよばれている．AVPI モチーフは，核の DNA にコードされるこれらのミトコンドリアタンパク質が膜間腔へ移行する際にミトコンドリア局在化配列が除かれることによってはじめて現れる（シトクロム c の場合と同様に，生合成された状態のままの Smac と Omi は XIAP を阻害しない）．したがって，MOMP によって，Smac と Omi がミトコンドリアから放出されたときにはじめて XIAP の機能を阻害することができるのである．

XIAP と Smac の遺伝子破壊によって目立った表現型は現れないが，Omi の遺伝子破壊は神経系の欠損を生じる．しかし，これは，おそらく IAP 阻害活性とは関係ないミトコンドリアにおける重要な活性が失われるためである．この解釈は，ウシのように Omi 中の IAP 阻害モチーフが失われている場合があることからも支持される．Smac と Omi の両方を欠いた細胞も同様に，アポトーシスに関する欠損がみられないようである．したがって，IAP によるカスパーゼ阻害の重要性や，Smac や Omi などの IAP アンタゴニストによる IAP 抑制の意義はまだはっきりしていないといえよう．

12・14 アポトーシスの細胞死受容体経路は BH3 オンリータンパク質 Bid の切断を介して MOMP をひき起こす

重要な概念

- カスパーゼ-8 は，細胞死受容体のリガンド結合によって活性化し，BH3 オンリータンパク質 Bid を切断して活性化する．
- 活性化した Bid は，Bax と Bak に作用して MOMP をひき起こし，アポトーシスのミトコンドリア経路を発動させる．
- Bid は，二つのアポトーシス経路を結びつける作用をしている．

XIAP は実行カスパーゼ-3 や-7 を阻害するため，細胞死受容体と開始カスパーゼ-8 がひき起こすアポトーシスを阻害することができる（§12・6 “アポトーシスの細胞死受容体経路は細胞外シグナルを伝達する” 参照）．しかし，カスパーゼ-8 は，細胞死受容体経路において一度活性化すると，MOMP をひき起こすなどのアポトーシスのミトコンドリア経路も発動する．これは，カスパーゼ-8 が BH3 オンリータンパク質 Bid を切断して活性化するからである．これによって，MOMP を介して IAP アンタゴニストが放出され，アポトーシスを進めるための重要な役割を果たす．

Bid は，先に Bim について述べたのと同じように，Bax と Bak を活性化して MOMP をひき起こす．しかし，Bid は，プロテアーゼによる切断を受けない限り不活性である．つまり，数種類のプロテアーゼが Bid を切断して活性化し，MOMP とそれに

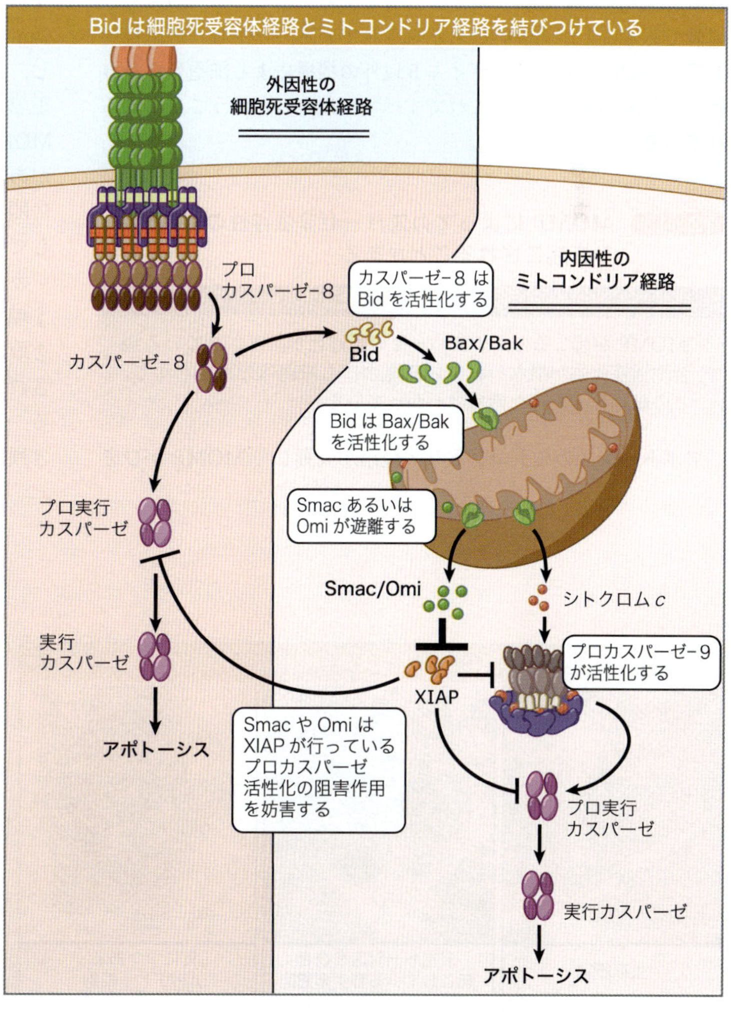

図 12・24 カスパーゼ-8 は，細胞死受容体経路において活性化され，BH3 オンリータンパク質である Bid を切断して活性化する．活性化した Bid は，Bax と Bak の活性化因子となって，MOMP とそれによるシトクロム c の放出を促進する．その結果，カスパーゼ-9 が活性化する．これに加えて，Smac と Omi が MOMP によって放出され，IAP による実行カスパーゼの活性化阻害を脱抑制する．

よるミトコンドリア経路によるアポトーシスがひき起こされるのである．これらのプロテアーゼには，カテプシン，カルパイン，そして，カスパーゼがある．カスパーゼ-8は，Bidを切断して切断して活性化する効率が非常に高く，カスパーゼ-8にとってBidは実行カスパーゼよりもよい基質となっている．

したがって，カスパーゼ-8がBidを切断してMOMPをひき起こしたときの一つの効果は，IAPアンタゴニストであるSmacとOmiを放出させてXIAPを阻害し，カスパーゼ-8によって実行カスパーゼを活性化することである．同時に，シトクロム*c*によるアポトソームとカスパーゼ-9の活性化によってアポトーシスは促進される．図12・24に，この過程を示した．

細胞死受容体経路の進行におけるMOMPの重要性は，細胞によって異なる．タイプⅡとよばれる細胞では，Bcl-2やBcl-xLなどの抗アポトーシスBcl-2タンパク質によるMOMPの阻害が，細胞死受容体が誘導するアポトーシスを阻止している．それに対して，タイプⅠとよばれる細胞では，Bcl-2は細胞死受容体経路には作用していない．これらのことを考えて，現在，IAPアンタゴニストと同じ活性をもつ薬剤が，TRAILのような細胞死リガンドによるがん治療の効果を高める作用がないかどうか検討されている．

また，この効果は，細胞傷害性リンパ球が誘導するアポトーシスにおいても重要である．グランザイムBは実行カスパーゼを強力に活性化するが，この活性はXIAPによって阻害される．しかし，カスパーゼ-8と同様に，グランザイムBはBidを（カスパーゼ-8とは異なる部位で）切断し，MOMPをひき起こす．少なくともある種の標的細胞では，Bidが介在するMOMPが，細胞傷害性リンパ球とグランザイムBによるアポトーシスのおもな機構であることが実験的にも示唆されている．しかし，細胞傷害性リンパ球には，グランザイムB以外の機構による細胞死をひき起こす作用があるため，これですべてではないということも知られている．

12・15 MOMPによってカスパーゼ非依存性の細胞死がひき起こされることがある

重要な概念

- MOMPが起こると，カスパーゼの活性化が阻害されている場合や活性化系が損なわれている場合にも細胞は死ぬ．しかし，この細胞死の正確な機構はわかっていない．

アポトーシスのミトコンドリア経路が発動してMOMPがひき起こされると，カスパーゼの活性化が阻害されたり，活性化機構が破壊されていても細胞死は進行する．前項で述べたように，APAF-1やカスパーゼ-9が欠損したマウスにおいても，通常のアポトーシスによる細胞死の進行とは形態学的に異なるものの，発生過程におけるプログラム細胞死は依然として起こる．たとえば，指間の皮膜の細胞死は起こり，指は形成される（図12・1参照）が，野生型マウスにみられるようなクロマチンの凝縮などは起こらない．図12・25にそのような細胞の様子を示した．

同様に，アポトーシスによる細胞死を阻害するカスパーゼ阻害剤は，MOMPをひき起こした細胞の“カスパーゼ非依存性の”細胞死から救うことはできない．これとは逆に，MOMPを阻止するBcl-2は，同じ条件で細胞の生存を維持させうる．

こうしたカスパーゼ非依存性の細胞死に関して，二つの機構が提案されている．一つは，MOMPに続いてミトコンドリアがゆっくり機能を失うことである．（ここでゆっくりという表現を用いるのは，活性化したプロテアーゼによってMOMPに続き，急激なミトコンドリア機能の破壊がひき起こされることが示されているからである．）このゆっくりとしたミトコンドリア機能の破壊は，たとえカスパーゼが活性化しなくとも細胞を死へと運命づけている可能性がある．

もう一つの，あるいは，同時に起こるカスパーゼ非依存性の細胞死の機構として，ミトコンドリア膜間腔から放出されたタンパク質が，カスパーゼが関与しない形で細胞を殺す可能性がある．これには，エンドヌクレアーゼGというDNA分解酵素，Omi，アポトーシス誘導因子（AIF）があり，これらは，細胞で過剰に発現させると細胞死をひき起こすことが示されている．（このOmiの細胞死誘導活性は，IAP阻害活性とは関係ない．）しかし，これらのタンパク質は，それぞれミトコンドリアにおいて，正常な細胞生理に必要な重要な機構を果たしているため，MOMPの後に起こる細胞死に関与していることを，たとえ関与があるにしても，証明するのは難しい．つまり，これらのいずれに関しても，生理状態においてMOMPの後の細胞死をひき起こしていることが証明されていないのである．

カスパーゼ非依存性細胞死をひき起こさずに，MOMPを起こす細胞がある．たとえば，最終分化後の神経細胞では，増殖因子を取除くとMOMPが誘導されるが，カスパーゼの活性化は阻害されていて，増殖因子を再添加すると，その後，細胞は延命する．ただし，これまでに，増殖可能な細胞がMOMPの後にも生き残った例は知られていない．

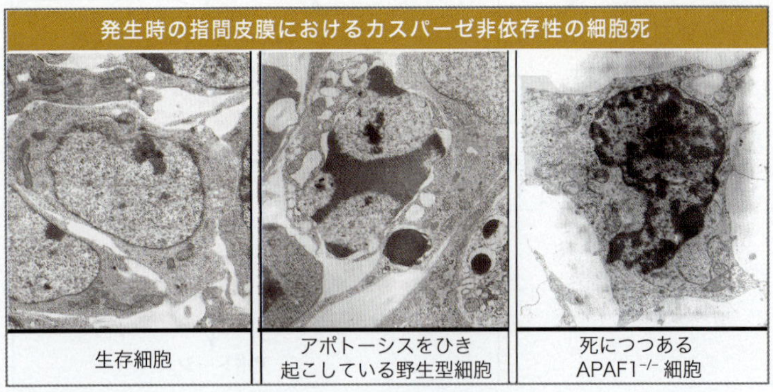

図12・25 左は生存細胞，中央は野生型マウスの皮膜に存在するアポトーシスをひき起こして死につつある細胞，右はAPAF-1$^{-/-}$マウスの皮膜にみられる死につつある細胞［写真はPierre Golstein, Centre d'Immunologiesの好意による．M. Chautan, et al., *Current Biology* **9**, 967～970（1999）より，©Elsevierの許可を得て転載］

12・16 ミトコンドリアの透過性の転移が MOMP をひき起こす

重要な概念

- ある種の細胞死においては，ミトコンドリア内膜の変化によってミトコンドリアが破壊され，膨張して破裂する．

ミトコンドリアを単離して，高濃度のカルシウムや活性酸素を与えたり，ある種の化学物質などで処理すると，ミトコンドリアの内膜が変化して，膜中の未同定のチャネルを通して低分子物質が通過できるようになる．その結果，膜を介した電位差が失われて，マトリックスが膨張する．この膨張が外膜を破壊するまでに至ると，膜間腔のタンパク質が放出される．このミトコンドリアの透過性の転移（mitochondrial permiability translation, mPT）が，極限状態における細胞死に作用していることがわかっており，たとえば，脳卒中や心臓発作などの虚血性傷害によってこの現象が起こり，ネクローシスがひき起こされる．まだどのような条件が必要かはわかっていないが，この現象は同じようにアポトーシスにも作用する可能性がある．

ミトコンドリアの透過性の転移に関係する分子に関してはまだ議論を要するものが多いが，ミトコンドリア基質に存在する酵素であるシクロフィリンDが，絶対的にとはいえないまでも，この現象に必要である．シクロフィリンDを欠損したマウスはミトコンドリアの透過性の転移が起こらなくなっていて，虚血性傷害に抵抗性があるが，正常な発生とアポトーシスは維持されている．シクロスポリンのようなシクロフィリンDを阻害する薬剤は，ミトコンドリアの透過性の転移を防いだり遅らせたりするため，いくつかの種類の細胞傷害に対して有効性が検討されている．

12・17 アポトーシスに関する多くの発見が線虫においてなされた

重要な概念

- 線虫のアポトーシスは，脊椎動物におけるミトコンドリア経路に似た単純な経路にしたがって起こる

線虫の発生過程においては，成虫になる過程で生まれる体細胞1090個のうち131個がプログラム細胞死する．個体のどの細胞が死ぬかはあらかじめ決定されており，線虫の発生過程における細胞死はアポトーシスの過程にしたがって進行する．線虫のアポトーシス経路を構成する分子は，このプログラム細胞死に絶対的に必要である．線虫を用いて遺伝学的にアポトーシスを解析したことによって，脊椎動物における細胞死，特にミトコンドリア経路を理解する基盤がつくられた．しかし，両者には重要な違いもある．

線虫のアポトーシス経路を図12・26に示す．線虫の発生過程で起こる細胞死に必要な唯一のカスパーゼは，線虫の細胞死遺伝子 *ced-3* の産物（CED-3）である．CED-3は，脊椎動物のカスパーゼ-9と同様に，CARD領域をもち，二量体化によって活性化する．CED-3を活性化するアダプター分子はAPAF-1のホモログ（相同遺伝子産物）で，CARD領域を介して同様にCARD領域をもつCED-3と結合する．このホモログタンパク質はCED-4とよばれるが，APAF-1とは異なり，シトクロム *c* による活性化は必要ないようである．（実際，CED-4には，APAF-1がシトクロム *c* と相互作用する領域に相当する配列がない）．CED-4は，オリゴマー化にdATPを必要としているらしく，つぎに，オリゴマー化したCED-4がCED-3の活性化を行うようである．

細胞死を起こしていない細胞では，CED-4はCED-9という別のタンパク質に結合している．驚いたことに，CED-9はBcl-2のホモログであるが，脊椎動物の抗アポトーシスBcl-2タンパク質とは異なり，CED-9はMOMPを制御していない．代わりに，CED-9は，CED-4と直接結合することによって，アポトーシスを制御しているらしい．一方，脊椎動物での抗アポトーシスBcl-2ファミリーのタンパク質は，APAF-1に結合したり直接阻害することはない．（また，CED-9を脊椎動物細胞に発現させてもアポトーシスを阻害しない．）

CED-9のCED-4への結合は，*egl-1* 遺伝子（eglは，産卵欠損egg laying deficientを意味する）の産物（EGL-1）によって壊される．EGL-1はBH3オンリータンパク質である．EGL-1を発現させると，CED-4に置き換わってCED-9に結合し，CED-4がCED-3活性化して細胞は死ぬ．

egl-1，*ced-4*，あるいは，*ced-3* の機能欠失変異は，細胞を生存へと導き，死ぬはずだった細胞は，機能的な細胞へと分化する．*ced-9* の機能獲得変異も同じ結果になる．*ced-9* の機能欠損は初期胚における致死性を示すが，*ced-4* か *ced-3* の機能欠失変異によって抑圧される（ただし，*egl-1* の変異によっては抑圧されない）．

死んでいく細胞で起こる分解や食作用などの現象の制御には，他の遺伝子も加わっている．これについては，§12・19“アポトー

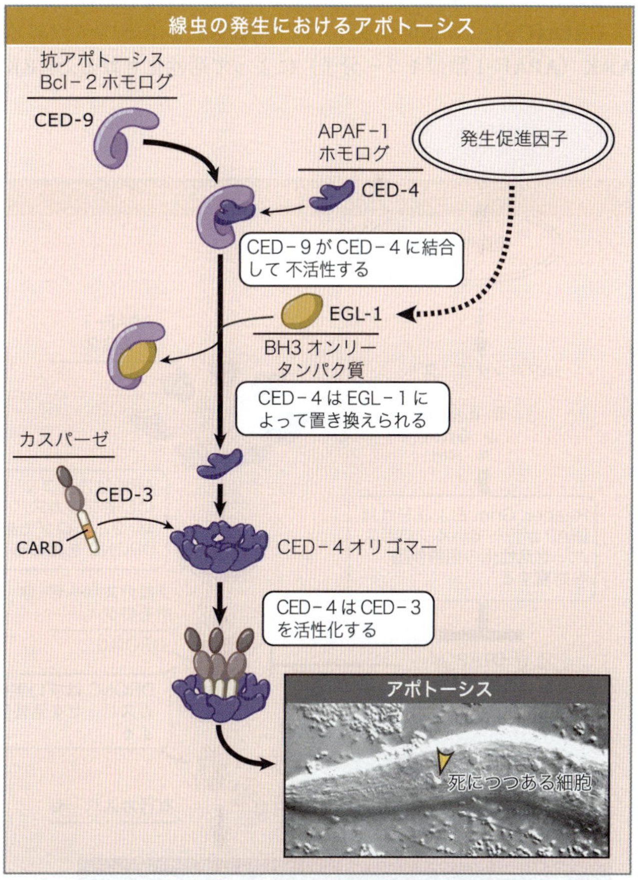

図12・26　写真は，線虫の胚において死につつある細胞を示している．線虫におけるプログラム細胞死を制御するタンパク質間の関係を図示した［写真はH. Robert Horvitz, Massachusetts Institute of Technologyの好意による．H.M. Ellis, H.R. Horvitz, *Cell* **44**, 817～827 (1986)より，Elsevierの許可を得て転載］

シスを起こした細胞の除去には細胞間相互作用が必要である”で詳しく述べる．

12・18　昆虫のアポトーシスには哺乳類や線虫のアポトーシスとは異なる性質がある

重要な概念

- 昆虫細胞におけるアポトーシスは，脊椎動物におけるアポトーシスのミトコンドリア経路に類似した経路で起こる．

昆虫におけるアポトーシス経路も，線虫の場合と同じように，脊椎動物におけるミトコンドリア経路に基本的には類似している．しかし，同様に，いくつかの重要な差異もある．ショウジョウバエ（*Drosophila melanogaster*）におけるアポトーシスは，たとえば，エクジソンをはじめとするホルモンなどの発生因子に応答して起こったり，DNA 損傷のような細胞に対するストレスへの応答として起こったりする．こうしたアポトーシスの基本的な性質は，脊椎動物や線虫に似ている．

ショウジョウバエのアポトーシス経路を図 12・27 に示した．ショウジョウバエのアポトーシスを主導する実行カスパーゼは，DRICE と DCP–1 である．確定的な証拠はないものの，これらは切断によって活性化すると思われている．これらの実行カスパーゼを活性化する主要な開始カスパーゼは，DRONCとよばれ，カスパーゼ–9 や CED–3 と同様に，CARD 領域をもっている．もう一つの開始カスパーゼとして DREDD があり，カスパーゼ–8 と同様にプロ領域に DED を含んでいるが，ショウジョウバエのアポトーシスにおける役割はわかっていない．

DRONC は，ショウジョウバエの APAF–1 ホモログである ARK（APAF–1 類似キラー分子）によって活性化される．ARK には，APAF–1 に含まれるすべての領域が存在するが，ARK がシトクロム *c* によって活性化されるという生化学的な証拠は得られていない．同様に，MOMP もシトクロム *c* の放出も，アポトーシスをひき起こしているショウジョウバエの細胞では観察されていない．そのため，ARK は，恒常的に活性型であるか，MOMP に依存しない機構で活性化すると考えられている．ARK は，APAF–1 や CED–4 と同じようにオリゴマー構造をとって，CARD 間相互作用によって DRONC に結合し，この開始カスパーゼを活性化すると思われる．ARK や DRONC を欠失したハエや，これらの発現が抑制された細胞は，アポトーシスをひき起こさない．

しかし，DRONC の活性化だけではアポトーシスの誘導には不十分である．IAP，特に DIAP1 が DRONC と実行カスパーゼを阻害し，細胞の生存を維持しているからである．これが，ショウジョウバエのアポトーシス経路において重要な点である．

アポトーシスが誘導されると，IAP の機能を相殺する作用をもつタンパク質が発現する．これらのタンパク質は，Reaper，Hid（head involution defective 頭部退縮欠損），Grim，Sickle とよばれ，Smac や Omi の AVPI モチーフに似たモチーフをもっているが，脊椎動物の Smac や Omi との類似性はほかにはない．また，Smac や Omi とは異なり，ショウジョウバエのこれらのタンパク質は，細胞質に存在していてミトコンドリアにはない．これらのアポトーシス誘導因子は，IAP を阻害して DRONC を活性化し，アポトーシスを進行させる．

興味深いことに，Reaper，Hid，Grim，Sickle をコードする遺伝子はクラスターを形成している．*Df (3L) H99* という欠失染色体は，Reaper，Hid，Grim をコードする遺伝子を欠損していて，アポトーシスの誘導に欠陥がある．こうした経緯から，これらの

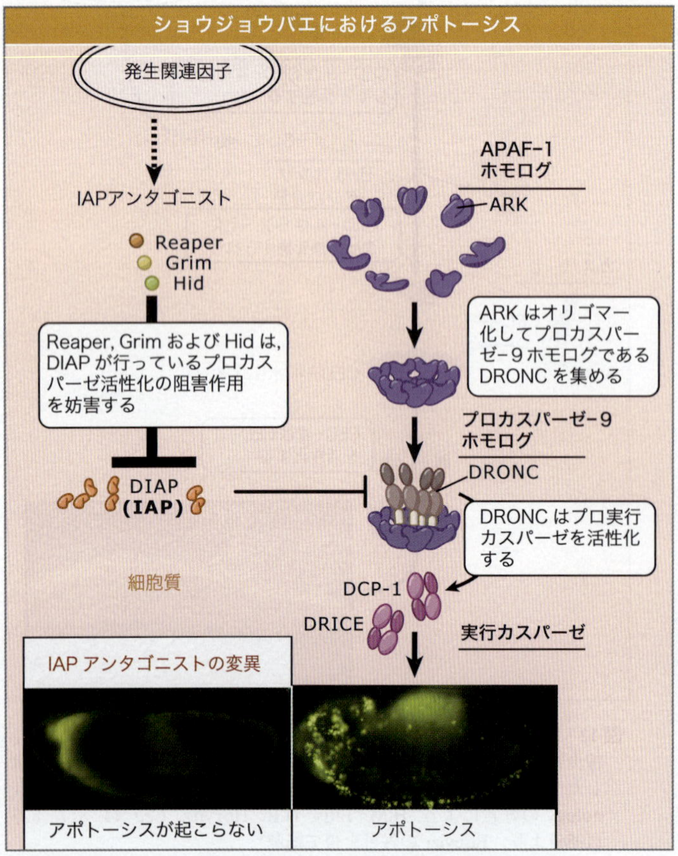

図 12・27　右下の写真は，野生型ハエの胚におけるアポトーシスによるプログラム細胞死を示している．死につつある細胞（明るい緑色）は，アクリジンオレンジ染色などの他の細胞死検出方法によっても検出可能である．左の写真は，Reaper，Hid，Grim をコードする遺伝子に変異があるハエの胚を示しており，プログラム細胞死を起こしている細胞がみられない．ショウジョウバエの主要なアポトーシス経路を上に示した［写真は John Abrams, UT Southwestern Medical Center at Dallas の好意による］

遺伝子が発見されたのである．

ショウジョウバエ細胞のアポトーシスは，Bcl-2 ファミリータンパク質が主役となってアポトーシスを制御している脊椎動物とは異なり，主として IAP によって制御されているらしい．Debcl (dBorg-1 や dBok ともよばれる) および Buffy (dBorg-2 ともよばれる) という二つの Bcl-2 タンパク質がショウジョウバエでも同定されているが，アポトーシスの制御における役割は明らかになっていない．

12・19 アポトーシス細胞の除去には細胞間相互作用が必要である

重要な概念

- アポトーシスをひき起こした細胞 (アポトーシス細胞) は，能動的な過程を経て個体から取除かれる．

死んだ細胞の排除 (細胞 "死" にたとえて言うなら "埋葬") はアポトーシスの最後の作用であり，細胞は何の痕跡も残さない形で取除かれる．これは，アマチュアの食細胞 (繊維芽細胞など) あるいはプロの食細胞 (マクロファージや樹状細胞など) のいずれかによる食作用 (**ファゴサイトーシス** phagocytosis) によって行われる．アポトーシスを起こした細胞 (アポトーシス細胞) をきちんと取除くことは重要であり，この過程の重要性は，アポトーシス細胞が受ける処理方法を詳しく見たときも理解できる．すなわち，DNA は分解を受けて消化しやすいように断片化し，細胞は，いわば一口サイズに切り取られ，一方，細胞自身が食作用を誘うようなシグナルを出している．この最後の過程は，図 12・28 に示したように，"ファインドミー" シグナル (発見シグナル) と "イートミー" のシグナル (食作用シグナル)，および，"ドント・イートミー" シグナル (食作用妨害シグナル) の破壊の三つに集約される．

線虫を用いた研究から，アポトーシス細胞の除去に重要な遺伝子が同定されている．これらは，一般的に二つの**相補グループ** (complementation group) に分けられる．最初のグループには，*ced-1*，*ced-6*，*ced-7* が含まれ，初期の認識過程とそのシグナル伝達に関係している．第二のグループには，*ced-2*，*ced-5*，*ced-10*，*ced-12* が含まれ，これらはおそらく認識後の食作用の機構に関係している．これらの遺伝子は，すべて食細胞において機能し，食細胞が死につつある細胞を認識して食作用を行う能力に関係する．ただし，*ced-7* だけは，死につつある細胞でも機能しているらしい．

CED-1 は，アポトーシス細胞における膜の変化に応答する受容体である可能性があり，構造は哺乳類細胞のスカベンジャー受容体とよばれるタイプの受容体に似ている．哺乳類では，このタイプの受容体のうち二つ，すなわち，SREC (内皮細胞が発現するスカベンジャー受容体) と CD91 が，培養した哺乳類の食細胞が行う，アポトーシス細胞に対する食作用に関係することが示されている．ショウジョウバエで，アポトーシス細胞の除去に関係することが同定されている唯一の遺伝子は，*croquemort* とよばれているが，これもスカベンジャー受容体ファミリーのメンバーをコードしている．

哺乳類細胞の研究から，死につつある細胞の非常に重要な "イートミー" シグナルは，(唯一ではないかもしれないが) ホスファチジルセリンの外在化 (細胞外への露出) であり，これは実行カスパーゼの作用で細胞膜がかき乱されたときに起こる現象である．図 12・29 に，このホスファチジルセリンは，正常な状態では ATP 依存性フリッパーゼという酵素によって細胞膜の外面から内面へと振り分けられているために，内面に局在していることが示されている (ここで言う "振り分け" とは，脂質二重層の内層と外層の間でのトランスロケーションを意味する．アポトーシスに関する文献では，ホスファチジルセリンの膜外面への露出に振り分けという表現を用いている場合があるが，これは厳密にいえば誤りであり，むしろ "揺り戻し" とでも言うべきである)．もし，たとえば ATP がなくなるなどして，このトランスロカーゼ (フリッパーゼ) が不活性になると，ホスファチジルセリンはゆっくりと細胞表面 (外層) に現れる．しかし，アポトーシスにおいては，この外在化は速やかに起こっており，これはカスパーゼに依存した脂質のスクランブル (かき混ぜ) が積極的に起こされているからである．これまでに，カルシウムによって活性化されるリン脂質の "スクランブル" 酵素が同定されているが，これがアポトーシスに関係しているか，またその場合，カスパーゼによってどのように活性化されるかはわかっていない．

この点に関連して興味深いことに，線虫の CED-7 が食細胞だけではなく死につつある細胞でも働いていることがある．つまり，CED-7 の哺乳類ホモログは ABCA1 とよばれているが，細胞膜における脂質の再構成に関係する酵素であり，哺乳類細胞ではホスファチジルセリンの外在化に重要であることが示唆されている．しかし，最近の研究によれば，線虫では CED-7 が，この外在化には関係しないことが示唆されている．

哺乳類細胞表面のホスファチジルセリンは，食細胞との間を

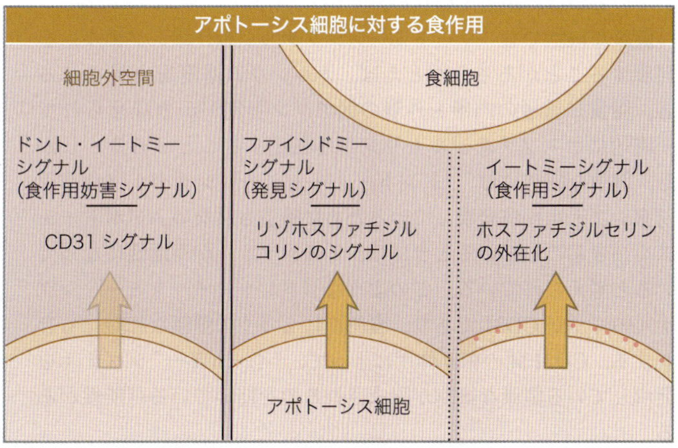

図 12・28 細胞は，アポトーシスの進行とともにリゾホスファチジルコリンのような "ファインドミー" シグナル (発見シグナル) を産生し，CD31 のような "ドント・イートミー" シグナル (食作用妨害シグナル) を減少させる．つぎに，ホスファチジルセリンの外在化のような "イートミー" シグナル (食作用シグナル) を発現する．これらすべての結果，死につつある細胞は，マクロファージのような食細胞か上皮細胞のような他の細胞によって貪食される．

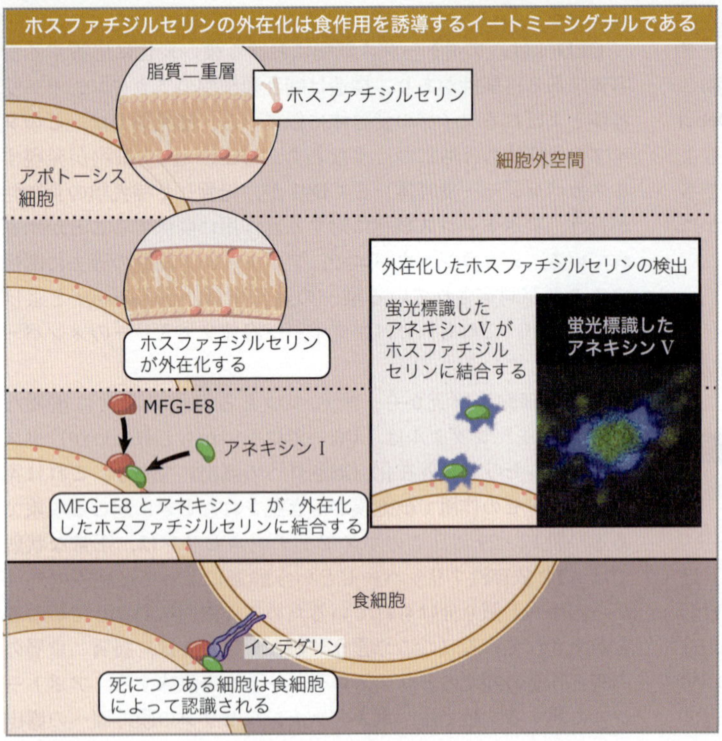

図 12・29　アポトーシスが開始するとき，細胞膜の脂質がスクランブルされ，通常は膜の内層に存在するホスファチジルセリンが外層に現れる．このように外在化したホスファチジルセリンには，アネキシンⅠや MFG–E8 のようなタンパク質が結合し，さらに，これに対して食細胞が結合してアポトーシス細胞を貪食する．このホスファチジルセリンの外在化は，蛍光標識したアネキシンⅤを用いて検出できる．写真には，アネキシンⅤで染色したアポトーシス細胞が示されている［写真は Joshua C. Goldstein, Douglas R. Green, St. Jude Children's Research Hospital の好意による］

つなぐ複数の可溶性タンパク質と結合できる．その一つが MFG–E8 であり，体内のさまざまな細胞外液に存在する．MFG–E8 は，死につつある細胞のホスファチジルセリンに結合するとともに，食細胞のインテグリン受容体にも結合する．MFG–E8 を欠損したマウスは，アポトーシス細胞の除去に大きな欠陥を生じる．

ホスファチジルセリンの外在化は，ホスファチジルセリン結合タンパク質であるアネキシンⅤに蛍光色素を結合した分子を用いて，簡単に検出できる（図 12・29 参照）．アネキシンⅤ自身はアポトーシスにおいて機能していない（研究のための道具である）が，類似した別のタンパク質であるアネキシンⅠには，食細胞がアポトーシス細胞を認識する際に機能している可能性がある．

哺乳類においては，アポトーシス細胞を除去するための機構がほかにもあって，場合によってはそちらの方が重要となるらしい．たとえば，チロシンキナーゼ活性をもつ受容体の一つである MER を欠損したマウスの食細胞は，培養条件下でアポトーシス細胞の除去に欠陥があり，この欠損マウス個体ではアポトーシス細胞が蓄積している．しかし，MER がこのときどのように作用しているかはわかっていない．

健康な細胞でも“イートミー”シグナル（食作用シグナル）を発現することがある．たとえば，カルシウム濃度を上昇させると，脂質二重層の内層と外層の間でリン脂質がかき混ぜられて一時的にホスファチジルセリンが外在化することがある．しかし，健康な細胞には，“ドント・イートミー”シグナル（食作用妨害シグナル）が発現しているために除去されない．アポトーシスをひき起こしているときには，このシグナルが不活性になっていると考えられている．このような“ドント・イートミー”シグナルの一つが CD31 であり，食細胞にも多くの健康な細胞にも存在する．CD31 間の相互作用によって，“イートミー”シグナルを発現している健康な細胞が除去されるのを防いでいる可能性がある．

細胞がアポトーシスをひき起こすと，“ファインドミー”シグナル（発見シグナル）を産生して，マクロファージのような“プロ”の食細胞を積極的に集める．このシグナルの一つがリゾホスファチジルコリンであり，これは活性化したホスホリパーゼAによって産生される．このホスホリパーゼAを切断して活性化するのが，実行カスパーゼである．このように，アポトーシス細胞は，いち早く発見されて体内から効率的に取除かれるような挙動をしているのである．

12・20　アポトーシスはウイルス感染やがんなどの病気にも関係している

重 要 な 概 念

- ウイルス感染やがんにおいて，アポトーシス経路が阻害される状況がつくられる場合がある．

ウイルスは，細胞内でしか生きられない絶対寄生生物であり，生命体にとっては感染した宿主細胞を殺すことがウイルス感染を防ぐ一つの戦略となっている．逆にいえば，ウイルスの方は，細胞を生かすことが非常に重要となる．実際，さまざまなウイルスは，アポトーシスを防ぐことによって細胞を生かしており，このときにウイルスが行っている方法をみることによって，この点に関する細胞死経路の重要性を知ることができる．

すでに述べたように，昆虫のアポトーシスは，IAP によるカスパーゼの活性化レベルで制御されている．昆虫ウイルスであるバキュロウイルスは，まさにこのやり方，すなわち，DRONC と実行カスパーゼを阻害する IAP を発現することで，アポトーシスを防いでいる．さらに，バキュロウイルスは別のタンパク質 p35 を発現し，これは活性化したカスパーゼに結合して阻害する．このウイルスは，カスパーゼの活性化を阻害することで，十分な子孫ウイルスがつくられるまで細胞を生かしておき，その後に細胞が溶解するのである．

脊椎動物のウイルスは，一般的には上記の方法はとっていない．その理由は，カスパーゼの阻害によっては，MOMP やカスパーゼ非依存性の細胞死を阻止できず，むしろ，ウイルスに対して免疫応答をひき起こす可能性があるからである．その代わりに，脊椎動物のウイルスは，アデノウイルスの E1B19K タンパク質やエプスタイン–バーウイルスの BHRF タンパク質のような Bcl-2 ファミリーの抗アポトーシスタンパク質をつくる場合がある．こうしたウイルス由来の Bcl-2 タンパク質は，Bcl-2 と同様に作用して，MOMP とアポトーシスを防ぐ．

また，ある種の脊椎動物ウイルスは，免疫エフェクター細胞が誘導するアポトーシスを防ぐ作用をしている．たとえば，ポックスウイルスは，セルピンとよばれるプロテアーゼインヒビターを産生し，このセルピンはグランザイム B とカスパーゼ-8 を阻害することができる（ただし，カスパーゼ-9 や他の実行カスパーゼには強い作用を示さない）．ポックスウイルスは，グランザイム B を阻害することで，体内にウイルス感染細胞がないかと見張っている細胞傷害性リンパ球が示すアポトーシス誘導活性をうまく回避している．ウイルス感染に応答して細胞傷害性リンパ球などがつくる細胞死リガンドが受容体に結合することで誘導されるアポトーシスも，同じようにカスパーゼ-8 を阻害することによって阻止している．ウイルスによる細胞死受容体経路を阻害するもう一つの方法は，ヘルペスウイルスが産生する v-FLIP タンパク質のような c-FLIP に似た分子を発現する方法である．

アポトーシスの機構が関係する疾病のもう一つの状況が，がんである．本章の最初に述べたように，強力ながん抑制因子である p53 は，ヒトのがんの約 50 % で変異しており，この変異は，悪性転換した細胞がアポトーシスをひき起こすことを部分的を抑制している．また，抗アポトーシスタンパク質 Bcl-2 は，もともと沪胞性 B 細胞リンパ腫における染色体転座の切断点として発見されたものである．つまり，がんにはアポトーシスの制御が変化することが関係している．

しかし，アポトーシスとがんとの関係には，単に関連しているという以上の根本的な問題が含まれている．脊椎動物の細胞は，細胞周期への進入を誘導するシグナルによって，アポトーシスも感作されるため，生きるか死ぬかの決定は，周辺の組織から与えられる生存シグナル（たとえば，増殖因子）によって行われる．こうした因子が不足すると，細胞周期が進行している細胞ではアポトーシスが起こり，これによって組織の拡大が制限されている．たとえば，図 12・30 には，c-Myc タンパク質が細胞増殖だけではなく，アポトーシスによる細胞死も促進していることが示されている．したがって，生存因子が存在していない限り，c-Myc を単純に発現させるだけでは，組織が拡大することやがんを発達させることにはならない．このような細胞周期とアポトーシスの基本的な関係は，いろいろな部位にがんを発生しないで，ヒトのような大きくて長寿命の多細胞生物が存在しうる基盤をつくっている．つまり，細胞周期がアポトーシスをひき起こすのではなく，細胞周期に入ることを促す分子が，同時に抗アポトーシスシグナルによって抑制されているアポトーシスをひき起こすのである．

c-Myc は細胞増殖と細胞死の両方を促進するが，Bcl-2 や Bcl-xL は，c-Myc と協同してアポトーシスを阻止することによってがんの発生を促進する作用をもちうる．実際，Bcl-2 ファミリーの抗アポトーシスタンパク質は，ヒトのがんにおいて過剰発現していることは珍しくない．二つのタイプのがん関連遺伝子，すなわち，アポトーシス促進作用をもった増殖刺激性の因子と抗アポトーシス作用をもった因子の協同作用が，がんに共通した原理になっているらしい．一般的には，がん関連因子は，Myc のような（増殖とアポトーシスの両方を促進する）因子，Bcl-2 のような（増殖を刺激せずにアポトーシスを阻害する）因子，あるいは，その両方（すなわち，複数のシグナルを合わせることで増殖刺激を行いつつアポトーシスを阻害する）因子である．Ras タンパク質は，活性型になると，これら二つの出力に通じる複数のシグナル伝達経路を強力に作動させることができる．そのため，Ras は，さまざまな状況に応じて，アポトーシスを促進することも阻害することもできるのである．

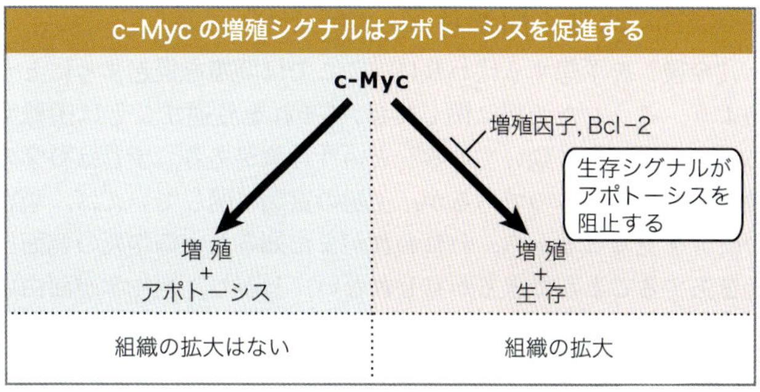

図 12・30 c-Myc とそれに類似したシグナルは，細胞を細胞周期に進入させるだけではなく，アポトーシスによって細胞が死ぬことへの感作も行っている．その結果，別に生存シグナルがない限り，正味の組織拡大は起こらない．しかし，たとえば増殖因子などによってアポトーシスが阻害された場合には，細胞数が増加する．c-Myc が細胞をアポトーシスに関して感作する能力は，c-Myc タンパク質自身の基本的な性質であり，細胞周期を進行させることによる副次的な効果ではない．このような機構は，正常な恒常性の維持やがんの抑制において中心的な役割をもっている．

12・21 アポトーシス細胞は消えてなくなるが忘れ去られるわけではない

重要な概念

- アポトーシス細胞が貪食されて取除かれたことは，免疫系に記憶される．

本章のはじめに述べたように，ネクローシスとアポトーシスを分ける重要な違いに，ネクローシスは炎症性の応答をひき起こすのに対して，アポトーシスはひき起こさないことがある．しかし，アポトーシス細胞を取除くことは，単なる“静寂”で終わるわけではない．つまり，アポトーシス細胞を取込むことが，積極的に炎症作用や免疫応答を抑制しているのである．たとえば，アポトーシス細胞の取込みは，炎症作用に関係する重要なシグナル伝達分子である一酸化窒素（NO）を産生する NO シンターゼの発現誘導を阻害する．

さらに，T リンパ球に対する重要な抗原提示細胞である樹状細胞によってアポトーシス細胞が取込まれると，そこに含まれていた抗原に関して免疫寛容を誘導する状態へと導く．つまり，免疫系は，アポトーシス細胞に付随する抗原に関して免疫記憶が生じないように“指導”を受けるのである．免疫機能に関する現在の理論では，これが免疫系の自己寛容形成における重要な機構であることが示唆されている．つまり，アポトーシス細胞を用いて，寛容に処理するべき抗原であると免疫系を“だます”ことが実際的な目的として行われているのである．

アポトーシス細胞を取除くことを十分にできないことが，全身性エリテマトーシス（systemic lupus erythematosis, SLE）という自己免疫疾患の原因となっている可能性がある．この膠原病の一種では，核タンパク質や二本鎖DNAなどの多数の細胞内抗原に対して自己抗体ができており，臨床病態として，循環器系に紅斑性狼蒼（lupus erythematosis, LE）ができる．この紅斑にはアポトーシス細胞が含まれ，遊離状態や血液中の食細胞に貪食された状態にある．したがって，すでに述べたように，MFG-E8あるいはMERを欠損したマウスは，アポトーシス細胞の除去に傷害があるため，SLEに多くの点で類似した疾病を発症する．

12・22 次なる問題は？

“今後”を予想する代わりに，ここでは問題を提起するにとどめよう．こうした予想に関しては，“それを見通すことは困難である．未来は常に動いている”という言葉がある．予言は科学の世界とは縁遠いものであるが，上記の質問に関していえば，現在の研究を見ることから，われわれがまだ知らない細胞死の側面に光をあてることができるかもしれない．しかし，生物学が面白いのは，予見不可能である点であることにも注意しなくてはならない．以下では，こうしたことを一時的に保留して，細胞死研究の将来を占ってみよう．

これまでに二つのアポトーシス経路が詳細に解析されているが，その他の経路があるのはほぼ確実である．カスパーゼ-2は，アダプター分子であるRAIDD（もう一つのPIDDであり，カスパーゼ-2の活性化への関与がすでに示されている分子）が結合して活性化する開始カスパーゼである．しかし，この経路がいつどのように発動されるのかは，ヒントは出てきているものの，ほとんどわかっていない．カスパーゼ-2は，熱ショック，細胞内の代謝の変化，ある種のDNA損傷によって誘導されるアポトーシスに関与している可能性がある．同様に，カスパーゼ-4の活性化と細胞死や炎症に関する機能についてもよくわかっていない．それに対して，アポトーシスにおけるカスパーゼ-8の活性化と細胞死に関する機能についてはよくわかっているものの，カスパーゼ-8というプロテアーゼとこれが関係するFADDやc-FLIPという分子が発生過程ではどのように作用しているかは（すでに述べたように，これらの遺伝子のノックアウトマウスはすべて胚期の初期段階で致死であるため）よくわかっていない．

体内の能動的な細胞死のすべてがアポトーシスによるものではない．ある種のネクローシスも，単に傷害性の現象によるものだけではなく，生物学的に制御されている可能性がある．また，最近は，オートファジーの過程に付随して起こる別の様式の細胞死についても研究されている．オートファジーはすべての真核細胞にみられる現象で，栄養源が枯渇したときに，短期的に生存を維持するために不足したエネルギーを生産する機構として最もよく理解されている現象である．しかし，現在はまだ，“オートファジーの細胞死”がオートファジーによるものなのか，別のものによるのかはわかっていない．

アポトーシス経路と他の重要な細胞内現象の間の関係については，今後2～3年の間により詳しくわかるだろう．すでに述べたように，細胞周期，細胞骨格，DNA修復経路，ストレス応答経路，カルシウムや他のイオン，代謝経路などからのシグナル伝達が，アポトーシス経路に影響を与えているが，そこに関係するシグナル分子やアポトーシス機構において標的となっている分子に関してはほとんどわかっていない．

同様に，細胞において生存を維持するシグナルも，アポトーシスという現象に対して重要であり，もっと理解が進むことが望まれる．アポトーシスを阻害するシグナル伝達経路は正常な組織形成に大切である一方，これが悪い状態になると不要な組織拡大やがんがひき起こされる．このような生存に関する機構の多くはよくわかっているが，アポトーシス経路を阻害するときに働く詳細な作用機構は，まだ随分研究しなくてはならない分野である．

アポトーシスに関しては，まだ未知の部分が多く残されている一方，本章で述べてきたように，すでに解明されていることも多い．にもかかわらず，アポトーシスに関する知識は，病気と戦うためには十分応用されていない．現在，カスパーゼ阻害剤が，一連の組織傷害においてアポトーシスを防ぐために用いることが臨床試験段階にある．最終的には，BaxやBakの阻害剤が，傷害の初期に回復可能な段階で起こる細胞死を防ぐ薬剤として登場する可能性がある．これとは逆に，Bcl-2ファミリーの抗アポトーシスタンパク質の阻害剤が，抗がん剤として現在臨床試験が行われていて，有望な状況になりつつある．また，IAPの阻害剤は，腫瘍においてカスパーゼの活性化を促進するために用いられていて，これも効果が示されつつある．（ただし，このような段階に到達しても，薬品としてうまく使用できるかどうかはわからない．）

細胞死研究の将来に関する確かな予想が一つある．それは，この分野はひき続き科学的に興味深いことである．

12・23 要　約

アポトーシスは，動物における細胞死の一つの姿であり，正常な発生や恒常性の維持に機能しているほか，ウイルス感染やがんなどの疾病にもかかわっている．アポトーシスの過程において，細胞は，カスパーゼという一群のプロテアーゼを作用させることで自分自身を上手に梱包し，食細胞によって迅速に取除かれるように振舞う．カスパーゼの活性化は，一つ，時には複数のアポトーシス経路が発動されることによって起こる．哺乳類では，外因性の細胞死受容体経路と内因性のミトコンドリア経路という二つのアポトーシス経路が詳細に解析されている．細胞死受容体経路では，TNFファミリーのタンパク質である特定の細胞死受容体にリガンドが結合することによって，開始カスパーゼ-8の二量体化と活性化がひき起こされ，活性化したカスパーゼ-8は，実行カスパーゼ-3と-7を切断して活性化し，アポトーシスによる細胞死が進められていく．ミトコンドリア経路では，Bcl-2ファミリーのタンパク質がミトコンドリア外膜を最終的に破壊し，細胞質にタンパク質を放出させる．これによって放出されたシトクロム *c* は，APAF-1に作用してオリゴマー化させ，オリゴマー化したAPAF-1は，開始カスパーゼ-9に結合して活性化する．活性化したカスパーゼ-9は，実行カスパーゼ-3と-7を切断して活性化し，アポトーシスを進めていく．

参考文献

12・1 序　論

総　説

Kerr, J.F., Wyllie, A.H., and Currie, A.R., 1972. Apoptosis: A basic biological phenomenon with wide-ranging implications in tissue kinetics. *Br. J. Cancer* **26**, 239–257.

Wyllie, A.H., Kerr, J.F., and Currie, A.R., 1980. Cell death: the significance of apoptosis. *Int. Rev. Cytol.* **68**, 251–306.

12・2 カスパーゼは特異的な基質を切断することでアポトーシスを主導する

総　説

Fischer, U., Jänicke, R.U., and Schulze-Osthoff, K., 2003. Many cuts to ruin: A comprehensive update of caspase substrates. *Cell Death Differ.* **10**, 76–100.

12・3 実行カスパーゼは切断されることによって活性化し，開始カスパーゼは二量体化することによって活性化する

総　説

Boatright, K.M., and Salvesen, G.S., 2003. Mechanisms of caspase activation. *Curr. Opin. Cell Biol.* **15**, 725–731.

Fuentes-Prior, P., and Salvesen, G.S., 2004. The protein structures that shape caspase activity, specificity, activation and inhibition. *Biochem. J.* **384**, 201–232.

Lahm, A., Paradisi, A., Green, D.R., and Melino, G., 2003. Death fold domain interaction in apoptosis. *Cell Death Differ.* **10**, 10–12.

論　文

Berglund, H., Olerenshaw, D., Sankar, A., Federwisch, M., Mcdonald, N.Q., Driscoll, P.C., 2000. The Three-Dimensional Solution Structure and Dynamic Properties of the Human Fadd Death Domain. *J. Mol. Biol.* **302**, 171–188.

Boatright, K.M., et al., 2003. A unified model for apical caspase activation. *Mol. Cell* **11**, 529–541.

Huang, B., Eberstadt, M., Olejniczak, E.T., Meadows, R.P., Fesik, S.W. 1996. NMR structure and mutagenesis of the Fas (APO-1/CD95) death domain. *Nature* **384**, 638–641.

Riedl, S.J., Fuentes-Prior, P., Renatus, M., Kairies, N., Krapp, S., Huber, R., Salvesen, G.S., and Bode, W., 2001. Structural basis for the activation of human procaspase-7. *Proc. Natl. Acad. Sci. USA* **98**, 14790–14795.

Vaughn, D.E., Rodriguez, J., Lazebnik, Y., Joshua-Tor, L., 1999. Crystal structure of Apaf-1 caspase recruitment domain: An alpha-helical Greek key fold for apoptotic signaling. *J. Mol. Biol.* **293**, 439–447.

12・4 アポトーシスの阻害タンパク質(IAP)はカスパーゼを阻害する

総　説

Shi, Y., 2004. Caspase activation, inhibition, and reactivation: A mechanistic view. *Protein Sci.* **13**, 1979–1987.

Vaux, D.L., and Silke, J., 2005. IAPs, RINGs and ubiquitylation. *Nat. Rev. Mol. Cell Biol.* **6**, 287–297.

12・5 ある種のカスパーゼは炎症作用に機能する

総　説

Martinon, F., and Tschopp, J., 2004. Inflammatory caspases: Linking an intracellular innate immune system to autoinflammatory diseases. *Cell* **117**, 561–574.

12・6 アポトーシスの細胞死受容体経路は細胞外シグナルを伝達する

総　説

Bodmer, J. L., Schneider, P., and Tschopp, J., 2002. The molecular architecture of the TNF superfamily. *Trends Biochem. Sci.* **27**, 19–26.

12・7 TNFR1 によるアポトーシスのシグナル伝達は複雑である

総　説

Aggarwal, B.B., 2003. Signalling pathways of the TNF superfamily: A double-edged sword. *Nat. Rev. Immunol.* **3**, 745–756.

論　文

Barnhart, B.C., and Peter, M.E., 2003. The TNF receptor 1: A split personality complex. *Cell* **114**, 148–150.

12・8 アポトーシスのミトコンドリア経路

総　説

Green, D.R., 2000. Apoptotic pathways: paper wraps stone blunts scissors. *Cell* **102**, 1–4.

12・9 Bcl-2 ファミリーのタンパク質は MOMP に介在してアポトーシスを制御する

論　文

Liu, X., Dai, S., Zhu, Y., Marrack, P., and Kappler, J.W. 2003. The structure of a Bcl-xl/Bim fragment complex: Implications for Bim function. *Immunity* **19**, 341–352.

Suzuki, M., Youle, R.J., and Tjandra, N., 2000. Structure of Bax: Coregulation of dimer formation and intracellular localization. *Cell* **103**, 645–654.

McDonnell, J.M., Fushman, D., Milliman, C.L., Korsmeyer, S.J., and Cowburm, D. 1999. Solution Structure of the proapoptotic molecule BID: A structural basis for apoptotic agonists and antagonists. *Cell* **96**, 625–634.

12・11 Bax と Bak の活性化は他の Bcl-2 ファミリータンパク質によって制御される

総　説

Danial, N.N., and Korsmeyer, S.J., 2004. Cell death: Critical control points. *Cell* **116**, 205–219.

12・12 シトクロム *c* は MOMP によって放出されてカスパーゼの活性化を誘導する

総　説

Hill, M.M., Adrain, C., and Martin, S.J., 2003. Portrait of a killer: The mitochondrial apoptosome emerges from the shadows. *Mol. Interv.* **3**, 19–26.

論　文

Bao, Q., Riedl, S.J., and Shi, Y., 2005. Structure of Apaf-1 in the auto-inhibited form: A critical role for ADP. *Cell Cycle* **4**, 1001–1003.

12・15 MOMP によってカスパーゼ非依存性の細胞死がひき起こされることがある

総　説

Chipuk, J.E., and Green, D.R., 2005. Do inducers of apoptosis trigger caspase-independent cell death? *Nat. Rev. Mol. Cell Biol.* **6**, 268–275.

12・16 ミトコンドリアの透過性の転移が MOMP をひき起こす

総　説

Halestrap, A., 2005. Biochemistry: A pore way to die. *Nature* **434**, 578–579.

12・17 アポトーシスに関する多くの発見が線虫においてなされた

総　説

Kinchen, J.M., and Hengartner, M.O., 2005. Tales of cannibalism, suicide, and murder: Programmed cell death in *C. elegans*. *Curr. Top. Dev. Biol.* **65**, 1–45.

12・18 昆虫のアポトーシスには哺乳類や線虫のアポトーシスとは異なる性質がある

総　説

Hay, B.A., Huh, J.R., and Guo, M., 2004. The genetics of cell death: Approaches, insights and opportunities in *Drosophila*. *Nat. Rev. Genet.* **5**, 911–922.

12・19 アポトーシス細胞の除去には細胞間相互作用が必要である

総　説

Lauber, K., Blumenthal, S.G., Waibel, M., and Wesselborg, S., 2004. Clearance of apoptotic cells: getting rid of the corpses.

Mol. Cell **14**, 277–287.
Reddien, P.W., and Horvitz, H.R., 2004. The engulfment process of programmed cell death in *Caenorhabditis elegans*. *Annu. Rev. Cell Dev. Biol.* **20**, 193–221.

12・20 アポトーシスはウイルス感染やがんなどの病気にも関係している

総 説

Clem, R.J., 2005. The role of apoptosis in defense against baculovirus infection in insects. *Curr. Top. Microbiol. Immunol.* **289**, 113–129.
Green, D.R., and Evan, G.I., 2002. A matter of life and death. *Cancer Cell* **1**, 19–30.
Polster, B.M., Pevsner, J., and Hardwick, J.M., 2004. Viral Bcl-2 homologs and their role in virus replication and associated diseases. *Biochim. Biophys. Acta* **1644**, 211–227.

12・21 アポトーシス細胞は消えてなくなるが忘れ去られるわけではない

総 説

Munoz, L.E., Gaipl, U.S., Franz, S., Sheriff, A., Voll, R.E., Kalden, J.R., and Herrmann, M., 2005. SLE—a disease of clearance deficiency? *Rheumatology* (*Oxford*) **44**, 1101–1107.
Skoberne, M., Beignon, A.S., Larsson, M., and Bhardwaj, N., 2005. Apoptotic cells at the crossroads of tolerance and immunity. *Curr. Top. Microbiol. Immunol.* **289**, 259–292.

がん：発生の原理と概要

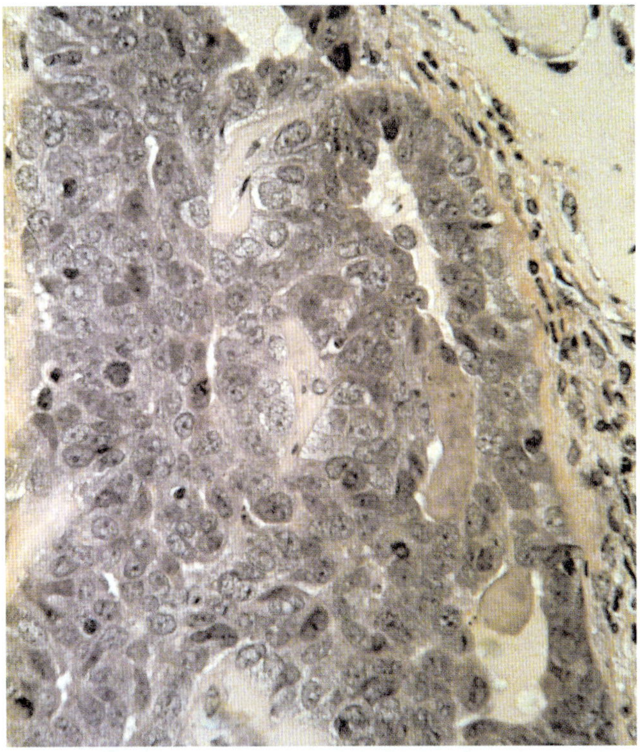

ヒトの乳腺の上皮細胞に一組のがん遺伝子とテロメラーゼをコードする遺伝子を導入して，悪性転換を誘導した結果を表している．生じた腫瘍には，臨床的にもよくみられる浸潤性の腺管がんの特徴を示す細胞が含まれている．ここに示した腫瘍には管構造がみられ，宿主由来の間充識細胞が腫瘍の基質細胞に集まっているのが観察される［写真は Tan A. Ince, Harvard Medical School の好意による］

13・1 腫瘍は単一細胞に由来する細胞集団である

重要な概念

- がんは，単一の変異細胞が腫瘍となり，転移することによって進行する．
- 腫瘍にはクローン性がある．
- 腫瘍は細胞の種類によって分類される．

がんは，細胞が時期や場所に関して不適切な状態で体内で増殖する細胞の病気である．ある細胞で細胞分裂に関する制御が失われる変異が起こると，その細胞は，増殖して**腫瘍**（tumor）とよばれる細胞塊を生じる．非がん性の腫瘍，すなわち，**良性**（benign）腫瘍は浸潤性がなく，他の組織に影響を及ぼさないが，がん性の腫瘍，すなわち**悪性**（malignant）腫瘍は破滅的な経過をたどる．腫瘍の成長には，腫瘍に栄養分を供給するための新たな血管の形成，すなわち，**血管新生**（angiogenesis）が伴う．悪性化した細胞は，原発部位から離れ，最終的に体内の新しい場所に根づく．これを**転移**（metastasis）とよぶ．この過程を図 13・1 に示した．

腫瘍塊において異常増殖する細胞には，**単一クローン性**（monoclonal）があり，一つのがんを構成する細胞はすべて共通の単一の祖先細胞（始原細胞）に由来する．この祖先細胞は，悪性化につながる異常増殖に導く原因となった損傷を受けた最初の細胞である．この損傷は，腫瘍が見いだされるよりも 10 年以上も前に起

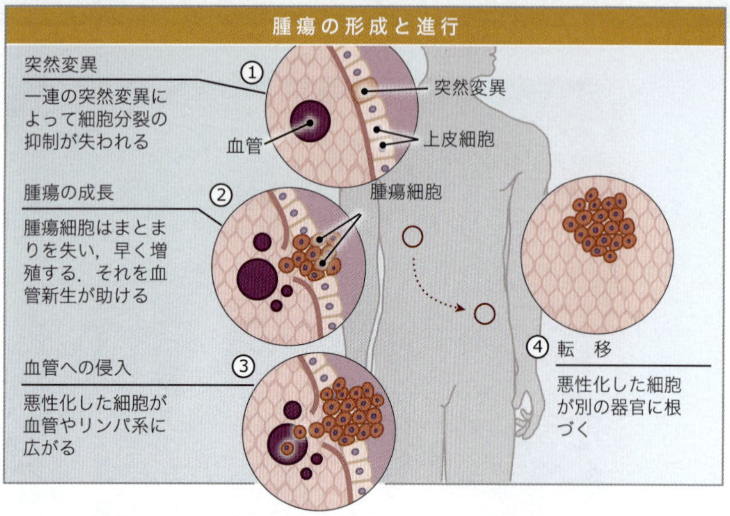
腫瘍の形成と進行
突然変異
一連の突然変異によって細胞分裂の抑制が失われる
①
突然変異
血管
上皮細胞
腫瘍の成長
②
腫瘍細胞
腫瘍細胞はまとまりを失い，早く増殖する．それを血管新生が助ける
血管への侵入
③
悪性化した細胞が血管やリンパ系に広がる
④ 転　移
悪性化した細胞が別の器官に根づく

図 13・1　一般的に，がんは局所的な腫瘍から広い範囲に拡大した転移へと進行する．上皮細胞が突然変異を起こした後に起こる基本的な段階を示した．

こっている場合があるが，この祖先細胞に由来する子孫は，最初にこの細胞が獲得した異常をもち続けると考えられている．したがって，共通の祖先細胞がもつ異常のすべてを知ることができれば，その後の子孫細胞が示す挙動について知ることが可能であり，したがって，腫瘍塊全体の性質を予想できる．このように，がんは細胞の病気であり，がん医療に関係する腫瘍の性質の多くを，がん組織を構成する個々の細胞から知ることができる．

ヒトの体に存在するさまざまな細胞が腫瘍を形成する可能性があり，それぞれの細胞は固有の組織学的な，すなわち，顕微鏡で観察可能な形態や生物学的特性を示している．つまり，がんは 100 種以上の異なる組織に出現し，それぞれがかなり異なる性質

新たながんの発症とがん死の推定値（2005年，米国）

部　位	発　症	がん死
全部位	1,372,910	570,280
口腔および咽頭	29,370	7,320
消化器系	253,500	136,060
呼吸器系	184,800	168,140
軟組織（心臓を含む）	9,420	3,490
骨および関節	2,570	1,210
皮膚（基底細胞と扁平上皮を除く）	66,000	10,590
乳　房	212,930	40,870
生殖器系	321,050	59,920
泌尿器系	101,880	26,590
眼および眼窩	2,120	230
脳および神経系	18,500	12,760
内分泌系	27,650	2,370
リンパ腫	63,740	20,610
多発性骨髄腫	15,980	11,300
白血病	34,810	22,570
その他，および原発部位が特定できなかった症例	28,590	46,250

図 13・2　組織ががん化する頻度，病気の進行過程，治療効果はがんが発生した組織やがんの種類によって大きく異なる［American Cancer Society, Inc. より］

を示す．また，一つのタイプの腫瘍に関しても，その挙動や生化学的性質はいろいろである．特定の細胞種が示す特徴的な性質によって，腫瘍としての挙動，たとえば，黒色腫は基底細胞がんよりも浸潤性が高いといった性質の違いがみられる一方，すべてのがん細胞には，制御を受けない細胞の成長と分裂といった共通の基本的な性質もみられる．

さまざまな**新生物**（neoplasm），すなわち，異常細胞が増殖している細胞塊は，それが由来する細胞の種類によって，主として四つの腫瘍グループに分けられる．ヒトにおいて最もよくみられる腫瘍は，**がん腫**（carcinoma）であり，これはさまざまな器官の表面や内腔に沿って存在する上皮細胞が悪性転換することによって発生する．がん腫のなかで多いのは，肺，大腸，乳房，卵巣，胃，膵臓，そして皮膚のがんである．**肉腫**（sarcoma）はがん腫よりも少なく，繊維芽細胞やそれに近い細胞が形成する間充織に由来する腫瘍で，骨や筋肉の腫瘍もこのグループに含まれる．造血器官は，発がんにつながる現象の標的になりやすく，造血器官に存在する細胞の悪性転換によって第 3 のグループである白血病，リンパ腫，骨髄腫などが生じる．第 4 のグループは，**神経外胚葉性**（neuroectodermal）の細胞の腫瘍であり，このグループには，神経芽細胞腫，神経膠芽細胞腫，神経腫，神経繊維腫，黒色腫がある．図 13・2 に，2005 年の米国におけるさまざまなタイプのがんの発症を示した．

がん研究は，見かけ上異なるさまざまな現象に関して記述を積み重ねることから出発し，細胞と腫瘍の挙動について少数の原理を用いて合理的に説明する論理的な科学へと発展した．本章では，まず，がんの原理を学び，表面的には複雑で多様な性質をもつヒトの腫瘍を，この原理によって合理的に説明するに至ったことを理解する．

13・2　がん細胞には数多くの特徴的な表現型がある

重要な概念

- がん細胞には，いくつかの特徴的な性質がある．
- がん細胞を培養シャーレで増殖させると，正常細胞とは異なり，隣接する細胞と接触しても分裂を停止しない．
- がん細胞では，必要な増殖因子に対する要求性が非常に小さくなっていて，成長と分裂が継続されやすい．
- がん細胞は，正常細胞とは異なり，培養状態における成長に物理的な付着を必要としない，すなわち，足場非依存性を示す．
- 正常細胞が一定の成長–分裂サイクルの後に分裂を停止するのに対して，がん細胞は不死であり，あらかじめ決まっている世代数で分裂を停止することはない．
- がん細胞は，染色体数や染色体構造の変化などの染色体異常を示すことが多い．

これまで長年にわたってがん細胞に関する研究が行われ，がん細胞に特異的に付随する特性が，図 13・3 に要約したように明らかにされている．これらの特性の多くは，宿主の生きた組織を用いた *in vivo* の研究からではなく，細胞を培養して増殖させながら行った *in vitro* の研究によって解明されたものである．多くの種類のがん細胞は，このような実験に都合がよいことに，培養シャーレ上で容易に培養できる．この性質は，多くの正常細胞が *in vitro* で増殖させることが難しいのと対照的である．（この点に関して，培養状態で生育している“正常な”細胞は，培養下での

生育を促進する何らかの変化をすでに受けている点に留意する必要がある．この点は§13・7 “腫瘍は複雑な過程を経て発生する” で述べる）

培養下における正常な繊維芽細胞とがん化した繊維芽細胞の性質

性 質	正常細胞	がん細胞
成長の接触阻害	有	無
増殖因子の要求性	高	低
足場依存性	有	無
細胞周期チェックポイント	正 常	無
核 型	正 常	異 常
増殖の限界	有 限	無 限

図 13・3 がん細胞はさまざまな性質の違いによって正常細胞と区別できる．

栄養培地を含む培養シャーレに移植した正常細胞は，シャーレの下部に沈み，底の表面全体を覆うまで増殖し，その時点で成長を止める．この挙動は**接触阻害**（contact inhibition）とよばれ，細胞どうしが接触したときには増殖が止まることを意味している．したがって，正常細胞は，1 細胞の厚みをもつシート，すなわち，**モノレイヤー**（単層 monolayer）をつくる．モノレイヤーによって培養用シャーレの底面全体が覆い尽くされたとき，これをコンフルエント・モノレイヤーとよぶ．

がん細胞は，上の点で正常細胞とはずいぶん異なる挙動を示す．図 13・4 に，がん細胞を培養シャーレに置いたとき，互いに接触した後にも成長と分裂を続けることを示した．このように分裂を停止することがないため，がん細胞は上へ上へと積み重なる．もし，培養シャーレ中で，がん細胞を多数の正常細胞と共に増殖させると，がん細胞の子孫は，正常細胞がつくる 1 層の薄いシートに囲まれた，**フォーカス**（focus）とよばれる細胞の集塊をつくる．このフォーカスは肉眼でも容易に観察できて計数可能なため，正常細胞集団の中に含まれる悪性転換したがん細胞クローンの数を容易に数えることができる．

接触阻害がないことだけが，がん細胞が増殖に関して示す明確な特性なのではない．がん細胞は，培養シャーレに移さずにゼリー状の寒天支持体中に浮遊させて懸濁状態で培養すると，球状のコロニーを形成する．それに対して正常細胞は，懸濁状態では増殖できず，分裂を開始する前にシャーレの底にきちんと付着させなければならない．したがって，正常細胞には**足場依存性**（anchorage dependency）があり，一方，がん細胞の増殖は対照的に足場非依存的である．

in vitro で増殖させることが容易な細胞種に，繊維芽細胞とよばれる結合組織の細胞がある．繊維芽細胞は，培養状態においてコンフルエントになるたびにシャーレからシャーレへと移して継代することが可能であり，継代するごとに盛んに増殖するが，やがて増殖は停止する．この増殖停止の現象は，細胞の分裂が一定回数に限定されていることを意味しており，さらに，ある細胞系譜に関して許された回数の成長–分裂サイクルを使い果たすと，たとえ環境条件がさらに増殖するのに最適であった場合にも増殖しないことがわかる．同じことは，細胞の種類やもとになった組織によって，30 世代，40 世代，あるいは 50 世代というふうに一定の回数の後に増殖が止まるという観察結果からも示唆される．図 13・5 に，このような挙動の例を示した．これに対して，がん

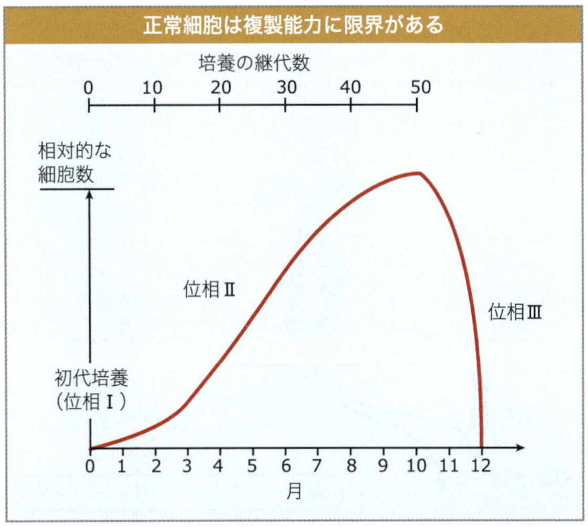

図 13・5 正常細胞は分裂を 30〜40 回した後に停止し，老化期とよばれる段階に入る［L. Hayflick, Morrhead P. S., *Exp. Cell Res.* **25**, ‘The serial cultivation...’, 585〜621 より改変］

細胞は，健全な細胞が示すこうした増殖限界とはまったく対照的な様相を示す．つまり，がん細胞は，いったん，その培養条件に順応すると無限に増殖する，つまり，**不死化**（immortalize）されていると考えられる．

がん細胞は，培養下において，その細胞の由来となっている正常細胞が示さないような異常性を示す．たとえば，正常細胞を培養して増殖させるには，必須の栄養素（アミノ酸，グルコース，ビタミンなど）の他にも物質を培養液に加えることが必要である．一般的には，培養液にウシの血液から調製した血清が必要であり，血清には多くの**増殖因子**（growth factor, GF）が含まれている．この増殖因子は，細胞増殖を刺激するために別の細胞から放出されるタンパク質である．

血清に含まれる重要な増殖因子に，PDGF（platelet-derived growth factor, 血小板由来増殖因子）があり，これは，組織が傷

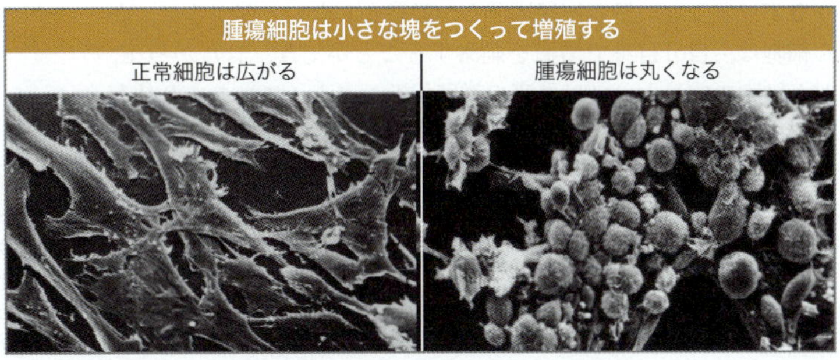

図 13・4 走査型電子顕微鏡観察から，正常細胞が広がって長い突起を示すのに対して，がん細胞はつながったボールの塊のように丸く集まっているのがわかる［写真は G. Steven Martin, University of California, Berkeley の好意による］

害を受けた後の血液凝固の際に血小板から血液中に放出される物質である．つまり，正常な状態では，PDGF が傷害部位において血小板から放出されて周辺の繊維芽細胞の増殖を促進し，これによって増殖した細胞が組織の再形成に携わるように誘導が起こるのである．これと同じように，PDGF の存在は，繊維芽細胞を培養シャーレ中で増殖させるときにも必要であり，PDGF を加えないときには，細胞は数週間生きてはいるものの成長–分裂はしない．EGF（epidermal growth factor, 上皮細胞増殖因子）のような他の増殖因子も，さまざまな上皮細胞を培養下で増殖させるときに必要である．図 13・6 には，一般的な増殖因子のシグナル伝達経路を示した．

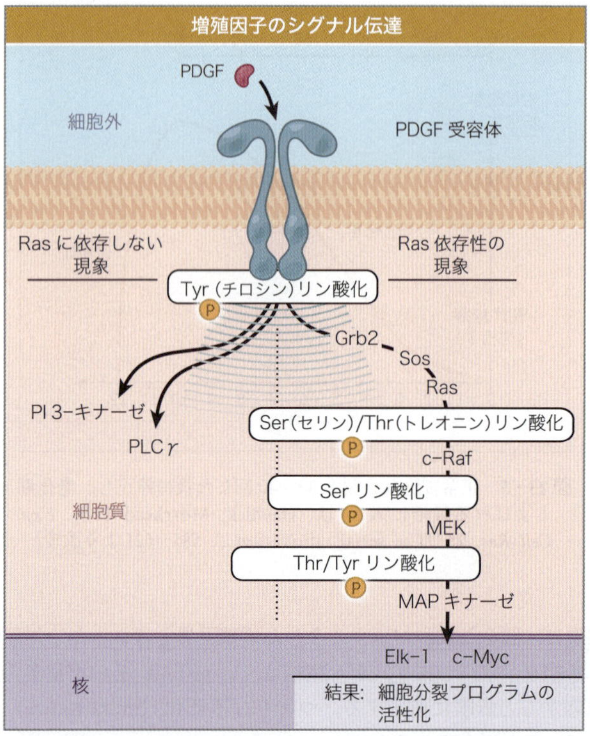

図 13・6　一般的なシグナル伝達経路においては，リガンド（ここでは PDGF）が受容体に結合して，つぎに，受容体は細胞内の一連の反応系列を活性化し，細胞の挙動を変化させる．タンパク質のリン酸化，脂質や GTP の加水分解などが細胞内のシグナル伝達のおもな反応である．

実際，ほぼすべての種類の正常細胞は，一つ以上の増殖因子を培養液に入れておくことが分裂の促進に必要である．こうした観察から，つぎのようなほとんどの細胞が当てはまる生物学の原則が出された．すなわち，細胞は外部からの刺激，特に周囲に存在する増殖因子のシグナルによる誘導を受けない限り増殖しない．ところが，がん細胞にはこの法則は当てはまらない．つまり，がん細胞は，培養下において，そのがん細胞が由来する正常細胞よりもずっと少ない量の増殖因子しか必要としない．要するに，がん細胞は，自分自身で増殖を刺激することができ，したがって，がん細胞の成長と分裂は外来の増殖促進シグナルにはあまり依存していないのである．

ここで重要なのは，がん細胞が外来の増殖刺激因子に完全に非依存的になるのはまれなことである．つまり，一般的には，がん細胞は，その細胞が由来する正常細胞が必要としている増殖因子に依存的であり続ける．たとえば，ヒトの乳がん細胞の多くは，増殖にエストロゲンを必要としており，前立腺がん細胞はアンドロゲンを必要としている．（これら二つの因子は，通常は“ホルモン”に分類されているが，実際には，がん細胞の増殖に当たっては，これらは増殖因子として機能している．）また，ヒトの多くのがん細胞では，インスリン様増殖因子 1（insulin-like growth factor 1, IGF–1）を生存のために必要としている．

ある種の細胞外因子は，増殖を刺激する PDGF や EGF とは異なり，細胞増殖を実質的に阻害する．こうした増殖阻害因子として最も研究されているのが TGF–β（transforming growth factor–β トランスフォーミング増殖因子 β）であり，TGF–β はさまざまな種類の上皮細胞の増殖を停止させる強い作用がある．つまり，TGF–β は実質的に負の増殖因子の作用を行う．（TGF–β にはある種の細胞を足場非依存的に増殖させる作用があるため，最初は腫瘍“増殖”因子と命名された．）さて，がん細胞が正常細胞とは異なる応答を示すことに話を戻すと，多くの種類のがん細胞は，TGF–β による増殖阻害に対抗する能力を獲得していて，この負の増殖因子がかなり高濃度存在する場合にも分裂を続けることができる．

したがって，細胞外環境に存在するシグナルに関して，がん細胞は二つの異なる変化を実際に示しているといえる．すなわち，がん細胞は，外来の増殖刺激シグナルに対して相対的に非依存性になっている一方，同時に，外来の増殖阻害シグナルに対する抵抗性を獲得している．この二つの変化から，がんの細胞生物学を研究するためのつぎのような一般的な論点が与えられる．つまり，がん細胞では，周辺の環境に存在する正と負に作用する増殖因子などのシグナルに対して正しい結びつきをもたなくなっているという問題である．

がん細胞のもう一つの重要な性質は，核に含まれる染色体の構成に関するものである．がん細胞では，一部の染色体が失われていたり，過剰に存在する染色体がみられたりするほか，正常細胞な染色体が断片化して融合した奇妙な染色体が含まれている場合もある．こうした染色体異常は，**異数性**（aneuploidy）とよばれ，正常細胞が示す正常な染色体状態である**整倍性**（euploidy）とは対照を成している．図 13・7 には，腫瘍細胞の異数性を表す蛍光 *in situ* ハイブリダイゼーション像を示した．

要約すると，がん細胞はさまざまな異常を示すという表現に尽きる．しかし，実際には，ここまで述べてきたよりももっと多く

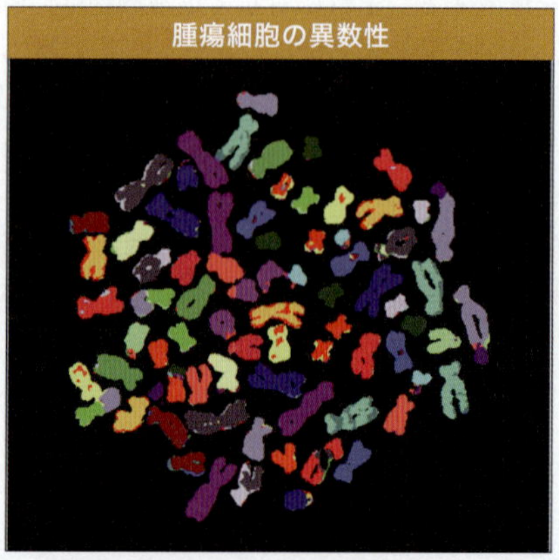

図 13・7　この顕微鏡写真には，大腸がん細胞から調製した染色体をそれぞれ異なる蛍光色素を用いて特異的に標識し，それをハイブリダイゼーションプローブに用いて観察した結果を示してある．染色体の構造に，数の点で欠損が生じていることがわかる［写真は Prasad V. Jallepalli, Memorial Sloan-Kettering Cancer Center の好意による．P.V. Jallepalli, C. Lengauer, *Nature Review Cancer*, **1**, 109〜117（2001）から再構成して作成した］

の異常がある．しかし，がん細胞と正常細胞には多くの共通点があることを再確認することも重要である．このような共通点があるため，正常な細胞を傷つけることなしに，がん細胞を殺すことが困難になっている．

13・3 がん細胞は DNA に損傷を受けた後に生じる

重要な概念

- がんをひき起こす薬剤は，DNA を損傷することによってがんを発生させる．
- ある種の遺伝子の変異によって細胞は異常に増殖する．
- Ames は化学薬剤の発がん性を検査する方法を開発した．
- がんは，通常，体細胞から生じる．

がんの要因となる化学物質やX線などは，発がん要因あるいは**発がん物質**（carcinogen）とよばれる．多くの発がん物質は，**突然変異誘発剤**（mutagen）として働くことによって発がん作用を示す．発がん物質が体内に入ると，標的器官の細胞に作用して，重要な遺伝子を変異させる．こうして変異した遺伝子が，その細胞と子孫細胞の組織内の挙動に影響を与えて，やがて異常な増殖を示す要因となる．

発がん性と突然変異誘発性との関連は，当初は研究者にとってそれほど自明なものではなく，1975 年の Bruce Ames による研究の後に強く支持されるようになった．Ames は，薬剤の突然変異誘発能が強ければ強いほど，強い発がん物質として作用する可能性が高いことを示した．図 13・8 には，簡略化したエイムス試験の方法を示しており，これは，既知のさまざまな発がん物質の変異原性を定量化するために，Ames が用いた実験である．

図 13・9 には，**体細胞組織**（soma）の細胞に対して発がん物質が作用する様子が示した．ここにおける体細胞組織とは，卵や精子をつくって次世代に伝達される可能性をもっている卵巣や精巣以外の組織のことである．この場合，突然変異を誘発する発がん物質によって生じた変異遺伝子は体細胞組織の標的組織内の他の細胞に伝えられるが，変異遺伝子は精子や卵には存在しないため，個体の子孫に伝わらない．こうした変異を**体細胞変異**（somatic mutation）とよび，個体から次世代へ遺伝子が伝達する**生殖細胞系列**（germline）変異とは区別される．つまり，多くのがんは，体内のさまざまな組織にある細胞に影響を与える体細胞変異の結果生じる．しかし，後にみるように，生殖細胞に伝わった変異遺伝子は，先天的ながん罹患性につながる．

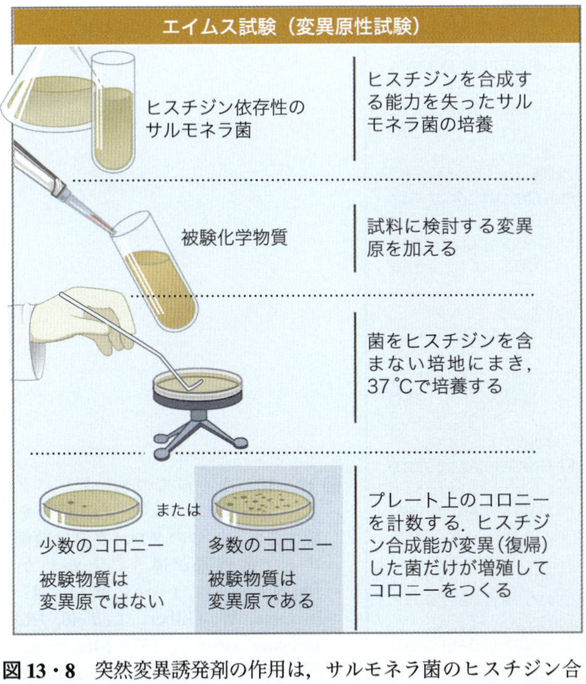

図 13・8 突然変異誘発剤の作用は，サルモネラ菌のヒスチジン合成系遺伝子を欠損状態から正常状態へと復帰させる変異の頻度を測定することによって検出できる．通常は，ここに示した実験以外に，ラット肝の抽出物を加える実験を行う．この実験によって肝臓での生化学反応が薬剤の性質を変化させ，突然変異誘発剤を活性化する可能性を調べることができる．

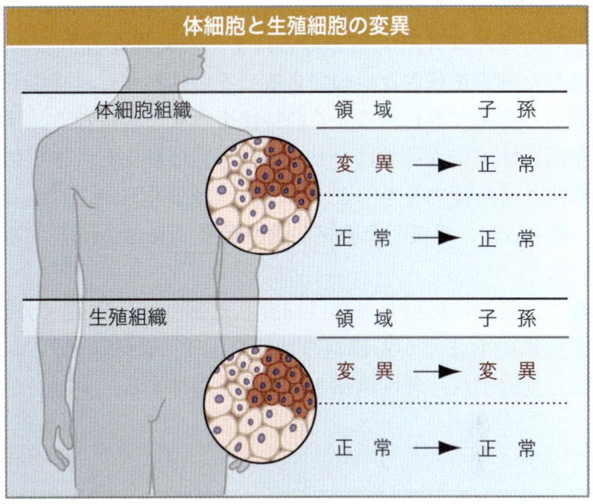

図 13・9 発がん物質は，通常，体細胞を攻撃する．したがって，がんは罹患した患者に限定され，子孫には伝わらない．

13・4 がん細胞はある種の遺伝子が変異したときに生じる

重要な概念

- がん遺伝子は細胞の成長と分裂を促進する．
- がん抑制遺伝子は細胞の成長と分裂を阻害する．
- 細胞のゲノムには多数のがん原遺伝子が存在する．
- 腫瘍ウイルスはがん遺伝子をもつ．
- 遺伝子の変化によってがん原遺伝子が強力ながん遺伝子に変換することがある．

細胞が突然変異誘発剤にさらされると，細胞の成長と分裂に正あるいは負に作用する制御因子をコードする遺伝子が損傷を受けることがある．通常，この二つのタイプの制御遺伝子は相反する作用をしていて，均衡がとれた制御系を形成している．正常な細胞の成長と分裂を促進する作用をもつ正の制御因子は**がん原遺伝子**（proto-oncogene）とよばれ，変異によって**がん遺伝子**（oncogene）へと活性化される．通常は細胞の増殖を制限する作用を行っている負の制御因子は，**がん抑制遺伝子**（tumor suppressor gene）とよばれ，変異によって不活性化すると増殖抑制作用が細胞から失われるため，発がんに関係する．

まず最初に，レトロウイルスの研究からがん遺伝子の発見に至る歴史を簡単に見てみよう．がん遺伝子は，がん抑制遺伝子よりも早く発見されており，がん遺伝子発見に至った研究の始まりは，Peyton Rous が 1910 年に報告したウイルスまでさかのぼる．Rous は，Long Island のニワトリ農家が研究室に持ち込んだニワトリの羽に形成された結合組織の腫瘍（肉腫）からウイルスを単離した．肉腫をすりつぶし，沪過した抽出物を得て第二のニワトリに注射したところ，沪紙を通過する液中にニワトリの結合組織に再び肉腫を形成させる物質があることを見いだした．

Rous は，これを繰返す実験を考案し，第二のニワトリの腫瘍から同じように沪過した抽出物を第三のニワトリに注射すると，やはり，そこに含まれている物質が肉腫を形成させることを見いだした．この物質は，沪紙を通り，また，増やすこともできることから，大きくて沪紙を通らないバクテリアではなくて，ウイルスの定義に適合した．

これからずっと後に，Rous が発見したウイルスはラウス肉腫ウイルス（Rous sarcoma virus, RSV）とよばれるようになり，他の一般的なウイルスとは大きく異なることがわかった．つまり，他のウイルスは，宿主細胞に侵入して増殖し，宿主細胞を殺すとともに子孫ウイルス粒子を放出して，近傍の別の細胞に感染するというサイクルをたどるのとはまったく異なり，この RSV は感染した細胞を殺さないのである．その代わりに，感染した細胞は，がん細胞にみられる多くの特性を示すようになる．すなわち，懸濁状態で培養可能になり，細胞形態は変化し，さらに，腫瘍を形成させる能力をもつようになる（腫瘍化させる tumorigenic）．要するに，感染した細胞が**悪性転換**（transform）するのである．

さらに，最初に感染して悪性転換した細胞は，成長・分裂し，その子孫細胞もまたがん細胞の特性を示す．RSV のゲノムは子孫細胞に受継がれ，悪性増殖をひき続き誘導する．実際，がん細胞の増殖は遺伝する特性として一つの細胞からその子孫へと伝達されるが，それには RSV のゲノムが存在することが必要である．

1970 年代初期の RSV の分析から，RSV は非常に小さい一本鎖 RNA ゲノムをもつ**レトロウイルス**（retrovirus）であることがわかった．それに含まれる，*src* とよばれる一つの遺伝子によって RSV のがん誘発性のすべてを説明されたため，*src* はがん遺伝子であると考えられるようになった．研究者にとって，この遺伝子が示す非常に強い能力は予想しないものであった．つまり，この 1 個の遺伝子に“多面発現的な変化”すなわち，同時に多くの変化を細胞に誘発する能力があることが予想外だった．このような予想以上の変化が起こったことによって，RSV によって悪性転換された細胞がニワトリの組織中で増殖し，最終的に大きな肉腫を形成していたのである．

1975 年，研究者は再び驚愕した．正常な細胞には正常な *src* 遺伝子が含まれており，正常細胞において，また器官形成時において非常に重要な役割をもつことが明らかになったのである．このウイルス遺伝子の正常型は，RSV がもっているがん遺伝子の前駆体となりうるため，**がん原遺伝子**（proto-oncogene）とよばれるようになった．

src 遺伝子が RSV ゲノムの一部となったのは，*src* 遺伝子を含まない祖先型のレトロウイルスがニワトリ細胞に感染し，細胞の

v-Src は c-Src の変異型である

```
                                   200       210       220       230
           c-Src（ニワトリ）  MGSSKSKPKDPSQRRRSLEPPDSTHHGGFPASQTPNKTAA
                              :::::::::::::::.::::::::::::::::::::..::
           v-Src（RSV）       MGSSKSKPKDPSQRRHSLEPPDSTHHGGFPASQTPDETAA
                                       10        20        30        40

   240       250       260       270       280       290       300       310
PDTHRTPSRSFGTVATEPKLFGGFNTSDTVTSPQRAGALAGGVTTFVALYDYESRTETDLSFKKGERLQIVNNTEGDWWL
::.::.::::::::::::::: :::::::::::::::::::::::::::::::: :::::::::::::::::::::::::
PDAHRNPSRSFGTVATEPKLFWGFNTSDTVTSPQRAGALAGGVTTFVALYDYESWTETDLSFKKGERLQIVNNTEGDWWL
        50        60        70        80        90       100       110       120

   320       330       340       350       360       370       380       390
AHSLTTGQTGYIPSNYVAPSDSIQAEEWYFGKITRRESERLLLNPENPRGTFLVRESETTKGAYCLSVSDFNAKGLNVK
:::::::::::::::::::::::::::::::::::::::::::::::::::::::.:::.::::::::::::::: ::::
AHSLTTGQTGYIPSNYVAPSDSIQAEEWYFGKITRRESERLLLNPENPRGTFLVRKSETAKGAYCLSVSDFNAKGPNVK
       130       140       150       160       170       180       190       200

   400       410       420       430       440       450       460       470
HYKIRKLDSGGFYITSRTQFSSLQQLVAYYSKHADGLCHRLTNVCPTSKPQTQGLAKDAWEIPRESLRLEVKLGQGCFGE
:::: :: ::::::::::::.::::::::::::::::::::.:::::::::::::::::::::::::::::.:::::::::
HYKIYKLYSGGFYITSRTQFGSLQQLVAYYSKHADGLCHRLANVCPTSKPQTQGLAKDAWEIPRESLRLEAKLGQGCFGE
       210       220       230       240       250       260       270       280

   480       490       500       510       520       530       540       550
VWMGTWNGTTRVAIKTLKPGTMSPEAFLQEAQVMKKLRHEKLVQLYAVVSEEPIYIVTEYMSKGSLLDFLKGEMGKYLRL
::::::: ::::::::::::::::::::::::::::::::::::::::::::::::: ::::::::::::::::::::::
VWMGTWNDTTRVAIKTLKPGTMSPEAFLQEAQVMKKLRHEKLVQLYAVVSEEPIYIVIEYMSKGSLLDFLKGEMGKYLRL
       290       300       310       320       330       340       350       360

   560       570       580       590       600       610       620       630
PQLVDMAAQIASGMAYVERMNYVHRDLRAANILVGENLVCKVADFGLARLIEDNEYTARQGAKFPIKWTAPEAALYGRFT
::::::::::::::::::::::::::::::::::::::::::::::::::::::::::::::::::::::::::::::::
PQLVDMAAQIASGMAYVERMNYVHRDLRAANILVGENLVCKVADFGLARLIEDNEYTARQGAKFPIKWTAPEAALYGRFT
       370       380       390       400       410       420       430       440

   640       650       660       670       680       690       700       710
IKSDVWSFGILLTELTTKGRVPYPGMVNREVLDQVERGYRMPCPPECPESLHDLMCQCWRKDPEERPTFEYLQAFLEDYF
:::::::::::::::::::::::::::::::::::::::::::::::::::::::::::::::::::::.:::: :
IKSDVWSFGILLTELTTKGRVPYPGMVNREVLDQVERGYRMPCPPECPESLHDLMCQCWRKDPEERPTFKYLQAQLLPAC
       450       460       470       480       490       500       510       520

   720
TSTEPQYQPGENL

VLEVAE
```

SH3　SH2　触媒領域

図 13・10　ウイルスの Src タンパク質と細胞の Src タンパク質の配列を比較すると，二つのタンパク質は数個のアミノ酸残基が違うことがわかる［配列データは，v-*src* に関しては，S. Broome, W. Gilbert, *Cell* **40**, '*Rous sarcoma virus...*', 537〜546. c-*src* に関しては，T. Takaya, H. Hanafusa, *Cell* **32**, '*Structure and sequence...*', 881〜890. 二つの配列は，"Methods in Enzymology", vol.183, 'Rapid and sensitive...', p63〜98 の FASTA プログラムによって並べた］

src 遺伝子（c-*src* とよばれる）のコピーを新しく複製したウイルスのゲノム中に取込んだためであることがわかった．*src* 遺伝子を獲得したこのハイブリッドウイルスは，*src* 遺伝子をがん遺伝子（v-*src*）へ変換させた．そのため，生じた腫瘍ウイルス，すなわち，RSV となったウイルスは，感染細胞を悪性転換し，正常な増殖状態を腫瘍性の増殖状態に変化させることができたのである．図 13・10 に，v-*src* がコードするタンパク質と c-*src* がコードするタンパク質とを比較した．

他の腫瘍を誘発する多数のレトロウイルスに関しても，RSV の場合とほぼ同じ様式で正常な細胞の遺伝子を獲得して変化させていることがわかった．トリ骨髄細胞腫ウイルスは *myc* 遺伝子を獲得し，Harvey ラット肉腫ウイルスは H-*ras* 遺伝子を，ネコ肉腫ウイルスは *fes* 遺伝子を獲得していた．いずれの場合も，ウイルスがもつがん遺伝子は，以前から存在していた正常な細胞のがん原遺伝子に由来する．すなわち，動物のゲノムには，比較的多数のこうしたがん原遺伝子が存在することが，悪性転換能をもつレトロウイルスのゲノムから明らかにされたのである．

もう一つの腫瘍ウイルスのグループは，まったく異なる機構で悪性転換をひき起こす．このグループのウイルスは二本鎖 DNA ゲノムをもち，そのメンバーには，ウサギにイボや皮膚がんを生じ，ヒトには子宮頸がんを生じるパピローマウイルス，げっ歯類にさまざまな腫瘍を生じる SV40 やポリオーマウイルス，アフリカ人にリンパ腫，アジア人に上咽頭がんを生じるエプスタイン・バーウイルス（Epstein–Barr virus, EBV）などのヘルペスウイルスに類似したウイルスがある．これらの DNA 腫瘍ウイルスは，正常細胞の増殖制御タンパク質とは種類が異なるがん誘導タンパク質（**がんタンパク質** oncoprotein）を産生する．たとえば，SV40，アデノウイルス，パピローマウイルスが産生するタンパク質は，いずれも細胞にあるがん抑制因子に結合して不活性化する作用をもつ．この状態は，細胞のゲノムに含まれるがん抑制遺伝子が変異して不活性化したために，がん抑制遺伝子の機能が失われた状態に似ている．図 13・11 に，ウイルスのがんタンパク質が細胞のタンパク質に結合した様子を示した．

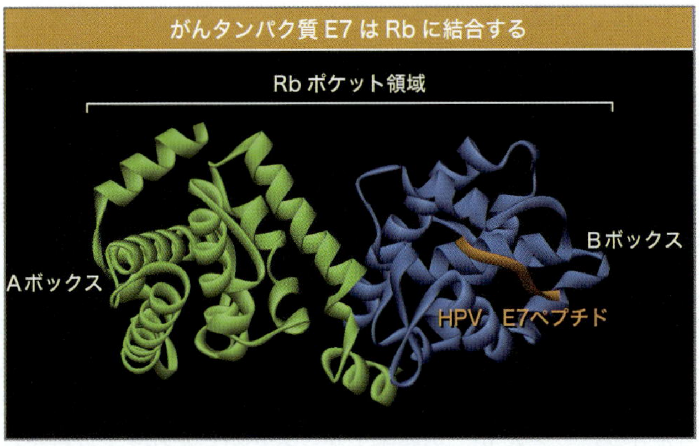

図 13・11 ヒトパピローマウイルス（HPV）は，E7 ペプチド（オレンジ色）を Rb タンパク質のポケット領域（青色）に挿入することによって細胞周期制御を撹乱し，転写因子 E2F が放出される状況をつくり出す［画像は Protein Data Bank file 1GUX より作成］

こうした腫瘍ウイルスの研究から，がんに関する三つの考え方が生まれ，これらは，がんの分子的起原を理解するうえで大きな役割を果たした．第一に，細胞のゲノムには多数のがん原遺伝子が存在する．第二に，レトロウイルスにおいて起こったような遺伝子の変化によって，がん原遺伝子が強力ながん遺伝子に変化する場合がある．第三に，活性化したがん遺伝子が細胞にあると，多面発現的な作用をして，がん細胞が示す多くの異常な性質を現すようになる．また，DNA ウイルスの研究によって，がん抑制遺伝子の分子レベルの作用機構を明らかにすることにもつながった．

13・5 細胞のゲノムには多くのがん原遺伝子が含まれている

重要な概念

- がん原遺伝子は機能獲得変異によって活性化する．
- がん原遺伝子の過剰発現によって腫瘍が生じる．
- 転座によってがん誘発能があるハイブリッドタンパク質ができる．

ヒトのがんの多くは，レトロウイルスや DNA 腫瘍ウイルスの感染によってひき起こされるのではない．それでは，ヒトのがん細胞はどのようにしてがん遺伝子を獲得し，がん抑制遺伝子の機能を失うのであろうか？　1979 年，化学発がん剤によって悪性転換したマウスの腫瘍細胞から抽出した DNA を正常細胞に注入（**トランスフェクション** transfection）したところ，受容した細胞が悪性転換することが見いだされた．つまり，化学的に悪性転換した細胞が，RNA 腫瘍ウイルスや DNA 腫瘍ウイルスに含まれるがん遺伝子と同じような作用をするがん遺伝子をもっていることが示されたのである．しかし，薬剤によって悪性転換した細胞に，ウイルス感染は関係していない．この数年後に，新たな概念，すなわち，薬剤で悪性転換した細胞に存在する悪性転換能をもつがん遺伝子は，化学発がん剤によって正常ながん原遺伝子が突然変異して形が変化したものであるという概念が提出された．（この実験の詳細は EXP：13-0001 参照.）

実際，化学発がん剤によって活性化されたがん遺伝子は，マウスのレトロウイルスである Kirsten ラット肉腫ウイルスがもつ Ki-*ras* がん遺伝子に非常によく似ていた．同様に，ヒトの膀胱がんの DNA を用いたトランスフェクション実験から同定されたがん遺伝子は，ラットの Harvey 肉腫ウイルスにある Ha-*ras* がん遺伝子とほとんど同じものであった．その直後，トリ骨髄芽腫ウイルスのゲノム中から最初に発見された *myc* がん遺伝子は，さまざまなヒトの骨髄芽腫においても少し異なる形で存在することが見いだされた．

このような発見から，今では当然の知識，すなわち，がん原遺伝子はいくつかの機構でがん遺伝子へと活性化されうることが明らかになった．動物によっては，この活性化がレトロウイルスゲノムの取込みによって起こる．しかし，たとえばヒトのがんのほとんどはウイルスによらない悪性化であり，このときには，細胞の染色体中にある正常な遺伝子が突然変異で変化することによって，レトロウイルスで活性化したのと同じ遺伝子が活性化している．

ヒトの腫瘍において，がん原遺伝子をがん遺伝子へと活性化する突然変異にはさまざまな様式がある．*ras* がん遺伝子の場合には，コード領域の単純な突然変異によってがん原遺伝子ががん遺伝子へと変化する．この変異は，**機能獲得型**（gain-of-function）の突然変異として作用し，正常な状態では増殖因子の刺激によってごく短時間しか続かない Ras タンパク質の構造が，持続的に固定化する変化が起こる．*myc* がん遺伝子の場合には，ヒトの腫瘍では少なくとも二つの機構で活性化している．第一の機構では，何らかの仕組みで発現量が変化し，Myc タンパク質の発現レベルが上昇している．これには，*myc* 遺伝子のコピー数が遺伝子増幅の機構で増えている場合がある．また，ほかに，*myc* 遺伝子が，**転座**(translocation)の現象によって免疫グロブリン(抗体)遺伝子などの別の遺伝子と融合し，その結果，別のプロモーターによる支配を受けたことによって，*myc* 遺伝子の発現が，通常はきわめて低く厳密に制御されている状態から，高レベルで一定，すなわち，制御されないレベルでの発現へと変化する場合が知られている．

また，染色体の転座によって，まったく新たな機構でがん遺伝子を形成する場合がある．フィラデルフィア染色体がその例で，これは慢性骨髄性白血病（CML）の患者に多くみられる．この染色体は，9 番染色体と 22 番染色体とを交換する相互転座の結果生じる．この転座によって *Bcr* 遺伝子と *Abl* 遺伝子の融合が起こり，コード領域がハイブリッドになる．このハイブリッドタンパク質には，Bcr タンパク質のN末端側に Abl タンパク質の大部分がC末端領域としてつながっている．ハイブリッドタンパク質が発がん性になる機構は完全には明らかにされてはいないが，Abl タンパク質は，ラウス肉腫ウイルスにコードされる Src タンパク質に似た作用をするシグナル伝達因子である．図 13・12 に，がん原遺伝子において機能獲得型の突然変異が起こる複数の機構を示した．

以上のように，遺伝子の質的な変化（*ras* や *Bcr–Abl* の場合），あるいは，量的な変化（*myc* の場合）の両方が，細胞の悪性転換に寄与している．

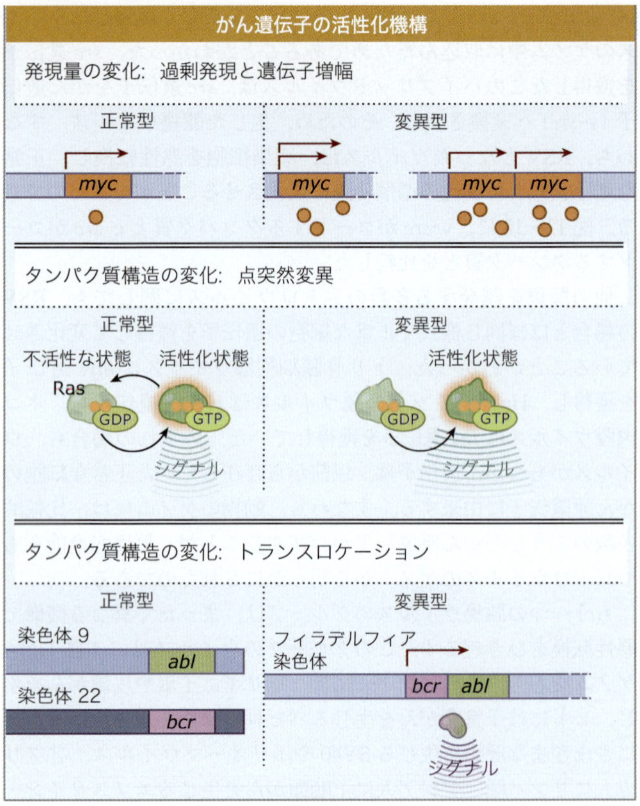

図 13・12　がん遺伝子は，量的変化や質的変化によって活性化される．

13・6　がん抑制活性が失われるには 2 回の変異が必要である

重 要 な 概 念

- がん抑制遺伝子は，二つのコピーが共に不活性化された場合にその表現型が現れる．
- ヘテロ接合性の消失を生じる機構によって，残っている正常ながん抑制遺伝子のコピーが失われる．
- 変異型のがん抑制遺伝子が遺伝したとき，がん感受性が生じる．

がん原遺伝子をがん遺伝子へと変換する変異は活性化変異であるのに対して，がん抑制遺伝子の場合には，これとは異なる変異によって不活性化が導かれなければならない．しかし，この二つの過程は対称な現象ではない．つまり，がん遺伝子の活性化には通常は遺伝的変化が 1 回だけ必要であるのに対して，がん抑制遺伝子を失うには 2 回の変化が必要である．

この違いの理由は，メンデルの遺伝学の法則からわかる．がん原遺伝子をがん遺伝子に変換する活性化変異からは優性アリルが常に生じ，たとえ野生型アリルが相同染色体上にひき続き共存しても，細胞の表現型に関して優性に作用する．これとは対照的に，がん抑制遺伝子の 1 コピーの機能を失わせる不活性化変異によっては，通常，劣性のヌル・アリル（活性が完全に失われたアリル）を生じ，この状態では，野生型アリルが一つ残っていれば，それがひき続き活性を示すため，細胞がこの不活性化を感知することはない．二つめのコピーが不活性化したり，失われたりしたときに，がん抑制遺伝子が重複して（冗長的に）機能しているコピーの両方が失われる結果となり，そのときはじめて，細胞におけるこの遺伝子の阻害的な作用が失われる．

すべての突然変異は，がん抑制遺伝子の不活性化につながるものを含めて，世代当たり比較的低い確率（たいていは 10^{-6} 程度）で起こる．そのため，がん抑制遺伝子の二つのコピーが共に失われることは非常にまれな現象であるように思われる．数学的に考えると，2 回の突然変異の現象が起こる確率は，上の値の 2 乗，すなわち，$10^{-6} \times 10^{-6}$ となる．この答からは，がん化の現象は起こりえない現象（10^{-12} 細胞当たり 1 個の細胞に起こる）であると結論される．つまり，はじめに悪性化していない細胞だけの集団が存在する状態を考えたときには，生物個体の歴史の中でがん化が起こることはほとんどありえないと思われる．

しかし，実際には，悪性化する前段階にある細胞集団が発達していく過程において，増殖を抑制している重要ながん抑制遺伝子の両コピーが失われる現象は起こっている．すなわち，ほとんど可能性がないのと同じ 10^{-6} の確率によらず，別の機構で，第二のがん抑制遺伝子のコピーが失われる現象が実際に起こっている．野生型で残っている第二のがん抑制遺伝子のコピーは，**ヘテロ接合性の消失**（loss of heterozygosity，LOH）とよばれる機構によって失われるのである．図 13・13 に示したように，この機構では，体細胞における組換え（体細胞組換え：GNTC:13-0001 参照）を介して，一方の染色体アームが相同染色体に由来する複製したコピーと置き換わることで失われる．この過程は細胞世代当たり少なくとも 10^{-3} の頻度で起こるため，それまではヘテロ接合状態で存在していた遺伝子が，この確率でホモの状態になる．がん抑制遺伝子を含む染色体アームをみると，この現象によって野生型の遺伝子コピーが失われ，変異をもつコピーが複製したものに置き換わる．その結果，がん抑制遺伝子の機能的な野生型コピーを失った細胞が生じる．

多くのがんにおいては，重要ながん抑制遺伝子の遺伝子発現が抑制されてしまうことによっても，欠損を生じる可能性がある．この発現の抑制には，がん抑制遺伝子のプロモーター周辺の CpG 配列におけるシチジンのメチル化が関係している．このようなプロモーターのメチル化ががん抑制遺伝子の発現に関係していることは，すでによく研究されており，遺伝子を構成する塩基配列の変異と同様に，がん抑制遺伝子の機能を失わせる効果をもつことがわかっている．たとえば，ある種の腫瘍においては，網膜芽細胞腫遺伝子（*Rb* 遺伝子）のプロモーター領域がメチル化を受けているが，塩基配列自体は変化していない例が知られている．この *Rb* 遺伝子のプロモーターのメチル化は，遺伝子の転写を停止させる．場合によっては，*Rb* 遺伝子の一方のコピーがプロモーターのメチル化によって発現抑制され，残っている野生型の遺伝子コピーが，メチル化された遺伝子コピーが複製されたものによって置き換えられたために，活性が失われている．（Rb の詳細については，§13・10 の“がん抑制因子は細胞周期への不適切な進入を防いでいる”参照．）

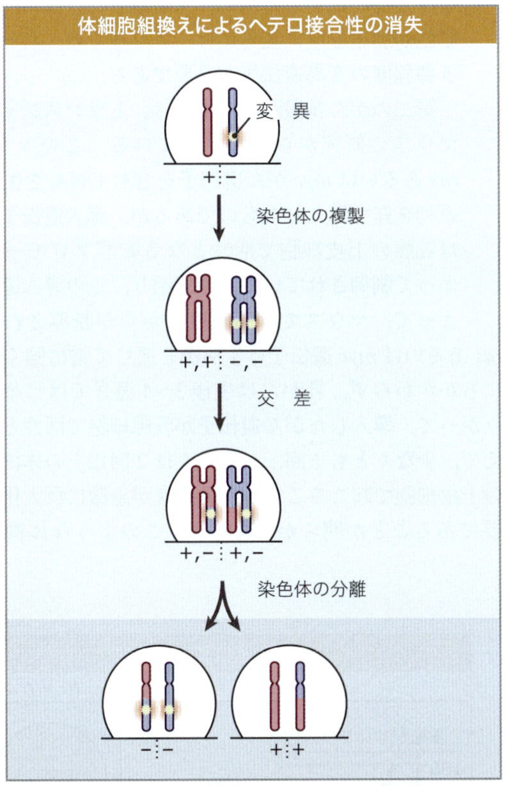

図 13・13　変異がヘテロ接合状態であったとき，もし体細胞分裂の間に相同染色体間で組換えを起こして二つの変異染色体が一緒に分離すると，ホモ接合体になる可能性がある．

体細胞では，上記とは別の機構によっても重要ながん抑制遺伝子を2コピーとも失う可能性がある．これは，親から子へと遺伝的に伝達される疾病であり，非常に高い確率でがんを発症する遺伝性がん症候群においてみられる．こうした種類の家族性のがん症候群では，生殖細胞を介して一つのがん抑制遺伝子に関して欠損した1コピーが伝達される．このような疾病のなかで，家族性網膜芽細胞腫が最も研究されており，ここでは，*Rb* 遺伝子の欠損アリルが，片親から伝達されるか，卵か精子の形成過程で生じる．いずれの場合も，生じた受精卵（接合子）には，*Rb* というがん抑制遺伝子に関して，野生型と変異型の *Rb* 遺伝子が一つずつ含まれている．このヘテロ接合状態が遺伝的に体を構成するすべての細胞に伝達される．

この *Rb* 遺伝子座のヘテロ接合性によって，詳細な機構は不明だが早い時期に網膜芽細胞腫という眼球腫瘍を生じ，青春期に骨肉腫（骨のがん）を生じる．いずれの場合も，罹患組織の細胞では，残っていた *Rb* 遺伝子の野生型アリルが失われていて，*Rb* 遺伝子活性を完全に失った細胞が生じることが知られている．この消失は，ヘテロ接合性の消失によって起こる．この二重変異細胞が，腫瘍形成に必須の第一要件である．つまり，2回の必須の変異のうちの一方はすべての細胞においてすでに起こった状態にあり，がん化の標的となる組織が胚発生とともに形成され，発達していくと，特定の標的器官において腫瘍が形成される確率が非常に大きな値になるのである．

また，他の家族性のがん疾患も，他のがん抑制遺伝子の欠損が遺伝することによって生じる．Li-Fraumeni 症候群は，多くの上皮および間充織器官のがん罹患率を増加させているが，患者の多くはがん抑制遺伝子 *p53* の変異型アリルが遺伝することから生じる．（*p53* の詳細については，§13・11“DNA 修復や維持に関係する遺伝子の変異によって細胞の突然変異率が全体として上昇する”参照．）2種類の神経芽細胞腫は，*NF-1* あるいは *NF-2* の変異型アリルが親から子へと伝わることによって生じる．家族性大腸腺腫症は，大腸に数10から数百のポリープが生じ，その中からがん腫を生じることが特徴であるが，これは *APC* 遺伝子の欠損が遺伝することによる．残っている *APC* 遺伝子が大腸の上皮細胞で失われると，生じた $APC^{-/-}$ の細胞の子孫に非家族性（散発性）の大腸がん（図13・14 参照）と同じ一連の遺伝子の変化が起こり，がん腫が生じる．

13・7　腫瘍は複雑な過程を経て発生する

重 要 な 概 念

- がんの発生は多段階の過程であり，腫瘍状態に達するまでには4〜6回の異なる変異が必要である．
- 腫瘍形成はクローンの拡大により進行し，その過程では，変異によって異常性を増した細胞クローンが，周囲の変異が少ない細胞に勝って増殖する．

がんの形成は複雑な多段階の過程からなる現象であり，形成までに何十年もかかることもある．がん組織には，完全に正常な細胞と，臨床的にも明らかに悪性増殖する細胞の両方が存在するのに加えて，この二つの中間的な状態を示す細胞から組織の大半が構成されている．たとえば，大腸では，腸管に沿って存在する正常な腸上皮が最初の状態であるが，細胞が過多になる**過形成**（hyperplasia），あまり発達していない**ポリープ**（polyp）などの異常な上皮やそれに近いものを形成する状態である**異形成**（dysplasia），つぎに，より進行した大きなポリープ（この状態では局在化していて，腸内腔には侵入するが，まだ浸潤していない増殖状態），そして最終的には明らかながん腫となって下層の筋肉層にも浸潤し，層を“またいで”存在する状態に至る．さらに，その中には肝臓などの別の離れた部位へ移る細胞集団の種がつくられている（転移）．

いろいろな異常を示す段階での遺伝子の変異を腸上皮細胞で調べた結果，四つの異なる遺伝子座の変異が腫瘍形成にかかわっていることが示された．細胞増殖がより進む，すなわち，悪性化に向かってより進行するに従い，この四つの遺伝子の変異数がゲノム中で多くなる．図13・14 に，がんの進行と変異の関係を示した．この図は，単なる相関関係を示す資料にすぎないが，獲得した変異が細胞を完全な悪性状態へとしだいに近づけていることが示唆される．

他の証拠からも，がんの進行は多段階であることが示唆されて

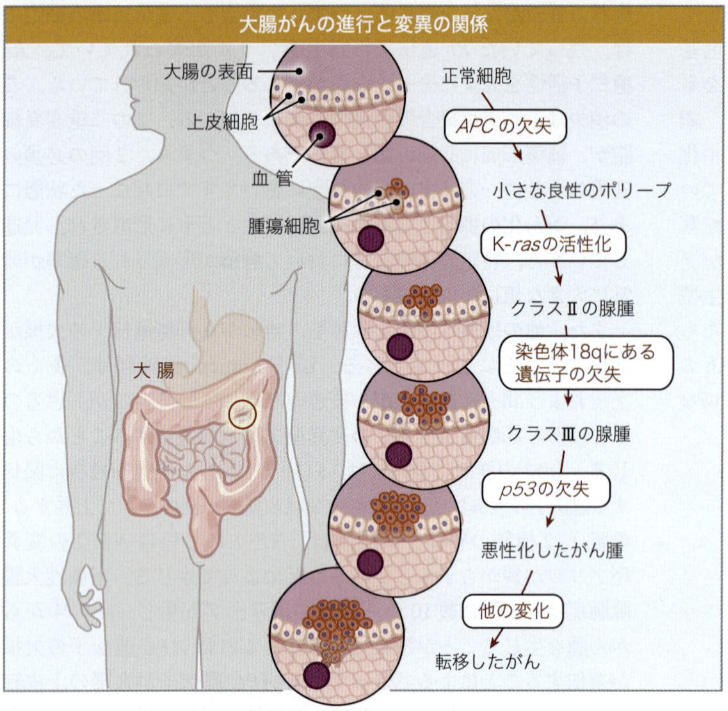

図 13・14　大腸がんは，*APC* 遺伝子の変異によって最初の段階が始まる．段階が進行する過程には，さらに変異が加わることが関係する．

いる．まず第一は，成人性のほとんどの腫瘍の人口当たりの頻度は，年齢の 4〜6 乗に比例した関数になることである．この数学的関係から，腫瘍形成の律速段階はいくつもあり，そのおのおのが時間当たり比較的小さな確率で起こること，また，それらすべてが臨床的に明確な腫瘍を形成するには必要であることが示唆される．より具体的に表現すると，がんは 4〜6 回の変異が順次起こった結果であり，そのおのおのは細胞世代当たりではほとんど起こらないまれな現象であり，また，これらの変異すべてが，細胞が完全に悪性化した増殖を示すよりも前に，細胞のゲノムに起こることが必要であると考えられる．図 13・15 は，年齢ごとのがんの発症を示すグラフである．

第二は，正常細胞は，すでに述べた不死化している培養細胞とは異なり，単一のがん遺伝子の導入によって腫瘍細胞へと悪性転換することはないという点である．たとえば，正常なラットやマウスの細胞を腫瘍状態にするには，少なくとも二つの異なるがん遺伝子が必要である．たとえば，*ras* と *myc*，あるいは，*ras* と *E1A* というような二つのがん遺伝子を同時に導入すると，この二つの遺伝子が協同的に作用して細胞を悪性転換するが，単独ではいずれの場合も悪性転換をひき起こさない．したがって，悪性転換前の初期段階が完全に正常な細胞である場合には，少なくとも二つの，おそらくはもっと多くの遺伝子の変化が，がん細胞を生じるためには必要である．図 13・16 に，このようながん遺伝子の協同作用を示した．また，ヒトの細胞が腫瘍形成に至るには，より多くの，おそらくは 5 個程度の変異遺伝子が必要である．

第三のがん多段階性の根拠は，トランスジェニックマウスの研究から提出されている．このマウスは，*ras* あるいは *myc* がん遺伝子を含む DNA を生殖細胞系列を経て導入したものであるが，導入遺伝子の発現は乳腺の上皮細胞で活性となる転写プロモーターによって制御されている．予想通り，この導入遺伝子によって，マウスでは高頻度でがんが誘導された．しかし，*ras* あるいは *myc* 遺伝子は生活環を通じて常に強く発現しているにもかかわらず，乳がんは生後 3〜4 箇月ではじめて現れた．したがって，導入したがん遺伝子が乳腺細胞で活性となることに加えて，少なくとも 1 回，おそらくは 2 回以上の体細胞変異が乳腺の上皮細胞で起こることが，腫瘍塊が急激に巨大化する以前に必要であることが明らかになった．このような体細胞変異

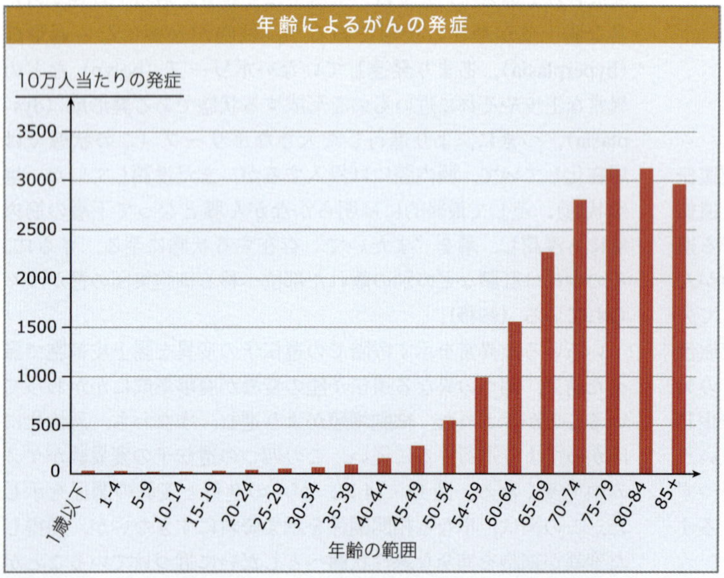

図 13・15　がんが多段階で起こることを示すデータとして，発症するまでにかかる年月の問題がある［データは，National Cancer Institute の好意による］

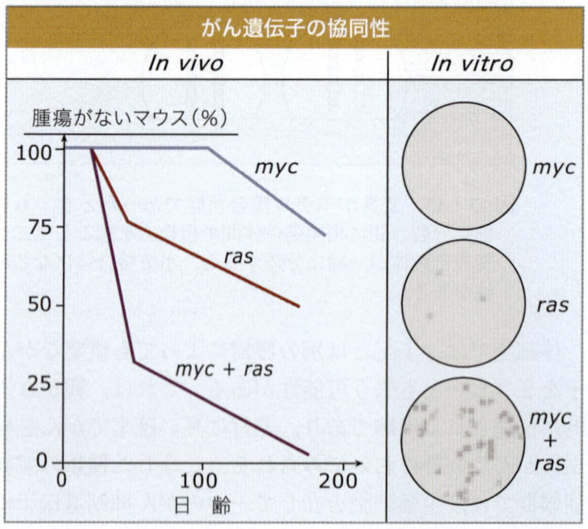

図 13・16　左のグラフは，*ras* あるいは高活性の *myc* だけを発現するトランスジェニックマウスが，両方の遺伝子を発現するトランスジェニックマウスよりもがんの形成が少ないことを示している．右の図は，*ras* と *myc* の二つを導入することによって，ラット胚繊維芽細胞の悪性転換をひき起こすが，単独では不十分なことを示している［*in vivo* は E. Sinn, et al, *Cell* **49**, '*Coexpression of MMTV / v-Ha-ras...*', 465〜475 より．元の図は Eric Sinn, Department of Genetics, Harvard Medical School and Howard Hughes Medical Institute の好意による．*In vitro* は H. Land, L.F. Parada, R.A. Weinberg, *Nature* **304**, 596–602（1983）より］

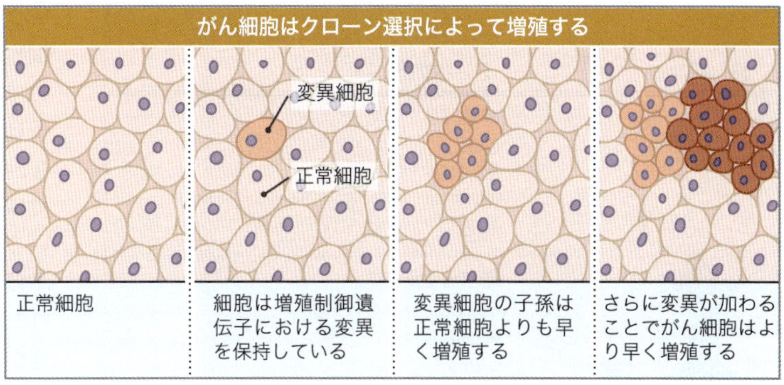
がん細胞はクローン選択によって増殖する
変異細胞
正常細胞
正常細胞
細胞は増殖制御遺伝子における変異を保持している
変異細胞の子孫は正常細胞よりも早く増殖する
さらに変異が加わることでがん細胞はより早く増殖する

図 13・17 クローン選択は，制御を受けずに増殖する変異をもつ細胞が，その変異をもたない細胞よりも早く分裂する結果として起こる．増殖を促進する別の変異をさらに獲得した細胞は，隣接する細胞よりも上回る速度で増殖し，新たな細胞集団を生じる．

は，ゲノム中に存在する特定のがん原遺伝子，あるいは，がん抑制遺伝子に影響すると考えられる．また，驚くべきことに，*ras* と *myc* をそれぞれ乳腺上皮細胞で発現するトランスジェニックマウスを掛け合わせて，両方を発現するマウスを作ったところ，図 13・16 に示したように，腫瘍形成は大きく促進され，同時に，腫瘍形成開始にかかる潜伏期間は短くなった．しかし，この二つのがん遺伝子を導入遺伝子として与えても，依然として腫瘍形成には潜伏期があることから，さらに別の現象，おそらくは確率的に起こる体細胞変異が，腫瘍を生じるために必要であることがわかった．

こうしたさまざまな証拠が集められた結果，単純明解な図式が提出された．この図式によれば，腫瘍の発達（プログレッション progression ともよばれる）は，ダーウィンの進化論に似た過程をたどる．増殖制御遺伝子の一つに変異を起こした細胞とその子孫は，周囲の正常細胞よりも早く増殖する．その結果，これらの細胞は時間とともに組織細胞集団の中でクローンを形成し，時には数百万個もの細胞集団をつくって組織内の小さな部分においてはある程度目立った存在となる．さらに，別の体細胞変異がこのクローン内のある細胞に起こると，その細胞はさらにより早く増殖するか，より生存しやすくなる．そうすると，この二重変異細胞は，直ちに周囲よりも増殖に関して優位の存在になって，一定時間後には図 13・17 に示したように，組織内のより大きな領域を占めるようになる．こうした**クローン拡大**（clonal expansion），あるいは，**クローン継承**（clonal succession）につながる多段階の突然変異によって，より異常でより増殖に適した細胞集団が生じる．各段階で異常性が増加する様子は，それらの細胞がつくる，より進行した異常な組織構造から観察することができる．ダーウィン進化と同様に，確率的に起こる変異によって不均一な細胞集団が生じ，たまたま増殖に有利な変異を得た細胞が優性に継承される集団の祖先になるのである．

多段階の腫瘍形成に関する実験結果を総合すると，腫瘍ウイルスが一つのウイルス由来のがん遺伝子によって細胞の悪性転換をひき起こした能力と矛盾するような印象がもたれる．実際，この二つの観察結果を同時に解釈することは困難である．確かに，多段階の腫瘍形成において変化する細胞の表現型の数が，腫瘍細胞を形成するために変異するために必要な遺伝子数，たとえばヒトでは 5 個程度，に比べてずっと多いという結果は，二つの観察の両方に適合しているように思われる．つまり，変異した遺伝子は，いずれも多面的に作用していて，変異それぞれが細胞に複数の変化を起こしているとは言えよう．しかし依然として，このような遺伝子のなかには，単独で完全な悪性転換を誘導するような広範な作用を示した例はない．ラウス肉腫ウイルス(RSV)によるニワトリ繊維芽細胞の悪性転換は，細胞のがん原遺伝子が存在することを示す重要な観察結果となったものの，別の見方をすれば，RSV の研究によって悪性転換は単純で単一段階の現象であるような錯覚を与えた．こうした類の議論によって，標的細胞のゲノムに単純な単一の変化を与えることでがんがひき起こされるという単純なモデルを否定する動きが出てきた．

13・8 細胞の成長と分裂は増殖因子によって活性化される

重要な概念

- 細胞のシグナル伝達には，細胞外因子，受容体，および，シグナルを核に伝えるタンパク質が必要である．
- 細胞外シグナルは，増殖促進，あるいは，増殖抑制に作用する．
- 細胞のシグナル伝達分子をコードする多数の遺伝子が，がん原遺伝子やがん抑制遺伝子になっている．

がん遺伝子やがん抑制遺伝子の変異がどのように細胞の成長や分裂に影響を与えているかを理解するには，まず，正常状態の細胞で成長や分裂がどのように制御されているかを考えなくてはならない．細胞は，さまざまな細胞外シグナル，特に増殖因子が伝えるシグナルに応答している．増殖因子は，組織の中で，通常，特異的な細胞から放出された後，細胞間の空間を移動して標的細胞に到達し，その細胞の増殖を亢進あるいは抑制する応答をひき起こす．標的細胞には増殖を正負二つの方向で応答する能力があることから，細胞には複雑な細胞内装置が内包されていて，細胞外シグナルを受容して情報を処理し，細胞の増殖速度を変化する決定を行っていることが示唆される．以下では，Ras のシグナル伝達経路と TGF-β のシグナル伝達経路を例にとって，これらの経路がどのように作用したり，作用しなかったりするのかを見ていく．

細胞表面には，一連の増殖因子受容体が発現していて，増殖因子を検出・結合しており，一つ一つの受容体にはそれぞれに特異的な**リガンド**（ligand）が結合する．たとえば，PDGF は細胞表面の PDGF 受容体に特異的に結合し，EGF は EGF 受容体に結合する．受容体にリガンドが結合すると，シグナルは細胞膜を経て細胞内部へと**伝達**(transduce) される．つぎに，このシグナルは，シグナル伝達タンパク質が構築する複雑なカスケードを通って下流へと伝わる．カスケードのシグナル伝達タンパク質は，分子によるバケツリレーのような作用をする．つまり，図 13・18 に示したように，一つの分子が上流の仲間からシグナルを受取り，そのシグナルを処理したり増幅したりしたのち，下流の一人あるいは複数の仲間へと伝達するリレーが行われるのである．がん原遺伝子にコードされるタンパク質は，この道筋に沿った多く

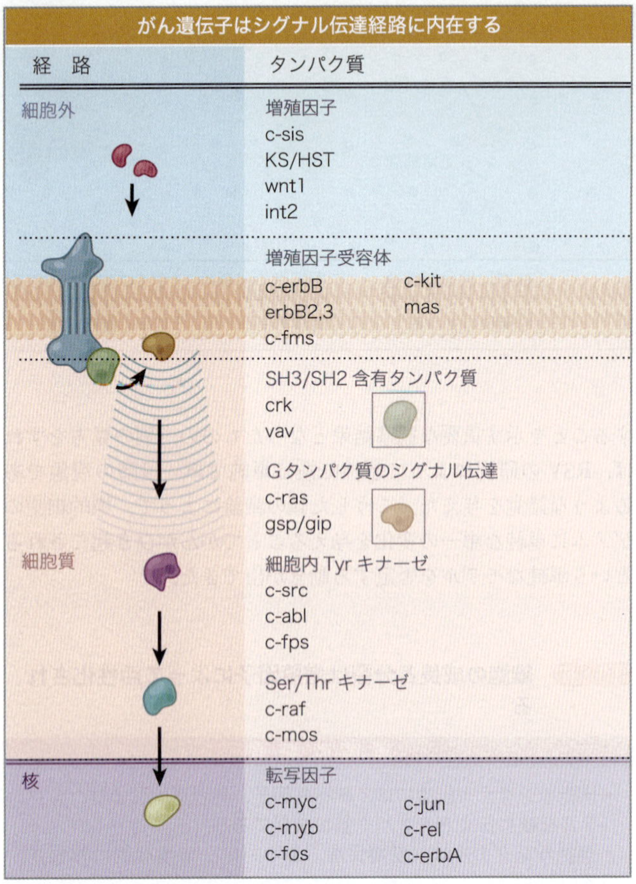

がん遺伝子はシグナル伝達経路に内在する
経　路
タンパク質
細胞外
増殖因子
c-sis
KS/HST
wnt1
int2
増殖因子受容体
c-erbB
erbB2,3
c-fms
c-kit
mas
SH3/SH2 含有タンパク質
crk
vav
Gタンパク質のシグナル伝達
c-ras
gsp/gip
細胞質
細胞内 Tyr キナーゼ
c-src
c-abl
c-fps
Ser/Thr キナーゼ
c-raf
c-mos
核
転写因子
c-myc
c-myb
c-fos
c-jun
c-rel
c-erbA

図 13・18　増殖促進シグナルを伝える作用をもつ多くのタンパク質は，がんタンパク質となりうる．

の段階に存在する．

がん原遺伝子には，タンパク質性の増殖因子をコードするタイプがある．もし，このタイプの遺伝子がこの増殖因子の受容体を発現する細胞で誤って発現すると，正のフィードバックループが成立する．つまり，その細胞は，がん原遺伝子にコードされる，細胞分裂促進作用をもつ増殖因子を自分の周囲に多量に放出するのである．そうすると，図 13・19 に示したように，この増殖因子は，分泌した細胞自身の表面にある受容体に結合して活性化し，その結果，細胞を増殖するのを刺激し続ける．こうした状態では，細胞は自分自身の細胞分裂を促進するシグナルをつくっているので，増殖因子に非依存的になる．このような増殖の自己刺激は，**自己分泌性**（autocrine）のシグナル伝達とよばれる．これとは別の種類のシグナル伝達には，近傍の細胞間でシグナル伝達が起こる**傍分泌性**（paracrine）のシグナル伝達と，体内の離れた場所でつくられて，応答する標的細胞に循環器系を介して遠く運ばれる**内分泌性**（endocrine）のシグナル伝達がある．たとえば，*sis* がん遺伝子は，ある形の PDGF をコードしており，一定の高いレベルでそのタンパク質を産生している．

がん原遺伝子の 2 番目のタイプには，増殖因子受容体がコードされている．増殖因子の受容体には，機能が損なわれたために，リガンドが結合していない状態でも増殖刺激シグナルを細胞内に送る場合がある．このときも，細胞は，通常は必要な細胞分裂促進因子がなくても増殖するため，増殖因子に非依存的である．実際には，増殖因子受容体をコードするがん原遺伝子は，こうした変化を二つの様式で起こすことがある．図 13・20 に示したように，がん遺伝子には，部分的に欠失した増殖因子受容体をコードするものがある．たとえば，多くのヒトの腫瘍には，細胞外領域を欠いた EGF 受容体が見いだされており，こうした部分欠失受容体は，リガンド非依存的に恒常的に活性を示す．また，乳がんや脳腫瘍，胃がんなどの別の腫瘍では，EGF 受容体が過剰発現していて，周囲の正常細胞よりもずっと高い発現レベルを示す．この場合もリガンド非依存的に受容体の活性化が起こっている．

増殖因子受容体の下流に位置して，受容体からのシグナルを処理するタンパク質もまた，発がん作用の標的になる．*ras* がん原遺伝子にコードされるタンパク質は，このような標的の典型例である．正常な Ras タンパク質は，通常は細胞内で不活性な休止状態にあり，細胞表面の受容体から生じるシグナルに備えてい

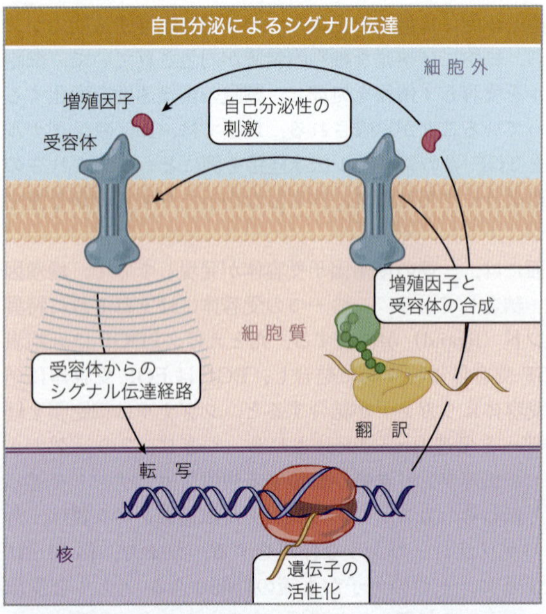

図 13・19　細胞が自分自身の増殖を促進する増殖因子を産生すると，自己分泌のループが形成され，増殖刺激状態が永続的に続くことになる．

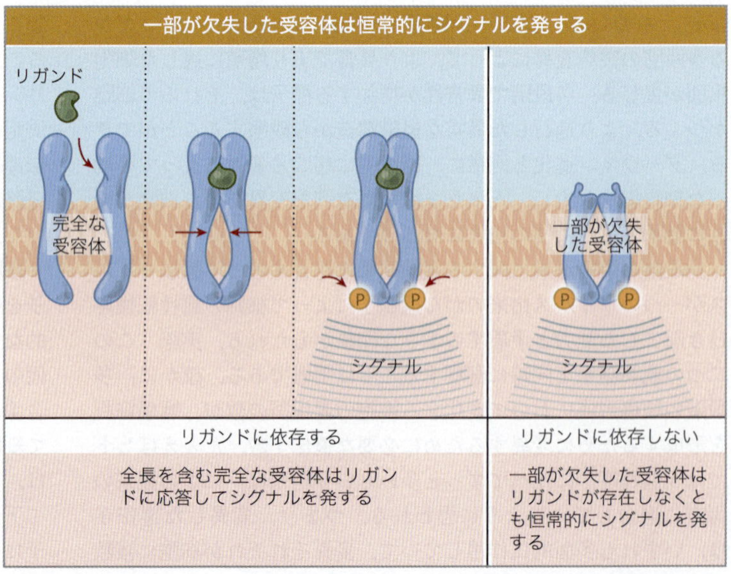

図 13・20　受容体のリガンド結合領域が取除かれると，受容体の二量体化にリガンド結合が不要になって，恒常的にシグナルを伝達する状態になる場合がある．

る．そして，受容体がリガンドによって活性化されると，受容体はシグナルを発生し，そのシグナルはいくつかの介在するタンパク質を経たのち，Ras タンパク質に至る．Ras タンパク質は，これに応答して分子形態をシグナル伝達できる活性化型の高次構造へと変換する．シグナルを伝達している活性化状態は，通常は秒から分という短い時間しか続かず，その後，Ras タンパク質は自身でシャットオフする．すなわち，それ以上のシグナルの放出を止めて，不活性な休止状態に戻る．

しかし，変異型の *ras* がん遺伝子をもつ細胞には，構造的に異常な Ras がんタンパク質が含まれている．この変異型の Ras タンパク質は，上と同じように活性化してシグナルを伝達する構造に変換するが，シグナルを止める作用が失われている．そのため，変異型 Ras タンパク質は，活性化してシグナルを放出する状態に長時間，場合によっては数時間の間とどまり，その細胞では，増殖を刺激するシグナルが弱まることなく維持される．この状況は，上述した正常な Ras タンパク質から生じる短時間のパルス様の増殖刺激シグナルとは対照的である．図 13・21 に，活性化した Ras が正常な Ras と異なる様子を示した．こうした異常な Ras タンパク質は，さまざまな組織に生じたヒトの腫瘍の約 1/4 に見いだされている．

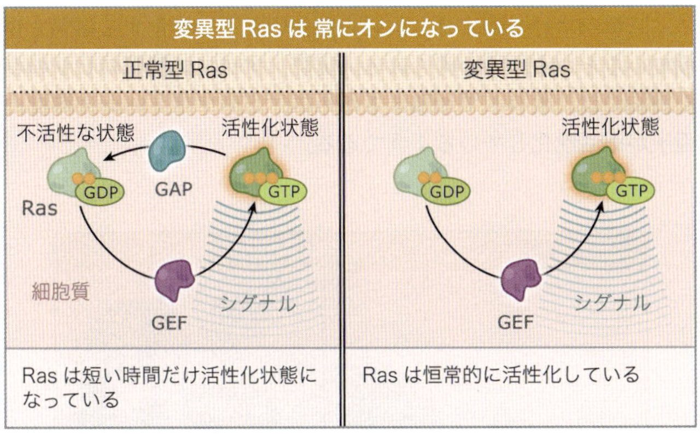

図 13・21 変異型の Ras タンパク質は GTP 結合構造に固定されていて，下流のシグナル伝達経路を恒常的に活性化する．

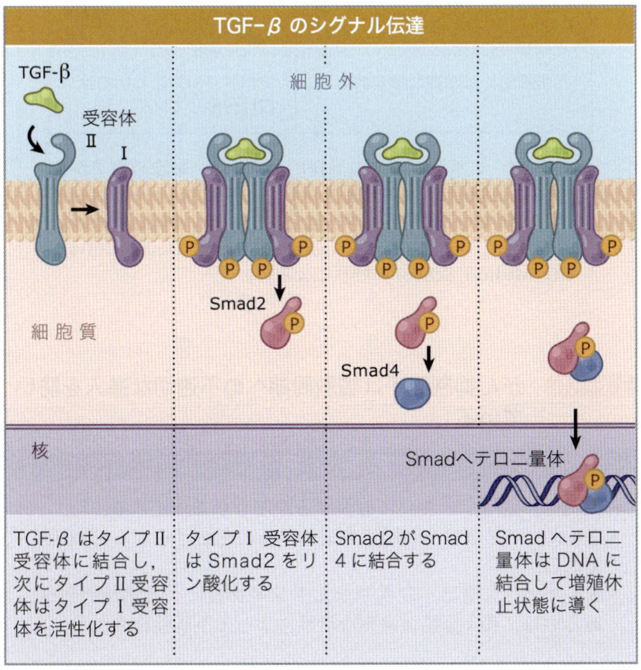

図 13・22 TGF-β は，細胞が受取る増殖抑制シグナルの一つである．この刺激を受取ると，シグナル伝達のカスケードによって Smad タンパク質が活性化され，増殖を阻害するタンパク質の転写が誘導される．

また，細胞は成長や分裂を阻害する細胞外シグナルにも応答する．前に述べたように，TGF-β は，受容細胞に対して負の増殖効果を与えるシグナル伝達分子である（図 13・22）．TGF-β の活性化の結果，細胞は不活性な休止状態に一時的に入り，その後に何らかの機会が与えられると再び活動する状態に戻る．しかし，がん細胞は，こうした増殖阻害シグナルに対して，増殖刺激因子の要求性と共役しなくなるのと似た仕組みで耐性（抵抗性）になっている．たとえば，がん細胞には TGF-β 受容体を発現しなくなったものがある．また，Smad タンパク質などの下流の重要なシグナル伝達因子をつくらなくなった細胞もある．この Smad タンパク質は，TGF-β 受容体からのシグナルを細胞核へと運ぶために必須であり，欠損をもつ Smad タンパク質がつくられると，TGF-β 受容体からのシグナルを正しく伝達することができなくなる．また，別の場合には，TGF-β が開始したシグナルに応答して，細胞の増殖を止める作用をもつ核内因子が失われている．こうした状況は，細胞分裂を刺激するシグナルを受容して処理する場合に対してちょうど鏡像の関係になっている．つまり，このような場合には，増殖刺激タンパク質によるシグナルが過剰に活性化するのではなく，細胞増殖を阻害する作用をするがん抑制タンパク質が不活性化しているのである．

13・9 細胞は増殖阻害を受けて細胞周期から外れることがある

重 要 な 概 念

- 分化した細胞は，最終的に特殊化した形態になっている．
- 分化した細胞は，通常は分裂が終了した最終分化の状態にあり，したがって，分化は分裂細胞の数を減少させる．
- 細胞はアポトーシスの機構で自殺することができる．
- アポトーシスは，発生過程のほか，その生物の生活環における他の過程においても，健全な細胞を取除いている．
- アポトーシスは，生命体に危険をもたらす可能性をもつ損傷細胞を取除いている．
- アポトーシスの能力を損なう突然変異によって，悪性転換がひき起こされる場合がある．

前の節では，TGF-β のシグナル伝達が細胞を休止状態にする仕組みを見た．これとは別の増殖を止める仕組みに，**分化**（differentiation）の過程がある．分化は，**幹細胞**（stem cell）とよばれる体内の各所に存在する原初的な胚性細胞が，組織細胞がもつ特異的な性質を得ていく過程である．実際，細胞は，分化によってその組織に課せられた組織特異的な機能を果たすようになる．分化した細胞の多くは，**最終分化した状態**（あるいは**分裂終了状態** post-mitotic）であり，分裂する能力を完全に失っている．これに対して，幹細胞は，成長と分裂によって自己更新を行う能力をほぼ無限にもっている．したがって，組織においては，幹細胞を最終分化プログラムへと誘導することによって，分裂可能な細胞の数を減らすことができる．図 13・23 に，分化した細胞のほとんどが，幹細胞とは異なり，分裂しないことを示した．

多くの腫瘍細胞は，最終分化状態へ入ることが妨げられていて，幹細胞に似た挙動を示す．したがって，最終分化を誘導する遺伝子とタンパク質は，がん抑制因子のような作用をしており，TGF-β 経路の因子と同様に増殖阻害作用があると考えられる．最終分化の経路と TGF-β 経路の両方によって，組織の複製能は抑制されており，いずれの経路においても，関係する遺伝子やタンパク質が欠損したり不活性化したりすると，初期がん細胞の増殖能力が高まって，多数の異常な子孫細胞が形成される．このような図式は，最近の研究によって少しずつ修正されながら確立されたものである．具体的には，正常細胞として組織を構成する細胞の中には，自己複製可能な未分化の幹細胞と，最終分化して分裂しなくなった細胞とが存在するが，こうした様子は腫瘍の中においても同じらしいことがわかった．たとえば，乳がん組織のがん細胞の多くは，別のマウスを宿主として移植しても新しい腫瘍を形成する種とはならず，この点で腫瘍原性も自己複製能もないといえる．これに対して，腫瘍中の少数のがん細胞は，明らかな腫瘍原性，すなわち，新しい腫瘍の種となりうる細胞であり，実質的に無限の自己複製能をもっている．これが，腫瘍は，その起源となっている正常細胞の組織学的な性質を示す理由である．この特徴は，おそらく腫瘍内の大多数の細胞が示す性質であり，これらの細胞はもはや分裂しなくなった状態にあって，また，部分的には分化している．

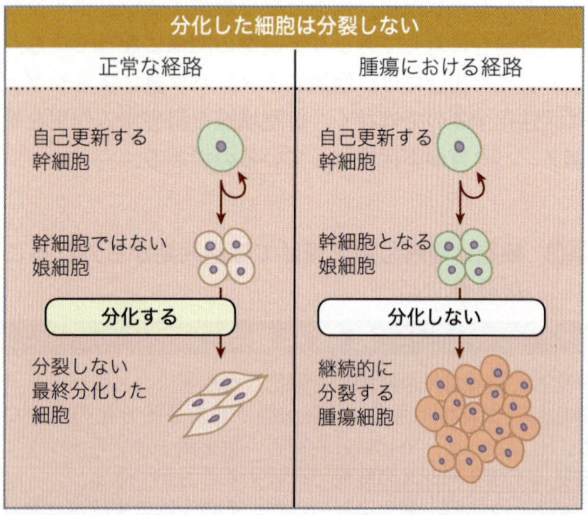

図13・23　分化は，分裂細胞を減少させる一つの方法である．逆に，うまく分化できなかった細胞は，腫瘍につながることがある．

ここまでに，細胞の増殖を制限する二つの様式を見てきた．すなわち，第一は，細胞が成熟して休止状態になるが，ある種のきっかけで再び分裂状態に戻る可能性がある様式である．第二は，最終分化した分裂しない状態に入る様式である．これとは別に細胞の増殖を制御する第三の様式がある．それは，**アポトーシス**（apoptosis）とよばれる細胞が自殺する過程である．このアポトーシスを活性化する機構は，体内のすべての細胞に組込まれた回路として存在する．アポトーシスの目的は，より早くより効率的に組織内の細胞を除くことである．アポトーシスは，正常な発生においても，成体においても，多数の目的に用いられている．たとえば，発生途中の指の間に最初につくられる皮膚の膜が発生過程で不要になったとき，そこにある不要な正常細胞は取除かれる．さらに，組織内のアポトーシスの機構は，つぎのようなときに活性化される．細胞のゲノムに修復できない傷害が発生したとき，**酸欠**（anoxia）などによって代謝の均衡が失われたとき，細胞内の増殖促進性のシグナルと増殖抑制性のシグナルの流入バランスが悪くなったとき，そして，細胞が培養条件に適応できなくなったときなどである．図13・24に，アポトーシスを起こしている細胞を示した．

また，異常な挙動を示すようになった細胞は腫瘍の種になる可能性があるため，体の組織は，アポトーシスを利用してあらかじめ取除いている．初期のがん細胞のような異常な挙動を示す細胞は，この細胞を組織から除いたときよりもずっと高いコストを組織や器官に支払わせる可能性がある．そのため組織では，正常なふるまいを少しでも逸脱した細胞を，細胞が内包するアポトーシスの機構によって常に排除する．

また，アポトーシスの機構は，細胞内でがん遺伝子が活性化するなどのシグナル伝達での不均衡が生じたことを検出する．細胞ではたまたま変異によってがん遺伝子が生じることもあるが，アポトーシス装置が絶えず注意を払って，このような細胞が増殖して多数になる機会が来る前にそれらを除く作用が行われ，変異細胞の子孫によって占有されることが防がれている．したがって，がん抑制タンパク質には，アポトーシスを活性化したり実行したりする作用をする重要な種類がある．さまざまな種類のがん細胞では，悪性化した細胞の子孫集団が形成される前の段階で，細胞内での正常な作用を担うアポトーシス関連のタンパク質が不活性化あるいは欠失している．以上から，がん抑制遺伝子のもう一つの重要なグループは，アポトーシスを促進する方向に作用していて，腫瘍が生じる際にはこれらの遺伝子が不活性化する損傷を受けているという結論が得られる．実際，すべての種類のヒトのがん細胞では，生存して増殖するための，このアポトーシス機構の因子が不活性化しているようである．

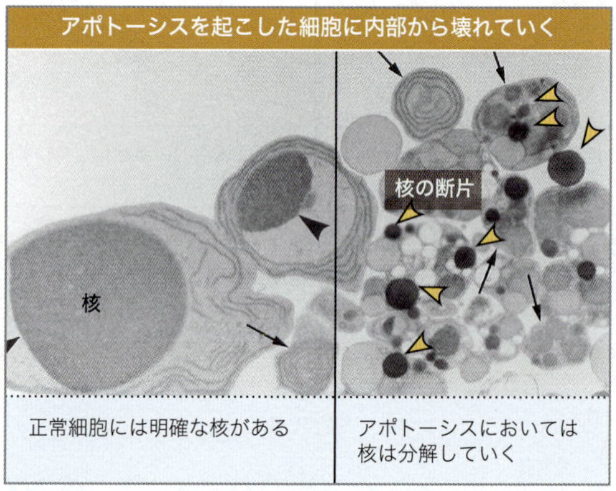

図13・24　アポトーシスの過程においては，細胞の構造が変化する．左側は，正常細胞を示し，右側はアポトーシスをひき起こしている細胞を示す．金色の矢印は，凝縮した核の断片を示している［写真はShigekazu Nagata, Osaka University Medical Schoolの好意による］

13・10　がん抑制因子は細胞周期への不適切な進入を防いでいる

重要な概念

- 細胞は，制限点において分裂するかどうかを決定する．
- Rbタンパク質は，制限点を通過するのを妨げるがん抑制因子である．
- Rbタンパク質は，変異やがんタンパク質による活性の封印，あるいは，Ras経路の過剰な活性によって不活性化される．

細胞に作用するさまざまなシグナルは，正負いずれの作用も統合・処理されて，増殖，休止，分化などの最終的な決定に利用される．すでに述べたように，細胞周期から外れる際には，細胞分裂に関して二つの選択が可能であり，可逆的に休止して増殖を止めた状態になるか，不可逆的に細胞周期から外れて最終分化した状態になる．細胞の増殖か休止という決定は，細胞周期の特定の段階で起こる．その段階は，G_1 期の終わり近くの G_1/S 移行の直前にある特定の決定点であり，ここで，細胞は分裂するか，あるいは，G_0 とよばれる非増殖期へと退却するかが決定される．この決定点は，制限点あるいは**R点**（restriction point, R point）とよばれる（図13・25参照）．細胞が一度R点を通過すると，残りの細胞周期（G_1 の残り，S期，G_2 期，およびM期）は，遺伝子あるいは代謝が非常に困難な状況にならない限り，ほぼ自動的に進む．図11・17に細胞周期と制限点を示した．

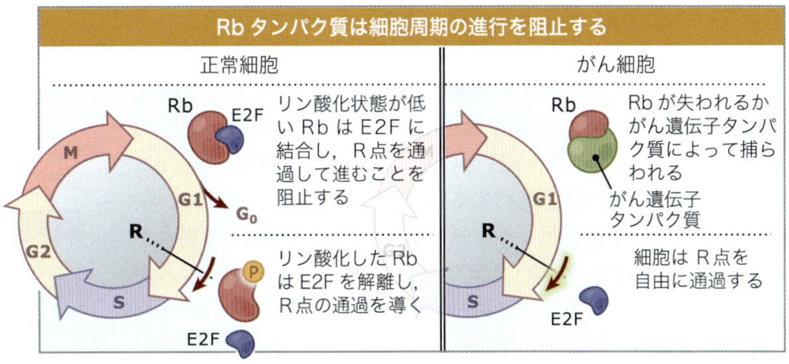

図13・25 *Rb* は，細胞周期の進行を阻止する主要ながん抑制遺伝子であり，Rb タンパク質は E2F 転写因子に結合して，E2F が S 期に入るために必要な遺伝子の転写を促進するのを妨害している．

R点を通過するという決定は，G_1 期の最初から細胞が受取ってきた細胞分裂を促進するシグナルによって正に制御されている．逆に，TGF-β の作用などの細胞分裂を抑制するシグナルによって負に制御されている．ほとんどすべての種類のヒトのがん細胞においては，このR点を通過する移行を行うかどうかの決定が，間違った判断に陥っていると思われる．

R点の決定に作用する主要なタンパク質の一つに，網膜芽細胞腫遺伝子の産物（Rb タンパク質，pRb）がある．pRb には二つの状態，すなわち，低リン酸化状態と高リン酸化状態がある．図13・25に示したように，低リン酸化状態においては，pRb はR点を通過して先へ進むことを抑制し，高リン酸化状態においては，pRb はR点の門戸を開いて G_1 後期へと進むことを促す．先に述べた網膜芽細胞腫や骨肉腫などのさまざまなヒト腫瘍においては，*Rb* 遺伝子の二つのコピーに起こった不活性化変異によって pRb が失われている．子宮頸がんでは，この腫瘍の疫学的な主要因であるヒトパピローマウイルスがつくるがん遺伝子タンパク質によって pRb の活性が抑えられて不活性な状態になっている．

pRb は，細胞周期の G_1 期の進行を調節することで細胞分裂を制御するほか，さまざまな転写因子と協同して組織特異的な分化プログラムを開始させる．たとえば，筋肉の分化においては，pRb は筋特異的遺伝子の誘導に必要な転写因子と会合する．こうした作用によって，pRb は増殖停止と分化とを共役させている．

13・11 DNA 修復や維持に関係する遺伝子の変異によって細胞の突然変異率が全体として上昇する

重要な概念

- DNA 修復タンパク質は自然発生突然変異率を抑えている．
- DNA 修復遺伝子の欠損は，細胞の突然変異率を全体として上昇させる．
- チェックポイントタンパク質の変異によって染色体の完全性が損なわれる．

高度に進行したがん細胞のゲノムに蓄積しなければならない変異遺伝子の数を予想し，すでに知られている突然変異率から，がんが発生する確率を計算すると，困った問題に直面する．つまり，がんの進行に必要な段階の数は多く，一方，正常な状態において自然発生する変異率は非常に小さいため，ヒトの70〜80年という寿命の間にがんに見舞われるとは考えにくい，あるいは，不可能であると計算されるのである．

この問題に対する一つの解答は，上記の計算に含まれる重要なパラメーターを考え直すことから得られる．そのパラメーターとは，自然状態で起こる正常な変異率である．おそらくがん細胞は，正常な組織細胞よりも細胞世代当たりずっと高い確率で変異を蓄積している．この高い突然変異率は，それだけでがんの発生を数学的に可能にする程度である．

自然変異率は，物理的・化学的発がん要因が DNA に損傷を与える確率と，DNA 複製の過程で DNA ポリメラーゼが配列を間違える確率によって決まる．一方，複製で間違えた DNA や損傷した DNA に生じた誤った配列の大多数は，修復されて野生型の配列に戻される．つまり，細胞には，ゲノムの完全性を常に見ている監視システムが存在し，間違った塩基を除いて正しい塩基に置き換え，元の DNA 配列を再構築しているのである．さらに，この DNA 修復系では，酸化過程や，DNA やその塩基に作用する他の化学反応によって損傷を受けた塩基を検出して除く効率も，非常に高くできているらしい．その結果，DNA 修復装置は，1遺伝子に起こる突然変異率を細胞世代当たり 10^{-6} 以下に抑えている．

また，いくつかの“チェックポイント制御”によって，細胞が細胞周期の次段階へ進む前に，その細胞周期の進行に関する重要な過程が完結することが保証されている．したがって，もし DNA 損傷を受けると DNA 合成は中断して DNA 複製が完結するまで細胞分裂は始まらない．また，染色体が紡錘体に正しく結合するまで，細胞分裂は後期で中断する．

しかし，本書で学んだ他の細胞機構と同様に，こうしたゲノムの管理系も破壊を逃れることはできない．この DNA 修復装置の因子をコードする遺伝子に変異が起こると，修復作用に欠損を生じ，異常に高い速度で変異型の対立遺伝子が蓄積することになる．ここで起こった変異はほぼ同じ頻度でゲノムのすべての部位で起こるが，変異した遺伝子のなかには増殖制御遺伝子が多く含まれているはずである．この直接的な結果として，腫瘍の進行段階のうち，すべてではないにしても多くは，より早く起こることが予想される．たとえば，通常は起こるのに5〜10年かかる段階が，もっと短い期間に進むかもしれない．もしそうならば，腫瘍の進行を構成する多数の段階はより早く最終段階へと導かれ，臨床的にもわかるがんの確率が増す結果になるだろう．

DNA 損傷後に細胞周期の進行を止める際に重要な作用をするタンパク質として，p53 というがん抑制タンパク質がある．p53 は，さまざまな細胞生理に関係するストレスに応答して，一時的に細胞増殖を停止させるか，あるいは，アポトーシスのプログラムを活性化する作用をする．血管拡張性失調症というがんに加えていろいろな病理を呈する疾病は，プロテインキナーゼをコードする遺伝子の欠損が遺伝的に伝わることによって生じる．このプロテインキナーゼは，DNA 損傷が起こった後，p53 をリン酸化して活性化することで損傷を最小限にとどめる過程に必要である．p53 が活性化すると，p21 というタンパク質が誘導され，p21 は，細胞周期がそれ以上進行するのを妨げる．また，p53 は，染色体の *p53* 遺伝子が変化した変異によっても不活性化する場合がある．さらに，p53 タンパク質は，ヒトパピローマウイルスがコードする E6 がんタンパク質によっても不活性化される．p53 の機能がこれらの作用のいずれかによって失われると，初期のがん細胞は，p53 がもつアポトーシス誘導作用を回避することができるようになる．

また，数多く存在する家族性がん症候群において，疾病の原因となる遺伝子は，ゲノムの完全性を維持する働きをする複雑な装置に含まれる因子をコードすることがわかっている．最初に同定されたこの型のがん症候群は，色素性乾皮症（xeroderma pigmentosun, XP）である．XP の患者は，紫外線修復系の遺伝子の一つに欠損を生じたコピーを遺伝的にもち，日光に含まれる紫外線に対して非常に高い感受性を示す．この遺伝子にコードされるタンパク質は，紫外線が誘発した DNA 損傷を検出して損傷した塩基を取除き，光が当たる前にあった塩基に置き換える作用をしている．この機能に関係する 10 個以上の遺伝子のいずれかを欠いた患者が日光を浴びると，皮膚に何百もの病変が生じ，そこから最終的に皮膚がんが生じる．

BRCA1 遺伝子と *BRCA2* 遺伝子は，欠損アリルの遺伝によって，乳がんや子宮がんを発症しやすくなることでよく知られているが，この遺伝子には二重鎖 DNA 切断を修復するために必要なタンパク質がコードされている．遺伝性非腺腫性大腸がん（HNPCC）は，ミスマッチ DNA 修復を主導する役割をもつ四つの遺伝子のいずれかが欠損した状態が遺伝することによって起こる．図 13・26 に，染色体を守るさまざまな監視システムとがんにつながるさまざまな突然変異を示した．

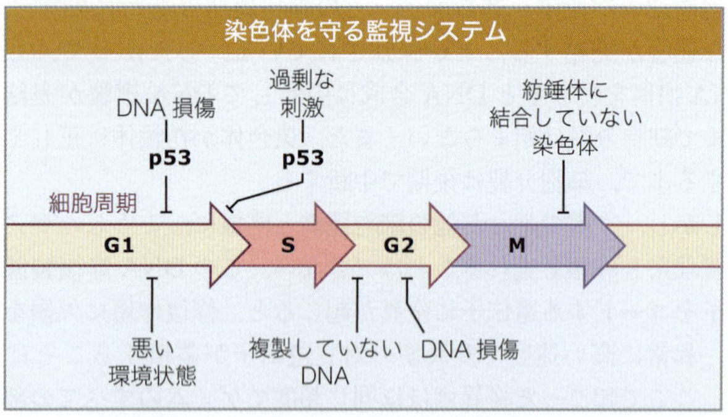

図 13・26 細胞には，細胞周期を通じて細胞外環境や染色体の状態を監視する多くの系がある．これらの系は，必要な修復がなされるまで細胞分裂を遅らせたり，停止させたりする．

最後に述べる点は，ヒトのがん細胞の大多数は正常な二倍体染色体のどこかで欠損を生じた結果，異数性（染色体異常）を示し，それが悪性化へ進む原因になっていることである．この異数性によって，がん細胞は常に染色体をカードのようにシャッフルしながら増殖に関して都合がよい染色体の比率や欠損した染色体を選び，悪性化の現象を誘導している．実際，ある種の腫瘍における異常増殖性のすべては，DNA 配列レベルか核型の不安定性として現れた遺伝子の不安定性と関係している．

このような遺伝子の不安定性が，特異的な増殖制御因子の作用に関する欠損と同様に，がん細胞の異常増殖に関する重要かつ本質的な欠損を表しているのかもしれない．

13・12 がん細胞は不死化している

重要な概念

- がん細胞は，がん抑制遺伝子が不活性化することで老化を免れている．
- がん細胞には，大半の細胞が死に絶える危機状態が存在する．
- 危機状態を生き残った細胞は不死化する．
- テロメアは，テロメラーゼが活性化しない状態では世代ごとに短くなる．
- テロメアが短くなって染色体を維持できなくなると，染色体が融合して危機状態がひき起こされる．
- 多くのがん細胞では，テロメラーゼの転写を活性化して細胞死から逃れている．

がん遺伝子とがん抑制遺伝子によって，がん遺伝子が示す制御を受けない増殖を説明することは可能であるが，大きな問題が一つ残されている．§13・2 の“がん細胞には数多くの特徴的な表現型がある”で最初に述べたように，がん細胞には無限の増殖能力がある．しかし，正常細胞は，培養条件下で増殖が止まるまでの分裂回数には限りがあり，この限界に達すると**老化状態**（senescense）とよばれる休止状態に入る．ヒトの細胞の場合，この老化を *p53* と *Rb* というがん抑制遺伝子の不活性化によって避けることができる．この不活性化が一度起こると，細胞は新たな状況が訪れるまで増殖するが，やがて細胞は**危機状態**（crisis）に陥り，ここで多数の細胞が死ぬ．しかし，一つの細胞クローンが低い確率でこの危機状態の中から出現し，これが盛んに増殖するようになると，この段階で，この細胞は無限の複製能を獲得している，すなわち，“不死化”している．がん細胞が不死化に至るには，おそらく多くの段階が存在し，がん細胞の不死化は，ヒト組織の中のがんの進行過程で起こると考えられている．

ある細胞系譜において，すでに経験した複製回数を計数する能力を，がん遺伝子やがん抑制遺伝子の制御と関連させてうまく説明することはかなり困難である．その理由は，これらのがん関連遺伝子は，細胞が外界から常に受取っているシグナルを受容して情報処理し，応答するまでの過程にかかわっているのに対して，細胞の世代を計数する能力は，細胞外環境とは独立な細胞内で働いている細胞時計のような作用だからである．

この細胞自律的な計数器は，染色体の末端の**テロメア**（telomere）に存在することが発見されている．このテロメアは，各染色体末端に数千回繰返して存在する 6 ヌクレオチドの配列から構成される．ここに結合するテロメア特異的タンパク質と共に，テロメア DNA は染色体が末端どうしで別の染色体と融合することを防ぐ作用をしている．

ところが，細胞の DNA 複製装置は，テロメア DNA の末端を完全に複製することはできない．したがって，図 13・27 に示したように，細胞が S 期を通過するごとにテロメア DNA は 100〜150 ヌクレオチドずつ短くなっていく．最終的には，長期間連続した成長–分裂のサイクルによってテロメアの侵食が起こり，子孫細胞のテロメアはしだいに短くなって，やがて染色体 DNA の末端をうまく防御することができなくなってしまう．そうすると，末端どうしで染色体の融合が起こり，細胞を危機状態へと陥れる破滅的な分子レベルの現象が生じる可能性が出てくる．

したがって，がん細胞の集団がさらに拡大するためには，この難しい問題を解決しなければならない．がん細胞は，**テロメラーゼ**（telomerase）という酵素の発現を脱抑制することで，これを解決している．通常，この酵素は，初期胚の細胞や精巣の生殖細胞だけで検出可能な量存在する．これらの細胞では，テロメラーゼ酵素が，テロメアDNAを維持・延長する働きをしている．一方，ヒトのがん細胞の約90 %が検出可能な量のテロメラーゼを発現しており，腫瘍の進行の間のどこかの点で，この遺伝子の発現を脱抑制しているらしい．がん細胞では，テロメラーゼ酵素を継続して発現することが増殖には必要である．もし，がん細胞でテロメラーゼがなくなると，再び危機状態に陥って多数の細胞が死ぬ．したがって，がん細胞の増殖能力は，がん遺伝子の高活性，がん抑制遺伝子の不活性化とともに，テロメラーゼにも依存していることは明らかである．

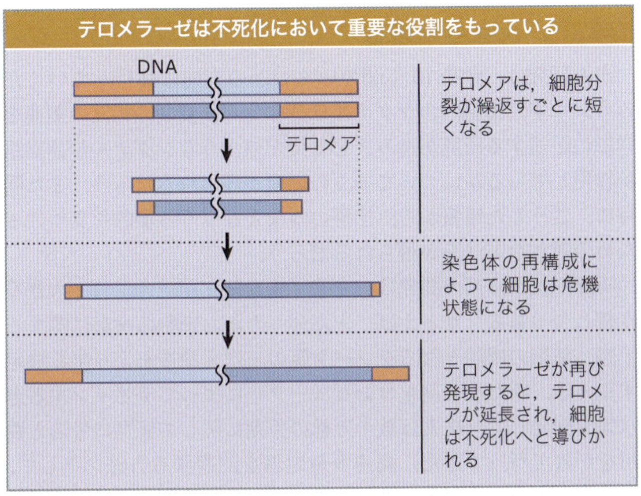

図13・27 細胞分裂を多数回行った後には，テロメアは短くなって，染色体は不安定になる．短いテロメアをもつ染色体は，破滅的な再構成を起こしやすくなっている．がん細胞では，テロメラーゼを再び発現することによって，染色体のテロメアの長さが回復し，細胞は分裂を続けられるようになっている．

13・13 がん細胞の生存維持に必要な物質の供給は血管新生によって与えられる

重要な概念

- 腫瘍の成長は，利用可能な栄養分と老廃物を除去する機構による制約を受けている．
- 腫瘍は，血管の成長（血管新生）を促進することができ，これによって腫瘍の拡張が可能になっている．

小さな初期の腫瘍塊を形成している細胞が増殖する能力は，さまざまな因子によって制約を受けているが，なかでも最も重要な問題は，細胞に十分な血液の供給を与えるルートである．最初に形成された腫瘍塊，すなわち，**原発腫瘍**（primary tumor）は，わずか0.2 mm程度の大きさになると，栄養物や酸素を得ることが成長の律速になる．このとき細胞塊に含まれる細胞は，代謝老廃物や二酸化炭素などを排出することも困難になり始めると考えられている．また，極度の低酸素状態に置かれた細胞は，アポトーシスが誘導される場合もある．

この問題は，もし腫瘍塊が血管のネットワークを得られれば解決される．血管網ができると，酸素と栄養源の供給や腫瘍の代謝によって生じた老廃物の除去の問題は解決されたと言えるからである．腫瘍塊などの病的な組織は，正常に発達した組織とは異なり，動脈と静脈を含む血管網を協調して発達させていない．その代わりに，腫瘍細胞は，隣接する正常組織から血管を内部成長によって腫瘍の近くにもってくる能力を新たに発達させなければならない．

この新しい血管を形成する過程を**血管新生**（neo-angiogenesisあるいは単にangiogenesis）とよぶ．血管新生は，腫瘍細胞が血管新生因子とよばれる増殖因子を分泌して，隣接する正常組織の毛細血管を形成する内皮細胞に作用したときに始まる．つまり，内皮細胞は血管新生因子に応答して増殖を開始することで腫瘍塊へと血管を伸ばし，図13・28に示したように，腫瘍塊が拡大するのを助ける血管系を形成し始める．

初期の小さな腫瘍塊においては，がん細胞は何年もの間，一定の速度で増殖している．増殖しているにもかかわらず，腫瘍塊はこの時期には全体として大きくなることはない．血液の供給がないため，酸素の不足（酸欠）や自分が出す代謝老廃物による害を受けて，細胞が生まれると同時に同じ速度で死んでいるのである．実際，私たちの体の組織においては，これが，初期の腫瘍塊の大多数がたどり着く最終的な運命でもある．こうした血液の供給がない時期には，周辺の血管系が発達した組織から拡散によって運ばれる酸素と栄養源によって小さな腫瘍塊で必要とされる要素が辛うじて維持されている．

血管は腫瘍へと伸びていく

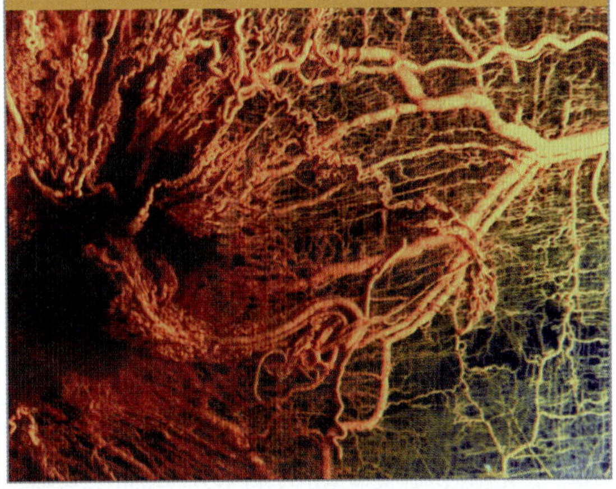

図13・28 血管は，ラット筋内の肉腫の方向へ成長する．肉腫は，写真の左側の暗い領域として観察される［写真は，Judah Folkman Louis Heiser, Robert Auckland, Karp Family Research Laboratories, Children's Hospital Boston の提供．J. Marx, *Science* **301**, 452–454（2003）より，AAASの許可を受けて転載］

このような一見無駄な細胞分裂を何年も続けたのち，小さな細胞塊に含まれていたある細胞が，突然，血管新生を刺激する能力を獲得する．この現象が起こると，腫瘍塊全体において，急速に拡大するプログラムが開始される．この突然の変化は，多段階の腫瘍の発達の中で**血管新生スイッチ**（angiogenic switch）とよばれる．この事実から，腫瘍形成には，これまで述べたのとは異なるもう一つの障壁が存在することがわかる．すなわち，体内の正常組織が，無限増殖へと向かおうとする腫瘍細胞の道をふさぐ作用をしているのである．ただし，腫瘍の種類によっては，多段階の腫瘍の進行の過程において，上述した血管新生スイッチのような明確な単一の現象によって血管の獲得の現象が生じない場合もある．つまり，腫瘍が進行するにつれて，順次，腫瘍細胞が血管新生の能力を獲得していく場合である．

血管新生を行う過程では，がん細胞と，腫瘍塊に取込まれてがん細胞の近傍に存在する正常細胞との間で複雑な協同的な相互作用が起こっている．具体的には，がん細胞から血管新生因子が直接放出されるのに加えて，近傍の繊維芽細胞や**マクロファージ**（macrophage）から重要な因子が放出されると考えられている．こうした協同作用によって，血管網の形成がうまく進み，腫瘍塊が必要とするすべてを供給する状況がはじめて生まれ，実質的に無限に栄養素と酸素が供給され始める．また，リンパ管も腫瘍塊に浸潤して，腫瘍から老廃物や細胞間液が取除かれるようになるが，その役割は血管に比べて小さいらしい．

腫瘍を，集めた毛細血管の密度によってランク付けすることができる．高密度に編まれた毛細血管網をもつ腫瘍は，血管系による供給を高いレベルで受ける．これによってがん細胞は非常に増殖能力の高い集団を形成し，こうした腫瘍塊をもつ患者の状態は悪くなる．また，より悪いことに，腫瘍塊が，血管系によって体全体に通じる道を得たことで，はじめてがん細胞が離れた場所に移動して，そこでも害を与える可能性が出てくる．

13・14 がん細胞は体内の新たな部位に侵入する

重要な概念

- 原発腫瘍の細胞は血管やリンパ管に入ることがある（脈管内侵入）．
- 脈管内侵入の過程には，隣接する組織がつくる障壁を破壊することが必要である．
- 血管を通った後に生き残った細胞は，他の器官でコロニーを形成することがある．
- 転移，すなわち，他の組織でのコロニー形成は，個体の死につながることが多い．

腫瘍塊に存在する細胞は，何年も，時には何十年も腫瘍が生じた部位で増殖を続けている．こうした原発腫瘍が，その個体の命にかかわる組織に置き換わって重要な生理機能を損なう大きさにまで増殖することで，脅威となることがある．しかし，原発腫瘍は，がん死の原因のおよそ10％を占めるにすぎない．がん死の大多数は，がん細胞が原発腫瘍から体内の別の部位に移動したことが原因になっている．

腫瘍が大きくなるに従って，腫瘍の周縁部に存在する細胞は，腫瘍の拡大を抑制している物理的障壁を壊し始める．たとえば，上皮がんの場合には，この障壁は基底膜によって形成されており，この基底膜は，上皮細胞層と，主として繊維芽細胞と間充織細胞からなる間充織とを分けている．（基底膜についての詳細は，§15・11の"基底層は特殊化した細胞外マトリックスである"参照．）がん細胞は，基底膜を打ち破ると，つぎに，血管やリンパ管に入る過程，すなわち，**脈管内侵入**（intravasation）の過程を開始し，血管やリンパ管を道筋として離れた部位に移動するようになる．

移動を開始したがん細胞は，原発腫瘍塊から離れてしまったことによって厳しい環境にさらされることになる．循環器系の中や，体内の離れた器官の中の毛細血管や細いリンパ管に入ったとき，多くのがん細胞は死ぬ．しかし，なかには血管を離れること，すなわち，**浸出**（extravasation）に成功し，その周辺の組織に足場を得るものがある．しかし，ここにおいても，大多数の細胞はうまく生き残ることができない．ところが小さな確率で，侵出したがん細胞が自分に都合がよい器官を見つけ出して足場をつくり，新たな腫瘍細胞の大きなコロニーを形成するものが現れる．これが"転移（metastasis）"である．

こうしてがん細胞が転移して増殖できる部位は，原発組織から標的組織に通じる血管の道筋によって解剖学的に決まっていたり，新しい組織（標的組織）の環境に存在する増殖因子によって決まっていたりする．たとえば，大腸がん細胞は肝臓に転移をつくりやすいが，これは大腸から肝臓に血液を流す門脈が直接通じているからである．乳がん細胞は，骨，脳，肺に転移することが多い．前立腺がん細胞は骨転移しやすい．こうした特異的選択がある正確な理由はよくわかっていないが，その結果は明確である．転移によってがんの悪い症状の多くが生み出され，大多数のがん症例においては，転移後の増殖が，腫瘍の進行による死の原因となっているのである．

13・15 次なる問題は？

がん研究は，今後10年間でいくつかの方向に移行していくだろう．まず，細胞内のシグナル伝達タンパク質間の相互の関連を詳細に記述する研究が進み，どこでどのようなシグナル伝達回路が作用しているかについて多くの理解が得られるだろう．また同時に，こうした情報から，治療の対象となりうる標的を見つけるための新たな方法論が得られるだろう．

実際，抗がん剤の開発は，さまざまな変化が統合されて大きく変貌しつつある．たとえば，上に述べたがん細胞の挙動に関する予想，薬剤の標的となるタンパク質の三次元構造をより早く決定する方法，新たな薬剤をコンピューターによってデザインする方法論を開発して（従来は数十万種の薬剤に関して実際に労力と費用をかけて行ってきた）高速多量処理を回避する方法，そして，フェーズⅠの臨床試験で患者に投与する前に薬剤の候補を検討する前臨床モデルの構築などがある．また同時に，ゲノムの機能的スクリーニングの完成度を上げることによって腫瘍を細かく分類し，目的に応じた作用を示す新世代の薬剤に対する応答性の違いを予想することも可能になるだろう．

また，こうした実際的な進展とともに，がんに関する基本的な理論やがんの発生に関する理解も深まるだろう．たとえば，ヒトのすべての細胞種について，それらが悪性転換する過程を制御する法則をそれぞれ系統化することができれば，さまざまながん細胞のゲノムで，どのような変異アリルがどのように組合わされて協同作用しているのかが合理的に説明されるようになるだろう．また，がんの病理過程に関する理解も進むだろう．すなわち，従来のがん病理に関する理解は，突然変異が腫瘍の進行の推進力となるというモデルだけに依存していたが，このほかにも遺伝子によらない機構，特に炎症などが，ある種の組織での腫瘍の存在の原因となることが確からしくなっている．したがって，**腫瘍プロモーション**（tumor-promotion）過程に分類される上述した非遺伝的機構が，悪性化の前段階まで発達した細胞集団のゲノムに蓄積している変異アリルと協同的に働いて，すべての条件を備えたがんを生じるという理解も進むかもしれない．また，同様の研究から，現在ではタバコが原因とされる腫瘍以外では理解されていないヒトのがんの発生原因と発生機構についても，理解が深まるだろう．今後，このような研究から，私たちの食事や生活習慣をどのように変えたらよいかが理解され，大きな恩恵をもたらすだろう．こうした方法論には，生化学者，有機合成化学者，薬理学者らが開発した薬剤を用いて，すでに発生してしまったがんを新たな治療手段として行った場合よりも，究極的にがん死をずっと少なくする可能性が秘められている．

13・16 要 約

腫瘍が進行する過程は，多くの役者が登場するドラマである．正常細胞が完全に悪性化した細胞に至るには，少なくとも五つ以上の段階が必要であり，このような段階が集まって腫瘍が順次進行する過程が構成されると考えられている．この段階一つ一つには，細胞の遺伝子型の変化とそれに付随する表現型の変化がみられる．一方，こうした複雑な過程の背後にある論理は単純明快である．つまり，初期の腫瘍塊がたどる道には多くの障壁が立ちはだかっていて，腫瘍の進行が次の段階に進むことを妨害している．したがって，腫瘍の進行を構成する多くの段階を一つ一つ先に進むには，細胞がより攻撃的で悪性化した状態になり，妨害している障壁を打ち破ることが必要である．

このような一連の抗腫瘍防御作用は，非常にうまくできている．そのため，ヒトの体内に生じた腫瘍のほとんどは，ヒトの一生の間に，すべての段階を通過し，臨床的に発見されて生命を脅かすに至る悪性化段階へと進むことはありえないとも思われる．実際，老齢になったすべてのヒトには，何百から何千もの悪性化前段階のクローンが体中のさまざまな器官にみられるが，この状態は，がんに至るまでの進行がすべての細胞と組織に組込まれている一連の防御機構によって阻まれてきた結果である．この防御機構には，がん遺伝子の活性化に応答して老化やアポトーシスをひき起こす機構，成長と分裂を繰返した後に老化や危機状態をひき起こす機構，初期の腫瘍が血管に入ることを防ぐ機構，非常に攻撃的で浸潤性の高い腫瘍以外のがん細胞に対しては物理的に排除できる構造的な障壁などがある．

それにもかかわらずがんは発生している．西欧諸国では，約20％の人々において，がんに至る多数の段階が進行して腫瘍形成が完了する．がんの発生率が，食物や生活習慣要因を通じて体に作用する発がん性の影響によって一生の間に増加していくのは明らかである．喫煙，高脂肪食，多量の肉食，放射線の照射，肥満，出産経験がないこと，などの要因がさまざまな器官部位のがんリスクを高めることがわかっている．これらの要因は，直接あるいは間接に遺伝子の変化を誘発する作用をしていて，そこから腫瘍の多段階の進行に関係する変異遺伝子が生まれることが，理解もしくは予想されている．

喫煙は，諸々の原因因子のなかで圧倒的に重要である．たとえば，ここ数年に米国で報告されたがん関連死の何と30％は，がん患者の喫煙と直接的な関係があるらしい．禁煙，および，食事と運動に関する生活習慣の改善によって，がんの発症を，ひいては米国のがん死を50％も抑えることが可能であると予想されている．こうしたがんの原因と機構がわかっているにもかかわらず，遺伝子の変化と腫瘍の進行との関係には解決されていない重要な問題がある．こうした問題の一つに腫瘍進行の後期過程，すなわち，浸潤および転移と，この過程に作用する遺伝子との関係がある．この二つの性質を制御している遺伝子の詳細は，まだ解き明かされていない．

がん研究の究極の目標は，正常なヒトの細胞を高度に悪性化した細胞へと変換する過程で必要とされる欠損のすべてに関する完全なリストをつくることである．これがあれば，がん研究者は，がん細胞の個々の歴史を明らかにし，がんの形成に至る各段階を詳しく正確に記述することができる．そして，ここから，がんとがん細胞に関する複雑な経路が明らかになるとともに，治療の対象となりうる多数の分子標的が見いだされるであろう．

参考文献

13・2 がん細胞には数多くの特徴的な表現型がある

論 文

Hayflick, L., and Moorhead, P.S., 1961. The serial cultivation of human diploid cell strains. *Exp. Cell Res.* **25**, 585–621.

13・4 がん細胞はある種の遺伝子が変異したときに生じる

論 文

Martin, G.S., 2001. The hunting of the Src. *Nat. Rev. Mol. Cell Biol.* **2**, 467–475.

Lee, J.O., Russo, A.A., and Pavletich, N.P., 1998. Structure of the retinoblastoma tumour-suppressor pocket domain bound to a peptide from HPVE7. *Nature* **391**, 859–865.

13・5 細胞のゲノムには多くのがん原遺伝子が含まれている

論 文

Shih, C., Shilo, B.Z., Goldfarb, M.P., Dannenberg, A., and Weinberg, R.A., 1979. Passage of phenotypes of chemically transformed cells via transfection of DNA and chromatin. *Proc. Natl. Acad. Sci. USA* **76**, 5714–5718.

Shih, C., and Weinberg, R.A., 1982. Isolation of a transforming sequence from a human bladder carcinoma cell line. *Cell* **29**, 161–169.

13・6 がん抑制活性が失われるには 2 回の変異が必要である

総 説

Kundson, A.G., 2002. Cancer genetics. *Am. J. Med. Genet.* **111**, 96–102.

Sherr, C.J., 2004. Principles of tumor suppression. *Cell* **116**, 235–246.

13・7 腫瘍は複雑な過程を経て発生する

総 説

Foulds, L., 1954. “The Experimental Study of Tumor Progression”, Vols. I–III. London: Academic Press.

Kinzler, K.W., and Vogelstein, B., 1996. Lessons from hereditary colorectal cancer. *Cell* **87**, 159–170.

論 文

Land, H., Parada, L.F., and Weinberg, R.A., 1983. Tumorigenic conversion of primary embryofibroblasts requires at least two cooperating oncogenes. *Nature* **304**, 596–602.

Nowell, P.C., 1976. The clonal evolution of tumor cell population. *Science*. **194**, 23–28.

Sinn, E., Muller, W., Pattengale, P., Tepler, I., Wallace, R., and Leder, P., 1987. Coexpression of MMTV/v-Ha-ras and MMTV/c-myc genes in transgenic mice: Synergistic action of oncogenes in vivo. *Cell* **49**, 465–475.

13・8 細胞の成長と分裂は増殖因子によって活性化される

総 説

Aaronson, S.A., 1991. Growth factors and cancer. *Science* **254**, 1146–1153.

Shi, Y., and Massague, J., 2003. Mechanisms of TGF-beta signaling from cell membrane to the nucleus. *Cell* **113**, 685–700.

13・9 細胞は増殖阻害を受けて細胞周期から外れることがある

総 説

Evan, G. and Littlewood, T., 1998. A matter of life and cell death. *Science* **281**, 1317–1322.

13・10 がん抑制因子は細胞周期への不適切な進入を防いでいる

総 説

Massagué, J., 2004. Gl cell-cycle control and cancer. *Nature* **432**, 298–306.

13・11 DNA修復や維持に関係する遺伝子の変異によって細胞の突然変異率が全体として上昇する

総 説

Kastan, M.B., and Bartek., J., 2004. cell-cycle checkpoints and cancer. *Nature* **432**, 316–323.

13・12 がん細胞は不死化している

総 説

Cech, T.R., 2004. Beginning to understand the end of the chromosome. *Cell* **116**, 273–279.

13・13 がん細胞の生存維持に必要な物質の供給は血管新生によって与えられる

総 説

Bergers, G., and Benjamin, L.E., 2003. Tumorigenesis and the angiogenic switch. *Nat. Rev. Cancer* **3**, 401–410.

PART

細胞コミュニケーション

VI

14

細胞のシグナル伝達

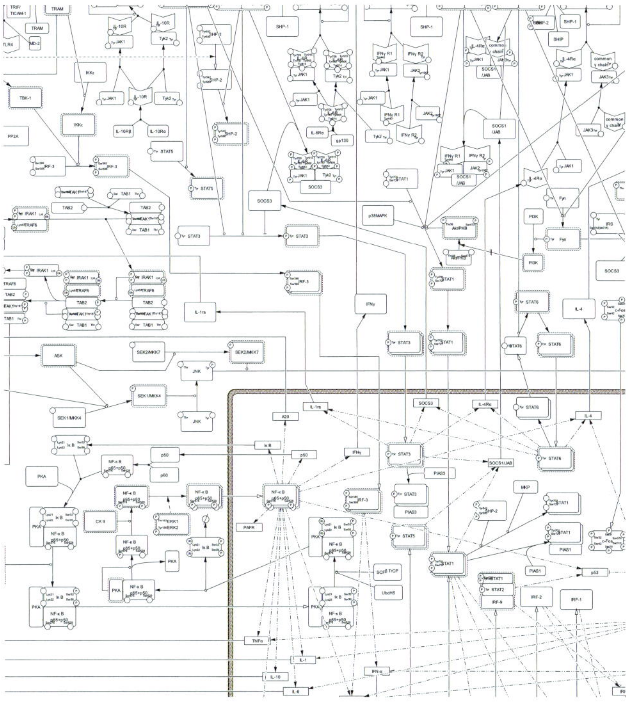

ここに示した図は，マウスのマクロファージにおけるシグナル伝達を，相互作用と化学反応に関して表現したマップであり，既知の情報のうちの約10%だけが示されている．コンピュータの形式で描いたこのようなマップを作ることが，シグナル伝達の巨大なネットワークを解析する最初のステップとなる．このマップは，Systems Biology Institute（Tokyo）の Hiroaki Kitano によって CellDesigner プログラムを用いて作られたものである［マップは，Kanae Oda，Yukiko Matsuoka，Hiroaki Kitano（Systems Biology Institute）の好意による］

14・1 序　論

原核生物から植物・動物に至るまで，そのすべての細胞は環境に存在する刺激を感知して応答している．そのとき，生命体は自分の必要性に合うように，応答を生存・適応・機能発現を視野に入れて類型化させる．こうした応答は，局所環境の変化によって直接的に起こる物理的あるいは化学的な変化とは異なる応答である．つまり，生物は**受容体**(receptor)とよばれる一群のセンサータンパク質を発現していて，特定の外来刺激を認識しているのである．受容体は，こうした刺激に応答して，さまざまな細胞内の制御タンパク質の活性を制御し，最も適当な細胞レベルの応答を開始させる．外部の刺激を感知する過程と，その情報特性を細胞内の標的に伝達する過程のことを，細胞の**シグナル伝達**(signal transduction) とよぶ．

細胞はあらゆる種類の刺激に応答する．微生物であっても，栄養素，毒素，熱，光，あるいは，他の微生物などから分泌される化学シグナルなどに応答する．多細胞生物を構成する細胞では，さまざまな受容体を発現しており，それらは，たとえばホルモン，神経伝達物質，**自己分泌性** (autocrine) あるいは**傍分泌性** (paracrine) の物質，すなわち，分泌細胞あるいはその周辺の細胞から出されるホルモン様の物質，さらには，匂い物質，増殖や分化を制御する分子，隣接する細胞の表面にあるタンパク質，などに対して特異的である．一般的に哺乳類細胞では，約 50 種類の異なる受容体が発現し，それぞれ別の情報を感知する．哺乳類 1 個体では，全体で何と数千もの受容体が発現している．

細胞の存在様式や状態はさまざまであり，細胞によって感知する物質は無数といっていいほどである．しかし，シグナル伝達に関係するタンパク質とその分子機構には類型化した型があり，図 14・1 に示すように，現存する細胞に広く保存されている．

- **Gタンパク質共役受容体** (G protein-coupled receptor) は，7 回の膜貫通 α ヘリックスを含み，ヘテロ三量体型 GTP 結合タンパク質を活性化する．このタンパク質は，単に **Gタンパク質** (G protein) ともよばれ，細胞膜の内側で受容体に会合してシグナルを多くの細胞内タンパク質に伝達する．
- **受容体型プロテインキナーゼ** (receptor protein kinase) は，1 回膜貫通型タンパク質の二量体で，細胞内基質を**リン酸化** (phosphorylate) し，その標的タンパク質の構造と機能を変化させる．このプロテインキナーゼには，細胞膜の内側にあるシグナル伝達タンパク質と複合体を構築するためのタンパク質相互作用領域が存在する．
- **プロテインホスファターゼ** (protein phosphatase，ホスホプロテインホスファターゼともいう) は，プロテインキナーゼによって付加されたリン酸基を除去することによって，プロテインキナーゼの作用を打ち消す．
- 他の 1 回膜貫通型の酵素には，**グアニル酸シクラーゼ** (guanylyl cyclase) のように，受容体型プロテインキナーゼに似た全体構造をもちながら，異なる酵素活性を示すものがある．グアニル酸シクラーゼは，GTP から 3′,5′-サイクリック GMP への変換を触媒し，生成したサイクリック GMP がシグナルを伝える．
- **イオンチャネル受容体** (ion channel receptor) は，構造はさまざまであるが，通常はオリゴマーを形成し，サブユニットそれぞれに複数の膜貫通領域が含まれている．サブユニットのコンホメーションが変化すると，中央の孔 (ポア) を通してイオンの流れが生じる構造になっている．
- **二成分系** (two-component system) には，膜貫通タンパク質と細胞質タンパク質の両方がある．また，構成するサブユニットの数もいろいろである．しかし，二成分系それぞれには，シグナル分子によって制御されるヒスチジンキナーゼとしての領域か，キナーゼ・サブユニットが含まれているほか，キナーゼによってリン酸化されるアスパラギン酸 (Asp) 残基を含む応答レギュレーター (レスポンスレギュレーター response regulator) がある．
- ある種の受容体は，膜貫通の**足場** (scaffold) タンパク質であり，細胞外のシグナル分子，すなわち，**リガンド** (ligand) に応答して細胞内の足場タンパク質領域がコンホメーション変化したり，オリゴマー化したりする．この変化によって，制御タンパク質が細胞膜の内側の 1 箇所に集まって相互作用する．
- **核内受容体** (nuclear receptor) は**転写因子** (transcription factor) であり，ときにはヘテロ二量体として，アゴニストによって活性化されるまで細胞質に存在するか，あるいは，最初から核内に存在する．

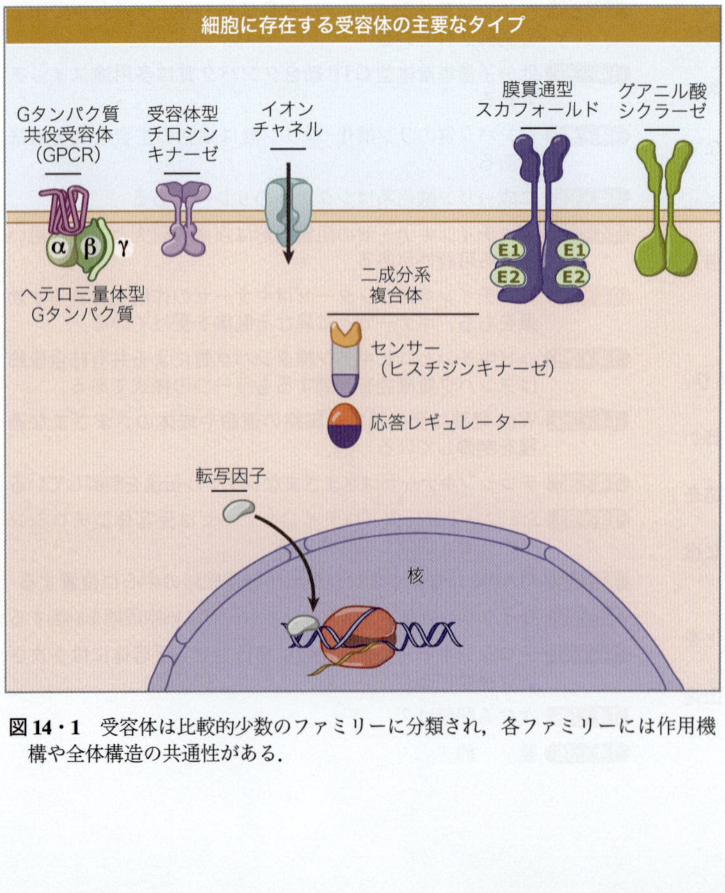

図 14・1　受容体は比較的少数のファミリーに分類され，各ファミリーには作用機構や全体構造の共通性がある．

シグナル伝達の生化学的過程は，細胞が異なっていても驚くほどよく似ている．バクテリア，菌類，植物，そして，動物は，似たようなタンパク質や複数のタンパク質からなる機能単位を，シグナルの検出と伝達のために用いる．たとえば，ヘテロ三量体型 G タンパク質と G タンパク質共役受容体は進化的に保存された系であり，植物にも菌類にも動物にも見いだされる．同様に，3′,5′-サイクリック AMP (cAMP) は，バクテリア，菌類，動物にみられるシグナル分子であり，Ca^{2+} もまた，すべての真核細胞で同じような作用をする．プロテインキナーゼとプロテインホスファターゼは，あらゆる細胞における酵素制御系として用いられている．

上述したように，シグナル伝達の基本的な生化学的要素と過程は保存されていてすべての細胞に存在するが，その様式は多彩に進化しており，多様な生理学的意義をもっている．たとえば，cAMPは，バクテリア，菌類，動物では，それぞれかなり異なるタイプの酵素によってつくられ，生物種に応じて作用するタンパク質も異なる．具体的な例をあげれば，cAMPはある種の粘菌の**フェロモン**（pheromone）である．

細胞は，特定の過程，たとえば，転写，イオン輸送，運動，代謝などの過程を制御する際には，決まった一連のタンパク質系列を用いる．こうしたシグナル伝達経路は，シグナル伝達ネットワークとして集合体を形成し，時々刻々進行する生物機能にかかわる複数の入力に対する応答を協調させる．現在では，シグナル伝達ネットワークを構成する経路の中や，経路の間をつなぐ一連の進化的に保存された反応についての解析が進み，それらはコンピュータの回路間にある増幅器，論理ゲート（論理関数による制御機構），フィードバックとフィードフォワード制御，そして，メモリー（記憶）といったデバイス（装置）に近いものであることがわかっている．

本章では，最初に細胞のシグナル伝達の原理と方法を述べ，次にシグナル伝達経路において共通に存在する生化学的要素とよく保存されている反応を述べることで，細胞のシグナル伝達の原理がどのように用いられるかを学ぶ．

14・2 細胞のシグナル伝達のおもな要素は化学的な反応である

重要な概念

- 細胞は化学的シグナルと物理的シグナルの両方を検出できる．
- 物理的シグナルは，通常，受容体のレベルで化学的シグナルに変換される．

細胞が感知するシグナルのほとんどは化学的なものであり，物理的なシグナルを感知するときには，受容体のレベルで化学的な変化として検出するのが一般的である．たとえば，視覚における光受容体であるロドプシンは，オプシンというタンパク質とそれに結合した第二因子の**色素**（chromophore），すなわち，有色のビタミンA誘導体である*cis*-レチナールからなる．*cis*-レチナールが光子を吸収すると，**光異性化**（photoisomerization）して*trans*-レチナールに変化し，これがオプシンタンパク質を活性化するリガンドとなる（ロドプシンのシグナル伝達の詳細については，§14・20“Gタンパク質のシグナル伝達モジュールは広く用いられ，順応性が高い”参照）．同様に，植物は，赤色光と青色光をそれぞれフィトクロムとクリプトクロムによって感知するが，これらのタンパク質はテトラピロールかフラビン色素によって吸収した光子を検出する光感知タンパク質である．また，クリプトクロムの相同遺伝子は動物においても発現しており，概日周期の調整にかかわっている．

このように物理的な入力に直接応答する受容体は実際には少数だが，圧力を感知するチャネルはすべての生物種に最低1種類は存在していて，圧力や変形力に応答して細胞のイオン透過性を変える．哺乳類では，内耳の有毛細胞における聴覚シグナルの伝達が，物理的な力に制御されるチャネルによって間接的に行われている．ここには，カドヘリンというタンパク質が介在しており，その細胞外領域が聴覚振動によって引っ張られ，チャネルを開く力を生じる．

その他一般の細胞では，インテグリンなどの多くの細胞表面タンパク質を介して物理的な張力が感知される．インテグリンは，他の細胞や，細胞が置かれている環境に存在する分子複合体との接着によってシグナルを伝達する．

物理的な刺激に応答する受容体のおもなグループとして，電場を感知するチャネルがある．また，別の興味深いグループには，熱や痛みを感知するイオンチャネルがあり，こうした熱を感知するイオンチャネルのなかには，唐辛子の“ホット（hot 辛い・熱い）な”刺激脂質であるカプサイシンのような化学物質にも応答するものがある．

シグナルが物理的であろうと化学的であろうと，受容体が反応を開始して，細胞の挙動を変化させる．以下では，こうした作用がどのようにして生まれるのかについて見ていこう．

14・3 受容体は多岐にわたる刺激を感知するが，そこから始まる細胞のシグナルのレパートリーは多くはない

重要な概念

- 受容体にはリガンド結合領域とエフェクター領域がある．
- 受容体の機能モジュールの作用によって，さまざまなシグナルが比較的少ない種類の制御機構に変換される．
- 細胞は，一つのリガンドに対して異なる受容体を発現することがある．
- 一つのリガンドが，受容体のエフェクター領域の違いによって，異なる作用を細胞に与える場合がある．

受容体は，非常に多様な細胞外シグナル分子に対する応答を仲介している．したがって，細胞は多様かつ多数の受容体を発現する必要があり，受容体それぞれは細胞外リガンドに結合できなければならない．さらに，個々の受容体は細胞応答を開始させる必要がある．したがって，受容体には**リガンド結合領域**（リガンド結合ドメイン ligand-binding domain）と**エフェクター領域**（エフェクタードメイン effector domain）という二つの**機能領域**（機能ドメイン functional domain）が含まれている．また，これらの領域は，タンパク質分子中で明確な構造ドメインに対応する場合もあるが，必ずしも明確な構造ドメインを定義できない場合もある．

リガンド結合領域とエフェクター領域の機能が分離することによって，受容体は多様なリガンドに対し，少数のエフェクター領域が示す作用を介して，進化的に保存された少数の細胞内シグナルを生成できるようになっている．実際，受容体ファミリーの数は限られていて，それらは構造面でもシグナル伝達の機能の面でも進化的に保存された類似性がある（図14・1参照）．

受容体が二つの領域をもつという性質に由来する有用性がいくつかある．たとえば，細胞外シグナルに対する応答性を制御する際に，細胞は，受容体の合成や分解を行う以外にも，受容体の活性自体を変化させる方法が可能になる（§14・10“細胞のシグナル伝達には高度の順応性がある”参照）．

生じる細胞応答の性質は，受容体とそのエフェクター領域によって決定されるのであって，リガンドの物理化学的性質によって決定されるのではない．図14・2に，一つのリガンドが複数の種類の受容体に結合し，複数の異なる応答をひき起こす可能性や，異なる複数のリガンドが機能的に類似した受容体に結合することによって，同一の作用をする可能性に関する概念を示した．たとえば，神経伝達物質であるアセチルコリンは，二つの型の受容体に結合する．一つはイオンチャネルであり，二つめはGタン

パク質を制御する型である．同様に，ステロイドホルモンは，クロマチンに結合して転写を調節する核内受容体に結合する一方，細胞膜にある別の型の受容体にも結合する．

逆に，多数のリガンドが同じ種類の生化学的活性をエフェクター領域にもつ受容体に結合すると，類似した細胞応答が生じる．たとえば，1 個の細胞が細胞内のシグナル分子として cAMP の産生を促進する複数の異なる受容体を発現することは珍しくない．また，細胞における受容体の作用は，細胞の種類や状態にも大きな影響を受けている．

リガンド結合領域とエフェクター領域には，さまざまな選択圧によってそれぞれ独立に進化する可能性がある．たとえば，哺乳類のロドプシンと無脊椎動物のロドプシンは，異なるエフェクター G タンパク質（哺乳類が Gt，無脊椎動物は Gq）を介してシグナルを伝達する．別な例としては，カルモジュリンという小さなカルシウム結合タンパク質が動物に存在する一方，植物では，大きなタンパク質の中の一つの領域としてカルモジュリンが存在する．

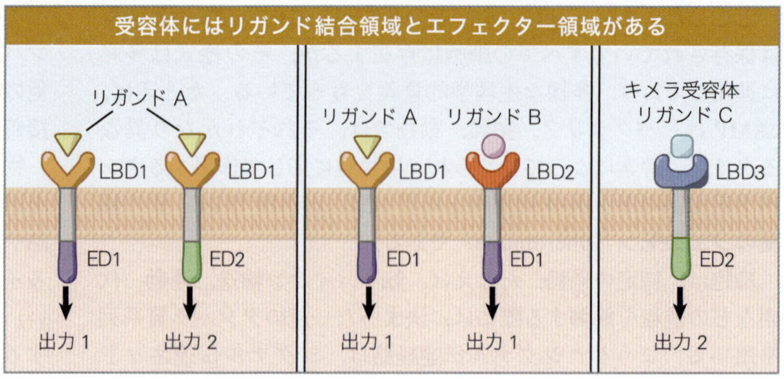

図 14・2　受容体は，リガンド結合領域（LBD）とエフェクター領域（ED）という二つの機能領域からなる．領域が二つあるという性質から，異なるリガンドに応答する二つの受容体が同じようなエフェクター領域を活性化することによって，同じ機能を示す可能性（中央）や，1 個の細胞が，同じリガンドに応答する二つの受容体で，エフェクター領域が異なる分子を発現するために異なる細胞効果をする可能性（左）が生まれている．また，人工的なキメラ受容体を作って，新たな性質を与える可能性も与えている（右）．

すなわち，受容体は二つの領域をもつことによって，リガンドの結合とリガンドの作用とを独立に制御できるようになっている．たとえば，**共有結合修飾**（covalent modification）や**アロステリック**（allosteric）制御によって，リガンド結合における親和性やリガンドを結合した受容体がシグナルを伝達する能力が制御される．この概念については，§14・13 "シグナル伝達にはアロステリック制御と共有結合修飾が用いられる" でさらに学ぶ．

受容体の分類には，結合するリガンドの種類，あるいは，伝達するシグナルのいずれかが用いられる．シグナルの出力はエフェクター領域の性質によって決まるが，通常は全体構造と配列の保存性が強く関係する．また，機能によって分類される受容体ファミリーについては，本章の後半部分で述べる．一方，リガンド特異性によって受容体を薬理学的に分類することは，内分泌系や神経系の構成を理解するときや，薬剤に対する多様な生理応答を分類するときに，非常に有用である．

ある受容体を通常は発現していない細胞で発現させることによって，発現した細胞がその受容体のリガンドに対する応答性をもつようになる場合がある．この応答性は，受容体からの細胞内シグナルを伝えるために必要な受容体以外の要素を，細胞がもともと発現していたために現れたのである．つまり，応答の詳細な性質は，細胞の生物学的性質を反映する．そのため，実験的にある物質に対する応答性を調べるときには，受容体をコードする cDNA を導入して発現誘導することがある．たとえば，哺乳類の受容体を酵母に発現させることによって，酵母がその受容体のリガンドに応答するようにさせ，特定の受容体を活性化する新しい化学物質（薬剤）をスクリーニングする方法をつくることも可能である．

また，ある受容体のリガンド結合領域と別の受容体のエフェクター領域を融合したキメラ受容体をつくることも可能である（図 14・2 参照）．このようなキメラ受容体は，そのリガンドに対して新規の応答を示す可能性がある．さらに，リガンド結合領域を遺伝子レベルで変化させることによって，新規のリガンドに対して応答するような受容体を構築することも可能かもしれない．このようにして，非生理物質に対する細胞機能を実験的に付与することもできる．

14・4　受容体は触媒であり，増幅作用をもつ

重 要 な 概 念

- 受容体は，鍵となる制御反応の速度を増す作用を行う．
- 受容体は，分子増幅器として作用する．

受容体は細胞内の機能を加速する作用を行うことから，酵素や他の触媒に類似した働きをもつと解釈できる．プロテインキナーゼ，プロテインホスファターゼ，グアニル酸シクラーゼなどの活性をもつ受容体は，それ自身が酵素であり，古典的な生化学の触媒そのものである．しかし，一般的には，受容体はリガンド結合によるわずかなエネルギーを用いて，別のエネルギー源を用いて起こる反応を加速させる．たとえば，イオンチャネル受容体は，イオンが膜を通過して動くことを触媒するが，これはイオンポンプという別の分子の作用によって生成した電気化学ポテンシャルに依存した過程である．G タンパク質共役受容体や他のグアニンヌクレオチド交換因子は，G タンパク質で GDP と GTP の交換を触媒するが，これは細胞内におけるヌクレオチドのエネルギーバランスによって，エネルギー的には促進される過程として起こる．転写因子は転写開始複合体の形成を加速するが，転写自体は ATP と dNTP の加水分解を多段階で起こすエネルギー的には促進される過程である．

受容体は，触媒として反応速度を高める．したがって，多くのシグナル伝達においては，**熱力学的**（thermodynamic）制御よりも**動力学的**（kinetic）制御の方が重要である．つまり，シグナル伝達の現象は，反応の平衡ではなく，反応速度を変化させるものである（次節を見よ）．したがって，シグナル伝達では，反応速度によって特異的な反応が選択され，熱力学的な駆動力は補助的な役割しかもたないようになっていて，この点において代謝制御に似ている．

すべてのシグナル伝達の反応においては，受容体は触媒活性を用いる分子増幅器として機能している．受容体は，直接・間接のいずれかの方法で，エネルギーの点でも 1 分子当たりに集合させる分子数の点でも非常に大きな化学シグナルを生じる．この分子増幅作用が，受容体や細胞のシグナル伝達系の段階に当てはまる特質である．

14・5 リガンド結合によって受容体のコンホメーションが変化する

重要な概念

- 受容体には，活性型と不活性型のコンホメーションがある．
- 受容体は，リガンド結合によって活性型コンホメーションに移行する．

受容体の作用における重要な課題は，どのような構造的（機械的）な仕組みによって，シグナル分子のリガンド結合領域への結合をエフェクター領域の活性増加に結びつけているのか，という疑問に答えることである．この問題の鍵は，受容体分子が活性型でシグナルを発生するコンホメーションと不活性型のコンホメーションという複数のコンホメーションをとりうることにある．リガンドは，こうした複数のコンホメーションの平衡を変える．受容体において活性–不活性の異性化が起こるとき，どのような構造変化を起こすのかという問題や，リガンド結合がこの変化にどう作用するのかという問題は，現在の生物物理学の重要な研究分野になっている．しかし，基本的概念は比較的単純であり，リガンド結合領域とエフェクター領域のコンホメーションの異性化が共役するという概念に尽きる．

それでは，リガンドはどのようにして受容体を活性化あるいは不活性化するのだろうか．受容体の基本的な活性制御は，二つの相互変換可能なコンホメーション，すなわち，不活性型(R)と活性型(R^*)のコンホメーションをとると考えた簡単な図式によってほとんど説明できる．R と R^* は平衡にあり，平衡定数 J によって表現される．

$$\mathrm{R} \overset{J}{\rightleftharpoons} \mathrm{R}^*$$

リガンドを結合していない受容体は，通常は最も活性が低い状態にあるため，$J \ll 1$ であり，リガンドを結合していない受容体は，ほとんどの時間 R 状態にある．シグナル分子(L)が結合すると，受容体は活性型のコンホメーションである R^* へと平衡がずれ，その状態ではエフェクター領域が機能する．したがって，リガンドを結合した受容体は活性型の R^* 状態として多くの時間存在する．

$$\begin{array}{ccc} \mathrm{R}+\mathrm{L} & \overset{J}{\rightleftharpoons} & \mathrm{R}^*+\mathrm{L} \\ \Big\downarrow\!\!\uparrow K & & \Big\downarrow\!\!\uparrow K^* \\ \mathrm{R}\cdot\mathrm{L} & \overset{J^*}{\rightleftharpoons} & \mathrm{R}^*\cdot\mathrm{L} \end{array}$$

リガンドが受容体を活性化させる機構は，活性型コンホメーションと不活性型コンホメーションに対するリガンドの受容体に対する親和性の違いによって生じる単純な結果である．つまり，リガンドは，受容体のコンホメーションの一方に結合できるのであり，これは，R 状態に対する会合定数 K と R^* 状態に対する会合定数 K^* によって説明できる．たとえば，R 状態に対してよりも R^* 状態に対して高い親和性で結合するすべてのリガンドは，活性化剤(アクチベーター)となる．もし，K^* が K よりも大きければ，そのリガンドはアゴニストとなる．熱力学の第二法則によって，二つの共役する平衡系は経路独立性を示す，すなわち，二つの状態の正味の自由エネルギーの差はどのような反応が介在しているかに依存しないため，たとえば，受容体において，R から R^* L に移るいずれの経路も同じ自由エネルギー変化を示すのであり，各経路に沿って計算される平行定数の積は同じである．したがって，上の例では，その値はこの経路独立性から下のようになる．

$$J \cdot K^* = K \cdot J^*$$

$$\frac{J^*}{J} = \frac{K^*}{K}$$

したがって，R^* コンホメーションへの結合の親和性が高い，すなわち，$K^*/K \gg 1$ であれば，リガンド結合によって R^* 状態へとコンホメーションが同程度（すなわち，$J^*/J \gg 1$）まで移行する．リガンドが飽和する濃度における相対的活性化度，すなわち J^*/J は，受容体の活性型のコンホメーションに対するリガンドの相対的な選択性，すなわち K^*/K と完全に一致する．こうした議論は，あらゆる制御リガンドによるタンパク質の活性制御に当てはまる．

このモデルによって，以下のように，受容体とリガンドに関する多くの性質を簡単かつ定量的に説明することが可能である．

- 第一に，平衡が成り立つためには J はゼロよりも大きい必要がある．したがって，リガンドが結合していない受容体にもいくぶんかの活性があり，受容体を過剰発現させると内在性の低い活性が現れることがある．
- 生理的な受容体はリガンドがない状態ではほぼ不活性であるため，J は 1 よりもずっと小さいはずであり，多くの場合は 0.01 以下である．すなわち，ほとんどの受容体はアゴニストがないときには 1 %以下の活性しか示さない．
- リガンドは，R と R^* の間で選択性が変化し，活性化する能力も変化する．ある種のリガンドはアゴニストとよばれ，R^* 状態をつくる作用をもつ．**パーシャルアゴニスト**（部分活性化薬 partial agonist）とよばれるリガンドは，最大値には至らない部分的な活性化をひき起こす．リガンドの構造を化学的に変化させるとアゴニストとしての活性が変化することがある．図 14・3 にこの関係を示した．
- R 状態と R^* 状態に同じように結合するリガンドは，活性化をひき起こさない．しかし，こうしたリガンドも結合部位を占有するので，活性化リガンドの結合を競合的に阻害する．こうした競合阻害剤は**アンタゴニスト**（antagonist）とよばれ，さまざまな病態に対して，受容体の不要な活性化を阻害する薬剤として用いられている．

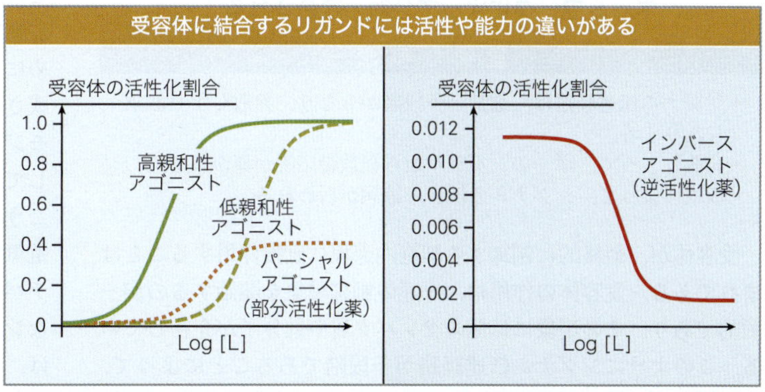

図 14・3 本文に述べた単純な 2 状態モデルによって，受容体に作用するさまざまな制御リガンドが示すさまざまな挙動を説明できる．左のグラフは，親和性が異なる二つのアゴニストと一つのパーシャルアゴニスト（部分活性化薬）に対する受容体の活性化割合を示す．右のグラフは，インバースアゴニスト（逆活性化薬）の効果を示す．リガンドが結合していない受容体の低い活性化割合が生物活性として検出できるときには，インバースアゴニストによる阻害が容易に検出できる．

- R* 状態よりもR状態の方に選択的に結合するリガンドはコンホメーションの平衡を不活性化状態へとシフトさせ，真の阻害をひき起こす．このようなリガンドは，**インバースアゴニスト**（逆活性化薬 inverse agonist）とよばれる．しかし，Jはもともと小さいため，インバースアゴニストの効果は，受容体を過剰発現させたときや突然変異などによって，内在性の活性が上昇したときだけわかる場合が多い．
- アゴニストが受容体を刺激する程度は，親和性には比例しない．つまり，アゴニストとアンタゴニストは，共に高い親和性を示す場合も低い親和性を示す場合もある．親和性は受容体の感度を決めるもの，つまり，受容体がどれほど低い濃度のリガンドを検出できるかを決めている．天然に存在する制御リガンドの受容体への親和性は非常に広い範囲にわたる．生理的なK_d値が，ある種のホルモンでは10^{-12} M以下である一方，バクテリアの走化性物質には10^{-3} Mという値を示すものもある．この感度のもう一つの面は，アゴニストの濃度が上昇したときに，受容体が迅速に活性化するのか，あるいは，徐々に活性化するのかを決めていることである．このモデルでは，K_dの0.1〜10倍の範囲のアゴニスト濃度で受容体が大きく活性化する．さまざまな細胞機構では，この約100倍の範囲で通常の応答を変化させており，ゆっくりした応答から急激なスイッチのような応答まで観察される．
- このモデルでは，平衡のみが考慮されている．そこには，リガンドの結合や解離の速度は含まれておらず，活性化に導くコンホメーション変化の速度も含まれていない．

このモデルから，受容体の三つの重要な作用が独立に決定されることが示されている．上に述べたように，リガンドが作用する濃度範囲を決めているリガンドに対する親和性は，受容体の活性化をひき起こす際の実際の効果とは別のものである．応答の速度もまた，これら二つの性質とはほぼ独立である．すなわち，受容体機能のそれぞれの要素は，ほかから入るシグナルや，細胞の代謝や発生の状態に応答して独立に制御されるのである．シグナル入力のこうした制御が，シグナル伝達の細胞全体の調和において中心的な役割を果たしている．これに当てはまる例やその機構について，以下で繰返し学ぶ．

14・6　複数のシグナルがシグナル伝達経路とシグナル伝達ネットワークによって分類・統合される

重要な概念

- シグナル伝達経路は，通常，多段階からなり，発散したり収束したりする．
- 発散によって，単一のシグナルから複数の応答が導かれる．
- 収束によって，シグナルの統合と協調が行われる．

受容体が，最終的に制御する細胞内過程に直接作用することはまれである．受容体の作用は，一連の制御現象を開始するのが一般的であり，この現象には他のタンパク質や低分子が介在している．このようにシグナル伝達経路が多段階であることによって，シグナルを増幅したり，シグナル伝達の速度を調節したり，制御点を設けたり，多数のシグナルを統合したり，シグナルを異なる複数のエフェクターに伝えたりできるようになっている．

また，シグナル伝達経路が分岐することによって，複数の入力シグナルを統合したり，情報を複数の制御点に導いたりすることができる．図14・4に示したように，分岐には，複数のシグナルが共通の終点を制御する収束型の分岐と，一つのシグナル伝達経路から複数の過程を制御する発散型の分岐とがある．多細胞生物では，発散型の分岐によって，一つのホルモン受容体が異なる細胞や組織において，それぞれの細胞にとって最も適当な応答パターンを開始できるようになっている．また，シグナルが発散型であることによって，一つの受容体が，性質が異なる細胞応答をそれぞれ異なる強度で制御できるようになっている．こうした強度の差は，経路の中間でのシグナルの増幅に依存する．

収束型の分岐も実際によくみられ，複数の受容体が同じ経路を活性化して同じ制御応答をひき起こす場合などがこれに当てはまる．この収束型の分岐によって，刺激と抑制の両方に作用する複数の入力シグナルを，受容体の下流の共通の位置で統合して協調させることが可能となる．実際，複数の異なるホルモンの受容体が，一つの標的細胞において類似したパターンや重なり合ったパターンのシグナル伝達を開始する例が多く知られている．

収束型と発散型のシグナル伝達経路が重なり合うことで，細胞内にシグナル伝達ネットワークが形成され，多数の入力に対する応答を協調させている（図14・4参照）．このような経路は，構成要素の数と種類という点で複雑であるばかりか，経路を表現する回路図の配線も複雑である．また，シグナル伝達ネットワークは，空間的にも複雑である．つまり，ネットワークには，さまざまな細胞内局在に関する要素が含まれており，たとえば，開始点の受容体やこれに会合するタンパク質は細胞膜に存在するが，下流のタンパク質は細胞質や細胞小器官に存在する．こうした複雑性によって，入力信号を統合・分類し，多様な細胞内機能を同時に制御することがはじめて可能になる．

シグナル伝達ネットワークの複雑性や順応性に関しては，図14・4の下半分に示したように，細胞全体を視野に入れたシグナルの動態を直感的に理解することがほとんど不可能である．シグナル伝達ネットワークは，大きなアナログコンピュータにたとえられるような巨大なシステムであり，研究者は，そのコンピュータで用いる道具を増やしながら，細胞の情報の流れやその制御を理解しようとしている段階である．具体的には，まず，シグナル伝達の相互作用には通常2〜3個のタンパク質しか含まれていないので，従来のコンピュータでも用いられている論理回路に似た機能を果たしていると考えることができる（次節を参照）．したがって，そのような論理回路に関する理論とエレクトロニクスにおける取扱い方法を用いて，生物学におけるシグナル伝達の機能を理解することが容易になる．

非常に複雑な細胞のシグナル伝達ネットワークを簡単にするために，ネットワークがシグナル伝達モジュールの相互作用から構成されていると考える方法がある．すなわち，このシグナル伝達モジュールというのは，タンパク質がまとまったグループを形成して，シグナル伝達を解釈可能な方法で行う単位のことである．こうした細胞のシグナル伝達モジュールは，決まった働きをする電気機器の集積回路に似ている．しかし，回路を構成する要素は，デバイス（装置）が異なる場合には同じ用途でも異なる．このようなシグナル伝達がモジュールによって構成されているという概念は，ネットワークを定性的に理解することにも定量的に理解することにも役立つ．標準的なシグナル伝達モジュールについては，本章の後半で数多く学ぶことになるが，例として，単量体型およびヘテロ三量体型Gタンパク質モジュール，MAPKカスケード，チロシン（Tyr）キナーゼ受容体とそれに結合するタンパク質，Ca^{2+}放出 / 再吸収モジュールなどがある．これらは系統学的にも発生学的にも生理学的にも多様であるが，各モジュールの基本

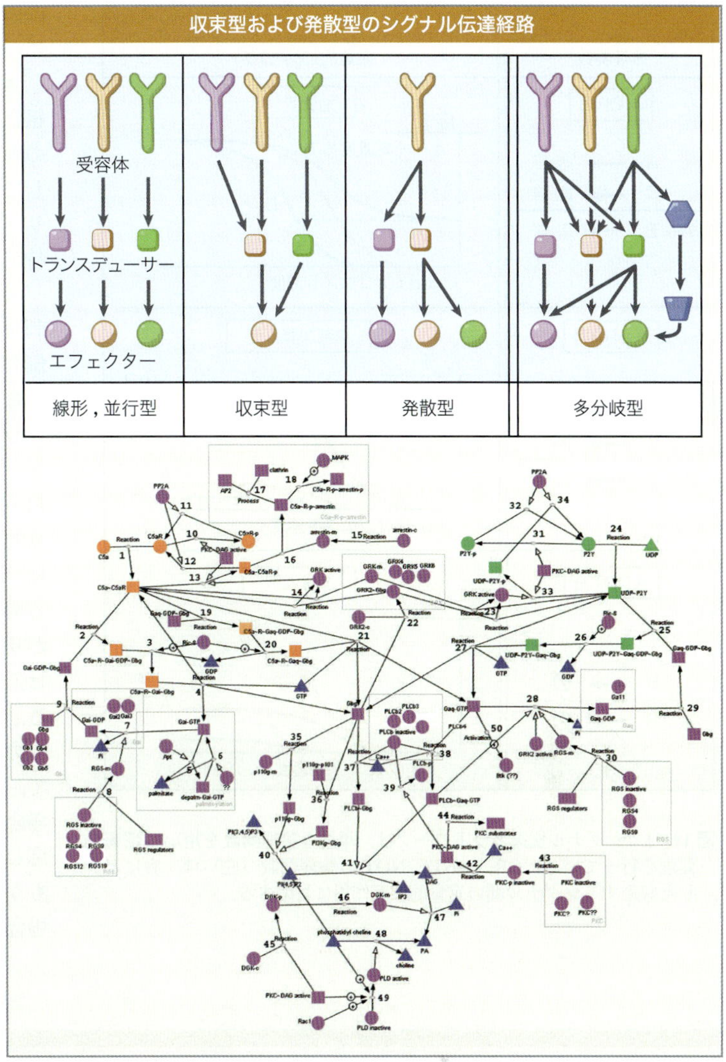

図 14・4 シグナル伝達経路は，収束型と発散型の分岐を用いることによって，情報の流れを協調させている．図の上側の図式は，三つのシグナル伝達ネットワークによって情報を分類する単純な方法を示した．収束型も発散型もシグナル伝達経路の複数の点にみられる．図の下側には，シグナル伝達経路の複雑性を示す例として，マウスのマクロファージ細胞株における G タンパク質が介在するシグナル伝達ネットワークの一部（ネットワーク全体の約 10 %）を示した．ただし，ここでは経路間の制御機構のいくつかが省かれているほか，G タンパク質共役受容体以外からの入力にはまったく触れていない［経路図は Lily Jiang, University of Texas Southwestern Medical Center の好意による］

的機能を理解することは，それぞれのモジュールが具体的な役割を演じている全体像を理解することにつながる．最後の要点は，モジュールの進化的な重要性である．すなわち，一つのモジュールの形が一度確立すると，そのモジュールは進化的に受継がれて常に用いられるようになる．

もっと大きなネットワークを解明するには，多重かつ高度な処理能力をもつ測定系を用いて生きた細胞を観測し，さらに強力な動力学的モデル構築を組合わせることで，シグナル伝達モジュール内やネットワーク全体の情報の流れを定量的に精度よく記述する方向を目指さなければならない．こうしたモデルでは，正確な実験データを基盤として得た一連のパラメータを用いることによって，直感的な理解も局所的な理解も難しい複雑すぎる系に対して，シグナル伝達の過程を記述することが可能となろう．また，こうしたモデル構築によって，そのモデルが正しいかどうかを試す実験を提案したり，その結果を予想したりできるので，モデルの正確性を確かめることが可能であり，それが重要となる．つまり，うまく構築されたモデルがあれば，実験的データが得られていない系に対しても，（もちろん，注意深く行うことが必要ではあるが）その機構を示唆することも可能である．高度に複雑性が増した場合でも，コンピュータ科学の理論と手法が，細胞におけるシグナルの流れとその制御を系統的に分析するためにますます有用になってきている．つまり，こうしたコンピュータシステムを用いることで，大量の定量的データを分析し，細胞の情報の流れとその制御系を理解できるようになっている．このようなシグナル伝達ネットワークの定量的なモデルを開発することはシグナル伝達生物学の最前線であり，構築したモデルがネットワーク機能を記述するのみならず，個々の機能を明らかにする実験を考えることにも役立つ．

14・7 細胞のシグナル伝達経路は生化学的な論理回路とみなすことができる

重要な概念

- シグナル伝達ネットワークは，情報を統合する数学的な論理関数のように機能する生化学反応の集まりから構成される．
- このような論理関数の組合わせによって，より複雑なレベルの情報処理を行うシグナル伝達ネットワークが組立てられる．

前節で述べたように，シグナル伝達経路が統合され，情報が細胞内の標的へと導かれる過程は，コンピュータの個々の回路を設計する際に用いられる数学的な論理関数に驚くほど似ている．実際，コンピュータ科学者や技術者が，コンピュータや電子制御機器を設計するときに用いるソフトウェアの要素のほとんどすべてに対応するものが生物にも存在する．したがって，シグナル伝達経路を理解するためには，図 14・5 に示したように，コンピュータに用いられる類の論理回路からつくられる経路として，シグナル伝達経路内の一連の反応を考えることは有用である．たとえば，最も単純な例には，二つの同時入力が収束する回路がある．このとき，もし，いずれかの経路から十分な入力があったときに応答がひき起こされるのであれば，収束経路は “OR” 関数を構成することになる．もし，一方の入力では不十分で，二つの入力によって応答がひき起こされるのであれば，収束経路は “AND” 関数となる．AND 回路は**同期性検出器**（coincidence

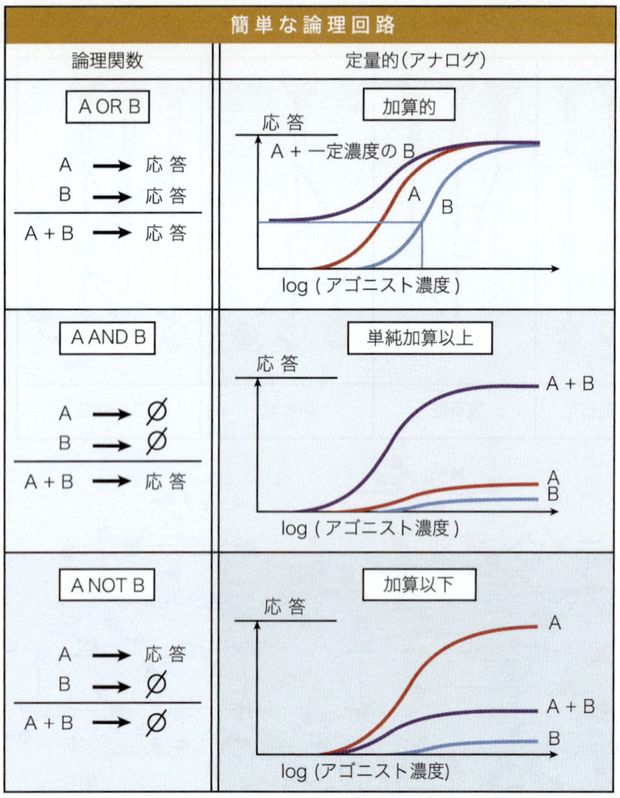

図 14・5　シグナル伝達ネットワークは，単純な論理関数を用いて情報処理を行っている．OR，AND，NOT の論理関数（左）は，右に示した収束するシグナル間の定量的相互作用に対応する．

detector）ともよばれ，二つの刺激経路が同時に活性化したときにのみ応答がひき起こされることを意味する．

AND 関数は，類似しているが量的には不十分な二つの入力の組合わせによって生じる．あるいは，二つの機械的に異なる入力の両方が応答をひき起こすために必要な場合もある．後者の例としては，標的タンパク質がリン酸化されたときだけにアロステリックな活性化を受ける場合や，リン酸化によって活性化するが特定の細胞内局在にあるときだけ機能的になる場合などがある．

AND 回路の逆が NOT 関数であり，一つの経路が別の経路の刺激効果を打ち消す場合である．こうした単純な論理関数による制御機構（論理ゲート）が細胞のシグナル伝達経路の多くにみられる．

つぎに，論理項ではなく，収束シグナルにおける定量性について，複数の過程への入力の加算の問題から考えてみよう（図 14・5 の右）．OR 関数は，この観点から見れば，二つの経路が加算的な正の入力である状態と見ることができる．こうした加算性は，複数の受容体の活性が特定の G タンパク質のプールを刺激する場合や，二つのプロテインキナーゼの作用によって一つの基質がリン酸化される場合に当てはまる．これらの場合には，加算性は正であるが，二つの阻害的入力が組合わされる場合には負となる．阻害と活性化とを加算的に組合わせて代数的な収支をとって出力する場合もある．そのほか，多数の入力が互いに組合わされて，単なる加算効果よりも大きくなったり，小さくなったりする場合もある．先に述べた NOT 関数は，刺激の阻害を表すのに対応している．AND 関数は相乗効果を表し，一つの入力によってもう一つの入力効果が高められるが，単独ではあまり効果がない場合を表すことができる．

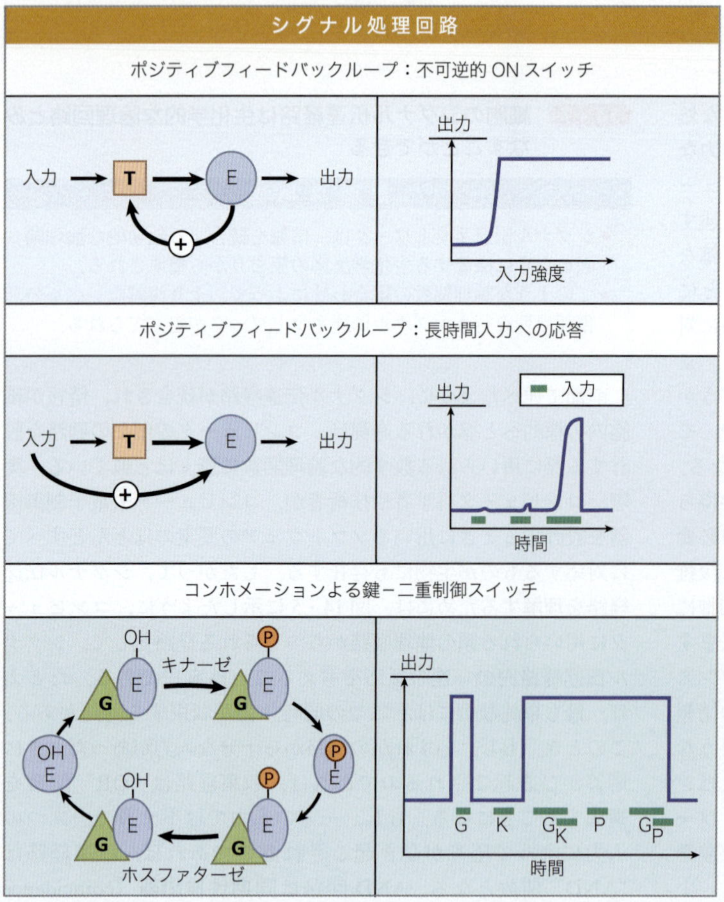

図 14・6　比較的複雑なシグナルの処理も，単純なタンパク質モジュールを複数用いることで可能となる．図には，三つのタイプのシグナル伝達モジュール（左）とそれらのアゴニストへの応答を示す（右）．（上段）正のフィードバックモジュールでは，変換因子（トランスデューサー transducer）タンパク質（T）はエフェクター（E）を刺激して細胞の出力を生じるが，エフェクターは変換因子の活性も刺激する．そのため，このモジュールは全か無かのスイッチとなり，閾値までの入力はほとんど効果はもたないが，フィードバック効果が変換因子活性を維持するのに十分な場合には，受容体からの入力が継続しなくてもスイッチは入ったままの状態になる．（中段）この正のフィードバックモジュールでは，エフェクターは変換因子からの入力，および，経路の上流からの入力の二つを必要としている．刺激が短いとき（グラフの下側の短い横棒）には，活性型の変換因子の量が十分には蓄積せず，出力は小さい．刺激が長く続いたとき（長い横棒）には，シグナルの出力は大きくなる．（下段）二重制御モジュールでは，1 個の制御因子（G）の結合がエフェクターを活性化するとともに，プロテインキナーゼの基質となる Ser 残基（–OH）として示したような別の制御部位も露出させる．エフェクターは，G に結合したときだけに，リン酸化あるいは脱リン酸される．したがって，右に示したように，G を加えただけで活性化するが，キナーゼ（K）だけを加えたときには活性化は起こらない．もし，G が結合したときにキナーゼが活性であれば，リン酸化はホスファターゼ活性に耐性となり，G が再び加わってリン酸化 Ser 残基を露出させたときにはじめてホスファターゼが働くことになる（グラフの右の P で示したところ）．

実際のシグナル伝達ネットワークは，生物過程としては単純なものでも情報処理としては複雑なパターンを示す場合がある．その良い例が“記憶”の形成である．この“記憶”とは，一過的なシグナルを何らかの永続的なものにする効果である．シグナル伝達経路には，記憶を設定したり，記憶を失わせたりする（忘却させる）いくつかの方法が含まれている．その一つの機構は，プロテインキナーゼの経路にふつうにみられる，図 14・6 の上段に図示した正のフィードバックループである．このような正のフィードバックループでは，入力は変換因子（トランスデューサー transducer, T）を刺激し，変換因子はつぎにエフェクタータンパク質(E)を刺激して出力をつくり出す．もし，エフェクターが変換因子をも活性化することができれば，最初のシグナルが十分なときには変換因子にシグナルがフィードバックされるため，入力がなくなってもエフェクターの最大出力が維持される．こうした系からは，右に示した閾値応答が現れる．

正のフィードバックループは，別のタイプの記憶，すなわち，入力の継続を表現する記憶も生成できる（図 14・6 の中段）．この回路では，エフェクターは受容体からの入力と中間の変換因子からの入力の両方を必要とする．変換因子を介した受容体からの経路が比較的遅い伝達をする場合や，変換因子の量がある程度蓄積することが必要である場合には，右の経時的な出力図に示したように，継続的な入力によってはじめて応答がひき起こされる．

記憶をつくる第三の方法は，一つの入力から二つめの制御現象を逆方向に制御する方法である（図 14・6 の下段を見よ）．WASP はアクチンの重合を促進して細胞の移動や形態変化を開始させるタンパク質であるが，リン酸化によって，また，低分子量 GTP 結合タンパク質である Cdc42(G)の結合によって活性化する．しかし，WASP のリン酸化部位は，WASP が Cdc42 に結合しているときだけ露出する．したがって，リン酸化には，活性化した Cdc42 と活性化したプロテインキナーゼの両方が必要である．もし，Cdc42 が解離していると，WASP のリン酸化状態は，つぎにまた Cdc42，あるいは何らかの別のシグナル分子が再び結合してプロテインホスファターゼが反応する部位を露出させるまで続く．経時変化のグラフを見るとわかるように，WASP は Cdc42 との結合によっては活性化するが，キナーゼと出会うだけでは活性化しない．もし，Cdc42 が存在すれば，キナーゼは WASP を活性化する．リン酸化した WASP は，プロテインホスファターゼ(P)単独に対しては比較的抵抗性があるが，Cdc42 あるいは他のGタンパク質が結合してリン酸化部位を露出させると，脱リン酸される．

14・8 足場タンパク質はシグナル伝達の効率を高め，シグナル伝達の空間的な組織化を促進する

重 要 な 概 念

- 足場タンパク質は，シグナル伝達タンパク質をグループ化し，複数の相手をもつ因子を集めることでシグナルの特異性をつくり出す．
- 足場タンパク質は，シグナル伝達タンパク質の局所的な濃度を上げる．
- 足場タンパク質は，シグナル伝達系を作用部位に局在化させる．

一つのシグナル伝達経路に含まれる複数のタンパク質は，細胞内で共局在することが多く，相互作用を互いに促進して，他の関係ないタンパク質との相互作用を最小限にする．このような多くのシグナル伝達経路は**足場タンパク質**（スカフォールドタンパク質 scaffold protein）の上に組織化されている．こうした足場タンパク質は，一つのシグナル伝達経路の複数の因子を結合してタンパク質複合体をつくり，シグナル伝達の効率を上げる．具体的には，足場タンパク質は，親和性が低いタンパク質どうしの相互作用を促して，会合した因子の活性化（ときには不活性化）を促進するとともに，シグナル伝達タンパク質を必要とされる作用部位に局在化させる．このとき，共局在が固定されている場合も制御可能な状態にしている場合もある．また，刺激依存的に足場を基に行われる組織化が，シグナルの出力を決めている場合も多い．

足場タンパク質に含まれる複数の結合部位は，それぞれ別々にモジュール様のタンパク質結合領域として存在する．つまり，足場タンパク質は，経路の因子を一緒に集めるためにデザインされたタンパク質であるような印象を与える．実際，多くの足場タンパク質には内在性の酵素活性はないが，シグナル伝達酵素が足場タンパク質としての働きをする場合もある．

シグナル伝達因子が足場へ結合することによって，因子の拡散や作用部位への輸送が不要になり，局所濃度が上昇してシグナル伝達をしやすくなる．ショウジョウバエの光受容細胞では，足場タンパク質によるシグナル伝達因子の組織化が，早いシグナル伝達を行うために重要である．この細胞には，InaD という足場タンパク質が存在し，これには PDZ 領域とよばれる分子結合領域が 5 個含まれている．その PDZ 領域それぞれが 1 個の標的タンパク質の C 末端のモチーフに結合し，会合したタンパク質間の相互作用を容易にしている．図 14・7 には，どのように InaD がシグナル伝達タンパク質を組織化するかを表すモデルを示した．

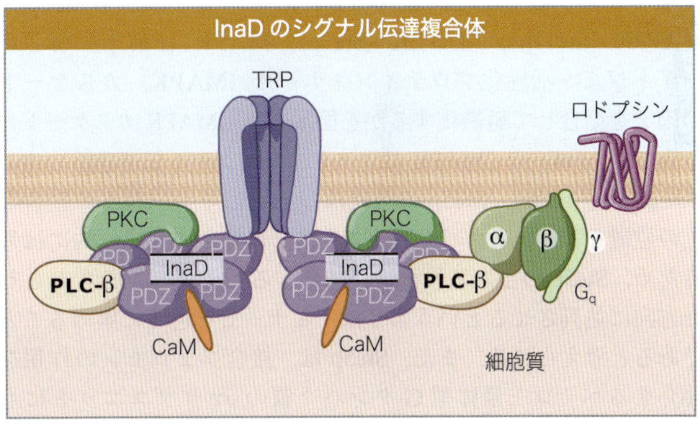

図 14・7 InaD は足場タンパク質として，ショウジョウバエの光受容体細胞において視覚シグナルの伝達にかかわるタンパク質を組織化している．つまり，InaD は光受容膜に局在し，光受容と視覚伝達を協調させる役割をする．InaD が存在する無脊椎動物においては，視覚シグナル伝達系は，ロドプシンから G_q を経て，ホスホリパーゼ C (PLC)-β に伝えられ，PLC の作用によって Ca^{2+} 放出が起こり，それによって細胞膜が脱分極する．この系では速度に関して特化するため，関係するタンパク質を近傍に集めている．InaD には 5 個の PDZ 領域が含まれ，おのおのがシグナル伝達タンパク質の C 末端と結合する．InaD と結合するタンパク質は，Ca^{2+} 流入を担う TRP チャネル，PLC-β，および，早い脱感作に関係するプロテインキナーゼ C アイソザイムである．ロドプシンとミオシン(NinaC)も結合するが，G_q は間接的に結合する．

InaD が変異によって失われると，視覚がほとんど機能しないハエが生まれ，1 個の PDZ 領域だけを欠失させた場合には，失われた領域に結合するタンパク質の作用に対応する視覚異常を示すハエが生まれる．

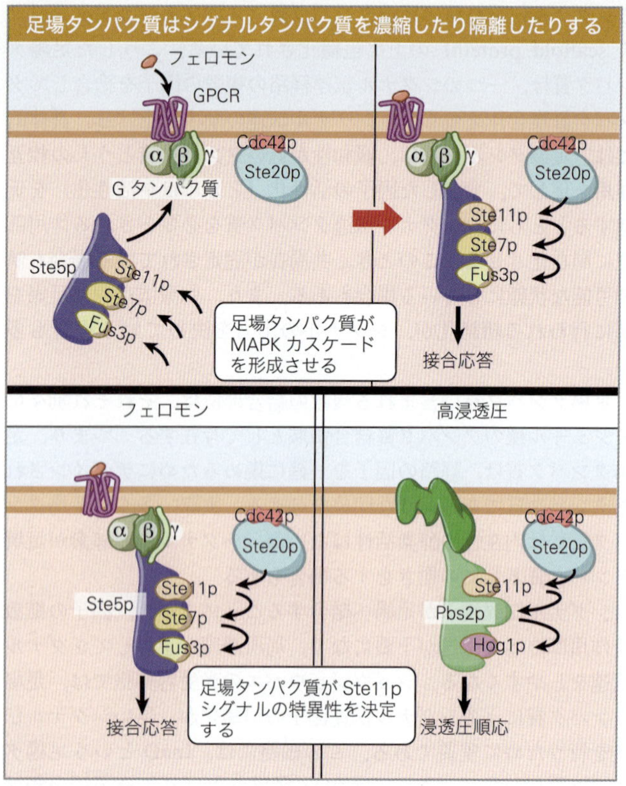

図 14・8　足場タンパク質である Ste5p は，出芽酵母のフェロモンによって誘導される接合に関係しており，MAPK カスケードの因子を組織化している．上段の左には，Ste5p が MAPK カスケードの因子をフェロモンに応答して膜へと移行させる様子を示した．上段の右では，Ste5p が，三量体型 G タンパク質への結合によって，活性化した単量体 GTP 結合タンパク質である Cdc42p に結合したプロテインキナーゼ Ste20p に接近する様子が示されている．こうした共局在によってカスケードの因子が順次活性化するようになっており，最終的に MAPK である Fus3p と接合応答が活性化される．MAP3K である Ste11p は，接合経路における MAPK である Fus3p を制御するだけではなく，下段に示したように，高浸透圧調節経路における MAPK である Hog1p を制御している．Ste11p が結合する足場は，Ste5p の場合と Pbs2 の場合の両方があり（これら二つは，足場タンパク質であると同時に MAP2K でもある），いずれかの MAPK とその下流の現象が活性化して出力させるかが，足場タンパク質によって決定される．

二つめの足場タンパク質の例として述べるのは，Ste5p である．Ste5p は，フェロモンが誘導する出芽酵母の接合応答経路の足場タンパク質である．図 14・8 に，どのようにして Ste5p が MAP3K（Ste11p），MAP2K（Ste7p），MAPK（Fus3p）などのマイトジェン活性化プロテインキナーゼ（MAPK）カスケードの因子を結合して組織化するかを図示した（MAPK カスケードについては，§14・32“MAPK はさまざまなシグナル伝達経路の中心に位置する”参照）．Ste5p の機能は，上記のキナーゼへの結合部位の位置を Ste5p タンパク質内で交換した場合にも部分的には残るため，Ste5p の主たる役割は，結合するキナーゼをきちんとした方向に並列させるというよりは，キナーゼを近くに集めることであると考えられる．また，Ste5p は，接合フェロモンの作用を仲介するヘテロ三量体型 G タンパク質の $\beta\gamma$ サブユニットにも結合するので，細胞膜でのシグナルを細胞内のトランスデューサーに結びつける役割ももっているようである．さらに，Ste5p を欠く酵母は接合できないことから，Ste5p はこの経路が果たす（すべてではないにしても）生物学的機能に必要であるといえる．

足場タンパク質は，その経路のシグナル伝達を促進するだけではなく，他のシグナル伝達タンパク質から隔離して，それらと相互作用しにくくすることで，シグナル伝達の特異性を高めてもいる．すなわち，足場タンパク質は，シグナル伝達経路の因子が，不適当なシグナルによって活性化されたり，誤った出力を生じたりしないように隔離している．たとえば，酵母の接合の経路と浸透圧感知の経路には，MAP3K や Ste11p などのいくつかの因子が共有されているが，それぞれの経路において異なる足場タンパク質が使われるため，シグナルの伝達が制限され，経路の特異性が維持される．

一方，足場タンパク質が過剰に存在すると，シグナル伝達因子が機能的な複合体をつくらず，それぞれが別々の足場タンパク質に結合して互いに離れてしまうため，シグナル伝達が阻害される．このような足場タンパク質分子間による希釈が起こると，因子の濃度を高めるのではなく，むしろ因子どうしの分離が起こり，生産的な相互作用が逆に妨げられるのである．

14・9　独立な領域モジュールがタンパク質–タンパク質間相互作用の特異性を決定する

重要な概念

- タンパク質の相互作用は，進化的に保存された小さな領域によって仲介される．
- 相互作用を行う領域モジュールは，シグナル伝達に必須である．
- アダプター分子は，結合領域や結合モチーフだけから構成される．

モジュール型のタンパク質相互作用領域やモチーフは，多くのシグナル伝達タンパク質に存在し，タンパク質，脂質，核酸などの他の分子に存在する構造モチーフに結合する能力をもっている．代表的な領域を図 14・9 の一覧に示した．足場タンパク質が高い選択性を伴って特定のタンパク質に結合するのに対して，モジュール型の相互作用領域は，一般的には，1 種類の分子だけを認識するのではなく，構造的な性質が似た一群の標的を認識する．

シグナル伝達において重要なモジュール型の相互作用領域がはじめて見いだされたのは，がん原遺伝子産物の Src というチロシンキナーゼにおいてである．Src には，チロシンキナーゼ領域のほか，Src 相同領域 2 および 3（**SH2** および **SH3** 領域）とよばれる二つの領域が存在する．SH2 と SH3 というモジュール領域は，Src と別のチロシンキナーゼである Fps と Abl とを比較することによって同定された．今では，これら二つの領域の一方あるいは両方が，他の多くのタンパク質にも見いだされており，タンパク質–タンパク質間相互作用において重要な働きをすることがわかっている．

SH3 領域は約 50 アミノ酸残基からなり，特定の短いプロリンに富む配列に結合する．さまざまな細胞骨格タンパク質やフォーカルアドヒージョンタンパク質には，SH3 領域やプロリンに富む配列があり，細胞内でこれらの標的となるモチーフによって，SH3 領域やプロリンに富む配列をもつタンパク質が作用部位へと集められることが示唆される．プロリンに富む配列の SH3 領域への結合部位は，以下で述べる SH2 領域が結合するホスホチロシンとは異なり，休止期の細胞にも活性化した細胞にも存在する．しかし，SH3 領域とプロリンに富む配列の相互作用についても，プロリンに富むモチーフ内のリン酸化によって制御される可能性がある．

SH2 領域は約 100 アミノ酸残基からなり，細胞質型チロシンキナーゼや受容体型チロシンキナーゼによってチロシン残基がリン酸化されたタンパク質に結合する．チロシンリン酸化が SH2 領域の結合部位の出現を制御することから，SH2 領域とホスホチロシンが関係する一連のタンパク質間相互作用は，刺激依存的に制御されることになる．

SH2 領域の結合特異性は，巧みな方法によって同定された．すなわち，まず SH2 領域を組換え DNA 技術を用いて発現・単離し，これと細胞抽出物とを保温したのちに，SH2 領域にあらかじめ付加しておいた精製タグを用いて SH2 領域に結合したタンパク質を回収した．その結果，SH2 領域に会合したタンパク質には，抗ホスホチロシン抗体によって認識されるいくつかの同じタンパク質が含まれていた．これらの方法によって，SH2 領域がチロシンリン酸化部位周辺の配列を認識すること，また，高親和性の結合にはそこに含まれるチロシンリン酸化が必要であることが明らかになった．

モジュール型の結合領域を認識して特異的に結合するアミノ酸配列の情報は，個々の相互作用が解析されるとともに集積してきている．また，cDNA ライブラリーやペプチドライブラリーを用いて結合能力を評価するスクリーニング法が開発されたことによっても，こうしたモチーフが見いだされている．さらに，個々の種類の領域が標的とする共通の配列（コンセンサス配列）も，一連の配列に対する結合特異性から明らかになっている．その結果，こうしたコンセンサス配列の情報から，ある領域が標的となる候補タンパク質の部位に結合するかどうかを予想することもできる．

アダプタータンパク質（adaptor protein）というのは，酵素活性をもたないタンパク質で，その代わりに複数のシグナル伝達分子を結合して，細胞外からのシグナルの応答経路に導くタンパク質である．アダプタータンパク質には，通常，二つ以上のモジュール型の相互作用領域，あるいは，それと組合わされる認識モチーフが含まれている．モジュール型の相互作用領域やモチーフは必ずしも高い特異性を示さないので，アダプタータンパク質は足場タンパク質とは異なり，多機能になっている場合が多い．こうしたアダプターは，複数のシグナル伝達タンパク質をタンパク質–タンパク質間相互作用領域によって結合し，共局在させたり，さらに別の相互作用を促したりする．

Grb2 は，EGF 受容体の C 末端領域に結合するタンパク質として最初に同定されたアダプタータンパク質の典型である（Grb は growth factor receptor-bound protein の略）．Grb2 には，1 個の SH2 領域と 2 個の SH3 領域がある．Grb2 は，SH3 領域を介して特定のプロリンに富むタンパク質領域に恒常的に結合している．一方，この結合は負の制御を受けることもある．Grb2 の標的の一つは Sos（son of sevenless）であり，Sos は EGF シグナル伝達に応答して低分子量 GTP 結合タンパク質 Ras を活性化するグアニンヌクレオチド交換因子である．Grb2 は，SH2 領域を介して，刺激依存的に自己リン酸化した受容体を含むチロシンリン酸化したタンパク質に結合する．したがって，リガンドに応答した受容体のチロシンリン酸化によって，Grb2 が受容体に結合するようになる．すなわち，Grb2 は，Sos を膜に存在する受容体へと運ぶ．Sos は，細胞膜において，その標的である Ras を活性化できるようになる．

一般的にみられるタンパク質のモジュール型のタンパク質領域

領 域	性 質	生理作用
14-3-3	タンパク質のホスホセリンやホスホトレオニンの結合	タンパク質の集合
ブロモ	アセチル化リシン残基の結合	クロマチン会合タンパク質
CARD	二量体化	カスパーゼの活性化
C1	ホルボールエステルやジアシルグリセロールの結合	膜への結合
C2	カルシウムイオンの結合	シグナル伝達，小胞輸送
EF ハンド	カルシウムイオンの結合	カルシウムに依存して作用
F ボックス	ユビキチンリガーセ複合体による Skp1 の結合	ユビキチン化
FHA	タンパク質のホスホトレオニン，ホスホセリンの結合	多様；DNA 損傷
FYVE	PI(3)P の結合	膜輸送，TGF-β シグナル
HECT	E2 ユビキチン結合酵素を結合し，ユビキチンを基質あるいはユビキチン鎖に移す	ユビキチン化
LIM	二つのタンデムが繰返した亜鉛フィンガーを形成する亜鉛結合システイン高頻出モチーフ	多 様
PDZ	末端に疎水性残基がある 4〜5 残基のタンパク質の C 末端に結合；PIP_2 と結合する可能	膜などへのタンパク質複合体の集合
PH	特定のイノシトールリン酸（PI-4, 5-P_2, PI-3, 4-P_2 または PI-3, 4, 5-P_3）に結合	膜移行と移動
RING	亜鉛を結合し，E3 ユビキチンリガーゼにもある	ユビキチン化，翻訳
SAM	ホモあるいはヘテロオリゴマー化	多 様
SH2	タンパク質のホスホチロシンに結合	チロシンプロテインキナーセのシグナル
SH3	PXXP モチーフに結合	多 様
TPR	WL/GYAFAP を含む約 34 アミノ酸残基の配列；足場の形成	多 様
WW	プロリンに富む配列への結合	SH3 の代替；小胞輸送

図 14・9 この表には，多くのタンパク質で見いだされている既知のモジュール型のタンパク質相互作用領域を示した．これらの領域のよる相互作用は，細胞機能の制御に必須である．ここに示したうちのいくつかは原核生物にもみられる［Pawson Lab, Protein Interaction Domains, Mount Sinai Hospital（http://pawsonlab.mshri.on.ca/）より］

14・10 細胞のシグナル伝達には高度の順応性がある

重要な概念

- シグナル伝達経路の感度は，広い範囲のシグナル強度に対して応答が変化するように制御される．
- すべてのシグナル伝達経路において，フィードバック機構がこの制御を行う．
- 多くの経路では，複数のフィードバック経路が順応に関係していて，シグナルの強度や持続時間の変化にうまく対応する．

細胞におけるシグナル伝達経路の普遍的な性質として，入力シグナルへの順応がある．細胞は，シグナルに対する感度を絶えず調整して，入力の変化を検出する能力を維持する．一般的には，図14・10に示したように，新しい入力に出会ったときに細胞は脱感作の過程を開始し，応答の初期ピークよりも低い位置が新しい安定状態となるように細胞応答を鈍くする．刺激が除かれたときには，脱感作状態がしばらく維持され，しだいに通常の感度へと戻る．同様に，継続的な強い刺激が除かれることで，シグナル伝達系が高感度になることもある．

シグナル伝達における順応という現象は，生物におけるホメオスタシスを示す最もよい例の一つである．細胞のシグナル伝達の順応は実に巧妙にできている．細胞は，一般的に生理的な刺激に対する感度を100倍以上の範囲で制御しており，哺乳類の光応答では，何と10^7以上の範囲で入力される光に順応する．このたぐいまれな能力によって，光受容細胞は1個の光子すら検出できるようになっている．また同様に，私たちは非常に暗い光の中でも強い日光の中でも本を読むことができるのである．順応という現象は，バクテリア，植物，菌類，動物のいずれにもみられる．その最も複雑な機構は動物にみられるものの，順応に関する多くの性質は，生物全体に普遍的である．順応の一般的な機構は負のフィードバックであり，シグナルを生化学的に解釈して順応過程を制御する．

順応は，入力シグナルの強さと持続時間の両方によって変化する．入力がより強くなりより長く続けば，より大きな順応変化が起こり，ときには，順応自体が長く続くようになる．順応は，一連の独立の機構によってひき起こされ，そのおのおのに固有の感度と速度パラメーターがあるため，これを用いて順応を調節することができる．

Gタンパク質経路は，順応に関する非常によい例を提供している．図14・11に示したように，順応の最初の過程は受容体のリン酸化であり，このリン酸化反応は，リガンドによって活性型コンホメーションになった受容体だけを選択的に認識するGタンパク質共役受容体キナーゼ（GRK）によって触媒される．受容体は，リン酸化によってGタンパク質の活性化を刺激する働きを失い，さらに，Gタンパク質が再び活性化するのを防ぐタンパク質であるアレスチンの結合が促進される．つぎに，アレスチンの結合によって，受容体のエンドサイトーシスが開始され，細胞表面

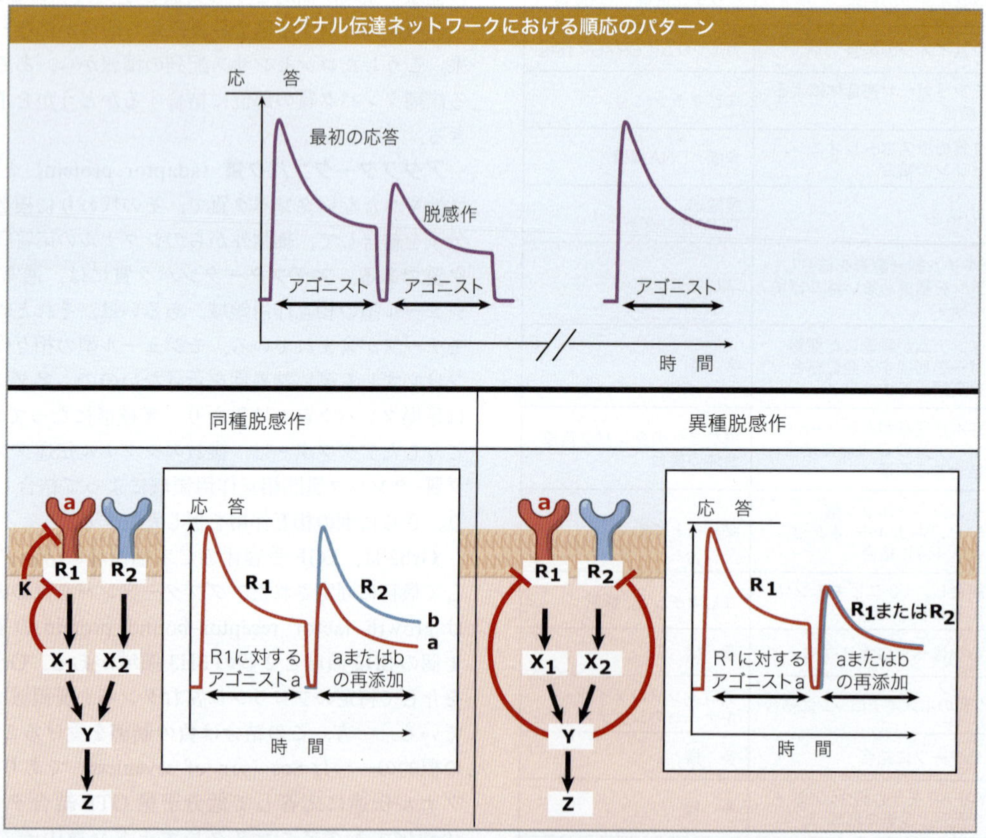

図14・10　（上）細胞が刺激を受けると，それに対するシグナル伝達経路は感度を入力の新しい状態へと順応する．したがって，最初の刺激の後には応答が下がる．感度が元のレベルに回復する時間が経つまでの間に第二の同様の刺激がくると，小さな応答しか示さない．（下）ある種の順応機構では，刺激を受けた受容体にのみフィードバックされ，平行に存在する別の経路にはフィードバックしない．こうした機構を同種脱感作とよぶ．すなわち，左のように，受容体R1に対してのアゴニストaが，R1だけを脱感作する二つのフィードバック現象の一方だけを開始させる．これとは別の様式では，刺激は平行に存在するが，互いに関係する系の脱感作をひき起こす．すなわち，右のように，アゴニストaがR1とR2の両方の脱感作を開始させ，R2に結合するアゴニストbに対する応答もまた脱感作される．これを異種脱感作とよび，同種脱感作とともによくみられる．

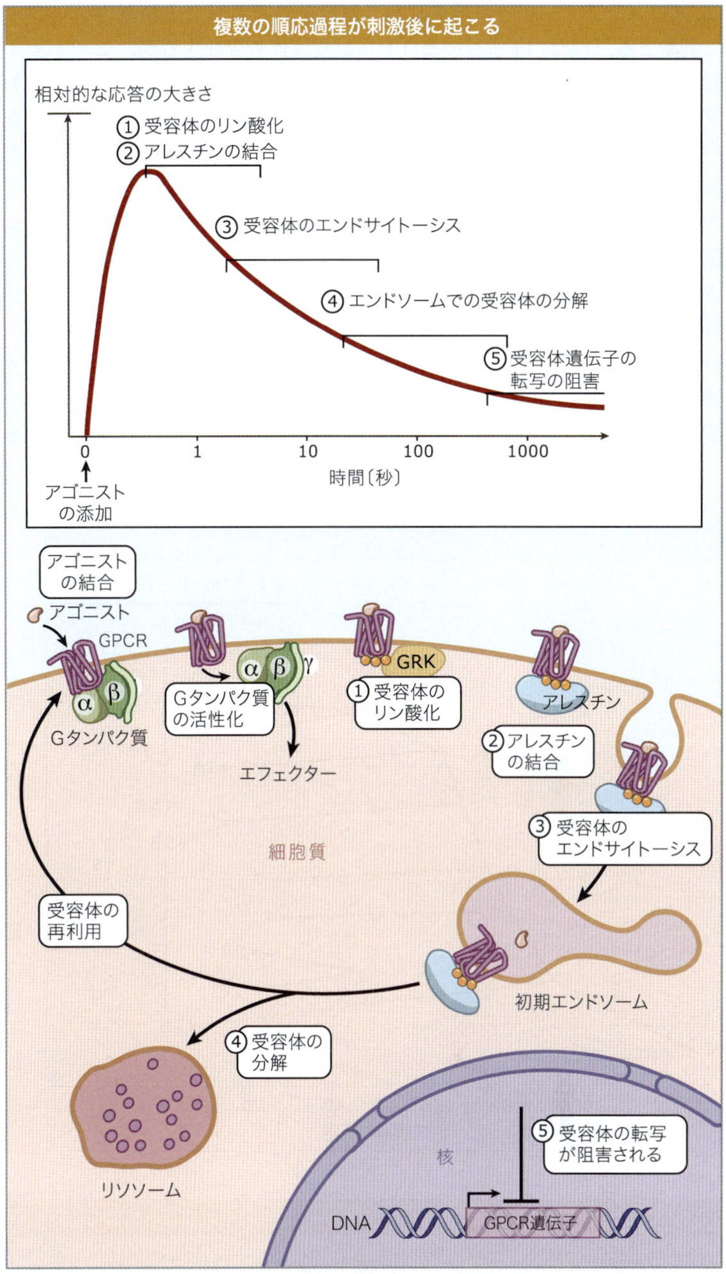

図 14・11　一般的には，刺激が与えられている間，複数の順応過程が起こっており，順応性は入れ子の機構を形成している．順応は，刺激の持続時間と強度に従って順次起こる．GPCR の場合には，少なくとも五つの脱感作の機構が知られており，加えて G タンパク質やエフェクターに作用する機構もある．

から受容体が除かれる．また，エンドサイトーシスは，受容体の分解の第一段階でもある．こうした直接的な作用のほか，受容体の遺伝子には，転写のフィードバック阻害がかかる場合が多く，受容体によるシグナルは受容体自身の発現を減少させる．

刺激を受けると，このように初期（リン酸化やアレスチン結合）から後期（転写制御）に至るまでの範囲において多数の順応過程が動き出す．これには可逆的な作用も不可逆的な作用もある．こうした一連の順応過程は，多くのGタンパク質共役受容体に関して知られており，細胞ではこれらのすべてを一つの受容体からの出力の制御に用いている．発生プログラムでは，このような順応の速度，程度，可逆性が細胞の中で選択される．

細胞における順応のパターンは，フィードバックが開始・実行される経路上の点を変えることによって，定性的にも定量的にも変化させることができる．線形の経路では，点の位置を変化させると順応の速度論や程度が変化する（図 14・10 参照）．分岐型の経路では，こうした点の変化によって順応が一つの入力に特異的か，あるいは，同じような入力に対して共通に働くかが決められる．受容体の活性化が直接脱感作をひき起こす場合や，線形の経路で下流の現象が脱感作をひき起こす場合には，受容体と共に開始されるシグナルだけが変化する．受容体選択的な順応は，**同種順応**（homologous adaptation）とよばれる（図 14・10 参照）．

また，収束型の経路においては，フィードバック制御を複数の受容体の下流から始めることによって，シグナルを開始させた受容体と共に他の受容体も制御することができる．こうした**異種順応**（heterologous adaptation）によって，すべての入力に対して一つの制御点から制御することが可能になる．このよく知られた例に，下流シグナルである cAMP によって活性化されるプロテインキナーゼA，あるいは Ca^{2+} とリン脂質によって活性化されるプロテインキナーゼCがGタンパク質共役受容体をリン酸化する場合がある．これらのキナーゼは，GRK と同様に，受容体活性を減少させてアレスチン結合を促進する．

また，入力シグナルに対する応答を，細胞の恒常性の維持に作用させることもある．こうした事例としては，細胞周期の段階や代謝状態などの細胞機能がある．これらの場合にも，順応過程には，細胞の違い，細胞内経路の違い，また，細胞のライフサイクルにおける状態の違いなどによって大小の差異がみられる．

14・11　シグナル伝達タンパク質には複数の分子種がある

重要な概念

- 同じようなシグナル伝達タンパク質（アイソフォーム）が多種類存在することによって，シグナル伝達経路における制御機構の可能性が増す．
- アイソフォームは，機能，制御，発現に関する特性が異なる．
- 細胞には，一つあるいは複数のアイソフォームが，シグナル伝達の必要性に応じて発現している．

細胞は，生化学的な性質が違うシグナル伝達タンパク質を多種類発現することで，シグナル伝達経路の順応性や制御などのシステム全体を大きくしている．シグナル伝達タンパク質の複数の分子種は，複数の遺伝子にコードされることによって，あるいは，1 個の遺伝子から選択的スプライシングや mRNA 編集によってつくられる．これらの選択性から数学的に計算される複雑性は非常に大きい．たとえば，神経伝達物質であるセロトニンについて見てみよう．哺乳類には，13 種類のセロトニン受容体が存在し，

G_i，G_s，G_q ファミリーのGタンパク質をそれぞれ異なる特異性で刺激する．（なお14番目のセロトニン受容体も存在するが，こちらはイオンチャネルである）．これらのセロトニン受容体とGタンパク質ファミリーの関係を図14・12に示した．

また，Gタンパク質やアデニル酸シクラーゼの中にも大きな多様性がある．$G\alpha_i$ には三つの遺伝子があり，これに類似した $G\alpha_z$ と $G\alpha_o$ が1種類ずつある．加えて，$G\alpha_o$ mRNAには，選択的スプライシングによる多様性があり，G_q には4種類ある．さらにまた，5種類の $G\beta$ と12種類の $G\gamma$ 遺伝子があり，これから可能となるさまざまな組合わせの $G\beta\gamma$ が自然状態で発現している．アデニル酸シクラーゼには10個の遺伝子があり，G_s の直接の標的になっているほか，他のGタンパク質の直接あるいは間接の標的になる．$G\alpha_s$ によって9種の膜結合型のアデニル酸シクラーゼのアイソフォームが活性化されるが，$G\beta\gamma$，$G\alpha_i$，Ca^{2+}，カルモジュリン，いろいろなプロテインキナーゼに対して，それぞれ異なる刺激性あるいは抑制性の応答を示す（図14・13）．すなわち，セロトニンによる刺激から，時間的・空間的にさまざまな形で関与するタンパク質に依存して，多様な応答をひき起こすことが可能になっている．

シグナル伝達タンパク質のアイソフォームがまったく異なる種類の入力を受けることもある．たとえば，ホスホリパーゼC（PLC）ファミリーのメンバーはすべて，ホスファチジルイノシトール4,5-二リン酸を加水分解して，ジアシルグリセロールとイノシトール1,4,5-三リン酸という二つのセカンドメッセンジャーを生じる（§14・16"脂質と脂質由来の化合物はシグナル伝達分子である"参照）．これらのアイソフォームは，それぞれ $G\alpha_q$，

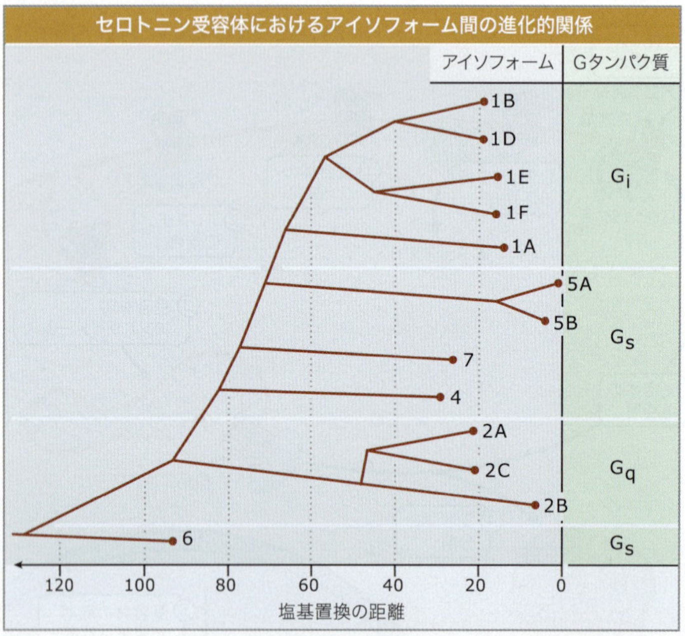

図14・12　セロトニンに対する受容体は，哺乳類では13個の遺伝子にコードされるファミリーを形成しており，4種の主要なGタンパク質のうちの3種を制御する．すべての受容体は，天然のリガンドであるセロトニンに応答するが，結合部位はそれぞれ別の形に進化しており，これを利用して1種から数種のアイソフォームを特異的な標的とする薬剤が開発されている．ここに示していないタイプ3のセロトニン受容体は，リガンド開口型のイオンチャネルであり，他のセロトニン受容体とは構造・進化上の関係はない．

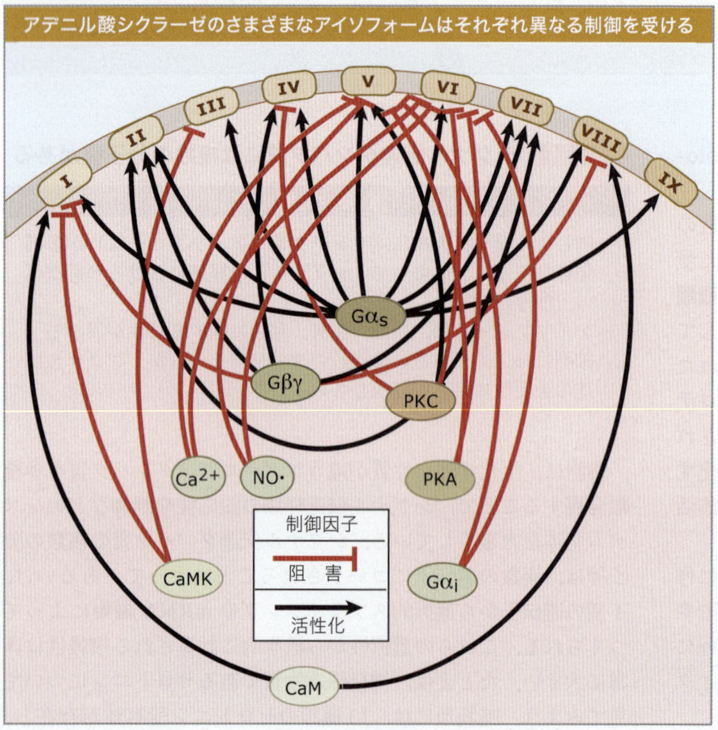

図14・13　哺乳類の膜結合型アデニル酸シクラーゼは，すべて構造が類似していて同じ反応を触媒し，また，すべてが $G\alpha_s$ によって活性化される．その他の入力〔プロテインキナーゼであるCaMK，PKA，PKC，および，Ca^{2+}，カルモジュリン（CaM），NO·〕は，各アイソフォームに特異的であり，さまざまな組合わせで用いられることによって，入力を細胞のcAMPシグナル伝達に結びつける［Paul Sternweis, Alliance for Cellular Signalingより］

$G\beta\gamma$，リン酸化，単量体Gタンパク質，Ca^{2+} などのさまざまな組合わせによる制御を受ける．

細胞は一つのシグナル伝達タンパク質を発現する際に複数の選択肢をもっているため，特定のアイソフォームを発現することによって，シグナル伝達がどのように作用するかを変化させることが可能である．もし，細胞が違えば，発現している一つあるいは複数のアイソフォームが異なっており，それをもとに各細胞特異的な応答性が形成される．さらに，他の入力や細胞の代謝状態に従って発現を変化させることもできる．また，一つのシグナル伝達タンパク質，あるいはその一つのアイソフォームが失われても，他の種類のタンパク質の発現増加や活性化によって補償することが可能なため，突然変異や他の傷害に対しての抵抗性ができる．同様に，過剰発現を人為的に起こすと，内在性のタンパク質の発現が減少することがある．したがって，複数の受容体が存在することは順応性にも貢献しており，結果的にシグナル伝達ネットワークが傷害に対して耐性になっている．

14・12 活性化反応と不活性化反応はそれぞれ別の反応であり，独立に制御されている

重要な概念

- 活性化反応と不活性化反応は，通常は異なる制御タンパク質によって行われる．
- 活性化反応と不活性化反応を分離することによって，シグナルの増幅と伝達時期に関する細かな制御が可能になっている．

シグナル伝達ネットワークにおいては，一つのタンパク質が別々の反応によって頻繁に活性化したり不活性化したりする．こうして活性化と不活性化の反応が異なることで独立した制御が可能になる．その代表例は，タンパク質のリン酸化と脱リン酸で，この反応は，それぞれプロテインキナーゼとプロテインホスファターゼによって触媒される．また，アデニル酸シクラーゼを用いてcAMPをつくる一方，ホスホジエステラーゼを用いて加水分解したり陰イオン輸送体を用いて細胞外へ汲み出す系や，GDP/GTP交換因子(GDP/GTP exchange factor, GEF)を用いてGタンパク質を活性化する一方，GTPase活性化タンパク質(GTPase-activating protein, GAP)を用いて不活性化する系などがよく知られている．これらの系では，化学量論や詳細な反応機構に応じて加算的あるいは非加算的な入力を伝達し，シグナル伝達経路の活性化と不活性化の速度論を細かく維持・制御している．活性化と不活性化に逆反応ではなく別々の反応を用いる点は，別々の同化酵素と異化酵素を用いる可逆的な代謝経路に似ている．

14・13 シグナル伝達にはアロステリック制御と共有結合修飾が用いられる

重要な概念

- アロステリック制御とは，一つの分子が標的タンパク質に非共有結合で結合したときに，その標的タンパク質のコンホメーションを変化させる能力である．
- タンパク質の化学構造の修飾も，活性を制御する方法によく用いられる．

細胞のシグナル伝達には，細胞内タンパク質の活性を制御するために考えうる機構のすべてが用いられているが，そのほとんどはアロステリック制御あるいは共有結合修飾である．シグナル伝達タンパク質は，それぞれ多数のアロステリック制御や共有結合修飾による入力に対して応答している．

アロステリック制御とは，一つの分子が標的タンパク質に非共有結合で結合して，その標的タンパク質のコンホメーションを変化させる能力のことである．タンパク質の活性はコンホメーションを反映するため，コンホメーションを変化させる分子であればどのような分子の結合も標的タンパク質の活性を変化させうる．また，どのような分子もアロステリックエフェクターとなりうる．たとえば，プロトンやCa^{2+}，低分子有機物質，他のタンパク質などである．また，アロステリック制御は，阻害にも活性化にも働くことがある．

共有結合修飾によるタンパク質の化学構造の変化も，タンパク質の活性を制御するためによく用いられる．タンパク質の化学構造の変化は立体構造を変化させ，その結果，活性を変化させる．制御に寄与する共有結合のほとんどは可逆的である．古典的，かつ，最も一般的な共有結合による制御はリン酸化である．一般的なリン酸化は，ATPからリン酸基がタンパク質のセリン(Ser)，トレオニン(Thr)，チロシン(Tyr)のヒドロキシ基に転移する現象である．タンパク質をリン酸化する酵素はプロテインキナーゼであり，キナーゼの反応は，プロテインホスファターゼによって打ち消される．プロテインホスファターゼは，リン酸基を加水分解して遊離のリン酸と修飾基がとれたヒドロキシ基を生成する．他の共有結合修飾もしばしばみられるが，これらについては後に述べる．

14・14 セカンドメッセンジャーは情報伝達に拡散可能な経路を与えている

重要な概念

- セカンドメッセンジャーを用いることによって，離れた位置にあるタンパク質間でシグナルを伝えることが可能になる．
- cAMPやCa^{2+}は広く用いられているセカンドメッセンジャーである．

シグナル伝達経路は，タンパク質と低分子の両方をそれぞれの特性を生かしながら利用している．低分子は，**セカンドメッセンジャー**(second messenger)とよばれる細胞内シグナルとして用いられるが，シグナルを媒介する物質としてタンパク質に優る多くの利点がある．まず，低分子は迅速な合成と分解が可能である．合成が容易であるため，高濃度で作用させることが可能であり，そのため，標的タンパク質への親和性が低くても用いることができる．この親和性が低くて済むことの意味は，解離が容易になることであり，遊離のセカンドメッセンジャーを分解したり除いたりすることによって直ちにシグナルを停止できる．また，セカンドメッセンジャーは小さいため，細胞内を素早く拡散する．ただし，その一方で細胞は，セカンドメッセンジャーの細胞内の空間的拡散を制御するための機構を発達させている．したがって，セカンドメッセンジャーは，早い応答，特に距離がある応答においてタンパク質よりも優れている．また，セカンドメッセンジャーは，同時に多数の標的タンパク質に作用させるときにも有用である．こうした利点によって，低分子自身には触媒活性がなく，同時に複数の分子を相手に結合することもできないという問題があっても，それを打ち消す利点があるといえる．

図14・14に進化を通じて保存されてきたセカンドメッセンジャーをあげた．セカンドメッセンジャーの種類はこのように驚

くほど少ない．いくつかは，一般的なヌクレオチド前駆体から合成されるヌクレオチドであり，それには，cAMP，サイクリック GMP（cGMP），ppGppp，サイクリック ADP リボースがある．他の水溶性のセカンドメッセンジャーには，リン酸化糖であるイノシトール 1,4,5-三リン酸（IP_3）や二価金属陽イオンである Ca^{2+}，フリーラジカルである一酸化窒素（NO・）がある．脂質性のセカンドメッセンジャーには，ジアシルグリセロールとホスファチジルイノシトール 3,4,5-三リン酸，ホスファチジルイノシトール 4,5-二リン酸，スフィンゴシン 1-リン酸，ホスファチジン酸などがある．

セカンドメッセンジャーとして最初に記述されたシグナル伝達分子は cAMP である．cAMP は，動物細胞において，シグナル伝達経路の第一メッセンジャーである各種の細胞外ホルモンに応答してつくられる細胞内シグナルであることから有名であるが，cAMP は動物のほかにも原核生物，菌類で広く用いられ，さまざまな制御タンパク質に対して情報を与える（ただし，高等植物における存在はまだ知られていない）．

アデニル酸シクラーゼは，ATP から cAMP を合成する酵素であり，存在する生物種に応じてさまざまな制御を受けている．動物においては，アデニル酸シクラーゼは細胞膜に内在するタンパク質であり，多数のアイソフォームがそれぞれ多様な因子によって刺激される（図 14・13 参照）．動物細胞では，アデニル酸シクラーゼは G_s によって活性化されるが，G_s 自体がアデニル酸シクラーゼの制御因子として発見されたものである．菌類のアデニル酸シクラーゼにも G タンパク質で活性化されるものがある．しかし，バクテリアのアデニル酸シクラーゼの制御方法はまったく異なる．

cAMP は二つの方法で細胞から取除かれる．cAMP は，ATP 作動性の陰イオンポンプによって排出されるが，サイクリックヌクレオチドホスホジエステラーゼファミリーの酵素によって加水

セカンドメッセンジャー				
セカンドメッセンジャー	標的タンパク質	合成/放出	前駆物質	除　去
サイクリック AMP (cAMP)	プロテインキナーゼ A バクテリアの転写因子 陽イオンチャネル サイクリックヌクレオチド ホスホジエステラーゼ Rap の GDP/GTP 交換因子 (Epac)	アデニル酸シクラーゼ	ATP	ホスホジエステラーゼ 有機陰イオンポンプ
マジックスポット (ppGpp, ppGppp)	RNA ポリメラーゼ ObgE 転写停止検出因子	Rel1A SpoT	GTP	SpoT が触媒する 加水分解
イノシトール1,3,5-三リン酸 (IP_3)	IP_3 開口型 Ca^{2+} チャネル	ホスホリパーゼ C	PIP_2	ホスファターゼ
ジアシルグリセロール (DAG)	プロテインキナーゼ C Trp 陽イオンチャネル	ホスホリパーゼ C	PIP_2	ジアシルグリセロール キナーゼ ジアシルグリセロール リパーゼ
ホスファチジルイノシトール 4,5-二リン酸 (PIP_2)	イオンチャネル 輸送体	PIP 5-キナーゼ	PI-4-P	ホスホリパーゼ C ホスファターゼ
サイクリック GMP (cGMP)	プロテインキナーゼ G 陽イオンチャネル サイクリックヌクレオチド ホスホジエステラーゼ	グアニル酸シクラーゼ	GTP	ホスホジエステラーゼ
サイクリック ADP リボース	Ca^{2+} チャネル	ADP リボースシクラーゼ	NAD	加水分解
環状ジグアニル酸一リン酸	さまざまな 二成分系タンパク質	ジグアニル酸シクラーゼ	GTP	環状 di-GMP ホスホジエステラーゼ
一酸化窒素 (NO・)	グアニル酸シクラーゼ	NO シンターゼ	アルギニン	還　元
カルシウムイオン (Ca^{2+})	多数のカルモジュリン	貯蔵細胞小器官からの放出か, 細胞膜チャネル	貯蔵 Ca^{2+}	再吸収と排出ポンプ
ホスファチジルイノシトール 3,4,5-三リン酸	Akt プロテインキナーゼ (プロテインキナーゼ B) 他の PH 領域/タンパク質	PI 3-キナーゼ	PIP_2	ホスファターゼ

図 14・14　主要なセカンドメッセンジャーと，それが制御するタンパク質，化学的起源，および，分解．

分解されるほうが多い．この酵素もまた，さまざまな制御を受ける大きなタンパク質ファミリーを形成している．

動物細胞における cAMP 下流の主要な制御因子に cAMP 依存性プロテインキナーゼ(プロテインキナーゼA，PKA）がある．この酵素の発見直後に，バクテリアの cAMP 依存性の転写因子が独立に発見され，その後，他のエフェクターもしだいに知られるようになった(図 14・14 参照)．cAMP 系は，典型的な真核生物のシグナル伝達経路としてよく知られ，今日に至るまで長く研究されてきた．関係する因子や相互作用に，ホルモン，受容体，Gタンパク質，アデニル酸シクラーゼ，プロテインキナーゼ，ホスホジエステラーゼ，排出ポンプといったさまざまなシグナル分子が知られており，シグナル伝達に関する代表的な要素がすべて含まれる．

セカンドメッセンジャーによって刺激される PKA は，図 14・15 に示したように，二つの触媒サブユニット(C)と二つの制御サブユニット(R)からなる四量体である．Rサブユニットは，触媒(C)サブユニットの基質結合部位に結合し，Cサブユニットを不活性な状態にとどめている．Rサブユニットは，それぞれ 2 分子の cAMP を結合するので，PKA ホロ酵素 1 分子当たり 4 分子の cAMP を結合する．この結合部位が cAMP で埋まると，Rサブユニットの二量体は速やかに解離し，高い活性を示す二つの遊離の触媒サブユニットができる．cAMP の存在時と非存在時の R サブユニットの C サブユニットに対する親和性は，およそ 10,000 倍も異なる．また，図 14・15 に示したように，cAMP の結合には強い協同性があるため，閾値以下では PKA 活性をほとんど示さない急勾配の活性化曲線を与える．したがって，PKA の活性は，cAMP 濃度の狭い範囲の変化で劇的に増加する．また，PKA は，活性化ループのリン酸化によっても制御される．このリン酸化は翻訳と共役して起こり，活性化ループにおけるリン酸化は R_2C_2 四量体の会合に必要である．

PKA は基本的に細胞質に存在するが，細胞小器官に会合する複数の足場タンパク質（A キナーゼ結合タンパク質，AKAP）との結合によって特定の局在を示すようになることもある．この A キナーゼ結合タンパク質の役割は，GPCR や輸送体，イオンチャネルなどの膜タンパク質のリン酸化を起こしやすくすることにある．また，A キナーゼ結合タンパク質によって，PKA はミトコンドリア，細胞骨格，中心体などの別の細胞内局在へと導かれることもある．A キナーゼ結合タンパク質には，プロテインホスファターゼや他のプロテインキナーゼなどの制御分子への結合部位をもつものもあり，複数のシグナル伝達経路を協調させたり，他の出力との統合を行ったりしている．

PKA は，Arg–Arg–Xaa–Ser–疎水性残基という一次構造上の共通モチーフ配列をもつ基質をリン酸化しており，リン酸化部位の前に塩基性の残基を含む配列を認識する大きなキナーゼグループの一員である．PKA はイオンチャネルから転写因子までの広範な細胞内タンパク質を制御するが，基質のリン酸化部位の配列がよく保存されているため，配列解析から基質を予想することができる．cAMP 応答配列結合タンパク質(cAMP response element-binding protein, CREB）では，Ser133 が PKA によってリン酸化され，このリン酸化が cAMP によって転写が影響される多数の遺伝子に対する制御に結びつく．

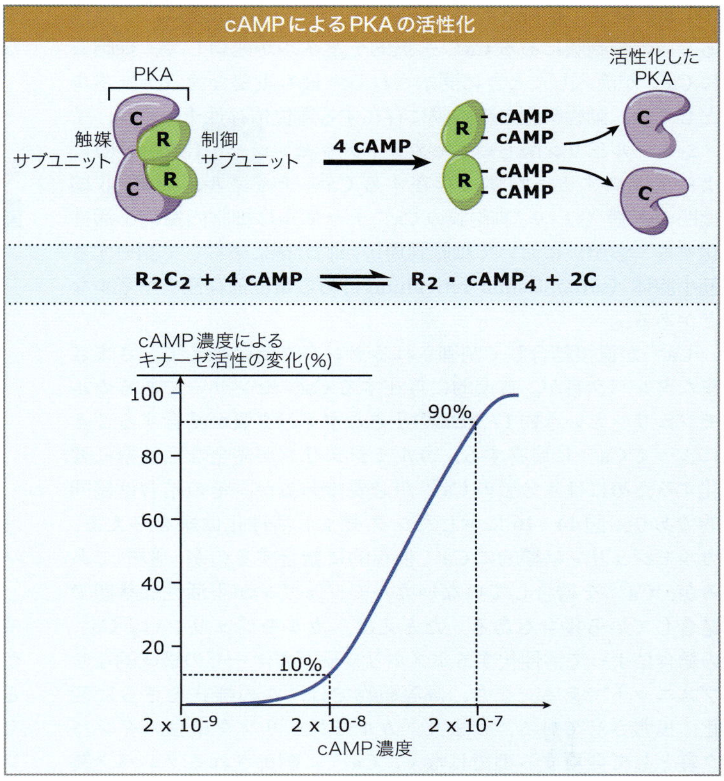

図 14・15　PKA は，二つの触媒(C)サブユニットと二つの制御(R)サブユニットからなる四量体である．4 分子の cAMP が制御サブユニットに結合すると，2 分子の C サブユニットが cAMP の結合した制御サブユニット二量体から解離し，PKA が活性化される．下のグラフは，4 分子の cAMP が協同的に結合することによって急激に活性化される様子を示す．cAMP 濃度が 10 倍変化しただけで，PKA の活性は 10 % から 90 % にまで上昇する．cAMP 濃度が低いときには PKA 活性の変化はほとんどないため，実質的な閾値が生じる．

14・15　Ca^{2+} シグナル伝達はすべての真核生物でさまざまな役割を担っている

重要な概念

- Ca^{2+} は，ほとんどあらゆる細胞のセカンドメッセンジャーであり，制御分子である．
- Ca^{2+} は，多くの標的タンパク質に直接作用するほか，制御タンパク質であるカルモジュリンの活性を制御する．
- 細胞質の Ca^{2+} 濃度は，細胞小器官による取込みと放出によって制御される．

Ca^{2+} は，すべての細胞でセカンドメッセンジャーとして用いられており，cAMP よりももっと普遍的なセカンドメッセンジャーである．多くのタンパク質が Ca^{2+} を結合し，その結果，アロステリックなコンホメーション変化をひき起こして，酵素活性や細胞内局在，他のタンパク質や脂質との相互作用が変化することが知られている．Ca^{2+} 制御の直接的な標的には，本章で述べる全タイプのシグナル伝達タンパク質や多数の代謝酵素，イオンチャネルとポンプ，収縮タンパク質がある．なかでも，筋肉のアクトミオシン繊維が，細胞内の Ca^{2+} 濃度上昇が引き金となって収縮することが特に重要である（§8・21 “ミオシンⅡは筋収縮で働く” 参照)．

細胞外液の遊離の Ca^{2+} 濃度はおよそ 1 mM であるのに対して，細胞内 Ca^{2+} 濃度は，ポンプや輸送体が遊離の Ca^{2+} を排出したり小胞体やミトコンドリアに移動させたりすることで

100 nM 程度に維持されている．Ca^{2+} シグナル伝達は，小胞体あるいは細胞膜にある Ca^{2+} 選択的チャネルが開口して，細胞質に Ca^{2+} が流入したときに開始される．最も重要な流入チャネルとしては，動物細胞の細胞膜に存在する電位依存性チャネル，イノシトール三リン酸というセカンドメッセンジャー（次節参照）によって開口する小胞体に存在する Ca^{2+} チャネル，興奮–収縮連関の過程（§2・9 "細胞膜の Ca^{2+} チャネルは細胞内機能を活性化する" 参照）において細胞膜周辺の脱分極に応答して開口する**筋小胞体**（sarcoplasmic reticulum）にある電位依存性チャネルなどがある．

Ca^{2+} が直接結合して制御されるタンパク質に加えて，さまざまなタンパク質が，普遍的に存在する Ca^{2+} センサーであるカルモジュリンという約 17 kDa の小さなタンパク質が結合することによって Ca^{2+} に応答する．カルモジュリンが完全な活性型に変化するためには 4 分子の Ca^{2+} が必要であるが，その結合は協同的であり，図 14・16 に示したシグモイド活性化曲線を与える．カルモジュリンは標的に Ca^{2+} 依存的に結合するのが一般的であるが，Ca^{2+} を結合していないカルモジュリンが不活性な状態で結合している場合もある．たとえば，カルモジュリンは，Ca^{2+} の結合によって活性化するホスホリラーゼキナーゼの構成的なサブユニットである．また，高等植物では，この様式をさらに変化，拡張させている．つまり，カルモジュリンを単独のタンパク質として発現するのではなく，Ca^{2+} に制御されるタンパク質の中の領域として存在させているのである．このほか，百日咳菌（*Bordetella pertussis*）が分泌するアデニル酸シクラーゼは細胞外では不活性であるが，細胞内では Ca^{2+} を結合していないカルモジュリンによって活性化し，cAMP が急激に産生して，有毒な作用をひき起こす．

14・16 脂質と脂質由来の化合物はシグナル伝達分子である

重要な概念

- 多くの脂質由来のセカンドメッセンジャーが膜において生成する．
- ホスホリパーゼ C は，可溶性のセカンドメッセンジャーと脂質性のセカンドメッセンジャーを，さまざまな入力に応じて産生する．
- チャネルと輸送体は，他の入力とともにさまざまな脂質によって制御される．
- PI 3–キナーゼは，PIP_3 を生成して細胞の形態や運動性を制御する．
- PLD や PLA_2 は，別のタイプの脂質セカンドメッセンジャーを生成する．

細胞膜において発生するシグナル分子の標的としては，細胞質や細胞小器官に存在する可溶性の制御因子がよく知られているが，細胞膜に内在するタンパク質もまた，素早い制御を受けている．このような細胞膜の標的に対しては，脂質性のセカンドメッセンジャーが最初の入力となる場合がある．つまり，細胞膜のリン脂質や他の脂質に由来する脂質成分が，細胞のシグナル伝達に大きな役割を果たしている．しかし，こうした脂質セカンドメッセンジャーの作用を分析することは，可溶性のメッセンジャーを分析するよりも難しいため，まだ同定されていないものや詳細が

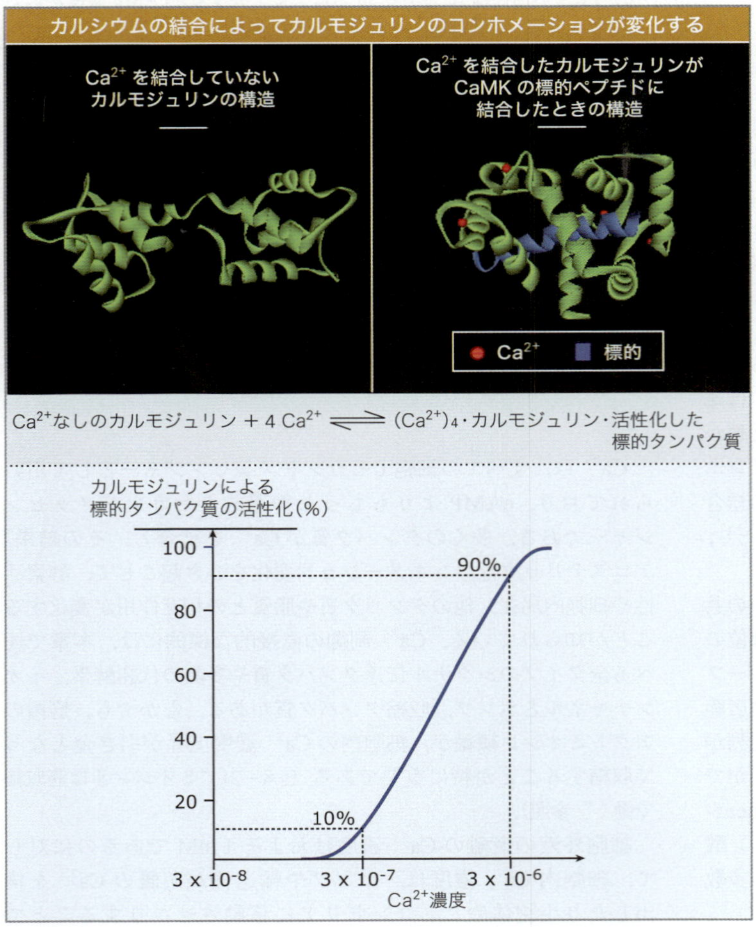

図 14・16　Ca^{2+} を結合していないカルモジュリンと Ca^{2+} を結合したカルモジュリンの結晶構造をリボン画で描くと，Ca^{2+} 結合によってカルモジュリンのコンホメーションが大きく変化することがわかる．Ca^{2+}–カルモジュリンは，標的タンパク質の活性を変化させるが，下のグラフがその例で，細胞内の遊離の Ca^{2+} 濃度の関数として標的タンパク質のカルモジュリンによる活性化を示した．4 個の Ca^{2+} イオンの結合が，コンホメーション遷移に必要であり，その結果，標的の協同的な活性化がひき起こされる．Ca^{2+} 濃度が 10 倍変化しただけで，活性は 10 % から 90 % にまで上昇する［構造は，Protein Data Bank file 1CFD および 1MXE から作製した］

不明であるものがある．図14・17に，今までにわかっているこうした脂質の構造を示した．

ホスホリパーゼC（phospholipase C, PLC）は，脂質シグナル伝達酵素の典型である．PLCのさまざまなアイソフォームは，いずれもリン脂質の加水分解を触媒し，3-*sn*-ヒドロキシ基とリン酸基の間を切断して，ジアシルグリセロールとリン酸エステルを生じる．動物や菌類では，ホスファチジルイノシトール4,5-二リン酸（PIP_2）を特異的な基質とするPLCが，PIP_2を加水分解して，二つのセカンドメッセンジャー，すなわち，1,2-*sn*-ジアシルグリセロール（DAG）とイノシトール1,4,5-三リン酸（IP_3）を生じる．PLCの基質であるPIP_2は，それ自身が重要な制御因子であり，イオンチャネル，輸送体，酵素などの活性を制御するリガンドである．つまり，PLCは三つのセカンドメッセンジャーの濃度を変化させており，したがって，PLCの作用の最終的な効果は，基質と生成物の量的変化を総合したものとして現れる．

DAGは最もよく知られた脂質性のセカンドメッセンジャーであり，疎水的な性質から作用は膜に限定される．DAGは，プロテインキナーゼC（protein kinase C, PKC）のいくつかのアイソフォームを活性化するほか，何種類かの陽イオンチャネルの活性を制御したり，PKC以外のプロテインキナーゼを活性化したりする．DAGはさらに加水分解されて，アラキドン酸を生成し，アラキドン酸がイオンチャネルを制御する．また，アラキドン酸は，強力な細胞外シグナル因子であるプロスタグランジンやトロンボキサンといった酸化による生成物前駆体でもある．PKCの活性化には，DAGのほかに，Ca^{2+}とホスファチジルセリンなどの酸性リン脂質を必要とする．したがって，PKCの活性化には，DAGを生じること，および，細胞内のCa^{2+}濃度が上昇することの二つの入力が同時に与えられることが必要である．今までに10種類以上のPKCアイソフォームが知られていて，触媒領域の配列が互いによく似ていることから，この相同性を指標として分類されている．PKCには，三つのサブグループがあることが配列と制御様式の違いからわかっている．これらの制御様式は，哺乳類の他のプロテインキナーゼの制御にもみられることから，プロテインキナーゼの活性制御様式の代表例になっている．

PKCの第一のサブグループは従来型PKC（cPKC）であり，DAGが作用する前は可溶性，あるいは，膜に緩く結合している．DAGはcPKCを膜に結合させる作用をし，さらにCa^{2+}などの他の制御因子を結合するとPKCが活性化する．第二のサブグループは，同じ脂質を必要とするが，Ca^{2+}は不要であり，第三のグループは，活性化にDAGもCa^{2+}も必要とせず，他の脂質が必要である．

PKCのN末端には偽基質領域とよばれる配列が存在する．この配列は，典型的な基質の配列に似ているが，リン酸化の標的となるSerがAlaに変化している．そのため，偽基質配列はキナーゼの活性部位に結合して，酵素を阻害している．活性化因子は，この偽基質領域を活性部位から解き放つ作用をする．また，PKCは，他のプロテインキナーゼと同様に，自己阻害領域を分離するペプチド結合切断によっても活性化する．この活性化を触媒するプロテアーゼは，二つの領域の継ぎ目にあたる領域を切断し，その結果，制御領域がなくなったキナーゼは活性化する．

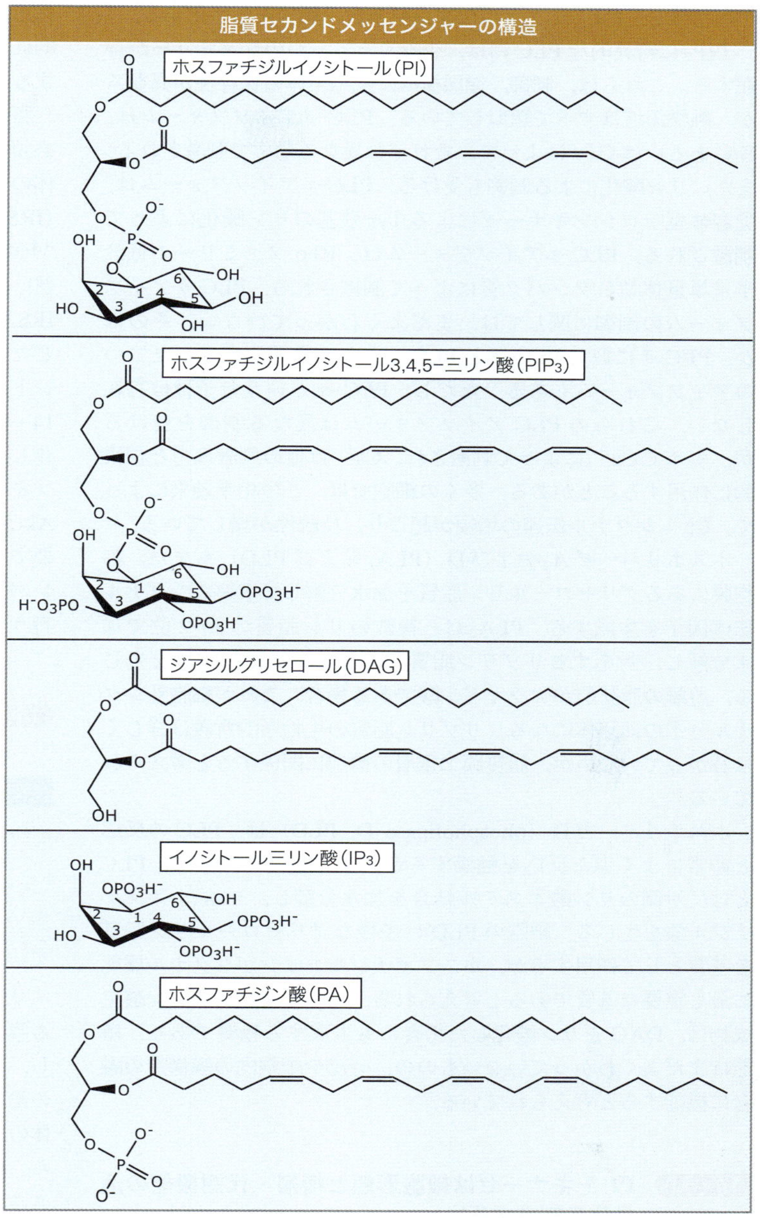

図14・17　脂質セカンドメッセンジャーとその共通の前駆体であるホスファチジルイノシトールの構造．ここに示したアシル側鎖構造は，哺乳類のホスファチジルイノシトール（PI）脂質に最もよくみられるものである．しかし，細胞にあるホスファチジン酸の大半はホスファチジルコリンに由来するため，そのアシル鎖はここで示したものとは異なる．

PKCは，強い発がんプロモーターの一種であるホルボールエステルの主要な受容体である．ホルボールエステルはDAGに似ているが，生理的な刺激を与えるDAGよりも強力で持続的にPKCを活性化する．この強い刺激によってPKCのタンパク質分解が進み，PKCはダウンレギュレーションされる，すなわちキナーゼ自身が存在しなくなる．（プロテインキナーゼCの発見に関する個別の記述は EXP:14-0001 を見よ）

IP_3は，PLCの反応による第二の生成物であり，可溶性のセカンドメッセンジャーである．IP_3の最も重要な標的は，小胞体に存在するCa^{2+}チャネルである．IP_3は，このチャネルに作用して開口させ，小胞体に蓄積されたCa^{2+}を細胞質へと流入させる．その結果，細胞質の局所的なCa^{2+}濃度は100倍以上も速やかに上昇し，Ca^{2+} シグナル伝達系の多数の標的を活性化する．

PIP_2 に特異的な PLC には，少なくとも六つのファミリーが存在する．これらは，制御，領域構成，配列全体の保存性が異なるが，触媒領域はすべて類似している．PLC-β アイソフォームは，$G\alpha_q$ あるいは $G\beta\gamma$ によって，それぞれ異なる効率で刺激される．また，リン酸化による制御も受ける．PLC-γ アイソフォームは，受容体型チロシンキナーゼによる Tyr 残基のリン酸化によって刺激される．PLC-ε アイソフォームは，Rho ファミリーの低分子量単量体型 G タンパク質によって制御される．PLC-δ アイソフォームの制御に関しては，まだよくわかっていない．そのほか，PLC-δ に似た PLC-η と PLC-ζ という最近同定された二つのアイソフォームもある．ただし，PLC-α という分子種は存在しない．これらの PLC アイソフォームは異なる制御を受けるが，すべて Ca^{2+} によって刺激され，Ca^{2+} は他の刺激入力と相乗的に作用することがある．多くの細胞では，この相乗効果によって，Ca^{2+} シグナル伝達の増幅が起こり，持続性が増している．

ホスホリパーゼ A_2 および D（PLA_2 および PLD）もまた，細胞膜にあるグリセロールリン脂質を加水分解して重要なシグナル伝達因子を生成する．PLA_2 は，複数のリン脂質の *sn*-2 位で加水分解し，対応するリゾリン脂質と遊離の不飽和脂肪酸を生じる．遊離の脂肪酸がアラキドン酸である場合，これが細胞外シグナル分子の前駆体になる．リゾリン脂質の生物学的意義は詳しくはわかっていないが，脂質膜二重層の構造に関係すると考えられている．

ホスホリパーゼ D（phospholipase D, PLD）は，PLC の反応と非常によく似た反応を触媒するが，リン酸基に関して，PLC とは反対側のリン酸エステル結合を加水分解し，3-*sn*-ホスファチジル酸を生じる．細胞の PLD は多様なグリセロールリン脂質を基質として作用するが，ホスファチジルコリンがシグナル機能に最も重要な基質であると考えられる．そのホスファチジン酸生成物は，DAG をリン酸化した場合にも生成する物質であり，機能はまだよくわかっていないものの，分泌や細胞内の膜構造の融合に機能すると考えられている．

14・17 PI 3-キナーゼは細胞形態と増殖・代謝機能の活性化を制御する

重 要 な 概 念

- 脂質セカンドメッセンジャーのいくつかは，リン酸化されると活性が変化する．
- PIP_3 は，プレクストリン相同領域をもつタンパク質によって認識される．

脂質セカンドメッセンジャーもリン酸化による修飾を受けることがある．PI 3-キナーゼは PIP_2 のイノシトール環の 3 位をリン酸化し，PI 3,4,5-P_3 という別の脂質セカンドメッセンジャーを生成する．細胞における PI 3-キナーゼ活性は小さく，PIP_2 全体量を変化させるには至らないが，少量の PIP_3 が細胞膜領域で局所的に生成することが，細胞形態や細胞運動を変化させることに重要な働きをしている．

PIP_3 は，プレクストリン（PH）相同領域や FYVE 領域などの PIP_3 結合領域をもつタンパク質を，細胞骨格の再構成を制御する部位や収縮タンパク質が機能する部位，その他の制御現象が起こる部位へと動員する．PIP_3 結合タンパク質は，細胞運動に関係する構造タンパク質やモータータンパク質を結合したり一定の方向に配置することによって，シグナル伝達タンパク質を膜上の作用部位に局在させる．PIP_3 のシグナル伝達は，迅速，かつ劇的に行うことが可能で，運動能がある哺乳類細胞の運動性を指揮する主要因子でもある．

脂質メディエーターは，インスリンのシグナル伝達系において必須である．インスリンが受容体に結合すると，インスリン受容体のチロシン自己リン酸化が刺激され，インスリン受容体基質（IRS）タンパク質を介してエフェクターを活性化する（§14・30“チロシンキナーゼはさまざまなシグナル伝達を制御している”参照）．PI 3-キナーゼは，その制御サブユニットである p85 が IRS 1 に結合したときに活性化する．PI 3-キナーゼによって生じた PIP_3 は，PH 領域を介してプロテインキナーゼ Akt やイノシトールリン脂質依存性キナーゼ 1（PDK1）に結合する．図 14・18 に示したように，この相互作用によって Akt は膜に局在化し，そこで PDK1 によって活性化される．Akt は，プロテインキナーゼ，GAP，転写因子などの下流の標的をリン酸化する．Akt，特に Akt-2 の活性化が，インスリンの重要な作用特性に必要であり，グルコース輸送体のトランスロケーションの制御，タンパク質合成の亢進，糖新生酵素や脂質生合成酵素の発現などを行う．

14・18 イオンチャネル受容体を介したシグナル伝達は速い伝達を行う

重 要 な 概 念

- イオンチャネルは，孔（ポア）においてイオンを通過させ，ミリ秒単位の膜電位の速い変化をもたらす．
- チャネルには，特定のイオンだけを通す，あるいは，陽イオン，陰イオンだけを通すといった選択性がある．
- チャネルは，Ca^{2+} などの制御イオンの細胞内濃度を制御する．

リガンド作動性イオンチャネルは，複数のサブユニットからなる膜貫通タンパク質であり，全体として膜を貫通した構造を示し，その中には水分子に満たされた孔（ポア）を形成してその孔の働きを制御する．この作用は，ニコチン性アセチルコリン受容体の X 線結晶解析によって，図 14・19 のような構造からわかった．細胞外のアゴニストによってチャネルが刺激されると，サブユニットのコンホメーションが再構成されて，孔は開く方向になる．その結果，膜の片側の水溶液空間と孔との間がつながって一つの水溶液空間になる．このとき，孔の直径はイオンが膜の片側から反対側に自由に拡散できる大きさとなり，イオンポンプと輸送体があらかじめつくり出した電気勾配と化学勾配とによってイオンの拡散が起こる（チャネル，ポンプ，輸送体の機構に関する詳細は，第 2 章“イオンと低分子の膜透過輸送”参照）．チャネルにおけるイオン選択性は，孔の径を厳密に調整すること，および，孔の壁面に適当な親水性残基を配置することによって制御される．このようにして，受容体型イオンチャネルは，陽イオンあるいは陰イオンだけを通すチャネルを形成したり，あるいは，そのなかの特定のイオンだけを通すチャネルを形成する．

リガンド作動性イオンチャネルは，生物学において最速のシグナル伝達機構である．アゴニストとなるリガンドが結合すると，チャネルはマイクロ秒の単位で開口する．シナプスでは，神経伝達物質は 0.1 μm 以内の距離を拡散する必要があるが，後シナプス細胞におけるシグナルは 100 マイクロ秒以内に発生する．一方，受容体によって刺激される G タンパク質は，GDP が GTP に交換するのに約 100 ミリ秒程度もかかり，受容体型チロシンキナーゼの作用はもっと遅い．リガンド作動性イオンチャネルは，

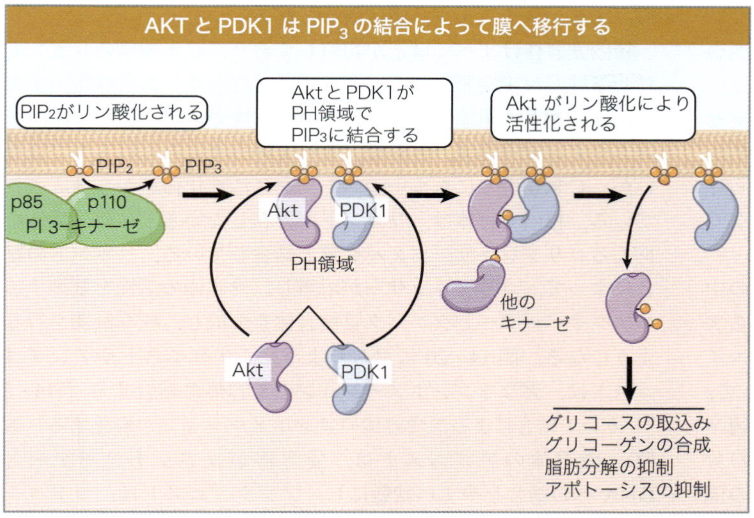

図 14・18　活性化した PI 3-キナーゼは，PIP_2 をリン酸化して PIP_3 を生成する．PH 領域をもつプロテインキナーゼである PDK1 や Akt が，細胞膜の PIP_3 に結合する．この共局在によって，PDK1 による Akt のリン酸化が促進される．他の候補キナーゼのうちのいずれかによって，Akt が疎水性モチーフで第二のリン酸化を受け，活性化する．Akt のアイソフォームである Akt-2 は，インスリンのいくつかの作用特性に必要である．

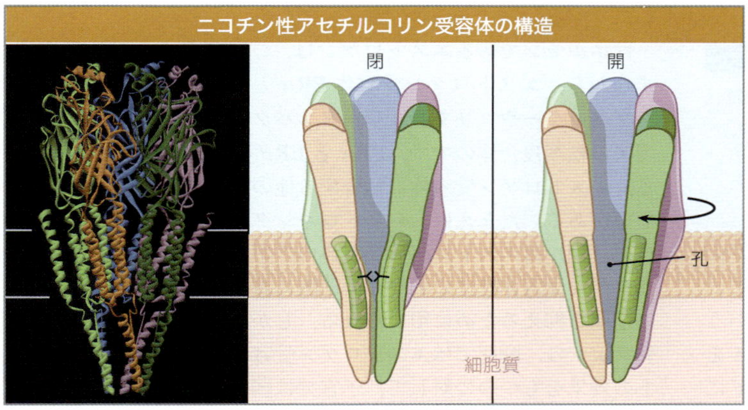

図 14・19　ニコチン性アセチルコリン受容体は，類似しているが同一ではない 5 個のサブユニットからなる陽イオン選択的なチャネルである．5 個のサブユニットはオリゴマーを形成して，α ヘリックスからなる膜貫通コアをつくっている．チャネル自体は，このコアの内部にできており，チャネルの開口と閉口はサブユニットの配置が協同的に変化することで起こる［構造は Protein Data Bank file 2BG9 より作製］

神経や筋肉のほかに，他の多くの細胞においても重要であり，また，その他のイオンチャネルも，別のタイプのリガンドによって開始されるシグナル伝達経路で，それぞれ重要な役割を果たしている．

イオンチャネルのシグナル伝達は，本章で述べる他の受容体のシグナルとは，直接作用する標的タンパク質がない点や，たいていは特異的なセカンドメッセンジャーが関与しないという点で異なる．一般的に，チャネルを介したイオンの流れは，細胞の膜電位に関して上昇あるいは下降させる作用を行い，電気的な力によって運ばれる代謝物やイオンすべての輸送過程を制御する．

動物細胞は，内側がマイナスとなる膜電位を Na^+ イオンの排出と K^+ イオンの取込みによって維持している（詳細は § 2・4 “膜電位は膜を介したイオンの電気化学勾配によってつくられる” の膜電位の解説を参照）．したがって，Na^+ 選択的なチャネルの開口は細胞を脱分極させ，K^+ チャネルの開口は過分極させる．同様に，Cl^- は細胞外が多いので，Cl^- チャネルの開口も過分極へと導く．こうした電気的な効果は，エネルギー的に膜電位に共役しているエフェクタータンパク質や，特定のイオンの濃度勾配に共役しているエフェクターに情報を伝達するほか，Ca^{2+} のようにチャネルの開口によって濃度が変化する特定のイオンに結合するエフェクターにも情報を伝達する．

ニコチン性アセチルコリン受容体は，典型的な受容体型イオンチャネルであり，チャネルであることが最初に判明した受容体である．このチャネルは，選択性が低い陽イオンチャネルであり，Na^+ の流入により標的細胞の脱分極をひき起こす．筋収縮の際の神経-筋シナプスの興奮性の受容体として最もよく知られているが，別のアイソフォームが神経や他の多くの細胞種においても活性を示す．筋肉においては，ニコチン性の脱分極は，電位依存性 Ca^{2+} チャネルを介して筋小胞体から細胞質への Ca^{2+} の流入を促す．この Ca^{2+} は，セカンド（あるいはサード）メッセンジャーとして収縮を開始させる（§2・13 “心筋や骨格筋の収縮は興奮収縮連関によってひき起こされる” 参照）．ニコチン性アセチルコリン受容体は，ある種の分泌細胞においても，同様の機構でエキソサイトーシスを促すが，そこでも Ca^{2+} が分泌現象の引き金になっている．神経では，ニコチン刺激は**活動電位**（action potential），すなわち，神経繊維に沿って急速に伝播する脱分極を生じるが，ここでは，最初の脱分極が電位依存性 Na^+ チャネルによって感知される．Na^+ チャネルの開口が他のチャネルの作用とともに，神経繊維に沿った活動電位を伝播させる．

神経系には，アミノ酸であるグルタミン酸（Glu）を代表とする他の神経伝達物質に応答する受容体陽イオンチャネルが数多く存在する．グルタミン酸受容体には三つの異なるファミリーが存在し，陽イオンの透過性の性質はほぼ同じであるが，ファミリーによって薬剤に対する応答の特異性が異なる．グルタミン酸受容体はそれぞれが興味深い性質をもっており，おのおのが神経の活性化に作用している．選択的な薬剤にちなんで命名された NMDA 受容体ファミリーは，Na^+ に加えて Ca^{2+} も透過させる．この内向きの Ca^{2+} の流れがこの受容体の活性において重要な要素であり，Ca^{2+} はセカンドメッセンジャーとして広範な標的に作用することになる．したがって，傷害や薬剤によってグルタミン酸が放出されて，NMDA チャネルが持続的に刺激されると，有害な量の Ca^{2+} が流入し，神経細胞死をひき起こす．

第二の受容体型イオンチャネルの機能グループは，陰イオンに選択的で，Cl^- の流入をひき起こし，標的細胞を過分極させる．陰イオン選択的受容体には，γ-アミノ酪酸（GABA）受容体やグリシン受容体が含まれる．過分極は，神経において活動電位の発生や神経伝達物質の放出を抑える．

リガンド作動性チャネルのなかで最も他と分岐していると思われるファミリーは，TRP チャネルおよび TRP 様チャネルファミリーである．哺乳類では約 30 種類が見いだされており，無脊椎動物にも別のタイプが見いだされている．TRP チャネルは陽イオン選択的チャネルであり，中央の孔を取囲む四つの同一のサブユニットから構成される．各サブユニットは類似した 6 個の膜貫通へリックスからなるが，N末端側とC末端側にはさまざまな制御領域とタンパク質相互作用領域が存在し，なかには基質不明のプロテインキナーゼ領域が含まれる場合もある．

TRPチャネルにはCa^{2+}流入をひき起こしてセカンドメッセンジャーの作用を促すものもあるが，さまざまなTRPチャネルのアイソフォームは，それぞれ多様な生理機能を果たしている．プロトタイプのTRPチャネルは無脊椎動物（ショウジョウバエ）の光受容細胞で最初に見いだされたものである．

TRPチャネルの制御は非常に多様である．TRPチャネルの中には，熱，冷，痛み刺激，圧力，浸透圧の高低などに反応するアイソフォームがある．また，TRPチャネルのいくつかは，エイコサノイド，ジアシルグリセロール，PIP_2などの脂質によって，正あるいは負に制御されている．たとえば，カプサイシンは唐辛子の辛味成分であるが，いくつかのバニロイド受容体（TRPV）分子種のアゴニストである．また，TRPチャネルには，液体の流れを感知する繊毛における機械刺激センサーとなっているものもある．この中で最も重要なのは，内耳の有毛細胞の感覚チャネルである．このチャネルは，有毛細胞の上部にある繊毛が音波によって生じた液体の流れに応答して曲げられたときに開口すると考えられている．

14・19　核内受容体は転写を制御する

重要な概念

- 核内受容体は，染色体DNA中の応答要素とよばれる短い配列に結合することで転写を調節する．
- 核内受容体は，他の核内受容体，阻害タンパク質，コアクチベーターと結合することによって複雑な転写制御回路を形成している．
- 核内受容体を介したシグナル伝達は，比較的伝達速度が遅く，順応応答に適合している．

核内受容体は，そのリガンドが細胞膜を自然に通過するという点でユニークな受容体である．核内受容体はリガンドと複合体をつくると核に入り，転写を制御する．核内受容体のリガンドには，性ホルモン（エストロゲンとプロゲステロン）や他のステロイドホルモン，ビタミンAおよびD，レチオニン酸や他の脂肪酸，オキシステロール，胆汁酸などがある．

核内受容体はすべて構造が類似しており，C末端側のリガンド結合領域とN末端側の転写装置を認識してトランス活性化因子として働く相互作用領域，そして，分子中央のDNAに結合するジンクフィンガー領域，さらに，すべての分子にみられるのではないが，C末端近くにもう一つのトランス活性化領域から構成されている．核内受容体は，リガンドが存在しないときには，活性を抑えるコリプレッサータンパク質と結合している．リガンドの結合によって，コリプレッサーが解離し，受容体の活性を制御するコアクチベーターとタンパク質複合体を形成し，転写制御を行うようになる．図14・20に示したように，アゴニストやアンタゴニストは，異なるコンホメーションの受容体に結合する（§14・5“リガンド結合によって受容体のコンホメーションが変化する”参照）．受容体のアゴニストは，受容体がコアクチベーターとDNAへの結合しやすい状態にし，アンタゴニストは，コアクチベーターとの結合を阻止するコンホメーションにする．

核内受容体は，制御する標的遺伝子の5′上流域にある**ホルモン応答要素**（response element）に高い特異性で結合する．応答要素は，多くの場合，短い繰返し配列か逆繰返し配列である．1個の遺伝子には，複数の異なる受容体に対する応答要素が含まれていたり，核内受容体以外の他の転写因子の結合部位が含まれていたりする．

性ホルモンであるエストロゲンは，二つの異なる核内受容体，すなわち，エストロゲン受容体ERαとERβに結合する．コアクチベーターやコリプレッサータンパク質は，特定の細胞種に発現する転写複合体の中で，ERαとERβとを異なる様式で制御する．エストロゲン受容体に結合する他のリガンドには，重要な治療薬がある．たとえば，4-ヒドロキシタモキシフェン（抗エストロゲン剤）はエストロゲン受容体のアンタゴニストであり，エストロゲン受容体陽性の乳がんの治療において，残存するがん細胞の増殖を抑えるために用いられる．しかし，4-ヒドロキシタモキシフェンは，胸部ではエストロゲン受容体に対してアンタゴニストの効果をもつのに対して，子宮では弱い部分アゴニストの活性を示す．この部分アゴニストという性質には，二つのエストロゲン受容体ERαとERβの相対的な発現量が関係しており，さらに各受容体に相互作用するリプレッサーやコアクチベーターの発現量も関係している．また，エストロゲン受容体系では，部分アゴニストが選択的なエストロゲン受容体のモジュレーター（SERM）として作用することが知られている．したがって，核内受容体のリガンドがどう作用するかは，組織，細胞，シグナル伝達の観点からよく見きわめる必要がある．

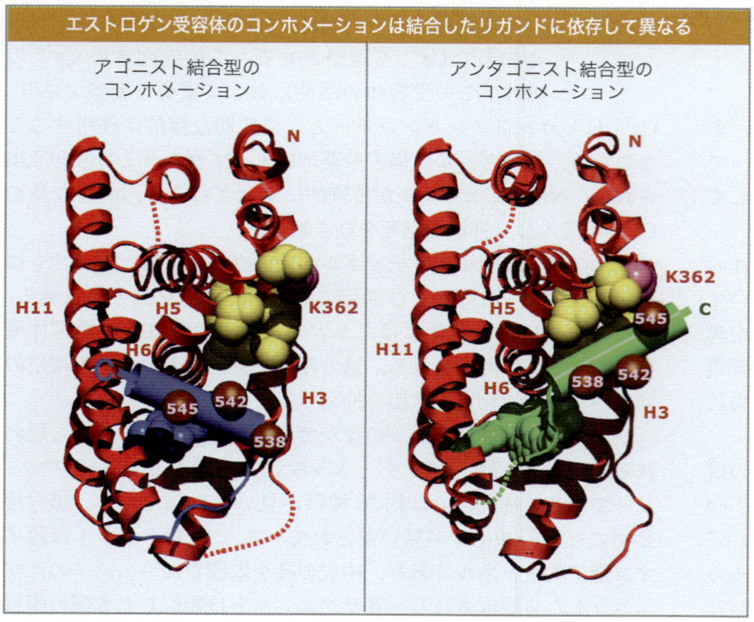

図14・20　エストロゲン受容体は，アゴニストが結合した場合とアンタゴニストが結合した場合とでは異なるコンホメーションになる．エストロゲン受容体のリガンド結合領域は，アゴニストであるエストラジオールに結合するほか（左），アンタゴニストであるラロキシフェン（右）にも結合する．活性をもつ青色の構造と不活性な緑色の構造を比較すると，ヘリックス12の位置に大きな違いがみられる［A. M. Brzozowski, et al., ‘Molecular basis of agonism and antagonism in the oestrogen receptor.’, *Nature* **389**, 753〜758 (1997) より転載．写真はM. Brzozowski, University of New Yorkの好意による］

14・20 Gタンパク質のシグナル伝達モジュールは広く用いられ，順応性が高い

重要な概念

- Gタンパク質のモジュールの基本型は，受容体，Gタンパク質，そして，エフェクタータンパク質である．
- 細胞は，さまざまな種類のモジュールを構成する複数のタンパク質を発現している．
- エフェクターにはさまざまな種類があり，広範な細胞機能を開始させる．

Gタンパク質共役受容体（GPCR）とこれに会合するヘテロ三量体型Gタンパク質の活性化機構は，細胞外シグナルが細胞内状態へと情報変換する最も普遍的な機構である．Gタンパク質シグナル伝達モジュールは，すべての真核生物に存在する．哺乳類では，種によって異なるものの，500～1000種のGPCRが，ホルモン，神経伝達物質，フェロモン，代謝生成物，局所シグナル分子，その他の制御分子に応答している．ほとんどあらゆるタイプの生体化学物質がGPCRのリガンドとなりうる．さらに，上と同数（500～1000）の嗅覚系のGPCRが嗅神経に発現し，これらのGPCRから発するシグナルの組合わせによって，動物を取囲む環境にある物質を嗅覚系で見分けている．また，GPCRはさまざまな種類の生理応答に関係するため，薬剤の標的として最も広く用いられる対象の一つになっている．

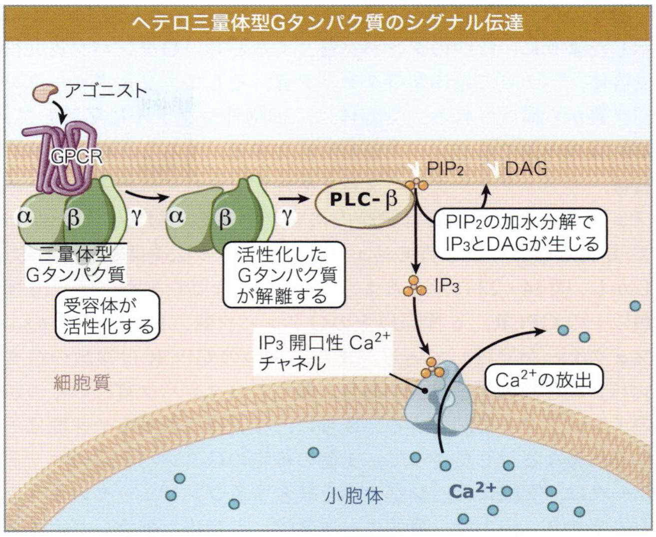

図14・21 Gタンパク質が介するシグナル伝達系は，アゴニストから受容体，三量体型Gタンパク質，エフェクター，エフェクターが与える出力という経路をたどる．Gαサブユニットと Gβγ サブユニットの両方が別々のエフェクターを制御する．ここに示した例では，G_q がホスホリパーゼ C–β（PLC–β）を活性化して，二つのセカンドメッセンジャー，すなわち，ジアシルグリセロール（DAG）とイノシトール三リン酸（IP_3）を生じる．生成した IP_3 は，小胞体からの Ca^{2+} の放出を促す．

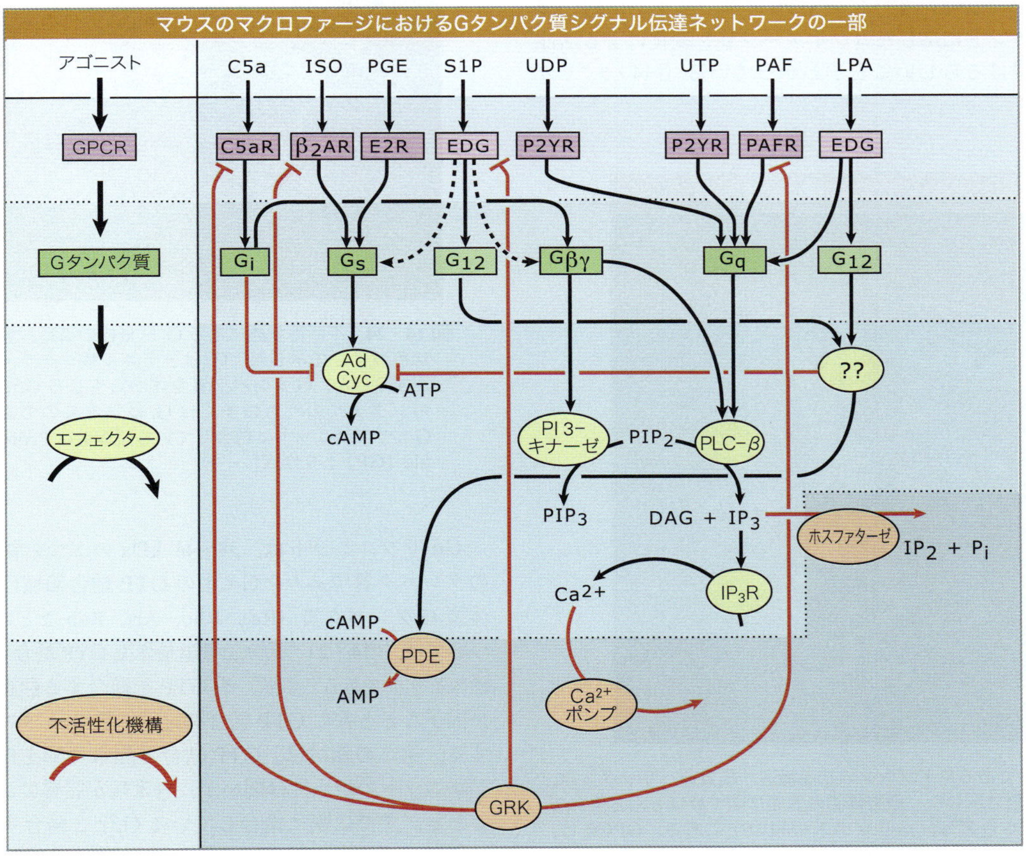

図14・22 マクロファージに存在するGタンパク質を介するシグナル伝達ネットワークの一部．ここでは，いくつかの受容体やタンパク質は省略しているが，この図式からも，こうした系で起こりうる相互作用の複雑性を知ることができる．また，Gタンパク質の名称を記した部分では，Gαサブユニットによるシグナルの出力だけを示した．Gβγ を介したシグナル伝達は，G_i 三量体に関して最もよく知られているが，すべてのGタンパク質の活性化は Gβγ の活性化でもある．さらに，何種類かのGタンパク質については，まだよくわかっていない経路で，他の分子の活性化をひき起こしている．エフェクターについては，少数の例だけを示した．また，順応の例としては，GRK（Gタンパク質共役受容体キナーゼ）が触媒する受容体のリン酸化のみを示した［データは Paul Sternweis, Alliance for Cellular Signaling より］

最小のGタンパク質シグナル伝達モジュールは，図14・21に示したように，三つのタンパク質，すなわち，Gタンパク質共役受容体，ヘテロ三量体型Gタンパク質，そしてエフェクタータンパク質から構成される．受容体は，細胞外シグナルに応答して，細胞膜の内側でGタンパク質を活性化する．すると，Gタンパク質は，エフェクタータンパク質を活性化（まれには阻害）し，エフェクタータンパク質は細胞内にシグナルを広げる．したがって，単純なGタンパク質モジュールのシグナル伝達は線形である．しかし，図14・22に示したように，一般的な動物細胞には，10種類以上のGPCR，6種類以上のGタンパク質，10種類以上のエフェクターが発現している．また，一つのGPCRは複数のGタンパク質を制御する場合があり，個々のGタンパク質はいくつかのエフェクターを制御する．さらに，相互作用の効率や速度はそれぞれ異なる．したがって，1個の細胞のGタンパク質のネットワークは，実際には，シグナルを統合するコンピュータのようなものであり，出力は，量的にも速度的にも複雑な細胞シグナルスペクトラムの様相を呈する．これらのGタンパク質モジュールの構成要素は，進化的に保存されており，さまざまな入力に応答して種々細胞内シグナルを開始し，ミリ秒から分単位に至る幅広い経時変化で作用することに適応している．

GPCRは，図14・23に示したように，7個の疎水的な膜貫通ヘリックスに細胞外のN末端と細胞質のC末端が加わった細胞膜内在性タンパク質である．ロドプシンの三次元構造と多数の生化学と遺伝学のデータから，すべてのGPCRは，基本的に同じ機構で，活性化リガンドに応じたコンホメーション変化による活性化と不活性化を受けるらしいことがわかっている（§14・5“リガンド結合によって受容体のコンホメーションが変化する”参照）．まず，アゴニストとなるリガンドが受容体の細胞外側に結合すると，ヘリックスの並び方が変化して，細胞質側にあるヘテロ三量体型Gタンパク質との結合部の構造が変化する．つぎに，このGタンパク質に結合する側のコンホメーション変化によってGタンパク質が活性化する．

GPCRに共役するヘテロ三量体型Gタンパク質は，図14・24に示したように，ヌクレオチドを結合する$G\alpha$サブユニット，および$G\beta\gamma$二量体からなる．三量体および各サブユニットの構造については，活性化状態や相互作用タンパク質との複合体形成と共に詳しく解析されている．$G\alpha\beta\gamma$のヘテロ三量体の名称は，含まれている$G\alpha$サブユニットと同じ名称でよばれており，実際，αサブユニットが受容体の選択性の大半を決定している．また，各サブユニットは，さまざまな種類のエフェクタータンパク質を制御する．

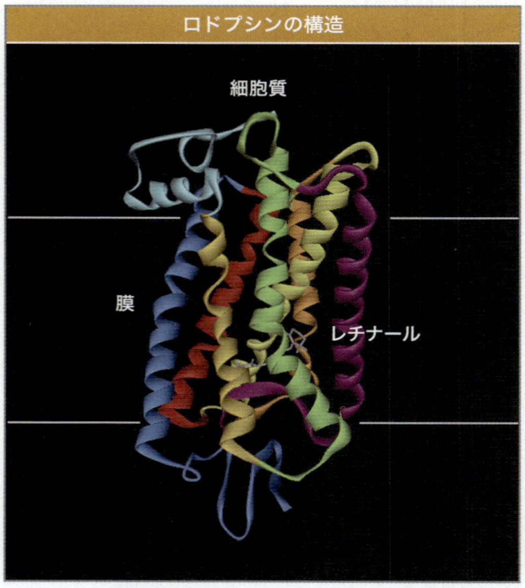

図14・23　GPCRであるロドプシンの結晶構造．膜貫通ヘリックスは，それぞれ異なる色で示した．細胞質側の表面は図ではほとんど隠れている．レチナール色素は，ヘリックスの束の中にある．GPCRは，配列の類似性から少なくとも四つの構造ファミリーに分類され，ファミリーが異なるとほとんど相同性はない．一つのファミリーの中では，膜貫通ヘリックスの相同性が高く，ヘリックス間のループ分の相同性は低い．また，N末端側とC末端側の領域と5番目と6番目のヘリックス間の細胞質側のループ部分の相同性が最も低い．しかし，受容体の機能領域に関しては，異なるファミリーに関しても普遍性がある．また，GPCRは二量体，ときにはヘテロ四量体をつくることがあり，二量体をつくることが機能に重要な場合がある［構造はProtein Data Bank file 1F88より作成］

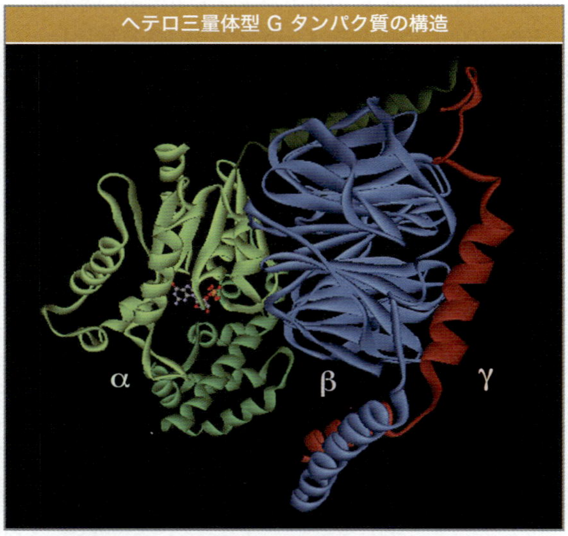

図14・24　不活性状態にあるG_i三量体の構造．各サブユニットは色づけして示した．G_iはアデニル酸シクラーゼの阻害に作用するほか，Gタンパク質全体から生じる$G\beta\gamma$サブユニットのシグナルのうちの多くはG_iによるものである．GDPは，$G\alpha_i$サブユニットに結合している［構造はProtein Data Bank file 1GP2より作成］

$G\alpha$サブユニットは，38〜44 kDaの二つの領域からなる球形のタンパク質であり，$G\alpha$中のGTP結合領域は，低分子量単量体型Gタンパク質（Ras，Rho，Arf，Rabなどであり，これらについては，§14・23“低分子量単量体型GTP結合タンパク質は多用途スイッチである”参照）やGTPを結合する翻訳の開始因子と延長因子などと共にGTP結合タンパク質スーパーファミリーに属する．第二の領域は，GTP結合と加水分解を制御する．$G\alpha$サブユニットの疎水性は弱いが，N末端が脂質アシル化されていることと，すでに膜に結合している$G\beta\gamma$と結合するため，基本的には膜に会合した状態にある．哺乳類には，16種類の$G\alpha$遺伝子があり，配列と機能の類似性からサブファミリー（s，i，q，12）に分けられる．これについては，図14・25に示した．

$G\beta$と$G\gamma$サブユニットは，翻訳後直ちに不可逆的に会合して，安定な$G\beta\gamma$二量体を形成し，この二量体が$G\alpha$と可逆的に会合する．$G\beta$サブユニットはおよそ35 kDaで，βプロペラとよばれる円筒状の構造ユニットをつくるβストランドが7回繰返した構造をもつ．哺乳類には，5 個の Gβ 遺伝子があり，そのうち 4 個は非常に類似した構造で，12 種類の Gγ サブユニットと自然状態で二量体をつくる（図 14・24 参照）．第 5 の分子である Gβ5 は，他の Gβ とは相同性が低く，Gγ サブユニットではなく他のタンパク質の Gγ 様の領域と相互作用する．

Gγ サブユニットは約 7 kDa と小さく，互いの配列の相同性は Gβ′ よりも低い．Gγ サブユニットの最後の 3 アミノ酸残基は翻訳後分解されて，保存されたシステイン残基が C 末端として露出するが，ここに，*S*-プレニル化とカルボキシメチル化が不可逆的に起こり，G$\beta\gamma$ サブユニットを膜へと結合させる．Gβ と Gγ サブユニットが会合するときの組合わせは，ほとんどすべてが可能であり，また，すべての細胞は複数の Gβ と Gγ サブユニットを発現しているため，個々の G$\beta\gamma$ サブユニットの組合わせについて特異的な機能を決めることは困難である．G$\beta\gamma$ サブユニットが示す相互作用は，多少は Gγ サブユニット固有の作用が示されているものの，基本的には Gβ において起こると考えられている．

G タンパク質の標的

G タンパク質	エフェクタータンパク質	
	活性化	阻　害
G_s G_{olf}	アデニル酸シクラーゼ	
G_i(3) G_o G_z	K^+チャネル，PI 3-キナーゼ	アデニル酸シクラーゼ
G_{gus}	他の陽イオンチャネル	
G_t(2)	サイクリック GMP ホスホジエステラーゼ	
G_q(4)	ホスホリパーゼ C-β	
G_{12} G_{13}	Rho GEF	

図 14・25　G タンパク質が制御するエフェクターには，構造上の類似性はない．細胞膜に存在するイオンチャネルや膜結合型酵素，膜の内側にある細胞表層タンパク質，また，基本的には可溶性であるタンパク質も Gα サブユニットに結合する．この表では，主要な G タンパク質を相同性に従って並べた．また，制御するエフェクターの中からいくつかだけを示した．

14・21 ヘテロ三量体 G タンパク質はさまざまなエフェクターを制御する

重 要 な 概 念

- G タンパク質は，多種類のエフェクターとよばれる細胞内シグナル伝達タンパク質の活性を制御することでシグナルを伝達する．
- エフェクターは，構造的にも機能的にも多様である．
- エフェクタータンパク質には，G タンパク質結合領域というような共通の構造や配列は同定されていない．
- エフェクタータンパク質は，複数の G タンパク質経路のシグナルを統合する．

G タンパク質が制御するエフェクターには，細胞内セカンドメッセンジャーを生成あるいは分解する酵素（アデニル酸シクラーゼ，cGMP 特異的ホスホジエステラーゼ，ホスホリパーゼ C-β，ホスファチジルイノシトール-3-キナーゼ）やプロテインキナーゼ，K^+ チャネルと Ca^{2+} チャネル，膜貫通タンパク質などがある（図 14・25 参照）．こうしたエフェクターは，細胞膜内在性タンパク質であったり，膜表面で G タンパク質に結合する可溶性のタンパク質であったりする．エフェクタータンパク質の中には，進化的に保存された G タンパク質結合領域や配列は存在しない．むしろ，ほとんどのエフェクターは，G タンパク質には制御されずに同じ作用を示すタンパク質の方に似ている．したがって，G タンパク質による制御を受けるかどうかは，その制御タンパク質が属するファミリーの中でおのおの独立に進化したものと考えられる．

エフェクターは，さまざまな Gα サブユニットと G$\beta\gamma$ サブユニットに応答することが可能であり，複数の G タンパク質経路からのシグナルを統合することができる．Gα と G$\beta\gamma$ サブユニットのそれぞれが，あるエフェクターに対して相反する作用や相乗的な作用を示すことがある．たとえば，哺乳類に存在する膜結合型アデニル酸シクラーゼは，Gα_s により刺激され，Gα_i により阻害される（図 14・13 参照）．さらに多くのエフェクターは，アロステリック因子（たとえば，脂質やカルモジュリン）やリン酸化による制御も受けており，他の経路からの情報も統合している．

エフェクターにも複数のアイソフォームがあって，そのおのおのが異なる制御を受けるため，G タンパク質のネットワークはより複雑になっている．たとえば，アデニル酸シクラーゼのアイソフォームには，G$\beta\gamma$ により刺激されるものがある一方，阻害されるものもある．すべてのホスホリパーゼ C-β は，Gα_q ファミリーのメンバーと，G$\beta\gamma$ の両方で刺激されるが，この二つの系統からの入力の強さと最大効率は PLC-β アイソフォームそれぞれで大きく異なる．

14・22 ヘテロ三量体 G タンパク質は GTPase サイクルによって制御されている

重 要 な 概 念

- ヘテロ三量体 G タンパク質は，Gα サブユニットが GTP を結合したときに活性化する．
- GTP が GDP へと加水分解すると，G タンパク質は不活性化する．
- GTP の加水分解は通常は遅い反応であるが，GAP とよばれるタンパク質によって促進される．
- 受容体は，GDP の解離と GTP の結合を促すことで G タンパク質を活性化する．また，G タンパク質の自発的な GDP/GTP 交換反応は非常に遅い．
- RGS タンパク質とホスホリパーゼ C-β は，ヘテロ三量体 G タンパク質の GAP である．

ヘテロ三量体 G タンパク質のシグナル伝達において最も重要な現象は，Gα サブユニットに GTP が結合することである．この GTP の結合によって Gα サブユニットは活性化され，Gα 自身と G$\beta\gamma$ サブユニットが，エフェクターに結合してその機能を制御できるようになる．Gα サブユニットは，GTP が結合している限り活性を示すが，Gα 自身が GTPase 活性をもっていて，結合した GTP を GDP へと加水分解する．Gα-GDP は不活性である．つまり，G タンパク質は，図 14・26 に示したように，“GTP 結合＝活性化” と “GTP の加水分解＝不活性化” の GTPase サイクルを行き来している．したがって，G タンパク質シグナル伝達の制御の本質は速度論であるといえる．シグナルの相対的な強さ，あるいは増幅度は，G タンパク質が活性をもつ GTP 結合型として存在する割合に比例する．この割合は，GTP 結合と GTP

加水分解の速度の平衡と同じであり，また，GTPase サイクルの活性化と不活性化の両腕といえる．これらの速度は，実際に 1000 倍以上の範囲で高度に制御されている．

受容体は，Gタンパク質のヌクレオチド結合部位を開放することによってGタンパク質の活性化を促し，GDP の解離と GTP の会合を加速する．この過程は，GDP/GTP 交換反応とよばれる．Gタンパク質は，GTP に対する親和性の方が GDP に対してよりもずっと高いため，また，GTP の細胞質の濃度が GDP よりも約 20 倍高いため，交換反応は活性化の方向に進む．ほとんどのGタンパク質に関しては，自発的な GDP/GTP 交換は非常に遅いため（分単位以上の時間がかかる），入力がないときのシグナル出力は低いレベルに抑えられている．それに対して，受容体が触媒する交換反応は数十ミリ秒以内に起こるため，視覚受容体や他の神経・筋肉のような細胞における早い応答が可能になっている．

受容体はGタンパク質が与えるシグナル伝達活性自体に直接必要とされていないため，GDP/GTP 交換後に受容体はGタンパク質から離れ，別のGタンパク質分子の活性化を触媒することが可能である．この機構で，1 分子の受容体が複数分子のGタンパク質の活性化を行い，入力シグナルの分子増幅を行うことが可能になっている．また，受容体には，標的Gタンパク質に結合したままになるものもあり，この場合は受容体が増幅装置として働くことはない．しかし，受容体が強く結合すればするほど，シグナル伝達をより早く開始することができ，さらに，結合した GTP の加水分解が早ければGタンパク質の再活性化を促すこともできる．

Gα サブユニットは，刺激がない状態では，結合した GTP をゆっくりと分解している．Gα–GTP 複合体の活性化状態の平均寿命は，Gタンパク質の種類によるが，およそ 10〜150 秒である．この速度は，細胞からアゴニストを除いたときにふつう観察される不活性化の速度よりもずっと遅い．たとえば，視覚シグナルは，光子による刺激後，約 10 ミリ秒で終了するほか，他のGタンパク質の系でもほぼ同程度に早い．つまり，GTP の加水分解は，Gα サブユニットに直接結合した GTPase 活性化タンパク質（GTPase-activating protein, GAP）によって促進されている．この加速は，2000 倍にも及ぶ場合がある．このような速さが，速い速度で変化する刺激に応答しなければならない視覚や神経伝達においては必須である．Gタンパク質のシグナル伝達は活性化と不活性化の均衡であるため，GAP は GTP で活性化したGタンパク質の量を減らし，それによってGタンパク質のシグナル伝達を阻害することができる．このようにして，GAP はシグナルの阻害因子となったり，出力を消してシグナルを終結させたりする，あるいは，この両方を行う．すなわち，GAP 自体の活性とその制御方法に依存して，実際に GAP がどのように作用するかが決定されている．

ヘテロ三量体型Gタンパク質の GAP には二つのファミリーが存在する．**RGS タンパク質**(regulator of G protein signaling, Gタンパク質シグナル伝達の制御因子）は約 30 種類のタンパク質からなるファミリーで，そのほとんどに GAP 活性があり，Gタンパク質シグナルの速度と増幅度を制御する．Gタンパク質シグナルの終結における RGS の役割を図 14・27 に示した．

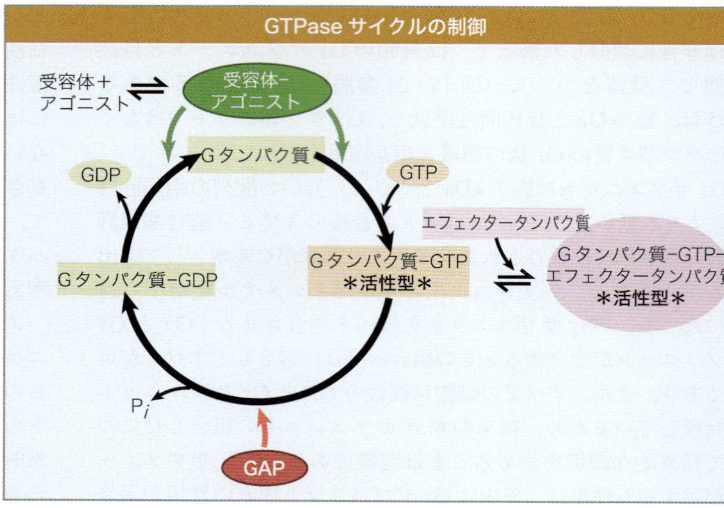

図 14・26　Gタンパク質は，GTP が Gα サブユニットに結合したときに活性化し，Gα–GTP と Gβγ のそれぞれが，エフェクタータンパク質に結合してその機能を制御する．また，Gα サブユニットには内在性の GTPase 活性があるため，おもな不活性化反応は，（結合した GTP の解離ではなく，）GDP への加水分解である．したがって，定常状態では，受容体–Gタンパク質モジュールからのシグナル出力は，GTP 結合状態のGタンパク質の割合として表現され，それは活性化と不活性化の速度の均衡を反映する．GTP の結合も GTP の加水分解も比較的遅く，また，高度に制御される．GDP は Gα に強く結合しているため，GDP の解離が新たな GTP 分子の結合，すなわち，再活性化の律速段階になっている．GDP の解離も GTP の結合も GPCR によって触媒される．結合した GTP の加水分解は，GTPase 活性化タンパク質（GAP）によって促進される．受容体と GAP が協同してシグナルの出力の定常状態のレベル，および，モジュールの活性化と不活性化の速度を制御している．

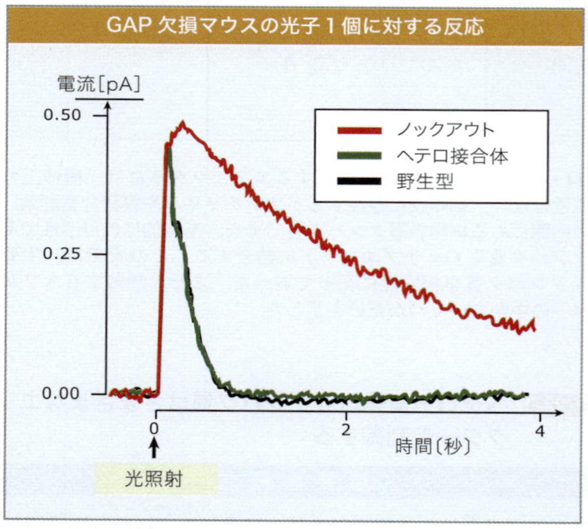

図 14・27　Gタンパク質の GAP は，アゴニストの除去に応じてシグナルの終結を促進するが，応答に関しては受容体に対する阻害因子として作用しない場合もある．図には，マウスの光受容（桿体）細胞が 1 光子に反応するときの電気応答が示されている．光受容Gタンパク質 G_t の GAP である RGS9 を欠くマウスでは，G_t に結合した GTP の加水分解が遅くなるため，シグナルは何秒という単位まで長くなる．野生型やヘテロ接合体マウスでは，加水分解はおよそ 15 ミリ秒以内に起こり，シグナルの減衰はずっと早い．ここで注意が必要なのは，最大出力は野生型でも変異体でもほぼ同じであり，桿体細胞では，GAP は阻害因子としては作用していないことである．ヒトにおいては，RGS9 遺伝子の欠失は，特に明るい光のもとでの視覚に大きな欠損を生じる［Chen et al., *Nature* **403**, 557〜560 (2000) より転載．Ching-Kang Jason Chen, Virginia Commonwealth University の許可による］

RGS 領域をもつタンパク質には，G タンパク質によって制御されるエフェクターとして作用する分子もある．そのなかには，単量体型 GTP 結合タンパク質の Rho ファミリーの活性化因子（以下を参照）や GPCR キナーゼがあり，GPCR 機能のフィードバック制御因子となっている．G タンパク質の GAP の第二のファミリーは，ホスホリパーゼ C-β である．この酵素は，Gα_q と G$\beta\gamma$ のいずれによっても制御されるエフェクターであるが，G_q の GAP として作用し，出力の速度を制御する．

図 14・26 に示した GTPase サイクルは一般的なものであり，同時にかなり単純化した図式になっている．受容体，Gα，G$\beta\gamma$，GAP，そして，エフェクター間の相互作用は，同時に起こることが多く，複雑で協同的な相互作用である．たとえば，G$\beta\gamma$ は，GDP の解離を阻害して自発的な活性化を最小限にとどめる一方，受容体の交換活性を促進し，GAP 活性を阻害する．さらに，脱感作に導く受容体のリン酸化の開始を補助する．他の因子もほぼ同様に多機能である．さらに，他のタンパク質からの入力も，ネットワーク上の複数の制御点で GTPase サイクルの動向を変化させることがある．したがって，G タンパク質モジュールの中心部分は，標的という点において多彩であるのに加えて，シグナル処理システムの点においても機能的に多彩である．

14・23 低分子量単量体型 GTP 結合タンパク質は多用途スイッチである

重要な概念

- 低分子量 GTP 結合タンパク質は，GTP に結合しているときに活性型であり，GDP に結合しているときには不活性型である．
- GDP/GTP 交換因子は GEF とよばれ，活性化を促す．
- GAP は，GTP の加水分解を促進して不活性化を促す．
- GDP 解離阻害因子（GDI）は，自発的に起こるヌクレオチド交換を遅くする．

単量体型 GTP 結合タンパク質（単量体型 G タンパク質，あるいは低分子量 G タンパク質ともいう）は，哺乳類では約 150 の遺伝子によってコードされており，シグナル伝達，細胞小器官の輸送，細胞小器官内輸送，細胞骨格形成，形態形成などの広範かつ多様な細胞過程を制御している．このなかでシグナル伝達に作用することが最もよく知られている低分子量 GTP 結合タンパク質は，Ras タンパク質と Ras 関連タンパク質（Ral,Rap），および，Rho/Rac/Cdc42 タンパク質である．これらは，全部で 10〜15 種類存在し，いずれも 20〜25 kDa の質量数を示し，構造は Gα サブユニットの GTP 結合領域に類似している．

低分子量 GTP 結合タンパク質の活性制御は，ヘテロ三量体型 G タンパク質と同様に GTP 結合と加水分解のサイクルによって，また，制御入力によって制御されている．すなわち，GTP によって活性化され，結合した GTP の GDP への加水分解によって活性化が終結する．GDP/GTP 交換因子は，**GEF**（guanine nucleotide exchange factor，GPCR と機能的に相同なグアニンヌクレオチド交換因子）とよばれ，GAP は加水分解を促進して，不活性化に導く．さらに，GDP 解離阻害因子（GDP dissociation inhibitor，GDI）が自発的なヌクレオチド交換反応を遅くして，刺激がないときの活性を下げており，ヘテロ三量体型 G タンパク質における G$\beta\gamma$ サブユニットと同じような作用をする．

単量体型 G タンパク質とヘテロ三量体型 G タンパク質の制御に関する生化学的基盤は本質的には同じであるが，単量体型 G タンパク質では，基本的な GTPase サイクルを別な用途にも用いている．すなわち，ヘテロ三量体型 G タンパク質と大半の単量体型 G タンパク質のシグナルの出力は，通常は活性型（GTP 結合）と不活性型（GDP 結合）の二つの状態が早く置き換わる GTPase サイクルの中での均衡を反映した形になっていて，GEF は活性型へ，GAP は不活性型へと導いている．しかし，単量体型 G タンパク質のかなりの部分は，こうした状態の均衡（アナログ情報）を出力しているのではなく，オン・オフのスイッチとして働く．単量体型 G タンパク質は，GTP を結合すると，活性制御や他のタンパク質の移動といったそれが担う過程を開始する．その後，この活性は，ときには何秒も何分も GAP が作用するまで維持される．たとえば，単量体型 G タンパク質 Ran は，タンパク質や RNA の核–細胞質間の両方向の輸送を，カリオフェリン（インポーチン）という輸送タンパク質と共に制御する（§5・15 “Ran GTPase は核輸送の方向性を制御する” 参照）．核内では Ran GEF 活性が高く，GTP 結合が促進されている．そのため，核内の Ran–GTP は，核内に入ってきたカリオフェリンに結合して，新しく運んだ輸送物を解離させ，カリオフェリンを細胞質へと戻す．また，Ran–GTP は，核外に出るカリオフェリンに核外へ運ぶ輸送物を結合させる．核外では，Ran GAP 活性が高く，GTP の加水分解が進む．そのため上とは逆に，細胞質の Ran–GDP は，核外輸送されたカリオフェリンを解離させるとともに，カリオフェリンを核内に運ぶ輸送物に結合する．つまり，Ran のような単量体型 G タンパク質においては，GTPase サイクルの両方の状態が特異的な活性段階を規定して，この 2 状態が共役して平行に存在する形になっている．

単量体型 G タンパク質とヘテロ三量体型 G タンパク質とのもう一つの大きな違いは，GEF，GAP，GDI の構造の違いである．単量体型 G タンパク質では，いくつかのファミリーの GEF と GAP が類似している場合はあるものの，一般的に制御因子の構造は多様である．また，これら GEF や GAP の制御機構も多様であり，プロテインキナーゼによるリン酸化，ヘテロ三量体型や単量体型 G タンパク質によるアロステリック制御，セカンドメッセンジャーや他の制御タンパク質による制御などがあるほか，細胞内局在や足場タンパク質への結合などの他の機構もある．

Ras タンパク質は，最初に発見された単量体型 G タンパク質である．Ras タンパク質は，過剰発現や突然変異により持続的に活性化されると，その細胞は悪性増殖する要因をつくることから，がん遺伝子産物として同定された．実際，*ras* 遺伝子はヒトの腫瘍において最も高い頻度で変異を起こしているがん遺伝子の一つであり，ウイルスの *ras* 遺伝子もがん遺伝子としてよく知られている．

哺乳類細胞には，三つの *ras* 遺伝子（H-*ras*，N-*ras*，K-*ras*）がある．これらの入力や出力はある程度似ていて，遺伝的スクリーニングにおいては互いに相補できる．そのため，個々の Ras タンパク質に特有な機能をきちんと定義することは難しい．また，Ras タンパク質の入力は多様であり，Ras タンパク質の重要性は，シグナル伝達において重要な分岐点に位置するという言葉に集約される．

Ras の GEF と GAP は，受容体型チロシンキナーゼと非受容体型チロシンキナーゼの両方によるリン酸化と，制御因子の細胞膜への移行によって制御されている．また，細胞質のセリン／トレオニンキナーゼも Ras の活性化をひき起こす．Ras ファミリーの別のメンバーである Rap1 もこのネットワークに関係しており，プロテインキナーゼの標的として Ras タンパク質と競合すると考えられている．そのため，*in vivo* では，Rap1 は Ras の発がん性を抑制することがある．しかし，Rap1 自体は Ras とは独立に制御されており，別のシグナル伝達経路に作用している．たとえば，Rap1 の GAP には，G_i タイプの G タンパク質によって刺激される分子があるほか，GEF には Ca^{2+}，ジアシルグリセロール，cAMP によって刺激される分子がある．

Ras タンパク質は，細胞の成長，増殖，分化を多数のエフェクタータンパク質を活性調節することで制御する．Ras のエフェクターとして最もよく知られ，研究されているものに，Raf というプロテインキナーゼがあり，Raf は MAPK カスケードを開始させる．図 14・28 には，これまでに知られている Ras のエフェクターを示した．

Ras には主要なエフェクターが三つある		
機　能	エフェクター	標　的
プロテインキナーゼカスケード	Raf	MAPK
脂質キナーゼ	PI 3-キナーゼ	Akt
交換因子	RalGDS	エキソシスト複合体

図 14・28　Ras-GTP は多くのタンパク質に結合する．よく知られたエフェクターには，Raf，PI 3-キナーゼ，Ral-GDI の三つがある．これらのエフェクターの活性化によって，MAPK 経路の活性化，PI 3-キナーゼ活性の増加，および，分泌小胞のエキソサイトーシスに関係するタンパク質複合体の会合促進などが起こる．

Rho，Rac，Cdc42 は，いずれも細胞形態に作用するシグナルの形成に関与していて，構造も互いに類似した単量体型 G タンパク質である．このおのおのは，一連の固有のエフェクターを制御していて，異なるタイプの GEF，GAP，GDI によって制御される．これらの単量体 G タンパク質が制御するエフェクターには，ホスホリパーゼ C および D，多数のプロテインキナーゼや脂質キナーゼ，アクチンフィラメントの核形成や再構成を行うタンパク質，好中球の酸素活性化系の因子などがある（§8・14 "低分子量 G タンパク質はアクチン重合を調節する" 参照）．

14・24　タンパク質のリン酸化/脱リン酸は細胞の主要な制御機構である

重 要 な 概 念

- プロテインキナーゼは，大きなタンパク質ファミリーを形成している．
- プロテインキナーゼは，Ser および Thr 残基か Tyr 残基，あるいは，3 種類すべてをリン酸化する．
- プロテインキナーゼは，リン酸化部位周辺のアミノ酸配列を認識する．
- プロテインキナーゼは，折りたたまれた領域内のリン酸化部位を選択的に認識する．

タンパク質のリン酸化は，機能制御にかかわる翻訳後修飾で最も一般的な現象である．リン酸化はすべての生物でみられ，動物では，タンパク質のうち約 1/3 が何らかのリン酸化を受けると予想されている．リン酸化による制御には，酵素の触媒活性の促進あるいは抑制，他の分子との結合の親和性の変化，細胞内局在の変化，つぎの修飾の可能性，また，安定性の変化などがある．ある場合には，1 箇所のリン酸化によって酵素の活性が 500 倍以上も変化する．また，複数の箇所が互いに複雑に関係し合う様式でリン酸化される場合もある．

真核生物，特にすべての動物においては，タンパク質のリン酸化はプロテインキナーゼによって触媒され，脱リン酸はプロテインホスファターゼ（ホスホプロテインホスファターゼ）によって触媒される．この二つのタイプの酵素は，さまざまな機構で制御される．さらに，複数のプロテインキナーゼによってリン酸化されるタンパク質もあり，これによって幅広い活性状態をつくり出す場合がある．こうした複雑な制御によって，異なるシグナル伝達経路からの入力を統合して，標的の活性を変化させている．

バクテリア，植物，菌類においては，二成分系とよばれる動物のリン酸化系とは別のタンパク質リン酸化系があり，生存に必須の系となっている．二成分系のプロテインキナーゼは，真核生物のプロテインキナーゼスーパーファミリーとは相同性がなく，セリン/トレオニン/チロシン残基ではなく，アスパラギン酸をリン酸化する．

プロテインキナーゼは，図 14・29 に示したように，ATP からリン酸基を基質タンパク質の Ser，Thr，Tyr 残基に転移し，化学的に安定なリン酸エステル結合を形成する．動物においては，

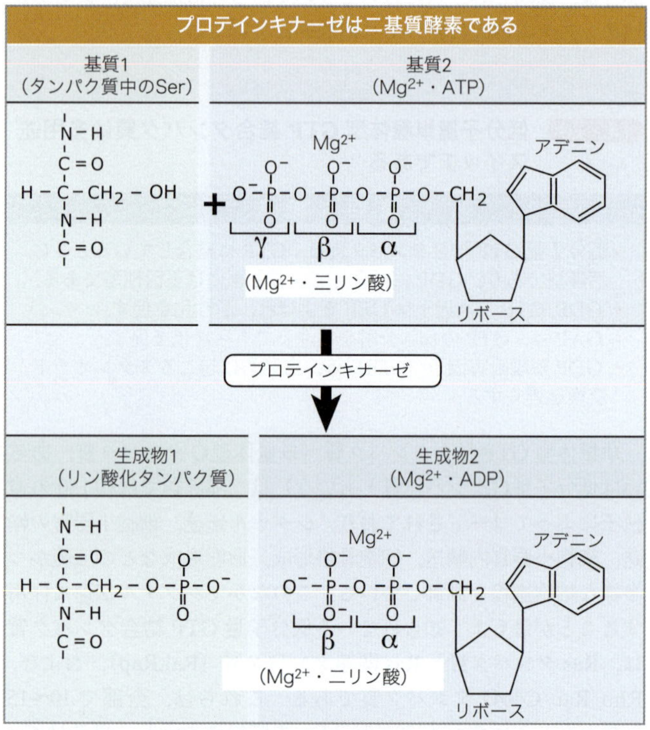

図 14・29　プロテインキナーゼは，ATP の γ 位のリン酸基を基質タンパク質のセリン，トレオニン，あるいはチロシン残基に転移する．

これら三つのアミノ酸残基におけるリン酸基の分布は一様ではなく，およそ 90〜95 % が Ser，5〜8 % が Thr，そして，Tyr は 1 % 以下である．ヒトゲノムには，プロテインキナーゼをコードする遺伝子がおよそ 500 あり，その mRNA は選択的スプライシングを受ける．そのため，プロテインキナーゼ遺伝子ファミリーは，最も大きな機能遺伝子グループの一つになっている．プロテインキナーゼの数と多様性をみると，細胞機能の制御において，プロテインキナーゼが重要かつ多様な役割をもっていることがわかる．プロテインキナーゼには，組織や発生過程において限られた分布を示すものがある一方，普遍的に発現しているキナーゼも多く存在する．

プロテインキナーゼは，基質特異性によって分類される．Ser

をリン酸化するプロテインキナーゼは，通常は Thr も認識するためにセリン/トレオニンキナーゼ（Ser/Thr キナーゼ）という名前がつけられている．多細胞動物には，Tyr だけを認識するチロシンキナーゼ（Tyr キナーゼ）がある．二重特異性プロテインキナーゼは，限られた基質に対して，しかも特定のコンホメーション状態にあるときに作用して，Ser, Thr, Tyr をリン酸化するキナーゼであり，プロテインキナーゼのなかで最も特異なものである．

キノーム（kinome）とは，プロテインキナーゼ全体を総まとめにした概念である．いくつかの生物のキノームを分析して配列の相同性を解析した結果，図 14・30 に示したように，キナーゼは複雑なキナーゼグループとして図式化された．ここでの配列の関係（相同性）から，制御機構や基質特異性についてもある程度知ることができる．たとえば，AGC グループは，その基本メンバーである cAMP 依存性プロテインキナーゼ（PKA），サイクリック GMP 依存性プロテインキナーゼ（PKG），Ca^{2+}–リン脂質依存性プロテインキナーゼ（PKC）にちなんで命名された．これらのキナーゼは，セカンドメッセンジャーによる制御を受け，その基質のリン酸化部位近くに塩基性の残基を含む場合が多い．

多くのプロテインキナーゼは，アミノ酸残基に対する基質特異性のほか，基質部位周辺のアミノ酸配列に対しても特異性を示す．そのため，タンパク質の中にプロテインキナーゼの基質部位となりうるコンセンサス配列が存在するかどうかを予想するスクリーニング方法が開発されている．また，抗体を用いることで，タンパク質の特定の部位にリン酸基があるかどうか，また，およそのリン酸化の程度を調べることができる．プロテインキナーゼは，こうした局所的な認識を行うほかに，三次元構造全体における類似性を見分けて基質特異性を示すこともある．たとえば，リン酸化されているか，ユビキチン化されているかという二つの種類の共有結合修飾を受けるタンパク質の修飾状態を見分ける場合がある．

動物細胞には，細胞膜を貫通してホルモン受容体として作用するプロテインキナーゼがある．プロテインキナーゼ受容体には，トランスフォーミング増殖因子-β（TGF-β）受容体などのセリン/トレオニンキナーゼもあるが，大半は，インスリン，上皮細胞増殖因子（EGF），血小板由来増殖因子（PDGF）や，他の細胞増殖・分化の制御因子に対する受容体のようなチロシンキナーゼである．他のプロテインキナーゼは，本質的には可溶性であり，細胞内酵素であるが，細胞小器官の膜に結合する場合もある．

プロテインキナーゼの X 線結晶構造解析によって，活性化機構に関する多くの知見が得られている．プロテインキナーゼの進化的に保存された触媒領域のコア構造には約 270 個のアミノ酸残基が含まれ，プロテインキナーゼの最小の質量数は約 30,000 Da である．このコア構造の中には，図 14・31 に示したように，二つの折りたたまれた構造をもつドメインがあって，その間に触媒部位が形成されている．保存されたリシン（Lys）あるいはアスパラギン酸（Asp）残基，もしくは，その両方がリン酸基の転移に必要であり，これらが変異するとキナーゼ活性が失われる．活性部位周辺の配列は活性化ループとよばれ，コンホメーションの再構成が起こることによって活性型のプロテインキナーゼができる．ま

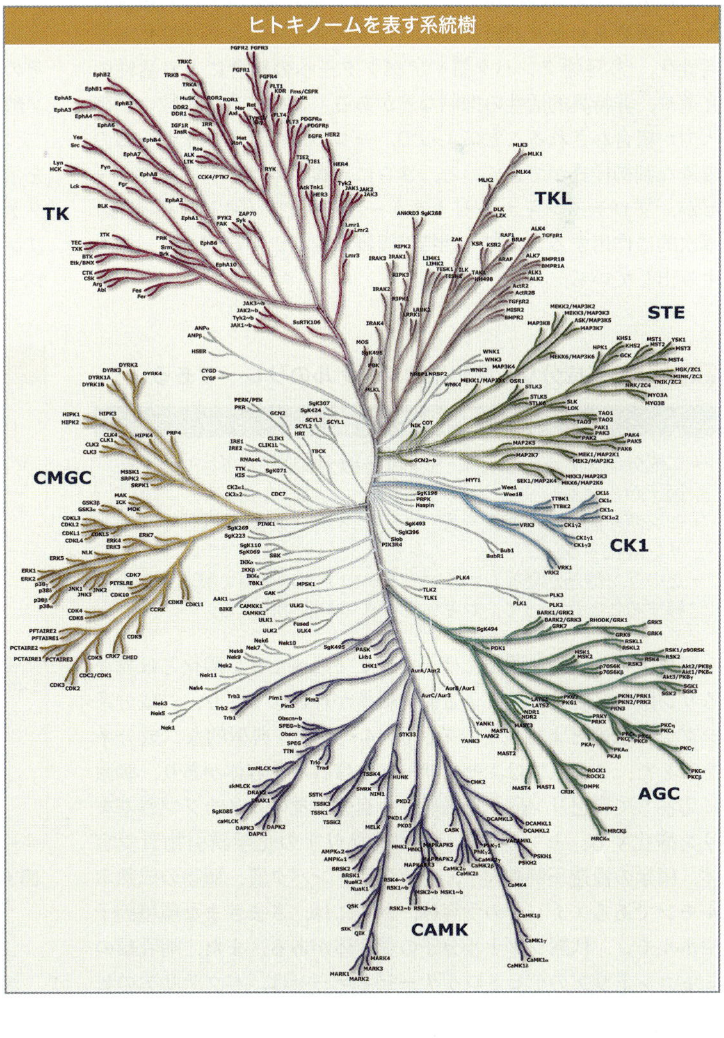

図 14・30　ヒトゲノム中にコードされるプロテインキナーゼは，配列の相同性から七つの主要な枝に分かれる．チロシンキナーゼはその主要な枝の一つに入る（TK グループ）．他は Ser/Thr 特異的か，二重特異性であり，それらのグループ名は，よく知られたメンバーから命名されている．すなわち，PKA，PKG，PKC から AGC グループ，カルシウム-カルモジュリン依存性キナーゼから CAMK グループ，CDK，MAPK，GSK3，Clk から CMGC グループ，カゼインキナーゼ-1 から CK1 グループ，酵母の接合経路にある Ste20，Ste11，Ste7 と MAP4K，MAP3K，MAP2K が含まれる STE グループ，および，Tyr キナーゼ様キナーゼから TKL グループである［G.Manning, et al., *Science* **298**, 1912～1934（2002）より許可を得て転載，©AAAS. 写真は Gerard Manning, Salk Institut の好意による．Cell Signaling Technology, Inc.（www.cellsignal.com）より許可を得て転載］

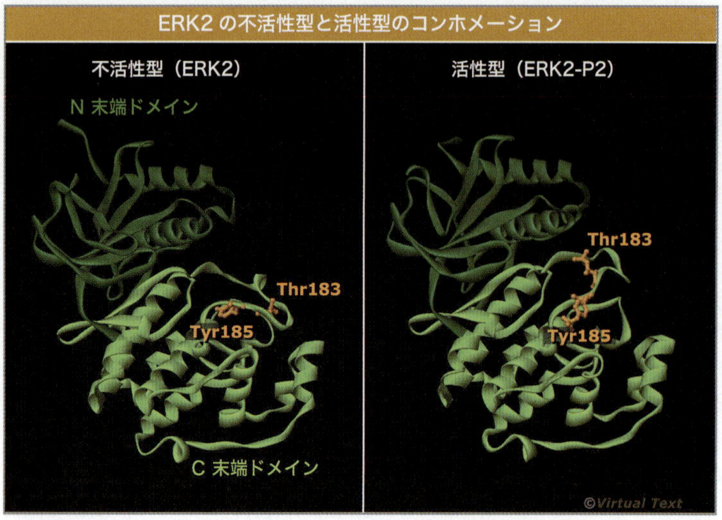

図 14・31　リン酸化を受けていない不活性型の MAPK の一つ（ERK2）と，リン酸化されて活性型となった ERK2 の構造を比較した．ERK2 は典型的なプロテインキナーゼの構造を示す．すなわち，小さな N 末端ドメインはおもに β ストランドからなり，大きな C 末端ドメインはおもに α ヘリックスからなる．また，活性部位は二つのドメイン間に形成されている．活性化ループは，活性部位から飛び出しており，Tyr 残基と Thr 残基のリン酸化によって折りたたまれ方が変化し，活性部位に含まれる残基の再配置が誘導される．ATP（図には示していない）は活性部位の内側に結合し，基質タンパク質が反応するのは C 末端ドメインの表面に結合したときである．この反応に対しても活性化ループの再配置が作用している［構造は Protein Data Bank file 1ERK および 2ERK より作成］

た，活性化ループは，プロテインキナーゼファミリーがリン酸化による制御を共通に受ける場所である．プロテインキナーゼの表面には，それぞれ特有の挿入がみられ，局在性や他の制御分子との相互作用，また，基質の認識における特異性を与えている．これらの特徴を利用して，プロテインキナーゼの分類や遺伝子レベルの操作を行う．

プロテインキナーゼは，多数かつ多様な制御機構を進化させることで，数的にも機能的にも幅を広げてきた．こうした制御機構には，① 脂質や可溶性低分子，あるいは，他のタンパク質によるアロステリックな活性化や阻害，② リン酸化や，ペプチド結合の加水分解を含めた共通結合修飾（化学的変化）による活性化と不活性化，③ 足場タンパク質やアダプターへの結合による活性の亢進や，非特異的活性の抑制などがある．このような多数の制御入力が組合わされることによって，一つのプロテインキナーゼの複雑な制御様式ができている．さらに，複数のプロテインキナーゼが，プロテインキナーゼカスケードとして（図 14・38 参照）逐次的に作用することで，独特の複雑なシグナル伝達パターンを生み出している．

14・25　二成分リン酸化系はシグナルのリレーである

重 要 な 概 念

- 二成分シグナル伝達系は，センサー因子と応答レギュレーター因子からなる．
- センサー因子は，刺激を受けるとヒスチジン（His）残基を自己リン酸化する．
- このリン酸基が応答レギュレーターのアスパラギン酸残基に転移することによって，レギュレーターが活性化する．

原核生物，植物，菌類には，これまで述べたリン酸化とは異なるリン酸化・脱リン酸による制御機構が存在しており，二成分系シグナル伝達とよばれている．図 14・32 に，典型的な二成分系を示した．この系には，センサーとよばれる受容体があり，刺激に応答して自己リン酸化を触媒し，自分自身のヒスチジン残基をリン酸化する．センサーには，バクテリアの化学誘引物質受容体，菌類の浸透圧制御因子，光感受性タンパク質，植物の成熟ホルモンであるエチレンの受容体，さらには，さまざまな環境因子やホルモン，代謝シグナル分子の受容体がある．また，哺乳類のミトコンドリアのデヒドロゲナーゼキナーゼは，バクテリアのヒスチジンキナーゼに配列は類似しているが，ヒスチジンではなくセリンかトレオニンをリン酸化する．リン酸化したセンサー分子は，共有結合しているリン酸基を，応答レギュレーター（レスポンスレギュレーター）として知られる第二のタンパク質のアスパラギン酸残基に転移する．応答レギュレーターは，他の細胞質タンパク質に結合してアロステリックに活性を制御することで細胞応答を開始させるのが一般的である．

すべての二成分系は，同じように一般化される構成をもつが，タンパク質の構造や反応経路の細部は互いに随分違っている．ある二成分系は，一つのタンパク質だけからなる（つまり，センサーと応答レギュレーターが 1 個のポリペプチド鎖に入っている）．そのほか，1 個のセンサータンパク質と 2 個のアスパラギン酸リン酸化タンパク質から構成される二成分系もあり，その場合には二つのリン酸化タンパク質のいずれかが応答レギュレーター活性を示すことになる．二成分系の特徴に，通常のプロテインホスファターゼがない点があげられる．すなわち，アスパラギン酸–リン酸結合の加水分解は自発的に起こる，あるいは，応答レギュレーター自身によって制御されている．

図 14・32　基本的な二成分系は，センサーとよばれる 1 個の活性化ヒスチジンキナーゼと，応答レギュレーターとよばれるエフェクタータンパク質からなる．応答レギュレーターは，センサーによってアスパラギン酸残基がリン酸化されると活性化する．応答レギュレーターの活性は，アスパラギン酸–リン酸結合が加水分解されると終結する．

14・26 プロテインキナーゼの阻害薬剤は疾病の研究と治療に用いられる可能性がある

重要な概念

- プロテインキナーゼ阻害剤は，シグナル伝達の研究に役立つと同時に，治療薬としても用いられる．
- プロテインキナーゼ阻害剤は，通常，ATP 結合部位に結合する．

多数の阻害剤が，プロテインキナーゼの機能を研究する基礎研究を目的として開発されている．プロテインキナーゼという酵素は病態においても重要なことから，プロテインキナーゼは，治療薬をスクリーニングする際の標的にもなっており，多くのプロテインキナーゼに対する阻害剤がつくられている．プロテインキナーゼの阻害薬剤の大半は，ATP の結合に拮抗する．しかし，細胞には膨大な数の ATP 結合タンパク質が存在するため，阻害剤の特異性については，他のプロテインキナーゼに対する影響のほか，ヌクレオチドを結合する他のタンパク質に対する影響も必然的に関係する．この問題点は，化学物質のライブラリーをスクリーニングしたり，最初の化学物質の構造を基に修飾を変えたり，一連のプロテインキナーゼに対する阻害効果をテストしたりすることによって，副次的な影響を抑えて解決された例もある．

プロテインキナーゼ A やプロテインキナーゼ C に作用する多くの阻害剤は，一般的に AGC ファミリーの他のいくつかのメンバーに対しても影響がある．プロテインキナーゼ A に効果がある阻害薬剤はたくさんあるが，最も選択的な物質は，PKI あるいは Walsh 阻害剤とよばれる自然界に存在する小さな阻害タンパク質である．また，*in vitro* や細胞レベルのスクリーニングを行って，ERK1/2 経路にある MAP2K に選択的な阻害剤が同定されている．この阻害剤は，おそらく ATP 結合部位に結合する作用ではないため，他の既知のプロテインキナーゼに対する反応性が小さい．目標を臨床において開発が進められた阻害剤のなかでは，EGF 受容体や他のチロシンキナーゼに対して開発された化合物が比較的成功を収めている．

14・27 プロテインホスファターゼはキナーゼの作用を打ち消す効果をもち，キナーゼとは異なる制御を受けている

重要な概念

- プロテインホスファターゼ（ホスホプロテインホスファターゼ）は，プロテインキナーゼの作用を打ち消す．
- プロテインホスファターゼは，ホスホセリン/トレオニン，ホスホチロシン，あるいは，これら 3 種すべてを脱リン酸する．
- プロテインホスファターゼの特異性は，特異的なタンパク質複合体をつくることによって形成されている．

タンパク質のリン酸化は，プロテインホスファターゼ（ホスホプロテインホスファターゼ）で元に戻される．プロテインホスファターゼには，特異性や制御様式が異なる種類があり，特異性と配列の相同性から二つの大きなグループに分けられる．一つは，セリン/トレオニンホスファターゼであり，もう一つはチロシンホスファターゼである．

セリン/トレオニンホスファターゼの多くは，他のタンパク質との会合による制御を受ける．そのため，局在性による制御が，基質特異性の主たる決定要因となっている．プロテインホスファターゼ 1（PP1）は，適当な細胞小器官へと特異的に導くさまざまな制御サブユニットと会合する．たとえば，G サブユニットというサブユニットの 1 種は，グリコーゲン粒子に特異的に会合させる．このサブユニットとの相互作用自体が，リン酸化による制御を受ける．その他の小さなタンパク質阻害因子もプロテインホスファターゼ 1 の活性を抑制している．

プロテインホスファターゼ 2A（PP2A）は，触媒サブユニット，足場サブユニット，および，多数の制御サブユニットのなかから選ばれた 1 個のサブユニットの 3 者から構成される．この制御サブユニットが，ホスファターゼ活性と局在性を制御している．ウイルスのなかには，感染細胞でホスファターゼ活性を阻害することによって細胞の性質を変えるものがある．たとえば，SV40 に感染した細胞では，スモール T 抗原とよばれるウイルスタンパク質が発現しているが，このタンパク質は，プロテインホスファターゼ 2A の制御サブユニットと置き換わってホスファターゼの活性と細胞内局在を変化させる．また，オカダ酸，カリキュリン，ミクロシスチンのような自然界に存在する有害物質は，プロテインホスファターゼ 2A やプロテインホスファターゼ 1 を *in ritro* でも生きた細胞でも阻害する．

もう一つの主要なセリン/トレオニンホスファターゼは，カルシニューリン（プロテインホスファターゼ 2B ともよばれる）であり，Ca^{2+}–カルモジュリン（§14・15 "Ca^{2+} シグナル伝達はすべての真核細胞でさまざまな役割を担っている" 参照）によって制御され，心筋の発達や T 細胞の活性化などの現象において重要な役割を果たしている．シクロスポリンや FK506 といった免疫抑制剤の作用機構は，主としてカルシニューリンの阻害によるものである．

チロシンホスファターゼ〔プロテインチロシンホスファターゼ(protein tyrosine phosphatase, PTP）ともいう〕はシステイン依存性酵素であり，基質のリン酸エステル結合を加水分解するときに，進化的に保存された Cys–Xaa–Arg モチーフを用いる．ヒトでは 100 以上の遺伝子によってチロシンホスファターゼがコードされており，四つのサブファミリーに分類される．すなわち，ホスホチロシン特異的ホスファターゼ，Cdc25 ホスファターゼ，二重特異性ホスファターゼ（DSP），および，低分子量ホスファターゼである．

ヒトのチロシンホスファターゼのうち 38 種は，基質のホスホチロシン残基に対して高い特異性を示す．ホスホチロシン特異的ホスファターゼには，細胞膜貫通タンパク質と膜に会合するタンパク質とがある．チロシンホスファターゼの最も明確な機能は，チロシンキナーゼの機能の解除である．しかし，チロシンキナーゼのシグナルを伝達することが第一の機能であるホスファターゼもある．たとえば，SHP2 あるいは SHPTP2 とよばれるチロシンホスファターゼは，ある種の受容体型チロシンキナーゼに SH2 領域を介して結合し，それ自身がチロシンリン酸化を受ける．その結果，SHP2 に SH2 領域をもつアダプタータンパク質 Grb2 を結合する部位ができ，この結合によって Ras の活性化が起こる(§14・32 "MAPK はさまざまなシグナル伝達経路の中心に位置する" 参照)．

Cdc25 ホスファターゼは，サイクリン依存性キナーゼ（CDK）ファミリーのタンパク質を基質として認識し，細胞周期の重要なポイントにおいて，CDK 活性を増加させることに重要な役割を果たしている（図 14・39，および §11・4 "細胞周期は CDK 活性の周期である" 参照）．二重特異性ホスファターゼ（dual specificity phosphatase, DSP）は，二重特異性キナーゼと同様に，限定さ

れた基質に特異的である．多数の二重特異性ホスファターゼがMAPKを脱リン酸するため，MAPキナーゼホスファターゼ，あるいはMKPともよばれる．これらの機能は，MAPKの核移行と核外移行に関係すると考えられている．ある種のMAPキナーゼホスファターゼは初期応答遺伝子にコードされており，細胞周期の開始時近くに活性化する（§11・7“細胞周期への進入は厳密に制御されている”参照）．

がん抑制遺伝子産物であるPTENなどの他のチロシンホスファターゼファミリーの酵素の基質には，**イノシトールリン脂質**（phosphoinositide）が含まれる．これは，グリセロ脂質であるホスファチジルイノシトールのリン酸化産物であり，セカンドメッセンジャーとして作用する（§14・16“脂質と脂質由来の化合物はシグナル伝達分子である”参照）．したがって，これらのリン酸基を除くことは，セカンドメッセンジャーを不活性化することになる．しかし，このグループのメンバーがイノシトールリン脂質に特異的なのか，あるいは，タンパク質のリン酸化チロシンにも作用するのかはまだよくわかっていない．

14・28　ユビキチンとユビキチン様タンパク質による共有結合修飾はタンパク質機能を制御するもう一つの様式である

重要な概念

- ユビキチンとそれに類似した小さなタンパク質は，他のタンパク質に共有結合して標的シグナルになる．
- ユビキチンは，さまざまなユビキチン結合タンパク質によって認識される．
- ユビキチン化は，他の共有結合修飾と協同的に作用することがある．
- ユビキチン化は，タンパク質分解における役割に加えて，シグナル伝達も制御する．

タンパク質の機能を制御するために重要な機構として，**ユビキチン**（ubiquitin）ファミリーの小さなタンパク質による共有結合修飾がある．ユビキチンは，ユビキチン様（ubiquitin-like, Ubl）タンパク質とよばれるタンパク質ファミリーの一つである．ユビキチンは種間で非常によく保存されたタンパク質であり，おそらく76残基のすべてが機能に重要である．ユビキチンには，タンパク質分解を開始するという機能が以前から確立されているが，ユビキチン修飾には，さらにシグナル伝達におけるさまざまな機能がある．

通常，Ublタンパク質の修飾は，基質タンパク質のLys残基の側鎖と，プロセシングによってC末端に現れた（Ublタンパク質の）Gly残基との間にイソペプチド結合ができる反応によって行われる．E1，E2，およびE3タンパク質が，Ublタンパク質の結合を触媒する反応に必要である（BCHM:14-0001）．複数のUblタンパク質が，一つの基質に結合して，ポリユビキチン鎖を形成することがある．モノユビキチンもポリユビキチンもタンパク質の状態を変化させて，下流のシグナルを誘導する．たとえば，モノユビキチンは，膜小胞の輸送やDNA修復の制御に重要な修飾である．FANCD2タンパク質のモノユビキチン結合型は，修復タンパク質であるBRCA1とDNAを修復する場所において結合する．Ublタンパク質であるSUMOの修飾は，核輸送，転写，細胞周期の進行に機能している．

ポリユビキチン鎖は，ユビキチン自身のLys残基，特に，K48とK63がユビキチン化されることによって形成される．K48へのポリユビキチンの付加は，一般にタンパク質をプロテアソームによる分解へと導くのに対して，K63に結合したポリユビキチン鎖は，タンパク質分解ではなくシグナルの伝達を促す．タンパク質に結合したユビキチンは，UIM（ubiquitin-interacting motif ユビキチン相互作用モチーフ），UBA（ubiquitin associated ユビキチン会合），ある種の亜鉛フィンガーなどのさまざまなユビキチン結合タンパク質領域によって認識される．こうした領域には，修飾されたタンパク質にあるユビキチンに対する受容体として機能する能力がある．

転写因子NF-κBの活性化は，Ublタンパク質の付加とリン酸化という二つの修飾に依存した機構によって起こる．このユビキチンによる制御の興味深い例を図14・33に示した．NF-κBは，刺激前には阻害タンパク質であるIκBが会合した不活性な形で細胞質に存在する．IκB-キナーゼ（IκB kinase, IKK）複合体によってIκBがリン酸化されると，複数のサブユニットからなるE3リガーゼによって認識され，ユビキチン化とそれに続くプロテアソームによる分解へと導かれる．NF-κBは，IκBの分解によって核へと移行できるようになり，転写の変化にかかわるようになる．

IκBは，シグナルに応答してUblタンパク質であるSUMOが共有結合で付加されると安定化する．SUMO修飾（SUMO化）は，IκBの分解が起こるときにユビキチンが結合するLys残基と同じLys残基に起こる．したがって，SUMO化はIκBを安定化し，NF-κBの作用を弱める．これは，Ublタンパク質結合間でみられる数多くのクロストークの一例である．

NF-κBシグナル伝達の制御における重要な現象は，IκB-キナーゼ複合体の活性化である．この点には，IκB-キナーゼ自体のユビキチン化とリン酸化による制御が関係している．サイトカインであるインターロイキン-1β（IL-1β）が受容体に結合すると，受容体にアダプタータンパク質が会合し，活性化受容体複合体が形成される．インターロイキン-1β受容体の活性化した複合体は，TRAF6を含む別のアダプター複合体を引き寄せる．TRAF6複合体は，リン酸化されることによって活性化受容体複合体から離れ，細胞質へと移行する．

TRAF6はRING領域をもち，プロテインキナーゼTAK1に対してK63ポリユビキチン鎖の形成を触媒するE3ユビキチンリガーゼである．ポリユビキチン化したTAK1は，TAB2とTAB3を集めるが，これらは進化的に保存されたジンクフィンガー領域をもつアダプタータンパク質である．これらのジンクフィンガー領域が，ポリユビキチン化したTAK1に結合し，その活性を上昇させる．TAK1は，活性化すると，IκB-キナーゼをリン酸化して活性化し，活性化したIκB-キナーゼは，IκBをリン酸化して分解へと導く．つまり，TAB2やTAB3のジンクフィンガーのようなユビキチン結合領域がK63ポリユビキチン鎖を選択的に認識し，シグナルを伝達しているのである．

生体内に存在する低分子が，直接ユビキチンリガーゼの活性を制御する場合がある．オーキシン（インドール3-酢酸）は植物ホルモンであり，多数の遺伝子の転写を促進することで発生を制御している．しかし，オーキシンは転写因子を刺激するのではなく，特定の転写抑制因子の分解を促進する．実際，オーキシン受容体はユビキチンリガーゼ複合体であり，オーキシンに制御される転写抑制因子をタンパク質分解へと導く．Fボックスタンパク質が，植物の抽出物に含まれるこうしたオーキシン結合活性をすべて説明している．

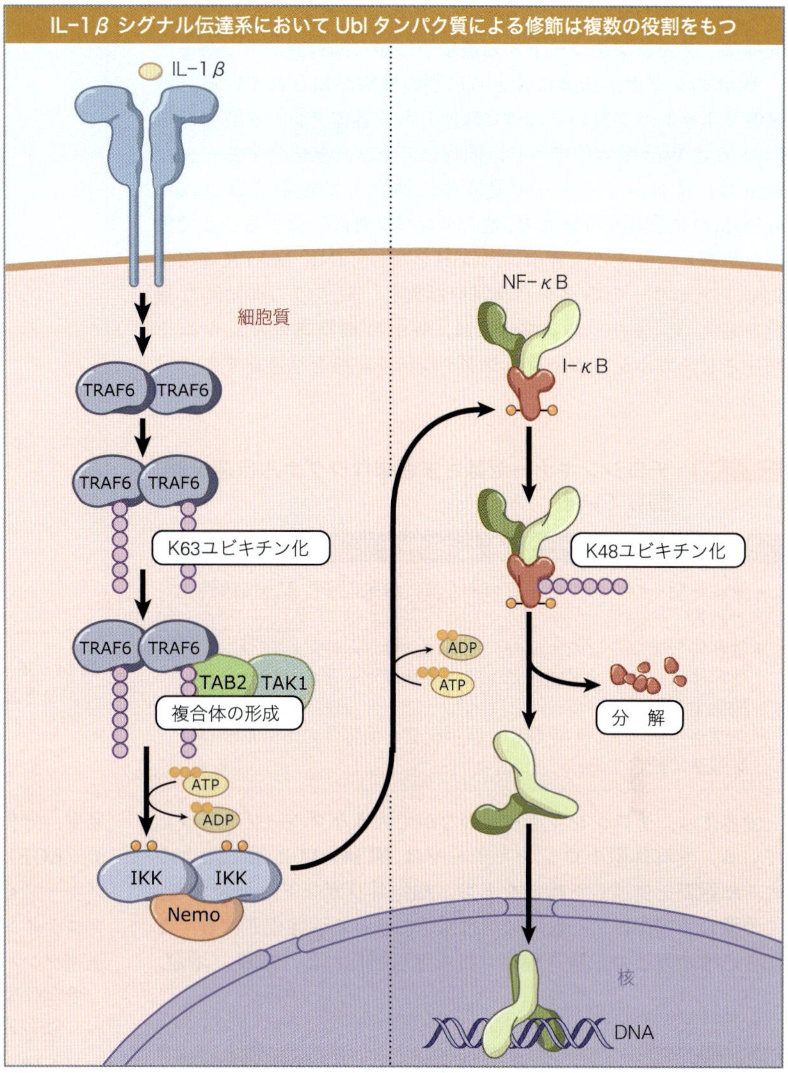

図 14・33　NF-κB の活性化にはユビキチンが付加したタンパク質がかかわっている．それはユビキチン結合タンパク質を介して起こす相互作用用に依存しているが，これと拮抗するような SUMO 修飾，リン酸化，ユビキチンを介したタンパク分解も関係する．

14・29　Wnt 経路は発生過程の細胞の運命や成体のさまざまな過程を制御している

重要な概念

- Wnt の 7 回膜貫通型受容体は，複雑な分化プログラムを制御する．
- Wnt は，脂質の修飾を受けたリガンドである．
- Wnt は，複数の異なる受容体を介してシグナル伝達を行う．
- Wntは，多機能な転写因子であるβ-カテニンの分解を抑制する．

Wnt 経路は，胚発生期間と成体の両者において，形態形成，体のパターン形成，軸形成，増殖，細胞の運動性に関係している．古典的な Wnt のシグナル伝達機構は，がんにおける遺伝子の変化の研究のほか，ショウジョウバエとアフリカツメガエルの発生の研究から明らかにされた．

Wnt タンパク質は，ほかとはかなり異なる細胞外リガンドである．Wnt タンパク質には，炭化水素鎖とパルミチン酸が共有結合しており，このパルミチン酸は生物活性に必須である．Wnt は，複数の異なる受容体に結合することによってシグナルを伝達する．なかでも最も重要な受容体は，Frizzled ファミリーの 7 回膜貫通型受容体である．

Wnt はβ-カテニンの安定性を制御しており，β-カテニンは，通常は早く分解される状態にあるが，Wnt に応答して安定化すると，核内に入って TCF（T 細胞因子）と相互作用することによって転写を誘導する．転写誘導される遺伝子には，c-*jun*，サイクリン D1 遺伝子など多くが知られている．

プロテインキナーゼであるグリコーゲンシンターゼキナーゼ 3（GSK3），カゼインキナーゼ 1（CK1），足場タンパク質であるアキシン（axin）と APC（adenomatous polyposis coli, 腺腫症結腸ポリポーシス），ディシェブルド(DSH)といったタンパク質の協調した活性が，β-カテニンの安定性に関与している．Wnt タンパク質が存在しないときには，CK1 と GSK3 によってβ-カテニンがリン酸化されるためにユビキチン化が促進され，その結果，プロテアソームによって分解される．アキシンと APC タンパク質は，GSK3 によるβ-カテニンのリン酸化に必要である．

Frizzled ファミリーの受容体は，他の多くの 7 回膜貫通型受容体とは異なり，ヘテロ三量体型 G タンパク質を介した機能は明らかにされておらず，したがって，G タンパク質はこの経路では中心的な役割は果たしていないらしい．その代わりに，Frizzled タンパク質によるシグナル伝達の初期過程には DSH タンパク質への結合があり，DSH タンパク質はβ-カテニンの分解機構を不活性化する．

この Wnt の古典的な経路を構成する因子が量的に変化する突然変異が，多くのがんで見いだされている．そのため，Wnt やβ-カテニンをコードする遺伝子はがん原遺伝子であると考えられている．一方，APC をコードする遺伝子はがん抑制遺伝子であり，たとえば，ヒトの大腸がんの多くで変異している．アキシンは，多すぎても少なすぎてもWntシグナル伝達を壊すため，APCと同様に，アキシンをコードする遺伝子はがん抑制遺伝子である．

Wntのシグナル伝達にはさらに別の機構が知られている．低密度リポタンパク質の受容体に類似した受容体タンパク質であるLrp5/6はWnt受容体であり，同時にアキシンを結合する．またWntは，チロシンキナーゼ受容体に結合して軸索誘導（axon guidance）に影響を与えたり，他のタンパク質に結合することで機能を阻害したりする．Wntは，DSHを介してJNK MAPK経路やRhoファミリーのGタンパク質を制御し，細胞の二次元的な極性を変える．また，ある場合には，Wntが細胞内カルシウムを増加させ，カルシウム依存性シグナル伝達経路を活性化する．

14・30　チロシンキナーゼはさまざまなシグナル伝達を制御している

重要な概念

- 受容体型チロシンキナーゼの多くは，増殖因子によって活性化される．
- 受容体型チロシンキナーゼの変異は，発がん性に結びつく．
- 受容体は，リガンド結合によってオリゴマーとなり，自己リン酸化する．
- シグナル伝達タンパク質が，活性化した受容体のホスホチロシン残基に結合する．

受容体は，チロシンキナーゼのなかで大きなグループを形成している．受容体型チロシンキナーゼは，図14・34に示したように，細胞膜を貫通した構造をもち，細胞外リガンドを結合する．この種の受容体は，一般的に増殖因子によって活性化される．これらの増殖因子の正常過程における生理機能には，成長，増殖，発生，分化状態の維持などがあり，インスリン，上皮細胞増殖因子（EGF），血小板由来増殖因子（PDGF）などの受容体がこのグループを形成する．これらの受容体は，すべてのファミリーのプロテインキナーゼの活性を制御するほか，さまざまなシグナル伝達タンパク質を直接制御する．

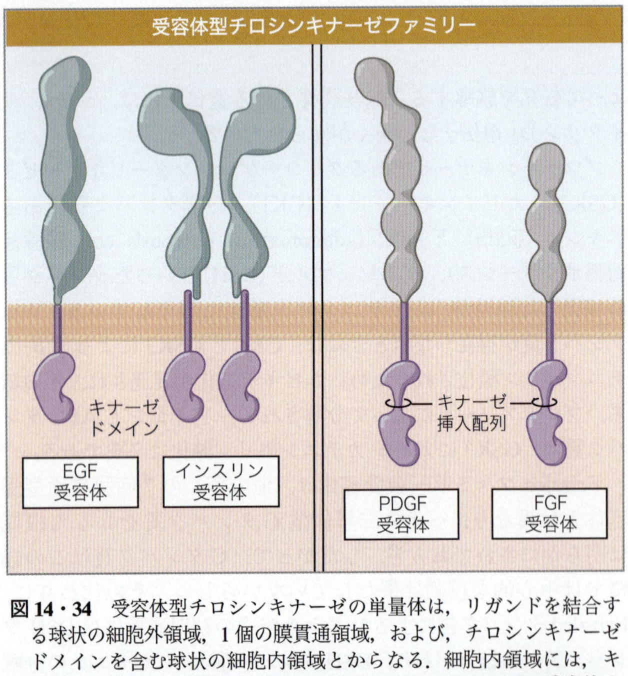

図14・34　受容体型チロシンキナーゼの単量体は，リガンドを結合する球状の細胞外領域，1個の膜貫通領域，および，チロシンキナーゼドメインを含む球状の細胞内領域とからなる．細胞内領域には，キナーゼドメインの前後に付加的な配列があるほか，PDGF受容体やFGF受容体のグループにはキナーゼドメインの中に挿入配列がある．これらの領域には，チロシンリン酸化に依存した相互作用領域が含まれる．インスリン受容体では，1個の遺伝子にコードされる前駆体分子がペプチド結合の切断によってαとβサブユニットに分かれ，その間にジスルフィド結合ができてつながっている．また，二つのαサブユニットもジスルフィド結合によって結合し，ヘテロ四量体が形成される．

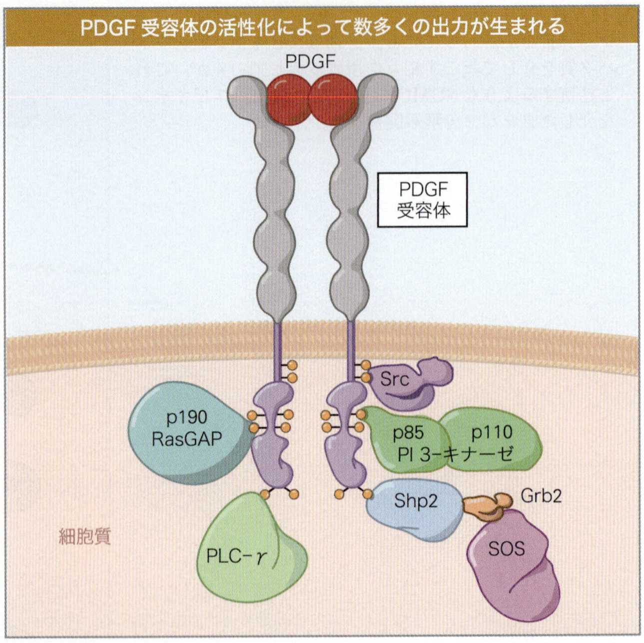

図14・35　PDGFがその受容体に結合すると，受容体の自己リン酸化がひき起こされる．自己リン酸化した受容体は，SH2領域を含む標的タンパク質と結合する．

受容体型チロシンキナーゼは増殖制御因子の生理機能をもつため，活性化変異によってしばしば発がん性を示すようになる．たとえば，がん遺伝子である*erbB*は，EGF受容体によく似たキナーゼの細胞外リガンド結合領域が突然変異によって失われたものである．この変異によって，プロテインキナーゼドメインが恒常的に活性化している．また，細胞膜貫通領域の点突然変異によっても発がん活性を生じる例が，EGF受容体に似た*neu/HER2*がん遺伝子で見いだされている（§13・8“細胞の成長と分裂は増殖因子によって活性化される”参照）．

受容体型チロシンキナーゼの細胞外領域の構造や，チロシンキナーゼドメインで保存されている部分を除く細胞内制御領域の構造はさまざまである．この種の受容体には1個の膜貫通領域が存在するが，インスリン受容体などの一部の受容体は，ジスルフィド結合によって結合したヘテロ四量体であり，2個の膜貫通領域をもつ．作用機序に関しては，まずリガンドが受容体型チロシンキナーゼに結合すると，受容体はオリゴマーとなり，キナーゼ活性が上昇して，受容体の細胞内領域，および会合している分子のチロシン残基がリン酸化される．つぎに，このリン酸化したチロシン（ホスホチロシン）を含むモチーフが，他のシグナル伝達因子やアダプターの結合部位を形成する．

PDGF受容体とインスリン受容体を比較しながら，受容体型チロシンキナーゼの共通性と多様性を見てみよう．2種類のPDGF受容体は，単量体の受容体型チロシンキナーゼである．一方，インスリン受容体には，選択的スプライシングによって二つの構造が可能になっており，それぞれが二つのαサブユニットと二つのβサブユニットからなるヘテロ四量体を形成する．どちらの場合も特有のシグナル伝達機構をもっている．

PDGF とインスリンは，おのおのの受容体のチロシンキナーゼ活性を刺激し，オリゴマー化と自己リン酸化を導く．図 14・35 に示したように，PDGF 受容体では，7 箇所，あるいはそれ以上の部位がリン酸化され，生成したホスホチロシン残基のそれぞれが，SH2 領域をもつ一つ以上のタンパク質の結合部位となる．PDGF 受容体に結合するのは，PI 3–キナーゼ，p190 Ras GAP，ホスホリパーゼ C–γ，Src（Src が受容体をさらに別の場所でリン酸化する場合もある），アダプターである Grb2 に結合する SHP2 チロシンホスファターゼである（§14・32 “MAPK はさまざまなシグナル伝達経路の中心に位置する” 参照）．これらのタンパク質は，Src を除いてすべて受容体キナーゼの基質でもある．したがって，基質の SH2 領域が受容体のホスホチロシンと特異的に相互作用することによって，基質が受容体に集められ，多数の細胞内のシグナル変換因子の活性や分布を変化させる．こうした一連のシグナル伝達の現象によって，たとえば，発生過程や創傷治癒などにおいて結合組織の増殖が上昇したりするのである．

自己リン酸化は，図 14・36 に示したように，インスリン受容体にも起こり，それによって受容体を活性化状態に安定化し，少数の結合部位をつくる．ここで重要なのは，インスリン受容体基質（IRS）タンパク質のチロシンリン酸化であり，特に IRS1 には 10 箇所以上のリン酸化部位がある．PDGF 受容体においては受容体に直接結合するシグナルエフェクターとの一連の相互作用を，インスリン受容体の場合には，IRS1 が受容体に代わって行うのである．こうしたエフェクターのなかで，PI 3–キナーゼは Akt–2 の活性化を導き，インスリンが示す多くの代謝変化に必要な作用を行っている（§14・16 “脂質と脂質由来の化合物はシグナル伝達分子である” 参照）．また，IRS タンパク質は，セリン/トレオニンキナーゼによってもリン酸化され，シグナル伝達における機能が変化することも知られている．

受容体に会合するタンパク質には，チロシンリン酸化によって酵素活性が上昇するものがある．また，別の場合には，SH2 領域が受容体や IRS アダプターのリン酸化部位へ結合することによって，標的により接近する結果，機能が高まる．さまざまな受容体型チロシンキナーゼの作用の詳細は，受容体が相互作用するシグナル変換因子の組合わせや，シグナル変換因子やアダプタータンパク質，受容体の発現パターンの微妙な量的差異などによって決まる（図 14・43 参照）．

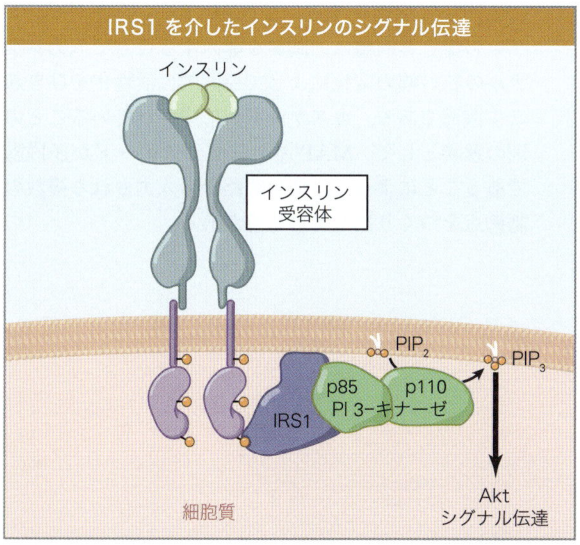

図 14・36　インスリンがその受容体に結合すると，受容体のチロシンキナーゼが活性化し，受容体が自己リン酸化する．受容体は，IRS1 という多数のリン酸化部位を含む大きなアダプターもリン酸化する．この IRS1 は，インスリンの作用において必須の中間体である．PI 3–キナーゼは，p85 サブユニットに含まれる SH2 領域を介して IRS1 に結合する．Akt と PDK1 は，活性化した PI 3–キナーゼによってつくられた PIP_3 と結合し，その結果，PDK1 は Akt をリン酸化して活性化する（図 14・18参照）．

14・31　Src ファミリーのプロテインキナーゼは受容体型チロシンキナーゼと協調して作用する

重要な概念

- Src は，分子内の立体障害を除くことによって活性化する．
- Src の活性化では，結合領域モジュールが開放されて活性化依存的な相互作用が起こる．
- Src は，受容体型チロシンキナーゼを含む受容体に会合する．

最初に発見されたチロシンキナーゼは Src であり，ラウス肉腫ウイルスが悪性転換を起こす本体として同定された．Src は，数多く存在する類似した酵素ファミリー（Src ファミリーキナーゼ）の一員であり，そのプロトタイプ（原型）である．Src は，さまざまな細胞表面受容体が制御するシグナル伝達経路に関与しており，その受容体のなかには，キナーゼドメインをもたないものも含まれる（§14・34 “チロシンキナーゼを細胞膜に移行させる受容体にはさまざまな種類がある” 参照）．また，Src は，N 末端のミリストイル基を介して細胞膜に結合しており，不活性化状態においては，触媒領域の C 末端にある Tyr527 が CSK（C 末端 Src キナーゼ）によってリン酸化されている．

Src の構造と活性制御を，図 14・37 に図示した．Tyr527 のリン酸化によってできたリン酸化モチーフが，その Src 分子自身の SH2 領域に結合する．SH2 領域と SH3 領域は，タンパク質表面における相互作用によってキナーゼ活性を抑制している．SH3 領域は，活性部位とは離れた SH3 結合部位に結合する．Tyr527 の脱リン酸によって Src が活性化されると，まず SH2 領域が解離し，これによって SH3 領域のコンホメーションが変化して，

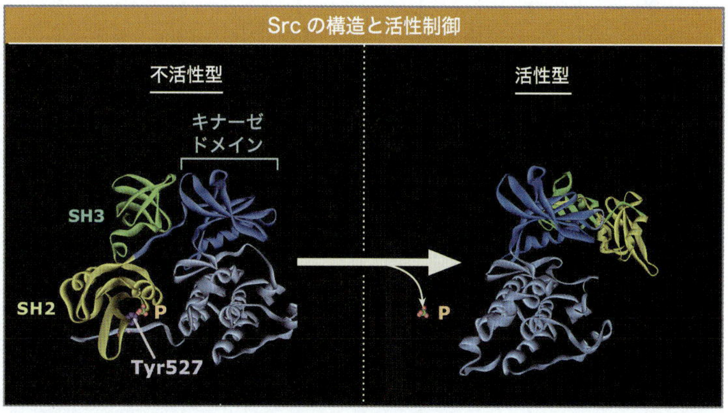

図 14・37　不活性状態と活性化状態における Src の構造の比較．不活性状態の Src は，自分自身の SH2 領域と SH3 領域に結合することによって自己阻害している．SH2 領域はリン酸化した Tyr527 と結合しており，SH3 領域はキナーゼドメインの活性部位の反対側にある通常の SH3 結合モチーフとは少し異なる配列をもつモチーフに結合している．PKA の場合には，R サブユニットによる立体的な阻害が見られたが，Src の場合には，SH2 領域と SH3 領域によるアロステリックな活性阻害である．活性化状態では，SH2 領域と SH3 領域はキナーゼドメインとは結合しておらず，他の分子と相互作用できる［構造は Protein Data Base file 1FMK および 1Y57 より作成］

SH3 領域も結合部位から離れる．ウイルス由来の Src は，Tyr527 の手前で切り取られているため，はじめから活性が上昇した状態にある．

SH3 領域の解離によるキナーゼドメインのコンホメーション変化によって，活性化ループにある Tyr416 の自己リン酸化が促進され，さらにプロテインキナーゼ活性が上昇する．Src 自身の SH2 領域と SH3 領域との間に相互作用があることの意味として，自己阻害した状態ではこの 2 領域は他の分子と相互作用できないという重要な働きがある．したがって，SH2 および SH3 領域と Src キナーゼドメインとの会合が解消されると，SH2 領域と SH3 領域は他の分子との相互作用ができるようになる．この SH2 領域と SH3 領域が他の分子と相互作用することが，Src の局在化やシグナル伝達に重要な働きをしている．

14・32 MAPK はさまざまなシグナル伝達経路の中心に位置する

重要な概念

- MAPK は，Tyr 残基と Thr 残基のリン酸化によって活性化される．
- 二つのリン酸化が必要なことで，シグナル伝達の閾値が形成されている．
- ERK1/2 の MAPK 経路は，通常は Ras を介して制御される．

マイトジェン活性化プロテインキナーゼ（mitogen-activated protein kinase, MAPK）は，すべての真核生物に存在するプロテインキナーゼである．MAPK は，さまざまなリガンドや刺激に応答して起こる細胞の制御現象に介在する非常に一般的な多機能プロテインキナーゼである．図 14・38 に示したように，MAPK は，逐次的に働く少なくとも三つのプロテインキナーゼから構成されるプロテインキナーゼカスケードによって活性化される．MAPK の活性化は，MAPK キナーゼ（MAP2K）によって触媒され，この MAP2K 自体は MAPK キナーゼキナーゼ（MAPK3K）によるリン酸化で活性化される．MAP3K は，MAP4K によるリン酸化，オリゴマー化，低分子量 G タンパク質のような活性化因子の結合などのさまざまな機構で活性化される．

MAP2K は二つの Ser/Thr 残基のリン酸化で活性化され，MAPK の Tyr 残基と Thr 残基を二重リン酸化することで MAPK を活性化する（図 14・30 参照）．個々の MAP2K は，各種の MAPK のうちの限られた分子種だけをリン酸化し，他のタンパク質を原則として基質にしない．この MAP2K の特異性の高さが，MAPK が不適当なシグナルによって活性化されることから守る方法の一つになっている．MAPK の Tyr 残基と Thr 残基の両方のリン酸化が MAPK の酵素活性が最大となるには必要である．

MAPK の一つである ERK2 の解析から，酵素活性の増加に重要なリン酸化によって起こる現象が解明されている．すなわち，リン酸化によるコンホメーション変化の結果，活性化ループの折りたたまれ方が変化して，基質の位置が触媒残基に向かうように再配置されることがわかった．さらに，このコンホメーション変化においては，リン酸基の転移に関係する Glu 残基を含む α へリックス C の再配置が特に目立った変化になっている．

シグナルの増幅は，カスケードが MAP3K から MAP2K に移行する段階で起こる．その理由は，MAP2K の方が MAP3K よりもずっと多いからである．MAP2K から MAPK への段階でも，MAPK の方が MAP2K よりも多く存在すれば，シグナルの増幅が起こる．また，MAP2K によって MAPK の Tyr 残基と Thr 残基がリン酸化されると，MAPK がこれに協同して活性化する．これが，PKA やカルモジュリンの場合と同様に，閾値を導入することで入力シグナルの狭い幅の変化によって協同的に活性化をひき起こす機構である．カスケードが形成されていることの別の意義として，MAP キナーゼカスケードが多段階であることによって，他の経路から入力される複数の制御点をつくり出している点がある．

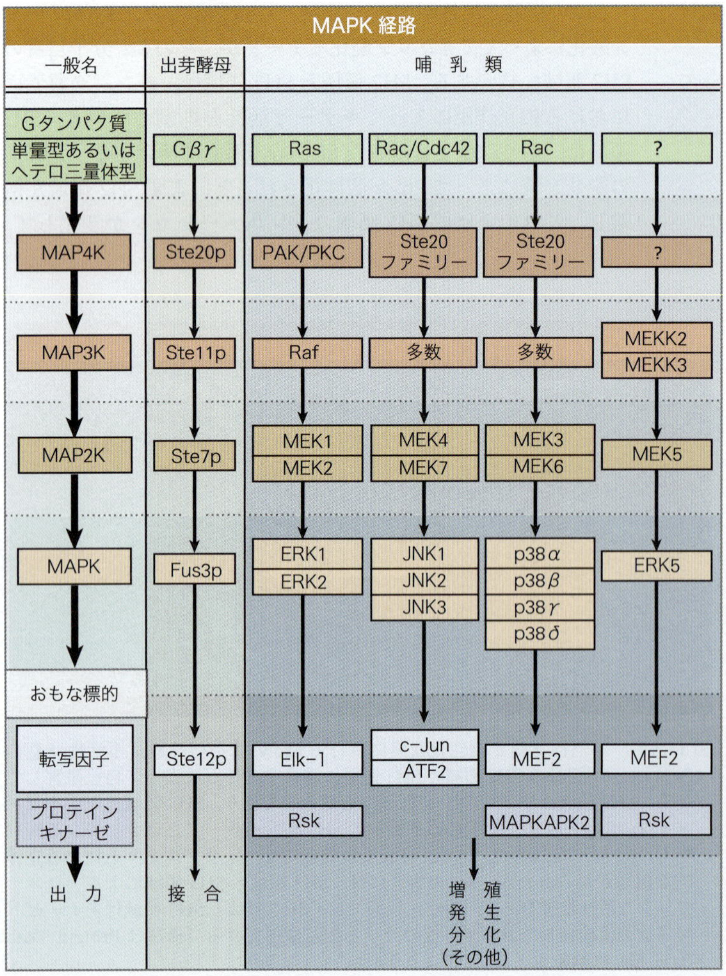

図 14・38 MAPK 経路は，アダプター，低分子量 G タンパク質，MAP4K などを含むさまざまなタイプの上流の制御機構によって制御される．これらの分子は，MAP3K の活性に影響を与える．つぎに，MAP3K は，局在性や足場に依存して，1 個あるいは複数個の MAP2K を制御する．その次の MAP2K は，一種類の MAPK に強い特異性を示す．最後の MAPK には複数の分子種があり，分子種に共通，あるいは分子種に特有な基質をもち，多様な細胞応答につながるシグナル伝達カスケードに加わっている．

MAPK カスケードの因子が安定して相互作用することもまた，カスケード機能には重要である．MAPK の基質や MAPK ホスファターゼと共に，MAP2K にも塩基性/疎水性の結合モチーフが含まれることが多く，MAPK の触媒ドメインの疎水性の溝に存在するアミノ酸残基と相互作用して結合する．細胞内では，足場タンパク質などの他の因子が，必要に応じて MAPK カスケードを効果的に活性化することも必要であるが，これらの因子もそれぞれ固有の機能をもっている．これまでに，数種類の足場タンパク質が，三つの主要な MAPK カスケードである ERK1/2，JNK1–3，p38α，β，γ，および δ を含むカスケードがそれぞれ存在して，カスケードの複数の因子と結合していることが示されている．

ERK1/2 経路は，チロシンキナーゼ受容体，GPCR など，ほとんどの細胞表面受容体によって制御されている．PDGF 受容体は，他の受容体系と同様に，Ras を介して ERK1/2 カスケードを活性化する．PDGF は，受容体の自己リン酸化を刺激し，その結果，受容体は細胞内領域でエフェクターと会合する（§14・30 “チロシンキナーゼはさまざまなシグナル伝達を制御している” 参照）．PDGF に応答して，ERK1/2 はさまざまな因子，たとえば，細胞形態や細胞運動に関係するタンパク質，細胞膜酵素，また，転写を制御する因子をリン酸化して核内へ移行・濃縮させることなどによって，細胞増殖や細胞分化を促進している．

CDK の活性化にはサイクリンの結合が必要である

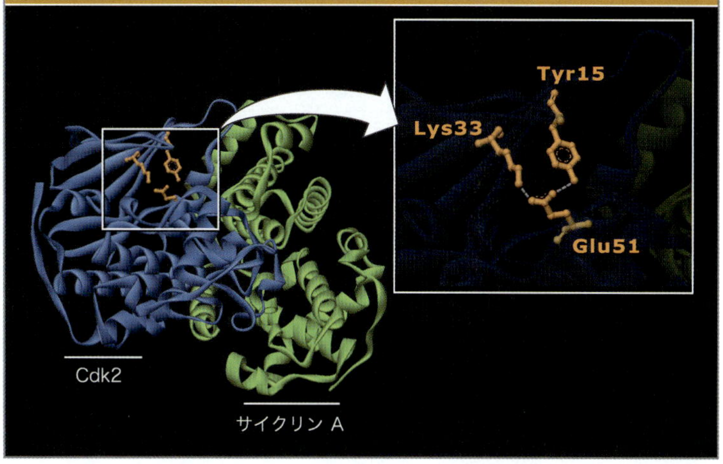

図 14・39　CDK2 がサイクリン A に結合した立体構造における ATP 結合部位にある残基．右の拡大図には，ATP と相互作用してリン酸基の転移を促進する触媒残基である Lys33 と Glu51 間の相互作用を示す．CDK2 の Tyr15 は，不活性状態においてはリン酸化されている．Tyr15 のリン酸基が，ATP の結合を妨害して CDK 活性を阻害している［構造は Protein Data Bank file 1JST より作成］

14・33 サイクリン依存性プロテインキナーゼは細胞周期を制御する

重要な概念

- 細胞周期は，サイクリン依存性キナーゼ（CDK）によって制御される．
- CDK の活性化には，タンパク質の結合，リン酸化，脱リン酸が関係する．

細胞分裂は，増殖を刺激する因子や，細胞の状態を監視する系からの入力によって，正と負に制御されている．こうした入力因子の総体は，サイクリン依存性プロテインキナーゼ（cyclin dependent protein kinase, CDK）の制御として集約される．CDK は，細胞周期の進行の主たる制御因子として作用するセリン/トレオニンキナーゼである．ほとんどの CDK は，キナーゼとホスファターゼの両方，および，**サイクリン**（cyclin）というもう一つのタンパク質との会合によって制御される．サイクリンは，細胞周期ごとに合成され，のちに分解される．ほとんどの CDK の活性化は，サイクリンの結合に依存するため，個々のサイクリンの合成と分解のタイミングによって，いつ CDK が機能するかが決まる．CDK ファミリーのなかで活性がサイクルしないメンバーとして Cdk5 が有名であるが，これは最終分化した神経細胞で発現している．Cdk5 は，サイクリンとは異なる活性化サブユニットである p35 に結合する．

哺乳類と酵母の両方において主要な CDK となっている Cdc2 の制御について，簡単に見てみよう．Cdc2 の第一の制御段階は，サイクリンとの会合である．Cdc2 の活性化に必要な第二の段階は Thr 残基のリン酸化であり，これは CDK タイプの別のキナーゼによってリン酸化される．この状態の Cdc2 は，サイクリンと結合しているにもかかわらず，ATP 結合ポケットの Tyr 残基と Thr 残基がリン酸化していて阻害的に作用しているために，十分な活性を示さない．Cdc25 ファミリーのプロテインホスファターゼによって，ATP 結合ポケットのリン酸化アミノ酸残基が脱リン酸されて阻害が解かれると，Cdc2 が活性化する．図 14・39 に示したように，この Tyr 残基は触媒残基の近傍にある．このように，CDK の活性化が複雑化することによって細胞周期チェックポイントが設定できるようになっているのである．（CDK とサイクリンの詳細については，§11・4 “細胞同期は CDK 活性の周期である” を参照）．

14・34 チロシンキナーゼを細胞膜に移行させる受容体にはさまざまな種類がある

重要な概念

- チロシンキナーゼを結合する受容体は，受容体型チロシンキナーゼと同じようなエフェクターの組合わせを用いる．
- このような受容体には，転写因子を直接結合するものがある．

細胞表面受容体の中には，チロシンキナーゼを介して作用するにもかかわらず，受容体自体にはチロシンキナーゼ活性がないものが多く存在する．こうした受容体は，その代わりにチロシンキナーゼを膜に移行させて活性化することによって作用を伝える．この種の受容体としては，細胞接着に関係する重要な分子であるインテグリンや，成長ホルモン受容体，炎症や免疫応答に関係する受容体がある．これらの受容体の構造は互いに随分異なるものの，作用機構は類似している．

インテグリンは，細胞を細胞外マトリックスと結合させる機能を担う受容体であり，また，隣接する細胞との相互作用にもかかわる（図 14・40 参照）．インテグリンのリガンドには，フィブロネクチンなどの数多くの細胞外マトリックスタンパク質や細胞間相互作用に関係する細胞表面タンパク質がある．細胞は，インテグリンの結合によって，周囲の環境からの情報を得，細胞の挙動に反映させる．インテグリンの結合から開始されるシグナルには，細胞周期の開始，増殖，生存，分化，細胞形態の変化，細胞運動など，細胞がもつさまざまなプログラムの制御に関係するほか，他のリガンドに対する応答を微調整する作用がある（詳細

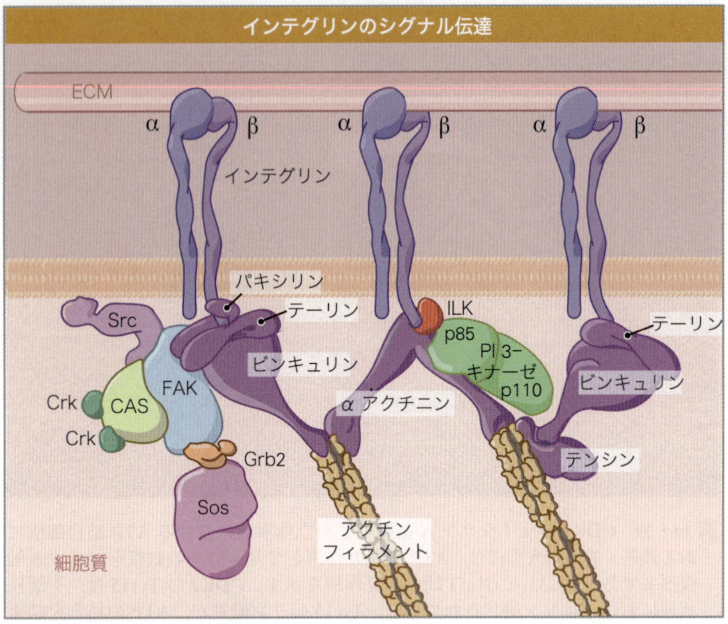

図 14・40　インテグリンは，さまざまな細胞質タンパク質と相互作用して，細胞骨格や細胞内シグナル伝達経路を制御している．関係する細胞骨格因子には，アクチンフィラメントや，フォーカルアドヒージョンタンパク質であるαアクチニン，ビンキュリン，パキシリン，テーリンなどがある．シグナル伝達分子には，フォーカルアドヒージョンキナーゼ（FAK），アダプターであるCas，Crk，Grb2，また，SrcやCSK（§14・31“Srcファミリーのプロテインキナーゼは受容体型チロシンキナーゼと協調して作用する”参照），PI 3-キナーゼ（§14・16“脂質と脂質由来の化合物はシグナル伝達分子である”参照），Ras交換因子であるSosなどがある．SosによってRasへのGTP結合が促進されると，MAPK経路が活性化する（§14・32“MAPKはさまざまなシグナル伝達経路の中心に位置する”参照）

は，§15・13“大部分のインテグリンは細胞外マトリックスタンパク質の受容体である”および§15・14“インテグリン受容体は細胞シグナル伝達に関与している”を参照）．

テーリンやαアクチニンは，ある種のインテグリンサブユニットに直接結合する細胞骨格タンパク質の一種である．これらの細胞骨格タンパク質は，インテグリンを**フォーカルアドヒージョン**（focal adhesion，接着域または接着斑ともいう）とよばれる複雑な細胞骨格構造に結合させている．

フォーカルアドヒージョンは，細胞骨格をシグナル伝達カスケードに結びつけ，細胞接着の状態を細胞応答制御へと情報を伝達する．フォーカルアドヒージョン複合体には，インテグリンの結合によって活性化するフォーカルアドヒージョンキナーゼ（focal adhesion kinase, FAK）が含まれる．FAKの自己リン酸化によって，SH2領域をもつシグナル伝達タンパク質，特に，PI 3-キナーゼのp85サブユニットとSrcファミリーのプロテインキナーゼが集まる．インテグリンに結合した細胞骨格タンパク質に会合するシグナル伝達分子は，フォーカルアドヒージョンに含まれる分子も他の複合体に含まれる分子も，共にインテグリンが果たす広範な作用を担っている．また，細胞骨格タンパク質がインテグリン受容体に会合することによって，受容体自体の機能も変化する．

ホルモンのように離れた場所で作用するシグナルには，非受容体型チロシンキナーゼを介してシグナルを細胞内に伝達するものがある．成長ホルモン（growth hormone, GH）は，下垂体前葉から放出されるタンパク質性のホルモンで，骨の成長，脂質代謝などの成長に関する細胞現象を制御する．成長ホルモンがないと低身長になり，分泌過剰になると巨人症の一種である末端肥大病となる．成長ホルモン受容体はサイトカイン受容体ファミリーの一員で，同じファミリーの受容体には，プロラクチン受容体，エリスロポエチン受容体，レプチン受容体，インターロイキン受容体などがある．これらすべての受容体は，JAK/TYKファミリーのチロシンキナーゼと会合するなど，同じような生化学的作用を示す．しかし，その細胞内シグナル伝達タンパク質に関しては，構成要素の一部は兼用されているが，基本的にはそれぞれ別のタンパク質が選ばれている．これらのシグナル伝達の中で，成長ホルモン受容体によるシグナル伝達は，酵素機能をもたずに，アゴニストによって細胞内シグナル伝達タンパク質を集める足場として作用する受容体のモデルになっている．

図14・41に，成長ホルモンが受容体の細胞外領域に結合した構造を示した．この結合エネルギーの大半は，結合表面にある少数の残基によるものである．細胞内における成長ホルモンのシグ

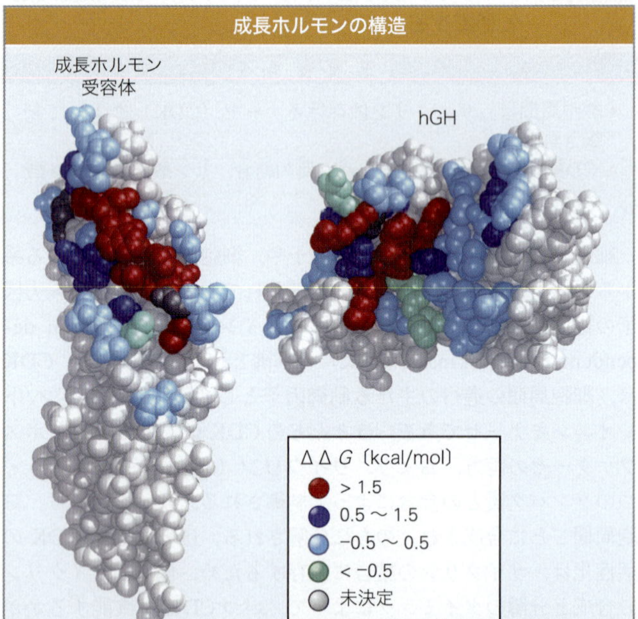

図 14・41　タンパク質間の相互作用では，大きな表面領域が相互作用する場合もあるが，成長ホルモンが受容体に結合するときには，二つのタンパク質間の相互作用ホットスポットを形成する少数の接触によって，おもな結合エネルギーが生じている．成長ホルモンが受容体の結合領域に結合した複合体の構造は，X線結晶解析によって明らかにされた．この図には，さらに突然変異導入や結合実験によって決定された各タンパク質の結合表面にある残基の結合エネルギーを示した．二つのタンパク質の間にある残基の半分以下だけが主たる結合エネルギーには寄与している［T. Clackson and J.A. Wells, *Science* **267**, 383〜386 (1995) より許可を得て転載．©AAAS．写真はTim Clackson, ARIAD Pharmaceuticals, Inc. の好意による］

ナル伝達は，細胞質に存在するチロシンキナーゼである Janus キナーゼ 2（JAK2）との会合に依存する．図 14・42 に，JAK2 が受容体のプロリンに富む領域に結合した様子を示した．リガンド結合は受容体の二量体化をひき起こし，これによって JAK2 の分子間で起こる自己リン酸化による活性化を促す．

したがって，成長ホルモンシグナル伝達は，主として Tyr リン酸化の誘導によるものである．JAK2 の自己リン酸化に加えて，受容体自身もリン酸化される．成長ホルモン受容体の Tyr リン酸化は，受容体型チロシンキナーゼの場合と同様に，リン酸化チロシン結合領域をもつシグナル伝達タンパク質が結合する場所をつくり出す．このシグナル伝達の第一の標的は，シグナル変換因子かつ転写アクチベーターである **STAT**（signal transducer and activator of transcription）とよばれる転写因子である．STAT には SH2 領域があり，成長ホルモン受容体のリン酸化チロシンを含むモチーフに結合する．STAT は，受容体に結合すると JAK2 によってチロシンリン酸化され，その結果，受容体から解離して核へと移行し，転写の変化をもたらす．

成長ホルモン受容体とそれに会合する JAK2 は，他のシグナル伝達経路も活性化する．たとえば，アダプターである Shc（SH2-containing）は，JAK2 によってチロシン残基がリン酸化される．Shc がシグナルに加わると，Ras と ERK1/2 の MAPK 経路の活性化をひき起こす．インスリンシグナル伝達経路の特異的なアダプターであるインスリン受容体基質（IRS）1,2,3 も，成長ホルモンの標的であり，成長ホルモンが示す，インスリン様の代謝作用をひき起こす能力に関係すると考えられている．

成長ホルモンシグナル伝達にはフィードバック回路も存在する．成長ホルモン受容体複合体は，アダプターである SH2-B を結合し，成長ホルモンシグナル伝達に対して刺激性の作用をする．一方，サイトカインのシグナル伝達の抑制因子（SOCS タンパク質 suppressor of cytokine signaling）は，成長ホルモンによって転写が誘導される遺伝子である．SOCS は，その名前の通り，JAK2 の活性を阻害するなどの様式でサイトカインのシグナル伝達を抑制する．SOCS タンパク質には SH2 領域があり，リン酸化した JAK2 あるいはサイトカイン受容体への結合が可能になる．このときのシグナルの抑制機構に関しては，SOCS の一部の分子種だけが JAK2 シグナルの抑制に成長ホルモン受容体を必要とするといった事実があることから，SOCS タンパク質の種類によって仕組みが異なるのかもしれない．一方，SOCS-1 は，JAK2 の活性化ループに直接結合するため，JAK2 活性の阻害には受容体を必要としない．多くの受容体では，分解制御機構がリガンド依存的であるのに対して，成長ホルモン受容体はリガンド非依存的に分解されることから，この SOCS-1 の結合様式は成長ホルモンシグナルの抑制機構に重要な意味があると思われる．

また，サイトカインの受容体は，チロシンキナーゼをひき寄せることによってもシグナル伝達作用を行う．サイトカインは，炎症や細胞増殖・分化を制御するシグナル伝達タンパク質であり，インターロイキン，白血病阻害因子，オンコスタチンM，カルジオトロピン 1，カルジオトロピン様サイトカイン，毛様体神経栄養因子（ciliary neurotrophic factor CNTF）などが含まれる．サイトカインはそれぞれ特異的な受容体に結合するが，受容体それぞれは gp130 とよばれる 1 種類の膜貫通タンパク質と結合する．gp130 によるシグナル伝達機構には，JAK/TYK 型のチロシンキナーゼや STAT ファミリーの転写因子との相互作用がある．こうした機構は，成長ホルモン受容体のシグナル伝達機構に類似している．

CNTF 受容体は，他の多くのサイトカイン受容体とは異なり，受容体分子自体は膜を貫通していない．その代わり，**グリコシルホスファチジルイノシトール**（glycosylphosphatidylinositol, **GPI**）を介して細胞膜の外面に結合している．GPI 結合は共有結合であるが，受容体は特異的なホスホリパーゼの作用によって細胞外液へと放出されることがある．こうして放出された受容体

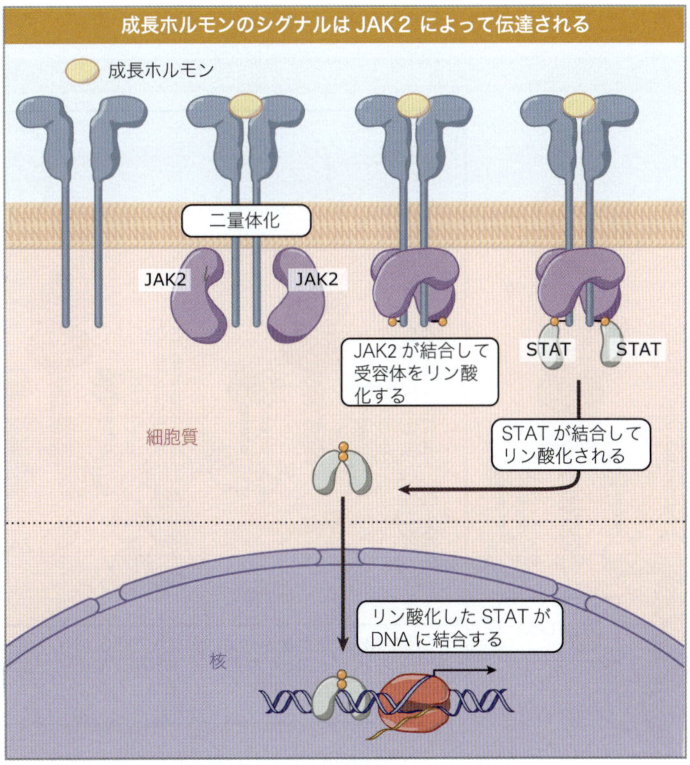

図 14・42 成長ホルモン受容体は JAK2 に結合する．成長ホルモンシグナルの多くは，JAK2 による受容体のチロシンリン酸化を介しており，このリン酸化によって SH2 領域をもつシグナル伝達タンパク質，特に，STAT が結合する部位が生まれる．STAT は，つぎに核へと移行し，遺伝子発現の変化をひき起こす．

は，他の細胞の細胞膜と相互作用することによってシグナルを伝達することがある．

この種のサイトカインのシグナル伝達においては，gp130 という共通のシグナル変換因子となるサブユニットが存在するため，リガンド特異的な応答をするためには特有の機構が必要である．たとえば，ある条件下では，gp130 変換因子との相互作用に関して，リガンド結合サブユニットが競合することで，シグナル伝達に影響を与える可能性がある．図 14・43 に，受容体がプロテインキナーゼと会合する経路や，受容体に内在するプロテインキナーゼから始まる経路が平行して存在する例を示した．

本章で述べる最後の型の受容体では，特異的なサブユニットと共通のサブユニットに関する概念をもう少し考えてみる．T 細胞受容体は，複雑な多量体タンパク質複合体を形成して T 細胞に特異的に存在し，特異的抗原を認識して応答する能力を担う分子である．図 14・44 に示したように，T 細胞受容体は 8 個のサブユニットからなり，4 個の二量体 $\alpha\beta$, $\gamma\varepsilon$, $\delta\varepsilon$, $\zeta\zeta$ が集まったものである．抗原認識の特異性は，α サブユニットと β サブユニットで決まり，この二つが細胞ごとに異なる．残りのサブユニットは T 細胞受容体すべてに共通である．

CD3 複合体の γ，δ，ε サブユニットは，互いに配列が類似している．ζ 鎖は他のサブユニットとは異なり，他の細胞種にも存在し，ある種の免疫グロブリンに結合する Fc 受容体などの他の受容体の要素にもなっている．

免疫受容体チロシン含有活性化モチーフ（immunoreceptor tyrosine-based activation motif, ITAM）とよばれるモチーフは，近傍に存在する 2 個の Tyr 残基を含み，T 細胞受容体が伝達するシグナルに重要な役割をもっている．CD3 サブユニットのそれぞれには 1 個の ITAM モチーフが存在し，ζ 鎖には 3 個

受容体からのシグナル伝達経路

リガンド	PDGF	インスリン	成長ホルモン	IL-1β	TGF-β
受容体	PDGF 受容体	インスリン受容体	GH 受容体	IL-1β 受容体	TGF-β II 型受容体
アダプター/サブユニット	SHP2/Grb2	IRS1		gp130	
変換因子	Sos/Ras	PI 3-キナーゼ	JAK	JAK	I 型受容体
キナーゼカスケード	MAPK	Akt2			
転写因子複合体	三者複合体因子	FOXO	STAT	STAT	SMAD

図 14・43　PDGF，インスリン，TGF-β，IL-1β，成長ホルモンによって制御される主要なシグナル伝達カスケードの比較．各受容体にはプロテインキナーゼが含まれているか，あるいは，プロテインキナーゼと相互作用していて，プロテインキナーゼが変換因子と会合したり変換因子を集めたりする．変換因子は，下流のエフェクターを直接制御するか，あるいは，プロテインキナーゼカスケードを中間媒体として制御する．ここにはエフェクターとして転写制御因子を示した．FOXO タンパク質の場合を除き，変換因子かキナーゼカスケードによるリン酸化によって，すべてのエフェクターが活性化する．FOXO タンパク質の場合は，リン酸化によって核外に運ばれる．この表には，リガンドで実際に制御される複雑なシグナル伝達ネットワークをかなり簡略化した一面だけが描かれている．実際には，ここに示した中間体も示していない中間体も，多義的なリガンドとして作用する．たとえば，IRS タンパク質は，成長ホルモンにも IL-1β シグナル伝達にも関係しており，MAPK 経路はすべてのリガンドによって制御される．

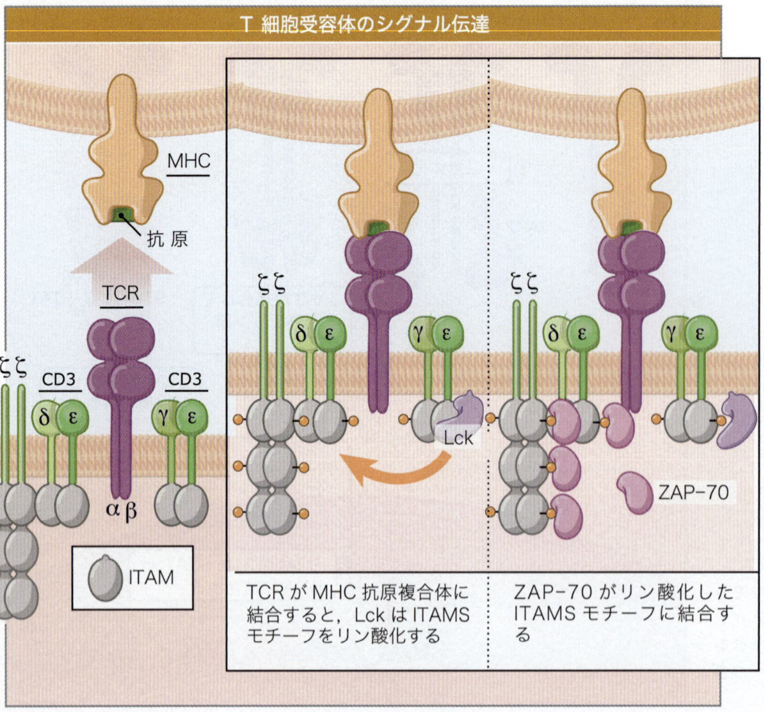

図 14・44　T 細胞受容体（TCR）は多数のサブユニットからなる受容体である．Lck あるいは Lck に近縁な Src ファミリーのプロテインキナーゼによって，活性化モチーフか ITAM モチーフがリン酸化される．このリン酸化によって，もう一つのプロテインキナーゼである ZAP-70 の結合部位ができる．ZAP-70 は，ホスホリパーゼ C-γ，PI 3-キナーゼ，Ras 交換因子などの他のシグナル伝達分子を複合体に集め，下流のシグナル伝達経路を活性化する．

のITAMモチーフが存在するため，各T細胞受容体には10個のモチーフが存在することになる．T細胞受容体が活性化すると，Srcファミリーのキナーゼである Lck キナーゼと Fyn キナーゼがITAMモチーフに含まれる2個のTyr残基をリン酸化する．すると，ITAMモチーフに，チロシンキナーゼである 70 kDa の ζ鎖会合タンパク質（ZAP-70）の中に並んで存在するSH2領域が結合し，ZAP-70はSrcによって活性化される．ZAP-70のチロシンリン酸化部位には，他のアダプターやシグナル伝達分子が結合し，ZAP-70によるチロシンリン酸化でその他のシグナル伝達因子が活性化する．こうした現象全体がT細胞の下流の応答をひき起こし，抗原応答，たとえば，細胞周期の進行やインターロイキン-2などのサイトカインの合成などを行う．

14・35 次なる問題は？

新たなシグナル伝達タンパク質や新たな様式の相互作用による制御現象が毎日のように報告されている．このような現在における冒険的な研究というのは，細胞が個々のタンパク質や相互作用をどのように組織化し，状況の変化に対して適応性を示すことが可能な情報処理のネットワークをつくっているかを理解することである．たとえば，細胞は，単純な化学反応を用いながら，同時に入ってくる複数の入力をどのように統合し，それらの情報をさまざまなエフェクター装置にまで導いているのだろうか．あるいは，細胞は，さまざまな入力を，成長あるいは代謝活性などとの関連でどのように捉えているのだろうか．統括的な細胞のシグナル伝達を，こうした問題に関連して理解するためには，三つの研究分野が大枠として必要である．

まず第一に，細胞内のシグナル伝達の反応をリアルタイムで測定し，かつ，他の系に干渉しないバイオセンサーが必要である．現在のバイオセンサーは，蛍光領域とシグナル伝達タンパク質の結合領域を組合わせて作ったものであり，素早く応答できる光学的な読み出し装置と見なすことができる．何種類かの反応については，さまざまなシグナル伝達経路に関する秒単位に近い測定が細胞内で可能になっている．しかし，より多くのより早いセンサーが必要であるし，単一細胞や細胞内局在に至る解像度を備えたセンサーも必要になっている．こうした観点において，遺伝子操作によって作ったセンサーが，合成分子と共に有用であろう．

第二に，シグナル伝達ネットワークを操作することが重要である．現状の方法でも役には立っているが，依然として完全ではない．たとえば，シグナル伝達ネットワークは，遺伝子の過剰発現，ノックアウトやノックダウンによって操作できるが，シグナル伝達経路には優れた順応性があって，こうした人為的な制御操作による影響をうまく回避することも多い．したがって，細胞内で直ちに作用する化学的な制御試薬もまた必要であり，こうした制御因子を，構造をもとにして設計することが重要である．

第三に，シグナル伝達ネットワークの様相を分析する能力は，シグナル伝達を定量的に測定して解釈する工程にすべて依存しているという限界に関係する要素である．本当に複雑な系は，その系がどのように機能しているかを簡単に表現することができる定量的なモデルを用いることによって，はじめて記述することが可能になる．したがって，シグナル伝達ネットワークに関するコンピュータによるモデリングやシミュレーションには，ネットワークの動態をよりよく理解するための理論が必要であり，また，よりよいアルゴリズムを開発，採用することも必要である．

研究の究極の目的は，細胞が考えていることを理解することにある．

14・36 要　約

シグナル伝達には，細胞が環境に存在する刺激を感知して反応する過程で用いるすべての機構が包含されている．細胞は，栄養成分，ホルモン，神経伝達物質，他の細胞の存在といった細胞外からの刺激を特異的に認識する受容体を発現している．シグナルは，受容体への結合によって，定義可能な細胞内の化学的あるいは物理的反応へと変換され，細胞内において，タンパク質複合体の活性やその構成を変化させる．このような刺激による変化から，細胞の挙動の変化が導かれる．その細胞の挙動は，細胞内の状態や細胞外刺激を統合した情報によって決定され，その結果，最も適当な応答が起こる．

シグナル伝達の基盤となる生化学的要素や過程は，生物を通じて進化的に保存されている．ファミリーを形成しているタンパク質が，多種多様な生理応答において，さまざまなやり方で用いられている．また，ときには同一のシグナル伝達タンパク質群が，転写，イオン輸送，運動，代謝といった複数の過程を制御するために用いられている．

シグナル伝達経路は統合され，細胞内にはシグナル伝達ネットワークが形成されている．このネットワークという性質によって，複数の入力に対応する細胞応答や時々刻々進行する細胞機能を協調させることが可能になっている．現在では，進化的に保存されたシグナル伝達ネットワークに含まれる各経路の中や経路間に起こる反応について，アナログコンピュータ回路で用いられるデバイス，すなわち，増幅器，論理ゲート，フィードバック制御とフィードフォワード制御，そしてメモリー（記憶）のような形で表現することが可能になってきている．

参考文献

14・1 序　論

総　説

Sauro, H. M., and Kholodenko, B. N., 2004. Quantitative analysis of signaling networks. *Prog. Biophys. Mol. Biol.* **86**, 5–43.

論　文

Milo, R., Shen-Orr, S., Itzkovitz, S., Kashtan, N., Chklovskii, D., and Alon, U., 2002. Network motifs: simple building blocks of complex networks. *Science* **298**, 824–827.

14・2 細胞のシグナル伝達のおもな要素は化学的な反応である

総　説

Arshavsky, V. Y., Lamb, T. D., and Pugh, E. N., Jr., 2002. G proteins and phototransduction. *Annu. Rev. Physiol.* **64**, 153–187.

Caterina, M. J., and Julius, D., 2001. The vanilloid receptor: a molecular gateway to the pain pathway. *Annu. Rev. Neurosci.* **24**, 487–517.

Gillespie, P. G., and Cyr, J. L., 2004. Myosinlc, the hair cell's adaptation motor. *Annu. Rev. Physiol.* **66**, 521–545.

Lin, C., and Shalitin, D., 2003. Cryptochrome structure and signal transduction. *Annu. Rev. Plant Biol*, **54**, 469–496.

Rockwell, N. C., Su, Y.-S., and Lagarias, J. C., 2006. Phytochrome structure and signaling mechanisms. *Annu. Rev. Plant Biology* **57**, 837–858.

Sancar, A., 2000. Cryptochrome: The second photoactive pigment in the eye and its role in circadian photoreception. *Annu. Rev. Biochem.*, **69**, 31–67.

14・3 **受容体は多岐にわたる刺激を感知するが，そこから始まる細胞のシグナルのレパートリーは多くはない**

論 文

Klein, C., Paul, J. I., Sauvé, K., Schmidt, M. M., Arcangeli, L., Ransom, J., Trueheart, J., Manfredi, J. P., Broach, J. R., and Murphy, A. J., 1998. Identification of surrogate agonists for the human FPRI-1 receptor by autocrine selection in yeast. *Nat. Biotechnol.* **16**, 1334–1337.

14・5 **リガンド結合によって受容体のコンホメーションが変化する**

総 説

Ross, E. M., and Kenakin, T. P., 2001. Pharmacodynamics: Mechanisms of drug action and the relationship between drug concentration and effects. In "Goodman and Gilmans's The Pharmacological Basis of Therapeutics" 10th Ed., J.G. Hardman and L.E. Limbird, eds., New York: McGraw-Hill, p.31–43.

14・6 **複数のシグナルがシグナル伝達経路とシグナル伝達ネットワークによって分類・統合される**

論 文

Itzkovitz, S., Milo, R., Kashtan, N., Ziv, G., and Alon, U., 2003. Subgraphs in random networks. *Phys. Rev. E.* **68**, 126–127.

14・7 **細胞のシグナル伝達経路は生化学的な論理回路とみなすことができる**

総 説

Milo, R., Shen-Orr, S., Itzkovitz, S., Kashtan, N., Chklovskii, D., and Alon, U., 2002. Network motifs: Simple building blocks of complex networks. *Science* **298**, 824–827.

論 文

Torres, E., and Rosen, M. K., 2003. Contingent phosphorylation/dephosphorylation provides a mechanism of molecular memory in WASP. *Mol. Cell* **11**, 1215–1227.

14・8 **足場タンパク質はシグナル伝達の効率を高め，シグナル伝達の空間的な組織化を促進する**

総 説

Elion, E. A., 2001. The Ste5p scaffold. *J. Cell Sci.* **114**, 3967–3978.

Kholodenko, B. N., 2003. Four-dimensional organization of protein kinase signaling cascades: The roles of diffusion, endocytosis and molecular motors. *J. Exp. Biol.* **206**, 2073–2082.

O'Rourke, S. M., Herskowitz, I., and O'Shea, E. K., 2002. Yeast go the whole HOG for the hyperosmotic response. *Trends Genet.* **18**, 405–412.

Pawson, T. and Nash, P., 2003. Assembly of cell regulatory systems through protein interaction domains. *Science* **300**, 445–452.

Tsunoda, S., and Zuker, C. S., 1999. The organization of INAD-signaling complexes by a multivalent PDZ domain protein in Drosophila photoreceptor cells ensures sensitivity and speed of signaling. *Cell Calcium* **26**, 165–171.

論 文

Levchenko, A., Bruck, J., and Sternberg, P. W., 2000. Scaffold proteins may biphasically affect the levels of mitogen-activated protein kinase signaling and reduce its threshold properties. *Proc. Natl. Acad. Sci. USA* **97**, 5818–5823.

Rensland, H., Lautwein, A., Wittinghofer, A., and Goody, R. S., 1991. Is there a rate-limiting step before GTP cleavage by H-ras p21? *Biochemistry* **30**, 11181–11185.

Shenker, A., Goldsmith, P., Unson, C. G., and Spiegel, A. M., 1991. The G protein coupled to the thromboxane A2 receptor in human platelets is a member of the novel Gq family. *J. Biol. Chem.* **266**, 9309–9313.

14・9 **独立な領域モジュールがタンパク質-タンパク質間相互作用の特異性を決定する**

総 説

Pawson, T., and Nash, P., 2003. Assembly of cell regulatory systems through protein interaction domains. *Science* **300**, 445–452.

Turk, B. E., and Cantley, L. C., 2003. Peptide libraries: At the crossroads of proteomics and bioinformatics. *Curr. Opin. Chem. Biol.* **7**, 84–90.

論 文

Ginty, D. D., Kornhauser, J. M., Thompson, M. A., Bading, H., Mayo, K. E., Takahashi, J. S., and Greenberg, M. E., 1993. Regulation of CREB phosphorylation in the suprachiasmatic nucleus by light and a circadian clock. *Science* **260**, 238–241.

14・10 **細胞のシグナル伝達には高度の順応性がある**

総 説

Perkins, J. P., Hausdorff, W. P., and Lefkowitz, R. J., 1990. Mechanisms of ligand-induced desensitization of β-adrenergic receptors. In "The Beta-Adrenergic Receptors", J. P. Perkins, ed., Clifton, NJ: Humana Press, p.73–124.

14・11 **シグナル伝達タンパク質には複数の分子種がある**

総 説

Barnes, N. M., and Sharp, T., 1999. A review of central 5-HT receptors and their function. *Neuropharmacology* **38**, 1083–1152.

Gilman, A. G., 1987. G proteins: Transducers of receptor-generated signals. *Annu. Rev. Biochem.* **56**, 615–649.

Rebecchi, M. J., and Pentyala, S. N., 2000. Structure, function, and control of phosphoinositide-specific phospholipase C. *Physiol. Rev.* **80**, 1291–1335.

Sunahara, R. K., and Taussig, R., 2002. Isoforms of mammalian adenylyl cyclase: Multiplicities of signaling. *Mol. Interventions* **2**, 168–184.

14・14 **セカンドメッセンジャーは情報伝達に拡散可能な経路を与えている**

総 説

Beavo, J. A., Bechtel, P. J., and Krebs, E. G., 1975. Mechanisms of control for cAMP-dependent protein kinase from skeletal muscle. *Adv. Cyclic Nucleotide Res.* **5**, 241–251.

Kobe, B., Heierhorst, J., and Kemp, B. E., 1997. Intrasteric regulation of protein kinases. *Adv. Second Messenger Phosphoprotein Res.* **31**, 29–40.

Wong, W., and Scott, J. D., 2004. AKAP signalling complexes; focal points in space and time. *Nat. Rev. Mol. Cell Biol.* **5**, 959–970.

論 文

Rall, T. W., and Sutherland, E. W., 1958. Formation of a cyclic adenine ribonucleotide by tissue particles. *J. Biol. Chem.* **232**, 1065–1076.

14・15 **Ca^{2+} シグナル伝達はすべての真核生物でさまざまな役割を担っている**

総 説

Newton, A. C., 2001. Protein kinase C: structural and spatial regulation by phosphorylation, cofactors, and macromolecular interactions. *Chem. Rev.* **101**, 2353–2364.

論 文

Clapperton, J. A., Martin, S. R., Smerdon, S. J., Gamblin, S. J., and Bayley, P. M., 2002. Structure of the complex of calmodulin with the target sequence of calmodulin dependent protein kinase I: Studies of the kinase activation mechanism. *Biochemistry*. **41**, 14669–14679.

Kuboniwa, H., Tjandra, N., Grzesiek, S., Ren, H., Klee, C. B., Bax, A., 1995. Solution structure of calcium-free calmodulin. *Nat. Struct. Biol.* **2**, 768–776.

14・16 脂質と脂質由来の化合物はシグナル伝達分子である

総 説

Rebecchi, M. J., and Pentyala, S. N., 2000. Structure, function, and control of phosphoinositide-specific phospholipase C. *Physiol. Rev.* **80**, 1291–1335.

Yang, C., and Kazanietz, M. G., 2003. Divergence and complexities in DAG signaling: Looking beyond RKC. *Trends Pharmacol. Sci.* **24**, 602–608.

14・17 PI 3-キナーゼは細胞形態と増殖・代謝機能の活性化を制御する

総 説

Downward, J., 2004. PI 3-kinase, Akt and cell survival. *Semin. Cell Dev. Biol.* **15**, 177–182.

Lawlor, M. A., and Alessi, D. R., 2001. PKB/Akt: a key mediator of cell proliferation, survival and insulin responses? *J. Cell Sci.* **114**, 2903–2910.

Van Haastert, P. J. and Devreotes, P. N. 2004. Chemotaxis: Signaling the way forward. *Nat. Rev. Mol. Cell Biol.* **5**, 626–634.

14・18 イオンチャネル受容体を介したシグナル伝達は速い伝達を行う

総 説

Clapham, D. E., 2003. TRP channels as cellular sensors. *Nature* **426**, 517–524.

Corey, D.P., 2003. New TRP channels in hearing and mechanosensation. *Neuron* **39**, 585–588.

Hille, B., 1992. Ionic channels of excitable membranes. Sunderland, MA: Sinauer Associates.

Siegelbaum, S. A., and Koester, J., 2000. Ion channels and Membrane potential. In "Principles of Neural Science" 4th Ed., E. R. Kandel, J. H. Schwaetz, and T.M. Jessell, eds., New York: McGraw-Hill, p.105–139.

論 文

Unwin, N., 2005. Refined structure of the nicotinic acetylcholine receptor at 4Å resolution. *J. Mol. Biol.* **346**, 967.

14・19 核内受容体は転写を制御する

総 説

Mangelsdorf, D. J., et al., 1995. The nuclear receptor superfamily: The second decade. *Cell* **83**, 835–839.

Smith, C. L. and O'Malley, B. W., 2004. Coregulator function: A key to understanding tissue specificity of selective receptor modulators. *Endocr. Rev.* **25**, 45–71.

論 文

Brzozowski A. M., Pike, A. C., Dauter, Z., Hubbard, R. E., Bonn, T., Engstrom, O., Ohman, L., Green, G. L., Gustafsson, J. A., and Carlquist, M., 1997. Molecular basis of agonism and antagonism in the oestrogen receptor. *Nature* **389**, 753–758.

14・20 G タンパク質のシグナル伝達モジュールは広く用いられ，順応性が高い

総 説

Clapham, D. E., and Neer, E. J., 1997. G protein $\beta\gamma$ subunits. *Annu. Rev. Pharmacol. Toxicol.* **37**, 167–203.

Filipek, S., Teller, D. C., Palczewski, K., and Stenkamp, R., 2003. The crystallographic model of rhodopsin and its use in studies of other G protein-coupled receptors. *Annu, Rev. Biophys. Biomol. Struct.* **32**, 375–397.

Ross, E. M., and Wilkie, T. M., 2000. GTPase-activating proteins for heterotrimeric G proteins: Regulators of G protein signaling (RGS) and RGS-like proteins. *Annu. Rev. Biochem.* **69**, 795–827.

Ross, E. M., 1989. Signal sorting and amplification through G Protein-coupled receptors. *Neuron* **3**, 141–152.

Sprang, S. R., 1997. G proteins, effectors and GAPs: Structure and mechanism. *Curr. Opin. Struct. Biol.* **7**, 849–856.

Sprang, S. R., 1997. G protein mechanisms: Insights from structural analysis. *Annu. Rev. Biochem.* **66**, 639–678.

論 文

Benke, T., Motoshima, C. A., Fox, H., Le Trong, B.A., Teller, I., Okada, D. C., Stenkamp, T., Yamamoto, R.E., and Miyano, M., 2000. Crystal structure of rhodopsin: A G protein-coupled receptor. *Science* **289**, 739–745.

Chen, C. -K., Burns, M. E., He. W., Wensel, T.G., Baylor, D. A., and Simon, M. I., 2000. Slowed recovery of rod photoresponse in mice lacking the GTPase acceleration protein RGS9-1. *Natue* **403**, 557–560.

Palczewski,K., Kumasaka,T., Hori,T., Behnke,C.A., Motoshima, H., Fox, B.A., Le Trong, I., Teller, D.C., Okada, T., Stenkamp, R.E., Yamamoto, M., and Miyano, M., 2000. Crystal structure of rhodopsin: a G protein-coupled receptor. *Science* **289**, 739–745.

Wall, M.A., Coleman, D.E., Lee, E., Iniguez-Lluhi, J.A., Posner, B.A., Gilman, A.G., and Sprang, S.R., 1995. The structure of the G protein heterotrimer $G_{i\alpha 1}\beta_1\gamma_2$. *Cell* **83**, 1047–1058.

14・23 低分子量単量体型 GTP 結合タンパク質は多用途スイッチである

総 説

Bishop, A. L., and Hall, A., 2000. Rho GTPases and their effector proteins. *Biochem. J.* **348** pt. **2**, 241–255.

Kuersten, S., Ohno, M., and Mattaj, I. W., 2001. Nucleocytoplasmic transport: Ran, beta and beyond. *Trends Cell Biol.* **11**, 497–503.

Takai, Y., Sasaki, T., and Matozaki, T., 2001. Small GTP-binding proteins. *Physiol. Rev.* **81**, 153–208.

14・24 タンパク質のリン酸化/脱リン酸は細胞の主要な制御機構である

総 説

Cohen, S., 1983. The epidermal growth factor (EGF). *Cancer* **51**, 1787–1791.

Fischer, E. H., 1997. Protein phosphorylation and cellular regulation, II, in "Nobel Lectures, Physiology or Medicine 1991–1995", N., Ringertz, Ed., Singapore: World Scientific Publishing Co.

Krebs, G., 1993. Protein phosphorylation and cellular regulation. *Bioscience Reports* **13**, 127–142.

Manning, G., Whyte, D. B., Martinez, R., Hunter, T., and Suddarsanam, S., 2002. The protein kinase complement of the human genome. *Science* **298**, 1912–1934.

Newton, A. C., 2003. Regulation of the ABC kinases by phosphorylation: protein kinase C as a paradigm. *Biochem. J.* **370**, 361–371.

Nolen, B., Taylor, S., and Ghosh, G., 2004. Regulation of protein kinases; controlling activity through activation segment conformation. *Mol. Cell* **15**, 661–675.

Turk, B. E., and Cantley, L. C., 2003. Peptide libraries: At the crossroads of proteomics and bioinformatics. *Curr. Opin. Chem. Biol.* **7**, 84–90.

論 文

Canagarajah, B. J., Khokhlatchev, A., Cobb, M. H., and Goldsmith, E. J., 1997. Activation mechanism of the MAP kinase ERK2 by dual phosphorylation. *Cell* **90**, 859–869.

Ginty, D. D., Kornhauser, J. M., Thompson, M. A., Bading, H., Mayo, K. E., Takahashi, J. S., and Greenberg, M. E., 1993. Regulation of CREB phosphorylation in the suprachiasmatic nucleus by light and a circadian clock. *Science* **260**, 238–241.

Knighton, D. R., Zheng, J. H., Ten Eyck, L. F., Ashford, V. A., Xuong, N. H., Taylor, S. S., and Sowadski, J. M., 1991. Crystal structure of the catalytic subunit of cyclic adenosine monophosphate-dependent protein kinase. *Science* **253**, 407–414.

Taylor, S. S., Radzio-Andzelm, B., and Hunter, T., 1995. How do protein kinases discriminate between serine/threonine and tyrosine? Structural insights from the insulin receptor protein-tyrosine kinase. *FASEB J.* **9**, 1255–1266.

Zhang, F., Strand, A., Robbins, D., Cobb, M. H., and Goldsmith, E. J., 1994. Atomic structure of the MAP kinase ERK2 at 2.3 Å resolution. *Nature* **367**, 704–711.

14・25 二成分リン酸化系はシグナルのリレーである

総 説

Hoch, J. A., and Silhavy, T. J., eds., 1995. Two-component signal transduction. Washington, D. C.: American Society for Microbiology.

Stock, A. M., Robinson, V. L., and Goudreau, P. N., 2000. Two-component signal transduction. *Annu. Rev. Biochem.* **69**, 183–215.

14・26 プロテインキナーゼの阻害薬剤は疾病の研究と治療に用いられる可能性がある

総 説

Blume-Jensen, P., and Hunter, T., 2001. Oncogenic kinase signalling. *Nature* **411**, 355–365.

Cherry, M., and Williams, D. H., 2004. Recent kinase and kinase inhibitor X-ray structures: mechanisms of inhibition and selectivity insights. *Curr. Med. Chem.* **11**, 663–673.

Cohen, P., 2002. Protein kinases—the major drug targets of the twenty-first century? *Nat. Rev. Drug Discov.* **1**, 309–315.

Davies, S. P., Reddy, H., Caivano, M., and Cohen, P., 2000. Specificity and mechanism of action of some commonly used protein kinase inhibitors. *Biochem. J.* **351**, 95–105.

Tibes, R., Trent, J., and Kurzrock, R., 2005. Tyrosine kinase inhibitors and the dawn of molecular cancer therapeutics. *Annu. Rev. Pharmacol. Toxicol.* **45**, 357–384.

14・27 プロテインホスファターゼはキナーゼの作用を打ち消す効果をもち，キナーゼとは異なる制御を受けている

総 説

Aramburu, J., Heitman, J., and Crabtree, G.R., 2004. Calcineurin: A central controller of signalling in eukaryotes. *EMBO Rep.* **5**, 343–348.

Dounay, A. B., and Forsyth, C. J., 2002. Okadaic acid: The archetypal serine/threonine protein phosphatase inhibitor. *Curr. Med. Chem.* **9**, 1939–1980.

Neel, B. G., Gu, H., and Pao, L., 2003. The 'Shp'ing new: SH2 domain-containing tyrosine phosphatases in cell signaling. *Trends Biochem. Sci.* **28**, 284–293.

Neely, K. E., and Piwnica-Worms, H., 2003. Cdc25A regulation: To destroy or not to destroy—is that the only question? *Cell Cycle* **2**, 455–457.

Olson, E. N., and Williams, R. S., 2000. Remodeling muscles with calcineurin. *Bioessays* **22**, 510–519.

Virshup, D. M., 2000. Protein phosphatase 2A: A panoply of enzymes. *Curr. Opin. Cell Biol.* **12**, 180–185.

論 文

Sun, H., et al. 1993. MKP-1 (3CH134), an immediate early gene product, is a dual specificity phosphatase that dephosphorylates MAP kinase in vivo *Cell* **75**, 487–493.

Terrak, M., Kerff, F., Langsetmo, K., Tao, T., and Dominguez, R., 2004. Structural basis of protein phosphatase 1 regulation. *Nature* **429**, 780–784.

14・28 ユビキチンとユビキチン様タンパク質による共有結合修飾はタンパク質機能を制御するもう一つの様式である

総 説

Gill, G., 2004. SUMO and ubiquitin in the nucleus: different functions, similar mechanisms? *Genes Dev.* **18**, 2046–2059.

Pickart, C. M. and Eddins, M. J., 2004. Ubiquitin: Structures, functions, mechanisms. *Biochim. Biophys. Acta* **1695**, 55–72.

論 文

Dharmasiri, N., Dharmasiri, S., and Estelle, M., 2005. The F-box protein TIRI is an auxin receptor. *Nature* **435**, 441–445.

Kanayama, A. et al. 2004. TAB2 and TAB3 activate the NF-κB pathway through binding to polyubiquitin chains. *Mol. Cell* **15**, 535–548.

Kepinski, S., and Leyser, O., 2005. The Arabidopsis F-box protein TIR1 is an auxin receptor. *Nature* **435**, 446–451.

14・29 Wnt 経路は発生過程の細胞の運命や成体のさまざまな過程を制御している

総 説

Logan, C. Y., and Nusse, R., 2004. The WNT signaling pathway in development and disease. *Annu. Rev. Cell. Dev. Biol.* **20**, 781–810.

Tolwinski, N. S., Wieschaus, E., 2004. Rethinking WNT signaling. *Trends Genet.* **20**, 177–81.

14・30 チロシンキナーゼはさまざまなシグナル伝達を制御している

総 説

Birge, R. B., Knudsen, B. S., Besser, D., and Hanafusa, H., 1996. SH2 and SH3-containing adaptor proteins: Redundant or independent mediators of intracellular signal transduction. *Genes Cell* **1**, 595–613.

Blume-Jensen, P., and Hunter, T., 2001. Oncogenic kinase signalling. *Nature* **411**, 355–365.

Cohen, P., 2002. Protein kinases—the major drug targets of the twenty-first century? *Nat. Rev. Drug Discov.* **1**, 309–315.

Pawson, T., and Nash, P., 2003. Assembly of cell regulatory systems through protein interaction domains. *Science* **300**, 445–452.

Tallquist, M., and Kazalauskas, A., 2004. PDGF signaling in cells and mice. *Cytokine Growth Factor Rev.* **15**, 205–213.

Taniguchi, C. M., Emanuelli, B., and Kahn, C. R., 2006. Critical nodes in signalling pathways: insights into insulin action. *Nat. Rev. Mol. Cell Biol.* **7**, 85–96.

14・31 Src ファミリーのプロテインキナーゼは受容体型チロシンキナーゼと協調して作用する

総 説

Boggon, T. J., and Eck, M. J., 2004. Structure and regulation of Src family kinases. *Oncogene* **23**, 7918–7927.

Frame, M. C., 2004. Newest findings on the oldest oncogene; how activated src does it. *J. Cell Sci.* **117**, 989–998.

論 文

Cowan-Jacob, S. W., Frendrich, G., Manley, P. W., Jahnke, W., Fabbro, D., Liebetanz, J., and Meyer, T, 2005. The crystal structure of a c-Src complex in an active conformation suggests possible steps in c-Src activation *Structure* **13**, 861–871.

Xu, W., Harrison, S. C., and Eck, M. J., 1997. Three-dimensional structure of the tyrosine kinase c-Src. *Nature* **385**, 595–602.

14・32 MAPK はさまざまなシグナル伝達経路の中心に位置する

総 説

Chen, Z., Gibson, T. B., Robinson, F., Silvestro, L., Pearson, G., Xu, B., Wright, A., Vanderbilt, C., and Cobb, M.H., 2001. MAP kinases. *Chem. Rev.* **101**, 2449–2476.

Lewis, T. S., Shapiro, P. S., and Ahn, N. G., 1998. Signal transduction through MAP kinase cascades. *Adv. Cancer Res.* **74**, 49–139.

Morrison, D. K. and Davis, R. J., 2003. Regulation of MAP kinase signaling modules by scaffold proteins in mammals. *Annu. Rev. Cell Dev. Biol.* **19**, 91–118.

Sharrocks, A. D., Yang, S. H., and Galanis, A., 2000. Docking domains and substrate-specificity determination for MAP kinases. *Trends Biochem. Sci.* **25**, 448–453.

論 文

Anderson, N. G., Maller, J. L., Tonks, N. K., and Sturgill, T. W., 1990. Requirement for integration of signals from two distinct phosphorylation pathways for activation of MAP kinase. *Nature* **343**, 651–653.

14・33 サイクリン依存性プロテインキナーゼは細胞周期を制御する

総 説

Doree, M. and Hunt, T., 2002. From Cdc2 to Cdk1: Wwhen did the cell cycle kinase join its cyclin partner? *J. Cell Sci.* **115**, 2461–2464.

Hartwell, L. H., 1991. Twenty-five years of cell cycle genetics. *Genetics* **129**, 975–980.

Neely, K. E., and Piwnica-Worms, H., 2003. Cdc25A regulation: To destroy or not to destroy—is that the only question? *Cell Cycle* **2**, 455–457.

Nurse, P., 2000. A long twentieth century of the cell cycle and beyond. *Cell* **100**, 71–78.

論 文

Pavletich, N. P., 1999. Mechanisms of cyclin-dependent kinase regulation: Structures of Cdks, their cyclin activators, and Cip and INK4 inhibitors. *J. Mol. Biol.* **287**, 821–828.

Russo, A. A., Jeffrey, P. D., and Pavletich, N. P., 1996. Structural basis of cyclin-dependent kinase activation by phosphorylation *Nat. Struct. Biol.* **3**, 696–700.

14・34 チロシンキナーゼを細胞膜に移行させる受容体にはさまざまな種類がある

総 説

Ernst, M., and Jenkins, B. J., 2004. Acquiring signalling specificity from the cytokine receptor gp 130. *Trends Genet.* **20**, 23–32.

Herrington, J., and Carter-Su, C., 2001. Signaling pathways activated by the growth hormone receptor. *Trends Endocrinol. Metab.* **12**, 252–257.

Levy, D. E., and Darnell, J. E., 2002. Stats: transcriptional control and biological impact. *Nat. Rev. Mol. Cell Biol.* **3**, 651–662.

Miranti, C. K., and Brugge, J. S., 2002. Sensing the environment: A historical perspective on integrin signal transduction *Nat. Cell Biol.* **4**, E83–E90.

Palacios, E. H., and Weiss, A., 2004. Function of the Src-family kinases, Lck and Fyn, in T-cell development and activation. *Oncogene* **23**, 7990–8000.

論 文

Clackson, T., and Wells, J. A., 1995. A hot spot of binding energy in a hormone-receptor interface. *Scince* **267**, 383–386.

15

細胞外マトリックスおよび細胞接着

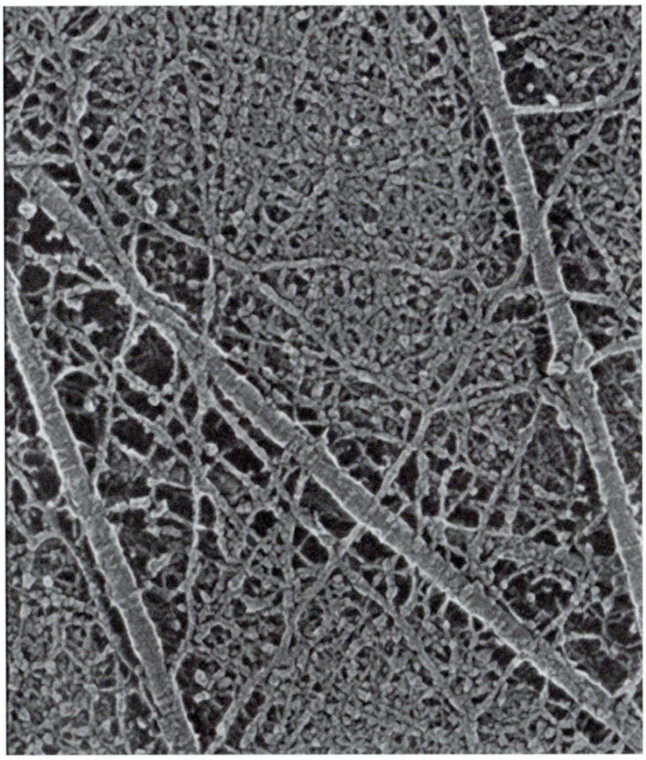

基底層の走査型顕微鏡写真［写真はJohn Heuser, Washington University, School of Medicine］

15・1 序　論

重要な概念

- 細胞間結合とは，隣接する細胞が互いに接着して情報交換できるよう特化したタンパク質複合体である．
- 細胞外マトリックスは，細胞間に存在するタンパク質の密なネットワークであり，ネットワークに含まれる細胞によってつくられる．
- 細胞は細胞外マトリックスタンパク質の受容体を発現している．
- 細胞外マトリックスや細胞間結合タンパク質は，組織内の細胞の三次元的構築，ならびに組織内の細胞の増殖，移動，形態，および分化を制御している．

地球上での生命の進化における最も重要なできごとの一つは多細胞生物の出現であった．細胞は集合する方法を確立することができるようになると，種々の事態に対応して，それぞれの細胞がチームをつくって特化した機能を発揮させることができるようになった．たとえば，二つの単細胞生物がたまたま“協力”することになれば，一つの細胞が，増殖および生殖を受持ち，もう一方の細胞に，残りの仕事を託すということも可能である．

単純な多細胞生物，またはより複雑な生物の組織を構築するためには，細胞どうしが確実に接着できなくてはならない．この接着は，動物細胞について図15・1に示したように，三つの方法で成し遂げられている．第一に，細胞は**細胞間結合**（cell-cell junction）を介して，互いに直接接着している．これは，隣接する細胞の細胞表面の特殊な修飾によって行われる．このような領域は電子顕微鏡で見ることができる．第二に，細胞は，そのような特殊な領域を形成しないタンパク質を用いて，非結合的な機構で相互作用することができる．第三に，細胞は，細胞間隙に存在する**細胞外マトリックス**（extracellular matrix, ECM）分子のネットワークに結合することで，間接的に互いに接着することができる．この接着は細胞表面での細胞-細胞外マトリックス結合を介して起こる．

しかし，多細胞生物を形成することは2，3個の細胞を糊でくっつけるほど単純なことではない．この細胞のチームをうまく機能させているのは効果的な情報交換と分業である．細胞間結合とは，高度に特殊化した領域であり，膜結合型のタンパク質複合体が隣り合った細胞を連結する．細胞間結合にはいくつかの種類があり，それぞれ細胞間接着および情報交換において特定の役割を果たしている（図15・1参照）．ギャップ結合（gap junction）にあるタンパク質は，細胞質ゾルにある小分子の交換が可能なチャネルを形成することにより，隣り合った細胞どうしの直接的な情報交換を可能にしている．密着結合（タイトジャンクション tight junction）を形成しているタンパク質は，細胞層を分子が通り抜けるのを調節する選択的なバリアーとして，また細胞膜上のタンパク質の拡散に対するバリアーとして働く．接着結合（adherens junction）とデスモソーム（desmosome）は，隣り合う細胞の細胞骨格を結びつけて機械的強度を与えることによって，細胞層が個々のユニットとして機能できるようにしている．これらの結合はシグナル伝達因子としても機能し，細胞表面の結合の変化を生化学的なシグナルに変換し，残りの部分に伝播させることができる．

非結合性接着を媒介する違った種類のタンパク質も存在する（図15・1参照）．このようなタンパク質の例としては，インテグリン，カドヘリン，セレクチン，また免疫グロブリン関連細胞接着分子があげられる．

すべての細胞は（最も原始的な単細胞生物でさえ），その外部環境を感知し，それと相互作用するための何らかの方法を備えている．多細胞生物の出現以前であっても，細胞は遭遇した環境の表面に接着し，そこを移動しなくてはならなかった．そのため，細胞-マトリックス接着構造の出現は細胞の進化の最初期のできごとの一つである．多細胞生物では，細胞間の間隙は細胞外マトリックスとよばれる，タンパク質と糖が密に集った構造体で満たされている（図15・2）．細胞外マトリックスは繊維，層，またシート様の構造に構築されている．一部の組織では，細胞外マトリックスは細胞層と直接接している基底層という複雑なシート構造に構成されている．細胞外マトリックスを構成するタンパク質は，二つのタイプに分類される．一つはコラーゲンやエラスチンのような構造糖タンパク質であり，もう一つはプロテオグリカンである．これらのタンパク質は一緒になって組織に著しい強度と柔軟性を与え，その一方で細胞間の粒状の（非溶解性の）物質の流れを制御する選択的なフィルターとしても働いている．プロテオグリカンはまた水を引きつけることにより細胞の周りに水分の豊富な環境を維持している．細胞が移動する際には，細胞外マトリックスは細胞が這うための足場となる．

細胞は細胞外マトリックス分子を分泌する．細胞は基本的に自身の外部に支持ネットワークを構築し，細胞の周りのマトリックスを分解したり置き換えることで，必要に応じて別の形につくり直すことができる．細胞外マトリックスの構築および分解の制御は，発生，ならびに創傷の治癒およびがんなどの多くの病理的な

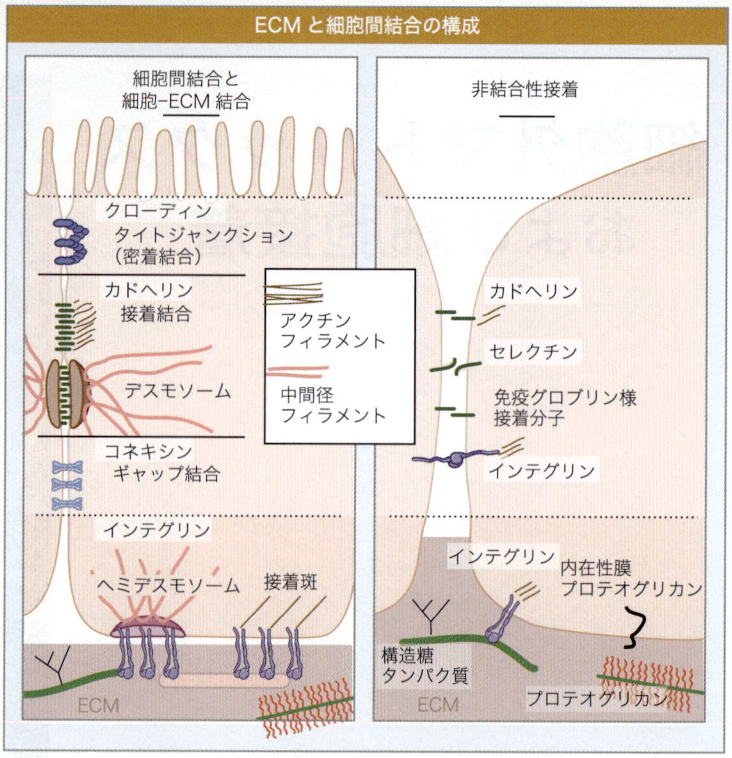

図15・1　上皮細胞間結合（左），非上皮細胞間接着複合体（右），細胞－細胞外マトリックス複合体（下）の概略図．おもなクラスの細胞外マトリックス成分も示した．

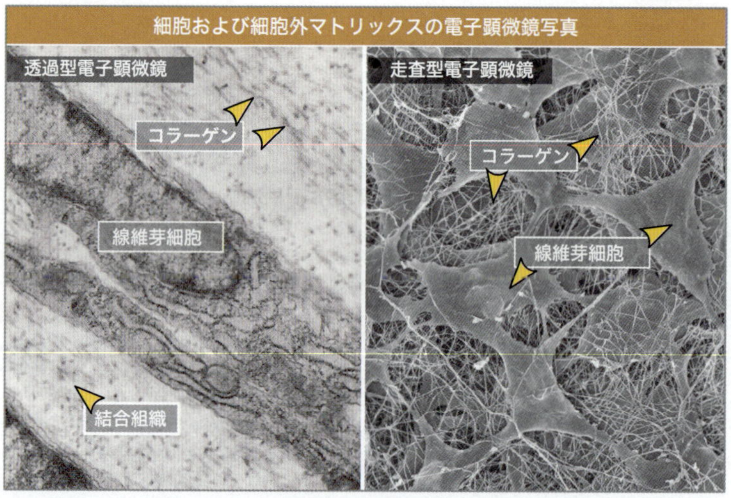

図15・2　電子顕微鏡により細胞間の間隙が繊維状の物質で満たされていることが明らかとなった．上の写真は，結合組織（左）および角膜（右）における線維芽細胞間の細胞外間隙のコラーゲン原繊維を示している［写真は，（左）Dr. William Bloom, Dr. Don W. Fawcett の好意による．"A Textbook in Histology"（1989）より転載．（右）Junzo Desaki, Ehime University School of Medicine の好意による］

状態において，重要な役割を果たしているため，現在，非常に注目を集めているテーマである．

細胞表面に集合してひとかたまりのパッチをつくる細胞表面受容体タンパク質によって，細胞と細胞外マトリックスとの結合が形成され，その受容体タンパク質は，細胞外側の細胞外マトリックスを細胞質ゾル側の細胞骨格に連結する（図 15・1 参照）．一部の細胞間結合と同じく，これらのタンパク質の一部は細胞表面と細胞骨格を連結する高度に秩序化された複合体を形成している．このようなタンパク質は“細胞の吸盤”であるばかりではなく，細胞どうしの情報交換を可能にする多くのシグナル伝達過程にも関与している．

多種多様な細胞とその細胞外マトリックスが，高度な専門化を可能にする安定した組織をつくり上げている．軟骨，骨，およびその他の結合組織などは強い力学的負荷に耐えることができるが，肺の裏打ちなどの他の組織は脆弱ではあるが非常に柔軟である．強度，柔軟性，および三次元的な複雑性の間のバランスを調整することによって，個々の組織の構成要素が特化した集合体として働けるようになっている．このように，組織の構成および組成はその組織が存在する器官の機能に適合しており，筋肉が皮膚と全然違っているのは当然なのである．

細胞間接着と細胞–細胞外マトリックス間結合は，細胞表面で個々別々に機能しているわけではない．多くの場合，タンパク質は力学的負荷に抵抗するのに十分な力で細胞膜につなぎ止められなくてはならない．そのために，タンパク質は，細胞の主要な力学的支持体である細胞骨格に連結されている必要がある．細胞骨格は細胞膜上の受容体の側方移動も妨げ，受容体を所定の位置に“つなぎ止め”ている．さらに，細胞のシグナル伝達経路がこのような結合の構築と維持を制御している．細胞骨格と細胞のシグナル伝達が細胞接着において重要な役割を果たしているのである．

本章は，順に，主要な細胞外マトリックス分子，インテグリンなどの細胞外マトリックス受容体などについて述べ，これらの受容体の発生における役割，および最も一般的な細胞間結合の構造と機能に焦点を当てる．

15・2 細胞外マトリックスの研究史の概要

重要な概念

- 細胞外マトリックスと細胞の結合の研究は歴史的に四つの段階に分けられる．各段階はこれらの構造のより詳細な研究を可能にした技術的進歩により規定される．
- この分野での近年の研究は，細胞外マトリックスと細胞接着タンパク質がいかにして細胞の挙動を制御しているかを明らかにしようとしている．

細胞生物学の多くの分野と同様に，細胞外マトリックスと細胞間の結合の研究は，歴史的に四つの段階に分けられる（図 15・3）．第一段階は 17 世紀半ば，細胞一つ一つを見るのに十分な解像度をもつ顕微鏡が発明されることによって始まった．細胞内構造を可視化するためにより精巧な方法が開発されたのに従い，生物学者は細胞表面と細胞内部の複雑さを認識するようになった．細胞説が立てられるのと同時に，生物学者は複雑な生命体の発生の過程において，細胞が中心的な役割を果たしていることを認識し始めていた．また，構造レベルでは，組織内の細胞が著しく多様な形態，大きさ，構築をとることが理解され始めていた．19 世紀半ばには，組織学とよばれる生物学の新たな分野がつくられた．組織学では多細胞生物の組織の微細構造（超微細構造）を扱った．

しかし，このような組織構造のイメージからは何かが抜けている．つまり，細胞と細胞の間の間隙はどうなっているのだろうか？　という点である．顕微鏡ではっきり見える構造が注目され，見えないものはほとんど注目されなかった．大多数の組織において，細胞と細胞の間の間隙は，従来型の光学顕微鏡では比較的淡い色合いで無定形に見える．初期の組織学の教科書では細胞間の間隙についてまったく触れていない．

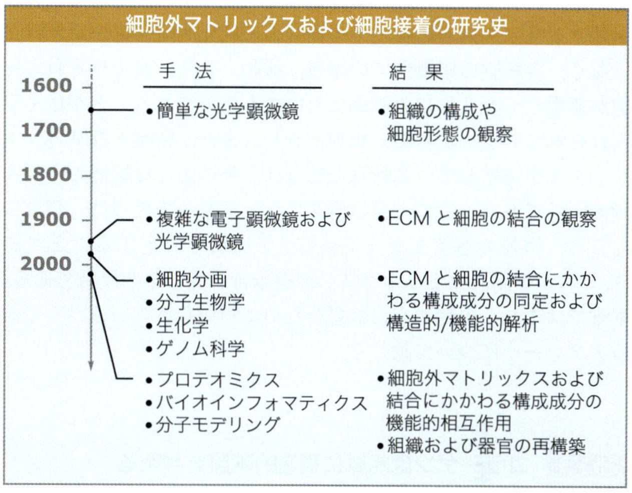

図 15・3 細胞外マトリックスと細胞の結合の研究の進展は，新たな研究手法や技術が利用可能となったことから近年加速している．

第二段階は 20 世紀半ばに始まった．このころ，より強力な光学顕微鏡や電子顕微鏡が導入された．組織学的な染色と組合わせることにより，光学顕微鏡は，液体で満たされている細胞外間隙の存在を明らかにした（図 15・4）．また，電子顕微鏡により，この間隙には構造物質のネットワークが存在することが明らかになった（図 15・2 参照）．さらに，細胞が，その表面上に特殊な結合を形成し，細胞どうしだけではなく細胞外間隙の物質とも相互作用していることが明らかになった（図 15・44 参照）．最終的に，組織は細胞，液体，および細胞外物質からなるということが受入れられるようになった．この構造物質は細胞外マトリックスと名づけられた．しかし顕微鏡では細胞外マトリックスの成分を解明することはできなかった．

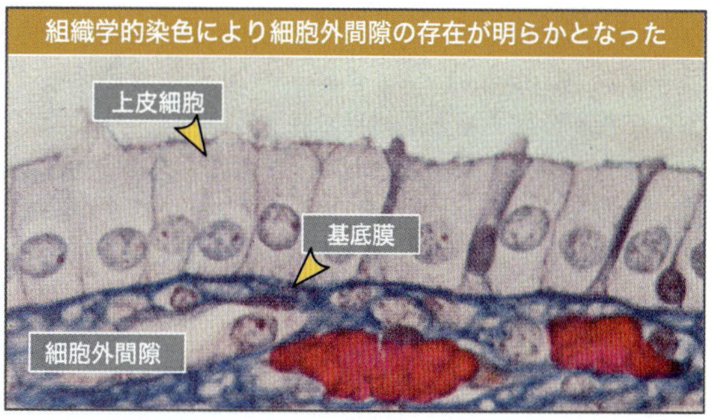

図 15・4 組織学的染色により顕微鏡で組織内のさまざまな細胞の特徴を観察できるようになった．この写真は組織学的染色がされた上皮組織で，上皮のシート内での細胞の形態や配置がわかる［写真は Dr. William Bloom, Dr. Don W. Fawcett の好意による．“A Textbook in Histology”（1989）より転載］

第三段階は 1970 年代に始まった．この時期，細胞の成分を分画し，単離し，特徴づけるために数多くの新しい技術が開発された．生化学，遺伝学，分子生物学，顕微鏡法における新たな技法を細胞生物学の諸問題に適用し，それによって新しい発見の速度が急に加速した．たとえば，高速 DNA 配列決定法の開発によっていくつかの生物種の全ゲノムを解読することができた．まもなくこれらの生物の全遺伝子を同定することができるだろう．

細胞外マトリックスと細胞の結合を構成する数百種類のタンパク質を同定したことで，つぎには“これらのタンパク質の機能は何か？”という大きな問題が浮かび上がってきた．現在では，細胞外マトリックスが組織内での細胞の三次元的配置の決定だけではなく，各細胞の組織内での増殖，移動，分化，およびそれら細胞が協働して行う作用の制御においても重要であることが広く受入れられている．さらに，細胞どうし，また，細胞と細胞外マトリックスを連結している特殊な結合は，そのような機能の主要な制御因子である．この分野の研究における第一の焦点は，現在のところ，機能の基盤となっている分子機構を決定することであり，これが細胞外マトリックス / 細胞結合研究の第四段階である．本章ではこれらの問題点に取組むために用いられているいくつかのアプローチについて論じる．

15・3　コラーゲンは組織に構造的基盤を与える

重要な概念

- コラーゲンの主要な機能は組織に対し構造の維持を行うことである．
- コラーゲンは 20 種類を超える細胞外マトリックスタンパク質のファミリーであり，動物界で最も豊富なタンパク質である．
- コラーゲンはすべて，3 本のコラーゲンポリペプチドがコイルドコイル構造をつくり三重らせんからなる“コラーゲンサブユニット”を構成する．
- コラーゲンサブユニットは細胞から分泌され，細胞外間隙でより大きな原繊維また繊維に組立てられる．
- コラーゲン遺伝子の変異は，軽度のしわから，もろい骨，また皮膚の致命的な水疱形成に至る幅広い疾患をもたらすことがある．

コラーゲン（collagen）ファミリーは 20 種類を超えるタンパク質からなり，合計すると動物界で最も豊富なタンパク質となっている．コラーゲンは少なくとも 5 億年前から多細胞生物に存在している．ほとんどすべての動物細胞が少なくとも一つの型のコラーゲンを合成・分泌している．

コラーゲンは組織を構造的に支持し，種々の形を備えて，さまざまの構造に取込まれる．コラーゲンファミリーに属するすべてのタンパク質は共通の特徴を備えている．コラーゲンファミリーのタンパク質は，非共有結合および共有結合の両方で結合された三つのコラーゲンタンパク質サブユニットが束ねられ，細い（直径約 1.5 nm），三重らせんのコイルドコイルをつくる．

コイルドコイルは，繊維状，シート状，および繊維結合型という 3 種類のコラーゲン構造を形成する（図 15・5）：

- 繊維状コラーゲンにおいては，コイルドコイルは繊維状，あるいは“ロープ状”に構成され，単一軸に沿って大きな強度を与える（ワイヤーを束ねて頑丈な鋼線をつくるようなものである）．腱でみられるように，原繊維をまとめて平行な束にすると，筋肉が骨にかける力に対抗できるほどの大きな強度を与える．
- シート状コラーゲンは網目状に構成されたコイルドコイルであり，筋肉の力に対抗することはできないが，複数の方向への伸長には耐久性が高い．このような構造は皮膚などでみられる．
- “繊維結合型”コラーゲンは，原繊維コラーゲンを結びつけるのに用いられるコイルドコイルを形成する．

コラーゲンはどのような構成であっても細胞外マトリックス中で主要な構造骨格を形成する．フィブロネクチンやビトロネクチンなどの他の細胞外マトリックスタンパク質はコラーゲンに結合し，コラーゲン骨格によって構築されたパターンに織り込まれる（§15・4“フィブロネクチンは細胞をコラーゲンを含むマトリックスと連結する”および §15・7“ビトロネクチンは血液凝固の際に標的細胞の接着を促進する”参照）．コラーゲンファミリーに属するメンバーの一つは細胞間結合の一部を成す膜貫通タンパク質である（§15・20“ヘミデスモソームは上皮細胞を基底層に接着させている”参照）．

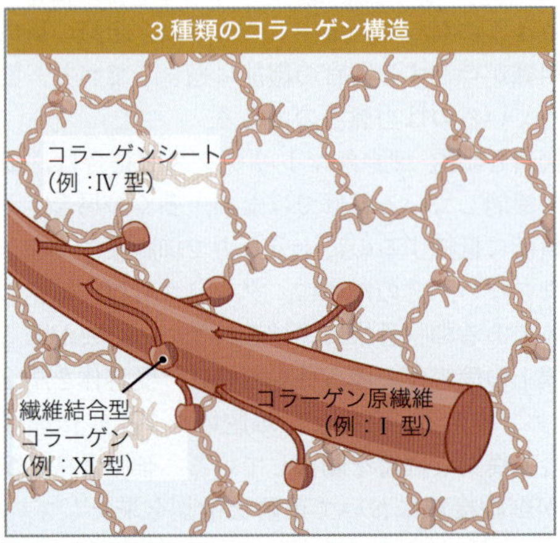

図 15・5　コラーゲンサブユニットは三重らせんのコイルドコイルを形成し，原繊維，またはシート構造を形成する．これらには原繊維結合型コラーゲンを含む他の細胞外マトリックスタンパク質が会合している．

およそ 20 種類のコラーゲンが存在するが，そのほとんどは図 15・6 に示す四つの型に分類できる．コラーゲンの型はそれぞれローマ数字で示されている（Ⅰ，Ⅱ，Ⅲなど）．コラーゲンサブユニットはそれぞれ α サブユニットとよばれ，サブユニットのタイプが数字で示される（$\alpha 1$, $\alpha 2$, $\alpha 3$ など）．その後にそのサブユニットが含まれる構造のローマ数字が示される．たとえば，Ⅰ型コラーゲンというラットの尾部（および他の組織）

コラーゲンのおもな型

型	例	部　位
繊維形成型（原繊維状）	$[\alpha 1(\mathrm{I})]_2\alpha 2(\mathrm{I})$	骨, 角膜, 内臓器官 靭帯, 皮膚, 腱
繊維結合型	$\alpha 1(\mathrm{IX})\alpha 2(\mathrm{IX})\alpha 3(\mathrm{IX})$	軟　骨
ネットワーク形成型	$[\alpha 1(\mathrm{IV})]_2\alpha 2(\mathrm{IV})$	基底層
膜貫通型	$[\alpha 1(\mathrm{XVII})]_3$	ヘミデスモソーム

図 15・6　コラーゲンは，その分子構造，重合の仕方，および組織分布に基づき四つのおもな型に分けられる．一部の型には複数の種類のコラーゲンが含まれる．

などでみられる主要な繊維状コラーゲンは，2コピーの $\alpha1$（I）サブユニットと1コピーの $\alpha2$（I）サブユニットからなる．

コラーゲンの構造を図15・7に示す．三つのポリペプチドサブユニットが3本らせんを形成し，長さ300 nmのコイルドコイルが形成される．コラーゲンは特徴的な反復配列を含む．これは，グリシン–X–Yからなるアミノ酸配列で，XとYはどのアミノ酸でもよいが，通常はそれぞれプロリンとヒドロキシプロリンになることが多い．この配列のおかげで三つのサブユニットは密に充填でき，コイルドコイルの形成が促進される．このような300 nm長のユニットは，一つのユニットのN末端と隣接するユニットのC末端の間で形成される共有結合により結合され，束をつくる互いのユニット間の長軸方向には短い（64〜67 nm）隙間ができ，この隙間のために，原繊維は電子顕微鏡で見ると特徴的な縞模様，または筋のある外観を示す．

完全に会合したコラーゲン構造は，原繊維であってもシートであっても，それを合成した細胞よりずっと大きなものになり，数mmもの長さとなる原繊維もある．このため，コラーゲンサブユニットはコイルドコイルとして合成・分泌され，最終段階の組立ては細胞外で行われる．コラーゲン合成およびプロセシングは図15・8に示すような分泌経路に沿って行われる．コラーゲンは，合成の際には，シグナル識別粒子とそれに結合したタンパク質装置により粗面小胞体に誘導される（粗面小胞体へのタンパク質の移行についての詳細は第3章“タンパク質の膜透過と局在化”参照）．コラーゲンサブユニットは**プロコラーゲン**（procollagen）という非常に長いポリペプチドとして合成される．プロコラーゲンはアミノ末端とカルボキシ末端に伸びた“尾部”としてのプロペプチドをもっている．

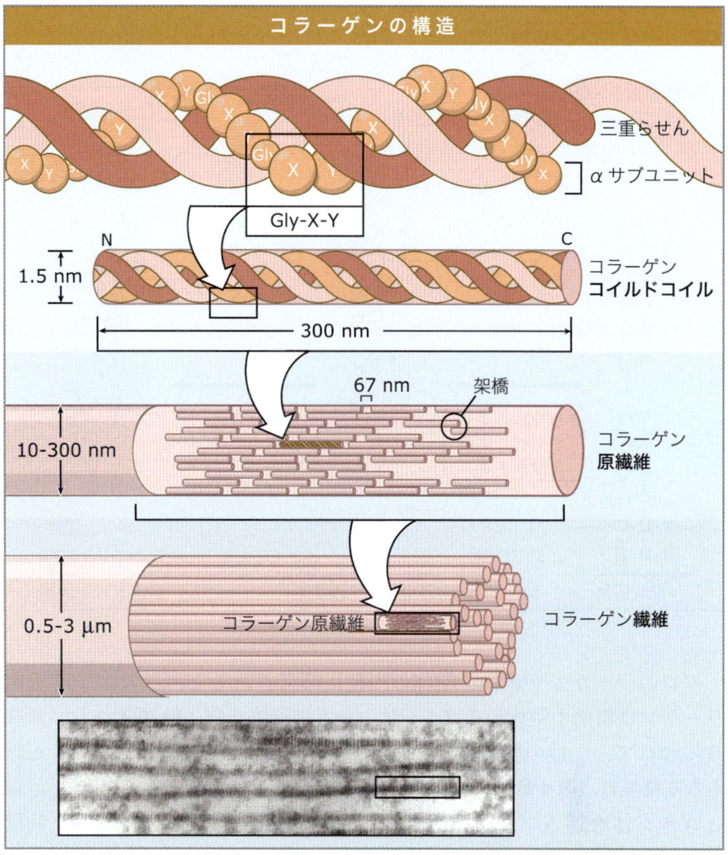

図15・7　コラーゲンの三重らせんコイルドコイル（上段），原繊維内のコイルドコイルの構造（中段），コラーゲン繊維内の原繊維（下段）の概略図．コラーゲン繊維を構成する原繊維内では隣接するコイルドコイルの間に67 nmの隙間が存在するために縞が見える［写真はRobert L. Trelstad, Robert Wood Johnson Medical Schoolの好意による］

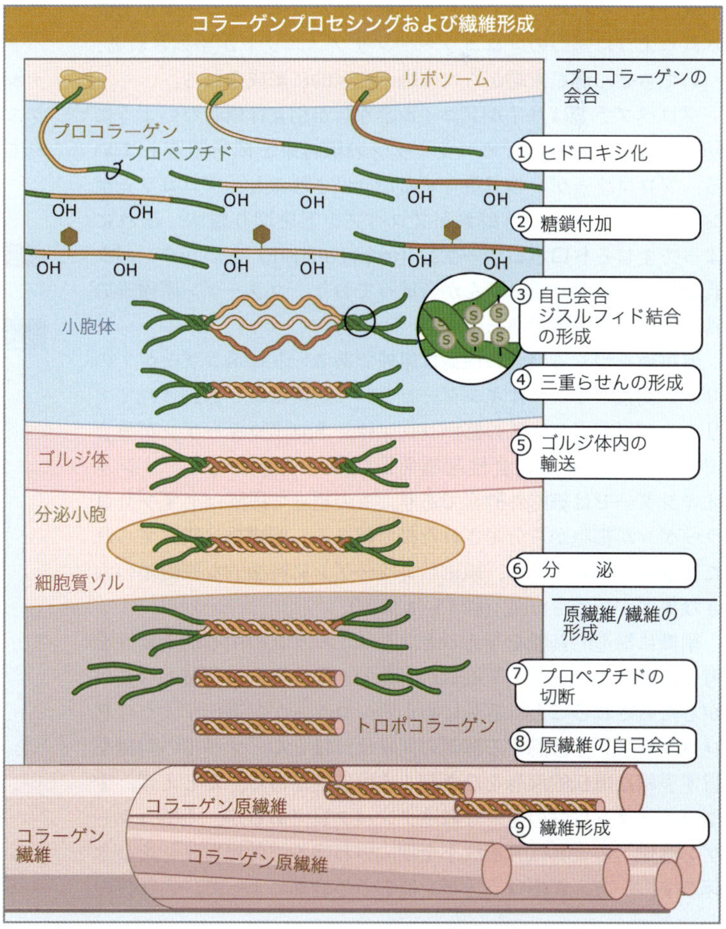

図15・8　翻訳後修飾およびプロコラーゲンサブユニットの三重らせんコイルドコイルへの会合は分泌経路内の細胞内輸送の間に起こるが，コラーゲン原繊維形成はコイルドコイルの分泌後に細胞外で行われる．簡単のために，ヒドロキシ基および糖類は三本鎖構造に示されていない．

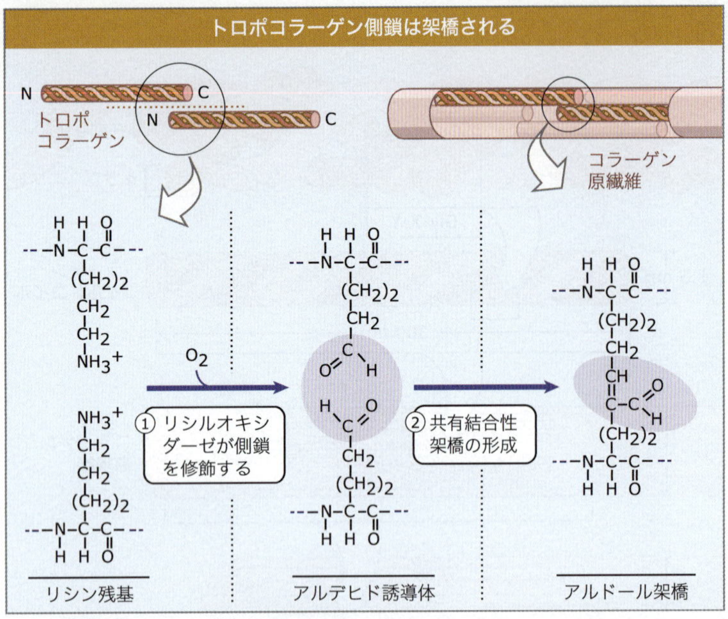

図15・9 リシルオキシダーゼはアリシン（リシンのアルデヒド誘導体）を形成することで二つのリシン側鎖の共有結合形成を触媒する．ついで，アルドール架橋が形成される．

プロコラーゲンが粗面小胞体の内腔に挿入されると，プロコラーゲンは粗面小胞体からゴルジ体，そして分泌小胞に輸送されるにつれて，一連の修飾を受ける（タンパク質の輸送についてさらなる情報は，第4章"タンパク質の膜交通"を参照）．粗面小胞体とゴルジ体を通るプロコラーゲンの輸送の間に，ヒドロキシ基（–OH）が，プロコラーゲン中央部のプロリンとリシンのアミノ酸側鎖に付加され，ヒドロキシプロリンとヒドロキシリシンが形成される．この修飾によって，コイルドコイル中で三つのサブユニットを結合する水素結合が，確実に適切に形成されるようになる．ジスルフィド結合がカルボキシ末端のプロペプチドの間に形成され，それによって正しく三重らせんコイルドコイルが形成されるように三つのプロコラーゲンサブユニットが整列される．ついでらせんがC末端からN末端へ自発的に形成される．

プロペプチドはコイルドコイルどうしが相互作用しないように防ぐことで，細胞内でのコラーゲンの繊維束形成を阻害している．プロコラーゲンの三重らせんが分泌されると，プロコラーゲンプロテアーゼという酵素がプロペプチドを切り離す．それによって生じる**トロポコラーゲン**（tropocollagen）というタンパク質はほぼ全体が三重らせんから成っており，コラーゲン原繊維の基本的な構成要素である．

原繊維をつくる会合の機構は単純である：トロポコラーゲンのリシン側鎖がリシルオキシダーゼという酵素により修飾されてアリシンが形成され，この修飾リシンは，トロポコラーゲンが重合できるように共有結合性架橋を形成する（図15・9）．リシルオキシダーゼは細胞外酵素であり，この組立て段階は必ずプロコラーゲンが細胞から分泌された後で起こる．原繊維は組立てられた後さらに束ねられて，繊維状コラーゲンに特徴的な原繊維の大きな集団が形成される（図15・8参照）．

組織に構造的基盤を与えるというコラーゲンの中心的重要性を考えれば，コラーゲン原繊維が形成できない場合に壊滅的な結果がもたらされることは容易にわかる．コラーゲン遺伝子またはプロコラーゲンを修飾する酵素の変異は，ほとんどすべての組織を冒す多様な遺伝的疾患をひき起こす可能性がある．たとえば，Ⅰ型コラーゲンは骨の主要な構造タンパク質であるが，Ⅰ型コラーゲン遺伝子の変異は骨形成不全症，いわゆる"骨粗鬆症"をひき起こす．一方，Ⅳ型コラーゲン遺伝子の変異によって，大部分の上皮組織の基底層の構築が不完全になり，表皮水疱症などの水疱形成性皮膚疾患がひき起こされる（§15・11"基底層は特殊化した細胞外マトリックスである"参照）．

細胞はインテグリンという特異的な受容体を介してコラーゲンに結合している．この受容体によって細胞は細胞外マトリックス上を這って進む際に可逆的にコラーゲンに結合して，また解離する手段を得ている．インテグリン受容体はシグナル伝達経路も活性化する．そのため，コラーゲン（および他の細胞外マトリックスタンパク質）への結合は細胞内の生化学的活性を変化させ，それによって細胞増殖と分化の制御を助けている（インテグリンについては§15・13"大部分のインテグリンは細胞外マトリックスタンパク質の受容体である"，§15・14"インテグリン受容体は細胞シグナル伝達に関与している"，§15・15"インテグリンと細胞外マトリックスは発生において主要な役割を果たす"においてより詳細に論じられている）．

15・4 フィブロネクチンは細胞をコラーゲンを含むマトリックスと連結する

重要な概念

- 細胞外マトリックスタンパク質であるフィブロネクチンの主要な機能は，細胞を原繊維コラーゲンを含むマトリックスと連結することである．
- 少なくとも20種類以上の型のフィブロネクチンが同定されているが，これらはすべて単一のフィブロネクチン遺伝子の選択的スプライシングによって生じたものである．
- 可溶性のフィブロネクチンは組織液中に存在し，不溶性のフィブロネクチンは細胞外マトリックス中の繊維として存在している．
- フィブロネクチン繊維はフィブロネクチンホモ二量体の架橋ポリマーからなる．
- フィブロネクチンタンパク質には，それぞれが一連の反復単位を備えた，六つの構造領域が存在する．
- フィブリン，ヘパラン硫酸プロテオグリカン，およびコラーゲンはフィブロネクチンの異なる領域に結合し，フィブロネクチン繊維を細胞外マトリックスネットワークに組込む．
- 一部の細胞はフィブロネクチンのArg–Gly–Asp（RGD）配列に結合するインテグリン受容体を発現している．

フィブロネクチン（fibronectin）（ラテン語：繊維 *fibra* ＋結合する *nectere*）は，ほとんどすべての動物の結合組織で発現されている．フィブロネクチンは，繊維芽細胞，肝細胞，内皮細胞，および神経系の一部の支持細胞を含むいくつかの細胞型で合成されている．ヒトでは，少なくとも 20 種類のフィブロネクチンタンパク質が単一のフィブロネクチン遺伝子の一次転写産物内の四つの部位で起こる選択的スプライシングによって生じている（選択的スプライシングについてのさらなる情報は MBIO：15-0001 を参照）．これらのスプライスバリアントは細胞型特異的である．フィブロネクチンは，種々の組織液（たとえば，血漿，脳脊髄液，羊水）中に存在する可溶性（血漿）フィブロネクチンと，ほぼすべての組織の細胞外マトリックス中で繊維を形成する不溶性（細胞性）フィブロネクチンの二つのグループに分類される．

フィブロネクチンは組織内で細胞を細胞外マトリックスに付着させ，細胞の形態および細胞骨格構成を調節し，血液凝固形成を補助し，かつ発生の過程や創傷治癒の間の多くの細胞の挙動の制御を補助している．傷害部位では，フィブロネクチンは血液凝固の間は血小板に結合し，そしてその後，創傷治癒の過程では，創傷領域をカバーするために新たな細胞が移動するのを助ける．多くの腫瘍細胞も，転移の際にその上を細胞が這う基層となりうるフィブロネクチンを発現している．フィブロネクチンは正常な発生に必須であり，フィブロネクチンの欠損マウスは胚発生初期に死んでしまう．

細胞は特異的な受容体であるインテグリンを介してフィブロネクチンに結合する．他のインテグリン受容体と同様に，フィブロネクチン受容体も細胞増殖，移動，および分化を制御する細胞内シグナル伝達経路の活性化にかかわっている．（インテグリンについては，§15・13 “大部分のインテグリンは細胞外マトリックスタンパク質の受容体である”，§15・14 “インテグリン受容体は細胞シグナル伝達に関与している”，§15・15 “インテグリンと細胞外マトリックスは発生において主要な役割を果たす” でさらに詳細に論じられている．）

細胞から分泌される成熟フィブロネクチンタンパク質は二つのジスルフィド架橋によって束ねられている可溶性の二量体で，通常，フィブロネクチンの同じスプライスバリアントのコピーを二つ含んでいる（図 15・12 参照）．さらに，フィブロネクチンの二量体化は不溶性のフィブロネクチン繊維を適切に形成するためにも必須である．可溶性のフィブロネクチンが不溶性のフィブロネクチンネットワークに組込まれるためには細胞との直接的な接触が必要である．フィブロネクチン繊維形成機構が完全に理解された訳ではないが，多くのモデルは，まずフィブロネクチン二量体がインテグリン受容体を介して細胞表面に結合するとしている（図 15・10）．つづいて，細胞が形を変えると，フィブロネクチン分子が伸ばされて，ほぼ直線の形状となる．このいっぱいに伸びた二量体に，フィブロネクチン二量体がさらに付着することで，密なネットワークを形成し，顕微鏡下では細胞内のアクチンフィラメントに整列している繊維の集合体のように見える（図 15・11）．このような繊維は細胞外マトリックスの他の成分と結合して，マトリックスを強い支持性の構造に織り上げることができる．

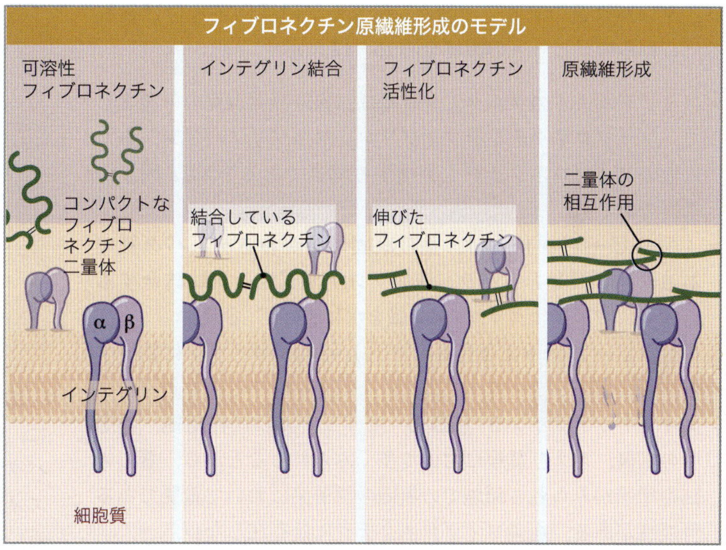

図 15・10 フィブロネクチン二量体は他の二量体との結合を防ぐよう，折りたたまれた形で分泌される．細胞表面のインテグリン受容体と結合すると，フィブロネクチン二量体は伸びて，他のフィブロネクチン二量体との結合領域が露出する．このようにフィブロネクチン二量体が集合することによって，細胞表面に原繊維が会合できるようになる．

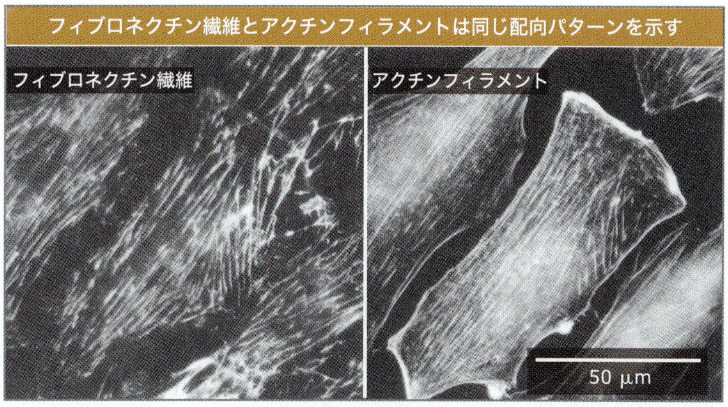

図 15・11 フィブロネクチン繊維（左図）とアクチンフィラメント（右図）を染色した細胞の免疫蛍光顕微鏡写真により，二つのネットワークが互いに重なることが示される．インテグリン受容体とそれに結合しているタンパク質がこれら二つのネットワークを連結している［写真は Richard Hynes, Center for Cancer Research, Massachusetts Institute of Technology の好意による］

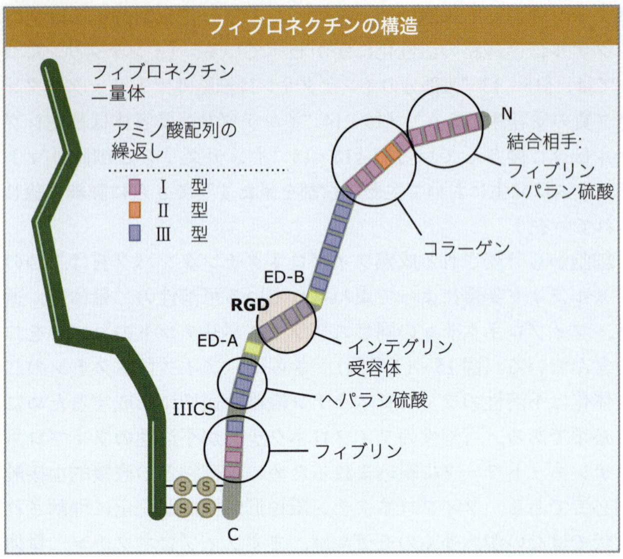

図 15・12　二つのフィブロネクチンポリペプチドはカルボキシ末端の近くでジスルフィド結合により共有結合で連結されている．ポリペプチドはそれぞれ，小さなリピート配列からなる六つのドメインに分けられる．おもなタンパク質結合領域を示す．

フィブロネクチンは多様な機能を果たすため，細胞外マトリックス内の多くの他の種類のタンパク質と結合する．タンパク質限定加水分解で生成されたフィブロネクチン断片を用いた結合アッセイから，フィブロネクチンタンパク質の機能的組成が明らかとなった．フィブロネクチンは**フィブロネクチンリピート**（fibronectin repeat）という一連の短い配列から構成されている．リピートの正確な順番は選択的スプライシングのために多様である．リピート配列はⅠ型，Ⅱ型，Ⅲ型の三つの組に分けられ，タンパク質のアミノ末端から始まって順番に番号付けされる．これらのリピートの機能を図 15・12 に示す．

- アミノ末端近くのグルタミン残基は，血液凝固過程の一環として，フィブロネクチンをフィブリン，フィブリノーゲン，または他のフィブロネクチンと架橋する酵素である第XIIIa 因子の基質である．
- Ⅰ型リピートの 1〜5 は，血液凝固にかかわるタンパク質であるフィブリンとヘパラン硫酸プロテオグリカンに結合する（§15・8“プロテオグリカンは組織を水和させる”参照）．
- Ⅰ型リピート 6〜9 とⅡ型リピート 1〜2 はコラーゲンに結合する．
- エキストラドメイン B（ED–B）モジュールは胎仔組織，治癒中の創傷，および腫瘍において多くみられることから，著しい細胞増殖がみられる領域での組織の再構築において重要である可能性がある．血漿フィブロネクチンには存在しない．
- Ⅲ型リピート 8〜11 はⅢ型リピート 10 の 3 アミノ酸配列（Arg–Gly–Asp つまり RGD）によって細胞表面のインテグリン受容体二つに結合する．この領域は，細胞接着の支持，細胞増殖，細胞移動において重要な役割を担い，かつフィブロネクチン繊維形成において決定的に重要である．
- ED–B と同様に，エキストラドメイン A（ED–A）は血漿フィブロネクチンには存在しない．ED–A は，完全には証明されていないものの，細胞のフィブロネクチンとの結合を強化するよう機能するらしい．
- Ⅲ型リピート 12〜14 はシンデカン受容体に結合するヘパラン硫酸結合領域である．
- Ⅲ型連結部位（ⅢCS）はスプライシングを受けさまざまなサイズのモジュール，そして複数の型のフィブロネクチンを生じる．ヒトで少なくとも 5 種のⅢCS スプライスバリアントが同定されており，なかにはいくつかの細胞型でアポトーシスを制御するものもある．このモジュールは Leu–Asp–Val 配列を介して二つのインテグリン受容体に結合する．
- 一つのⅡ型リピートおよび三つのⅠ型リピートは，血液凝固にかかわる，フィブリンの第二の結合部位を構成する．
- カルボキシ末端近くのシステインアミノ酸は別のフィブロネクチンポリペプチドとジスルフィド結合を形成する．

15・5　弾性繊維が組織に柔軟性を与えている

重要な概念

- エラスチンのおもな機能は組織に弾性を与えることである．
- エラスチン単量体（トロポエラスチンサブユニット）は繊維構造をとる．この繊維は非常に強く安定なため生涯にわたり存続可能である．
- 弾性繊維の強度は隣り合ったエラスチン単量体のリシン側鎖間に形成される共有結合架橋によってもたらされる．
- 弾性繊維の弾性は疎水性領域から生じる．この領域は張力によって伸び，張力が除かれると自発的に再凝集する．
- トロポエラスチンの繊維への組立ては細胞外間隙で行われ，三段階の過程で制御される．
- エラスチンの変異は，軽度の皮膚のしわから幼児期での死に至るさまざまな障害をひき起こす．

エラスチン（elastin）はその名前からうかがえるように，おもに，組織に弾性（elasticity）を与えることにかかわる細胞外タンパク質である．組織はエラスチンのおかげで伸びたり，さらなるエネルギーを必要とせずに元の大きさに戻ったりすることができる．エラスチンは特に血管，皮膚，肺などの，器官が適切に機能するのにこのような柔軟性が必要な組織に豊富である．たとえば，血管の柔軟性は適切な血圧を維持するのに重要であり，また肺の柔軟性により呼吸のたびに肺を適切に満たし排気することができる．

エラスチンは，動物で最も豊富な細胞型の一つである繊維芽細胞，および平滑筋細胞によって合成・分泌される．これらの細胞は，伸張に対して抵抗するコラーゲンも分泌する（§15・3“コラーゲンは組織に構造的基盤を与える”参照）．その結果，各器官の細胞外マトリックスでは強度と柔軟性が組合わせられることになる．細胞は，細胞外マトリックスでのエラスチンとコラーゲンの比率を変えることで，器官の柔軟性を調節することができる．

エラスチンによって弾性繊維が構築される．弾性繊維はエラスチンタンパク質のコア領域とそれを取囲む直径 10〜12 nm のミクロフィブリルタンパク質の鞘からなる（図15・13）．この鞘の主要成分はミクロフィブリル結合糖タンパク質であり，エラスチン単量体に結合し，それがエラスチン繊維に組込まれるのを助ける．この繊維は非常に強く安定なため生涯にわたり存続可能である（すなわち，分解されたり置換されたりしない）．このような繊維中のエラスチンは，脊椎動物の体のタンパク質のなかで最も不溶性のタンパク質でもある．

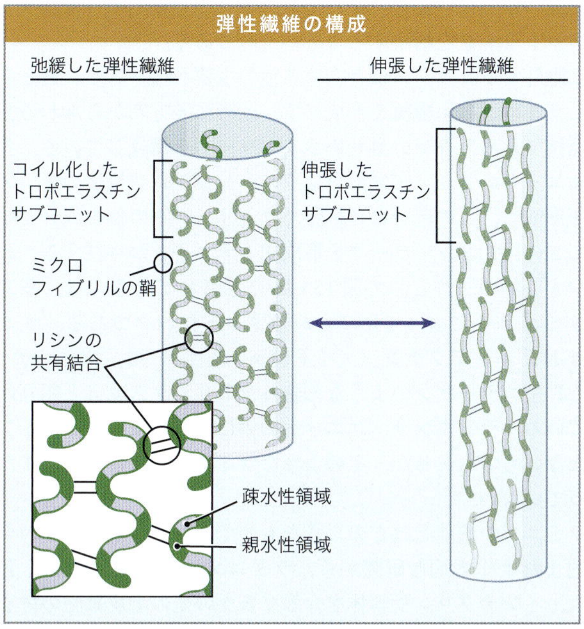

図15・13 弛緩および伸張した弾性繊維．それぞれの状態においてエラスチンサブユニットの構造がまったく異なっていることに注目したい．サブユニットの正確な構造についてはまだわかっていない．

エラスチンは，一体どのようにして著しい強度と安定性と，しかも高度な柔軟性を獲得しているのだろうか？ それはその分子構造に由来するようである．エラスチン遺伝子には36個のエキソンがあり，2種類のきわめて異なった配列をコードしている．一方は親水性で，リシンを高密度に含む配列であり，一方は疎水性アミノ酸，特にグリシン，プロリン，アラニン，そしてバリンに富む配列である．疎水性配列は親水性領域の間に散在して，異なった性質を備えた大きなタンパク質を形成している．弾性繊維の強度の大部分は，コラーゲンと同様に（図15・9参照），隣り合うエラスチンタンパク質のリシン側鎖間の共有結合による架橋に由来する．疎水性領域は，低伸張状態ではコイルに集まり，張力が加わるとそれが解けることによって，弾性を与えている（図15・13参照）．疎水性領域は，この張力が除かれると自発的に巻き直す．長年にわたり研究されているが，エラスチンタンパク質の弾性繊維内での正確な立体構造はわかっていない．

このような不溶性の繊維を組立てることは細胞に特殊な困難をもたらす．エラスチンタンパク質が分泌される前に自発的に凝集してしまうと，分泌経路を“詰まらせて”しまって他のタンパク質の分泌を邪魔したり，細胞小器官や細胞膜を破裂させてしまう可能性がある．細胞はエラスチンタンパク質を単量体として合成・分泌し，分泌した後で，細胞外間隙でのみ繊維に組立てるので，実際には細胞内部の脅威とはならない．

エラスチンの産生は基本的に三つの部分に分けられる（図15・14）：

- エラスチン単量体（**トロポエラスチン** tropoelastin）は合成されるとすぐに小胞体内の67 kDaのシャペロンタンパク質に結合する．このシャペロンは分泌経路の間ずっとトロポエラスチンに結合しており，細胞内でエラスチンが凝集しないようにしている．
- 分泌されるとすぐに，この複合体は，弾性繊維の鞘と接触するまで，シャペロンによって細胞表面に保持される．このトロポエラスチンはつぎに，67 kDaのタンパク質に取って代わった繊維鞘の糖成分によって，弾性繊維に組入れられる．
- 遊離のトロポエラスチン単量体の多くのリシン側鎖は，リシルオキシダーゼという酵素によりアミノ基を除かれてアリシンとなる．アリシンは繊維に含まれる他のエラスチンタンパク質上のアリシンまたは未修飾のリシンと共有結合を形成する（図15・9参照）．**成熟エラスチン**（mature elastin）という用語は，リシルオキシダーゼによって修飾されポリマーになったエラスチンタンパク質に用いられる．

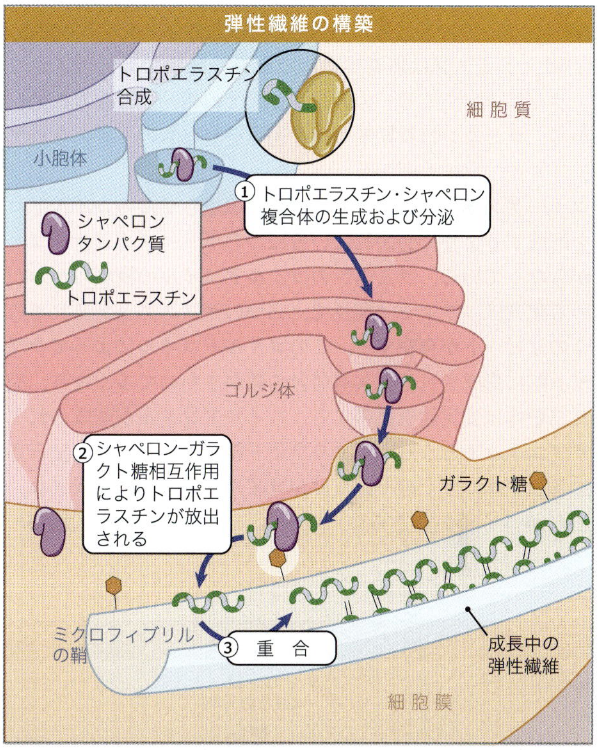

図15・14 エラスチン単量体（トロポエラスチン）は細胞表面に輸送される間，シャペロンと会合している．シャペロンはミクロフィブリル鞘と結合するとエラスチン単量体を放出する．重合はリシルオキシダーゼによるトロポエラスチンの架橋により触媒される．

このような三段階の方法によって，エラスチンが必要な場所でのみ正しく構築される．

エラスチンおよび弾性繊維の構築または機能における異常は，予想される通り劇的な影響を生じる．皮膚と結合組織での弾性繊維の欠損を伴う皮膚弛緩症では，若干断絶した繊維と軽度の皮膚のしわという状態から，エラスチン繊維がほぼ検出できない状態まで，広範囲の重症度を呈する．エラスチンがほとんどない，あるいはまったくない患者は，組織の完全性を保つことができず幼児期に死亡する．ウィリアムズ症候群の患者では，いくつかの架橋ドメインを欠き，うまく繊維に構成されない切断型エラスチンが産生される．この患者の大動脈は重度の狭窄を生じる．これはおそらく，動脈壁に通常存在する弾性繊維の欠損を補償するために動脈の周囲で異常に増殖した平滑筋細胞に由来する症状である．

15・6 ラミニンは細胞の接着性の基質となる

重要な概念

- ラミニンは脊椎動物および非脊椎動物のほぼすべての組織に存在する細胞外マトリックスタンパク質のファミリーである.
- ラミニンのおもな機能は，細胞の接着性の基質となること，および組織内で張力に抵抗することである.
- ラミニンはコイルドコイル構造で一緒に巻かれている 3 種類のサブユニットから成るヘテロ三量体である.
- ラミニンヘテロ三量体は繊維を形成するのではなく，リンクタンパク質に結合することで，細胞外マトリックス内で複雑なネットワークを形成している.
- 細胞表面受容体を含む 20 種類以上のタンパク質がラミニンに結合する.

ラミニン (laminin) は，多くのタイプの組織で基底層 (basal laminae, これがラミニンの名の由来) や他の細胞外マトリックスの沈着した場所に存在する，大きく(> 100 kDa)，多様な細胞外マトリックスタンパク質のファミリーである (基底層についての詳細は §15・11 "基底層は特殊化した細胞外マトリックスである" を参照). ラミニンは無脊椎動物でも脊椎動物でも発現されており，ラミニンファミリーのメンバー間での相同性は非常に低いことから，ラミニンは長期間の進化過程を経たものと考えられている.

コラーゲンと同様に，ラミニンは，三重らせんのコイルドコイルを形成するように巻かれている三つのポリペプチドサブユニットからなっている. ラミニンのコイルドコイルの構築にかかわっている配列は，7 アミノ酸長で，三つのサブユニットそれぞれで多くのリピートが存在する. このコイルドコイルによってサブユニット間に形成される非共有結合の数がきわめて多くなり，完成した三量体は安定性を獲得する. コイルドコイルが形成されてからサブユニットどうしがジスルフィド結合を介して共有結合される. 各サブユニットの一部だけがコイルドコイルに構成され，それぞれがコイルからさらに "アーム" を伸ばすので，図 15・15 のような十字型の構造となる.

ラミニンタンパク質はヘテロ三量体である. 一つのラミニンタンパク質に含まれる三つのサブユニットはそれぞれ別の遺伝子の産物で，α，β，γ の三つのグループに分類される. これまでに，五つの α，三つの β，三つの γ サブユニットが同定されており，その一部はさらにスプライスバリアントを生じる. 理論的には，合わせて 100 種類以上のヘテロ三量体の組合わせが可能となるが，これまでに 15 種類の組合わせ (アイソフォーム 1〜15) しか見つかっていない. それでも，単一の生物内で多様なラミニンネットワークを構築することが可能である.

細胞外マトリックスに存在する他の主要な糖タンパク質と異なり，ラミニンは原繊維を形成せず，同時に多方向から加わる張力に抵抗できる，クモの巣状のネットワークを構成している. 各サブユニットのアミノ末端部分はラミニンヘテロ三量体の短いアームを形成し，この部分には細胞外マトリックスの他の成分と結合してこの巨大ネットワークを形成するドメインが存在する. わかりやすい例の一つとして図 15・16 に示されているのは，基底層でラミニン–1 によって形成されるネットワークである. ラミニン–1 は，エンタクチン (ナイドジェンともいう)，パールカン，またⅣ型コラーゲンのような細胞外マトリックス成分と相互作用している. ラミニンサブユニットの中にはこのようなドメインをもたないものもあるが，そのようなラミニンの重合機構はまだわかっていない.

ラミニンの機能とはどのようなものであろうか？ 初期の形態学的また生化学的な研究から，ラミニン–1 が基底層に広く発現され，インテグリン受容体を介して多くの型の上皮細胞の付着や伸展を支持していることがわかった. 細胞がラミニン上に伸展するには，ラミニンが，細胞骨格の再構築によって生じる張力に抵抗するのに十分な強度をもつ必要がある. 多くのタンパク質がラミニンに結合するが，そのうちのいくつか (特にエンタクチン) がラミニン–1 をネットワークに組込むのに重要な役割を果たしている. 免疫組織学的研究から，ラミニン–1 が 8 細胞期のマウ

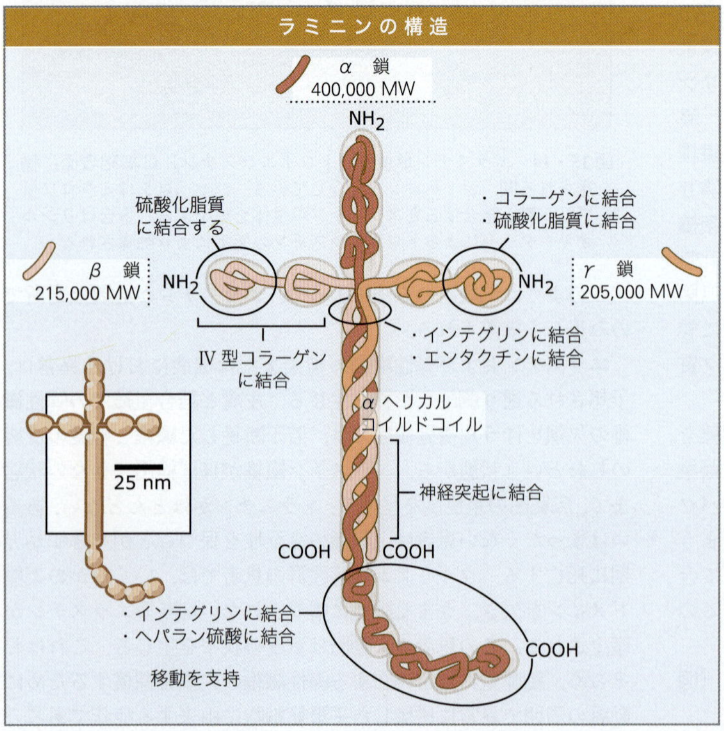

図 15・15 ラミニン分子の 3 本の鎖は中央部のコアに巻付けられており，それぞれの鎖のアミノ末端部分がコアから伸びて，十字型の構造を形成する. α 鎖のカルボキシ末端はコアから伸びて最大五つの球状ドメインを形成する. 重要な結合領域を示す.

図 15・16　ラミニンは少なくとも 3 種類の他の細胞外マトリックスタンパク質と結合して，基底層内でネットワークを形成する．ラミニンは，基底層に接着している細胞のインテグリン受容体にも結合する．

ス胚ですでに発現されていることがわかり，発生において重要な役割を果たしていると考えられた．

さらなる研究から，細胞の接着と移動を支持するラミニンの領域が同定され，また発生におけるラミニンの役割が同定された．フィブロネクチンの研究で行われたように，ラミニンをプロテアーゼで穏やかに限定消化することで小さな機能単位に分割して，他のタンパク質との結合アッセイに用いた．これまでの研究の結果からラミニンドメインの機能マップが描かれているが，フィブロネクチンほどは詳細ではない（§15・4“フィブロネクチンは細胞をコラーゲンを含むマトリックスと連結する”参照）．これは，ラミニンが連続的なコイルドコイルを形成していて，限定的なタンパク質消化でも個々の領域が壊れてしまうためである．

ラミニンの各領域と結合する多くの機能的なパートナーが知られている．たとえば，ラミニン-1 について 20 種類以上の受容体が同定されている．さらに，ラミニンの複数の部位，たとえばα鎖のカルボキシ末端にある球状ドメインは細胞移動の制御に関与している（図 15・15 参照）．おもなラミニンの受容体としては 3 種類のインテグリンや 67 kDa の非インテグリン受容体があげられる．これらの受容体は細胞骨格の異なった要素と結合し，かつ別々の組合わせのシグナル伝達タンパク質に結合するため，それぞれのラミニン受容体は細胞の挙動に対し特定の影響をもたらす．ラミニンの結合に対して，細胞がどのように応答するかという機構については依然としてわかっていない．

ラミニン-1 およびラミニン-5 のサブユニットの変異によって，基底層の構造が破壊され，ヘミデスモソームという特殊な接着複合体の形成に障害が生じることが報告されている（§15・20“ヘミデスモソームは上皮細胞を基底層に接着させている”参照）．このような変異は多くの遺伝性皮膚障害の原因となっている（§15・11“基底層は特殊化した細胞外マトリックスである”参照）．特定の生物に変異した組換えラミニン遺伝子を発現させる逆遺伝学的な実験から，ラミニン-2 サブユニットの変異が，遺伝性筋ジストロフィーの最も重症な症例で筋細胞基底層の破壊をひき起こすことが証明された．ノックアウトマウスを用いる発生学的研究により，神経細胞がその特定のパートナーに標的化される際，あるいは腎臓で基底層が形成される際にラミニンが果たす役割などが解明された．

15・7　ビトロネクチンは血液凝固の際に標的細胞の接着を促進する

重要な概念

- ビトロネクチンは可溶型で血漿中に循環している細胞外マトリックスタンパク質である．
- ビトロネクチンはコラーゲン，インテグリン，凝固因子，細胞溶解因子，および細胞外プロテアーゼなどの多くの種類のタンパク質に結合できる．
- ビトロネクチンは損傷した組織での血液凝固形成を促進する．
- 組織内の凝固因子を標的にして沈着させるため，ビトロネクチンは可溶型から，凝固因子に結合する不溶型に変換する必要がある．

ビトロネクチン（vitronectin）は比較的小さな（75 kDa）多機能性の細胞外マトリックス糖タンパク質で，血漿中ばかりでなく，創傷部位や組織の再構築を行っている領域に存在する．ビトロネクチンは高度にグリコシル化されており，その質量のおよそ三分の一は *N* 結合型の糖による．多くの他の細胞外マトリックスタンパク質とは異なり，ビトロネクチンは多くの種類の組織の細胞によって合成されるのではなく，おもに肝臓で合成され，直接血流中に分泌される．

ビトロネクチンの顕著な特性の一つはコラーゲン，インテグリン受容体，凝固因子，免疫応答の細胞溶解因子，および細胞外マトリックスの分解にかかわるプロテアーゼなどの多くの他の種類のタンパク質に結合できることである．（これらのタンパク質の一部の詳細については §15・3“コラーゲンは組織に構造的基盤を与える”，§15・13“大部分のインテグリンは細胞外マトリックスタンパク質の受容体である”，§15・12“プロテアーゼは細胞外マトリックス成分を分解する”を参照）．ビトロネクチン単量体は互いに結合して高分子量の複合体を形成することもできる．このような活性にかかわる特異的な結合領域は，ビトロネクチンの合成ペプチド断片をさまざまな結合アッセイにかけることにより同定された．結果として結合ドメインのマップが得られ（図15・17），それらはアミノ末端とカルボキシ末端に集まっている．

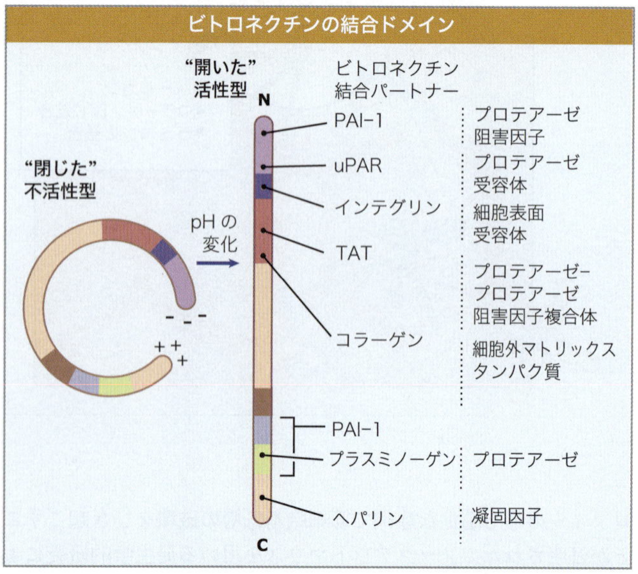

図15・17　ビトロネクチンの構造モデル．血中を循環しているビトロネクチンは他のタンパク質と結合しないように閉じた構造をとっている．環境条件の変化によりビトロネクチンが部分的に開いて，タンパク質結合が起こる．既知のタンパク質結合部位を示す．

ビトロネクチンに結合するタンパク質の多くは，体内で不適切な状況で活性化されるとかなりの損傷を与える酵素である．たとえば，脳内で血液凝固が起こると卒中をひき起こす可能性がある．したがって，ビトロネクチンがいつどこでその相手に結合するかを制御することが重要である．そのための基本的な手段はエレガントでシンプルなものであった．つまり，ビトロネクチン単量体は自身に結合することで，必要になるまで“閉じて”いるのである．この折りたたみはN末端近くの負に荷電したアミノ酸とC末端の正に荷電したアミノ酸の間のイオン性引力によって起こると考えられている．図15・17の結合部位マップを見てみると，ビトロネクチンの両方の末端が接触することで，結合部位がその結合相手を認識しないようにできることがわかる．

折りたたまれたビトロネクチン単量体は血流中を循環し，容易にはほどかれない．ビトロネクチンがその結合相手との結合を開始するには，少なくとも部分的にほどける，つまり“開く”必要があることは広く受入れられているが，このほどける過程がどのようになされるのかははっきりわかっていない．精製したビトロネクチンを用いた研究から，*in vitro* ではビトロネクチンの構造はpHやイオン濃度の変化に感受性であることが示されたため，血漿中のpHやイオン濃度が変化することでビトロネクチンが開き始める可能性が示唆されている．また，循環中のビトロネクチン単量体のごく一部が自発的に，部分的に開くという可能性もある．

ビトロネクチンがほどけて結合ドメインが露出した場合には，血流中でビトロネクチンが集合して巨大な凝集体を形成し細胞に付着するなど，さまざまの結果がもたらされる．血液凝固が形成される場合には，ビトロネクチンは凝血塊を適切に配置するための足場となる．部分的に開いているビトロネクチン分子は血小板上のインテグリン受容体への結合部位を露出しており（§15・17“無脊椎動物の中隔結合は密着結合と類似している”参照），それにより血小板を傷ついた血管へ動員する．結合した血小板は活性化され凝血塊の形成を促進する他の因子を放出するのである．

15・8　プロテオグリカンは組織を水和させる

重要な概念

- プロテオグリカンには中心にタンパク質“コア”があり，そこにグリコサミノグリカン（GAG）とよばれる二糖の長い直鎖が結合する．
- プロテオグリカンに結合しているGAG鎖は負に荷電しており，電荷による斥力のために，プロテオグリカンは棒状で剛毛が密生したような形態をとる．
- GAGの剛毛様構造は組織内でのウイルスやバクテリアの拡散を制限するフィルターとして機能する．
- プロテオグリカンは水を引き寄せて，細胞の水和状態を維持し，組織を静水圧から守るゲルを形成する．
- プロテオグリカンは，増殖因子，構造タンパク質，また細胞表面受容体などのさまざまな細胞外マトリックス成分に結合できる．
- プロテオグリカンの発現は細胞型特異的で発生に応じて制御されている．

プロテオグリカン（proteoglycan）は細胞外マトリックスの構造糖タンパク質（コラーゲンやエラスチンなど）とは対照な物質である．構造糖タンパク質が伸張強度を与えるのに対し，プロテオグリカンは細胞外マトリックスを水和ゲル状態にするよう働く．これは組織が圧縮力に抵抗するのに重要である．

細胞表面で豊富に発現されている他の糖タンパク質と同様に，プロテオグリカンは一つのポリペプチドコアとそこに結合する糖からなる（ポリペプチドのプロテオと，糖のグリカンを合わせて

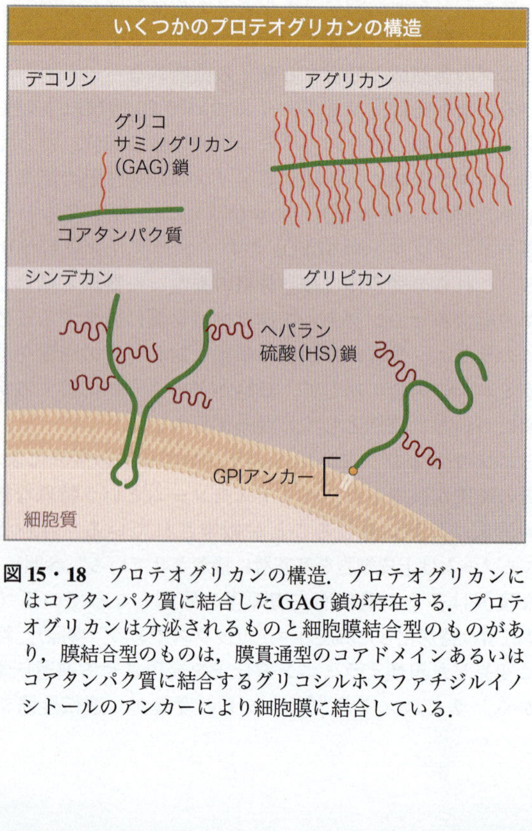

図15・18　プロテオグリカンの構造．プロテオグリカンにはコアタンパク質に結合したGAG鎖が存在する．プロテオグリカンは分泌されるものと細胞膜結合型のものがあり，膜結合型のものは，膜貫通型のコアドメインあるいはコアタンパク質に結合するグリコシルホスファチジルイノシトールのアンカーにより細胞膜に結合している．

プロテオグリカンとよばれる)．40 種類以上のプロテオグリカンコアタンパク質が同定されており，それぞれにモジュール式の構造ドメインが存在し，それらによって炭水化物，脂質，構造タンパク質，インテグリン受容体，および他のプロテオグリカンなどの細胞外マトリックスの別の成分に結合できる．図 15・18 にプロテオグリカンのいくつかの種類を示す．デコリンやアグリカンのような多くのプロテオグリカンは細胞から分泌されるが，膜に結合するものも 2 種類存在する．糖タンパク質のシンデカンファミリーのメンバーは膜貫通ドメインを備え，グリピカンはグリコシルホスファチジルイノシトール結合を介して膜につなぎ止められている．

プロテオグリカンは糖タンパク質とは結合している糖の種類と配置が異なっている．プロテオグリカンに結合している糖は**グリコサミノグリカン**（glycosaminoglycan, GAG）とよばれるもので，二糖が繰返される長い直鎖である．この糖鎖には数百もの糖が結合するものもあり，分子量は最大 1000 kDa になるものもある．図 15・19 に示されているように，GAG は含まれる二糖の種類に基づき五つのクラスに分けられ，これらの二糖のうちヒアルロン酸以外のものはタンパク質に結合してプロテオグリカンを形成できる．すべての GAG には酸性糖や硫酸化糖が含まれるため，高度に負に荷電している．

プロテオグリカンができるまでの各段階を図 15・20 に示す．コアタンパク質は粗面小胞体で合成される．すべてのコアタンパク質は粗面小胞体へ輸送されるためのシグナル配列を含んでおり，その大部分は可溶性の分泌性タンパク質であって，完全に小胞体の内腔へ輸送される．シンデカンは輸送停止配列（ストップトランスファーシグナル）を含むので，膜に埋込まれた状態で保持される．グリピカンのコアタンパク質は，脂質結合型糖であるグリコシルホスファチジルイノシトール（GPI）の付加により修飾される．（この過程についての詳細は第 3 章“タンパク質の膜透過と局在化”を参照．）

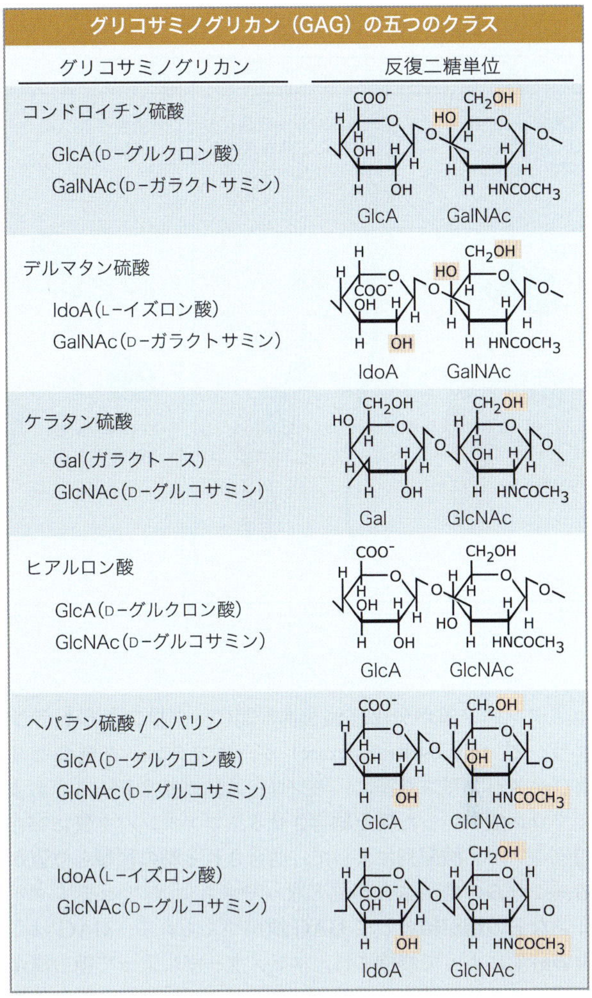

図 15・19 GAG は含まれる反復二糖単位により分類される．硫酸基は二糖の黄色の部位に付加される［K. Prydz, K.T. Dalen, *J. Cell Sci.* **113**, 193〜205 (2000) より改変］

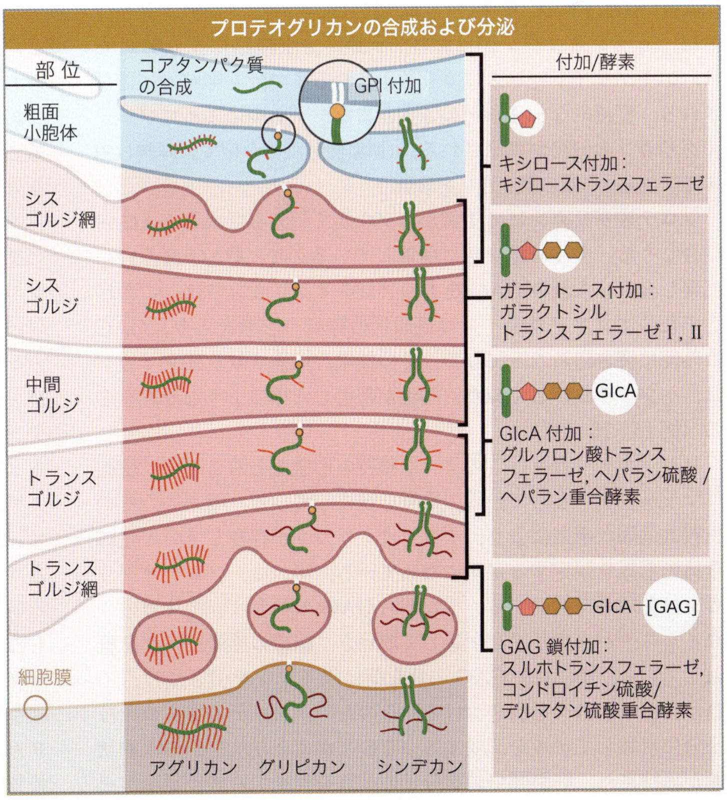

図 15・20 プロテオグリカンは分泌経路の移動中に会合する．重要な酵素の位置が示されている．

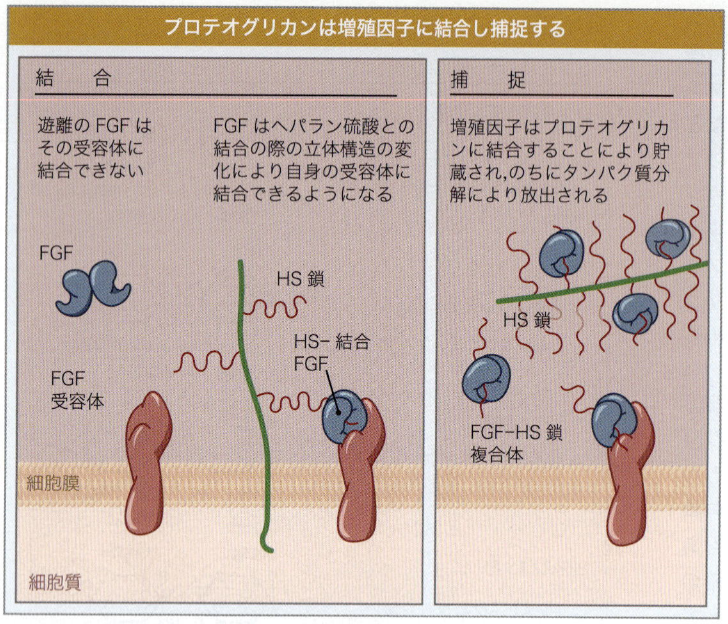
プロテオグリカンは増殖因子に結合し捕捉する
結　合
遊離の FGF は
その受容体に
結合できない
FGF はヘパラン硫酸との
結合の際の立体構造の変
化により自身の受容体に
結合できるようになる
FGF
HS 鎖
HS- 結合
FGF
FGF
受容体
細胞膜
細胞質
捕　捉
増殖因子はプロテオグリカ
ンに結合することにより貯
蔵され,のちにタンパク質分
解により放出される
HS 鎖
FGF–HS 鎖
複合体

図 15・21　プロテオグリカンは細胞表面近くでの増殖因子の捕捉や，増殖因子の細胞表面受容体への結合の制御に寄与している．図はヘパラン硫酸がどのようにして繊維芽細胞増殖因子（FGF）と細胞の受容体の結合を補助しているかを示す．

コアタンパク質が分泌経路を進む間に，**グリコシルトランスフェラーゼ**（glycosyltransferase）が，コアタンパク質のセリンおよびアスパラギン残基に，キシロース，ガラクトース，およびグルクロン酸といった糖を結合させる．コアタンパク質に存在する特別なアミノ酸配列によって，結合される糖の種類と位置が決まる．これらの糖が結合部位となってさらに*N*–アセチルグルコサミンなどの糖が結合して GAG 鎖がつくられる．GAG はさらに他の酵素によって修飾され，エピメラーゼによって糖の構造が再構成されたり，スルホトランスフェラーゼによって糖に硫酸基が付加されたりする．プロテオグリカンのなかには，糖タンパク質に特有の *N* 結合型および *O* 結合型糖鎖ももつものがある（*N* 結合型糖鎖についての詳細は §3・14 "膜透過中の多くのタンパク質には糖が付加される" を参照）．新規に合成されたプロテオグリカンは，トランスゴルジ網において調節性分泌経路に振り分けられ，エキソサイトーシスにより放出されるまで分泌顆粒内に貯蔵される．直接的な加圧などのさまざまなシグナルによってプロテオグリカンの分泌が刺激される．（調節性分泌についての詳細は第 4 章 "タンパク質の膜交通" を参照．）

プロテオグリカンには 1 個から 100 個を超える巨大な GAG が結合しうる．多くの糖は負に荷電しているので，GAG は互いに反発し合う．多数の GAG をもつプロテオグリカンでは，この斥力のためにコアプロテインは直線状の棒状の形態をとり，GAG は外側に突き出ることになる．その結果，成熟プロテオグリカンは，ヘアブラシによく似た，剛毛が密生した棒のような形態をとる（図 15・18 参照）．

プロテオグリカンはこのような独特の形態をとることで，細胞外マトリックスとして独得の性質を獲得している．第一に，その比較的強固な構造により，プロテオグリカンが存在している組織全体の形態を規定する足場になっている．第二に，プロテオグリカンは免疫系を補助する．すなわち GAG の剛毛は細胞外液中のウイルスやバクテリアを沪過して取除き，組織の感染リスクを軽減している．第三に，GAG の負電荷は陽イオンを引きつけ，それがつぎに水分子を引きつける．そのため，プロテオグリカンは十分に水和してゲルを形成する．このゲルにより，細胞の水和状態が維持され，細胞間での小分子の拡散を促進する水性環境が提供され，また組織は，著しい変形を伴わずに，圧力の大きな変化を吸収できる．大きな圧力の変化は，たとえば，鈍器によって力が加えられたり，傷害が生じたとき，あるいは激しい運動の際に生じるが，それらを吸収する．

第四に，プロテオグリカンは多くの種類のタンパク質に結合する．プロテオグリカンが結合するタンパク質の最も重要なクラスの一つは増殖因子である．細胞は血流中や組織液中に増殖因子を分泌し，増殖因子は体中を循環する．図 15・21 に示すように，プロテオグリカンは増殖因子に結合してそれを捕捉し，細胞外マトリックス中での増殖因子の濃度を高める．プロテオグリカンとの結合により，増殖因子は組織の特定の領域に局在化され，かつ細胞外プロテアーゼによる分解からも保護される．プロテオグリカンによる増殖因子の捕捉が細胞との結合に必要な場合もある．したがって，プロテオグリカンは増殖因子の補助受容体として機能して，組織内での細胞の増殖を間接的に制御する．増殖因子はこの状態で貯蔵され，プロテオグリカンが壊れたときに放出されることもある（§15・12 "プロテアーゼは細胞外マトリックス成分を分解する" 参照）．

プロテオグリカンはまた，他の細胞外マトリックスタンパク質に結合し，それらの会合を導く作用ももつ．たとえば，プロテオグリカンのアグリカンとデコリンはコラーゲンに結合する（§15・3 "コラーゲンは組織に構造的基盤を与える" 参照）．アグリカンは軟骨でⅡ型コラーゲン繊維と大きな会合体を形成する（図 15・22）．この会合体をつくるために，アグリカン分子はリンクタンパク質を介してヒアルロン酸に結合して凝集体を形成している（§15・9 "ヒアルロン酸は結合組織に豊富に存在するグリコサミノグリカンである" 参照）．デコリンはコラーゲン繊維間のスペーサーとして働き，繊維の直径やそれが会合する速度を制御している．デコリン遺伝子を "ノックアウト" されたマウスでは，不ぞろいな形態のコラーゲン原繊維が生じ，その結果，皮膚が非常にもろくなる．

プロテオグリカンの発現は発生の過程で制御されており，また細胞型に特異的である．たとえば，発生中のニワトリ胚で，アグリカンはおもに軟骨組織で発現され，軟骨を合成する細胞である軟骨細胞が分化する 5 日目に最も多く発現される．しかし，アグリカンは発生中の脳や脊髄でも低レベルで発現され，これは13日目に最大となる．アグリカンのようなプロテオグリカンの発現は，プロテオグリカンに結合するのと同じ増殖因子により調節されていることから，プロテオグリカンは自身の発現を調節する役割を担っている可能性がある．

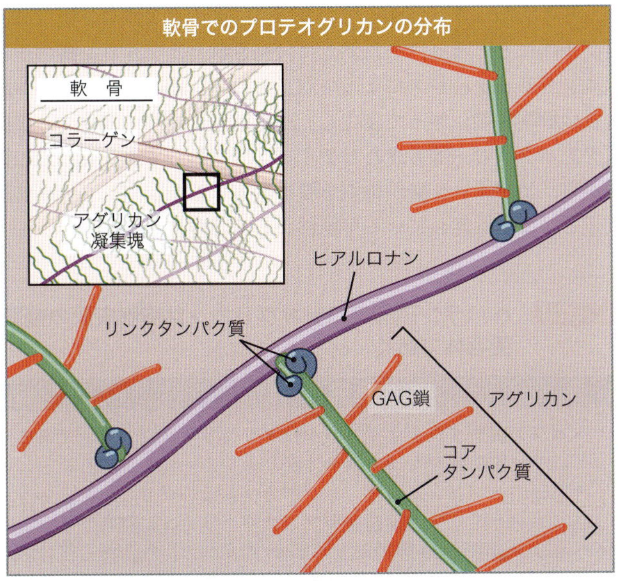

図15・22 アグリカンのようなプロテオグリカンは，軟骨で，Ⅱ型コラーゲン繊維と複合体を形成する．アグリカン複合体はヒアルロン酸分子と結合し水を引き寄せて，圧縮力を吸収し，潤滑剤として作用する．

15・9 ヒアルロン酸は結合組織に豊富に存在するグリコサミノグリカンである

重要な概念

- ヒアルロン酸は細胞外マトリックスでプロテオグリカンと巨大な複合体を形成しているグリコサミノグリカンである．このような複合体は特に軟骨組織に豊富に存在する．軟骨組織ではヒアルロン酸はアグリカンというプロテオグリカンとリンクタンパク質を介して結合している．
- ヒアルロン酸は高度に負に荷電しているので，細胞外間隙で陽イオンと水を結合している．それにより，細胞外マトリックスの固さが増し，また細胞間で水のクッションとなって圧縮力を吸収する．
- ヒアルロン酸は二糖の繰返しからなり，それらが結合されて長い鎖を形成している．
- 他のグリコサミノグリカンと異なり，ヒアルロン酸鎖は細胞膜の細胞質ゾル側表面で合成され，細胞外に輸送される．
- 細胞は受容体ファミリーを介してヒアルロン酸と結合する．この受容体は細胞移動や細胞骨格の組立てを制御するシグナル伝達経路の起点となる．

ヒアルロン酸（hyaluronic acid, HA）はグリコサミノグリカン（GAG）である（GAGについての詳細は，§15・8“プロテオグリカンは組織を水和させる”参照）．細胞外マトリックスに存在する他のグリコサミノグリカンと異なり，ヒアルロン酸はプロテオグリカンのコアタンパク質と共有結合を形成しない．むしろ，ヒアルロン酸は分泌されたプロテオグリカンと巨大な複合体を形成する．このような複合体で最も重要なものの一つは軟骨組織に存在する．軟骨細胞（軟骨形成細胞）が分泌したヒアルロン酸分子は100コピーものアグリカン（プロテオグリカン）に結合する（図15・22参照）．アグリカンコアタンパク質は，ヒアルロン酸とアグリカンコアタンパク質の両方に結合する小さなリンクタンパク質を介して，単一のヒアルロン酸分子と40 nmの間隔で間接的に結合する．この会合体は長さが4 mm以上で，2×10^8 Da超の分子量をもつことがある．このように，ヒアルロン酸は軟骨組織の細胞外マトリックスで，大きな水和したスペースをつくり出すことができる．このようなスペースの存在は，細胞外間隙を介した栄養分や老廃物の拡散を促進することができ，特に血管密度が低い組織で重要である．

ヒアルロン酸の構造はきわめて単純である．すべてのグリコサミノグリカンと同じく，ヒアルロン酸は二糖の直鎖状ポリマーであり，具体的にはグルクロン酸がβ（1→3）結合により*N*-アセチルグルコサミンと結合している．ヒアルロン酸分子には，β（1→4）結合で結合した上記の二糖が，平均10,000（最大50,000）個含まれる（図15・19参照）．この二糖は負に荷電しているので，陽イオンと水を拘束することになる．ヒアルロン酸は，プロテオグリカンと同様に，細胞外マトリックスの固さを増し，関節のような結合組織では潤滑剤として役立つ．水和したヒアルロン酸分子は細胞間で水のクッションとなって，組織が圧縮力を吸収できるようにしている．

ヒアルロン酸分子は他のグリコサミノグリカンよりずっと大きい．そのため，細胞はヒアルロン酸を産生するのに非常にたくさんのエネルギーを費やす必要がある．平均的なサイズのヒアルロン酸鎖を一つつくるのに，50,000個のATP等価物，20,000個のNAD補因子，および10,000個のアセチルCoA基が必要である．そのために，ヒアルロン酸の合成は大部分の細胞で厳密に制御されている．

ヒアルロン酸の合成は細胞膜内の膜貫通型ヒアルロン酸合成酵素により触媒される．この酵素はいささか変わっていて，ヒアルロン酸ポリマーを細胞膜の細胞質ゾル側で組立ててから，でき上がったポリマーを膜を超えて細胞外スペースに輸送する．他のグリコサミノグリカンの合成過程は，ゴルジ複合体で合成され，コアタンパク質が分泌経路を進む間に共有結合で付加されるというものだが，この過程はそれらとはまったく異なっている（§15・8“プロテオグリカンは組織を水和させる”参照）．

ヒアルロン酸合成を制御する重要な手段は，ヒアルロン酸合成酵素の発現を変化させることである．ヒアルロン酸合成酵素の発現は，細胞特異的に増殖因子によって誘導される．たとえば，繊維芽細胞において繊維芽細胞増殖因子およびインターロイキン-1はその発現を誘導するが，グルココルチコイドは発現を抑制する．また，上皮細胞増殖因子はケラチノサイトでの発現を刺激するが，繊維芽細胞での発現は刺激しない．ヒアルロン酸の分泌はその合成とは独立して制御されているので，組織でのヒアルロン酸レベルは合成と分泌の少なくとも二つの段階で制御されている．

組織の水和を担う以外にも，ヒアルロン酸は特異的な細胞表面受容体に結合することで，細胞移動などの過程を制御する細胞内シグナル伝達経路を刺激する．おもなヒアルロン酸受容体はCD44で，これはヒアルロン酸に結合する近縁タンパク質ファミリーのメンバーである．このファミリーの他のメンバーとしては，プロテオグリカン（バーシカン，アグリカン，ブレビカンなど）や軟骨でヒアルロン酸とアグリカンを連結するリンクタンパク質などがある．単一のCD44遺伝子からの転写産物の選択的スプライシングにより，複数の型のCD44が生成されるが，このアイソフォーム間での機能の違いはわかっていない．CD44は多くの細胞上にホモ二量体として存在するか，または上皮細胞上に発現されるErbBチロシンキナーゼとのヘテロ二量体として存在する．

CD44の細胞質尾部はいくつかの機能をもつ．尾部はヒアルロン酸との適切な結合，およびCD44を細胞表面に局在化するために必要である．また，図15・23に示すように，効果的な細胞内シグナル伝達にも必要である．CD44の細胞質尾部の機能領域は，培養細胞で変異型のCD44を発現させ，ヒアルロン酸との接着後にシグナル伝達経路の活性化について試験することでマッピングされた．そのような研究から，CD44ホモ二量体およびCD44/ErbBヘテロ二量体がSrcなどの非受容体型チロシンキナーゼならびにRasファミリーの低分子量Gタンパク質のメンバーを活性化することがわかった．これらのキナーゼはプロテインキナーゼC，MAPキナーゼ，および核転写因子のような，下流のシグナル伝達タンパク質を活性化する．

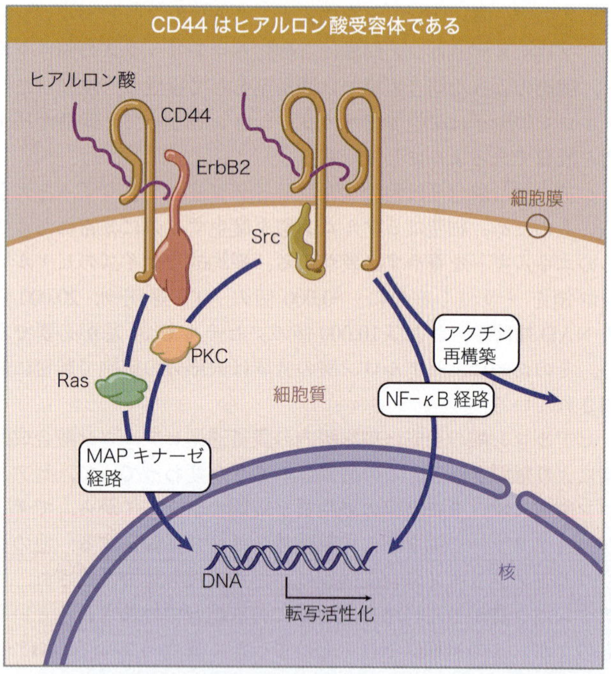

図15・23　CD44はホモ二量体として，またはErbB2受容体とのヘテロ二量体として，細胞骨格や遺伝子発現を制御する多数のシグナル伝達分子と結合する．

加えて，CD44が媒介するシグナルが，フォドリンや低分子量Gタンパク質のRac1などのアクチン結合タンパク質を活性化することにより，細胞表面のアクチン細胞骨格の構築が変化する(図15・23参照)．このようなアクチン再構成がもたらす結果の一つは，CD44を介したヒアルロン酸との結合が細胞の運動性を促進するということである．腫瘍においては，CD44発現およびヒアルロン酸分泌の増加は，腫瘍の高い侵襲性および予後の悪さと相関する．

一般的に，ヒアルロン酸は細胞運動を促進するにあたり二つの機能を果たしていると考えられている．第一に，細胞外マトリックス分子に結合することで，細胞–細胞間，および細胞–マトリックス間の相互作用を破壊する．ヒアルロン酸を発現できないマウスでは，細胞間の間隙がずっと小さく，適切に発生することができない．ヒアルロン酸の水和容積は非常に大きいため，腫瘍でヒアルロン酸の分泌が増えると細胞外マトリックスが破壊され，腫瘍細胞が移動可能な間隙がつくられることになる．第二に，ヒアルロン酸がCD44受容体に結合することで細胞内シグナル伝達経路が活性化され，細胞骨格の再構成，および細胞運動の増大がひき起こされる可能性がある．その証拠として，培養中の細胞にヒアルロン酸を添加した実験があげられる．CD44を発現している細胞は，ヒアルロン酸と接触すると，ほぼ即座に移動を始めるが，これはCD44と関係する細胞内シグナル伝達分子を妨害する薬物により阻害される．

ヒアルロン酸の細胞内プールが存在することはわかっているが，その機能はまだわかっていない．一部のヒアルロン酸は細胞質ゾル内にとどまり，また新たに分泌されたヒアルロン酸の一部はエンドサイトーシスによって取込まれる．細胞内ヒアルロン酸の量は細胞周期に伴って変化し，細胞増殖の制御に関係する細胞質タンパク質の一部もまたヒアルロン酸に結合する．これらの観察から，ヒアルロン酸が細胞分裂を制御する細胞内シグナル伝達分子としても機能している可能性があると考えられる．

15・10　ヘパラン硫酸プロテオグリカンは細胞表面の補助受容体である

重要な概念

- ヘパラン硫酸プロテオグリカンはグリコサミノグリカンであるヘパラン硫酸鎖をもつプロテオグリカンの一種である．
- 大部分のヘパラン硫酸は，シンデカンおよびグリピカンという二つのファミリーの膜結合型プロテオグリカンに存在する．
- ヘパラン硫酸は30種類以上の糖サブユニットの異なる組合わせからなるため，ヘパラン硫酸プロテオグリカンの構造および機能はきわめて多様である．
- 細胞表面のヘパラン硫酸プロテオグリカンは多くの種類の細胞で発現されており，70種類以上のタンパク質に結合する．
- 細胞表面のヘパラン硫酸プロテオグリカンは増殖因子のような可溶性タンパク質および細胞外マトリックスタンパク質のような不溶性タンパク質に対し補助受容体として働く．また一部のタンパク質の細胞内への取込みを補助する．
- ショウジョウバエでの遺伝学的研究からヘパラン硫酸プロテオグリカンが増殖因子シグナル伝達および発生において機能していることが示された．

ヘパラン硫酸プロテオグリカン（heparan sulfate proteoglycan, **HSPG**）はグリコサミノグリカン（GAG）であるヘパラン硫酸（HS）と結合しているプロテオグリカンコアタンパク質である（GAGについて詳細は§15・8“プロテオグリカンは組織を水和させる”参照）．ヘパラン硫酸は膜結合型プロテオグリカンの二つのファミリー，シンデカン（プロリンに富む，伸びた膜貫通型タンパク質）およびグリピカン（システインに富む，球状，グリコシルホスファチジルイノシトール結合糖を介して細胞膜に弱く結合している）(図15・18参照）におもに存在している．これらのプロテオグリカンは組立てられた後も細胞表面に結合したままでいるため，構造タンパク質，シグナル伝達分子，あるいは他の細胞など，細胞外に存在する他の成分に細胞が接着する際に重要な役割を果たしている．この節では，まずHSPGの構造多様性について検討し，つぎに，HSPGと多様な細胞機能の関係を示す生化学的証拠および遺伝学的証拠について説明する．

図15・20に示したように，HSPGの合成はコアタンパク質のセリン側鎖のヒドロキシ基にキシロース糖が付加されることで開始する．すべてのセリン残基がこのように修飾されるのではなく，セリン残基がキシローストランスフェラーゼによって認識されるコンセンサス配列にある場合にだけ修飾を受ける．多くのHSPGには3〜7個の糖鎖が存在する．最初のキシロースが付加された後すぐに，さらに三つの糖が付加され，セリン–キシ

ロース–ガラクトース–ガラクトース–グルクロン酸という構造の“リンカー四糖”が形成される．その後，このグルクロン酸にさらにキシロース糖が付加される．

HSPG の合成が完了するまでに，さらに四つの主要な段階が存在し，少なくとも 14 種類の酵素が必要である．酵素の一部が図 15・20 に示されている．最初に，コアタンパク質がゴルジ体を進行している間に，ヘパラン硫酸ポリメラーゼによって，*N*–アセチルグルコサミン–グルクロン酸（GlcNAc–GlcA）二糖が，50〜150 コピーほどリンカー四糖の末端のキシロースに付加される．第二に，他の酵素が一部の（特定のアミノ酸配列中に存在する）GlcNAc 糖を，*N*–アセチル基を硫酸基に置換することによって修飾する．第三に，この鎖に含まれる GlcA 糖の一部がエピマー化されてイズロン酸を形成する．最後に，プロテオグリカンがゴルジ体から離れる直前に，イズロン酸および未修飾のままであった GlcNAc 糖にさらに硫酸が付加される．（ヘパラン硫酸の硫酸化の度合いが最も高い型はヘパリンとよばれ，臨床的にも用いられる天然の抗凝固剤である．）

このような糖修飾の結果として HSPG の構造は著しく多様である．5 種類の構造修飾によって，32 種類の二糖“基本単位”が存在する可能性があり，そのため，20 種類のアミノ酸でつくられるタンパク質よりずっと複雑な構造をとることができる．一つの HSPG 分子上に多数の異なる型のヘパラン硫酸を形成できるので，細胞は，それぞれが少しずつ異なる形に折りたたまれて，細胞外タンパク質に対して異なる結合特性をもつ複数の型の HSPG を同時に発現することができる．

このため，HSPG は 70 種類以上の細胞外タンパク質に特異的に結合する．そのうちの一部を図 15・24 に示す．多くの場合，ヘパラン硫酸鎖中の糖の配列に依存して特定のリガンドの結合が起こる．HSPG が結合することによる機能は以下の三つのクラスに分けられる（図 15・25）：

- HSPG は増殖因子のような可溶性タンパク質について，増殖因子とそのシグナル伝達受容体の間の結合を安定化することにより補助受容体として働く．この作用により，増殖因子の局所的な濃度が細胞表面で効果的に増加され，その結果，所与の量の増殖因子に対する応答性が向上する．この相互作用はシンデカン，繊維芽細胞増殖因子（FGF），および FGF 受容体の間などでみられる．
- HSPG は低密度リポタンパク質などの一部の可溶性タンパク質の細胞への取込みを増強する．
- HSPG は細胞外マトリックス構造タンパク質や細胞接着受容体のような不溶性タンパク質の補助受容体として働く．この作用は，受容体の細胞外ドメインとアクチン細胞骨格との間を結びつけるように働き，その結果，細胞間の構造の正しさが維持される．（グリピカンは細胞膜との結合が弱いため，この機能はもたない．）

HSPG とそのリガンドが相互作用するという生化学的な証拠は，大部分が *in vitro* 結合アッセイや免疫共沈降データから得られている．しかし，単一の型の大量の HSPG を精製することが困難であり，また，HSPG は大規模な翻訳後修飾を受けるため，細胞内で実用的なレベルで過剰発現させるのが困難である．このような理由から，発生や疾患における HSPG の機能を明らかにするにあたっては，遺伝学的な解析の方がずっと強力なツールとなっている．

遺伝学的な解析のための最も優れたモデル生物の一つはショウジョウバエの一種，キイロショウジョウバエ（*Drosophila melanogaster*）である．ショウジョウバエの発生における HSPG の役割を探るため，HSPG のコアタンパク質およびヘパラン硫酸の合成に必要な糖のプロセシング酵素のいずれかに変異をもつハエの系統が作製された．このようなハエは，増殖因子やその受容体の遺伝子に変異をもつハエ，および受容体に関係する主要な

ヘパラン硫酸プロテオグリカンに結合するタンパク質

カテゴリー	結合タンパク質
モルフォゲン	Wht タンパク質
凝固因子	活性化質 Xa 因子，トロンビン
ECM 成分	フィブリン，フィブロネクチン，間質コラーゲン，ラミニン，ビトロネクチン
増殖因子（GF）	上皮細胞増殖因子，繊維芽細胞増殖因子，インスリン様増殖因子，血小板由来増殖因子
組織修復因子	組織プラスミノーゲン活性化因子，プラスミノーゲン活性化因子阻害因子
プロテイナーゼ	カテプシン G，好中球エラスターゼ
増殖因子結合タンパク質（GF BP）	インスリン様増殖因子結合タンパク質，形質転換増殖因子結合タンパク質
抗血管新生因子	アンジオスタチン，エンドスタチン
細胞接着分子	L–セレクチン，神経細胞接着分子（NCAM）
ケモカイン	C-C，CXC
サイトカイン	インターロイキン–2，–3，–4，–5，–7，–12；インターフェロン γ，腫瘍壊死因子–α
エネルギー代謝	アポリポタンパク質 B および E，リポタンパク質リパーゼ，トリグリセリドリパーゼ

図 15・24 HSPG は多くの細胞外タンパク質に結合し，幅広い生物学的機能を制御している．結合タンパク質の一部を示す［M. Bernfield, et al., *Annu. Rev. Biochem* **68**,（1999）より改変］

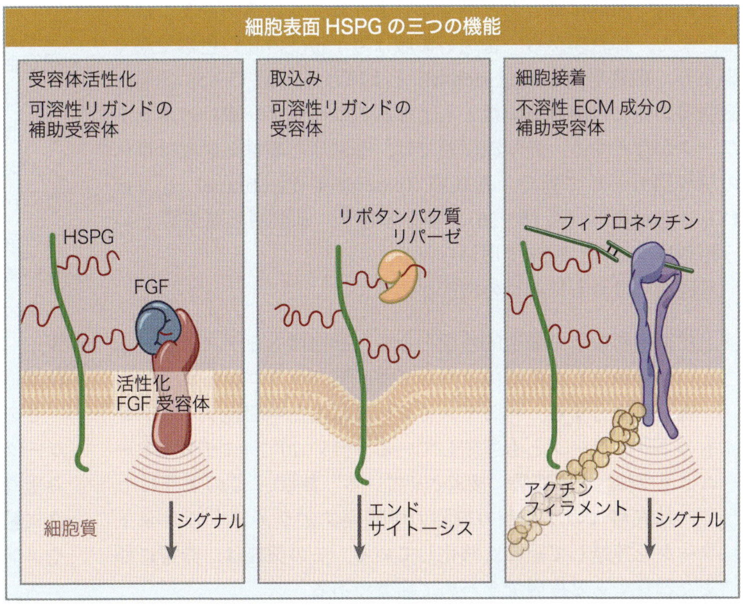

図 15・25 ヘパラン硫酸プロテオグリカン（HSPG）は増殖因子，酵素，および細胞外マトリックスタンパク質の受容体として働く．

酵素の活性が失われたハエと同じ表現型を示した．野生型の増殖因子受容体の追加のコピーを発現させることでHSPG変異をもつハエの表現型が回復したことから，この二つの表現型が関係していることが強く示唆された．同様な実験がマウスにおいても進められている．

15・11 基底層は特殊化した細胞外マトリックスである

重要な概念

- 基底層は上皮層の基底側や神経筋接合部にみられる細胞外マトリックスの薄いシートで，少なくとも2種類の層からなっている．
- 基底膜はコラーゲン繊維のネットワークに連結した基底層からなる．
- 基底層は上皮組織を維持するための支持的なネットワーク，拡散の障壁，増殖因子などの可溶性タンパク質の蓄積部位，および神経細胞の移動のためのガイダンスシグナルとして機能する．
- 基底層の成分は組織のタイプによって異なるが，大部分では4種類のおもな細胞外マトリックス成分が共通している．すなわち，Ⅳ型コラーゲンとラミニンの層がヘパラン硫酸プロテオグリカンとリンクタンパク質のナイドジェンにより結合されている．

基底層（basal lamina）は，多くの細胞型にすぐ隣接して，または接触して存在する細胞外マトリックスの薄いシートである．基底層は細胞外マトリックスの一種とみなされている．それは，Ⅳ型コラーゲンのような細胞外マトリックスにしかみられないタンパク質を含んでいることと，特徴的なシート状の配置をとっていることに由来する．そもそもは，基底層という用語は，電子顕微鏡で最初に見られた，上皮細胞の基底表面に接触している細胞外マトリックスのシートについてのみ使用されていた．現在では基底層のおもな構成要素が同定されているので，上皮細胞下にある基底層と同じタンパク質の多くを含有する，筋肉と神経の間の神経筋接合部に存在するシートにも使用されている．

何年もの間，この細胞外マトリックスの層はさまざまな名称でよばれてきた．走査型電子顕微鏡で見ると基底層は二つの細胞層に分かれた特徴的なシートであり，透過型電子顕微鏡ではそれぞれ40〜60 nmの幅の二つの層として見える．上皮細胞の細胞膜に最も近い領域はほとんど何もないように見え，透明帯とよばれる．また，細胞膜から一番遠い領域は電子密度の高い色素で濃く染まり，緻密層（lamina densa）とよばれる（図15・56参照）．緻密層の先には繊維細網板ともよばれるコラーゲン繊維のネットワークが存在する．光学顕微鏡では，基底層と繊維細網板は単一の境界部分として見え，基底膜（basement membrane）とよばれることが多い（図15・26）．多くの場合，基底層と基底膜という用語はほぼ同じ意味で用いられる．

基底層にはおもに四つの機能がある：

- 上皮細胞層の下で構造的基盤となる．細胞はヘミデスモソームという特殊化した構造体を介して基底層のラミニンとコラーゲン繊維に結合する．ヘミデスモソームはまた中間径フィラメントのネットワークとも連結している（§15・20“ヘミデスモソームは上皮細胞を基底層に接着させている”参照）．このようにして，基底層はいくつかの細胞の中間径フィラメントのネットワークを連結して組織を強化している．この機能は，非常に頑丈な器官である皮膚できわめて顕著である．
- 上皮の区画間において選択的な透過性をもつ障壁となる．基底層のプロテオグリカンは粒状の物質（死んだ細胞やバクテリアなど）を捕捉することにより，感染を阻止し免疫系を補助している．
- 基底層のプロテオグリカンは組織液に由来する可溶性のリガンド（増殖因子など）に結合，固定化して，濃縮する．このため細胞が増殖因子と接近する機会が増し，場合によっては増殖因子受容体による結合を促進する（§15・8“プロテオグリカンは組織を水和させる”参照）．
- 基底層のラミニンタンパク質は，発生中の神経細胞の成長円錐のガイダンスシグナルとして働く．これは，神経細胞から伸びる長い突起がその細胞標的を発見する方法の一つである．

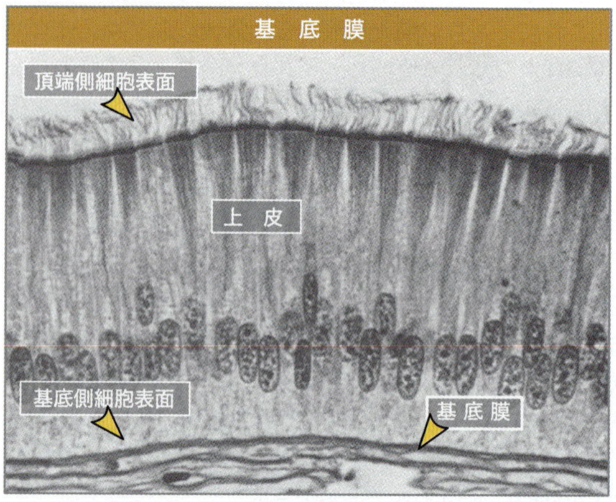

図15・26 基底膜は上皮細胞の直下に存在する，タンパク質の薄い層として見える［写真はDr. William Bloom, Dr. Don W. Fawcettの好意による．“A Textbook in Histology”(1986)より転載］

このような幅広い機能を果たすことを考えれば，基底層の分子成分が組織ごとに異なっていること，さらには同じ組織でも時間とともに異なっているということは驚くにあたらない．基底層は多くの組織の細胞外マトリックスのごくごく一部を占めているにすぎないため，その成分を単離するのは困難であることがわかった．運良く，大量の“基底膜”タンパク質を分泌するマウス軟骨肉腫が見いだされ，それにより基底層の成分の詳細な解析が可能となった．現在のところ基底層で20種類を超えるタンパク質が同定されている．

ほぼすべての基底層で発現されている主要な成分が四つ存在する．Ⅳ型コラーゲン，ラミニン，ヘパラン硫酸プロテオグリカン，およびエンタクチン（ナイドジェンともいう）の四つである．（コラーゲン，ラミニン，ヘパラン硫酸プロテオグリカンについての詳細は§15・3“コラーゲンは組織に構造的基盤を与える”，§15・6“ラミニンは細胞の接着性の基質となる”および§15・10“ヘパラン硫酸プロテオグリカンは細胞表面の補助受容体である”を参照）．これらの成分がどのようにして基底層の特徴であるシート状構造に組立てられるのかについて，モデルが提唱されている．

このモデルでは，Ⅳ型コラーゲンとラミニンが重合してネットワークを形成している（図15・16参照）．このネットワークが積み重なって層を形成するが，ネットワーク間は両方のネットワークに結合できるヘパラン硫酸プロテオグリカンであるパールカンやエンタクチンなどのリンクタンパク質によりつなぎ止められている．ヘミデスモソームタンパク質に結合するラミニン-5やⅦ型コラーゲンフィラメントなどの他の成分は層の間に織り込まれる．どのようにして，このようなタンパク質が主要な成分に結合するのかはわかっていないが，細胞のインテグリン受容体を介した接触が，基底層を適切に組立てるのに必要であることが示されている．組立てられた基底層は，上皮組織を支持するのに十分な構造的安定性をもたらす，タンパク質が密に組上げられた複雑な網を形成するが，それは細胞外液の選択的フィルターとして機能できる程度には多孔性である．

15・12 プロテアーゼは細胞外マトリックス成分を分解する

重要な概念

- 細胞は発生および創傷治癒の正常な過程の一環として細胞外マトリックスを常時分解して置き換えていく必要がある．
- 細胞外マトリックスタンパク質は特異的なプロテアーゼにより分解される．細胞はこのプロテアーゼを不活性型で分泌する．
- このようなプロテアーゼは必要な組織でのみ活性化される．通常，プロテアーゼに含まれるプロペプチドのタンパク質切断により活性化が行われる．
- マトリックスメタロプロテアーゼ（MMP）ファミリーはこのようなプロテアーゼの最も豊富なクラスの一つであり，おもなクラスの細胞外マトリックスタンパク質をすべて分解することができる．
- マトリックスメタロプロテアーゼはプロペプチドを切断し合うことで互いに活性化できる．このため，プロテアーゼの活性化がカスケード状に増幅され，細胞外マトリックスタンパク質を急速に分解可能である．
- ADAM は細胞外マトリックスタンパク質を分解するプロテアーゼの第二のクラスである．ADAM はインテグリン細胞外マトリックス受容体にも結合することで，細胞外マトリックスの分解だけではなく構築の制御も補助している．
- 細胞はこのようなプロテアーゼの阻害剤を分泌して不必要な分解から自身を守っている．
- マトリックスメタロプロテアーゼ-2 遺伝子の変異により，ヒトにおいて種々の骨格異常がひき起こされたことから，発生中の細胞外マトリックスの再構築の重要性がわかる．

本章においてこれまで，細胞外マトリックス分子が多細胞生物において細胞の挙動を制御するのに重要な役割を果たしていることを述べてきた．しかしながら生物は，細胞外マトリックスを破壊するプロテアーゼも産生している．生物はなぜ，自身をつなぎ止めている分子を取除こうとするのだろうか？ 最も簡潔な答えは，細胞外マトリックスは細胞と同様に可塑的でなくてはならない，すなわち環境条件の変化に反応できなくてはならないというものである．たとえば，成長中の神経細胞の周囲の細胞外マトリックスは，神経細胞が完全に分化した状態を維持するのに必要なものではないので，いったん神経細胞が成熟してしまえば置き換えられる．あるいは，発生初期に手指や足指の間の水かきを形成している細胞外マトリックスは後期には必要ないため完全に取除かれる．さらに，傷害や感染も組織に大きな損傷を与え，創傷治癒過程において，損傷部位が分解され，そこに細胞外マトリックスが新しく構築されることもある．最後に，このようなプロテアーゼが細胞外マトリックスタンパク質に作用して生じた小さなペプチドは，細胞の移動を促進することで，創傷の治癒を刺激する．このペプチドは腫瘍細胞の移動も刺激できる．最後に，細胞外マトリックスの消化により，巨大な細胞外マトリックスタンパク質によって形成された網に捕捉されている，増殖因子などの他の有用な因子が解放されることもある．細胞外間隙に存在する，タンパク質分解の標的と考えられるものを図 15・27 に示す．

予想通り，細胞は，分解される細胞外マトリックスタンパク質とほぼ同じだけのプロテアーゼを産生する．多くの細胞型から数十種類のプロテアーゼが細胞外間隙に分泌され，そのほとんどが血流を循環することができる．当然ながら，このようなプロテアーゼが，まったく健康で正常な組織に結合して分解してしまう危険性が考えられる．そのため，多くは不活性型で分泌され，必要な組織でのみ活性化される．このため，正常な組織にランダムに結合することは問題にはならない．プロテアーゼを通常は柄の部分に刃が折りたたまれて隠されているポケットナイフと考えてみると，必要なときにだけ刃が出され，摩耗するか，他の物体（プロテアーゼの場合は阻害性分子）によって阻害されるまで使われ

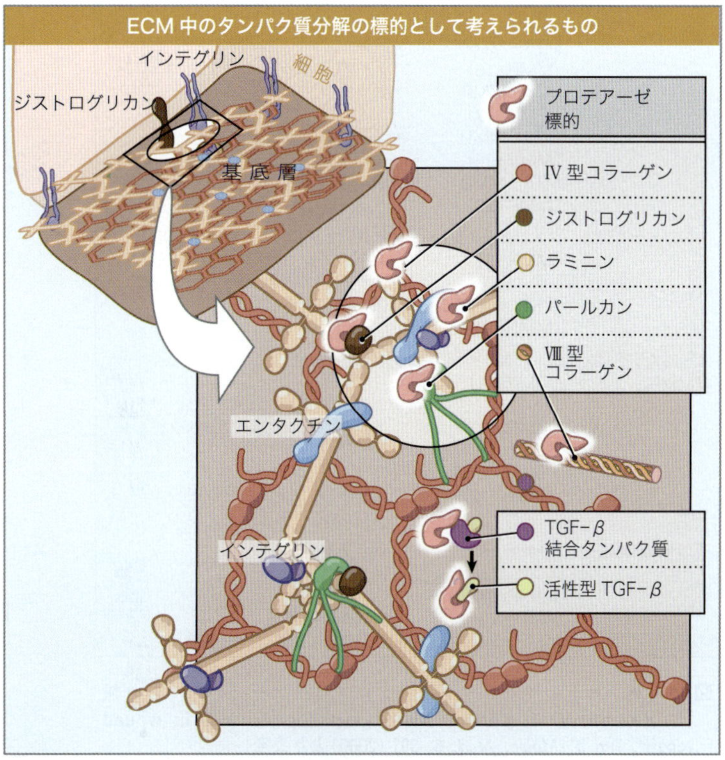

図 15・27 細胞外プロテアーゼの標的として考えられるものが細胞外マトリックス（ECM）中にいくつか存在する．ECM タンパク質が消化されることにより，機能的に活性な断片が遊離される場合もある．

ると考えることができる．

細胞外マトリックスプロテアーゼには二つの主要なファミリーが存在する．**マトリックスメタロプロテアーゼ**（matrix metalloproteinase, **MMP**）ファミリーと ADAM（a disintegrin and metalloproteinase）ファミリーである．両方とも細胞外マトリックスタンパク質を分解するが，ADAM プロテアーゼはさらにインテグリンを介した細胞接着にも寄与している．

ヒトで，少なくとも 20 種類の MMP が同定されており，構造や基質特異性に基づき六つのグループに分類されている（図 15・28）．

すべての MMP は以下のような共通の特徴をもつ（図 15・29）．

- プロテアーゼが合成された細胞から分泌されるためのシグナルペプチド．
- 触媒ドメイン内の高度に保存された亜鉛イオン結合部位．
- 先のポケットナイフモデルでの“柄”にあたる N 末端のプロペプチド．タンパク質のこの部分は折りたたまれて触媒部位の亜鉛イオンと共有結合を形成することでプロテアーゼの活性を阻害する．このプロペプチドはプロテアーゼが活性化される際にフューリンまたは近縁の酵素によって切断される．
- プロテアーゼの基質特異性を決定するヘモペキシンドメイン．
- 触媒部位とヘモペキシンドメインをつなぐプロリンに富んだ“ヒンジ”領域．

膜型 MMP のカルボキシ末端には MMP を細胞膜につなぎ止めるための膜貫通領域も存在する．

MMP ファミリーのプロテアーゼは全体として本章でふれたすべての細胞外マトリックス糖タンパク質ならびにいくつかのプロテオグリカンを分解可能である．多くの場合 MMP は集団として一緒に働く．MMP が特に興味深いのは，それが他の MMP のプロペプチドを切断することで活性化できることである．一例をあげれば，MMP-3 は MMP-7 を活性化し，それが次に MMP-2 を活性化する．これにより，複数の基質を急速に分解することが可能となっている．たとえば，MMP-2，-3，-7 の組合わせで 10 種を超える細胞外マトリックスタンパク質を消化できる．通常，タンパク質分解のカスケードは分解部位で活性型のプロテアーゼを捕捉することで開始される．たとえば，プラスミンというプロテアーゼは血液凝固部分で活性化され，凝血塊付近の複数の MMP を活性化して，創傷治癒時の組織の再構築を開始する．

ADAM ファミリーは多様な生物種で同定された約 30 種類のプロテアーゼからなり，うち 15 種には MMP や他の多くのプロテアーゼに存在する亜鉛結合触媒部位が存在する．ADAM プロテアーゼにはまた，MMP のものと同じく，触媒部位を阻害するプロペプチド（プロドメイン）が存在する．ADAM プロテアーゼは細胞外マトリックスに存在するものを含め，多くの細胞外タンパク質を分解することができる．ADAM プロテアーゼはまた，ディスインテグリンとして知られる一群のタンパク質に存在するドメインを備えている．ディスインテグリンは血小板上に存

細胞外マトリックスプロテアーゼ

酵素		基質の例
コラゲナーゼ	コラゲナーゼ-1 (MMP-1)	• コラーゲン I, II, III, VII, VIII, X
	コラゲナーゼ-2 (MMP-8)	• コラーゲン I, II, III
	コラゲナーゼ-3 (MMP-13)	• アグリカン, コラーゲン I, II, III, IV, IX, X, XIV; フィブロネクチン, ゼラチン, ラミニン
ゼラチナーゼ	ゼラチナーゼ A (72 kDa) (MMP-2)	• コラーゲン I, IV, V, VII, X; ゼラチン, フィブロネクチン
	ゼラチナーゼ B (92 kDa) (MMP-9)	• コラーゲン IV, V, VII, XI, XIV; エラスチン, ゼラチン
膜型MMP	MT1-MMP (MMP-14)	• アグリカン, コラーゲン I, II, III; ゼラチン, エンタクチン, フィブリン, ラミニン, パールカン, ビトロネクチン
	MT2-MMP (MMP-15)	• アグリカン, エンタクチン, フィブロネクチン, ラミニン, パールカン
	MT3-MMP (MMP-16)	• 軟骨, コラーゲン III, フィブロネクチン, ゼラチン, ラミニン
	MT4-MMP (MMP-17)	• ゼラチン
	MT5-MMP (MMP-24)	• 未同定
	MT6-MMP (MMP-25)	• 未同定
ストロメライシン	ストロメライシン-1 (MMP-3)	• アグリカン, コラーゲンIV, V, IX, X; エラスチン, エンタクチン, フィブロネクチン, ゼラチン, ラミニン
	ストロメライシン-2 (MMP-10)	• (MMP-3 と同じ)
ストロメライシン様MMP	ストロメライシン-3 (MMP-11)	• セルピン
	マトリライシン (MMP-7)	• コラーゲン IV, エラスチン, エンタクチン, フィブロネクチン, ラミニン
	メタロエラスターゼ (MMP-12)	• コラーゲン IV, エラスチン, ゼラチン, フィブロネクチン, ラミニン, ビトロネクチン
その他の MMP	MMP-19	• ゼラチン
	エナメリシン (MMP-20)	• アメロゲニン
	MMP-23	• 合成 MMP 基質
	MMP-26	• ゼラチン, 合成 MMP 基質

図 15・28　ヒトのマトリックスメタロプロテアーゼの六つの分類［L. Ravanti, V-M. Kähäri, 'Matrix metalloproteinases in wound repair', *Int. J. Molec. Med.* **6**, 391 (2000) より改変］

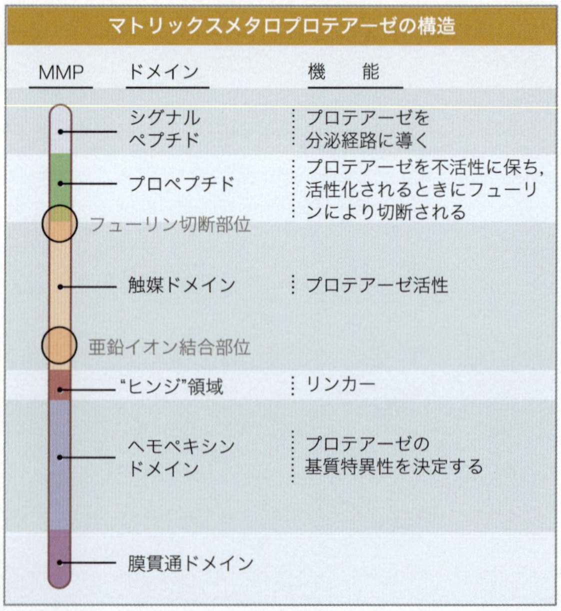

図 15・29　六つのマトリックスメタロプロテアーゼはすべて，共通の構造的特徴をもつ．MMP ファミリーのメンバーにみられるこれらの特徴の相対的な位置を“一般的”な MMP で示す．MMP の中にはこれらの特徴の内いくつかを欠くものもあるが，プロペプチドと触媒ドメインはすべての MMP に存在する．

在する主要なインテグリン受容体に結合して血栓形成時の血小板の凝集を阻害する．ADAM のディスインテグリンドメインはインテグリンの基質として作用し，それによって細胞間接着を可能にすると考えられている．このように，ADAM の機能はきわめて多様であるが，細胞外マトリックスタンパク質の統合的な構造を維持するための調節因子として機能している．

MMP と ADAM は共に組織型メタロプロテアーゼ阻害因子（TIMP）という可溶性タンパク質によって阻害できる．細胞は TIMP を分泌して，自身（および周囲のマトリックス）を活性化プロテアーゼによる分解から守っている．場合によっては，細胞は細胞外マトリックスタンパク質ならびにそれを分解するプロテアーゼおよびその阻害剤を分泌し，マトリックスの構築と分解の間に緊密なバランスを確立している（図 15・30）．腫瘍でみられるように，この系の平衡が失われると，組織が急速に分解され，腫瘍細胞は血中に流出しやすくなる．このため，TIMP は抗がん剤としての可能性が研究されている．

細胞はインテグリン受容体で大部分の細胞外マトリックスタンパク質と結合しているため，細胞外マトリックスタンパク質を分解すると，接着，移動，シグナル伝達といったインテグリンを介する機能に重大な影響をもたらす可能性がある（§15・13 “大部分のインテグリンは細胞外マトリックスタンパク質の受容体である” 参照）．場合によっては，細胞外マトリックス分子が消化されることにより，もともとの分子に隠されていた，機能的に活性をもつタンパク質断片が遊離されることがある．たとえば，図 15・31 に示されている最新のモデルでは，$\alpha_2\beta_1$ インテグリンを介するコラーゲン原繊維との接着により，多くの細胞で MMP–1 の発現が誘導されうることが示唆されている．このプロテアーゼはコラーゲンを消化し，別のインテグリン受容体である $\alpha_v\beta_3$ が結合する Arg–Gly–Asp（RGD）配列などの新たな結合部位を露出させる．$\alpha_v\beta_3$ が結合すると，MAP キナーゼを含むシグナル伝達経路が刺激され，MMP–2 の発現の増加がもたらされる．放出された MMP–2 は MMP–1 によって活性化され，コラーゲン繊維の分解を完了する．この過程により，細胞の接着基質としてのコラーゲンが取除かれるだけではなく，コラーゲンの断片が放出され，それが分解部位からの細胞の移動を刺激する可能性がある．

MMP の重要性についての劇的な例は Winchester 症候群，

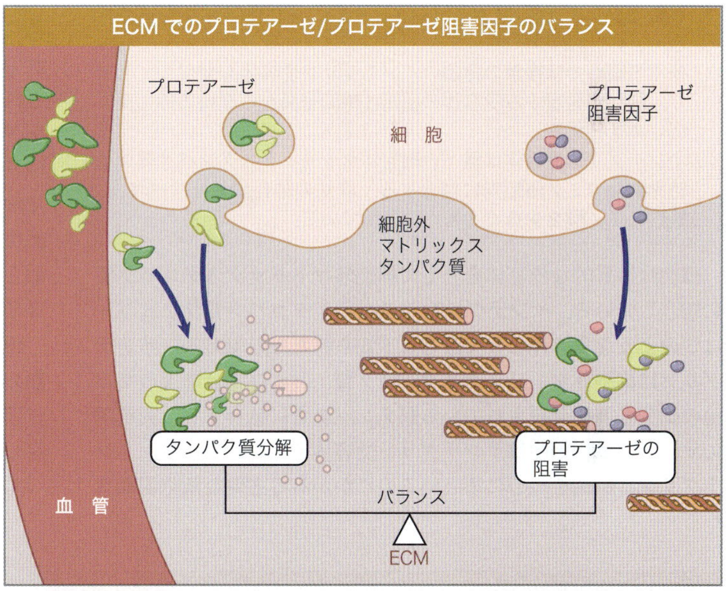

図 15・30　細胞は細胞外マトリックスタンパク質を消化するためのプロテアーゼと，この分解を阻害するためのプロテアーゼ阻害因子を分泌する．それにより，組織内の細胞外マトリックスの分解と再構築の微妙な制御が可能となっている．

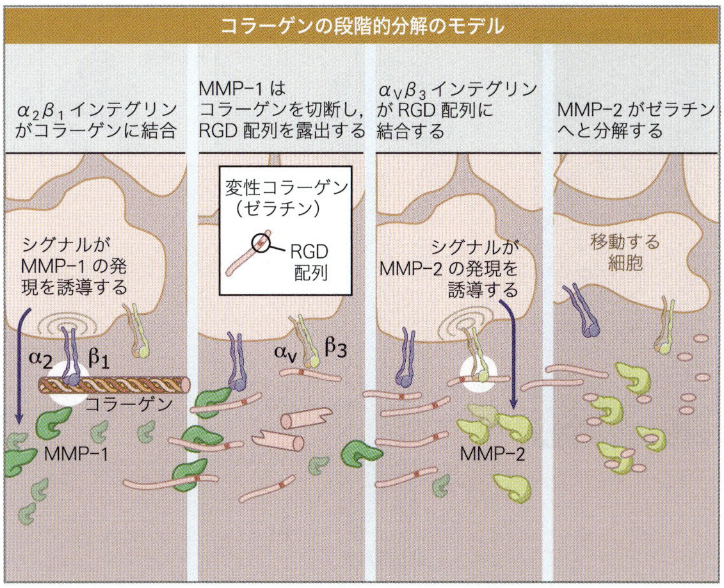

図 15・31　このコラーゲン分解のモデルでは，細胞はまず $\alpha_2\beta_1$ インテグリン受容体を介してコラーゲンに結合する．MMP–1 による分解の結果，コラーゲンの構造が変わり，$\alpha_v\beta_3$ インテグリンとの結合部位が露出する．$\alpha_v\beta_3$ を介した結合により MMP–2 の発現が誘導され，コラーゲンがさらに分解される．

Torg 症候群，Nodulosis–Arthropathy–Osteolysis 症候群，および Al–Aqeel Sewairi 症候群として知られる遺伝性の“骨消失”疾患のクラスである．患者は骨減少に伴う数多くの骨格についての問題，たとえば手首および足首の骨吸収，関節障害，重症の骨粗鬆症，独特の顔面異常を示す．この遺伝的疾患の原因は，常染色体劣性の MMP–2 遺伝子の変異であり，不活性の MMP–2 しか産生されない．

15・13　大部分のインテグリンは細胞外マトリックスタンパク質の受容体である

重要な概念

- 実質的にすべての動物細胞はインテグリンを発現している．インテグリンは最も豊富で広く発現されている細胞外マトリックスタンパク質受容体のクラスである．
- 一部のインテグリンは他の膜貫通タンパク質と結合する．
- インテグリンは α 鎖と β 鎖という 2 種類のサブユニットからなる．両方の鎖の細胞外部分が細胞外マトリックスタンパク質と結合し，細胞質部分は細胞骨格およびシグナル伝達タンパク質と結合している．
- 脊椎動物には数多くの α および β サブユニットが存在し，組合わせで少なくとも 24 種類の $\alpha\beta$ ヘテロ二量体受容体を形成する．
- 多くの細胞では複数の種類のインテグリン受容体を発現しており，細胞が発現する受容体の種類は時間や異なる環境条件に反応して変化する．
- インテグリン受容体は種々の細胞外マトリックスタンパク質の特異的なアミノ酸配列に結合する．既知の結合配列はすべて，酸性アミノ酸を少なくとも一つ含んでいる．

細胞は特異的な受容体を介して細胞外マトリックスタンパク質に結合している．**インテグリン**（integrin）タンパク質ファミリーはこのような受容体として最もよく知られたものである．インテグリンは細胞外マトリックスタンパク質，および場合によっては他の細胞表面に発現されている膜タンパク質に結合する．実質的にすべての動物細胞はインテグリン受容体を発現している．インテグリンは組織を一つにまとめるのにかかわる主要な細胞表面タンパク質と考えられる（§15・15“インテグリンと細胞外マトリックスは発生において主要な役割を果たす”参照）．インテグリンは細胞外マトリックスと細胞内シグナル伝達タンパク質および細胞骨格を連結している（§15・14“インテグリン受容体は細胞シグナル伝達に関与している”参照）．

インテグリンがどのように機能しているのか理解するために，その構造を見ていこう．インテグリン受容体は，α サブユニットと β サブユニットという 2 種類のポリペプチドからなっていて，膜を 1 回貫通して，非共有結合によりヘテロ二量体受容体を形成している．インテグリン受容体のX線結晶解析を含む，いくつかの実験データに基づき，インテグリン構造の緻密で複雑なモデルがつくられた（図 15・32）．各サブユニットには，本来の受容体の機能に寄与するいくつかのドメインが存在する．α 鎖のドメインとしては，タンパク質の細胞外部分であるN末端に β プロペラという構造が存在する．プロペラには，プロペラの“羽”となる 60 アミノ酸の 7 回の反復が含まれ，さらに Ca^{2+} などの 2 価の陽イオンに結合する EF ハンドというモチーフが 3〜4 個存在する．一部の α サブユニットにはさらに，I ドメインまたはAドメインが存在し，β サブユニットの Mg^{2+}/Mn^{2+} 金属イオン依存性接着部位（MIDAS）と相互作用する．α サブユニットのより細胞膜側には，“脚”構造を形成する三つのドメインが存在し，それぞれ thigh，calf1，calf2 とよばれている．すべての β 鎖には保存されたN末端 PSI ドメインが存在し，それに続いてハイブリッドドメインがあり，それが α 鎖の β プロペラドメインと接触する球状の I/A ドメインに連結している．β 鎖のより膜側には，上皮細胞増殖因子の構造（EGF ドメイン）に似たドメインが 3 回反復で存在し，それに続いて β 尾部ドメインが存在する．また α 鎖と β 鎖は共に単一の膜貫通ドメインを備え，C末端に細胞質ドメインをもっている．

現在のところ，脊椎動物では 18 種類の α サブユニット，8 種類の β サブユニットが知られている．（大部分は連続的に番号が付けられているが，一部については同定された方法を反映した文字の名が付けられている．）これら 26 種類のサブユニットが対をつくって少なくとも 24 種類の $\alpha\beta$ 受容体の組合わせを形成する．さらに，いくつかのサブユニットのバリアントが選択的スプライシングによって生成されて，サブユニット構造の種類が増している．多くの細胞は複数種類のインテグリン受容体を発現しており，発現される受容体の種類は，発生過程で，また特異的なシグナルに反応して変化する場合がある．

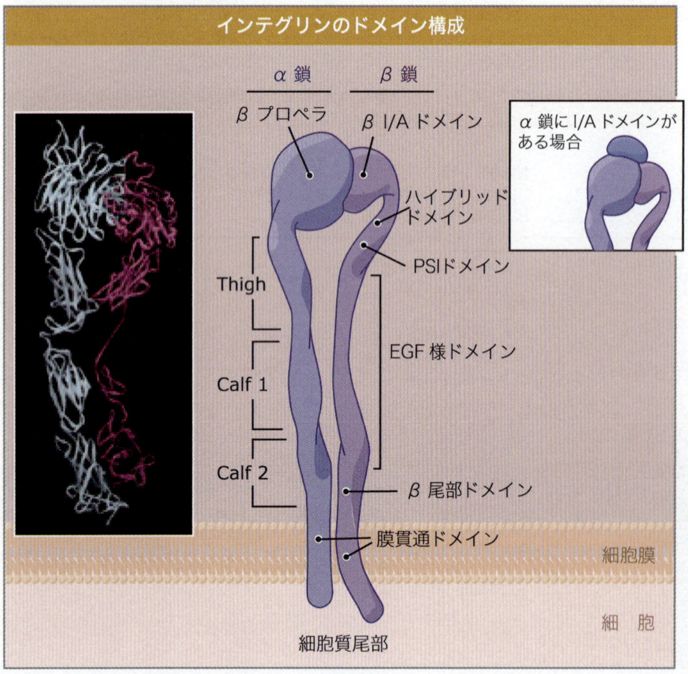

図 15・32　インテグリン受容体はヘテロ二量体である．一部の α 鎖には α–I / A ドメインが含まれ，これは受容体の細胞外部分のプロペラ領域に結合している（挿入図）．大部分のインテグリン受容体には α–I ドメインは存在しない．$\alpha_V\beta_3$ インテグリンの細胞外ドメインの結晶構造の伸びたバージョンを示す［写真は J.P. Xiong, et al., *Science* **294**, 339〜343 (2001) より許可を得て転載．©AAAS］

図 15・33 インテグリンはβサブユニットを共有する亜群に分けられる．

インテグリン受容体の三つの分類

分　類		リガンド	位置/機能
β_1	α_1	コラーゲン，ラミニン	細胞外マトリックス
	α_2	コラーゲン，ラミニン	
	α_3	フィブロネクチン，ラミニン，トロンボスポンジン	
	α_4	フィブロネクチン，血管細胞接着分子-1	細胞間接着
	α_5	コラーゲン，フィブロネクチン，フィブリノゲン	細胞外マトリックス 血液凝固
	α_6	ラミニン	細胞外マトリックス
	α_7	ラミニン	
	α_8	サイトタクチン/テナシン-C, フィブロネクチン	
	α_9	サイトタクチン/テナシン-C	
	α_{10}	コラーゲン	
	α_{11}	コラーゲン	
β_2	α_D	細胞接着分子-3，血管接着分子	細胞間接着
	α_L	細胞接着分子 1-5	
	α_M	C3b フィブリノゲン，第 X 因子， 細胞接着分子-1	宿主防御 血液凝固 細胞間接着
	α_X	フィブリノゲン， C3b	血液凝固 宿主防御
β_3	α_{Ib}	コラーゲン	細胞外マトリックス
	α_{IIb}	コラーゲン，フィブロネクチン，トロンボスポンジン，ビトロネクチン，	
		フィブリノゲン，フォンウィルブランド因子，プラスミノーゲン，プロトロンビン	血液凝固
	α_V	コラーゲン，フィブロネクチン，ラミニン，オステオポンチン，トロンボスポンジン，ビトロネクチン，	細胞外マトリックス
		ディスインテグリン，フィブリノゲン，プロトロンビン，フォンウィルブランド因子，	血液凝固
		マトリックスメタロプロテアーゼ-2	プロテアーゼ

なぜ多くの種類のインテグリンが存在するのだろうか？　一部のインテグリンサブユニットの遺伝的ノックアウトは発生中に致死となるが，他のインテグリンのノックアウトは軽度の作用を示すことから，一部のインテグリン受容体が互いに補償し合える可能性が考えられる．この補償能を機能的冗長性（functional redundancy）という．（さらに詳細については §15・15 “インテグリンと細胞外マトリックスは発生において主要な役割を果たす” 参照.）インテグリンはβサブユニットに基づいて三つのサブファミリーに分類される（図 15・33）．β_1 インテグリンはおもに細胞外マトリックスタンパク質に結合し，インテグリンの中で圧倒的に広範囲に発現されているグループである．β_2 インテグリンは白血球のみで発現され，一部は他の細胞表面タンパク質に結合する．一部の β_3 インテグリンは血小板および巨核球（血小板前駆細胞）上に発現され，血小板の接着および血液凝固時にきわめて重要な役割を果たしている．他の β_3 インテグリンは内皮細胞，繊維芽細胞，および一部の腫瘍細胞でも発現されている．β_4～β_8 サブユニットを含む受容体は比較的少なくまたきわめて多様であるのでいずれの亜群にも分類されていない．

インテグリンはどのようにして細胞接着を支持しているのだろうか？　インテグリン受容体はα鎖とβ鎖の両方の細胞外ドメインを利用して細胞外マトリックスタンパク質に直接結合する．α鎖の細胞外ドメインは多くのインテグリン受容体にリガンド特異性を付与すると考えられている．フィブロネクチン受容体である $\alpha_5\beta_1$ を例外として，すべてのインテグリンは複数のリガンドに結合できる．細胞外マトリックスタンパク質もそれぞれ複数種のインテグリンと結合できる．リガンドのアミノ酸配列に基づいてインテグリン結合部位を予測することはできないが，細胞外マトリックスタンパク質の既知の結合部位にはすべて酸性アミノ酸（たとえばアスパラギン酸）が共通して存在している．コラーゲン，ビトロネクチン，およびフィブロネクチンなどの多くのリガンドにはアルギニン–グリシン–アスパラギン酸（RGD）配列が存在する（たとえば，§15・4 “フィブロネクチンは細胞をコラーゲンを含むマトリックスと連結する” 参照）．次節で見ていくように，インテグリンの接着機能には，細胞骨格やシグナル伝達タンパク質に結合する細胞質尾部が関与している．

15・14 インテグリン受容体は細胞シグナル伝達に関与している

重 要 な 概 念

- インテグリンは細胞外マトリックスタンパク質への細胞の結合，ならびに接着後の細胞内応答の両方を制御するシグナル伝達受容体である．
- インテグリン自身は酵素活性をもたないが，代わりにインテグリンをシグナル伝達タンパク質と結びつけるアダプタータンパク質と相互作用している．
- 親和性調節（個々の受容体の結合力を変化させる）および結合活性調節（受容体のクラスター形成を変化させる）という二つのプロセスによりインテグリンと細胞外マトリックスタンパク質の結合力が制御される．
- 受容体サブユニットの細胞質尾部の変化または細胞外陽イオンの濃度の変化に由来する，インテグリン受容体の立体構造の変化が，両方のタイプの調節において重要である．
- 内から外へのシグナル伝達においては，受容体の立体構造の変化は細胞内の他の部位（たとえば他の受容体）から発した細胞内シグナルに由来する．
- 外から内へのシグナル伝達においては，（たとえば，リガンドの結合により）受容体から始まったシグナルが細胞の他の部分に伝播される．
- インテグリンのクラスターに結合する細胞内タンパク質は，インテグリン型や細胞外マトリックスタンパク質の型に依存して著しく異なっており，インテグリンの外から内へのシグナル伝達に対する細胞応答はそれに応じて異なる．
- 多くのインテグリンシグナル伝達経路は増殖因子受容体経路と重複している．

細胞外マトリックスタンパク質へのインテグリンの結合は環境からのシグナルにより変化する可能性がある．なぜそれが有利なのだろうか？　たとえば，血流中を循環している血小板について考えてみよう．血小板のおもな役割は損傷を受けた血管の穴をふ

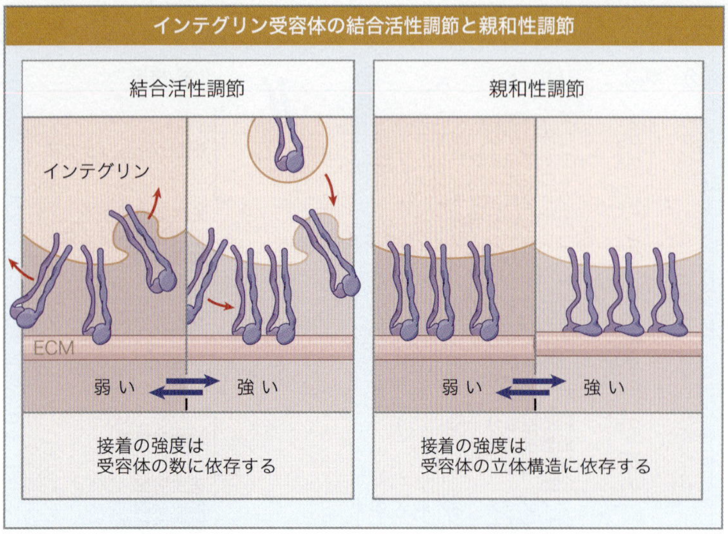

図 15・34　結合活性調節とは細胞表面上にある受容体の密度の変化をさし，親和性調節とは個々の受容体タンパク質の結合力の変化をさす．

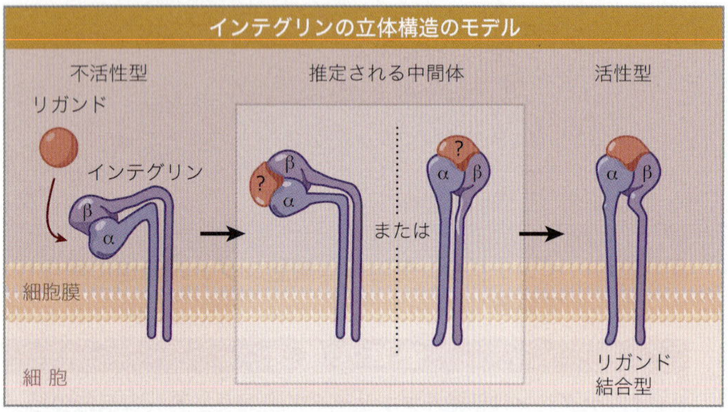

図 15・35　このインテグリン活性化のモデルでは，不活性な受容体の細胞外部分が細胞膜側に折りたたまれている．インテグリン受容体がまっすぐになると，リガンドに結合して活性化する．リガンド親和性は完全に伸展した受容体で最も高い．

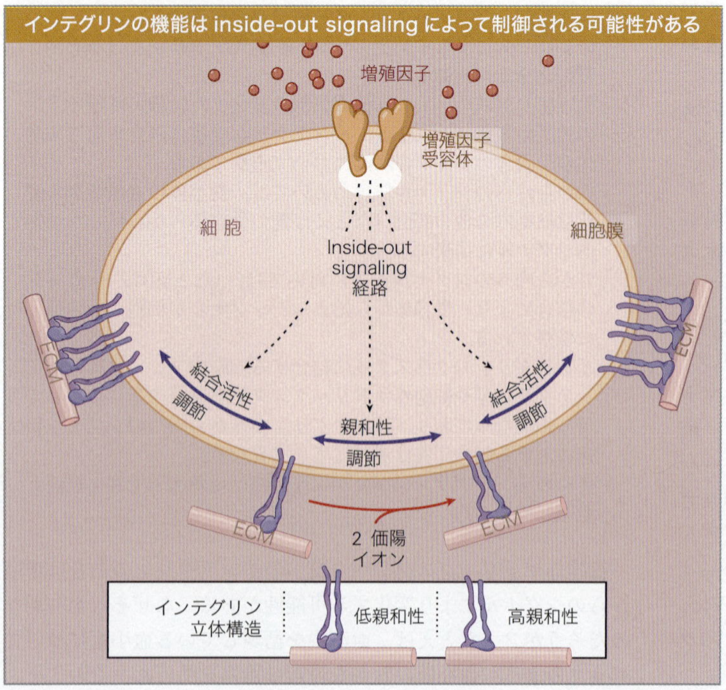

図 15・36　細胞質において（たとえば，増殖因子シグナル伝達から）開始されたシグナルが，インテグリン受容体の細胞質部分に伝えられる．このようなシグナルにより，細胞表面のインテグリンの結合活性調節および親和性調節がひき起こされる．その結果，情報が中から外へ（inside-out），つまり細胞質から細胞外間隙に伝わることとなる．

さぐ血栓を形成することである．そのために，血小板は細胞外マトリックスタンパク質と凝固タンパク質に結合する．血小板は血管の損傷されていない領域で血栓を形成してはならない．血小板（および他の細胞）と細胞外タンパク質との結合はインテグリン受容体によって制御されている．もう一つ例をあげると，結合力が変化することにより，細胞は静止しているときには細胞外タンパク質と強く接着し，移動しているときには細胞外タンパク質をつかむ力を緩めることが可能となっている．

図 15・34 に示すように，インテグリンの結合の度合いを制御するために，以下の 2 種類の相補的な機構が存在する．

- **親和性調節**（affinity modulation）：受容体の立体構造の変化によりリガンドとの親和性が変化する．
- **結合活性調節**（avidity modulation）：インテグリンと細胞外マトリックスタンパク質の間に形成される結合の数が変化する．

両方のプロセス共に細胞内のシグナル伝達経路により制御される．どちらの調節においてもインテグリンの立体構造の変化が重要である．

インテグリンのX線結晶構造解析から，インテグリン活性化のモデルがつくられた（図 15・35）．不活性型では，α鎖とβ鎖の両方の細胞外ドメインが細胞膜に向かって折れ曲がったような形態をとり，受容体はリガンドに結合しない．thigh ドメインとハイブリッドドメインが，αサブユニットとβサブユニットそれぞれでちょうつがいのように機能している．インテグリンが活性化するためには受容体のこの細胞外部分がまっすぐ伸びる必要がある．受容体がまっすぐに近づくほど，リガンドへの親和性が高まると考えられている．伸ばされる過程のある時点で，受容体はリガンドと低親和性で結合する．このリガンドとの結合により，受容体のさらなる伸展が補助されている可能性もある．受容体のβプロペラおよび MIDAS 領域に結合する 2 価陽イオンの局所的な濃度変化，あるいは細胞内シグナル伝達に対する応答のいずれかによって，受容体のさらなる三次元構造の変化がひき起こされる．インテグリンがどのようにして多くの異なる形態をとり，その結果として多くの異なる結合状態をとりうるのかを示していることが，このモデルで最も重要な特徴の一つである．このモデルは，細胞がどのようにして細胞外マトリックスタンパク質との結合を微調整しているのかの理解の一助となる．

体内の塩バランスの維持の一環として，細胞外液における 2 価陽イオン濃度が変化する可能性がある．インテグリンは Ca^{2+} および Mg^{2+} イオンに結合するので，2 価陽イオン濃度の変化はインテグリンの立体構造を変化させ，その結果，細胞外タンパク質との結合に影響を及ぼすと考えられる（§15・13“大部分のインテグリンは細胞外マトリックスタンパク質の受容体である”参照）．通常，*in vitro* のアッセイでは，陽イオンを除くと受容体が折りたたまれ接着性を失うが，陽イオンを加えると受容体が伸びて接着性を回復する．

インテグリンの機能の調節は，増殖因子受容体のような他の受容体により開始されたシグナル伝達への応答としても起こる．これを“inside–out signaling（中から外へのシグナル伝達）”という（図 15・36）．シグナルは細胞質内を伝播され，インテグリンサブユニットの細胞外部分を終点とする．インテグリンへの inside–out signaling の間に生じる生化学的変化はよくわかっていない．

上に述べたような機構で活性化された結果として，インテグリン受容体の細胞外部分が伸ばされると，それに応じて細胞質尾部の形態も変化する．このような膜を超えた形態の変化は，インテグリンが細胞質ゾル側のタンパク質とどのように相互作用するかについても影響を及ぼすため，シグナル伝達において重要である．インテグリン受容体の細胞質尾部の立体構造が，細胞の外の状態または inside–out signaling に応じてどのように変化するのかについての，二つのモデルを図 15・37 に示す．精製インテグリンの結晶構造に基づく一方のモデルでは，活性化により，細胞質尾部がハサミの刃が開くような感じで広がることが示されている．それにより，細胞内シグナル伝達分子が結合できるようになる．不活性な状態では，インテグリンは閉じた構造をとるので，シグナル伝達分子は結合しない．

図 15・37 に示したもう一つのモデルは，NMR 構造に基づいている．このモデルによると，受容体が不活性なときには，その細胞外部分と同様に，インテグリン α サブユニットの細胞質尾部は折りたたまれてループを形成しており，これは活性化されるとほどけ，シグナル伝達タンパク質に結合できるようになる．

結合活性調節においては，インテグリン受容体が活性化されると細胞表面での受容体のクラスター形成が進む（図 15・34 参照）．細胞表面全体にわたって広く分布している個々のインテグリンは，各々の基質と比較的弱い結合を形成している．しかし，インテグリンが細胞表面でクラスターを形成すると，その密集した結合は，同数の拡散しているインテグリンより張力に対する抵抗性が強くなる．このように，受容体の数および親和性が同じであっても，クラスター形成した受容体に比べて，広範囲に分布している受容体は，接着を支持する力が弱い．

インテグリン受容体が細胞表面でクラスター形成すると，α および β サブユニットの細胞質尾部はさまざまなタンパク質が集合するドッキング部位となる．このようなタンパク質は 2 種類の機能をもつ可能性がある．第一の機能として，細胞外と細胞骨格の成分の間にインテグリンを介した連結を確立している（図 15・38）．これにより，張力を細胞のいたるところおよび周囲の細胞外マトリックスに振り分けているのである．ヘミデスモソームでは，$\alpha_6\beta_4$ インテグリンが中間径フィラメントのネットワークと連結している（§15・20“ヘミデスモソームは上皮細胞を基底層に接着させている”参照）．また，β_1，β_2，および β_3 インテグリンはインテグリンをアクチン細胞骨格と連結しており，これにより細胞は自身の形態を変化させたり，移動・細胞分裂といったプロセスを進めることができる（第 8 章“アクチン”参照）．

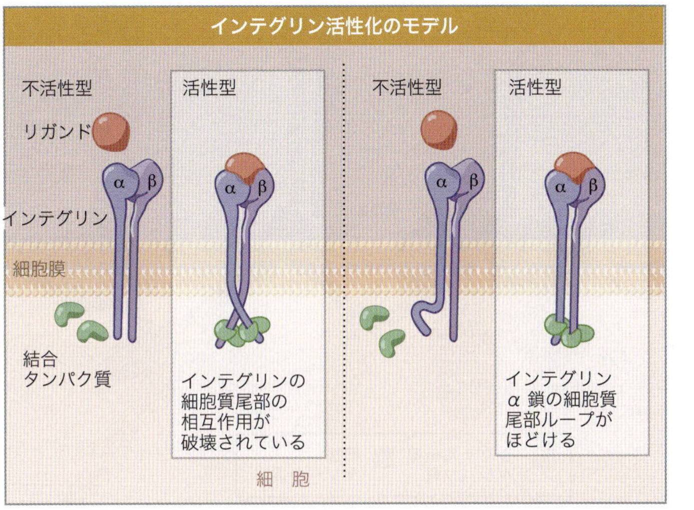

図 15・37　インテグリンがどのようにして細胞外リガンドへの結合を活性化され，また細胞基質タンパク質との結合部位を露出するのかについての二つのモデルを示す．活性化シグナル自体は細胞外からであっても細胞内からであってもよい．

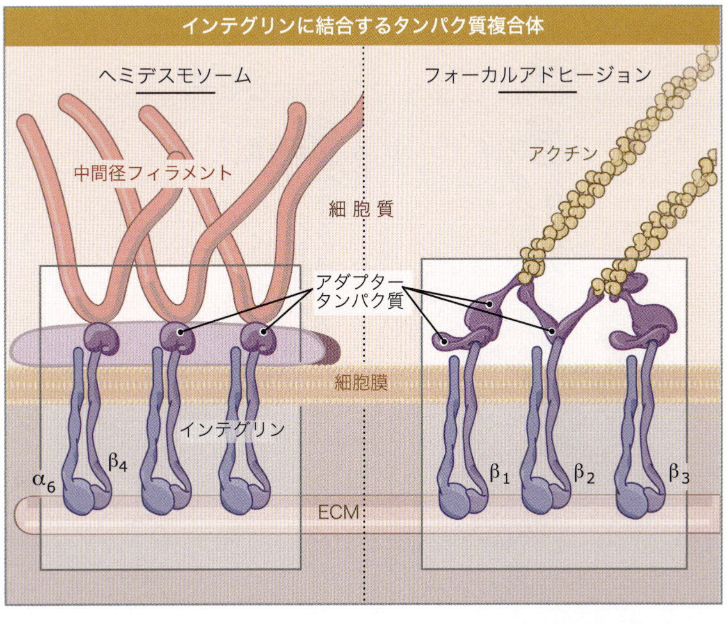

図 15・38　ヘミデスモソームと接着斑（フォーカルアドヒージョン）は共にインテグリンに結合するタンパク質複合体であるが，構造的にも機能的にもまったく異なったものである．

培養細胞での，インテグリン活性化およびクラスター化部位それぞれでは，細胞内タンパク質の一群がインテグリンに結合して接着斑を形成する．接着斑とは，基質との接触および接着を媒介する細胞表面上のパッチであり，容易に識別することができる．細胞が細胞外マトリックスと接触した直後に形成されるインテグリン受容体のクラスターを**接着複合体**（フォーカルコンプレックス focal complex）という．接着複合体がクラスターに追加の細胞質タンパク質を動員して成熟すると，**接着斑**（フォーカルアドヒージョン focal adhesion）を形成する．

第二に，このようなタンパク質はシグナル伝達タンパク質の集合体の足場として機能している．インテグリン受容体自身はシグナル伝達タンパク質ではない．インテグリンが結合したというシグナルを化学的シグナルに変えて細胞中に迅速に伝播させるためのタンパク質群があり，インテグリンはむしろ，それらのタンパク質の三次元な配列を形成させる構造上の基盤としての役割をもっている．インテグリン結合およびクラスター形成により開始される細胞内シグナル伝達を，“outside–in signaling（外から中へのシグナル伝達）”という．図 15・37 に示されているインテグリンの立体構造の変化のモデルは，この outside–in signaling にも適用可能である．

シグナル伝達タンパク質は互いに安定に結合しないので，同定するのが困難である．インテグリンの細胞質尾部と相互作用するタンパク質を同定するために用いられた方法の一つが酵母ツーハイブリッド法である（GNTC : 15-0001 参照）．ここで同定されたタンパク質がシグナル伝達複合体に存在しているかどうか，またその機能についてはつぎに別のアッセイによって調べられる必要がある．

インテグリンクラスターと複合体を形成するタンパク質が少なくとも 24 種類同定されている．おのおののクラスターに含まれる成分は，クラスター内に存在するインテグリンの種類，インテグリンが結合している細胞外マトリックスの種類，クラスターにかかる引っ張り応力，細胞内でのクラスターの位置，および クラスターが存在する細胞の種類に依存している．そのため，“典型的な”インテグリン結合シグナル伝達複合体がどのようなものであるか概説することは不可能である．

一例として接着斑をあげる．これは，細胞の細胞外マトリックスとの接着を支持する比較的安定な構造体であり，細胞外マトリックスと接触すると活性化するシグナル伝達複合体である．この場合，シグナル伝達複合体には，アクチン細胞骨格と連結する構造タンパク質と，多様なタンパク質と脂質キナーゼならびにそれらの機能を制御する調節タンパク質を含むシグナル伝達タンパク質の両方が含まれる（図 15・39）．構造タンパク質にはアクチンフィラメントと結合するタリン，αアクチニン，ビンキュリンなどが含まれる．複合体に存在するすべてのタンパク質がインテグリンに直接結合しているわけではない．これらのタンパク質間の結合については，精製したインテグリンおよび細胞質ゾルタンパク質を用いたアフィニティークロマトグラフィー，またこれらのタンパク質の単離画分を用いた結合アッセイにより決定されている．

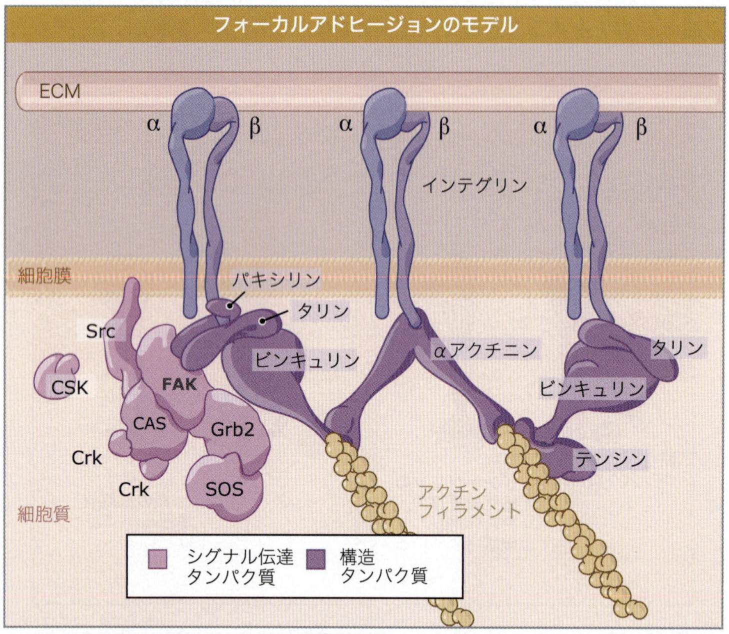

図 15・39 接着斑（フォーカルアドヒージョン）は細胞表面上のインテグリンのクラスターの周囲に形成される構造体であり，細胞外マトリックスとアクチン細胞骨格を連結する．接着斑には多数のシグナル伝達タンパク質が存在する．

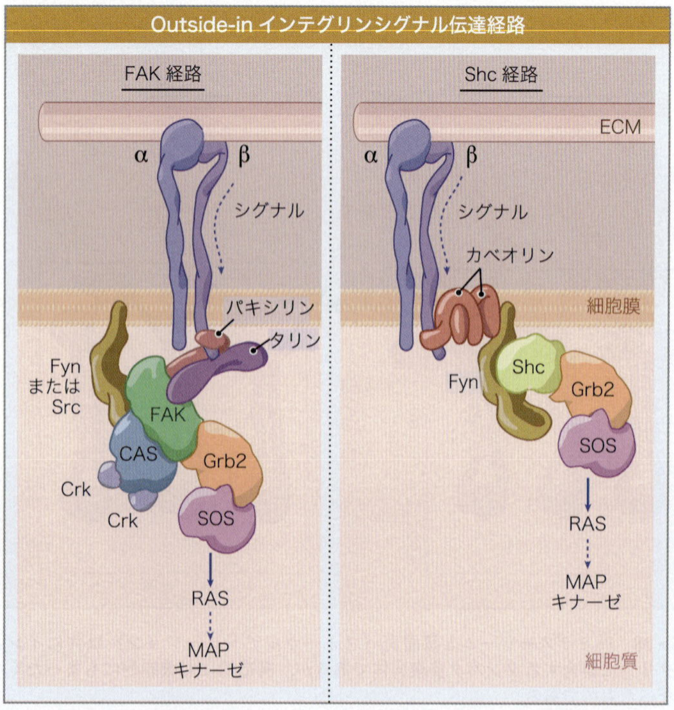

図 15・40 インテグリン受容体の細胞質尾部は多くのシグナル伝達タンパク質およびアダプタータンパク質と結合している．シグナル伝達複合体の二つのモデルを示す．一方の経路では，主要なシグナル伝達タンパク質は FAK であり，インテグリンに直接結合するか，タリンまたはパキシリンというタンパク質を介してインテグリンに結合する．もう一方の経路では，主要なシグナル伝達タンパク質は Shc という，カベオリンというアダプタータンパク質を介してインテグリンに結合するタンパク質である．両方のシグナル伝達複合体は共に MAP キナーゼシグナル伝達を制御する．

インテグリンクラスターに結合しているシグナル伝達タンパク質（図 15・40）の多くは，増殖因子受容体の周囲に形成されるシグナル伝達複合体にも存在する．実際に，多くのインテグリンシグナル伝達経路は増殖因子受容体により構築される経路と大幅に重複しており，増殖因子受容体がインテグリンクラスター中に動員されている場合もある．そのため，これら 2 種類の受容体の寄与を判別することが困難であることも多い．たとえば，インテグリンクラスター中に存在する接着斑キナーゼ（focal adhesion kinase, FAK）は，いくつかのシグナル伝達経路のまとめ役として働き，細胞増殖と移動の制御において重要な役割を果たす．シグナル伝達経路が重複しているために，インテグリンの細胞外マトリックス分子との結合はまた，細胞増殖の制御を補助し，プログラム細胞死を抑制する．

15・15 インテグリンと細胞外マトリックスは発生において主要な役割を果たす

重要な概念

- 40 種類以上の細胞外マトリックスタンパク質および 21 種類のインテグリンの遺伝子について，相同組換えによる遺伝子ノックアウトマウスが作製されている．遺伝子ノックアウトマウスの一部は致死であり，他は軽度の表現型を示す．
- β_1 インテグリン遺伝子を標的とした遺伝子破壊から，β_1 インテグリンが皮膚の組織化および赤血球の発生において重要な役割を果たしていることが明らかとなった．

細胞接着タンパク質およびその細胞外リガンドに関する知見の多くは培養細胞，単離したタンパク質，および通常の生理的な状態と著しく異なる条件を用いた *in vitro* 実験から得られたものである．このような還元主義的アプローチはしばしば，より複雑な実際の系では観察されないようなタンパク質の機能を明らかにしてくれる．しかし，最終的な目標はこれらのタンパク質が通常の，本来の生体内でどのように機能するかを見いだすことなのである．

細胞外マトリックスおよび細胞間結合が生体内で何をしているのか理解するためにおもに二つのアプローチが使われてきた．一つは発生パターンが詳細にわかっていて遺伝学的に扱いやすいモデル生物（ショウジョウバエや線虫など）を研究するというアプローチである．このような生物を変異源に曝露するとランダムに変異が生じる．変異体表現型を示す生物（つまり，適切に発生できない生物）から，変異を受けた遺伝子が同定される．

もっと直接的な第二のアプローチは，関心対象の遺伝子を選択的に変異させるか除去（“ノックアウト”）して，その変異体の発生過程を調べるというものである．遺伝子を欠失させる最も一般的な方法は，胚性幹細胞において相同組換えを用いる方法である（MBIO:15-0002，EXP:15-0001 参照）．この手法はマウスの既知の 27 種類のインテグリン遺伝子のうち 21 種類について実施されている．いくつかのインテグリン変異とその表現型について図 15・41 に示した．同様に，糖タンパク質やプロテオグリカンコアタンパク質を含む，40 種類以上の細胞外マトリックスタンパク質がマウスでノックアウトされている（図 15・42）．

これらの研究から明らかになったことは，細胞接着と細胞外マトリックスタンパク質が発生中に幅広い役割を担っているということである．一部の遺伝子ノックアウト（たとえば，β_1 インテグリン，ラミニン γ 1 鎖，パールカンプロテオグリカン）は致死であったが，他のノックアウト（たとえば，α_1 インテグリン，X 型コラーゲン，デコリンプロテオグリカン）は比較的軽度の表現型を示した．表現型がないかまたは軽度である場合には，他のインテグリンが欠損しているインテグリンを補償するといった，機能的重複が存在している可能性がある．

従来の遺伝子ノックアウト研究では胚から生じるすべての細胞で目的の遺伝子をノックアウトしてしまうので，致死の変異ではそのタンパク質の成体での機能を評価することができない．たとえば，ラミニン γ 1 欠失マウスは受精後 5 日を超えて発生することができない．この問題を解決するために，関心対象の組織でだけ遺伝子をノックアウトし，それ以外のすべての組織では正常に発現しているるようなノックアウトがつくり出された．このような標的化ノックアウトは，従来型のノックアウトマウスの作製に用いられる自然組換えではなく，Cre/lox システムによる誘導性の遺伝的組換えを用いて作製される（MBIO:15-0003，GNTC:15-0002 参照）．

この戦略を用いて皮膚における β_1 インテグリン受容体の機能

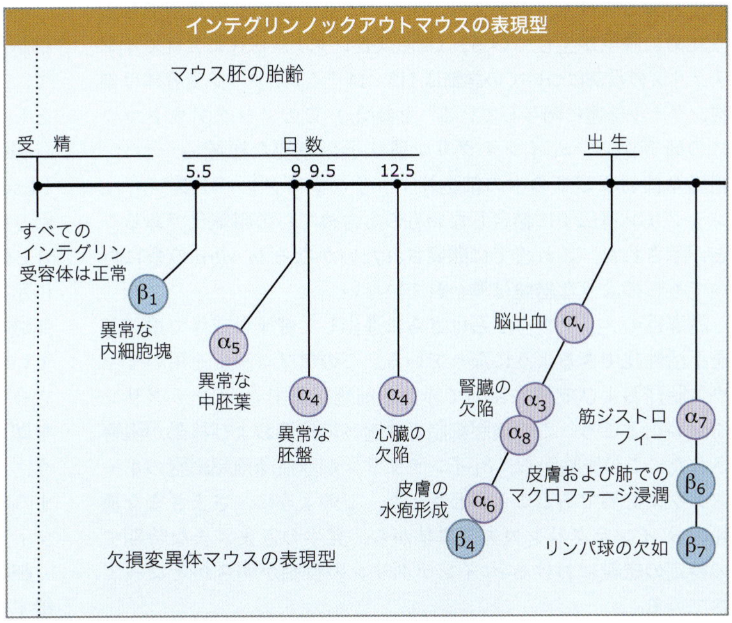

図 15・41 変異型インテグリン遺伝子をもつマウスの表現型の一部を示す．

細胞外マトリックスノックアウトマウス		
ECM タンパク質	ヌル変異体マウスの表現型	
プレビカン	• 神経障害	生存可
コラーゲン 1a1	• 血管障害	致 死
コラーゲン 2a1	• 軟骨異常，椎間板障害	致 死
コラーゲン 3a1	• 血管および皮膚の障害	致 死
コラーゲン 4a3	• 腎不全	致 死
コラーゲン 5a2	• 皮膚脆弱性，骨格異常	致 死
コラーゲン 6a1	• 軽度の筋ジストロフィー	生存可
コラーゲン 7a1	• 皮膚の水疱形成	致 死
コラーゲン 9a1	• 軟骨障害	生存可
コラーゲン 10a1	• 軽度の骨格表現型	生存可
コラーゲン 11a2	• 難聴	生存可
デコリン	• 皮膚脆弱性，異常なコラーゲン原線維	生存可
エラスチン	• 血管障害	致 死
フィブリノゲン	• 止血障害，妊娠マウスでの子宮出血	生存可
フィブロネクチン	• 中胚葉性および循環器系障害；体質の欠損	致 死
ラミニン α2	• 筋ジストロフィー	致 死
ラミニン α3	• 皮膚の水疱形成	致 死
ラミニン α5	• 頭蓋の異常，足指の融合；胚盤，腎臓の発生不全	致 死
ラミニン β2	• 神経筋障害，腎障害および神経障害	致 死
ラミニン γ1	• 基底膜が形成され内胚葉の分化不全	致 死
リンクタンパク質	• 軟骨異常	致 死
パールカン	• 心臓および脳の障害	致 死
ビトロネクチン	• 明らかな表現型なし	生存可

図 15・42　細胞外マトリックスタンパク質のノックアウトマウスの表現型の例を示す [E. Gustafsson, R. Fässler, 'Insights into Extracellular...', *Exp. Cell Res.* **261**, 52〜68 より改変]

が研究されている．ケラチノサイトでのみ β_1 インテグリンを欠失しているマウスは成体にまで発生するが，重篤な脱毛，毛包の破壊，基底層の構築異常，ヘミデスモソームの構築の減少，および重篤な皮膚の水疱形成などの数多くの問題を抱えている．この表現型はインテグリンと細胞外マトリックスタンパク質の機能を反映している．β_1 インテグリンを欠損している皮膚細胞は多くの型のインテグリン受容体を形成できず（図 15・33 参照），そのため基底層や細胞外マトリックスの他の成分と接着することができない．細胞外マトリックスと接着できない細胞は死んでしまうことが多いために，このノックアウトマウスはさまざまな障害を示すと考えられる．たとえば，毛をつくる上皮細胞が死んでしまうために脱毛が生じている．（細胞成長シグナル伝達におけるインテグリンの役割についての詳細は §15・14 "インテグリン受容体は細胞シグナル伝達に関与している" を参照．）このノックアウトマウスの研究から，β_1 インテグリン遺伝子の重要な機能の一つは，組織全体およびその中の細胞外マトリックスタンパク質（β_1 インテグリン遺伝子に結合しないものも含めて）の組織化であることが示された．これまでに開発されたいかなる *in vitro* の系においてもこのような結論は導かれていない．

誘導性のノックアウト系はさらに進歩して健康な成体で遺伝子を不活性化できるようになっている．このアプローチを用いてマウス胎仔および成体において赤血球前駆細胞で β_1 インテグリンを除いたところ，この前駆細胞の骨髄への接着および移動が阻害された．この実験から，β_1 インテグリンが赤血球前駆細胞のホーミングに必要であることがわかった．このように，さまざまな種類の β_1 インテグリン欠失変異体から，発生のさまざまな時期での特定の組織における β_1 インテグリンの役割が明らかとなってきている．

15・16 密着結合は選択的な透過性をもつ細胞間障壁を形成する

重 要 な 概 念

- 密着結合とは隣り合った上皮細胞間または内皮細胞間に形成される接着複合体の一部である．
- 密着結合は上皮細胞間の粒子輸送を制御する．
- 密着結合は頂端側領域と基底側領域の間で細胞膜タンパク質の拡散が起こるのを防ぐ "フェンス" として働くことで，上皮細胞の極性を維持している．

細胞間結合は多細胞性を確立し維持するのに重要である．上皮細胞層および内皮細胞層において隣り合う細胞の側方表面に沿って，三つの別個の細胞間結合が**接着複合体**（junctional complex）として機能している．脊椎動物では，この三つの結合は**密着結合**（tight junction），**接着結合**（adherens junction），**デスモソーム**（desmosome）である．無脊椎動物では，中隔結合が密着結合の代わりを務めることも多い（§15・17 "無脊椎動物の中隔結合は密着結合と類似している" 参照）．これらの結合の相対的位置を図 15・43 に示す．このような結合は協働して多細胞生物を別個の特化した領域に分離し，それらの間での分子の輸送を制御するのを補助している．さらに，細胞を物理的また化学的損傷から守るのにも役立っている．この接着複合体に含まれるそれぞれのタイプの結合を順に見ていくこととする．まずは密着結合について見ていこう．（接着結合については §15・18 "接着結合は隣り合った細胞を連結する"，デスモソームについては §15・19 "デスモソームは中間径フィラメントを基盤とする細胞結合複合体である" を参照．）

細胞の薄切片を透過型電子顕微鏡で観察すると，密着結合は隣接する細胞の向かい合った側方の細胞膜の間に，一連の小さな接

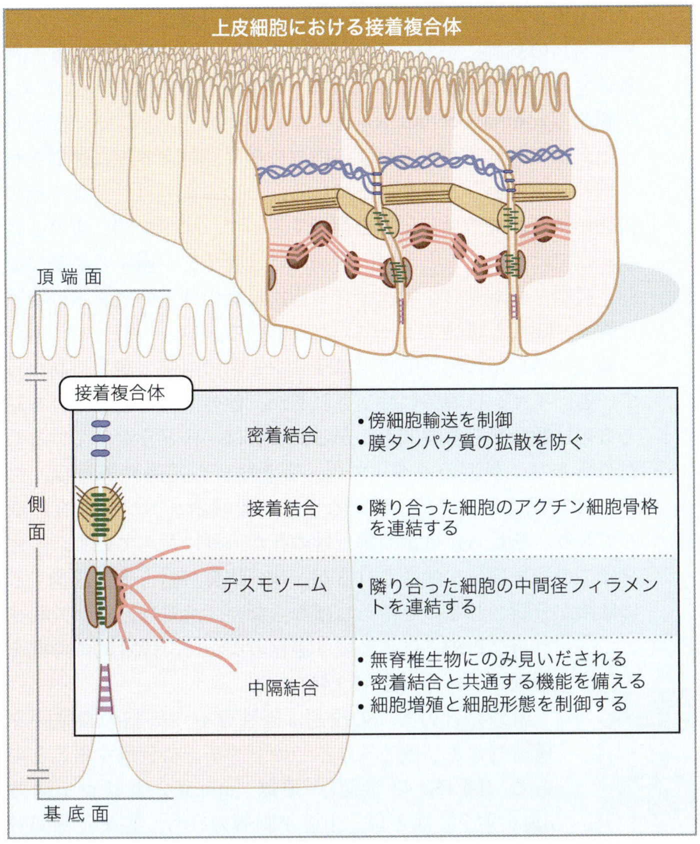

図 15・43　接着複合体は少なくとも 3 種類の細胞間結合からなっている．この接着複合体によって，上皮細胞は構造的支持をもたらすことができ，かつ輸送の選択的障壁として機能できる．中隔結合は，多くの場合，密着結合の代わりとして無脊椎動物にのみ存在する．

図 15・44　凍結割断電子顕微鏡写真において，密着結合を形成するクモの巣状の繊維が見える．透過型顕微鏡写真（挿入図）では，密着結合で形成される膜の結合部が示されている．模式図には像が異なる面であることが示されている［写真は “Cell Communications” by Dr. Rody P. Cox, ©1974 より，John Wiley & Sons, Inc. の許可を得て転載］

触部分（キス）として見える（図 15・44）．この接触部分の近くの細胞膜の細胞質側表面に存在するタンパク質は電子密度の高い“雲”のように見える．細胞の凍結割断を行うとまた違った像が得られ，細胞膜の中心で分離された 2 枚の脂質二重層におけるタンパク質の分布がわかる．密着結合はタンパク質が膜に埋込まれたままであれば細い繊維（鎖）のクモの巣のようなネットワークとして見え，割断の間にタンパク質が外れてしまったら，溝がネットワークをつくっているような構造として見える．

密着結合の分子構成は複雑で，24 種類以上のタンパク質が同定されている．これまでに，クローディン，オクルーディン，結合接着分子（junctional adhesion molecule, JAM）という三つのタイプの膜貫通タンパク質が見いだされている（図 15・45）．クローディンは密着結合原繊維のコアタンパク質である．クローディンの細胞外ドメインは，原繊維中に選択性のチャネルを形成するループをつくるようにクラスター形成することで孔を形成する．哺乳類には少なくとも 24 種類のクローディンタンパク質が存在し，異なる組合わせで配置されることで，異なるイオン選択性をもつチャネルを形成する．通常はクローディンを発現していない細胞にクローディン遺伝子を導入すると，密着結合が形成される．オクルーディンは密着結合原繊維に沿ってクローディンの側方に共重合しているが，その機能は不明である．

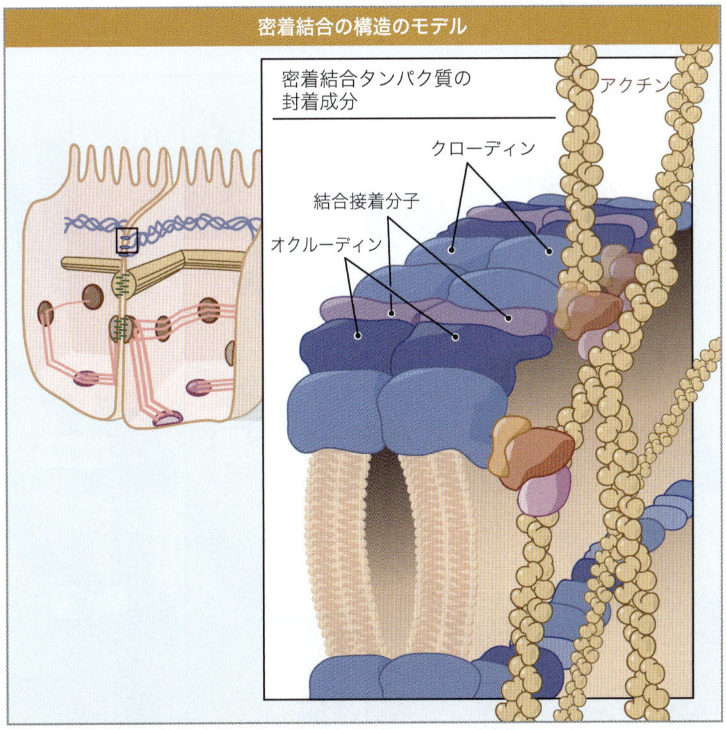

図 15・45　密着結合はオクルーディン，クローディン，および結合接着分子により結合されている．

この三つの膜貫通タンパク質はアクチンなどの 9 種類以上の構造タンパク質と安定的に接着している．また，一過的には 12 種類以上のシグナル伝達タンパク質と結合する．このことから，密着結合は，細胞の基底面の接着斑複合体と同様に，細胞表面でのシグナル伝達のまとめ役としての役割も担っていると考えられる（接着斑について詳細は §15・14“インテグリン受容体は細胞シグナル伝達に関与している”参照）．

ZO-1 のような他の密着結合タンパク質の多くは，膜関連グアニル酸キナーゼ（MAGUK）ファミリーに分類される配列をもち，特徴的な順番で三つのドメインを含んでいる．MAGUK タンパク質は，このドメインのおかげでシグナル伝達タンパク質やアクチン細胞骨格の成分など，多くのタイプの標的タンパク質と結合可能となっている．密着結合タンパク質の一部には，それらが互いに結合できるようにする PDZ ドメインも含まれる．全長の，または切断型のタンパク質を用いた *in vitro* 結合実験から，密着結合で，多様な結合組合わせが起こりうることが示唆されている．

密着結合は二つの重要な役割を果たしている．第一に，密着結合は上皮または内皮細胞層で，傍細胞輸送（細胞間の間隙での物質輸送）の制御にかかわる分子構造体である．〔歴史的には，密着結合は輸送を閉鎖する（妨げる）障壁と見なされていたため，閉鎖帯（zonula occludens）とよばれていた．〕ここで，密着結合は，細胞外分子が上皮および内皮の境界を越える際に選別を行う“分子ふるい”と見なされている．このふるいは，それぞれの組織で特有の拡散性分子群を選別するので，すべて同じものというわけではない．たとえば，腎臓では煙粒子を沪過する必要はない．実際，密着結合を通過できる自由拡散の分子の大きさの範囲は約 4〜40 Å と組織によって異なっている．

輸送についての物理的障壁はイオンと他の溶質で著しく異なっている．イオンは瞬時に輸送されるが，他の溶質は密着結合を越えるのに数分から数時間もかかる．これは一体どうなっているのだろうか？　最近のモデルでは，密着結合の透過性障壁は，図 15・44 に見えるように，脆弱なクモの巣状ネットワークを形成しており，それらには電荷選択性の孔が一列に並んでいる．イオンはこの孔を通って輸送されるが，他の溶質が結合部を通過するには鎖が分断されるのを待たねばならない．溶質は，鎖が分断され再び封鎖されるという過程のなかで，段階的に障壁を通過していく（図 15・46）．

密着結合の第二の役割は極性をもつ細胞の細胞膜を構造的および機能的に二つのドメインに分離することである（図 15・43 参照）．**頂端**（apical；ギリシャ語で *apex* 頂上）面とは，上皮細胞層のうち，腔または間隙の方を向いている細胞膜の一部である．**基底**（basal または bottom）面とは細胞外マトリックスと接触しているそれと反対側の領域である．これらの二つの領域の間に“側面”が形成されている．密着結合は，上皮細胞および内皮細胞を頂端と側方の境界付近で，側面に沿って細胞を取囲んでおり，それにより細胞を頂端部ドメイン（apical domain）と側底部ドメイン（basolateral domain）の二つに分けている．これらのドメインは細胞表面を効果的に“上端”と“下端”領域に分割していて，それぞれ細胞を通り抜ける分子輸送の制御についても異なる役割を果たす（第 4 章“タンパク質の膜交通”参照）．膜タンパク質はそれぞれのドメインの面内には拡散可能だが，密着結合を越えてもう一方のドメインにまで拡散することはできない．すなわち，密着結合は二つの膜ドメインの特有の分子組成を維持する“フェンス”として働く．

この拡散障壁の分子機構はまだあまりよくわかっていないが，上皮細胞および内皮細胞において膜タンパク質の分布の極性化の確立および維持に重要な 2 種類の高分子複合体が同定されている．これらのタンパク質のいずれかの発現を変化させると細胞極性が劇的に低下する．この複合体は密着結合に存在し，上記のクモの巣状の鎖に存在するタンパク質に直接結合する．

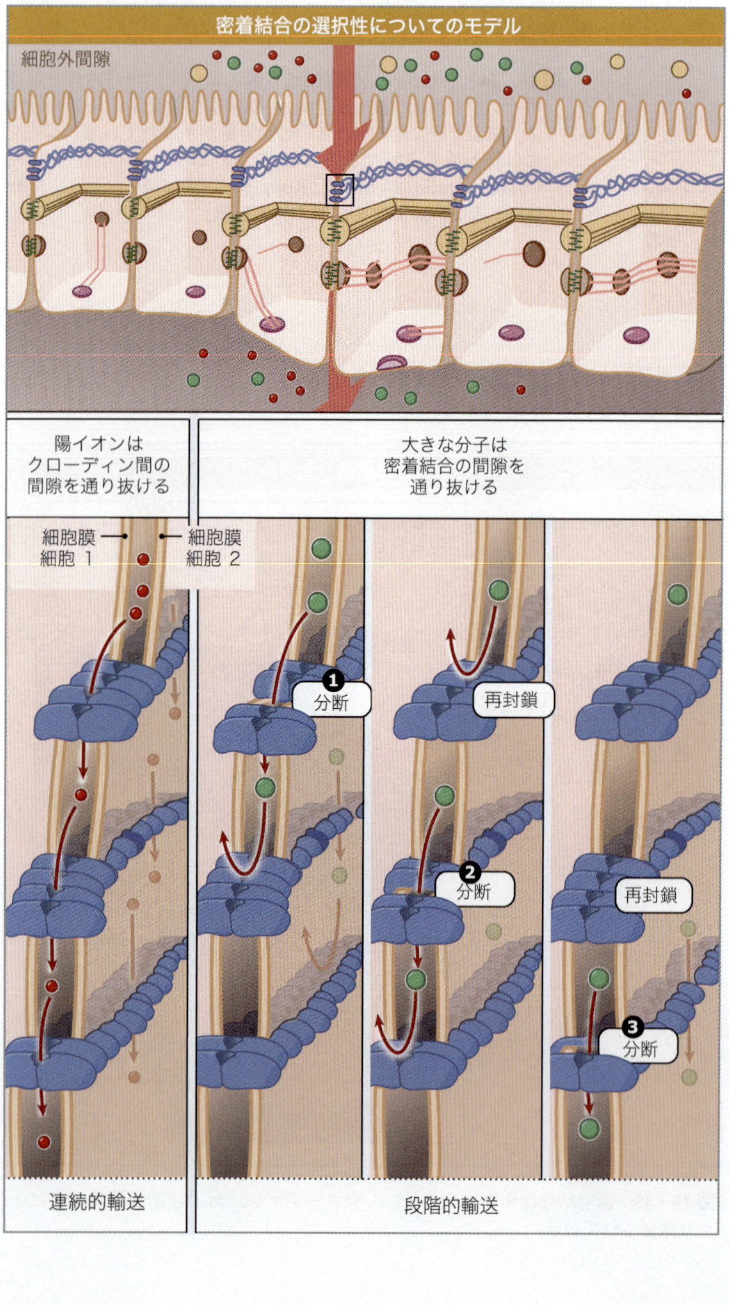

図 15・46　密着結合を通過する溶質の，速い輸送と遅い輸送．一部のイオンの速い輸送は密着結合の繊維状の構造の内部に埋込まれているイオンチャネルを介している．このチャネルを通過できない溶質の遅い輸送は，この繊維状構造が分断され，溶質がこの裂け目を通り抜けることで起こる．多数の層があるため，この型の輸送は段階的に起こる．

15・17 無脊椎動物の中隔結合は密着結合と類似している

重要な概念

- 中隔結合は無脊椎動物においてのみみられ，脊椎動物の密着結合に類似している．
- 中隔結合は隣り合った上皮細胞の細胞膜の間の，直線状あるいは折りたたまれた一連の壁（隔膜）として見える．
- 中隔結合はおもに傍細胞拡散に対する障壁として機能する．
- 中隔結合は密着結合にはみられない二つの機能として，発生中の細胞増殖と細胞形態を制御する．中隔結合にのみみられる特別な一群のタンパク質がこのような機能を担っている．

中隔結合（septate junction）は無脊椎動物においてのみみられ，脊椎動物の密着結合の機能的アナログであると考えられている（密着結合についての詳細は§15・16“密着結合は選択的な透過性をもつ細胞間障壁を形成する”を参照）．しかし，一部の無脊椎動物には密着結合と中隔結合の両方が存在している．中隔結合は上皮細胞の側方の細胞膜に沿って存在する接着複合体の一部を成し，密着結合と同じく上皮層を越える傍細胞輸送の制御に関与している．中隔結合は，電子顕微鏡下では，隣り合った細胞の細胞膜どうしの間の15〜20 nmの幅の隙間に橋渡しをする平行な壁（または隔膜）のように見え，それらが積み重なっている．図15・47に示すように，隔膜はいわゆる平滑中隔結合として比較的直線状であるように見えるか，あるいはひだ状のパターンに折りたたまれて見える．

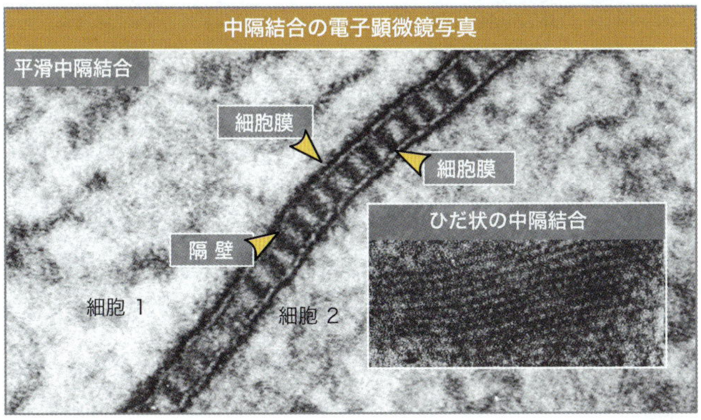

図15・47 平滑中隔結合は隣り合った細胞の間に存在する直線状の壁として見える．ひだ状の中隔結合（挿入図）は，隣り合った細胞の間に存在する折りたたまれた壁として見える［写真はC.R. Green, ‘A Clarification of Two Types...’, *Tissue Cell* **13**, 173〜188（1981）より，©Elsevierの許可を得て転載］

中隔結合と密着結合は少なくとも三つの点で異なっている．第一に，中隔結合は密着結合にはみられないタンパク質からなっている．第二に，中隔結合は側細胞膜の基底に近い端にみられるが，密着結合は頂端の近く，接着帯の“上方”にみられる（図15・43参照）．第三に，中隔結合は密着結合とは異なった二つの役割を果たしている．

一部の細胞では同じ接着複合体に密着結合と中隔結合の両方が含まれることから，異なる機能を果たしていると考えられる．密着結合と折りたたまれた中隔結合の両方が存在する場合は，密着結合は傍細胞拡散の主要な障壁として働く．このことは，電子密度の高いトレーサーを使って隣接する細胞の間を小分子がどのように通過するかを観察した電子顕微鏡観察からわかった．中隔結合は接着結合のように，アクチンフィラメントの付着部位としても働いている可能性がある．では，中隔結合の機能とはどのようなものであろうか？

密着結合と同様に，中隔結合は接着複合体の“ゲート”および“フェンス”機能に関与している．中隔結合は“ゲート”として，隣り合った細胞の間を細胞外の粒状物質が流れ込むのを制限し，また“フェンス”として，頂端側と基底側の膜の間でリン脂質および膜タンパク質の流れを制限している．

しかし，密着結合とは異なり，中隔結合は少なくとも他に二つの機能を担っている．まず一つは，細胞増殖の制御に関与することである．たとえば，変異型の中隔結合タンパク質を発現しているショウジョウバエや線虫（*C. elegans*）は，上皮細胞腫を発生することが多い．もう一つは，細胞形態の制御である．異なる組合せの中隔結合タンパク質に変異が起こると，ショウジョウバエで著しく太い気管を生じる．中隔結合はいったいどうやってこれらの機能を果たしているのだろうか？　この問いに答えるには，中隔結合を構成しているタンパク質について説明する必要がある．図15・48に示されているように，ショウジョウバエでいくつかの中隔結合タンパク質が同定されている．

ショウジョウバエの中隔結合タンパク質

中隔結合タンパク質	機　能
Coracle	• 発生中の細胞の伸展、および背部閉鎖
Discs large 1	• 上皮細胞および神経細胞における中隔結合の形成
Discs lost	• 細胞性胚盤葉の形成中の胚性上皮の極性化
Expanded	• 細胞の増殖を阻害することにより，成虫原基の成長を制御
Fascilin 3	• ホモフィリックな細胞接着分子
Lethal (2) giant larvae	• 細胞骨格ネットワークの形成 • 腫瘍の抑制因子
ニューレキシン	• ひだ状の中隔結合の形成 • 細胞形態の制御
Polychaetoid	• 発生中の背部閉鎖
Scribble	• 上皮の増殖および極性の制御
α スペクトリン	• 中隔結合の形成に必要な膜の細胞骨格タンパク質

図15・48 ショウジョウバエの中隔結合タンパク質の機能．

*scribble*という遺伝子は，最も重要な中隔結合タンパク質の一つであるScribをコードする．滑らかな外層（キューティクル）をもった正常なハエの胚と異なり，変異型*scribble*のホモ接合体の胚は，誰かが殴り書き（scribble）したかのようなでこぼこの線からなるパターンが表面に見える（図15・49）．このような変形は，中隔結合がキューティクルに形成されていないために出現する．キューティクルを形成する上皮細胞が適切に配列されておらず，積み重なって盛り上がったような線をつくっている．Scrib変異体では，正常胚に比べると，他の上皮組織もずっと大きく，かつ乱れている．

Scribタンパク質は，中隔結合での機能以外にも，少なくとも二つの他の結合複合体タンパク質，Disks large（Dlg）およびlethal giants larvae（lgl）と相互作用し，上皮細胞の極性形成の開始に関与する．これらのタンパク質が変異すると，上皮細胞の中隔結合が失われる．そのうえ，密着結合を予期せぬ場所（側方膜の基底側）に形成し，頂端膜タンパク質が適切に振り分けられない．その結果，細胞は適切な極性を確立できず，上皮層の完全

Scribble 遺伝子は中隔結合の形成にとって重要である

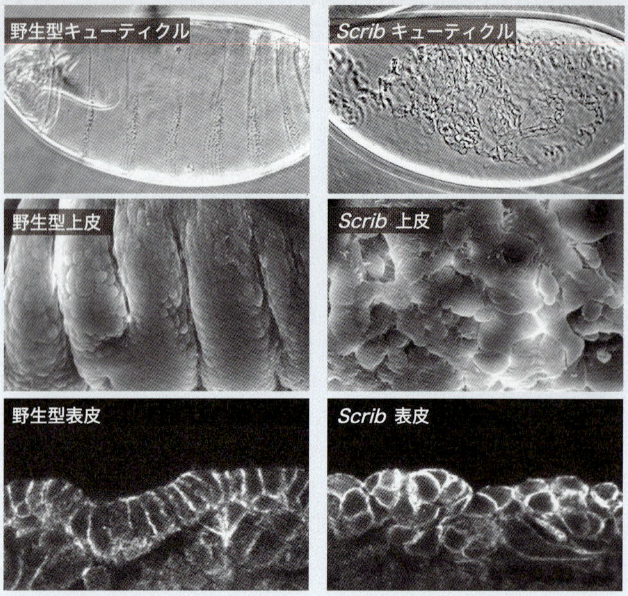

図 15・49　正常（野生型）ショウジョウバエ胚（左）および scribble 変異体胚（右）．上段：胚の位相差像．中段：14 日目の胚の走査型電子顕微鏡像．下段：ステージ 15 の胚におけるスペクトリン分布についての免疫蛍光像．スペクトリンは上皮細胞のマーカーである［写真は David Bilder, Harvard Medical School の好意による．D. Bilder, N. Perrimon, *Nature* **403**, 611〜612 (2000) より転載］

性が失われる．興味深いことに，この変異体細胞は正常な細胞より高頻度に分裂し，上皮細胞の異常に大きな塊りを生じる．

中隔結合遺伝子の第二群は，ニューレキシンを含む少なくとも 8 種類のタンパク質をコードし，ショウジョウバエで気管系を構成する上皮性の管の形成の際に細胞形態を制御する．これらの遺伝子の変異により，頂端側が広がった上皮細胞が生じ，そのため並外れて巨大な直径をもつ管が形成される．不思議なことに，上皮細胞の増殖は影響を受けず，また，このような変異体においても中隔結合は密着結合による障壁機能を維持していることから，これらの機能が弁別可能であることがわかる．現在のところ，中隔結合が細胞の形を制御するメカニズムとして，頂端側の膜を形成するタンパク質の挙動を制御すること，または上皮細胞の頂端側での細胞外マトリックスの形成を制御することの二つのモデルが考えられている．

中隔結合の形成と，細胞分裂および細胞形態の間の正確な関係はまだ不明である．しかし，それが解明されれば，ヒトのがんや腎臓病のような疾患を含む，多くの組織における上皮細胞増殖の機構の理解を助けると思われる．（これは，ショウジョウバエでの研究がヒトの健康に寄与しうる一例である．）

Scrib のもう一つの興味深い特徴として，**PDZ ドメイン**（PDZ domain）を含むタンパク質ファミリーに属していることがあげられる．このドメインは細胞間結合部に位置する多くのタンパク質に存在し，シグナル伝達タンパク質にみられる他のドメインと同様に，膜貫通タンパク質と細胞質ゾルタンパク質の間の結合を媒介すると考えられている．Scrib などの中隔結合タンパク質が，どのようにして上皮細胞の機能において重要なさまざまの機能を果たすのか，その分子機構を理解するための研究が続けられている．

15・18　接着結合は隣り合った細胞を連結する

重要な概念

- 接着結合は隣接する細胞どうしを連結する，一群の細胞表面ドメインのファミリーである．
- 接着結合には膜貫通型カドヘリン受容体が含まれる．
- 最もよく知られた接着結合である接着帯は接着複合体の中にあり，一部の組織の隣接する上皮細胞の間に形成される．
- 接着帯の中では，カテニンというアダプタータンパク質がカドヘリンとアクチンフィラメントを連結している．

接着結合（adherens junction）は接着複合体の構成要素で，

接着帯の構造のモデル

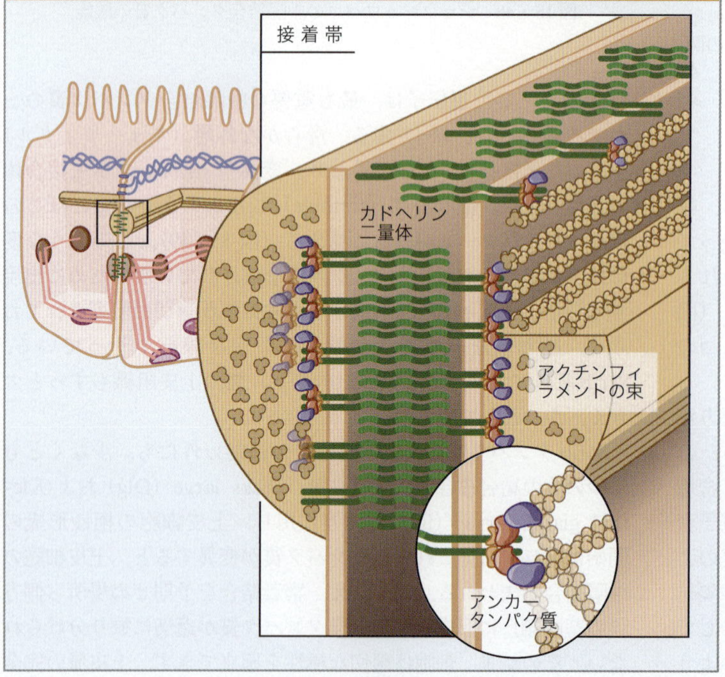

図 15・50　接着帯は接着複合体の一部をなしている．アクチンの束は，接着体が細胞膜の細胞質側に顔を出している部分に隣接して存在する．カドヘリンは細胞間に棒状の構造体を形成し，カテニンなどのアンカータンパク質によりアクチン細胞骨格に連結されている．

上皮細胞や内皮細胞を保持している．電子顕微鏡では，接着結合は隣り合った細胞の細胞膜の近くに暗く太いバンドとして見え，細胞間の間隙に突き出た棒状の構造体によって架橋されている．最もよく知られた接着結合は**接着帯**（zonula adherens）である（図 15・50）．接着帯は上皮細胞間に形成された接着複合体で，密着結合のすぐ下に見いだされる（図 15・43 参照）．（これを発見した顕微鏡学者は，巨大なデスモソームのように見えたことからベルトデスモソームと名づけた．現在では，デスモソーム結合とはまったく違うことがわかっているので，この名前は使われていない．）図 15・51 に示すように，接着結合は他に中枢神経系の神経細胞間のシナプス，隣り合った心筋細胞間の介在板，末梢神経を取囲むミエリン鞘の層の間に形成される結合などにもみられる．

接着結合はその位置にかかわらず二つの共通の特徴を備えている．第一に，接着結合は図 15・50 のように，カドヘリンという膜貫通受容体タンパク質をもち，カドヘリンはまた隣接する細胞表面上にある同じカドヘリンに結合する（カドヘリンについてさらに詳細は，§15・22 “カルシウム依存性のカドヘリンが細胞間接着を担っている” を参照．）一つの細胞上の受容体がもう一つの細胞上の同じタイプの受容体と結合することを**ホモフィリック結合**（homophilic binding）という．ホモフィリック結合は細胞が特異的な結合相手を見つけるのを補助することで，組織での細胞の組織化を決定するにあたって重要な役割を果たしていると考えられている．図 15・52 に示されているように，同じ細胞型の二つの集団に別のカドヘリン受容体を発現させて，同じペトリ皿で混合することで，カドヘリンのホモフィリック結合の役割が実証できる．数時間後には，同じ種類のカドヘリン受容体を発現する細胞どうしが集団をつくるようになる．ホモフィリック結合部位をブロックする抗体をこの培養物に添加すると，このような集団はつくられない．

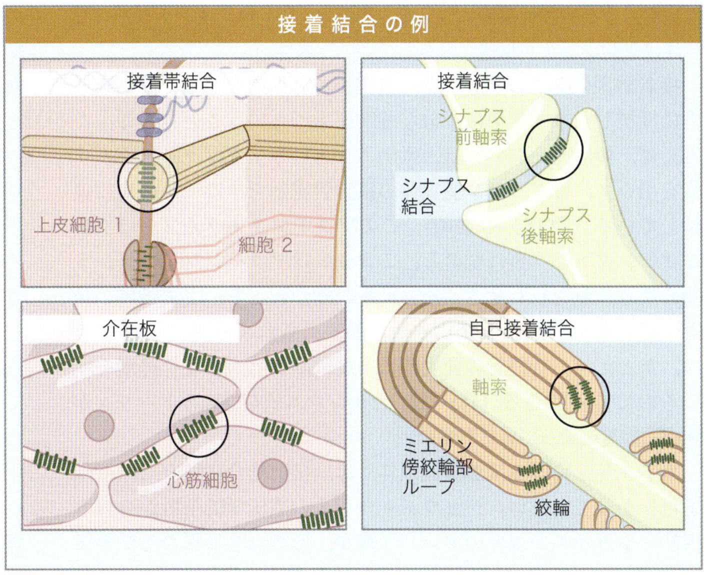

図 15・51 それぞれの接着結合により隣り合った細胞どうしが強く保持される．

接着結合に用いられる二量体のカドヘリン受容体には，ホモフィリック結合が実際にどのように起こるのかを決定する，五つの細胞外ドメインが存在する．図 15・53 のように，この細胞外ドメインは 3 種類のオーバーラップした配置をとることができる．逆平行の配置で完全に重なった場合の結合が最も強く，部分的に重なった場合にはそれより弱い結合相互作用が形成される．表面にクラスター化しているカドヘリン受容体の数を変えることで，細胞は隣の細胞への結合力を変化させることができる（結合活性調節）．カドヘリンが接着結合の結合力を制御するために，その結合親和性を変えるために立体構造変化を行う（インテグリン受容体の場合の親和性調節）という証拠はない．（結合活

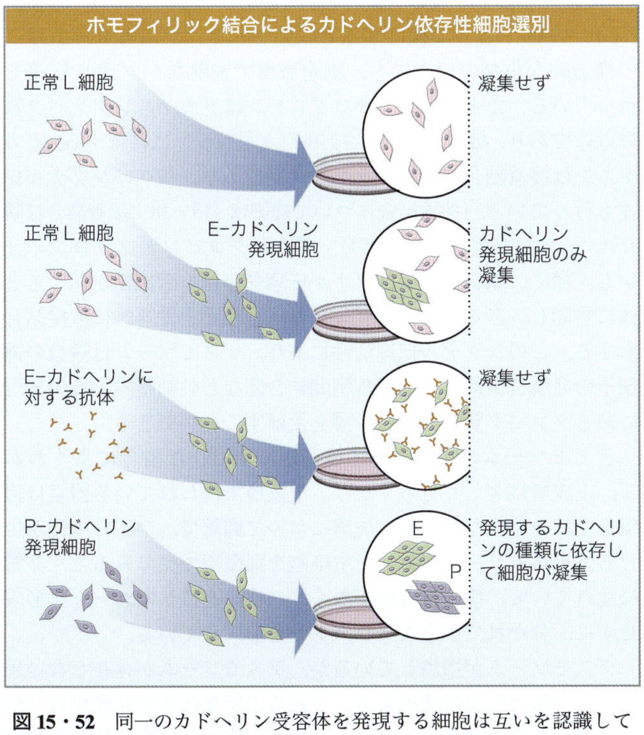

図 15・52 同一のカドヘリン受容体を発現する細胞は互いを認識して選択的に結合し合う．このホモフィリック結合が発生の際の組織の形成において重要な役割を果たす．

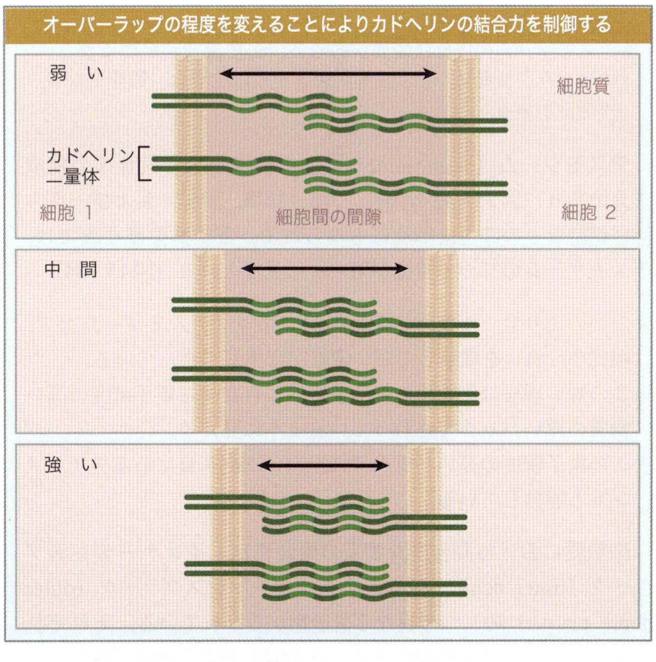

図 15・53 カドヘリン受容体はホモ二量体を形成する．カドヘリン相互作用の 3 種類の配置を示す．接着の強度を直接測定した結果，オーバーラップした部分が大きいほど接着も強かった．

性調節および親和性調節についての詳細は §15・14 “インテグリン受容体は細胞シグナル伝達に関与している” 参照.)

接着結合の第二の共通点は，組織がその形態を変えたり剪断応力に抵抗したりするのに十分な強度をもつということである．たとえば，接着帯においては，カテニンというアダプタータンパク質を用いて，カドヘリン受容体の細胞質尾部をアクチンの束に連結している（図 15・50 参照）．このアクチンフィラメントは次にミオシンタンパク質に結合し，ミオシンはアクチンフィラメント間の滑り運動を行わせる．その結果収縮が起こり，上皮細胞の頂端に近い部分の形態を変化させると考えられている．この機能は，たとえば，神経管の発生時に上皮細胞が陥入して神経溝を閉じるのに重要である（§15・22 “カルシウム依存性のカドヘリンが細胞間接着を担っている” 参照).

カドヘリンによる接着機能以外には，接着結合に特有な機能はまだわかっていない．ショウジョウバエの遺伝学的解析からカドヘリンやカテニン以外のタンパク質が，形態学的に異なる接着帯結合を形成するのに必要であることが示されている．このようなタンパク質は，接着結合からかなり離れた部位での細胞骨格の構築の制御に関与している可能性も考えられる．たとえば，上皮細胞の極性の確立に関与していて，そのために，密着結合などのその他の細胞結合の構築に間接的に影響を及ぼす可能性がある．これについては現在研究が進められている．

15・19 デスモソームは中間径フィラメントを基盤とする細胞結合複合体である

重要な概念

- デスモソームの主要な機能は，細胞の中間径フィラメントのネットワークを連結することで，上皮細胞層の構造的完全性をもたらすことである．
- デスモソームは接着複合体の構成成分である．
- デスモソームでは少なくとも 7 種類のタンパク質が同定されている．デスモソームの分子組成は細胞や組織の種類によって異なっている．
- デスモソームは，接着性の構造体として，かつシグナル伝達複合体として機能する．
- デスモソームの成分に変異があると，上皮構造が脆弱になる．このような変異は，特に皮膚に影響を及ぼす場合，致死となる可能性がある．

デスモソーム（desmosome）は上皮細胞の結合複合体の構成成分であり（図 15・43 参照），心筋，肝臓，脾臓，および一部の神経細胞などの非上皮細胞にもみられる．電子顕微鏡写真では，デスモソームの三つの特徴が明らかに見てとれる（図 15・54).

- 二つの隣り合った細胞の細胞膜間の間隙（デスモソームコア，幅約 30 nm）を横断して短い繊維が密集して走っている．
- この短い繊維は細胞膜の細胞基質側に存在する電子密度の高い物質の厚いパッチで終わっているように見える．
- この電子密度の高いパッチは細胞内の細胞基質にあるフィラメントと連結している．

細胞膜における高密度な物質の集合体は，インナーデンスプラーク（inner dense plaque）とアウターデンスプラーク（outer dense plaque）の二つの異なる構造物からなっている．それぞれのデスモソームは比較的小さく（平均径：約 0.2 μm），隣り合った二つの細胞の縁に沿っていくつかみられる．

デスモソームの構造は吊り橋のように見える．隣接する細胞内の細胞質ゾルフィラメントが，細胞膜上の支持 “錨” に接続した細胞外フィラメントを架橋することにより連結されている．このために，この構造は，ギリシャ語の *desmos*（綱，締め具，鎖）と *soma*（体）からデスモソームとよばれる．

このような結合は細胞でどんな機能を果たしているのだろうか？ 図 15・43 で示した接着複合体の二つのおもな機能とは，傍細胞輸送の制御と上皮にかかる物理的負荷に対する抵抗である．デスモソームは皮膚や心筋などの物理的負荷にさらされている細胞で特に豊富であるので，細胞生物学者は後者の機能に寄与していると考えている．そのため，デンスプラークに接着している細胞質フィラメントは，ゆがみ（ギリシャ語 *tonos*）がかかっていると考えられたことから，トノフィラメントとよばれていた．のちに，このフィラメントが細胞骨格の主要なクラスである中間径フィラメントであることがわかったが，いまだにトノフィラメントとよばれることもある（中間径フィラメントについての詳細は，第 9 章 “中間径フィラメント” 参照).

デスモソームには中間径フィラメント繊維のほかに，少なくとも 7 種類のタンパク質が同定されており，これらは三つのファミリーに分けられている．3 種類のタンパク質（デスモグレイン，デスモコリン 1，およびデスモコリン 2）は細胞表面受容体のカドヘリンスーパーファミリーに属している（§15・22 “カルシウム依存性のカドヘリンが細胞間接着を担っている” 参照）．これらはデスモソームにみられる主要な膜貫通タンパク質であり，アウターデンスプラークのおもな構成成分である（図 15・54）．これらは “架橋フィラメント” を形成し，細胞間の間隙に伸びるとともに，アルマジロファミリー（プラコグロビン，プラコフィリン）およびプラキンファミリー（デスモプラキン）に属する細胞質タンパク質の結合部位となる．デスモプラキンはついでインナーデンスプラーク内で中間径フィラメントタンパク質に結合する．デスモソームの正確な構成ならびに形成されるデスモソームの数は，細胞が耐えなくてはならない圧力が多種多様であることを反映して，細胞の種類によって異なる．

デスモソームは一般的には二つの隣接する細胞の間の “溶接点（spot weld）” として機能すると説明される．デスモソームはこの構造的な役割のほかにも，細胞表面で重要なシグナル伝達を行っている．たとえば，プラコグロビンは β カテニンタンパク質に近縁であり，接着結合の “古典的” カドヘリンに結合する．β カテニンは接着結合内の構造タンパク質であり，核へのシグナル伝達も行っている（接着結合について詳細は §15・18 “接着結合は隣り合った細胞を連結する” 参照）．プラコグロビンとプラコフィリンも同様に，細胞表面のシグナル伝達受容体の活性化が起こると核に移動し，さらにプラコグロビンは増殖因子受容体に直接結合もする．このシグナル伝達活性により，デスモソームは複数の遺伝子の発現を制御し，他の細胞間結合部などの細胞内の別の場所にあるタンパク質の機能に影響を及ぼすことができる．

デスモソームの機能はその構造が損なわれた場合によくわかる．上皮層は著しくもろくなり，上皮層で覆われている器官は損傷を受けやすくなる．特に皮膚において顕著で，ひどい水疱が生じる．デスモソームを欠く上皮細胞を顕微鏡で見てみると，非常に乱れていて，接着複合体がなく，一枚の連続したシートを形成せずに，分かれて小さなクラスターを形成している．

デスモソームが損傷しているか，デスモソームが存在しない患者は，多様な疾患に罹患する．これらの疾患はその起源から二つの大きなクラスに分けられる．掌蹠角皮症または接合部型表皮水疱症などの**遺伝性皮膚症**（genodermatosis）は，それぞれデスモソーム，またはヘミデスモソームタンパク質の変異から生じる．（ヘミデスモソームについてさらなる詳細は§15・20“ヘミデスモソームは上皮細胞を基底層に接着させている”参照．）尋常性天疱瘡または水疱性類天疱瘡などの**自己免疫性水疱症**（autoimmune bullous dermatosis）は，それぞれデスモソーム，またはヘミデスモソームのタンパク質に対する自己抗体がつくられることにより発症する．どちらのクラスの疾患であっても細胞間結合の構造および機能が著しく損なわれており，致死となる可能性もある．

分子遺伝学と組織工学の組合わせを用いて，これらの疾患の検出および治療が行われてきた．少なくとも遺伝性皮膚病の場合には，出生前スクリーニングによってデスモソーム遺伝子の変異を検出できる．このスクリーニングにおいては胎児組織試料から関心対象の遺伝子（デスモコリン1など）がポリメラーゼ連鎖反応法を用いて増幅される．つぎに，DNAを制限断片長多型やサザンブロット法で分析する．

このような疾患の患者に対する現在の治療はおもに皮膚を保護し，水疱形成をひき起こすリスクのある行為を避けることであり，その結果生活の質が低くなっている．現在評価中の実験的な治療法の一つは，培養皮膚の利用である．損傷を受けた皮膚を，人工の細胞外マトリックスに埋込まれた正常な皮膚細胞のフレッシュな細胞層と置き換えることにより，より安定で，外傷に耐性な，正常なデスモソームをもった皮膚がつくられることが期待されている．

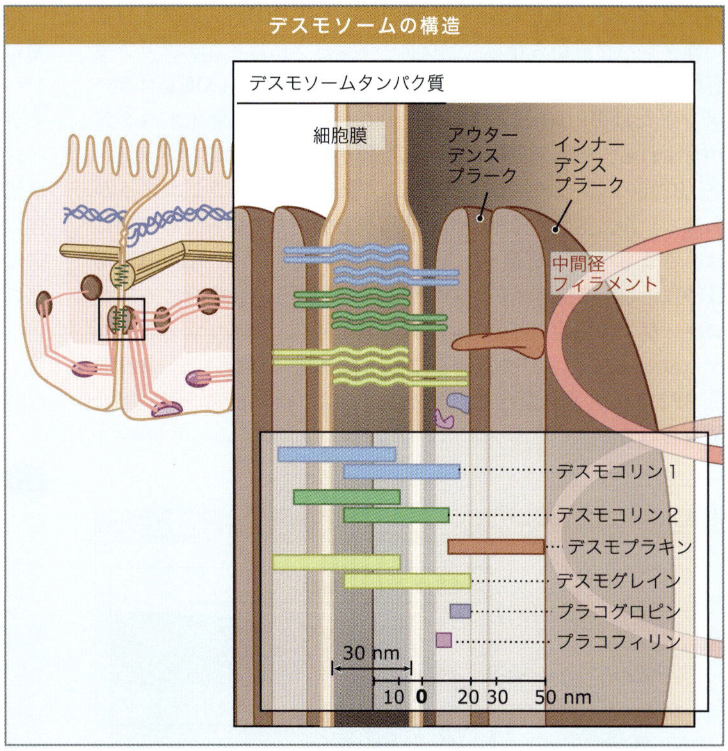

図15・54　デスモソームタンパク質は細胞膜に分布しており，細胞表面で特徴的な二つのプラークを形成する．

15・20　ヘミデスモソームは上皮細胞を基底層に接着させている

重要な概念

- ヘミデスモソームは，デスモソームと同様に，上皮層に構造的安定性を与える．
- ヘミデスモソームは，上皮細胞の基底表面にみられ，膜貫通受容体を介して細胞外マトリックスを中間径フィラメントのネットワークに連結している．
- ヘミデスモソームはデスモソームと構造的に異なっていて，少なくとも6種類の特有のタンパク質を含んでいる．
- ヘミデスモソーム遺伝子の変異は，デスモソーム遺伝子変異に関連する疾患と類似した疾患をもたらす．
- ヘミデスモソームの構築を調節するシグナル伝達経路はよくわかっていない．

ヘミデスモソーム（hemidesmosome）は上皮細胞膜の基底表面にみられる細胞表面結合である．図15・55のように，ヘミデスモソームの構造は“プラーク”とフィラメントが複雑に織り混ざっており，デスモソームの半分のように見える（§15・19“デスモソームは中間径フィラメントを基盤とする細胞結合複合体である”参照）．しかし見た目とは違い，ヘミデスモソームはデスモソームの半分というわけではない．ヘミデスモソームのおもな機能は基底層に上皮層をつなぎ止めることである．これもデスモソームと異なる点である．両者の構造は共に上皮細胞層をつなぎ止めているが，細胞においては互いに直角な方向を向いており（図15・43参照），そのために異なるタイプの機械的応力に耐えている．中間径フィラメントで連結された両方の構造は，一緒に働くことによって，きわめて頑丈なネットワークを形成している．機能的なヘミデスモソームを欠くと，皮膚などの多くの上皮組織で重篤な水疱を生じ，致命的となりうる．

図15・56にはヘミデスモソームの構成成分が示されている．“典型的な”（I型）ヘミデスモソームの細胞質側には，インナープラークに付着した中間径フィラメント（ケラチン5および14）のクラスターが存在する（図15・55参照）．このプラークは，中

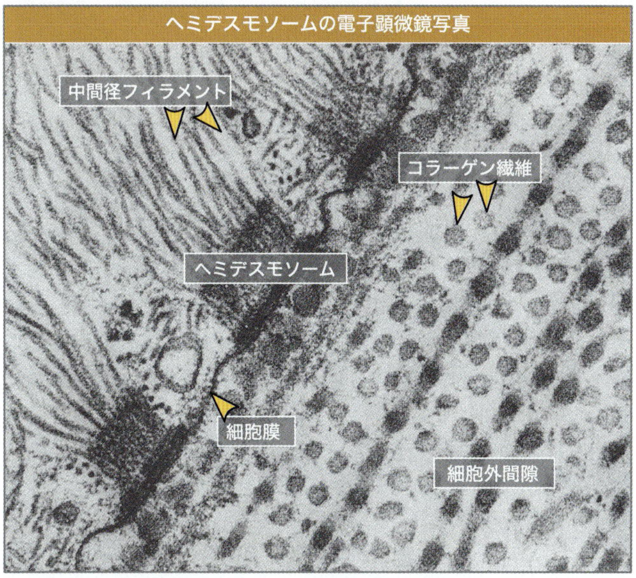

図15・55　ヘミデスモソームは上皮細胞と基底層とよばれる特殊な細胞外マトリックスの結合部に形成される特殊な構造体である．ヘミデスモソームは細胞表面のデンスプラークで終わるフィラメント状の物質の集合体を特徴としている［写真はDr. William Bloom and Dr. Don W. Fawcettの好意による．“A Textbook in Histology”，(1986)および，*The Journal of Cell Biology* **28**, 51〜72 (1966)より，The Rockefeller University Pressの許可を得て転載］

間径フィラメントに結合するBP230およびHD1/プレクチンというタンパク質からなる．アウタープラークにはインテグリン受容体（$\alpha_6\beta_4$）とコラーゲンファミリーのメンバー（XVII型コラーゲンまたはBP180とよばれる）の2種類の膜貫通タンパク質が含まれる．細胞外間隙には，細胞膜から外側に固定フィラメント（BP180および細胞外マトリックスタンパク質のラミニン-5からなる）が，透明帯を通って緻密層へと突出している．緻密層には，さまざまな基底層タンパク質が含まれる（§15・11 "基底層は特殊化した細胞外マトリックスである" 参照）．最終的に，VII型コラーゲンの固定フィラメントは，緻密層を，いくつかの細胞外マトリックスタンパク質からなる下緻密層に連結する．BP180とBP230を欠くII型ヘミデスモソームは，腸などの一部の組織でみられる．

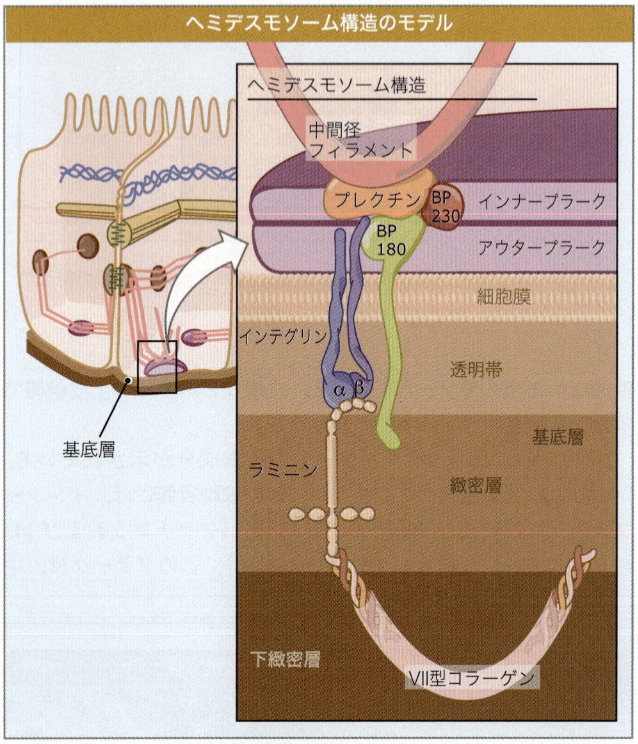

図15・56 ヘミデスモソームは基底層とコラーゲン繊維のネットワークからなる基底膜に接続している．

ヘミデスモソームは組織の完全性を維持するにあたって決定的に重要であるにもかかわらず，静的な構造体ではない．たとえば，皮膚の切り傷においては，隣接している細胞が基底層からはがれて，創傷領域に移動する必要がある．そこで細胞は分裂して創傷領域に再配置され，基底層に再度接着し，また互いに接着し合う．このような変化をもたらすには，細胞が，それぞれデスモソームおよびヘミデスモソームからなる細胞間結合および細胞－マトリックス結合をいったん解体して，再度組立てることができなければならない．

ヘミデスモソームの解体および構築の機構についての一つのモデルは，培養上皮細胞を用いた *in vitro* 創傷治癒アッセイの実験で支持されている．この実験から，細胞が移動する際には，ヘミデスモソームのタンパク質はエンドサイトーシスにより取込まれた複合体中に残っていることが示唆された．細胞が静止し，基底層に再接着する際には，このような複合体が細胞表面にリサイクルされて戻り，ヘミデスモソームが再生される．

$\alpha_6\beta_4$ インテグリン受容体がヘミデスモソームの再構築には非常に重要であるらしい．$\alpha_6\beta_4$ インテグリンの，細胞外リガンド（ラミニン-5）との結合を阻止する抗体を細胞に添加すると，ヘミデスモソームが細胞表面に形成されなくなる．他の実験から，インテグリン受容体の α_6 鎖の脱リン酸が，ヘミデスモソームの構築に関与している可能性が示唆されている．インテグリン受容体のリン酸化，ならびにヘミデスモソームの構築および解体の制御に関与する細胞内シグナル伝達については現在研究が進められている．

15・21 ギャップ結合により隣り合った細胞間で直接分子のやりとりを行うことができる

重要な概念

- ギャップ結合は隣り合った細胞間での小分子の移動を促進するタンパク質構造体であり，大部分の動物細胞に存在する．
- ギャップ結合は円柱状のギャップ結合チャネルのクラスターからなるが，それらは細胞膜から外側に突出して，隣接する細胞間の2〜3 nmの間隙の橋渡しをしている．
- ギャップ結合は，コネクソンまたはヘミチャネルとよばれる半分ずつのチャネルが二つ集まってできており，それぞれコネキシンというタンパク質サブユニット六つからなる．
- ヒトでは20種以上のコネキシン遺伝子が存在し，これらが組合わさってさまざまな型のコネクソンが形成される．
- ギャップ結合は大きさが1200 Da程度の分子は自由に拡散させ，一方で2000 Daの分子の通過は許さない．
- ギャップ結合の透過性は，"ゲート開閉" とよばれるギャップ結合チャネルの開閉によって調節される．細胞内pHの変化，カルシウムイオン流入，コネキシンサブユニットの直接のリン酸化によりゲーティングが制御される．
- さらに二つの非コネキシン型のギャップ結合タンパク質ファミリーが発見されたことから，ギャップ結合が動物界で複数回進化してきたことが示唆される．

ギャップ結合（gap junction）は細胞表面にある特殊な構造体で，隣り合った細胞間でイオンや小分子の直接的な移動を容易にする．ギャップ結合は大部分の脊椎動物と無脊椎動物の細胞型に存在し，動物細胞において唯一の既知の細胞間輸送手段である．（植物細胞は原形質連絡を用いる；第17章 "植物の細胞生物学" 参照．）心筋細胞間のギャップ結合は筋肉が収縮する際の電気的シグナルの伝達も促進している．

ギャップ結合は，1960年代に，電流が，隣接する細胞を隔てている細胞外液を通るのではなく，細胞間を直接流れるという発見により見いだされた．このことから，細胞膜を貫通し，隣り合った細胞を直接連結するチャネルを介して，細胞が，荷電したイオンや他の小分子を交換していることが示唆された．隣り合った細胞膜の間に，2〜3 nmの "ギャップ" が近接して並んでいることが接着細胞の電子顕微鏡写真で明らかになり，この仮説の証拠となった．

図15・57に示すように，このようなギャップは**ギャップ結合チャネル**（gap junction channel）により架橋されている．このチャネルはクラスター化してパッチ（あるいはプラーク）をつくり細胞膜から突出して，これは細胞膜の凍結割断で見ることができる．ギャップ結合には数十から何千ものギャップ結合チャネルが存在する可能性があり，細胞表面で数μmもの直径をもつ場合がある．ギャップ結合チャネルは，ヘミチャネルまたは**コネクソン**（connexon）とよばれる構造が二つ集まって構成され，細胞間のギャップでドッキングする．コネクソンはそれぞれ，**コネキ**

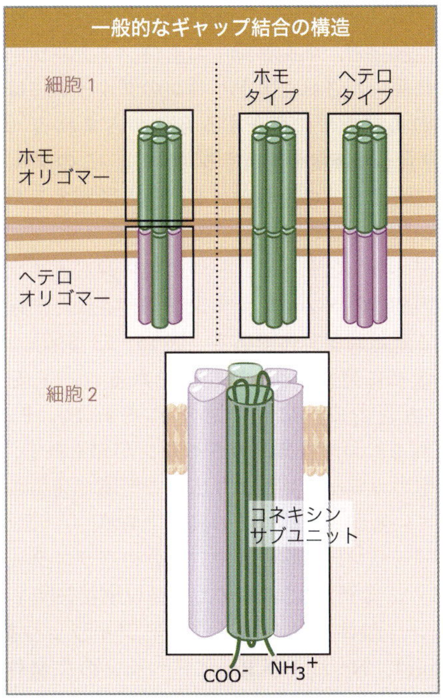

図 15・57 ギャップ結合の主要な構造単位はコネキソンである．コネキソンは六つの膜貫通サブユニットであるコネキシン 6 個からなっている．コネキソンはそれぞれ 17 nm 長で，直径 7 nm である．

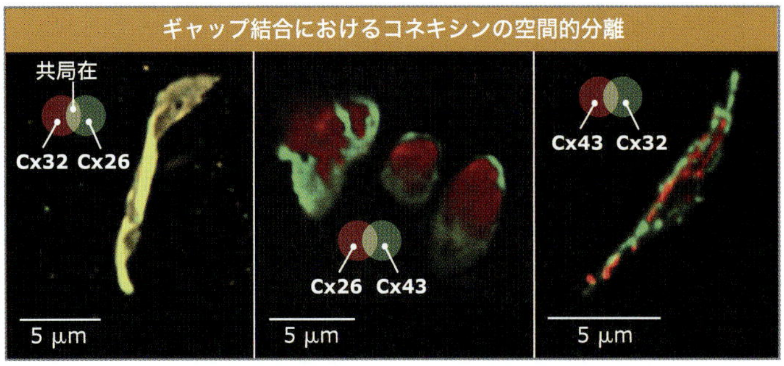

図 15・58 ギャップ結合プラークでのコネキシン(Cx)サブユニットの二重標識免疫蛍光染色．細胞にそれぞれのペアのコネキシン遺伝子を導入し，コネキシンの抗体で染色した．たとえば，Cx32 は Cx26 と共局在したが，Cx43 とは共局在しなかった．細胞体は見えていない［写真は Matthias Falk, Lehigh University の好意による］

シン（connexin）というタンパク質サブユニット六つからなる．コネクソンは 17 nm の長さをもった親水性，円柱型のチャネルで，最も幅が広いところで直径 7 nm，最も狭いところで約 3 nm の直径をもつ．チャネル中央の孔はネガティブ染色法により可視化できる．コネキシンサブユニットには二つの細胞外ループにより連結された四つの膜貫通型 α ヘリックスが存在する．高解像度で観察された構造から，反対側のコネキシンの細胞外ループが逆平行の β シートを介して互いに結合することで β バレルが形成されていることが示唆されている．

ギャップ結合チャネルの組成が異なる場合がある（図 15・57 参照）．ヒトゲノム配列から，ヒトには少なくとも 20 種類のコネキシンタンパク質が存在することが示唆されている．多くの細胞は複数のタイプのコネキシンを発現していて，ホモオリゴマーコネクソン（一つのサブユニットタイプのみからなる）とヘテロオリゴマーコネクソン（複数のサブユニットタイプからなる）が形成される．さらに，コネクソンは同じ組成のコネクソン（ホモタイプなチャネル）または別の組成のコネクソン（ヘテロタイプなチャネル）とドッキングできる．一つのギャップ結合プラークの中に異なるコネキシンから成るコネクソンが存在する場合もある．ギャップ結合プラークの中でコネクソンは均一に混じり合っている場合もあり，コネキシンの組成に従って空間的に分かれている場合もある（図 15・58）．

コネキソン間のドッキング，コネキソン間の認識およびオリゴマー化，ならびにコネキシンサブユニットの適合性（選択性）に関与する特定のドメインが同定されている．このようなドメインを同定するために，タンパク質の特定の領域を欠く組換え変異体コネキシンや異なるタイプのコネキシンに由来する領域を含むキメラコネキシンのいずれかを用いた結合アッセイ実験が行われた．各ドメインがどのように機能するかが現在研究されている．

細胞が小分子を交換するのにチャネルを使っているという仮説を検証するための最初の実験では，培養下で増殖中の細胞に蛍光分子が注入され，蛍光分子の拡散が経時的に顕微鏡観察された．この実験から，分子が，隣接する細胞間を，それぞれの細胞膜の脂質二重層を通過していた場合に予測されるよりずっと速く拡散していることが示された．このような結果から，隣接する細胞の細胞質ゾルを直接につなぐチャネルの存在が考えられた．このチャネルが後にギャップ結合とよばれることになった．大きさの異なる蛍光分子を使って，ギャップ結合には最大 1200 Da の大きさ（直径が約 2 nm の分子に相当）が通過可能であるが，2000 Da 超の分子は除外されることが示された．コネキシンを発現する細胞間での蛍光分子の交換を示す最近の実験を図 15・59 に示す．

このような実験から，ギャップ結合で連結された細胞の細胞質ゾル間をイオンが自由に通過できることが示された．糖，ヌクレオチド，ならびに cAMP や cGMP のような二次メッセンジャー分子を含む多くの小分子も交換されうる．ギャップ結合を通じた情報伝達は，多数の細胞の間で，迅速かつ十分調和した応答が必要な場合に重要となると考えられる．たとえば，脳での迅速な反射的応答は，ほとんど即座のイオン交換を可能とするギャップ結

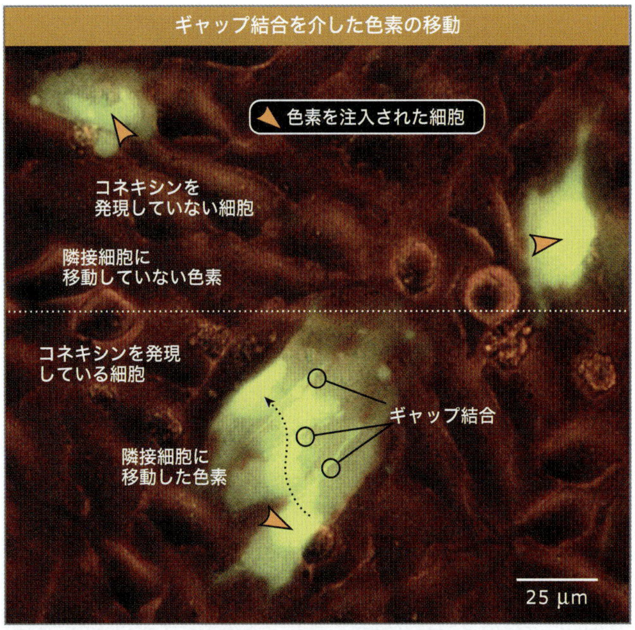

図 15・59 ギャップ結合を介した色素移動の蛍光イメージング．細胞に一過的にコネキシンをコードする DNA を導入したため，コネキシンを発現している細胞と発現していない細胞が存在する［写真は Matthias Falk, Lehigh University の好意による］

合で連結された神経細胞によって担われ，注意深く制御された心筋繊維の収縮のタイミングも同様にイオンの迅速な交換により行われる．

ギャップ結合の透過性はチャネルの開閉（ゲート開閉 gating）により制御されているようである．ギャップ結合のゲート開閉はコネキシンサブユニットをリン酸化するタンパク質キナーゼ，細胞内 pH の変化，および細胞内カルシウムイオン濃度の変化により制御されていることを示す十分な証拠が存在する．たとえば，カルシウム濃度が 10^{-7} M から 10^{-5} M に増加するとギャップ結合の透過性が低下し，濃度が 10^{-5} M を超えるとギャップ結合は完全に閉じる．アポトーシスが起こっている細胞では，通常，細胞質ゾルのカルシウムの爆発的上昇が起こり，ギャップ結合の閉鎖により，隣接する細胞が偶然のできごとによってアポトーシスシグナル伝達を開始するのを防ぐことができる．このことから，カルシウム濃度に依存するギャップ結合の閉鎖は自己防御機構として働く可能性がある．

ギャップ結合のタンパク質としてさらに二つのファミリーが見いだされている．イネキシン（無脊椎動物のコネキシンとの意）は無脊椎動物のみに存在し，名前の由来に反して，コネキシンとの配列相同性をもたない．とはいえ，イネキシンは，脊椎動物のギャップ結合と同様に機能する細胞間結合部を形成することができる．“ネキシン”という用語にならって，もう一つのファミリーはパネキシンと名づけられた（ラテン語：*pan* すべて）．パネキシンは脊椎動物と無脊椎動物の両方に存在し，コネキシンともイネキシンとも構造的に異なっている．パネキシンは，非常に原始的な神経系をもつ生物においても，ほぼすべてが神経細胞に存在することから，神経の発生や機能において重要な役割を果たしていることが示唆されている．このような観察から，ギャップ結合は動物の進化過程において，収束進化として知られるまったく別の方法によって少なくとも 2 回生じたと考えられる．

15・22　カルシウム依存性のカドヘリンが細胞間接着を担っている

重要な概念

- カドヘリンは細胞表面膜貫通受容体のファミリーを構成しており八つのグループに分けられている．
- “古典的カドヘリン”とよばれる最もよく知られたカドヘリンのグループは，接着結合などの細胞間接着複合体の構築および維持に関与している．
- 古典的カドヘリンは二量体のクラスターとして機能し，接着の強度は，細胞表面に発現されている二量体の数およびクラスターの度合いの両方を変えることで制御されている．
- 古典的カドヘリンは，カドヘリンをアクチン細胞骨格に連結する，カテニンという細胞質アダプタータンパク質に結合する．
- カドヘリンクラスターは，細胞骨格の足場を形成することにより，シグナル伝達タンパク質およびその基質を三次元的な複合体に組入れ，そのことによって細胞内シグナル伝達を制御する．
- 古典的カドヘリンは，おもに細胞間接着の特異性を制御し，かつ細胞の形態変化および移動を制御することにより，組織の形態形成に必須となっている．

カドヘリン（cadherin）スーパーファミリーは 70 種類以上の構造的に近縁のタンパク質からなり，そのすべてが以下の二つの特徴をもつ．すなわち，これらのタンパク質の細胞外領域はカルシウムイオンに結合して適切に折りたたまれ，かつこれらのタンパク質は他のタンパク質に接着する．このことからカルシウムの ca と，接着の adhere をとって cadherin と名づけられた．カドヘリンは，細胞間接着，細胞移動，およびシグナル伝達に関与している．最初に見いだされたカドヘリンのグループには，上皮細胞間に形成される接着帯に存在するものが含まれる（§15・18“接着結合は隣り合った細胞を連結する”参照）．このグループのカドヘリンは，ファミリーの遠縁のメンバーと区別するために“古典的カドヘリン”とよばれる．

古典的カドヘリンはすべて，一つの膜貫通ドメイン，アミノ末端側に五つの細胞外ドメイン，および保存された細胞質の C 末端尾部から成る膜貫通受容体である（図 15・53 参照）．脊椎動物においては，最初に発見された部位（それぞれ，上皮，胎盤，神経，網膜，血管内皮）に基づきそれぞれ E–，P–，N–，R–，VE– とよばれる五つの古典的カドヘリンが知られる．現在では，それぞれの型のカドヘリンがより広範な組織で発現されていることが知られているが，名前はそのままである．

古典的カドヘリンは細胞表面で二量体のクラスターとして機能する（図 15・53 参照）．これらの二量体は隣接細胞上の同じ種類のカドヘリン二量体に結合する（**ホモフィリック結合** homophilic binding）．N– および R– カドヘリンの二量体の場合は，互いどうしでも結合する（**ヘテロフィリック結合** heterophilic binding）．細胞表面の受容体の総数および受容体の細胞膜中での側方拡散の両方を変化させることによって結合活性が調節され，それによって細胞自身の接着力が制御される．クラスター化されていないカドヘリンは隣接細胞と強い接着を形成しない（§15・18“接着結合は隣り合った細胞を連結する”も参照）．

細胞間接着においてカドヘリンのクラスター化が重要であることを示す直接的な証拠が存在するが，それは，カドヘリンの細胞質尾部が二量体化に重要であるということに基づいて行われた実験から得られた．図 15・60 に示すように，カドヘリン受容体の細胞外ドメインと膜貫通ドメイン，および FKBP12 という無関係のタンパク質の細胞質尾部を含む組換えキメラタンパク質を，通常は互いに結合しない細胞において発現させた．FKBP12 の細胞質尾部は互いに結合しないので，このキメラタンパク質は二量体を形成せず，細胞は凝集しない．しかし，FKBP12 の細胞質尾部を連結する化学物質を添加すると，キメラタンパク質のカドヘリン部分が二量体のクラスターをつくるのに十分な程度近づき，細胞は互いに接着する．

古典的カドヘリンの保存された細胞質尾部の C 末端にある 56 アミノ酸の領域は **β カテニン**（β–catenin）という細胞基質タンパク質に結合する．β カテニンはカドヘリンに結合すると，アダプタータンパク質として働き，**α カテニン**（α–catenin）と結合する，α カテニンはつぎにアクチンフィラメントと結合する（図 15・61）．（α カテニンと β カテニンは，一次配列上の相同性はない．）このように，β カテニンは細胞表面のカドヘリン二量体とアクチン細胞骨格をつなぐタンパク質である．前述のように，二量体形成を阻害することでこの相互作用を断ち切ると細胞接着が低下する．この相互作用を断ち切る別の実験を図 15・61 に示す．α カテニン結合部位を欠く変異型 β カテニン遺伝子を細胞に発現させると，細胞は互いに接着しなくなる．これは，この変異型 β カテニンがカドヘリンの細胞質尾部には結合できるが，α カテニンとは結びつけないためである．

β カテニンは，カドヘリンと複合体を形成していないときは，シグナル伝達，特に増殖因子 Wnt と遺伝子発現の変化を結びつける経路に関与している．Wnt で刺激された細胞では，カドヘリンおよび α カテニンに結合していない β カテニンは，代わりに転写因子と結合する．βカテニンは核に入り，細胞増殖に必要な遺伝子の発現を制御する転写因子に結合する．カドヘリンはβカテニンを接着複合体に隔離して Wnt 増殖因子の活性を制限することにより，細胞増殖の制御に間接的にかかわっていると考えられている．

カドヘリンの細胞質尾部に結合する第二のおもなタンパク質はシグナル伝達アダプタータンパク質 p120[CAS] である（図 15・61 参照）．このタンパク質はチロシンキナーゼの Src ファミリーの基質でもあり，カドヘリンをベースとする接着結合に存在している．カドヘリンのクラスターには他のシグナル伝達タンパク質も存在することから，カドヘリンがシグナル伝達に直接かかわっている可能性も考えられる．実際，βカテニンは Src チロシンキナーゼによりリン酸化される．しかし，カドヘリン自身がシグナル伝達タンパク質であるという証拠はない．むしろ，カドヘリンが細胞骨格や p120[CAS] などのようなシグナル伝達アダプターと結合することから，カドヘリンおよびカドヘリンが形成する結合部は，シグナル伝達分子の活性を制御するためにこれらの分子を組織化する足場として働いている可能性がある．シグナル伝達タンパク質複合体を形成することは，たとえばインテグリン受容体のクラスターに結合する接着斑にみられるように，シグナル伝達における共通の課題である（§15・14 “インテグリン受容体は細胞シグナル伝達に関与している” 参照）．たとえるなら，カドヘリンは電話というより電話の交換手として機能する．

古典的カドヘリンは細胞間接着の強度を制御したり，細胞間認識のための特殊な仕組みを用意することにより，発生に際して重要な役割を果たす．たとえば，E-カドヘリンは胚盤胞の形成時

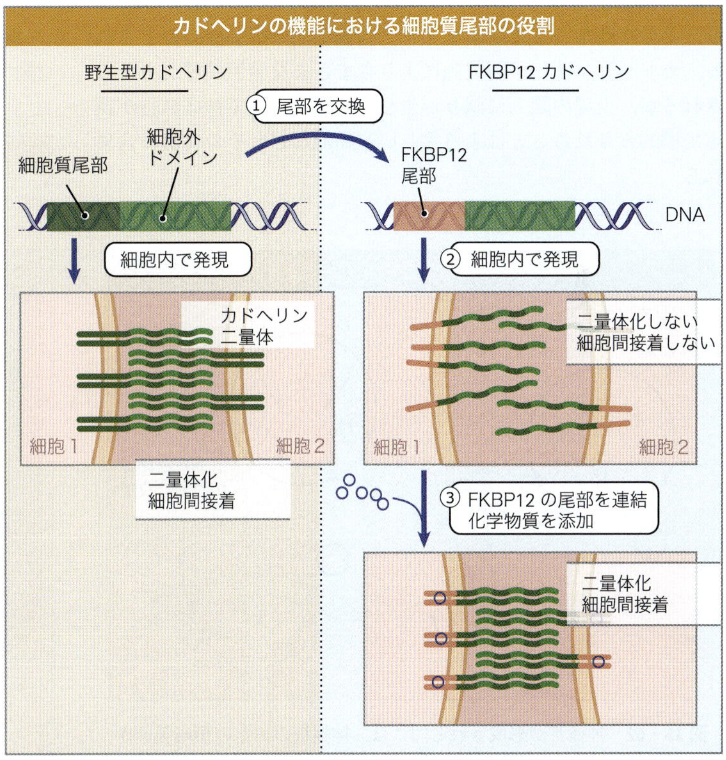

図 15・60 カドヘリンの細胞質尾部は細胞外ドメインを介した接着に重要である．

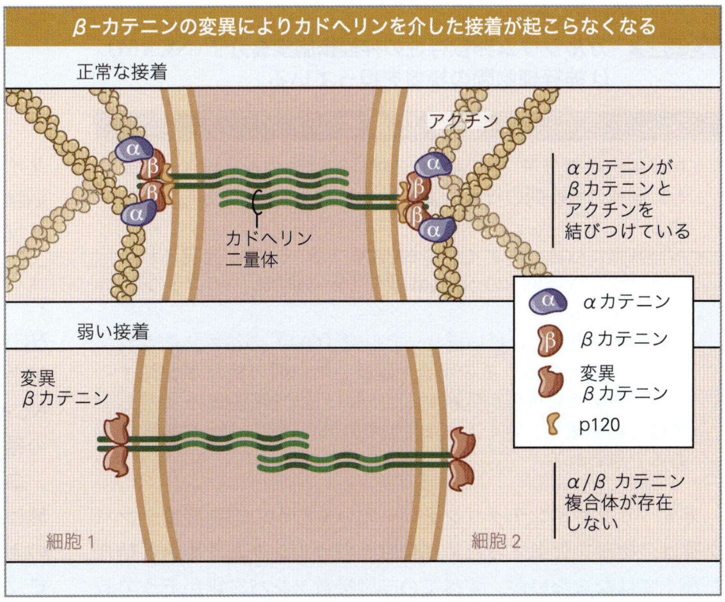

図 15・61 カドヘリンの細胞質尾部はカテニンタンパク質を介してアクチンフィラメントに連結されている．図示されていないが，カドヘリン複合体にはほかにもリンカーやシグナル伝達タンパク質が存在する．カドヘリンにより媒介される細胞接着には，βカテニンのαカテニン結合ドメインが必要である．

に発現され，発生中の胚に密着結合が形成され，続いて上皮細胞が極性化する際に，細胞間接着を増強すると考えられている．当然ながら，E–カドヘリン遺伝子の遺伝的ノックアウトは発生初期に致死となる．

他のカドヘリンファミリーのメンバーの機能変異体や欠失変異は，脳，脊髄，肺，および腎臓などのさまざまな器官の発生に影響を及ぼす．これらの発生事象のすべてにおいて共通の重要な問題は，**陥入**（invagination）とよばれる細胞移動の過程である．たとえば，脊椎動物では，外肺葉を構成する細胞が胚の外側表面に隆起部を形成し，それが裂け目を形成するように落ち込み，さらにくびれ切られて神経管が形成される．これが最初の神経組織となるが，神経管を形成するためには，上皮細胞は自身の頂端部を収縮させて内側に曲がって溝をつくり，その後解離して新たな場所に移動して管を閉じる必要がある（図15・62）．他の多くの外肺葉由来組織の形成においても同様な細胞移動が起こっており，そのすべてでさまざまなタイプの細胞間の接触が必要とされる．カドヘリン遺伝子の欠失によりさまざまな発生異常がもたらされるが，上皮の陥入に誤りが生じ，それによって神経細胞が誤って標的化されることによる乏しい運動能などもその異常に含まれる．

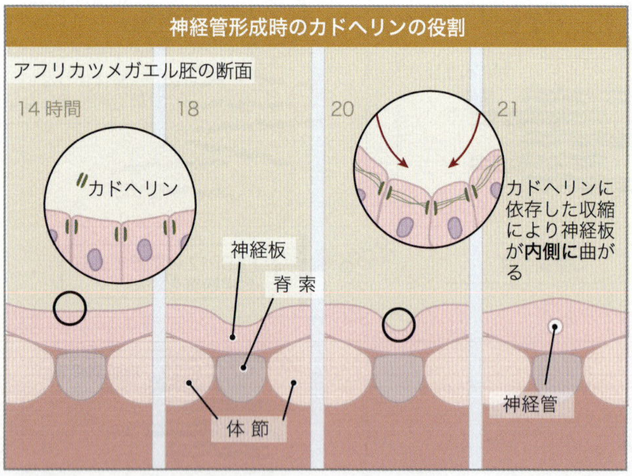

図15・62　神経管が形成される際には，神経板の細胞の頂端膜側が収縮することで，神経板が内側に曲がる．

15・23　カルシウム非依存性の神経細胞接着分子（NCAM）は神経細胞間の接着を担っている

重要な概念

- 神経細胞接着分子（NCAM）は神経細胞でのみ発現され，おもに同種の細胞間の接着およびシグナル伝達受容体として機能する．
- 神経細胞には三つのタイプのNCAMタンパク質が発現されており，これらは単一のNCAM遺伝子から選択的プライシングにより生じる．
- NCAMのなかには長いポリシアル酸（PSA）の鎖で修飾されているものもある．その場合，同種の細胞間の接着が低減する．このように接着が低減することは，他の神経細胞と接触してはそれを壊していくような発生中の神経細胞において重要であると思われる．

カドヘリンやインテグリンといったいくつかの細胞接着タンパク質は，接着を促進するために細胞外のカルシウムイオンと結合しなくてはならないが，すべての細胞接着タンパク質がそうであるわけではない．カルシウム非依存性の細胞接着タンパク質の主要なクラスの一つが**神経細胞接着分子**（neural cell adhesion molecule，NCAM）である．NCAMはおもに細胞間接着受容体として機能するが，ヘパラン硫酸プロテオグリカンにも結合できる．NCAMは神経細胞でのみ発現されている．NCAMは中枢神経系および末梢神経系の両方で隣接する細胞どうしの間の結合部に存在するが，特に神経繊維に存在する．

神経細胞は3種類のNCAMを発現するが，これらは単一のNCAM遺伝子から選択的スプライシングにより形成される．NCAMは免疫グロブリン（Ig）スーパーファミリータンパク質の一員である．免疫グロブリンスーパーファミリータンパク質は**免疫グロブリン（Ig）ドメイン**（immunoglobulin domain）という特徴的な構造モジュールを含んでいる．Igドメインは約100アミノ酸からなり，二つのβシートの形でループを形成している．3種類のNCAMはいずれもアミノ末端に五つのIgドメインループと二つのフィブロネクチンⅢ型モジュールをもっている（図15・63）．NCAM–180とNCAM–140（数字はタンパク質のサイズをkDaで表す）は膜貫通ドメインを一つもち，C末端の細胞質尾部が異なっている．また，NCAM–120はグリコシルホスファチジルイノシトール尾部により細胞表面につなぎ止められている．これら3種類のNCAMはいずれも細胞表面から切断され（NCAM–180とNCAM–140はタンパク質分解により，NCAM–120はホスホリパーゼにより），脳脊髄液中や血漿中に拡散する可溶性分子として放出されることもある．可溶性のNCAMは神経細胞の接着および神経突起伸長（神経細胞体からの軸索の伸展）を促進する．

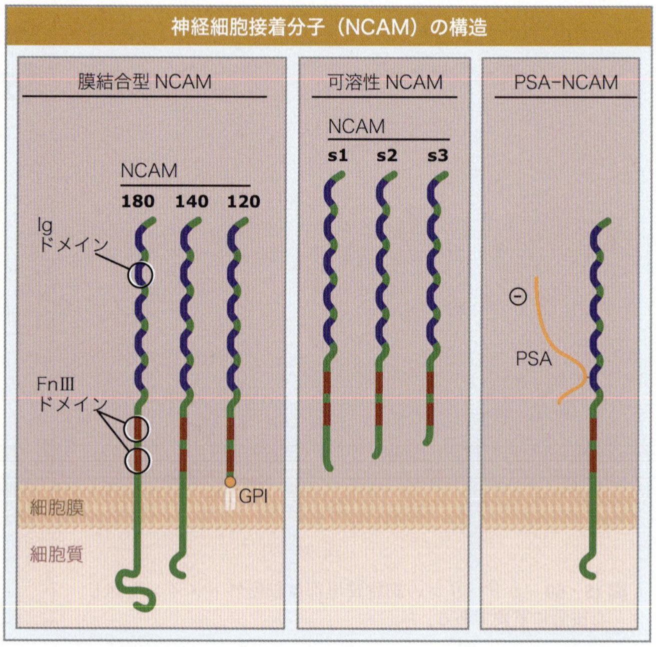

図15・63　NCAMはそれぞれ異なったサイズの，膜結合型あるいは可溶性タンパク質として生成される．NCAMのドメイン構造を示す．NCAMの細胞外部分はポリシアル酸（PSA）の付加により修飾される場合もある．ポリシアル酸は分泌経路を移行中にアスパラギン残基に結合される（140 kDaの膜貫通型のPSA–NCAMを示す）．

細胞表面のNCAMは繊維芽細胞増殖因子受容体の特異的な領域に結合することによりシグナル伝達受容体として機能する．このような細胞表面での側方結合により，おそらくホスホリパーゼC，ジアシルグリセロール，アラキドン酸を含むシグナル伝達経路を介して，細胞表面のカルシウムチャネルが開く．少なくとも1種類のNCAM，NCAM-140は，非受容体型チロシンキナーゼ p59[fyn] にも結合し，受容体と接着斑キナーゼの活性化を結びつけている．このように，NCAMは他の細胞表面受容体とシグナル伝達経路を共有し，活性化している．このシグナル伝達の正確な役割についてはまだわかっていない．

NCAMは小胞体で合成されてから細胞表面に至るまでの間に，ゴルジ体において，リン酸化，硫酸化，グリコシル化を含む多くの翻訳後修飾を受ける．このような修飾のうち，最も重要なのは，おそらく5番目のIgドメイン中の二つのアスパラギン残基上の*N*結合型糖鎖への，長い直鎖状のシアル酸糖鎖（**ポリシアル酸** polysialic acid，PSAという）の付加であると考えられる（図15・63参照）．

ポリシアル酸鎖の付加により，NCAMの形状と機能が共に著しく変化する．シアル酸は負に荷電しているので，ポリシアル酸鎖はNCAMタンパク質から外に突き出し，陽イオンを引き寄せ，水分子に結合する（プロテオグリカン上のグリコサミノグリカン鎖と類似）．NCAMへのポリシアル酸の付加は，NCAMの接着機能に最も著しい影響を及ぼす．膜結合型NCAMは隣接する細胞上の同じNCAMにおもに結合する．このホモフィリック結合の正確なメカニズムはわかっていないものの，NCAMおのおののアミノ末端に存在するIgドメインが関与している．この相互作用についての現在のモデルでは，NCAM受容体の五つのIgドメインすべてが重なり合うことで，隣接する細胞間に強い安定した接着がもたらされると示唆されている．しかし，PSA-NCAM受容体は完全に重なり合うことはない．これはおそらく，ポリシアル酸鎖の大きな水和体積と負の電荷が隣接細胞上の相補受容体のIgドメインと反発するためだと考えられる（図15・64）．そのため，PSA-NCAMを発現している細胞はポリシアル酸を欠くNCAMを発現している細胞ほど強く隣接細胞に結合しない．

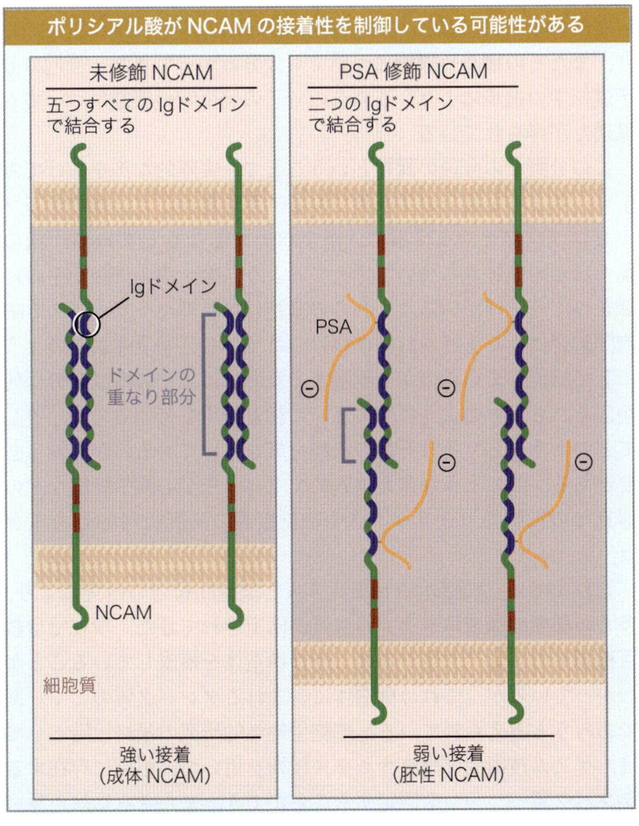

図15・64 未修飾のNCAMは互いに五つのIgドメインを用いて結合でき，強い細胞間接着をもたらす．ポリシアル酸（PSA）で修飾されたNCAMは二つのIgドメインのみを用いて結合するため，細胞間接着の強度が低下する．PSAが存在することでセレクチンのオーバーラップが妨げられ，発生途上での細胞間接着が弱くなる．成体では，PSAがセレクチンに付加されないため，強固な細胞間接着が維持される．

同じ受容体について強い接着型と弱い接着型の両方が存在することの利点とは何であろうか？　発生の間に細胞が組織を形成するために成長し体中を移動する必要があることを考えると，その過程で，何度も細胞どうしで接触してはそれを壊している可能性がある．このことは，神経細胞のような，成熟した個体で複数の特異的な細胞接触を形成する必要のある細胞について特に重要である．そのため，PSA-NCAMどうしの間にみられるような，低親和性でありながら高度に特異的である相互作用が，発生中の神経細胞においてきわめて有用なのだと考えられる．

ポリシアル酸が神経細胞発生の制御に用いられていることを直接提示するのは非常に困難である．しかし，いくつかの証拠がこの仮説を支持している：

- ポリシアル酸鎖をもつNCAMとポリシアル酸をもたないNCAMを，それぞれ特異的に見分ける抗体を用いた免疫組織化学により，マウス胚で発現されているNCAMの約30％がポリシアル酸を含むのに対し，成体では10％に下がることが示された．
- ポリシアル酸を合成する二つの酵素，ポリシアリルトランスフェラーゼとシアリルトランスフェラーゼ-Xはおもに胚の神経組織で発現されている．
- 発生中の動物で，ポリシアル酸鎖を切断する酵素の使用またはPSA-NCAMに結合する抗体の注入により，PSA-NCAMの機能を妨害すると，脳の先天性異常がもたらされる．
- 同様な脳の先天性異常はNCAM遺伝子を完全にノックアウトしたマウスでもみられる．

NCAMは成体の動物における神経の再編成においても重要な役割を果たしている可能性がある．PSA-NCAMが神経細胞どうしの結合の再編成を可能にすることから，記憶や学習の際にみられる脳の生理的な再構築に関与している可能性もある．この仮説は，齧歯類で学習後にPSA-NCAMレベルが増大し，またNCAMからポリシアル酸を（エンドシアリダーゼの注入により）切断すると記憶テストの成績が低下するという観察から支持される．

15・24 セレクチンは循環している免疫細胞の接着を制御する

重要な概念

- セレクチンは脈管系の細胞にのみ発現される細胞間接着受容体である．これまでに，L-セレクチン，P-セレクチン，E-セレクチンの三つの型のセレクチンが同定されている．
- セレクチンは血管中を循環している白血球をとどめて，周囲の組織に這い出ることができるようにする．
- 非連続的な細胞間接着の過程で，白血球上のセレクチンは内皮細胞上の糖タンパク質に弱く，一過的に結合し，その結果白血球は血管壁に沿って"転がりながら停止する"．

セレクチン（selectin）は脈管系の細胞上にのみ発現される高度に特殊化した細胞表面受容体である．現在までに三つの型のセレクチンが同定されており，発現される細胞に基づいて命名されている．すなわちL–セレクチン（白血球），P–セレクチン（血小板），E–セレクチン（内皮細胞）の三つである．内皮細胞は，炎症の際サイトカインにより活性化されると，E–セレクチンとP–セレクチンの両方を発現することができる．

セレクチンの機能は，白血球が血管から出て行き（血管外遊走），炎症を起こした組織に入ることを促進することである．白血球はこの炎症性組織で免疫応答に寄与することとなる．これは難題である．つまり，血管外遊走する白血球はまず最初に，血流による力に対抗して血管壁に接着しなくてはならないのである．白血球はいかにしてこの問題を克服したのだろうか？　答えは簡潔で，セレクチンを使って“転がりながら停止する”というものである．このようにして，白血球は血管内で徐々に速度を落とすことができる．白血球は完全に停止すると内皮細胞上のインテグリン受容体と結合する．インテグリン受容体は接着を増強し，血管から漏れ出ていくのを助ける．（インテグリンについての一般的な説明は§15・13“大部分のインテグリンは細胞外マトリックスタンパク質の受容体である”を参照．）

細胞はどのようにして血管内で転がりながら停止に至るのだろうか？　そのためには，細胞は，血管を裏打ちしている内皮細胞と，一過性で，可逆的かつ接着性の相互作用ができなければならない．白血球がこのような結合を形成している間は，完全な停止に至るのに十分な結合を形成するまで，血管壁に沿ってのろのろと転がることになる．これを**非連続的な細胞間接着**（discontinuous cell-cell adhesion）という．図15・65のように，白血球は，細胞表面上にE–セレクチンとP–セレクチンを発現している内皮細胞にのみ結合するようにセレクチンリガンドを発現しているので，非炎症性組織の血管壁に接着することはない．

この選択的な接着の鍵は，プロテオグリカンとその受容体が用いるようなタンパク質と糖の間の相互作用を利用していることである．セレクチンという名は，この受容体のリガンド結合部分が，細胞表面のオリゴ糖に特異的に結合するタンパク質の一群，すなわちレクチンと似ていたことから名づけられた（図15・65参照）．セレクチンのリガンド結合領域はN末端部分に存在しており，それに一連の短いコンセンサス配列の反復が連結し，その後ろに膜貫通ドメインが一つと短いC末端の細胞質ドメインが存在する．カドヘリン受容体やインテグリン受容体と同様に，セレクチンは適切に折りたたまれ，かつリガンドと結合するために，細胞外カルシウムを必要とする．

標的細胞表面の“キャリアータンパク質”には，**シアリルルルイスx**（sialyl Lewis(x), sLe^x）というシアル酸とフコース糖の複雑かつ特殊な配列が結合するが，セレクチンはこのsLe^xに結合する．セレクチンは異なるコアタンパク質に結合している微妙に異なる型のsLe^xを区別できるので，高度な結合特異性をもつことができる．おもなセレクチンリガンドとしては，P–セレクチン糖タンパク質リガンド1（PSGL–1），グリコシル化依存性細胞接着分子–1（GlyCAM–1），粘膜アドレシン細胞接着分子–1（MadCAM–1）などがあげられる．これらのリガンドへの結合が細胞内シグナル伝達経路を活性化し，それが血管外遊走の後の段階にかかわるインテグリン受容体の活性化を補助するのではないかという推測もあるが，まだ証明されていない．

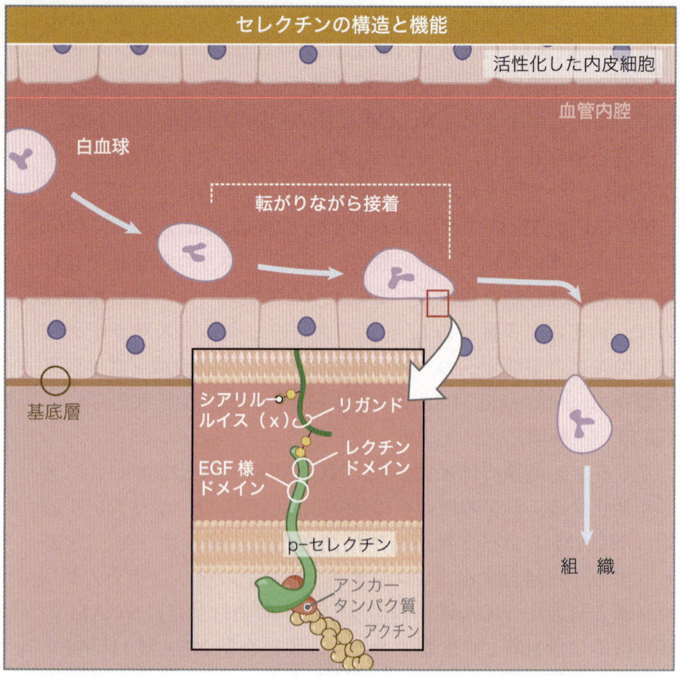

図15・65　白血球が“転がりながら停止”する模式図．挿入図：セレクチンの構造および白血球リガンドとの結合のモデル図．

15・25 次なる問題は？

本章の始めに言及した通り，細胞外マトリックスと細胞間結合の研究はここ100年間で長足の進歩を遂げた（図15・3参照）．現在ではこれらの構造体の主要な構成成分が明らかにされており，またその構造や機能についても大分わかってきた．最近の分子遺伝学の進歩により，これらの分子の発生時の機能についても見通しが得られている．

この分野での今後の課題ということで，実際的な例をあげてみよう．ちょっと自分の手を見てみる．手を動かして，指でテーブルをコツコツとやってみて，指をパチンとならしてみる．指の驚くほどの複雑さについて考えてみよう．数十億の細胞が手の組織をつくり上げている．これらの細胞は細胞外マトリックスと細胞間結合により支持され結びつけられている．手全体がどのようにして機能しているのかを理解するためには，その構成成分は何か，それらがどのようにして互いに相互作用しているのか，そしてどのようにしてそれぞれの任務を成し遂げているのかを知る必要がある．このような還元主義的アプローチが心臓や肝臓などの器官での細胞外マトリックスや細胞接着の研究に用いられてきた．

これまでに，細胞外マトリックスと細胞間結合の研究により，多くの種類の構造体やタンパク質が同定されてきた．現在では数百種類ものタンパク質がこのような構造体を構成していることがわかっているが，これは構造体に含まれるタンパク質のごく一部であろうと考えられている．細胞生物学的研究の最終段階としては，ゲノム技術やプロテオミクス技術を用いて，組織に存在するタンパク質一つ一つを同定することができ，またさらには，見いだされたタンパク質の機能を推測することさえもできると考えられる．

構造とタンパク質がどのようにして一体となって働いているのかという仕組みについても知る必要がある．そのためには，ある課題を成し遂げるために情報を交換し合って協働している多数の細胞の集団を観察できなくてはならない．すべてのタンパク質が同定されたとき，細胞生物学における還元主義的アプローチは重大な局面に至る．つまり，これらのタンパク質を含む組織および器官の *in vitro* での構成が可能となるのである．

現在も進化し続けている組織工学分野は，おもに組織再構成に関係しているが，それはまた基礎細胞生物学にある部分は依存している．細胞外マトリックスと細胞間結合タンパク質がどのようにして細胞の挙動を制御しているかについての理解が進めば，その知識を用いて，実験室でより本物に近い組織を作製するのに応用が可能である．皮膚，骨，軟骨，肝臓，角膜，血管，および脊髄までもの移植用臓器の開発が進んでいる．細胞外マトリックスと細胞間結合の研究における次の段階の特徴の一つは，これまでに得られた基本的な知識から，けがや疾患のために損傷された器官を取替えられるような，フルに機能できる器官をつくり出せるまでに知識を増やすことであろう．

15・26 要　約

細胞外マトリックスは複雑で高度に組織化された様式で相互作用し合う数百種類の分子からなる．細胞外マトリックスに存在する二つの主要な分子クラスは，構造糖タンパク質（コラーゲン，エラスチン，フィブロネクチン，ラミニンなど）とプロテオグリカン（ヘパラン硫酸など）である．これらは組織に構造的安定性を付与し，親水性の環境をもたらしている．これらの分子はそれぞれ，細胞受容体，増殖因子，およびその他の細胞外マトリックス分子との結合を橋渡しする構造モジュールからなっている．これらの分子が組織内での細胞の三次元的配置を決定し，細胞内シグナル伝達経路を活性化し，かつ細胞移動の際の基質として働くことで，細胞の挙動を制御している．また，細胞外マトリックスの構成成分が時間が経つに連れて変化すること，ならびにマトリックスの内部にある細胞が特別なシグナルに応答して，マトリックスの生成および分解の両方に関与していることもわかっている．

細胞外マトリックスや隣り合った細胞との間の接着を仲介する，特殊な細胞表面複合体形成タンパク質のうち，少なくとも100種類のタンパク質が同定されている．このような複合体は多様な特殊化した機能を果たしている．密着結合と中隔結合は，上皮層を越える傍細胞輸送を制御し，接着結合と接着斑は，細胞表面とアクチン細胞骨格を連結することで，細胞の移動を制御し，またデスモソームとヘミデスモソームは細胞表面と中間径フィラメントネットワークを連結することで，構造的安定性をもたらし，かつ大規模なネットワーク全体に伸張強度を分配する．これらの複合体の多くには細胞内部と情報を交換するシグナル伝達タンパク質が含まれていて，増殖などの多様な細胞機能を制御している．このシグナル伝達ネットワークの構成は非常に複雑である．

ところで，これらの分子が一体どのようにして機能的な生体をつくり上げているのだろうか？　これは細胞生物学の次の段階の課題である．すでに，その顕著な特徴は明らかにされている．構造体（たとえば基底層）の構成成分となっている分子の大部分が同定されていることから，これらの部品がどのように相互作用して機能的な組織を形成するのかに焦点が移りつつある．基底層などの細胞構造を成分に分解して，これからこの成分を組合わせて機能的な構成単位（たとえば，移植用皮膚）をつくり上げようとしている．このような知識を応用して新規に生物学的構造を生成しようとしている組織工学分野が，第四期の細胞生物学研究の進展に重要な役割を果たすと考えられる．

参考文献

15・1 序　論

総　説

Haralson, M. A., and Hassell, J. R., 1995 "Extra cellular Matrix: A Practical Approach." New York: Oxford University Press.

Hay, E. D., 1999. Biogenesis and organization of extracellular matrix. *FASEB J.* **13**, Suppl 2, S281–S283.

Hynes, R. O., 1999. Cell adhesion: Old and new questions. *Trends Cell Biol.* **9**, M33–M37.

Kaiser, D., 2001. Building a multicellular organism. *Annu. Rev. Genet.* **35**, 103–123.

Ko, K. S., and McCulloch, C. A., 2001. Intercellular mechanotransduction: Cellular circuits that coordinate tissue responses to mechanical loading. *Biochem. Biophys. Res. Commun.* **285**, 1077–1083.

15・3 コラーゲンは組織に構造的基盤を与える

総　説

Gullberg, D. E., and Lundgren-Akerlund, E., 2002. Collagen-binding I domain integrins—what do they do? Prog. Histochem. *Cytochem.* **37**, 3–54.

Holmes, D. F., Graham, H. K., Trotter, J. A., and Kadler, K. E., 2001. STEM/TEM studies of collagen fibril assembly. *Micron* **32**, 273–285.

Kadler, K. E., Holmes, D. F., Trotter, J. A., and Chapman, J. A., 1996. Collagen fibril formation. *Biochem. J.* **316** (Pt 1), 1–11.

Myllyharju, J., and Kivirikko, K. I., 2001. Collagens and collagen-related diseases. *Ann. Med.* **33**, 7–21.

van der Rest, M., and Garrone, R., 1991. Collagen family of proteins. *FASEB J.* **5**, 2814–2823.

15・4 フィブロネクチンは細胞をコラーゲンを含むマトリックスと連結する

総　説

Potts, J. R., and Campbell, I. D., 1996. Structure and function of fibronectin modules. *Matrix Biol.* **15**, 313–320.

Romberger, D. J., 1997. Fibronectin. *Int. J. Biochem. Cell Biol.* **29**, 939–943.

Schwarzbauer, J. E., and Sechler, J. L., 1999. Fibronectin fibrillogenesis: A paradigm for extracellular matrix assembly. *Curr. Opin. Cell Biol.* **11**, 622–627.

Watt, F. M., and Hodivala, K. J., 1994. Cell adhesion. Fibronectin and integrin knockouts come unstuck. *Curr. Biol.* **4**, 270–272.

論　文

Hirano, H., Yamada, Y., Sullivan, M., de Crombrugghe, B., Pastan, I., and Yamada, K. M., 1983. Isolation of genomic DNA clones spanning the entire fibronectin gene. *Proc. Natl. Acad. Sci. USA* **80**, 46–50.

Isemura, M., Yosizawa, Z., Takahashi, K., Kosaka, H., Kojima, N., and Ono, T., 1981. Characterization of porcine plasma fibronectin and its fragmentation by porcine liver cathepsin B. *J. Biochem.* (*Tokyo*) **90**, 1–9.

Peltonen, J., Jaakkola, S., Lask, G., Virtanen, I., and Uitto, J., 1998. Fibronectin gene expression by epithelial tumor cells in basal cell carcinoma: An immunocytochemical and in situ hybridization study. *J. Invest. Dermatol.* **91**, 289–293.

Ryu, S., Jimi, S., Eura, Y., Kato, T., and Takebayashi, S., 1999.

Strong intracellular and negative peripheral expression of fibronectin in tumor cells contribute to invasion and metastasis in papillary thyroid carcinoma. *Cancer Lett* **146**, 103–109.

15・5 弾性繊維が組織に柔軟性を与えている

総 説

Debelle, L., and Tamburro, A. M., 1999. Elastin: mMolecular description and function. *Int. J. Biochem. Cell Biol.* **31**, 261–272.

論 文

Brown-Augsburger, P., Broekelmann, T., Rosenbloom, J., and Mecham, R. P., 1996. Functional domains on elastin and microfibril-associated glycoprotein involved in elastic fibre assembly. *Biochem. J.* **318** (Pt1), 149–155.

Brown-Augsburger, P., Chang, D., Rust, K., and Crouch, E. C., 1996. Biosynthesis of surfactant protein D. Contributions of conserved NH2-terminal cysteine residues and collagen helix formation to assembly and secretion. *J. Biol. Chem.* **271**, 18912–18919.

Brown-Augsburger, P., Hartshorn, K., Chang, D., Rust, K., Fliszar, C., Welgus, H. G., and Crouch, E. C., 1996. Site-directed mutagenesis of Cys-15 and Cys-20 of pulmonary surfactant protein D. Expression of a trimeric protein with altered anti-viral properties. *J. Biol. Chem.* **271**, 13724–13730.

Hinek, A., and Rabinovitch, M., 1994. 67-kD elastin-binding protein is a protective 'companion' of extracellular insoluble elastin and intracellular tropoelastin. *J. Cell Biol.* **126**, 563–574.

Jensen, S. A., Reinhardt, D. P., Gibson, M. A., and Weiss, A. S., 2001. Protein interaction studies of MAGP-1 with tropoelastin and fibrillin-1. *J. Biol. Chem.* **276**, 39661–39666.

Zhang, M. C., He, L., Giro, M., Yong, S. L., Tiller, G. E., and Davidson, J. M., 1999. Cutis laxa arising from frameshift mutations in exon 30 of the elastin gene (ELN). *J. Biol. Chem.* **274**, 981–986.

15・6 ラミニンは細胞の接着性の基質となる

総 説

Aumailley, M., and Smyth, N., 1998. The role of laminins in basement membrane function. *J. Anat.* **193** (Pt 1), 1–21.

Belken, A. M., and Stepp, M. A., 2000. Integrins as receptors for laminins. *Microsc. Res. Tech.* **51**, 280–301.

Colognato, H., and Yurchenco, P. D., 2000. Form and function: The laminin family of heterotrimers. *Dev. Dyn.* **218**, 213–234.

Engvall, E., and Wewer, U. M., 1996. Domains of laminin. *J. Cell Biochem.* **61**, 493–501.

Ryan, M. C., Christiano, A. M., Engvall, E., Wewer, U. M., Miner, J. H., Sanes, J. R., and Burgeson, R. E., 1996. The functions of laminins: Lessons from *in vitro* studies. *Matrix Biol.* **15**, 369–381.

Wewer, U. M., and Engvall, E., 1996. Merosin/aminin-2 and muscular dystrophy. *Neuromuscul. Disord.* **6**, 409–418.

15・7 ビトロネクチンは血液凝固の際に標的細胞の接着を促進する

総 説

Preissner, K. T., 1989. The role of vitronectin as multifunctional regulator in the hemostatic and immune systems. *Blut* **59**, 419–431.

Schvartz, I., Seger, D., and Shaltiel, S., 1999. Vitronectin. *Int. J. Biochem. Cell Biol.* **31**, 539–544.

論 文

Podor, T. J., Campbell, S., Chindemi, P., Foulon, D. M., Farrell, D.H., Walton, P.D., Weitz, J.I., and Peterson, C.B., 2002. Incorporation of vitronectin into fibrin clots. Evidence for a binding interaction between vitronectin and γ A/γ' fibrinogen. *J. Biol. Chem.* **277**, 7520–7528.

Zhuang, P., Blackburn, M. N., and Peterson, C. B., 1996. Characterization of the denaturation and renaturation of human plasma vitronectin. I. Biophysical characterization of protein unfolding and multimerization. *J. Biol. Chem.* **271**, 14323–14332.

15・8 プロテオグリカンは組織を水和させる

総 説

Bottaro, D. P., 2002. The role of extracellular matrix heparan sulfate glycosaminoglycan in the activation of growth factor signaling pathways. *Ann. NY Acad. Sci.* **961**, 158.

Iozzo, R. V., 1998. Matrix proteoglycans: From molecular design to cellulae function. *Annu. Rev. Biochem.* **67**, 609–652.

Schwartz, N., 2000. Biosynthesis and regulation of expression of proteoglycans. *Front. Biosci.* **5**, D649–D655.

論 文

Danielson, K. G., Baribault, H., Holmes, D. F., Graham, H., Kadler, K. E., and Iozzo, R. V., 1997. Targeted disruption of decorin leads to abnormal collagen fibril morphology and skin fragility. *J. Cell Biol.* **136**, 729–743.

Hedlund, H., Hedbom, E., Heinegard, D., Mengarelli-Widholm, S., Reinholt, F. P., and Svensson, O., 1999. Association of the aggrecan keratan sulfate-rich region with collagen in bovine articular cartilage. *J. Biol. Chem.* **274**, 5777–5781.

15・9 ヒアルロン酸は結合組織に豊富に存在するグリコサミノグリカンである

総 説

Isacke, C. M., and Yarwood, H., 2002. The hyaluronan receptor, CD44. *Int. J. Biochem. Cell Biol.* **34**, 718–721.

Lee, J. Y., and Spicer, A. P., 2000. Hyaluronan: A multifunctional, megaDalton, stealth molecule. *Curr. Opin. Cell Biol.* **12**, 581–586.

Naor, D., Nedvetzki, S., Golan, I., Melnik, L., and Faitelson, Y., 2002. CD44 in cancer. *Crit. Rev. Clin. Lab. Sci.* **39**, 527–579.

論 文

Bourguignon, L. Y., Zhu, H., Shao, L., and Chen, Y. W., 2000. CD44 interaction with tiaml promotes Racl signaling and hyaluronic acid-mediated breast tumor cell migration. *J. Biol. Chem.* **275**, 1829–1838.

Jacobson, A., Brinck, J., Briskin, M. J., Spicer, A. P., and Heldin, P., 2000. Expression of human hyaluronan synthases in response to external stimuli. *Biochem. J.* **348** Pt 1, 29–35.

Oliferenko, S., Kaverina, I., Small, J. V., and Huber, L. A., 2000. Hyaluronic acid (HA) binding to CD44 activates Racl and induces lamellipodia outgrowth. *J. Cell Biol.* **148**, 1159–1164.

15・10 ヘパラン硫酸プロテオグリカンは細胞表面の補助受容体である

総 説

Baeg, G. H., and Perrimon, N., 2000. Functional binding of secreted molecules to heparan sulfate proteoglycans in *Drosophila*. *Curr. Opin. Cell Biol.* **12**, 575–580.

Bernfield, M., Gotte, M., Park, P. W., Reizes, O., Fitzgerald, M. L., Lincecum, J., and Zako, M., 1999. Functions of cell surface heparan sulfate proteoglycans. *Annu. Rev. Biochem.* **68**, 729–777.

15・11 基底層は特殊化した細胞外マトリックスである

総 説

Yurchenco, P. D., and Cheng, Y. S., 1994. Laminin self-assembly: A three-arm interaction hypothesis for the formation of

a network in basement membranes. *Contrib. Nephrol.* **107**, 47–56.
Yurchenco, P. D., and O'Rear, J. J., 1994. Basal lamina assembly. *Curr. Opin. Cell Biol.* **6**, 674–681.

論 文

DiPersio, C. M., Hodivala-Dilke, K. M., Jaenisch, R., Kreidberg, J. A., and Hynes, R. O., 1997. alpha3beta1 Integrin is required for normal development of the epidermal basement membrane. *J. Cell Biol.* **137**, 729–742.
Timpl, R., Rohde, H., Robey, P. G., Rennard, S. I., Foidart, J. M., and Martin, G. R., 1979. Laminin—a glycoprotein from basement membranes. *J. Biol. Chem.* **254**, 9933–9937.

15・12 プロテアーゼは細胞外マトリックス成分を分解する

総 説

Ivaska, J., and Heino, J., 2000. Adhesion receptors and cell invasion: Mechanisms of integrin-guided degradation of extracellular matrix. *Cell. Mol. Life Sci.* **57**, 16–24.
Johansson, N., Ahonen, M., and Kahari, V. M., 2000. Matrix metalloproteinases in tumor invasion. *Cell. Mol. Life Sci.* **57**, 5–15.
McLane, M.A., Marcinkiewicz, C., Vijay-Kumar, S., Wierzbicka-Patynowski, I., and Niewiarowski, S., 1998. Viper venom disintegrins and related molecules. *Proc. Soc. Exp. Biol. Med.* **219**, 109–119.
Mott, J. D., and Werb, Z., 2004. Regulation of matrix biology by matrix metalloproteinases. *Curr. Opin. Cell Biol.* **16**, 558–564.
Primakoff, P., and Myles, D. G., 2000. The ADAM gene family: Surface proteins with adhesion and protease activiry. *Trends Genet.* **16**, 83–87.
Ravanti, L., and Kahari, V. M., 2000. Matrix metalloproteinases in wound repair (review). *Int. J. Mol. Med.* **6**, 391–407.
Shapiro, S. D., 1998. Matrix metalloproteinase degradation of extracellular matrix: Biological consequences. *Curr. Opin. Cell Biol.* **10**, 602–608.

論 文

Al-Aqeel, A. I., 2005. Al-Aqeel Sewairi syndrome, a new autosomal recessive disorder with multicentric osteolysis, nodulosis and arthropathy. The first genetic defect of matrix metalloproteinase 2 gene. *Saudi. Med. J.* **26**, 24–30.
Arumugam, S., Jang, Y. C., Chen-Jensen, C., Gibran, N. S., and Isik, F. F., 1999. Temporal activity of plasminogen activators and matrix metalloproteinases during cutaneous wound repair. *Surgery* **125**, 587–593.
Martignetti, J. A., et al., 2001. Mutation of the matrix metalloproteinase 2 gene (MMP2) causes a multicentric osteolysis and arthritis syndrome. *Nat. Genet.* **28**, 261–265.
Zankl, A., Bonafé, L., Calcaterra, V., Di Rocco, M., and Superti-Furga, A., 2005. Winchester syndrome caused by a homozygous mutation affecting the active site of matrix metalloproteinase 2. *Clin. Genet.* **67**, 261–266.

15・13 大部分のインテグリンは細胞外マトリックスタンパク質の受容体である

総 説

Mould, A. P., and Humphries, M. J., 2004. Regulation of integrin function through conformational complexity: Not simply a kneejerk reaction? *Curr. Opin. Cell Biol.* **16**, 544–551.
Schwartz, M. A., 2001. Integrin signaling revisited. *Trends Cell Boil.* **11**, 466–470.
Sheppard, D., 2000. In vitro functions of integrins: Lessons from null mutations in mice. *Matrix Boil.* **19**, 203–209.

15・14 インテグリン受容体は細胞シグナル伝達に関与している

総 説

Arnaout, M. A., 2002. Integrin Structure: New twists and turns dynamic cell adhesion. *Immunol. Rev.* **186**, 125–140.
Gilmore, A. P., and Burridge, K., 1996. Molecular mechanisms for focal adhesion assembly through regulation of protein-protein interactions. *Structure* **4**, 647–651.
Goldmann, W. H., 2002. Mechanical aspects of cell shape regulation and signaling. *Cell Biol. Int.* **26**, 313–317.
Parise, L. V., 1999. Integrin alpha(IIb)beta(3)signaling in platelet adhesion and aggregation. *Curr. Opin. Cell Biol.* **11**, 597–601.
Schaller, M. D., 2001. Biochemical signals and biological responses elicited by the focal adhesion kinase. *Biochim. Biophys. Acta* **1540**, 1–21.
Shattil, S. J., 1999. Signaling through platelet integrin alpha IIb beta 3: inside-out, outside-in, and sideways. *Thromb. Haemost.* **82**, 318–325.
Stewart, M., and Hogg, N., 1996. Regulation of leukocyte integrin function: Affinity vs. avidity. *J. Cell Biochem.* **61**, 554–561.

論 文

Bleijs, D. A., van Duijnhoven, G. C., van Vliet, S. J., Thijssen, J. P,. Figdor, C. G., and van Kooyk, Y., 2001. A single amino acid in the cytoplasmic domain of the beta 2 integrin lymphocyte function-associated antigen-1 regulates avidity-dependent inside-out signaling. *J. Biol. Chem.* **276**, 10338–10346.
Vinogradova, O., Haas, T., Plow, E. F., and Qin, J., 2000. A structural basis for integrin activation by the cytoplasmic tail of the alpha IIb-subunit. *Proc. Natl. Acad. Sci. USA* **97**, 1450–1455.

15・15 インテグリンと細胞外マトリックスは発生において主要な役割を果たす

総 説

Brown, N. H., 2000. Cell-cell adhesion via the ECM: Integrin genetics in fly and worm. *Matrix Biol.* **19**, 191–201.
Sheppard, D., 2000. *In vitro* functions of integrins: lessons from null mutations in mice. *Matrix Biol.* **19**, 203–209.
Tarone, G., Hirsch, E., Brancaccio, M., De Acetis, M., Barberis, L., Balzac, F., Retta, S. F., Botta, C., Altruda, F., Silengo, L., and Retta, F., 2000. Integrin function and regulation in development. *Int. J. Dev. Biol.* **44**, 725–731.

論 文

Brakebusch, C., Grose, R., Quondamatteo, F., Ramirez, A., Jorcano, J. L., Pirro, A., Svensson, M., Herken, R., Sasaki, T., Timpl, R., Werner, S., and Fassler, R., 2000. Skin and hair follicle integrity is crucially dependent on beta 1 integrin expression on keratinocytes. *EMBO J.* **19**, 3990–4003.
Potocnik, A. J., Brakebusch, C., and Fassler, R., 2000. Fetal and adult hematopoietic stem cells require beta1 integrin function for colonizing fetal liver, spleen, and bone marrow. *Immunity* **12**, 653–663.
Smyth, N., Vatansever, H. S., Murray, P., Meyer, M., Frie, C., Paulsson, M., and Edgar, D., 1999. Absence of basement membranes after targeting the LAMC1 gene results in embryonic lethality due to failure of endoderm differentiation. *J. Cell Biol.* **144**, 151–160.

15・16 密着結合は選択的な透過性をもつ細胞間障壁を形成する

総 説

Anderson, J. M., van Itallie, C. M., and Fanning, A. S., 2004. Setting up a selective barrier at the apical junction complex. *Curr. Opin. Cell Biol.* **16**, 140–145.
Anderson, J. M., and Van Itallie, C. M., 1995. Tight junctions and the molecular basis for regulation of paracellular perme-

ability. *Am. J. Physiol.* **269**, G467–G475.

Cereijido, M., Valdes, J., Shoshani, L., and Contreras, R. G., 1998. Role of tight junctions in establishing and maintaining cell polarity. *Ann. Rev. Physiol.* **60**, 161–177.

Citi, S., and Cordenonsi, M., 1998. Tight junction proteins. *Biochim. Biophys. Acta* **1448**, 1–11.

Gonzalez-Mariscal, L., Betanzos, A., and Avila-Flores, A., 2000. MAGUK proteins: Structure and role in the tight junction. *Semin. Cell Dev. Biol.* **11**, 315–324.

Zahraoui, A., Louvard, D., and Galli, T., 2000. Tight junction, a platform for trafficking and signaling protein complexes. *J. Cell Biol.* **151**, F31–F36.

15・17 無脊椎動物の中隔結合は密着結合と類似している

総 説

Woods, D. F. and Bryant, P. J., 1994. Tumor suppressor genes and signal transduction in *Drosophila. Princess Takamatsu Symp* **24**, 1–13.

Wu, V. M., and Beitel, G. J., 2004. A junctional problem of apical proportions: Epithelial tubesize control by septate junctions in the Drosophila tracheal system. *Curr. Opin. Cell Biol.* **16**, 493–499.

論 文

Bilder, D., Li, M., and Perrimon, N., 2000. Cooperative regulation of cell polarity and growth by *Drosophila* tumor suppressors. *Science* **289**, 113–116.

Bilder, D., Schober, M., and Perrimon, N., 2003. Integrated activity of PDZ protein complexes regulates epithelial polarity. *Nat. Cell Biol.* **5**, 53–58.

Bilder, D. and Perrimon, N., 2000. Localization of apical epithelial determinants by the basolateral PDZ protein Scribble. *Nature* **403**, 676–680.

Garavito, R. M., Carlemalm, E., Colliex, C., and Villiger, W., 1982. Septate junction ultrastructure as visualized in unstained and stained preparations. *J. Ultrastruct. Res.* **80**, 344–353.

15・18 接着結合は隣り合った細胞を連結する

総 説

Tepass, U., 2002. Adherens junctions: New insight into assembly, modulation and function. *Bioessays* **24**, 690–695.

Vleminckx, K., and Kemler, R., 1999. Cadherins and tissue formation: Integrating adhesion and signaling. *Bioessays* **21**, 211–220.

Yap, A. S., Brieher, W. M., and Gumbiner, B. M., 1997. Molecular and functional analysis of cadherin-based adherens junctions. *Annu. Rev. Cell Dev. Biol.* **13**, 199–146.

論 文

Nose, A., Nagafuchi, A., and Takeichi, M., 1988. Expressed recombinant cadherins mediate cell sorting in model systems. *Cell* **54**, 993–1001.

Sivasankar, S., Brieher, W., Lavrik, N., Gumbiner, B., and Leckband, D., 1999. Direct molecular force measurements of multiple adhesive interactions between cadherin ectodomains. *Proc. Natl. Acad. Sci. USA* **96**, 11820–11824.

15・19 デスモソームは中間径フィラメントを基盤とする細胞結合複合体である

総 説

Getsios, S., Huen, A. C., and Green, K. J., 2004. Working out the strength and flexibility of desmosomes. *Nat. Rev. Mol. Cell Biol.* **5**, 271–281.

Irvine, A. D., and McLean, W. H., 2003. The molecular genetics of the genodermatoses: Progress to date and future directions. *Br. J. Dermatol.* **148**, 1–13.

McMillan, J. R., and Shimizu, H., 2001. Desmosomes: Structure and function in normal and diseased epidermis. *J. Dermatol.* **28**, 291–298.

Trent, J. F., and Kirsner, R. S., 1998. Tissue engineered skin: Apligraf, a bi-layered living skin equivalent. *Int. J. Clin. Pract.* **52**, 408–413.

論 文

North, A. J., Bardsley, W. G., Hyam, J., Bornslaeger, E. A., Cordingley, H. C., Trinnaman, B., Hatzfeld, M., Green, K. J., Magee, A. I., and Garrod, D. R., 1999. Molecular map of the desmosomal plaque. J. *Cell Sci.* **112** (Pt 23), 4325–4336.

15・20 ヘミデスモソームは上皮細胞を基底層に接着させている

総 説

Nievers, M. G., Schaapveld, R. Q., and Sonnenberg, A., 1999. Biology and function of hemidesmosomes. *Matrix Biol.* **18**, 5–17.

Pulkkinen, L., and Uitto, J., 1998. Hemidesmosomal variants of epidermolysis bullosa. Mutations in the alpha6beta4 integrin and the 180-kD bullous pemphigoid antigen/type XVII collagen genes. *Exp. Dermatol.* 7, 46–64.

論 文

Gipson, I. K., Spurr-Michaud, S., Tisdale, A., Elwell, J., and Stepp. M. A., 1993. Redistribution of the hemidesmosome components alpha 6 beta 4 integrin and bullous pemphigoid antigens during epithelial wound healing. *Exp. Cell Res.* **207**, 86–98.

15・21 ギャップ結合により隣り合った細胞間で直接分子のやりとりを行うことができる

総 説

Evans, W. H., and Martin, P. E., 2002. Gap junctions: Structure and function. *Mol. Membr. Biol.* **19**, 121–136.

Levin, M., 2002. Isolation and community: A review of the role of gap-junctional communication in embryonic patterning. *J. Membr. Biol.* **185**, 177–192.

Saffitz, J. E., Laing, J. G., and Yamada, K. A., 2000. Connexin expression and turnover: Implications for cardiac excitability. *Circ. Res.* **86**, 723–728.

Stout, C., Goodenough, D. A., and Paul, D. L., 2004. Connexins: Functions without junctions. *Curr. Opin. Cell Biol.* **16**. 507–512.

Yeager, M., and Nicholson, B. J., 1996. Structure of gap junction intercellular channels. *Curr. Opin. Struct. Biol.* **6**, 183–192.

論 文

Castro, C., Gomez-Hernandez, J. M., Silander, K., and Barrio, L. C., 1999. Altered formation of hemichannels and gap junction channels caused by C-terminal connexin-32 mutations. *J. Neurosci.* **19**, 3752–3760.

Haubrich, S., Schwarz, H. J., Bukauskas, F., Lichtenberg-Fraté, H., Traub, O., Weingart, R., and Willecke, K., 1996. Incompatibility of connexin 40 and 43 Hemichannels in gap junctions between mammalian cells is determined by intracellular domains. *Mol. Biol. Cell* **7**, 1995–2006.

Imanaga, I., Kameyama, M., and Irisawa, H., 1987. Cell-to-cell diffusion of fluorescent dyes in paired ventricular cells. *Am. J. Physiol.* **252**, H223–H232.

Safranyos, R. G., Caveney, S., Miller, J. G., and Petersen, N. O., 1987. Relative roles of gap junction channels and cytoplasm in cell-to-cell diffusion of fluorescent tracers. *Proc. Natl. Acad. Sci. USA* **84**, 2272–2276.

15・22 カルシウム依存性のカドヘリンが細胞間接着を担っている

総 説

Angst, B. D., Marcozzi, C., and Magee, A. I., 2001. The cadherin superfamily: Diversity in form and function. *J. Cell Sci.*

114, 629–641.

Fleming, T. P., Sheth, B., and Fesenko, I., 2001. Cell adhesion in the preimplantation mammalian embryo and its role in trophectoderm differentiation and blastocyst morphogenesis. *Front. Biosci.* **6**, D1000–D1007.

Gottardi, C. J., and Gumbiner, B. M., 2001. Adhesion signaling: how beta-catenin interacts with its partners. *Curr. Biol.* **11**, R792–R794.

Yap, A. S., Brieher, W. M., and Gumbiner, B. M., 1997. Molecular and functional analysis of cadherin-based adherens junctions. *Annu. Rev.* Cell Dev. Biol. v. 13 p. 119–146.

論 文

Larue, L., Ohsugi, M., Hirchenhain, J., and Kemler, R., 1994. E-cadherin null mutant embryos fail to form a trophectoderm epithelium. *Proc. Natl. Acad. Sci. USA* **91**, 8263–8267.

Shibamoto, S., Hayakawa, M., Takeuchi, K., Hori, T., Miyazawa, K., Kitamura, N., Johnson, K. R., Wheelock, M. J., Matsuyoshi, N., and Takeichi, M., 1995. Association of p120, a tyrosine kinase substrate, with E-cadherin/catenin complexes. *J. Cell Biol.* **128**, 949–957.

Yap, A. S., Brieher, W. M., Pruschy, M., and Gumbiner, B. M., 1997. Lateral clustering of the adhesive ectodomain: A fundamental determinant of cadherin function. *Curr. Biol.* **7**, 308–315.

15・23 カルシウム非依存性の神経細胞接着分子（NCAM）は神経細胞間の接着を担っている

総 説

Cremer, H., Chazal, G., Lledo, P. M., Rougon, C., Montaron, M. F., Mayo, W., Le Moal, M., and Abrous, D. N., 2000. PSA-NCAM: An important regulator of hippocampal plasticity. *Int. J. Dev. Neurosci.* **18**, 213–220.

Ronn, L. C., Hartz, B. P., and Bock, E., 1998. The neural cell adhesion molecule (NCAM) in development and plasticity of the nervous system. *Exp. Gerontol.* **33**, 853–864.

論 文

Barthels, D., Vopper, G., Boned, A., Cremer, H., and Wille, W., 1992. High degree of NCAM diversity generated by alternative RNA splicing in brain and muscle. *Eur. J. Neurosci.* **4**, 327–337.

Becker, C.G., Artola, A., Gerardy-Schahn, R., Becker, T., Welzl, H., and Schachner, M., 1996. The polysialic acid modification of the neural cell adhesion molecule is involved in spatial learning and hippocampal long-term potentiation. *J. Neurosci. Res.* **45**, 143–152.

Cremer, H., Chazal, G., Goridis, C., and Represa, A., 1997. NCAM is essential for axonal growth and fasciculation in the hippocampus. *Mol. Cell. Neurosci.* **8**, 323–335.

Edelman, G. M., and Chuong, C. M., 1982. Embryonic to adult conversion of neural cell adhesion molecules in normal and staggerer mice. *Proc. Natl. Acad. Sci. USA* **79**, 7036–7040.

Krog, L., Olsen, M., Dalseg, A. M., Roth, J., and Bock, E., 1992. Characterization of soluble neural cell adhesion molecule in rat brain, CSF, and plasma. *J. Neurochem.* **59**, 838–847.

Niethammer, P., Delling, M., Sytnyk, V., Dityatev, A., Fukami, K., and Schachner, M., 2002. Cosignaling of NCAM via lipid rafts and the FGF receptor is required for neuritogenesis. *J. Cell Biol.* **157**, 521–532.

Phillips, G. R., Krushel, L. A., and Crossin, K. L., 1997. Developmental expression of two rat sialyltransferases that modify the neural cell adhesion molecule, N-CAM. *Brain Res. Dev. Brain Res.* **102**, 143–155.

Sato, K., Hayashi, T., Sasaki, C., Iwai, M., Li, F., Manabe, Y., Seki, T., and Abe, K., 2001. Temporal and spatial differences of PSA-NCAM expression between young-adult and aged rats in normal and ischemic brains. *Brain Res.* **922**, 135–139.

Seki, T., 2002. Hippocampal adult neurogenesis occurs in a microenvironment provided by PSA-NCAM-expressing immature neurons. *J. Neurosci. Res.* **69**, 772–783.

Vimr, E. R., McCoy, R. D., Vollger, H. F., Wilkison, N. C., and Troy, F. A., 1984. Use of prokaryotic-derived probes to identify poly (sialic acid) in neonatal neuronal membranes. *Proc. Natl. Acad. Sci. USA* **81**, 1971–1975.

15・24 セレクチンは循環している免疫細胞の接着を制御する

総 説

Patel, K. D., Cuvelier, S. L., and Wiehler, S., 2002. Selectins: Critical mediators of leukocyte recruitment. *Semin. Immunol.* **14**, 73–81.

Renkonen, R., 1998. Endothelial sialyl Lewis x as a crucial glycan decoration on L-selectin ligands. *Adv. Exp. Med. Biol.* **435**, 63–73.

Smith, C. W., 2000. Possible steps involved in the transition to stationary adhesion of rolling neutrophils: a brief review. *Microcirculation* **7**, 385–394.

Zak, I., Lewandowska, E., and Gnyp, W., 2000. Selectin glycoprotein ligands. *Acta. Biochim. Pol.* **47**, 393–412.

PART

原核細胞・植物細胞

VII

16

原核細胞の生物学

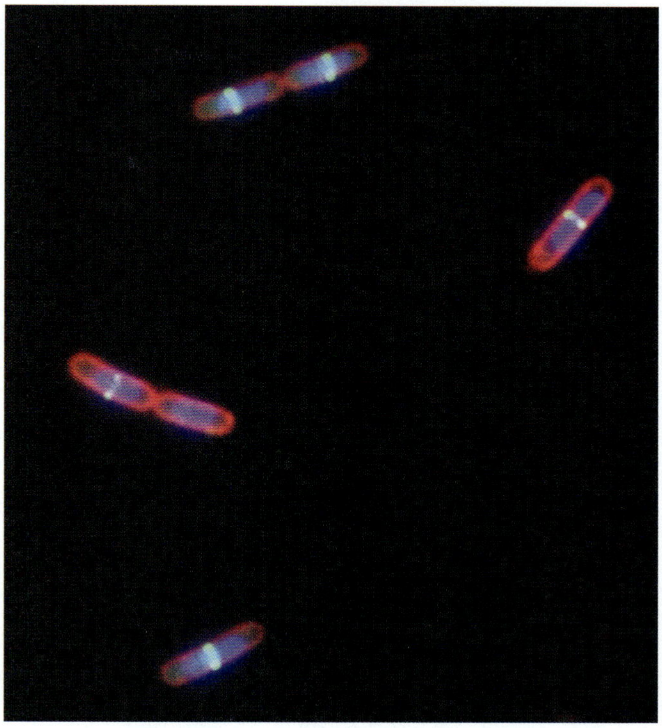

蛍光顕微鏡観察による枯草菌細胞の像．これらの細胞内では，細胞分裂が起こる場所に局在化するタンパク質 FtsZ に緑色蛍光タンパク質をつけたものを発現させている．DNAは青で，細胞膜は赤で染色した［写真は Ling Juan Wu, Jeff Errington, University of Oxford の好意による］

16・1 序　論

重要な概念

- 原核細胞は，真核細胞に比べて構成が単純であるにもかかわらず，効率的だがきわめて精巧な機構を備えている．
- いくつかの原核生物は細胞生物学的によく研究されているが，それらは原核生物群の膨大な多様性からみれば，ほんの一握りの例にすぎない．
- 原核細胞の営みの中心的な部分は，進化的によく保存されている．
- ある種の原核細胞は特殊な，しばしば過酷な環境で生活できる．この多様性と適応力は，多岐にわたる付加的構造体や付加機能によってもたらされている．
- 原核生物のゲノムは柔軟性に富み，さまざまな機構によって素早い適応や進化が可能となっている．

真核細胞は膜で囲まれた核をもつ（BIO:16-0001 参照）のに対し，**原核生物**（prokaryote）は核をもたない単細胞生物として定義される．原核細胞は他のいくつかの基本的な点でも真核生物とは異なっている．図 16・1 に示すように原核細胞は遺伝情報の点でも，細胞の構築においても比較的単純である（真核細胞の模式図は図 4・1 参照）．一般に原核細胞においては，単一の環状染色体がそれに結合する何種類かのタンパク質と共に核様体を構成している．光合成バクテリアなどいくつか例外はあるが，ほとんどの原核細胞は細胞内膜系をもたない．かつてのように，原核細胞を酵素の入った袋とみなすことは適当でない；今日では，原核細胞も高度に体系化されており，多くのタンパク質が細胞の特異的部位に局在化されることが明らかになっている．アクチンや

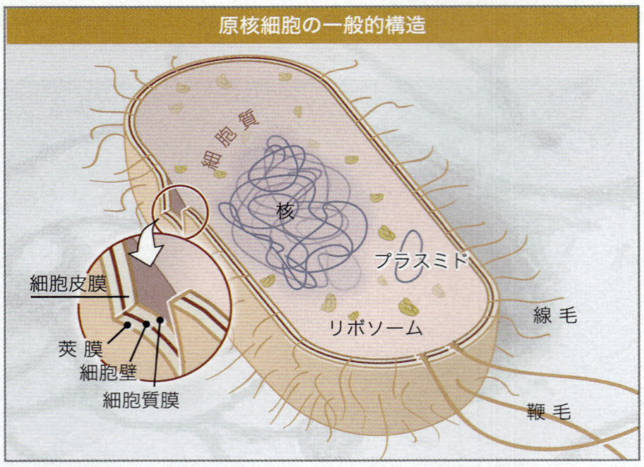

図 16・1　原核細胞は膜で囲まれた核をもたない.

チューブリンのホモログすらあり，単純な細胞骨格機能を発揮しているのである.

この章では，原核細胞の成り立ちに関する理解がどこまで進んでいるかを主題とする．**細胞皮膜**（cell envelope）とは原核細胞の細胞質を取囲む層のことで，**細胞質膜**（cytoplasmic membrane），**細胞壁**（cell wall），**莢膜**（capsule）が含まれる．このほかに外膜をもつバクテリアもいる．このようなバクテリアは，細胞壁が薄くグラム染色しても紫色の色素を取込まないことからグラム陰性菌とよばれる（図16・2)．逆にグラム陽性菌は厚い細胞壁をもち外膜はもたない．以下の節では，さまざまな細胞表層の組成について詳しく議論する（§16・5“原核細胞のほとんどは，多糖に富む莢膜とよばれる層をもつ”，§16・6“バクテリアの細胞壁はペプチドグリカンの入り組んだ網目構造を含む”，§16・7“グラム陽性菌の細胞皮膜はユニークな特徴をもつ”，§16・8“グラム陰性菌は外膜とペリプラズム空間をもつ”，§16・9“細胞質膜は分泌における選択的バリアーとなっている”).

これまでのところ，原核細胞の構造と機能に関する詳細な情報は少数の扱いやすいモデル生物に限られている．しかしながら，原核生物は進化的に古く，多様な生物種からなっており，図16・3に示したバクテリアの例のように形態も多様である．原核生物の系統発生を理解することは難しい．原核生物は基本的に無性生殖なので，高等生物で用いられる種の概念は当てはまらない．そのうえ，原核生物は遺伝子の水平伝播（すなわち，子孫関係にない生物種間で遺伝物質がやりとりされること）を可能にする種々のメカニズムをもっている．この水平伝播のため，単一の基準で原核生物を分類しようとしても混乱に陥る．rRNA の配列比較や，より最近では全ゲノム配列の比較といった分子に基づく方法が原核生物の系統発生学に革命を起こした．今，この生物ドメイン全体の系統的記述に向けての歩みが始まろうとしているところである．原核生物は二つの系列，バクテリアとアーキア，に分けられる（§16・2“微生物の進化を理解するため，分子系統発生学の手法が用いられる”で考察する).

原核生物の細胞生物学研究は，おもに実験的に扱いやすく，医学上あるいは産業上で重要な，十指に満たない限られた生物に焦点を当ててなされてきた．現在の知識基盤は圧倒的に二つの種，大腸菌（*Escherichia coli*）と枯草菌（*Bacillus subtilis*），によるものである．大腸菌はグラム陰性，枯草菌はグラム陽性であり，おそらく約2000億年前に分岐した．しかし，原核細胞の無数のあり方から考えると，大腸菌と枯草菌は“氷河の一角”を表しているにすぎない．本章の記述は，大腸菌と枯草菌およびそれらの近縁種で何がわかっているかがほとんどを占めるが，このパラダイムから外れる場合があれば多様な種についても言及する．しかし，さらに膨大な多様性が今後の分析を待つ状態にあることは疑いないだろう.

大腸菌と枯草菌のパラダイムは，それらが代表する生物群の一般的な性質を理解するための強力な道具として機能し，細胞周期における種々のできごとや細胞構造の一般的要素など，基礎的な過程とシステムが解明されてきた．本章のいくつかの節ではこれらの系を詳しく扱う（たとえば，§16・15“原核細胞の染色体分離は紡錘体なしで起こる”，§16・16“原核細胞の分裂は複雑な分裂リングの形成を伴う”)．しかし原核生物が興味深い点としては，ライフスタイルの多様性，さらに言えば，特異的生存環境に適応するために進化してきた付加的な構造体や付加的な過程をあげることができる．いくつかの節では莢膜や鞭毛などの構造体と，それらの適応における機能を述べる（§16・5“原核細胞のほとんどは，多糖に富む莢膜とよばれる層をもつ”，§16・11“線毛と鞭毛はほと

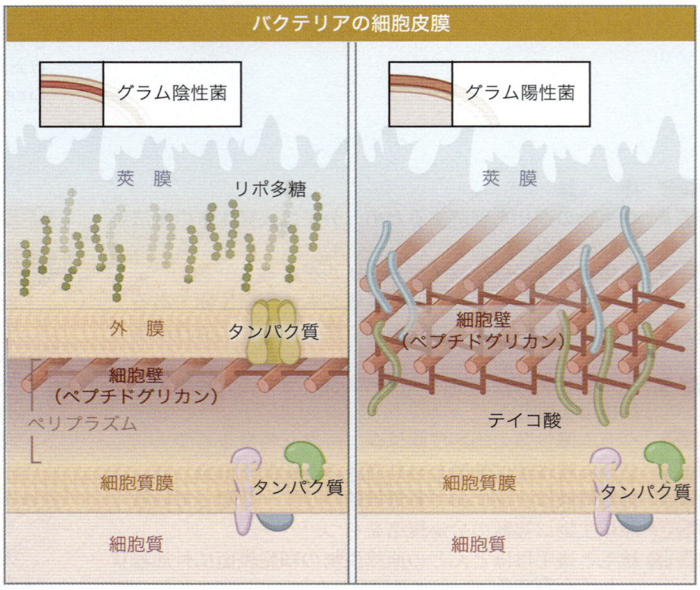

図 16・2　バクテリアの細胞皮膜は，グラム染色法の結果によりグラム陽性，グラム陰性のいずれかに分類される．グラム陽性菌とは異なり，グラム陰性菌は紫色のグラム染色色素を取込まず，外膜をもち，細胞壁は薄い.

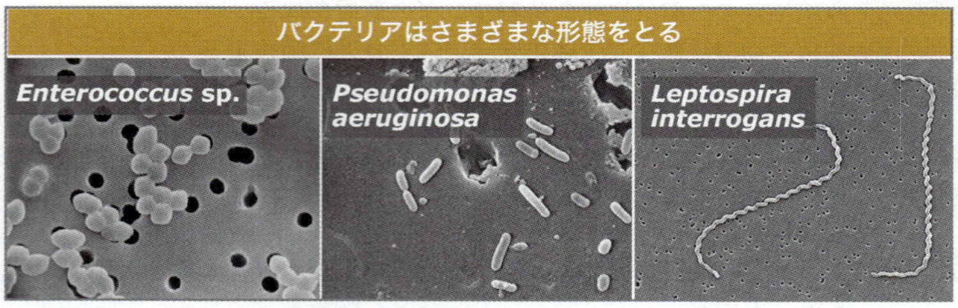

図 16・3　バクテリアのおもな形態は球状，桿状，らせん状である［写真は Janice Carr / NCID / HIP / CDC の好意による］

んどの原核生物の細胞表面に付加器官として存在する”）．発生過程で変化する能力をもち，ときに高等生物の発生現象を想起させるような，特異な細胞型への分化を行う原核生物もいる．このような発生における変化は，細胞周期の一部であったり，あるいはストレスで誘導されたりする．このような現象についても詳しく述べる（§16・17“原核生物は複雑な発生変化を伴いストレスに応答する”，§16・18“ある種の原核生物のライフサイクルでは発生変化が必須の要素となっている”）．最後に原核生物は，病原体として，共生の相手として，産業への利用において，そして環境への重要性において，人間ときわめて意味深い相互作用をもっている．この章のいくつかの節ではこのような相互作用に影響する細胞生物学的側面について述べる（§16・19“ある種の原核生物と真核生物は共生関係にある”，§16・20“原核生物は高等生物に集落をつくり病気を起こすことがある”，§16・21“バイオフィルムは高度に組織化された微生物のコミュニティーである”）．

16・2 微生物の進化を理解するため，分子系統発生学の手法が用いられる

重要な概念

- 地球上の原核生物のうち，研究されているのはほんのわずかである．
- 原核生物を分類するため，ユニークな分類学の方法が開発されてきた．
- リボソーム RNA（rRNA）の比較から，バクテリア，アーキア，真核生物の三つのドメインからなる生命の系統樹が構築された．

進化の研究は，生物間の関連性を正確に決定する能力に基づいて行われる．原核細胞の**分類学**（taxonomy）では，形態の評価，遺伝形質の評価，化石の評価のいずれもが現実的ではない．しかもわれわれは，地球に棲みつき多数派をなす莫大な数の微生物について，ほとんど何も知らないに等しい．原核生物の分類は，上記に代わりいくつかのユニークな分類学の方法によってなされてきた．数量分類学はその一つであり，多くの形質（莢膜層の有無，グラム染色の有無，酸素要求性，核酸とタンパク質の性質，胞子形成能，走性，特定の酵素の有無など）を比較することにより微生物間の類似性と相違性を評価するものである．しかし，数量分類学は生物種の性質をかなりよくわかっていることが前提となり，培養して詳しく分析されていないものには実行できない．

分子系統発生学は，ほとんどわかっていない生物種の分類も可能とする先駆的な手法である．分子系統発生学では，進化的な差異は遺伝物質の違いとして反映されると仮定する．DNA を使って生物種を分類する方法はいくつかある．染色体 DNA に含まれる塩基の組成比から生物を分類できる．DNA は，アデニン（A），チミン（T），シトシン（C），グアニン（G）の四つの塩基を含み，それらはアデニンとチミンの割合とシトシンとグアニンの割合がそれぞれ等しくなるように塩基対を組んでいる．染色体 DNA に含まれるグアニンとシトシンの割合（GC 含量ともよばれる）は 45 % から 75 % の間で変動する．驚くには当たらないが，近縁種の GC 含量は似ている．しかし塩基組成が似ていること自体は，密接な近縁を意味しない．たとえば，枯草菌と人間の GC 含量はほぼ同じだが，言うまでもなく進化的に密接な関係にはない．とはいっても多くの場合，GC 含量は生物間の進化的類似性の比較的簡便な初期評価法として使うことができる．

分子系統発生学の最も正確で強力な方法は，高度に保存された遺伝子の配列比較である．リボソーム小サブユニット RNA（SSU rRNA）をコードする遺伝子は，その普遍性と進化における安定性のため，このような分析には理想的である．二つの生物間における SSU rRNA の類似性の程度は，進化的な近さの指標となる．rRNA 遺伝子を直接単離して配列を決めてもよいし，数が少ない生物や培養が難しい生物では最初に PCR で遺伝子を増幅してクローン化してもよい．配列情報が得られれば，コンピュータプログラムを使って rRNA の配列を比較し，図 16・4 で示すような系統樹を作ることができる．

配列比較によって，系統発生上の関係について驚くべきことがわかってきた．従来，数量分類学を含む古典的な形質比較から，生物学者は生物界を大きく二つに分け，片方が原核生物であると理解していた．ところが，分子系統発生学によって，細胞性生物は三つの主要な系譜に沿って進化してきたものであり，そのうちの二つが原核細胞で構成されることが明らかになったのである（BIO:16-0002 参照）．バクテリア（Bacteria）とアーキア（Archaea）が二つの原核生物系

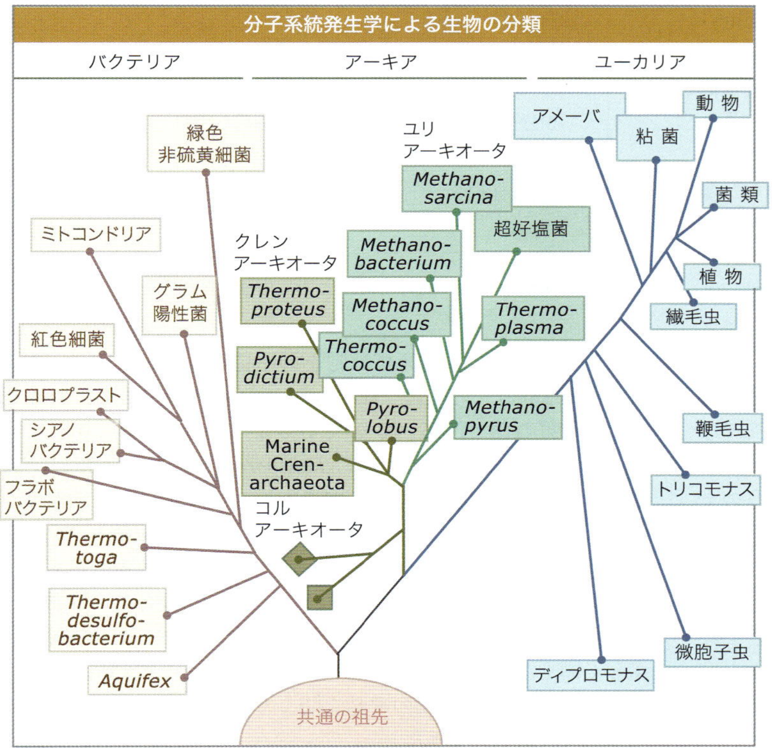

図 16・4 この普遍的系統樹は種々のタイプの生物間の関係を示すもので，リボソーム小サブユニット RNA の配列をもとにつくられた．

譜をなし，単一の真核生物系譜（Eukarya ユーカリア）に連なる（図16・4参照）．興味深いことにアーキアのrRNAは，バクテリアのrRNAよりも真核生物のrRNAとの類似性が高い．命名法に関する注意：科学文献において，しばしばバクテリアの系譜はEubacteria（真正細菌），アーキアの系譜はArchaebacteria（古細菌）とよばれた．本書ではこれら二つの原核生物の系譜をそれぞれ，バクテリア（または細菌）とアーキアとよぶことにする．そして，バクテリアとアーキアを総称する名称として原核生物（prokaryote）を用いる．

Carl Woeseと共同研究者が先駆者となった研究により，rRNAの配列をもとに系統発生の系統樹がつくられ，すべての生物の進化の歴史が記述された．この系統樹の根本には，地球上のすべての生物に共通の祖先の存在が仮定される．三つの生物ドメインには共通な遺伝子が多数存在することから，生命進化の初期において遺伝子の水平伝播が盛んに起こったことが示唆される．転写や翻訳など細胞の中心的な機能を規定する遺伝子は，原始の細胞間で自由に受渡しされていたのだろう．これで，なぜすべての細胞がその系譜にかかわらず共通の遺伝子を多くもっているのかがうまく説明できる．それぞれの系譜が増幅し進化していく過程において，ある生物学的特徴は失われ，他の性質は獲得されるであろうから，それぞれの系譜が固有の遺伝子セットをもつことになるのだろう．

普遍的な生命の系統樹において，バクテリアのドメインは少なくとも10のおもな部門に分けられる（図16・4参照）．しかし，この数はおそらく小さく見積もりすぎだろう．われわれの微生物界に関する知見は実験室で培養可能なものに限られており，現在の実験手法ではほんの一握りの微生物しか培養できないからである．系統発生学的な比較によって区別できるバクテリアの部門のなかには，表現型にあまり連続性がみられない種からなっているものがある．たとえば，プロテオバクテリア群のなかには原核生物全体の生理学的性質の振幅に相当するほどの幅広い生理学的な性質が混じり合っている種からなるものがある．

原核生物の第二のドメインはアーキアであり，三つの部門，クレンアーキオータ（Crenarchaeota），ユリアーキオータ（Euryarchaeota），コルアーキオータ（Korarcheota）に分けられる．生理学的にはバクテリアとアーキアはペプチドグリカンを含む細胞壁の有無（バクテリアにあり，アーキアにない）で最も容易に区別できる（ペプチドグリカンの詳細については§16・6"バクテリアの細胞壁はペプチドグリカンの入り組んだ網目構造を含む"参照）．真核生物ドメインのメンバーにもペプチドグリカン含有細胞壁は存在しない．アーキアの初期分岐点の至近にあるMethanopyrusは，110℃で生育可能な高度好熱生物である．このような生物は，地球が極限的な環境にあった時代からもち越されたものかもしれない．そしてこのような原核生物（あるいは類似のアーキア）は地球上における最も初期の生命体の遺物といえるかもしれない．アーキアの系統のいくつかは，もともと海洋など特殊な環境からのリボソーム遺伝子のサンプリングでわかったものである．大西洋の海水，深海の熱水孔などだが，ふつうの土壌や湖水からも検出される．

普遍的生命の系統樹に関する理解はこれからも進展し続けるだろう．現代系統発生学の困難な側面は，一方では各生物をどのように種に分類するのかという点であり，もう一方ではさまざまな種をどのように大きな界あるいは部門にグループ分けするかという点である．新しい種が発見されれば，主要な部門も再考され再構築されることとなる．

16・3 原核細胞は多様なライフスタイルをとる

重要な概念

- 原核生物の多くが実験室で培養できないことは，原核生物のライフスタイルの多様性を理解する妨げとなっている．
- DNAの採取により，異なる生育環境における微生物の多様性の評価がより的確になされるようになった．
- 原核生物の種の性質は，温度，pH，浸透圧，酸素の有無などが広範に異なる環境での生存能と増殖能を指標に記述できる．

原核生物の研究が可能かどうかは，実験室での培養の可否しだいである．環境に存在する原核生物の99％以上は標準的な培養技術では培養不可能との見積もりがある．原核生物の多様性に関する知識は，実験室環境での研究によるものが圧倒的多数を占める．このため問題は多いが，DNAを採取して分析すれば，原核生物が非常に多くの場所に棲んでおり非常に多様な生き物であることがわかる．彼らは，われわれの体内，池，湖，川，深海の海底孔，そして100℃以上にも達する温泉に生息しうる．劣らず驚異的なことは，原核生物が用いる栄養源の多様さである．原核生物の生育は，pH，温度，酸素の有無，水の有無，浸透圧など多くの要因に影響される．これらの物理的環境因子のほか，炭素，窒素，硫黄，リン，ビタミンや微量元素などの影響も大きい．以下の節では，原核生物の生育を制限するおもな要因について考察し，それらの境界線上に生きる例も紹介する．図16・5は生育条件に基づくおもな分類をまとめたものである．

原核生物のライフスタイルの多様性

原核生物のタイプ	好みとする生育条件
好冷菌	約0〜20℃
常温菌	約25〜40℃
好熱菌	約50〜110℃
好酸菌	pH<5.4
中性菌	pH約5.4〜8.0
好アルカリ性菌	pH>8.0
絶対好気性菌	O_2を要求
微好気性菌	低O_2，高CO_2
通性好気性菌	O_2不利用・耐性
絶対嫌気性菌	O_2存在下生存不能
通性嫌気性菌	好気呼吸か発酵
好圧菌	高 圧

図16・5 原核細胞は，好みとする増殖条件から分類できる．

生育可能温度により原核細胞を好冷菌（psychrophile），常温菌（mesophile），好熱菌（thermophile）に分類できる．好冷菌は低温を好む菌で，15〜20℃で最もよく生育するが，0℃で生息するものすらある．*Bacillus glodisporus*は絶対好冷菌である，すなわち，20℃以上では生育できない．好冷菌は比較的温度が高い人体の中では生きられないが，冷水中や土壌に棲みついている．予期されるように，好冷菌の産生する酵素は低温で最もよく働くよう適応している．バイオテクノロジー産業はこの性質をうまく利用している．たとえば，好冷菌のプロテアーゼは室温でしぶとく働くため，コンタクトレンズの洗浄剤として利用されているし，"不凍菌"は穀物の凍結を防ぐため，いわば生物学的不凍剤として利用されてきた．

原核生物種の大部分は常温菌であり，これらは25〜40 ℃の間に最適な増殖温度をもつ．ヒトに対する病原菌のほとんどすべてがこの仲間に含まれるので，このグループのバクテリアは詳しく研究されている．これらの生物のなかには短時間であれば高温に耐えるものもあるため，缶詰や殺菌処理の工程において加熱不足は危険である．

好熱菌は高温を好み，ふつうは50〜60 ℃を生育温度とするが，なかには110 ℃もの高温に耐えるものもある．図16・6（上のパネル）に示すような地熱噴気孔にふつうにみられるアーキア *Sulfolobus* 属は，80〜85 ℃の間で最もよく増殖する．この種の生物は高度好熱菌とよばれ，それらが産生する酵素は多くの応用用途に用いられてきた．おそらく最も有名な例は，*Thermusaquaticus* 由来のDNAポリメラーゼで，世界中の研究室で日常的に行われているポリメラーゼ連鎖反応（polymerase chain reaction，PCR）に使われる．これらの生物の酵素は高温で安定であるため，PCRにおける二重鎖DNA鋳型の変性・再生に必要な加熱・冷却サイクルの繰返しを経ても活性を維持できる．

図16・6 アーキアの棲む二つの生育環境［写真は（上）J. Schmidt / Yellowstone National Park，（下）Mike Dyall-Smith, University of Melbourne の好意による］

原核生物は酸性やアルカリ性環境での生育能力によっても分類される．温度の場合と同様に，異なるpHに耐えるさまざまな微生物がいて，他の生物には不適当な環境に生存できる．抗酸菌は酸性を好み，pH 5.4以下で最もよく生育する．これらの微生物は，しばしば発酵の副産物として酸を産生する．たとえば乳酸菌はグルコースをラクトースへと発酵する．その結果，局所的にpHを下げて抗酸菌以外の生物の増殖を阻害する．中性菌は人間の病原菌の大部分を含み，pH 5.5から8.0の間ではびこる．好アルカリ性菌はアルカリ（塩基）を好みpH 8.0以上で生育する．土壌の原核生物のなかには，最もアルカリ耐性な生物種として知られるものがあり，pH 12で増殖する．人間の病原菌であるコレラ菌（*Vibrio cholerae*）の最適pHは9である．微生物のpH耐性は，大部分細胞壁による保護の結果である．最適生育条件としてある特定のpH環境を好む微生物でも，ほとんどの場合細胞内のpHは7に保たれている．ほぼ中性のpHから外れると，タンパク質が変性し細胞膜を介するpH勾配が損なわれる．細胞内のpHは細胞質膜にあるイオン運搬体によって維持されている（§16・9“細胞質膜は分泌における選択的バリアーとなっている”参照）．

呼吸の過程において，酸素は効率良い電子受容体として働く．しかし，すべての生物で呼吸に酸素を必要とするわけではないし，ある種の原核生物は呼吸はせず，もっぱら発酵によってエネルギーを産生している．原核生物は種によって酸素要求性が大幅に異なっているため，酸素の利用の仕方は分類の簡便な手法となる．絶対好気性菌は生育に酸素を絶対的に要求する菌である．院内感染の主原因となるある種の緑膿菌は，絶対好気性菌の例である．他方，微好気性菌は遊離酸素濃度が低く二酸化炭素濃度が高い場合に最もよく増殖する．ある種の原核細胞は酸素存在下で生育するが，代謝において酸素を利用することはない．このような酸素耐性菌（たとえば乳酸菌）は，環境における遊離酸素の濃度にかかわらず，もっぱら発酵を利用する．嫌気性菌は酸素非存在下で生育する原核生物である．嫌気性無芽胞陰性桿菌のような嫌気性菌は遊離酸素存在下で生きられず，絶対嫌気性菌とよばれる．通性嫌気性菌は酸素が存在すれば酸素呼吸を行うが，末端電子受容物質が存在しない場合には発酵に切替える．酸素が少ない腸や泌尿器系に棲みついている原核生物は通常，通性好気性菌である．大腸菌を含むこのような生物は，複雑な酵素系をもっており，それによってエネルギー代謝における多様性を獲得している．

すべての原核生物は生育にいくらかの湿気を必要とする．しかし，水中に棲む微生物は水圧と限られた栄養源に対抗しなければならない．典型的な深さ50 mの湖底では大気圧の32倍もの水圧となり，微生物にとっても誰にとっても快適とはいえない．好圧菌は，7000 mを超える海底で見つかる．このような深さでは，他のどんな生物も生物汚泥と化してしまうに充分なほどの水圧がかかる．おもしろいことに，好圧菌は，細胞壁が高圧下でのみうまく機能するため，大気圧中では死んでしまう．

原核生物の生育に影響するもう一つの力は，浸透圧である．浸透圧は環境における溶質の濃度と細胞内のそれとの差から生じる．原核細胞が高濃度の溶質を含む環境に置かれれば，水が細胞質から逃げだして細胞は原形質分離を起こす（細胞が縮む）．逆に，微生物がほとんど溶質の溶けていない水溶液にさらされると水を取込んで膨潤する．細胞質膜は，環境と細胞内間の溶質の動きを制限する．

16・4 アーキアは真核細胞に似た性質をもつ原核生物である

重要な概念

- アーキアは極限環境における生存に適応し，ふつうとは異なるエネルギー源を利用するものが多い．
- アーキアは，独自の表層成分をもち，ペプチドグリカンからなる細胞壁をもたない．
- アーキアは，中心代謝過程と鞭毛などのある種の構造においてバクテリアに類似する．
- アーキアは，DNA複製，転写，翻訳などの点では真核細胞に類似するが，遺伝子制御には多くのバクテリアタイプの調節タンパク質が働く．

原核生物は，今日一般にバクテリアとアーキアとして知られる二つのグループに分けられる（§16・2“微生物の進化を理解するため，分子系統発生学の手法が用いられる”参照）．これら二群の生物の区別は，元来は rRNA の配列からなされたが，重要な生理学的および生化学的な性質にも反映されている．特に，図 16・7 でまとめたようにアーキアは，驚くべき多くの性質において真核生物との共通性をもっている．さらに，アーキアは核膜をもたない点で明らかに原核生物なのだが，よく研究されているバクテリアとは根本的な点で異なっている．特に細胞壁にペプチドグリカンを欠く点，膜にグリセロールにエーテル結合で結合した脂質をもつ点である．一般的に，バクテリアに比べるとアーキアはわかっていないことが多い．

最もよくわかっているアーキアはほとんどが，多様で柔軟な代謝様式をもち，極限環境に生きる能力をもつことが特徴になっている．80 ℃ 以上の高温で生きるものもある．高度好熱性のアーキアにのみ特異的に見いだされるタンパク質はただ一つ，逆ジャイレースであるように見受けられる．したがって，高温で生きることへの適応を可能にするために必要な唯一の要素は，DNA を過剰に巻く能力なのかもしれない．多くのアーキアに属する種は，pH（抗酸菌，抗アルカリ菌の場合）あるいは塩（好塩菌の場合）の極限的な環境に特化して適応している．代謝の特化としては，以下のようなことがある．メタン生成菌（例，*Methanococcus janaschii*）は二酸化炭素，メチル化合物，あるいは酢酸を嫌気的に利用できる．好熱硫黄還元菌（例，*Archaeglobus fulgidis*）は酸化イオウ化合物を電子受容体として呼吸する．好塩菌（例，*Halobacterium salinarum*）は極端な含塩環境に適応している．クレンアーキオータ（例，*Sulfolobus solfataricus*）は，アーキアの種の中で最も根本近くで枝分かれし，孤立している．このグループで最もよくわかっているメンバーとしては，硫黄依存性の好熱菌がある．アーキアのおもなグループの系統発生に関しては，図 16・4 を参照されたい．（原核生物の多様性に関する詳細は，§16・3“原核細胞は多様なライフスタイルをとる”を参照．）

現在，多くのアーキア種のゲノム配列が決定されている．バクテリアの染色体と同様，アーキアの染色体も環状の場合が多く，おおむね 1.5 から 3 Mbp の範囲で比較的小型のゲノムである．ゲノムの配列から，各アーキア種のもちうるタンパク質を推定できる．そして，そのようなタンパク質のセットから，アーキアの構造と機能を予測することができる．一般的には，アーキアとバクテリアは，細胞構造とゲノムの成り立ちにおいて非常によく似ている．アーキアとバクテリアでは，ABC 運搬体や莢膜多糖類など，膜と細胞皮膜の構成成分で共通のものが多い．アーキアは，中心代謝経路や鞭毛による走性や走化性など，ある種の適応機能においてもバクテリアに類似している（§16・11“線毛と鞭毛はほとんどの原核生物の細胞表面に付加器官として存在する”参照）．さらに，アーキアのゲノムにはバクテリアのものに似た挿入配列や染色体外因子（たとえば，プラスミド）が多く存在する．

その他のアーキアのシステムにはバクテリアの系に似た側面と真核生物の系に似た側面の両方をもつものがある．タンパク質分泌系やシャペロンシステムはこのカテゴリーに入る．リボソームの構成成分は，ほとんどが普遍的に保存されているが，アーキアのいくつかのサブユニットは真核生物にはあるがバクテリアには

アーキアはバクテリアと真核生物の性質を併せもつ

	バクテリア	アーキア	ユーカリア
細胞の構造			
鞭　毛	鞭毛繊維		微小管系
核　膜	無		有
細胞分裂	FtsZリング*		アクトミオシン
核　酸			
染色体	単一環状，プラスミド多数		多数，直線状
mRNA プロセシング			mRNA スプライシング，ポリ A 付加，キャップ付加
遺伝子構成	オペロン		単一シストロン
DNA パッキング	ヒストン類似タンパク質*	ヌクレオソーム*	
DNA 複製開始	DnaA/OriC	ORC/PCNA	
コア RNA ポリメラーゼ	単　純	複　雑	
プロモーター認識	σ 因子	TATA 結合タンパク質	
タンパク質合成			
リボソーム	70S		80S
翻訳開始	*N*-ホルミルメチオニン		
	シャイン・ダルガーノ配列		
		5′ AUG	

*クレンアーキオータを除く

図 16・7　アーキアはバクテリアと共通の性質と真核生物と共通の性質を併せもつ．

存在しない．アーキアでは，翻訳開始因子と延長因子も，バクテリアよりはむしろ真核生物のものに似ている．しかし，アーキアにおける翻訳開始には，バクテリア的な側面もある．バクテリア（およびミトコンドリアと葉緑体）においては，開始コドンの手前にリボソーム結合部位配列（シャイン・ダルガーノ配列）があるため，遺伝子がオペロンを構成し，一つの mRNA 上に 2 個以上の翻訳開始部位が存在するといった方式が可能となっている（MBIO:16-0001 参照）．真核細胞の細胞質では，翻訳開始部位の認識は“走行機構”に基づいて行われ，mRNA の 5′ 末端に一番近い AUG が選ばれる（MBIO:16-0002 参照）．この機構によれば，mRNA 当たり 2 個以上の遺伝子が翻訳されることはないだろう．アーキアではほとんどの mRNA はシストロン 1 個からなり，翻訳は真核細胞方式で開始されるようだ．しかし，アーキアにはオペロンもあり，オペロン内の“下流の”遺伝子の手前にバクテリアのリボソーム結合部位配列が存在するのである．

DNA の組織化についていえば，アーキアのほとんどには，容易にわかるような真核細胞のコアヒストンタンパク質のホモログが存在する．このことは，染色体がバクテリアには存在しないヌクレオソームに類似した実体によって組織化されているとの考えに一致する（§16・13“バクテリアの核様体と細胞質は高度に秩序だっている”参照）．クレンアーキオータは例外で，ヒストンもバクテリアの“ヒストン類似”タンパク質ももたない．アーキアの DNA 複製は，真核細胞の DNA ポリメラーゼに類似したポリメラーゼ群によりなされる．同様に，DNA 複製開始にかかわる因子やポリメラーゼの反応連続性（processivity）にかかわる因子は，バクテリアタイプというよりは真核タイプである．

アーキアの転写装置は比較的複雑で，コアとなる RNA ポリメラーゼおよび一緒に働く転写因子群は真核細胞のものに似てい

る．したがって，RNA ポリメラーゼは，典型的には 11 個のサブユニットからなり，その大部分はバクテリアのポリメラーゼにはみられないものである．転写開始は，大部分真核生物のものに相同の因子で制御されており，なかでも TATA 結合タンパク質（TBP）が基底的なプロモーター認識の中心因子となっている．バクテリアにおいてプロモーター認識と転写開始の主役となるシグマ(σ)因子は，アーキアには存在しない．しかし，驚くべきことに，アーキアのゲノム配列にはバクテリアのものに似た転写調節因子が多く存在する．アーキアにおいては，ポリメラーゼそのものは真核生物に似ているとしても，遺伝子発現の誘導と抑制はバクテリア方式でなされているのかもしれない．（転写に関する詳細は MBIO:16-0003 および MBIO:16-0004 参照.）

アーキアのほとんどは，細胞分裂のキーとなるタンパク質 FtsZ をもっている（§16・16 "原核細胞の分裂は複雑な分裂リングの形成を伴う" 参照）ものの，ほかにすぐにわかるようなバクテリアタイプの細胞分裂タンパク質も真核細胞の分裂タンパク質ももたない．さらに，クレンアーキオータは他のアーキアとは異なり FtsZ ももたない．このことは，アーキアの細胞分裂機構は他のすべての生物とは大いに異なっていることを意味しているのかもしれない．

まとめると，アーキアは真核細胞とバクテリアの特徴的な性質が混じり合っているという意味で雑種であり，一方ではいくつかの独自の側面ももっている．この混じり合いは，アーキアの進化上の位置を反映しているのだろう（図 16・4 参照）．アーキアにおける細胞の基本的構成は原核細胞的であるが，多くの基本的な細胞機能，特に遺伝情報の伝達にかかわる過程は，バクテリアよりも真核細胞のものに似ている．現在，このような後者の過程に関する研究は，真核生物の進化についてより深い理解をもたらすかもしれないとの期待から注目を浴びている．加えて，これらの実験系は真核細胞のものに比べ，本質的に簡単である．実験的に取扱いやすいアーキアのいくつかは，DNA 複製や転写などの過程に関する，基礎研究のためのモデル系としての重要性が増していくものと思われる．

16・5 原核細胞のほとんどは，多糖に富む莢膜とよばれる層をもつ

重要な概念

- 原核細胞の外側表面は通常，多糖に富む莢膜あるいは粘液層とよばれる層からなる．
- 莢膜や粘液層には，乾燥からの保護，宿主細胞に存在する受容体への結合と集落形成，宿主免疫機構からの回避などの役割が想定される．
- 大腸菌には莢膜形成経路が少なくとも四つある．
- 多くの原核生物は莢膜の代わりに，あるいは莢膜に加えて，表面層というタンパク質が規則正しく配置した外層をもつ．

すべてではないにしても，ほとんどの原核生物は，細胞壁の外側に糖衣（glycocalyx）あるいは莢膜（capsule）をもつ．糖衣という術語は原核細胞にも真核細胞にも使うことができ，細胞外の多糖とタンパク質の混合物をさす．原核細胞に存在する異なるタイプの糖衣は多少恣意的に区別されている．細胞に共有結合で連結した多糖は莢膜とよばれる．細胞から遊離して緩やかに存在する多糖のことは "粘液層" とか "細胞外多糖" という．莢膜の組成は原核生物種によって異なるが，一般にポリアルコール，アミノ糖，プロテオグリカン，糖タンパク質を含んでいる．この層の厚さや柔軟性は化学組成に依存して変化する．莢膜多糖は糖の単量体が長い鎖に重合することによって形成される．種類の異なる単糖が互いに結合することができるから，莢膜多糖には大きな多様性がある．莢膜の血清型を使うと非常によく似た種を見分けることができる．たとえば，大腸菌には 80 種類を越える莢膜多糖（K 抗原血清型）が存在することが報告されている．特定の K 抗原を発現する菌株が特定の感染症と関連している．

莢膜層の機能としては，乾燥，食菌作用，界面活性剤，バクテリオファージなどからの保護が考えられる．乾燥から保護されることは，包み込まれた菌が宿主から宿主に伝播するのに重要かもしれない．莢膜は宿主組織や環境物体が表面へ吸着することに重要な役割をもつだろう．また，莢膜によって他の原核生物への付着が促されてバイオフィルムが形成されていく．例をあげると，緑膿菌はおびただしい量のアルギン酸を産生し，それによって肺の中でのバイオフィルム形成が可能となる．このアルギン酸皮膜は病原菌を抗生物質や宿主防御機構から保護することにも寄与している．（バイオフィルムの詳細は §16・21 "バイオフィルムは高度に組織化された微生物のコミュニティーである" 参照.）

緑膿菌ばかりではなく，他の病原菌も宿主中で集落をつくるうえで莢膜を活用する．たとえば，炭疽病の原因因子である炭疽菌（*Bacillus anthracis*）で最初に発見された毒素は莢膜であった（図 16・8）．炭疽菌の莢膜は，D-グルタミン酸のポリマーからなり，原核生物の莢膜のなかでも唯一，ポリペプチドを主成分とする．莢膜の材料は生体内でつくられる．炭疽菌でも莢膜をつくることができない株では病原性が大幅に減弱している．炭疽菌の莢膜は抗原性が弱いため，宿主の免疫応答から守られるのではないかと考えられている．また，この莢膜は，宿主の免疫系によってつくられる補体の結合を阻害することにより，この病原体がヒトの循環器系の中で生き残ることを可能にしているのである．

原核細胞皮膜における莢膜層

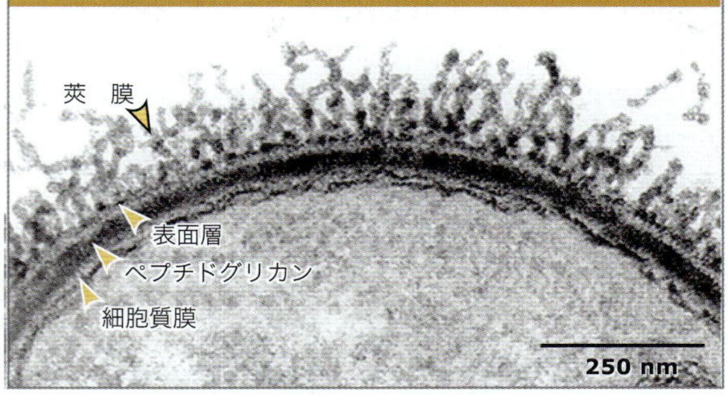

図 16・8 原核細胞の皮膜の外層は莢膜からなる場合がほとんどである．炭疽菌の細胞皮膜の電子顕微鏡像［この写真とその解釈は S. Mesnage, E. Tosi-Couture, P. Gounon, M. Mock, A. Fouet, *J. Bacteirol.* **180**, 52～58 (1998) との共同研究による．©ASM］

結核菌（*Mycobacterium tuberculosis*）でも莢膜はおもな毒性因子となっている．結核菌の莢膜は，宿主細胞への侵入の重要ステップであるマクロファージへの吸着を媒介する．マクロファージは微生物を包み込んで殺すことができる食細胞であるが，微生物はマクロファージの中で生き残るための戦略を進化させてきた．マイコバクテリアにとって，莢膜はこの過程で重要である．まずマイコバクテリアの莢膜は，マクロファージの CR3 受容体への菌の結合を促進する，すると信号伝達系が活性化し，その結果バクテリアにとって "安全な" 感染経路ができあがるのである．莢膜は，マクロファージに存在して病原菌を殺すことに働く

活性酸素中間体を排除するためにも重要である．このようにして，莢膜で包まれたマイコバクテリアは免疫系による検出を逃れる．実際，莢膜をもたない菌株は毒性が弱い．そして，莢膜をもたない弱毒結核菌株は，結核菌感染に対する免疫ワクチンとして利用されてきた．

莢膜の形成過程はいくつかの種で研究されてきたが，大腸菌において最もよくわかっている．大腸菌の莢膜は，遺伝学的基準と生合成過程のありかたから四つのグループに分類される．そのうちグループ1とグループ2の生合成過程は詳しく研究されている．グループ1，グループ2莢膜の細胞表面への輸送は，細胞質膜と外膜が互いに近接している場所で行われると考えられている．外膜のリポタンパク質の一つであるWzaは大きな複合体を形成しており，これがグループ1莢膜の転送に働く．Wzaはβバレル構造をとると予測され，Wzcと一緒に莢膜前駆物質を分泌させるためのチャネルを形成する．この分泌系は，外膜のusherタンパク質であるPapCに機能的にも遺伝学的にも近い（§16・10“原核生物は複数の分泌経路をもつ”参照）．グループ2莢膜はKpsE，KpsDタンパク質の働きで外膜を往復する．KpsEはN末端領域で細胞質膜に組込まれているが，その大部分はペリプラスム空間に存在する．KpsEは外膜を貫通しているわけではないが，そのC末端が外膜に結合している．この分泌装置が働くためには細胞質膜と外膜が近接することが必要とされる．正確な働きは現在のところ未解明であるが，KpsDはペリプラズムタンパク質であり，KpsEを外膜に導くために必要とされるのかもしれない．グループ3，グループ4莢膜の生合成についてはよくわかっていない．

莢膜に代わるもの，あるいはそれに付け加わるものとして，多くのバクテリアとアーキアの細胞外表面は表面層（s-layer）とよばれるタンパク質性の構造が取囲んでいる．表面層は1種類のタンパク質あるいは糖タンパク質が結晶格子状に自己集合することにより形成される．タンパク質のアミノ酸配列は特に保存されているわけではないが，しばしば酸性アミノ酸と疎水性アミノ酸に富んでいる．特にアーキアとグラム陽性菌における構成タンパク質は，ときに複数の部位で，20〜50の同一の糖（糖の種類にはいくつかある）の繰返しによる修飾を受けている．図16・9は，表面層の凍結割断法によって得られた6回対称像，および断面図である．表面層はふつう，厚さ5〜25 nmである．外面は比較的滑らかだが内面は波形に凹凸しつつ，下の皮膜層と相互作用している．表面層の組立てはタイコ酸（グラム陰性菌）やリポ多糖（グラム陽性菌）などの細胞表面分子との相互作用を介して細胞皮膜と協調しているようにみえる（これらの分子の詳細は§16・7“グラム陽性菌の細胞皮膜はユニークな特徴をもつ”，§16・8“グラム陰性菌は外膜とペリプラズム空間をもつ”参照）．表面膜と莢膜が共存する場合にこれらの組立てと位置決定がどのような相互関係にあるのかはよくわかっていない（図16・8に莢膜と表面膜の両方をもつバクテリアの例を示す）．ペプチドグリカンあるいは同等の分子をもたないアーキアでは，表面層が細胞皮膜のおもな成分なのかもしれない．表面層タンパク質は，細胞で最も多量につくられるタンパク質といえるが，どのような機能をもつのかよくわからない．多くの実験室菌株は表面膜をつくる能力を失っているにもかかわらず，正常に増殖するようにみえる．表面膜を必要としない実験室条件下では，表面膜などつくらない方が生存競争のうえで有利であると考えられる．

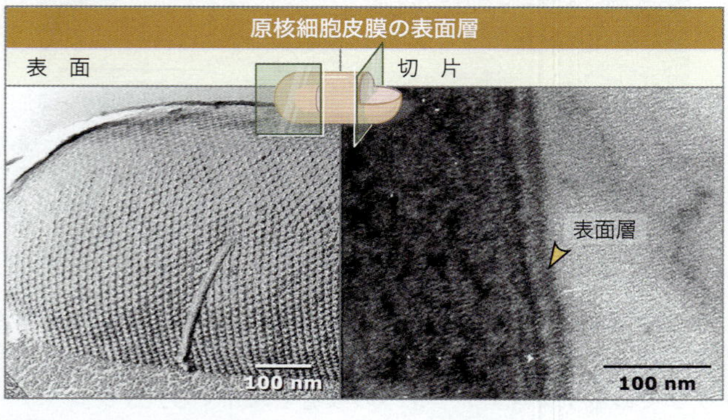

図16・9　ある種の原核細胞の皮膜の外層は胸膜ではなく表面層からなる．左: 電子顕微鏡観察によれば，表面層の外層表面には六角形の対称構造が見られる．右: 表面層をもつ細胞皮膜の切片電子顕微鏡像［写真は，(左) M. Sára, U.B. Sleytr, Center for NanoBiotechnology, University of Natural Resources and Applied Life Science, Vienna, Austria の好意による．M. Sára, U.B. Sleytr, *J. Bacteriol.* **182**, 859〜868 (2002) より．©ASM．(右) Christina Schäffer, Center for NanoBiotechnology, University of Natural Resources and Applied Life Sciences, Vienna の好意による］

16・6　バクテリアの細胞壁はペプチドグリカンの入り組んだ網目構造を含む

重要な概念

- バクテリアは短いペプチドで架橋されたグリカン鎖の高分子網目構造からなる強固な細胞壁，ペプチドグリカンをもつ．
- ペプチドグリカンの二糖–ペンタペプチド前駆体は細胞質で合成されてから，細胞質膜の外側に輸送されて組立てられる．
- 細胞壁合成モデルによれば，タンパク質複合体が“破れる前に加えよ”の戦略で新たな細胞壁成分の挿入を行う．
- 自己融解酵素が複数存在し，細胞壁の組直し，修飾，修復などを行う．
- ペプチドグリカン壁は細胞の形状維持に重要である．
- 細菌に広く存在するMreBタンパク質は，細胞質でらせん状の繊維を形成し，ペプチドグリカン合成を制御することによって細胞の形状決定にかかわる．

バクテリアはほぼすべて，細胞皮膜の主要成分として**ペプチドグリカン**（peptidoglycan）というペプチドで架橋されたグリカン鎖の網目構造をもつ．このポリマーは細胞の全表面積をカバーし，強固な保護殻となっている．ペプチドグリカン細胞壁はバクテリアの生存にきわめて重要であり，直下の細胞質膜に外向きに加わる内部浸透圧由来の強い力に対抗する．細胞壁が決壊すると，細胞にとって大惨事である．ペプチドグリカンは多くのバクテリアがそれぞれ特徴的な形を保つうえでも重要である．

バクテリアは染色のされ方により，二つのグループに分かれる．グラム陽性菌とグラム陰性菌は，細胞壁の構成における根本的な違いを反映して，グラム染色法に対し異なる反応を示す（図16・2参照）．グラム陰性菌のペプチドグリカンは薄く，おそらく一層のグリカン鎖でできている．したがって，この基本構造は二次元的であり，ペプチド架橋もグリカン鎖と同じ面に存在する．これに対して，グラム陽性菌のペプチドグリカンはずっと厚く，グリカン鎖が多層構造をなしている．この場合，架橋は異なる平面間で上下の層を結ぶように起こっているのだろう．なぜグラム陽性菌とグラム陰性菌でペプチドグリカン生合成の方式がここまで違うのかはわかっていない．分厚い細胞壁の有利な点として，強度が高いため物理的なダメージに対する防御となること，強い内部浸透圧に対する支えとなることが考えられる．

図16・10に示すように，グリカン鎖は通常，*N*-アセチルグル

コサミンと *N*–アセチルムラミン酸からなる二糖（NAG–NAM）の繰返しによってできている．鎖の長さは幅広く分布するが，平均すれば二糖ユニットが 30 個程度である．NAM には非リボソーム経路でできるペプチドが共有結合で結合している．ペプチドには，D–グルタミン酸，D–アラニン，ジアミノピメリン酸（DAP）を典型例とするいくつかの特殊なアミノ酸が取込まれている（タンパク質合成に使われるアミノ酸は例外なく L 型である）．ジアミノピメリン酸のアミノ基が架橋反応に使われる．架橋の結果，最後の D–アラニンがペプチド鎖から遊離する（図 16・11 参照）．バクテリアの種類によっては，ペプチド架橋に他のアミノ酸残基も含まれる．グラム陽性菌では，1 個あるいは複数個のグリシンが NAM–NAG 鎖間を連結する．

図 16・11 に示すように，前駆体となる二糖は，細胞質でウリジン 5′–二リン酸(UDP) –NAM からスタートして合成される．アミノ酸側鎖は各ステップに一つの酵素が関与しつつ順次できていく．その結果できる UDP–NAM– ペンタペプチドが細胞膜の特異的脂質（バクトプレノール）に付加される．ひき続き NAG が付加して二糖前駆体が完成し，膜の外側に跳び移って既存のペプチドグリカンに組入れられていく．

二糖前駆体がポリマー中に組込まれるために二つの酵素反応が必要である：糖転移反応によりグリカン鎖が伸び，ペプチド転移反応により架橋がかかる．ペプチド転移酵素はペニシリンを結合することから発見され，ペニシリン結合タンパク質（penicillin-binding protein, PBP）の別名をもつ．ペニシリンはペプチド転移酵素を阻害することによって細胞を殺す．高分子量の（クラス A）ペニシリン結合タンパク質は二機能酵素であり，ペプチド転移ドメインとは別に糖転移ドメインももっている．

桿状の菌では，細胞の筒状の部分と分裂過程で生じる半球状の極で異なる特異的なペプチドグリカン合成装置を必要とする．大腸菌におけるこれらの専門化したペプチド転移酵素は，それぞれ PBP2 と PBP3 である．これらのペプチド転移酵素の基質は少し異なっており，前者がペンタペプチド側鎖を好むのに対し後者はテトラあるいはトリペプチドを優先的に用いるようだ．これら二つのシステムでつくられるペプチドグリカンに，化学構造上の違

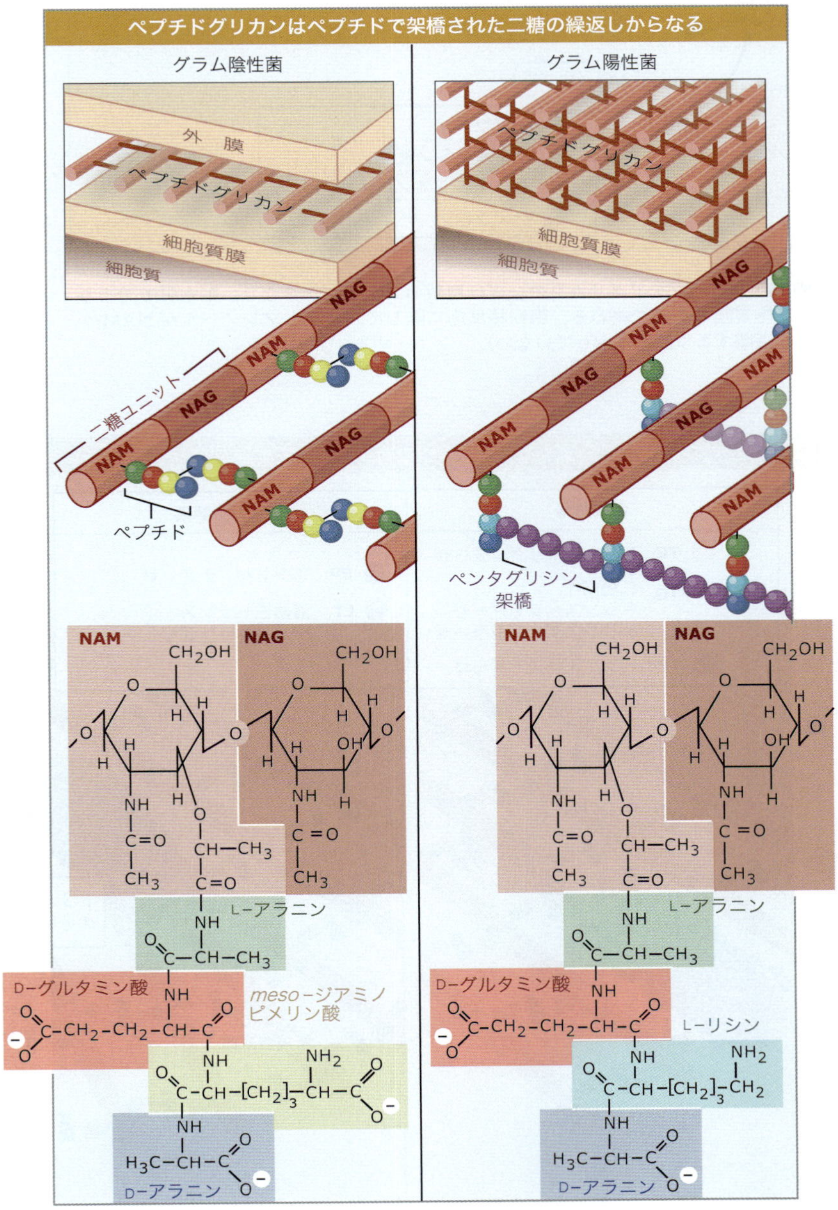

図 16・10 グラム陰性菌とグラム陽性菌のペプチドグリカン層は同じ二糖の繰返し構造をもつがペプチド架橋が異なる．ある種のグラム陽性菌はメソジアミノピメリン酸の代わりに L–リシンを含む．二糖単位は *N*–アセチルグルコサミン–*N*–アセチルムラミン酸（NAG–NAM）である．

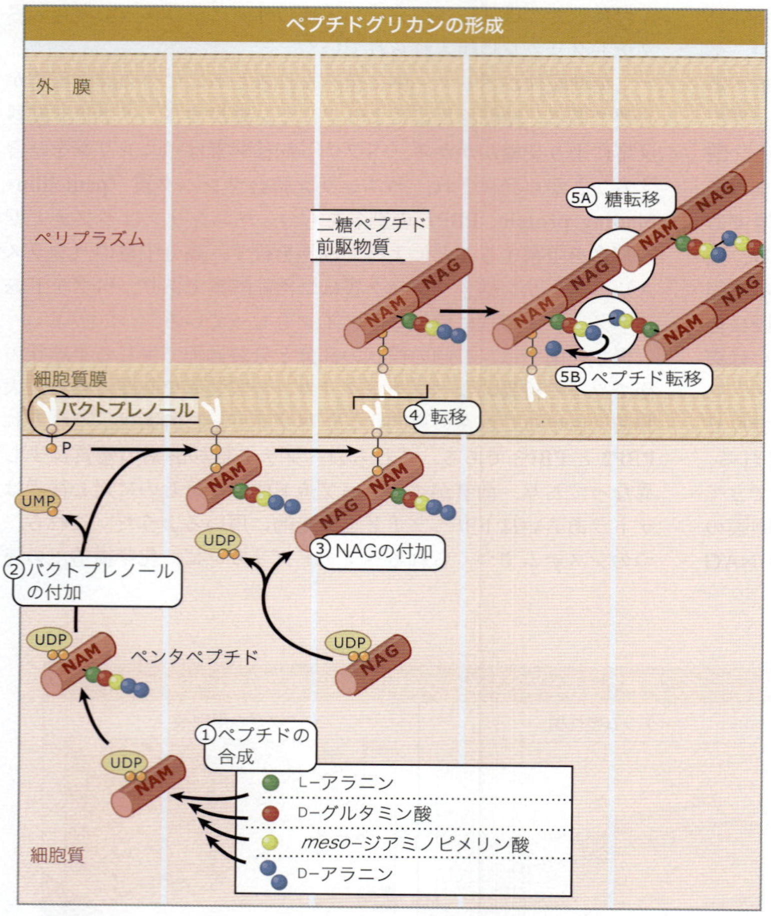

図 16・11　ペプチドグリカンの合成は複数のステップからなり，細胞質で始まり細胞質膜の外側で終わる．糖転移反応に際して，バクトプレノールが NAM から遊離する（図には示していない）．

いは知られていない．

細胞が伸びて分裂するためには，ペプチドグリカンの共有結合が切れて新たなグリカン鎖の挿入を許すことが必要となる．新たな材料の付加を安全に行う魅力的な作戦は“破れる前に加えよ”である．言いかえると，細胞壁の鎖がストレスを受ける状態になると，結合が切れる前に新たな材料が付け加わる．

図 16・12 に示すように，全体の反応は，前駆体の新たな挿入をつかさどるペニシリン結合タンパク質類および既存の鎖に対する加水分解活性をもつ自己溶解酵素を含む多酵素複合体によって協調的に起こる．“3 本で 1 本置き換え”モデルによると，二つの二機能性ペプチド転移酵素-糖転移酵素と一つの糖転移専門酵素および自己溶解酵素からなる複合体が，3 本 1 セットの新たな鎖を合成し相互に架橋する．この酵素複合体は，1 本の既存鎖（鋳型鎖，あるいはドッキング鎖）にとりついて進む．このとき二つのペプチド転移酵素ドメインによって 3 本セットの外側 2 本とさらにそれらの外側にある既存のグリカンの間が架橋される．三本鎖が網目構造に組込まれてから，加水分解酵素は“鋳型鎖”を分解しつつ進行する．このように複数の酵素が複合体をつくっていることは確認されつつあるが，この複合酵素モデルの詳細の可否は今後の研究に待たなければならない．このモデルを検証するうえで難しい点として，多くのバクテリアにおいて各種のペニシリン結合タンパク質がおびただしく重複して存在するため，ペニシリン結合タンパク質をコードする遺伝子を破壊しても表現型が観察できないことがあげられる．細胞壁には複数の自己溶解酵素が存在する．これらの酵素はペプチドグリカン基質中のさまざ

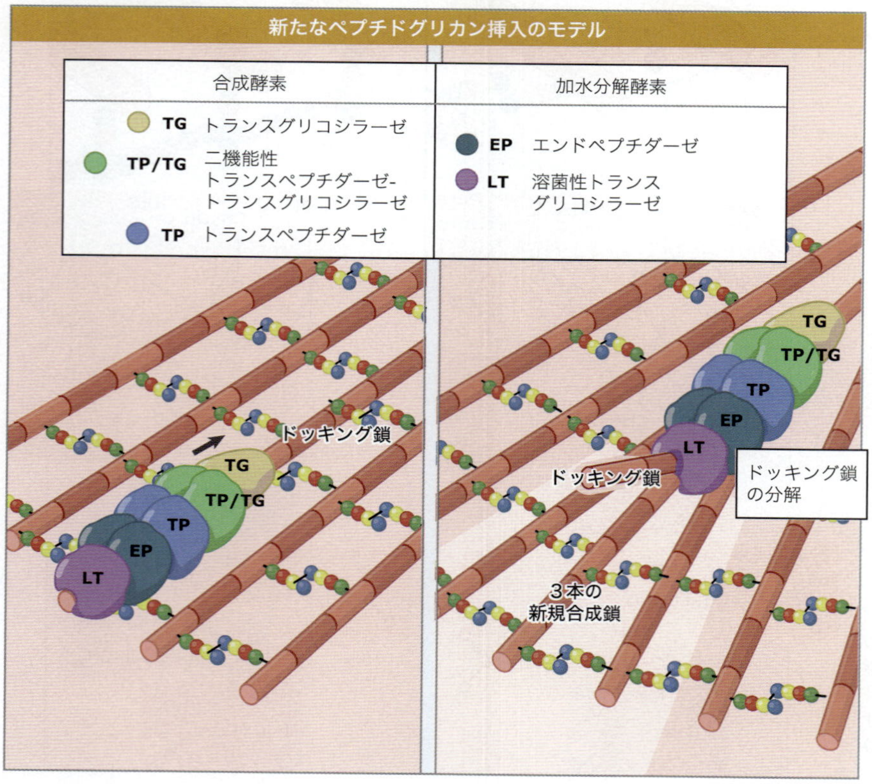

図 16・12　“3 本で 1 本置き換え”モデル．“破れる前に加えよ”戦略で新たなペプチドグリカンが挿入される．既存鎖（ドッキング鎖）の上に形成される多酵素複合体が 3 本の架橋された鎖を合成し，既存のペプチドグリカン層に挿入する．その後ドッキング鎖を分解する．

図 16・13 細胞壁は単離しても二次元に広がった構造を保つ．寒天沪過により調製した球形嚢（細胞壁由来の袋）を示す［電子顕微鏡像は H. Frank による．写真は J.V. Höltje の好意による *Microbiol. Mol. Biol. Rev.* **62**, 181～203(1998)より．©ASM］

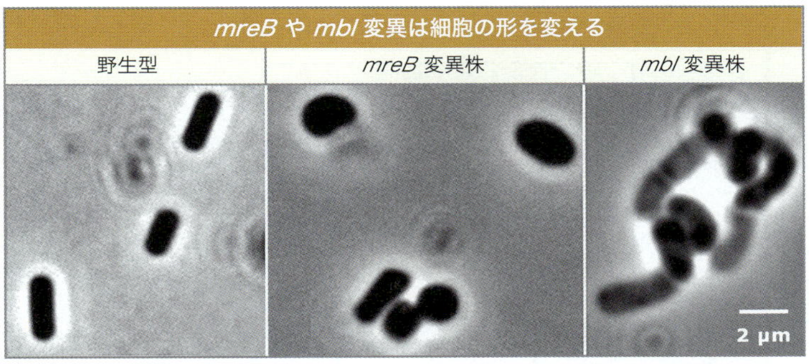

図 16・14 枯草菌細胞の形態に及ぼす *mreB* あるいは *mbl* 遺伝子変異の影響．野生型細胞は桿状だが，*mreB* 変異株は丸みを帯び，*mbl* 変異株は湾曲している［写真は L. J. F. Jones, R. Carballido–Lopez, J. Errington, *Cell* **104** '*Control of Cell Shape...*', 913～922(2001)より，Elsevier の許可を得て転載］

まな化学結合に対して働く．自己溶解酵素の役割としては，細胞分裂最終段階での細胞壁の切断が当然考えられるが，それ以外はわかっていない（§16・16“原核細胞の分裂は複雑な分裂リングの形成を伴う”参照）．複数の自己融解酵素をノックアウトしても，細胞壁が少し厚くなること，細胞分離が遅れること以外の表現型はほとんど観察できない．

ペプチドグリカン細胞壁は，バクテリアが細胞形態を維持するうえで必須である．このことを示す証拠として，第一に，図 16・13 に示すように細胞壁からなる袋状の殻を調製しても，元の菌と同じ形を保っている．第二に，細胞壁加水分解酵素で処理すると，細胞の形が失われる．第三に，細胞の形を変える変異はしばしば細胞壁の生合成にかかわる遺伝子に落ちる．

何十年もの間，真核細胞で形態維持に重要なアクチン骨格（第 8 章“アクチン”参照）はバクテリアには存在しないとされてきた．しかし最近，バクテリアの MreB タンパク質はアクチンに弱い配列類似性を示し，実際にアクチンの機能的なホモログであることが明らかとなった．事実，X 線結晶解析で決定された三次元構造もアクチンの構造と符合している．*mreB* 遺伝子は，大腸菌と枯草菌で細胞形態を変化させる変異として最初に見つかった．図 16・14 は枯草菌の *mreB* と *mbl*（*mreB*-like, MreB のホモログ）変異が細胞の形に影響することを示す．*mreB* 遺伝子は球形以外の形状のバクテリアにはほぼ確実に存在するが，球菌には存在しない．球形細胞における球状の対称性をデフォルトの性質と考えると，MreB タンパク質はほかのより複雑な形を決める能動的なシステムの一部となっているものと思われる．そして，棒状の（大腸菌，枯草菌），カーブした（*Vibrio*），そしてらせん状の（*Helicobacter*）のバクテリアができてきたものと考えられる．図 16・15 は Mbl–GFP 融合タンパク質を発現する枯草菌細胞を示す．Mbl タンパク質は繊維状構造をとって，らせん状の経路を描きつつ細胞質膜の直下に配置している．このような構造は，それ自体で細胞の形を決めるほどの強度はもたない．したがって，たとえば細胞壁を除去してプロトプラスト化する操作で筒状の細胞構造を乱すと，Mbl 繊維のらせん状の配置は失われる．これらのタンパク質は，細胞の増殖中に新たに合成される細胞壁成分を導くことにより，全体の形と大きさが保たれるよう機能しているものと考えられる．

MreB 繊維が細胞壁とどのように相互作用するのかについての詳細は不明である．ただ，*mreb* 遺伝子はほぼ例外なく，バクテリアで保存されている他の二つの遺伝子 *mreC* と *mreD* の上流に位置する．この二つの遺伝子も共にバクテリアが正しい形をとるのに必要であり，膜貫通タンパク質をコードしている．このような膜タンパク質が，細胞内部に存在するらせん状の MreB のもつ情報を外側の細胞壁合成装置に伝えて共役させているという可能性は十分考えられる．

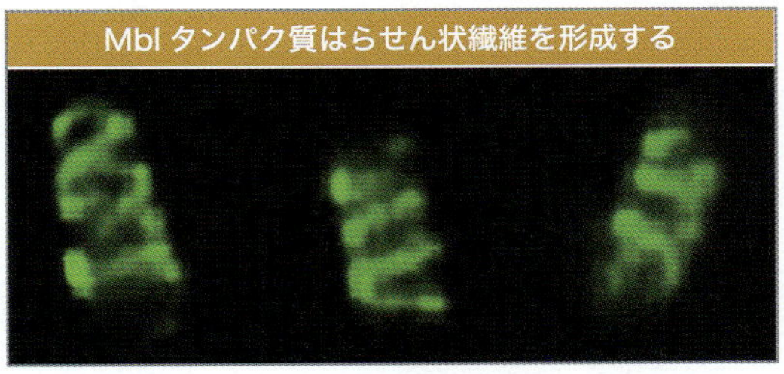

図 16・15 バクテリアの Mbl タンパク質は真核生物のアクチンに弱い相同性を示し，細胞の中でらせん状の繊維構造をとる．Mbl–GFP を発現する枯草菌細胞の像 3 例を示す［写真は Rut Carballido-López, University of Oxford の好意による］

16・7 グラム陽性菌の細胞皮膜はユニークな特徴をもつ

重要な概念

- グラム陽性菌はペプチドグリカンの多層構造からなる厚い細胞壁をもつ．
- タイコ酸はグラム陽性細胞壁の必須成分であるが，正確な役割はよくわかっていない．
- グラム陽性菌の表層タンパク質は膜の脂質あるいはペプチドグリカンに共有結合で結合しているものが多い．
- マイコバクテリアは特殊な脂質に富む細胞皮膜成分をもつ．

すでに述べたように，グラム陰性菌とグラム陽性菌の細胞皮膜は別々の構造をしている（図 16・2 参照）．大きな違いは細胞壁にある：グラム陽性菌のペプチドグリカン層はグラム陰性菌に比べて厚い（ペプチドグリカンの詳細は §16・6“バクテリアの細胞壁はペプチドグリカンの入り組んだ網目構造を含む”参照）．もう一つの違いは，グラム陽性菌の細胞壁は第二の必須高分子重合体を含むことである．一般に，これらの重合体は多価陰イオンとしての性質をもつ．この種の分子で最もよく研究されており，注目されるのはタイコ酸(teichoic acid)である．図 16・16 に示すように，タイコ酸はリン酸化された糖あるいはグリセロールの単純な

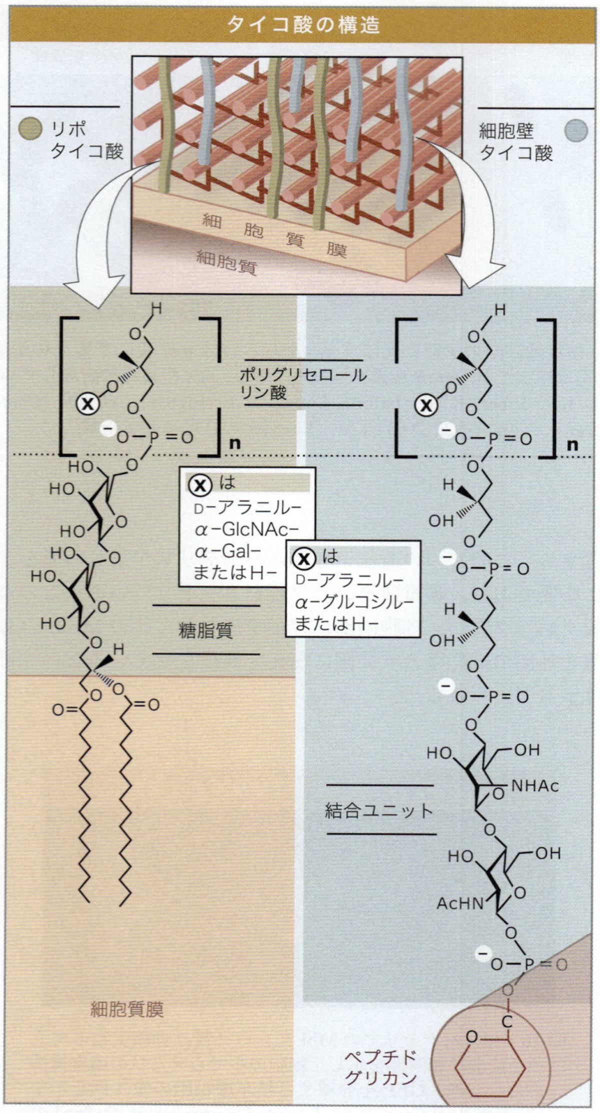

図 16・16　タイコ酸はグラム陽性菌の細胞壁成分である．タイコ酸は細胞質膜あるいはペプチドグリカンを介して細胞に結合している．

繰返しからなるポリマーである．このポリマーの細胞への付着は二つの方式のいずれかによる．リポタイコ酸は細胞質膜の脂肪酸に結合している．細胞壁タイコ酸は連関基を介してペプチドグリカンに結合している．反復ユニットは，異なるバクテリア種間あるいは同じ種の異なる株間でも大幅に異なっている．反復ユニットにリン酸が含まれるため，この種のポリマーは多価陰イオンという共通の性質をもつ．しかし，リン酸は必須ではなく，リン酸制限条件下では，グルクロン酸など他の反復ユニットで置き換わってタイクロン酸となる．ペプチドグリカンと同様に，タイコ酸は UDP に結合した前駆体が細胞質で合成され，外側に運ばれてから組立てられる．

タイコ酸が生存に必須であることは，生合成にかかわる遺伝子の欠失が致死となることからわかる．その機能は厳密にはわからないが，細胞壁の電荷の維持に関連しているらしい．いくつかの説がある：多価陽イオンの捕捉，ペプチドグリカンに対する自己融解酵素活性の制御，細胞壁の一般的透過性の維持など．

グラム陽性菌は外膜をもたないため，細胞表面のタンパク質が溶液中に失われることを防ぐ二つの機構をもつ．一つは，図 16・17 に示すように，一般 Sec 経路で分泌されるタンパク質のうちの一部のグループは，特化した“II 型”シグナルペプチダーゼによって切断される（一般分泌経路の詳細は §16・9“細胞質膜は分泌における選択的バリアーとなっている”参照）．切断に先立ち，ホスファチジルグリセロール：プロリポプロテイン ジアシルグリセロール転移酵素がタンパク質を細胞質膜の外側リーフレットのリン脂質に結合させる．この脂質修飾を受けるタンパク質は，シグナルペプチダーゼ切断部位直後に不変残基としてシステインをもつ選別シグナルが存在し，これが特徴となり認識される．これらのタンパク質は細胞質膜の外側に共有結合でつながれることによって，細胞表面から拡散して失われないようになっている．グラム陽性菌ではこのような修飾を受けるタンパク質が多数存在する．たとえば，枯草菌では優に 100 を超える．（この機構はグラム陽性菌の表層局在タンパク質で頻繁に使われるが，グラム陰性菌にも脂質修飾を受けるタンパク質が存在する．）

グラム陽性菌の表面にタンパク質を保持する第二の方法は，タンパク質を細胞壁ペプチドグリカンにつなぎ止めることである．

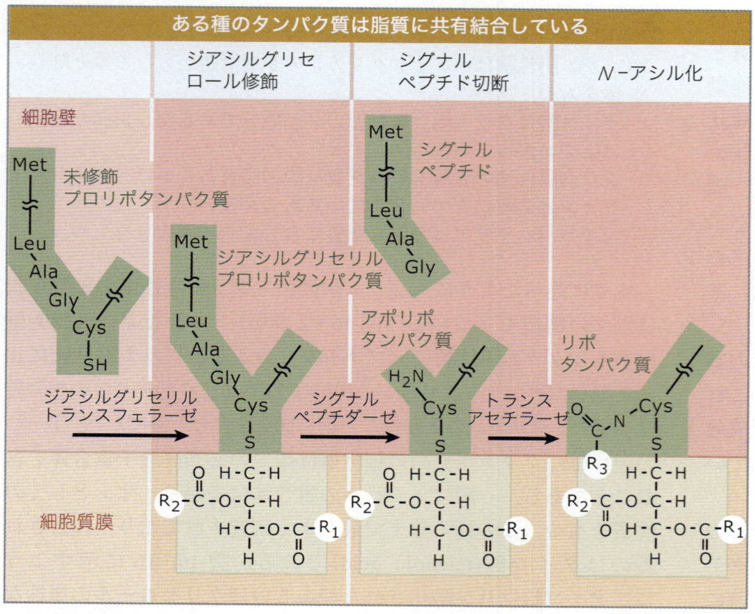

図 16・17　グラム陽性菌がタンパク質を細胞表面に固定する方法の一つは細胞質膜のリン脂質に共有結合させることである．R_1，R_2，R_3 は長鎖脂肪酸を示す．

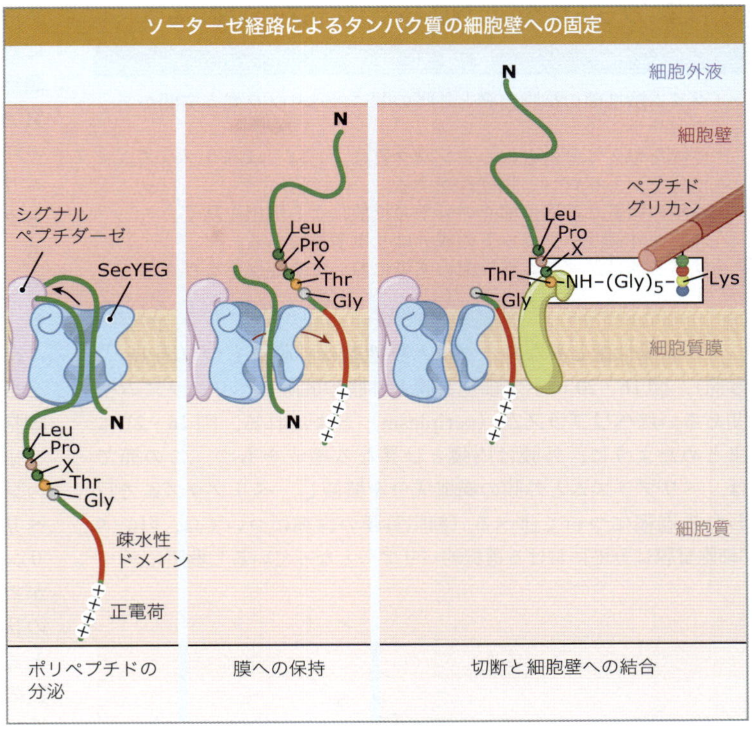

図 16・18 ある種のグラム陽性菌細胞表面タンパク質はペプチドグリカン細胞壁に共有結合している．酵素ソーターゼが Thr–Gly 結合を切断して細胞壁に共有結合で結合させるとされている．

一般的に細胞壁につながれたタンパク質の多くは病原菌と宿主との相互作用にかかわるように思われる（しかし，この傾向はゲノム配列決定が優先的に病原菌でなされたことを反映しているだけなのかもしれない）．この過程の鍵となる酵素はソーターゼ（sortase）とよばれる（図 16・18）．多くの基質が見つかっているが，なかでも黄色ブドウ球菌のプロテイン A は最もよく研究されている．細胞壁結合タンパク質は N 末端，C 末端両方に認識配列をもつ．N 末端には細胞質膜の膜透過に必要とされる古典的な切断型シグナル配列が存在する（§16・9“細胞質膜は分泌における選択的バリアーとなっている”参照）．C 末端には第二の疎水性領域，つづいて正に荷電した数残基がある．この領域はおそらくソーターゼが機能するとき，C 末端領域を膜の近くに留めておく役割をもっている．ソーターゼによる認識に重要な配列は C 末端の疎水性部位の直前に存在し，通常 Leu–Pro–X–Thr–Gly（X は任意のアミノ酸）という短いモチーフからなる．この 4 番目の残基の後で切断を受け，ペプチドグリカンにアミド結合で連結する．この反応がソーターゼで触媒されると考えられるが，最終的に証明されているわけではない．

図 16・19 に示すように，グラム陽性菌の細胞壁合成は内側から外側に向けて起こり，新たな成分は細胞質膜に挿入されていく．ペプチドグリカンは，成熟するにつれて外に向けて移動して最終的に表面に到達し，自己溶解酵素によって遊離される．現在考えられているモデルによれば，ペプチドグリカンは弛緩した状態で挿入されてから外側に向けて移動する過程で細胞増殖に伴い引き伸ばされていく．引き伸ばされていくと負荷が生じ，その時点で加水分解を受けさらなる伸長を促す．ペプチドグリカンの成熟がどのように自己溶解酵素で制御され，細胞増殖と共役するのかは重要な未解決な問題である．また，グラム陰性菌の細胞壁の成長を説明するペプチドグリカン合成の“3 本で 1 本置き換え”モデルが多層構造からなるグラム陽性細胞壁に当てはまるのかどうかも明らかではない（このモデルの詳細は §16・6“バクテリアの細胞壁はペプチドグリカンの入組んだ網目構造を含む”参照）．

抗生物質の最も重要なもの（特にβ–ラクタムとグリコペプチド）が細胞壁合成の過程を阻害するとの事実があるが，バクテリアの細胞壁の詳細な構造は，枯草菌や大腸菌においてすら驚くほどわずかにしかわかっていない．このことのおもな原因は，研究の焦点が抗生物質と精製酵素との相互作用の生化学に当てられてきたことによるものと思われる．ペニシリン結合タンパク質がいかにして増殖中のバクテリアの細胞壁の三次元構造を形づくるべくペプチドグリカンを合成していくのかという問題は，未解明の重要課題である．また，多様なバクテリア種の細胞壁構造には重要な差異がみられる．特殊化の極端な例はマイコプラズマであり，細胞壁をまったくもたない．また，マイコバクテリアのペプチドグリカンには複雑な脂肪酸が結合している．

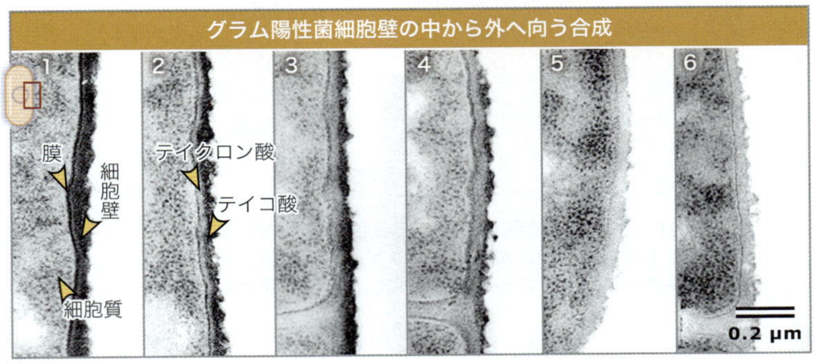

図 16・19 枯草菌細胞がマグネシウム飢餓からリン酸飢餓に移行するとき，時間を追って新たな細胞皮膜成分が出現する．古い細胞壁（タイコ酸を含む）は全体にわたり新たに合成された細胞壁成分（タイクロン酸を含む）によって徐々に置き換わっていく［写真は T. Merad, et al., *J. Gen. Microbiol.* **135**(3), 645–655 (1989) から許可を得て転載］

16・8 グラム陰性菌は外膜とペリプラズム空間をもつ

重要な概念

- グラム陰性菌の細胞質膜と外膜の間にはペリプラズム空間がある.
- 外膜を越えて分泌されるタンパク質は，しばしばペリプラズムで分子シャペロンと相互作用する.
- 外膜の脂質二重層は種々の分子の拡散による流出を防ぐ.
- 外膜の外側リーフレットの成分はリポ多糖である.
- リポ多糖は，グラム陰性菌の感染において炎症反応をひき起こす.

グラム陽性菌と異なり，グラム陰性菌は外膜をもつ（図 16・2 参照）. 図 16・20 に示す細胞質膜と外膜の間隙はペリプラズム空間あるいは**ペリプラズム**（periplasm）とよばれる. 図 16・21 にまとめたように，外膜は内膜とは異なる組成をもつ. この節では，ペリプラズムと外膜の構成成分を概観し，ペリプラズムで行われる過程について述べる（細胞質膜の詳細については，§16・9“細胞質膜は分泌における選択的バリアーとなっている”参照）.

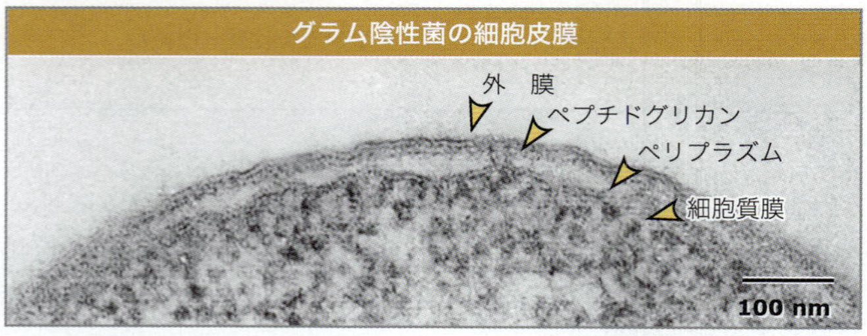

図 16・20　大腸菌 K-12 株の超薄切片電子顕微鏡像　［写真は T. J. Beveridge の好意による. *J. Bacteriol.* **181** (16), 4725〜4733 (1999) より. © ASM. ©T.J. Beveridge / Visuals Unlimited］

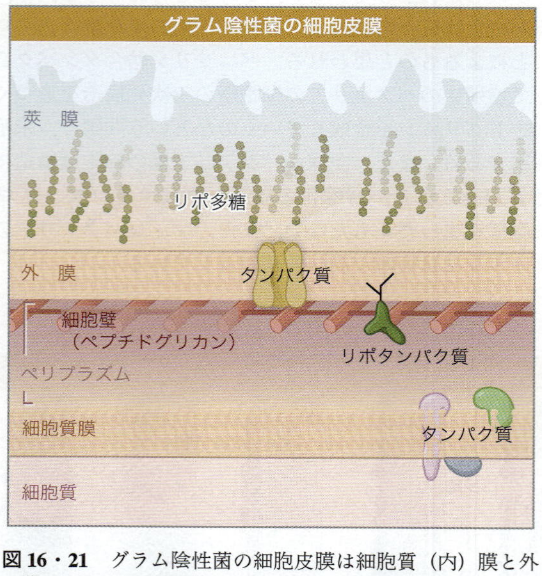

図 16・21　グラム陰性菌の細胞皮膜は細胞質（内）膜と外膜，およびその間隙にあるペリプラズムとペプチドグリカン細胞壁からなる. 二つの膜は組成がまったく異なる.

ペリプラズムには消化酵素，運搬タンパク質，代謝にかかわるタンパク質など多種類のタンパク質が詰込まれている. 加えて，外膜に組込まれたり外膜を越えて分泌されるタンパク質はペリプラズムを通過する（タンパク質分泌系については，§16・10“原核生物は複数の分泌経路をもつ”参照）. ここでは，分泌タンパク質に対する“フォールディングセンター”としてのペリプラズムに焦点を当てる. ペリプラズムは酸化的環境である点とタンパク質フォールディングの場という点で小胞体に似ている（小胞体の詳細については第 3 章“タンパク質の膜透過と局在化”参照）. ペリプラズムには分子**シャペロン**（chaperone）として機能するタンパク質が存在する. シャペロンの働き方はいくつかある. 最終的構造の獲得を抑制する，分解を防ぐ，他のタンパク質との不必要な相互作用を防いで凝集体形成を阻害するなどである.

たとえば，還元的な環境にある細胞質には遊離のシステインをもつタンパク質が多く存在する. ペリプラズムタンパク質や細胞外タンパク質では，ジスルフィド結合が形成されることがフォールディングや構造の安定性に必至であり，ペリプラズムのジスルフィド結合導入酵素・異性化酵素によって触媒される. ペリプラズムにおけるタンパク質のフォールディングはプロリン残基の *cis–trans* 異性化によっても影響される. タンパク質が折りたたまれていない状態ではプロリンは主として *trans* の状態にあるが，折りたたまれたタンパク質中では *cis* 状態をとるものも *trans* 状態をとるものも存在する. 大腸菌には複数のプロリン異性化酵素が存在する. プロリンの *cis–trans* 異性化は自発的にはゆっくりとしか起こらないが，これらの酵素がスピードアップさせる（真核細胞の小胞体におけるタンパク質フォールディングの詳細は第 3 章“タンパク質の膜透過と局在化”参照）.

シャペロンの他の例としては，ペリプラズムにおいて変性状態となったタンパク質の安定化に寄与する DegP がある. DegP のホモログはほとんどの原核生物に存在し，真核生物の一部にもある. DegP はさまざまなタイプのタンパク質に作用する一般的なシャペロンである. 特定のタイプの基質タンパク質に特化したシャペロンもある. たとえば P 線毛の形成に必要とされる PapD である. PapD は線毛のサブユニットがペリプラズムに分泌されてくると結合し，それらが非生産的に相互作用したり他種サブユニットと相互作用したりすることを防ぐ（図 16・28 参照）. 不適当なサブユニット–サブユニット相互作用を防ぐことは PapD 機能の一部にすぎない. PapD は線毛サブユニットの正しいフォールディングにも必要であり，それなしではサブユニットが凝集しタンパク分解酵素によって分解されてしまう.（線毛の詳細については §16・11“線毛と鞭毛はほとんどの原核生物の細胞表面に付加器官として存在する”を参照）

シャペロンが存在しても，ペリプラズムにおいてタンパク質凝集は起こりうる. そのような場合には Cpx 機構が発動する. 図 16・22 に示すように，Cpx システムは少なくとも三つのタンパク質からなる. ペリプラズムタンパク質である CpxP はペリプラズムにおいて凝集あるいはミスフォールドしたタンパク質に結合すると考えられている. ついで細胞質膜に存在する CpxA が活性化される. この活性化により CpxA の細胞質ドメインのリン酸化が起こり，このリン酸が DNA 結合タンパク質である CpxR に受渡される. リン酸化された CpxR は，凝集したりミスフォールドしたタンパク質を分解するプロテアーゼ類をコードする遺伝子など，多くの遺伝子の発現を誘導する. そのほかに Cpx 経路で誘導されるタンパク質としては，タンパク質フォールディングを促進する因子である DsbA（ジスルフィド酸化酵素）や PpiA，PpiD（ペプチジルプロリル異性化酵素）などが含まれる.

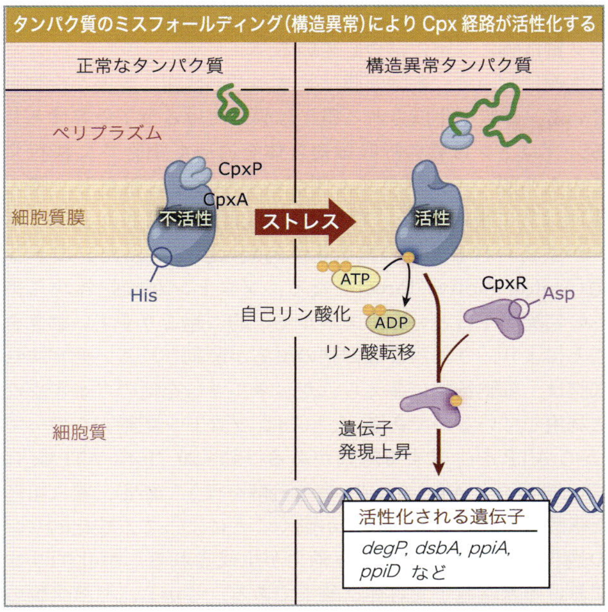

図 16・22 グラム陰性菌では，細胞にストレスがかかり表層タンパク質に異常が起こると Cpx 経路が活性化される．Cpx 経路が活性化されるとタンパク質のフォールディングや分解にかかわる遺伝子の発現が上昇する．

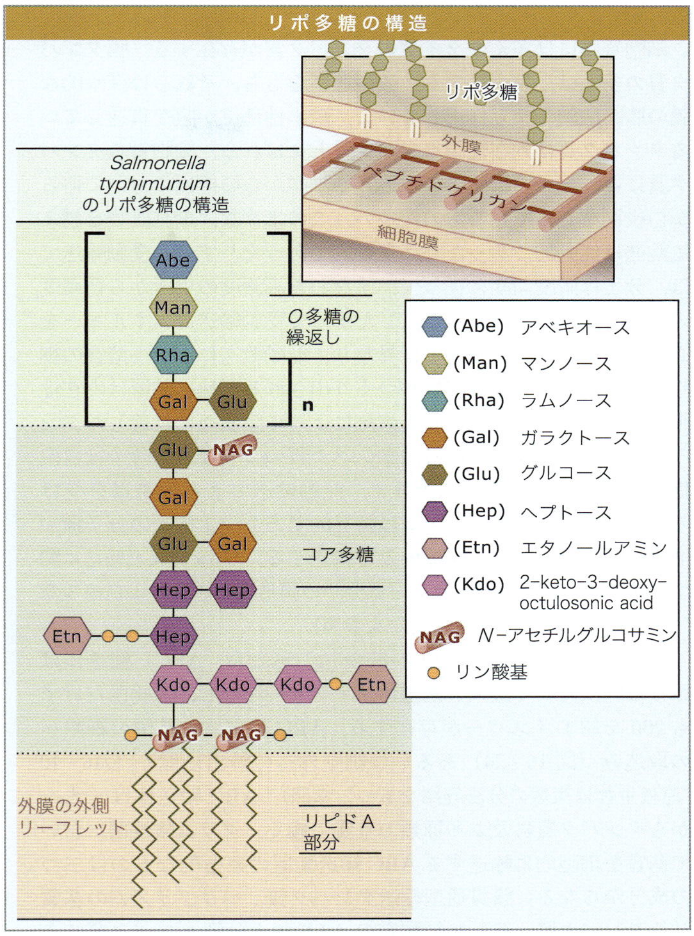

図 16・23 ネズミチフス菌のリポ多糖の構造モデル．

外膜は非対称的な膜である．外膜の内側リーフレットは細胞質膜のものと同様なリン脂質からなるが，外側のリーフレットはリポ多糖（lipopoly saccharide，LPS）からなる（図 16・21 参照）．リポ多糖の正確な組成は生物種によって異なる．しかし，図 16・23 に示すように，ほとんどの場合リポ多糖は *O* 多糖類，コア多糖類，リピドA部位から構成される．リピドAはカプロイン酸，ラウロイン酸，ミリスチン酸，パルミチン酸，各種のステアリン酸などの脂肪酸からなる．リピドAはコア多糖へのアミドエステル結合を介して *O* 多糖類に連結している．*O* 多糖は通常ガラクトース，グルコース，ラムノース，マンノースの繰返し構造からなる．これらの糖は，4～5 個からなる枝分れした配列の繰返しにより長い *O* 多糖を形成する．コア多糖は *N*-アセチルグルコサミン，グルコサミン，リン酸，ヘプトース，Kdo（2-keto-3-deoxy-octulosonic acid）からなる．膜に結合したこの構造体は，膜を貫いて存在するリポタンパク質を介してペプチドグリカン層につながれている．

リポ多糖の重要な生物学的特性として，動物に毒性を発揮するという点がある．そして，リポ多糖はグラム陰性病原菌による病気の重要な決定因子となる．リポ多糖の中でリピドAが毒性部位であり，しばしばエンドトキシンとよばれる．ヒトや他の動物の上皮細胞や白血球にはリポ多糖を認識する受容体があり炎症反応をひき起こす．この応答機構により，発熱，リンパ球，白血球，血小板の減少，全般的炎症などがひき起こされる．

16・9 細胞質膜は分泌における選択的バリアーとなっている

重 要 な 概 念

- 分子が細胞質膜を越える方法には受動拡散と能動輸送がある．
- 多くの場合，特異的な膜貫通型の運搬体タンパク質が溶質の膜を越える動きを媒介する．
- 細胞質膜は細胞質と細胞外液との間にプロトン駆動力をつくり出し維持する．

すべての細胞には細胞質膜（形質膜 plasma membrane）があり，可溶性分子の細胞外への流出あるいは細胞外からの流入を防いでいる．原核細胞においては，約 8 nm の厚さの細胞質膜が細胞の内側と外側を仕切っている（図 16・1 参照）．細胞質膜は脂質とタンパク質を含む．ほとんどすべての生体膜と同様，細胞質膜の基本構造はリン脂質二重層である．リン脂質は炭素 3 個からなるグリセロール骨格に結合したリン酸を含む．グリセロール骨格のフリーの炭素には疎水的な脂肪酸の鎖が結合しており，これらは互いに寄り集まるように，そして水溶性の環境から遠ざかるように配向している．それとは対照的に浸水的なリン酸基は水溶性環境に露出している．細胞質膜はほぼすべての生体分子やイオンの受動的な拡散による細胞への流入と細胞からの流出を妨げている（図 2・1 参照）．例外として水がある．小型で電荷を欠くため，水分子はゆっくりとではあるが，膜を越えて自由に拡散できる．

細胞質膜には多くのタイプのタンパク質が存在する．膜タンパク質の多くは，疎水性アミノ酸の並びをもち，それらは疎水的な膜の脂肪酸鎖と相互作用している．疎水性部位が膜を貫通しているタンパク質は内在性膜タンパク質とよばれる．細胞質膜タンパク質には，分子の細胞への取込みや細胞からの排出において何らかの役割をもっているものが多い．このような，細胞質膜を越える輸送は能動的であったり，受動的であったりする．受動輸送では，分子は濃度勾配に従って，すなわち高濃度の場所から低濃度の場所に向けて，移動する．したがって受動輸送はエネルギーを必要としない．受動輸送とは異なり，能動輸送によって溶質の細胞内外の濃度が異なる状態がつくり出される．輸送装置は内在性膜タンパク質やN末端の脂質修飾によって膜表面に付着したタンパク質によって構成される．タンパク質のような巨大分子は自由拡散で膜を越えることはできず，能動輸送による膜透過を受ける．しばしば，輸送システムは特異的であり，1種類の分子種や進化的に保存された分子種のみを輸送する．(膜を越えた輸送に関する詳細は，第2章“イオンと低分子の膜透過輸送”および第3章“タンパク質の膜透過と局在化”を参照)

ATP結合カセット（ATP-binding cassette，ABC）輸送体は原核細胞において最大の輸送体ファミリーをなし，大腸菌だけでも200を超すメンバーが存在する．ABC輸送体は基質の細胞への取込み（図16・24）あるいは細胞外への排出に働く（§16・10“原核生物は複数の分泌経路をもつ”参照)．ABC輸送体はイオンからタンパク質に及ぶ多種類の基質に働く．グラム陰性菌において基質を細胞内に輸送するABC輸送装置の典型的なものは三つの成分からなる：膜貫通型輸送タンパク質，ペリプラズムの基質結合タンパク質，そして細胞質のATP加水分解タンパク質である．ペリプラズムの結合タンパク質は特異的な基質に対してきわめて高い親和性をもつため，非常に低濃度にしか存在しない基質でも輸送できるようになっている．膜の細胞質側に存在するATP結合タンパク質は輸送のエネルギーを供給する．これらのタンパク質は膜に安定に結合している．

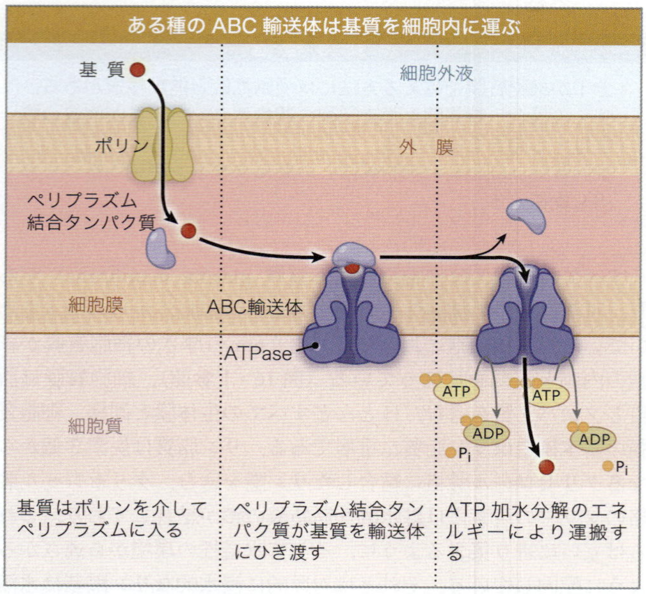

図16・24　グラム陰性菌では，溶質は外膜のポリン（外膜にサイズ選択的な透過孔を形成するタンパク質）を介してペリプラズムに至る．つぎに，特異的なペリプラズム結合タンパク質が溶質を結合して，細胞質膜のABC輸送体に受渡す．運搬体はATPのエネルギーを利用して溶質を細胞質に移動する．

原核生物において，細胞質膜はエネルギー代謝に重要な役割をもっている．呼吸で生成される電子は膜における電子受容体と共役する．プロトンは膜の呼吸鎖複合体を通って細胞外に移行する，このため膜のペリプラズム側がわずかに正に帯電し，膜の細胞質側は負に帯電する．プロトンの勾配が形成され膜にエネルギーが蓄えられる．この電気化学勾配は膜を挟んだ**プロトン駆動力**(proton motive force)となる．プロトンが細胞外から細胞内への勾配を下るという，エネルギー的に起こりやすい動きをすることにより，さまざまな細胞の反応が駆動される．換言すれば，細胞は，細胞質膜に蓄えられたエネルギーを他のさまざまな過程に利用しているのである．たとえば，プロトン駆動力を使ってADPからATPを生成する酵素がある（§2・20“F_1F_0-ATPaseはH^+輸送と共役してATPの合成や加水分解を行う”参照)．膜に組込まれた複数のタンパク質複合体が働くことによって，酸化的リン酸化の過程においてプロトン駆動力が生成される．酸化的リン酸化における末端電子受容体は酸素である．しかし，原核生物のほとんどのものは嫌気条件下において硫黄，窒素，鉄，マンガンなど，他の電子受容体を用いる．細胞質膜で酵素によって捕捉されたエネルギーは，物質合成，タンパク質や低分子化合物の運搬，運動など，細胞が増殖するうえでの活動のほとんどを可能とするための燃料として使用される．このような経路がどのような分子機構によって微生物にエネルギーを与えているのかは，現在活発に研究されている分野である．

16・10　原核生物は複数の分泌経路をもつ

重要な概念

- グラム陰性菌，グラム陽性菌の両者にSec，Tatの二つの分泌経路があり，タンパク質の細胞質膜透過に使われる．
- グラム陰性菌は外膜を越えるタンパク質運搬も行う．
- 病原菌は毒性因子の分泌のための特異的分泌系をもつ．

すべての生物において，生体高分子をそれらが存在すべき場所に向けて正しく標的化することは重要である．原核生物において，タンパク質種の20％近くが細胞質膜を越えて運ばれ，あるいは膜に組込まれる．タンパク質の膜透過はすべての細胞に共通の問題を提起する：いかにしてタンパク質という比較的親水性の巨大な分子を膜という比較的疎水的な領域中を移動させることができるのだろうか？　原核生物と真核生物はタンパク質の膜透過のため類似したシステムを進化させてきたが，このことは驚くにあたらない．一般的にタンパク質膜透過装置は，エネルギーに依存して基質を通過させることができるような，チャネルを形成する，内在性膜タンパク質複合体からなる．膜透過ののち，基質タンパク質は膜に結合した状態になったり，ペリプラズムや細胞外液に分泌されたりする．原核生物には二つの一般的な分泌経路が存在する：Sec経路（一般分泌経路GSPともよばれる）とツインアルギニン膜透過（Tat）経路である．加えて，バクテリアには少なくとも5種類（タイプⅠ～Ⅴ）の特異的分泌装置が存在する．

図16・25に示すように，Sec経路はSecY，SecE，SecGを含むいくつかの内在性膜タンパク質と膜表在性のATPaseであるSecAからなる．SecAは膜透過に必要なエネルギーを供給する(SecYEG系の詳細については，第3章“タンパク質の膜透過と局在化”参照)．グラム陰性菌において，Sec基質のあるものは，細胞質シャペロンであるSecBの助けを借りることによって，分泌能

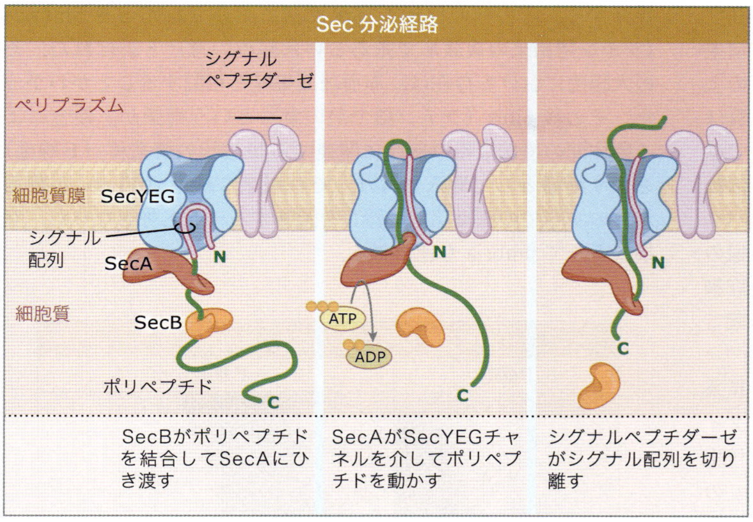

図 16・25　一般分泌経路（Sec 経路）によって，新たに合成されたタンパク質が細胞質膜を通過する．

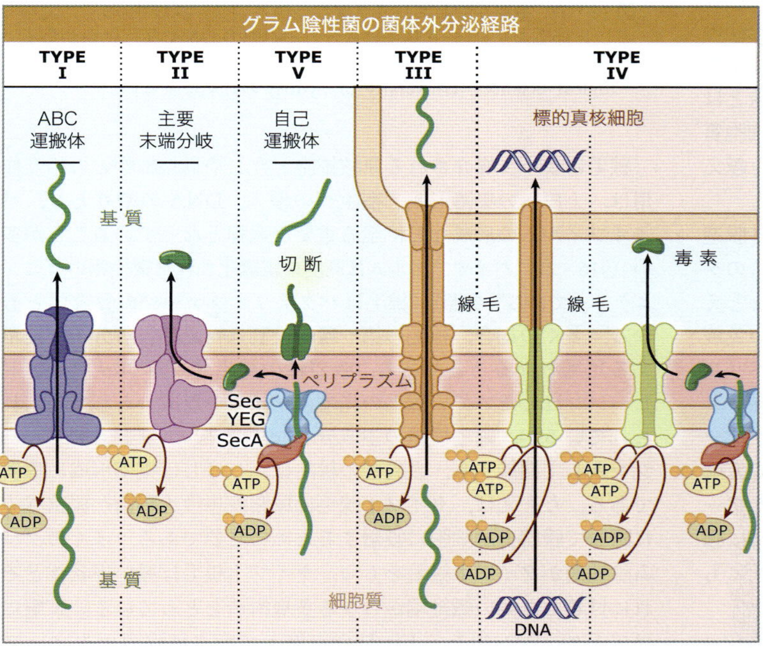

図 16・26　グラム陰性菌における菌体外へのおもな分泌経路．分泌経路のなかには内膜，ペリプラズム，外膜にまたがるタンパク質複合体によってつくられるものもある．

が保たれた変性状態で Sec 複合体に到達する．グラム陽性菌には SecB のホモログは存在しない．Sec 経路で膜透過するタンパク質はすべてN末端にシグナル配列をもち，それによって細胞質膜に標的化される．シグナル配列は全体に疎水的であるが，N末端には正に荷電した残基を 1，2 個含む短い親水性領域がある．シグナル配列はグラム陰性菌のものもグラム陽性菌のものも類似しているが，後者の方が長くN末端の正荷電アミノ酸の数も多い傾向がみられる．Sec 経路で膜透過したタンパク質は，その後膜に局在する，ペリプラズムに遊離する，細胞外液に分泌されるなどの運命をたどる．

Sec 系以外に，もう一つの一般的な分泌系として Tat 系がバクテリアに保存されている．Sec 系とは異なり，Tat 系はプロトン勾配を使って，折りたたまれた，あるいはオリゴマーをつくったタンパク質すら細胞表面に輸送することができる．Tat 系は，ATP 加水分解を膜透過駆動に使うことはなく，また変性タンパク質を分泌することができない．事実，Tat 系は適切に折りたたまれていない基質は拒絶するようだ．たとえば，PhoA タンパク質は正常には Sec 系で分泌されるが Tat 系に特異的なシグナル配列をN末端に付加すれば Tat 系の基質ともなる．しかしながら，PhoA は分泌に先立って細胞質で正しく折りたたまれるように工夫した場合のみ Tat 系の基質となる．したがって一般的に，基質が Tat 系によって認識されるためには折りたたまれていなければならないと考えられている．

Tat 分泌系を構成するタンパク質として，TatA，B，C，E が含まれる．TatABC は膜複合体を形成する．TatE は TatA の機能的ホモログらしい．TatA がチャネルをつくり，TatBC 複合体が基質のシグナル配列を結合すると考えられている．Tat 特異的なシグナルペプチドは Sec シグナルペプチドに似ているが，付加的な特徴をもつ．最も特徴的な点はN末端領域の直後に保存された Ser–Arg–Arg–X–Phe–Leu–Lys モチーフをもつことである．Tat という命名は 2 個のアルギニン残基に由来する．Tat の基質は，ほぼすべて二つのアルギニンをもつが，まれに 1 個しかもたないものもある．

一般分泌系に加えて，原核細胞には細胞質膜を越える（あるいはグラム陰性菌では細胞質膜と外膜を越える）タンパク質分泌経路が多数存在する．グラム陰性菌における主要な五つの経路を図 16・26 に示した．これらの多くは多数のサブユニットからなる複合体である．

タイプⅠ分泌装置は ATP 結合カセット（ABC）タイプの運搬体であり，バクテリアに共通にみられる（真核生物にも多くの ABC 運搬体は存在する）．タイプⅠ分泌装置の典型的なものは，二つのドメインからなる細胞質膜タンパク質によって構成される．ドメインの一つは膜と相互作用し，他方は一つか二つの ATP 結合カセットをもつ．グラム陰性菌のタイプⅠ分泌系は，外膜を横切る基質の運搬をつかさどる外膜タンパク質を含む．タイプⅠシステムのほとんどには，細胞質膜のアクセサリータンパク質があり，これらが基質特異性を決めているらしい．タイプⅠの基質には種々あるが，よく研究されているものとしては，膜に孔を開ける毒素や分解酵素などがある．これらは，病原微生物から分泌されるものである．

グラム陰性菌には，タイプⅡ分泌系（一般分泌経路の主要末端分岐ともよばれる）があり，Sec 経路の基質のあるものはこの経路により外膜を越えて分泌される．主要末端分岐では，セクレチンとよばれる外膜タンパク質が主要な役割を果たす．セクレチンは安定な多量体（10〜14 サブユニット）であり，外膜に透過孔を形成する．セクレチンはしばしば正しい標的化と外膜への挿入に“パイロット”タンパク質を必要とする．電子顕微鏡観察によれば，セクレチンオリゴマーは中央部に 10〜15 nm の孔をもつリング状の構造をとる．この孔の大きさは完全に，あるいは部分的に折りたたまれたタンパク質を通すのに十分と考えられる．

タイプⅢ分泌系は，宿主–病原菌相互作用にかかわるため，詳細に研究されている．タイプⅢシステムでは，基質はバクテリアの細胞質から直接宿主細胞の細胞質に輸送される．病原菌の宿主器官への侵入と定着を助ける分子である毒性因子の多くはこのようにして配送される．タイプⅢ型装置で分泌されるタンパク質はペリプラズム中間状態を経ないものと考えられている．そうではなく，タイプⅢ型分泌機構にかかわる約20個のタンパク質は細胞質膜と外膜を貫く構造体を形成し，これを通して毒性タンパク質を細胞外に分泌するのである．最近，グラム陽性菌にも同様の機構が存在することがわかった（宿主と病原体の相互作用の詳細については§16・20“原核生物は高等生物に集落をつくり病気を起こすことがある”を参照）．

タイプⅣ分泌系はDNAの伝達系に相同性がある．タイプⅣ系の基質はまずSec系によって細胞質膜を越えて輸送される．タイプⅢ分泌タンパク質の場合と同様，タイプⅣの基質は直接真核生物宿主の細胞質に分泌される．*Agrobacterium tumefaciens* のT–DNA輸送システムのように，タイプⅣ分泌系のなかには，タンパク質とDNAの両者を宿主細胞に配送することができるものもある．タイプⅣ分泌系は，多くのグラム陰性菌で見つかっているが，今日に至るも分泌される基質は少ししか同定されていない．そのうちの一つは百日咳毒素であり，*Bordetella pertussis* のタイプⅣ経路で分泌される．バクテリアの細胞質から直接宿主細胞質に向けて起こる *Agrobacterium* におけるT–DNAの輸送とは異なり，百日咳毒素は2段階の分泌を受ける．この場合，細胞質膜をSec経路で越えてからタイプⅣ装置と相互作用し外膜を越える．

タイプⅤ分泌系においては，単一のタンパク質が自身の外膜透過をつかさどる．オートトランスポーターとよばれるこれらのタンパク質は，まずSec装置でペリプラズムに運ばれる．たとえば，病原性 *Neisseria* 類のオートトランスポーターは宿主の免疫応答系の侵略を助けるプロテアーゼドメインを分泌する．ペリプラズムに運ばれてから，C末端領域が外膜に挿入してN末端ドメインを膜透過させるチャネルとして機能する．N末端プロテアーゼドメインが細胞表面に分泌されると，自己切断によってC末端領域から遊離する．C末端領域は外膜にとどまるが，プロテアーゼドメインは菌体から遊離する．*Neisseria* のプロテアーゼに類似したオートトランスポーターは，他の多くのグラム陰性菌にも存在している．

16・11　線毛と鞭毛はほとんどの原核生物の細胞表面に付加器官として存在する

重 要 な 概 念

- 線毛はDNAのやりとり，吸着，バイオフィルムの形成など，多様な機能を媒介するタンパク質からなる細胞外構造体である．
- 吸着性線毛の多くは，シャペロン/usher経路で組立てられる．このとき線毛サブユニットの分泌孔をつくる外膜のusherタンパク質と線毛サブユニットの折りたたみを助けusherに受渡すペリプラズムシャペロンが働く．
- 鞭毛は運動のためのプロペラとして働く細胞外装置である．
- 原核生物の鞭毛は複数の部位からなり，それぞれはユニークな方法でサブユニットタンパク質が集合してできる．

二つのタイプの付加的構造物ー（**線毛** pili と**鞭毛** flagella）が原核細胞の表面から延びている．図16・27に示すように，線毛は細胞表面に生じる繊維状のタンパク質オリゴマーである．線毛には何種類かある．たとえば，F線毛は細胞接合とDNA転移を媒介する．この種の付加器官が最初に記述されたときfimbriae（ラテン語由来の複数形で糸あるいは繊維の意）とよばれた．その大腸菌における存在は，赤血球凝集能と相関することがわかった．その後pilus（ラテン語で毛の意）という術語が，接合による菌体間の遺伝情報の伝達に関連する繊維状の構造体（F線毛）を表す術語として導入された．それ以来，線毛（pilus）が鞭毛以外のすべての繊維状付加器官を意味する一般名称となった．互換語としてfimbriaも使われる．

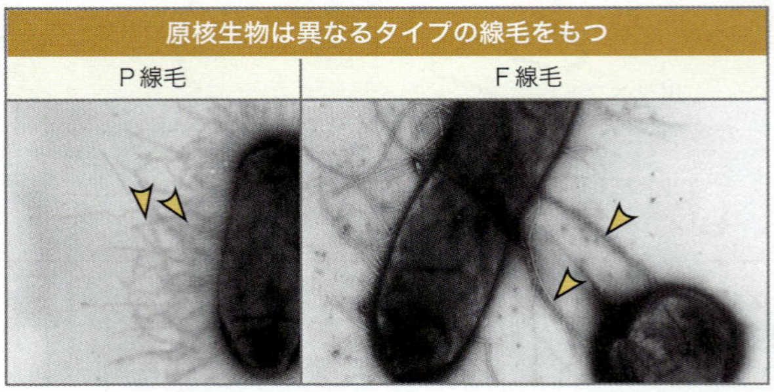

図16・27　原核生物における2種類の線毛．P線毛は細胞固着に関与しF線毛より短い．F線毛は接合と細胞間のDNA移行にかかわる［写真は，（左）Matt Chapman，（右）Ron Skurray, School of Biological Sciences, University of Sydneyの好意による］

線毛によって媒介される原核細胞どうしや真核細胞との相互作用は，上皮への集落形成，宿主への侵入，DNAのやりとり，バイオフィルムの形成などに至る重要な過程となっていることが多い（§16・21“バイオフィルムは高度に組織化された微生物のコミュニティーである”参照）．線毛はバクテリオファージの受容体ともなる．多くの場合，線毛の第一義的役割は特異的吸着分子を提示する足場となることである．吸着性の線毛サブユニット（アドヒーシン）は，たいてい線毛の先端にマイナーな成分として組入れられているが，線毛構造の主成分となるサブユニットもアドヒーシンとして機能する．吸着性の線毛は，しばしば集落形成に重要である．たとえば，タイプⅠ線毛は尿路疾患性大腸菌が尿路感染に際して膀胱上皮細胞に吸着するために必要である．多くのグラム陰性菌がタイプⅠ線毛をもつ．タイプⅠ線毛は厚い桿状体とそれに付着した薄い繊維端からなる多層構造をとっている．末端にはアドヒーシンであるFimHが存在して宿主細胞のマンノースに対する結合能を賦与している．

線毛の構築は複雑で，繊維の一部となる構造タンパク質と細胞表面において線毛サブユニットの会合を助けるアクセサリータンパク質が関与して起こる．ピリン（線毛構造のサブユニットタンパク質）は，グラム陰性菌の細胞質膜，ペリプラズム，外膜を順次通過して表面に到達し，組立てられていく．このような過程を達成するため二つの特異的な補助因子が働く：ペリプラズムのシャペロンとusherとよばれる外膜の輸送タンパク質である．シャペロン・usher集合経路は，30種を越える異なる線毛構造の形成に関与している．

ペリプラズムにおいてシャペロンとサブユニットの複合体が形成され，外膜のusherと相互作用する．ついでシャペロンが遊離することによってサブユニットの相互作用面が露出して線毛に会合していく（図16・28）．タイプPおよびタイプⅠ線毛系の研究によれば，アドヒーシン・シャペロン複合体（PapDGまたはFimCH）は高い親和性でusherに結合する．そして，アドヒーシンは最初に線毛に会合するサブユニットとなる．他のサブユニットは，それらのシャペロンとの複合体から usher への分配の速度に影響されつつ線毛に組入れられていく．usher タンパク質は，線毛が伸長するための組立ての足場として機能する以外に，線毛形成における他の役割ももっている．高解像度電子顕微鏡解析によれば，PapC usher は直径 15 nm のリング状の複合体を形成し，中央部には 2 nm の孔が存在する．伸長過程にある線毛は，サブユニット 1 個分の太さの繊維状態で usher 複合体の中心孔を通って押し出されていくものと考えられており，このとき usher 上でシャペロンから遊離したサブユニットが線毛繊維に組入れられていくものと思われる．

一般に微生物は運動性であり，たいていの場合運動は長い付加器官である鞭毛に依存する（図 16・29）．グラム陽性菌も，グラム陰性菌も細胞表面に鞭毛をもつ．細胞の一端に 1 本の鞭毛がある場合を monotrichous（または極性）とよび，複数の鞭毛が細胞表面に分布する場合を peritrichous という．一端から複数の鞭毛が生えている場合は lophotrichous（ラテン語で髪の房の意）という．バクテリアの鞭毛は，微小管と微小管結合タンパク質からなり形質膜で包まれている真核細胞の鞭毛（第 7 章“微小管”参照）とは異なっている．

鞭毛は，長さはいろいろだが，通常直径は 20 nm で，太く見えるように染色剤処理をしない限り光学顕微鏡では見えない．鞭毛は三つの明確な領域に区分できる：繊維，継ぎ手，基部である（図 16・30）．鞭毛繊維はフラジェリンタンパク質の繰返し構造からなる．フラジェリンは細菌類のなかで高度に保存されているため，鞭毛による運動性は原始的な特性と考えられる．鞭毛は，複雑な多タンパク質複合体である基部により細胞に付着している．鞭毛繊維は継ぎ手領域によって基部につながれている．グラム陰性菌において，基部は外膜，細胞壁ペプチドグリカン，細胞質膜を貫いている．L リングは鞭毛を外膜につなぎ止めている．S–M リングと P リングはそれぞれ，鞭毛を細胞質膜と細胞壁につなぎ止めることに役立っている．それぞれのリングは複数の膜タンパク質により構成される．細胞質膜においては，二つの Mot タンパク質が鞭毛の動きを駆動するエンジンとして機能する．細胞質膜に埋込まれているさらに別のタンパク質が，鞭毛モーターを逆転するために働く．グラム陽性菌は外膜を欠くため S–M リングのみをもつ．

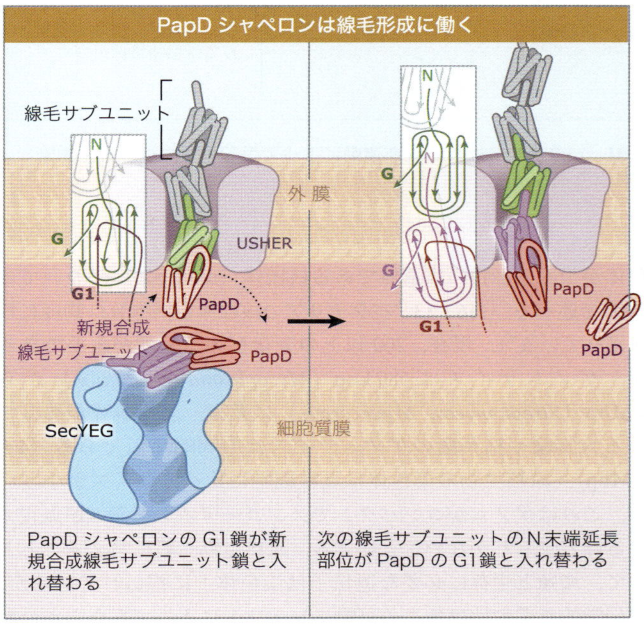

図 16・28 線毛の形成には PapD シャペロンと usher タンパク質が必要である．左：PapD の G1 鎖は新たに合成された線毛サブユニットの二つの鎖間に挿入することにより線毛サブユニットのフォールディングを完成させる．右：線毛サブユニットの集合において，新たに合成されたサブユニットの N 末端鎖が，一つ前のサブユニットに結合した PapD シャペロン G1 鎖と入れ替わる．

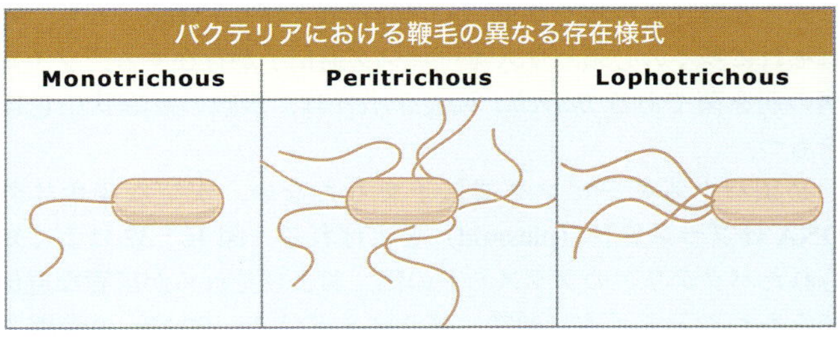

図 16・29 鞭毛の形成様式はバクテリアのタイプにより異なる．

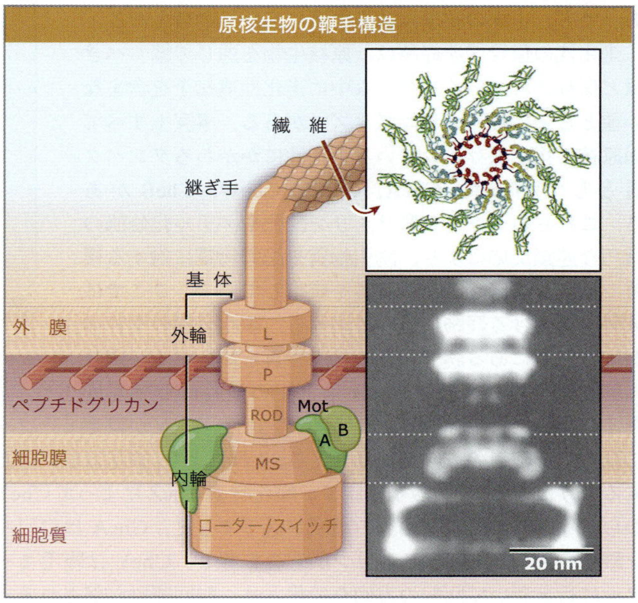

図 16・30 原核生物の鞭毛は，それぞれ多数のタンパク質からなる別個の部位により構成される．上の挿入図はクライオ電子顕微鏡によるフラジェリンの構造を示す．一番下の挿入図は鞭毛基部と継ぎ手の電子顕微鏡像を示す．鞭毛繊維は，フラジェリンサブユニットが 1 回転当たり 11 個集合することによって形成される［写真は，（上）Yonekura et al., *Nature* **424**, 643〜650 (2003) より，K. Namba の許可を得て転載．（下）David DeRosier の好意による．N. R. Francis, et al., *J. Mol. Biol.* **235**, ‘*Isolation, Characterization and Structure*’, 1261〜1270 (1994) より，Elsevier の許可を得て転載］

鞭毛繊維の発現と組立てには数十個の遺伝子が働く．これらの遺伝子は，集合の順番に従い協調的な調節を受ける．最初に発現される遺伝子は基部と継ぎ手の集合に関与するものであり，ついでフラジェリンサブユニットが発現する．フラジェリンサブユニットの発現は継ぎ手器官ができあがるまでは抑制される．継ぎ手が完成すると，転写抑制因子が継ぎ手のチャネルを通って細胞からくみ出され，フラジェリン発現の抑制が解除されるのである．フラジェリンサブユニットは伸長中の鞭毛を通って輸送され，先端に追加される．この機構により，継ぎ手ができあがるまでは鞭毛繊維が形成されないことが保証される．継ぎ手装置は他のタンパク質分泌装置と関連が深い（§16・10“原核生物は複数の分泌経路をもつ”参照）．

走化性装置が栄養物質の存在を感知して鞭毛の回転の方向性を決める．栄養素がなければ鞭毛は時計方向に回転し，転回運動となる（バクテリアの走化性を観察する実験は BIO:16-0003 を参照）．化学物質に向かう，あるいは遠ざかる動きのことを**走化性**（chemotaxis）という．ここでは，原核細胞の栄養誘引物質存在下での動きを考える．鞭毛は，プロトン駆動力をエネルギーに用いて，たわむことなく，プロペラのように回転し，動きの推進力となる．動きは何回かの直進の繰返しと，ひき続く短いランダムな転回からなる．図 16・31 に示すよう，細胞は鞭毛が反時計回りをするときは直線に泳ぎ，時計回りをするときは転回運動をする．ランダムな転回が細胞の位置を決めるから，正味の動きはゼロになると予測できるかもしれない．しかし，走行の周期性は栄養素の得られやすさで調節されている．栄養素に向かって細胞が動くときには長い走行となるし，栄養素から遠ざかるときには転回の回数が増える．それぞれの走行の方向はランダムであっても，正味の結果は誘引物質に向かう動きとなる．

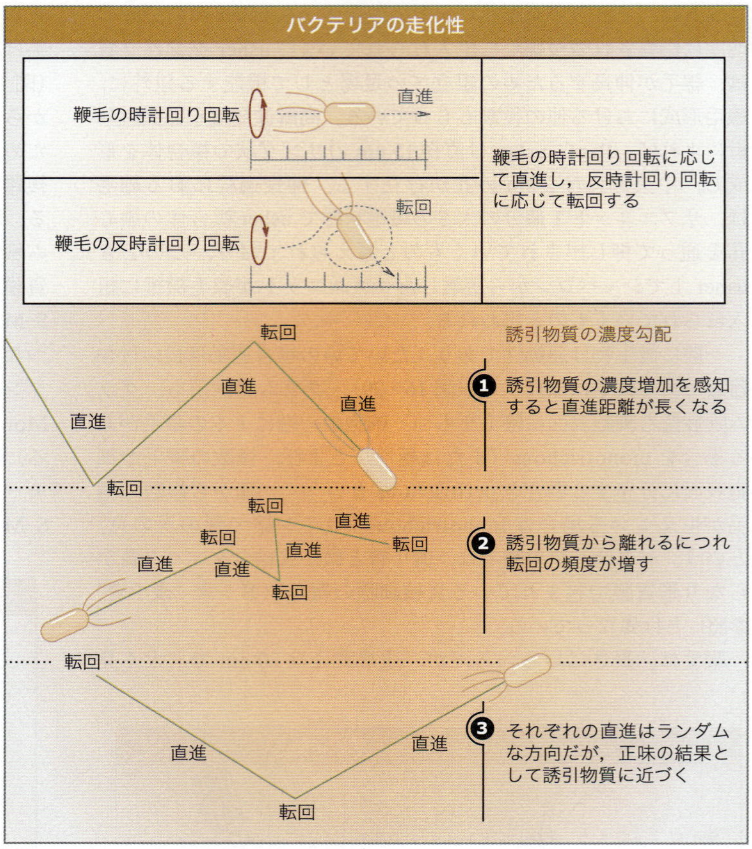

図 16・31　バクテリアは長い直進運動によって栄養物質に近づき，頻繁な転回により遠ざかる．

走化性の信号伝達経路は，原核生物を通じて驚くべきほど保存されている．ゲノム中に走化性遺伝子を含まない種としては唯一マイコプラズマがある．事実上すべての原核生物に保存されている走化性にかかわるタンパク質として，CheR，CheA，CheY，CheW，CheB がある．これらのタンパク質は，リン酸化やメチル化修飾の精巧な連鎖反応により，誘引物質や忌避物質に対する複雑で高度な適応性をもつ応答を統率している．ここでは大腸菌における経路について述べる．細胞質膜の受容体が細胞外液にある誘引物質や忌避物質を結合する．同じく細胞質膜のキナーゼ CheA は上記の受容体と相互作用する．CheA が CheY をリン酸化すると，CheY が鞭毛モーターに結合して回転の方向を切り替える．それにより，細胞は転回運動するようになる．リン酸基は脱リン酸化酵素 CheZ によって CheY から取除かれる．誘引物質の濃度が低下すると，CheA は自己リン酸化を起こして CheY にリン酸基を転移し，CheY は鞭毛モーターに行き着いて回転の方向を変化させ，転回運動が促される．

細胞が化学勾配中を動く際，小さな濃度のゆらぎに常に適応することができるよう，走化性機構にはさらに異なるレベルの込み入った仕組みがある．この短期記憶は膜の受容体のメチル化によって達成される．CheR は膜受容体をメチル化し，CheB は脱メチル化する．受容体のメチル化によって CheA のキナーゼ活性が上昇し，システムは脱感作される．そして CheB も CheA によってリン酸化されるようになってそのメチル転移（脱メチル化）活性が上昇する．このようにして，信号伝達連鎖反応のフィードバックループが確立する．

16・12　原核生物のゲノムは染色体と可動 DNA エレメントを含む

重要な概念

- 原核生物のほとんどは一つの環状染色体をもつ．
- 遺伝的柔軟性や適応性は伝播可能なプラスミドやバクテリオファージにより促進される．
- トランスポゾンや他の可動因子が，原核生物のゲノムの速やかな進化を促している．

ほとんどの原核生物は単一の染色体をもち，半数体である．染色体がつくる独特の構造体である核様体（nucleoid）については次節で述べる（§16・13“バクテリアの核様体と細胞質は高度に秩序だっている”）．現在，200 以上の完全ゲノム配列が入手できるが，ゲノムサイズは 580 kbp（*Mycoplasma genitalium*）から 9 Mbp（*Streptomyces*，*Myxococcus*）に及ぶ．よく研究が進んでいる大腸菌や枯草菌のゲノムサイズは中間的な値である（4〜5 Mbp）．原核生物の染色体は真核細胞に比べてサイズが小さいが，これはゲノムがコンパクトでノンコーディング領域が無視できるほど少ししかないことによる．原核生物一般に言えることとして，増殖と生存に必要な遺伝子は染色体上に担われているが，遺伝学的な柔軟性は種々の可動エレメントによってもたらされている．

バクテリアが，直線状の染色体，複数の染色体，あるいは直線状かつ複数の染色体をもつことはまれである．しかし，たとえば放線菌は一つの直線状染色体をもつ．この染色体の端はタンパク質を介してつながれており，このことによって遺伝地図が環状を示すとの従来の研究結果が説明できる．*Rhodobacter sphaeroides* は大きな環状染色体を 2 個（3.0 Mbp および 0.9 Mbp）もち，それぞれに多くの必須ハウスキーピング遺伝子が存在する．ライム病の病原菌である *Borrelia burgdorferi* は，複数の直線状染色体をもつ．

必須ハウスキーピング遺伝子をもたない，安定な染色体外 DNA は**プラスミド**（plasmid）とよばれる．図 16・32 はよく知られたバクテリアのプラスミドの例，およびそれらが広範な遺伝子をもつことを示す．通常，プラスミドは 2〜100 kbp の範囲で比較的小さく，環状である．染色体でみられたように例外はあり，巨大なものは 1 Mbp あるいはそれ以上に達し，一部少数だが直線状のものもある．プラスミドは必ず自らの複製をつかさどる遺伝子をもつと同時に，宿主細胞の DNA 複製装置のさまざまな要素を利用して増える．プラスミド上の遺伝子として，抗生物質抵抗性，病原性，特殊な炭素源の分解にかかわるものなどがある．

プラスミドはさまざまな機構で生物間を伝播する．**接合**（conjugation）によってプラスミドをもつ供与菌と受容菌間の直接的な DNA 伝達が起こる．供与菌のプラスミドには，供与菌・受容菌両者の接触，DNA 伝達のための複製開始，受容菌への DNA の輸送などに必要な機能が書き込まれている．プラスミドの伝播は DNA の取込み（**形質転換** transformation）やバクテリオファージを介する過程（**形質導入** transduction）によっても起こる．染色体外遺伝因子が存在するかどうかにかかわらず，バクテリアのゲノムは相同組換えや部位特異的組換えの過程が起こることにより変化しうるものである（遺伝学に関する詳細は GNTC:16-0001，EXP:16-0001 参照）．

多くのバクテリアにとって，**バクテリオファージ**（バクテリアのウイルス）は遺伝学的変化の少なからぬ要因となっている．配列がわかっている多くのゲノムには明らかに組込まれたバクテリオファージ（**プロファージ** prophage）が含まれている：たとえば，大腸菌には少なくとも 9 個，枯草菌には 10 個ある．これらのプロファージのなかには明らかに欠損型で，欠失や他の変異をもつため，活性のある感染性ウイルス粒子を生成することはありえないだろうと思われるものもある．ある場合には，プロファージが宿主細胞の生存競争を利する遺伝子をもっている．制限と修飾，紫外線抵抗性，毒素などの病原性決定因子などである（バクテリオファージの詳細は GNTC:16-0002，MBIO:16-0005 参照）．

最後に，バクテリアのゲノムは多くの可動性遺伝因子をもっており，それらは**転位**（transposition）によって伝播する．挿入配列は，最も単純な場合，一つの転位酵素の遺伝子，およびその両側の転位酵素が転位反応を開始するときに認識する配列からなっている．標的部位への挿入を成し遂げるためには，宿主細胞の DNA 複製や修復に働く酵素がリクルートされる．より複雑なトランスポゾンになると，さらに宿主細胞に新たな適応性を賦与する遺伝子をもっている．バクテリアにおいて抗生物質抵抗性遺伝子は最もよく知られた可動性遺伝子の例であるが，トランスポゾンは他のさまざまな遺伝子をもつこともできる．トランスポゾンに関連した因子で，逆位や欠失など他の DNA 再編成を触媒するものもある（転位に関する詳細は GNTC:16-0003，MBIO:16-0006 参照）．

インテグロン（integron）は適応的なゲノムの再編成において特に重要な要因である．図 16・33 に示すように，一般にインテグロンは，インテグラーゼの遺伝子，それに隣接した遺伝子カセット捕捉のための標的部位，そして捕捉した遺伝子を発現させる強力なプロモーターからなっている．遺伝子カセットは多くの場合，抗生物質抵抗性を与えるものであり，インテグラーゼによる標的部位への挿入を可能にする配列もっている．インテグロンは順次異なるカセットを捕まえて増大することができ，そのことによってバクテリアは容易に多剤耐性へと進化することができる．

バクテリアのプラスミドおよびそれらの機能

機　能	プラスミド	大きさ〔kb〕	宿　主
抗生物質耐性（ペニシリン，クロラムフェニコール，カナマイシン，テトラサイクリンなど）	RP4	60	*Pseudomonas aeruginosa*
抗生物質産生	SCP1	356	*Streptomyces coelicolor*
接　合	F	100	*Escherichia coli*
重金属耐性	pI258	28	*Staphylococcus aureus*
根粒形成（共生）と窒素固定	pSym1	1400	*Sinorhizobium meliloti*
病原性	pWR501	222	*Shigella flexneri*
植物腫瘍	PTiC58	214	*Agrobacterium tumefaciens*
プロファージ	P1	94	*Shigella*
炭素源の利用（トルエンなど）	TOL	117	*Pseudomonas putida*
UV 耐性	pKM101	35	*Salmonella*

図 16・32　バクテリアのプラスミドと機能の例．

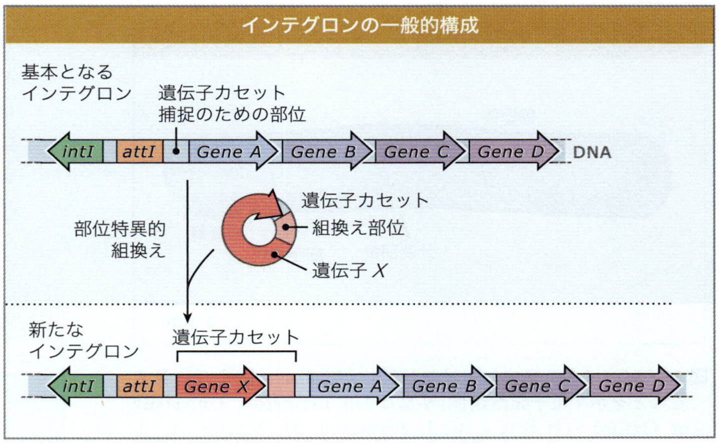

図 16・33　遺伝子カセットをもつ典型的なインテグロンの構造．

16・13　バクテリアの核様体と細胞質は高度に秩序だっている

重要な概念

- バクテリアの核様体は引き伸ばされた DNA の固まりのように見えるが，高度に秩序だっており，各遺伝子は細胞の一定の場所に位置している．
- バクテリアはヌクレオソームをもたないが，種々の核様体結合タンパク質が大量に存在して DNA を秩序化している．
- バクテリアでは，転写は核様体の内部で，翻訳は周辺領域で行われており，真核細胞の核と細胞質に相当する．
- RNA ポリメラーゼは核様体の秩序化に重要な役割をもつらしい．

原核細胞は核膜をもたない点で，真核細胞と根本的に異なる．真核細胞では，核膜があるために転写と翻訳が別々に異なる区画で行われる（図 5・3 参照）．原核生物では，転写と翻訳が膜によって分けられることがない．そのため，mRNA の転写が行われているときに，同時に翻訳が起こりうる．ある種の遺伝子の調節の仕方は，この転写と翻訳の同時進行によって重要な影響を受けてきた（MBIO:16-0007 参照）．

バクテリアの染色体は外観上，**核様体**（nucleoid）とよばれる不規則な固まりに見え，細胞質の中央部分の多くを占めている（図16・34）．核様体は染色体DNAとそれに結合したタンパク質からなっている．バクテリアには真核細胞やアーキアのようなDNAを包み込むヌクレオソーム構造は存在しない（第6章“クロマチンと染色体”参照）．しかしながら，DNAは図16・35にあげたような多くの核様体結合タンパク質によって折りたたまれ，組織化された状態にある．このようなタンパク質のなかで最も重要なものはトポイソメラーゼである．トポイソメラーゼ類はDNAの折りたたみに重要な役割をもつスーパーコイル形成を制御し，また巻戻しを必要とする複製や転写過程の進行にも寄与する．変異株の表現型から，染色体構造維持（structural maintenance of chromosome，SMC）ファミリーのタンパク質も核様体の構築に関与すると考えられるが，その機構はよくわかっていない．真核生物では，SMCタンパク質に密接に関連したタンパク質が有糸分裂や減数分裂における染色体の接着や凝縮に関与することが知られている（§6・33“染色体凝集はコンデンシンによって誘導される”および MBIO:16-0008 参照）．このような種々の核様体結合タンパク質は，協同作用によって核様体のスーパーコイル状態の程度や全体的な圧縮状態を維持している．しかし，核様体のホメオスタシスがどのように達成されるのかの詳細は今後の研究に残されている（核様体の詳細は MBIO:16-0009 参照）．

核様体は不規則な構造に見えるが，個々の遺伝子はその中で定まった位置を占めているようだ．核様体における遺伝子の位置は染色体地図上の位置を反映している．これを示す最初の証拠は，たまたま枯草菌の *spoIIIE* 変異体が示す性質からもたらされたものである（図16・36）．この枯草菌変異株は，胞子形成初期に起こる非対称細胞分裂において，正常に染色体を分配することができない．その結果，細胞極に近い分裂隔壁が染色体の一つを取囲んでしまう．ある種の遺伝子は必ずと言ってよいほどこの細胞極近くにできた小さな区画に取込まれているが，他の遺伝子は常に排除されていることがわかった．このことから，染色体は中隔形成に先だって常に一定の位置にあり一定の方向性をとっていることが示唆された（胞子形成の詳細は§16・17“原核生物は複雑な発生変化を伴いストレスに応答する”参照）．

より直接的な証拠は生体内蛍光ハイブリダイゼーション（FISH）を用いた研究によって得られた．この方法では，細胞における特定の遺伝子の位置を直接観察することができるが，プローブと標的遺伝子とのハイブリダイゼーションを起こさせるため，固定やその他の過酷な処理が必要である．他の方法としては，GFPを融合させたDNA結合タンパク質（LacI）を用い，染色体上の種々の部位に配置した結合配列に結合させる方法が用いられた．このような一連の実験が基礎となり，それぞれの遺伝子はバクテリア細胞中を自由に拡散できるわけではなく，一定の

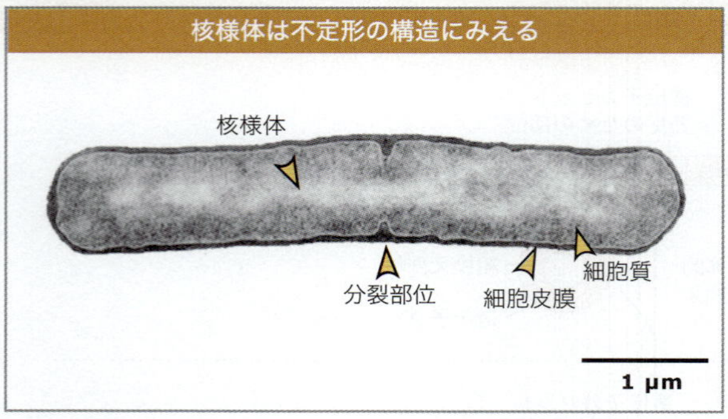

図16・34 バクテリアにおける核様体が拡散した固まりに見えることを示す電子顕微鏡像［写真はJeff Errington, University of Oxfordの好意による．J. Errington, H. Murray, L. J. Wu, ‘Diversity and redundancy...’, *Phil. Trans. R. Soc.* **360**, 497〜505(2005)より］

核様体を構成する大腸菌のタンパク質

タンパク質	遺伝子	機　能
HUα, HUβ	*hupA*, *hupB*	多量に存在する核様体結合タンパク質
H-NS	*hns*	ヒストン類似核様体構造タンパク質 多量に存在する核様体結合タンパク質
IHF	*ihf*	インテグレーション宿主因子 多量に存在する核様体結合タンパク質
ジャイレース	*gyrA*, *gyrB*	DNA超らせん化
トポイソメラーゼⅣ	*parC*, *parE*	DNA超らせん化；娘染色体間の連結をなくすための脱連鎖
トポイソメラーゼⅠ	*topA*	DNA超らせん化
MukB	*mukB*	染色体凝縮
MukE	*mukE*	染色体凝縮
MukF	*mukF*	染色体凝縮
RNAポリメラーゼ	*rpoA*, *rpoB*, *rpoC*	転写酵素はDNA構造を乱すおもな原因

図16・35 大腸菌の核様体を構成するタンパク質．他のほとんどのバクテリア種は，MukB, MukE, MukFタンパク質の代わりに，真核生物のコヒーシンやコンデンシンに類似したSMCタンパク質群をもつ．

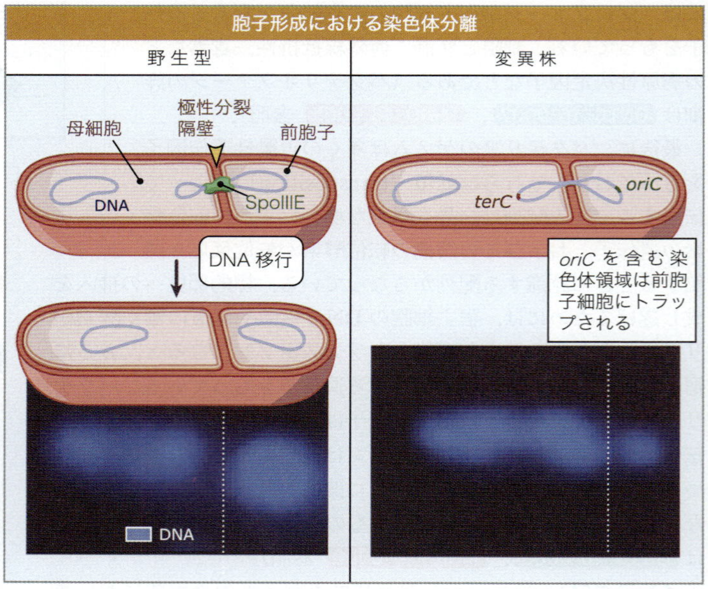

図16・36 胞子形成開始に伴う極性隔壁の形成と染色体の分離．枯草菌が胞子を形成するとき，まず非対称分裂により母細胞と小さな前胞子細胞を生じる．それぞれが一つの染色体を受取る．前胞子細胞への染色体分離は2ステップで起こる．まず極性分裂隔壁が染色体を取囲む，そしてSpoⅢEタンパク質が能動的に残りの2/3の染色体を前胞子細胞に送り込む．*spo*Ⅲ*E*変異株では，前胞子細胞は染色体の1/3程度しか取込めない．解析によれば，この取込まれたDNAは染色体の特定の部位のみからなる．このことから，染色体は細胞分裂に先立って厳密に方向づけられていることがわかる．蛍光顕微鏡写真は野生株と*spo*Ⅲ*E*変異株の胞子形成期におけるDNAの染色像を示す［写真はJeff Errington, University of Oxfordの好意による．J. Errington, H. Murray, L. J. Wu, ‘Diversity and redundancy...’, *Phil. Trans. R. Soc.* **360**, 497〜505(2005)より転載］

存在位置に強く束縛されていることが明確になってきた．一般的に言えば，染色体の *oriC* 領域は核様体の一方の端に，*terC* 領域は他方の端に位置するといえる．また，染色体地図上でこれらの間に位置する遺伝子は，核様体上でも相対的に同様な間隔で配置されている．

バクテリア細胞における転写はすべて，α サブユニット 2 個と β，β' サブユニットからなる単一の RNA ポリメラーゼコア酵素によって行われる．プロモーター特異性は，基本的には一連のシグマ（σ）因子によって決定される．σ 因子は転写開始にも必要であるが，開始反応が終わればコア酵素から解離する．転写の調節は，プロモーター近傍の DNA 領域に結合して転写開始を促進したり，抑制したりする，多岐にわたる補助的制御因子によって行われる．他の調節モードとしては，転写の終結レベルで働く場合（アテニュエーション）や mRNA の安定性を変化させる場合がある（転写調節の詳細は MBIO:16-0010 参照）．

RNA ポリメラーゼコア酵素のほとんどは，細胞中心部を占める核様体の中に存在する．総体的に，転写が起こるのもこの場所と考えられる．対照的に，リボソームや翻訳因子は，細胞の周辺領域に濃縮されている．このことから，図 16・37 に示すように，核膜がないバクテリアにおいても，転写と翻訳は真核細胞におけるのと同様に，空間的に分離されているといえる．しかし，いろいろな証拠から，バクテリアにおける転写と翻訳がときに密接に共役していることも確かである．このことは，RNA ポリメラーゼとリボソームが同じ場所にないことと矛盾はしないかもしれない．一つの可能性として，これらの過程が細胞の中心部と周辺領域の境界において起こることが考えられる．核様体の全体的な秩序や細胞の中心部と周辺領域がどのように維持されているのかについては，ほとんどわかっていないと言うべきである．

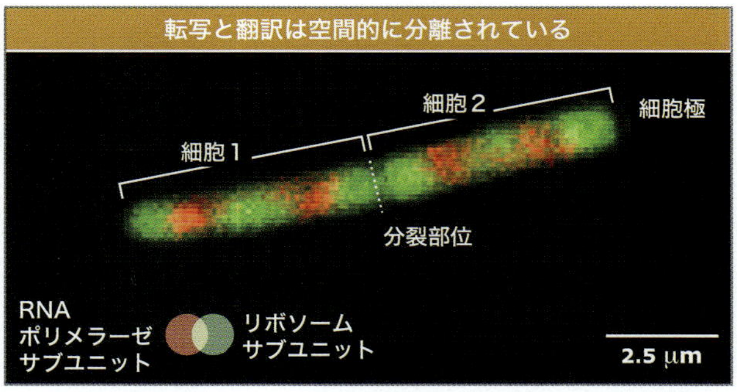

図 16・37 核膜をもたないバクテリア細胞においても，転写装置と翻訳装置は細胞の異なる場所に局在する．分裂中の枯草菌の像を示す．リボソームタンパク質 RpsB に GFP を，RNA ポリメラーゼの RpoC サブユニットに GFP-UV（異なる蛍光を発する）をつけてあり，ここではそれぞれを緑と赤で表示した［写真は P.J. Lewis, S.D. Thaker, J. Errington の好意による．*EMBO J.* **19**, 710〜718 (2000) より．©Macmillan Publishers Ltd］

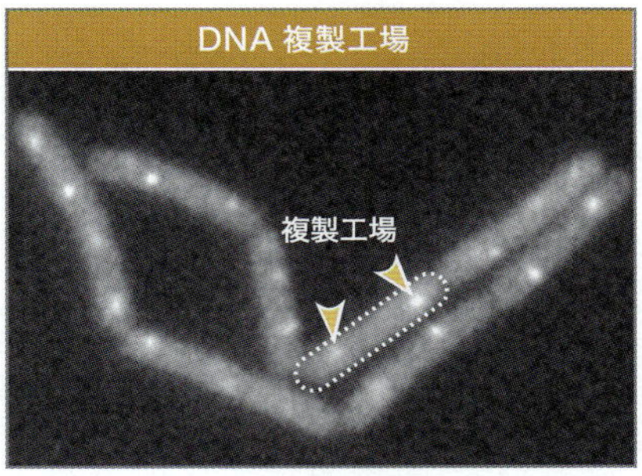

図 16・38 分裂細胞における DNA 複製工場を示す蛍光顕微鏡写真．DNA ポリメラーゼホロ酵素のサブユニット DnaE に GFP をつけている．この増殖条件下では細胞当たり 2 個の複製中の核様体があり，それぞれの中央に複製工場がある［写真は Richard Daniel, University of Oxford の好意による］

16・14 バクテリアの染色体は専用の複製工場で複製される

重要な概念

- バクテリアの細胞周期において DNA 複製の開始は鍵となる制御ポイントである．
- 複製は *oriC* とよばれる一定の部位から両方向的に行われる．
- 複製は特殊化した“工場”で秩序立てて行われる．
- 複製再開始タンパク質が起点から終点へのフォークの進行を助ける．
- 環状染色体は通常終結トラップをもち，複製フォークが終結点において合流できるようになっている．
- 環状染色体では，複製の完了を，脱連鎖，二量体の解離，隔離，そして細胞分裂と協調させる特別な機構が必要である．
- SpoIIIE（FtsK）タンパク質は，分裂隔壁が閉じるときにトラップされた DNA を動かして排出することによって，染色体の隔離分配過程を完了させることに働く．

バクテリアの染色体複製は一定の *oriC*（染色体複製起点）とよばれる部位から開始され，二方向的に進行する．すなわち，複製フォークは同時に時計回り，反時計回りになされる．全体的に，複製は高度な継続性をもって(processive に)行われ，逆向きの複製フォークは *oriC* の反対側に位置する *terC*（染色体複製終結点）で出会うこととなる（DNA 複製の詳細は MBIO:16-0011 および MBIO:16-0012 参照）．

複製は複製装置が集まっている“複製工場”とでもいうべき特別な場所で進行する（図 16・38）．枯草菌における細胞周期の解析から，一回りの複製が一つの工場で行われることが示されている．複製タンパク質を標識して調べると，一つの標識点が DNA 複製の進行状況と一致して動くことがわかる．この結果は，複製が両方向の起点 *oriC* から，それぞれ逆の方回に向けて進行するという従来の考えとは正反対のものである．そうではなく，時計回りの複製も反時計回りの複製も，互いに近接して起こることが示唆される．この局在性から，二つのフォークが共通の複製タンパク質のプールを使い，前駆化合物であるヌクレオチド三リン酸のプールすら共有している可能性が考えられる．

この局在性を考慮に入れた，全体的な複製のモデルを図 16・39 に示す．複製開始にあたり，*oriC* 部位が複製工場にリクルートされる．二つの複製フォークは複製複合体の内部に共存し，新たに複製された *oriC* の二つのコピーは複製複合体の反対側から出現する．複製の進行に伴い，染色体の未複製の部分は細胞中央部の複製工場に引き込まれ，新たに複製された部分は細胞の両極に向けて押し出されていく．二つの *oriC* 領域は互いに逆の極に向けて分かれていく．*terC* 領域は未複製の DNA 部分が減っていくにつれて細胞中央部に位置するようになる．最終的に *terC* 領域が複製され，この回の染色体複製は完了する．そして，複製工場も解散となる．

複製工場モデルによって，細胞内における DNA 複製が高度に継続性をもつことの説明がつく．複製フォークが起点から終結点まで途切れることなく進むことはまれだろう．DNA の損傷や立ち止まった RNA ポリメラーゼは複製の停止をもたらす．バクテ

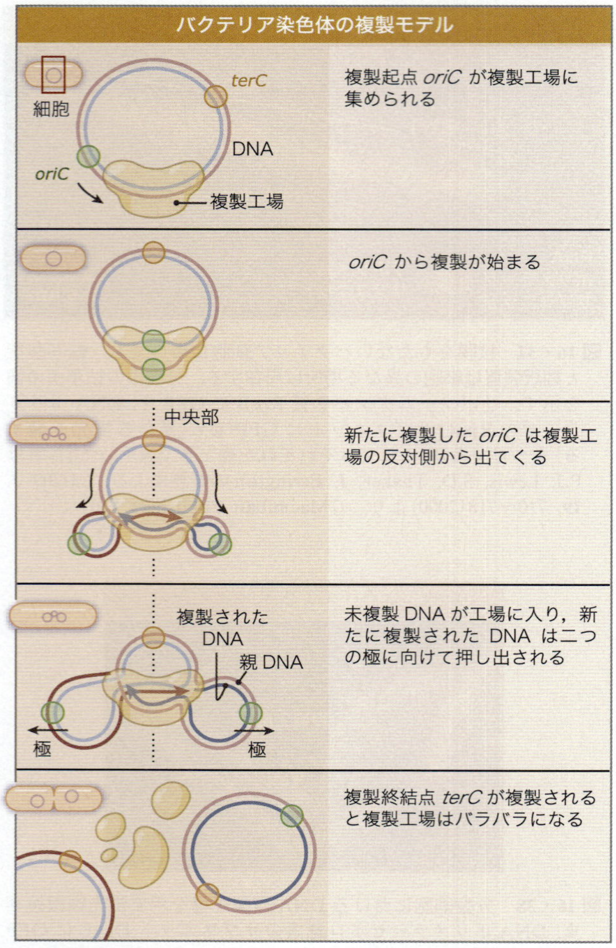
バクテリア染色体の複製モデル
細胞
terC
DNA
oriC
複製工場
複製起点 oriC が複製工場に集められる
oriC から複製が始まる
中央部
新たに複製した oriC は複製工場の反対側から出てくる
複製された DNA
親 DNA
極
極
未複製 DNA が工場に入り，新たに複製された DNA は二つの極に向けて押し出される
複製終結点 terC が複製されると複製工場はバラバラになる

図 16・39 環状染色体の二つの複製フォークが一つの複製工場に共存する複製モデル．青い環は DNA の一つの鎖を，赤い環はその相補鎖を示す．濃い青と濃い赤は新たに複製された DNA を示す．

リア細胞には，複製フォーク DNA 鎖に損傷が起こると，その前後において複製フォークが再開するように働く一連の機構が備わっている（詳細は MBIO:16-0013 参照）．これらの修復タンパク質が複製途上の DNA 鎖と共に複合体に緩やかに留められていれば，中断した複製フォークを立て直したり，フォークを効率良く完了に向けて進行させることが容易になるだろう．

環状染色体をもつバクテリア細胞にとって，DNA 複製の完了はいくつもの位相幾何学上の問題をはらんだ過程である：

- 第一に，複製フォークの合流により高度の正の超らせん化が起こるため，トポイソメラーゼ酵素群の働きによって解消される必要がある．
- 第二に，複製完了染色体は連鎖（catenated）状態にあるため，異なるタイプのトポイソメラーゼの働きも必要である．
- 第三に，娘染色体間の組換えにより染色体の二量体化が起こるため，分離に先立ち単量体に解離しなければならない．

バクテリアにはいくつもの専用のタンパク質があり，上記のさまざまな機能を分担している．

一つの複製フォークが妨害されたり終結点に到達するのが遅れたりすると，もう一方の染色体腕が複製中のフォークが終結点を通り越してこちらにまで複製を続けてしまう危険がある．複製停止タンパク質があり，誤った方向からやってくる複製フォークの通過を阻止することにより，複製終結の部位が定まる．これらの総合的な効果によって，複製フォークは染色体上の特異的な領域で出会うようになっており，そこでは細胞のもつ二量体解離機能や脱連鎖機能などが発揮される．脱連鎖は特殊なトポイソメラーゼ Topo Ⅳの働きによって達成されるらしい．二量体の解離には，ヘテロ二量体組換え酵素である XerCD および終結領域の標的部位 *dif* からなる部位特異的組換えシステムが関与する．染色体の二量体状態が形成された場合，二つの *dif* 部位がペアをつくり，XerCD が切断を入れて二つの染色体鎖を交換する．これによって二つの環状染色体ができる．当然，このシステムは染色体の単量体と二量体を見分けて，二量体のみに働く必要がある（さもなければ単量体どうしの組換えで二量体ができてしまう！）．（染色体分離の詳細は MBIO:16-0014 参照.）

大腸菌では，この位相幾何学上の区別が FtsK タンパク質の関与でなされているらしい．FtsK は細胞分裂の後期ステージで複数の働きをする．第一に FtsK は分裂隔壁の形成に必要である（§16・16“原核細胞の分裂は複雑な分裂リングの形成を伴う”参照）．第二に FtsK は DNA 搬送機能をもち，分裂隔壁が閉じるとき DNA がトラップされると，DNA を隔壁外に送り出す．この DNA 搬送活性によって二つの *dif* 部位が並置されると考えられ，この DNA 移動が方向性をもつ過程であるため，*dif* の会合が促されるものと思われる．第三に FtsK は XerCD 組換え酵素を活性化し，必要なときに二量体を解離させ，単量体となった娘染色体をそれぞれの細胞へ分離させることに働く．第四に FtsK はトポイソメラーゼⅣとも相互作用し，その染色体脱連鎖反応を他のすべてのプロセスと協調させるように働くらしい．

16・15 原核細胞の染色体分離は紡錘体なしで起こる

重 要 な 概 念

- 原核細胞は紡錘体をもたないが，染色体は正確に分配される．
- 染色体上の *oriC* の位置を測定すると，DNA 複製の初期において細胞の極に向けて能動的に分離されることがわかる．
- 染色体の分配機構はよくわかっていないが，部分的に重複した機構が存在するため解析が困難なことも理由になっている．
- ParA–ParB システムは多くのバクテリアの染色体分配，および低コピープラスミドの分配に関与すると考えられている．

すべての細胞と同様，原核細胞においても，細胞分裂に先立って遺伝情報が完全に複製されること，複製した娘 DNA 分子が隔離されて正確にそれぞれの娘細胞に 1 個ずつ分配されることが必要である．野生型のバクテリア細胞で測定すると，分配は非常に効率の良い過程であり，無核細胞はほとんど検出できないほどの頻度（世代当たり，細胞当たり 10^{-4} 以下）でしか生じない．真核細胞と異なり，原核細胞には染色体を引き離すために引っ張る紡錘糸は見つけることができない．おそらく，原核細胞は大きさが小さいため紡錘糸の必要がないと思われる．しかし，真核細胞でも複製後の中心体は空間的に引き離されて紡錘糸に二極性をもって結合しなければならない．原核細胞における染色体分離は上記のよくわかっていない真核細胞における分離の初期過程に類似の，あるいは相同な過程なのかもしれない（真核細胞の有糸分裂に関する詳細は第 10 章“細胞分裂”参照）．

バクテリア染色体の分離に関する初期のモデルでは，新たに複製した染色体が *oriC* 領域を介して細胞成長領域の中央部の両側で細胞皮膜に結合するとされた．そして，細胞の伸長に伴って，娘 *oriC* 領域は互いに徐々に離れていく．しかし，その後の研究によれば，細胞皮膜の成長は帯状に起こるわけではない．しかもある種の状況下では，枯草菌の胞子形成細胞の極性分裂の場合にみられるように，染色体の分離が極度に離れた距離を隔てて起こったり（§16・17“原核生物は複雑な発生変化を伴いストレスに応答する”参照），ある種の柄をもつバクテリアのように伸展した管を通って起こったりする．

バクテリアの染色体分離に関する理解がなかなか進まなかった原因の一つは，染色体分離に特異的影響をもつ変異を分離することが難しかったからである．候補となる変異として分離されたもののほとんどが，染色体複製や核様体の全体的な構成を異常にすることによって染色体分離に間接的影響を与えるものであるという結末になった．SMC（MukB）システムはこのような効果の例である．*mukB* 変異は無核細胞を生じる変異体を単離するエレガントな遺伝スクリーニングで得られたものである．しかしながら，MukB と関連因子の第一義的な働きは，染色体分離に直接的な役割をもつことが完全には排除できないにせよ，おそらくは核様体の秩序維持（染色体の凝縮）にあることが明らかになってきた（図 16・35 および §16・13“バクテリアの核様体と細胞質は高度に秩序だっている”参照）．最近になり，染色体分離の問題に対して二つのアプローチが有効であることがわかってきた．

- プラスミドの分配に関する研究．
- 細胞の成長における染色体の局在性と動きを直接観察する顕微鏡解析．

プラスミドを安定に保持するため，いくつかの異なるメカニズムが使われる．低コピー数のプラスミドの複製は，細胞当たりのコピー数が染色体の値に近く，すなわち細胞当たり 1〜2 コピーとなる程度に起こる．プラスミドにも染色体が直面する問題と同じ脱連鎖と二量体の解離という問題点がある．一般的には，プラスミドはこれらの問題を克服するため，宿主がもつ XerCD 組換え酵素のようなシステムを利用する（§16・14“バクテリアの染色体は専用の複製工場で複製される”参照）．加えて，多くのプラスミドは，興味深い“毒と解毒剤”システムをもっており，このもう一つの戦略も自らの安定保持の問題解決に用いている．このシステムによって，娘細胞のうちでプラスミドを受取らなかったものは殺されてしまう．究極的に重要になるのは，低コピー数プラスミドのほとんどが，一般に ParA と ParB とよばれる二つのタンパク質からなる専用の能動的な分配機構をもっていることである．ParA タンパク質は弱い ATPase 活性をもち，同時に転写調節因子としての役割ももつことが多い．ParB タンパク質は，DNA 結合タンパク質であり，分配に必要なシスに働く部位に特異的に結合する．ParA は分配部位に結合した ParB と相互作用し，分配反応に関与する．残念ながら，20 年近くにわたる研究にもかかわらず ParA と ParB が安定な分配を実現する機構は未解明である（毒–解毒剤システムと ParA，ParB の詳細については MBIO:16-0015 参照）．

ほとんどのバクテリアは ParA と ParB のホモログをもち，それらが染色体の分配に必要であることがわかってきた（おもしろいことに，大腸菌とそのごく近縁種には存在しない！）．枯草菌において，それぞれ ParA，ParB のホモログである Soj と Spo0J は染色体の分配と胞子形成の両方に関与する．*spo0J* 欠損変異株では染色体の位置異常が頻繁にみられるものの，生育は可能である．このことからも，染色体分配には重複した機構がかかわることが確認される．Spo0J タンパク質は *oriC* 近傍の 800 kbp に及ぶ広い領域に存在する一連の優先的結合部位に結合する．図 16・40 に示すように，結合した Spo0J タンパク質は蛍光顕微鏡で観察すると小型の焦点を与えるような状態に凝縮を起こす．この凝縮は Soj タンパク質を必要とする．プラスミドの ParAB の場合と同様，Soj と Spo0J がどのように染色体分配をつかさどるのかは不明である．しかしながら，Spo0J 像の観察から，*oriC* 領域が DNA 複製ののち，直ちに能動的に分離されることがわかった．Spo0J 蛍光焦点は複製中の核様体の互いに反対側の位置に速やかに移動する．*oriC* 領域を他の方法で観察した結果も同様の結論になった．もっとも，蛍光焦点の移動は徐々に起こり，分離は受動的なものだという報告が少なくとも一つある．現在のところ，染色体の ParAB タンパク質が，どのように正常な染色体分離を助けているのかに関する明確なモデルはない．実際に，初期における迅速な分離は，このシステムなしにも起こる．一つ考えられることは，固定された複製酵素複合体から DNA が排出されること自体が染色体分離の駆動力となっていることである．しかし，このような機構は娘染色体が修復されることが染色体複製の継続性の土台になっているとの考えとは相いれないものに思える（§16・14“バクテリアの染色体は専用の複製工場で複製される”参照）．（Soj と Spo0J については MBIO:16-0016 参照．）ある種のバクテリアでは，MreB（アクチン）タンパク質が染色体の能動的分離にかかわっているらしい．これは今後の研究に残された重要な分野である．

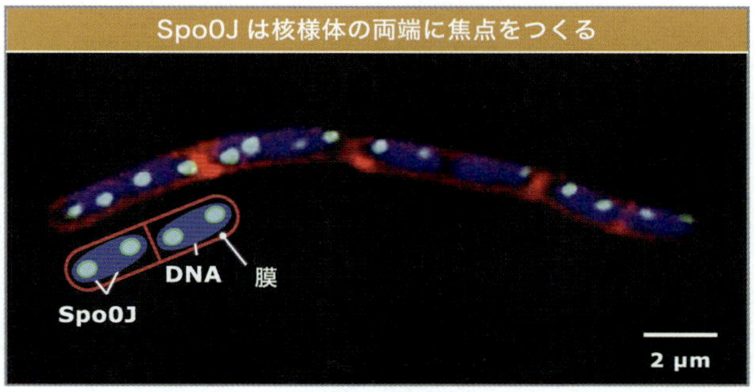

図 16・40 Spo0J タンパク質は枯草菌染色体の *oriC* 領域に結合してコンパクトな焦点として観察できる．DNA は DAPI 染色で青色に，膜は FM5–95 染色で赤色に，Spo0J は GFP により緑に標識した．挿絵は複製された oriC / Spo0J の焦点が核様体の外端部に存在するとの解釈を示す［写真は Alison Hunt, University of Oxford の好意による］

16・16 原核細胞の分裂は複雑な分裂リングの形成を伴う

重 要 な 概 念

- 細胞皮膜は，細胞分裂の最終段階でくびれてちぎれるか，あるいは隔壁を形成して自己融解過程を経るかのいずれかにより 2 個の細胞に分かれる．
- チューブリンのホモログである FtsZ は，分裂部位でリング構造を形成し，バクテリアにおける分裂過程を統御する．
- 分裂部位では 8 個ほどの他の分裂必須タンパク質が FtsZ に結合する．
- 細胞分裂が起こる部位は，核様体閉塞および Min システムという 2 種類の負の制御システムの働きによって決定される．

原核細胞は一般に，正確に細胞中央部で分裂し，二つの同一の娘細胞を生じる．分裂は DNA 複製の完了と分離に密接に協調している（詳細は MBIO:16-0017，MBIO:16-0018，MBIO:16-0019 参照）．通常，細胞には質量を倍化する期間があり，その後に分裂が起こる．染色体分離が起こると，**細胞質分裂**（cytokinesis）の過程に入る．これによって，細胞の内容物は二つの細胞に分けられる．細胞質分裂では，すべての細胞皮膜の層が輪状に内側にくびれる．図16・41に示すように，細胞質分裂は少なくとも二つの異なる経路で起こる．グラム陰性菌である大腸菌のような生物では，分裂は既存の細胞皮膜層が協調的に狭窄を起こすことにより進行し，その後で切断が起こる．グラム陽性菌である枯草菌のような他のバクテリアでは，細胞壁成分が新たに輪状に合成されて内部に向けて成長することにより隔壁が形成される．隔壁の合成が完了すると，娘細胞は生理学的には2対の膜によって分離されるが，まだ互いに付着している．細胞の分離は独立の事象であり，隔壁物質の自己溶解性切断によって起こる．増殖条件により，隔壁の溶解がゆっくり起こるため長い細胞の鎖が形成されることもある．

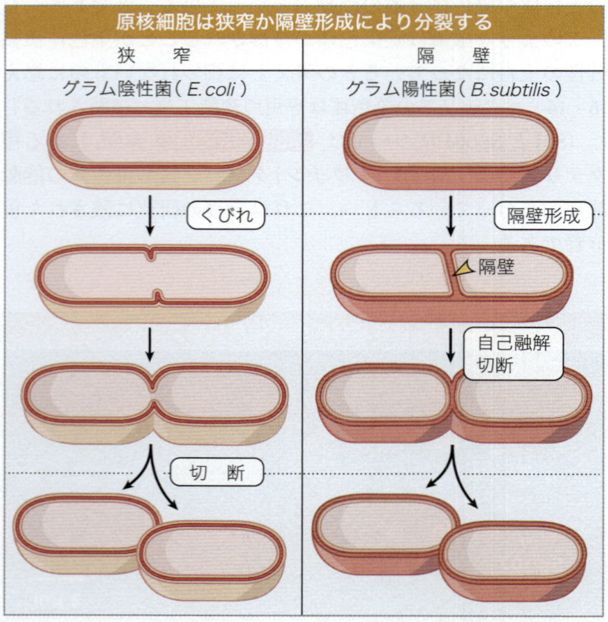

図16・41　原核細胞の細胞質分裂は，狭窄あるいは隔壁形成によって起こる．複雑化を避けるため，細胞皮膜の莢膜層は表示していない．

細胞分裂にかかわる多くの遺伝子が *fts*（filamentous temperature-sensitive）変異の分離と解析によって発見された．*fts* 変異をもつ細胞は非許容温度においては，長く分裂しない1本の繊維のような状態で生育する．多くのバクテリアは8個の *fts* 遺伝子をもつ．Lutkenhaus の独創的な発見により，FtsZ タンパク質は，細胞分裂がこれから起きる部位の細胞膜のすぐ内側で環状の構造を形成することがわかった．これにひき続き，他の分裂タンパク質がこの“Zリング”に図16・42に示す順序（大腸菌の場合）で集められる．これらのタンパク質の機能はほとんどわかっていない．

細胞分裂の主役であるFtsZは，真核細胞で微小管を形成する細胞骨格タンパク質，チューブリンのホモログである．チューブリンと同様に，FtsZはGTPaseであり，GTP存在下で重合して直線状のプロトフィラメント（原繊維）を形成し，それらはさらに種々の束状の構造やシート状の構造を試験管の中でつくることができる．FtsZは細胞内では動的な構造体であり，常に形を変えている（半減期は10秒以下！）ものと思われる．これは，真核細胞におけるチューブリンを思い起こさせる性質である（第7章“微小管”参照）．

FtsAタンパク質はFtsZと直接相互作用し，Zリングに会合する．このことによりZリングを安定化すると考えられる．FtsAは真核細胞のアクチンと近縁であるが，機能未知の新たなドメインももつ．FtsAは二量体をつくるがそれ以上は重合しないようである．FtsAとZipAは部分的に重複する機能をもち，Zリングの安定化には，少なくともどちらかのタンパク質が必要である．ZipAタンパク質もFtsZと直接相互作用するが，膜貫通タンパク質である点がFtsZともFtsAとも違う．ZipAはZリングと細胞膜とを共役させているのかもしれない．

上記以外の細胞分裂タンパク質はすべて膜貫通タンパク質である．FtsLとFtsQの機能はよくわからない．FtsWはおそらく隔離細胞壁を合成する酵素であるFtsIに前駆化合物を供給する．FtsIは特殊なペニシリン結合タンパク質であり，一般的な細胞壁合成装置と相互作用して分裂時における新たな細胞壁成分を合成する（細胞壁合成の詳細は，§16・6“バクテリアの細胞壁はペプチドグリカンの入り組んだ網目構造を含む”参照）．大腸菌ではFtsKとFtsNも細胞分裂に必要であるが，枯草菌ではFtsKホモログ（SpoIIIE）は分裂に必要でなく，FtsNホモログは存在しない．

研究がよく進んでいる大腸菌と枯草菌において細胞分裂タンパク質の集合順序には違いがある．大腸菌では分子集合の経路はほぼ直線的である（図16・42参照）が，枯草菌Zリングへのタンパク質集合は高度に相互依存的である．このような違いはグラム陰性菌とグラム陽性菌の細胞皮膜の構成が根本的に違うことを反映しているのかもしれない．現在のところ，分裂装置が完全に組立てられてからどのように細胞質分裂を起こすのかについてほとんどわかっていない．これは将来に残された重要な研究分野である．

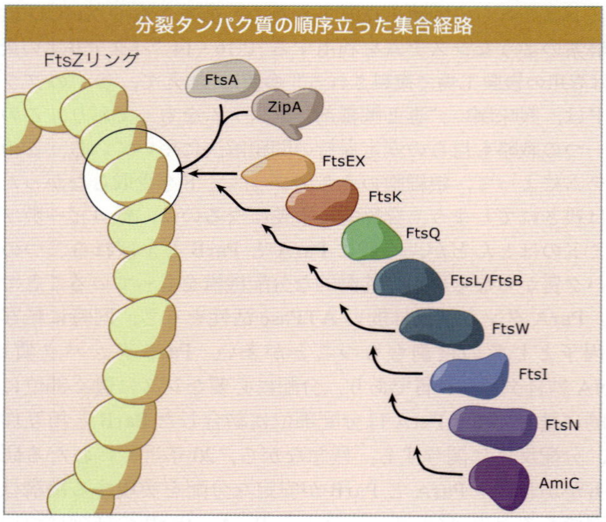

図16・42　大腸菌における細胞分裂タンパク質とそれらの集合経路．FtsZタンパク質が輪をつくり，そこに，図示した順序で他のタンパク質が集められる．この順序は遺伝子学解析により明らかにされた．

細胞分裂の制御はおもにZリングの組立ての段階でなされる．核様体閉塞機構とMinシステムの二つの仕組みにより，分裂部位の位置決定がなされ，もしかしたらタイミングの制御もなされるものと思われる．このような機構が共に働くことによって，分裂がDNA複製の完了後にのみ起こり，二つの娘細胞が同じ大きさになることが保証される．

核様体閉塞機構とは，図 16・43 のように，核様体本体が存在する場所においては，核様体自体が分裂を阻害するように振る舞うという，まだよくわかっていないシステムのことをさす．このおかげで，正常な細胞中央部における分裂は，DNA 複製が完了し，娘染色体が分離して，二つの別々の核様体が形成されてから初めて起こるのである．複製や分離が妨げられたり損なわれた場合には，細胞中央に核様体が存在するため，分裂隔壁が正常なタイミングで形成されないようになる．原理的には，核様体の示す負の効果は，核様体の体積のため FtsZ が単純に排除されることに起因するものであり，FtsZ が重合が起こるために必要とされる濃度にまで蓄積できないことによるのかもしれない．

細胞が核様体閉塞機構に依存するとすれば，細胞の極は核様体によって保護されず，したがって異常な非対称分裂を起こす部位になってしまうという問題点が（少なくとも桿状の菌においては）生じる．この問題を克服するため，多くのバクテリアは，Min システムを構成するタンパク質をもち，極における分裂が防止される．このシステムの名前はミニセル（mini cell）に由来する．ミニセルは *min* 変異株において，分裂が細胞極の近くで起こることにより生じる．

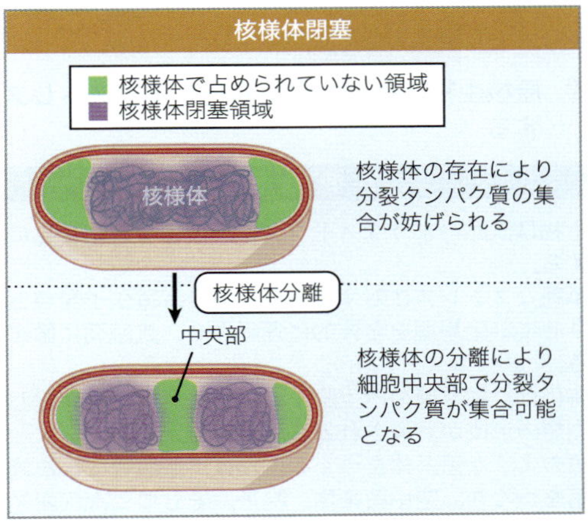

図 16・43　核様体閉塞という空間的制御により，無秩序な細胞分裂が抑制される．

Min システムの鍵となる分子は MinC とよばれる細胞分裂阻害タンパク質である．このタンパク質は，おそらく直接 FtsZ の脱重合を起こすことにより Z リングの形成を阻害する．MinC の活性は MinD により制御される．MinD は MinC の細胞内局在性を，おそらく二つの異なる機構によって制御する．第一に，MinD は MinC を細胞周辺部（細胞質膜の近く），すなわち FtsZ リングが形成される場所にもってくる．第二に，MinD は MinC が細胞の極でしか働かないように制限する．すなわち，極における分裂は阻害するが，細胞中央部での分裂は許すこととなる．

桿状菌の多くは細胞分裂の部位を制御するのに MinCD システムを用いる．大腸菌と枯草菌の MinCD システムは研究が進んでいる．特筆すべきは MinD が MinC の働きを細胞極に限定する方法は大腸菌と枯草菌ではまったく違っていることである．枯草菌における機構は単純である．極につなぎ止めるタンパク質 DivIVA が MinCD 複合体を細胞極に引きつけて細胞周期における恒常的な極局在を実現する．図 16・44 に示すように，新生細胞において DivIVA と MinD は細胞極に局在するため，MinC が存在すれば細胞極における FtsZ リングの形成が妨げられる．おそらく，DNA 複製の完了ののち，細胞中央部において分裂可能部位がつくり出されるものと考えられる．分裂阻害タンパク質 MinC を細胞極に閉じ込めておけば，細胞中央部での FtsZ リングの形成が可能となり，他の細胞分裂タンパク質が参加できる．この時点になれば，分裂装置は MinC による阻害に抵抗性を示すようになるのだろう．そして，DivIVA と MinD は細胞中央部によび寄せられる．したがって，分裂によって新たな細胞の両極がつくり出されると，DivIVA は新たな極に据えつけられて，直接新たな MinCD 阻害ゾーンを確立することとなる．分裂のためのくびれが完了すると，FtsZ リングは脱重合するが，DivIVA と MinD は新しくできた極にとどまり，極におけるさらなる分裂が起こらないように働く．このように，DivIVA の分裂部位への標的化と極への残留はこの機構の要となっている．驚くべきことに，DivIVA は真核細胞（分裂酵母）で発現させても分裂部位に局在化する．この種に関する無差別な性質から，DivIVA は特異的な標的タンパク質を認識して局在化するのではなく，膜の湾曲

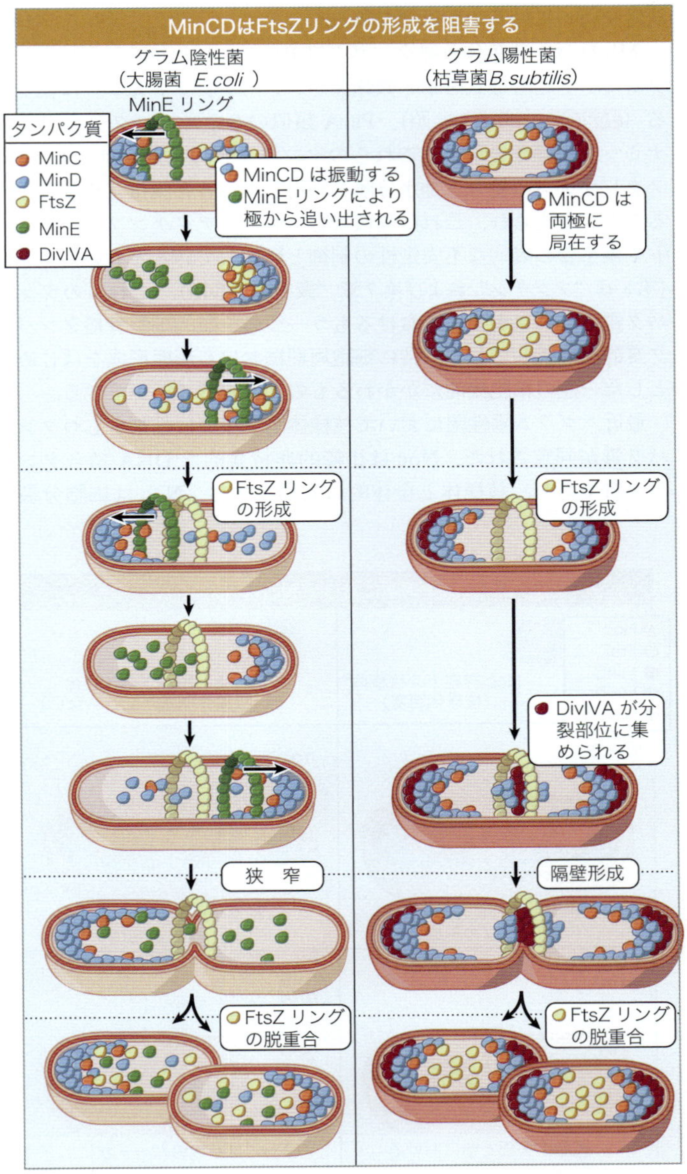

図 16・44　細胞分裂点を決定するタンパク質の局在性．新生細胞が成長して細胞分裂を完了し，二つの娘細胞を生じるまでを段階を追って示す．細胞半分の切断図を示すが，FtsZ リングと MinE リングは全体を示した．単純化のため核様体は表示していない．

度など空間幾何学的要因を認識して局在化することが示唆される．

一方，大腸菌の MinCD システムは動的であり，MinCD 複合体は一つの極で一過的に形成される．ついでそれが離散して反対側の極で会合するといった振動現象が起こる．この振動はリング状の MinE タンパク質によって駆動されるものであり，MinE はそれぞれの極に向かう交互の動きをする．そして，MinCD を一つの極から解離させて反対の極で複合体形成を起こすべく動かすのである．この一方の極から反対の極への MinCD 局在の変化は，1/10 秒のオーダーの頻度で起こる．図 16・44 に示すように，MinD は膜表面において，交互に MinE リングの両側の一方に蓄積する．MinD が速やかに二つの場所に配置されることにより，FtsZ リングの重合が細胞の極では起こらないことが保証される．MinE は，常に細胞中央部周辺を占めているため MinD の分裂阻害効果はこの部位では発揮されず，FtsZ リングが細胞中央部で重合することが可能となる．なぜ，大腸菌がこのようなエネルギーを多く消費するシステムを使って MinCD の制御と極の決定を行っているのかは謎である．

MinD は，染色体分離タンパク質 ParA などと共に，共通のヌクレオチド結合様式を示す興味深いタンパク質ファミリーに属する（MBIO：16-0020 参照）．ParA 類似の Soj タンパク質もダイナミックな動きを示す．これらのタンパク質の共通機能として，ヌクレオチドの結合と加水分解を利用して重合と脱重合を制御することが考えられ，これは真核細胞におけるアクチンフィラメントや微小管の動的な不安定性の制御と類似しているともいえよう（第 8 章“アクチン”および第 7 章“微小管”参照）．これらのタンパク質は，バクテリアにおけるもう一つの一般的細胞骨格タンパク質群を構成しており，特に細胞周期における形態形成をはじめとした一連の細胞機能にかかわるものと考えることができる．

最近，グラム陽性菌において核様体閉塞機構に役割をもつタンパク質が同定された．Noc は比較的非特異的な DNA 結合タンパク質であり，核様体と全体的に共局在する．Noc は細胞分裂阻害機能ももつ．*noc* 変異株は染色体の複製が損なわれない限り正常に増殖する．複製欠損状態ではふつうは細胞分裂が起こらないが，*noc* 変異株では核様体が直接的に引き裂かれて分裂が起こる．図 16・45 に示すように，Noc は MinCD との共同作用によって FtsZ リングを細胞中央部に局在化させる．野生株では，DivIVA が細胞の極から膜の表面を広がってくる MinD の重合の核となる．MinC が MinD に結合して，細胞極近くにおける FtsZ の蓄積あるいは重合を妨げる．Noc タンパク質は核様体に結合して，核様体が存在する領域での FtsZ の蓄積あるいは活性を阻害するとのモデルが提唱されている．*noc* 欠損変異株では，Min システムが細胞中央部以外での FtsZ 重合を妨げるため，正常に増殖できる．*min* 変異株では，Noc が核様体存在領域でのみ FtsZ 重合を妨げ，FtsZ は細胞中央部および細胞極の核様体が存在しない場所でアセンブリーを起こすことができる．*min⁻noc⁻* 二重変異株においては，二つの空間配置を示す阻害分子が両方欠損し，FtsZ の重合が制限なしに起こるため，細胞全体が複数に分けられる．これらの切れ端はどれ一つとして生産的なものではなく，さらなる分裂能力は失われる．Noc はグラム陰性菌には存在しないが，Noc に類似した方法で核様体閉塞を支配するタンパク質が大腸菌で見つかっている．

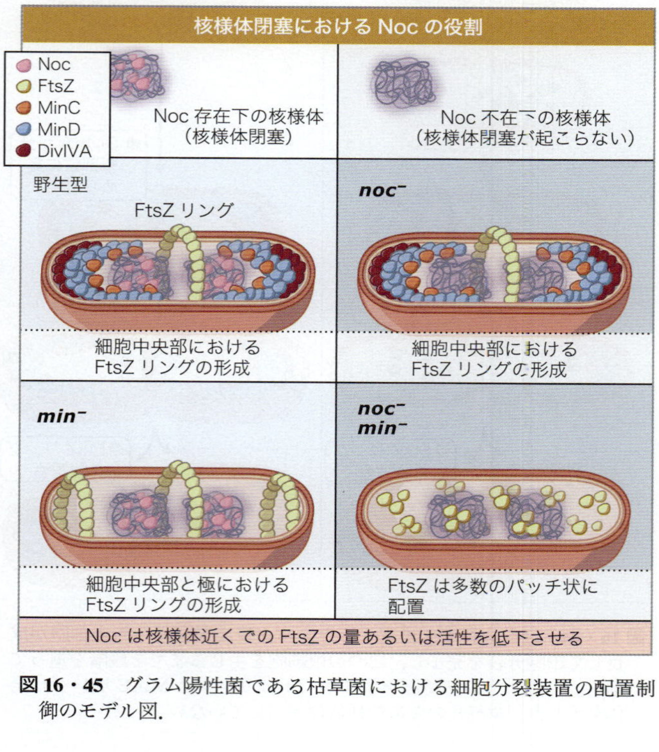

図 16・45　グラム陽性菌である枯草菌における細胞分裂装置の配置制御のモデル図．

16・17　原核生物は複雑な発生変化を伴いストレスに応答する

重 要 な 概 念

- 原核生物は飢餓のようなストレスに，多様な適応変化によって応答する．
- 最も単純なストレスに対する適応応答は，遺伝子発現と代謝を変化させて細胞周期を全体的に遅延させ，飢餓期に備えることである．
- 飢餓時には，枯草菌の内生胞子のように高度に特殊化し分化した細胞型の形成が誘導されることがある．
- 放線菌のような菌糸体をつくる生物は，飢餓時には複雑な形態の集落をつくり，空中菌糸体，胞子，そして二次代謝産物を形成する．
- *Myxococcus xanthus* は多細胞が協同作用し，発生現象を示すバクテリアの例である．

原核生物の集団は栄養が豊富なときは素早く増殖するが，その合間には栄養枯渇や毒性代謝物質の蓄積などによる静止期あるいは衰退期が訪れる．飢餓や栄養素ストレスに対して，原核生物は単純に対応する代謝過程を適切に再調整することによって応答する場合がある．そのような調整は，遺伝子発現を広範に変化させて，使用可能な栄養素を増殖の目的よりも生き残る目的のために使うように用途変更することによって達成される．また，込み入った過程によって，二つあるいはそれ以上の分化した細胞型に分化する場合もある．

たとえば，大腸菌は**定常期**（stationary phase）に入ると遺伝子発現におびただしい変化を起こす．変化の一つのレベルとして，特定の代謝上の問題に対する応答がある．このような変化は飢餓刺激の性質に依存する．このような変化によって，一時的に増殖が可能となる場合もある．しかし，増殖のためのあらゆる方策が使い果たされると，つぎに細胞がとるのは飢餓に対するより全般的な応答である．そこでは，専用の **σ 因子**（sigma factor）である σ^S が統制の主役となる．σ^S は *rpoS* 遺伝子によってコードされる RNA ポリメラーゼのサブユニットである．図 16・46 に示すように，σ^S は，転写レベル，翻訳レベル，翻訳後レベル

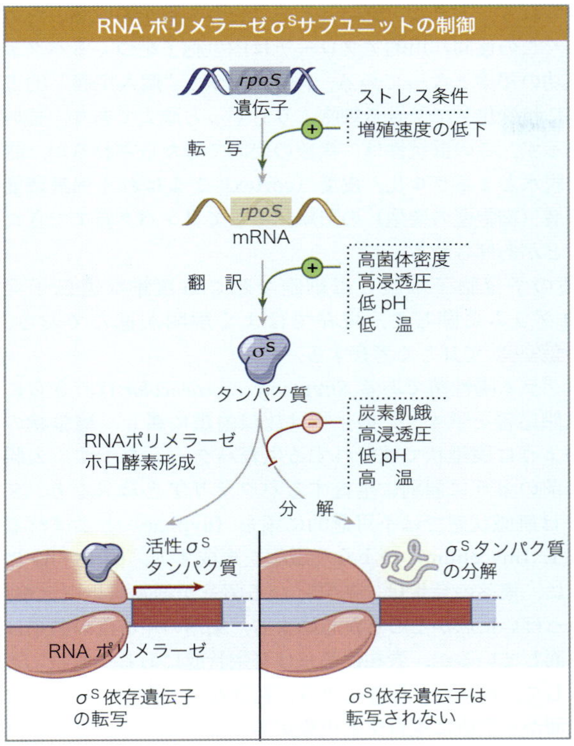

図 16・46 σ^S 調節機構は，ストレス条件の種類により異なるレベルで働く．

で働く一連の複雑な入力情報の制御のもとにある．σ^S の細胞内の量が上昇するのは，転写レベルでの促進が起こったとき，σ^S mRNA の翻訳レベルでの促進が起こったとき，σ^S のタンパク質分解が阻害されたときである（ストレスなしの条件下では分解がきわめて速い）．上記の過程が組合わさると最も速くて強い反応が可能となる．たとえば，高浸透圧や pH 変化の場合である．この複雑な調節によって，種々の異なる生理的ストレスによって共通の応答が惹起されるようになる．

σS 制御下にある静止期遺伝子の例（大腸菌）

遺伝子	タンパク質機能（推定も含む）
csgA, csgB	固着とバイオフィルム形成にかかわる細胞外繊維（curli）の成分
dacC	カルボキシペプチダーゼ；ペプチドグリカンを安定化させる架橋形成を触媒
dps	DNA の損傷保護と遺伝子調節に働く DNA 結合タンパク質
emrA, emrB	多剤耐性ポンプ（ある種の薬剤を細胞外に排出する膜タンパク質）
ftsA, ftsQ, ftsZ	細胞分裂タンパク質；静止期に入った細胞が増殖停止後に分裂して単一ゲノムをもつ最小単位の細胞をつくることを可能にする
glgS	グリコーゲン（ブドウ糖の貯蔵形）の合成に関与
katG	カタラーゼ-ペルオキシダーゼ（H_2O_2 の分解を触媒）
otsA, otsB	浸透圧耐性と静止期の熱耐性に寄与するトレハロースの合成
proU	浸透圧に抗するためプロリンとグリシン-ベタインを細胞に取込む膜タンパク質

図 16・47 大腸菌の σ^S 依存遺伝子の例．

σ^S の支配下にある遺伝子は多数知られている．図 16・47 にそれらのなかで比較的よく知られたものをまとめ，それらが増殖停止状態への適応においてどのように機能するのかを示した．定常期応答の結果として，増殖細胞を速やかに殺してしまうような環境の不具合に強く抵抗するような，休眠状態に近い細胞を生じる．

大腸菌とは異なり，枯草菌の飢餓への究極的な応答は**胞子形成**（sporulation）による．ここでは，図 16・48 に示すような胞子（休眠細胞）がつくられる．枯草菌において胞子は，細胞内で**内生胞子**（endospore）として生じる．**栄養増殖期**（vegetative phase）から胞子形成に向かう決定は，20 以上の制御遺伝子が相互作用しつつ細胞内外の要素を判断する複雑な調節機構によって支配され

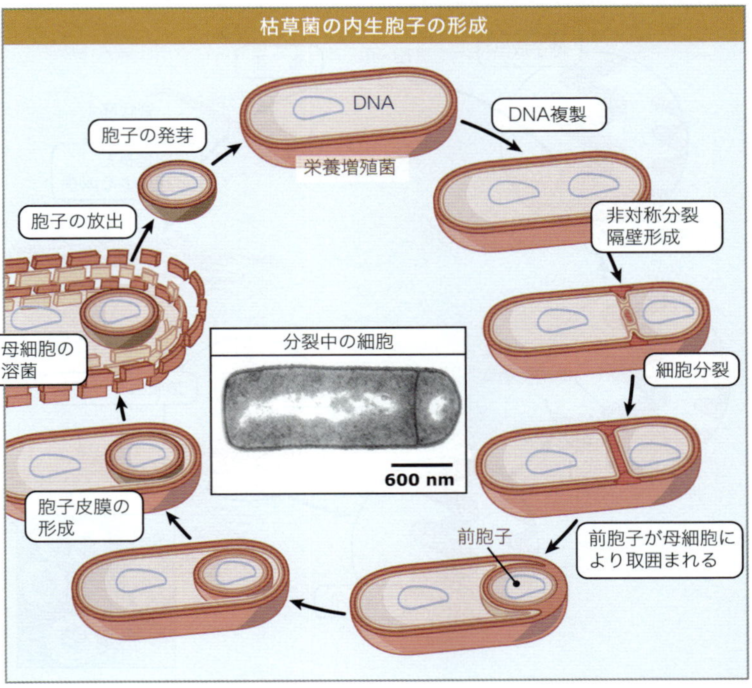

図 16・48 枯草菌の内生胞子の形成において，母細胞に取囲まれた前胞子細胞が形成される．胞子皮膜ができると，母細胞は溶菌し成熟胞子が放出される．写真は，胞子形成期に非対称分裂を起こしている枯草菌の電子顕微鏡像である［写真は Jeff Errington, University of Oxford の好意により，J. Errington, H. Murray, L.J. Wu, 'Diversity and redundancy...', *Phil. Trans. R. Soc.* **360**, 497〜505 (2005) より転載］

ている．胞子形成における遺伝子発現を促進する中枢的な調節因子として，σ 因子である σ^{H} と応答調節因子である Spo0A がある．Spo0A はリン酸化によって活性化され，リン酸基の Spo0A への転移は鍵となる調節点である．そこでは，少なくとも二つのリン酸化酵素，二つの中間的リン酸キャリアータンパク質，そして 3 個あるいはそれ以上の脱リン酸化酵素が関与し，これらの因子はいずれも胞子形成に対して促進的に，あるいは阻害的に介入する（これらの因子の機能の詳細は MBIO:16-0021 参照）．正の調節に加えて，多くの転写のレプレッサーがあり，胞子形成装置の構成成分の発現抑制を行っている．

この複雑な制御機構がモニターする情報として少なくとも 3 種類がある．第一に，おもなシグナルは栄養状態に関するものであり，細胞内の GTP レベルがキーとなる．この調節システムにおけるおもな役者は，GTP 結合タンパク質である CodY である．第二に，細胞は細胞外に分泌されたペプチドの蓄積濃度を監視するクオラムセンシングシステムによって個体密度を感知する（クオラムセンシングの詳細は §16・21 “バイオフィルムは高度に組織化された微生物のコミュニティーである” 参照）．個体密度が高いときのみ，ペプチドの濃度が高レベルに達し，胞子形成が可能となる．第三に，細胞周期の進行は胞子形成に重要であり，細胞周期の特定の時期においてのみ胞子形成開始が許される．さもなければ，通常の分裂がもう一度行われる．また，染色体の複製や分配が損なわれるとさまざまな “チェックポイント” 機構が働いて，胞子形成が起こらないように防止する．

胞子形成への決定がなされると，非対称分裂の過程に向かう（図 16・48 参照）．非対称分裂へのスイッチは FtsZ の濃度上昇と胞子形成特異的タンパク質 SpoIIE の合成によって入るらしいが，これらの因子がどのように位置の情報をもたらすのかに関して正確なところはわかっていない．このことは，この発生過程における決定的に重要な点である．このことによって二つの別個のタイプの細胞が生じ，それらの協同作用で胞子形成がなされるからである．小さな予定胞子細胞は，最終的な成熟胞子となるべく運命づけられる．大きな母細胞はその全資源を胞子の成熟のために捧げる．この協同作用的アプローチは内生胞子をつくるバクテリアの成功の秘策となっている．内生胞子は，“個人主義” 的方法で個別に特殊化してできる細胞よりもずっと頑丈であり，強い抵抗性を示す．この抵抗性は，複数の要因でもたらされるが，胞子中核の脱水とミネラル化，皮層（cortex）とよばれる保護機能をもつ外層（細胞壁の変型）の形成，そしてタンパク質でできた皮膜層などがあげられる．

枯草菌の予定胞子細胞と母細胞で起こる複雑な遺伝子発現のプログラムに関して，現在ではよく解明が進んでおり，MBIO:16-0022 で詳しく考察する．

異なるグラム陽性菌である *Streptomyces coelicolor* は，さらに複雑な飢餓応答を示す．この生物は放線菌類に属し，繊維状の真菌類のように繊維状で枝分れする生育パターンを示す．大腸菌や枯草菌のように個別に生育するバクテリアとは異なり，*S. coelicolor* は飢餓状態では不可避的に菌糸（hyphae）とよばれる編み目細工（mycelium）のような繊維を形成する．図 16・49 に示すように，集落の発生は，基質となる菌糸が増殖培地（土壌）の表面いっぱいに広がることから始まる．集落の中心部の菌糸は飢餓に直面しているが，表在性菌糸は繁栄状態にある．飢餓応答の一部として，精巧な仕組みにより，特殊な空中菌糸体が生じて集落の表面から垂直に生育する現象がある．基質菌糸をつくる菌糸体は分裂隔壁をほとんどもたないが，空中菌糸体では細胞分裂が劇的に促進されおびただしい単核細胞を生じ，それらは抵抗性胞子に分化する．ここでも，一連の複雑な調節因子（枯草菌の場合よりもさらに複雑である）が働いて，空中菌糸体と胞子への発生過程開始の決定がなされる．放線菌の生活環は産業的観点から重要である．栄養菌糸体の増殖状態から飢餓状態への遷移時期に，これらの生物は多くの有用な二次代謝産物をつくるからである．特に，彼らは多岐にわたる抗生物質をつくる．それらは，おそらく土壌中の競合するバクテリアを抑えるのに役立っているのだろう．

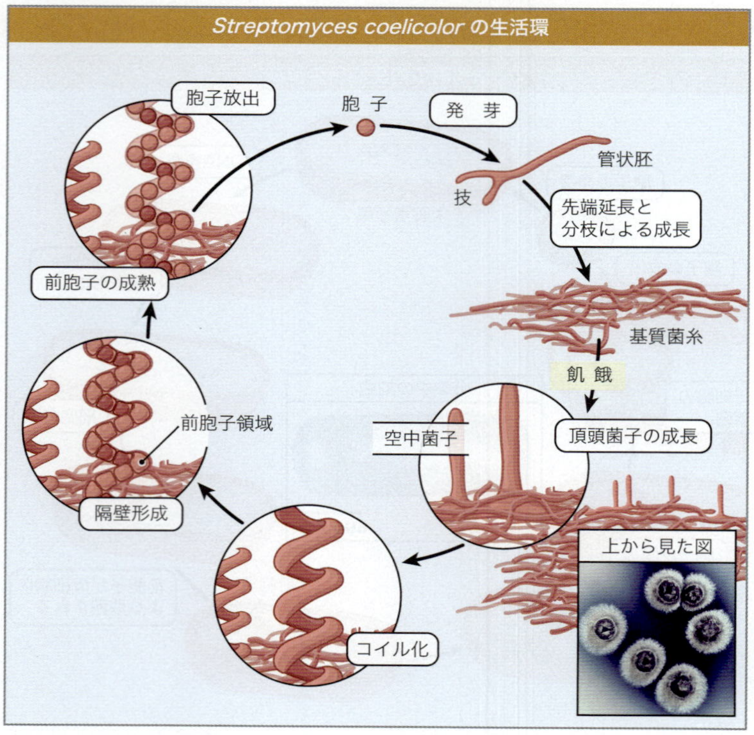

図 16・49 *Streptomyces coelicolor* の生活環の模式図．飢餓により空中菌糸の成長が始まり，胞子の発生に至る［写真は Keith Chater, John Innes centre の好意による］

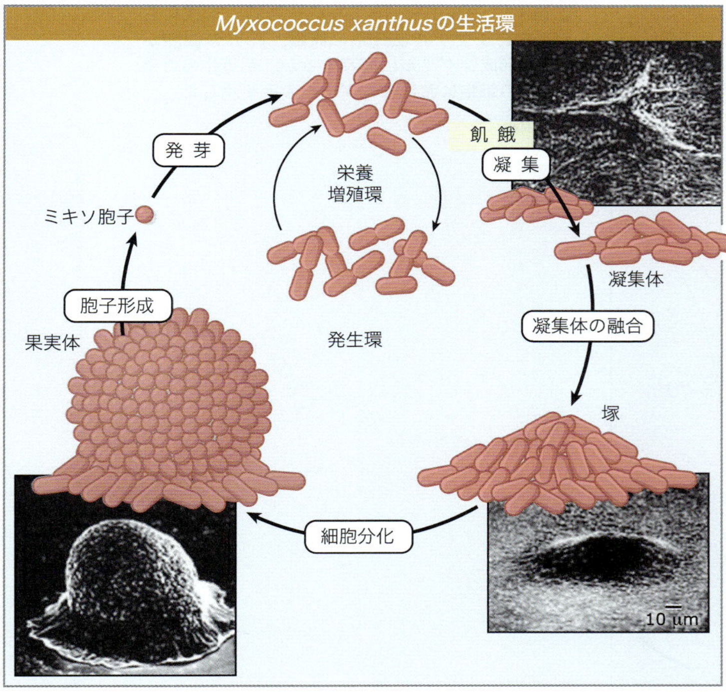

図 16・50 *Myxococcus xanthus* では，飢餓により細胞凝集が始まり，果実体の形成を経て，胞子が発生する．写真は飢餓後 7，12，72 時間後の細胞を示す．10 μm の目盛りは三つの写真すべてに適応できる［写真は J.M. Kuner, D. Kaiser の好意による．*J.Bacteriol.* **151**, 458〜461 (1982) より．©ASM］

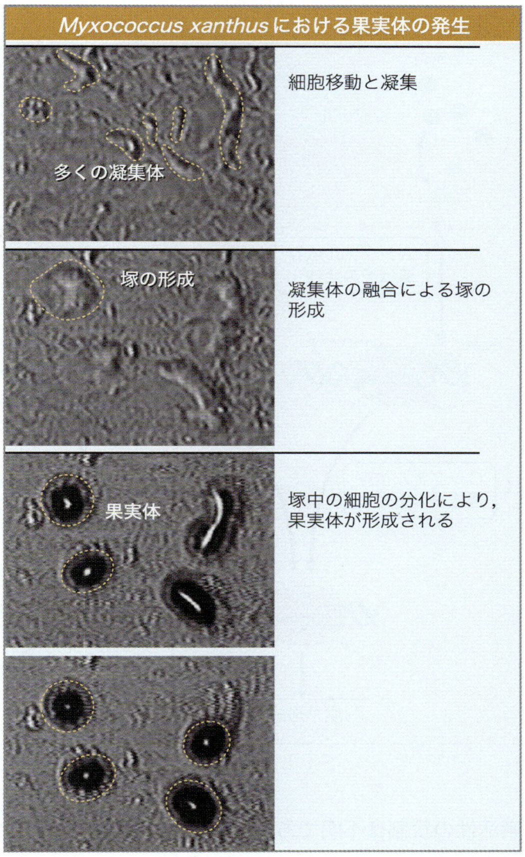

図 16・51 *Myxococcus xanthus* の果実体形成を追って培養皿の上から撮影したビデオのこま（3000 倍速）．飢餓培地で細胞は凝集体をつくり，しだいに融合して果実体に分化する［写真（Roy Welch 撮影, http://cmgm.stanford.edu / devbio / kaiserlab / movies / development.mov）は Dale Kaiser の好意による］

粘液細菌（myxobacteria）が示す発生現象は，バクテリアにおける最も劇的な例の一つである．このグループで最もよく研究されているのが *Myxococcus xanthus* である．図 16・50 と図 16・51 に示すように，飢餓が切迫すると細胞集団の一部が局所的凝集体をつくるべく移動する．多数の細胞がこの凝集体に誘引され，積み重なって大きな細胞の塚を形成する．桿状の菌体が丸くなり乾燥に強い休眠状態の胞子に分化すると，細胞の塚は果実体となる．*Stigmatella* のような放線菌は枝分れした柄の上に多数の球状の外生胞子をもつ複雑な果実体をつくる．

枯草菌の場合と同様，*Myxococcus xanthus* の発生過程に関与する多数の遺伝子が同定されている．この生物で研究可能な非常に興味深い発生学的な問題として，細胞間の信号伝達過程がある．発生のさまざまなステップにおいて，果実体の凝集と形態形成を促すために，細胞間にシグナルのやりとりがなされる．細胞間シグナル伝達が異常となった変異株の遺伝解析により，シグナル伝達システムが同定され，なかでも“A”および“C”とよばれるものの解明がよく進んだ．A のシグナルは初期段階で働き，細胞結合型プロテアーゼによって生成される複雑なアミノ酸の組合わせに相当する．これは，おそらく細胞集団の全体的な栄養状態を推しはかるのに使われる．シグナルの生成と感知を制御する分子機構のいくつかを図 16・52 にまとめた．図 16・53 に示すように，C のシグナルは後期に働き，細胞間の密接な接触を必要とする，まったく異なるものである．C 因子は細胞表面に結合した 25 kDa のタンパク質であり，短鎖アルコール脱水素酵素ファミリーの一つに類似している．この酵

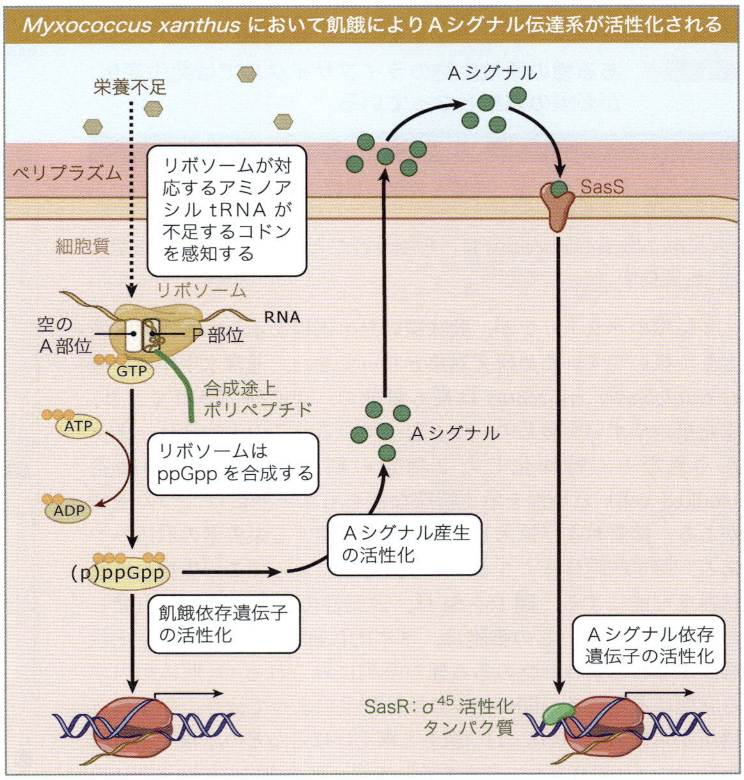

図 16・52 *M. xanthus* の凝集と果実体形成における A シグナル伝達系の概観．

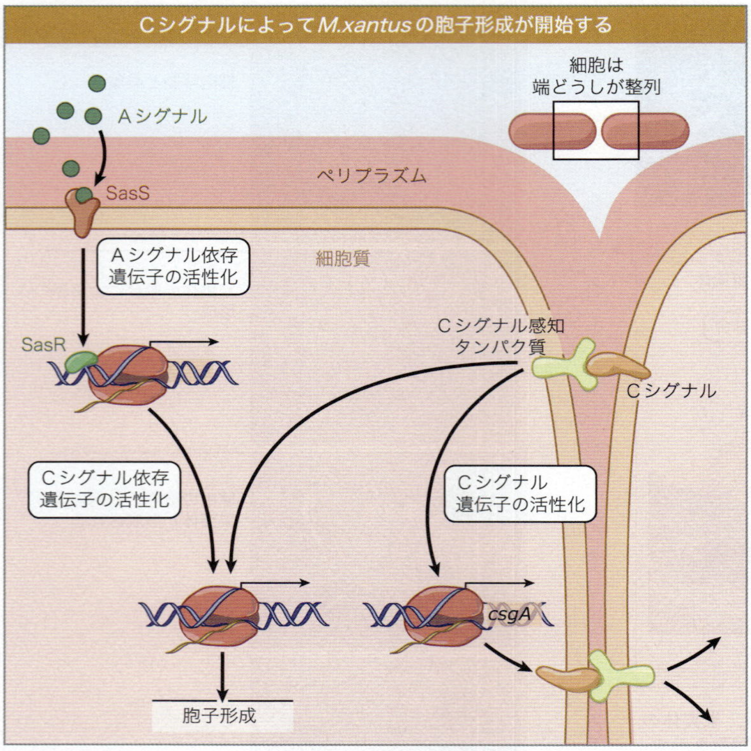

図 16・53 *Myxococcus xanthus* の胞子形成における C シグナル伝達系の概観．両方の細胞が胞子形成シグナルに応答するが，明瞭化のため一つの細胞におけるシグナルのみを示した．

素活性の役割は不明である．シグナルのやりとりをするためには細胞は運動性を有しなければならない．シグナルは細胞の尖端部分を介してのみ伝わるから，シグナルのやりとりを行う細胞は互いに正しい方向性で接触できるようにうまく立ち回らなければならない．このシグナルの分子的な詳細は今後の解明を待たなければならないが，このシステムは，多細胞発生過程の分子基盤を理解するための興味深い課題を含んでいるものと思われる．

16・18 ある種の原核生物のライフサイクルでは発生変化が必須の要素となっている

重 要 な 概 念

- 多くのバクテリアが，発生と分化の単純で扱いやすい例として研究されてきた．
- *Caulobacter crescentus* は，細胞分裂ごとに特殊化した細胞型を生じる．

多種類のバクテリアが，興味深い発生過程を示し，また実験系として扱いやすいため研究対象となってきた．通常水生環境に棲む *Caulobacter crescentus* は最も単純で，よく研究されており，また扱いやすい実験系の一つとなっている．この生物種は，まったく異なり，特殊化した 2 種類の細胞を生じる．柄細胞 (stalked cell) は極性を示す特殊な柄をもち，柄には二つの機能がある．接着および拡大した表面積を利用する栄養素の取込みである．遊走細胞は泳ぐことができ，それによってこの生物の拡散伝播を可能にする．図 16・54 は，運動性の遊走細胞から出発した生活環を示す．この細胞は，基本的に細胞周期の進行停止状態，すなわち真核細胞のある種の系列にみられる G_0 期に相当する状態にあり，その間に 1 本の極性鞭毛によって泳ぎ，生まれた場所から離れる（§16・11 “線毛と鞭毛はほとんどの原核生物の細胞表面に付加器官として存在する” 参照．真核細胞の細胞周期については，第 11 章 “細胞周期の制御” を参照）．つぎに，鞭毛を格納して柄と交換する．柄は細胞質と細胞皮膜層が拡張することによってできる．柄は固着性となった細胞の固定部位となるが，おそらく拡張した細胞表面積を利用して栄養素を取込む役割ももっている．遊走細胞から柄細胞への転換は，DNA 複製ラウンドの開始を含む細胞分裂周期の開始へのシグナルともなっている．特筆すべきことに，細胞分裂にひき続いて新たな細胞極（すなわち，柄のない極）が分化して新たな鞭毛装置の組立ての場となる．細胞分裂によって遊走細胞と柄細胞が一つずつ生じる．遊走細胞は活発な極性鞭毛をもち，拡散伝播を続けるため泳いで旅立

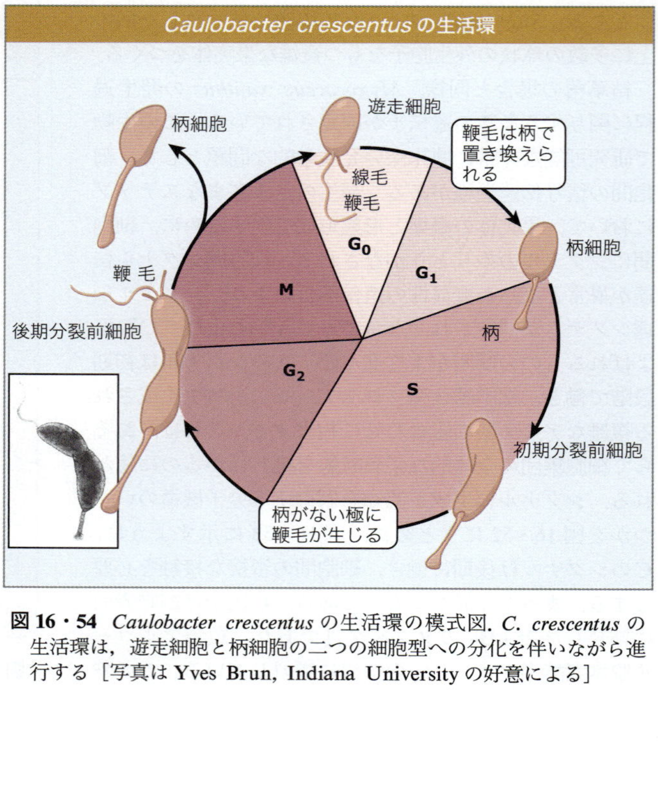

図 16・54 *Caulobacter crescentus* の生活環の模式図．*C. crescentus* の生活環は，遊走細胞と柄細胞の二つの細胞型への分化を伴いながら進行する［写真は Yves Brun, Indiana University の好意による］

つ．遊走細胞とは異なり，柄細胞はDNA複製を開始して細胞周期を再び開始する準備を直ちに整える．

C. crescentus において，分化と細胞周期の進行は密接に関連している．たとえば，DNA複製を妨げる試薬で処理すると，鞭毛の形成は阻害される．細胞周期の進行は，応答調節タンパク質であるCtrAがキーとなる多くの調節タンパク質によって支配されている．枯草菌のSpo0Aのように，CtrAはリン酸化によって制御される．さまざまなリン酸化酵素やリン酸化されたタンパク質が，*C. crescentus* の発生の制御に重要な役割を果たす．タンパク質の代謝回転も重要であり，多くの細胞周期で重要な因子は，働くとすぐに分解される．CtrAの機能は多くの遺伝子の転写を正または負に調節することである．細胞周期の進行における転写変化と *ctrA* 変異の効果は，マイクロアレイ実験により詳細にカタログ化されている．CtrAはまた，*oriC* 部位に結合することにより，直接DNA複製の調節においても機能する．

C. crescentus がモデル生物として実験上有利な点として，遊走細胞を単離することにより同調した細胞集団を容易に得られるということがある．これによって，細胞周期の進行におけるタンパク質組成や遺伝子発現の変化を追跡することが可能となる．現在では，このような変化が包括的に位置づけられ，カタログ化されている．この生物の細胞周期と発生過程に関する詳細な理解が大幅に進むものと期待される．

16・19 ある種の原核生物と真核生物は共生関係にある

重要な概念

- ミトコンドリアと葉緑体は，原核生物が真核細胞の細胞質に入り込み，永久的居住者となったことによって生じた．
- *Rhizobia*（単数形は *Rhizobium*）種はマメ科植物に根粒をつくり，窒素原子を生物が使用可能な形であるアンモニアに転換する．
- 豆アブラムシの発生と生存は，*Buchnera* 菌との内共生に依存する．

内共生（endosymbiosis）とは，一方の生物が他方の生物の内部に棲みついているという，二つの共生生物の関係を表す言葉である．通常，このような相互関係により，片方あるいは両方が利益を得る．真核生物の進化は多くの面で原核生物との共生現象によって方向づけられてきた．最も著名なのは真核細胞にミトコンドリアと葉緑体をもたらした内共生のできごとである．ミトコンドリアと葉緑体は，ATP合成の機構である酸化的リン酸化の場となっている．真核細胞にミトコンドリアがないとすれば，嫌気的解糖に依存せざるをえないが，解糖は好気呼吸に比べると恐ろしいほど能率が悪い．好気呼吸は解糖に比べて15倍ものATP分子を産生できる．心臓や骨格筋のような高エネルギー動物組織が多数のミトコンドリアを必要とすることは驚くにあたらない．植物細胞では，葉緑体が光合成過程によって光のエネルギーをATPに転換する．

Lynn Margulisは，ミトコンドリアと葉緑体は，独立に生きていた微生物がある時点で共生的に真核細胞内に居住するようになった名残であるとの，見事で説得力ある説を提唱した．共生説を支持する証拠は多方面にわたる．これらの小器官は既存のミトコンドリアや葉緑体からのみ生まれる．核の遺伝子はそれらを構成するタンパク質の一部しかコードしておらず，残りはその小器官自身が内部にもつ遺伝物質によってコードされている．ミトコンドリアと葉緑体は，自身のゲノムをもつ．1個の環状DNAであり，ヒストンはもたず，宿主細胞の複製とは独立に複製し，分裂することができる．ミトコンドリアが原核生物起源であることの決定的な分子的証拠として，ミトコンドリアのリボソームRNAは，明らかに真核細胞由来ではなく原核生物を起源とするものであるという発見がある．原生動物である *Reclinomonas americana* のミトコンドリアゲノム配列には，約70の遺伝子が含まれ，そのほぼ半数は翻訳装置の構成因子をコードしている．*R. americana* ミトコンドリアゲノムの残りは，エネルギー産生にかかわる呼吸系酵素をコードするものである．*R. americana* ミトコンドリアゲノム由来のリボソームタンパク質，シトクロム酸化酵素，およびNADH脱水素酵素の系統発生学的解析によれば，ミトコンドリアはαプロテオバクテリアと近縁関係にあることがわかる（図16・4参照）．αプロテオバクテリア群のメンバーはほとんどが真核細胞と密接な結びつきをもっており，植物や動物と共生あるいは寄生関係にある．αプロテオバクテリア（たとえば *Rickettsia prowazekii*）と好気的ミトコンドリアがほぼ同一のエネルギー生産系をもつことは祖先が共通であることの反映であり，ミトコンドリアの祖先であった原核生物はαプロテオバクテリアファミリーに属する通性好気性菌であったことが示唆される．しかし，ミトコンドリアは多くの遺伝子が核ゲノムに移行したり単純に失われたりしつつ蒸散的な進化を遂げてきた．このため，ミトコンドリアの祖先であった原核生物のゲノムは現在のミトコンドリアのものとは非常に異なっていたはずである．

共生というできごとは，すべてがミトコンドリアや葉緑体のように進化の過程で固定したわけではない．共生関係には，“必要に迫られて”形成されるものもある．窒素固定原核生物と植物宿主の場合がそれである．すべての生物が生存にアンモニアを必要とするが，窒素固定（大気中の窒素をアンモニアに転換する過程）はある種の原核生物によってのみ行われる．原核生物である *Rhizobium* 属のメンバーはマメ科植物の毛根に感染する能力があり，図16・55に示すような根粒とよばれる微生物の固まりを形成する．*Rhizobium* からNod因子とよばれるシグナル分子が分泌され，根への感染と根粒の形成が開始される．*Rhizobium* が各植物に特有なフラボノイド化合物を検出するとNod因子が発現

根粒には窒素固定菌が存在する

共生植物

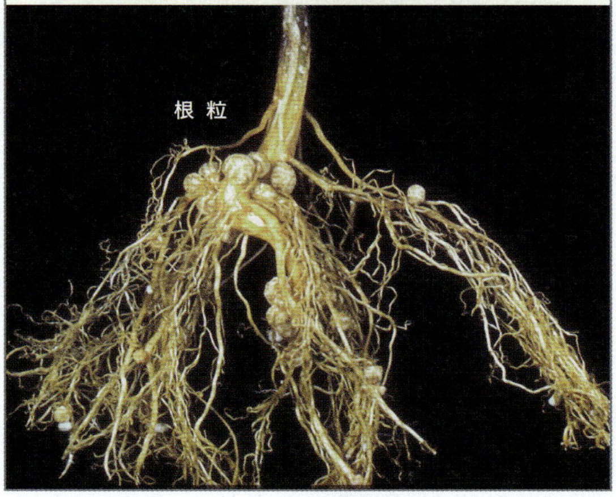

図16・55 ある種の植物の根はバクテリア *Rhizobium* の感染に伴い根粒を形成する．この内共生では，バクテリアがアンモニアを合成し，植物はそれを利用して窒素固定を行うため，植物にとって利益となる［写真はHarold Evansの好意による］

される．根粒の形成は，原核生物が特定の植物フラボノイドを感知でき，その応答として Nod 因子を合成できる場合にのみ起こる．一方，Nod 因子は同一のフラボノイドを分泌した植物に対してのみ共生を開始するべく働きかけることができる．Nod 因子はオリゴ糖分子からなる．植物の根細胞における Nod 受容体を探す研究が行われている．細胞抽出液を用いた結合実験で Nod 受容体の候補が見つかっている．しかし，この方法で同定されたタンパク質は Nod 因子に非特異的に結合するものであり，生体で働く Nod 受容体ではなさそうである．Nod 受容体を見つける他の方法として，最初に糖結合タンパク質を同定し，ついで種々の Nod 因子に対する親和性と結合特異性を調べる方法も用いられた．この方法によって，レクチン−ヌクレオチドホスホヒドロラーゼ（LNP）という根に局在するタンパク質が同定され，Nod 因子に特異的に結合することが示された．LNP に対する抗体は根粒形成を妨害するため，LNP が根粒形成に重要な因子であることが示唆される．他の Nod 受容体を同定する試みは，現在行われているところである．

昆虫の多くは，発生と生存のため共生を必要としている．最もよく研究されている昆虫と原核生物の共生関係は，豆アブラムシと *Buchnera* 種のバクテリア間にみられるものである．*Buchnera* はプロテオバクテリアの一種であり，その宿主であるアブラムシの必須・内生共生生物である．*Buchnera* は，図 16・56 に示すように，アブラムシの体内腔にある特殊化した細胞（バクテリオサイト）に棲んでいる．*Buchnera* は母性遺伝的に卵と胚に受渡されるため，すべてのアブラムシ体内で集落をつくる．アブラムシ

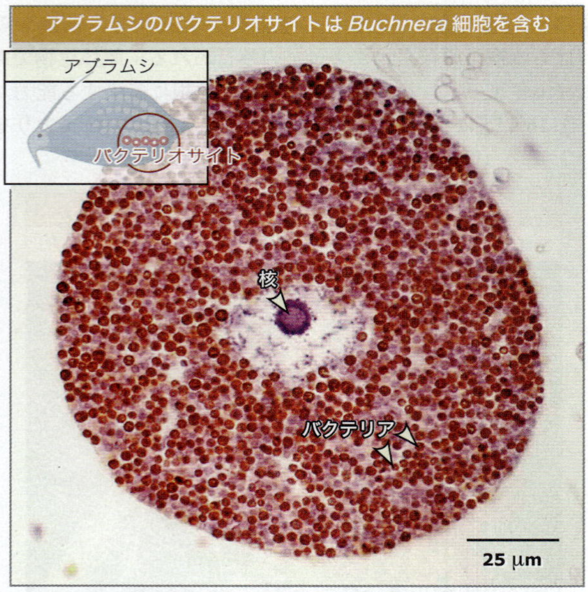

図 16・56 豆アブラムシ（昆虫）のバクテリオサイトはバクテリアである *Buchnera* が棲む特殊な細胞である．写真はバクテリオサイトの染色像である．核のほかに細胞質を満たすバクテリアが染色されている［写真は Takema Fukatsu, National Institute of Advanced Industrial Science and Technology (AIST), Japan の好意による］

はなぜ *Buchnera* による激しい集落形成を許し，耐えられるのだろうか？ この原核生物侵入者はアブラムシにいくつもの必須栄養素を供給する栄養補給者となっているのである．アブラムシの食餌は基本的に植物の樹液であり，炭水化物は豊富だがアミノ酸は少ない．*Buchnera* が正確にどの栄養素を宿主に供給しているのかを実験的に示すのは困難であるが，*Buchnera* のゲノム中には宿主にとって必須のアミノ酸を合成するための複数の酵素の遺伝子が存在する．さらに，*Buchnera* が感染したアブラムシを，必須アミノ酸を欠く合成食餌で生存させることが可能である．しかし，アブラムシを，*Buchnera* を除去する抗生物質で処理すると，速やかに飢餓状態となり死んでしまう．これは明らかに，*Buchnera* が宿主に必須アミノ酸を供給していることを意味する．ここで注意すべきことは，*Buchnera* が感染したアブラムシは，すべての必須アミノ酸を含む食餌で飼っても増殖力が弱いことである．*Buchnera* の共生により，単なる必須アミノ酸以上のものが供給されていると思われる．

16・20 原核生物は高等生物に集落をつくり病気を起こすことがある

重要な概念

- 多くの微生物がヒトの体の表面や内部に棲んでいるが，それらのわずかな部分のみがわれわれにとって害となる．
- 病原体は，しばしば宿主組織で集落をつくり，複製し，生き延びる．
- 多くの病原体が毒性物質を産生し，宿主細胞に与える障害を促進する．

動物の体内は栄養素に富み，比較的安定した pH，浸透圧，温度の条件下にある．このような環境はさまざまな原核生物の増殖に適したものである．二つの異なる生物間の密接な生物学的な関係のことは共生関係とよばれる．図 16・57 に示すように，利益と損害の程度により宿主と微生物の**共生**（symbiosis）は**相利**（mutualistic），**片利**（commensal），**寄生性**（parasitic），**病原性**（pathogenic）に分類できる．内生共生は前節で扱った（§16・19 “ある種の原核生物と真核生物は共生関係にある” 参照）．原核生物の共生関係の圧倒的大部分は，片利共生的に棲みつくもので，宿主に対して影響をほとんど与えない．片利共生者のあるものは，ときに宿主に役立ったり必須のサービスを提供したりすることもある．たとえば，腸内の大腸菌株は食物の消化を助ける．

他の生物に付着したり，内部で増殖する微生物で，宿主に利益を与えないものは大まかに寄生体と定義される．これらの寄生関係のなかで少数のものは宿主に有害である．宿主に害を与える微生物は病原体とよばれる．それらが集落をつくり病気を起こす能力は，宿主と微生物の両者がもつ多くの因子に起因するものである．病原体は日和見性と原発性に分類できる．日和見性病原体は宿主が，たとえば激しい火傷患者，エイズ患者，がん患者にみられるように，何らかの原因で弱ったときにのみ病気を起こす，原発性病原体は正常な個体に病気を起こすことができ，ときにそれらの複製は完全に宿主に依存する．病原体のタイプにかかわらず，微生物が感染するためには宿主に侵入し，集落をつくり，免疫システムによる報復を避け，複製しなければならない．加えて，原発性病原体は，他の宿主に伝播するための方策ももつ必要がある．

病原体は宿主に損傷を与える前に，宿主の組織に近づき，増殖する必要がある．最初の感染の場所は通常外界に面した部位，皮膚や呼吸器，尿生殖器，腸管上皮などの粘膜である．微生物は複数の異なる細胞表面分子を発現し，それらは宿主組織の受容体に

結合する．これらの接着分子は多糖あるいはタンパク質でできている．たとえば，*Streptococcus mutans* は多糖類に富む莢膜を介して歯の表面に付着し，歯を蝕む．表面の線毛のようなタンパク質からなる構造体は，多くの微生物が宿主組織に接着するのに用いる．このような接着器官が存在することで病原体の**毒性**（virulence）の強さが決まる．それらなしでは，病原体は感染を確立できず，ふつうは物理的力で飛ばされてしまう（莢膜については§16・5"原核細胞のほとんどは，多糖に富む莢膜とよばれる層をもつ"を，線毛については§16・11"線毛と鞭毛はほとんどの原核生物の細胞表面に付加器官として存在する"を参照）．

微生物の付着は高度に組織および種特異的である．この組織特異性は一般に**トロピズム**（tropism）とよばれる．たとえば，淋病の原因菌である *Neisseria gonorrhoeae* は，尿生殖器官の上皮に強く接着するが，他の体組織由来の上皮細胞への付着は不完全である．結合の種特異性の例として，腎盂腎炎を起こし腎臓上皮細胞に結合する大腸菌株があり，それぞれヒト，犬，ネズミの腎臓上皮に特異的なP線毛を発現するもの，3種類が知られている．

ある種のバクテリアは，上皮に侵入して病原性を発揮する．侵入によって微生物は自らの増殖を支える細胞内の栄養素にありつけるという報酬を得る．上皮を越えて血管に侵入できれば，バクテリアは最初の侵入部位から離れた部位で増殖できるようになる．全身性の感染は，しばしば病原体が上皮細胞を越えて血液やリンパ液に到達できた結果として起こる．

最初の接種は滅多に障害を起こすほど多く起こらない．したがって病原体は宿主内で増殖を起こして初めて病気を起こすようになる．宿主の組織はバクテリアの増殖をサポートするのに適した場所となりうる．しかし，宿主組織ではいくつかの重要な栄養素が足りないため，病原体は利用可能な資源を最大限に利用しつつ，宿主の免疫系に抵抗しなければならない．グリコーゲンのような複雑な栄養素を利用できる生物は有利である．病原体は鉄のような微量元素をめぐって宿主と競合もする．動物はトランスフェリンとラクトフェリンの二つの鉄結合・輸送タンパク質をもっているため，宿主組織には遊離の鉄は非常にわずかしか存在しない．これと戦うため，病原菌はしばしば効率的に鉄をキレートする複合体であるシデロホア(siderophore)をもっており，それによって鉄を収集する．

病原菌はさまざまな**毒性因子**（virulence factor）を産生し，それらは感染の確立と維持に働く．連鎖球菌，ブドウ球菌，肺炎球菌などのグラム陽性病原菌は宿主の多糖を分解する酵素を産生し，組織を越えた転移を助ける．食中毒菌のクロストリジウムはコラーゲン分解酵素をつくって，組織を保持する宿主コラーゲンネットワークを脱重合させ，体中に広がることができる．*Streptococcus pyogenes*（化膿連鎖球菌）は，ストレプトキナーゼという，宿主が病原体の広がりを防ぐために組立てたフィブリンネットワークを弱める酵素を産生して，組織を越えた伝播を促進する．他の選択としては，病原体がフィブリンの凝固を促す酵素をつくって自らを保護のために閉じ込めることもある．よく研究されているフィブリン凝固酵素に黄色ブドウ球菌のコアギュラーゼがある．コアギュラーゼ産生菌はフィブリンによって覆われ，このコートによって宿主の防衛機構から守られると考えられている．

バクテリアの宿主組織中での集落形成と複製に加えて，細菌毒素が宿主細胞に障害を与える．分泌される毒素はエキソトキシンとよばれ，体内の離れた場所に組織障害を起こすことができる．エキソトキシンは作用機構によって三つのクラスに分類できる．ヘモリシンなどの細胞溶解性エキソトキシンは宿主の細胞質膜に作用して，細胞溶解を起こす．溶血性の菌株は血液を含む寒天培地上で増殖させることにより容易に同定できる．ヘモリシンが遊離されると，赤血球を溶解するため透明な領域を生じ赤いプレート上に白い部位として認識できる．エキソトキシンの第二のタイプはジフテリアの原因菌である *Corynebacterium diphtheriae* が産生するものが例となる．*Corynebacterium* が鉄濃度の低下（宿主環境の指標となる）を検出すると，ジフテリア毒素を分泌する．ジフテリア毒素は宿主細胞内部に転送されて翻訳を損なう．第三のタイプは神経毒素であり，*Clostridium botulinum* が産生するボツリヌス毒素が含まれる．ボツリヌス毒素はヒトに対して最も強い毒素として知られ，神経細胞からのアセチルコリンの遊離を妨害する結果，非可逆的な筋肉の弛緩と麻痺をひき起こす．

有効な病原体は，それぞれユニークな毒性因子の組合せを使って病気を起こす．強力な毒素をつくる病原体は，侵入したり多数に増殖したりしなくても病気を起こす．たとえば，*Clostridium tetani* は非侵襲性でありながら，その毒素が強力なため感染はしばしば致命的である．一方，*Streptococcus pneumoniae* は毒素をつくらないが，肺組織において莫大な数に複製することによって病気を起こす．多数の侵略者が肺組織において宿主の免疫応答を惹起し肺炎に至る．原核細胞の毒性の機構を理解することによって，感染と戦う新たな療法の開発が可能となるだろう．

宿主は，2種類の一般的な免疫防御機構である自然（生得）免疫機構と獲得（適応）免疫機構によって，病原体に応答する．自然免疫は"構成的"である．すなわち常に存在する．自然免疫は侵入，集落形成，病原生物による感染に対する総体的な防御となる．皮膚は，内部の組織を病原体への暴露から守ることにより，有効な生得的防御の器官となっている．粘膜は病原生物の増殖を制限する物質をつくって，侵入と集落形成に対抗し保護する．適応防御は宿主が感染されてしまってから作動する．適応的応答には細胞性免疫応答と抗体免疫応答がある．これらの免疫応答は特異的であり，それによって宿主は以前に経験した病原体を認識する能力をもち，それらの効果的な除去が可能とな

宿主微生物相互作用の分類

共生のタイプ	性　質	宿主への害	例
相　利	相互利益	な　し	ウシの腸でセルロースを消化するバクテリア
片　利	一方の生物のみが利益を得る；他方には影響しない	な　し	ヒトの腸内細菌は宿主が消化した栄養を利用する
寄生性	微生物が宿主に依存しつつ生存し，宿主に害を与えることもある	いくらか	
病原性	宿主に障害を与える微生物	重　篤	炭疽菌(炭疽病)やエルシニア菌(ペスト)のようなバクテリア

図16・57 共生関係の種類．宿主との相互作用の仕方により，宿主は利益から重篤な障害に至るまでの影響を受ける．

る．動的な宿主と病原体の相互作用は活発に研究がなされている分野である．

16・21　バイオフィルムは高度に組織化された微生物のコミュニティーである

重要な概念

- 地球上の原核生物のほとんどはバイオフィルムとよばれる統制のとれたコミュニティーで生活している．
- バイオフィルムの形成は，表面への結合，増殖と分裂，多糖類の産生とバイオフィルムの成熟，そして拡散などいくつかの段階を経る．
- バイオフィルム中の生物はクオラム（個体密度）感知システムによって連絡を取合っている．

地球上の微生物個体群の大部分は，多種が混合し密接に結びついた**バイオフィルム**（biofilm）とよばれるグループとして存在する．湿気と栄養分に十分に通じている個体の表面は，おおむねバイオフィルムの形成をサポートすることができる．形態的には，バイオフィルムはきのこ型の微集落からなり，織物のように複雑に入り組んだ水路が構造の隅から隅まで行き渡っており，居住者に恒常的な栄養供給がなされている．バイオフィルム内の個々の生物は，多糖からなるマトリックス状の保護構造に埋込まれている．**固着性の**（sessile 動きを止められた）バイオフィルムのコミュニティーは，中耳炎（耳の感染）や嚢胞性線維症（嚢胞性繊維症については，§2・26“補遺：嚢胞性繊維症は陰イオンチャネルの変異によってひき起こされる”参照）など，多くの人間の病気に寄与している．体内留置カテーテル，人工心臓弁，その他の医学装置の上でバイオフィルムが形成されることは，新たな医学上の問題になっている．

固着性生物は浮遊生物（planktonic）に比べて利点をもつ．第一にバイオフィルムを取囲む粘着性のポリマーからなるマトリックスは炭素，窒素，リン酸，その他の栄養素をバイオフィルム中に濃縮するのに都合がよい．同時にバイオフィルムの内部の微生物は抗生物質，並行力ストレス，宿主防御などから大方守られている．バイオフィルムは拡散することもできるため，新たな表面に集落化することができる．

バイオフィルムの研究は，ほとんどが研究室内条件で行われてきた．自然界に見いだされるバイオフィルムとバイオフィルム研究で使われてきたバイオフィルムとでは，注意すべき違いがある．特に，自然界のバイオフィルムは必ず複数種でできているが，実験室での研究は大部分単一種からなる実験系である．加えて，自然界のバイオフィルムは，実際上どんな無機物質の表面にでもできるが，実験室のバイオフィルム形成はほぼすべてプラスチックかガラスの上でなされたものである．それにもかかわらず，実験室研究によって，バイオフィルムの形成がいかに複雑であるかの洞察が可能となった．

大腸菌と緑膿菌におけるバイオフィルム形成について，プラスチックの上でバイオフィルムをつくれない変異体を分離することによって遺伝解析がなされた．このような研究により，バイオフィルム形成が図16・58に示すような段階を経て進行することが明らかになった．最初の表面への接触と結合は可逆的で鞭毛が必要である．鞭毛が接着に直接かかわるのか，鞭毛依存の運動が表面への結合に必要なのかはわからない．いったん結合すると，一層のまだらな膜が広がり，しだいに密に混み合った単層となり，その中に微小集落が点在するようになる．緑膿菌の場合，微小集落の形成はタイプⅣ線毛に依存する．タイプⅣ線毛により微生物は引き合う運動性を獲得し，細胞間相互作用が促進される．したがって，タイプⅣ線毛はバイオフィルムの成熟に二つの方法で寄与する：成長中のバイオフィルム内部における細胞間相互作用の促進，および成長中の微小コロニーへの微生物の移動の促進．微小コロニーが成長すると，埋込まれた生物に栄養素を供給する液体経路をもつバイオフィルム

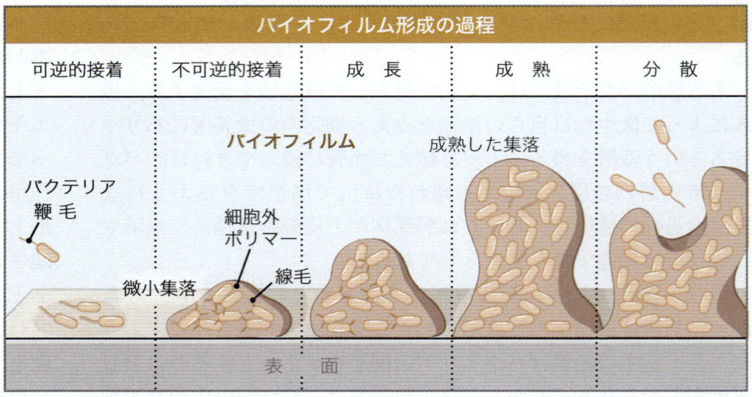

図16・58　バイオフィルムは，バクテリアが個体の表面に接着し，細胞外多糖で結びついた集落を形成することによってできる．

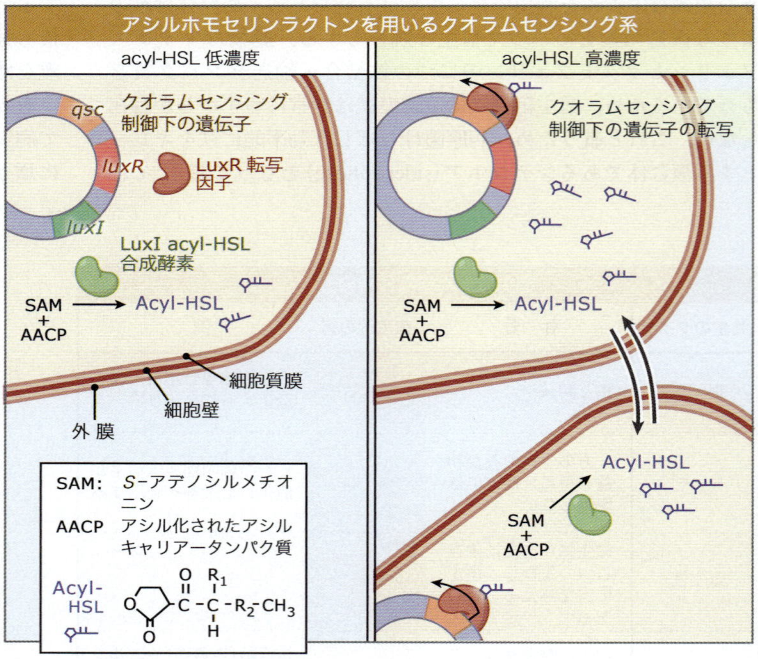

図16・59　アシルホモセリンラクトン（acyl-HSL）によるクオラムセンシングでは，acyl-HSL がバクテリアの産生するシグナル分子となる．細胞濃度が高くなると，acyl-HSL 濃度が閾値に達し，転写調節タンパク質に結合してバイオフィルム形成にかかわる遺伝子の発現を活性化させる．acyl-HSL において，R_1 は H, OH, O^- のいずれか，R_2 は $CH_2CH_2CH{=}CHCH_2CH_2$ あるいは $(CH_2)_{2-14}$ である．

の成熟した構造ができ上がる．高分子の多糖類によってバイオフィルム集団が保持される．多糖類はまた，遊走性微生物の邪魔をして周囲からの攻撃を防ぐ．成熟したバイオフィルムは動的な構造体であり，多くの微生物が拡散あるいは散乱とよばれる過程において脱離していく．拡散は一団となって起こることがある．この場合，一部の生物群がバイオフィルムから破れ出るが，多糖マトリックスの入れ物の中にとどまって保護されており，やがて近くの表面に結合して成長を続ける．他の可能性としては，運動性の高い生物がバイオフィルムから遊走的に離れていき，残ったバイオフィルム構造はあまり影響を受けない．この方法による拡散では，成功しているコミュニティー全体は温存しつつ，探査的な動きによって新たな集落形成の場所を求めて環境調査を行っているとも言える．

バイオフィルムは，原核生物の社会的あり方の頂点をなしている．あらゆるコミュニティーについて言えるように，集団の成功にとって個々のメンバー間のコミュニケーションが肝心である．原核生物は拡散性のシグナル分子を分泌し，近くの微生物がそれを感知することによりコミュニケーションを行っている．オートインデューサーとよばれるシグナル分子がグループ全体の遺伝子発現を変化させる．オートインデューサーは，ある程度高濃度に存在して初めて感知される．遺伝子発現変化を起こすに足るオートインデューサー濃度を実現するためには，狭い領域の中の多くの生物が十分な量のオートインデューサーを分泌する必要がある．このような必要条件があるため，オートインデューサーによる遺伝子調節は**クオラムセンシング**（quorum sensing 定足数感知）とよばれる．オートインデューサーとして，グラム陰性菌のアシルホモセリンラクトン（acyl-HSL）システム，グラム陰性菌およびグラム陽性菌にみられるオートインデューサー 2 システム，そしてグラム陽性菌のペプチドシステム，の 3 種類のみ報告がある．バクテリアにおいてクオラムセンシングによって制御される過程が知られている．グラム陽性菌では，枯草菌の胞子形成，*Enterococcus faecalis* の接合，*Streptococcus pneumoniae* のコンピテンス（形質転換能）などである．グラム陰性菌でも多くの過程が知られ，*Vibrio fischeri* の発光，緑膿菌の毒性，*Agrobacterium tumefaciens* の根頭がん腫（クラウンゴール）の形成などがあげられる．

acyl-HSL によるクオラムセンシングの反応経路を図 16・59 に示した．この系では LuxI ファミリーに属する acyl-HSL 合成酵素が acyl-HSL の合成を触媒する．個体密度が低ければクオラムセンシング制御下の遺伝子は発現されないが，閾値を超えると LuxR ファミリーの転写調節因子が acyl-HSL を結合して，これらの遺伝子の転写を活性化させる．

HSL シグナル伝達経路は，緑膿菌や *Streptococcus mutans* のバイオフィルム形成において役割を果たす．緑膿菌変異株で，*lasI* 遺伝子（*luxI* ホモログ）に変異をもつものは，オートインデューサー形成に欠損をもつが，成熟型バイオフィルムを形成する能力ももたない．このような変異株細胞にホモセリンラクトンを添加するとバイオフィルム形成能力が回復する．しかしながら，クオラムセンシングが必ずバイオフィルム形成を促進するとは限らない．たとえば，*Vibrio cholera* ではホモセリンラクトンの産生はバイオフィルムの解体が効率良く起こるのに必要とされる．多くの種では，クオラムセンシングがバイオフィルム形成に寄与していると思われるが，バイオフィルム形成の分子的詳細の理解を目指した研究はまだ揺籃期にある．

バイオフィルム研究の焦点の一つとして，固着細胞と遊走細胞でグローバルな遺伝子発現パターンがどのように違うかの研究がある．そのような解析により，抗生物質耐性や免疫耐性の分子基盤解明が進むものと期待される．バイオフィルム形成の遺伝解析は最近やっと大腸菌と緑膿菌でなされたが，バイオフィルム形成の共通性を知るためには，同様な研究が他の生物でもなされる必要がある．最後に，自然界に生じるバイオフィルムがほぼ必ず複数種からなることを考えると，多種生物による動的なバイオフィルム形成の詳しい研究がなされなければならない．

16・22 次なる問題は？

全ゲノム配列決定は驚くべき速度で達成されつつあるが，今後ますます加速することは確実である．現在のところ配列のリストは病原生物に偏っているが，近い将来には配列決定済みの生物の多様性が増して，バクテリアのあらゆる系統の隅々にまで及ぶだろう．実験室条件での純粋培養ではバクテリアの多様性のわずかな部分しか調べることができないと予測できる．おそらく，培養することなしでも配列決定を行うことが可能になるかと思われる．そうなれば，バクテリア界のもつ遺伝情報の完全な全体像が得られるだろう．近縁種の配列決定によって，そのグループに特有な遺伝子群が同定でき，グループ内の多様性と適応性にかかわる“アクセサリー”遺伝子との区別が可能となる．

現在のところ，十指を超さない程度の生物しか遺伝子機能の深い研究がなされていない．DNA 複製や細胞分裂などの基本的な過程については，大腸菌や枯草菌などのモデル生物において理解が進んでいる．しかし，重要な疑問として，解明された機構がすべての原核生物に共通なのか，一つの過程でも複数の機構があるのかという問題がある．異なる生育環境を利用し尽くし，ライフスタイルを多様化するうえで，複数の戦略が働いてきた可能性は十分ある．たとえば，マイコプラズマは細胞壁をもたず，ペプチドグリカン合成装置は必要としない．このことは，この生物が病原性となりあるいは周囲からの抗生物質の作用を受けないといったことに寄与したかもしれない．マイコプラズマがいかにしてペプチドグリカンを失うという適応進化を行ったかを理解することは，病原体としてのマイコプラズマを制圧するのに重要となる．

微生物研究は古典的な原理による株の単離と純粋培養に重きを置いてきた．しかし，多くのバクテリアがコミュニティーの中に棲んでおり，そこでは競合と協力が重要であることがますます明白になってきた．このようなコミュニテイーにおける役者とそれらの動的な相互作用を解明するには，新しい方法論が必要だろう．現在でもいくつかの方法が利用可能と思われるが，それらは複雑な資料を調べられるように適応させ，改変する必要があるだろう．微生物コミュニティーを研究する方法の開発によって，従来手に負えなかった問題，特に細胞間コミュニケーションや微生物の競争などへの道が開かれるだろう．単一の生物とコミュニティーの理解が進めば，われわれはより効率良く原核生物の病原性を制御し，バイオテクノロジー，農業，医学における利用に向けた改変を行うことができるようになっていくであろう．

16・23 要　約

原核生物は，核膜をもたない点と細胞構築が単純である点で真核生物と異なる．比較的単純であること，実験操作が容易であることにより，原核生物の研究はより複雑な生物の理解に貢献してきた．複製，転写，翻訳といった細胞の基本過程は全生物を通じて進化的に保存されており，原核生物において分子的な詳細が最初に記述された．今日でも多くの独創的な発見が原核生物でなされている．

分子系統発生学の手法により，原核生物は真正細菌（eubacteria）とアーキアに大きく分類できることが明らかとなった．この二つのグループは，一連の生理学的，生化学的，構造的な基準で区別できる．通常，原核生物のゲノムは環状で遺伝子がぎっしり詰まっており，さまざまな染色体外因子および組換えや再配置を促進する機構が存在するために，ゲノムDNAの柔軟性が高く保たれている．原核細胞における遺伝子発現の制御機構と細胞周期の詳細の理解が進んでいる．一般的にバクテリア間では共通の機構が保存されているが，真核細胞のものとは大幅に異なる．アーキアの場合には，バクテリア類似の機構と真核細胞類似の機構の両方が存在する．

原核細胞は取囲む膜と酵素が詰まった細胞質，そして無秩序に存在するDNAでできていると考えられた時代もあった．しかし，最近の細胞生物学研究によれば，原核細胞は高度に秩序だっており，真核細胞と似た側面ももっていることが示された．たとえば，多くのタンパク質は細胞の特定の部位に局在化されており，ある種のタンパク質は組織だった動きをして動的に場所を変える．そして，細胞骨格類似タンパク質が細胞構造を維持する．染色体は拡散した固まりのように見えるが，実際には秩序があり遺伝子はそれぞれ予測可能な細胞内位置に存在している．原核生物のDNA結合タンパク質は染色体構築において重要であり，バクテリアでは核様体を，アーキアでは真核細胞と同様なヌクレオソームを形成する．

原核細胞の存在において，タンパク質と多糖類の細胞質膜を越えた分泌能力と鞭毛や線毛のような構造体を組立てる能力は重要である．鞭毛は運動の力を与え，走化性によって栄養素に近づく手段となる．線毛は繊維状の構造体で，細胞間の相互作用，環境との相互作用，そして集落形成における宿主との相互作用に重要である．鞭毛と線毛の形成は専用のタンパク質分泌系と組立て装置によって起こる．

原核生物は代謝活性と異化活性において驚くべきほどの多様性がある．多くの原核生物は独立に生きており，信じがたいほど多様な環境適所に棲んでいる．他の原核生物は，込み入った共生関係をつくっており，バイオフィルムにおいてコミュニティーをつくったり，他の原核細胞からヒトに至る宿主に対して病原体として働いたりする．われわれを取囲む環境，食物，そして体は無数の原核生物種の居場所になっており，われわれは日常的に原核細胞とやりとりしている．それでも，彼らの多様性と重要性についてのわれわれの理解は，やっと緒についたところなのである．

参考文献

16・2 微生物の進化を理解するため，分子系統発生学の手法が用いられる

総 説

Bergan, T., 1971. Survey of numerical techniques for grouping. *Bacteriol. Rev.* **35**, 379–389.

Woese, C. R., 1987. Bacterial evolution. *Microbiol. Rev.* **51**, 221–271.

論 文

Woese, C. R., 2000. Interpreting the universal phylogenetic tree. *Proc. Natl. Acad. Sci. USA* **97**, 8392–8396.

Woese, C. R., 2002. On the evolution of cells. *Proc. Natl. Acad. Sci. USA* **99**, 8742–8747.

16・3 原核細胞は多様なライフスタイルをとる

総 説

Black, J.G., 1996. "Microbiology: principles and applications", Upper Saddle River, N. J.: Prentice Hall.

Meyer, H.P., Kappeli, O., and Fiechter, A., 1985. Growth control in microbial cultures. *Annu. Rev. Microbiol.* **39**, 299–319.

Staley, J. T., and Konopka, A., 1985. Measurement of in situ activities of nonphotosynthetic microorganisms in aquatic and terrestrial habitats. *Annu. Rev. Microbiol.* **39**, 321–346.

論 文

Brock, T. D., and Darland, G. K., 1970. Limits of microbial existence: temperature and pH. *Science* **169**, 1316–1318.

Ward, D. M., Weller, R., and Bateson, M.M., 1990. 16S rRNA sequences reveal numerous uncultured microorganisms in a natural community. *Nature* **345**, 63–65.

16・4 アーキアは真核細胞に似た性質をもつ原核生物である

総 説

Gaasterland, T., 1999. Archaeal genomics. *Curr. Opin. Microbiol.* **2**, 542–547.

論 文

Forterre, P., 2002. A hot story from comparative genomics: Reverse gyrase is the only hyper-thermophile-specific protein. *Trends Genet.* **18**, 236–237.

Woese, C. R., and Fox, G.E., 1977. Phylogenetic structure of the prokaryotic domain: The primary kingdoms. *Proc. Natl. Acad. Sci. USA* **74**, 5088–5090.

16・5 原核細胞のほとんどは，多糖に富む莢膜とよばれる層をもつ

総 説

Daffé, M., and Etienne, G., 1999. The capsule of *Mycobacterium tuberculosis* and its implications for pathogenicity. *Tuber. Lung. Dis.* **79**, 153–169.

Ehlers, M. R., and Daffé, M., 1998. Interactions between *Mycobacturium tuberculosis* and host cells: Are mycobacterial sugars the key? *Trends Microbiol.* **6**, 328–335.

Little, S. F., and Ivins, B. E., 1999. Molecular pathogenesis of *Bacillus anthracis* infection. *Microbes Infect.* **1**, 131–139.

Roberts, I. S., 1996. The biochemistry and genetics of capsular polysaccharide production in bacteria. *Annu. Rev. Microbiol.* **50**, 285–315.

Sára, M., and Sleytr, U. B., 2000. S-Layer proteins. *J. Bacteriol.* **182**, 859–868.

Whitfield, C., and Roberts, I. S., 1999. Structure, assembly and regulation of expression of capsules in *Escherichia coli*. *Mol. Microbiol.* **31**, 1307–1319.

論 文

Welkos, S. L., 1991. Plasmid-associated virulence factors of non-toxigenic (pX01-) Bacillus anthracis. *Microb. Pathog.* **10**, 181–198.

16・6 バクテリアの細胞壁はペプチドグリカンの入り組んだ網目構造を含む

総 説

Goffin, C., and Ghuysen, J. M., 1998. Multimodular penicillin-binding proteins: an enigmatic family of orthologs and paralogs. *Microbiol. Mol. Biol. Rev.* **62**, 1079–1093.

Höltje, J. V., 1998. Growth of the stress-bearing and shape-maintaining murein sacculus of *Escherichia coli*. *Microbiol. Mol. Biol. Rev.* **62**, 181–203.

Lowe, J., van den Ent, F., and Amos, L. A., 2004. Molecules of the bacterial cytoskeleton. *Annu. Rev. Biophys. Biomol. Struct.* **33**, 177–198.

Smith, T. J., Blackman, S.A., and Foster, S. J., 2000. Autolysins of *Bacillus subtilis:* Multiple enzymes with multiple functions. *Microbiology* **146**(Pt 2), 249–262.

論 文

Calballido-López, R., and Errington, J., 2003. The bacterial cytoskeleton: in vivo dynamics of the actin-like protein Mbl of *Bacillus subtilis*. *Dev. Cell* **4**, 19–28.

Daniel, R. A., and Errington, J., 2003. Control of cell morphogenesis in bacteria: Two distinct ways to make a rod-shaped cell. *Cell* **113**, 767–776.

Denome, S. A., Elf, P. K., Henderson, T. A., Nelson, D. E., and Young, K. D., 1999. *Escherichia coli* mutants lacking all possible combinations of eight penicillin binding proteins: Viability, characteristics, and implications for peptidoglycan synthesis. *J. Bacteriol.* **181**, 3981–3993.

Jones, L. J., Carballido-López, R., and Errington, J., 2001. Control of cell shape in bacteria: Helical, actin-like filaments in *Bacillus subtilis*. *Cell* **104**, 913–922.

van den Ent, F., Amos, L. A., and Löwe, J., 2001. Prokaryotic origin of the actin cytoskeleton. *Nature* **413**, 39–44.

16・7 グラム陽性菌の細胞皮膜はユニークな特徴をもつ

総 説

Barry, C. E., 2001. Interpreting cell wall “virulence factors” of *Mycobacterium tuberculosis*. *Trends Microbiol.* **9**, 237–241.

Foster, S. J., and Popham, D. L., 2001. Structure and synthesis of cell wall, spore cortex, teichoic acids, s-layers, and capsules. In “*Bacillus subtilis* and its closest relatives: From genes to cells”, Sonenshein, A. L., Hoch, J. A., and Losick, R. M., eds. Washington, D. C.: ASM Press, 21–24.

Neuhaus, F. C., and Baddiley, J., 2003. A continuum of anionic charge: Structures and functions of D-alanyl-teichoic acids in grampositive bacteria. *Microbiol. Mol. Biol. Rev.* **67**, 686–723.

van Dijl, J. M., Bolhuis, A., Tjalsma, H., Jonglboed, J. D. H., de Jong, A., and Bron, S., 2001. Protein transport pathways in Bcillus subtilis: A Genome-based road map. In “*Bacillus subtilis* and its closest relatives: From genes to cells”, Sonenshein, A. L., Hoch, J. A., and Losick, R. M., eds. Washington, D. C.: ASM Press. p. 337–355.

16・8 グラム陰性菌は外膜とペリプラズム空間をもつ

総 説

Bardwell, J. C., and Beckwith, J., 1993. The bonds that tie: Catalyzed disulfide bond formation. *Cell* **74**, 769–771.

Clausen, T., Southan, C., and Ehrmann, M., 2002. The HtrA family of proteases: Implications for protein composition and cell fate. *Mol. Cell* **10**, 443–455.

Gathel, S. F. and Marahiel, M. A., 1999. Peptidylprolyl *cis-trans* isomerases, a superfamily of ubiquitous folding catalysts. *Cell. Mol. Life Sci.* **55**, 423–436.

Sauer, F. G., Knight, S. D., Waksman, G. J., and Hultgren, S. J., 2000. PapD-like chaperones and pilus biogenesis. *Semin. Cell Dev. Biol.* **11**, 27–34.

論 文

Raivio, T. L., and Silhavy, T. J., 1997. Transduction of envelope stress in *E. coli* by the Cpx two-component system. *J. Bacteriol.* **179**, 7724–7733.

16・10 原核生物は複数の分泌経路をもつ

総 説

Battner, D., and Bonas, U., 2002. Port of entry—the type III secretion translocon. *Trends Microbiol.* **10**, 186–192.

Binet, R., Latoffa, S., Ghigo, J. M., Delepelaire, P., and Wandersman, C., 1997. Protein secretion by Gram-negative bacterial ABC exporters—a review. *Gene* **192**, 7–11.

Ding, Z., Atmakuri, K., and Christie, P. J., 2003. THe outs and ins of bacterial type IV secretion substrates. *Trends Microbiol.* **11**, 527–535.

Driessen, A. J., Fekkes, P., and van der Wolk, J.P., 1998. The Sec system. *Curr. Opin. Microbiol.* **1**, 216–222.

Galan, J. E., 2001. *Salmonella* interactions with host cells: Type III secretion at work. *Annu. Rev. Cell Dev. Biol.* **17**, 53–86.

Palmer, T., Sargent, F., and Berks, B. C., 2005. Export of complex cofactor-containing proteins by the bacterial Tat pathway. *Trends Microbiol.* **13**, 175–180.

Pugsley, A. P., 1993. The complete general secretory pathway in gram-negative bacteria. *Microbiol. Rev.* **57**, 50–108.

論 文

DeLisa, M. P., Tullman, D., and Georgiou, G., 2003. Folding quality control in the export of proteins by the bacterial twin-arginine translocation pathway. *Proc. Natl. Acad. Sci. USA* **100**, 6115–6120.

Hinsley, A. P., Stanley, N. R., Palmer, T., and Berks, B. C., 2001. A naturally occurring bacterial Tat signal peptide lacking one of the “invariant” arginine residues of the consensus targeting motif. *FEBS Lett.* **497**, 45–49.

Kubori, T., Matsushima, Y., Nakamura, D., Uralil, J., Lare-Tejero, M., Sukhan, A., Galán, J. E., and Aizawa, S. I., 1998. Supramolecular structure of the *Salmonella typhimurium* type III protein secretion system. *Science* **280**, 602–605.

Madden, J. C., Ruiz, N., Caparon, M., 2001. Cytolysin-mediated translocation(CMT): A functional equivalent of type III secretion in gram-positive bacteria. *Cell* **104**, 143–152.

Stanley, N. R., Palmer, T., and Berks, B. C., 2000. The twin arginine consensus motif of Tat signal peptides is involved in Sec-independent protein targeting in *Escherichia coli*. *J. Biol. Chem.* **275**, 11591–11596.

Veiga, E., de Lorenzo, V., and Fernández, L. A., 2003. Autotransporters as scaffolds for novel bacterial adhesins: Surface properties of *Escherichia coli* cells displaying Jun/Fos dimerization domains. *J. Bacteriol.* **185**, 5585–5590.

16・11 線毛と鞭毛はほとんどの原核生物の細胞表面に付加器官として存在する

総 説

Aizawa, S. I., 1996. Flagellar assembly in *Salmonella typhimurium*. *Mol. Microbiol.* **19**, 1–5.

Aldridge, P., and Hughes, K. T., 2002. Regulation of flagellar assembly. *Curr. Opin. Microbiol.* **5**, 160–165.

Baron, C., and Zambryski, P. C., 1996. Plant transformation: A pilus in *Aqrobacterium* T-DNA transfer. *Curr. Biol.* **6**, 1567–1569.

Berg, H. C., 2003. THe rotary motor of bacterial flagelia. *Annu. Rev. Biochem.* **72**, 19–54.

Blair, D. F., 1995. How bacteria sense and swim. *Annu. Rev. Microbiol.* **49**, 489–522.

Brinton, C. C., 1965. The structure, function, synthesis and genetic control of bacterial pili and a molecular model for DNA and RNA transport in gram negative bacteria. *Trans. NY Acad. Sci.* **27**, 1003–1054.

Frost, 1993. *Bacterial conjugation*. Plenum Press.

Hung, D. L., and Hultgren, S. J., 1998. Pilus biogenesis via the chaperone/usher pathway: An integration of structure and function. *J. Struct. Biol.* **124**, 201–220.

Szurmant, H., and Ordal, G. W., 2004. Diversity in chemotaxis mechanisms among the bacteria and archaea. *Microbiol. Mol. Biol. Rev.* **68**, 301–319.

Yonekura, K., Maki-Yonekura, S., and Namba, K., 2002. Growth mechanism of the bacterial flagellar filament. *Res. Microbiol.* **153**, 191–197.

論 文

Duguid, J. P., Smith, I. W., Dempster, G., and Edmunds, P. N.,

1955. Non-flagellar filamentous appendages (fimbriae) and haemagglutinating activity in *Bacterium coli*. *J. Pathol. Bacteriol.* **70**, 335–348.

Karlinsey, J. E., Tanaka, S., Bettenworth, V., Yamaguchi, S., Boos, W., Aizawa, S. I., and Hughes, K. T., 2000. Completion of the hookbasal body complex of the *Salmonella typhimurium* flagellum is coupled to FlgM secretion and fliC transcription. *Mol. Microbiol.* **37**, 1220–1231.

Karlinsey, J. E., Tsui, H. C., Winkler, M. E., and Hughes, K. T., 1998. Flk couples flgM translation to flagellar ring assembly in *Salmonella typhimurium*. *J. Bacteriol.* **180**, 5384–5397.

Langemann, S., Palaszynski, S., Barnhart, M., Auguste, G., Pinkner, J. S., Burlein, J., Barren, P., Koenig, S., Leath, S., Jones, C. H., and Hultgren, S. J., 1997. Prevention of mucosal *E. coli* infection by FimH-adhesin-based systemic vaccination. *Science* **276**, 607–611.

Rao, Kirby, and Arkin, 2004. Design and diversity in bacterial chemotaxis: a comparative study in *Escherichia coli* and *Bacillus subtilis*. *PLoS Biol.* **2**, 239–252.

Thanassi, D. G., Saulino, E. T., Lombardo, M. J., Roth, R., Heuser, J., and Hultgren, S. J., 1998. The PapC usher forms an oligomeric channel: Implication for pilus biogenesis across the outer membrane. *Proc. Natl. Acad. Sci. USA* **95**, 3146–3151.

16・12 原核生物のゲノムは染色体と可動DNAエレメントを含む

総 説

Casjens, S., 1999. Evolution of the linear DNA replicons of the *Borrelia* spirochetes. *Curr. Opin. Microbiol.* **2**, 529–534.

Hall, R. M., and Collis, C. M., 1995. Mobile gene cassettes and integrons: capture and spread of genes by site-specific recombination. *Mol. Microbiol.* **15**, 593–600.

論 文

Mackenzie, C., Simmons, A. E., and Kaplan, S., 1999. Multiple chromosomes in bacteria. The yin and yang of up gene localization in *Rhodobacter sphaeroides* 2.4.1. *Genetics* **153**, 525–538.

16・13 バクテリアの核様体と細胞質は高度に秩序だっている

論 文

Lewis, P. J., Thaker, S. D., and Errington, J., 2000. Compartmentalization of transcription and translation in *Bacillus subtilis*. *EMBOJ.* **19**, 710–718.

Niki, H. and Hiraga, S., 1997. Subcellular distribution of actively partitioning F plasmid during the cell division cycle in *E. coli*. *Cell* **90**, 951–957.

Webb, C. D., Teleman, A., Gordon, S., Straight, A., Belmont, A., Lin, D. C., Grossman, A. D., Wright, A., and Losick, R., 1997. Bipolar localization of the replication origin regions of chromosomes in vegetative and sporulating cells of *B. subtilis*. *Cell* **88**, 667–674.

Wu, L. J., and Errington, J., 1994. *Bacillus subtilis* spoIIIE protein required for DNA segregation during asymmetric cell division. *Science* **264**, 572–575.

Wu, L. J. and Errington, J., 1998. Use of asymmetric cell division and spoIIIE mutants to probe chromosome orientation and organization in *Bacillus subtilis*. *Mol. Microbiol.* **27**, 777–786.

16・14 バクテリアの染色体は専用の複製工場で複製される

総 説

Cox, M. M., Goodman, M. F., Kreuzer, K. N., Sherratt, D. J., Sandler, S. J., and Marians, K. J., 2000. The importance of repairing stalled replication forks. *Nature* **404**, 37–41.

論 文

Aussel, L., Barre, F. X., Aroyo, M., Stasiak, A., Stasiak, A. Z., and Sherratt, D., 2002. FtsK Is a DNA motor protein that activates chromosome dimer resolution by switching the catalytic state of the XerC and XerD recombinases. *Cell* **108**, 195–205.

Espeli, O., Lec, C., and Marians, K. J., 2003. A physical and functional interaction between *Escherichia coli* FtsK and topoisomerase IV. *J. Biol. Chem.* **278**, 44639–44644.

Lemon, K. P., and Grossman, A. D., 1998. Localization of bacterial DNA polymerase: Evidence for a factory model of replication. *Science* **282**, 1516–1519.

16・15 原核細胞の染色体分離は紡錘体なしで起こる

総 説

Brun, Y. V., and Janakiraman, R., 2000. The dimorphic life cycle of Caulobacter and stalked bacteria. In *Prokaryotic development*. Washington, D. C.: ASM Press. 297–317.

Gordon, G. S., and Wright, A., 2000. DNA segregation in bacteria. *Annu. Rev. Microbiol.* **54**, 681–708.

論 文

Gitai, Z., Dye, N. A., Reisenauer, A., Wachi, M., and Shapiro, L., 2005. MreB actin-mediated segregation of a specific region of a bacterial chromosome. *Cell* **120**, 329–341.

Glaser, P., Sharpe, M. E., Raether, B., Perego, M., Ohlsen, K., and Errington, J., 1997. Dynamic, mitotic-like behavior of a bacterial protein required for accurate chromosome partitioning. *Genes Dev.* **11**, 1160–1168.

Hiraga, S., Niki, H., Ogura, T., Ichinose, C., Mori, H., Ezaki, B., and Jaffé, A., 1989. Chromosome partitioning in *Escherichia coli*: Novel mutants producing anucleate cells. *J. Bacteriol.* **171**, 1496–1505.

Ireton, K., Gunther, N. W., and Grossman, A. D., 1994. spoOJ is required for normal chromosome segregation as well as the initiation of sporulation in *Bacillus subtilis*. *J. Bacteriol.* **176**, 5320–5329.

Kruse, T., Møller-Jensen, J., Løbner-Olesen, A., and Gerdes, K., 2003. Dysfunctional MreB inhibits chromosome segregation in *Escherichia coli*. *EMBOJ.* **22**, 5283–5292.

Lin, D. C., and Grossman, A. D., 1998. Identification and characterization of a bacterial chromosome partitioning site. *Cell* **92**, 675–685.

Roos, M., van Geel, A. B., Aarsman, M. E., Veuskens, J. T., Woldringh, C. L., and Nanninga, N., 2001. The replicated ftsQAZ and minB chromosomal regions of *Escherichia coli* segregate on average in line with nucleoid movement. *Mol. Microbiol.* **39**, 633–640.

16・16 原核細胞の分裂は複雑な分裂リングの形成を伴う

総 説

Errington, J., DanielR, A., and Scheffers, D. J. 2003. Cytokinesis in bacteria, *Microbiol. Mol. Biol. Rev.* **67**, 52–65.

Jacobs, C., and Shapiro, L., 1999. Bacterial cell division: a moveable feast. *Proc. Natl. Acad. Sci. USA* **96**, 5891–5893.

Margolin, W., 2000. Themes and variations in prokaryotic cell division. *FEMS Microbiol. Rev.* **24**, 531–548.

論 文

Bernhardt, T. G., and de Boer, P. A., 2005. SlmA, a nucleoid-associated, FtsZ binding protein required for blocking septal ring assembly over chromosomes in *E. coli*. *Mol. Cell* **18**, 555–564.

Bi, E. F., Lutkenhaus, J., 1991. FtsZ ring structure associated with division in *Escherichia coli*. *Nature* **354**, 161–164.

Edwards, D. H., Thomaides, H. B., and Errington, J., 2000. Promiscuous targeting of *Bactillus subtilis* cell division protein

DivIVA to division sites in *Escherichia coli* and fission yeast. *EMBO J.* **19**, 2719–2727.

Pichoff, S., and Lutkenhaus, J., 2002. Unique and overlapping roles for ZipA and FtsA in septal ring assembly in *Escherichia coli*. *EMBO J.* **21**, 685–693.

Stricker, J., Maddox, P., Salmon, E. D., and Erickson, H. P., 2002. Rapid assembly dynamics of the *Escherichia coli* FtsZ-ring demonstrated by fluorescence recovery after photobleaching. *Proc. Natl. Acad. Sci. USA* **99**, 3171–3175.

van den Ent, F., and Löwe, J., 2000. Crystal structure of the cell division protein FtsA from *Thermotoga maritima*. *EMBO J.* **19**, 5300–5307.

Wu, L. J., and Errington, J., 2004. Coordination of cell division and chromosome segregation by a nucleoid occlusion protein in *Bacillus subtilis*. *Cell* **117**, 915–925.

16・17 原核生物は複雑な発生変化を伴いストレスに応答する

総　説

Errington, J., 2003. Regulation of endospore formation in *Bacillus subtilis*. *Nat. Rev. Microbiol.* **1**, 117–126.

Hengge-Aronis, R., 2002. Signal transduction and regulatory mechanisms involved in control of the sigma(S)(RpoS) subunit of RNA polymerase. *Microbiol. Mol. Biol. Rev.* **66**, 373–393.

Hengge-Aronis, R., 1996. Regulation of gene expression during entry into stationary phase. In "*Escherichia coli* and *Salmonella*: Cellular and molecular biology" Neidhardt, F. C., et al., eds. Washington, D. C.: ASM Press. p.1497–1512.

Kaiser, D., 2003. Coupling cell movement to multicellular development in myxobacteria. *Nat. Rev. Microbiol.* **1**, 45–54.

Kaiser, D., 2004. Signaling in myxobacteria. *Annu. Rev. Microbiol.* **58**, 75–98.

Paidhungat, M., and Setlow, P., 2001. Spore germination and growth. In "*Bacillus subtilis* and its closest relatives: From genes to cells", Sonenshein, A. L., Hoch, J. A., and Losick, R. M., eds. Washington, D. C.: ASM Press. p.537–548.

Søgaard-Andersen, L., Overgaard, M., Lobedanz, S., Ellehauge, E., Jelsbak, L., and Rasmussen, A. A., 2003. Coupling gene expression and multicellular morphogenesis during fruiting body formation in *Myxococcus xanthus*. *Mol. Microbiol.* **48**, 1–8.

論　文

Ben-Yehuda, S., and Losick, R., 2002. Asymmetric cell division in *B. subtilis* involves a spiral-like intermediate of the cytokinetic protein FtsZ. *Cell* **109**, 257–266.

Ratnayake-Lecamwasam, M., Serror, P., Wong, K. W., and Sonenshein, A. L., 2001. *Bacillus subtilis* CodY represses early-stationary-phase genes by sensing GTP levels. *Genes Dev.* **15**, 1093–1103.

16・18 ある種の原核生物のライフサイクルでは発生変化が必須の要素となっている

総　説

Brun, Y. V., and Shimkets, L. J., eds., 2000. "Prokaryotic development", Washington, D. C.: ASM Press.

Marczynski, G. T., and Shapiro, L., 2002. Control of chromosome replication in caulobacter crescentus. *Annu. Rev. Microbiol.* **56**, 625–656.

論　文

Grünenfelder, B., Rummel, G., Vohradsky, J., Röder, D., Langen, H., and Jenal, U., 2001. Proteomic analysis of the bacterial cell cycle. *Proc. Natl. Acad. Sci. USA* **98**, 4681–4686.

Laub, M. T., McAdams, H. H., Feldblyum, T., Fraser, C. M., and Shapiro, L., 2000. Global analysis of the genetic network controlling a bacterial cell cycle. *Science* **290**, 2144–2148.

16・19 ある種の原核生物と真核生物は共生関係にある

総　説

Andersson, S. G., and Kurland, C. G., 1999. Origins of mitochondria and hydrogenosomes. *Curr. Opin. Microbiol.* **2**, 535–544.

Baumann, P., and Moran, N. A., 1997. Non-cultivable microorganisms from symbiotic associations of insects and other hosts. *Antonie Van Leeuwenhoek* **72**, 39–48.

Dyall, S. D., and Johnson, P. J., 2000. Origins of hydrogenosomes and mitochondria: Evolution and organelle biogenesis. *Curr. Opin. Microbiol.* **3**, 404–411.

論　文

Andersson, S. G., Zomorodipour, A., Andersson, J. O., Sicheritz-Pontén, T., Alsmark, U. C., Podowski, R. M., Näslund, A. K., Eriksson, A. S., Winkler, H. H., and Kurland, C. G., 1998. The genome sequence of *Rickettsia prowazekii* and the origin of mitochondria. *Nature* **396**, 133–140.

Bono, J. J., Riond, J., Nicolaou, K. C., Bockovich, N. J., Estevez, V. A., Cullimore, J. V., and Ranjeva, R., 1995. Characterization of a binding site for chemically synthesized lipooligosaccharidic NodRm factors in particulate fractions prepared from roots. *Plant J.* **7**, 253–260.

Douglas, A. E., and Wilkinson, T. L., 1998. Host cell allometry and regulation of the symbiosis between pea aphids, *Acyrthosiphon pisum*, and bacteria, *Buchnera*. *J. Insect Physiol.* **44**, 629–635.

Etzler, M. E., Kalsi, G., Ewing, N. N., Roberts, N. J., Day, R. B., and Murphy, J. B., 1999. A nod factor binding lectin with apyrase activity from legume roots. *Proc. Natl. Acad. Sci. USA* **96**, 5856–5861.

Gray, M. W., Sankoff, D., and Cedergren, R. J., 1984. On the evolutionary descent of organisms and organelles: A global phylogeny based on a highly conserved structural core in small subunit ribosomal RNA. *Nucleic Acids Res.* **12**, 5837–5852.

Lang, B. F., Burger, G., O'Kelly, C. J., Cedergren, R., Golding, G. B., Lemieux, C., Sankoff, D., Turmel, M., and Grays, M. W., 1997. An ancestral mitochondrial DNA resembling a eubacterial genome in miniature. *Nature* **387**, 493–497.

Margulis, L., 1971. The origin of plant and animal cells. *Am. Sci.* **59**, 230–235.

Shigenobu, S., Watanabe, H., Hattori, M., Sakaki, Y., and Ishikawa, H., 2000. Genome sequence of the endocellular bacterial symbiont of aphids *Buchnera* sp. APS. *Nature* **407**, 81–86.

16・20 原核生物は高等生物に集落をつくり病気を起こすことがある

総　説

Byrne, M. P., and Smith, L. A., 2000. Development of vaccines for prevention of botulism. *Biochimie* **82**, 955–966.

Collier, R. J., 2001. Understanding the mode of action of diphtheria toxin: A perspective on progress during the 20th century. *Toxicon* **39**, 1793–1803.

Efstratiou, A., 2000. Group A streptococci in the 1990s. *J. Antimicrob. Chemother.* **45**, Suppl 3–12.

Isenberg, H. D., 1968. Some aspects of basic microbiology of streptococcal disease. *N Y State J. Med.* **68**, 1370–1380.

Klugman, K. P., and Feldman, C., 2001. *Streptococcus pneumoniae* respiratory tract infections. *Curr. Opin. Infect. Dis.* **14**, 173–179.

Paradisi, F., Corti, G., and Cinelli, R., 2001. *Streptococcus pneumoniae* as an agent of nosocomial infection: treatment in the era of penicillin-resistant strains. *Clin. Microbiol. Infect.* **7**, Suppl 4, 34–42.

Payne, S. M., 1993. Iron acquisition in microbial pathogenesis. *Trends Microbiol.* **1**, 66–69.

Rood, J. I., 1998. Virulence genes of *Clostridium perfringens*. *Annu. Rev. Microbiol.* **52**, 333–360.

Sharon, N., and Ofek, I., 2002. Fighting infectious diseases with inhibitors of microbial adhesion to host tissues. *Crit. Rev. Food Sci. Nutr.* **42**, 267–272.

Tao, X., Schiering, N., Zeng, H. Y., Ringe, D., and Murphy, J. R., 1994. Iron, DtxR, and the regulation of diphtheria toxin expression. *Mol. Microbiol.* **14**, 191–197.

Turton, K., Chaddock, J. A., and Acharya, K. R., 2002. Botulinum and tetanus neurotoxins: Structure, function and therapeutic utility. *Trends Biochem. Sci.* **27**, 552–558.

von Eiff, C., Proctor, R. A., and Peters, G., 2001. Coagulase-negative staphylococci. Pathogens have major role in nosocomial infections. *Postgrad. Med.* **110**, 63–76.

論 文

Haslam, D. S., Borén, T., Falk, P., Ilver, D., Chou, A., Xu, Z., and Normark, S., 1994. The amino-terminal domain of the P-pilus adhesin determines receptor specificity. *Mol. Microbiol.* **14**, 399–409.

Jonsson, A. B., Ilver, D., Falk, P., Pepose, J., and Nomark, S., 1994. Sequence changes in the pilus subunit lead to tropism variation of *Neisseria gonorrhoeae* to human tissue. *Mol. Microbiol.* **13**, 403–416.

Kuehn, M. J., Jacob-Dubuisson, F., Dodson, K., Slonim, L., Striker, R., and Hultgren, S. J., 1994. Genetic, biochemical, and structural studies of biogenesis of adhesive pili in bacteria. *Methods Enzymol.* **236**, 282–306.

Marklund, B. I., Tennent, J. M., Garcia, E., Hamers, A., Bäga, M., Lindberg, F., Gaastra, W., and Normark, S., 1992. Horizontal gene transfer of the *Escherichia coli* pap and prs pili operons as a mechanism for the development of tissue-specific adhesive properties. *Mol. Microbiol.* **6**, 2225–2242.

16・21 バイオフィルムは高度に組織化された微生物のコミュニティーである

総 説

Bassler, B. L., 2002. Small talk. Cell-to-cell communication in bacteria. *Cell* **109**, 421–424.

Costerton, J. W., Lewandowski, Z., Caldwell, D. E., Korber, D. R., and Lappin-Scott, H. M., 1995. Microbial biofilms. *Annu. Rev. Microbiol.* **49**, 711–745.

Parsek, M. R., and Greenberg, E. P., 2000. Acyl-homoserine lactone quorum sensing in gramnegative bacteria: A signaling mechanism involved in associations with higher organisms. *Proc. Natl. Acad. Sci. USA* **97**, 8789–8793.

Pratt, L. A. and Kolter, R., 1999. Genetic analyses of bacterial biofilm formation. *Curr. Opin. Microbiol.* **2**, 598–603.

Swift, S., Downie, J. A., Whitehead, N. A., Barnard, A. M., Salmond, G. P., and Williams, P., 2001. Quorum sensing as a population-density-dependent determinant of bacterial physiology. *Adv. Microb. Physiol.* **45**, 199–270.

論 文

Beveridge, T. J., Makin, S. A., Kadurugamuwa, J. L., and Li, Z., 1997. Interactions between biofilms and the environment. *FEMS Microbiol. Rev.* **20**, 291–303.

Davies, D. G., Parsek, M. R., Pearson, J. P., Iglewski, B. H., Costerton, J. W., and Greenberg, E. P., 1998. The involvement of cell-to-cell signals in the development of a becterial biofilm. *Science* **280**, 295–298.

Hammer, B. K., and Bassler, B. L., 2003. Quorum sensing controls biofilm formation in *Vibrio cholerae*. *Mol. Microbiol.* **50**, 101–104.

Merritt, J., Qi, F., Goodman, S. D., Anderson, M. H., and Shi, W., 2003. Mutation of luxS affects biofilm formation in *Streptococcus mutans*. *Infect. Immun.* **71**, 1972–1979.

O'Toole, G. A., and Kolter, R., 1998. Flagellar and twitching motility are necessary for *Pseudomonas aeruginosa* biofilm development. *Mol. Microbiol.* **30**, 295–304.

Potera, C., 1999. Forging a link between biofilms and disease. *Science* **283**, 1837, 1839–1837, 1839.

Pratt, L. A., and Kolter, R., 1998. Genetic analysis of *Escherichia coli* biofilm formation: roles of flagella, motility, chemotaxis and type I pili. *Mol. Microbiol.* **30**, 285–293.

Sauer, K., Camper, A. K., Ehrlich, G. D., Costerton, J. W., and Davies, D. G., 2002. *Pseudomonas aeruginosa* displays multiple phenotypes during development as a biofilm. *J. Bacteriol.* **184**, 1140–1154.

Xu, K. D., McFeters, G. A., and Stewart, P. S., 2000. Biofilm resistance to antimicrobial agents. *Microbiology* **146** (Pt3), 547–549.

植物の細胞生物学

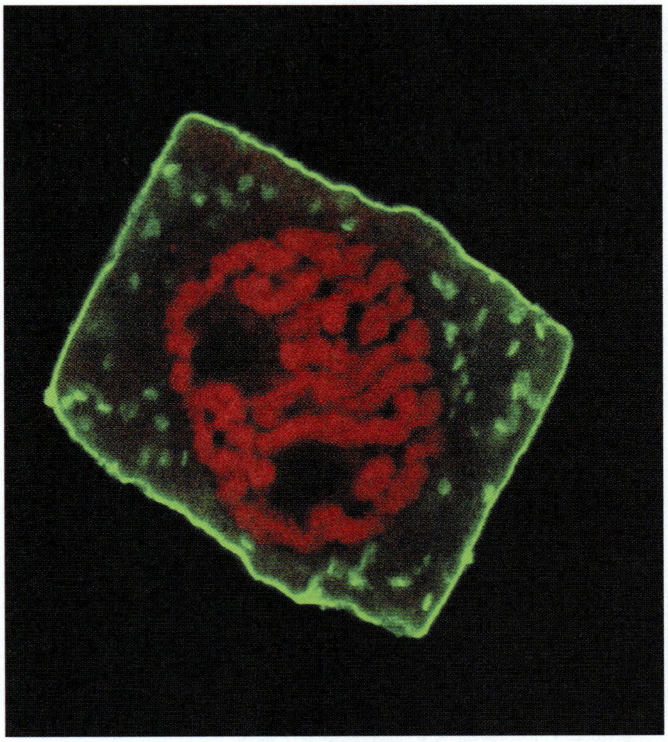

細胞分裂前期のタマネギ根端細胞．染色体を赤で，ゴルジ体と細胞膜を緑で蛍光標識し，走査型共焦点レーザー顕微鏡で観察した．堅固な細胞壁のため，この細胞は組織から単離されてもその形を維持している．ゴルジ体は細胞質中に分散しており，これが細胞表面全体に細胞壁の成分を分泌するのに役立っている［写真は Chris Hawes, Oxford Brookes University の好意による］

17・1 序　論

重要な概念

- 植物細胞と動物細胞の成長の仕組みは根本的に異なる．
- 堅固な細胞壁のため，植物細胞の運動や栄養となる巨大分子の取込みは制限されている．
- 細胞が動くことのできない植物の成長には，細胞壁の再構築が必要不可欠である．

生物は，植物や動物のような多細胞生物へと進化するまでの非常に長い期間，単細胞生物として地球上に生息していた．その間に真核生物がもつ形質のうち多くのものが獲得されたため，現在，酵母から植物，脊椎動物に至るまで，さまざまな形質を共有している．たとえば，すべての真核生物では遺伝物質のほとんどが核にあり，エネルギーの生産はミトコンドリアが行う．これらの細胞小器官（オルガネラ）は，植物の根の細胞でも動物の肝細胞でも基本的には同じものである．このような植物と動物に共通する生命現象については，他章に詳述されている通りである．しかし，植物細胞は動物細胞とはまったく異なる成長様式をもっており，そこでは動物と植物に共通する因子が異なる使い方をされていると考えられる．この章では，植物特有の形質について記述する．たとえば，ゴルジ体は動物では細胞中央付近に集まっているが，植物では細胞表層近くに散在し，これは植物細胞が多方向に成長するのに役立っている．細胞骨格の分布にしても，植物細胞の成長様式を反映し，成長中の細胞では微小管が細胞膜の細胞質側に貼りつくように局在しており，アクチンフィラメントは細胞接着や細胞運動に使われるのではなく，動かないが動物細胞よりもはるかに巨大になる植物細胞内において，細胞質を流動させるために使われている．動物細胞で重要な細胞小器官である中心体は高等植物に存在しない．しかし，動物細胞には存在しない細胞小器官や構造が植物にはいくつか存在する．このような特徴を理解することが，植物細胞がいかにして植物体をつくり上げているのか，を理解する鍵となるであろう．

- **液胞**（vacuole）：あらゆる細胞にとって，水が細胞膜から浸透し，その結果細胞質の濃度が薄まってしまうと大問題となる．動物細胞は，水の流入の原因となる電解質を細胞膜中のポンプにより細胞外へ排出することによりこの問題を解決している．一方植物細胞では，液胞とよばれる膜によって囲まれた細胞小器官に余分な水を取込むというまったく異なる解決策を採っている．液胞が水を吸収して膨張すると，それに伴って細胞のサイズも大きくなるため，結果として植物細胞は動物細胞よりもはるかに巨大なものとなる．多くの場合，膨張した植物細胞では液胞がほとんどの体積を占め，その結果細胞質は細胞膜と液胞の間に薄く押し潰されたように存在する．また，この細胞質が液胞の中を細胞質糸として貫通する場合もある．このように液胞を水で満たして体積をかせぐことは，同じ体積をタンパク質に富んだ細胞質で満たすよりもはるかに経済的である．このことは，植物が，タンパク質の材料となるアミノ酸の合成に必要な無機窒素化合物が不足した土壌に生育することが多いことを考えると，重要であることがよくわかる．
- **細胞壁**（cell wall）：液胞が膨張しすぎて細胞が破裂するのを防ぐため，植物細胞は自らを細胞壁で取囲んでいる．細胞壁は鉄と同じくらい固い繊維からなり，非常に強固な構造である．このような固い構造は動物細胞には存在しない．この固い細胞壁は細胞を破裂から守ってくれるが，その一方でこの堅固な箱に閉じ込められているため，植物細胞は動くことができない．その代わり，植物は水の流入によって生じる内圧（膨圧ともいう）を利用して細胞を伸長させる．細胞壁が細胞の成長を制限するので，細胞の形は最終的に細胞壁の再構築により制御される．そのため植物の細胞小器官や細胞骨格は，先に述べたような植物特有の配置をもっているのである．
- **葉緑体**（chloroplast）：固い細胞壁が細胞を取囲んでいるため，植物は自由に動くことができず，一箇所にとどまって生活することになる．したがって，餌を追ったり捕まえたりすることは不可能である．植物はこの問題点を，もう一つの植物特有の細胞小器官である葉緑体において，自分自身の栄養源をつくり出すことで克服している．葉緑体は二酸化炭素を炭水化物に変換し，それをエネルギー源や細胞壁に使う高分子の原料として利用している．これにより，植物は動かなくても生きていけるのである．

これら互いに関連する特徴的な三つの構造が，“典型的な”動物細胞とはまったく異なる植物細胞の特徴を規定している．細胞レベルでも，個体全体を構成するうえにおいてもである．さらに，植物細胞は細胞壁により互いに接着しているため，動物細胞のように臨機応変に形を変化させたり動いたりすることができない．その結果，動物の発生段階でみられるような複雑な細胞の配列変化は植物では起こらない．したがって，植物は細胞間の位置関係をほとんど変化させることなく発生，生育するという動物とはまったく異なる生育様式をとらねばならない．植物は，この問題を細胞の伸長や分裂方向の制御といった基本的な仕組みを活用することにより克服している．

植物の細胞は他の細胞と常に接着した状態で存在するため，一つの細胞のみをとって“典型的な植物細胞”とするのには無理がある．そこで，まずは植物がどのように成長するかを述べ，その過程で細胞が示すさまざまな特徴を見てゆくことにしよう．

17・2 植物の成長

重要な概念

- 植物の成長はシュートと根の先端の生長点で起こる．
- 植物の発生は胚発生後も継続する．
- 植物は環境に応答しつつ成長する．

まず，植物の成長において最も特徴的な点は，生育場所を求めて歩いたり地面を這ったり泳いだりすることなく，自らの成長する空間を自ら切り開いてゆくことである．

われわれ人間が成長する際には，体のいたるところの細胞の数がほぼ一様に増加する．たとえば，大人の各器官や四肢は，子供のものがそのまま大きくなった形をしている．しかし植物の成長は，各器官を一様に大きくすることによってではなく，一生を通じて“幼若”な状態に維持された，少数の特殊化した領域でのみ起こる．

これらの特殊化した領域は，分裂組織（**メリステム** meristem）とよばれる．分裂組織の位置を，図17・1に示す．根の先端とシュート〔茎と葉（花を含む）の総称〕の先端に位置する，特に分裂が盛んな分裂組織は，一次分裂組織，または頂端分裂組織とよばれ，成長に必要な細胞の供給源となっている．新しい細胞が連続的に生まれるにつれて，これらの分裂組織は植物の古い部分からより遠ざかることとなる．こうして，根は地中へと伸長し，シュートは光を求めて空に向かい伸長する．これら一次分裂組織が植物体の高さ方向の成長に必要な細胞を供給するのに対し，成熟した根や茎の側方に位置する二次分裂組織（形成層とよばれる）はそれらの器官の太さを増すための細胞を供給している．

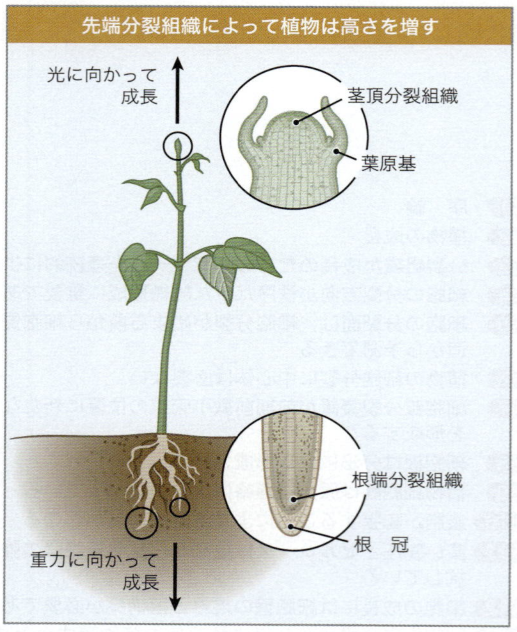

図17・1 植物の成長につながる細胞分裂は，根とシュートの先端にある特殊な小さな領域（分裂組織）に限られている．挿入図はその構造の様子．

一次分裂組織がでたらめに増殖してしまうと，器官形成にも著しい不都合が生じる．そのため，植物が正しく形づくられるためには一次分裂組織での成長が厳密に制御されている必要がある．植物は，主要な成長軸である根端-茎頂軸に添って成長し，この軸に葉や花などの側生器官が付属した形をとる．また，地上部と地下部はこの根端-茎頂軸に対して異なった生育様式を示す．地上部であるシュートは，上方，つまり重力の方向の逆かつ光の方向に成長し，日光を受けるために葉を広げたり，風や昆虫に向けて花をつける．一方根はシュートとは逆方向の地中へ，つまり重力方向に従いかつ光から遠ざかる向きへと伸長することにより，地上部を支える役割を果たすとともに，成長に必要な水やミネラルの吸収を行う．

茎頂分裂組織と根端分裂組織は，それぞれ上方と下方へと成長し，互いの距離はだんだん遠くなってゆくため，葉でつくられた養分を根へと運び，根で吸収した水や養分を葉へと運ぶための特別な長距離輸送経路が必要となる．さらに，より大きく成長し続けるためには，分裂組織の後方の組織の機械的強度を増し，自らを支えなければならない．そのために，さらなる成長に備え，新たにつくり上げた部分の細胞壁を特に肥厚させる必要があることが容易に想像できる．

動物とは異なる成長様式をもつとともに，植物は周囲の環境にもより鋭敏に反応し成長する．植物の成長速度や成長方向は重力，温度，日長，光の方向によって大きく左右されるため，動物の体制が胚の段階で早々に決定されるのに対し，植物の体制は可塑的であり，外界の刺激に応じて枝分かれしたり花や葉をつけたりといった具合に，その形を常に変えることができる．この器官形成を通した環境適応の能力は，植物が成長し続けることができるという性質があってこそのものである．植物がこれまで地球上に生息したいかなる動物よりも巨大，かつ長命となりうるという点も，成長点を幼若な状態に保てるという能力によっている．北米のセコイアメスギには重さ 2000 t，樹高が 100 m 以上のものが存在し，その推定樹齢は数千年とされている．

17・3 分裂組織が成長のためのモジュールを連続的に供給する

重要な概念

- 茎頂分裂組織が分裂することにより成長点に新たな細胞が供給される．
- 植物は，基本モジュールを積み重ねることにより成長する．
- 細胞は分裂し，伸長した後に分化する．
- 頂端の後方に位置する細胞が急激に伸長することにより，成長点が押し出される．

若芽に覆われた木を一目見れば，最も若い部分が外界に最も張り出しており，地面により近い古い部分がそれを支えていることがわかるであろう．植物は，新しいモジュールを古いモジュールの上につぎつぎと積み重ねることにより成長する．この成長様式は，茎頂分裂組織が新たな細胞を生み出しそれらを既存の部分から最も遠い最先端部分へと押し出すということを周期的に行っていることによっている．まずは，一次分裂組織の形態とそれが植物体全体の形をどのようにつくり上げていくかを概観し，その後細胞レベルでこの現象を解説しよう．

茎頂分裂組織の表面は図 17・2 の通り，ドーム状の形をしている．この先端のドーム中央にある細胞が分裂することで，主軸に新しい組織が形成される．ドーム側面に位置する細胞が分裂する

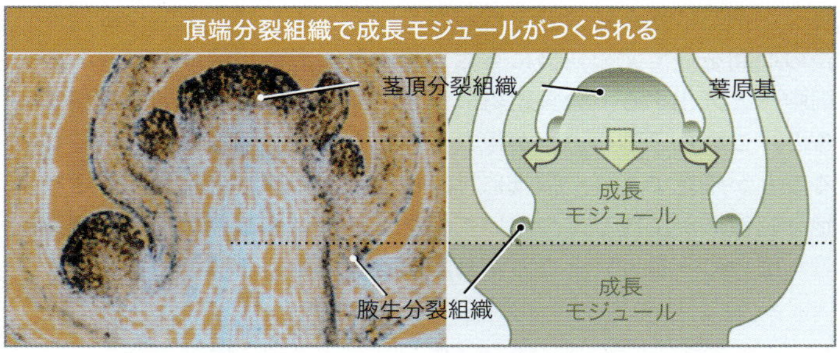

図 17・2 写真は，成長中のキンギョソウの茎頂の縦断面．サイクリン mRNA の *in situ* ハイブリダイゼーションにより，茎頂と側生器官の細胞分裂部位が黒く染色されている．右の図は植物の成長に伴い頂端分裂組織が成長モジュールを繰返しつくる様子．矢印は，頂端分裂組織中央での細胞分裂によって各モジュールの茎の細胞がつくられ，端の細胞の分裂によって葉や花に成長する原基が形成されることを示している［写真は，V. Gaudin, et al., *Plant Physiol.* **122**, 1137〜1148 (2000) より．©American Society of Plant Biologists］

ことにより，側面に突起が形成され，側生器官となる．これらは環境条件によって，葉もしくは花芽となる．側生器官はしばしば一定の間隔で形成され，茎に向かい合って交互に，あるいは縦方向にらせん状に，といった複雑なパターンをとることとなる．図 17・3 のように側生器官は茎頂分裂組織の下に規則正しいパターンで生じ，その結果，植物個体では図 17・4，図 17・5 のようなパターンを形成する．シュートの一部と腋芽で構成される成長モジュールを，茎頂分裂組織が繰返しつくり続けることにより植物は成長する．このような植物の連続的な成長には，オーキシンやサイトカイニンといった植物ホルモンを介した，細胞分裂速度や外界の環境の複雑な相互作用が関与している．

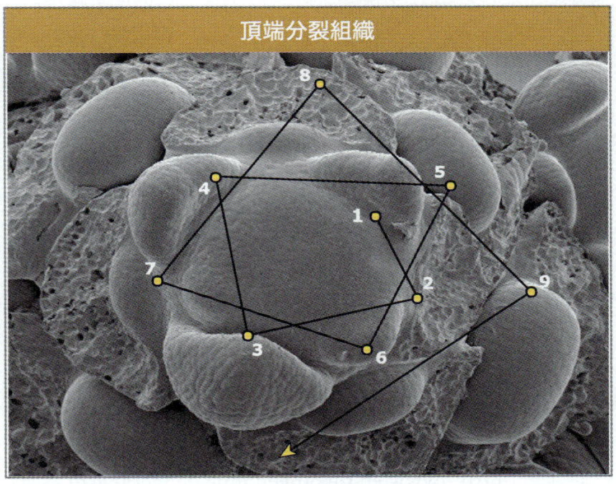

図 17・3 成長中のキンギョソウのシュート先端の走査型電子顕微鏡写真．頂端分裂組織が中央にみられ，断続的に形成されているモジュールの葉と葉原基がその周りをらせん状に取囲んでいる．番号は新たに形成された順．6 と 7 の間で葉への分化が起こっている［写真は Enrico Coen, John Innes Centre の好意による］

先端のドーム中央の細胞が分裂して増え，これが**根端-茎頂軸** (root-shoot axis) をつくり上げる．分裂してできた細胞のうち，一つは分裂組織にとどまりその構造を維持し細胞分裂を続け，もう一つの細胞は植物体の新たな部位を形づくるための材料となる．つまり，分裂組織は永続的かつ動きに富んだ分裂領域である．頂端の細胞が分裂して，より先端へと移動すると，後方に

残った細胞は徐々に分裂を行わなくなる．そして，劇的な細胞伸長の期間を経て元の何倍にも大きくなり，最後に根やシュートの細胞へと分化する．分裂組織の長さ方向に沿った切断面を観察すると，これら三つの過程が重なり合った領域で順番に起こっていることが確認できる．頂端には，ほとんどの細胞分裂が起こる細胞分裂領域が位置し，つづいて細胞伸長領域があり，植物の成熟した部分に一番近いところが細胞が分化を始める領域である．

図 17・4 葉は連続してつくられ，成長点の後ろにらせん状に並ぶ［写真は Hans Meinhardt による．http://www.eb.tuebingen.mpg.de/meinhardt 参照］

図 17・5 茎に沿った葉のパターン［写真は Hans Meinhardt による．http://www.eb.tuebingen.mpg.de/meinhardt 参照］

先端で細胞が繰返し分裂し，後方へと伸びるはしご状の細胞層ができる．細胞分裂領域の細胞のサイズは小さく，液胞は非常に小さいかまったく存在しないかである．しかし，細胞伸長領域に移動するときにはすべての細胞で液胞が形成されている．その後，液胞が急激に膨張し，細胞は分裂領域中にあったときの何十倍，何百倍にも急激に伸長する．もしも球状の風船を膨らますように伸長したら，植物は球形の細胞塊にしかならず，高さも数センチを超えることはないだろう．しかし実際には，植物はすべての方向に均等に伸長するのではなく，はっきりと成長軸に沿って伸長する．細胞も同方向に伸長し，その結果，軸そのものも伸びる．伸長領域において細胞は単に大きくなるだけでなく，非常に長くなるのである．

図 17・6 は，分裂組織後方で劇的に伸長した細胞を示している．この間に液胞は膨張して各細胞の 95 % を占めるようになり，細胞質は圧縮されて細胞膜のすぐ内側に薄い層となる．このように頂端から少し後方の細胞が一定方向に大きく伸長することにより，先端にある分裂細胞はさらに外へと押し出され，それとともに側生器官も移動する．細胞を一定方向に伸長させることは，植物の形態形成の戦略上非常に重要である．この章の後半では，細胞骨格と細胞壁の密接な関係による伸長方向の制御方法についてまとめることとする．

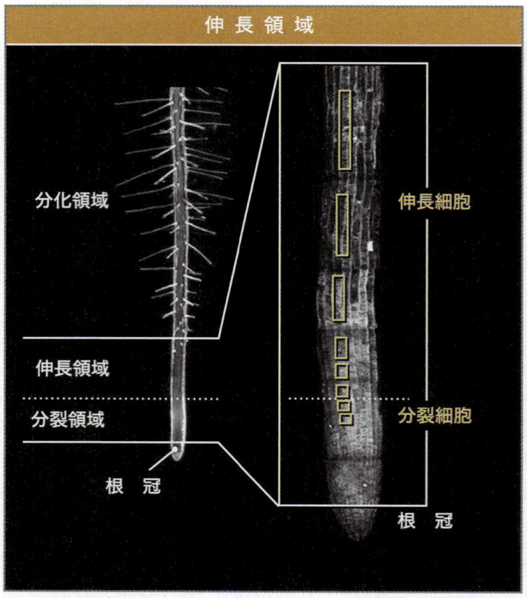

図 17・6 左はシロイヌナズナの根の明視野顕微鏡写真．成長点の後ろに順に並ぶ三つの細胞領域を示す．右は根の高倍率写真で，各細胞の形がわかるように微小管が染色されている．さまざまな点での細胞のおおまかな大きさと形を示した［写真は，(左) Keke Yi, John Innes Centre の好意による．(右) K. Sugimoto, R.E. Williamson, G.O. Wasteneys の好意による．*Plant Physiol.* **124**, 1493～1506 (2000) より．©American Society of Plant Biologists］

分裂組織後方の細胞の伸長と分化は，細胞を取囲む細胞壁の変化に伴って起こる．細胞が伸長するためには，細胞壁が柔軟な性質をもつ必要がある．つまり，細胞壁は細胞の形を維持できるくらい強固でなければならないし，同時に伸長しようとする力も生み出さなくてはならない．これが可能なのは，分裂領域と伸長領域において，形成途中の“一次”細胞壁が比較的薄く，可塑性が高いことに由来する．一方分化領域の細胞では伸長が停止し，細胞壁は肥厚し化学的に強固になる．この堅固な“二次”細胞壁でできた構造上強固な物質が，成熟した植物体の形を維持し，常に伸び続ける成長領域を支えているのである．

植物の成長に必要な細胞分裂は分裂組織でのみで起きるが，分化した細胞の多くでも分裂能は維持され続けている．たとえば，葉が動物に食べられると，食べられた箇所の周りの細胞は分裂を再開し，食べられた部分を埋めようとする．成熟した植物細胞の分裂能力は，われわれ人間が皮膚に受けた傷を治そうとする能力をはるかに超えている．分裂組織の細胞でなくとも，多くの植物細胞は，細胞分裂を再開し，発生プログラムを再起動し，新しい器官や，植物体全体までをも再生することができる．これらの細胞は分化全能性をもつのである．園芸家はこの特性を，通常の有性生殖を介さずある植物体と同一のコピー（クローン）を複数つくるために利用している．一例をあげると，セントポーリアの葉を細かく切断し，そこから元の個体とまったく同じ植物をたくさん再生することができるのである．

17・4 細胞の分裂方向が秩序だった組織形成に重要である

重要な概念

- 細胞運動がないので，分裂面の方向が形を決める．
- 細胞の種類を増やす形成的分裂，数を増やす増殖的分裂．

各細胞の周囲には細胞壁が存在し，植物の成長と器官形成に大きな影響を与えている．細胞の形や位置を変えることにより身体の形を変化させることができる動物と異なり，植物は分裂組織における細胞の位置を変えることができない．細胞壁が細胞の形を固定し，細胞どうしを結合しているので，細胞は個別に運動することができない．したがって，植物細胞にとっては細胞分裂が，細胞の相対的な位置を決められる唯一の機会となる．細胞壁があるため，植物細胞では動物細胞の細胞質分裂でみられる表層のくびれによるような分裂は起こりえない．その代わり，植物細胞は細胞質を横切るような細胞壁を新しくつくることにより細胞質分裂を行う．この細胞壁はいったんつくられると回転したり別の位置に移動したりできないので，新たな細胞壁をつくる方向は綿密に制御されている．分裂組織内における正しい方向の分裂は，植物体における細胞の配置や機能的な組織への分化において非常に大切なのである．

図 17・7，図 17・8，図 17・9 に示した長方形の細胞の分裂を例にして，分裂面の変化がその後組織にどのように影響するか考えてみよう．細胞およびそれが分裂してできた娘細胞のすべてが

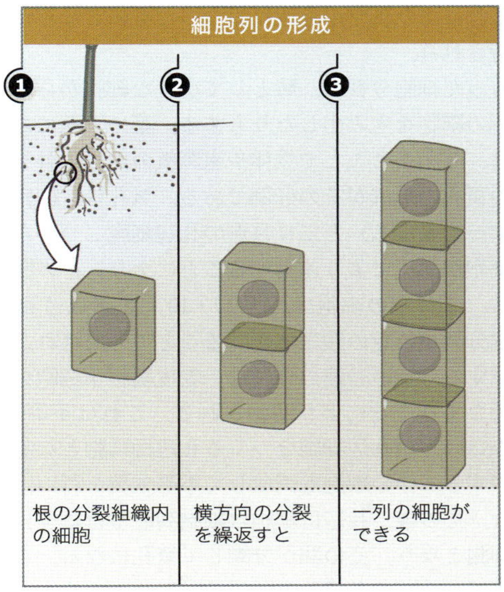

図 17・7 同じ方向に分裂を繰返すことで根の構造がつくられる様子．このように横方向の分裂によって細胞を増やすことで，根やシュートは長さを増すことができる．

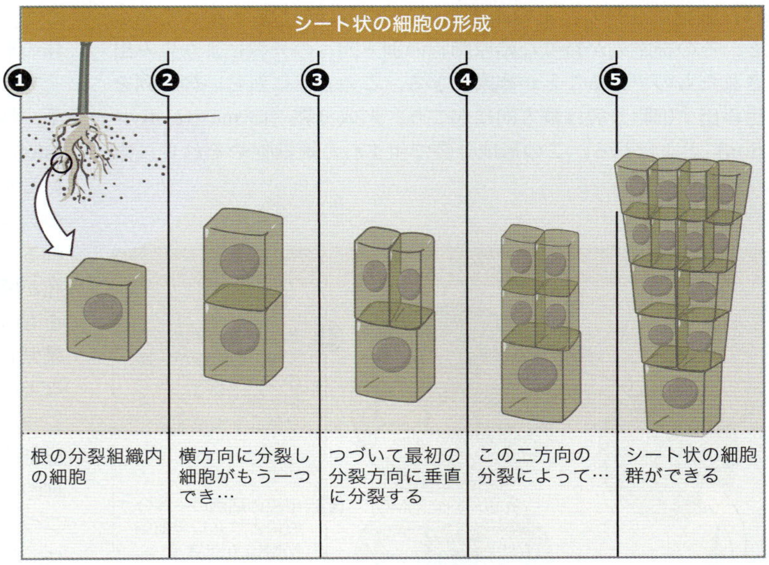

図 17・8 二方向の分裂の協調により新しい細胞層ができる様子．この二つの分裂様式によって最終的にシート状の細胞群がつくられる．

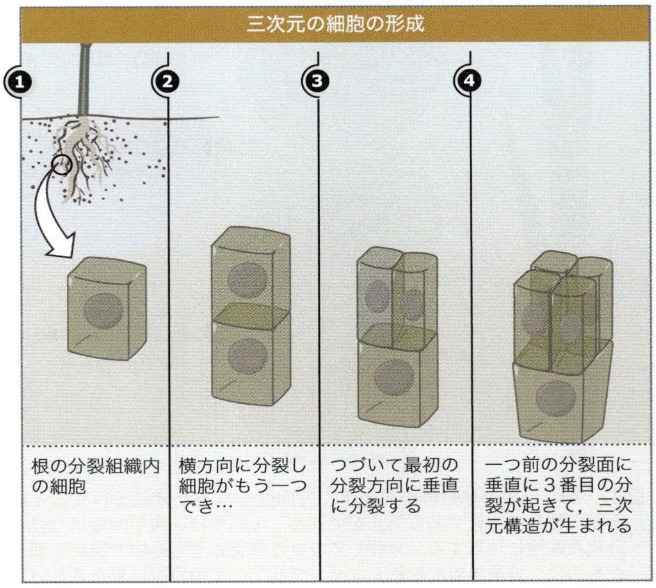

図 17・9 協調的な細胞分裂により三次元的な細胞の集合をつくり出す様子．図に示した通りの順番で異なる方向の分裂が起こる必要はない．３種類の分裂がさまざまな順番と回数起こり，細胞伸長が組合わさることで，複雑な形が生まれる．

水平方向に分裂すると，細胞の端どうしがつながって列をなし，はしごのような形になるだろう．一方向への伸長はこの列を伸ばすことはできるが，この列内の細胞が同じ方向に分裂し続ける限り，細胞列は1列のままである．このような成長様式は糸状の藻類といった単純な植物にみられる．しかし，ある時点で前の分裂方向に対し垂直に細胞が分裂すると，1列だったものが平行な2列に分かれる．この方向での分裂が繰返し起こって列が増えると，葉のように細胞がシート状に並ぶ．もちろん，植物体内は三次元方向に広がりをもち，分裂面を戦略的に時間とともに変えることにより立体的な構造をつくり出すことができる．

三次元の根を確実に形成するためには，複数の分裂面を調整することが必要である．根は細胞列が束ねられたものとみなすことができる．先に例にあげた通り，列をなしている細胞はその方向にも垂直方向にも分裂することができる．この2種類の分裂方向は，それぞれ別の形で根の形成に関与し，それぞれの分裂の位置と回数により最終的な根の形が決定される．横方向の分裂により，細胞列中の細胞数が増加し，根が伸長する．分裂組織から離れた細胞に注目し，その系譜を根の先端に向けてたどってゆくと，その細胞列が特殊な始原細胞の別方向への分裂により生み出されたものであることが観察できる．このように新しい細胞列を生み出す細胞分裂は縦方向に起こり，形成分裂（formative division）とよばれる．この形成分裂で生まれた娘細胞やそれらに由来する細胞群は，さまざまな細胞へと分化できる．つまり，根端付近の始原細胞が縦方向に分裂することで組織中の各細胞列が形成され，その後しばらく経ってからさまざまな細胞へと分化するのである．放射状かつ同心円状に縦方向の分裂を行うことにより，植物の三次元構造が形づくられる．遺伝学的解析に広く用いられているシロイヌナズナという小型の植物の根の切断面が，この三次元構造を端的に示している．シロイヌナズナの根は，決まった細胞数をもつ細胞層が同心円状に配置した典型的な形態をもつ．このような形態をとるにあたっての形成分裂の重要性は，それができないため根の配置が異常となった変異体の観察によりうかがうことができる．根の三次元構造が植物種を問わず非常に似かよっているという事実は，根の発生における分裂方向の順序が植物に共通のものであり，遺伝的な制御を受けたものであることを示唆している．

しかし，細胞分裂の方向が器官形成にさほど影響を及ぼさない例もある．たとえば，通常は細胞列を伸長させる横方向の分裂が，葉においては細胞列にある角度をなした分裂に置き換わることがある．これにより細胞の配置は異なったものとなるが，葉全体の形は維持される．

方向性をもった細胞分裂は，時として小さな細胞からなる器官や，特種な形の細胞を生み出したりもする．葉の下側にある**気孔**（stomata）は，開閉することで気体や水蒸気の出し入れを行っているが，この気孔の形成がその好例である．気孔は，副細胞（その数は種によって異なる）と三日月形の孔辺細胞二つから構成される．孔辺細胞が膨圧により運動することにより，その間にある孔が開閉する．これらの細胞は，図17・10にあるように方向性をもった細胞分裂が特定の順序で起こることで形成され，その結果気孔が完成する．この一連の分裂は，表皮細胞が細胞列に垂直な方向に分裂をすることにより開始される．これは不等分裂で，二つのうち小さい方が孔辺細胞をつくる孔辺母細胞となる．孔辺母細胞に隣接する二つの細胞も湾曲して不等分裂を行い，孔辺母細胞を取囲む．その後，孔辺母細胞は細胞列と平行に等分裂して二つの孔辺細胞となり，その間が分離して気孔になる．このように，気孔形成にかかわる多様な分裂面は，気孔の機能と切っても切れない関係にある．

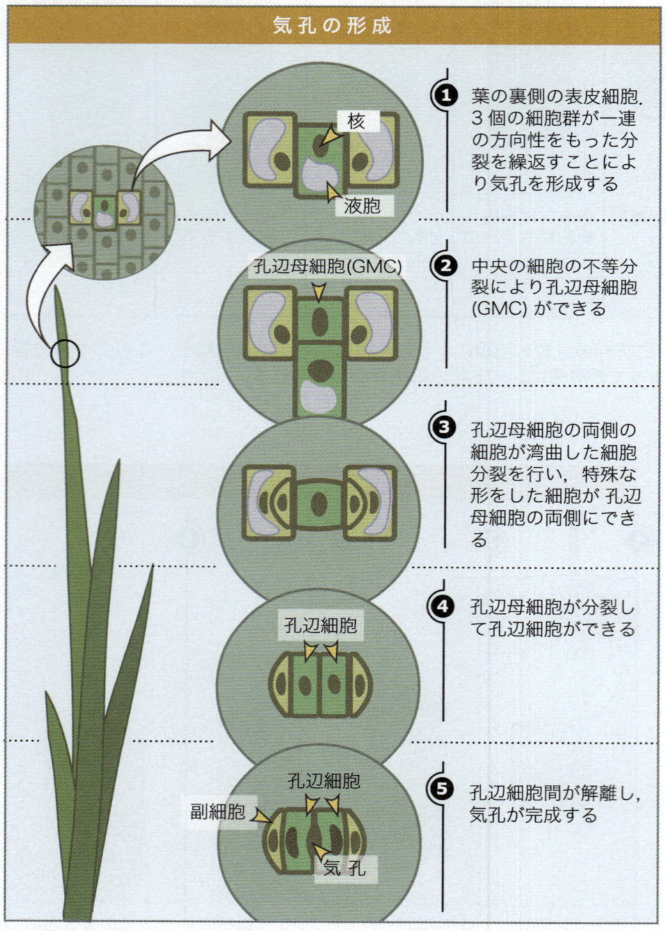
気孔の形成
核
液胞
1 葉の裏側の表皮細胞．3個の細胞群が一連の方向性をもった分裂を繰返すことにより気孔を形成する
孔辺母細胞(GMC)
2 中央の細胞の不等分裂により孔辺母細胞(GMC)ができる
3 孔辺母細胞の両側の細胞が湾曲した細胞分裂を行い，特殊な形をした細胞が孔辺母細胞の両側にできる
孔辺細胞
4 孔辺母細胞が分裂して孔辺細胞ができる
孔辺細胞
副細胞
気孔
5 孔辺細胞間が解離し，気孔が完成する

図17・10 小数の細胞群が順序よく方向性をもった分裂を行うことにより，特殊な器官である気孔ができる．上図では，典型的な三つの未分化な細胞に注目する．分裂してできた細胞のうち途中で図から消えたものは，普通の表皮細胞となり，気孔としての役割は果たさない．

17・5 細胞の分裂面は，細胞分裂が始まる前から細胞質中の構造から予測できる

重要な概念

- 細胞分裂面は，表層の微小管とアクチンフィラメントのリングによって予測される．
- シート状の細胞質によっても液胞化した細胞の分裂面が予測される．

植物細胞が分裂するときに細胞壁が新しくつくられる場所はどうやって決まるのだろうか．中期に染色体が並ぶ面が必ずしも新しく細胞壁をつくる面とは一致しないことから，意外ではあるが紡錘体はこれに関与しない．したがって，植物細胞における細胞壁の位置を決める仕組みと動物細胞の分裂面の決め方は大きく異なっている．動物細胞では，紡錘体と細胞表層の相互作用によりおもにアクトミオシン系からなる収縮環が形成・配置され，この環の収縮によって細胞が分裂する．

植物細胞では，細胞分裂が開始する前に植物特有の構造体である**前期前微小管束**（preprophase band）の形成位置により，新しい細胞壁の位置を予測することができる．この構造は，細胞周

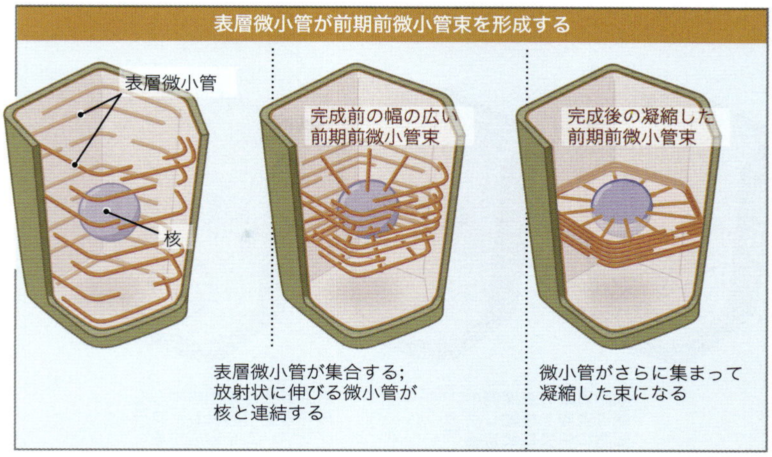

図 17・11 左の間期の細胞では，微小管が表層に均等に分散している．分裂に向かうにつれ，徐々に細胞の端から消えて中心部に集まり，最終的に凝縮した束になる．細胞の核は微小管束と同じ平面上に位置し，放射状に伸びる微小管によってそれらは連結されている．その直後分裂が開始する．

期の G_2 期に微小管が細胞膜直下に素早く集まり，細胞を取囲む太いバンド状に並ぶことで形成される．その様子を，図 17・11 と図 17・12 に示した．バンド内にはアクチンフィラメントも濃縮している．アクチンフィラメントは，微小管が細胞の周りで凝集し，太い束になるのに重要な役目を果たしているのかもしれない．大きさが同じ二つの細胞に分裂するときには，このバンドは細胞の中央に形成され，不等分裂時には片側によって形成される．微小管とアクチンフィラメントは前期前微小管束内にあるだけでなく，核の表面から放射状に伸びて核と前期前微小管束をつないでいる．つまり，バンドが凝縮する過程で，微小管とアクチンが外輪とスポークとなり，核がハブとなった車輪のような形状をとる．この構造は，ゴルジ体由来の小胞や小胞体由来の構造も多く含んでいるが，これらは前期前微小管束の細胞骨格に付着しているものと考えられている．

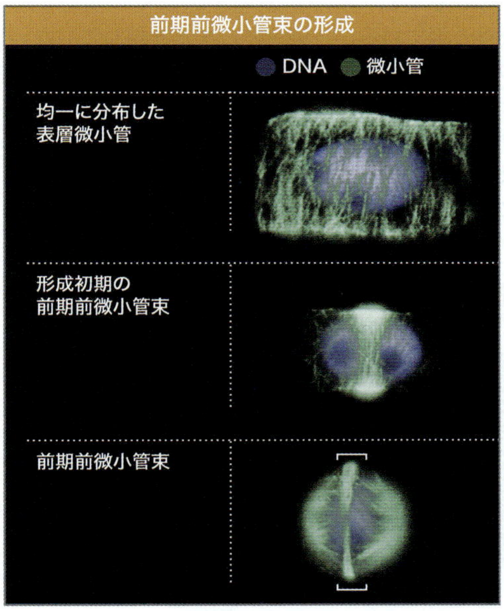

図 17・12 単離細胞での前期前微小管束の形成．緑色が微小管で，青色が核．一番下の図では，微小管束の凝縮が終了し，核の中央を縦断する細い束として観察される．その両側の少しぼんやりした構造は，前期紡錘体．前期前微小管束が形成される間ずっと核に変化がないことと，表層に微小管がほかにまったくないことに注意［写真は Sandra McCutcheon, Institute for Animal Health, Compton の好意による］

前期前微小管束およびそれと核をつなぐスポーク状の微小管は，共に分裂初期に脱重合し消失する．この脱重合は，新しい細胞壁形成の兆しのない，まだ紡錘体が形成途中の時期に起こる．前期前微小管束はすでに存在しないにもかかわらず，バンドが以前あった場所に，非常に正確に細胞壁が形成される．このことから，微小管束のうち目に見える部分はなくなるものの，細胞の表層には何らかの痕跡が残っていることが示唆される．一つの可能性としては，微小管束の痕跡として残った分子により細胞表層のある場所が特殊な機能をもち，そこで細胞板と元の細胞の融合が起こることが考えられる．また，微小管束のあった場所に残った分子が，細胞中心部から外側へ向けての細胞板の形成を何らかの方法で導くということも考えられる．細胞の中心部と表層をつないでいるアクチンフィラメントは分裂中も存在していることか

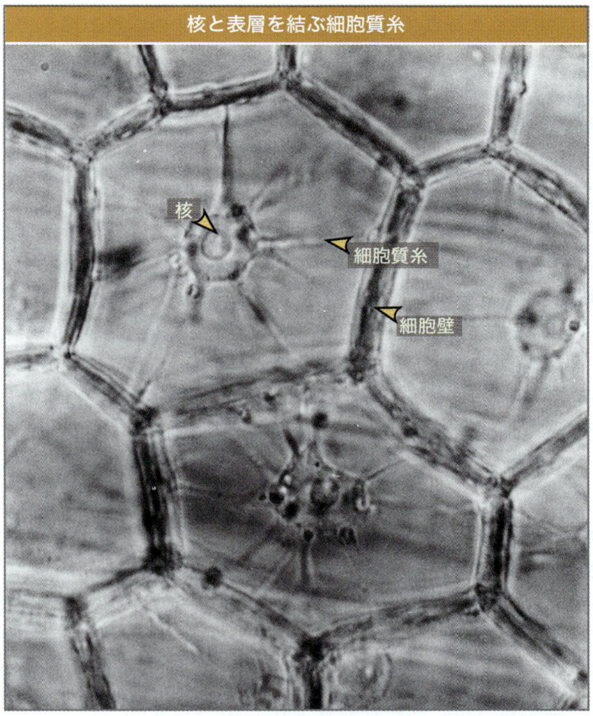

図 17・13 分裂するよう刺激された表皮細胞の光学顕微鏡写真．核は細胞の中心に移動し，分裂が始まろうとしている．細胞内はほとんどが液胞で占められており，液胞内を横切り核と細胞の表面を結んでいる細胞質糸が観察できる［写真は Clive Lloyd の好意による］

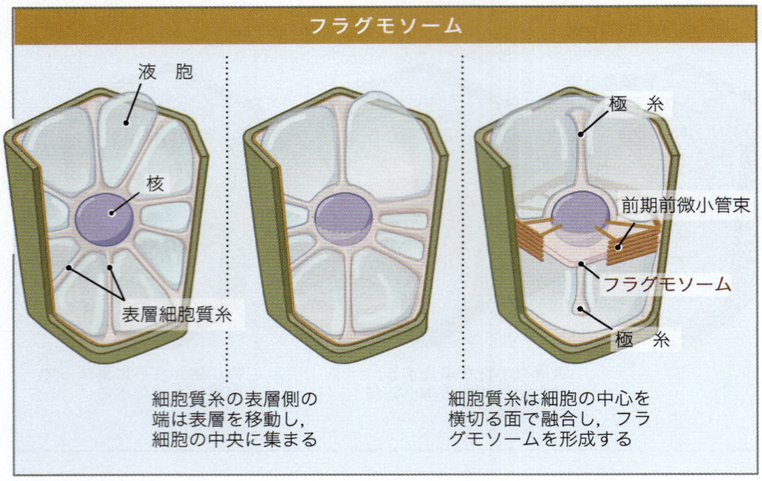

図 17・14　核が細胞中央に移動し，分裂の準備が整った液胞化した細胞では，細胞質糸があらゆる方向に伸び，核と表層を結んでいる．フラグモソームを形成するため，多くの細胞質糸の端は表層を移動し，集合して細胞を横切る連続したシート状の細胞質を形成する．数本の細胞質糸（極糸）はそれには含まれず，核と細胞端の表層を結んだまま残る．フラグモソームは前期前微小管束と同じ平面上に形成される．

ら，これも細胞板を外側へと形成させる分子の候補である．

前期前微小管束以外にも，細胞の分裂面を予測させるものが存在する．これは，巨大な液胞をもつ細胞が分裂する前に形成されるものである．液胞は空間的に植物細胞の大部分を占めるので，細胞が分裂する際，細胞質がない部分にどのように新たな細胞壁をつくるかは問題である．この問題を解決するため，分裂に先立って細胞内の分裂面となる場所に細胞質のシートを形成するという，劇的な配置変換が行われる．このシートはしばしば細胞容積の 5 %にも及ばないが，その中で紡錘体が形成され，新たな細胞壁が構築される．

巨大な液胞がある細胞では，分裂のためにまず核が移動する必要がある．液胞が発達している細胞の核は，たいてい間期には表層の薄い細胞質の層に圧縮されて存在し，分裂前になると細胞の中心に移動する．まず数本の細胞質糸が，核から液胞を横切り細胞の反対側まで伸長する．分裂準備期にはその本数が増えて，核が表層を離れて細胞の中心へと移動する．図 17・13 はこの段階に達した細胞を示している．細胞質糸にはアクチンフィラメントが多く含まれ，アクトミオシンの収縮により核が中心へと引っ張られると考えられる．

核が細胞の中心に移動したときには，細胞質糸はありとあらゆる方向へ放射状に伸びている．図 17・14 は，分裂間際の細胞において，細胞質糸の表層側の端が移動し，細胞質糸が平面上に集まり融合することにより，液胞を横切る切れ目のない細胞質のシートが形成される様子を示している．この細胞質構造はアクチンフィラメントと微小管により支持されており，**フラグモソーム**（phragmosome; *phragma* はギリシャ語で障害）とよばれる．フラグモソームは前期前微小管束と同時期に，同じ面上に形成される．この二つの形成は明らかに協調しているはずだが，その仕組みはまだわかっていない．分裂組織の小さな細胞においてみられる核と表層を結ぶアクチンフィラメントと微小管がより発達し，ここで何らかの働きをしているものと思われる．

すべての細胞質糸が融合してフラグモソームになるわけではない．いくつかの細胞質糸は，融合せずフラグモソームの形成された面と垂直方向に核から伸長する．これらの核と表層を結ぶ“極”細胞質糸は，紡錘体の極と極を結ぶ軸と同一線上にある．遠心操作やアクチンの脱重合剤により細胞質糸を破壊すると，紡錘体は誤った場所に形成される．このことから，極細胞質糸には，分裂装置を細胞分裂にかかわる他の構造に対し，正しい位置に配置する役割があると考えられる．

17・6　植物の細胞分裂に中心体は必要ない

重 要 な 概 念

- 植物の紡錘体の極には中心小体がなく，動物の紡錘体の極に比べて拡散した構造をもつ．

細胞壁が分裂前に予測された位置にどのように形成されるかを述べる前に，細胞分裂の過程について軽く触れておかなければならない．細胞分裂は本質的には動物細胞と植物細胞でほぼ同じだが，重要な面で異なる点がある．

植物細胞の分裂初期では，核は微小管でできた前期紡錘体とよばれるものに包まれている．図 17・15 にその構造を示した．形状は紡錘体と似ているが，染色体にまだ連結していないので本来の意味の紡錘体ではない．核膜がなくなり微小管が染色体に連結できるようになると，前期紡錘体は本来の紡錘体に置き換わる．それと同時に，前期前微小管束の微小管も脱重合する．動物細胞と同じように，いったん紡錘体が形成されると，細胞質中の微小管は核に関係するものだけとなる．

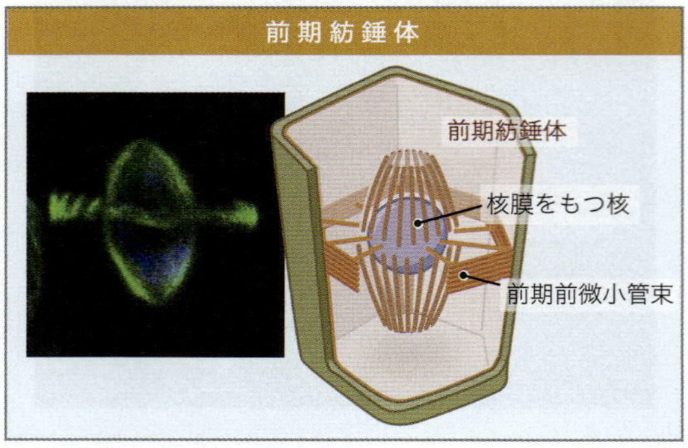

図 17・15　分裂直前，前期紡錘体が核の周りに形成される．前期紡錘体は前期前微小管束と垂直に配向し，染色体に結合できるようになると紡錘体となる．左の図は，懸濁培養したタバコ細胞の前期紡錘体（上下方向）と前期前微小管束（横方向）の写真．緑色が微小管で，青色は DNA［写真は Sandra McCutcheon, Clive Lloyd の好意による］

基本的な構造に関しては，植物細胞の紡錘体は動物細胞とほとんど同じである．図 17・16 にあるように，どちらの細胞でも，逆向きに配向した 2 組の微小管が，中央で対になった染色体にそれぞれ結合している．しかし，この二つの紡錘体の極には大きな

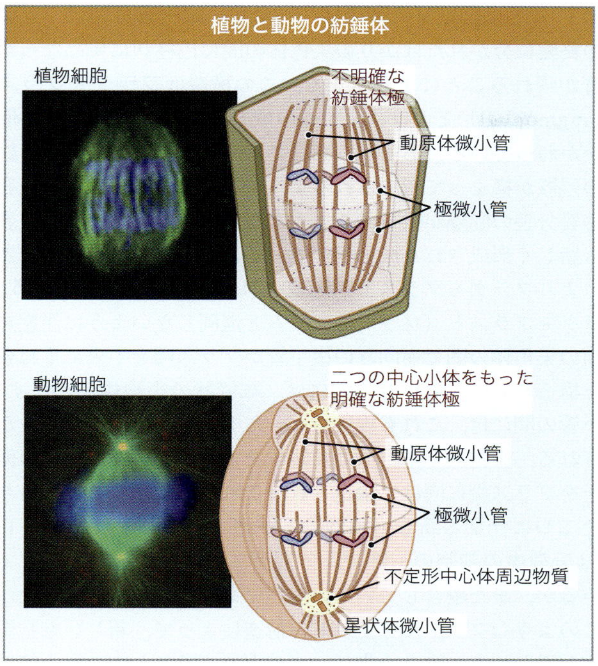

図 17・16 植物細胞と動物細胞の紡錘体は，おもに極の構造が異なる．動物の紡錘体極は中心小体に収束し，多数の星状体微小管をもつが，植物細胞の紡錘体の極はずっとぼんやりしており，星状体微小管は非常に少ない．形の違いは左の写真で見ることができる．緑色は微小管で，青色は DNA．動物細胞の紡錘体極には中心小体のすぐ外側に二つの明るい黄色の点が見える［写真は，(上) Andrey Korolev, John Innes Centre の好意による．(下) Dr. Christian Roghi, University of Cambridge の好意による］

相違点がある．ほとんどの動物細胞では，紡錘体の微小管は極において中心体とよばれる細胞小器官に集まっている．中心体は 2 個 1 組の中心小体とそれを取囲むもやもやした不定形の物質で構成され，紡錘体形成中に微小管形成中心として働く．動物細胞では二つの中心体から放射状に伸長した微小管が分裂の進行に伴い分離してゆく過程が，紡錘体の形成や二極性構造の形成に重要な役割を果たしている．植物細胞には中心小体が存在しないため，極の構造が異なっている．おそらくは中心となる明確な細胞小器官がないため，植物細胞の紡錘体の極は動物細胞より広がっている．植物の紡錘体の中には，極における微小管端の集合がみられず，紡錘体の残りの部分とほとんど同じ幅となっているものもある．

極となる中心体がないのに，植物の紡錘体はどのようにして形成されているのだろうか．植物の紡錘体がどのようにつくられるかは現在のところ正確にはわかっていないが，二極性をつくり出す方法として二つの可能性が考えられる．一つは，中心体を失った動物細胞でみられるように，植物の紡錘体の形成が染色体自身によって開始されるというものである．この仕組みは，*in vitro* の実験により中心体なしで紡錘体が形成されるという結果をもとに提唱された．図 17・17 にその順序を示す．まず微小管が染色体付近でランダムな向きに重合を開始する．2 本の逆向きの微小管に同時に結合し移動することができるモーターによって，それぞれの向きの微小管を各染色体の両側に逆向きに分別することができる．このモーターの性質によって，微小管のプラス端が染色体が存在する細胞の内側に向くため，染色体の微小管結合部位である動原体と微小管が結合できるようになる．微小管の分別が起こると同時に，別のタンパク質によって微小管のマイナス端が束ねられる．このような重合・分別・束化の三つの活性が正しく協調することにより，二極性の紡錘体を染色体の周辺につくることができる．つまり，限られた数の基本的な作業によって，中心小体と中心体がなくても，二極性の紡錘体がつくられうるのである．この説で重要なところは，微小管の極性を利用してそれらを二つに分別することができ，それぞれを束ねることにより二極性の紡錘体を形成することができるという点である．

もう一つの可能性は，植物の紡錘体が動物細胞に似た仕組みで形成されるというものである．中心小体はないものの，極に存在する何らかの物質によって微小管の重合が開始され，紡錘体形成が始まると考える．この可能性は中心体の構造をもとに提唱された．中心体は，1 組の中心小体とその周りのたくさんのタンパク質からなる．電子顕微鏡で観察すると，これらのタンパク質は中心小体の周りにもやもやと雲のように見える．この構造の中に，紡錘体の微小管を重合させるものがあるのかもしれない．動物細胞の中心小体はこれらの物質を一つの場所に集めて中心体を形成する役目を果たしていると考えれば，植物細胞ではそれらの物質が微小管を重合させ紡錘体形成を開始させる機能を保ちつつも，動物細胞に比べあまりまとまっておらずはっきりと見えないことが納得できる．この可能性は，核膜がなくなる前に紡錘体の極の存在を示す二つの“極冠”という構造ができる植物細胞があることから提唱された（図 17・12 の前期前細胞を参照）．動物細胞の中心小体を取囲む不定形構造の構成タンパク質のなかには，最近植物で発見されたものもあるが，その具体的な役割を論じるのは今のところ時期尚早であろう．

星状体微小管の数が少ないという点でも，植物の紡錘体は動物と異なっている．紡錘体の極の背面から細胞質中に放射状に伸びるこの微小管は，動物細胞では表層と相互作用し，紡錘体の位置

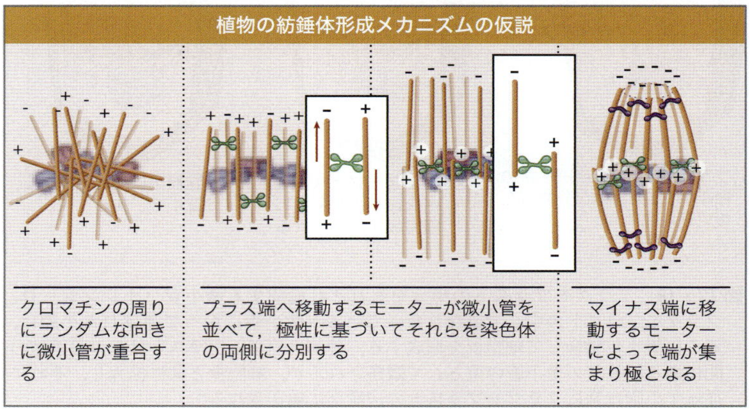

植物の紡錘体形成メカニズムの仮説
クロマチンの周りにランダムな向きに微小管が重合する
プラス端へ移動するモーターが微小管を並べて，極性に基づいてそれらを染色体の両側に分別する
マイナス端に移動するモーターによって端が集まり極となる

図 17・17 *in vitro* の実験から，染色体を核とした微小管の重合と，異なる 2 種類の微小管モーターの作用が組合わさることで，中心体がなくても二極性の紡錘体が形成されることが示唆される．微小管のプラス端が向き合った二つのグループに微小管を分別するには，2 本の逆向きの微小管に同時に結合してプラス端に移動することができるモーター（緑色）．一方極は，同じ向きの 2 本の微小管に結合し，マイナス端に移動するモーターにより形成される．

や方向を決めるのに役立っている．また，動物細胞の星状体微小管は，細胞質分裂において細胞をくびり切る収縮環の形成と，その配置においても重要な役割を果たす．星状微小管は動物細胞の分裂面の決定に大きく寄与しているのである．一方，植物細胞の分裂面は紡錘体の形成が始まる前にすでに決定している．植物の星状体微小管も紡錘体の配向の決定にはおそらく関与しているが，詳しい働きはまだわかっていない．

17・7　細胞質分裂装置が前期前微小管束の位置に新たな細胞壁を形成する

重要な概念

- 細胞質分裂装置（フラグモプラスト）は，細胞骨格繊維からなる外側へ広がる構造である．
- 二重のリングからなるフラグモプラストの中心部へと小胞が運ばれ，融合することで，細胞板が形成される．
- 細胞板は前期前微小管束の位置と一致して形成され，紡錘体の中心とは一致しない．

核が分裂した（有糸分裂）後に，細胞質の分裂が起こる（細胞質分裂）．植物細胞では，前期前微小管束があらかじめ存在した面に新しい細胞壁が形成され，細胞質が分裂する．

植物細胞と動物細胞の細胞質分裂の仕組みはまったく異なっている．有糸分裂では両方とも紡錘体がかかわっているのに対して，細胞質分裂では両者は基本設計からして異なる．動物細胞の細胞質分裂では，アクチンのリングが形成され，これが細胞を締めつけることにより分裂溝を形成し細胞を二つにくびり切る．アクチンは前期前微小管束にも含まれるが，この構造は細胞をくびることはなく，また細胞が分裂する前には消え去っている．植物細胞では，細胞壁が強固なため細胞の形を変えることは難しく，細胞を締めつけることによる分裂は不可能であると考えられる．その代わり，植物細胞は内部から細胞壁をつくることで分裂する．膜で囲まれた円盤状の構造である**細胞板**（cell plate，未完成の細胞壁をさす語）がまず細胞の中央に形成され，それが母細胞の細胞壁と融合するまで外側へと成長する．

図 17・18 に細胞質分裂の様子を示す．細胞質分裂は，分裂後期の終盤に分かれたばかりの染色体の間に円柱状に束になった微小管が現れることにより始まる．この構造は**フラグモプラスト**（phragmoplast）とよばれ，二つの娘細胞を仕切る細胞壁の形成にかかわっている．ある種の細胞では，フラグモプラストは紡錘体の残骸が集まって形成されるように見える．また，有糸分裂と細胞質分裂の間隔が数日あるような特殊化した細胞では，核表面から新しく形成された微小管が放射状に伸び，これが集合することによりフラグモプラストが形成される．紡錘体と同じように，フラグモプラスト（フラグモソームと混同しないように注意）も 2 組の染色体の間で逆向きの微小管がプラス端を中央に重ね合わせた構造をもつ．微小管の間には，細管状の小胞体が存在する．微小管の間には，これも極性をもったアクチンフィラメントが観察される．細胞内や細胞壁の前駆体を含む輸送小胞が，この微小管上をプラス端に向けて輸送され，これが融合することにより細胞を二つに仕切る新しい細胞壁と細胞膜が形成される．図 17・19 は分裂中の細胞の一部で，分裂面に多くの小胞が運ばれてきているが，まだ融合していない状態である．

このようなフラグモプラストの構造によって，新しい細胞壁の形成が導かれる．輸送小胞は，フラグモプラスト内の微小管のプラス端が重なる狭い領域で融合するため，新しく形成される細胞板は扁平な円盤状となる（そのため細胞“板”という名がついた）．細胞板は，その辺縁部に小胞が融合していくことにより，放射状に成長する．細胞板の直径が大きくなるにつれ，最初束状だったフラグモプラストの微小管は円柱状へと形を変える．この円柱状構造は細胞質分裂を通して広がり続け，微小管は常に成長する細胞板の最辺縁部に位置する．一見すると，円柱状の微小管は細胞板の成長によって受動的に広がっているように見え，微小管がそこで動的な働きをもつ必要はなさそうに思える．しかし，実際に

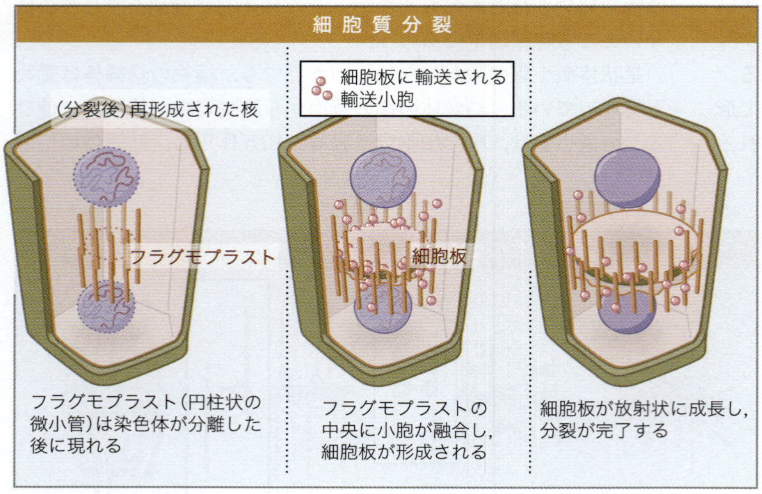

図 17・18　フラグモプラストの半分をそれぞれ構成する微小管（オレンジ）は，フラグモプラストの中心で重なり合っている．微小管に沿って運ばれた小胞は，そこに集まり融合して細胞板を形成する．最初フラグモプラストは二つの娘核の間にある円柱状の微小管の束として観察されるが，細胞板と共に拡大し，それに従って小胞は常にフラグモプラストの辺縁部に輸送される．

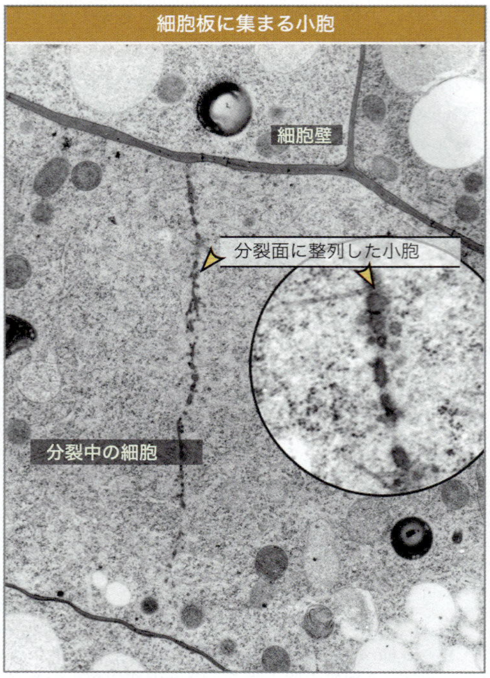

図 17・19　細胞板を形成している分裂中の細胞の電子顕微鏡写真．大量の小胞が分裂面に集まっているが，まだ細胞板へと融合していない．挿入写真は，整列した小胞の拡大写真［写真は T.H. Giddings, L.A. Staehelin, University of Colorado の好意による］

は微小管脱重合阻害剤により細胞板の成長が妨げられることから，微小管は細胞板が拡大する際，能動的な機能をもっていることが示唆される．細胞板の縁で新しい微小管が重合する一方で，小胞輸送がもう必要でない細胞板の中央部では脱重合することが必要であるようだ．

以上のことから，フラグモプラストの特徴を，小胞が融合して新しく細胞壁を形成すべき場所を，細胞骨格により規定している対称性をもつ構造であるとまとめることができる．つぎに，膜と細胞壁成分がこの過程に果たす役割について見ていこう．

これまで植物細胞における有糸分裂と細胞質分裂の仕組みを見てきて，全体的な位置制御が動物細胞とどの程度異なるかよくわかった．動物細胞では，分裂溝の位置が紡錘体により決まり，たいてい紡錘体の軸に垂直である．もしそうでなかったら，その後が無茶苦茶になってしまう．紡錘体の軸の正確な向きは，紡錘体の星状体微小管と細胞表層の相互作用によって決まる．植物細胞においては，イベントと構造の関係がいくつかの点で異なる．まず最初に，植物細胞の分裂面は紡錘体が形成される前に決まっており，紡錘体は分裂面を決める役目をもっていない．2番目に，分裂が起こる位置に移動するのは植物細胞では紡錘体ではなく核である．また，紡錘体と新しく形成される細胞壁の配向に，動物細胞においてほど厳密な関係がない．分裂中の植物細胞では，紡錘体の軸と前期前微小管が細胞を取囲む面が垂直でないときがあり，時折中期に染色体が並ぶ面が傾いていることがある．この場合新しい細胞壁が傾いて成長し始めたとしても，その後前期前微小管束の位置へと向きを変えて成長するため，たいした問題はない．このように，植物細胞と動物細胞の有糸分裂と細胞質分裂は，それぞれ異なる方法により制御されている．

このような違いがあるにもかかわらず，動物細胞と植物細胞で共通しているのが，細胞骨格と細胞の表層の相互作用によって紡錘体の位置が決まるという点である．動物細胞では紡錘体の星状体微小管が直接紡錘体の位置を決定する．一方植物細胞では，おそらくアクチンフィラメントと微小管の両方の細胞骨格成分が，核と表層をつないで分裂の前に核を動かすことにより，間接的に紡錘体の位置決定にかかわっている．細胞表層には，分裂の方向を決定し，分裂後の相対的な細胞のサイズを決めるためのシグナルを細胞外から伝えるという，非常に重要な役割がある．植物細胞でも動物細胞でも，これがないと細胞分裂を空間的に制御することができず，発生がうまくいかなくなってしまう．

17・8 細胞板は分泌により形成される

重要な概念

- ゴルジ体は細胞質分裂中ずっと分泌小胞をつくり続ける．
- この小胞は融合して新しい細胞膜に覆われた細胞板を形成する．

フラグモプラストに誘導される膜融合は，細胞質分裂のなかでも重要である．小胞が融合することで，細胞を新しく二つに分ける細胞壁とその両側を覆う細胞膜の原料が供給される．この章ではこの小胞の融合と細胞板形成をさらに詳しく見ていく．

フラグモプラストの微小管に沿って輸送されるゴルジ体由来の小胞は，細胞壁の前駆体を含んでいる．小胞が融合することにより，この前駆体が放出されて細胞板内で新しい細胞壁の形成に用いられる．形成中の細胞壁は，既存の成熟した細胞壁とは成分が異なり，大部分が柔軟性のある炭水化物の重合体であるカロースでできている．一方，古い細胞壁の主成分は比較的強固なセルロースである．カロースはゼリーのような固さをもつため，形成中の細胞板は完成した細胞壁と比べ非常に柔軟性に富んでいる．カロース以外の細胞壁の成分は小胞内に詰込まれているが，カロースは細胞板の主成分にもかかわらず小胞中には検出されず，細胞板の細胞膜で直接合成されると考えられている．したがって，小胞と新しい細胞壁との融合には，つぎの三つの役割がある．

- 細胞壁に組込まれることになっているカロース以外の成分の輸送．
- 二つの娘細胞を形づくる新しい細胞膜の輸送．
- 細胞膜に結合したカロース合成酵素．

動物細胞では，細胞中央に位置するゴルジ体が有糸分裂初期に崩壊して，細胞質分裂後再び形成される．それに対して植物細胞では，細胞周期のすべての段階において，小さな多数のゴルジ層板が細胞質中に散在する．このゴルジ体は，新しい細胞壁の形成に必要であり，分裂中に分泌小胞を形成し続ける．いくつかの仕組みにより，細胞質分裂中は分泌小胞は細胞板のみに輸送されている．まず，特殊な融合分子が膜中に組込まれている．シンタキシンの KNOLLE は，細胞周期のこの時期にだけ発現し，小胞が母細胞の既存の細胞膜には融合せず，細胞板を囲む新しい細胞膜とのみ融合するようにしている．小胞がいったんフラグモプラスト内の2組の微小管が交差する場所まで輸送されると，フラグモ

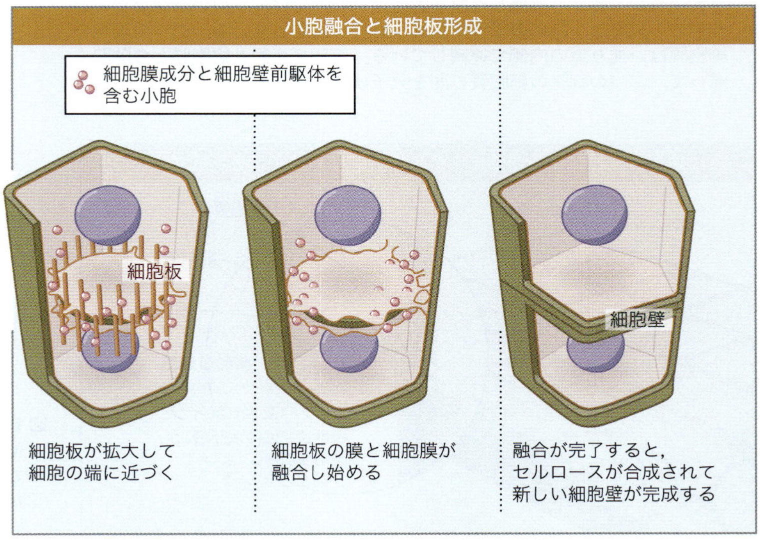
小胞融合と細胞板形成
細胞膜成分と細胞壁前駆体を含む小胞
細胞板
細胞壁
細胞板が拡大して細胞の端に近づく
細胞板の膜と細胞膜が融合し始める
融合が完了すると，セルロースが合成されて新しい細胞壁が完成する

図 17・20 成長中の細胞板の膜と母細胞の細胞膜が融合し，新しい二つの細胞ができる．はじめはセルロースほどの強度がない柔軟な重合体であるカロースでできた柔軟な細胞壁で分けられている．セルロースが合成されると新しくできた細胞壁は強固になり，成熟した細胞壁となる．

プラスチンとよばれるダイナミン様タンパク質によって小胞は細管状に伸展し，これが融合を促進すると考えられている．このように，一群の細管状構造と小胞がフラグモプラストの中央線上に集合し，新しい小胞が輸送されてきては縁から外側へと広がっていく．図 17・20 にその様子を示す．その結果，再形成される二つの核の真ん中で，細胞膜に囲まれた円盤が拡大することになる．フラグモプラストの微小管が外側へ移動した後も，円盤の中心部では引き続き細胞膜に小胞が融合し，カロースで補強された網目構造となる．最終的には，細管どうしがさらに融合し，完全な細胞板ができあがる．つまり，最も活発に融合が起こる細胞板周縁部から融合があまり起こらない中心部まで，膜融合には勾配ができることになる．細胞板の中で最初にできた部分は中央部であり，一番新しく形成されたのは外側の端の部分ということになる．

図 17・20 に細胞質分裂の最終段階の様子を示した．二つの娘細胞間での細胞板から細胞壁への転換は，拡大する細胞板の端の，指のような形をした細胞膜細管が，母細胞の細胞膜に融合することから始まる．通常フラグモプラストの片側がまず母細胞の細胞膜と接触し，細胞板の片側で融合が始まる．その後，他の部分が表層に到達するに伴い融合が進行する．細胞板が成長している間は，カロースの柔軟性のため細胞板が曲がったり波状に見えたりする．しかし，融合が終わりに近づくと，細胞板はまっすぐ平らになり，元の細胞壁と垂直に接して，細胞をまっすぐ横切るようになる．この過程を導いているのはおそらく細胞骨格である．完成した細胞壁はその後，次の細胞周期の間にセルロースが沈着することで成熟し，強固な一次細胞壁としての構造を獲得する．

17・9　植物細胞間は原形質連絡によりつながっている

重要な概念

- 一次原形質連絡は細胞質分裂のときにできた細胞壁の孔である．
- 原形質連絡はシンプラストとよばれる多細胞ユニットを形成し，その間でシグナルが伝わる．
- 原形質連絡は開閉可能で，ウイルスはこの孔を開くことができる．

細胞板が完成しても，細胞分裂でできた二つの細胞が完全に分離されてしまうわけではない．**原形質連絡**（plasmodesmata）とよばれる孔が新しくできた細胞壁に残っており，二つの娘細胞の細胞質間を物質が移動できる．

図 17・21 にあるように，細胞質分裂の際に形成中の細胞板を小胞体の細管が貫通することで原形質連絡ができる．細胞板の細胞膜と埋まった小胞体は融合することはなく，小胞体の細管は二つの娘細胞の細胞膜とつながった管状の細胞膜に覆われる．管状の細胞膜と小胞体の間はリング状に細胞質が存在し，娘細胞どうしの細胞質を連続させている．原形質連絡はこれら三つの要素で形成されるチャネルである．細胞質分裂中に形成される原形質連絡は“一次”原形質連絡とよばれる．しかし，細胞質分裂により生じたわけではない二つの細胞間にも原形質連絡は存在することから，原形質連絡のでき方には別の方法があることがわかる．この“二次”原形質連絡は，二つの細胞の細胞壁が局所的に薄くなることにより形成され始め，孔があいた後に小胞体が何らかの形で挿入される．

図 17・22 に示したように，原形質連絡を介して多くの細胞の細胞質がつながっており，**シンプラスト**（symplast）とよばれる一つの大きなドメインを形成している．原形質連絡のおかげで，電気的信号や小さな水溶性の分子がドメインを自由に移動することができる．細胞間を移動できる mRNA やタンパク質もある．しかし，すべての巨大分子が原形質連絡を通れるわけではなく，特定の mRNA やタンパク質の移動を制御することで，発生段階において細胞運命決定を行っている可能性がある．大きな分子の移動は，原形質連絡の大きさを調節することで制御されているようである．

原形質連絡は細胞の端の細胞壁に集中していて，そこにはアクチンフィラメントも濃縮されている．このことから，原形質連絡への分子の輸送は，アクチンフィラメントに依存し

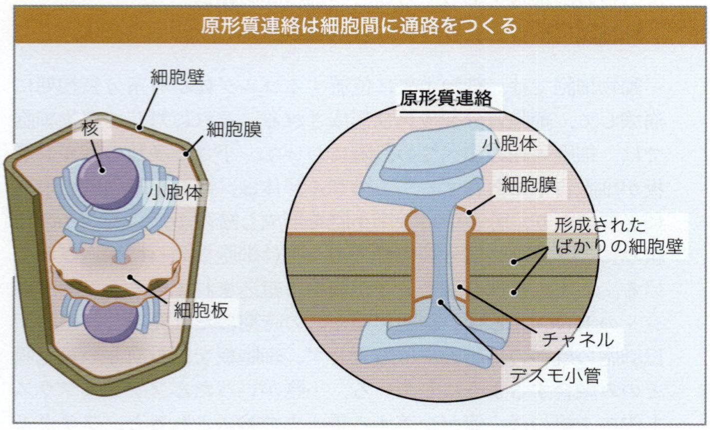

図 17・21　形成中の細胞板（左の図）に小胞体の小管が埋まった結果，原形質連絡ができる．成熟した原形質連絡（右）では，二つの細胞を結ぶ通り道の中央を，小胞体の管（デスモ小管）が貫通している．二つの細胞の細胞膜は，通り道の内側で連続している．デスモ小管と細胞膜との隙間を通って，二つの細胞の細胞質の間を分子は移動できる．

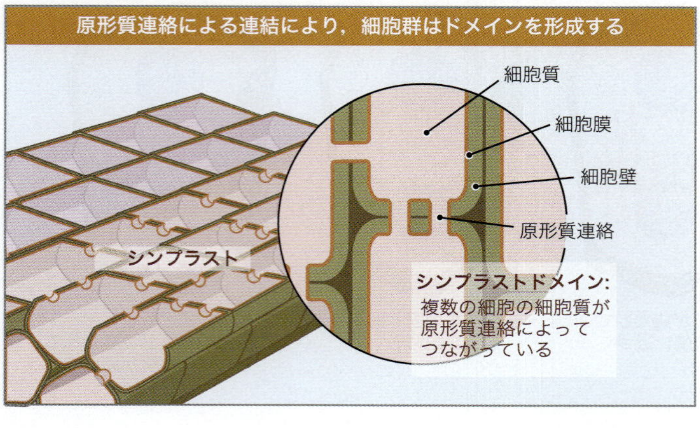

図 17・22　原形質連絡により前方の細胞がつながって，細胞質を共有する集団(シンプラスト)になっている．物質は細胞質を通って別の細胞へと移動できるが，後部の細胞には移動できない．このように連結することで，植物は共通した特徴をもつ細胞のドメインをもつことができる．

ているると思われる．§17・17 “アクチンフィラメントのネットワークが物質輸送のための経路として機能する” で取上げるように，アクチンフィラメントは，液胞が発達した細胞の細胞質における長距離の物質輸送を行うため，非常に動的なシステムを構築している．植物細胞で特徴的なアクチン構造は，細胞壁に固定された細胞の端と端を結ぶケーブルであるが，このケーブルは，両端に局在する植物特異的なミオシンによっておそらく固定されている．これらのことから，アクチンケーブルと原形質連絡が，細胞間の分子の移動において協調して機能しているものと思われる．アクチンケーブルによって細胞質全体の運動が促進され，細胞の一方から入った物質が逆の端まで移動し，そこの原形質連絡がその物質を隣の細胞に移動させるのであろう．巨大なアクチンのケーブルが原形質連絡を通って細胞から細胞へつながっている証拠はないが，原形質連絡の孔にミオシン分子と細いアクチンフィラメントがあるという示唆は得られている．これらの収縮運動によって穴の大きさを変えることで，細胞間の物質移動を制御しているという仮説が立てられている．

多くの植物ウイルスが，原形質連絡による細胞の連続性を利用している．図 17・23 に示すように，ウイルスはサイズが大きいにもかかわらず，細胞から細胞へ原形質連絡を通って素早く移動することができる．これは，植物ウイルスがつくる “移行タンパク質” とよばれるタンパク質の働きにより，原形質連絡が普段は通さないような大きな物質を通すようになるためである．このタンパク質がどのように働いているかはまだ明らかではない．タバコモザイクウイルスの移行タンパク質は微小管やアクチンフィラメントだけでなく小胞体にも結合している．ウイルスに感染すると，小胞体はこのウイルスの工場となる．このような仕組みにより，タバコモザイクウイルスは感染した細胞の合成系と輸送系を乗っ取り，原形質連絡の孔を広げてさらに隣の細胞へと感染を拡大することができる．

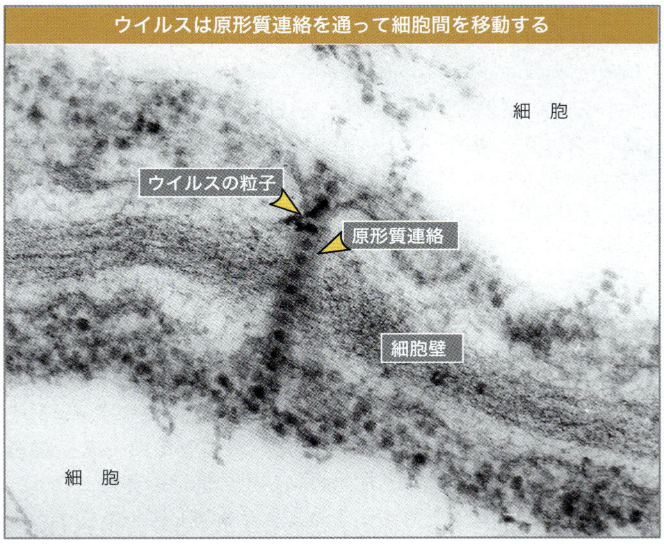

図 17・23 ササゲモザイクウイルスの粒子が二つの葉の細胞をつなぐ原形質連絡を通って移動する様子を写した電子顕微鏡写真．どちらの細胞にも巨大な液胞が存在する．写真の左下と右上の何も写っていないのが液胞．それぞれの細胞の細胞質は細胞壁の内側に沿って薄い層として存在する．濃い黒色の点として見えているウイルスの粒子が下側の細胞の細胞質に多く見られ，原形質連絡内にも並んでいる．下の細胞から上の細胞に感染が広がっていると考えられる［写真は Kim Findlay, John Innes Centre の好意による］

17・10 液胞が膨張することにより細胞の伸長が起こる

重要な概念

- 液胞への水の吸収が，植物に独特な圧力による細胞伸長を可能にする．
- 液胞にはいくつかの異なる種類が存在する．

今まではおもに，頂端の細胞分裂領域で起こる有糸分裂，細胞質分裂の過程について見てきた．では，細胞分裂が止まるとどうなるのだろうか．最も顕著な変化は細胞の急激な肥大で，これには液胞が重要な役割を果たしている．分裂領域の細胞は比較的小さく，多くても数個の小さな液胞しかない．なかには，液胞をまったくもたない細胞もある．分裂領域を過ぎた細胞は伸長領域に入るが，ここで細胞は水を中央液胞に吸収することにより大きくなる．この細胞の肥大は，以下の三つの過程が協調することにより起こる．① 液胞の膨張による拡大成長のための圧力の発生．② 細胞が成長するための，厳密に制御された細胞壁の柔軟化．③ 特定方向への細胞伸長のための，膨圧の方向づけ．この節では，細胞壁の役割を見る前に液胞の働きを見ていこう．

液胞が細胞伸長を促すことができるのは，細胞の最も基本的な物理的性質によっている．細胞は内部の物質を外部の環境から隔離するバリアーがあって初めて成り立つ．これにより，細胞は代謝反応の場を集中させることができ，外部環境の変化に脅かされることなく安定した状態を保つことができる．植物細胞も動物細胞も脂質に富んだ膜で外界と隔てられている．細胞膜は巨大分子や電荷をもった分子を自由には透過させないので，それらを細胞内に濃縮しておくことができる．しかし，水や小さな電荷をもた

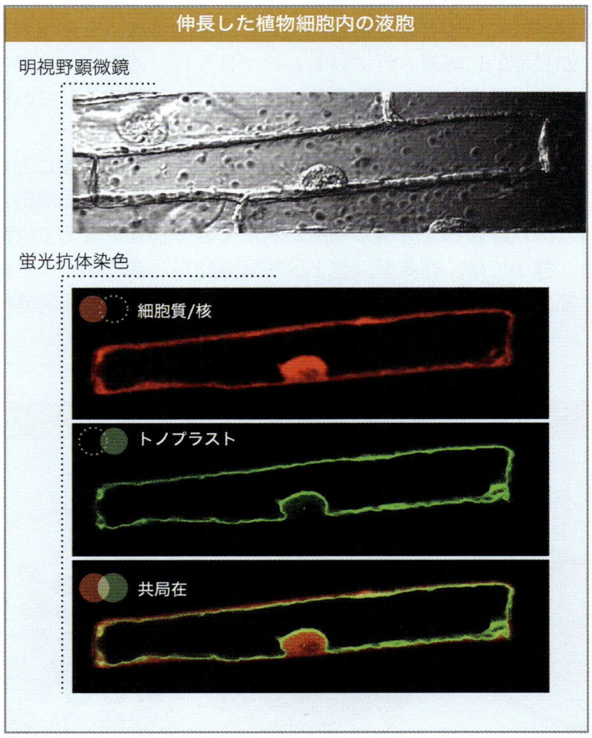

図 17・24 一番上の写真は，根もしくはシュートの十分伸長した細胞．核は下側の境界の中央に半円として観察できる．下の写真は，同じ細胞を蛍光プローブで染色したもので，細胞質と核で占められた領域は赤，液胞膜は緑色で示されている．細胞内の何も色がついていない大きな部分が液胞である［写真は Sebastien Thomine, the Cell Imaging Facility の好意による．http://www.ifr87.cnrs-gif.fr/pbc/imagerie/contact.html 参照］

ない分子は**浸透**（osmosis）により細胞膜を透過する．浸透は，細胞膜のような半透膜を水が透過することで，膜の両側の溶質の濃度差によって起こる．見かけ上，低濃度溶液から高濃度溶液へと水は移動する．細胞内の塩濃度やその他の分子の濃度が高くなると，細胞内外の浸透圧の差ができてその差を解消するように水が移動する．水が流入すると細胞内の反応が希釈により妨げられ，最終的には破裂するという“膨張死”の危険性がある．これを防ぐために動物細胞では，水の流入に対してナトリウムなどのイオンを能動的に排出することで，内部の溶質濃度を下げている．植物細胞では，この問題に対して水の流入を成長に利用するというまったく別の手段をとっている．

植物では，細胞内に入った水は液胞に溜められる．外部から無機塩を能動的に取入れて蓄えることで，液胞は浸透によりさらに水を吸収し，その結果劇的に大きくなる．細胞分裂が終わり完全に伸長しきった細胞では，巨大な中央液胞が図17・24に示したように細胞の容積の95％近くを占める．したがって液胞は，植物における最大の細胞小器官である．**液胞膜**（tonoplast，トノプラストともよぶ）によって囲まれた巨大な液胞によって，細胞質は細胞膜付近に押しやられ薄い層となる．液胞の内部は水と無機塩でほぼ満たされているので，液胞の膨張で細胞を大きくすることはエネルギーがあまりかからず効率的な手段である．

液胞は植物細胞が大きくなるために必須だが，空間充填以外の役割も担っている．液胞は，小さな分子を後で使うために一時的に蓄えておいたり，長期的に細胞質から隔離したりする働きをもつ．また，有害な化学物質を外部から集めてきて分解したり隔離しておいたりという，解毒のための役割ももっている．さらに，微生物に対する防衛策として植物自身が合成した有害物質を液胞に溜めるという例もある．植物を色づけるための色素にも，液胞に貯蔵されているものがある．しかし，液胞に溜められたものすべてが長期的に隔離されているわけではない．液胞は，無機イオンやアミノ酸などの有用な物質の，一時的な貯蔵庫としての機能ももっている．

液胞が細胞質では行えない反応を行う場所を提供することもある．たとえば，分解型液胞は動物のリソソームや酵母の液胞と似ており，代謝産物を分解し細胞が利用できる物質に変える役割がある．種子では，貯蔵型液胞と分解型液胞が一緒に働くことがある．そこでは，タンパク質を集めて貯蔵するという植物特異的な機能をもつある種の液胞が機能している．成熟した種子の液胞には，1種類もしくは数種類のタンパク質が非常に高い濃度で蓄えられている．種子が発生を始めると，タンパク質貯蔵型液胞と分解型液胞が融合し，タンパク質が分解される．そこでできたアミノ酸は，植物発生の初期段階のタンパク質合成に用いられる．

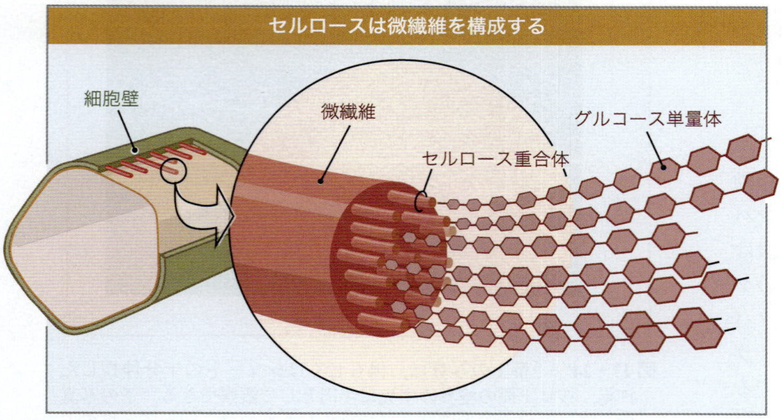

図17・25 各セルロース重合体はしっかり束ねられて，細胞壁の基本的な構造成分であるセルロース微繊維を形成する．微繊維内でセルロース重合体はすべて同じ方向を向いていて，その間で水素結合が多数形成される．この結合によって，微繊維は非常に強固なものとなる．

17・11 高い膨圧とセルロース微繊維からなる細胞壁の強度が拮抗している

重要な概念

- 動物細胞の細胞外マトリックスはタンパク質に富んでいるが，植物の細胞壁はおもに炭水化物でできている．
- 強固なセルロース微繊維を規則的に配置することにより，膨圧を制御している．
- タンパク質が細胞壁を軟化させ，細胞は拡大する．
- セルロース微繊維の配向は，層ごとに変えることができる．

植物細胞は，拡大しようとする液胞の力を細胞壁で押しとどめている．そのため，細胞壁には並はずれた強度がなくてはならない．しかし，強度をもつ一方で細胞の伸長にも対応する必要がある．細胞壁の構造を詳しく見ると，そのような特性が何によっているか，また，特定の方向への細胞伸長がどのようにして起こるのかがわかる．

植物の細胞壁は動物の細胞外マトリックスよりも分厚く強固である．動物の細胞外マトリックスはほとんどがタンパク質からなるが，植物の一次細胞壁の中でタンパク質は約10％分にしかすぎない．それらの中には，糖タンパク質や細胞壁形成にかかわる酵素，細胞壁の構造に関与するエクステンシンなどが含まれる．一次細胞壁の主要成分（約90％）は，大気中の二酸化炭素を元に光合成により固定された炭水化物の重合体である．

細胞壁の主成分は**セルロース**（cellulose）で，これはグルコースの端どうしがつながった鎖状の重合体である．それぞれの鎖には大量のヒドロキシ基が等間隔に並んでおり，隣り合った分子どうしが水素結合により結合して1本の半結晶構造の微繊維を形成する．その様子を図17・25に示した．この**セルロース微繊維**（cellulose microfibril）が，植物の細胞壁の構造の基盤となっている．図17・26に，それらがまとまって凝集している様子を示した．水素結合が多数あるため，セルロース微繊維は非常に頑強で（その張力は鋼を超えるほどである）そのため細胞壁は非常に強固である．このセルロースの強固さゆえ，植物だけでなく人間も，セルロースを主成分とする木材，綿，段ボール，紙といったものを利用することができる．

細胞壁は，セルロース微繊維以外にも多くの成分を含んでいる．図17・27に細胞壁の構造を示した．セルロース微繊維は，ヘミセルロースとして知られる別の多糖鎖によって架橋されている．これらの糖鎖が水素結合により繊維状の網目構造を形成し，細胞壁全体に広がっている．この架橋された繊維を中心に，その周りをさらにペクチンという別の炭水化物複合体が覆っている．ペクチンはその枝分かれ構造のために含水性が高く，ゲル状となってセルロースの周りに存在する．ペクチンがゲル状となりやすい性質は，いろいろな果物のジャムが高い粘性をもっていることから容易に見てとれる．水や小さな分子は細胞壁のゲル中を拡散できるが，大きな分子は動くことができない．ペクチンはカルシウムなどの陽

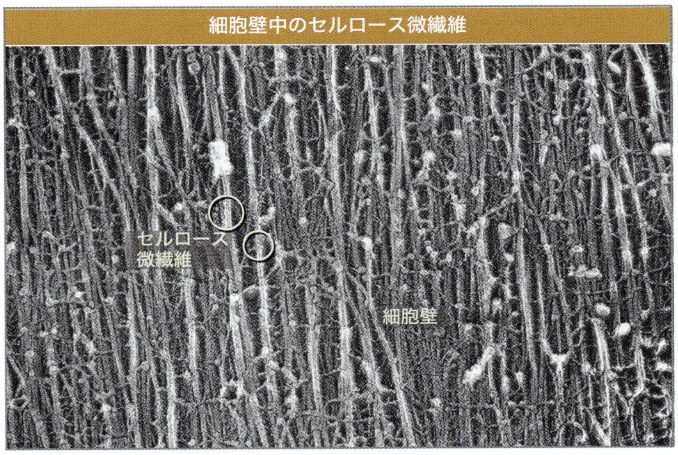

図 17・26　細胞壁の電子顕微鏡写真．セルロース微繊維は写真の上から下に連続して走る直径が一定のケーブルとして観察される．その間を連結しているものも見える［写真は Brian Wells, Keith Roberts の好意による］

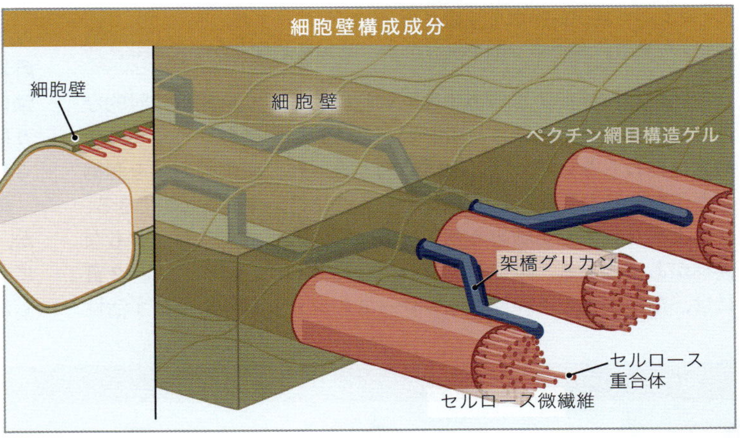

図 17・27　細胞壁内ではセルロース微繊維どうしが連結されており，細胞壁は一つの大きなユニットを形成する．架橋グリカンは隣り合う微繊維と平行に並んで結合している．この二つの成分は両方ともペクチン分子でできた細胞壁全体を覆うゲルの網目構造に埋込まれている．ゲルは緑色の部分．

イオンと結合する性質をもち，これによりペクチンは固化し細胞壁の強度を増すことになる．

セルロース微繊維を含む強固な細胞壁のおかげで，植物細胞は膨張する液胞の圧力に対抗することができ，破裂せずにすむ．液胞が外向きに圧力をかけ細胞壁がそれに対抗し，細胞内には**膨圧**(turgor)という圧力がかかる．膨圧は非常に高くなりうる．チューリップの膨圧（0.6 MPa）でも車のタイヤの空気圧（0.2 MPa）の何倍も高く，植物によっては 3 MPa 以上の膨圧をもつものもある．膨圧のおかげで細胞は膨張し，細胞壁に圧力がかかり，細胞は固くなる．これが植物にさまざまな面で役に立っている．草本性植物がまっすぐ立っていられるのも膨圧のおかげで，もしも水を与えなければしおれてしまう．

膨圧には方向性がなくどの方向にも同じように圧力がかかる．プロトプラストとよばれる細胞壁を除去した細胞を真水の中に入れると，まんべんなく広がって風船のように丸くなり，そのうち破裂する．細胞は膨圧を利用して伸長するため，細胞壁をでたらめにはつくれない．図 17・28 に示す通り，細胞壁は細胞の成長

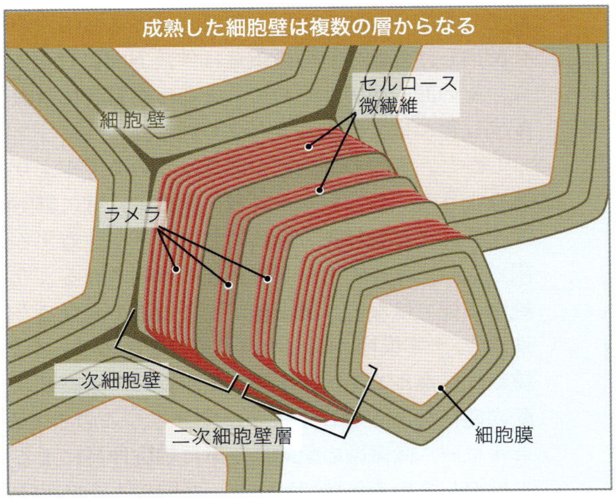

図 17・28　細胞壁はそれぞれ独立に形成された複数の層からなる．前の層の内側に新しい層が形成される．一番古い層（一次細胞壁）は一番外側のもので，細胞がまだ伸長している時に形成される．細胞伸長が終わると，新しい層（二次細胞壁）が何層か加えられて，細胞壁の剛性が増す．

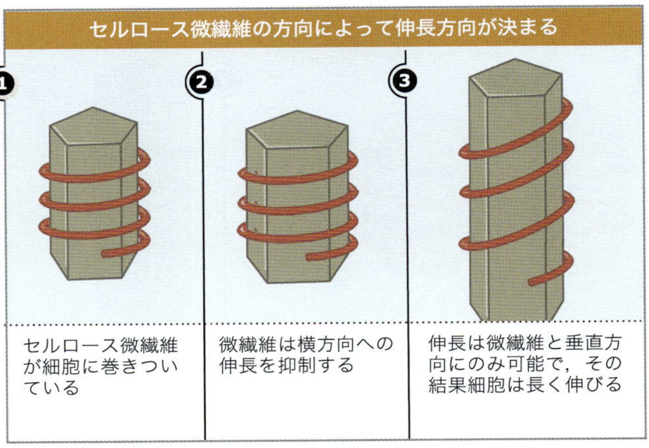

図 17・29　赤いらせんは，細胞に巻きつくセルロース微繊維．その方向が細胞の伸長方向を決める．

に伴い形成されたラメラとよばれる同心円状の層からなる．どの層でもセルロース微繊維どうしが交差することはなく，各層は織物状ではなくほぼ平行な微繊維でできている．図 17・29 に描かれているように，この微繊維の向きで細胞の伸長できる方向が決まる．図中のように微繊維が配向した場合，横方向への伸長は妨げられる．しかし隣接したセルロース微繊維どうしは離れることができるので，細胞は垂直方向に伸長する．これが，植物細胞の方向性をもった伸長のおもな仕組みである．たとえば，成長中の根の伸長領域では，繊維の向きが茎頂–根端軸と垂直（横方向）になっているため，細胞はこの軸と同じ方向に伸長する．

17・12　細胞の成長には細胞壁の緩みと再構築が必要である

重 要 な 概 念

- タンパク質が細胞壁を弛緩させ，細胞が伸長する．
- セルロース微繊維の向きは層ごとに変化させることができる．

植物細胞が伸長するためには，細胞壁中のポリマーは相対的な位置を変化させるか壊される必要がある．細胞壁のセルロース微繊維は伸長しないが，同じ層内の隣り合った微繊維の連結を制御しながらほぐすことにより，微繊維に垂直に伸長することができる．このような細胞壁を緩める効果をもつものとして，二つのおもな候補があげられる．**エクスパンシン**(expansin) というタンパク質には，ぴんと張った純粋なセルロースのシート（紙）を伸ばす活性がある．エクスパンシンは，紙の内部のセルロース微繊維を密にまとめている水素結合を，非酵素学的に切断すると考えられている．しかし，細胞壁は純粋なセルロースでできているわけではない．細胞壁のセルロースはペクチンや架橋グリカンに囲まれ，微繊維どうしは離れて存在している．複数の成分でできた植物の細胞壁においては，エクスパンシンは架橋グリカンとセルロース微繊維の間の水素結合を緩め，微繊維をばらばらにすると考えられる．その様子を図 17・30 に示す．エクスパンシンは酸性条件下で最もよく働くので，植物細胞がプロトン（水素イオン）を分泌するとその活性が強くなると考えられる．この効果のため，プロトンの分泌を利用すれば細胞の伸長を制御できる可能性がある．植物の成長ホルモンであるオーキシンが，このようにして細胞伸長を促進するという説が**酸成長説**(acid growth theory) である．

成長のために細胞壁を緩める役割があると考えられている細胞壁タンパク質がもう一つある．キシログルカンエンドトランスグリコシラーゼという酵素は“切り貼り”機能をもっている．この酵素が架橋グリカンを切断し，その端を切断された別のグリカン鎖に再びつなぐことで，細胞壁マトリックスが緩み伸長できるようになる．この酵素はエクスパンシンと協調して機能すると考えられる．

細胞が成長するときセルロースの層はどうなっているのだろうか．入れ子のロシア人形のように，細胞壁の一番新しい層は内側にあり細胞膜に隣接していて，その周りを古い層が取囲んでいる．しかし，人形とは異なり細胞壁は成長し続ける．第 1 層は細胞が非常に小さいときに周囲に形成されたもので，最も新しい層は細胞がその数倍に成長した後にできたものだ．細胞は成長し続けているのだから，古い層ではセルロース微繊維の並び方に何らかの変化が起きているはずである．マルチネット成長説とよばれる昔からある説では，微繊維はまず細胞を囲むように伸長方向に垂直（もしくは圧縮されたベッドのスプリングのような“平らな”らせん状）に沈着するとされる．その後新しいセルロース微繊維が細胞膜に隣接して形成されると，その位置から移動した古い層は拡大した細胞の大きさに合わせて成長の圧力により配向を変える．図 17・31 に示すように，この過程はばねが伸びる様子にとても似ている．このモデルに従えば，細胞膜直近の層では細胞伸長方向に対してセルロース微繊維が垂直に配向し，外側の層の微繊維は伸長方向に対して平行に，その間の層では斜めに，といった具合に微繊維の配向は徐々に変化すると考えられる．

しかし，実際の細胞壁の成長はこのモデルよりも複雑なようだ．新しいセルロース微繊維は常に細胞膜のすぐ外側に細胞伸長方向に対して垂直に沈着するとは限らない．マルチネット成長説で説明されるような単純な模様ではなく，微繊維が別々の層で異なる方向に沈着し，十字模様のようなパターンをとることがある．植物成長ホルモンは微小管とセルロース微繊維双方の配向変化をひき起こすことができる．このことから，セルロース微繊維の配向は，単に細胞伸長による変化を反映しているわけではなく，細胞による能動的な制御を受けているものと考えられる．細胞壁の拡大に重要なのは，古い層の微繊維の配向変化というよりはむしろ，隣り合ったセルロース微繊維間の連結を切断することであると思われる．

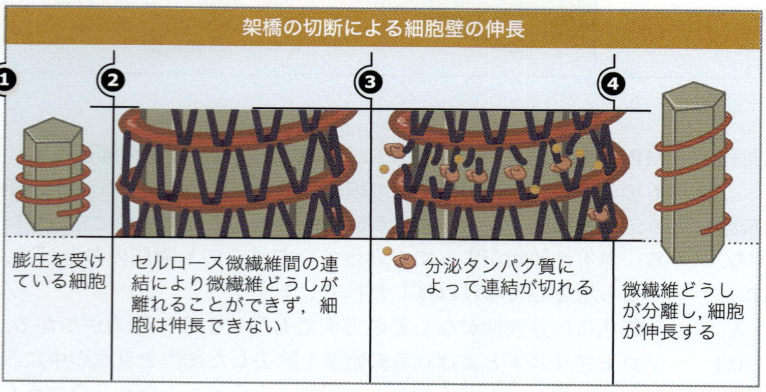

図 17・30　細胞壁内の微繊維は隣り合うものどうしで連結されているために離れることができず，細胞は伸長することができない．分泌タンパク質によってこの連結が切れ，細胞の伸長が可能になる．

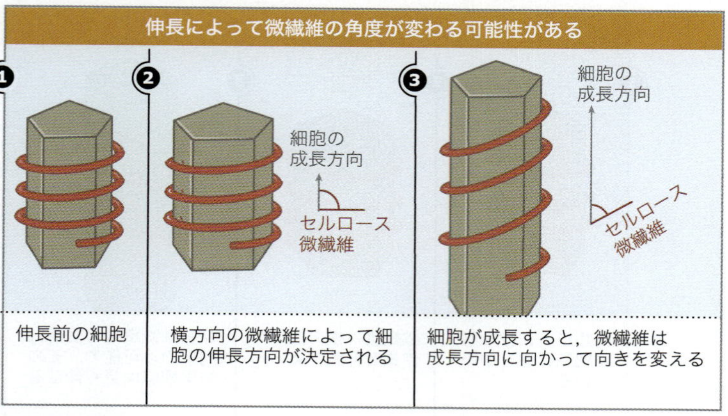

図 17・31　マルチネット成長説によると，細胞が伸長すると古い微繊維は伸長方向に沿って向きが変わると考えられる．この配向変化は，ばねの両端を引っ張ったときの角度の変化と似ている．

17・13 細胞内で合成され分泌される他の細胞壁成分と異なり，セルロースは細胞膜上で合成される

重要な概念

- セルロースは細胞膜に埋込まれた複合体で合成される．
- 合成複合体は細胞膜表面を移動する．

細胞壁が植物細胞にとって非常に重要であり，細胞壁成分の配向制御が植物の成長様式に一役買っていることを見てきた．では，細胞はどのようにして細胞壁をつくるのだろうか．特に，細胞壁の中心成分であり，細胞壁に強度を与えるセルロース微繊維を，細胞はどのように重合させているのであろう．

はじめのうちは，細胞の成長に伴って崩壊した層を修復するため，セルロース合成は細胞壁内部で行われると考えられていた．しかし現在では，セルロースは実際には細胞膜内に埋込まれた**セルロース合成複合体**（cellulose synthesizing complex）により合成されることが知られている．凍結割断電子顕微鏡法を用いることにより，新しい細胞壁を合成中の植物細胞の膜中に，セルロースの生合成部位が初めて観察された．この技術では，細胞膜を二つの半単位膜に分割し，その一方を電子顕微鏡で観察する．これにより，膜貫通型のタンパク質を粒子として片方の半単位膜中に容易に観察することができる．植物細胞の細胞膜には，巨大で特徴的な形をした，六つの粒子が六角形に並んだ構造を含む膜貫通型複合体が多く存在する（図 17・32）．この六角形の“ロゼット”はリボソームと同じくらいの大きさで，この中にセルロースを合成する酵素が大量に存在している．図 17・33 は，その酵素一つ一つがロゼット内にどのように配向しているかの予想図である．複合体は活性型グルコース前駆体を細胞質側から取込み，セルロースの繊維を何本も同時に合成する．その繊維はすべて細胞膜の細胞外側に連続して送り出される．図 17・34 にあるように，ロゼットがセルロースを合成しながら細胞膜平面上を移動し，その後に新しく合成されたポリマーが残される．ロゼットの移動方法については，細胞壁に固定された直鎖状のポリマーが伸長することにより，流動的な細胞膜表面上をロゼットが移動する力を発生させるという説が提唱されている．

それぞれのロゼットには微繊維を構成する 30〜50 本のセルロース鎖をつくり出すのに十分なセルロース合成酵素が含まれている．枝分かれがない直鎖状の微繊維は平行にまとまって，半結晶構造であるセルロース微繊維となる．セルロース鎖は長さ約 1〜5 μm であるが，それにより構成されるセルロース微繊維は 100 μm 以上(細胞を 1 周するのに十分な長さ)になる．セルロース鎖が互い違いに組合わさることにより，長いセルロース微繊維が構成されている．膜結合型の酵素によって植物細胞の細胞外マトリックスを構成する主要な繊維をつくり出すという方法は，動物細胞の細胞外マトリックスで主要な繊維タンパク質であるコラーゲンが分泌により細胞外へと運ばれることとは対照的で，ユニークなものである（コラーゲンは前駆体の形で分泌され，細胞表面で重合する）．細胞膜上で別の酵素により合成されるカロースは例外として，セルロースの合成方法は細胞壁の他の成分とはまったく異なっている．他のすべての細胞壁成分は細胞内で合成されたのちゴルジ体由来の分泌小胞で輸送され，細胞膜との融合に伴い細胞外へと放出される．

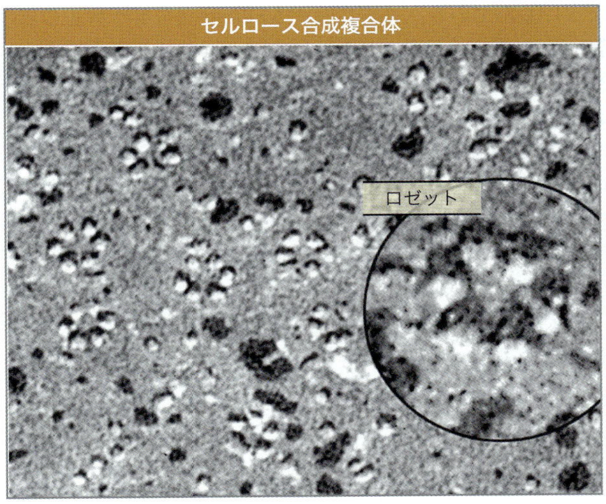

図 17・32 細胞膜の膜内タンパク質の凍結割断電子顕微鏡写真．六角形の“ロゼット”が観察される．挿入図は，一つのロゼットを高倍率で観察したもの［写真は C.H. Haigler, R.L. Blanton, *PNAS* **93** (22)，12082〜12085 (1996) より．©National Academy of Sciences. 技術協力 M. Grimson 氏］

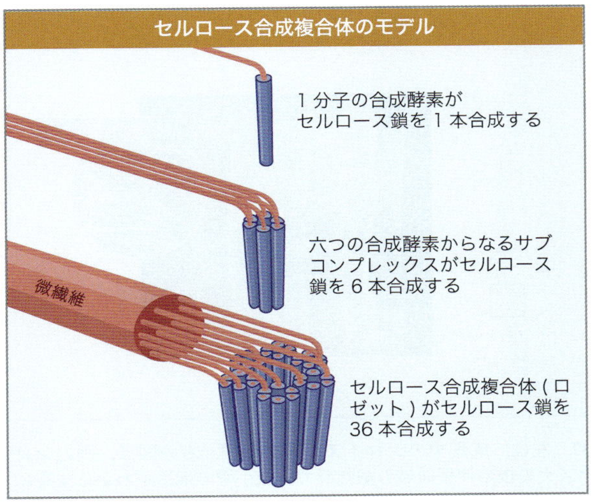

図 17・33 一つのロゼットは 36 個のセルロース合成酵素が集まってできている．その配置によりセルロース鎖が微繊維の形にまとめられる．

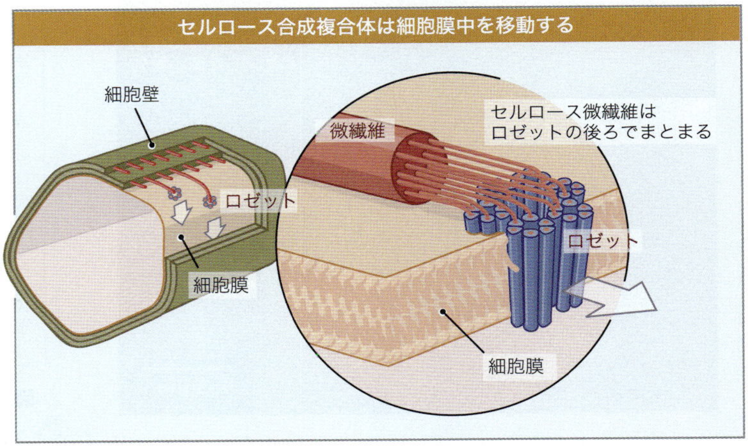

図 17・34 セルロース合成複合体が細胞膜中を移動するのに従い，セルロース微繊維が連続的に形成される．合成されたセルロース重合体どうしは非常に近接しており，合成直後にセルロース微繊維にまとめられる．

17・14 細胞壁成分の配向には表層微小管がかかわると考えられている

重要な概念

- 植物細胞の微小管は間期には細胞膜のすぐ内側におもに局在している．
- 表層微小管は新しいセルロース微繊維と同じ向きに配向している場合が多い．
- 表層微小管がセルロース合成酵素の移動とセルロース微繊維の集合のための線路として働き，細胞壁の調節を行っている可能性がある．

液胞の膨張による方向性をもたない圧力は，細胞を横方向に取巻くセルロース微繊維により向きを整えられ，方向性のある細胞伸長をひき起こす．では，どのようにしてセルロース微繊維は細胞表面に整列するのだろうか．その答えは，植物細胞内で微小管の配向がどのように制御されているかを知ることにより得られると考えられている．

動物細胞とは異なり，植物細胞の微小管は核近傍の一点から細胞質全体へと放射状に広がることはない．その代わり，間期においては植物細胞の微小管の局在は細胞膜の内側近傍におおむね限定されており，図17・35に見られるように細胞膜に平行に並んでいる．それぞれの微小管と細胞膜が何箇所かで連結されているため，微小管はその全長にわたって細胞膜のごく近傍に局在しているものと考えられている．微小管は細胞膜全体に分布し，図17・36のようにどの部分でもほぼ平行に配向している．この表層微小管の配向はランダムではなく，細胞の活動と関係があるようにみえる．たとえば伸長中の細胞では，微小管はたいてい伸長方向に対して垂直に，図17・37のように伸長軸をぐるりと取巻くように並んでいる．厳密に制御された配向をもつ大量の表層微小管に加えて，核の表面から外に向かって伸びる微小管をもつ細胞もある．しかしその機能は今のところ不明であり細胞壁の形成におもに関係しているのは表層微小管である．

微小管と細胞壁形成の関係は，細胞の微小管を脱重合させたときにはっきりと見てとれる．微小管を脱重合させる最も簡単な方法は，天然化合物のコルヒチンや除草剤として使用される合成化学物質のいくつかのものなど，微小管と特異的に相互作用する低分子化合物による処理である．それらの薬剤で処理した根の細胞は，拡大はし続けるが一方向への伸長はできず，すべての方向に膨張してしまう．その結果，根の先端は無秩序な細胞の塊とな

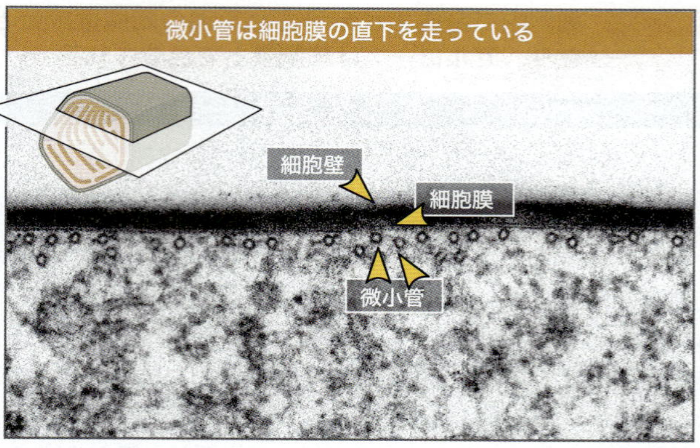

図17・35　ムラサキツユクサの間期の細胞の細胞質の一部と表層の断面の電子顕微鏡写真．細胞膜のすぐ内側にきれいに一列に並んだ微小管が観察される．細胞質に他の微小管は観察されない［写真はS.A. Lancelle, D.A. Callaham, P.K. Hepler, 'Method for rapid freeze fixation of plant cells', *Protoplasma* **131**, 153〜165 (1986)より］

図17・36　蛍光チューブリンを発現するシロイヌナズナの各細胞の微小管．ほとんどの微小管は細胞の周りに平行に並んでいる［写真はD.H. Burk, Z.H. Ye, *Plant Cell.* **14**, 2145〜2160 (2000)より．©American Society of Plant Biologists］

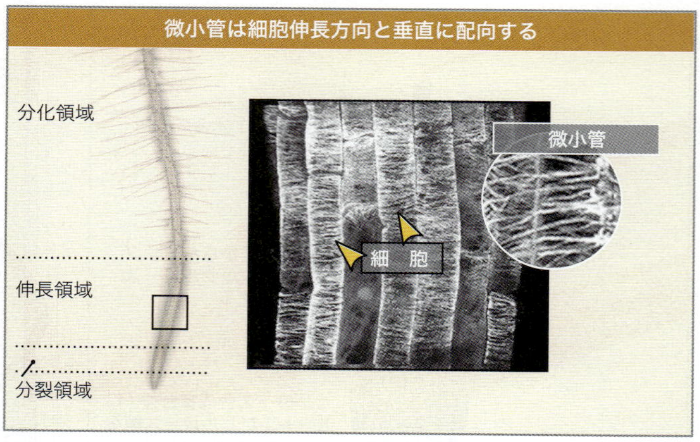

図17・37　左は，成長中のシロイヌナズナの根．右の図は，別のシロイヌナズナの根の伸長領域の細胞群で，微小管の構造がわかるように染色している．ほぼすべての微小管が根と細胞の伸長方向に垂直に配向している．その一部の1〜2細胞の微小管を拡大したのが円形の挿入図［写真は，(左) John Schiefelbein, University of Michigan, (右) Keiko Sugimoto, The John Innes Centreの好意による］

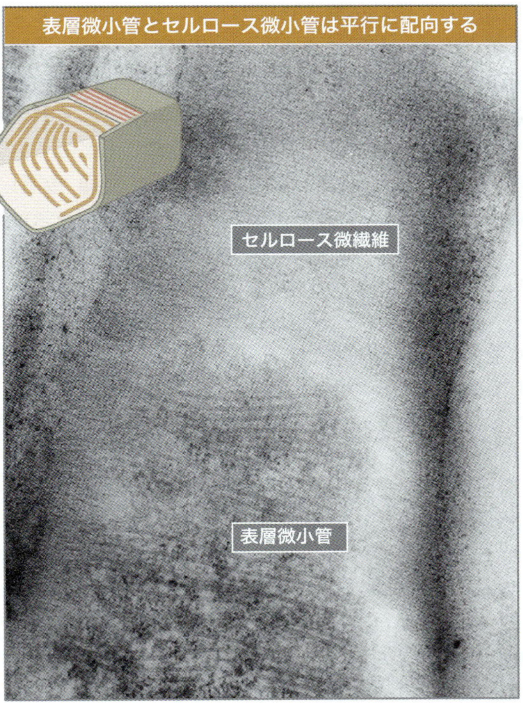

図 17・38 シロイヌナズナの根の細胞を細胞膜をかすめるように撮った電子顕微鏡写真．細胞伸長は写真の上下軸方向に起こる．写真上半分は細胞壁の断面で，下に行くにつれ表層の細胞質，表層微小管となる．表層微小管は互いに平行に走っており，細胞壁のセルロース微繊維とも平行している［写真は Brian Wells の好意による］

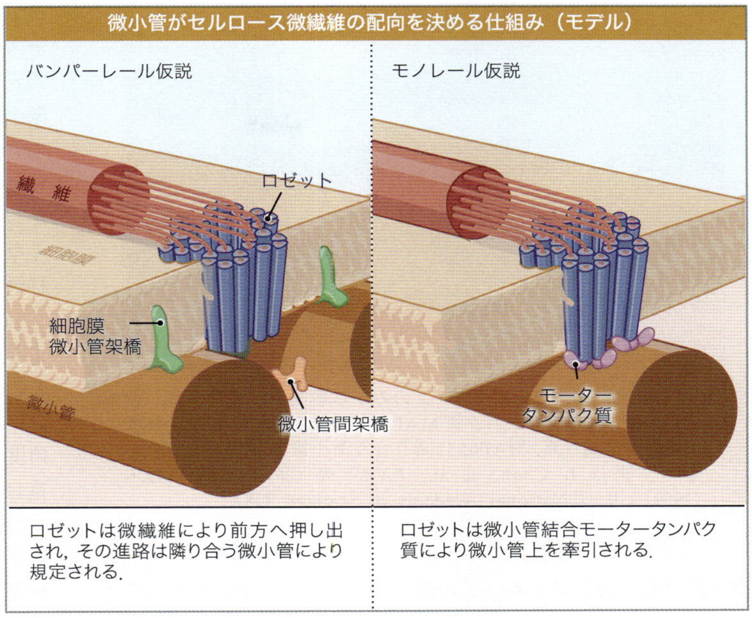

図 17・39 バンパーレールモデルでは，表層微小管とその細胞膜との結合部位が膜上に境界を形成する．ロゼットはそこを乗り越えることができないため，隣り合う微小管の列の間しか移動できない．表層では微小管どうしが近接しているため，新しく形成されるセルロース微繊維もその近傍に並ぶことになる．モノレールモデルでは，ロゼットは単純に微小管結合モータータンパク質の働きにより微小管上を移動する．

る．細胞レベルでみると，これは微小管の脱重合により新しく合成したセルロースを細胞壁中に正しく配向させることができなくなることに起因している．つまり，薬剤処理された細胞では，新しく合成されたセルロースがランダムに沈着しセルロース微繊維がちゃんとした配向をとれないため，一方向への伸長ができずただ肥大するだけとなるのである．

微小管はどのようにしてセルロースの配向とかかわっているのだろうか．細胞膜を挟んで向かい合った微小管とセルロース微繊維が同じ配向をもつことに，その答えが隠されているようだ．表層微小管は，細胞膜の外側表面に沈着している一番新しい微繊維と並行して配向していることが多い（図 17・38）．この観察結果は，微小管がセルロースの合成や集合の際の鋳型として働くことにより，細胞壁の組織化を制御していることを示唆している．微小管とセルロース微繊維が平行に並ぶ仕組みとして，図 17・39 に示す二つのモデルが提唱されている．一つは，セルロース合成酵素複合体が微小管に挟まれた領域に沿って細胞膜中を移動するというものだ．微小管自身もしくは細胞膜に微小管を結合させているタンパク質の並びが境界として機能し，セルロース合成複合体はこれを横切ることができないと考えるのである．つまりこのモデルでは，微小管は合成複合体の移動には関与せず，自律的に運動するセルロース合成複合体の道筋を決めているということになる．硬い線状のセルロース微繊維を繰り出し，この力が複合体が膜上を移動する原動力となっているのかもしれない．二つめのモデルでは，微小管はもっと積極的に働き，合成複合体を動かす原動力となるとされる．セルロース合成酵素と微小管をともに蛍光標識すると，微小管が自律的に移動する酵素複合体の移動経路となっていることが見てとれる．しかし，微小管の働きが直接的なのか間接的なのかはまだ明らかにされていない．

17・15 表層微小管の配向は非常にダイナミックに変化する

重要な概念

- 植物の微小管は複数の場所から重合を開始する．
- 微小管は重合後表層を移動することができる．
- 微小管結合タンパク質が微小管を平行に束ねる．
- 微小管の配列は，ホルモン，重力，光に応答して変化することができる．

植物細胞の表層微小管はいかにしてこのように高度に組織化されているのだろうか．この問いに答えるためには，表層微小管の配列がどのようにして決まるかを知る必要がある．まずは，表層微小管の一本一本がどのようにして形成されるのかを見ていこう．植物細胞には，動物細胞の中心体のように単一で明確な微小管形成中心があるわけではなく，複数の形成中心が細胞中に分散していると考えられている．これは，植物細胞の液胞による巨大化と関係があるようだ．微小管は時として核から放射状に伸びているように見えるため（細胞分裂直後によく見られる），微小管の重合を開始させる物質のうちいくつかのものは核表面に局在していると考えられる．しかし，多くの伸長しきった成熟細胞では，核付近の微小管は観察されず，表層微小管のみが残っている．このことから，植物細胞が分裂を終えて伸長を始めるまでに，微小管形成中心は細胞膜の内側表面に広がって分布するようになると考えられる．細胞表層の複数の部位で微小管が重合を開始するという観察結果は，この考えと矛盾しない．この形成中心は，微小管の端に結合したまま細胞表層を移動することができる可能性がある．また，形成中心から微小管が離れ，それが表層微小管束に取込まれる可能性を示す例が複数報告されている．植物細胞中に存在し，表層微小管の組織化を制御している微小管切断

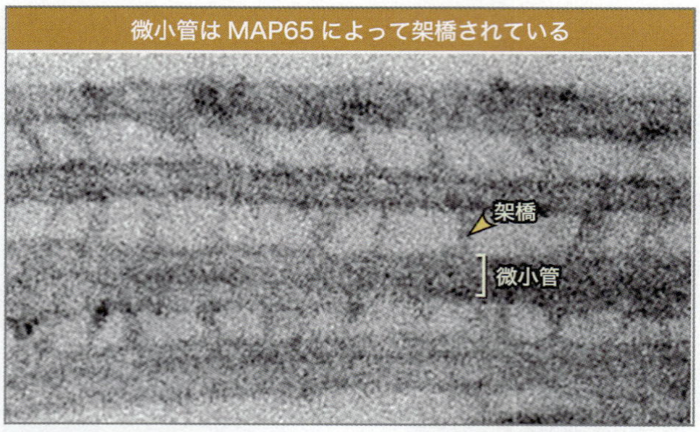

図 17・40　*in vitro* でチューブリンのみから形成した微小管が，繊維状の微小管結合タンパク質 MAP65 で架橋されている様子を示す電子顕微鏡写真．MAP65 は隣り合う微小管を等間隔で架橋する［写真は J. Chan, et al., *PNAS* **96** (26), 14931～14936 (1999) より．©National Academy of Sciences, USA］

タンパク質，カタニンが，この微小管の解離にかかわっている可能性がある．

表層微小管は，安定した架線として働いているわけではなく，非常にダイナミックである．蛍光標識したチューブリンを植物細胞に注入すると，細胞全体の微小管列にすぐに取込まれる．これは，微小管の動的不安定性──微小管が急速に短くなり，その後プラス端が素早く伸びる性質(第 7 章“微小管”参照)──によっている．このいったん短縮し再び新たな方向へと伸長するという性質があるため，微小管束全体としてもさまざまな配置をとることができる．さらに，植物の微小管は中心体に結合しておらずマイナス端も比較的自由に移動できるため，表層微小管は細胞膜の内側表面を移動することができる．トレッドミリングの状態では，微小管のマイナス端のチューブリン分子が脱重合し，それと等量の分子がプラス端に重合することにより，全体としてみると微小管は移動することになる（詳しくは EXP:17−0001 参照）．しかし表層微小管はマイナス端が短くなるよりも速くプラス端が長くなるという中間型のトレッドミリング状態をとり，細胞膜上を移動している．

したがって，表層のいたるところで微小管が形成され，さまざまな方向にトレッドミリングしている．では，このような状態でどのようにして秩序だった配向が生み出されるのだろうか．2 本の移動している微小管がぶつかったときどうなるかは，その衝突角度により異っている．40 度以上の急な角度でぶつかると，脱重合が起こりやすい．しかし，40 度以下の緩やかな角度で伸長中の微小管が接触すると，足並みをそろえて同じ方向に伸長するようになる（ジッパリングとよばれる）．表層微小管は，平行に秩序だって配向している（図 17・38 参照）．このように平行に配向することができるのは，微小管結合タンパク質の MAP65 などによる架橋構造があるためである（図 17・40）．トレッドミリング，衝突角度依存的なふるまい，架橋構造といったことから，初めはいろいろな方向に伸長していた微小管が同じ方向を向くことを説明できるようになってきた．しかし，巨大な細胞の表層全体が，さらには同じグループの複数の細胞にわたって微小管が同じ配向をもつという現象に，微小管のふるまいがどのようにかかわっているのかは，いまだ明らかではない．植物ホルモンがそこ

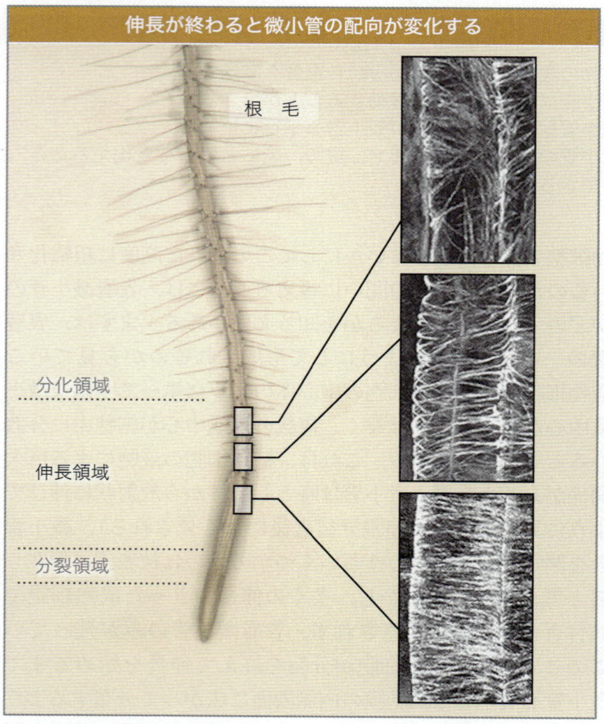

図 17・41　左は成長中のシロイヌナズナの根．右は似たような細胞のチューブリンを染色したもので，微小管は活発に伸長している細胞では横向きに配向しているが，細胞がほぼ伸長しきると縦方向に向きを変える［写真は，(左) Dr. John Schiefelbein, University of Michigan の好意による．(左) K. Sugimoto, R.E. Williamson, G.O. Wasteneys の好意による．*Plant Physiol.* **124**, 1493～1506 (2000) より．©American Society of Plant Biologists］

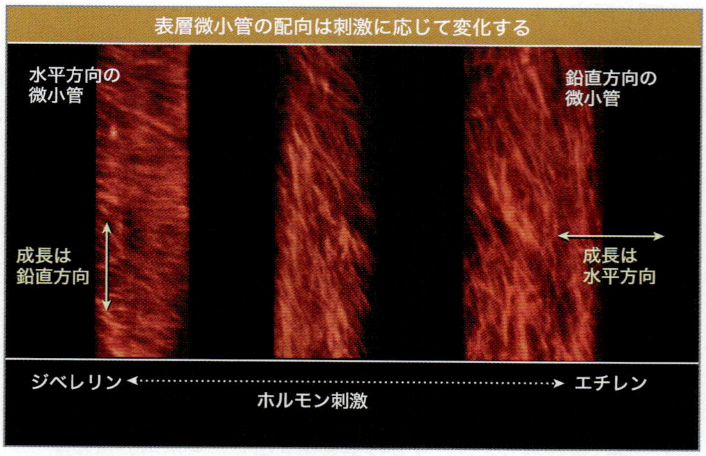

図 17・42　3 枚の写真は，エンドウの茎の生きた細胞に蛍光チューブリンを導入して微小管を赤色にラベルしたもの．1 時間半ほどでほぼ横向きだったもの（左）が中間的な状態（中央）を経由してほぼ縦向き（右）に変化する．逆に，縦向きから横向きへの変化も可能．植物ホルモンであるエチレンは微小管の配向を横方向から縦方向へと変化させ，ジベレリンはその逆の反応をひき起こす．これらのホルモンは微小管の配向に影響を与えることで，細胞の成長方向を制御している［写真は M. Yuan, et al., *PNAS* **91**, 6050～6053 (1994) より．©National Academy of Sciences］

にある程度かかわるのであろう．

伸長中の細胞では，一般に微小管は長軸に対して垂直（横方向）に配向するが，他の配向をとる場合もある．長軸に対して斜めに配向し，床屋の看板のようにらせんを形成することがあるほか，長軸に平行して配向し，それに沿って新たなセルロース微繊維の層が形成されることもある．横方向からこのような配向への変化は，成長が止まりつつある細胞においてよくみられる．このような変化の一例が，図17・41にあるように伸長領域を抜け出した細胞が分化領域へと入った際にみられる．

図17・42に示すように，植物の形態と成長に関係する多くのイベントが，細胞レベルでの微小管の配向の変化を伴っている．その例の一つが，植物ホルモンであるエチレンガスの作用である．エチレンガスは植物内でつくられ，傷害を受けた部位で空気中に放出されるが，実験的に与えることもできる．エチレン処理をすると植物は細胞伸長が阻害され矮化する．エチレンは，植物細胞の茎頂–根端軸に対して垂直だった微小管の配列を，平行な向きへと変化させる．この配向を変えた微小管に沿ってセルロースが沈着することにより，細胞は茎頂–根端軸に沿ってではなくそれと垂直方向（横方向）に伸長する．その結果，植物は普通より短く太くなるのである．茎の伸長に重要なホルモンであるジベレリンは，この配向を逆転させる働きをもつ．つまり，微小管の配向を再び軸に垂直方向に変化させることにより，これに沿ったセルロースの合成が起こり，細胞の伸長方向が元に戻るのである．植物の成長に関係するその他のホルモンも同様に，表層微小管の配列を変えることにより細胞伸長の方向に影響を与えることが知られている．光と重力が植物の成長方向に影響することもよく知られているが，これも微小管を介したものである可能性がある．光や重力に応答して，成長軸の両側で異なる反応を示している細胞では，微小管のパターンも異なっている．一方で細胞伸長が促進され反対側がそれが阻害されることにより，植物は屈曲する．これにより，茎が光に向かい，根が重力に沿って下へと成長するのである．植物は動くことはないが，根や茎の目的にかなった部位の細胞伸長を制御することによりその成長方向を変化させており，そこにはやはり微小管の配向の変化を伴っている．

17・16 細胞質中に散在するゴルジ体が，細胞の成長に必要な物質を運ぶ小胞を細胞表面へと輸送する

重要な概念

- 成長に必要な細胞膜と細胞壁の材料は，小胞体・ゴルジ体経路によって供給される．
- ゴルジ体は植物細胞内に散在する．
- アクチン系によってゴルジ体は小胞体上を移動する．

これまでは，細胞伸長に伴う細胞壁成長における微小管とセルロース微繊維の働きに注目してきた．この節では，細胞壁とともに細胞膜がどのように成長し，セルロース以外の細胞壁成分がどのように輸送されるかを考えてみよう．

細胞が成長するには，大量の細胞膜を新たにつくる必要がある．一般に細胞膜はあまり伸縮性がないので，細胞の成長に伴い新しい細胞膜が常に挿入される必要がある．この膜の補充は，膜小胞が細胞膜と融合する**エキソサイトーシス**（exocytosis，開口分泌）という現象により行われている．また，細胞膜に新たな膜を供給するだけでなく，エキソサイトーシスは小胞の内容物を細胞外に放出し，それが成長中の細胞壁へと取込まれる．これらの小胞は，細胞内の分泌経路の働きによりつくり出される．分泌経路は膜で仕切られた細胞小器官群からなる非常に動的な系である．ある細胞小器官に含まれる物質は，そこから出芽した細管や膜小胞が次の細胞小器官へ融合することにより順序よく輸送されてゆく．小胞体は細胞内膜系のなかでも主要な区画であり，膜の細管や平板からなる三次元ネットワークを構築しており，核膜に連続して細胞膜のすぐ内側まで広がっている．小胞体に結合したリボソームで合成されたタンパク質は，小胞体内腔に入ったのち**ゴルジ体**(Golgi body)へと輸送される．ゴルジ体では目的地に合わせてタンパク質は選別され，細胞膜へと運ばれ細胞の成長に利用されたり，液胞へと運ばれ貯蔵や分解へとまわされる．

成長途中の植物細胞のゴルジ体は，新しい細胞壁のほとんどの成分の合成を担っている．小胞体から輸送されてきたタンパク質に糖鎖を付加したり分別したりといった動物細胞と共通の機能に加え，植物細胞のゴルジ体は，細胞壁の成分となる巨大複合体である多糖のうち，セルロースやカロース以外のものを合成している．細胞壁成分の炭水化物はゴルジ体内で合成され，ある程度集合したのち小胞へと積み込まれ細胞外へ放出される．動物細胞の細胞外マトリックスも糖鎖の付加されたタンパク質を含んでいるが，植物細胞の成長や分化に必要な大量の細胞壁成分を考えると，特殊化したいくつかの動物細胞は例外として，植物のゴルジ体は動物のゴルジ体と比べ，炭水化物の合成という機能の比重が大きいといえる．

ゴルジ体はセルロースを合成しないにもかかわらず，その配置には何かしら影響するようだ．セルロース合成酵素を含む六角形をしたロゼットはゴルジ体で集合し，分泌小胞により細胞膜へと運ばれる．そのような小胞を局所的に輸送することにより，植物細胞は細胞壁の一部分だけを厚くすることができるのであろう．

細胞膜への輸送に加え，ゴルジ体からの小胞は液胞にも輸送される．液胞が膨張できるのはそのためである．この小胞の膜で液胞膜が増えると同時に，輸送小胞の内容物は液胞の機能に合わせてその内部環境を特殊化させるために使われる．液胞の機能は単なる空間充塡のみではないのである．たとえば，種子の液胞は大

植物細胞の小胞体

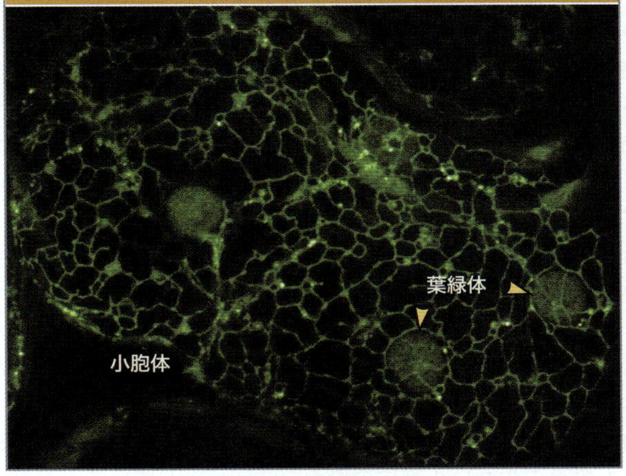

図17・43 小胞体に緑色蛍光タンパク質（GFP）を発現する生きた表皮細胞．焦点面は細胞表面のすぐ下で，表層全体に広がる小胞体二次元ネットワークを観察できる．表層付近に小胞体に囲まれた葉緑体がいくつか観察される．葉緑体にはGFPは存在しないが，GFP用の励起光により自家蛍光を発する［写真はP. Boevink, et al., *Plant J.* **10** (5)，935〜941 (1996) より．©Blackwell Publishing. www.blackwell-synergy.com.］

量のタンパク質を貯蔵する機能をもつが，それら貯蔵タンパク質は種子発生初期に加水分解され，アミノ酸として植物の発生に利用される．貯蔵タンパク質とそれを加水分解する酵素の両方が，ゴルジ体由来の小胞により液胞へ輸送される．

植物細胞と動物細胞では，小胞体とゴルジ体の一般的な配置が異なっている．動物細胞では，小胞体は核から細胞質全体に三次元的に広がり，ゴルジ体は細胞の中心の核付近にたいてい 1 個凝集して存在する．一方植物細胞では，小胞体は核とつながっているが，他の部分では膨張した巨大な液胞に圧迫され細胞膜付近に押しのけられた薄い細胞質の層の中に二次元的に広がっている．図 17・43 は液胞が発達した植物細胞内で小胞体が二次元的に存在している様子を，図 17・44 はそういった細胞で小胞体と細胞膜がいかに隣接しているかを図示している．植物のゴルジ体も細胞膜近傍に存在する．ゴルジ体が核周辺に凝集して存在する動物細胞とは異なり，植物細胞では表層の細胞質に層板構造をもったゴルジ体が散在している．図 17・45 は植物細胞の細胞質内に層板構造をもった数個の独立したゴルジ体が散在している様子[*1]を示している．細胞膜付近に小胞体とゴルジ体が散在することにより，細胞壁成分の合成部位を複数形成することが可能となり，液胞が発達した植物細胞の広大な細胞壁全体に細胞壁成分を分泌することができるのかもしれない．

植物の小胞体は細胞膜近傍に存在する

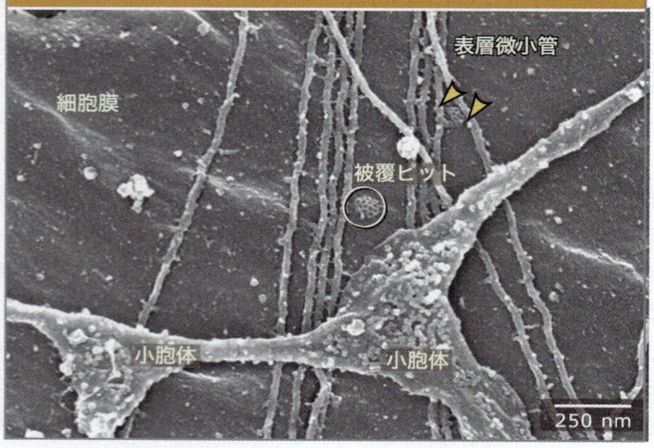

図 17・44　植物細胞表層の走査型電子顕微鏡写真．背景は細胞膜の内側表面．小胞体の小管が数本と分岐点が二つ観察される［写真は Tobias Baskin, UMASS-Amherst の好意による］

植物細胞にはゴルジ層板が複数ある

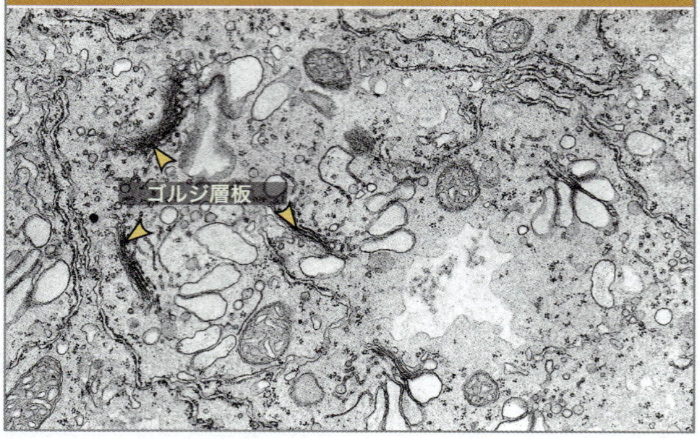

図 17・45　トウモロコシ根冠細胞の細胞質中に独立して存在するゴルジ層板の電子顕微鏡写真．似たような層板がたくさん細胞質中に分散している．多くの細胞は細胞当たり 30 以上のゴルジ体を含む．写真の左端と右上に見える長細いものが小胞体．円もしくは楕円で，中が非常に入り組んでいるミトコンドリアが六つほど見られる［写真は Chris Hawes, Oxford Brookes University の好意による］

ゴルジ層板はアクチンケーブルに沿って移動する

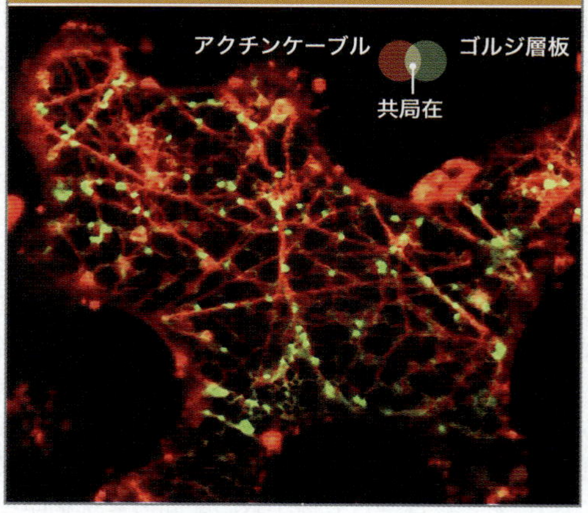

図 17・46　ゴルジ体に緑色の蛍光タンパク質を発現させ，同時にアクチンを赤色でラベルした生きた表皮細胞．黄色は両者が共に存在していることを示す．長いアクチンケーブルでできた広汎な網目構造が見える．ゴルジ体は点状に観察でき，そのほぼすべてがアクチンケーブルと共局在している［写真は Chris Hawes, Oxford Brookes University の好意による］

植物細胞内における小胞体とゴルジ体の分布には，アクチン細胞骨格が必要である．動物細胞では微小管がこれを制御しているのに対し，植物細胞ではこれらの局在はアクチンフィラメントに結合することにより制御されている．図 17・46 のように，植物細胞のゴルジ体のほとんどがアクチンケーブルと結びついている．細胞の成長に伴い小胞体とゴルジ体はアクチンに依存した運動によって新しい空間に移動する．しかし，アクチン依存的な運動はこのようなゆっくりとした動きのみにかかわっているのではない．植物細胞内のゴルジ層板は高度な運動性をもち，ゴルジ体よりも動きの少ない小胞体の表面を常時移動している．この運動によって，小胞体がゴルジ体へと物質を輸送する領域の面積を増やし，小胞体–ゴルジ体間の輸送効率を高めているのかもしれない．

*1　訳者注：ゴルジ体の分布はランダムではなく，細胞周期を通じてその配置が制御されていることが報告されている．

17・17　アクチンフィラメントのネットワークが物質輸送のための経路として機能する

重要な概念

- アクチンとミオシンの相互作用によって原形質流動が起こり，それにより細胞小器官や小胞が細胞内を移動する．
- 植物は植物に特有な 2 種類のミオシンをもつ．

液胞により細胞が大きくなるにつれて，植物細胞はいかにして細胞中に物質を行き渡らせるかという問題に直面する．植物細胞は非常に大きくなることができ，それに伴い細胞質はその表面に薄く広がって存在する．体積，表面積の大きい細胞では，細胞壁成分を必要な場所に運搬すると共に，その他の物質についても細胞中に広く行き渡らせるための仕組みが必要である．植物細胞はこの問題を，**原形質流動**[*2]（cytoplasmic streaming）というアクチンフィラメントに依存して細胞内部で物質を連続的に移動させる特殊な仕組みにより解決している．

アクチンフィラメントは植物細胞内にさまざまなネットワークを形成する．これらはすべての微小管と一緒に観察されることから，両者は関連しているように見える．アクチンフィラメントがフラグモプラストの微小管と平行に配向し，前期前微小管束の微小管の間に観察されることをこれまでに見てきた．同様に，細胞伸長時も細いアクチンフィラメントが表層微小管と平行に並んでいる．これらのフィラメントは細胞の伸長方向に垂直に配向しているので，これに沿った輸送では長さ数百 μm の伸長した細胞の端へ効率的に物質を運ぶことはできないと考えられる．この長距離の輸送に関与するのは，細胞質深くにあり一般に微小管とは独立に存在する太いアクチンのケーブルであろうと考えられる．このケーブルは，液胞を横切るように伸びる細胞質糸を支えており，核から細胞の端まで，時には全方向に放射状に伸びている．図 17・47 に，その細胞内の長いアクチンケーブルを示す．伸長方向と平行に細胞の端まで伸びるケーブルがはっきりと見てとれる．単純な光学顕微鏡を使って，細胞質糸に沿って細胞質内の物質が双方向に高速で移動する様子が容易に観察できる．このように細胞中を粒子が一定速度で流動している現象が，原形質流動である．小胞や葉緑体，小胞体，ゴルジ体などの細胞小器官や核はこうして細胞内を移動する．アクチンに沿った細胞小器官の移動は，比較的長距離の細胞小器官の移動が微小管に沿って行われる動物細胞とは対照的である．一般に，植物細胞と動物細胞でのアクチン細胞骨格の使い方は異なっている．動物細胞ではアクチン構造体は葉状仮足や糸状仮足を介し細胞自体の運動にかかわるのに対し，植物細胞においては細胞内運動に関与している．

核から細胞質へ伸びるアクチンケーブル

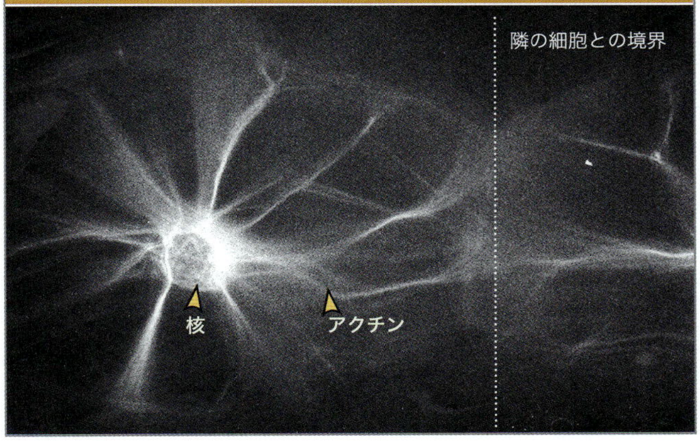

図 17・47 液胞が発達した細胞のアクチンを蛍光標識した蛍光顕微鏡写真．アクチンケーブルが核付近から細胞表面へ伸びている．このケーブルは液胞を横切り，細胞膜直下の細胞質の薄い層と核とをつないでいる細胞質糸中を走っている［写真は Clive Lloyd の好意による］

アクチン依存的な運動には，ミオシンファミリーの分子が働いている．細胞小器官の運動の場合，関連するミオシンが細胞小器官表面にあり，アクチンフィラメントに沿って粒子を移動させる．植物細胞におけるアクチン細胞骨格の特徴的な使い方を反映してか，植物細胞は動物細胞ではみられないミオシンを含んでいたり，動物細胞でよくみられる少なくとも 1 種類のミオシンを欠いていたりする．たとえば，ミオシンⅧという特殊なミオシンは植物にのみ存在し，原形質連絡が多く存在する形成されたばかりの細胞壁に集中している．アクチンフィラメントとこの細胞の連結部のつながりから，アクチンケーブルが細胞の端から端へどのように伸びるかを説明できる．一方，繊維を形成するタイプのミオシンで，筋肉で起こるように 2 本のアクチンフィラメントを同時に引っ張って収縮を起こすミオシンⅡは，植物には存在しないようである．動物細胞はたいていミオシンⅡを使って移動したり形を変えたりしている．この種類のミオシンが植物細胞にないということは，植物細胞が動かないことを反映しているのかもしれない．

アクチンフィラメントは顆粒が移動する際のレールとして機能しているが，それに加えアクチンフィラメント自身も非常にダイナミックなようである．植物細胞のアクチン構造体中のアクチンフィラメントは常に脱重合と再重合を繰返しており，必要なときにその構造全体の形を変えることができる．このようなアクチン構造体の動的な性質は，動物細胞でアクチンの動態にかかわっているタンパク質と同種のタンパク質に起因しているものと思われる．植物と動物のアクトミオシン系は異なる方法で組織されているが，アクチン結合タンパクについてはその多くを共有している．プロフィリンやアクチン脱重合因子（actin depolymerizing factor, ADF）のように進化的に保存された分子が，植物でも繊維の形成と分解にかかわることが示されている．腸の繊維毛にある代表的なタンパク質であるビリンも植物に存在しているが，これがアクチンフィラメントを一方向の束にまとめるのに必要なのではないだろうか．そうであれば，ビリンは非常にダイナミックに変動するアクチンフィラメント束に沿って顆粒を移動させる方向を，間接的に決定しているのかもしれない．というのも，いずれのミオシンモーターも，アクチンフィラメントに沿っておそらく一方向にしか動けないためである．このような保存されたタンパク質の機能は，動かない植物の内部においても何一つ動的でないものはない，ということをはっきりと示している．

17・18 道管細胞の形成には大規模な分化が必要である

重要な概念

- プログラム細胞死により道管細胞列は水を通す管になる．
- 横方向に形成される二次細胞壁の肥厚のため，道管は内側に崩壊しない．
- 表層微小管の模様から二次肥厚のパターンが予想できる．

ここまでは，分裂組織において細胞分裂や伸長を行っている細胞の，細胞壁や細胞質に注目してきた．しかし，伸長が止まった細胞は，特殊な組織となるべく分化を開始する．分化のためには，目的の一般性や特殊性によらず，細胞壁の再編成が必要である．分裂領域や伸長領域の未熟な細胞の細胞壁は非常に強固で膨圧に耐えるには十分であるが，成熟した植物細胞としての役割を果たすためには厚さも硬さもまだまだ不足している．細胞の分化に伴い，細胞壁には新しく，かつ化学的に修飾を受けた層が加えられ，厚さを増す．この現象は二次肥厚として知られている．細胞壁が分厚くなることで分裂組織を支持するための強度を増し，成長した自身の重さにより倒れることを防いでいるのである．

＊2　訳者注：英語では cytoplasmic streaming ＝細胞質流動であるが，日本語では原形質流動という言葉が長らく使われ，定着している．

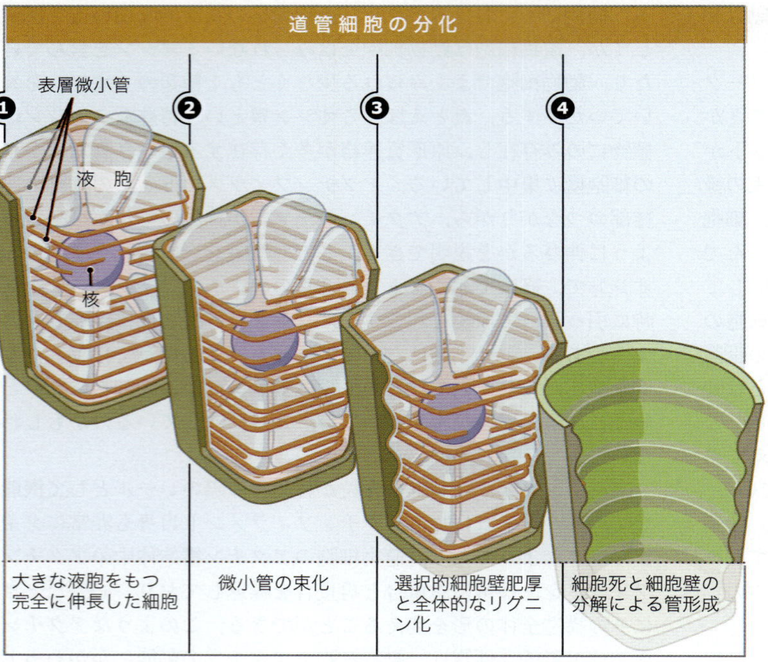

図 17・48　道管の分化の際にみられる一連のイベント．

一般にすべての植物細胞は分化に伴って細胞壁を肥厚させるが，別の方法で細胞壁を再構成しさらに特殊な組織に分化する細胞もある．その一例に，**木部**（xylem）と**道管**（vessel）の形成がある．根やシュートの伸長した特定の細胞層や細胞列は，分化して木部と師部，つまり維管束組織となる．木部では，細胞は端どうしがつながって道管となり，根から水をすべての地上部を含む植物体全体へと通道する．水と可溶性無機物は根毛表面で吸収され，根の細胞どうしをつなぐ原形質連絡を通って，根の中心部，道管へと移動する．地上では，日光の熱により水が葉の気孔からの蒸発により失われる．蒸発によって水を失うことを蒸散といい，これが道管中で水を引き上げる吸引力となる．この蒸散による植物内の水の上方向への流れは，膨圧を維持し，植物をしおれさせないために重要である．

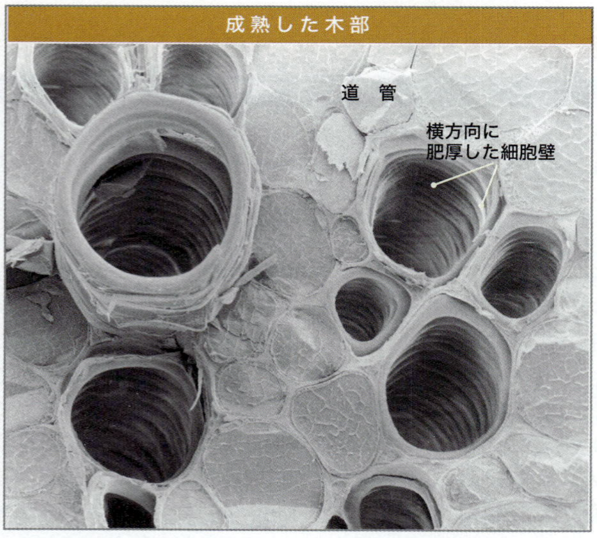

図 17・49　ヒャクニチソウの葉における木部の走査型電子顕微鏡写真．道管の断面の内部に，肥厚した細胞壁の輪が見られる［写真は Kim Findlay, John Innes Centre の好意による］

この連続した管（巨木では何十 m もの長さになる）を形成するために，各道管細胞はいくつかの興味深い特徴をもった分化を進行させる．その過程を図 17・48 に示した．この過程は，伸長しきった生細胞が伸長領域を出たのち細胞壁が二次肥厚することに始まる．これはまんべんなく分厚くなるのではなく，種によっていろいろな模様（輪，はしご，クモの巣，らせんなど）を描いて肥厚する．この模様には，基本的に横向きの帯状で，成熟した道管の細胞壁を補強するという共通した特徴がある．その後細胞壁はさらに化学修飾を受け，それにより防水性が付与される．これらの一連の変化ののち細胞はプログラム細胞死を起こし，細胞どうしをつないでいた細胞壁が消滅して植物を上下に走る空洞の連続した管が残る．図 17・49 ではそのような数種の道管を見ることができる．道管細胞壁の肥厚模様は丸まっているかうねっていることが多く，人間の呼吸器系にある気管（trachea）と似ている．道管細胞を示すことば，管状要素（tracheary element）はこれに由来している．細胞壁が補強されているおかげで，管状要素が蒸散の吸水力によって内側に崩壊することはないし，中が空洞の管であるにもかかわらず隣の細胞に押しつぶされることもない．

観賞用の植物であるヒャクニチソウを用いた実験により，管状要素形成にかかわるいくつかの現象が細胞レベルで明らかになっている．興味深いことに，葉をゆるやかに粉砕して得られた葉肉細胞（葉の内部の細胞）を培養することにより，管状要素への分化転換を誘導することができる．この *in vitro* 実験により，植物内で起こっているであろういくつかのプロセスが実証された．図 17・50 に示すように，まず表層微小管が束になってほぼ横向きのバンドが数本できる．つぎにセルロース微繊維がこの微小管束上に沈着し，セルロースを主成分とする巨大な二次肥厚脈ができる．微小管のパターンは肥厚した細胞壁の模様とぴったり一致し，微小管脱重合剤で微小管の向きを変えると細胞壁の模様も異常になる．アクチンフィラメントもまた微小管の間に観察されることから，二つの細胞骨格系が相互作用しながら二次細胞壁を形成していることが示唆される．細胞骨格が細胞壁の模様を決める仕組みとしては，分泌小胞を細胞壁肥厚部位に細胞骨格に沿って集中的に輸送しているという可能性が考えられる．分泌小胞には細胞膜で働くセルロース合成複合体が含まれている．これがある特定の部位に輸送されることにより，セルロースの限局的な沈着を可能にしているのではないだろうか．また，分泌小胞の中にはその他の多糖や二次細胞壁を構成する構造タンパク質なども含まれている．細胞壁の肥厚が完了すると，リグニンとよばれる物質によって細胞壁全体の修飾が起こる．リグニンは最大三つの芳香族アルコールが酸化重合してできた疎水性の重合体で，木の主成分（20〜35 %）はこのリグニンである．リグニンの疎水的な性質により，道管内壁に防水性が付与される．リグニン化には細胞壁の強化の役割もあり，成長した上部の重さを支えるためにも役立っている．このような細胞壁への修飾が完了したのち，細胞は自己分解により死に，管状要素間の細胞壁も分解されて特殊化した分厚い中空の道管が形成される．

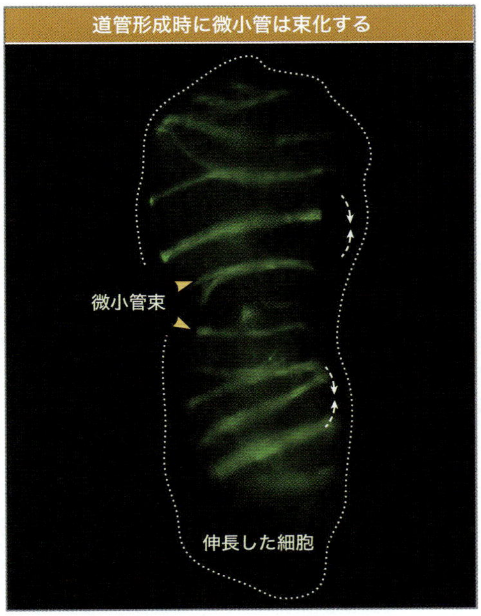

図 17・50　道管細胞に分化中のヒャクニチソウ単離細胞の微小管．チューブリンは免疫染色によって可視化し，細胞のおおよその形を点線で示した．分化の比較的初期段階にある細胞．微小管は，たいていの細胞でみられるような比較的均等な配置から，細胞の長軸を囲む大きなバンドへと変化する［写真は Guojie Mao の好意による］

17・19　細胞からの突起形成は先端成長により行われる

重要な概念

- 細胞壁成分を局所的に分泌することにより，植物細胞は長い突起を形成できる．
- 先端成長中の細胞では，一般にアクチンフィラメントと微小管は成長方向に平行に並んでいる．
- アクチンフィラメントの束により小胞は先端へと輸送され，細胞膜と融合して伸長を促す．
- 微小管は突起の数と位置を制御しているようだ．
- 共生バクテリアは先端成長の向きを自らを取囲むように変えることで植物の中に侵入する．

細胞が伸長するときには，伸長する側の細胞壁に細胞壁成分が新たに追加され，その合成のために植物細胞の代謝活動の大半が費やされていることを見てきた．このような拡散成長は，植物細胞の形を決めるうえで主要な方法であるが，別の方法も存在する．ある特殊な細胞では，伸長領域を小さな限られた領域に限定し，そこから突起を伸長させる．突起の伸長は，先端部のみで起こる．このような **“先端成長”**（tip growth）には，一般的な細胞伸長とは大きく異なる細胞機能がかかわっている．

先端成長は，細胞壁前駆体を局所的に輸送することにより可能となる．その名の通り，突起が伸長している間，細胞壁の前駆体と膜は図 17・51 のようにドーム型をした先端にのみ輸送される．その結果，細胞の側面から細胞自身の何倍もの長さにもなる細管状の突起を伸長させる．この成長様式は，根毛と花粉管の形成の

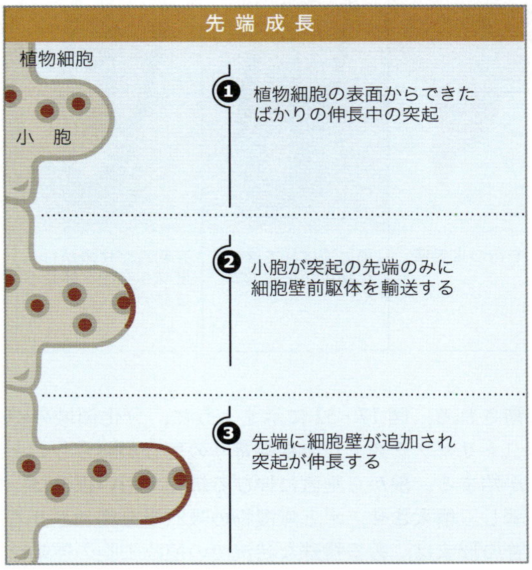

図 17・51　赤色で示した細胞壁前駆体を含む分泌小胞の局所的な輸送と融合によって先端成長が可能となる．先端の細胞膜に小胞が連続的に融合することで伸長が起こり，細胞の側面に一定の直径をもつ長い突起物が形成される．

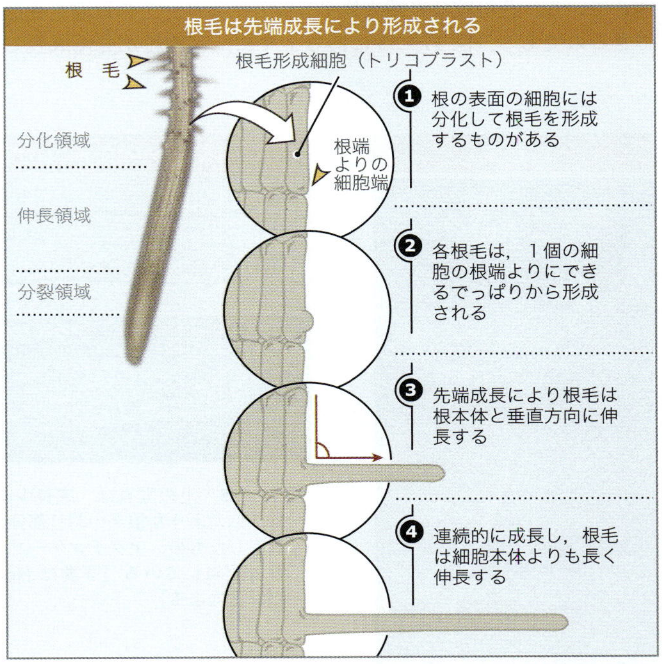

図 17・52　左はシロイヌナズナの根．根の分化における諸現象の一つとして，細胞表面から長く伸びる根毛が形成される．それぞれの根毛の起源を順を追って示した．それぞれが，一つの細胞から生じた突起［写真は John Schiefelbein, University of Michigan の好意による］

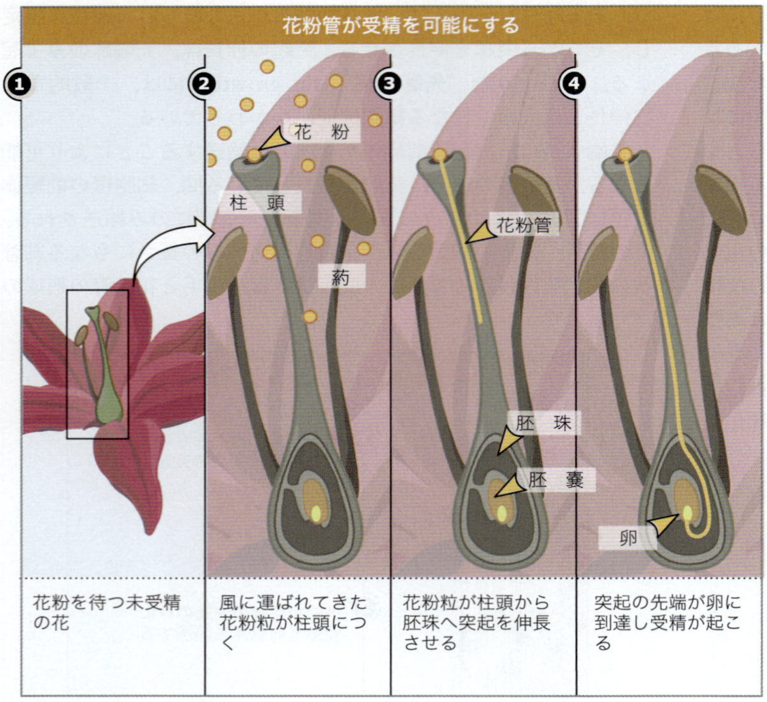

図 17・53　先端成長はある種の細胞の移動を可能にする．受精の際，受粉した花粉粒から先端成長により卵に向かって突起が伸長する．突起の長さは花粉粒の何倍にもなることがある．

際に観察される．図 17・52 に示すように，分化領域の特殊な表層細胞（トリコブラスト）の根端寄りの部分が膨らむことから根毛形成が始まる．根から垂直に伸びる細くて白い根毛は，根の表面積を著しく増大させ，水と無機物の吸収量を増加させる．

花粉管の形成は，ある特殊な状況での植物細胞の運動を可能にする．植物の生殖において受精は，雄花から虫や風によって運ばれた花粉粒が，花粉を捕まえるアンテナの働きをもつ雌花の柱頭にくっつくことに始まる．花粉粒を効率良く捕えるため多くの柱頭は卵細胞を含む胚珠からある程度離れた場所に位置し，大きく発達している．花粉粒は先端成長することにより，その距離を克服できるのである．図 17・53 にあるように，花粉粒が先端成長してできた花粉管は柱頭から胚珠へと誘導され，花粉管によって運ばれた精細胞が卵細胞と融合し，2 倍体の胚を形成する．図 17・54 は，花粉粒から花粉管が伸長した様子を示している．

先端成長している細胞の内部には，はっきりとした極性がある．細胞本体と突起のほとんどは液胞で占められているが，伸長中の先端とそのすぐ手前の部分には細胞質が詰まっている．突起中にはアクチンフィラメントと微小管がみられるが，これらは植

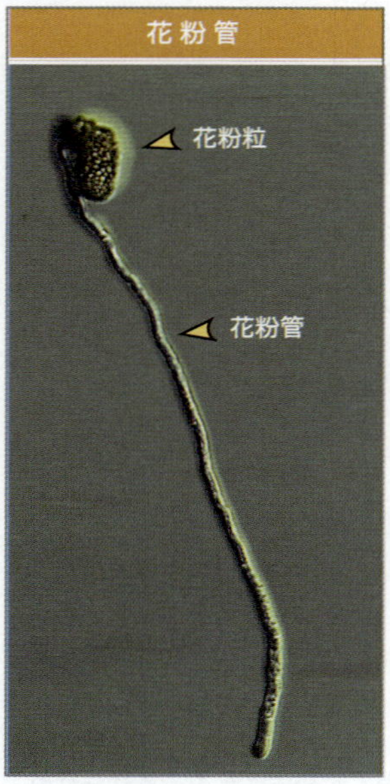

図 17・54　花粉管の伸長を誘導した花粉粒．元の花粉粒は写真左上にある粒．そこから伸びた花粉管の長さは花粉粒の何倍にも及ぶ［写真提供 Norbert De Ruijter の好意による］

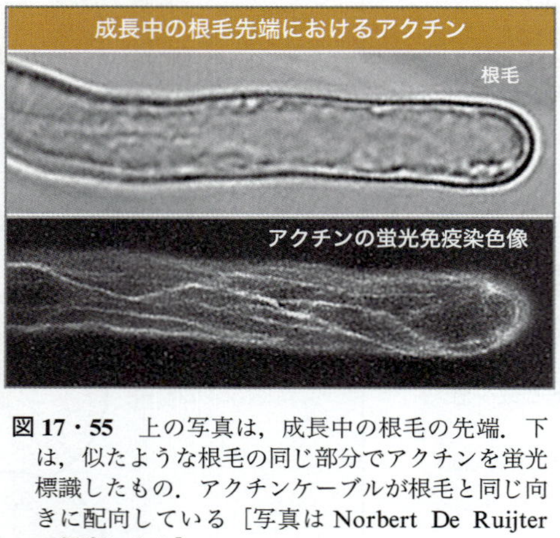

図 17・55　上の写真は，成長中の根毛の先端．下は，似たような根毛の同じ部分でアクチンを蛍光標識したもの．アクチンケーブルが根毛と同じ向きに配向している［写真は Norbert De Ruijter の好意による］

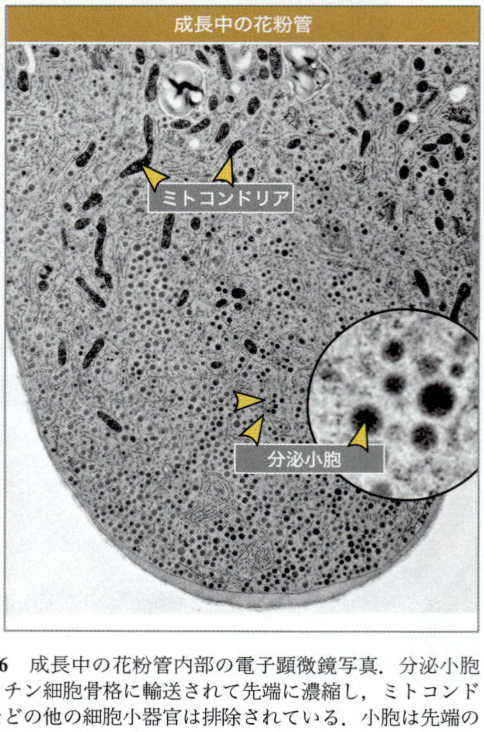

図 17・56　成長中の花粉管内部の電子顕微鏡写真．分泌小胞がアクチン細胞骨格に輸送されて先端に濃縮し，ミトコンドリアなどの他の細胞小器官は排除されている．小胞は先端の細胞膜と連続的に融合し，伸長をひき起こす［写真は S.A. Lancelle, P.K. Hepler, 'Ultrastructure of freeze-substitute pollen tubes of Lilium longiflorum.', *Protoplasma* **167**, 215～230 (1992) より．］

物本体の伸長中の細胞とは対照的に，成長方向に平行に配向している．図17・55はアクチンフィラメントが先端成長の方向と平行に配向している様子を示している．アクチンフィラメントと微小管の双方ともに，すべてのフィラメントが重合速度の速いプラス端を突起の先端に向けて並んでいる．この構造が，分泌小胞を伸長中の先端へと輸送することを可能にしているのである．分泌小胞の表面に結合したミオシン分子が原形質流動を起こし，これにより小胞がアクチンフィラメントのプラス端がある先端のすぐ手前へと運ばれる．小胞は伸長中の突起の細胞壁に沿って輸送され，放出された後は先端の中心部へと逆噴水流のように進んでゆく．図17・56に示すように，先端には小胞が非常に高密度に蓄積しているため，他の細胞小器官は先端から排除されてしまう．ここで小胞が細胞膜と融合することにより，管が伸長するのである．アクチンフィラメントは小胞の輸送において重要な役割を担っているので，アクチンフィラメントが管の先端で伸長し続けることが，管自体の伸長のために必要とされる．花粉管では，先端に生じるカルシウムイオンの濃度勾配によりアクチン結合タンパク質を制御することにより，むき出しのアクチン端にアクチンが重合する環境を整えているものと考えられている．

先端成長における微小管の役割はアクチンほど明らかになっていない．成長中の根毛に微小管脱重合剤を処理すると，根毛はジグザグ状に伸長し，ときに先端が複数に分岐する．どのような形であれ，管が伸長するということは小胞が輸送されているということを示しており，この結果から微小管は先端成長の全体的な空間制御には何らかの形でかかわっているものの，小胞の移動や融合には関係していないと考えられる．

窒素固定型共生バクテリアは，根毛の先端成長を利用してマメ科植物に侵入する．図17・57のように，バクテリアが根毛の先端に接触すると，根毛がバクテリアの周りに巻きつき，羊飼いの杖のように菌体を包込む．このようにはまり込むと，バクテリアは根毛に侵入できるようになる．先端成長は止まり，逆に根毛の内側にまるでゴム手袋の指の部分が裏返しになるように入り込んで伸長し，細胞に侵入するための感染糸が形成される．このように成長方向を逆転させるため，バクテリアは何らかの方法により，先端における小胞の輸送と融合にかかわる現象を再編しているものと考えられる．植物細胞の本体部分に感染糸が到達すると，根粒を形成するための細胞分裂が開始される．バクテリアはこの根粒の中で生活し，窒素を還元して植物に供給するのである．

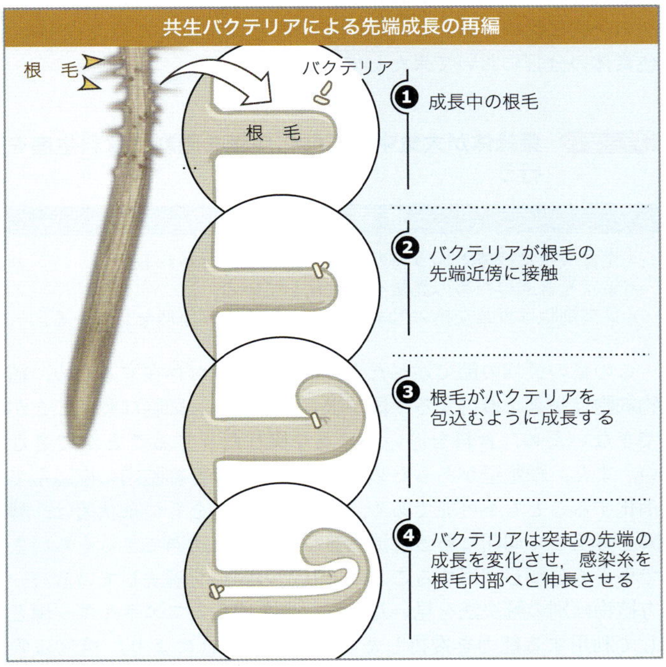

図17・57 共生バクテリアが根毛の成長を再編し，根の内部に侵入する様子を順を追って示した［写真 John Schiefelbein, University of Michigan の好意による］

17・20 植物細胞には植物特異的な細胞小器官である色素体が存在する

重要な概念

- 色素体は膜に包まれた植物特異的な細胞小器官である．
- 色素体にはいくつかの種類があり，それぞれが異なる機能をもつ．
- すべての色素体は原色素体から分化する．
- 色素体は進化の過程で細胞内共生により生じた．

色素体（plastid）は植物に特異的な細胞小器官であり，存在する組織に応じてさまざまな種類に分化する．色素体は，動物細胞には相当するものがおおむね見当たらない特殊な役割を担っている．

多様な機能をもっているにもかかわらず，すべての色素体は多くの特徴を共有している．すべての色素体は，近接する二重膜により全体を囲まれている．色素体内部（ストロマ）には，二重膜の内側の膜が一部内側に陥入し，これがちぎり取れてできた円盤状の膜系が存在する．色素体が他のほとんどの細胞小器官と異なる点は，色素体独自のゲノムをもつことで，約100の遺伝子をもつ小さな環状のゲノムが一つの色素体に複数個含まれている．このゲノムには，色素体の特徴的な機能に必要なタンパク質（たとえば光合成に必要な膜タンパク質）のほか，転写や翻訳に必要なタンパク質やRNA（リボソームタンパク質，RNAポリメラーゼ，tRNA，rRNAといったもの）などがコードされている．色素体ゲノムの遺伝子は色素体内部で転写，翻訳されるが，色素体のタンパク質の大部分は核にコードされている．これらのタンパク質は細胞質で合成された後に色素体の内部に輸送され，膜で仕切られたいくつかの区画の中の正しい目的地へと輸送される．ミトコンドリアと同様，色素体と分泌経路を構成する細胞小器官との間には，小胞輸送による連絡はない*3とされている．

色素体はすべて，**前色素体**（proplastid）とよばれる共通した前駆体細胞小器官から分化する．前色素体は分裂が活発な細胞でみられ，未発達の膜が内部にあるだけの未分化な小さくて丸い細胞小器官である．前色素体の主要な機能は，必要に応じてさまざまな色素体へと分化することである．細胞が分裂組織を離れて特定の組織を形成し始めた後に，前色素体は特殊化した機能をもつ色素体へと分化する．前色素体がどの色素体へと分化するかは，細胞の種類によって決まっている．光が当たっている葉やその他の緑色をした組織では，前色素体は**葉緑体**（chloroplast）へと分化し，集光と光合成を行う．葉の光合成細胞の葉緑体の様子を図17・58に示した．別の種類の色素体である**アミロプラスト**（amyloplast）は，光合成を行わない組織でデンプンの合成と貯蔵を行う．アミロプラストは種子や塊茎（ジャガイモなど）にみ

*3 訳者注：最近ゴルジ体を経由して葉緑体へ輸送されるタンパク質の存在が報告された．

られ，ストロマ内にデンプンを遊離顆粒として貯蔵する．根の特殊化した細胞では，アミロプラストが細胞内に沈降することによって重力を感じとり，根が重力方向に向かって成長する*4．

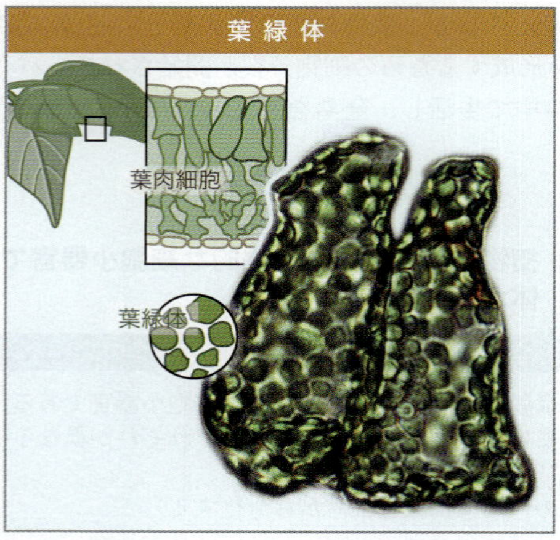

図 17・58　トマトの葉の内部から単離された2個の光合成細胞．緑色の円盤状の細胞小器官が葉緑体．左上の葉の断面の模式図は，二つの細胞の位置を示す［写真は Kevin A. Pyke, University of Nottingham の好意による］

他の色素体は，植物がさまざまな目的に用いる低分子化合物の合成にかかわっている．**有色体**（chromoplast）は，その名の通り赤や橙や黄色の分子（カロテノイド）を蓄積し，これが多くの花や果物の色の元となっている．図 17・59 に，トマトの有色体を示した．別の種類の色素体である**白色体**（leucoplast）は，色素ではなく多くの場合揮発性の低分子有機化合物を合成する．これらの有機化合物の多くは植物に独特の匂いや味を付与しており，しばしば薬や香料として用いられる．たとえば，ペパーミントの香り成分は白色体で合成される．このような化合物を合成し分泌する細胞は目的に応じて特殊化しており，化合物を放出しやすいようにオレンジの皮の内部にあるような腺組織に集められている．

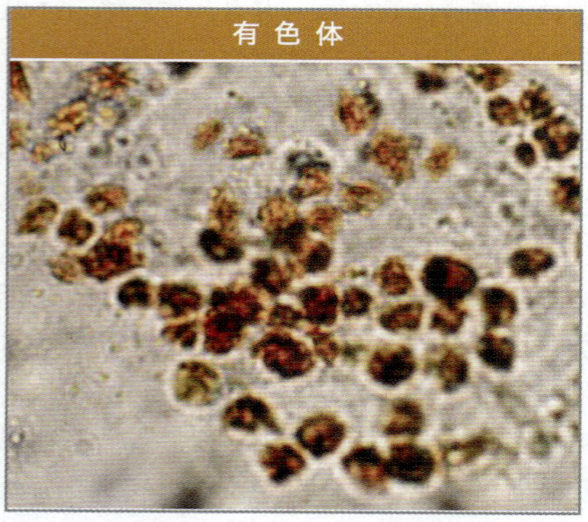

図 17・59　熟したトマト果皮の細胞．細胞質内の赤い点は赤い色素を蓄積した有色体．このような細胞がトマト全体に分布している．そのため，トマトは鮮やかな赤色を呈する［写真は K.A. Pyke, C.A. Howells, 'Plastids and stromule morphogenesis in tomato.', *Ann. Bot.* **90**, 559〜566 (2002) より．Oxford University Press の許可を得て転載］

色素体は高度に特殊化している一方で，共通の反応も行う．理由はまだわかっていないが，植物は基本的な代謝反応の多くを色素体内で行っている．脂肪酸，多くのアミノ酸，プリン，ピリミジンの合成は，動物では細胞質で行われるが，植物の場合はすべて色素体で行われる．

色素体はいったん分化しても，相互変換が可能である．有色体，アミロプラスト，葉緑体はすべて，環境や発生状況に応じて相互変換することができる．たとえば，未熟な（緑色の）トマトの葉緑体は果実が熟すにつれて有色体へと変化するため，登熟に伴いトマトは赤くなっていくのである．

色素体は，光合成を行う原核生物が原始真核細胞に取込まれ細胞内共生したことにより，進化の早い時期に現れたと考えられている．取込まれた原核生物は，光合成による化学反応を通じて宿主細胞にエネルギー源を供給していたのであろう．その見返りとして，原核生物は宿主細胞質中の栄養分を使うことができたものと考えられる．両者の共生が確立したのちには，バクテリア/細胞小器官のゲノムから遺伝子が徐々に核へと移行し，最終的に現在のようなほとんどの色素体のタンパク質が核の遺伝子にコードされる状況へと至った．

色素体がバクテリア由来であることは，分子レベルでの解析結果から明らかである．色素体には独自の転写，翻訳化合物があるが，そこで働くタンパク質群は，明らかにバクテリアに由来している．たとえば，色素体のリボソームは大腸菌のリボソームに酷似しているし，色素体の RNA ポリメラーゼもバクテリアのものとよく似ている．バクテリアとの類似点は色素体のゲノムにもみられ，色素体遺伝子の発現を制御するプロモーターといった要素も，バクテリアとほとんど同一である．

色素体の増殖方法も，色素体がバクテリア由来であることを示している．分泌経路の細胞小器官と異なり，色素体は分裂する．色素体はリング構造による狭窄により分裂するが，この分裂に必要な因子はバクテリアで用いられるものととてもよく似ている．たとえばバクテリアの FtsZ の植物ホモログは，FtsZ がバクテリアの分裂において果たす特徴的な役割と非常によく似た役割を，色素体の分裂において果たしているのである．

17・21　葉緑体が大気中の二酸化炭素を原料に食料生産を行う

重要な概念

- 光合成は葉緑体という特殊化した色素体で行われる．
- 葉は光合成のための光量を最大化している．
- 葉肉細胞はガス交換の効率が最大となるような形をしている．

この章の最初の節で述べたように，細胞壁が存在するため，植物細胞は栄養を獲得する手段が限られている．細胞は動くことができないため，食料を追いかけたり探したりすることができない．また，細胞壁があるために，巨大な粒子を細胞内に取込んで消化することも不可能である．同じく細胞壁をもつ糸状菌は，酵素を分泌して周囲にある有機物質を細胞膜を透過できるくらいまで小さく分解し利用することによりこの問題を解決している．一方植物は別の解決法を見いだした．光を捕らえてエネルギー源として利用する能力を獲得したのである．これにより，植物は吸収・消化できる物質を自分の周りで探す必要がなくなった．その代わり，捕らえた光子のエネルギーを使って大気中の二酸化炭素の炭素原子を重合させ，糖の炭素鎖をつくり出している．その産

*4　訳者注：地上部においても，アミロプラストが重力感受にかかわっている．

物は，貯蔵にまわされたり，植物体内を輸送してエネルギー源として使ったり，代謝によって脂質など別の有機化合物に取込まれたりして利用される．光合成によってできた炭素のおもな最終産物は，さまざまな種類の細胞壁を構成する多糖であり，なかでも特に地球上で最も豊富に存在する生体高分子であるセルロースである．自身の栄養を合成できる**独立栄養**（autotrophy）という性質が，植物の動かずに生活するというライフスタイルを可能としているのである．

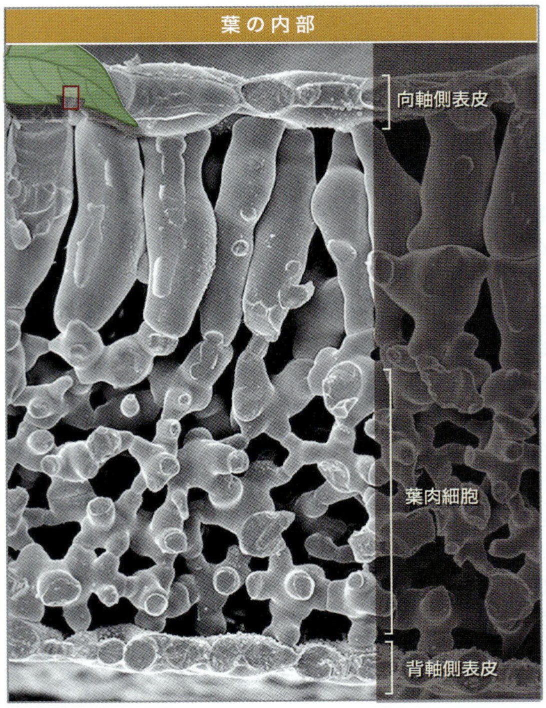

図17・60 マメの葉の断面の走査型電子顕微鏡写真．薄いシート状の向軸側および背軸側の表皮では，細胞が水平方向につながって並んでいる．その間は不規則な形をした葉肉細胞により埋められているが，それらの細胞壁は接触面が最小限になるよう離れて配置している．葉の内部には細胞間隙が大きく広がっており，光合成時に効率的にガス交換を行うことができる［写真は C.E. Jeffree, et al., *Planta* **172**, 20〜37 (1987)より］

細胞レベルでみると，光合成は葉緑体──植物特異的な膜で囲まれた高度に特殊化した細胞小器官──で行われる．植物の葉や針状葉の細胞にはこの細胞小器官が数十個含まれ，そこに含まれるタンパク質は葉全体のタンパク質の半分以上を占めることもある．このような役割を果たすために，葉緑体は複雑な構造をしている．葉緑体の内部は，チラコイド膜とそれを取囲む液状のストロマの，二つの領域に区切られている．チラコイド膜が積み重なったものをグラナといい，グラナどうしは細管状に伸びた膜によりつながっている．この膜には光合成色素(例：クロロフィル)と酵素が濃縮されており，光合成の最初の反応を行っている．一方その他の重要な反応はストロマで行われる．重層した膜系にタンパク質を濃縮することにより，集光効率が格段に上昇している．

光合成を行う組織や細胞は，その効率を上げるためしばしば特殊な構造をとっている．葉は薄く扁平で，それにより，葉緑体をもった細胞を数層の厚みで広い面積に広げることが可能である．この構造は，細胞への光の照射を最適化するのに役立つ．光合成は葉の内部の葉肉細胞で行われている．葉肉細胞は不均一ででこぼこした形をしており，他のおおかたの細胞とは違い成長すると互いの距離を大きく空けるため葉の内部には大きな空間ができる．図17・60に，葉内部の細胞の並びを示した．図17・61にあるように，細胞間の空間は気孔を通して外の大気とつながっている．植物の形づくりにおいて共通していることだが，葉肉細胞の形態形成にも表層微小管が関係している．細胞が分化を始めると，均等に分布していた表層微小管が束化し，細胞を周回するバンドを形成する．バンドの部分では伸長が抑制されるが，その間の部分は成長できるため，結果として不均一ででこぼこした形になる．でこぼことした形になることにより細胞の表面積が増加し，その結果光合成に必要な二酸化炭素と光合成によってできる酸素を効率良く交換できるのである．

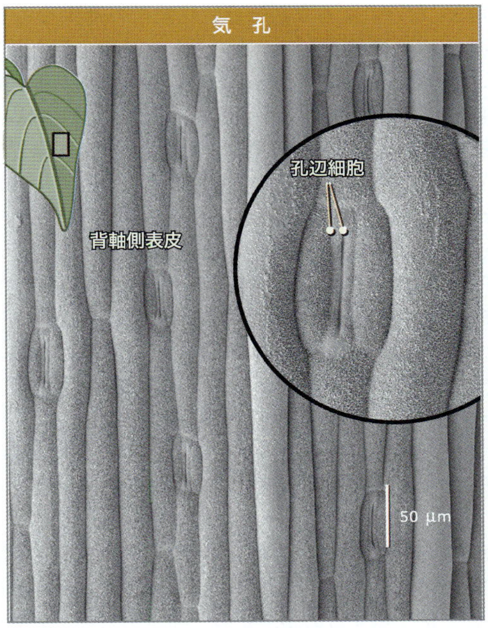

図17・61 オートムギの葉の裏側の表皮の走査型電子顕微鏡写真．表面には多数の気孔が規則正しく並んでいる．一つの気孔は四つの特殊化した表皮細胞からできている．挿入図は気孔の高倍率写真．気孔中央の裂け目を通して葉内部と外気との間でガス交換を行う．気孔は条件に応じて開閉することができる．表面に密集しているため，効率的なガス交換が可能である［写真は Kim Findlay, John Innes Centre の好意による］

細胞内の葉緑体の配置は，細胞に当たる光の角度や強さによって調節されていることが多い．光を多く捕らえるためには，葉緑体は光が入ってくる側の細胞表面に並べばよいし，捕らえる光を少なくするためには反対側の表面に移動すればよい．この葉緑体の運動にはアクチンフィラメントが必要であることがわかっている．光がどのようにアクチン細胞骨格に影響を与えるのかはまだわかっていないが，光応答性の受容体が細胞質中に存在し，アクチン細胞骨格を調節していると考えられている．

17・22 次なる問題は？

シロイヌナズナ *Arabidoposis thaliana* のゲノム配列の発表は，

植物細胞生物学，植物発生生物学の研究に大きな弾みをつけた．現在では，より研究が進んでいる酵母や動物の遺伝子の，シロイヌナズナにおけるホモログを容易に特定することができる．植物科学者は，まずは植物がコードするタンパク質の機能の目録をつくる作業を続けるだろう．しかし，すべての植物のタンパク質が他の真核生物のタンパク質に高い類似性を示すわけではなく，また仮に似ていたとしても機能は異なっているかもしれない．

大きな挑戦の一つは，各タンパク質がどこで機能しているかだけでなく，複合体としてどのような機能を果たしているのかを明らかにすることである．たとえば，植物科学の重要な問題の一つとして，セルロース生合成の方向の制御があげられる．セルロース合成粒子を構成するすべての酵素の解析やその膜脂質への結合だけでなく，粒子の動きが細胞骨格からどのように影響を受けるのかも重要な問題である．それらの間に直接的なつながりはあるのだろうか，ないのだろうか．可視化技術の進歩をもってすれば，セルロース合成粒子とアクチンもしくは微小管を同時に標識することが可能となるかもしれない．さらに，何が細胞骨格の配向を決めているのかという点も長年にわたる問題である．可視化技術の進歩はセルロース合成酵素が微小管に沿って移動することを明らかにはしたが，その二つの系に物理的相互作用があるのかどうかを決定するには，さらなる研究が必要である．

ポストゲノムの時代のもう一つ大きな課題は，細胞壁がどのようにして形成され，機能しているのかの解明である．複合型の多糖が，細胞壁の大部分を占める，という点が問題で，単糖を鎖状に連結したり枝分かれさせたりするのには実質無限の組合わせ方が可能である．これらがどのように合成されたのちどのような相互作用を経て細胞外マトリックスを形成するのか，という問題だけでなく，異なる細胞の細胞壁が—時には同じ細胞の異なる側面の細胞壁でさえ—異なる多糖組成をもつ仕組みを解明する必要がある．

細胞分裂面の制御の問題では，細胞生物学が発生生物学に大きく貢献するだろう．まず，前期前微小管束がどのようにして分裂面をあらかじめ予測するのか，という問題がある．細胞膜に結合する細胞骨格結合タンパク質のようなものが分子痕跡として残っており，フラグモプラストに付随した細胞骨格がそれを認識するのだろうか？　しかし，一つの細胞内で分裂面がどのように決まるのかという疑問より，どのような仕組みで複数の細胞間における分裂面の協調的な制御が行われているのか，という問題の方がより重要だろう．分裂面は，細胞間を移動できるホルモンのようなモルフォゲンによって制御されているのだろうか．もしくは，組織の広範囲にひずみをもたらすような物理的な力が関係しているのだろうか．

植物ホルモンがどのように機能するかも，未知のまま残された最も重大な問題の一つである．分裂組織でどのように分裂と伸長の均衡が制御されているのか，成熟した細胞が損傷を受けるなどして分裂が再度誘導された際，ホルモンによる制御がどのようにして再調整されるのかを理解する必要がある．また，光や重力などの環境要因の影響はどのようにして成長や形態の変化へと変換されるのだろうか．細胞外からの刺激の感知から，形態的な応答が起こるまでのどこかで細胞骨格の制御がかかわっていると考えられるが，ホルモンへの初期応答と細胞骨格を結ぶシグナル伝達経路についての理解が深まれば，この疑問に対する理解もさらに深まるだろう．きっと実に多様なシグナル伝達経路がかかわっているに違いない．

17・23　要　約

植物細胞と動物細胞とでは成長やふるまいが根本的に異なる．その違いは，植物細胞を取囲み移動や変形を妨げている強固な細胞壁に起因している．植物細胞はこの動けないという性質を，栄養を自らつくり出すことで克服している．葉緑体という独特の細胞小器官を用いて，二酸化炭素を代謝や細胞壁合成に利用できる化合物に変換しているのである．強固な細胞壁は植物に固着性の生活様式を強いてはいるが，逆に植物に強度や形を与えてもいる．細胞壁をどうつくり，どう再編成するかによって植物の成長方向が決まり，ひいては植物の形も決まるのである．

動物とは異なり，植物は一生にわたり成長し続ける．分裂組織とよばれる細胞の小さな集団は絶え間なく分裂し，成長に必要な新しい細胞をつくり続ける．根やシュートの先端に存在する一次分裂組織は植物の高さを増し，周縁に存在する二次分裂組織によって植物は厚みを増すことができる．シュートの先端にある分裂組織は，一つ前のモジュールの上に新たなモジュールを繰返しつくる．このモジュールは，1枚の葉もしくは花芽とそれを含むシュートで構成されている．この成長様式のおかげで，植物は環境からの影響に応じてその形を生涯変えることが可能である．成長するために細胞分裂が起こる場所こそ限られてはいるが，多くの植物細胞は分裂する能力を保持しており，必要があれば新しい器官や植物体そのものを再生することができる．

一次分裂組織内で細胞は分裂と伸長を行い，伸長軸に沿って柱状もしくはシート状に並ぶ．細胞壁が強固なため，植物細胞は動物細胞のように収縮環による分裂は行わない．その代わり，細胞の内部を横断する細胞板という新しい壁を形成する．分裂面は，前期前微小管束によってあらかじめ決められる．前期前微小管束は，微小管とアクチンフィラメントが細胞表層で束となった構造で，細胞分裂が開始する前に形成され，消失する．その過程で何らかの形で表層に目印をつけるものと考えられる．巨大な液胞をもつ細胞では，シート状になった細胞質であるフラグモソームが前期前微小管束と連携して細胞を横切るようにして形成されるが，これは分裂中も消滅せず，紡錘体と細胞板はその中に形成される．

植物の細胞分裂に関する構造体で動物細胞と共通しているものの一つに紡錘体がある．しかし，植物には中心小体や中心体がないために，紡錘体の極は動物よりずっと幅が広い場合が多い．分裂後期が完了すると，植物の細胞質分裂装置であるフラグモプラストが分離中の染色分体の間に現れる．フラグモプラストは，逆向きに配向した二つの微小管束の端が一部重なってできている．ゴルジ体由来の小胞がこの微小管に沿って輸送され，微小管が重なっている狭い領域で融合することにより細胞板が形成される．細胞板は細胞の中心から外側へと拡大し，最終的にもともとある細胞壁に到達し融合する．形成途中の細胞板に細管状の小胞体が取込まれ，これが原形質連絡とよばれる通り穴になる．この原形質連絡のおかげで二つの娘細胞の細胞質がつながり，その間で物質の移動が可能となる．

分裂組織の細胞は古くなると分裂を止めて伸長を開始し，しばしば元の数十倍の大きさにまで拡大する．このように分裂細胞のすぐ後ろの細胞が大きく伸長することで，植物の成長点は外環境に向かって押し出されることになる．伸長は浸透圧による水の吸収によって起こる．余分な水は膜に包まれた植物特異的な細胞小器官である液胞に蓄えられる．液胞は，細胞の容積の95％を占めるに至る場合もある．膨圧とよばれる膨張した液胞による圧力に，細胞壁のセルロース微繊維の強い張力が対抗している．膨圧は配向をもったセルロースによって方向性をもった力に変換される．細胞の長軸に垂直方向に巻いたセルロース微繊維により環状に強化された細胞は幅を増大させることはできないものの，長軸方向へは拡大できるため，細胞は縦長に伸長する．セルロースは細胞膜に埋まっている多サブユニット酵素複合体によって合成され，すぐに微繊維に取込まれる．細胞壁内では，強固で頑丈なセルロース微繊維が架橋グリカンにより連結されており，この繊維状構造をゲル状のペクチンが取囲んでいる．これら三つの多糖に加え，細胞壁には構造タンパク質や酵素が含まれている．エクスパンシンというタンパク質は連結された微繊維間の結合を切断して解離させ，細胞壁の再構築を可能にする．

細胞壁中のセルロース微繊維の向きは細胞膜の内側に張りつくように存在する表層微小管の向きと一致していることが多い．これは，セルロース合成粒子が表層微小管に沿って細胞膜表面を移動しながらセルロース微繊維を形成するためだと考えられている．植物細胞の微小管は，動物細胞のようにある一つの中心となる点から放射状に伸びるのではなく，表層中に分散している複数の重合開始点から形成されている（重合開始点は核の周辺にも存在する）．間期におけるこのような分散した微小管の分布は，伸長中の細胞の表面で細胞壁が新たに合成されていることと矛盾しない．表層微小管は互いに平行に配向しており，非常に動的であるため，全体的な配向の再編も可能である．この配向の再編は多くの場合細胞の伸長方向の変更に伴って起こる．光や重力などの刺激が，植物ホルモンと強調して作用することによりこのような微小管の再編成をひき起こしているのではないかと思われる．

分泌系も植物細胞内では分散して存在している．動物細胞ではゴルジ体は一つながりに連続して存在するのに対し，植物細胞では複数のゴルジ体が細胞中に散在している．このように分散して存在することにより，細胞伸長の際の広範囲に及ぶ細胞表面の増大に際し，必要な細胞膜や細胞壁の成分を供給することができる．ゴルジ体はアクチンケーブル上を移動する．植物細胞中にさまざまな向きに存在する微小管には，すべてアクチンフィラメントが平行して配向している．さらに，アクチンのみでできた長く太い束が細胞内を走っている．それにより，小胞や細胞小器官が原形質流動を起こし，細胞内を連続的かつ活発に移動することができる．粒子の表面に結合したミオシンが，その移動の原動力となっているようである．

伸長を終えると，細胞は分化を開始する．道管細胞の分化がその好例である．成長軸に沿って中心付近に存在する細胞列がプログラム細胞死を起こし，さらにそれらの細胞間の細胞壁が分解し，連続した管ができ上がる．水と溶解した栄養分は，根から地上部へとこの管を通じて運搬される．細胞が死ぬ前に表層微小管が束化を起こし，これを元に細胞壁の肥厚が進行する．この過程により道管はその強度を増し，崩壊を免れている．伸長中の細胞にみられる一次細胞壁とは異なり，このような分化細胞に形成される二次細胞壁は，セルロースの層がさらに重層しておりリグニンなどの分子による化学修飾も受けているため，強固で防水性に優れている．

ほとんどの植物細胞は多方向への成長を行うが，根毛や花粉管のように，限定された伸長部位に集中的に分泌を行うことにより先端成長を行う細胞もある．先端成長では分泌が集中した部位から管が形成され，その先端のみが伸長を続ける．微小管とアクチンフィラメントが共にその管の伸長方向に沿って配向しており，特にアクチンフィラメントが小胞の先端への輸送とそれによる管の伸長を担っている．

植物には色素体という植物特有の細胞小器官が存在する．細胞が分化する際，未分化の前駆体である前色素体が細胞の種類に応じさまざまな色素体へと分化する．有色体のように，色素を含む色素体は花を色づけるのに役立っており，色素を含まないアミロプラストはデンプンを蓄積する．色素体は，進化の過程で原始真核生物が光合成原核生物を貪食作用により取込むことにより生じた．色素体の原核生物起源は，タンパク質や遺伝的要素が現在のバクテリアと非常に似ていることに裏づけられている．色素体のなかで最も一般的なものが葉緑体である．葉緑体は非常に特殊化した機能をもっており，内部にグラナとよばれる非常に複雑な膜系を発達させている．光合成の初期反応はこのグラナ上で起こる．

参考文献

17・2 植物の成長

総　説

Fletcher, J. C., 2002. Shoot and floral meristem maintenance in *Arabidopsis*. *Annu. Rev. Plant Biol.* **53**, 45–66.

17・3 分裂組織が成長のためのモジュールを連続的に供給する

総　説

Fletcher, J. C., 2002. Schoot and floral meristem maintenance in *Arabidopsis*. *Annu. Rev. Plant Biol.* **53**, 45–66.

Sussex, I. M., and Kerk, N. M., 2001. The evolution of plant architecture. *Curr. Opin. Plant Biol.* **4**, 33–37.

17・4 細胞の分裂方向が秩序だった組織形成に重要である

総　説

Costa, S., and Dolan, L., 2000. Development of the root pole and cell patterning in *Arabidopsis* roots. *Curr. Opin. Genet. Dev.* **10**, 405–409.

Gunning, B. E. S., Hughes, J. E., and Hardham, A. R., 1978. Formative and proliferative cell divisions, cell differentiation and developmental changes in the meristem of *Azolla* roots. *Planta* **143**, 121–144.

論　文

Pickett-Heaps, J. D., and Northcote, D. H., 1966. Cell division in the formation of the stomatal complex of the young leaves of wheat. *J. Cell Sci.* **1**,121–128.

Smith, L.G., Hake, S., and Sylvester, A. W., 1996. The tangled-1 mutation alters cell division orientations throughout maize leaf development without altering leaf shape. *Development* **122**, 481–489.

17・5 細胞の分裂面は，細胞分裂が始まる前から細胞質中の構造から予測できる

論　文

Brown, R. C., and Lemmon, B. E., 2001. The cytoskeleton and spatial control of cytokinesis in the plant life cycle. *Protoplasma* **215**, 35–49.

Dixit, R., and Cyr, R. J., 2002. Spatio-temporal relationship between nuclear-envelope breakdown and preprophase band disappearance in cultured tobacco cells. *Protoplasma* **219**, 116–121.

Goodbody, K. C., Venverloo, C. J., and Lloyd, C. W., 1991. Laser microsurgery demonstrates that cytoplasmic strands anchoring the nucleus across the vacuole of premitotic plant cells are under tension. Implications for division plane alignment. *Development* **113**, 931–939.

Traas, J. A., Doonan, J. H., Rawlins, D. J., Shaw, P. J., Watts,

J., and Lloyd, C. W., 1987. An actin network is present in the cytoplasm throughout the cell cycle of carrot cells and associates with the dividing nucleus. *J. Cell Biol.* **105**, 387–395.

17・6 植物の細胞分裂に中心体は必要ない

総　説

Schmit, A. C., 2002. Acentrosomal microtubule nucleation in higher plants. *Int. Rev. Cytol.* **220**, 257–289.

論　文

Dixit, R., and Cyr, R. J., 2002. Spatio-temporal relationship between nuclear-envelope breakdown and preprophase band disappearance in cultured tobacco cells. *Protoplasma* **219**, 116–121.

Heald, R., Tournebize, R., Blank, T., Sandaltzopoulos, R., Becker, P., Hyman, A., and Karsenti, E., 1996. Self-organization of microtubules into bipolar spindles around artificial chromosomes in *Xenopus egg extracts*. *Nature* **382**, 420–425.

Mazia, D., 1984. Centrosomes and mitotic poles. *Exp. Cell Res.* **153**, 1–15.

17・7 細胞質分裂装置が前期前微小管束の位置に新たな細胞板を形成する

総　説

Verma, D. P., 2001. Cytokinesis and building of the cell plate in plants. *Annu. Rev. Plant Physiol. Plant Mol. Biol.* **52**, 751–784.

17・8 細胞板は分泌により形成される

総　説

Nebenführ, A., and Staehelin, L. A., 2001. Mobile factories: Golgi dynamics in plant cells. *Trends Plant Sci.* **6**, 160–167.

Staehelin, L. A., and Hepler, P. K., 1996. Cytokinesis in higher plants. *Cell* **84**, 821–824.

Verma, D. P., and Hong, Z., 2001. Plant callose synthase complexes. *Plant Mol. Biol.* **47**, 693–701.

論　文

Cutler, S. R., and Ehrhardt, D. W., 2002. Polarized cytokinesis in vacuolate cells of *Arabidopsis*. *Proc. Natl. Acad. Sci. USA* **99**, 2812–2817.

Gu, X., and Verma, D. P., 1996. Phragmoplastin, adynamin-like protein associated with cell plate formation in plants. *EMBO J.* **15**, 695–704.

Verma, D. P., 2001. Cytokinesis and building of the cell plate in plants. *Annu. Rev. Plant Physiol. Plant Mol. Biol.* **52**, 751–784.

Völker, A., Stierhof, Y. D., and Jürgens, G., 2001. Cell cycle-independent expression of the *Arabidopsis* cytokinesis-specific syntaxin KNOLLE results in mistargeting to the plasma membrane and is not sufficient for cytokinesis. *J. Cell Sci.* **114**, 3001–3012.

17・9 植物細胞間は原形質連絡によりつながっている

総　説

Heinlein, M., 2002. Plasmodesmata: dynamic regulation and role in macromolecular cell-to-cell signaling. *Curr. Opin. Plant Biol.* **5**, 543–552.

論　文

Reichelt, S., Knight, A. E., Hodge, T. P., Baluska, F., Samaj, J., Volkmann, D., and Kendrick-Jones, J., 1999. Characterization of the unconventional myosin VIII in plant cells and its localization at the post-cytokinetic cell wall. *Plant J.* **19**, 555–567.

17・10 液胞が膨張することにより細胞の伸長が起こる

総　説

Bassham, D. C., and Raikhel, N. V., 2000. Unique features of the plant vacuolar sorting machinery. *Curr. Opin. Cell Biol.* **12**, 491–495.

Bethke, P. C., and Jones, R. L., 2000. Vacuoles and prevacuolar compartments. *Curr. Opin. Plant Biol.* **3**, 469–475.

Peters, W. S., Hagemann, W., and Deri Tomos, A., 2000. What makes plants different? Principles of extracellular matrix function in 'soft' plant tissues. *Comp. Biochem. Physiol. A Mol. Integr. Physiol.* **125**, 151–167.

17・11 高い膨圧とセルロース微繊維からなる細胞壁の強度が拮抗している

総　説

Peters, W. S., Hagemann, W., and Deri Tomos, A., 2000. What makes plants different? Principles of extracellular matrix function in 'soft' plant tissues. *Comp. Biochem. Physiol. A Mol. Integr. Physiol.* **125**, 151–167.

Reiter, W. D., 2002. Biosynthesis and properties of the plant cell wall. *Curr. Opin. Plant Biol.* **5**, 536–542.

17・12 細胞の成長には細胞壁の緩みと再構築が必要である

総　説

Cosgrove, D. J., 2000. Loosening of plant cell walls by expansins. *Nature* **407**, 321–326.

論　文

Marga, F., Grandbois, M., Cosgrove, D. J., and Baskin, T. I., 2005. Cell wall extension results in the coordinate separation of parallel microfibrils: Evidence from scanning electron microscopy and atomic force microscopy. *Plant J.* **43**, 181–190.

McQueen-Mason, S. J., Fry, S. C., Durachko, D. M., and Cosgrove, D. J., 1993. The relationship between xyloglucan endotransglycosylase and *in vitro* cell wall extension in cucumber hypocotyls. *Planta* **190**, 327–331.

17・13 細胞内で合成され分泌される他の細胞壁成分と異なり，セルロースは細胞膜上で合成される

総　説

Brett, C. T., 2000. Cellulose microfibrils in plants: Biosynthesis, deposition, and integration into the cell wall. *Int. Rev. Cytol.* **199**, 161–199.

Brown, R. M., Saxena, I. M. and Kudlicka, K., 1996. Cellulose biosynthesis in higher plants. *Trends in Plant Sciences* **5**, 149–156.

Verma, D. P. and Hong, Z., 2001. Plant callose synthase complexes. *Plant Mol. Biol.* **47**, 693–701.

17・15 表層微小管の配向は非常にダイナミックに変化する

総　説

Lloyd, C., and Chan, J., 2004. Microtubules and the shape of plants to come. *Nat. Rev. Mol. Cell Biol.* **5**, 13–22.

Schmit, A. C., 2002. Acentrosomal microtubule nucleation in higher plants. *Int. Rev. Cytol.* **220**, 257–289.

論　文

Burk, D. H., Liu, B., Zhong, R., Morrison, W. H., and Ye, Z. H., 2001. A katanin-like protein regulates normal cell wall biosynthesis and cell elongation. *Plant Cell* **13**, 807–827.

Chan, J., Calder, G. M., Doonan, J. H., and Lloyd, C. W., 2003. EB1 reveals mobile microtubule nucleation sites in *Arabidopsis*. *Nat. Cell Biol.* **5**, 967–971.

Chan, J., Jensen, C. G., Jensen, L. C., Bush, M., and Lloyd, C. W., 1999. The 65-kDa carrot microtubule-associated protein forms regularly arranged filamentous cross-bridges between microtubules. *Proc. Natl. Acad. Sci. USA* **96**, 14931–14936.

Dixit, R., and Cyr, R., 2004. Encounters between dynamic cortical microtubules promote ordering of the cortical array through angle-dependent modifications of microtubule behavior. *Plant Cell* **16**, 3274–3284.

Shaw, S. L., Kamyar, R., and Ehrhardt, D. W., 2003. Sustained microtubule treadmilling in *Arabidopsis* cortical arrays. *Science* **300**, 1715–1718.

Yuan, M., Shaw, P. J., Warn, R. M., and Lloyd, C. W., 1994. Dynamic reorientation of cortical microtubules, from transverse to longitudinal, in living plant cells. *Proc. Natl. Acad. Sci. USA* **91**, 6050–6053.

17・16 細胞質中に散在するゴルジ体が，細胞の成長に必要な物質を運ぶ小胞を細胞表面へと輸送する

総　説

Sanderfoot, A. A., and Raikhel, N. V., 1999. The specificity of vesicle trafficking: coat proteins and SNAREs. *Plant Cell* **11**, 629–642.

Staehelin, L. A., 1997. The plant ER: A dynamic organelle composed of a large number of discrete functional domains. *Plant J.* **11**, 1151–1165.

Staehelin, L. A., and Moore, I., 1995. The plant Golgi appararus: Structure, functional organization, and trafficking mechanisms. *Annu. Rev. Plant Physiol. Plant. Mol. Biol.* **46**, 261–288.

論　文

Boevink, P., Oparka, K., Santa Cruz, S., Martin, B., Betteridge, A., and Hawes, C., 1998. Stacks on tracks: The plant Golgi apparatus traffics on an actin / ER network. *Plant J.* **15**, 441–447.

Vitale, A., and Denecke, J., 1999. The endoplasmic reticulum-gateway of the secretory pathway. *Plant Cell* **11**, 615–628.

17・17 アクチンフィラメントのネットワークが物質輸送のための経路として機能する

総　説

McCurdy, D. W., Kovar, D. R., and Staiger, C. J., 2001. Actin and actin-binding proteins in higher plants. *Protoplasma* **215**, 89–104.

論　文

Reichelt, S., Knight, A. E., Hodge, T. P., Baluska, F., Samaj, J., Volkmann, D., and Kendrick-Jones, J., 1999. Characterization of the unconventional myosin VIII in plant cells and its localization at the post-cytokinetic cell wall. *Plant J.* **19**, 555–567.

17・18 道管細胞の形成には大規模な分化が必要である

総　説

Roberts, K., and McCann, M. C., 2000. Xylogenesis: the birth of a corpse. *Curr. Opin. Plant Biol.* **3**, 517–522.

17・20 植物細胞には植物特異的な細胞小器官である色素体が存在する

論　文

Pyke, K. A., 1999. Plastid division and development. *Plant Cell* **11**, 549–556.

17・22 次なる問題は？

論　文

Tabata, S., et al., 2000. Sequence and analysis of chromosome 5 of the plant *Arabidopsis thaliana*. *Nature* **408**, 823–826.

protein database bank （PDB）引用一覧

図番号	PDB 番号	引　　用
2·8, 2·9, 2·11, 2·12	1K4C	Y. Zhou, J.H. Morais-Cabral, A. Kaufman, R. MacKinnon, Chemistry of ion coordination and hydration revealed by a K^+ channel-Fab complex at 2.0 Å resolution. *Nature* **414**, 43～48(2001).
2·12, 2·13	1LNQ	Y. Jiang, A. Lee, J. Chen, M. Cadene, B.T. Chait, R. Mackinnon, Crystal structure and mechanism of a calcium-gated potassium channel. *Nature* **417**, 515～522(2002).
2·23	1KPK	R. Dutzler, E.B. Campbell, M. Cadene, B.T. Chait, R. MacKinnon, X-ray structure of a ClC chloride channel at 3.0 A reveals the molecular basis of anion selectivity. *Nature* **415**, 287～294(2002).
2·24	1OTS	R. Dutzler, E.B. Campbell, R. MacKinnon, Gating the selectivity filter in ClC chloride channels. *Science* **300**, 108～112(2003).
2·27, 2·28, 2·29	1J4N	H. Sui, B.G. Han, J.K. Lee, P. Walian, B.K. Jap, Structural basis of water-specific transport through the AQP1 water channel. *Nature* **414**, 872～878(2001).
2·39	1PV6	J. Abramson, I. Smirnova, V. Kasho, G. Verner, H.R. Kaback, S. Iwata, Structure and mechanism of the lactose permease of *Escherichia coli*. *Science* **301**, 610～615(2003).
2·40	1PW4	Y. Huang, M.J. Lemieux, J. Song, M. Auer, D.N. Wang, Structure and mechanism of the glycerol-3-phosphate transporter from *Escherichia coli*. *Science* **301**, 616～620(2003).
2·47	1ZCD	C. Hunte, E. Screpanti, M. Venturi, A. Rimon, E. Padan, H. Michel Structure of a Na^+/H^+ antiporter and insights into mechanism of action and regulation by pH. *Nature* **435**, 1197～1202(2005).
2·50	1SU4 (1EUL に変更)	C. Toyoshima, M. Nakasako, H. Nomura, H. Ogawa, Crystal structure of the calcium pump of sarcoplasmic reticulum at 2.6 Å resolution. *Nature* **405**, 647～655(2000).
2·50, 2·52	1IWO	C. Toyoshima, H. Nomura, Structural changes in the calcium pump accompanying the dissociation of calcium. *Nature* **418**, 605～611(2002).
2·53	1QO1	D. Stock, A.G. Leslie, J.E. Walker, Molecular architecture of the rotary motor in ATP synthase. *Science* **286**, 1700～1705(1999).
2·59	1P7B	A. Kuo, J.M. Gulbis, J.F. Antcliff, T. Rahman, E.D. Lowe, J. Zimmer, J. Cuthbertson, F.M. Ashcroft, T. Ezaki, D.A. Doyle, Crystal structure of the potassium channel KirBac1.1 in the closed state. *Science* **300**, 1922～1926 (2003).
3·14	1RHZ	B. van den Berg, W.M. Clemons Jr., I. Collinson, Y. Modis, E. Hartmann, S.C. Harrison, T.A. Rapoport, X-ray structure of a protein-conducting channel. *Nature* **427**, 36～44(2004).
8·2	1ATN	W. Kabsch, H.G. Mannherz, D. Suck, E.F. Pai, K.C. Holmes, Atomic structure of the actin:DNase I complex. *Nature* **347**, 37～44(1990).
8·14	2BTF	C.E. Schutt, J.C. Myslik, M.D. Rozycki, N.C. Goonesekere, U. Lindberg, The structure of crystalline profilin-beta-actin. *Nature* **365**, 810～816(1993).
8·15	1KBK	E.H. Rydberg, C. Li, R. Maurus, C.M. Overall, G.D. Brayer, S.G. Withers, Mechanistic analyses of catalysis in human pancreatic alpha-amylase: detailed kinetic and structural studies of mutants of three conserved carboxylic acids. *Biochemistry* **41**, 4492～4502 (2002).
8·29	2MYS	I. Rayment, W.R. Rypniewski, K. Schmidt-Base, R. Smith, D.R. Tomchick, M.M. Benning, D.A. Winkelmann, G. Wesenberg, H.M. Holden, Three-dimensional structure of myosin subfragment-1: a molecular motor. *Science* **261**, 50～58(1993).
11·9	1B38	N.R. Brown, M.E. Noble, A.M. Lawrie, M.C. Morris, P. Tunnah, G. Divita, L.N. Johnson, J.A. Endicott, Effects of phosphorylation of threonine 160 on cyclin-dependent kinase 2 structure and activity. *J. Biol. Chem.* **274**, 8746～8756(1999).
11·9	1FIN	P.D. Jeffrey, A.A. Russo, K. Polyak, E. Gibbs, J. Hurwitz, J. Massague, N.P. Pavletich, Mechanism of CDK activation revealed by the structure of a cyclin A-CDK2 complex. *Nature* **376**, 313～320 (1995).
11·15	1JSU	A.A. Russo, P.D. Jeffrey, A.K. Patten, J. Massague, N.P. Pavletich, Crystal structure of the p27Kip1 cyclin-dependent-kinase inhibitor bound to the cyclin A-Cdk2 complex. *Nature* **382**, 325～331(1996).
11·25	1UMW	A. Elia, P. Rellos, L. Haire, J. Chao, F. Ivins, K. Hoepker, D. Mohammad, L. Cantley, S. Smerdon, M. Yaffe, The molecular basis for phosphodependent substrate targeting and regulation of Plks by the Polo-box domain. *Cell* **115**, 83(2003).
12·6	1GQF	S.J. Riedl, P. Fuentes-Prior, M. Renatus, N. Kairies, S. Krapp, R. Huber, G.S. Salvesen, W. Bode, Structural basis for the activation of human procaspase-7. *Proc. Natl. Acad. Sci. USA* **98**, 14790～14795(2001).
12·6	1I51	J. Chai, E. Shiozaki, S.M. Srinivasula, Q. Wu, P. Datta, E.S. Alnemri, Y. Shi, P. Dataa, Structural basis of caspase-7 inhibition by XIAP. *Cell* **104**, 769～780(2001).
12·8	1DDF	B. Huang, M. Eberstadt, E.T. Olejniczak, R.P. Meadows, S.W. Fesik, NMR structure and mutagenesis of the Fas (APO-1/CD95) death domain. *Nature* **384**, 638～641(1996).
12·8	1E41	H. Berglund, D. Olerenshaw, A. Sankar, M. Federwisch, N.Q. Mcdonald, P.C. Driscoll, The three-dimensional solution structure and dynamic properties of the human Fadd death domain. *J. Mol. Biol.* **302**, 171～188(2000).
12·8	1CY5	D.E. Vaughn, J. Rodriguez, Y. Lazebnik, L. Joshua-Tor, Crystal structure of Apaf-1 caspase recruitment domain: an alpha-helical Greek key fold for apoptotic signaling. *J. Mol. Biol.* **293**, 439～447 (1999).
12·9	1I30	D.A. Heerding, G. Chan, W.E. DeWolf, A.P. Fosberry, C.A. Janson, D.D. Jaworski, E. McManus, W.H. Miller, T.D. Moore, D.J. Payne, X. Qiu, S.F. Rittenhouse, C. Slater-Radosti, W. Smith, D.T. Takata, K.S. Vaidya, C.C. Yuan, W.F. Huffman, 1,4-Disubstituted imidazoles are potential antibacterial agents functioning as inhibitors of enoyl acyl carrier protein reductase (FabI). *Bioorg. Med. Chem. Lett.* **11**, 2061～2065(2001).
12·19	1PQ0	X. Liu, S. Dai, Y. Zhu, P. Marrack, J.W. Kappler, The structure of a Bcl-xl/Bim fragment complex: Implications for Bim function. *Immunity* **19**, 341～352(2003).
12·19	1F16	M. Suzuki, R.J. Youle, N. Tjandra, Structure of Bax: coregulation of dimer formation and intracellular localization. *Cell* **103**, 645～654 (2000).
12·19	1DDB	J.M. McDonnell, D. Fushman, C.L. Milliman, S.J. Korsmeyer, D. Cowburn, Solution structure of the proapoptotic molecule BID: A structural basis for apoptotic agonists and antagonists. *Cell* **96**, 625～634(1999).
13·11	1GUX	J.O. Lee, A.A. Russo, N.P. Pavletich, Structure

(つづき)

図番号	PDB番号	引　　用
		of the retinoblastoma tumoru-suppressor pocket domain bound to a peptide from HPV E7. *Nature* **391**, 859〜865(1998).
14・16	1CFD	H. Kuboniwa, N. Tjandra, S. Grzesiek, H. Ren, C.B. Klee, A. Bax, Solution structure of calcium-free calmodulin. *Nat. Struct. Biol.* **2**, 768〜776(1995).
14・16	1MXE	J.A. Clapperton, S.R. Martin, S.J. Smerdon, S.J. Gamblin, P.M. Bayley, Structure of the complex of calmodulin with the target sequence of calmodulin-dependent protein kinase I: Studies of the kinase activation mechanism. *Biochemistry* **41**, 14669〜14679(2002).
14・19	2BG9	N. Unwin, Refined structure of the nicotinic acetylcholine receptor at 4 Å resolution. *J. Mol. Biol.* **346**, 967〜989(2005).
14・23	1F88	K. Palczewski, T. Kumasaka, T. Hori, C.A. Behnke, H. Motoshima, B.A. Fox, I. Le Trong, D.C. Teller, T. Okada, R.E. Stenkamp, M. Yamamoto, M. Miyano, Crystal structure of rhodopsin: A G protein-coupled receptor. *Science* **289**, 739〜745(2000).
14・24	1GP2	M.A. Wall, D.E. Coleman, E. Lee, J.A. Iniguez-Lluhi, B.A. Posner, A.G. Gilman, S.R. Sprang, The structure of the G protein heterotrimer $G_{i\alpha1}\beta_1\gamma_2$. *Cell* **83**, 1047〜1058 (1995).
14・31	1ERK	F. Zhang, A. Strand, D. Robbins, M.H. Cobb, E.J. Goldsmith, Atomic structure of the MAP kinase ERK2 at 2.3 Å resolution. *Nature* **367**, 704〜711(1994).
14・31	2ERK	B.J. Canagarajah, A. Khokhlatchev, M.H. Cobb, E.J. Goldsmith, Activation mechanism of the MAP kinase ERK2 by dual phosphorylation. *Cell* **90**, 859〜869(1997).
14・37	1FMK	W. Xu, S.C. Harrison, M.J. Eck, Three-dimensional structure of the tyrosine kinase c-Src. *Nature* **385**, 595〜602(1997).
14・37	1Y57	S.W. Cowan-Jacob, G. Fendrich, P.W. Manley, W. Jahnke, D. Fabbro, J. Liebetanz, T. Meyer, The crystal structure of a c-Src complex in an active conformation suggests possible steps in c-Src activation. *Structure* **13**, 861〜871(2005).
14・39	1JST	A.A. Russo, P.D. Jeffrey, N.P. Pavletich, Structural basis of cyclin-dependent kinase activation by phosphorylation. *Nat. Struct. Biol.* **3**, 696〜700(1996).

用語解説

アイソフォーム（isoform） 複数のタンパク質が構造や機能に関して互いに類似しているときに，その一個一個のタンパク質をさす．これらに対しては，しばしば，同じ名称に数字や文字を付加した表記が用いられる．

アーキア（archaea） 原核生物に属し古細菌ともよばれた．細胞壁，リボソーム RNA，脂質，ある種の酵素などの性状がバクテリア（真正細菌）のものとは異なっている．この種の原核生物のなかには高塩濃度環境に棲む好塩菌，無酸素環境に棲むメタン産生菌，高温酸性環境に棲む高熱好酸菌などもある．

アクアポリン（aquaporin） 水や他の分子を膜を通して輸送させるための膜貫通チャネル．

悪性腫瘍（malignant tumor） 浸潤性があり，体内の別の部位へ転移する可能性をもつ腫瘍．

アクチン（actin） 真核細胞で発現するタンパク質で，重合してミクロフィラメントを形成する．ミクロフィラメントは細胞運動にかかわっている．

アクチン架橋タンパク質（actin crosslinking protein） アクチンフィラメントを架橋して，アクチン束やネットワークを形成するタンパク質．アクチン結合部位の構造に基づいて，三つのグループに分けられる．

アクチン束（actin bundle） アクチンフィラメントが平行か反平行に架橋されてできた束状構造．アクチン束は糸状仮足，不動毛などの構造に存在する．

アクチン単量体結合タンパク質（actin monomer-binding protein） アクチンフィラメント中のサブユニットにではなく，アクチン単量体に選択的に結合するタンパク質．この作用によって重合に使われる遊離アクチンサブユニットの濃度を調整し，フィラメントの伸長速度を制御する．チモシン b_4 とプロフィリンが後生動物の主要なアクチン単量体結合タンパク質である．

アクチンネットワーク（actin network） アクチンフィラメントが架橋されてできた網目状構造．細胞表層や葉状仮足にみられる．

アクチンフィラメント（actin filament） アクチンサブユニットでできた 2 本鎖らせんのフィラメントで，3 種類の細胞骨格の一つ．細胞運動と収縮にかかわる．

アクティブプリングモデル（active pulling model） 翻訳後の小胞体へのタンパク質輸送に関するモデル．ATP の加水分解によって BiP がコンホメーション変化を起こし，それによって基質（ポリペプチド鎖）を膜透過チャネルを通して小胞体内腔へと引っ張り出す仕組みである．

足場タンパク質（scaffold protein） シグナル伝達経路を構成する複数のタンパク質を結合するタンパク質．

アダプタータンパク質（adaptor protein） シグナル伝達分子を結びつけることによって，細胞外シグナルを仲介するタンパク質．通常は二つ以上のモジュール型の相互作用領域か，それに対応する認識モチーフが含まれる．

アダプター複合体（adaptor complex） 膜貫通型の積荷タンパク質の細胞質側末端にある選別シグナルに結合し，クラスリン被覆ピットが会合する際にクラスリン分子を集める．複数のタイプのアダプター複合体が，異なる区画で機能する．それぞれの複合体には 4 個の異なるサブユニットが含まれる．

アダプチン（adaptin） クラスリン被覆小胞の形成を助ける細胞質のアダプター複合体を構成する個々のサブユニットで，それぞれ数種類ある．

後戻りできない点（point of no return） 細胞周期において，そこを越えたら不可避的に次の過程に入ってしまう変換点．たとえば，G_2 期の後期の後戻りできない点を通過した細胞は，分裂期に入ることを運命づけられる．

アノイキス（anoikis） 接着性の細胞が，基質（器壁）から離れたときに起こるアポトーシス．

アポトーシス（apoptosis） 細胞が，刺激に応じて一連の反応を活性化することによって，細胞死に向けてシグナル伝達経路を発動する作用．

アミロプラスト（amyloplast） デンプンを貯蔵する色素体の一種．

α カテニン（α catenin） カドヘリンからなる受容体複合体において，β カテニンとアクチンフィラメントに結合するアダプタータンパク質．

アロステリック制御（allosteric regulation） あるタンパク質に，低分子あるいは他のタンパク質が活性部位から離れた部位に結合することによってコンホメーションが変化し，その結果，活性が変化する制御様式．

アンタゴニスト（antagonist） 受容体の結合部位を占めることによって活性化リガンドの結合を競合阻害する，活性化能をもたないリガンド．

イオンチャネル（ion channel） 1 種類あるいはそれ以上のイオンを膜を介して選択的に透過させる膜貫通タンパク質．イオンはチャネルの中央にある水で満たされた孔を通って輸送される．

異形成（dysplasia） 細胞の異常増殖の初期段階をさし，細胞と組織の構築が中程度の異常を示す段階．

異種順応（heterologous adaptation） 収束型のシグナル伝達経路において，複数の受容体の下流から発するフィードバック制御の様式で，シグナルを開始した受容体と共に他の受容体も制御する様式．

異数性（aneuploidy） 細胞内の染色体の数が，通常よりも多いあるいは少ない状態．通常の倍の数の染色体をもつ場合を tetraploidy（四倍性），半分の数の染色体をもつ場合を haploidy（一倍性，半数性，単相性）とよぶ．

位置効果の斑入り（position effect variegation） ヘテロクロマチンの近くに存在するために起こる遺伝子発現の不活化のこと．

一次繊毛（primary cilium） ほとんどすべての細胞に存在する長い繊毛．一部の細胞では，感覚器官として特別な構造をもつ．

一次能動輸送（primary active transport） ATP の加水分解エネルギーと電気化学勾配に逆らった溶質の移動とを共役させるキャリアータンパク質によって行われる輸送．これらのキャリアータンパク質は，膜を介した溶質の濃度勾配を維持している．

一次紡錘体（primary spindle） 分裂期の初期，核膜崩壊以前にできる，紡錘体と似た形状をもつ微小管の集合体．二つの中心体から放射状に伸びた微小管群どうしが相互作用することによって形成される．

位置情報（positional information） 胚において特定の場所にある種の高分子が局在するという情報であり，この情報自体が発生における遺伝情報の一部になる．

一倍体（haploid） 一セットの常染色体と一個の性染色体をもつ細胞．二倍体生物の配偶子は，一倍体の染色体数を表す n 個の染色体をもつ．

遺伝性皮膚症（genodermatosis） デスモソームあるいはヘミデスモソームタンパク質の遺伝的変異によって発症する病態．

移動位置化（translational positioning） ヒストン八量体が二本鎖 DNA ヘリックスの連続した回転のどの位置にくるかをさし，これによってどの配列がリンカー領域にくるかが決められる．

イノシトールリン脂質（phosphoinositide） イノシトール環がリン酸化されたグリセロールリン脂質であるホスファチジルイノシトールの誘導体の総称．

***in situ* ハイブリダイゼーション**（*in situ* hybridization） 細胞学的ハイブリダイゼーションでは，顕微鏡用スライドに張りつけた細胞のDNAを変性させ，一本鎖のRNAかDNAを加えて反応させる．加える試料は放射性標識し，ハイブリダイゼーション後にオートラジオグラフィーで検出する．

インテグリン（integrin） 細胞接着を担う細胞表面タンパク質であり，$\alpha\beta$ヘテロ二量体のファミリーである．ある種のインテグリンは細胞外マトリックスタンパク質に結合するが，他の細胞の表面に発現しているICAMに結合するものもある．細胞外マトリックスタンパク質の受容体としては最も主要なものであり，他の細胞の受容体に結合するものもある．

インテグロン（integron） 遺伝子カセットの組込みを許す遺伝因子のこと．基本的なインテグロンは，インテグラーゼの遺伝子，挿入の標的部位，組込まれた遺伝子の発現を促すプロモーターからなる．

インバースアゴニスト（inverse agonist） 受容体の不活性状態に選択的に結合するリガンドのことで，この結合によって，その受容体から発するシグナル伝達を阻害する効果がある．

インポーチン（importin） 細胞質で積荷分子に結合し，核内に移行する輸送受容体のこと．核内でRan GTPに結合して，積荷分子を離す．

内向き整流性（inward rectification） イオンチャネルのコンダクタンス（伝導性）に関して，内向き電流の方を外向き電流よりも通しやすいこと．

エキソサイトーシス（exocytosis） 最初に小胞体でつくられた積荷分子を，細胞が分泌する過程．分泌小胞が細胞膜に融合することによって起こる．

エキソサイトーシス経路（exocytic pathway） 小胞体からゴルジ体を経て細胞膜へと輸送する経路．分泌経路ともいう．

エキソシスト（exocyst） 分泌が起こる細胞膜の部位にみられる8個のタンパク質からなる複合体．膜融合過程の第一段階で，分泌小胞を膜に結合させる働きをする．

栄養増殖期（vegetative phase） バクテリアが正常に増殖・分裂している期間のこと．この期間は，胞子形成を行うバクテリアにおいては胞子形成期に対比される．

液　胞（vacuole） 水を吸収して拡張することによって植物細胞が成長するのを促す，膜に囲まれた細胞小器官．大きな植物細胞では，内容積の90％以上を占めることがある．

液胞膜（tonoplast） トノプラストともいう．植物細胞の液胞を取囲む膜．

エクスパンシン（expansin） 植物細胞で，細胞壁の構造単位間の結合を，水素結合を壊すことによって緩めるタンパク質．その結果，細胞壁が緩んで細胞が伸長する．

エクスポーチン（exportin） 核内で積荷分子に結合し，Ran–GTPと相互作用する輸送受容体．積荷分子/エクスポーチン/Ran–GTPの三者複合体は核膜を通過して細胞質に出るが，細胞質でRanに結合したGTPが加水分解することで積荷分子が離れる．

SRP受容体（SRP receptor） 小胞体の膜中に存在するタンパク質で，シグナル認識粒子(SRP)に結合して，翻訳共役膜透過の際に分泌タンパク質や膜タンパク質を選別する．

SH2領域（SH2 domain） 約100アミノ酸残基からなるタンパク質ドメインで，チロシンリン酸化部位の周辺を認識するが，高親和性の結合には，通常，そのチロシンがリン酸化されることが必要である．

SH3領域（SH3 domain） 約50アミノ酸残基からなるタンパク質ドメインで，プロリンを含む特定の短い配列に結合する相互作用ドメイン．

S期（S phase） S期は，真核細胞の細胞周期の一部で，DNA複製が起こる．

SCF サイクリン依存性キナーゼインヒビターや他の細胞周期制御因子を基質とする，タンパク質分解に導く進化的に保存されたE3ユビキチンリガーゼ．

ADPリボシル化因子（ADP–ribosylation factor, ARF） COPⅠ被覆の構成要素．最初，コレラ毒素が作用する際の補助因子として同定された．

***N*結合型糖鎖付加**（*N*–linked glycosylation） タンパク質が小胞体へと膜透過する際に，アスパラギン残基に糖鎖が共有結合すること．

***n*−1の法則**（*n*−1 rule） 雌の哺乳類細胞で，1本のX染色体だけが活性化されていて，他のX染色体が不活化されていることを示す法則．

エピジェネティック（epigenetic） 遺伝子型の変化なしに表現型に影響を及ぼす作用のこと．細胞の性質に変化を生じ，その変化は遺伝するが，遺伝情報（DNAの塩基配列）の変化を伴わない．

Fアクチン(F–actin) 重合した繊維状アクチンをFアクチンという．

FG繰返し配列（FG repeat） およそ3分の1のヌクレオポリンに多数みられる，短い配列で間隔があいた4個か5個のアミノ酸（通常は，Gly–Leu–Phe–GlyまたはX–Phe–X–Phe–Gly）のモチーフ．

mRNAタンパク質複合体粒子（mRNA ribonucleoprotein particle, mRNP） 成熟（スプライスされた）mRNAとmRNA結合タンパク質との複合体．細胞質のものと核内のものとでは，タンパク質組成が大きく異なる．

M　期（M phase） 真核細胞の細胞周期において，核分裂と細胞質分裂が起こる期間．

エラスチン（elastin） 張力に応じて伸びたり縮んだりできる細胞外マトリックスタンパク質．

エンドサイトーシス（endoocytosis） 細胞が，環境から低分子や粒子を取込む過程．何種類かの様式があるが，いずれも細胞膜から膜の小胞が形成される過程が含まれる．

エンドサイトーシス経路（endocytic pathway） 細胞膜から初期エンドソームと後期エンドソームを経てリソソームへと輸送する経路．細胞外空間からの物質の取込みを行う．

エンドソーム（endosome） エンドサイトーシスあるいはトランスゴルジ網を介して受取った分子を選別する小胞で，これらの分子をリソソームなどの他の区画へと輸送する．

エンベロープ（envelope） 包膜ともいう．核やミトコンドリアなどの細胞小器官や原核細胞などの細胞そのものを取囲む，同心円状の膜であり，個々の膜は通常の脂質二重層からなる．原核細胞のエンベロープは，細胞質膜とその外側の層（細胞壁，外膜，莢膜）からなる．外層の数とその組成は原核細胞の種類による．

応答要素（response element） 応答因子，応答エレメントなどともいう．特定の転写因子によって認識されるプロモーターやエンハンサーのDNA配列．

オートファジー（autophagy） 細胞内成分を非特異的に分解する機構で，その分解物は細胞の栄養源となる．この現象は，通常，細胞が飢餓状態や他のストレスを受けたときに起こる．

オリゴ糖転移酵素(oligosaccharyl transferase, OST) 小胞体膜に存在する，複数のサブユニットから構成されるタンパク質複合体．この酵素は，タンパク質が小胞体へ膜透過する際に糖鎖を転移する．

折りたたみ不全タンパク質応答（unofolded protein response, UPR） 小胞体ストレス応答ともいう．折りたたまれていないタンパク質が小胞体内腔に蓄積したときに起こる細胞内シグナル伝達過程で，小胞体のシャペロンの発現を促進する．

温度感受性変異（temperature-sensitive mutation） 遺伝子産物（通常はタンパク質）が，低い温度では機能するが，それよりも高い温度では弱くしか，あるいはまったく機能しない現象をひき起こす突然変異．温度に関してこれと逆の現象をひき起こす変異は，低温感受性変異とよばれる．

回転性位置化（rotational positioning）　二本鎖DNAヘリックスの回転に対してヒストン八量体が示す位置関係のこと．つまり，DNAのどの面がヌクレオソーム表面にさらされるかが決められる．

化学浸透（chemiosmosis）　膜を介した水素イオン勾配のエネルギーを利用する機構で，ATP産生のような細胞の働きを駆動する．

化学量論（stoichiometry）　化学反応における反応体分子や生成物分子の量的関係．

核（nucleus）　ゲノムDNAを含む細胞内小器官．2層の脂質二重膜からなる核膜で取囲まれており，DNA複製，遺伝子発現やほとんどのRNAプロセシングの場となる．

核外膜（outer nuclear membrane）　核膜の細胞質側の膜で，粗面小胞体膜と連続している．

核外輸送シグナル（nuclear export signal, NES）　エクスポーチンと相互作用するタンパク質領域（通常は短いアミノ酸配列）で，タンパク質の核から細胞質の輸送に関係する．

核局在化シグナル（nuclear localization signal, NLS）　インポーチンに相互作用するタンパク質領域（通常は短いアミノ酸配列）で，タンパク質の核への輸送を可能にする．

核形成（nucleation）　重合反応で，重合体の伸長を促す小さな多量体（核）ができる段階．たとえば，微小管やアクチンフィラメントができるときに，まず核形成が起こる．

核形成タンパク質（nucleating protein）　細胞内で，アクチンフィラメントのような重合体の形成を開始させたり，制御したりするタンパク質．Arp2/3複合体やフォルミンは，主要な核形成タンパク質である．

核合体（karyogamy）　2個の酵母細胞が接合したときに起こる核の融合．

核　質（nucleoplasm）　核小体を除く，核内容物をさす．

核小体（nucleolus）　核内の区画の一つで，リボソームが合成されるとともに，他のいくつかの核内機能が営まれる．

核内膜（inner nuclear membrane）　2層の二重膜からなる核膜の，内側の膜．クロマチンや核ラミナと相互作用する．

核分裂（karyokinesis）　複製した染色体が二つの娘核に均等に分離される過程のこと．細胞分裂では，核分裂が起こってから細胞質分裂が起こる．

核　膜(nuclear envelope)　2層の二重膜(核内膜と核外膜)からなる．核と細胞質の境界．この直下には，格子状の中間径フィラメント(核ラミナ)が存在しており，核内膜に存在するタンパク質がラミナに付着している．核膜を貫通する核膜孔の部分で，核内膜と核外膜が融合する．核外膜は，粗面小胞体膜につながっている．

核膜腔（nuclear envelope lumen）　核内膜と核外膜の間の空間で，小胞体腔と連続している．

核膜孔複合体（nuclear pore complex, NPC）　核膜を貫き，核と細胞質間の低分子や高分子の両方向性輸送のチャネルとなっている非常に大きなタンパク質性の構造体．

核マトリックス（nuclear matrix）　細胞を処理して，すべての可溶性タンパク質，すべての脂質とほとんどすべてのDNAを取除いたときに残る繊維状ネットワークにつけられた名称．抽出操作の後だけにみられる．核の構造や構築の基盤となると思われているが，その存在には議論がある．

核様体（nucleoid）　染色体を含む原核細胞の構造体．DNAにはタンパク質が結合しているが，膜によって囲まれているわけではない．

核ラミナ（nuclear lamina）　核膜の核質側に構築されたタンパク質性の層で，ラミンとよばれる3種類までのよく似た中間径フィラメントタンパク質からできている．

過形成（hyperplasia）　組織内の細胞数の異常な増加を意味し，この過形成では，個々の細胞の形態に明確な異常はない．

カスパーゼ（caspase）　アスパラギン酸特異的なシステインプロテアーゼ．さまざまな分子種があり，アポトーシスに関係する．

カタストロフィー（catastrophe）　動的不安定性を示す微小管でみられる，伸長から短縮へと切り替わる過程のこと．

活動電位（action potential）　神経細胞，および，ある種の筋肉細胞や内分泌細胞などの興奮性の細胞において，細胞膜に沿って電気シグナルの波が急激かつ一過性に広がること．この現象は，膜電位が，電位開口型イオンチャネルが開口・閉口する閾値に達したときにひき起こされる．

滑面小胞体（smooth endoplasmic reticulum, SER）　リボソームが結合していない小胞体の領域．脂質の生合成に関係する．

稼働比（duty ratio）　ミオシンの稼働率とは，1回のATP加水分解反応時間の中での，ミオシンがアクチンと強く結合している時間の割合をいう．稼働率の低いミオシンはアクチンと少しの時間しか結合しない．稼働率の高いものは，ほとんどの時間をアクチンを強く結合した状態で過ごし，連続運動性が高い．

カドヘリン（cadherin）　二量体をつくり，細胞間接着に関与する細胞表面受容体で，接着結合（adherens junction）に関与する．

カハール小体（Cajal body）　コイルド小体ともいう．コイリンというタンパク質が存在する核内構造体である．コイリン以外のタンパク質やRNA分子も含んでおり，低分子核内RNAや低分子核小体内RNAと，RNAプロセシングに必要なタンパク質が集合した場所と思われる．

カーメラ（karmellae）　ある種の膜タンパク質を過剰発現させたときにできる，核の周囲に積み重なった小胞体の構造．

カリオフェリン（karyopherin）　核内外に輸送される積荷分子に結合するタンパク質ファミリーで，核輸送受容体として働く．

がん遺伝子（oncogene）　その産物が，真核細胞を悪性転換して，腫瘍細胞のような増殖様式を示すようにさせる遺伝子．

がん原遺伝子（protooncogene）　突然変異によってがん遺伝子になりうる正常遺伝子．

幹細胞（stem cell）　比較的未分化な細胞であり，不断に分裂しながら，幹細胞自身のほか，より分化した（特殊化した）細胞をつくることができる．多くの生物体においては，異なった幹細胞の集団が異なった系列の細胞をつくり出す．

がん腫（carcinoma）　内臓の管や腔を裏打ちする細胞層や皮膚を構成する上皮細胞から生じる悪性腫瘍．

管状要素（tracheary element）　植物の維管束組織の木部を構成する道管の単位構造．この名称は，道管の壁が厚くなった様子が動物の気管を補強している輪に似ていることから付けられた．細胞は死んで細胞壁が消滅し，根とシュートの間で水や水に溶解した物質を運搬する中空の管（道管）ができる．

間接的末端標識（indirect end labeling）　DNAの構造を解析する方法の一つ．DNAの特定部位で切断し，切断した片側の配列を含むDNA断片をすべて同定できる．一つの切断点から次の切断点までのDNA上の距離がわかる．

陥　入（invagination）　発生の一過程として細胞層が内側に折りたたまれて溝をつくったり，エンドサイトーシスの過程で細胞膜でクラスリン被覆ピットを形成したりすること．

γチューブリン（γ-tubulin）　チューブリンスーパーファミリータンパク質の一種．中心体に存在し，他の数種類のタンパク質と複合体をつくり，微小管形成の核として機能する．中心体以外にもγチューブリンが存在する細胞が，多数存在する．

γチューブリン環状複合体（γ-tubulin ring complex, gTuRC）　γチューブリンを含む約10個のタンパク質からなる複合体で，微小管形成の核として機能する，中心体の構成成分の一つ．

がん抑制タンパク質（tumor suppressor protein）　通常は，細胞増殖を抑制するか，細胞死を促進する作用を行っている．これをコードするがん抑制遺伝子が，機能欠失変異かプロモーターのメチル化によって不活性化されると，がんが起こりうる．

危機状態（crisis）　初代培養細胞などを培養したとき，テロメアDNAが短くなるためにDNAを複製できなくなる状態のこと．この状態では，ほとんどの細胞はアポトーシスをひき起こすが，テロメアDNAを延長して維持する能力を獲得する過程（不死化の過程）が起こって，少数の生き残る変異細胞が出現することがある．

気　孔（stomata） 通常は葉の裏側にある孔で，光合成を行うために気体を葉の内外へと交換する．それぞれの気孔は少数の細胞が正確に配置されることによって形成され，細胞内の膨圧の変化によって開閉できる．

寄生(性)（parasitic） 共生関係のうち，片方の生物種（寄生体）がもう一方の生物種（宿主）を犠牲にして一方的な利益を得るような関係のこと．

基底小体（basal body） 真核細胞の鞭毛や繊毛基部にある，微小管などで構成される短い管状構造．微小管形成中心に似た役割をもち，繊毛や鞭毛の中心部をなす軸糸の微小管形成を開始させる．

基底層（basal lamina） 基底膜ともいう．上皮細胞および内皮細胞層の基底表面に結合し，他の組織から分離させるのに働く細胞外マトリックスタンパク質からなる薄いシート状構造．神経筋結合においてもみられる．

基底部（basal） 極性をもつ細胞で，細胞外液に接する表面．頂端部の反対側であり，基底層に接する．

キナーゼ（kinase） リン酸基を，一方の基質（通常はATP）から他方の基質へ転移する反応を触媒する酵素．

キネシン（kinesin） モータードメインのアミノ酸配列が相同な分子モーターからなる大きなタンパク質ファミリー．ほとんどのキネシンは，微小管のプラス端に向かって運動する．

機能獲得変異（gain-of-function mutation） 遺伝子の活性が，正常な値よりも大きくなる突然変異．ある種の異常な性質を獲得することもある．また，常にではないが，優性の表現型を示す場合がある．

キノーム（kinome） 一つの生物のゲノムにコードされるプロテインキナーゼ全体の集合．

逆送シグナル（retrieval signal） 回収シグナルともいう．選別シグナルの一種．タンパク質が誤って異なる区画に輸送されたときに，タンパク質の中にあるこのシグナルが働き，機能を果たすべき正しい区画へと戻す．

逆行性膜透過系（retrograde translocation） タンパク質を小胞体内腔から細胞質へと膜透過させる系．通常は，折りたたみがうまくいかなかったり，損傷を受けたりしたタンパク質を，プロテアソームによって分解する際に起こる．

逆行輸送（retrograde transport） 物質が，ゴルジ体あるいは細胞膜から小胞体へ移動すること．

ギャップ結合（gap junction） 隣接細胞間で細胞質ゾルの小分子を直接輸送することのできる細胞間結合．

ギャップ結合チャネル（gap junctional channel） ギャップ結合の構造的基盤であり，それぞれの細胞はチャネルの片側半分をつくる（ヘミチャネルという）．二つのヘミチャネルが細胞外の空間で合わさって一つのチャネルをつくる．

キャップタンパク質（capping protein） アクチンフィラメントの矢じり端か反矢じり端に結合して，フィラメント伸長を遅くするタンパク質．細胞内でのアクチンフィラメントの長さを制御する．

キャリアータンパク質（carrier protein） 溶質を膜の一方から他方へと直接移動させるタンパク質で，この過程でタンパク質のコンホメーションが変化する．キャリアータンパク質は，輸送体とポンプという二つのグループに分けられる．

共　生（symbiosis） 二つの種が密接な相互関係をもつこと．例に，片利共生，双利共生，寄生がある．

莢　膜（capsule） バクテリアにおける，多糖類に富む細胞皮膜の外層のこと．

共輸送体（symporter） 二つの異なる溶質を，膜に対して同方向に輸送するキャリアータンパク質．この二つの溶質は，同時あるいは連続して輸送される．

供与区画（donor compartment） 受容区画へと運ばれる積荷を運ぶ輸送小胞が形成される領域．

極性細胞（polarized cell） 2個以上の明瞭な膜ドメインがあり，上皮細胞の頂端ドメインや側底ドメインのような，あるいは神経細胞の軸索や細胞体のような特定の役割をもった細胞．

虚　血（ischemia） 組織への酸素供給が不足した状態を意味し，通常は，循環器血管系の障害で起こる．

筋小胞体（sarcoplasmic reticulum, SR） 骨格筋と心筋において，滑面小胞体がカルシウムの貯蔵と放出に特化した形態．ここからのカルシウム放出によって筋収縮が開始する．

グアニル酸シクラーゼ（guanylyl cyclase） GTPを3′,5′-サイクリックGMP（cGMP）とピロリン酸に変換する反応を触媒する酵素．

クオラムセンシング（quorum sensing） バクテリアが信号伝達システムにより菌体密度を感知する能力のこと．

区　画（compartment） 膜区画，コンパートメントともいう．膜で覆われた空間．

クラスリン（clathrin） アダプター複合体と相互作用して，細胞膜の細胞質側の面とトランスゴルジ網から出芽した小胞の一部の上に被覆をつくるタンパク質．クラスリンタンパク質は重鎖と軽鎖から構成され，これからトリスケリオンが形成される．トリスケリオンは，クラスリン被覆ピットとクラスリン被覆小胞ができる際に，多角形の格子へと会合する．

グリコサミノグリカン（glycosaminoglycan, GAG） 二糖の繰返しから成る糖の重合体で，多くの場合，プロテオグリカンのコアタンパク質に結合している．

グリコシルトランスフェラーゼ（glycosyltransferase） プロテオグリカンのコアタンパク質に糖を転移する酵素．

グリコシルホスファチジルイノシトール（glycosylphosphatidylinositol, GPI） ホスファチジルイノシトールを基本構造とするリン脂質．ある種のタンパク質に共有結合で結合し，そのタンパク質を膜につなぎ止める働きをする．

クロマチン（chromatin） 真核細胞の細胞周期の分裂間期（細胞分裂期と細胞分裂期の間の時期）に存在する核内DNAとそれに結合するタンパク質の状態のこと．

クロマチンリモデリング（chromatin remodeling） 遺伝子発現の活性化に関連して起こる，エネルギー要求性のヌクレオソームの移動や再構築をいう．

クロモキネシン（chromokinesin） 分子モーターとして働くキネシンファミリーに属するタンパク質で，分裂期の染色体腕に結合している．

クローン拡大（clonal expansion） 単一の始原細胞から生じた細胞集団の増殖．

クローン継承（clonal succession） 組織内や器官内で，それ以前から優位だった細胞クローンの中の一つのクローンが，さらに他に勝って増殖すること．

形質転換（transformation） バクテリアにおいては，添加されたDNAによって新たな遺伝形質が獲得されることをいう．

形質導入（transduction） ファージによって一つのバクテリアから他のバクテリアに遺伝子が伝達されることをいう．自らの遺伝子に加えて宿主の遺伝子をもつファージのことを形質導入ファージとよぶ．レトロウイルスによって真核細胞の遺伝子が伝播することをさすこともある．

繋留タンパク質（tether protein） 輸送小胞を，その目的地の膜（標的膜）に最初に繋留する働きをもつタンパク質．二つのタイプがよく知られており，一つは長い繊維状のタンパク質で，もう一つは大きな多量体タンパク質複合体である．

血管新生（angiogenesis） 新たな血管を形成する過程．

血管新生スイッチ（angiogenetic switch） 腫瘍内の細胞が血管新生を促進する能力を突然獲得すること．

結合活性調節（avidity modulation） 細胞結合に関与する受容体の数を変えることによって，細胞接着力を変化させること．

ゲート開閉（gating）　ゲーティングともいう．イオンチャネルやギャップ結合などのチャネルタンパク質を閉じたり開いたりして，チャネルを介した分子の輸送を制御すること．

ケネディー経路（Kennedy pathway）　リン脂質が水溶性の前駆体からできるまでの一連の反応．この経路には，脂質を膜に挿入する反応が含まれており，細胞の膜構造が拡張するために必須の経路である．

原核生物（prokaryote）　膜で囲まれた核をもたない単細胞生物．

原形質流動（cytoplasmic streaming）　植物細胞の細胞質にある細胞小器官や粒子が，常に移動，混合する過程．この現象は，アクチンフィラメントに依存している．

原形質連絡（plasmodesmata）　プラズモデスマータともいう．隣接した植物細胞の細胞質をつなぐ狭いチャネルで，細胞間で物質を通過させる．細胞間に伸びた細胞膜の管によってつくられ，中央を小胞体の細い管が通っている．

減数分裂（meiosis）　2回の連続した分裂（減数分裂Ⅰと減数分裂Ⅱ）から構成され，はじめに4*n*であった染色体をそれぞれ1*n*の染色体をもつ，4個の細胞(一倍体)にする．この一倍体細胞は，動物では生殖細胞（精子か卵）に，植物では胞子に成熟する．

減数分裂による成熟（meiotic maturation）　動物の卵細胞で，細胞内シグナルによって卵細胞が減数第一分裂の前期での停止状態を脱して，減数分裂を受精に向けて準備させる過程．

原発腫瘍（primary tumor）　がんをもつ個体において，最初につくられた腫瘍塊．

コアヒストン（core histone）　ヌクレオソームのコア粒子にみられる4種類のヒストン（H2A，H2B，H3，H4）の一つをさす（ヒストンH1は含まない）．

高感受性部位（hypersensitive site）　DNaseⅠや他のヌクレアーゼによる切断に対してきわめて高い感受性を示すクロマチンの短い領域のこと．ヌクレオソームがみられない領域からなる．

後期A（anaphase A）　分裂後期における染色体運動は，後期Aと後期Bとに分けられる．後期Aによって，各染色分体はそれと結合している極方向に移動する．

後期B（anaphase B）　後期Bによって，二つの極どうしは反対方向に移動する．後期Bは紡錘体の伸長を意味する．

後期エンドソーム（late endosome）　エンドサイトーシス経路にある細胞小器官．タンパク質の細胞膜へのリサイクルの過程で，初期エンドソームの成熟によって形成される．この中は初期エンドソームよりも酸性で，いくつかの加水分解酵素が含まれる．

後期誘導複合体（anaphase-promoting complex, APC）　多数のタンパク質から成る巨大な複合体で，中期から後期へ細胞周期を進行させる働きをもつ．この複合体は，標的タンパク質に多数のユビキチンを鎖状に結合させる働きをもつ．ユビキチン化されたタンパク質は，プロテアソームによって分解される．

構成性分泌（constitutive secretion）　ほぼ一定の速度で巨大分子が細胞膜に輸送されるか，細胞外へ分泌される過程．巨大分子には，調製性分泌では分泌されない，トランスゴルジ網から細胞膜へ出る脂質，および可溶性タンパク質と膜タンパク質がある．

構成的ヘテロクロマチン（constitutive heterochromatin）　恒久的に発現されないように配列（通常はサテライトDNA）が不活化されている状態をさす．

興奮収縮連関（excitation-contraction coupling）　膜の脱分極に応答して筋繊維が収縮する過程．この収縮は，細胞質のCa^{2+}濃度の変化によって制御される．

高マンノース型オリゴ糖鎖（high mannose oligosaccharide）　*N*-アセチルグルコサミンにマンノース残基だけが結合した*N*型オリゴ糖鎖．粗面小胞体で膜貫通型タンパク質に共有結合し，のちに，ゴルジ体で切断（トリミング）と修飾を受ける．

固着性生物（sessile organism）　遊走性生物とは対照的に，物体に付着して自由に動き回ることができない生物．

COPⅠ被覆（COPⅠ coat）　コートマーとADPリボシル化因子（ARFタンパク質）から構成される被覆．COPⅠ被覆小胞は，ゴルジ体の細胞質側の面から出芽した輸送小胞で，ゴルジ体から小胞体に至る逆行輸送を仲介する．ゴルジ槽間の輸送を仲介している可能性もある．

COPⅡ被覆（COPⅡ coat）　GTPase（Sar1p）と二つのヘテロ二量体（Sec23/24およびSec13/31）から構成されるタンパク質複合体．COPⅡ被覆小胞は，粗面小胞体の細胞質側の面から出芽した輸送小胞で，ゴルジ体への順行輸送を仲介する．

コートマー（coatomer）　COPⅠ被覆小胞にある被覆タンパク質の複合体で，7個のタンパク質から構成される．

コネキシン（connexin）　ギャップ結合を形成するタンパク質の一つであり，6個のコネキシンがチャネルの半分を構成する．

コネクソン（connexon）　ギャップ結合は直列につながる二つのチャネルからなるが，その半分をコネクソンとよぶ．

コヒーシン（cohesin）　コヒーシンは，分裂後期まで，姉妹染色分体をつなぎ止める複合体を構成する．コヒーシン複合体は，2種類のSMCタンパク質を含む．

コラーゲン（collagen）　多くの動物細胞の組織における細胞外マトリックスの主要成分．

ゴルジ層板（Golgi stack）　ゴルジ体のおもな構成要素である扁平な槽が，積み重なってできた特徴的な層構造．ここで，移動中の積荷に対する一連の翻訳後修飾が行われる．

ゴルジ体（Golgi apparatus）　小胞体から新生タンパク質を受取り，他の目的地への配送のために修飾を行う細胞小器官．扁平な膜構造から成るいくつかの槽構造をもつ．植物には網状態（ディクチオソーム）とよばれる幾層かのゴルジ体が存在する．

コロナ（corona）　動原体の表面から突き出た構造体．微小管が結合していない場合，密集した一群の細いフィラメントとして観察される．コロナには，複数種類の微小管依存性モータータンパク質と，動原体と微小管の結合に関与するタンパク質が含まれる．

根端-茎頂軸（root-shoot axis）　植物の根とシュートの間に伸ばした軸．植物の成長のほとんどは，この軸に沿って行われる．

コンデンシン（condensin）　減数分裂や体細胞分裂時に染色体に結合し，染色体凝集をひき起こす複合体の構成因子．コンデンシン複合体はSMCファミリータンパク質を含む．

サイクリン（cyclin）　サイクリン依存性キナーゼに結合して活性化を導くタンパク質．サイクリンの濃度は細胞周期を通して変化し，この周期性には，細胞周期の移行を制御する重要な役割がある．

サイクリンB/Cdk1（cyclin B/Cdk1）　細胞質に存在する酵素．この酵素が活性化されると細胞は分裂期に進入する．キナーゼ活性をもつCdk1サブユニットと，調節サブユニットであるサイクリンBからなる．サイクリンBが分解されることによって不活性化され，細胞は分裂期を脱出する．

サイクリン依存キナーゼ（cyclin-dependent kinase, Cdk）　サイクリンと結合しないと活性をもたない一群のキナーゼ．細胞周期のいろいろな局面の制御にかかわる．

最終分化（terminally differentiation）　通常はそれ以上もはや分裂せず，細胞が特殊な機能をもつようになることをいう．

最終分化した状態（postmitotic）　最終分化して再び分裂する能力を失った状態（分裂終了状態）．

サイトカイン（cytokine）　通常は免疫系の細胞から分泌される小さなポリペプチドで，標的細胞の機能を変化させる．

再分極（repolarization）　活動電位の相の一つで，膜電位が静止膜電位に戻る相．

細胞運動（cell motility）　細胞骨格を介して駆動される運動のこと．細胞内の小器官や巨大分子複合体の運動や細胞体の移動を含む．

細胞外マトリックス（extracellular matrix, ECM）　多細胞生物において細胞間の空間を満たす不溶性の糖タンパク質からなる比較的固い層．これらの糖タンパク質は細胞膜の膜タンパク質に連結している．

細胞間結合（cell-cell junction）　隣接細胞間の結合をいい，何種類かの特殊なタンパク質による構造的基盤によって担われる．

細胞骨格（cytoskeleton）　真核細胞の細胞質中にあり構造維持にかかわるフィラメント全体をさす．細胞骨格は，細胞の形体，機械的強度，そして細胞運動にかかわっており，微小管，アクチンフィラメント，そして中間径フィラメントからなる．

細胞質（cytoplasm）　細胞膜の内側にある細胞の内容物をいう．真核細胞においては，細胞質ゾルと，核を除いた細胞小器官を含む．

細胞質ゾル（cytosol）　サイトゾルともいう．細胞において細胞小器官を囲む細胞質の全体をいう．細胞抽出物を100,000×gで遠心した後の上清をいうこともある．

細胞質分裂（cytokinesis）　複製された染色体が分離したのち，細胞質を二つに分割する細胞分裂の最後の過程．動物細胞では，紡錘体によって染色体が分配されて，二つの独立した核の形成が始まったのちに，細胞質分裂が起こる．

細胞質膜（cytoplasmic membrane）　原核細胞において，細胞質を取囲む膜（脂質二重層および膜タンパク質などからなる）をさす．真核細胞の細胞膜（形質膜）に相当する．

細胞周期（cell cycle）　1個の細胞が2個の細胞へと正しく分裂するときの，一連の決まった段階から構成される過程．

細胞小器官（organelle）　オルガネラともいう．真核細胞の細胞質に存在する細胞内構造体．多くの細胞小器官は限界膜（境界膜）をもち，一つないし複数個の明確な区画をもつものもある．

細胞内共生説（endosymbiotic theory）　葉緑体（クロロプラスト）やミトコンドリアが原核細胞に由来し，自立的に生活する単細胞内で内共生するようになったという仮説．

細胞板（cell plate）　核分裂後に植物細胞を分割する細胞壁の前駆体．細胞板は，最初，二つの核の間に小さな円盤の形で形成され，細胞膜に達するまで外側に向かって放射状に大きくなる．細胞板の形成は，フラグモプラストによって導かれる．

細胞壁（cell wall）　バクテリア，酵母，植物などの細胞の細胞質膜の外側を取囲む強固な層で，細胞が産生する細胞外分子によって構成される．通常，動物細胞は細胞壁をもたない．バクテリアの細胞壁はペプチドグリカンを主成分とし，細胞皮膜の一つの層を成して細胞を保護し強度を与えている．植物の細胞壁はセルロースポリマーの頑強な繊維を主成分とする．

細胞膜（cell membrane）　すべての細胞の境界を規定する連続した膜．

サイレンシング（silencing）　ある特定の位置で遺伝子発現が抑制されることをさし，通常，クロマチンの構造変化の結果として起こる．

サルコメア（sarcomere）　横紋筋の筋原繊維の繰返し単位で，筋収縮をひき起こす．互い違いに並んだ双極性の太いミオシンフィラメントとアクチンフィラメントなどからできている．二つのZ膜で挟まれている．

酸　欠（anoxia）　無酸素状態．酸素が不足すること．

30 nm 繊維（30 nm fiber）　ヌクレオソームがコイルドコイル構造をとったもので，クロマチンの基本となるヌクレオソーム構造．

酸成長説（acid growth theory）　植物の成長ホルモンであるオーキシンが，細胞にプロトンを分泌させることによって細胞の伸長を促進するという説．この説によれば，細胞外を酸性にすることによって，隣接するセルロース微繊維間の結合を壊してばらばらにし，これによって細胞が伸長できるようになる．

残留シグナル（retention signal）　タンパク質を正しい膜区画に位置させ，その区画から離れるのを防ぐタンパク質の領域．例として，ゴルジ体居留タンパク質の細胞膜貫通ドメインがある．

G アクチン（G actin）　球状の単量体アクチンのこと．

ジアシルグリセロール（diacylglycerol, DAG）　ほとんどの細胞膜リン脂質の脂質骨格を構成する物質で，グリセロール分子に二つの脂肪酸が共有結合した構造をもつ．

シアリルルイス x（sialyl Lewis(x), sLe^x）　セレクチンリガンド上に存在し，セレクチン受容体によって囲まれた，シアル酸糖鎖の複雑な配列をもつ．

ジェミニ小体（Gemini body, GEM）　カハール小体の近傍にしばしば見られる，カハール小体に似た核内構造体で，特定のタンパク質と低分子 RNA を含む．

G_0 期（G_0 phase）　静止期ともいう．細胞が分裂を停止して細胞周期が回っていない状態．

G_1 期（G_1 phase）　真核細胞の細胞周期で，前の細胞分裂（M 期）の後から DNA 複製（S 期）の開始までの期間．

G_2 期（G_2 phase）　真核細胞の細胞周期で，DNA の複製（S 期）の後から次の細胞分裂（M 期）までの期間．

色　素（chromophore）　発色団ともいう．分子内で光吸収を行う部分．タンパク質内の光を吸収する補因子の意味に用いられる．

色素体（plastid）　植物細胞に固有の，膜に囲まれた一群の細胞小器官．すべての種類の色素体は，前色素体（プロプラスチド）とよばれる共通の前駆体細胞小器官から分化するが，それぞれの機能は異なる．一つの細胞には1種類の色素体が含まれる．葉緑体は，最もよく知られた色素体の形態である．

軸　糸（axoneme）　繊毛や鞭毛の中心部を形成する微小管と他のタンパク質の束のこと．

シグナルアンカー配列（signal anchor sequence）　タンパク質に残されて細胞膜貫通ドメインとして働くシグナル配列．

シグナル伝達（signal transduction）　ある刺激や細胞状態を感知することによって起こり，細胞内の経路をシグナルが伝播する過程．

シグナル認識粒子（signal recognition particle, SRP）　翻訳時にシグナル配列を認識して，リボソームを膜透過チャネルへと導くリボ核酸タンパク質複合体．異なる生物種から得たものは構成要素が異なる場合があるが，すべて類似したタンパク質と RNA が含まれる．

シグナル配列（signal sequence）　タンパク質を翻訳共役膜透過によって小胞体に導く作用をする，タンパク質の短い領域．この用語は，より一般的に選別シグナル全般に対しても用いられる．

シグナルペプチダーゼ（signal peptidase）　小胞体膜の中にある酵素で，タンパク質が膜透過する際にシグナル配列を特異的に除く．これに相当する活性は，バクテリアやアーキアにもあるほか，真核細胞において，タンパク質を標的に輸送するときに標的化配列を除くことで膜透過させる細胞小器官にも存在する．この酵素は，大きなタンパク質複合体(シグナルペプチダーゼ複合体)の要素である．

シグマ(σ)因子（sigma factor）　バクテリアの RNA ポリメラーゼのサブユニットで転写開始に必要とされる．プロモーターの選択に主要な役割を果たす．

指向性（tropism）　微生物やウイルスが，感染において示す特定の宿主細胞，組織，あるいは種に対する特異性のこと．

自己集合（self assembly）　タンパク質あるいはタンパク質複合体が，他の成分（たとえばシャペロン）の関与なしに自然に最終的な構造を形成する過程．

自己分泌性シグナル伝達（autocrine signaling）　細胞がシグナル分子を分泌し，そのシグナル分子に分泌細胞自身が応答する様式のシグナル伝達．

自己免疫性水疱症（autoimmune bullous dermatosis）　デスモソームあるいはヘミデスモソームに対する自己抗体を産生する患者にみられる病態．

自己リン酸化（autophosphorylation）　プロテインキナーゼのリン酸化が，同じプロテインキナーゼ分子によって触媒されること．この現象は，触媒部位をもつポリペプチド鎖自身にリン酸化が起こる必要はなく，たとえば二量体では，サブユニットのそれぞれがもう一方のサブユニットをリン酸化する場合も含まれる．

糸状仮足（filopodia）　細胞が基質表面を這い回るときに先端で生じる，細いとげ状の突起．糸状仮足の形と強度は，それを構成するアクチン束に由来する．

シスゴルジ網（cis–Golgi network, CGN） ゴルジ体のシス面側（内部側）で，細管が互いにつながった網状構造．

G タンパク質（G protein） 制御機能をもつグアニンヌクレオチド結合タンパク質．GTP 結合型が活性型で，このタンパク質のもつ GTP 加水分解活性で GTP が GDP に加水分解されると，不活性型になる．三量体型 G タンパク質は，α，β，γ サブユニットからなり，膜に結合している．α サブユニットが GTP を結合する．単量体型 G タンパク質は，構造が α サブユニットに似ており，細胞質にも膜にも局在する．

G タンパク質共役受容体（G protein-coupled receptor） 7 個の膜貫通 α ヘリックスを含むタンパク質．この種の受容体は，会合しているヘテロ三量体型 G タンパク質の GDP を GTP に交換する反応を触媒することによって活性化する．

C バンド（C–band） セントロメアに反応する染色法で見られる領域．セントロメアが，暗く染色される点として見える．

G バンド（G–band） 染色法で真核細胞の染色体に，一連の縞状に見える領域．核型分析（バンドのパターンで，染色体や染色体領域を同定する）に使われる．

シャペロン（chaperon） 一つのタンパク質のグループで，分子シャペロンともよばれる．折りたたみが不完全なタンパク質や，会合が不完全なタンパク質に結合して折りたたみを助け，凝集しないようにする．作用した後には，基質タンパク質から解離する．

終 期（telophase） 分裂期の最後の時期．終期は，二組の染色体がそれぞれの極付近に達したときに始まり，二つの娘核の核膜が形成された時期に終了する．

収縮環（contractile ring） 動物細胞の分裂終期において細胞膜直下に形成される，アクチンフィラメントとミオシンフィラメントから成る環状構造体．収縮環は紡錘体の二つの極から等距離の場所に形成され，細胞質分裂において細胞を二つにくびり切るための力を発生する．

重層上皮（stratified epithetia） 複数の細胞層からできている上皮．

10 nm 繊維（10 nm fiber） ヌクレオソームが線状につながった，自然状態のクロマチンを展開した構造．

腫 瘍（tumor） 組織（細胞）が異常に増殖した状態．

受容区画（acceptor compartment） 一つあるいは複数の供与区画に由来する積荷を受取る区画．この区画に積荷を運ぶ輸送小胞が近づき，融合することによって受容が起こる．

受容体（receptor） 受容体とは一般に，細胞外領域でリガンドに結合し，その結果として，細胞質領域の活性が変化する，細胞膜タンパク質のこと．同じ用語が，核内受容体にも使われるが，核内受容体は，ステロイドや他の小分子リガンドに結合することで活性化される転写因子である．

受容体介在エンドサイトーシス（receptor-mediated endocytosis） 可溶性の巨大分子が，細胞表面受容体に結合した後に取込まれる過程．

受容体型プロテインキナーゼ（receptor protein kinase） 細胞内の基質をリン酸化することによって標的タンパク質の機能を変える膜タンパク質．

循環エンドソーム（recycling endosome） リサイクリングエンドソームともいう．エンドサイトーシスで取込まれた受容体の貯蔵部位として働く．また，エンドソーム系において，極性化した膜を選別する部位でもある．

条件的ヘテロクロマチン（facultative heterochromatin） 哺乳類の雌における一方の X 染色体のように，活性をもつ遺伝子としても存在する配列が，不活化された状態のこと．

条件突然変異（conditional mutation） ある条件（許容条件）では野生型の表現型を示し，別の条件（非許容条件，あるいは制限条件）では変異型の表現型を示す突然変異．

上 皮（epithelium） 上皮は，極性のある細胞が一層か複数の層をなしているもので，体の管状構造（たとえば腸）や外面（皮膚）を覆っている．上皮細胞は頂端面と側底面をもち，分泌，吸収，細胞間輸送にかかわる．

小 胞（vesicle） 膜に囲まれた小さな構造体で，1 枚の膜から出芽することで形成され，細胞内の別の膜としばしば融合する．

小胞体（endoplasmic reticulum, ER） 脂質，膜タンパク質，および分泌タンパク質の合成に関与する細胞小器官．核膜の外膜から伸びて細胞質に広がった一つの区画で，粗面小胞体や滑面小胞体などの下位の区画に分けられる．細胞内のカルシウム貯蔵区画でもある．心筋や骨格筋を構成する横紋筋細胞では筋小胞体とよばれ，特殊な構造と機能をもつ．

小胞体関連分解（ER-associated degradation, ERAD） 小胞体(ER)に存在するタンパク質の分解．通常，この現象は，小胞体からのタンパク質の逆行性膜透過と，その後の細胞質での分解からなる．小胞体内腔にはプロテアーゼは見つかっていない．

小胞体遷移領域（trnasitional endoplasmic reticulum） 小胞体とゴルジ体の間に面した滑面小胞体の領域．ここで，二つの細胞小器官間の積荷輸送が行われる．小胞体–ゴルジ中間区画（ERGIC）ともよばれる．

小胞輸送（vesicle-mediated transport） 細胞区画間の主たる輸送機構．小胞が一つの区画から出芽して，別の区画に融合する過程が含まれる．

初期エンドソーム（early endosome） エンドサイトーシス経路の最初の区画で，取込まれた分子が含まれる．中はやや酸性（pH 6.5 ～ 6.8）で，取込まれた分子は，再利用に向けて細胞膜へと選別されるか，後期エンドソームやリソソームへと選別される．

真核生物（eukaryote） 核をもつ細胞からなる単細胞あるいは多細胞生物のこと．eukaryote とは“真の”“核”という意味である．

神経外胚葉（neuroectoderm） 中枢神経系と末梢神経系を生じる初期胚の領域．

神経細胞接着分子（neural cell adhesion molecule, NCAM） 神経細胞の細胞間結合部位に存在する一群の細胞表面受容体．

シンシチウム（syncytium） 融合細胞ともいう．1 個以上の核をもつ細胞．

新生タンパク質（nascent protein） 合成が完了していないタンパク質．ポリペプチド鎖は，まだ tRNA を介してリボソームに結合した状態にある．

新生物（neoplasm） ⇒ 腫瘍を見よ．

伸 長（elongation） 伸長とは，複製，転写や翻訳などのように，ヌクレオチドやポリペプチド鎖が，個々の要素が付加されることで伸びていく超分子合成反応のことである．多量化反応において，伸長は，すでに存在している核酸やタンパク質末端にさらに要素を付加することである．

シンテリック結合（syntelic attachment） 一つの染色体上の二つの娘動原体が，同じ極と結合している状態．このような間違った結合は，紡錘体形成の初期に起こりがちであるが，通常は，後期が始まる前に解消される．

浸 透（osmosis） 細胞膜のような半透膜を水が透過すること．水の流れは，膜の両側にある溶質の濃度の差によって起こる．

浸透圧（osmotic pressure） 精製された真水から膜によって隔離されたとき，溶液が水を取込もうとする傾向の尺度．

シンプラスト（symplast） 植物にみられる，原形質連絡でつながった細胞の集団．

親和性調節（affinity modulation） 個々の受容体の結合力の強さを変えることによって，細胞接着の強さを変えること．

水和殻（hydration shell） 溶液中のイオンを取囲む，イオンの電荷によって配向した水分子から構成される殻．

START 酵母細胞の分裂開始の許可を与える G_1 期における制御点．他の生物では，制限点とよばれる．

ストレスファイバー（stress fiber） アクチンフィラメント，ミオシンフィラメントなどからなる収縮性の束状構造．細胞膜のタンパク質複合体（接着結合）につなぎ止められ，細胞接着にかかわる．

ストロマ（stroma） 葉緑体内部の空間をストロマといい，光合成に必要な酵素類を高い濃度で含んでいる．ストロマという語はまた器官を支持する結合組織をさす場合もある．

SNARE 細胞質側に伸びた領域をもつ膜タンパク質で，膜の融合に関係する．一つの膜にあるSNAREと別の膜にある対応するSNAREが特異的に相互作用することで，膜が互いに接近して融合できるようになると考えられている．

SNARE 仮説（SNARE hypothesis） 輸送小胞の標的膜に対する特異性が，SNAREタンパク質の相互作用によると考える仮説．この仮説では，小胞上のSNARE（v-SNARE）が，標的膜上の対応するSNARE（t-SNARE）に特異的に結合する．

スペックル（speckle） クロマチン間顆粒の一つで，スプライソソーム装置の構成因子を蓄えたり，集合するのを手助けしたりする構造．

SWI/SNF（スワイ/スニフ） クロマチンリモデリング複合体であり，ATPの加水分解を利用してヌクレオソームの構成を変化させる．

制限点（restriction point） 細胞分裂の開始を許可するG_1期の制御点．酵母ではSTARTとよばれる．

静止状態（quiescence） 静止期ともいう．⇒G_0期を見よ．

成熟エラスチン（mature elastin） リシルオシキダーゼによって修飾され，会合してエラスチン繊維を形成するエラスチンタンパク質．

成熟タンパク質（mature protein） シグナル配列が除かれた後の分泌タンパク質や膜タンパク質．

星状微小管（astral microtubule） 中心体から放射状に伸長した微小管で，星状体という構造をつくる．星状微小管という言葉は，両極から放射する微小管のうち，特に染色体に向かうものを除いた微小管をさすことが多い．

生殖系列（germline） 生殖細胞（卵と精子）につながる細胞のことで，遺伝物質を次世代の個体に伝える役割をもつ．

生殖細胞（germ cell） 性細胞あるいは減数分裂によって生じた配偶子などの細胞．

生体膜（membrane） 主として脂質二重層から構成される膜．この二重層は非対称で，親水性の頭部が膜の外側に向き，脂質尾部が中央に向いている．生体膜には側方の流動性があり，タンパク質を含み，選択的透過性を示す．

整倍性（euploid） 細胞や個体が，完全に正常な組合せの染色体をもつこと．

整流性（rectification） イオンのコンダクタンス（伝導性）が膜電位の変化に応答して変わるイオンチャネルの性質．

セカンドメッセンジャー（second messenger） サイクリックAMPやCa^{2+}のような低分子で，シグナル伝達経路が活性化したときに生成あるいは放出される物質．

セキューリン（securin） セパラーゼに結合して阻害することで，細胞分裂の後期の開始を妨げるタンパク質．セパラーゼは，姉妹染色分体をつなぎ止めているコヒーシン複合体サブユニットを分解するプロテアーゼである．セキューリンによるセパラーゼの阻害は，後期促進複合体の活性化によってセキューリン自身がタンパク質分化されると解除される．

接　合（conjugation） 二つの細胞が接触し遺伝物質を交換する過程のこと．バクテリアにおいては，DNAは供与菌から受容菌に輸送される．原生動物では，DNAはそれぞれの細胞から他方に相互に受渡される．

接着依存性（anchorage dependence） 正常な（悪性転換していない）真核細胞が培養下で成長するためには，堅固な表面に接着することが必要であるという性質．

接着結合（adherens junction） 隣り合う細胞どうしを連結させる．アクチンフィラメントに連結する膜タンパク質からなる．

接着帯（zonula adherens） 上皮および内皮細胞を取囲むベルト状の細胞間結合で，接着複合体に見いだされる．

接着斑（focal adhesion） フォーカルアドヒージョンともいう．接着複合体からできる大きなタンパク質複合体で，これはアクチンのストレスファイバーと強く結合して集合してできる．ここにあるタンパク質は，細胞−マトリックス相互作用に応答して細胞内シグナル伝達経路を開始させる．

接着複合体 1)（junctional complex） 隣接する上皮細胞あるいは内皮細胞間の側面に沿った細胞間結合の集合．細胞間の透過性および細胞層に構造の安定性を付与するのに寄与している．2)（focal complex） インテグリン，細胞骨格，シグナル分子からなり，これらが細胞と細胞外マトリックスの接触点において集積している．フォーカルコンプレックスともいう．

Z リング（Z ring） 原核細胞の分裂部位に寄り集まって，細胞質膜の内側に環状の構造体を形成するタンパク質複合体であり，細胞分裂で重要な働きをする．

セパラーゼ（separase） 姉妹染色分体をつなぎ止めているコヒーシン複合体のサブユニットを分解して不活性化することによって，後期の開始を直接導くプロテアーゼ．

セルロース（cellulose） グルコースの線状の重合体が多数集まってできた繊維．植物の細胞壁のおもな構成成分．

セルロース合成複合体（cellulose-synthesizing complex） 植物細胞の細胞膜にある大きな複合体で，何本ものグルコース重合体を合成する．できた重合体は，その後結晶化し，細胞壁に取込まれてセルロース繊維ができる．

セルロース微繊維（cellulose microfibril） 植物に存在する，セルロース合成複合体によって重合したグルコース鎖が水素結合によって多数集まってできた非常に強い繊維．

セレクチン（selectin） 血管をつくる細胞においてのみ見いだされる一群の細胞間接着受容体．

前　期（prophase） 細胞分裂の一時期．この時期に，染色体は凝集し，核内にはっきりと見える構造体を形成する．核膜崩壊とともに，前期は終了し，前中期が始まる．

前期前微小管束（preprophase band） 植物細胞の細胞分裂が開始する少し前に細胞表層に形成される，微小管とアクチンフィラメントのバンド（束）．このバンドには切れ目がなく，後に細胞が分裂する面と同じ平面を取囲む．

前駆体タンパク質（preprotein） 細胞小器官に取込まれるタンパク質やバクテリアから分泌されるタンパク質の，シグナル配列が取除かれる前の状態．

前色素体（proplastid） 葉緑体前駆体ともいう．植物細胞に見いだされる小さな膜性の小器官であり，いくつかの異なった形の葉緑体をつくり出す前駆体である．

染色小粒（chromomere） 減数分裂初期のような，ある条件下で染色体上に見える濃く染まる粒子で，その時期には，染色体が一連の染色小粒から構成されているように見えることがある．

染色体（chromosome） 多くの遺伝子を含むゲノムのある一定の単位．個々の染色体は二本鎖DNAとほぼ等量のタンパク質から成る．細胞分裂の間だけ形態的に見ることができる．

染色体間ドメイン（interchromosomal domain） 染色体間チャネルともいう．核の，クロマチンを含まない領域のこと．

染色体構造維持（structural maintenance of chromosome, SMC）**タンパク質** 姉妹染色分体どうしをつなぎ止める分子であるコヒーシンと，染色体凝集にかかわる分子であるコンデンシンを含む．

染色体スカフォールド（chromosome scaffold） 一対の姉妹染色分体を形づくるタンパク質性構造体で，染色体からヒストンが取除かれたときにみられる．

染色体転座（chromosome translocation） 1本の染色体の一部が切断や異常な組換えによって離れ，それが別の（相同ではない）染色体に結合する再編成のこと．

染色体ドメイン（chromosome domain） 個々の染色体によって占められる核の領域のこと．

染色体の集結（congression） 分裂期の染色体が紡錘体に結合した後，紡錘体の中央部に集まってくる一連の運動のこと．

染色体パッセンジャータンパク質（chromosomal passenger protein） 後期が始まる前にはセントロメアに存在し，後期開始以後は分離しつつある染色分体の間に伸びている微小管上に移行する一群のタンパク質．染色体パッセンジャータンパク質は，動原体と紡錘体との適切な結合の形成に必要であり，細胞質分裂においても重要な役割を担う．

染色体量補償（dosage compensation） 一方の性では 2 本の X 染色体があるのに対し，もう一方の性では 1 本しか X 染色体がないという違いを補償するために働くメカニズムのこと．

染色中心（chromocenter） 異なる染色体由来のヘテロクロマチンが集合したもの．

染色分体（chromatid） DNA 複製によって生じた同じ塩基配列をもつ二つの染色体のこと．通常は，細胞分裂によって両者が二つの娘細胞に分配される前の時期に用いられる用語．

選択性フィルター（selectivity filter） イオンチャネルにおいて，ある一つのイオンに対して（他のイオンに対するよりも）高い特異性を与える部分．

先端成長（tip growth） 特殊化した植物細胞において，根毛のような細くて長く伸びた突起をつくるときにみられる成長形態．この過程は，細胞壁の構成成分と新しい膜が細胞表面の非常に狭い領域に限定して集められ，そこに膨らみ（突起）ができることから始まる．その後，物質の集積が先端だけで継続し，一定の径をもつ管が形成される．

前中期（prometaphase） 核膜崩壊とともに始まる細胞分裂の一段階．核膜崩壊によって染色体と微小管が相互作用できるようになり，紡錘体が形成する．前中期は，すべての染色体が紡錘体と結合し，紡錘体の赤道面に整列する時期に終了する．

選別シグナル（sorting signal） 標的化シグナル（targeting signal）ともいう．タンパク質を，細胞内のある部位から別の部位に輸送させるタンパク質内の領域．アミノ酸の短い配列か，タンパク質に共有結合した修飾からなる．

繊　毛（cilium, 複数形；cilia） 鞭状の構造をもつ運動器官．細胞表面から突出し，細胞膜で覆われ，内部は微小管束からなっている．

線　毛（pilus, 複数形；pili） 原核細胞の細胞表面から伸長する付加器官で，他の細胞との相互作用を媒介する．ピリンタンパク質により構成され，接合において供与細胞から受容細胞への DNA 輸送に使われる．fimbriae（単数形；fimbria）ともよばれる．

走化性（chemotaxis） 環境中の特定の化学物質に近づいたり，特定の化学物質から遠ざかったりする行動のこと．

双極性（bi-orientation） 分裂期の染色体の二つの動原体が，それぞれ別の極と結合している状態．後期が始まる前に，細胞内のすべての染色体は双極性の結合を確立する必要がある．

双極性の太いフィラメント（bipolar thick filament） 筋肉の収縮に働くミオシンⅡが集まって形成した太いフィラメント．筋細胞のサルコメアには，この太いフィラメントと，アクチンからなる細いフィラメントが互い違いに並んでいる．ミオシンⅡ分子が尾部と尾部で結合し，筋収縮の際には，フィラメントの両端から伸びたミオシン頭部が細いフィラメントを引っ張る．

増殖因子（growth factor） 成長因子ともいう．一般的には細胞膜上の受容体を活性化し，標的細胞の増殖を促進する，通常は低分子ポリペプチドからなるリガンド．増殖因子はもともとは細胞培養において細胞の増殖を支えることのできる血清から分離された．

増殖許容条件（permissive growth condition） 条件致死変異体が生存できる条件．

槽成熟（cisternal maturation） 積荷がゴルジ層板を運ばれる機構に関する，一般に受入れられている二つのモデルのうちの一つ．槽移動あるいは槽進行ともよばれる．このモデルでは，新しいゴルジ体の槽（シート）がシス面に形成され，その後，層板を先へと進むに従って，槽内の酵素組成がシスからメディアル，メディアルからトランスへと変化する．初期の槽に含まれていた酵素は，逆行性の輸送小胞によって逆送される．

相補グループ（complementation group） 一連の突然変異において，それらを組合わせた場合に互いに相補できないグループのことで，遺伝子単位（シストロン）を定義する．

相補性（complementation） 一個の遺伝子の産物によって，変異表現型を野生型に変える能力．

相利共生（mutualistic） 両方の種が利益を得る共生関係のこと．

粗面小胞体（rough endoplasmic reticulum, RER） リボソームが結合した小胞体の区画．膜タンパク質や分泌タンパク質の合成の場となる．

対向輸送体（antiporter） キャリアータンパク質の一種で，二つ以上の異なる種類の溶質を膜を横切って逆方向に輸送する．交換体（exchanger）ともいう．

体細胞（somatic cell） 生殖細胞系列以外の組織のすべての細胞をいう．次世代に受継がれることはない．

体細胞変異（somatic mutation） 体細胞に起こる突然変異で，その細胞の子孫だけに影響が出る．この種の変異は，生殖系列の細胞には作用しないため，個体の子孫には遺伝しない．

ダイナミン（dynamin） GTPase 活性をもち，クラスリンが介在する小胞形成に必要な細胞質タンパク質．正確な役割はまだ明らかではないが，ダイナミン集合体は，クラスリン被覆ピットを膜から切り離す過程に関係すると考えられている．ダイナミン様分子は，ミトコンドリアの分裂に関係する．

ダイニン（dynein） 微小管のマイナス端に向かって動く分子モーター．ほとんどすべての真核細胞の細胞質や繊毛，鞭毛にある．

多糸染色体（polytene chromosome） 多糸染色体は，複製産物が分離することなく，染色体が連続して複製することでできる．

脱アセチル酵素（deacetylase） タンパク質からアセチル基を除去する酵素．

脱分極（depolarization） 活動電位が生じるときのように，細胞の膜電位が静止膜電位よりも上昇したときに起こる膜での現象で，このとき細胞内の陰性度が下がる（プラス側に傾く）．

多胞体（multivesicular body, MVB） 後期エンドソームの一形態で，内部に多くの小胞が蓄積する．この内部小胞は，エンドソーム境界面の膜が陥入して摘み取られることによって形成される．

単一 X 染色体仮説（single X hypothesis） 哺乳類の雌で，1 本の X 染色体が不活化されること．

単一クローン性（monoclonal） ある細胞集団に含まれるすべての細胞が，共通の 1 個の始原細胞に由来する性質．

単極性（mono-oriented） 体細胞分裂および減数分裂において，染色体上の一方の動原体が紡錘体中の微小管と結合していて，他方が結合していない状態．染色体が紡錘体と完全な結合を形成する過程で，普通にみられる中間的状態．

単層上皮（simple epithelia） 一層の細胞層でできている上皮．

タンパク質ジスルフィド異性化酵素（protein disulfide isomerase, PDI） 小胞体内腔でのジスルフィド結合の形成と再構成を触媒する，類似したタンパク質を含むファミリーの一員．

タンパク質の選別（protein sorting） さまざまな種類のタンパク質が，特定の細胞小器官に向けて，あるいは，細胞小器官の間を決まった方向に輸送されること．

タンパク質の標的化（protein targeting） タンパク質が選択的に認識されて，膜透過によって決まった部位へ導かれること．

タンパク質の膜透過（protein translocation） タンパク質の膜を透過する移動．この膜輸送では，真核細胞では細胞小器官の膜を，バクテリアでは細胞膜を透過する．タンパク質が透過する膜には，この目的に特化したチャネルが存在する．

単輸送体（uniporter） 一つのタイプの溶質だけを膜を横切って移動

させるキャリアータンパク質.

チェックポイント（checkpoint） 細胞周期を，特定の傷害や状態に応答して遅らせたり止めたりする生化学経路.

チオール媒介残留（thiol-mediated retention） タンパク質の品質管理の一形態で，分子内のジスルフィド結合が正しくつくられていないタンパク質を小胞体に保持すること.

チモーゲン（zymogen） 不活性な酵素前駆体.

チャネル孔（channel pore） イオンや溶質が通るチャネルタンパク質の領域．イオンのコンダクタンス（伝導性）や透過性に関連してしばしば言及される.

中央体（midbody） 微小管および微小管結合タンパク質からなる太い束．分裂期の終期に分離しつつある二つの娘核の間に形成される．中央体は細胞質分裂において重要な役割を担う.

中隔結合（septate junction） 無脊椎動物における細胞間結合の一つ．隣接細胞間の細胞膜を密接した状態に保つ，密着結合と共通の構造的性質をもつ.

中間径フィラメント（intermediate filament） 真核細胞の細胞質内を走っている3種類の細胞骨格の一つ．これら3種類の細胞骨格の中でも最も強靭で，組織に機械的強度を与えるのに特化しているらしい.

中　期（metaphase） 体細胞分裂および減数分裂において，すべての染色体が紡錘体の赤道面すなわち二つの極から等距離に並んだ時期.

中心子（centriole） 中心粒，中心小体ともいう．動物細胞中に存在する非常に小さな細胞小器官．中心子は，短い9個の三連微小管が等距離に並んで円筒状構造をつくったものである．中心子は中心体の中央部に位置し，通常は二つが対になって存在する.

中心子周辺物質（pericentriolar material） 中心子の周りに存在する明確な形をもたない構造体．多数のタンパク質が集合してできている．中心体中のこの部分が，微小管形成の核として機能する.

中心体（centrosome） 微小管形成中心として働く小さな細胞小器官．動物細胞では，中心体は紡錘体の極を形成する．中心体は，一対の中心子と，それを取巻く多くのタンパク質からなる.

調節性分泌（regulated secretion） 刺激に応答して，分泌小胞に貯蔵された積荷分子を細胞から放出する過程．調節性エキソサイトーシスともいう.

頂端部（apical） 極性をもつ細胞で，外界に面する表面領域．たとえば，腸上皮細胞の頂端部表面は腸の内腔に接する．これの逆側は基底部表面とよばれる.

積　荷（cargo） 細胞内のある場所から他の場所に輸送されるすべての分子（たとえば，RNA，可溶性あるいは膜タンパク質，脂質）を積荷という．積荷の行先は，特定の配列や修飾で指示される．積荷は輸送小胞で運ばれることもあるし，他の方法（核と細胞質間の輸送のように）が使われることもある.

DNA 修復（DNA repair） 傷害を受けたDNAを修復合成することであり，除去修復においては傷害を受けたDNA鎖は除去され，新たな鎖によって置き換えられる．また組換え修復においては，傷害を受けた鎖を含む二重鎖領域がゲノムのもう一方の障害を受けていない領域によって置き換えられる.

定常期（stationary phase） 対数増殖の後に訪れる，増殖曲線が平坦になる時期のこと．この期間には細胞数が一定に保たれる.

定常状態（steady state） 反応体と生成物の濃度が時間変化しなくなった状態.

TIC 複合体（TIC complex） 複数のタンパク質からなる複合体で，葉緑体の内膜を透過するタンパク質の膜透過を媒介する.

TIM 複合体（TIM complex） ミトコンドリア内膜に存在する複合体で，タンパク質を膜間腔からマトリックス(内部空間)に取込む働きをする.

デスモソーム（desmosome） 隣り合う細胞どうしをつなぐ装置であり，中間径フィラメントにつながる膜タンパク質からなる.

テロメア（telomere） 真核細胞の染色体の自然な形での末端構造のこと．特定のタンパク質が結合した6残基の繰返し配列からなる．テロメアは，染色体末端を分解や融合から守るために働く.

テロメアサイレンシング（telomeric silencing） テロメアの近くで起こる遺伝子活性の不活化のこと.

テロメラーゼ（telomerase） テロメア部分に存在する一本鎖DNAの繰返し単位をつくるリボ核タンパク質酵素．染色体DNA末端部分で，一方のDNA鎖の3′末端に塩基を付加する.

転　位（transposition） 染色体上においてトランスポゾンが新たな位置に移動すること.

転　移（metastasis） がん細胞が，原発部位から離れて体内の他の部位へと移動し，そこで新しい腫瘍細胞のコロニーをつくること.

電荷密度（charge density） 単位面積あるいは単位体積当たりの電荷量.

電気化学勾配（electrochemical gradient） 細胞膜を介したイオンの濃度差から形成される勾配で，脂質二重層の両側で電荷と化学物質の濃度が共に異なることを意味する.

転写因子（transcription factor） 特定のプロモーターでの転写を開始するRNAポリメラーゼの作用を，直接あるいは間接的に制御するタンパク質で，RNAポリメラーゼ自体には含まれないもの.

同期性検出器（coincidence detector） シグナル伝達において，二つの異なる刺激入力が同時に受容されたときだけに応答するシグナル伝達因子.

動原体（kinetochore） セントロメアに結合した多数のタンパク質から成る構造体．紡錘体中で染色体と微小管とが結合する部分．分裂期のセントロメアはそれぞれ二つの“娘”動原体を結合している.

動原体糸（kinetochore fiber） 動原体と紡錘体極とをつなぐ微小管の束．染色体糸，紡錘体糸ともよばれる.

同種順応（homologous adaptation） シグナル伝達経路において，シグナルを開始した受容体だけに作用するフィードバック制御の様式.

動的不安定性（dynamic instability） 微小管は，伸長と短縮を交互に繰返している．この現象を動的不安定性という.

動力学的制御（反応あるいは反応系の）（kinetic control） 行われる反応の選択や進行が，熱力学的な平衡ではなく，関係する反応速度によって制御されること.

毒　性（virulence） 微生物が宿主の防御機構に打ち勝つ程度を表す用語.

毒性因子（virulence factor） 病原体が産生する分子の総称で，宿主への侵入，病気の誘発，あるいは免疫応答からの回避を助ける分子のこと.

独立栄養（autotrophy） 無機物から有機化合物をつくる能力．植物は，太陽光エネルギーを用いる光合成によって，大気中の二酸化炭素を複雑な分子に変換する.

突然変異誘発剤（mutagen） DNAの構造，すなわち塩基配列の変化を誘導することによって，突然変異率を上昇させるもの.

TOC 複合体（TOC complex） 複数のタンパク質からなる複合体で，葉緑体の外膜でのタンパク質の膜透過を媒介する.

TOM 複合体（TOM complex） ミトコンドリア外膜に存在する複合体で，タンパク質を細胞質から膜間腔（外膜と内膜の間の空間）に取込む働きをする.

ドメイン（domain） 1）染色体のドメインとは，超らせん化が他の領域とは独立して起こっている領域として定義される個別の構造体のことをさすか，あるいは，DNase Iによる消化に高感受性を示す，発現している遺伝子を含む広範な染色体領域をさす．2）タンパク質のドメインは，タンパク質内の連続したアミノ酸配列からなる明確な部分で，きちんとした立体構造に折りたたまれていることが解明されている領域．この構造上のドメインは独立した機能をもつことが多い.

トランジットペプチド（transit peptide） 葉緑体に輸送されるタン

パク質に含まれるシグナル配列.

トランスゴルジ網（trans–Golgi network, TGN） ゴルジ体のトランス面側（外部側）にある，細管が互いにつながった網状構造．さまざまな小胞が取込まれた分子を別々の部位へと最終的に選別する場所として働く．

トランスサイトーシス（transcytosis） 神経細胞や上皮細胞などの極性をもつ細胞において，一つの細胞膜ドメインから別の細胞膜ドメインへと分子を輸送すること．

トランスフェクション（真核細胞の）（transfection） 複合体をつくっていない裸のDNAやRNAを，リン酸カルシウムとの沈殿の形などで細胞に導入する過程．

トリスケリオン（triskelion） クラスリン被覆の機能サブユニット．三本足構造で，足それぞれはクラスリン重鎖と軽鎖1本ずつからなる．

トレッドミル（treadmill） 重合体末端へのサブユニットの付加速度が，他端からの解離速度にほぼ等しいときに，フィラメントの長さは変化せずにサブユニットが一方向に移動する現象．

トロポエラスチン（tropoelastin） リシルオキシダーゼによる修飾を受けず，またエラスチン線維を形成していないエラスチン前駆体．

トロポコラーゲン（tropocollagen） 三本鎖を形成して，プロコラーゲンの尾部を失ったコラーゲンタンパク質からなる．コラーゲン線維の形成単位．

内共生（endosymbiosis） ある生物体の細胞内に別の生物体が共生する関係をいう．ある細胞が他の細胞を捕らえて，第二の細胞（典型的にはバクテリア）が第一の細胞に取込まれたときに起こる．

内　腔（lumen） 小胞体やゴルジ体などにおいて，膜で囲まれた区画の内側をさす．

内生胞子（endospore） バクテリア細胞の内部に発生する胞子（休眠細胞）のこと．母細胞の溶菌に伴い放出される．

内分泌性シグナル伝達（endocrine signaling） ホルモンなどのシグナル分子が，血流を介して分泌細胞から離れた細胞に作用する様式のシグナル伝達．

肉　腫（sarcoma） 中胚葉細胞（通常は，結合組織の系譜の細胞）から生じる腫瘍．

二次能動輸送（secondary active transport） キャリアータンパク質が仲介する，膜を介した電気化学勾配に蓄えられた自由エネルギーを用いる溶質の輸送．

二成分シグナル伝達系（two-component signaling system） シグナル伝達分子によって制御されるヒスチジンキナーゼ領域あるいはサブユニットと，リン酸化されるアスパラギン酸残基をもつ応答レギュレーターから構成される．

二倍体（diploid） 2セットの相同染色体をもつ細胞．二倍体細胞は，それぞれ二つの相同の常染色体と一対の性染色体を含む．配偶子以外のほとんどの真核細胞は二倍体である．

ヌクレオソーム（nucleosome） クロマチンの基本構造単位であり，約200 bpのDNAとヒストン八量体からなる．

ヌクレオソーム位置化（nucleosome positioning） DNA配列から見て，ランダムな場所ではなく，DNAのある決まった配列のところにヌクレオソームを配置すること．

ヌクレオポリン（nucleoporin） もともとは抑制性レクチンに結合する核膜孔複合体の構成因子を示す用語として使われたが，今では，すべての核膜孔複合体構成分子をさすために使われる．

ネクローシス（necrosis） 傷害による細胞死の機構で，細胞が膨張して破裂し，周囲に炎症をひき起こす．

熱力学的制御（thermodynamic control） ある反応系において，反応が熱力学的な平衡に従って生成物の組成が決定される制御様式．この制御では，熱力学的に安定な生成物の方が形成されやすい．

嚢胞性線維症（cystic fibrosis, CF） 致死性の高いヒトの病気．肺粘膜や他の外分泌器官で，高粘度の分泌物が過剰に分泌されるのが特徴である．イオン輸送に関係する膜貫通タンパク質をコードするCFTR（嚢胞性線維症膜貫通調節タンパク質）遺伝子の変異によって生じる．

バイオフィルム（biofilm） 多数の原核細胞の集合によってつくられる構造体で，細胞から分泌された細胞外多糖の網目構造によって取囲まれている．さまざまな物質の表面に固着する．

白色体（leucoplast） さまざまな種類の小さな有機分子を合成して蓄積する色素体の一種．

バクテリア（bacteria, 単数形；bacterium） 核などの膜で囲まれた小器官をもたない単細胞生物．このうち，本書では真正細菌のことをアーキアと区別してバクテリアとよぶ．

バクテリオファージ（bacteriophage） ファージ（phage）ともいう．バクテリアに感染するウイルス．

パーシャルアゴニスト（partial agonist） 部分活性化薬ともいう．活性型の受容体に選択的に結合するが，その活性化型への選択性がやや弱いために，最大値の活性化をひき起こさないアゴニスト．

発がん物質（carcinogen） 細胞をがん化状態に変換する頻度を高める化学物質．

白血病（leukemia） 骨髄に由来する白血球のがん状態．どの種類の正常細胞が起源になっているかによって，リンパ性白血病，骨髄性白血病，赤白血病に分けられる．

発　生（development） 受精卵が成熟した個体になっていく際に，連続して起こる変化をいう．

パ　フ（puff） 染色体バンドのある場所でみられるRNA合成と関連して起こる，多糸染色体バンドの膨らみのこと．

バルビアニ環顆粒（Balbiani ring granule） 非常に大きな特殊なmRNA前駆体とそれに会合したRNA結合タンパク質からなる複合体．このmRNA前駆体は，発生の段階で活性化される線虫の遺伝子から転写される．個々のmRNPが，環状の巨大複合体として観察される．

パワーストローク（powerstroke） ミオシンが力を発生するときの動きのこと．このとき，ミオシンのレバーアーム（調節ドメイン）が大きく回転する．

バンド（band） 多糸染色体のバンドは，大部分のDNAを含む濃い部分として観察できる．この部分には，活性化された遺伝子が含まれる．

バンド間領域（interband） 多糸染色体のバンドとバンドの間に存在する，相対的に分散した状態の領域のこと．

半紡錘体（half–spindle） 紡錘体の赤道面を境とした二つの部分のこと．紡錘体の二つの極はそれぞれ二つの半紡錘体を形成する．

反矢じり端（barbed end） アクチンフィラメントの末端のうち，伸長速度の速い方の末端．ミオシンを結合したアクチンフィラメントの電子顕微鏡像には方向性があるので，これを基にして矢じり端が定義された．

ヒアルロン酸（hyaluronan, hyaluronic acid） プロテオグリカンと相互作用するが，プロテオグリカンコアタンパク質とは共有結合しないグリコアミノグリカンであり，特に軟骨に多い．

光異性化（photoisomerization） ある化合物が，光を吸収して一つの異性体から別の異性体に変化すること．（異性体とは，ある同じ原子組成をもつ化合物が，複数の異なる原子配置をとったもの．）

微小管（microtubule） チューブリンからなる中空のフィラメントで，細胞内の組織化を促し，細胞の形態を決める．また，さまざまな積荷の輸送路としても働く．

微小管依存的分子モーター（microtubule-dependent molecular motor） ATPの加水分解によって微小管上を一方向に運動するタンパク質．この分子モーターは，積荷を微小管に沿って輸送し，また，微小管自身を組織化するのにもかかわることがある．

微小管形成中心（microtubule-organizing center, MTOC） 微小管が伸長する根元の領域．動物細胞では，中心体がおもな微小管形成中心である．

微小管結合タンパク質（microtubule-associated protein, MAP） 微小管に結合し，その安定性や高次構造に影響を与えるタンパク質．

微小管サブユニットの出入り（microtubule subunit flux） 有糸分裂紡錘体では，チューブリンサブユニットがプラス端に付加され，同時にマイナス端から解離するという，微小管サブユニットの出入りが常に起こっている．このため，定常状態では微小管の長さは変わらないが，サブユニットは微小管の一端から他端に移動することになる．

ヒストン（histone） 進化的に保存されたDNA結合タンパク質で，真核細胞のクロマチンの基本要素である．ヒストンH2A，H2B，H3，H4が八量体コアを形成し，その回りにDNAが巻きついてヌクレオソームを形成する．ヒストンH1は，ヌクレオソームの外側にある．

ヒストンアセチル転移酵素（histone acetyltransferase, HAT） ヒストンにアセチル基を付加して修飾する酵素．転写活性化因子にはこの酵素活性をもつものがある．

ヒストン脱アセチル酵素（histone deacetylase, HDAC） ヒストンからアセチル基を除去する酵素．転写抑制化因子と関係がある．

ヒストンフォールド（histone fold） 4種類のコアヒストンすべてにみられるモチーフで，3個のαヘリックスが2個のループ構造で連結している．

PDZドメイン（PDZ domain） 多くのシグナル伝達タンパク質に見いだされる構造ドメインであり，他のタンパク質を結合する働きをもつ．

ビトロネクチン（vitronectin） 血流に乗って体内を循環している多機能性の細胞外マトリックスタンパク質．血液凝固の制御に中心的な役割を果たす．

ピノサイトーシス（pinocytosis） 飲作用ともいう．エンドサイトーシスの一形態で，細胞外液に溶解した物質を，さまざまな大きさのエンドサイトーシス小胞に取込むこと．

非ヒストンタンパク質（nonhistone protein） ヒストンを除く，染色体の構成タンパク質のこと．

被覆小胞（coated vesicle） 被覆ピットが膜から摘み取られて形成される小胞．この膜の細胞質側表面にはクラスリン，COPⅠ，COPⅡなどのタンパク質が存在する．

被覆タンパク質（coat protein） 輸送小胞に取込まれたタンパク質に直接あるいは間接に結合する複数のタンパク質からなる複合体．この複合体が膜の側面に結合することで芽の形成（出芽）を助け，ここから小胞ができる．

被覆ピット（coated pit） 膜がつままれてできた陥入部位で，ここから被覆小胞が生じる．

病原体（pathogen） 他の生物に病気を起こす微生物のこと．

非連続的な細胞間接着（discontinuous cell–cell adhesion） 白血球が素早く結合と解離を繰返すことで，これによって血管内で“転がりながら停止（rolling–stop）”する．

品質管理（タンパク質の）（quality control） 異常なタンパク質を検出して，修復あるいは除去する過程．一般的には，小胞体でのタンパク質の生合成に関して用いられる．

ファゴサイトーシス（phagocytosis） 細胞が，バクテリアのような大きな粒子を細胞内に取込む様式のエンドサイトーシス．

フィブロネクチン（fibronectin） 多くの動物組織にみられる細胞外マトリックスタンパク質．細胞接着や細胞運動を担うのに重要なタンパク質である．

フィブロネクチンリピート（fibronectin repeat） フィブロネクチンの分子内部にあって，いくつかの構造モジュールが一次構造的に繰返している．

フォーカス（focus） 悪性転換した細胞が，互いに重なり合うように密に集まってできた細胞集団．正常細胞が基質（器壁）に接着してモノレイヤーに広がって増殖するのと対照的に，悪性転換細胞は培養ディッシュ上にこのようなフォーカスをつくる．

複製起点（origin） 複製を開始する場所のDNA配列．

不死化（immortalization） 真核細胞の細胞株が，培養下で無限に分裂できる能力を獲得する過程．

浮遊生物（planktonic） 自由に移動することができる生物のこと．固着性（sessile）生物の逆．

ブラウン・ラチェットモデル（Brownian ratchet model） 翻訳されたタンパク質の小胞体への輸送機構として提案された，チャネルを介した拡散に基づくモデル．このモデルによると，タンパク質がチャネルを通り抜けて小胞体内に輸送される過程は自由拡散で駆動される．これに対して，この小胞体タンパク質の外向きへの拡散は，すでに小胞体内に入った部分にBiPタンパク質が結合することで制限される．

フラグモソーム（phragmosome） 植物細胞の細胞分裂時に，体積の大半を占める液胞を分割可能にするシート状の細胞質．紡錘体と，細胞を分割する新しい細胞壁は，いずれもプラグモソームの中に形成される．

フラグモプラスト（phragmoplast） 微小管が基になってできた構造で，植物細胞を核分裂後に分割する新たな細胞壁の合成を導く．

プラスミド（plasmid） 環状の染色体外DNAで，自立的に複製する能力をもつ．

プログラム細胞死（programmed cell death） 発生の決まった時点で起こる細胞死．

プロコラーゲン（procollagen） コラーゲン分子のうち，アミノ末端およびカルボキシ末端にコラーゲンの重合を妨げるアミノ酸配列をもったプロ分子．

プロテオグリカン（proteoglycan） 細胞外マトリックスの中でも多くの糖鎖付加を受けたタンパク質．単一のコアタンパク質に，一本あるいは多くの場合複数のグリコサミノグリカン糖鎖が共有結合している．

プロテオリポソーム（proteoliposome） タンパク質を含む脂質小胞．通常は，界面活性剤で可溶化したタンパク質と脂質から再構成した小胞の意味に用いられる．

プロトフィラメント（protofilament） タンパク質サブユニットが極性を維持しながら直鎖状に重合したもの．微小管やアクチンフィラメントはプロトフィラメントが横に会合してできる．たとえば，チューブリンα/βヘテロ二量体が重合してプロトフィラメントをつくり，13本のプロトフィラメントが横に会合して微小管の壁となる．

プロトン駆動力（proton motive force） 生体膜の両側におけるプロトン濃度が異なる場合がある．H^+が膜タンパク質を介して高濃度側から低濃度側へ動くとき発生するエネルギーをプロトン駆動力とよび，細胞がつかさどる他のさまざまな過程のエネルギー源となる．

プロファージ（prophage） ファージの染色体がバクテリアの染色体の一部として共有結合で組込まれた状態，あるいはプラスミドのような自立的環状DNAとして存在する状態のこと．

分　化（differentiation） 細胞がより特化する過程．

分化全能性細胞（totipotent cell） 生物体内のいかなる細胞にも分化可能で，すべての組織になることのできる細胞をいう．

分泌経路（secretory pathway） ⇒エキソサイトーシス経路を見よ．

分泌顆粒（secretory granule） 膜に囲まれた区画で，調製性分泌によって細胞から放出される物質が含まれる．つまり，放出される分子が濃縮して貯蔵されていて，シグナルに応答したときだけに放出される．

分類学（taxonomy） 生物を分類し命名する科学の分野．

分裂後期（anaphase） 細胞分裂の一つの時期で，この時期には，複製してできた二つの姉妹染色分体が分離し，紡錘体の反対極に動いていく．

分裂組織（meristem） メリステムともいう．植物に存在する，成長のための細胞分裂が起こる高度に組織化された小さな領域．細胞が縦方向に伸長する植物の根やシュートの先端に位置する．植物の茎や幹の周縁部にあるものは，太さを増す作用をする．

βカテニン（β catenin） カドヘリンとαカテニンに結合するアダプ

タータンパク質．Wnt シグナル伝達経路において機能する．

ヘテロ核リボ核タンパク質粒子（heterogeneous nuclear ribonucleoprotein particle, hnRNP） hnRNA（ヘテロ核内 RNA）を含むリボ核タンパク質で，hnRNA がタンパク質と複合体を形成している．mRNA 前駆体はプロセシングが完了するまで核外輸送されないので，hnRNP は核内にのみみられる．

ヘテロクロマチン（heterochromatin） 高度に凝縮されたゲノム領域で，転写されず，遅く複製される．ヘテロクロマチンは，二つのタイプ，つまり，構成的ヘテロクロマチンと条件的ヘテロクロマチンに分けられる．

ヘテロ接合性の消失（loss of heterozygosity） ある遺伝子座のヘテロ接合性がホモ接合性に変化すること．

ヘテロフィリック結合（heterophilic binding） あるタンパク質受容体が他の種類の受容体に結合すること．

ヘパラン硫酸プロテオグリカン（heparan sulfate proteoglycan） 主として細胞表面に付着したプロテオグリカンのサブセットであり，細胞外マトリックスタンパク質と他の細胞受容体に対して補助受容体として機能することが多い．

ペプチドグリカン（peptidoglycan） バクテリアにおける堅固な細胞壁の主要成分．ペプチドで架橋された炭化水素鎖からなり，浸透圧に対する抵抗および細胞の形態維持に重要である．

ヘミデスモソーム（hemidesmosome） 細胞表面のインテグリンを介して，細胞内の中間径フィラメントと基底層をつなぐ細胞構造である．

ペリプラズム（periplasm） ペリプラズム空間ともよばれ，グラム陰性菌の細胞皮膜における内膜と外膜に挟まれた領域をいう．

ペルオキシソームマトリックス（peroxisomal matrix） ペルオキシソームの内腔．

鞭　毛（flagellum；複数形 flagella） 鞭のような形をした細胞の運動を駆動する構造．バクテリアの鞭毛は表面から突き出たフィラメント構造であるが，真核細胞の鞭毛は微小管束からなり細胞膜に囲まれている．

鞭毛内輸送（intraflagellar transport） 軸糸の先端あるいは基部への分子複合体の輸送のこと．この輸送は，軸糸を取囲む細胞膜直下で起こる．鞭毛や繊毛の伸長に必要な軸糸成分の輸送に必要とされる．

片利共生（commensalism） 生物間の共生関係のうち，一方の種のみ利益を得て他方の種は影響を受けない場合をいう．

補因子（cofactor） 有機あるいは無機の低分子で，酵素の正しい構造や機能に必要な物質．

膨　圧（turgor） 植物細胞内にできる圧力．膨圧は，細胞の内外に生じた浸透圧の不均衡によって液胞内に水が流入する結果できる．植物の成長では，膨圧によって細胞が膨らみ，これによって細胞が伸長する．

胞子形成(sporulation) バクテリアが形態変化により胞子を形成する過程，あるいは酵母が減数分裂によって胞子を形成する過程のこと．

紡錘体（spindle） 体細胞分裂と減数分裂で形成される非常に動的な構造で，これによって染色体が分離され，細胞が分裂する．紡錘体のおもな構成成分は，微小管，中心体（動物細胞の場合），および染色体の三つである．

紡錘体極（spindle pole） 紡錘体の一部分で，ここに向かって染色体が移動する．通常の二極性紡錘体は，その両端に一つずつの極が存在する．それぞれの極には多数の微小管のマイナス端が結合している．動物細胞では，極に中心体が存在し，ここに高密度の微小管が集中している．植物細胞の極には中心体は存在せず，動物細胞のものよりも広がった形態をとる．

紡錘体中心（central spindle） 細胞分裂時に形成される構造で，微小管のプラス端側とそれに結合したタンパク質が互いに交差してできる構造．

紡錘体マトリックス（spindle matrix） 紡錘体の微小管の間に存在する，タンパク質からなる網目状構造体．NuMA タンパク質やこれに結合したモータータンパク質を含み，微小管どうしをつなぎ止め，紡錘体の形態を保つ働きをもつ．紡錘体マトリックスタンパク質は，紡錘体極近くに高濃度に集積している．

傍分泌性シグナル伝達（paracrine signaling） 近傍の細胞間で起こる様式のシグナル伝達．

ホスファターゼ（phosphatase） 加水分解反応によって，基質からリン酸基を除く酵素．

ホメオスタシス（homeostasis） 細胞，器官あるいは生物体などのシステムが，極端な外部環境に対しても比較的一定の状態を保つことのできる能力．

ホモフィリック結合（homophilic binding） 同じタンパク質受容体が互いに結合すること．

ポリシアル酸（polysialic acid, PSA） 神経細胞接着分子（NCAM）に見いだされるシアル酸の糖鎖が長く直線状につながったもの．NCAM による接着の強さを減弱させる働きをもつ．

ポリープ（polyp） 大腸のような器官において，粘膜性の内層から突き出た良性の増殖体や腫瘍．

翻訳共役膜透過（cotranslational translocation） タンパク質の膜透過が，そのタンパク質が合成されるときに起こること．この現象は，通常，リボソームが透過チャネルに結合した場合に限定され，この膜透過様式は小胞体だけに限られると考えられている．

翻訳後膜透過（posttranslational translocation） タンパク質の膜を透過する移動が，タンパク質合成が完了してリボソームから解離した後に起こること．

膜間腔（intermembrane space） ミトコンドリアや葉緑体の内膜と外膜の間の空間．

膜貫通ドメイン（transmembrane domain） 膜の脂質二重層を横切るタンパク質の領域．疎水的で，多くの場合，α ヘリックスを形成する 20 アミノ酸を含む．膜貫通領域ともいう．

膜組込み（integration） タンパク質の疎水性の膜貫通ドメインが脂質二重層に挿入されて，そのタンパク質が膜の両側に及ぶ過程．

膜電位（membrane potential） 細胞膜を介した電気ポテンシャルの差（電位）．

膜透過装置（translocon） トランスロコンともいう．脂質二重層を透過するタンパク質の輸送に必要な膜内在性タンパク質で，膜を横切るポリペプチド領域を移動させるチャネルを形成する．

膜ポンプ（membrane pump） ATP の加水分解などのエネルギーを用い，電気化学勾配に逆らって，溶質を膜の一方から他方へと輸送するタンパク質．

マクロファージ（macrophage） 組織を移動する食細胞で，細胞片，およびバクテリアのような異物を消化するほか，T リンパ球に対する抗原提示にも関与する．

マトリックス接着領域（matrix attachment region, MAR） 核マトリックスに付着する DNA 領域のこと．スカフォールド付着部位ともいわれる．

マトリックスメタロプロテアーゼ(matrix metallo-proteinase, MMP) 細胞外マトリックスタンパク質の分解に関与する一群の酵素．

ミクロコッカスヌクレアーゼ（micrococcal nuclease） DNA を切断するエンドヌクレアーゼで，クロマチンに対して，ヌクレオソーム間を優先的に切断する．

密着結合（tight junction） ほとんどの分子が細胞間隙を拡散しないようにしている細胞間結合．

ミトコンドリア結合膜（mitochondrial-associated membrane, MAM） ミトコンドリア外膜に近接して接触する小胞体の特定の領域．ある種の脂質合成反応に関係する．

ミトコンドリア内腔（mitochondrial matrix） ミトコンドリア内膜に囲まれた空間．

脈管浸出（extravasation） 血管内の細胞が血管を離れて，組織内に移動すること．

脈管内侵入（intravasation） 原発腫瘍の細胞が，血管やリンパ管に侵入すること．

無セントロメア断片（acentric fragment） 切断によってできた染色体の断片で，セントロメアがなく，細胞分裂で消失するもの．

メロテリック結合（merotelic attachment） 一つの動原体が，紡錘体の二つの極と結合している状態．メロテリック結合は分裂期の初期に起こりやすく，通常は後期が始まる前に解消される．

免疫グロブリン(Ig)ドメイン（immunoglobulin domain） 抗体や免疫グロブリンスーパーファミリーに属する種々のタンパク質中に見いだされる特徴的なドメイン構造．ジスルフィド結合で連結された2層のβシートから成る．

木 部（xylem tube） 植物に存在する，根で吸収した水や栄養源を植物体の地上部に運ぶ維管束の組織．植物の高さ全体の長さをもつ細長い管（道管）から構成される．水は，葉からの蒸散による毛管引力によって，道管を通って移動する．

モザイク（mosaic） 異なる遺伝子型をもつ細胞から成り立つ個体のこと．

モノレイヤー(単層)（monolayer） 真核細胞が培養下で，1細胞の厚みの層を形成して増殖した状態．

矢じり端（pointed end） アクチンフィラメントの伸長の遅い末端．

誘起近接（induced proximity） カスパーゼの活性化機構の一つで，二つの単量体が接近して活性化した二量体が形成されること．

有糸分裂（mitosis） 真核細胞の細胞周期において，親細胞と同じ量の遺伝物質をもつ二つの娘細胞をつくり出す過程．有糸分裂において，複製された染色体は分離し，二つの核ができる．

有色体（chromoplast） 色素を蓄積する色素体の一種．

有窓層板（annulate lamellae） 核膜孔複合体を含む核膜が積み重なったもので，細胞質に局在する．過剰な核膜孔複合体の貯蔵場所であると考えられる．

ユークロマチン（euchromatin） 分裂間期核のゲノムのほとんどを含み，ヘテロクロマチンよりもほどけた状態のクロマチンで，活性化された，あるいは活性化されうる遺伝子のほとんどが含まれる．

輸送小胞（transport vesicle） トランスポーターともいう．エキソサイトーシス経路とエンドサイトーシス経路において，ある区画から経路上の次の区画へと物質を運ぶ小胞．

輸送体（transporter） トランスポーターともいう．膜を横切ってイオンや低分子を移動させる受容体の一種．膜の片側でその分子に結合し，その後，膜の反対側で解離させる．

ユビキチン（ubiquitin） 進化的に高度に保存された76アミノ酸残基からなるタンパク質で，他のタンパク質に共有結合する．

葉状仮足（lamellipodia） 細胞が基質表面を這い回るときに先端で生じる薄く広がった突起構造のこと．ここには，動的なアクチンネットワークができている．

葉緑体（chloroplast） 植物細胞に固有の，膜に囲まれた細胞小器官．光合成に必要なタンパク質の多くが含まれ，光合成の初期過程が行われる場となる．

Rab エフェクター（Rab effector） GTP 結合型の Rab に結合して，Rab が機能するのを助けるタンパク質．

Rab タンパク質（Rab protein） 低分子量 Ras 様 GTPase の一種．さまざまな Rab 分子種が，それぞれ別の膜区画間でのタンパク質輸送に必要とされる．Rab の正確な役割はわかっていないが，小胞の標的化と融合を制御すると考えられている．

ラミニン（laminin） 多くの組織の基底層に特に豊富に含まれる細胞外マトリックスタンパク質．ラミニンは，繊維状ではなく網目状の構造をつくる．

ランプブラシ染色体（lampbrush chromosome） ある種のカエル卵母細胞にみられるきわめて進展した減数分裂期二価染色体．

リガンド（ligand） 一般的には，タンパク質に非共有結合で結合する分子をさす．しばしば，受容体に結合して活性化する細胞外分子の意味に用いられ，このとき，リガンドによって細胞質における変化が導かれる．

リガンド作動性イオンチャネル（ligand-gated ion channel） リガンドの結合に応答して，ある種のイオンを選択的に膜通過させる膜貫通タンパク質．

リソソーム（lysosome） 加水分解酵素が高濃度に含まれる細胞小器官で，内腔が酸性（pH が 4.5 程度）になっている．おもな機能は，エンドサイトーシスで取込まれた物質の分解である．

リポタンパク質（lipoprotein） タンパク質と脂質が共有結合で結合した分子．また，タンパク質と脂質が集まってできた粒子（大きな凝集体）の意味にも用いられる．

良性腫瘍（benign tumor） 浸潤性がなく，したがって，体内の別の部位へと広がることがない腫瘍．

臨界濃度（critical concentration） 重合反応において，定常状態で溶液中に残るサブユニット（たとえば，アクチンやチューブリン二量体）濃度のこと．サブユニット濃度が臨界濃度より高いときにだけ重合体が形成される．

リン酸化（phosphorylation） リン酸基が分子に付加する反応．

レクチン（lectin） 特定の糖に選択的に結合するタンパク質．糖タンパク質を構成する糖を結合するためによく用いられる．

レスキュー（rescue） 微小管の動的不安定性において，短縮期と伸長期の間の移行段階のこと．遺伝学では，変異体を野生型に回復させることをいう．

レトロウイルス（retrovirus） RNA ウイルスの一つのファミリーで，RNA ゲノムの配列を逆転写によって DNA へと複製する．

レプリソーム（replisome） 複製フォークに会合して，DNA を合成するタンパク質複合体．

老 化（senescence） 細胞が分裂する能力を失う過程のことで，*in vitro* では長期の培養後に起こる．

索　　引*

$\alpha \sim \omega$

A

B

C

＊　1．ギリシャ文字，アルファベットは，五十音順の前に配列した．
2．おもな項目には英訳，略号を付した．
3．ページ数の後の f は図で扱われる項目である．

D

E

F

G

Gタンパク質共役受容体キナーゼ(G protein-coupled receptor kinase, GRK)　488
Gバンド(G-band)　208
Gバンド法　208f
GABA (γ-アミノ酪酸)受容体　497
GAG (glycosaminoglycan, グリコサミノグリカン)　535
GAP (GTPase-activating protein, GTPase 活性化タンパク質)　491,502,503
GC 含量　208
GDI (GDP dissociation inhibitor, GDP 解離阻害因子)　139,503
GDP/GTP 交換因子(GDP/GTP exchange factor, GEF)　491
GDP/GTP 交換反応　502
GDP 解離阻害因子(GDP dissociation inhibitor, GDI)　503
GEF (GDP/GTP exchange factor, GDP/GTP 交換因子, グアニンヌクレオチド交換因子)　491,503
GF (growth factor, 増殖因子)　457
GFAP　341f
GFP (green fluorescent protein, 緑色蛍光タンパク質)　179,296
GGA タンパク質　152
GH (groath hormone, 成長ホルモン)　514
GINS　409
GlpT　52
GLUT (glucose transporter, グルコース輸送体)　49
——タンパク質のトポロジー　50f
GLUT-1 異常症　50
G_2/M チェックポイント　420
Goldman-Hodgkin-Katz の電位方程式　29
gp130　516
GPCR (G protein-coupled receptor, G タンパク質共役受容体)　478,499,503
GPI (glycosylphosphatidylinositol, グリコシルホスファチジルイノシトール)　92,93,515
Grb2　487
Grim　448
GRK (G protein-coupled receptor kinase, G タンパク質共役受容体キナーゼ)　488
Grp94　95
GSK3 (グリコーゲンシンターゼキナーゼ3)　509
G_1/S 移行　408
G_1/S チェックポイント　420
$G_n(T/A)_{m'}$ 配列　249
GTPase 活性化タンパク質(GTPase-activating protein, GAP)　132,139,184,491,502
GTPase サイクル　503
GTP キャップ　269
——形成のモデル　269f
GTP 結合タンパク質　184
GTP 結合タンパク質スーパーファミリー　500

H

HA (hyaluronic acid, ヒアルロン酸)　537
H2A-H2B 二量体　223
Hac1 タンパク質　101
HAT　241
HD1/プレクチン　558
HDAC　241
HECT 領域　487f
HERG K^+ チャネル遺伝子　47
$(H3)_2(H4)_2$ 四量体　223
Hid　448
HIV-1 (human immunodeficiency virus-1, ヒト免疫不全ウイルス1)　193
HNPCC (hereditary non-polyposis colon cancer, 遺伝性非腺腫性大腸がん)　470
hnRNP (heterogeneous nuclear ribonucleoprotein particle, ヘテロ核RNA-タンパク質複合体)　192
Hooke, Robert　355
HP1 (ヘテロクロマチンタンパク質1)　243
H-*ras* 遺伝子　461
HS (heparan sulfate, ヘパラン硫酸)
HSET　364,376
Hsp70　86
HSPG (heparan sulfate proteoglycan, ヘパラン硫酸プロテオグリカン)　538
HtrA2　445
Hunt, Tim　401
Hus1　419,424

I

Iドメイン　544
I-κB (inhibitor of κB)　187,508
IκB-キナーゼ(IκB kinase, IKK)　508
I/A ドメイン　544
IAP (inhibitor of apoptosis protein, アポトーシス阻害タンパク質)　436,444
iCAD　433
ICE (interleukin-1β-converting enzyme, インターロイキン-1β 変換酵素)　436
IFT (intraflagellar transport, 鞭毛内輸送)　293
IGF-1 (insulin-like growth factor 1, インスリン様増殖因子1)　458
Ig ドメイン(immunoglobulin domain)　562
IKK (IκB kinase, IκB-キナーゼ)　508
InaD　485
inside-out signaling (中から外へのシグナル伝達)　547
in situ ハイブリダイゼーション (*in situ* hybridization)　169,216
IP_3 (イノシトール 1,4,5-三リン酸)　492,492f,495
IP_3 受容体　49
Ire1p　101
IRS (insulin receptor substrate, インスリン受容体基質)　496,511
ITAM (immunoreceptor tyrosine-based activation motif, 免疫受容体チロシン含有活性化モチーフ)　516

J

JAK2 (Janus キナーゼ2)　515,515f
JAK/TYK ファミリー　514
JAM (junctional adhesion molecule, 結合接着分子)　551
Janus キナーゼ2 (JAK2)　515

K

K^+ イオン
——の膜透過　29
K抗原　579
K^+ チャネル　29,30,30f
——の整流性　66
Ca^{2+} 活性化型——　30
2TM/1P 型——　30
6TM/1P 型——　30
K^+ 透過制御ドメイン(RCK ドメイン)　34
K^+ 漏出チャネル　29
K_V チャネル　30
Kar9　288
KCNA1 遺伝子　34
KCNQ3 遺伝子　34
KcsA チャネル　31
KEN ボックス　414
Kip2　288
Kir チャネル　66
KKXX　135
KNOLLE　625
KXKXX シグナル　135

L

L-セレクチン　564
LacY (ラクトース透過酵素)　51
LDL (low-density lipoprotein, 低密度リポタンパク質)　105
LDL 受容体　127,147
LE (lupus erythematosis, 紅斑性狼蒼)　452
lgl (lethal giants larve)　553
Li-Fraumeni 症候群　463
Liddle's 症候群　38
LIM 領域　487f
LOH (loss of heterozygosity, ヘテロ接合性の消失)　462
LPS (lipopoly saccharide, リポ多糖)　587

M

M期(M phase)　396
M期サイクリン　402
M線　324
M2 ヘリックス　31
Mad (mitosis arrest deficient)タンパク質　381
Mad2　423,424
MAGUK (膜関連グアニル酸キナーゼ)　552
MAM (mitochondrial-associated membrane, ミトコンドリア結合膜)　104
MAP (microtubule-associated protein, 微小管結合タンパク質)　276
MAP65　634f
MAP キナーゼカスケード　512
MAPK (mitogen-activated protein kinase, マイトジェン活性化プロテインキナーゼ)　512
MAP2K (MAPK キナーゼ)　512
MAP3K (MAPK キナーゼキナーゼ)　512
MAPK カスケード　513
MAPK キナーゼ(MAP2K)　512
MAPK キナーゼキナーゼ(MAPK3K)　512
MAPK 経路　512f
MAR (matrix attachment region, マトリックス接着領域)　210
MAR 配列　210
MARK (マイトジェン活性化プロテインキナーゼ)　486
MATα　405
*MAT*a　405
MAT 遺伝子座　243
Mbl タンパク質　583f
MCAK (mitotic centromere-associated kinesin, 分裂期セントロメア結合性キネシン, 有糸分裂セントロメア結合性キネシン)　278,363
MCC (mitotic checkpoint complex, 分裂期チェックポイント複合体)　424

N

O

P, Q

R

S

T

TRAIL 受容体 438
TRAIL-R1 438
TRAIL-R2 438
TRAM (translocating chain-associating membrane, 膜透過途上ポリペプチド鎖結合膜タンパク質) 84
TRAP (translocon-associated protein, 膜透過装置結合タンパク質複合体) 84
TRAPP 複合体 140
TRF2 タンパク質 215
tRNA 169
——の核外輸送 191
tRNA 遺伝子 169
TRP チャネル 497
t-SNARE 140

U

UAP56 195
Ub (ubiquitin, ユビキチン) 404
Ub 活性化(E1) 404
Ub 結合(E2) 404
Ub リガーゼ(E3) 404
UBA (ubiquitin associated, ユビキチン会合) 508
Ubl タンパク質 508
UDP-グルコース糖タンパク質グルコース糖転移酵素(UDP-glucose-glycoprotein, UGGT) 98
UGGT (UDP-glucose-glycoprotein, UDP-グルコース糖タンパク質グルコース糖転移酵素) 98
UIM (ubiquitin-interacting motif, ユビキチン相互作用モチーフ) 508
UPR (unfolded protein response, 折りたたみ不全応答) 101
UPRE (unfolded protein response element, 折りたたみ不全タンパク質応答エレメント) 101
usher タンパク質 590
U snRNA (uridine rich small nuclear, RNA 富ウリジン核内低分子 RNA) 196
U snRNP 196

V

VAD-fmk 434
V-ATPase 62
——の構造モデル 63f
V-ATPase (液胞型 ATPase) 127
VLDL (very low-density lipoprotein, 超低密度リポタンパク質) 105
v-SNARE 140
v-*src* 460f,461
VSV-G 133
VTC (vesicular tubular cluster, 小胞細管クラスター) 134

W

Walsh 阻害剤 507
WASP 485
WASP/Scar タンパク質 314
WAVE タンパク質 314
Wee1 411f
Winchester 症候群 543
Wnt 509,560
Wnt 経路 509
WW 領域 487f
Wza 580

X～Z

X 染色体(X chromosome)
——の不活化 247f
X 染色体不活化中心 246
X 染色体連鎖性 IAP (X-linked IAP, XIAP) 436
XerCD 596
XIAP (X-linked IAP, X 染色体連鎖性 IAP) 436f,444
Xic 246
Xist 遺伝子 246
*Xist*RNA 246
XMAP215 278
XP (xeroderma pigmentosun, 色素性乾皮症) 470

YFP (yellow fluorescent protein) 184
Yra1 195

Z 帯(Z disk) 324
Z リング(Z ring) 598
ZAP-70 517
ZipA タンパク質 598
ZO-1 552

あ

アーキア(Archaea) 575,576,577
——の系統樹 575f
アウターデンスプラーク(outer dense plaque) 556
アキシン(axin) 509
アクアポリン(aquaporin) 43
悪性腫瘍(malignant tumor) 455
悪性転換(transform) 460,461
アクチン(actin) 171,301,583
アクチン架橋タンパク質(actin crosslinking protein) 312f
アクチン関連タンパク質(actin-related protein, Arp) 303
アクチン系細胞骨格 413
アクチン結合タンパク質(actin-binding protein) 308,308f
アクチン結合ドメイン(actin-binding domain, ABD) 312
アクチンケーブル(actin cable) 637f
アクチン束(actin bundle) 312,313f
アクチン脱重合因子(actin depolymerizing factor, ADF) 637
アクチン単量体
——の X 線結晶構造 303f
アクチン単量体結合タンパク質(actin monomer-binding protein) 309
アクチンネットワーク(actin network) 312,313f
アクチン-ファシン束 313f
アクチンフィラメント(actin filament) 18
——の形成 305f
——の電子顕微鏡写真 304f
——の矢じり端 306f
アクティブプリングモデル(active pulling model) 87
アクトミオシン(actomyosin) 320
アグリカン(aggrecan) 536,537
アグリソーム 101
アゴニスト(agonist) 481
足場依存性(anchorage dependency) 457
足場構造(scaffold) 209
足場構造接着領域(scaffold attachment region, SAR) 210
足場タンパク質(scaffold protein) 478,485,493
アシルホモセリンラクトン(acyl-HSL) 609
——によるクオラムセンシング 608f
アセチル化
ヒストンの—— 240
アスパラギン酸特異的システインプロテアーゼ 433
アダプタータンパク質(adaptor protein) 487
アダプター複合体(adaptor complex) 129,142,146
アダプター分子 182
アダプチン(adaptin) 146
アデニル酸シクラーゼ(adenylate cyclase) 492
アドヒーシン 590
後戻りできない時点(ponit of no return) 358
孔(pore)
チャネルの—— 27
アネキシン(annexin) 450
アノイキス(anoikis) 432
アフリカツメガエル(*Xenopus laevis*) 397
——の卵母細胞 190
アポ B タンパク質 105
アポトーシス(apoptosis) 196,431,468,468f
——とウイルス感染 450
——とネクローシス 433f
——のミトコンドリア経路 440
——を起こした細胞 432f
アポトーシス経路 437f
昆虫における—— 448
ショウジョウバエの—— 448f
線虫の—— 447
アポトーシス促進 BH3 オンリータンパク質(proapoptotic BH3-only protein) 442
アポトーシス促進“多領域”タンパク質(proapoptotic multidomain protein) 442
アポトーシスの阻害タンパク質(inhibitor of apoptosis protein, IAP) 436
アポトーシスプロテアーゼ活性化因子-1(apoptotic protease activating factor-1, APAF-1) 443
アポトーシス誘導因子(apoptosis-inducing factor, AIF) 446
アポトソーム(apoptosome) 443,444f
アミノアシル tRNA 合成酵素(aminoacyl-tRNA synthetase) 192
アミノアシル化(aminoacylation) 191
アミロプラスト(amyloplast) 641
アミロライド(amiloride) 38
アラキドン酸(arachidonic acid) 495
アリシン(allysine) 531,528f
アルギン酸 579
アルツハイマー病(Alzheimer's disease) 279
アルドステロン(aldosterone) 38
アルマジロファミリー 556
アレスチン(arrestin) 488
アロステリック(allosteric) 484
——制御 480
アンキリン(ankyrin) 285f
アンタゴニスト(antagonist) 481,498
アンドロゲン(androgen) 458

い

イオン組成説(composition hypothesis)　68
イオンチャネル(ion channel)　11,28
イオンチャネル受容体(ion channel receptor)　478
イオン透過　28
鋳型 RNA　214
維管束組織(vascular tissue)　638
異形成(dysplasia)　463
異種順応(heterologous adaptation)　489
異種脱感作　488f
異数性(aneuploidy)　358,424,458
　腫瘍細胞の――　458f
位置化
　ヌクレオソームの――　229
I 型ケラチン　336f
I 型コラーゲン　528
　――遺伝子の変異　528
I 型膜タンパク質　135
位置効果による斑入り(position effect variegation)　242
一次狭窄
　染色体の――　356f
一次繊毛(primary cilium)　293f,365
　――基底部の電子顕微鏡像　365f
一次能動輸送(primary active transport)　28
一次紡錘体(primary spindle)　368
位置情報(positional information)　20
一倍体(haploid)　357
一酸化窒素(NO・)　492,492f
遺伝子カセット　593
遺伝子座　215
遺伝子の不安定性　470
遺伝子発現　235
遺伝子発現プロフィール　425
遺伝子量補償(dosage compensation)　245
遺伝子連鎖地図　216
遺伝性がん症候群　463
遺伝性筋ジストロフィー　533
遺伝性非腺腫性大腸がん(hereditary non-polyposis colon cancer, HNPCC)　470
遺伝性皮膚症(genodermatosis)　556
移動位置化(translational positioning)　230
“イートミー”シグナル　449
イネキシン　560
イノシトール 1,3,5- 三リン酸 (inositol1,3,5-trisphosphate)　492f
イノシトール 1,4,5- 三リン酸(IP_3)　492,492f,495
イノシトール 1,4,5- 三リン酸受容体(IP_3 受容体)　49
イノシトールリン脂質(phosphoinositide)　130,508
イノシトールリン脂質依存性キナーゼ 1 (PDK1)　496
陰イオン選択的受容体　497
飲作用(pinocytosis)　127
インスリン(insulin)　50
　――のシグナル伝達　511f
インスリン応答性グルコース輸送体　50
インスリン受容体　510,510f
インスリン受容体基質(insulin receptor substrate, IRS)　496,511
インスリン様増殖因子 1 (insulin-like growth fact or 1, IGF-1)　458
インターロイキン(interleukin)　515
インターロイキン -1β 変換酵素(interleukin-1β-converting enzyme, ICE)　436
インターロイキン受容体　514
インテグリン(integrin)　479,513,544
　――のシグナル伝達　514f
インテグリン受容体　544f,545
インテグリンノックアウトマウス　549f
インテグロン(integron)　593
　――の構造　593f
インドール 3- 酢酸(indole-3-acetic acid)　508
イントロン(intron)　193
インナーデンスプラーク(inner dense plaque)　556
インバースアゴニスト(inverse agonist)　482
インポーチン(importin)　182
インポーチン積荷分子複合体　185

う

ウィリアムズ症候群　531
ウイルス感染
　――とアポトーシス　450
内向き整流(inward rectification)　66
内向き整流 K^+ チャネル(Kir)　66
ウニ(*Arbacia punctulata*)　397
ウバガイ(二枚貝の一種)(*Spisula salidissima*)　397
ウワバイン(ouabain)　61
運搬タンパク質→キャリアータンパク質　11

え

エイムス試験(Ames test)　459f
栄養増殖期(vegetative phase)　601
エキソサイトーシス(exocytosis)　17,635
エキソサイトーシス経路(exocytic pathway)　122,124
エキソシスト(exocyst)　140
エキソシスト複合体　140
エキソソーム(exosome)　195
エキソトキシン(exotoxin)　607
エキソン結合部位複合体(exon junctional complex)　194
液胞(vacuole)　616,627f
液胞型 ATPase (vacuolar type ATPase)　127
液胞膜(tonoplast)　628
エクステンシン(extensine)　628
エクスパンシン(expansin)　630
エクスポーチン(exportin)　183
エクスポーチン t　191
エクスポーチン V　196
エストロゲン(estrogen)　458
エストロゲン受容体　498
N-エチルマレイミド感受性因子 (*N*-ethylmaleimide-sensitive factor, NSF)　141
エチレン(ethylene)　635
エピジェネティック(epigenetic)遺伝　13
エピジェネティック効果(epigenetic effect)　242
エフェクター(effector)　485
エフェクタードメイン(effector domain)　479
エフェクタータンパク質　500
エフェクター領域(effector domain)　479
エプスタイン・バーウイルス(Epstein-Barr virus, EBV)　461
エラスチン(elastin)　530
エラスチン遺伝子　531
エリスロポエチン受容体(erythropoietin)　514
塩化物イオン(Cl^-)チャネル　41
炎症(inflammation)　472
炎症応答　432
炎症カスパーゼ(inflammatory caspase)　433,436
炎症複合体　436f
エンタクチン(entactin)　532,533f,540
エンドサイトーシス(endocytosis)　17,126
エンドサイトーシス経路(endocytic pathway)　122
エンドソーム(endosome)　9,123
エンドヌクレアーゼ(endonuclease)　218
エンドヌクレアーゼG　446
エンベロープ(envelope)　12
エンボプラキン　347

お

応答レギュレーター(response regulator)　506
横紋筋(striated muscle)　324
横紋筋収縮　327f
オーキシン(auxin)　508
オクルーディン(occludin)　551
オートインデューサー　609
オートトランスポーター　590
オートファジー(autophagy)　442
　――の細胞死　452
オプシン(opsin)　479
オペロン(operon)　578
オリゴ糖鎖　122
オリゴ糖転移酵素(oligosaccharyltransferase, OST)　84,94
折りたたみ不全タンパク質応答(unfolded protein response, UPR)　101
折りたたみ不全タンパク質応答エレメント (unfolded protein response element, UPRE)　101
オルガネラ(organelle)→細胞小器官
オーロラ A　412,413
オーロラ B　370,389,413,423
オーロラキナーゼ(aurora kinase)　412
温度感受性変異体(temperature-sensitive mutant)　398

か

外因性位置化　230
開口分泌(exocytosis)　124,635
開始カスパーゼ(initiator caspase)　433,434
　――の活性化　435f
回収機構　123,134
回転位置化(rotational positioning)　230
解糖(glycolysis)　14
外膜(outer membrane)　586
化学遺伝学　425
化学浸透(chemiosmosis)　15
架橋タンパク質(crosslinking protein)　312
核(nucleus, 単数形 nuclei)　8,165
　――の電子顕微鏡写真　165f
　哺乳類細胞の――　165f
核因子-κB　439
核外膜(outer nuclear membrane)　172
核外輸送　175
核外輸送因子　185
核外輸送シグナル(nuclear export signal, NES)　183
　――の配列　183f
核外輸送受容体　182,183
核局在化シグナル(nuclear localization signal, NLS)　180
核局在化シグナル受容体　181
核形成タンパク質(nucleating protein)　310
核合体(karyogamy)　109
核骨格(karyoskeleton)　197
核-細胞質間シャトル(nucleocytoplasmic shuttling)　183
核-細胞質間輸送　187

核質(nucleoplasm) 166
核小体(nucleolus) 10,166
——の電子顕微鏡写真 169f
核小体内低分子 RNA (small nucleolar RNA, snoRNA) 170
核スペックル(nuclear speckle) 169,170
核タンパク質(nucleoprotein) 179
獲得免疫(acquired immunity) 607
核内外移行 175
核内受容体(nuclear receptor) 478
核内小体(nuclear body, 核ボディー) 169,170f,197
核内低分子 RNA (small nuclear RNA, snRNA) 170
核内低分子 RNA タンパク質粒子(small nuclear ribonucleoprotein particle, snRNP) 196
核内保持 180
核内膜(inner nuclear membrane) 172
核内輸送(nuclear import) 175
核内輸送因子 185
核内輸送受容体 181
核バスケット 175,176f
核分裂(nuclear division, karyokinesis) 358,391
隔 壁
——の合成 598
隔壁形成開始ネットワーク(septation initiation network, SIN) 417
核ボディー(nuclear body, 核内小体) 169,170f,197
核膜(nuclear envelope) 10,166
——と小胞体膜 172f
——の崩壊 413
核膜腔(nuclear envelope lumen) 172
核膜孔通過 182
核膜孔複合体(nuclear pore complex, NPC) 10,166,172f,173f,175f
——のサブ複合体 178
——のモデル 177f
核膜再構築 183
核膜通過 174
核マトリックス(nuclear matrix) 171,210
核輸送 182
核輸送受容体 182,186
核輸送制御 187
核様体(nucleoid) 209,209f,592,594
バクテリアの—— 594f
核様体閉塞 599f
——の機構 598
核ラミナ(nuclear lamina) 10,172,172f,173
——の制御 413
核ラミナ繊維 413f
核ラミン(nuclear lamin) 245
過形成(hyperplasia) 463
果実体 603
——の形成 603f
カスパーゼ(caspase) 433
——の種類 434f
カスパーゼ-1 436
カスパーゼ-2 434,452
カスパーゼ-3 434
カスパーゼ-4 437,452
カスパーゼ-5 436
カスパーゼ-7 434
カスパーゼ-8 438,434,445,452
カスパーゼ-9 434
カスパーゼ-10 434
カスパーゼ-11 436
カスパーゼ-12 437
カスパーゼ依存性 DNase 433
カスパーゼ会合領域(caspase-recruitment domain, CARD) 434
——の構造 435f
カゼインキナーゼ 1 (casein kinase, CK1) 509
家族性がん症候群 470
家族性大腸腺腫症(familial adenomatous polyposis) 463
カタストロフィー(catastrophe) 267
カタストロフ段階 308
カタニン 634,277
活性化X染色体 247
活性化クロマチン(active chromatin) 239
活性化ループ 512
活性酸素(active oxygen) 580
活動電位(action potential) 30,45,497
滑面小胞体(smooth endoplasmic reticulum, SER) 105
カテニン 556
可動エレメント 592
稼働比(duty ratio)
ミオシンの—— 321
カドヘリン(cadherin) 479,555,560
カハール小体(Cajal body) 170,170f,169
カプサイシン 479
花粉管(pollen tube) 639,640f
過分極 30
花粉粒 640f
カベオソーム 128
カベオラ(caveola) 128
カベオリン(caveolin) 548f,128
カベオリン介在エンドサイトーシス 127f
カーメラ(karmellae) 108
可溶性 NSF 結合タンパク質(soluble NSF attachment protein, SNAP) 141
からまり数
DNA の—— 221
カリウムイオン
——の膜透過 29
カリウムイオンチャネル(potassium ion channel) → K^+ チャネル 30
カリオフェリン(karyopherin) 181,182
カリオフェリン-積荷複合体 198
カルシウムイオン 39,492f
——の膜透過 39
カルシウムシグナル 53
カルシニューリン(calcineurin) 507
カルスタビン 2 49
カルセクエストリン(calsequestrin) 107
カルタゲナー症候群(Kartagener syndrome) 293
カルネキシン(calnexin) 98
カルポニン相同ドメインスーパーファミリー 312f
カルモジュリン(calmodulin) 494,317
カルレティキュリン(calreticulin) 98
カロース 625,626
がん(cancer)
——細胞の性質 457f
——の発生とがん死の推定値 456f
がん遺伝子(oncogene) 459,462f
がん原遺伝子(protooncogene) 424,459,460
幹細胞(stem cell) 22,467
がん腫(carcinoma) 456
環状ジグアニル酸一リン酸 492f
管状要素(tracheary element) 638
間接的末端ラベル法(indirect end labeling) 229
感染糸 641
桿体細胞(rod cell) 293f
がんタンパク質(oncoprotein) 461
陥入(invagination) 562
がん誘導タンパク質 461
がん抑制遺伝子(tumor suppressor gene) 424,459,462,463
がん罹患性 459

き

キアズマ(chiasma) 215,215f
飢餓応答
枯草菌の—— 601
偽基質領域 495
危機状態(crisis) 470
気孔(stomata) 620
——の形成 620f
——の走査型電子顕微鏡写真 643f
キシログルカンエンドトランスグリコシラーゼ (xyloglucan endotransglycosylase) 630
寄生(parasitism) 606
寄生体 606
偽低アルドステロン症 38
基底小体(basal body) 293
基底層(basal laminae) 532,540
基底部(basal) 128
基底膜(basement membrane) 472,540,540f
基底膜側 4
基底面 552
起電性 Na^+ ポンプ 52
キネシン(kinesin) 280
——の歩行 283f
——の構造 280f
キネシンスーパーファミリー 281
キネトコア(kinetochore) 205
機能獲得型(gain-of-function)変異 461
機能的冗長性(functional redundancy) 545
機能的ヘテロクロマチン 207
機能ドメイン(functional domain) 479
機能領域(functional domain) 479
キノーム(kinome) 505
ヒトの—— 505f
ギムザ染色(Giemsa staining) 208
逆活性化薬(inverse agonist) 482
逆ジャイレース 578
逆送機構 134
逆送シグナル 134
逆行性膜透過(retrograde translocation) 79,99
逆行輸送(retrograde transport) 135
キャッピング反応 193
ギャップ(gap)
ヌクレオソーム構造の—— 236
ギャップ期(Gap phase) 396
ギャップ結合(gap junction) 524,558
——の構造 559f
キャップ結合タンパク質(cap binding protein) 192
ギャップ結合チャネル(gap junction channel) 558
キャップ構造(cap structure) 194
キャップタンパク質(capping protein) 311
キャリアータンパク質(carrier protein) 11,27,27f
9-1-1 複合体 419
休止状態(quiescence) 405
競合阻害(competitive inhibition) 189
凝縮顆粒 124
共生(symbiosis) 606
原核生物との—— 605
共生説(symbiotic theory) 605
共生バクテリア
——による先端成長の再編 641f
共有結合修飾(covalent modification) 480
莢膜(capsule) 574,579
莢膜多糖 579
共輸送体(symporter) 27,51
供与区画(donor compartment) 123
許可タンパク質(license protein) 408f
極限環境 578
極性細胞(polarized cell) 20
極 風 379
虚血性(ischemic)傷害 432
筋緊張症 43
筋原繊維(myofibril) 324,324f

菌糸(hyphae)　602
筋収縮(muscle contraction)　324
——の機構　325f
Ca^{2+}による——の制御　47
筋小胞体(sarcoplasmic reticulum, SR)　57,106,494
筋小胞体 Ca^{2+}–ATPase (sarcoendoplasmic reticulum Ca^{2+}–ATPase, SERCA)
——の反応サイクル　57f
筋繊維(muscle fiber)　324,324f

く

グアニル酸シクラーゼ(guanylyl cyclase)　478
グアニンヌクレオチド解離阻害因子(guanine nucleotide dissociation inhibitor, GDI)　139
グアニンヌクレオチド交換因子(guanine nucleotide exchange factor, GEF)　184,503
クオラムセンシング(quorum sensing)　152,609
区画(compartment)　121
クラスⅡ主要組織適合遺伝子複合体(MHC)タンパク質　128
クラスリン(clathrin)　142
クラスリン介在エンドサイトーシス　127f
クラスリン被覆小胞　128
グラナ(grana)　643
グラム陰性菌　574,580,583,586,574f
——のペプチドグリカン層　581f
グラム染色(Gram stain)　580
グラム陽性菌　574,580,583
——のペプチドグリカン層　581f
グランザイムB(granzyme B)　434,446
繰返し配列　213
グリコーゲンシンターゼキナーゼ3(glycogen synthase kinase 3, GSK3)　509
グリコサミノグリカン(glycosaminoglycan, GAG)　535
グリコシルトランスフェラーゼ(glycosyltransferase)　536
グリコシルホスファチジルイノシトール(glycosylphosphatidylinositol, GPI)　92,93,515
グリシン受容体(glycine receptor)　497
グリセロリン脂質(glycerophospholipid)
——の構造　104f
グリセロール3-リン酸輸送体(GlpT)　52
グリピカン(glypican)　538
クリプトクロム　479
グルコース輸送体(glucose transporter, GLUT)　49
グルタミン酸受容体(glutamate receptor)　497
クレセンチン　349
クレンアーキオータ(Crenarchaeota)　576,578
クローディン　551
クロマチン(chromatin)　9,174,205,218f,356
クロマチンリモデリング(chromatin remodeling)　237
クロモキネシン(chromokinesin)　363,369f,370,379
クロモシャドウドメイン　243
クロモドメイン(chromodomain)　243
クローン拡大(clonal expansion)　465
クローン継承(clonal succession)　465
クローン選択　465f

け

蛍光共鳴エネルギー移動(fluorescence resonance energy transfer, FRET)　184,198
蛍光抗体法(fluorescence antibody technique)　169
形質転換(transformation)　593
形質導入(transduction)　593
形質膜(plasma membrane)　587
形成分裂(formative division)　620
茎頂分裂組織(shoot apical meristem)　617
系統樹(phylogenetic tree)　575,575f
繋留タンパク質(tether protein)　138
血液脳関門(blood–brain barrier)
——におけるグルコース輸送　49f
結核菌(*Mycobacterium tuberculosis*)　579
欠陥mRNA　192
血管網　471
血管拡張性失調症(ataxia–telangiectasia, AT)　421,469
血管拡張薬　40
血管新生(angiogenesis neo-angiogenesis)　455,471
血管新生スイッチ(angiogenic switch)　471
結合活性調節(avidity modulation)　546
結合接着分子(junctional adhesion molecule, JAM)　551
血漿(plasma)
——の酸塩基平衡　55
血小板由来増殖因子(platelet-derived growth factor, PDGF)　406,457
決定点　469
ゲート開閉(gating)　27,30,33,560
ケネディー経路(Kennedy pathway)　103
ゲノム(genome)
——の安定性　424
ゲノムプロジェクト　425
ケラタン硫酸(keratan sulfate)　535f
ケラチン(keratin)　335,336f
——の変異　333f
ケラチン結合タンパク質　347
ゲルゾリン(gelsolin)　433,311
牽引糸モデル　378
原核細胞(prokaryotic cell)　6,574f
原核生物(prokaryote)　573
嫌気性菌　577
原形質分離(plasmolysis)　577
原形質流動(cytoplasmic streaming)　636
原形質連絡(plasmodesmata)　626
——の構造　626f
減数分裂(meiosis)　205,357,357f
——による成熟(meiotic maturation)　401
原発腫瘍(primary tumor)　471
原発性病原体　606

こ

コアDNA　220
コアギュラーゼ　607
コアクチベーター(coactivator)　498
コアヒストン(core histone)　218
コア粒子　221
コイリン　170
コイルドコイル(coiled coil)　178,526
コラーゲンの——　527f
コイルドコイル構造　247
コイルドコイルタンパク質　139
コイルド小体　170
好圧菌　577
抗アポトーシスタンパク質(antiapototic protein)　442,451
好アルカリ性菌　577
抗うつ剤(antidepressant)　54
好塩菌　578
高温菌(thermophile)　7
高感受性部位(hypersensitive site)　235
交換体(antiporter)　27
後期(anaphase)　359
後期A(anaphase A)　359
後期B(anaphase B)　359
後期エンドソーム(late endosome)　126
好気性菌　577
後期促進因子(anaphase-promoting complex, APC)　414
後期誘導複合体(anaphase-promoting complex, APC)　381
動原体糸(kinetochore fiber)　361
交互アクセスモデル(alternating access model)　52,56
光合成(photosynthesis)　642
抗酸菌(acid–fast bacteria)　577
コウジカビ(*A. nidulans*)　412
恒常性(homeostasis)　25
校正機構　198
校正機能　191,199
構成性分泌(constitutive secretion)　124
構成的ヘテロクロマチン(constitutive heterochromatin)　207,246
構成的輸送エレメント(constitutive transport element, CTE)　195
抗生物質(antibiotics)　602
好熱硫黄還元菌　578
好熱菌(thermophile)　576,577
紅斑性狼蒼(lupus erythematosis, LE)　452
抗不整脈薬　37
興奮収縮連関(excitation-contraction coupling)　47
孔辺母細胞　620f
酵母(yeast)
——の出芽　287f
高マンノース型オリゴ糖鎖(high mannose oligosaccharide)　125
好冷菌(psychrophile)　576
黒色腫(melanoma)　456
枯草菌(*Bacillus subtilis*)　574
コートマー(coatomer)　136
固着細胞　609
骨格筋(skeltal muscle)　43
骨粗鬆症(osteoporosis)　528
古典的核局在化シグナル　181,182
古典的カドヘリン　560
古典的キネシン　281
コネキシン(connexin)　558
コネクソン(connexon)　558
コヒーシン(cohesin)　212,247,248f,414
コフィリン(cofilin)　312f
コフィリン/アクチン脱重合因子(cofilin/actin depolymerizing factor)　311,314f
コラーゲン(collagen)　526
——の構造　527f
——のプロセシングおよび繊維形成　527f
Ⅰ型——　528
Ⅳ型——　532,540
Ⅶ型——　528,532,540
XⅦ型——　558
コラーゲン原繊維(collagen fibril)　527f
コリプレッサー(corepressor)　498
コルアーキオータ(Korarcheota)　576
ゴルジ層板(Golgi stack)　125
植物細胞の——の電子顕微鏡写真　636f
ゴルジ体(Golgi apparatus)　9,122
植物細胞の——　635
コルヒチン(colchicine)　261,261f
コレステロール生合成　104
コレラ菌(*Vibrio cholerae*)　577
コロナ(corona)　372
コンセンサス配列(consensus sequence)　487

根端-茎頂軸(root-shoot axis) 617
根端分裂組織(root apical meristem) 617
コンデンシン(condensin) 414,247,248f
コンデンシン複合体 249
コンドロイチン硫酸(chondroitin sulfate) 535f
コンピュータ 482
コンフルエント 457
梱包タンパク質 133
根 毛 639
根粒(root nodule) 605,605f,641

さ

サイクリック ADP リボース 492,492f
サイクリック AMP (cAMP) 478,492f
サイクリック GMP (cGMP) 492,492f
サイクリン(cyclin) 400,513
——量の周期性 401f
サイクリン A 366,410f
サイクリン B 359,384,411f
サイクリン B/CDK1 359
サイクリン D 407f
サイクリン E 366,407f
サイクリン依存性キナーゼ(cyclin-dependent kinase, CDK) 400,507,513
サイクリンキナーゼインヒビター(cyclin kinase inhibitor, CKI) 403
サイクリンボックス 402
最終分化細胞(terminally differentiated cell) 22
最終分化した状態(post-mitotic) 467
サイトカイン(cytokine)受容体 514
サイトゾル→細胞質ゾル
サイトリンカー 347
サイネミン 341
サイネミン α 341f
再分極(repolarization) 30
細胞(cell) 355
細胞運動(cell motility) 301
細胞外刺激応答 187
細胞外多糖 579
細胞外マトリックス(extracellular matrix, ECM) 524
——の電子顕微鏡写真 524f
細胞外マトリックスタンパク質
——のノックアウトマウス 550f
細胞学的地図(cytological map) 216
細胞間結合(cell-cell junction) 524
細胞骨格(cytoskelton) 18,166,260,301,618
——の電子顕微鏡写真 260f
細胞死 431
カスパーゼ非依存性の—— 446
細胞死エフェクター領域(death effector domain, DED) 434
——の構造 435f
細胞死受容体(death receptor) 438,438f
細胞死受容体経路 437,437f
細胞質(cytoplasm) 122
細胞質糸 616,622
——の光学顕微鏡写真 621f
細胞質性ダイニン(cytoplasmic dynein) 363
細胞質ゾル(cytosol) 8,122
細胞質フィブリル 178
細胞質分裂(cytokinesis) 167,358,385,385f,396
原核細胞の—— 597,598f
植物の—— 624
細胞質膜(cytoplasmic membrane) 574,587
細胞死モチーフ 435f
細胞周期(cell cycle) 396
——の進行 187
——の制御 396f
細胞周期制御中枢 400
細胞周期変異体 398f
細胞死誘導シグナル伝達複合体(death-inducing signaling complex, DISC) 438
細胞死誘導シグナル伝達複合体 438f
細胞傷害性リンパ球(cytotoxic T lymphocyte) 434
細胞小器官(organelle) 8,121,168
細胞死領域(death domain, DD) 438
——の構造 435f
細胞説(cell theory) 395
細胞内 Ca^{2+}
——の一過性増加(Ca^{2+} transient) 48
細胞内カルシウムシグナリング 53
細胞内共生説(endosymbiosis theory) 12
細胞板(cell plate) 624
——の電子顕微鏡写真 624f
——の形成 625f
細胞皮膜(cell envelope) 574
——の電子顕微鏡像 579f
グラム陰性菌の—— 586f
バクテリアの—— 574f
細胞分裂(cell division) 169,356
細胞分裂促進作用 466
細胞壁(cell wall) 574,585,616,618
——の電子顕微鏡写真 629f
細胞膜(cell membrane) 4,122,633
——の選択的透過性 25
細胞融合実験 399,399f
サイレンシング(silencing) 237,243
サイレンシング複合体 245
サイレント遺伝子座 243
サテライト DNA (satellite DNA) 211
サブ複合体 197
サブユニット流動(subunit flux) 362
サルコメア(sarcomere) 302f,324
——の構造 325f
酸化的リン酸化(oxidative phosphorylation) 588
サンギナリン 61
酸欠(anoxia) 468
30 nm 繊維 225,206,226f
酸成長説(acid growth theory) 630
残留シグナル(retention signal) 137
三連微小管(triplet microtuble) 365

し

ジアシルグリセロール(diacylglycerol, DAG) 103,104f,492,492f,495
——の構造 459f
シアリルルイス x (sialyl Lewis(x), sLe^{X}) 564
シアル化 125
糖鎖修飾における—— 125f
ジェミニ小体(Gemini body) 169,170,170f
ジェミニン 409
師管(sieve tube) 638
色素(chromophore) 479
色素細胞(pigment cell) 280f
色素性乾皮症(xeroderma pigmentosun, XP) 470
色素体(plastid) 15,641
ジギタリス 61
ジギトニン 181
軸索誘導(axon guidance) 510
軸糸(axoneme) 291
——の構造 292f
シグナチャ配列(signature sequence) 31,44
シグナルアンカー配列(signal anchor sequence) 89
シグナル仮説 79
シグナル伝達(signal transduction) 21,478
InaD の—— 485f
T 細胞受容体の—— 516f
インスリンの—— 511f
インテグリンの—— 514f
自己分泌による—— 466f
増殖因子の—— 458f
シグナル伝達タンパク質 465
シグナル伝達ネットワーク 482
シグナル伝達モジュール 482
シグナル認識粒子(signal recognition particle, SRP) 78,80
シグナル配列(signal sequence) 77,179,589
——の発見 79
シグナルペプチダーゼ 584
シグナルペプチダーゼ複合体(signal peptidase complex, SPC) 92
シグナルペプチドペプチダーゼ(signal peptide peptidase, SPP) 93
シグマ(σ)因子 579,595
シクロスポリン(cyclosporin) 507
シクロフィリン D (cyclophilin D) 447
自己集合(self-assembly) 265
自己分泌(autocrine) 466,478
——によるシグナル伝達 466f
自己免疫性水疱症(autoimmune bullous dermatosis) 557
自己溶解酵素 582,583,585
自己リン酸化(autophosphorylation)
受容体の—— 510f
脂質修飾 584
脂質セカンドメッセンジャー 496
脂質二重層(lipid bilayer) 4,25
糸状仮足(filopodium) 302,302f,305,315f
自食(autophagy) 442
シスゴルジ網(cis-Golgi network, CGN) 125
ジストロフィン(dystrophin) 312f
ジスルフィド結合(disulfide bond) 586,96
自然免疫(natural immunity) 607
シチジル酸トランスフェラーゼ(cytidylyl transferase, CT) 103
次中部動原体性(submetacentric) 370
実行カスパーゼ(executioner caspase) 433
——の活性化 435f
質量分析(mass spectrometry) 425
シデロホア(siderophore) 607
シトクロム *c* (cytochrome *c*) 443
シート状コラーゲン 526
シナプトタグミン(synaptotagmin) 155
ジヒドロピリジン(dihydropyridine) 40
shibire 突然変異体 144
ジフテリア毒素(diphtheria toxin) 607
ジベレリン(gibberellin) 635
脂肪酸(fatty acid) 588
姉妹染色分体(sister chromatid) 207
——の結束構造 414
——の分離の制御 415f
シャイン・ダルガーノ配列(Shine-Dalgarno sequence) 578
シャペロン(chaperone) 16,18,78,95,586
終期(telophase) 359
集結(congression) 359
終結点 596
収縮環(contractile ring) 385
——の位置 387f
重層上皮(stratified epithelia) 337
収束型の経路 489
10 nm 繊維 209,225,226f
修復(repair)
DNA の—— 14
14-3-3 領域 487f
縦列反復配列(tandem repetitive sequence) 220

樹状細胞　449,451
出芽(budding)
　酵母細胞の――　287f
　小胞の――　123,130
出芽酵母(*Saccharomyces cerevisiae*)　126,397
　――の走査電子顕微鏡写真　397f
出発区画(donor compartment)　123
シュート(shoot)　616
受動拡散(passive transport)　174
受動輸送　588,28f
腫瘍(tumor)　455
　――の形成と進行　456f
腫瘍ウイルス　461
腫瘍壊死因子 α (TNF-α)　405
腫瘍壊死因子受容体
　(tumor necrosis factor receptor, TNFR)　438
腫瘍化　460
受容区画(acceptor compartment)　123
腫瘍原性　468
主要促進拡散輸送体スーパーファミリー
　(major facilitator superfamily, MFS)　49
受容体(receptor)　21,478
受容体介在エンドサイトーシス(receptor-mediated endocytosis)　127
受容体型イオンチャネル　496
受容体型プロテインキナーゼ(receptor protein kinase)　478
腫瘍プロモーション(tumor-promotion)　472
循環エンドソーム(recycling endosome)　149
順　応　488
常温菌(mesophile)　576,577
条件的(conditional)機能欠失　398
条件的ヘテロクロマチン(facultative heterochromatin)　246
小サブユニット
　リボソーム――の核外輸送　191
ショウジョウバエ(*Drosophila melanogaster*)　398
　――のアポトーシス経路　448
　多核の――胚　167f
掌蹠角皮症　556
上皮細胞(epithelial cell)　4
上皮細胞増殖因子(epidermal growth factor, EGF)　458
上皮性 Na^+ チャネル　37
　――遺伝子の変異　38
小胞(vesicle)　17
小胞細管クラスター(vesicular tubular cluster, VTC)　134,155
小胞体(endoplasmic reticulum, ER)　9,122,586,635
　植物細胞の――　635f
小胞体関連分解(endoplasmic reticulum-associated degradation, ERAD)　99
小胞体腔　172
小胞体-ゴルジ体中間区画(ER-Golgi intermediate compartment, ERGIC)　106
小胞体ストレス応答→折りたたみ不全タンパク質応答
小胞体遷移領域(transitional ER)　106,125
小胞体膜　172
　――と核膜　172f
小胞輸送(vesicle-mediated transport)　123,129
小胞輸送モデル　136
初期エンドソーム(early endosome)　126,147
初期エンドソーム抗原 1 (EEA1)　148
初期胚　167
食細胞(phagocyte)　449
食作用(phagocytosis)　127
食作用シグナル　449
食作用妨害シグナル　449
食胞(phagosome)　127
自律複製配列(autonomously replicating sequence, ARS)　408
シロイヌナズナ(*Arabidoposis thaliana*)　643
真核生物(eukaryote)　6
ジンクフィンガー(zinc finger)領域　508
神経外胚葉性(neuroectodermal)　456,463
神経芽細胞腫(neuroblastoma)　456
神経細胞(nerve cell)　3
神経細胞接着分子(neural cell adhesion molecule, NCAM)　562
シンコイリン　341,341f
シンシチウム(syncytium)　10
浸出(extravasation)　472
浸　潤　463
尋常性天疱瘡　557
新生タンパク質(nascent protein)　77
腎性尿崩症　44
新生物(neoplasm)　456
親水性　4
心　臓
　――の RyR2 のミスセンス変異　49
　――の筋収縮　48
　K^+ チャネル変異の――への影響　34
腎　臓　42
　――における Na^+ 再吸収　37f
　――の $Na^+/K^+/Cl^-$ 共輸送体アイソフォーム遺伝子の変異　54
　――のアクアポリン　44
　――の上皮細胞層における炭酸水素イオン輸送　55f
　――の尿濃縮　43
シンタキシン(syntaxin)　625
シンデカン(syndecan)　538
シンテリック結合(syntelic attachment)　375,375f
浸透(osmosis)　628
浸透圧(osmotic pressure)　4,577,580
振動現象　600
心　拍
　Ca^{2+} による――の制御　47
心不全
　――の治療　61
シンプラスト(symplast)　626,626f
親和性調節(affinity modulation)　546

す

膵腺房細胞　124
膵　臓
　――の上皮細胞層における炭酸水素イオン輸送　55f
水平伝播(horizonal transmission)　576
水疱性類天疱瘡　557
水和殻(hydration shell)　28
数量分類学　575
スカフォールドタンパク質(scaffold protein)　485
スカベンジャー(scavenger)受容体　449
スクルイン　312f
スタート　405f
ステムボディー　385f,388,388f
ステロール合成　104
ステロール調節エレメント結合タンパク質
　(sterol regulatory element-binding protein, SREBP)　104
ストレス応答(stress response)　193
ストレスファイバー(stress fiber)　301,301f,302f,315f
ストロマ(stroma)　15,112,643
スノーポーチン(snurportin)　196
スーパーコイル(supercoil)　221
スフィンゴシン 1-リン酸(sphingosine 1-phosphate)　492
スプライシング装置　198
スプライシング複合体　171
スプライス部位　194
スプライソソーム(spliceosome)　195,198
スペクトリン　285f,312,312f
スペクトルプラキン　347
スペックル(speckle)　166,170
スポーク構造　176
炭疽菌(*Bacillus anthracis*)　579

せ

制限温度　398
制限酵素(restriction enzyme)　210
制限酵素切断部位　234
制限点(restriction point, R 点)　405,405f,469
静止 K^+ チャネル　29
精子核　174
精子クロマチン　174
成熟(meiotic maturation)　397
　減数分裂による――　401
成熟 mRNA　195
成熟エラスチン(mature elastin)　531
成熟促進因子(maturation promoting factor, MPF)　401
成熟タンパク質(mature protein)　79
星状体(aster)　363,412
星状体微小管(astral microtubule)　361,387f
生殖細胞(germ cell)　22
生殖細胞系列(germline)　459
性染色体(sex chromosome)　241
成長因子 → 増殖因子
成長円錐(growth cone)　263f,302f
　神経細胞の――　286f
成長ホルモン(growth hormone, GH)　514
　――の構造　514f
成長ホルモン受容体　514
正の超らせん　209
整倍性(euploidy)　458
生物共生説　172
整流性(rectification)　66
セカンドメッセンジャー(second messenger)　47,491,492f
赤道板(equatorial plate)　364
セキューリン(securin)　382,414,415f
セクレチン(secretin)　589
セッケル症候群　421
接合(conjugation)　593
接合型配列　243
接合子(zygote)　22
接合部型表皮水疱症　556
接触阻害(contact inhibition)　457
絶対嫌気性菌　577
絶対好気性菌　577
接着結合(adherens junction)　524,550,554
接着帯(zonula adherens)　555
　――の構造　554f
接着斑(focal adhesion)　514,548
　――のモデル　548f
接着斑キナーゼ(focal adhesion kinase, FAK)　549
接着複合体(focal complex)　548
接着複合体(junctional complex)　550
セパラーゼ(separase)　414,415f
セリン/トレオニンキナーゼ(serine/threonine kinase)　505
セルピン(serpin)　451
セルロース(cellulose)　626,628

セルロース合成酵素　631
セルロース合成複合体
(cellulose synthesizing complex)　631,631f
セルロース微繊維(cellulose microfibril)　628,628f,629f
セレクチン(selectin)　563
——の構造と機能　564f
セロトニン(serotonin)受容体　489
繊維芽細胞(fibroblast)　457
繊維結合型コラーゲン　526
繊維状コラーゲン　526
前期(prophase)　358
前期紡錘体　622f
前期前微小管束(preprophase band)　620
——の形成　621f
前駆細胞(progenitor cell)　167
前駆体タンパク質(preprotein)　79
線形の経路　489
前後軸(asterior-posterior axis)形成　167
前色素体(proplastid)　641
腺腫症結腸ポリポーシス
(adenomato polyposis coli, APC)　509
染色小粒(chromomere)　215
染色体(chromosome)　166,205,356
——の大きさ　206f
——の凝集と整列　357f
——の凝縮　414
——の整列　374f
染色体間顆粒　170
染色体間ドメイン(interchromosomal domain)　168,193
染色体構造維持(structural maintenance of chromosome, SMC)　594
染色体構造維持タンパク質　247
染色体軸　217
染色体数　206f
染色体切断　211
染色体テリトリー　168
染色体転座(chromosome translocation)　242
染色体ドメイン(chromosome domain)　168,231
染色体の不安定性(chromosomal instability, CIN)　424
染色体パッセンジャータンパク質(chromosomal passenger)　370,413
染色体複製　595
バクテリアの——　595
染色体分配(chromosome separation)　168,173
染色体分離(chromosome segregation)　211
原核細胞の——　596
染色体腕　211
染色中心(chromocenter)　207
染色分体(chromatid)　356
全身性エリテマトーシス
(systemic lupus erythematosis, SLE)　452
選択性フィルター(selectivity filter)　31
選択相モデル　186
選択的透過性　25
細胞膜の——　25
先端成長(tip growth)　639
線虫(*Caenorhabditis elegans*)
——のアポトーシス経路　447
前中期(prometaphase)　359
先天性白内障　44
セントロメア(centromere)　205,211f,370,357
セントロメアDNA　211
セントロメア特異的タンパク質　245
選別シグナル(sorting signal)　16,122,129,131,147
選別輸送　175
線毛(pili)　590
繊毛(cilia)　291
——の波打ち　291f
前立腺がん細胞　458

そ

槽(cisterna)　125
走化性(chemotaxis)　592
バクテリアの——　592f
双極性(bi-oriented)　373
双極性結合　375f
双極性紡錘体　368f
相互作用領域　486,487
増殖因子(growth factor, GF)　406,457
——のシグナル伝達　458f
増殖因子受容体　466
増殖許容条件(permissive growth condition)　398
増殖刺激シグナル　458,466
増殖阻害シグナル　458
槽成熟(cisternal maturation)モデル　136
相同染色体(homologous chromosome)　462
相補グループ(complementation group)　449
相補試験(complementation test)　400
相利共生(mutualism)　606
ゾウリムシ
——の走査電子顕微鏡像　20f
ゾキサミド　261,261f
促進的拡散(facilitated diffusion)　186,186f
側底部(basolateral)　128
側底部ドメイン(basolateral domain)　552
側部表面(lateral surface)　128
組織型メタロプロテアーゼ阻害因子
(tissue inhibitor of metalloprotease, TIMP)　543
組織培養細胞　398
疎水性(hydrophobic)　4
疎水性アミノ酸　588
ソーターゼ(sortase)　585
ソーターゼ経路　585f
外から内へのシグナル伝達(outside-in signaling)　548
外向き整流Kチャネル　66
粗面小胞体(rough endoplasmic reticulum, RER)　105,124
ソレノイド(solenoid)　226

た

タイクロン酸(teichuronic acid)　584
対向輸送体(antiporter)　27,51
タイコ酸(teichoic acid)　580,583,584
——の構造　584f
ダイサー(Dicer)　197
体細胞(somatic cell)　22,172
体細胞組換え(somatic recombination)　462
体細胞組織(soma)　459
体細胞分裂　357f,205
体細胞変異(somatic mutation)　459
大サブユニット
リボソーム——の核外輸送　191
大腸がん(colon cancer)
——の進行と変異の関係　464f
大腸菌(*Escherichia coli*)　574,579
——のDNA　209f
——の莢膜　580
タイチン(titin)　325f
ダイナクチン(dynactin)　285
ダイナクチン複合体　285,285f
ダイナミン(dynamin)　144,626
ダイニン(dynein)　280,292f,369f
——の構造　280f
ダイニン/ダイナクチン複合体　287
ダイニンファミリー　281
タイプⅠ分泌装置　589
タイプⅡ分泌系　589
タイプⅢ分泌系　589
タイプⅣ分泌系　590
タイプⅤ分泌系　590
大理石骨病(osteopetrosis)　43
ダウン症候群(Down syndrome)
——の染色体　358f
唾液腺細胞(salivaty gland cell)　194
多核細胞(multinucleate cell)　167
タキソール(taxol)　261,261f
多剤耐性(multidrug resistant)　593
多細胞生物(multicellular organism)　3
多糸染色体(polytene chromosome)　216,216f
脱アセチル酵素(deacetylase)
脱感作(desensitization)　488
脱被覆(uncoating)　130,145
脱分極(depolarization)　30
脱リン酸(dephosphorylation)　491
脱連鎖機能　596
多糖(polysaccharide)　579
ダブレット周辺微小管　292f
ダブレット微小管　291
多胞体(multivesicular body, MVB)　150
多面発現的　460
遺伝子による——な変化　460
多様性　574
タリン(talin, テーリン)　514,548
ダーリン　100
単一X染色体仮説(single X hypothesis)　246
単一クローン性(monoclonal)　455
単極性(mono-oriented)　373
単極性核局在化シグナル　182
単極性結合　375f
単極性染色体　374f
単極性紡錘体　368f
単細胞生物(unicellular organism)　3
炭酸脱水酵素(carbonic anhydrase)　55
単純拡散　174
単純型表皮水疱症(epidermolysis bullosa simplex, EBS)　339
弾性繊維(elastic fiber)　531f
単層上皮(simple epithelia)　337
タンパク質ジスルフィド異性化酵素(protein disulfide isomerase, PDI)　96
タンパク質貯蔵型液胞　628
タンパク質搬送(protein traffiking)システム　17
タンパク質標的化(protein targeting)　77
タンパク質分解(protein degradation)　401,425
タンパク質膜透過(protein translocation)　77,588
端部動原体性(acrocentric)　370
単輸送体(uniporter)　27
単量体型GTP結合タンパク質　503
単量体型Gタンパク質　503

ち

チェックポイント(checkpoint)　396,399,417,602
——経路のメディエーター(介在因子)　419
——におけるトランスデューサー(伝達因子)　419
——の概要　418f
チェックポイント制御(checkpoint control)　358
遅延整流K^+チャネル(delayed rectifier potassium channel)　66
チオール媒介残留(thiol-mediated retention)　99
窒素固定(nitrogen fixation)　605

つ，て

と

な

に

ぬ

ね，の

は

ひ

ふ

フィブロネクチンリピート(fibronectin repeat) 530
フィラググリン 347
フィラデルフィア染色体(philadelphia chromosome) 462
フィラミン(filamin) 312,312f,313f
斑入り(variegation)
　位置効果による―― 242f,246f
フィレンシン 343
フィレンシン／CP115 341f
フィンブリン 312,312f
フェニルアルキルアミン 40
フェロモン(pheromone) 479
フォーカス(focus) 457
フォーカルアドヒージョン(focal adhesion) 514,548
　――のモデル 548f
フォーカルアドヒージョンキナーゼ (focaladhesion kinase, FAK) 514
フォーカルコンプレックス(focal complex) 548
フォールディング(folding) 586
フォルミン 310
不活化X染色体 241,247
不活化クロマチン 239
副細胞(subsidiary cell) 620f
輻状構造 176
複製因子C(replication factor C, RFC) 419
複製開始点(複製起点) 170,212,236,408
複製開始点複合体(複製起点認識複合体) 245,408
複製起点(replication origin) 170,212,236,408
複製起点認識複合体 (origin recognition complex, ORC) 245,408
複製工場(replication factory) 166,170,595
複製非依存的経路 228
複製フォーク(replication fork) 595,596,226
複製複合体(replication complex, RC) 171
複製前複合体(プレRC) 408
　――の会合 408f
複製モデル
　バクテリア染色体の―― 596f
不死化(immortalization) 457,470
　――した細胞株 398
不整脈 47
不動毛(stereocilium) 302f
負の超らせん 209
負のフィードバック 488
部分アゴニスト(partial agonist) 498
部分活性化薬(partial agonist) 481
フューリン 542
プライマー(primer) 214
　テロメラーゼの―― 214
ブラウニアンラチェットモデル(Brownian ratchet model)
　翻訳後膜透過における―― 87f
ブラウン・ラチェットモデル 327
プラキン 347,347f
プラキンファミリー 556
フラグモソーム(phragmosome) 622,622f
フラグモプラスト(phragmoplast) 624
プラコグロビン(plakoglobin) 556
プラコフィリン 556
フラジェリン(flagellin) 591
　――の構造 591f
プラス端 265
プラスミド(plasmid) 592,593f,212
プラトー相 46
フリッパーゼ(flippase) 105
プレmRNA 192
プレRC(複製前複合体) 408
　――の会合 408f
プレクチン 347,347f
プレビカン 537
ブレフェルジンA(Brefeldin A) 135
プログラム細胞死(programmed cell death) 196,431
　肢の発生における―― 432f
　線虫における―― 447f
プログレッション(progression) 465
プロコラーゲン(procollagen) 527
プロコラーゲンプロテアーゼ 528
プロスタグランジン(prostaglandin) 495
プロテアソーム(proteasome) 404
プロテインキナーゼ 425,491
プロテインキナーゼA(proteinkinase A, PKA) 493
プロテインキナーゼC(protein kinase C, PKC) 495
プロテインキナーゼカスケード 512
プロテインチロシンホスファターゼ (protein tyrosine phosphatase, PTP) 507
プロテインホスファターゼ(protein phosphatase) 478,491,507
プロテインホスファターゼ1(PP1) 507
プロテインホスファターゼ2A(PP2A) 416,507
プロテインホスファターゼ2B 507
プロテオグリカン(proteoglycan) 534
　――の合成および分泌 535f
プロテオミクス解析(proteomics) 197
プロテオーム解析(proteome) 169
プロテオリポソーム(proteoliposome) 82
プロトフィラメント(protofilament) 264
プロトプラスト(protoplast) 629
プロトン駆動力(proton motive force) 588,61
プロファージ(prophage) 593
プロフィリン(profilin) 309,309f,314f
プロモーター(promoter) 169,235
　――の活性化 242f
プロモーター領域 463,230
ブロモ領域(bromodomain) 487f
プロラクチン(prolactin)受容体 514
プロリン異性化酵素 586
分化(differentiation) 467
分解型液胞 628
分解ボックス 414
分化全能性(totipotent) 22
分岐型の経路 489
分子系統発生学 575
分子シャペロン(chaperone) 95,227,586
分子モーター 186
分染法 208
分泌経路(secretory pathway) 9,76,122,124
分泌顆粒(secretory granule) 155
分裂(cleavage) 385
分裂間期クロマチン 207
分裂期(mitotic phase)
　――からの脱出 416
分裂期サイクリン 402
分裂期染色体 206
分裂期セントロメア結合性キネシン(mitotic centromere-associated kinesin, MCAK) 363
分裂期脱出ネットワーク(mitotic exit network, MEN) 417
分裂期チェックポイント複合体(mitotic checkpoint complex, MCC) 424
分裂期紡錘体 182
分裂酵母(*Schizosaccharomyces pombe*) 397
分裂装置(mitotic apparatus) 211,391
分裂組織(meristem) 616,620
　茎頂―― 617
　根端―― 617
　頂端―― 617f
分裂タンパク質 598f
分裂誘導因子 399
分裂リング 597

へ

ヘアピン構造 197
平滑中隔結合 553f
柄細胞(stalked cell) 604
閉鎖帯(zonula occludens) 552
閉鎖分裂 173
ペクチン(pectin) 628
ヘテロ核RNA-タンパク質複合体(heterogeneous nuclear ribonucleoprotein particle, hnRNP) 192
ヘテロクロマチン(heterochromatin) 166,206,207f
　――の拡大 243f
　赤血球の―― 168f
ヘテロ三量体型Gタンパク質 499,500
ヘテロ接合体(heterozygote) 246
ヘテロ接合性の消失(loss of heterozygosity, LOH) 462
ヘテロフィリック結合(heterophilic binding) 560
ペニシリン結合タンパク質 (penicillin-binding protein, PBP) 581,585,598
ヘパラン硫酸(heparan sulfate proteoglycan, HS) 535f,538
ヘパラン硫酸プロテオグリカン(heparan sulfate proteoglycan, HSPG) 538,540
ヘパリン(heparin) 539
ペプチド架橋 581
ペプチドグリカン(peptidoglycan) 580,585
　――の合成 582f
ペプチドグリカン層 583
　グラム陰性菌とグラム陽性菌の―― 581f
ヘミセルロース 628
ヘミデスモソーム(hemidesmosome) 540,547,557
　――の電子顕微鏡写真 557f
ヘモペキシンドメイン 542
ヘモリシン 607
ペリフェリン 341,341f
ペリプラキン 347
ペリプラズム(periplasm) 586
ペルオキシソーム(peroxisome) 16,76f
　――へのタンパク質輸送 113f
ペルオキシソーム内腔 113
ペルオキシソームマトリックス(preoxisomal matrix) 113
ベルトデスモソーム(belt desmosome) 555
変換因子(transducer) 485
ベンゾチアゼピン(benzothiazepine) 40
鞭毛(flagella) 291,590,591
　――の波打ち 291f
　――の軸糸の構造 292f
　原核生物の―― 591f
鞭毛内輸送(intraflagellar transport, IFT) 293
片利共生(commensalism) 606

ほ

膨圧(turgor pressure) 627,629
防御機構 473
胞子形成(sporulation) 601
　――における染色体分離 594f
　Myxococcus xanthus の―― 604f
　枯草菌の―― 601f

放射線耐性 DNA 合成
(radio-resistant DNA synthesis, RDS) 420
紡錘体(spindle) 288f,357,412,596,622
――中のモータータンパク質 363f
――の形成 367f
――の光学顕微鏡像 360f
――の電子顕微鏡像 360f
植物の――形成 623f
植物と動物の―― 623f
紡錘体極(spindle pole) 211,358
紡錘体形成チェックポイント
(spindle assembly checkpoint, SAC) 423
――の活性化 423
紡錘体中央部 388
紡錘体中心(central spindle) 413
紡錘体マトリックス(spindle matrix) 376,376f,369
傍分泌性(paracrine)シグナル伝達 466,478
ホスファチジルイノシトール
(phosphatidylinositol, PI) 104f
――の構造 495f
ホスファチジルイノシトール 3,4,5-三リン酸(PIP_3) 492,492f
――の構造 495f
ホスファチジルイノシトール 4,5-二リン酸(PIP_2) 492,495
ホスファチジルエタノールアミン
(phosphatidylethanolamine, PE) 104f
ホスファチジルコリン(phosphatidylchorine, PC) 104f
――の生合成 103f
ホスファチジルセリン(phosphatidylserine) 104f,450f
ホスファチジン酸(phosphatidic acid, PA) 492
――の構造 459f
ホスホチロシン(phosphotyrosine) 487
ホスホプロテインホスファターゼ
(phosphoprotein phosphatase)→プロテインホスファターゼ 478
ホスホリパーゼ A_2 (PLA_2) 496
ホスホリパーゼC(phospholipase C, PLC) 495
ホスホリパーゼD(phospholipase D, PLD) 496
母中心子 366
ポックスウイルス(poxvirus) 451
ボツリヌス毒素(botulinum toxin) 607
ホメオスタシス(homeostasis) 11
ホモフィリック結合(homophilic binding) 555,560
ポリ(A)-RNA 193
ポリ(A)結合タンパク質 192
ポリ(A)付加 170
ポリアデニル化(polyadenylation) 195
ポリシアル酸(polysialic acid, PSA) 563
ポリープ(polyp) 463
ポリメラーゼ連鎖反応
(polymerase chain reaction, PCR) 577
ポリユビキチン 508
ホルモン(hormone) 458
ホルモン応答要素(response element) 498
ホロシトクロム *c* 441,443
ポロボックス(Polo box) 411
ポロ様キナーゼ(polo-like kinase, PLK) 411,411f
ポンプ(pump) 27
翻訳(translation) 191
バクテリアの―― 595
翻訳開始 578
翻訳開始因子 190
翻訳共役膜透過(cotranslational translocation) 78

ま

マイクロ RNA (microRNA, miRNA) 196
――の生成 196f
マイコバクテリア(mycobacteria) 579
――の莢膜 579
マイコプラズマ 585
マイトジェン活性化プロテインキナーゼ
(mitogen-activated protein kinase, MAPK) 486,512
マイナス端 265
膜間腔(intermembrane space) 12,110,122
膜貫通タンパク質 177
膜貫通ドメイン(transmembrane domain) 78
膜関連グアニル酸キナーゼ(membrane-associated guanylate kinase, MAGUK) 552
膜交通(membrane traffic) 129
膜電位(membrane potential) 29
――の発生 29f
膜透過装置(translocon) 78
膜透過装置結合タンパク質複合体
(translocon-associated protein, TRAP) 84
膜透過途上ポリペプチド鎖結合膜タンパク質
(translocating chain-associating membrane, TRAM) 84
膜内在性タンパク質 176
マクロピノサイトーシス 127f
マクロピノソーム 128
マクロファージ(macrophage) 449,472,579
マジックスポット 492f
麻酔薬 37
マトリックス接着領域(matrix attachment region, MAR) 210
マトリックスメタロプロテアーゼ(matrix metalloproteinase, MMP)ファミリー 542
ヒトの―― 542f
豆アブラムシ 606
マルチネット成長説 630
慢性骨髄性白血病(promyelocytic leukemia, CML) 462
マンノース 6-リン酸(M6P)シグナル 151

み

ミオシン(myosin) 637
――断片の X 線結晶構造 318f
――のドメインの特徴 316
――の構造ドメイン 317f
――の発現と機能 315f
――の尾部ドメイン 319f
ヒトの―― 316,317f
ミオシンV
――の尾部の修飾 323f
ミオシンII 324f
ミオシン軽鎖脱リン酸酵素
(myosin light chain phosphatase, MLCP) 322
ミオシン軽鎖リン酸化酵素
(myosin light chain kinase, MLCK) 322
ミオシンファミリー 316
――の構造的特徴と性質 316f
ミクロコッカスヌクレアーゼ(micrococcal nuclease) 218,220
水チャネル(water channel) 44
三つ組微小管 293
密着結合(tight junction) 524,550
――の選択性についてのモデル 551f
ミトコンドリア(mitochondria) 76f,122,390
――と内共生 605
ミトコンドリア外膜の透過性の亢進(mitochondrial outer membrane permeabilization, MOMP) 441
ミトコンドリア経路 437,437f
アポトーシスの―― 441,440f
ミトコンドリア結合膜
(mitochondrial-associated membrane, MAM) 104
ミトコンドリアの透過性の転移
(mitochondrial permiability translation, mPT) 447
ミトコンドリアプロセシングプロテアーゼ
(mitocondrial processing protease, MPP) 111
ミトコンドリアマトリックス(mitochondrial matrix) 110
ミニクロモソーム維持複合体
(minichromosome maintenance complex, MCM) 409
ミニセル(mini cell) 599
ミニ染色体(minichromosome) 213
脈管内侵入(intravasation) 472

む，め

娘細胞(daughter cell) 211
娘染色分体 356f
娘中心子 366
無セントロメア断片(acentric fragment) 211

メタン生成菌(methanogen) 578
メチル化(methylation)
受容体の―― 592
ヒストンの―― 243,244f
プロモーターの―― 463
メッセンジャー RNA → mRNA
メリステム(meristem)→分裂組織
メロテリック結合(merotelic attachment) 375,375f
免疫寛容(immunological tolerance) 451
免疫グロブリンドメイン(immunoglobulin domain) 562
免疫受容体チロシン含有活性化モチーフ
(immunoreceptor tyrosine-based activation motif, ITAM) 516
免疫電子顕微鏡法(immunoelectron microscopy) 169,178
免疫抑制剤(immunosuppressant) 507

も

毛細血管(bile canaliculi)
腫瘍における―― 472
網膜芽細胞腫遺伝子(retinoblastoma gene) 463
毛様体神経栄養因子(ciliary neurotrophic factor, CNTF) 515
木部(xylem) 638
――の走査型電子顕微鏡写真 638f
モザイク(mosaic) 358
モジュール(module)領域 487
モータータンパク質(motor protein) 280
紡錘体中の―― 363f
モナストロール 294
モノユビキチン 508
モノレイヤー(monolayer) 457
モノレールモデル 633f

や　行

矢じり端(pointed end)　304
　アクチンフィラメントの——　306f

ユーカリア(Eukarya)
　——の系統樹　575f
誘起近接(induced proximity)　434
融　合　123
　輸送小胞の——　123
融合細胞(syncytium)　10
有糸分裂(mitosis)　22,356
有糸分裂期　356f,396
有糸分裂セントロメア結合キネシン(mitotic centromere associated kinesin, MCAK)　278
有糸分裂紡錘体　262f,287f
有色体(chromoplast)　642,642f
遊走細胞(swarm cell)　604,609
有窓層板(annulate lamellae)　177,177f
ユークロマチン(euchromatin)　166,206
輸送小胞(transport vesicle)　123
輸送体(transporter)　27
ユビキチン(ubiquitin, Ub)　404,508
ユビキチン化(ubiquitination)　129
ユビキチン会合(ubiquitin associated, UBA)　508
ユビキチン様(ubiquitin-like, Ubl)タンパク質　508

ユビキチン相互作用モチーフ(ubiquitin-interacting motif, UIM)　508
ユビキチンリガーゼ(ubiquitin ligase)　404
ユーリアーキオータ(Euryarchaeota)　576

葉状仮足(lamellipodium)　301,302f,305,315f
容積説(volume hypothesis)　68
葉緑体(chloroplast)　641,642f
　——と内共生　605
　——へのタンパク質膜透過　112
Ⅳ型コラーゲン　532,540
　——遺伝子の変異　528

ら　行

ラウス肉腫ウイルス(Rous sarcoma virus, RSV)　460
ラクトース透過酵素(LacY)　50,51
らせん状のバクテリア　583
らせん状の繊維　583f
ラミナ関連タンパク質　173
ラミニン(laminin)　532,532f,540
　——の構造　532
ラミニン-1　532
ラミニン-2　533
ラミニン-5　533
ラミノパシー(laminopathy)　174
ラミン(lamin)　413f,173,342
ラミンA　341f
ラミンB　334f,341f
　細胞周期中の——の分布　342f
ラミンC　341f
ラミン病(laminopathy)　343
ラメラ(lamella)　630
卵細胞(egg cell)
　カエル——の成熟段階　397f
ランプブラシ染色体(lampbrush chromosome)　215,215f,216f

卵母細胞(oocyte)　172
　ヒトの——　3f

リアノジン(ryanodine)　48
リアノジン受容体(ryanodine receptor, RyR)　48
リガンド(ligand)　21,465,478
リガンド開口型チャネル(ligand-gated ion channel)　30
リガンド結合ドメイン(ligand–binding domain)　479
リガンド結合領域(ligand-binding domain)　479
リガンド作動性イオンチャネル(ligand-gated ion channel)　496
リグニン(lignin)　639
リサイクリングエンドソーム(recycling ednsome)　149

リサイクリング機構　123
リシルオキシダーゼ(lysyloxidase)　528,531,528f
リソソーム(lysosome)　9,127
利尿剤　38
リピドA　587
リボソーム(ribosome)　595,122
リボソームRNA (ribosomal RNA)　166,232
リボソームRNA遺伝子　169,232
リボソームRNA前駆体　191
リボソーム構成因子　190
リボソームサブユニット　166
　——の集合と核外輸送　190f
リボソームタンパク質　169
　——の核外輸送　190
リポ多糖(lipopoly saccharide,LPS)　580,587
　——の構造　587f
リポタンパク質(lipoprotein)　105
リボヌクレアーゼ(ribonuclease)　195
リモデリング活性　238
リモデリング複合体　235,238,238f,242f
両極性の結合　422
両親媒性(amphiphilic)　4
良性腫瘍(benign tumor)　455
量的補正(dosage compensation)
　染色体の——　241
緑色蛍光タンパク質(green fluorescent protein, GFP)　296
リンカーDNA　221
臨界濃度(C_c, critical concentration)　266,305
リンカー四糖　539
リンカー配列　223
リンキング数　221
リンクタンパク質(linker protein)　537
リン酸化(phosphorylate)　478,489,491,592,605

ループ構造　209

レスキュー(rescue)　267
レスポンスレギュレーター(response regulator)　478,506
レチナール(retinal)　479
レトロウイルス(retrovirus)　460
レプチン(leptin)受容体　514
レプトマイシン　183
レプリソーム(replisome)　227,409
連鎖(catenated)　596
レンズフィラメント(lens filament)　343

老化(senescence)　405
老化状態(senescense)　470
ロゼット　631,631f
ロドプシン(rhodopsin)　479
　——の構造　500f
論理回路　482

わ

ワクチン(vaccine)　580

永(なが)田(た)和(かず)宏(ひろ)

1947 年 滋賀県に生まれる
1971 年 京都大学理学部 卒
現 京都大学再生医科学研究所 教授
専攻 分子細胞生物学
理 学 博 士

中(なか)野(の)明(あき)彦(ひこ)

1952 年 北海道に生まれる
1975 年 東京大学理学部 卒
現 東京大学大学院理学系研究科 教授
理化学研究所基幹研究所
中野生体膜研究室 主任研究員
専攻 細胞生物学
理 学 博 士

米(よね)田(だ)悦(よし)啓(ひろ)

1955 年 奈良県に生まれる
1981 年 大阪大学医学部 卒
現 大阪大学大学院生命機能研究科 教授
専攻 細胞生物学
医 学 博 士

須(す)藤(とう)和(かず)夫(お)

1947 年 香川県に生まれる
1969 年 東京大学理学部 卒
現 東京大学大学院総合文化研究科 教授
専攻 分子細胞生物学・生物物理学
理 学 博 士

室(むろ)伏(ふし)擴(ひろむ)

1946 年 静岡県に生まれる
1970 年 東京大学理学部 卒
現 山口大学大学院医学系研究科 教授
専攻 生化学・細胞生物学
理 学 博 士

榎(え)森(もり)康(やす)文(ふみ)

1955 年 北海道に生まれる
1978 年 東京大学理学部 卒
現 東京大学大学院理学系研究科 准教授
専攻 分子生物学
理 学 博 士

伊(い)藤(とう)維(これ)昭(あき)

1943 年 静岡県に生まれる
1966 年 京都大学理学部 卒
京都大学名誉教授
専攻 分子生物学
理 学 博 士

第 1 版 第 1 刷 2008 年 12 月 10 日 発 行

ルーイン 細胞生物学

訳者代表 永 田 和 宏
発 行 者 小 澤 美 奈 子
発 行 株式会社 東京化学同人
東京都文京区千石 3 丁目 36–7 (〒112–0011)
電話 (03) 3946–5311・FAX (03) 3946–5316
URL : http://www.tkd-pbl.com/

印 刷 株式会社 廣 済 堂
製 本 株式会社 松 岳 社

ISBN978-4-8079-0693-2 Printed in Japan